대수

거듭제곱과 거듭제곱근

$$x^a x^b = x^{a+b} \qquad \frac{x^a}{x^b} = x^{a-b} \qquad x^{-a} = \frac{1}{x^a} \qquad (x^a)^b = x^{ab} \qquad \left(\frac{x}{y}\right)^a = \frac{x^a}{y^a}$$

$$x^{1/n} = \sqrt[n]{x} \qquad x^{m/n} = \sqrt[n]{x^m} = (\sqrt[n]{x})^m \qquad \sqrt[n]{xy} = \sqrt[n]{x}\sqrt[n]{y} \qquad \sqrt[n]{x/y} = \sqrt[n]{x}/\sqrt[n]{y}$$

인수분해 공식

$a^2 - b^2 = (a - b)(a + b)$ $\qquad$ $a^2 + b^2$은 실수 범위에서 인수분해되지 않음

$a^3 - b^3 = (a - b)(a^2 + ab + b^2)$ $\qquad$ $a^3 + b^3 = (a + b)(a^2 - ab + b^2)$

$a^n - b^n = (a - b)(a^{n-1} + a^{n-2}b + a^{n-3}b^2 + \cdots + ab^{n-2} + b^{n-1})$

이항식

$$(a \pm b)^2 = a^2 \pm 2ab + b^2$$

$$(a \pm b)^3 = a^3 \pm 3a^2b + 3ab^2 \pm b^3$$

이항정리

$$(a + b)^n = a^n + \binom{n}{1}a^{n-1}b + \binom{n}{2}a^{n-2}b^2 + \cdots + \binom{n}{n-1}ab^{n-1} + b^n$$

여기서 $\displaystyle \binom{n}{k} = \frac{n(n-1)(n-2)\cdots(n-k+1)}{k(k-1)(k-2)\cdots 3\cdot 2\cdot 1} = \frac{n!}{k!(n-k)!}$

이차방정식의 근의 공식

$ax^2 + bx + c = 0$의 근은

$$x = \frac{-b \pm \sqrt{b^2 - 4ac}}{2a}$$

기하

평행사변형

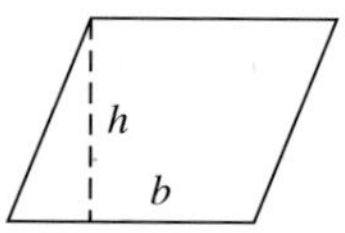

$A = bh$

삼각형

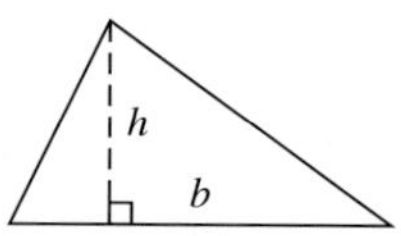

$A = \frac{1}{2}bh$

사다리꼴

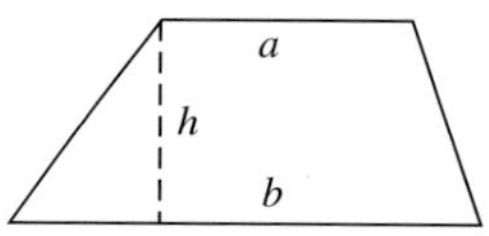

$A = \frac{1}{2}(a + b)h$

원

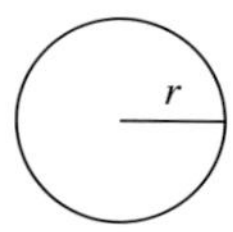

$A = \pi r^2$

$C = 2\pi r$

호

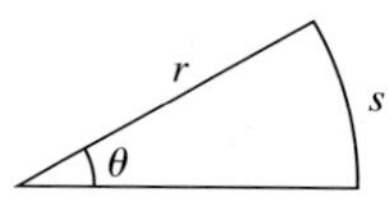

$A = \frac{1}{2}r^2\theta$

$s = r\theta$ (θ는 라디안)

원기둥

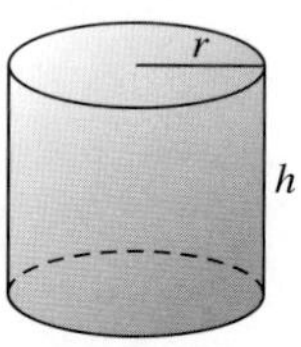

$V = \pi r^2 h$

$S = 2\pi rh$

(옆면의 넓이)

원뿔

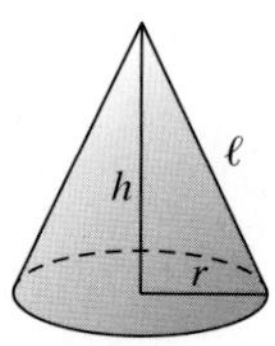

$V = \frac{1}{3}\pi r^2 h$

$S = \pi r\ell$

(옆면의 넓이)

구

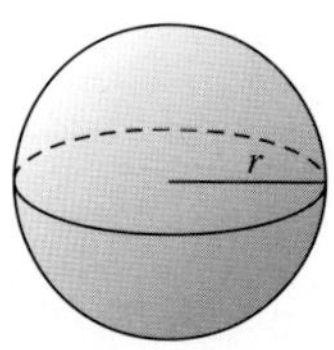

$V = \frac{4}{3}\pi r^3$

$S = 4\pi r^2$

직선과 원의 방정식

$m = \dfrac{y_2 - y_1}{x_2 - x_1}$ $\qquad$ 두 점 (x_1, y_1)과 (x_2, y_2)를 지나는 직선의 기울기

$y - y_1 = m(x - x_1)$ $\qquad$ 점 (x_1, y_1)을 지나고 기울기가 m인 직선

$y = mx + b$ $\qquad$ 기울기가 m이고 y절편이 b인 직선

$(x - h)^2 + (y - k)^2 = r^2$ $\qquad$ 중심이 (h, k)이고 반지름이 r인 원

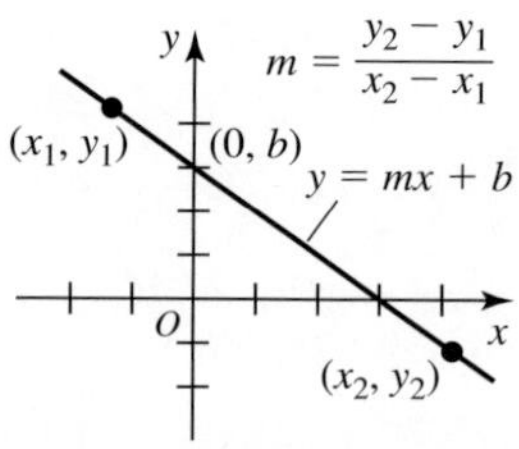

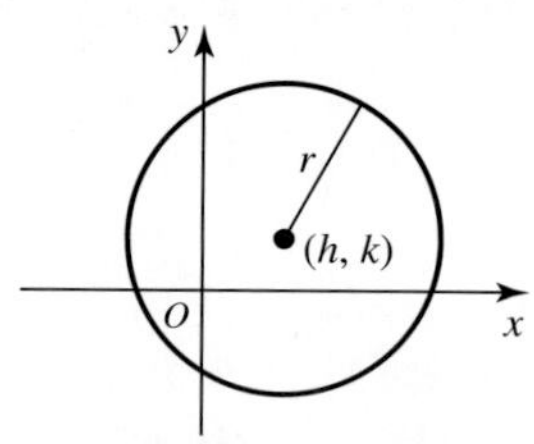

$(x - h)^2 + (y - k)^2 = r^2$

삼각함수

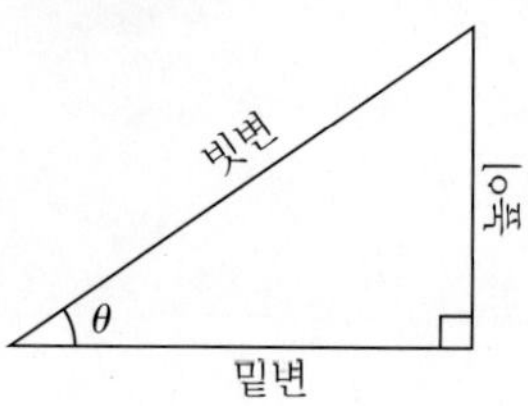

$$\cos\theta = \frac{\text{밑변}}{\text{빗변}} \quad \sin\theta = \frac{\text{높이}}{\text{빗변}} \quad \tan\theta = \frac{\text{높이}}{\text{밑변}}$$

$$\sec\theta = \frac{\text{빗변}}{\text{밑변}} \quad \csc\theta = \frac{\text{빗변}}{\text{높이}} \quad \cot\theta = \frac{\text{밑변}}{\text{높이}}$$

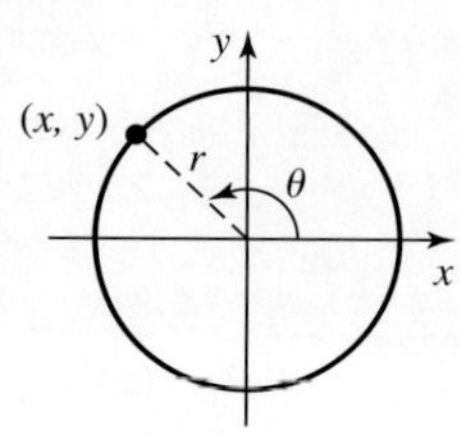

$$\cos\theta = \frac{x}{r} \quad \sec\theta = \frac{r}{x}$$

$$\sin\theta = \frac{y}{r} \quad \csc\theta = \frac{r}{y}$$

$$\tan\theta = \frac{y}{x} \quad \cot\theta = \frac{x}{y}$$

(계속)

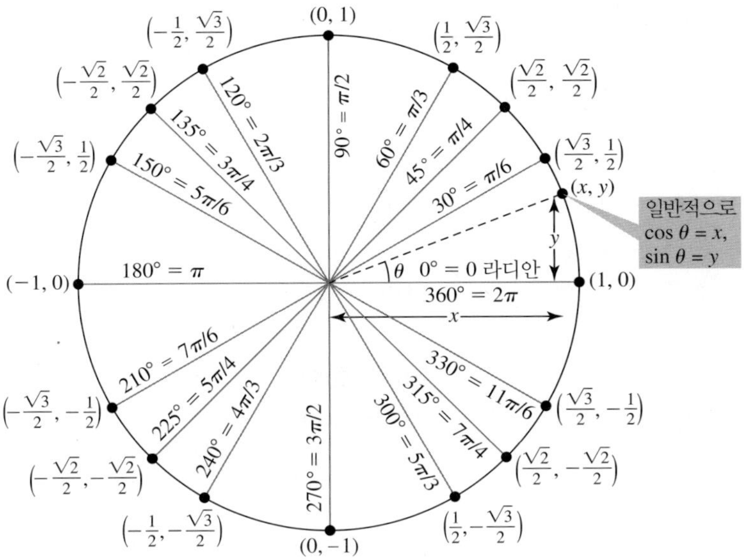

삼각함수의 역수 관계

$$\tan\theta = \frac{\sin\theta}{\cos\theta} \quad \cot\theta = \frac{\cos\theta}{\sin\theta}$$

$$\sec\theta = \frac{1}{\cos\theta} \quad \csc\theta = \frac{1}{\sin\theta}$$

삼각함수에서 피타고라스 정리

$$\sin^2\theta + \cos^2\theta = 1 \quad \tan^2\theta + 1 = \sec^2\theta$$

$$1 + \cot^2\theta = \csc^2\theta$$

삼각함수의 부호

$$\sin(-\theta) = -\sin\theta \quad \cos(-\theta) = \cos\theta \quad \tan(-\theta) = -\tan\theta$$

$$\csc(-\theta) = -\csc\theta \quad \sec(-\theta) = \sec\theta \quad \cot(-\theta) = -\cot\theta$$

배각 공식

$$\sin 2\theta = 2\sin\theta\cos\theta \qquad \cos 2\theta = \cos^2\theta - \sin^2\theta$$

$$= 2\cos^2\theta - 1$$

$$\tan 2\theta = \frac{2\tan\theta}{1 - \tan^2\theta} \qquad = 1 - 2\sin^2\theta$$

반각 공식

$$\cos^2\theta = \frac{1 + \cos 2\theta}{2} \qquad \sin^2\theta = \frac{1 - \cos 2\theta}{2}$$

삼각함수의 덧셈정리

$$\sin(\alpha + \beta) = \sin\alpha\cos\beta + \cos\alpha\sin\beta \qquad \sin(\alpha - \beta) = \sin\alpha\cos\beta - \cos\alpha\sin\beta$$

$$\cos(\alpha + \beta) = \cos\alpha\cos\beta - \sin\alpha\sin\beta \qquad \cos(\alpha - \beta) = \cos\alpha\cos\beta + \sin\alpha\sin\beta$$

$$\tan(\alpha + \beta) = \frac{\tan\alpha + \tan\beta}{1 - \tan\alpha\tan\beta} \qquad \tan(\alpha - \beta) = \frac{\tan\alpha - \tan\beta}{1 + \tan\alpha\tan\beta}$$

사인법칙

$$\frac{\sin\alpha}{a} = \frac{\sin\beta}{b} = \frac{\sin\gamma}{c}$$

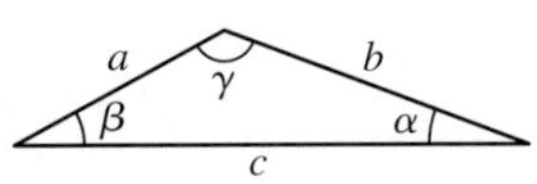

코사인법칙

$$a^2 = b^2 + c^2 - 2bc\cos\alpha$$

삼각함수와 역삼각함수의 그래프

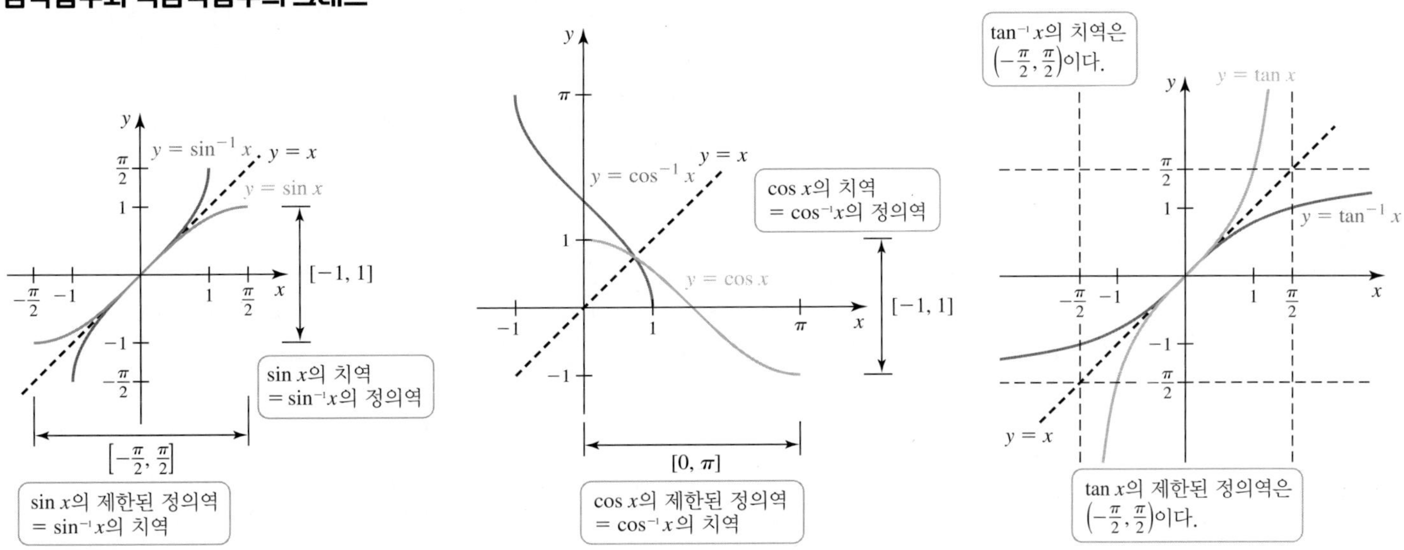

CALCULUS EARLY TRANSCENDENTALS

BRIGGS, COCHRAN, GILLETT, SCHULZ 저

3rd EDITION

대학미분적분학

3판

미분적분학 교재편찬위원회 역

Pearson

북스힐

CALCULUS: EARLY TRANSCENDENTALS, 3rd Edition

머리말
Preface

미분적분학(Early Transcendentals) 제3판은 수학, 공학, 자연과학 또는 경제학을 공부하는 학생들이 전형적으로 수강하는 1년 또는 3학기 분량의 미적분학 강의 내용을 포함하고 있다. 제3판의 목표는 제1판과 동일하다.

- 생동감 있는 설명으로 미적분학의 핵심 아이디어에 동기를 부여하고 다양한 분야에 응용할 수 있는 미적분학의 유용성을 보여 준다.
- 미적분학을 자연스럽게 받아들이고 믿을 수 있도록 하기 위해 학생들의 직관 및 도형을 통한 구체적인 예시와 활용 및 유추를 통해 새로운 주제를 소개한다.
- 이러한 직관적인 기반이 확립되면 일반화와 추상화를 통해 이론적인 문제를 엄밀한 방식으로 처리한다.

제3판은 이전 두 버전의 성공을 기반으로 이전 버전에서 받은 피드백을 반영했다. 저자는 이 책을 사용한 강사들의 말을 듣고 배웠다. 그들은 저자에게 제3판을 학생들을 위한 더 효과적인 학습 도구이자 강사들을 위한 더 강력한 자료로 만드는 방법에 대한 현명한 지침을 제공했다. 이 책의 사용자들은 계속해서 이 책이 자신이 가르치는 과정을 반영한다고 말한다. 더 중요한 것은 학생들이 실제로 이 책을 읽었다는 것이다! 물론 제3판 또한 이전 버전을 사용한 저자 본인의 경험뿐만 아니라 지난 30년 동안 다양한 기관에서 수학을 가르친 경험의 도움도 받았다.

제3판 개정사항

연습문제

연습문제는 개정할 때 중요하게 여긴 사항이다. 검토자와 강사의 피드백에 따라 연습문제를 재정렬하고 일부 연습문제를 수정하며 새로운 연습문제를 많이 추가하여 중요한 변화를 주었다. 제3판의 연습문제 중 18%는 새로운 것이며, 제2판의 연습문제 중 많은 부분이 제3판을 위해 수정되었다. 연습문제 구조를 이전의 5단계에서 다음의 3단계로 단순화했다.

1. **스타트**에는 이전의 Review Questions 중 일부가 포함되어 있지만, 그 이상으로 새로운 기본 기술 및 단답형 연습과 함께 더 많은 개념 연습이 포함된다. 이 단계의 목표는 각 장의 핵심 아이디어에 대한 이해도를 평가하는 것이다.

2. **실전**은 주로 이전 버전의 Basic Skills 문제로 구성되지만, 이전 버전의 Further Explorations and Application 단계의 중간 수준 문제도 포함된다. 이전 버전과 달리 이러한 연습문제는 반드시 특정 예제에 해당하는 그룹으로 구성되는 것은 아니다. 예를 들어 3.4절의 곱의 법칙 문제와 몫의 법칙 문제를 분리하는 대신 이러한 문제를 하나의 더 큰 연습문제 그룹으로 통합했다. 이에 따라 "곱의 법칙을 사용하여 다음 함수의 도함수를 찾아라", "몫의 법칙을 사용하여 주어진 함수의 도함수를 찾아라"와 같은 구체적인 지침은 "다음 함수의 도함수를 찾아라"라는 일반적인 지침으로 대체했다. 곱의 법칙과 몫의 법칙에 관한 문제를 함께 배치함으로 학생들은 문제 풀이를 시도하기 전에 먼저 도함수를 계산하는 올바른 방법을 선택해야 한다.

3. **도전**은 더 어려운 문제와 각 장의 내용을 확장하는 문제로 구성된다.

더 이상 '활용'이라는 연습문제 단계는 없지만 (아이러니하게도) 이 단계를 제거하는 과정에서 이러한 문제가 연습문제 전반에 걸쳐 전략적으로 배치되었기 때문에 더 나은 활용 범위를 제공하고 있다고 생각한다. 일부는 '스타트'에, 대부분은 '실전'에, 일부는 '도전'에 있다. '활용'의 주제를 쉽게 알아볼 수 있도록 해당되는 문제 대부분에 굵은 표제를 붙여 놓았다.

연습문제에 있는 굵은 표제는 강사가 과제를 생성할 때 문제의 주제를 빠르게 식별할 수 있도록 도움을 준다. 그러나 이전 버전의 사용자로부터 이러한 표제 중 일부가 주어진 문제를 해결하는 방법에 대해 너무 많은 힌트를 제공한다는 이야기를 들었다. 따라서 제3판에서는 문제 풀이 방법에 대해 너무 많은 정보를 제공하는 표제를 제거하거나 수정했다.

마지막으로 **각 장의 마지막 연습문제**는 학생들이 풀이 전략을 선택할 수 있는 더 많은 연습문제(특히 중간 수준의 문제)와 더 많은 문제 풀이 기회를 제공하기 위해 대대적인 개편을 했다.

본문의 개정 사항

다음은 이전 버전으로부터 변경된 주요 사항이다. 설명과 문제의 질을 향상시키기 위해 여기에 언급되지 않은 다른 많은 세부적인 변경도 이루어졌다. 🔑이 있는 글머리 기호는 이전 버전에서 변경된 주요 내용을 나타낸다.

1장 함수

- 1.1절의 예제 2는 함수의 정의역과 치역을 결정하기 위해 대수적 기법을 사용하는 것에 더 중점을 두고 수정되었다. 극한의 공통적인 특징을 더 잘 설명하기 위

해 예제 2c를 분자와 분모에 공통 인수가 있는 유리함수로 대체했다.

- 1.1절의 예제 7, 8은 제2판의 문제에서 갖고 왔으며, 학생들이 그래프와 표를 사용하여 두 함수의 구성을 직관적으로 느낄 수 있도록 서술의 앞부분에 배치하였고, 대수 기법을 사용한 합성함수를 그 뒤에 배치했다.
- 할선의 중요성을 설명하는 1.1절의 예제 10은 하이킹을 하는 동안 GPS 시계의 실제 데이터를 사용하여 학생들의 실제 삶과 관련성을 다 높였다. 그에 상응하는 연습문제도 추가했다.
- 학생들에게 지수함수와 로그함수의 특성을 사용하여 함수의 역함수를 찾는 연습을 제공하기 위해 1.3절에 연습문제를 추가했다.
- 로그 및 지수함수의 유용성을 추가로 설명하기 위해 1.3절에 새로운 활용 연습문제(투자 문제 및 생물학 문제)를 추가했다.

2장 극한

- 2.2절의 예제 4는 도약 불연속성(jump discontinuity)이 있는 함수에 그래프로 접근하는 방식에서 대수적으로 접근하는 방식이 강조되도록 수정했다.
- 정리 2.3과 정리 2.13은 표기법을 단순하게 수정하여 뒤이어 나오는 내용과 더 잘 연결되도록 했다.
- 좌극한, 우극한, 양쪽 극한의 개념을 확고히 하기 위해 2.3절에 예제 7을 추가했다.
- 지수함수와 로그함수의 양 끝값(end behavior)을 설명하는 자료를 재작업했고, 극한을 계산할 때 치환이 어떻게 사용되는지 보여 주기 위해 2.5절에 예제 6을 추가했다.
- 무한대에서의 극한과 무한극한의 유사성과 차이점을 설명하기 위해 2.5절에 연습문제를 추가했다. 또한 제곱근을 포함하는 함수의 무한대에서의 극한에 대한 더 쉬운 연습문제를 2.5절에 포함시켰다.
- 극한의 엄밀한 정의($\varepsilon-\delta$ 증명)를 사용하여 이차함수의 극한을 증명하기 위해 2.7절의 예제 5를 추가했다.
- 이차함수, 삼차함수, 삼각함수 및 절댓값 함수의 극한과 관련된 더 다양한 문제를 제공하기 위해 2.7절에 극한의 엄밀한 정의($\varepsilon-\delta$ 증명)를 사용하는 연습문제를 추가했다.

3장 도함수

- 제3장은 2.1절에서 처음 접한 평균 및 순간 속도를 되돌아보는 것과 함께 그에 대응하는 수정된 예시 문제를 다루면서 3.1절을 시작한다.
- 한 점에서 도함수와 함수로서의 도함수는 3.1절과 3.2절에서 개별적으로 다룬다.
- 보조 예제를 사용하여 3.1절에서 한 점에서의 도함수를 정의한 후, 2개의 보조

예제(supporting example)를 포함한 도함수 해석의 새로운 하위 절을 추가했다.

- 3.3절에는 함수의 그래프와 함께 합의 법칙과 상수 곱의 법칙을 사용하여 도함수를 계산하도록 하는 여러 가지 연습문제를 추가했다.
- 3.4절 도함수의 거듭제곱 법칙은 지수가 모든 실수의 범위에서 기술되어 있다(3.9절에서 증명함). 3.4절의 예제 4에는 이러한 변경 사항을 강조하기 위한 두 가지 추가 부분이 포함되어 있으며, 이후 절에 나오는 후속 예제는 더 강력한 버전의 거듭제곱 법칙에 의존한다. 이 변경으로 인해 3.8절의 유리수 지수에 대한 거듭제곱 법칙이 삭제되었다.
- 3.4절 곱의 법칙과 몫의 법칙과 관련된 중간 수준의 연습문제를 하나의 통일된 지침 아래에 결합했다.
- e^x의 도함수는 여전히 장 초반에 나타나지만 e^{kx}의 도함수는 나타나지 않는다. 이 도함수는 3.7절에 연쇄 법칙이 도입된 이후 나타난다.
- 3.7절에서는 연쇄 법칙의 버전 1 및 버전 2에 대한 참조를 삭제했다. 또한 연쇄 법칙을 반복적으로 사용하는 연쇄 법칙 연습문제가 일반 연습문제와 통합되었다.
- 3.8절에서는 음함수의 도함수 공식을 단순화하는 것에 중점을 두었다. 예제 4, 5를 참조하여라.
- 3.11절의 예제 3이 교체되었다. 새 버전은 상관율 문제를 해결하는 데 닮음인 삼각형이 사용되는 방법을 보여 준다.

4장 미분의 응용

- 정리 4.7의 증명이 지연되지 않도록 평균값 정리(MVT)를 4.6절에서 4.2절로 이동시켰다. MVT의 기하학적 이해를 돕는 연습문제를 4.2절에 추가했고, MVT를 사용하여 잘 알려진 항등식과 부등식을 증명하는 연습문제를 포함시켰다.
- 4.5절의 예제 5는 특별한 종류의 최적화 문제에 대한 지침을 제공하기 위해 추가되었다.
- 4.7절의 예제 3b는 로피탈 법칙을 적용한 후 단순화의 필요성을 더 잘 이해시키기 위해 대체되었다.
- 4.7절의 대부분의 중간 수준의 연습문제는 더 이상 부정형으로 구분되지 않으며, 로피탈 법칙이 적용되지 않는 문제를 추가했다.
- 인수 ax가 있는 삼각함수의 부정적분(표 4.9)은 치환적분법이 있는 5.5절로 이동시켰다. 표 4.10에도 유사한 변화가 있었다.
- 4.9절의 예제 7b는 9장에 있는 초깃값 문제의 정의역을 더 완벽하게 처리하기 위해 추가되었다.
- 4.9절에 역도함수를 결정하기 전에 일부 예비 작업(예를 들어 인수분해, 소거, 전개)이 필요한 상당한 수의 역도함수에 관한 중간 수준의 연습문제를 추가했다.

5장 적분

- 면적의 근삿값에 대한 5.1절의 예제 2, 3은 격자점이 더 분명하게 보이는 더 친근한 함수로 대체되었다. 면적의 참값이 제공되는 5.3절에서 이러한 근삿값을 다시 다룬다(예제 3b).
- 적분의 세 가지 성질(정적분의 유계)을 5.2절에 추가했다(표 5.5). 이러한 성질 중 마지막 성질은 기본 정리(5.3절)의 증명에 사용된다.
- 5.1절과 5.2절에 공식 대신 그래프나 표를 사용하여 리만합을 구하는 연습문제가 추가되었다. 이 연습문제는 학생들이 리만합의 기하학적 의미를 더 잘 이해하는 데 도움이 될 것이다.
- 적분을 계산하기 전에 피적분함수를 단순화해야 하는 연습문제를 5.3절에 추가했다.
- 정리 5.7의 증명은 5.5절에 제공된다.
- 4.9절에서 5.5절로 옮긴 표 5.6은 일반적인 적분 공식을 나열한다. 5.5절의 예제 4는 이러한 공식을 유도한다.

6장 적분의 응용

7장 로그함수, 지수함수 및 쌍곡선함수

- 제2판의 6장은 미분적분학(Late Transcendentals)의 장 수에 맞추기 위해 두 개의 장으로 나누었다. 그 결과로 7장이 간결해졌다.
- 그래프를 사용한 총 변화량 계산 문제가 6.1절 연습문제에 추가되었다.
- x와 y에 대한 면적 계산과 관련된 6.2절의 연습문제는 이제 하나로 통일된 방향 집합으로 합쳐졌다(그래서 학생들이 먼저 적절한 적분 변수를 결정해야 함).
- 6.3절과 6.4절에서 x축, y축 이외의 선을 중심으로 곡선이 회전하는 연습문제의 개수를 늘렸다. 또한 부피를 찾는 프로세스를 단계별로 안내하는 입문 수준의 연습문제를 추가했다.
- 지수적인 증가를 설명하는 도입부(7.2절)는 상대적 성장률(또는 백분율 변화율)과 속도 상수 k를 명확하게 구별하기 위해 다시 작성되었다. 방정식 $y = y_0 e^{kt}$이 성장 모델과 감소 모델 모두에 적용되도록 설명을 수정했다. 이 개정으로 인해 반감기 공식이 약간 변경되었다.
- 지수적 성장과 감소 연구에 관하여 미적분학의 유용성을 더 설명하기 위해 7.2절에 다양한 활용 연습문제의 양을 늘렸다.

8장 여러 가지 적분법

- 표 8.1은 이전 버전에 8.3절(삼각함수의 적분)에 등장했던 4개의 표준 삼각함수의 적분이 포함한다. 이러한 적분은 8.1절의 예제 1, 2에서 유도한다.
- 새로운 절(8.6절)이 추가되어 학생들은 앞의 5개 절에서 주어진 내용과 별

개로 적분 기법(즉, 전략을 선택하는 방법)을 마스터할 수 있다.

- 8.5절에서 학생들이 환원 불가능한 이차 인수를 가진 더 많은 것을 포함하여 합리적인 함수의 부분분수 분해의 적절한 형태를 설정해야 하는 연습문제의 수와 종류를 늘렸다.
- 8.5절에서 인수분해가 되지 않은 이차다항식을 포함한 유리함수의 부분분수를 적절하게 분해해야 하는 연습문제의 수와 종류를 늘렸다.
- 심프슨의 법칙의 완전한 유도 과정을 8.8절에 추가했으며, 더불어 예제 6, 추가 그림, 확장된 연습문제들도 추가했다.
- 이상적분에 대한 비교판정법을 8.9절에 추가했고, 두 부분으로 구성된 예제 7도 제공한다. 8.9절의 새로운 연습문제는 무한구간(양 끝이 모두 무한)에서의 이상적분 문제를 포함한다.

9장 수열과 무한급수

- 9장의 후반부는 다음과 같이 재정렬되었다. 비교판정법(9.5절), 교대급수(9.6절, 절대수렴 주제 포함), 비판정법과 근판정법(9.7절), 수렴판정법 선택(9.8절, 추가된 절). 한 번에 너무 많은 내용으로 인해 학생들이 어려움을 겪지 않도록 비교판정법, 비판정법, 근판정법을 다루는 제2판의 절을 분할했다. 9.5절은 중점적으로 비교판정법만을 다루고 연습문제의 39%를 새로운 문제로 만들었다. 교대급수에 관한 내용은 이제 비판정법과 근판정법 앞에 나타나므로 비판정법과 근판정법이 보다 일반적인 형식으로 설명된다(이제는 양의 항을 가진 급수에만 적용되는 것이 아니라 모든 급수에 적용됨). 마지막 절(9.8절)은 이전 절에서 각각의 수렴판정법을 개별적으로 공부한 학생들이 수렴성 판정을 숙달할 수 있는 기회를 제공한다.
- 수열(9.2절)과 관련된 용어에 이제 위로 유계, 아래로 유계, 유계(이전 버전에서는 유계만 다루었음)가 포함된다.
- 정리 9.3(등비수열)은 이제 예제가 아닌 서술형으로 설명되었으며, 정리 9.2와 극한 법칙들을 강화하기 위해 예제(9.2절의 예제 3)를 추가했다.
- 9.2절의 예제 5c는 수학적 귀납법을 사용하여 재귀적으로 정의된 수열의 극한을 찾는다. 이 기술은 연습문제에서 강화된다.
- 9.3절의 예제 3은 망원급수로 대체되었다. 이 급수는 등비급수가 아니며 수열의 순서를 바꾸어 푸는 예제이다.
- 학생들이 주어진 급수의 수렴성 판정을 위해 적절한 판정법을 결정해야 하는 연습문제의 수와 종류를 늘렸다.
- 9.6절에 주어진 n 값에 대하여 n번째 부분합을 사용하여 급수를 추정하는 유형의 더 쉬운 중간 수준의 연습문제를 추가했다.
- 수렴하는 급수의 성질(정리 9.8)은 9.3절과 9.4절에 제시된 자료의 균형을 더 잘 맞추기 위해 두 가지 성질을 추가하여 확장하고 9.3절로 이동시켰다. 9.3절

의 예제 4는 이제 학생들에게 정리를 더 많이 사용하게 하기 위해 두 부분으로 구성된다.

10장 거듭제곱급수

- 10장은 9장의 변경 사항과 일치하도록 개정했다.
- 10.2절에 수렴반경과 수렴구간을 찾는 연습문제를 추가했다.
- 10.3절의 예제 2는 함수의 원래 급수가 정의역의 일부에서만 함수로 수렴할 때 함수의 급수 표현을 위해 다른 중심을 선택하는 방법을 설명하기 위해 추가되었다.
- 10.2절에서 이전 버전에 더해, 수렴구간의 양 끝이 모두 닫혀 있거나 한쪽 끝만 닫혀 있는 연습문제를 더 다루었다.
- 이전 버전에 더해 중심이 0이 아닌 거듭제곱급수와 관련된 많은 연습문제를 추가했다.

11장 매개 곡선과 극곡선

- 2차원에서 매개변수 식으로 주어진 곡선의 호의 길이가 11.1절에 추가되었으며, 두 개의 예제와 연습문제들을 추가했다. 매개변수 곡선과 관련된 회전체의 넓이와 곡면도 연습문제에 추가되었다.
- 11.2절의 예제 3에서 원에 대한 보다 일반적인 극좌표 방정식을 유도한다.
- 극좌표로 주어진 곡선의 길이는 11.3절에서 다룬다.

12장 벡터와 공간 기하

- 제2판에서 벡터와 벡터함수를 다루는 장은 제3판에서는 이 장과 다음 장에서 다룬다.
- 12.1절에서 벡터를 크기와 방향의 곱으로 표현하는 방법을 설명하기 위해 예제 5c가 추가되었다.
- 12.1절에서 적용된 벡터에 대한 연습문제의 수를 늘렸다. 쉬운 문제들부터 시작하여 연습문제의 단계를 폭넓게 했다.
- 직선과 평면을 보다 전통적인 방식으로 접근하였다. 이러한 주제는 이제 12.5절에서 함께 다루고 원주 및 이차곡면은 12.6절에서 다룬다. 이러한 절별 주제 배치는 학생들에게 본문의 나머지 부분에서 접하게 될 모든 기본적인 3차원 물체를 미리 경험하게 한다.
- 점과 직선 사이의 거리에 대한 논의는 12.5절의 연습문제에서 본문으로 자리를 옮겼고, 예제 3을 통해 설명을 뒷받침했다. 예제 4는 두 직선의 교점을 찾는 문제이다. 이 절과 관련된 몇 가지 연습문제를 추가했다.
- 12.6절에는 주어진 방정식에 대응하는 이차곡면을 선택하는 유형의 많은 연습문제가 있다. 학생들이 이차곡면을 사용하여 도형을 디자인하는 연습문제도 포함된다.

13장 벡터함수

- 13.1절과 13.3절은 공간 곡선이 놓여 있는 곡면에 더 중점을 두었다.
- 13.1절에 두 곡면의 만나는 곡선을 찾고 곡선이 주어진 곡면에 있는지 확인하는 연습문제를 추가했다.
- 13.3절의 예제 3c는 공간 곡선을 구에 매핑하는 방법을 설명하기 위해 추가되었다.
- 평면 곡선의 호의 길이(11.1절에서 매개변수로 설명되고 11.3절에서 극좌표로 설명됨)가 본문에서 앞부분으로 이미 설명되었기 때문에 13.4절이 짧아졌다.

14장 다변수함수

- 평면과 이차곡면의 방정식은 이 장에서 제거되었으며, 12장에 나타난다.
- 정리 14.2에 사용된 기호는 정리 2.3의 변경 사항과 일치하도록 단순화했다.
- 14.4절의 예제 7은 2차 편도함수를 계산하기 위한 연쇄 법칙의 사용 방법을 설명하기 위해 추가되었다.
- 14.3절에 더 어려운 편미분 연습문제를 추가하고 14.4절에 더 어려운 연쇄 법칙 연습문제를 추가했다.
- 14.5절의 예제 7은 학생들이 곡면에 있는 곡선의 방정식을 찾는 연습을 더 많이 할 수 있도록 확장되었다.
- 정리 14.13은 14.5절에 추가되었다. 이것은 정리 14.11의 3차원 버전이다.
- 14.7절의 예제 7은 더 흥미로운 예제로 대체되었다. 첨부된 그림은 최대/최소 문제를 설명하는 데 도움이 되며 라그랑주 승수를 미리 보는 데 사용할 수 있다.
- 14.7절에 학생들이 이변수함수의 2계 도함수 판정을 더 잘 이해하는 데 도움이 되는 몇 가지 기본적인 연습문제를 추가했다.
- 14.8절의 예제 1은 하나의 변수를 제거하고 일반적인 방법으로 문제를 푸는 것보다 라그랑주 승수를 사용하는 것이 근을 찾기 위한 더 명확한 방법임을 알 수 있도록 수정되었다. 또한 닫힌구간이 아니고 유계가 아닌 집합(최댓값과 최솟값이 존재하지 않을 수 있음)에서 라그랑주 승수 방법을 사용할 때 충분한 주의가 필요하다는 점을 분명히 밝혔다.

15장 중적분

- 15.3절의 예제 2는 예제 1과 너무 유사하여 수정되었다.
- 극좌표, 원통좌표, 구면좌표에 사용하는 기호에 더 주의를 기울였다(예를 들어 정리 15.3 및 서로 다른 좌표계에서의 적분).
- 15.4절의 예제 3은 적분을 좀 더 명확하게 보여 주고 변수를 극좌표로 변경하는 것이 xy평면 이상의 좌표계에서 허용됨을 보여 주기 위해 수정되었다.
- 15.1절, 15.2절, 15.4절에 치환적분 또는 부분적분법을 사용해야 하는 더 많은 중적분 연습문제가 추가되었다.

• 15.4절에 z 대신 x 또는 y에 대하여 적분을 먼저 계산해야 하는 더 많은 연습문제를 추가했다. 또한 삼중적분의 순서를 여러 번 바꾸어야 하는 더 많은 연습문제를 포함했다.

주목할 만한 특징

그림

그래픽 소프트웨어의 힘과 많은 학생들이 시각적 이미지를 쉽게 이해할 수 있다는 점을 고려하여 이 책의 그림에 상당한 시간과 숙고를 기울였다. 가능한 경우, 강사가 판서하며 설명하는 목소리를 연상시키도록 주석을 사용하여 그림이 필수적인 아이디어를 전달하도록 하였다. 독자들은 그림이 새로운 방식으로 학습을 용이하게 한다는 것을 금방 알게 될 것이다.

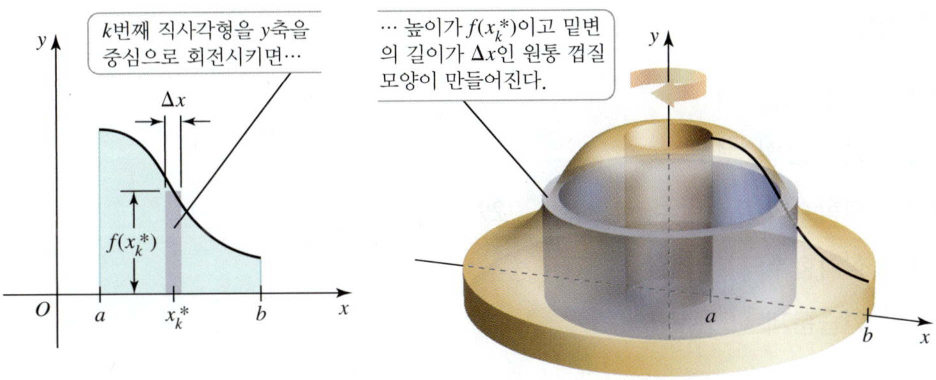

그림 6.40

주석이 달린 예제

풀이가 있는 예제의 파란색 주석은 학생들이 예제를 풀이하는 과정을 안내하고 수학적 논증의 각 단계가 엄격하게 정당화되어야 함을 강조한다. 이러한 주석은 강사가 강의에서 예제를 '통해 말하는' 방식을 반영하도록 설계되었다. 또한 문제 풀이 과정에서 대수와 삼각함수로 인해 어려움을 겪을 수 있는 학생들에게 도움을 준다.

QUICK CHECK

본문에는 학생들이 미적분을 하도록 격려하는 QUICK CEHCK 질문이 곳곳에 있다. 이러한 질문은 강사가 수업 중에 제기하는 질문과 비슷하다. QUICK CHECK 질문에 대한 답은 해당 절의 끝부분에 있다.

차례
Contents

머리말 iii

1 함수 1

1.1 함수 복습 1
1.2 함수 표현 14
1.3 역함수와 지수함수, 로그함수 29
1.4 삼각함수와 그 역함수 42
연습문제 56

2 극한 59

2.1 극한의 개념 59
2.2 극한의 정의 66
2.3 극한의 계산 기술 75
2.4 무한극한 88
2.5 무한대에서의 극한 97
2.6 연속성 109
2.7 극한의 엄밀한 정의 123
연습문제 137

3 도함수 141

3.1 미분계수 141
3.2 도함수 151
3.3 미분 법칙 166
3.4 곱의 법칙과 몫의 법칙 178
3.5 삼각함수의 도함수 187
3.6 변화율로서 도함수 194
3.7 연쇄 법칙 209
3.8 음함수의 미분법 220
3.9 로그함수와 지수함수의 도함수 228
3.10 역삼각함수의 도함수 239
3.11 상관율 250
연습문제 259

4 미분의 응용 263

4.1 최댓값과 최솟값 263
4.2 평균값 정리 273
4.3 도함수가 말해 주는 것 280
4.4 함수의 그래프 296
4.5 최적화 문제 307
4.6 선형 근사와 미분 317
4.7 로피탈 법칙 328
4.8 뉴턴의 방법 342
4.9 역도함수 351
연습문제 365

5 적분 369

5.1 곡선 아래의 넓이 근사 369
5.2 정적분 384
5.3 미적분학의 기본 정리 401
5.4 적분 작업 416
5.5 치환 법칙 423
연습문제 435

6 적분의 응용 439

6.1 속도와 구간 변화량 439
6.2 두 곡선 사이의 영역 452
6.3 조각 방법에 의한 부피 460
6.4 껍질 방법에 의한 부피 475
6.5 곡선의 길이 486
6.6 겉넓이 493
연습문제 502

7 로그함수, 지수함수 및 쌍곡선함수 505

7.1 로그함수와 지수함수 재검토 505
7.2 지수 모델 516
7.3 쌍곡선함수 527
연습문제 544

8 여러 가지 적분법 545

8.1 기본 접근법 545
8.2 부분적분법 550
8.3 삼각적분법 558
8.4 삼각치환 565
8.5 부분분수 574
8.6 적분 전략 586
8.7 다른 적분법들 593
8.8 수치적분 598
8.9 이상적분 614
연습문제 628

9 수열과 무한급수 631

9.1 개요 631
9.2 수열 643
9.3 무한급수 657
9.4 발산판정법과 적분판정법 667
9.5 비교판정법 680
9.6 교대급수 685
9.7 비판정법과 근판정법 694
9.8 수렴판정법 선택 699
연습문제 703

10 거듭제곱급수 707

10.1 다항함수로 함수 근사하기 707
10.2 거듭제곱급수의 성질 723
10.3 테일러 급수 734
10.4 테일러 급수 다루기 747
연습문제 755

11 매개 곡선과 극곡선 757

11.1 매개방정식 757
11.2 극좌표 771
11.3 극좌표에서의 미분과 적분 783
11.4 원뿔 곡선 793
연습문제 805

12 벡터와 공간 기하 809

12.1 평면벡터 809
12.2 공간벡터 823
12.3 내적 835
12.4 외적 846
12.5 공간에서의 직선과 평면 855
12.6 주면과 이차곡면 868
연습문제 878

13 벡터함수 881

13.1 벡터함수 881
13.2 벡터함수의 미적분 890
13.3 공간에서의 운동 899
13.4 곡선의 길이 914
13.5 곡률과 법선벡터 921
연습문제 936

14 다변수함수 939

14.1 그래프와 등위선 939
14.2 극한과 연속 951
14.3 편미분 961
14.4 연쇄 법칙 974
14.5 방향도함수와 기울기벡터 984
14.6 접평면과 선형 근사 1000
14.7 최대·최소 문제 1011
14.8 라그랑주 승수 1025
연습문제 1035

15 중적분 1039

15.1 직사각형 영역에서 이중적분 1039
15.2 일반 영역에서 이중적분 1049
15.3 극좌표에서 이중적분 1059
15.4 삼중적분 1069
15.5 원주좌표와 구면좌표에서 삼중적분 1081
15.6 질량 계산을 위한 적분 1098
15.7 중적분에서의 변수 변환 1108
연습문제 1121

부록 A-1
연습문제 정답 A-15
찾아보기 A-96

CHAPTER 1

함수
Functions

미리보기 수학은 문자(기호), 단어 및 많은 규칙을 가진 언어이다. 미적분 여행을 시작하기 전에 이 언어의 요소에 익숙해져야 한다. 이러한 요소로 대수학 기술(다양한 실수 집합에 대한 표기법 및 용어 그리고 좌표평면의 선, 원 및 기타 기본 집합에 대한 설명)이 있다. 이 장은 함수의 기본 개념부터 시작하여 미적분학에서 나오는 모든 함수(다항함수, 유리함수, 대수함수, 지수 및 로그함수, 삼각함수와 그 역함수)를 역함수와 함께 제공한다. 미적분 공부를 시작하기 전에 이 장의 개념을 숙달하는 것이 중요하다.

1.1 함수 복습
1.2 함수 표현
1.3 역함수와 지수함수, 로그함수
1.4 삼각함수와 그 역함수

1.1 함수 복습

우리 주변 어디에서나 수량 또는 **변수** 간의 관계를 볼 수 있다. 예를 들어 소비자 물가 지수는 시간이 지남에 따라 변하고 바다의 온도는 위도에 따라 달라진다. 이러한 관계는 종종 함수라고 하는 수학적 객체로 표현할 수 있다. 미적분은 함수를 공부하는 것이며, 우리는 함수를 사용하여 주위 세계를 설명하기 때문에 미적분은 인간의 탐구를 위한 보편적인 언어이다.

정의 함수

함수 f는 집합 D에 속한 값 x에 $f(x)$로 표시되는 **유일한** 값을 할당하는 규칙이다. 집합 D는 함수의 **정의역**이다. **치역**은 정의역에 속한 모든 x에 대하여 생성되는 $f(x)$의 모든 값 집합이다(그림 1.1).

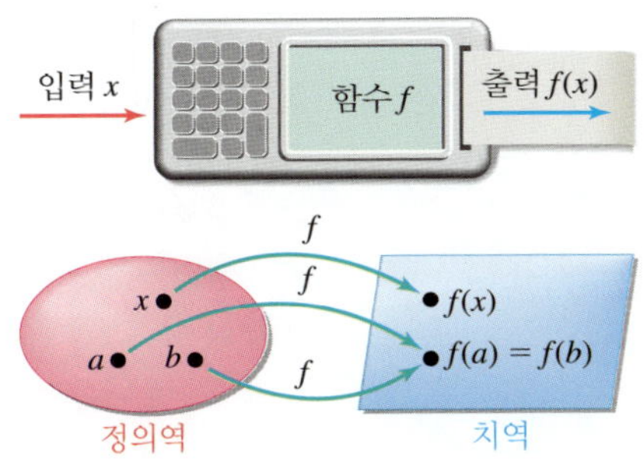

그림 1.1

독립변수는 정의역과 관련된 변수이고 **종속변수**는 치역에 속한다. 함수 f의 **그래프**는 방정식 $y = f(x)$를 만족하는 xy평면의 모든 점 (x, y)의 집합이다. 함수의 **변수**(argument)는 함수가 작동하도록 하는 표현식이다. 예를 들어 $f(x)$를 작성할 때의 변수는 x이다. 마찬가지로 2는 $f(2)$의 변수이고 $x^2 + 4$는 $f(x^2 + 4)$의 변수이다.

QUICK CHECK 1 함수 $f(x) = x^2 - 2x$에 대하여 $f(-1)$, $f(x^2)$, $f(t)$, $f(p - 1)$을 구하여라. ◀

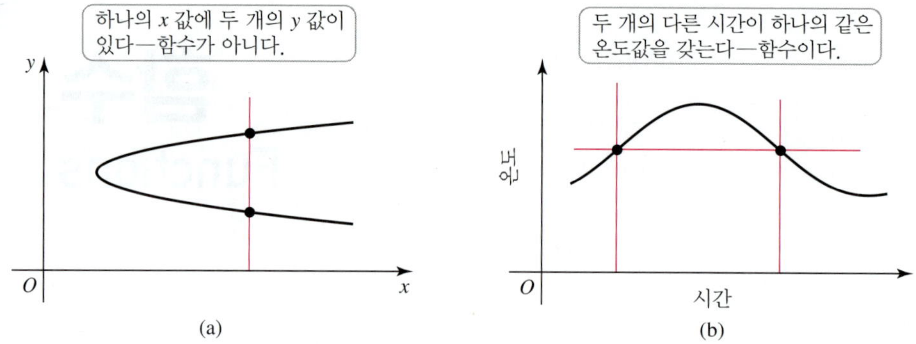

그림 1.2

함수가 정의역의 각 값에 종속변수의 유일한 값을 할당하기 위한 조건은 수직선 검사를 통해 나타낼 수 있다(그림 1.2(a)). 예를 들어 하루 동안 변하는 외부 온도는 시간의 함수이다(그림 1.2(b)).

- 정의역이 지정되지 않은 경우, 정의역은 f가 정의되는 모든 x 값의 집합으로 간주한다. 우리는 곧 문제의 맥락에 의해 함수의 정의역과 치역이 제한될 수 있음을 알게 될 것이다.
- 함수에 해당하지 않는 점들의 집합 또는 그래프는 변수들 간의 관계를 나타낸다. 모든 함수는 관계이지만 모든 관계가 함수인 것은 아니다.

수직선 검사

수직선 검사(모든 수직선은 많아야 한 번만 그래프와 교차함)를 통과한 그래프만 함수를 나타낸다. 이 검사를 통과하지 못한 그래프는 함수를 나타내지 않는다.

| 예제 1 | 함수 확인 그림 1.3의 각 그래프가 함수를 나타내는지 아닌지 말하여라.

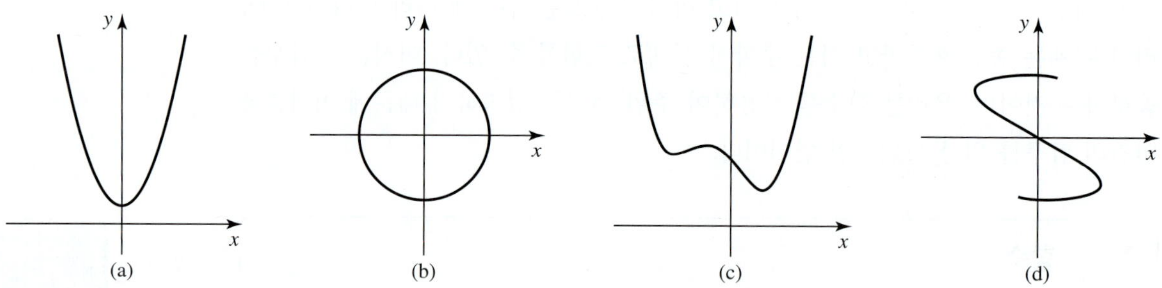

그림 1.3

풀이 수직선 검사를 적용하면 (a)와 (c)만 함수를 나타낸다. (b)와 (d)에는 그래프와 두 번 이상 교차하는 수직선이 있다. 마찬가지로 둘 이상의 y 값에 해당하는 x 값이 있다. 따라서 (b)와 (d)는 수직선 검사를 통과하지 못하므로 함수를 나타내지 않는다.

관련 연습문제 2번 ◀

| 예제 2 | 정의역과 치역 다음 각 함수의 정의역과 치역을 말하여라.

a. $f(x) = x^2 + 1$ **b.** $g(x) = \sqrt{4 - x^2}$ **c.** $h(x) = \dfrac{x^2 - 3x + 2}{x - 1}$

풀이

a. f는 모든 x에서 정의되므로 정의역은 $(-\infty, \infty)$ 또는 $\mathbb{R}$로 표기하는 모든 실수의 집합임에 주목하자. 모든 x에 대하여 $x^2 \geq 0$이기 때문에 $x^2 + 1 \geq 1$이고, 이는 f의 범위가 $[1, \infty)$임을 의미한다. 그림 1.4는 정의역 및 치역과 함께 f의 그래프를 보여 준다.

b. 제곱근을 포함하는 함수는 근호 안의 값이 음이 아닌 경우에 정의된다(추가적인 제한 조건이 있을 수도 있다). 이 경우 함수 g는 $4 - x^2 \geq 0$, 즉 $x^2 \leq 4$ 또는 $-2 \leq x \leq 2$에서 정의되므로 g의 정의역은 $[-2, 2]$이다. $g(x) = \sqrt{4 - x^2}$의 그래프는 반지름이 2이고 중심이 원점인 원의 상반부이다(그림 1.5). 그래프에서 알 수 있듯이 g의 치역은 $[0, 2]$이다.

c. 함수 h는 $x \neq 1$인 모든 x에서 정의되므로 정의역은 $\{x : x \neq 1\}$이다. 분자를 인수분해하면 다음과 같다.

$$h(x) = \frac{x^2 - 3x + 2}{x - 1} = \frac{(x-1)(x-2)}{x-1} = x - 2 \quad (\text{단, } x \neq 1)$$

그림 1.6의 $y = h(x)$의 그래프는 h가 $x = 1$에서 정의되지 않기 때문에 $(1, -1)$에 구멍이 있다는 점을 제외하고는 $y = x - 2$의 그래프와 동일하다. 따라서 h의 치역은 $\{y : y \neq -1\}$이다.

관련 연습문제 12-13번 ◀

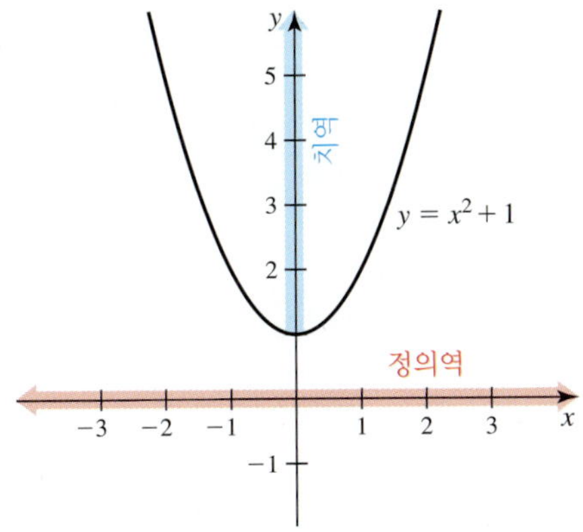

그림 1.4

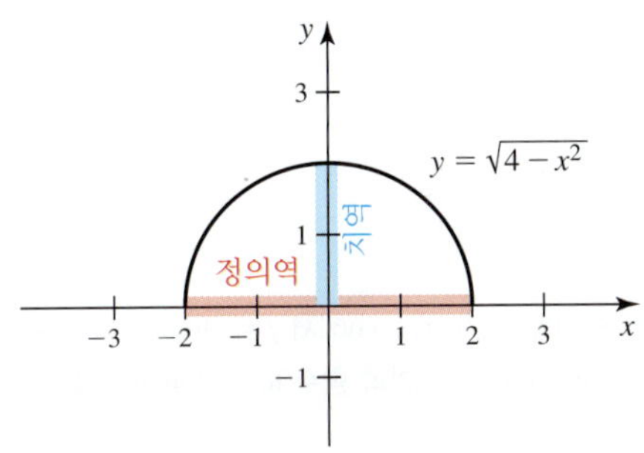

그림 1.5

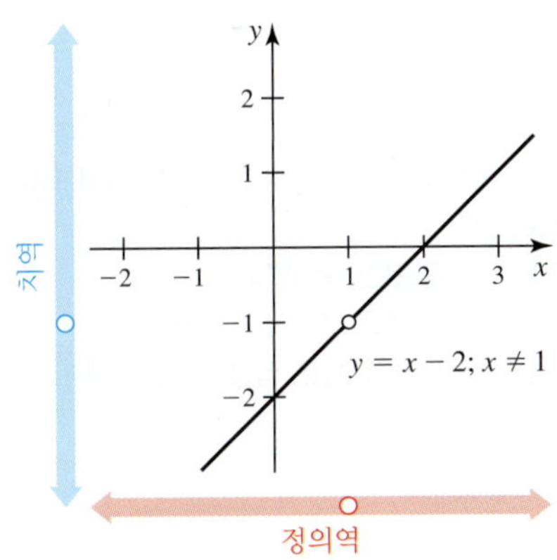

그림 1.6

| 예제 3 | **문맥상 정의역과 치역** 시각 $t = 0$에서 돌을 30 m/s의 속력으로 지면에서 수직 위로 던졌다. 지면 위의 높이 h는 함수 $f(t) = 30t - 5t^2$으로 근사(공기 저항은 무시)하며, 여기서 t는 초 단위이고 높이는 미터로 측정한다. 이때 문맥에 맞는 f의 정의역과 치역을 찾아라.

풀이 f는 t의 모든 값에서 정의되지만 의미 있는 시간은 돌을 던진 시간($t = 0$)과 지상에 도달하는 시간($h = 0$) 사이이다. 방정식 $h = 30t - 5t^2 = 0$을 풀면 다음과 같다.

$$\begin{aligned} 30t - 5t^2 &= 0 \\ 5t(6 - t) &= 0 && \text{인수분해하기} \\ 5t = 0 \text{ 또는 } 6 - t &= 0 && \text{각각의 인수는 } 0 \\ t = 0 \text{ 또는 } t &= 6 && \text{근 찾기} \end{aligned}$$

따라서 돌은 $t = 0$일 때 지면을 떠나 $t = 6$일 때 지면으로 돌아오므로 문맥에 맞는 적절한 정의역은 $\{t: 0 \leq t \leq 6\}$이다. 치역은 $[0, 6]$에 있는 모든 t에 대한 $h = 30t - 5t^2$의 값으로 구성된다. h의 최댓값은 돌이 최고점에 도달할 때인 $t = 3$(비행의 중간 지점)에서 발생하는데, 이는 $h = f(3) = 45$이다. 따라서 치역은 $[0, 45]$이다. 이 결과는 높이 함수의 그래프로 확인할 수 있다(그림 1.7). 이 그래프는 돌의 궤적이 아니다. 돌은 수직으로 움직인다.

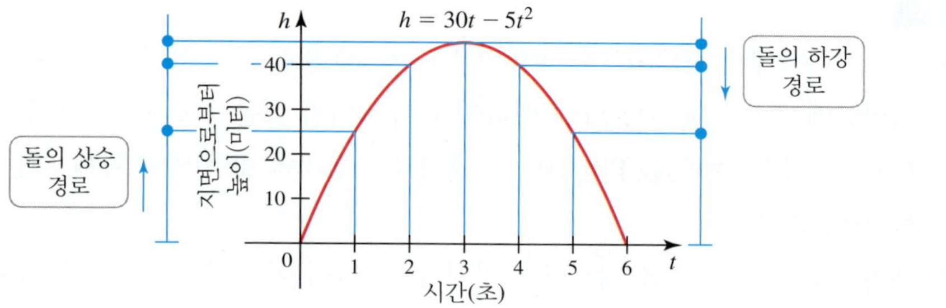

그림 1.7

관련 연습문제 5번 ◀

QUICK CHECK 2 $f(x) = (x^2+1)^{-1}$의 정의역과 치역을 구하여라. ◀

합성함수

함수는 합$(f+g)$, 차$(f-g)$, 곱(fg), 몫(f/g)을 사용하여 결합할 수 있다. 또한 합성이라고 하는 과정은 새로운 함수를 만든다.

➤ 합성함수 $y = f(g(x))$에서 f는 바깥 함수(outer function), g는 안쪽 함수(inner function)이다.

정의 합성함수

두 함수 f와 g가 주어지면 합성함수 $f \circ g$는 $(f \circ g)(x) = f(g(x))$로 정의된다. 이는 $y = f(u)$, $u = g(x)$와 같이 두 단계로 계산된다. $f \circ g$의 정의역은 $u = g(x)$가 f의 정의역에 있도록 하는 g의 정의역에 있는 모든 x로 구성된다(그림 1.8).

➤ 실수 직선에서 범위를 나타내는 세 가지 표기법이 있다.
- $[-2, 3)$은 구간 표기법이다.
- $-2 \le x < 3$은 부등식 표기법이다.
- $\{x: -2 \le x < 3\}$은 집합 표기법이다.

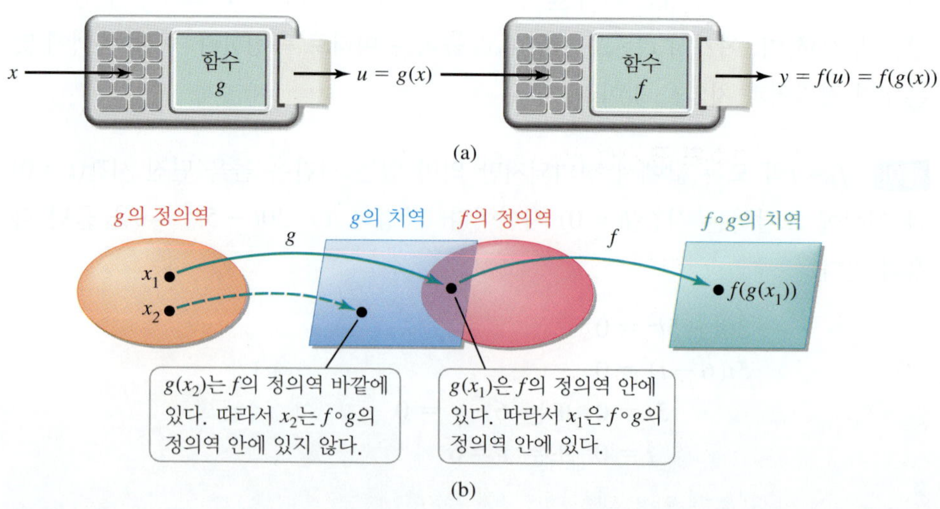

그림 1.8

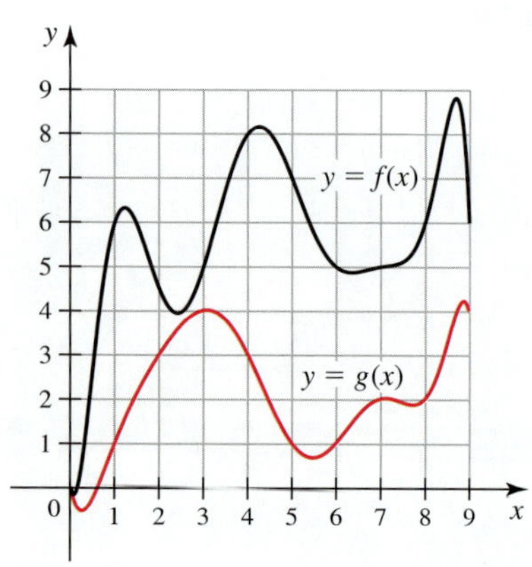

그림 1.9

| 예제 4 | 그래프를 사용한 합성 함수의 계산 그림 1.9에 주어진 f와 g의 그래프를 사용하여 다음을 계산하여라.

a. $f(g(3))$ **b.** $g(f(3))$ **c.** $f(f(4))$ **d.** $f(g(f(8)))$

풀이

a. 그래프에서 알 수 있듯이 $g(3) = 4$, $f(4) = 8$이다. 따라서 $f(g(3)) = f(4) = 8$이다.

b. 그래프에서 $g(f(3)) = g(5) = 1$임을 볼 수 있다. 참고로 $f(g(3)) \neq g(f(3))$이다.

c. 이 경우 $f(\underbrace{f(4)}_{8}) = f(8) = 6$이다.

d. 안쪽부터 시작하면 다음과 같다.

$$f(g(\underbrace{f(8)}_{6}))) = f(\underbrace{g(6)}_{1}) = f(1) = 6$$

관련 연습문제 8번 ◀

| 예제 5 | 표를 사용한 합성함수의 계산 표에 주어진 함숫값을 사용하여 주어진 합성함수의 값을 계산하여라.

a. $(f \circ g)(0)$ **b.** $g(f(-1))$ **c.** $f(g(g(-1)))$

x	-2	-1	0	1	2
$f(x)$	0	1	3	4	2
$g(x)$	-1	0	-2	-3	-4

풀이

a. 표로부터 $g(0) = -2$, $f(-2) = 0$이다. 그러므로 $(f \circ g)(0) = 0$이다.

b. $f(-1) = 1$이고 $g(1) = -3$이므로 $g(f(-1)) = -3$이다.

c. 안쪽부터 시작하면 다음과 같다.

$$f(g(\underbrace{g(-1)}_{0})) = f(\underbrace{g(0)}_{-2}) = f(-2) = 0$$

| 예제 6 | 합성함수와 표기법 두 함수 $f(x) = 3x^2 - x$, $g(x) = 1/x$에 대하여 다음을 단순화하여라.

a. $f(5p+1)$ **b.** $g(1/x)$ **c.** $f(g(x))$ **d.** $g(f(x))$

풀이 각각의 경우에 대하여 함수의 변수를 공략하자.

a. 함수 f의 변수는 $5p + 1$이므로 다음 식이 성립한다.

$$f(5p + 1) = 3(5p + 1)^2 - (5p + 1) = 75p^2 + 25p + 2$$

b. g는 변수의 역수를 필요로 하므로 $1/x$의 역수를 취하면 $g(1/x) = 1/(1/x) = x$임을 알 수 있다.

c. 함수 f의 변수는 $g(x)$이므로 다음 식이 성립한다.

$$f(g(x)) = f\left(\frac{1}{x}\right) = 3\left(\frac{1}{x}\right)^2 - \left(\frac{1}{x}\right) = \frac{3}{x^2} - \frac{1}{x} = \frac{3 - x}{x^2}$$

➤ 일반적으로 예제 6c와 6d는 다음을 나타낸다.
$f(g(x)) \neq g(f(x))$

d. 함수 g의 변수는 $f(x)$이므로 다음 식이 성립한다.

$$g(f(x)) = g(3x^2 - x) = \frac{1}{3x^2 - x}$$

관련 연습문제 17-19번 ◀

| 예제 7 | 합성함수 연습 다음 함수를 만드는 합성함수의 바깥 함수(outer function)와 안쪽 함수(inner function)를 구하여라. 또한 합성함수의 정의역을 찾아라.

a. $h(x) = \sqrt{9x - x^2}$ **b.** $h(x) = \dfrac{2}{(x^2 - 1)^3}$

풀이

a. 쉽게 알 수 있듯이 바깥 함수는 $f(x) = \sqrt{x}$, 안쪽 함수는 $g(x) = 9x - x^2$이다. 따라서 h는 $h = f \circ g$ 또는 $h(x) = f(g(x))$로 표현할 수 있다. $f \circ g$의 정의역은 $9x - x^2 \geq 0$을 만족하는 모든 x의 집합이다. 이 부등식을 풀면 f의 정의역이 $\{x: 0 \leq x \leq 9\}$가 된다.

b. 바깥 함수를 $f(x) = 2/x^3 = 2x^{-3}$으로 선택하는 것이 좋으며, 이때 안쪽 함수는 $g(x) = x^2 - 1$이다. 그러므로 h는 $h = f \circ g$ 또는 $h(x) = f(g(x))$로 표현할 수 있다. $f \circ g$의 정의역은 $g(x) \neq 0$을 만족하는 모든 x의 집합이며, 이는 $\{x: x \neq \pm 1\}$이다.

관련 연습문제 23번 ◀

| 예제 8 | 더 많은 합성함수 두 함수 $f(x) = \sqrt[3]{x}$, $g(x) = x^2 - x - 6$에 대하여 다음 합성함수를 찾고 정의역을 구하여라.

a. $g \circ f$ **b.** $g \circ g$

풀이

a. 다음과 같이 계산해 보자.

$$(g \circ f)(x) = g(f(x)) = g(\sqrt[3]{x}) = \underbrace{(\sqrt[3]{x})}_{f(x)}{}^2 - \underbrace{\sqrt[3]{x}}_{f(x)} - 6 = x^{2/3} - x^{1/3} - 6$$

f와 g의 정의역이 $(-\infty, \infty)$이므로 $f \circ g$의 정의역도 $(-\infty, \infty)$이다.

b. 이 경우 합성함수는 두 개의 다항식으로 구성된다.

$$\begin{aligned}(g \circ g)(x) &= g(g(x)) \\ &= g(x^2 - x - 6) \\ &= \underbrace{(x^2 - x - 6)}_{g(x)}{}^2 - \underbrace{(x^2 - x - 6)}_{g(x)} - 6 \\ &= x^4 - 2x^3 - 12x^2 + 13x + 36\end{aligned}$$

두 다항식의 합성함수의 정의역은 $(-\infty, \infty)$이다.

관련 연습문제 24번 ◀

QUICK CHECK 3 두 함수 $f(x) = x^2 + 1$, $g(x) = x^2$에 대하여 $f \circ g$와 $g \circ f$를 찾아라. ◀

할선과 차분몫

곧 알 수 있듯이 선과 곡선의 기울기는 미적분에서 기본적인 역할을 한다. 그림 1.10은 $h > 0$인 경우 $y = f(x)$의 그래프에서 두 점 $P(x, f(x))$와 $Q(x + h, f(x + h))$를 보여 준다. 곡선의 임의의 두 점을 통과하는 선을 **할선**(secant line)이라고 한다(미적분에 있어 할선의 중요성은 2장과 3장에 설명되어 있다). 우선 다음 식에 주어진 m_{sec}로 표기한 P와 Q를 통과하는 할선의 기울기를 살펴보자.

$$m_{sec} = \frac{y\text{의 변화량}}{x\text{의 변화량}} = \frac{f(x+h)-f(x)}{(x+h)-x} = \frac{f(x+h)-f(x)}{h}$$

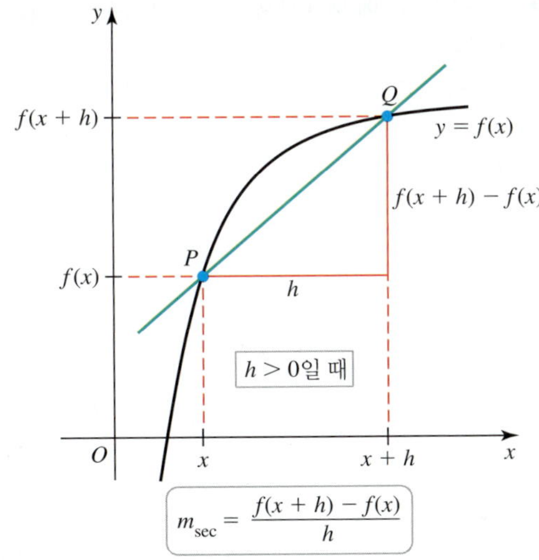

그림 1.10

기울기 식 $\frac{f(x+h)-f(x)}{h}$는 **차분몫**(difference quotient)이라고도 하며, P와 Q의 좌표를 어떻게 표기하느냐에 따라 여러 방법으로 표현할 수 있다. 예를 들어 $P(a, f(a))$와 $Q(x, f(x))$가 주어지면(그림 1.11) 차분몫은 다음과 같다.

$$m_{sec} = \frac{f(x)-f(a)}{x-a}$$

위 표현에서 할선의 기울기는 구간 $[a, x]$에서 f의 **평균변화율**로 해석된다.

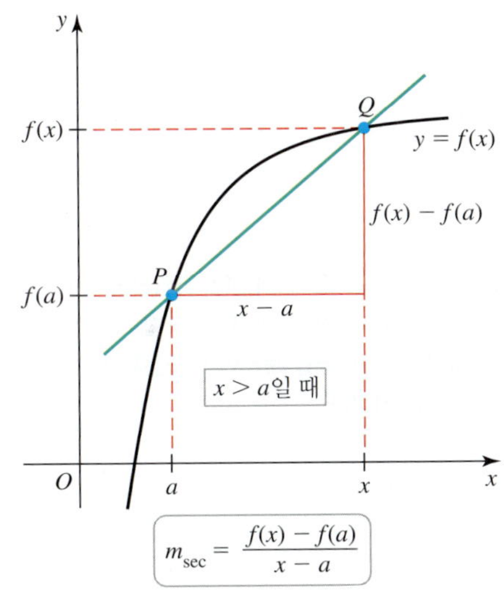

그림 1.11

| 예제 9 | 차분몫 연습

a. 함수 $f(x) = 3x^2 - x$에 대하여 차분몫 $\frac{f(x+h)-f(x)}{h}$를 간단히 하여라.

b. 함수 $f(x) = x^3$에 대하여 차분몫 $\frac{f(x)-f(a)}{x-a}$를 간단히 하여라.

풀이

a. 먼저 $f(x + h)(x + h) = 3(x + h)^2 - (x + h)$임을 참고하여라. 이 식을 차분몫에 대입하고 단순화하자.

$$\frac{f(x+h)-f(x)}{h} = \frac{\overbrace{3(x+h)^2-(x+h)}^{f(x+h)} - \overbrace{(3x^2-x)}^{f(x)}}{h}$$

$$= \frac{3(x^2+2xh+h^2)-(x+h)-(3x^2-x)}{h}$$ $(x+h)^2$을 전개하기

$$= \frac{3x^2+6xh+3h^2-x-h-3x^2+x}{h}$$ 괄호 풀기

$$= \frac{6xh+3h^2-h}{h}$$ 간단히 하기

$$= \frac{h(6x+3h-1)}{h} = 6x+3h-1$$ 인수분해 및 간단히 하기

➤ $f(x + h)$를 합성 $f(g(x))$로 여기자. 여기서 $x + h$는 $g(x)$의 역할을 한다. $f(x + h)$를 계산하기 전에 마음속에 패턴을 만드는 것이 도움이 된다. 예를 들어 예제 9a의 함수를 보자.

$$f(x) = 3x^2 - x$$
$$f(12) = 3\cdot 12^2 - 12$$
$$f(b) = 3b^2 - b$$
$$f(\text{math}) = 3\cdot \text{math}^2 - \text{math}$$

그러므로

$$f(x+h) = 3(x+h)^2 - (x+h)$$

▶ 인수분해 공식에 대한 내용은 이 책의 앞부분을 참조하여라.

b. 세제곱끼리의 차에 대한 인수분해 공식을 이용하면 다음과 같다.

$$\frac{f(x) - f(a)}{x - a} = \frac{x^3 - a^3}{x - a}$$

$$= \frac{(x - a)(x^2 + ax + a^2)}{x - a} \quad x^3 - a^3\text{의 인수분해 공식}$$

$$= x^2 + ax + a^2 \quad \text{간단히 하기}$$

관련 연습문제 34-36번 ◀

| 예제 10 | 할선의 기울기에 대한 해석 다양한 시각 t에서, 등산로에서 등산객의 위치는 등산객이 착용한 GPS 시계에 의해 기록된다. 그런 다음 이 데이터를 컴퓨터에 업로드하여 그림 1.12에 표시된 거리 함수 $d = f(t)$의 그래프를 생성한다. 여기서 d는 등산로에서 이동한 거리(단위는 마일)를 측정하고 t는 하이킹을 시작한 시점부터 경과한 시간(단위는 시간)이다.

a. 3번 이정표와 5번 이정표 사이의 등산로에 해당하는 그래프의 점을 통과하는 할선의 기울기를 찾고 결과를 해석하여라.

b. 그림 1.12의 점 A와 점 B를 지나는 할선의 기울기를 추정하고 **a**에서 찾은 할선의 기울기와 비교하여라.

▶ 그림 1.12는 로키 마운틴 국립공원에서 수집된 실제 GPS 데이터를 포함하고 있다. 다른 데이터를 보려면 연습문제 38번을 참조하여라.

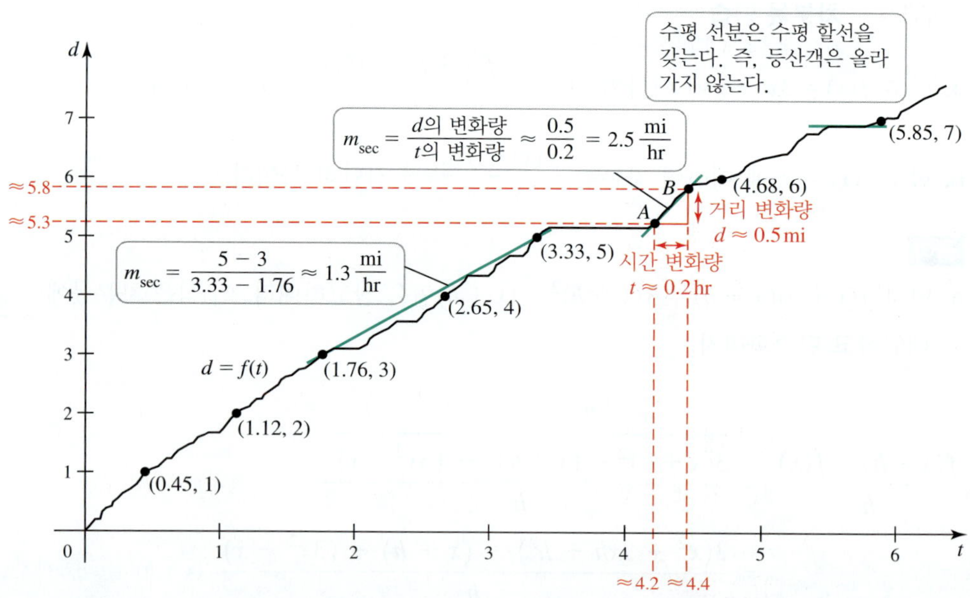

그림 1.12

풀이

a. $d = f(t)$의 그래프에서 등산객이 3번 이정표에 도착한 시점에 1.76시간(약 1시간 46분)이 경과되며, 5번 이정표에서는 3.33시간에 도달했음을 알 수 있다. 이는 $f(1.76) = 3$, $f(3.33) = 5$로 표시되며, 두 점을 통과하는 할선의 기울기를 찾기 위해 거리 변화량을 시간 변화량으로 나누어 계산하자.

$$m_{\text{sec}} = \frac{f(3.33) - f(1.76)}{3.33 - 1.76} = \frac{5 - 3}{3.33 - 1.76} \approx 1.3 \frac{\text{mi}}{\text{hr}}$$

이 단위는 기울기의 물리적 의미에 대한 단서를 제공한다. 즉, 시간당 거리가 변하는 평균 비율을 측정하며, 이는 등산객의 평균 속력이다. 이 경우 등산객은 3번 이정표와 5번 이정표 사이를 평균 약 1.3 mi/hr의 속력으로 걷는다.

b. 그래프에서 점 A와 점 B의 좌표는 각각 약 (4.2, 5.3), (4.4, 5.8)임을 알 수 있다. 이는 등산객이 $4.4 - 4.2 = 0.2$hr에 $5.8 - 5.3 = 0.5$mi만큼 걷는 것을 의미한다. A와 B를 통과한 할선의 기울기는 다음과 같다.

$$m_{\text{sec}} = \frac{d\text{의 변화}}{t\text{의 변화}} \approx \frac{0.5}{0.2} = 2.5 \frac{\text{mi}}{\text{hr}}$$

등산로의 이 부분에서 등산객은 약 2.5 mi/hr의 평균 속력으로 걷는데, 이는 **a**에서 계산된 평균 속력의 거의 두 배의 속력이다. 다시 말해 거리 곡선의 가파른 부분은 가파른 할선을 생성하며, 이는 더 빠른 평균 등산 속력에 해당한다. 반대로 기울기가 0인 할선은 평균 속력 0에 해당한다. 마지막으로 그림 1.12를 보면 등산객이 등산로를 따라 쉬고 있는 시간 간격을 확인할 수 있다. 거리 곡선이 수평일 때 등산객은 움직이지 않는다.

관련 연습문제 38번 ◀

QUICK CHECK 4 그림 1.12를 참조하여 등산로의 처음 1마일에서 등산객의 평균 속력을 구한 다음 3.9시간에서 4.1시간 동안 등산객의 평균 속력을 측정하여라. ◀

대칭

대칭이라는 단어에는 수학에서 많은 의미가 있다. 여기서는 그래프의 대칭과 그것들이 나타내는 관계를 살펴본다. 대칭을 활용하면 시간을 절약하고 그래프를 이해하는 데 도움이 된다.

정의 그래프에서 대칭

점 (x, y)가 그래프 위에 있을 때 점 $(-x, y)$도 그래프 위에 있으면 그래프는 **y축에 대하여 대칭**이다. 이 성질은 그래프가 y축을 가로질러 반사될 때 변경되지 않음을 의미한다(그림 1.13(a)).

점 (x, y)가 그래프 위에 있을 때마다 점 $(x, -y)$도 그래프 위에 있으면 그래프는 **x축에 대하여 대칭**이다. 이 성질은 그래프가 x축을 가로질러 반사될 때 변경되지 않음을 의미한다(그림 1.13(b)).

점 (x, y)가 그래프 위에 있을 때마다 점 $(-x, -y)$도 그래프 위에 있으면 그래프는 **원점에 대하여 대칭**이다(그림 1.13(c)). x축과 y축 모두에 대한 대칭은 원점에 대한 대칭성을 의미하지만, 그 반대는 아니다.

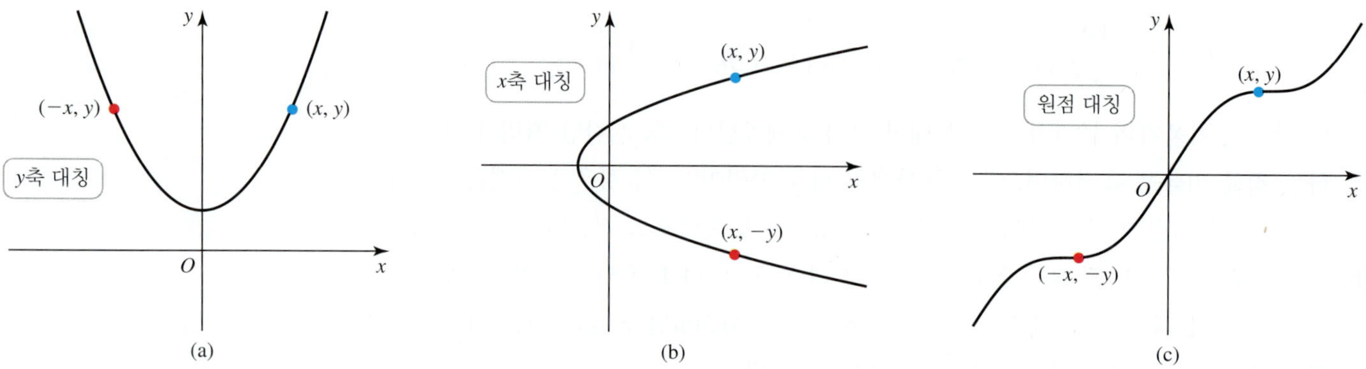

그림 1.13

> **정의 함수에서 대칭**
>
> **우함수** f는 정의역의 모든 x에 대하여 $f(-x) = f(x)$를 만족한다. 우함수의 그래프는 y축에 대하여 대칭이다.
>
> **기함수** f는 정의역의 모든 x에 대하여 $f(-x) = -f(x)$를 만족한다. 기함수의 그래프는 원점에 대하여 대칭이다.

변수의 짝수 거듭제곱만으로 구성된 다항식(x^{2n} 형태, n은 음이 아닌 정수)은 우함수이다. 변수의 홀수 거듭제곱만으로 구성된 다항식(x^{2n+1} 형태, n은 음이 아닌 정수)은 기함수이다.

QUICK CHECK 5 영함수(zero function, $f(x) = 0$)가 아닌 함수의 그래프는 x축 대칭이 되지 않는 이유를 설명하여라. ◀

| 예제 11 | 대칭 함수 찾기 다음 함수에서 대칭성을 조사하여라.

a. $f(x) = x^4 - 2x^2 - 20$ **b.** $g(x) = x^3 - 3x + 1$ **c.** $h(x) = \dfrac{1}{x^3 - x}$

풀이

a. 함수 f는 x의 짝수 거듭제곱으로 구성된다($20 = 20 \cdot 1 = 20x^0$에서 x^0은 짝수 거듭제곱으로 간주). 따라서 f는 우함수이다(그림 1.14). 이 사실은 $f(-x) = f(x)$가 성립함을 확인하여 알 수 있다.

$$f(-x) = (-x)^4 - 2(-x)^2 - 20 = x^4 - 2x^2 - 20 = f(x)$$

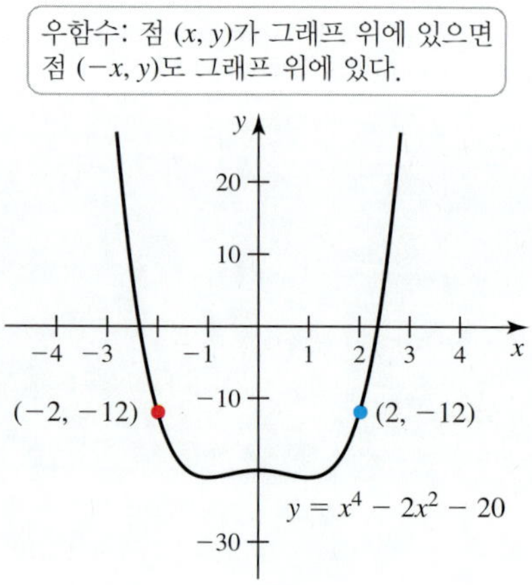

그림 1.14

b. 함수 g는 두 개의 홀수 거듭제곱과 하나의 짝수 거듭제곱으로 구성되어 있다($1 = x^0$은 짝수 거듭제곱). 따라서 g는 y축이나 원점 대칭이 없을 것으로 예상된다(그림 1.15).

$$g(-x) = (-x)^3 - 3(-x) + 1 = -x^3 + 3x + 1$$

이므로 $g(-x)$는 $g(x)$도 $-g(x)$도 아니며, 따라서 g는 대칭성이 없다.

c. 이 경우 h는 기함수 $g(x) = x^3 - x$를 가진 기함수 $f(x) = 1/x$의 합성함수이다.

$$h(-x) = \frac{1}{(-x)^3 - (-x)} = -\frac{1}{x^3 - x} = -h(x)$$

에 의해 $h(-x) = -h(x)$이므로 h는 기함수이다(그림 1.16).

기함수: 점 (x, y)가 그래프 위에 있으면 점 $(-x, y)$도 그래프 위에 있다.

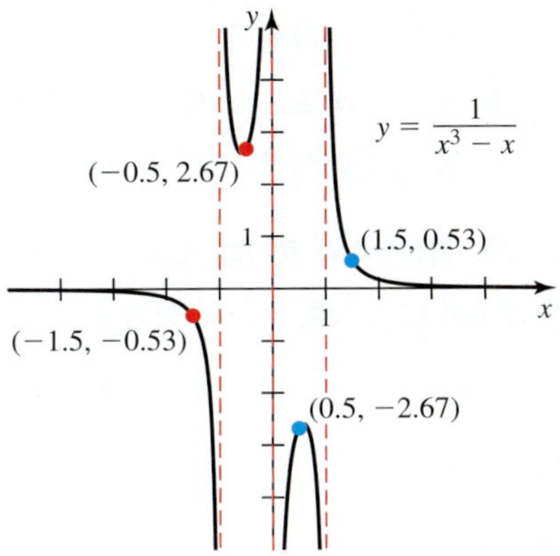

그림 1.16

관련 연습문제 41-42번

비대칭: 우함수도 기함수도 아니다.

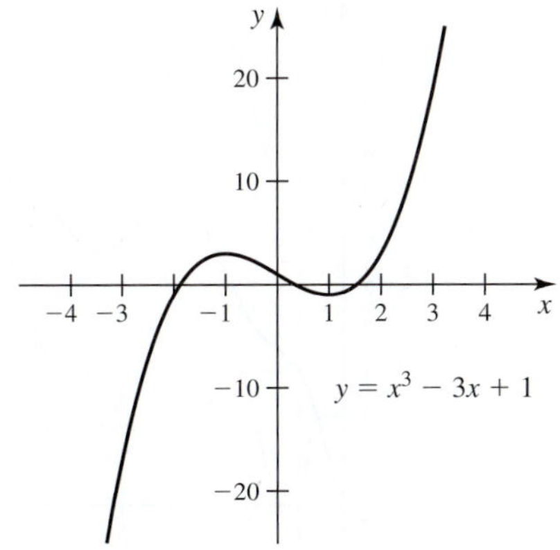

그림 1.15

➤ 우함수와 기함수로 이루어진 합성함수의 대칭성은 연습문제 52–53번에 있다.

1.1절 연습문제

1단계 스타트

1. 정의역, 치역, 독립변수, 종속변수라는 용어를 사용하여 함수가 하나의 변수를 다른 변수와 연관시키는 방법을 설명하여라.

2. 다음 두 그래프 A, B가 함수를 나타내는지 조사하여라.

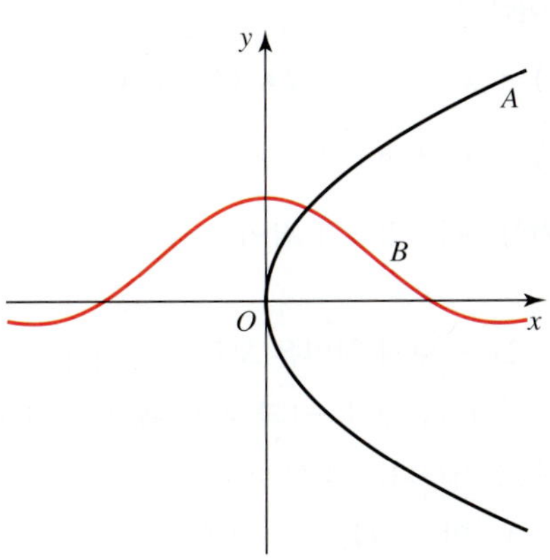

3. 다음 중 함수에 대한 설명으로 옳은 것을 고르고 설명하여라. (i) 정의역에 있는 x 값에 대응하는 치역에 있는 y 값은 하나이다. (ii) 치역에 있는 y 값에 대응하는 정의역에 있는 x 값은 하나이다.

4. $f(x) = 3x^2 - 10$의 정의역과 치역을 구하여라.

5. **급수탑** 반경이 10 m, 높이가 50 m의 원통형 급수탑에 물이 h m 높이까지 채워져 있고, 물의 부피 V m^{3}는 함수 $g(h) = 100\,\pi h$이다. 이 함수에 대한 독립변수와 종속변수를 찾고 적절한 정의역을 구하여라.

6. 두 함수 $f(x) = 2x + 1$, $g(x) = 1/(x - 1)$에 대하여 $f(g(1/2))$, $g(f(4))$, $g(f(x))$를 간단한 식으로 나타내어라.

7. f와 g의 정의역과 치역을 알 때, $f \circ g$의 정의역을 찾는 방법을 설명하여라.

8. 그림에 주어진 f와 g의 그래프를 사용하여 다음 함숫값을 결정하여라.

a. $(f \circ g)(2)$　　**b.** $g(f(2))$

c. $f(g(4))$　　**d.** $g(f(5))$

e. $f(f(8))$ **f.** $g(f(g(5)))$

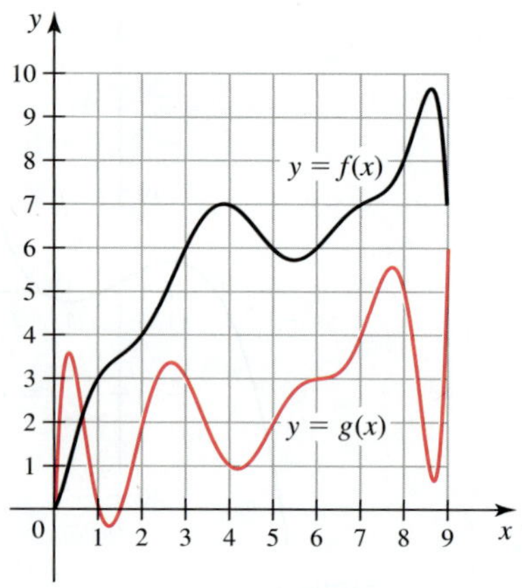

9. 라디오존데 방출 국립기상청은 대기로부터 데이터를 수집하기 위해 매년 약 70,000개의 라디오존데(radiosonde)를 방출한다. 풍선에 부착된 라디오존데는 풍선이 상층 대기에서 터질 때까지 약 1000 ft/min으로 상승한다. 라디오존데가 지상 6 ft 지점에서 방출되고 5초 후에 지상 83 ft에 있다고 가정하자. $f(t)$는 라디오존데가 방출된 후 t초 동안 지상으로부터의 높이(피트)를 나타낸다. $\frac{f(5)-f(0)}{5-0}$을 계산하고 이 몫의 의미를 말하여라.

10. 우함수 f는 $f(2) = 2$를 만족하고, 기함수 g는 $g(2) = -2$를 만족한다. $f(-2)$, $g(-2)$, $f(g(2))$, $g(f(-2))$의 값을 구하여라.

11. 그림에 주어진 세 그래프 A, B, C가 우함수인지 기함수인지 아니면 둘 다 아닌지 조사하여라.

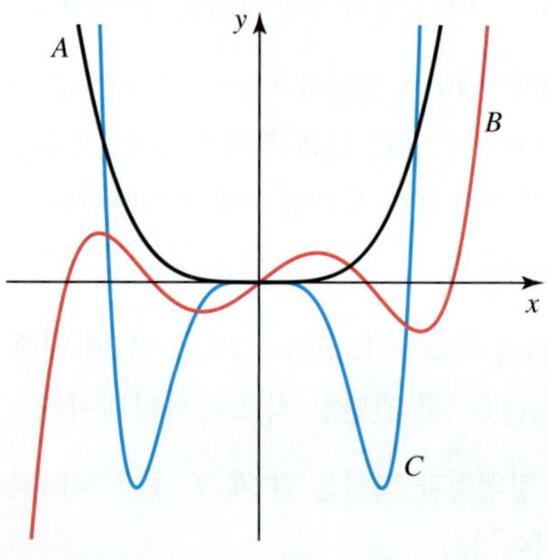

2단계 실전

12–13. 정의역과 치역 주어진 함수의 정의역과 치역을 구하여라.

12. $f(x) = \dfrac{x^2 - 5x + 6}{x - 2}$ **13.** $f(x) = \sqrt{7 - x^2}$

14–15. 정의역 주어진 함수의 정의역을 구하여라.

14. $h(u) = \sqrt[3]{u - 1}$ **15.** $f(x) = (9 - x^2)^{3/2}$

16. 로켓 발사 작은 로켓이 지면으로부터 높이 80 ft 절벽의 가장자리에서 96 ft/s의 속력으로 수직 위쪽으로 발사된다. 지면으로부터의 높이(피트)는 $h(t) = -16t^2 + 96t + 80$이며, 여기서 t는 초 단위로 측정된 시간이다.

a. 로켓이 $t = 0$에서 발사되었다고 가정할 때 h의 적절한 정의역을 구하여라.

b. h를 그래프로 표시하고 로켓이 최고점에 도달하는 시간을 결정하여라. 그때의 높이는 얼마인가?

17–21. 합성함수와 표기법 $f(x) = x^2 - 4$, $g(x) = x^3$, $F(x) = 1/(x - 3)$에 대하여 다음 식을 간단히 하여라.

17. $g(1/z)$ **18.** $F(g(y))$

19. $g(f(u))$ **20.** $F(F(x))$

21. $f\left(\sqrt{x + 4}\right)$

22–23. 합성함수 찾기 주어진 함수 h가 $f \circ g$와 같아지도록 만드는 바깥 함수 f와 안쪽 함수 g를 찾아라.

22. $h(x) = (x^3 - 5)^{10}$ **23.** $h(x) = \sqrt{x^4 + 2}$

24–27. 합성함수 계산 $f(x) = |x|$, $g(x) = x^2 - 4$, $F(x) = \sqrt{x}$, $G(x) = 1/(x - 2)$에 대하여 주어진 함수를 계산하고 정의역을 구하여라.

24. $f \circ g$ **25.** $f \circ G$

26. $G \circ g \circ f$ **27.** $g \circ g$

28–30. 누락된 조각 $g(x) = x^2 + 3$일 때, 주어진 합성함수를 만드는 함수 f를 구하여라.

28. $(f \circ g)(x) = x^2$ **29.** $(f \circ g)(x) = x^4 + 6x^2 + 9$

30. $(g \circ f)(x) = x^4 + 3$

31. 참 또는 거짓 다음 명제가 참이면 증명하고 거짓이면 반례를 들어라.

a. $f(x) = 2x - 38$의 치역은 모든 실수이다.

b. 식 $y = x^6 + 1$은 $x = -1$과 $x = 1$에 대하여 $y = 2$가 되므로 함수가 아니다.

c. $f(x) = x^{-1}$이면 $f(1/x) = 1/f(x)$이다.

d. 일반적으로 $f(f(x)) = (f(x))^2$이다.

e. 일반적으로 $f(g(x)) = g(f(x))$이다.

f. 정의에 의해 $f(g(x)) = (f \circ g)(x)$이다.

g. $f(x)$가 우함수이면 $cf(ax)$도 우함수이다. 여기서 a와 c는 0이 아닌 실수이다.

h. $f(x)$가 기함수이면 $f(x) + d$도 기함수이다. 여기서 d는 0이 아닌 실수이다.

i. f가 우함수인 동시에 기함수이면 모든 x에 대하여 $f(x) = 0$이다.

32–34. 차분몫 계산 다음 함수의 차분몫 $\dfrac{f(x+h) - f(x)}{h}$를 계산하여라.

32. $f(x) = 3x$ **33.** $f(x) = x^2$

34. $f(x) = \dfrac{2}{x}$

35–37. 차분몫 계산 다음 함수의 차분몫 $\dfrac{f(x) - f(a)}{x - a}$를 계산하여라.

35. $f(x) = x^2 + x$ **36.** $f(x) = x^3 - 2x$

37. $f(x) = -\dfrac{4}{x^2}$

38. GPS 데이터 GPS 장치는 산을 걷는 등산객의 고도 E(피트)를 추적한다. 그림은 하이킹을 시작한 후 t시간이 지났을 때의 고도이다.

a. 두 지점 A와 B를 통과하는 할선의 기울기를 구하고, 이를 구간 $1 \le t \le 3$의 평균변화율로 해석하여라.

b. 두 지점 P와 Q를 통과하는 할선에 대하여 **a**의 과정을 반복하여라.

c. 그림의 곡선은 $t = 5.5$ hr 부근에서 수평이다. 수평선 부분에 대하여 타당한 설명을 하여라 .

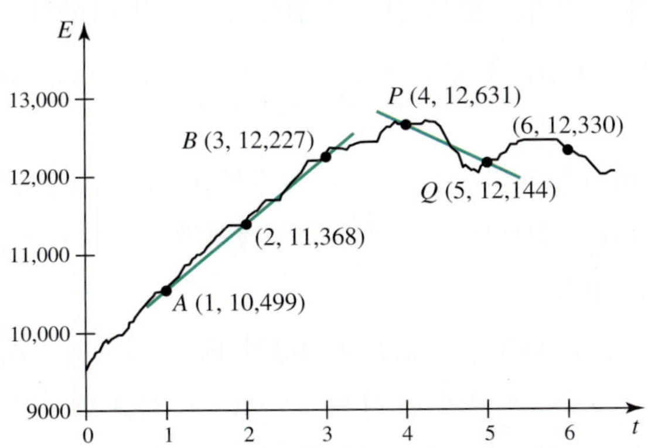

39–40. 할선의 기울기 해석 다음 문제에서 함수와 변수의 구간이 주어졌다. 구간의 끝점은 함수의 그래프의 두 점 P, Q와 관련이 있다.

a. 함수의 그래프를 그리고 두 점 P, Q를 잇는 할선을 그려라.

b. **a**에서 구한 할선의 기울기를 찾고, 이를 구간에 대한 평균변화율로 해석하여라. 답에 단위를 포함하여라.

39. 정지 상태에서 떨어지기 시작한 물체의 시각 t초 후 떨어진 거리는 $d = 16t^2$이다. 여기서 거리 d의 단위는 피트이며 시각 t의 범위는 $2 \le t \le 5$이다.

40. m^3 단위의 이상기체의 부피 V는 $V = 2/p$로 나타내며, 여기서 p는 대기 중의 압력이고 $0.5 \le p \le 2$이다.

41–44. 대칭 다음 방정식 또는 함수의 그래프가 x축 대칭인지 y축 대칭인지 아니면 원점 대칭인지 말하여라. 그래프를 그려 답을 확인하여라.

41. $f(x) = x^4 + 5x^2 - 12$ **42.** $f(x) = x^5 - x^3 - 2$

43. $x^{2/3} + y^{2/3} = 1$ **44.** $f(x) = x|x|$

3단계 도전

45. 그래프에서 우함수 및 기함수의 합성함수 그림에 주어진 우함수 f와 기함수 g의 (불완전한) 그래프를 이용하여 다음 함숫값을 구하여라.

a. $f(g(-2))$ **b.** $g(f(-2))$

c. $f(g(-4))$ **d.** $g(f(5) - 8)$

e. $g(g(-7))$ **f.** $f(1 - f(8))$

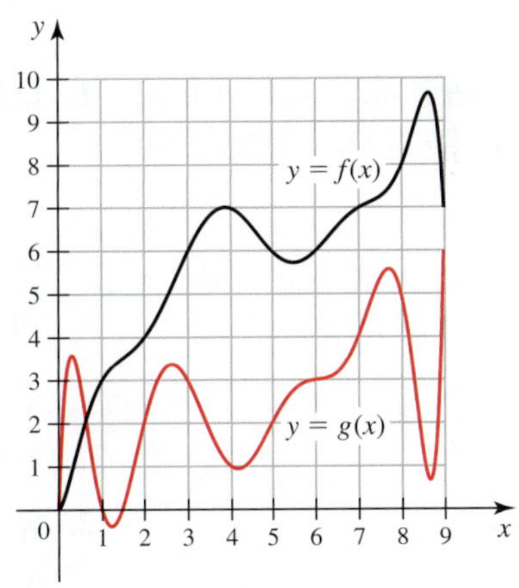

46. 절댓값 그래프 절댓값의 정의를 사용하여 방정식 $|x| - |y| = 1$의 그래프를 그려라. 그래프 유틸리티(계산기 또는 컴퓨터 프로그램)를 사용하여 그래프를 확인하여라.

47. 반원 그래프 $g(x) = 2 - \sqrt{-x^2 + 6x + 16}$의 그래프가 원의 하반부임을 보이고, 정의역과 치역을 구하여라.

48–49. 다항식 계산 다음 조건을 만족하는 다항식 f를 찾아라(힌트: f의 차수를 정하고 해당 차수의 다항식을 대입하여 계수를 찾는다).

48. $f(f(x)) = 9x - 8$ **49.** $f(f(x)) = x^4 - 12x^2 + 30$

50–51. 차분몫 분자를 유리화하여 차분몫 $\dfrac{f(x+h)-f(x)}{h}$와 $\dfrac{f(x)-f(a)}{x-a}$을 간단히 하여라.

50. $f(x) = \sqrt{x}$

51. $f(x) = -\dfrac{3}{\sqrt{x}}$

52–53. 우함수 및 기함수의 결합 E를 우함수, O를 기함수라 하자. 다음 함수의 대칭성을 조사하여라.

52. $E + O$

53. $O \circ E$

QUICK CHECK 정답

1. 3, $x^4 - 2x^2$, $t^2 - 2t$, $p^2 - 4p + 3$ **2.** 정의역은 모든 실수이다. 치역은 $\{y: 0 < y \le 1\}$이다. **3.** $(f \circ g)(x) = x^4 + 1$, $(g \circ f)(x) = (x^2 + 1)^2$ **4.** 처음 1마일의 평균 속력은 대략 2.2 mi/hr이다. 시간 $3.9 \le t \le 4.1$에서 평균 속력은 0이다. **5.** 그래프가 x축에 대하여 대칭이면 그래프는 수직선 검사를 통과하지 못한다.◄

1.2 함수 표현

이번 절에서는 함수를 정의하고 표현하는 네 가지 접근 방식(식, 그래프, 표, 설명)을 다룬다.

식 사용

다음은 이 장뿐 아니라 책 전체에서 체계적으로 공부하는 함수의 모임의 간단한 목록이다. 이들은 모두 식에 의해 정의된다.

➤ 대수학의 기본 정리 중 하나에 따르면 0이 아닌 n차 다항식은 정확히 n개의 근(복소근 및 중근 포함)을 갖는다.

1. **다항함수**는 다음과 같은 형태의 함수이다.

$$p(x) = a_n x^n + a_{n-1}x^{n-1} + \cdots + a_1 x + a_0$$

여기서 **계수** $a_0, a_1, \cdots, a_n$은 실수이고 $a_n \neq 0$이며, 음이 아닌 정수 n은 다항식의 **차수**이다. 다항함수의 정의역은 모든 실수의 집합이다. n차 다항식은 n개의 실수**해** 또는 **근**($p(x) = 0$인 x 값, 즉 함수 p의 그래프가 x축과 만나는 점의 x좌표)을 가질 수 있다.

2. **유리함수**는 $f(x) = p(x)/q(x)$ 형태의 분수식이다. 여기서 p와 q는 다항함수이다. 0으로 나누는 것은 금지되어 있으므로 유리함수의 정의역은 분모가 0인 것을 제외한 모든 실수의 집합이다.

3. **대수함수**는 덧셈, 뺄셈, 곱셈, 나눗셈, 제곱근(root)의 대수 연산에 의해 구성된다. 예를 들어 $f(x) = \sqrt{2x^3 + 4}$와 $g(x) = x^{1/4}(x^3 + 2)$는 대수함수이다. 일반적으로 짝수 거듭제곱근(제곱근, 네제곱근 등)이 있는 경우, 정의역은 근호 안의 값이 음수인 점을 포함하지 않는다(근호 안의 값이 음수인 점 외에 다른 점도 정의역에 포함되지 않을 수 있다).

➤ 지수함수와 로그함수는 1.3절에서 다룬다.

4. **지수함수**는 $f(x) = b^x$ 형태이며, 여기서 b는 1이 아닌 양수이다. 지수함수와 밀접하게 연관된 것은 $f(x) = \log_b x$ 형태의 **로그함수**이며, 여기서 $b > 0$, $b \neq 1$이다. 지수함수는 모든 실수로 구성된 정의역을 갖는다. 로그함수는 양의 실수에

서 정의된다.

자연지수함수는 $f(x) = e^x$이며, 밑은 $b = e$이다. $e \approx 2.71828\cdots$은 수학의 기본 상수 중 하나이다. 자연지수함수와 연관된 자연로그함수 $f(x) = \ln x$는 $b = e$를 밑으로 갖는다.

5. **삼각함수**는 $\sin x$, $\cos x$, $\tan x$, $\cot x$, $\sec x$, $\csc x$이며 수학 및 많은 응용 분야의 기초이다. 또한 그들과 같은 종류인 **역삼각함수**도 중요하다.

➤ 삼각함수와 그 역함수는 1.4절에서 다룬다.

6. 삼각함수, 지수함수, 로그함수는 **초월함수**의 예들이다. 그림 1.17은 이러한 함수의 구성을 보여 주며, 다음 절에서 자세히 살펴본다.

QUICK CHECK 1 모든 다항함수는 유리함수인가? 모든 대수함수는 다항함수인가? ➤

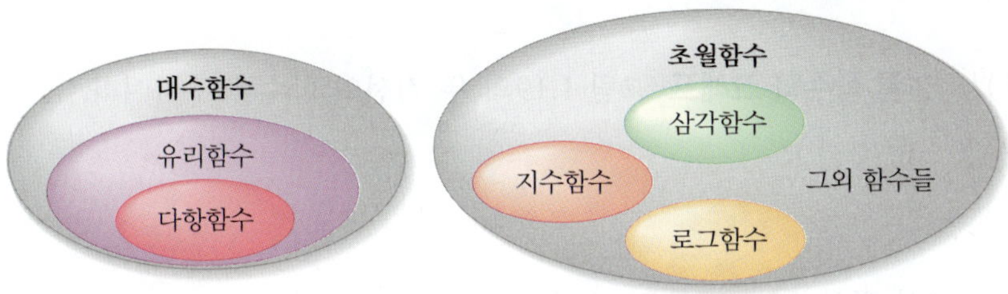

그림 1.17

그래프 사용

식은 많은 함수를 나타내는 가장 간결한 방법이지만 그래프는 종종 이보다 더 쉬운 표현 방법이 되기도 한다. 수많은 함수의 예와 그 그래프가 그림 1.18에 나와 있다. 이 책의 대부분에서 함수의 그래프를 만들고 분석하는 내용을 다룬다.

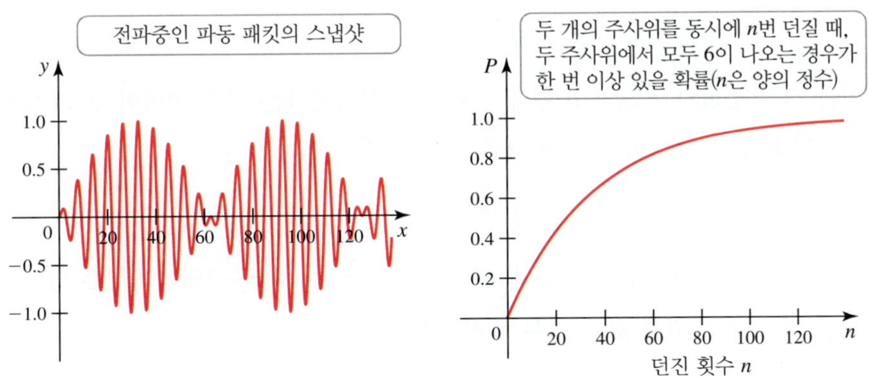

그림 1.18

함수의 그래프를 그리는 데에는 두 가지 접근 방식이 있다.

- (그래프 그리는 기능이 있는) 공학용 계산기와 그래프 작성 소프트웨어는 사용하기 쉽고 강력하다. 이 **기술적 방법**은 이 책에 나오는 대부분의 함수의 그래프를 쉽게 그린다. 따라서 그래프 유틸리티(계산기/소프트웨어)의 사용법을 알고 있어야 한다.
- 그러나 이러한 그래프 작성 기술들에 오류가 없는 것은 아니다. 그러므로 이 기

술들을 숙달하기 위해 노력해야 한다. 손으로 정확한 그래프를 그리는 **분석 방법**(지필법, pencil-and-paper methods)은 미적분에 크게 의존하며 이 책 전반에 걸쳐 제시된다.

중요한 메시지는 다음과 같다. 기술적 방법과 분석 방법 모두 필수적이며, 정확한 그래프를 그리기 위해 두 방법을 통합해서 사용해야 한다.

선형 함수 직선의 방정식의 한 형식은 $y = mx + b$이며, 여기서 m과 b는 상수이다. 따라서 함수 $f(x) = mx + b$의 그래프는 직선으로 나타나며 **선형 함수**(linear function)라고 한다.

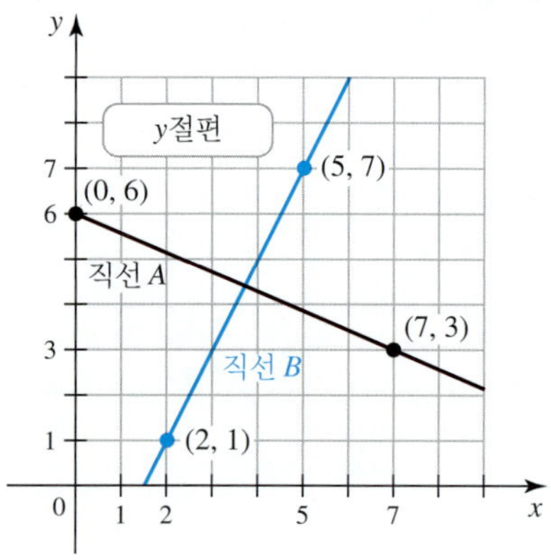

그림 1.19

| 예제 1 | 선형 함수와 그래프 그림 1.19의 두 직선의 함수를 구하여라.

a. 직선 A **b.** 직선 B

풀이

a. 그래프에서 직선 A의 y절편은 6임을 알 수 있다. 두 점 (0, 6), (7, 3)을 사용하면 직선의 기울기는 다음과 같이 구할 수 있다.

$$m = \frac{3 - 6}{7 - 0} = -\frac{3}{7}$$

따라서 이 직선은 함수 $f(x) = -\frac{3}{7}x + 6$이다.

b. 직선 B는 두 점 (2, 1), (5, 7)을 통과하므로 직선의 기울기는 다음과 같다.

$$m = \frac{7 - 1}{5 - 2} = 2$$

이는 직선이 $g(x) = 2x + b$ 형태의 함수로 설명된다는 것을 의미한다. $g(2) = 1$로부터 b 값을 결정하기 위해 다음 식을 살펴보자.

$$g(2) = 2 \cdot 2 + b = 1$$

위 식으로부터 b를 구하기 위해 계산하면 $b = 1 - 4 = -3$임을 알 수 있다. 따라서 이 직선은 함수 $g(x) = 2x - 3$이다.

➤ 예제 1b의 해에서는 점 (2, 1)을 사용하여 b의 값을 구했다. 점 (5, 7) 또는 $g(5) = 7$이라는 사실을 통해 동일한 결과를 얻을 수 있다.

관련 연습문제 2, 8번 ◀

| 예제 2 | 피자의 수요 함수 피자 체인점 주인은 몇 달 동안 매출을 조사한 결과, 가격이 올라가면 일주일에 판매되는 피자의 수(수요라고 하자)가 감소한다는 것을 알게 됐다. 구체적으로 주인의 데이터에 따르면 피자 한 판의 가격이 14달러인 경우 주당 평균 400판의 피자가 판매되는 반면, 피자 한 판의 가격이 17달러인 경우 주당 평균 250판의 피자가 판매된다. 수요 d가 가격 p의 선형 함수라고 가정하자.

a. 수요 함수가 $d = f(p) = mp + b$일 때 두 상수 m과 b를 찾고, 함수 f의 그래프

를 그려라.

b. 이 모델에 따르면 일주일에 20달러의 가격으로 판매되는 피자는 (평균) 몇 판인가?

풀이

a. 문제에서 수요 함수 그래프의 두 점 $(p, d) = (14,400)$, $(17, 250)$이 주어졌다. 따라서 수요 함수의 그래프의 기울기는 다음과 같다.

$$m = \frac{400 - 250}{14 - 17} = -50 \quad \text{(1달러당 피자 판의 수)}$$

따라서 선형 수요 함수의 방정식은 다음과 같다.

$$d - 250 = -50(p - 17)$$

d를 p의 함수로 나타내면 $d = f(p) = -50p + 1100$이 된다(그림 1.20).

b. 수요 함수에 20달러를 대입하면 일주일에 판매할 수 있는 피자의 평균 수는 $f(20) = 100$이 된다.

관련 연습문제 12번◀

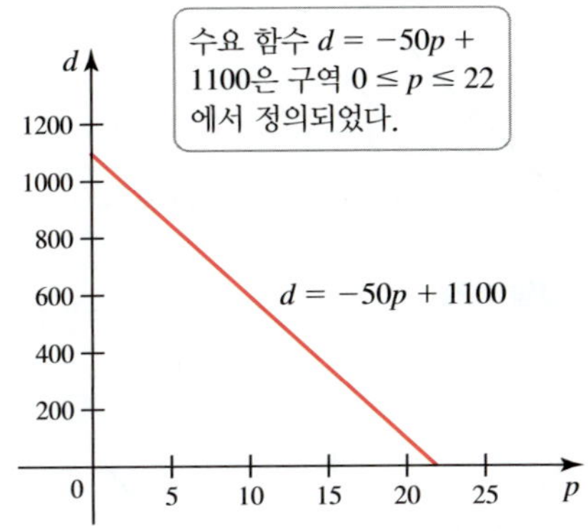

그림 1.20

➤ 기울기의 단위에는 의미가 있다. 1달러씩 가격이 인하될 때마다 평균 50개의 피자를 더 팔 수 있다.

조각 함수 함수는 정의역에 포함되는 다른 구간에서 다르게 정의될 수 있다. 예를 들어 소득세는 세율이 다른 과세 구간에 부과된다. 정의역의 다른 부분에 대하여 다르게 정의된 함수를 **조각 함수**(piecewise fucnctions)라고 한다. 모든 조각이 선형이면 함수는 **조각적 선형**이다. 다음은 몇 가지 예시이다.

| 예제 3 | 조각 함수의 정의 조각적 선형 함수(piecewise linear function) g의 그래프가 그림 1.21에 제시되어 있다. 이 함수의 식을 찾아라.

풀이

$x < 2$인 경우, 그래프는 기울기는 1이고 y축과 점 $(0, 0)$에서 만나는 직선이며, 이 방정식은 $y = x$이다. $x > 2$인 경우, 직선의 기울기는 $-\frac{1}{2}$이고 점 $(4, 3)$을 지나며, 이 부분의 식은 다음과 같다.

$$y - 3 = -\frac{1}{2}(x - 4) \quad \text{또는} \quad y = -\frac{1}{2}x + 5$$

$x = 2$인 경우, $g(2) = 3$이다. 그러므로 다음과 같다.

$$g(x) = \begin{cases} x &, \quad x < 2 \\ 3 &, \quad x = 2 \\ -\dfrac{1}{2}x + 5, & \quad x > 2 \end{cases}$$

관련 연습문제 13번◀

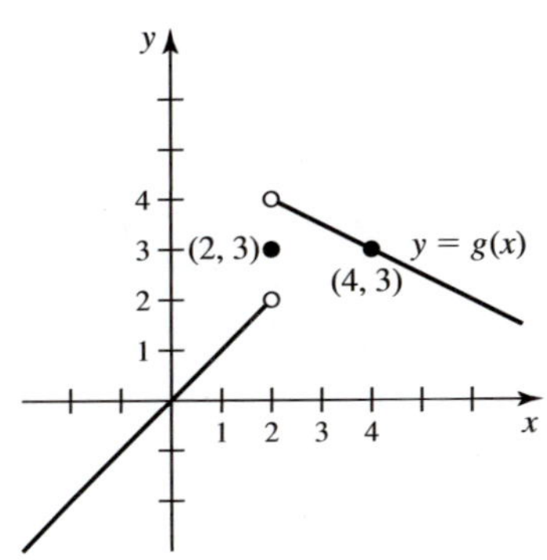

그림 1.21

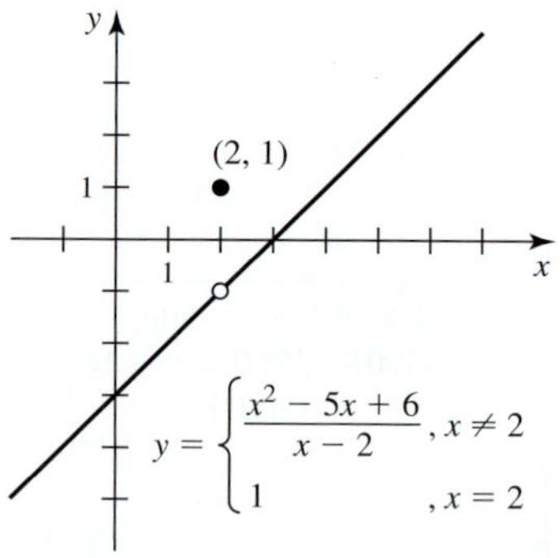

그림 1.22

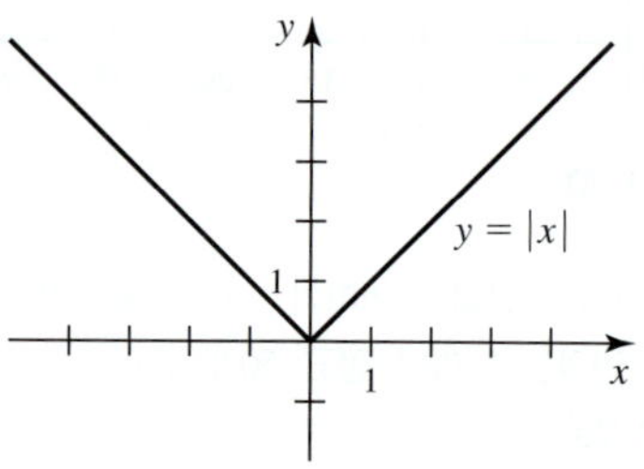

그림 1.23

| 예제 4 | **조각 함수의 그래프** 다음 함수의 그래프를 그려라.

a. $f(x) = \begin{cases} \dfrac{x^2 - 5x + 6}{x - 2}, & x \neq 2 \\ 1 \quad\quad\quad\quad, & x = 2 \end{cases}$

b. $f(x) = |x|$ (**절댓값** 함수)

풀이

a. 함수 f를 인수분해한 후 $x - 2$를 소거($x \neq 2$라고 가정)하여 간단히 할 수 있다.

$$\frac{x^2 - 5x + 6}{x - 2} = \frac{(x - 2)(x - 3)}{x - 2} = x - 3$$

따라서 함수 f의 그래프는 $x \neq 2$인 범위에서 직선 $y = x - 3$과 동일하다. 그리고 $f(2) = 1$로 두면 그래프는 그림 1.22와 같다.

b. 실수의 절댓값은 다음과 같이 정의된다.

$$f(x) = |x| = \begin{cases} x\ , & x \geq 0 \\ -x, & x < 0 \end{cases}$$

$x < 0$일 때 $y = -x$를 그리고, $x \geq 0$일 때 $y = x$를 그리면 그림 1.23을 얻는다.

관련 연습문제 15번 ◀

멱함수 멱함수(power function)는 다항식의 특별한 경우인데, $f(x) = x^n$(n은 양의 정수) 형태를 가진다. n이 짝수이면 함숫값이 음이 아니고 그래프가 원점을 통과하여 위로 오목하다(그림 1.24). n이 홀수이면 함수 $f(x) = x^n$의 값은 x가 양수이면 양수이고, x가 음수이면 음수가 된다(그림 1.25).

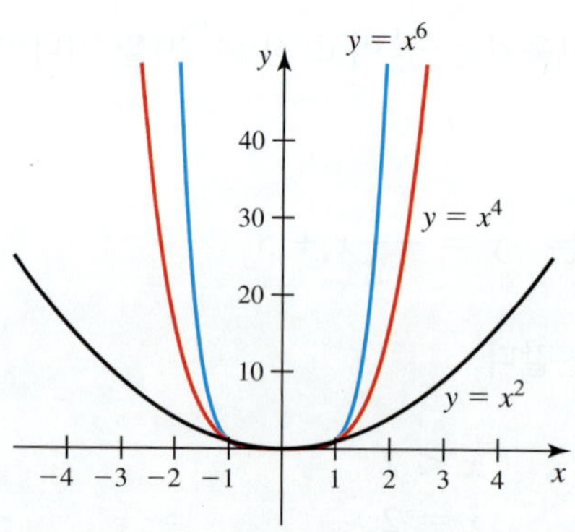

그림 1.24

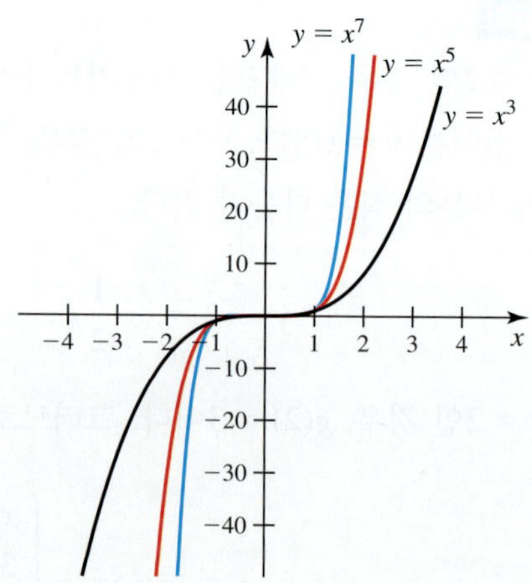

그림 1.25

QUICK CHECK 2 함수 $f(x) = x^7$의 치역은 무엇인가? 함수 $f(x) = x^8$의 치역은 무엇인가? ◀

거듭제곱근함수 거듭제곱근함수(root function)는 대수함수의 특별한 종류이며, $f(x) = x^{1/n}$ 형태이다. 여기서 n은 1보다 큰 양의 정수이다. 이때 n이 짝수인 경우(제곱근, 네제곱근 등), 정의역과 치역은 음이 아닌 실수이다. 이들의 그래프는 원점에서 가파르게 시작하여 x가 증가함에 따라 평평해진다(그림 1.26).

반면 n이 홀수인 경우(세제곱근, 오제곱근 등), 모든 실수 x에서 정의되며 치역도 모든 실수이다. 이들의 그래프는 원점을 지나며 $x < 0$인 경우 위로 오목하고, $x > 0$인 경우 아래로 오목하며, x가 증가할수록 평평해진다(그림 1.27).

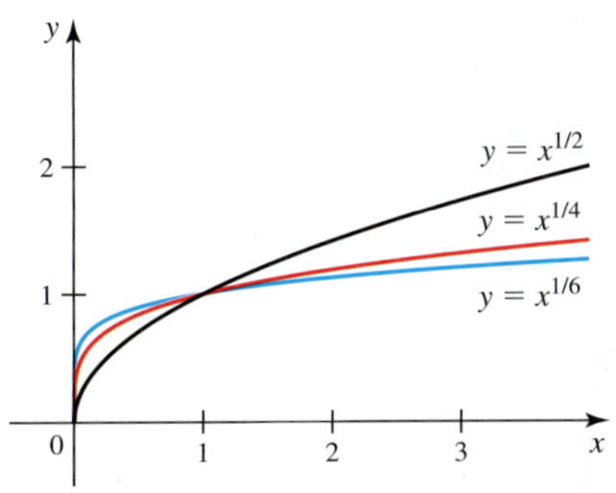

그림 1.26

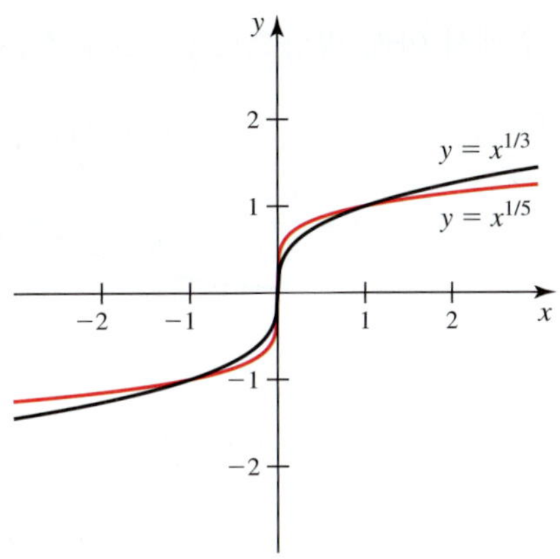

그림 1.27

➤ n이 양의 정수이면 $x^{1/n}$은 x의 n제곱근 ($f(x) = x^{1/n} = \sqrt[n]{x}$)임을 기억하여라.

QUICK CHECK 3 $f(x) = x^{1/7}$의 정의역과 치역은 무엇인가? $f(x) = x^{1/10}$의 정의역과 치역은 무엇인가? ◀

유리함수 유리함수(rational function)는 이 책에서 자주 등장하며, 유리함수를 그래프로 그리는 것이 많이 언급될 것이다. 다음 예제는 함수의 그래프를 그리기 위한 기술적 방법과 분석 방법이 함께 작동하는 방식을 보여 준다.

| 예제 5 | 기술과 분석 다음 유리함수에 대하여 물음에 답하여라.

$$f(x) = \frac{3x^3 - x - 1}{x^3 + 2x^2 - 6}$$

a. f의 정의역을 구하여라.

b. f의 해를 구하여라.

c. 그래프 유틸리티를 사용하여 그래프를 그려라.

d. 함수의 봉우리(peak)와 골짜기(valley)를 찾아라.

e. x가 증가함에 따른 f의 움직임을 말하여라.

풀이

a. 정의역은 분모를 0으로 만드는 x를 제외한 모든 실수이다. 그래프 유틸리티를 사용해 그래프를 그려 보면 분모가 $x \approx 1.34$에서 하나의 해를 가지므로 f의 정의역은 $\{x: x \neq 1.34\}$이다.

b. 유리함수의 근은 분모를 0으로 만들지 않는 분자의 근이다. 그래프 유틸리티를

사용해 그래프를 그려 보면 유일한 실근은 $x \approx 0.85$이다.

c. 컴퓨터를 사용해 그린 f의 그래프는 그림 1.28에 있다. 분모가 $x \approx 1.34$에서 0이기 때문에 함수는 근처의 점들에서 크기가 커지며, f는 **수직 점근선**을 갖는다.

d. 함수는 $x = -3.0$과 $x = 0.4$ 근처에서 봉우리(추후 **극댓값**이라 부를 것이다)를 갖는다. 이 함수는 또한 $x = -3.0$과 $x = 2.6$ 근처에서 골짜기(추후 **극솟값**이라 부를 것이다)를 갖는다.

▶ 4장에서 함수의 극댓값과 극솟값을 찾기 위해 미적분을 어떻게 활용하는지 살펴볼 것이다.

e. 그래프의 전체적인 개형을 보면 x가 양의 방향으로 증가할 때 그래프가 아래에서 **수평 점근선** $y = 3$에 접근하고 x가 감소할 때(음의 방향으로 증가) 그래프가 위에서 아래 방향으로 $y = 3$에 접근한다.

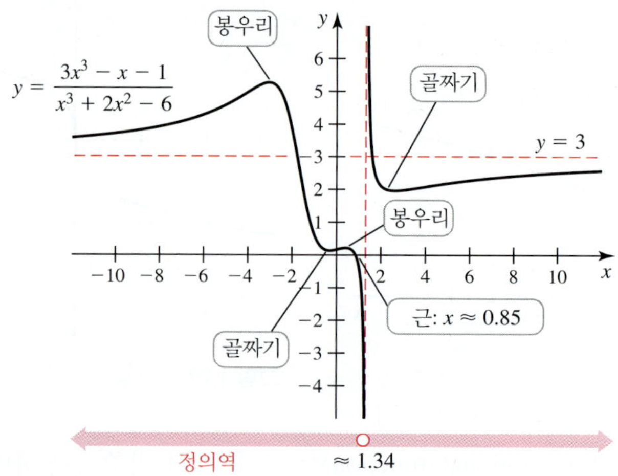

그림 1.28

관련 연습문제 19번 ◀

표 사용

표 1.1

t(s)	d(cm)
0	0
1	2
2	6
3	14
4	24
5	34
6	44
7	54

때때로 함수는 수식이나 그래프로 시작하지 않고 숫자나 데이터로 시작할 수 있다. 기름으로 채워진 실린더에 대리석을 떨어뜨리는 실험을 가정하자. 시각 $t = 0, 1, 2, 3, 4, 5, 6, 7$초마다 대리석이 떨어지는 거리 d(cm)를 측정한다(표 1.1). 첫 번째 단계는 데이터 값을 그림으로 표시하는 것이다(그림 1.29).

데이터 값으로부터 대리석이 떨어지는 거리를 제공하는 함수 $d = f(t)$가 모든

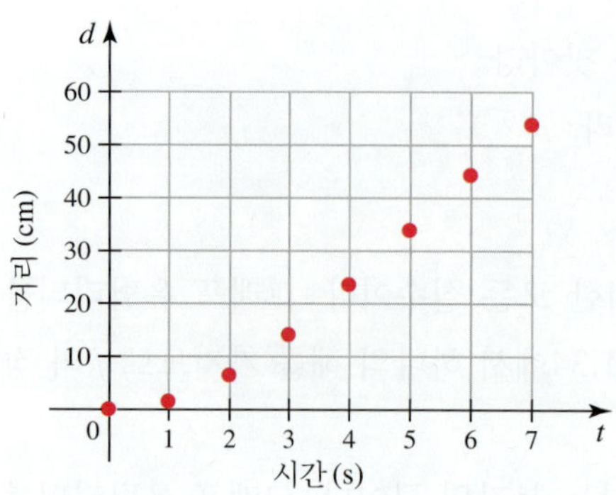

그림 1.29

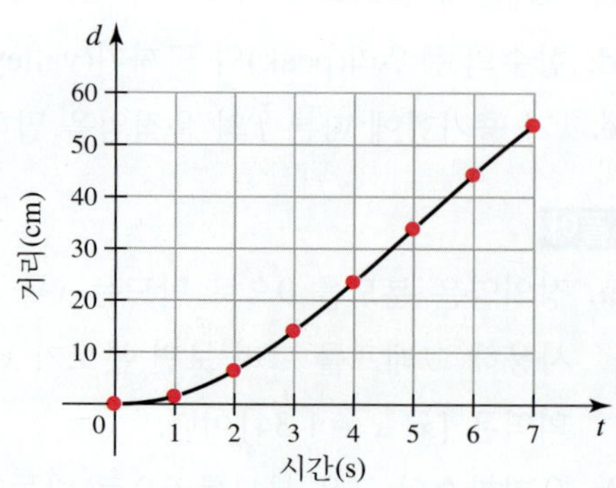

그림 1.30

시간 t에서 존재함을 알 수 있다. 대리석은 급격한 변화 없이 기름을 통과하기 때문에 데이터 값을 지나는 매끄러운 그래프(그림 1.30)를 그리는 것이 합리적이다. 데이터에 가장 적합한 함수를 찾는 것은 더 어려운 문제이다. 이에 관해서는 후반부에서 설명한다.

설명 사용

설명(words)을 하는 것은 함수를 정의하는 가장 수학적이지 않은 방법일 수 있지만, 종종 함수가 생겨나는 방법이기도 하다. 함수가 설명을 통해 정의되면 표로 작성되거나 그래프로 그려지거나 식으로 표현될 수도 있다.

| 예제 6 | **기울기 함수** S를 주어진 함수 f에 대한 기울기 함수라고 하자. 즉, 이는 $S(x)$가 점 $(x, f(x))$에서 곡선 $y = f(x)$의 기울기임을 의미한다. 그림 1.31에서 함수 f의 기울기 함수를 찾아 그래프로 나타내어라.

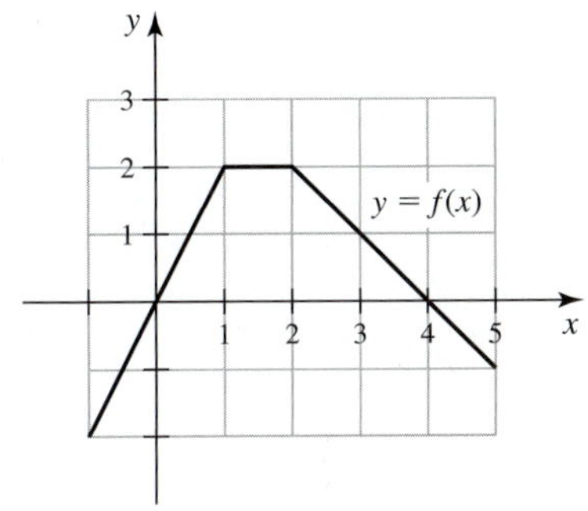

그림 1.31

풀이

$x < 1$인 경우, $y = f(x)$의 기울기는 2이다. $1 < x < 2$인 경우 기울기가 0이며, $x > 2$인 경우 기울기가 -1이다. $x = 1$과 $x = 2$에서 f의 그래프에 모서리가 있기 때문에 이 점에서 기울기는 정의되지 않는다. 따라서 S의 정의역은 $x = 1$과 $x = 2$를 제외한 모든 실수의 집합이며 기울기 함수(그림 1.32)는 조각 함수로 다음과 같이 정의된다.

$$S(x) = \begin{cases} 2, & x < 1 \\ 0, & 1 < x < 2 \\ -1, & x > 2 \end{cases}$$

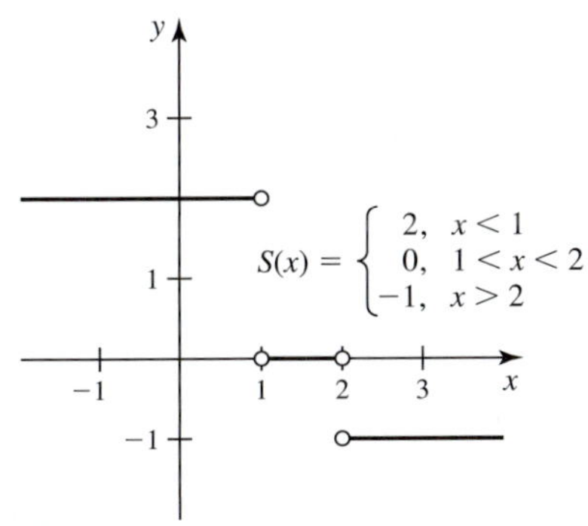

그림 1.32

관련 연습문제 24번 ◀

| 예제 7 | **넓이 함수** A를 양의 함수(positive function) f에 대한 넓이 함수라고 하자. 즉, $A(x)$는 f의 그래프와 $t = 0$에서 $t = x$까지 t축으로 둘러싸인 영역의 넓이이다. 여기서 함수 f는 다음과 같다(그림 1.33).

$$f(t) = \begin{cases} 2t, & 0 \le t \le 3 \\ 6, & t > 3 \end{cases}$$

a. $A(2)$와 $A(5)$를 구하여라.

b. f에 대한 넓이 함수를 조각 함수로 표현하여라.

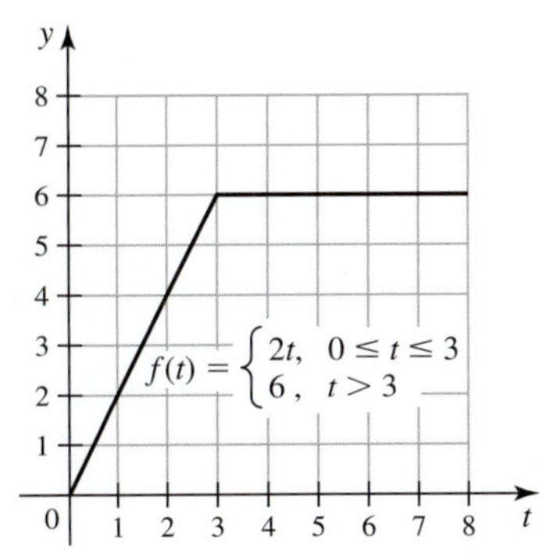

그림 1.33

풀이

a. $A(2)$의 값은 f의 그래프와 $t = 0$에서 $t = 2$까지 t축 사이의 영역이다(그림 1.34(a)). 삼각형의 넓이 공식을 사용하여 $A(2)$를 구한다.

$$A(2) = \frac{1}{2}(2)(4) = 4$$

▶ 기울기 함수와 넓이 함수는 다음 절에서 다시 나오며, 이들은 미적분학에서 필수적인 역할을 한다.

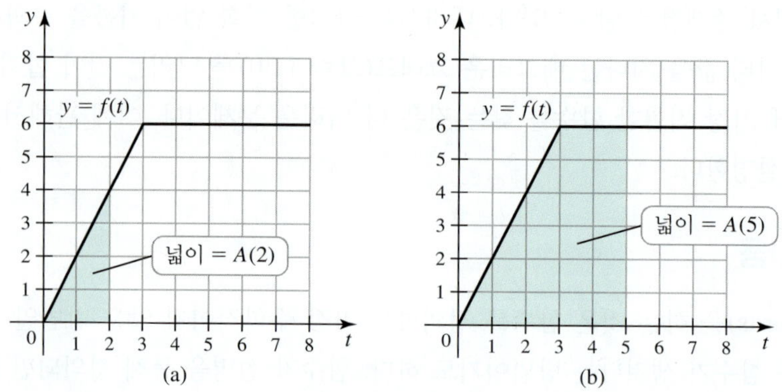

그림 1.34

$A(5)$의 값은 구간 (0, 5)에서 f의 그래프와 t축 사이의 영역이다(그림 1.34(b)). 이 영역은 밑면이 [0, 3]인 삼각형의 면적에 밑면이 [3, 5]인 사각형의 면적을 더한 것과 같다.

$$A(5) = \overbrace{\frac{1}{2}(3)(6)}^{\text{삼각형의 면적}} + \overbrace{(2)(6)}^{\text{사각형의 면적}} = 21$$

b. $0 \le x \le 3$의 경우(그림 1.35(a)), $A(x)$는 구간 $[0, x]$이 밑변인 삼각형의 넓이이다. $t = x$에서 삼각형의 높이가 $f(x)$이므로 다음과 같다.

$$A(x) = \frac{1}{2}x\,f(x) = \frac{1}{2}x(\underbrace{2x}_{f(x)}) = x^2$$

$x > 3$의 경우(그림 1.35b), $A(x)$는 구간 [0, 3]에 있는 삼각형의 면적과 $[3, x]$에 있는 사각형의 면적의 합이다.

$$A(x) = \overbrace{\frac{1}{2}(3)(6)}^{\text{삼각형의 면적}} + \overbrace{(x-3)(6)}^{\text{사각형의 면적}} = 6x - 9$$

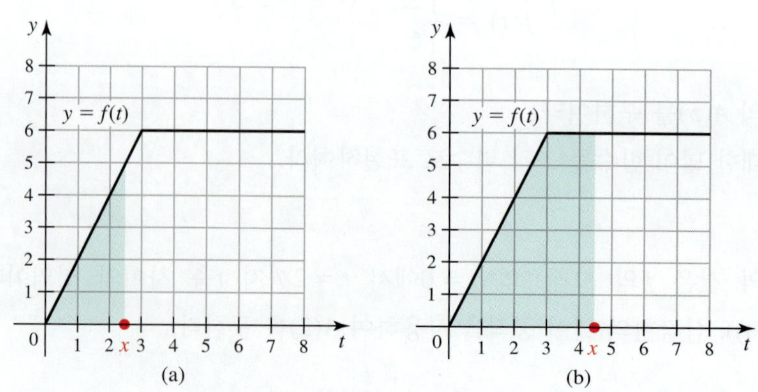

그림 1.35

따라서 넓이 함수 A (그림 1.36)는 다음과 같은 조각 함수이다.

$$A(x) = \begin{cases} x^2 & , \quad 0 \le x \le 3 \\ 6x - 9, & x > 3 \end{cases}$$

관련 연습문제 26번 ◀

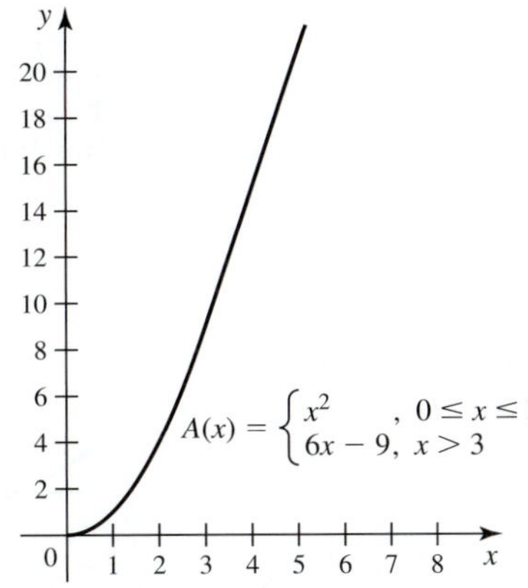

그림 1.36

함수와 그래프의 변환

함수의 그래프를 변환하여 새로운 함수의 그래프를 그리는 방법은 여러 가지가 있다. 다음 네 가지 변환이 일반적인데, x 및 y 방향으로 **평행이동**과 x 및 y 방향으로 **척도변환**(scaling)이다. (그림 1.37–1.42)에 요약된 이러한 변환은 함수를 그래프로 표시하고 시각화하는 시간을 절약할 수 있다.

$y = f(x) + d$의 그래프는 $y = f(x)$의 그래프를 d만큼 수직 방향으로 이동한 그래프이다.
$d > 0$이면 위로, $d < 0$이면 아래로

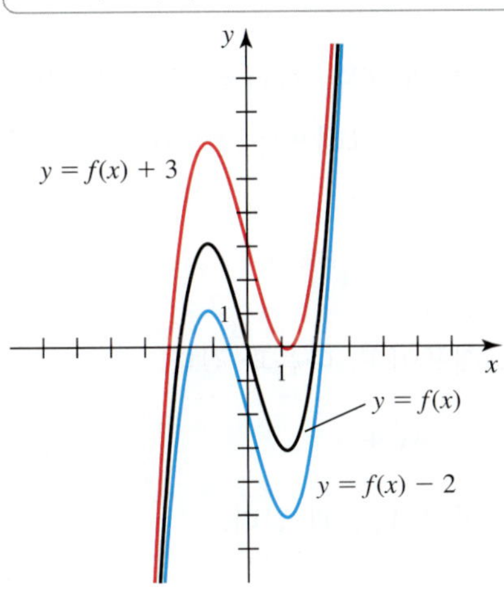

그림 1.37

$y = f(x - b)$의 그래프는 $y = f(x)$의 그래프를 b만큼 수평 방향으로 이동한 그래프이다.
$b > 0$이면 오른쪽으로, $b < 0$이면 왼쪽으로

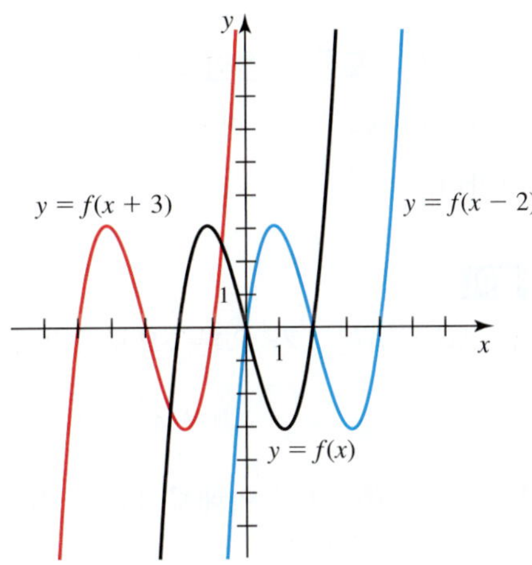

그림 1.38

$c \ne 1$인 $c > 0$에 대하여 $y = cf(x)$의 그래프는 $y = f(x)$의 그래프를 만큼 수직 방향 크기 조정한 그래프이다.
$0 < c < 1$이면 축소, $c > 1$이면 확대

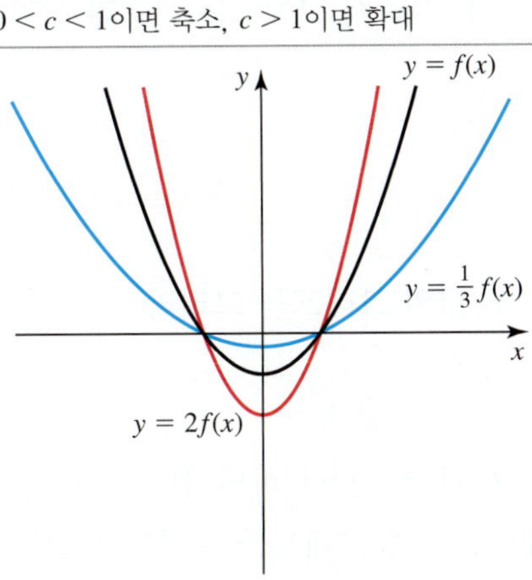

그림 1.39

$c < 0$에 대하여, $y = cf(x)$의 그래프는 $y = f(x)$의 그래프를 x축 대칭이동 후 $|c|$만큼 수직 방향 크기 조정($c \ne -1$인 경우)한 그래프이다.
$0 < |c| < 1$이면 축소, $|c| > 1$이면 확대

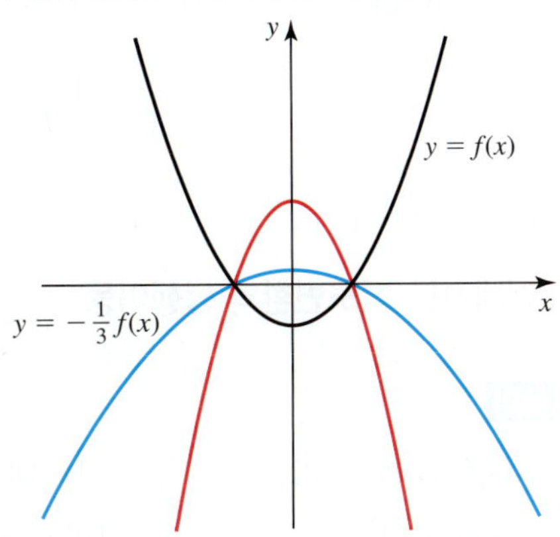

그림 1.40

$a \neq 1$인 $a > 0$에 대하여 $y = f(ax)$의 그래프는 $y = f(x)$의 그래프를 $1/a$만큼 수평 방향 크기 조정한 그래프이다. $0 < 1/a < 1$이면 축소, $1/a > 1$이면 확대

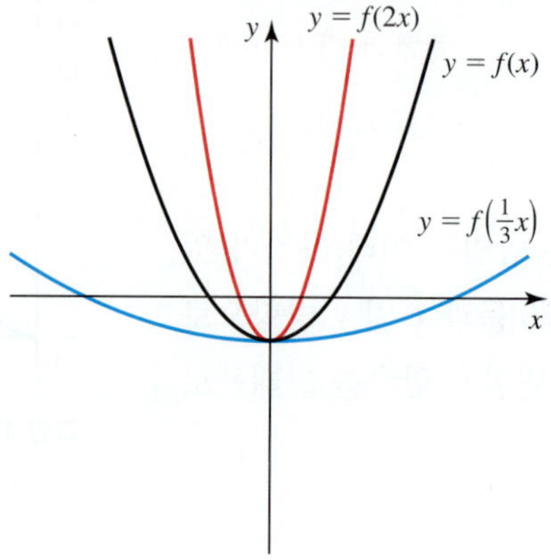

그림 1.41

$a < 0$에 대하여 $y = f(ax)$의 그래프는 $y = f(x)$의 그래프를 y축 대칭이동 후 $1/|a|$만큼 수평 방향 크기 조정($a \neq -1$인 경우)한 그래프이다. $0 < 1/|a| < 1$이면 축소, $1/|a| > 1$이면 확대

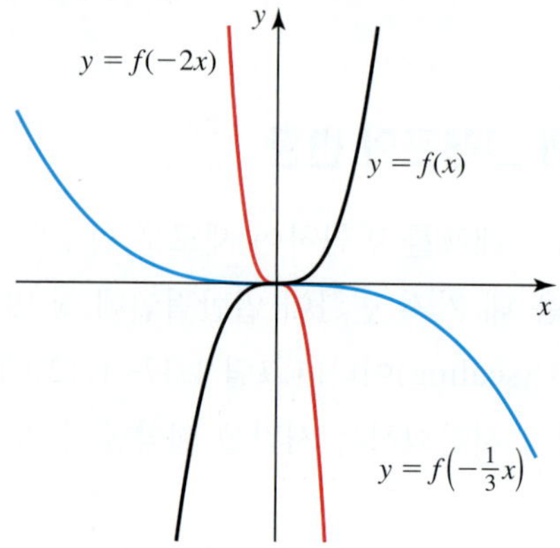

그림 1.42

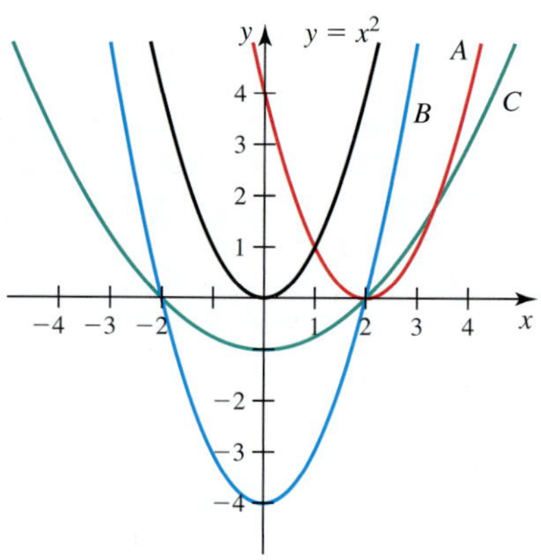

그림 1.43

➤ 그래프 C가 수평 방향 척도변환 및 수직 방향 평행이동에도 해당하는지 확인해야 한다. 이는 $y = f(ax) - 1$ 방정식을 가지며, 여기서 $a = \frac{1}{2}$이다.

| 예제 8 | 포물선 변환 그림 1.43의 세 그래프 A, B, C는 $f(x) = x^2$의 그래프에서 평행이동과 척도변환을 사용하여 얻은 것이다. 각 그래프를 설명하는 함수를 찾아라.

풀이

a. 그래프 A는 f가 오른쪽으로 2만큼 이동한 그래프이며, 다음과 같다.

$$f(x-2) = (x-2)^2 = x^2 - 4x + 4$$

b. 그래프 B는 f가 아래로 4만큼 이동한 그래프이며, 다음과 같다.

$$f(x) - 4 = x^2 - 4$$

c. 그래프 C는 f가 아래로 1만큼 이동하고 수직 방향으로 척도변환한 그래프이다. 따라서 어떤 상수 c에 대하여 $cf(x) - 1 = cx^2 - 1$이 성립하며, 여기서 c는 $0 < c < 1$이다(그래프가 수직으로 압축되어 있기 때문). 그래프 C가 점 $(\pm 2, 0)$을 지난다는 사실로부터 $c = \frac{1}{4}$임을 알 수 있다. 따라서 그래프는 다음과 같다.

$$y = \frac{1}{4}f(x) - 1 = \frac{1}{4}x^2 - 1$$

관련 연습문제 28번 ◀

QUICK CHECK 4 $f(x) = 1/x$의 그래프를 어떻게 수정해야 $g(x) = 1/(x+4)$의 그래프를 얻을 수 있는가? ◀

| 예제 9 | 척도변환과 평행이동 $g(x) = |2x + 1|$의 그래프를 그려라.

풀이

함수를 $g(x) = \left|2\left(x + \frac{1}{2}\right)\right|$로 나타내자. 함수 $f(x) = |x|$라 하면 함수를 $g(x) = f\left(2\left(x + \frac{1}{2}\right)\right)$로 쓸 수 있다. 따라서 g의 그래프는 f의 그래프를 수평으로 2배 압축하고 왼쪽으로 1/2만큼 이동하여 얻는다(그림 1.44).

➤ 또한 $g(x) = 2\left|x + \frac{1}{2}\right|$로 쓸 수 있다는 점에 유의하자. 즉, f의 그래프를 수직으로 2배로 늘린 다음 $-\frac{1}{2}$만큼 수평 이동하여 g의 그래프를 얻을 수도 있다.

요약 변환

네 실수 a, b, c, d와 함수 f가 주어졌을 때, $y = cf(a(x-b)) + d$의 그래프는 $y = f(x)$의 그래프를 다음 과정에 통과시켜 얻을 수 있다.

$y = f(x)$ —[$1/|a|$만큼 수평 방향 척도변환 ($a < 0$인 경우 y축 대칭)]→ $y = f(ax)$

—[b만큼 수평 방향 평행이동]→ $y = f(a(x-b))$

—[$|c|$만큼 수직 방향 척도변환 ($c < 0$인 경우 x축 대칭)]→ $y = cf(a(x-b))$

—[d만큼 수직 방향 평행이동]→ $y = cf(a(x-b)) + d$

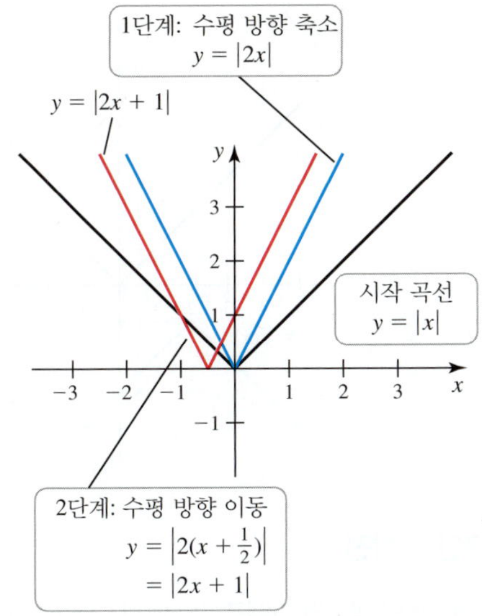

그림 1.44

1.2절 연습문제

1단계 스타트

1. 함수를 정의하거나 표현하는 네 가지 방법을 제시하여라.

2. 다음 그림의 직선 $y = f(x)$를 나타내는 함수 f를 구하여라.

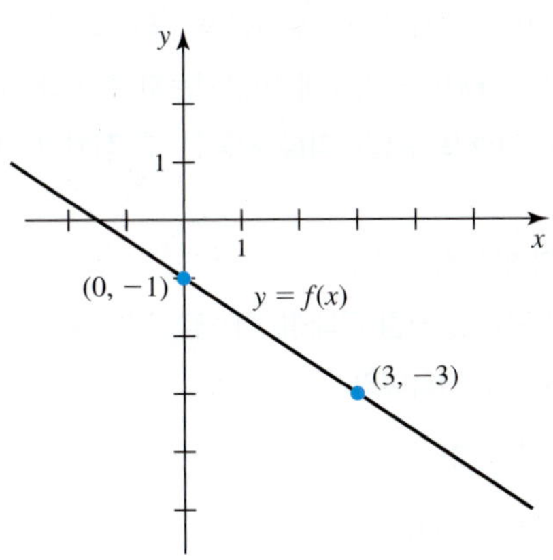

3. 유리함수의 정의역은 무엇인가?

4. 다음 그래프에서 주어진 조각적 선형 함수 $y = f(x)$의 정의를 써라.

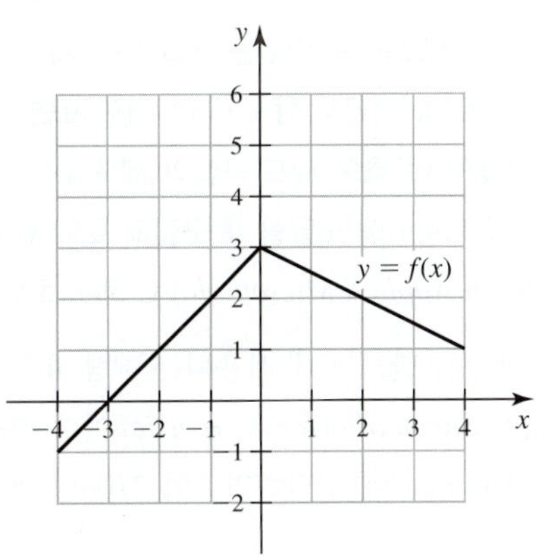

5. $y = f(x)$의 그래프로부터 $y = f(x+2)$는 어떻게 얻는가?

6. $y = f(x)$의 그래프로부터 $y = f(3x)$는 어떻게 얻는가?

7. 그림의 f와 g의 그래프는 $y = |x|$를 수직 및 수평으로 이동하고 수직 및 수평으로 척도변환하여 얻는다. f와 g의 함수식을 찾아라. 그래프 유틸리티를 사용하여 답을 확인하여라.

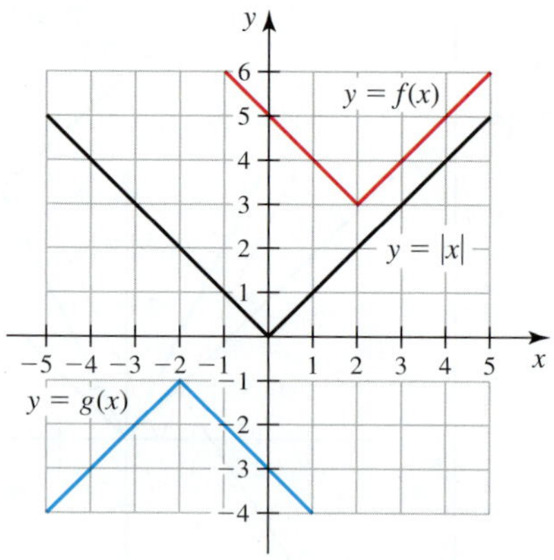

2단계 실전

8. 선형 함수의 그래프 두 점 (1, 3), (2, 5)를 지나는 선형 함수를 찾고 그래프를 그려라.

9. 선형 함수 점 (3, 2)를 지나고 직선 $y = 3x + 8$과 평행한 선형 함수를 구하여라.

10-11. 효모의 성장 원통 모양의 효모 세포 군집을 생각해 보자. 효모 세포의 수가 증가함에 따라 군체의 단면적 A(단위는 mm^2)는 증가하지만 군집의 높이는 일정하게 유지된다. 만약 군집이 단일 세포에서 시작된다면 효모 세포의 수(단위는 백만)는 근사적으로 선형 함수 $N(A) = C_sA$를 따르며, 여기서 상수 C_s는 세포 표면 계수이다. 다음 문제의 정보를 사용하여 효모 세포 군집의 세포 표면 계수를 결정하고, 단면적 A가 150 mm^2에 도달할 때 군집의 효모 세포 수를 구하여라(출처: *Letters in Applied Microbiology*, 594, 59, 2014).

10. 빵, 와인, 맥주를 만드는 데 사용되는 제빵 효모 또는 양조 효모의 학명은 *Saccharomyces cerevisiae*이다. 이 효모 군집의 단면적이 100 mm^2에 도달하면 5억 7100만 개의 효모 세포가 있다.

11. 효모 *Rhodotorula glutinis*는 실험실 오염 물질이다. 군집의 단면적이 100 mm^2에 도달하면 2억 2,600만 개의 효모 세포가 있다.

12. 수요 함수 판매 기록에 따르면 블루레이 플레이어의 가격이 250달러인 경우 대형 상점은 하루 평균 12개를 판매한다. 가격이 200달러이면 그 상점은 하루 평균 15개를 판매한다. 블루레이 판매에 대한 선형 수요 함수를 찾아 그래프로 나타내어라. 수요 함수는 어떤 가격으로 정의되는가?

13. 조각 함수 정의하기 다음 그래프의 함수의 정의를 써라.

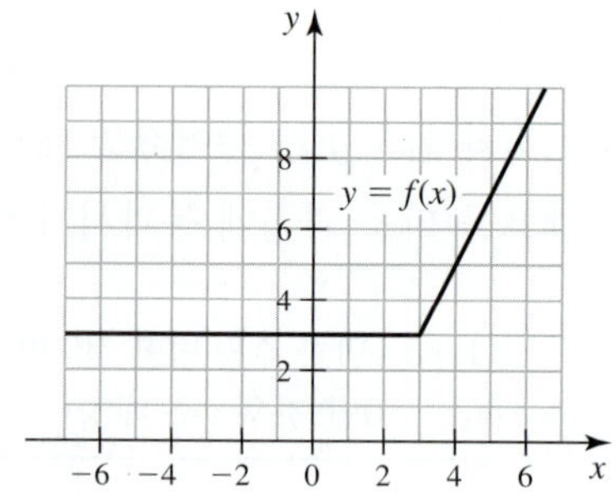

14. 주차 요금 공항의 주차 요금은 오후 9시 이전에는 분당 5센트, 오후 9시 이후에는 분당 3센트이다. t가 오후 8시 이후의 시각이고 $0 \le t \le 120$일 때, 비용 함수 $c(t)$를 찾아 그래프로 나타내어라.

15-17. 조각적 선형 함수 다음 함수의 그래프를 그려라.

15. $f(x) = \begin{cases} \dfrac{x^2 - x}{x - 1}, & x \neq 1 \\ 2, & x = 1 \end{cases}$

16. $f(x) = \begin{cases} 3x - 1, & x \le 0 \\ -2x + 1, & x > 0 \end{cases}$

17. $f(x) = \begin{cases} -2x - 1, & x < -1 \\ 1, & -1 \le x \le 1 \\ 2x - 1, & x > 1 \end{cases}$

18-20. 함수의 그래프

a. 그래프 유틸리티를 사용하여 주어진 함수의 그래프를 만들어라. 다른 척도에서 그래프가 어떻게 변경되는지 확인하려면 여러 창을 사용하여라. 그래프 유틸리티를 사용한 후 정확한 그래프를 손으로 그려라.

b. 함수의 정의역을 정하여라.

c. 예제 5에서 구한 것처럼 극대점, 극소점, 절편 등 함수의 흥미로운 특징에 대하여 논의하여라.

18. $f(x) = x^3 - 2x^2 + 6$

19. $g(x) = \left|\dfrac{x^2 - 4}{x + 3}\right|$

20. $f(x) = 3 - |2x - 1|$

21. 그래프의 특징 그림에 표시된 함수 f의 그래프에 대하여 9개의 점 A–I를 참조하여 다음 물음에 답하여라.

a. 어떤 점이 f의 근에 해당하는가?

b. 그래프의 어떤 점이 봉우리(극댓값)에 해당하는가?

c. 그래프의 어떤 점이 골짜기(극솟값)에 해당하는가?

d. 곡선을 따라 x의 양의 방향으로 이동할 때, 그래프가 가장 빠르게 상승하는 지점은 어디인가?

e. 곡선을 따라 x의 양의 방향으로 이동할 때, 그래프가 가장 빠르게 떨어지는 지점은 어디인가?

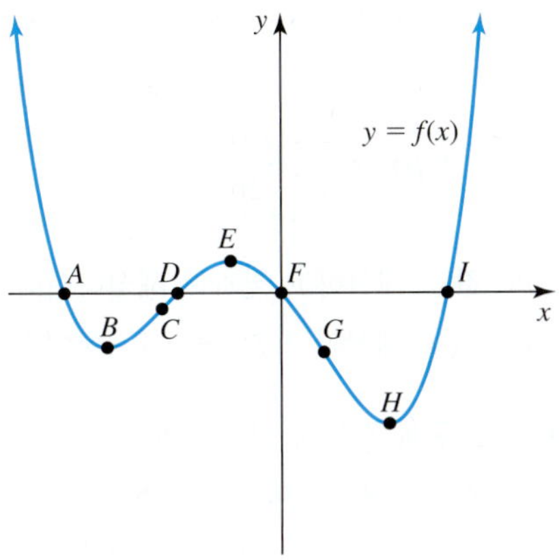

22. 사람 눈의 상대적 시력 포베아 센트럴리스(fobea centralis, 포베아)는 사람이 독서 등 세부적인 관찰을 할 때 명확하게 초점을 맞추는 데 사용된다. 사물의 뚜렷함을 측정하는 상대 시력은 다음 함수에 의해 모델링된다.

$$R(\theta) = \frac{0.568}{0.331|\theta| + 0.568}$$

여기서 θ(단위는 도)는 망막 중심으로부터 시선의 각도 편차이다(그림 참조).

a. $-15 \le \theta \le 15$에 대하여 R의 그래프를 그려라.

b. R이 최대가 되는 θ 값을 구하여라. 이는 우리의 시력에 대하여 무엇을 나타내는가?

c. 최대 상대 시력이 90% 이상이 되도록 하는 θ의 값을 구하여라(출처: *The Journal of Experimental Biology*, 203, 24, Dec 2000).

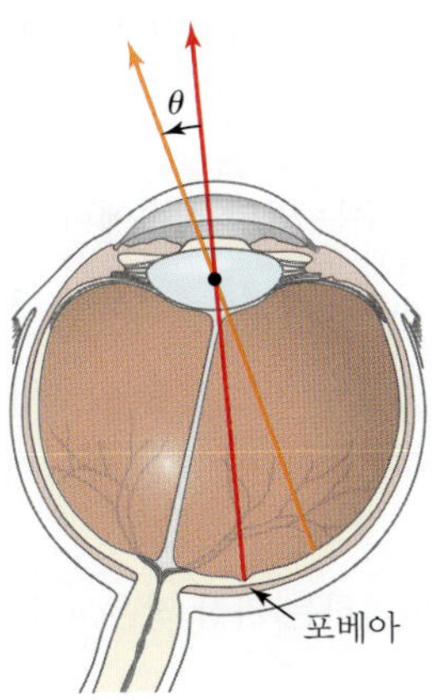

23–24. 함수의 기울기 다음 함수의 기울기 $S(x)$를 구하여라.

23. $f(x) = 2x + 1$ **24.** 연습문제 4번의 그림

25–26. 넓이 함수 $t = 0$에서 $t = x$까지의 $y = f(x)$ 그래프와 t축으로 둘러싸인 영역의 넓이를 $A(x)$라 하자. 이때 주어진 함수와 그래프에 대하여 물음에 답하여라.

a. $A(2)$를 구하여라.

b. $A(6)$을 구하여라.

c. $A(x)$의 식을 구하여라.

25. $f(t) = 6$

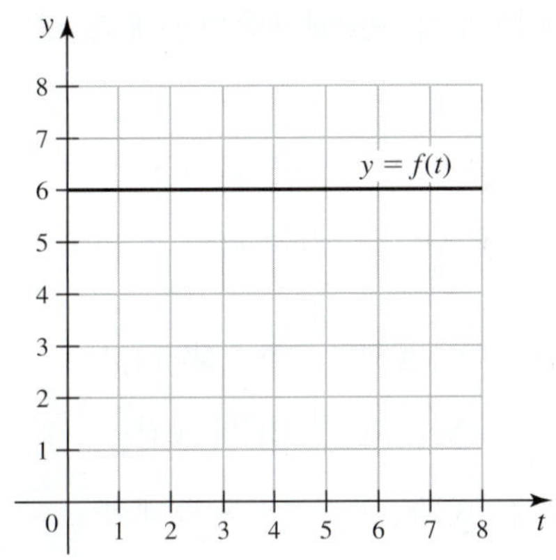

26. $f(t) = \begin{cases} -2t + 8, & t \le 3 \\ 2 \quad , & t > 3 \end{cases}$

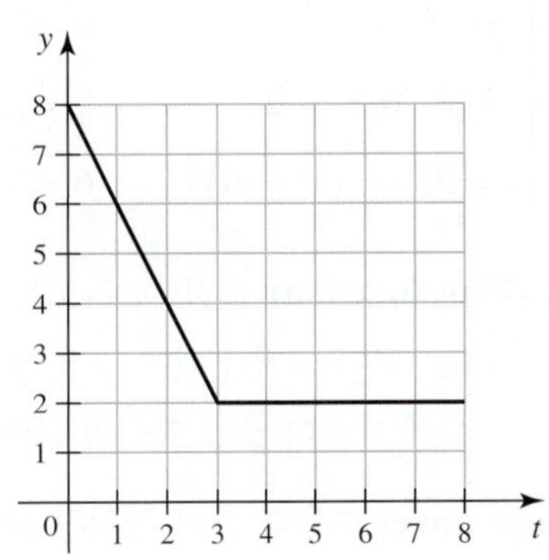

27. 참 또는 거짓 다음 명제가 참이면 증명하고 거짓이면 반례를 들어라.

a. 모든 다항식은 유리함수이지만 모든 유리함수가 다항식인 것은 아니다.

b. f가 선형 다항식이면 $f \circ f$는 2차 다항식이다.

c. f와 g가 다항식이면 $f \circ g$와 $g \circ f$의 차수는 같다.

d. $g(2) = f(x + 2)$의 그래프는 f가 오른쪽으로 2만큼 이동한 그래프이다.

28. $f(x) = x^2$의 변환 평행이동(shift)과 척도변환(scaling)을 사용하여 $f(x) = x^2$의 그래프를 g의 그래프로 바꾸어라. 그래프 유틸리티를 사용하여 결과를 확인하여라.

a. $g(x) = f(x - 3)$

b. $g(x) = f(2x - 4)$

c. $g(x) = -3f(x - 2) + 4$

d. $g(x) = 6f\left(\dfrac{x-2}{3}\right) + 1$

29–32. 평행이동 및 척도변환 평행이동과 척도변환을 사용하여 주어진 함수의 그래프를 그리고, 그래프 유틸리티를 사용하여 그래프를 확인하여라. 평행이동과 척도변환에 사용된 원래 함수를 반드시 구분하여 그려라.

29. $f(x) = (x - 2)^2 + 1$ **30.** $g(x) = -3x^2$

31. $g(x) = 2(x + 3)^2$ **32.** $h(x) = -4x^2 - 4x + 12$

33–34. 교점 문제 다음 문제의 교점을 찾아라.

33. 두 곡선 $y = 4\sqrt{2x}$와 $y = 2x^2$의 교점

34. 두 포물선 $y = x^2$과 $y = -x^2 + 8x$의 교점

3단계 도전

35. 조각 함수 다음 함수의 그래프를 그려라.

$$f(x) = \begin{cases} \frac{3}{2}x & , \quad 0 \le x \le 2 \\ 3 + \sqrt{x-2} & , \quad 2 < x \le 6 \\ \sqrt{25 - (x-6)^2}, & \quad 6 < x \le 11 \end{cases}$$

36. 올림 함수(Ceiling function) 올림 함수(또는 최소 정수 함수) $f(x) = \lceil x \rceil$는 x보다 크거나 같은 가장 작은 정수를 나타낸다. $-3 \le x \le 3$에 대하여 올림 함수의 그래프를 그려라.

37. 사각파(Square wave) 다음과 같이 정의된 사각파의 그래프를 그려라.

$$f(x) = \begin{cases} 0 & , \; x < 0 \\ 1 & , \; 0 \le x < 1 \\ 0 & , \; 1 \le x < 2 \\ 1 & , \; 2 \le x < 3 \\ & \vdots \end{cases}$$

38. 제곱근과 거듭제곱 다음 함수 쌍의 그래프를 그려라. 두 그래프의 상대적 관계를 잘 나타내도록 그려야 한다.

$y = x^3$과 $y = x^7$

39. 테니스 확률 테니스 경기에서 서브를 넣는 사람이 점수를 획득할 확률이 상수 p이고 $0 \le p \le 1$이라 하자. 그리고 동점일 때 서브를 넣는 사람이 게임에서 승리할 확률은 다음과 같다(출처: *The College Mathematics Journal*, 38, 1, Jan 2007).

$$f(p) = \frac{p^2}{1 - 2p(1 - p)}$$

a. $f(0.75)$의 값을 계산하고 결과를 해석하여라.

b. $f(0.25)$의 값을 계산하고 결과를 해석하여라.

40. 자동차 리스 vs. 구매 자동차 딜러는 모든 신차에 대하여 구매 옵션과 리스 옵션을 제공한다. 이때 25,000달러에 완전히 구매하거나 1,200달러의 초기 비용과 350달러의 월납 입금으로 리스할 수 있는 자동차에 관심이 있다고 가정해 보자.

a. 리스 옵션에서 m개월 후 지불한 총 금액을 나타내는 선형 함수 $y = f(m)$을 찾아라.

b. 리스 옵션을 사용하면 48개월(4년) 후 자동차의 잔존 가치가 10,000달러이며, 이는 자동차를 구입하기 위해 지불할 수 있는 금액이다. 다른 비용이 들지 않는다고 할 때, 이 경우 자동차를 임대해야 하나 아니면 구매해야 하나?

41. 최적의 상자 높이가 h, 변의 길이가 x, 바닥이 정사각형인 뚜껑이 없는 상자가 있다. 이 상자의 부피는 125 ft^3이다.

a. $x > 0$인 x에 대하여 상자의 겉넓이를 제공하는 함수 $S(x)$를 찾아 그래프로 표시하여라.

b. **a**의 그래프를 사용하여 상자의 겉넓이를 최소로 만드는 x의 값을 구하여라.

42. 포물선 꼭짓점의 성질 포물선이 x축을 두 번 가로지를 때, 포물선의 꼭짓점의 x좌표가 x절편 사이의 중점이라는 것을 증명하여라.

43. 계승 함수 계승 함수는 양의 정수에서 정의된다.

$$n! = n(n-1)(n-2) \cdots 3 \cdot 2 \cdot 1$$

a. $n = 1, 2, 3, 4, 5$에 대한 계승 함수의 표를 만들어라.

b. **a**의 표를 그래프로 그린 다음 부드러운 곡선으로 연결하여라.

c. $n! > 10^6$을 만족하는 가장 작은 n의 값을 구하여라.

QUICK CHECK 정답

1. 맞다, 아니다. **2.** $(-\infty, \infty)$, $[0, \infty)$ **3.** 정의역과 치역 모두 $(-\infty, \infty)$이다. 정의역과 치역 모두 $[0, \infty)$이다. **4.** 함수 f의 그래프를 왼쪽으로 4만큼 평행이동시킨다. ◀

1.3 역함수와 지수함수, 로그함수

지수함수는 모든 수학의 기본이다. 우리 주변에서 접할 수 있는 세계의 많은 과정들은 지수함수로 모델링되는데, 이들은 금융, 의학, 생태학, 생물학, 경제학, 인류학, 물리학에서 나타난다. 모든 지수함수는 역함수를 가지며, 이 역함수는 이번 절에서 설명하는 로그함수이다.

지수함수

지수함수는 $f(x) = b^x$ 형태이며 밑 b는 1이 아닌 양의 실수이다. 이때 중요한 질문이 제기된다. 어떤 x에 대하여 b^x을 계산할 수 있는가? 우리는 x가 정수일 때 b^x의 계산 방법을 확실히 알고 있다. 예를 들어 $2^3 = 8$, $2^{-4} = 1/2^4 = 1/16$이다. x가 유리수일 때, 분자와 분모는 각각 거듭제곱과 거듭제곱근으로 해석된다.

거듭제곱

$$16^{3/4} = 16^{3/4} = \big(\underbrace{\sqrt[4]{16}}_{2}\big)^3 = 8$$

거듭제곱근

▶ **지수법칙**
밑 $b > 0$과 두 실수 x, y에 대하여 다음 법칙이 성립한다.
E1. $b^x b^y = b^{x+y}$
E2. $\dfrac{b^x}{b^y} = b^{x-y}$
$\left(\dfrac{1}{b^y} = b^{-y}\text{도 성립}\right)$
E3. $(b^x)^y = b^{xy}$
E4. 모든 x에 대하여 $b^x > 0$

▶ $16^{3/4}$은 $\sqrt[4]{16^3} = \sqrt[4]{4096} = 8$로 계산할 수 있다.

x가 무리수인 경우 어떻게 되는가? 예를 들어 2^π은 어떻게 이해해야 할까? 계산기는 2^π에 대한 근사치를 제공하지만, 근사치는 어떻게 계산된 것인가? 이 질문에 대한 답은 결국 알게 될 것이지만 지금은 모든 실수 x에 대하여 b^x을 정의할 수 있고 필요에 따라 x에 가까운 유리수를 사용하여 원하는 만큼 가깝게 근사할 수 있다고 가정하자. 7.1절에서 지수함수의 정의역이 모든 실수임을 증명할 것이다.

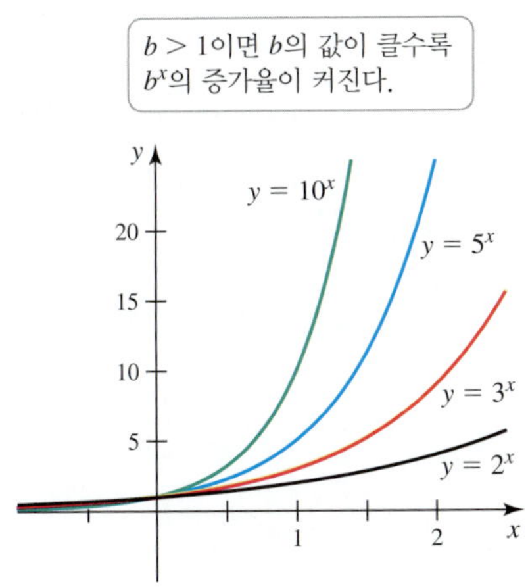

그림 1.45

지수함수 $f(x) = b^x$의 성질

1. b^x은 모든 실수에서 정의되기 때문에 f의 정의역은 $\{x: -\infty < x < \infty\}$이다. 모든 x에 대하여 $b^x > 0$이므로 f의 치역은 $\{y: 0 < y < \infty\}$이다.
2. 모든 양수 b에 대하여 $b^0 = 1$이므로 $f(0) = 1$이다.
3. $b > 1$면 f는 x의 증가함수이다(그림 1.45). 예를 들어 $b = 2$이면 $x > y$일 때 $2^x > 2^y$이다.
4. $0 < b < 1$이면 f는 x의 감소함수이다. 예를 들어 $b = \frac{1}{2}$이면

$$f(x) = \left(\frac{1}{2}\right)^x = \frac{1}{2^x} = 2^{-x}$$

QUICK CHECK 1 양수 b를 거듭제곱의 지수로 갖는 음수를 구하는 것이 가능한가? 0을 얻는 것은 가능한가? ◀

QUICK CHECK 2 함수 $f(x) = \left(\frac{1}{3}\right)^x$이 감소함수임을 설명하여라. ◀

이고, x가 증가하면 2^x도 증가하므로 x가 증가하면 2^{-x}은 감소한다(그림 1.46).

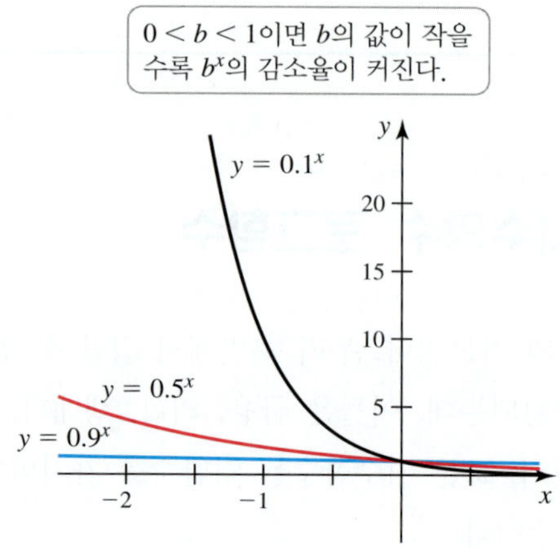

그림 1.46

자연지수함수 지수함수에 사용되는 밑 중 특별한 숫자가 있다. 다음 절에서 명백하게 밝히겠지만 이 특별한 밑은 수학의 기본 상수 중 하나인 e이다. 이 값은 $e = 2.718281828459\cdots$인 무리수이다.

➤ 기호 e는 스위스 수학자 레온하르트 오일러(Leonhard Euler, 1707–1783)에 의해 제안되었다.

> **정의 자연지수함수**
>
> 자연지수함수는 $f(x) = e^x$이며 밑은 $e = 2.718281828459\cdots$이다.

밑 e는 중요한 성질을 가진 지수함수를 제공한다. 그림 1.47(a)에 나타난 것처럼 $y = e^x$의 그래프는 두 곡선 $y = 2^x$과 $y = 3^x$의 사이에 있다($2 < e < 3$이므로). $y = e^x$ 그래프의 각 점에서 그래프와 접하는 접선(2장과 3장 참조)을 그릴 수 있다. 자연지수함수는 $x = 0$에서 접선의 기울기가 1이라는 성질을 갖는 유일한 지수함수이므로(그림 1.47(b)) e^x은 $x = 0$에서 함숫값과 기울기가 모두 1이다. 이 성

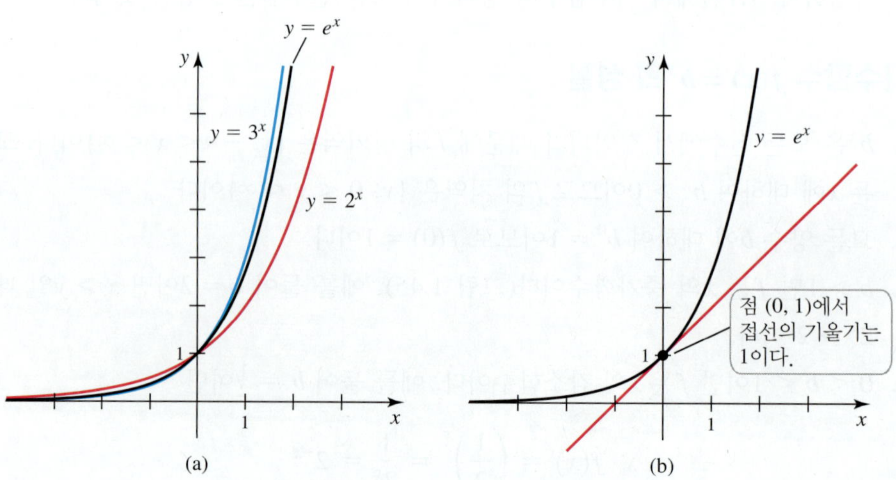

그림 1.47

질은 사소해 보일 수 있지만, 지수함수를 사용한 미적분에서 많은 식을 간단하게 해 준다.

역함수

임의의 x 값을 두 배로 만드는 선형 함수 $f(x) = 2x$를 생각해 보자. 이 과정을 역으로 진행하는 함수는 $f(x) = 2x$의 값을 취하여 다시 x에 대응시키는 함수이며 f^{-1}로 표기하고 f의 역함수라고 한다. 이 경우 역함수는 $f^{-1}(x) = x/2$이다. 두 함수를 연속으로 적용한 과정은 다음과 같다.

$$x \xrightarrow{f} 2x \xrightarrow{f^{-1}} x$$

이제 이 아이디어를 일반화하자.

> **정의 역함수**
>
> 함수 f가 주어지면 그 역함수(존재하는 경우)는 함수 f^{-1}이고, $y = f(x)$인 경우 항상 $f^{-1}(y) = x$가 된다(그림 1.48).

QUICK CHECK 3 $f(x) = \frac{1}{3}x$의 역함수는 무엇인가? $f(x) = x - 7$의 역함수는 무엇인가? ◀

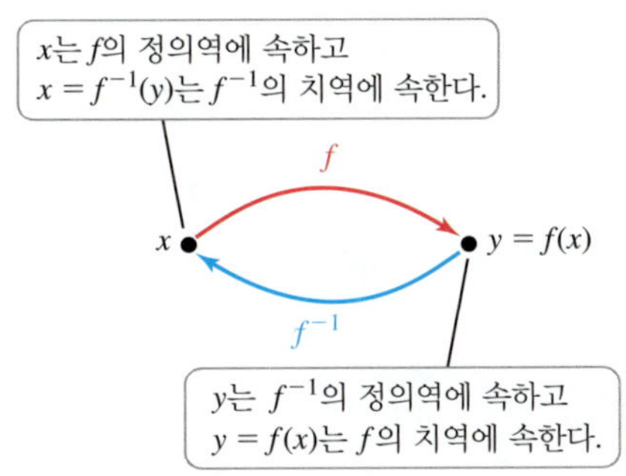

그림 1.48

역함수는 원래 함수를 '되돌리기' 때문에 x 값으로 시작하여 f를 적용한 다음 f^{-1}를 결과에 적용하면 x의 원래 값이 복원된다. 이는 다음과 같다.

$$f^{-1}(f(x)) = x$$

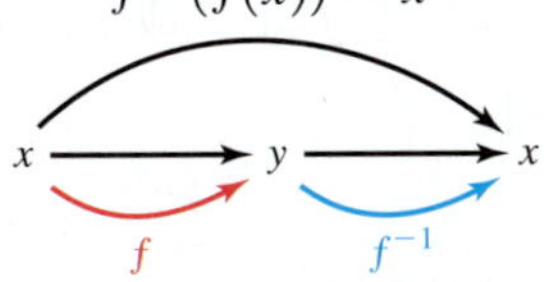

마찬가지로 f^{-1}를 y 값에 적용한 다음 결과에 f를 적용하면 원래 y 값을 복구한다.

$$f(f^{-1}(y)) = y$$

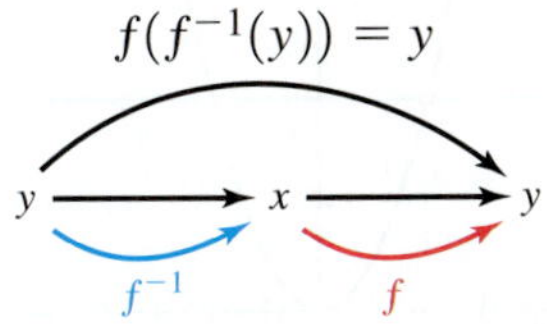

➤ 기호 f^{-1}는 헷갈릴 수 있다. 역함수는 역수가 아니다. 즉, $f^{-1}(x)$는 $1/f(x) = (f(x))^{-1}$를 의미하는 것이 아니다. 역함수(inverse function)의 의미를 나타내기 위해 단순히 역(inverse)을 사용하는 일반적인 관례를 따른다.

일대일 함수 함수의 역함수를 정의했지만 역함수의 존재 여부는 언급하지 않았다. f가 정의역에서 역함수를 가지려면 f는 해당 정의역에서 일대일이어야 한다. 이 속성은 함수 f의 모든 결과가 정확히 하나의 입력에 해당한다는 것을 의미한다. 일대일 속성은 **수평선 검사**를 사용하여 그림으로 확인한다.

정의 일대일 함수와 수평선 검사

$f(x)$의 각 값이 정의역 D에서 하나의 x 값에 대응하는 경우 함수 f는 D에서 **일대일**이다. 보다 정확하게는 D의 원소 x_1과 x_2에 대하여 $x_1 \neq x_2$일 때 $f(x_1) \neq f(x_2)$이 성립한다면 f는 D에서 일대일이다. **수평선 검사**는 모든 수평선이 일대일 함수의 그래프와 최대 한 번 교차한다고 말한다(그림 1.49).

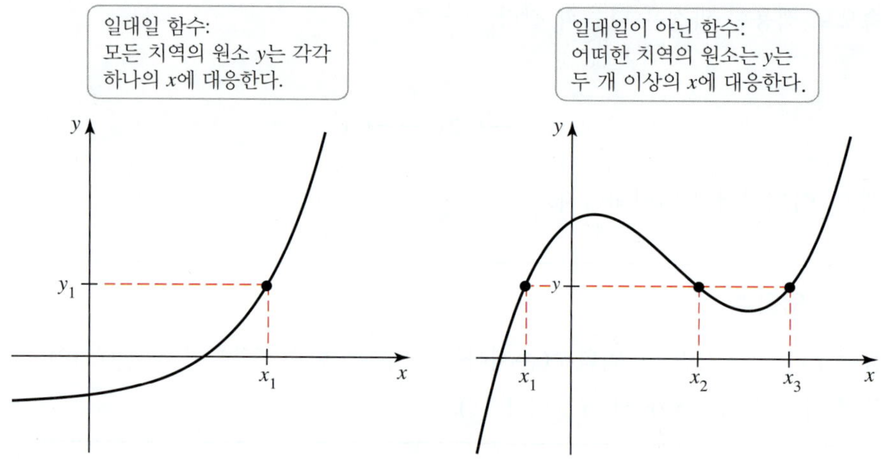

그림 1.49

예를 들어 그림 1.50에서 일부 수평선은 $f(x) = x^2$의 그래프와 두 번 교차한다. 따라서 f는 구간 $(-\infty, \infty)$에서 역함수를 갖지 않는다. 그러나 f의 정의역이 두 구간 $(-\infty, 0]$, $[0, \infty)$ 중 하나로 제한되면 f의 그래프는 수평선 검사를 통과하고 f는 이러한 구간에서 일대일이 된다.

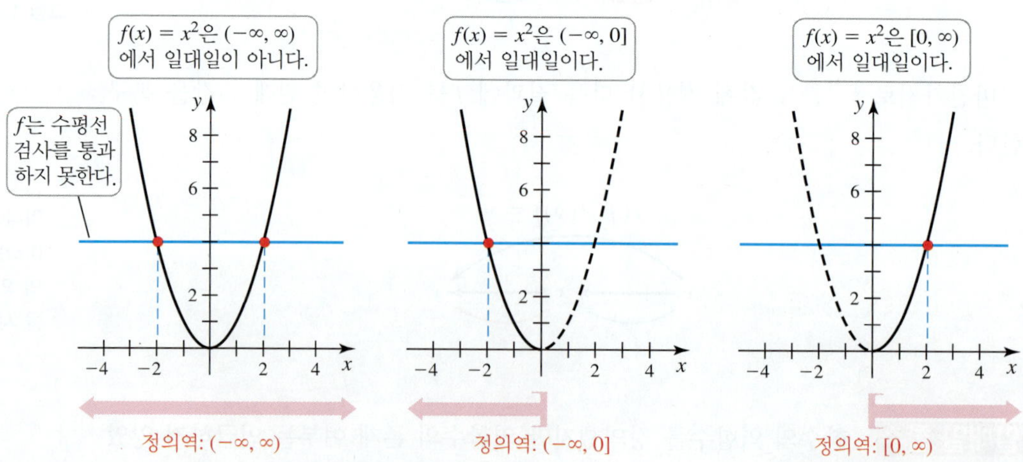

그림 1.50

| 예제 1 | 일대일 함수 함수 $f(x) = 2x^2 - x^4$(그림 1.51)이 일대일이 되도록 하는 (가능한 한 가장 큰) 구간을 구하여라.

풀이 이 함수는 수평선 검사를 통과하지 못하므로 전체 실수 범위에서는 일대일이 아니다. 그러나 네 구간 $(-\infty, -1]$, $[-1, 0]$, $[0, 1]$, $[1, \infty)$에서 f는 일대일이다. 또한 이 함수는 이 네 구간의 부분구간(subinterval)에서도 일대일이다.

관련 연습문제 3번 ◀

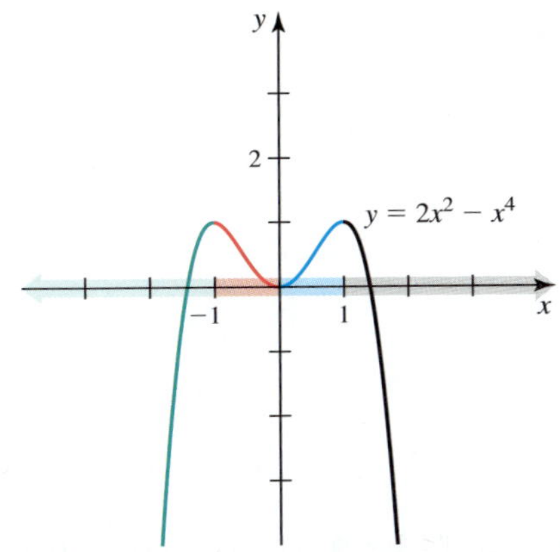

그림 1.51

역함수의 존재성 그림 1.52(a)는 일대일 함수 f와 역함수 f^{-1}의 상호작용을 보여 주는데, 이로부터 f가 x 값을 y의 고유한 값에 대응한다는 것을 알 수 있다. 그런 다음 f^{-1}는 y 값을 x의 원래 값에 다시 대응한다. f가 일대일이 아니면 이 과정을 수행할 수 없다(그림 1.52(b)).

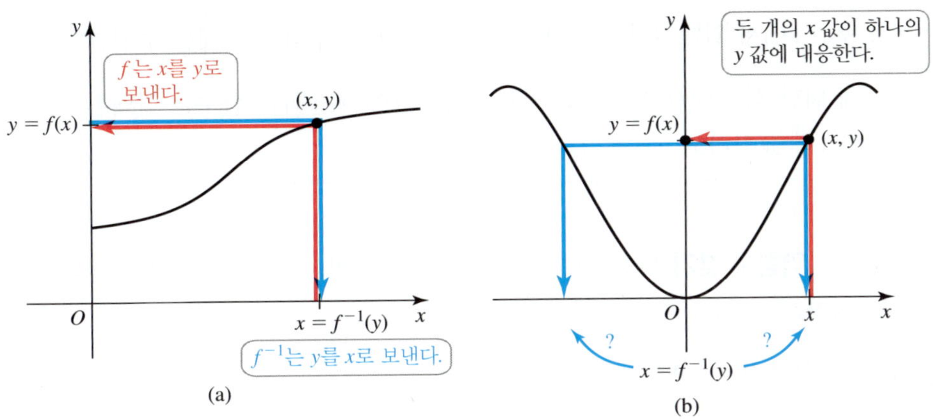

그림 1.52

> **정리 1.1 역함수의 존재성**
>
> f가 정의역이 D이고 치역이 R인 일대일 함수이면 f는 다음을 만족하는 정의역이 R, 치역이 D인 유일한 역함수 f^{-1}를 가진다.
>
> $$f^{-1}(f(x)) = x \quad \text{그리고} \quad f(f^{-1}(y)) = y$$
>
> 여기서 x는 D의 원소이고, y는 R의 원소이다.

➤ 일대일 함수가 역함수를 갖는다는 것은 그래프를 보면 그럴듯하다. 그러나 이 정리의 증명은 상당히 기술적이므로 생략한다.

QUICK CHECK 4 화씨(F)를 섭씨(C)로 나타내는 함수는 $F = 9C/5 + 32$이다. 이 함수가 역함수를 갖는 이유는 무엇인가?

| 예제 2 | 역함수가 존재하는가? 함수 $f(x) = x^2 - 1$이 역함수를 갖는 가장 큰 구간을 구하여라.

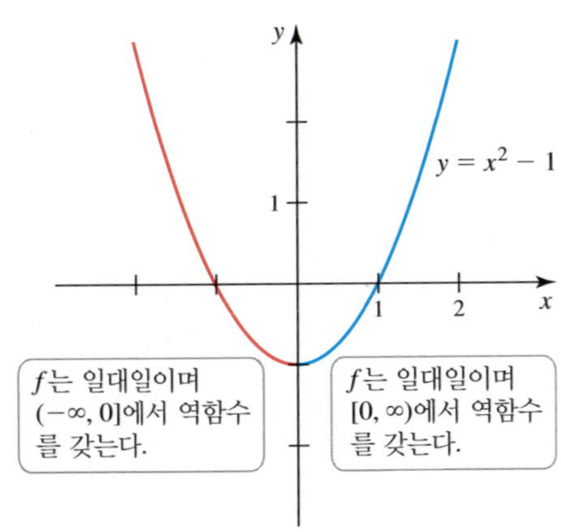

그림 1.53

풀이 구간 $(-\infty, \infty)$에서 함수는 수평선 검사를 통과하지 못하며 일대일도 아니다(그림 1.53). 그러나 f의 정의역이 구간 $(-\infty, 0]$ 또는 $[0, \infty)$로 제한되면 f는 일대일이 되며 역함수가 존재한다.

관련 연습문제 14번◀

역함수 찾기 함수 f의 역함수를 찾는 것의 핵심은 x에 대한 방정식 $y = f(x)$를 y에 대하여 푸는 것이다. 이것이 가능하다면 $x = f^{-1}(y)$ 형식의 관계를 찾은 셈이다. $x = f^{-1}(y)$에서 x와 y를 교환하여 x가 독립변수(일반적인 x의 역할)가 되도록 한다면 역함수는 $y = f^{-1}(x)$ 형식을 갖는다. f가 일대일이 아닌 경우 이 과정은 둘 이상의 역함수를 만든다.

➤ f^{-1}의 식을 찾은 후 $f(f^{-1}(x)) = x$와 $f^{-1}(f(x)) = x$를 통해 계산 결과가 맞다는 것을 확인할 수 있다.

절차 역함수 찾기

f가 구간 I에서 일대일이라고 하자. f^{-1}를 찾기 위해 다음 단계를 수행한다.

1. x에 대한 식 $y = f(x)$를 풀고 필요한 경우 I에 해당하는 함수를 선택한다.

2. x와 y를 교환하고 $y = f^{-1}(x)$로 쓴다.

| 예제 3 | 역함수 찾기 다음 함수의 역함수를 찾아라. 필요한 경우 f의 정의역을 제한하여라.

a. $f(x) = 2x + 6$ **b.** $f(x) = x^2 - 1$

풀이

➤ 상수함수(수평선인 그래프)는 수평선 검사를 통과하지 못하므로 역함수가 없다.

a. 선형 함수(상수함수 제외)는 실수 전체 범위에서 일대일이다. 따라서 모든 x에서 f의 역함수가 존재한다.

1단계: x에 대한 식 $y = f(x)$를 푼다. 이때 $y = 2x + 6$이면 $2x = y - 6$ 또는 $x = \frac{1}{2}y - 3$임을 알 수 있다.

2단계: x와 y를 교환하고 $y = f^{-1}(x)$라고 쓴다.

$$y = f^{-1}(x) = \frac{1}{2}x - 3$$

역관계 $f(f^{-1}(x)) = x$ 및 $f^{-1}(f(x)) = x$가 성립하는지 확인하는 것이 좋다.

$$f(f^{-1}(x)) = f\left(\frac{1}{2}x - 3\right) = \underbrace{2\left(\frac{1}{2}x - 3\right) + 6}_{f(x) = 2x + 6} = x - 6 + 6 = x$$

$$f^{-1}(f(x)) = f^{-1}(2x + 6) = \underbrace{\frac{1}{2}(2x + 6) - 3}_{f^{-1}(x) = \frac{1}{2}x - 3} = x + 3 - 3 = x$$

b. 예제 2에서 볼 수 있듯이 함수 $f(x) = x^2 - 1$은 실수 전체 범위에서 일대일이 아니다. 그러나 두 구간 $(-\infty, 0]$, $[0, \infty)$에서는 일대일이다(그림 1.54(a)). 이러

한 구간 중 하나를 선택하여 역함수를 찾을 수 있다.

1단계: x에 대한 식 $y = f(x)$를 푼다.

$$y = x^2 - 1$$
$$x^2 = y + 1$$
$$x = \begin{cases} \sqrt{y+1} \\ -\sqrt{y+1} \end{cases}$$

두 경우의 제곱근은 각각의 역함수에 해당한다.

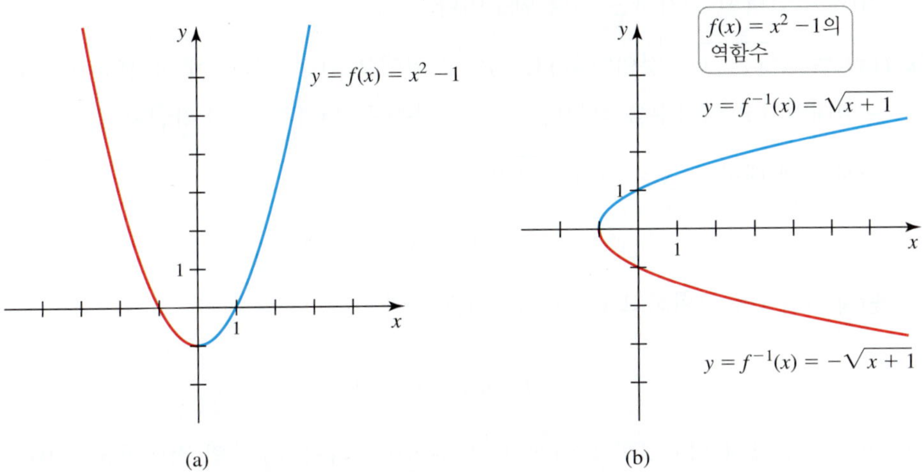

그림 1.54

2단계: x와 y를 교환하고 $y = f^{-1}(x)$라고 쓴다.

$$y = f^{-1}(x) = \sqrt{x+1} \quad 또는 \quad y = f^{-1}(x) = -\sqrt{x+1}$$

이 결과에 대한 해석은 중요하다. 양의 제곱근을 취하면 역함수 $y = f^{-1}(x) = \sqrt{x+1}$은 양수 y 값을 제공하는데, 이는 구간 $[0, \infty)$에서 $f(x) = x^2 - 1$에 해당한다(그림 1.54(b)). 음의 제곱근 $y = f^{-1}(x) = -\sqrt{x+1}$은 음수 y 값을 제공하는 또 다른 역함수인데, 이는 구간 $(-\infty, 0]$에서 $f(x) = x^2 - 1$에 해당한다.

관련 연습문제 5, 18번 ◀

QUICK CHECK 5 함수 $f(x) = x^3$은 어떤 구간에서 역함수를 갖는가? ◀

역함수 그래프 그리기

함수의 그래프와 역함수의 그래프에는 특별한 관계가 있으며, 이는 다음 예제에 나타나 있다.

| 예제 4 | 역함수 그래프 그리기 다음 함수의 역함수 f^{-1}를 찾고, f와 f^{-1}를 동일한 좌표계에 그려라.

a. $f(x) = 2x + 6$　　　　　**b.** $f(x) = \sqrt{x - 1}$

풀이

a. $f(x) = 2x + 6$의 역함수는 예제 3에서 볼 수 있듯이 다음과 같다.

$$y = f^{-1}(x) = \frac{1}{2}x - 3$$

f와 f^{-1}의 그래프는 그림 1.55에서 볼 수 있다. 여기서 f와 f^{-1}는 한 점 (−6, −6)에서 만나며 증가하는 선형 함수이다.

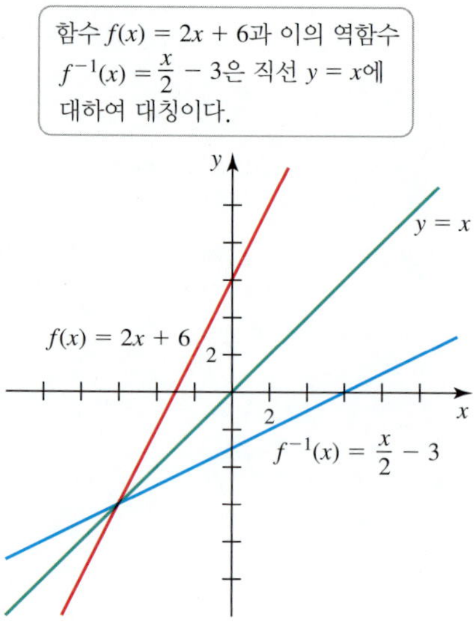

그림 1.55

b. $f(x) = \sqrt{x - 1}$의 정의역은 $[1, \infty)$이고 치역은 $[0, \infty)$이다. 이 정의역 위에서 f는 일대일이고 역함수를 갖는다. 이것은 다음 두 단계를 통해 확인할 수 있다:

1단계: x에 대한 식 $y = \sqrt{x - 1}$을 푼다.

$$y^2 = x - 1 \quad \text{또는} \quad x = y^2 + 1$$

2단계: x와 y를 교환하고 $y = f^{-1}(x)$라고 쓴다.

$$y = f^{-1}(x) = x^2 + 1$$

f와 f^{-1}의 그래프는 그림 1.56에서 볼 수 있다. 여기서 f^{-1}의 정의역($x \ge 0$)은 f의 치역($y \ge 0$)에 해당한다.

관련 연습문제 16번 ◀

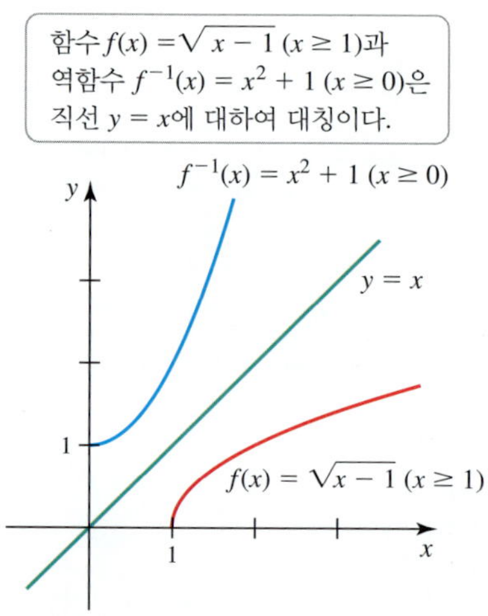

그림 1.56

그림 1.55와 그림 1.56의 그래프를 살펴보면 함수와 그 역함수의 그래프를 같은 좌표계에 그릴 때 항상 발생하는 대칭성을 볼 수 있다. 각 그림에서 보면 한 곡선은 직선 $y = x$에 대하여 다른 곡선을 반사시킨 곡선이다. 이 곡선들은 직선 $y = x$에 대하여 대칭이다. 즉, 점 (a, b)가 한 곡선에 있는 경우 항상 점 (b, a)가 다른 곡선에 있다(그림 1.57).

대칭에 대한 설명은 역함수의 정의로부터 나온다. 점 (a, b)가 $y = f(x)$의 그래프에 있다고 가정하자. 즉, $b = f(a)$이다. 역함수의 정의에 의해 $a = f^{-1}(b)$임을 알 수 있다. 이는 점 (b, a)가 $y = f^{-1}(x)$의 그래프 위에 있음을 의미한다. 이 사실은 모든 점 (a, b)에 적용되므로 점 (a, b)가 f의 그래프 위에 있을 때마다 (b, a)는 f^{-1}의 그래프 위에 있다. 결과적으로 두 그래프는 직선 $y = x$에 대하여 대칭이다.

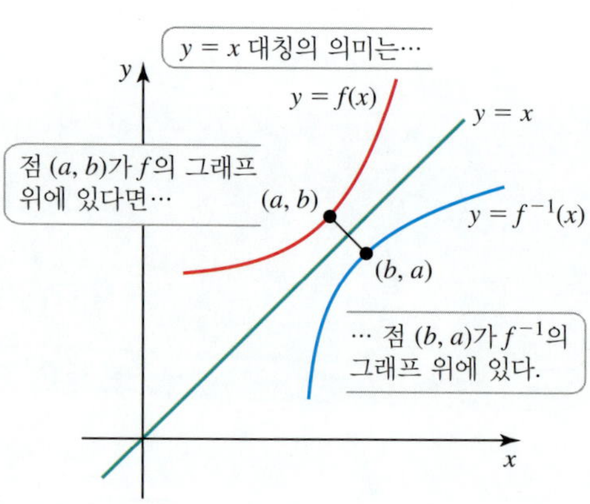

그림 1.57

로그함수

이제 역함수에 대하여 배운 모든 것을 지수함수 $f(x) = b^x$에 적용하자. $b \ne 1$인 $b > 0$에 대하여 이 함수는 구간 $(-\infty, \infty)$에서 일대일이다. 따라서 역함수가 존재한다.

정의 밑이 b인 로그함수

$b \neq 1$인 $b > 0$에 대하여 **밑이 b인 로그함수**는 지수함수 $y = b^x$의 역함수이며 $y = \log_b x$로 표기한다. 밑이 $b = e$인 자연지수함수의 역함수는 **자연로그함수**이며 $y = \ln x$로 표기한다.

➤ 로그는 스코틀랜드인 존 네이피어(John Napier)와 영국인 헨리 브리그스(Henry Briggs)에 의해 계산 목적으로 1600년경에 발명되었다. 불행히도 숫자(arithmos)와 함께 추론(logos)을 뜻하는 그리스어에서 파생된 logarithm이라는 단어는 단어의 의미에 도움이 되지 않는다. **로그(logarithm)라는 단어를 보면 지수(exponent)를 생각해야 한다.**

지수함수와 로그함수의 역관계는 여러 방법으로 간결하게 설명할 수 있다. 첫째로 다음을 보자.

$$y = \log_b x \quad \Leftrightarrow \quad b^y = x$$

이 두 조건을 결합하면 두 가지 중요한 관계를 얻는다.

지수함수와 로그함수의 역관계

$b \neq 1$, $b > 0$인 밑 b에 대하여 다음 역관계가 성립한다.

I1. $b^{\log_b x} = x$ ($x > 0$일 때)

I2. $\log_b b^x = x$ (모든 실수 x에 대하여)

➤ **로그법칙**

밑 $b(b > 0,\ b \neq 1)$, 양의 실수 x, y, 실수 z에 대하여 다음이 성립한다.

L1. $\log_b xy = \log_b x + \log_b y$

L2. $\log_b \dfrac{x}{y} = \log_b x - \log_b y$

$\left(\log_b \dfrac{1}{y} = -\log_b y\text{도 성립}\right)$

L3. $\log_b x^z = z \log_b x$

L4. $\log_b b = 1$

이 성질들은 $b = e$일 때도 성립하며, 이 경우 $\log_b x = \log_e x = \ln x$이다. 연습문제 48-49번을 참조하여라.

로그함수의 성질 로그함수의 그래프는 함수와 역함수의 대칭성을 이용하여 그린다. 그림 1.58은 $b \neq 1$, $b > 0$에 대한 $y = b^x$의 그래프가 직선 $y = x$에 반사되어 $y = \log_b x$의 그래프를 얻는 방법을 보여 준다.

다양한 밑 $b(b > 1)$에 대한 $y = \log_b x$의 그래프가 그림 1.59에 있다. 밑이 b $(0 < b < 1)$인 로그는 잘 정의되어 있지만 일반적으로 사용하지는 않는다(이들은 밑이 b가 $b > 1$이 되도록 표현될 수 있다).

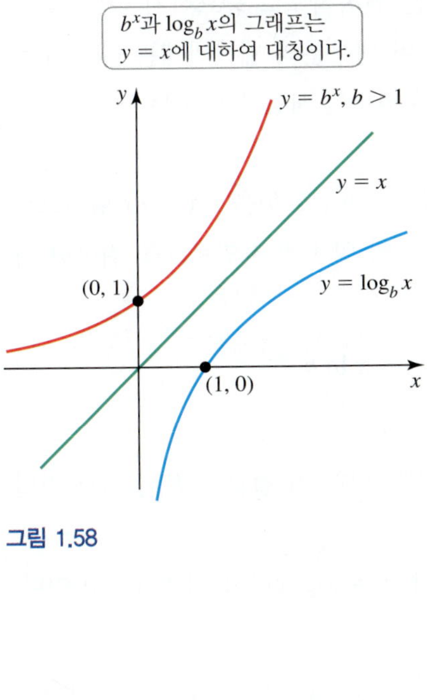

그림 1.58

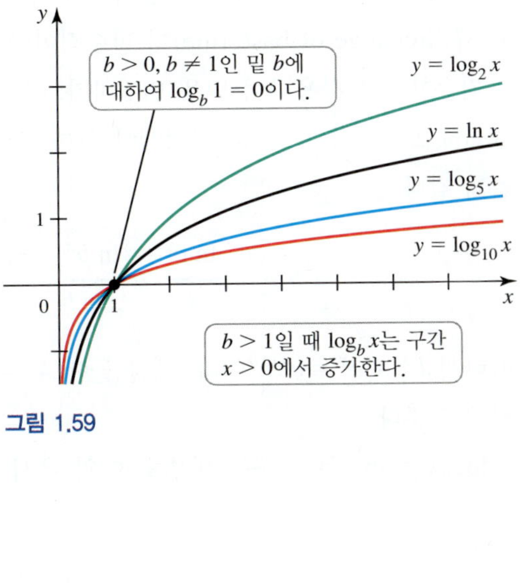

그림 1.59

밑이 $b(b > 0)$인 로그함수는 29–30쪽의 지수함수의 성질과 대응되는 다음 성질을 만족한다.

1. b^x의 치역이 $(0, \infty)$이므로 $\log_b x$의 정의역은 $(0, \infty)$이다.
2. b^x의 정의역은 $(-\infty, \infty)$이며, 이는 $\log_b x$의 치역이 $(-\infty, \infty)$임을 의미한다.
3. $b^0 = 1$이므로 $\log_b 1 = 0$이다.
4. $b > 1$이면 $\log_b x$는 x에 대한 증가함수이다. 예를 들어 $b = e$이면 $x > y$에 대하여 $\ln x > \ln y$이다(그림 1.59).

QUICK CHECK 6 $f(x) = \log_b x^2$의 정의역은 무엇인가? $f(x) = \log_b x^2$의 치역은 무엇인가? ◀

| 예제 5 | 역관계 이용하기 질량이 함수 $m(t) = 1000e^{-t/850}$을 따라 감소하는 어떤 방사성 물질 1000 g이 있다. 여기서 $t\,(t \geq 0)$는 시간을 연 단위로 측정한다. 물질의 질량이 1 g이 되어 안전 수준에 도달하는 시점은 언제인가?

풀이 $m(t) = 1$이라 하고, $1000e^{-t/850} = 1$을 풀자. 양변을 1000으로 나누고 자연로그를 취하면 다음과 같다.

$$\ln e^{-t/850} = \ln \frac{1}{1000}$$

▶ 방정식(argument)이 양수이면 양변에 $\log_b$를 취하여 동등한 방정식을 생성할 수 있다.

이 식은 근삿값 $\ln(1/1000) \approx -6.908$과 $\ln e^{-t/850} = -\dfrac{t}{850}$(역관계 성질 I2)를 사용하여 단순하게 표기할 수 있다. 그러므로 다음과 같다.

$$-\frac{t}{850} \approx -6.908$$

t에 대하여 풀면 $t \approx (-850)(-6.908) \approx 5872$년임을 알 수 있다.

관련 연습문제 32번 ◀

밑 바꾸기

로그와 지수로 작업할 때 어떤 밑을 사용할지는 원칙적으로 중요하지 않다. 그러나 밑을 바꾸는 실질적인 이유가 있다. 예를 들어 대부분의 계산기에는 하나 또는 두 개의 밑수로 로그함수가 내장되어 있다. 다른 밑수를 사용해야 하는 경우, 밑 변환 규칙(change-of-base rule)이 필수적이다.

지수함수를 사용하여 밑을 변경하자. 구체적으로 b^x(밑 b)을 e^y(밑 e) 형식으로 표현해 보자. 여기서 y를 결정해야 한다. $e^y = b^x$의 양변에 자연로그를 취하면 다음과 같다.

$$\underbrace{\ln e^y}_{y} = \underbrace{\ln b^x}_{x \ln b} \quad \Rightarrow \quad y = x \ln b$$

따라서 $b^x = e^y = e^{x \ln b}$이다. 예를 들어 $4^x = e^{x \ln 4}$이다. 이 결과는 7.1절에서 엄밀하게 다룬다.

▶ 밑 b를 다른 양수인 밑 c로 바꾸는 더 일반적인 공식을 도출하기 위해 유사한 논리가 적용된다.

$\log_b x$를 $\ln x$로 바꾸는 방법도 이와 유사하다. $y = \log_b x$라고 하면 $x = b^y$이다.

$x = b^y$의 양변에 자연로그를 취하면 $\ln x = \ln b^y = y \ln b$가 된다. y에 대하여 풀면 다음을 얻을 수 있다.

$$y = \log_b x = \frac{\ln x}{\ln b}$$

밑 변환 규칙

b를 1이 아닌 양의 실수라고 하자. 그러면 다음과 같다.

$$b^x = e^{x \ln b}(\text{모든 실수 } x) \quad \text{그리고} \quad \log_b x = \frac{\ln x}{\ln b} \ (x > 0)$$

일반적으로 c를 $c \neq 1$인 양의 실수라고 하면 다음과 같다.

$$b^x = c^{x \log_c b} \ (\text{모든 실수 } x) \ \text{그리고} \ \log_b x = \frac{\log_c x}{\log_c b} \ (x > 0)$$

| 예제 6 | 밑 바꾸기

a. 2^{x+4}을 밑이 e인 지수함수로 표현하여라.

b. $\log_2 x$를 밑이 e인 지수함수와 밑이 32인 지수함수로 각각 표현하여라.

풀이

a. 지수함수에 대한 밑 변환 규칙을 적용하면 다음과 같다.

$$2^{x+4} = e^{(x+4)\ln 2}$$

b. 로그함수에 대한 밑 변환 규칙을 적용하면 다음과 같다.

$$\log_2 x = \frac{\ln x}{\ln 2}$$

밑 2를 32로 바꾸기 위해 일반적인 밑 변환 규칙을 적용하자.

$$\log_2 x = \frac{\log_{32} x}{\log_{32} 2} = \frac{\log_{32} x}{1/5} = 5 \log_{32} x$$

두 번째 단계는 $2 = 32^{1/5}$, 즉 $\log_{32} 2 = \frac{1}{5}$로부터 얻는다.

관련 연습문제 35, 37번 ◀

1.3절 연습문제

1단계 스타트

1. 양의 실수 b에 대하여 $f(x) = b^x$의 정의역과 치역을 구하여라.

2. 구간 $(-\infty, 0]$에서 일대일이고, 구간 $(-\infty, \infty)$에서는 일대일이 아닌 함수의 그래프를 그려라.

3. 다음 그래프로 주어진 함수 f가 일대일이 되는 구간을 세 개 찾아라. 각 구간을 최대한 크게 정하여라.

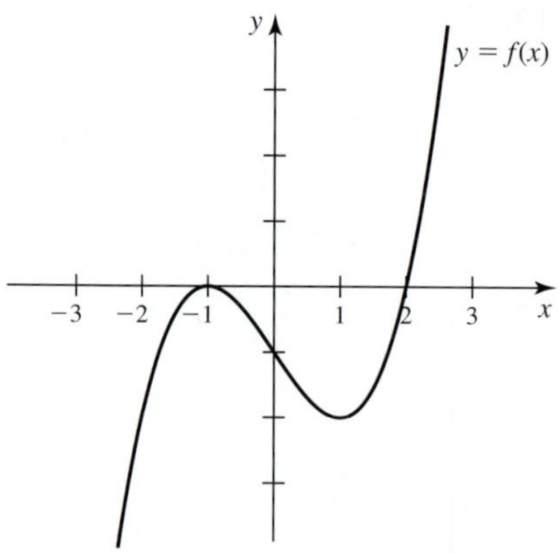

4. 구간 I에서 일대일이 아닌 함수가 구간 I에서 역함수를 갖지 않는 이유를 설명하여라.

5. 함수 $f(x) = 2x$의 역함수를 구하여라. $f(f^{-1}(x)) = x$와 $f^{-1}(f(x)) = x$가 성립함을 보여라.

6. 다음 그래프로 주어진 함수 f의 역함수를 그려라.

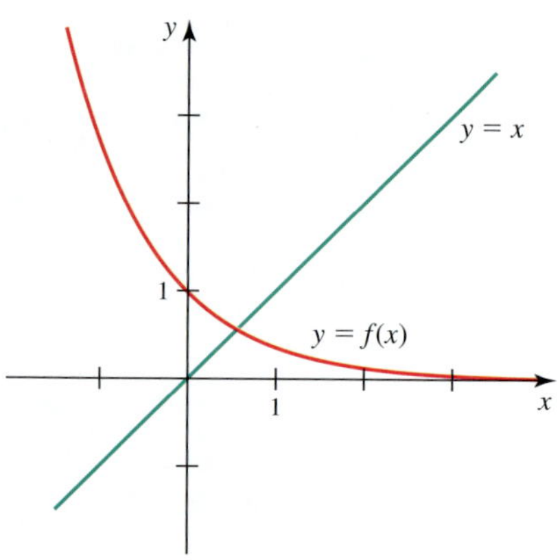

7–8. 포물선 $y = x^2 + 1$은 두 개의 일대일 함수 $g_1(x)$, $g_2(x)$로 이루어져 있다. 다음 질문에 답하고, 답안이 그림의 그래프와 일치하는지 확인하여라.

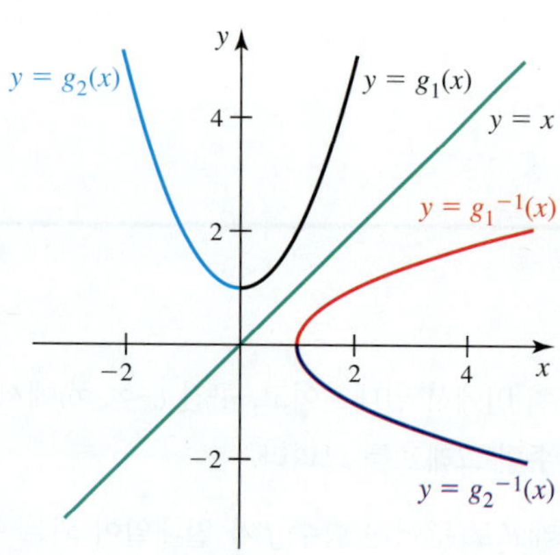

7. 함수 $g_1(x)$와 $g_1^{-1}(x)$의 식을 찾고 각각의 정의역과 치역을 구하여라.

8. 함수 $g_2(x)$와 $g_2^{-1}(x)$의 식을 찾고 각각의 정의역과 치역을 구하여라.

9. $\log_b x$의 의미를 설명하여라.

10. $b \neq 1$, $b > 0$인 b에 대하여 $f(x) = \log_b x$의 정의역과 치역을 구하고, 그 이유를 설명하여라.

11. 계산기를 사용하지 않고 다음의 값을 구하여라.
    a. $\log_{10} 1000$ **b.** $\log_2 16$ **c.** $\log_{10} 0.01$ **d.** $\ln e^3$ **e.** $\ln \sqrt{e}$

2단계 실전

12–14. 역함수는 어디에 존재하는가? 함수를 분석하거나 그래프를 사용하여 다음 함수의 역함수가 존재하는 가능한 한 가장 큰 점들의 집합을 구하여라.

12. $f(x) = 3x + 4$

13. $f(x) = 1/(x - 5)$

14. $f(x) = 1/x^2$

15–17. 역함수를 그래프로 나타내기 (구간이 정해진 경우 지정된 구간에서) 역함수를 찾고 하나의 좌표평면 위에 f와 f^{-1}의 그래프를 그려라. 그래프에서 대칭성을 확인하여라.

15. $f(x) = 8 - 4x$

16. $f(x) = \sqrt{x + 2}$ (단, $x \geq -2$)

17. $f(x) = (x - 2)^2 - 1$ (단, $x \geq 2$)

18–22. 역함수 찾기 (구간이 정해진 경우 지정된 구간에서) 다음 함수의 역함수 $f^{-1}(x)$를 찾아라.

18. $f(x) = 2/(x^2 + 1)$ (단, $x \geq 0$)

19. $f(x) = e^{2x+6}$

20. $f(x) = \ln(3x + 1)$

21. $f(x) = 10^{-2x}$

22. $f(x) = e^x/(e^x + 2)$

23. **곡선 분할** 단위원 $x^2 + y^2 = 1$은 4개의 일대일 함수 $f_1(x)$, $f_2(x)$, $f_3(x)$, $f_4(x)$로 구성된다(그림 참조).
    a. 각 함수에 대한 정의역과 식을 찾아라.
    b. 각 함수의 역함수를 찾고 $y = f^{-1}(x)$ 형태로 표기하여라.

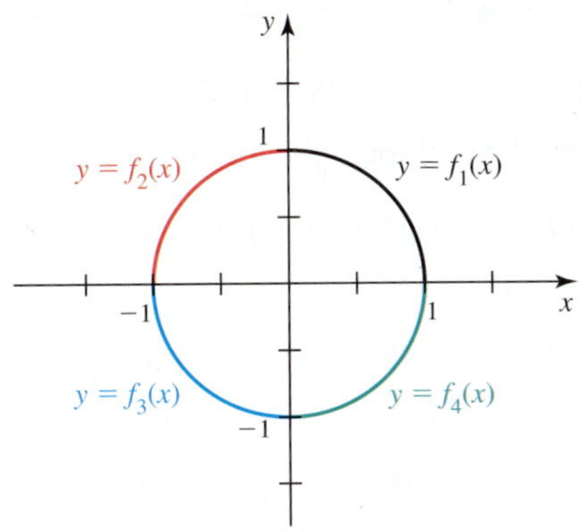

24–26. 로그의 성질 $\log_b x = 0.36$, $\log_b y = 0.56$, $\log_b z = 0.83$이라 하자. 다음을 계산하여라.

24. $\log_b \frac{x}{y}$ **25.** $\log_b xz$ **26.** $\log_b \frac{\sqrt{x}}{\sqrt[3]{z}}$

27–31. 방정식 풀이 다음 방정식을 풀어라.

27. $\log_{10} x = 3$ **28.** $\log_8 x = \frac{1}{3}$

29. $\ln x = -1$ **30.** $7^x = 21$

31. $3^{3x-4} = 15$

32. 역관계 이용하기 질량이 100 g인 어떤 방사성 물질의 붕괴는 함수 $m(t) = 100e^{-t/650}$을 따른다. 여기서 $t(t > 0)$는 시간으로 연 단위로 측정한다. 이때 질량이 50 g이 되는 때는 언제인가?

33. 투자 문제 P달러를 투자하면 연간 이자율이 r인 매월 복리로 이자가 붙는 저축 계좌에 예치된다고 하자. 여기서 r은 십진수로 표시하고, 예치한 지 t년 후 계좌에 있는 돈 A는 $A = P(1 + r/12)^{12t}$으로 주어진다. 연간 이자율이 1%($r = 0.01$)인 경우, 투자 금액 1000달러가 1100달러로 증가하는 데 걸리는 시간을 구하여라.

34. 높이와 시간 64 ft/s의 초기 속도로 지면에서 친 야구공의 높이(피트)는 $h = f(t) = 64t - 16t^2$이며, 여기서 t는 타격 후 초 단위로 측정되는 시간이다.

a. 이 함수는 구간 $0 \le t \le 4$에서 일대일인가?

b. 공이 위쪽으로 올라갈 때 공의 높이 h로부터 시간 t를 제공하는 역함수를 찾아라. $t = f^{-1}(h)$ 형식으로 답을 써라.

c. 공이 아래로 내려갈 때 공의 높이 h로부터 시간 t를 제공하는 역함수를 찾아라. $t = f^{-1}(h)$ 형식으로 답을 써라.

d. 올라가는 공이 높이 30 ft에 도달하는 시간은 몇 초인가?

e. 내려오는 공이 높이 10 ft에 도달하는 시간은 몇 초인가?

35–36. 밑 변환(계산기 사용) 다음 로그를 자연로그로 표기하여라. 그다음 계산기를 사용하여 로그 값을 찾고 결과를 소수점 이하 네 자리까지 반올림하여라.

35. $\log_2 15$ **36.** $\log_4 40$

37–39. 밑 변환 다음 식을 지정된 밑으로 변환하여라.

37. 2^x, 밑 e

38. $\ln |x|$, 밑 5

39. $a^{1/\ln a}$(단, $a > 0$, $a \neq 1$), 밑 e

40. 참 또는 거짓 다음 명제가 참이면 증명하고 거짓이면 반례를 들어라.

a. $y = 3^x$이면 $x = \sqrt[3]{y}$이다.

b. $\frac{\log_b x}{\log_b y} = \log_b x - \log_b y$

c. $\log_5 4^6 = 4 \log_5 6$

d. $2 = 10^{\log_{10} 2}$

e. $2 = \ln 2^e$

f. $f(x) = x^2 + 1$이면 $f^{-1}(x) = \frac{1}{x^2 + 1}$이다.

g. $f(x) = 1/x$이면 $f^{-1}(x) = 1/x$이다.

41. 로그함수의 그래프 다음 그림은 $y = \log_2 x$, $y = \log_4 x$, $y = \log_{10} x$의 그래프이다. 세 함수와 그래프의 곡선을 대응시켜라.

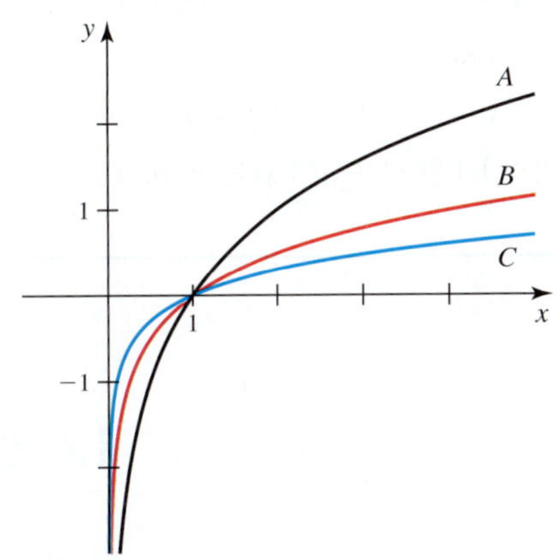

42. 수정된 로그함수의 그래프 그래프 유틸리티를 사용하지 않고 $y = \log_2 x$의 그래프를 그려라. 그 다음 동일한 좌표평면 위에 $y = \log_2(x - 1)$, $y = \log_2 x^2$, $y = (\log_2 x)^2$, $y = \log_2 x + 1$의 그래프를 그려라.

3단계 도전

43. 축전기 충전 축전기(capacitor)는 전하를 저장하는 장치이다. 축전기에 충전되는 전하의 양은 함수 $Q(t) = a(1 - e^{-t/c})$으로 나타낼 수 있으며, 여기서 t는 초 단위로 측정되고 a와

$c(c > 0)$는 물리적 상수이다. 정상 상태(steady-state)의 전하는 t가 커질수록 $Q(t)$가 가까워지는 값이다.

a. $a = 1$ 및 $c = 10$을 사용하여 $t(t \geq 0)$에 대한 전하 함수를 그래프로 표시하여라. 함수의 전체 모습을 보여 주는 그래프를 그려라.

b. c 값을 고정한 상태에서 a 값을 바꾸면 곡선이 어떻게 변화하는지 설명하여라. 정상 상태의 전하는 a 값에 따라 어떻게 다른가?

c. a 값을 고정한 상태에서 c 값을 바꾸면 곡선이 어떻게 변화하는지 설명하여라. 정상 상태의 전하는 c 값에 따라 어떻게 다른가?

d. 정상 상태 전하를 a와 c로 나타내는 공식을 찾아라.

44–46. 모든 역 찾기 다음 함수의 모든 역함수를 찾고 그 정의역을 말하여라.

44. $f(x) = x^2 - 2x + 6$ (힌트: 먼저 완전제곱식 형태로 변형한다)

45. $f(x) = (x + 1)^3$

46. $f(x) = 2/(x^2 + 2)$

47. 밑의 역수 양의 실수 b가 $b \neq 1$에 대하여 $\log_{1/b} x = -\log_b x$가 성립함을 증명하여라.

48. 법칙 L1 증명 다음 순서에 따라 $\log_b xy = \log_b x + \log_b y$임을 증명하여라.

a. $x = b^p$, $y = b^q$라고 할 때, p와 q에 대하여 위 식을 풀어라.

b. 지수법칙 E1을 사용하여 xy를 b, p, q로 표현하여라.

c. $\log_b xy$를 계산하고 단순화하여라.

49. 법칙 L2 증명 연습문제 48번의 증명 과정을 수정하고 지수법칙 E2를 사용하여 $\log_b \frac{x}{y} = \log_b x - \log_b y$임을 증명하여라.

50. 4차의 역수 4차 다항함수 $y = f(x) = x^4 - x^2$에 대하여 다음 물음에 답하여라.

a. f의 그래프를 그리고 일대일인 가장 큰 구간을 찾아라. 각 구간에서 역함수를 찾는 것이 목적이다.

b. x의 함수 $y = f(x)$를 풀기 위해 $u = x^2$을 대입하여라. 가능한 모든 해를 포함했는지 확인하여라.

c. **a**에서 찾은 각 구간에 대하여 $y = f^{-1}(x)$ 형식으로 각 역함수를 작성하여라.

51. 좋은 성질 $b > 0$, $c > 0$, $b \neq 1$, $c \neq 1$인 두 실수 b, c에 대하여 $(\log_b c)(\log_c b) = 1$임을 증명하여라.

QUICK CHECK 정답

1. b^x은 모든 x와 모든 양수 밑 b에 대하여 0이 아닌 양수이다. **2.** $(1/3)^x = 1/3^x$이고 x가 증가함에 따라 3^x이 증가하므로 x가 증가함에 따라 $(1/3)^x$은 감소한다. **3.** $f^{-1}(x) = 3x$, $f^{-1}(x) = x + 7$ **4.** 모든 화씨 온도에는 정확히 하나의 섭씨 온도가 있으며 그 반대의 경우도 마찬가지이다. 주어진 관계는 선형 함수이기도 하다. 이는 일대일 관계이므로 역함수가 존재한다. **5.** 함수 $f(x) = x^3$은 구간 $(-\infty, \infty)$에서 일대일이므로 모든 x에 대하여 역함수를 갖는다. **6.** $\log_b x^2$의 정의역은 0을 제외한 모든 실수이다(x^2은 $x \neq 0$인 x에 대하여 양수이기 때문이다). $\log_b x^2$의 치역은 모두 실수이다. ➤

1.4 삼각함수와 그 역함수

이 절에서는 삼각함수의 미분과 적분을 공부하기 위해 알아야 하는 내용을 다룬다. 삼각함수를 배울 때 역삼각함수와 기본적인 성질도 함께 공부한다.

도	라디안
0	0
30	$\pi/6$
45	$\pi/4$
60	$\pi/3$
90	$\pi/2$
120	$2\pi/3$
135	$3\pi/4$
150	$5\pi/6$
180	π

호도법

미적분학에서는 일반적으로 각도를 **라디안**(rad) 단위로 측정해야 한다. 반지름이 r인 원에서 각도 θ의 라디안 값은 중심각이 θ인 호(s로 표시)의 길이를 원의 반지름 r로 나눈 값이다(그림 1.60(a)). 단위원($r = 1$)인 경우, 각도의 라디안 값은 간단하게도 중심각이 θ인 호의 길이이다(그림 1.60(b)). 예를 들어 단위원의 둘레의 길이는 2π이다. 따라서 라디안 값이 π인 각도는 반원($\theta = 180°$)에 해당하고 라디안 값

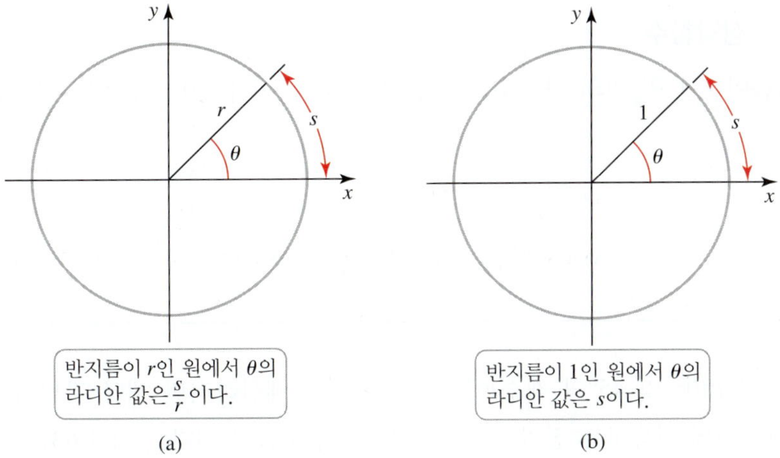

그림 1.60

이 $\pi/2$인 각도는 사분원($\theta = 90°$)에 해당한다.

삼각함수

예각에 대한 삼각함수 값은 직각삼각형의 변의 길이의 비율로 정의된다(그림 1.61). 이러한 정의를 모든 각도로 확장하기 위해 중심이 원점이고 반지름이 r인 원이 있는 xy평면에서 작업하자. 점 $P((x, y)$가 원의 한 점이라고 가정하자. 각도 θ가 x축 양의 방향에서 시작하여 선분 OP(원점과 점 P를 잇는 선분)에서 종료하는 경우 **표준위치**에 있다고 말한다. x축 양의 방향에서 반시계 방향으로 회전하여 얻은 각도는 양의 값을 갖는다(그림 1.62). 그림 1.61의 직각삼각형 정의가 그림 1.62의 직각삼각형과 함께 사용될 때 삼각함수는 x, y 및 원의 반지름 $r = \sqrt{x^2 + y^2}$으로 표현할 수 있다.

QUICK CHECK 1 270°를 호도법으로 바꾸면 몇 라디안인가? $5\pi/4$라디안을 육십분법으로 바꾸면 몇 도인가? ◀

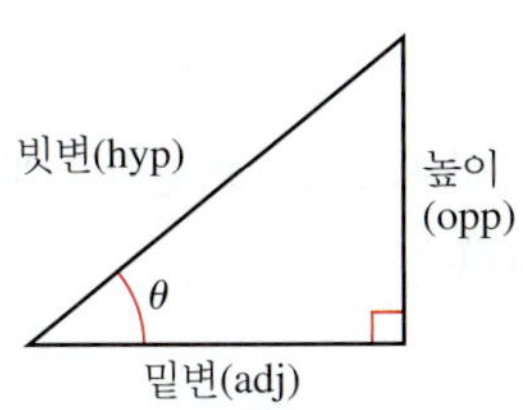

$\sin\theta = \dfrac{\text{opp}}{\text{hyp}}$ $\cos\theta = \dfrac{\text{adj}}{\text{hyp}}$

$\tan\theta = \dfrac{\text{opp}}{\text{adj}}$ $\cot\theta = \dfrac{\text{adj}}{\text{opp}}$

$\sec\theta = \dfrac{\text{hyp}}{\text{adj}}$ $\csc\theta = \dfrac{\text{hyp}}{\text{opp}}$

그림 1.61

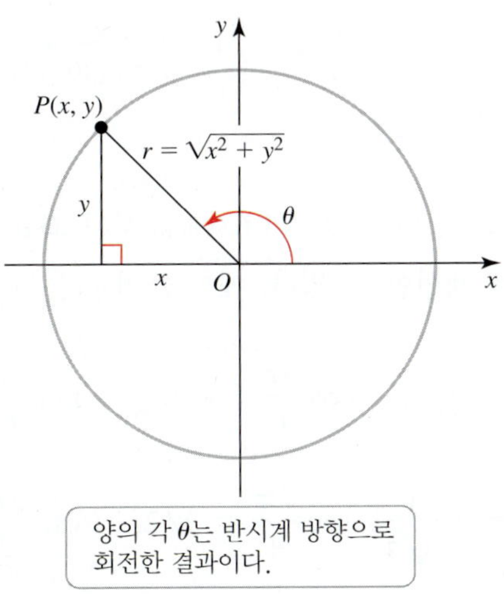

그림 1.62

> 단위원($r = 1$)인 경우, 삼각함수의 정의는 다음과 같게 된다.
>
> $\sin\theta = y,\quad \cos\theta = x$
>
> $\tan\theta = \dfrac{y}{x},\quad \cot\theta = \dfrac{x}{y}$
>
> $\sec\theta = \dfrac{1}{x},\quad \csc\theta = \dfrac{1}{y}$

정의 삼각함수

반지름이 r인 원 위의 각도 θ인 지점에 점 $P(x, y)$가 있다. 그러면 다음이 성립한다.

$$\sin\theta = \frac{y}{r},\quad \cos\theta = \frac{x}{r},\quad \tan\theta = \frac{y}{x},$$
$$\cot\theta = \frac{x}{y},\quad \sec\theta = \frac{r}{x},\quad \csc\theta = \frac{r}{y}$$

> **특수각**

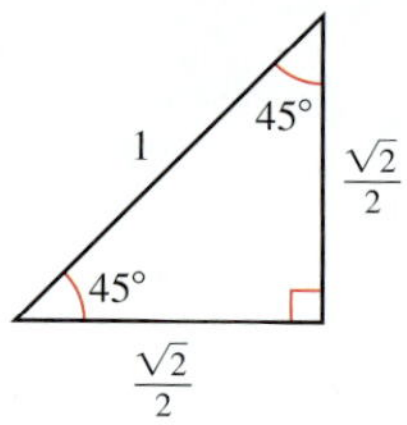

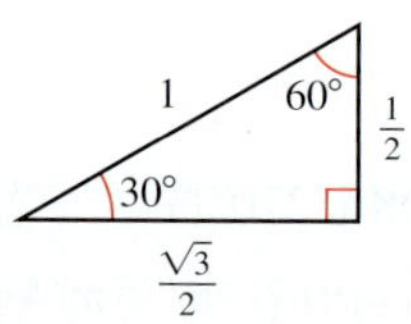

표준각도(30° 및 45°의 배수)에서 삼각함수를 계산하려면 해당 각도의 라디안 값과 단위원에 대응하는 점의 좌표를 아는 것이 도움이 된다(그림 1.63).

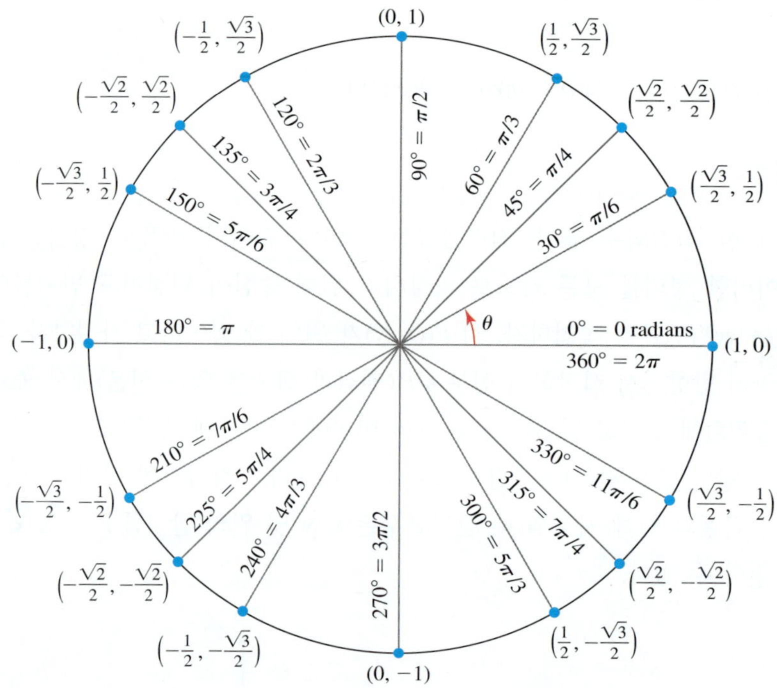

그림 1.63

삼각함수의 정의를 그림 1.63에 표시된 좌표와 결합하여 모든 표준각도에서 삼각함수 값을 계산할 수 있다. 예를 들어 다음이 성립한다.

$$\sin\frac{2\pi}{3} = \frac{\sqrt{3}}{2},\quad \cos\frac{5\pi}{6} = -\frac{\sqrt{3}}{2},\quad \tan\frac{7\pi}{6} = \frac{1}{\sqrt{3}},\quad \tan\frac{3\pi}{2}\text{는 정의되지 않음.}$$

$$\cot\frac{5\pi}{3} = -\frac{1}{\sqrt{3}},\quad \sec\frac{7\pi}{4} = \sqrt{2},\quad \csc\frac{3\pi}{2} = -1,\quad \sec\frac{\pi}{2}\text{는 정의되지 않음.}$$

| 예제 1 | 삼각함수 계산 주어진 값을 구하여라.

a. $\sin(8\pi/3)$ **b.** $\csc(-11\pi/3)$

풀이

a. 각도 $\theta = 8\pi/3 = 2\pi + 2\pi/3$는 원을 반시계 방향으로 한 바퀴 회전한 각도(2π 라디안)에 반시계 방향으로 $2\pi/3$라디안을 더한 각도에 해당한다(그림 1.64). 따라서 이 각도는 $2\pi/3$와 동일한 지점에 있으며, 단위원에 대응하는 점은 $\left(-1/2, \sqrt{3}/2\right)$이다. 따라서 $(8\pi/3) = y = \sqrt{3}/2$이다.

b. 각도 $\theta = -11\pi/3 = -2\pi - 5\pi/3$는 원을 시계 방향으로 한 바퀴 회전한 각도(2π라디안)에 시계 방향으로 $5\pi/3$라디안을 더한 각도에 해당한다(그림 1.65). 따라서 이 각도는 $\pi/3$ 각도와 동일한 지점에 있으며, 단위원에 대응하는 점은 $\left(1/2, \sqrt{3}/2\right)$이다. 따라서 $\csc(-11\pi/3) = 1/y = 2/\sqrt{3}$이다.

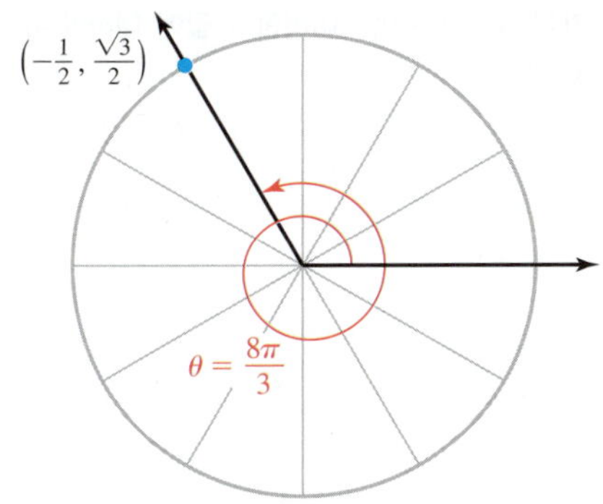

그림 1.64

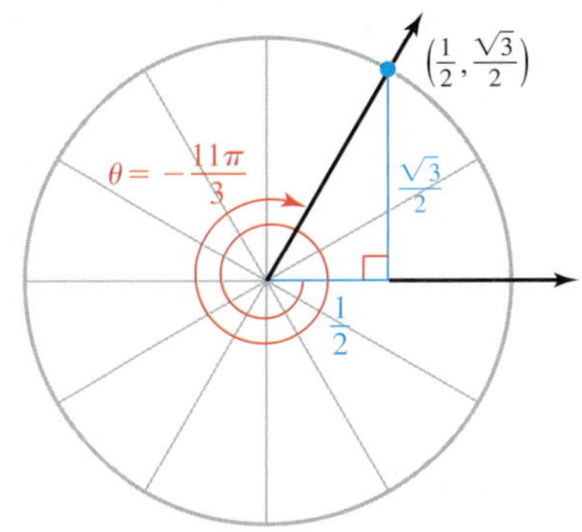

그림 1.65

QUICK CHECK 2 $\cos(11\pi/6)$와 $\sin(5\pi/4)$의 값을 구하여라. ◀

삼각함수 공식

삼각함수에는 정의역 내 모든 각도에서 성립하는 식이 있다. 다음은 일반적으로 사용되는 몇 가지 공식이다.

➤ 이 항등식 외에도 사인법칙과 코사인법칙도 잘 알고 있어야 한다. 연습문제 53–54번을 참조하여라.

삼각함수 공식

상호 공식

$$\tan\theta = \frac{\sin\theta}{\cos\theta}, \quad \cot\theta = \frac{1}{\tan\theta} = \frac{\cos\theta}{\sin\theta}$$

$$\csc\theta = \frac{1}{\sin\theta}, \quad \sec\theta = \frac{1}{\cos\theta}$$

피타고라스 공식

$$\sin^2\theta + \cos^2\theta = 1, \quad 1 + \cot^2\theta = \csc^2\theta, \quad \tan^2\theta + 1 = \sec^2\theta$$

배각 및 반각 공식

$$\sin 2\theta = 2\sin\theta\cos\theta, \quad \cos 2\theta = \cos^2\theta - \sin^2\theta$$

$$\cos^2\theta = \frac{1 + \cos 2\theta}{2}, \quad \sin^2\theta = \frac{1 - \cos 2\theta}{2}$$

➤ 사인과 코사인의 반각공식을 차수감소공식이라 부르기도 한다.

QUICK CHECK 3 $\sin^2\theta + \cos^2\theta = 1$을 사용하여 $1 + \cot^2\theta = \csc^2\theta$를 증명하여라. ◀

| 예제 2 | 삼각방정식 풀기 다음 식을 풀어라.

a. $\sqrt{2}\sin x + 1 = 0$ **b.** $\cos 2x = \sin 2x$ (단, $0 \le x < 2\pi$)

풀이

a. 먼저 $\sin x$에 대한 식으로 보면 $\sin x = -1/\sqrt{2} = -\sqrt{2}/2$를 얻는다. 단위원(그림 1.63)으로부터 $x = 5\pi/4$ 또는 $x = 7\pi/4$일 때 $\sin x = -\sqrt{2}/2$임을 알

➤ 분모를 유리화하면 다음과 같다.

$$\frac{1}{\sqrt{2}} = \frac{1}{\sqrt{2}} \cdot \frac{\sqrt{2}}{\sqrt{2}} = \frac{\sqrt{2}}{2}$$

▶ 가정 $\cos 2x \neq 0$은 이러한 x 값에 대하여 유효하다.

수 있다. 2π의 정수 배를 더하면 추가적인 해를 얻는다. 따라서 모든 해집합은 다음과 같다.

$$x = \frac{5\pi}{4} + 2n\pi \quad \text{그리고} \quad x = \frac{7\pi}{4} + 2n\pi \quad (n = 0, \pm 1, \pm 2, \pm 3, \cdots)$$

b. 방정식의 양변을 $\cos 2x$($\cos 2x \neq 0$으로 가정)로 나누면 $\tan 2x = 1$이 된다. $\theta = 2x$라고 하면 $\tan \theta = 1$이고, 이 방정식은 다음의 각도 θ에 대하여 성립한다.

$$\theta = \frac{\pi}{4}, \frac{5\pi}{4}, \frac{9\pi}{4}, \frac{13\pi}{4}, \frac{17\pi}{4}, \cdots$$

이제 이 값을 2로 나누고 x의 범위를 $0 \leq x < 2$로 제한하면 해를 얻는다.

$$x = \frac{\theta}{2} = \frac{\pi}{8}, \frac{5\pi}{8}, \frac{9\pi}{8}, \frac{13\pi}{8}$$

관련 연습문제 20번 ◀

삼각함수의 그래프

삼각함수는 **주기함수**의 한 예이다(이들의 값은 일정한 길이 간격마다 반복된다). $f(x + P) = f(x)$의 경우 함수 f는 정의역의 모든 x에 대하여 **주기적**이라고 한다. 여기서 주기 P는 이 성질을 갖는 가장 작은 양의 실수이다.

삼각함수의 주기

네 함수 $\sin \theta$, $\cos \theta$, $\sec \theta$, $\csc \theta$의 주기는 2π이다.

$$\sin(\theta + 2\pi) = \sin \theta, \qquad \cos(\theta + 2\pi) = \cos \theta$$
$$\sec(\theta + 2\pi) = \sec \theta, \qquad \csc(\theta + 2\pi) = \csc \theta$$

여기서 θ는 정의역 안의 값이다.

함수 $\tan \theta$와 $\cot \theta$의 주기는 π이다.

$$\tan(\theta + \pi) = \tan \theta, \qquad \cot(\theta + \pi) = \cot \theta$$

여기서 θ는 정의역 안의 값이다.

$y = \sin \theta$의 그래프는 그림 1.66(a)에 나와 있다. $\csc \theta = 1/\sin \theta$이므로 이 두 함수의 부호는 동일하지만 $y = \csc \theta$는 $\theta = 0, \pm\pi, \pm 2\pi, \cdots$에서 수직 점근선을 가지므로 정의되지 않는다. 두 함수 $\cos \theta$와 $\sec \theta$도 이와 유사한 관계를 갖는다(그림 1.66(b)).

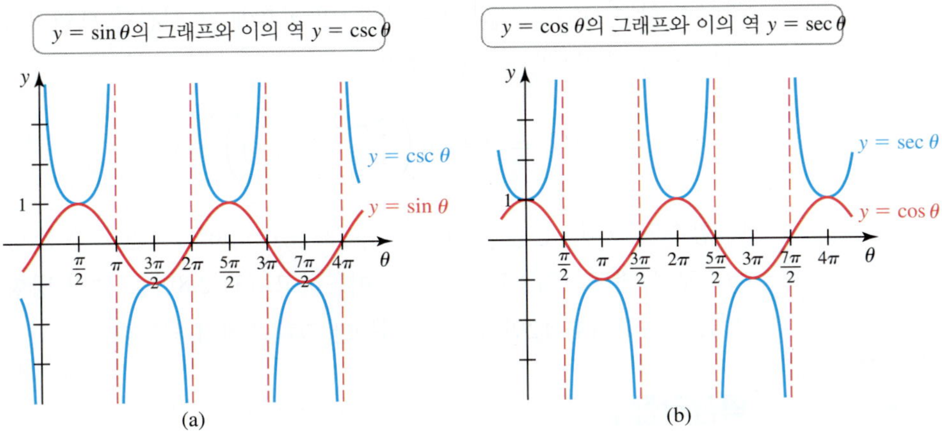

그림 1.66

$\tan\theta$와 $\cot\theta$의 그래프는 그림 1.67에 나와 있다. 각 함수에는 정의되지 않은 점이 π의 간격만큼 떨어져 있다.

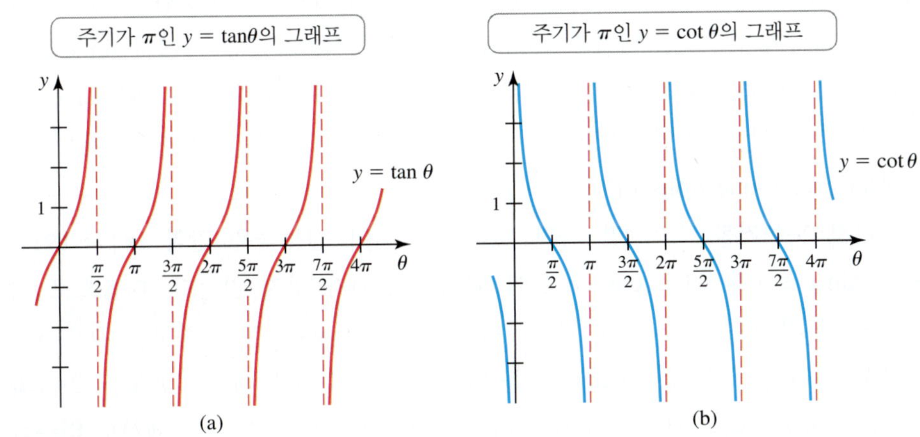

그림 1.67

그래프 변환

파도의 움직임, 태양이 뜨고 지는 것과 같은 많은 물리적 현상은 삼각함수를 사용하여 모델링할 수 있다. 특히 사인함수와 코사인함수가 유용하다. 1.2절에서 소개한 변환 방법을 사용하여 $y = \sin\theta$ 및 $y = \cos\theta$의 그래프를 살펴보면 다음 함수가 $|A|$만큼 수직 스케일링(또는 **진폭**), $2\pi/|B|$의 주기, C만큼 수평 이동(또는 **위상 이동**), D만큼 **수직 이동**을 갖는다는 것을 보여줄 수 있다(그림 1.68).

$$y = A\sin(B(\theta - C)) + D \quad \text{그리고} \quad 2 = A\cos(B(\theta - C)) + D$$

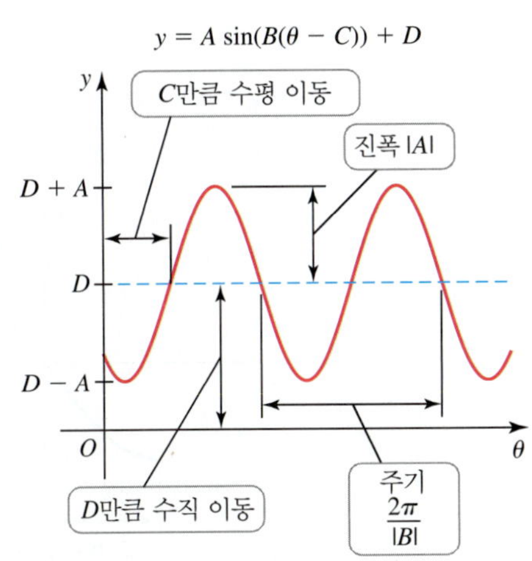

그림 1.68

예를 들어 북위 40도(베이징, 마드리드, 필라델피아)에서는 춘분(대략 3월 21일과 9월 21일)에 낮이 12시간이고 낮이 가장 긴 하지(대략 6월 21일)에는 14.8시간, 낮이 가장 짧은 동지(대략 12월 21일)에는 9.2시간이다. 이 정보를 사용하여 다음에

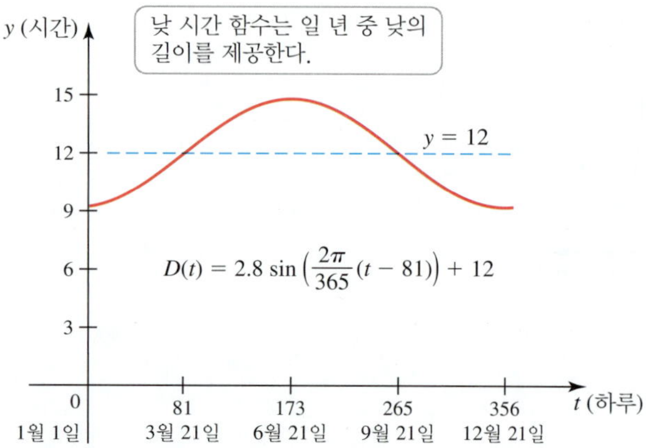

그림 1.69

주어진 함수 $D(t)$가 1월 1일로부터 t일 이후에 낮 시간을 모델링한다는 것을 볼 수 있다(그림 1.69).

$$D(t) = 2.8 \sin\left(\frac{2\pi}{365}(t - 81)\right) + 12$$

이 함수의 그래프는 $y = \sin t$의 그래프를 (1) $365/2\pi$만큼 수평 방향으로 늘리고, (2) 81만큼 수평 이동하고, (3) 2.8만큼 수직 방향으로 늘리고, (4) 12만큼 수직 이동한 그래프에서 얻는다.

역삼각함수

역함수의 개념은 로그함수를 지수함수로부터 이끌어냈다(1.3절). 이번에는 삼각함수를 사용하여 유사한 절차를 수행한다.

역사인 및 역코사인 우리의 목표는 사인과 코사인의 역함수를 개발하고 자세히 살펴보는 것이다. 그러면 다른 4개의 삼각함수의 역함수도 비슷한 방식으로 따라간다. 지금까지 우리는 다음과 같은 질문을 했다. 주어진 각도 x에서 $\sin x$ 또는 $\cos x$는 무엇인가? 자, 이제 반대 질문을 해 보자. 숫자 y가 주어졌을 때 $\sin x = y$가 되는 각도 x는 무엇인가? 또는 $\cos x = y$가 되는 각도 x는 무엇인가? 이것들은 역질문(inverse questions)이다.

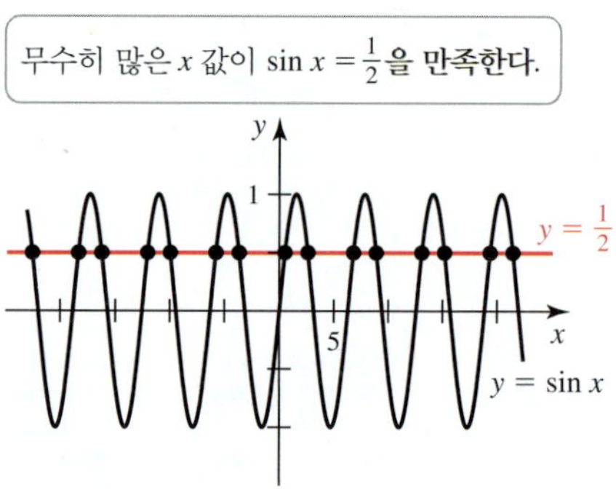

그림 1.70

여기서 눈여겨볼 점이 몇 가지 있다. 먼저 이 질문들은 만약 $|y| > 1$이면 $-1 \le \sin x \le 1$과 $-1 \le \cos x \le 1$이 되므로 앞뒤가 맞지 않는다. 다음으로 허용 가능한 값(예를 들어 $y = \frac{1}{2}$)을 선택하고 $\sin x = y = \frac{1}{2}$을 만족하는 각도 x를 구하자. 무한히 많은 각이 $\sin x = \frac{1}{2}$을 만족한다. 정수 n에 대하여 $\pi/6 \pm 2n\pi$와 $5\pi/6 \pm 2n\pi$ 형태의 모든 각도가 그러하다(그림 1.70). 코사인함수에서도 비슷한 상황이 발생한다.

이러한 역질문(inverse questions)은 $\sin x$와 $\cos x$가 정의역에서 일대일이 아니기 때문에 유일한 답을 갖지 않는다. 역함수를 정의하기 위해 이러한 함수는 일대일이 되는 범위로 정의역을 제한하게 된다. 사인함수의 경우 일반적으로 구

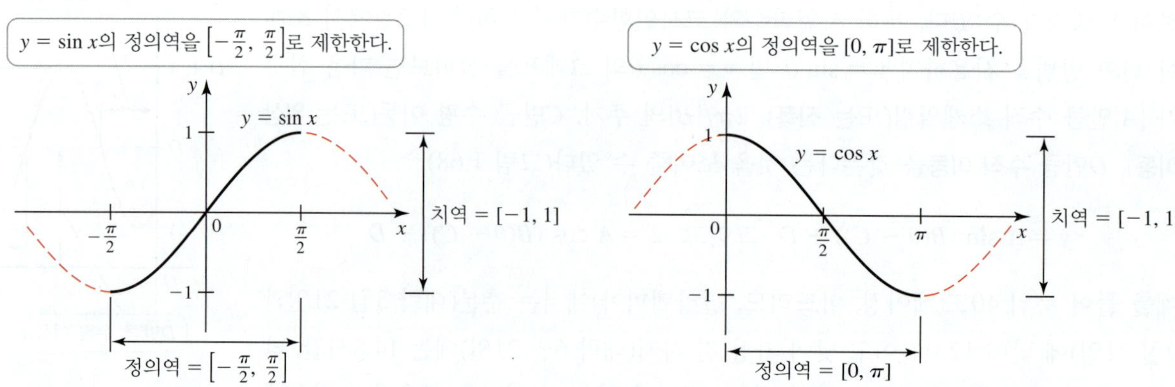

그림 1.71

간 $[-\pi/2, \pi/2]$를 선택하고, 코사인함수의 경우 $[0, \pi]$를 선택한다(그림 1.71). 이제 구간 $[-\pi/2, \pi/2]$에서 $\sin x = \frac{1}{2}$인 각도 x를 구할 때 $x = \pi/6$라는 답이 하나 있다. 구간 $[0, \pi]$에서 $\cos x = -\frac{1}{2}$인 각도 x를 구하면 $x = 2\pi/3$라는 답이 하나 있다.

사인 값이 x인 각도 y를 **역사인**(inverse sine) 또는 **아크사인**(arcsine)이라고 정의하며, $y = \sin^{-1}x$ 또는 $y = \arcsin x$로 표시한다. 단, y는 구간 $[-\pi/2, \pi/2]$ 안에 있다. 유사하게 코사인 값이 x인 각도 y를 **역코사인**(inverse cosine) 또는 **아크코사인**(arccosine)이라고 정의하며, $y = \cos^{-1}x$ 또는 $y = \arccos x$로 표시한다. 단, y는 구간 $[0, \pi]$ 안에 있다.

➤ 역삼각함수에 대한 표기법은 혼동을 유발한다. 즉, $\sin^{-1}x$와 $\cos^{-1}x$는 $\sin x$와 $\cos x$의 역수를 의미하지 않는다. $\sin^{-1}x$는 '사인 값이 x인 각도'이고, $\cos^{-1}x$는 '코사인 값이 x인 각도'이다. 즉, $\sin^{-1}x$와 $\cos^{-1}x$의 값은 각도이다.

정의 역사인과 역코사인

$y = \sin^{-1}x$는 $x = \sin y$를 만족하는 y 값이다. 단, $-\pi/2 \le y \le \pi/2$이다.
$y = \cos^{-1}x$는 $x = \cos y$를 만족하는 y 값이다. 단, $0 \le y \le \pi$이다.
$\sin^{-1}x$와 $\cos^{-1}x$의 정의역은 $\{x: -1 \le x \le 1\}$이다.

모든 가역 함수(역함수를 갖는 함수)와 그 역함수는 다음 성질을 만족한다는 것을 기억하여라.

$$f(f^{-1}(y)) = y \quad \text{그리고} \quad f^{-1}(f(x)) = x$$

이러한 성질은 정의역의 범위 내에서 역사인 및 역코사인에 적용된다. 우리가 말할 수 있는 것은 다음과 같다.

- $\sin(\sin^{-1}x) = x$ 그리고 $\cos(\cos^{-1}x) = x$ (단, $-1 \le x \le 1$)
- $\sin^{-1}(\sin y) = y$ (단, $-\pi/2 \le y \le \pi/2$)
- $\cos^{-1}(\cos y) = y$ (단, $0 \le y \le \pi$)

QUICK CHECK 4 $\sin^{-1}(\sin 0) = 0$은 성립하지만 $\sin^{-1}(\sin 2\pi) \neq 2\pi$는 성립하지 않는 이유를 설명하여라. ◂

| 예제 3 | 역사인 및 역코사인 다음의 값을 구하여라.

a. $\sin^{-1}\left(\sqrt{3}/2\right)$ **b.** $\cos^{-1}\left(-\sqrt{3}/2\right)$

c. $\cos^{-1}(\cos 3\pi)$ **d.** $\sin^{-1}\left(\sin \frac{3\pi}{4}\right)$

풀이

a. $\sin(\pi/3) = \sqrt{3}/2$이고 $\pi/3$는 구간 $[-\pi/2, \pi/2]$에 속하므로 $\sin^{-1}\left(\sqrt{3}/2\right) = \pi/3$이다.

b. $\cos(5\pi/6) = -\sqrt{3}/2$이고 $5\pi/6$는 구간 $[0, \pi]$에 속하므로 $\cos^{-1}\left(-\sqrt{3}/2\right) = 5\pi/6$이다.

c. $\cos^{-1}(\cos 3\pi)$라고 결론짓고 싶지만 역코사인 연산의 결과는 구간 $[0, \pi]$에 있

어야 한다. $\cos(3\pi) = -1$이고 $\cos^{-1}(-1) = \pi$이므로 다음을 얻는다.

$$\cos^{-1}\underbrace{(\cos 3\pi)}_{-1} = \cos^{-1}(-1) = \pi$$

d. $\sin^{-1}\underbrace{\left(\sin\frac{3\pi}{4}\right)}_{\sqrt{2}/2} = \sin^{-1}\frac{\sqrt{2}}{2} = \frac{\pi}{4}$

관련 연습문제 26-29번◀

그래프와 성질 1.3절에서 f^{-1}의 그래프는 f의 그래프를 직선 $y = x$에 대하여 반사시켜 얻은 것이었다. 이 연산은 역사인(그림 1.72)과 역코사인(그림 1.73)의 그래프를 만든다. 그래프를 사용하면 각 함수의 정의역과 치역 및 그 역함수를 쉽게 비교할 수 있다.

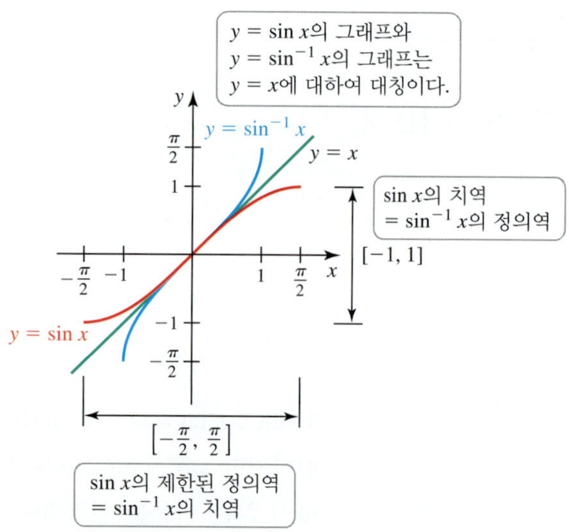

그림 1.72

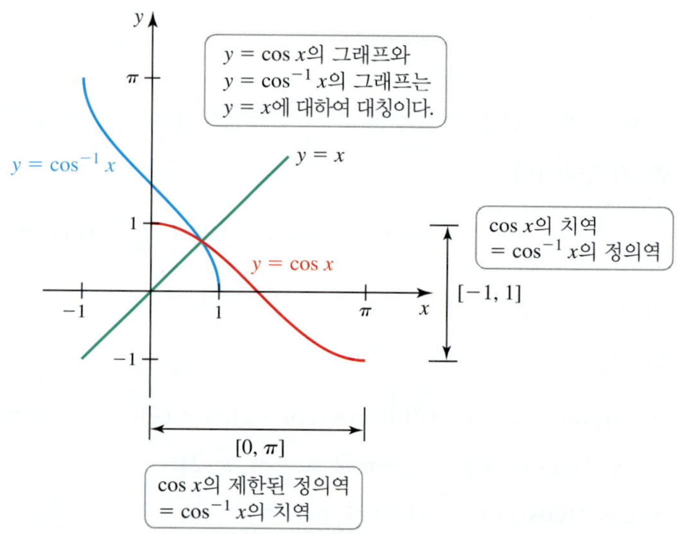

그림 1.73

| 예제 4 | 직각삼각형 관계

a. $\theta = \sin^{-1}(2/5)$일 때, $\cos\theta$와 $\tan\theta$ 값을 구하여라.

b. $\cot(\cos^{-1}(x/4))$를 x에 대한 식으로 간단히 하여라.

풀이

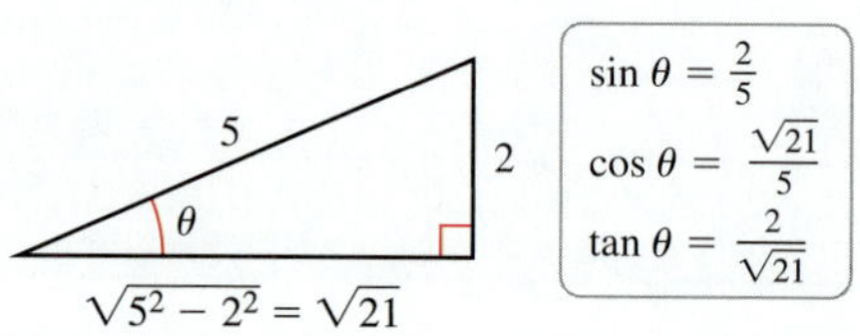

그림 1.74

a. 삼각함수와 역함수 사이의 관계는 종종 직각삼각형 그림을 사용하여 단순화할 수 있다. $0 < \theta < \pi/2$임에 유의해 보자. 그림 1.74의 직각삼각형은 $\sin\theta = \frac{2}{5}$ 또는 동등하게 $\theta = \sin^{-1}\frac{2}{5}$라는 관계를 만족한다. 각도를 θ라 하고 두 변의 길이를 2와 5라고 하면 나머지 한 변의 길이는 피타고라스 정리에 의해 $\sqrt{21}$임을 알 수 있다. 이제 삼각형 그림에서 원하는 삼각함수 값을 쉽게 얻을 수 있다.

$$\cos\theta = \frac{\sqrt{21}}{5} \text{ 그리고 } \tan\theta = \frac{2}{\sqrt{21}}$$

b. $0 < x < 4$에 대하여 $\cos\theta = x/4$ 또는 $\theta = \cos^{-1}(x/4)$를 만족하는 각도 θ로 직각삼각형을 그린다(그림 1.75). 삼각형의 세 번째 변의 길이는 $\sqrt{16 - x^2}$ 이므로 다음을 알 수 있다.

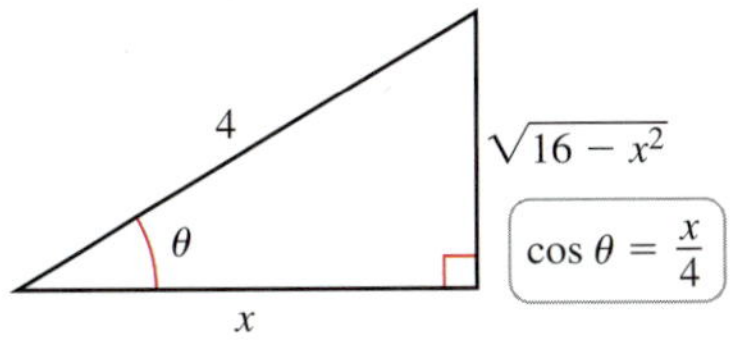

그림 1.75

$$\cot\Big(\underbrace{\cos^{-1}\frac{x}{4}}_{\theta}\Big) = \frac{x}{\sqrt{16 - x^2}} \quad \text{(단, } 0 < x < 4\text{이고 } \theta\text{는 제1사분면의 각)}$$

이와 유사한 방법을 제2사분면의 각 θ에 적용하면 위 식이 $|x| < 4$ 에 대하여 성립한다.

관련 연습문제 31번 ◀

| 예제 5 | 유용한 공식 직각삼각형을 이용하여 $\cos^{-1}x + \sin^{-1}x = \pi/2$가 성립함을 보여라.

풀이

단위원 안에 직각삼각형을 그리고 두 예각 θ, φ를 표시한다(그림 1.76). 이러한 각도는 $\cos\theta = x$ (또는 $\theta = \cos^{-1}x$) 그리고 $\sin\varphi = x$ (또는 $\varphi = \sin^{-1}x$)를 만족한다. θ와 φ는 여각이므로 다음이 성립한다.

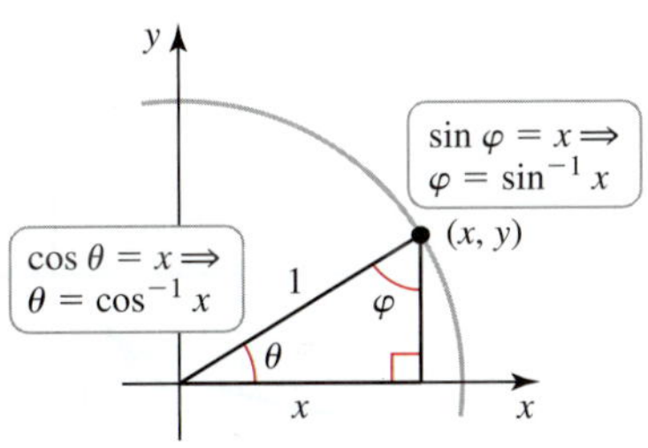

그림 1.76

$$\frac{\pi}{2} = \theta + \varphi = \cos^{-1}x + \sin^{-1}x$$

이 결과는 $0 \le x \le 1$에 대하여 성립한다. 유사한 논리로 이 성질은 x의 범위를 $-1 \le x \le 1$로 확장해도 성립한다.

관련 연습문제 38번 ◀

기타 역삼각함수

역사인 및 역코사인 함수를 얻은 과정을 사용하여 다른 4개의 역삼각함수도 얻을 수 있다. 이 함수들의 역함수가 존재하기 위해서는 제한 조건이 필요하다.

- 탄젠트함수는 구간 $(-\pi/2, \pi/2)$에서 일대일이며, 이는 $y = \tan^{-1}x$의 치역이 된다.
- 코탄젠트함수는 구간 $(0, \pi)$에서 일대일이며, 이는 $y = \cot^{-1}x$의 치역이 된다.
- 시컨트함수는 $x = \pi/2$를 제외한 구간 $[0, \pi]$에서 일대일이며, 이는 $y = \sec^{-1}x$의 치역이 된다.
- 코시컨트함수는 $x = 0$을 제외한 구간 $[-\pi/2, \pi/2]$에서 일대일이며, 이는 $y = \csc^{-1}x$의 치역이 된다.

역탄젠트, 역코탄젠트, 역시컨트, 역코시컨트는 다음과 같이 정의된다.

▶ 표, 책, 컴퓨터 시스템에 따라 시컨트, 코시컨트, 코탄젠트의 역수에 대한 정의가 다르다. 예를 들어 일부 책에서 $x < 0$일 때 $\sec^{-1}x$는 구간 $[-\pi, -\pi/2)$에 있는 것으로 정의된다.

정의 기타 역삼각함수

$y = \tan^{-1}x$는 $x = \tan y$를 만족하는 y 값이다. 단, $-\pi/2 < y < \pi/2$이다.

$y = \cot^{-1}x$는 $x = \cot y$를 만족하는 y 값이다. 단, $0 < y < \pi$이다.

$\tan^{-1}x$와 $\cot^{-1}x$의 정의역은 모두 $\{x: -\infty < x < \infty\}$이다.

$y = \sec^{-1}x$는 $x = \sec y$를 만족하는 y 값이다. 단, $0 \le y \le \pi$, $y \ne \pi/2$이다.

$y = \csc^{-1}x$는 $x = \csc y$를 만족하는 y 값이다. 단, $-\pi/2 \le y \le \pi/2$, $y \ne 0$이다.

$\sec^{-1}x$와 $\csc^{-1}x$의 정의역은 모두 $\{x: |x| \ge 1\}$이다.

이러한 역함수의 그래프는 원래 삼각함수의 그래프를 직선 $y = x$에 대하여 대칭이동시켜서 얻는다(그림 1.77–1.80). 역시컨트와 역코시컨트 함수는 다소 불규칙

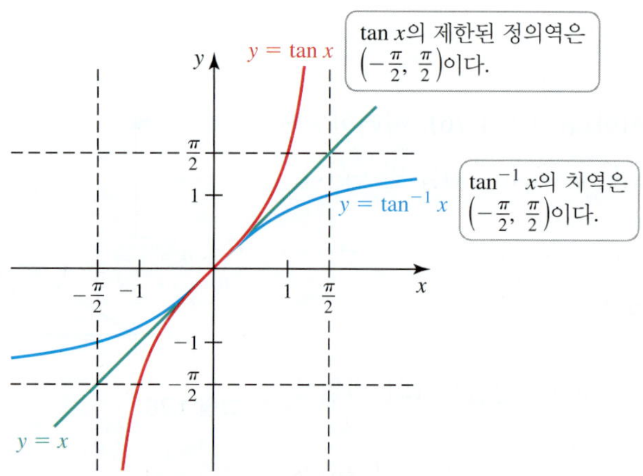

그림 1.77

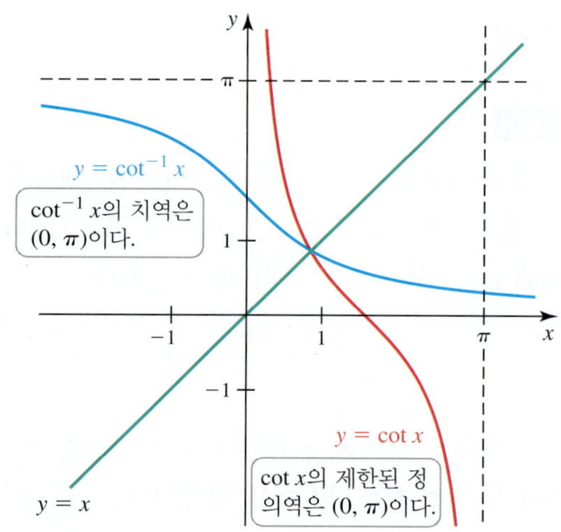

그림 1.78

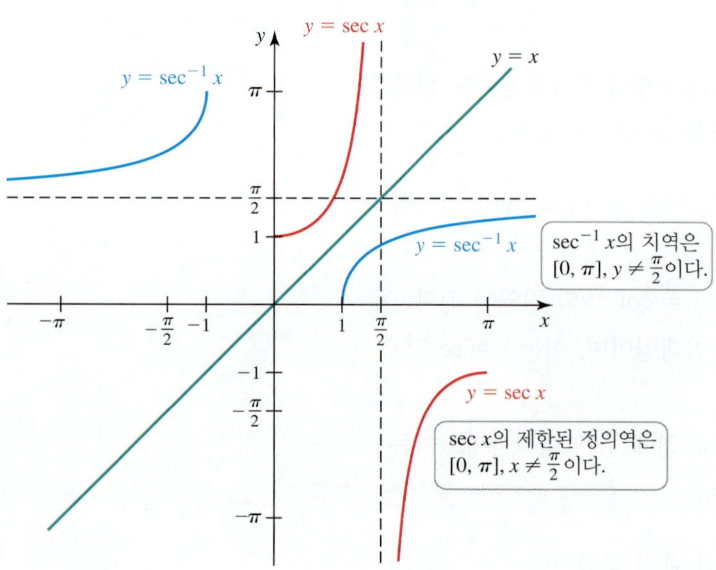

그림 1.79

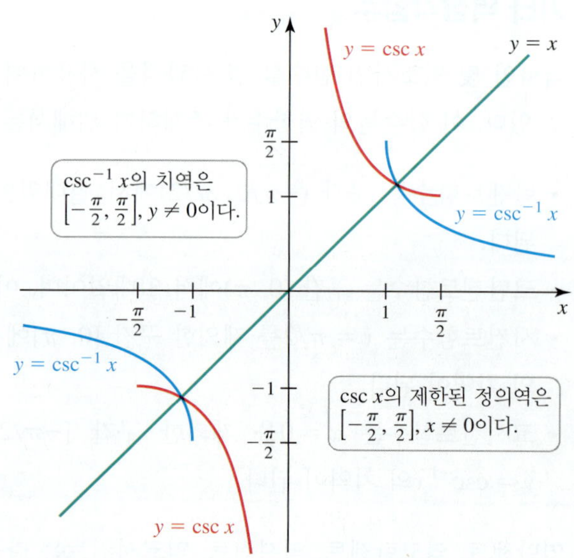

그림 1.80

하다. 시컨트 함수(그림 1.79)의 정의역은 수직 점근선을 갖는 점 $x = \pi/2$를 제외한 집합 $[0, \pi]$로 제한된다. 이 점근선은 시컨트의 범위를 2개의 구간 $(-\infty, -1]$과 $[1, \infty)$로 분할하고, 이는 차례로 역시컨트의 정의역을 동일한 두 구간으로 분할한다. 코시컨트 함수에서도 비슷한 상황이 발생한다.

| 예제 6 | 역삼각함수로 작업하기 다음을 계산하거나 단순화하여라.

a. $\tan^{-1}\left(-1/\sqrt{3}\right)$ **b.** $\sec^{-1}(-2)$ **c.** $\sin(\tan^{-1}x)$

풀이

a. 역탄젠트 연산을 적용한 결과는 구간 $(-\pi/2, \pi/2)$에 있어야 한다. 따라서

$\tan\left(-\dfrac{\pi}{6}\right) = -\dfrac{1}{\sqrt{3}}$이므로 $\tan^{-1}\left(-\dfrac{1}{\sqrt{3}}\right) = -\dfrac{\pi}{6}$이다.

b. $x \le -1$에 대하여 역시컨트 연산의 결과는 구간 $(\pi/2, \pi]$에 있어야 한다. 따라서

$\sec\dfrac{2\pi}{3} = -2$이므로 $\sec^{-1}(-2) = \dfrac{2\pi}{3}$이다.

c. 그림 1.81의 직각삼각형은 $0 \le \theta < \pi/2$인 경우에 $x = \tan\theta$ 또는 $\theta = \tan^{-1}x$의 관계를 보여 준다. 즉, 다음과 같다.

$$\sin(\underbrace{\tan^{-1}x}_{\theta}) = \frac{x}{\sqrt{1+x^2}}$$

$-\pi/2 < \theta < 0$인 경우에도 동일한 결과를 얻을 수 있으며, 이 경우 $x < 0$과 $\sin\theta < 0$이다.

관련 연습문제 40-41, 44번 ◀

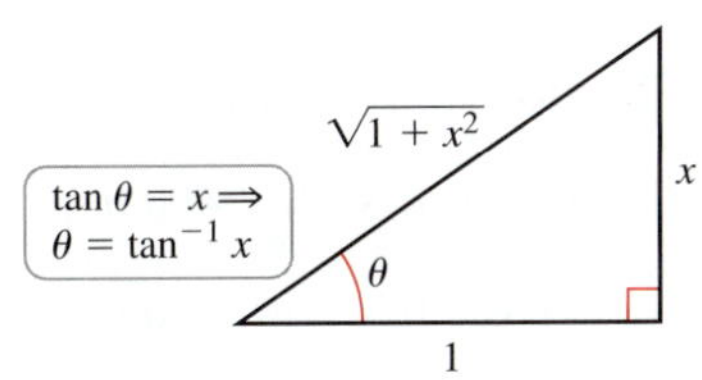

그림 1.81

QUICK CHECK 5 $\sec^{-1}1$과 $\tan^{-1}1$을 계산하여라. ◀

1.4절 연습문제

1단계 스타트

1. 직각삼각형의 변을 기준으로 6개의 삼각함수를 정의하여라.
2. 수평선 위 각도 θ, 초기 속력 v ft/s로 발사된 물체는 지면과 평행하게 비행한다. 비행 시간 t(발사체가 지면으로 복귀하는 데 걸리는 시간(초))는 식 $t = \dfrac{v\sin\theta}{16}$로 근사할 수 있다. $\theta = \pi/6$이고 $v = 96$일 때, 발사체의 비행 시간을 구하여라.
3. 각도의 라디안은 어떻게 측정하는가?
4. 삼각함수에 대한 세 가지 피타고라스 항등식은 무엇인가?
5. $0 \le \theta < 2\pi$에 대하여 방정식 $\sin\theta = -1$을 풀어라.
6. 탄젠트함수가 정의되지 않는 곳은 어디인가?
7. 사인함수의 역함수를 정의하기 위해 사인함수의 영역을 제한해야 하는 이유를 설명하여라.
8. $\cos^{-1}(\cos(5\pi/4))$의 값을 구하여라.
9. 함수 $\tan x$는 $x = \pm\pi/2$에서 정의되지 않는다. 이 사실은 $y = \tan^{-1}x$의 그래프에서 어떻게 나타나는가?

2단계 실전

10–17. 삼각함수 계산 계산기를 사용하지 않고 다음을 계산하거나 값이 정의되지 않음을 말하여라.

10. $\cos(2\pi/3)$
11. $\tan(-3\pi/4)$
12. $\cot(-13\pi/3)$
13. $\cot(-17\pi/3)$

14. $\cos 0$

15. $\cos(-\pi)$

16. $\sec(5\pi/2)$

17. $\cos(\pi/12)$ (힌트: 반각 공식)

18–23. 삼각방정식 풀기 다음 방정식을 풀어라.

18. $\tan x = 1$

19. $\sin^2\theta = \dfrac{1}{4}, 0 \le \theta < 2\pi$

20. $\sqrt{2}\sin x - 1 = 0$

21. $\sin\theta\cos\theta = 0,\ 0 \le \theta < 2\pi$

22. $\cos 3x = \sin 3x, 0 \le x < 2\pi$

23. $\sin 2\theta = \dfrac{1}{5}, 0 \le \theta \le \dfrac{\pi}{2}$

24–25. 발사 범위 초기 속력 v ft/s, 수평 위 각도 θ로 지상에서 발사된 물체가 있다. 이 물체의 이동 범위(평탄한 지면에서 발사체가 이동한 수평 거리)는 방정식 $x = \dfrac{v^2}{32}\sin 2\theta$로 근사된다. 다음 조건을 만족하는 모든 발사 각도를 찾아 답안을 도 단위로 표현하여라.

24. 초기 속력 150 ft/s, 범위 400 ft

25. 초기 속력 160 ft/s, 범위 350 ft

26–30. 역사인과 역코사인 계산기를 사용하지 않고 다음을 계산하거나 정의되지 않음을 말하여라.

26. $\sin^{-1} 1$

27. $\sin^{-1}\left(-\dfrac{1}{2}\right)$

28. $\sin^{-1}\dfrac{\sqrt{3}}{2}$

29. $\cos^{-1}\left(-\dfrac{1}{2}\right)$

30. $\cos(\cos^{-1}(-1))$

31–32. 직각삼각형 사용 직각삼각형을 사용하여 다음 물음에 답하여라.

31. $\theta = \cos^{-1}(5/13)$일 때, $\sin\theta$와 $\tan\theta$의 값을 구하여라.

32. $\theta = \tan^{-1}(4/3)$일 때, $\sec\theta$와 $\csc\theta$의 값을 구하여라.

33–35. 직각삼각형 관계 직각삼각형을 사용하여 주어진 식을 단순화하여라. 여기에서 $x > 0$이다.

33. $\cos(\sin^{-1}x)$

34. $\sin(\cos^{-1}(x/2))$

35. $\sin(2\cos^{-1}x)$ (힌트: $\sin 2\theta = 2\sin\theta\cos\theta$)

36–39. 항등식 다음 식을 증명하여라.

36. $\sec\theta = \dfrac{1}{\cos\theta}$

37. $\tan^2\theta + 1 = \sec^2\theta$

38. $\sec(\pi/2 - \theta) = \csc\theta$

39. $\cos^{-1}x + \cos^{-1}(-x) = \pi$

40–43. 역함수 계산 계산기를 사용하지 않고 다음을 계산하여라.

40. $\tan^{-1}\sqrt{3}$

41. $\sec^{-1} 2$

42. $\tan^{-1}(\tan(\pi/4))$

43. $\csc^{-1}(\sec 2)$

44–46. 직각삼각형 관계 직각삼각형을 사용하여 주어진 식을 단순화하여라. 여기에서 $x > 0$이다.

44. $\cos(\tan^{-1}x)$

45. $\cos(\sec^{-1}x)$

46. $\sin\left(\sec^{-1}\left(\dfrac{\sqrt{x^2+16}}{4}\right)\right)$

47. 직각삼각형 그림 역사인, 역탄젠트, 역시컨트 함수를 사용하여 θ를 x에 대한 식으로 나타내어라.

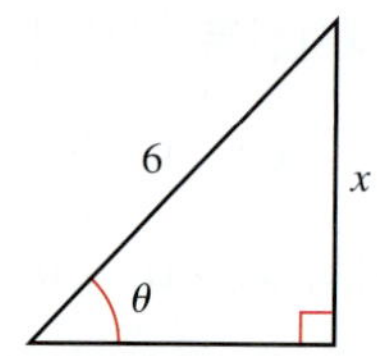

48. 참 또는 거짓 다음 명제가 참이면 증명하고 거짓이면 반례를 들어라.

a. $\sin(a+b) = \sin a + \sin b$

b. 방정식 $\cos\theta = 2$의 해는 여러 개이다.

c. 방정식 $\sin\theta = \frac{1}{2}$의 해는 한 개이다.

d. 함수 $\sin(\pi x/12)$ 의 주기는 12이다.

e. 6개의 기본 삼각함수 중에서 탄젠트와 코탄젠트만이 $(-\infty, \infty)$의 치역을 갖는다.

f. $\dfrac{\sin^{-1}x}{\cos^{-1}x} = \tan^{-1}x$

g. $\cos^{-1}(\cos(15\pi/16)) = 15\pi/16$

h. $\sin^{-1}x = 1/\sin x$

49–50. 하나의 함수는 여섯 가지 삼각함수 제공 하나의 삼각함수에 대한 다음 정보를 사용하여 나머지 5개의 삼각함수를 계산하여라.

49. $\cos\theta = \dfrac{5}{13},\quad 0 < \theta < \dfrac{\pi}{2}$

50. $\csc\theta = \dfrac{13}{12},\quad 0 < \theta < \dfrac{\pi}{2}$

51–52. 진폭과 주기 다음 함수의 진폭과 주기를 구하여라.

51. $g(\theta) = 3\cos(\theta/3)$

52. $q(x) = 3.6\cos(\pi x/24)$

3단계 도전

53. 코사인법칙 다음 그림을 이용하여 코사인법칙(피타고라스 정리의 일반화)을 증명하여라.

$$c^2 = a^2 + b^2 - 2ab\cos\theta$$

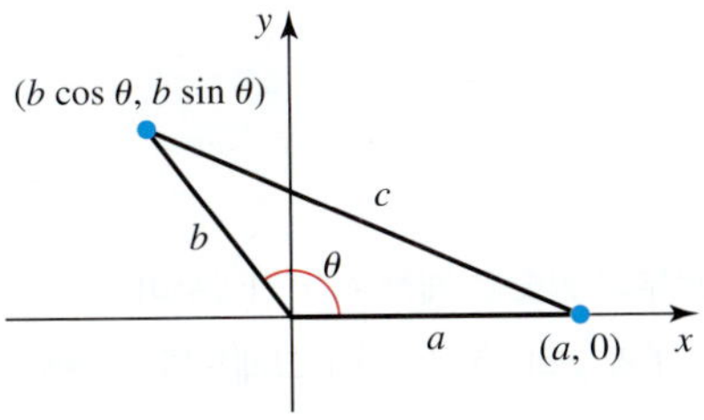

54. 사인법칙 다음 그림을 이용하여 사인법칙을 증명하여라.

$$\frac{\sin A}{a} = \frac{\sin B}{b} = \frac{\sin C}{c}$$

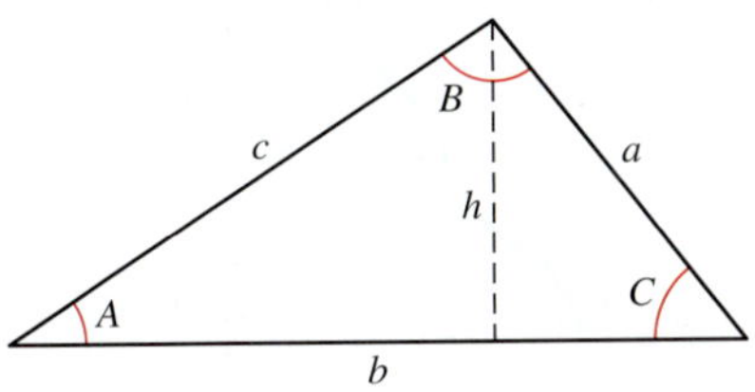

55. 부채꼴의 넓이 중심각이 θ (단위는 라디안)이고 반지름이 r인 부채꼴의 면적이 $A = \frac{1}{2}r^2\theta$임을 증명하여라.

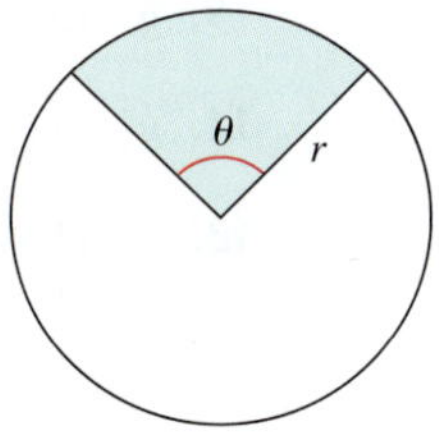

56–57. 사인함수와 코사인함수의 그래프 $y = \sin x$ 또는 $y = \cos x$의 그래프부터 평행이동 및 척도변환을 사용하여 다음 함수의 그래프를 그려라. 답을 확인하기 위해 그래프 유틸리티를 사용하여라.

56. $g(x) = -2\cos(x/3)$

57. $q(x) = 3.6\cos(\pi x/24) + 2$

58–59. 함수 만들기 다음 성질을 만족하는 사인함수를 정의하여라.

58. $t = 0$에서 최솟값이 -4이고 $t = 6$에서 최댓값이 4이며 주기가 12이다.

59. $t = 3$에서 최솟값이 10이고 $t = 15$에서 최댓값이 16이며 주기가 24이다.

60. 놀라운 결과 지구는 단면이 대략 원형이며 적도의 둘레는 24,882마일이다. 2개의 로프를 사용하여 2개의 동심원을 생성한다고 가정하자. 즉, 하나는 적도 주위에 로프를 감고 다른 하나는 38 ft 더 긴 로프를 사용하는 것이다(그림 참조). 이때 로프 사이의 공간 면적은 얼마인가?

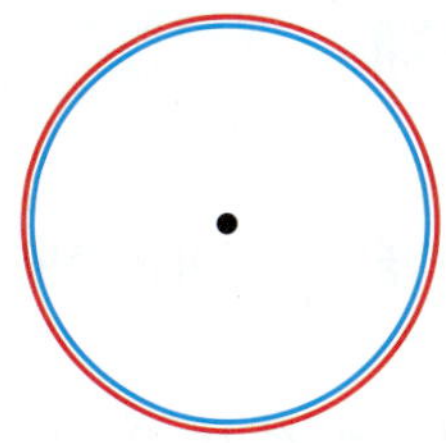

61. 용수철 물체 용수철에 끝에 매달려 있는 가벼운 물체를 평형 상태로부터 10 cm 아래로 잡아당겼다가 놓았다(그림 참조). 물체가 1.5초 주기로 평형 상태를 기준으로 위아래로 10 cm의 진폭으로 진동한다고 가정하자. 물체가 움직이기 시작한 후 t초 동안 물체의 변위를 나타내는 삼각함수 $d(t)$를 찾아라. 여기서 $d(t)$ $(d(t) > 0)$는 아래 방향으로의 변위를 나타낸다.

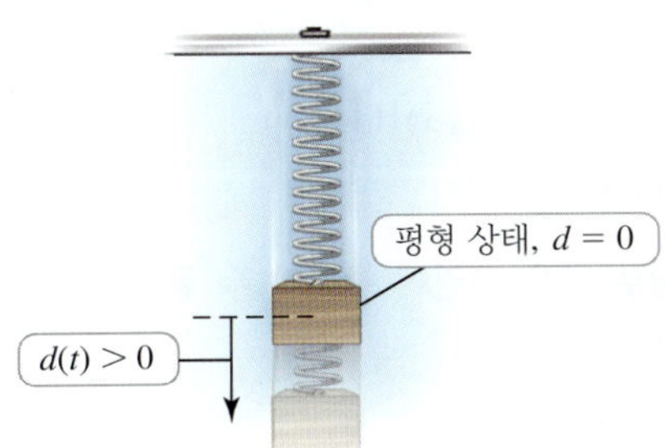

62. 사다리 사다리 두 개가 발을 맞댄 채 골목 반대편 벽에 기대어 있다. 한 사다리는 지면과 75도 각도를 이루며 벽의 높이 h피트 지점에 닿아 있다. 다른 사다리는 반대쪽 벽의 높이 k피트 지점에 닿아 있고 지면과 45도 각도를 이룬다. 이때 골목의 너비를 h에 대한 식으로 구하여라. 여기서 지면은 수평이고 양쪽 벽은 지면에 수직이라고 가정한다.

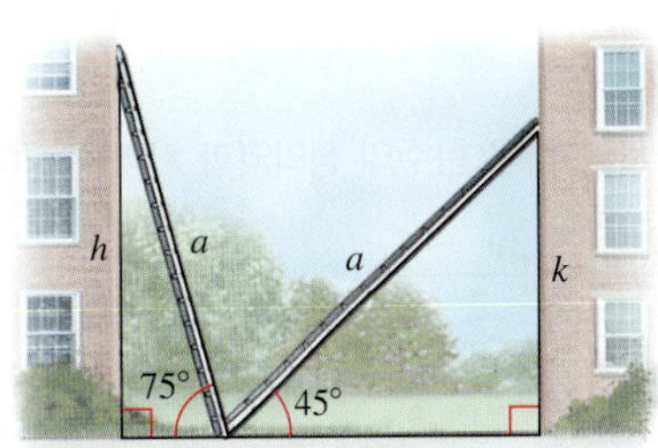

QUICK CHECK 정답

1. $3\pi/2$, $225°$ **2.** $\sqrt{3}/2, -\sqrt{2}/2$ **3.** $\sin^2\theta + \cos^2\theta = 1$의 양변을 $\sin^2\theta$로 나눈다. **4.** $\sin^{-1}(\sin 0) = \sin^{-1} 0 = 0$, $\sin^{-1}(\sin(2\pi)) = \sin^{-1} 0 = 0$ **5.** $0, \pi/4$ ◄

1장 연습문제

1. 참 또는 거짓 다음 명제가 참이면 증명하고 거짓이면 반례를 들어라.

a. 어떤 함수는 모든 x에서 $f(-x) = f(x)$라는 성질을 가질 수 있다.

b. 구간 $[0, 2\pi]$의 모든 a와 b에 대하여 $\cos(a + b) = \cos a + \cos b$이다.

c. 선형 함수 f가 $f(x) = mx + b$ 형태이면 모든 u와 v에 대하여 $f(u + v) = f(u) + f(v)$이다.

d. 함수 $f(x) = 1 - x$는 성질 $f(f(x)) = x$를 만족한다.

e. 집합 $\{x: |x + 3| > 4\}$는 연필을 떼지 않고 실선 위에 그릴 수 있다.

f. $\log_{10}(xy) = (\log_{10} x)(\log_{10} y)$

g. $\sin^{-1}(\sin 2\pi) = 0$

2. 일대일 함수 다음 그림에 주어진 두 함수 f, g가 일대일인지 조사하여라.

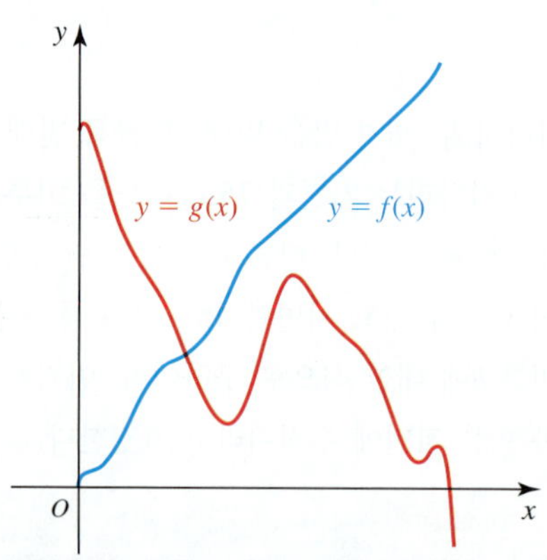

3–4. 정의역과 치역 다음 함수의 정의역과 치역을 정하여라.

3. $f(w) = \dfrac{2w^2 - 3w - 2}{w - 2}$

4. $h(z) = \sqrt{z^2 - 2z - 3}$

5. 모든 x에서 $\tan(\tan^{-1} x) = x$가 성립하는가? 모든 x에서 $\tan^{-1}(\tan x) = x$가 성립하는가?

6–14. 그래프로부터 함숫값 계산 f가 기함수이고 f와 g가 모두 일대일이라고 하자. f와 g의 (불완전한) 그래프를 사용하여 다음 함숫값을 구하여라.

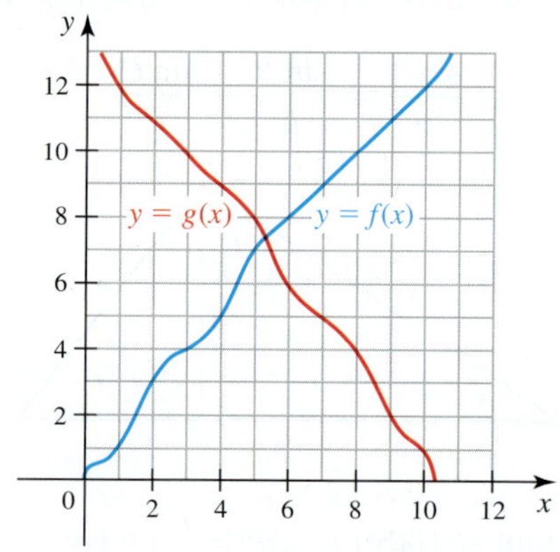

6. $f(g(4))$

7. $g(f(4))$

8. $f^{-1}(10)$

9. $g^{-1}(5)$

10. $f^{-1}(g^{-1}(4))$

11. $g^{-1}(f(3))$

12. $f^{-1}(-8)$

13. $f^{-1}(1 + f(-3))$

14. $g(1 - f(f^{-1}(-7)))$

15. 합성함수 $f(x) = x^3$, $g(x) = \sin x$, $h(x) = \sqrt{x}$라고 하자.

a. $h(g(\pi/2))$를 계산하여라.

b. $h(f(x))$의 값을 구하여라.

c. $f(g(h(x)))$의 값을 구하여라.

d. $g \circ f$의 정의역을 찾아라.

e. $f \circ g$의 치역을 찾아라.

16–19. 차분몫 단순화 각 함수에 대한 차분몫 $\dfrac{f(x + h) - f(x)}{h}$와 $\dfrac{f(x) - f(a)}{x - a}$를 계산하고 간단히 표기하여라.

16. $f(x) = x^2 - 2x$

17. $f(x) = 4 - 5x$

18. $f(x) = x^3 + 2$

19. $f(x) = \dfrac{7}{x + 3}$

20. 직선의 방정식 아래의 각 부분에서 주어진 성질을 갖는 직선

의 방정식을 찾아라.

a. 점 (2, −3)과 점 (4, 2)를 지나는 직선

b. 기울기가 $\frac{3}{4}$이고 x절편이 (−4, 0)인 직선

c. (4, 0)과 (0, −2)를 절편으로 갖는 직선

21. 끓는점 함수 물은 해수면에서는 212°F, 해발 6000 ft에서는 200°F에서 끓는다. 끓는점 B가 고도 a에 따라 선형으로 변한다고 가정하자. 고도에 따른 끓는점을 나타내는 함수 $B = f(a)$를 구하여라.

22. 방정식의 그래프 다음 식의 그래프를 그려라.

a. $2x - 3y + 10 = 0$

b. $y = x^2 + 2x - 3$

c. $x^2 + 2x + y^2 + 4y + 1 = 0$

d. $x^2 - 2x + y^2 - 8y + 5 = 0$

23. 함수의 그래프 다음 함수의 그래프를 그려라.

$$g(x) = \begin{cases} 4 - 2x, & x \le 1 \\ (x-1)^2 + 2, & x > 1 \end{cases}$$

24. $f(t) = \begin{cases} t, & 0 \le t \le 4 \\ 8 - t, & 4 < t \le 8 \end{cases}$이고 $A(x)$는 f의 그래프와 $t = 0$부터 $t = x$까지의 t축에 의해 둘러싸인 영역의 넓이라고 하자(단, $0 \le x \le 8$).

a. f의 그래프를 그려라.

b. $A(2)$와 $A(6)$의 값을 구하여라.

c. 조각 함수인 $A(x)$를 구하여라.

25. 절댓값 그래프 $f(x) = 2(x - |x|)$에 대하여 절댓값을 사용하지 않고 함수를 두 부분으로 표현하여라. 그런 다음 함수의 그래프를 그려라.

26. 거듭제곱근 함수 두 함수 $f(x) = x^{1/7}$, $g(x) = x^{1/4}$의 정의역과 치역을 구하여라.

27. 그래프 변환 $y = x^2$의 그래프로부터 $y = x^2 + 6x - 3$의 그래프는 어떻게 얻는가?

28. 대칭 다음 방정식의 그래프에서 대칭성(이 있다면)을 찾아라.

a. $y = \cos 3x$ **b.** $y = 3x^4 - 3x^2 + 1$ **c.** $y^2 - 4x^2 = 4$

29–37. 방정식 풀기 다음 방정식을 풀어라.

29. $48 = 6e^{4k}$

30. $\log_{10} x^2 + 3\log_{10} x = \log_{10} 32$

31. $\ln 3x + \ln(x + 2) = 0$

32. $3\ln(5t + 4) = 12$

33. $7^{y-3} = 50$

34. $1 - 2\sin^2\theta = 0,\ 0 \le \theta < 2\pi$

35. $\sin^2 2\theta = 1/2,\ -\pi/2 \le \theta \le \pi/2$

36. $4\cos^2 2\theta = 3,\ -\pi/2 \le \theta \le \pi/2$

37. $\sqrt{2}\sin 3\theta + 1 = 2,\ 0 \le \theta \le \pi$

38. 역관계 사용하기 작은 마을의 인구 P는 함수 $P(t) = 100e^{t/50}$에 따라 증가한다. 여기서 t는 2010년 이후의 연수이다. 인구가 두 배로 증가하는 데 얼마나 걸리는가?

39–40. 역의 존재성 다음 함수가 역함수를 갖도록 가능한 한 가장 큰 구간을 정하여라.

39. $f(x) = x^3 - 3x^2$ **40.** $g(t) = 2\sin(t/3)$

41–48. 역 찾기 역함수를 찾아라.

41. $f(x) = 6 - 4x$

42. $f(x) = 3x - 4$

43. $f(x) = x^2 - 4x + 5,\ x \ge 2$

44. $f(x) = \dfrac{4x^2}{x^2 + 10},\ x \ge 0$

45. $f(x) = 3x^2 + 1,\ x \le 0$

46. $f(x) = 1/x^2,\ x > 0$

47. $f(x) = e^{x^2+1},\ x \ge 0$

48. $f(x) = \ln(x^2 + 1),\ x \ge 0$

49. 역함수의 정의역과 치역 $f(x) = \dfrac{6\sqrt{x}}{\sqrt{x} + 2}$의 역함수를 찾아라. 하나의 좌표평면에 f와 f^{-1}의 그래프를 그려라(힌트: $f(x)$의 치역은 [0, 6)이다).

50. 함수 설계 다음 성질을 만족하는 삼각함수 f를 구하여라. 답은 유일하지 않다.

a. $t = 0$에서 최솟값이 −2, $t = 3$에서 최댓값이 2이고 주기가 6이다.

b. $t = 6$에서 최댓값이 20이고 $t = 18$에서 최솟값이 10이고 주기가 24이다.

51. 그래프 대응시키기 각 함수 a–f를 그래프 A–F 중 하나와 대응시켜라.

a. $f(x) = -\sin x$ **b.** $f(x) = \cos 2x$

c. $f(x) = \tan(x/2)$ **d.** $f(x) = -\sec x$

e. $f(x) = \cot 2x$ **d.** $f(x) = \sin^2 x$

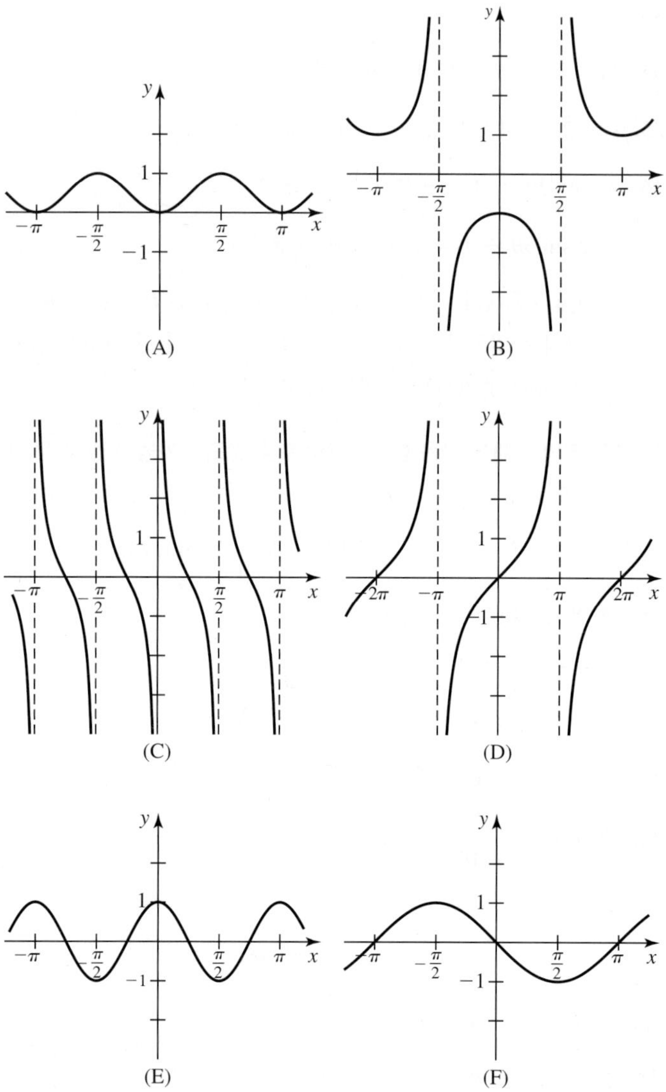
(A) (B) (C) (D) (E) (F)

52–53. 교점 주어진 구간에서 곡선의 교점을 구하여라.

52. 구간 $(-\pi/2, \pi/2)$에서 $y = \sec x$와 $y = 2$

53. 구간 $(0, 2\pi)$에서 $y = \sin x$와 $y = -\frac{1}{2}$

54. 사인 계산 $\sin\frac{5\pi}{8}$의 정확한 값을 구하여라.

55. 코사인 계산 $\cos\frac{7\pi}{8}$의 정확한 값을 구하여라.

56–62. 역사인과 역코사인 계산기를 사용하지 않고 다음 식을 계산하거나 단순화하여라.

56. $\sin^{-1}\frac{\sqrt{3}}{2}$

57. $\cos^{-1}\frac{\sqrt{3}}{2}$

58. $\cos^{-1}\left(-\frac{1}{2}\right)$

59. $\sin^{-1}(-1)$

60. $\cos(\cos^{-1}(-1))$

61. $\sin(\sin^{-1} x)$

62. $\cos^{-1}(\sin 3\pi)$

63. 직각 $\theta = \sin^{-1}\frac{12}{13}$에 대하여 $\cos\theta, \tan\theta, \cot\theta, \sec\theta, \csc\theta$의 값을 구하여라.

64–69. 직각삼각형 관계 직각삼각형을 사용하여 다음을 단순화하여라. 여기서 $x > 0$, $0 \le \theta \le \pi/2$이다.

64. $\csc(\cot^{-1} x)$

65. $\sin(\cos^{-1}(x/4))$

66. $\tan(\sec^{-1}(x/2))$

67. $\cot^{-1}(\tan\theta)$

68. $\csc^{-1}(\sec\theta)$

69. $\sin^{-1}x + \sin^{-1}(-x)$

70–71. 항등식 다음 항등식을 증명하여라.

70. $\dfrac{\sin\theta}{1 + \cos\theta} = \dfrac{1 - \cos\theta}{\sin\theta}$

71. $\tan 2\theta = \dfrac{2\tan\theta}{1 - \tan^2\theta}$

72. 정수 제곱의 합 $T(n) = 1^2 + 2^2 + \cdots + n^2$이라 하자. 여기서 n은 양의 정수이다. 이때 다음이 성립함을 증명할 수 있다.

$$T(n) = \frac{n(n+1)(2n+1)}{6}$$

a. $n = 1, 2, \cdots, 10$에 대하여 $T(n)$의 표를 만들어라.

b. 이 함수의 정의역을 설명하여라.

c. $T(n) > 1000$을 만족하는 n의 최솟값은 얼마인가?

73. 잘 알려지지 않은 사실 1년 중 낮이 가장 짧은 날은 동지(12월 21일경), 낮이 가장 긴 날은 하지(6월 21일경)이다. 단, 가장 늦은 일출과 가장 이른 일몰은 동지에 발생하지 않으며, 가장 이른 일출과 가장 늦은 일몰은 하지에 발생하지 않는다. 북위 40도 지점에서 가장 늦은 일출은 1월 4일 오전 7시 25분(하지 14일 후)이고, 가장 이른 일몰은 12월 7일 오후 4시 37분(하지 14일 전)이다. 마찬가지로 가장 이른 일출은 7월 2일 오전 4시 30분(하지 14일 후), 가장 늦은 일몰은 6월 7일 오후 7시 32분(하지 14일 전)에 일어난다. 사인함수를 사용하여 1월 1일로부터 t일 이후 일출 시간을 나타내는 함수 $s(t)$와 일몰 시간을 나타내는 함수 $S(t)$를 만들어라. s와 S가 분 단위로 측정되고 $s = 0$ 및 $S = 0$일 때가 오전 4시라고 하자. 함수의 그래프를 그려라. 그런 다음 날짜 함수 $D(2) = S(t) - s(t)$의 길이를 그래프로 표시하고 가장 긴 일과 가장 짧은 일이 근에서 발생한다는 것을 보여라.

CHAPTER

2

극한
Limits

2.1 극한의 개념
2.2 극한의 정의
2.3 극한의 계산 기술
2.4 무한극한
2.5 무한대에서의 극한
2.6 연속성
2.7 극한의 엄밀한 정의

미리보기 미적분학은 극한이라는 개념에 기초한다. 극한은 그 자체로 중요할 뿐만 아니라 미적분학의 두 가지 기본 연산인 미분과 적분의 기초가 된다. 미분은 함수의 순간변화율에 대하여 이야기할 수 있게 해 주며, 이는 속도와 가속, 인구 증가율, 한계 비용 및 유속과 같은 개념으로 이어진다. 적분을 사용하면 곡선, 표면적 및 부피를 계산할 수 있다. 극한이라는 개념의 놀라운 사용 범위 때문에 극한을 명확하게 이해하는 것은 필수이다. 먼저 순간 속도를 계산할 때, 그리고 접선의 기울기를 찾을 때 극한이 어떻게 발생하는지 보임으로써 직관적으로 극한을 제시한다. 2장 내용이 진행됨에 따라 좀 더 엄격한 극한의 정의를 알아보고 극한이 발생하는 다양한 방법을 조사한다. 이 장은 연속성의 중요한 성질을 소개하고 극한에 대한 공식적인 정의를 제공하며 마무리된다.

2.1 극한의 개념

2장을 시작하는 1절은 겉보기에 관련이 없어 보이는 두 문제(움직이는 물체의 순간 속도를 찾는 것과 곡선에 접하는 직선의 기울기를 찾는 것)로부터 극한이 어떻게 발생하는지 알아본다. 이 두 문제는 직관적인 수준에서 극한에 대한 중요한 통찰력을 제공한다. 나머지 부분에서는 조심스럽게 극한을 개발하고 수학적인 세부 사항을 채운다.

평균 속도

직선 고속도로를 따라 이동할 때의 평균 속도를 계산한다고 하자. 정오에 마일포스트 100을 통과하고 오후 12시 30분에 마일포스트 130을 통과하면 30분 내에 30마일을 이동하므로 이 시간 동안의 **평균 속도**는 (30 mi)/(0.5 hr) = 60 mi/hr이다. 반면, 평균 속도가 60 mi/hr이더라도 **순간 속도**, 즉 속도계가 나타내는 속도가 매 순간 다르다는 것은 거의 확실하다.

| 예제 1 | **평균 속도** 한 바위가 96 ft/s의 속도로 지면에서 수직 위쪽 방향으로 발사된다. 물리학에서 잘 알려진 공기 저항을 무시한 공식에 따르면 t초 후 바위의

위치는 다음과 같다.

$$s(t) = -16t^2 + 96t$$

여기서 위치 s는 피트 단위로 측정되며, 지면에서 $s = 0$이다. 이때 주어진 두 시각 사이의 바위의 평균 속도를 구하여라.

a. $t = 1\text{s}$, $t = 3\text{s}$ **b.** $t = 1\text{s}$, $t = 2\text{s}$

풀이 그림 2.1은 시간 간격 $0 \le t \le 3$에서 바위의 위치 함수를 나타낸다. 그래프는 바위의 경로가 아니다. 바위는 수직선을 따라 위아래로 움직인다.

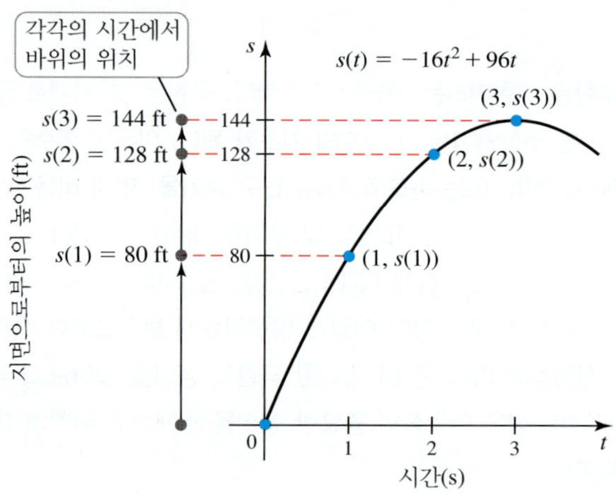

그림 2.1

a. 임의의 시간 간격 $[t_0, t_1]$에서 바위의 평균 속도는 위치 변화를 경과 시간으로 나눈 값이다.

$$v_{av} = \frac{s(t_1) - s(t_0)}{t_1 - t_0}$$

따라서 구간 [1, 3]에서 평균 속도는 다음과 같다.

$$v_{av} = \frac{s(3) - s(1)}{3 - 1} = \frac{144 \text{ ft} - 80 \text{ ft}}{3 \text{ s} - 1 \text{ s}} = \frac{64 \text{ ft}}{2 \text{ s}} = 32 \text{ ft/s}$$

여기에 중요한 관찰이 있다. 그림 2.2(a)와 같이 평균 속도는 위치 함수의 그래프에서 두 점 $(1, s(1))$과 $(3, s(3))$을 연결하는 직선의 기울기이다.

QUICK CHECK 1 예제 1에서 $t = 2$와 $t = 3$ 사이의 평균 속도는 얼마인가? ◀

b. 구간 [1, 2]에서 바위의 평균 속도는 다음과 같다.

$$v_{av} = \frac{s(2) - s(1)}{2 - 1} = \frac{128 \text{ ft} - 80 \text{ ft}}{2 \text{ s} - 1 \text{ s}} = \frac{48 \text{ ft}}{1 \text{ s}} = 48 \text{ ft/s}$$

a와 마찬가지로 평균 속도는 위치 함수의 그래프에서 두 점 $(1, s(1))$과 $(2, s(2))$를 연결하는 직선의 기울기이다(그림 2.2(b)).

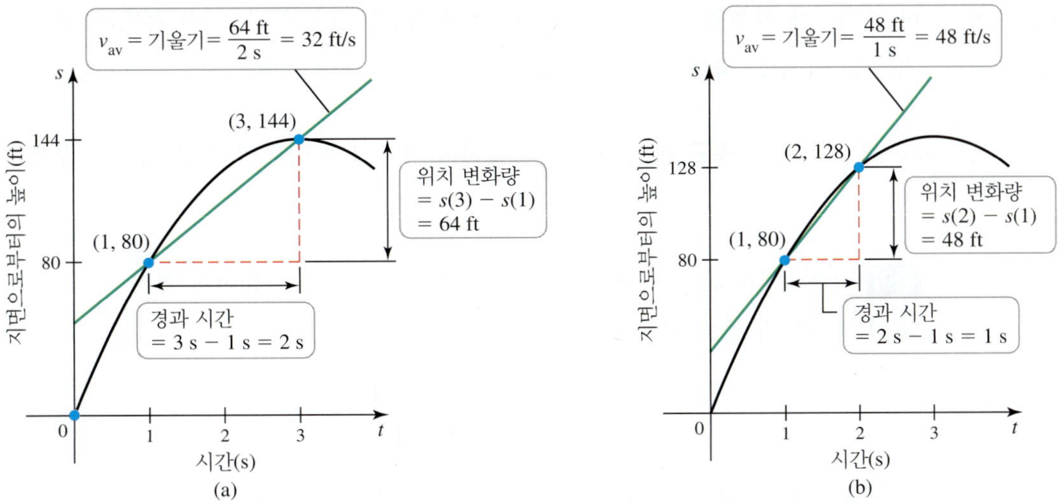

그림 2.2

관련 연습문제 7-8번

예제 1에서는 곡선의 두 점을 통과하는 직선의 기울기를 계산했다. 곡선에서 두 점을 연결하는 이러한 직선을 **할선**(secant line)이라고 한다. 예제 1의 구간 $[t_0, t_1]$에서 위치 함수에 대한 할선의 기울기 m_{sec}는 다음과 같다.

$$m_{\text{sec}} = \frac{s(t_1) - s(t_0)}{t_1 - t_0}$$

예제 1은 평균 속도가 위치 함수의 그래프에서 할선의 기울기임을 보여 준다. 즉, $v_{\text{av}} = m_{\text{sec}}$이다(그림 2.3).

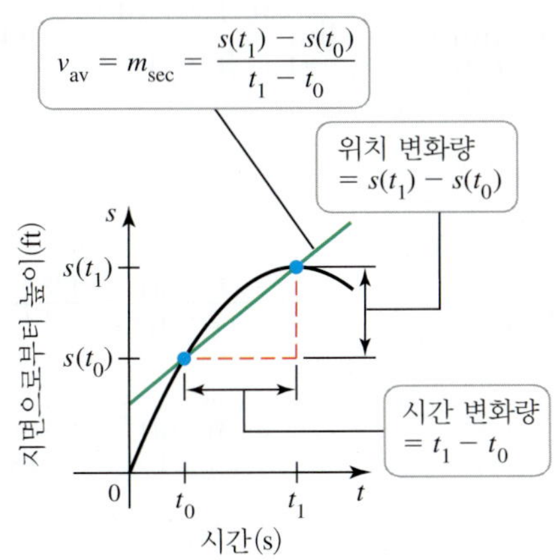

그림 2.3

순간 속도

평균 속도를 계산하기 위해 서로 다른 두 시각에서의 물체의 위치를 사용한다. 어떻게 한 시각에서 순간 속도를 계산할 수 있을까? 예제 2와 같이 시각 $t = t_0$에서의 순간 속도는 길이가 감소하는 구간 $[t_0, t_1]$에 대한 평균 속도를 계산하여 구한

QUICK CHECK 2 평균 속도와 순간 속도의 차이를 설명하여라. ◄

다. t_1이 t_0에 가까워질 때, 일반적으로 평균 속도는 고유한 수(순간 속도)에 가까워지는데, 이 수를 **극한**(limit, 극한값)이라고 한다.

| 예제 2 | 순간 속도 한 점 $t = 1$에 대하여 예제 1의 바위의 순간 속도를 추정하여라.

풀이 $t = 1$에서 순간 속도를 구하기 위해 다음 공식을 사용하여 점점 더 작은 구간 $[1, t]$에서의 평균 속도를 계산해 보자.

$$v_{av} = \frac{s(t) - s(1)}{t - 1}$$

이 평균 속도는 할선의 기울기이며, 몇 개의 값은 표 2.1에 있다. 예를 들어 구간 [1, 1.0001]의 평균 속도는 63.9984 ft/s이다. 이 시간 간격은 매우 짧기 때문에 이때의 평균 속도는 $t = 1$에서의 순간 속도에 대한 근삿값을 제공한다. t가 1에 가까워짐에 따라 평균 속도가 64 ft/s에 가까워지는 것을 볼 수 있다. 사실 시간 t를 1에 충분히 가깝게 함으로써 평균 속도를 원하는 대로 64 ft/s에 가깝게 만들 수 있었다. 따라서 64 ft/s는 $t = 1$에서 순간 속도의 합리적인 근삿값이다.

관련 연습문제 9-10번 ◄

표 2.1

시간 간격	평균 속도
[1, 2]	48 ft/s
[1, 1.5]	56 ft/s
[1, 1.1]	62.4 ft/s
[1, 1.01]	63.84 ft/s
[1, 1.001]	63.984 ft/s
[1, 1.0001]	63.9984 ft/s

➤ 시각 t가 1의 왼쪽에서 접근할 때($t < 1$)와 오른쪽에서 접근할 때($t > 1$) 모두 동일한 순간 속도를 갖는다.

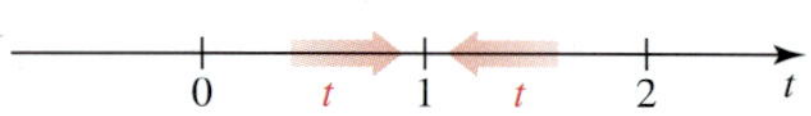

2.2절에서 소개할 표현을 사용하자면 t가 1에 가까워질 때 v_{av}의 극한값은 순간 속도 v_{inst}와 같으며, 이는 64 ft/s이다. 그림 2.4를 통해 이 문장을 나타냈으며, 다음과 같이 간결하게 쓸 수 있다.

$$v_{inst} = \lim_{t \to 1} v_{av} = \lim_{t \to 1} \frac{s(t) - s(1)}{t - 1} = 64 \text{ ft/s}$$

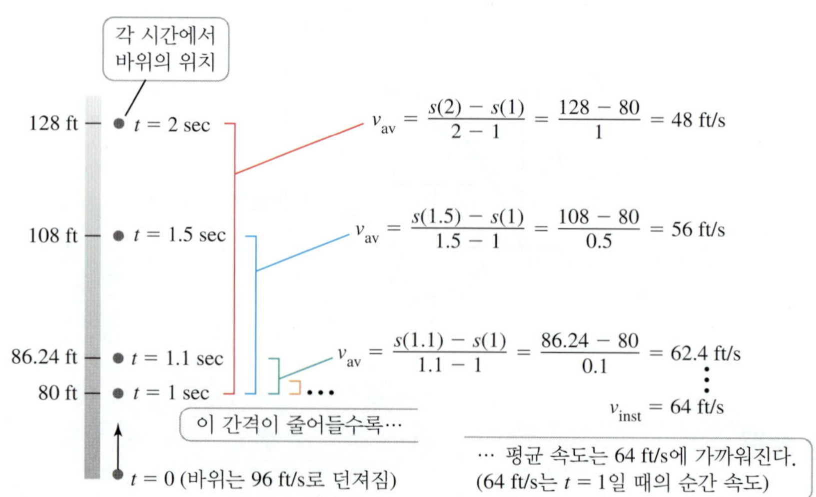

그림 2.4

접선의 기울기

예제 1과 예제 2에서 몇 가지 중요한 결론이 나온다. 표 2.1의 각 평균 속도는 위치 함수의 그래프의 할선의 기울기에 해당한다(그림 2.5). t가 1에 가까워지면서 평균 속도가 극한값에 가까워지는 것처럼 할선의 기울기도 t가 1에 가까워질 때의 극한값에 가까워진다. 특히 t가 1에 가까워지면 다음 두 가지 일이 발생한다.

1. 할선은 **접선**(tangent line)이라고 부르는 유일한 직선에 접근한다.
2. 할선의 기울기 m_{sec}는 점 $(1, s(1))$에서 접선 m_{tan}의 기울기에 접근한다. 따라서 접선의 기울기는 다음과 같이 극한으로도 표현된다.

$$m_{tan} = \lim_{t\to1} m_{sec} = \lim_{t\to1} \frac{s(t) - s(1)}{t - 1} = 64$$

이 극한은 순간 속도를 정의하는 극한과 동일하다. 따라서 $t = 1$에서의 순간 속도는 $t = 1$에서 위치를 나타내는 곡선과 접하는 직선의 기울기이다.

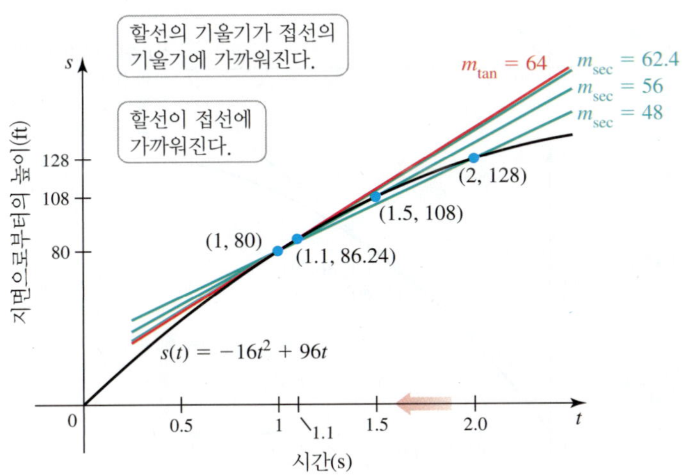

그림 2.5

평균 속도와 순간 속도 사이의 유사성 그리고 할선 및 접선의 기울기 사이의 유사성은 극한의 개념 이면에 있는 힘을 보여 준다. $t \to 1$일 때, 할선의 기울기는 접선의 기울기에 접근하며, 평균 속도는 순간 속도에 접근한다. 그림 2.6에 이 두 가지 유사한 극한이 요약되어 있다. 이 아이디어는 다음 장에서 이어지는 내용의 기초이다.

➤ 3.1절에서 접선을 신중하게 정의할 것이다. 한 점에서 매끄러운 곡선의 점 P를 확대한다고 상상해 보자. 확대하면 할수록 곡선이 P를 통과하는 직선처럼 보인다. 이 직선은 P에서의 접선이다. 매끄러운 곡선은 점을 확대할수록 직선에 접근하기 때문에 매끄러운 곡선을 주어진 점에서 국소적으로 선형이라고 한다.

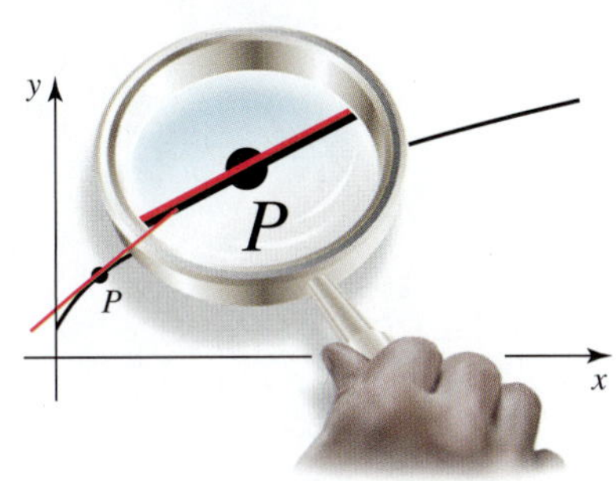

QUICK CHECK 3 그림 2.5에서 $t = 2$일 때 m_{tan}은 $t = 1$일 때의 m_{tan}보다 큰가 아니면 작은가? ◀

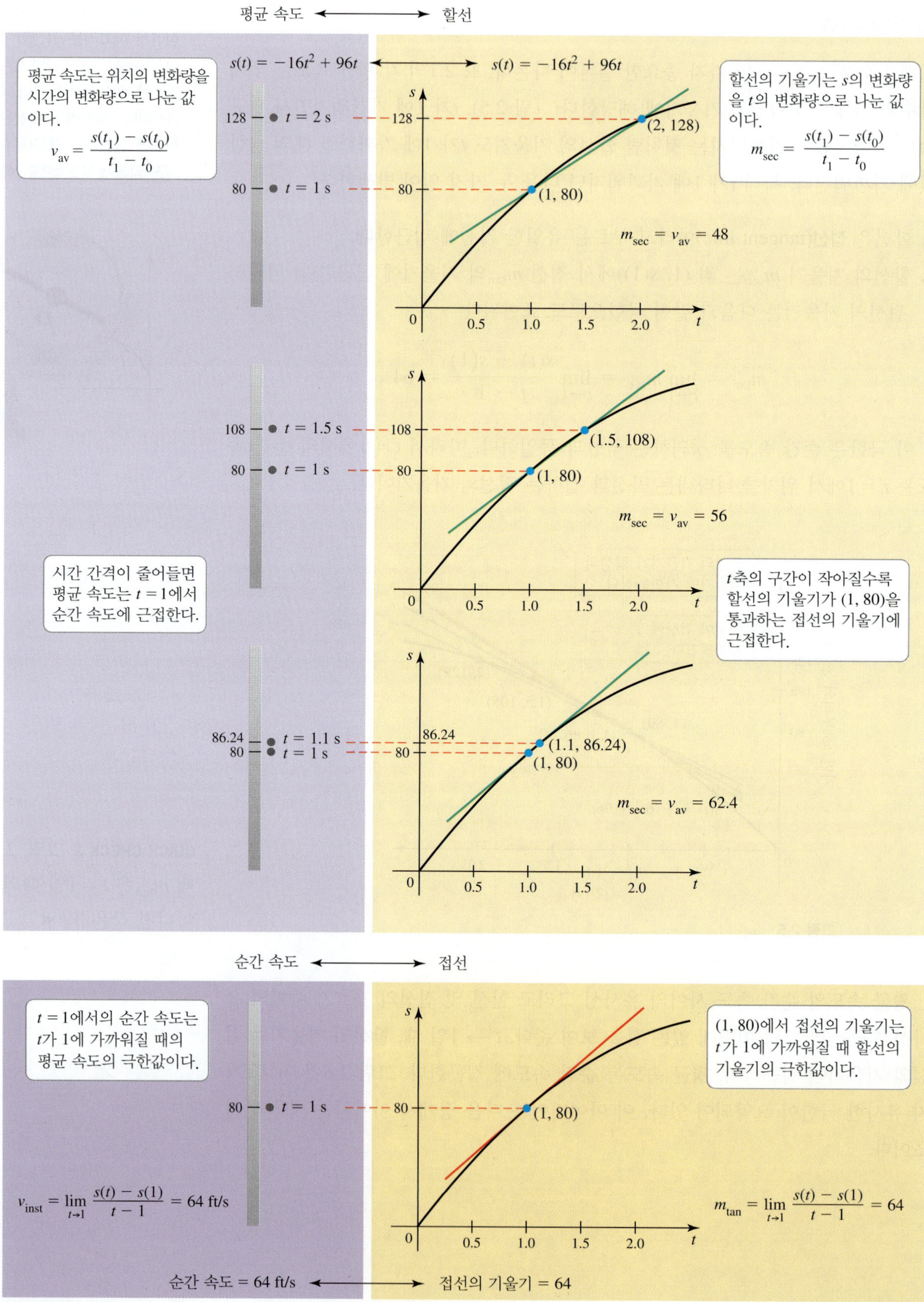

평균 속도 ⟷ 할선
평균 속도는 위치의 변화량을 시간의 변화량으로 나눈 값이다.
$v_{av} = \frac{s(t_1) - s(t_0)}{t_1 - t_0}$
$s(t) = -16t^2 + 96t$
$s(t) = -16t^2 + 96t$
할선의 기울기는 s의 변화량을 t의 변화량으로 나눈 값이다.
$m_{sec} = \frac{s(t_1) - s(t_0)}{t_1 - t_0}$
128 ● $t = 2$ s
80 ● $t = 1$ s
(2, 128)
(1, 80)
$m_{sec} = v_{av} = 48$
108 ● $t = 1.5$ s
80 ● $t = 1$ s
(1.5, 108)
(1, 80)
$m_{sec} = v_{av} = 56$
시간 간격이 줄어들면 평균 속도는 $t = 1$에서 순간 속도에 근접한다.
t축의 구간이 작아질수록 할선의 기울기가 (1, 80)을 통과하는 접선의 기울기에 근접한다.
86.24 ● $t = 1.1$ s
80 ● $t = 1$ s
(1.1, 86.24)
(1, 80)
$m_{sec} = v_{av} = 62.4$
순간 속도 ⟷ 접선
$t = 1$에서의 순간 속도는 t가 1에 가까워질 때의 평균 속도의 극한값이다.
(1, 80)에서 접선의 기울기는 t가 1에 가까워질 때 할선의 기울기의 극한값이다.
80 ● $t = 1$ s
(1, 80)
$v_{inst} = \lim_{t \to 1} \frac{s(t) - s(1)}{t - 1} = 64$ ft/s
$m_{tan} = \lim_{t \to 1} \frac{s(t) - s(1)}{t - 1} = 64$
순간 속도 = 64 ft/s ⟷ 접선의 기울기 = 64

그림 2.6

2.1절 연습문제

1단계 스타트

1. 시간 $t(t \geq 0)$에서 직선을 따라 움직이는 물체의 위치를 $s(t)$라고 하자. $t = a$와 $t = b$ 사이의 평균 속도는 얼마인가?

2. 함수 $s(t)$는 직선을 따라 이동하는 물체의 위치를 나타낸다. $s(2) = 136$, $s(3) = 156$일 때, 시간 간격 [2, 3] 동안 물체의 평균 속도를 구하여라.

3. 다음 표는 시간 t에서 2초 간격 동안 직선을 따라 움직이는 물체의 위치 $s(t)$를 나타낸 것이다. 주어진 시간 간격 동안 물체의 평균 속도를 구하여라.

   a. [0, 2] **b.** [0, 1.5] **c.** [0, 1] **d.** [0, 0.5]

t	0	0.5	1	1.5	2
$s(t)$	0	30	52	66	72

4. 다음 표는 시간 t에서 직선을 따라 움직이는 물체의 위치 $s(t)$를 나타낸 것이다. 세 시간 간격 [1, 1.01], [1, 1.001], [1, 1.0001]에 걸친 평균 속도를 각각 구하여라. 그다음 $t = 1$에서의 순간 속도를 추정하여라.

t	1	1.0001	1.001	1.01
$s(t)$	64	64.00479984	64.047984	64.4784

5. f의 그래프에서 두 점 $(a, f(a))$과 $(b, f(b))$를 연결하는 할선의 기울기는 얼마인가?

6. 한 시점에서 물체의 순간 속도를 찾는 것과 그래프의 한 점에서 함수의 그래프에 접하는 직선의 기울기를 찾는 것 사이의 유사점을 설명하여라.

2단계 실전

7. **평균 속도** 직선을 따라 수직으로 움직이는 어느 물체의 위치는 함수 $s(t) = -16t^2 + 128t$를 따른다. 주어진 간격에서 물체의 평균 속도를 구하여라.

   a. [1, 4] **b.** [1, 3] **c.** [1, 2]

   d. $[1, 1 + h]$ (단, h는 $h > 0$인 양의 실수)

8. **평균 속도** 직선을 따라 수직으로 움직이는 어느 물체의 위치 함수 $s(t) = -16t^2 + 100t$에 대하여 $(0.5, s(0.5))$와 $(2, s(2))$를 통과하는 할선 s의 그래프를 그려라. 이 할선의 기울기를 구하고, 기울기와 움직이는 물체와의 관계를 설명하여라.

9. **순간 속도** 연습문제 7번에 주어진 위치 함수 $s(t) = -16t^2 + 128t$에 대하여 적절한 평균 속도를 구하여 다음 표를 완성하여라. 그다음 $t = 1$에서의 순간 속도를 추정하여라.

시간 간격	[1, 2]	[1, 1.5]	[1, 1.1]	[1, 1.01]	[1, 1.001]
평균 속도					

10. **순간 속도** 위치 함수 $s(t) = -16t^2 + 100t$에 대하여 적절한 평균 속도를 구하여 다음 표를 완성하여라. 그다음 $t = 3$에서의 순간 속도를 추정하여라.

시간 간격	평균 속도
[2, 3]	
[2.9, 3]	
[2.99, 3]	
[2.999, 3]	
[2.9999, 3]	

11–12. 순간 속도 다음 위치 함수에 대하여 연습 문제 10과 유사한 평균 속도의 표를 만든 다음, 주어진 시간에서의 순간 속도를 추정하여라.

11. $s(t) = -16t^2 + 80t + 60$, $t = 3$

12. $s(t) = 40 \sin 2t$, $t = 0$

13–14. 접선의 기울기 다음 함수에 대하여 할선의 기울기 표를 만든 다음, 주어진 점에서 접선의 기울기를 추정하여라.

13. $f(x) = 2x^2$, $x = 2$

14. $f(x) = e^x$, $x = 0$

3단계 도전

15. **기울기가 0인 접선**

    a. 함수 $f(x) = x^2 - 4x + 3$의 그래프를 그려라.

    b. 기울기가 0인 접선을 갖는 f의 그래프 위의 점 $(a, f(a))$를 찾아라.

    c. **b**에서 구한 점에서 할선의 기울기 표를 만든 다음, 접선의 기울기를 추정하고 **b**에서 구한 답을 확인하여라.

16. **속도가 0인 시각** $0 \leq t \leq 9$에 대하여 수직 위쪽 방향으로 발

사된 발사체의 위치는 $s(t) = -16t^2 + 128t + 192$로 주어진다.

a. $0 \le t \le 9$에 대하여 위치 함수의 그래프를 그려라.

b. 위치 함수의 그래프에서 발사체의 순간 속도가 0인 시각 $t = a$를 구하여라.

c. $t = a$에서 순간 속도를 근사(approximate)한 평균 속도의 표를 만든 다음, **b**에서 구한 답을 확인하여라.

d. 순간 속도가 양수(발사체가 위로 이동)가 되는 구간 [0, 9]의 t의 값을 구하여라.

e. 순간 속도가 음수(발사체가 아래로 이동)가 되는 구간 [0, 9]의 t의 값을 구하여라.

17. **접선의 기울기** 함수 $f(x) = 1 - \cos x$와 네 점 $A(\pi/2, f(\pi/2))$, $B(\pi/2 + 0.05, f(\pi/2 + 0.05))$, $C(\pi/2 + 0.5, f(\pi/2 + 0.5))$, $D(\pi, f(\pi))$에 대하여 두 점 A와 D, 두 점 A와 C, 두 점 A와 B를 지나는 할선의 기울기를 구하여라(그림 참조). 계산기를 사용하여 $x = \pi/2$에서 f의 그래프에 접하는 직선의 기울기를 추정하여라.

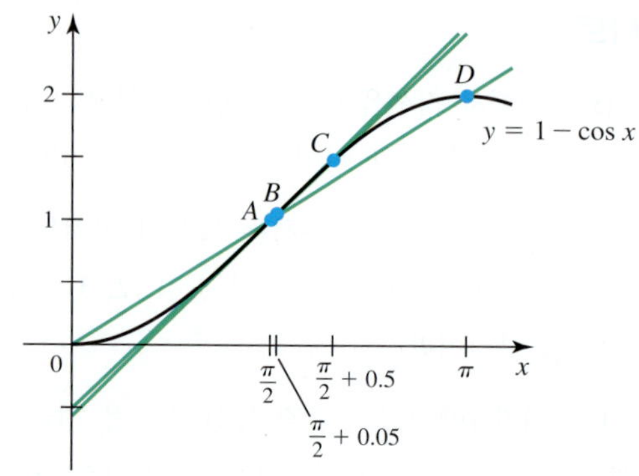

QUICK CHECK 정답

1. 16ft/s **2.** 평균 속도는 시간 간격에 대한 속도이다. 순간 속도는 한 시점에서의 속도이다. **3.** 작다. ◄

2.2 극한의 정의

접선 및 순간 속도의 기울기 계산(2.1절)은 극한을 사용하는 많은 중요한 미적분 문제 중 두 가지에 불과하다. 이제 이 두 문제는 3장에서 다루기로 하고, 함수의 극한에 대한 예비 정의부터 시작하겠다.

정의 함수의 극한(예비 정의)

함수 f가 a를 제외하고 a 근방의 모든 x에 대하여 정의된다고 하자. $f(x)$가 a에 충분히 가까운 모든 x(a와 x는 같지 않음)에 대하여 L에 한없이 가깝다면 (우리가 원하는 만큼 L에 가깝다면)

$$\lim_{x \to a} f(x) = L$$

과 같이 쓰고, x가 a에 가까워질 때 $f(x)$의 극한은 L과 같다고 한다.

▶ 2.7절에서 극한에 대한 엄밀한 정의가 주어질 때 '한없이 가깝다', '충분히 가깝다'라는 용어를 정확하게 정의한다.

비공식적으로, x가 a의 양쪽에서 가까워질수록 $f(x)$가 L에 가까워지면 $\lim_{x \to a} f(x) = L$이라고 한다. $\lim_{x \to a} f(x)$의 값(존재하는 경우)은 a 근방의 f 값에 의존하지만 $f(a)$ 값에 의존하지는 않는다. 경우에 따라 극한 $\lim_{x \to a} f(x)$는 $f(a)$와 같은 값을 갖는다. 다른 경우에는 $\lim_{x \to a} f(x)$와 $f(a)$가 다르거나 $f(a)$가 정의되지 않을 수도 있다.

| 예제 1 | **그래프로부터 극한 찾기** 그림 2.7에 주어진 함수 f의 그래프를 사용하여 다음을 구하여라.

a. $f(1)$과 $\lim_{x\to 1} f(x)$ **b.** $f(2)$와 $\lim_{x\to 2} f(x)$ **c.** $f(3)$과 $\lim_{x\to 3} f(x)$

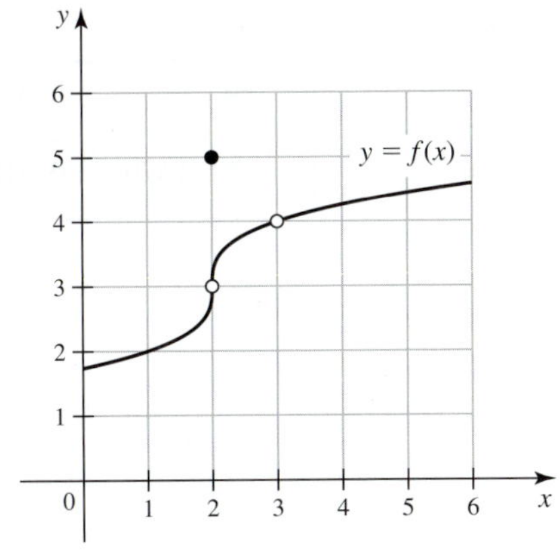

그림 2.7

풀이

a. 그래프에서 $f(1) = 2$임을 알 수 있다. x가 1의 양쪽에서 가까워짐에 따라 $f(x)$의 값은 2에 접근한다(그림 2.8). 따라서 $\lim_{x\to 1} f(x) = 2$이다.

b. 그래프에서 $f(2) = 5$임을 알 수 있다. 그러나 그래프를 보면 점들이 (2, 3)(그림 2.9의 빈 점)에 접근하기 때문에 x가 2의 어느 쪽에서 접근하든지 $f(x)$는 3에 접근한다(그림 2.9). 따라서 $f(2) = 5$이지만 $\lim_{x\to 2} f(x) = 3$이다.

c. 이 경우 $f(3)$은 정의되지 않는다. x가 3의 양쪽에서 접근함에 따라 $f(x)$가 4에 접근한다는 것을 알 수 있다(그림 2.10). 따라서 $f(3)$은 존재하지 않지만 $\lim_{x\to 3} f(x) = 4$이다.

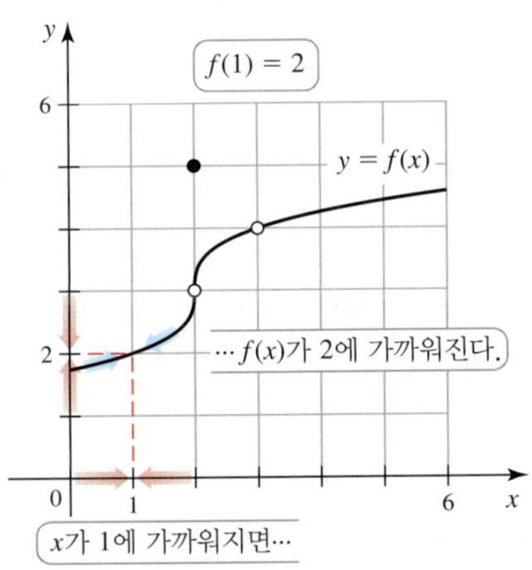

그림 2.8

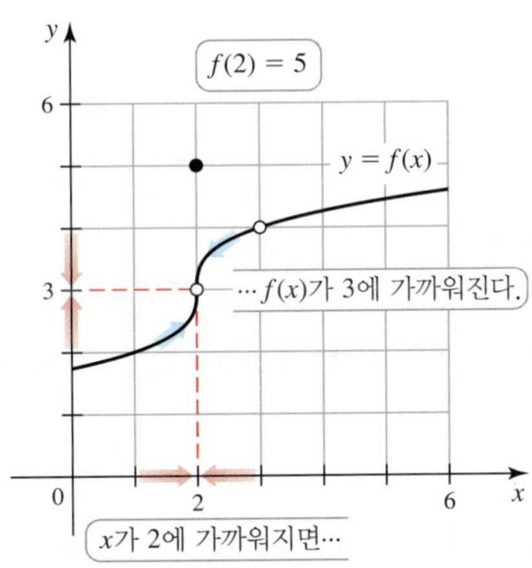

그림 2.9

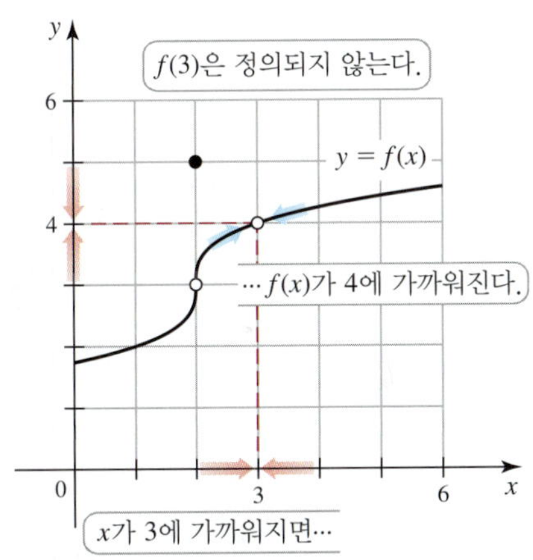

그림 2.10

관련 연습문제 2번 ◀

QUICK CHECK 1 예제 1에서 함수를 한 점에서 $f(1) = 1$로 재정의한다고 하자. 이 경우, $\lim_{x\to 1} f(x)$의 값은 바뀌는가? ◀

예제 1에서는 극한값을 추정하기 위해 함수의 그래프를 사용했다. 이제 함수의 값을 표로 나타내어 극한값을 추정해 보자.

| 예제 2 | **표로부터 극한 찾기** 1에 가까운 x 값에 대하여 $f(x) = \dfrac{\sqrt{x} - 1}{x - 1}$의 값을 표로 만들어라. 그다음 $\lim_{x\to 1} f(x)$의 값에 대하여 추측하여라.

풀이 표 2.2에는 x가 1의 양쪽에서 접근할 때 f의 값이 나열되어 있다. 수치적 증거는 x가 1에 가까워질수록 $f(x)$가 0.5에 가까워진다는 것을 보여 준다. 따라서 $\lim_{x\to 1} f(x) = 0.5$라고 추측할 수 있다.

➤ 예제 2에서 $\lim_{x\to 1} f(x) = 0.5$라고 확실하게 말하지는 않았다. 그러나 이는 수치적 증거에 근거해서 합리적으로 추측한 값이다. 극한을 정확하게 계산하는 방법은 2.3절에서 소개한다.

표 2.2

x	0.9	0.99	0.999	0.9999	1.0001	1.001	1.01	1.1
$f(x) = \dfrac{\sqrt{x}-1}{x-1}$	0.5131670	0.5012563	0.5001251	0.5000125	0.4999875	0.4998751	0.4987562	0.4880885

관련 연습문제 4번

한쪽 극한

a보다 작은 x가 a에 접근함에 따라 그리고 a보다 큰 x가 a에 접근함에 따라 $f(x)$가 L에 접근하기 때문에 극한 $\lim_{x\to a} f(x) = L$은 **양쪽** 극한이라고 한다. 일부 함수의 경우 우극한 및 좌극한이라고 하는 **한쪽** 극한을 조사할 필요가 있다.

▶ 양쪽 극한과 마찬가지로 한쪽 극한값(존재하는 경우)은 $f(a)$ 값이 아닌 $f(x)$ 근방의 값에 따라 달라진다.

정의 한쪽 극한

1. 우극한 $x > a$인 a 근방의 모든 x에 대하여 f가 정의된다고 하자. $x > a$이면서 a에 충분히 가까운 모든 x에 대하여 $f(x)$가 L에 충분히 가까우면

$$\lim_{x\to a^+} f(x) = L$$

과 같이 쓰고, x가 a의 오른쪽에서 접근할 때 $f(x)$의 극한은 L과 같다고 한다.

2. 좌극한 $x < a$인 a 근방의 모든 x에 대하여 f가 정의된다고 하자. $x < a$이면서 a에 충분히 가까운 모든 x에 대하여 $f(x)$가 L에 충분히 가까우면

$$\lim_{x\to a^-} f(x) = L$$

과 같이 쓰고, x가 a의 왼쪽에서 접근할 때 $f(x)$의 극한은 L과 같다고 한다.

▶ 컴퓨터로 그린 그래프와 표는 우리가 극한의 개념을 이해하는 데 도움이 된다. 그러나 컴퓨터는 정확하지 않으며 간단한 함수에서도 잘못된 결과를 초래할 수 있다(예제 5 참조).

| 예제 3 | 그래픽 및 수치로 극한 검사 함수 $f(x) = \dfrac{x^3-8}{4(x-2)}$에 대하여 표와 그래프를 사용하여 $\lim_{x\to 2^+} f(x)$, $\lim_{x\to 2^-} f(x)$, $\lim_{x\to 2} f(x)$의 값이 존재하는 경우 그 값을 추측하여라.

풀이 그림 2.11(a)는 컴퓨터 프로그램으로 얻은 f의 그래프이다. $f(2)$가 정의되지 않았기 때문에 이 그래프는 오해를 불러일으킬 수 있다. 즉, 그림 2.11(b)와 같이 그래프의 (2, 3)에 구멍이 있어야 한다.

그림 2.12(a)의 그래프와 표 2.3의 함숫값은 x가 2의 오른쪽에서 접근함에 따라 $f(x)$가 3에 접근함을 나타낸다. 따라서 우극한을

$$\lim_{x\to 2^+} f(x) = 3$$

과 같이 쓰고, x가 2의 오른쪽에서 접근할 때 $f(x)$의 극한이 3이라고 한다.

마찬가지로 그림 2.12(b)와 표 2.3은 x가 2의 왼쪽에서 접근함에 따라 $f(x)$가 3

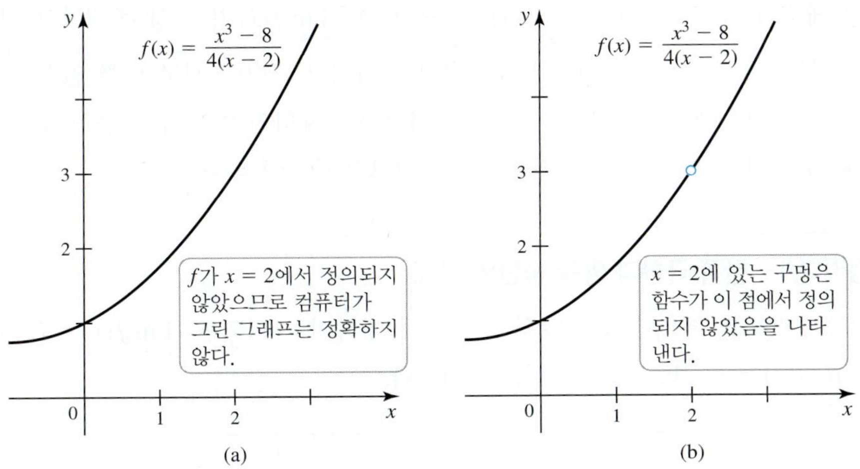

그림 2.11

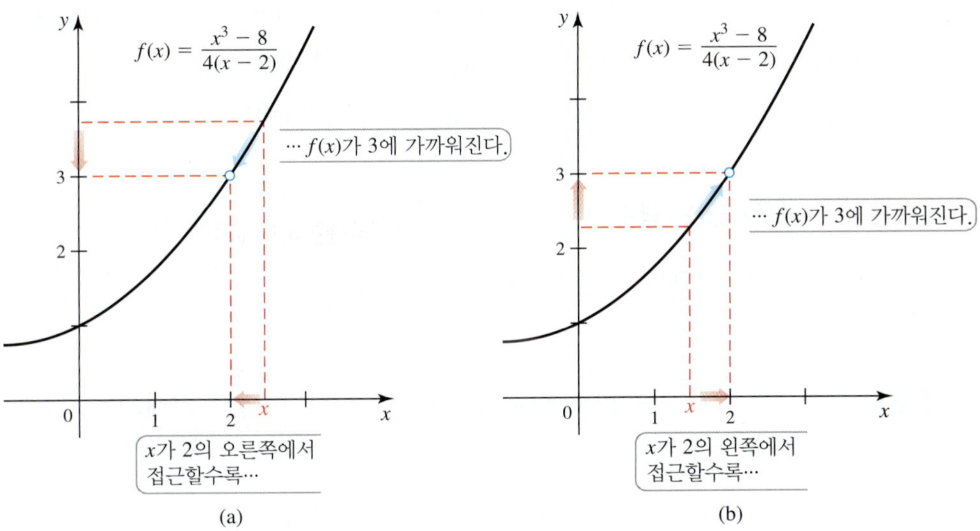

그림 2.12

표 2.3

	→	→	→	→ 2 ←	←	←	←	←
x	1.9	1.99	1.999	1.9999	2.0001	2.001	2.01	2.1
$f(x) = \dfrac{x^3 - 8}{4(x-2)}$	2.8525	2.985025	2.99850025	2.99985000	3.00015000	3.00150025	3.015025	3.1525

에 접근함을 나타낸다. 따라서 좌극한을

$$\lim_{x \to 2^-} f(x) = 3$$

과 같이 쓰고, x가 2의 왼쪽에서 접근할 때 $f(x)$의 극한이 3이라고 한다. x가 2의 양쪽에서 접근함에 따라 $f(x)$가 3에 가까워지므로 양쪽 극한 $\lim_{x \to 2} f(x) = 3$을 쓸 수 있다.

관련 연습문제 15번 ◀

➤ 극한값은 $f(2)$의 값에 의존하지 않음을 기억하여라. 예제 3에서 $f(2)$가 정의되지 않았음에도 불구하고 $\lim_{x \to 2} f(x) = 3$이었다.

위 예제에 따르면 극한 $\lim_{x\to a^-} f(x)$, $\lim_{x\to a^+} f(x)$, $\lim_{x\to a} f(x)$가 항상 존재하고 같은 값을 갖는지 궁금할 수 있다. 이후의 예제는 이러한 극한이 서로 다른 값을 가질 수 있으며, 경우에 따라 세 극한 중 하나 이상이 존재하지 않을 수 있음을 보여 준다. 다음 정리는 한쪽 극한과 양쪽 극한을 비교할 때 유용하다.

▶ P와 Q가 명제라고 하자. 'P이면 Q'이고 'Q이면 P'일 때, 'P는 Q이기 위한 필요충분조건'이라고 쓰고, P와 Q는 동치라고 말한다.

정리 2.1 한쪽 극한과 양쪽 극한의 관계

함수 f가 a를 제외한 a 근방의 모든 x에 대하여 정의되면 '$\lim_{x\to a} f(x) = L$'과 '$\lim_{x\to a^+} f(x) = L$, $\lim_{x\to a^-} f(x) = L$'은 동치이다.

정리 2.1의 증명은 2.7절의 연습문제 31번에 요약되어 있다. 이 정리를 사용하여 $\lim_{x\to a^+} f(x) \neq L$ 또는(그리고) $\lim_{x\to a^-} f(x) \neq L$인 경우 $\lim_{x\to a} f(x) \neq L$이 성립함을 알 수 있다. 또한 $\lim_{x\to a^+} f(x)$ 또는 $\lim_{x\to a^-} f(x)$가 존재하지 않으면 $\lim_{x\to a} f(x)$도 존재하지 않음도 알 수 있다. 다음 두 예제에서 이러한 아이디어를 적용한다.

| 예제 4 | 점프가 있는 함수 함수 $g(x) = \dfrac{2x^2 - 6x + 4}{|x - 1|}$의 그래프를 그리고, 그래프를 사용하여 $\lim_{x\to 1^-} g(x)$, $\lim_{x\to 1^+} g(x)$, $\lim_{x\to 1} g(x)$의 값이 존재하는 경우 그 값을 구하여라.

풀이 먼저 g를 조각 함수(piecewise function)로 나타내면 g의 그래프를 그리는 것이 간단해진다. g의 분자를 인수분해하면 다음을 얻는다.

$$g(x) = \frac{2x^2 - 6x + 4}{|x - 1|} = \frac{2(x - 1)(x - 2)}{|x - 1|}$$

$x = 1$에서 g가 정의되지 않았음을 알 수 있다. $x > 1$에 대하여 $|x - 1| = x - 1$이고, $g(x)$는 다음과 같다.

$$g(x) = \frac{2(x - 1)(x - 2)}{x - 1} = 2x - 4$$

$x < 1$일 때 $x - 1 < 0$임에 주의하여 계산하면 $|x - 1| = -(x - 1)$이고, $g(x)$는 다음과 같다.

$$g(x) = \frac{2(x - 1)(x - 2)}{-(x - 1)} = -2x + 4$$

따라서 $g(x) = \begin{cases} 2x - 4, & x > 1 \\ -2x + 4, & x < 1 \end{cases}$이고, g의 그래프는 $x = 1$에서 점프가 있는 두 개의 조각으로 이루어진다(그림 2.13).

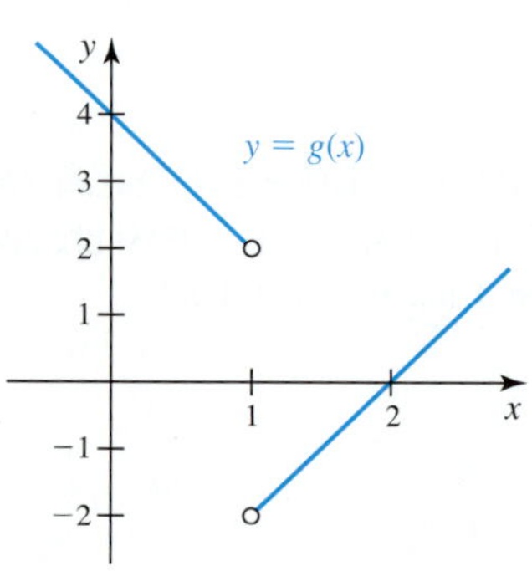

그림 2.13

g의 그래프를 보면 x가 1의 왼쪽에서 접근하면 $g(x)$가 2에 가까워지므로

$\lim_{x\to1^-} g(x) = 2$이다. x가 1의 오른쪽에서 접근하면 $g(x)$는 -2에 가까워지므로 $\lim_{x\to1^+} g(x) = -2$이다. $\lim_{x\to1^-} g(x) \neq \lim_{x\to1^+} g(x)$이므로 정리 2.1에 의해 $\lim_{x\to1} g(x)$는 존재하지 않는다.

관련 연습문제 11번 ◀

| 예제 5 | 낯선 현상 극한 $\lim_{x\to0} \cos(1/x)$을 계산하여라.

풀이 표 2.4에서 $\cos(1/x)$의 처음 세 값으로부터 $\lim_{x\to0^+} \cos(1/x) = -1$이라고 결론짓고 싶은 유혹이 생길 것이다. 그러나 0에 가까운 x 값에 대하여 $\cos(1/x)$을 계산하면 이 결론은 사실이 아니다.

표 2.4

x	$\cos(1/x)$
0.001	0.56238
0.0001	−0.95216
0.00001	−0.99936
0.000001	0.93675
0.0000001	−0.90727
0.00000001	−0.36338

x가 0의 오른쪽에서 접근함에 따라 $\cos(1/x)$이 -1에 가까워진다고 잘못 결론 내릴 수 있다.

x가 0에 가까워질 때 $\cos(1/x)$ 값에 나타나는 현상은 $x = 1/(n\pi)$로 치환하면 더 잘 이해할 수 있다. 이 치환을 사용하면 0에 가까운 이산 지점(discrete point)에서 함숫값을 추출(sampling)할 수 있다. 이 경우 $\cos(1/x)$은 다음과 같다.

$$\cos\frac{1}{x} = \cos n\pi = \begin{cases} 1, & n\text{이 짝수} \\ -1, & n\text{이 홀수} \end{cases}$$

n이 증가함에 따라 $x = 1/(n\pi)$의 값은 0에 접근하는 반면, $\cos(1/x)$의 값은 -1과 1 사이에서 진동한다(그림 2.14). 따라서 x가 0의 오른쪽에서 접근할 때, $\cos(1/x)$은 하나의 수에 가까워지지 않는다. 즉, $\lim_{x\to0^+} \cos(1/x)$이 존재하지 않는다는 결론을 내릴 수 있으며, 이는 $\lim_{x\to0} \cos(1/x)$이 존재하지 않음을 의미한다.

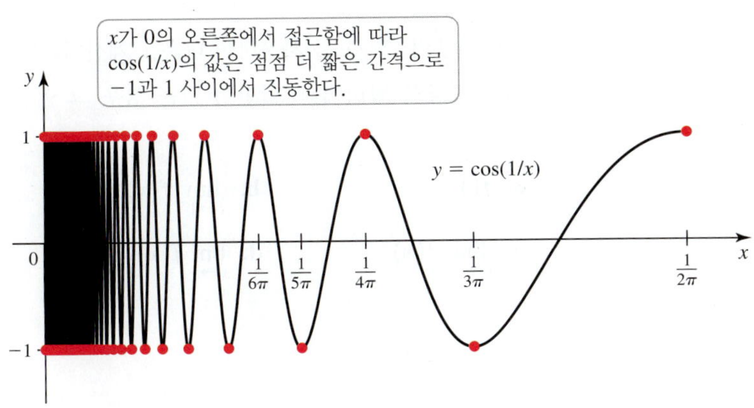

그림 2.14

관련 연습문제 24번 ◀

QUICK CHECK 2 그림 2.14와 같이 $y = \cos(1/x)$의 그래프를 $x = 0$ 근방에서 그리기 어려운 이유는 무엇인가? ◀

표와 그래프를 사용한 극한값에 대한 추측은 예제 5까지는 잘 작동했다. 예제 5에서 볼 수 있었던 추측 기술의 한계는 이번에만 발생하는 사건이 아니다. 이러한 이유로 극한값을 찾기 위한 분석 기법(종이와 연필을 사용한 방법)이 다음 절에서 개발된다.

2.2절 연습문제

1단계 스타트

1. $\lim_{x\to a} f(x) = L$의 의미를 설명하여라.

2. 주어진 h의 그래프를 사용하여 다음을 계산하거나 값이 존재하지 않음을 말하여라.

a. $h(2)$ **b.** $\lim_{x\to 2} h(x)$ **c.** $h(4)$

d. $\lim_{x\to 4} h(x)$ **e.** $\lim_{x\to 5} h(x)$

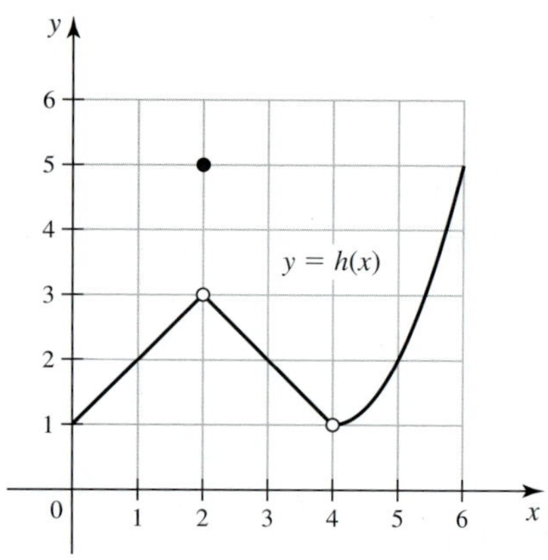

3. 주어진 f의 그래프를 사용하여 다음을 계산하거나 값이 존재하지 않음을 말하여라.

a. $f(1)$ **b.** $\lim_{x\to 1} f(x)$ **c.** $f(0)$ **d.** $\lim_{x\to 0} f(x)$

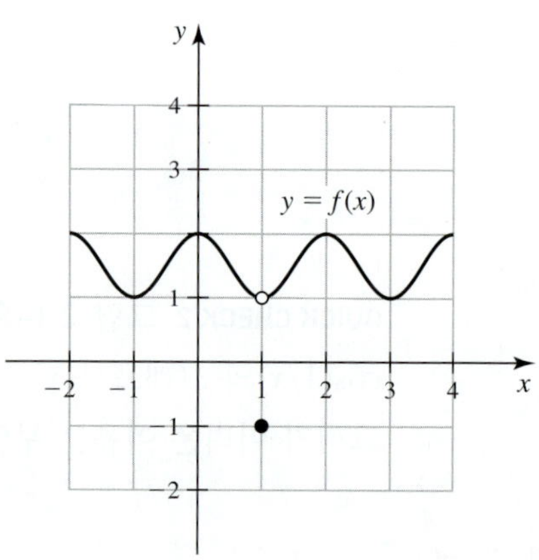

4. 함수 $f(x) = \dfrac{x^2-4}{x-2}$에 대하여 다음 물음에 답하여라.

a. 표에 주어진 x 값에 대하여 $f(x)$ 값을 계산하여라.

b. 극한 $\lim_{x\to 2} \dfrac{x^2-4}{x-2}$의 값을 추정하여라.

x	1.9	1.99	1.999	1.9999
$f(x) = \dfrac{x^2-4}{x-2}$				
x	2.1	2.01	2.001	2.0001
$f(x) = \dfrac{x^2-4}{x-2}$				

5. 함수 $g(t) = \dfrac{t-9}{\sqrt{t}-3}$에 대하여 다음 물음에 답하여라.

a. $t = 8.9, 8.99, 8.999$에 대한 g 값을 표시하는 표와 $t = 9.1, 9.01, 9.001$에 대한 g 값을 표시하는 표를 각각 만들어라.

b. 극한 $\lim_{t\to 9} \dfrac{t-9}{\sqrt{t}-3}$의 값을 추정하여라.

6. $\lim_{x\to a^+} f(x) = L$의 의미를 설명하여라.

7. $\lim_{x\to a^-} f(x) = L$의 의미를 설명하여라.

8. 유한한 두 실수 L과 M에 대하여 $\lim_{x\to a^-} f(x) = L$, $\lim_{x\to a^+} f(x) = M$이고 $\lim_{x\to a} f(x)$가 존재할 때, L과 M에는 어떤 관계가 있는가?

9. 주어진 f의 그래프를 사용하여 다음을 계산하거나 값이 존재하지 않음을 말하여라. 극한이 없는 경우 그 이유를 설명하여라.

a. $f(1)$ **b.** $\lim_{x\to 1^-} f(x)$

c. $\lim_{x\to 1^+} f(x)$ **d.** $\lim_{x\to 1} f(x)$

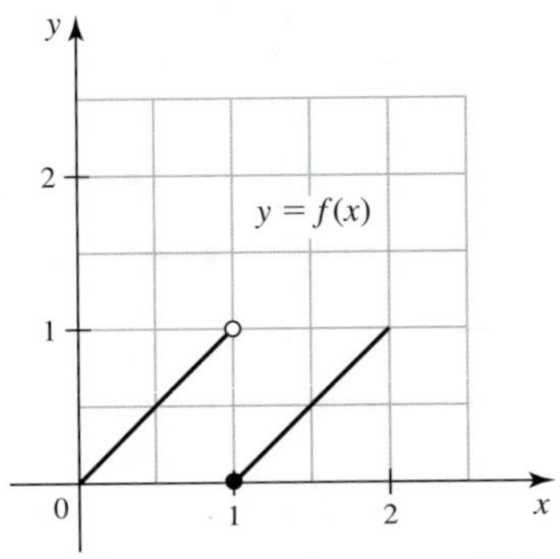

10. 그래프로 극한 찾기 주어진 f의 그래프를 사용하여 다음을 계산하거나 값이 존재하지 않음을 말하여라. 극한이 없는 경우 그 이유를 설명하여라.

a. $f(1)$ b. $\lim_{x\to 1^-} f(x)$ c. $\lim_{x\to 1^+} f(x)$

d. $\lim_{x\to 1} f(x)$ e. $f(3)$ f. $\lim_{x\to 3^-} f(x)$

g. $\lim_{x\to 3^+} f(x)$ h. $\lim_{x\to 3} f(x)$ i. $f(2)$

j. $\lim_{x\to 2^-} f(x)$ k. $\lim_{x\to 2^+} f(x)$ l. $\lim_{x\to 2} f(x)$

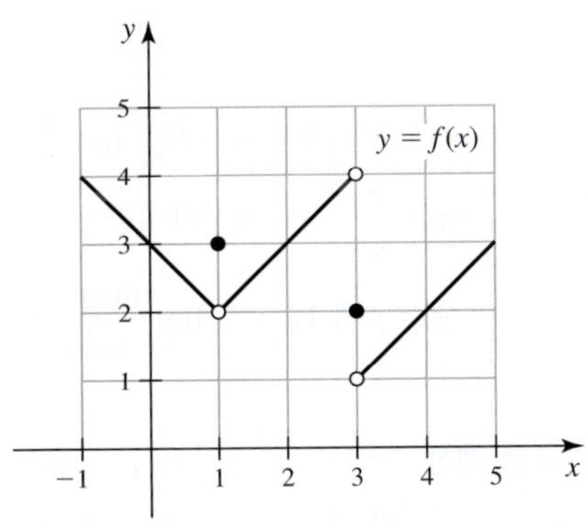

2단계 실전

11–14. 그래프로 극한 계산 f의 그래프를 그리고, 이를 사용하여 $f(a)$, $\lim_{x\to a^-} f(x)$, $\lim_{x\to a^+} f(x)$, $\lim_{x\to a} f(x)$의 값을 추측하거나 값이 존재하지 않음을 말하여라.

11. $f(x) = \begin{cases} x^2 + 1, & x \le -1 \\ 3 \quad , & x > -1 \end{cases}, a = -1$

12. $f(x) = \begin{cases} \sqrt{x} \quad , & x < 4 \\ 3 \quad , & x = 4, a = 4 \\ x + 1, & x > 4 \end{cases}$

13. $f(x) = \dfrac{x^2 - 25}{x - 5}, a = 5$

14. $f(x) = \dfrac{x^2 + x - 2}{x - 1}, a = 1$

15–17. 그래프와 숫자로 극한 계산 f의 그래프를 사용하여 $\lim_{x\to a} f(x)$ 값을 추정하거나 극한값이 없음을 보여라. 추측을 뒷받침하기 위해 $x = a$ 근방에서 $f(x)$ 값을 계산하여라.

15. $f(x) = \dfrac{x - 2}{\ln|x - 2|}, a = 2$

16. $f(x) = \dfrac{1 - \cos(2x - 2)}{(x - 1)^2}, a = 1$

17. $f(x) = \dfrac{\sin(x + 1)}{|x + 1|}, a = -1$

18. 참 또는 거짓 다음 명제가 참이면 증명하고 거짓이면 반례를 들어라.

a. 극한 $\lim_{x\to 3} \dfrac{x^2 - 9}{x - 3}$의 값은 존재하지 않는다.

b. 극한 $\lim_{x\to a} f(x)$의 값은 항상 $f(a)$을 계산하여 얻을 수 있다.

c. $f(a)$의 값이 정의되지 않으면 극한 $\lim_{x\to a} f(x)$의 값은 존재하지 않는다.

d. $\lim_{x\to 0} \sqrt{x} = 0$ (힌트: $y = \sqrt{x}$의 그래프를 그려라)

e. $\lim_{x\to \pi/2} \cot x = 0$ (힌트: $y = \cot x$의 그래프를 그려라)

19. 헤비사이드 함수 헤비사이드 함수(Heaviside function)는 공학 분야에서 전원을 켜는 모델에 응용된다. 그 정의는 다음과 같다.

$$H(x) = \begin{cases} 0, & x < 0 \\ 1, & x \ge 0 \end{cases}$$

a. 구간 $[-1, 1]$에서 H의 그래프를 그려라.

b. $\lim_{x\to 0} H(x)$는 존재하는가?

20. 우편 요금 미국에서 1종 우편물을 보내는 경우 무게에 따른 우편 요금은 1온스까지는 \$0.47(1 oz인 경우까지 포함), 이후 1온스마다 \$0.21(각 온스까지 포함)라고 하자(oz(온스)는 무게 단위로, 1 oz는 28.35 g이다).

a. 무게가 w온스인 우편물을 보낼 때 우편 요금 p를 나타내는 함수 $p = f(w)$의 그래프를 그려라(단, $0 < w \le 3.5$).

b. 극한 $\lim_{w\to 2.3} f(w)$를 계산하여라.

c. 극한 $\lim_{w\to 3} f(w)$는 존재하는가? 이유를 설명하여라.

21–23. 극한 계산 그래프 또는 표를 사용하여 다음 극한값을 추정하여라.

21. $\lim_{x\to \pi/2} \dfrac{\cot 3x}{\cos x}$

22. $\lim_{x\to 1} \dfrac{9(\sqrt{2x - x^4} - \sqrt[3]{x})}{1 - x^{3/4}}$

23. $\lim_{h \to 0} \dfrac{\ln(1+h)}{h}$

24. $x = 0$ 근방에서 낯선 현상

a. $x = 2/\pi,\ 2/(3\pi),\ 2/(5\pi),\ 2/(7\pi),\ 2/(9\pi),\ 2/(11\pi)$에 대하여 $\sin(1/x)$의 값을 표로 나타내어라. 표의 값들이 보이는 패턴을 설명하여라.

b. 그래프 유틸리티로 $x = 0$ 근방에서 $\sin(1/x)$의 그래프(그림 참조)를 그리는 것이 어려운 이유는 무엇인가?

c. 극한 $\lim_{x \to 0} \sin(1/x)$에 대하여 어떤 결론을 내릴 수 있는가?

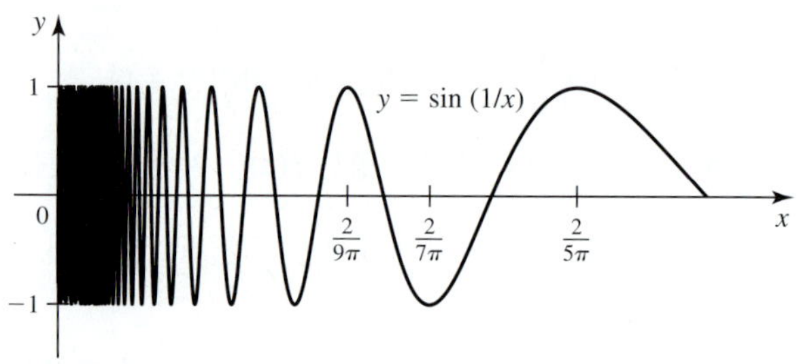

25–27. 함수의 그래프 그리기 주어진 성질을 만족하는 함수의 그래프를 그려라(단, 그래프를 그릴 때 함수에 대한 공식을 찾을 필요는 없다).

25. $f(2) = 1,\ \lim_{x \to 2} f(x) = 3$

26. $g(1) = 0,\ g(2) = 1,\ g(3) = -2,\ \lim_{x \to 2} g(x) = 0,$
$\lim_{x \to 3^-} g(x) = -1,\ \lim_{x \to 3^+} g(x) = -2$

27. $p(0) = 2,\ \lim_{x \to 0} p(x) = 0,\ \lim_{x \to 2} p(x)$는 존재하지 않음,
$p(2) = \lim_{x \to 2^+} p(x) = 1$

28. 바닥 함수 모든 실수 x에 대하여 바닥 함수(floor function, 최대 정수 함수) $\lfloor x \rfloor$는 x보다 작거나 같은 최대 정수이다(그림 참조).

a. 극한 $\lim_{x \to -1^-} \lfloor x \rfloor,\ \lim_{x \to -1^+} \lfloor x \rfloor,\ \lim_{x \to 2^-} \lfloor x \rfloor,\ \lim_{x \to 2^+} \lfloor x \rfloor$를 계산하여라.

b. 극한 $\lim_{x \to 2.3^-} \lfloor x \rfloor,\ \lim_{x \to 2.3^+} \lfloor x \rfloor,\ \lim_{x \to 2.3} \lfloor x \rfloor$를 계산하여라.

c. 정수 a에 대하여 $\lim_{x \to a^-} \lfloor x \rfloor$와 $\lim_{x \to a^+} \lfloor x \rfloor$의 값을 설명하여라.

d. 일반적으로 정수가 아닌 a에 대하여 $\lim_{x \to a^-} \lfloor x \rfloor$와 $\lim_{x \to a^+} \lfloor x \rfloor$의 값을 설명하여라.

e. $\lim_{x \to a} \lfloor x \rfloor$가 존재하기 위한 a 값에 대하여 설명하여라.

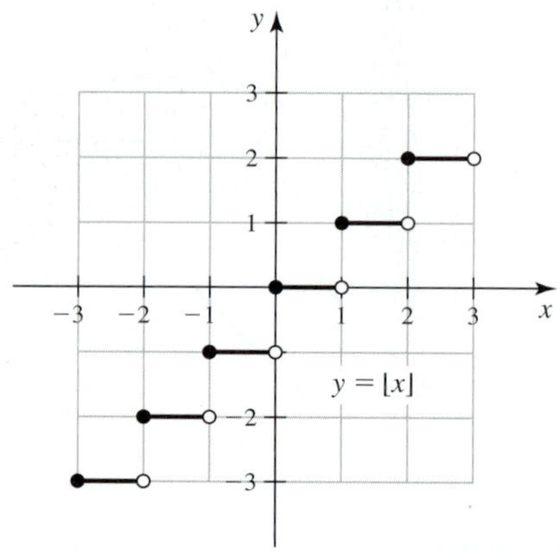

3단계 도전

29. 우함수의 극한 함수 f의 정의역 내 모든 x에 대하여 $f(-x) = f(x)$가 성립하면 함수 f를 우함수(even function)라고 부른다. 우함수 f에 대하여 $\lim_{x \to 2^+} f(x) = 5,\ \lim_{x \to 2^-} f(x) = 8$일 때, 다음 극한을 계산하여라.

a. $\lim_{x \to -2^+} f(x)$ **b.** $\lim_{x \to -2^-} f(x)$

30. 그래프로 극한 계산

a. 그래프 유틸리티를 사용하여 극한 $\lim_{x \to 0} \dfrac{\tan 2x}{\sin x},\ \lim_{x \to 0} \dfrac{\tan 3x}{\sin x},\ \lim_{x \to 0} \dfrac{\tan 4x}{\sin x}$를 계산하여라.

b. 임의의 양의 상수 p에 대하여 $\lim_{x \to 0} \dfrac{\tan px}{\sin x}$의 값을 추정하여라.

31. 그래프로 극한 계산 그래프 유틸리티를 사용하여 0이 아닌 두 상수 p, q의 순서쌍 중 최소 세 쌍에 대하여 $y = \dfrac{\sin px}{\sin qx}$의 그래프를 그려라. 각각의 경우에 $\lim_{x \to 0} \dfrac{\sin px}{\sin qx}$의 값을 추정하여라. 그다음 0이 아닌 임의의 두 상수 p, q에 대하여 $\lim_{x \to 0} \dfrac{\sin px}{\sin qx}$의 값을 추정하여라.

QUICK CHECK 정답

1. $\lim_{x \to 1} f(x)$의 값은 1이 아닌 1 근방의 f값에만 의존한다. 따라서 $f(1)$ 값이 바뀌어도 $\lim_{x \to 1} f(x)$ 값은 바뀌지 않는다. **2.** 그래프를 그리는 컴퓨터 프로그램은 0에 가까운 x에 대하여 $y = \cos(1/x)$의 그래프를 그리는 데 어려움이 있다. x가 0에 접근함에 따라 함숫값이 −1과 1 사이에서 점점 더 짧은 간격으로 변하기 때문이다. ◀

2.3 극한의 계산 기술

이전 절에서 설명한 것과 같이 극한을 추정하기 위한 그래픽 및 수치 기술은 극한에 대한 직관을 제공한다. 그러나 이 기술은 때때로 잘못된 결과로 이어진다. 따라서 극한을 정확하게 계산하기 위한 분석 방법에 관심을 가져 보자.

선형 함수의 극한

$f(x) = mx + b$의 그래프는 기울기가 m이고 y절편이 b인 직선이다. 그림 2.15에서 x가 f에 접근함에 따라 $f(x)$가 $f(a)$에 접근함을 알 수 있다. 따라서 f가 선형 함수(직선)이면 $\lim_{x\to a} f(x) = f(a)$가 된다. 따라서 선형 함수의 경우 $\lim_{x\to a} f(x)$의 값은 $x = a$를 $f(x)$에 직접 대입하여 찾는다. 이 관찰은 2.7절의 연습문제 20번에서 증명하는 다음 정리로 이어진다.

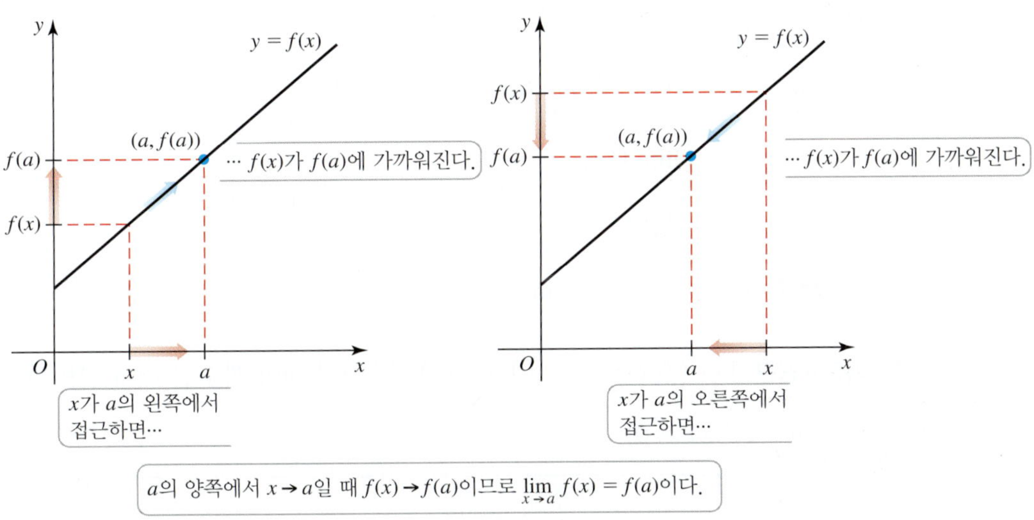

그림 2.15

> **정리 2.2 선형 함수의 극한**
>
> 세 실수 a, b, m과 선형 함수 $f(x) = mx + b$에 대하여 다음이 성립한다.
>
> $$\lim_{x\to a} f(x) = f(a) = ma + b$$

| 예제 1 | 선형 함수의 극한 다음 극한을 계산하여라.

a. $f(x) = \frac{1}{2}x - 7$일 때, $\lim_{x\to 3} f(x)$ **b.** $g(x) = 6$일 때, $\lim_{x\to 2} g(x)$

풀이

a. $\lim_{x\to 3} f(x) = \lim_{x\to 3} \left(\frac{1}{2}x - 7\right) = f(3) = -\frac{11}{2}$

b. $\lim_{x\to 2} g(x) = \lim_{x\to 2} 6 = g(2) = 6$

관련 연습문제 10-11번 ◀

극한 법칙

다음에 주어진 극한 법칙은 많은 극한의 계산을 상당히 간단하게 해 준다.

정리 2.3 극한 법칙

두 극한 $\lim_{x\to a} f(x)$와 $\lim_{x\to a} g(x)$가 존재할 때, 실수 c와 양의 정수 n에 대하여 다음 법칙이 성립한다.

1. **합** $\lim_{x\to a}(f(x)+g(x)) = \lim_{x\to a} f(x) + \lim_{x\to a} g(x)$
2. **차** $\lim_{x\to a}(f(x)-g(x)) = \lim_{x\to a} f(x) - \lim_{x\to a} g(x)$
3. **상수 곱** $\lim_{x\to a}(cf(x)) = c\lim_{x\to a} f(x)$
4. **곱** $\lim_{x\to a}(f(x)g(x)) = \left(\lim_{x\to a} f(x)\right)\left(\lim_{x\to a} g(x)\right)$
5. **몫** $\lim_{x\to a}\dfrac{f(x)}{g(x)} = \dfrac{\lim_{x\to a} f(x)}{\lim_{x\to a} g(x)}$ (단, $\lim_{x\to a} g(x) \neq 0$)
6. **거듭제곱** $\lim_{x\to a}(f(x))^n = \left(\lim_{x\to a} f(x)\right)^n$
7. **거듭제곱근** $\lim_{x\to a}(f(x))^{1/n} = \left(\lim_{x\to a} f(x)\right)^{1/n}$ (단, n이 짝수일 때 a 근방의 x에 대하여 $f(x) > 0$)

법칙 1의 증명은 2.7절의 예제 6에서 다루고, 법칙 2와 법칙 3의 증명은 2.7절의 연습문제 22–23번에 있다. 법칙 4와 법칙 5는 부록에서 증명된다. 법칙 6은 법칙 4로부터 다음과 같이 증명된다.

양의 정수 n에 대하여 $\lim_{x\to a} f(x)$가 존재하면 다음을 얻을 수 있다.

$$\begin{aligned}
\lim_{x\to a}(f(x))^n &= \lim_{x\to a}(\underbrace{f(x)\,f(x)\cdots f(x)}_{f(x)\text{의 } n\text{개의 인수}}) \\
&= \underbrace{\left(\lim_{x\to a} f(x)\right)\left(\lim_{x\to a} f(x)\right)\cdots\left(\lim_{x\to a} f(x)\right)}_{\lim_{x\to a} f(x)\text{의 } n\text{개의 인수}} \quad \text{법칙 4를 반복적으로 적용} \\
&= \left(\lim_{x\to a} f(x)\right)^n
\end{aligned}$$

법칙 7은 정리 2.12(2.6절)로부터 얻을 수 있다.

| 예제 2 | **극한 계산** $\lim_{x \to 2} f(x) = 4$, $\lim_{x \to 2} g(x) = 5$, $\lim_{x \to 2} h(x) = 8$일 때, 정리 2.3의 극한 법칙을 사용하여 다음 극한을 계산하여라.

a. $\lim_{x \to 2} \frac{f(x) - g(x)}{h(x)}$ **b.** $\lim_{x \to 2} (6f(x)g(x) + h(x))$ **c.** $\lim_{x \to 2} (g(x))^3$

풀이

a.

$$\begin{aligned}\lim_{x \to 2} \frac{f(x) - g(x)}{h(x)} &= \frac{\lim_{x \to 2} (f(x) - g(x))}{\lim_{x \to 2} h(x)} && \text{법칙 5} \\ &= \frac{\lim_{x \to 2} f(x) - \lim_{x \to 2} g(x)}{\lim_{x \to 2} h(x)} && \text{법칙 2} \\ &= \frac{4 - 5}{8} = -\frac{1}{8}\end{aligned}$$

b.

$$\begin{aligned}\lim_{x \to 2} (6f(x)g(x) + h(x)) &= \lim_{x \to 2} (6f(x)g(x)) + \lim_{x \to 2} h(x) && \text{법칙 1} \\ &= 6 \cdot \lim_{x \to 2} (f(x)g(x)) + \lim_{x \to 2} h(x) && \text{법칙 3} \\ &= 6\left(\lim_{x \to 2} f(x)\right)\left(\lim_{x \to 2} g(x)\right) + \lim_{x \to 2} h(x) && \text{법칙 4} \\ &= 6 \cdot 4 \cdot 5 + 8 = 128\end{aligned}$$

c.

$$\lim_{x \to 2} (g(x))^3 = \left(\lim_{x \to 2} g(x)\right)^3 = 5^3 = 125 \quad \text{법칙 6}$$

관련 연습문제 6번 ◀

다항함수와 유리함수의 극한

이번에는 극한 법칙을 다항함수와 유리함수의 극한을 찾는 데 사용한다. 예를 들어 임의의 점 a에서 다항함수 $p(x) = 7x^3 + 3x^2 + 4x + 2$의 극한을 구하기 위해 다음과 같이 계산한다.

$$\begin{aligned}\lim_{x \to a} p(x) &= \lim_{x \to a} (7x^3 + 3x^2 + 4x + 2) \\ &= \lim_{x \to a} (7x^3) + \lim_{x \to a} (3x^2) + \lim_{x \to a} (4x + 2) && \text{법칙 1} \\ &= 7 \lim_{x \to a} (x^3) + 3 \lim_{x \to a} (x^2) + \lim_{x \to a} (4x + 2) && \text{법칙 3} \\ &= 7\underbrace{\left(\lim_{x \to a} x\right)}_{a}^3 + 3\underbrace{\left(\lim_{x \to a} x\right)}_{a}^2 + \underbrace{\lim_{x \to a} (4x + 2)}_{4a + 2} && \text{법칙 6} \\ &= 7a^3 + 3a^2 + 4a + 2 = p(a) && \text{정리 2.2}\end{aligned}$$

선형 함수의 경우처럼 다항함수의 극한은 $\lim_{x \to a} p(x) = p(a)$와 같이 직접 대입하여 얻을 수 있다(연습문제 55번).

이제 짧은 단계를 통해 p와 q가 다항함수인 $f(x) = p(x)/q(x)$ 형태의 유리함수의 극한을 구할 수 있다. 법칙 5를 적용하면 다음을 얻는다.

$$\lim_{x\to a}\frac{p(x)}{q(x)}=\frac{\lim_{x\to a}p(x)}{\lim_{x\to a}q(x)}=\frac{p(a)}{q(a)}\quad (\text{단, } q(a)\neq 0)$$

이는 유리함수의 극한도 직접 대입하여 얻을 수 있음을 보여 준다.

➤ 극한의 계산에 직접 대입$\left(\lim_{x\to a}f(x)=f(a)\right)$을 사용할 수 있는 조건은 2.6절에서 연속성의 중요한 성질에 대하여 논의할 때 명확해진다.

정리 2.4 다항식과 유리함수의 극한

p와 q가 다항함수이고 a가 상수라고 하자.

a. 다항함수: $\lim_{x\to a}p(x)=p(a)$

b. 유리함수: $\lim_{x\to a}\frac{p(x)}{q(x)}=\frac{p(a)}{q(a)}$ (단, $q(a)\neq 0$)

QUICK CHECK 1 정리 2.4를 사용하여 $\lim_{x\to 2}(2x^4-8x-16)$과 $\lim_{x\to -1}\frac{x-1}{x}$을 계산하여라. ◀

| 예제 3 | 유리함수의 극한 극한 $\lim_{x\to 2}\frac{3x^2-4x}{5x^3-36}$를 계산하여라.

풀이 이 함수의 분모는 $x=2$에서 0이 아니다. 정리 2.4b를 사용하여 다음과 같이 계산할 수 있다.

$$\lim_{x\to 2}\frac{3x^2-4x}{5x^3-36}=\frac{3(2^2)-4(2)}{5(2^3)-36}=1$$

관련 연습문제 13번 ◀

QUICK CHECK 2 정리 2.4를 사용하여 극한 $\lim_{x\to 1}\frac{5x^4-3x^2+8x-6}{x+1}$을 계산하여라. ◀

| 예제 4 | 대수함수 극한 $\lim_{x\to 2}\frac{\sqrt{2x^3+9}+3x-1}{4x+1}$을 계산하여라.

풀이 정리 2.3과 정리 2.4를 사용하여 다음과 같이 계산할 수 있다.

$$\begin{aligned}\lim_{x\to 2}\frac{\sqrt{2x^3+9}+3x-1}{4x+1}&=\frac{\lim_{x\to 2}(\sqrt{2x^3+9}+3x-1)}{\lim_{x\to 2}(4x+1)} && \text{법칙 5}\\ &=\frac{\sqrt{\lim_{x\to 2}(2x^3+9)}+\lim_{x\to 2}(3x-1)}{\lim_{x\to 2}(4x+1)} && \text{법칙 1, 7}\\ &=\frac{\sqrt{(2(2)^3+9)}+(3(2)-1)}{(4(2)+1)} && \text{정리 2.4}\\ &=\frac{\sqrt{25}+5}{9}=\frac{10}{9}\end{aligned}$$

$x=2$에서 극한값은 $x=2$에서 함숫값과 같음에 주목하자.

관련 연습문제 14번 ◀

한쪽 극한

정리 2.2, 극한 법칙 1–6, 정리 2.4는 좌극한과 우극한에도 적용된다. 다시 말해 이 법칙들은 $\lim\limits_{x\to a}$를 $\lim\limits_{x\to a^+}$ 또는 $\lim\limits_{x\to a^-}$로 대체해도 성립한다. 다음 정리에서 볼 수 있듯이 법칙 7은 한쪽 극한의 경우에는 약간 수정돼야 한다.

> **정리 2.3(계속) 한쪽 극한에서 극한 법칙**
>
> p와 q가 다항함수이고 a가 상수라고 하자. 극한 법칙 1–6은 $\lim\limits_{x\to a}$를 $\lim\limits_{x\to a^+}$ 또는 $\lim\limits_{x\to a^-}$로 대체해도 성립한다. 법칙 7은 다음과 같이 수정해야 한다. n은 양의 정수라고 하자.
>
> **7. 거듭제곱근**
>
> **a.** $\lim\limits_{x\to a^+}(f(x))^{1/n} = \left(\lim\limits_{x\to a^+} f(x)\right)^{1/n}$ (단, n이 짝수일 때 a 근방의 $x > a$에 대하여 $f(x) \geq 0$)
>
> **b.** $\lim\limits_{x\to a^-}(f(x))^{1/n} = \left(\lim\limits_{x\to a^-} f(x)\right)^{1/n}$ (단, n이 짝수일 때 a 근방의 $x < a$에 대하여 $f(x) \geq 0$)

| 예제 5 | 좌극한과 우극한 계산 함수 $f(x)$는 다음과 같다.

$$f(x) = \begin{cases} -2x + 4, & x \leq 1 \\ \sqrt{x-1}, & x > 1 \end{cases}$$

극한 $\lim\limits_{x\to 1^-} f(x)$, $\lim\limits_{x\to 1^+} f(x)$, $\lim\limits_{x\to 1} f(x)$를 계산하여라. 값이 존재하지 않는 경우, 이유를 설명하여라.

풀이 $x \leq 1$일 때 $f(x) = -2x + 4$이므로 다음이 성립한다.

$$\lim_{x\to 1^-} f(x) = \lim_{x\to 1^-}(-2x+4) = 2 \qquad \text{정리 2.2}$$

$x > 1$일 때 $x - 1 > 0$이므로 다음이 성립한다.

$$\lim_{x\to 1^+} f(x) = \lim_{x\to 1^+}\sqrt{x-1} = \sqrt{\lim_{x\to 1^+}(x-1)} = 0 \qquad \text{한쪽 극한에서 법칙 7}$$

$\lim\limits_{x\to 1^-} f(x) \neq \lim\limits_{x\to 1^+} f(x)$이므로 정리 2.1에 의해 $\lim\limits_{x\to 1} f(x)$는 존재하지 않는다. f의 그래프(그림 2.16)는 이러한 결과와 일치한다.

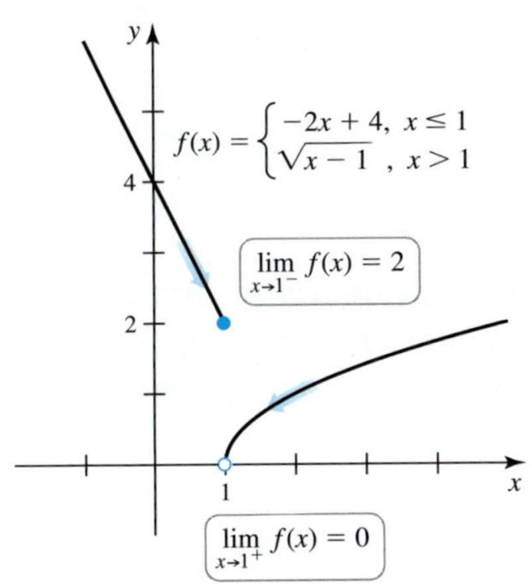

그림 2.16

관련 연습문제 37번

다른 기술들

지금까지는 직접 대입하여 극한을 구했다. 더 어려운 문제는 극한 $\lim\limits_{x\to a} f(x)$가 존재하고 $\lim\limits_{x\to a} f(x) \neq f(a)$인 경우에 극한값을 찾는 것이다. 일반적인 두 가지 경우가

그림 2.17에 나와 있다. 첫 번째 경우, $f(a)$가 정의되지만 $\lim_{x\to a} f(x)$와 같지 않다. 두 번째 경우, $f(a)$는 전혀 정의되지 않는다. 두 경우 모두 직접 대입하여 극한을 구할 수 없다. 새로운 전략이 필요하다. 어려운 극한을 구하는 한 가지 방법은 직접 대입으로 계산할 수 있는 동등한 극한으로 대체하는 것이다. 예제 6은 이러한 일반적인 두 가지 상황을 보여 준다.

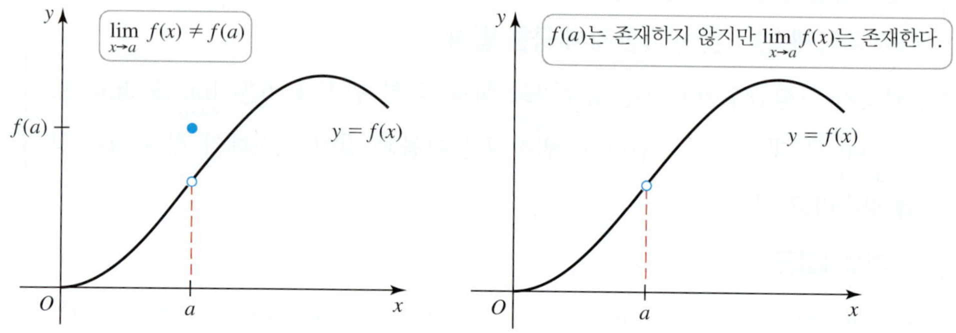

그림 2.17

| 예제 6 | 다른 기술들 다음 극한을 계산하여라.

a. $\lim_{x\to 2} \dfrac{x^2 - 6x + 8}{x^2 - 4}$ **b.** $\lim_{x\to 1} \dfrac{\sqrt{x} - 1}{x - 1}$

풀이

a. 인수분해와 약분 이 극한은 $x = 2$일 때 분모가 0이므로 직접 대입하여 그 값을 찾을 수 없다. 대신 분자와 분모가 인수분해된다. $x \neq 2$라고 가정하면 다음과 같이 약분할 수 있다.

$$\frac{x^2 - 6x + 8}{x^2 - 4} = \frac{(x - 2)(x - 4)}{(x - 2)(x + 2)} = \frac{x - 4}{x + 2}$$

▶ 예제 6에서 사용된 주장은 극한을 처리하는 과정(x가 2에 접근하지만 $x \neq 2$)에 의존한다. 따라서 우리는 동일한 인수를 소거할 수 있다.

$x \neq 2$에 대하여 $\dfrac{x^2 - 6x + 8}{x^2 - 4} = \dfrac{x - 4}{x + 2}$이므로 x가 2에 가까워질 때 두 함수는 같은 극한값을 갖는다(그림 2.18). 그러므로 다음을 얻는다.

$$\lim_{x\to 2} \frac{x^2 - 6x + 8}{x^2 - 4} = \lim_{x\to 2} \frac{x - 4}{x + 2} = \frac{2 - 4}{2 + 2} = -\frac{1}{2}$$

b. 켤레 사용 이 극한은 2.2절의 예제 2에서 수치적으로 근사했고, 그 결과 극한값이 1/2이라고 추측했다. 이 경우 분모가 $x = 1$일 때 0이므로 직접 대입을 사용하면 추측을 검증하는 데 실패한다. 대신 먼저 분자와 분모에 분자의 대수적 켤레(algebraic conjugate)를 곱하여 함수를 단순화한다. $\sqrt{x} - 1$의 켤레는 $\sqrt{x} + 1$이므로 다음을 얻는다.

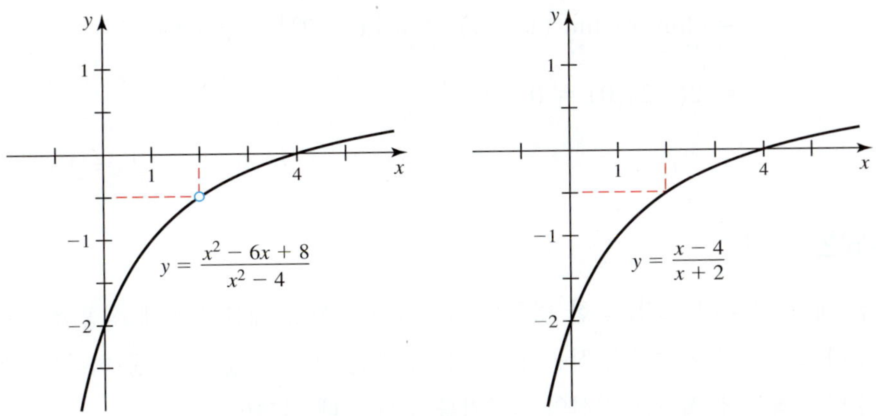

$$\lim_{x \to 2} \frac{x^2 - 6x + 8}{x^2 - 4} = \lim_{x \to 2} \frac{x - 4}{x + 2} = -\frac{1}{2}$$

그림 2.18

$$\frac{\sqrt{x} - 1}{x - 1} = \frac{(\sqrt{x} - 1)(\sqrt{x} + 1)}{(x - 1)(\sqrt{x} + 1)} \quad \text{분자를 유리화하기 위해 1을 곱한다.}$$

$$= \frac{x + \sqrt{x} - \sqrt{x} - 1}{(x - 1)(\sqrt{x} + 1)} \quad \text{분자를 전개한다.}$$

$$= \frac{x - 1}{(x - 1)(\sqrt{x} + 1)} \quad \text{간단히 한다.}$$

$$= \frac{1}{\sqrt{x} + 1} \quad x \neq 1\text{이라는 가정하에 약분한다.}$$

➤ 주어진 함수에 다음과 같은 1을 곱한다.

$$1 = \frac{\sqrt{x} + 1}{\sqrt{x} + 1}$$

이제 이 극한은 다음과 같이 계산할 수 있다.

$$\lim_{x \to 1} \frac{\sqrt{x} - 1}{x - 1} = \lim_{x \to 1} \frac{1}{\sqrt{x} + 1} = \frac{1}{1 + 1} = \frac{1}{2}$$

관련 연습문제 21번 ◀

QUICK CHECK 3 다음 극한을 계산하여라.

$$\lim_{x \to 5} \frac{x^2 - 7x + 10}{x - 5}$$ ◀

| 예제 7 | 극한값 찾기 함수 $f(x) = \dfrac{x^3 - 6x^2 + 8x}{\sqrt{x - 2}}$에 대하여 $\lim_{x \to 2^-} f(x)$, $\lim_{x \to 2^+} f(x)$, $\lim_{x \to 2} f(x)$의 값을 구하거나 존재하지 않음을 설명하여라.

풀이 함수 f의 분모가 $\sqrt{x - 2}$이므로 $f(x)$는 $x - 2 > 0$인 경우에만 정의된다. 따라서 f의 정의역은 $x > 2$이므로 $\lim_{x \to 2^-} f(x)$는 존재하지 않고 이에 따라 $\lim_{x \to 2} f(x)$도 존재하지 않는다(정리 2.1). 극한 $\lim_{x \to 2^+} f(x)$의 값을 구하기 위해 f의 분자를 인수분해하고 간단히 하면 다음과 같다.

$$\lim_{x \to 2^+} f(x) = \lim_{x \to 2^+} \frac{x(x - 2)(x - 4)}{(x - 2)^{1/2}}$$

분자 인수분해하기 $\sqrt{x - 2} = (x - 2)^{1/2}$

$$= \lim_{x \to 2^+} x(x - 4)(x - 2)^{1/2}$$

간단히 하기 $(x - 2)/(x - 2)^{1/2} = (x - 2)^{1/2}$

$$= \lim_{x\to 2^+} x \cdot \lim_{x\to 2^+}(x-4)\cdot \lim_{x\to 2^+}(x-2)^{1/2}$$ 정리 2.3

$$= 2(-2)(0) = 0$$ 정리 2.2, 한쪽 극한에서 법칙 7

관련 연습문제 35번 ◀

중요한 극한

직접 대입, 대수적 조작, 극한 법칙을 사용하여 극한을 계산하는 데 성공했음에도 불구하고 이러한 기술들이 작동하지 않는 중요한 극한이 있다. 그 중 하나는 지수함수의 그래프에 접하는 직선의 기울기를 조사할 때 발생한다.

| 예제 8 | 함수 $f(x) = 2^x$의 접선의 기울기 점 $P(0, 1)$에서 $f(x) = 2^x$의 그래프에 접하는 직선의 기울기를 구하여라.

풀이 2.1절에서 접선의 기울기는 할선의 기울기의 극한으로부터 얻었으며, 여기서도 동일한 전략을 사용한다. 임의의 점 $(x, 2^x)$을 지나는 f의 그래프 위의 점 P 근방의 점 Q를 선택하는 것으로 시작하자. 두 점 $P(0, 1)$과 $Q(x, 2^x)$을 연결하는 할선은 접선을 근사한다. $x = 0$에서 접선의 기울기($m_{\tan}$으로 표시)를 추정하기 위해 할선의 기울기 $m_{\sec} = (2^x - 1)/x$을 계산한 다음 x를 0에 접근시킨다.

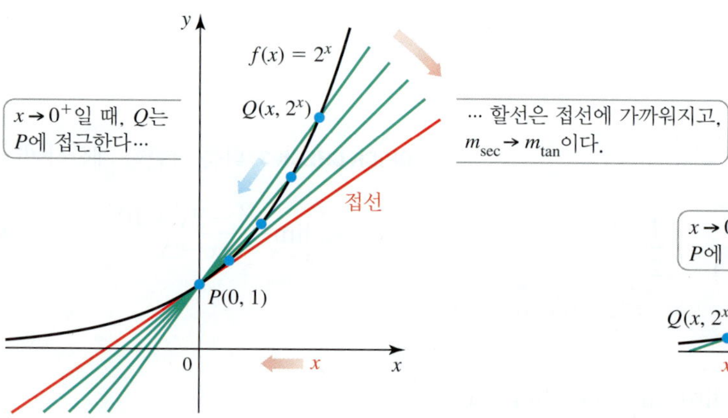

(a)

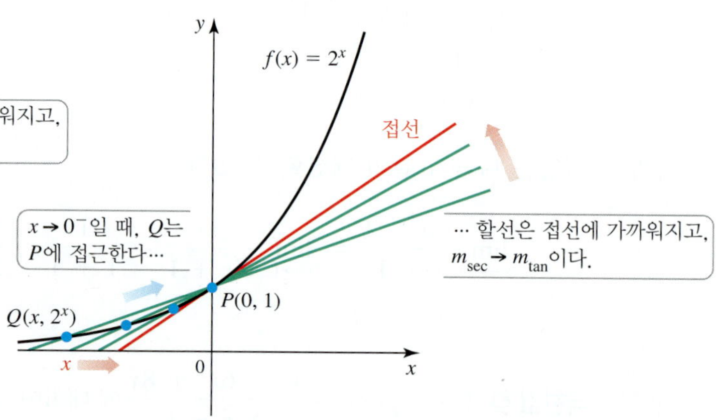

(b)

그림 2.19

➤ 예제 8은 $\lim_{x\to 0}\frac{2^x - 1}{x} \approx 0.693$임을 보여 준다. 극한의 정확한 값은 ln 2이다. 자연로그와 지수함수의 접선의 기울기 사이의 관계는 3장과 7장에서 명확하게 설명된다.

극한 $\lim_{x\to 0}\frac{2^x - 1}{x}$은 $x \to 0^+$(그림 2.19(a))과 $x \to 0^-$(그림 2.19(b))이 같은 값을 갖는 경우에만 존재한다. 이는 기본 형태의 극한이 아니므로 이 절에서 소개하는 극한 법칙을 사용하여 계산할 수 없다. 대신 수치 증거를 사용하여 극한을 조사한다. 0에 가까운 양수 x를 사용하면 표 2.5와 같은 결과를 얻을 수 있다.

표 2.5

x	1.0	0.1	0.01	0.001	0.0001	0.00001
$m_{\sec} = \frac{2^x - 1}{x}$	1.000000	0.7177	0.6956	0.6934	0.6932	0.6931

x가 0의 오른쪽에서 가까워지면 할선의 기울기가 접선의 기울기(약 0.693)에 가까워짐을 알 수 있다. 비슷한 계산(연습문제 48번)은 x가 0의 왼쪽에서 접근할 때 극한에 대한 동일한 근사치를 제공한다. 좌극한과 우극한이 동일하므로 $\lim_{x\to 0}(2^x - 1)/x \approx 0.693$이라는 결론을 내린다(정리 2.1). 따라서 $x = 0$에서 $f(x) = 2^x$에 접하는 직선의 기울기는 약 0.693이다.

관련 연습문제 48번 ◀

조임 정리

조임 정리(Squeeze Theorem)는 극한을 계산하는 또 다른 유용한 방법을 제공한다. 두 함수 f와 h가 동일한 극한값 L을 갖는다고 가정하고 함수 g가 f와 h 사이에 갇혀 있다고 가정하자(그림 2.20). 조임 정리에서는 g도 a에서 극한 L을 가져야 한다고 가정한다. 이 정리의 증명은 2.7절의 연습문제 42번에 제시되어 있다.

➤ 조임 정리(Squeeze Theorem)는 압착 정리(Pinching Theorem) 또는 샌드위치 정리(Sandwich Theorem)라고도 부른다.

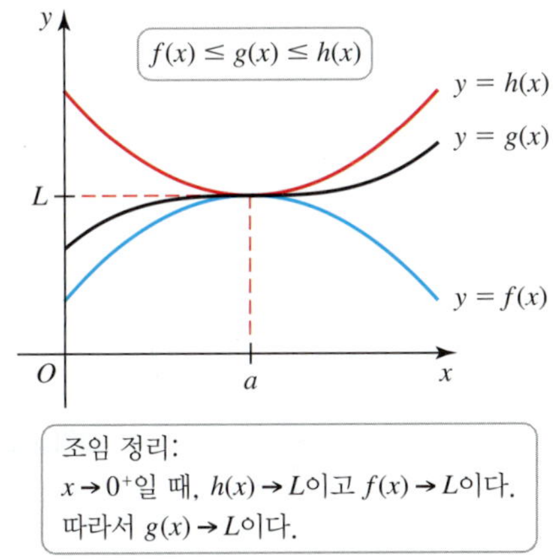

그림 2.20

정리 2.5 조임 정리

세 함수 f, g, h가 a를 제외한 a 근방의 모든 x에 대하여 $f(x) \le g(x) \le h(x)$일 때, $\lim_{x\to a} f(x) = \lim_{x\to a} h(x) = L$이면 $\lim_{x\to a} g(x) = L$이다.

| 예제 9 | 조임 정리의 적용 조임 정리를 사용하여 $\lim_{x\to 0} x^2 \sin(1/x) = 0$임을 보여라.

풀이 임의의 실수 θ에 대하여 $-1 \le \sin\theta \le 1$이므로 $x \ne 0$에 대하여 $\theta = 1/x$이라 하면 다음을 얻는다.

$$-1 \le \sin\frac{1}{x} \le 1$$

$x \ne 0$에 대하여 $x^2 > 0$이므로 이 부등식의 각 항에 x^2을 곱한다.

$$-x^2 \le x^2 \sin\frac{1}{x} \le x^2$$

위 부등식은 그림 2.21에 표현돼 있다. 극한값이 $\lim_{x\to 0} x^2 = \lim_{x\to 0}(-x^2) = 0$이므로 조임 정리에 의해 $\lim_{x\to 0} x^2 \sin(1/x) = 0$이다.

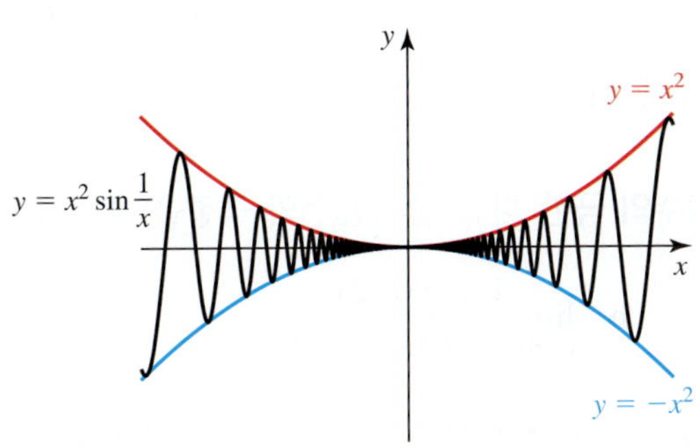

그림 2.21

관련 연습문제 41번 ◀

QUICK CHECK 4 함수 f가 0 근방의 모든 x에 대하여 $1 \le f(x) \le 1 + \frac{x^2}{6}$이라고 하자. $\lim_{x\to 0} f(x)$가 존재한다면 그 값을 구하여라. ◀

삼각함수의 극한

조임 정리는 2.6절에서 삼각함수의 기본 성질을 만드는 데 중요한 역할을 하는 다음 두 가지 중요한 극한을 보이는 데 사용된다. 이 두 극한은 다음과 같다.

$$\lim_{x\to 0} \sin x = 0, \quad \lim_{x\to 0} \cos x = 1$$

위 극한을 검증하기 위해 $-\pi/2 < x < \pi/2$에서 성립하는 다음 두 부등식을 사용한다.

$$-|x| \le \sin x \le |x| \text{ (그림 2.22(a))}, \quad 1 - |x| \le \cos x \le 1 \text{ (그림 2.22(b))}$$

➤ 그림 2.22에서 볼 수 있는 부등식의 기하학적인 유도 과정은 연습문제 54번을 참조하여라.

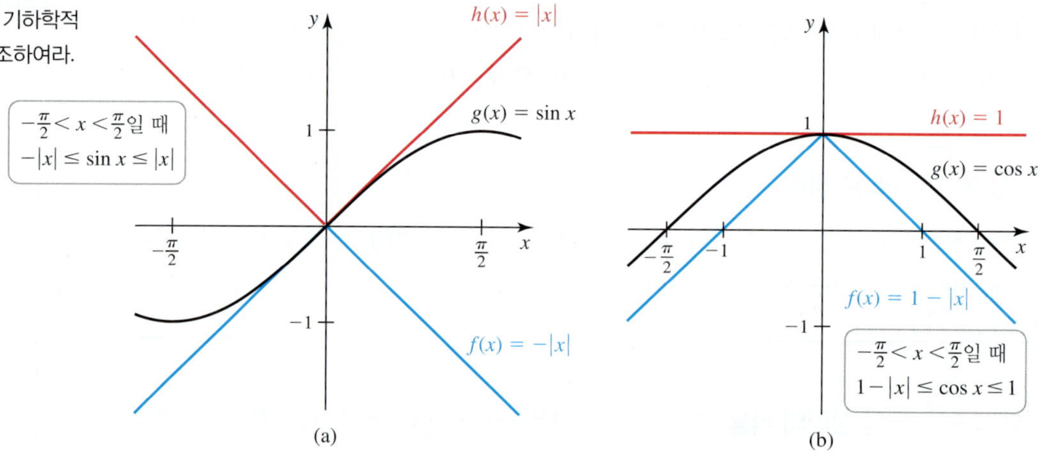

그림 2.22

그림 2.22(a)에 표시된 부등식부터 시작하자. $f(x) = -|x|$, $g(x) = \sin x$, $h(x) = |x|$라고 하면 g가 $-\pi/2 < x < \pi/2$에서 f와 h 사이에 있음을 알 수 있다. $\lim_{x\to 0} f(x) = \lim_{x\to 0} h(x) = 0$ (연습문제 43번)이므로 조임 정리로부터 $\lim_{x\to 0} g(x) = \lim_{x\to 0} \sin x = 0$임을 알 수 있다.

$\lim_{x\to 0} \cos x$를 계산하기 위해 $f(x) = 1 - |x|$, $g(x) = \cos x$, $h(x) = 1$이라 하고, $-\pi/2 < x < \pi/2$에서 g가 f와 h 사이에 갇힌 것을 확인하자(그림 2.22(b)). $\lim_{x\to 0} f(x) = \lim_{x\to 0} h(x) = 1$이므로 조임 정리에 의해 $\lim_{x\to 0} g(x) = \lim_{x\to 0} \cos x = 1$이다.

두 극한 $\lim_{x\to 0} \sin x = 0$과 $\lim_{x\to 0} \cos x = 1$을 사용하면 삼각함수와 관련된 더 복잡한 극한을 계산할 수 있다.

➤ 직접 대입을 사용하여 방금 유도된 중요한 삼각함수의 극한을 계산할 수 있다. 즉, $\lim_{x\to 0} \sin x = \sin 0 = 0$, $\lim_{x\to 0} \cos x = \cos 0 = 1$이다. 2.6절에서 이 두 극한은 다음을 보이는 데 사용된다.

$$\lim_{x\to a} \sin x = \sin a, \qquad \lim_{x\to a} \cos x = \cos a$$

다시 말해 직접 대입을 사용하여 모든 a에 대한 사인 및 코사인함수의 극한을 구할 수 있다.

| 예제 10 | 삼각함수의 극한 다음 삼각함수의 극한을 계산하여라.

a. $\displaystyle\lim_{x\to 0} \frac{\sin^2 x}{1 - \cos x}$ **b.** $\displaystyle\lim_{x\to 0} \frac{1 - \cos 2x}{\sin x}$

풀이 **a**와 **b**에서 $x = 0$일 때 분모가 0이므로 직접 대입을 사용하여 극한을 구할 수 없다. 대신 삼각함수를 단순화하기 위해 삼각항등식과 극한 법칙을 사용한다.

a. 피타고라스 삼각항등식 $\sin^2 x + \cos^2 x = 1$을 사용하여 극한의 함수를 간단히 하면 다음을 얻는다.

$$\lim_{x\to0}\frac{\sin^2 x}{1-\cos x} = \lim_{x\to0}\frac{1-\cos^2 x}{1-\cos x} \qquad \sin^2 x = 1-\cos^2 x$$

$$= \lim_{x\to0}\frac{(1-\cos x)(1+\cos x)}{1-\cos x} \qquad \text{분자 인수분해하기}$$

$$= \lim_{x\to0}(1+\cos x) \qquad \text{간단히 하기}$$

$$= \underbrace{\lim_{x\to0}1}_{1} + \underbrace{\lim_{x\to0}\cos x}_{1} = 2 \qquad \text{정리 2.3(법칙 1)}$$

b. 항등식 $\cos 2x = \cos^2 x - \sin^2 x$를 사용하여 극한의 함수를 간단히 하면 다음을 얻는다.

$$\lim_{\to0}\frac{1-\cos 2x}{\sin x} = \lim_{x\to0}\frac{1-(\cos^2 x-\sin^2 x)}{\sin x} \qquad \cos 2x = \cos^2 x - \sin^2 x$$

$$= \lim_{x\to0}\frac{1-\cos^2 x+\sin^2 x}{\sin x} \qquad \text{전개하기}$$

$$= \lim_{x\to0}\frac{2\sin^2 x}{\sin x} \qquad 1-\cos^2 x = \sin^2 x$$

$$= 2\underbrace{\lim_{x\to0}\sin x}_{0} = 0 \qquad \text{간단히 하기, 정리 2.3(법칙 3)}$$

관련 연습문제 31번 ◀

2.3절 연습문제

1단계 스타트

1. p가 다항함수일 때, 극한 $\lim_{x\to a} p(x)$는 어떻게 계산하는가?

2. r이 유리함수일 때, 어떤 a에 대하여 극한 $\lim_{x\to a} r(x) = r(a)$가 성립하는가?

3. $\lim_{x\to3}\frac{x^2-7x+12}{x-3} = \lim_{x\to3}(x-4)$가 성립하는 이유를 설명하고, $\lim_{x\to3}\frac{x^2-7x+12}{x-3}$를 계산하여라.

4–7. $\lim_{x\to1} f(x) = 8$, $\lim_{x\to1} g(x) = 3$, $\lim_{x\to1} h(x) = 2$일 때, 다음 극한을 계산하고 계산에 사용된 극한 법칙을 말하여라.

4. $\lim_{x\to1}(4f(x))$

5. $\lim_{x\to1}(f(x)-g(x))$

6. $\lim_{x\to1}\frac{f(x)}{g(x)-h(x)}$

7. $\lim_{x\to1}(f(x))^{2/3}$

8. 함수 g가 다음과 같다.

$$g(x) = \begin{cases} 2x+1, & x \neq 0 \\ 5 \quad , & x = 0 \end{cases}$$

$g(0)$과 $\lim_{x\to0} g(x)$를 구하여라.

9. 두 다항함수 p와 q에 대하여 극한 $\lim_{x\to0}\frac{p(x)}{q(x)} = 10$이고 $q(0) = 2$일 때, $p(0)$을 구하여라.

2단계 실전

10–35. 극한 계산 다음 극한값을 계산하거나 극한이 존재하지 않음을 설명하여라. 여기서 a, b, c, k는 상수이다.

10. $\lim_{x\to 4}(3x-7)$

11. $\lim_{x\to -9} 5x$

12. $\lim_{x\to 1}(2x^3-3x^2+4x+5)$

13. $\lim_{x\to 1}\dfrac{5x^2+6x+1}{8x-4}$

14. $\lim_{p\to 2}\dfrac{3p}{\sqrt{4p+1}-1}$

15. $\lim_{x\to 3}\dfrac{-5x}{\sqrt{4x-3}}$

16. $\lim_{x\to 2}(5x-6)^{3/2}$

17. $\lim_{x\to 1}\dfrac{x^2-1}{x-1}$

18. $\lim_{x\to 4}\dfrac{x^2-16}{4-x}$

19. $\lim_{x\to b}\dfrac{(x-b)^{50}-x+b}{x-b}$

20. $\lim_{x\to -1}\dfrac{(2x-1)^2-9}{x+1}$

21. $\lim_{x\to 9}\dfrac{\sqrt{x}-3}{x-9}$

22. $\lim_{t\to 5}\left(\dfrac{1}{t^2-4t-5}-\dfrac{1}{6(t-5)}\right)$

23. $\lim_{x\to a}\dfrac{x-a}{\sqrt{x}-\sqrt{a}},\ a>0$

24. $\lim_{h\to 0}\dfrac{\sqrt{16+h}-4}{h}$

25. $\lim_{x\to 4}\dfrac{\dfrac{1}{x}-\dfrac{1}{4}}{x-4}$

26. $\lim_{x\to 1}\dfrac{\sqrt{10x-9}-1}{x-1}$

27. $\lim_{h\to 0}\dfrac{(5+h)^2-25}{h}$

28. $\lim_{x\to 1}\dfrac{x-1}{\sqrt{x}-1}$

29. $\lim_{x\to 4}\dfrac{3(x-4)\sqrt{x+5}}{3-\sqrt{x+5}}$

30. $\lim_{x\to 0} x\cos x$

31. $\lim_{x\to 0}\dfrac{1-\cos x}{\cos^2 x-3\cos x+2}$

32. $\lim_{x\to 0^-}\dfrac{x^2-x}{|x|}$

33. $\lim_{t\to 2^+}\dfrac{|2t-4|}{t^2-4}$

34. $\lim_{x\to 3}\dfrac{x-3}{|x-3|}$

35. $\lim_{x\to 1^-}\dfrac{x^3+1}{\sqrt{x-1}}$

36. 참 또는 거짓 다음 명제가 참이면 증명하고 거짓이면 반례를 들어라(단, a와 L은 유한한 상수이다).

a. $\lim_{x\to a} f(x)=L$이면 $f(a)=L$이다.

b. $\lim_{x\to a^-} f(x)=L$이면 $\lim_{x\to a^+} f(x)=L$이다.

c. $\lim_{x\to a} f(x)=L$, $\lim_{x\to a} g(x)=L$이면 $f(a)=g(a)$이다.

d. $g(a)=0$이면 극한 $\lim_{x\to a}\dfrac{f(x)}{g(x)}$는 존재하지 않는다.

e. $\lim_{x\to 1^+}\sqrt{f(x)}=\sqrt{\lim_{x\to 1^+} f(x)}$이면

$\lim_{x\to 1}\sqrt{f(x)}=\sqrt{\lim_{x\to 1} f(x)}$이다.

37. 한쪽 극한 함수 f가 다음과 같다.

$$f(x)=\begin{cases}x^2+1, & x<-1\\ \sqrt{x+1}, & x\ge -1\end{cases}$$

다음 극한값을 계산하거나 극한이 존재하지 않음을 설명하여라.

a. $\lim_{x\to -1^-} f(x)$ **b.** $\lim_{x\to -1^+} f(x)$ **c.** $\lim_{x\to -1} f(x)$

38. 한쪽 극한

a. 극한 $\lim_{x\to 2^+}\sqrt{x-2}$를 계산하여라.

b. 극한 $\lim_{x\to 2^-}\sqrt{x-2}$가 존재하지 않는 이유를 설명하여라.

39. 전기장 0.1 m 길이의 전기 충전선의 중점으로부터 x m만큼 떨어진 지점에서 전기장의 크기는 $E(x)=\dfrac{4.35}{x\sqrt{x^2+0.01}}$ (쿨롱당 뉴턴 단위, N/C)이다. $\lim_{x\to 10} E(x)$를 계산하여라.

40. 원기둥 반지름의 극한 높이가 10 cm이고 면적이 S cm^{2}인 직원기둥의 반지름이 다음과 같다.

$$r(S)=\frac{1}{2}\left(\sqrt{100+\frac{2S}{\pi}}-10\right)$$

극한 $\lim_{S\to 0^+} r(S)$를 구하고, 결과를 설명하여라.

41. a. $x\ne 0$에 대하여 $-|x|\le x\sin\dfrac{1}{x}\le |x|$임을 보여라.

b. **a**의 부등식을 그래프로 그려라.

c. $\lim_{x\to 0} x\sin\dfrac{1}{x}=0$임을 보여라.

42. 사인함수의 극한 0 근방의 x에 대하여 $1-\dfrac{x^2}{6}\le\dfrac{\sin x}{x}\le 1$임을 보일 수 있다.

a. 이 부등식을 그래프로 설명하여라.

b. 이 부등식을 사용하여 $\lim_{x\to 0}\dfrac{\sin x}{x}$를 계산하여라.

43. 절댓값 두 극한 $\lim_{x\to 0^-}|x|$와 $\lim_{x\to 0^+}|x|$를 계산하고, $\lim_{x\to 0}|x|=0$임을 보여라. 다음을 이용하여라.

$$|x|=\begin{cases}x, & x\ge 0\\ -x, & x<0\end{cases}$$

44. 상수 찾기 함수 f가 다음과 같다.

$$f(x) = \begin{cases} \dfrac{x^2 - 5x + 6}{x - 3}, & x \neq 3 \\ a, & x = 3 \end{cases}$$

$\lim_{x \to 3} f(x) = f(3)$을 만족하는 상수 a의 값을 구하여라.

45. 상수 찾기 함수 g가 다음과 같다.

$$g(x) = \begin{cases} x^2 - 5x, & x \leq -1 \\ ax^3 - 7, & x > -1 \end{cases}$$

$\lim_{x \to -1} g(x)$가 존재하는 상수 a의 값을 구하고, 가능한 경우 극한값을 말하여라.

46–47. 인수분해 공식 주어진 인수분해 공식을 사용하여 다음 극한을 계산하여라.

$$x^n - a^n = (x - a)(x^{n-1} + ax^{n-2} + a^2x^{n-3} + \cdots + a^{n-2}x + a^{n-1})$$

여기서 n은 양의 정수이고, a는 실수이다.

46. $\lim_{x \to 1} \dfrac{x^6 - 1}{x - 1}$ **47.** $\lim_{x \to a} \dfrac{x^5 - a^5}{x - a}$

48. 접선의 기울기

a. $y = 2^x$의 그래프를 그리고 $x = -3, -2, -1$에 대하여 두 점 $P(0, 1)$과 $Q(x, 2^x)$을 잇는 할선 세 개를 신중하게 그려라.

b. $x \neq 0$에 대하여 두 점 $P(0, 1)$과 $Q(x, 2^x)$을 잇는 직선의 기울기를 구하여라.

c. 다음 표를 완성하고 극한 $\lim_{x \to 0^-} \dfrac{2^x - 1}{x}$의 값을 추정하여라.

x	-1	-0.1	-0.01	-0.001	-0.0001	-0.00001
$\dfrac{2^x - 1}{x}$						

3단계 도전

49. 우함수의 극한 f를 $\lim_{x \to 1^-} f(x) = 5$, $\lim_{x \to 1^+} f(x) = 6$인 우함수라고 하자. $\lim_{x \to -1^-} f(x)$와 $\lim_{x \to -1^+} f(x)$를 구하여라.

50. 극한 $\lim_{x \to 1} \dfrac{\sqrt[3]{x} - 1}{x - 1}$을 계산하여라(힌트: $x - 1 = (\sqrt[3]{x})^3 - 1^3$).

51. 주어진 극한을 만족하는 함수 만들기 극한 $\lim_{x \to 1} f(x) = 0$과 $\lim_{x \to 1} (f(x)g(x)) = 5$를 만족하는 두 함수 f와 g를 찾아라.

52. 상수 찾기 극한 $\lim_{x \to 2} \dfrac{p(x)}{x - 2} = 6$을 만족하는 다항식 $p(x) = x^2 + bx + c$에 대하여 두 상수 b와 c를 찾아라. 이 상수는 유일하게 결정되는가?

53. 모든 실수 x에 대하여 $g(x) = f(1 - x)$이고 $\lim_{x \to 1^+} f(x) = 4$, $\lim_{x \to 1^-} f(x) = 6$일 때, 두 극한 $\lim_{x \to 0^+} g(x)$와 $\lim_{x \to 0^-} g(x)$를 계산하여라.

54. 단위원에서 표준 위치의 각도 θ가 $0 \leq \theta < \pi/2$ 또는 $-\pi/2 < \theta < 0$이다(두 그림 모두 사용).

a. $-\pi/2 < \theta < \pi/2$에 대하여 $|AC| = |\sin \theta|$임을 보여라(힌트: $0 < \theta < \pi/2$인 경우와 $-\pi/2 < \theta < 0$인 경우를 따로 고려한다).

b. $-\pi/2 < \theta < \pi/2$에 대하여 $|\sin \theta| < |\theta|$임을 보여라(힌트: $0 \leq \theta < \pi/2$일 때 호 AB의 길이는 θ이고 $-\pi/2 < \theta < 0$일 때 호 AB의 길이는 $-\theta$이다).

c. $-\pi/2 < \theta < \pi/2$일 때 $-|\theta| \leq \sin \theta \leq |\theta|$임을 보여라.

d. $-\pi/2 < \theta < \pi/2$일 때 $0 \leq 1 - \cos \theta \leq |\theta|$임을 보여라.

e. $-\pi/2 < \theta < \pi/2$일 때 $1 - |\theta| \leq \cos \theta \leq 1$임을 보여라.

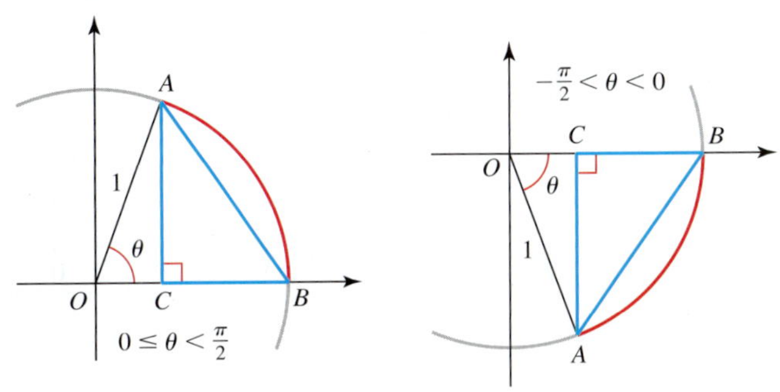

55. 정리 2.4a 다음과 같이 다항함수 p가 주어졌다.

$$p(x) = b_n x^n + b_{n-1} x^{n-1} + \cdots + b_1 x + b_0$$

모든 실수 a에 대하여 $\lim_{x \to a} p(x) = p(a)$임을 증명하여라.

QUICK CHECK 정답

1. 0, 2 **2.** 2 **3.** 3 **4.** 1

2.4 무한극한

미적분학에서 자주 발생하는 극한에 대한 시나리오가 두 가지 더 있는데, 이는 이번 절과 다음 절에서 논의한다. **무한극한**(infinite limit)은 한 점 근처에서 함숫값이 한없이 증가하거나 감소할 때 발생한다. **무한대에서의 극한**(limit at infinity)으로 알려진 다른 유형의 극한은 독립변수 x가 한없이 증가하거나 감소할 때 발생한다. 무한극한과 무한대에서의 극한에 있는 사고방식은 상당히 다르다. 따라서 이러한 극한과 이를 계산하는 데 사용되는 방법을 구분하는 것이 중요하다.

개요

무한극한과 무한대에서의 극한의 차이를 보기 위해 표 2.6의 $f(x) = 1/x^2$ 값을 고려하자. x가 0의 양쪽에서 가까워지면 $f(x)$는 점점 커진다. x가 0에 접근함에 따라 $f(x)$는 유한한 값에 접근하지 않기 때문에 $\lim_{x\to 0} f(x)$는 존재하지 않는다. 그럼에도 불구하고 극한 기호를 사용하여 $\lim_{x\to 0} f(x) = \infty$라고 쓴다. 무한대 기호는 x가 0에 가까워질수록 $f(x)$가 임의로 커짐을 나타낸다. 이는 **무한극한**의 한 예이며, 일반적으로 말하자면 **독립변수**가 유한한 값에 가까워질수록 **종속변수**의 크기가 임의로 커짐을 말한다.

표 2.6

x	$f(x) = 1/x^2$
± 0.1	100
± 0.01	10,000
± 0.001	1,000,000
$\downarrow$	$\downarrow$
0	∞

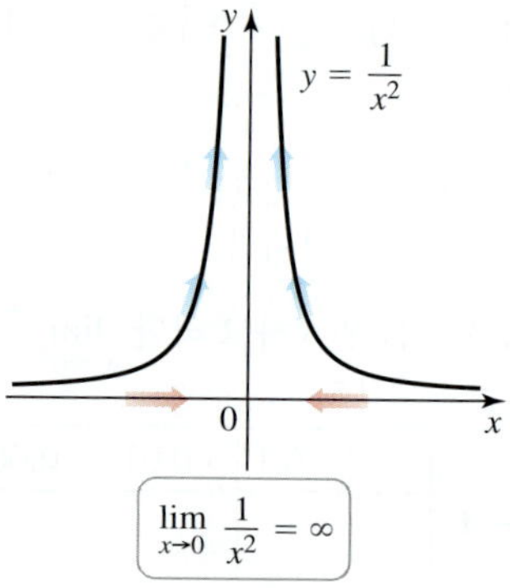

무한대에서의 극한인 경우 반대 현상이 발생한다. 즉, **독립변수**의 크기가 커짐에 따라 **종속변수**는 유한한 값에 가까워진다. 표 2.7을 보면 x가 증가함에 따라 $f(x) = 1/x^2$이 0에 가까워짐을 알 수 있다. 이 경우 $\lim_{x\to\infty} f(x) = 0$이라고 쓴다.

표 2.7

x	$f(x) = 1/x^2$
10	0.01
100	0.0001
1000	0.000001
$\downarrow$	$\downarrow$
∞	0

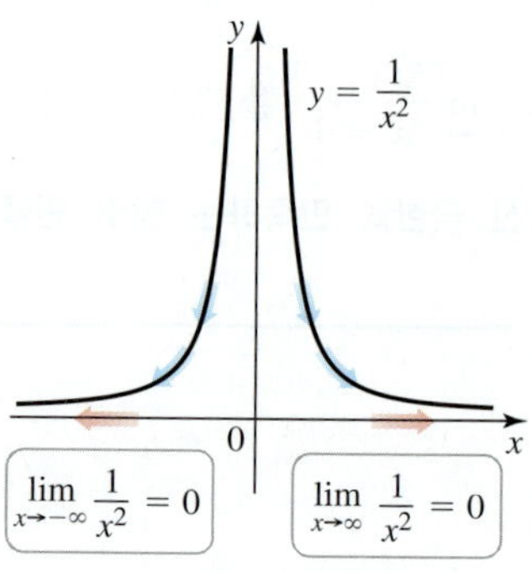

그림 2.23은 동일한 함수에서 볼 수 있는 극한에 대한 두 가지 시나리오의 일반적인 그림을 나타낸 것이다.

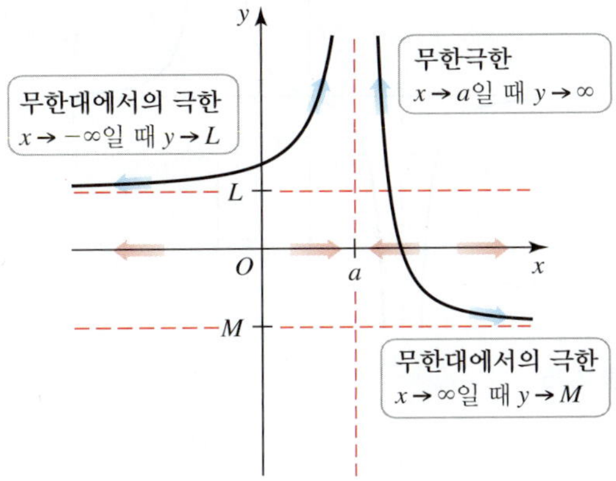

그림 2.23

무한극한

다음 무한극한의 정의는 비형식적이지만 이 책에서 접하는 대부분의 함수에 적합하다. 정확한 정의는 2.7절에 제시되어 있다.

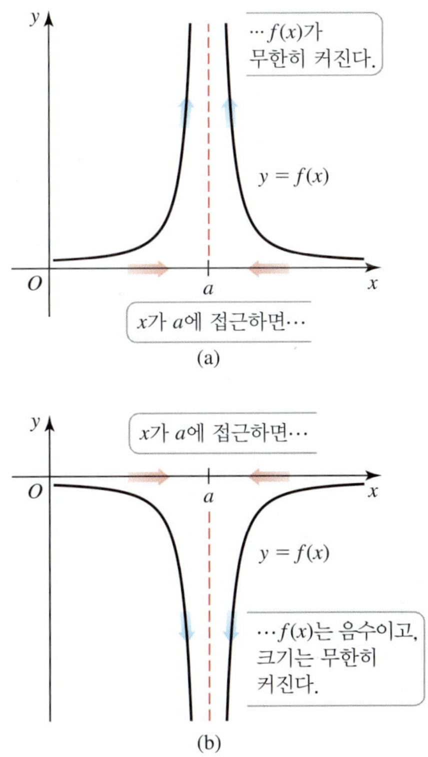

그림 2.24

정의 무한극한

a 근방의 모든 x에 대하여 정의된 함수 f를 가정하자. a에 가까운 모든 x(a와 x는 같지 않음)에 대하여 $f(x)$가 한없이 크다면(그림 2.24(a))

$$\lim_{x \to a} f(x) = \infty$$

와 같이 쓰고, x가 a에 가까워질 때 $f(x)$의 극한은 무한대라고 말한다.

a에 가까운 모든 x(a와 x는 같지 않음)에 대하여 $f(x)$가 음수이면서 그 크기가 한없이 크다면(그림 2.24(b))

$$\lim_{x \to a} f(x) = -\infty$$

와 같이 쓰고, x가 a에 가까워질 때 $f(x)$의 극한은 음의 무한대라고 말한다. 두 경우 모두 극한은 존재하지 않는다.

| 예제 1 | 무한극한 함수의 그래프를 사용하여 $\lim_{x \to 1} \dfrac{x}{(x^2-1)^2}$와 $\lim_{x \to -1} \dfrac{x}{(x^2-1)^2}$를 분석하여라.

풀이 $f(x) = \dfrac{x}{(x^2-1)^2}$의 그래프(그림 2.25)는 x가 1로 (양쪽에서) 접근할 때, $f(x)$가 무한히 커짐을 보여 준다. 즉, 극한은 존재하지 않으며, 다음과 같이 쓴다.

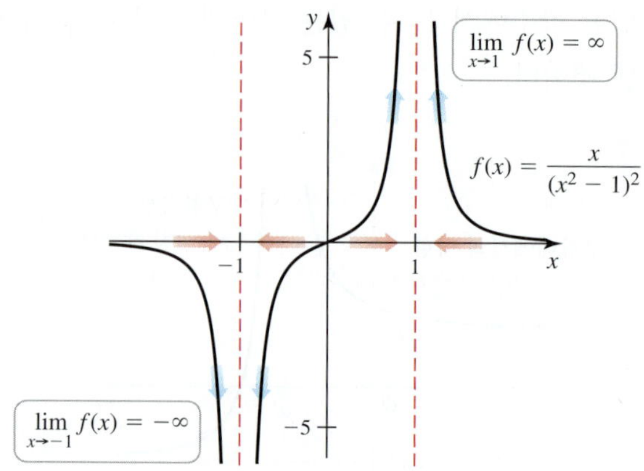

그림 2.25

$$\lim_{x\to 1} \frac{x}{(x^2-1)^2} = \infty$$

x가 -1로 접근할 때, f의 값은 음수이며 그 크기가 무한히 커진다. 즉, 다음을 얻는다.

$$\lim_{x\to -1} \frac{x}{(x^2-1)^2} = -\infty$$ ➤

예제 1에서는 양쪽 극한을 다루었다. 유한한 값을 갖는 극한일 때와 마찬가지로 한쪽 극한(우극한과 좌극한)인 무한극한을 다룰 필요가 있다.

정의 한쪽 무한극한

a 근방의 모든 $x > a$에 대하여 정의된 함수 f를 가정하자. a에 충분히 가까운 모든 $x > a$에 대하여 $f(x)$가 무한히 크다면 $\lim_{x\to a^+} f(x) = \infty$와 같이 쓴다(그림 2.26(a)). 한쪽 극한 $\lim_{x\to a^+} f(x) = -\infty$(그림 2.26(b)), $\lim_{x\to a^-} f(x) = \infty$(그림 2.26(c)), $\lim_{x\to a^-} f(x) = -\infty$(그림 2.26(d))도 이와 유사하게 정의된다.

QUICK CHECK 1 두 조건 $\lim_{x\to 2^+} f(x) = -\infty$와 $\lim_{x\to 2^-} f(x) = \infty$를 만족하는 함수의 그래프와 수직 점근선을 그려라. ➤

그림 2.26에 표시된 모든 무한극한에서 직선 $x = a$를 수직 점근선(vertical asymptote)이라 한다. 이 직선은 x가 a에 가까워질 때 f의 그래프로 접근하는 수직선이다.

정의 수직 점근선

$\lim_{x\to a} f(x) = \pm\infty$, $\lim_{x\to a^+} f(x) = \pm\infty$, $\lim_{x\to a^-} f(x) = \pm\infty$이면 직선 $x = a$를 f의 **수직 점근선**이라 한다.

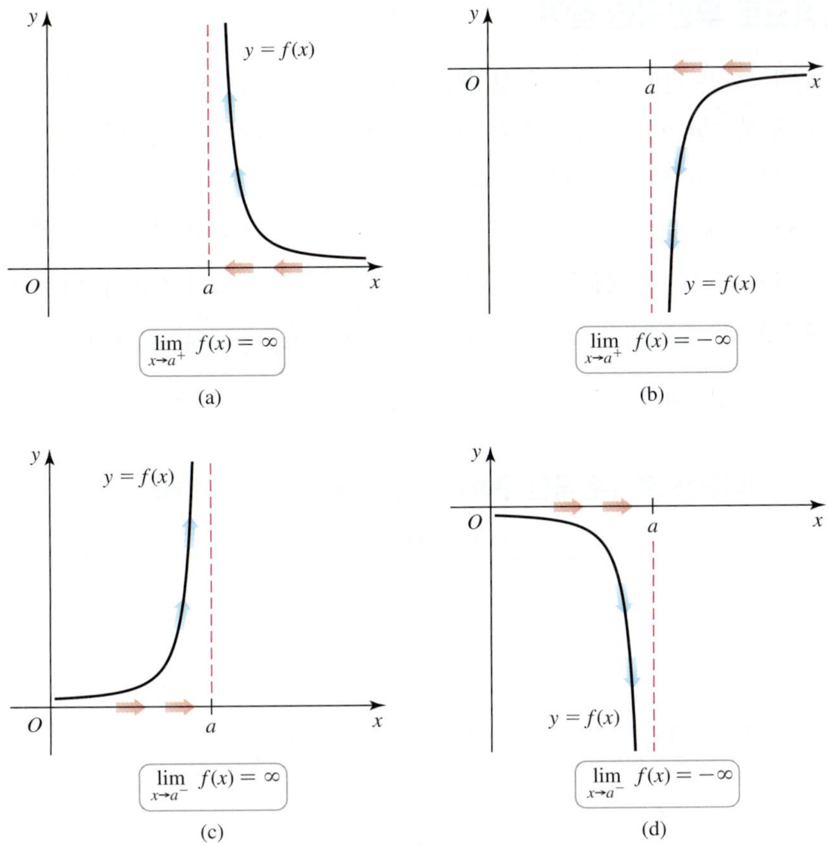

그림 2.26

| 예제 2 | 그래프로 극한 구하기 두 수직선 $x = 1$과 $x = 3$은 함수 $g(x) = \dfrac{x-2}{(x-1)^2(x-3)}$의 수직 점근선이다. 그림 2.27을 사용하여 다음 극한을 분석하여라.

a. $\lim_{x\to 1} g(x)$ **b.** $\lim_{x\to 3^-} g(x)$ **c.** $\lim_{x\to 3} g(x)$

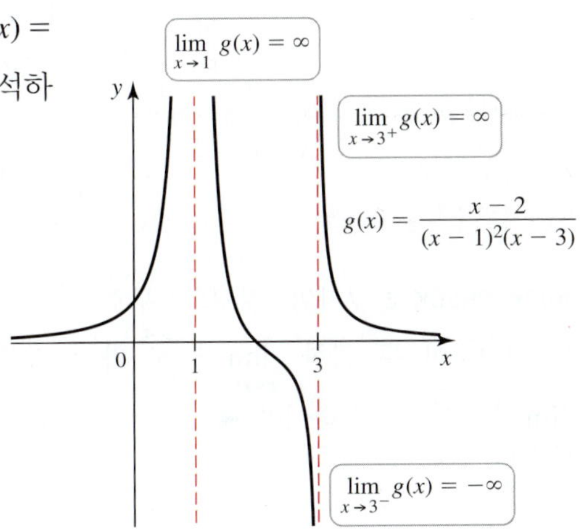

그림 2.27

풀이

a. x가 1의 양쪽에서 접근할수록 g의 값은 점점 커진다. 따라서 $\lim_{x\to 1} g(x) = \infty$이다.

b. x가 3의 왼쪽에서 접근할 때, g의 값은 음수이며 그 크기는 점점 커진다. 따라서 $\lim_{x\to 3^-} g(x) = -\infty$이다.

c. 두 극한이 $\lim_{x\to 3^+} g(x) = \infty$, $\lim_{x\to 3^-} g(x) = -\infty$임에 주의하자. $x \to 3^-$일 때와 $x \to 3^+$일 때 g가 다른 양상을 보이므로 $\lim_{x\to 3} g(x) = \infty$ 또는 $\lim_{x\to 3} g(x) = -\infty$라고 쓸 수 없다. 이 경우 단순히 극한이 존재하지 않는다고 말한다.

관련 연습문제 4번 ◀

해석적으로 무한극한 찾기

많은 무한극한은 간단한 대수적 성질에 의해 분석된다. a가 0이 아니고 b가 0으로 접근할 때 분수 a/b의 크기는 점점 커진다. 예를 들어 x가 0의 오른쪽에서 접근할 때, 분수 $(5 + x)/x$를 고려하자(표 2.8).

표 2.8

x	$\frac{5+x}{x}$
0.01	$\frac{5.01}{0.01} = 501$
0.001	$\frac{5.001}{0.001} = 5001$
0.0001	$\frac{5.0001}{0.0001} = 50{,}001$
↓	↓
0^+	∞

$x \to 0^+$일 때 $\frac{5+x}{x} \to \infty$이다. 분모는 양수이고 분모가 0에 접근할 때, 분자 $5+x$는 5에 접근하기 때문이다. 그러므로 $\lim_{x\to 0^+} \frac{5+x}{x} = \infty$라고 쓴다. 마찬가지로 $\lim_{x\to 0^-} \frac{5+x}{x} = -\infty$이다. 분모가 음의 값을 가지며 0에 접근할 때, 분자 $5+x$는 5에 접근하기 때문이다.

| 예제 3 | 해석적으로 무한극한 구하기 다음 극한을 분석하여라.

a. $\lim_{x\to 3^+} \frac{2-5x}{x-3}$ **b.** $\lim_{x\to 3^-} \frac{2-5x}{x-3}$

풀이

a. $x \to 3^+$일 때, 분자 $2-5x$는 $2-5(3) = -13$에 접근하고 분모 $x-3$은 양의 값을 가지면서 0에 접근한다. 따라서 다음을 얻는다.

$$\lim_{x\to 3^+} \frac{\overbrace{2-5x}^{-13\text{에 접근한다}}}{\underbrace{x-3}_{\text{양수이고 0에 접근한다}}} = -\infty$$

b. $x \to 3^-$일 때, 분자 $2-5x$는 $2-5(3) = -13$에 접근하고 분모 $x-3$은 음의 값을 가지면서 0에 접근한다. 따라서 다음을 얻는다.

$$\lim_{x\to 3^-} \frac{\overbrace{2-5x}^{-13\text{에 접근한다}}}{\underbrace{x-3}_{\text{음수이고 0에 접근한다}}} = \infty$$

위 두 극한은 주어진 함수가 $x = 3$에서 수직 점근선을 가짐을 의미한다. 또한 양쪽 극한 $\lim_{x\to 3} \frac{2-5x}{x-3}$가 존재하지 않는다는 것도 의미한다.

관련 연습문제 11번 ◀

QUICK CHECK 2 분자와 분모의 부호를 결정하여 두 극한 $\lim_{x\to 0^+} \frac{x-5}{x}$와 $\lim_{x\to 0^-} \frac{x-5}{x}$를 분석하여라. ◀

| 예제 4 | 해석적으로 무한극한 구하기 극한 $\lim_{x\to -4^+} \frac{-x^3+5x^2-6x}{-x^3-4x^2}$를 분석하여라.

풀이 $x \neq 0$이라 가정하고 분자와 분모를 인수분해한 후 간단히 하자.

$$\frac{-x^3+5x^2-6x}{-x^3-4x^2} = \frac{-x(x-2)(x-3)}{-x^2(x+4)} = \frac{(x-2)(x-3)}{x(x+4)}$$

➤ $x = -4$ 근처의 함숫값만 고려하기 때문에 $x \neq 0$이라 할 수 있다.

$x \to -4^+$일 때 다음을 얻을 수 있다.

$$\lim_{x\to -4^+}\frac{-x^3+5x^2-6x}{-x^3-4x^2}=\lim_{x\to -4^+}\frac{\overbrace{(x-2)(x-3)}^{42\text{에 접근한다}}}{\underbrace{x(x+4)}_{\text{음수이고 0에 접근한다}}}=-\infty$$

이 극한은 주어진 함수가 $x=-4$에서 수직 점근선을 가짐을 의미한다.

관련 연습문제 16번 ◀

QUICK CHECK 3 $x\to -4^+$, 즉 x가 음수인 값을 가질 때, $x(x+4)\to 0$임을 확인하여라. ◀

| 예제 5 | 수직 점근선의 위치 함수 $f(x)=\dfrac{x^2-4x+3}{x^2-1}$에 대하여 다음 극한을 계산하고 f의 수직 점근선을 찾아라. 그래프 유틸리티를 사용하여 결과를 검증하여라.

a. $\lim_{x\to 1} f(x)$ **b.** $\lim_{x\to -1^-} f(x)$ **c.** $\lim_{x\to -1^+} f(x)$

➤ 예제 5는 $f(x)$와 $g(x)$가 모두 0에 접근하는 경우 $f(x)/g(x)$의 크기가 무한히 증가하지 않을 수 있음을 보여 준다. 이러한 극한을 부정형이라고 하며, 4.7절에서 자세히 다룬다.

풀이

a. $x\to 1$일 때, f의 분자와 분모 모두 0에 접근하고 함수가 $x=1$에서 정의되지 않음에 주의하자. $\lim_{x\to 1} f(x)$를 계산하기 위해 우선 인수분해를 하면 다음을 얻는다.

$$\begin{aligned}\lim_{x\to 1} f(x) &= \lim_{x\to 1}\frac{x^2-4x+3}{x^2-1}\\ &= \lim_{x\to 1}\frac{(x-1)(x-3)}{(x-1)(x+1)} && \text{인수분해하기}\\ &= \lim_{x\to 1}\frac{x-3}{x+1} && x\neq 1\text{이므로 공통인수 약분하기}\\ &= \frac{1-3}{1+1}=-1 && x=1\text{ 대입하기}\end{aligned}$$

➤ x가 1에 가깝지만 1과 같지 않기 때문에 $\lim_{x\to 1}\dfrac{(x-1)(x-3)}{(x-1)(x+1)}$에서 인수 $x-1$을 약분할 수 있다. 따라서 $x-1\neq 0$이다.

따라서 ($f(1)$이 정의되지 않았음에도 불구하고) $\lim_{x\to 1} f(x)=-1$이다. 직선 $x=1$은 f의 수직 점근선이 아니다.

b. **a**에서 다음을 보였다.

$$f(x)=\frac{x^2-4x+3}{x^2-1}=\frac{x-3}{x+1}\quad (\text{단, } x\neq 1)$$

위 식을 다시 이용하자. x가 -1의 왼쪽에서 접근할 때, 한쪽 극한은 다음과 같다.

$$\lim_{x\to -1^-} f(x)=\lim_{x\to -1^-}\frac{\overbrace{x-3}^{-4\text{에 접근한다}}}{\underbrace{x+1}_{\text{음수이고 0에 접근한다}}}=\infty$$

c. x가 -1의 오른쪽에서 접근할 때, 한쪽 극한은 다음과 같다.

$$\lim_{x \to -1^+} f(x) = \lim_{x \to -1^+} \overbrace{\frac{x-3}{\underbrace{x+1}_{\text{양수이고 0에 접근한다}}}}^{-4\text{에 접근한다}} = -\infty$$

무한극한 $\lim_{x \to -1^+} f(x) = -\infty$와 $\lim_{x \to -1^-} f(x) = \infty$는 각각 $x = -1$이 f의 수직 점근선임을 의미한다. 그래프 유틸리티를 사용하여 만든 f의 그래프는 아마도 그림 2.28(a)와 같을 것이다. 이 경우에는 두 군데를 수정해야 한다. $\lim_{x \to 1} f(x) = -1$이지만 $f(1)$은 정의되지 않았기 때문에 그래프에서 $(1, -1)$에 구멍이 있어야 한다. 수직 점근선이 $f(x)$의 그래프의 일부가 아니라는 점을 강조하기 위해 실선으로 표기한 수직선을 점선으로 대체하는 것도 좋은 방법이다(그림 2.28(b)).

➤ 그래프 유틸리티(컴퓨터 또는 계산기 등과 같은 그래프를 그리는 기기)에서 수직 점근선을 표시하는 방법은 다양하다. 그림 2.28(a)에 표시된 오류가 모든 그래프 유틸리티에서 발생하는 것은 아니다.

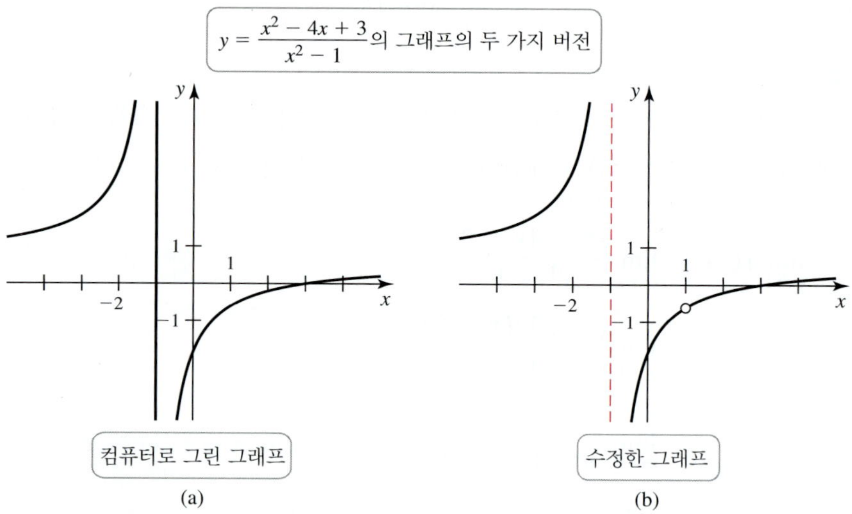

그림 2.28

QUICK CHECK 4 직선 $x = 2$는 $y = \frac{(x-1)(x-2)}{x-2}$의 수직 점근선이 아니다. 그 이유는 무엇인가? ◀

관련 연습문제 23번 ◀

| 예제 6 | 삼각함수의 극한 다음 극한을 분석하여라.

a. $\lim_{\theta \to 0^+} \cot \theta$ **b.** $\lim_{\theta \to 0^-} \cot \theta$

풀이

a. $\cot \theta = \cos \theta / \sin \theta$이다. 2.3절에서 $\lim_{\theta \to 0^+} \cos \theta = 1$인 것과 $\theta \to 0^+$일 때 $\sin \theta$가 양의 값을 가지며 0에 접근하는 것을 보았다. 따라서 $\theta \to 0^+$일 때 $\cot \theta$는 양의 값을 가지며 점점 커진다. 즉, $\lim_{\theta \to 0^+} \cot \theta = \infty$이다. 이 극한은 $\theta = 0$에서 수직 점근선을 갖는 $\cot \theta$의 그래프(그림 2.29)와 일치한다.

b. 이 경우 $\lim_{\theta \to 0^-} \cos \theta = 1$이고, $\theta \to 0^-$일 때 $\sin \theta \to 0$이며 $\sin \theta < 0$이다. 따라서 $\theta \to 0^-$일 때 $\cot \theta$는 음수이며 그 크기는 점점 커진다. 그 결과 $\cot \theta$의 그래프에서 확인할 수 있듯이 $\lim_{\theta \to 0^-} \cot \theta = -\infty$이다.

관련 연습문제 20번 ◀

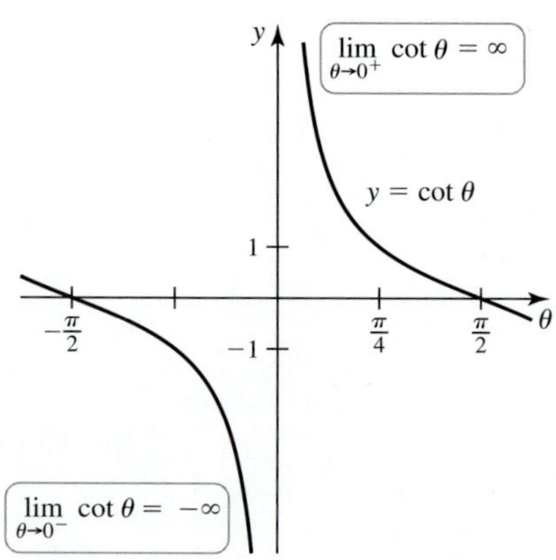

그림 2.29

2.4절 연습문제

1단계 스타트

1. 극한 $\lim_{x \to a^+} f(x) = -\infty$의 의미를 설명하여라.

2. 수직 점근선이란 무엇인가?

3. 다음 표로부터 $f(x) = \dfrac{x+1}{(x-1)^2}$의 값을 계산하고, 이를 사용하여 $\lim_{x \to 1} f(x)$를 구하여라.

x	$\dfrac{x+1}{(x-1)^2}$	x	$\dfrac{x+1}{(x-1)^2}$
1.1		0.9	
1.01		0.99	
1.001		0.999	
1.0001		0.9999	

4. 주어진 f의 그래프는 $x = 1$과 $x = 2$에서 수직 점근선을 갖는다. 다음 극한을 분석하여라.

a. $\lim_{x \to 1^-} f(x)$ **b.** $\lim_{x \to 1^+} f(x)$ **c.** $\lim_{x \to 1} f(x)$

d. $\lim_{x \to 2^-} f(x)$ **e.** $\lim_{x \to 2^+} f(x)$ **f.** $\lim_{x \to 2} f(x)$

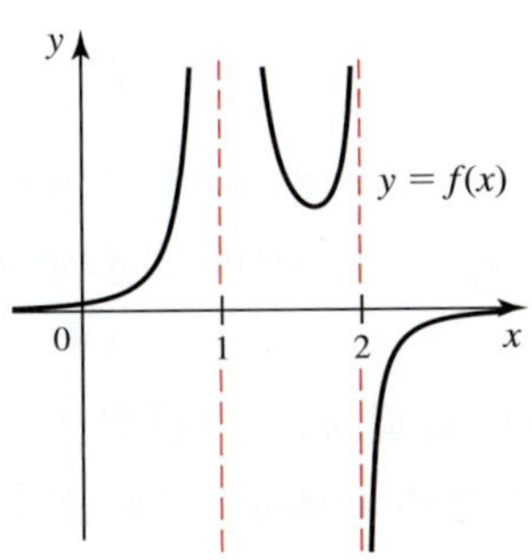

5. 주어진 h의 그래프는 $x = -2$와 $x = 3$에서 수직 점근선을 갖는다. 다음 극한을 분석하여라.

a. $\lim_{x \to -2^-} h(x)$ **b.** $\lim_{x \to -2^+} h(x)$ **c.** $\lim_{x \to -2} h(x)$

d. $\lim_{x \to 3^-} h(x)$ **e.** $\lim_{x \to 3^+} h(x)$ **f.** $\lim_{x \to 3} h(x)$

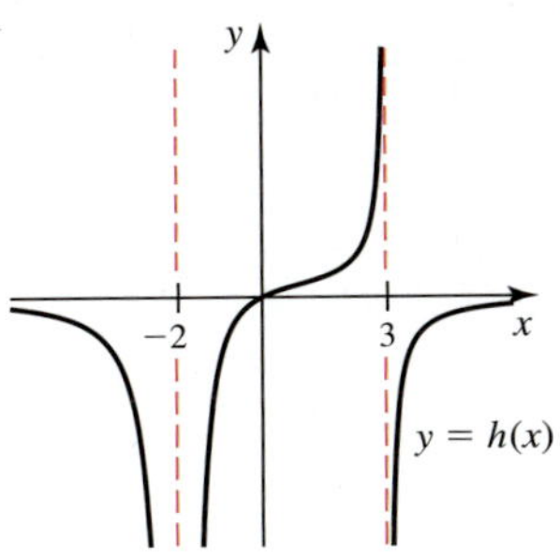

6. 그래프 유틸리티를 사용하여 $[-1, 2] \times [-10, 10]$ 범위에서 함수 $f(x) = \dfrac{1}{x^2 - x}$의 그래프를 그려라. 그래프를 사용하여 다음 극한을 구하여라.

a. $\lim_{x \to 0^-} f(x)$ **b.** $\lim_{x \to 0^+} f(x)$ **c.** $\lim_{x \to 1^-} f(x)$ **d.** $\lim_{x \to 1^+} f(x)$

7. $x \to 2$일 때 $f(x) \to 100$, $g(x) \to 0$, $g(x) < 0$이라 하자. $\lim_{x \to 2} \dfrac{f(x)}{g(x)}$를 구하여라.

8. 함수 $f(x) = \dfrac{x^2 - 4x + 3}{x^2 - 3x + 2}$은 $x = 1$과 $x = 2$에서 정의되지 않음을 보여라. 이 두 x 값에서 f의 그래프가 수직 점근선을 갖는가? 이유를 설명하여라.

9. 구간 $[0, 4]$에서 다음 조건을 모두 만족하는 함수 f의 그래프를 수직 점근선을 포함하여 그려라.

$f(1) = 0$, $f(3)$은 정의되지 않음, $\lim_{x \to 3} f(x) = 1$,

$\lim_{x \to 0^+} f(x) = -\infty$, $\lim_{x \to 2} f(x) = \infty$, $\lim_{x \to 4^-} f(x) = \infty$

10. 다음 중 참인 것은 무엇인가? 모두 찾아라.

a. $\lim_{x \to 1} \dfrac{1}{(x-1)^2}$은 존재하지 않는다.

b. $\lim_{x \to 1} \dfrac{1}{(x-1)^2} = \infty$

c. $\lim_{x \to 1} \dfrac{1}{(x-1)^2} = -\infty$

2단계 실전

11–22. 해석적으로 극한 구하기 다음 극한을 구하여라.

11. **a.** $\lim_{x \to 2^+} \dfrac{1}{x-2}$ **b.** $\lim_{x \to 2^-} \dfrac{1}{x-2}$ **c.** $\lim_{x \to 2} \dfrac{1}{x-2}$

12. **a.** $\lim_{x \to 4^+} \dfrac{x-5}{(x-4)^2}$ **b.** $\lim_{x \to 4^-} \dfrac{x-5}{(x-4)^2}$ **c.** $\lim_{x \to 4} \dfrac{x-5}{(x-4)^2}$

13. **a.** $\lim_{z \to 3^+} \dfrac{(z-1)(z-2)}{z-3}$ **b.** $\lim_{z \to 3^-} \dfrac{(z-1)(z-2)}{z-3}$

c. $\lim_{z \to 3} \dfrac{(z-1)(z-2)}{z-3}$

14. **a.** $\lim_{x \to 2^+} \dfrac{x^2 - 4x + 3}{(x-2)^2}$ **b.** $\lim_{x \to 2^-} \dfrac{x^2 - 4x + 3}{(x-2)^2}$

c. $\lim_{x \to 2} \dfrac{x^2 - 4x + 3}{(x-2)^2}$

15. a. $\lim_{x\to 2^+} \frac{1}{\sqrt{x(x-2)}}$ b. $\lim_{x\to 2^-} \frac{1}{\sqrt{x(x-2)}}$

c. $\lim_{x\to 2} \frac{1}{\sqrt{x(x-2)}}$

16. a. $\lim_{x\to 0} \frac{x-3}{x^4-9x^2}$ b. $\lim_{x\to 3} \frac{x-3}{x^4-9x^2}$

c. $\lim_{x\to -3} \frac{x-3}{x^4-9x^2}$

17. $\lim_{x\to 0} \frac{x^3-5x^2}{x^2}$

18. $\lim_{x\to 1^+} \frac{x^2-5x+6}{x-1}$

19. $\lim_{x\to 6^+} \frac{x-7}{\sqrt{x-6}}$

20. $\lim_{\theta\to 0^+} \csc\theta$

21. $\lim_{x\to 0^+} (-10\cot x)$

22. $\lim_{\theta\to 0} \frac{2+\sin\theta}{1-\cos^2\theta}$

23. **수직 점근선의 위치** 함수 $f(x) = \frac{x-5}{x^2-25}$에 대하여 다음 극한을 분석하고, f의 수직 점근선을 구하여라.

a. $\lim_{x\to 5} f(x)$ b. $\lim_{x\to -5^-} f(x)$ c. $\lim_{x\to -5^+} f(x)$

24-25. 수직 점근선 찾기 다음 함수의 모든 수직 점근선 $x = a$를 찾아라. a의 값에 대하여 세 극한 $\lim_{x\to a^+} f(x)$, $\lim_{x\to a^-} f(x)$, $\lim_{x\to a} f(x)$를 구하여라.

24. $f(x) = \frac{x^2-9x+14}{x^2-5x+6}$

25. $f(x) = \frac{x+1}{x^3-4x^2+4x}$

26. **그래프를 통해 결과 확인하기** 다음 극한을 분석하여라. 그다음 범위 $[-\pi, \pi] \times [-10, 10]$에서 $y = \tan x$의 그래프를 그려라. 그래프를 사용하여 분석 내용을 확인하여라.

a. $\lim_{x\to \pi/2^+} \tan x$ b. $\lim_{x\to \pi/2^-} \tan x$

c. $\lim_{x\to -\pi/2^+} \tan x$ d. $\lim_{x\to -\pi/2^-} \tan x$

27. **참 또는 거짓** 다음 명제가 참이면 증명하고 거짓이면 반례를 들어라.

a. 직선 $x = 1$은 함수 $f(x) = \frac{x^2-7x+6}{x^2-1}$의 수직 점근선이다.

b. 직선 $x = -1$은 함수 $f(x) = \frac{x^2-7x+6}{x^2-1}$의 수직 점근선이다.

c. 함수 g가 $x = 1$에서 수직 점근선을 갖고 $\lim_{x\to 1^+} g(x) = \infty$이면 $\lim_{x\to 1^-} g(x) = \infty$이다.

3단계 도전

28. **유리함수 찾기** $r(1)$이 정의되지 않고 $\lim_{x\to 1} r(x) = 0$, $\lim_{x\to 2} r(x) = \infty$인 유리함수 $r(x)$를 구하여라.

29. **무한극한의 함수 찾기** 두 무한극한 $\lim_{x\to 6^+} f(x) = \infty$와 $\lim_{x\to 6^-} f(x) = -\infty$를 만족하는 함수 f의 식을 구하여라.

30-33. 점근선 해석적인 방법과(또는) 그래프 유틸리티를 사용하여 다음 함수의 수직 점근선이 존재하는 경우, 수직 점근선을 찾아라.

30. $f(x) = \frac{x^2-3x+2}{x^{10}-x^9}$

31. $h(x) = \frac{e^x}{(x+1)^3}$

32. $g(\theta) = \tan\frac{\pi\theta}{10}$

33. $f(x) = \frac{1}{\sqrt{x}\sec x}$

34. **매개변수를 갖는 극한** 함수 $f(x) = \frac{x^2-7x+12}{x-a}$에 대하여 다음 물음에 답하여라.

a. 극한 $\lim_{x\to a^+} f(x)$가 유한한 값을 갖도록 하는 a가 있다면 그 값은 얼마인가?

b. 극한 $\lim_{x\to a^+} f(x) = \infty$가 되도록 하는 a가 있다면 그 값은 얼마인가?

c. 극한 $\lim_{x\to a^+} f(x) = -\infty$가 되도록 하는 a가 있다면 그 값은 얼마인가?

35-36. 가파른 할선

a. f의 그래프가 그림과 같을 때, $h > 0$ 및 $h < 0$에 대하여 두 점 $(0, 0)$과 $(h, f(h))$를 지나는 할선의 기울기를 h에 대한 식으로 나타내어라.

b. $h \to 0^+$ 및 $h \to 0^-$일 때, **a**에서 구한 할선의 기울기의 극한을 구하여라. 이 극한은 점 $(0, 0)$에서 곡선에 접하는 직선에 대하여 무엇을 알려 주는가?

35. $f(x) = x^{1/3}$

36. $f(x) = x^{2/3}$

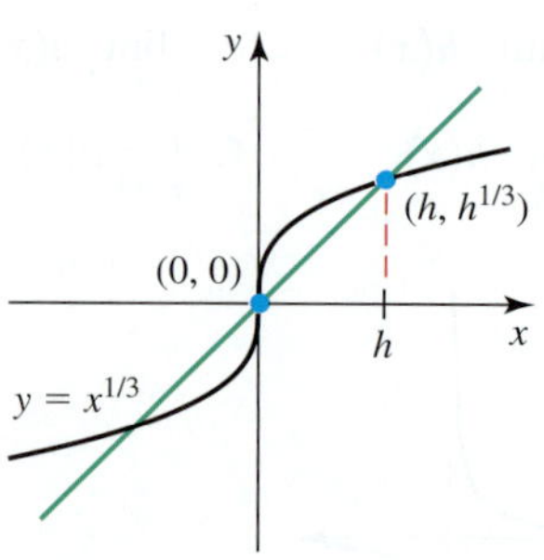

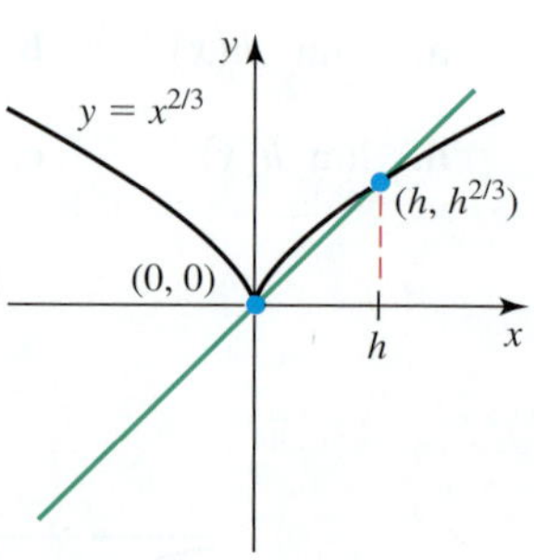

QUICK CHECK 정답

1. 여러 답이 가능하지만 모든 그래프는 $x = 2$에서 수직 점근선을 가져야 한다. **2.** $-\infty$, ∞ **3.** $x \to -4^+$일 때 $x < 0$이고 $(x + 4) > 0$ 이다. 따라서 음의 값을 가지며 $x(x + 4) \to 0$이다. **4.** $\lim_{x\to 2} \frac{(x-1)(x-2)}{x-2} = \lim_{x\to 2}(x-1) = 1$은 무한극한이 아니므로 $x = 2$는 수직 점근선이 아니다. ➤

2.5 무한대에서의 극한

무한극한과는 반대로 무한대에서의 극한은 독립변수의 크기가 커질 때 발생한다. 이러한 이유로 무한대에서의 극한은 함수의 **양 끝값**(end behavior)을 결정한다. 이러한 극한은 시간이 지남에 따라 시스템(예를 들어 생태계 또는 큰 진동 구조)이 안정적인 상태에 도달하는지 여부를 결정하는 데 적용된다.

무한대에서의 극한 및 수평 점근선

그림 2.30은 $y = \tan x$의 그래프(검은색 곡선)와 $x = \pm\frac{\pi}{2}$에서의 수직 점근선을 보여 준다. 1.3절에서 살펴봤듯이 $\tan^{-1} x$의 그래프는 구간 $\left(-\frac{\pi}{2}, \frac{\pi}{2}\right)$에서 $\tan x$의 그래프를 직선 $y = x$에 대하여 대칭시켜서 얻었다. 직선 $y = x$에 대하여 대칭시킬 때 $\tan x$의 수직 점근선은 수평선 $y = \pm\frac{\pi}{2}$가 되며, 이는 $y = \tan^{-1} x$의 그래프(파란색 곡선)와 관련이 있다. 그림은 x가 임의의 큰 값을 가질수록($x \to \infty$로 표기) $\tan^{-1} x$의 그래프가 수평선 $y = \frac{\pi}{2}$에 접근하고, x가 음수이며 임의의 큰 크기를 가질수록($x \to -\infty$로 표기) $\tan^{-1} x$의 그래프가 수평선 $y = -\frac{\pi}{2}$에 접근함을 보여 준다. $x \to \pm\infty$일 때 $\tan^{-1} x$의 극한은 $x \to \pm\frac{\pi}{2}$일 때 $\tan x$의 한쪽 극한과 완벽하게 일치함을 볼 수 있다. 이 두 함수의 그래프 양상을 간결하게 요약하기 위해 극한 표기를 사용한다.

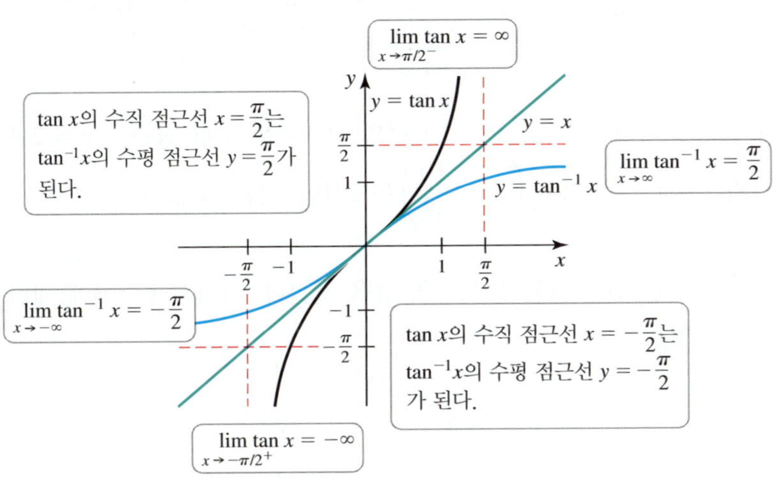

그림 2.30

$$\lim_{x\to\infty} \tan^{-1} x = \frac{\pi}{2} \quad (\lim_{x\to\pi/2^-} \tan x = \infty\text{와 일치함})$$

$$\lim_{x\to-\infty} \tan^{-1} x = -\frac{\pi}{2} \quad (\lim_{x\to-\pi/2^+} \tan x = -\infty\text{와 일치함})$$

$\tan x$에 대한 한쪽 극한은 2.4절의 무한극한이며, 이는 수직 점근선을 나타낸다. 이때 $\tan^{-1} x$에 사용한 극한을 무한대에서의 극한이라 하며, $\tan^{-1} x$의 그래프로 접근하는 수평선 $y = \pm\frac{\pi}{2}$는 수평 점근선(horizontal asymptote)이다.

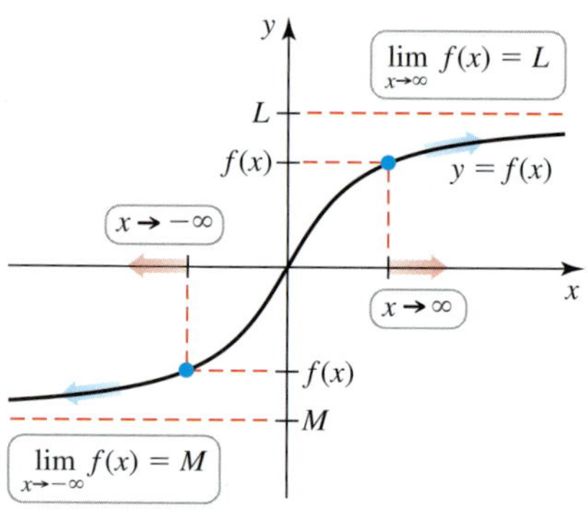

그림 2.31

정의 무한대에서의 극한 및 수평 점근선

충분히 큰 모든 양수 x에 대하여 $f(x)$가 유한한 값 L에 충분히 가까우면 다음과 같이 쓴다.

$$\lim_{x\to\infty} f(x) = L$$

x가 무한대에 가까워질 때 $f(x)$의 극한은 L이라고 한다. 이 경우 직선 $y = L$은 f의 **수평 점근선**이다(그림 2.31). 음의 무한대에서의 극한인 $\lim_{x\to-\infty} f(x) = M$도 이와 유사하게 정의된다. 이 극한이 존재하면 $y = M$은 수평 점근선이다.

QUICK CHECK 1 $x = 10,\ 100,\ 1000$에 대하여 $x/(x + 1)$를 각각 계산하여라. 극한 $\lim_{n\to\infty} \frac{x}{x+1}$는 얼마인가? ◀

➤ $x \to a$가 $x \to \infty$ 또는 $x \to -\infty$로 바뀌었을 때 정리 2.3의 극한 법칙과 조임 정리를 적용한다.

| 예제 1 | 무한대에서의 극한 다음 극한을 계산하여라.

a. $\lim_{x\to-\infty} \left(2 + \frac{10}{x^2}\right)$ **b.** $\lim_{x\to\infty} \left(5 + \frac{\sin x}{\sqrt{x}}\right)$

풀이

a. x가 음의 값을 가지며 크기가 커질수록 x^2은 양의 값을 가지며 크기가 커진다. 즉, $10/x^2$은 0에 가까워진다. 정리 2.3의 극한 법칙에 의해 다음이 성립한다.

$$\lim_{x\to-\infty} \left(2 + \frac{10}{x^2}\right) = \underbrace{\lim_{x\to-\infty} 2}_{2\text{와 같음}} + \underbrace{\lim_{x\to-\infty} \frac{10}{x^2}}_{0\text{과 같음}} = 2 + 0 = 2$$

따라서 $x \to -\infty$일 때 $y = 2 + 10/x^2$의 그래프는 수평 점근선 $y = 2$에 접근한다(그림 2.32). 극한 $\lim_{x\to\infty} \left(2 + \frac{10}{x^2}\right)$은 2이며, 이는 그래프에 하나의 수평 점근선이 있음을 의미한다.

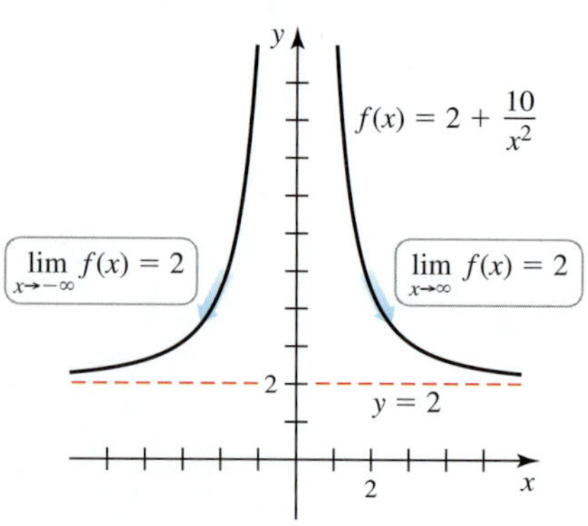

그림 2.32

b. $\sin x/\sqrt{x}$의 분자는 -1과 1 사이의 값을 갖는다. 따라서 $x > 0$에 대하여 다음이 성립한다.

$$-\frac{1}{\sqrt{x}} \le \frac{\sin x}{\sqrt{x}} \le \frac{1}{\sqrt{x}}$$

$x \to \infty$일 때 $\sqrt{x}$는 점점 커지며 이는 다음과 같다.

$$\lim_{x\to\infty} \frac{-1}{\sqrt{x}} = \lim_{x\to\infty} \frac{1}{\sqrt{x}} = 0$$

조임 정리(정리 2.5)에 의해 $\lim_{x\to\infty} \frac{\sin x}{\sqrt{x}} = 0$이다. 정리 2.3의 극한 법칙을 이용하여 다음을 얻을 수 있다.

$$\lim_{x\to\infty}\left(5 + \frac{\sin x}{\sqrt{x}}\right) = \underbrace{\lim_{x\to\infty} 5}_{5\text{와 같음}} + \underbrace{\lim_{x\to\infty} \frac{\sin x}{\sqrt{x}}}_{0\text{과 같음}} = 5$$

x가 커짐에 따라 $y = 5 + \frac{\sin x}{\sqrt{x}}$의 그래프는 수평 점근선 $y = 5$에 접근한다(그림 2.33). 곡선은 점근선과 무수히 많이 교차한다.

관련 연습문제 10번 ◀

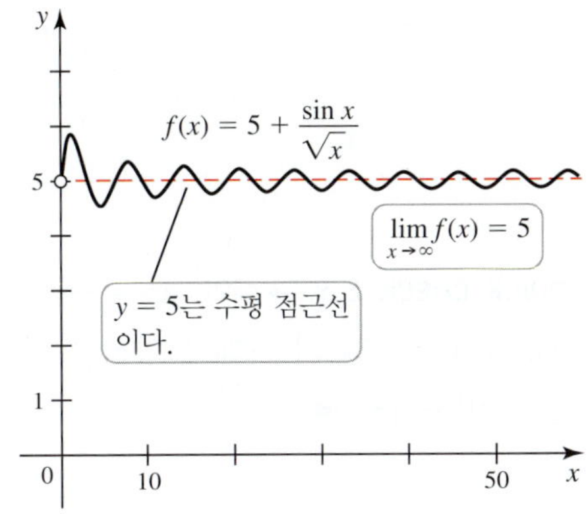

그림 2.33

무한대에서의 극한 및 수평 점근선

두 가지 극한 무한극한과 무한대에서의 극한이 동시에 나타날 수 있는데, 이는 x가 임의로 커짐에 따라 $f(x)$가 임의로 커질 때 발생한다. 이러한 극한을 무한대에서의 무한극한이라 하며, 함수 $f(x) = x^3$에 의해 설명된다(그림 2.34).

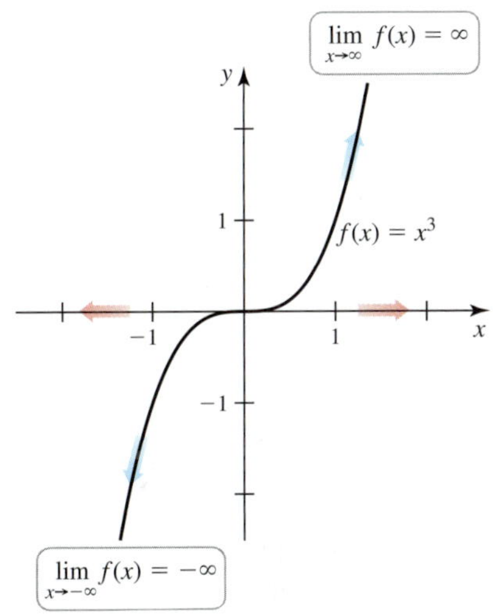

그림 2.34

정의 무한대에서의 무한극한

x가 임의로 점점 커질 때 $f(x)$도 임의로 점점 커지는 경우 다음과 같이 쓴다.

$$\lim_{x\to\infty} f(x) = \infty$$

$\lim_{x\to\infty} f(x) = -\infty$, $\lim_{x\to-\infty} f(x) = \infty$, $\lim_{x\to-\infty} f(x) = -\infty$도 이와 유사하게 정의된다.

무한대에서의 무한극한은 x의 절댓값이 매우 클 때 다항함수의 그래프 양상에 대하여 알려 준다. 먼저 양의 정수 n에 대하여 거듭제곱함수(power function, 멱함수) $f(x) = x^n$을 고려하자. 그림 2.35는 n이 짝수일 때 $\lim_{x\to\pm\infty} x^n = \infty$, n이 홀수일

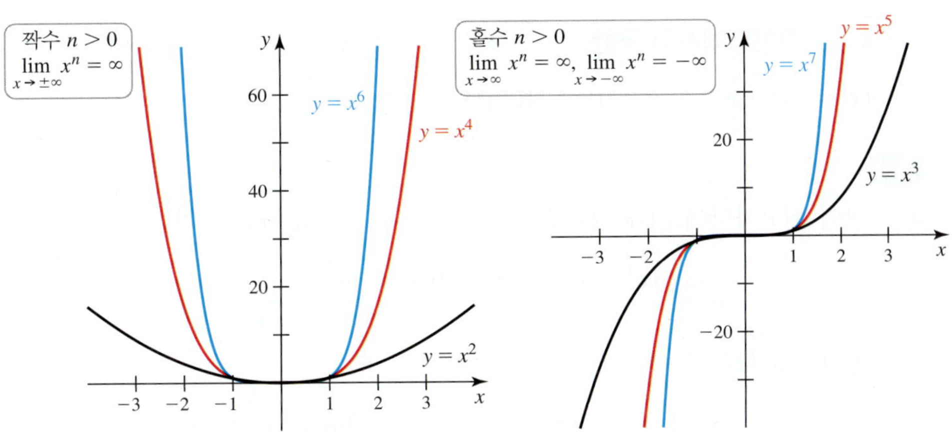

그림 2.35

때 $\lim_{x\to\infty} x^n = \infty$, $\lim_{x\to-\infty} x^n = -\infty$임을 보여 준다.

이 거듭제곱함수의 역수 $f(x) = 1/x^n = x^{-n}$ (n은 양의 정수)은 다음과 같다.

$$\lim_{x\to\infty} \frac{1}{x^n} = \lim_{x\to\infty} x^{-n} = 0 \text{ 그리고 } \lim_{x\to-\infty} \frac{1}{x^n} = \lim_{x\to-\infty} x^{-n} = 0$$

QUICK CHECK 2 $x \to \infty$와 $x \to -\infty$일 때, $p(x) = -3x^3$의 그래프 양상을 각각 설명하여라. ◄

이제부터 짧은 단계를 통해 $x \to \pm\infty$일 때 다항함수의 그래프 양상을 찾을 수 있다. 다항함수를 $p(x) = a_nx^n + a_{n-1}x^{n-1} + \cdots + a_2x^2 + a_1x + a_0$이라 하고, p를 다음 형태로 쓰자.

$$p(x) = x^n\left(a_n + \underbrace{\frac{a_{n-1}}{x}}_{\to 0} + \underbrace{\frac{a_{n-2}}{x^2}}_{\to 0} + \cdots + \underbrace{\frac{a_0}{x^n}}_{\to 0}\right)$$

x의 크기가 커짐에 따라 첫 번째 항을 제외한 p의 모든 항은 0에 가까워진다. 따라서 $x \to \pm\infty$일 때 $p(x) \approx a_nx^n$이라 볼 수 있다. 즉, $x \to \pm\infty$일 때 p의 그래프 양상은 x의 최고차항 a_nx^n에 의해 결정된다.

정리 2.6 거듭제곱함수와 다항함수의 무한대에서의 극한

양의 정수 n, 다항함수

$$p(x) = a_nx^n + a_{n-1}x^{n-1} + \cdots + a_2x^2 + a_1x + a_0 \ (a_n \neq 0)$$

에 대하여 다음이 성립한다.

1. $\lim_{x\to\pm\infty} x^n = \infty$ (n은 짝수)
2. $\lim_{x\to\infty} x^n = \infty$, $\lim_{x\to-\infty} x^n = -\infty$ (n은 홀수)
3. $\lim_{x\to\pm\infty} \frac{1}{x^n} = \lim_{x\to\pm\infty} x^{-n} = 0$
4. $\lim_{x\to\pm\infty} p(x) = \lim_{x\to\pm\infty} a_nx^n = \pm\infty$ (부호는 다항식의 차수와 최고차항의 계수 a_n의 부호에 따라 다르다)

| 예제 2 | 무한대에서의 극한 $x \to \pm\infty$일 때, 다음 함수의 극한을 구하여라.

a. $p(x) = 3x^4 - 6x^2 + x - 10$ **b.** $q(x) = -2x^3 + 3x^2 - 12$

풀이

a. 극한이 최고차항에 의해 정해진다는 사실을 이용하면 다음을 얻는다.

$$\lim_{x\to\infty} (3x^4 - 6x^2 + x - 10) = \lim_{x\to\infty} 3\underbrace{x^4}_{\to\infty} = \infty$$

마찬가지로 다음이 성립한다.

$$\lim_{x\to-\infty} (3x^4 - 6x^2 + x - 10) = \lim_{x\to-\infty} 3\underbrace{x^4}_{\to\infty} = \infty$$

그림 2.36은 이 두 극한을 보여 준다.

b. 최고차항의 계수가 음수이므로 다음을 얻는다.

$$\lim_{x\to\infty}(-2x^3 + 3x^2 - 12) = \lim_{x\to\infty}(-2\underbrace{x^3}_{\to\,\infty}) = -\infty$$

마찬가지로 다음이 성립한다.

$$\lim_{x\to-\infty}(-2x^3 + 3x^2 - 12) = \lim_{x\to-\infty}(-2\underbrace{x^3}_{\to\,-\infty}) = \infty$$

q의 그래프(그림 2.37)는 이 결과가 맞다는 것을 알려 준다.

관련 연습문제 11-12번

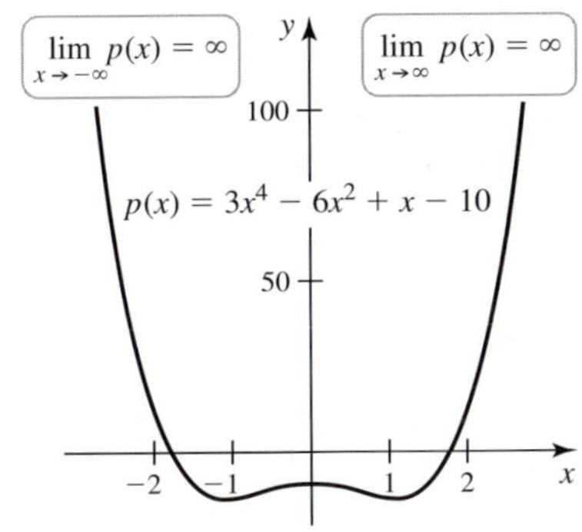

그림 2.36

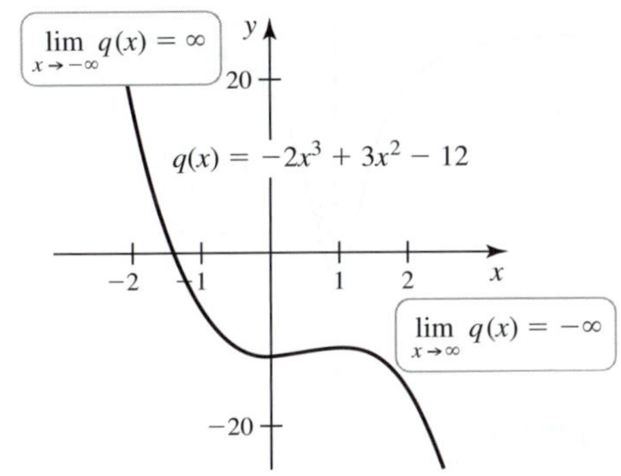

그림 2.37

양 끝값

$x \to \pm\infty$일 때 다항함수의 그래프 양상은 **양 끝값**(end behavior)이라 부르는 것의 한 예이다. 다항함수를 살펴봤으므로 이제 유리함수, 대수함수, 초월함수의 양 끝값을 살펴본다.

| 예제 3 | 유리함수의 양 끝값 무한대에서의 극한을 사용하여 다음 유리함수의 양 끝값을 구하여라.

a. $f(x) = \dfrac{3x + 2}{x^2 - 1}$ **b.** $g(x) = \dfrac{40x^4 + 4x^2 - 1}{10x^4 + 8x^2 + 1}$

c. $h(x) = \dfrac{x^3 - 2x + 1}{2x + 4}$

풀이

a. 무한대에서의 유리함수의 극한을 구하는 효과적인 접근 방법은 분자와 분모를 x^n으로 나누는 것이다. 여기서 n은 분모의 다항식의 차수이다. 이 전략은 극한에서 x의 낮은 차수에 해당하는 항이 0에 접근하도록 강제하는 것이다. 이 경우 x^2으로 나누면 다음을 얻는다.

▶ 다항식의 차수는 x의 거듭제곱된 수 중 가장 큰 값이다.

$$\lim_{x\to\infty}\frac{3x+2}{x^2-1} = \lim_{x\to\infty}\frac{\frac{3x+2}{x^2}}{\frac{x^2-1}{x^2}} = \lim_{x\to\infty}\frac{\overbrace{\frac{3}{x}+\frac{2}{x^2}}^{0\text{에 접근}}}{1-\underbrace{\frac{1}{x^2}}_{0\text{에 접근}}} = \frac{0}{1} = 0$$

비슷한 계산을 하면 $\lim_{x\to-\infty}\dfrac{3x+2}{x^2-1} = 0$이 나온다. 따라서 f의 그래프는 수평 점근선 $y = 0$을 갖는다. 분모를 0으로 만드는 $x = -1$과 $x = 1$(수직 점근선에 해당)을 확인해야 한다(그림 2.38). 이 경우 분자 다항식의 차수는 분모 다항식의 차수보다 작다.

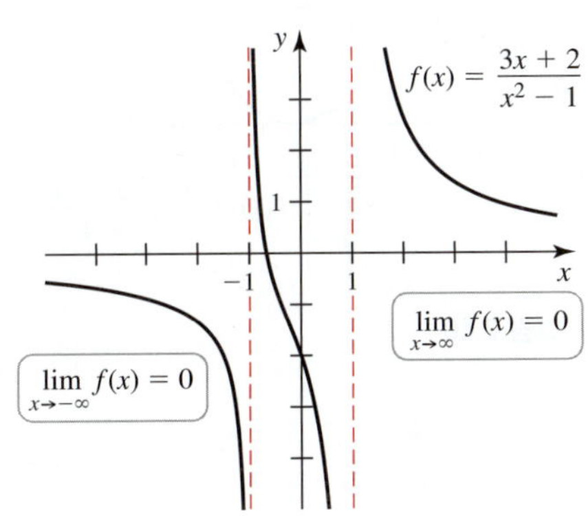

그림 2.38

b. 마찬가지로 분모의 최고차항(여기서는 x^4)으로 분자와 분모를 나누면 다음을 얻는다.

$$\lim_{x\to\infty} \frac{40x^4+4x^2-1}{10x^4+8x^2+1} = \lim_{x\to\infty} \frac{\dfrac{40x^4}{x^4}+\dfrac{4x^2}{x^4}-\dfrac{1}{x^4}}{\dfrac{10x^4}{x^4}+\dfrac{8x^2}{x^4}+\dfrac{1}{x^4}}$$

분자와 분모를 x^4으로 나누기

$$= \lim_{x\to\infty} \frac{40+\overbrace{\dfrac{4}{x^2}}^{0\text{에 접근}}-\overbrace{\dfrac{1}{x^4}}^{0\text{에 접근}}}{10+\underbrace{\dfrac{8}{x^2}}_{0\text{에 접근}}+\underbrace{\dfrac{1}{x^4}}_{0\text{에 접근}}}$$

간단히 하기

$$= \frac{40+0-0}{10+0+0} = 4$$

극한 계산하기

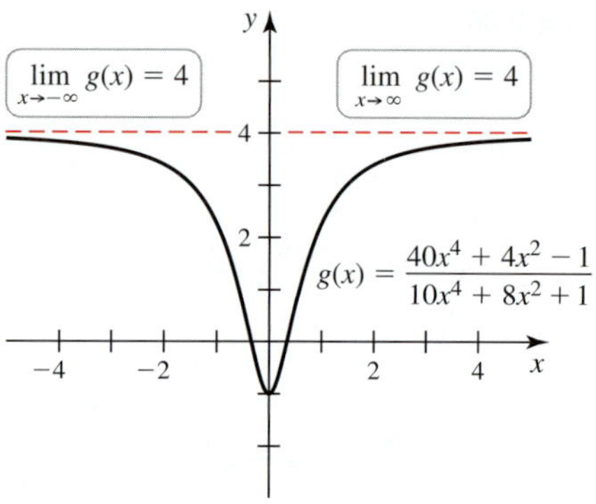

그림 2.39

동일한 방법(x^4으로 분모와 분자를 나눔)으로 $\lim_{x\to-\infty} \frac{40x^4+4x^2-1}{10x^4+8x^2+1} = 4$임을 보일 수 있다. 이 함수는 수평 점근선 $y = 4$를 갖는다(그림 2.39). 이 경우 분자 다항식의 차수는 분모 다항식의 차수와 같다는 점에 주목하자.

c. 분모의 최고차항인 x로 분자와 분모를 나눈 후 극한을 취하면 다음을 얻는다.

$$\lim_{x\to\infty} \frac{x^3-2x+1}{2x+4} = \lim_{x\to\infty} \frac{\dfrac{x^3}{x}-\dfrac{2x}{x}+\dfrac{1}{x}}{\dfrac{2x}{x}+\dfrac{4}{x}}$$

분자와 분모를 x로 나누기

$$= \lim_{x\to\infty} \frac{\overbrace{x^2}^{\text{점점 커짐}}-\overbrace{2}^{\text{상수}}+\overbrace{\dfrac{1}{x}}^{0\text{에 접근}}}{\underbrace{2}_{\text{상수}}+\underbrace{\dfrac{4}{x}}_{0\text{에 접근}}}$$

간단히 하기

$$= \infty$$

극한 취하기

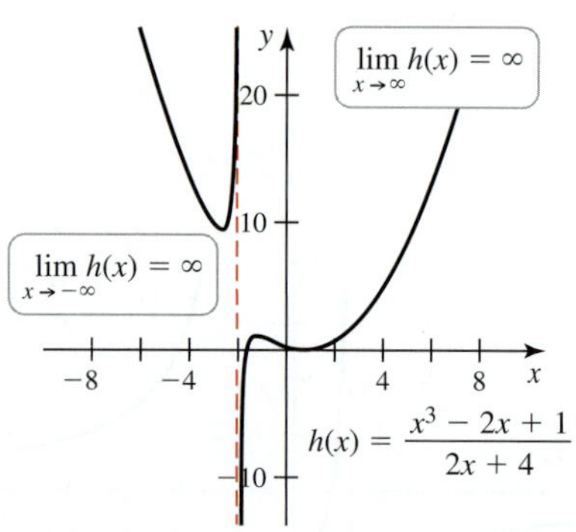

그림 2.40

$x \to \infty$일 때, 분자의 x^2항을 제외한 함수의 모든 항은 0에 접근하거나 상수 값을 갖고 분자의 x^2항은 점점 커진다. 따라서 극한은 존재하지 않는다. 이와 유사한 분석을 적용하면 $\lim_{x\to-\infty} \frac{x^3-2x+1}{2x+4} = \infty$임을 알 수 있다. 이 극한들은 모두 유한한 값을 갖지 않으므로 함수의 그래프는 수평 점근선을 갖지 않는다(그림 2.40). 반면, $x = -2$가 (분모 다항식) = 0의 근이므로 수직 점근선은 존재한다. 이 경우 분자 다항식의 차수는 분모 다항식의 차수보다 크다.

관련 연습문제 20-22번 ◀

양 끝값의 특별한 경우가 유리함수에서 발생한다. 다음 예에서 볼 수 있듯이 $x \to \pm\infty$일 때 함수 f의 그래프가 (유한하고 0이 아닌 기울기를 갖는) 한 직선에 접근한다면 그 직선을 f의 **경사 점근선**(slant asymptote) 또는 **사선 점근선**(oblique asymptote)이라 한다.

| 예제 4 | 경사 점근선 함수 $f(x) = \dfrac{2x^2+6x-2}{x+1}$의 양 끝값을 구하여라.

풀이 먼저 분모의 최고차항인 x로 분자와 분모를 나누면 다음을 얻는다.

$$\lim_{x\to\infty}\frac{2x^2+6x-2}{x+1} = \lim_{x\to\infty}\frac{\dfrac{2x^2}{x}+\dfrac{6x}{x}-\dfrac{2}{x}}{\dfrac{x}{x}+\dfrac{1}{x}} \quad \text{분자와 분모를 } x\text{로 나누기}$$

$$= \lim_{x\to\infty}\frac{\overbrace{2x}^{\text{점점 커짐}}+\overbrace{6}^{\text{상수}}-\overbrace{\dfrac{2}{x}}^{0\text{에 접근}}}{\underbrace{1}_{\text{상수}}+\underbrace{\dfrac{1}{x}}_{0\text{에 접근}}} \quad \text{간단히 하기}$$

$$= \infty \quad \text{극한 취하기}$$

이와 유사하게 분석하면 $\lim\limits_{x\to-\infty}\dfrac{2x^2+6x-2}{x+1} = -\infty$임을 보일 수 있다. 이러한 극한은 유한한 값을 갖지 않으므로 f는 수평 점근선을 갖지 않는다.

그러나 이 함수의 양 끝값에 대하여 알아야 할 것이 남아 있다. 함수 f를 다음과 같이 쓸 수 있다.

$$f(x) = \frac{2x^2+6x-2}{x+1} = \underbrace{2x+4}_{\ell(x)} - \underbrace{\frac{6}{x+1}}_{x\to\infty\text{일 때 }0\text{에 접근}}$$

$x \to \infty$일 때 항 $6/(x+1)$은 0에 접근하므로 함수 f의 극한은 선형 함수 $\ell(x) = 2x+4$의 극한과 같음을 알 수 있다. 이러한 이유로 $x \to \infty$일 때 f의 그래프는 ℓ의 그래프에 접근한다(그림 2.41). 마찬가지로 $x \to -\infty$일 때도 f의 그래프가 ℓ의 그래프에 접근함을 알 수 있다. 이러한 현상은 유리함수에서 분자 다항식의 차수가 분모 다항식의 차수보다 정확히 1만큼 클 때 발생한다.

관련 연습문제 26번 ◀

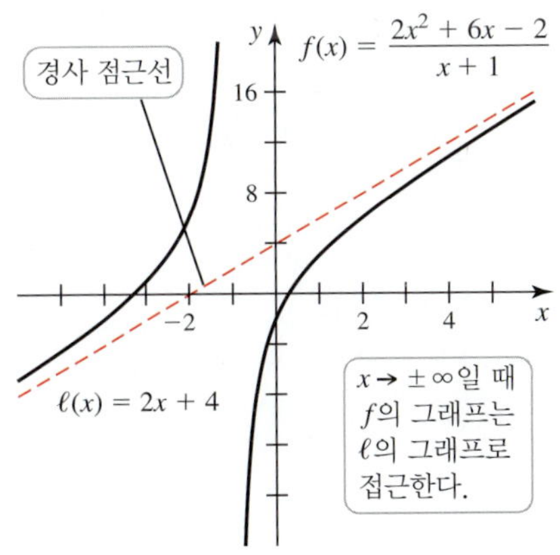

그림 2.41

➤ 더 일반적으로 말하면 $\lim\limits_{x\to\infty}(f(x)-\ell(x)) = 0$ 또는 $\lim\limits_{x\to-\infty}(f(x)-\ell(x)) = 0$일 때, 기울기가 0이 아닌 유한한 값을 갖는 직선 $y = \ell(x)$은 함수 f의 경사 점근선이다.

예제 3과 예제 4에서 도달한 결론은 모든 유리함수에 대하여 일반화시킬 수 있다. 이러한 결과는 정리 2.7에 요약되어 있으며, 그 증명은 연습문제 47번에 있다.

정리 2.7 양 끝값 및 유리함수의 점근선

유리함수 $f(x) = \dfrac{p(x)}{q(x)}$에 대하여 p와 q는 다음과 같다.

$$p(x) = a_m x^m + a_{m-1}x^{m-1} + \cdots + a_2x^2 + a_1x + a_0,$$
$$q(x) = b_m x^m + b_{m-1}x^{m-1} + \cdots + b_2x^2 + b_1x + b_0$$

QUICK CHECK 3 정리 2.7을 사용하여 $y = \dfrac{10x}{3x-1}$의 수직 점근선과 수평 점근선을 구하여라. ◀

여기서 $a_m \neq 0$이고 $b_n \neq 0$이다.

a. 분자의 차수가 분모의 차수보다 작을 때 $m < n$이면 $\lim_{x\to\pm\infty} f(x) = 0$이고 $y = 0$은 f의 수평 점근선이다.

b. 분자의 차수와 분모의 차수가 같을 때 $m = n$이면 $\lim_{x\to\pm\infty} f(x) = a_m/b_n$이고 $y = a_m/b_n$은 f의 수평 점근선이다.

c. 분자의 차수가 분모의 차수보다 클 때 $m > n$이면 $\lim_{x\to\pm\infty} f(x) = \infty$ 또는 $-\infty$이고 f는 수평 점근선을 갖지 않는다.

d. 경사 점근선 $m = n + 1$이면 $\lim_{x\to\pm\infty} f(x) = \infty$ 또는 $-\infty$이고 f는 수평 점근선을 갖지 않지만 경사 점근선을 갖는다.

e. 수직 점근선 f를 간단히 나타냈을 때(p와 q는 공통인수가 없음), 수직 점근선은 $q = 0$의 근에서 발생한다.

명시적으로 언급하지는 않았지만 정리 2.7은 유리함수가 최대 하나의 수평 점근선을 가질 수 있고, 수평 점근선이 있을 때마다 $\lim_{x\to\infty} \frac{p(x)}{q(x)} = \lim_{x\to-\infty} \frac{p(x)}{q(x)}$임을 암시한다. 다음 예제에서 볼 수 있듯이 이는 다른 함수에서는 성립하지 않는다.

| 예제 5 | 대수함수의 양 끝값 무한대에서의 극한을 이용하여 $f(x) = \dfrac{10x^3 - 3x^2 + 8}{\sqrt{25x^6 + x^4 + 2}}$의 양 끝값을 구하여라.

풀이 분모에 제곱근이 있는 경우 유리함수에 사용한 전략을 수정해서 적용해야 한다. 우선 $x \to \infty$인 극한을 고려하자. 분모 다항식에서 가장 높은 차수는 6이다. 그러나 다항식은 근호 안에 있으므로 분모에서 가장 높은 차수를 갖는 항은 $\sqrt{x^6} = x^3$이다. $x > 0$일 때, 분자와 분모를 x^3으로 나누면 극한은 다음과 같다.

$$\lim_{x\to\infty} \frac{10x^3 - 3x^2 + 8}{\sqrt{25x^6 + x^4 + 2}} = \lim_{x\to\infty} \frac{\frac{10x^3}{x^3} - \frac{3x^2}{x^3} + \frac{8}{x^3}}{\sqrt{\frac{25x^6}{x^6} + \frac{x^4}{x^6} + \frac{2}{x^6}}} \qquad \sqrt{x^6} = x^3 \text{으로 나누기}$$

$$= \lim_{x\to\infty} \frac{10 - \overbrace{\frac{3}{x}}^{0\text{에 접근}} + \overbrace{\frac{8}{x^3}}^{0\text{에 접근}}}{\sqrt{25 + \underbrace{\frac{1}{x^2}}_{0\text{에 접근}} + \underbrace{\frac{2}{x^6}}_{0\text{에 접근}}}} \qquad \text{간단히 하기}$$

$$= \frac{10}{\sqrt{25}} = 2 \qquad \text{극한 계산하기}$$

$x \to -\infty$일 때, x^3은 음수이므로 분자와 분모를 $\sqrt{x^6} = -x^3$(양수)으로 나눈다.

➤ 다음 무리식의 성질에 유의하자.

$$\sqrt{x^2} = |x| = \begin{cases} x, & x \geq 0 \\ -x, & x < 0 \end{cases}$$

따라서 다음이 성립한다.

$$\sqrt{x^6} = |x^3| = \begin{cases} x^3, & x \geq 0 \\ -x^3, & x < 0 \end{cases}$$

$x \to -\infty$일 때 x는 음수이므로 $\sqrt{x^6} = -x^3$이다.

$$\lim_{x\to-\infty}\frac{10x^3-3x^2+8}{\sqrt{25x^6+x^4+2}}=\lim_{x\to-\infty}\frac{\dfrac{10x^3}{-x^3}-\dfrac{3x^2}{-x^3}+\dfrac{8}{-x^3}}{\sqrt{\dfrac{25x^6}{x^6}+\dfrac{x^4}{x^6}+\dfrac{2}{x^6}}}$$

$\sqrt{x^6}=-x^3>0$ 으로 나누기

$$=\lim_{x\to-\infty}\frac{-10+\overbrace{\dfrac{3}{x}}^{0\text{에 접근}}-\overbrace{\dfrac{8}{x^3}}^{0\text{에 접근}}}{\sqrt{25+\underbrace{\dfrac{1}{x^2}}_{0\text{에 접근}}+\underbrace{\dfrac{2}{x^6}}_{0\text{에 접근}}}}$$

간단히 하기

$$=-\frac{10}{\sqrt{25}}=-2$$

극한 계산하기

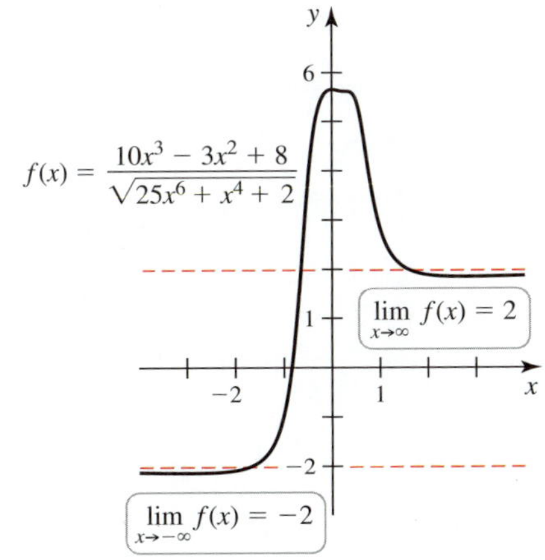

그림 2.42

두 극한은 $y=2$와 $y=-2$라는 두 점근선이 있음을 보여 준다. 이 특별한 경우, 그래프는 두 수평 점근선과 교차한다(그림 2.42).

관련 연습문제 24번 ◀

e^x, e^{-x}, $\ln x$의 양 끝값

e^x과 e^{-x}의 양 끝값을 정하기 위해 우선 그래프부터 살펴보자(그림 2.43). e^x의 그래프를 보면 $x\to\infty$일 때 e^x은 한없이 증가한다는 것을 알 수 있다. $b>1$인 모든 지수함수 b^x이 이와 같은 양상을 보이는데, 1보다 큰 수(점점 더 커지는 수)의 지수를 높이면 한없이 증가하는 수가 만들어지기 때문이다. 이로써 다음과 같은 결론을 얻는다.

$$\lim_{x\to\infty} e^x=\infty \text{이므로} \quad \lim_{x\to\infty} e^{-x}=\lim_{x\to\infty}\frac{1}{\underbrace{e^x}_{\text{분모가 }\infty\text{에 접근}}}=0$$

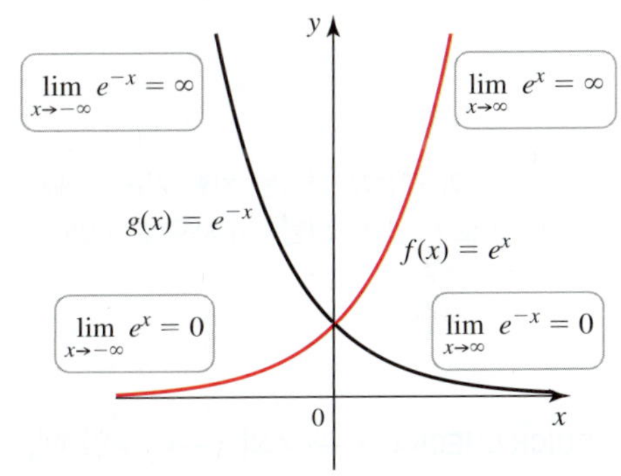

그림 2.43

e^{-x}의 그래프는 e^x의 그래프를 y축에 대하여 대칭시킨 것이다. 이 대칭성에 의하여 다음을 얻는다.

$$\lim_{x\to-\infty} e^x=\lim_{x\to\infty} e^{-x}=0,\quad \lim_{x\to-\infty} e^{-x}=\lim_{x\to\infty} e^x=\infty$$

이 극한들은 $y=0$이 e^x과 e^{-x} 모두의 수평 점근선임을 의미한다.

$\ln x$의 정의역은 $\{x: x>0\}$이므로 양 끝값을 정하기 위해 $\lim_{x\to0^+}\ln x$와 $\lim_{x\to\infty}\ln x$를 계산해야 한다. 첫 번째 극한의 경우, $\ln x$는 e^x의 역수이고 $\ln x$의 그래프는 e^x의 그래프를 직선 $y=x$에 대하여 대칭시킨 것임을 기억하자(그림 2.44). e^x의 수평 점근선($y=0$)은 $y=x$에 대하여 대칭되어 이는 $\ln x$의 경우에 수직 점근선이 $x=0$이 된다. 이러한 관찰은 $\lim_{x\to0^+}\ln x=-\infty$임을 의미한다.

$\lim_{x\to\infty}\ln x$를 구하기 위해 $y=e^x$이 $x=\ln y$를 의미함을 이용하자. e^x의 그래프(그림 2.44)를 한 번 더 조사하면 $x\to\infty$와 $y\to\infty$가 동치임을 볼 수 있다. 따라서 y

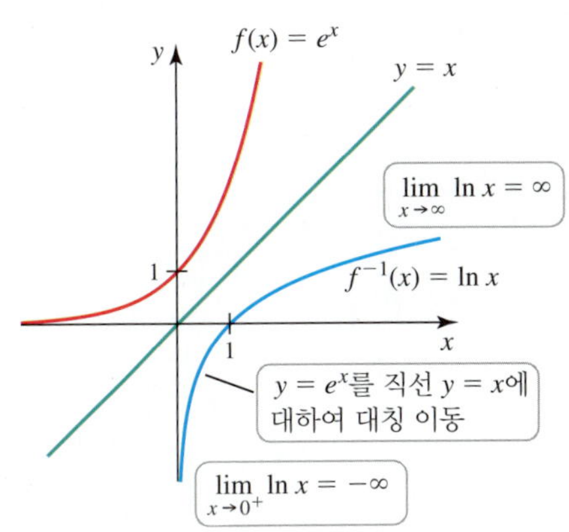

그림 2.44

$\to \infty$일 때 $x = \ln y \to \infty$이다. 극한 표기법을 사용하여 나타내면 $\lim_{y\to\infty} \ln y = \infty$이고, 여기서 y를 x로 바꾸면 $\lim_{x\to\infty} \ln x = \infty$를 얻는다.

지수함수와 로그함수의 양 끝값은 중요하다. 다음 정리는 이 결과들을 요약한 것이다.

정리 2.8 e^x, e^{-x}, $\ln x$의 양 끝값

구간 $(-\infty, \infty)$에서 e^x과 e^{-x} 및 구간 $(0, \infty)$에서 $\ln x$의 양 끝값은 다음 극한으로 주어진다.

$$\lim_{x\to\infty} e^x = \infty \quad \text{그리고} \quad \lim_{x\to-\infty} e^x = 0,$$

$$\lim_{x\to\infty} e^{-x} = 0 \quad \text{그리고} \quad \lim_{x\to-\infty} e^{-x} = \infty,$$

$$\lim_{x\to0^+} \ln x = -\infty \quad \text{그리고} \quad \lim_{x\to\infty} \ln x = \infty$$

| 예제 6 | 초월함수의 양 끝값 다음 함수의 양 끝값을 구하여라.

a. $f(x) = e^{5x}$ **b.** $f(x) = 4 - \ln 3x$ **c.** $f(x) = \cos x$

풀이

a. $t = 5x$라고 하자. $x \to \infty$일 때 $t \to \infty$이고, $x \to -\infty$일 때 $t \to -\infty$임을 이용하면 $\lim_{x\to\infty} e^{5x} = \lim_{t\to\infty} e^t = \infty$이고 $\lim_{x\to-\infty} e^{5x} = \lim_{t\to-\infty} e^t = 0$이다. 여기서 두 번째 극한에 의해 e^{5x}이 수평 점근선 $y = 0$을 가짐을 알 수 있다.

b. 로그의 성질에 의해 $f(x) = 4 - (\ln 3 + \ln x) = 4 - \ln 3 - \ln x$이다. $x \to \infty$일 때 $\ln x \to \infty$이므로 $x \to \infty$일 때 $-\ln x \to -\infty$이다. 그 결과 $x \to \infty$일 때 $4 - \ln 3 - \ln x$는 음의 값을 가지며 그 크기가 점점 커진다. 그러므로 $\lim_{x\to\infty} (4 - \ln 3x) = -\infty$이다. 유사한 방법으로 $\lim_{x\to0^+} (4 - \ln 3x) = \infty$임을 보일 수 있다.

c. $x \to \infty$일 때 코사인함수는 -1과 1 사이에서 진동한다(그림 2.45). 따라서 $\lim_{x\to\infty} \cos x$는 존재하지 않는다. 같은 이유로 $\lim_{x\to-\infty} \cos x$도 존재하지 않는다.

▶ 예제 6a의 해설에 사용된 치환 기술은 예제 6b에서도 $t = 3x$로 치환하여 사용할 수 있다.

QUICK CHECK 4 $x \to \infty$와 $x \to -\infty$일 때, 두 함수 e^{10x}과 e^{-10x}의 극한은 각각 어떤 값을 갖는가? ◀

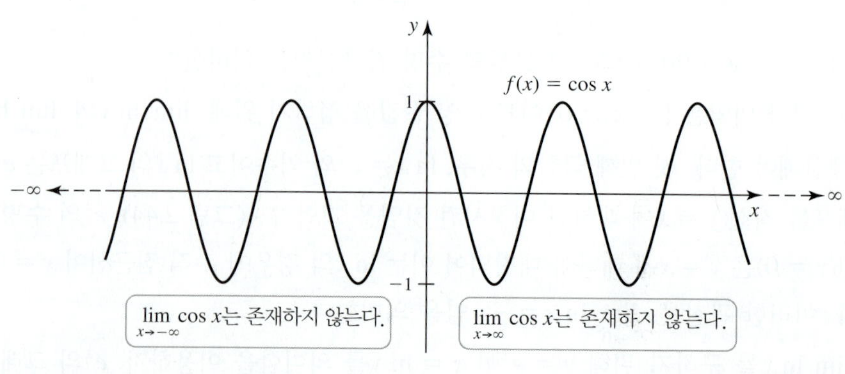

그림 2.45

관련 연습문제 29-30번 ◀

2.5절 연습문제

1단계 스타트

1. 극한 $\lim_{x\to-\infty} f(x) = 10$의 의미를 설명하여라.

2–7. 다음 무한대에서의 극한을 구하여라.

2. $\lim_{x\to\infty} x^{12}$

3. $\lim_{x\to\infty} x^{-6}$

4. $\lim_{t\to\infty} (-12t^{-5})$

5. $\lim_{x\to\infty} \left(3 + \frac{10}{x^2}\right)$

6. $\lim_{x\to\infty} \frac{f(x)}{g(x)}$ (단, $x\to\infty$일 때 $f(x)\to 100{,}000$이고 $g(x)\to\infty$이다)

7. $\lim_{t\to\infty} e^t$, $\lim_{t\to-\infty} e^t$, $\lim_{t\to\infty} e^{-t}$

8. 함수 g가 0이 아닌 모든 x에 대하여 부등식 $3 - \frac{1}{x^2} \le g(x) \le 3 + \frac{1}{x^2}$을 만족할 때, $\lim_{x\to\infty} g(x)$와 $\lim_{x\to-\infty} g(x)$를 계산하여라.

2단계 실전

9–18. 무한대에서의 극한 다음 극한을 구하여라.

9. $\lim_{\theta\to\infty} \frac{\cos\theta}{\theta^2}$

10. $\lim_{x\to\infty} \frac{\cos x^5}{\sqrt{x}}$

11. $\lim_{x\to\infty} (3x^{12} - 9x^7)$

12. $\lim_{x\to-\infty} (-3x^{16} + 2)$

13. $\lim_{x\to\infty} \frac{14x^3 + 3x^2 - 2x}{21x^3 + x^2 + 2x + 1}$

14. $\lim_{x\to-\infty} \frac{3x^2 + 3x}{x + 1}$

15. $\lim_{w\to\infty} \frac{15w^2 + 3w + 1}{\sqrt{9w^4 + w^3}}$

16. $\lim_{x\to-\infty} \frac{\sqrt{16x^2 + x}}{x}$

17. $\lim_{x\to\infty} (x^2 - \sqrt{x^4 + 3x^2})$ (힌트: $\frac{x^2 + \sqrt{x^4 + 3x^2}}{x^2 + \sqrt{x^4 + 3x^2}}$을 곱한다)

18. $\lim_{x\to\infty} \frac{\sin x}{e^x}$

19–25. 수평 점근선 다음 함수에 대하여 $\lim_{x\to\infty} f(x)$와 $\lim_{x\to-\infty} f(x)$를 구하고, f의 수평 점근선이 존재한다면 수평 점근선을 구하여라.

19. $f(x) = \frac{4x}{20x + 1}$

20. $f(x) = \frac{6x^2 - 9x + 8}{3x^2 + 2}$

21. $f(x) = \frac{3x^3 - 7}{x^4 + 5x^2}$

22. $f(x) = \frac{40x^5 + x^2}{16x^4 - 2x}$

23. $f(x) = \frac{1}{2x^4 - \sqrt{4x^8 - 9x^4}}$

24. $f(x) = \frac{4x^3 + 1}{2x^3 + \sqrt{16x^6 + 1}}$

25. $f(x) = \frac{\sqrt[3]{x^6 + 8}}{4x^2 + \sqrt{3x^4 + 1}}$

26–28. 경사 점근선 주어진 함수에 대하여 다음 단계를 수행하여라.

a. f의 경사 점근선을 구한다.

b. f의 수직 점근선(이 있는 경우)을 구한다.

c. 그래프 유틸리티를 사용하여 f의 그래프 및 모든 점근선을 그려라. 함수의 그래프를 직접 그린 후 그래프 유틸리티의 결과에 나타나는 오류를 수정하여라.

26. $f(x) = \frac{x^2 - 3}{x + 6}$

27. $f(x) = \frac{x^2 - 2x + 5}{3x - 2}$

28. $f(x) = \frac{4x^3 + 4x^2 + 7x + 4}{x^2 + 1}$

29–31. 초월함수 적절한 극한을 분석하여 다음 초월함수의 양 끝값을 구하여라. 그다음 점근선의 존재 여부를 보여 주는 그래프를 간단히 그려라.

29. $f(x) = -3e^{-x}$

30. $f(x) = 1 - \ln x$

31. $f(x) = \sin x$

32. **참 또는 거짓** 다음 명제가 참이면 증명하고 거짓이면 반례를 들어라.

a. 함수의 그래프는 수평 점근선 중 하나와 절대 교차할 수 없다.

b. 유리함수 f는 $\lim_{x\to\infty} f(x) = L$ 및 $\lim_{x\to-\infty} f(x) = \infty$를 모두 만족한다. 여기서 L은 유한한 값이다.

c. 함수의 그래프는 수직 점근선을 개수에 제한 없이 가질 수 있지만 수평 점근선을 최대 2개까지만 가질 수 있다.

d. $\lim_{x\to\infty} (x^3 - x) = \lim_{x\to\infty} x^3 - \lim_{x\to\infty} x = \infty - \infty = 0$

33–35. 정상 상태 함수 f가 시간에 따라 변화하는 계(system)를 나타낸다면 극한 $\lim_{t\to\infty} f(t)$가 존재한다는 것은 계가 안정된 상태(또는 평형)에 도달한다는 것을 의미한다. 주어진 계에서 정상 상태의 존재 여부를 확인하고 정상 상태 값을 구하여라.

33. 종양세포의 배양에서 세포의 수는 $p(t) = \frac{3500t}{t + 1}$로 주어진다.

34. 투자 가치는 $v(t) = 1000e^{0.065t}$으로 주어진다.

35. 다람쥐 군락의 개체수는 $p(t) = \dfrac{1500}{3 + 2e^{-0.1t}}$으로 주어진다.

36–41. 수평 점근선과 수직 점근선

a. $\lim_{x\to\infty} f(x)$와 $\lim_{x\to-\infty} f(x)$를 분석하고 수평 점근선을 구하여라.

b. 수직 점근선을 구하여라. 수직 점근선 $x = a$에 대하여 $\lim_{x\to a^-} f(x)$와 $\lim_{x\to a^+} f(x)$를 분석하여라.

36. $f(x) = \dfrac{2x^3 + 10x^2 + 12x}{x^3 + 2x^2}$

37. $f(x) = \dfrac{3x^4 + 3x^3 - 36x^2}{x^4 - 25x^2 + 144}$

38. $f(x) = \dfrac{x^2 - 9}{x(x - 3)}$

39. $f(x) = \dfrac{\sqrt{x^2 + 2x + 6} - 3}{x - 1}$

40. $f(x) = \sqrt{|x|} - \sqrt{|x - 1|}$

41. $f(x) = \dfrac{\cos x + 2\sqrt{x}}{\sqrt{x}}$

42–43. 초월함수의 양 끝값

42. $y = \sec^{-1} x$의 그래프(1.4절 참조)의 그래프를 사용하여 다음 극한을 계산하여라. 이때 정의역은 $\{x: |x| \geq 1\}$이다.

a. $\lim_{x\to\infty} \sec^{-1} x$ **b.** $\lim_{x\to-\infty} \sec^{-1} x$

43. 쌍곡선사인함수는 $\sinh x = \dfrac{e^x - e^{-x}}{2}$으로 정의한다.

a. 양 끝값을 구하여라.

b. sinh 0을 계산하여라. 대칭성과 **a**의 결과를 사용하여 $y = \sinh x$의 그래프 개형을 그려라.

44. 그래프 그리기 주어진 모든 조건을 만족하는 함수 f의 가능한 그래프를 그려라. 그래프에서 모든 수직 점근선과 수평 점근선을 나타내어라.

$\lim_{x\to 0^+} f(x) = \infty$, $\lim_{x\to 0^-} f(x) = -\infty$, $\lim_{x\to\infty} f(x) = 1$, $\lim_{x\to-\infty} f(x) = -2$

3단계 도전

45–46. 수열 미리보기 수열은 주로 함수에 의해 정의되는 순서대로 무한히 정렬된 수의 목록이다. 예를 들어 수열 $\{2, 4, 6, 8, \cdots\}$은 함수 $f(n) = 2n$에 의해 정의된다. 여기서 $n = 1, 2, 3, \cdots$이다. 이러한 수열의 극한은 (존재하는 경우) $\lim_{n\to\infty} f(n)$이다. 무한대에서의 극한에 대한 모든 극한 법칙은 수열의 극한에도 적용할 수 있다. 다음 수열의 극한을 찾거나 극한이 존재하지 않음을 말하여라.

45. 수열 $\left\{0, \frac{1}{2}, \frac{2}{3}, \frac{3}{4}, \cdots\right\}$, 함수 $f(n) = \dfrac{n-1}{n}$, $n = 1, 2, 3, \cdots$

46. 수열 $\left\{2, \frac{3}{4}, \frac{4}{9}, \frac{5}{16}, \cdots\right\}$, 함수 $f(n) = \dfrac{n+1}{n^2}$, $n = 1, 2, 3, \cdots$

47. 유리함수의 양 끝값

$p(x) = a_m x^m + a_{m-1}x^{m-1} + \cdots + a_2x^2 + a_1x + a_0$,

$q(x) = b_n x^n + b_{n-1}x^{n-1} + \cdots + b_2x^2 + b_1x + b_0$, $a_m \neq 0$,

$b_n \neq 0$에 대하여 유리함수 $f(x) = \dfrac{p(x)}{q(x)}$가 있다.

a. $m = n$이면 $\lim_{x\to\pm\infty} f(x) = \dfrac{a_m}{b_n}$임을 증명하여라.

b. $m < n$이면 $\lim_{x\to\pm\infty} f(x) = 0$임을 증명하여라.

48. 수평 점근선과 경사 점근선

a. 유리함수가 경사 점근선과 수평 점근선 모두를 갖는 것이 가능한가? 이유를 설명하여라.

b. 대수함수가 서로 다른 두 경사 점근선을 갖는 것이 가능한가? 이유를 설명하거나 예를 들어라.

49. 무한대에서의 극한을 사용하여 함수 $f(x) = \dfrac{2e^x + 3}{e^x + 1}$의 수평 점근선을 찾아라.

50. 해석적 방법으로 $f(x) = \dfrac{\ln x^6}{\ln x^3 - 1}$의 모든 점근선을 구하여라. 그래프 유틸리티를 사용하여 함수의 그래프를 그려라. 함수의 그래프를 직접 그린 후 그래프 유틸리티의 결과에 나타나는 오류를 수정하여라.

QUICK CHECK 정답

1. 10/11, 100/101, 1000/1001, 1 **2.** $x \to \infty$일 때 $p(x) \to -\infty$이고, $x \to -\infty$일 때 $p(x) \to \infty$이다. **3.** 수평 점근선은 $y = \frac{10}{3}$, 수직 점근선은 $x = \frac{1}{3}$이다. **4.** $\lim_{x\to\infty} e^{10x} = \infty$, $\lim_{x\to-\infty} e^{10x} = 0$, $\lim_{x\to\infty} e^{-10x} = 0$, $\lim_{x\to-\infty} e^{-10x} = \infty$ ◀

2.6 연속성

이 책에서 접하는 많은 함수의 그래프에는 구멍, 점프 또는 끊어진 부분이 없다. 예를 들어 $L = f(t)$가 부화한 지 t년이 지난 물고기의 길이(인치)를 나타낸다면 물고기의 길이는 t가 증가함에 따라 점차적으로 변할 것이다. 따라서 $L = f(t)$의 그래프에는 끊어진 부분이 없다(그림 2.46(a)). 그러나 일부 함수는 값의 급격한 변화를 포함한다. 다음 주차 요금을 고려하자. 요금은 25센트씩 올라가고, 25센트에 15분 동안 주차할 수 있다고 하자. 이때 $c(t)$를 20분 동안 주차하는 비용(달러)이라 하면 c의 그래프는 15분의 정수 배수 지점에서 끊어진다(그림 2.46(b)).

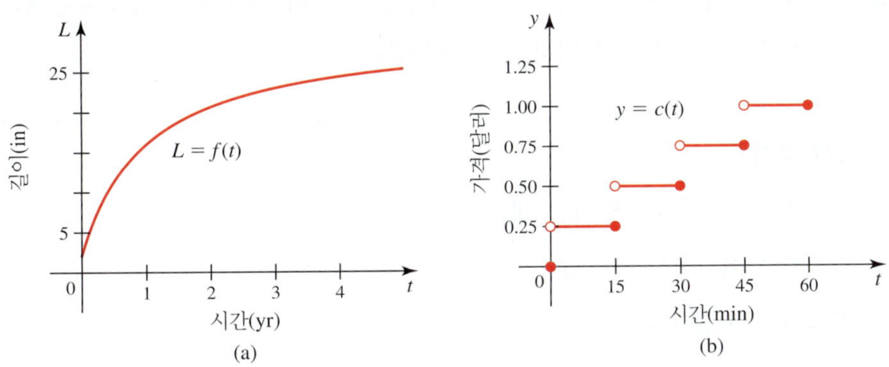

그림 2.46

쉽게 말하자면 f의 그래프가 점 a에 구멍이나 끊어진 부분이 없다면(즉, 연필을 들지 않고 a 근방에서 그래프를 그릴 수 있다면) 함수 f는 점 a에서 **연속(continuous)**이라고 말한다.

한 점에서 연속성

위와 같은 연속성에 대한 쉬운 설명은 간단한 함수의 연속성을 결정하기에 충분하지만 다음과 같은 복잡한 함수를 다루기에는 충분히 정확하지 않다.

$$h(x) = \begin{cases} x \sin \dfrac{1}{x}, & x \neq 0 \\ 0 \quad\quad\;\;, & x = 0 \end{cases}$$

h의 그래프는 x가 0에 가까워질수록 빠르게 진동하기 때문에 0에서 끊어져 있는지 판단하기 어렵다(그림 2.47). 더 나은 정의가 필요하다.

> **정의 한 점에서 연속성**
>
> $\lim_{x \to a} f(x) = f(a)$일 때, 함수 f는 점 a에서 **연속**이다.

이 정의에는 처음 보기보다 많은 내용을 포함하고 있다. $\lim_{x \to a} f(x) = f(a)$이면

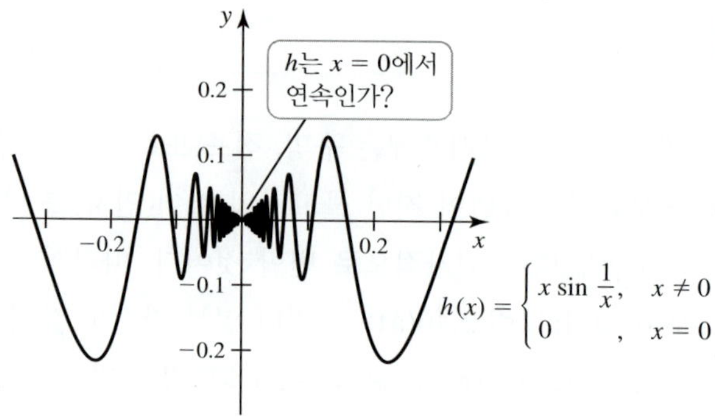

그림 2.47

$f(a)$와 $\lim_{x \to a} f(x)$가 모두 존재해야 하며, 이 둘은 같아야 한다. 다음 점검표는 함수가 a에서 연속인지 여부를 확인하는 데 유용하다.

연속성 점검표

f가 a에서 연속이 되려면 다음 세 조건이 성립해야 한다.

1. $f(a)$가 정의되어야 한다(a가 f의 정의역에 속해야 한다).

2. $\lim_{x \to a} f(x)$가 존재해야 한다.

3. $\lim_{x \to a} f(x) = f(a)$ (a에서 f의 값이 f의 극한값과 같다.)

연속성 점검표의 항목 중 하나라도 성립하지 않으면 함수는 a에서 연속일 수 없다. 이 정의로부터 연속성이 중요하고 실질적인 결과를 갖고 있다는 것을 알 수 있다.

> f가 a에서 연속이면 $\lim_{x \to a} f(x) = f(a)$이고 $\lim_{x \to a} f(x)$를 계산하기 위해 직접 대입을 사용할 수 있다.

f가 a를 포함하는 열린구간에서 정의될 때(가능하면 a를 제외하고), f가 a에서 연속이지 않으면 a에서 **불연속**(discontinuity)이라고 말한다(또는 a는 **불연속점**).

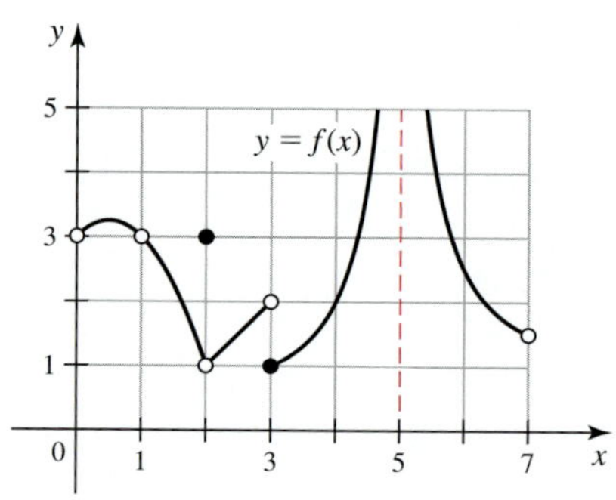

그림 2.48

➤ 예제 1에서 $x=1$과 $x=2$에서의 불연속성은 **없앨 수 있는 불연속성**이라고 한다. 이 점들에서 함수를 재정의함으로써 불연속성을 제거할 수 있기 때문이다(이 경우 $f(1) = 3$, $f(2) = 1$). $x = 3$에서의 불연속성을 **도약 불연속성**(jump discontinuity)이라고 한다. $x = 5$에서의 불연속성을 **무한 불연속성**(infinite discontinuity)이라고 한다. 이 용어들은 연습문제 49–53번에서 논의된다.

| 예제 1 | 불연속점 그림 2.48에 주어진 f의 그래프를 사용하여 구간 (0, 7)에서 f가 불연속인 점 x를 구하여라.

풀이 함수 f는 $x = 1, 2, 3, 5$에서 불연속인데, 이는 그래프에 구멍이나 끊어진 부분이 있기 때문이다. 연속성 점검표는 왜 f가 이 점들에서 연속이 아닌지 알려 준다.

- $f(1)$은 정의되지 않는다.
- $f(2) = 3$이고 $\lim_{x \to 2} f(x) = 1$이다. 따라서 $f(2)$와 $\lim_{x \to 2} f(x)$는 존재하지만 값이 같지는 않다.

• 좌극한 $\lim_{x\to 3^-} f(x) = 2$와 우극한 $\lim_{x\to 3^+} f(x) = 1$이 다르므로 $\lim_{x\to 3} f(x)$는 존재하지 않는다.

• 극한 $\lim_{x\to 5} f(x)$와 함숫값 $f(5)$ 모두 존재하지 않는다.

관련 연습문제 3번 ◀

| 예제 2 | 연속점 다음 함수가 점 a에서 연속인지 확인하여라. 연속성 점검표를 사용하여 구한 답을 설명하여라.

a. $f(x) = \dfrac{3x^2 + 2x + 1}{x - 1}, \quad a = 1$ **b.** $g(x) = \dfrac{3x^2 + 2x + 1}{x - 1}, \quad a = 2$

c. $h(x) = \begin{cases} x \sin \dfrac{1}{x}, & x \neq 0 \\ 0 \quad, & x = 0\text{일 때} \end{cases}, \quad a = 0$

QUICK CHECK 1 구간 $(0, 60)$의 어떤 t 값에 대하여 그림 2.46(b)에 주어진 $y = c(t)$의 그래프에 불연속성이 있는가? ◀

풀이

a. $f(1)$은 정의되지 않으므로 함수 f는 1에서 연속이 아니다.

b. g는 유리함수이고 분모는 2에서 0이 아니므로 정리 2.4에 의해 $\lim_{x\to 2} g(x) = g(2) = 17$이다. 따라서 g는 2에서 연속이다.

c. 정의에 따르면 $h(0) = 0$이다. 2.3절의 연습문제 41번에서 조임 정리를 사용하여 $\lim_{x\to 0} x \sin \frac{1}{x} = 0$을 보였다. 따라서 $\lim_{x\to 0} h(x) = h(0)$이며, 이는 h가 0에서 연속임을 의미한다.

관련 연습문제 9번 ◀

다음 정리를 사용하면 한 점에서 다양한 함수 조합의 연속성을 쉽게 확인할 수 있다.

정리 2.9 연속 법칙

f와 g가 a에서 연속이면 다음 함수들도 a에서 연속이다. 여기서 c는 상수이고 n은 양의 정수이다.

a. $f + g$ **b.** $f - g$

c. cf **d.** fg

e. $f/g\,(g(a) \neq 0$일 때$)$ **f.** $(f(x))^n$

첫 번째 결과를 증명하기 위해 f와 g가 a에서 연속인 경우 $\lim_{x\to a} f(x) = f(a)$ 및 $\lim_{x\to a} g(x) = g(a)$라는 점에 유의하자. 정리 2.3의 극한 법칙으로부터 다음이 성립한다.

$$\lim_{x\to a}(f(x) + g(x)) = f(a) + g(a)$$

따라서 $f + g$는 a에서 연속이다. 유사한 방법으로 차, 곱, 몫, 연속함수의 거듭제곱의 연속성도 보일 수 있다. 다음 정리는 정리 2.9의 직접적인 결과이다.

> **정리 2.10 다항함수와 유리함수**
>
> **a.** 다항함수는 모든 x에 대하여 연속이다.
>
> **b.** 유리함수 $\frac{p}{q}$는 $q(x) \neq 0$인 모든 x에 대하여 연속이다. 여기서 p와 q는 다항함수이다.

| 예제 3 | 연속 정리의 적용 함수 $f(x) = \dfrac{x}{x^2 - 7x + 12}$가 연속인 점 x를 구하여라.

풀이 함수 f는 유리함수이므로 정리 2.10b에 의해 분모가 0이 아닌 모든 x에 대하여 f가 연속이다. 분모를 인수분해하면 $(x-3)(x-4)$이므로 $x = 3$, $x = 4$에서 분모가 0이 된다. 따라서 f는 $x = 3$과 $x = 4$를 제외한 모든 x에 대하여 연속이다(그림 2.49).

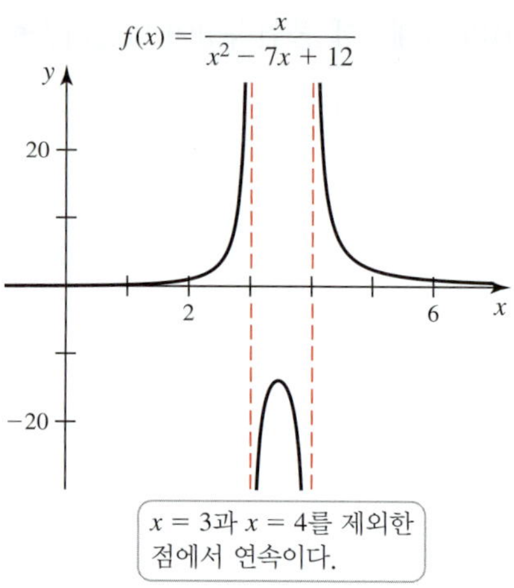

그림 2.49

관련 연습문제 14번 ◀

다음 정리는 한 점에서 합성함수(두 함수의 합성)의 연속 여부를 정하는 데 도움을 준다. 증명을 아는 것은 유익하며, 연습문제 54번에서 다룬다.

> **정리 2.11 한 점에서 합성함수의 연속성**
>
> g는 a에서 연속이고 f는 $g(a)$에서 연속이면 합성함수 $f \circ g$는 a에서 연속이다.

정리 2.11은 두 연속함수의 합성함수가 한 점에서 연속이라고 말할 수 있게 하므로 유용하다. 예를 들어 합성함수 $\left(\dfrac{x}{x-1}\right)^3$은 $x \neq 1$인 모든 x에 대하여 연속이다. 게다가 f와 g에 명시된 조건에서 $f \circ g$의 극한은 직접 대입으로 계산할 수 있다. 즉, 다음과 같다.

$$\lim_{x \to a} f(g(x)) = f(g(a))$$

| 예제 4 | 합성함수의 극한 극한 $\displaystyle\lim_{x \to 0}\left(\frac{x^4 - 2x + 2}{x^6 + 2x^4 + 1}\right)^{10}$을 계산하여라.

풀이 유리함수 $\dfrac{x^4 - 2x + 2}{x^6 + 2x^4 + 1}$는 분모가 항상 양수이므로 이 함수는 모든 x에 대하여 연속이다(정리 2.10b). 따라서 $\left(\dfrac{x^4 - 2x + 2}{x^6 + 2x^4 + 1}\right)^{10}$은 연속함수 $f(x) = x^{10}$에 대한 합성함수이며 연속인 유리함수이므로 정리 2.11에 의해 모든 x에 대하여 연속이다. 직접 대입을 사용하면 다음을 얻는다.

$$\lim_{x \to 0}\left(\frac{x^4 - 2x + 2}{x^6 + 2x^4 + 1}\right)^{10} = \left(\frac{0^4 - 2 \cdot 0 + 2}{0^6 + 2 \cdot 0^4 + 1}\right)^{10} = 2^{10} = 1024$$

관련 연습문제 16번 ◀

정리 2.11과 밀접하게 관련된 합성함수의 극한을 다루는 두 가지 유용한 결과가 있다. 다음은 이러한 결과들(하나는 다른 것의 더 일반적인 버전)을 단일 정리로 제시한 것이다.

정리 2.12 합성함수의 극한

1. g가 a에서 연속이고 f가 $g(a)$에서 연속이면 다음이 성립한다.

$$\lim_{x\to a} f(g(x)) = f\left(\lim_{x\to a} g(x)\right)$$

2. $\lim_{x\to a} g(x) = L$이고 f가 L에서 연속이면 다음이 성립한다.

$$\lim_{x\to a} f(g(x)) = f\left(\lim_{x\to a} g(x)\right)$$

증명 첫 번째 명제는 정리 2.11의 $\lim_{x\to a} f(g(x)) = f(g(a))$로부터 바로 얻을 수 있다. g가 a에서 연속이면 $\lim_{x\to a} g(x) = g(a)$이므로 다음이 성립한다.

$$\lim_{x\to a} f(g(x)) = f(\underbrace{g(a)}_{\lim_{x\to a} g(x)}) = f\left(\lim_{x\to a} g(x)\right)$$

두 번째 명제를 증명(부록)하려면 극한의 엄밀한 정의(2.7절)가 필요하다. ◀

정리 2.12의 두 명제는 극한과 함수의 계산 순서를 바꿔도 된다는 것을 알려 준다. 두 번째 명제로부터 합성함수의 안쪽 함수는 $x = a$에서 연속일 필요는 없지만, $x = a$에서 극한이 존재해야 함을 알 수 있다. 또한 정리 2.12의 첫 번째 명제에서 g가 a에서 오른쪽에서 연속 또는 왼쪽에서 연속인 경우 $\lim_{x\to a}$는 $\lim_{x\to a^+}$ 또는 $\lim_{x\to a^-}$로 바꿀 수 있음에 주목하자. 정리 2.12의 두 번째 명제에서 $\lim_{x\to a}$는 $\lim_{x\to\infty}$ 또는 $\lim_{x\to-\infty}$로 바꿀 수 있다.

| 예제 5 | 합성함수의 극한 다음 극한을 계산하여라.

a. $\lim_{x\to-1} \sqrt{2x^2 - 1}$ **b.** $\lim_{x\to 2} \cos\left(\dfrac{x^2 - 4}{x - 2}\right)$

풀이

a. 합성함수 $\sqrt{2x^2 - 1}$의 안쪽 함수는 $g(x) = 2x^2 - 1$이다. 이 함수는 -1에서 연속이고 양수이며 $g(-1) = 1$이다. $f(x) = \sqrt{x}$는 $g(-1) = 1$에서 연속(정리 2.3 법칙 7의 결과)이므로 정리 2.12의 첫 번째 명제를 얻을 수 있다.

$$\lim_{x\to-1} \sqrt{2x^2 - 1} = \sqrt{\underbrace{\lim_{x\to-1} (2x^2 - 1)}_{1}} = \sqrt{1} = 1$$

b. 이 절의 뒷부분에서 $\cos x$는 정의역의 모든 점에서 연속임을 보일 것이다. 합성

함수 $\cos\left(\dfrac{x^2-4}{x-2}\right)$의 안쪽 함수는 $\dfrac{x^2-4}{x-2}$이고, 이 함수는 2에서 불연속이다. 하지만 다음 극한은 성립한다.

$$\lim_{x\to 2}\frac{x^2-4}{x-2}=\lim_{x\to 2}\frac{(x-2)(x+2)}{x-2}=\lim_{x\to 2}(x+2)=4$$

따라서 정리 2.12의 두 번째 명제에 의해 다음을 얻는다.

$$\lim_{x\to 2}\cos\left(\frac{x^2-4}{x-2}\right)=\cos\left(\underbrace{\lim_{x\to 2}\frac{x^2-4}{x-2}}_{4}\right)=\cos 4\approx -0.654$$

관련 연습문제 17번 ◀

구간에서 연속성

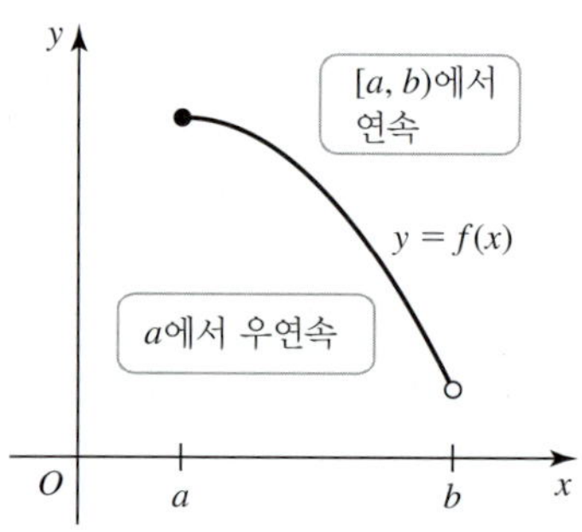

(a)

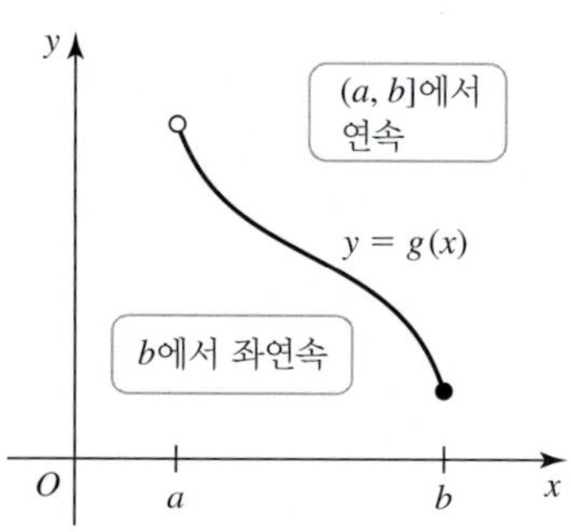

(b)

그림 2.50

함수가 구간 내 모든 점에서 연속인 경우 함수는 그 **구간에서 연속**이라고 말한다. 그림 2.50과 같은 그래프로 주어진 두 함수 f와 g를 생각해 보자. 이 두 함수는 구간 (a, b)의 모든 x에 대하여 연속이지만 구간의 끝점에서는 어떠한가? 이 질문에 답하기 위해 **좌연속**과 **우연속**의 개념을 소개한다.

정의 끝점에서 연속성

$\lim_{x\to a^+} f(x)=f(a)$일 때, 함수 f는 점 a에서 **오른쪽에서 연속**(또는 **우연속**)이라 한다. $\lim_{x\to b^-} f(x)=f(b)$일 때, 함수 f는 점 b에서 **왼쪽에서 연속**(또는 **좌연속**)이라 한다.

한 점에서 좌연속 및 우연속의 정의를 연속의 정의와 결합함으로써 함수가 구간에서 연속이라는 것이 무엇인지 정의한다.

정의 구간에서 연속성

함수 f는 구간 I의 모든 점에서 연속일 때, 함수는 **구간 I에서 연속**이라고 한다. 끝점을 포함하는 경우, I의 연속성은 끝점의 오른쪽 또는 왼쪽에서 연속임을 의미한다.

이러한 정의를 설명하기 위해 그림 2.50의 함수를 다시 살펴보자. 그림 2.50(a)에서 $\lim_{x\to a^+} f(x)=f(a)$이므로 f는 a에서 우연속이지만 $f(b)$가 정의되지 않으므로 f는 b에서 좌연속은 아니다. 따라서 f는 구간 $[a, b)$에서 연속이다. 그림 2.50(b)의 함수 g는 f와 반대 양상을 보인다. b에서는 좌연속이지만 a에서는 우연속이 아니다. 따라서 g는 구간 $(a, b]$에서 연속이다.

QUICK CHECK 2 그림 2.50의 두 함수 f와 g의 그래프를 구간 $[a, b]$에서 연속이 되도록 수정하여라. ◀

| 예제 6 | **연속인 구간** 다음 함수가 연속인 구간을 구하여라.

$$f(x) = \begin{cases} x^2 + 1, & x \le 0 \\ 3x + 5, & x > 0 \end{cases}$$

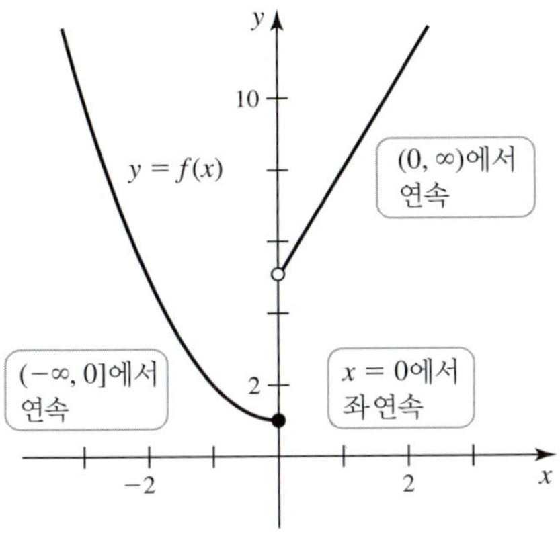

그림 2.51

풀이 함수 f의 조각 함수는 두 개의 다항식(포물선과 직선)으로 구성되어 있다(그림 2.51). 정리 2.10에 의해 f는 모든 $x \ne 0$에 대하여 연속이다. 그래프에서 f는 0에서 좌연속인 것으로 보인다. 이러한 관측은 다음 극한을 통해 검증할 수 있다.

$$\lim_{x \to 0^-} f(x) = \lim_{x \to 0^-} (x^2 + 1) = 1$$

이는 $\lim_{x \to 0^-} f(x) = f(0)$을 의미한다. 하지만 다음 극한에 의해 f는 0에서 우연속이 아님을 볼 수 있다.

$$\lim_{x \to 0^+} f(x) = \lim_{x \to 0^+} (3x + 5) = 5 \ne f(0)$$

따라서 f는 두 구간 $(-\infty, 0]$과 $(0, \infty)$에서 연속이다.

관련 연습문제 17번 ◀

거듭제곱근을 포함한 함수

정리 2.3의 극한 법칙 7이 다음과 같음을 기억해 보자.

$$\lim_{x \to a} (f(x))^{1/n} = \left(\lim_{x \to a} f(x)\right)^{1/n}$$

단, n이 짝수일 때 a 근방의 x에 대하여 $f(x) > 0$이다. 따라서 n이 홀수이고 f가 a에서 연속일 때, 다음에 의해 $(f(x))^{1/n}$은 a에서 연속이다.

$$\lim_{x \to a} (f(x))^{1/n} = \left(\lim_{x \to a} f(x)\right)^{1/n} = (f(a))^{1/n}$$

n이 짝수인 경우, $(f(x))^{1/n}$은 $f(x) \ge 0$에서만 정의되므로 $(f(x))^{1/n}$의 연속성은 조금 더 조심히 다루어야 한다. 2.7절의 연습문제 45번은 다음과 같은 중요한 사실을 확고히 해 준다.

> f가 a에서 연속이고 $f(a) > 0$이면 a를 포함한 어떤 구간의 모든 x에 대하여 $f(x) > 0$이다.

이 사실을 정리 2.11(합성함수의 연속성)과 결합하면 $f(a) > 0$일 때 $(f(x))^{1/n}$은 a에서 연속임을 알 수 있다. $f(a) = 0$인 점에서 $(f(x))^{1/n}$이 보이는 양상은 다양하다. 종종 $(f(x))^{1/n}$이 그 점에서 좌연속 또는 우연속이거나 양쪽에서 연속일 수 있다는 것을 발견한다.

정리 2.13 거듭제곱근이 있는 함수의 연속성

n은 양의 정수이다. n이 홀수이면 $(f(x))^{1/n}$은 f가 연속인 모든 점에서 연속이다. n이 짝수이면 $(f(x))^{1/n}$은 f가 연속이고 $f(a) > 0$인 모든 점 a에서 연속이다.

| 예제 7 | 거듭제곱근이 있는 함수의 연속성 다음 함수가 연속이 되는 x의 값을 구하여라.

a. $g(x) = \sqrt{9 - x^2}$ **b.** $f(x) = (x^2 - 2x + 4)^{2/3}$

풀이

a. g의 그래프는 상반원 $x^2 + y^2 = 9$이다($x^2 + y^2 = 9$를 y에 대하여 풀어 확인 가능하다). 그림 2.52에서 g는 구간 $[-3, 3]$에서 연속임을 볼 수 있다. 이 사실을 보이기 위해 g는 짝수 거듭제곱근을 포함한다는 것에 주목하라(정리 2.13에서 $n = 2$). $-3 < x < 3$일 때, $9 - x^2 > 0$이고 정리 2.13에 의해 g는 구간 $(-3, 3)$의 모든 x에서 연속이다.

오른쪽 끝점에서 한쪽 극한에 대한 극한 법칙 7에 의해 $\lim_{x\to 3^-} \sqrt{9 - x^2} = 0 = g(3)$이므로 g는 3에서 좌연속이다. 마찬가지로 $\lim_{x\to -3^+} \sqrt{9 - x^2} = 0 = g(-3)$이므로 g는 -3에서 우연속이다. 그러므로 g는 구간 $[-3, 3]$에서 연속이다.

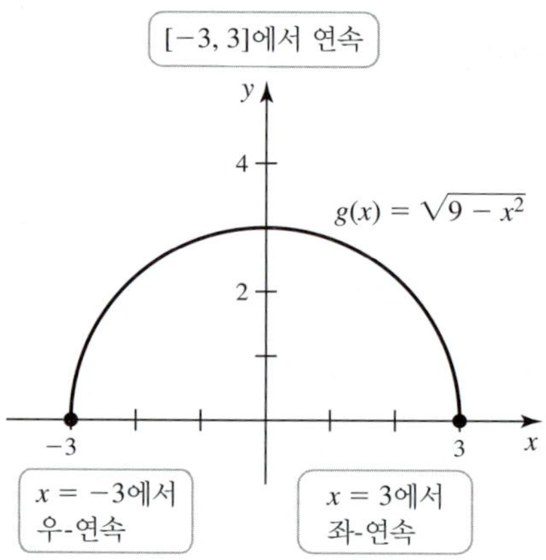

그림 2.52

b. 정리 2.10a에 의해 다항식 $x^2 - 2x + 4$는 모든 x에 대하여 연속이다. f를 $f(x) = ((x^2 - 2x + 4)^{1/3})^2$으로 다시 쓰면 f는 홀수 거듭제곱근(정리 2.13에서 $n = 3$)을 포함하는 것을 알 수 있다. 그러므로 f는 모든 x에서 연속이다.

관련 연습문제 17번 ◀

QUICK CHECK 3 $f(x) = x^{1/4}$은 어떤 구간에서 연속인가? $f(x) = x^{2/5}$은 어떤 구간에서 연속인가? ◀

초월함수의 연속성

이제 대수함수에서 정립한 연속성에 대한 이해를 초월함수에 적용할 수 있다.

삼각함수 2.3절에서 조임 정리는 사용하여 $\lim_{x\to 0} \sin x = 0$과 $\lim_{x\to 0} \cos x = 1$임을 보였다. $\sin 0 = 0$, $\cos 0 = 1$이므로 이 두 극한은 $\sin x$와 $\cos x$가 0에서 연속임을 나타낸다. $y = \sin x$의 그래프(그림 2.53)는 임의의 a에 대하여 $\lim_{x\to a} \sin x = \sin a$임을 나타내며, 이는 $\sin x$는 구간 $(-\infty, \infty)$에서 연속임을 의미한다. $y = \cos x$의 그래프도 모든 x에서 $\cos x$는 연속임을 나타낸다. 연습문제 56번에서 이러한 결과의 증거를 요약해 준다.

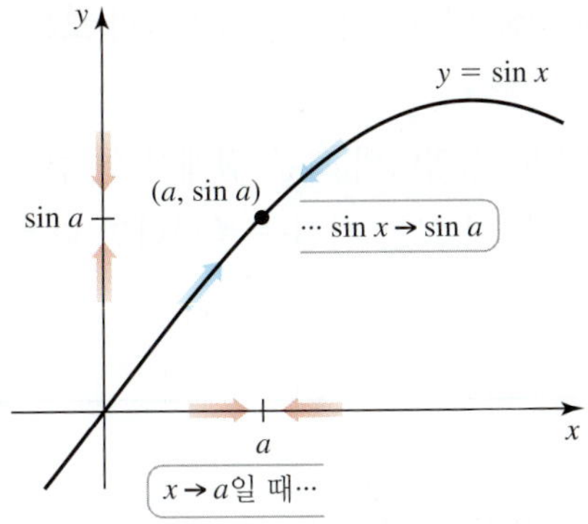

그림 2.53

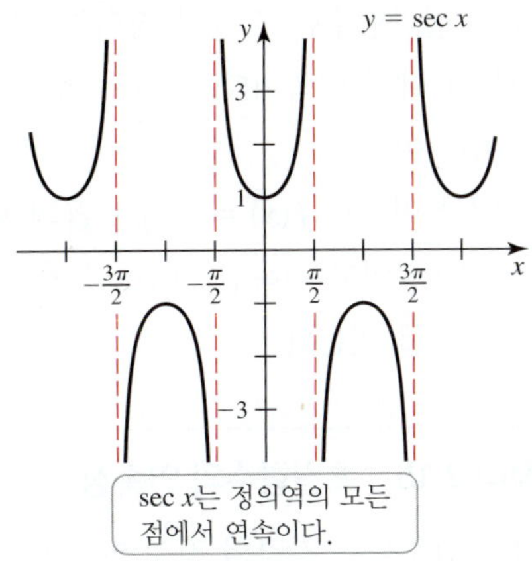

그림 2.54

이를 바탕으로 나머지 삼각함수가 정의역에서 연속이라는 것을 발견하기 위해 정리 2.9e를 이용한다. 예를 들어 $\sec x = 1/\cos x$이므로 $\cos x \neq 0$인 모든 x에 대하여($\pi/2$의 홀수 배를 제외한 모든 x에 대하여) 시컨트함수는 연속이다(그림 2.54). 마찬가지로 탄젠트함수, 코탄젠트함수, 코시컨트함수는 정의역의 모든 점에서 연속이다.

지수함수 $0 < b < 1$ 또는 $b > 1$에 대한 $f(x) = b^x$ 꼴 지수함수의 연속성은 중요한 질문을 던진다. 함수 $f(x) = 4^x$(그림 2.55)을 고려하자. x가 유리수인 경우 f의 계산은 다음과 같이 관습적으로 할 수 있다.

$$4^3 = 4 \cdot 4 \cdot 4 = 64, \quad 4^{-2} = \frac{1}{4^2} = \frac{1}{16}, \quad 4^{3/2} = \sqrt{4^3} = 8, \quad 4^{-1/3} = \frac{1}{\sqrt[3]{4}}$$

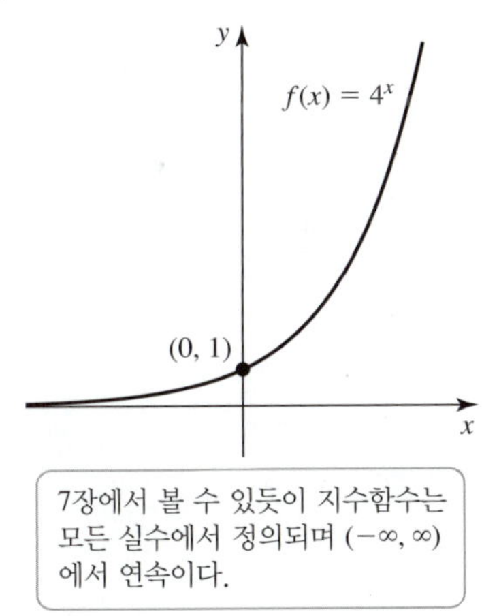

그림 2.55

하지만 x가 $\sqrt{2}$와 같은 무리수일 때 4^x은 무엇을 의미하는가? $f(x) = 4^x$이 모든 실수에서 연속이려면 x가 무리수일 때 정의되어야 한다. $4^{\sqrt{2}}$과 같은 식에 대하여 적절한 정의를 제공하려면 수학적 결과가 필요하다. 이 수학적 결과는 7장까지 나오지 않으므로 그때까지는 $f(x) = b^x$의 정의역이 모든 실수의 집합이며 f가 정의역의 모든 점에서 연속이라고 증명 없이 가정한다.

역함수 함수 f가 구간 I에서 연속이며 일대일이라 가정하자. f의 그래프를 직선 $y = x$에 대하여 대칭키시면 f^{-1}의 그래프를 얻는다. f^{-1}의 그래프를 대칭이동시키는 과정에 불연속성이 없기 때문에 I에 대응하는 구간에서 f^{-1}가 연속이라는 것이 그럴 듯하다(실제로 진실이다). 형식적인 증명 없이 이 사실을 진술한다.

정리 2.14 역함수의 연속성

함수 f가 구간 I에서 연속이고 I에서 역함수가 존재할 때, 그 역함수 f^{-1}도 연속이다(여기서 정의역은 점 $f(x)$로 구성된 구간이며, x는 구간 I에 있다).

모든 삼각함수는 각각의 정의역에서 연속이므로 역함수를 정의하기 위해 제한한 정의역에서 연속이다. 따라서 정리 2.14에 의해 역삼각함수는 정의역의 모든 점에서 연속이다.

동일한 이유로 $f(x) = \log_b x$ 꼴의 로그함수도 정의역의 모든 점에서 연속이다. 이는 일대일이고 연속인 지수함수의 역함수이다. 이 모든 사실을 종합하면 다음과 같은 정리를 얻는다.

정리 2.15 초월함수의 연속성

다음 함수들은 각각의 정의역에 속하는 모든 점에서 연속이다.

삼각함수		역삼각함수		지수함수	
$\sin x$	$\cos x$	$\sin^{-1} x$	$\cos^{-1} x$	b^x	e^x
$\tan x$	$\cot x$	$\tan^{-1} x$	$\cot^{-1} x$	**로그함수**	
$\sec x$	$\csc x$	$\sec^{-1} x$	$\csc^{-1} x$	$\log_b x$	$\ln x$

정리 2.15에 나열된 각각의 함수에 대하여 a가 함수 f의 정의역에 속한 경우 극한 $\lim_{x \to a} f(x) = f(a)$가 성립한다. 즉, 이러한 함수의 극한은 정의역의 각 점에 직접 대입하여 계산할 수 있음을 의미한다.

| 예제 8 | 초월함수를 포함한 극한 극한으로 주어진 함수의 연속성을 조사하고, 극한을 분석하여라.

a. $\lim_{x \to 0} \dfrac{\cos^2 x - 1}{\cos x - 1}$ **b.** $\lim_{x \to 1} (\sqrt[4]{\ln x} + \tan^{-1} x)$

풀이

▶ 예제 8a와 같은 극한은 0/0 꼴이며 부정형으로 알려져 있다. 4.7절에서 이에 대하여 자세히 알아볼 것이다.

a. 정리 2.9와 정리 2.15에 의해 모든 x에 대하여 $\cos^2 x - 1$과 $\cos x - 1$ 모두 연속이다. 하지만 이 두 함수의 유리식은 $\cos x - 1 \neq 0$일 때(x가 2π의 정수 배가 아닐 때)만 연속이다. $x \to 0$일 때 $\dfrac{\cos^2 x - 1}{\cos x - 1}$의 분자와 분모는 모두 0에 접근함에 주목하자. 인수분해한 후 식을 간단히 하면 다음과 같다.

$$\lim_{x \to 0} \frac{\cos^2 x - 1}{\cos x - 1} = \lim_{x \to 0} \frac{(\cos x - 1)(\cos x + 1)}{\cos x - 1} = \lim_{x \to 0} (\cos x + 1)$$

여기서 $\cos x - 1$은 x가 0에 접근할 때 0이 아니므로 약분할 수 있다. 이제 우극한은 직접 대입을 통해 계산된다.

$$\lim_{x \to 0} (\cos x + 1) = \cos 0 + 1 = 2$$

QUICK CHECK 4 $f(x) = \sqrt[4]{\ln x}$는 $x = 1$에서 우연속임을 보여라. ◀

b. 정리 2.15에 의해 $\ln x$는 정의역 $(0, \infty)$에서 연속이다. 그러나 $x > 1$일 때만 $\ln x > 0$이므로 정리 2.13에 의해 $\sqrt[4]{\ln x}$는 $(1, \infty)$에서 연속이다. $x=1$에서 $\sqrt[4]{\ln x}$

는 우연속이다(QUICK CHECK 4). $\tan^{-1} x$의 정의역은 모든 실수의 집합이며, $(-\infty, \infty)$에서 연속이다. 따라서 $[1, \infty)$에서 $f(x) = \sqrt[4]{\ln x} + \tan^{-1} x$는 연속이다. f의 정의역이 $x < 1$인 점을 포함하지 않으므로 $\lim_{x \to 1^-} \left(\sqrt[4]{\ln x} + \tan^{-1} x\right)$는 존재하지 않으며, 따라서 $\lim_{x \to 1} \left(\sqrt[4]{\ln x} + \tan^{-1} x\right)$도 존재하지 않는다.

관련 연습문제 32번 ◀

실용적이고 이론적으로 잘 쓰는 중요한 정리를 다루며 이 절을 마무리한다.

중간값 정리

수학에서 일반적인 문제는 $f(x) = L$ 형태의 방정식에 대한 해를 찾는 것이다. 이 방정식을 만족하는 x의 값을 찾기 전에 해가 존재하는지 확인하는 것이 좋다.

해의 존재는 종종 **중간값 정리**(Intermediate Value Theorem)라고 알려진 결과를 사용하여 확인한다. 함수 f와 상수 L이 주어지면 L이 $f(a)$와 $f(b)$ 사이($L \neq f(a), f(b)$)에 있다고 가정한다. 중간값 정리에 따르면 f가 $[a, b]$에서 연속이면 f의 그래프는 적어도 한 번 수평선 $y = L$과 만나야 한다(그림 2.56). 이 정리는 쉽게 설명할 수 있지만 그 증명은 이 책의 범위를 벗어난다.

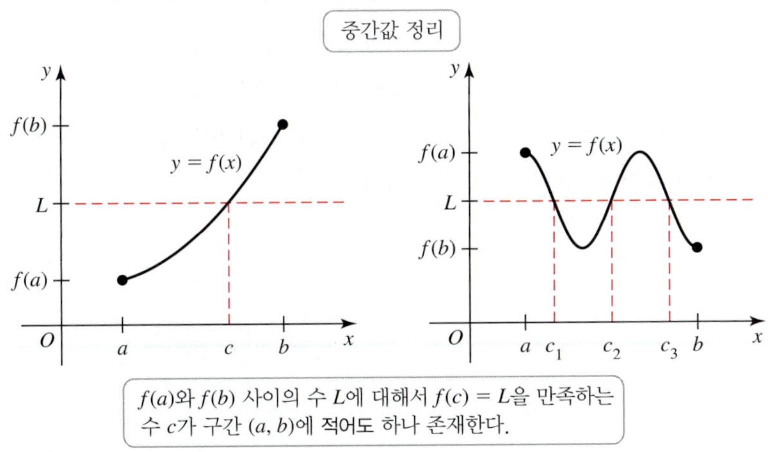

그림 2.56

> **정리 2.16 중간값 정리**
>
> 함수 f가 구간 $[a, b]$에서 연속이고 L은 $f(a)$와 $f(b)$ 사이($L \neq f(a), f(b)$)의 값일 때, $f(c) = L$을 만족하는 수 c가 구간 (a, b)에 적어도 한 개 존재한다.

정리 2.16에서 연속성의 중요성은 그림 2.57에 주어진 $[a, b]$에서 연속이지 않은 함수 f로 설명된다. 그림에 나타난 L을 살펴보면 $f(c) = L$을 만족하는 c 값은 구간 (a, b)에 없다. 다음 예제는 중간값 정리가 실제로 어떻게 적용되는지 보여 준다.

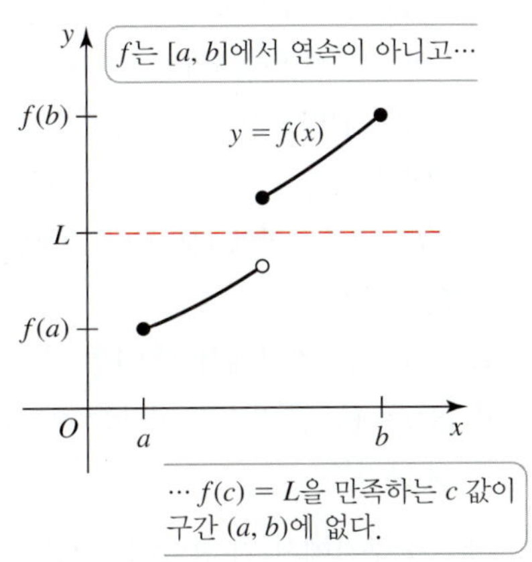

그림 2.57

| 예제 9 | 이자율 계산 연간 이자율이 r로 고정된 매월 복리로 계산되는 5년 만기 특별 저축 예금계좌에 \$1000를 투자한다고 하자. 5년(60개월) 후 계좌의 금액 A는 $A(r) = 1000\left(1 + \frac{r}{12}\right)^{60}$ 이다. 목표는 5년 후에 \$1400를 만드는 것이다.

a. 중간값 정리를 사용하여 $A(r) = 1400$을 만족하는 $(0, 0.08)$의 r 값, 즉 0%와 8% 사이의 이자율 r이 존재함을 보여라.

b. 그래프 유틸리티를 사용하여 **a**에서 구한 답을 설명한 다음, 목표에 도달하기 위한 이자율을 추정하여라.

QUICK CHECK 5 함수 $f(x) = x^3 + x + 1$에 대하여 방정식 $f(x) = 0$은 구간 $[-1, 1]$에서 근을 갖는가? 이유를 설명하여라. ◀

풀이

a. 차수가 60인 r에 대한 다항함수 $A(r) = 1000\left(1 + \frac{r}{12}\right)^{60}$은 모든 r에 대하여 연속이다. 구간 $[0, 0.08]$의 끝점에서 $A(r)$을 구하면 $A(0) = 1000$, $A(0.08) \approx 1489.85$이다. 따라서 부등식

$$A(0) < 1400 < A(0.08)$$

과 중간값 정리에 의해 $A(r) = 1400$를 만족하는 r값이 구간 $(0, 0.08)$에 존재함을 알 수 있다.

b. $y = A(r)$의 그래프와 수평선 $y = 1400$이 그림 2.58에 주어져 있다. 그림을 보면 두 그래프는 $r = 0$과 $r = 0.08$ 사이에서 만나는 것이 분명하다. $A(r) = 1400$을 대수적으로 풀거나 근을 찾는 컴퓨터 프로그램을 사용하면 곡선과 직선이 $r \approx 0.0675$에서 교차한다는 것을 알 수 있다. 따라서 5년 후 투자 금액이 \$1400가 되려면 약 6.75%의 금리가 돼야 한다.

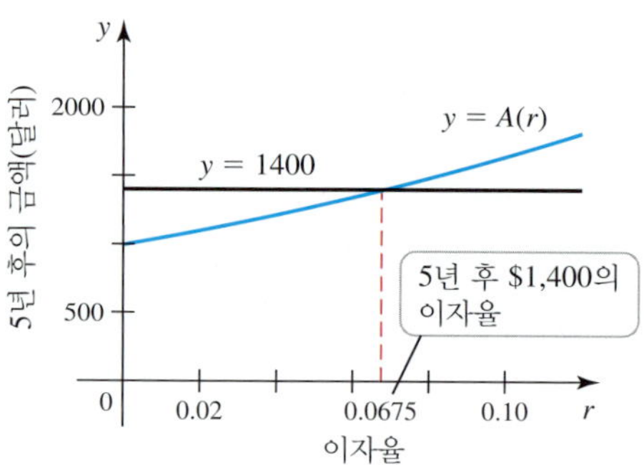

그림 2.58

관련 연습문제 38번 ◀

2.6절 연습문제

1단계 스타트

1. 다음 중 정의역의 모든 값에 대하여 연속인 함수는 무엇인가? 이유를 설명하여라.

a. $a(t)$ = (비행기에서 뛰어내린 지 t초 후 스카이다이버의 고도)

b. $n(t)$ = (주차장에 t분 동안 주차할 때 필요한 25센트 동전의 개수)

c. $T(t)$ = (시카고에서 1월 1일 자정으로부터 t분 후의 온도)

d. $p(t)$ = (농구 경기가 시작한 지 t분 후 농구 선수가 득점한 점수)

2. 함수가 구간에서 연속이라는 것은 무엇을 의미하는가?

3–4. 다음 함수 f가 구간 $(0, 5)$에서 불연속인 점을 구하여라. 각 불연속점이 연속성 점검표 중 무엇을 위반했는지 말하여라.

3.

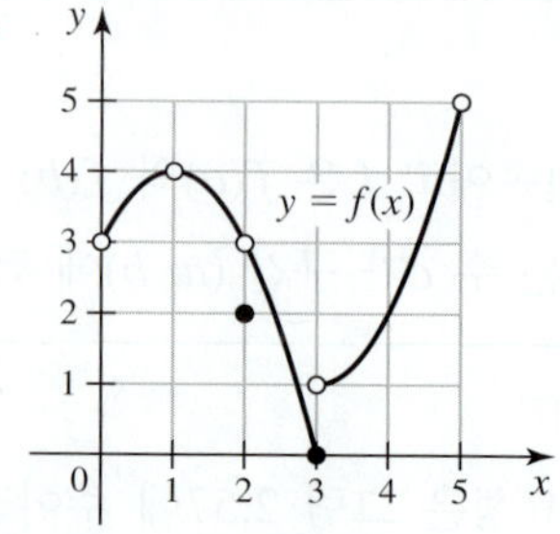

4.

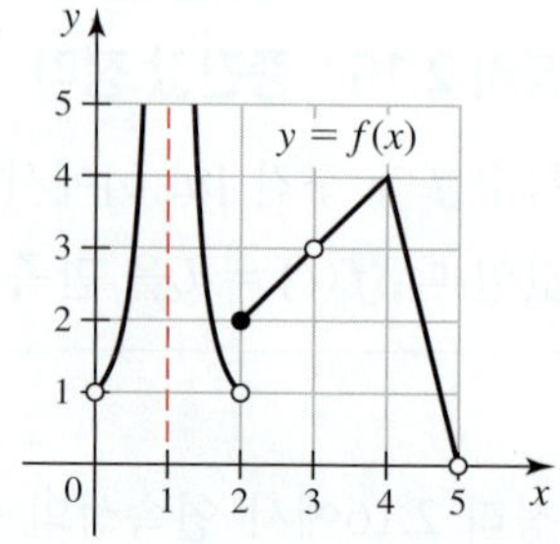

5. 극한에 관한 용어를 사용하여 다음 문장을 완성하여라.

a. ________일 때, 함수는 a의 왼쪽에서 연속이다.

b. ________일 때, 함수는 a의 오른쪽에서 연속이다.

6–7. 다음 함수가 연속인 구간을 구하여라. 구간의 끝점에서 f가 좌연속, 우연속인 점은 각각 어디인가?

6. 연습문제 3번의 그래프 7. 연습문제 4번의 그래프

8. 함수 $f(x) = e^x/x$의 정의역인 무엇인가? 함수 f는 어디에서 연속인가?

2단계 실전

9–12. 한 점에서 연속성 다음 함수가 a에서 연속인지 조사하여라. 연속성 점검표를 사용하여 답을 확인하여라.

9. $f(x) = \dfrac{2x^2 + 3x + 1}{x^2 + 5x}$, $a = -5$

10. $f(x) = \sqrt{x - 2}$, $a = 1$

11. $f(x) = \begin{cases} \dfrac{x^2 - 1}{x - 1}, & x \neq 1 \\ 3, & x = 1 \end{cases}$, $a = 1$

12. $f(x) = \dfrac{5x - 2}{x^2 - 9x + 20}$, $a = 4$

13–15. 연속성 다음 함수가 연속인 구간을 구하여라.

13. $p(x) = 4x^5 - 3x^2 + 1$ 14. $f(x) = \dfrac{x^5 + 6x + 17}{x^2 - 9}$

15. $f(x) = \dfrac{1}{x^2 - 4}$

16–19. 극한 다음 극한을 계산하고, 답을 설명하여라.

16. $\lim_{x\to 0} (x^8 - 3x^6 - 1)^{40}$ 17. $\lim_{x\to 4} \sqrt{\dfrac{x^3 - 2x^2 - 8x}{x - 4}}$

18. $\lim_{x\to 1} \left(\dfrac{x + 5}{x + 2}\right)^4$ 19. $\lim_{x\to 5} \ln \dfrac{6\left(\sqrt{x^2 - 16} - 3\right)}{5x - 25}$

20. **연속인 구간** 주어진 함수에 대하여 다음 단계를 수행하여라.

a. 연속성 점검표를 사용하여 f가 a에서 연속이 아님을 보여라.

b. f가 a의 왼쪽에서 또는 오른쪽에서 연속인지 확인하여라.

c. 연속인 구간을 구하여라.

$$f(x) = \begin{cases} 2x, & x < 1 \\ x^2 + 3x, & x \geq 1 \end{cases}, \; a = 1$$

21–24. 거듭제곱근이 있는 함수 다음 함수가 연속인 구간을 구하여라. 구간의 끝점에서 f가 좌연속인 점과 우연속인 점은 각각 어디인가?

21. $f(x) = \sqrt{5 - x}$ 22. $f(x) = \sqrt{2x^2 - 16}$

23. $f(x) = \sqrt[3]{x^2 - 2x - 3}$ 24. $f(x) = (2x - 3)^{2/3}$

25–30. 다음 극한을 계산하여라.

25. $\lim_{x\to 2} \sqrt{\dfrac{4x + 10}{2x - 2}}$ 26. $\lim_{x\to \pi} \dfrac{\cos^2 x + 3\cos x + 2}{\cos x + 1}$

27. $\lim_{x\to 3} \sqrt{x^2 + 7}$ 28. $\lim_{x\to \pi/2} \dfrac{\sin x - 1}{\sqrt{\sin x} - 1}$

29. $\lim_{x\to 0} \dfrac{\cos x - 1}{\sin^2 x}$ 30. $\lim_{x\to 0} \dfrac{e^{4x} - 1}{e^x - 1}$

31–33. 초월함수의 연속성과 극한 다음 함수가 연속인 구간을 구하고, 주어진 극한을 분석하여라.

31. $f(x) = \csc x$, $\lim_{x\to \pi/4} f(x)$, $\lim_{x\to 2\pi^-} f(x)$

32. $f(x) = \dfrac{1 + \sin x}{\cos x}$, $\lim_{x\to \pi/2^-} f(x)$, $\lim_{x\to 4\pi/3} f(x)$

33. $f(x) = \dfrac{e^x}{1 - e^x}$, $\lim_{x\to 0^-} f(x)$, $\lim_{x\to 0^+} f(x)$

34–36. 중간값 정리의 활용

a. 중간값 정리를 사용하여 다음 방정식이 주어진 구간에서 근을 가짐을 보여라.

b. 그래프 유틸리티를 사용하여 주어진 구간에서 다음 방정식의 모든 근을 구하여라.

c. 구한 답을 나타내는 적절한 그래프를 그려라.

34. $2x^3 + x - 2 = 0$, $(-1, 1)$

35. $x^3 - 5x^2 + 2x = -1$, $(-1, 5)$

36. $x + e^x = 0$, $(-1, 0)$

37. **참 또는 거짓** 다음 명제가 참이면 증명하고 거짓이면 반례를 들어라.

a. 함수가 a에서 좌연속이고 우연속이면 함수는 a에서 연속이다.

b. 함수가 a에서 연속이면 함수는 a에서 좌연속이고 우연속이다.

c. $a < b$, $f(a) \leq L \leq f(b)$이면 구간 (a, b)에 $f(c) = L$을 만족하는 c가 존재한다.

d. f가 구간 $[a, b]$에서 연속이면 구간 (a, b)에 $f(c) = (f(a) + f(b))/2$를 만족하는 c가 존재한다.

38. 이자율 연이율이 r인 월 복리 계좌에 \$5000를 10년(120개월) 동안 저축한다고 가정하면 10년 후 계좌에 있는 금액은 $A(r) = 5000(1 + r/12)^{120}$으로 주어진다.

a. 10년 후 저축 목표 \$7000를 달성할 수 있는 연이율 r값이 구간 (0, 0.08) 사이(0%에서 8% 사이의 이자율)에 있음을 보여라.

b. 그래프를 사용하여 a에서 구한 답을 설명하여라. 그다음 저축 목표에 도달하는 데 필요한 이자율을 대략적으로 계산하여라.

39. 방정식 $2x = \cos x$의 해를 포함하는 구간을 구하여라. 그래프 유틸리티를 사용하여 근의 근삿값을 구하여라.

3단계 도전

40. 절댓값 함수의 연속성 절댓값 함수 $|x|$가 모든 x에 대하여 연속임을 증명하여라(힌트: 절댓값 함수의 정의를 사용하여 $\lim_{x\to 0^-}|x|$와 $\lim_{x\to 0^+}|x|$를 계산한다).

41–42. 절댓값을 포함한 함수의 연속성 절댓값 함수의 연속성(연습문제 40번)을 사용하여 다음 함수가 연속인 구간을 정하여라.

41. $f(x) = |x^2 + 3x - 18|$ **42.** $h(x) = \left|\dfrac{1}{\sqrt{x} - 4}\right|$

43. 그래프 유틸리티 사용의 위험 주어진 그림은 톱니 함수 $y = x - \lfloor x \rfloor$의 그래프를 그래프 유틸리티를 사용하여 구한 것이다. 여기서 $\lfloor x \rfloor$는 작거나 같은 최대 정수 또는 바닥 함수(2.2절의 연습문제 28번)이다. 그래프에 나타나는 모든 부정확한 부분을 찾은 다음 정확한 그래프를 직접 그려라.

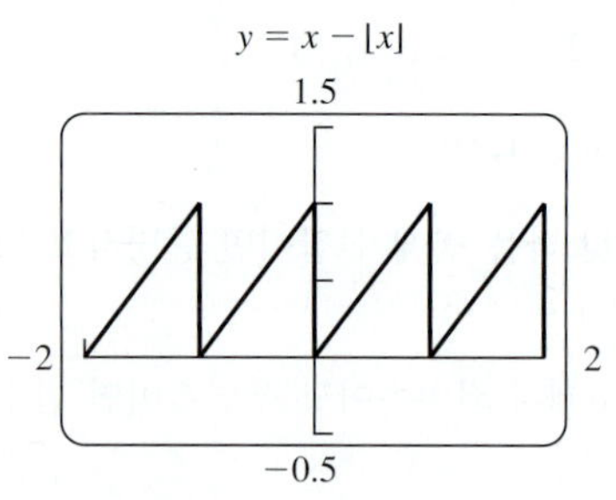

44. 함수의 그래프 그리기

a. 1에서 정의되었지만 1에서 연속이 아닌 함수의 그래프를 그려라.

b. 1에서 극한을 갖지만 1에서 연속이 아닌 함수의 그래프를 그려라.

45. 미지의 상수 함수 g가 다음과 같다.

$$g(x) = \begin{cases} x^2 + x, & x < 1 \\ a \quad , & x = 1 \\ 3x + 5, & x > 1 \end{cases}$$

a. g가 1에서 좌연속이 되도록 a의 값을 정하여라.

b. g가 1에서 우연속이 되도록 a의 값을 정하여라.

c. g가 1에서 연속이 되도록 하는 a의 값이 존재하는가? 이유를 설명하라.

46. 자연지수함수를 포함한 함수의 점근선

함수 f가 $f(x) = \dfrac{2e^x + 10e^{-x}}{e^x + e^{-x}}$일 때, 극한 $\lim_{x\to 0} f(x)$, $\lim_{x\to -\infty} f(x)$, $\lim_{x\to\infty} f(x)$를 구하여라. f의 수직 점근선과 수평 점근선을 찾은 다음, f의 그래프를 그려서 구한 답을 확인하여라.

47. 중간값 정리의 활용 중간값 정리를 사용하여 다음 방정식이 주어진 구간에서 세 근을 가짐을 보여라. 그래프 유틸리티를 사용하여 근의 근삿값을 구하여라.

$$x^3 + 10x^2 - 100x + 50 = 0, \ (-20, 10)$$

48. 수도승과 산 한 수도승이 새벽에 계곡에 있는 수도원에서 출발했다. 그는 꼬불꼬불한 길을 하루 종일 걸었고, 점심을 먹기 위해 걸음을 멈추고 도중에 낮잠을 잤다. 그는 해질 무렵 산꼭대기에 있는 절에 도착했다. 다음날 수도승은 새벽에 절을 나와 하루 종일 같은 길을 걸어 저녁에 계곡에 있는 수도원에 도착했다. 하루 중 같은 시각에 수도승이 지나간 오르막길과 내리막길의 한 지점이 존재하는가? 이유를 설명하여라(힌트: 중간값 정리를 사용하지 않고 이 질문에 답할 수 있다). (출처: Arthur Koestler, *The Act of Creation*)

49–50. 불연속성 분류 그래프 (a)와 그래프 (b)의 불연속성은 a에서 $f(a) = \lim_{x\to a} f(x)$가 되도록 f를 정의하거나 재정의하면 없어지므로 **없앨 수 있는 불연속성**이다. 그래프 (c)의 함수는 a에서 좌극한과 우극한이 존재하지만 같지는 않기 때문에 **도약 불연속성**(jump discontinuity)을 갖는다. 그래프 (d)의 함수는 a에서 수직 점근선이 있으므로 **무한 불연속성**(infinite discontinuity)을 갖는다.

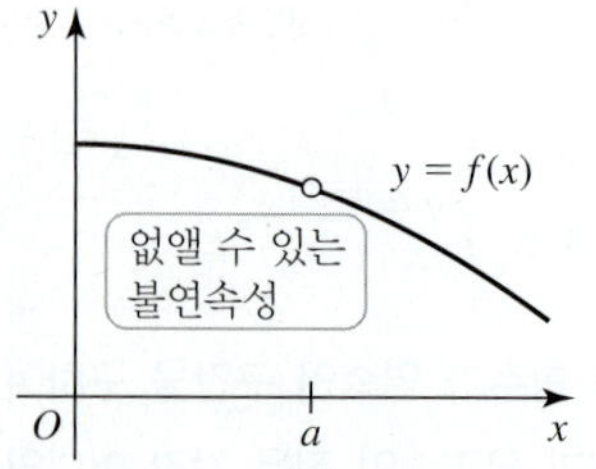

(a)

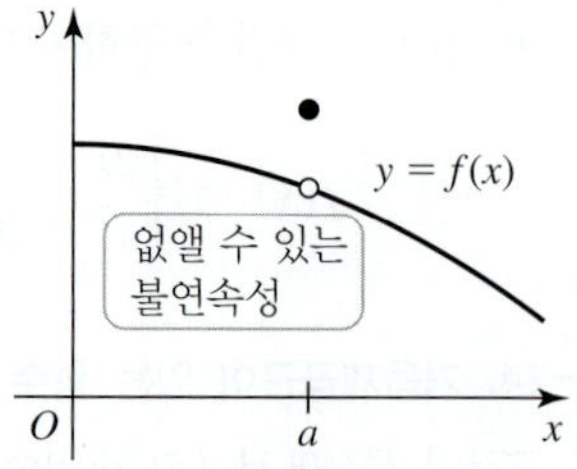

(b)

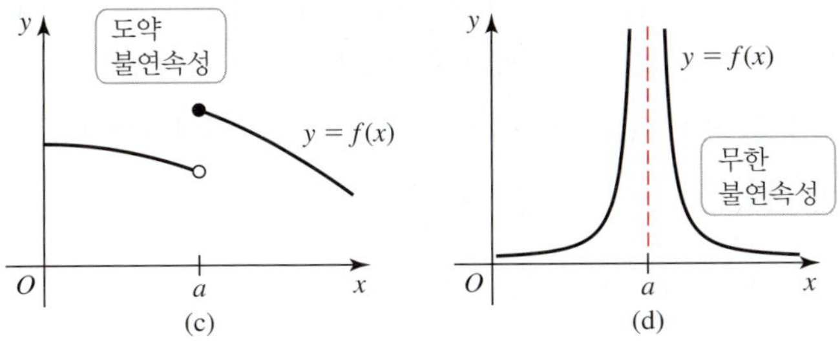

49. 그래프 (c)의 a에서 불연속성을 없앨 수 있는가? 이유를 설명하여라.

50. 그래프 (d)의 a에서 불연속성을 없앨 수 있는가? 이유를 설명하여라.

51-52. 주어진 점에서 다음 함수의 불연속성을 분류하여라.

51. $f(x) = \dfrac{x^2 - 7x + 10}{x - 2}$, $x = 2$

52. $h(x) = \dfrac{x^3 - 4x^2 + 4x}{x(x - 1)}$, $x = 0$, $x = 1$

53. 제거 가능한 불연속점이 존재하는가?

a. 함수 $f(x) = x \sin(1/x)$은 $x = 0$에서 제거 가능한 불연속점을 갖는가? 이유를 설명하여라.

b. 함수 $g(x) = \sin(1/x)$은 $x = 0$에서 제거 가능한 불연속점을 갖는가? 이유를 설명하여라.

54. 합성함수의 연속성 정리 2.11, 즉 g가 a에서 연속이고 f가 $g(a)$에서 연속일 때, 합성함수 $f \circ g$는 a에서 연속임을 증명하여라(힌트: f와 g에 대한 연속성의 정의를 각각 쓴 다음 이들을 결합하여 $f \circ g$에 대한 연속성의 정의를 형성한다).

55. 합성함수의 연속성

a. 두 함수 f와 g는 각각 0에서 연속이지만 $f \circ g$는 0에서 불연속인 두 함수 f와 g를 찾아라.

b. **a**에서 찾은 두 함수 f와 g가 정리 2.11의 반례가 되지 못하는 이유를 설명하여라.

56. $\sin x$와 $\cos x$의 연속성

a. 항등식 $\sin(a + h) = \sin a \cos h + \cos a \sin h$와 극한 $\lim_{x \to 0} \sin x = 0$을 사용하여 $\lim_{x \to a} \sin x = \sin a$를 증명하여라. 이 결과로 $\sin x$는 모든 x에서 연속이라 말할 수 있다(힌트: $h = x - a$로 놓으면 $x = a + h$이고, $x \to a$일 때 $h \to 0$임을 이용한다).

b. 항등식 $\cos(a + h) = \cos a \cos h - \sin a \sin h$와 극한 $\lim_{x \to 0} \cos x = 1$을 사용하여 $\lim_{x \to a} \cos x = \cos a$를 증명하여라.

QUICK CHECK 정답

1. $t = 15, 30, 45$ **2.** 끝 점을 채워라. **3.** $[0, \infty), (-\infty, \infty)$ **4.** 극한 $\lim_{x \to 1^+} \sqrt[4]{\ln x} = \sqrt[4]{\lim_{x \to 1^+} \ln x} = 0$과 함숫값 $f(1) = \sqrt[4]{\ln 1} = 0$에 주목하자. $\lim_{x \to 1^+} \sqrt[4]{\ln x} = \sqrt[4]{\ln 1}$이므로 함수는 $x = 1$에서 우연속이다. **5.** f는 $[-1, 1]$에서 연속이고 $f(-1) < 0 < f(1)$이므로 방정식 $f(x) = 0$은 $[-1, 1]$에서 근을 갖는다.

2.7 극한의 엄밀한 정의

이전 절에서 이미 접한 극한의 정의는 대부분의 기본적인 극한에는 적합하다. 그러나 정의에 사용된 용어 중 **충분히 가까운** 그리고 **한없이 큰** 것과 같은 일부 용어는 설명이 필요하다. 이 절의 목표는 이전에 소개한 극한의 정의를 엄밀한 수학적 명제로 바꿔서 극한에 확실한 수학적 기초를 제공하는 것이다.

엄밀한 정의로 나아가기

함수 f가 a를 제외하고 a 근방의 모든 x에 대하여 정의된다고 가정하자. $\lim_{x \to a} f(x) = L$은 a에 충분히 가깝지만 같지 않은 모든 x에 대하여 $f(x)$가 한없이 L에 가깝다는 것을 의미함을 기억하자. 이 극한의 정의는 $f(x)$와 L 사이의 거리가 $|f(x) - L|$

➤ 'a 근방의 모든 x'라는 말은 'a를 포함하는 개구간의 모든 x'를 의미한다.

이고 x와 a 사이의 거리가 $|x - a|$임을 관찰함으로써 정밀하게 정의된다. 따라서 $|f(x) - L|$을 a와 같지 않은 임의의 x에 대하여 임의로 작게 만들 수 있다면 $\lim_{x \to a} f(x) = L$로 쓴다. 예를 들어 $|f(x) - L|$이 0.1보다 작기를 원한다면 다음을 만족하는 양수 δ를 찾아야 한다.

$$x \neq a\text{이고 } |x - a| < \delta\text{일 때 } |f(x) - L| < 0.1$$

$|f(x) - L|$이 0.001보다 작기를 원한다면 다음을 만족하는 다른 양수 δ를 찾아야 한다.

$$0 < |x - a| < \delta\text{일 때 } |f(x) - L| < 0.001$$

극한이 존재하려면 임의의 양수 ε에 대하여 다음을 만족하는 양수 δ를 항상 찾을 수 있어야 한다.

$$0 < |x - a| < \delta\text{일 때 } |f(x) - L| < \varepsilon$$

➤ 그리스 문자 δ(델타)와 ε(입실론)은 극한에서 작은 양수를 나타낸다.

➤ 두 조건 $|x - a| < \delta$와 $x \neq a$는 하나의 조건 $0 < |x - a| < \delta$로 간결하게 쓸 수 있다.

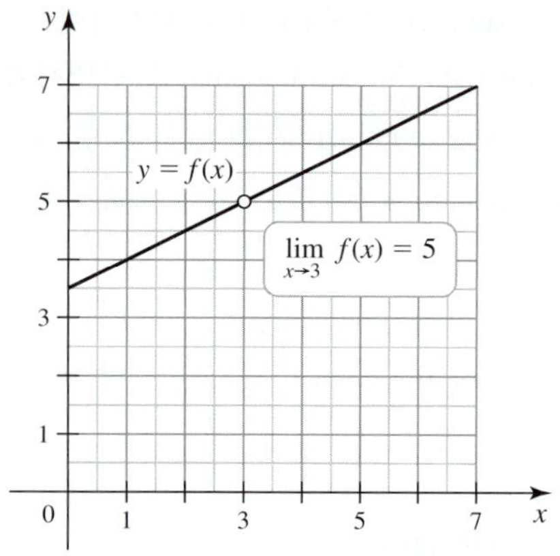

그림 2.59

➤ 미적분학의 창시자인 아이작 뉴턴(Isaac Newton, 1642–1727)과 고트프리트 라이프니츠(Gottfried Leibniz, 1646–1716)는 극한에 대한 정확한 정의 없이 미적분학의 핵심 사상을 발전시켰다. 엄격한 정의가 어거스틴-루이스 코시(Augustin-Louis Cauchy, 1789–1857)에 의해 도입되었고 나중에 카를 바이어슈트라스(Karl Weierstrass, 1815–1897)에 의해 개선된 것은 19세기에 이르러서였다.

| 예제 1 | 그래프로부터 δ 값 정하기 그림 2.59는 $\lim_{x \to 3} f(x) = 5$를 만족하는 선형 함수 f의 그래프를 보여 준다. 각각의 양수 ε에 대하여 다음 명제를 만족하는 양수 δ 값을 정하여라.

$$0 < |x - 3| < \delta\text{일 때 } |f(x) - 5| < \varepsilon$$

a. $\varepsilon = 1$ **b.** $\varepsilon = \frac{1}{2}$

풀이

a. $\varepsilon = 1$인 경우 $f(x)$가 5에서부터 1 미만의 거리이기를 원한다. 즉, $f(x)$는 4와 6 사이이다. 그에 대응하는 δ의 해당 값을 정하기 위해 두 수평선 $y = 4$와 $y = 6$을 그려 보자(그림 2.60(a)). 그다음 수평선과 f의 그래프가 교차하는 지점을 통과하는 수직선을 그린다(그림 2.60(b)). 두 수직선이 각각 $x = 1$과 $x = 5$에서

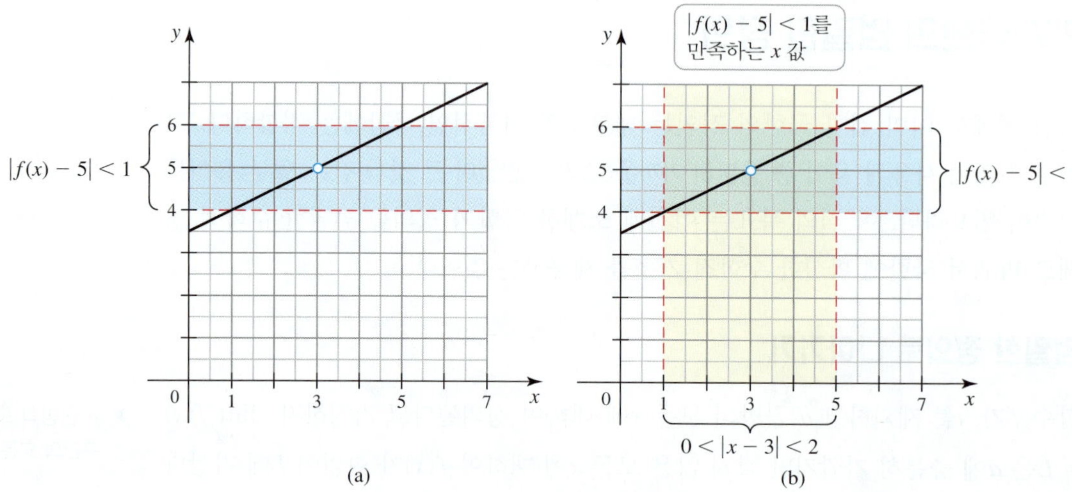

그림 2.60

x축과 만나는 것을 볼 수 있다. x가 x축에서 3에서부터 2 미만의 거리인 경우, $f(x)$는 y축에서 5에서부터 1 미만의 거리를 갖는다. 따라서 $\varepsilon = 1$일 때, δ는 2 이하인 양의 값을 갖는다.

b. $\varepsilon = \frac{1}{2}$인 경우 $f(x)$가 5에서부터 1/2 미만의 거리이기를 원한다. 즉, $f(x)$는 4.5와 5.5 사이이다. **a**에서와 같은 과정을 통해 x가 3에서부터 1 미만의 거리인 경우(그림 2.61(b)), $f(x)$는 y축에서 5에서부터 1/2 미만의 거리(그림 2.61(a))를 갖는다. 따라서 $\varepsilon = \frac{1}{2}$일 때, δ는 1 이하인 양의 값을 갖는다.

➤ 허용 가능한 δ 값이 명제

'$0 < |x - a| < \delta$이면 $|f(x) - L| < \varepsilon$이다.'

를 만족하는 것으로 확인되면 더 작은 양수 δ도 위 명제를 만족한다.

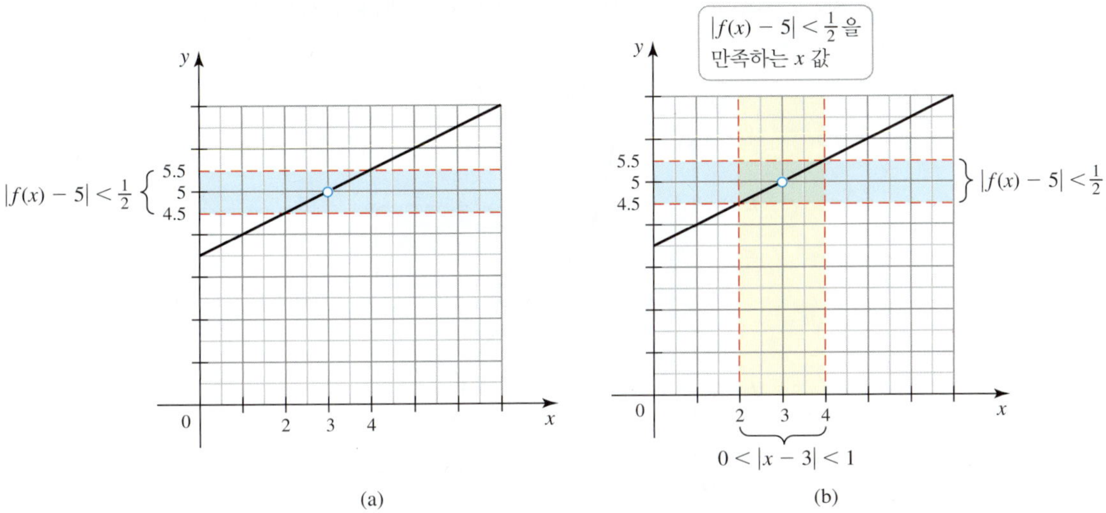

그림 2.61

관련 연습문제 5번 ◀

예제 1에 나타난 것처럼 극한이라는 개념은 Epp(epsilon ε)과 Del(delta δ)이라는 두 사람의 경쟁으로 설명할 수 있다. 먼저 Epp은 특정한 양수 ε을 선택한 다음, Del에게 다음 명제를 만족하는 양수 δ를 찾도록 요청한다.

$$0 < |x - 3| < \delta\text{일 때 } |f(x) - 5| < \varepsilon \tag{1}$$

그림으로 확인하기 위해 Epp이 $\varepsilon = 1$을 선택했다고 가정하자. 예제 1에서 Del은 $0 < \delta \le 2$를 선택함으로써 식 (1)을 만족한다는 것을 알 수 있다. Epp이 $\varepsilon = \frac{1}{2}$을 선택하면 (예제 1) Del은 $0 < \delta \le 1$로 응답한다. Epp이 $\varepsilon = \frac{1}{8}$로 선택하면 Del은 $0 < \delta \le \frac{1}{4}$로 응답한다(그림 2.62). 사실 다음과 같은 패턴이 있다. Epp이 선택하는 임의의 양수 ε에 대하여 ε이 아무리 작더라도 Del은 $0 < \delta \le 2\varepsilon$을 만족하는 양수 δ를 선택함으로써 식 (1)을 만족시킬 것이다. Del은 수학적 관계 '임의의 양수 ε에 대하여 $0 < \delta \le 2\varepsilon$이고 $0 < |x - 3| < \delta$이면 $|f(x) - 5| < \varepsilon$이다'를 발견했다. 이는 $\lim_{x \to a} f(x) = L$을 증명하는 일반적인 절차를 설명한 것이다.

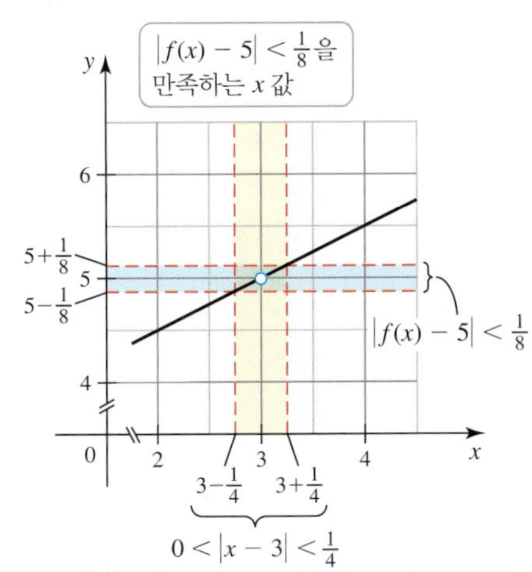

그림 2.62

QUICK CHECK 1 예제 1에서 다음 명제를 만족하는 양수 δ를 찾아라.

$$0 < |x - 3| < \delta\text{일 때 } |f(x) - 5| < \frac{1}{100} \blacktriangleleft$$

엄밀한 정의

예제 1은 선형 함수를 다뤘지만 이는 모든 함수에 대하여 극한을 엄밀하게 정의하는 방법을 알려 준다. 그림 2.63에 나타난 것처럼 $\lim_{x\to a} f(x) = L$은 임의의 양수 ε에 대하여 다음을 만족하는 다른 양수 δ가 있다는 것을 의미한다.

$$0 < |x - a| < \delta \text{일 때 } |f(x) - L| < \varepsilon$$

모든 극한 증명의 목표는 ε과 δ 사이의 관계(주어진 ε에 대하여 허용 가능한 δ의 값)를 찾는 것이다. 이 관계는 모든 양수 ε에 대하여 작동해야 한다.

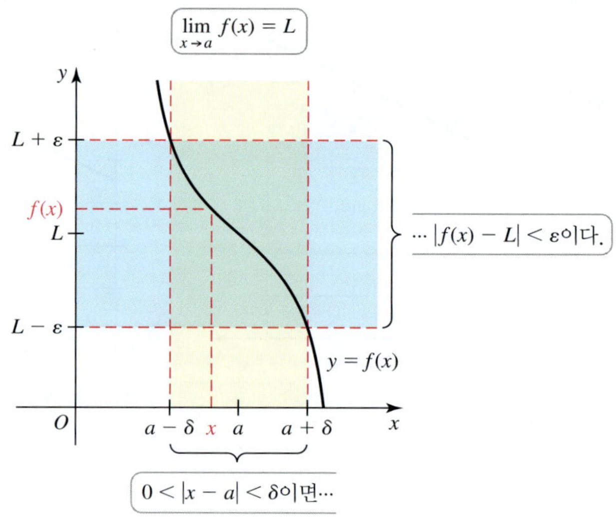

그림 2.63

> **정의 함수의 극한**
>
> 함수 $f(x)$가 a를 원소로 갖는 한 열린구간의 모든 x에서 정의되었다고 하자(단, a에서는 함숫값이 정의되지 않아도 된다). 임의의 양수 ε에 대하여 다음 명제
>
> $$0 < |x - a| < \delta \text{일 때 } |f(x) - L| < \varepsilon$$
>
> 을 만족하는 양수 δ가 존재하면 **x가 a에 접근할 때 $f(x)$의 극한은 L**이라 말하고, 기호로는 다음과 같이 쓴다.
>
> $$\lim_{x\to a} f(x) = L$$

| 예제 2 | 그래프 유틸리티를 사용하여 주어진 ε으로부터 δ 찾기 $f(x) = x^3 - 6x^2 + 12x - 5$에 대하여 다음과 같이 $\lim_{x\to 2} f(x) = 3$을 증명하여라. 주어진 ε 값에 대하여 그래프 유틸리티를 통해 다음 명제를 만족하는 양수 δ를 찾아라.

$$0 < |x - 2| < \delta \text{일 때 } |f(x) - 3| < \varepsilon$$

▶ 극한의 엄밀한 정의에서 δ 값은 ε에만 의존한다.

a. $\varepsilon = 1$ **b.** $\varepsilon = \frac{1}{2}$

풀이

a. 조건 $|f(x) - 3| < \varepsilon = 1$은 $f(x)$가 2와 4 사이에 있음을 의미한다. 그래프 유틸리티를 사용하여 f의 그래프와 두 직선 $y = 2$와 $y = 4$를 그리자(그림 2.64). 이 두 직선은 $x = 1$ 및 $x = 3$에서 f의 그래프와 만난다. 이제 두 수직선 $x = 1$과 $x = 3$을 그린 다음 x축에서 x가 2로부터 1 미만의 거리에 있을 때, $f(x)$가 3으로부터 1 미만의 거리에 있음을 관찰할 수 있다(그림 2.64). 따라서 $\varepsilon = 1$이면 $0 < \delta \leq 1$인 임의의 δ를 선택할 수 있다.

▶ 한쪽 극한 $\lim_{x\to a^+} f(x) = L$과 $\lim_{x\to a^-} f(x) = L$의 정의는 연습문제 27–30번에서 다룬다.

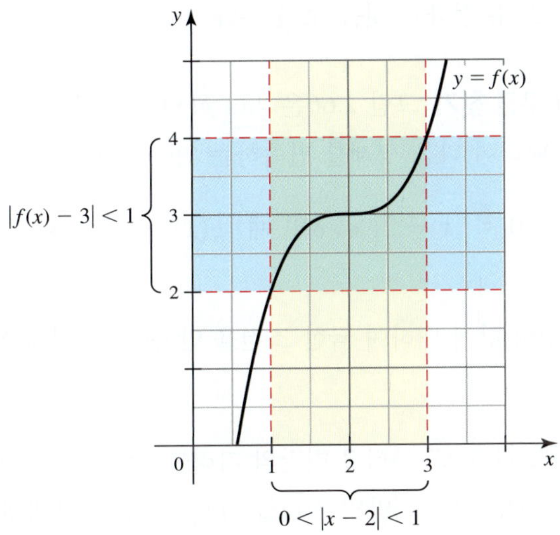

그림 2.64

b. 조건 $|f(x) - 3| < \varepsilon = \frac{1}{2}$은 $f(x)$가 2.5와 3.5 사이에 있음을 의미한다. 두 직선 $y = 2.5$와 $y = 3.5$가 f의 그래프와 $x \approx 1.21$과 $x \approx 2.79$에서 교차함을 볼 수 있다(그림 2.65). x가 x축에서 2로부터 0.79 미만의 거리에 있을 때, $f(x)$

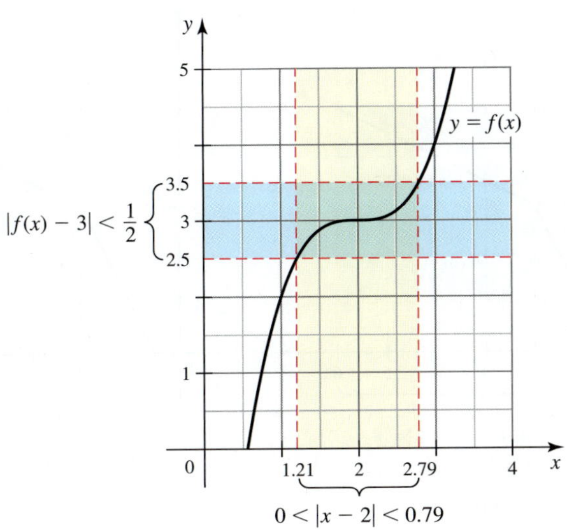

그림 2.65

가 3으로부터 1/2 미만의 거리에 있음을 관찰할 수 있다. 따라서 $\varepsilon = \frac{1}{2}$이면 $0 < \delta \le 0.79$인 임의의 δ를 선택할 수 있다.

이 절차는 더 작은 양수 ε에 대하여 반복할 수 있다. ε의 각 값에 대하여 그에 대응하는 δ의 값이 존재하며, 이는 극한이 존재한다는 것을 증명한다.

관련 연습문제 7번 ◀

QUICK CHECK 2 예제 2의 함수 f에 대하여 다음 명제를 만족하는 양수 δ를 추정하여라.

$$0 < |x-2| < \delta \text{일 때 } |f(x) - 3| < 0.25$$ ◀

부등식 $0 < |x - a| < \delta$는 x가 $a - \delta$와 $a + \delta$ 사이에 있고 $x \ne a$라는 것을 의미한다. 구간 $(a - \delta, a + \delta)$를 ***a*에 대하여 대칭**이라고 말하는데, 이는 a가 구간의 중간점이기 때문이다. 대칭인 구간은 편리하지만 예제 3은 약간의 추가 작업 없이는 대칭 구간을 얻을 수 없다는 것을 보여 준다.

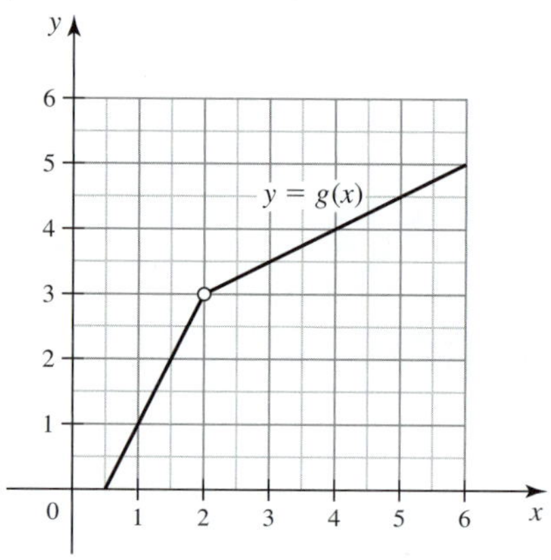

그림 2.66

| 예제 3 | 대칭인 구간 찾기 그림 2.66은 $\lim_{x \to 2} g(x) = 3$인 g의 그래프를 보여 준다. 주어진 ε값에 대하여 다음 명제를 만족하는 양수 δ를 찾아라.

$$0 < |x-2| < \delta \text{일 때 } |g(x) - 3| < \varepsilon$$

a. $\varepsilon = 2$ **b.** $\varepsilon = 1$

c. 임의로 주어진 ε의 값에 대하여 극한 조건을 만족하는 δ의 값을 추정하여라.

풀이

a. $\varepsilon = 2$인 경우 $g(x)$가 3으로부터 2 미만의 거리를 갖도록 하는 양수 δ의 값이 필요하다. 즉, x가 2로부터 δ 미만의 거리를 가질 때 $g(x)$는 1과 5 사이에 있다. 두 수평선 $y = 1$과 $y = 5$는 각각 $x = 1$과 $x = 6$에서 g의 그래프와 만난다. 따라서 x가 $x \ne 2$이고 구간 $(1, 6)$에 있는 경우 $|g(x) - 3| < 2$이다(그림 2.67(a)). 그러나 x는 2에 대하여 대칭인 구간 안에 있기를 원한다. x가 2를 중심으로 양쪽으로 1 미만의 거리를 가질 때에만 $|g(x) - 3| < 2$(좌우로 2만큼 대칭인 구간)를

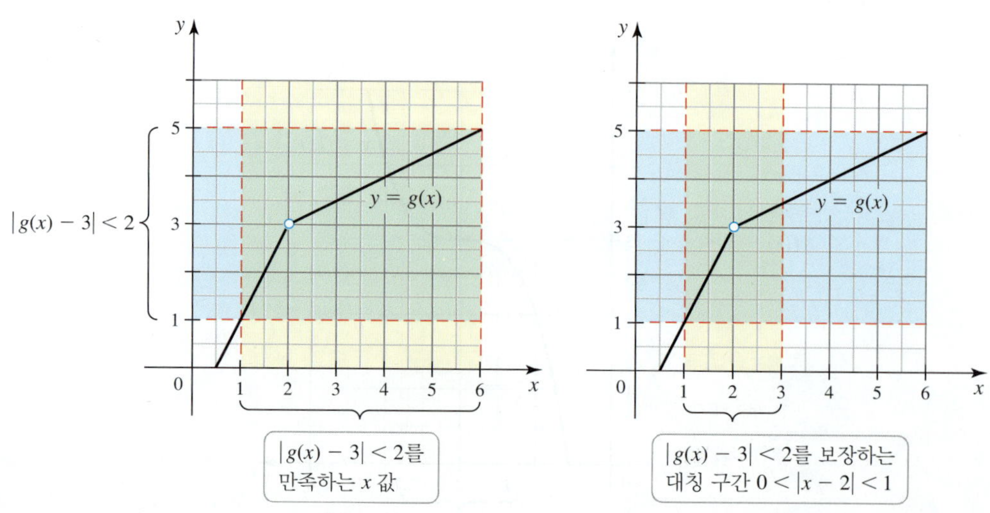

그림 2.67

보장할 수 있다(그림 2.67(b)). 따라서 $\varepsilon = 2$일 때, δ는 1 이하인 양의 값을 갖는다.

b. $\varepsilon = 1$인 경우 $g(x)$는 2와 4 사이에 있어야 한다(그림 2.68(a)). 이는 x가 2의 왼쪽으로 0.5 미만의 거리에 있어야 하고 2의 오른쪽으로 2 미만의 거리에 있어야 함을 의미한다. 따라서 x가 구간 (1.5, 4)에 있을 때 $|g(x) - 3| < 1$이다. 2를 중심으로 대칭인 구간을 얻기 위해 $\frac{1}{2}$ 이하인 양수 δ를 택하면 $0 < |x - 2| < \frac{1}{2}$일 때 $|g(x) - 3| < 1$을 얻을 수 있다(그림 2.68(b)).

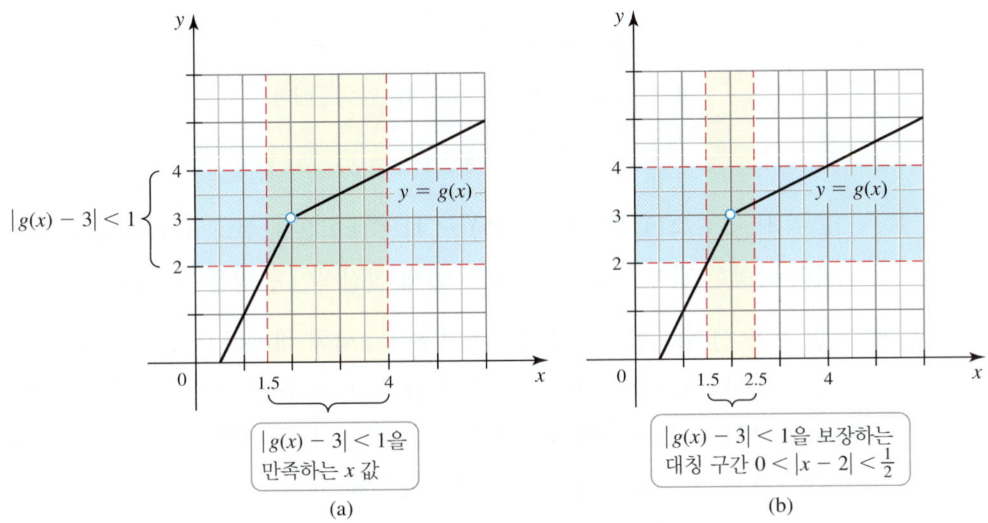

그림 2.68

c. **a**와 **b**에 의해 $\delta \le \varepsilon/2$으로 선택하면 모든 양수 ε에 대하여 극한의 조건을 만족한다.

관련 연습문제 8번 ◀

예제 2와 예제 3에서 극한 조건을 만족하는 ε과 δ의 관계를 찾아 극한이 존재함을 보였다. 이제 이 과정을 일반화한다.

극한의 증명

$\lim_{x \to a} f(x) = L$을 증명하기 위해 다음 두 단계를 거친다.

$\lim_{x \to a} f(x) = L$을 증명하기 위한 과정

1. **δ 찾기** ε를 임의의 양수라 하자. 부등식 $|f(x) - L| < \varepsilon$을 이용하여 $0 < |x - a| < \delta$ 형태의 부등식을 찾자. 여기서 δ는 ε에만 의존하는 값이다.
2. **증명 쓰기** 함수 $f(x)$가 a를 원소로 갖는 한 열린구간의 모든 x에서 정의되었다고 하자(단, a에서는 함숫값이 정의되지 않아도 된다). 임의의 양수 ε에 대하여 $0 < |x - a| < \delta$라 가정하고, 1단계에서 찾은 ε과 δ를 사용하여 $|f(x) - L| < \varepsilon$을 증명한다.

➤ 극한 증명 과정의 첫 번째 단계는 δ의 후보를 찾는 예비 작업이다. 두 번째 단계에서는 첫 번째 단계에서 찾은 δ가 실제로 작동하는지 확인한다.

| 예제 4 | 선형 함수의 극한 극한의 엄밀한 정의를 사용하여 $\lim_{x\to 4}(4x-15)=1$을 증명하여라.

풀이

1단계: δ 찾기 이 경우 $a=4$이고 $L=1$이다. 주어진 임의의 양수 ε에 대하여 $|(4x-15)-1|<\varepsilon$을 사용해서 $|x-4|<\delta$ 형태의 부등식을 찾자. $|(4x-15)-1|<\varepsilon$이면 다음을 만족한다.

$$|4x-16|<\varepsilon$$

$$4|x-4|<\varepsilon \qquad 4x-16 \text{ 인수분해하기}$$

$$|x-4|<\frac{\varepsilon}{4} \qquad 4\text{로 나누고 } \delta=\varepsilon/4 \text{ 찾기}$$

$|x-4|<\varepsilon/4$일 때 $|(4x-15)-1|<\varepsilon$임을 보였다. 따라서 δ와 ε 사이의 타당한 관계는 $\delta=\varepsilon/4$이다. 이제 실질적인 증명을 작성한다.

2단계: 증명 쓰기 임의의 양수 ε이 주어지고 $\delta=\varepsilon/4$에 대하여 $0<|x-4|<\delta$라고 하자. 증명의 목적은 $0<|x-4|<\delta$인 모든 x에 대하여 $|(4x-15)-1|<\varepsilon$임을 보이는 것이다. $|x-4|$항을 만들기 위해 $|(4x-15)-1|$을 다음과 같이 간단히 한다.

$$\begin{aligned}|(4x-15)-1| &= |4x-16| \\ &= 4\underbrace{|x-4|}_{\delta=\varepsilon/4\text{보다 작음}} \\ &< 4\left(\frac{\varepsilon}{4}\right)=\varepsilon\end{aligned}$$

임의의 양수 ε에 대하여 $0<\delta\le\varepsilon/4$인 경우 다음이 성립함을 보였다.

$$0<|x-4|<\delta \text{일 때 } |f(x)-L|=|(4x-15)-1|<\varepsilon$$

따라서 $\lim_{x\to 4}(4x-15)=1$이다.

관련 연습문제 10번 ◀

| 예제 5 | 이차함수의 극한 극한의 엄밀한 정의를 사용하여 $\lim_{x\to 5}x^2=25$를 증명하여라.

풀이

1단계: δ 찾기 주어진 임의의 양수 ε에 대하여 목표는 명제 '$0<|x-5|<\delta$일 때 $|x^2-25|<\varepsilon$'을 만족하는 ε에만 의존하는 양수 δ의 식을 찾는 것이다. $|x^2-25|$를 인수분해하는 것부터 시작한다.

$$\begin{aligned}|x^2-25| &= |(x+5)(x-5)| \qquad \text{인수분해하기} \\ &= |x+5||x-5| \qquad |ab|=|a||b|\end{aligned}$$

부등식 $0 < |x-5| < \delta$에서 통상적으로 양수 δ의 값은 작은 수를 나타내므로 $\delta \le 1$이라 가정하자. 즉, $|x-5| < 1$이라 가정할 수 있고, 이는 $-1 < x-5 < 1$, 즉 $4 < x < 6$을 의미한다. 따라서 x는 양수이고 $|x+5| < 11$이므로 다음이 성립한다는 결론에 이르게 된다.

$$|x^2-25| = |x+5||x-5| < 11|x-5|$$

위 부등식을 이용하면 $11|x-5| < \varepsilon$, 즉 $|x-5| < \varepsilon/11$일 때 $|x^2-25| < \varepsilon$임을 알 수 있다. 여기서 $|x-5|$에 다음 두 가지 제한 사항이 있음에 유의하자.

$$|x-5| < 1 \quad \text{그리고} \quad |x-5| < \frac{\varepsilon}{11}$$

위 두 부등식을 모두 만족시키기 위해 $\delta = \min\{1, \varepsilon/11\}$으로 정의하자. 즉, δ는 1과 $\varepsilon/11$ 중 작은 것과 같다.

> a와 b 중 작은 값은 $\min\{a, b\}$로 표기한다. $x = \min\{a, b\}$이면 x는 a와 b 중 작은 값이고, $a = b$이면 x는 같은 값 a와 b이다. 두 경우 모두 $x \le a$이고 $x \le b$이다.

2단계: 증명 쓰기 임의의 양수 ε이 주어지고 $\delta = \min\{1, \varepsilon/11\}$에 대하여 $0 < |x-5| < \delta$라고 하자. x^2-25를 인수분해하여 다음을 얻는다.

$$|x^2-25| = |x+5||x-5|$$

$0 < |x-5| < \delta$이고 $\delta \le \varepsilon/11$이므로 $|x-5| < \varepsilon/11$이다. 또한 $\delta \le 1$이므로 $|x-5| < 1$인 경우도 있는데, 이는 $-1 < x-5 < 1$, 즉 $4 < x < 6$을 의미한다. 그러므로 $|x+5| < 11$이고 다음이 성립한다.

$$|x^2-25| = |x+5||x-5| < 11\left(\frac{\varepsilon}{11}\right) = \varepsilon$$

임의의 양수 ε에 대하여 $0 < \delta = \min\{1, \varepsilon/11\}$인 경우 다음이 성립함을 보였다.

$$0 < |x-5| < \delta \text{일 때} \quad |x^2-25| < \varepsilon$$

따라서 $\lim_{x \to 5} x^2 = 25$이다.

관련 연습문제 14-15번 ◀

극한 법칙의 증명

극한의 엄밀한 정의는 정리 2.3의 극한 법칙을 증명하는 데 사용된다. 이러한 몇 가지 증명 과정 중 필수적인 것은 **삼각부등식**이다. 삼각부등식은 다음과 같다.

$$\text{모든 실수 } x\text{와 } y\text{에 대하여 } |x+y| \le |x| + |y|$$

| 예제 6 | 극한 법칙 1의 증명 $\lim_{x \to a} f(x)$와 $\lim_{x \to a} g(x)$가 존재할 때, 다음이 성립함을 증명하여라.

$$\lim_{x\to a}(f(x)+g(x)) = \lim_{x\to a} f(x) + \lim_{x\to a} g(x)$$

▶ $\lim_{x\to a} f(x)$는 존재하므로 임의로 주어진 $\varepsilon > 0$에 대하여 $\delta > 0$이 존재할 때, 임의로 주어진 $\varepsilon/2$에 대하여 $\delta > 0$이 존재한다.

풀이 임의의 양수 ε이 주어지고, $\lim_{x\to a} f(x) = L$이라 하자. 즉, 다음 명제를 만족하는 양수 δ_1이 존재한다.

$$0 < |x-a| < \delta_1 \text{일 때 } |f(x)-L| < \frac{\varepsilon}{2}$$

이와 유사하게 $\lim_{x\to a} g(x) = M$이라 하자. 즉, 다음 명제를 만족하는 양수 δ_2가 존재한다.

$$0 < |x-a| < \delta_2 \text{일 때 } |g(x)-M| < \frac{\varepsilon}{2}$$

$\delta = \min\{\delta_1, \delta_2\}$로 정하고 $0 < |x-a| < \delta$라고 하자. $\delta \le \delta_1$이므로 $0 < |x-a| < \delta_1$이고 $|f(x)-L| < \varepsilon/2$이며, $\delta \le \delta_2$이므로 $0 < |x-a| < \delta_2$이고 $|g(x)-M| < \varepsilon/2$이다. 따라서 다음을 얻는다.

$$\begin{aligned} |(f(x)+g(x))-(L+M)| &= |(f(x)-L)+(g(x)-M)| && \text{재정렬하기} \\ &\le |f(x)-L| + |g(x)-M| && \text{삼각부등식} \\ &< \frac{\varepsilon}{2} + \frac{\varepsilon}{2} = \varepsilon \end{aligned}$$

▶ 다른 극한 법칙의 증명은 연습문제 22–23번에서 다룬다.

임의로 주어진 양수 ε에 대하여 $0 < |x-a| < \delta$이면 $|(f(x)+g(x))-(L+M)| < \varepsilon$임을 보였다. 이는 $\lim_{x\to a}(f(x)+g(x)) = L+M = \lim_{x\to a} f(x) + \lim_{x\to a} g(x)$를 의미한다.

관련 연습문제 22-23번 ◀

무한극한

▶ 무한극한의 경우 N이 보통의 극한에서 ε이 하는 역할을 한다는 점에 유의하여라. 이는 함숫값 $f(x)$에 대한 허용 오차 또는 한계를 설정한다.

2.4절에서 x가 a에 접근할 때 $f(x)$가 무한히 커지면 $\lim_{x\to a} f(x) = \infty$로 쓰기로 했다. 엄밀히 말하자면 x가 a에 충분히 가깝고 a와 같지 않으면 임의의 양수 N(아무리 크더라도)에 대하여 $f(x)$는 N보다 크다는 것을 의미한다.

▶ 극한 $\lim_{x\to a} f(x) = -\infty$, $\lim_{x\to a^+} f(x) = -\infty$, $\lim_{x\to a^+} f(x) = \infty$, $\lim_{x\to a^-} f(x) = -\infty$, $\lim_{x\to a^-} f(x) = \infty$의 엄밀한 정의는 연습문제 32–37번에 주어져 있다.

정의 양쪽 무한극한

무한극한 $\lim_{x\to a} f(x) = \infty$는 임의의 양수 N에 대하여 다음 명제를 만족하는 양수 δ가 존재함을 의미한다.

$$0 < |x-a| < \delta \text{일 때 } f(x) > N$$

그림 2.69에서 볼 수 있듯이 $\lim_{x\to a} f(x) = \infty$를 증명하기 위해 N이 임의의 양수를 나타낸다고 하자. 그러면 N에만 의존하고 다음 명제를 만족하는 양수 δ를 찾아야 한다.

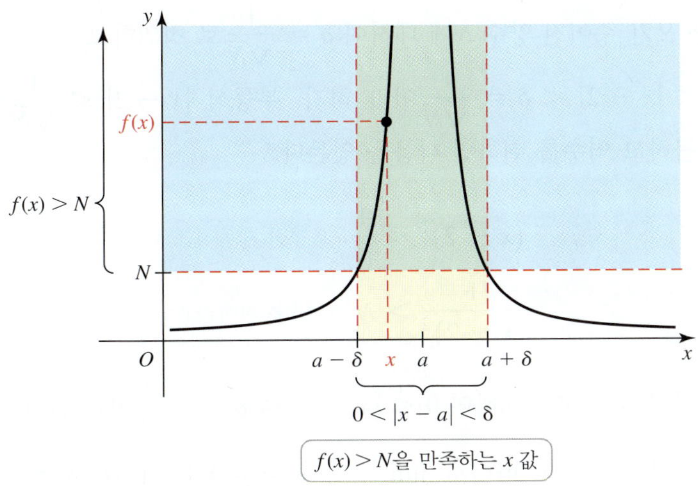

그림 2.69

$$0 < |x-a| < \delta \text{일 때 } f(x) > N$$

이 과정은 유한극한의 2단계 과정과 유사하다.

> **$\lim_{x \to a} f(x) = \infty$를 증명하기 위한 과정**
>
> **1. δ 찾기** N을 임의의 양수라 하자. $f(x) > N$을 이용하여 $0 < |x-a| < \delta$ 형태의 부등식을 찾자. 여기서 δ는 N에만 의존하는 값이다.
>
> **2. 증명 쓰기** 임의의 양수 N에 대하여 $0 < |x-a| < \delta$라 가정하고, 1단계에서 찾은 N과 δ의 관계를 사용하여 $f(x) > N$을 증명한다.

| 예제 7 | 무한극한 증명 함수 $f(x) = \dfrac{1}{(x-2)^2}$에 대하여 $\lim_{x \to 2} f(x) = \infty$를 증명하여라.

풀이

1단계: δ 찾기 $N > 0$이라 하자. δ를 찾기 위해 부등식 $\dfrac{1}{(x-2)^2} > N$을 사용할 것이다. 여기서 δ는 N에만 의존하는 값이다. 부등식의 역수 관계를 사용하여 다음을 얻을 수 있다.

$$(x-2)^2 < \frac{1}{N}$$

$$|x-2| < \frac{1}{\sqrt{N}} \qquad \text{양변에 근호 씌우기}$$

$\delta = \dfrac{1}{\sqrt{N}}$이라 하면 부등식 $|x-2| < \dfrac{1}{\sqrt{N}}$은 $|x-2| < \delta$ 형태를 갖는다. 이 N과 δ의 관계를 사용하여 증명을 작성한다.

➤ $\sqrt{x^2} = |x|$임을 기억하자.

2단계: 증명 쓰기 주어진 양수 N에 대하여 $\delta = \dfrac{1}{\sqrt{N}}$로 정의하고, $0 < |x - 2| < \delta = \dfrac{1}{\sqrt{N}}$이라 하자. 부등식 $|x - 2| < \dfrac{1}{\sqrt{N}}$의 양변을 제곱하고 역수를 취하면 다음을 얻는다.

$$(x-2)^2 < \frac{1}{N} \quad \text{양변 제곱하기}$$

$$\frac{1}{(x-2)^2} > N \quad \text{역수 취하기}$$

임의의 양수 N에 대하여 $0 < |x - 2| < \delta = \dfrac{1}{\sqrt{N}}$이면 $f(x) = \dfrac{1}{(x-2)^2} > N$임을 볼 수 있다. 따라서 $\lim_{x \to 2} \dfrac{1}{(x-2)^2} = \infty$이다. 여기서 $\delta = \dfrac{1}{\sqrt{N}}$이므로 N이 커질 때 δ도 커짐에 주목하자.

관련 연습문제 24번 ◀

QUICK CHECK 3 예제 7에서 N이 100배로 증가하면 δ는 어떻게 바뀌어야 하는가? ◀

무한대에서의 극한

무한대에서의 극한 $\lim_{x \to \infty} f(x) = L$과 $\lim_{x \to -\infty} f(x) = L$에서도 극한의 엄밀한 정의를 쓸 수 있다. 이에 대한 토론과 예제를 보려면 연습문제 38–39번을 참조하여라.

2.7절 연습문제

1단계 스타트

1. 구간 $(1, 3)$에 속한 $x(x \neq 2)$에 대하여 부등식 $0 < |x - 2| < \delta$를 만족하는 가장 작은 양수 δ를 찾아라.

2. 다음 구간 중 $x = 5$에 대하여 대칭이 아닌 것은 무엇인가?
   a. $(1, 9)$ **b.** $(4, 6)$ **c.** $(3, 8)$ **d.** $(4.5, 5.5)$

3. 극한 $\lim_{x \to a} f(x) = L$의 엄밀한 정의를 써라.

4. $0 < x < 5$일 때 $|f(x) - 5| < 0.1$이라 하자. $0 < |x - 2| < \delta$일 때 $|f(x) - 5| < 0.1$을 만족하는 모든 양수 δ를 찾아라.

5. **그래프로부터 δ의 값 정하기** 그림의 함수 f는 $\lim_{x \to 2} f(x) = 5$를 만족한다. 다음 명제를 만족하는 가장 큰 양수 δ의 값을 정하여라.
   a. $0 < |x - 2| < \delta$일 때 $|f(x) - 5| < 2$
   b. $0 < |x - 2| < \delta$일 때 $|f(x) - 5| < 1$

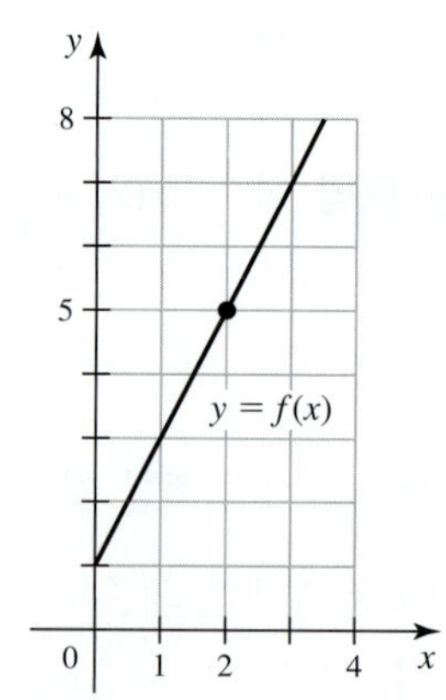

2단계 실전

6. **그래프로부터 δ의 값을 정하기** 그림의 함수 f는 $\lim_{x \to 3} f(x) = 6$을 만족한다. 다음 명제를 만족하는 가장 큰 양수 δ의 값을 정하여라.
   a. $0 < |x - 3| < \delta$일 때 $|f(x) - 6| < 3$
   b. $0 < |x - 3| < \delta$일 때 $|f(x) - 6| < 1$

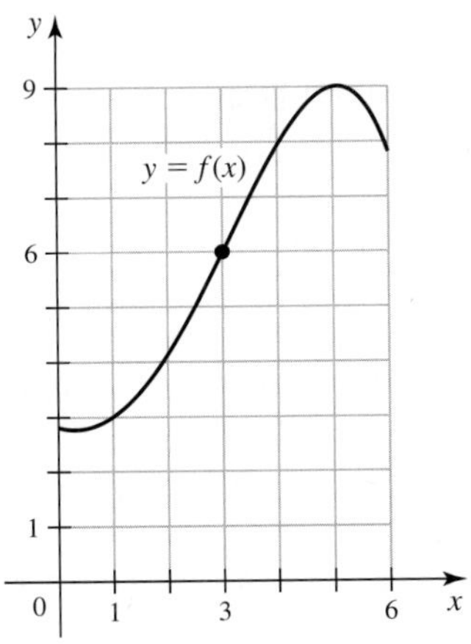

7. 그래프를 사용하여 주어진 ε에 대한 δ의 값 찾기 함수 $f(x) = x^3 + 3$이라 하고 $\lim_{x\to 0} f(x) = 3$임에 주목하자. 그래프 유틸리티를 사용하여 주어진 ε에 대하여 다음 명제를 만족하는 양수 δ의 값을 모두 찾아라.

$$0 < |x - 0| < \delta\text{일 때 } |f(x) - 3| < \varepsilon$$

답을 구하는 과정을 그래프를 그려서 설명하여라.

a. $\varepsilon = 1$ **b.** $\varepsilon = 0.5$

8. 대칭 구간 찾기 그림의 함수 f는 $\lim_{x\to 2} f(x) = 3$을 만족한다. 주어진 ε에 대하여 다음 명제를 만족하는 양수 δ의 값을 모두 찾아라.

$$0 < |x - 2| < \delta\text{일 때 } |f(x) - 3| < \varepsilon \qquad (2)$$

a. $\varepsilon = 1$ **b.** $\varepsilon = \frac{1}{2}$

c. 임의의 양수 ε에 대하여 식 (2)를 만족하는 δ의 값을 추측하여라.

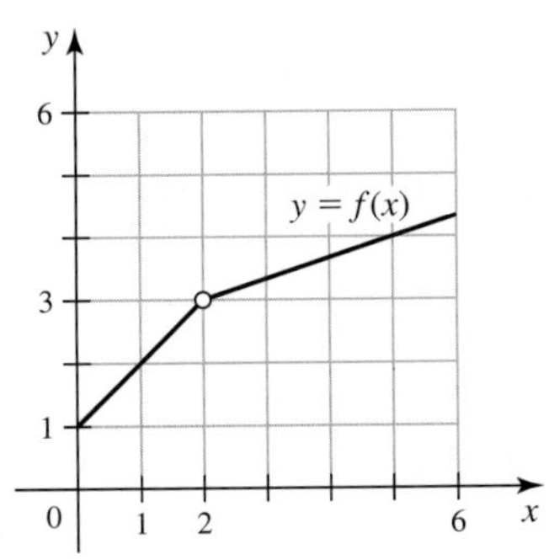

9. 대칭 구간 찾기 함수 $f(x) = \dfrac{2x^2 - 2}{x - 1}$라 하고 $\lim_{x\to 1} f(x) = 4$임에 주목하자. 그래프 유틸리티를 사용하여 주어진 ε에 대하여 다음 명제를 만족하는 양수 δ의 값을 모두 찾아라.

$$0 < |x - 1| < \delta\text{일 때 } |f(x) - 4| < \varepsilon$$

답을 구하는 과정을 그래프를 그려서 설명하여라.

a. $\varepsilon = 2$ **b.** $\varepsilon = 1$

c. 임의의 양수 ε에 대하여 위 부등식을 만족하는 δ의 값을 추측하여라.

10–21. 극한 증명 극한의 엄밀한 정의를 사용하여 다음 극한을 증명하여라. 극한이 있음을 보장하는 ε와 δ 사이의 관계를 명시하여라.

10. $\lim_{x\to 1} (8x + 5) = 13$

11. $\lim_{x\to 4} \dfrac{x^2 - 16}{x - 4} = 8$ (힌트: 인수분해한 후 간단히 한다)

12. $\lim_{x\to 0} |x| = 0$

13. $\lim_{x\to 7} f(x) = 9,\ f(x) = \begin{cases} 3x - 12, & x \le 7 \\ x + 2, & x > 7 \end{cases}$

14. $\lim_{x\to 0} x^2 = 0$ (힌트: 항등식 $\sqrt{x^2} = |x|$를 사용한다)

15. $\lim_{x\to 2} (x^2 + 3x) = 10$

16. $\lim_{x\to -3} |2x| = 6$ (힌트: 임의의 두 실수 a, b에 대하여 성립하는 부등식 $||a| - |b|| \le |a - b|$를 사용한다)

17. $\lim_{x\to 3} \dfrac{1}{x} = \dfrac{1}{3}$ (힌트: $x \to 3$일 때, 결국 x와 3의 거리는 1 미만이 된다. 가정 $|x - 3| < 1$에서 시작하여 $\dfrac{1}{|x|} < \dfrac{1}{2}$을 보인다)

18. $\lim_{x\to 1/10} \dfrac{1}{x} = 10$ (힌트: δ를 찾기 위해 x를 0에서 멀리 떨어뜨려야 한다. $\left|x - \dfrac{1}{10}\right| < \dfrac{1}{20}$이라 하자)

19. $\lim_{x\to 0} (x^2 + x^4) = 0$ (힌트: $|x| < c$이면 $x^2 < c^2$임을 이용한다)

20. 임의의 세 실수 a, b, m에 대하여 $\lim_{x\to a} (mx + b) = ma + b$이다.

21. $\lim_{x\to 1} x^4 = 1$

22. 극한 법칙 2의 증명 $\lim_{x\to a} f(x) = L$이고 $\lim_{x\to a} g(x) = M$이라 하자. $\lim_{x\to a} (f(x) - g(x)) = L - M$임을 증명하여라.

23. 극한 법칙 3의 증명 $\lim_{x\to a} f(x) = L$이라 하자. 상수 c에 대하여 $\lim_{x\to a} (cf(x)) = cL$임을 증명하여라.

24–25. 무한극한의 증명 무한극한의 엄밀한 정의를 사용하여 다음 극한을 증명하여라.

24. $\lim_{x\to 4} \dfrac{1}{(x - 4)^2} = \infty$ **25.** $\lim_{x\to 0} \left(\dfrac{1}{x^2} + 1\right) = \infty$

26. 참 또는 거짓 다음 명제가 참이면 증명하고 거짓이면 반례를 들어라. a와 L은 유한한 수이고 $\lim_{x\to a} f(x) = L$이라 가정하자.

a. 주어진 양수 ε에 대하여 '$0 < |x - a| < \delta$일 때 $|f(x) - L|$

$< \varepsilon$'을 만족하는 한 양수 δ가 존재한다.

b. 극한 $\lim_{x\to a} f(x) = L$은 주어진 임의의 양수 δ에 대하여 다음 명제를 만족하는 양수 ε을 항상 찾을 수 있음을 의미한다.

$$0 < |x-a| < \delta \text{일 때 } |f(x) - L| < \varepsilon$$

c. 극한 $\lim_{x\to a} f(x) = L$은 주어진 임의의 양수 ε에 대하여 다음 명제를 만족하는 양수 δ를 항상 찾을 수 있음을 의미한다.

$$0 < |x-a| < \delta \text{일 때 } |f(x) - L| < \varepsilon$$

d. $|x-a| < \delta$이면 $a - \delta < x < a + \delta$이다.

27-30. 좌극한과 우극한의 엄밀한 정의 다음 정의를 사용하여라.

함수 f가 a 근방의 모든 $x > a$에서 정의되었다고 하자. 모든 양수 ε에 대하여 다음 명제

$$0 < x - a < \delta \text{일 때 } |f(x) - L| < \varepsilon$$

을 만족하는 양수 δ가 있다면 **x가 a의 오른쪽에서 접근할 때 $f(x)$의 극한은 L**이라 하고, $\lim_{x\to a^+} f(x) = L$로 쓴다.

함수 f가 a 근방의 모든 $x < a$에서 정의되었다고 하자. 모든 양수 ε에 대하여 다음 명제

$$0 < a - x < \delta \text{일 때 } |f(x) - L| < \varepsilon$$

을 만족하는 양수 δ가 있다면 **x가 a의 왼쪽에서 접근할 때 $f(x)$의 극한은 L**이라 하고, $\lim_{x\to a^-} f(x) = L$로 쓴다.

27. 정의 비교하기 극한 $\lim_{x\to a} f(x) = L$의 정의에서 부등식 $0 < |x-a| < \delta$가 극한 $\lim_{x\to a^+} f(x) = L$의 정의에서는 $0 < x - a < \delta$로 바뀐 이유는 무엇인가?

28. 정의 비교하기 극한 $\lim_{x\to a} f(x) = L$의 정의에서 부등식 $0 < |x-a| < \delta$가 극한 $\lim_{x\to a^-} f(x) = L$의 정의에서는 $0 < a - x < \delta$로 바뀐 이유는 무엇인가?

29. 한쪽 극한의 증명 주어진 함수 f에 대하여 다음 극한을 증명하여라.

$$f(x) = \begin{cases} 3x - 4, & x < 0 \\ 2x - 4, & x \ge 0 \end{cases}$$

a. $\lim_{x\to 0^+} f(x) = -4$ **b.** $\lim_{x\to 0^-} f(x) = -4$

c. $\lim_{x\to 0} f(x) = -4$

30. 한쪽 극한의 증명 극한 $\lim_{x\to 0^+} \sqrt{x} = 0$을 증명하여라.

3단계 도전

31. 한쪽 극한과 양쪽 극한의 관계 '$\lim_{x\to a} f(x) = L$과 $\lim_{x\to a^+} f(x) = L$ 그리고 $\lim_{x\to a^-} f(x) = L$은 동치'라는 사실을 입증하기 위해 주어진 **a**, **b**를 증명하여라.

a. $\lim_{x\to a^-} f(x) = L$, $\lim_{x\to a^+} f(x) = L$이면 $\lim_{x\to a} f(x) = L$이다.

b. $\lim_{x\to a} f(x) = L$이면 $\lim_{x\to a^-} f(x) = L$, $\lim_{x\to a^+} f(x) = L$이다.

32. 한쪽 무한극한의 정의 임의의 음수 N에 대하여 다음 명제

$$0 < x - a < \delta \text{일 때 } f(x) < N$$

을 만족하는 양수 δ가 있으면 $\lim_{x\to a^+} f(x) = -\infty$라고 쓴다.

a. $\lim_{x\to a^+} f(x) = \infty$에 대하여 위와 유사한 형식으로 극한의 엄밀한 정의를 써라.

b. $\lim_{x\to a^-} f(x) = -\infty$에 대하여 위와 유사한 형식으로 극한의 엄밀한 정의를 써라.

c. $\lim_{x\to a^-} f(x) = \infty$에 대하여 위와 유사한 형식으로 극한의 엄밀한 정의를 써라.

33-34. 한쪽 무한극한 연습문제 32번에 주어진 정의를 사용하여 다음 무한극한을 증명하여라.

33. $\lim_{x\to 1^+} \dfrac{1}{1-x} = -\infty$ **34.** $\lim_{x\to 1^-} \dfrac{1}{1-x} = \infty$

35-36. 무한극한의 정의 임의의 음수 M에 대하여 다음 명제

$$0 < |x-a| < \delta \text{일 때 } f(x) < M$$

을 만족하는 양수 δ가 있으면 $\lim_{x\to a} f(x) = -\infty$라고 쓴다. 이 정의를 사용하여 다음 극한을 증명하여라.

35. $\lim_{x\to 1} \dfrac{-2}{(x-1)^2} = -\infty$ **36.** $\lim_{x\to -2} \dfrac{-10}{(x+2)^4} = -\infty$

37. $\lim_{x\to a} f(x) = \infty$이고 $\lim_{x\to a} g(x) = \infty$일 때, $\lim_{x\to a} (f(x) + g(x)) = \infty$임을 증명하여라.

38-39. 무한대에서의 극한의 정의 무한대에서의 극한 $\lim_{x\to\infty} f(x) = L$의 정의는 다음과 같다. 임의의 양수 ε에 대하여 다음 명제를 만족하는 양수 N이 있다.

$$x > N \text{일 때 } |f(x) - L| < \varepsilon$$

이 정의를 사용하여 다음 극한을 증명하여라.

38. $\lim_{x\to\infty} \dfrac{10}{x} = 0$ **39.** $\lim_{x\to\infty} \dfrac{2x+1}{x} = 2$

40-41. 무한대에서의 극한의 정의 무한대에서의 극한 $\lim_{x\to\infty} f(x) = \infty$의 정의는 다음과 같다. 임의의 양수 M에 대하여 다음 명제를 만족하

는 양수 N이 있다.

$$x > N\text{일 때 } f(x) > M$$

이 정의를 사용하여 다음 극한을 증명하여라.

40. $\lim_{x \to \infty} \frac{x}{100} = \infty$ **41.** $\lim_{x \to \infty} \frac{x^2 + x}{x} = \infty$

42. 조임 정리의 증명 세 함수 f, g, h가 a 근방의 a를 제외한 모든 x에 대하여 부등식 $f(x) \le g(x) \le h(x)$를 만족한다고 하자. $\lim_{x \to a} f(x) = \lim_{x \to a} h(x) = L$이면 $\lim_{x \to a} g(x) = L$이 성립함을 증명하여라.

43. 극한의 증명 a 근방의 a를 제외한 모든 x에 대하여 f가 정의되었다. 임의의 양의 정수 N에 대하여 다음 명제를 만족하는 다른 양의 정수 M이 있다.

$$|x - a| < 1/M\text{일 때 } |f(x) - L| < 1/N$$

극한의 엄밀한 정의를 사용하여 $\lim_{x \to a} f(x) = L$임을 증명하여라.

44. $\lim_{x \to a} f(x) \neq L$ 증명 극한이 존재하지 않는 경우 다음 정의를 사용하여라. a 근방의 a를 제외한 모든 x에 대하여 f가 정의되었다. $\lim_{x \to a} f(x) \neq L$의 정의는 다음과 같다. 어떤 양수 ε에 대하여 다음 명제를 만족하는 양수 δ가 존재하지 않는다.

$$0 < |x - a| < \delta\text{일 때 } |f(x) - L| < \varepsilon$$

이때 $\lim_{x \to 0} \frac{|x|}{x}$가 존재하지 않음을 증명하여라.

45. 연속성의 증명 f는 a에서 연속이고, a 근방의 모든 x에 대하여 정의되었다고 하자. $f(a) > 0$일 때, 구간 $(a - \delta, a + \delta)$의 모든 x에 대하여 $f(x) > 0$인 양수 δ가 존재함(다시 말해 a를 포함하는 어떤 구간의 모든 x에 대하여 f는 양의 값을 갖는다)을 보여라.

QUICK CHECK 정답

1. $\delta \le \frac{1}{50}$ **2.** $\delta \le 0.62$ **3.** δ는 반드시 (최소) $\sqrt{100} = 10$배 작아져야 한다. ◀

2장 연습문제

1. 참 또는 거짓 다음 명제가 참이면 증명하고 거짓이면 반례를 들어라.

a. 유리함수 $\frac{x-1}{x^2-1}$은 $x = -1$과 $x = 1$에서 수직 점근선을 갖는다.

b. 수치적 방법 또는 그래프를 사용한 방법은 항상 $\lim_{x \to a} f(x)$의 근삿값을 잘 추정한다.

c. $\lim_{x \to a} f(x)$의 값이 존재하면 $f(a)$를 계산하여 그 값을 찾을 수 있다.

d. $\lim_{x \to a} f(x) = \infty$ 또는 $\lim_{x \to a} f(x) = -\infty$이면 $\lim_{x \to a} f(x)$는 존재하지 않는다.

e. $\lim_{x \to a} f(x)$가 존재하지 않으면 $\lim_{x \to a} f(x) = \infty$ 또는 $\lim_{x \to a} f(x) = -\infty$이다.

f. 직선 $y = 2x + 1$은 함수 $f(x) = \frac{2x^2 + x}{x - 3}$의 경사 점근선이다.

g. $a < b < c$일 때, 함수가 구간 (a, b)와 $[b, c)$에서 연속이면 함수는 (a, c)에서 연속이다.

h. 직접 대입으로 $\lim_{x \to a} f(x)$를 계산할 수 있으면 f는 $x = a$에서 연속이다.

2. 공중으로 던져진 야구공의 t초 후 지상으로부터 거리는 $s(t) = -16t^2 + 60t + 6$으로 주어진다. 공중에 공을 던진 지 $t = 1.5$초 후 야구공의 순간 속도를 추측하기 위한 평균 속도의 표를 만들어라.

3. 불연속점 그림에 주어진 f의 그래프를 통해 f가 불연속이 되도록 하는 구간 $(-3, 5)$의 x 값을 구하여라. 연속성 점검표를 사용하여 구한 답을 검증하여라.

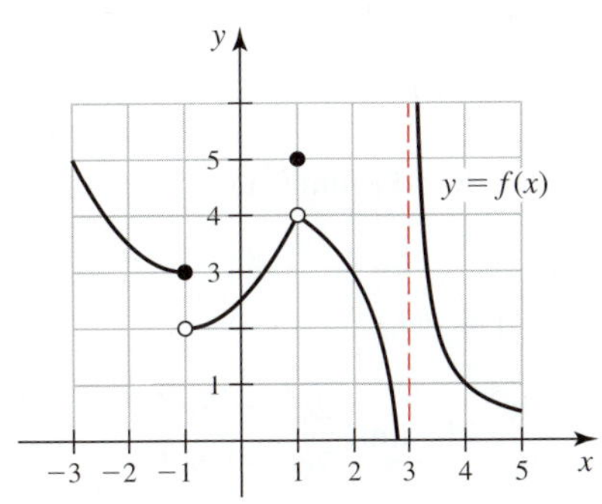

4. 수치 및 해석적으로 극한 계산하기

a. x가 $\pi/4$에 접근할 때, $\frac{\cos 2x}{\cos x - \sin x}$의 값을 표로 만들어

$\lim_{x \to \pi/4} \dfrac{\cos 2x}{\cos x - \sin x}$의 값을 추정하여라. 추정값은 반올림하여 네 자릿수로 답하여라.

b. 해석적 방법으로 $\lim_{x \to \pi/4} \dfrac{\cos 2x}{\cos x - \sin x}$의 값을 찾아라.

5. **그래프 그리기** 다음 성질을 모두 만족하는 함수 f의 그래프를 그려라.

$$\lim_{x \to -2^-} f(x) = \infty \quad \lim_{x \to -2^+} f(x) = -\infty \quad \lim_{x \to 0} f(x) = \infty$$
$$\lim_{x \to 3^-} f(x) = 2 \quad \lim_{x \to 3^+} f(x) = 4 \quad f(3) = 1$$

6–26. **극한 계산** 다음 극한을 계산하여라.

6. $\lim_{x \to 1} \sqrt{5x + 6}$

7. $\lim_{h \to 0} \dfrac{(h + 6)^2 + (h + 6) - 42}{h}$

8. $\lim_{x \to 1} \dfrac{x^3 - 7x^2 + 12x}{4 - x}$ **9.** $\lim_{x \to 1} \dfrac{1 - x^2}{x^2 - 8x + 7}$

10. $\lim_{x \to 3} \dfrac{1}{x - 3}\left(\dfrac{1}{\sqrt{x + 1}} - \dfrac{1}{2}\right)$

11. $\lim_{x \to 3} \dfrac{x^4 - 81}{x - 3}$ **12.** $\lim_{x \to 81} \dfrac{\sqrt[4]{x} - 3}{x - 81}$

13. $\lim_{x \to \pi/2} \dfrac{\dfrac{1}{\sqrt{\sin x}} - 1}{x + \pi/2}$ **14.** $\lim_{x \to 5} \dfrac{x - 7}{x(x - 5)^2}$

15. $\lim_{x \to 3^-} \dfrac{x - 4}{x^2 - 3x}$ **16.** $\lim_{x \to 1^+} \dfrac{4x^3 - 4x^2}{|x - 1|}$

17. $\lim_{x \to 0^-} \dfrac{2}{\tan x}$ **18.** $\lim_{x \to \infty} \dfrac{2x - 3}{4x + 10}$

19. $\lim_{x \to -\infty} \dfrac{3x + 1}{\sqrt{ax^2 + 2}}$, a는 양의 상수

20. $\lim_{x \to \infty} \dfrac{1}{\sqrt{x^2 - ax} - \sqrt{x^2 - x}}$, a는 1이 아닌 상수

21. $\lim_{x \to \infty} (3 \tan^{-1} x + 2)$

22. $\lim_{x \to -\infty} (|x - 1| + x)$와 $\lim_{x \to \infty} (|x - 1| + x)$

23. $\lim_{w \to \infty} \dfrac{\ln w^2}{\ln w^3 + 1}$

24. $\lim_{r \to \infty} \dfrac{2e^{4r} + 3e^{5r}}{7e^{4r} - 9e^{5r}}$과 $\lim_{r \to -\infty} \dfrac{2e^{4r} + 3e^{5r}}{7e^{4r} - 9e^{5r}}$

25. $\lim_{x \to \infty}\left(5 + \dfrac{\cos^4 x}{x^2 + x + 1}\right)$ **26.** $\lim_{x \to 1^-} \dfrac{x}{\ln x}$

27. **중요한 극한**

a. 그래프 유틸리티를 사용하여 다음 부등식을 구간 $[-1, 1]$에서 그림으로 나타내어라.

$$\cos x \le \frac{\sin x}{x} \le \frac{1}{\cos x}$$

b. **a**의 결과를 사용하여 $\lim_{x \to 0} \dfrac{\sin x}{x} = 1$임을 설명하여라.

28–30. **양 끝값** $\lim_{x \to \infty} f(x)$와 $\lim_{x \to -\infty} f(x)$를 계산하여라.

28. $f(x) = \dfrac{4x^3 + 1}{1 - x^3}$ **29.** $f(x) = 1 - e^{-2x}$

30. $f(x) = \dfrac{6e^x + 20}{3e^x + 4}$

31–33. **경사 점근선**

a. 다음 함수에 대하여 $\lim_{x \to \infty} f(x)$와 $\lim_{x \to -\infty} f(x)$를 분석하여라.

b. f가 경사 점근선을 갖는지 조사하고, 경사 점근선이 있는 경우 그 식을 써라.

31. $f(x) = \dfrac{3x^2 + 5x + 7}{x + 1}$ **32.** $f(x) = \dfrac{1 + x - 2x^2 - x^3}{x^2 + 1}$

33. $f(x) = \dfrac{4x^3 + x^2 + 7}{x^2 - x + 1}$

34. **점근선 찾기** 함수 $f(x) = \dfrac{1}{\tan^{-1} x}$의 모든 점근선을 찾아라.

35. **두 개의 경사 점근선** 함수 $f(x) = \dfrac{x + xe^x + 10e^x}{2(e^x + 1)}$이 두 개의 경사 점근선 $y = \dfrac{1}{2}x$와 $y = \dfrac{1}{2}x + 5$를 갖는 이유를 설명하여라. 이 두 경사 점근선을 포함하여 f의 그래프를 그려라.

36–37. **한 점에서 연속성** 연속성 점검표를 사용하여 다음 함수가 주어진 점 a에서 연속인지 조사하여라.

36. $f(x) = \dfrac{1}{x - 5}$, $a = 5$

37. $h(x) = \begin{cases} -2x + 14, & x \le 5 \\ \sqrt{x^2 - 9}, & x > 5 \end{cases}$, $a = 5$

38–39. **구간에서 연속성** 다음 함수가 연속인 구간을 찾아라. 양 끝점에서 우연속인지 좌연속인지 말하여라.

38. $f(x) = \sqrt{x^2 - 5}$ **39.** $h(x) = \dfrac{2x}{x^3 - 25x}$

40. **미지의 상수 정하기** 함수 g가 다음과 같다.

$$g(x) = \begin{cases} 5x - 2, & x < 1 \\ a, & x = 1 \\ ax^2 + bx, & x > 1 \end{cases}$$

가능한 경우 g가 $x = 1$에서 연속이 되도록 하는 두 상수 a와 b의 값을 정하여라.

41. 두 구간 (0, 1]과 (1, 2)에서 연속이지만 구간 (0, 2)에서는 연속이 아닌 함수의 그래프를 그려라.

42–43. 중간값 정리

a. 중간값 정리를 사용하여 주어진 구간에서 방정식이 해를 가짐을 보여라.

b. 근을 찾는 컴퓨터 프로그램을 사용하여 주어진 구간에서 방정식의 해를 추정하여라.

42. $x^5 + 7x + 5 = 0$, $(-1, 0)$

43. $x = \cos x$, $\left(0, \frac{\pi}{2}\right)$

44. 항생제 투여 정맥 주사선이 열린 지 t시간 후 혈액 내 항생제의 양(밀리그램)은 다음 식을 따른다.

$$m(t) = 100(e^{-0.1t} - e^{-0.3t})$$

a. 중간값 정리를 사용하여 구간 [0, 5]의 한 시점에서 약물의 양이 30 mg이고 구간 [5, 15]의 한 시점에서 다시 약물의 양이 30 mg임을 보여라.

b. $m = 30$ mg인 시각을 추정하여라.

c. 혈액 속 약물의 양이 50 mg인 적이 있는가?

45–47. 극한 증명 적절한 극한의 정의를 사용하여 다음 극한을 증명하여라.

45. $\lim_{x \to 5} \frac{x^2 - 25}{x - 5} = 10$

46. $\lim_{x \to 2} (3x^2 - 4) = 8$

47. $\lim_{x \to 2} \frac{1}{(x - 2)^4} = \infty$

CHAPTER 3

도함수
Derivatives

미리보기 지금까지 미적분학을 학습하기 위한 첫걸음으로 극한을 살펴봤다. 이 장에서는 첫 단계로써 도함수의 기본 개념을 알아보고자 한다. 함수 f가 어떤 양(quantity), 예를 들어 상품을 만드는 비용, 한 국가의 인구 또는 위성 궤도의 위치 등을 나타낸다고 하자. 함수 f의 도함수 f'은 함수 f로부터 얻는 새로운 함수, 즉 x에서 곡선 $y = f(x)$의 그래프가 변화하는 기울기를 나타낸다. 다시 말해 f의 도함수는 독립변수에 대한 f의 순간변화율을 나타낸다. 이와 같은 도함수를 구하고 도함수와 관련된 효과적인 규칙을 찾는 데 앞에서 학습한 극한이 사용될 것이다. 우리 주변에 있는 대부분의 것들이 변하는 상태이고, 이 변화 상태는 도함수를 이용하여 기술할 수 있으므로 이 장을 통해 다양한 도함수의 응용을 접할 수 있을 것이다.

3.1 미분계수
3.2 도함수
3.3 미분 법칙
3.4 곱의 법칙과 몫의 법칙
3.5 삼각함수의 도함수
3.6 변화율로서 도함수
3.7 연쇄 법칙
3.8 음함수의 미분법
3.9 로그함수와 지수함수의 도함수
3.10 역삼각함수의 도함수
3.11 상관율

3.1 미분계수

이 절에서는 2장의 도입부에서 언급한 바와 같이 곡선에 접하는 직선의 기울기를 찾는 문제부터 살펴볼 것이다. 이는 다음과 같은 다양한 이유로 인해 중요한 문제이다.

- 함수의 **순간변화율**과 접선의 기울기는 같은 개념이다(그림 3.1).
- 곡선을 따라 변하는 접선의 기울기 함수로서 이 새로운 함수를 **도함수**(derivative)라고 한다.
- 운동하는 물체를 관찰할 때, 어떤 곡선이 이 물체가 그리는 궤적(trajectory)을 나타낸다면 곡선 위의 한 점에서 접선은 이 점에서 운동의 방향을 나타낸다(그림 3.2).

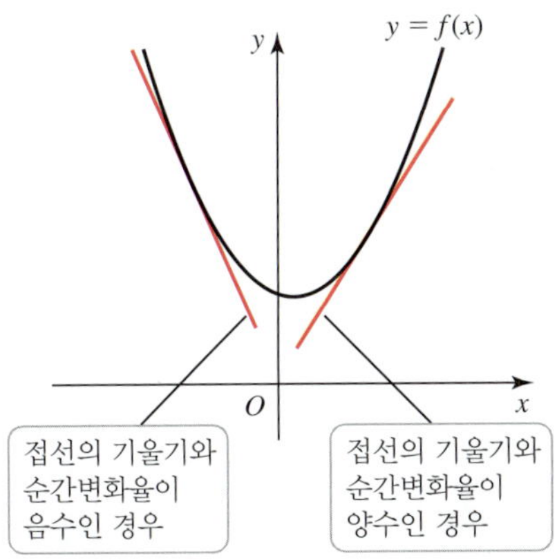

그림 3.1

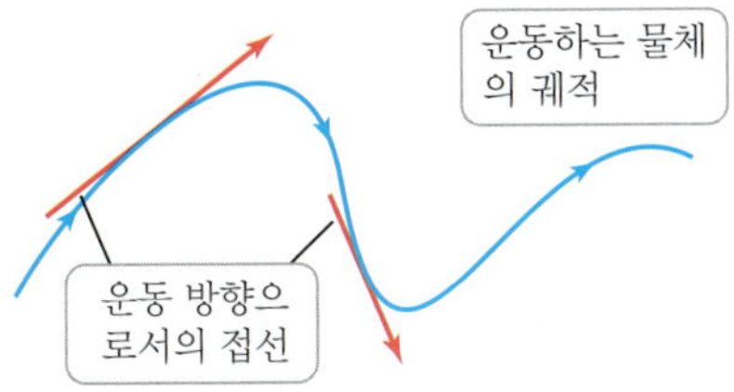

그림 3.2

2.1절에서 한 직선을 따라 움직이는 물체의 속도를 정의하기 위해 극한을 이용했다. 시간 t에서 물체의 위치(변위)가 $s(t)$일 때, (시간을 나타내는) 구간 $[a, t]$에서 이 물체의 평균 속도는

$$v_{\text{av}} = \frac{s(t) - s(a)}{t - a}$$

임을 기억하자. 시각 $t = a$에서 순간 속도는 $t \to a$일 때 다음과 같이 평균 속도의 극한이다.

$$v_{\text{inst}} = \lim_{t \to a} \frac{s(t) - s(a)}{t - a}$$

또한 이 양은 중요한 기하학적인 의미를 갖는다. 즉, 평균 속도는 s 위의 두 점 $(a, s(a))$, $(t, s(t))$를 잇는 선분(secant line, 할선)의 기울기이고, 순간 속도는 점 $(a, s(a))$에서 접선의 기울기이다(그림 3.3).

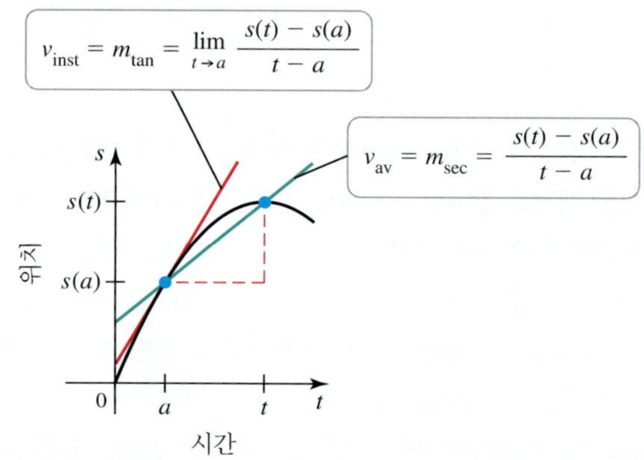

그림 3.3

| 예제 1 | 순간 속도와 접선 초기 속도 96 ft/s로 돌멩이를 지상에서 수직 방향 위로 던졌을 때, t초 후 이 돌멩이의 지상으로부터 높이가 $s(t) = -16t^2 + 96t$ 피트라고 하자. 곡선 $y = s(t)$ 위의 점 $P(1, 80)$에서 다음을 생각해 보자.

a. 돌멩이를 던진 1초 후 순간 속도를 구하고, 점 P에서 s의 접선의 기울기를 구하여라.

b. **a**의 접선의 방정식을 구하여라.

풀이

a. 2.1절의 예제 2에서 $t = 1$에서 순간 속도는 64 ft/s임을 추정했다. 이제 2장에서 살펴본 극한을 구하는 방법을 사용하여 앞의 추정치를 직접 계산해 보자.

$$\begin{aligned} v_{\text{inst}} &= \lim_{t \to 1} \frac{s(t) - s(1)}{t - 1} && \text{순간 속도의 정의} \\ &= \lim_{t \to 1} \frac{-16t^2 + 96t - 80}{t - 1} && s(t) = -16t^2 + 96t\text{에서 } s(1) = 80 \\ &= \lim_{t \to 1} \frac{-16(t - 5)(t - 1)}{t - 1} && \text{인수분해하기} \\ &= -16 \underbrace{\lim_{t \to 1} (t - 5)}_{-4} = 64 && \text{공통인수 약분}(t \neq 1)\text{하고 극한값 계산하기} \end{aligned}$$

이제 위 계산으로부터 $t = 1$에서 순간 속도는 64 ft/s임을 확인할 수 있고, 또한 이 값은 점 $P(1, 80)$에서 s의 접선의 기울기이다.

b. 구하는 직선의 방정식, 즉 접선의 방정식은 점 $(1, 80)$을 지나고 기울기가 64인 직선의 방정식 $y - 80 = 64(t - 1)$, 즉 $y = 64t + 16$이다(그림 3.4).

관련 연습문제 7-8번 ◀

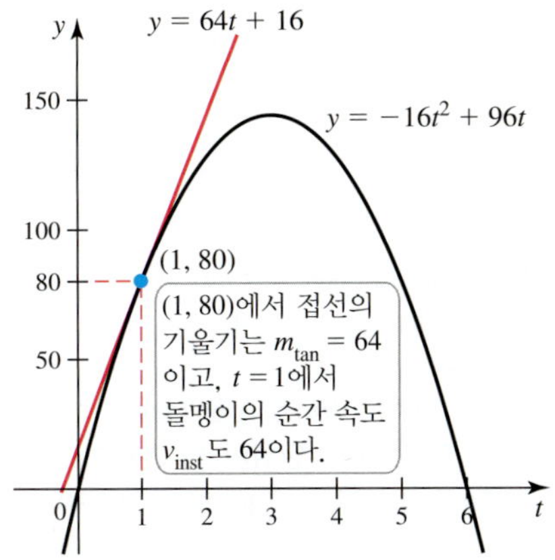

그림 3.4

QUICK CHECK 1 예제 1에서 점 $(2, 128)$에서의 접선의 기울기는 점 $(1, 80)$에서의 접선의 기울기보다 큰가 작은가? ◀

한 물체 위치의 순간변화율과 이 물체가 나타내는 궤적을 나타내는 그래프 위에서 접선의 기울기의 관계는 이 장에서 다루는 속도의 개념을 더욱 확장시킬 수 있다. 실제로 접선의 기울기는 미적분학에서 다루는 주요 내용 중 하나인데, 그 이유는 함수의 순간변화율을 나타내기 때문이다. 물체의 위치, 어떤 시의 인구, 화학 반응에서 반응물의 농도, 어린이들의 체중 변화 등을 기술하는 다양한 함수에서 접선의 기울기는 이러한 양의 순간변화율을 나타낸다.

접선과 변화율

곡선 $y = f(x)$와 이 곡선 위의 두 점 $P(a, f(a))$, $Q(x, f(x))$를 잇는 선분을 생각해 보자(그림 3.5). $x - a$는 x의 변화량을 나타내고 $f(x) - f(a)$는 구간 $[a, x]$에서 f의 변화량을 나타낸다. 1장과 2장에서 살펴본 것과 같이 직선 $\overleftrightarrow{PQ}$의 기울기는

$$m_{\text{sec}} = \frac{f(x) - f(a)}{x - a}$$

이고 이는 구간 $[a, x]$에서 f의 **평균변화율**(average rate of change)이다.

또한 그림 3.5는 x가 a에 접근할 때 어떤 변화가 일어나는지 설명한다. 주어진 곡선이 $P(a, f(a))$에서 매끄러우면(smooth), 즉 곡선이 꼬이지 않거나 뾰족점을 갖지 않으면 직선 $\overleftrightarrow{PQ}$는 점 P에서 유일한 하나의 직선에 접근하고 이 직선은 점 P에서 **접선**(tangent line)이다. x가 a로 접근할 때, $\overleftrightarrow{PQ}$의 기울기 m_{sec}는 유일한 값 m_{tan}에 접근하고, 이것은 **접선의 기울기**(slope of the tangent line)이다. 즉, 다음과 같다.

$$m_{\text{tan}} = \lim_{x \to a} \frac{f(x) - f(a)}{x - a}$$

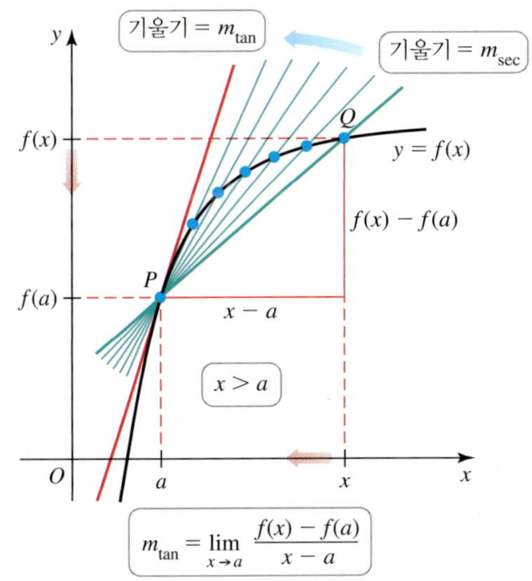

그림 3.5

또한 점 P에서 접선의 기울기를 a에서 f의 **순간변화율**(instantaneous rate of change)이라 하는데, 이는 a에서 f가 순간적으로 변하는 양을 나타낸다.

접선은 또 다른 기하학적 의미를 포함한다. 2.1절에서 살펴본 것과 같이 점 $P(a, f(a))$에서 곡선 $y = f(x)$가 매끄러울 때, 점 P 근처에서 f의 그래프를 확대해 보면 주어진 곡선은 거의 직선처럼 보이고 이 직선 또한 접선처럼 보인다(그림 3.6). 매끄러운 곡선은 **국소(부분) 선형성**(local linearity)을 가지는데, 이는 주어진 점 근처에서 곡선을 확대해 보면 곡선은 직선처럼 보임을 의미한다.

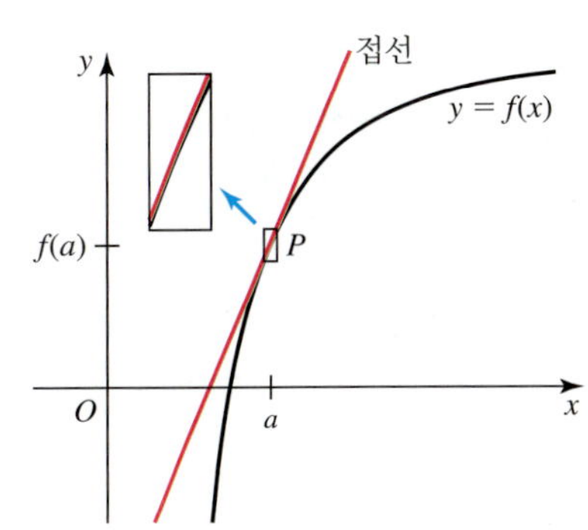

그림 3.6

정의 변화율과 접선의 기울기

구간 $[a, x]$에서 함수 f의 **평균변화율**은 두 점 $(a, f(a))$, $(x, f(x))$를 잇는 선분의 기울기로 다음과 같이 정의한다.

$$m_{\text{sec}} = \frac{f(x) - f(a)}{x - a}$$

또한 a에서 함수 f의 **순간변화율**은 다음과 같이 정의한다.

$$m_{\text{tan}} = \lim_{x \to a} \frac{f(x) - f(a)}{x - a} \tag{1}$$

이때 식 (1)의 극한이 존재하면 m_{tan}를 점 $(a, f(a))$에서 **접선의 기울기**라 하고, 이 점을 지나고 기울기가 m_{tan}인 직선을 점 $(a, f(a))$에서 **접선**이라 하며, 방정식은 다음과 같다.

$$y - f(a) = m_{\text{tan}}(x - a)$$

➤ m_{sec}의 정의는 1장에서 소개한 차분몫(difference quotient)을 포함한다.

➤ x와 y가 단위를 가지면 평균변화율과 순간변화율의 단위는 (y의 단위)/(x의 단위)이다. 예를 들어 y의 단위가 미터(m)이고 x의 단위가 초(s)이면 평균변화율과 순간변화율의 단위는 미터/초(m/s)이다.

QUICK CHECK 2 a의 근처에서 함수 f의 그래프를 그려라. 그림 3.5와 같이 점 $(a, f(a))$ 근처에서 이 점과 $x < a$일 때 점 $(x, f(x))$를 지나는 직선을 그려라. 화살표를 이용하여 x가 a에 접근할 때 이 직선이 어떻게 접선에 접근하는지 나타내어라. ◀

| 예제 2 | 접선의 방정식 점 $\left(2, \frac{3}{2}\right)$에서 $f(x) = \frac{3}{x}$의 그래프에 접하는 직선의 방정식을 구하여라.

풀이 $a = 2$에서 접선의 기울기를 정의에 따라 계산하면

$$\begin{aligned}
m_{\text{tan}} &= \lim_{x \to 2} \frac{f(x) - f(2)}{x - 2} && \text{접선의 기울기의 정의} \\
&= \lim_{x \to 2} \frac{\frac{3}{x} - \frac{3}{2}}{x - 2} && f(x) = 3/x\text{에서 } f(2) = 3/2 \\
&= \lim_{x \to 2} \frac{\frac{6 - 3x}{2x}}{x - 2} && \text{공통분모 이용하여 통분하기} \\
&= \lim_{x \to 2} \frac{-3(x - 2)}{2x(x - 2)} && \text{간단히 하기} \\
&= \lim_{x \to 2} \left(-\frac{3}{2x}\right) = -\frac{3}{4} && \text{공통인수 약분}(x \neq 2)\text{하고 극한값 계산하기}
\end{aligned}$$

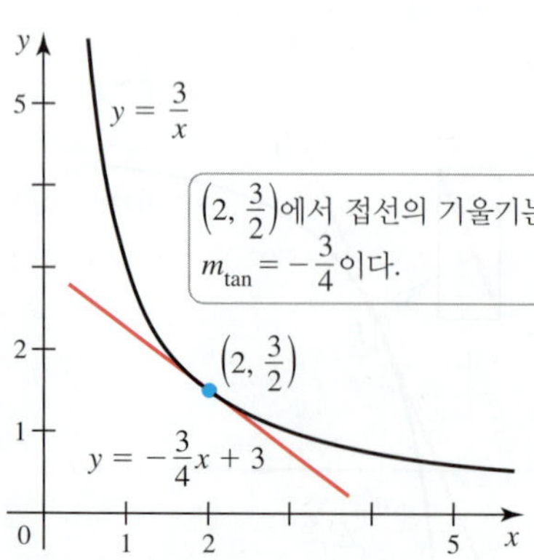

그림 3.7

따라서 접선은 기울기 $m_{\tan} = -\frac{3}{4}$을 갖고, 점 $\left(2, \frac{3}{2}\right)$을 지난다(그림 3.7). 구하는 접선의 방정식은 $y - \frac{3}{2} = -\frac{3}{4}(x - 2)$, 즉 $y = -\frac{3}{4}x + 3$이고, $x = 2$에서 f의 순간변화율은 $-3/4$이다.

관련 연습문제 10번

접선의 기울기를 구하는 또 다른 공식을 살펴보자. 먼저 곡선 $y = f(x)$의 그래프와 두 점 P, Q를 잇는 직선을 생각하고 점 P와 점 Q의 좌표를 각각 $(a, f(a))$, $(a + h, f(a + h))$라고 하자(그림 3.8). 이때 P와 Q의 x에 대한 변화량은 $(a + h) - a = h$이고, $h > 0$이면 Q는 P의 오른쪽에 있으며, $h < 0$이면 Q는 P의 왼쪽에 있다.

위 기호를 사용하면 직선 $\overleftrightarrow{PQ}$의 기울기는 $m_{\sec} = \frac{f(a+h) - f(a)}{h}$이다. h가 0에 접근하면 Q는 P에 접근하고, 직선의 기울기는 접선의 기울기에 접근한다. 따라서 점 $(a, f(a))$에서 접선의 기울기, 즉 a에서 f의 순간변화율은 다음과 같다.

$$m_{\tan} = \lim_{h \to 0} \frac{f(a+h) - f(a)}{h}$$

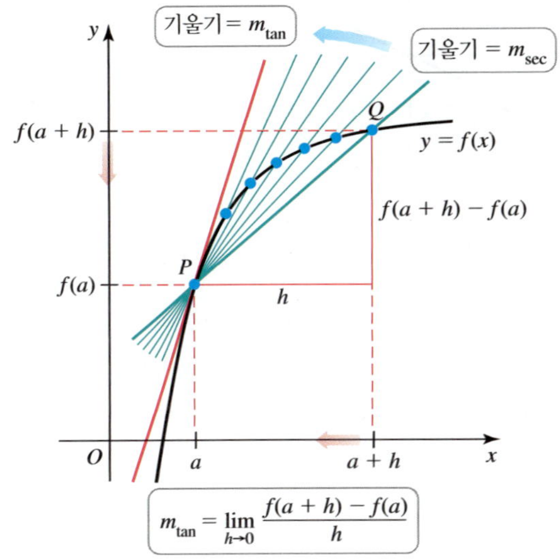

그림 3.8

다른 정의 변화율과 접선의 기울기

구간 $[a, a + h]$에서 함수 f의 **평균변화율**은 두 점 $(a, f(a))$, $(a, f(a + h))$를 잇는 선분의 기울기로 다음과 같이 정의한다.

$$m_{\sec} = \frac{f(a+h) - f(a)}{h}$$

또한 점 a에서 함수 f의 **순간변화율**은 다음과 같이 정의한다.

$$m_{\tan} = \lim_{h \to 0} \frac{f(a+h) - f(a)}{h} \tag{2}$$

이때 식 (2)의 극한이 존재하면 $m_{\tan}$를 점 $(a, f(a))$에서 **접선의 기울기**라고 한다.

| 예제 3 | 접선의 방정식 점 $(1, 5)$에서 $f(x) = x^3 + 4x$의 그래프에 접하는 직선의 방정식을 구하여라.

> 극한의 정의에 따르면 $h \to 0$의 의미는 h가 0에 접근하지만 $h \neq 0$임에 유의하자. 따라서 $\frac{h(h^2 + 3h + 7)}{h}$의 분모와 분자에서 h는 약분될 수 있다.

풀이 식 (2)에서 $a = 1$로 놓고 $f(1 + h)$의 값을 구하자. 다항식을 전개하고 h에 대하여 내림차순으로 정리하면 다음과 같다.

$$f(1 + h) = (1 + h)^3 + 4(1 + h) = h^3 + 3h^2 + 7h + 5$$

$f(1) = 5$와 $f(1 + h)$를 대입하면 접선의 기울기는 다음과 같다.

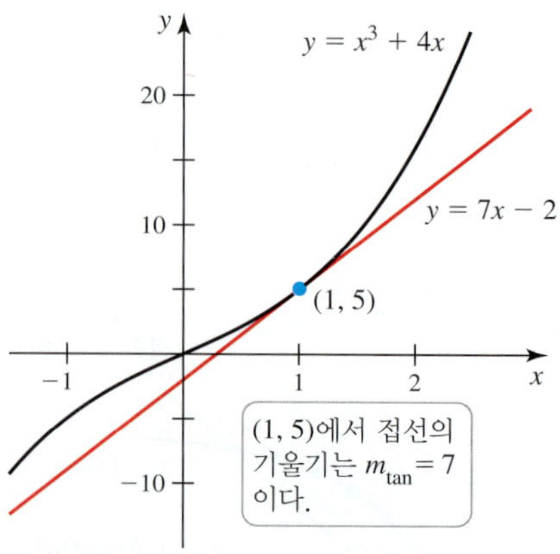

그림 3.9

QUICK CHECK 3 예제 3에서 접선의 기울기에 대한 식 (2) 대신 식 (1)을 사용하여 접선의 기울기를 계산하여라. 식 (1)을 사용하여 계산하는 것이 더 복잡한가?

$$\begin{aligned} m_{tan} &= \lim_{h\to 0}\frac{f(1+h)-f(1)}{h} && m_{tan}\text{의 정의} \\ &= \lim_{h\to 0}\frac{(h^3+3h^2+7h+5)-5}{h} && f(1+h),\ f(1)=5 \text{ 대입하기} \\ &= \lim_{h\to 0}\frac{h(h^2+3h+7)}{h} && \text{간단히 하기} \\ &= \lim_{h\to 0}(h^2+3h+7) && h(\neq 0) \text{ 약분하기} \\ &= 7 && \text{극한값 계산하기} \end{aligned}$$

따라서 접선은 기울기 $m_{tan} = 7$을 갖고, 점 (1, 5)을 지난다(그림 3.9). 구하는 접선의 방정식은 $y - 5 = 7(x - 1)$, 즉 $y = 7x - 2$이다. 또한 $x = 1$에서 f의 순간변화율은 7이다.

관련 연습문제 13, 15번

미분계수

a에서 함수 f의 그래프에 접하는 직선의 기울기는 a에서 f의 순간변화율이다. 이는 함수 f의 성질을 나타내는 중요한 특징 중 하나이고, 따라서 같은 극한식을 사용하여 다음과 같이 미분계수를 정의한다.

정의 한 점에서 미분계수의 정의

a가 함수 f의 정의역에 속하고 다음 두 극한값 중 하나 이상 존재하면 $f'(a)$를 **a에서 f의 미분계수**라고 정의한다.

$$f'(a) = \lim_{x\to a}\frac{f(x)-f(a)}{x-a} \quad (1) \quad \text{또는} \quad f'(a) = \lim_{h\to 0}\frac{f(a+h)-f(a)}{h} \quad (2)$$

이때 $f'(a)$가 존재하면 f는 a에서 **미분가능**하다고 한다.

➤ 미분계수 $f'(a)$를 'f 프라임 a'라고 읽는다. 또한 함수가 바뀌면 미분계수의 기호도 바뀐다. 예를 들어 주어진 함수가 $y = f(x)$가 $y = g(x)$로 바뀌면 a에서 미분계수는 $g'(a)$로 나타낸다.

주어진 점에서 어떤 함수의 미분계수를 정의하는 극한값은 이 점에서 주어진 함수에 대한 접선의 기울기와 순간변화율을 계산하는 것이다. 미분계수를 구하는 것은 순간변화율과 접선의 기울기를 구하는 것임을 기억하자.

| 예제 4 | 미분계수와 접선 $f(x) = \sqrt{2x} + 1$일 때, $x = 2$에서 함수 f의 미분계수 $f'(2)$를 구하고, 이를 이용하여 점 (2, 3)에서 f의 그래프에 접하는 직선의 방정식을 구하여라.

풀이 $a = 2$일 때, 식 (1)을 이용하여 $f'(a)$를 구하면 다음과 같다.

$$f'(2) = \lim_{x \to 2} \frac{f(x) - f(2)}{x - 2} \quad \text{미분계수의 정의}$$

$$= \lim_{x \to 2} \frac{\sqrt{2x} + 1 - 3}{x - 2} \quad f(x) = \sqrt{2x} + 1,\ f(2) = 3 \text{ 대입하기}$$

$$= \lim_{x \to 2} \frac{\sqrt{2x} - 2}{x - 2} \cdot \frac{\sqrt{2x} + 2}{\sqrt{2x} + 2} \quad \text{분모와 분자에 } \sqrt{2x} + 2 \text{ 곱하기}$$

$$= \lim_{x \to 2} \frac{2x - 4}{(x - 2)(\sqrt{2x} + 2)} \quad \text{간단히 하기}$$

$$= \lim_{x \to 2} \frac{2}{\sqrt{2x} + 2} = \frac{1}{2} \quad \text{공통인수 약분}(x \neq 2)\text{, 극한값 계산하기}$$

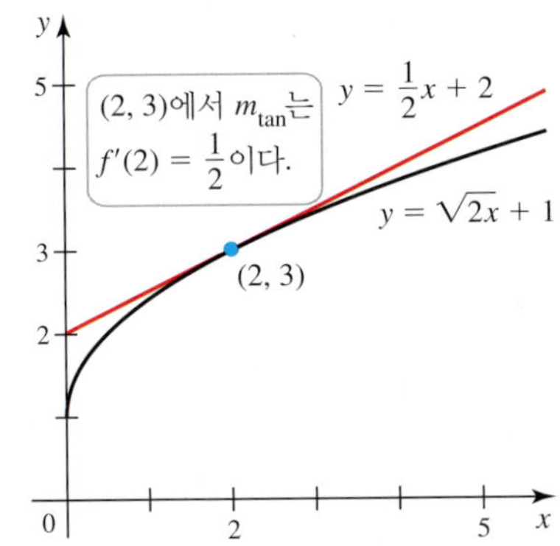

그림 3.10

➤ 예제 4에서 식 (2)를 사용하여 $f'(2)$를 구할 수도 있다.

따라서 점 (2, 3)에서 f의 그래프에 대한 접선의 기울기는 $f'(2) = 1/2$이고 접선(그림 3.10)의 방정식은 다음과 같다.

$$y - 3 = \frac{1}{2}(x - 2) \text{ 또는 } y = \frac{1}{2}x + 2$$

관련 연습문제 21번 ◀

QUICK CHECK 4 점 (8, 5)에서 예제 4의 함수 f의 미분계수는 $f'(8) = 1/4$임을 확인하여라. 또한 점 (8, 5)에서 함수 f의 그래프에 접하는 직선의 방정식을 구하여라. ◀

미분계수의 해석

a에서 함수 f의 미분계수는 점 a에서 f의 순간변화율을 나타낸다, 주어진 함수가 물리적인 양을 나타낼 때, 미분계수는 특별한 의미를 갖는다. 예를 들어 $T = g(d)$가 깊이가 d인 바닷속 해수의 온도를 나타낸다고 하자. 그러면 $T'(d)$는 깊이 d에서 수온의 순간변화율을 나타낸다. 다음 예제도 이 개념(순간변화율)을 설명하고 있다.

| 예제 5 | **순간변화율** 음향 출력이 P인 음원으로부터 x미터 거리에서 음향 강도 I가 $I(x) = \frac{P}{4\pi x^2}$로 주어졌다고 하자. 단, I의 단위는 제곱미터당 와트(W/m^2)이고, 록 콘서트에서 일반적인 음향 시스템의 음향 출력은 $P = 3$W이다. $I'(3)$을 구하고, 이 결과를 설명하여라.

풀이 주어진 식으로부터 $P = 3$일 때 음향 강도는 $I(x) = \frac{3}{4\pi x^2}$이다. 한 점에서 미분계수를 정의하는 식 중 식 (2)와 $I(x) = \frac{3}{4\pi} \cdot \frac{1}{x^2}$을 이용하면 $a = 3$일 때 미분계수는 다음과 같다.

$$I'(3) = \lim_{h \to 0} \frac{I(3 + h) - I(3)}{h} \quad I'(3)\text{의 정의, 분자의 단위는 W/m}^2\text{, 분모의 단위는 m}$$

$$= \lim_{h \to 0} \frac{\frac{3}{4\pi} \cdot \frac{1}{(3 + h)^2} - \frac{3}{4\pi} \cdot \frac{1}{9}}{h} \quad I(3 + h),\ I(3) \text{ 계산하기}$$

$$= \frac{3}{4\pi}\lim_{h\to 0}\frac{\dfrac{9-(3+h)^2}{9(3+h)^2}}{h}$$ $\frac{3}{4\pi}$으로 묶어내고 나머지 분수 계산하기

$$= \frac{3}{4\pi}\lim_{h\to 0}\frac{-h(6+h)}{9(3+h)^2}\cdot\frac{1}{h}$$ 간단히 하기

$$= -\frac{3}{4\pi}\lim_{h\to 0}\frac{6+h}{9(3+h)^2}$$ h 약분하기($h \neq 0$)

$$= -\frac{3}{4\pi}\cdot\frac{6}{81} = -\frac{1}{18\pi}$$ 극한값 계산하기

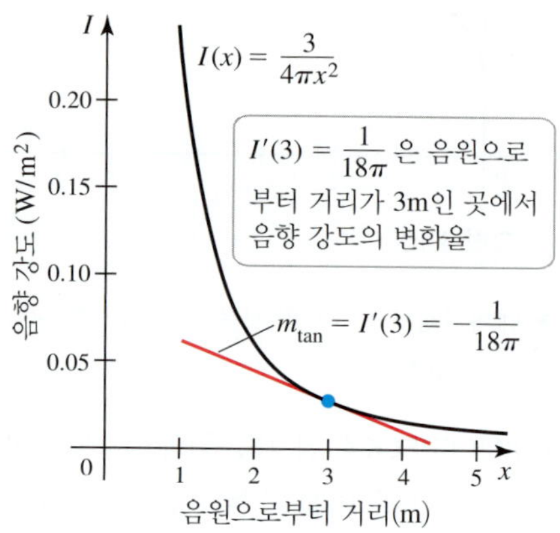

그림 3.11

분모와 분자의 단위를 이용해서 이 결과를 해석해 보자. 음향 강도 I의 단위는 W/m^{2}이고 음원으로부터 거리의 단위는 m이므로 $I'(3) = -1/(18\pi)$는 음원으로부터 거리가 3 m인 곳에서 미터당 $1/(18\pi)$ W/m^{2}의 순간변화율로 음향 강도는 감소하고 있음을 나타낸다(그림 3.11). 즉, 음원으로부터의 거리가 3 m에서 4 m로 증가할 때, 음향 강도는 $1/(18\pi)$ W/m^{2}만큼 감소함을 나타낸다.

관련 연습문제 26번 ◀

| 예제 6 | 인도 잔점박이 올빼미의 성장률 인도 잔점박이 올빼미는 남동 아시아에서 서식하는 작은 올빼미 토착종이다. 이 올빼미의 생후 t주의 체중을 $m(t)$그램이라 할 때, $m(t)$의 그래프가 그림 3.12와 같이 주어졌다고 하자. $m'(2)$를 추정하고, 이 양의 물리적 의미를 설명하여라(출처: *ZooKeys*, 132, 2011).

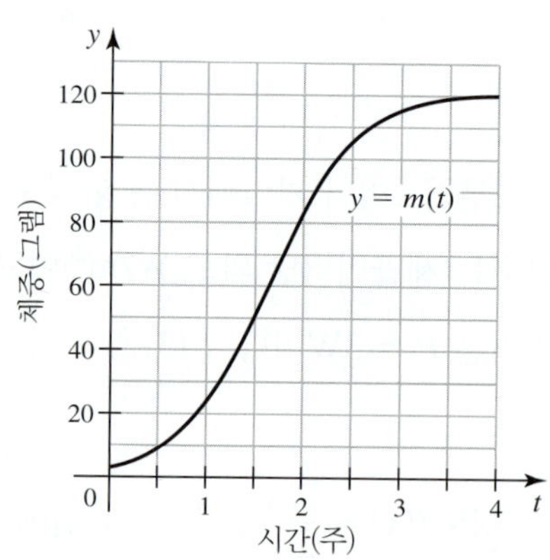

그림 3.12

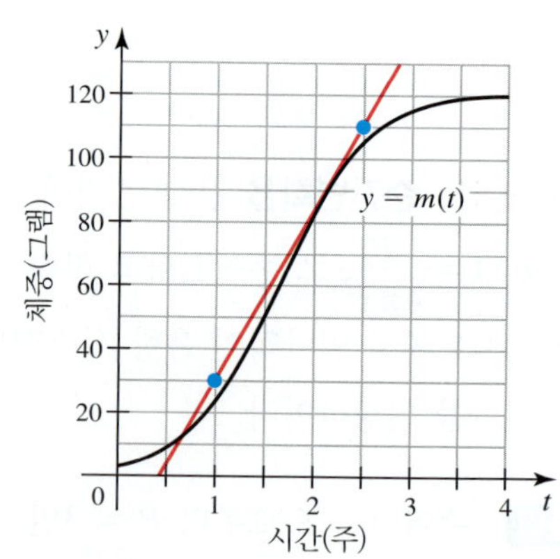

그림 3.13

풀이 $m'(2)$는 $t = 2$일 때 $y = m(t)$의 그래프에 접하는 직선의 기울기임을 기억하자. $m'(2)$를 추정하는 방법 중 하나는 $t = 2$에서 곡선에 대한 접선을 그린 다음 이 접선의 기울기를 측정하는 것이다(그림 3.13). 이 직선 위의 적당한 두 점을 찾으면 접선은 이 두 점을 지나거나 두 점을 잇는 직선에 근접하는데, 그래프로부터 두 점 (1, 30), (2.5, 110)을 지나거나 이 두 점을 잇는 직선에 근접함을 알 수 있다. 따라서

$$m'(2) \approx \frac{110 - 30}{2.5 - 1} = \frac{80 \text{ g}}{1.5 \text{ weeks}} \approx 53.3 \text{ g/week}$$

이고, 이 값은 올빼미가 생후 2주에 53.3 g/week의 성장률로 자라고 있음을 의미한다.

관련 연습문제 28번 ◀

➤ 예제 6에서 $m'(2)$를 추정하는 데 사용된 그래프 분석법은 미분계수의 근삿값을 추정하는 방법이다. 따라서 접선을 얼마나 정확하게 그리는지에 따라 이 근삿값의 정확도는 달라진다.

3.1절 연습문제

1단계 스타트

1. 접선의 기울기를 정의하는 식 (1)(144쪽)을 사용하여 선분의 기울기가 한 점에서 접선의 기울기에 어떻게 접근하는지 설명하여라.
2. 접선의 기울기로 순간변화율을 해석할 수 있는 이유를 설명하여라.
3. 어떤 함수 f와 이 함수의 정의역에 있는 점 a가 주어졌을 때, $f'(a)$는 무엇을 나타내는가?
4. 점 (2, 7)에서 함수 f의 그래프에 접하는 직선의 방정식이 $y = 4x - 1$일 때, $f(2)$와 $f'(2)$를 구하여라.
5. $h(1) = 2$이고 $h'(1) = 3$일 때, $x = 1$에서 함수 h의 그래프에 대한 접선의 방정식을 구하여라.
6. 식 (1)(144쪽)을 사용하여 점 $(1, -4)$에서 $f(x) = -5x + 1$의 그래프에 접하는 직선의 기울기를 구하여라.

2단계 실전

7–8. 속도 함수 공기 중에서 위쪽 수직 방향으로 물체(투사체)를 던졌을 때, t초 후 지상으로부터 물체의 높이(피트)를 $s(t)$로 나타내자. 극한과 각 문제에 주어진 함수를 사용하여 $t = a$초일 때, 물체(투사체)의 순간 속도를 구하여라.

7. $s(t) = -16t^2 + 100t,\ a = 1$
8. $s(t) = -16t^2 + 128t + 192,\ a = 2$

9–11. 식 (1)을 이용한 접선의 방정식

a. 식 (1)(144쪽)을 사용하여 각 문제의 주어진 점 P에서 함수 f의 그래프에 접하는 직선의 기울기를 구하여라.

b. 각 점 P에서 f의 그래프에 접하는 직선의 방정식을 구하여라.

c. 함수 f의 그래프와 각 점 P에서 접선을 그려라.

9. $f(x) = x^2 - 5,\ P(3, 4)$
10. $f(x) = \dfrac{1}{x},\ P(-1, -1)$
11. $f(x) = \sqrt{3x + 3},\ P(2, 3)$

12–17. 식 (2)를 이용한 접선의 방정식

a. 식 (2)(145쪽)를 사용하여 각 문제의 주어진 점 P에서 함수 f의 그래프에 접하는 직선의 기울기를 구하여라.

b. 각 점 P에서 접선의 방정식을 구하여라.

12. $f(x) = 2x + 1,\ P(0, 1)$
13. $f(x) = 3x^2 - 4x,\ P(1, -1)$
14. $f(x) = x^2 - 4,\ P(2, 0)$
15. $f(x) = x^3,\ P(1, 1)$
16. $f(x) = \dfrac{1}{3 - 2x},\ P\left(-1, \dfrac{1}{5}\right)$
17. $f(x) = \sqrt{x + 3},\ P(1, 2)$

18–22. 미분계수와 접선

a. 주어진 함수와 a의 값에 대하여 $f'(a)$를 구하여라.

b. 점 $(a, f(a))$에서 f의 그래프에 접하는 직선의 방정식을 구하여라.

18. $f(x) = 8x,\ a = -3$
19. $f(x) = 4x^2 + 2x,\ a = -2$
20. $f(x) = \dfrac{1}{\sqrt{x}},\ a = \dfrac{1}{4}$
21. $f(x) = \sqrt{2x + 1},\ a = 4$
22. $f(x) = \dfrac{1}{x + 5},\ a = 5$

23–24. 미분계수의 계산 주어진 점에서 함수의 미분계수를 구하여라.

23. $f(t) = \dfrac{1}{t + 1},\ a = 1$

24. $f(s) = 2\sqrt{s} - 1, a = 25$

25. **참 또는 거짓** 다음 명제가 참이면 증명하고 거짓이면 반례를 들어라.

a. 주어진 함수가 일차함수일 때, 그래프 위의 임의의 두 점을 잇는 선분의 기울기는 임의의 접선의 기울기와 같다.

b. 두 점 P와 Q를 잇는 선분의 기울기는 점 P에서 접선의 기울기보다 작다.

c. 포물선 $f(x) = x^2$의 그래프에서 $a > 0$이고 $h > 0$일 때, 두 점 $(a, f(a))$와 $(a + h, f(a + h))$를 잇는 선분의 기울기는 $(a, f(a))$에서 접선의 기울기보다 크다.

26-27. 미분계수의 해석 주어진 점에서 함수의 미분계수를 구하고, 미분계수의 물리적 의미를 단위와 함께 설명하여라.

26. 정지 상태에서 한 물체를 떨어뜨릴 때, t초 후 떨어진 거리를 $d(t) = 16t^2$피트라고 하자. 이때 $d'(4)$를 구하여라.

27. 정지 신호에 접근하는 어떤 자동차의 속도가 $v(t) = (t - 5)^2$ $(0 \le t \le 5)$으로 주어졌다고 하자. 여기서 시간 t의 단위는 초이고 $v(t)$의 단위는 미터/초이다. 이때 $v'(3)$을 구하여라.

28. **올빼미의 발톱** 다음 그림과 같이 생후 t주 후 인도 잔점박이 올빼미의 가운데 발가락 발톱의 평균 길이(mm)를 $L(t)$라 하자.

a. $L'(1.5)$의 값을 추정하고, 이것의 물리적 의미를 설명하여라.

b. $a \ge 4$일 때, $L'(a)$의 값을 추정하여라. 이 값은 올빼미의 발톱의 길이에 대하여 무엇을 설명하는가(출처: *ZooKeys*, 132, 2011)?

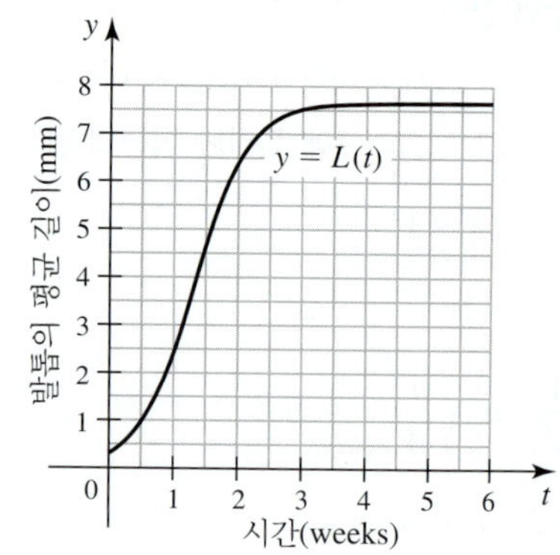

29. 위도 40° N에서 1월 1일 이후 t일이 지났을 때, 낮의 일조 시간을 $D(t)$라 하자. 다음 그림과 같이 $D(t)$가 연속함수라 가정하고, $D'(60)$과 $D'(170)$의 값을 추정하여라. 단위와 함께 이 값의 의미를 설명하여라.

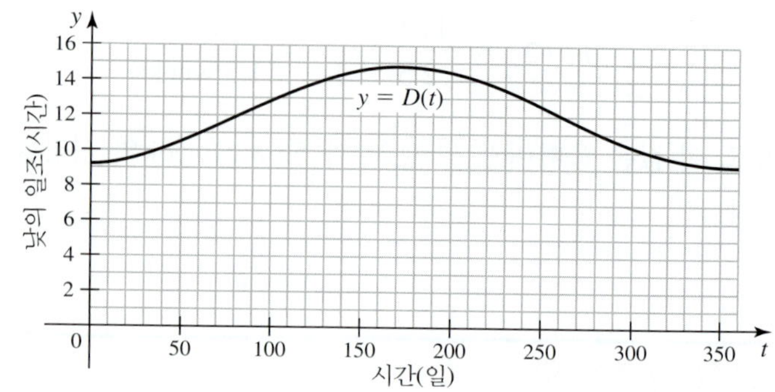

3단계 도전

30-32. 함수 구하기 주어진 점 $(a, f(a))$에서 극한을 이용하여 곡선 $y = f(x)$의 접선의 기울기를 구하여라. 즉, 함수 f와 a의 값을 결정하고 극한값을 계산하여라.

30. $\lim_{x \to 2} \dfrac{5x^2 - 20}{x - 2}$

31. $\lim_{h \to 0} \dfrac{(2 + h)^4 - 16}{h}$

32. $\lim_{h \to 0} \dfrac{|-1 + h| - 1}{h}$

33-35. 미분계수의 근삿값 주어진 극한값이 존재한다고 가정할 때, 미분계수의 정의 $f'(a) = \lim_{h \to 0} \dfrac{f(a + h) - f(a)}{h}$는 다음을 만족한다. 즉, h가 충분히 적으면($|h| \approx 0$), $f'(a)$의 근삿값은

$$f'(a) \approx \frac{f(a + h) - f(a)}{h}$$

로 나타낼 수 있다. $h > 0$일 때, 위 근사식을 **전향차분몫**(forward difference quotient)이라 하고 $h < 0$일 때, 위 근사식을 **후진차분몫**(backward difference quotient)이라 한다. 다음 문제에서 함수 f가 복잡한 함수이거나 몇 개의 점에서 (식이 아닌) 값으로 주어질 때, 위 공식을 적용하여 a에서 f'의 근삿값을 구할 수 있다.

33. $f(x) = \sqrt{x}$라 하자.

a. $f'(4)$의 (참)값을 구하여라.

b. $f'(4) \approx \dfrac{f(4 + h) - f(4)}{h} = \dfrac{\sqrt{4 + h} - 2}{h}$임을 보여라.

c. 다음 표에서 2번째 열과 5번째 열을 채우고, h가 0으로 접근할 때 $\dfrac{\sqrt{4 + h} - 2}{h}$의 변화를 설명하여라.

h	$(\sqrt{4+h} - 2)/h$	오차	h	$(\sqrt{4+h} - 2)/h$	오차
0.1			−0.1		
0.01			−0.01		
0.001			−0.001		
0.0001			−0.0001		

d. 근삿값의 정확도는 다음 오차식으로부터 알 수 있다.

$$\text{오차} = |\text{참값} - \text{근삿값}|$$

a에서 구한 $f'(4)$의 (참)값을 이용하여 위 표의 3번째 열과 6번째 열을 채워라. h가 0에 접근할 때 오차의 변화를 설명하여라.

34. 미분계수의 근삿값을 구하는 또 다른 방법 중 하나는 다음에 주어진 **유심차분몫**(centered difference quotient)이다.

$$f'(a) \approx \frac{f(a+h) - f(a-h)}{2h}$$

$f(x) = \sqrt{x}$라 하자.

a. 점 (4, 2) 근처에서 함수 f의 그래프를 그리고 위 식에서 $h = 1/2$로 놓자. 유심차분몫으로 계산되는 기울기를 갖는 직선을 그리고 이 유심차분몫이 $f'(4)$의 근삿값인 이유를 설명하여라.

b. $f'(4)$의 근삿값을 구하기 위해 유심차분몫을 사용하고 다음 표의 빈칸을 채워라.

h	근삿값	오차
0.1		
0.01		
0.001		

c. **b**의 표에서 h가 음수인 경우는 필요하지 않은 이유를 설명하여라.

d. **b**에서 구한 미분계수의 근삿값의 정확도와 연습문제 33에서 구한 근삿값의 정확도를 비교하여라.

35. erf(x)로 나타내는 **오차함수**(error function)는 정규분포와 밀접한 관련이 있으며 통계학에서 매우 중요한 함수이다. 오차함수의 그래프는 다음 그림과 같으며 여러 점에서 erf(x)의 값은 다음 표에 주어져 있다.

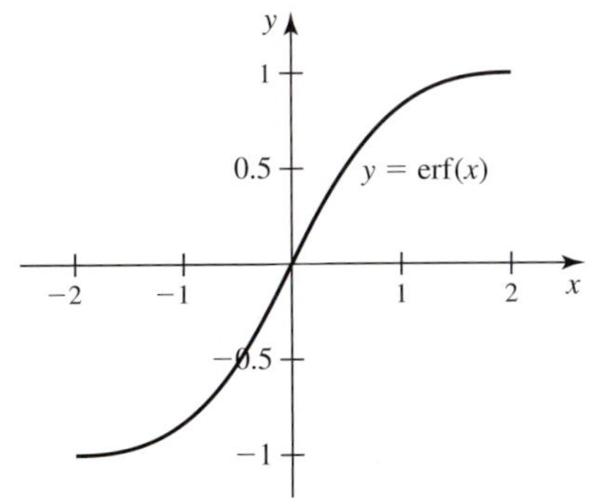

x	erf(x)	x	erf(x)
0.75	0.711156	1.05	0.862436
0.8	0.742101	1.1	0.880205
0.85	0.770668	1.15	0.896124
0.9	0.796908	1.2	0.910314
0.95	0.820891	1.25	0.922900
1.0	0.842701	1.3	0.934008

a. 전향차분몫과 유심차분몫을 사용하여 미분계수 erf′(1)의 근삿값을 구하여라.

b. $\text{erf}'(1) = \dfrac{2}{e\sqrt{\pi}}$일 때, **a**에서 구한 근삿값의 오차를 구하여라.

QUICK CHECK 정답

1. $x = 2$에서 기울기는 작다. **3.** 식 (1)을 사용하면 $(x - 1)$을 약분하기 위해 분자를 인수분해하거나 분자에서 복잡한 나눗셈을 적용해야 한다. **4.** $y - 5 = \frac{1}{4}(x - 8)$ ◀

3.2 도함수

3.1절에서 점 a에서 함수 f의 미분계수는 점 $(a, f(a))$에서 f의 그래프에 접하는 직선의 기울기임을 살펴봤다. 이제 f의 도함수로 정의될 새로운 함수를 도입하기 위해 한 점에서 미분계수의 개념을 f의 정의역에 있는 적당한 점들의 집합으로 확장하자.

도함수

지금까지는 곡선의 한 고정점에서 함수의 미분계수(또는 접선의 기울기)를 살펴봤다. 이 고정점이 곡선을 따라 이동한다면 접선도 이동하고 일반적으로 기울기도 변할 것이다(그림 3.14). 이러한 이유로 함수 f의 접선 기울기 자체도 하나의 함수이며, 이것을 f의 **도함수**로 정의할 것이다.

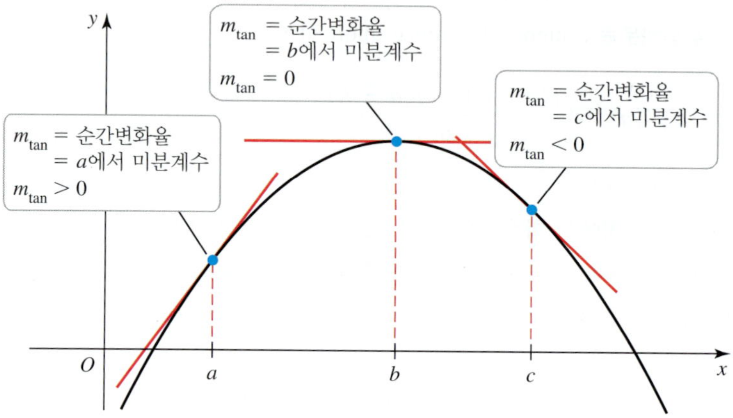

그림 3.14

f'(프라임이라 읽는다)을 f의 미분계수로 나타낸 함수라 할 때, $f'(a)$가 존재하면 이는 점 $(a, f(a))$에서 f의 그래프에 접하는 직선의 기울기를 의미한다. 3.1절에서 주어진 점 a에서 f의 미분계수를 정의하는 식 (2)를 사용하면 다음을 얻는다.

$$f'(a) = \lim_{h\to 0} \frac{f(a+h) - f(a)}{h}$$

▶ $f'(2)$, $f'(-2)$ 또는 $f'(a)$(a는 실수)는 모두 실숫값이고, f'과 $f'(x)$는 함수를 나타낸다.

이제 한 걸음 나아가서 생각해 보자. 도함수는 다른 함수와 마찬가지로 하나의 특수한 함수이다. 예를 들어 f의 그래프가 매끄럽고(smooth) 2가 f의 정의역에 있다면 $f'(2)$는 점 $(2, f(2))$에서 f에 접하는 직선의 기울기이다. 마찬가지로 -2가 f의 정의역에 있으면 $f'(-2)$는 점 $(-2, f(-2))$에서 f의 접선의 기울기이다. 일반적으로 x가 f의 정의역에 있는 임의의 점이면 $f'(x)$는 점 $(x, f(x))$에서 f의 접선의 기울기이다. 따라서 변수 x를 도입하면 $f'(x)$는 미분계수의 함수, 즉 **도함수**(derivative function)이다.

▶ f'을 구하는 과정을 미분법이라 하고, f'을 계산하는 것을 'f를 미분한다'라고 한다.

정의 도함수

함수 f의 **도함수**는 f의 정의역에 속하는 x에 대하여 극한이 존재할 때,

$$f'(x) = \lim_{h\to 0} \frac{f(x+h) - f(x)}{h}$$

으로 정의한다. $f'(x)$가 존재하면 'f는 x에서 **미분가능**하다'라고 한다. 열린구간 I의 모든 점에서 f가 미분가능할 때, 'f는 구간 I에서 미분가능하다'라고 한다.

f'의 정의역은 f의 정의역의 부분집합임을 유의하자. 따라서 f'의 정의역은 f의 정의역보다 클 수 없다. 즉, f의 정의역에서 f'을 정의하는 극한값을 갖지 못하는 점이 있으면 f'의 정의역은 f의 정의역의 진부분집합일 것이다. 이제 위 정의를 이용하여 도함수를 구해 보자.

| 예제 1 | 도함수 계산 함수 $f(x) = -x^2 + 6x$의 도함수를 구하여라.

풀이

$$f'(x) = \lim_{h\to 0} \frac{f(x+h) - f(x)}{h} \qquad f'(x)\text{의 정의}$$

$$= \lim_{h\to 0} \frac{\overbrace{-(x+h)^2 + 6(x+h)}^{f(x+h)} - \overbrace{(-x^2+6x)}^{f(x)}}{h} \qquad \text{대입하기}$$

$$= \lim_{h\to 0} \frac{-(x^2 + 2xh + h^2) + 6x + 6h + x^2 - 6x}{h} \qquad \text{분자 전개하기}$$

$$= \lim_{h\to 0} \frac{h(-2x - h + 6)}{h} \qquad h\text{로 묶어내고 간단히 하기}$$

$$= \lim_{h\to 0} (-2x - h + 6) = -2x + 6 \qquad h\text{ 약분하고 극한값 계산하기}$$

➤ 도함수를 구하는 계산에서 극한값은 $h > 0$인 경우와 $h < 0$인 경우 모두 구해야 한다. 이때 $h \to 0^+$인 경우의 극한값과 $h \to 0^-$인 경우의 극한값은 같아야 한다.

구하는 도함수는 $f'(x) = -2x + 6$이고 이는 곡선의 임의의 점 x에서 접선의 기울기(또는 순간변화율)이다. 예를 들어 점 (1, 5)에서 접선의 기울기는 $f'(1) = -2(1) + 6 = 4$이고 점 (3, 9)에서 접선의 기울기는 $f'(3) = -2(3) + 6 = 0$인데, 점 (3, 9)에서 접선은 x축에 평행(수평선)이다(그림 3.15)

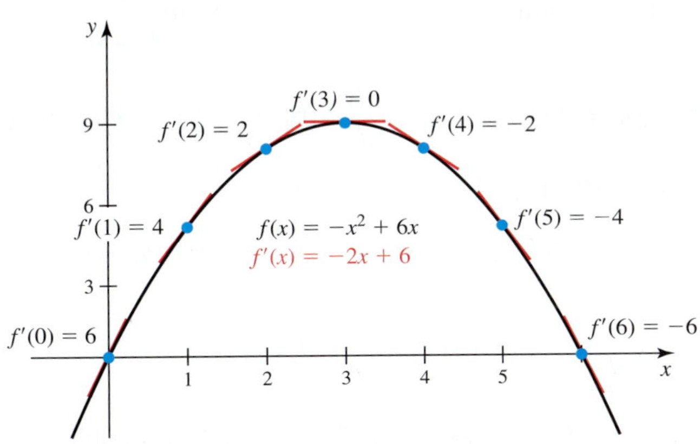

그림 3.15

관련 연습문제 15번 ◀

QUICK CHECK 1 예제 1에서 $x = 2$일 때, 접선의 기울기를 구하여라. ◀

도함수의 기호

역사적인 이유와 실용적인 이유로 다양한 도함수의 기호가 사용됐다. 곡선 $y = f(x)$ 위의 두 점 $P(x, f(x))$와 $Q(x+h, f(x+h))$를 지나는 직선의 기울기는

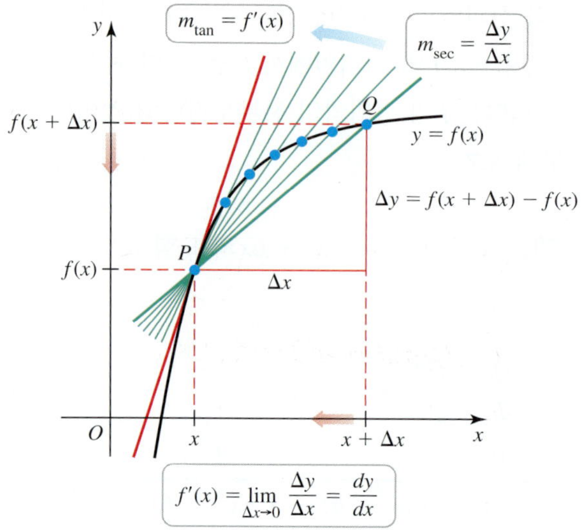

그림 3.16

$\frac{f(x+h)-f(x)}{h}$임을 기억하고 도함수 기호의 유래 중 하나를 살펴보자. h는 P에서 Q까지 x좌표의 변화량인데, 이것의 일반적인 기호는 Δ(그리스어 δ(델타)의 대문자)이다. 이제 x의 변화량 h를 Δx로 바꾸고 y의 변화량 $f(x+h)-f(x) = f(x+\Delta x)-f(x)$를 Δy로 나타내면(그림 3.16) 선분의 기울기는 다음과 같다.

$$m_{sec} = \frac{f(x+\Delta x)-f(x)}{\Delta x} = \frac{\Delta y}{\Delta x}$$

$\Delta x \to 0$일 때 $(x, f(x))$에서 접선의 기울기는 다음과 같다.

$$f'(x) = \lim_{\Delta x \to 0} \frac{f(x+\Delta x)-f(x)}{\Delta x} = \lim_{\Delta x \to 0} \frac{\Delta y}{\Delta x} = \frac{dy}{dx}$$

위에서 사용한 새로운 도함수 기호는 $\frac{dy}{dx}$인데, 이 기호는 $f'(x)$가 $\Delta x \to 0$일 때 $\frac{\Delta y}{\Delta x}$의 극한값임을 기억하는 것에 도움이 된다.

$f'(x)$와 더불어 다음 기호들도 도함수를 나타내는 기호로 널리 사용된다.

$$\frac{df}{dx}, \quad \frac{d}{dx}(f(x)), \quad D_x(f(x)), \quad y'(x)$$

다음 기호는 점 a에서 f의 도함수의 값, 즉 미분계수를 나타낸다.

$$f'(a), \quad y'(a), \quad \left.\frac{df}{dx}\right|_{x=a}, \quad \left.\frac{dy}{dx}\right|_{x=a}$$

QUICK CHECK 2 $y = f(x)$일 때, $f'(3)$을 나타내는 다른 기호들은 무엇인가? ◀

➤ 기호 $\frac{dy}{dx}$를 x에 대한 y의 도함수 또는 $dy\,dx$라 읽는다. 이것은 dy를 dx로 나눈다는 의미가 아니고 $\frac{\Delta y}{\Delta x}$의 극한값임을 강조하기 위함이다.

➤ 도함수 기호 $\frac{dy}{dx}$는 미분적분학의 공동 창시자 중 한 명인 라이프니츠(G. W. Leibniz, 1646–1716)에 의해 도입됐으며, 현재 널리 사용되고 있다. 또 다른 미분적분학의 공동 창시자인 뉴턴(I. Newton, 1642–1727)에 의해 사용된 기호는 현재 거의 사용되지 않는다.

| 예제 2 | **도함수 계산** $y = f(x) = \sqrt{x}$라고 하자.

a. $\dfrac{dy}{dx}$를 구하여라.

b. 점 (4, 2)에서 f의 그래프에 접하는 직선의 방정식을 구하여라.

풀이

a.
$$\frac{dy}{dx} = \lim_{h\to 0}\frac{f(x+h)-f(x)}{h} \qquad \frac{dy}{dx} = f'(x)\text{의 정의}$$
$$= \lim_{h\to 0}\frac{\sqrt{x+h}-\sqrt{x}}{h} \qquad f(x)=\sqrt{x}\ \text{대입하기}$$
$$= \lim_{h\to 0}\frac{\left(\sqrt{x+h}-\sqrt{x}\right)}{h}\cdot\frac{\sqrt{x+h}+\sqrt{x}}{\sqrt{x+h}+\sqrt{x}} \qquad \text{분모, 분자에 } \sqrt{x+h}+\sqrt{x}\ \text{곱하기}$$
$$= \lim_{h\to 0}\frac{1}{\sqrt{x+h}+\sqrt{x}} = \frac{1}{2\sqrt{x}} \qquad \text{극한값 계산하고 간단히 하기}$$

b. 점 (4, 2)에서 접선의 기울기는

$$\left.\frac{dy}{dx}\right|_{x=4} = \frac{1}{2\sqrt{4}} = \frac{1}{4}$$

이고, 따라서 접선의 방정식은 다음과 같다(그림 3.17).

$$y - 2 = \frac{1}{4}(x-4) \quad \text{또는} \quad y = \frac{1}{4}x + 1$$

관련 연습문제 22번 ◀

➤ 예제 2의 도함수는 다음과 같이 나타낼 수도 있다.

$$\frac{d}{dx}(\sqrt{x}) = \frac{1}{2\sqrt{x}}$$

이 결과는 앞으로도 자주 사용할 것이다.

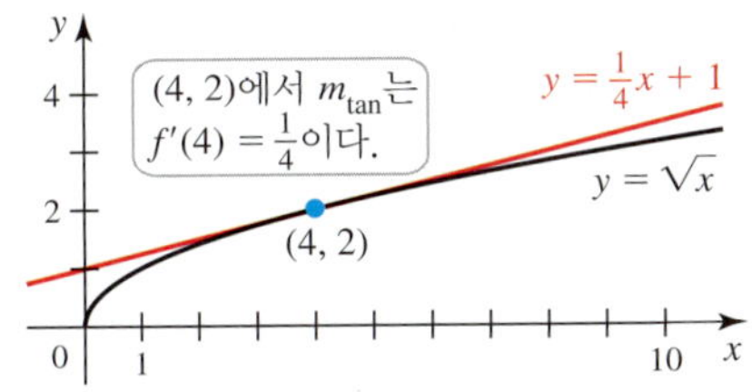

그림 3.17

QUICK CHECK 3 예제 2에서 x가 증가함에 따라서 접선의 기울기는 증가하는가 감소하는가? 그 이유를 설명하여라. ◀

함수의 변수가 x와 y 이외의 다른 기호로 주어진다면 도함수의 정의를 주어진 변수에 맞게 적용해야 한다. 예를 들어 $y = g(t)$이면 f와 x를 각각 g와 t로 바꾼 다음 t에 대한 g의 도함수를 다음과 같이 구해야 한다.

$$g'(t) = \lim_{h\to 0}\frac{g(t+h)-g(t)}{h}$$

$g'(t)$의 다른 기호는 $\dfrac{dg}{dt}$, $\dfrac{d}{dt}(g(t))$, $D_t(g(t))$, $y'(t)$이다.

QUICK CHECK 4 세 가지 방법으로 $p = q(r)$의 도함수를 나타내어라. ◀

| 예제 3 | **도함수 계산의 다른 방법** $g(t) = 1/t^2$일 때, $g'(t)$를 구하여라.

풀이

$$g'(t) = \lim_{h\to 0}\frac{g(t+h)-g(t)}{h} \qquad g'\text{의 정의}$$
$$= \lim_{h\to 0}\frac{1}{h}\left(\frac{1}{(t+h)^2}-\frac{1}{t^2}\right) \qquad g(t) = 1/t^2\ \text{대입하기}$$

$$= \lim_{h\to 0} \frac{1}{h}\left(\frac{t^2 - (t+h)^2}{t^2(t+h)^2}\right) \qquad \text{통분하기}$$

$$= \lim_{h\to 0} \frac{1}{h}\left(\frac{-2ht - h^2}{t^2(t+h)^2}\right) \qquad \text{분자를 전개하고 간단히 하기}$$

$$= \lim_{h\to 0} \frac{-2t - h}{t^2(t+h)^2} \qquad h \neq 0\text{이므로 } h \text{ 약분하기}$$

$$= -\frac{2}{t^3} \qquad \text{극한값 계산하기}$$

관련 연습문제 16-17번 ◀

도함수의 그래프

f'은 함수 f로부터 유도되므로(derived) f의 도함수(derivative)라고 부르는 것은 타당하다. 다음 예제에서 f의 그래프로부터 f'의 그래프가 어떻게 유도(derive)되는지 살펴볼 것이다.

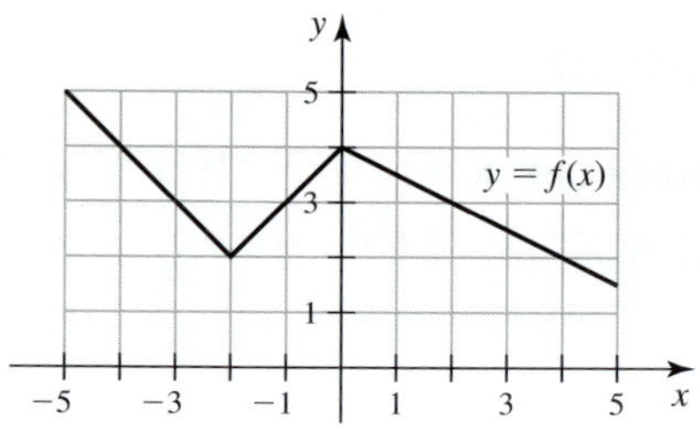

그림 3.18

▶ $x = -2$에서 극한값을 살펴보면 $\lim_{h\to 0^-} \frac{f(-2+h) - f(-2)}{h} = -1$이고 $\lim_{h\to 0^+} \frac{f(-2+h) - f(-2)}{h} = 1$이다. 좌극한과 우극한은 같지 않으므로 $f'(-2)$는 존재하지 않는다. 마찬가지로 $x = 0$일 때 좌극한과 우극한은 같지 않다.

| 예제 4 | 도함수의 그래프 f의 그래프로부터 f'의 그래프를 그려라(그림 3.18).

풀이 f의 그래프는 자신이 곧 접선인 세 부분의 선분(직선)으로 구성되어 있다. 따라서 $x < -2$일 때 곡선 $y = f(x)$의 (접선의) 기울기는 -1, 즉 $f'(x) = -1$이다. 이와 유사하게 $-2 < x < 0$일 때 $f'(x) = 1$이고, $x > 0$일 때 $f'(x) = -\frac{1}{2}$이다. 그림 3.19에서 f의 그래프는 검은색, f'의 그래프는 빨간색으로 표시되어 있다.

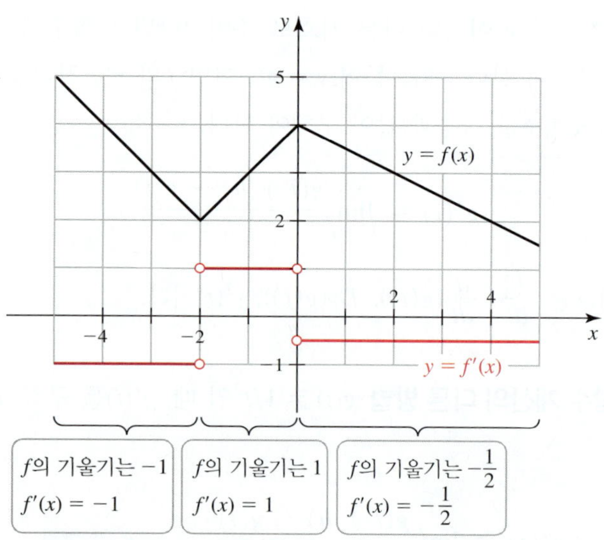

그림 3.19

$x = -2$와 $x = 0$에서 접선의 기울기는 급격하게 변한다. 따라서 $f'(-2)$와 $f'(0)$은 정의되지 않고, 도함수의 그래프는 이 점에서 불연속이다.

관련 연습문제 12번 ◀

| 예제 5 | 도함수의 그래프 g의 그래프를 사용하여 g'의 그래프를 그려라(그림 3.20).

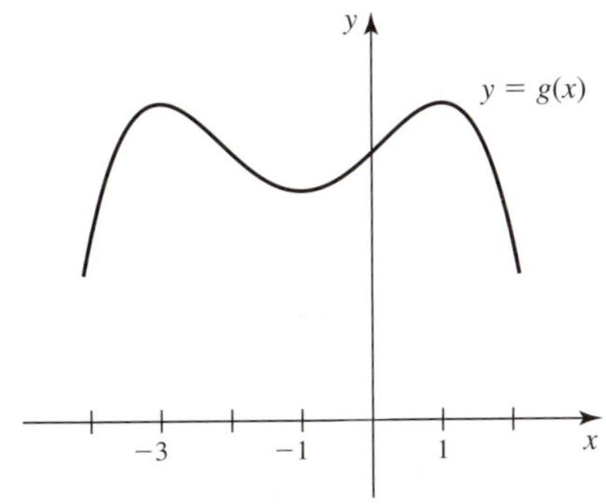

그림 3.20

풀이 주어진 그림에서 g의 방정식이 주어지지 않았으므로 g의 방정식 없이 g'의 최적화된 그래프를 그려야 한다. 따라서 다음과 같은 핵심 단계를 이용하여 g'의 그래프를 그려 보자.

1. $x = -3, -1, 1$일 때 g의 그래프에 접하는 직선의 기울기는 0이다. 따라서

$$g'(-3) = g'(-1) = g'(1) = 0$$

이고, 이는 g'의 그래프가 $x = -3, -1, 1$에서 x절편을 가짐을 의미한다(그림 3.21(a)).

2. $x < -3$일 때 접선의 기울기는 양(positive)이고, x가 -3에 접근함에 따라 0으로 감소한다.

3. $-3 < x < -1$일 때 $g'(x)$는 음(negative)이다(이 구간에서 처음에는 x가 증가함에 따라 $g'(x)$는 감소하다가 $x = -1$의 근처(왼쪽)에서 증가하면서 0에 접근한다). $-1 < x < 1$일 때 $g'(x)$는 양(positive)이다(이 구간에서 처음에는 x가 증가함에 따라 $g'(x)$는 증가하다가 $x = 1$의 근처(왼쪽)에서 감소하면서 0에 접근한다).

QUICK CHECK 5 한 점에서 $f(x) > 0$이면 이 점에서 $f'(x) > 0$인가? 또한 한 점에서 $f'(x) > 0$이면 이 점에서 $f(x) > 0$인가? 이에 대한 이유를 설명하여라. ◀

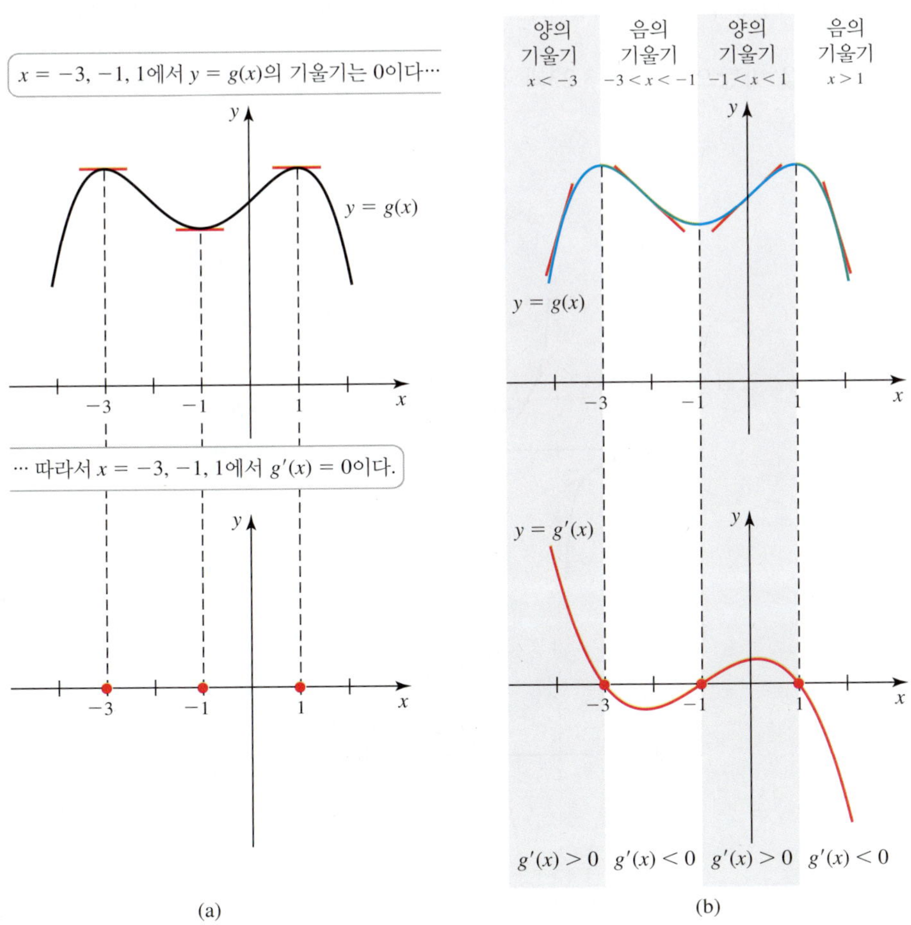

그림 3.21

4. 마지막으로 $x > 1$일 때 $g'(x)$는 음이고 감소한다. g의 기울기는 서서히 변하므로 g'의 그래프는 점프 또는 끊어짐이 없으며, 따라서 g'의 그래프는 연속이다(그림 3.21(b)).

관련 연습문제 28번 ◀

| 예제 6 | 점근선을 갖는 함수의 도함수 그래프 그림 3.22에 주어진 함수 f의 그래프를 사용하여 f'의 도함수의 그래프를 그려라.

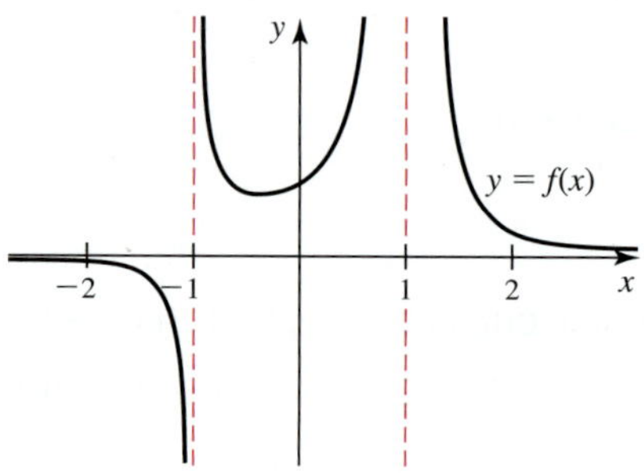

그림 3.22

➤ 예제 6과 같이 어떤 함수와 이 함수의 도함수 모두 같은 수직 점근선을 갖는 경우도 있으나, 같은 수직 점근선을 갖지 않는 함수도 존재한다.

풀이 각 구간에서 접선의 기울기가 0, 양 또는 음임을 이용하여 다음 단계를 거치며 f'의 그래프를 그려 보자.

- 점 $\left(-\frac{1}{3}, f\left(-\frac{1}{3}\right)\right)$ 근처의 점에서 f는 수평 접선을 갖고, 따라서 $f'\left(-\frac{1}{3}\right) = 0$이다.
- 구간 $(-\infty, -1)$에서 접선의 기울기는 음이고, x가 왼쪽에서 -1에 접근함에 따라 접선의 기울기의 절댓값은 한없이 증가한다.
- 구간 $\left(-1, -\frac{1}{3}\right)$에서 접선의 기울기는 음이고, x가 $-\frac{1}{3}$에 접근할 때 증가하며 0에 접근한다.
- 구간 $\left(-\frac{1}{3}, 1\right)$에서 접선의 기울기는 양이고, x가 왼쪽에서 1에 접근함에 따라 접선의 기울기는 한없이 증가한다.
- 구간 $(1, \infty)$에서 접선의 기울기는 음이고, x가 증가할 때 0으로 증가한다.

위 사실을 바탕으로 그림 3.23과 같은 f'의 그래프를 얻을 수 있다.

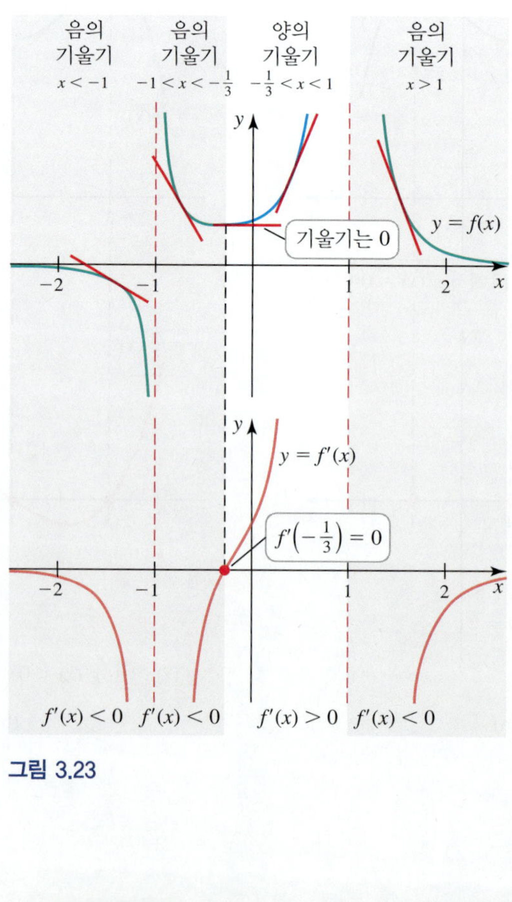

그림 3.23

f와 f'은 수직 점근선을 가짐에 유의하자. x가 -1을 지날 때 f의 부호는 변하지만 f'의 부호는 변하지 않는다. 반면, x가 1을 지날 때 f의 부호는 변화가 없지만 f'의 부호는 변한다.

관련 연습문제 29번 ◀

연속성

이제 2.6절에서 학습한 연속성과 미분가능성의 관계를 살펴보자. 즉, 어떤 함수가 한 점에서 미분가능하면 이 점에서 주어진 함수는 연속임을 다음 정리에서 증명할 것이다.

정리 3.1 미분가능하면 연속

f가 a에서 미분가능하면 f는 a에서 연속이다.

증명 f가 a에서 연속이므로 극한

$$f'(a) = \lim_{x \to a} \frac{f(x) - f(a)}{x - a}$$

가 존재한다. f가 a에서 연속임을 증명하기 위해 $\lim_{x \to a} f(x) = f(a)$임을 보여야 한다. 증명의 핵심은 다음 식이다.

$$f(x) = \frac{f(x) - f(a)}{x - a}(x - a) + f(a), \quad x \neq a \qquad (1)$$

▶ 식 (1)의 우변에서 $x - a$를 약분하고 간단히 하면 $f(x)$를 얻을 수 있고, 이 식은 $x \neq a$인 모든 x에 대하여 성립하는 항등식이다.

x가 a에 접근할 때 식 (1)의 양변에 극한을 취하고 간단히 하면

$$\begin{aligned}
\lim_{x \to a} f(x) &= \lim_{x \to a} \left(\frac{f(x) - f(a)}{x - a}(x - a) + f(a) \right) && \text{(1)} \\
&= \underbrace{\lim_{x \to a} \left(\frac{f(x) - f(a)}{x - a} \right)}_{f'(a)} \underbrace{\lim_{x \to a} (x - a)}_{0} + \underbrace{\lim_{x \to a} f(a)}_{f(a)} && \text{정리 2.3} \\
&= f'(a) \cdot 0 + f(a) && \text{극한값 계산하기} \\
&= f(a) && \text{간단히 하기}
\end{aligned}$$

따라서 $\lim_{x \to a} f(x) = f(a)$이고, 이는 f가 a에서 연속임을 의미한다. ◀

QUICK CHECK 6 $x \neq a$일 때, 식 (1)의 우변은 $f(x)$와 같음을 확인하여라. ◀

정리 3.1에서 f가 한 점에서 미분가능하면 이 점에서 f는 연속임을 살펴봤다. 따라서 f가 한 점에서 연속이 아니면 이 점에서 f는 미분가능하지 않다(그림 3.24). 이제 정리 3.1의 또 다른 표현법을 알아보자.

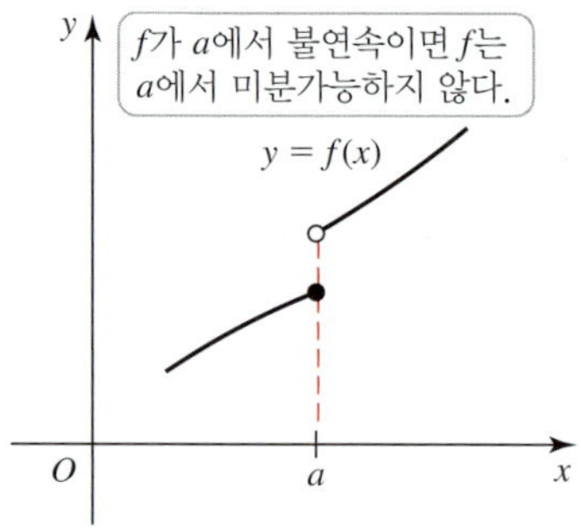

그림 3.24

▶ 정리 3.1의 다른 형태로 주어진 명제를 처음 정리 3.1에 있는 명제의 대우 명제(contrapositive)라 한다. 어떤 명제와 이의 대우 명제는 서로 논리적으로 동치이다. 예를 들어 명제 '나는 덴버(Denver)에 거주하면 나는 콜로라도(Colorado)에 거주한다'는 이의 대우 명제 '나는 콜로라도에 거주하지 않으면 나는 덴버에 거주하지 않는다'와 논리적 동치이다.

▶ 연속성과 미분가능성을 혼동하지 않기 위해 함수 $f(x) = |x|$를 생각해 보면, 이 함수는 0에서 연속이지만 0에서 미분가능하지 않다.

▶ 연속임을 보이기 위해 등식

$$\lim_{x \to a} (f(x) - f(a)) = 0$$

이 필요하고, 미분가능성을 보이기 위해서는 극한

$$\lim_{x \to a} \frac{f(x) - f(a)}{x - a}$$

의 존재성이 필요하다.

▶ 수직 접선의 정의는 연습문제 41–42번에 주어져 있다.

정리 3.1(다른 형태) 연속이 아니면 미분가능하지 않음

f가 a에서 불연속이면 f는 a에서 미분가능하지 않다.

처음 정리 3.1의 역은 참일까? 결론은 f가 한 점에서 연속일 때 f는 이 점에서 반드시 미분가능할 필요가 없다는 것이다. 즉, 처음 정리 3.1의 역은 성립하지 않는다. 예를 들어 그림 3.25를 보면 이 함수의 그래프는 a에서 연속이지만 **첨점**을 갖는다. $x > a$일 때의 그래프를 생각하지 않는다면 직선 ℓ_1을 a에서 주어진 곡선에 접하는 직선처럼 생각할 수 있고, $x < a$일 때의 그래프를 생각하지 않는다면 직선 ℓ_2를 a에서 주어진 곡선에 접하는 직선처럼 볼 수 있다. 그러나 두 직선 ℓ_1과 ℓ_2의 기울기는 같지 않다. 따라서 a에서 곡선의 기울기는 급격히 변하고, f는 a에서 미분가능하지 않음을 알 수 있다. 즉, a에서 f'을 정의하는 극한값은 존재하지 않는다.

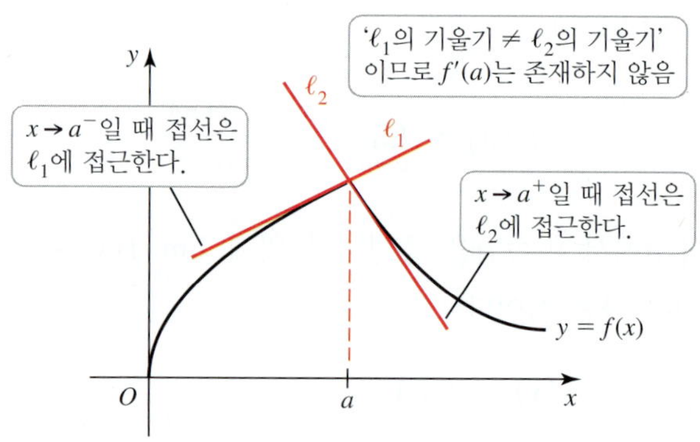

그림 3.25

또 다른 경우로 a에서 수직 접선을 갖는 함수 f의 그래프를 살펴보자. 이 경우 x축에 수직인 직선의 기울기는 정의되지 않으므로 $f'(a)$는 정의되지 않는다. 때로는 수직 접선은 곡선의 뾰족한 부분에서 나타날 수 있고, 이 점을 **첨점**(cusp)이라 한다(예를 들어 그림 3.26(a)에 주어진 함수 $f(x) = \sqrt{|x|}$). 또한 첨점이 아

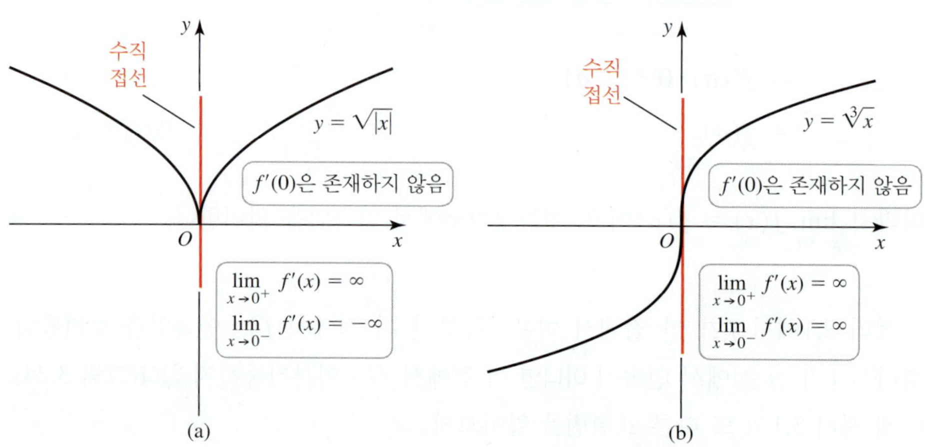

그림 3.26

닌 점에서도 수직 접선을 가질 수 있다(예를 들어 그림 3.26(b)에 주어진 함수 $f(x) = \sqrt[3]{x}$).

한 점에서 함수는 언제 미분가능하지 않은가?

어떤 함수 f가 다음 조건 중 적어도 하나 이상을 만족하면 a에서 f는 미분가능하지 않다.

a. f는 a에서 불연속이다(그림 3.24).

b. f는 a에서 뾰족점을 갖는다(그림 3.25).

c. f는 a에서 수직 접선을 갖는다(그림 3.26).

| 예제 7 | 연속과 미분가능 그림 3.27에 주어진 함수 g의 그래프를 생각하자.

a. 구간 $(-4, 4)$에서 g가 불연속인 x의 값을 구하여라.

b. 구간 $(-4, 4)$에서 g가 미분가능하지 않은 x의 값을 구하여라.

c. g의 도함수의 그래프를 그려라.

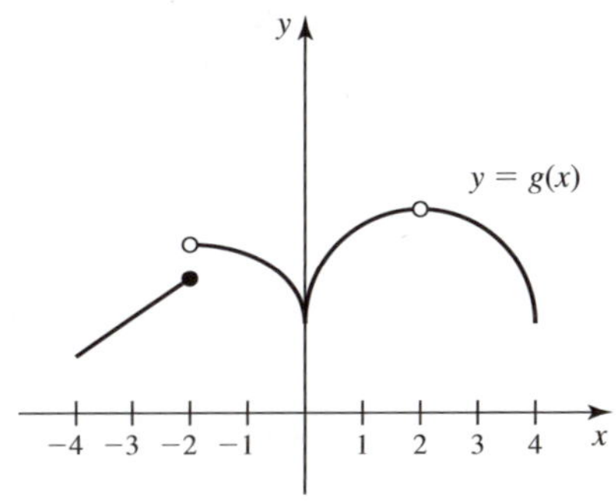

그림 3.27

풀이

a. -2에서 좌극한과 우극한이 같지 않으므로 g는 불연속이고, 2에서 g가 정의되지 않으므로 g는 불연속이다.

b. ± 2에서 g는 불연속이므로 미분가능하지 않다. 더욱이 g의 그래프는 0에서 첨점을 가지므로 미분가능하지 않다.

c. 도함수의 그래프(그림 3.28)는 다음과 같은 특징을 갖는다.

- $-4 < x < -2$이고 $0 < x < 2$일 때, $g'(x) > 0$
- $-2 < x < 0$이고 $2 < x < 4$일 때, $g'(x) < 0$
- $x \to 0^-$이고 $x \to 4^-$일 때 $g'(x)$는 $-\infty$에 가까이 가고, $x \to 0^+$일 때 $g'(x)$는 ∞에 가까이 간다.
- $g'(2)$는 존재하지 않지만, $x \to 2$일 때 $g'(x)$는 0에 접근한다(양측 극한).

관련 연습문제 30번◀

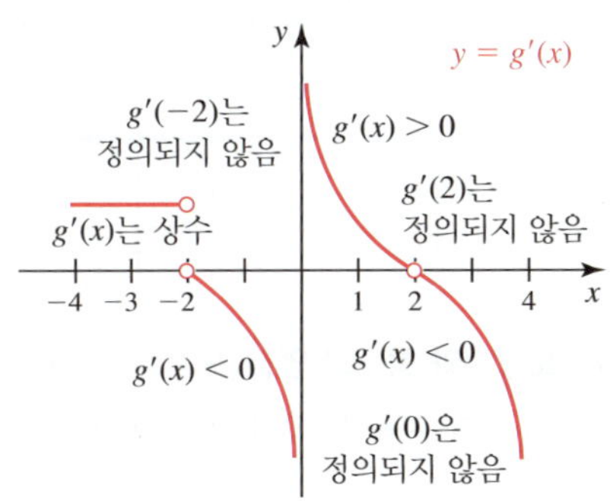

그림 3.28

3.2절 연습문제

1단계 스타트

1. 함수 f가 주어졌을 때, f'은 무엇을 의미하는가?

2. 도함수를 나타내는 기호 중 하나로서 $\dfrac{dy}{dx}$를 사용하는 이유는 무엇인가?

3. 구간 $(0, 1)$의 모든 x에 대하여 $f(x) < 0$이고 $f'(x) > 0$인 어떤 함수 f의 그래프를 그려라.

4. f가 a에서 미분가능하면 f는 a에서 반드시 연속인가?

5. f가 a에서 연속이면 f는 a에서 반드시 미분가능한가?

6. $-\infty < x < \infty$일 때, $f'(x) = 3$이고 $f(0) = 1$인 함수 f의 그래프를 설명하여라.

7. $f(x) = |x|$의 그래프를 이용하여 $f'(x)$를 구하여라.

8. 극한을 이용하여 함수 $f(x) = 7x$의 도함수 $f'(x)$를 구하여라.

9. $y = x^2$일 때, 극한을 이용하여 $\frac{dy}{dx}$를 구하여라. 이 결과를 이용하여 $\left.\frac{dy}{dx}\right|_{x=3}$과 $\left.\frac{dy}{dx}\right|_{x=-2}$를 구하여라.

10. 함수와 도함수의 연결 함수의 그래프 a–d에 대응되는 도함수의 그래프를 A–C에서 찾아 연결하여라.

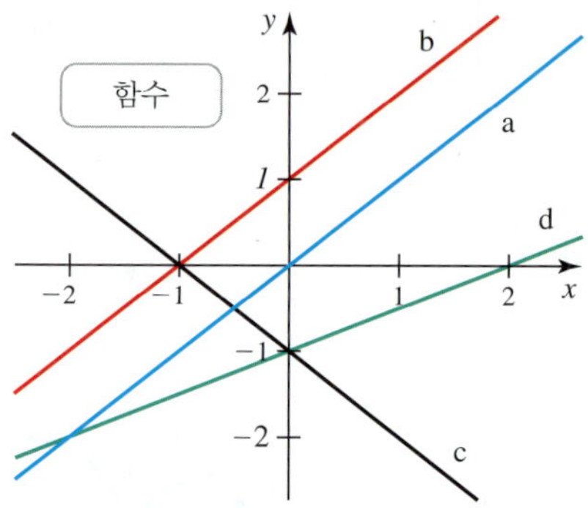

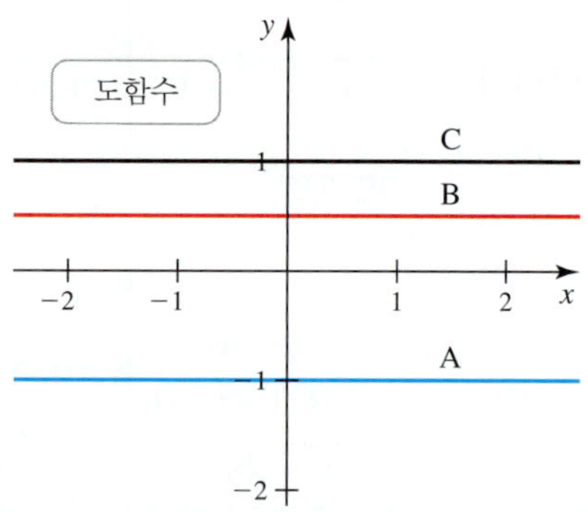

11. 도함수와 함수의 연결 도함수의 그래프 a–d에 대응되는 함수의 그래프를 A–D에서 찾아 연결하여라.

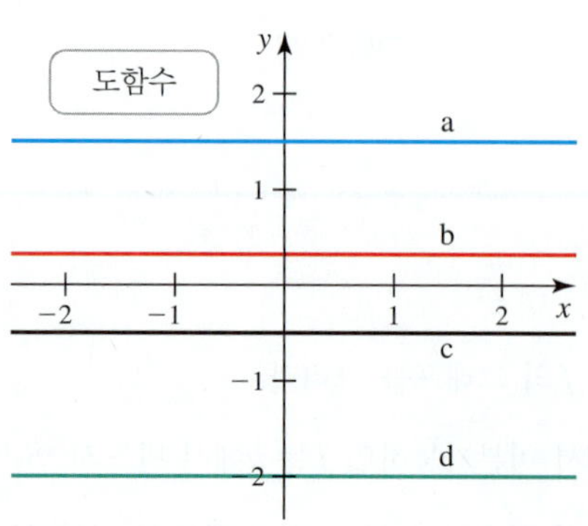

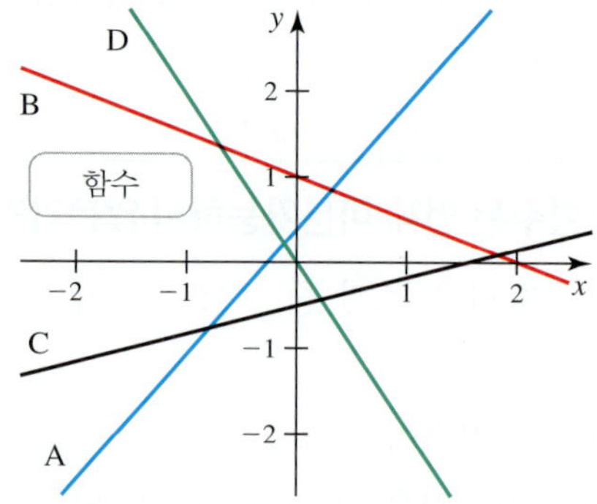

12. 도함수 그리기 다음 함수 f의 그래프를 이용하여 도함수 f'의 그래프를 그리고 서로 비교하여라.

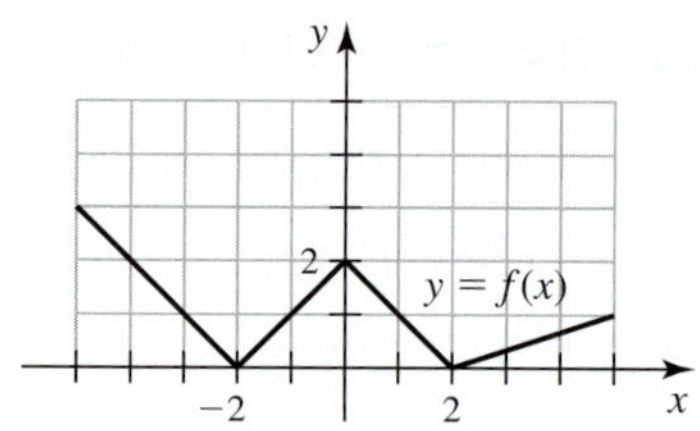

13. 그림에 주어진 f의 그래프를 이용하여 물음에 답하여라.

a. 구간 $(-2, 2)$에서 f가 불연속인 x의 값을 구하여라.

b. 구간 $(-2, 2)$에서 f가 미분가능하지 않은 x의 값을 구하여라.

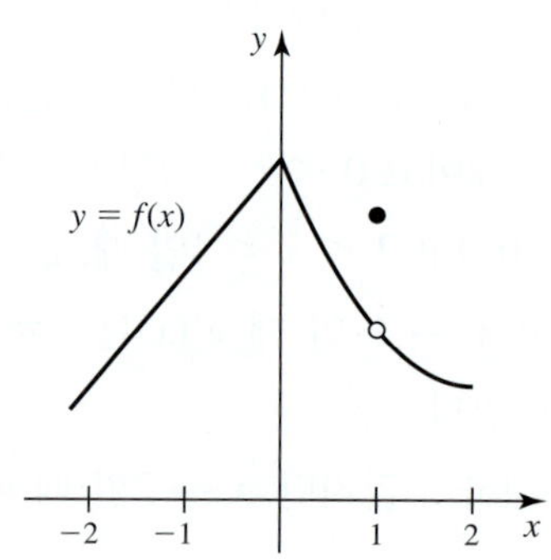

2단계 실전

14–18. 도함수

a. 극한을 이용하여 함수 f의 도함수 f'을 구하여라.

b. 주어진 a의 값에서 $f'(a)$를 구하여라.

14. $f(x) = 5x + 2, a = 1, 2$

15. $f(x) = 4x^2 + 1, a = 2, 4$

16. $f(x) = \frac{1}{x+1}, a = -\frac{1}{2}, 5$

17. $f(t) = \dfrac{1}{\sqrt{t}}, a = 9, \dfrac{1}{4}$

18. $f(s) = 4s^3 + 3s, a = -3, -1$

19. 속도 함수 공기 중에서 지면과 수직 방향으로 물체를 던졌을 때, t초 후 지상으로부터 물체의 높이(피트)를 $s(t) = -16t^2 + 100t$라고 하자.

a. 순간 속도 $v(t)$를 구하여라(속도 함수 v는 위치 함수 s의 도함수임을 기억하자).

b. $t = 1, 2$초일 때 물체의 순간 속도를 구하여라.

20. $y = \dfrac{x+1}{x+2}$일 때, $\dfrac{dy}{dx}$와 $\left.\dfrac{dy}{dx}\right|_{x=2}$를 구하여라.

21–23. 접선

a. 함수 f의 도함수 f'을 구하여라.

b. 주어진 a의 값에 대하여 점 $(a, f(a))$에서 f의 그래프에 접하는 직선의 방정식을 구하여라.

21. $f(x) = 3x^2 + 2x - 10, a = 1$

22. $f(x) = \sqrt{3x + 1}, a = 8$

23. $f(x) = \dfrac{2}{3x + 1}, a = -1$

24. 힘과 에너지 에너지(energy)는 일을 할 수 있는 능력(capacity)이고, 전력(power)은 사용되거나 소모되는 에너지의 순간변화율이다. 따라서 어떤 (물리)계(system)에서 에너지의 함수가 $E(t)$이면 $P(t) = E'(t)$는 전력 함수이다. 에너지의 단위는 킬로와트–시간(kilowatt-hours, kWh)인데, 여기서 1 kWh는 100 W의 전구를 1시간 동안 밝히는 데 필요한 에너지의 양이고, 대응되는 전력의 단위는 킬로와트(kW)이다. 다음 그림은 한 마을의 25시간 동안의 에너지 수요 함수(energy demand function)이다.

a. $t = 10$, $t = 10$ hr일 때, 단위를 반드시 계산에 포함하여 전력을 추정하여라.

b. 구간 [0, 25]에서 전력이 0이 되는 시간을 구하여라.

c. 구간 [0, 25]에서 전력이 최대가 되는 시간을 구하여라.

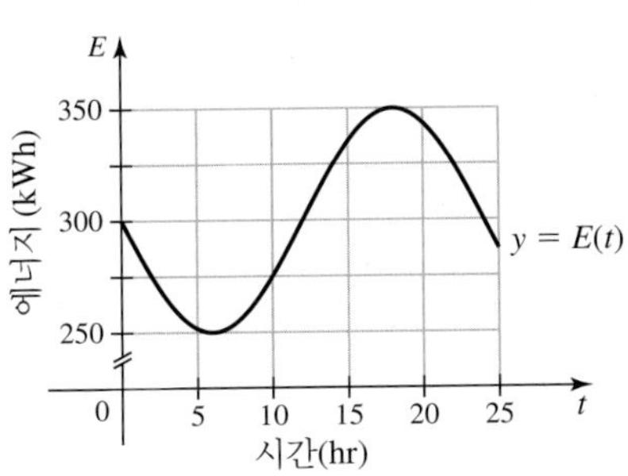

25. 도함수 공식

a. a, b, c가 상수일 때, 도함수의 정의를 이용하여 $\dfrac{d}{dx}(ax^2 + bx + c)$를 구하여라.

b. $f(x) = 4x^2 - 3x + 10$일 때, **a**의 결과를 이용하여 $f'(x)$를 구하여라.

c. b의 결과를 이용하여 $f'(1)$의 값을 구하여라.

26. 기울기 해석 그림의 네 점 A, B, C, D, E에 대하여 다음 물음에 답하여라.

a. 곡선의 기울기가 음인 점은 무엇인가?

b. 곡선의 기울기가 양인 점은 무엇인가?

c. 기울기의 크기가 큰 순서대로 점 A–E를 나열하여라.

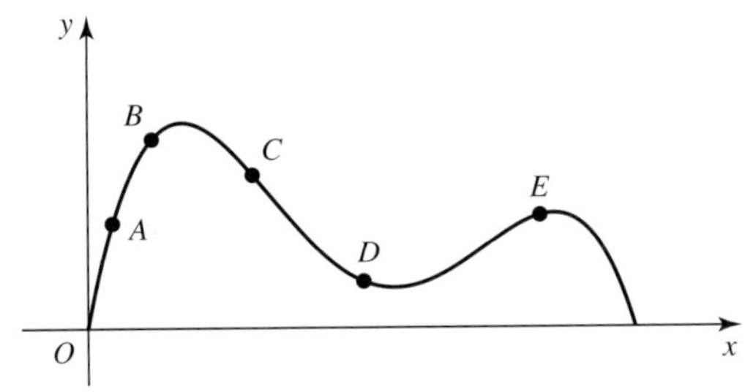

27. 함수와 도함수 연결 다음 그림에서 함수의 그래프 a–d에 대응되는 도함수 그래프를 A–D에서 찾아 연결하여라.

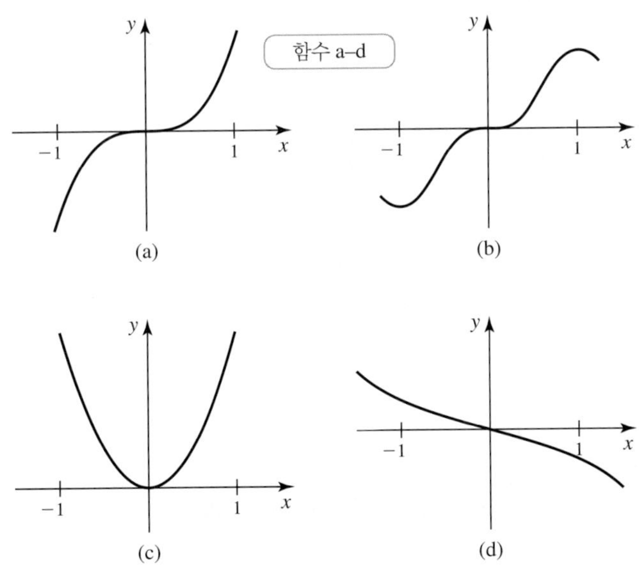

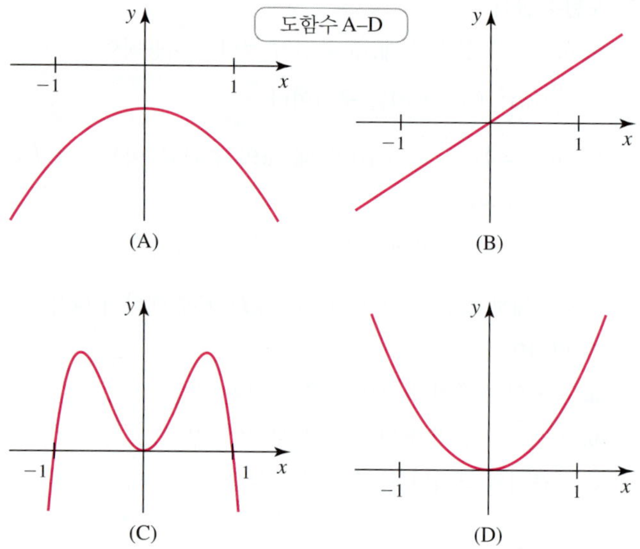

28–29. 도함수 그리기 다음 함수 f의 그래프를 이용하여 도함수 f'의 그래프를 그리고 서로 비교하여라.

28.

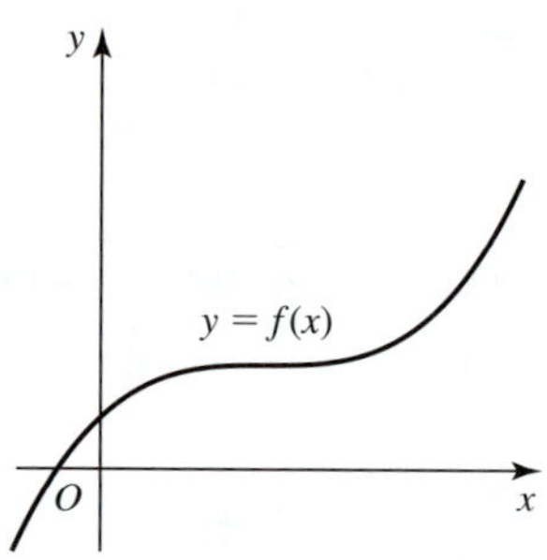

29.

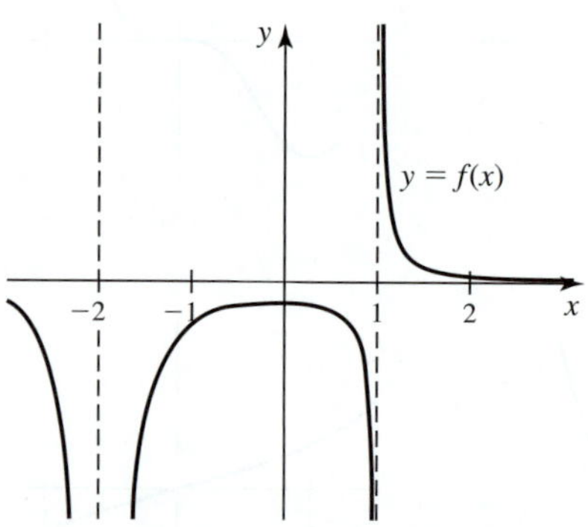

30. 어디에서 함수가 연속 또는 미분가능한가? 그림에 주어진 f의 그래프를 이용하여 물음에 답하여라.

a. 구간 (0, 3)에서 f가 불연속인 x의 값을 구하여라.

b. 구간 (0, 3)에서 f가 미분가능하지 않은 x의 값을 구하여라.

c. f'의 그래프를 그려라.

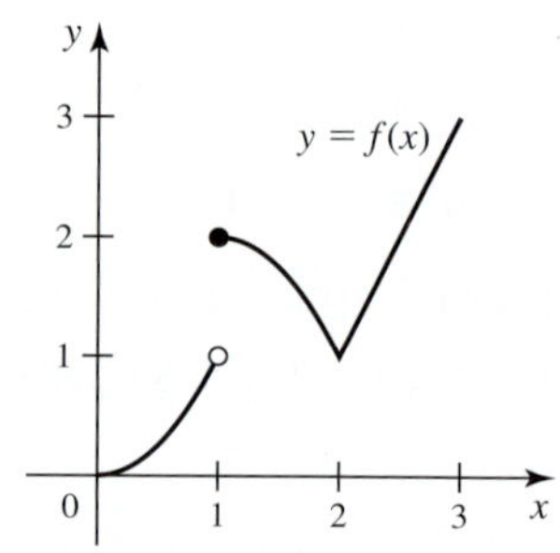

31. 축전기 전압 축전기(capacitor)는 전기회로에서 전하(charge)를 저장하는 장치이다. 어떤 전기회로에서 축전기의 전하량 Q는 다음 그림과 같이 시간에 따라 변한다.

a. 전하량의 변화율 Q'이 최대가 되는 시간은 언제인가?

b. $t \geq 0$일 때, Q'은 양인가 음인가?

c. 시간의 함수로서 Q'은 증가함수인가 감소함수인가? 또는 증가함수, 감소함수 모두 아닌가?

d. Q'의 그래프를 그려라(단, Q축의 단위 길이는 t축의 단위 길이와 같을 필요는 없다).

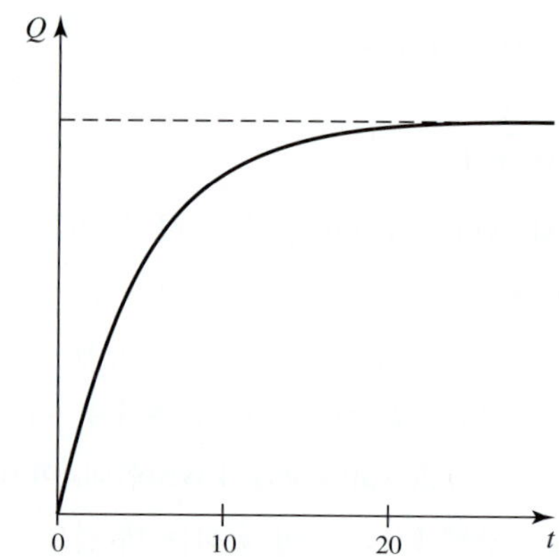

32. 참 또는 거짓 다음 명제가 참이면 증명하고 거짓이면 반례를 들어라.

a. 함수 f가 모든 x에 대하여 미분가능하면 f는 모든 x에 대하여 연속이다.

b. 함수 $f(x) = |x + 1|$은 모든 x에 대하여 연속이지만 모든 x에 대하여 미분가능하지 않다.

c. f의 정의역이 구간 (a, b)이고, f'의 정의역은 구간 $[a, b]$인 함수 f가 존재한다.

3단계 도전

33. 미리보기: x^n의 도함수 도함수의 정의

$f'(x) = \lim_{h\to 0} \dfrac{f(x+h) - f(x)}{h}$를 사용하여 다음 함수의 도함수 $f'(x)$를 구하여라.

a. $f(x) = x^2$

b. $f(x) = x^3$

c. $f(x) = x^4$

d. **a–c**의 결과로부터 n이 양의 정수일 때, $f(x) = x^n$의 도함수 $f'(x)$를 제시하여라.

34. **상수의 결정** 함수 f가

$$f(x) = \begin{cases} 2x^2 & , \quad x \le 1 \\ ax - 2, & x > 1 \end{cases}$$

로 주어지고, $x = 1$에서 f'이 연속일 때, 상수 a의 값을 구하여라.

35. **f'으로부터 f 구하기** $f'(x) = x$의 그래프를 그리고, 이 그래프로부터 f의 그래프를 그려라. 이때 f의 그래프는 한 가지 이상인가?

36–37. **법선** 어떤 직선이나 접선에 수직인 직선을 법선(normal line)이라 한다. 주어진 점 P에서 곡선에 접하는 직선에 수직인 직선의 방정식, 즉 법선의 방정식을 구하여라.

36. $y = 3x - 4, P(1, -1)$

37. $y = \dfrac{2}{x}, P(1, 2)$

38–39. **점을 지나는 접선** 함수 f와 점 Q에 대하여 P에서 f에 접하는 직선이 점 Q를 지나는 f의 그래프 위의 모든 점 P를 구하여라. 또한 f의 그래프와 접선을 그려서 구한 답을 확인하여라.

38. $f(x) = x^2 + 1, Q(3, 6)$

39. $f(x) = \dfrac{1}{x}, Q(-2, 4)$

40. **단측 미분계수** 점 a에서 함수 f의 **우미분계수**(right-sided derivative)와 **좌미분계수**(left-sided derivative)는 다음 극한이 존재할 때 이 극한값으로 각각 정의한다.

$$f'_+(a) = \lim_{h \to 0^+} \frac{f(a + h) - f(a)}{h},$$

$$f'_-(a) = \lim_{h \to 0^-} \frac{f(a + h) - f(a)}{h}$$

따라서 $f'(a)$가 존재할 필요충분조건은 $f'_+(a) = f'_-(a)$이다. 이제 $a = 2$이고 $f(x) = |x - 2|$라고 하자.

a. f의 그래프를 그려라.

b. 점 a에서 $f'_+(a)$와 $f'_-(a)$를 구하여라.

c. f는 a에서 연속인가? f는 a에서 미분가능한가?

41–42. **수직 접선** 함수 f가 a에서 연속이고 $\lim_{x \to a} |f'(x)| = \infty$이면 곡선 $y = f(x)$는 점 a에서 수직 접선을 갖고, 이때 $x = a$를 수직 접선의 방정식이라 한다. a가 f의 정의역의 끝점이면 위 식에서 적당한 단측 극한(one-sided limit)으로 바꾸고 $x = a$를 수직 접선으로 정의한다. 다음 물음에 답하여라.

41. 주어진 함수의 그래프를 그린 다음 수직 접선을 구하여라.

a. $f(x) = (x - 2)^{1/3}$ **b.** $f(x) = (x + 1)^{2/3}$

c. $f(x) = \sqrt{|x - 4|}$ **d.** $f(x) = x^{5/3} - 2x^{1/3}$

42. $f(x) = x^{1/3}$은 $x = 0$에서 수직 접선을 가짐을 보여라.

43. **a.** 함수 $f(x) = \begin{cases} x & , \quad x \le 0 \\ x + 1, & x > 0 \end{cases}$의 그래프를 그려라.

b. $x < 0$일 때, $f'(x)$는 무엇인가?

c. $x > 0$일 때, $f'(x)$는 무엇인가?

d. f'의 정의역을 구하고, 그래프를 그려라.

e. 0에서 f는 미분가능한가? 이유를 설명하여라.

QUICK CHECK 정답

1. 2 **2.** $\left.\dfrac{df}{dx}\right|_{x=3}, \left.\dfrac{dy}{dx}\right|_{x=3}, y'(3)$ **3.** x가 증가함에 따라 $f'(x) = \dfrac{1}{2\sqrt{x}}$의 값은 감소하므로 x가 증가함에 따라 접선의 기울기는 감소한다. **4.** $\dfrac{dq}{dr}, \dfrac{dp}{dr}, D_r(q(r)), q'(r), p'(r)$ **5.** 아니다, 아니다. ◀

3.3 미분 법칙

3.2절에서처럼 도함수를 구하기 위해 항상 극한을 사용해야 한다면 상황에 따라 계산은 매우 복잡할 수 있다. 이 장의 목표 중 하나는 도함수를 구하는 법칙과 공식을 찾는 것이다. 이때 개별 함수가 아닌 유형별 공식을 찾는 것이다. 이 절에서 미분 법칙과 공식을 간단하게 찾는 법을 학습할 것이고, 모든 법칙과 공식은 본 교재의 마지막 부분에 남겨 놓았다.

상수함수와 거듭제곱함수의 도함수

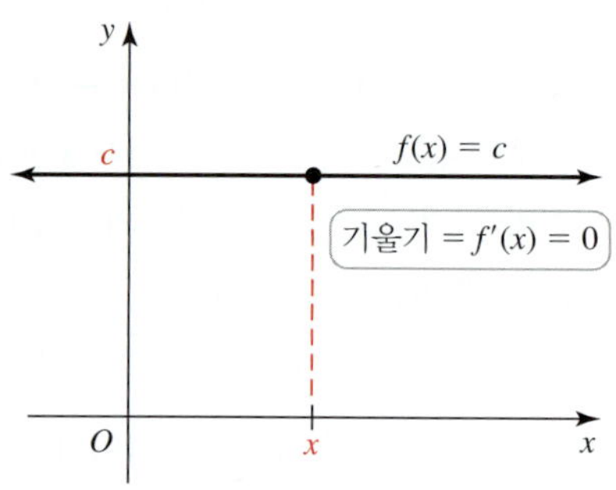

그림 3.29

➤ 상수함수의 값은 변하지 않으므로 모든 점에서 미분계수는 0이다. 이는 모든 점에서 순간변화율이 0임을 의미한다.

상수함수 $f(x) = c$의 그래프는 모든 점에 기울기가 0인 수평 직선이다(그림 3.29). 따라서 $f'(x) = 0$ 또는 $\frac{d}{dx}(c) = 0$이고, 다음과 같은 **상수함수의 법칙**(Constant Rule)을 얻는다(연습문제 53번).

> **정리 3.2 상수함수 법칙**
>
> c가 실수이면 $\frac{d}{dx}(c) = 0$이다.

QUICK CHECK 1 $\frac{d}{dx}(11)$과 $\frac{d}{dx}(\pi)$의 값을 구하여라. ◂

이제 거듭제곱함수 $f(x) = x^n$(n은 음이 아닌 정수)의 도함수를 구해 보자. 3.2절의 연습문제 33번에서 도함수의 정의, 즉 극한을 이용하여 다음 함수의 도함수를 살펴봤다.

$$\frac{d}{dx}(x^2) = 2x, \qquad \frac{d}{dx}(x^3) = 3x^2, \qquad \frac{d}{dx}(x^4) = 4x^3$$

위 결과로부터 x^n의 도함수는 계수가 n이고, 지수는 n에서 1을 뺀 것, 즉 nx^{n-1}임을 추측할 수 있다. 이로부터 다음 거듭제곱함수 법칙(Power Rule)을 얻고 증명할 수 있다.

> **정리 3.3 거듭제곱함수 법칙**
>
> n이 음이 아닌 정수일 때, $\frac{d}{dx}(x^n) = nx^{n-1}$이다.

증명 $f(x) = x^n$으로 놓고 도함수의 정의, 즉 다음 형태의 극한을 이용하자.

$$f'(a) = \lim_{x \to a} \frac{f(x) - f(a)}{x - a}$$

이제 $n = 1$이고 $f(x) = x$일 때

$$f'(a) = \lim_{x \to a} \frac{f(x) - f(a)}{x - a} = \lim_{x \to a} \frac{x - a}{x - a} = 1$$

이고, 이는 $n = 1$일 때 거듭제곱함수 법칙을 만족한다.

$n \geq 2$이고 $f(x) = x^n$이면 $f(x) - f(a) = x^n - a^n$이다. 인수분해 공식을 적용하면

$$x^n - a^n = (x - a)(x^{n-1} + x^{n-2}a + \cdots + xa^{n-2} + a^{n-1})$$

이다. 따라서 다음을 얻는다.

$$\begin{aligned} f'(a) &= \lim_{x \to a} \frac{x^n - a^n}{x - a} && f'(a)\text{의 정의} \\ &= \lim_{x \to a} \frac{(x - a)(x^{n-1} + x^{n-2}a + \cdots + xa^{n-2} + a^{n-1})}{x - a} && x^n - a^n \text{ 인수분해하기} \\ &= \lim_{x \to a} (x^{n-1} + x^{n-2}a + \cdots + xa^{n-2} + a^{n-1}) && \text{공통인수 약분하기} \\ &= \underbrace{a^{n-1} + a^{n-2} \cdot a + \cdots + a \cdot a^{n-2} + a^{n-1}}_{n\text{개의 항}} = na^{n-1} && \text{극한값 계산하기} \end{aligned}$$

$f'(a) = na^{n-1}$에 a 대신 변수 x를 대입하면 $n \geq 2$일 때 주어진 거듭제곱함수 법칙을 얻는다. 마지막으로 $n = 0$일 때 거듭제곱함수 법칙은 상수함수 법칙으로부터 얻는다. ◀

➤ 증명의 인수분해 공식에서 이차식과 삼차식은 다음과 같은 널리 알려진 공식이다.

$$x^2 - a^2 = (x - a)(x + a)$$
$$x^3 - a^3 = (x - a)(x^2 + ax + a^2)$$

| 예제 1 | 상수함수와 거듭제곱함수의 미분 다음 도함수를 구하여라.

a. $\dfrac{d}{dx}(x^9)$ **b.** $\dfrac{d}{dx}(x)$ **c.** $\dfrac{d}{dx}(2^8)$

풀이

a. $\dfrac{d}{dx}(x^9) = 9x^{9-1} = 9x^8$ 거듭제곱함수 법칙

b. $\dfrac{d}{dx}(x) = \dfrac{d}{dx}(x^1) = 1x^0 = 1$ 거듭제곱함수 법칙

c. 거듭제곱함수 법칙을 적용할 수도 있지만 $2^8 = 256$은 상수함수이다. 따라서 상수함수 법칙을 이용하면 $\dfrac{d}{dx}(2^8) = 0$이다.

관련 연습문제 13-14번 ◀

QUICK CHECK 2 $y = x$의 그래프를 그리고, $\dfrac{d}{dx}(x) = 1$인 기하학적 이유를 설명하여라. ◀

상수 곱의 법칙

함수 f의 도함수 f'이 존재하고 c가 상수일 때, c와 f의 곱 cf의 도함수를 살펴보자. 함수 cf에 도함수의 정의, 즉 다음 극한

$$f'(x) = \lim_{h \to 0} \frac{f(x + h) - f(x)}{h}$$

을 적용하면 다음이 성립한다.

$$\frac{d}{dx}(cf(x)) = \lim_{h \to 0} \frac{cf(x + h) - cf(x)}{h} \qquad cf\text{의 도함수에 대한 정의}$$

$$= \lim_{h \to 0} \frac{c(f(x+h) - f(x))}{h} \quad c\text{로 묶어내기}$$

$$= c \lim_{h \to 0} \frac{f(x+h) - f(x)}{h} \quad \text{정리 2.3}$$

$$= cf'(x) \quad f'(x)\text{의 정의}$$

이 결과로부터 도함수에 대한 다음 상수 곱의 법칙(Constant Multiple Rule)을 얻는다.

➤ 정리 3.4로부터 어떤 함수에 상수를 곱한 함수의 도함수는 주어진 함수의 도함수에 이 상수를 곱한 것임을 알 수 있다.

정리 3.4 상수 곱의 법칙

f가 x에서 미분가능하고 c가 상수일 때, 다음이 성립한다.

$$\frac{d}{dx}(cf(x)) = cf'(x)$$

| 예제 2 | 상수를 곱한 함수의 도함수 다음 도함수를 구하여라.

a. $\frac{d}{dx}\left(-\frac{7x^{11}}{8}\right)$ **b.** $\frac{d}{dt}\left(\frac{3}{8}\sqrt{t}\right)$

풀이

a.
$$\frac{d}{dx}\left(-\frac{7x^{11}}{8}\right) = -\frac{7}{8} \cdot \frac{d}{dx}(x^{11}) \quad \text{상수 곱의 법칙}$$

$$= -\frac{7}{8} \cdot 11x^{10} \quad \text{거듭제곱함수 법칙}$$

$$= -\frac{77}{8}x^{10} \quad \text{간단히 하기}$$

➤ 3.2절의 예제 2에서 $\frac{d}{dt}(\sqrt{t}) = \frac{1}{2\sqrt{t}}$임을 증명했다.

b.
$$\frac{d}{dt}\left(\frac{3}{8}\sqrt{t}\right) = \frac{3}{8} \cdot \frac{d}{dt}(\sqrt{t}) \quad \text{상수 곱의 법칙}$$

$$= \frac{3}{8} \cdot \frac{1}{2\sqrt{t}} \quad \frac{d}{dt}(\sqrt{t}) = \frac{1}{2\sqrt{t}}$$

$$= \frac{3}{16\sqrt{t}}$$

관련 연습문제 15, 18번 ◀

합의 법칙

대부분의 함수는 보다 간단한 함수들의 합 형태이다. 따라서 여러 함수의 합의 도함수를 구하는 공식은 유용하다.

정리 3.5 합의 법칙

f와 g가 x에서 미분가능할 때, 다음이 성립한다.

$$\frac{d}{dx}(f(x) + g(x)) = f'(x) + g'(x)$$

▶ 정리 3.5로부터 함수의 합의 도함수는 각 함수의 도함수의 합임을 알 수 있다.

증명 f와 g가 x에서 미분가능할 때, $F = f + g$로 놓고 도함수의 정의를 적용하면 다음을 얻는다.

$$\begin{aligned}
\frac{d}{dx}(f(x) + g(x)) &= F'(x) \\
&= \lim_{h \to 0} \frac{F(x+h) - F(x)}{h} && \text{도함수의 정의} \\
&= \lim_{h \to 0} \frac{(f(x+h) + g(x+h)) - (f(x) + g(x))}{h} && F = f + g \\
&= \lim_{h \to 0} \left(\frac{f(x+h) - f(x)}{h} + \frac{g(x+h) - g(x)}{h} \right) && \text{다시 묶기} \\
&= \lim_{h \to 0} \frac{f(x+h) - f(x)}{h} + \lim_{h \to 0} \frac{g(x+h) - g(x)}{h} && \text{정리 2.3} \\
&= f'(x) + g'(x) && f'\text{과 } g'\text{의 정의} \blacktriangleleft
\end{aligned}$$

QUICK CHECK 3 $f(x) = x^2$이고 $g(x) = 2x$일 때, $f(x) + g(x)$의 도함수는 무엇인가? ◀

합의 법칙은 셋 이상의 미분가능 함수 $f_1, f_2, \cdots, f_n$으로 확장할 수 있다. 따라서 다음과 같은 **일반화된 합의 법칙**(Generalized Sum Rule)을 얻을 수 있다.

$$\frac{d}{dx}(f_1(x) + f_2(x) + \cdots + f_n(x)) = f_1'(x) + f_2'(x) + \cdots + f_n'(x)$$

두 함수 f와 g의 차 $f - g$는 $f + (-1)g$로 나타낼 수 있고, 합의 법칙과 상수 곱의 법칙을 적용하면 다음 **차의 법칙**(Difference Rule)을 얻을 수 있다.

$$\frac{d}{dx}(f(x) - g(x)) = f'(x) - g'(x)$$

이제 더욱 복잡한 함수(예를 들어 다항함수)를 미분하기 위해 합의 법칙과 차의 법칙을 이용하자.

| 예제 3 | 다항함수의 도함수 $\frac{d}{dw}(2w^3 + 9w^2 - 6w + 4)$를 구하여라.

풀이

$$\frac{d}{dw}(2w^3 + 9w^2 - 6w + 4)$$

$$= \frac{d}{dw}(2w^3) + \frac{d}{dw}(9w^2) - \frac{d}{dw}(6w) + \frac{d}{dw}(4)$$ 일반화된 합의 법칙과 차의 법칙

$$= 2\frac{d}{dw}(w^3) + 9\frac{d}{dw}(w^2) - 6\frac{d}{dw}(w) + \frac{d}{dw}(4)$$ 상수 곱의 법칙

$$= 2 \cdot 3w^2 + 9 \cdot 2w - 6 \cdot 1 + 0$$ 거듭제곱함수 법칙과 상수함수 법칙

$$= 6w^2 + 18w - 6$$ 간단히 하기

관련 연습문제 20-21번 ◀

예제 3에서 사용한 다항함수의 미분법은 모든 다항함수에 적용할 수 있다. 이 절의 나머지 부분에서 1장에서 주어진 다양한 종류의 함수(유리함수, 지수함수, 로그함수, 대수함수, 삼각함수 등)에 대한 미분 법칙을 구할 것이다.

자연지수함수의 도함수

1장에서 지수함수 $f(x) = b^x$을 학습했다. 이제 두 지수함수 $y = 2^x$과 $y = 3^x$의 그래프를 살펴보자(그림 3.30). $x = 0$에서 $f(x) = b^x$의 그래프에 접하는 직선의 기울기는 다음과 같다.

$$f'(0) = \lim_{h\to 0}\frac{f(0+h) - f(0)}{h} = \lim_{h\to 0}\frac{b^h - b^0}{h} = \lim_{h\to 0}\frac{b^h - 1}{h}$$

$b = 2$, $b = 3$일 때 위 극한의 근삿값을 조사해 보자. 표 3.1은 h가 0의 오른쪽에서 0에 접근할 때 $\frac{2^h - 1}{h}$과 $\frac{3^h - 1}{h}$의 값을 나타내고 있는데, 여기서 이 값들은 선분의 기울기이다.

➤ 극한 $\lim_{h\to 0}\frac{2^h - 1}{h}$의 근삿값은 2.3절의 예제 8에서 구했다.

표 3.1

h	$\frac{2^h - 1}{h}$	$\frac{3^h - 1}{h}$
1.0	1.000000	2.000000
0.1	0.717735	1.161232
0.01	0.695555	1.104669
0.001	0.693387	1.099216
0.0001	0.693171	1.098673
0.00001	0.693150	1.098618

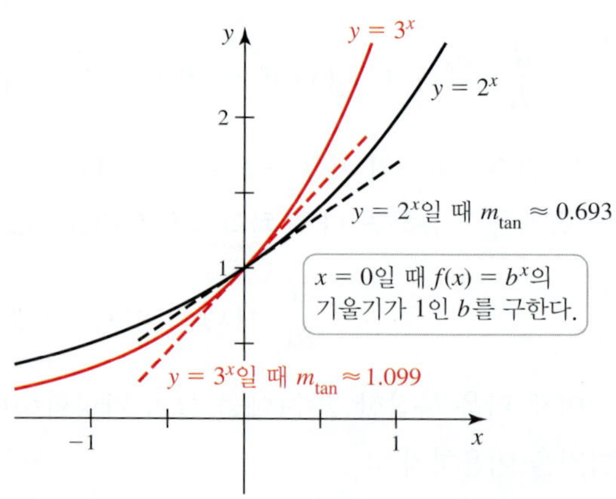

그림 3.30

이와 비슷하게 연습문제 50번에서는 h가 0의 왼쪽에서 0에 접근할 때 극한의 근삿값을 구할 것이다. 위 표로부터 다음과 같이 추측할 수 있다.

$$\lim_{h\to 0}\frac{2^h - 1}{h} \approx 0.693 \quad \text{1보다 작음}$$

$$\lim_{h\to 0}\frac{3^h - 1}{h} \approx 1.099 \quad \text{1보다 큼}$$

그림 3.30의 그래프와 위 결과로부터 $y = b^x$의 그래프에서 $x = 0$일 때 접선의 기울기가 1인 $b(2 < b < 3)$의 값이 존재함을 추측할 수 있다. 이 b의 값은 다음 성질을 만족한다.

$$\lim_{h\to 0}\frac{b^h - 1}{h} = 1$$

b는 존재성을 증명할 수 있고, 실제로 이 값은 1장에서 주어진 것과 같이 $e = 2.718281828459\cdots$이다. 따라서 $x = 0$일 때 접선의 기울기가 1인 지수함수는 **자연지수함수**(natural exponential function) $f(x) = e^x$이다(그림 3.31)

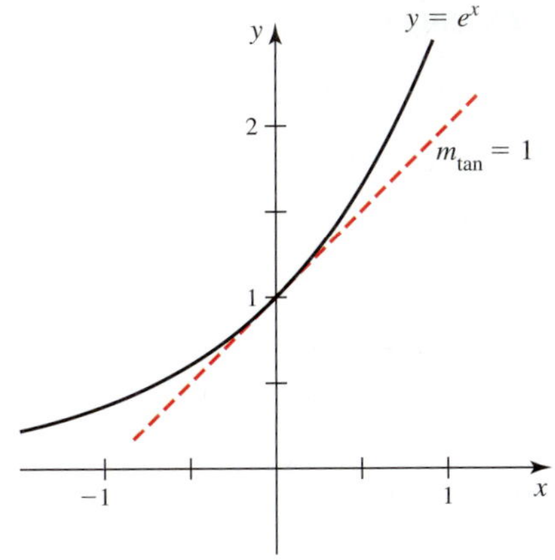

그림 3.31

정의 자연 대수 e

$e = 2.718281828459\cdots$는 다음 극한

$$\lim_{h\to 0}\frac{e^h - 1}{h} = 1$$

을 만족하는 실수로 정의한다. 또한 자연지수함수 $f(x) = e^x$은 e를 밑으로 갖는 지수함수로 정의한다.

▶ 상수 e는 스위스의 수학자 오일러(L. Euler, 1707–1783)가 도입하고 이름 지었다.

위 정의로부터 함수 $f(x) = e^x$의 도함수는 다음과 같이 구할 수 있다.

$$\begin{aligned}
\frac{d}{dx}(e^x) &= \lim_{h\to 0}\frac{e^{x+h} - e^x}{h} && \text{도함수의 정의}\\
&= \lim_{h\to 0}\frac{e^x \cdot e^h - e^x}{h} && \text{지수의 성질}\\
&= \lim_{h\to 0}\frac{e^x(e^h - 1)}{h} && e^x\text{으로 묶어내기}\\
&= e^x \cdot \underbrace{\lim_{h\to 0}\frac{e^h - 1}{h}}_{1} && h \to 0\text{일 때 } e^x\text{은 상수}(e\text{의 정의})\\
&= e^x \cdot 1 = e^x
\end{aligned}$$

지금까지 자연지수함수의 도함수는 자기 자신이라는 매우 중요한 사실임을 보였다. ($f(x) = 0$이거나 e^x에 상수를 곱한 함수를 제외하면) 이 함수는 도함수가 자신인 유일한 함수이다.

▶ 거듭제곱함수 법칙을 지수함수에 적용하면 안 된다. 즉, $\frac{d}{dx}(e^x) \neq xe^{x-1}$이다.
또한 $\frac{d}{dx}(e^{10}) \neq e^{10}$임에 유의하자. 임의의 실수인 상수 c에 대하여 e^c도 상수이므로 $\frac{d}{dx}(e^c) = 0$이다.

QUICK CHECK 4 $f(x) = 4e^x - 3x^2$의 도함수를 구하여라. ◀

정리 3.6 e^x의 도함수

함수 $f(x) = e^x$은 모든 실수 x에 대하여 미분가능하며, 다음을 만족한다.

$$\frac{d}{dx}(e^x) = e^x$$

접선의 기울기

이 절에서 살펴본 미분 법칙을 적용하여 다양한 함수의 순간변화율과 접선의 기울기를 구할 수 있다. 다음 예제를 살펴보자.

| 예제 4 | 접선 구하기

a. 점 $\left(0, -\frac{1}{2}\right)$에서 함수 $f(x) = 2x - \frac{e^x}{2}$에 접하는 직선의 방정식을 구하여라.

b. f의 그래프로부터 수평 접선을 가지는 점을 구하여라.

풀이

a. 먼저 다음과 같이 $f'(x)$를 구한 다음 점 $(0, -\frac{1}{2})$에서 접선의 기울기를 구하자.

$$\begin{aligned} f'(x) &= \frac{d}{dx}\left(2x - \frac{e^x}{2}\right) \\ &= \frac{d}{dx}(2x) - \frac{d}{dx}\left(\frac{1}{2}e^x\right) && \text{미분 법칙} \\ &= 2\underbrace{\frac{d}{dx}(x)}_{1} - \frac{1}{2}\cdot\underbrace{\frac{d}{dx}(e^x)}_{e^x} && \text{상수 곱의 법칙} \\ &= 2 - \frac{1}{2}e^x && \text{도함수 계산하기} \end{aligned}$$

위 결과로부터 점 $\left(0, -\frac{1}{2}\right)$에서 접선의 기울기는

$$f'(0) = 2 - \frac{1}{2}e^0 = \frac{3}{2}$$

이고, 따라서 접선의 방정식은 다음과 같다.

$$y - \left(-\frac{1}{2}\right) = \frac{3}{2}(x - 0) \quad \text{또는} \quad y = \frac{3}{2}x - \frac{1}{2}$$

그림 3.32에 점 $\left(0, -\frac{1}{2}\right)$을 지나는 접선이 나타나 있다.

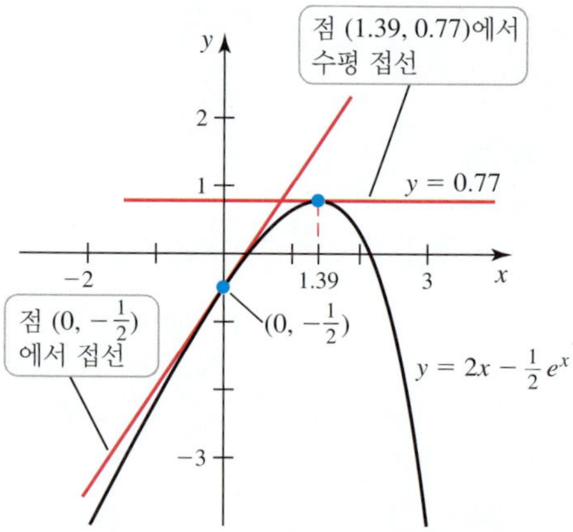

그림 3.32

➤ 기울기가 0인 접선을 갖는 점에서 주어진 함수는 최댓값의 근삿값 0.77을 가짐을 알 수 있다. 4장에서 이와 관련된 수평 접선의 중요성을 살펴볼 것이다.

b. 수평 접선의 기울기는 0이므로 수평 접선을 갖는 점을 구하기 위해서는 방정식 $f'(x) = 2 - \frac{1}{2}e^x = 0$을 풀어야 한다. 이 방정식의 양변에 2를 곱하고 정리하면 $e^x = 4$이고, 마지막 식의 양변에 자연로그를 취하면 $x = \ln 4$이다. 따라서 $x = \ln 4 \approx 1.39$에서 $f'(x) = 0$이고, $(\ln 4, f(\ln 4)) \approx (1.39, 0.77)$에서 f는 수평

접선을 갖는다(그림 3.32).

관련 연습문제 35번 ◀

| 예제 5 | **접선의 기울기** $f(x) = 2x^3 - 15x^2 + 24x$일 때, f의 그래프에 접하는 직선의 기울기가 6인 x의 값을 구하여라.

풀이 기울기가 6인 접선의 x 값을 구하기 위해서는 다음 방정식을 풀어야 한다.

$$f'(x) = 6x^2 - 30x + 24 = 6$$

위 식의 양변에 6을 빼고 인수분해하면

$$6(x^2 - 5x + 3) = 0$$

이고, 근의 공식을 이용하여 위 식의 해를 구하면 다음과 같다.

$$x = \frac{5 - \sqrt{13}}{2} \approx 0.697 \quad \text{그리고} \quad x = \frac{5 + \sqrt{13}}{2} \approx 4.303$$

따라서 위에서 구한 x 값에서 곡선의 기울기는 6이다(그림 3.33).

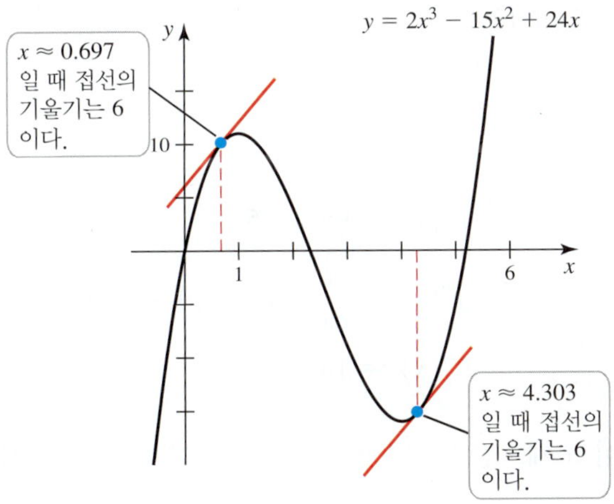

그림 3.33

관련 연습문제 36번 ◀

QUICK CHECK 5 $f(x) = x^3 - 12x$가 수평 접선을 갖도록 하는 f의 그래프 위의 점(들)을 구하여라. ◀

고계도함수

함수 f의 도함수는 그 자체가 함수이므로 f'의 도함수도 생각할 수 있다. 이때 f'의 도함수를 f의 **2계 도함수**(second derivative)라 하고 f''(f의 더블프라임이라 읽는다)으로 나타낸다. 더욱이 2계 도함수의 도함수를 f의 **3계 도함수**(third derivative)라 하고 f'''(f의 트리플프라임이라 읽는다)으로 나타낸다. 일반적으로 $n \geq 2$일 때, f의 n계 도함수는 f를 n번 미분한 것이고, f의 **고계도함수**(higher order derivative)라 한다.

➤ 프라임 기호 f', f'', f'''는 함수 f의 (1계) 도함수, 2계 도함수, 3계 도함수를 나타낼 때만 주로 사용된다.

▶ f의 n계 도함수 기호에서 지수 기호와 구별하기 위하여 n의 왼쪽과 오른쪽에 소괄호가 사용된다. 따라서 f의 n계 도함수 기호는 $f^{(n)}$이고, 기호 f^n은 f의 n제곱을 나타낸다. 또한 $f^{(0)} = f$임에 유의하자.

정의 고계도함수

함수 $y = f(x)$가 충분히 미분가능할 때, f의 **2계 도함수**는

$$f''(x) = \frac{d}{dx}(f'(x))$$

로 정의하고, 일반적으로 $n \geq 1$일 때 f의 **n계 도함수**는

$$f^{(n)}(x) = \frac{d}{dx}(f^{(n-1)}(x))$$

로 정의한다.

▶ 도함수 기호 $\frac{d^2f}{dx^2}$는 기호 $\frac{d}{dx}\left(\frac{df}{dx}\right)$를 간단히 한 것이다.

함수 $y = f(x)$의 2계 도함수는 기호 $\frac{d^2y}{dx^2}$와 $\frac{d^2f}{dx^2}$로 나타내기도 한다. 마찬가지로 f의 n계 도함수는 $\frac{d^ny}{dx^n}$와 $\frac{d^nf}{dx^n}$로도 나타낸다.

| 예제 6 | 고계도함수 구하기 다음 함수의 3계 도함수를 구하여라.

a. $f(x) = 3x^3 - 5x + 12$

b. $y = 3t + 2e^t$

풀이

▶ 예제 6a에서 $f^{(4)}(x) = 0$이고, 따라서 $n \geq 4$이면 $f^{(n)}(x) = 0$이다. 일반적으로 n차 다항함수의 n계 도함수는 상수이고, 따라서 $k > n$일 때 n차 다항함수의 k계 도함수는 0이다.

a.

$$f'(x) = 9x^2 - 5$$
$$f''(x) = \frac{d}{dx}(9x^2 - 5) = 18x$$
$$f'''(x) = 18$$

b. **a**에서 사용한 고계도함수 기호와 다른 고계도함수 기호를 사용하면

$$\frac{dy}{dt} = \frac{d}{dt}(3t + 2e^t) = 3 + 2e^t$$
$$\frac{d^2y}{dt^2} = \frac{d}{dt}(3 + 2e^t) = 2e^t$$
$$\frac{d^3y}{dt^3} = \frac{d}{dt}(2e^t) = 2e^t$$

이다. 이 경우 $n \geq 2$이면 $\frac{d^ny}{dt^n} = 2e^t$이다.

관련 연습문제 39-40번 ◀

QUICK CHECK 6 $f(x) = x^5$일 때, $f^{(5)}(x)$와 $f^{(6)}(x)$를 구하여라. 또한 $g(x) = e^x$일 때, $g^{(100)}(x)$를 구하여라. ◀

3.3절 연습문제

1단계 스타트

1. f'을 구하기 위해 도함수를 정의하는 극한 식을 이용할 수도 있지만, 미분 법칙을 사용하는 목적은 무엇인가?

2. 도함수가 원래 함수와 같은 함수 중 0인 아닌 것의 예를 들어라.

3. 어떤 함수에 상수를 곱한 함수의 도함수를 구하는 방법은 무엇인가?

4. $f'(3) = 6$이고 $g'(3) = -2$일 때, $(f + g)'(3)$의 값을 구하여라.

5–7. 두 함수 f와 g의 그래프가 그림과 같을 때, $F(x) = f(x) + g(x)$, $G(x) = f(x) - g(x)$, $H(x) = 3f(x) + 2g(x)$에 대하여 다음을 구하여라.

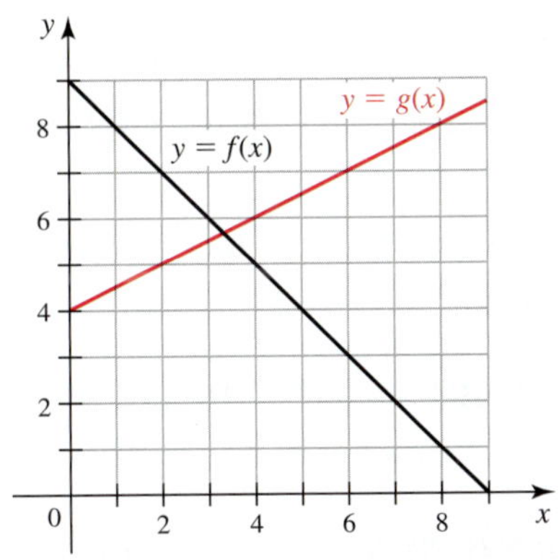

5. $F'(2)$ 6. $G'(6)$ 7. $H'(2)$

8–10. 표에 주어진 미분계수를 이용하여 다음을 구하여라.

x	1	2	3	4	5
$f'(x)$	3	5	2	1	4
$g'(x)$	2	4	3	1	5

8. $\left.\dfrac{d}{dx}(f(x) + g(x))\right|_{x=1}$

9. $\left.\dfrac{d}{dx}(1.5f(x))\right|_{x=2}$

10. $\left.\dfrac{d}{dx}(2x - 3g(x))\right|_{x=4}$

11. $f(t) = t^{10}$일 때, $f'(t)$, $f''(t)$, $f'''(t)$를 구하여라.

12. $x = 5$에서 함수 f의 그래프에 접하는 직선의 방정식이 $y = \dfrac{1}{10}x - 2$일 때, $\left.\dfrac{d}{dx}(4f(x))\right|_{x=5}$의 값을 구하여라.

2단계 실전

13–24. 도함수 다음 함수의 도함수를 구하여라. $\sqrt{x}$와 관련된 함수의 도함수를 구할 때, 3.2절의 예제 2를 참고하여라.

13. $y = x^5$

14. $f(x) = 5$

15. $f(x) = 5x^3$

16. $h(t) = \dfrac{t^2}{2} + 1$

17. $p(x) = 8x$

18. $g(t) = 6\sqrt{t}$

19. $g(t) = 100t^2$

20. $f(x) = 3x^4 + 7x$

21. $f(x) = 10x^4 - 32x + e^2$

22. $g(w) = 2w^3 + 3w^2 + 10w$

23. $f(x) = 3e^x + 5x + 5$

24. $f(x) = \begin{cases} x^2 + 1 & , \quad x \le 0 \\ 2x^2 + x + 1, & x > 0 \end{cases}$

25. **높이 추정** 공기저항은 무시하고 중력의 영향만 받는다고 가정하고 어떤 물체를 떨어뜨릴 때(자유낙하), 거리 d가 함수 $d(t) = 16t^2$으로 주어진다. 여기서 t의 단위는 초이고, d의 단위는 피트이다. 어떤 암벽 등반가가 절벽 끝에 앉아서 아래쪽 지면으로 돌멩이를 떨어뜨려 시간을 관찰했다.
    - **a.** $d'(t)$를 구하여라. 이때 도함수의 단위는 무엇이며, 도함수는 무엇을 나타내는가?
    - **b.** 돌멩이가 지면에 닿는 데 6초 걸렸다면 절벽의 높이는 얼마인가? 이때 얼마나 빨리 움직였는가? 즉, 돌멩이가 지면에 닿은 순간의 속도는 얼마인가(단, 속도의 단위는 시간당 마일이다)?

26. **도시화** 어떤 도시계획가는 도시의 크기(넓이)를 함수 $A(t) = -\dfrac{1}{50}t^2 + 2t + 20$ $(0 \le t \le 50)$을 사용하여 설계했다. 여기서 A의 단위는 평방마일(mi^2)이고 t는 2010년 이후 경과된 연도의 수이다.
    - **a.** $A'(t)$를 구하여라. 이때 도함수의 단위는 무엇이며, 도함수는 무엇을 나타내는가?
    - **b.** 이 도시의 크기가 38 mi^2일 때, 도시는 얼마나 빨리 팽창하는가?
    - **c.** 이 도시의 인구밀도는 해마다 1000명/mi^2로 일정하게 유지된다고 가정할 때, 2030년 인구 성장률을 구하여라.

27. **대서양 연어의 무게** 대서양 연어 한 마리의 무게는 연어의 길

이가 x인치일 때 다음 함수 $w(x)$(단위는 파운드)로 추정된다.

$$w(x) = \begin{cases} 0.4x - 5 \quad , & 19 \le x \le 21 \\ 0.8x - 13.4, & 21 < x \le 32 \\ 1.5x - 35.8, & x > 32 \end{cases}$$

$w'(x)$를 구하고, 이 도함수의 물리적 의미를 설명하여라(출처: www.atlanticsamonfederation.org).

28–33. 곱 함수와 몫 함수의 도함수 다음 함수를 전개하거나 간단히 하여 도함수를 구하고, 구한 결과를 간단히 나타내어라.

28. $f(x) = (2x + 1)(3x^2 + 2)$

29. $f(w) = \dfrac{w^3 - w}{w}$

30. $h(x) = (x^2 + 1)^2$

31. $g(x) = \dfrac{x^2 - 1}{x - 1}$

32. $y = \dfrac{x - a}{\sqrt{x} - \sqrt{a}}$, a는 양의 상수

33. $g(w) = \dfrac{e^{2w} + e^w}{e^w}$

34–35. 접선의 방정식

a. a에서 주어진 곡선에 접하는 직선의 방정식을 구하여라.

b. 그래프 유틸리티를 사용하여 주어진 곡선의 그래프와 접선을 함께 그려라.

34. $y = -3x^2 + 2$, $a = 1$

35. $y = e^x$, $a = \ln 3$

36. 기울기의 위치 $f(x) = x^2 - 6x + 5$일 때, 물음에 답하여라.

a. 곡선 $y = f(x)$의 기울기가 0인 x의 값을 구하여라.

b. 곡선 $y = f(x)$의 기울기가 2인 x의 값을 구하여라.

37. 기울기의 위치 $f(x) = 2x^3 - 3x^2 - 12x + 4$일 때, 물음에 답하여라.

a. f의 그래프에서 수평 접선을 갖는 점을 모두 구하여라.

b. f의 그래프에서 접선의 기울기가 60인 점을 모두 구하여라.

38. 기울기의 위치 $f(x) = 4\sqrt{x} - x$일 때, 물음에 답하여라.

a. f의 그래프에서 수평 접선을 갖는 점을 모두 구하여라.

b. f의 그래프에서 접선의 기울기가 $-\dfrac{1}{2}$인 점을 모두 구하여라.

39–41. 고계도함수 다음 함수에 대하여 $f'(x)$, $f''(x)$, $f'''(x)$를 구하여라.

39. $f(x) = 5x^4 + 10x^3 + 3x + 6$

40. $f(x) = 3x^2 + 5e^x$

41. $f(x) = \dfrac{x^2 - 7x - 8}{x + 1}$

42. 참 또는 거짓 다음 명제가 참이면 증명하고 거짓이면 반례를 들어라.

a. $\dfrac{d}{dx}(10^5) = 5 \cdot 10^4$

b. 함수 $f(x) = e^x$의 접선의 기울기는 0이 될 수 없다.

c. $\dfrac{d}{dx}(e^3) = e^3$

d. $\dfrac{d}{dx}(e^x) = xe^{x-1}$

e. $n \ge 3$인 정수 n에 대하여 $\dfrac{d^n}{dx^n}(5x^3 + 2x + 5) = 0$이다.

43. 접선으로부터 미분계수 구하기 $x = 2$에서 함수 f의 그래프에 접하는 직선이 $y = 4x + 1$이고, $x = 2$에서 함수 g의 그래프에 접하는 직선은 기울기 3을 가지며 점 $(0, -2)$를 지난다고 가정하자. $x = 2$에서 다음 곡선에 접하는 직선의 방정식을 구하여라.

a. $y = f(x) + g(x)$ **b.** $y = f(x) - 2g(x)$

c. $y = 4f(x)$

44. 접선이 주어진 경우 $x = 1$에서 함수 $f(x) = x^2 + bx + c$에 접하는 직선이 $y = 4x + 2$일 때, 두 상수 b와 c의 값을 구하여라.

45–46. 그래프로부터 미분계수 함수 f와 g가 다음 그림과 같을 때, $F = f + g$, $G = 3f - g$라 하자. 다음을 구하여라.

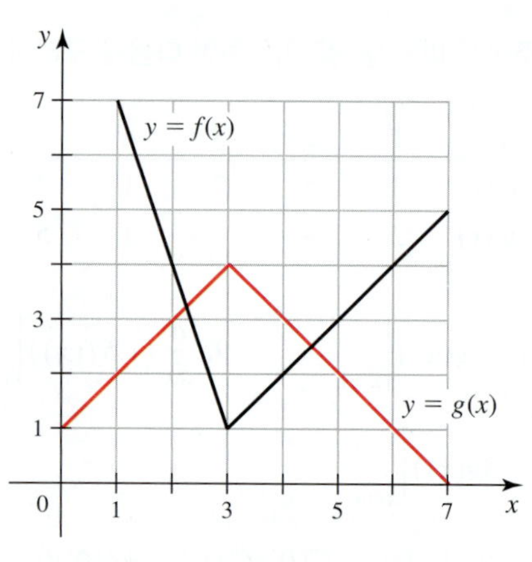

45. $F'(2)$ **46.** $G'(5)$

47–49. 극한으로부터 미분계수 구하기 적당한 실수 a에 대하여 다음 극한은 함수 f의 미분계수 $f'(a)$를 나타낸다.

a. 함수 f와 실수 a를 구하여라.

b. 극한을 계산하여 $f'(a)$의 값을 구하여라.

47. $\lim_{x\to 0} \frac{x + e^x - 1}{x}$

48. $\lim_{h\to 0} \frac{\sqrt{9+h} - \sqrt{9}}{h}$

49. $\lim_{h\to 0} \frac{e^{3+h} - e^3}{h}$

3단계 도전

50. **중요한 극한** 다음 표의 빈 곳을 채워서 $\lim_{h\to 0^-} \frac{2^h - 1}{h}$과 $\lim_{h\to 0^-} \frac{3^h - 1}{h}$의 근삿값을 확인하여라.

h	$\frac{2^h - 1}{h}$	$\frac{3^h - 1}{h}$
−1.0		
−0.1		
−0.01		
−0.001		
−0.0001		
−0.00001		

51–52. **계산기를 이용한 극한** 계산기를 이용하여 다음 극한의 근삿값을 구하여라.

51. $\lim_{x\to 0} \frac{e^{3x} - 1}{x}$

52. $\lim_{x\to 0^+} x^x$

53. **상수함수 법칙의 증명** 상수함수 $f(x) = c$에 대하여 도함수의 정의를 이용하여 $f'(x) = 0$임을 보여라.

54. **거듭제곱함수 법칙의 다른 증명** 이항정리(binomial theorem)에 의하여 n이 임의의 양의 정수일 때

$$(a+b)^n = a^n + na^{n-1}b + \frac{n(n-1)}{2\cdot 1}a^{n-2}b^2 + \frac{n(n-1)(n-2)}{3\cdot 2\cdot 1}a^{n-3}b^3 + \cdots + nab^{n-1} + b^n$$

이다. 위 공식과 정의 $f'(x) = \lim_{h\to 0} \frac{f(x+h) - f(x)}{h}$를 사용하여 임의의 양의 정수 n에 대하여 $\frac{d}{dx}(x^n) = nx^{n-1}$임을 증명하여라.

55. **음의 정수에 대한 거듭제곱함수 법칙** n이 음의 정수이고 $f(x) = x^n$이라 하자. 다음 단계를 수행하여 (양의 정수에 대한) 거듭제곱함수 법칙 $f'(x) = nx^{n-1}$은 n이 음의 정수인 경우로 확장할 수 있음을 증명해 보자. 이 결과는 3.4절에서 다른 방법으로 증명할 것이다.

a. $m = -n$으로 놓으면 $m > 0$이고, 도함수의 정의를 이용하면 다음과 같다.

$$f'(a) = \lim_{x\to a} \frac{x^n - a^n}{x - a} = \lim_{x\to a} \frac{x^{-m} - a^{-m}}{x - a}$$

다음 인수분해 공식

$$x^n - a^n = (x - a)(x^{n-1} + x^{n-2}a + \cdots + xa^{n-2} + a^{n-1})$$

을 이용하여 위 극한식을 간단히 하고 극한을 구하여라.

b. 이 결과를 이용하여 $\frac{d}{dx}(x^{-7})$과 $\frac{d}{dx}\left(\frac{1}{x^{10}}\right)$을 구하여라.

56. **$n = \frac{1}{2}, \frac{3}{2}, \frac{5}{2}$일 때 거듭제곱함수 법칙의 확장** 정리 3.3과 연습문제 55번에 의해 거듭제곱함수 법칙 $\frac{d}{dx}(x^n) = nx^{n-1}$은 임의의 정수 n에 적용할 수 있다. 이 장의 뒷부분에서 거듭제곱함수 법칙을 확장하여 임의의 실수 n에 적용할 수 있음을 살펴볼 것이다. 물음에 답하여라.

a. 거듭제곱함수 법칙을 공식 $\frac{d}{dx}(\sqrt{x}) = \frac{1}{2\sqrt{x}}$에 적용할 수 있는 이유를 설명하여라.

b. $n = \frac{3}{2}$일 때, 거듭제곱함수 법칙이 성립함을 증명하여라(힌트: 도함수의 정의를 이용하여 $\frac{d}{dx}(x^{3/2}) = \lim_{h\to 0} \frac{(x+h)^{3/2} - x^{3/2}}{h}$을 계산한다).

c. $n = \frac{5}{2}$일 때, 거듭제곱함수 법칙이 성립함을 증명하여라.

d. n이 임의의 양의 정수일 때, $\frac{d}{dx}(x^{n/2})$의 공식을 추측하여라.

57. **$f(x) = e^{2x}$의 도함수 계산**

a. 도함수의 정의를 이용하여 다음을 증명하여라.

$$\frac{d}{dx}(e^{2x}) = e^{2x} \cdot \lim_{h\to 0} \frac{e^{2h} - 1}{h}$$

b. **a**의 식에 있는 극한값은 2임을 보여라(힌트: 인수 $e^{2h} - 1$을 인수분해한다).

c. **a**와 **b**의 결과를 이용하여 $f(x) = e^{2x}$의 도함수를 구하여라.

QUICK CHECK 정답

1. 11과 π는 상수이므로 $\frac{d}{dx}(11) = 0$, $\frac{d}{dx}(\pi) = 0$이다. **2.** 모든 점에서 곡선(직선) $y = x$의 기울기는 1이므로 $\frac{d}{dx}(x) = 1$이다. **3.** $2x + 2$ **4.** $f'(x) = 4e^x - 6x$ **5.** $x = 2$와 $x = -2$ **6.** $f^{(5)}(x) = 120$, $f^{(6)}(x) = 0$, $g^{(100)}(x) = e^x$ ◀

3.4 곱의 법칙과 몫의 법칙

미분가능 함수의 합의 도함수는 각 함수의 도함수의 합이다. 따라서 미분가능 함수의 곱의 도함수는 각 함수의 도함수의 곱으로 추측할 수 있다. 그러나 $f(x) = x^3$이고 $g(x) = x^4$이면 $\frac{d}{dx}(f(x)g(x)) = \frac{d}{dx}(x^7) = 7x^6$이며 $f'(x)g'(x) = 3x^2 \cdot 4x^3 = 12x^5$이고, 따라서 $\frac{d}{dx}(f \cdot g) \neq f' \cdot g'$이다. 이와 유사하게 미분가능 함수의 몫의 도함수는 각 도함수의 몫이 아닐 수도 있다. 이 절에서 함수의 곱과 몫에 대한 도함수 법칙을 살펴보자.

곱의 법칙

곱의 법칙을 설명할 수 있는 예를 살펴보자. 어떤 사람이 길을 따라 일정한 속도로 뛰고 있는 것을 생각해 보자. 이 사람의 속도는 두 가지 성질, 즉 보폭과 1초당 걸음걸이의 수로 결정될 것이다. 따라서 다음과 같다.

뛰는 속력 = 보폭 · 초당 걸음걸이 수

예를 들어 보폭이 3 ft이고 초당 걸음걸이의 수가 2이면 뛰는 속도는 6 ft/s이다.

이제 보폭이 3 ft에서 3.5 ft로 0.5 ft만큼 증가했다고 가정하자. 그러면 속력의 변화는 다음과 같이 계산된다.

속력의 **변화** = 보폭의 길이 변화 · 초당 걸음걸이 수
= 0.5 · 2 = 1 ft/s

반대로 보폭은 변화가 없고 초당 걸음걸이 수가 초당 2에서 2.25로 0.25만큼 증가했다고 가정하자. 그러면 다음과 같다.

속력의 **변화** = 보폭의 길이 · 초당 걸음걸이 수의 변화
= 3 · 0.25 = 0.75 ft/s

보폭의 변화와 초당 걸음걸이의 변화가 동시에 일어난다면 뛰는 속도의 변화는 두 가지 모두에 영향을 받아 다음과 같이 계산된다.

속력의 **변화** = (보폭의 길이 변화 · 초당 걸음걸이 수)
+ (보폭의 길이 · 초당 걸음걸이 수의 변화)
= 1 ft/s + 0.75 ft/s = 1.75 ft/s

이 사실로부터 두 함수의 곱의 도함수(또는 변화율)는 다음과 같은 두 곱의 합으로 표현된다.

정리 3.7 곱의 법칙

두 함수 f와 g가 x에서 미분가능할 때, 다음이 성립한다.

$$\frac{d}{dx}(f(x)g(x)) = f'(x)g(x) + f(x)g'(x)$$

➤ 정리 3.7로부터 두 함수의 곱의 도함수는 첫 번째 함수의 도함수와 두 번째 함수의 곱과, 첫 번째 함수와 두 번째 함수의 도함수의 곱을 더한 것임을 알 수 있다.

증명 두 함수의 곱 fg에 도함수의 정의를 적용하면 다음과 같다.

$$\frac{d}{dx}(f(x)g(x)) = \lim_{h\to 0}\frac{f(x+h)g(x+h) - f(x)g(x)}{h}$$

위 극한 식의 분자에 $-f(x)g(x+h) + f(x)g(x+h)(= 0)$를 더하면

$$\frac{d}{dx}(f(x)g(x)) = \lim_{h\to 0}\frac{f(x+h)g(x+h) - f(x)g(x+h) + f(x)g(x+h) - f(x)g(x)}{h}$$

이다. 분수식을 둘로 분리하고 인수분해하여 계산하면 다음과 같다.

$$\begin{aligned}\frac{d}{dx}(f(x)g(x)) &= \lim_{h\to 0}\frac{f(x+h)g(x+h) - f(x)g(x+h)}{h} + \lim_{h\to 0}\frac{f(x)g(x+h) - f(x)g(x)}{h} \\ &= \lim_{h\to 0}\Bigg(\underbrace{\frac{f(x+h) - f(x)}{h}}_{h\to 0\text{일 때 } f'(x)\text{에 접근함}}\cdot \underbrace{g(x+h)}_{h\to 0\text{일 때 } g(x)\text{에 접근함}}\Bigg) + \lim_{h\to 0}\Bigg(\underbrace{f(x)}_{h\to 0\text{일 때 } f(x)\text{와 같음}}\cdot\underbrace{\frac{g(x+h) - g(x)}{h}}_{h\to 0\text{일 때 } g'(x)\text{에 접근함}}\Bigg) \\ &= f'(x)\cdot g(x) + f(x)\cdot g'(x)\end{aligned}$$

➤ $f(x)$는 h에 대하여 상수이므로 $h \to 0$일 때 $f(x)$의 값은 변하지 않는다.

여기서 g의 연속성을 통해 $\lim_{h\to 0} g(x+h) = g(x)$임을 이용했다. ◀

| 예제 1 | 곱의 법칙 사용 다음 함수의 도함수를 구하고 간단히 하여라.

a. $\frac{d}{dv}(v^2(2\sqrt{v} + 1))$ **b.** $\frac{d}{dx}(x^2e^x)$

풀이

➤ 3.2절의 예제 2에서 $\frac{d}{dv}(\sqrt{v}) = \frac{1}{2\sqrt{v}}$임을 증명했다.

a.
$$\begin{aligned}\frac{d}{dv}(v^2(2\sqrt{v} + 1)) &= \left(\frac{d}{dv}(v^2)\right)(2\sqrt{v} + 1) + v^2\left(\frac{d}{dv}(2\sqrt{v} + 1)\right) && \text{곱의 법칙} \\ &= 2v(2\sqrt{v} + 1) + v^2\left(2\cdot\frac{1}{2\sqrt{v}}\right) && \text{도함수 계산하기} \\ &= 4v^{3/2} + 2v + v^{3/2} = 5v^{3/2} + 2v && \text{간단히 하기}\end{aligned}$$

QUICK CHECK 1 $f(x) = x^5$의 도함수를 구하여라. 또한 $f(x) = x^2x^3$으로 놓고 곱의 법칙을 적용하여 $f(x)$의 도함수를 구하고 두 결과를 비교하여라. ◀

b. $\dfrac{d}{dx}(x^2e^x) = \underbrace{2x}_{\frac{d}{dx}(x^2)} \cdot e^x + x^2 \cdot \underbrace{e^x}_{\frac{d}{dx}(e^x)} = xe^x(2 + x)$

관련 연습문제 10번 ◀

몫의 법칙

몫으로 주어진 함수 $q(x) = \dfrac{f(x)}{g(x)}$를 생각하자. 그러면 $f(x) = g(x)q(x)$이고 곱의 법칙을 적용하면 다음과 같다.

$$f'(x) = g'(x)q(x) + g(x)q'(x)$$

$q'(x)$에 대하여 풀면

$$q'(x) = \frac{f'(x) - g'(x)q(x)}{g(x)}$$

이고 위 식에 $q(x) = \dfrac{f(x)}{g(x)}$를 대입하면 $q'(x)$의 도함수에 대한 다음 법칙을 얻는다.

$$q'(x) = \frac{f'(x) - g'(x)\dfrac{f(x)}{g(x)}}{g(x)} \qquad q(x)\text{에 } \frac{f(x)}{g(x)} \text{ 대입하기}$$

$$= \frac{g(x)\left(f'(x) - g'(x)\dfrac{f(x)}{g(x)}\right)}{g(x) \cdot g(x)} \qquad \text{분모와 분자에 } g(x) \text{ 곱하기}$$

$$= \frac{g(x)f'(x) - f(x)g'(x)}{(g(x))^2} \qquad \text{간단히 하기}$$

위 계산은 몫의 도함수에 대한 법칙을 제시하고 있다. 이때 간과하면 안 되는 것이 있다. f와 g가 미분가능할 때, f/g의 도함수는 과연 존재할까? 연습문제 52번에 몫의 법칙의 정확한 증명이 요약되어 있다.

➤ 정리 3.8로부터 두 함수의 몫의 도함수는 분자의 도함수와 분모의 곱에서 분자와 분모의 도함수의 곱을 뺀 것에 분모의 제곱을 나눈 것이다. 몫의 법칙을 다음과 같이 생각하면 기억하기 쉽다.

$$\frac{(\text{분모})D(\text{분자}) - (\text{분자})D(\text{분모})}{(\text{분모})^2}$$

정리 3.8 몫의 법칙

두 함수 f와 g가 x에서 미분가능하고 $g(x) \neq 0$일 때, x에서 f/g의 도함수는 존재하고 다음과 같다.

$$\frac{d}{dx}\left(\frac{f(x)}{g(x)}\right) = \frac{g(x)f'(x) - f(x)g'(x)}{(g(x))^2}$$

| 예제 2 | 몫의 법칙 사용 다음 함수의 도함수를 구하고 간단히 하여라.

a. $\dfrac{d}{dx}\left(\dfrac{x^2 + 3x + 4}{x^2 - 1}\right)$ **b.** $\dfrac{d}{dx}(e^{-x})$

풀이

a. $$\frac{d}{dx}\left(\frac{x^2+3x+4}{x^2-1}\right) = \frac{\overbrace{(x^2-1)(2x+3)}^{(x^2-1)\cdot(x^2+3x+4)\text{의 도함수}} - \overbrace{(x^2+3x+4)2x}^{(x^2+3x+4)\cdot(x^2-1)\text{의 도함수}}}{\underbrace{(x^2-1)^2}_{\text{분모는 } x^2-1\text{의 제곱}}} \quad \text{몫의 법칙}$$

$$= \frac{2x^3-2x+3x^2-3-2x^3-6x^2-8x}{(x^2-1)^2} \quad \text{전개하기}$$

$$= -\frac{3x^2+10x+3}{(x^2-1)^2} \quad \text{간단히 하기}$$

➤ 곱의 법칙과 몫의 법칙은 본 교재의 여러 부분에 사용되는 기본 공식이다. 이 장에서 살펴볼 다른 법칙 및 공식과 함께, 곱의 법칙과 몫의 법칙을 외워 두면 도함수를 빠르고 쉽게 구할 수 있다.

b. e^{-x}을 $\frac{1}{e^x}$로 바꾸고 몫의 법칙을 적용하면 다음과 같다.

$$\frac{d}{dx}\left(\frac{1}{e^x}\right) = \frac{e^x\cdot 0 - 1\cdot e^x}{(e^x)^2} = -\frac{1}{e^x} = -e^{-x}$$

관련 연습문제 14번 ◀

| 예제 3 | 접선 구하기 점 (3, 2)에서 함수 $f(x) = \frac{x^2+1}{x^2-4}$의 그래프에 접하는 직선의 방정식을 구하여라. 또한 곡선과 접선의 그래프를 그려라.

풀이 접선의 기울기를 구하기 위해 몫의 법칙을 적용하여 f'을 계산하면

$$f'(x) = \frac{(x^2-4)\,2x - (x^2+1)\,2x}{(x^2-4)^2} \quad \text{몫의 법칙}$$

$$= \frac{2x^3-8x-2x^3-2x}{(x^2-4)^2} = -\frac{10x}{(x^2-4)^2} \quad \text{간단히 하기}$$

이고, 점 (3, 2)에서 접선의 기울기는 다음과 같다.

$$m_{\tan} = f'(3) = -\frac{10(3)}{(3^2-4)^2} = -\frac{6}{5}$$

따라서 접선의 방정식은

$$y - 2 = -\frac{6}{5}(x-3), \quad \text{즉} \quad y = -\frac{6}{5}x + \frac{28}{5}$$

이며, f의 그래프와 접선의 그래프는 그림 3.34에 주어져 있다.

관련 연습문제 31번 ◀

QUICK CHECK 2 $f(x) = x^5$의 도함수를 구하여라. 또한 $f(x) = x^8/x^3$으로 놓고 몫의 법칙을 적용하여 $f(x)$의 도함수를 구하고 두 결과를 비교하여라. ◀

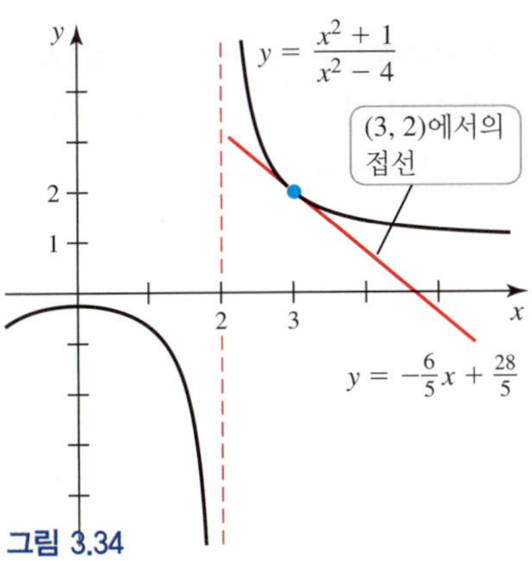

그림 3.34

음의 정수로 거듭제곱 법칙의 확장

3.3절에서 n이 음이 아닌 정수일 때, 거듭제곱 법칙은 $\frac{d}{dx}(x^n) = nx^{n-1}$임을 살펴봤다. n이 음의 정수인 경우, 몫의 법칙을 사용하면 이 거듭제곱 법칙은 여전히 성립

함을 살펴봤다. n이 음의 정수라 가정하고 $m = -n$으로 놓으면 $m > 0$이고 따라서 다음과 같다.

$$\begin{aligned}
\frac{d}{dx}(x^n) &= \frac{d}{dx}\left(\frac{1}{x^m}\right) && x^n = \frac{1}{x^{-n}} = \frac{1}{x^m} \\
&= \frac{x^m \overbrace{\left(\frac{d}{dx}(1)\right)}^{\text{상수함수의 도함수는 0}} - 1\overbrace{\left(\frac{d}{dx}x^m\right)}^{mx^{m-1}\text{과 같음}}}{(x^m)^2} && \text{몫의 법칙} \\
&= -\frac{mx^{m-1}}{x^{2m}} && \text{간단히 하기} \\
&= -mx^{-m-1} && \frac{x^{m-1}}{x^{2m}} = x^{m-1-2m} \\
&= nx^{n-1} && -m\text{에 } n \text{ 대입하기}
\end{aligned}$$

위 계산은 거듭제곱 법칙을 확장할 수 있음을 보여 준다. 즉, 거듭제곱 법칙은 모든 정수 n에 대하여 성립함을 알 수 있다. 정리 3.9에서 거듭제곱 법칙은 지수 n이 실수일 때도 성립함을 살펴볼 것이다. 이 정리의 증명은 3.9절에서 다룰 것이다.

➤ 정리 3.9에서 n의 값에 따라 정의역을 제한할 필요가 있다. n이 무리수이면 $x > 0$일 때 거듭제곱 법칙은 성립한다. 또한 n이 $n = p/q$(p, q는 서로소인 정수, q는 짝수)인 유리수이면 $x > 0$일 때 거듭제곱 법칙은 성립한다.

정리 3.9 일반적인 거듭제곱 법칙

n이 임의의 실수일 때, 다음이 성립한다.

$$\frac{d}{dx}(x^n) = nx^{n-1}$$

QUICK CHECK 3 곱의 법칙과 몫의 법칙을 사용하여 함수 $f(x) = 1/x^5$의 도함수를 각각 구하여라. ◀

| 예제 4 | 거듭제곱 법칙의 이용 다음 함수의 도함수를 구하여라.

a. $\dfrac{d}{dx}\left(\dfrac{9}{x^5}\right)$ **b.** $\dfrac{d}{dt}\left(\dfrac{3t^{16} - 4}{t^6}\right)$

c. $\dfrac{d}{dz}\left(\sqrt[3]{z}\, e^z\right)$ **d.** $\dfrac{d}{dx}\left(\dfrac{3x^{5/2}}{2x^2 + 4}\right)$

풀이

a. $\dfrac{d}{dx}\left(\dfrac{9}{x^5}\right) = \dfrac{d}{dx}(9x^{-5}) = 9(-5x^{-6}) = -45x^{-6} = -\dfrac{45}{x^6}$

b. 이 함수의 도함수는 몫의 법칙을 사용하여 구할 수 있지만 또 다른 방법은 다음과 같이 주어진 함수를 정리하고 음의 지수로 나타내는 것이다.

$$\frac{3t^{16} - 4}{t^6} = \frac{3t^{16}}{t^6} - \frac{4}{t^6} = 3t^{10} - 4t^{-6}$$

이 식에 거듭제곱 법칙을 사용하여 도함수를 구하면 다음과 같다.

$$\frac{d}{dt}\left(\frac{3t^{16}-4}{t^6}\right) = \frac{d}{dt}(3t^{10}-4t^{-6}) = 30t^9 + 24t^{-7}$$

c. 세제곱근을 지수로 나타내고 곱의 법칙과 거듭제곱 법칙을 적용하면 다음과 같다.

$$\frac{d}{dz}(\sqrt[3]{z}\,e^z) = \frac{d}{dz}(z^{1/3}e^z) \qquad \sqrt[3]{z} = z^{1/3}$$

$$= \frac{1}{3}z^{-2/3}e^z + z^{1/3}e^z \qquad \text{곱의 법칙과 거듭제곱 법칙}$$

$$= e^z\left(\frac{1}{3z^{2/3}} + z^{1/3}\right) \qquad \text{인수분해하기}$$

$$= e^z\left(\frac{1}{3z^{2/3}} + \frac{3z}{3z^{2/3}}\right) \qquad \text{공통분모}$$

$$= \frac{e^z(1+3z)}{3z^{2/3}} \qquad \text{통분하기}$$

d. 몫의 법칙과 거듭제곱 법칙을 적용하면 다음과 같다.

$$\frac{d}{dx}\left(\frac{3x^{5/2}}{2x^2+4}\right) = \frac{(2x^2+4)\cdot\frac{15}{2}x^{3/2} - 3x^{5/2}\cdot 4x}{(2x^2+4)^2} \qquad \text{몫의 법칙과 거듭제곱 법칙}$$

$$= \frac{15x^{7/2} + 30x^{3/2} - 12x^{7/2}}{(2(x^2+2))^2} \qquad \text{간단히 하기}$$

$$= \frac{3x^{7/2} + 30x^{3/2}}{4(x^2+2)^2} \qquad \text{공통인수로 묶어내기}$$

$$= \frac{3x^{3/2}(x^2+10)}{4(x^2+2)^2} \qquad \text{인수분해하기}$$

관련 연습문제 20, 22, 26번 ◀

미분 법칙의 결합

도함수를 구할 때 여러 가지 도함수 법칙을 적용해야 하는 함수도 있다. 이 절의 마지막 예제를 살펴보자.

| 예제 5 | 미분 법칙의 결합 다음 함수의 도함수를 구하여라.

$$y = \frac{4xe^x}{x^2+1}$$

풀이 주어진 함수는 몫 함수이고 분자는 곱 함수 $4xe^x$이다. 따라서 주어진 함수의 도함수를 구하면 다음과 같다.

$$\frac{dy}{dx} = \frac{(x^2+1)\cdot\frac{d}{dx}(4xe^x) - (4xe^x)\cdot\frac{d}{dx}(x^2+1)}{(x^2+1)^2}$$ 몫의 법칙

$$= \frac{(x^2+1)(4e^x+4xe^x) - (4xe^x)(2x)}{(x^2+1)^2}$$ 곱의 법칙에 의하여 $\frac{d}{dx}(4xe^x) = 4e^x + 4xe^x$

$$= \frac{4e^x(x^3-x^2+x+1)}{(x^2+1)^2}$$ 간단히 하기

관련 연습문제 23번 ◀

3.4절 연습문제

1단계 스타트

1. 어떤 점에서 미분가능한 두 함수의 곱의 도함수를 구하는 방법은 무엇인가?

2. 곱의 법칙을 사용하여 다음 식을 계산하고 간단히 하여라.

$$\frac{d}{dx}((x+1)(3x+2))$$

3. 몫의 법칙을 사용하여 $\frac{d}{dx}\left(\frac{x-1}{3x+2}\right)$을 계산하고 간단히 하여라.

4–7. 주어진 방법을 이용하여 각 함수의 도함수를 구하여라.

a. 곱의 법칙(연습문제 4–5번) 또는 몫의 법칙(연습문제 6–7번)을 사용하여 도함수를 구하고 간단히 하여라.

b. 먼저 곱을 전개(연습문제 4–5번)하거나 몫을 간단히(연습문제 6–7번) 한 다음 도함수를 구하고 **a**의 결과와 비교하여라.

4. $f(x) = x(x-1)$

5. $f(x) = (x-1)(3x+4)$

6. $f(w) = \dfrac{w^3 - w}{w}$

7. $y = \dfrac{x^2 - a^2}{x - a}$ (단, a는 상수)

8. $f(1) = 5$, $f'(1) = 4$, $g(1) = 2$, $g'(1) = 3$일 때, $\left.\frac{d}{dx}(f(x)g(x))\right|_{x=1}$과 $\left.\frac{d}{dx}\left(\frac{f(x)}{g(x)}\right)\right|_{x=1}$의 값을 구하여라.

9. 점 $(3, 1/3)$과 $(-2, -1/2)$에서 $f(x) = \dfrac{x}{x+6}$의 그래프에 접하는 직선의 기울기를 구하여라.

2단계 실전

10–30. 도함수 다음 함수의 도함수를 구하고 간단히 하여라.

10. $f(x) = 3x^4(2x^2 - 1)$

11. $f(x) = \dfrac{x}{x+1}$

12. $f(t) = t^{5/3}e^t$

13. $f(x) = \dfrac{e^x}{e^x + 1}$

14. $f(x) = xe^{-x}$

15. $y = (3t-1)(2t-2)^{-1}$

16. $h(x) = (x-1)(x^3 + x^2 + x + 1)$

17. $g(w) = e^w(w^3 - 1)$

18. $f(t) = e^t(t^2 - 2t + 2)$

19. $g(x) = \dfrac{e^x}{x^2 - 1}$

20. $f(x) = 3x^{-9}$

21. $g(t) = 3t^2 + \dfrac{6}{t^7}$

22. $g(t) = \dfrac{t^3 + 3t^2 + t}{t^3}$

23. $g(x) = \dfrac{(x+1)e^x}{x-2}$

24. $h(x) = \dfrac{xe^x}{x+1}$

25. $g(w) = \dfrac{\sqrt{w} + w}{\sqrt{w} - w}$

26. $h(w) = \dfrac{w^{5/3}}{w^{5/3} + 1}$

27. $f(x) = 4x^2 - \dfrac{2x}{5x+1}$

28. $h(r) = \dfrac{2 - r - \sqrt{r}}{r+1}$

29. $h(x) = (5x^7 + 5x)(6x^3 + 3x^2 + 3)$

30. $f(x) = \sqrt{e^{2x} + 8x^2e^x + 16x^4}$ (힌트: 먼저 근호 안에 있는 함수를 인수분해하여라)

31–32. 접선의 방정식

a. a에서 주어진 곡선에 접하는 직선의 방정식을 구하여라.

b. 그래프 유틸리티를 사용하여 주어진 곡선과 접선을 같은 좌표축에 그려라.

31. $y = \dfrac{x+5}{x-1}, a = 3$ **32.** $y = 1 + 2x + xe^x, a = 0$

33–34. 인구 증가 주어진 인구 함수에 대하여 물음에 답하여라.

a. $t \geq 0$일 때, 인구의 (순간)증가율을 구하여라.

b. $t = 5$일 때, 인구의 (순간)증가율은 얼마인가?

c. 인구의 (순간)증가율이 가장 클 때의 시간을 추정하여라.

d. $\lim_{t\to\infty} p(t)$의 값을 구하고 결과를 설명하여라.

e. 그래프 유틸리티를 사용하여 인구와 인구의 증가율을 그려라.

33. $p(t) = \dfrac{200t}{t+2}$ **34.** $p(t) = 600\left(\dfrac{t^2+3}{t^2+9}\right)$

35. 인력 질량 M과 m을 각각 갖는 두 물체 사이에 작용하는 인력(gravitational force)의 크기는 $F(x) = -\dfrac{GMm}{x^2}$으로 주어진다. 여기서 x는 두 물체의 질량 중심 사이의 거리이고, $G = 6.7 \times 10^{-11}$ N-m^2/kg^{2}는 인력 상수이다(N은 힘의 단위인 뉴턴이고, 음의 부호는 인력, 즉 끌어당기는 힘을 의미한다).

a. 두 물체의 거리에 대한 힘(인력)의 순간변화율을 구하여라.

b. $M = m = 0.1$ kg이고 두 물체 사이의 거리가 $x = 0.01$ m일 때, 힘(인력)의 순간변화율은 얼마인가?

c. **b**에서 주어진 거리에서 힘(인력)의 순간변화율은 증가하는가 감소하는가? 이유를 설명하여라.

36. 참 또는 거짓 다음 명제가 참이면 증명하고 거짓이면 반례를 들어라.

a. $\dfrac{d}{dx}(e^5) = 5e^4$

b. $\dfrac{d}{dx}\left(\dfrac{x^2+3x+2}{x}\right)$를 구하려면 반드시 몫의 법칙을 사용해야 한다.

c. $\dfrac{d}{dx}\left(\dfrac{1}{x^5}\right) = \dfrac{1}{5x^4}$

d. $\dfrac{d}{dx}(x^3e^x) = 3x^2e^x$

37. 고계도함수 $f(x) = x^2(2 + x^{-3})$일 때, $f'(x)$, $f''(x)$, $f'''(x)$를 구하여라.

38. 1계 도함수와 2계 도함수 $f(x) = \dfrac{x^2-7x}{x+1}$일 때, $f'(x)$와 $f''(x)$를 구하여라.

39. 아네시의 곡선 a가 상수일 때, $y = \dfrac{a^3}{x^2+a^2}$의 그래프를 아네시의 곡선(the witch of Agnesi)이라 한다(이 곡선의 이름은 18세기 이탈리아 수학자 마리아 아네시 이후에 붙여졌다).

a. $a = 3$일 때, $x = 2$에서 $y = \dfrac{27}{x^2+9}$에 접하는 직선의 방정식을 구하여라.

b. **a**에서 구한 접선과 곡선의 그래프를 그려라.

40–42. 표로부터 미분계수 구하기 다음 표를 이용하여 주어진 미분계수를 구하여라.

x	2	4
$f(x)$	4	2
$f'(x)$	5	1
$g(x)$	2	3
$g'(x)$	4	1

40. $\dfrac{d}{dx}\left(\dfrac{f(x)}{g(x)}\right)\Big|_{x=2}$ **41.** $\dfrac{d}{dx}\left(\dfrac{f(x)}{x+2}\right)\Big|_{x=4}$

42. $\dfrac{d}{dx}\left(\dfrac{f(x)g(x)}{x}\right)\Big|_{x=4}$

43–44. 인도 잔점박이 올빼미 활공 공식 다음 표는 평균 몸무게가 $m(t)$(g)이고, 날개의 평균 길이가 $w(t)$(mm)인 인도 잔점박이 올빼미에 대한 것이고, 여기서 $m'(t)$와 $w'(t)$는 생후 t주의 도함수를 나타낸다. 단위 체중당 날개 길이의 비를 나타내는 함수 $f(t) = w(t)/m(t)$는 어린 새끼가 날 수 있을 정도로 충분히 자랐을 때까지의 신체 변화를 예측하는 **활공 공식**이다. 표를 보면 f는 1보다 작지만 t가 증가함에 따라 1에 접근한다. f가 1에 근접할 때 새끼는 날 수 있고, 이는 구조된 새끼가 다시 야생으로 돌아갈 수 있는 시기를 결정하는 데 중요한 역할을 한다(출처: *ZooKeys*, 132, 2011).

t	$m(t)$	$m'(t)$	$w(t)$	$w'(t)$
1	23.32	41.45	10.14	14.5
1.5	50.59	64.94	20.13	26.17
2	82.83	57.95	36.7	39.86
2.5	105.13	31.08	58.92	47.11
3	115.48	12.48	81.55	41.38
3.5	119.4	4.44	98.99	27.94
4	120.76	1.51	109.75	15.74
4.5	121.22	0.51	115.5	7.99
5	121.37	0.17	118.34	3.85
5.5	121.42	0.06	119.69	1.8
6	121.44	0.02	120.32	0.84
6.5	121.45	0.01	120.61	0.38

43. 다음 도함수의 단위를 구하고, 도함수의 신체적 의미를 설명하여라.

a. $m'(t)$ **b.** $w'(t)$ **c.** $f'(t)$

44. 다음 단계를 수행하여 활공 공식의 특징을 살펴보자.

a. 점 $(1, f(1))$, $(1.5, f(1.5))$, $\cdots$, $(6.5, f(6.5))$를 연결하여 $y =$

$f(t)$ 그래프의 개형을 그려라.

b. f가 가장 빠르게 변하는 f의 값은 무엇인가(단, t는 소수점 아래 첫 번째 자리에서 반올림한다)?

c. **b**에서 구한 t의 값에서 표와 몫의 법칙을 이용하여 $f'(t)$를 구하여라. 이 단계에서 올빼미의 성장에 어떤 일이 일어나는지 설명하여라.

d. f의 그래프를 활용하여 t가 커짐에 따라 $f'(t)$에 무엇이 일어나는지 예측하고 몫의 법칙을 사용하여 $f'(6.5)$를 계산하여 예측을 확인하여라. t가 커짐에 따라 새끼의 신체에 어떠한 변화가 일어나는지 설명하여라.

45–46. f와 g의 그래프가 점 $(3, 2)$를 지나고 $f'(3) = 5$, $g'(3) = -10$이라 하자. $p(x) = f(x)g(x)$이고 $q(x) = f(x)/g(x)$일 때, 다음 미분계수를 구하여라.

45. $p'(3)$ **46.** $q'(3)$

47–48. 그래프로부터 미분계수 그림을 이용하여 다음 미분계수를 구하여라.

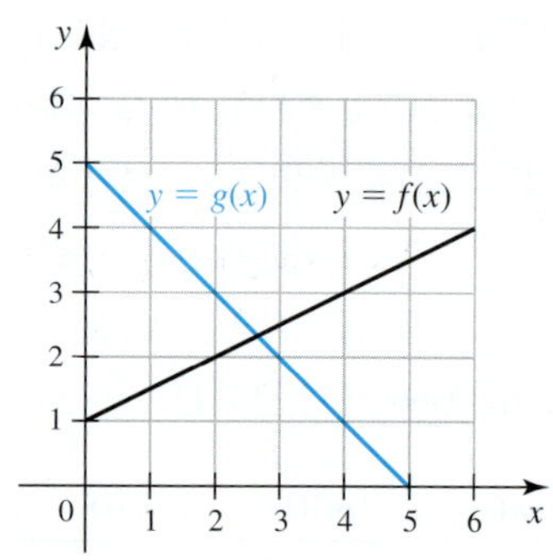

47. $\left.\dfrac{d}{dx}(f(x)g(x))\right|_{x=4}$ **48.** $\left.\dfrac{d}{dx}(xg(x))\right|_{x=2}$

49. 접선 $x = 4$에서 곡선 $y = h(x)$에 접하는 직선이 $y = -3x + 14$라 하자. $x = 4$에서 다음 곡선에 접하는 직선의 방정식을 구하여라.

a. $y = (x^2 - 3x)h(x)$ **b.** $y = h(x)/(x + 2)$

3단계 도전

50. 복잡한 계산의 탈피

$q(x) = \dfrac{5x^8 + 6x^5 + 5x^4 + 3x^2 + 20x + 100}{10x^{10} + 8x^9 + 6x^5 + 6x^2 + 4x + 2}$일 때, $q'(x)$의 계산 없이 $q'(0)$을 구하여라(힌트: q의 분자와 분모를 각각 f와 g로 놓고 $f(0)$, $f'(0)$, $g(0)$, $g'(0)$을 구하여라).

51. 평균과 접선 함수 f가 a와 b를 포함하는 구간에서 미분가능하고, $P(a, f(a))$와 $Q(b, f(b))$를 f의 그래프 위의 서로 다른 두 점이라 하자. P와 Q에서 곡선에 접하는 두 직선이 평행하지 않다고 가정하고 이 두 접선이 만나는 점의 x좌표를 c라 하자(그림 참조).

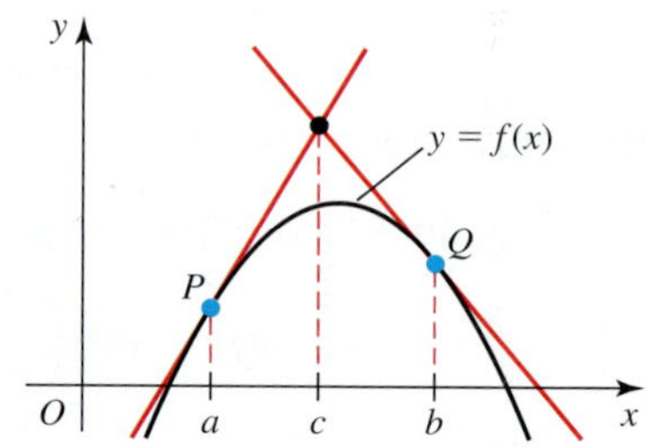

a. $f(x) = x^2$일 때, c는 두 실수 a와 b의 산술평균, 즉 $c = (a + b)/2$임을 보여라.

b. $f(x) = \sqrt{x}$이고 $a > 0$, $b > 0$일 때, c는 a와 b의 기하평균, 즉 $c = \sqrt{ab}$임을 보여라.

c. $f(x) = 1/x$이고 $a > 0$, $b > 0$일 때, c는 a와 b의 조화평균, 즉 $c = 2ab/(a + b)$임을 보여라.

d. f가 a와 b에서 미분가능하고 c가 존재할 때, c를 a와 b의 식으로 나타내어라.

52. 몫의 법칙 증명 f와 g가 x에서 미분가능하고 $F = f/g$라 하자.

a. F'에 대한 정의를 사용하여

$$\frac{d}{dx}\left(\frac{f(x)}{g(x)}\right) = \lim_{h\to 0}\frac{f(x+h)g(x) - f(x)g(x+h)}{hg(x+h)g(x)}$$

임을 보여라.

b. 위 극한의 분자에 $-f(x)g(x) + f(x)g(x)(= 0)$를 추가하여 $F'(x)$가

$$\lim_{h\to 0}\frac{f(x+h)g(x) - f(x)g(x) + f(x)g(x) - f(x)g(x+h)}{hg(x+h)g(x)}$$

임을 보이고, 극한값을 계산하여 몫의 법칙을 증명하여라.

c. $g(x) \neq 0$일 때, $F' = (f/g)'$이 존재하는 이유를 설명하여라.

53. 2계 도함수에 대한 곱의 법칙 x에서 두 함수 f와 g의 1계 도함수 및 2계 도함수가 존재한다고 가정하고 $d^2/dx^2(f(x)g(x))$에 대한 공식을 구하여라.

54. 세 함수에 대한 곱의 법칙 x에서 f, g, h가 미분가능하다고 가정하자.

a. 곱의 법칙을 두 번 적용하여 $d/dx(f(x)g(x)h(x))$에 대한 공식을 구하여라.

b. **a**의 결과를 이용하여 $d/dx(e^x(x - 1)(x + 3))$을 구하여라.

QUICK CHECK 정답

1. 어느 공식을 적용해도 $f'(x) = 5x^4$이다. **2.** 어느 공식을 적용해도 $f'(x) = 5x^4$이다. **3.** 어느 공식을 적용해도 $f'(x) = -5x^{-6}$이다. ◀

3.5 삼각함수의 도함수

시장의 동향, 조류의 일간 변화에 따른 해수의 온도, 호르몬 수치의 변화 등은 때때로 순환적이고 주기적이다. 삼각함수는 이러한 주기적 변화의 특징을 설명하는 데 매우 적합하다. 이 절에서는 삼각함수의 도함수와 응용에 대하여 살펴볼 것이다.

➤ 이 절의 모든 결과에 있는 각도의 단위는 라디안이다.

두 가지 극한

이 절의 근본적인 목표 중 하나는 $\sin x$와 $\cos x$의 도함수를 구하는 것인데, 이를 위해 다음 두 가지 극한을 살펴보자.

정리 3.10 삼각함수의 극한

$$\lim_{x\to 0}\frac{\sin x}{x} = 1, \qquad \lim_{x\to 0}\frac{\cos x - 1}{x} = 0$$

표 3.2

x	$\dfrac{\sin x}{x}$
± 0.1	0.9983341665
± 0.01	0.9999833334
± 0.001	0.9999998333

위 정리에서 $x \to 0$일 때, 분모와 분자는 모두 0에 접근하므로 두 극한은 값을 대입해서 구할 수 없다. 우선 표를 이용하여 극한의 수치적 값을 살펴보고 그래프를 조사한 다음 정확한 증명을 해 보자.

소수점 아래 11번째 자리에서 반올림한 $\frac{\sin x}{x}$의 근삿값이 표 3.2에 주어져 있고, 이 표로부터 원점의 좌우에서 x가 0에 접근함에 따라 $\frac{\sin x}{x}$는 1에 접근함을 알 수 있다. $y = \frac{\sin x}{x}$의 그래프가 그림 3.35에 주어져 있고, $x = 0$에서는 $\frac{\sin x}{x}$가 정의되지 않으므로 그래프에 구멍이 나타난다. 증명은 아니지만 그래프로부터 $\lim_{x\to 0}\frac{\sin x}{x} = 1$임을 확신할 수 있다. 이와 유사하게 x가 0에 접근할 때, $\frac{\cos x - 1}{x}$은 0에 접근함을 추측할 수 있다.

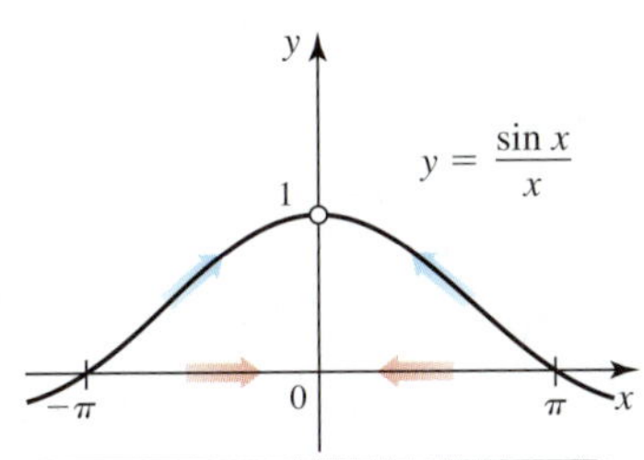

$y = \frac{\sin x}{x}$의 그래프로부터 $\lim_{x\to 0}\frac{\sin x}{x} = 1$임을 추측할 수 있다.

그림 3.35

이제 그림과 2장의 방법을 사용하여 $\lim_{x\to 0}\frac{\sin x}{x} = 1$임을 증명해 보자. $\lim_{x\to 0}\frac{\cos x - 1}{x} = 0$의 증명은 연습문제 45번에 주어져 있다.

증명 그림 3.36과 같이 $\triangle OAD$, $\triangle OBC$와 중심각이 x인 단위원(반지름이 1인 원) 위의 부채꼴 OAC를 생각하자. 그러면 $0 < x < \pi/2$일 때, 그림으로부터

$$\triangle OAD\text{의 넓이} < \text{부채꼴 } OAC\text{의 넓이} < \triangle OBC\text{의 넓이} \qquad (1)$$

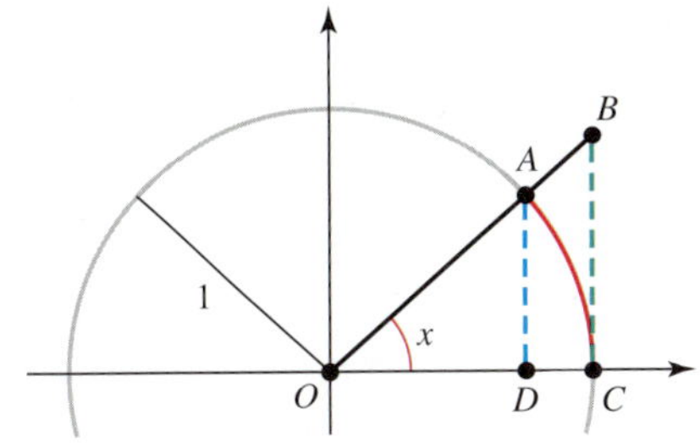

그림 3.36

➤ 반지름이 r인 원에서 중심각이 θ인 부채꼴의 넓이

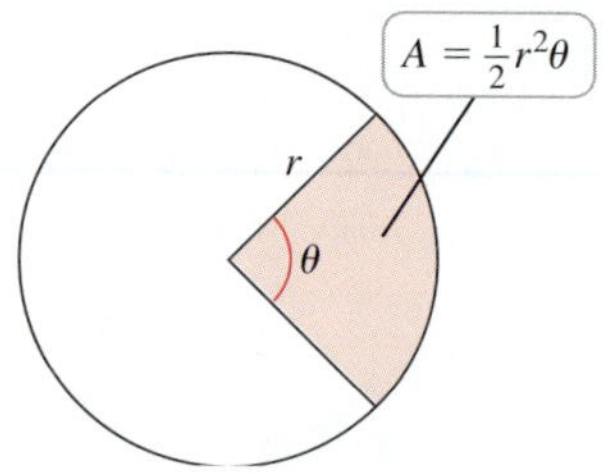

이다. 그림 3.36의 원은 단위원이므로 $OA = OC = 1$이고, 따라서 $\sin x = \dfrac{AD}{OA} = AD$, $\cos x = \dfrac{OD}{OA} = OD$, $\tan x = \dfrac{BC}{OC} = BC$이다. 이로부터 다음을 얻는다.

- $\triangle OAD$의 넓이 $= \frac{1}{2}(OD)(AD) = \frac{1}{2}\cos x \sin x$
- 부채꼴 OAC의 넓이 $= \frac{1}{2}\cdot 1^2 \cdot x = \frac{x}{2}$
- $\triangle OBC$의 넓이 $= \frac{1}{2}(OC)(BC) = \frac{1}{2}\tan x$

식 (1)에 위 결과를 대입하면 다음과 같다.

$$\frac{1}{2}\cos x \sin x < \frac{x}{2} < \frac{1}{2}\tan x$$

$\tan x$에 $\dfrac{\sin x}{\cos x}$를 대입하고 부등식의 각 항에 $\dfrac{2}{\sin x}$ (> 0)를 곱하면

$$\cos x < \frac{x}{\sin x} < \frac{1}{\cos x}$$

이다. 각 항에 역수를 취하면 부등호 방향은 반대로 바뀌고, 따라서 $0 < x < \pi/2$일 때

$$\cos x < \frac{\sin x}{x} < \frac{1}{\cos x} \qquad (2)$$

이다. 같은 방법으로 $-\pi/2 < x < 0$일 때도 식 (2)가 성립함을 알 수 있다. 식 (2)에서 $x \to 0$이면 다음이 성립한다.

➤ $\lim_{x\to 0}\dfrac{\sin x}{x} = 1$로부터 $|x|$가 작으면 $\sin x \approx x$임을 알 수 있다.

$$\underbrace{\lim_{x\to 0}\cos x}_{1} \le \lim_{x\to 0}\frac{\sin x}{x} \le \underbrace{\lim_{x\to 0}\frac{1}{\cos x}}_{1}$$

이제 조임 정리(정리 2.5)에 의해 $\lim_{x\to 0}\dfrac{\sin x}{x} = 1$이다. ◀

| 예제 1 | 삼각함수의 극한 계산 다음 극한값을 구하여라.

a. $\lim_{x\to 0}\dfrac{\sin 4x}{x}$ **b.** $\lim_{x\to 0}\dfrac{\sin 3x}{\sin 5x}$

풀이

a. $\lim_{x\to 0}\dfrac{\sin x}{x} = 1$로부터 $|x|$가 작으면 분자의 사인함수는 분모와 유사한 값을 갖는다. 따라서 극한식에 4를 곱하고 $\dfrac{\sin 4x}{x}$를 4로 나누면 다음과 같이 극한값을 계산할 수 있다.

$$\lim_{x\to 0}\frac{\sin 4x}{x} = \lim_{x\to 0}\frac{4\sin 4x}{4x} \qquad \text{4를 곱하고 나누기}$$

$$= 4\underbrace{\lim_{t\to 0}\frac{\sin t}{t}}_{1} \qquad \text{4로 묶어내고 } t = 4x\text{로 놓으면 } x \to 0\text{일 때 } t \to 0$$

$$= 4(1) = 4 \qquad \text{정리 3.10}$$

b. 우선 $\dfrac{\sin 3x}{\sin 5x}$의 분모와 분자를 x로 나누면 다음과 같다.

$$\frac{\sin 3x}{\sin 5x} = \frac{(\sin 3x)/x}{(\sin 5x)/x}$$

a의 방법과 같이 $\dfrac{\sin 3x}{x}$에 3을 곱하고 나누고, $\dfrac{\sin 5x}{x}$에 5을 곱하고 나눈 다음 분자에서 $t = 3x$, 분모에서 $u = 5x$로 놓자. $x \to 0$일 때 $t \to 0$이고 $u \to 0$이므로 다음이 성립한다.

$$\lim_{x\to 0}\frac{\sin 3x}{\sin 5x} = \lim_{x\to 0}\frac{\dfrac{3\sin 3x}{3x}}{\dfrac{5\sin 5x}{5x}} \qquad \text{3과 5를 곱하고 나누기}$$

$$= \frac{3}{5}\,\frac{\displaystyle\lim_{t\to 0}(\sin t)/t}{\displaystyle\lim_{u\to 0}(\sin u)/u} \qquad \text{분자에서 } t = 3x\text{, 분모에서 } u = 5x\text{로 놓기}$$

$$= \frac{3}{5}\cdot\frac{1}{1} = \frac{3}{5} \qquad \text{두 극한값은 1}$$

관련 연습문제 7번 ◀

QUICK CHECK 1 $\displaystyle\lim_{x\to 0}\frac{\tan 2x}{x}$의 값을 구하여라. ◀

이제 정리 3.10을 이용하여 $\sin x$와 $\cos x$의 도함수를 구해 보자.

사인함수와 코사인함수의 도함수

먼저 도함수의 정의는

$$f'(x) = \lim_{h\to 0}\frac{f(x+h) - f(x)}{h}$$

임을 기억하고 $f(x) = \sin x$를 대입한 다음, 사인함수의 합 공식

$$\sin(x+h) = \sin x\cos h + \cos x\sin h$$

을 적용하자. 그러면 사인함수의 도함수는 다음과 같다.

$$f'(x) = \lim_{h\to 0}\frac{\sin(x+h) - \sin x}{h} \qquad \text{도함수의 정의}$$

$$= \lim_{h\to 0}\frac{\sin x\cos h + \cos x\sin h - \sin x}{h} \qquad \text{사인함수의 합 공식}$$

$$= \lim_{h\to 0}\frac{\sin x(\cos h - 1) + \cos x\sin h}{h} \qquad \sin x\text{로 묶어내기}$$

$$= \lim_{h\to 0}\frac{\sin x(\cos h - 1)}{h} + \lim_{h\to 0}\frac{\cos x\sin h}{h} \qquad \text{정리 2.3}$$

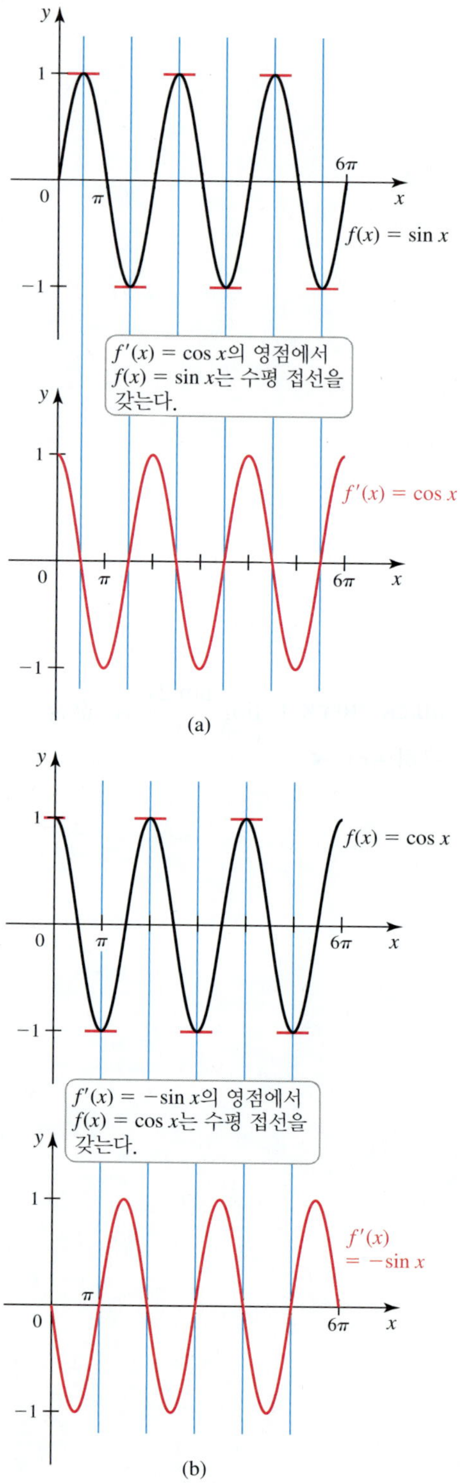

그림 3.37

QUICK CHECK 2 구간 $[0, 2\pi]$에서 $f(x) = \sin x$의 접선의 기울기가 양인 부분은 어디인가? 구간 $[0, 2\pi]$에서 $\cos x > 0$인 부분은 어디인가? 두 부분의 관계를 설명하여라. ◄

$$= \sin x \Bigg(\underbrace{\lim_{h\to 0} \frac{\cos h - 1}{h}}_{0} \Bigg) + \cos x \Bigg(\underbrace{\lim_{h\to 0} \frac{\sin h}{h}}_{1} \Bigg)$$ $\sin x$와 $\cos x$는 극한 변수 h에 대하여 상수

$$= (\sin x)(0) + \cos x\,(1)$$ 정리 3.10

$$= \cos x$$ 간단히 하기

위에서 공식 $\frac{d}{dx}(\sin x) = \cos x$를 증명했다.

이와 유사하게 코사인함수의 합 공식을 사용하여 $\frac{d}{dx}(\cos x) = -\sin x$임을 증명할 수 있다(연습문제 46번).

정리 3.11 사인함수와 코사인함수의 도함수

$$\frac{d}{dx}(\sin x) = \cos x, \qquad \frac{d}{dx}(\cos x) = -\sin x$$

그래프를 살펴보면 위 도함수 공식의 의미를 기하학적으로 분석할 수 있다. $f(x) = \sin x$는 주기함수이므로 도함수도 주기함수이다. $f'(x) = \cos x$의 영점에서 $f(x) = \sin x$의 그래프(그림 3.37(a))는 수평 접선을 갖고, $f'(x) = -\sin x$의 영점에서 $f(x) = \cos x$의 그래프(그림 3.37(b))는 수평 접선을 가짐을 알 수 있다.

| 예제 2 | 삼각함수를 포함하는 함수의 도함수 다음 함수의 dy/dx를 구하여라.

a. $y = e^x \cos x$ **b.** $y = \sin x - x\cos x$ **c.** $y = \dfrac{1 + \sin x}{1 - \sin x}$

풀이

a.
$$\frac{dy}{dx} = \frac{d}{dx}(e^x \cos x) = \underbrace{e^x \cos x}_{(e^x\text{의 도함수})\cdot \cos x} + \underbrace{e^x(-\sin x)}_{e^x\cdot(\cos x\text{의 도함수})}$$ 곱의 법칙

$$= e^x(\cos x - \sin x)$$ 간단히 하기

b.
$$\frac{dy}{dx} = \frac{d}{dx}(\sin x) - \frac{d}{dx}(x\cos x)$$ 미분 법칙

$$= \cos x - \Big(\underbrace{(1)\cos x}_{(x\text{의 도함수})\cdot\cos x} + \underbrace{x(-\sin x)}_{x\cdot(\cos x\text{의 도함수})}\Big)$$ 곱의 법칙

$$= x\sin x$$ 간단히 하기

c.
$$\frac{dy}{dx} = \frac{(1 - \sin x)\overbrace{(\cos x)}^{(1+\sin x)\text{의 도함수}} - (1 + \sin x)\overbrace{(-\cos x)}^{(1-\sin x)\text{의 도함수}}}{(1 - \sin x)^2}$$ 몫의 법칙

$$= \frac{\cos x - \cos x \sin x + \cos x + \sin x \cos x}{(1 - \sin x)^2} \quad \text{전개하기}$$

$$= \frac{2 \cos x}{(1 - \sin x)^2} \quad \text{간단히 하기}$$

관련 연습문제 13-15번 ◀

다른 삼각함수의 도함수

$\sin x$와 $\cos x$의 도함수, 몫의 법칙, 삼각함수의 성질 등을 적용하여 $\tan x$, $\cot x$, $\sec x$, $\csc x$의 도함수를 구할 수 있다. 다음 예제를 보자.

| 예제 3 | 탄젠트함수의 도함수 $\frac{d}{dx}(\tan x)$를 구하여라.

풀이 $\tan x = \frac{\sin x}{\cos x}$와 몫의 법칙을 사용하면 다음을 얻는다.

$$\frac{d}{dx}(\tan x) = \frac{d}{dx}\left(\frac{\sin x}{\cos x}\right)$$

$$= \frac{\overbrace{\cos x}^{\sin x\text{의 도함수}} \cos x - \sin x \overbrace{(-\sin x)}^{\cos x\text{의 도함수}}}{\cos^2 x} \quad \text{몫의 법칙}$$

$$= \frac{\cos^2 x + \sin^2 x}{\cos^2 x} \quad \text{분자 간단히 하기}$$

$$= \frac{1}{\cos^2 x} = \sec^2 x \quad \cos^2 x + \sin^2 x = 1$$

따라서 $\frac{d}{dx}(\tan x) = \sec^2 x$ 이다.

관련 연습문제 27-29번 ◀

➤ $\tan x = \frac{\sin x}{\cos x}$, $\cot x = \frac{\cos x}{\sin x}$, $\sec x = \frac{1}{\cos x}$, $\csc x = \frac{1}{\sin x}$임을 기억하자.

$\cot x$, $\sec x$, $\csc x$의 도함수는 정리 3.12에 주어져 있다(연습문제 27−29번).

정리 3.12 삼각함수의 도함수

$$\frac{d}{dx}(\sin x) = \cos x \qquad \frac{d}{dx}(\cos x) = -\sin x$$

$$\frac{d}{dx}(\tan x) = \sec^2 x \qquad \frac{d}{dx}(\cot x) = -\csc^2 x$$

$$\frac{d}{dx}(\sec x) = \sec x \tan x \qquad \frac{d}{dx}(\csc x) = -\csc x \cot x$$

➤ 정리 3.12의 공식을 기억하는 방법은 다음과 같다. 먼저 사인, 탄젠트, 시컨트함수의 도함수 공식을 나열하고, 각 함수에 대응되는 함수로 바꾼 다음, 바뀐 공식의 우변에 음의 부호를 붙인다.

$$\frac{d}{dx}(\sin x) = \cos x \quad \leftrightarrow \quad \frac{d}{dx}(\cos x) = -\sin x$$

$$\frac{d}{dx}(\tan x) = \sec^2 x \quad \leftrightarrow \quad \frac{d}{dx}(\cot x) = -\csc^2 x$$

$$\frac{d}{dx}(\sec x) = \sec x \tan x \quad \leftrightarrow \quad \frac{d}{dx}(\csc x) = -\csc x \cot x$$

QUICK CHECK 3 몫의 법칙을 사용하면 $\frac{d}{dx}(\cot x)$, $\frac{d}{dx}(\sec x)$, $\frac{d}{dx}(\csc x)$ 공식을 얻을 수 있다. 그 이유는 무엇인가? ◀

| 예제 4 | $\sec x$와 $\csc x$를 포함하는 함수의 도함수 $y = \sec x \csc x$의 도함수를 구하여라.

풀이

$$\frac{dy}{dx} = \frac{d}{dx}(\sec x \cdot \csc x)$$

$$= \underbrace{\sec x \tan x}_{\sec x\text{의 도함수}} \csc x + \sec x \underbrace{(-\csc x \cot x)}_{\csc x\text{의 도함수}} \quad \text{곱의 법칙}$$

$$= \underbrace{\frac{1}{\cos x}}_{\sec x} \cdot \underbrace{\frac{\sin x}{\cos x}}_{\tan x} \cdot \underbrace{\frac{1}{\sin x}}_{\csc x} - \underbrace{\frac{1}{\cos x}}_{\sec x} \cdot \underbrace{\frac{1}{\sin x}}_{\csc x} \cdot \underbrace{\frac{\cos x}{\sin x}}_{\cot x} \quad \sin x\text{와 } \cos x\text{를 이용하여 풀어 쓰기}$$

$$= \frac{1}{\cos^2 x} - \frac{1}{\sin^2 x} \quad \text{약분하여 간단히 하기}$$

$$= \sec^2 x - \csc^2 x \quad \sec x\text{와 } \csc x\text{의 정의}$$

관련 연습문제 22번 ◀

삼각함수의 고계도함수

사인함수와 코사인함수의 도함수는 응용 분야, 즉 진동, 흔들림, 파동 등을 포함하는 문제에서 매우 중요한 역할을 한다. $y = \sin x$의 고계도함수 형태는 다음과 같다.

$$\frac{dy}{dx} = \cos x \qquad \frac{d^2y}{dx^2} = \frac{d}{dx}(\cos x) = -\sin x$$

$$\frac{d^3y}{dx^3} = \frac{d}{dx}(-\sin x) = -\cos x \qquad \frac{d^4y}{dx^4} = \frac{d}{dx}(-\cos x) = \sin x$$

$\sin x$의 고계도함수는 $\pm\sin x$가 규칙적으로 반복되어 나타난다. 일반적으로 $\frac{d^{2n}y}{dx^{2n}} = (-1)^n \sin x$임을 증명할 수 있고 $\cos x$도 이와 유사하다(연습문제 49번). $\sin x$와 $\cos x$의 고계도함수에 나타나는 반복적 특징은 다른 삼각함수에서는 나타나지 않는다.

QUICK CHECK 4 $y = \cos x$일 때 $\frac{d^2y}{dx^2}$와 $\frac{d^4y}{dx^4}$를 구하고, $y = \sin x$일 때 $\frac{d^{40}y}{dx^{40}}$와 $\frac{d^{42}y}{dx^{42}}$를 구하여라. ◀

| 예제 5 | 2계 도함수 $y = \csc x$의 2계 도함수를 구하여라.

풀이 정리 3.12에 의해 $\frac{dy}{dx} = -\csc x \cot x$이고, 따라서 곱의 법칙을 적용하여 2계 도함수를 구하면 다음과 같다.

$$\frac{d^2y}{dx^2} = \frac{d}{dx}(-\csc x \cot x)$$

$$= \left(\frac{d}{dx}(-\csc x)\right)\cot x - \csc x \frac{d}{dx}(\cot x) \quad \text{곱의 법칙}$$

$$= (\csc x \cot x)\cot x - \csc x(-\csc^2 x) \quad \text{도함수 계산하기}$$

$$= \csc x(\cot^2 x + \csc^2 x). \quad \text{인수분해하기}$$

관련 연습문제 33번 ◀

3.5절 연습문제

1단계 스타트

1. $\lim_{x \to 0} \frac{\sin x}{x}$를 구할 때, $x = 0$을 직접 대입해서 계산할 수 없는 이유는 무엇인가?

2. $\tan x$와 $\cot x$의 도함수를 구할 때, 몫의 법칙을 사용하는 이유를 설명하여라.

3. $f(x) = \sin x$일 때, $f'(\pi)$의 값은 무엇인가?

4. $x = 0$에서 곡선 $y = \sin x$의 그래프에 접하는 직선의 방정식을 구하여라.

5. $\frac{d^2}{dx^2}(\sin x + \cos x)$를 구하여라.

2단계 실전

6–11. 삼각함수의 극한 정리 3.10을 이용하여 다음 극한값을 구하여라.

6. $\lim_{x \to 0} \frac{\sin 3x}{x}$

7. $\lim_{x \to 0} \frac{\sin 7x}{\sin 3x}$

8. $\lim_{x \to 0} \frac{\tan 5x}{x}$

9. $\lim_{x \to 0} \frac{\tan 7x}{\sin x}$

10. $\lim_{x \to 2} \frac{\sin(x - 2)}{x^2 - 4}$

11. a와 b가 상수이고 $b \neq 0$일 때, $\lim_{x \to 0} \frac{\sin ax}{\sin bx}$

12–26. 도함수 구하기 다음 함수의 도함수를 구하여라.

12. $y = \sin x + \cos x$

13. $y = e^{-x} \sin x$

14. $y = x \sin x$

15. $y = \frac{\cos x}{\sin x + 1}$

16. $y = \sin x \cos x$

17. $y = \cos^2 x$

18. $y = w^2 \sin w + 2w \cos w - 2 \sin w$

19. $y = x \cos x \sin x$

20. $y = \frac{\sin x}{1 + \cos x}$

21. $y = \frac{1 - \cos x}{1 + \cos x}$

22. $y = \sec x + \csc x$

23. $y = e^x \csc x$

24. $y = \frac{\cot x}{1 + \csc x}$

25. $y = \frac{1}{\sec z \csc z}$

26. $y = x - \cos x \sin x$

27–29. 도함수 공식의 확인 몫의 법칙을 사용하여 다음 도함수 공식을 증명하여라.

27. $\frac{d}{dx}(\cot x) = -\csc^2 x$

28. $\frac{d}{dx}(\sec x) = \sec x \tan x$

29. $\frac{d}{dx}(\csc x) = -\csc x \cot x$

30. **진동하는 물체의 속도** 위치(변위) 함수가 $y(t) = 30 \cdot (\sin t - 1)$인 어떤 물체가 수직인 직선을 따라 진동하고 있다. 여기서 위치의 단위는 센티미터(cm), 시간 $t(\geq 0)$의 단위는 초(s), 위쪽 방향이 y의 양의 방향이라 가정한다.
   a. $0 \leq t \leq 10$에서 위치 함수의 그래프를 그려라.
   b. 진동하는 물체의 속도, 즉 $v(t) = y'(t)$를 구하여라.
   c. $0 \leq t \leq 10$에서 속도 함수의 그래프를 그려라.
   d. 속도가 0일 때, 시간과 위치는 무엇인가?
   e. 속도가 최대일 때, 시간과 위치는 무엇인가?
   f. 진동하는 물체의 가속도는 $a(t) = v'(t)$이다. 가속도를 구하고 그래프를 그려라.

31–34. 2계 도함수 다음 함수의 $y''(t)$를 구하여라.

31. $y = x \sin x$

32. $y = e^x \sin x$

33. $y = \cot x$

34. $y = \sec x \csc x$

35. **참 또는 거짓** 다음 명제가 참이면 증명하고 거짓이면 반례를 들어라.
   a. $\frac{d}{dx}(\sin^2 x) = \cos^2 x$
   b. $\frac{d^2}{dx^2}(\sin x) = \sin x$
   c. $\frac{d^4}{dx^4}(\cos x) = \cos x$
   d. $x = \pi/2$에서 함수 $\sec x$는 미분가능하지 않다.

36–39. 삼각함수를 포함한 극한 다음 극한이 존재하면 그 값을 구하고 존재하지 않으면 이유를 설명하여라(힌트: 극한을 주어진 점과 함수의 미분계수 정의로 바꾸어 계산하여라).

36. $\lim_{x \to \pi/4} \frac{\tan x - 1}{x - \pi/4}$

37. $\lim_{h \to 0} \frac{\sin\left(\frac{\pi}{6} + h\right) - \frac{1}{2}}{h}$

38. $\lim_{h \to 0} \frac{\cos\left(\frac{\pi}{6} + h\right) - \frac{\sqrt{3}}{2}}{h}$

39. $\lim_{x \to \pi/4} \frac{\cot x - 1}{x - \frac{\pi}{4}}$

40–42. 접선의 방정식

a. 주어진 x의 값에서 곡선에 접하는 직선의 방정식을 구하여라.

b. 그래프 유틸리티를 이용하여 곡선과 접선을 그려라.

40. $y = 4\sin x\cos x,\ x = \frac{\pi}{3}$

41. $y = \csc x,\ x = \frac{\pi}{4}$

42. $y = \frac{\cos x}{1 - \cos x},\ x = \frac{\pi}{3}$

43. 수평 접선의 위치 $f(x) = x - 2\cos x$가 수평 접선을 갖는 x의 값은 무엇인가?

44. 미분방정식 미분방정식(differential equation)은 미지 함수와 이 함수의 도함수를 포함하는 방정식이다. 미분방정식 $y''(t) + y(t) = 0$에 대하여 물음에 답하여라.

a. A가 임의의 상수일 때, $y = A\sin t$는 주어진 미분방정식을 만족함을 보여라.

b. B가 임의의 상수일 때, $y = B\cos t$는 주어진 미분방정식을 만족함을 보여라.

c. A와 B가 임의의 상수일 때, $y = A\sin t + B\cos t$는 주어진 미분방정식을 만족함을 보여라.

3단계 도전

45. $\lim_{x\to 0}\frac{\cos x - 1}{x} = 0$**의 증명** 삼각함수에 대한 등식 $\sin x^2 + \cos x^2 = 1$을 사용하여 극한 $\lim_{x\to 0}\frac{\cos x - 1}{x} = 0$을 증명하여라(힌트: 극한식의 분모와 분자에 $\cos x + 1$을 곱하여라).

46. $\frac{d}{dx}(\cos x) = -\sin x$**의 증명** 도함수의 정의와 삼각함수에 대한 등식

$$\cos(x + h) = \cos x\cos h - \sin x\sin h$$

을 이용하여 $\frac{d}{dx}(\cos x) = -\sin x$임을 증명하여라.

47. 조각 함수의 연속성 함수 $g(x)$를

$$g(x) = \begin{cases} \frac{1 - \cos x}{2x}, & x \neq 0 \\ a, & x = 0 \end{cases}$$

이라 하자. g가 연속함수이기 위한 a의 값은 무엇인가?

48. $\sin^n x$**의 도함수** 곱의 법칙을 이용하여 다음 함수의 도함수를 구하여라.

a. $\frac{d}{dx}(\sin^2 x)$ **b.** $\frac{d}{dx}(\sin^3 x)$ **c.** $\frac{d}{dx}(\sin^4 x)$

d. **a**–**c**의 결과를 이용하여 n이 양의 정수일 때 $\frac{d}{dx}(\sin^n x)$를 추측하고, 수학적 귀납법을 이용하여 추측한 결과를 증명하여라.

49. $\frac{d^{2n}}{dx^{2n}}(\sin x) = (-1)^n\sin x$와 $\frac{d^{2n}}{dx^{2n}}(\cos x) = (-1)^n\cos x$를 증명하여라.

50–51. 차분몫 모든 x에 대하여 함수 f가 미분가능하다고 가정하고, D를

$$D(x) = \frac{f(x + 0.01) - f(x)}{0.01}$$

로 놓자. 다음 함수에 대하여 주어진 구간에서 D의 그래프를 그리고, 이 그래프가 그려지는 이유를 설명하여라. 함수 f와 D의 관계는 무엇인가?

50. $f(x) = \sin x,\ [-\pi, \pi]$ **51.** $f(x) = \frac{x^3}{3} + 1,\ [-2, 2]$

QUICK CHECK 정답

1. 2 **2.** $0 < x < \frac{\pi}{2}$, $\frac{3\pi}{2} < x < 2\pi$이며 $\cos x$의 값은 곡선 $y = \sin x$에 접하는 직선의 기울기이다. **3.** 각 함수는 사인함수와 코사인함수를 이용한 몫으로 나타낼 수 있으므로 몫의 법칙이 사용된다. **4.** $-\cos x$, $\cos x$, $\sin x$, $-\sin x$ ◀

3.6 변화율로서 도함수

이 절에서는 순간변화율의 관점에서 도함수를 살펴보고자 한다. 우리 주위를 둘러보면 거의 모든 것이 변하고 있다. 예를 들면 인터넷 사용의 증가, 혈압의 변동, 공급의 증가에 따른 가격의 감소, 우주의 팽창 등이다. 이 절에서 위에서 언급한 것에 대한 도함수의 응용을 살펴보고, 미적분학이 변화의 수학이라고 불리는 이유

를 살펴보자.

직선 운동

투사체와 행성과 같은 물체의 운동을 기술하는 것은 17세기 미적분학의 발전을 이끌어내는 도전 과제 중 하나였다. 이제 물체의 1차원 운동, 즉 직선을 따라 움직이는 물체의 운동을 생각해 보자. 이 운동은 대부분 수평 운동(예를 들어 직선 고속도로를 달리는 자동차)이거나 수직 운동(예를 들어 수직 위쪽으로 공중에 던진 투사체) 등이다.

➤ 물체의 운동을 기술할 때, 시간을 나타내는 독립변수는 대개 t로 놓고, 일반적으로 이 운동은 $t = 0$에서 시작하는 것으로 가정한다.

위치와 속도 어떤 물체가 직선을 따라 운동한다고 가정하고, 시각 t에서 이 물체의 **위치 함수**를 $s = f(t)$로 놓자. 여기서 모든 변위는 기준점 $s = 0$에서부터 생각한다. $t = a$에서 $t = a + \Delta t$까지 **변위**(위치의 변화)는 $\Delta s = f(a + \Delta t) - f(a)$인데, 이때 경과된 시간은 Δt이다(그림 3.38)

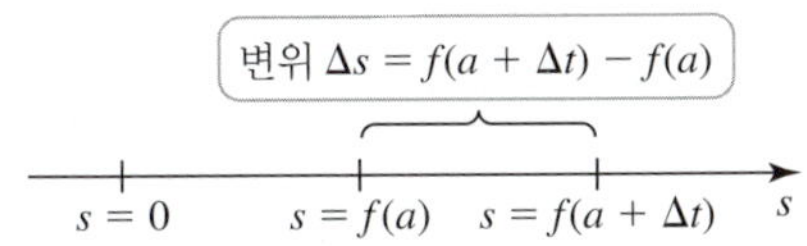

그림 3.38

2.1절에서 살펴봤듯이 구간 $[a, a + \Delta t]$에서 물체의 **평균 속도**는 물체의 변위 Δs를 경과된 시간 Δt로 나눈 것

$$v_{\text{av}} = \frac{\Delta s}{\Delta t} = \frac{f(a + \Delta t) - f(a)}{\Delta t}$$

임을 기억하자. 즉, 평균 속도는 두 점 $P(a, f(a))$와 $Q(a + \Delta t, f(a + \Delta t))$를 지나는 선분의 기울기이다(그림 3.39).

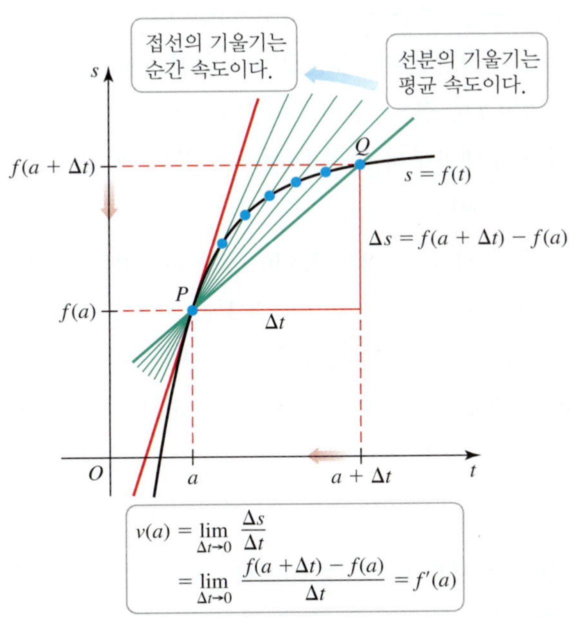

그림 3.39

Δt가 0에 접근함에 따라 평균 속도는 점점 더 작은 시간 구간에서 계산되고, 이 평균 속도의 극한값이 존재하는 경우 그 값은 a에서 **순간 속도**이다. 따라서 이 값은 미분계수, 즉 시간 a에서 순간 속도 $v(a)$는 a에서 위치 함수의 미분계수

$$v(a) = \lim_{\Delta t \to 0} \frac{f(a + \Delta t) - f(a)}{\Delta t} = f'(a)$$

이다. 다시 말해 a에서 순간 속도는 a에서 위치 함수의 (순간)변화율, 즉 점 $P(a, f(a))$에서 곡선 $s = f(t)$에 접하는 직선의 기울기와 같다.

➤ 속도는 다양한 도함수 기호 $v(t) = s'(t) = ds/dt$를 사용하여 나타낸다. 평균 속도인지 순간 속도인지 명확하지 않은 경우 이 속도는 순간 속도로 간주한다.

정의 3.12 평균 속도와 순간 속도

직선을 따라 운동하는 물체의 위치 함수를 $s = f(t)$로 놓자. 시간 구간 $[a, a + \Delta t]$에서 이 물체의 **평균 속도**는, 두 점 $P(a, f(a))$와 $Q(a + \Delta t, f(a + \Delta t))$를 잇는 선분의 기울기

$$v_{\text{av}} = \frac{f(a + \Delta t) - f(a)}{\Delta t}$$

이다. a에서 **순간 속도**는 위치 함수를 나타내는 곡선에 접하는 직선의 기울기, 즉 위치 함수의 미분계수

$$v(a) = \lim_{\Delta t \to 0} \frac{f(a + \Delta t) - f(a)}{\Delta t} = f'(a)$$

이다.

QUICK CHECK 1 자동차의 속도계는 평균 속도와 순간 속도 중 어느 것을 나타내는가? ◀

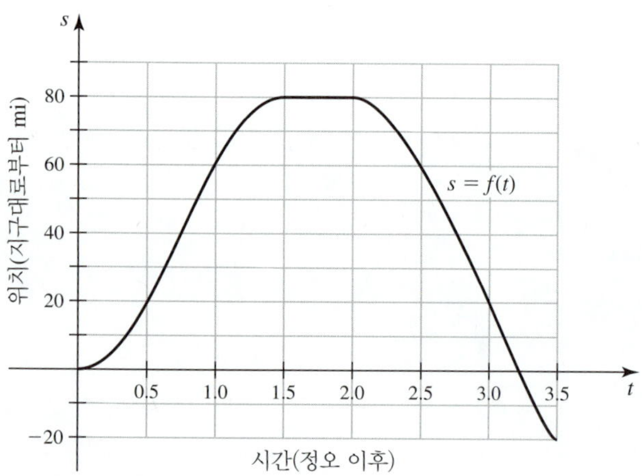

그림 3.40

| 예제 1 | 순찰차의 위치와 속도 동서로 뻗은 고속도로의 어느 지점에 순찰 지구대가 있다고 가정하자. 정오($t = 0$)에 순찰차가 동쪽으로 출발했다. 이 순찰차의 위치는 함수 $s = f(t)$로 나타내는데, 여기서 t는 정오 이후의 시간(hr), 거리의 단위는 마일(mi), 순찰차가 지구대로부터 동쪽과 서쪽에 있을 때 각각 $s > 0$과 $s < 0$이다(그림 3.40).

a. 순찰 시작 후 처음 3.5 hr 동안 순찰차의 위치를 설명하여라.

b. 오후 2시에서 오후 3시 30분($2 \le t \le 3.5$)까지 순찰차의 변위(위치의 변화)와 평균 속도를 구하여라.

c. 순찰차가 동쪽으로 이동할 때, 순간 속도가 가장 큰 시간(각)은 무엇인가?

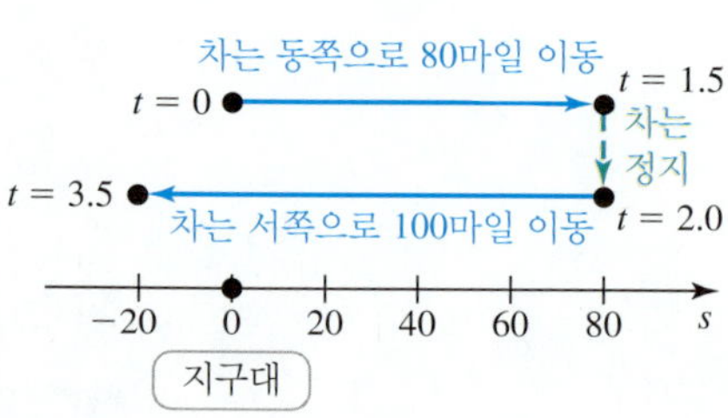

그림 3.41

풀이

a. 위치 함수의 그래프로부터 $t = 0$(정오)에서 $t = 1.5$(오후 1시 30분)까지 순찰차는 (동쪽으로) 80마일 이동했음을 알 수 있다. $t = 1.5$에서 $t = 2$까지, 즉 오후 1시 30분에서 오후 2시까지 순찰차는 정지해 있고, 이 시간 동안 순찰차의 위치 변화는 없다. $t = 2$에서 순찰차는 다시 출발했으며 지구대와의 거리는 감소하는데, 이는 순찰차가 서쪽으로 가고 있음을 나타내고, $t = 3.5$(오후 3시 30분)일 때 지구대로부터 서쪽으로 20마일 지점에서 멈춘 것이다(그림 3.41).

b. 오후 3시 30분일 때 차의 위치는 $f(3.5) = -20$(그림 3.40, 음의 부호는 차가 지구대로부터 서쪽으로 20마일 지점에 있음을 나타낸다)이고, 오후 2시일 때 차의 위치는 $f(2) = 80$이다. 따라서 경과된 시간 $\Delta t = 3.5 - 2 = 1.5$ hr에 대한 변위는

$$\Delta s = f(3.5) - f(2) = -20 \text{ mi} - 80 \text{ mi} = -100 \text{ mi}$$

이고, 이 음의 변위는 차가 서쪽으로 100마일 이동했음 의미한다. 평균 속도는 다음과 같다.

$$v_{\text{av}} = \frac{\Delta s}{\Delta t} = \frac{-100 \text{ mi}}{1.5 \text{ hr}} \approx -66.7 \text{ mi/hr}$$

c. 동쪽 방향의 최대 순간 속도는 위치 함수의 그래프가 최대 기울기를 갖는 곳에서 일어난다. $t = 0.5$와 $t = 1$ 사이에서 최대 기울기가 발생하고, 이 시간 구간에서 곡선의 그래프는 거의 직선이므로 차는 일정한 속도(상수)를 유지한다. 따라서 오후 12시 30분에서 오후 1시까지의 시간 구간에서 동쪽 방향의 속도는 가장 크다.

관련 연습문제 6번 ◀

속도와 가속도 속도의 크기만을 필요로 할 때 속력(speed)을 사용하며, 다음과 같은 속도의 절댓값을 사용한다.

$$\text{속력} = |v|$$

예를 들어 속도가 -30 mi/hr인 차의 속력은 30 mi/hr이다.

직선을 따라 움직이는 물체의 운동을 기술하는 또 하나의 방법은 속도의 변화율을 나타내는 가속도, 즉 시간 t에 대한 속도 함수의 도함수를 사용하는 것이다. 가속도가 양수이면 물체의 속도는 증가하고, 가속도가 음수이면 물체의 속도는 감소한다. 속도는 위치 함수의 도함수이므로 가속도는 위치 함수의 2계 도함수이다. 따라서 다음을 만족한다.

$$a = \frac{dv}{dt} = \frac{d^2s}{dt^2}$$

➤ 뉴턴의 운동 제1법칙에 따르면 외력이 주어지지 않는 경우, 운동하는 물체의 가속도는 0이다. 이것은 속도의 방향과 크기가 상수임을 의미한다.

정의 속도, 속력, 가속도

직선을 따라 운동하는 물체의 위치 함수를 $s = f(t)$라 할 때, 시간 t에서

속도는 $v = \dfrac{ds}{dt} = f'(t)$,

속력은 $|v| = |f'(t)|$,

가속도는 $a = \dfrac{dv}{dt} = \dfrac{d^2s}{dt^2} = f''(t)$

로 정의한다.

QUICK CHECK 2 어떤 물체가 직선을 따라 운동할 때, 속력이 감소하는 동안 속도의 증가는 가능한가? 또한 속력이 증가하는 동안 속도의 감소는 가능한가? 예를 들어 설명하여라. ◀

➤ 도함수의 단위는 주어진 상황에 따라 반드시 적절하게 주어져야 한다. s의 단위가 미터이고 t의 단위가 초이면 속도 $\frac{ds}{dt}$의 단위는 m/s이다. 이 경우 가속도 $\frac{d^2s}{dt^2}$의 단위는 m/s^{2}이다.

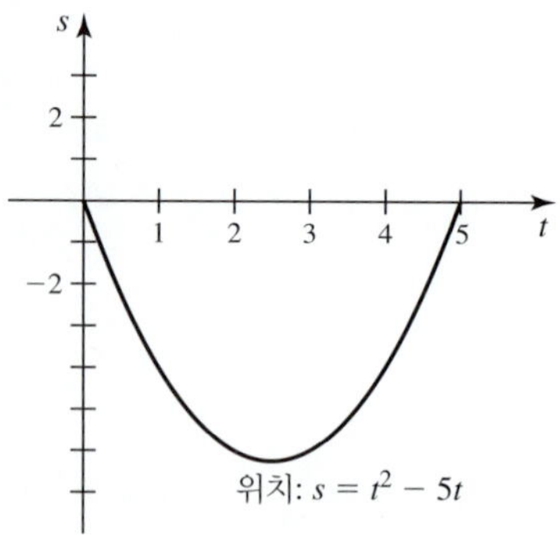

그림 3.42

➤ 그림 3.42는 위치 함수를 나타내며, 물체의 운동 경로를 나타낸 것이 아님에 유의하자. 물체의 운동 경로는 수평 직선이다.

| 예제 2 | 속도와 가속도 직선을 따라 수평으로 운동하는 물체의 위치 함수(단위는 피트)가 시간이 t(단위는 초)일 때 $s = t^2 - 5t\,(0 \le t \le 5)$로 주어진다고 가정하자(그림 3.42). s의 양의 값은 $s = 0$의 오른쪽이라 가정한다.

a. 구간 $0 \le t \le 5$에서 속도 함수의 그래프를 그려 보고, 물체가 정지해 있을 때의 시간과, 왼쪽 또는 오른쪽으로 움직이는 시간의 구간을 구하여라.

b. 구간 $0 \le t \le 5$에서 가속도 함수의 그래프를 그려라.

c. 이 물체의 운동을 설명하여라.

풀이

a. 속도는 $v = s'(t) = 2t - 5$이다. $v = 2t - 5 = 0$, 즉 $t = 2.5$일 때 물체는 정지한다. $v = 2t - 5 > 0$, 즉 $\frac{5}{2} < t \le 5$일 때 속도는 양의 값을 갖고(물체는 오른쪽으로 움직임), 이와 유사하게 $0 \le t < \frac{5}{2}$일 때 속도는 음의 값을 갖는다(물체는 왼쪽으로 움직임). 모든 시간에서 속도는 증가하지만 속력은 $0 \le t < \frac{5}{2}$일 때 감소하고, $\frac{5}{2} < t \le 5$일 때 증가한다. 속도 함수의 그래프(그림 3.43)에서 위 사실을 확인할 수 있다.

b. 가속도는 속도의 도함수, 즉 $a = v'(t) = s''(t) = 2$이다. 이는 $0 \le t \le 5$에서 가속도가 2 ft/s^{2}임을 의미한다(그림 3.44).

c. 초기 위치 $s(0) = 0$에서 물체는 출발하여 음의 방향(왼쪽)으로 운동하며, 이때 속력은 감소한다. $s\left(\frac{5}{2}\right) = -\frac{25}{4}$에서 물체는 순간적으로 정지하고 방향을 바꾼 다음 양의 방향(오른쪽)으로 운동하는데, 이때 속력은 증가한다. $t = 5$일 때 물체는 최초의 위치에 정지한다. 모든 시간 구간 동안 가속도는 상수이다.

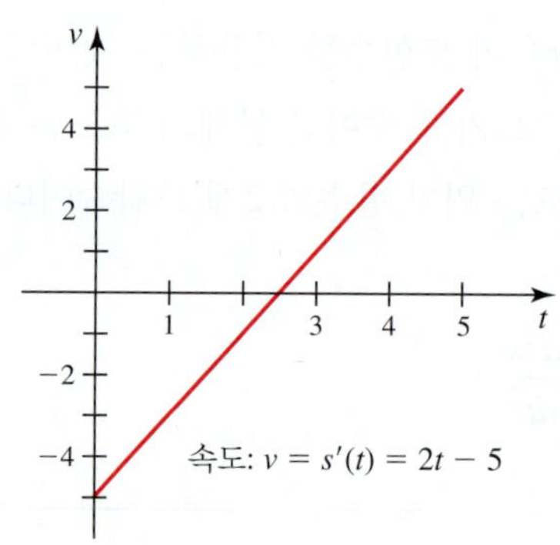

그림 3.43

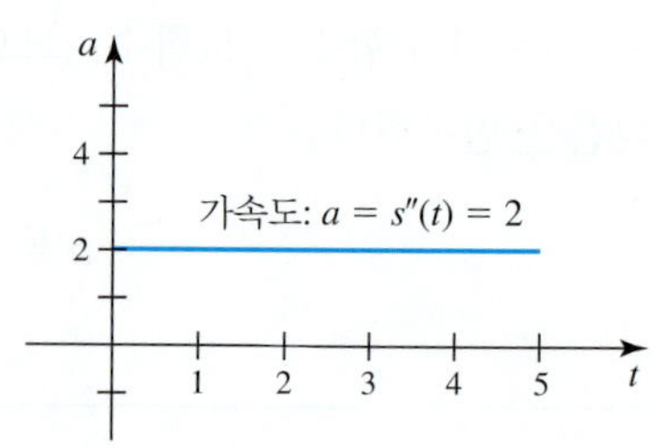

그림 3.44

관련 연습문제 8번 ◀

QUICK CHECK 3 운동하는 어떤 물체의 가속도가 양의 상수일 때, 물체의 속도를 설명하여라. 움직이는 물체가 양의 가속도를 갖고 속력은 감소할 수 있는가? ◀

자유낙하 공기저항과 같은 외력을 무시하고, 지구 중력장에서 수직으로 움직이는 물체의 운동에 대한 문제를 생각해 보자.

➤ 지구 중력장에서 (중력)가속도는 g로 나타낸다. 미터 단위를 사용하면 지표면에서 $g \approx 9.8$ m/s^2(국제 표준단위)이고 미국 단위계(USCS)로는 $g \approx 32$ ft/s^{2}이다.

| 예제 3 | 중력장에서 운동 어떤 강의 수면으로부터 96 ft 위에 있는 다리에서 초속 64 ft/s로 돌멩이를 수직 위쪽 방향(연직 상방)으로 던졌다고 가정하자. 뉴턴의 운동 법칙에 따르면 t초 후 돌멩이의 위치(강의 수면으로부터 높이)는

$$s(t) = -16t^2 + 64t + 96$$

인데, 여기서 강의 수면에서의 높이는 $s = 0$이다(그림 3.45(a)).

a. 속도 함수와 가속도 함수를 구하여라.

b. 돌멩이가 강의 수면으로부터 가장 높이 도달하는 곳의 높이를 구하여라.

c. 돌멩이가 강의 수면에 도달하는 순간의 속도는 얼마인가?

▶ 예제 3의 위치 함수는 6.1절에서 유도한다. 위치 함수는 돌멩이의 운동 경로가 아님을 다시 한번 유의하자.

풀이

a. 돌멩이의 속도는 위치 함수의 도함수이고 가속도는 속도 함수의 도함수이므로 다음과 같다.

$$v = \frac{ds}{dt} = -32t + 64, \quad a = \frac{dv}{dt} = -32$$

b. 돌멩이가 가장 높은 곳에 도달할 때의 속도는 0이다(그림 3.45(b)). 방정식 $v(t) = -32t + 64 = 0$을 풀면 $t = 2$이고, 따라서 돌멩이를 던진 지 2초 후일 때 최고 높이에 도달한다. 이때 높이(단위는 피트)는 다음과 같다.

$$s(2) = -16(2)^2 + 64(2) + 96 = 160$$

c. 돌멩이가 수면에 닿을 때 속도를 구하기 위해서는 우선 돌멩이가 수면에 도달하는 순간의 시간을 구해야 한다. $s(t) = -16t^2 + 64t + 96 = 0$일 때, 돌멩이는 수면에 도달한다. 위 식의 양변을 -16으로 나누면 $t^2 - 4t - 6 = 0$이고 이차방정식에 대한 근의 공식을 적용하면 해는 $t \approx 5.16$ 또는 $t \approx -1.16$이다. 돌멩이를 던진 순간이 $t = 0$ 이므로 t는 양수이어야 하고, 따라서 근은 $t \approx 5.16$이다. 돌멩이가 강의 수면에 닿는 순간의 속도(단위는 ft/s)는 근사적으로 다음과 같다.

$$v(5.16) = -32(5.16) + 64 = -101.12$$

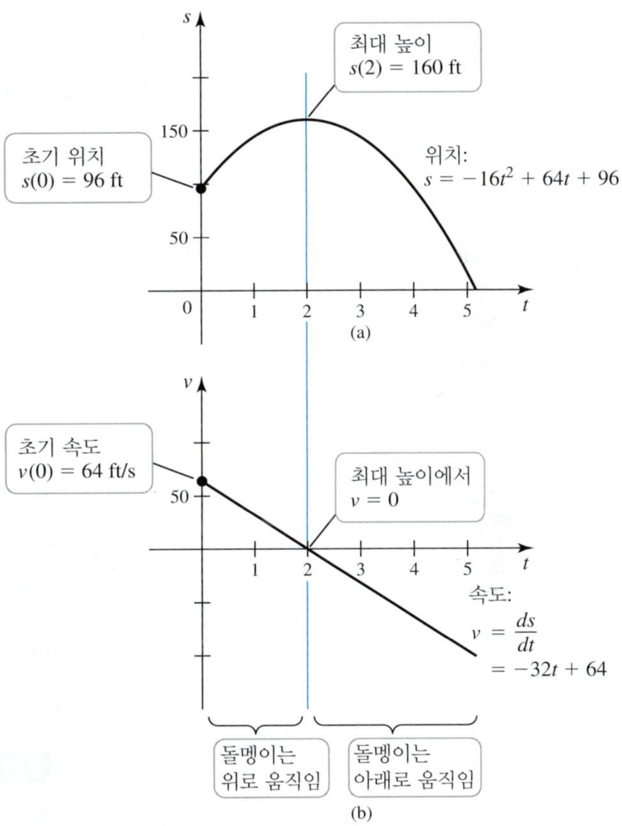

그림 3.45

관련 연습문제 13번 ◀

QUICK CHECK 4 예제 3에서 $t = 1$과 $t = 3$ 중 속력이 더 큰 t의 값은 무엇인가? ◀

성장 모델

우리 주위에서 흔히 접하는 변화는 인구, 가격, 컴퓨터 네트워크 등인데, 이들의 변화 규모가 커지고 있다. 성장에 대한 모델링은 매우 중요하다. 그 이유는 기본 과정을 이해하고 미래를 예측할 수 있기 때문이다.

t가 시간을 나타낼 때, $p = f(t)$를 알아야 할 양(예를 들어 한 종족의 인구, 소비자 가격 지수 등)이라 하자. 시간 $t = a$와 이후 시간 $t = a + \Delta t$ 사이에서 p의 평균 성장률은 변화량 Δp를 경과한 시간 Δt로 나눈 것이다. 따라서 구간 $[a, a + \Delta t]$에서 p의 **평균 성장률**(average growth rate)은 다음과 같다.

$$\frac{\Delta p}{\Delta t} = \frac{f(a + \Delta t) - f(a)}{\Delta t}$$

$\Delta t \to 0$이면 $\frac{\Delta p}{\Delta t}$는 도함수 $\frac{dp}{dt}$에 접근하고, 이는 시간에 대한 **p의 순간 성장률**(또는 **성장률**)이며 다음과 같다.

$$\frac{dp}{dt} = \lim_{\Delta t \to 0} \frac{\Delta p}{\Delta t}$$

여기서도 순간변화율로서 도함수가 적용됐다. 다음 예제에서 실제 데이터를 사용하여 성장 함수와 도함수를 근사적으로 구해 보자.

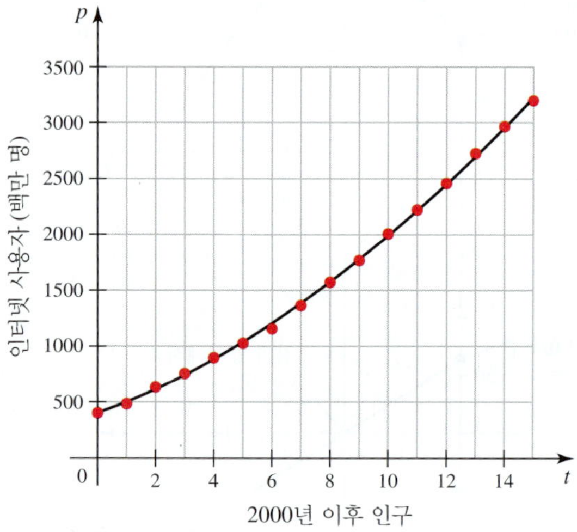

그림 3.46

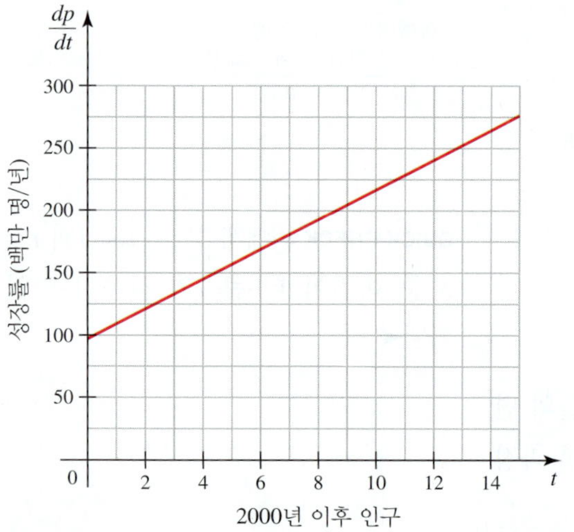

그림 3.47

QUICK CHECK 5 예제 4의 성장 함수를 이용하여 2001년과 2012년의 성장률을 비교하여라. ◀

|예제 4| 인터넷 성장 그림 3.46은 2000년에서 2015년까지 전 세계 인터넷 사용자 수를 나타낸 것이다. 이 데이터로부터 근사 함수를 구하면 $p(t) = 6t^2 + 98t + 431.2$이고, 여기서 t는 2000년 이후 경과된 시간(단위는 년)이다.

a. 함수 p를 사용하여 2005년($t = 5$)부터 2010년($t = 10$)까지 인터넷 사용자 평균 성장률의 근삿값을 구하여라.

b. 2011년 인터넷 사용자의 순간 성장률은 무엇인가?

c. 그래프 유틸리티를 사용하여 성장률 $\frac{dp}{dt}$를 그려라. 그래프로부터 2000년에서 2015년까지의 성장률을 설명하여라.

d. 2015년 이후에도 이 성장 함수를 확장시킬 수 있다고 가정할 때, 2020년($t = 20$) 인터넷 사용자 수는 몇 명으로 예측할 수 있는가?

풀이

a. 구간 [5, 10]에서 평균 성장률은 다음과 같다.

$$\frac{\Delta p}{\Delta t} = \frac{p(10) - p(5)}{10 - 5} \approx \frac{2011.2 - 1071.2}{5} = 188\text{백만 사용자/년}$$

b. 시간 t에서 (순간) 성장률은 $p'(t) = 12t + 98$이고, 따라서 2011년($t = 11$) 성장률은 $p'(11) = 230$(백만 사용자/년)이다.

c. $0 \le t \le 15$에서 p'의 그래프가 그림 3.47에 주어져 있다. 그래프로부터 $t \ge 0$일 때 성장률은 양수이고 증가하고 있다.

d. 2020년 인터넷 사용자 수는 $p(20) \approx 4791$백만 명, 즉 약 48억 명인데, 2020년 세계 추계인구가 77억 명이라 가정하면 이는 추계인구의 약 62%에 해당한다.

관련 연습문제 14번 ◀

경제와 경영

이 절의 나머지 부분에서는 경제와 경영 분야에 도함수가 어떻게 적용되는지 살펴볼 것이다. 앞에서와 마찬가지로 다른 응용 분야에도 도함수가 수학적으로 적용됨을 알 수 있을 것이다. 즉, 도함수의 수학적 의미는 모두 같지만 사용된 용어와 의미는 다름을 알 수 있다.

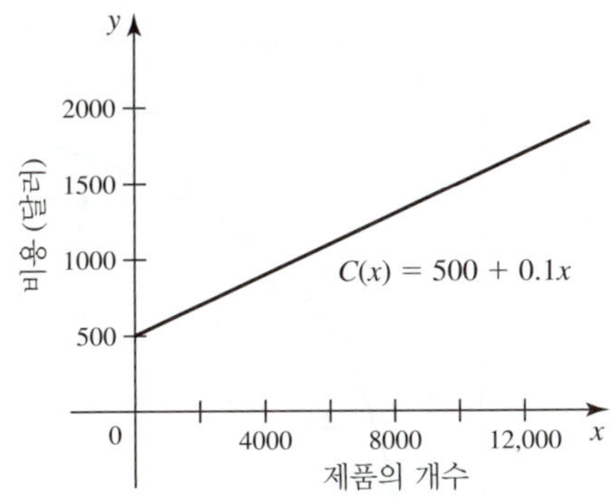

그림 3.48

평균 비용과 한계 비용 마우스 트랩, DVD 플레이어, 스노우보드 등과 같은 제품을 대량으로 생산하는 회사를 생각해 보자. 처음 제품 x개를 생산하는 데 필요한 비용 함수(cost function) $C(x)$는 제조 공정과 관련이 있다. 간단한 한 예는 그림 3.48에서 주어진 것과 같은 비용 함수 $y = C(x) = 500 + 0.1x$이다. 이 비용 함수는 생산되는 제품의 개수와 상관없는 **고정 비용**(간접비, 절차비 등) \$500를 포함하고 있다. 또한 생산되는 제품의 **단가** 또는 **변동비** \$0.1도 포함하고 있다. 예를 들어 처음 1000개를 생산하는 데 필요한 비용은 $C(1000) = \$600$이다.

➤ 변수 x는 개수를 나타내는 음이 아닌 정수이지만 연속변수로 취급하며, 이 개념은 x가 클수록 더욱 적절해진다.

회사가 제품 x개를 생산하는 데 $C(x)$의 비용이 사용된다면 **평균 비용**은 개당 $\dfrac{C(x)}{x}$이다. 비용 함수가 $y = C(x) = 500 + 0.1x$이므로 평균 비용은 다음과 같다.

$$\frac{C(x)}{x} = \frac{500 + 0.1x}{x} = \frac{500}{x} + 0.1$$

예를 들어 처음 1000개의 제품을 생산하는 데 필요한 평균 비용은

$$\frac{C(1000)}{1000} = \frac{\$600}{1000} = \$0.60/\text{개}$$

이다. $C(x)/x$의 그래프를 그려 보면 생산되는 제품의 개수가 증가할수록 평균 비용은 감소함을 알 수 있다(그림 3.49).

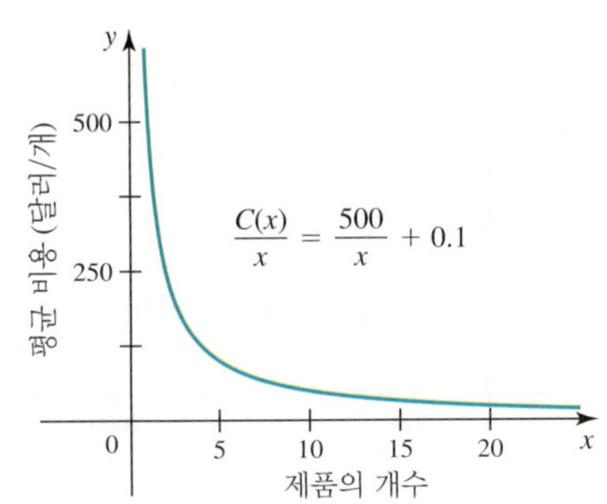

그림 3.49

평균 비용은 이미 생산된 제품에 대한 비용을 의미한다. 앞으로 생산할 제품의 추가 비용은 어떨까? x개의 제품을 생산한 후 추가로 더 생산할 제품의 개수가 Δx일 때, 필요한 추가 비용은 $C(x + \Delta x) - C(x)$이다. 따라서 추가로 더 생산할 제품의 개수가 Δx일 때, 개당 평균 비용은 다음과 같다.

$$\frac{C(x + \Delta x) - C(x)}{\Delta x} = \frac{\Delta C}{\Delta x}$$

$\Delta x \to 0$이면

$$\lim_{\Delta x \to 0} \frac{\Delta C}{\Delta x} = C'(x)$$

임을 알 수 있는데, 이것을 **한계 비용**(margianal cost)이라 한다. 실제로 Δx는 추가로 생산할 제품의 개수이므로 정수이다. 그럼에도 불구하고 한계 비용은 유용하게 사용할 수 있다. 예를 들어 $\Delta x = 1$이라 가정하면 $\Delta C = C(x + 1) - C(x)$는 추가 제품 한 개를 더 생산하는 데 필요한 비용이고 다음과 같이 나타낼 수 있다.

➤ 평균 비용은 과거, 한계 비용은 미래를 나타낸다.
— 격언

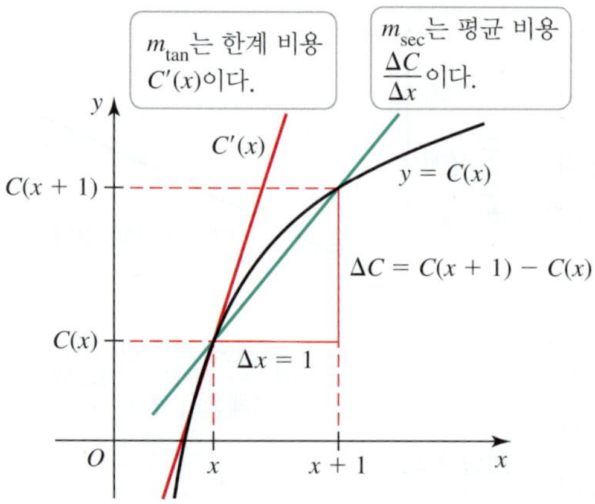

그림 3.50

➤ 근사식 $\Delta C/\Delta x \approx C'(x)$로부터 두 점 $(x, C(x))$와 $(x+1, C(x+1))$을 지나는 선분의 기울기는 점 $(x, C(x))$에서 접선의 기울기의 근삿값임을 알 수 있다. 비용 곡선이 1단위 구간에서 직선에 가까워지면 근사식은 더욱 적절해진다.

$$\frac{\Delta C}{\Delta x} = \frac{C(x+1) - C(x)}{1}$$

x 근처에서 비용 곡선의 기울기 값의 변화가 크지 않다면 그림 3.50과 같이 다음을 만족한다.

$$\frac{\Delta C}{\Delta x} \approx \lim_{\Delta x \to 0} \frac{\Delta C}{\Delta x} = C'(x)$$

따라서 이미 x개를 생산했을 때 추가로 1개 더 생산할 제품에 대한 비용은 한계 비용 $C'(x)$에 접근한다. 예제를 살펴보기 전에 $C'(x) = 0.1$일 때를 생각해 보자. $x = 1000$개를 생산했다면 1001번째 제품을 생산하는 비용은 약 $C'(1000) = \$0.1$이다. 이미 알고 있는 단순 일차 비용 함수로부터 한계 비용을 알 수 있다. 즉, 추가 제품 1개를 더 생산하는 데 필요한 비용은 변동 비용 \$0.1이다. 실제 적용되는 비용 함수에서는 한계 비용이 변할 수도 있음에 유의하자.

정의 평균 비용과 한계 비용

비용 함수 $C(x)$는 어떤 제조 공정에서 처음 제품 x개를 생산하는 데 필요한 비용이다. x개를 생산하는 데 필요한 **평균 비용**은 $\overline{C}(x) = C(x)/x$이다. **한계 비용** $C'(x)$는 처음 제품 x개를 생산한 후 추가 제품 1개를 더 생산하는 데 필요한 비용의 근삿값이다.

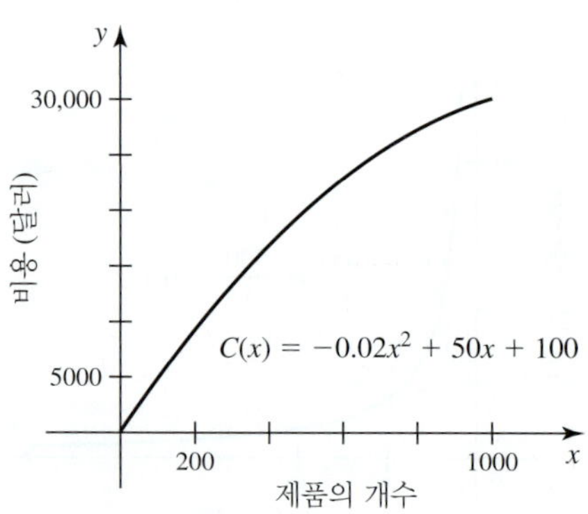

그림 3.51

| 예제 5 | 평균 비용과 한계 비용 제품 x개를 생산하는 데 필요한 비용이 함수

$$C(x) = -0.02x^2 + 50x + 100, \qquad 0 \le x \le 1000$$

로 주어졌다고 가정하자(그림 3.51).

a. 평균 비용 함수와 한계 비용 함수를 구하여라.

b. 처음 제품 100개를 생산하는 데 필요한 평균 비용과 한계 비용을 구하고, 각 값을 설명하여라.

c. 처음 제품 900개를 생산하는 데 필요한 평균 비용과 한계 비용을 구하고, 각 값을 설명하여라.

풀이

a. 평균 비용은

$$\overline{C}(x) = \frac{C(x)}{x} = \frac{-0.02x^2 + 50x + 100}{x} = -0.02x + 50 + \frac{100}{x}$$

이고 한계 비용은

$$\frac{dC}{dx} = -0.04x + 50$$

이다. 제품 수가 증가하면 평균 비용은 감소한다(그림 3.52(a)). 한계 비용은 근사적으로 기울기가 −0.04인 일차식이며 감소한다(그림 3.52(b)).

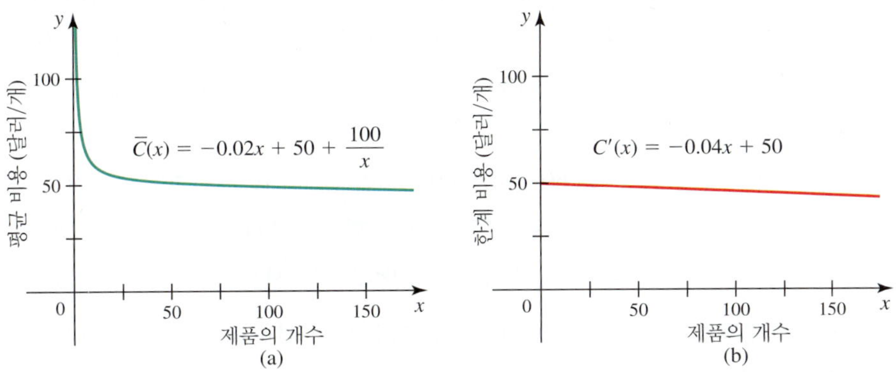

그림 3.52

b. 처음 제품 $x = 100$개를 생산하는 데 필요한 평균 비용은

$$\overline{C}(100) = \frac{C(100)}{100} = \frac{-0.02(100)^2 + 50(100) + 100}{100} = \$49/\text{개}$$

이고 한계 비용은

$$C'(100) = -0.04(100) + 50 = \$46/\text{개}$$

이다. 이 결과로부터 처음 제품 $x = 100$개를 생산하는 데 필요한 비용은 개당 \$49이고, 추가 제품 1개(101번째 제품)를 생산하는 데 필요한 비용은 약 \$46이다. 따라서 추가 제품 1개를 생산하는 데 필요한 비용은 처음 제품 $x = 100$개를 생산하는 데 필요한 평균 비용보다 적다.

c. 처음 제품 $x = 900$개를 생산하는 데 필요한 평균 비용은

$$\overline{C}(900) = \frac{C(900)}{900} = \frac{-0.02(900)^2 + 50(900) + 100}{900} \approx \$32/\text{개}$$

이고 한계 비용은

$$C'(900) = -0.04(900) + 50 = \$14/\text{개}$$

이다. **b**에서 구한 값과 비교해 보자. 처음 제품 900개를 생산하는 데 필요한 평균 비용은 개당 약 \$32로 하락했다. 더욱이 추가 제품 1개(901번째 제품)를 생산하는 데 필요한 한계 비용은 \$14로 하락했다.

관련 연습문제 15번 ◀

QUICK CHECK 6 예제 5에서 생산된 제품의 개수가 $x = 1$에서 $x = 100$으로 증가했다면 평균 비용은 얼마가 되는가? ◀

경제의 탄력성 경제학자들은 경제의 탄력성을 가격, 소득, 자본, 노동, 투입과 생산량에 있어서 또 다른 변수 등에 적용한다. **탄력성**(elasticity)은 투입의 변화와 관련된 생산량의 변화를 기술하는 것이다. 탄력성은 변화율을 포함하므로 도함수와 관련되어 있다.

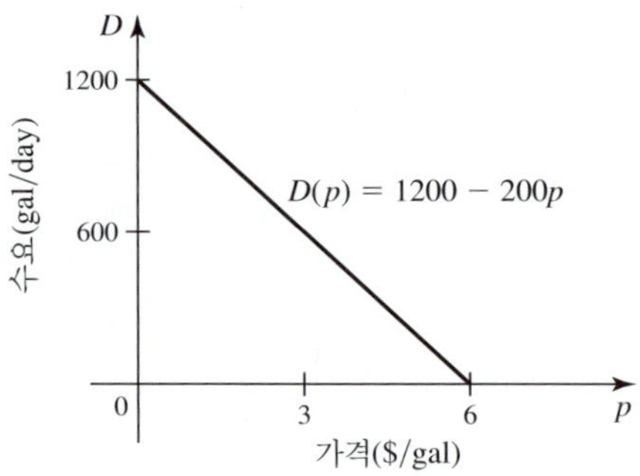

그림 3.53

일반적인 성질은 한 제품의 가격 p가 증가함에 따라 그 제품의 판매량은 감소하는 것이다. 이 관계는 수요 함수로 표현된다. 예를 들어 어떤 주유소의 판매량은 일차 수요 함수 $D(p) = 1200 - 200p$를 갖는데(그림 3.53), $D(p)$는 하루 동안 가격 p(단위는 갤런당 달러)로 팔린 갤런의 수이다. 이 함수에 따르면 연료가 \$3.60/gal으로 팔릴 때, 주유소는 $D(3.6) = 480$갤런을 판매할 수 있을 것으로 예측된다. 가격이 오르면 판매량은 감소한다.

휘발유의 가격이 갤런당 \$3.60에서 \$3.96로 인상됐다고 가정하고 이 변화량을 $\Delta p = \$0.36$로 놓자. 이에 따라 팔린 갤런 수의 변화량은 $\Delta D = D(3.96) - D(3.60) = -72$이다(갤런 수는 감소하므로 음수이다). 백분율을 사용하여 변수를 비교하는 것은 더욱 이해하기 쉽다. \$3.60에서 \$3.96로의 가격 변화율에 대한 백분율(인상률)은 $\dfrac{\Delta p}{p} = \dfrac{\$0.36}{\$3.60} = 10\%$이다. 이에 대응하여 판매된 갤런 수의 변화율에 대한 백분율은 $\dfrac{\Delta D}{D} = \dfrac{-72}{480} = -15\%$이다.

수요에 대한 가격의 **탄력성**(또는 **탄력성**)은 가격 변화율의 백분율에 대한 수요 변화율의 백분율의 비이다. 즉, $E = \dfrac{\Delta D/D}{\Delta p/p}$이다. 휘발유 수요 함수의 경우 가격 변화율의 탄력성은 $\dfrac{-15\%}{10\%} = -1.5$이다.

탄력성은 가격의 함수로 나타낼 수 있을 때 더욱 유용하다. 이해를 돕기 위해 p의 변화가 매우 작고 이에 따른 D의 변화도 매우 작다고 가정하자. 도함수의 정의를 사용하면 탄력성 함수는

$$E(p) = \lim_{\Delta p \to 0} \frac{\Delta D/D}{\Delta p/p} = \lim_{\Delta p \to 0} \frac{\Delta D}{\Delta p}\left(\frac{p}{D}\right) = \frac{dD}{dp}\frac{p}{D}$$

이다. 이 정의를 휘발유의 수요 함수에 적용하면 다음과 같다.

$$\begin{aligned} E(p) &= \frac{dD}{dp}\frac{p}{D} \\ &= \frac{d}{dp}\underbrace{(1200 - 200p)}_{D}\underbrace{\frac{p}{1200 - 200p}}_{D} && D = 1200 - 200p \text{ 대입하기} \\ &= -200\left(\frac{p}{1200 - 200p}\right) && \text{미분하기} \\ &= \frac{p}{p - 6} && \text{간단히 하기} \end{aligned}$$

주어진 가격에서 탄력성은 매 1%의 가격 변화율에 대한 수요의 백분율 변화율이다. 예를 들어 이 휘발유 수요의 경우, $p = \$3.60$일 때 탄력성은 $E(3.6) = -1.5$이고, 따라서 가격이 2% 인상되면 판매되는 갤런의 수는 $-1.5 \cdot 2\% = -3\%$의 변화율로 감소함을 알 수 있다.

> **정의 탄력성**
>
> 어떤 제품의 가격 변화에 따른 수요 함수가 $D = f(p)$이면 **수요에 대한 가격의 탄력성**은 $E(p) = \frac{dD}{dp} \cdot \frac{p}{D}$이다.

➤ 탄력성 $E(p)$를 양수로 정의하기 위해 경우에 따라서는 $E(p) = -\frac{dD}{dp} \cdot \frac{p}{D}$로 정의한다.

| 예제 6 | 돼지고기 가격의 탄력성 캐나다에서 가공된 돼지고기의 수요는 함수 $D(p) = 286 - 20p$로 주어진다(출처: J. Perloff, *Microeconomics*, Prentice Hall, 2012).

a. 수요에 대한 가격의 탄력성을 구하고 그래프를 그려라.

b. $-\infty < E < -1$이면 수요는 **탄력적**(elastic)이라 하고, $-1 < E < 0$이면 수요는 **비탄력적**(inelastic)이라 한다. 이 두 용어에 대하여 설명하여라.

c. 돼지고기의 가격이 얼마일 때 수요는 탄력적인가? 또한 돼지고기의 가격이 얼마일 때 수요는 비탄력적인가?

풀이

a. 탄력성의 정의에 주어진 수요 함수를 적용하면 다음을 얻는다.

$$\begin{aligned} E(p) &= \frac{dD}{dp}\frac{p}{D} \\ &= \frac{d}{dp}\underbrace{(286 - 20p)}_{D}\underbrace{\frac{p}{286 - 20p}}_{\text{분모 } D} && D = 286 - 20p \text{ 대입하기} \\ &= -20\left(\frac{p}{286 - 20p}\right) && \text{미분하기} \\ &= -\frac{10p}{143 - 10p} && \text{간단히 하기} \end{aligned}$$

$p = 14.3$일 때 탄력성은 정의되지 않는데, 이 가격은 수요가 0일 때이다. 즉, 위 자료에 따르면 가격이 \$14.30일 때 돼지고기는 팔리지 않을 수 있다. 따라서 탄력성 함수의 정의역은 [0, 14.3)이고 (0, 14.3)에서 탄력성 함수는 음의 값을 갖는다(그림 3.54).

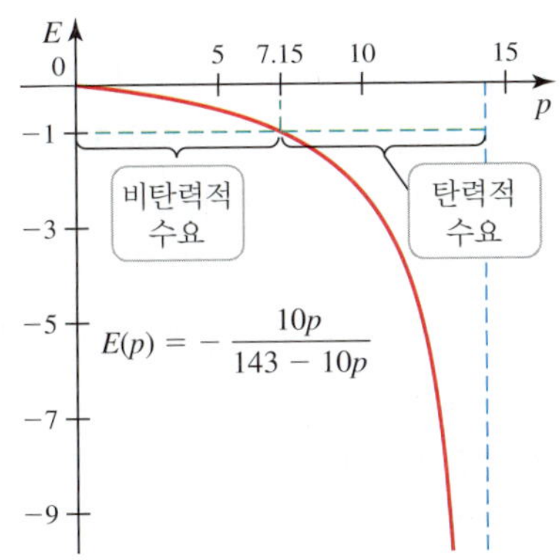

그림 3.54

b. 구간 $-\infty < E(p) < -1$에서 가격의 탄력성을 살펴보면 가격이 $P\%$ 인상될 때 수요는 $P\%$ 이상 감소한다. 이는 수요의 탄력성이 민감한 예이다. 구간 $-1 < E(p) < 0$에서 가격의 탄력성을 살펴보면 가격이 $P\%$ 인상될 때 수요는 $P\%$보다 적게 감소한다. 이는 수요의 탄력성이 덜 민감한 예이다.

➤ $E(p) = 0$일 때, 상품에 대한 수요는 완전 비탄력적이라 한다. 예제 6에서 $p = 0$일 때 이 경우가 발생한다.

c. $E(p) = -\frac{10p}{143 - 10p} = -1$을 풀면 $p > 7.15$일 때 $E(p) < -1$임을 알 수 있다. 이 가격 구간에서 수요는 탄력적이다(그림 3.54). $0 < p < 7.15$일 때 수요는 비탄력적이다.

관련 연습문제 17번 ◀

3.6절 연습문제

1단계 스타트

1. 함수 f의 평균변화율과 순간변화율의 차이를 설명하여라.

2. 다음 명제에서 밑줄 친 부분을 채워라. $\frac{dy}{dx}$가 작을 때, x의 변화가 작으면 상대적으로 y 값의 변화는 ________이다.

3. 골든 리트리버 퍼피(golden retriever puppy)의 생후 t주 체중(단위는 파운드)을 $w(t)$라고 하자. $w'(15) = 1.75$의 의미를 설명하여라.

4. 직선을 따라 운동하는 물체의 가속도를 정의하여라.

5. 건조한 공기 중 소리의 속력(단위는 m/s)은 근사적으로 함수 $v(T) = 331 + 0.6T$로 주어지는데, 여기서 T는 공기의 온도(단위는 섭씨)이다. $v'(T)$를 구하고 의미를 설명하여라.

6. **고속도로 순찰** 남북 방향 직선으로 뻗은 고속도로의 어느 곳에 고속도로 순찰대가 있다. 오전 9시에 순찰차가 출발했는데, 위치 함수는 오전 9시 이후의 시간을 t라 할 때 $s = f(t)$로 주어지고 단위는 마일이다(그림 참조). s는 순찰차가 지구대의 북쪽에 있을 때 양의 값으로 가정한다.
   a. 순찰을 시작한 후 처음 45분 동안 차의 평균 속도를 구하여라.
   b. 구간 [0.25, 0.75]에서 순찰차의 평균 속도를 구하여라. 구한 평균 속도는 오전 9시 30분일 때 속도의 근삿값으로 추정하기에 적절한가?
   c. 구간 [1.75, 2.25]에서 차의 평균 속도를 구하여라. 오전 11시에 차의 속도를 추정하고 순찰차가 움직이는 방향을 구하여라.
   d. 오전 9시에서 정오까지 순찰차의 지구대에 대한 운동을 설명하여라.

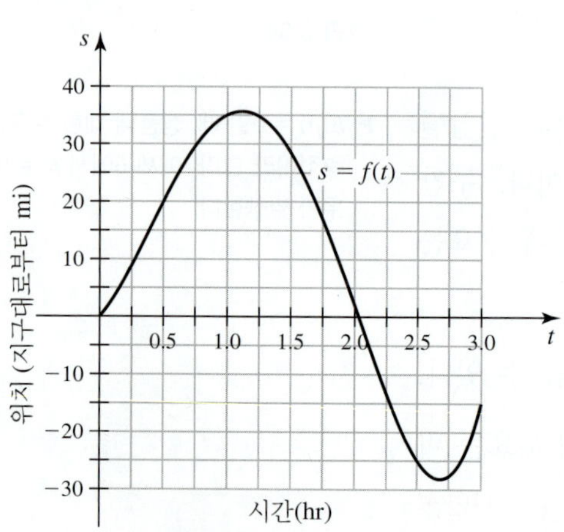

7. 가스난로 200대를 생산하는 데 대당 평균 비용은 \$70이고 $x = 200$에서 한계 비용이 \$65라고 가정하자. 이 두 비용의 의미를 설명하여라.

2단계 실전

8–10. 위치, 속도, 가속도 수평 직선을 따라 운동하는 물체의 t초 후 위치를 $s = f(t)$라 하자. 여기서 s의 단위는 피트이고 원점으로부터 물체가 오른쪽에 있을 때 $s > 0$이라 가정한다.

a. 위치 함수의 그래프를 그려라.
b. 속도 함수를 구하고 그래프를 그려라. 물체는 언제 정지하며, 오른쪽으로 운동하고, 왼쪽으로 운동하는가?
c. $t = 1$에서 물체의 속도와 가속도를 구하여라.
d. 물체의 속도가 0일 때, 가속도를 구하여라.
e. 어느 구간에서 속력이 증가하는가?

8. $f(t) = t^2 - 4t, 0 \le t \le 5$

9. $f(t) = 2t^2 - 9t + 12, 0 \le t \le 3$

10. $f(t) = 2t^3 - 21t^2 + 60t, 0 \le t \le 6$

11. **지구에서 돌멩이의 낙하** $t = 0$초에서 어떤 강의 수면으로부터 높이가 64피트인 다리에서 돌멩이를 떨어뜨렸을 때, t초 후 이 돌멩이의 수면으로부터 높이는 $s(t) = -16t^2 + 64$피트이다. 수면에 닿는 순간 돌멩이의 속도와 속력을 구하여라.

12. **돌멩이 던지기** 지면으로부터 48피트 높이의 절벽 끝에서 초기 속도 32 ft/s로 돌멩이를 수직 위쪽 방향으로 던졌다. 던진 지 t초 후 지면으로부터 돌멩이의 높이는 $s = -16t^2 + 32t + 48$피트이다.
   a. t초 후 돌멩이의 속도 v를 구하여라.
   b. 돌멩이는 언제 최고점에 도달하는가?
   c. 최고점에서 돌멩이의 높이는 얼마인가?
   d. 돌멩이는 언제 지면에 닿는가?
   e. 돌멩이가 지면에 닿는 순간의 속도는 얼마인가?
   f. 어느 구간에서 속력이 증가하는가?

13. 지면으로부터 32 ft 높이의 절벽 끝에서 초기 속도 64 ft/s로 돌멩이를 수직 위쪽 방향으로 던졌다. 던진 지 t초 후 지면으로부터 돌멩이의 높이는 $s = -16t^2 + 64t + 32$피트이다.
   a. t초 후 돌멩이의 속도 v를 구하여라.
   b. 돌멩이는 언제 최고점에 도달하는가?

c. 최고점에서 돌멩이의 높이는 얼마인가?

d. 돌멩이는 언제 지면에 닿는가?

e. 돌멩이가 지면에 닿는 순간의 속도는 얼마인가?

f. 어느 구간에서 속력이 증가하는가?

14. 워싱턴의 인구 성장 2010년($t = 0$)부터 2016년($t = 6$)까지 워싱턴 주의 인구는 약 $p(t) = 0.0078t^2 + 0.028t + 6.73$(백만 명)이다.

a. 2010년부터 2016년까지 평균 성장률을 구하여라.

b. 2011년($t = 1$)과 2015년($t = 5$)의 성장률은 얼마인가?

c. 그래프 유틸리티를 사용하여 $0 \le t \le 6$에서 p'의 그래프를 그려라. 이 그래프로부터 2010년부터 2016년까지 워싱턴 주의 인구 성장에 대하여 무엇을 알 수 있는가?

15–16. 평균 비용과 한계 비용 주어진 비용에 대하여 물음에 답하여라.

a. 평균 비용 함수와 한계 비용 함수를 구하여라.

b. $x = a$일 때, 평균 비용과 한계 비용을 구하여라.

c. b에서 구한 값을 설명하여라.

15. $C(x) = 1000 + 0.1x,\ 0 \le x \le 5000,\ a = 2000$

16. $C(x) = -0.01x^2 + 40x + 100,\ 0 \le x \le 1500,\ a = 1000$

17. 수요와 탄력성 DVD 매장의 점주는 과거 자료를 바탕으로 수요 함수 $D(p) = 40 - 2p$를 구했는데, 여기서 $D(p)$는 하루에 p달러의 가격으로 팔리는 DVD의 장수이다.

a. 위 식에 따르면 하루에 $10의 가격으로 팔리는 DVD의 장수는 얼마인가?

b. 이 모델에 따르면 산정할 수 있는 최대 가격은 얼마인가? 즉, DVD가 팔릴 수 없는 가격의 최솟값은 얼마인가?

c. 주어진 수요 함수의 탄력성을 구하여라.

d. 수요가 탄력적인 가격은 얼마인가? 비탄력적인 가격은 얼마인가?

e. DVD의 가격이 $10.00에서 $10.25로 인상된다면 수요 함수를 이용한 수요 감소의 백분율은 정확히 얼마인가?

f. DVD의 가격이 $10.00에서 $10.25로 인상된다면 탄력성 함수를 이용한 수요 감소의 백분율의 근삿값은 얼마인가?

18. 참 또는 거짓 다음 명제가 참이면 증명하고 거짓이면 반례를 들어라.

a. 어떤 물체의 가속도가 상수이면 이 물체의 속도도 상수이다.

b. 직선을 따라 운동하는 어떤 물체의 가속도가 항상 0이면 이 물체의 속도는 상수이다.

c. 구간 $a \le t \le b$에서의 순간 속도는 이 구간 $a \le t \le b$에서의 평균 속도와 같을 수는 없다.

d. 운동하는 물체가 음의 가속도를 가지면서 속력은 증가할 수 있다.

19. 속도의 비교 어떤 돌멩이를 초기 속도 96 ft/s와 함께 수직 위쪽 방향으로 던졌다. t초 후 표면으로부터 돌멩이의 높이는 화성에서 $s = 96t - 6t^2$피트이고 지구에서는 $s = 96t - 16t^2$피트이다. 화성에서 돌멩이는 지구보다 얼마나 더 높이 올라가는가?

20. 높이의 매칭 지면으로부터 48 ft 높이에 있는 다리의 가장자리에서 첫 번째 돌멩이를 초기 속도 32 ft/s와 함께 수직 위쪽 방향으로 던졌다. 던진 지 t초 후 지면으로부터 돌멩이의 높이는 $f(t) = -16t^2 + 32t + 48$이다. 지면으로부터 두 번째 돌멩이를 같은 방향으로 던졌을 때, t초 후 돌멩이의 지면으로부터의 높이는 $f(t) = -16t^2 + v_0 t$이고, 여기서 두 번째 돌멩이의 초기 속도는 v_0이다. 두 돌멩이가 같은 최고점에 도달했을 때, v_0의 값은 얼마인가?

21. 위치로부터 속도 다음 그림은 $t \ge 0$일 때 직선을 따라 운동하는 물체의 위치 함수 $s = f(t)$의 그래프이다.

a. $t = 0$에서 물체의 속도가 0이라 가정할 때, 물체의 속도가 0인 또 다른 시각 t는 얼마인가?

b. 물체는 언제 양의 방향으로 운동하고 언제 음의 방향으로 운동하는가?

c. 속도 함수의 그래프를 그려라.

d. 어느 구간에서 속력이 증가하는가?

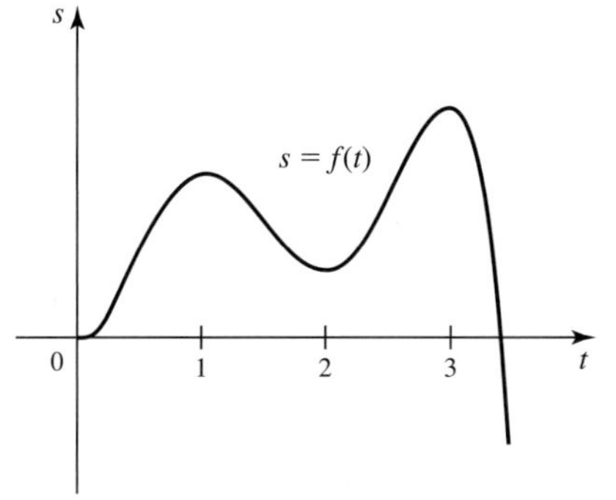

22–23. 평균 이익과 한계 이익 $C(x)$를 어떤 상품 x개를 생산하는 데 필요한 비용이라 하고, $p(x)$를 상품 x개가 팔릴 때의 개당 판매 가격이라 하자. x개를 판매할 때 이익 $P(x)$는 $P(x) = xp(x) - C(x)$, 즉 수

익에서 비용을 뺀 값이다. 상품이 x개 팔릴 때 **개당 평균 이익**은 $P(x)/x$이고 **한계 이익**은 dP/dx이다. 한계 이익은 상품이 이미 x개 팔린 후 한 개를 더 판매할 때 발생하는 이익의 근삿값이다. 주어진 가격 함수 p와 비용 함수 C에 대하여 물음에 답하여라.

a. 이익 함수 P를 구하여라.

b. 평균 이익 함수와 한계 이익 함수를 구하여라.

c. $x = a$개가 판매됐을 때, 평균 이익과 한계 이익을 구하여라.

d. c에서 구한 값의 의미를 설명하여라.

22. $C(x) = -0.02x^2 + 50x + 100,\ p(x) = 100,\ a = 500$

23. $C(x) = -0.04x^2 + 100x + 800,\ p(x) = 200,\ a = 1000$

24. 미국의 인구 성장 다음 그림은 1900년 이후 t년 동안 미국의 인구 $p(t)$(백만 명)를 나타낸 것이다. 1925년부터 2020년까지 미국의 인구가 가장 느리게 성장한 연도는 대략 언제인가? 구한 연도의 성장률을 추정하여라.

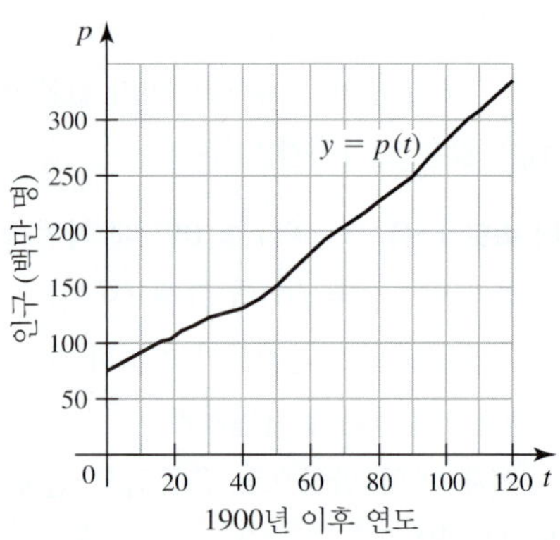

25. 공깃돌의 속도 긴 경사면을 따라 구르는 공깃돌의 초기 속도가 주어질 때, 이 공깃돌의 위치 함수는 $s = \dfrac{100t}{t+1}$ 인데, 여기서 t의 단위는 초이고 시작점은 $s = 0$이다.

a. 위치 함수의 그래프를 그려라.

b. 공깃돌의 속도 함수를 구하여라.

c. 속도 함수의 그래프를 그리고, 공깃돌의 운동을 설명하여라.

d. 언제 공깃돌이 시작점에서 80 m의 위치에 있는가?

e. 언제 공깃돌의 속도가 50 m/s인가?

3단계 도전

26. 한계 비용의 다른 해석 한 대형 회사는 연간 25,000개의 도구를 만드는데, 한 번에 x개씩 제조한다고 가정하자. x개씩 제조하는 데 필요한 설치 비용과 저장 비용을 분석하여, 한 번에 x개씩 제조하여 연간 25,000개의 도구를 만드는 데 필요한 총 비용 함수를 다음과 같이 산출했다.

$$C(x) = 1{,}250{,}000 + \frac{125{,}000{,}000}{x} + 1.5x$$

a. 한계 비용 함수와 평균 비용 함수를 구하여라. 이 함수의 그래프를 그리고 분석하여라.

b. $x = 5{,}000$일 때 평균 비용과 한계 비용을 구하여라.

c. 이 문제의 평균 비용과 한계 비용의 의미는 이전에서 살펴본 예제와 연습문제에서의 의미와 다르다. **b**에서 구한 값의 의미를 설명하여라.

27. 수익 함수 어떤 상점의 점주는 에너지 음료의 가격이 증가하면 수요가 함수 $d(p) = \dfrac{100}{p^2+1}$에 따라 감소함을 산출했는데, 이 함수는 가격이 p달러일 때 에너지 음료는 $d(p)$개가 판매됨을 의미한다. 가격 p에 따라 형성되는 수익은 $R(p) = p \cdot d(p)$, 즉 판매 개수와 가격의 곱이다.

a. 수익 함수를 구하고 그래프를 그려라.

b. 한계 수익 함수 $R'(p)$를 구하고 그래프를 그려라.

c. R과 R'의 그래프로부터 최대 수익이 창출될 수 있는 가격을 추정하여라.

28. 용수철 진동 어떤 질량을 갖는 물체가 평형 상태로 천장에 매달린 용수철 끝에 달려 있다. 이 물체를 평형 상태로부터 10인치 아래로 당긴 후 위로 놓았다. t초 후 이 물체의 평형 상태로부터의 거리 x(단위는 인치)는 $x(t) = 10 \sin t - 10 \cos t$인데, 여기서 x는 물체가 평형 상태로부터 위에 있을 때 양의 부호를 갖는다.

a. 이 함수의 그래프를 그린 다음 의미를 설명하여라.

b. dx/dt를 구하고 이 도함수의 의미를 설명하여라.

c. 이 물체의 속력이 0일 때는 언제인가?

d. 이 문제에 주어진 함수는 용수철에 매달린 물체의 운동에 대한 모델이다. 이 모델이 실제 일어날 수 없는 이유는 무엇인가?

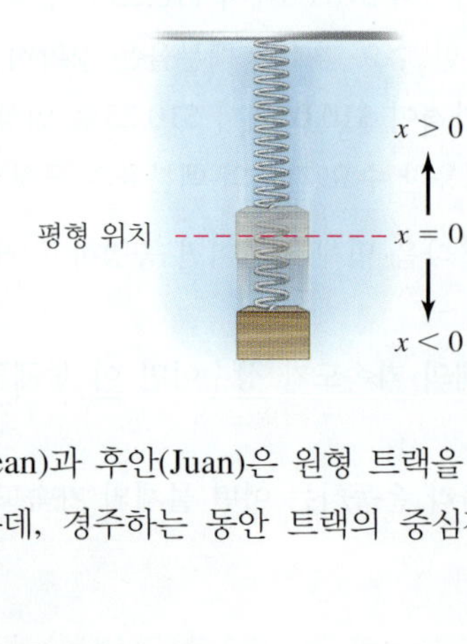

29. 경주 진(Jean)과 후안(Juan)은 원형 트랙을 한 바퀴 도는 경주를 하는데, 경주하는 동안 트랙의 중심각은 각각 $\theta(t)$와

$\varphi(t)$이다. 여기서 t의 단위는 분(min)이고 $0 \le t \le 4$이다 (그림 참조). 각도의 단위는 라디안이고 $\theta = \varphi = 0$은 출발 시 중심각, $\theta = \varphi = 2\pi$는 도착 시 중심각이다. 또한 두 사람의 각속도는 각각 $\theta'(t)$와 $\varphi'(t)$이다.

a. 두 사람의 각속도를 이용하여 누가 앞서는지 비교하고 설명하여라.

b. 두 사람 중 누가 더 큰 평균 각속도를 갖는가?

c. 누가 이 경주에서 승리하는가?

d. 진의 위치가 $\theta(t) = \pi t^2/8$이라 하자. $t = 2$에서 진의 각속도는 얼마이고 언제 최대 각속도를 갖는가?

e. 후안의 위치가 $\varphi(t) = \pi t(8 - t)/8$이라 하자. $t = 2$에서 후안의 각속도는 얼마이고 언제 최대 각속도를 갖는가?

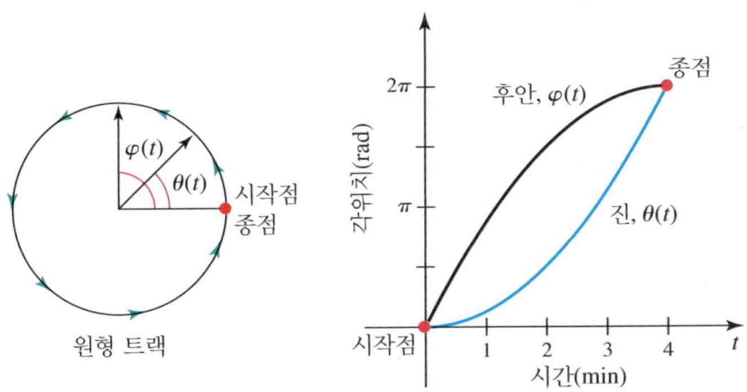

30. **번지점프** 한 여성이 강의 수면으로부터 30 m 위에 있는 다리에서 번지점프 줄에 매달려 점프했다. 점프를 시작한 지 t초 후 강의 수면으로부터 이 여성의 높이(미터)는 $t \ge 0$일 때 $y(t) = 15(1 + e^{-t} \cos t)$이다.

a. $t = 1$과 $t = 3$에서 이 여성의 속도를 각각 구하여라.

b. 그래프 유틸리티를 이용하여 처음 10초 동안 이 여성이 언제 아래로 움직이고 언제 위로 움직이는지 설명하여라.

c. 그래프 유틸리티 이용하여 이 여성이 위쪽으로 움직일 때의 최대 속도를 추정하여라.

31. **온도 분포** 4 m 길이의 얇은 구리 막대봉이 중점에서 가열되었고 이때 양쪽 끝의 온도는 0°로 일정하게 유지됐다. 온도가 평형 상태에 도달했을 때, 온도 프로파일은 $T(x) = 40x(4 - x)$이고, 여기서 $0 \le x \le 4$는 막대봉 위의 위치이다. 막대의 한 점에서 **열류속**(heat flux)은 $-kT'(x)$이고 여기서 $k > 0$은 상수이다. 한 점에서 열류속이 양이면 이 점에서 열은 x의 양의 방향으로 전도되고, 열류속이 음이면 이 점에서 열은 x의 음의 방향으로 전도된다.

a. $k = 1$일 때, $x = 1$과 $x = 3$에서 열류속은 각각 얼마인가?

b. 열류속이 양일 때와 음일 때, x의 값은 각각 얼마인가?

c. 막대봉의 양쪽 끝에 대한 열류속을 설명하여라.

QUICK CHECK 정답

1. 순간 속도 **2.** 맞다, 맞다 **3.** 어떤 물체가 양의 가속도를 가지면 속도는 증가한다. 속도가 음이고 증가한다면 가속도는 양이고 속력은 감소한다. 예를 들어 속도가 −2 m/s, −1 m/s, 0 m/s의 순서로 증가하는 경우이다. **4.** $v(1) = 32$ ft/s이고 $v(3) = -32$ ft/s이므로 속력은 두 시각에서 같다. **5.** 2001년($t = 1$) 성장률은 1억1천만(사용자/년)이다. 이것은 2012년($t = 12$) 성장률 2억4천2백만(사용자/년)의 절반보다 작다. **6.** x가 1에서 100으로 증가하면 평균 비용은 \$149.98/개에서 \$49/개로 감소한다. ◀

3.7 연쇄 법칙

지금까지 다양한 함수의 도함수를 구하기 위해 여러 가지 미분 법칙을 살펴봤다. 그러나 앞에서 살펴본 미분 법칙들은 대부분의 **합성함수**의 도함수를 구하는 데 충분하지 않다. 다음 예를 보자. $f(x) = x^3$이고 $g(x) = 5x + 4$이면 합성함수는 $f(g(x)) = (5x + 4)^3$이다. 도함수를 구하기 위해 적용할 수 있는 한 방법은 $(5x + 4)^3$을 전개하여 얻은 다항함수를 미분하는 것이다. 그러나 이 방법은 전개할 함수가 $(5x + 4)^{100}$이면 적절하지 못하며, 따라서 효과적인 방법이 필요하다.

QUICK CHECK 1 $\dfrac{d}{dx}(5x + 4)^{100}$을 구하기 위해 먼저 $(5x + 4)^{100}$을 전개하는 것은 실질적인 방법이 될 수 없는 이유를 설명하여라. ◀

연쇄 법칙 공식

합성함수를 미분하는 데 효과적인 법칙 중 하나인 **연쇄 법칙(Chain Rule)**은 다음 예로부터 개념을 얻을 수 있다. 얀시(Yancey), 유리(Uri), 샨(Xan)이 사과를 줍는다고 가정하고 y, u, x를 일정 기간 동안 각각 얀시, 유리, 샨이 줍는 사과의 개수라 하자. 얀시는 유리보다 3배 많이 줍는다고 가정하면 이는 유리에 대하여 얀시가 줍는 사과의 비율(rate)은 $dy/du = 3$임을 의미한다. 유리는 샨보다 2배 빨리 사과를 줍는다면 $du/dx = 2$이다. 따라서 얀시가 줍는 사과의 비율은 샨이 줍는 사과의 비율보다 $3 \cdot 2 = 6$배 더 크며, 이는 $dy/dx = 6$임을 의미한다(그림 3.55). 즉,

$$\frac{dy}{dx} = \frac{dy}{du} \cdot \frac{du}{dx} = 3 \cdot 2 = 6$$

이며, 이 방정식 $\frac{dy}{dx} = \frac{dy}{du} \cdot \frac{du}{dx}$는 연쇄 법칙의 한 형태이다.

▶ 기호 dy/dx는 실제로 분수가 아니다. 그럼에도 불구하고 기호만 살펴보면 연쇄 법칙은 분수처럼 du가 분모와 분자에 나타난 것으로 생각하고, du를 소거하면 dy/dx를 얻는 것으로 볼 수 있다.

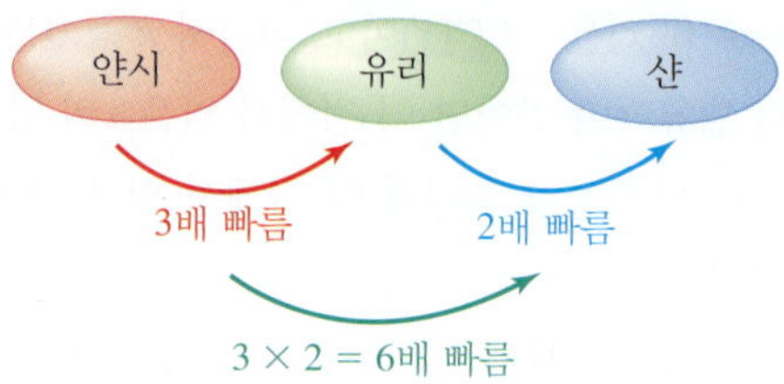

그림 3.55

또 다른 방법으로 연쇄 법칙은 합성함수를 사용하여 나타낼 수 있다. $y = f(u)$, $u = g(x)$라 하자. 이는 y를 합성함수 $y = f(u) = f(g(x))$를 사용하여 x로 나타낼 수 있음을 의미한다. 이제 도함수 $\frac{dy}{dx}$는 다음과 같은 곱으로 나타낼 수 있다.

$$\underbrace{\frac{d}{dx}\big(f(g(x))\big)}_{\frac{dy}{dx}} = \underbrace{f'(u)}_{\frac{dy}{du}} \cdot \underbrace{g'(x)}_{\frac{du}{dx}}$$

u에 $g(x)$를 대입하면 다음을 얻는다.

$$\frac{d}{dx}\big(f(g(x))\big) = f'(g(x)) \cdot g'(x)$$

▶ 정리 3.13에서 도함수 기호를 라이프니츠 기호와 다른 기호를 사용하여 나타냈지만 수학적으로는 같다. 두 번째 식은 $y = f(g(x))$의 도함수가 $g(x)$에서 계산된 f의 도함수와 x에서 계산된 g의 도함수를 곱한 것임을 의미한다.

정리 3.13 연쇄 법칙

$u = g(x)$는 x에서 미분가능하고 $y = f(u)$는 $u = g(x)$에서 미분가능하다고 하자. 그러면 합성함수 $y = f(g(x))$는 x에서 미분가능하고 도함수는 다음 두 가지 방법으로 나타낼 수 있다.

$$\frac{dy}{dx} = \frac{dy}{du} \cdot \frac{du}{dx} \tag{1}$$

$$\frac{d}{dx}\big(f(g(x))\big) = f'(g(x)) \cdot g'(x) \tag{2}$$

▶ 안쪽 함수 $u = g(x)$와 바깥 함수 $y = f(u)$를 선택하는 방법은 여러 가지임에도 불구하고 안쪽 함수와 바깥 함수를 선택하는 데 있어서 명확한 경우에는 선택된 함수를 유일한 것처럼 취급한다.

연쇄 법칙의 증명은 이 절의 마지막에 다룰 것이다. 이제 연쇄 법칙을 어떻게 사용하는지 살펴보자. 우선 합성함수 $f(g(x))$에서 g를 주어진 합성함수의 **안쪽 함수**(inner function), f를 **바깥 함수**(outer function)라고 한다. 연쇄 법칙을 적용할 때 핵심 사항은 안쪽 함수와 바깥 함수를 찾는 것이다. 다음 네 단계는 연쇄 법칙을

적용하는 방법을 요약한 것이지만, 방법에 익숙해지면 과정은 간소화될 것이다.

절차 연쇄 법칙 적용

$y = g(x)$를 미분가능한 함수라 가정하자.

1. 안쪽 함수와 바깥 함수를 선택하고 $u = g(x)$로 놓는다.
2. $g(x)$를 u로 바꾸고 y를 u의 함수로 나타낸다.

$$y = f(\underbrace{g(x)}_{u}) \Rightarrow y = f(u)$$

3. 곱 $\dfrac{dy}{du} \cdot \dfrac{du}{dx}$를 구한다.
4. $\dfrac{dy}{du}$에서 u를 $g(x)$로 바꾸고 $\dfrac{dy}{dx}$를 얻는다.

QUICK CHECK 2 $y = (5x + 4)^3$에서 안쪽 함수 g를 선택하여라. $u = g(x)$로 놓고 바깥 함수 f를 u의 함수로 나타내어라. ◄

| 예제 1 | 연쇄 법칙 다음 함수의 안쪽 함수 $u = g(x)$와 바깥 함수 $y = f(u)$를 구하여라. 연쇄 법칙의 식 (1)을 사용하여 $\dfrac{dy}{dx}$를 구하여라.

a. $y = (5x + 4)^{3/2}$ **b.** $y = \sin^3 x$ **c.** $y = \sin x^3$

풀이

a. $y = (5x + 4)^{3/2}$의 안쪽 함수는 $u = 5x + 4$로 선택하고 바깥 함수는 $y = u^{3/2}$으로 선택할 수 있다. 연쇄 법칙의 식 (1)을 적용하면 다음과 같다.

$$\begin{aligned}\frac{dy}{dx} &= \frac{dy}{du} \cdot \frac{du}{dx} \\ &= \frac{3}{2} u^{1/2} \cdot 5 && y = u^{3/2} \Rightarrow \frac{dy}{du} = \frac{3}{2} u^{1/2},\ u = 5x + 4 \Rightarrow \frac{du}{dx} = 5 \\ &= \frac{3}{2}(5x + 4)^{1/2} \cdot 5 && u\text{에 } 5x + 4 \text{ 대입하기} \\ &= \frac{15}{2}\sqrt{5x + 4}\end{aligned}$$

b. $y = \sin^3 x$는 $y = (\sin x)^3$임을 확인하고 안쪽 함수를 $u = \sin x$로 놓자. $y = u^3$으로 놓으면 다음을 얻는다.

$$\frac{dy}{dx} = \frac{dy}{du} \cdot \frac{du}{dx} = 3u^2 \cdot \cos x = \underbrace{3 \sin^2 x}_{3u^2} \cos x$$

➤ 삼각함수에서 $n \neq -1$일 때 $\sin^n x$는 $(\sin x)^n$임을 나타낸다. 예제 1에서 $\sin^3 x = (\sin x)^3$이다.

c. 함수 $y = \sin x^3$은 **b**의 함수 $y = \sin^3 x$와 유사해 보이지만, $y = \sin x^3$의 안쪽 함수는 $u = x^3$으로 선택하고 바깥 함수를 $y = \sin u$로 선택해야 함에 유의하자. 그러면 다음을 얻는다.

$$\frac{dy}{dx} = \frac{dy}{du} \cdot \frac{du}{dx} = (\cos u) \cdot 3x^2 = 3x^2 \cos x^3$$

관련 연습문제 9-10번 ◀

연쇄 법칙의 식 (2) $\frac{d}{dx}(f(g(x))) = f'(g(x)) \cdot g'(x)$를 적용할 때, 안쪽 함수는 $u = g(x)$로 선택하고 바깥 함수는 $y = f(u)$로 선택할 수 있다. 그러면 $\frac{d}{dx}(f(g(x)))$는 $u = g(x)$에서 구한 $f'(u)$와 $g'(x)$의 곱이다.

| 예제 2 | 연쇄 법칙 연쇄 법칙의 식 (2)를 사용하여 다음 함수의 도함수를 구하여라.

a. $(6x^3 + 3x + 1)^{10}$ **b.** $\sqrt{5x^2 + 1}$ **c.** $\left(\frac{5t^2}{3t^2 + 2}\right)^3$ **d.** e^{-3x}

풀이

a. 함수 $(6x^3 + 3x + 1)^{10}$의 안쪽 함수는 $g(x) = 6x^3 + 3x + 1$로 선택할 수 있고, 바깥 함수는 $f(u) = u^{10}$으로 선택할 수 있다. $u = g(x)$에서 계산된 바깥 함수의 도함수는 $f'(u) = 10u^9$이므로 $f'(u) = 10(6x^3 + 3x + 1)^9$이다. 안쪽 함수의 도함수는 $g'(x) = 18x^2 + 3$이다. 안쪽 함수의 도함수와 바깥 함수의 도함수를 곱하면 다음을 얻는다.

$$\frac{d}{dx}((6x^3 + 3x + 1)^{10}) = \underbrace{10(6x^3 + 3x + 1)^9}_{g(x)\text{에서 계산된 } f'(u)} \cdot \underbrace{(18x^2 + 3)}_{g'(x)}$$

$$= 30(6x^2 + 1)(6x^3 + 3x + 1)^9$$ 인수분해하고 간단히 하기

이다.

b. $\sqrt{5x^2 + 1}$의 안쪽 함수는 $g(x) = 5x^2 + 1$로 선택할 수 있고, 바깥 함수는 $f(u) = \sqrt{u}$로 선택할 수 있다. 각 함수의 도함수는 $f'(u) = \frac{1}{2\sqrt{u}}$, $g'(x) = 10x$이다. 따라서 다음을 얻는다.

$$\frac{d}{dx}\sqrt{5x^2 + 1} = \underbrace{\frac{1}{2\sqrt{5x^2 + 1}}}_{g(x)\text{에서 계산된 } f'(u)} \cdot \underbrace{10x}_{g'(x)} = \frac{5x}{\sqrt{5x^2 + 1}}$$

c. $\left(\frac{5t^2}{3t^2 + 2}\right)^3$의 안쪽 함수는 $g(t) = \frac{5t^2}{3t^2 + 2}$으로 선택할 수 있다. 바깥 함수는 $f(u) = u^3$으로 선택할 수 있고 도함수는 $f'(u) = 3u^2$이다. 몫의 법칙을 적용하면 안쪽 함수의 도함수를 구할 수 있고, 연쇄 법칙을 적용하면 구하는 도함수는 다음과 같다.

$$\frac{d}{dt}\left(\frac{5t^2}{3t^2+2}\right)^3 = \underbrace{3\left(\frac{5t^2}{3t^2+2}\right)^2}_{g(t)\text{에서 계산된 } f'(u)} \cdot \underbrace{\frac{(3t^2+2)10t - 5t^2(6t)}{(3t^2+2)^2}}_{\text{몫의 법칙을 적용한 } g'(t)} = \frac{1500t^5}{(3t^2+2)^4}$$

d. e^{-3x}의 안쪽 함수는 $g(x) = -3x$로 선택할 수 있고, 바깥 함수는 $f(u) = e^u$으로 선택할 수 있다. 따라서 다음을 얻는다.

$$\frac{d}{dx}(e^{-3x}) = \underbrace{e^{-3x}}_{g(x)\text{에서 계산된 } f'(u)} \cdot \underbrace{(-3)}_{g'(x)} = -3e^{-3x}$$

관련 연습문제 16, 22번 ◀

독립변수의 일정한 값에서 합성함수의 미분계수를 연쇄 법칙으로 구할 수 있다. $h(x) = f(g(x))$이고 a가 실수이면 g가 a에서 미분가능하고 f가 $g(a)$에서 미분가능할 때 $h'(a) = f'(g(a))g'(a)$이다. 따라서 $h'(a)$는 $g(a)$에서 계산된 f의 미분계수와 a에서 계산된 g의 미분계수를 곱한 것이다.

| 예제 3 | 한 점에서 미분계수 계산 표 3.3을 이용하여 $h'(1)$과 $h'(2)$를 구하여라.

표 3.3

x	$f'(x)$	$g(x)$	$g'(x)$
1	5	2	3
2	7	1	4

풀이 $a = 1, 2$일 때 $h'(a) = f'(g(a))g'(a)$를 적용하면 다음을 얻는다.

$$h'(1) = f'(g(1))g'(1) = f'(2)g'(1) = 7 \cdot 3 = 21,$$

$$h'(2) = f'(g(2))g'(2) = f'(1)g'(2) = 5 \cdot 4 = 20$$

관련 연습문제 13번 ◀

| 예제 4 | 연쇄 법칙 응용 트레일 러너는 산악 달리기를 하는 동안 10분마다 위성항법장치(GPS unit)에 고도 a피트를 기록하도록 설정해 놓았다(표 3.4). 근처에 있는 기상기지국에서는 다양한 고도에서 대기압 p(단위는 헥토파스칼, hPa)를 표 3.5와 같이 기록했다.

표 3.4

t(분)	0	10	20	30	40	50	60	70	80
$a(t)$ (고도)	10,000	10,220	10,510	10,980	11,660	12,330	12,710	13,330	13,440

표 3.5

a (고도)	5485	7795	10,260	11,330	12,330	13,330	14,330	15,830	16,230
$p(a)$(압력)	1000	925	840	821	793	765	738	700	690

연쇄 법칙을 적용하여 산악 달리기를 시작한 지 50분 후 트레일 러너가 겪는 단위 시간당 압력의 변화율을 추정하여라.

▶ 차분몫 $\dfrac{p(a+h)-p(a)}{h}$는 $h>0$일 때는 전향차분몫이다(3.1절 연습문제 34–36번 참고).

풀이 압력의 변화율 $\dfrac{dp}{dt}$를 구해야 하는데, 이 변화율은 연쇄 법칙을 적용하면

$$\frac{dp}{dt} = \frac{dp}{da}\frac{da}{dt}$$

이다. 달리기를 시작한 지 50분 후부터 러너는 고도 12,330피트에 있고, 따라서 $a = 12{,}330$일 때 dp/da와 $t = 50$일 때 da/dt를 구해야 한다. 이 미분계수의 근삿값은 다음 전향차분몫을 이용하여 구한다.

$$\left.\frac{dp}{da}\right|_{a=12{,}330} \approx \frac{p(12{,}330+1000)-p(12{,}330)}{1000} = \frac{765-793}{1000} = -0.028\,\frac{\text{hPa}}{\text{ft}}$$

$$\left.\frac{da}{dt}\right|_{t=50} \approx \frac{a(50+10)-a(50)}{10} = \frac{12{,}710-12{,}330}{10} = 38.0\,\frac{\text{ft}}{\text{min}}$$

따라서 시간에 대한 압력의 변화율을 구하면 다음과 같다.

$$\frac{dp}{dt} = \frac{dp}{da}\frac{da}{dt} \approx -0.028\,\frac{\text{hPa}}{\text{ft}}\cdot 38.0\,\frac{\text{ft}}{\text{min}} = -1.06\,\frac{\text{hPa}}{\text{min}}$$

러너가 트레일을 따라 올라갈 때 고도는 증가하고 압력은 감소하므로(표 3.5) 예상한 것처럼 dp/dt는 음수이다. 또한 변화율의 단위에 유의하자.

관련 연습문제 41번 ◀

거듭제곱에 대한 연쇄 법칙

연쇄 법칙을 적용하여 미분가능 함수의 거듭제곱에 대한 미분 법칙을 구할 수 있다. 실제로 이 법칙을 앞의 다양한 예제에서 사용했다. p가 실수일 때 함수 $f(x) = (g(x))^p$을 생각해 보자. 바깥 함수를 $f(u) = u^p$으로, 안쪽 함수를 $u = g(x)$로 놓으면 함수의 거듭제곱에 대한 연쇄 법칙을 얻을 수 있다.

정리 3.14 거듭제곱에 대한 연쇄 법칙

함수 g가 정의역의 모든 x에 대하여 미분가능하고 p가 실수이면 다음이 성립한다.

$$\frac{d}{dx}\left((g(x))^p\right) = p(g(x))^{p-1}g'(x)$$

| 예제 5 | 거듭제곱에 대한 연쇄 법칙 $\frac{d}{dx}(\tan x + 10)^{21}$을 구하여라.

풀이 $g(x) = \tan x + 10$으로 놓고 연쇄 법칙을 적용하면 다음을 얻는다.

$$\frac{d}{dx}(\tan x + 10)^{21} = 21(\tan x + 10)^{20}\frac{d}{dx}(\tan x + 10)$$
$$= 21(\tan x + 10)^{20}\sec^2 x$$

관련 연습문제 23번 ◀

세 함수 이상의 합성함수

다음 예제와 같이 연쇄 법칙을 적용하여 세 함수 이상의 합성함수를 미분할 수 있다.

| 예제 6 | 세 함수의 합성함수 $\sin(e^{\cos x})$의 도함수를 구하여라.

풀이 안쪽 함수를 $e^{\cos x}$으로 놓자. $e^{\cos x}$은 두 함수의 합성함수이므로 안쪽 함수를 $\cos x$로 놓고 다시 연쇄 법칙을 적용하여 $\frac{d}{dx}(\cos x)$를 구할 수 있고, 따라서 다음을 얻는다.

$$\frac{d}{dx}(\underbrace{\sin}_{\text{바깥}}\,(\underbrace{e^{\cos x}}_{\text{안쪽}})) = \cos(e^{\cos x})\frac{d}{dx}(e^{\cos x}) \qquad \text{연쇄 법칙}$$
$$= \cos(e^{\cos x})\underbrace{e^{\cos x}\cdot\frac{d}{dx}(\cos x)}_{\frac{d}{dx}(e^{\cos x})} \qquad \text{연쇄 법칙}$$
$$= \cos(e^{\cos x})\cdot e^{\cos x}(-\sin x) \qquad \cos x \text{ 미분하기}$$
$$= -\sin x\cdot e^{\cos x}\cdot\cos(e^{\cos x}) \qquad \text{간단히 하기}$$

관련 연습문제 28번 ◀

연쇄 법칙은 때때로 다른 미분 법칙과 함께 적용된다. 예제 7에서 연쇄 법칙과 다양한 미분 법칙이 결합하여 적용되는 경우를 살펴볼 것이다.

| 예제 7 | 법칙의 결합 $\frac{d}{dx}(x^2\sqrt{x^2+1})$을 구하여라.

풀이 주어진 함수는 x^2과 $\sqrt{x^2+1}$의 곱이고 $\sqrt{x^2+1}$은 합성함수이다. 먼저 곱의 법칙을 적용한 다음 연쇄 법칙을 사용하면 다음을 얻는다.

$$\frac{d}{dx}(x^2\sqrt{x^2+1}) = \underbrace{\frac{d}{dx}(x^2)}_{2x}\cdot\sqrt{x^2+1} + x^2\cdot\underbrace{\frac{d}{dx}(\sqrt{x^2+1})}_{\text{연쇄 법칙 사용}} \qquad \text{곱의 법칙}$$
$$= 2x\sqrt{x^2+1} + x^2\cdot\frac{1}{2\sqrt{x^2+1}}\cdot 2x \qquad \text{연쇄 법칙}$$

➤ 예제 6에 주어진 함수는 연쇄 법칙을 적용하는 한 예로 사용됐으나 이 예제를 끝내기 전에 이 함수와 연관이 있는 함수 $y = \sin(e^{1.3\cos x}) + 1$의 그래프(그림 3.56)를 생각해 보자. 이 함수는 주기함수이고 각 주기에서 두 개의 극대점을 가지며, 교통의 흐름(야간부터 아침 러시아워, 아침 러시아워부터 저녁 러시아워 순서 등), 조수 간만(만조, 중간 만조, 만조, 간조의 순서 등) 또는 공기 중의 알레르겐 출현(봄과 가을의 정점 등)의 모델에 적용할 수 있다.

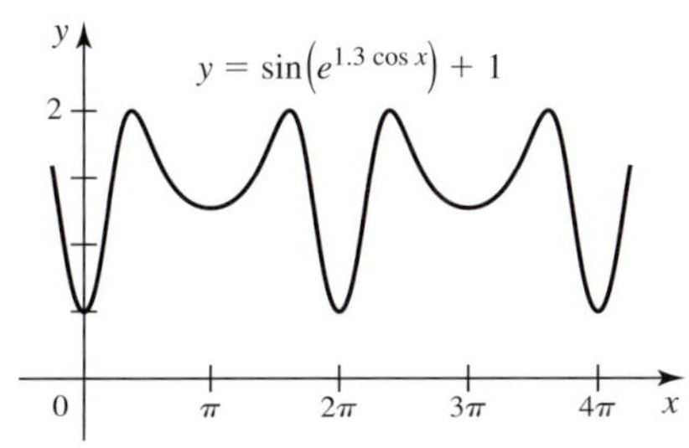

그림 3.56

QUICK CHECK 3 $y = \tan^{10}(x^5)$에 대하여 $y = f(u)$, $u = g(v)$, $v = h(x)$를 만족하는 세 함수 f, g, h를 선택하여라. ◀

$$= 2x\sqrt{x^2+1} + \frac{x^3}{\sqrt{x^2+1}}$$ 간단히 하기

$$= \frac{3x^3+2x}{\sqrt{x^2+1}}$$ 간단히 하기

관련 연습문제 36번 ◀

연쇄 법칙의 증명

f가 $u = g(a)$에서 미분가능하며 g는 a에서 미분가능하다고 가정하고, $h(x) = f(g(x))$로 놓자. h에 도함수의 정의를 적용하면 다음과 같다.

$$h'(a) = \lim_{x\to a}\frac{h(x)-h(a)}{x-a} = \lim_{x\to a}\frac{f(g(x))-f(g(a))}{x-a} \tag{3}$$

a 근처에서 $x \neq a$인 모든 x에 대하여 $g(x) \neq g(a)$라 가정하자. 이 가정은 본 교재의 대부분 함수에 대하여 성립한다. 이 가정이 성립하지 않는 연쇄 법칙의 일반적인 증명은 연습문제 61번에서 다룬다.

식 (3)의 우변에 $\dfrac{g(x)-g(a)}{g(x)-g(a)}(=1)$을 곱하고 $v = g(x)$, $u = g(a)$로 놓자. 그러면 다음이 성립한다.

$$h'(a) = \lim_{x\to a}\frac{f(g(x))-f(g(a))}{g(x)-g(a)}\cdot\frac{g(x)-g(a)}{x-a}$$

$$= \lim_{x\to a}\frac{f(v)-f(u)}{v-u}\cdot\frac{g(x)-g(a)}{x-a}$$

가정에 의하여 g는 a에서 미분가능하고, 따라서 g는 a에서 연속이다. 이는 $\lim_{x\to a} g(x) = g(a)$임을 의미하므로 $x \to a$일 때 $v \to u$이다. 이로써 다음을 얻는다.

$$h'(a) = \underbrace{\lim_{v\to u}\frac{f(v)-f(u)}{v-u}}_{f'(u)}\cdot\underbrace{\lim_{x\to a}\frac{g(x)-g(a)}{x-a}}_{g'(a)} = f'(u)g'(a)$$

f와 g는 각각 u와 a에서 미분가능하므로 위 식의 두 극한은 존재하고 따라서 $h'(a)$는 존재한다. 이제 $u = g(a)$를 대입하면 $h'(a) = f'(g(a))g'(a)$이다. a에 변수 x를 대입하면 연쇄 법칙 $h'(x) = f'(g(x))g'(x)$를 얻는다. ◀

3.7절 연습문제

1단계 스타트

1. 이 절에서 함수 $y = f(g(x))$의 도함수를 계산하는 연쇄 법칙을 두 가지 방법으로 학습했다. 이 두 공식을 말하여라.

2. $y = (x^3 + x + 1)^4$의 안쪽 함수와 바깥 함수를 선택하고, 공식 $\dfrac{dy}{dx} = \dfrac{dy}{du} \cdot \dfrac{du}{dx}$를 사용하여 $\dfrac{dy}{dx}$를 구하여라.

3. 두 합성함수 $y = \cos^3 x$와 $y = \cos x^3$은 비슷해 보이지만 실제로 다르다. 각 함수에 대하여 안쪽 함수 $u = g(x)$와 바깥 함수 $y = f(u)$를 선택하고, 연쇄 법칙을 사용하여 $\dfrac{dy}{dx}$를 구하여라.

4. 다음 밑줄 친 부분을 채워라. $f(g(x))$의 도함수는 ________ 에서 구한 f'과 ________에서 구한 g'을 곱한 것과 같다.

5. $d/dx\,(f(g(x)) = f'(g(x)) \cdot g'(x)$를 사용하여 $y = \sqrt{4x+1}$의 도함수를 구하여라.

6. $h(x) = f(g(x))$이고 $g(3) = 4$, $g'(3) = 5$, $f(4) = 9$, $f'(4) = 10$일 때, $h'(3)$을 구하여라.

7. $h(x) = f(g(x))$이고 f와 g의 그래프가 그림과 같을 때, $h'(4)$를 구하여라.

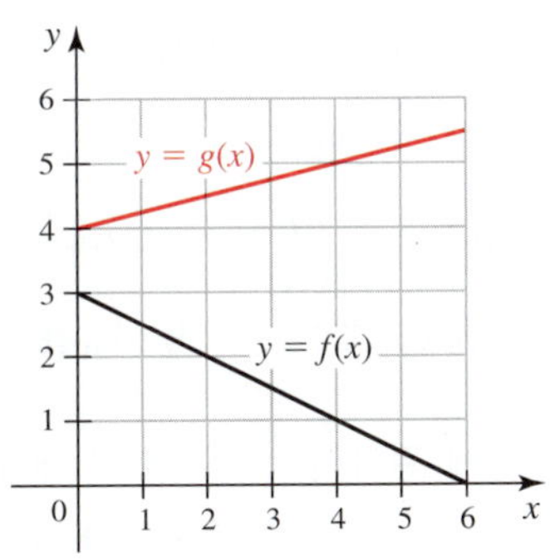

8. $y = e^{kx}$의 도함수는 무엇인가?

2단계 실전

9–13. 다음 합성함수에 대하여 $y = f(g(x))$를 만족하는 안쪽 함수 $u = g(x)$와 바깥 함수 $y = f(u)$를 선택하고, dy/dx를 구하여라.

9. $y = (3x + 7)^{10}$ **10.** $y = \sin^5 x$

11. $y = \sqrt{x^2 + 1}$ **12.** $y = e^{4x^2+1}$

13. $y = \tan 5x^2$

14. **표를 이용하여 미분계수 구하기** $h(x) = f(g(x))$, $p(x) = g(f(x))$로 놓고 표를 이용하여 다음 미분계수를 구하여라.

a. $h'(3)$ **b.** $h'(2)$ **c.** $p'(4)$ **d.** $p'(2)$ **e.** $h'(5)$

x	1	2	3	4	5
$f(x)$	0	3	5	1	0
$f'(x)$	5	2	−5	−8	−10
$g(x)$	4	5	1	3	2
$g'(x)$	2	10	20	15	20

15–39. 다음 함수의 도함수를 구하여라.

15. $y = (3x^2 + 7x)^{10}$ **16.** $y = \sqrt{10x + 1}$

17. $y = 5(7x^3 + 1)^{-3}$ **18.** $y = \sec(3x + 1)$

19. $y = \tan e^x$ **20.** $y = \sin(4x^3 + 3x + 1)$

21. $y = (5x + 1)^{2/3}$ **22.** $y = \sqrt[4]{\dfrac{2x}{4x - 3}}$

23. $y = (\sec x + \tan x)^5$ **24.** $y = (2x^6 - 3x^3 + 3)^{25}$

25. $y = (1 + 2\tan u)^{4.5}$ **26.** $y = \sqrt{1 + \cot^2 x}$

27. $y = \dfrac{2e^x + 3e^{-x}}{3}$ **28.** $y = \sin(\sin(e^x))$

29. $y = \sin^5(\cos 3x)$ **30.** $y = \dfrac{e^{2t}}{1 + e^{2t}}$

31. $y = \sqrt{x + \sqrt{x}}$

32. $y = (f(g(x^m)))^n$, f와 g가 모든 실수에 대하여 미분가능하고 m과 n이 상수일 때

33. $y = \left(\dfrac{x}{x + 1}\right)^5$ **34.** $y = e^{x^2+1}\sin x^3$

35. $y = \theta^2 \sec 5\theta$ **36.** $y = ((x + 2)(x^2 + 1))^4$

37. $y = \sqrt[5]{x^4 + \cos 2x}$

38. $y = (p + 3)^2 \sin p^2$

39. $y = \sqrt{f(x)}$, x에서 f가 미분가능하고 음이 아닐 때

40. **참 또는 거짓** 다음 명제가 참이면 증명하고 거짓이면 반례를 들어라.

a. 함수 $f(x) = x \sin x$는 연쇄 법칙을 사용하지 않고 미분할 수 있다.

b. 함수 $f(x) = e^{\sqrt{x+1}}$은 반드시 연쇄 법칙을 사용하여 미

분해야 한다.

c. 두 함수의 곱의 도함수는 각 도함수의 곱은 아니지만, 합성함수의 도함수는 도함수의 곱이다.

d. $\frac{d}{dx}P(Q(x)) = P'(x)Q'(x)$

41. 연쇄 법칙의 응용 예제 4의 표 3.4와 표 3.5를 이용하여 러너의 고도가 13,330 ft일 때, 러너가 느끼는 압력의 변화율을 전향차분몫을 사용하여 추정하여라.

42. 어린 사막 거북의 체중 뉴멕시코 대학의 한 연구에 따르면 스위치 다이어트를 시작한 지 t일 후의 어린 사막 거북의 체중은 함수 $m(t) = m_0 e^{0.004t}$ (그램)임을 알았는데, 여기서 m_0은 스위치 다이어트 시작 시점의 거북의 체중이다. $m_0 = 64$일 때 $m'(65)$를 구하고, 이 결과의 의미를 설명하여라(출처: *Physiological and Biochemical Zoology*, 85, 1, 2012).

43. 은행 계좌 예금계좌에 $200를 입금했을 때, $t(\geq 0)$년 후의 원리합계는 $A(t) = 200e^{0.0398t}$이다.

a. 10년 후 계좌의 잔고를 구하여라.

b. $t = 10$일 때, 계좌 잔고의 성장률(달러/년)은 얼마나 빠른가?

c. **a**와 **b**에서 구한 결과를 이용하여 $(10, A(10))$에서 곡선 $A = 200e^{0.0398t}$에 접하는 직선의 방정식을 구하여라.

44. 기울기의 위치 구하기 $f(x) = xe^{2x}$이라 하자.

a. 곡선 $y = f(x)$의 기울기가 0인 x의 값을 구하여라.

b. **a**에서 구한 답의 의미를 f의 그래프와 관련지어 설명하여라.

45–46. 2계 도함수 다음 함수의 2계 도함수를 구하여라.

45. $y = \sin x^2$　　**46.** $y = e^{-2x^2}$

47. 접선 점 $(0, -1)$에서 $y = \frac{(x^2-1)^2}{x^3-6x-1}$의 그래프에 접하는 직선의 방정식을 구하여라.

48. 접선 두 함수 f와 g가 각 정의역에서 미분가능하고 $h(x) = f(g(x))$라 하자. 점 $(4, 7)$에서 g의 그래프에 접하는 직선의 방정식이 $y = 3x - 5$이고, 점 $(7, 9)$에서 f의 그래프에 접하는 직선의 방정식이 $y = -2x + 23$이라 하자.

a. $h(4)$와 $h'(4)$를 구하여라.

b. 점 $(4, h(4))$에서 h의 그래프에 접하는 직선의 방정식을 구하여라.

49. 접선 $x = \frac{1}{2}\ln 3$에서 $y = e^{2x}$에 접하는 직선의 방정식을 구하여라.

50. sin x를 포함하는 합성함수 함수 f가 모든 실수에서 미분가능하고 $f(0) = -3$, $f(1) = 3$, $f'(0) = 3$, $f'(1) = 5$라고 하자. $g(x) = \sin(\pi f(x))$일 때, 다음을 구하여라.

a. $g'(0)$　　**b.** $g'(1)$

51–52. 용수철 진동 질량이 m인 물체가 천장에 걸린 용수철 끝에 매달려 있다고 가정하자. 정지 상태에 있을 때 물체의 평형 위치를 $y = 0$이라 하자. 이제 평형 위치에서 위로 y_0 단위까지 물체를 밀어 올린 후 다시 놓았다. 물체가 아래위로 진동함에 따른(이 계의 공기저항, 마찰 등은 무시) t초 후 위치 함수 y는

$$y = y_0 \cos\left(t\sqrt{\frac{k}{m}}\right) \quad (4)$$

로 주어지는데, 여기서 k는 용수철의 탄성을 나타내는 용수철 상수(k가 클수록 탄성은 커짐)이고 y는 윗방향일 때 양의 값을 갖는다.

51. 식 (4)를 사용하여 물음에 답하여라.

a. 2계 도함수 $\frac{d^2y}{dt^2}$를 구하여라.

b. $\frac{d^2y}{dt^2} = -\frac{k}{m}y$임을 확인하여라.

52. 식 (4)를 사용하여 물음에 답하여라.

a. 물체가 1회 진동할 때 경과된 시간을 주기 T라 한다. $T = 2\pi\sqrt{\frac{m}{k}}$임을 증명하여라.

b. k가 상수라 가정하고 $\frac{dT}{dm}$를 구하여라.

c. $\frac{dT}{dm}$가 양의 부호를 갖는 물리적 이유를 설명하여라.

53. 감쇠진동자 천장에 걸려 있는 용수철에 매달린 물체의 변위가 $y = 10e^{-t/2}\cos\frac{\pi t}{8}$로 주어졌다고 하자.

a. 변위 함수의 그래프를 그려라.

b. 물체의 속도 $v(t) = y'(t)$를 구하고 그래프를 그려라.

c. 최고점과 최저점에서 물체의 속도는 0임을 확인하여라.

54. 일조 시간 지구상의 어느 곳이든 연간 일조 시간은 변한다. 북반구에서는 동짓날의 일조 시간이 가장 짧고 하짓날의 일조 시간이 가장 길다. 북위 40°에서 하루의 길이는 근사적으로

$$D(t) = 12 - 3\cos\left(\frac{2\pi(t+10)}{365}\right)$$

인데, 여기서 D의 단위는 시간(hr)이고 $0 \leq t \leq 365$의 단위

는 일(day)이며, 1월 1일에 $t = 0$이다.

a. 3월 1일($t = 59$)의 일조 시간은 약 얼마인가?

b. 일조 시간 함수의 변화율을 구하여라.

c. 3월 1일 일조 시간의 변화율을 구하여라. 구한 답을 min/day로 바꾸고 이 결과의 의미를 설명하여라.

d. 그래프 유틸리티를 이용하여 함수 $y = D'(t)$의 그래프를 그려라.

e. 연중 낮의 길이가 언제 가장 빨리 변하고 언제 가장 늦게 변하는가?

3단계 도전

55. 전력과 에너지 한 마을에서 사용되는 에너지의 총량(단위는 메가와트-시간, MWh)은

$$E(t) = 400t + \frac{2400}{\pi}\sin\frac{\pi t}{12}$$

로 주어지는데, $t \geq 0$의 단위는 시간(hr)이고 정오일 때 $t = 0$이다.

a. 전력, 즉 에너지의 소모율 $P(t) = E'(t)$를 구하여라(단, 단위는 메가와트(MW)이다).

b. 하루 중 어느 시각에 에너지 소모율이 최대인가? 이때 전력은 얼마인가?

c. 하루 중 어느 시각에 에너지 소모율이 최소인가? 이때 전력은 얼마인가?

d. 에너지 사용이 최대일 때와 최소일 때를 포함하여 시간에 대한 전력 함수의 그래프를 그려라.

56. 2계 도함수에 대한 연쇄 법칙

a. 2계 도함수 $\dfrac{d^2}{dx^2}(f(g(x)))$에 대한 도함수 공식을 구하여라.

b. **a**에서 구한 공식을 이용하여 $\dfrac{d^2}{dx^2}(\sin(3x^4 + 5x^2 + 2))$를 구하여라.

57–58. 극한값 계산 다음 극한은 점 a에서 합성함수 g의 미분계수이다.

a. 점 a와 함수 g를 구하여라.

b. 연쇄 법칙을 사용하여 극한을 구하여라. 계산기를 이용하여 결과를 확인하여라.

57. $\displaystyle\lim_{x\to 2}\frac{(x^2 - 3)^5 - 1}{x - 2}$

58. $\displaystyle\lim_{h\to 0}\frac{\sin(\pi/2 + h)^2 - \sin(\pi^2/4)}{h}$

59. 차분몫의 극한 모든 x에 대하여 함수 f는 미분가능하다고 가정할 때, 다음 극한을 간단히 하여라.

$$\lim_{x\to 5}\frac{f(x^2) - f(25)}{x - 5}$$

60. 우함수와 기함수의 도함수 함수 f의 정의역에 있는 모든 x에 대하여 $f(-x) = f(x)$이면 f는 우함수, $f(-x) = -f(x)$이면 f는 기함수임을 다시 한번 기억하자.

a. f가 미분가능하고 우함수일 때, f'이 우함수 또는 기함수 또는 어느 것도 아닌지 결정하여라.

b. f가 미분가능하고 기함수일 때, f'이 우함수 또는 기함수 또는 어느 것도 아닌지 결정하여라.

61. 연쇄 법칙의 일반적인 증명 f와 g가 미분가능 함수이고 $h(x) = f(g(x))$라 하자. 주어진 상수 a에 대하여 $u = g(a)$, $v = g(x)$라 하고 함수 H를

$$H(v) = \begin{cases} \dfrac{f(v) - f(u)}{v - u} - f'(u), & v \neq u \\ 0, & v = u \end{cases}$$

로 정의하자.

a. $\displaystyle\lim_{v\to u} H(v) = 0$임을 증명하여라.

b. 모든 v에 대하여 $f(v) - f(u) = (H(v) + f'(u))(v - u)$임을 증명하여라.

c. $\displaystyle h'(a) = \lim_{x\to a}\left((H(g(x)) + f'(g(a)))\cdot\frac{g(x) - g(a)}{x - a}\right)$임을 증명하여라.

d. $h'(a) = f'(g(a))g'(a)$임을 증명하여라.

QUICK CHECK 정답

1. $(5x + 4)^{100}$을 전개하면 101개의 항이 나타난다. 따라서 다항식을 전개하고 도함수를 구하는 데 많은 시간이 필요하다.
2. 안쪽 함수는 $u = 5x + 4$로 선택할 수 있고, 바깥 함수는 $y = u^3$으로 선택할 수 있다.
3. $f(u) = u^{10}, u = g(v) = \tan v, v = h(x) = x^5$ ◀

3.8 음함수의 미분법

지금까지 x의 함수로서 y가 **양적**(explicitly)으로 정의되는 함수 $y = f(x)$의 도함수를 구했다. 그러나 두 변수 x와 y의 관계가 **음적**(implicitly)인 경우도 있다. 예를 들어 단위원의 방정식 $x^2 + y^2 = 1$은 하나의 x 값에 대하여 y의 값을 하나의 값으로 나타내지 못하고 y를 음적으로 정의한다. 주어진 원의 방정식의 그래프(그림 3.57(a))는 수직선 검사를 만족하지 못하므로 $x^2 + y^2 = 1$은 하나의 함수를 나타내지 못한다. 그러나 이 방정식을 y에 대하여 풀면 $y = -\sqrt{1 - x^2}$과 $y = \sqrt{1 - x^2}$의 두 함수를 얻을 수 있다(그림 3.57(b)). 위에서 구한 두 양함수는 단위원을 나타내고, 각 함수에 연쇄 법칙을 적용하면 도함수를 구할 수 있다.

$$y = \sqrt{1 - x^2}, \quad \frac{dy}{dx} = -\frac{x}{\sqrt{1 - x^2}} \tag{1}$$

$$y = -\sqrt{1 - x^2}, \quad \frac{dy}{dx} = \frac{x}{\sqrt{1 - x^2}} \tag{2}$$

식 (1)을 적용하면 상반원의 모든 점에서 곡선의 기울기를 구할 수 있고, 식 (2)를 적용하면 하반원의 모든 점에서 곡선의 기울기를 구할 수 있다.

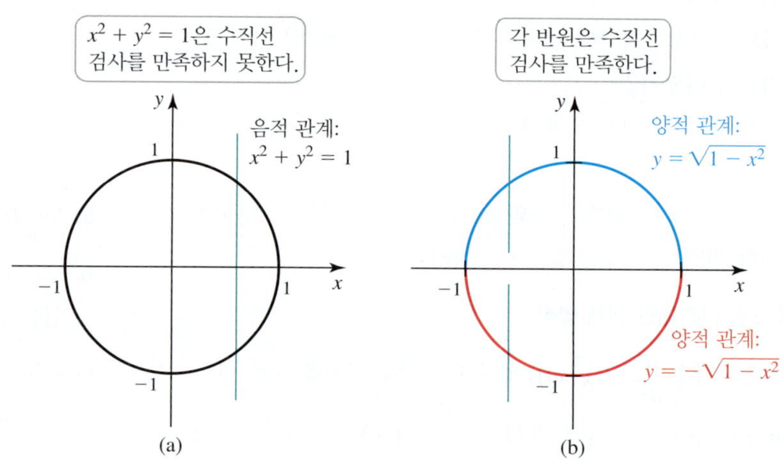

그림 3.57

QUICK CHECK 1 방정식 $x - y^2 = 0$이 음적으로 정의하는 두 함수는 무엇인가? ◀

$x^2 + y^2 = 1$ 또는 $x - y^2 = 0$과 같이 음적으로 주어진 방정식은 y에 대하여 풀 수 있지만, 음적으로 주어진 방정식을 y에 대하여 풀기 어렵거나 풀 수 없는 경우도 있다. 예를 들어 $x + y^3 - xy = 1$의 그래프(그림 3.58(a))는 세 함수, 즉 포물선의 위쪽 절반 부분 $y = f_1(x)$, 아래쪽 절반 부분 $y = f_2(x)$, 수평 직선 $y = f_3(x)$를 나타낸다(그림 3.58(b)). 앞에서 언급한 세 함수를 구하기 위해 방정식을 y에 대하여 푸는 것은 간단하지 않고(연습문제 39번), y에 대하여 풀고 난 후에도 세 함수의 도함수를 분리해서 각각 구해야 한다. 이 절에서 음적으로 주어진 방정식을 y에 대하여 풀지 않고, 방정식으로부터 **직접** 하나의 도함수를 나타내는 방법을 알아보

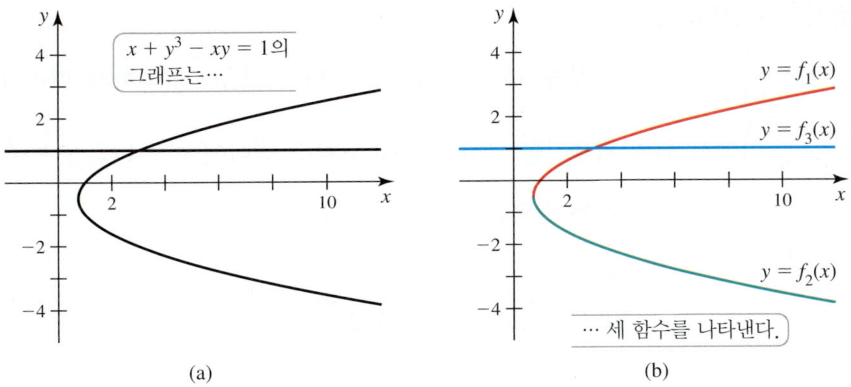

그림 3.58

고자 한다. 이 방법을 **음함수의 미분법**이라 하고 다양한 예제를 통해 살펴볼 것이다.

| 예제 1 | 음함수의 미분법

a. 단위원의 방정식 $x^2 + y^2 = 1$로부터 $\dfrac{dy}{dx}$를 직접 구하여라.

b. 점 $\left(\dfrac{1}{2}, \dfrac{\sqrt{3}}{2}\right)$과 점 $\left(\dfrac{1}{2}, -\dfrac{\sqrt{3}}{2}\right)$에서 단위원에 접하는 직선의 기울기를 구하여라.

풀이

a. 독립변수로써 x를 선택하면 종속변수 y는 x의 함수 $y(x)$로 간주할 수 있다.

$$x^2 + (y(x))^2 = 1 \qquad y\text{에 } y(x) \text{ 대입하기}$$

위 식의 각 항을 x에 대하여 미분하면

$$\underbrace{\frac{d}{dx}(x^2)}_{2x} + \underbrace{\frac{d}{dx}(y(x))^2}_{\text{연쇄 법칙 적용}} = \underbrace{\frac{d}{dx}(1)}_{0}$$

이다. 연쇄 법칙을 적용하면 $\dfrac{d}{dx}(y(x))^2 = 2y(x)y'(x)$, 즉 $\dfrac{d}{dx}(y^2) = 2y\dfrac{dy}{dx}$ 이고, 이를 위 식에 대입하면 다음을 얻는다.

$$2x + 2y\frac{dy}{dx} = 0$$

마지막 단계로 위 식을 $\dfrac{dy}{dx}$에 대하여 푼다.

$$2y\frac{dy}{dx} = -2x \qquad \text{양변에 } 2x \text{ 빼기}$$

$$\frac{dy}{dx} = -\frac{x}{y} \qquad 2y\text{로 나누고 간단히 하기}$$

위 결과는 $y \neq 0$일 때 성립한다. 두 점 $(1, 0)$과 $(-1, 0)$에서 주어진 원은 수직

접선을 갖는다.

b. 도함수 $\frac{dy}{dx} = -\frac{x}{y}$는 두 변수 x와 y를 모두 포함하고 있음에 유의하자. 따라서 점 $\left(\frac{1}{2}, \frac{\sqrt{3}}{2}\right)$에서 원의 기울기를 구하기 위해 도함수 공식에 $x = 1/2$, $y = \sqrt{3}/2$을 대입해야 하며, 구하는 결과는

$$\left.\frac{dy}{dx}\right|_{\left(\frac{1}{2}, \frac{\sqrt{3}}{2}\right)} = -\frac{1/2}{\sqrt{3}/2} = -\frac{1}{\sqrt{3}}$$

이다. 점 $\left(\frac{1}{2}, -\frac{\sqrt{3}}{2}\right)$에서 곡선의 기울기는 다음과 같다.

$$\left.\frac{dy}{dx}\right|_{\left(\frac{1}{2}, -\frac{\sqrt{3}}{2}\right)} = -\frac{1/2}{-\sqrt{3}/2} = \frac{1}{\sqrt{3}}$$

곡선과 접선의 그래프는 그림 3.59에 주어져 있다.

관련 연습문제 7-8번 ◀

▶ 일반적으로 음함수의 미분법에서 dy/dx를 나타내는 식은 두 변수 x와 y를 포함한다. 기호 $\left.\frac{dy}{dx}\right|_{(a,b)}$는 dy/dx를 나타내는 식에 $x = a$를, $y = b$를 대입한 것을 의미한다.

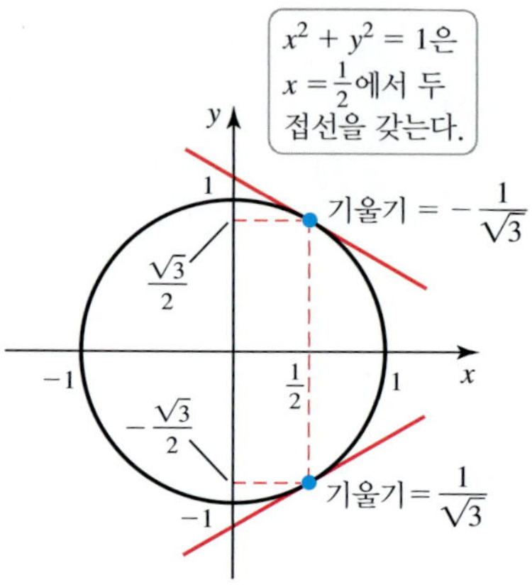

그림 3.59

예제 1은 음함수를 미분하는 방법을 설명하고 있다. 이때 y에 대하여 식을 풀지 않고 도함수를 구했고, 도함수 dy/dx에 두 변수 x와 y가 포함되어 있다. 예제 1에서 구한 도함수는 식 (1)과 식 (2)를 적용하여 구한 양함수의 도함수와 일치한다. 주어진 원의 위쪽 반원에서는 음함수의 도함수 $dy/dx = -x/y$에 $y = \sqrt{1 - x^2}$을 대입하여

$$\frac{dy}{dx} = -\frac{x}{y} = -\frac{x}{\sqrt{1 - x^2}}$$

을 얻을 수 있고, 이는 식 (1)과 일치한다. 하반원에서는 음함수의 도함수 $dy/dx = -x/y$에 $y = -\sqrt{1 - x^2}$을 대입하여

$$\frac{dy}{dx} = -\frac{x}{y} = \frac{x}{\sqrt{1 - x^2}}$$

을 얻을 수 있고, 이는 식 (2)와 일치한다. 따라서 음함수의 미분법은 하나의 통합된 도함수 $dy/dx = -x/y$를 나타낸다.

| 예제 2 | 음함수의 미분법 $\sin xy = x^2 + y$일 때, $y'(x)$를 구하여라.

풀이 주어진 방정식의 y를 x만의 식으로 나타내는 것은 불가능하므로 음함수의 미분법을 적용해야 한다. 주어진 식의 양변을 x에 대하여 미분하고 좌변에 연쇄 법칙과 곱의 법칙을 적용하면 다음과 같다,

$$(\cos xy)(y + xy') = 2x + y'$$

이제 y'에 대하여 풀면 다음을 얻는다.

$$xy'\cos xy - y' = 2x - y\cos xy \quad \text{항 재배열하기}$$
$$y'(x\cos xy - 1) = 2x - y\cos xy \quad \text{좌변 인수분해하기}$$
$$y' = \frac{2x - y\cos xy}{x\cos xy - 1} \quad y'\text{에 대하여 풀기}$$

최종 결과 y'에는 두 변수 x와 y가 모두 포함되어 있음에 유의하자.

관련 연습문제 15-16번 ◀

QUICK CHECK 2 음함수의 미분법을 이용하여 $x - y^2 = 3$의 도함수 $\frac{dy}{dx}$를 구하여라. ◀

접선의 기울기

음함수의 미분법으로 얻어지는 도함수는 일반적으로 x와 y를 포함한다. 따라서 한 점 (a, b)에서 곡선의 기울기를 구하기 위해서는 그 점의 x좌표와 y좌표 정보가 필요하다. 또한 이 점에서 접선의 방정식의 구하는 데 이 좌표들을 사용한다.

QUICK CHECK 3 어떤 함수가 양적 형태 $y = f(x)$로 정의된다면 접선의 기울기를 구하는 데 필요한 좌표는 x좌표인가 y좌표인가? 또는 두 좌표 모두 필요한가? ◀

| 예제 3 | 음함수의 접선 구하기 점 $(3, 2)$에서 곡선 $x^2 + xy - y^3 = 7$에 접하는 직선의 방정식을 구하여라.

풀이 방정식 $x^2 + xy - y^3 = 7$에서 각 항의 x에 대한 도함수를 구하면

$$\frac{d}{dx}(x^2) + \frac{d}{dx}(xy) - \frac{d}{dx}(y^3) = \frac{d}{dx}(7) \quad \text{각 항을 미분하기}$$
$$2x + \underbrace{y + xy'}_{\text{곱의 법칙}} - \underbrace{3y^2y'}_{\text{연쇄 법칙}} = 0 \quad \text{도함수 계산하기}$$
$$3y^2y' - xy' = 2x + y \quad y'\text{을 포함하는 항으로 정리하기}$$
$$y' = \frac{2x + y}{3y^2 - x} \quad \text{인수분해하고 } y'\text{에 대하여 풀기}$$

▶ y는 x의 함수이므로

$$\frac{d}{dx}(x) = 1\text{이고 } \frac{d}{dx}(y) = y'$$

이다. y^3을 x에 대하여 미분하기 위해서는 연쇄 법칙을 적용해야 한다.

이다. 점 $(3, 2)$에서 접선의 기울기를 구하기 위해 도함수에 $x = 3$, $y = 2$를 대입하면 다음을 얻는다.

$$\left.\frac{dy}{dx}\right|_{(3,2)} = \left.\frac{2x + y}{3y^2 - x}\right|_{(3,2)} = \frac{8}{9}$$

기울기가 $\frac{8}{9}$이고 점 $(3, 2)$를 지나는 직선의 방정식은 다음과 같다.

$$y - 2 = \frac{8}{9}(x - 3) \quad \text{또는} \quad y = \frac{8}{9}x - \frac{2}{3}$$

그림 3.60은 곡선 $x^2 + xy - y^3 = 7$의 그래프와 구한 접선을 나타낸다.

관련 연습문제 24번 ◀

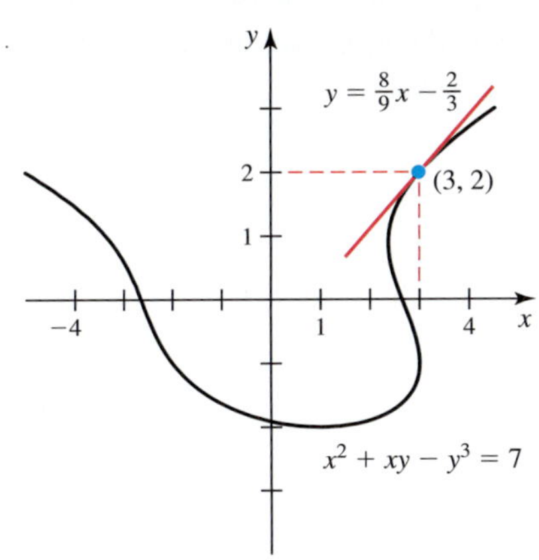

그림 3.60

| 예제 4 | 곡선의 기울기 점 $(4, 4)$에서 곡선 $2(x + y)^{1/3} = y$의 기울기를 구하여라.

풀이 주어진 방정식의 양변을 x에 대하여 미분하면 다음과 같다.

$$\frac{2}{3}(x+y)^{-2/3}\left(1+\frac{dy}{dx}\right)=\frac{dy}{dx}$$ 음함수의 미분법, 연쇄 법칙, 거듭제곱 법칙

$$\frac{2}{3}(x+y)^{-2/3}=\frac{dy}{dx}-\frac{2}{3}(x+y)^{-2/3}\frac{dy}{dx}$$ 전개하고 동류항 정리하기

$$\frac{2}{3}(x+y)^{-2/3}=\frac{dy}{dx}\left(1-\frac{2}{3}(x+y)^{-2/3}\right)$$ $\frac{dy}{dx}$로 묶어내기

$\frac{dy}{dx}$에 대하여 풀면 다음을 얻는다.

$$\frac{dy}{dx}=\frac{\frac{2}{3}(x+y)^{-2/3}}{1-\frac{2}{3}(x+y)^{-2/3}}$$ $1-\frac{2}{3}(x+y)^{-2/3}$으로 나누기

$$\frac{dy}{dx}=\frac{2}{3(x+y)^{2/3}-2}$$ $3(x+y)^{2/3}$을 곱하고 정리하기

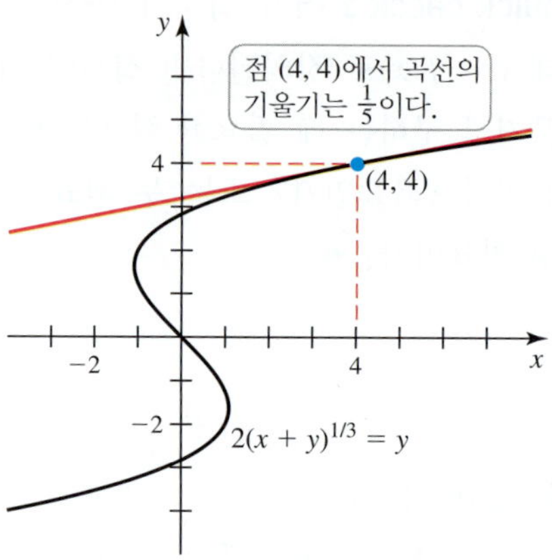

그림 3.61

➤ 예제 4에서 dy/dx를 간단히 하기 위해 사용된 과정은 도함수를 간단히 하는 하나의 유용한 방법이다. 음함수의 미분법을 사용하여 도함수를 구할 때, 도함수에 원래 함수를 대입하는 것은 구한 도함수를 간단히 할 수 있고, 이 과정을 적용하기 위해 원래 함수를 살펴볼 필요가 있다. 예제 5에서 이 방법이 다시 한 번 나올 것이다.

이제 점 (4, 4)에서 곡선의 기울기를 구하기 위해 dy/dx를 계산해야 한다. 구하고자 하는 미분계수의 계산은 약간의 계산으로 간소화할 수 있다. 즉, 주어진 식 $2(x+y)^{1/3}=y$의 양변을 제곱하고 4로 나누면 $(x+y)^{2/3}=y^2/4$이고, 따라서

$$\frac{dy}{dx}=\frac{2}{3\underbrace{(x+y)^{2/3}}_{y^2/4}-2}=\frac{8}{3y^2-8}$$

이다. 점 (4, 4)에서 곡선의 기울기를 구하기 위해(그림 3.61) 위 식을 활용하려면 y좌표, 즉 $y=4$만 대입하면 되고, 따라서 다음을 얻는다.

$$\left.\frac{dy}{dx}\right|_{(4,4)}=\left.\frac{8}{3y^2-8}\right|_{y=4}=\frac{8}{3(4)^2-8}=\frac{1}{5}$$

관련 연습문제 13번 ◀

음함수의 고계도함수

이 장의 앞 절에서 $\frac{dy}{dx}, \frac{d^2y}{dx^2}, \cdots, \frac{d^{n-1}y}{dx^{n-1}}$를 차례로 계산함으로써 고계도함수 $\frac{d^ny}{dx^n}$를 구했다. 음함수의 미분법을 적용하여 같은 방법으로 고계도함수를 구할 수 있다.

| 예제 5 | 2계 도함수 $x^2+y^2=1$일 때, $\frac{d^2y}{dx^2}$를 구하여라.

풀이 예제 1에서 $\frac{dy}{dx}=-\frac{x}{y}$를 구했다. 이제 이 식에서 양변의 도함수를 계산하고 우변을 간단히 하면 다음과 같다.

$$\frac{d}{dx}\left(\frac{dy}{dx}\right)=\frac{d}{dx}\left(-\frac{x}{y}\right)$$ x에 대하여 미분하기

$$\frac{d^2y}{dx^2} = -\frac{y\cdot 1 - x\dfrac{dy}{dx}}{y^2} \qquad \text{몫의 법칙}$$

$$= -\frac{y - x\left(-\dfrac{x}{y}\right)}{y^2} \qquad \frac{dy}{dx} = -\frac{x}{y} \text{ 대입하기}$$

$$= -\frac{x^2 + y^2}{y^3} \qquad \text{간단히 하기}$$

$$= -\frac{1}{y^3} \qquad x^2 + y^2 = 1$$

위 계산의 마지막 단계에서 d^2y/dx^2를 간단히 하기 위해 원래 방정식 $x^2 + y^2 = 1$을 사용했다.

관련 연습문제 27번 ◀

3.8절 연습문제

1단계 스타트

1. $x^2 + y^2 = 1$ 또는 $x - y^2 = 0$과 같은 방정식은 y에 대하여 푼 다음 $\dfrac{dy}{dx}$를 구할 수 있다. 그러나 이러한 함수도 음함수의 미분법을 이용하여 도함수를 구하는 것이 효과적인 이유를 설명하여라.

2. 어떤 점에서 음적으로 정의된 함수에 대한 접선의 기울기를 구할 때, 일반적으로 이 점의 x좌표와 y좌표가 모두 필요한 이유는 무엇인가?

3–4. 음함수의 미분법을 이용하여 다음 함수의 $\dfrac{dy}{dx}$를 구하여라.

3. $x = y^2$ **4.** $\sin y + 2 = x$

5. $2x - y + y^3 = 0$(그림 참조)으로 주어진 곡선에 대하여 물음에 답하여라.

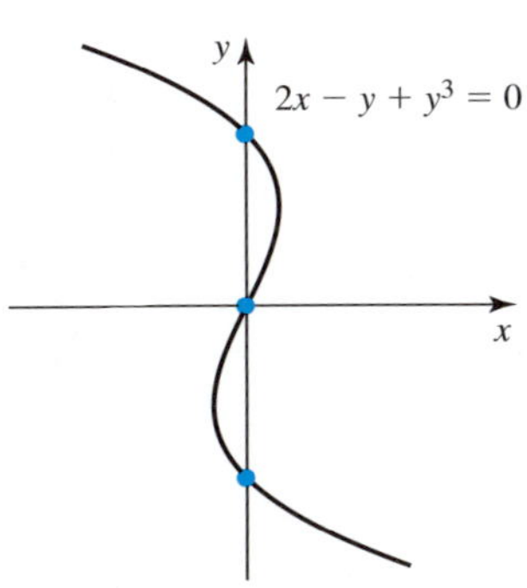

a. 곡선의 y절편을 구하여라.

b. $\dfrac{dy}{dx} = \dfrac{2}{1-3y^2}$임을 증명하여라.

c. $x = 0$일 때, 각 점에서 곡선의 기울기를 구하여라.

6. 곡선 $x = y^3$에 대하여 음함수의 미분법을 이용하여 $\dfrac{dy}{dx} = \dfrac{1}{3y^2}$임을 증명하고 $\dfrac{d^2y}{dx^2}$를 구하여라.

2단계 실전

7–13. 음함수의 미분법 다음 함수에 대하여 물음에 답하여라.

a. 음함수의 미분법을 이용하여 $\dfrac{dy}{dx}$를 구하여라.

b. 주어진 점에서 곡선의 기울기를 구하여라.

7. $x^4 + y^4 = 2,\ (1, -1)$ **8.** $y^2 = 4x,\ (1, 2)$

9. $\sin y = 5x^4 - 5,\ (1, \pi)$ **10.** $\cos y = x,\ \left(0, \dfrac{\pi}{2}\right)$

11. $xy = 7,\ (1, 7)$ **12.** $\sqrt[3]{x} + \sqrt[3]{y^4} = 2,\ (1, 1)$

13. $x\sqrt[3]{y} + y = 10,\ (1, 8)$

14–20. 음함수의 미분법 음함수의 미분법을 이용하여 $\dfrac{dy}{dx}$를 구하여라.

14. $\sin x + \sin y = y$ **15.** $x + y = \cos y$

16. $\sin xy = x + y$ **17.** $\cos y^2 + x = e^y$

18. $x^3 = \dfrac{x+y}{x-y}$ **19.** $6x^3 + 7y^3 = 13xy$

20. $\sqrt{x^4 + y^2} = 5x + 2y^3$

21. 콥-더글러스 생산 함수 어떤 경제 체계 Q의 생산량은 노동력 L, 자본 K와 같은 두 가지 투입량으로 결정되는데, 이러한

경제 체계는 콥–더글러스 생산 함수 $Q = cL^aK^b$으로 기술될 수 있다. $a + b = 1$인 경우, 규모에 대한 이익 불변(constant returns to scale)이라고 한다. $Q = 1280$, $a = \frac{1}{3}$, $b = \frac{2}{3}$, $c = 40$이라 하자.

a. 노동력에 대한 자본의 변화율 dK/dL를 구하여라.

b. **a**에서 구한 결과를 이용하여 $L = 8$, $K = 64$일 때 미분계수를 구하여라.

22. **구형 모자의 부피** 구를 얇은 종이와 같은 평면으로 자를 때, 작은 부분을 구형 모자(spherical cap)라고 한다. r이 구의 반지름이고 h가 구형 모자의 두께일 때, 모자의 부피는 $V = \pi h^2(3r - h)/3$이다.

a. 구형 모자의 부피가 $5\pi/3$일 때, dr/dh를 구하여라.

b. $r = 2$이고 $h = 1$일 때, 이 미분계수를 구하여라.

23–25. 접선 다음 곡선과 주어진 점에 대하여 물음에 답하여라.

a. 주어진 점이 곡선 위에 있음을 증명하여라.

b. 주어진 점에서 곡선에 접하는 직선의 방정식을 구하여라.

23. $\sin y + 5x = y^2$, $(0, 0)$ **24.** $x^2 + xy + y^2 = 7$, $(2, 1)$

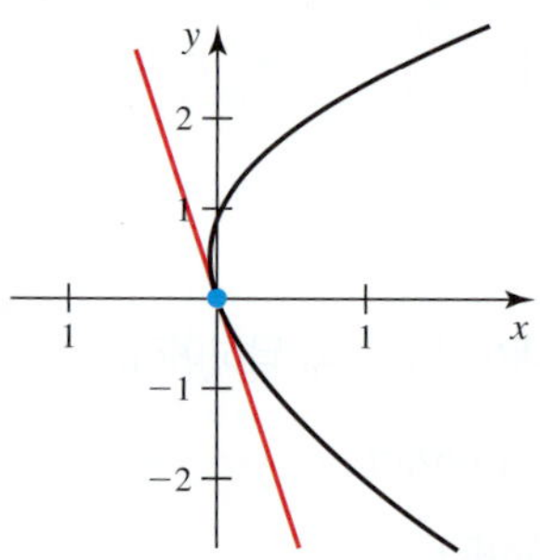

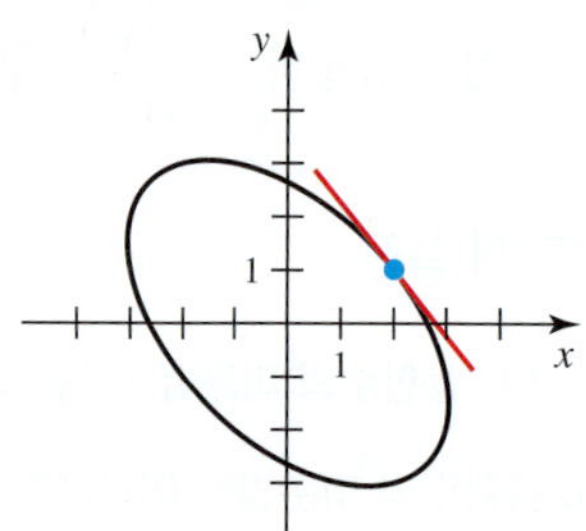

25. $\cos(x - y) + \sin y = \sqrt{2}$, $\left(\frac{\pi}{2}, \frac{\pi}{4}\right)$

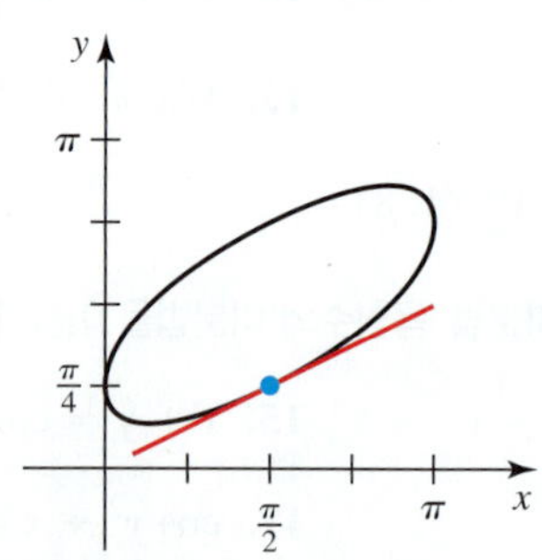

26–28. 2계 도함수 d^2y/dx^2를 구하여라.

26. $x + y^2 = 1$ **27.** $x + y = \sin y$

28. $e^{2y} + x = y$

29. **참 또는 거짓** 주어진 명제가 참이면 증명하고 거짓이면 반례를 들어라.

a. 두 변수 x와 y를 포함하는 방정식의 도함수 구할 때, 주어진 방정식을 $y = f(x)$로 바꾼 다음 dy/dx를 구할 수 있다.

b. 반지름이 $r(> 0)$인 원의 방정식이 $x^2 + y^2 = r^2$일 때, $\frac{dy}{dx} = -\frac{x}{y}$ $(y \neq 0)$이다.

c. $x = 1$일 때, 음함수의 미분법을 이용하면 $1 = 0$이다.

d. $xy = 1$이면 $y' = 1/x$이다.

30–31. 물음에 답하여라.

a. 음함수의 미분법을 이용하여 $\frac{dy}{dx}$를 구하여라.

b. 주어진 점에서 곡선의 기울기를 구하여라.

30. $xy^{5/2} + x^{3/2}y = 12$, $(4, 1)$

31. $xy + x^{3/2}y^{-1/2} = 2$, $(1, 1)$

32–34. 다중 접선 다음 단계를 완성하여라.

a. 주어진 점에서 곡선에 접하는 모든 직선의 방정식을 구하여라.

b. 주어진 그래프에서 접선을 그려라.

32. $x + y^3 - y = 1$, $x = 1$ **33.** $x + y^2 - y = 1$, $x = 1$

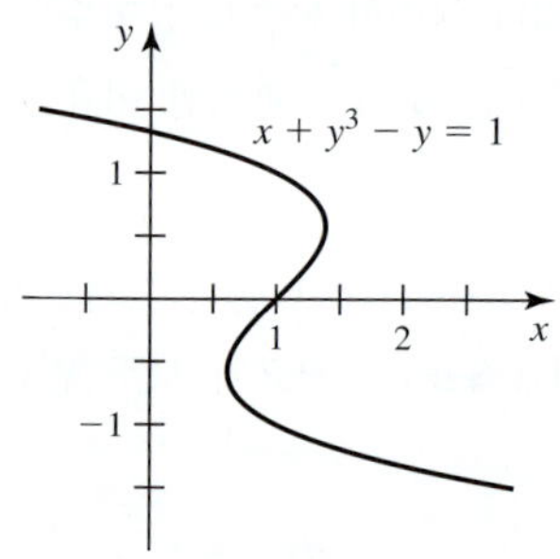

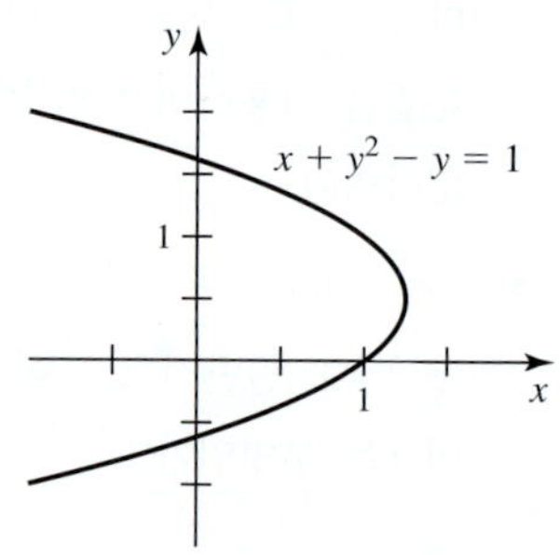

34. $4x^3 = y^2(4 - x)$, $x = 2$(디오클레스의 질주선, cissoid of Diocles)

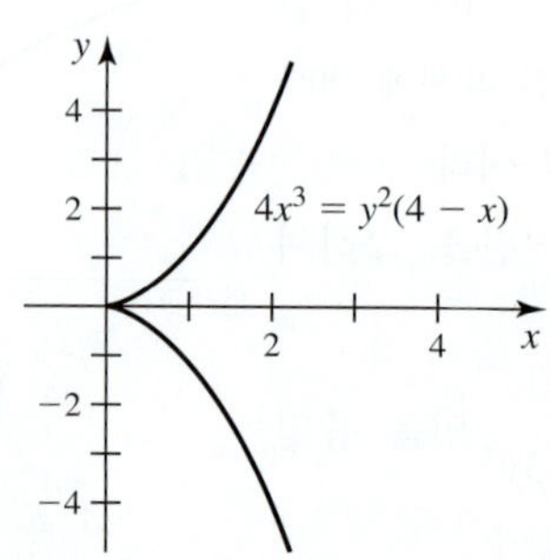

35. **아네시의 곡선** $y(x^2 + 4) = 8$(그림 참조)에 대하여 물음에 답하여라.

a. 음함수의 미분법을 이용하여 $\frac{dy}{dx}$를 구하여라.

b. $y = 1$일 때, 곡선 $y(x^2 + 4) = 8$에 접하는 모든 직선의 방정식을 구하여라.

c. $y(x^2 + 4) = 8$을 y에 대하여 풀어 양함수를 찾고 $\dfrac{dy}{dx}$를 구하여라.

d. **a**와 **c**의 결과는 같음을 확인하여라.

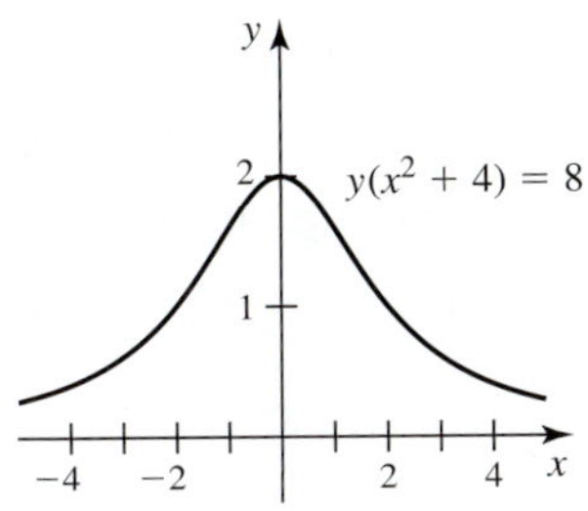

36. 수직 접선

a. 곡선 $x + y^2 - y = 1$이 수직 접선을 갖는 점을 구하여라(연습문제 33번).

b. 이 곡선은 수평 접선을 갖는가? 이유를 설명하여라.

37–38. 타원의 접선 다음 타원에서 수직 접선과 수평 접선을 구하여라.

37. $x^2 + 4y^2 + 2xy = 12$

38. $9x^2 + y^2 - 36x + 6y + 36 = 0$

3단계 도전

39–40. 방정식으로부터 함수 구하기 다음 방정식은 하나 이상의 함수를 음적으로 정의한 것이다.

a. 음함수의 미분법을 적용하여 $\dfrac{dy}{dx}$를 구하여라.

b. 함수 $y = f_1(x)$, $y = f_2(x)$, $\cdots$ 를 음적으로 정의하는 방정식을 y에 대하여 풀어라.

c. **b**에서 구한 함수를 이용하여 주어진 방정식의 그래프를 그려라.

39. $x + y^3 - xy = 1$ (힌트: 주어진 방정식을 $y^3 - 1 = xy - x$로 바꾸고 양변을 인수분해한다)

40. $x^4 = 2(x^2 - y^2)$ (8개의 곡선)

41–43. 법선 어떤 곡선 위의 점 P에서 **법선**(normal line)은 점 P를 지나고 P에서 곡선에 접하는 직선에 수직이다(그림 참조). 다음 방정식과 그래프를 이용하여 주어진 점에서 법선을 구하여라. 주어진 곡선과 법선의 그래프를 그려서 구한 결과를 설명하여라.

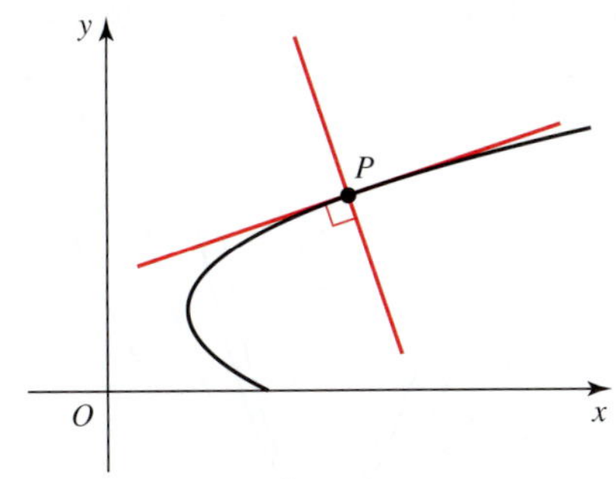

41. 연습문제 23번

42. 연습문제 24번

43. 연습문제 25번

44–45. 접선과 법선 그리기

a. 다음 곡선의 주어진 점 (x_0, y_0)에서 접선과 법선의 방정식을 구하여라.

b. 주어진 그래프에 접선과 법선의 그래프를 그려라.

44. $3x^3 + 7y^3 = 10y$, $(x_0, y_0) = (1, 1)$

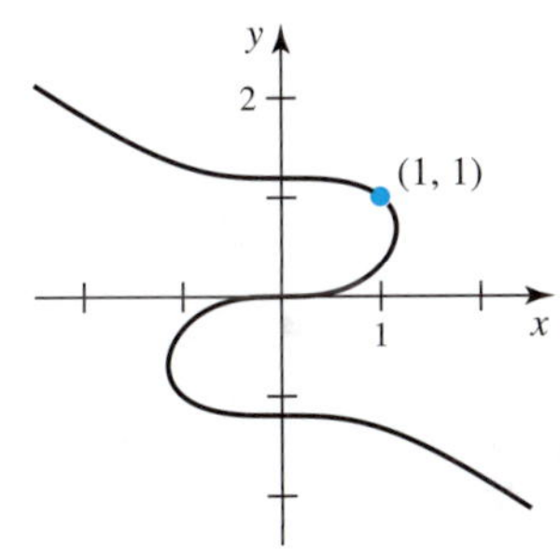

45. $(x^2 + y^2 - 2x)^2 = 2(x^2 + y^2)$, $(x_0, y_0) = (2, 2)$ (파스칼 달팽이 꼴 곡선, limaçon of Pascal)

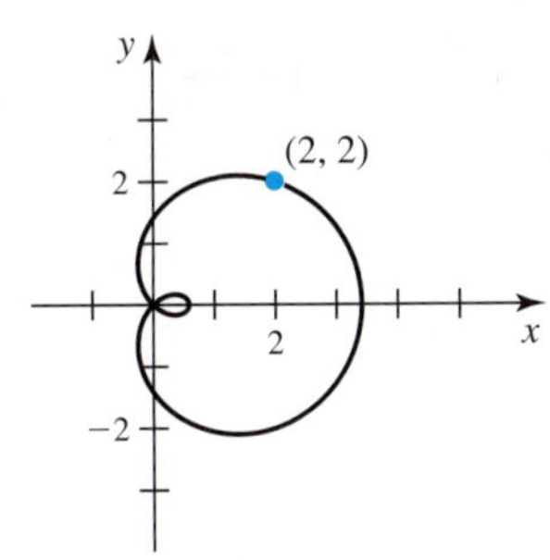

46–47. 직교 사영 두 곡선이 만나는 각 점에서 접선이 수직이면 두 곡선은 서로 **직교**(orthogonal)한다라고 한다(두 직선의 기울기의 곱이 −1이면 두 직선은 서로 수직임을 기억하자). 어떤 곡선족의 각 곡선이 다른 곡선족의 각 곡선과 서로 직교하면 이 곡선족을 다른 곡선족에 대한 **직교 사영**(orthogonal trajectory)이라고 한다. 예를 들어 포물선족 $y = cx^2$은 타원족 $x^2 + 2y^2 = k$의 직교 사영이다. 여기서 c와 k는 상수이다(그림 참조).

주어진 각 쌍의 방정식에 대하여 dy/dx를 구하여라. 구한 도함수를 이용하여 각 곡선족은 서로 직교 사영인 이유를 설명하여라.

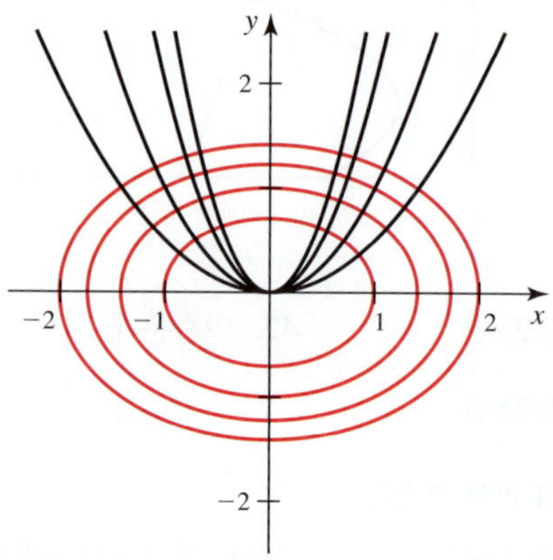

46. $y = mx$, $x^2 + y^2 = a^2$ (단, m과 a는 상수이다)

47. $xy = a$, $x^2 - y^2 = b$ (단, a와 b는 상수이다)

48. **도함수 구하기 도전** $(x^2 + y^2)(x^2 + y^2 + x) = 8xy^2$에 대하여 dy/dx를 구하여라.

49. **2계 도함수 구하기 도전** $\sqrt{y} + xy = 1$에 대하여 d^2y/dx^2를 구하여라.

50–51. 계산 주의 주어진 기울기를 갖는 어떤 곡선의 점을 구할 때 음함수의 미분법을 이용하는 경우 주의가 필요하다. 다음 곡선에서 수평 접선과 수직 접선을 갖는 곡선 위의 점이 존재하면 이 점을 구하여라. 가능한 점을 찾았다면, 이 점 중 반드시 곡선 위에 있는 점만 선택해야 한다. 그래프를 그려서 구한 결과를 확인하여라.

50. $x^2(3y^2 - 2y^3) = 4$ 51. $x(1 - y^2) + y^3 = 0$

QUICK CHECK 정답

1. $y = \sqrt{x}$ 그리고 $y = -\sqrt{x}$ 2. $\dfrac{dy}{dx} = \dfrac{1}{2y}$
3. x좌표만 필요하다. ◀

3.9 로그함수와 지수함수의 도함수

이제 이 장의 주요 목표로 돌아가 보자. 즉, 널리 사용되는 함수의 미분 공식을 알아보자. 먼저 자연로그함수의 도함수를 구하는 방법을 살펴보고, 이 결과를 이용하여 일반적인 로그함수와 지수함수의 도함수를 구해 보자.

$y = \ln x$의 도함수

1.3절에서 지수함수 $f(x) = e^x$은 구간 $(-\infty, \infty)$에서 일대일 함수임을 살펴봤다. 따라서 이 함수는 역함수를 갖고, 이 역함수는 자연로그함수 $f^{-1}(x) = \ln x$이다. f^{-1}의 정의역은 f의 치역 $(0, \infty)$이고, 두 함수 f와 f^{-1}의 그래프는 직선 $y = x$에 대하여 대칭이다(그림 3.62). 이 두 함수의 관계는 다음과 같은 중요한 성질들을 갖는다.

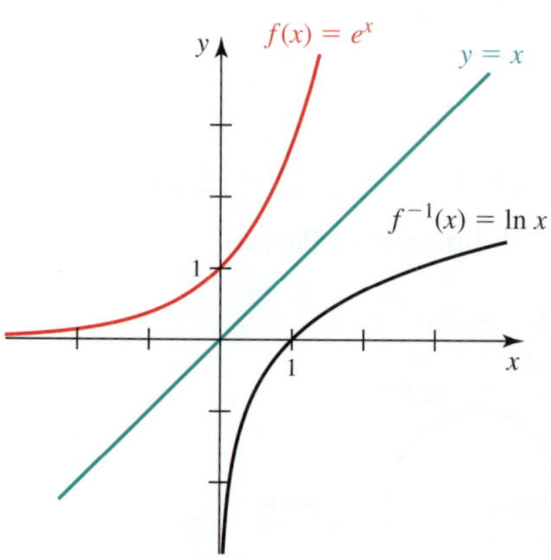

그림 3.62

➤ 역함수의 성질 3의 심화는 7.1절에서 다룰 것이다.

➤ 그림 3.62, 즉 $\ln x$의 그래프는 매끄럽고 점프가 일어나는 곳이나 첨점이 없다는 것으로부터 $x > 0$일 때 $\ln x$는 미분가능함을 알 수 있다.

QUICK CHECK 1 $e^{2 \ln x}$을 간단히 하여라. 5^x을 밑수 e를 사용하여 나타내어라. ◀

e^x과 $\ln x$의 역함수의 성질

1. $x > 0$일 때 $e^{\ln x} = x$이고, 모든 실수 x에 대하여 $\ln(e^x) = x$이다.
2. $y = \ln x$일 필요충분조건은 $x = e^y$이다.
3. $b > 0$일 때 모든 실수 x에 대하여 $b^x = e^{\ln b^x} = e^{x \ln b}$이다.

이제 위 성질을 이용하여 $\ln x$의 도함수를 구해 보자. 3.10절에서 증명할 정리를 적용하면 e^x은 정의역의 모든 점에서 미분가능하므로 역함수 $\ln x$도 정의역의 모든 점에서 미분가능하다.

$y = \ln x$의 도함수를 구하기 위해 역함수의 성질 (2)를 적용하면 $x > 0$일 때 $x = e^y$이다. 여기서 핵심 단계는 음함수의 미분법을 적용하여 dy/dx를 구하는 것이다. 연쇄 법칙을 적용하여 $x = e^y$의 양변을 x에 대하여 미분하면

$$x = e^y \qquad y = \ln x\text{일 필요충분조건은 } x = e^y$$

$$1 = e^y \cdot \frac{dy}{dx} \qquad x\text{에 대하여 미분하기}$$

$$\frac{dy}{dx} = \frac{1}{e^y} = \frac{1}{x} \qquad x = e^y\text{을 이용하여 } dy/dx\text{에 대하여 풀기}$$

이다. 따라서 다음을 얻는다.

$$\frac{d}{dx}(\ln x) = \frac{1}{x}$$

자연로그함수의 정의역은 $(0, \infty)$이므로 위 공식은 양의 실수 x에 대하여 성립한다(그림 3.63(a)).

이제 앞에서 구한 도함수를 $x \neq 0$인 모든 실수 x에 대하여 정의되는 함수 $\ln|x|$로 확장해 보자. 절댓값의 정의를 적용하면

$$\ln|x| = \begin{cases} \ln x &, \quad x > 0 \\ \ln(-x), & \quad x < 0 \end{cases}$$

이다. $x > 0$일 때, 앞의 결과에 따르면 다음과 같다.

$$\frac{d}{dx}(\ln|x|) = \frac{d}{dx}(\ln x) = \frac{1}{x}$$

$x < 0$일 때, 연쇄 법칙과 앞의 계산 방법을 적용하면 다음을 얻는다.

$$\frac{d}{dx}(\ln|x|) = \frac{d}{dx}(\ln(-x)) = \frac{1}{(-x)}(-1) = \frac{1}{x}$$

➤ $|x| = \begin{cases} x &, \quad x \geq 0 \\ -x, & \quad x < 0 \end{cases}$ 임을 다시 한번 기억하자.

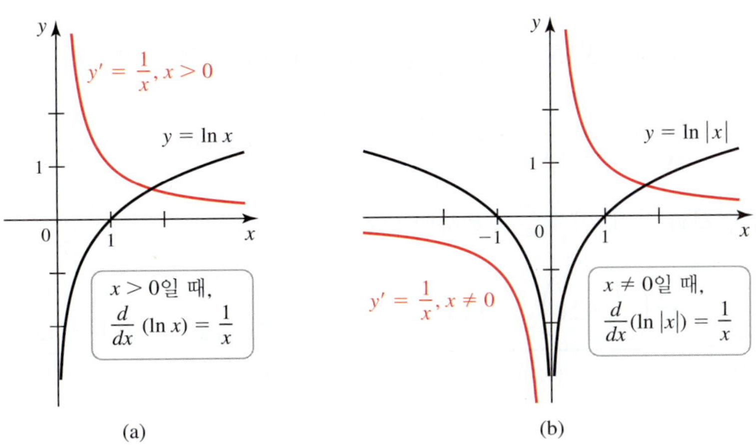

그림 3.63

따라서 결과를 종합하면 $\ln|x|$의 도함수는 $x \neq 0$일 때 $\frac{1}{x}$이다(그림 3.63(b)). 구한 결과에 한 단계 더 나아가 연쇄 법칙을 적용하여 $\ln|u(x)|$의 도함수를 구하여 다음 정리에 나타냈다.

정리 3.15 $\ln x$의 도함수

$x > 0$일 때 $\frac{d}{dx}(\ln x) = \frac{1}{x}$이고, $x \neq 0$일 때 $\frac{d}{dx}(\ln|x|) = \frac{1}{x}$이다.
함수 u는 x에서 미분가능하고 $u(x) \neq 0$일 때, 다음이 성립한다.

$$\frac{d}{dx}(\ln|u(x)|) = \frac{u'(x)}{u(x)}$$

| 예제 1 | $\ln x$를 포함한 도함수 다음 함수에 대하여 $\frac{dy}{dx}$를 구하여라.

a. $y = \ln 4x$ **b.** $y = x\ln x$ **c.** $y = \ln|\sec x|$ **d.** $y = \frac{\ln x^2}{x^2}$

풀이

a. 연쇄 법칙을 적용하면 다음과 같다.

$$\frac{dy}{dx} = \frac{d}{dx}(\ln 4x) = \frac{1}{4x}\cdot 4 = \frac{1}{x}$$

또 다른 방법은 미분하기 전에 로그함수의 성질을 적용하는 것이다.

$$\frac{d}{dx}(\ln 4x) = \frac{d}{dx}(\ln 4 + \ln x) \quad \ln xy = \ln x + \ln y$$

$$= 0 + \frac{1}{x} = \frac{1}{x} \quad \ln 4\text{는 상수}$$

➤ $\ln 4x$는 $\ln x$에 상수 $\ln 4$를 더한 것이므로 $(\ln 4x = \ln x + \ln 4)$이다. 즉, $\ln x$와 $\ln 4x$의 도함수는 같다.

b. 곱의 법칙을 적용하면 다음을 얻는다.

$$\frac{dy}{dx} = \frac{d}{dx}(x\ln x) = 1\cdot\ln x + x\cdot\frac{1}{x} = \ln x + 1$$

c. 연쇄 법칙과 정리 3.15의 두 번째 결과를 적용하면 다음을 얻는다.

$$\frac{dy}{dx} = \frac{1}{\sec x}\left(\frac{d}{dx}(\sec x)\right) = \frac{1}{\sec x}(\sec x\tan x) = \tan x$$

QUICK CHECK 2 $x > 0$이고 p가 실수일 때, $\frac{d}{dx}(\ln x^p)$을 두 가지 방법으로 구하여라. (1) 연쇄 법칙을 적용하여 $\frac{d}{dx}(\ln x^p)$을 구하여라. (2) 먼저 로그함수의 성질을 적용한 다음 $\frac{d}{dx}(\ln x^p)$을 구하여라. ◀

d. 몫의 법칙과 연쇄 법칙을 적용하면 다음을 얻는다.

$$\frac{dy}{dx} = \frac{x^2\left(\frac{1}{x^2}\cdot 2x\right) - (\ln x^2)\,2x}{(x^2)^2} = \frac{2x - 2x\ln x^2}{x^4} = \frac{2(1-\ln x^2)}{x^3}$$

관련 연습문제 8, 10번 ◀

b^x의 도함수

$b > 0$일 때, b^x의 도함수는 $\frac{d}{dx}(e^x) = e^x$을 적용하여 유사한 방법으로 구할 수 있다. 역함수의 성질 (3)에 의해 $b^x = e^{x\ln b}$이므로 b^x의 도함수는 다음과 같다.

$$\frac{d}{dx}(b^x) = \frac{d}{dx}(e^{x\ln b}) = \underbrace{e^{x\ln b}}_{b^x}\cdot \ln b \quad \text{연쇄 법칙과 } \frac{d}{dx}(x\ln b) = \ln b$$

따라서 $b^x = e^{x\ln b}$임을 이용하여 다음 정리를 얻는다.

> **정리 3.16 b^x의 도함수**
>
> $b > 0$이고 $b \neq 1$일 때, 모든 실수 x에 대하여 다음이 성립한다.
>
> $$\frac{d}{dx}(b^x) = b^x \ln b$$

➤ $b = e$일 때, 정리 3.16에 의해 $\frac{d}{dx}(e^x) = e^x$임을 확인하자.

$b > 1$일 때, $\ln b > 0$이고 $y = b^x$의 그래프는 모든 실수 x에 대하여 양의 기울기를 갖는 접선을 갖는다. $0 < b < 1$일 때, $\ln b < 0$이고 $y = b^x$의 그래프는 모든 실수 x에 대하여 음의 기울기를 갖는 접선을 갖는다. 두 경우 모두 점 (0, 1)에서 접선의 기울기는 $\ln b$이다(그림 3.64).

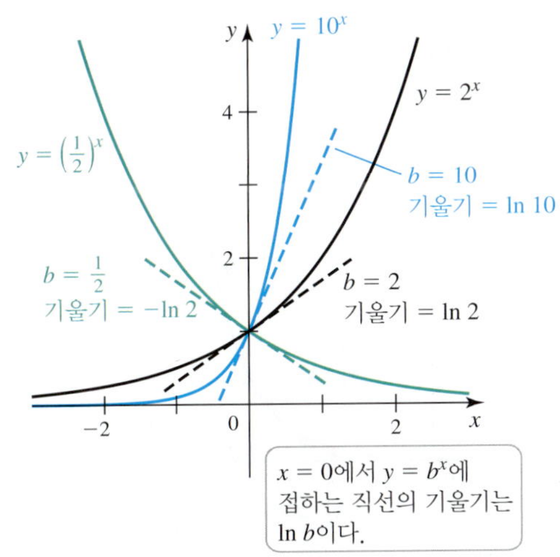

그림 3.64

| 예제 2 | b^x과 도함수 다음 함수의 도함수를 구하여라.

a. $f(x) = 3^x$ **b.** $g(t) = 108 \cdot 2^{t/12}$

풀이

a. 정리 3.16에 의해 $f'(x) = 3^x \ln 3$이다.

b.

$$\begin{aligned} g'(t) &= 108 \frac{d}{dt}(2^{t/12}) && \text{상수 곱의 법칙} \\ &= 108 \cdot \ln 2 \cdot 2^{t/12} \underbrace{\frac{d}{dt}\left(\frac{t}{12}\right)}_{1/12} && \text{연쇄 법칙} \\ &= 9 \ln 2 \cdot 2^{t/12} && \text{간단히 하기} \end{aligned}$$

관련 연습문제 19-20번 ◀

| 예제 3 | 지수형 모델 표 3.6과 그림 3.65는 신생아의 다운증후군(Down syndrome) 발생 정도가 산모의 나이가 많을수록 증가함을 나타내고 있다. 이 자료는 지수함수 $P(a) = \frac{1}{1{,}613{,}000}1.2733^a$으로 근사할 수 있는데, 여기서 a는 산모의 나이(단위는 년)이고 $P(a)$는 발생 정도(총 신생아당 다운증후군 신생아 수)이다.

a. 이 모델에 따르면 다운증후군 발생 정도가 0.01(100명당 1명)인 산모의 나이는 몇 세인가?

표 3.6

산모의 연령	다운 증후군의 발생 정도	소수로 변환
30	900명당 1	0.00111
35	400명당 1	0.00250
36	300명당 1	0.00333
37	230명당 1	0.00435
38	180명당 1	0.00556
39	135명당 1	0.00741
40	105명당 1	0.00952
42	60명당 1	0.01667
44	35명당 1	0.02857
46	20명당 1	0.05000
48	16명당 1	0.06250
49	12명당 1	0.08333

(출처: E.G. Hook and A. Lindsjo, *The American Journal of Human Genetics*, 30, Jan 1978)

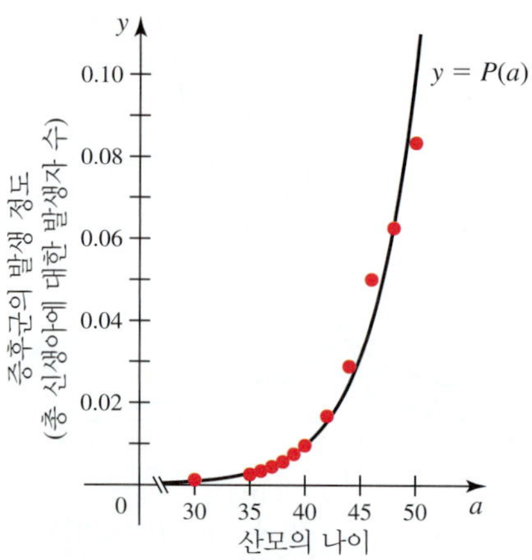

그림 3.65

➤ 예제 3에서 사용한 모델 분석 방법을 지수 회귀 분석(exponential regression)이라 한다. 함수 $P(a) = A \cdot B^a$이 주어진 자료에 근접하도록 모수 A와 B를 선택해야 한다.

QUICK CHECK 3 $A = 500(1.045)^t$일 때, $\frac{dA}{dt}$를 구하여라. ◀

b. $P'(a)$를 구하여라.

c. $P'(35)$와 $P'(46)$을 구하고 결과를 설명하여라.

풀이

a. $P(a) = 0.01$로 놓고 a에 대하여 풀면 다음을 얻는다.

$$0.01 = \frac{1}{1{,}613{,}000} 1.2733^a$$

$$\ln 16{,}130 = \ln (1.2733^a) \quad \text{양변에 1,613,000을 곱하고 로그 취하기}$$

$$\ln 16{,}130 = a \ln 1.2733 \quad \text{로그함수의 성질}$$

$$a = \frac{\ln 16{,}130}{\ln 1.2733} \approx 40\text{세} \quad a\text{에 대하여 풀기}$$

b.
$$P'(a) = \frac{1}{1{,}613{,}000} \frac{d}{da}(1.2733^a)$$
$$= \frac{1}{1{,}613{,}000} 1.2733^a \ln 1.2733$$
$$\approx \frac{1}{6{,}676{,}000} 1.2733^a$$

c. 도함수는 나이에 대한 발생 정도의 변화율을 나타낸다. 35세 여성이면

$$P'(35) = \frac{1}{6{,}676{,}000} 1.2733^{35} \approx 0.0007$$

인데, 이는 약 0.0007/년의 비율로 발생 정도는 증가함을 의미한다. 46세이면 변화율은

$$P'(46) = \frac{1}{6{,}676{,}000} 1.2733^{46} \approx 0.01$$

이고, 35세 여성의 발생 정도 변화율보다 상당히 증가했음을 알 수 있다.

관련 연습문제 29번 ◀

일반적인 거듭제곱 법칙

3.4절의 정리 3.9에서 실수 p에 대하여 도함수의 거듭제곱 법칙 $\frac{d}{dx}(x^p) = px^{p-1}$이 성립함을 증명 없이 언급했다. 이제 이 결과를 다음 정리에서 증명해 보자.

정리 3.17 일반적인 거듭제곱 법칙

p가 실수이고 $x > 0$일 때, 다음이 성립한다.

$$\frac{d}{dx}(x^p) = px^{p-1}$$

더욱이 함수 u가 정의역에서 양의 함숫값을 가지며 미분가능하면 다음이 성립한다.

$$\frac{d}{dx}(u(x)^p) = p(u(x))^{p-1} \cdot u'(x)$$

증명 p가 실수이고 $x > 0$일 때, 역함수의 성질 (3)을 적용하면 $x^p = e^{p \ln x}$이다. 따라서 x^p의 도함수는 다음과 같이 계산한다.

$$\begin{aligned}
\frac{d}{dx}(x^p) &= \frac{d}{dx}(e^{p \ln x}) && \text{역함수의 성질 (3)} \\
&= e^{p \ln x} \cdot \frac{p}{x} && \text{연쇄 법칙, } \frac{d}{dx}(p \ln x) = \frac{p}{x} \\
&= x^p \cdot \frac{p}{x} && e^{p \ln x} = x^p \\
&= px^{p-1} && \text{간단히 하기}
\end{aligned}$$

따라서 모든 실수 지수 p에 대하여 $\frac{d}{dx}(x^p) = px^{p-1}$이다. 일반적인 거듭제곱 법칙의 두 번째 부분은 위 결과에 연쇄 법칙을 적용하면 증명된다. ◀

| 예제 4 | 도함수 계산 다음 함수의 도함수를 구하여라.

a. $y = x^\pi$ **b.** $y = \pi^x$ **c.** $y = (x^2 + 4)^e$

▶ 거듭제곱함수는 밑수가 변수이고, 지수함수는 지수가 변수임을 다시 한번 기억하자.

풀이

a. $y = x^\pi$이므로 주어진 함수는 무리수를 지수로 갖는 거듭제곱함수이다. 일반적인 거듭제곱 법칙을 적용하면 다음을 얻는다.

$$\frac{dy}{dx} = \pi x^{\pi - 1}, \quad x > 0$$

b. 주어진 함수는 밑수 $b = \pi$를 갖는 지수함수이다. 정리 3.16에 의해 다음을 얻는다.

$$\frac{dy}{dx} = \pi^x \ln \pi$$

c. 연쇄 법칙과 일반적인 거듭제곱 법칙을 적용하면 다음을 얻는다.

$$\frac{dy}{dx} = e(x^2 + 4)^{e-1} \cdot 2x = 2ex\,(x^2 + 4)^{e-1}$$

모든 실수 x에 대하여 $x^2 + 4 > 0$이므로 이 결과는 모든 실수 x에 대하여 성립한다.

관련 연습문제 17-18번 ◀

g와 h가 상수함수가 아닐 때, $f(x) = (g(x))^{h(x)}$ 형태의 함수는 지수함수도 아니고 거듭제곱함수도 아니다(이 형태의 함수를 **탑 함수**(tower function)라 한다). 이 함수의 도함수를 구하기 위해 등식 $b^x = e^{x \ln b}$을 적용하고 f를 밑수 e를 사용하

여 나타내면

$$f(x) = (g(x))^{h(x)} = e^{h(x) \ln g(x)}$$

인데, 이 결과는 $g(x) > 0$일 때 성립한다. 이제 이 절에서 살펴본 방법을 적용하면 f의 도함수를 구할 수 있다. 다음 예제를 보자.

| 예제 5 | 탑 함수 $x \geq 0$일 때, $f(x) = x^{\sin x}$에 대하여 물음에 답하여라.

a. $f'(x)$를 구하여라. **b.** $f'\left(\frac{\pi}{2}\right)$를 계산하여라.

풀이

a. 증명의 핵심은 $b^x = e^{x \ln b}$을 사용하여 f를 다음 형태로 나타내는 것이다.

$$f(x) = x^{\sin x} = e^{(\sin x) \ln x}$$

이 함수를 미분하면 다음과 같다.

$$\begin{aligned} f'(x) &= e^{(\sin x) \ln x} \frac{d}{dx}((\sin x) \ln x) && \text{연쇄 법칙} \\ &= \underbrace{e^{(\sin x) \ln x}}_{x^{\sin x}}\left((\cos x) \ln x + \frac{\sin x}{x}\right) && \text{곱의 법칙} \\ &= x^{\sin x}\left((\cos x) \ln x + \frac{\sin x}{x}\right) \end{aligned}$$

b. $x = \frac{\pi}{2}$로 놓으면 다음과 같다.

$$\begin{aligned} f'\left(\frac{\pi}{2}\right) &= \left(\frac{\pi}{2}\right)^{\sin(\pi/2)}\left(\underbrace{\left(\cos\frac{\pi}{2}\right)}_{0} \ln\frac{\pi}{2} + \underbrace{\frac{\sin(\pi/2)}{\pi/2}}_{2/\pi}\right) && x = \frac{\pi}{2} \text{ 대입하기} \\ &= \frac{\pi}{2}\left(0 + \frac{2}{\pi}\right) = 1 \end{aligned}$$

관련 연습문제 25, 30번 ◀

| 예제 6 | 수평 접선 구하기 $x > 0$일 때, 함수 $f(x) = x^x$의 그래프가 수평 접선을 갖는지 결정하여라.

풀이

$f'(x) = 0$일 때 그래프는 수평 접선을 갖는다. 우선 $f(x) = x^x = e^{x \ln x}$으로 놓고 도함수를 구하면 다음을 얻는다.

$$\begin{aligned} \frac{d}{dx}(x^x) &= \frac{d}{dx}(e^{x \ln x}) \\ &= \underbrace{e^{x \ln x}}_{x^x}\left(1 \cdot \ln x + x \cdot \frac{1}{x}\right) && \text{연쇄 법칙, 곱의 법칙} \\ &= x^x(\ln x + 1) && e^{x \ln x} = x^x \end{aligned}$$

이제 $f'(x) = 0$으로 놓으면 $x^x = 0$ 또는 $\ln x + 1 = 0$이다. 모든 $x > 0$에 대하여 $x^x = e^{x\ln x} > 0$이므로 첫 번째 방정식은 해를 갖지 않는다. 두 번째 방정식 $\ln x + 1 = 0$을 풀면

$$\begin{aligned} \ln x &= -1 \\ e^{\ln x} &= e^{-1} && \text{지수 취하기} \\ x &= \frac{1}{e} && e^{\ln x} = x \end{aligned}$$

이다. 따라서 $f(x) = x^x$의 그래프(그림 3.66)는 점 $((e^{-1}, f(e^{-1})) \approx (0.368, 0.692)$에서 수평 접선을 갖는다.

관련 연습문제 31번 ◀

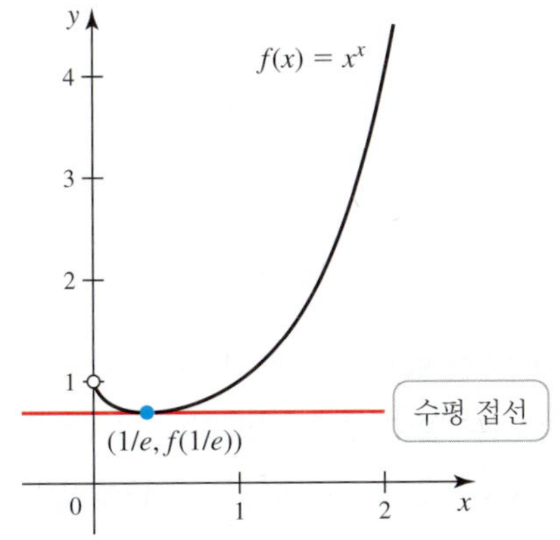

그림 3.66

일반적인 로그함수의 도함수

$b > 0$이고 $b \neq 1$일 때, 일반적인 지수함수 $f(x) = b^x$은 일대일 함수이다. 역함수 $f^{-1}(x) = \log_b x$는 밑수 b를 갖는 로그함수이다. 자연로그함수를 미분할 때 적용된 방법을 이용하여 일반적인 로그함수의 도함수를 구해 보자. 우선 역관계

$$y = \log_b x \Leftrightarrow x = b^y \text{ (단, } x > 0)$$

에서 $x = b^y$의 양변을 x에 대하여 미분하면 다음과 같다.

$$\begin{aligned} 1 &= b^y \ln b \cdot \frac{dy}{dx} && \text{음함수의 미분법} \\ \frac{dy}{dx} &= \frac{1}{b^y \ln b} && \frac{dy}{dx}\text{에 대하여 풀기} \\ \frac{dy}{dx} &= \frac{1}{x \ln b} && b^y = x \end{aligned}$$

$x < 0$일 때, 유사한 방법을 $y = \log_b|x|$에 적용하면 다음 정리를 얻는다.

정리 3.18 $\log_b x$의 도함수

$b > 0$이고 $b \neq 1$일 때, 다음이 성립한다.

$$x > 0\text{일 때 } \frac{d}{dx}(\log_b x) = \frac{1}{x\ln b}, \quad x \neq 0\text{일 때 } \frac{d}{dx}(\log_b|x|) = \frac{1}{x\ln b}$$

➤ 정리 3.18을 증명하는 또 다른 방법은 1.3절의 밑 변환 규칙 $\log_b x = \frac{\ln x}{\ln b}$를 적용하는 것이다. 이 식의 양변을 미분하면 같은 결과를 얻는다.

| 예제 7 | 일반적인 로그함수의 도함수 다음 함수의 도함수를 구하여라.

a. $f(x) = \log_5(2x + 1)$ **b.** $T(n) = n\log_2 n$

풀이

a. $2x + 1 > 0$을 가정하고 정리 3.18과 연쇄 법칙을 적용하면 다음을 얻는다.

QUICK CHECK 4 $y = \log_3 x$에서 dy/dx를 구하여라. ◀

$$f'(x) = \frac{1}{(2x+1)\ln 5}\cdot 2 = \frac{2}{\ln 5}\cdot\frac{1}{2x+1}$$ 연쇄 법칙

▶ 예제 7b에 주어진 함수는 컴퓨터과학에서 n개의 자료를 분류하는 알고리즘을 실행하는 데 소요되는 시간을 추정할 때 사용한다.

b. $$T'(n) = \log_2 n + n\cdot\frac{1}{n\ln 2} = \log_2 n + \frac{1}{\ln 2}$$ 곱의 법칙

위 결과에서 밑수를 e로 바꾸면 다음을 얻는다.

$$T'(n) = \frac{\ln n}{\ln 2} + \frac{1}{\ln 2} = \frac{\ln n + 1}{\ln 2}$$

관련 연습문제 32번 ◀

QUICK CHECK 5 예제 7b에서 구한 도함수는 밑수 2를 사용하여 $T'(n) = \log_2(en)$으로 나타낼 수 있음을 보여라. ◀

로그함수를 이용한 도함수

함수의 곱, 몫, 거듭제곱 등은 같은 이름의 도함수 공식을 사용하고 연쇄 법칙을 적용하여 미분할 수 있다. 그러나 위에서 언급한 공식과 법칙을 적용하여 도함수를 직접 계산하는 것이 때로는 시간이 오래 걸리고 복잡할 수 있다. 다음 함수를 생각해 보자.

$$f(x) = \frac{(x^3-1)^4\sqrt{3x-1}}{x^2+4}$$

위 함수에서 $f'(x)$를 구하기 위해서는 몫의 법칙, 곱의 법칙, 연쇄 법칙을 적용하고 구한 결과를 간단히 하는 부가적인 계산을 해야 한다. 이러한 함수를 미분할 때, 1.3절에서 다룬 로그함수의 성질을 이용하는 것이 간편할 수 있다.

▶ 로그함수가 포함된 함수의 도함수를 구할 때 필요한 로그함수의 성질은 다음과 같다.
$x>0$, $y>0$, z가 임의의 실수일 때

1. $\ln xy = \ln x + \ln y$
2. $\ln(x/y) = \ln x - \ln y$
3. $\ln x^z = z\ln x$

위 세 가지 성질은 예제 8에서 사용한다.

| 예제 8 | 로그함수를 이용한 도함수 $f(x) = \dfrac{(x^2+1)^4 e^x}{x^2+4}$일 때, $f'(x)$를 구하여라.

▶ 적당한 x에 대하여 $f(x) \le 0$이면 $\ln f(x)$는 정의되지 않는다. 이 경우 일반적으로 $|y| = |f(x)|$의 도함수를 구한다.

풀이 주어진 함수의 양변에 자연로그를 취하고 결과를 간단히 하면

$$\begin{aligned}\ln f(x) &= \ln\frac{(x^2+1)^4 e^x}{x^2+4}\\ &= \ln(x^2+1)^4 + \ln e^x - \ln(x^2+4) && \ln xy = \ln x + \ln y\\ &= 4\ln(x^2+1) + x - \ln(x^2+4) && \ln x^y = y\ln x,\ \ln e^x = x\end{aligned}$$

이다. 이제 연쇄 법칙을 사용하여 위 식의 양변을 미분하자. 특히 좌변의 도함수는 $\dfrac{d}{dx}(\ln f(x)) = \dfrac{f'(x)}{f(x)}$이고, 따라서 다음이 성립한다.

$$\frac{f'(x)}{f(x)} = 4\cdot\frac{1}{x^2+1}\cdot 2x + 1 - \frac{1}{x^2+4}\cdot 2x$$

위 식을 $f'(x)$에 대하여 풀면 다음과 같다.

$$f'(x) = f(x)\left(\frac{8x}{x^2+1} + 1 - \frac{2x}{x^2+4}\right)$$

마지막으로 $f(x)$에 원래 함수를 대입하면 다음을 얻는다.

$$f'(x) = \frac{(x^2+1)^4 e^x}{x^2+4}\left(\frac{8x}{x^2+1} - \frac{2x}{x^2+4} + 1\right)$$

관련 연습문제 39번

$g(x)^{h(x)}$ 형태와 같은 탑 함수의 도함수를 구하는 또 다른 방법은 로그함수를 이용한 미분법을 적용하는 것이다. 예제 6의 함수 $f(x) = x^x (x > 0)$의 도함수는 다음과 같이 구할 수 있다.

$$f(x) = x^x$$

$$\ln f(x) = \ln x^x = x \ln x \quad \text{양변에 로그를 취하기, 로그의 성질}$$

$$\frac{1}{f(x)} f'(x) = 1 \cdot \ln x + x \cdot \frac{1}{x} \quad \text{양변 미분하기}$$

$$f'(x) = f(x)(\ln x + 1) \quad f'(x)\text{에 대하여 풀고 간단히 하기}$$

$$f'(x) = x^x (\ln x + 1) \quad f(x)\text{에 } x^x \text{ 대입하기}$$

위 결과는 예제 6의 결과와 일치한다. 미분법의 선택은 독자에게 맡긴다.

3.9절 연습문제

1단계 스타트

1. $x = e^y$을 사용하여 $x > 0$일 때 $\frac{d}{dx}(\ln x) = \frac{1}{x}$인 이유를 설명하여라.
2. $x > 0$이고 k가 양의 실수일 때, $\frac{d}{dx}(\ln kx) = \frac{d}{dx}(\ln x)$임을 보여라.
3. 로그함수 $f(x) = \log_b x$의 도함수 공식을 말하여라. 이 공식과 $\ln x$의 도함수 공식의 차이점은 무엇인가?
4. $e^{x\ln(x^2+1)}$을 간단히 하여라.
5. $\frac{d}{dx}\left(\ln\sqrt{x^2+1}\right)$을 구하여라.
6. 함수 $f(x) = g(x)^{h(x)}$을 자연로그함수와 밑수 e를 이용한 지수함수를 이용하여 나타내어라.
7. 연쇄 법칙과 곱의 법칙 사용 없이 $\frac{d}{dx}(\ln(xe^x))$을 구하여라.

2단계 실전

8–24. 도함수 다음 함수의 도함수를 구하여라.

8. $y = \ln 7x$
9. $y = \ln x^2$
10. $y = \ln|\sin x|$
11. $y = \ln(x^4 + 1)$
12. $y = \ln\frac{x+1}{x-1}$
13. $y = (x^2 + 1)\ln x$
14. $y = x^2(1 - \ln x^2)$
15. $y = \ln(\ln x)$
16. $y = \frac{\ln x}{\ln x + 1}$
17. $y = x^e$
18. $y = (2^x + 1)^\pi$
19. $y = 8^x$
20. $y = 5 \cdot 4^x$
21. $y = 2^{3+\sin x}$
22. $y = x^3 3^x$
23. $A = 250(1.045)^{4t}$
24. $f(x) = \frac{2^x}{2^x + 1}$

25–28. 탑 함수(또는 g^h)의 도함수 다음 함수의 도함수를 구하고, 주어진 점에서 미분계수를 구하여라.

25. $f(x) = x^{\cos x}$, $a = \pi/2$
26. $h(x) = x^{\sqrt{x}}$, $a = 4$
27. $f(x) = (\sin x)^{\ln x}$, $a = \pi/2$
28. $f(x) = (4\sin x + 2)^{\cos x}$, $a = \pi$
29. **지수형 모델** 다음 표는 여압 상태로 유지된 비행기가 갑자기 압력 조정 기능을 잃었을 때, 다양한 고도에서의 TUC(time of useful consciousness)를 나타내고 있다. 압력의 변화는 가

용한 산소를 급격히 감소시키고 저산소증을 유발한다. 각 시간 구간에서 TUC의 최댓값은 대략 함수 $T = 10 \cdot 2^{-0.274a}$으로 나타낼 수 있고, 여기서 시간 T의 단위는 분(min)이고 a는 22,000피트 이상의 고도 a천 피트를 나타낸다(즉, 22,000 ft는 $a = 0$에 대응된다).

고도(ft)	TUC
22,000	5–10 min
25,000	3–5 min
28,000	2.5–3 min
30,000	1–2 min
35,000	30–60 s
40,000	15–20 s
45,000	9–15 s

a. 어떤 리어제트(Learjet, 캐나다의 항공기 제조사) 항공기가 38,000 ft($a = 16$)의 고도에서 갑자기 창문의 잠금장치가 떨어져나가 압력 조절 기능을 잃고 있다. 위 모델에 따라 조종사와 승객이 의식을 잃기 전에 산소호흡기 마스크를 효율적으로 사용해야 하는 시간은 얼마인가?

b. 고도 24,000 ft에서 30,000 ft 구간에서 a에 대한 T의 변화율은 무엇인가? 이때 단위는 무엇인가?

c. 순간변화율 dT/da를 구하고, 30,000 ft에서 미분계수를 구하여라. 구한 값의 의미를 설명하여라.

30–31. 접선

30. $x = 1$에서 $y = x^{\sin x}$에 접하는 직선의 방정식을 구하여라.

31. $y = (x^2)^x$의 그래프는 두 개의 수평 접선을 갖는다. 이 두 직선의 방정식을 구하여라.

32–37. 로그함수의 도함수 다음 함수의 도함수를 구하여라. 경우에 따라 $f'(x)$를 구하기 전에 로그함수의 성질을 이용하여 주어진 함수를 간단히 하는 것이 편리함에 유의하자.

32. $y = 4\log_3(x^2 - 1)$ **33.** $y = (\cos x)\ln \cos^2 x$

34. $y = \dfrac{1}{\log_4 x}$ **35.** $f(x) = \ln(3x + 1)^4$

36. $f(x) = \ln\sqrt{10x}$

37. $f(x) = \ln\dfrac{(2x - 1)(x + 2)^3}{(1 - 4x)^2}$

38–43. 로그함수를 이용한 도함수 로그함수의 도함수를 이용하여 $f'(x)$를 구하여라.

38. $f(x) = x^{10x}$ **39.** $f(x) = \dfrac{(x + 1)^{10}}{(2x - 4)^8}$

40. $f(x) = x^{\ln x}$

41. $f(x) = \dfrac{(x + 1)^{3/2}(x - 4)^{5/2}}{(5x + 3)^{2/3}}$

42. $f(x) = (\sin x)^{\tan x}$ **43.** $f(x) = \left(1 + \dfrac{1}{x}\right)^x$

44. 참 또는 거짓 주어진 명제가 참이면 증명하고 거짓이면 반례를 들어라.

a. $\log_2 9$의 도함수는 $1/(9\ln 2)$이다.

b. 모든 실수 x에 대하여 $\ln(x + 1) + \ln(x - 1) = \ln(x^2 - 1)$이다.

c. 지수함수 2^{x+1}은 밑수 e를 이용하여 $e^{2\ln(x+1)}$으로 나타낼 수 있다.

d. $\dfrac{d}{dx}(\sqrt{2}^x) = x\sqrt{2}^{x-1}$

e. $\dfrac{d}{dx}(x^{\sqrt{2}}) = \sqrt{2}x^{\sqrt{2}-1}$

f. $(4x + 1)^{\ln x} = x^{\ln(4x+1)}$

45–46. 고계도함수 다음 고계도함수를 구하여라.

45. $\dfrac{d^2}{dx^2}(\log_{10} x)$ **46.** $\dfrac{d^3}{dx^3}(x^2 \ln x)$

47–48. 서로 다른 방법으로 도함수 구하기 다음 함수의 도함수를 제시된 방법을 이용하여 구하고 두 결과를 비교하여라. (i) $b^x = e^{x\ln b}$ (ii) 로그함수를 이용

47. $y = (x^2 + 1)^x$ **48.** $y = (4x + 1)^{\ln x}$

49. 접선 $x = \pi/2$에서 $y = 2^{\sin x}$에 접하는 직선의 방정식을 구하여라. 주어진 곡선과 구한 접선의 그래프를 그려라.

3단계 도전

50–51. 로지스틱 성장 과학자들은 인구 성장의 모델로 로지스틱 성장 함수 $P(t) = \dfrac{P_0 K}{P_0 + (K - P_0)e^{-r_0 t}}$를 사용하는데, 여기서 P_0은 $t = 0$일 때 최초의 인구이고, K는 **환경수용력**(carrying capacity)이며 r_0은 기준 성장률(base growth rate)이다. 환경수용력은 주변 환경이 수용할 수 있는 총 인구의 이론적인 상한(upper bound)이다. 그림은 일반적인 로지스틱 모델에 대응되는 시그마형(S형) 그래프를 나타내고 있다.

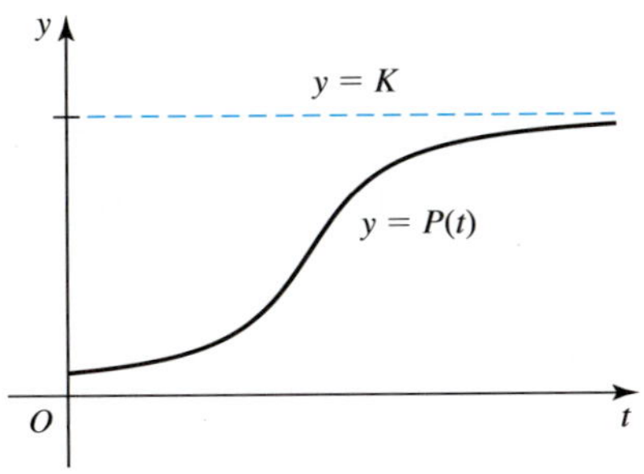

50. 세계인구(part 1) 1999년($t = 0$)의 세계인구는 60억에 근접하고 있다. 지구의 환경수용력이 150억이고 기준 성장률은 $r_0 = 0.025/\text{yr}$이라고 가정하자.

a. 세계인구(단위는 10억)의 로지스틱 성장 함수를 구하고 그래프 유틸리티를 이용하여 구간 $0 \le t \le 200$에서 구한 방정식의 그래프를 그려라.

b. 2020년 세계인구는 얼마인가? 세계인구는 언제 120억이 되는가?

51. 세계인구(part 2) 함수 f의 상대 성장률 r은 주어진 점에서 함숫값에 대한 변화율의 비, 즉 $r(t) = f'(t)/f(t)$이다.

a. 연습문제 50번에 주어진 로지스틱 모델의 1999년($t = 0$) 상대 성장률은 $r(0) = P'(0)/P(0) = 0.015$임을 증명하여라. 이 결과는 1999년 세계인구가 매년 1.5%씩 증가하고 있음을 의미한다.

b. 2010년과 2020년 세계인구의 상대 성장률을 구하여라. 시간의 경과에 따라 상대 성장률은 어떻게 변하는가?

c. $P(t)$가 연습문제 50번에서 주어진 로지스틱 성장 함수일 때, $\lim_{t\to\infty} r(t) = \lim_{t\to\infty} \frac{P'(t)}{P(t)}$를 구하여라. 이 결과로부터 로지스틱 성장 함수를 갖는 인구에 대하여 무엇을 알 수 있는가?

52. 저축 계획 어떤 배관공 자영업자는 30세에 시작하여 65세까지 연금계좌에 월 \$250씩 저축하고 있다. 이 계좌의 금리는 복리 월 6%이고 t년 후 잔고는 $A(t) = 50{,}000(1.005^{12t} - 1)$이다.

a. 5, 15, 25, 35년 후 계좌 잔고를 구하여라. 구간 [5, 15], [15, 25], [25, 35]에서 계좌 잔고의 평균변화율은 얼마인가?

b. 배관공이 30세 대신 25세부터 연금 저축을 시작했다고 가정하자. 65세(투자를 시작한 지 40년 후)일 때, 잔고를 구하여라.

c. 도함수 dA/dt를 사용하여 **b**의 결과를 설명하고 지인에게 '가능한 한 조기에 연금 저축을 시작하자'고 조언하자.

53. 접선 문제 $y = 1.1^x$의 그래프와 $y = e^x$의 그래프는 서로 다른 두 점에서 만나고, $y = 2^x$의 그래프와 $y = x$의 그래프는 만나지 않음을 증명하여라. p가 $1.1 < p < 2$인 적당한 실수일 때, $y = p^x$의 그래프와 $y = x$의 그래프는 한 점에서 만난다. 분석 또는 그래프 방법을 적용하여 p를 구하고, 이때 교점의 좌표를 구하여라.

54–55. 극한값 계산 미분계수의 정의를 이용하여 다음 극한값을 구하여라.

54. $\lim_{x\to e} \frac{\ln x - 1}{x - e}$ **55.** $\lim_{h\to 0} \frac{(3 + h)^{3+h} - 27}{h}$

56. $u(x)^{v(x)}$의 도함수 로그함수의 도함수를 이용하여 다음 식을 증명하여라.

$$\frac{d}{dx}\left(u(x)^{v(x)}\right) = u(x)^{v(x)}\left(\frac{dv}{dx}\ln u(x) + \frac{v(x)}{u(x)}\frac{du}{dx}\right)$$

QUICK CHECK 정답

1. x^2(단, $x > 0$), $e^{x\ln 5}$ **2.** 두 가지 방법 모두 $\frac{d}{dx}(\ln x^p) = \frac{p}{x}$ **3.** $\frac{dA}{dt} = 500(1.045)^t \cdot \ln 1.045 \approx 22(1.045)^t$ **4.** $\frac{dy}{dx} = \frac{1}{x\ln 3}$ **5.** $T'(n) = \log_2 n + \frac{1}{\ln 2} = \log_2 n + \frac{1}{\frac{\log_2 2}{\log_2 e}} = \log_2 n + \log_2 e = \log_2(en)$ ◀

3.10 역삼각함수의 도함수

1.4절에서 살펴본 역삼각함수는 미적분학에서 중요한 함수이다. 이 절에서 6개의 역삼각함수의 도함수를 구하고, 이 도함수의 다양한 응용을 살펴볼 것이다. 또한 일반적인 함수의 역함수를 미분하는 방법도 살펴볼 것이다.

역사인함수와 도함수

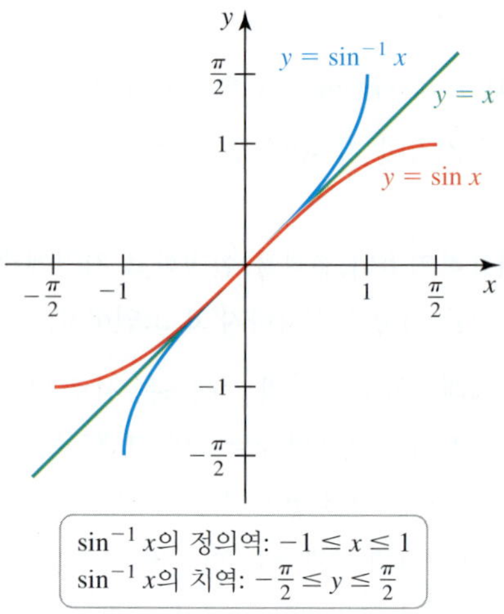

그림 3.67

1.4절에서 $y = \sin^{-1} x$는 $-\pi/2 \le y \le \pi/2$일 때 $x = \sin y$를 만족하는 y의 값임을 기억하자. $\sin^{-1} x$의 정의역은 $\{x: -1 \le x \le 1\}$이다(그림 3.67). $y = \sin^{-1} x$의 도함수는 $x = \sin y$의 양변을 x에 대하여 미분하여 구할 수 있다. 그 다음 식을 간단히 하고 dy/dx에 대하여 풀면 다음을 얻는다.

$$x = \sin y \qquad y = \sin^{-1} x \Leftrightarrow x = \sin y$$

$$\frac{d}{dx}(x) = \frac{d}{dx}(\sin y) \qquad x\text{에 대하여 미분하기}$$

$$1 = (\cos y)\frac{dy}{dx} \qquad \text{우변에 연쇄 법칙 적용하기}$$

$$\frac{dy}{dx} = \frac{1}{\cos y} \qquad \frac{dy}{dx}\text{에 대하여 풀기}$$

이제 구한 도함수를 x의 함수로 나타내기 위하여 등식 $\sin^2 y + \cos^2 y = 1$을 적용하자. 이 식을 $\cos y$에 대하여 풀면 다음과 같다.

$$\cos y = \pm\sqrt{1 - \underbrace{\sin^2 y}_{x^2}} \qquad x = \sin y \Rightarrow x^2 = \sin^2 y$$

$$= \pm\sqrt{1 - x^2}$$

$-\pi/2 \le y \le \pi/2$이므로 $\cos y \ge 0$이다. 따라서 근호 밖의 부호를 양으로 선택해야 하며

$$\frac{dy}{dx} = \frac{d}{dx}(\sin^{-1} x) = \frac{1}{\sqrt{1 - x^2}}$$

이다. $f(x) = \sin^{-1} x$의 그래프(그림 3.68)로부터 위 결과가 타당함을 알 수 있다.

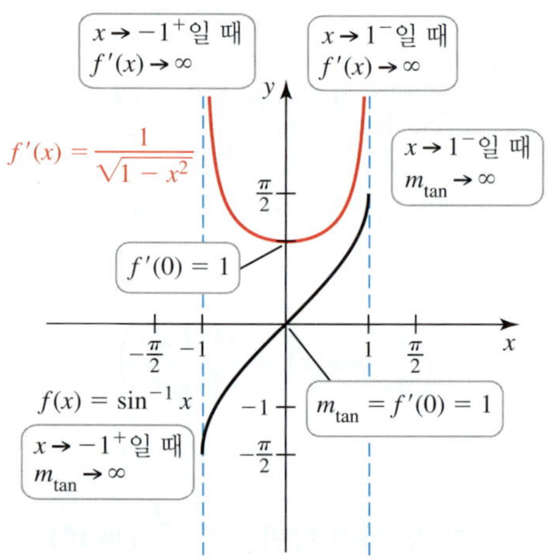

그림 3.68

QUICK CHECK 1 $f(x) = \sin^{-1} x$는 우함수인가 기함수인가? $f'(x)$는 우함수인가 기함수인가? ◀

정리 3.19 역사인함수의 도함수

$$\frac{d}{dx}(\sin^{-1} x) = \frac{1}{\sqrt{1 - x^2}}, \quad -1 < x < 1$$

| 예제 1 | 역사인함수가 포함된 함수의 도함수 다음 함수의 도함수를 구하여라.

a. $\frac{d}{dx}(\sin^{-1}(x^2 - 1))$ **b.** $\frac{d}{dx}(\cos(\sin^{-1} x))$

풀이 두 함수 모두 연쇄 법칙을 적용하자.

a. $$\frac{d}{dx}(\sin^{-1}\underbrace{(x^2 - 1)}_{u}) = \underbrace{\frac{1}{\sqrt{1 - (x^2 - 1)^2}}}_{u = x^2 - 1\text{에서 구한 } \sin^{-1} u\text{의 도함수}} \cdot \underbrace{2x}_{u'(x)} = \frac{2x}{\sqrt{2x^2 - x^4}}$$

b. $\frac{d}{dx}(\cos(\underbrace{\sin^{-1}x}_{u})) = \underbrace{-\sin(\sin^{-1}x)}_{\substack{u=\sin^{-1}x\text{에서}\\ \text{계산된 바깥 함수}\\ \cos u\text{의 도함수}}} \cdot \underbrace{\frac{1}{\sqrt{1-x^2}}}_{\substack{\text{안쪽 함수}\\ \sin^{-1}x\text{의 도함수}}} = -\frac{x}{\sqrt{1-x^2}}$

$\sin(\sin^{-1}x)) = x$이고 위 결과는 $-1 < x < 1$에서 성립한다.

관련 연습문제 8-9번 ◀

▶ 예제 1b에서 구한 결과는 등식 $\cos(\sin^{-1}x) = \sqrt{1-x^2}$을 미분하여 구할 수도 있다(연습문제 45번).

역탄젠트함수와 역시컨트함수의 도함수

역탄젠트함수와 역시컨트함수의 도함수는 역사인함수의 도함수를 구하는 방법과 유사한 방법을 사용하여 구한다. 이 세 도함수를 구하고 나면 코사인, 코탄젠트, 코시컨트 함수의 역함수의 도함수는 바로 구할 수 있다.

역탄젠트함수 1.4절에서 $y = \tan^{-1}x$는 $-\pi/2 < y < \pi/2$일 때 $x = \tan y$를 만족하는 y의 값임을 기억하자. $y = \tan^{-1}x$의 정의역은 $\{x: -\infty < x < \infty\}$이다(그림 3.69). $\frac{dy}{dx}$를 구하기 위해 $x = \tan y$의 양변을 x에 대하여 미분하고 간단히 하면 다음을 얻는다.

$$x = \tan y \qquad y = \tan^{-1}x \iff x = \tan y$$

$$\frac{d}{dx}(x) = \frac{d}{dx}(\tan y) \qquad x\text{에 대하여 미분하기}$$

$$1 = \sec^2 y \cdot \frac{dy}{dx} \qquad \text{연쇄 법칙}$$

$$\frac{dy}{dx} = \frac{1}{\sec^2 y} \qquad \frac{dy}{dx}\text{에 대하여 풀기}$$

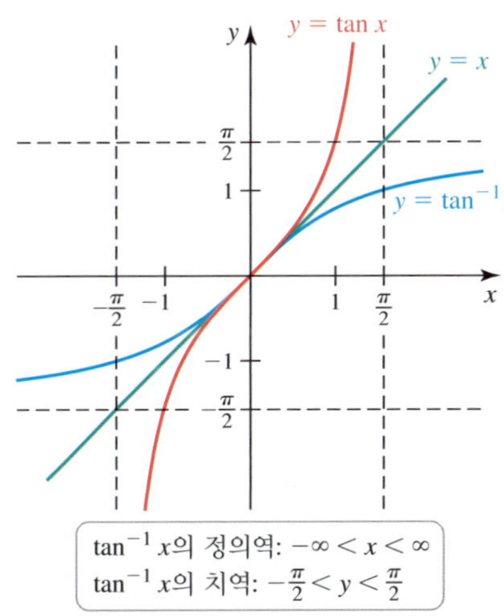

그림 3.69

위에서 구한 도함수를 x의 함수로 나타내기 위해 삼각함수에 대한 등식 $\sec^2 y = 1 + \tan^2 y$에 $x = \tan y$를 대입한다. 따라서 $\sec^2 y = 1 + x^2$이고, 이 식을 $\frac{dy}{dx}$를 나타내는 식에 대입하면 다음을 얻는다.

$$\frac{dy}{dx} = \frac{d}{dx}(\tan^{-1}x) = \frac{1}{1+x^2}$$

역탄젠트함수와 도함수의 그래프(그림 3.70)로부터 유용한 정보를 알 수 있다. $f(x) = \tan^{-1}x$라고 하면 $f'(x) = \frac{1}{1+x^2}$이므로 $f'(0) = 1$이며, 이 값은 구한 도함수의 최댓값이다. 즉, $x = 0$에서 $\tan^{-1}x$는 최대 기울기를 갖는다. $x \to \infty$일 때 $f'(x)$는 0에 접근하고, 마찬가지로 $x \to -\infty$일 때도 $f'(x)$는 0에 접근한다.

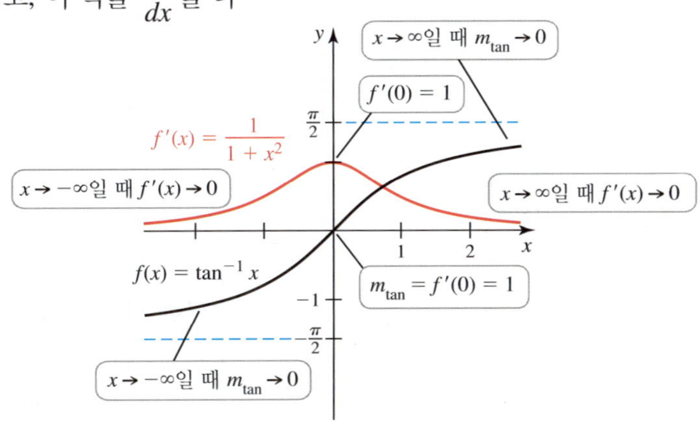

그림 3.70

QUICK CHECK 2 $x \to \infty$일 때, $y = \tan^{-1}x$의 그래프에 접하는 직선의 기울기는 어떻게 변하는가? ◀

역시컨트함수 1.4절에서 $y = \sec^{-1} x$는 $0 \le y \le \pi$, $y \ne \pi/2$일 때 $x = \sec y$를 만족하는 y의 값임을 기억하자. $y = \sec^{-1} x$의 정의역은 $\{x: |x| \ge 1\}$이다(그림 3.71).

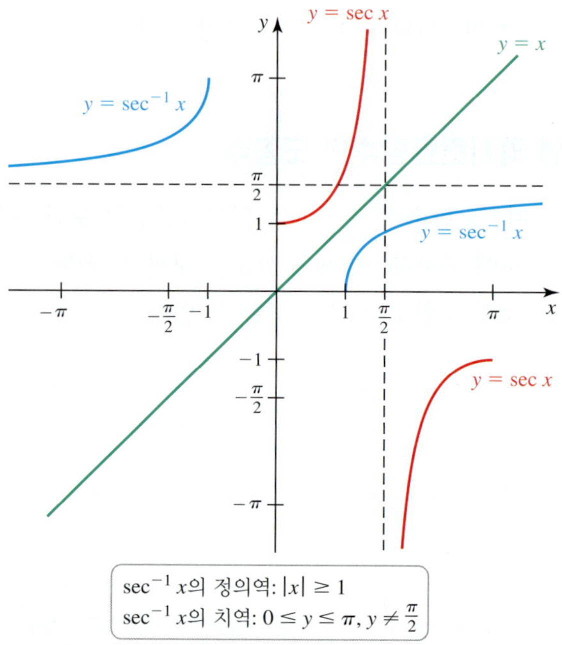

그림 3.71

역시컨트함수의 도함수는 새로운 전환점을 제시한다. $y = \sec^{-1} x$로 놓으면 $x = \sec y$이고 이 식의 양변을 x에 대하여 미분하면 다음을 얻는다.

$$1 = \sec y \tan y \frac{dy}{dx}$$

위 식을 $\frac{dy}{dx}$에 대하여 풀면 다음과 같다.

$$\frac{dy}{dx} = \frac{d}{dx}(\sec^{-1} x) = \frac{1}{\sec y \tan y}$$

마지막으로 등식 $\sec^2 y = 1 + \tan^2 y$를 사용하여 $\sec y \tan y$를 x의 함수로 나타내 보자. 등식 $\sec^2 y = 1 + \tan^2 y$를 $\tan y$에 대하여 풀면 다음을 얻는다.

$$\tan y = \pm\sqrt{\underbrace{\sec^2 y}_{x^2} - 1} = \pm\sqrt{x^2 - 1}$$

구한 식의 근호의 부호를 결정하기 위해 다음 두 가지 경우를 살펴보자.

- $y = \sec^{-1} x$의 정의에 따라 $x \ge 1$이면 $0 \le y < \pi/2$이고, 따라서 $\tan y > 0$이다. 이 경우 근호에 양의 부호를 선택해야 하고 $y = \sqrt{x^2 - 1}$이다.
- $x \le -1$이면 $\pi/2 < y \le \pi$이고, 따라서 $\tan y < 0$이다. 이 경우 근호에 음의 부호를 선택해야 한다.

위 설명은 도함수의 인수 중 $\tan y$에 관한 것이다. 도함수의 인수 중 $\sec y$는

$\sec y = x$를 적용하면 된다. 따라서 역시컨트함수의 도함수는

$$\frac{d}{dx}(\sec^{-1} x) = \begin{cases} \dfrac{1}{x\sqrt{x^2-1}}, & x > 1 \\ -\dfrac{1}{x\sqrt{x^2-1}}, & x < -1 \end{cases}$$

이고, 이는 다소 번거로운 결과이다. 따라서 이제 절댓값을 활용하자. $x > 0$일 때 $|x| = x$이고, $x < 0$일 때 $|x| = -x$이므로 다음이 성립한다.

$$\frac{d}{dx}(\sec^{-1} x) = \frac{1}{|x|\sqrt{x^2-1}}, \quad |x| > 1$$

역시컨트함수의 기울기는 항상 양이고, 이는 구한 도함수와 일치한다(그림 3.71).

다른 역삼각함수의 도함수 나머지 역삼각함수의 도함수 계산은 다소 복잡하다. 역코사인함수의 도함수는 다음 등식을 이용하여 구한다.

$$\cos^{-1} x + \sin^{-1} x = \frac{\pi}{2}$$

위 식의 양변을 x에 대하여 미분하면 다음을 얻는다.

➤ 이 등식은 1.4절의 예제 5에서 증명했다.

$$\frac{d}{dx}(\cos^{-1} x) + \underbrace{\frac{d}{dx}(\sin^{-1} x)}_{1/\sqrt{1-x^2}} = \underbrace{\frac{d}{dx}\left(\frac{\pi}{2}\right)}_{0}$$

$\frac{d}{dx}(\cos^{-1}x)$에 대하여 풀면 구하는 도함수는 다음과 같다.

$$\frac{d}{dx}(\cos^{-1} x) = -\frac{1}{\sqrt{1-x^2}}$$

유사한 방법으로 등식

$$\cot^{-1} x + \tan^{-1} x = \frac{\pi}{2} \quad \text{그리고} \quad \csc^{-1} x + \sec^{-1} x = \frac{\pi}{2}$$

를 사용하여 $\cot^{-1} x$와 $\csc^{-1} x$의 도함수를 구하면 각각 $\tan^{-1} x$과 $\sec^{-1} x$의 도함수에 음의 부호를 붙인 것임을 알 수 있다(연습문제 44번).

정리 3.20 역삼각함수의 도함수

$$\frac{d}{dx}(\sin^{-1} x) = \frac{1}{\sqrt{1-x^2}} \qquad \frac{d}{dx}(\cos^{-1} x) = -\frac{1}{\sqrt{1-x^2}}, \quad -1 < x < 1$$

$$\frac{d}{dx}(\tan^{-1} x) = \frac{1}{1+x^2} \qquad \frac{d}{dx}(\cot^{-1} x) = -\frac{1}{1+x^2}, \quad -\infty < x < \infty$$

$$\frac{d}{dx}(\sec^{-1} x) = \frac{1}{|x|\sqrt{x^2-1}} \qquad \frac{d}{dx}(\csc^{-1} x) = -\frac{1}{|x|\sqrt{x^2-1}}, \quad |x| > 1$$

QUICK CHECK 3 역삼각함수의 도함수를 서로 관련 있는 것(예를 들어 역탄젠트함수와 역코탄젠트함수)끼리 짝을 지어 설명하여라. ◀

| 예제 2 | 역삼각함수의 도함수

a. $f(x) = x \tan^{-1}(x/2)$일 때, $f'(2\sqrt{3})$을 계산하여라.

b. 점 $(1, \pi/3)$에서 $g(x) = \sec^{-1} 2x$의 그래프에 접하는 직선의 방정식을 구하여라.

풀이

a.
$$f'(x) = 1 \cdot \tan^{-1}\frac{x}{2} + x \underbrace{\frac{1}{1 + (x/2)^2} \cdot \frac{1}{2}}_{\frac{d}{dx}(\tan^{-1}(x/2))} \quad \text{곱의 법칙과 연쇄 법칙}$$
$$= \tan^{-1}\frac{x}{2} + \frac{2x}{4 + x^2} \quad \text{간단히 하기}$$

이제 $\tan^{-1}\sqrt{3} = \pi/3$를 이용하여 $x = 2\sqrt{3}$에서 f'을 구하면 다음과 같다.

$$f'(2\sqrt{3}) = \tan^{-1}\sqrt{3} + \frac{2(2\sqrt{3})}{4 + (2\sqrt{3})^2} = \frac{\pi}{3} + \frac{\sqrt{3}}{4}$$

b. 점 $(1, \pi/3)$에서 접선의 기울기는 $g'(1)$이다. 연쇄 법칙을 사용하면

$$g'(x) = \frac{d}{dx}(\sec^{-1} 2x) = \frac{2}{|2x|\sqrt{4x^2 - 1}} = \frac{1}{|x|\sqrt{4x^2 - 1}}$$

이고, 따라서 $g'(1) = 1/\sqrt{3}$이다. 접선의 방정식은 다음과 같다.

$$y - \frac{\pi}{3} = \frac{1}{\sqrt{3}}(x - 1) \quad \text{또는} \quad y = \frac{1}{\sqrt{3}}x + \frac{\pi}{3} - \frac{1}{\sqrt{3}}$$

관련 연습문제 15, 22번 ◀

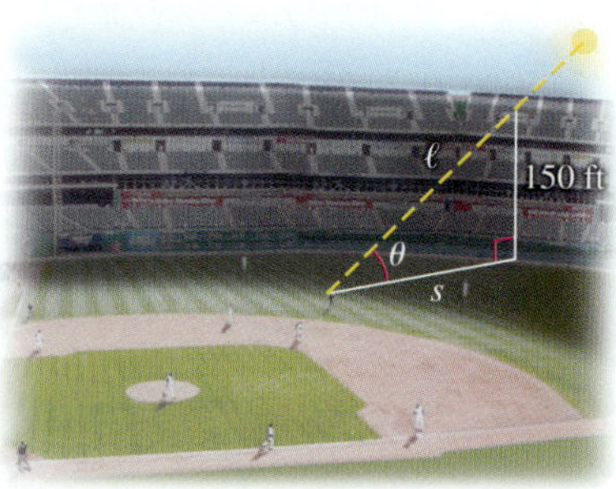

그림 3.72

| 예제 3 | 야구장의 그림자 높이가 150 ft인 야구장 관중석 뒤에 해가 있고, 관중석의 그림자가 야구장을 가로지르고 있다(그림 3.72). 햇빛이 비치는 관중석 상단 끝과 그림자의 끝을 나타내는 선분의 길이를 ℓ, 이때 태양을 올려본 각(angle of elevation), 즉 선분과 수평선 사이의 각을 θ라고 하자. 햇빛이 비치는 곳의 관중석 맨 하단과 그림자의 끝의 거리를 그림자의 길이 s라 하자.

a. θ를 그림자의 길이 s의 함수로 나타내어라.

b. $s = 200$ ft일 때, $d\theta/ds$를 구하고 이 변화율이 나타내는 의미를 설명하여라.

풀이

a. θ에 탄젠트를 취하면 $s > 0$일 때

$$\tan\theta = \frac{150}{s}$$

이고, 이 식의 양변에 역탄젠트를 취하면 다음과 같다.

$$\theta = \tan^{-1}\frac{150}{s}$$

그림 3.73은 그림자의 길이가 0에 접근할 때 태양을 올려본 각 θ는 $\pi/2$에 접근함을 보여 주고 있다($\theta = \pi/2$는 태양이 바로 위에 있음을 의미한다). 그림자의 길이가 증가함에 따라 θ는 감소하고 0에 접근한다.

b. 연쇄 법칙을 적용하면 다음을 얻는다.

$$\begin{aligned}\frac{d\theta}{ds} &= \frac{1}{1+(150/s)^2}\frac{d}{ds}\left(\frac{150}{s}\right) && \text{연쇄 법칙, } \frac{d}{du}(\tan^{-1}u) = \frac{1}{1+u^2}\\ &= \frac{1}{1+(150/s)^2}\left(-\frac{150}{s^2}\right) && \text{도함수 계산하기}\\ &= -\frac{150}{s^2+22{,}500} && \text{간단히 하기}\end{aligned}$$

모든 s에 대하여 $d\theta/ds$는 음수이고, 이는 그림자의 길이가 길수록 올려본 각은 작아짐을 의미한다(그림 3.73). $s = 200$ ft일 때, 다음이 성립한다.

$$\left.\frac{d\theta}{ds}\right|_{s=200} = -\frac{150}{200^2+150^2} = -0.0024\,\frac{\text{rad}}{\text{ft}}$$

따라서 그림자의 길이가 $s = 200$ ft일 때 올려본 각은 -0.0024 rad/ft, 즉 $-0.138°$/ft의 비율로 변하고 있다.

관련 연습문제 24번 ◀

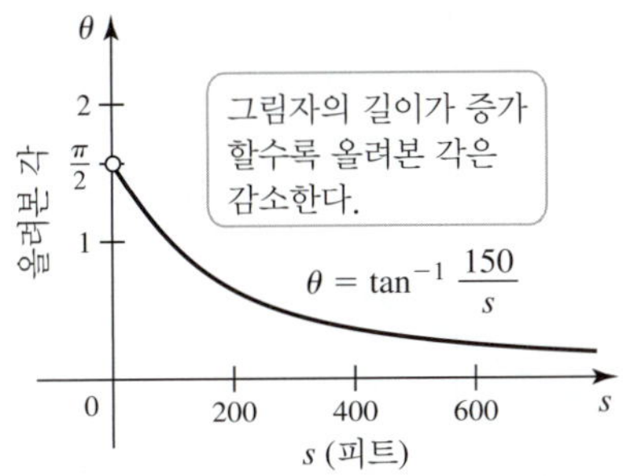

그림 3.73

QUICK CHECK 4 예제 3에서 $d\theta/ds = -0.0024$ rad/ft는 $-0.138°$/ft와 같음을 나타내고 있다. 이 결과를 확인하여라. ◀

일반적인 역함수의 도함수

지금까지 음함수의 미분법을 이용하여 역삼각함수의 도함수를 살펴봤다. 그러나 이 방법은 항상 적용할 수 있는 것은 아니다. 예를 들어 함수 f와 도함수 f'만 알고 있을 때, f^{-1}의 도함수를 구한다고 가정해 보자. 역함수의 도함수를 구할 때 핵심은 f와 f^{-1}의 그래프의 대칭성을 활용하는 것이다. 다음 예제를 보자.

| 예제 4 | 일차함수의 역함수와 도함수 $m(m \neq 0)$과 b가 상수일 때, 일반적인 일차함수 $y = f(x) = mx + b$에 대하여 물음에 답하여라.

a. f의 역함수를 $y = f^{-1}(x)$ 형태로 나타내어라.

b. 역함수의 도함수 $\frac{d}{dx}(f^{-1}(x))$를 구하여라.

c. $f(x) = 2x - 6$일 때, f와 f^{-1}의 그래프를 그려 보고 두 직선의 기울기를 구하여라.

풀이

a. $y = mx + b$를 x에 대하여 풀면 $mx = y - b$이고,

$$x = \frac{y}{m} - \frac{b}{m}$$

이다. x와 y를 서로 바꾸어 주어진 함수를 $y = f^{-1}(x)$ 형태로 나타내면

$$y = f^{-1}(x) = \frac{x}{m} - \frac{b}{m}$$

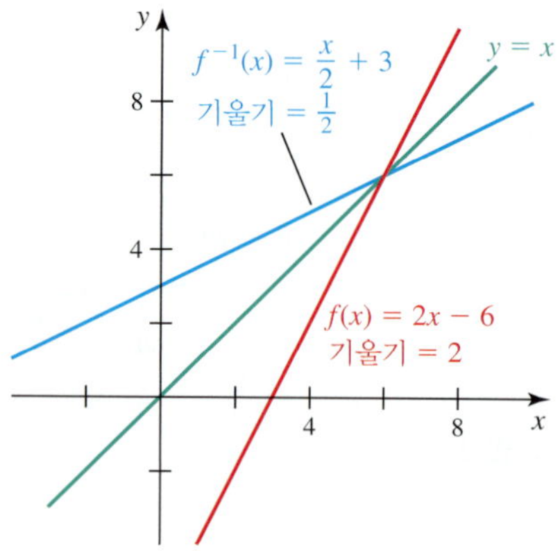

그림 3.74

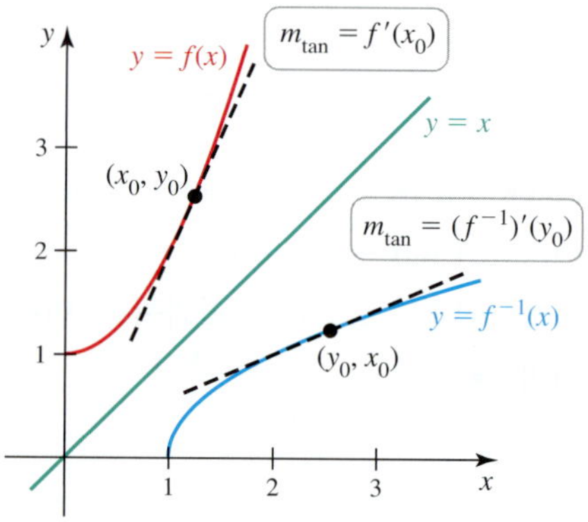

그림 3.75

➤ 정리 3.21의 결과를 다음과 같이 나타낼 수도 있다.

$$(f^{-1})'(f(x_0)) = \frac{1}{f'(x_0)}$$

또는

$$(f^{-1})'(y_0) = \frac{1}{f'(f^{-1}(y_0))}$$

이고, 이는 기울기가 $1/m$인 직선을 나타낸다.

b. f^{-1}의 도함수는 다음과 같다.

$$(f^{-1})'(x) = \frac{1}{m}$$

$f'(x) = m$이므로 f^{-1}의 도함수는 f'의 역수이다.

c. $f(x) = 2x - 6$이므로 $f^{-1}(x) = x/2 + 3$이다. 이 두 직선은 직선 $y = x$에 대하여 대칭이다(그림 3.74). 더욱이 직선 $y = f(x)$의 기울기는 2이고, $y = f^{-1}(x)$의 기울기는 $\frac{1}{2}$이다. 즉, 두 기울기(도함수)는 서로 역수 관계이다.

관련 연습문제 25번 ◀

예제 4에서 f'과 $(f^{-1})'$은 서로 역수 관계임을 살펴봤다. 이 성질은 일반적인 미분가능 함수의 도함수와 역함수의 도함수에서도 성립한다. 그림 3.75는 일대일 함수와 역함수의 그래프를 나타내는 한 예이다. 이 그림은 한 쌍의 대칭점, 즉 f의 그래프 위의 점 (x_0, y_0) 및 f^{-1}의 그래프 위의 점 (y_0, x_0)과 이 점을 지나는 접선을 보여 주고 있다. f의 그래프에 접하는 직선이 가파를수록(x가 증가할수록) 대응되는 f^{-1}의 그래프에 접하는 직선은 덜 가파름을 알 수 있다. 다음 정리는 이 관계를 정확히 나타내고 있다.

정리 3.21 역함수의 도함수

함수 f가 구간 I에서 미분가능하고 역함수를 갖는다고 하자. x_0이 구간 I의 점이고 $f'(x_0) \neq 0$일 때, f^{-1}는 $y_0 = f(x_0)$에서 미분가능하고 다음이 성립한다.

$$(f^{-1})'(y_0) = \frac{1}{f'(x_0)} \quad (\text{단, } y_0 = f(x_0))$$

위 정리를 이해하기 위해 f의 그래프 위의 한 점을 (x_0, y_0), 이에 대응되는 f^{-1}의 그래프 위의 점을 (y_0, x_0)이라 하자. (y_0, x_0)에서 f^{-1}의 그래프에 접하는 직선의 기울기는 (x_0, y_0)에서 f의 그래프에 접하는 직선의 기울기의 역수이다. 이 정리에서 중요한 점은 어떤 함수의 역함수의 도함수를 역함수를 구하지 않고도 구할 수 있다는 것이다.

증명 계산하기 전에 다음 두 가지 사실에 유의하자.

- f가 x_0에서 미분가능하면 $y_0 = f(x_0)$이고 $x_0 = f^{-1}(y_0)$이다.
- 미분가능 함수로서 f는 x_0에서 연속(정리 3.1)이고, 따라서 f^{-1}도 y_0에서 연속이다(정리 2.14). 이제 $y \to y_0$이면 $x \to x_0$이다.

도함수의 정의를 사용하면 다음을 얻는다.

$$
\begin{aligned}
(f^{-1})'(y_0) &= \lim_{y\to y_0} \frac{f^{-1}(y) - f^{-1}(y_0)}{y - y_0} && f^{-1}\text{의 도함수의 정의} \\
&= \lim_{x\to x_0} \frac{x - x_0}{f(x) - f(x_0)} && y = f(x) \text{ 그리고 } x = f^{-1}(y),\ y \to y_0\text{이면 } x \to x_0 \\
&= \lim_{x\to x_0} \frac{1}{\dfrac{f(x) - f(x_0)}{x - x_0}} && \frac{a}{b} = \frac{1}{b/a} \\
&= \frac{1}{f'(x_0)} && f\text{의 도함수의 정의}
\end{aligned}
$$

QUICK CHECK 5 $y = \sin x$의 그래프와 $y = \sin^{-1} x$의 그래프를 그려 보고 점 (0, 0)에서 정리 3.21의 결과를 확인하여라. ◄

이로써 $(f^{-1})'(y_0)$이 존재함(f^{-1}는 y_0에서 미분가능함)을 증명했고, 또한 이 값은 $f'(x_0)$의 역수와 같음을 증명했다. ◄

| 예제 5 | 역함수의 도함수 함수 $f(x) = \sqrt{x} + x^2 + 1$은 $x \geq 0$일 때 일대일이고 같은 구간에서 역함수를 갖는다. 점 (3, 1)에서 곡선 $y = f^{-1}(x)$의 기울기를 구하여라.

풀이

점 (1, 3)은 f의 그래프 위에 있으므로 점 (3, 1)은 f^{-1}의 그래프 위에 있다. 이 경우 점 (3, 1)에서 곡선 $y = f^{-1}(x)$의 기울기는 점 (1, 3)에서 곡선 $y = f(x)$의 기울기의 역수이다(그림 3.76). $f'(x) = \dfrac{1}{2\sqrt{x}} + 2x$이므로 $f'(1) = \dfrac{1}{2} + 2 = \dfrac{5}{2}$이고, 다음이 성립한다.

$$(f^{-1})'(3) = \frac{1}{f'(1)} = \frac{1}{5/2} = \frac{2}{5}$$

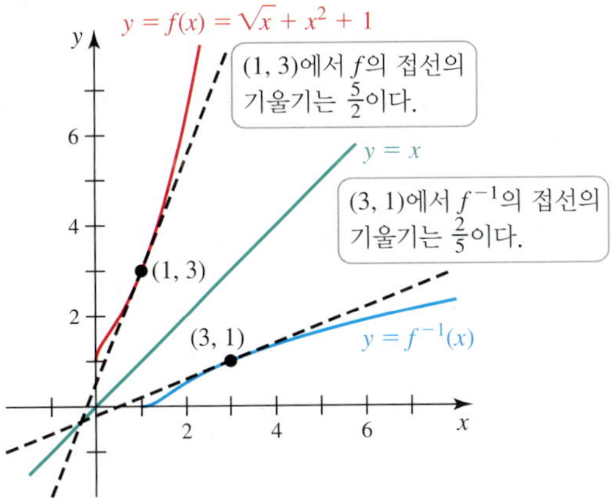

그림 3.76

주어진 점에서 f^{-1}의 미분계수를 구할 때, f^{-1}의 식을 구할 필요가 없음에 유의하자.

관련 연습문제 28번 ◄

| 예제 6 | 역함수의 도함수 표 3.7에서 주어진 일대일 미분가능 함수 f에 대하여 주어진 미분계수를 구하거나 미분계수는 존재하지 않음을 설명하여라.

표 3.7

x	−1	0	1	2	3
$f(x)$	2	3	5	6	7
$f'(x)$	1/2	2	3/2	1	2/3

a. $(f^{-1})'(5)$ **b.** $(f^{-1})'(2)$ **c.** $(f^{-1})'(1)$

풀이 $y_0 = f(x_0)$일 때, 등식 $(f^{-1})'(y_0) = \dfrac{1}{f'(x_0)}$을 사용하자.

a. $y_0 = f(x_0) = 5$이고, 표 3.7을 사용하면 $x_0 = 1$이고 $f'(1) = \frac{3}{2}$이다. 따라서 $(f^{-1})'(5) = \frac{1}{f'(1)} = \frac{2}{3}$이다.

b. $y_0 = f(x_0) = 2$이고, $x_0 = -1$이며 $f'(-1) = \frac{1}{2}$이다. 따라서 $(f^{-1})'(2) = \frac{1}{f'(-1)} = 2$이다.

c. 표 3.7로부터 $y_0 = f(x_0) = 1$을 만족하는 x_0은 존재하지 않는다. 따라서 $f'(x_0)$과 $(f^{-1})'(1)$은 모두 결정할 수 없다.

관련 연습문제 4-5번 ◀

3.10절 연습문제

1단계 스타트

1. $\sin^{-1} x$, $\tan^{-1} x$, $\sec^{-1} x$의 도함수를 말하여라.

2. $x = -2$에서 $y = \tan^{-1} x$의 그래프에 접하는 직선의 기울기를 구하여라.

3. 일대일 함수 f에 대하여 $f(2) = 8$, $f'(2) = 4$라고 하자. $(f^{-1})'(8)$의 값은 얼마인가?

4–5. 표로부터 역함수의 도함수 다음 표를 사용하여 미분계수를 구하거나 미분계수는 존재하지 않음을 설명하여라.

4.

x	-2	-1	0	1	2
$f(x)$	2	3	4	6	7
$f'(x)$	1	1/2	2	3/2	1

a. $(f^{-1})'(4)$ **b.** $(f^{-1})'(6)$ **c.** $(f^{-1})'(1)$ **d.** $f'(1)$

5.

x	-4	-2	0	2	4
$f(x)$	0	1	2	3	4
$f'(x)$	5	4	3	2	1

a. $f'(f(0))$ **b.** $(f^{-1})'(0)$
c. $(f^{-1})'(1)$ **d.** $(f^{-1})'(f(4))$

6. 일대일 함수 f에 대하여 $f(3) = 8$, $f'(3) = 7$일 때, $x = 8$에서 $y = f^{-1}(x)$에 접하는 직선의 방정식을 구하여라.

7. $\sin^{-1} x$의 도함수를 구하지 않고, 점 $\left(\frac{1}{2}, \frac{\pi}{6}\right)$에서 곡선 $y = \sin^{-1} x$의 기울기를 구하여라.

2단계 실전

8–21. 다음 함수의 도함수를 구하여라.

8. $f(x) = \sin^{-1}2x$

9. $f(w) = \cos(\sin^{-1} 2w)$

10. $f(x) = \sin^{-1}(e^{-2x})$

11. $f(x) = \tan^{-1} 10x$

12. $f(y) = \tan^{-1}(2y^2 - 4)$

13. $f(z) = \cot^{-1}\sqrt{z}$

14. $f(x) = x^2 + 2x^3 \cot^{-1}x - \ln(1 + x^2)$

15. $f(w) = w^2 - \tan^{-1}w^2$

16. $f(x) = \cos^{-1}(1/x)$

17. $f(u) = \csc^{-1}(2u + 1)$

18. $f(y) = \cot^{-1}(1/(y^2 + 1))$

19. $f(x) = \sec^{-1}(\ln x)$

20. $f(x) = \csc^{-1}(\tan e^x)$

21. $f(s) = \cot^{-1}(e^s)$

22–23. 접선 주어진 점에서 f의 그래프에 접하는 직선의 방정식을 구하여라.

22. $f(x) = \tan^{-1} 2x$, $(1/2, \pi/4)$

23. $f(x) = \cos^{-1} x^2$, $(1/\sqrt{2}, \pi/3)$

24. 각의 크기 어떤 보트가 항구의 가장자리에 있는 150미터 높이의 빌딩을 향하여 똑바로 항해하고 있다. 빌딩을 올려다본 각 θ는 관찰자로부터 빌딩의 꼭대기를 잇는 선분과 관찰자로부터 빌딩의 바닥 부분을 잇는 선분의 끼인각이다(그림 참조).

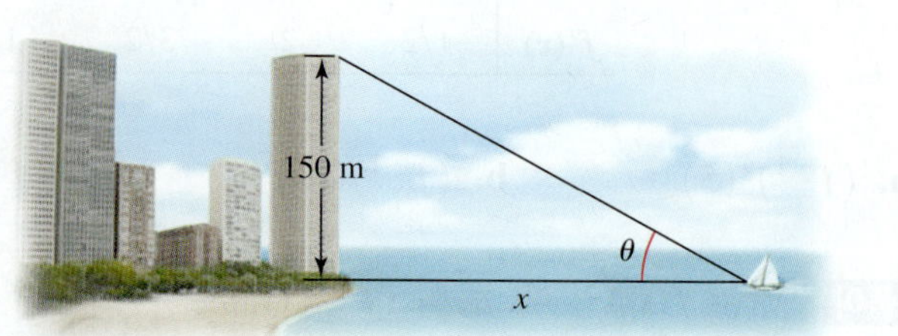

a. 보트와 빌딩의 거리가 $x = 500$ m일 때, 각의 크기의 변화율 $d\theta/dx$는 무엇인가?

b. x의 함수로서 $d\theta/dx$의 그래프를 그려 보고, 각의 크기가 가장 빨리 변하는 점을 결정하여라.

25–29. 한 점에서 역함수의 미분계수 다음 함수에 대하여 주어진 점에서 역함수의 미분계수를, 역함수를 구하지 않고 구하여라.

25. $f(x) = 3x + 4$, $(16, 4)$

26. $f(x) = \ln(5x + e)$, $(1, 0)$

27. $f(x) = \tan x$, $(1, \pi/4)$

28. $f(x) = \sqrt{x}$, $(2, 4)$

29. $f(x) = (x + 2)^2$, $(36, 4)$

30. $f(x) = x^3 + x + 1$일 때, $(f^{-1})'(3)$을 구하여라.

31. 점 $(4, 7)$에서 곡선 $y = f^{-1}(x)$의 기울기가 $4/5$라고 하자. 이때 $f'(7)$을 구하여라.

32. 참 또는 거짓 주어진 명제가 참이면 증명하고 거짓이면 반례를 들어라.

a. $\dfrac{d}{dx}(\sin^{-1}x + \cos^{-1}x) = 0$

b. $\dfrac{d}{dx}(\tan^{-1}x) = \sec^2 x$

c. 구간 $[-1, 1]$에서 $y = \sin^{-1} x$의 그래프에 접하는 직선의 기울기의 최솟값은 1이다.

d. 구간 $[-\pi/2, \pi/2]$에서 $y = \sin x$의 그래프에 접하는 직선의 기울기의 최댓값은 1이다.

e. $f(x) = 1/x$이면 $(f^{-1})'(x) = -1/x^2$이다.

33–34. f와 f'의 그래프 그리기

a. 그래프 유틸리티를 이용하여 f의 그래프를 그려라.

b. f'을 구하고 그래프를 그려라.

c. f'의 영점은 f가 수평 접선을 갖는 점에 대응함을 확인하여라.

33. 구간 $[-1, 1]$에서 $f(x) = (x^2 - 1)\sin^{-1}x$

34. 구간 $[0, \infty)$에서 $f(x) = e^{-x}\tan^{-1} x$

35–40. 역함수의 도함수 다음 함수에 대하여 (주어진 구간에서) 역함수의 도함수를 구하여라.

35. $f(x) = 3x - 4$

36. $f(x) = x^2 - 4$, $x > 0$

37. $f(x) = e^{3x+1}$

38. $f(x) = 10^{12x-6}$

39. $f(x) = \sqrt{x + 2}$

40. $f(x) = x^{-1/2}$, $x > 0$

3단계 도전

41. 보트의 예인 해발 10피트 높이에 있는 윈치에 매달린 밧줄로 보트를 부두 방향으로 예인하고 있다(그림 참조). θ를 윈치를 올려본 각이라 하고, ℓ을 부두를 향하여 보트를 예인하고 있는 밧줄의 길이라고 하자.

a. ℓ에 대한 θ의 변화율은

$$\frac{d\theta}{d\ell} = -\frac{10}{\ell\sqrt{\ell^2 - 100}}$$

임을 보여라.

b. $\ell = 50, 20, 11$ ft일 때, $\dfrac{d\theta}{d\ell}$를 구하여라.

c. $\displaystyle\lim_{\ell\to10^+}\frac{d\theta}{d\ell}$를 구하고, 밧줄이 모두 감겼을 때($\ell = 10$일 때 보트는 부두에 닿는다) 어떤 일이 일어나는지 설명하여라.

d. 배가 부두로 예인되어감에 따라 θ는 증가함을 그림으로부터 알 수 있다. 이때 $d\theta/d\ell$가 음인 이유는 무엇인가?

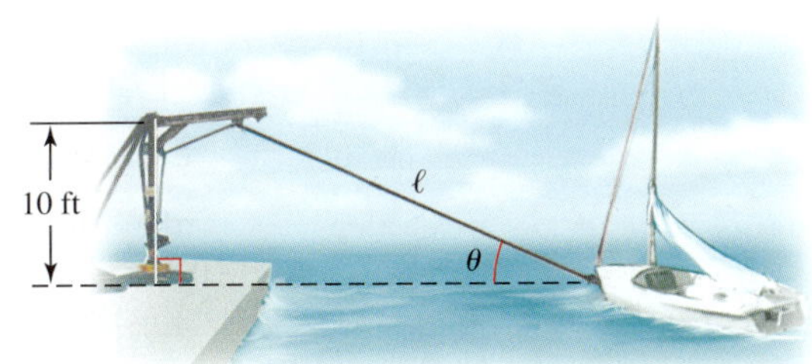

42. 입자의 각도 어떤 입자가 지름이 D인 원형 경로를 따라 시계 방향으로 움직이고, 원 위의 한 점 P에서 센서에 의해 추적되고 있다. 센서가 놓인 점의 지름에 대한 반대쪽 끝점을 Q라 하자(그림 참조). 지름 PQ와, 입자와 센서를 잇는 선분의 끼인각을 θ라 하고 입자의 위치와 점 Q를 잇는 현(chord)의 길이를 c라 하자.

a. $\dfrac{d\theta}{dc}$를 구하여라.

b. $\left.\dfrac{d\theta}{dc}\right|_{c=0}$을 계산하여라.

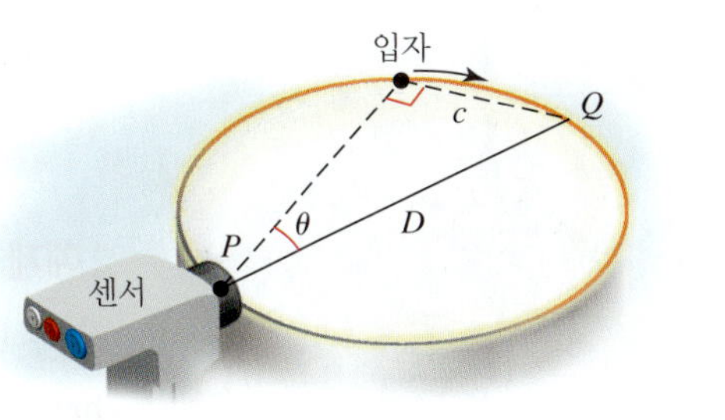

43. **역사인함수의 도함수** 정리 3.21을 이용하여 역사인함수의 도함수를 구하여라.

44. **$\cot^{-1}x$와 $\csc^{-1}x$의 도함수** 삼각함수에 대한 부등식을 이용하여 역코탄젠트함수와 역코시컨트함수의 도함수를 구하고, 이 결과는 역탄젠트함수의 도함수와 역시컨트함수의 도함수에 각각 −1을 곱한 것임을 보여라.

45-48. 등식 증명 다음 등식을 증명하고 이 등식이 참인 x의 값(구간)을 제시하여라.

45. $\cos(\sin^{-1}x) = \sqrt{1 - x^2}$

46. $\cos(2\sin^{-1}x) = 1 - 2x^2$

47. $\tan(2\tan^{-1}x) = \dfrac{2x}{1 - x^2}$

48. $\sin(2\sin^{-1}x) = 2x\sqrt{1 - x^2}$

QUICK CHECK 정답

1. $f(x) = \sin^{-1}x$는 기함수이고 $f'(x) = 1/\sqrt{1 - x^2}$은 우함수이다. **2.** 접선의 기울기는 0에 접근한다. **3.** 한쪽은 다른 쪽에 음의 부호를 붙인 것이다. **4.** $1° = \pi/180$ rad임에 유의하자. 따라서 0.0024 rad/ft는 0.138°/ft와 같다. **5.** 두 곡선 모두 (0, 0)에서 기울기 1을 갖는다. ◀

3.11 상관율

이 절에서는 변수가 시간에 따라 변하는 문제의 변화율로서 도함수를 살펴보자. 이러한 문제의 특징은 두 가지 이상의 알려진 변수가 나타나며, 변수 자체도 시간에 따라 변한다. 다음 두 가지 예를 살펴보자.

- 석유 굴착기에 균열이 생겨 굴착기 주변에 (대략) 원형으로 기름 덩어리가 퍼져 나가고 있다. 기름 덩어리의 반지름이 일정한 비율로 증가하고 있는 것을 안다면 기름 덩어리의 넓이는 얼마나 빨리 변하는가(예제 1)?
- 두 항공사의 항공기가 알려진 속도로 공항으로 접근하는데, 한 비행기는 서쪽으로 비행하고 한 비행기는 북쪽으로 비행한다면 두 비행기의 거리는 얼마나 빨리 변하는가(예제 2)?

첫 번째 문제에서 두 상관변수는 기름 덩어리의 반지름과 넓이이고, 두 변수 모두 시간에 따라 변한다. 두 번째 문제는 세 개의 상관변수를 가지는데, 두 비행기의 각 위치와 두 비행기 사이의 거리이다. 또한 세 변수 모두 시간에 따라 변한다. 이 두 문제의 목적은 변수 중 하나에 대한 순간변화율을 구하는 것이다. 따라서 이를 상관율(related rate)이라 한다.

이 절에서 다양한 예제를 단계별로 살펴본다. 첫 번째 예제는 상관율 문제를 푸는 일반적인 과정을 제시한다.

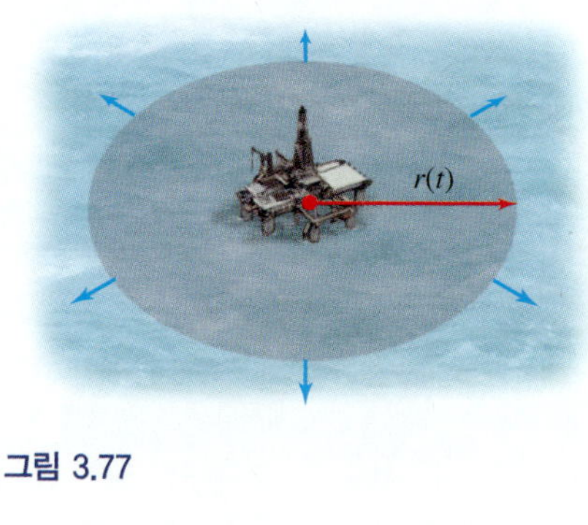

그림 3.77

| 예제 1 | 기름의 확산 잔잔한 해수면 위의 석유 굴착기에 균열이 생겨 굴착기 주변에 (대략) 원형으로 기름 덩어리가 퍼지고 있다. 기름 덩어리의 반지름이 30m/hr의 비율로 증가하고 있다면 기름 덩어리의 반지름이 100m일 때, 기름 덩어리의 넓이는 얼마나 빨리 증가하는가(그림 3.77)?

풀이 두 변수가 동시에 변하고 있는데, 바로 원의 반지름과 넓이이다. 반지름과 넓이의 핵심 관계는 공식 $A = \pi r^2$이다. 제시된 양은 명백히 시간에 따라 변하고 있다. 두 변수가 시간에 따라 변하고 있음을 강조하기 위해 위 관계식을 A는 $A(t)$, r은 $r(t)$로 나타내자. 임의의 시간 t에서 반지름과 넓이의 관계를 나타내는 일반적인 식은 $A(t) = \pi r(t)^2$이다.

이제 $r'(t) = 30$ m/hr일 때 원의 넓이의 변화율 $A'(t)$를 구해 보자. 주어진 문제에 도함수를 적용하기 위해 넓이의 관계식 $A(t) = \pi r(t)^2$을 t에 대하여 미분하면 다음을 얻는다.

$$\begin{aligned} A'(t) &= \frac{d}{dt}(\pi r(t)^2) \\ &= \pi \frac{d}{dt}(r(t)^2) \\ &= \pi\,(2r(t))\,r'(t) && \text{연쇄 법칙} \\ &= 2\pi r\,(t)\,r'(t) && \text{간단히 하기} \end{aligned}$$

주어진 값 $r(t) = 100$ m와 $r'(t) = 30$ m/hr를 위 식에 대입하고 단위를 도입하면 다음을 얻는다.

$$\begin{aligned} A'(t) &= 2\pi r(t)\,r'(t) \\ &= 2\pi(100\ \mathrm{m})\left(30\,\frac{\mathrm{m}}{\mathrm{hr}}\right) \\ &= 6000\pi\,\frac{\mathrm{m}^2}{\mathrm{hr}} \end{aligned}$$

➤ 변수에 지정된 값의 대입은 미분 후에 실행해야 함에 특히 유의하자.

유출된 기름의 넓이는 $6000\pi \approx 18{,}850\ \mathrm{m}^2/\mathrm{hr}$의 비율로 증가하고 있음을 알 수 있다. 단위를 도입함으로써 방제를 해야 할 작업의 양을 확인할 수 있다. 이 경우에는 구한 결과에 단위시간당 넓이의 단위를 도입해야 하고, 따라서 단위는 m^2/hr이다. 넓이의 변화율은 퍼지고 있는 기름 덩어리의 반지름에 따라 변하며, 반지름이 증가하면 넓이의 변화율 또한 증가한다.

관련 연습문제 3, 8번 ◀

QUICK CHECK 1 예제 1에서 반지름이 200 m, 300 m일 때 넓이의 변화율은 무엇인가? 또한 300 m일 때의 변화율은 무엇인가? ◀

예제 1로부터 각 문제에서 필요한 변수는 항상 존재함과 동시에, 상관율 문제를 푸는 일반적인 과정을 알 수 있다.

절차 상관율 문제를 푸는 단계

1. 문제를 신중히 읽고, 주어진 정보를 조직화하여 구성한다.
2. 변수들의 기본 관계를 나타내는 한 가지 이상의 방정식을 만든다.
3. 적절한 방정식을 시간 t에 대하여 미분함으로써 변화율을 구한다.
4. 알려진 값을 대입하고 구하고자 하는 양에 대하여 푼다.
5. 단위가 정확한지 확인하고 구한 답이 적절한지(예를 들어 타당한 부호를 가지는지) 확인한다.

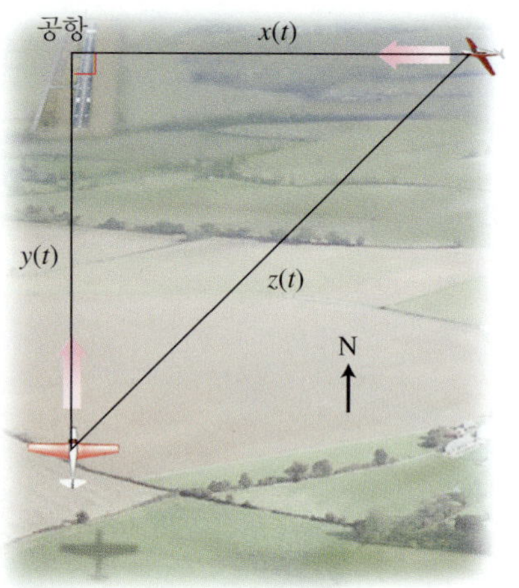

그림 3.78

➤ 예제 1에서 독립변수가 t임을 기억하기 위해 A와 r을 각각 $A(t)$와 $r(t)$로 나타냈다. 익숙해지면 이러한 과정은 생략해도 된다.

➤ 먼저 방정식 $z^2 = x^2 + y^2$을 z에 대하여 $z = \sqrt{x^2 + y^2}$으로 푼 다음 미분할 수도 있다. 그러나 예제에 제시된 것처럼 음함수의 미분법을 이용한 풀이가 더욱 간단하다.

| 예제 2 | **두 비행기의 거리** 두 소형 항공기가 어떤 공항으로 접근하고 있는데, 한 대는 120 mi/hr의 속력으로 서쪽으로 비행하고 있고, 나머지 한 대는 북쪽으로 150mi/hr의 속력으로 비행하고 있다. 두 비행기를 올려본 각이 상수로서 같다면 서쪽으로 향하는 항공기가 공항으로부터 180마일, 북쪽으로 향하는 항공기가 공항으로부터 225마일의 거리에 있을 때, 두 비행기 사이의 거리는 얼마나 빨리 변하는가?

풀이 이 문제를 그림으로 나타내면 그림 3.78과 같고, 이 그림은 정보를 구성하는 데 도움을 준다. $x(t)$와 $y(t)$를 각각 서쪽으로 향하는 항공기의 공항으로부터 거리, 북쪽으로 향하는 항공기의 공항으로부터 거리라고 하자. 두 항공기의 경로는 직각삼각형의 직각을 낀 변이고, 두 항공기의 거리를 $z(t)$로 놓으면 이는 직각삼각형의 빗변이다. 그러면 피타고라스 정리에 따라 $z^2 = x^2 + y^2$이다.

이제 두 항공기의 거리의 변화율 dz/dt를 구해 보자. 먼저 $z^2 = x^2 + y^2$의 양변을 t에 대하여 미분하면

$$\frac{d}{dt}(z^2) = \frac{d}{dt}(x^2 + y^2) \Rightarrow 2z\frac{dz}{dt} = 2x\frac{dx}{dt} + 2y\frac{dy}{dt}$$

이다. 위 식에서 x, y, z는 t의 함수이므로 연쇄 법칙을 적용했다. 이제 dz/dt에 대하여 풀면 다음을 얻는다.

$$\frac{dz}{dt} = \frac{2x\frac{dx}{dt} + 2y\frac{dy}{dt}}{2z} = \frac{x\frac{dx}{dt} + y\frac{dy}{dt}}{z}$$

위 식은 알려진 양 x, y, z, dx/dt, dy/dt와 구해야 할 알려지지 않은 비율 dz/dt의 관계를 나타낸다. 서쪽으로 향하는 항공기는 거리가 감소하므로 $dx/dt = -120$ mi/hr이고, 마찬가지로 북쪽으로 향하는 항공기는 $dy/dt = -150$ mi/hr이다. $x = 180$ mi, $y = 225$ mi일 때 두 항공기의 거리는

$$z = \sqrt{x^2 + y^2} = \sqrt{180^2 + 225^2} \approx 288 \text{ mi}$$

이고, 이 값을 대입하면 다음과 같다.

$$\frac{dz}{dt} = \frac{x\frac{dx}{dt} + y\frac{dy}{dt}}{z} \approx \frac{(180 \text{ mi})(-120 \text{ mi/hr}) + (225 \text{ mi})(-150 \text{ mi/hr})}{288 \text{ mi}} \approx -192 \text{ mi/hr}$$

$dz/dt < 0$이므로 두 항공기 사이의 거리는 약 192 mi/hr의 바율로 감소하고 있음을 알 수 있다.

관련 연습문제 12번 ◀

QUICK CHECK 2 예제 2에서 주어진 두 항공기의 속력을 그대로 가정하면 $x = 60$ mi, $y = 75$ mi일 때 두 항공기 사이의 거리는 얼마나 빨리 변하는가? ◀

| 예제 3 | **아침 커피** 원뿔 모양의 필터에 커피를 2.25 in^3/min의 비율로 내리고 있다. 원뿔의 깊이(높이)가 5 in이고 밑면의 반지름이 2 in이면 커피의 깊이가 3 in일 때 커피의 높이는 얼마나 빨리 감소하는가?

풀이 그림 3.79(a)에서 나타난 것과 같이 이 문제는 세 개의 상관변수를 갖고 있다. 필터의 안에 있는 커피의 부피는 V, 반지름은 r, 높이는 h이다. 이 문제의 목적은 $dV/dt = -2.25\ \text{in}^3/\text{min}$일 때, $h = 3$ in인 순간에 높이의 변화율 dh/dt를 구하는 것이다.

➤ 커피는 필터를 통해 내려지므로 필터 속 커피의 부피는 감소하고, 이는 dV/dt가 음임을 의미한다.

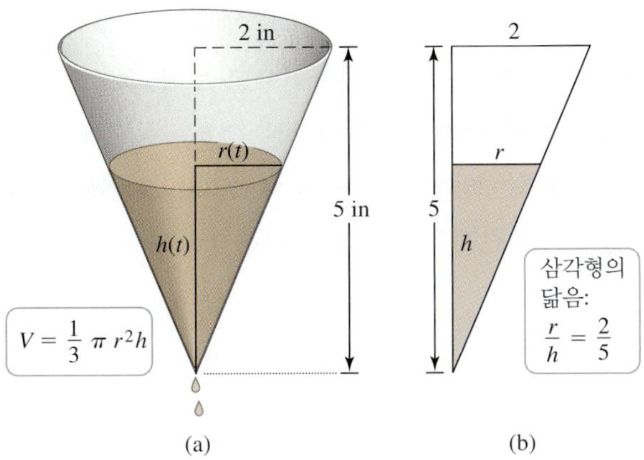

그림 3.79

원뿔 부피의 공식은 $V = \frac{1}{3}\pi r^2 h$이고, 이 식은 관련된 변수의 기본 관계를 나타낸다. 삼각형의 닮음(그림 3.79(b))을 이용하면 원뿔 안의 커피의 높이에 대한 반지름의 비는 시간에 상관없이 항상 2/5, 즉 다음과 같다.

$$\frac{r}{h} = \frac{2}{5} \quad \text{또는} \quad r = \frac{2}{5}h$$

부피 공식에 $r = \frac{2}{5}h$를 대입하면 V를 h에 대한 식으로 나타낼 수 있다.

$$V = \frac{1}{3}\pi r^2 h = \frac{1}{3}\pi\left(\frac{2}{5}h\right)^2 h = \frac{4\pi}{75}h^3$$

이제 $V = \frac{4\pi}{75}h^3$의 양변을 t에 대하여 미분하면 변화율을 얻을 수 있다.

$$\frac{dV}{dt} = \frac{4\pi}{25}h^2\frac{dh}{dt}$$

다음으로 $dV/dt = -2.25\ \text{in}^3/\text{min}$일 때, $h = 3$ in인 순간의 dh/dt를 구해 보자. dh/dt에 대하여 풀고 위 값들을 대입하면 다음을 얻는다.

$$\begin{aligned}\frac{dh}{dt} &= \frac{25\, dV/dt}{4\pi h^2} && \frac{dh}{dt}\text{에 대하여 풀기}\\ &= \frac{25(-2.25\ \text{in}^3/\text{min})}{4\pi(3\ \text{in})^2} \approx -0.497\ \frac{\text{in}}{\text{min}} && \frac{dV}{dt}\text{와 } h\text{에 대입하기}\end{aligned}$$

커피의 깊이가 3인치인 순간, 높이는 0.497 in/min(분당 약 1/2인치)의 비율로 감소한다.

관련 연습문제 19번 ◀

QUICK CHECK 3 예제 3에서 $h = 2$ in일 때, 높이의 변화율은 무엇인가? ◀

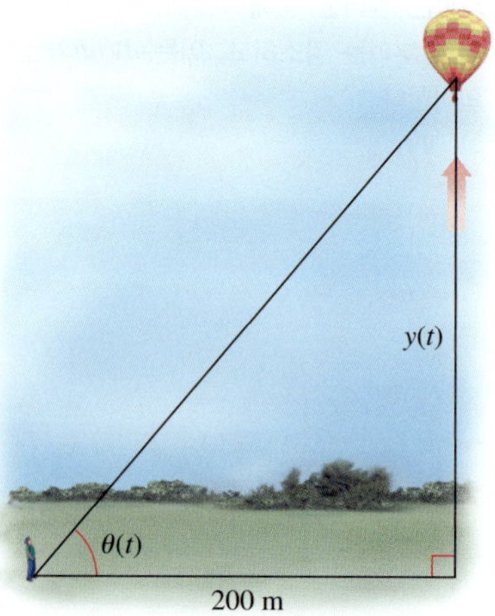

그림 3.80

➤ 예제 4의 답에서 단위는 rad/s이다. 라디안은 무엇일까? 라디안은 호의 길이에 대한 반지름의 비이므로 물리적 차원을 갖지 못하며, 따라서 단위는 나타나지 않는다. $d\theta/dt$는 각의 변화율이므로 단위를 rad/s로 사용해야 한다.

| 예제 4 | **열기구 풍선 관찰** 열기구 풍선을 놓을 곳으로부터 200 m 떨어진 거리에서 어떤 관찰자가 열기구 풍선을 놓을 곳과 같은 높이에 서 있다. 풍선을 놓은 후, 풍선은 일정한 속력 4 m/s로 수직으로 상승하고 있다. 풍선을 놓은 지 30초 후 풍선을 올려다본 각은 얼마나 빨리 증가하는가(단, 올려다본 각은 관찰자와 풍선을 잇는 선분과 지면의 끼인각이다)?

풀이 그림 3.80은 주어진 문제를 기하학적으로 보여 주고 있다. 풍선이 상승함에 따라 지면으로부터 풍선의 거리 y와 올려다본 각 θ는 동시에 변하고 있다. 이 변수들 사이의 관계를 나타내는 방정식은 $\tan\theta = y/200$이다. $d\theta/dt$를 구하기 위해 연쇄 법칙을 적용하고 구한 관계식의 양변을 미분하면

$$\sec^2\theta\,\frac{d\theta}{dt} = \frac{1}{200}\,\frac{dy}{dt}$$

이고, 이 식을 $\dfrac{d\theta}{dt}$에 대하여 풀면 다음과 같다.

$$\frac{d\theta}{dt} = \frac{dy/dt}{200\sec^2\theta} = \frac{(dy/dt)\cdot\cos^2\theta}{200}$$

올려다본 각의 변화율은 올려다본 각과 풍선의 속력에 따라 변한다. 풍선을 놓은 지 30초 후 풍선의 높이는 $y = (4\text{ m/s})(30\text{ s}) = 120\text{ m}$이다. 주어진 문제의 답을 구하기 위해서는 $\cos\theta$의 값을 알아야 한다. 우선 $y = 120$ m일 때, 관찰자와 풍선의 거리는

$$d = \sqrt{120^2 + 200^2} \approx 233.24\text{ m}$$

이다. 따라서 $\cos\theta \approx 200/233.24 \approx 0.86$ (그림 3.81)이고 올려다본 각의 변화율은 다음과 같다.

$$\frac{d\theta}{dt} = \frac{(dy/dt)\cdot\cos^2\theta}{200} \approx \frac{(4\text{ m/s})(0.86^2)}{200\text{ m}} = 0.015\text{ rad/s}$$

이 순간 풍선은 0.015 rad/s, 즉 1°/s보다 약간 작은 각의 변화율로 관찰자 관점에서 상승하고 있다.

관련 연습문제 23번 ◀

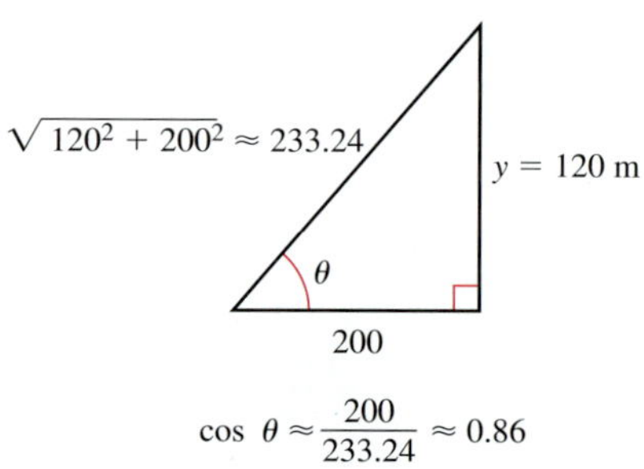

그림 3.81

➤ 라디안을 도(degree)로 바꾸기 위해서는 다음 공식

$$\text{도}(°) = \frac{180}{\pi}\cdot\text{라디안}$$

을 사용해야 함을 다시 한번 기억하자.

QUICK CHECK 4 예제 4에서 풍선이 상승함에 따라(θ가 증가함에 따라) 올려다본 각의 변화율은 0으로 감소하고 있다. $\theta'(t)$는 언제 최대이며, 이때 최댓값은 얼마인가? ◀

3.11절 연습문제

1단계 스타트

1. 길이가 변하면 넓이 또는 부피가 변하는 도형의 예를 들어라.

2. 직사각형에서 한 쌍의 대변(마주 보는 변)의 길이가 증가하고 넓이의 변화는 없을 때, 나머지 한 쌍의 대변의 길이의 변화는 어떠한가?

3. 깊이가 일정하고 폭이 10 ft, 길이가 20 ft인 직사각형(직육면체) 모양의 수영장에 물을 채우고 있다.

a. t를 경과된 시간, h를 물의 높이(깊이), V를 물의 부피라고 할 때, V의 h에 대한 관계식과 dV/dt와 dh/dt의 관계식을 구하여라.

b. 물의 높이가 $\frac{1}{4}$ ft/min의 속력으로 상승할 때, 물의 부피의 증가율은 얼마인가?

c. 수영장이 속력 10 ft^3/min과 함께 물이 채워질 때, 물의 높이의 증가율은 얼마인가?

4. 반지름이 r인 구의 부피 V가 시간 t에 따라 변하고 있다.

a. dV/dt와 dr/dt의 관계식을 구하여라.

b. 반지름이 4인치일 때 반지름의 증가율이 2 in/min이면 부피의 변화율은 얼마인가?

c. 반지름이 5인치일 때 부피의 증가율이 10 in^3/min이면 반지름의 변화율은 얼마인가?

5. x, y, z가 t의 함수이고 $z = x + y^3$이라 하자. $dx/dt = -1$, $dy/dt = 5$, $y = 2$일 때, dz/dt를 구하여라.

2단계 실전

6. 정사각형의 확장 어떤 정사각의 변의 길이가 2 m/s의 비율로 증가하고 있다.

a. 변의 길이가 10 m일 때, 이 정사각형의 넓이의 변화율은 얼마인가?

b. 변의 길이가 20 m일 때, 이 정사각형의 넓이의 변화율은 얼마인가?

7. 이등변삼각형의 축소 어떤 직각이등변삼각형의 빗변의 길이가 4 m/s의 비율로 감소하고 있다.

a. 등변의 길이가 5 m일 때, 이 삼각형의 넓이의 변화율은 무엇인가?

b. 이 삼각형의 등변의 길이의 변화율은 무엇인가?

c. 넓이가 4 m^2일 때, 이 삼각형의 넓이의 변화율은 무엇인가?

8. 원의 확장 어떤 원의 넓이가 1 cm^2/s의 비율로 증가하고 있다.

a. 반지름이 2 cm일 때, 반지름은 얼마나 빨리 변하는가?

b. 원의 둘레가 2 cm일 때, 반지름은 얼마나 빨리 변하는가?

9. 원의 축소 어떤 원의 반지름이 최초 50 ft에서 시작하여 2 ft/min의 비율로 감소하고 있다. 반지름이 10 ft인 순간 원의 넓이의 변화율은 얼마인가?

10. 풍선 구 모양의 풍선이 팽창하고 있고, 부피는 15 in^3/min의 비율로 증가하고 있다. 반지름이 10 in일 때, 반지름의 변화율은 무엇인가?

11. 녹는 눈덩이 구 모양의 눈덩이가 겉넓이에 비례하는 비율로 녹고 있다. 반지름의 변화율이 상수임을 보여라(**힌트**: 구의 겉넓이는 $4\pi r^2$이다).

12. 시간이 뒤처진 항공기 어떤 항공사의 항공기가 정오에 500 mi/hr의 속력으로 공항을 통과하여 서쪽으로 날아갔고, 오후 1시에 다른 항공기가 같은 고도와 550 mi/hr의 속력으로 같은 공항을 통과하여 북쪽으로 날아갔다. 두 항공기가 같은 고도를 유지한다고 가정할 때, 오후 2시 30분에 두 항공기 사이의 거리는 얼마인가?

13. 보트의 밧줄 어떤 부두의 캡스턴(밧줄을 감는 실린더)을 통과하는 밧줄이 해안가의 보트에 매달려 있다. 일정한 속력 3 ft/s로 밧줄을 당기고 있고, 해수면으로부터 캡스턴의 (수직) 높이는 5 ft이다. 보트가 부두로부터 10 ft의 거리에 있을 때, 보트는 얼마나 빨리 당겨지고 있는가?

14. 풍선과 모터사이클 열기구 풍선이 지면으로부터 150 ft에 있을 때, 수평길을 따라 직선으로 달리는 모터사이클이 40 mi/hr (58.76 ft/s)의 속력으로 풍선 바로 아래를 통과했다. 풍선이 10 ft/s의 비율로 수직 상승한다면 10초 후 풍선과 모터사이클의 거리의 변화율은 얼마인가?

15. 낚시 이야기 어떤 낚시꾼이 송어를 낚아채어 4 in/s의 속력으로 낚싯줄을 감고 있다. 낚싯대의 끝이 낚시꾼 위의 수직 방향으로 수면으로부터 12 ft에 있고, 송어는 낚시꾼 방향으로 수평을 유지하며 당겨지고 있다고 가정하자(그림 참조). 송어가 낚시꾼으로부터 20 ft 거리에 있을 때, 송어의 (수평) 속력을 구하여라.

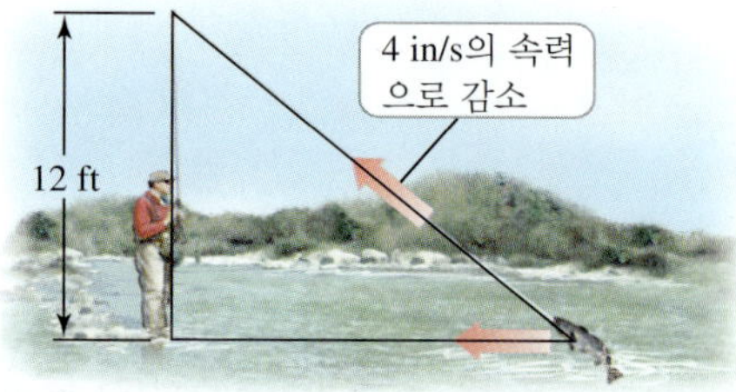

16. 온수 탱크 물 빼기 반지름이 1 ft, 높이가 4 ft인 원기둥 모양의 온수 탱크에서 물을 빼고 있다. 물의 높이가 6 in/min의 비율로 낮아지고 있을 때, 탱크의 물은 얼마나 빨리 빠지고 있는가(단위는 ft^3/min)?

17. 피스톤 압축 반지름이 5 cm인 원기둥 모양의 챔버 꼭대기에서 피스톤이 3 cm/s의 일정한 속력으로 챔버 안으로 움직이기 시작했다(그림 참조). 피스톤이 챔버 바닥으로부터 2 cm의 위치에 있을 때, 실린더의 부피의 변화율은 얼마인가?

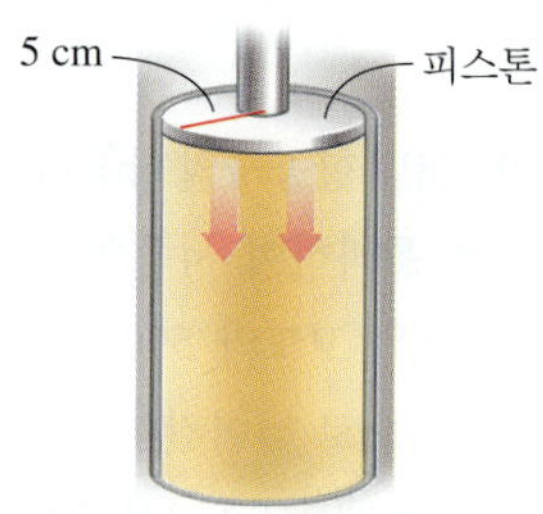

18. 모래 말뚝 세우기 어떤 통으로부터 모래를 위에서 아래로 붓고, 모래는 원뿔 말뚝 모양으로 쌓이고 있는데, 이때 말뚝의 반지름은 항상 높이의 3배이다. 말뚝의 높이가 12 cm일 때, 말뚝의 높이는 2 cm/s의 비율로 증가하고 있다고 가정하자. 이 순간 통의 모래가 쏟아지는 비율은 얼마인가?

19. 탱크 물 빼기 반지름이 6 ft, 높이가 12 ft의 뒤집힌 원뿔 모양의 물탱크 꼭짓점 구멍으로부터 2 ft^3/s의 비율로 물을 빼고 있다(그림 참조). 물의 깊이가 3 ft일 때, 물의 깊이의 변화율은 얼마인가(힌트: 삼각형의 닮음을 이용하라)?

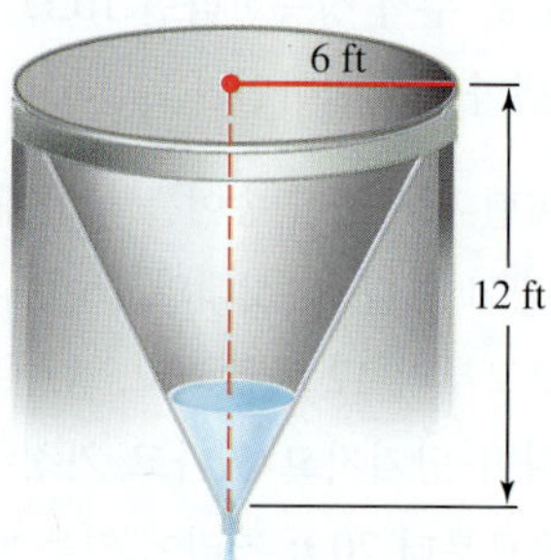

20. 반구 모양 탱크 채우기 반지름이 10 m인 반구형 모양 탱크에 흡입관을 통하여 3 m^3/min의 비율로 물을 채우고 있다(그림 참조). 탱크 바닥으로부터 물의 높이가 5 m일 때, 물은 얼마나 빨리 높아지는가(힌트: 반지름이 r인 구로부터 만들어진 두께 h를 갖는 용기의 부피는 $\pi h^2(3r - h)/3$이다)?

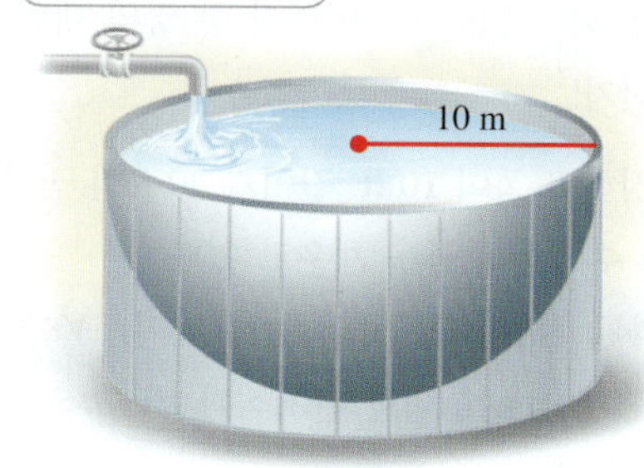

21. 벽에 기댄 사다리 어떤 13 ft의 사다리가 수직 벽에 기대어져 있고(그림 참조), 잭(Jack)이 벽으로부터 사다리 발을 0.5 ft/s의 비율로 당기기 시작했다. 사다리 발이 벽으로부터 5 ft의 거리에 있을 때, 사다리의 꼭대기는 벽을 따라 아래로 얼마나 빨리 내려가는가?

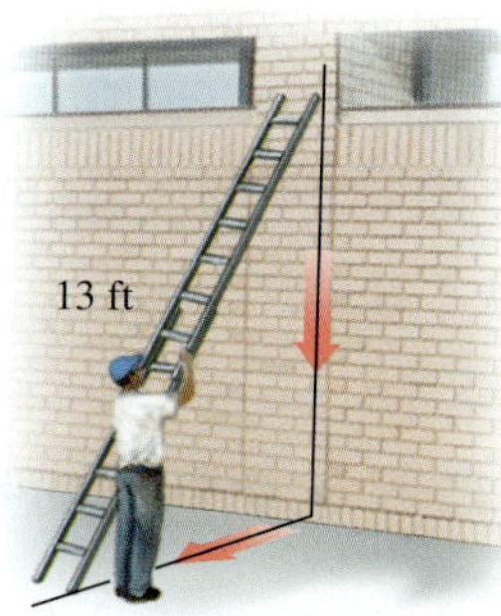

22. 움직이는 그림자 키가 5 ft인 여성이 지면으로부터 높이가 20 ft인 가로등을 향해 8 ft/s의 속력으로 걷고 있다. 이 여성이 가로등으로부터 15 ft의 거리에 있을 때, 이 여성의 그림자의 길이의 변화율은 얼마인가? 이 여성의 그림자의 끝이 이동하는 비율은 얼마인가?

23. 승강기 관찰 어떤 대형 호텔 아트리움의 1층 바닥으로부터 높이가 20 m에 있는 관찰자가, 관찰자로부터 수평 거리 20 m에 있는 유리로 둘러싸인 승강기의 샤프트(승강기 통)를 바라보고 있다(그림 참조). 승강기를 올려본 각은 관찰자의 시선과 수평선의 끼인각인데, 이 각은 양 또는 음이 될 수 있다. 승강기가 5 m/s의 비율로 위로 올라가고 있다고 가정하고, 승강기가 바닥으로부터 10 ft 위에 있을 때, 올려본 각

의 변화율은 얼마인가? 승강기는 언제 바닥으로부터 40 m 위에 있는가?

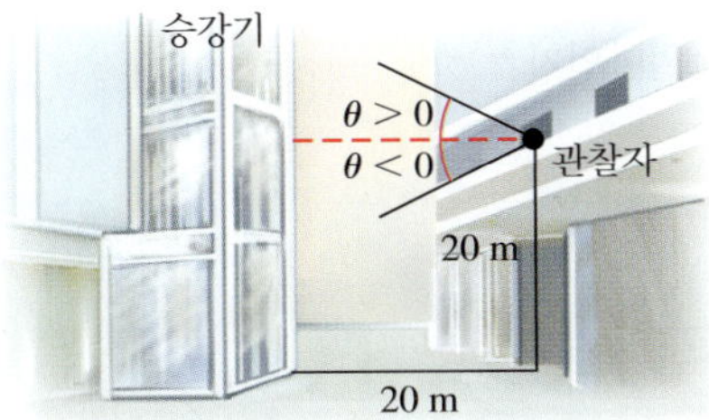

24. 시야각 극장의 대형 스크린 아래 끝은 관객의 눈높이로부터 3 ft 높이에 있고, 위 끝은 눈높이로부터 10 ft 높이에 있다. 한 관객이 스크린과 수직을 유지하면서 스크린으로부터 3 ft/s의 속력으로 걸어 나가고 있다. 극장 바닥이 수평이라 가정하고 관객이 스크린이 걸린 벽으로부터 30 ft의 거리에 있을 때(그림 참조), 시야각 θ의 변화율은 무엇인가?

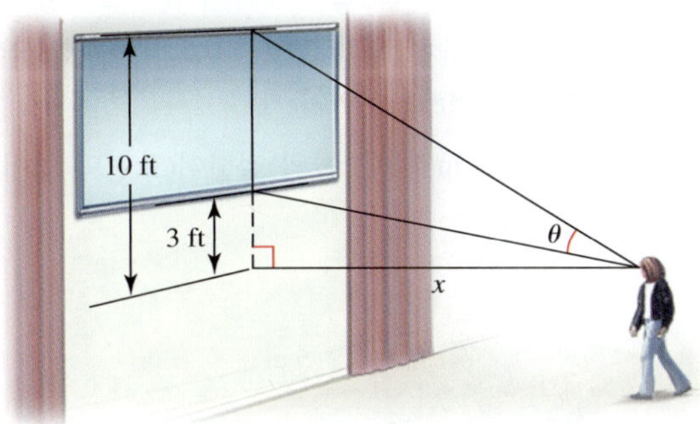

25. 잠수함의 잠수율 수상함(surface ship)이 수평 직선 방향으로 10 km/hr의 속력으로 항해하고 있고, 동시에 적 잠수함이 수상함 바로 밑에서 수평선 아래 잠수각 20°를 유지하며 같은 방향으로 잠항하고 있다. 해수면으로부터 잠수함의 깊이는 얼마나 빨리 깊어지는가?

26. 경주 촬영 드래그레이스(짧은 자동차 가속 경주) 경주용 자동차와 카메라(그림의 카메라 1)가 드래그레이스 출발선에 설치되어 있고, 자동차와 카메라의 거리는 50 ft이다. 경주를 시작한 지 2초 후 자동차는 100 ft를 달렸고, 자동차를 촬영하는 동안 카메라는 0.75 rad/s의 속력으로 돌고 있다.

a. 이 지점에서 경주용 자동차의 속력은 얼마인가?

b. 경주용 자동차가 출발 당시 두 번째 카메라(그림의 카메라 2)가 자동차로부터 출발선 위의 100 ft 거리에 설치되어 있었고 이 카메라도 자동차를 촬영하고 있다. 경주를 시작한 지 2초 후 이 카메라는 얼마나 빨리 돌아가는가?

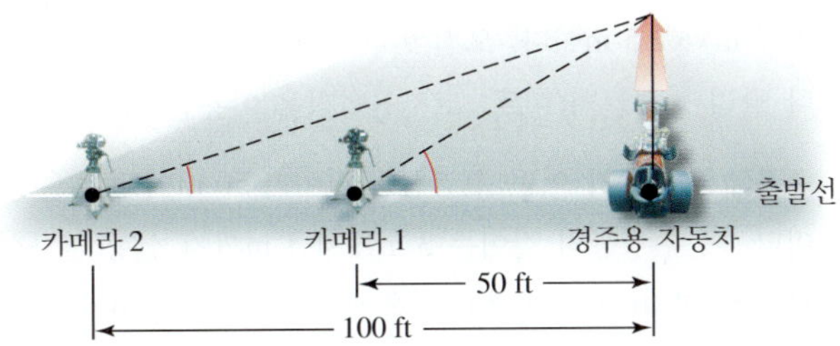

27. 풍력 질량을 가진 물체의 운동에서 운동에너지 E(단위는 줄(J))는 방정식 $E = \frac{1}{2}mv^2$으로 나타낼 수 있는데, 여기서 질량 m의 단위는 kg이고 속도 v의 단위는 m/s이다.

a. 전력(일에너지) P는 시간에 대한 에너지의 변화율 dE/dt로 정의된다. 힘의 단위는 와트(W)인데, 여기서 1 W = 1 J/s이다. 속도 v가 상수일 때, 음함수의 미분법을 이용하여 전력 P를 도함수 dm/dt의 식으로 나타내어라.

b. 풍력 발전용 터빈은 바람의 운동에너지를 전기에너지로 전환한다. 이때 dm/dt를 **질량 흐름율**(mass flow rate)이라 하고 방정식 $\frac{dm}{dt} = \rho Av$를 만족한다. 여기서 ρ는 단위 kg/m^3를 갖는 공기의 밀도, A는 풍력 터빈이 바람을 맞는 넓이이며 단위는 m^2, v는 바람의 속도로서 단위는 m/s이다. $P = \frac{1}{2}\rho Av^3$임을 보여라.

c. 작은 풍력 터빈 날의 길이가 3 m라고 하자. 바람이 10 m/s의 속력으로 불고 있을 때, 가용한 풍력 P를 구하여라(힌트: 공기 밀도 $\rho = 1.23\ kg/m^3$을 사용하여라. 공기의 밀도는 변하지만 이는 적절한 평균값이다).

d. 풍력 터빈은 가용한 풍력의 일부(적은 양)만 전기로 전환한다. 제시된 풍력 터빈은 가용한 풍력의 25%만 전기로 전환할 수 있다고 가정하자. 생산된 전력은 얼마인가?

3단계 도전

28. 시계 바늘 런던의 국회의사당 탑에 있는 시계 바늘의 길이는 약 3 m와 2.5 m이다. 오전 9시에 두 바늘 끝의 거리는 얼마나 빨리 변하는가(**힌트**: 코사인법칙을 이용한다)?

29. 수영장 물 채우기 어떤 수영장의 길이가 50 m이고 폭은 20 m이다. 이 수영장의 깊이는 3 m에서 1 m까지 선형(일차식)으로 감소한다(그림 참조). 처음에 이 수영장은 비어 있었고 1 m^3/min의 비율로 물을 채우고 있다. 물을 채우기 시작한 지 250분 후 물의 높이는 얼마나 빨리 올라가는가? 물을 가득 채우는 데 걸리는 시간은 얼마인가?

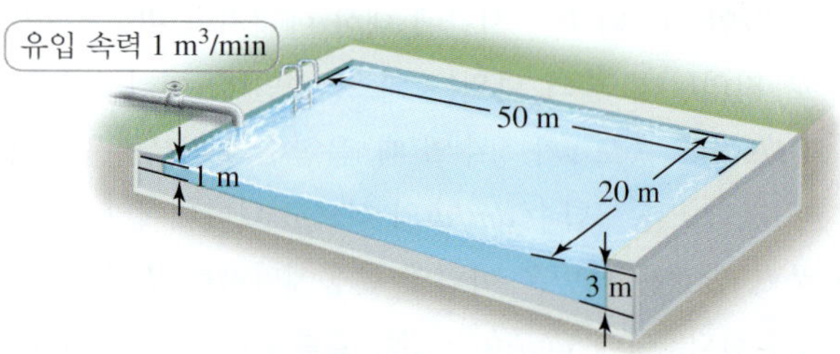

30. 사선 방향 추적 어떤 항구와 레이더 기지가 동서로 뻗은 직선 해안을 따라 2 mi 거리에 있다(그림 참조). 정오에 배가 항구를 출발하여 15 mi/hr의 비율로 북동 방향으로 항해하고 있다. 배가 이 속력과 방향을 유지하고 있다면 오후 12시 30분에 배와 레이더 기지를 잇는 선분과 해안 사이의 추적 각 θ의 변화율은 얼마인가(**힌트**: 사인법칙을 이용한다)?

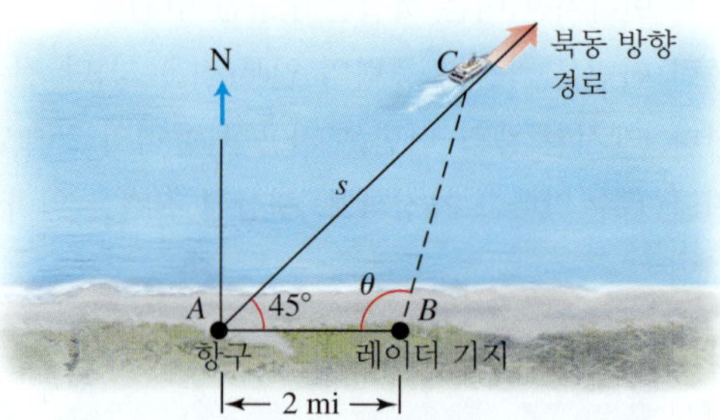

31. 내비게이션 어떤 배가 항구를 출발하여 동쪽 방향 12 mi/hr의 속력으로 항해하고 있다. 동시에 또 다른 배가 같은 항구를 출발하여 북동 방향 15 mi/hr의 속력으로 항해하고 있다. 두 배를 잇는 선분과 정북 방향의 끼인각을 θ라고 하자(그림 참조). 두 배가 항구를 출발한 지 30분 후 이 각의 변화율은 얼마인가? 두 배가 항구를 출발한 후 2시간이 지났다면 각의 변화율은 얼마인가?

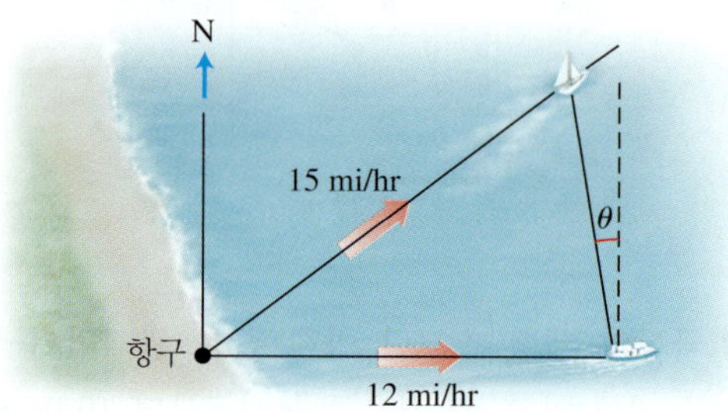

32. 여물통 비우기 반지름이 1 m, 길이가 5 m인 반원기둥 모양의 여물통이 있다. 처음 밸브를 열었을 때 이 여물통에는 물이 가득 차 있었고, 여물통 바닥으로부터 1.5 m^3/hr의 비율로 물이 빠져나가고 있다(그림 참조). 물음에 답하여라(**힌트**: 중심각이 θ이고 반지름이 r인 부채꼴의 넓이는 $r^2\theta/2$이다).

a. 여물통 바닥으로부터 물의 높이가 0.5 m일 때, 물의 높이는 얼마나 빨리 변하는가?

b. 물의 깊이가 0.5 m일 때, 물의 겉넓이(표면의 넓이)의 변화율은 얼마인가?

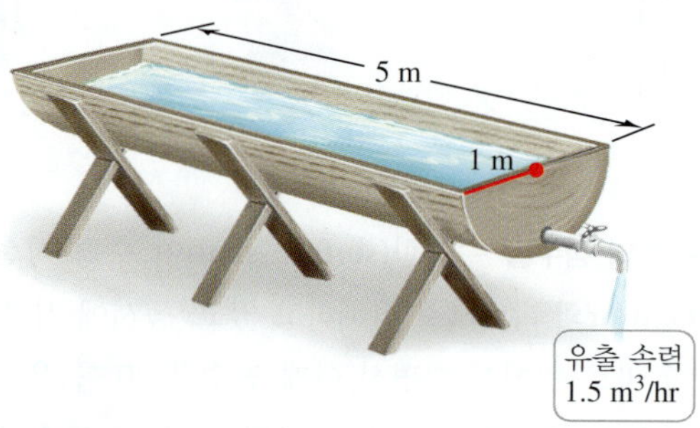

QUICK CHECK 정답

1. $12{,}000\pi\ \text{m}^2/\text{hr}, 18{,}000\pi\ \text{m}^2/\text{hr}$ **2.** -192 mi/hr **3.** -1.12 in/min **4.** $t = 0, \theta = 0, \theta'(0) = 0.02$ rad/s ◀

3장 연습문제

1. 참 또는 거짓 주어진 명제가 참이면 증명하고 거짓이면 반례를 들어라.

a. 모든 실수 x에 대하여 함수 $f(x) = |2x + 1|$은 연속이다. 따라서 이 함수는 모든 실수 x에 대하여 미분가능하다.

b. $\frac{d}{dx}(f(x)) = \frac{d}{dx}(g(x))$이면 $f = g$이다.

c. 임의의 함수 f에 대하여 $\frac{d}{dx}|f(x)| = |f'(x)|$이다.

d. 곡선 $y = f(x)$가 $x = a$에서 수직 접선을 가질 때만 $f'(a)$의 값이 존재하지 않는다.

e. 어떤 물체의 속력이 증가함과 동시에 음의 가속도를 가질 수 있다.

2–4. 도함수의 극한 정의를 이용하여 다음 함수의 도함수를 구하여라. 이 장에서 주어진 미분 법칙을 사용하여 도함수를 계산하고 구한 답을 확인하여라.

2. $f(x) = x^2 + 2x + 9$ **3.** $g(x) = \dfrac{1}{x^2 + 5}$

4. $h(t) = \sqrt{3t + 5}$

5–6. 미분을 이용하여 다음 방정식을 확인하여라.

5. $\dfrac{d}{dx}(\tan^3 x - 3\tan x + 3x) = 3\tan^4 x$

6. $\dfrac{d}{dx}(x^4 - \ln(x^4 + 1)) = \dfrac{4x^7}{1 + x^4}$

7–33. y'을 구하고 간단히 하여라.

7. $y = \dfrac{2}{3}x^3 + \pi x^2 + 7x + 1$

8. $y = 2^x$ **9.** $y = e^{2\theta}$

10. $y = (1 + x^4)^{3/2}$ **11.** $y = 5t^2 \sin t$

12. $y = e^{-x}(x^2 + 2x + 2)$ **13.** $y = \dfrac{\sec 2w}{\sec 2w + 1}$

14. $y = \ln|\sec 3x|$ **15.** $y = (5t^2 + 10)^{100}$

16. $y = \ln(\sin x^3)$ **17.** $y = \tan^{-1}\sqrt{t^2 - 1}$

18. $y = 4\tan(\theta^2 + 3\theta + 2)$ **19.** $y = \dfrac{\ln w}{w^5}$

20. $y = \dfrac{4u^2 + u}{8u + 1}$ **21.** $y = \tan(\sin\theta)$

22. $y = \sin\sqrt{\cos^2 x + 1}$ **23.** $y = \ln\sqrt{e^t + 1}$

24. $y = x^2 + 2x\tan^{-1}(\cot x)$

25. $y = x\ln^2 x$ **26.** $y = 2^{x^2 - x}$

27. $y = (x^2 + 1)^{\ln x}$ **28.** $y = \sin^{-1}\dfrac{1}{x}$

29. $y = 6x\cot^{-1}3x + \ln(9x^2 + 1)$

30. $x = \cos(x - y)$ **31.** $y = \dfrac{e^y}{1 + \sin x}$

32. $y\sqrt{x^2 + y^2} = 15$ **33.** $y = \dfrac{(3x + 5)^{10}\sqrt{x^2 + 5}}{(x^3 + 1)^{50}}$

34. $\dfrac{d}{dx}(x\sec^{-1}x)\Big|_{x=\frac{2}{\sqrt{3}}}$ 를 구하여라.

35. $f(x) = x^{1/x}$일 때, $f'(1)$을 구하여라.

36–38. 고계도함수 y''을 구하고 간단히 하여라.

36. $y = 2^x x$ **37.** $y = \dfrac{\ln x}{x^2}$

38. $xy + y^2 = 1$

39–40. 접선 주어진 점에서 곡선에 접하는 직선의 방정식을 구하여라.

39. $y = 3x^3 + \sin x$, $(0, 0)$

40. $y + \sqrt{xy} = 6$, $(1, 4)$

41–42. 도함수 공식 다음 도함수를 구하고, 구한 답을 f, g, f', g'으로 나타내어라.

41. $\dfrac{d}{dx}(x^2 f(x))$ **42.** $\dfrac{d}{dx}\left(\dfrac{xf(x)}{g(x)}\right)$

43. 함수와 도함수 연결 다음 그림에서 함수의 그래프 a–d에 대응되는 도함수의 그래프를 A–D에서 찾아 연결하여라.

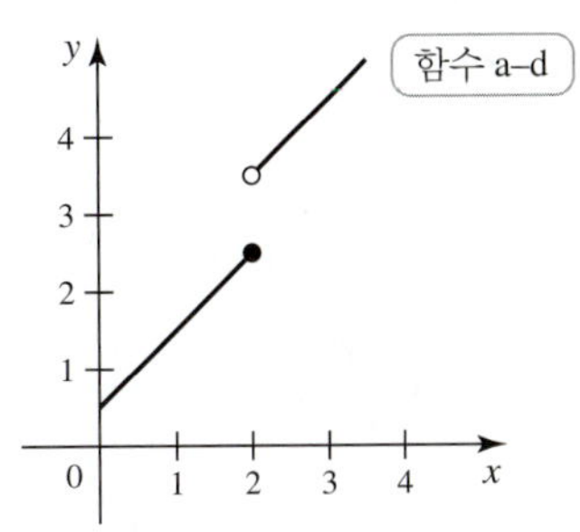

(a)

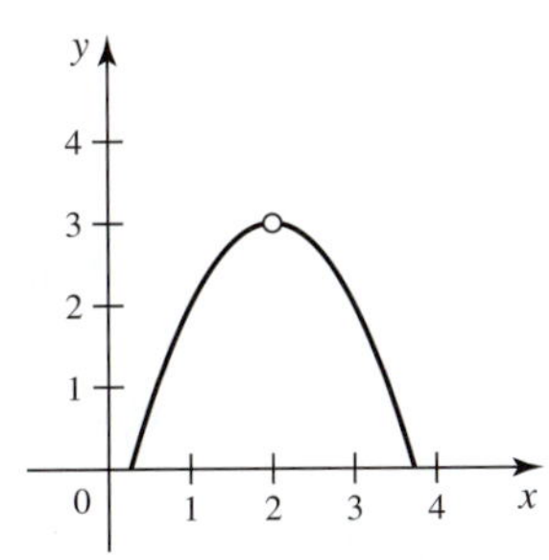

(b)

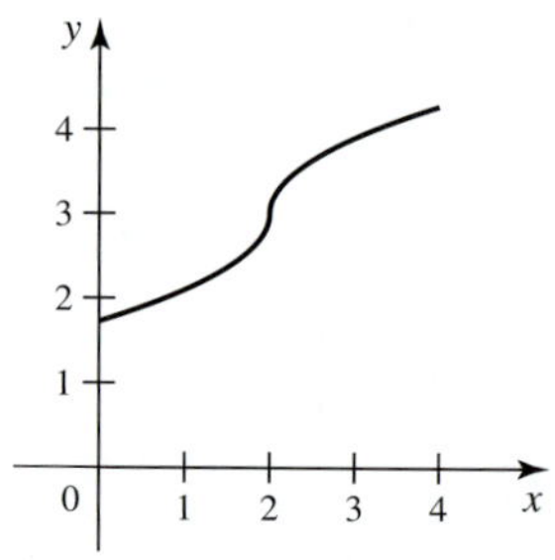

(c)

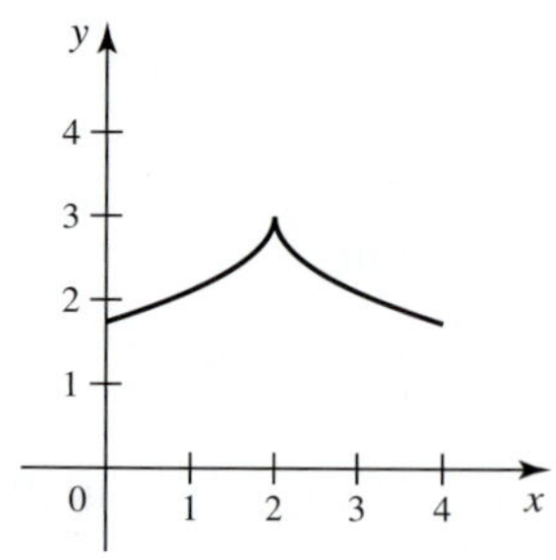

(d)

도함수 A–D

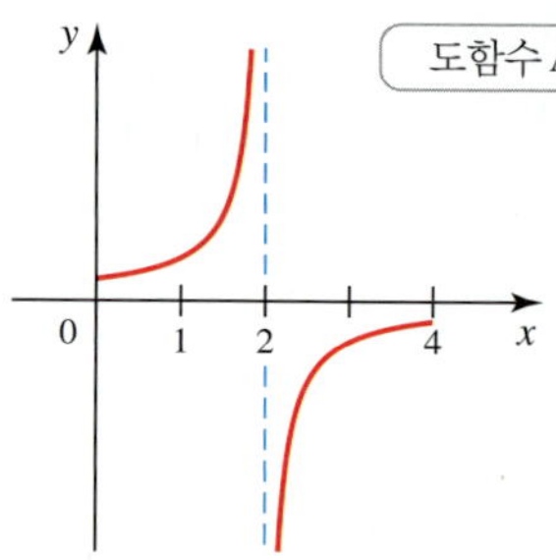

(A)

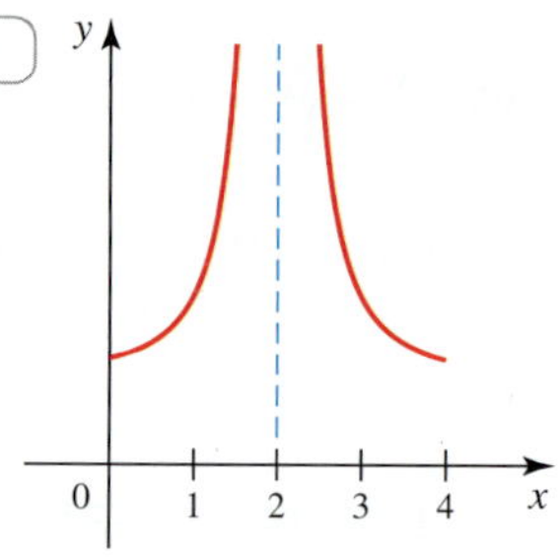

(B)

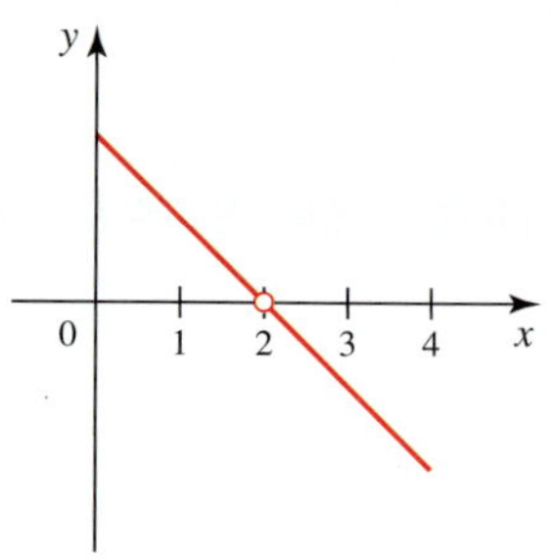

(C)

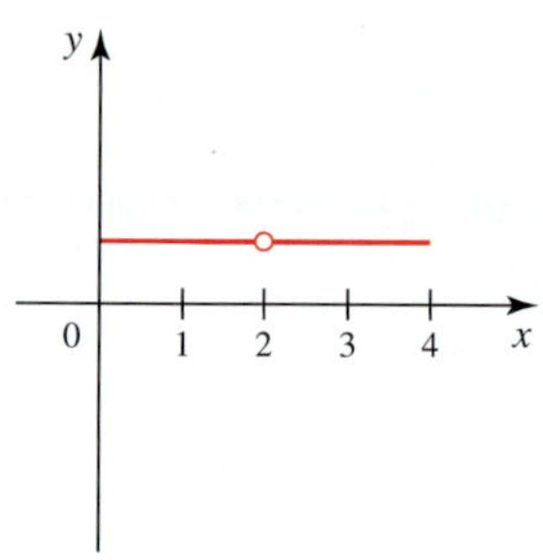

(D)

44. 다음 그림의 함수 g에 대하여 g'의 그래프를 그려라.

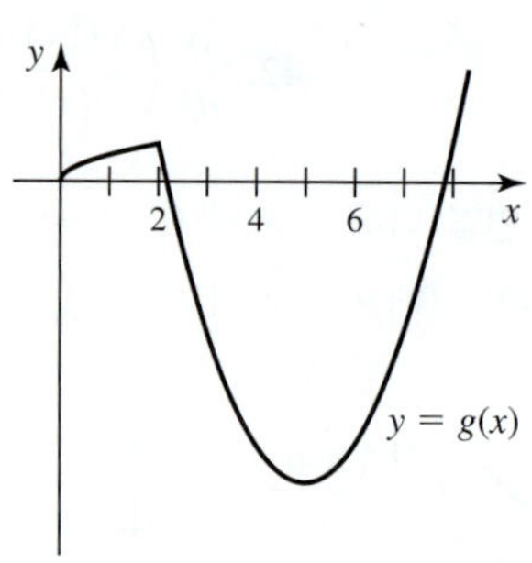

45. f와 g의 그래프를 이용하여 미분계수를 구하여라.

a. $\dfrac{d}{dx}(5f(x) + 3g(x))\Big|_{x=1}$ **b.** $\dfrac{d}{dx}(f(x)g(x))\Big|_{x=1}$

c. $\dfrac{d}{dx}\left(\dfrac{f(x)}{g(x)}\right)\Big|_{x=3}$ **d.** $\dfrac{d}{dx}(f(f(x)))\Big|_{x=4}$

e. $\dfrac{d}{dx}(g(f(x)))\Big|_{x=1}$

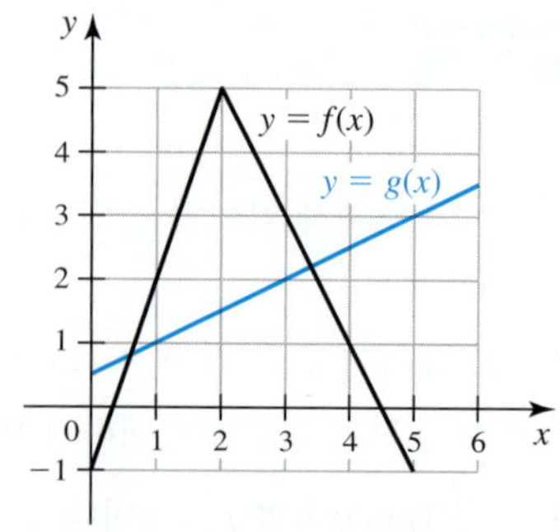

46. 표로부터 미분계수 다음 표를 이용하여 미분계수를 구하여라.

x	1	3	5	7	9
$f(x)$	3	1	9	7	5
$f'(x)$	7	9	5	1	3
$g(x)$	9	7	5	3	1
$g'(x)$	5	9	3	1	7

a. $\dfrac{d}{dx}(f(x) + 2g(x))\Big|_{x=3}$ **b.** $\dfrac{d}{dx}\left(\dfrac{f(x)}{g(x)}\right)\Big|_{x=1}$

c. $\dfrac{d}{dx}(f(x)g(x))\Big|_{x=3}$ **d.** $\dfrac{d}{dx}(f(x)^3)\Big|_{x=5}$

e. $(g^{-1})'(7)$

47–48. 점에서 역함수를 이용한 미분계수 주어진 점에서 다음 함수의 역함수의 미분계수를 구하되, 역함수를 구하지 않고 계산하여라.

47. $f(0)$에서 $f(x) = 1/(x + 1)$

48. $y = 3$에서 $y = \sqrt{x^3 + x - 1}$

49–50. 역함수의 도함수 다음 함수의 역함수의 도함수를 구하여라. 구한 결과를 독립변수 x의 식으로 나타내어라.

49. $f(x) = 12x - 16$ **50.** $f(x) = x^{-1/3}$

51–52. 그래프로부터 미분계수 다음 그래프의 f와 f'을 이용하여 미분계수를 구하여라.

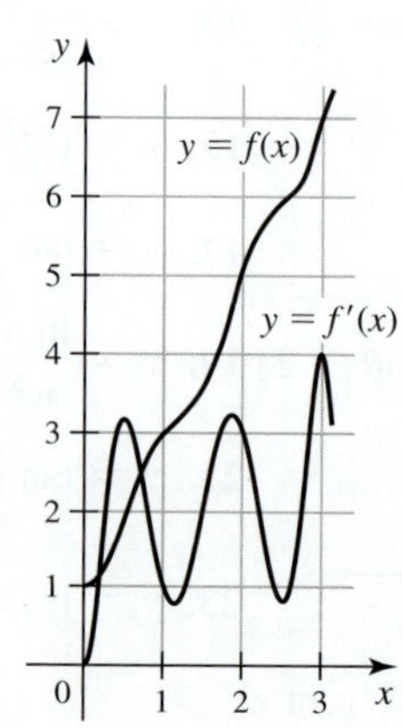

51. **a.** $\left.\dfrac{d}{dx}(xf(x))\right|_{x=2}$ **b.** $\left.\dfrac{d}{dx}(f(x^2))\right|_{x=1}$

c. $\left.\dfrac{d}{dx}(f(f(x)))\right|_{x=1}$

52. **a.** $(f^{-1})'(7)$ **b.** $(f^{-1})'(3)$

c. $(f^{-1})'(f(2))$

53–54. $x = 3$에서 $y = f(x)$에 접하는 직선은 $y = 4x - 10$이고 $x = 5$에서 $y = g(x)$에 접하는 직선은 $y = 6x - 27$이다.

53. $f(3)$, $f'(3)$, $g(5)$, $g'(5)$를 구하여라.

54. $x = 5$에서 $y = f(g(x))$의 그래프에 접하는 직선의 방정식을 구하여라.

55. 화성에서 투사체 화성 표면에서 수직 위쪽 방향으로 물체를 초기 속도 96 ft/s로 발사했다. t초 후 화성 표면으로부터 물체의 높이 s(단위는 피트)는 $s = 96t - 6t^2$으로 주어진다.

a. $t = 1$일 때, 이 물체의 순간 속도를 구하여라.

b. 이 물체가 12 ft/s의 순간 속도를 가질 때는 언제인가?

c. 이 물체가 최고점에 있을 때 높이는 얼마인가?

d. 이 물체가 표면에 닿은 순간 속력은 얼마인가?

56. 연금계좌 어떤 자영업 소프트웨어 엔지니어는 월 $300씩 인덱스 펀드에 저축하기 시작했고, 이 펀드는 연이율 9%, 월 복리로 계산해서 돌려받는다. t년 후 이 계좌의 잔고는 $A(t) = 40{,}000(1.0075^{12t} - 1)$이다.

a. 20년 후 계좌에는 얼마가 있으며, 이때 계좌의 잔고는 얼마나 빨리 증가하는가?

b. 계좌의 잔고가 $100,000가 될 때까지 걸리는 시간은 얼마이며, 이때 계좌의 잔고는 얼마나 빨리 증가하는가?

57. 미국의 인구 10년 단위 미국의 인구(단위는 백만)가 다음 표에 주어져 있고, 여기서 t는 1910년 이후의 연수이다. 그림은 이 자료를 구성하고 매끄러운 곡선 $y = p(t)$에 최적화한 것이다.

a. 1950년부터 1960년까지 인구의 평균 성장률을 구하여라.

b. 1950년부터 1960년까지 인구의 평균 성장률은 1955년의 (순간) 성장률에 최적화될 수 있는 이유를 설명하여라.

c. 1985년 인구의 (순간) 성장률을 추정하여라.

연도	1910	1920	1930	1940	1950	1960
t	0	10	20	30	40	50
$p(t)$	92	106	123	132	152	179

연도	1970	1980	1990	2000	2010	2020
t	60	70	80	90	100	110
$p(t)$	203	227	249	281	309	335

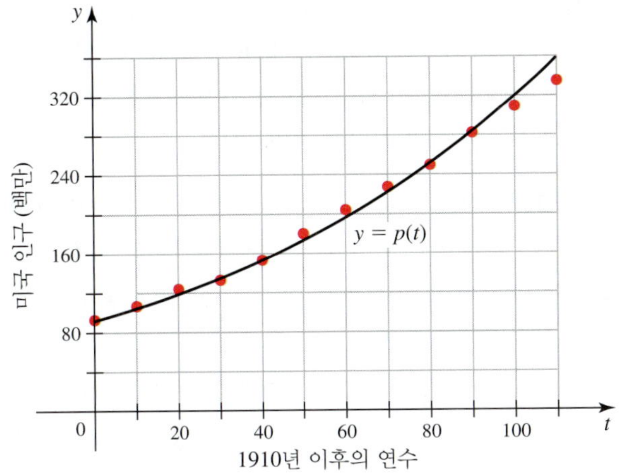

58. 스카이다이버의 속도 다음 그래프는 어떤 스카이다이버가 비행기에서 점프를 시작한 지 t초 후 낙하한 거리(단위는 미터)를 나타내고 있다.

a. $t = 15$일 때, 스카이다이버의 속도를 추정하여라.

b. $t = 70$일 때, 스카이다이버의 속도를 추정하여라.

c. $t = 20$에서 $t = 90$까지 스카이다이버의 평균 속도를 추정하여라.

d. $0 \le t \le 120$에서 속도 함수의 그래프를 그려라.

e. $t = 30$일 때 어떤 일이 발생했는가?

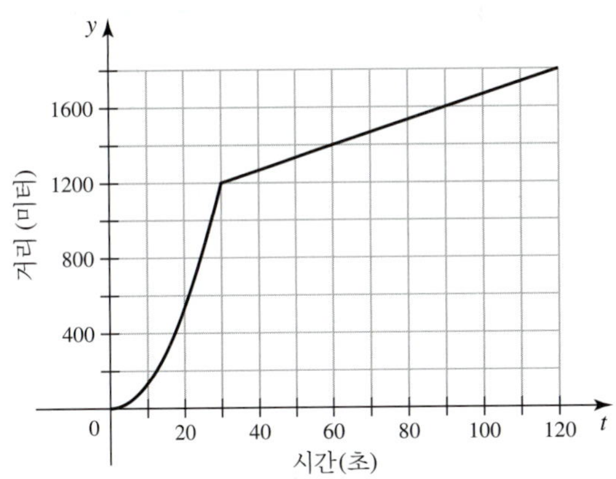

59. 곡선 $y = x\sqrt{6 - x}$에 접하는 직선이 수평일 때와 수직일 때 x의 값들은 각각 무엇인가?

60–61. 극한 다음 극한은 점 a에서 함수 f의 미분계수를 나타낸다. 가능한 점 a와 함수 f를 찾고 극한값을 구하여라.

60. $\displaystyle\lim_{h\to 0} \frac{\sin^2\left(\dfrac{\pi}{4} + h\right) - \dfrac{1}{2}}{h}$

61. $\displaystyle\lim_{x\to 5} \frac{\tan\left(\pi\sqrt{3x - 11}\right)}{x - 5}$

62. **한계 비용과 평균 비용** 잔디를 깎는 기계 x대를 만드는 데 필요한 비용이 $C(x) = -0.02x^2 + 400x + 5000$이라 하자.

a. $x = 3000$대일 때, 평균 비용과 한계 비용을 구하여라.

b. **a**에서 구한 답의 의미를 설명하여라.

63. **인구 성장** $p(t) = -1.7t^3 + 72t^2 + 7200t + 80{,}000$은 1950년 이후 t년 동안 어떤 도시의 인구를 나타낸다고 가정하자.

a. 1950년부터 2000년까지 이 도시 인구의 평균 성장률을 구하여라.

b. 1990년에 이 도시의 인구 성장률은 얼마였는가?

64. **보트의 속력** 두 보트가 동시에 항구를 출발했다. 한 보트는 30 mi/hr의 속력으로 남쪽을 향해 항해하고 있고, 나머지 보트는 40 mi/hr의 속력으로 동쪽을 향해 항해하고 있다. 출발한 지 30분 후 두 보트의 거리는 얼마나 빨리 증가하는가?

65. **열기구 풍선의 하강률** 평지 위에 떠 있는 열기구 풍선의 맨 아래에 밧줄이 매달려 있다. 지면에 대한 밧줄의 각은 65°를 유지하면서 밧줄이 5 ft/s의 속력으로 당겨지고 있다면 풍선의 (지면으로부터) 높이는 얼마나 빨리 변하는가?

66. **올려본 각** 어떤 에어쇼에서 제트 비행기가 고도 500 ft를 유지하면서 450 mi/hr의 속력으로 관람객 위를 지나 직선 방향으로 날아가고 있다. 2초 후에 올려본 각(관람객과 제트 비행기를 잇는 선분과 지면의 끼인각)은 얼마나 빨리 변하는가?

67. **그림자의 길이** 가로등이 15 ft 높이의 기둥에 매달려 있다. 키가 5 ft인 여성이 수평 지면 위를 3 ft/s의 속력으로 기둥으로부터 직선 방향으로 걸어 나가고 있다면, 기둥으로부터 10 ft의 거리에 있을 때 이 여성의 그림자 길이는 얼마나 빨리 변하는가?

68. **두 가지 방법의 역함수의 도함수** $f(x) = \sin x$, $f^{-1}(x) = \sin^{-1} x$, $(x_0, y_0) = (\pi/4, 1/\sqrt{2})$이라 하자.

a. 정리 3.21을 이용하여 $(f^{-1})'(1/\sqrt{2})$을 구하여라.

b. f^{-1}를 직접 미분하여 $(f^{-1})'(1/\sqrt{2})$을 구하고, **a**에서 구한 답과 비교하여라.

69. **포물선의 성질** $f(x) = x^2$이라 하자.

a. $x \neq y$인 모든 x와 y에 대하여 $\dfrac{f(x) - f(y)}{x - y} = f'\left(\dfrac{x + y}{2}\right)$임을 보여라.

b. a가 0이 아닌 실수일 때, 함수 $f(x) = ax^2$은 위 성질을 만족하는가?

c. 위 성질의 기하학적 의미를 설명하여라.

d. $f(x) = ax^3$일 때, 위 성질이 성립하는가?

CHAPTER 4

미분의 응용

Applications of the Derivative

미리보기 이전 장에서는 도함수의 기본 기법인, 도함수를 계산하고 변화율로 해석하는 데 전념했다. 이제 함수의 특성 및 그래프와 관련된 다양한 수학적 질문에 도함수를 적용할 것이며, 그 중 많은 부분이 함수 및 해당 그래프의 속성과 관련이 있다. 이 작업의 결과 중 하나는 정확한 함수의 그래프를 생성하는 일련의 분석적 곡선 스케치 방법이다. 마찬가지로 중요한 결과는 도함수를 통해 우리는 다양한 실제 문제에 관한 식을 세우고 해결할 수 있다는 것이다. 예를 들어 소행성은 지구에 위험할 정도로 가까이 지나가고 있다고 할 때, 궤적의 어느 지점에서 지구와 가장 가까워지며 이때 최소 거리는 얼마일까? 어떤 경제학자가 제품에 대한 수요를 가격과 연관시키는 수학적 모델을 가지고 있을 때, 수익을 극대화하는 가격은 얼마일까? 이 장에서는 이러한 질문들에 답하는 데 필요한 도구를 개발한다. 또한 함수 근사에 대한 지속적인 논의를 시작하고 평균값 정리라는 중요한 결과를 제시하며 새로운 종류의 극한을 계산할 수 있는 강력한 방법을 공부한다. 이 장은 다음의 두 가지 중요한 주제로 끝맺는다. 함수의 근삿값에 관한 수치적 접근을 주는 뉴턴의 방법과 5장의 주제인 적분의 미리보기이다.

4.1 최댓값과 최솟값
4.2 평균값 정리
4.3 도함수가 말해 주는 것
4.4 함수의 그래프
4.5 최적화 문제
4.6 선형 근사와 미분
4.7 로피탈 법칙
4.8 뉴턴의 방법
4.9 역도함수

4.1 최댓값과 최솟값

도함수에 대한 이해를 바탕으로 다음 미적분학의 기본 작업 중 하나를 수행하는데, 함수의 동작을 분석하고 정확한 그래프를 생성하는 것이다. 함수와 관련된 중요한 질문은 최댓값과 최솟값에 관한 것, 즉 주어진 구간(전체 정의역)에서 함수는 어디에서 가장 큰 값과 가장 작은 값을 갖는지이다. 함수가 회사의 이익, 컨테이너의 표면적 또는 우주선의 속도와 같은 실용적인 양을 나타낼 때 최댓값과 최솟값에 대한 질문은 더 큰 의미를 갖는다.

최댓값과 최솟값

서쪽에서 동쪽으로 다양한 지형을 통해 긴 하이킹을 하는 것을 상상해 보자. 언덕을 넘고 계곡을 지나 평야를 가로질러 걷다 보면, 고도가 변하고 여행을 따라 몇 개의 높고 낮은 지점에 도달한다. 이와 유사하게 f의 구간에 대하여 함수 f를 조사할 때, x축에서 값이 증가 및 감소하여 고점과 저점에 도달한다(그림 4.1). 이 장의 함수에 대한 연구를 x축을 따라 탐색하는 것으로 볼 수 있다.

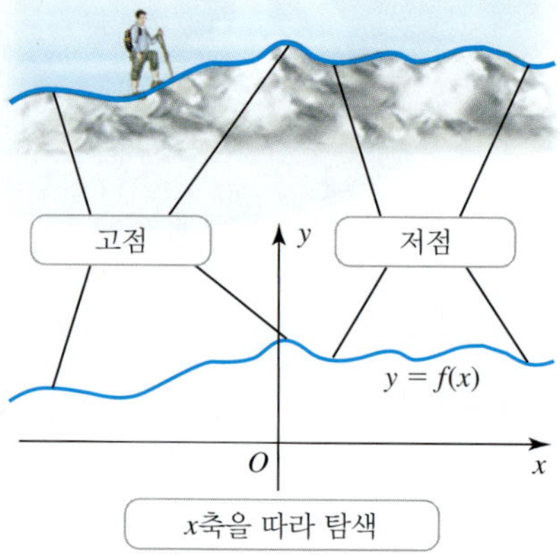

그림 4.1

> **정의 최댓값과 최솟값**
>
> c를 함수 f의 정의역 D에 있는 어떤 수라고 하자. D의 모든 x에 대하여 $f(c) \ge f(x)$를 만족하면 $f(c)$는 D에서 **최댓값**이라 한다. D의 모든 x에 대하여 $f(c) \le f(x)$를 만족하면 $f(c)$는 D에서 **최솟값**이라 한다.

▶ 최댓값(absolute maximum)과 최솟값(absolute minimum)은 전체 최댓값과 전체 최솟값이라 부르기도 한다.

극값의 존재와 위치는 함수와 구간에 의해 결정된다. 그림 4.2는 함수 $y = 4 - x^2$에 대한 다양한 경우를 보여 준다. 열린구간에서는 함수가 극값을 갖지 못할 수도 있다(그림 4.2(a), (c), (d)).

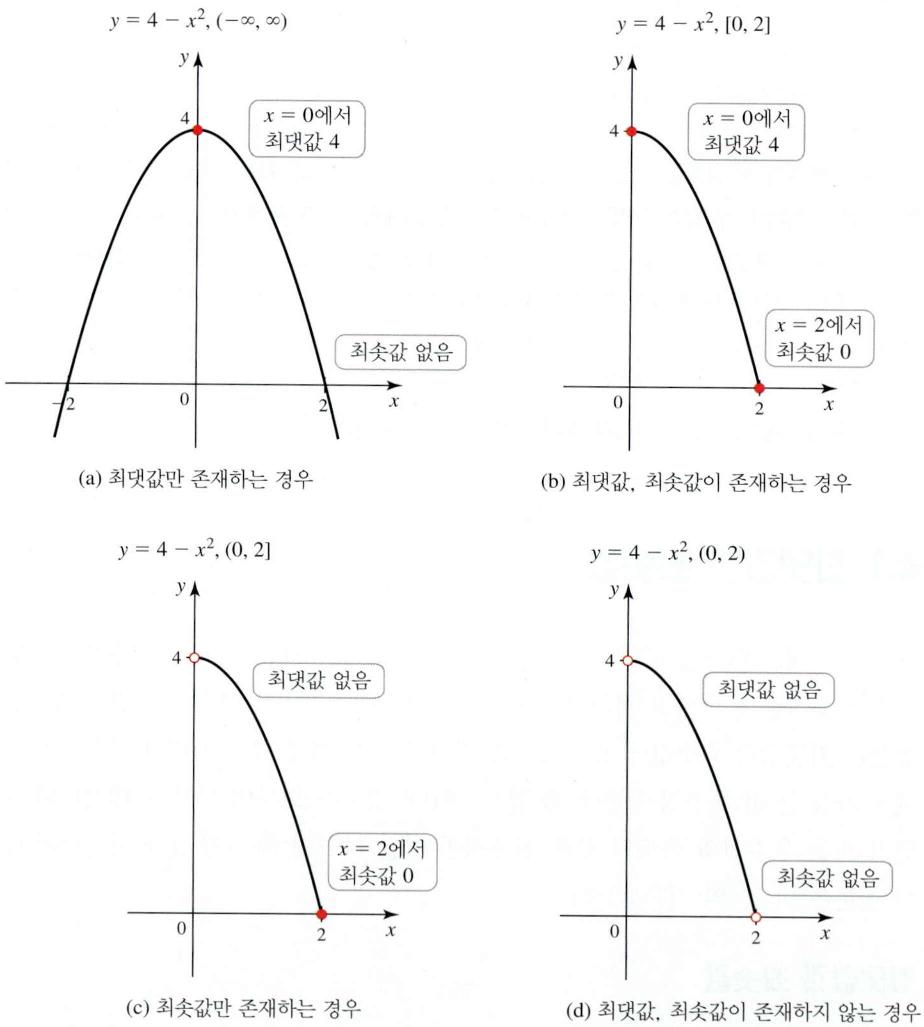

그림 4.2

그러나 닫힌구간에서 함수를 정의하는 것만으로는 최댓값과 최솟값의 존재를 보장할 수 없다. 그림 4.3의 두 함수는 모든 지점에서 정의되지만 두 함수 모두 최

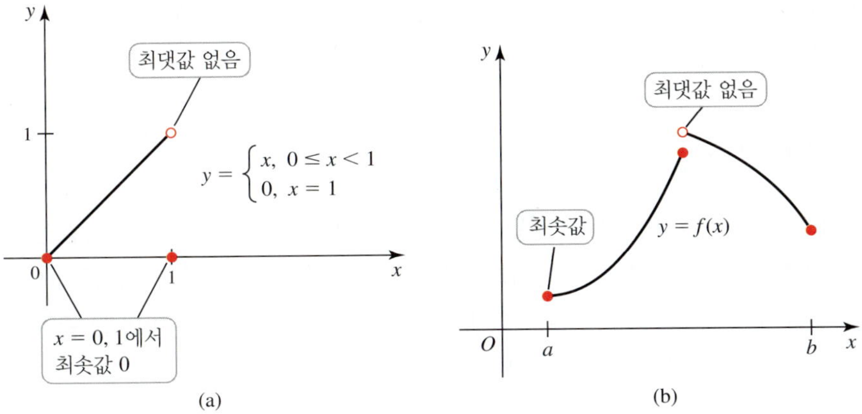

그림 4.3

댓값을 갖지 않으며, 이는 함수의 불연속으로부터 발생한다.

두 가지 조건, 즉 함수가 구간에서 연속이고 구간이 닫혀 있고 유계이면 최댓값과 최솟값의 존재가 보장된다는 것이 밝혀졌다.

정리 4.1 최대·최소 정리

닫힌구간 $[a, b]$에서 연속인 함수는 $[a, b]$에서 최댓값과 최솟값을 갖는다.

➤ 최대·최소 정리(Extreme Value Theorem)의 증명은 고급 서적에 나오는 실수의 성질에 의해 증명된다.

| 예제 1 | 최댓값 및 최솟값 찾기 그림 4.4의 함수에 대하여 구간 $[a, b]$에서 최댓값과 최솟값의 위치를 확인하여라. 함수가 최대·최소 정리의 조건을 만족하는가?

QUICK CHECK 1 구간에서 연속이지만 최솟값을 갖지 않는 함수의 그래프를 그려라. 닫힌구간에서 정의되는 함수이지만 최솟값을 갖지 않는 함수의 그래프를 그려라. ◄

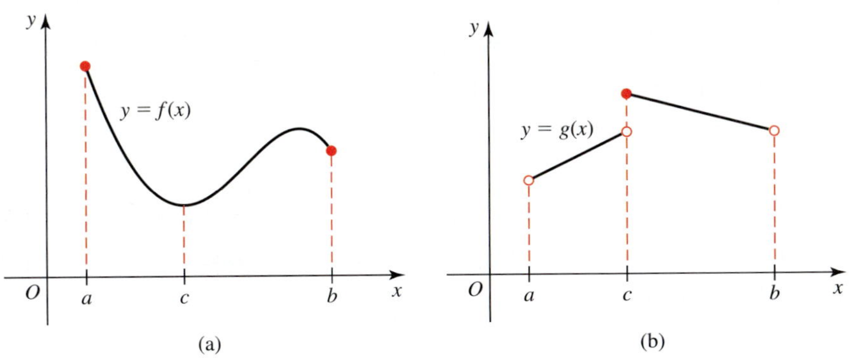

그림 4.4

풀이

a. 함수 f는 닫힌구간 $[a, b]$에서 연속이므로 최대·최소 정리는 최댓값(a에서 발생)과 최솟값(c에서 발생)의 존재를 보장한다.

b. 함수 g는 연속이 아니므로 최대·최소 정리의 조건을 만족하지 않으며 열린구간 (a, b)에서만 정의된다. 최솟값은 존재하지 않지만 c에서 최댓값을 갖는다. 따

라서 함수는 최대·최소 정리의 조건을 만족하지 않는 경우에도 최댓값 또는 최솟값을 가질 수는 있다.

관련 연습문제 6-7번 ◀

극댓값과 극솟값

그림 4.5는 구간 $[a, b]$에서 정의된 함수 f를 나타낸다. 끝점 b에서 최솟값을 가지며, 내부점 s에서 최댓값을 갖는다. 또한 이 함수는 **근방의 값 중** 가장 큰 값인 q와 근방의 값 중 가장 작은 p, r에서 특별한 값을 갖는다. 함수가 **근방의 값 중** 최댓값과 최솟값을 갖는 지점이 중요하다.

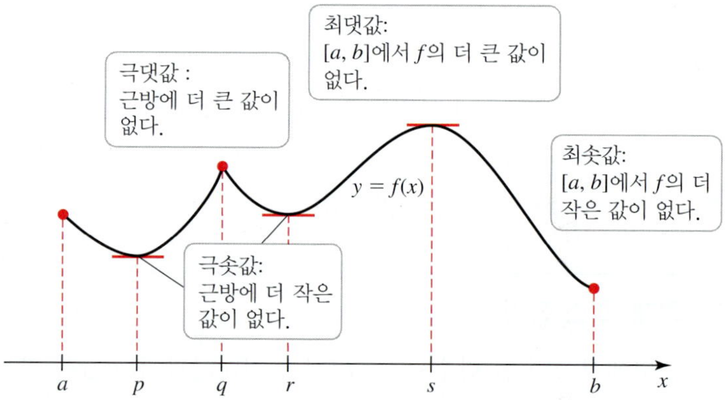

그림 4.5

➤ 극댓값(local maximum)과 극솟값(local minimum)은 상대적 최댓값과 상대적 최솟값이라 부르기도 한다.

> **정의 극댓값과 극솟값**
>
> c를 f가 정의된 구간 I의 내부점이라고 가정하자. 구간 I의 모든 점 x에 대하여 $f(c) \geq f(x)$이면 $f(c)$는 f의 **극댓값**이다. 구간 I의 모든 점 x에 대하여 $f(c) \leq f(x)$이면 $f(c)$는 f의 **극솟값**이다.

이 책에서는 우리는 극댓값과 극솟값이 관심 구간의 내부점에서만 발생한다는 규칙을 채택한다. 예를 들어 그림 4.5의 끝점 b에서 발생하는 최솟값은 극솟값이 아니지만, $[a, b]$에 대한 함수의 최솟값에는 해당한다.

| 예제 2 | 다양한 최댓값, 최솟값 찾기 그림 4.6은 $[a, b]$에서 정의된 함수의 그래프를 보여 준다. 극대, 극소, 최대, 최소가 되는 점들을 구하여라.

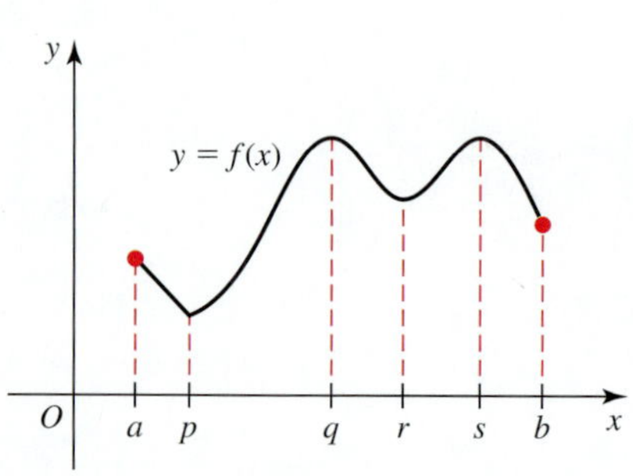

그림 4.6

풀이 함수 f는 닫힌구간에서 연속이므로 정리 4.1에 의해 $[a, b]$에서 최댓값과 최솟값이 존재한다. 이 함수는 p에서 극솟값이자 최솟값을 가지며, r에서 또 다른 극솟값을 갖는다. f의 최댓값은 q와 s에서 발생한다(극댓값에도 해당한다).

관련 연습문제 8-9번 ◀

임계점 그림 4.6을 다른 관점에서 보면 도함수가 0인 열린구간 (a, b)의 점($x = q$, $x = r$, $x = s$)과 도함수가 존재하지 않는 점($x = p$)에서 극댓값과 극솟값이 발생함을 보여 준다. 이제 이 관찰을 정리해 보자.

그림 4.7은 c에서 극댓값을 갖는 c에서 미분가능한 함수를 보여 준다. $x < c$인 c 근방의 점 x에 대하여 $(x, f(x))$와 $(c, f(c))$를 통과하는 할선은 음이 아닌 기울기를 갖는다. $x > c$인 c 근방의 점 x에 대하여 $(x, f(x))$와 $(c, f(c))$를 통과하는 할선은 양이 아닌 기울기를 갖는다. $x \to c$일 때 이 할선의 기울기는 $(c, f(c))$에서 접선의 기울기에 접근한다. 이러한 관찰은 접선의 기울기가 음수도 양수도 아니어야 하며, 이는 $f'(c) = 0$이 경우에만 발생함을 의미한다. 유사한 추론은 c에서 극솟값을 갖는 함수에 대하여 동일한 결론으로 이어진다. 즉, $f'(c)$가 존재하면 $f'(c)$는 0이어야 한다. 이는 다음 정리의 증명(연습문제 50번)의 개요이다.

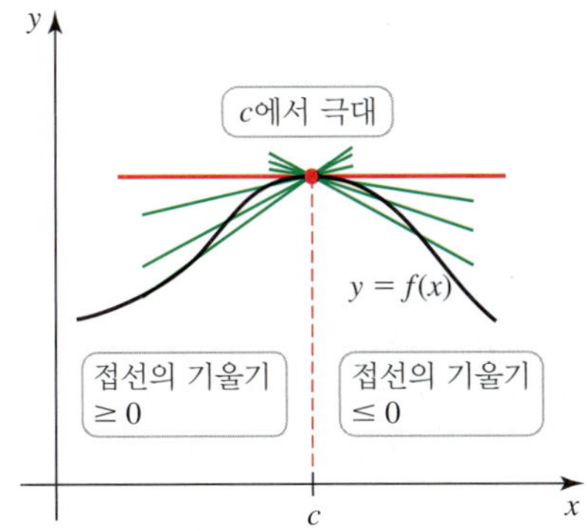

그림 4.7

정리 4.2 극값 판정

f가 c에서 극댓값이나 극솟값을 갖고 $f'(c)$가 존재하면 $f'(c) = 0$이다.

극솟값은 $f'(c)$가 존재하지 않는 점 c에서도 발생할 수 있다. 그림 4.8은 이러한 두 가지 경우를 보여 준다. 하나는 c가 불연속점이고 다른 하나는 f가 c에서 꼭짓점을 갖는다. $f'(c) =0$ 또는 $f'(c)$가 존재하지 않는 점 c에서 극값이 발생할 수 있으므로 다음과 같이 정의한다.

➤ 페르마에 의한 정리 4.2는 수학에서 필요하지만 충분하지 않는 조건의 가장 명확한 예 중 하나이다. c에서 극값을 가지면 c는 임계점(critical point)이지만, c가 임계점이라고 해서 c에서 극값을 갖는다고 확신하기에는 충분하지 않다.

정의 임계점

함수 f에서 $f'(c) = 0$이거나 $f'(c)$가 존재하지 않는 f의 정의역에 속하는 수 c를 f의 **임계점**이라고 한다.

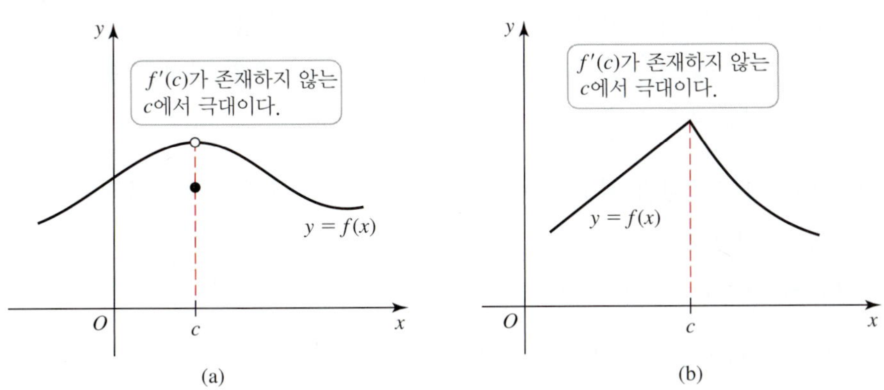

그림 4.8

정리 4.2의 역이 반드시 참인 것은 아니라는 점에 유의하자. 극댓값 또는 극솟값이 발생하지 않는 지점에서 $f'(c) = 0$일 가능성이 있다(그림 4.9(a)). $f'(c)$가 존재

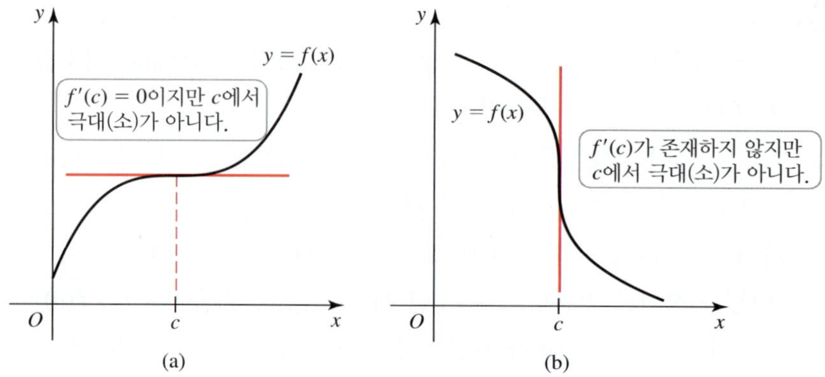

그림 4.9

하지 않고 c에서 극값이 발생하지 않을 수도 있다(그림 4.9(b)). 따라서 임계점은 극값의 위치에 대한 **후보**이지만 실제로 극댓값 또는 극솟값의 해당 여부를 결정해야 한다. 이 절차는 4.3절에서 설명한다.

| 예제 3 | **임계점 찾기** $f(x) = x^2 \ln x$의 임계점을 찾아라.

풀이 f는 $(0, \infty)$에서 미분가능하다. 곱의 법칙에 의해 다음이 성립한다.

$$f'(x) = 2x \cdot \ln x + x^2 \cdot \frac{1}{x} = x(2 \ln x + 1)$$

$f'(x) = 0$으로 놓으면 $x(2 \ln x + 1) = 0$이며, 이 방정식의 해는 $x = e^{-1/2} = 1/\sqrt{e}$이다. $x = 0$은 f의 정의역이 아니므로 임계점이 아니다. 따라서 유일한 임계점은 $x = 1/\sqrt{e} \approx 0.61$이다. f의 그래프(그림 4.10)는 함숫값이 $-1/(2e)$인 $x = 1/\sqrt{e}$에서 극솟값이 발생함을 보여 준다.

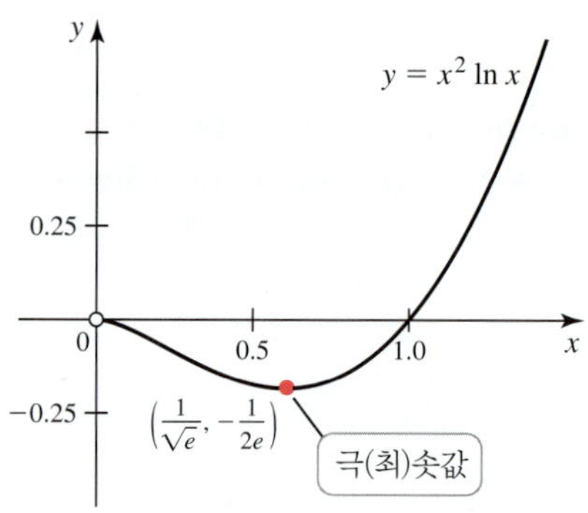

그림 4.10

관련 연습문제 18번 ◀

QUICK CHECK 2 함수 $f(x) = x^3$의 임계점은 어디인가? f는 이 임계점에서 극값을 갖는가? ◀

최댓값과 최솟값 찾기

정리 4.1은 닫힌구간 $[a, b]$에서 연속함수의 최댓값, 최솟값의 존재를 보장하지만 이러한 값이 어디에 있는지 알려 주지는 않는다. 두 가지 관찰 과정은 최댓값, 최솟값을 찾는 절차로 이어진다.

- 구간 내부의 최댓값과 최솟값은 동시에 극값이며, 극값은 f의 임계점에서 발생함을 알고 있다.
- 최댓값과 최솟값은 정의역 구간의 끝점에서 발생할 수도 있다.

이 두 가지 사실은 닫힌구간에서 연속함수의 최댓값, 최솟값을 찾기 위한 다음 절차를 제시한다.

절차 닫힌구간에서 최댓값, 최솟값 찾기

닫힌구간 $[a, b]$에서 함수 f가 연속이라 가정하자.

1. $f'(c) = 0$이거나 $f'(c)$가 존재하지 않는 임계점 c를 (a, b)에서 찾는다. 이 점들은 최댓값과 최솟값의 후보이다.
2. 임계점과 $[a, b]$의 끝점에서 f 값을 계산한다.
3. 2단계에서 구한 f의 가장 큰 값과 가장 작은 값을 각각 최댓값, 최솟값으로 선택한다.

위 절차는 f가 열린구간에서 연속인 경우는 적용되지 않는다. 열린구간이면 최댓값, 최솟값(존재하는 경우)은 내부점에서 발생한다.

| 예제 4 | 최댓값과 최솟값 다음 함수의 최댓값과 최솟값을 구하여라.

a. $f(x) = x^4 - 2x^3$, $[-2, 2]$

b. $g(x) = x^{2/3}(2 - x)$, $[-1, 2]$

풀이

a. f는 다항식이므로 그 도함수는 어디에나 존재한다. 따라서 f의 임계점이 있으면 $f'(c) = 0$인 c가 임계점이다. f'을 계산하고 이를 0으로 설정하면 다음을 만족한다.

$$f'(x) = 4x^3 - 6x^2 = 2x^2(2x - 3) = 0$$

이 방정식을 풀면 임계점은 $x = 0$ 및 $x = \frac{3}{2}$이 된다. 둘 다 구간 $[-2, 2]$에 있으므로 이 두 점과 끝점은 최댓값, 최솟값의 위치에 대한 후보이다. 각 지점에서 f를 계산하면

$$f(-2) = 32, \quad f(0) = 0, \quad f\left(\frac{3}{2}\right) = -\frac{27}{16}, \quad f(2) = 0$$

이다. 이 함숫값 중 가장 큰 값은 $f(-2) = 32$이며, 이는 $[-2, 2]$에서 f의 최댓값이다. 이 값 중 가장 작은 값은 $f\left(\frac{3}{2}\right) = -\frac{27}{16}$이며, 이는 $[-2, 2]$에서 f의 최솟값이다. f의 그래프(그림 4.11)는 임계점 $x = 0$이 극댓값에도 극솟값에도 해당하지 않음을 보여 준다.

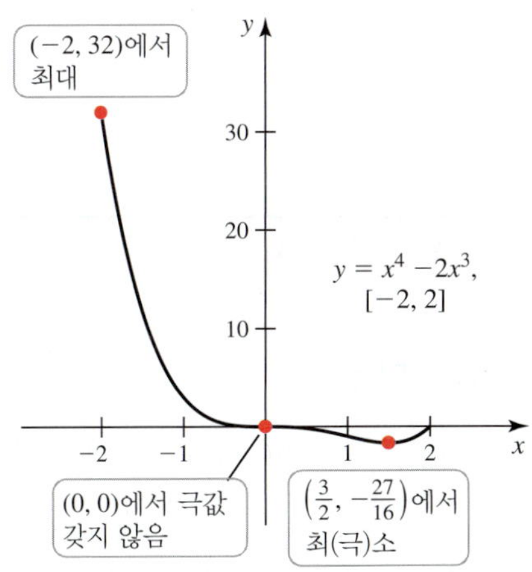

그림 4.11

b. $g(x) = x^{2/3}(2 - x) = 2x^{2/3} - x^{5/3}$을 미분하면 다음과 같다.

$$g'(x) = \frac{4}{3}x^{-1/3} - \frac{5}{3}x^{2/3} = \frac{4 - 5x}{3x^{1/3}}$$

$g'(0)$은 정의되지 않고 0은 g의 정의역에 있으므로 $x = 0$이 임계점이다. 또한 $4 - 5x = 0$일 때 $g'(x) = 0$이므로 $x = \frac{4}{5}$도 임계점이다. 이 두 임계점과 끝점은 최댓값, 최솟값의 위치에 대한 후보이다. 다음 단계는 임계점과 끝점에서 g를 계산하는 것이다.

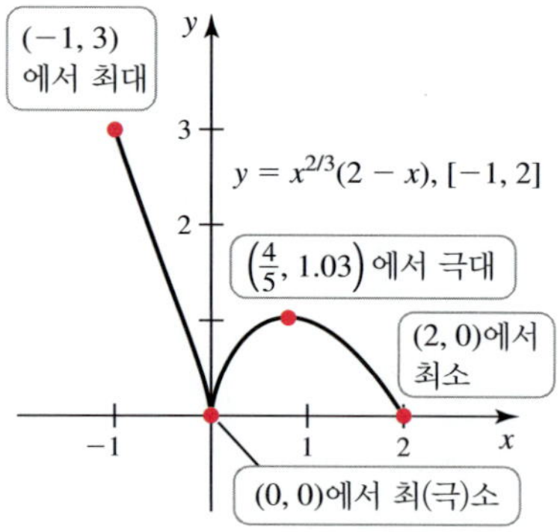

그림 4.12

➤ 중력장에서 움직이는 물체에 대한 위치 함수의 도함수는 6.1절에서 소개한다.

$$g(-1) = 3, \quad g(0) = 0, \quad g\left(\tfrac{4}{5}\right) \approx 1.03, \quad g(2) = 0$$

이 함숫값 중 가장 큰 값은 $g(-1) = 3$이며, 이는 $[-1, 2]$에서 g의 최댓값이다. 이 값 중 가장 작은 값은 0이며 두 번 발생한다. 따라서 g는 임계점 $x = 0$ 및 끝점 $x = 2$에서 최솟값을 갖는다(그림 4.12). ◀

이제 이러한 아이디어를 실제 상황에 적용해 보자.

| 예제 5 | 궤적의 최고점 64 ft/s의 속력으로 지면 위 80 ft의 다리에서 돌이 수직 위쪽 방향으로 발사된다. 발사한 지 t초 후 돌의 지면 위 높이는 다음과 같다.

$$f(t) = -16t^2 + 64t + 80, \quad 0 \le t \le 5$$

돌은 언제 최대 높이에 도달하는가?

풀이 임계점과 끝점에서 높이 함수를 계산해야 한다. 임계점은 방정식

$$f'(t) = -32t + 64 = -32(t - 2) = 0$$

을 만족하므로 유일한 임계점 $t = 2$이다. 이제 끝점과 임계점에서 f값을 계산한다.

$$f(0) = 80, \quad f(2) = 144, \quad f(5) = 0$$

구간 [0, 5]에서 최댓값은 $t = 2$에서 발생하며, 이때 돌은 144 ft 높이에 도달한다. $f'(t)$는 돌의 속도이므로 속도가 0인 순간 최대 높이가 된다.

관련 연습문제 37번 ◀

4.1절 연습문제

1단계 스타트

1. 함수가 구간 $[a, b]$의 점 c에서 최댓값, 최솟값을 갖는다는 것은 무엇을 의미하는가?

2. 함수가 구간에서 최댓값, 최솟값을 가지려면 어떤 조건을 만족해야 하는가?

3. [0, 3]에서 최댓값, 극솟값은 있지만 최솟값이 없는 함수의 그래프를 그려라.

4. $f'(c) = 0$인 점 c에서 극댓값을 갖는 함수 f의 그래프를 그려라.

5. 닫힌구간에서 연속인 함수의 최댓값, 최솟값을 어떻게 결정하는가?

6–7. 다음 그래프를 사용하여 구간 $[a, b]$에서 함수가 최댓값 또는 최솟값을 갖는 지점을 찾아라.

6.

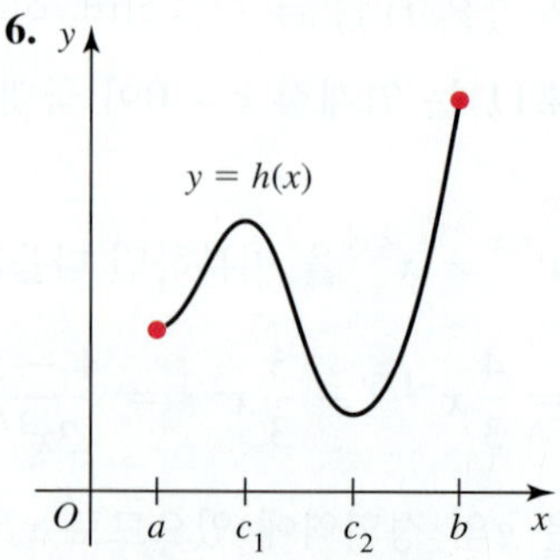

7.

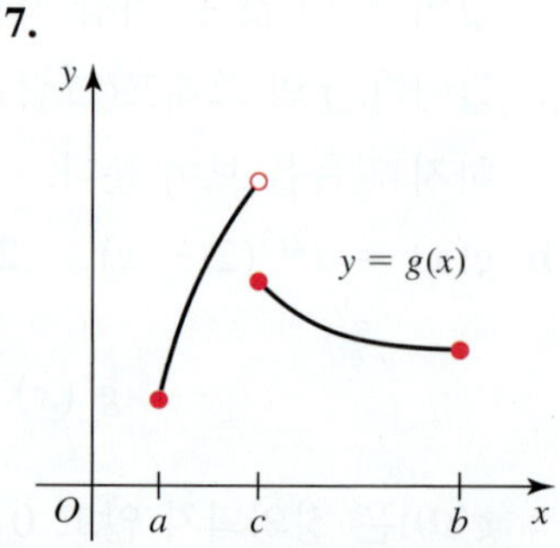

8–9. 다음 그래프를 사용하여 구간 $[a, b]$에서 극값 및 최댓값, 최솟값이 발생하는 점을 구하여라.

8.

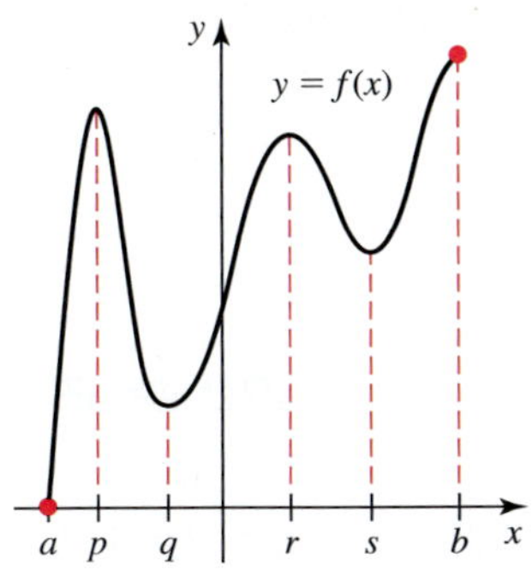

9.

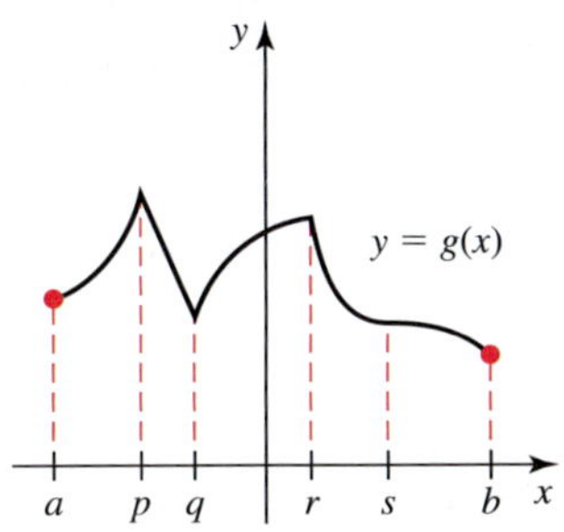

10–11. 주어진 조건을 만족하는 [0, 4]에서 연속인 함수 f의 그래프를 그려라.

10. $x = 1$, $x = 2$에서 $f'(x) = 0$이고 f는 $x = 4$에서 최댓값을 가지며 $x = 0$에서 최솟값을 갖는다. f는 $x = 2$에서 극솟값을 갖는다.

11. $f'(1)$ 및 $f'(3)$은 정의되지 않는다. $f'(2) = 0$이고, f는 $x = 1$에서 극댓값을 가지며 $x = 2$에서 극솟값을 갖는다. f는 $x = 3$에서 최댓값을 가지며 $x = 4$에서 최솟값을 갖는다.

2단계 실전

12–21. 다음 함수의 임계점을 찾아라. a는 0이 아닌 상수라고 가정한다.

12. $f(x) = 3x^2 - 4x + 2$

13. $f(x) = \dfrac{x^3}{3} - 9x$

14. $f(x) = 3x^3 + \dfrac{3x^2}{2} - 2x$

15. $f(x) = x^3 - 4a^2x$

16. $f(t) = \dfrac{t}{t^2+1}$

17. $f(x) = \dfrac{e^x + e^{-x}}{2}$

18. $f(x) = \dfrac{1}{x} + \ln x$

19. $f(x) = x^2\sqrt{x+5}$

20. $f(x) = x\sqrt{x-a}$

21. $f(t) = \dfrac{1}{5}t^5 - a^4t$

22–34. 최댓값과 최솟값 주어진 구간에서 f의 최댓값과 최솟값이 존재하는 경우, 최댓값과 최솟값의 위치와 값을 결정하여라.

22. $f(x) = x^2 - 10$, $[-2, 3]$

23. $f(x) = x^3 - 3x^2$, $[-1, 3]$

24. $f(x) = 3x^5 - 25x^3 + 60x$, $[-2, 3]$

25. $f(x) = \cos^2 x$, $[0, \pi]$

26. $f(x) = \sin 3x$, $[-\pi/4, \pi/3]$

27. $f(x) = (2x)^x$, $[0.1, 1]$

28. $f(x) = x^2 + \cos^{-1} x$, $[-1, 1]$

29. $f(x) = 2x^3 - 15x^2 + 24x$, $[0, 5]$

30. $f(x) = \dfrac{4x^3}{3} + 5x^2 - 6x$, $[-4, 1]$

31. $f(x) = \dfrac{x}{(x^2+9)^5}$, $[-2, 2]$

32. $f(x) = \sec x$, $\left[-\dfrac{\pi}{4}, \dfrac{\pi}{4}\right]$

33. $f(x) = x^3e^{-x}$, $[-1, 5]$

34. $f(x) = x^{2/3}(4 - x^2)$, $[-2, 2]$

35. 풍력 터빈의 효율성 풍력 터빈은 풍력에너지를 전력으로 변환한다. v_1을 풍력 터빈과 만나기 전 바람의 상류 속도, v_2를 풍력 터빈 블레이드에 의해 휩쓸린 영역을 통과한 후 바람의 하류 속도라 하자.

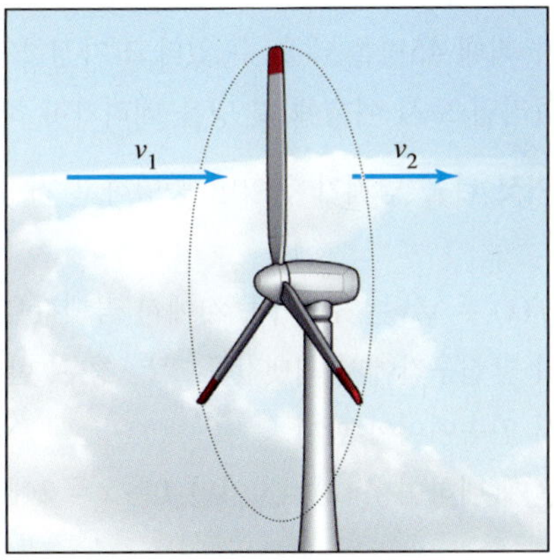

a. $v_1 > 0$이라 가정하고 $0 \le \dfrac{v_2}{v_1} \le 1$임을 물리적으로 설명하여라.

b. 바람에서 추출되는 전력량은 $r = \dfrac{v_2}{v_1}$의 비율, 즉 상류 속도에 대한 하류 속도의 비율에 따라 달라진다. 주어진 r값에 대하여 $R(r)$을 바람 흐름의 총 가용 전력에서 추출한 전력 비율과 동일하게 둔다. 약 1920년에 독일 물리학자 알베르트 베츠(Albert Betz)는 $R(r) = \dfrac{1}{2}(1 + r)(1 - r^2)$, $0 \le r \le 1$임을 보였다. $R(1)$을 계산하고, R에 대한 공식을 사용하지 않고 어떻게 이 값에 도달할 수 있었는지 설

명하여라. $r=1$일 가능성이 낮거나 불가능한 이유를 물리적으로 설명하여라.

c. $R(0)$을 계산하고 $r=0$일 가능성이 낮거나 불가능한 이유를 물리적으로 설명하여라.

d. R의 최댓값을 베츠 한계(Betz limit)라고 하며, 이는 바람에서 추출할 수 있는 이론상 최대 전력량을 나타낸다. 이 값을 찾고 물리적 의미를 설명하여라.

36. 수평으로 움직이는 물체의 t초 후 위치가 $s(t) = 32t - t^4$인 함수에 의해 주어진다고 가정하자. 여기서 $0 \le t \le 3$이고 s는 피트로 측정되며, $s > 0$은 원점의 오른쪽 위치에 해당한다. 물체가 오른쪽으로 가장 멀리 있을 때는 언제인가?

37. 탄도 최고점 돌이 지면 위 192 ft 높이의 절벽에서 64 ft/s의 속력으로 수직 위쪽 방향으로 발사된다. 발사한 지 t초 후 돌의 높이는 지면 위 $s = -16t^2 + 64t + 192$, $0 \le t \le 6$이다. 돌은 언제 최대 높이에 도달하는가?

38. 이익 극대화 최대 100명을 태울 수 있는 버스를 가지고 있는 여행 가이드가 도시 여행에 n명을 데려가면 그의 이익(달러)이 $P(n) = n(50 - 0.5n) - 100$이라 가정하자(단, P는 양의 정수에 대해서만 정의되지만 연속함수로 취급한다).

a. 가이드가 이익을 극대화하려면 도시 여행에 몇 명을 데려가야 하는가?

b. 버스가 최대 45명을 태울 수 있다고 가정하자. 이익을 극대화하려면 도시 여행에 몇 명을 데려가야 하는가?

39. 참 또는 거짓 다음 명제가 참이면 증명하고 거짓이면 반례를 들어라.

a. 함수 $f(x) = \sqrt{x}$는 구간 $[0, \infty)$에서 극댓값을 갖는다.

b. 함수가 닫힌구간에서 최댓값을 갖는 경우, 함수는 해당 구간에서 연속이어야 한다.

c. 함수 f에 대하여 $f'(2) = 0$이면 f는 $x = 2$에서 극값을 갖는다.

d. 닫힌구간에서 함수의 최댓값과 최솟값은 항상 구간의 임계점이나 끝점에서 발생한다.

3단계 도전

40–41. 최댓값과 최솟값

a. 주어진 구간에서 f의 임계점을 구하여라.

b. 주어진 구간에서 f의 최댓값, 최솟값을 구하여라.

c. 그래프 유틸리티를 사용하여 구한 답을 확인하여라.

40. $f(x) = \dfrac{x}{\sqrt{x-4}}$, $[6, 12]$

41. $f(x) = 2^x \sin x$, $[-2, 6]$

42–45. 임계점과 극값

a. 주어진 구간에서 함수의 임계점을 찾아라. 필요한 경우 근 파인더를 사용하여라.

b. 그래프 유틸리티를 사용하여 임계점이 극댓값을 갖는 곳인지 극솟값을 갖는 곳인지 아니면 둘 다 해당하지 않는지 확인하여라.

c. 주어진 구간에서 최댓값과 최솟값이 존재하는 경우, 최댓값과 최솟값을 구하여라.

42. $f(x) = 6x^4 - 16x^3 - 45x^2 + 54x + 23$, $[-5, 5]$

43. $f(\theta) = 2\sin\theta + \cos\theta$, $[-2\pi, 2\pi]$

44. $g(x) = (x-3)^{5/3}(x+2)$, $[-4, 4]$

45. $h(x) = \dfrac{5-x}{x^2+2x-3}$, $[-10, 10]$

46–47. 절댓값 함수 다음 함수의 그래프를 그려라. 주어진 구간에서 극값 및 최댓값과 최솟값을 구하여라.

46. $f(x) = |x-3| + |x+2|$, $[-4, 4]$

47. $g(x) = |x-3| - 2|x+1|$, $[-2, 3]$

48. 이동 시간 호수의 직선 기슭에 있는 지점 P에서 50 m만큼 떨어진 해안의 지점 Q에서, Q로부터 50 m만큼 떨어진 좌초된 수영 선수에게 가야 한다(그림 참조). 2 m/s의 속력으로 수영하고 4 m/s의 속력으로 달릴 수 있다고 가정하면 이 문제의 목표는 Q에서 x m만큼 떨어진 해안을 따라 달리기를 멈추고 수영을 시작해야 하는 지점 x를 결정하는 것이다. 최대한 빨리 수영 선수에게 도달하기 위해 수영을 시작해야 하는 시간(각)을 구하여라.

a. 이동 시간을 x의 함수로 제공하는 함수 T를 찾아라. 이때 $0 \le x \le 50$이다.

b. $(0, 50)$에서 T의 임계점을 구하여라.

c. 임계점과 끝점($x = 0$, $x = 50$)에서 T를 계산하고, 임계점이 최솟값에 해당되는지 확인하여라. 최소 이동 시간은 얼마인가?

d. 함수 T의 그래프를 그려서 구한 답을 확인하여라.

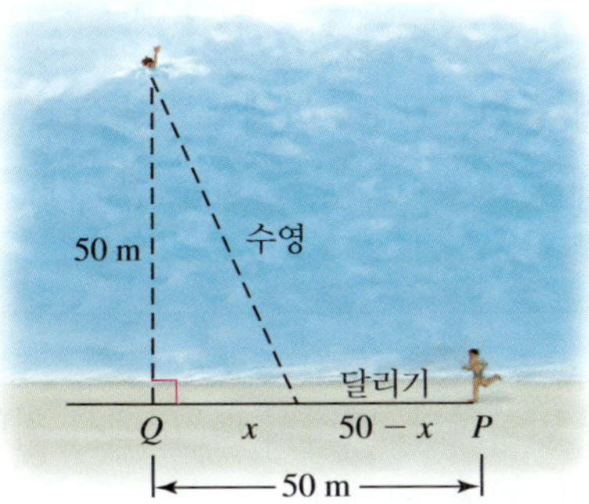

49. 관련 함수의 값 f가 $(-\infty, \infty)$에서 미분가능하고, $f(2) = 0$인 $x = 2$에서 극값이 있다. 모든 x에 대하여 $g(x) = xf(x) + 1$, $h(x) = xf(x) + x + 1$이라 하자.

a. $g(2)$, $h(2)$, $g'(2)$, $h'(2)$를 계산하여라.

b. g 또는 h가 $x = 2$에서 극값을 가지는가? 이유를 설명하여라.

50. 극값 판정의 증명 다음 단계를 따라 극댓값에 대한 정리 4.2, 즉 '함수 f가 점 c에서 극댓값을 갖고 $f'(c)$가 존재하면 $f'(c) = 0$이다'를 증명하여라.

a. f가 c에서 극댓값을 갖는다고 가정하자. $x > c$인 c 근방의 점 x에 대하여 $f(x) - f(c)$의 부호는 무엇인가? $x < c$인 c 근방의 점 x에 대하여 $f(x) - f(c)$의 부호는 무엇인가?

b. $f'(c)$가 존재하면 이는 $\lim_{x \to c} \frac{f(x) - f(c)}{x - c}$에 의해 정의된다. 이 극한을 $x \to c^+$일 때 조사하고 $f'(c) \le 0$이라는 결론을 내려라.

c. $x \to c^-$일 때 **b**의 극한을 조사하고 $f'(c) \ge 0$이라는 결론을 내려라.

d. **b**와 **c**를 결합하여 $f'(c) = 0$이라는 결론을 내려라.

QUICK CHECK 정답

1. 연속함수 $f(x) = x$는 구간 $(0, 1)$에서 최솟값을 갖지 않는다. $\left[0, \frac{1}{2}\right)$에서 $f(x) = -x$이고 $\left[\frac{1}{2}, 1\right]$에서 $f(x) = 0$인 함수 f는 $[0, 1]$에서 최솟값을 갖지 않는다. **2.** 임계점은 $x = 0$이다. $f'(0) = 0$이지만 함수 f는 $x = 0$에서 극댓값도 극솟값도 갖지 않는다. ◀

4.2 평균값 정리

4.1절에서는 함수의 극값을 찾는 방법을 배웠다. 이 정보는 함수의 정확한 그래프를 생성하는 데 필요하고(4.3절, 4.4절), 최적화 문제를 해결한다(4.5절). 이러한 유형의 문제를 해결하는 데 사용되는 절차는 다음 두 절에 걸쳐 개발된 몇 가지 결과에 따라 달라진다.

이제 미적분학에 대한 이론적 프레임워크의 초석인 **평균값 정리(Mean Value Theorem)**를 소개한다. 몇 가지 중요한 이론은 평균값 정리에 의존하며, 평균값 정리는 실제 응용 문제에도 적용된다. 평균값 정리의 증명은 다음과 같은 기초 정리에 기반하는데, 이는 롤의 정리라고 알려져 있다.

롤의 정리

닫힌구간 $[a, b]$에서 연속이고 열린구간 (a, b)에서 미분가능한 함수 f를 생각한다. f가 $f(a) = f(b)$인 특수한 조건을 만족한다고 가정하자(그림 4.13). 롤의 정리(Rolle's Theorem)에 대한 서술은 그리 놀랍지 않다. a와 b 사이 어딘가에 f가 수평 접선을 갖는 지점이 적어도 하나는 있다는 것이다.

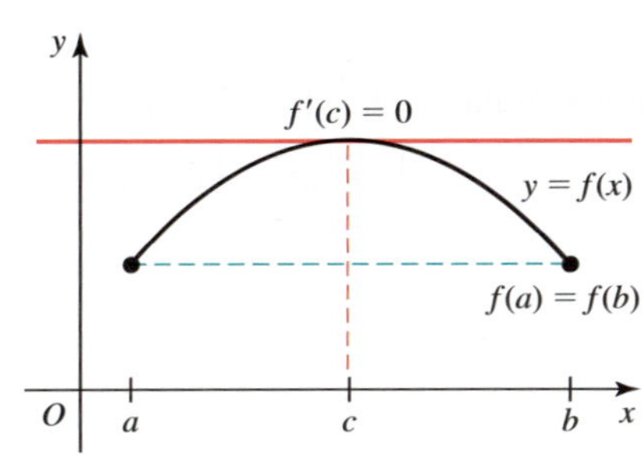

그림 4.13

정리 4.3 롤의 정리

함수 f를 $f(a) = f(b)$를 만족하며 닫힌구간 $[a, b]$에서 연속이고 열린구간 (a, b)에서 미분가능하다고 하자. 이때 $f'(c) = 0$를 만족하는 점 c가 (a, b)에 적어도 하나 존재한다.

▸ 4.1절에서 논의한 정리에 따르면 닫힌구간에서 연속인 함수는 최댓값과 최솟값을 갖는다.

증명 함수 f는 정리 4.1의 조건을 만족한다. 따라서 $[a, b]$에서 최댓값과 최솟값을 가지며, 이 값은 끝점 또는 내부점 c에서 생긴다.

case 1: 먼저 f가 끝점에서 최댓값과 최솟값을 모두 가진다고 가정하자. $f(a) = f(b)$이므로 최댓값과 최솟값이 같으므로 f는 $[a, b]$에서 상수함수이다. 따라서 (a, b)의 모든 x에 대하여 $f'(x) = 0$이므로 정리의 결론이 성립한다.

case 2: f의 최댓값과 최솟값 중 적어도 하나는 끝점에서 발생하지 않는다고 가정하자. 그러면 f는 $[a, b]$의 내부점에서 최댓값과 최솟값을 가져야 하므로 f는 (a, b)에서 극댓값 또는 극솟값을 가져야 한다. 정리 4.2에 의해 극값에서의 미분이 0임을 알 수 있다. 따라서 $f'(c) = 0$인 점 c가 (a, b)에 적어도 하나 존재하므로 결론이 성립한다. ◂

롤의 정리에 연속성이 필요한 이유는 무엇일까? $[a, b]$에서 연속이지 않은 함수는 두 끝점에서 동일한 값을 가질 수 있지만 구간의 어떤 지점에서도 수평 접선이 없을 수 있다(그림 4.14(a)). 비슷하게 $[a, b]$에서 연속이지만 (a, b)에서 미분할 수 없는 함수도 수평 접선을 갖지 않을 수 있다(그림 4.14(b)).

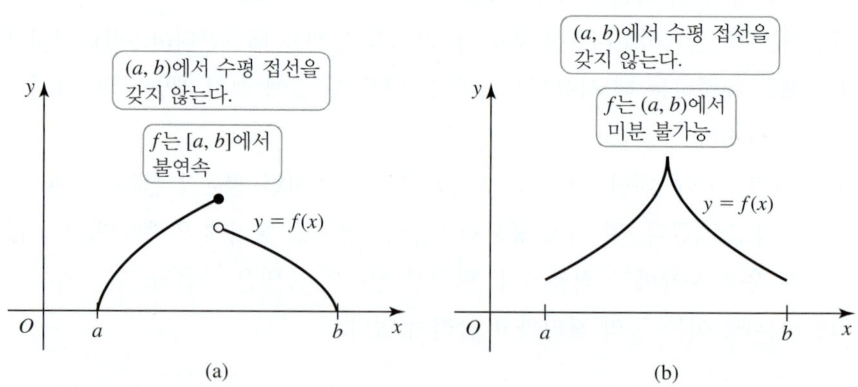

그림 4.14

QUICK CHECK 1 구간 $[0, 4]$에서 $f(x) = 4x - x^2$은 수평 접선을 갖는가? ◂

| 예제 1 | 롤의 정리 확인하기 $f(x) = x^3 - 7x^2 + 10x$에 대하여 롤의 정리가 적용되는 구간 I를 찾아라. 그다음 $f'(c) = 0$인 I의 모든 점 c를 구하여라.

풀이 f는 다항식이므로 모든 곳에서 연속이고 미분가능하다. 이때 $f(a) = f(b)$를 만족하는 구간 $[a, b]$가 필요하다. $f(x) = x(x - 2)(x - 5)$임에 주목하고, $f(0) = f(5) = 0$(다른 구간도 가능)이므로 구간 $[0, 5]$를 선택한다. 목표는 $(0, 5)$에서

$f'(c) = 0$인 점 c를 찾는 것이며, 이는 f의 임계점을 찾는 익숙한 작업에 해당한다. 임계점은 다음을 만족한다.

$$f'(x) = 3x^2 - 14x + 10 = 0$$

이차방정식의 근의 공식을 사용하면 근은 다음과 같다.

$$x = \frac{7 \pm \sqrt{19}}{3} \quad \text{또는} \quad x \approx 0.88,\ x \approx 3.79$$

그림 4.15와 같이 f의 그래프는 두 점에서 수평 접선을 갖는다.

관련 연습문제 6번 ◀

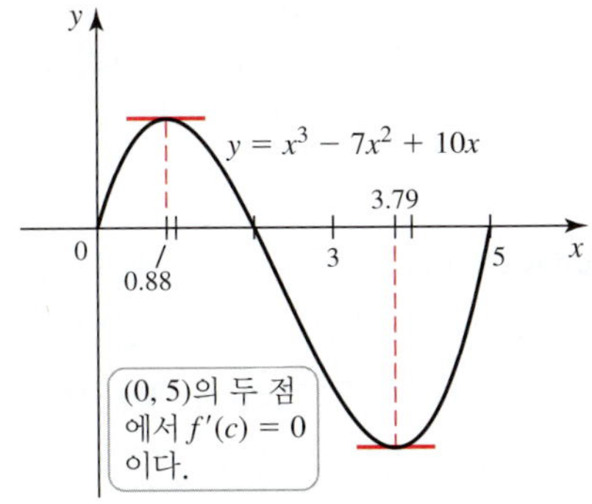

그림 4.15

평균값 정리

평균값 정리는 그림을 보면 쉽게 이해할 수 있다. 그림 4.16은 $(a, f(a))$와 $(b, f(b))$를 지나는 할선의 기울기(직선의 기울기는 $[a, b]$에서 f의 평균변화율)과 함께 (a, b)에서 미분가능한 함수 f를 보여 준다. 평균값 정리는 접선의 기울기가 할선의 기울기와 동일한 점 c가 (a, b)에 존재한다고 말한다. 즉, f의 그래프에서 접선이 할선과 평행한 점을 찾을 수 있다.

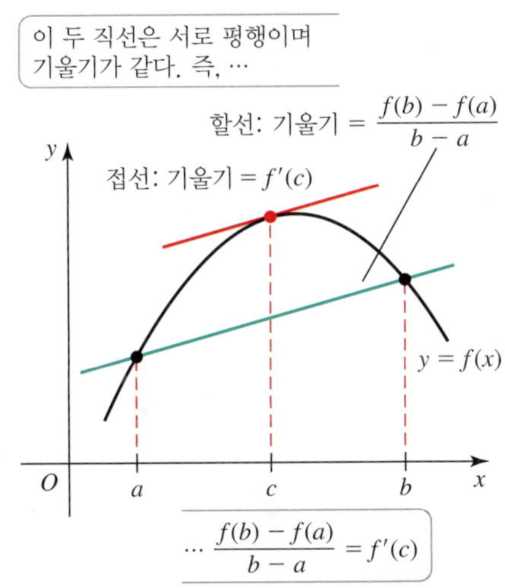

그림 4.16

> **정리 4.4 평균값 정리**
>
> 함수 f를 닫힌구간 $[a, b]$에서 연속이고 열린구간 (a, b)에서 미분가능하다고 하자. 이때 다음을 만족하는 점 c가 (a, b)에 적어도 하나 존재한다.
>
> $$\frac{f(b) - f(a)}{b - a} = f'(c)$$

증명 증명의 전략은 평균값 정리의 함수 f를 이용하여 롤의 정리를 만족하는 새로운 함수 g를 만드는 것이다. 롤의 정리와 평균값 정리의 연속성과 미분가능성 조건은 동일하다. $g(a) = g(b)$ 조건을 만족하도록 g를 고안하자.

그림 4.17과 같이 $(a, f(a))$와 $(b, f(b))$를 지나는 직선을 ℓ로 나타낸 다음, f와 ℓ의 함숫값의 차를 측정하는 새로운 함수 g를 정의한다. 이 함수는 $g(x) = f(x) - \ell(x)$로 표현된다. f와 ℓ은 $[a, b]$에서 연속이고 (a, b)에서 미분가능하므로 g도 $[a, b]$에서 연속이고 (a, b)에서 미분가능하다. 또한 f와 ℓ의 그래프는 $x = a$, $x = b$에서 교차하므로 $g(a) = f(a) - \ell(a)$, $g(b) = f(b) - \ell(b)$가 된다.

이제 g는 롤의 정리의 조건을 만족하는 함수가 됐다. 롤의 정리에 의해 $g'(c) = 0$이 되도록 구간 (a, b)에 적어도 하나의 점 c의 존재가 보장된다. g의 정의에 의해 이 조건은 $f'(c) - \ell'(c) = 0$, 즉 $f'(c) = \ell'(c)$와 같다.

이제 거의 다 끝났다. $\ell'(c)$는 무엇일까? 이는 다음과 같은 할선의 기울기이다.

$$\frac{f(b) - f(a)}{b - a}$$

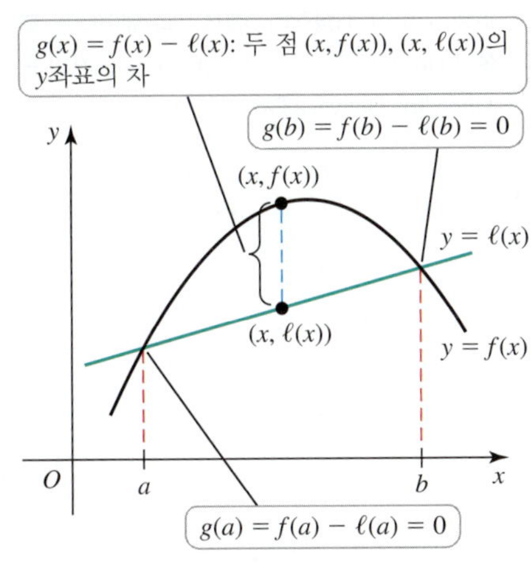

그림 4.17

▶ 롤의 정리와 평균값 정리의 증명은 건설적이지 않다. 두 정리는 어떤 점이 존재한다고 할 뿐 이 점을 찾는 방법을 말하지는 않는다.

따라서 $f'(c) = \ell'(c)$는 다음을 의미한다.

$$\frac{f(b) - f(a)}{b - a} = f'(c)$$ ◀

QUICK CHECK 2 평균값 정리에서 연속성 조건이 필요한 이유를 설명하는 함수의 그래프를 그려라. 평균값 정리에서 미분가능성 조건이 필요한 이유를 설명하는 함수의 그래프를 그려라. ◀

다음 상황은 평균값 정리에 대한 해석을 제공한다. 100마일 떨어진 마을까지 2시간 동안 운전한다고 상상해 보자. 평균 속도는 100 mi/2 hr = 50 mi/hr인 반면, 순간 속도(속도계로 계산)는 확실히 이와 다르다. 평균값 정리에 의하면 여행 중 어느 시점의 순간 속도는 평균 속도인 50 mi/hr와 같을 것이다. 예제 2에서 이러한 아이디어를 일기예보에 적용한다.

| 예제 2 | 동작에서의 평균값 정리 감률(lapse rate)은 고도 z가 증가함에 따라 대기의 온도 T가 감소하는 비율이다. 일반적으로 °C/km 단위로 보고되며 $\gamma = -dT/dz$로 정의된다. 감률이 대기의 특정 층에서 7°C/km 이상으로 상승하고 다른 대기 조건이 만족된다면 뇌우 및 토네이도 형성에 유리한 조건이 된다.

$z = 2.9$ km에서의 온도는 $T = 7.6$°C이고 $z = 5.6$ km에서의 온도가 $T = -14.3$°C라고 가정한다. 또한 온도 함수는 모든 관심 고도에서 연속이고 미분가능하다고 가정한다. 기상학자는 이 자료로부터 무엇을 결론지을 수 있을까?

풀이 그림 4.18은 고도와 온도 그래프에 그려진 두 개의 데이터 포인트를 보여준다. 이 두 점을 연결하는 직선의 기울기는

$$\frac{-14.3°\text{C} - 7.6°\text{C}}{5.6\text{ km} - 2.9\text{ km}} = -8.1°\text{C/km}$$

▶ 기상학자들은 압력이 700 hPa에서 500 hPa 사이인 대기층에서 '급격한' 감소율을 찾는다. 압력 범위는 일반적으로 3 km에서 5.5 km 사이의 고도에 해당한다. 예제 2의 데이터는 북쪽 50 mi에서 토네이도가 강타한 것과 거의 동시에 덴버(Denver)에서 기록됐다.

이고, 이는 평균적으로 고도 2.9 km와 5.6 km 사이의 공기층에서 8.1°C/km만큼의 온도가 감소하고 있음을 의미한다. 두 개의 데이터 포인트만으로는 전체 온도 프로파일을 알 수는 없다. 그러나 평균값 정리는 $dT/dz = -8.1$°C/km인 고도가 하나 이상 있음을 보장한다. 이러한 각 고도에서 감률은 $\gamma = -dT/dz = 8.1$°C/km이다. 이 감률이 임계값 7°C/km보다 높기 때문에 기상학자는 불안정한 날씨로 심한 폭풍우의 가능성이 증가할 것으로 예상할 수 있다.

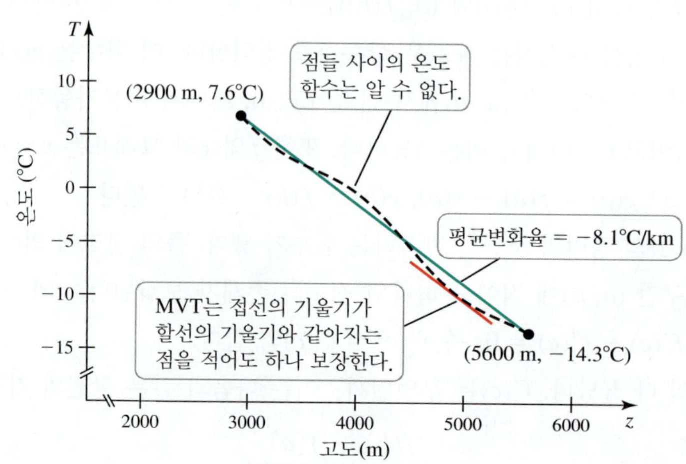

그림 4.18

관련 연습문제 10번 ◀

| 예제 3 | **평균값 정리 검증** 구간 $[-2, 2]$에서 함수 $f(x) = 2x^3 - 3x + 1$이 평균값 정리의 조건을 충족하는지 확인하여라. 만족한다면 해당 정리에 의해 존재한다고 보장되는 점을 찾아라.

풀이 다항식 f는 모든 곳에서 연속이고 미분가능하므로 평균값 정리의 조건을 만족한다. 구간 $[-2, 2]$에서 함수의 평균변화율은 다음과 같다.

$$\frac{f(2) - f(-2)}{2 - (-2)} = \frac{11 - (-9)}{4} = 5$$

목표는 $(-2, 2)$에서 곡선에 접하는 접선의 기울기가 5인 점, 즉 $f'(x) = 5$인 점을 찾는 것이다. f를 미분하면 다음을 만족한다.

$$f'(x) = 6x^2 - 3 = 5 \quad \text{또는} \quad x^2 = \frac{4}{3}$$

따라서 평균값 정리에 의해 존재한다고 보장되는 점은 $x = \pm 2/\sqrt{3} \approx \pm 1.15$이다. 접선은 곡선의 해당 지점에서 기울기가 5이다(그림 4.19).

관련 연습문제 11번

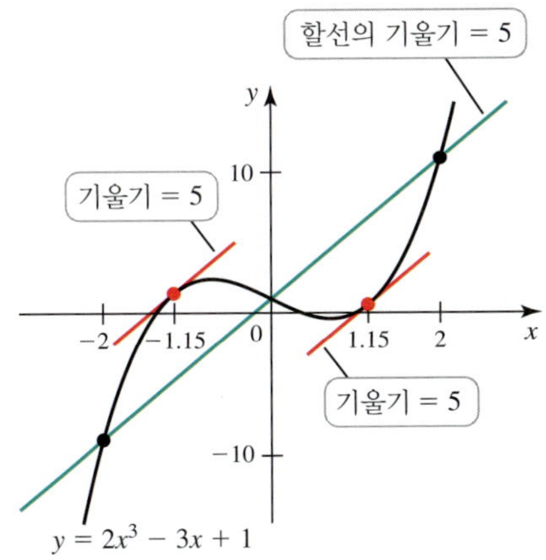

그림 4.19

평균값 정리의 결과

평균값 정리에 의해 도출된 두 가지 결과로 마무리한다.

우리는 이미 상수함수의 도함수가 0이라는 것을 알고 있다. 즉, $f(x) = C$이면 $f'(x) = 0$이다(정리 3.2). 정리 4.5는 이 결과의 역을 나타낸다.

> **정리 4.5 도함수가 0이면 상수함수**
>
> 함수 f가 미분가능하고 열린구간 I의 모든 점에서 $f'(x) = 0$이면 f는 I에서 상수함수이다.

증명 구간 I의 서로 다른 두 점 a, b에 대하여 $[a, b]$에서 $f'(x) = 0$이라 가정하자. 평균값 정리에 의해 다음을 만족하는 점 c가 (a, b)에 적어도 하나 존재한다.

$$\frac{f(b) - f(a)}{b - a} = \underbrace{f'(c) = 0}_{I\text{의 모든 } x\text{에서 } f'(x) = 0}$$

이 방정식의 양변에 $b - a \neq 0$을 곱하면 $f(a) = f(b)$이고 이는 I의 두 점 a, b의 모든 쌍에 해당된다. 즉, 구간의 모든 점에서 $f(a) = f(b)$이면 f는 그 구간에서 상수함수이다.

정리 4.6은 정리 4.5의 결론을 기반으로 한다.

> **정리 4.6 도함수가 같은 두 함수의 차는 상수**
> 두 함수 $f(x)$, $g(x)$가 열린구간 I의 모든 점에서 $f'(x) = g'(x)$이면 구간 I에서 $f(x) - g(x) = C$(C는 상수)이다. 즉, f와 g의 차는 상수이다.

증명 I에서 $f'(x) = g'(x)$라는 사실은 I에서 $f'(x) - g'(x) = 0$임을 의미한다. 두 함수의 차의 도함수가 도함수의 차와 같다는 것을 기억하면 다음과 같이 쓸 수 있다.

$$f'(x) - g'(x) = (f - g)'(x) = 0$$

이제 I에서 도함수가 0인 함수 $f - g$를 얻는다. 정리 4.5에 의해 구간 I의 모든 점 x에서 $f'(x) - g'(x) = C$이다. 즉, f와 g는 상수만큼 차이가 난다. ◀

QUICK CHECK 3 $f'(x) = g'(x)$, 즉 기울기가 같은 두 선형 함수 f, g에 대하여 f, g가 서로 상수만큼 차이가 있음을 보여라. ◀

정리 4.5와 정리 4.6의 유용성은 광범위하고 중추적인 결과를 제공하는 4.9절에서 명백해질 것이다. 이러한 정리는 특정한 항등식을 확인하는 데에도 유용하다(연습문제 18–19, 28번).

4.2절 연습문제

1단계 스타트

1. 스케치로 롤의 정리를 설명하여라.

2. 구간 $[-a, a]$ $(a > 0)$에서 함수 $f(x) = |x|$에 롤의 정리를 적용할 수 없는 이유를 설명하여라.

3–4. 닫힌구간 $[a, b]$에서 정의된 함수 f에 대하여 $x = a$, $x = b$에서 f의 그래프를 통과하는 할선과 함께 f의 그래프가 주어져 있다.

a. 그래프를 사용하여 다음 방정식을 만족시키는 c의 값에 대하여 추측하여라.

$$\frac{f(b) - f(a)}{b - a} = f'(c)$$

b. c에 대한 다음 방정식을 풀어서 a에서 구한 답을 확인하여라.

$$\frac{f(b) - f(a)}{b - a} = f'(c)$$

3. $f(x) = \dfrac{x^2}{4} + 1$, $[-2, 4]$

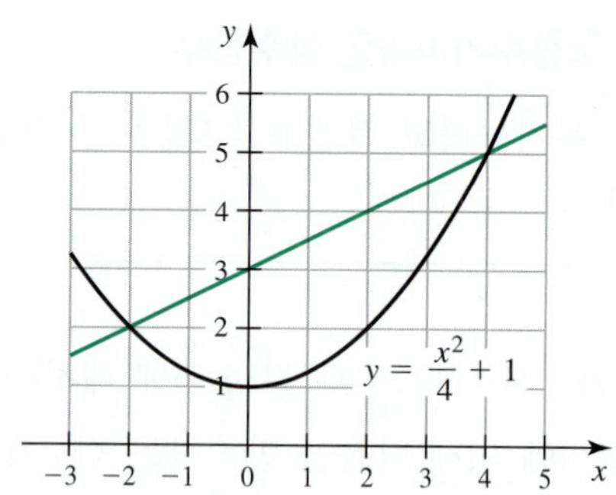

4. $f(x) = \dfrac{x^5}{16}$, $[-2, 2]$

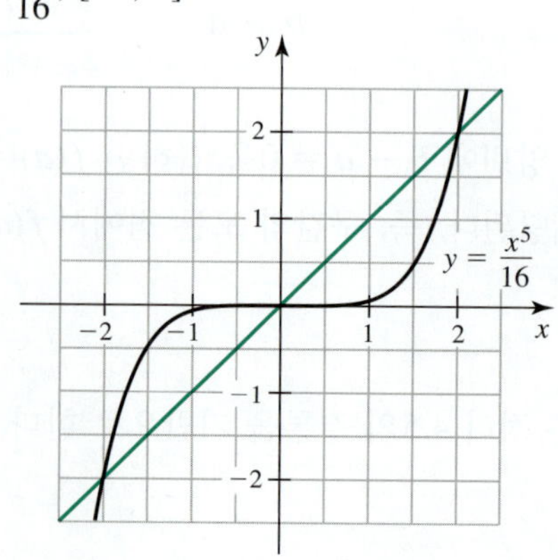

5. 평균값 정리의 결론이 성립하지 않는 함수의 그래프를 그려라.

2단계 실전

6–9. 주어진 구간에서 롤의 정리가 다음 함수에 적용되는지 조사하여라. 적용된다면 롤의 정리에 의해 존재한다고 보장되는 점을 찾아라.

6. $f(x) = x(x-1)^2$, $[0, 1]$

7. $f(x) = \cos 4x$, $[\pi/8, 3\pi/8]$

8. $f(x) = 1 - x^{2/3}$, $[-1, 1]$

9. $f(x) = x^3 - x^2 - 5x - 3$, $[-1, 3]$

10. 대기의 감률 예제 2를 참조하여라. 동시에 측정한 결과 고도 6.1 km에서 온도는 −10.3°C이고, 고도 3.2 km에서 온도는 8.0°C이다. 평균값 정리에 의해 일부 중간 고도에서 임계값인 7°C/km를 초과한다고 결론 낼 수 있는가? 이유를 설명하여라.

11–16. 평균값 정리 주어진 구간 $[a, b]$에서 다음 함수를 고려하자.

a. 주어진 구간 $[a, b]$에서 함수 f에 평균값 정리를 적용할 수 있는지 조사하여라.

b. 가능하다면 평균값 정리에 의해 보장되는 점(들)을 찾아라.

11. $f(x) = 7 - x^2$, $[-1, 2]$

12. $f(x) = \begin{cases} -2x, & x < 0 \\ x, & x \geq 0 \end{cases}$, $[-1, 1]$

13. $f(x) = e^x$, $[0, 1]$

14. $f(x) = \sin x$; $\left[-\frac{\pi}{2}, \frac{\pi}{2}\right]$

15. $f(x) = \sin^{-1} x$; $\left[0, \frac{1}{2}\right]$

16. $f(x) = 2x^{1/3}$, $[-8, 8]$

17. 참 또는 거짓 주어진 명제가 참이면 증명하고 거짓이면 반례를 들어라.

a. 연속함수 $f(x) = 1 - |x|$는 구간 $[-1, 1]$에서 평균값 정리의 조건을 만족한다.

b. 상수만큼 차이가 나는 미분가능한 두 함수는 항상 동일한 도함수를 갖는다.

c. $f'(x) = 0$이면 $f(x) = 10$이다.

18. 역탄젠트 항등식

a. $x \neq 0$인 x에 대하여 미분을 통해 $\tan^{-1} x + \tan^{-1}(1/x)$이 상수임을 보여라.

b. $x > 0$인 x에 대하여 $\tan^{-1} x + \tan^{-1}(1/x) = \pi/2$임을 증명하여라.

c. $x < 0$인 x에 대하여 $\tan^{-1} x + \tan^{-1}(1/x) = -\pi/2$임을 증명하고, $\tan^{-1} x + \tan^{-1}(1/x) = \begin{cases} \frac{\pi}{2}, & x > 0 \\ -\frac{\pi}{2}, & x < 0 \end{cases}$임을 결론지어라.

19. 다른 역탄젠트 항등식

a. 도함수를 사용하여 $\tan^{-1}\frac{2}{x^2}$와 $\tan^{-1}(x+1) - \tan^{-1}(x-1)$가 서로 상수만큼 다르다는 것을 보여라.

b. $x \neq 0$인 x에 대하여 $\tan^{-1}\frac{2}{x^2} = \tan^{-1}(x+1) - \tan^{-1}(x-1)$임을 증명하여라(출처: *The College Mathematics Journal*, 32, 4, Sep 2001).

20. 세 함수 $g(x) = 2x^{10}$, $h(x) = x^{10} + 2$, $p(x) = x^{10} - \ln 2$ 중 $f(x) = x^{10}$과 동일한 도함수를 갖는 함수를 도함수를 계산하지 않고 찾아라.

21. 평균값 정리 및 그래프 그래프를 보고 구간 $(-4, 4)$에서 함수의 평균변화율과 접선의 기울기가 같은 모든 점을 찾아라.

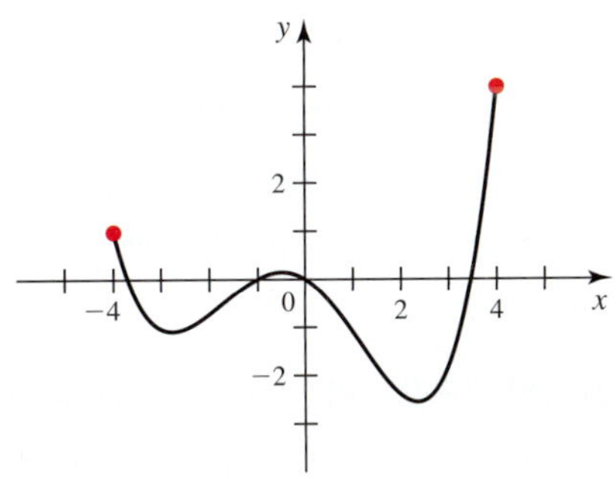

22–23. 평균값 정리 및 그래프 구간 $(1, 3)$에서 f의 접선의 기울기가 $[1, 3]$의 평균변화율과 같은 모든 점을 찾아라. 평균값 정리로 결과를 조정하여라.

22.

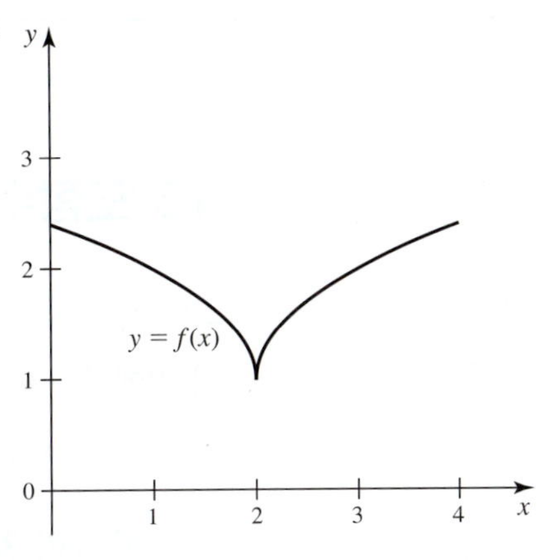

23.

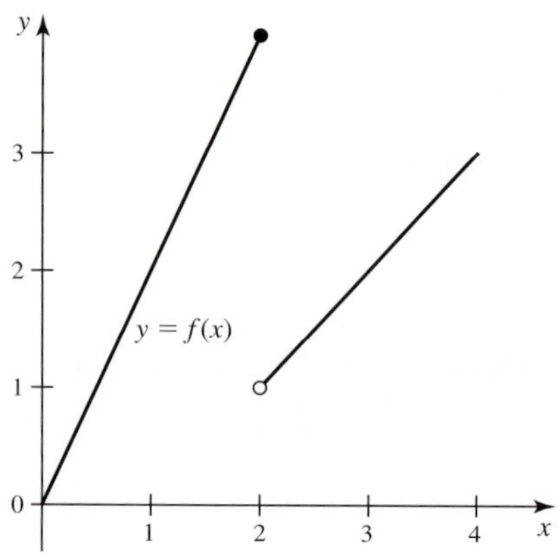

24. **평균값 정리와 경찰** 주정부 순찰관은 고속도로 진입로에서 정지 상태에서 출발한 차량을 목격했다.이 순찰관은 고속도로를 따라 30 m 떨어진 순찰 경찰관에게 무전을 보냈다. 28분 후 그 차가 두 번째 경찰관의 위치에 도착했을 때, 60 mi/hr의 속력으로 가는 것으로 기록됐으며, 운전자는 제한 속력 60 mi/hr를 초과하여 운전했기 때문에 딱지를 떼였다. 순찰관이 운전자가 제한 속도를 초과하여 운전했다고 결론 내릴 수 있는 이유는 무엇인가?

25. **달리기 속도** 달리기 선수가 6.2 mi(10 km) 경주를 32분 안에 완주한다면, 그가 경주에서 적어도 두 번은 정확히 11 mi/hr로 달려야 하는 이유를 설명하여라. 이때 결승선에서 주자의 속도를 0이라 가정한다.

26. **이차함수에 대한 평균값 정리** 이차함수 $f(x) = Ax^2 + Bx + C$를 고려하자. 여기서 A, B, C는 $A \neq 0$인 세 실수이다. 평균값 정리가 구간 $[a, b]$에서 f에 적용될 때, 정리에 의해 보장되는 점 c가 구간의 중점임을 보여라.

27. **도함수가 같은 함수** 두 함수 $f(x) = \tan^2 x$, $g(x) = \sec^2 x$가 동일한 도함수를 갖는지 확인하여라. $f - g$에 대하여 무엇을 말할 수 있는가? 이유를 설명하여라.

3단계 도전

28. $x \neq 0$인 x에 대하여 $\sec^{-1} x = \cos^{-1}(1/x)$임을 확인하여라.

29. $x \geq 2$인 모든 x에 대하여 $f'(x) < 2$이고 $f(2) = 7$이라 가정하자. $f(4) < 11$임을 보여라.

30. 평균값 정리를 이용하여 $1 + \frac{a}{2} > \sqrt{1 + a}$ $(a > 0)$임을 증명하여라(**힌트**: 구간 $[0, a]$ $(a > 0)$에서 $f(x) = \sqrt{1 + x}$를 이용하여 모든 양수 c에 대하여 $\sqrt{1 + c} > 1$임을 이용한다).

31. **코시 평균값 정리** 두 함수 f, g가 $g(a) \neq g(b)$이고, 닫힌구간 $[a, b]$에서 연속이며 열린구간 (a, b)에서 미분가능하다고 하자. 이때 다음을 만족하는 점 c가 구간 (a, b)에 존재한다.

$$\frac{f(b) - f(a)}{g(b) - g(a)} = \frac{f'(c)}{g'(c)}$$

이를 **일반화된(코시) 평균값 정리**라고 한다.

a. $g(x) = x$일 때, 코시 평균값 정리가 평균값 정리로 대체됨을 보여라.

b. $f(x) = x^2 - 1$, $g(x) = 4x + 2$, $[a, b] = [0, 1]$일 때, 코시 평균값 정리를 만족하는 c를 구하여라.

QUICK CHECK 정답

1. $x = 2$ **2.** 그림 4.14에서 보여 주는 함수가 한 예시이다. **3.** $f(x) = 3x$와 $g(x) = 3x + 2$의 그래프는 기울기가 같다. $f(x) - g(x) = -2$가 상수함수임에 주목하여라. ◄

4.3 도함수가 말해 주는 것

4.1절에서 도함수는 극댓값과 극솟값과 관련된 임계점을 찾는 도구임을 확인했다. 이 절에서 보여 주듯이 도함수(1계 및 2계 도함수)는 함수에 관한 훨씬 더 많은 것을 알려 준다.

증가함수와 감소함수

함수나 그래프를 설명하기 위해 이전 절에서 비공식적으로 증가 및 감소 용어를 사용했다. 예를 들어 그림 4.20(a)의 그래프는 x가 증가할수록 y도 증가하므로 해당 함수는 증가한다. 그림 4.20(b)의 그래프는 x가 증가할수록 y는 감소하므로 해당 함수는 감소한다. 다음 정의는 이러한 개념을 정확히 해 준다.

정의 증가함수와 감소함수

함수 f는 구간 I에서 정의되는 함수이다. 구간 I에 속하는 모든 x_1, x_2에 대하여 $x_1 < x_2$이면 $f(x_1) < f(x_2)$일 때 함수 f는 I에서 **증가함수**라 한다. 구간 I에 속하는 모든 x_1, x_2에 대하여 $x_1 < x_2$이면 $f(x_1) > f(x_2)$일 때 함수 f는 I에서 **감소함수**라 한다.

➤ 함수가 증가하거나 감소하는 경우 **단조함수**라고 한다. 이때 **감소하지 않는 것**($x_2 > x_1$일 때 $f(x_2) \geq f(x_1)$)과 **증가하지 않는 것**($x_2 > x_1$일 때 $f(x_2) \leq f(x_1)$)을 정의함으로써 함수를 더 많이 구별할 수 있다.

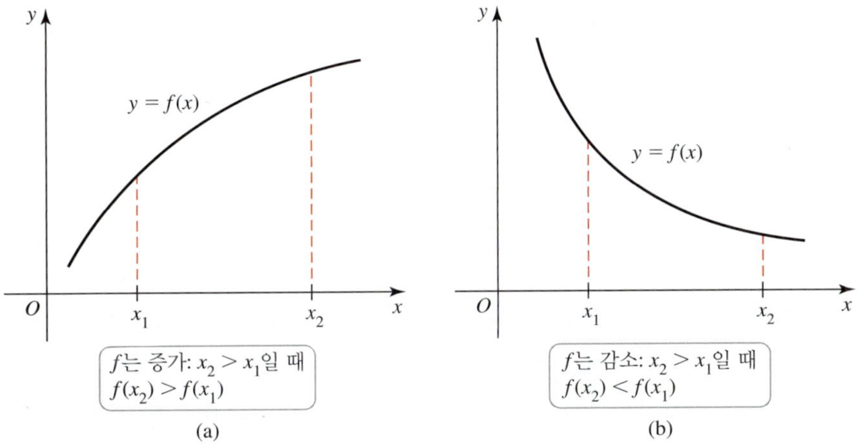

그림 4.20

증가 구간과 감소 구간 함수 f의 그래프는 f가 증가 및 감소하는 구간에 대한 개념을 제공한다. 하지만 어떻게 그 구간을 정확하게 결정할 수 있을까? 도함수와 연결지어 이 질문에 답할 수 있다.

함수의 도함수가 접선의 기울기를 나타낸다는 것을 기억하자. 미분이 구간에서 양수이면 해당 구간의 접선은 양의 기울기를 가지며, 함수는 그 구간에서 증가한다(그림 4.21(a)). 다시 말해 구간에서 도함수가 양이면 그 구간에서 변화율이 양임

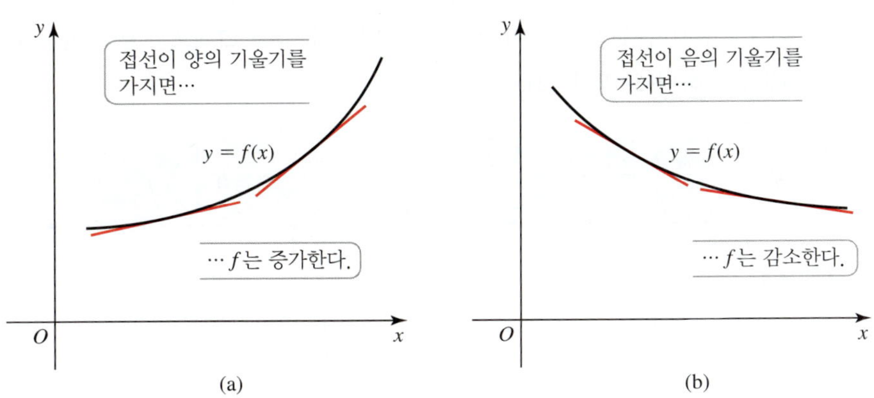

그림 4.21

을 의미하며, 이는 다시 함숫값의 증가를 나타낸다.

마찬가지로 미분이 구간에서 음수이면 그 구간의 접선은 음의 기울기를 가지며, 함수는 그 구간에서 감소한다(그림 4.21(b)). 이 규칙들은 평균값 정리를 이용하여 증명할 수 있는 정리 4.7로 이어진다.

➤ 정리 4.7의 역은 성립하지 않는다. 정의에 따르면 $f(x) = x^3$은 $(-\infty, \infty)$에서 증가하지만 ($f'(0) = 0$이므로) $(-\infty, \infty)$에서 $f'(x) > 0$은 아니다.

정리 4.7 증가 및 감소 판정

함수 f는 구간 I에서 연속이고 I의 모든 내부점에서 미분가능하다. I의 모든 내부점에서 $f'(x) > 0$이면 $f(x)$는 I에서 증가한다. I의 모든 내부점에서 $f'(x) < 0$이면 $f(x)$는 I에서 감소한다.

증명 a와 b를 구간 I의 서로 다른 두 점이라 하자($b > a$). 평균값 정리에 의해

$$\frac{f(b) - f(a)}{b - a} = f'(c)$$

를 만족하는 수 c가 a와 b 사이에 존재한다. 즉, 다음이 성립한다.

$$f(b) - f(a) = f'(c)(b - a)$$

가정에 의해 $b - a > 0$, 즉 $f'(c) > 0$이므로 $f(b) - f(a) > 0$이다. 따라서 $b > a$인 구간 I의 모든 점 a, b에 대하여 $f(b) > f(a)$이며, 이는 f가 I에서 증가한다는 것을 의미한다. 마찬가지로 $f'(c) < 0$이면 $f(b) - f(a) < 0$ 또는 $f(b) < f(a)$이다. 따라서 f는 I에서 감소한다. ◀

QUICK CHECK 1 구간에서 도함수가 양의 값을 가지면 이 함수는 증가함수임을 의미하는 이유를 설명하여라. ◀

| 예제 1 | 함수의 그래프 그리기 다음 네 조건을 만족하는 실수 전체에서 연속인 함수의 그래프를 그려라.

1. $(-\infty, 0)$, $(4, 6)$, $(6, \infty)$에서 $f' > 0$ **2.** $(0, 4)$에서 $f' < 0$

3. $f'(0)$은 정의되지 않는다. **4.** $f'(4) = f'(6) = 0$

풀이 **1**에 의해 f는 구간 $(-\infty, 0)$, $(4, 6)$, $(6, \infty)$에서 증가한다. **2**에 의해 f는 구간 $(0, 4)$에서 감소한다. f의 연속성과 **3**에 의해 f가 $x = 0$에서 첨점을 가지며, **4**에 의해 $x = 4$, $x = 6$에서 수평 접선이 있음을 의미한다. 부호 그래프는 이러한 결과를 요약하는 데 유용하다(그림 4.22).

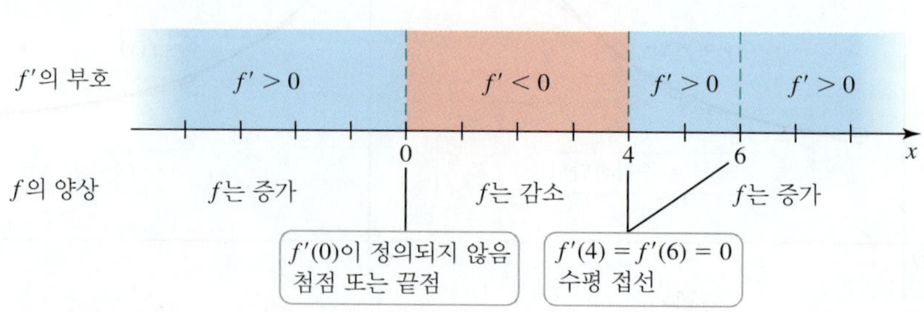

그림 4.22

그림 4.23은 이러한 조건들을 만족하는 가능한 한 가지 그래프를 나타낸다. 그래프에서 알 수 있듯이 $x = 0$에서 첨점이 있다. 또한 $f'(4) = f'(6) = 0$이고 f는 $x = 4$에서 극솟값을 갖지만 $x = 6$에서는 극값을 갖지 않는다.

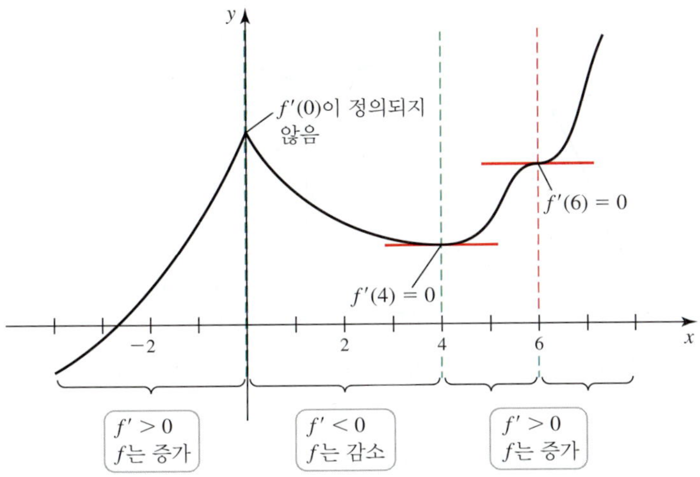

그림 4.23

관련 연습문제 6번

| 예제 2 | 증가 구간과 감소 구간 다음 함수의 증가하는 구간과 감소하는 구간을 구하여라.

a. $f(x) = xe^{-x}$ **b.** $f(x) = 2x^3 + 3x^2 + 1$

풀이

a. 곱의 법칙에 의해 $f'(x) = e^{-x} + x(-e^{-x}) = (1 - x)e^{-x}$이다. $f'(x) = 0$을 풀자. 모든 x에 대하여 $e^{-x} \neq 0$임을 주목하면 유일한 임계점은 $x = 1$이다. 따라서 f'의 부호는 $x = 1$에서 바뀌고 다른 곳에서는 바뀌지 않는다. 이는 f'의 부호는 구간 $(-\infty, 1)$, $(1, \infty)$에서 각각 동일하다는 것을 의미한다. 각 구간의 선택된 지점에서 f'을 계산하여 각 구간에서 f'의 부호를 결정한다.

- $x = 0$에서 $f'(0) = 1 > 0$이므로 $(-\infty, 1)$에서 $f'(x) > 0$이고, 이는 f가 $(-\infty, 1)$에서 증가함을 의미한다.
- $x = 2$에서 $f'(2) = -e^{-2} < 0$이므로 $(1, \infty)$에서 $f'(x) < 0$이고, 이는 f가 $(1, \infty)$에서 감소함을 의미한다.

또한 f의 그래프는 $x = 1$에서 수평 접선을 갖는다. 이는 f와 f'을 이용하여 검증한다(그림 4.24).

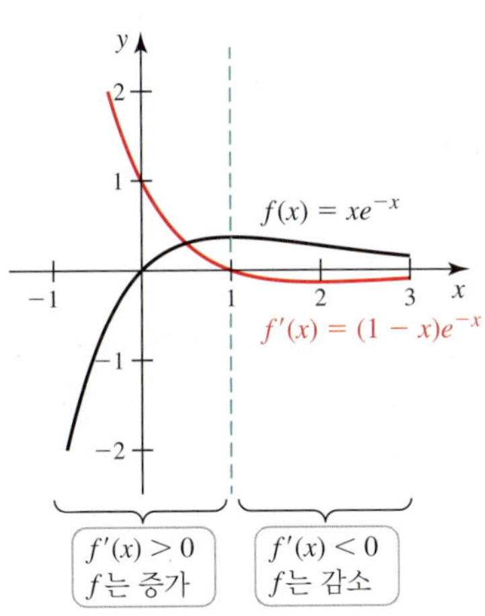

그림 4.24

b. 이 경우 $f'(x) = 6x^2 + 6x = 6x(x + 1)$이다. 증가 구간을 찾기 위해 먼저 $6x(x + 1) = 0$을 풀면 임계점이 $x = 0$ 및 $x = -1$임을 알 수 있다. 이 두 점에서만 f'의 부호만 바뀌고 다른 곳에서는 바뀌지 않는다. 즉, f'은 세 구간 $(-\infty, -1)$, $(-1, 0)$, $(0, \infty)$ 각각에 걸쳐 동일한 부호를 갖는다. 각 구간의 선택된 지점에서 f'을 계산하면 해당 구간에서 f'의 부호가 결정된다.

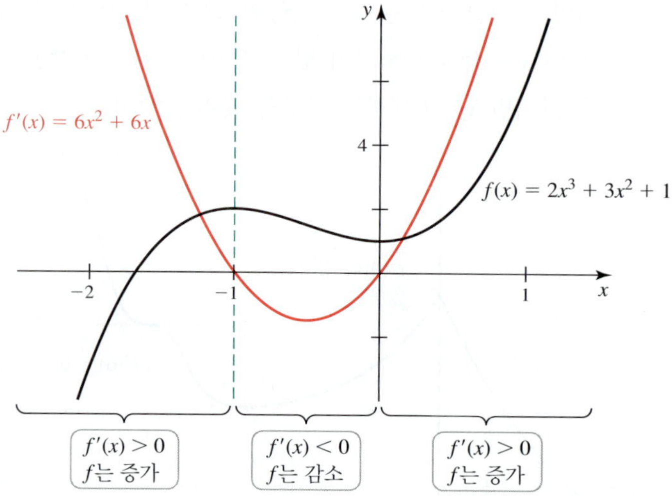

그림 4.25

- $x = -2$에서 $f'(-2) = 12 > 0$이므로 $(-\infty, -1)$에서 $f'(x) > 0$이고, 이는 f가 $(-\infty, -1)$에서 증가함을 의미한다.
- $x = -\frac{1}{2}$에서 $f'(-\frac{1}{2}) = -\frac{3}{2} < 0$이므로 $(-1, 0)$에서 $f'(x) < 0$이고, 이는 f가 $(-1, 0)$에서 감소함을 의미한다.
- $x = 1$에서 $f'(1) = 12 > 0$이므로 $(0, \infty)$에서 $f'(x) > 0$이고, 이는 f가 $(0, \infty)$에서 증가함을 의미한다.

f의 그래프는 $x = -1$ 및 $x = 0$에서 수평 접선을 갖는다. 그림 4.25는 f'의 그래프에 겹쳐진 f의 그래프를 보여 주며, 이는 우리의 결론을 확인시킨다.

관련 연습문제 15-16번 ◀

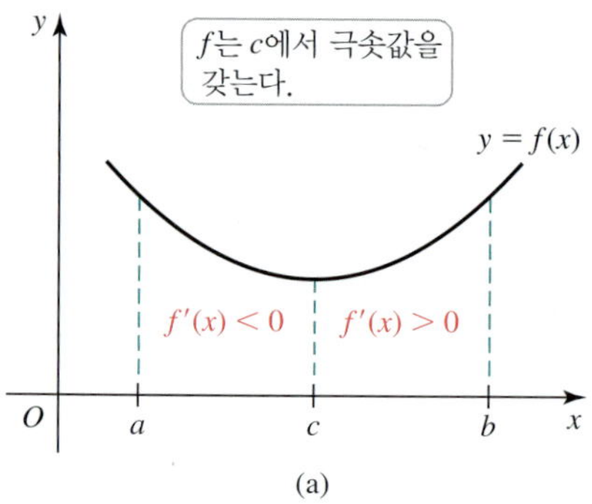

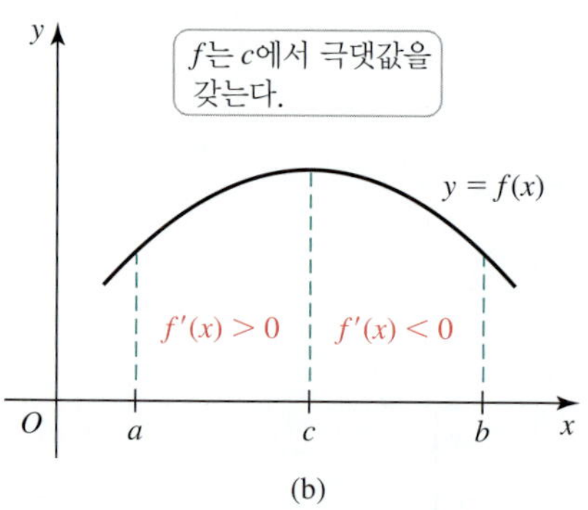

그림 4.26

QUICK CHECK 2 다음 조건을 만족하면서 $(-\infty, \infty)$에서 미분가능한 함수의 그래프를 그려라.

(i) $x = 0$, $x = 2$는 임계점
(ii) f는 $(-\infty, 2)$에서 증가
(iii) f는 $(2, \infty)$에서 감소 ◀

극댓값과 극솟값의 구별

이제 증가함수와 감소함수를 활용하여 극댓값과 극솟값을 구별할 수 있다. $x = c$가 $f'(c) = 0$인 f의 임계점이라 가정하자. 또한 f'의 부호가 c의 왼쪽, 즉 구간 (a, c)에서 $f'(x) < 0$이고, c의 오른쪽, 즉 구간 (c, b)에서 $f'(x) > 0$과 같이 바뀐다고 가정하자. 이 경우 f는 c의 왼쪽에서 감소하고, c의 오른쪽에서 증가한다. 이는 그림 4.26(a)와 같이 f가 c에서 극솟값을 가짐을 의미한다.

마찬가지로 f'의 부호가 c의 왼쪽, 즉 구간 (a, c)에서 $f'(x) > 0$이고, c의 오른쪽, 즉 구간 (c, b)에서 $f'(x) < 0$과 같이 바뀐다고 가정하자. 그러면 f는 c의 왼쪽에서 증가하고, c의 오른쪽에서 감소하므로 그림 4.26(b)와 같이 f는 c에서 극댓값을 갖는다.

그림 4.27은 구간 $[a, b]$에서 함수의 일반적인 특징을 보여 준다. 극대 또는 극소인 곳(c_2, c_3, c_4)에서 f'은 부호가 바뀐다. c_1과 c_5가 임계점이지만 f'의 부호는 이 두 점의 근방에서 각각 동일하기 때문에 두 점에서 극댓값이나 극솟값을 갖지 않는다. 앞에서 강조했듯이 임계점에서 항상 극값을 갖는 것은 아니다.

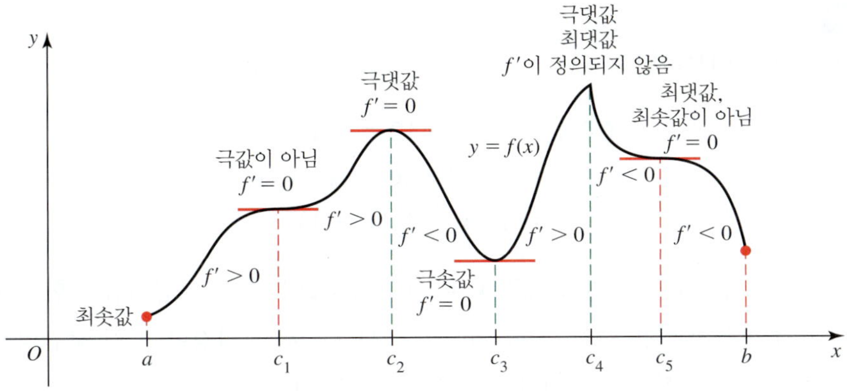

그림 4.27

1계 도함수 판정 그림 4.27을 해석한 내용은 극댓값과 극솟값을 구별하기 위한 강력한 테스트로 요약된다.

정리 4.8 1계 도함수 판정

함수 f는 임계점 c를 포함하는 구간에서 연속이고, c를 제외한 c를 포함하는 구간에서 미분가능하다고 하자.

- x가 c를 지나며 증가함에 따라 f'이 양수에서 음수로 부호가 바뀌면 f는 c에서 **극댓값**을 갖는다.
- x가 c를 지나며 증가함에 따라 f'이 음수에서 양수로 부호가 바뀌면 f는 c에서 **극솟값**을 갖는다.
- f'이 c 근방의 양쪽에서 모두 양수이거나 모두 음수이면 f는 c에서 극값을 갖지 않는다.

증명 구간 (a, c)에서 $f'(x) > 0$이라 가정하자. 정리 4.7에 의해 f가 (a, c)에서 증가함을 알 수 있다. 이는 구간 (a, c)의 모든 점 x에서 $f(x) < f(c)$임을 나타낸다. 마찬가지로 (c, b)에서 $f'(x) < 0$이라 가정하자. 이번에는 정리 4.7에 의해 f가 (c, b)에서 감소한다고 할 수 있고, 이는 (c, b)의 모든 점 x에서 $f(x) < f(c)$임을 의미한다. 따라서 (a, b)의 모든 점 x에서 $f(x) \le f(c)$이므로 f는 c에서 극댓값을 갖는다. 다른 두 경우도 이와 비슷하게 증명할 수 있다. ◀

| 예제 3 | 1계 도함수 판정 사용 함수 $f(x) = 3x^4 - 4x^3 - 6x^2 + 12x + 1$에 대하여 물음에 답하여라.

a. f가 증가하는 구간과 감소하는 구간을 구하여라.

b. f의 극점을 확인하여라.

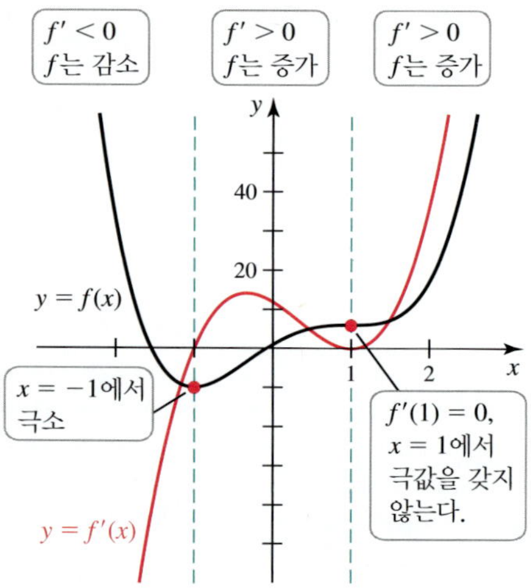

그림 4.29

풀이

a. 함수 f를 미분하면

$$
\begin{aligned}
f'(x) &= 12x^3 - 12x^2 - 12x + 12 \\
&= 12(x^3 - x^2 - x + 1) \\
&= 12(x + 1)(x - 1)^2
\end{aligned}
$$

이고, $f'(x) = 0$을 풀면 임계점 $x = -1$과 $x = 1$이 나온다. 임계점은 함수 f'의 부호가 바뀌지 않는 구간 $(-\infty, -1)$, $(-1, 1)$, $(1, \infty)$를 결정한다. 각 구간의 점을 이용하여 f'의 부호를 결정할 수 있다(그림 4.28).

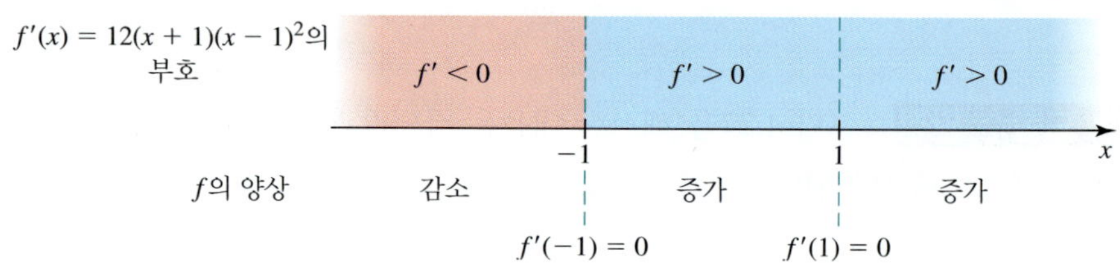

그림 4.28

b. f는 다항식이므로 $(-\infty, \infty)$에서 연속이다. f'의 부호는 x가 임계점 $x = -1$을 통과할 때 음에서 양으로 바뀌므로 1계 도함수 판정법에 의해 f가 $x = -1$에서 극솟값 $f(-1) = -10$을 갖는다. f'은 $x = 1$ 근방에서 양수이므로 f는 $x = 1$에서 극값을 갖지 않는다(그림 4.29).

관련 연습문제 26번 ◀

| 예제 4 | **극값** 함수 $g(x) = x^{2/3}(2 - x)$의 극값을 구하여라.

풀이 4.1절의 예제 4b에서

$$g'(x) = \frac{4}{3}x^{-1/3} - \frac{5}{3}x^{2/3} = \frac{4 - 5x}{3x^{1/3}}$$

였고, 따라서 g의 임계점은 $x = 0$과 $x = \frac{4}{5}$이다. 이 두 임계점은 극값을 갖는 점의 후보이며, 정리 4.8은 각각 극대를 갖거나, 극소를 갖거나 아니면 극점을 갖지 않음을 분류하는 데 사용된다.

구간 $(-\infty, 0)$에서 g'의 분자는 양수이고 분모는 음수이다(그림 4.30). 그러므로 $(-\infty, 0)$에서 $g'(x) < 0$이다. 구간 $\left(0, \frac{4}{5}\right)$에서 g'의 분자와 분모는 양수이므로

QUICK CHECK 3 1계 도함수 판정법으로 $f(x) = x^2$이 임계점 $x = 0$에서 극댓값 또는 극솟값을 갖는지 결정하는 과정을 설명하여라. ◀

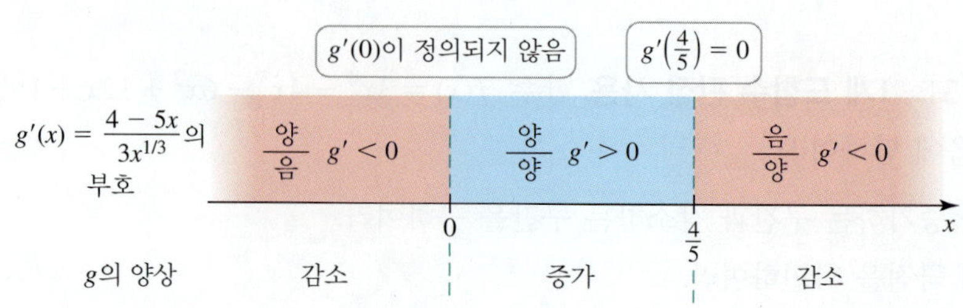

그림 4.30

$\left(0, \frac{4}{5}\right)$에서 $g'(x) > 0$이다. x가 0을 지날 때 g'의 부호가 음수에서 양수로 바뀐다는 것을 알 수 있다. 이는 g가 0에서 극솟값을 가짐을 의미한다. 유사한 주장은 x가 $\frac{4}{5}$를 지날 때 g'의 부호가 양수에서 음수로 바뀌므로 g는 $\frac{4}{5}$에서 극댓값을 가짐을 도출한다. 이러한 관찰은 g 및 g'의 그래프에 의해 확인된다(그림 4.31).

관련 연습문제 27-28번 ◀

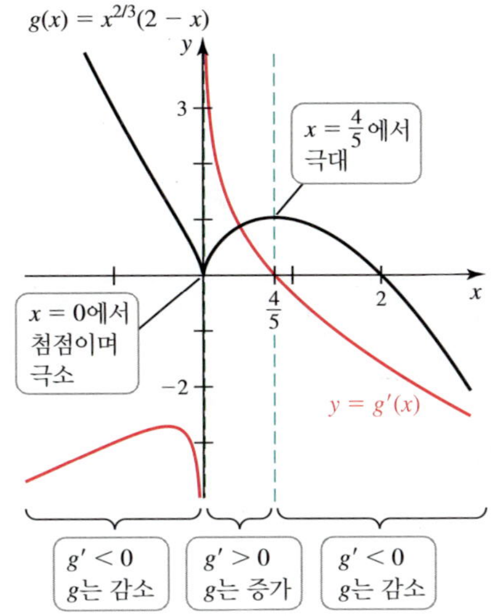

그림 4.31

임의의 구간에서 최댓값과 최솟값 정리 4.1은 닫힌구간에서만 최댓값 및 최솟값의 존재를 보장한다. 닫히지 않은 구간의 최댓값과 최솟값에 대하여 무엇을 말할 수 있는가? 다음 정리는 이에 대한 판정법을 제공한다.

> **정리 4.9 하나의 극값은 최댓값과 최솟값을 암시한다**
>
> 함수 f가 c에서 극값을 가지며, f의 극값 중 이 극값 하나만을 포함하는 구간 I에서 연속이라고 가정하자.
> - c에서 극댓값을 가지면 $f(c)$는 I에서 f의 최댓값이다.
> - c에서 극솟값을 가지면 $f(c)$는 I에서 f의 최솟값이다.

정리 4.9의 증명은 이 책의 범위를 벗어나지만 그림 4.32는 정리가 성립하는 그럴듯한 이유를 보여 준다. f가 구간 I의 점 c에서 정확히 하나의 극솟값을 갖는다고 가정하자. 그래프에서 f가 $f(c)$보다 작은 값을 갖는 다른 지점은 있을 수 없다. 그러한 점이 존재한다면 그래프는 $f(c)$ 밑으로 떨어지기 위해 아래쪽으로 구부러져야 하는데, 이는 f의 연속성에 의해 구간 I에 추가적인 극값이 존재함을 의미하기 때문에 이 점은 존재할 수 없다. 이 사실은 극댓값에도 유사하게 적용된다.

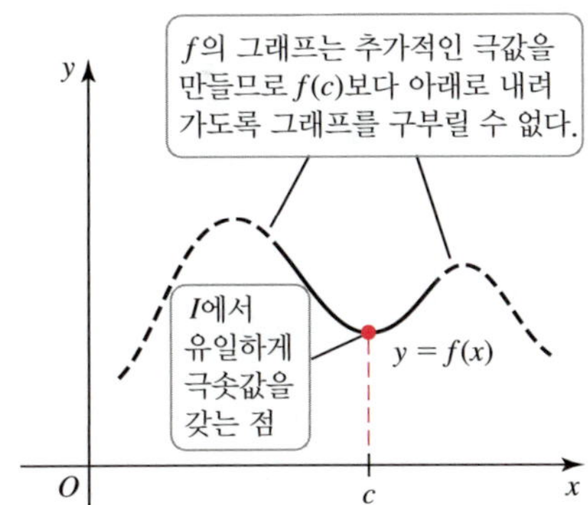

그림 4.32

| 예제 5 | 최댓값 및 최솟값, 극값 찾기 $f(x) = x^x$이 정의역에서 최솟값을 가짐을 증명하여라.

풀이 먼저 f는 $(0, \infty)$에서 연속이다. 이때 $f(x) = x^x = e^{x \ln x}$이므로 다음을 얻는다.

$$f'(x) = e^{x \ln x}(1 + \ln x) = x^x(1 + \ln x)$$

$f'(x) = 0$을 풀면 $x = e^{-1}$이므로 임계점은 f의 정의역을 $(0, e^{-1})$과 (e^{-1}, ∞)로 분리한다. 각 구간에서 f'의 부호를 생각하면 $(0, e^{-1})$에서 $f'(x) < 0$이고, (e^{-1}, ∞)에서 $f'(x) > 0$이다. 따라서 $x = e^{-1}$에서 극솟값을 갖고, 이는 $(0, \infty)$에서 유일한 극값이므로 $x = e^{-1}$에서 최솟값을 갖는다(그림 4.33). 이 값은 $f(e^{-1}) \approx 0.69$이다.

관련 연습문제 29번 ◀

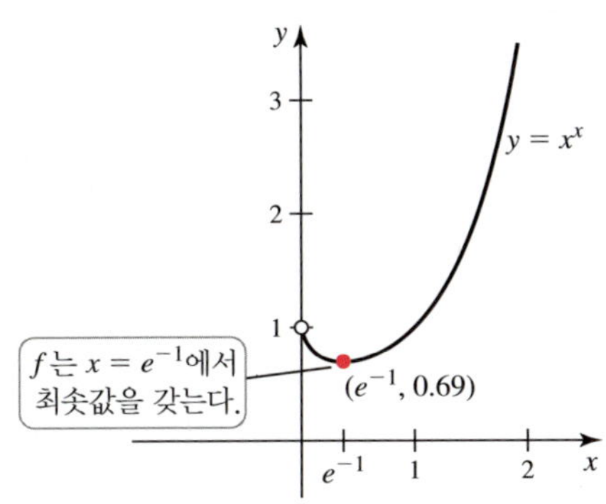

그림 4.33

오목성과 변곡점

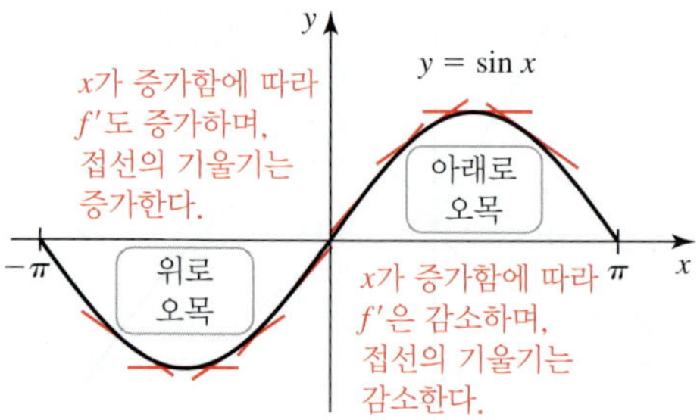

그림 4.34

1계 도함수가 접선의 기울기와 관련이 있는 것처럼 2계 도함수도 기하학적인 의미가 있다. 그림 4.34에서 $f(x) = \sin x$를 보자. 그래프는 $-\pi < x < 0$에서 위쪽으로 구부러지고, x가 증가할수록 접선의 기울기가 증가한다는 사실을 반영한다. 따라서 1계 도함수는 $-\pi < x < 0$에서 증가한다. f'이 어느 구간에서 증가하는 함수는 그 구간에서 위로 오목(concave up)하게 된다.

마찬가지로 $f(x) = \sin x$는 $0 < x < \pi$에서 1계 도함수가 감소하므로 아래쪽으로 구부러진다. f'이 어느 구간에서 감소하는 함수는 그 구간에서 아래로 오목(concave down)하게 된다.

여기 오목성의 또 다른 유용한 특징이 있다. 함수가 한 점(그림 4.34에서 구간 $(-\pi, 0)$의 임의의 점)에서 위로 오목한 경우, 이 점 근방의 그래프는 그 점의 접선 위에 있다. 마찬가지로 함수가 한 점(그림 4.34에서 $(0, \pi)$의 임의의 점)에서 아래로 오목한 경우, 이 점 근방의 그래프는 그 점의 접선 아래에 있다.

마지막으로 f의 정의역의 한 점 c에서 오목성이 변하는 함수 f를 생각해 보자. 예를 들어 그림 4.34의 $f(x) = \sin x$는 x가 $x = 0$을 통과함에 따라 위로 오목에서 아래로 오목으로 변한다. f의 그래프에서 오목성이 변하는 점을 **변곡점**(inflection point)이라 한다.

> **정의 오목성과 변곡점**
>
> 열린구간 I에서 미분가능한 함수 f에 대하여 구간 I에서 f'이 증가하면 f는 I에서 **위로 오목**하다. 구간 I에서 f'이 감소하면 f는 I에서 **아래로 오목**하다.
>
> f가 c에서 연속이고 위로 오목에서 아래로 오목으로(또는 아래로 오목에서 위로 오목으로) 변하면 f는 c에서 **변곡점**을 갖는다.

정리 4.7을 f'에 적용하면 2계 도함수의 관점에서 오목성을 검정할 수 있다. 특히 구간 I에서 $f'' > 0$이면 f'이 증가하고 f는 위로 오목하며, I에서 $f'' < 0$이면 f'이 감소하고 f는 아래로 오목하다. 또한 f''의 부호가 c 지점에서 바뀌면(양수에서 음수 또는 그 반대), f는 c에서 변곡점을 갖는다(그림 4.35(a)). 이제 2계 도함수에 대한 유용한 해석을 할 수 있는데, 이는 오목성(concavity)을 측정한다.

> **정리 4.10 오목성 판정**
>
> 열린구간 I에서 f''이 존재한다고 가정하자.
>
> - I에서 $f'' > 0$이면 f는 위로 오목하다.
> - I에서 $f'' < 0$이면 f는 아래로 오목하다.
> - c 지점에서 f''의 부호가 바뀌면(양수에서 음수 또는 그 반대) f는 c에서 변곡점을 갖는다.

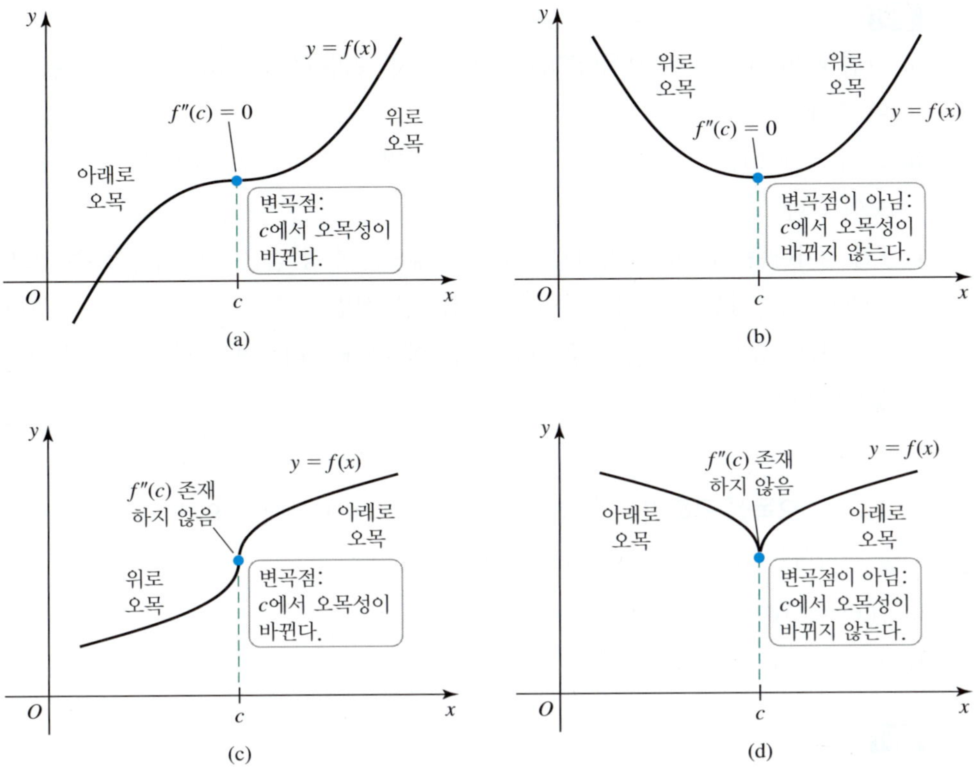

그림 4.35

여기서 중요하지만 미묘한 점이 몇 가지 있다. $f''(c) = 0$이라는 사실이 반드시 f가 c에서 변곡점을 갖는다는 것을 의미하지는 않는다. 좋은 예로 $f(x) = x^4$이 있다. $f''(0) = 0$이지만 $x = 0$에서 오목성의 변화가 없다(유사한 함수가 그림 4.35(b)에 주어져 있다).

일반적으로 f가 c에서 변곡점을 가지면 오목성의 부드러운 변화를 반영하여 $f''(c) = 0$이 된다. 그러나 변곡점은 f''이 존재하지 않는 지점에서도 발생할 수 있다. 예를 들어 함수 $f(x) = x^{1/3}$은 수직 접선을 가지며 $x = 0$에서 변곡점을 갖는다(유사한 함수가 그림 4.35(c)에 주어져 있다). 마지막으로 $f(x) = x^{2/3}$과 유사한 모습으로 그림 4.35(d)에 표시된 함수는 $f''(c)$가 존재하지 않는 점 c에서 변곡점을 갖지 않는다. 요약하자면 $f''(c) = 0$ 또는 $f''(c)$가 존재하지 않으면 $(c, f(c))$는 변곡점의 후보가 된다. c에서 변곡점이 생기는 것을 확실히 하려면 c에서 f의 오목성이 바뀜을 보여야 한다.

QUICK CHECK 4 함수 $f(x) = x^4$은 $x > 0$ 및 $x < 0$에서 위로 오목한지 확인하여라. $x = 0$은 변곡점인가? 이유를 설명하여라. ◀

| 예제 6 | 오목성 해석 주어진 구간에서 다음 조건을 만족하는 함수의 그래프를 그려라.

a. $f'(t) > 0,\ f''(t) > 0$ **b.** $g'(t) > 0,\ g''(t) < 0$

c. 두 함수 f와 g 중 어느 것이 $t \to \infty$로 증가하여 정상 상태에 접근하는 모집단을 설명할 수 있는가?

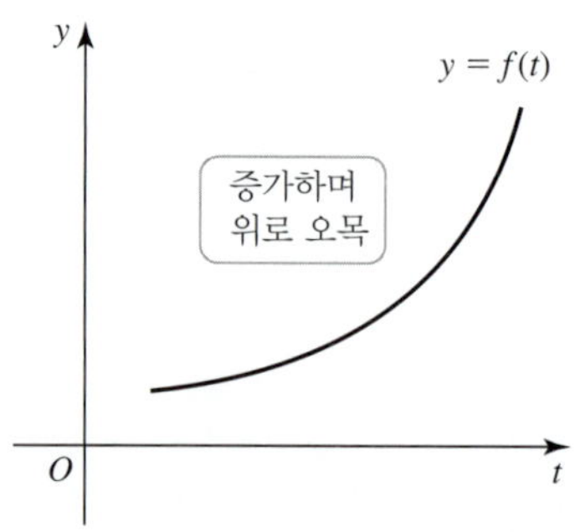

(a)

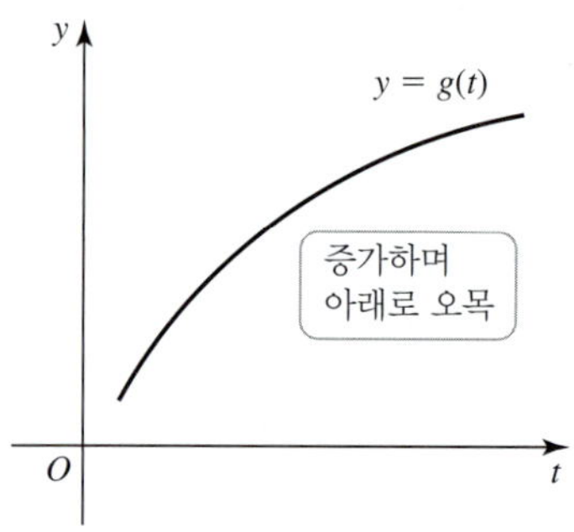

(b)

그림 4.36

풀이

a. 그림 4.36(a)는 위로 오목($f''(t) > 0$)하면서 증가($f'(t) > 0$)하는 그래프를 보여 준다.

b. 그림 4.36(b)는 아래로 오목($g''(t) < 0$)하면서 증가($g'(t) > 0$)하는 그래프를 보여 준다.

c. f가 증가하는 비율로 증가하므로 f의 그래프는 수평 점근선에 접근할 수 없고, 따라서 f는 정상 상태에 접근하는 모집단을 설명할 수 없다. 반면 g는 감소하는 비율로 증가하므로 g가 증가하는 비율에 따라 그래프가 수평 점근선에 접근할 수 있다.

관련 연습문제 31-32번 ◀

| 예제 7 | 오목성 구하기 다음 함수가 위로 오목에서 아래로 오목으로 바뀌는 구간을 조사하여라. 그다음 변곡점을 구하여라.

a. $f(x) = 3x^4 - 4x^3 - 6x^2 + 12x + 1$

b. $f(x) = \sin^{-1} x$, $(-1, 1)$

풀이

a. 이 함수는 예제 3에서

$$f'(x) = 12(x + 1)(x - 1)^2$$

임을 알아봤고, 따라서 다음을 얻는다.

$$f''(x) = 12(x - 1)(3x + 1)$$

$x = 1$, $x = -\frac{1}{3}$에서 $f''(x) = 0$이고, 이 두 점은 변곡점의 **후보**이다. 두 점이 변곡점이라는 것을 확실히 하기 위해 이 지점들에서 오목성이 변하는지 확인해야 한다. 그림 4.37의 부호 그래프는 다음을 보여 준다.

- $\left(-\infty, -\frac{1}{3}\right)$과 $(1, \infty)$에서 $f''(x) > 0$이고 f는 위로 오목하다.
- $\left(-\frac{1}{3}, 1\right)$에서 $f''(x) < 0$이고 f는 아래로 오목하다.

$x = -\frac{1}{3}$, $x = 1$에서 f''의 부호가 바뀌므로 이 두 점에서 f의 오목성이 변한다.

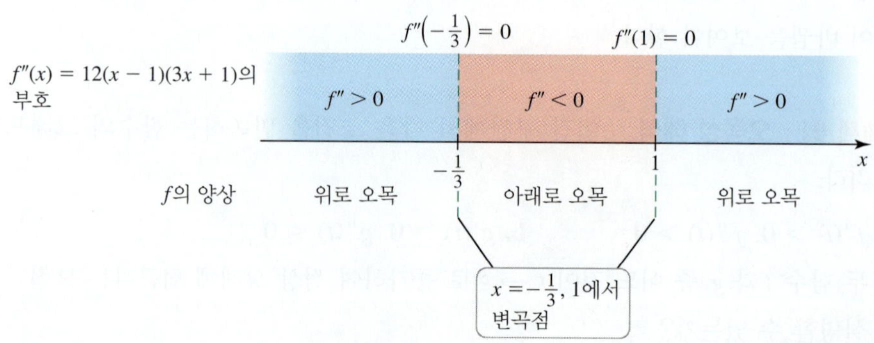

그림 4.37

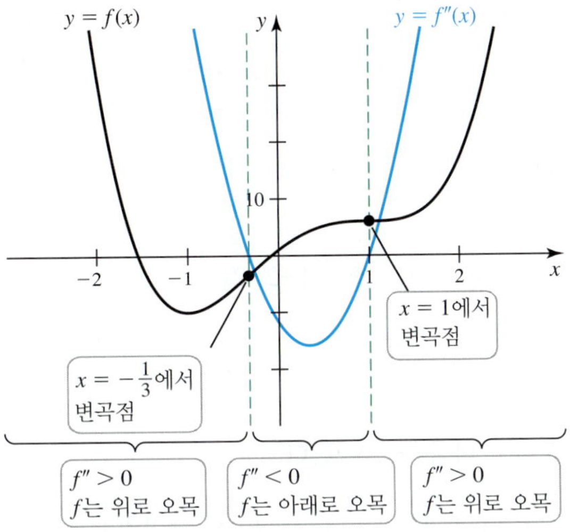

그림 4.38

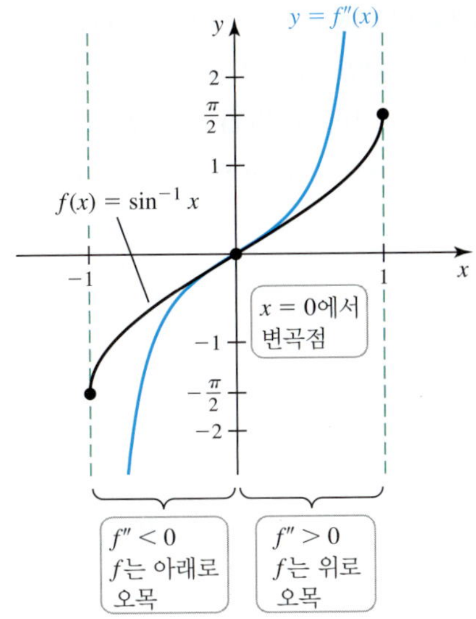

그림 4.39

그러므로 $x = -\frac{1}{3}$, $x = 1$에서 변곡점을 갖는다. f와 f''의 그래프(그림 4.38)는 f''이 0이 되는 점에서 f의 오목성이 바뀜을 보여 준다.

b. $f(x) = \sin^{-1}x$의 1계 도함수는 $f'(x) = 1/\sqrt{1-x^2}$이다. 연쇄 법칙을 사용하여 2계 도함수를 구하면 다음과 같다.

$$f''(x) = -\frac{1}{2}(1-x^2)^{-3/2}\cdot(-2x) = \frac{x}{(1-x^2)^{3/2}}$$

f''이 0이 되는 유일한 점은 $x = 0$이고, $(-1, 1)$에서 분모가 양수이므로 $x = 0$에서 f''의 부호가 음에서 양으로 바뀐다. 그러므로 f는 $(-1, 0)$에서 아래로 오목하고 $(0, 1)$에서 위로 오목하며, $x = 0$에서 변곡점을 갖는다(그림 4.39).

관련 연습문제 35번 ◀

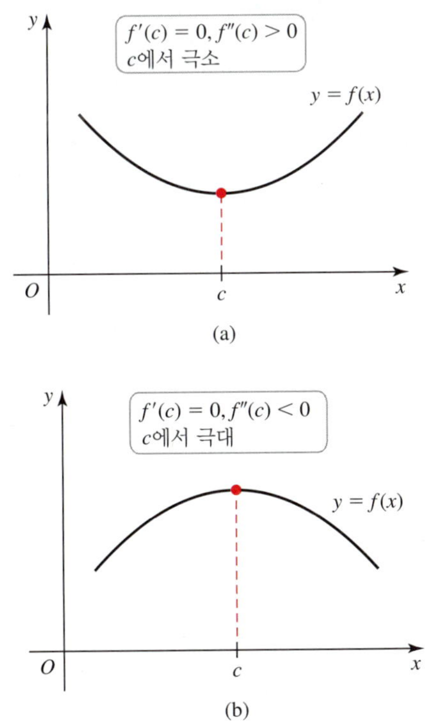

그림 4.40

2계 도함수 판정 다음은 2계 도함수를 이용한 보다 간편한 단계의 극댓값 및 극솟값 판정법이다.

정리 4.11 2계 도함수의 극값 판정

f''이 c 근방에서 연속이고 $f'(c) = 0$이라 가정하자.

- $f''(c) > 0$이면 f는 c에서 극솟값을 갖는다(그림 4.40(a)).
- $f''(c) < 0$이면 f는 c에서 극댓값을 갖는다(그림 4.40(b)).
- $f''(c) = 0$이면 극값 판정이 불가능하다. 즉, f는 극댓값을 갖거나 극솟값을 갖거나 또는 c에서 극값을 갖지 않는다.

➤ $f''(x) = 0$인 정리 4.11에서 판정할 수 없는 경우, 일반적으로 1계 도함수 판정법을 사용하는 것이 가장 좋다.

증명 $f''(c) > 0$이라 하자. f''이 c를 포함하는 구간에서 연속이므로 c를 포함하는 어느 열린구간 I에서 $f'' > 0$이고 f'은 I에서 증가한다. $f'(c) = 0$이므로 c에서

QUICK CHECK 5 한 구간에서 $f'(x) > 0$, $f''(x) > 0$인 함수 f의 그래프를 그려라. 한 구간에서 $f'(x) < 0$, $f''(x) < 0$인 함수 f의 그래프를 그려라. ◀

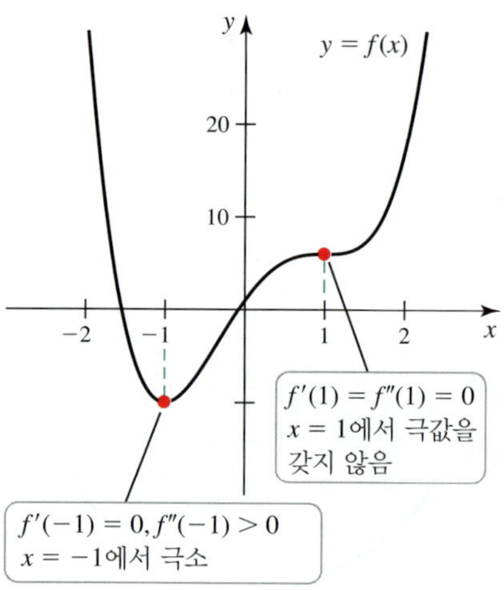

그림 4.41

f'의 부호가 음에서 양으로 바뀌는데, 이는 1계 도함수 판정에 의해 f가 c에서 극솟값을 가짐을 의미한다. 두 번째와 세 번째 명제의 증명도 이와 유사하다. ◀

| 예제 8 | 2계 도함수 판정 2계 도함수 판정법을 사용하여 다음 함수의 극값을 구하여라.

a. $f(x) = 3x^4 - 4x^3 - 6x^2 + 12x + 1$, $[-2, 2]$

b. $f(x) = \sin^2 x$

풀이

a. 예제 3과 예제 7에서 다음을 알아봤다.

$$f'(x) = 12(x+1)(x-1)^2, \quad f''(x) = 12(x-1)(3x+1)$$

따라서 f의 임계점은 $x = -1$과 $x = 1$이다. $f''(-1) = 48 > 0$이므로 2계 도함수 판정법에 의해 f는 -1에서 극솟값을 갖는다. 다른 임계점인 $x = 1$에서는 $f''(1) = 0$이므로 극값을 판정할 수 없다. $x = 1$에서 1계 도함수의 부호가 변하지 않음을 이용하면 $x = 1$에서 극값을 갖지 않음을 알 수 있다(그림 4.41).

b. 연쇄 법칙과 배각 공식을 이용하면 $f'(x) = 2\sin x \cos x = \sin 2x$, $f''(x) = 2\cos 2x$를 얻는다. 임계점은 $f'(x) = \sin 2x = 0$ 또는 $x = 0, \pm\pi/2, \pm\pi, \cdots$일 때 생긴다. 2계 도함수 판정법에 적용하기 위해 임계점에서 f''의 값을 판정하면 다음과 같다.

- $f''(0) = 2 > 0$이므로 f는 $x = 0$에서 극솟값을 갖는다.
- $f''(\pm\pi/2) = -2 < 0$이므로 f는 $x = \pm\pi/2$에서 극댓값을 갖는다.
- $f''(\pm\pi) = 2 > 0$이므로 f는 $x = \pm\pi$에서 극솟값을 갖는다.

이 패턴은 계속되며, f가 모든 $\pi/2$ 주기마다 균일한 구간으로 극댓값과 극솟값이 번갈아 존재함을 알 수 있다(그림 4.42).

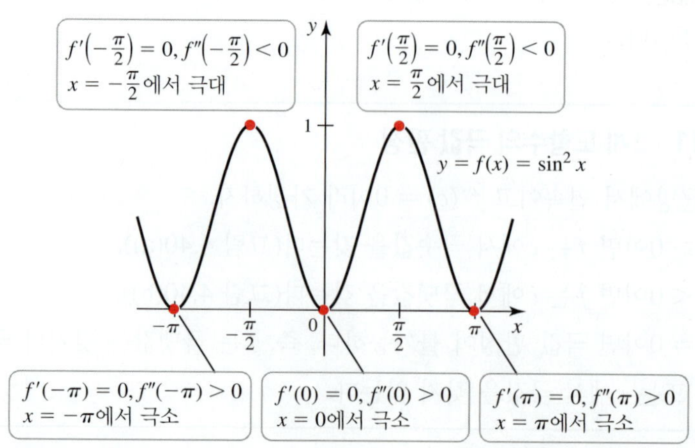

그림 4.42

◀

도함수의 성질 요약

이 절에서는 함수의 1계 도함수와 2계 도함수가 그래프에 대한 귀중한 정보를 제공함을 보였다. 함수의 도함수 사이의 관계와 그 극값 및 오목성은 그림 4.43에 요약되어 있다.

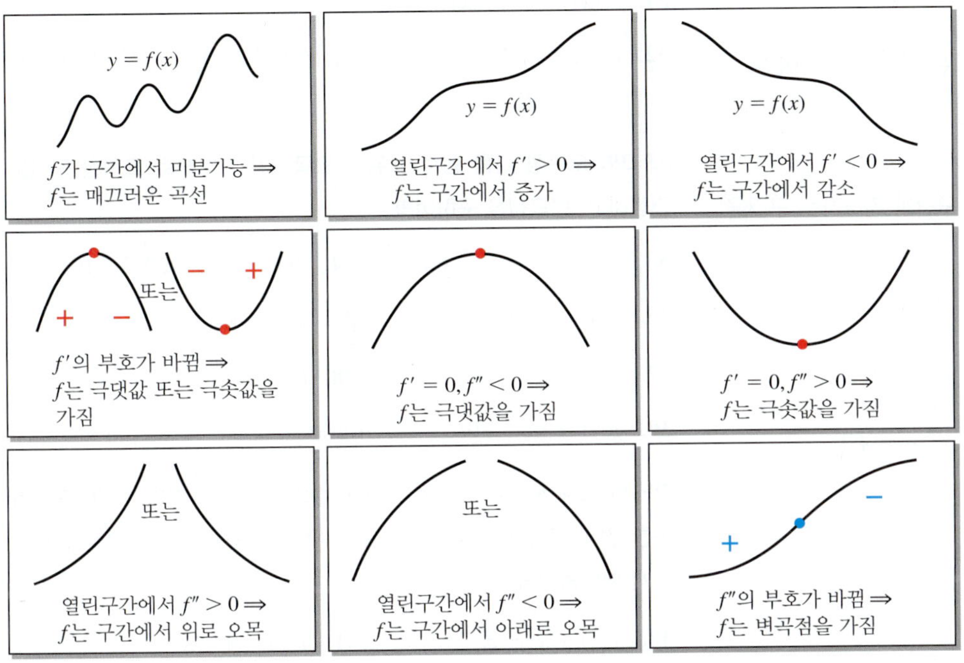

그림 4.43

4.3절 연습문제

1단계 스타트

1. 함수의 1계 도함수가 함수의 증가 또는 감소를 어떻게 결정하는지 설명하여라.

2. f의 도함수가 $f'(x) = x - 3$이라 하자.

a. f의 임계점을 찾아라.

b. f는 어떤 구간에서 증가하고 어떤 구간에서 감소하는가?

3. $f'(x) = 0$인 점에서 극댓값도 극솟값도 갖지 않는 함수의 그래프를 그려라.

4–5. 다음 그림은 원점을 통과하는 연속함수 f의 도함수를 나타낸 그래프이다. 동일한 좌표평면에 가능한 f의 그래프를 그려라.

4.

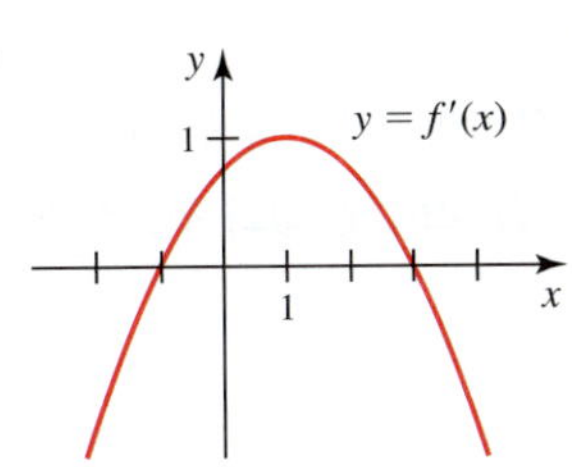

5.

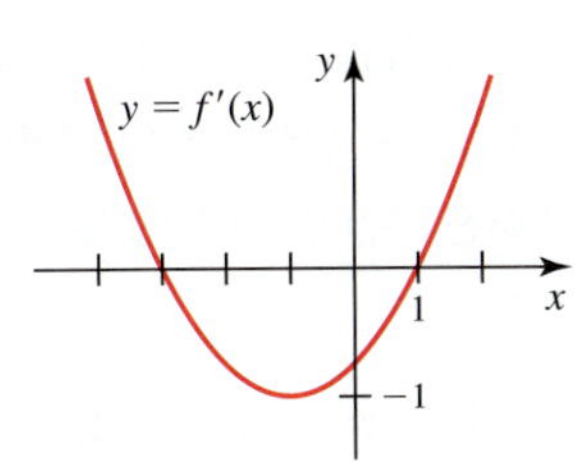

6–7. $(-\infty, \infty)$에서 연속이고 다음 성질을 가진 함수의 그래프를 그려라. 부호 그래프로 함수에 대한 정보를 나타내어라.

6. $(-\infty, 2)$에서 $f'(x) < 0$, $(2, 5)$에서 $f'(x) > 0$, $(5, \infty)$에서 $f'(x) < 0$

7. $f(0) = f(4) = f'(0) = f'(2) = f'(4) = 0$, $(-\infty, \infty)$에서 $f(x) \geq 0$

8. $g''(x) = 2 - x$라 하자.
   a. g는 어떤 구간에서 위로 오목하고 어떤 구간에서 아래로 오목한가?
   b. g의 변곡점을 구하여라.

9. 한 구간에서 $f(x) > 0$, $f'(x) > 0$, $f''(x) < 0$을 만족하는 함수가 가능한가? 이유를 설명하여라.

10. $f''(x) = 0$인 점에서 변곡점을 갖지 않는 함수를 구하여라.

2단계 실전

11–23. 증가함수와 감소함수 f가 증가하는 구간과 감소하는 구간을 구하여라.

11. $f(x) = 4 - x^2$
12. $f(x) = (x-1)^2$
13. $f(x) = \dfrac{x^3}{3} - \dfrac{5x^2}{2} + 4x$
14. $f(x) = 12 + x - x^2$
15. $f(x) = -\dfrac{x^4}{4} + x^3 - x^2$
16. $f(x) = x^2 \ln x^2 + 1$
17. $f(x) = -2\cos x - x$, $[0, 2\pi]$
18. $f(x) = 3\cos 3x$, $[-\pi, \pi]$
19. $f(x) = x^{2/3}(x^2 - 4)$
20. $f(x) = \sqrt{9 - x^2} + \sin^{-1}(x/3)$
21. $f(x) = -12x^5 + 75x^4 - 80x^3$
22. $f(x) = -2x^4 + x^2 + 10$
23. $f(x) = xe^{-x^2/2}$

24–28. 1계 도함수 판정법

a. f의 임계점을 구하여라.
b. 1계 도함수 판정법을 이용하여 극댓값과 극솟값을 구하여라.
c. 주어진 구간에서 (존재하는 경우) 함수의 최댓값과 최솟값을 구하여라.

24. $f(x) = x^2 + 3$, $[-3, 2]$
25. $f(x) = x\sqrt{4 - x^2}$, $[-2, 2]$
26. $f(x) = -x^3 + 9x$, $[-4, 3]$
27. $f(x) = x^{2/3}(x - 5)$, $[-5, 5]$
28. $f(x) = \sqrt{x}\ln x$, $[0, \infty]$

29–30. 최댓값과 최솟값 다음 함수가 주어진 정의역에서 정리 4.9의 조건을 만족하는지 확인하여라. 그다음 정리에 의해 보장되는 최댓값과 최솟값의 위치와 값을 구하여라.

29. $f(x) = xe^{-x}$
30. $A(r) = 24/r + 2\pi r^2$, $r > 0$

31–32. 곡선 스케치 $(-\infty, \infty)$에서 연속이고 다음 성질을 갖는 함수의 그래프를 그려라.

31. $f'(x) > 0$, $f''(x) > 0$
32. $(-\infty, 0)$에서 $f'(x) < 0$, $f''(x) < 0$이고 $(0, \infty)$에서 $f'(x) < 0$, $f''(x) > 0$

33–39. 오목성 다음 함수가 위로 오목하거나 아래로 오목한 구간을 결정하고, 변곡점을 구하여라.

33. $f(x) = x^4 - 2x^3 + 1$
34. $f(x) = 5x^4 - 20x^3 + 10$
35. $f(x) = e^x(x - 3)$
36. $g(t) = \ln(3t^2 + 1)$
37. $f(x) = e^{-x^2/2}$
38. $f(x) = \sqrt{x}\ln x$
39. $g(t) = 3t^5 - 30t^4 + 80t^3 + 100$

40–48. 2계 도함수 판정법 다음 함수의 임계점을 찾아라. 그다음 (가능한 경우) 2계 도함수 판정법을 이용하여 극댓값 또는 극솟값을 갖는지 확인하여라.

40. $f(x) = x^3 - 3x^2$
41. $f(x) = 4 - x^2$
42. $f(x) = e^x(x - 7)$
43. $f(x) = 2x^3 - 3x^2 + 12$
44. $f(x) = x^2 e^{-x}$
45. $f(x) = 2x^2 \ln x - 11x^2$
46. $p(t) = 2t^3 + 3t^2 - 36t$
47. $h(x) = (x + a)^4$, a는 상수
48. $f(x) = 6x^4 \ln x^2 - 7x^4$

49. **참 또는 거짓** 주어진 명제가 참이면 증명하고 거짓이면 반례를 들어라.
   a. 구간에서 $f'(x) > 0$, $f''(x) < 0$이면 f는 그 구간에서 감소하는 비율로 증가한다.
   b. $f'(c) > 0$, $f''(c) = 0$이면 f는 c에서 극댓값을 갖는다.
   c. 상수만큼 차이가 나는 두 함수는 동일한 구간에서 증가하거나 감소한다.
   d. 구간에서 f와 g가 증가하면 곱 fg도 그 구간에서 증가한다.
   e. 정확히 세 개의 임계점이자 극댓값을 갖는 $(-\infty, \infty)$에서 연속인 함수 f가 존재한다.

50–51. 도함수로부터 함수 유추 다음 f와 f'의 그래프를 생각해 보자. 동일한 좌표평면에 가능한 함수 f의 그래프를 그려라. f의 그래프는 유일하지 않다.

50.

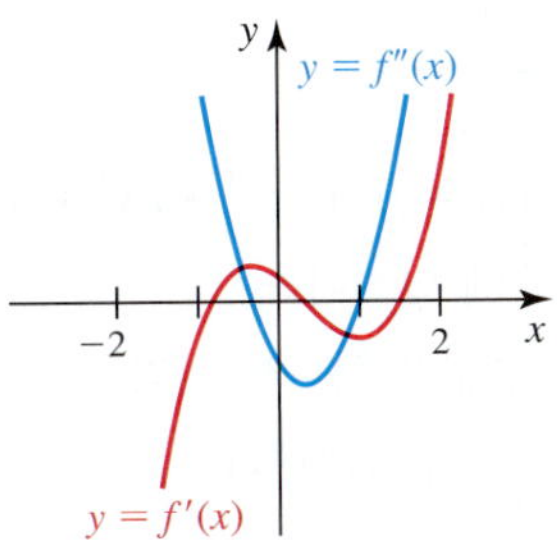

51.

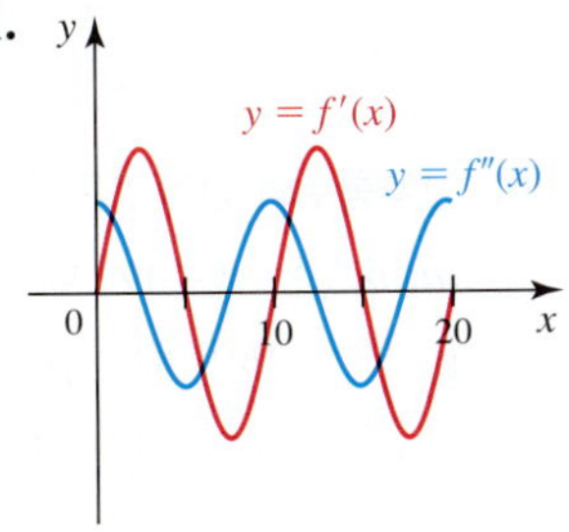

52. 도함수와 함수의 대응 다음 그림은 세 가지 함수의 그래프를 보여 준다(그래프 a–c). 각 함수를 1계 도함수(그래프 A–C) 및 2계 도함수(그래프 i–iii)와 대응시켜라.

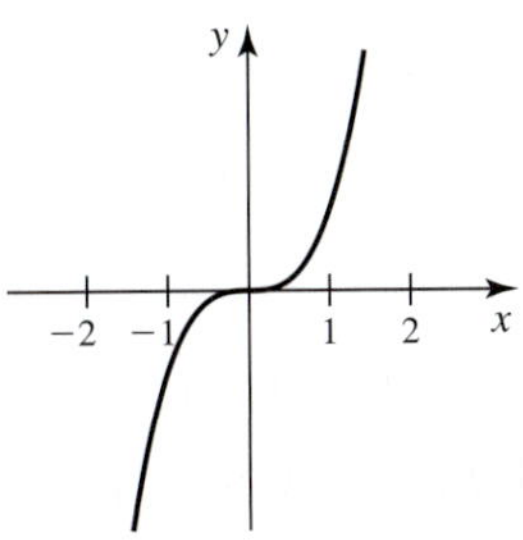
(a)

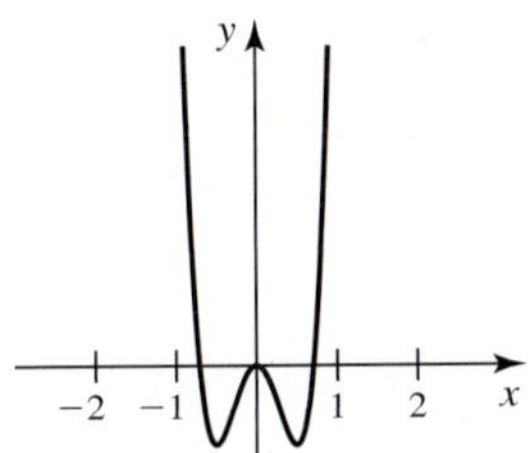
(b)

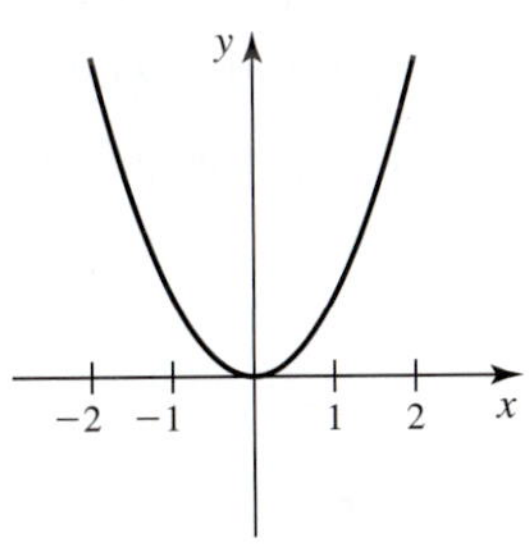
(c)

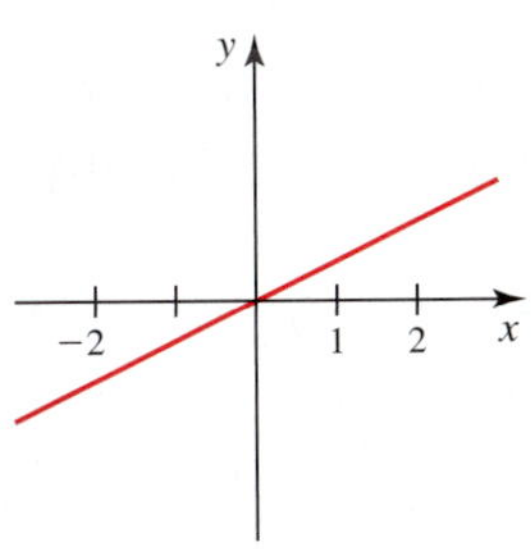
(A)

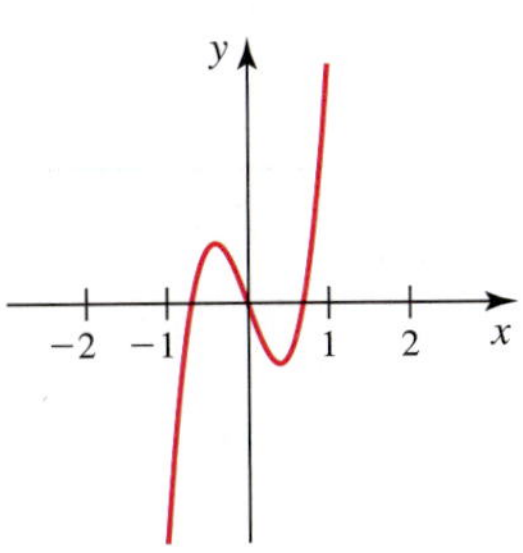
(B)

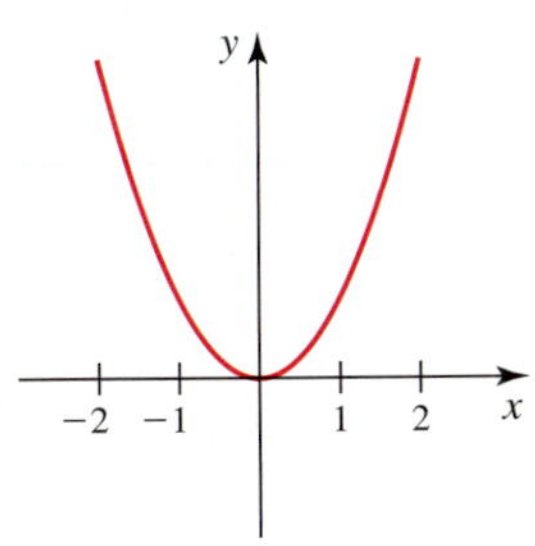
(C)

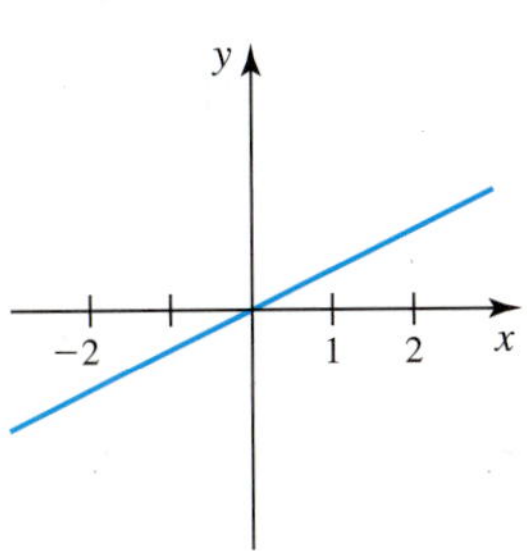
(i)

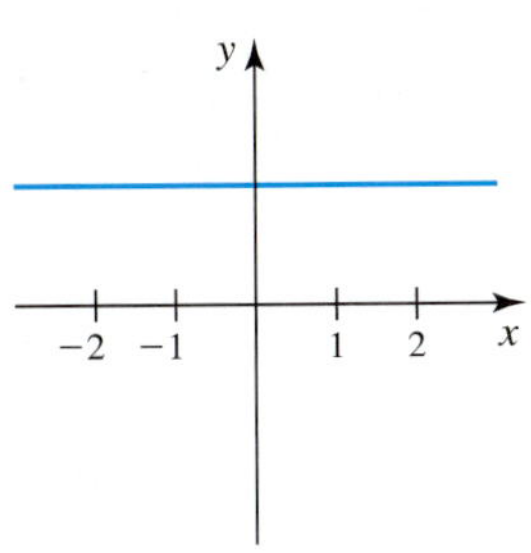
(ii)

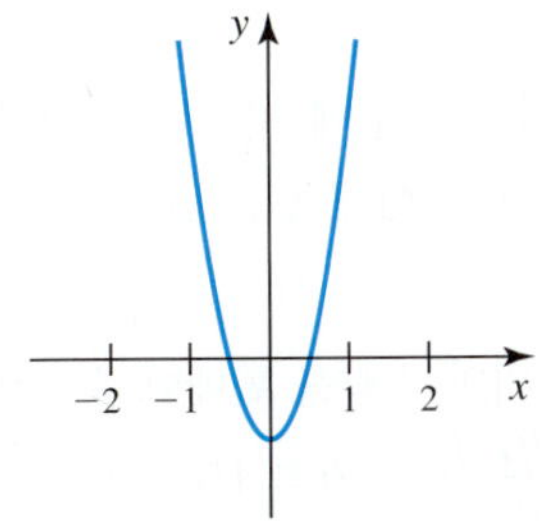
(iii)

53. 그래프 스케치 구간 $[a, b]$에서 f, f', f''이 다음 표를 만족하는 연속함수 f의 그래프를 그려라. 8개의 그래프에 해당하는 8개의 A–H가 있다.

Case	A	B	C	D	E	F	G	H
f	+	+	+	+	−	−	−	−
f'	+	+	−	−	+	+	−	−
f''	+	−	+	−	+	−	+	−

54–55. 함수의 구성 $(-\infty, \infty)$에서 연속이고 다음 조건을 만족하는 함수의 그래프를 그려라.

54. $f(-2) = f''(-1) = 0$, $f'\left(-\frac{3}{2}\right) = 0$, $f(0) = f'(0) = 0$, $f(1) = f'(1) = 0$

55. $(-\infty, -2)$에서 $f''(x) > 0$, $(-2, 1)$에서 $f''(x) < 0$, $(1, 3)$에서 $f''(x) > 0$, $(3, \infty)$에서 $f''(x) < 0$

56. 도함수 해석 구간 $[-3, 2]$에서 f'의 그래프는 그림과 같다.

a. f가 어느 구간에서 증가하고 어느 구간에서 감소하는가?

b. f의 임계점을 찾아라. 어느 임계점에서 극댓값을 갖고 어느 임계점에서 극솟값을 갖는가? 아니면 극값이 아닌가?

c. 어느 점(들)에서 변곡점을 갖는가?

d. 어느 구간에서 f가 위로 오목한가? 어느 구간에서 f가 아래로 오목한가?

e. f''의 그래프를 그려라.

f. 가능한 f의 그래프를 하나 그려라.

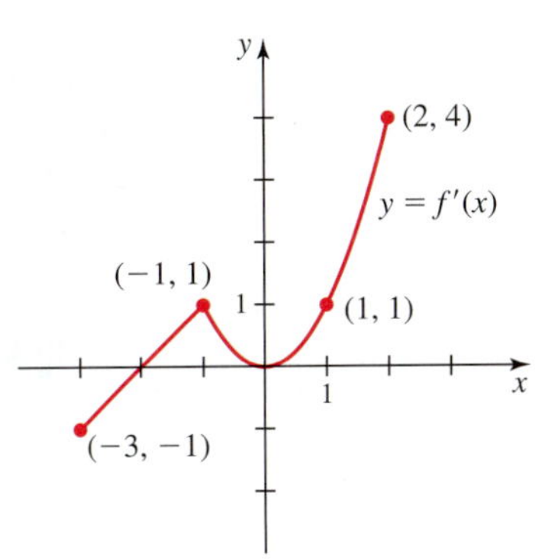

3단계 도전

57. 수요 함수와 탄력성 경제학자들은 가격에 따라 얼마나 많은 상품이 판매될 수 있는지 설명하기 위해 수요 함수를 사용한다. 예를 들어 수요 함수 $D(p) = 500 - 10p$는 $p = 10$의 가격으로 상품 $D(10) = 400$ 단위의 수량을 판매할 수 있다고 말한다. 수요의 탄력성 $E = \frac{dD}{dp}\frac{p}{D}$는 가격 1%의 변동이 있을 때마다 수요의 대략적인 변화율을 제공한다.

a. 수요 함수 $D(p) = 500 - 10p$의 탄력성을 계산하여라.

b. 가격이 \$12이고 4.5%만큼 증가한다면 수요의 대략적인 변화는 얼마인가?

c. 선형 수요 함수 $D(p) = a - bp$(a와 b는 양의 실수)에 대하여 탄력성은 $p \geq 0$ 및 $p \neq a/b$일 때 감소함수임을 보여라.

d. 수요 함수 $D(p) = a/p^b$(a와 b는 양의 실수)에 대하여 모든 양의 값(가격)에 대하여 일정한 탄력성을 가짐을 보여라.

58. 모집단 모형 종의 개체수는 함수 $P(t) = \frac{Kt^2}{t^2 + b}$($K$와 b는 양의 실수)으로 나타내며, 여기서 $t \geq 0$은 년 단위로 측정된다.

a. $K = 300$이고 $b = 30$일 때, $\lim_{t\to\infty} P(t)$는 무엇인가? 개체수의 한계는 얼마인가?

b. $K = 300$이고 $b = 30$일 때, 최대 증가율은 언제 발생하는가?

c. 임의의 양수 K와 b에 대하여 최대 증가율은 언제 발생하는가(K와 b를 이용하여 표현한다)?

59. 일반 사차함수 일반적인 사차함수 $f(x) = x^4 + ax^3 + bx^2 + cx + d$ (a, b, c, d 실수)가 0개 또는 2개의 변곡점을 가지며, 후자의 경우 $b < \frac{3a^2}{8}$임을 보여라.

60. 삼차함수의 성질 일반적인 삼차함수 $f(x) = x^3 + ax^2 + bx + c$ (a, b, c는 실수)에 대하여 물음에 답하여라.

a. $a^2 > 3b$일 때, 극댓값과 극솟값을 하나씩 가짐을 보여라.

b. $a^2 < 3b$일 때, 극값을 갖지 않음을 보여라.

QUICK CHECK 정답

1. 구간에서 도함수가 양이면 구간의 곡선이 상승하고 있음을 나타내고, 이는 구간에서 함수가 증가함을 의미한다.

2.

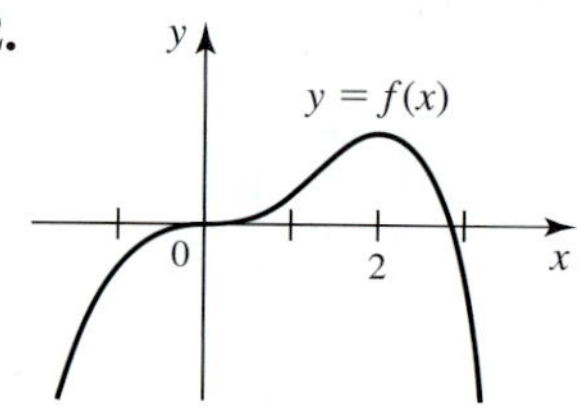

3. $(-\infty, 0)$에서 $f'(x) < 0$이고 $(0, \infty)$에서 $f'(x) > 0$이다. 그러므로 1계 도함수 판정법에 의해 f는 $x = 0$에서 극솟값을 갖는다. **4.** $f''(x) = 12x^2$에 대하여 $x < 0$일 때 $f''(x) > 0$, $x > 0$일 때 $f''(x) > 0$이므로 2계 도함수의 부호가 변하지 않으므로 $x = 0$에서 변곡점을 갖지 않는다. **5.** 첫 번째 곡선은 상승하며 위로 오목하고, 두 번째 곡선은 하강하며 아래로 오목하다.

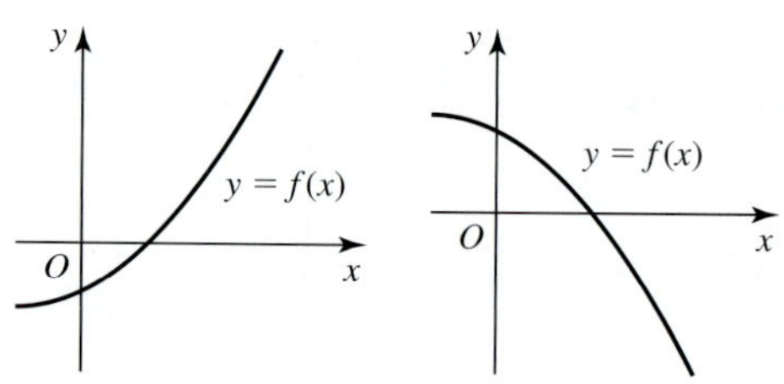

4.4 함수의 그래프

이제 함수의 그래프를 그리는 포괄적인 접근을 위한 도구들을 수집했다. 이러한 분석 방법은 다음 예에서 설명한 것처럼 강력한 그래프 유틸리티를 사용할 수 있다 하더라도 필수적이다.

계산기 및 분석

함수 $f(x) = x^3/3 - 400x$를 그래프로 나타낸다고 가정하자. 기본 범위 $[-10, 10] \times [-10, 10]$인 그래프 계산기를 사용하여 f를 표시한 결과는 그림 4.44(a)와 같고, 화면에 하나의 수직선이 나타난다. 범위 $[-100, 100] \times [-100, 100]$을 축소하면 세 개의 수직선이 생성된다(그림 4.44(b)). 이 그래프만으로는 함수의 동작을 이해하기 어렵다. 기본 범위를 $[-1000, 1000] \times [-1000, 1000]$으로 확장해도 더 나아질 것이 없다. 어떻게 해야 할까?

함수 $f(x) = x^3/3 - 400x$는 합리적인 그래프가 있지만(예제 2 참조) 기술로 모든 작업을 수행해서 자동으로 그래프를 찾을 수는 없다. 이 절의 메시지는 다음과 같다. 그래프 유틸리티는 기능을 탐색하고, 예비 그래프를 생성하고, 작업을 확인하는 데 유용하다. 그러나 이 유틸리티들은 그래프의 모양이 왜 이렇게 생겼는지는 설명할 수 없기 때문에 전적으로 의존해서는 안 된다. 오히려 이 장에 제시된 분석 방법과 대화형 방식으로 그래프 유틸리티를 사용해야 한다.

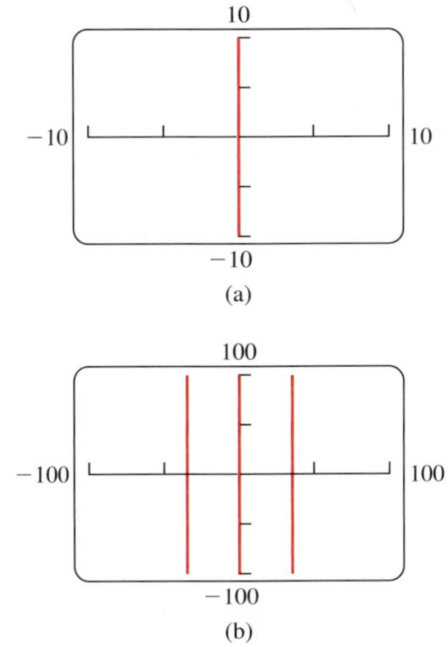

그림 4.44

QUICK CHECK 1 그래프 계산기의 다양한 창을 사용하여 $f(x) = x^3/3 - 400x$의 그래프를 그려라. 그림 4.44보다 더 나은 그래프를 제공하는 창을 찾아라. ◄

그래프 작성 지침

다음 일련의 지침은 모든 함수에 대하여 정확하게 따를 필요는 없다. 또한 한 번에 여러 단계를 함께 수행할 수 있는 경우가 많다. 특정 문제의 경우 일부 단계는 분석적으로 가장 잘 수행되는 반면, 다른 단계는 그래프 유틸리티를 사용하여 수행할 수 있다. 두 가지 방법을 모두 실험하고 적절한 균형을 찾으려고 노력해 보자. 또한 새로운 발견을 추적할 수 있는 체계적인 기록 유지 절차를 제시할 것이다.

$y = f(x)$의 그래프 작성 지침

1. **관심 영역 또는 구간을 식별한다.** 어떤 구간에서 함수를 그래프로 나타내야 하는가? 함수의 정의역 또는 정의역의 일부인 부분집합일 수 있다.
2. **대칭성을 활용한다.** 대칭의 이점을 이용한다. 예를 들어 함수는 우함수 $f(-x) = f(x)$인가? 기함수 $f(-x) = -f(x)$인가? 아니면 둘 다 아닌가?
3. **1계 도함수와 2계 도함수를 찾는다.** 이들은 극한값, 오목성, 변곡점, f의 증가 구간 또는 감소 구간을 결정하는 데 필요하다. 도함수, 특히 2계 도함수를 계산하는 것은 가능하지 않을 수 있으므로 완전한 도함수 정보 없이 그래프를 나타낼 필요가 있다.
4. **임계점과 가능한 변곡점을 찾는다.** $f'(x) = 0$ 또는 f'이 정의되지 않는 점과 $f''(x) = 0$ 또는 f''이 정의되지 않는 점을 결정한다.
5. **함수가 증가/감소하며 위로 오목/아래로 오목한 구간을 구한다.** 1계 도함수는 f가 증가하거나 감소하는 구간을 결정한다. 2계 도함수는 함수가 위아래로 오목한 구간을 결정한다.
6. **극값과 변곡점을 구별한다.** 임계점을 분류하기 위해 1계 도함수 또는 2계 도함수 판정법을 사용한다. 최댓값 및 최솟값, 변곡점의 x좌표와 y좌표 모두 그래프 작성에 필요하다.

7. **모든 점근선의 위치를 찾아 확인한다.** 수직 점근선은 종종 분모가 0인 지점에서 발생한다. 수평 점근선은 $x \to \pm\infty$의 극한값에 의해 결정된다. 경사 점근선은 분자의 차수가 분모의 차수보다 하나 더 많은 유리함수에서 발생한다.
8. **절편을 찾는다.** 그래프의 y절편은 $x = 0$을 설정하여 찾을 수 있다. x절편은 $f(x) = 0$을 풀어서 찾을 수 있다.
9. **적절한 그래프 창을 선택하고 그래프를 그린다.** 이전 단계의 결과를 통해 함수를 그래프로 나타낸다. 그래프 소프트웨어를 사용하는 경우 위의 분석 작업과 일치하는지 확인한다. 그래프가 완성됐는가? 즉, 함수의 필수적인 모든 세부 사항을 보여 주는가?

▶ 무한대에서의 극한은 많은 함수의 양 끝값을 결정하지만 일부 함수에 대해서는 수정이 필요하다. 예를 들어 $f(x) = \dfrac{1 + x}{x + \sqrt{x}}$의 정의역이 $(0, \infty)$이므로 $\lim_{x \to 0^+} f(x)$와 $\lim_{x \to \infty} f(x)$를 계산하여 양 끝값을 구할 수 있다.

| 예제 1 | **준비** $(-\infty, \infty)$에서 연속인 함수의 1계 도함수와 2계 도함수에 대한 다음 정보를 부호 그래프를 사용하여 요약하고, 가능한 f의 그래프를 그려라.

$(-\infty, 0)$에서 $f' < 0,\ f'' > 0$ $\qquad$ $(0, 1)$에서 $f' > 0,\ f'' > 0$

$(1, 2)$에서 $f' > 0,\ f'' < 0$ $\qquad$ $(2, 3)$에서 $f' < 0,\ f'' < 0$

$(3, 4)$에서 $f' < 0,\ f'' > 0$ $\qquad$ $(4, \infty)$에서 $f' > 0,\ f'' > 0$

풀이 그림 4.45는 주어진 정보를 사용하여 함수 f의 동작과 그래프를 결정한다. 예를 들어 구간 $(-\infty, 0)$에서 f는 감소하며 위로 오목하고, 따라서 해당 구간에서 이 성질을 가진 곡선의 일부를 그릴 수 있다. 이러한 방식으로 f의 특성에 대한 유용한 정보를 얻는다.

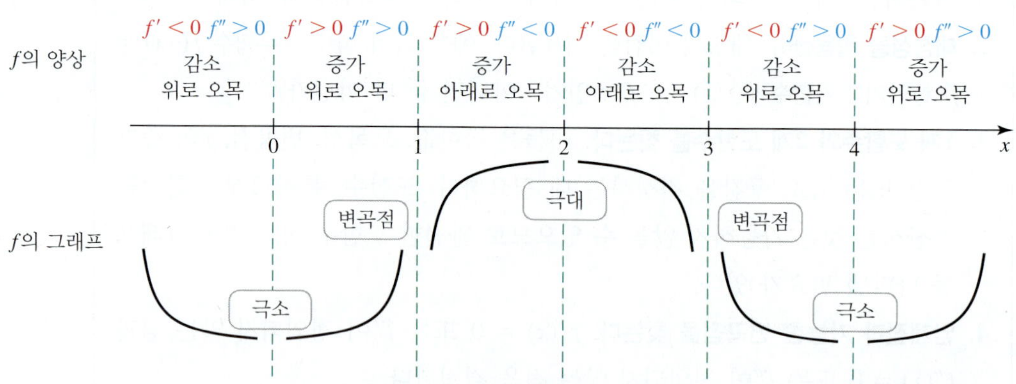

그림 4.45

그림 4.45와 같은 정보를 조합하면 f의 그래프가 생성된다(그림 4.46). 도함수 정보만으로는 곡선 위의 점들의 y좌표를 결정하기에 충분하지 않다.

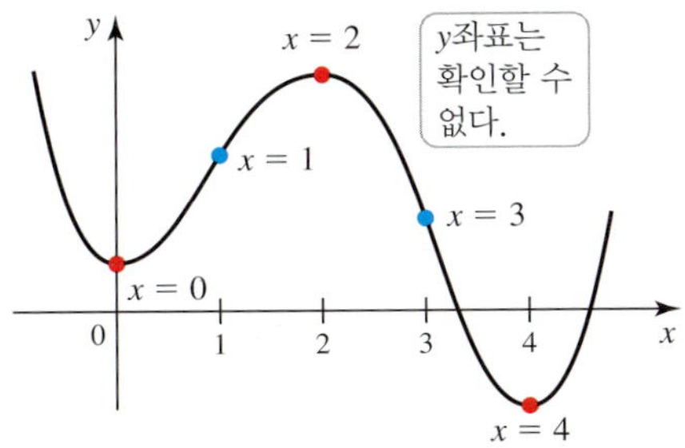

그림 4.46

관련 연습문제 4번 ◀

QUICK CHECK 2 C가 상수일 때, 함수 f와 $f + C$의 도함수가 같음을 설명하여라. ◀

| 예제 2 | **다항함수** 그래프 작성 지침을 이용하여 함수 $f(x) = \frac{x^3}{3} - 400x$의 그래프를 그려라.

풀이

1. 정의역 다항함수의 정의역은 $(-\infty, \infty)$이다.

2. 대칭성 기함수이므로 원점에 대하여 대칭이다.

3. 도함수 $f'(x) = x^2 - 400$, $f''(x) = 2x$

4. 임계점과 변곡점 $f'(x) = 0$을 풀면 임계점은 $x = \pm 20$이고, $f''(x) = 0$을 풀면 변곡점으로 가능한 $x = 0$을 얻는다.

5. 증가 및 감소와 오목성 $f'(x) = x^2 - 400 = (x - 20)(x + 20)$에서 부등식 $f'(x) < 0$을 풀면 $(-20, 20)$에서 f가 감소함을 알 수 있다. 부등식 $f'(x) > 0$을 풀면 $(-\infty, -20)$, $(20, \infty)$에서 f가 증가함을 알 수 있다(그림 4.47). 1계 도함수 판정법에 의해 $x = -20$에서 극대, $x = 20$에서 극소이다.

➤ 홀수 차수 다항함수의 1계 도함수는 짝수 차수 다항함수이고, 2계 도함수는 홀수 차수 다항함수이다.

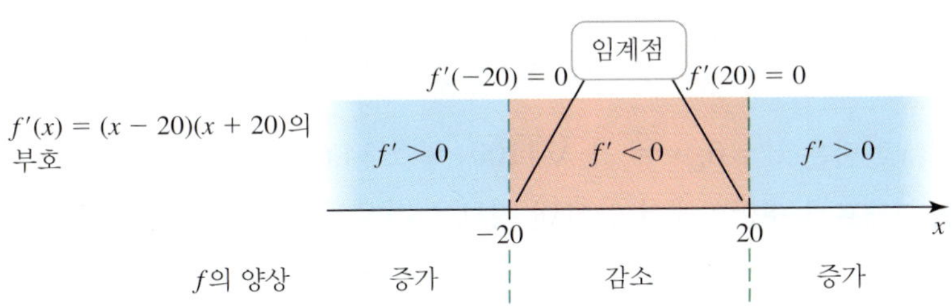

그림 4.47

게다가 $(-\infty, 0)$에서 $f''(x) = 2x < 0$이므로 f는 이 구간에서 아래로 오목하다. 또한 $(0, \infty)$에서 $f''(x) > 0$이므로 f는 이 구간에서 위로 오목하다(그림 4.48).

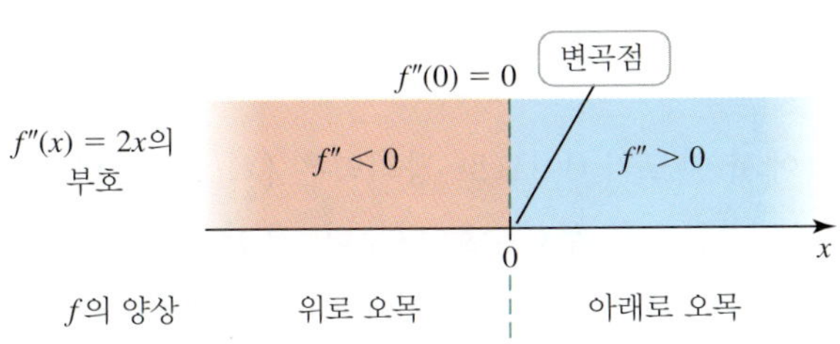

그림 4.48

지금까지 분석한 내용은 그림 4.49에 요약되어 있다.

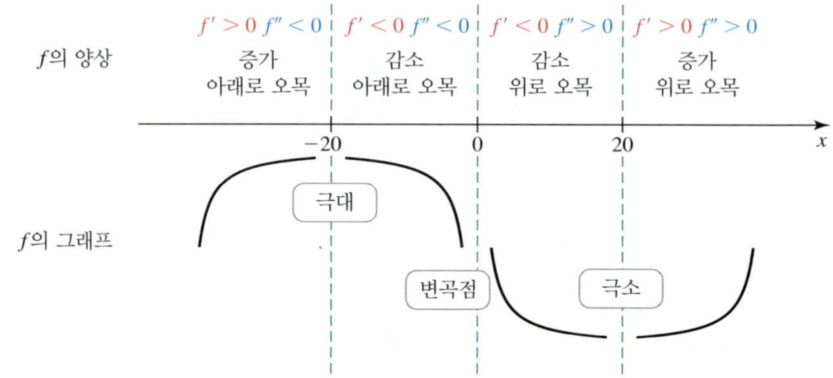

그림 4.49

6. **극값과 변곡점** 이 경우 2계 도함수 판정법이 쉽게 적용되며, 이미 학습한 내용을 확인시켜 준다. $f''(-20) < 0$, $f''(20) > 0$이므로 f는 $x = -20$에서 극대이고, $x = 20$에서 극소이다. 이때 $f(-20) = 16{,}000/3 = 5333\frac{1}{3}$, $f(20) = -f(-20) = -5333\frac{1}{3}$이다. 마지막으로 $x = 0$에서 f''의 부호가 변하므로 $(0, 0)$은 변곡점이 된다.

7. **점근선과 양 끝점** 다항함수의 그래프에는 수직 점근선과 수평 점근선이 없다. 주어진 다항함수의 최고차항이 x^3이고 계수가 양수이므로 다음이 성립한다.

$$\lim_{x\to\infty} f(x) = \infty, \quad \lim_{x\to-\infty} f(x) = -\infty$$

8. **절편** y절편은 $(0, 0)$이다. x절편을 찾기 위해 $f(x) = 0$을 풀면

$$\frac{x^3}{3} - 400x = x\left(\frac{x^2}{3} - 400\right) = 0$$

이므로 x절편은 $x = 0$, $x = \pm\sqrt{1200} \approx \pm 34.6$이다.

9. **함수의 그래프 1–8단계**에서 알아낸 정보를 사용하여 범위 $[-40, 40] \times [-6000, 6000]$에서 그림 4.50과 같이 그래프를 그린다. 2단계에서 도출한 대칭성은 이 그래프에서 분명히 드러난다.

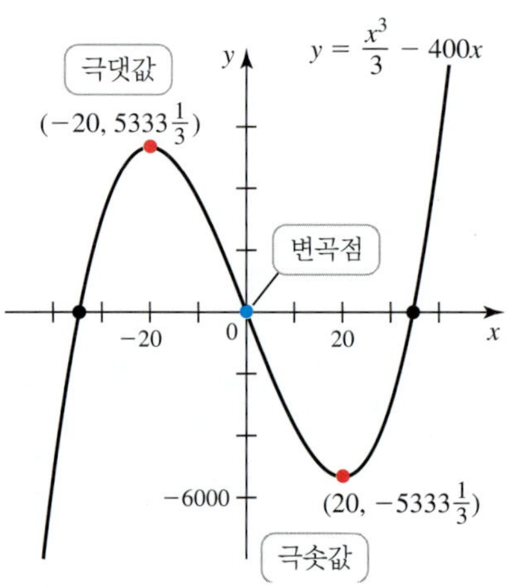

그림 4.50

관련 연습문제 9번 ◀

| 예제 3 | 유리함수의 놀라운 점 그래프 작성 지침을 이용하여 함수 $f(x) = \dfrac{10x^3}{x^2 - 1}$의 그래프를 그려라.

풀이

1. **정의역** $x = \pm 1$에서 분모가 0이므로 정의역은 $\{x: x \neq \pm 1\}$이다.
2. **대칭성** 이 함수는 기함수를 우함수로 나눈다. 우함수와 기함수의 곱 또는 몫 함수는 기함수이다. 따라서 그래프는 원점에 대하여 대칭이다.
3. **도함수** 몫의 법칙을 이용하여 1계 도함수와 2계 도함수를 구하면 다음과 같다.

$$f'(x) = \frac{10x^2(x^2 - 3)}{(x^2 - 1)^2}, \quad f''(x) = \frac{20x(x^2 + 3)}{(x^2 - 1)^3}$$

4. **임계점과 변곡점** $f'(x) = 0$을 풀면 $x = 0$, $x = \pm\sqrt{3}$이 임계점이고, $f''(x) = 0$을 풀면 $x = 0$에서 유일하게 가능한 변곡점이 발생한다는 것을 알 수 있다.
5. **증가 및 감소와 오목성** f'의 부호를 찾기 위해 먼저 f의 분모와 분자의 인자인 $10x^2$이 음이 아니라는 것을 주목해야 한다. 즉, f'의 부호는 $x^2 - 3$에 의해 결정되는데, $(-\infty, -\sqrt{3})$과 $(\sqrt{3}, \infty)$에서 양수이고 $(-\sqrt{3}, \sqrt{3})$에서 음수이다. 그러므로 f는 $(-\sqrt{3}, \sqrt{3})$에서 감소하고, $(-\infty, -\sqrt{3})$, $(\sqrt{3}, \infty)$에서 증가한다.

   f''의 부호는 좀 더 까다롭다. $x^2 + 3$은 양수이므로 분자의 인자 $20x$와 분모의 인자 $(x^2 - 1)^3$에 의해 결정된다. $20x$와 $(x^2 - 1)^3$이 같은 부호일 때 $f''(x) > 0$이고, $20x$와 $(x^2 - 1)^3$이 다른 부호일 때 $f''(x) < 0$이다(표 4.1). 이 분석 결과를 그래프로 나타내면 그림 4.51과 같다.

표 4.1

	$20x$	$x^2 + 3$	$(x^2 - 1)^3$	f''의 부호
$(-\infty, -1)$	−	+	+	−
$(-1, 0)$	−	+	−	+
$(0, 1)$	+	+	−	−
$(1, \infty)$	+	+	+	+

➤ 그림 4.51과 표 4.1에서 부호와 그래프는 수직 점근선을 포함할 경우 주의해서 작성해야 한다. f'과 f''의 부호는 점근선에서 변할 수도 있고 변하지 않을 수도 있다.

6. **극값과 변곡점** 그림 4.51을 보며 1계 도함수 판정법을 쉽게 적용할 수 있다. 이 함수는 $(-\infty, -\sqrt{3})$에서 증가하고, $(-\sqrt{3}, -1)$에서 감소한다. 그러므로 f는 $x = -\sqrt{3}$에서 극댓값을 갖고, $f(-\sqrt{3}) = -15\sqrt{3}$이다. 비슷하게 f는 $x = \sqrt{3}$에서 극솟값을 갖고, $f(\sqrt{3}) = 15\sqrt{3}$이다(이 결과는 2계 도함수 판정법으로 이용하여 얻을 수도 있다).

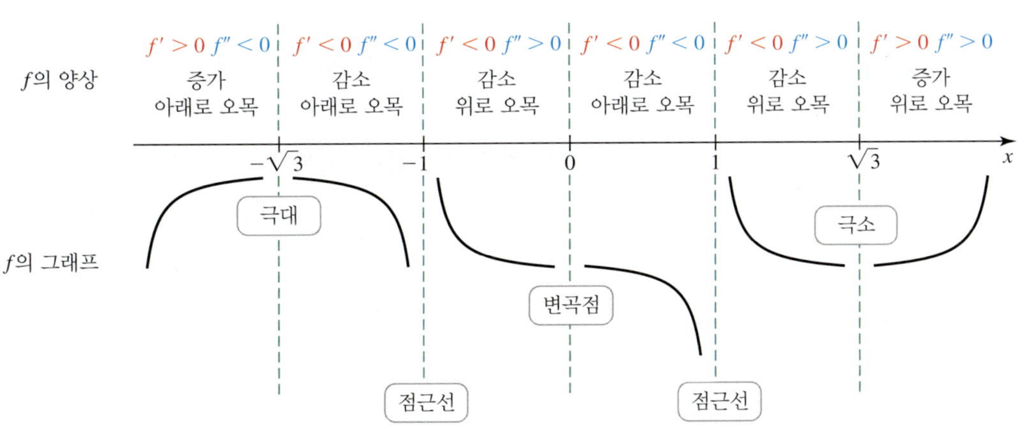

그림 4.51

5단계의 표 4.1에서 $x = \pm 1$과 $x = 0$에서 f''의 부호가 바뀜을 볼 수 있다. $x = \pm 1$은 f의 정의역에 포함되지 않으므로 변곡점이 생길 수 없는 반면, (0, 0)은 변곡점이다.

7. **점근선과 양 끝점** 2.4절에서 이 경우 분모가 0인 점 $x = \pm 1$이 수직 점근선의 후보임을 떠올려 보자. $x = \pm 1$의 양쪽에서 f를 극한값을 살펴보면 다음을 얻는다.

$$\lim_{x\to -1^-} f(x) = -\infty, \qquad \lim_{x\to -1^+} f(x) = \infty$$
$$\lim_{x\to 1^-} f(x) = -\infty, \qquad \lim_{x\to 1^+} f(x) = \infty$$

따라서 f는 $x = \pm 1$에서 수직 점근선을 갖는다. 분자의 차수가 분모의 차수보다 크므로 수평 점근선은 없다. $f(x)$를 나눗셈을 사용하여 나타내면 다음과 같다.

$$f(x) = 10x + \frac{10x}{x^2 - 1}$$

그러므로 $x \to \pm\infty$일 때, f의 그래프는 직선 $y = 10x$에 접근한다. 이 직선이 경사 점근선이다(2.5절).

8. **절편** 유리함수가 0이 되는 점은 분모가 아닌 분자가 0이 되는 곳이다. 이 경우 f가 0이 되는 점은 $10x^3 = 0$ 또는 $x = 0$이므로 (0, 0)은 x절편이면서 y절편이다.

9. **함수의 그래프** 이제 그림 4.52와 같이 정확한 f의 그래프를 그린다. 범위 $[-3, 3] \times [-40, 40]$에서 함수의 완전한 그래프를 그릴 수 있다. **2단계**에서 추론한 원점에 대한 대칭성은 그래프에서 분명하게 나타난다.

관련 연습문제 16번 ◀

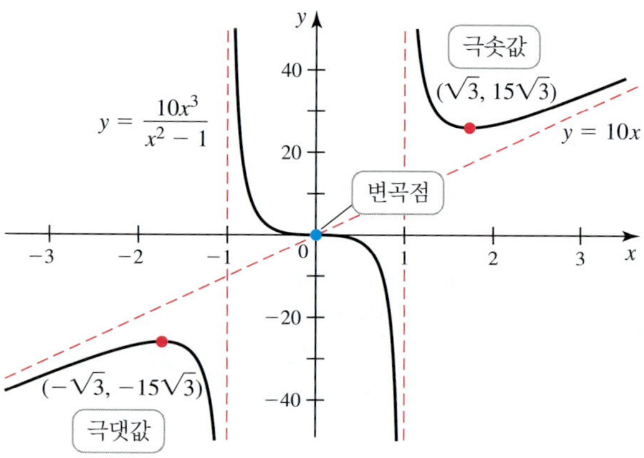

그림 4.52

QUICK CHECK 3 예제 3의 함수 f는 $f(-x) = -f(x)$를 만족하는 원점 대칭임을 보여라. ◀

다음 두 예제에서 지침이 어느 정도 간소화된 방법을 보여 준다.

➤ 함수 $f(x) = e^{-x^2}$과 $f(x) = ce^{-ax^2}$의 함수족은 통계학 연구의 중심이다. 종 모양의 그래프이며, 이는 가우스분포 또는 정규분포로 설명한다.

| 예제 4 | 정규분포 함수 $f(x) = e^{-x^2}$을 분석하고, 그래프를 그려라.

풀이 f의 정의역은 실수 전체의 집합이고, 모든 실수 x에 대하여 $f(x) > 0$이다. $f(-x) = f(x)$이므로 f는 우함수, 즉 그래프는 y축에 대하여 대칭이다.

극값과 변곡점은 f의 도함수에 의해 결정된다. 연쇄 법칙을 사용하면 $f'(x) = -2xe^{-x^2}$이다. 임계점은 $f'(x) = 0$을 만족하며, (모든 x에 대하여 $e^{-x^2} > 0$이므로) 유일한 근은 $x = 0$이다. 이는 다음을 의미한다.

- $x < 0$에서 $f'(x) > 0$이고, $(-\infty, 0)$에서 f는 증가한다.
- $x > 0$에서 $f'(x) < 0$이고, $(0, \infty)$에서 f는 감소한다.

1계 도함수 판정법에 의해 f는 $x = 0$에서 극대임을 알 수 있고, $f(0) = 1$이다.

$f'(x) = -2xe^{-x^2}$에서 곱의 법칙을 이용하면

$$f''(x) = e^{-x^2}(-2) + (-2x)(-2xe^{-x^2}) \quad \text{곱의 법칙}$$
$$= 2e^{-x^2}(2x^2 - 1) \quad \text{간단히 하기}$$

모든 실수 x에 대하여 $e^{-x^2} > 0$임을 이용하면 $2x^2 - 1 = 0$, 즉 $x = \pm 1/\sqrt{2}$일 때 $f''(x) = 0$임을 알 수 있다. 이 점들은 변곡점의 후보가 된다. $(-\infty, -1/\sqrt{2})$과 $(1/\sqrt{2}, \infty)$에서 $f''(x) > 0$이므로 f는 이 두 구간에서 위로 오목하다. 반면, $(-1/\sqrt{2}, 1/\sqrt{2})$에서 $f''(x) < 0$이므로 f는 이 구간에서 아래로 오목하다. f''은 $x = \pm 1/\sqrt{2}$에서 부호가 바뀌므로 $(\pm 1/\sqrt{2}, 1/\sqrt{e})$에서 변곡점을 갖는다(그림 4.53).

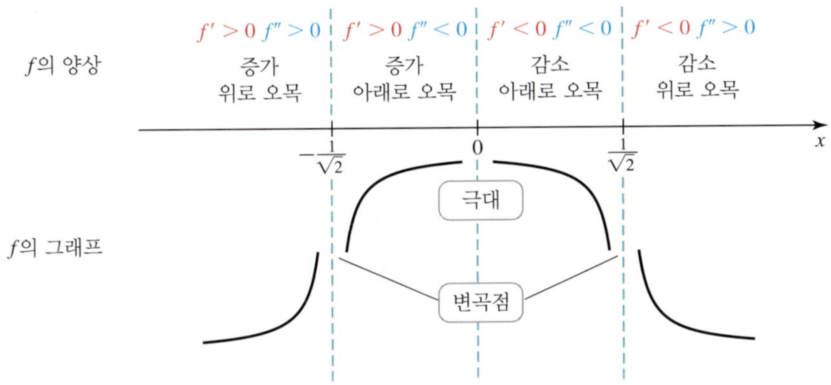

그림 4.53

그래프의 끝부분을 확인하기 위해 $\lim_{x\to\pm\infty} e^{-x^2} = 0$임에 주목하자. 즉, $y = 0$이 f의 수평 점근선이다. 이 모든 사실을 종합하면 이제 정확한 그래프를 그릴 수 있다(그림 4.54).

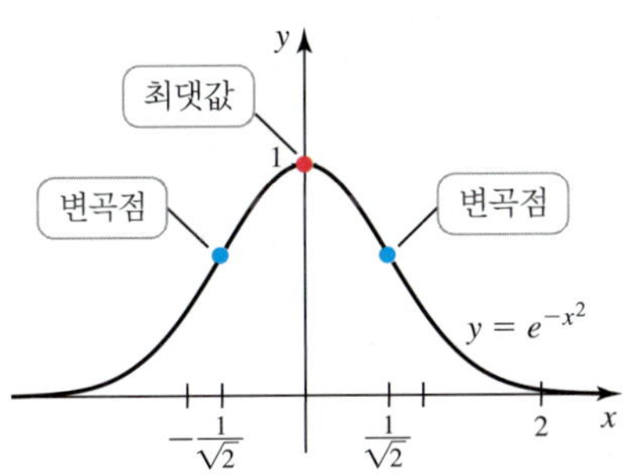

그림 4.54

관련 연습문제 22번 ◀

| 예제 5 | 근과 첨점 $f(x) = \frac{1}{8}x^{2/3}(9x^2 - 8x - 16)$의 그래프를 그려라.

풀이 f의 정의역은 $(-\infty, \infty)$이다. f의 각 항의 지수는 짝수도 있고 홀수도 있으므로 f의 그래프에 특별한 대칭성이 없다. 먼저 세 개의 항의 합으로 f를 전개한 후 1계 도함수를 계산하는 것이 간단하다.

$$f'(x) = \frac{d}{dx}\left(\frac{9x^{8/3}}{8} - x^{5/3} - 2x^{2/3}\right) \quad f\text{ 전개하기}$$
$$= 3x^{5/3} - \frac{5}{3}x^{2/3} - \frac{4}{3}x^{-1/3} \quad \text{미분하기}$$
$$= \frac{(x-1)(9x+4)}{3x^{1/3}} \quad \text{간단히 하기}$$

이제 임계점이 확인된다. $x = 0$에서 f'은 정의되지 않고, $x = 1$, $x = -\frac{4}{9}$에서 $f'(x) = 0$이다. 즉, 분석해야 할 세 개의 임계점이 있다. 표 4.2는 f'의 분자와 분

표 4.2

	$3x^{1/3}$	$9x + 4$	$x - 1$	f'의 부호
$(-\infty, -\frac{4}{9})$	−	−	−	−
$(-\frac{4}{9}, 0)$	−	+	−	+
$(0, 1)$	+	+	−	−
$(1, \infty)$	+	+	+	+

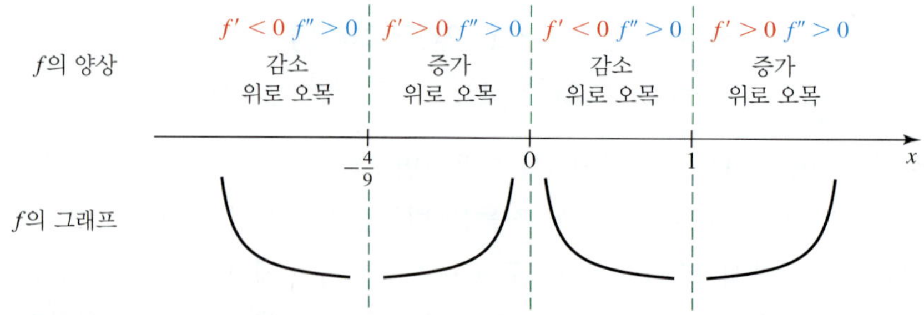

그림 4.55

모의 항들의 부호를 확인하고 관련 구간에서 f'의 부호를 보여 준다. 이 정보는 그림 4.55에 기록되어 있다.

2계 도함수를 구하면 다음과 같다.

➤ $f''(x) > 0$임을 보이기 위해 분자와 분모를 분석해야 한다.
- $y = 45x^2 - 10x + 4$의 그래프는 x절편 없이 위쪽으로 열려 있는 그래프이다. 그러므로 분자는 항상 양수이다.
- $9x^{4/3} = 9(x^{1/3})^4$이므로 분모는 음수가 아니다.

$$\begin{aligned} f''(x) &= \frac{d}{dx}\left(3x^{5/3} - \frac{5}{3}x^{2/3} - \frac{4}{3}x^{-1/3}\right) \\ &= 5x^{2/3} - \frac{10}{9}x^{-1/3} + \frac{4}{9}x^{-4/3} && \text{미분하기} \\ &= \frac{45x^2 - 10x + 4}{9x^{4/3}} && \text{간단히 하기} \end{aligned}$$

$f''(x) = 0$을 풀면 정의되지 않는 $x = 0$을 제외한 모든 실수 x에 대하여 $f''(x) > 0$이다. 그러므로 f는 $(-\infty, 0)$, $(0, \infty)$에서 위로 오목하다(그림 4.55).

$x \neq 0$에 대하여 $f''(x) > 0$이므로 2계 도함수 판정법에 의해 임계점 $x = -\frac{4}{9}$, $x = 1$은 극솟값을 갖는 곳이며, $f(-\frac{4}{9}) \approx -0.78$, $f(1) = -\frac{15}{8} = -1.875$이다.

세 번째 임계점 $x = 0$은 어떤가? $f(0) = 0$이고, f는 0의 바로 왼쪽에 증가하고 바로 오른쪽에 감소한다는 점에 유의하자. 1계 도함수 판정법에 의해 f는 $x = 0$에서 극댓값을 갖는다. 나아가 $\lim_{x\to 0^-} f'(x) = \infty$, $\lim_{x\to 0^+} f'(x) = -\infty$이므로 f의 그래프는 $x = 0$에서 첨점을 갖는다.

$x \to \pm\infty$일 때, f의 극한값은 최고차항 $9x^{8/3}/8$에 의해 결정된다. 이 항은 $x \to \pm\infty$일 때 같이 커지고 양수가 되므로 f는 최댓값을 갖지 않는다. 최솟값은 $x = 1$에서 발생하는데, 두 극솟값을 비교하면 $f(1) < f(-\frac{4}{9})$이기 때문이다.

f의 근은 $\frac{1}{8}x^{2/3}(9x^2 - 8x - 16) = 0$을 만족하는 값으로 $x = 0$과

$$x = \frac{4}{9}(1 \pm \sqrt{10}) \approx -0.96,\ 1.85 \qquad \text{이차방정식의 근의 공식}$$

이다.

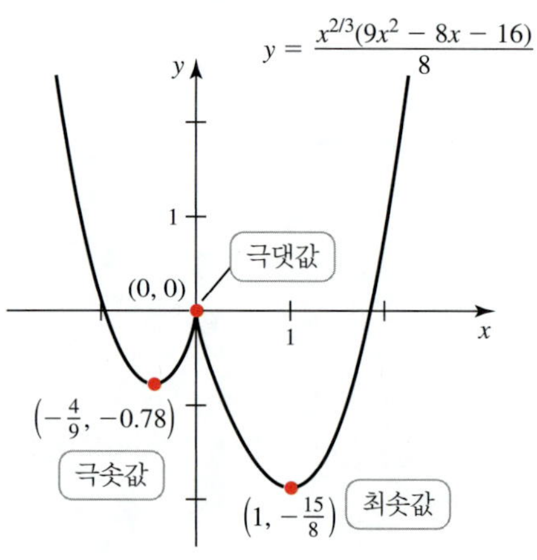

그림 4.56

이 분석에서 수집된 정보를 통해 그림 4.56과 같은 그래프를 얻는다.

관련 연습문제 20번 ◀

4.4절 연습문제

1단계 스타트

1. f의 그래프를 그리기 전에 정의역을 결정하는 것이 왜 중요한가?

2. 다항함수의 그래프는 수직 점근선이나 수평 점근선을 가질 수 있는가? 이유를 설명하여라.

3. 닫힌구간에서 연속인 함수의 최댓값과 최솟값은 어떻게 구하는가?

4. 다음을 만족하는 함수의 그래프를 그려라.

$$x < 3\text{일 때 } f' < 0,\ f'' < 0$$
$$x > 3\text{일 때 } f' < 0,\ f'' > 0$$

5–6. 다음 특성이 있는 특정 구간의 연속함수의 그래프를 그려라. 다양한 정답이 가능하다.

5. 함수 f는 변곡점이 하나 있지만 극값은 없다.

6. $f'(-2) = 2$, $f'(0) = 0$, $f'(1) = -3$, $f'(4) = 1$을 만족하는 함수

2단계 실전

7. $f(x) = (x-3)(x+3)^2$에 대하여 물음에 답하여라.
   - **a.** $f'(x) = 3(x-1)(x+3)$, $f''(x) = 6(x+1)$임을 보여라.
   - **b.** f의 임계점과 변곡점의 부호를 찾아라.
   - **c.** f가 증가하는 구간 또는 감소하는 구간을 찾아라.
   - **d.** f가 위로 오목하거나 아래로 오목한 구간을 구하여라.
   - **e.** f의 극값과 변곡점을 구하여라.
   - **f.** f의 그래프의 x절편, y절편을 구하여라.
   - **g.** **a–f**를 이용하여 f의 그래프를 그려라.

8–23. 함수의 그래프 이 절의 지침에 따라 f의 완전한 그래프를 그려라.

8. $f(x) = x^2 - 6x$

9. $f(x) = x^3 - 6x^2 + 9x$

10. $f(x) = x^4 - 6x^2$

11. $f(x) = (x-6)(x+6)^2$

12. $f(x) = x^3 - 6x^2 - 135x$

13. $f(x) = x^3 - 3x^2 - 144x - 140$

14. $f(x) = x - 2\sqrt{x}$

15. $f(x) = \dfrac{3x}{x^2-1}$

16. $f(x) = \dfrac{x^2}{x-2}$

17. $f(x) = \dfrac{x^2+12}{2x+1}$

18. $f(x) = \tan^{-1}\left(\dfrac{x^2}{\sqrt{3}}\right)$

19. $f(x) = x + 2\cos x$, $[-2\pi, 2\pi]$

20. $f(x) = x - 3x^{1/3}$

21. $f(x) = \sin x - x$, $[0, 2\pi]$

22. $f(x) = e^{-x}\sin x$, $[-\pi, \pi]$

23. $f(x) = x + \tan x$, $\left(-\dfrac{\pi}{2}, \dfrac{\pi}{2}\right)$

24–25. f', f''의 그래프를 이용하여 f의 임계점과 변곡점을 찾고, 증가 구간 또는 감소 구간과 오목성을 조사하여라. $f(0) = 0$으로 놓고 그래프를 그려라.

24.

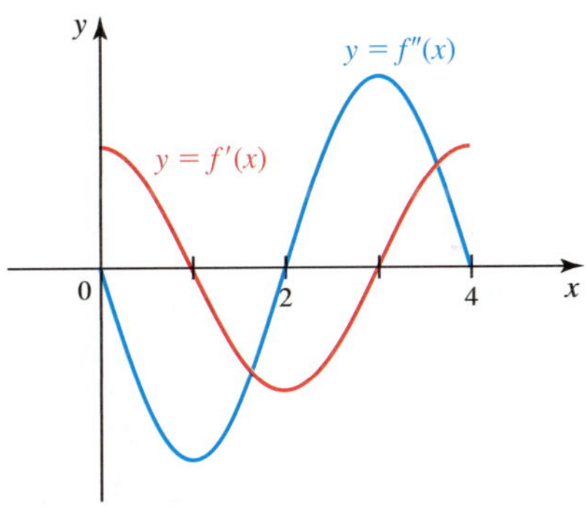

25.

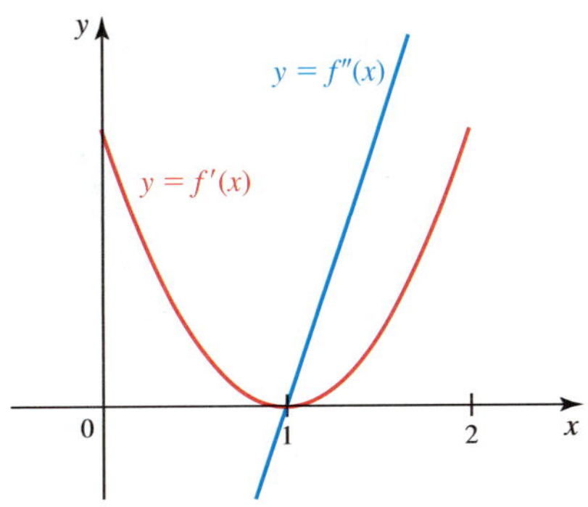

26–28. 다음 함수의 완전한 그래프를 그려라. 그래프 유틸리티는 절편, 극값 및 변곡점을 찾는 데 유용하다.

26. $f(x) = \dfrac{1}{3}x^3 - 2x^2 - 5x + 2$

27. $f(x) = 3x^4 + 4x^3 - 12x^2$

28. $f(x) = \dfrac{3x-5}{x^2-1}$

29. 참 또는 거짓 다음 명제가 참이면 증명하고 거짓이면 반례를 들어라.

a. $x = -3$, $x = 1$, $x = 4$에서 $f'(x) = 0$이면 이 세 점은 f의 극점이다.

b. $x = -2$, $x = 4$에서 $f''(x) = 0$이면 이 두 점은 f의 변곡점이다.

c. $x = -3$, $x = 4$에서 $f(x)$의 분모가 0이면 이 두 점에서 f는 수직 점근선을 갖는다.

d. 유리함수 f가 $x \to \infty$일 때 유한한 극한값을 가지면 $x \to -\infty$일 때도 유한한 극한값을 갖는다.

30–31. 도함수로부터 함수 유추 f'을 사용하여 f의 극댓값과 극솟값을 갖는 x좌표와 증가, 감소 구간을 결정하여라. f의 그래프를 그려라(단, f는 유일하지 않다).

30. $f'(x) = 10 \sin 2x$, $[-2\pi, 2\pi]$

31. $f'(x) = x^2(x+2)(x-1)$

3단계 도전

32. 높이 vs. 부피 그림에 여섯 개의 입체가 주어져 있으며, 각 입체는 위에서부터 물이 채워진다. 입체에 일정한 속도로 물이 주입되고, 각 입체가 10초 안에 채워진다고 가정하자. 또한 용기의 수평 단면이 항상 원이라고 가정한다. $0 \le t \le 10$일 때, $h(t)$를 시간 t에 대한 입체 속 물의 깊이로 놓는다.

a. 각 입체에 대하여 함수 $y = h(t)$, $0 \le t \le 10$의 그래프를 그려라.

b. h가 증가함수인 이유를 설명하여라.

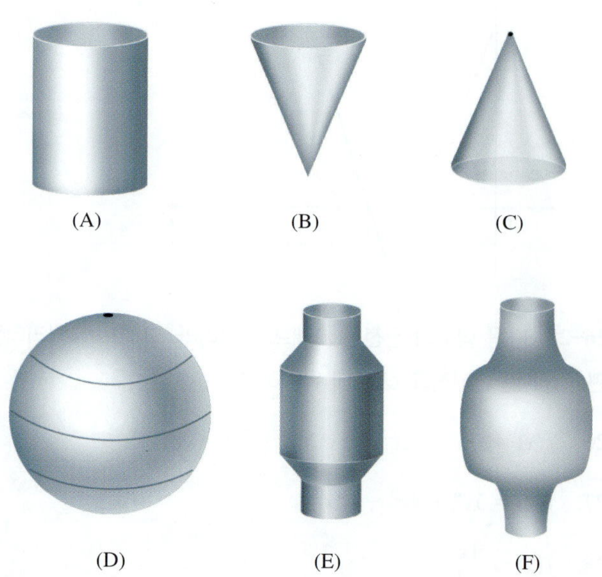

c. 함수의 오목성을 설명하여라. 변곡점이 생기는 곳을 구하여라.

d. 각 입체에 대하여 [0, 10]에서 h'이 최댓값을 갖는 곳은 어디인가?

33. $x^{1/x}$의 극대/극소 분석 방법을 사용하여 $x > 0$에 대하여 함수 $f(x) = x^{1/x}$의 모든 극값을 찾아라. 그래프 유틸리티를 사용하여 이를 확인하여라.

34. 연속함수 f가 $(-\infty, 0)$, $(0, \infty)$에서 위로 오목하며, $x = 0$에서 극댓값을 갖는다고 가정하자. $f'(0)$에 대하여 알 수 있는 점이 있는가? 그림으로 설명하여라.

35–37. 기술과 분석 방법의 결합 다음 함수의 완전한 그래프를 그리기 위해 그래프 유틸리티를 분석 방법과 함께 사용하여라. 절편, 극값, 변곡점, 점근선을 찾고 함수가 증가하는 구간 및 감소하는 구간, 함수가 위로 오목한 구간 및 아래로 오목한 구간을 반드시 찾아야 한다.

35. $f(x) = \dfrac{x \sin x}{x^2+1}$, $[-2\pi, 2\pi]$

36. $f(x) = 3x^4 - 44x^3 + 60x^2$ (힌트: 서로 다른 두 개의 그래프 창이 필요할 수 있다)

37. $f(x) = \dfrac{\tan^{-1} x}{x^2+1}$

38–40. 특별한 곡선 수학자들은 대대로 다음의 고전적인 곡선을 연구해왔다. 해석적 방법(음함수 미분 포함)과 그래프 유틸리티를 사용하여 다음 곡선을 그래프로 나타내어라.

38. $x^{2/3} + y^{2/3} = 1$ (네 개의 뾰족한 부분이 있는 아스트로이드 또는 하이포사이클로이드)

39. $x^3 + y^3 = 3xy$ (데카르트의 폴륨)

40. $x^4 - x^2 + y^2 = 0$ (8자형 곡선)

41. 라메 곡선 방정식 $|y/a|^n + |x/a|^n = 1$ (n, a는 양의 실수)은 라메 곡선 중 하나이다. $n = \frac{2}{3}$, 1, 2, 3에 대하여 $a = 1$일 때 이 함수의 완전한 그래프를 그려라. n이 증가할 때 관찰되는 진행 상황을 설명하여라.

QUICK CHECK 정답

1. y 방향으로 창을 크게 만든다.

2. f와 $f + C$는 같은 도함수를 가짐에 주목하여라.

3. $f(-x) = \dfrac{10(-x)^3}{(-x)^2 - 1} = -\dfrac{10x^3}{x^2 - 1} = -f(x)$ ◀

4.5 최적화 문제

이 절의 주제는 수학에 의존하는 많은 분야에서 발생하는 **최적화**(optimization)이다. 구조 엔지니어는 지정된 비용에 대하여 강도를 최대화하는 보의 치수를 찾을 것이고, 포장 설계자는 주어진 표면적에 대하여 용기의 부피를 최대화하는 용기의 치수를 구할 것이다. 항공사 전략가는 연료비를 최소화하고 승객 마일리지를 최대화하기 위해 여러 허브 중 항공사의 최선의 배분을 찾아야 한다. 이 모든 예에서의 과제는 작업을 **효율적**으로 수행하기 위한 방법을 찾는 것이다. 여기서 '효율적'은 가장 적은 비용, 가장 높은 수익성, 가장 적은 시간을 의미한다. 보다시피 여러 조치를 취하고 있다.

최적화 문제의 이면에 있는 아이디어를 소개하려면 합이 20인 0과 20 사이의 음이 아닌 두 실수 x와 y(즉, $x + y = 20$)의 쌍을 생각해 보자. 가능한 모든 쌍 중 곱이 가장 큰 쌍은 무엇인가?

표 4.3은 음이 아닌 두 수에 대하여 합은 일정한 반면, 곱은 변하는 몇 가지 경우를 보여 준다. 이때 $x + y = 20$을 **제약 조건**(constraint)이라 한다. 즉, 이 방정식을 만족시키는 x와 y의 (음이 아닌) 값만 고려하라는 것이다.

최대화 혹은 최소화하고자 하는 양을 **목적 함수**(objective function)라고 하는데, 이 경우 목적 함수는 곱 $P = xy$이다. 표 4.3에서 x와 y가 모두 구간 $[0, 20]$의 중간 근처에 있을 때 곱이 가장 큰 것으로 나타난다.

표 4.3

x	y	$x+y$	$P=xy$
1	19	20	19
5.5	14.5	20	79.75
9	11	20	99
13	7	20	91
18	2	20	36

이 간단한 문제는 최적화 문제의 본질적인 모든 특징을 가지고 있는데, 최적화 문제는 기본적으로 다음과 같은 형태를 띤다.

주어진 제약 조건(들)을 만족하는 목적 함수의 최댓값(최솟값)은 얼마인가?

당면한 문제에 대하여 이 질문은 다음과 같을 것이다. '제약 조건 $x + y = 20$을 만족하는 목적 함수 $P = xy$를 최대화하는 음수가 아닌 두 수의 쌍은 무엇인가?' 첫 번째 단계는 제약 조건을 이용하여 목적 함수 $P = xy$를 단일 변수로 표현하는 것이다. 이 경우 제약 조건은 다음과 같다.

➤ 이 문제의 경우 x를 소거하는 것이 y를 소거하는 것만큼 쉽다. 다른 문제의 경우 하나의 변수를 소거하는 것이 다른 변수를 소거하는 것보다 계산이 더 간단할 수 있다.

$$x + y = 20 \quad \text{또는} \quad y = 20 - x$$

y를 소거하면 목적 함수는 다음과 같다.

$$P = xy = x(20 - x) = 20x - x^2$$

이는 변수 x만의 함수이고, x의 범위가 $0 \le x \le 20$임에 유의하자.

P를 최대화하기 위해 먼저 $P'(x) = 20 - 2x = 0$의 해 $x = 10$을 구한다. 구간 $[0, 20]$에서 P의 최댓값을 찾기 위해 구간의 양 끝점과 임계점을 확인해야 한다. $P(0) = P(20) = 0$, $P(10) = 100$이므로 $x = y = 10$에서 곱이 가장 크고, 이때 곱은 $P = 100$이다.

QUICK CHECK 1 왼쪽의 예에서 $x+y=20$을 사용하여 y가 아닌 x를 소거할 경우 동일한 결과가 나오는지 확인하여라. ◀

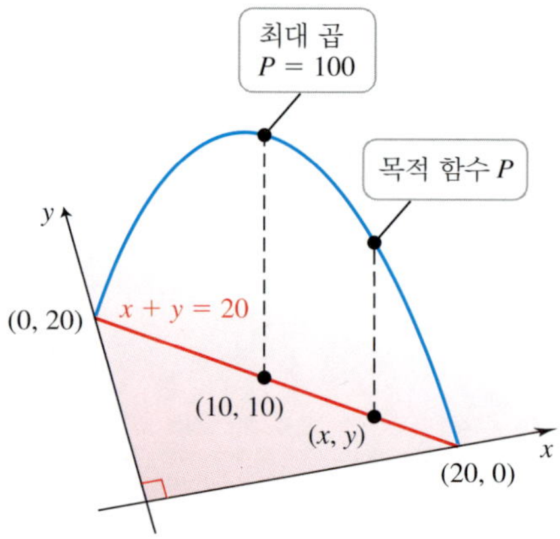

그림 4.57

그림 4.57에 이 문제가 요약되어 있다. xy 평면에서 직선 $x + y = 20$을 볼 수 있다. 직선 위에는 목적 함수 $P = xy$의 그래프가 있다. x, y가 직선을 따라 변함에 따라 목적 함수가 변경되어 $x = y = 10$일 때 최댓값 100에 도달한다.

대부분의 최적화 문제는 기본적으로 위 예와 같은 구조를 갖고 있다. 여러 변수와 하나 이상의 제약 조건을 수반할 수 있는 목적 함수가 있다. 미분 법칙(4.1절, 4.3절)은 목적 함수의 최솟값 또는 최댓값을 구하는 데 사용된다.

| 예제 1 | **울타리 딜레마** 목장 주인은 직사각형 우리를 만들기 위해 400 ft 높이의 울타리를 갖고 있다. 오두막의 한쪽 면은 헛간으로 형성될 것이며, 여기에는 울타리가 필요하지 않다. 그림 4.58과 같이 세 개의 외부 울타리와 두 개의 내부 울타리가 우리를 세 개의 직사각형 영역으로 분할한다. 밀폐된 면적을 최대화하는 우리의 치수는 어떻게 되는가? 이때 우리의 면적은 얼마인가?

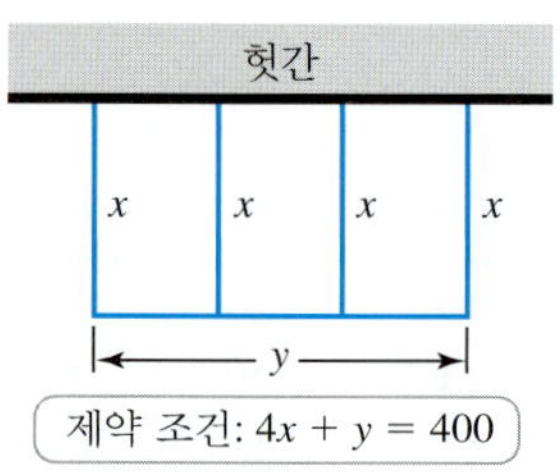

그림 4.58

풀이 먼저 우리를 그리자(그림 4.58). 여기서 $x\,(x \ge 0)$는 우리의 세로 길이이고 $y\,(y \ge 0)$는 우리의 가로 길이이다. 필요한 울타리의 길이는 $4x + y$이므로 제약 조건은 $4x + y = 400$, 즉 $y = 400 - 4x$이다.

최대화할 목적 함수는 우리의 면적 $A = xy$이다. $y = 400 - 4x$를 사용하여 y를 소거하고 A를 x의 함수로 나타내면 다음과 같다.

$$A = xy = x(400 - 4x) = 400x - 4x^2$$

우리의 폭은 $x = 0$ 이상이어야 하며 $x = 100$을 초과할 수 없다(400 ft의 울타리를 사용할 수 있기 때문이다). 따라서 $A(x) = 400x - 4x^2$, $0 \le x \le 100$의 최댓값을 구해야 한다. 목적 함수의 임계점을 구하기 위해

$$A'(x) = 400 - 8x = 0$$

을 풀면 $x = 50$이다. A의 최댓값을 찾기 위해 $[0, 100]$의 양 끝점과 $x = 50$일 때의 값을 확인하자. $A(0) = A(100) = 0$, $A(50) = 10{,}000$이므로 $x = 50$에서 최댓값을 갖는다. 제약 조건을 이용하면 우리의 가로 길이는 $y = 400 - 4x = 400 - 4(50) = 200$이다. 그러므로 $x = 50$ ft, $y = 200$ ft일 때 최대 넓이 10,000 ft^2을 갖는다. 목적 함수 A는 그림 4.59에 나와 있다.

➤ 4.1절에서 임계점 또는 끝점에서 최댓값 및 최솟값이 발생한다는 점을 상기하자.

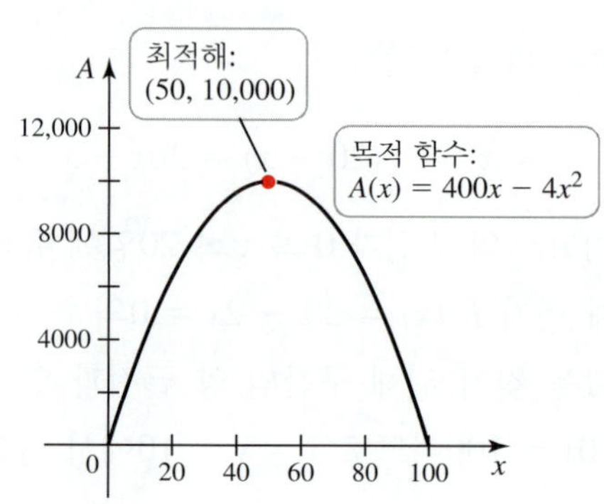

그림 4.59

QUICK CHECK 2 예제 1에서 다음 각 경우에 대하여 x에 관한 함수를 찾아라.
(i) 내부 울타리가 없을 경우
(ii) 그림 4.58에서처럼 헛간과 직각을 이루는 내부 울타리가 하나만 있는 경우 ➤

| 예제 2 | **항공사 규칙** 어느 항공사 정책에 의하면 모든 수하물은 다음 규칙을 따라야 한다고 한다. 상자 모양이어야 하며 가로, 세로 및 높이의 합이 64 in를 초과하지 않아야 한다. 이 조건을 따르는 부피가 가장 큰 정사각기둥 모양 상자의 치수와 부피는 각각 얼마인가?

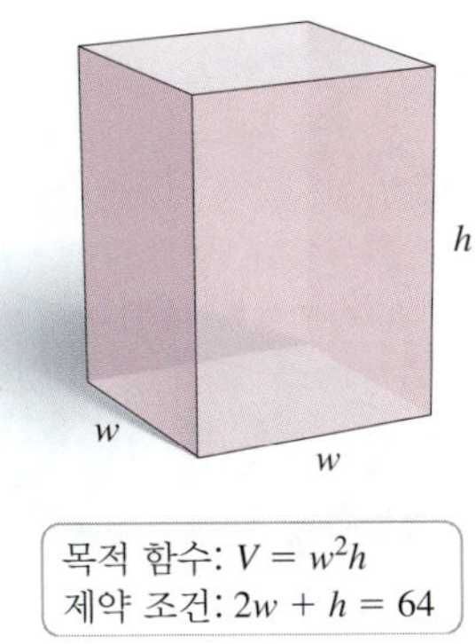

그림 4.60

풀이 가로와 세로가 w이고 높이가 h인 정사각기둥을 그린다(그림 4.60). 항공사 정책에 의하면 제약 조건은 $2w + h = 64$이고 목적 함수의 부피는 $V = w^2h$이다. h를 소거하여 부피를 다음과 같이 나타낼 수 있다.

$$V = w^2h = w^2(64 - 2w) = 64w^2 - 2w^3$$

이제 목적 함수가 단일 변수로 표현됐다. w는 음수가 아니며 32를 초과할 수 없으므로 V의 정의역은 $0 \le w \le 32$이다. 임계점은

$$V'(w) = 128w - 6w^2 = 2w(64 - 3w) = 0$$

을 만족하는 $w = 0$, $w = \frac{64}{3}$이다. 1계(또는 2계) 도함수 판정법에 의해 $w = \frac{64}{3}$에서 극댓값을 갖는다. 양 끝점의 값은 $V(0) = V(32) = 0$이므로 부피 함수의 최댓값은 $V(64/3) \approx 9709\ \text{in}^3$이다. 상자 부피를 최대화하는 수치는 $w = 64/3$ in, $h = 64 - 2w = 64/3$ in이므로 최적의 상자는 정육면체이다. 부피 함수의 그래프는 그림 4.61과 같다.

관련 연습문제 10번 ◀

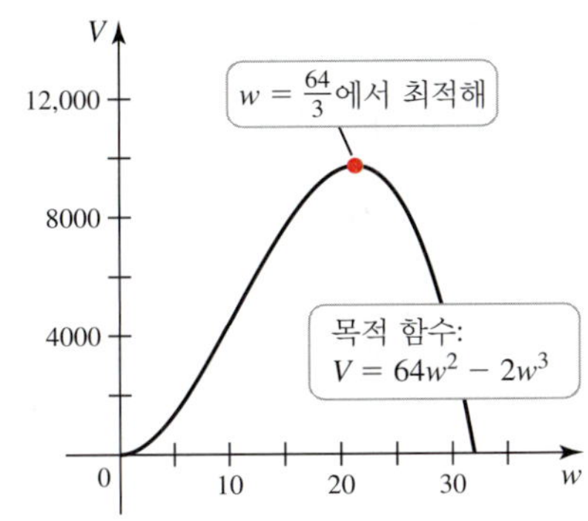

그림 4.61

최적화 지침 몇 가지 통찰력을 제공하는 두 가지 예를 통해 최적화 문제를 해결하는 절차를 제시한다. 이러한 지침은 일반적인 절차를 제공하지만 구체적인 내용은 문제에 따라 다를 수 있다.

최적화 문제 지침

1. 문제를 주의 깊게 읽고 변수를 파악한 후 주어진 정보를 그림과 함께 정리한다.
2. 목적 함수(최적화할 함수)를 식별한다. 이때 문제의 변수를 고려하여 작성한다.
3. 문제의 변수들을 고려하여 제약 조건(들)을 식별한다.
4. 제약 조건(들)을 사용하여 독립변수 하나만 제외하고 모든 변수를 소거하여 목적 함수를 나타낸다.
5. 목적 함수를 단일 변수로 표현하고 해당 변수의 구간을 구한다.
6. 해당 구간에서 목적 함수의 최댓값 또는 최솟값을 구하기 위해 미분 법칙을 이용한다. 필요한 경우 양 끝점을 확인한다.

QUICK CHECK 3 예제 2에서 가로, 세로 및 높이의 합이 108 in을 초과할 수 없는 제약 조건이 있는 경우, w에 대한 목적 함수를 찾아라. ◀

| 예제 3 | **걷고 수영하기** 반지름이 1 mi인 원형 연못가에서 출발하여 직경의 반대쪽 끝에 있는 연못가의 한 지점에 도달하려고 한다. 현재 위치에서 연못가의 다

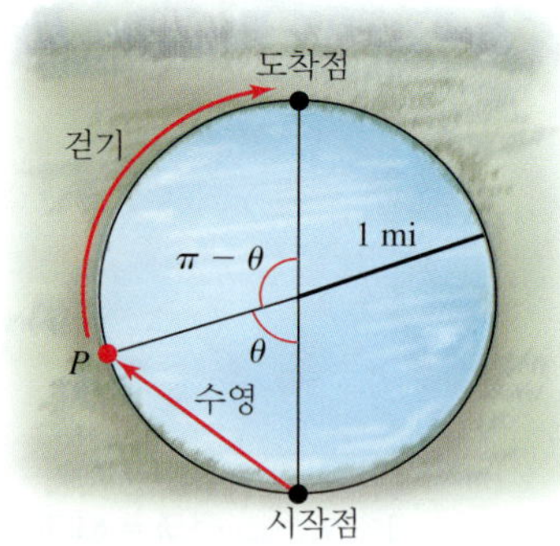

그림 4.62

▶ 원의 현의 길이가 $2r \sin(\theta/2)$임을 나타내기 위해 원의 중심과 현의 중점을 연결한다. 이 선분은 각 θ를 이등분하며, 직각삼각형을 이용하면 현의 길이의 반이 $r \sin(\theta/2)$임을 알 수 있다.

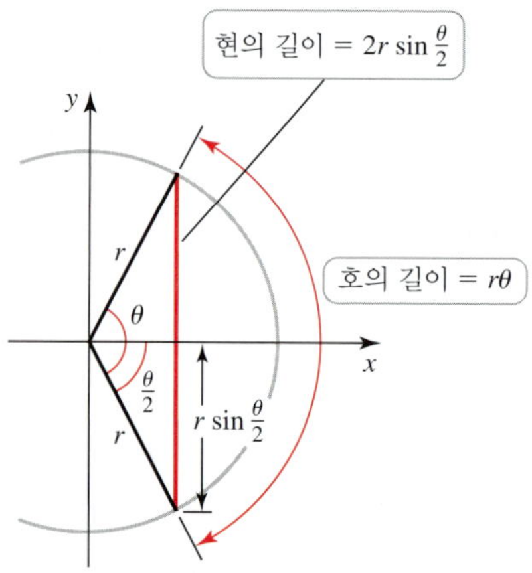

그림 4.63

▶ 특별한 두 가지 경우를 확인할 수 있다. 전체 여행이 걷기로 끝난 경우 이동 시간은 $(\pi \text{ mi})/(3 \text{ mi/hr}) \approx 1.05$ hr이다. 전체 여행이 수영으로 끝나면 이동 시간은 (2 mi)/(2 mi/hr) = 1 hr이다.

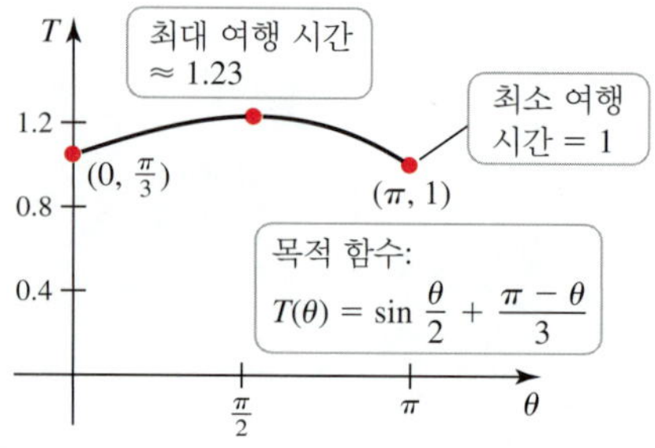

그림 4.64

른 지점 P까지 2 mi/hr의 속력으로 수영한 다음 연못가를 따라 종점까지 3 mi/hr의 속력으로 걸어갈 계획이다(그림 4.62). 총 여행 시간을 최소화하려면 지점 P를 어떻게 선택해야 하는가?

풀이 그림 4.62와 같이 시작점은 임의로 선택하고, 도착점은 직경의 반대쪽 끝에 있다. 전환점 P를 설명하는 가장 쉬운 방법은 중심각 θ를 이용하는 것이다. $\theta = 0$이면 전체 경로는 걷기로, $\theta = \pi$이면 전체 경로는 수영으로 이루어지므로 θ의 구간은 $0 \le \theta \le \pi$이다.

목적 함수는 θ에 따라 변하는 총 이동 시간이다. 수영과 걷기의 이동 시간은 이동 거리를 속력으로 나눈 값과 같다. 수영 구간의 길이는 중심각이 θ인 부채꼴의 현의 길이이다. 반지름이 r인 원의 경우 이 현의 길이는 $2r \sin(\theta/2)$이다(그림 4.63). 따라서 수영 구간의 시간은 다음과 같다.

$$\text{시간} = \frac{\text{거리}}{\text{속력}} = \frac{2\sin(\theta/2)}{2} = \sin\frac{\theta}{2}$$

보행 구간의 길이는 중심각이 $\pi - \theta$인 부채꼴의 호의 길이이다. 반지름이 r인 원에서 중심각이 θ인 부채꼴의 호의 길이는 $r\theta$이다(그림 4.63). 따라서 걷는 구간의 시간은 다음과 같다.

$$\text{시간} = \frac{\text{거리}}{\text{속력}} = \frac{\pi - \theta}{3}$$

총 이동 시간이 목적 함수이다.

$$T(\theta) = \sin\frac{\theta}{2} + \frac{\pi - \theta}{3}, \quad 0 \le \theta \le \pi$$

이제 목적 함수를 분석해 보자. T의 임계점은 다음과 같다.

$$\frac{dT}{d\theta} = \frac{1}{2}\cos\frac{\theta}{2} - \frac{1}{3} = 0, \text{ 즉 } \cos\frac{\theta}{2} = \frac{2}{3}$$

구간 $[0, \pi]$에서 만족하는 θ값을 구하면 $\theta = 2\cos^{-1}\frac{2}{3} \approx 1.68 \text{ rad} \approx 96°$이고, 이는 임계점이다.

임계점과 끝점에서 목적 함수를 계산하면 $T(1.68) \approx 1.23$ hr, $T(0) = \pi/3 \approx 1.05$ hr, $T(\pi) = 1$ hr이다. 최소 이동 시간은 전체 수영만 할 때로 $T(\pi) = 1$ hr이라는 결론이 나온다. 최대 이동 시간은 $\theta \approx 96°$일 때이며, $T \approx 1.23$ hr이다.

목적 함수의 그래프는 그림 4.64와 같다. 일반적으로 최대 이동 시간과 최소 이동 시간은 걷기 및 수영 속도에 따라 달라진다.

관련 연습문제 14번 ◀

| 예제 4 | 울타리 너머 사다리 8 ft 높이의 울타리가 3 ft만큼 떨어진 집의 옆면에 나란히 뻗어 있다(그림 4.65(a)). 울타리를 넘어 집까지 닿는 가장 짧은 사다리의

길이는 얼마인가? 이때 집의 수직 벽면과 수평 지면의 범위가 무한하다고 가정한다(더 현실적인 가정은 연습문제 17번 참조).

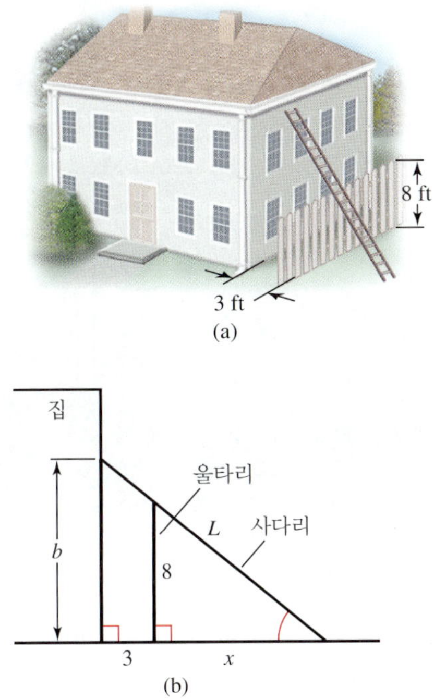

그림 4.65

풀이 먼저 사다리의 최소 길이를 예상하는 이유를 알아보자. 사다리의 발을 울타리에서 멀리 떨어뜨려 담장을 얕게 치울 수 있지만 그러면 사다리는 길어질 것이다. 아니면 사다리의 발을 울타리에 가까이 붙여서 가파른 각도로 울타리를 뚫을 수도 있지만 마찬가지로 사다리는 길어질 것이다. 이 극단적인 경우들 사이 어딘가에 사다리의 길이를 최소화하는 사다리의 위치가 있을 것이다.

목적 함수는 사다리의 길이 L이다. 사다리의 위치는 사다리의 발과 울타리 사이의 거리인 x로 표시된다(그림 4.65(b)). 목표는 L을 $x\,(x > 0)$의 함수로 나타내는 것이다.

피타고라스 정리를 이용하면 다음과 같은 관계를 얻는다.

$$L^2 = (x + 3)^2 + b^2$$

여기서 b는 지면으로부터 사다리 꼭대기의 높이이다. 삼각형의 닮음비에 의해 $8/x = b/(3 + x)$이다. 이제 b를 x에 대하여 정리하고 L^2을 x에 관하여 나타내면 다음과 같다.

$$L^2 = (x + 3)^2 + \Bigg(\underbrace{\frac{8(x + 3)}{x}}_{b}\Bigg)^2 = (x + 3)^2\left(1 + \frac{64}{x^2}\right)$$

이때 L에 대한 앞의 방정식을 먼저 푼 다음 $L' = 0$을 풀면 L의 임계점을 찾을 수 있다. 그러나 L이 음수가 아닌 함수임에 주목하면 답은 상당히 단순화된다. 따라서 L과 L^2은 같은 지점에서 극값을 가지며, 동일한 점이 있으므로 이 점을 선택하여 L^2을 최소화한다. L^2을 미분하면 다음과 같다.

$$\frac{d}{dx}\left((x + 3)^2\left(1 + \frac{64}{x^2}\right)\right) = 2(x + 3)\left(1 + \frac{64}{x^2}\right) + (x + 3)^2\left(-\frac{128}{x^3}\right) \quad \text{연쇄 법칙과 곱의 법칙}$$

$$= 2(x + 3)\left(1 + \frac{64}{x^2} - (x + 3)\frac{64}{x^3}\right) \quad \text{공통인수로 묶어내기}$$

$$= \frac{2(x + 3)(x^3 - 192)}{x^3} \quad \text{간단히 하기}$$

$x > 0$에서 $x + 3 \neq 0$이므로 조건 $\frac{d}{dx}(L^2) = 0$은 $x^3 - 192 = 0$ 또는 $x = 4\sqrt[3]{3} \approx 5.77$이다. 1계 도함수 판정법에 의해 이 임계점은 극솟값과 대응된다. 정리 4.9에 의해 유일한 이 극솟값은 역시 구간 $(0, \infty)$에서 최솟값이다. 따라서 사다리의 최소 길이는 사다리의 발이 울타리에서 약 5.77 ft만큼 떨어져 있을 때 발생한다. $L^2(5.77) \approx 224.77$이고, 사다리의 최소 길이는 $\sqrt{224.77} \approx 15$ ft임을 알 수 있다.

관련 연습문제 17번 ◀

그림 4.66

➤ 탱크를 청소하기 위한 실제 비용을 알 필요는 없다. 바닥의 청소 비용이 얼마이든 벽을 청소하는 비용의 2배이며, 이는 예제 5의 함수가 실제 청소 비용의 상수 곱임을 의미한다. $\frac{d}{dx}(kf(x)) = k\frac{d}{dx}(f(x))$에서 $f(x)$와 $kf(x)$는 모두 동일한 임계점을 공유하므로 두 함수 모두 해를 갖는다.

| 예제 5 | 급수탑 어느 작은 마을의 물탱크는 32,000 ft^3 (약 240,000 gal)의 용량을 가진 원형 실린더 모양으로 건설된다. 탱크의 내부 벽과 바닥은 매년 청소하고 관리해야 하는데, 벽을 청소하는 인건비가 바닥 청소 비용의 2배에 달한다. 물탱크 청소 비용을 최소화하는 탱크의 반지름 및 높이를 찾아라.

풀이 그림 4.66은 반경이 r이고 높이가 h의 물탱크를 보여 준다. 목적 함수는 탱크의 내부 표면적에 의한 물탱크 청소 비용을 설명한다. 물탱크의 원형 바닥 면적은 πr^2이다. 탱크의 둘레가 $2\pi r$이므로 벽의 측면 표면적은 $2\pi rh$이다. 따라서 물탱크 청소 비용은 다음 C에 비례한다.

$$C = 2 \cdot \underbrace{2\pi rh}_{\text{벽의 표면적}} + \underbrace{\pi r^2}_{\text{바닥 면적}}$$ 벽을 청소하는 데 평방피트당 두 배의 비용이 들기 때문에 벽의 면적은 2배가 된다.

제약 조건을 찾기 위해 실린더 $V = \pi r^2 h$의 부피로 시작하고 V를 32,000으로 대체하여 $\pi r^2 h = 32{,}000$ 또는 $h = 32{,}000/(\pi r^2)$을 구한다. h에 대한 이 식을 비용 방정식에 대입하면 반지름에 관한 함수를 얻을 수 있다.

$$C(r) = 4\pi r \frac{32{,}000}{\pi r^2} + \pi r^2 = \frac{128{,}000}{r} + \pi r^2$$

C를 최소화하기 위해 구간 $0 < r < \infty$에서 C의 임계점을 찾는다.

$$C'(r) = -\frac{128{,}000}{r^2} + 2\pi r = 0 \quad \text{미분 값을 0으로 놓기}$$

$$2\pi r = \frac{128{,}000}{r^2} \quad \text{이항하기}$$

$$r^3 = \frac{64{,}000}{\pi} \quad \text{양변에 } r^2 (r > 0) \text{ 곱한 후 } 2\pi\text{로 나누기}$$

$$r = \frac{40}{\sqrt[3]{\pi}} \approx 27.3 \text{ ft} \quad r\text{의 값을 구하기}$$

이 유일한 임계점은 극솟값($C''(r) > 0$, 2계 도함수 판정법 이용)과 대응되고, 정리 4.9에 의해 최솟값에도 대응된다. $h = 32{,}000/(\pi r^2)$이므로 청소 비용을 최소화하는 물탱크의 치수는 다음과 같다.

$$r \approx 27.3 \text{ ft}, \quad h = 32{,}000/(\pi r^2) \approx 13.7 \text{ ft}$$

이는 r은 정확히 h의 두 배이므로 최적의 탱크는 폭이 높이의 네 배이어야 함을 보여 준다.

관련 연습문제 11, 19번 ◀

4.5절 연습문제

1단계 스타트

1. 빈 곳을 채워라. 최적화 문제의 목표는 ________의 최댓값 또는 최솟값을 찾는 것이다.

2. 목적 함수가 $Q = x^2y$이고, $x + y = 10$이 주어졌다고 가정하자. 목적 함수를 x에 관하여 쓴 다음, y에 관하여 써라.

3. 목적 함수 $P = xy$가 제약 조건 $10x + y = 100$의 영향을 받는다고 가정하자. 여기서 x, y는 실수이다.
   a. 목적 함수에서 변수 y를 소거하여 P를 변수 x의 함수로 표현하여라.
   b. 제약 조건에 따라 P의 최댓값을 구하여라.

4. 합이 23인 음이 아닌 두 실수에 대하여 가장 큰 두 수의 곱을 구하여라.

5. 곱이 50인 두 양의 실수에 대하여 가장 작은 두 수의 합을 구하여라.

2단계 실전

6. **직사각형의 최대 넓이** 둘레가 10인 모든 직사각형 중에서 어느 것이 최대 면적을 갖는가(치수를 구하여라)?

7. **최소 단위 직사각형** 넓이가 100인 모든 직사각형 중 둘레가 최소인 사각형은 어느 것인가?

8. **최소 합** 방정식 $xy = 12$를 만족하며, 합 $2x + y$가 최소가 되도록 하는 두 양수 x, y를 구하여라.

9. **반원 아래의 직사각형** 반지름이 5인 반원 내부에 직사각형이 있다. 반원의 지름 위에 두 꼭짓점이 있고 나머지 두 꼭짓점은 반원의 호 위에 있다. 직사각형의 넓이가 최대가 되도록 하는 직사각형의 치수는 얼마인가?

10. **표면적이 최소인 상자** 바닥이 정사각형 모양이고 부피가 8 m^3인 상자 중 표면적이 최소인 상자는 어떤 상자인가(치수를 구하여라)?

11. **배송 상자** 상자 모양의 네모난 배송 상자는 부피가 16 ft^3이 되도록 설계됐다. 바닥면의 재료는 옆면의 재료의 (평방피트당) 두 배만큼 비싸고, 윗면의 재료 비용은 옆면의 재료 비용의 절반이다. 재료비를 최소화하는 상자의 치수는 얼마인가?

12. **곡선에서 가장 가까운 점** 포물선 $y = 1 - x^2$ 위의 점 중 점 (1, 1)에 가장 가까운 점을 구하여라.

13. **최소 거리** 직선 $y = 3x$ 위의 점 중 점 (50, 0)에 가장 가까운 점 P를 구하여라. P와 (50, 0) 사이의 최소 거리는 얼마인가?

14. **걷기와 노 젓기** 바다 위의 보트가 해안선의 가장 가까운 지점으로부터 4 mi만큼 떨어져 있으며, 이 지점과 해안의 레스토랑의 거리는 6 mi이다(그림 참조). 한 여성이 배를 저어 해안의 한 지점까지 곧장 간 다음, 해안을 따라 식당까지 걸어갈 계획이다.
   a. 그녀가 3 mi/hr의 속력으로 걷고 2 mi/hr의 속력으로 노를 저을 때, 총 이동 시간을 최소화하기 위해 어느 지점에 상륙해야 하는가?
   b. 그녀가 3 mi/hr의 속력으로 걸을 때, 식당까지 가는 가장 빠른 방법이 (걷지 않고) 직접 노를 젓는 방법이 되도록 할 경우, 노를 저어야 하는 최소 속도는 얼마인가?

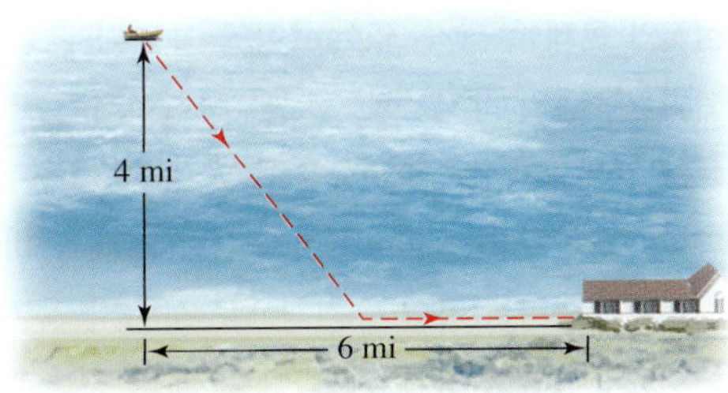

15. **레이어링 케이블** 어느 섬은 직선인 해안선의 가장 가까운 지점으로부터 3.5 mi만큼 떨어져 있으며, 이 지점과 발전소의 거리는 8 mi이다(그림 참조). 한 전력회사는 섬에서 해안까지 그리고 해안을 따라 지하에서 발전소로 전기 케이블을 놓을 계획이다. 해저 케이블을 매설하는 데 \$2400/mi, 지하 케이블을 매설하는 데 \$1200/mi의 비용이 든다고 가정하자. 프로젝트 비용을 최소화하기 위해 해저 케이블은 어느 지점에서 해안과 만나야 하는가?

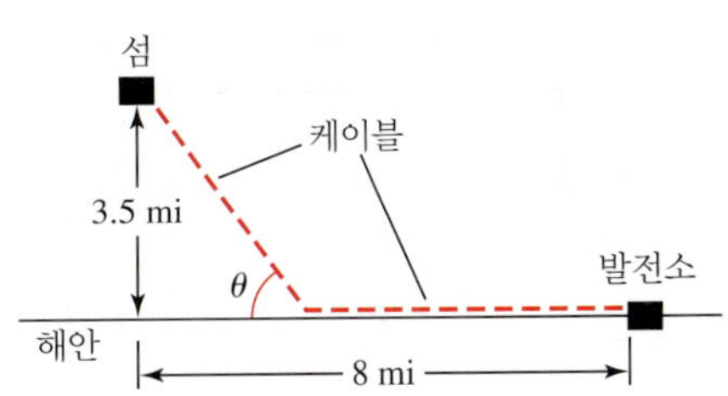

16. **케이블 다시 놓기** 연습문제 15번을 풀되, 이번에는 해저 케이블과 해안 사이의 각 중 더 작은 각도 θ에 대한 비용을 최소화하여라(동일한 답을 얻어야 한다).

17. 가장 짧은 사다리—더 사실적임 8 ft 높이의 울타리가 5 ft만큼 떨어진 집의 벽면에 나란히 뻗어 있다. 울타리에 닿지 않고 지면에서 집까지 이어지는 가장 짧은 사다리의 길이를 구하여라. 집의 수직 벽면의 높이가 20 ft이고, 수평 지면이 울타리에서 20 ft까지 뻗어 있다고 가정하자.

18. 원뿔의 최대 부피 한 원뿔은 반지름이 20인 원형 금속판의 섹터를 자름으로써 제작된다. 그다음 절단 시트를 접어 용접한다(그림 참조). 이 방법으로 형성될 수 있는 최대 부피의 원뿔의 반지름과 높이를 구하여라.

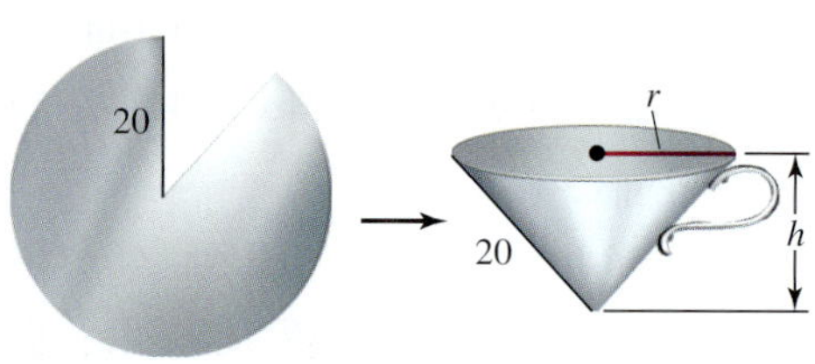

19. 최적의 음료수 캔

a. 고전적인 문제 부피가 354 m^3이고 표면적이 최소인 원통형 음료수 캔의 반지름과 높이를 구하여라.

b. 실생활 문제 a에서 구한 답을 부피가 354 cm^3, 반지름이 3.1 cm, 높이가 12.0 cm인 실제 음료수 캔과 비교하여 실제 음료수 캔의 디자인이 최적으로 보이지 않는다는 결론을 도출하라. 그다음 실제 음료수 캔의 윗면과 아랫면의 두께가 두 배라는 사실을 사용하여 실제 캔의 표면적을 최소화하는 반지름과 높이를 찾아라(윗면과 아랫면의 표면적은 **a**의 두 배이다). 이 치수들이 실제 음료수 캔의 치수에 더 가까운가?

20. 최적의 화원 면적이 30 m^2에 달하는 직사각형 모양의 화원은 두 측면에 1 m, 다른 두 측면에 2 m 너비의 잔디 테두리로 둘러싸여 있다. 화원과 테두리를 합친 면적을 최소화하는 화원의 수치는 얼마인가?

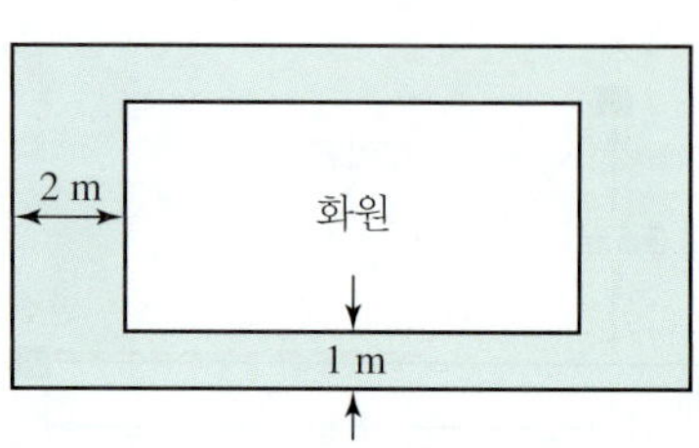

21. 상자 디자인 18″ × 18″ 판지의 모서리 바깥쪽에서 한 변의 길이가 x의 정사각형 두 개를 잘라내고, 나머지 두 모서리에서 길이가 9″, 너비가 x의 직사각형 두 개를 잘라낸 결과, 판지의 조각 및 파선을 따라 접은 상자는 그림과 같다. 이 방식으로 만들 수 있는 가장 큰 상자의 치수와 부피를 구하여라.

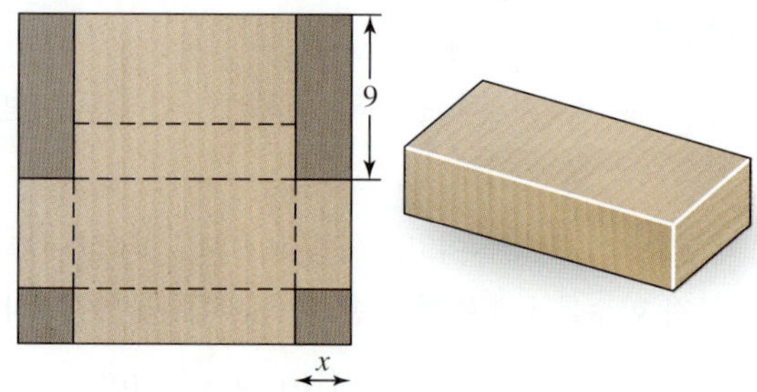

22. 직사각형 유리창에 반원형의 유리창이 겹쳐져 있는 창문이 있다(그림 참조). 창 둘레가 20피트인 경우, 창 면적을 최대화하는 창의 치수를 구하여라.

23. 케플러의 와인통 수학자이자 천문학자인 요하네스 케플러의 두 번째 결혼식에서 몇몇 수학 이야기가 시작되었다. 다음은 그 중 한 가지이다. 결혼식에 마실 와인을 쇼핑하는 동안 케플러는 와인 한 통의 가격이 오직 한 통의 꼭대기 중앙에 있는 구멍을 통해 대각선으로 삽입된 계량봉의 길이 d에 의해서만 결정된다는 것을 발견하였다(그림 참조). 케플러는 이 측정이 와인통의 부피를 결정하지 않으며, 고정된 값 d에 대하여 부피는 와인통의 반지름 r과 높이 h에 따라 달라진다는 것을 깨달았다. 고정된 d의 값으로부터 와인통의 부피를 최대화하는 비율 r/h은 얼마인가?

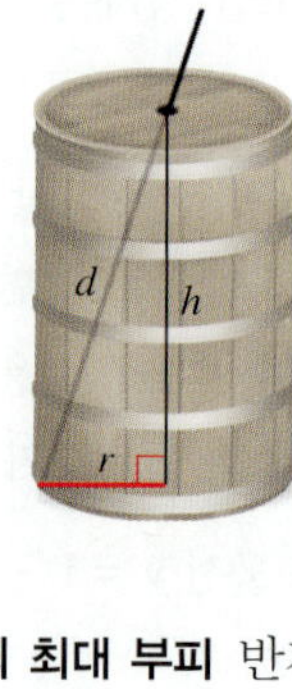

24. 구 안의 실린더의 최대 부피 반지름이 R인 구 안에 들어갈 수

있는 최대 부피의 원형 실린더의 치수를 구하여라.

25. **원뿔 안의 원뿔** 한 직원뿔 안에 부피가 150 cm^3인 직원뿔이 들어가 있다. 원뿔의 축은 일치하고, 안쪽 원뿔의 꼭짓점은 바깥쪽 원뿔의 밑면의 중심에 닿는다. 안쪽 원뿔의 부피를 최대화하는 두 원뿔의 높이의 비율을 구하여라.

26. **여행 비용** 여행 비용에 대한 간단한 모델은 휘발유 가격과 운전자의 급여와 관련되어 있다. 특히 휘발유 가격이 $\$p$/갤런이고 차량이 갤런당 g마일을 주행하며, 운전자의 급여는 $\$w$/hr라 가정한다.

a. 속력에 따라 가스 마일리지(mi/gal)가 어떻게 달라지는지 설명하는 그럴 듯한 함수는 $g(v) = v(85 - v)/60$이다. $g(0)$, $g(40)$, $g(60)$을 계산하고, 이 값이 합리적인 이유를 설명하여라.

b. 가스 마일리지 함수가 최대일 때의 속도는 얼마인가?

c. $C(v) = Lp/g(v) + Lw/v$가 주행 비용을 달러로 나타내는 이유를 설명하여라. 여기서 L은 주행 길이이고 v는 일정한 속력이다. 단위들이 일치함을 보여라.

d. $L = 400$ mi, $p = \$4$/gal, $w = \$20$/hr일 때, 주행 비용을 최소화하려면 주행해야 하는 차량의 (일정한) 속력은 얼마인가?

e. L이 400 mi에서 500 mi로 증가한 경우 **d**와 비교하여 최적의 최적의 속력은 커지는가 작아지는가? 이유를 설명하여라.

f. p가 \$4/gal에서 \$4.20/gal으로 증가하는 경우 **d**와 비교하여 최적의 속력은 커지는가 작아지는가? 이유를 설명하여라.

g. w가 \$20/hr에서 \$15/hr로 감소하는 경우 **d**와 비교하여 최적의 속력은 커지는가 작아지는가? 아니면 줄어드는가? 이유를 설명하여라.

27. **시야각** 평평한 바닥의 강당 한쪽 벽에는 큰 스크린이 있다. 화면의 하단 가장자리는 눈높이보다 3 ft만큼 높으며 상단 가장자리는 눈높이보다 10 ft만큼 높다(그림 참조). 시야각을 최대화하려면 화면에서 얼마나 떨어져 있어야 하는가?

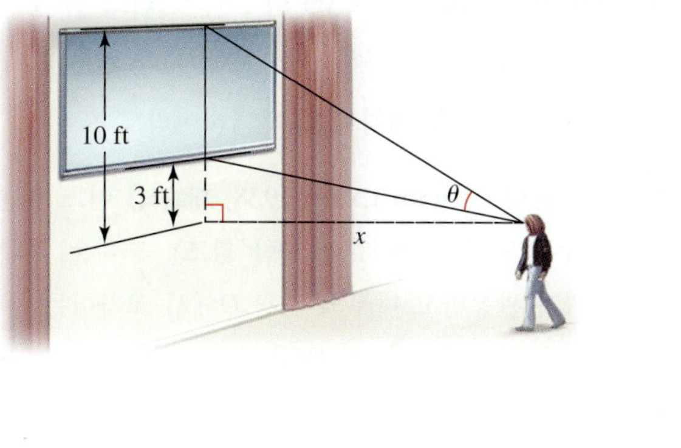

28. **광원** 어느 지점에서 광원의 세기는 광원의 강도에 정비례하고 광원으로부터의 거리의 제곱에 반비례한다. 서로 12 m만큼 떨어진 두 개의 광원에서 하나는 다른 하나의 두 배만큼 강하다. 두 광원을 잇는 선분의 어느 지점에서 세기가 가장 약한가?

29. **페르마의 원리**

a. 높이가 각각 m, n인 두 막대의 수평 거리는 d이다. 밧줄은 한 막대의 꼭대기에서 지면을 거쳐 다른 막대의 꼭대기까지 뻗어 있다. $\theta_1 = \theta_2$일 때 밧줄의 길이가 가장 짧아짐을 보여라(그림 참조).

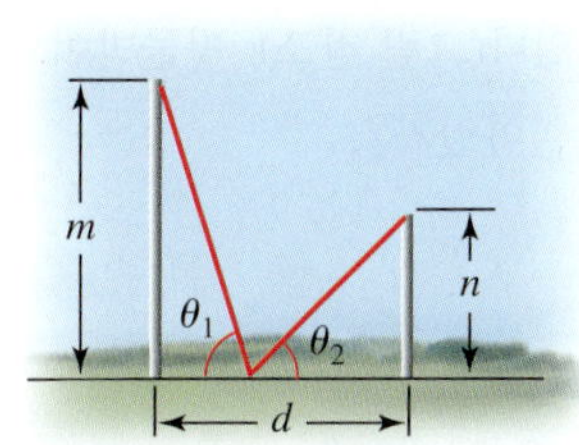

(a)

b. 페르마의 원리는 빛이 동일한 매질의 두 점 사이를 일정한 속도로 이동할 때, 빛이 이동 시간을 최소화하는 경로로 이동한다고 말한다. 소스 A의 빛이 표면에서 반사되어 지점 B에 도달할 때, 입사각은 반사각과 동일함(또는 $\theta_1 = \theta_2$)을 보여라(그림 참조).

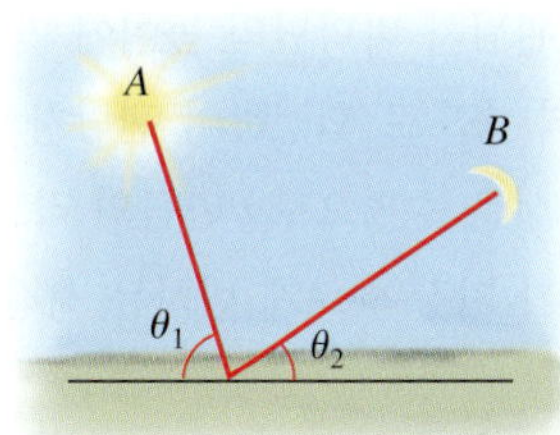

(b)

30. **사일로 만들기** 사일로(큰 탑 모양의 곡식 저장고)는 금속 반구형의 돔으로 덮인 원통형 콘크리트 탑으로 구성된다. (단위 표면적당) 돔의 금속 비용은 콘크리트 비용의 1.5배이다. 사일로의 부피가 750 m^3인 경우, 재료 비용을 최소화하는 사일로의 치수(원통형 타워의 반지름 및 높이)는 얼마인가? 돔의 바닥면과 평평한 천장이 없다고 가정하자.

31. **함수와 관련된 최소화** 물음에 답하여라.

a. 두 상수 a_1, a_2에 대하여 $f(x) = (x - a_1)^2 + (x - a_2)^2$을 최소화하는 x의 값은 얼마인가?

b. 세 상수 a_1, a_2, a_3에 대하여 $f(x) = (x - a_1)^2 + (x - a_2)^2 + (x - a_3)^2$을 최소화하는 x의 값은 얼마인가?

c. **a**와 **b**에서 구한 답을 바탕으로 양의 정수 n과 상수 a_1, a_2, $\cdots$, a_n에 대하여 $f(x) = (x - a_1)^2 + (x - a_2)^2 + \cdots + (x - a_n)^2$을 최소화하는 x의 값에 대하여 추측하여라. 추측을 증명하기 위하여 미적분을 이용하여라(출처: T. Apostal, *Calculus*, Vol. 1, John Wiley and Sons, 1967).

3단계 도전

32. 금속 빗물받이 어느 빗물받이는 폭이 9 in인 금속판으로 만들어진다. 빗물받이는 3 in의 밑면과 3 in의 두 옆면이 있으며, 각도 θ로 접혀 있다(그림 참조). 빗물받이의 옆면적을 최대화하는 각도 θ는 얼마인가?

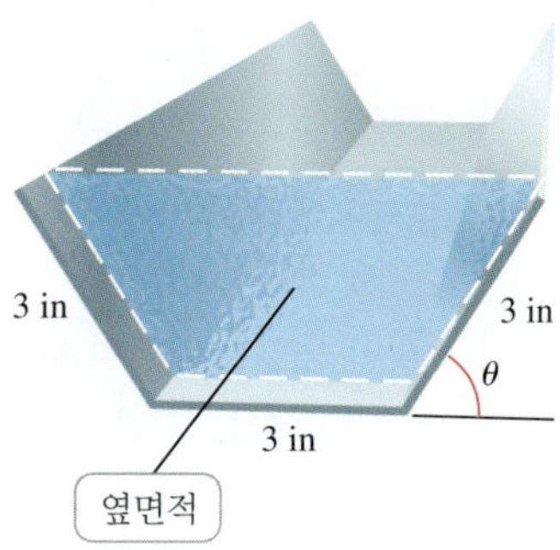

33. 관람차 관람 한 관찰자는 관람차 바닥으로부터 20 m만큼 떨어진 곳에 있으며, 관람차 단면과 직각을 이루는 직선 위에서 관찰자의 눈이 관람차 바닥면의 높이에 맞춰져 있다. 관람차는 π rad/min의 속도로 회전하며 관람차의 특정 좌석에 대한 관찰자의 시선은 수평으로 θ만큼의 각도를 만든다. 한 바퀴 도는 동안 θ가 가장 빠르게 변하는 시간은 언제인가?

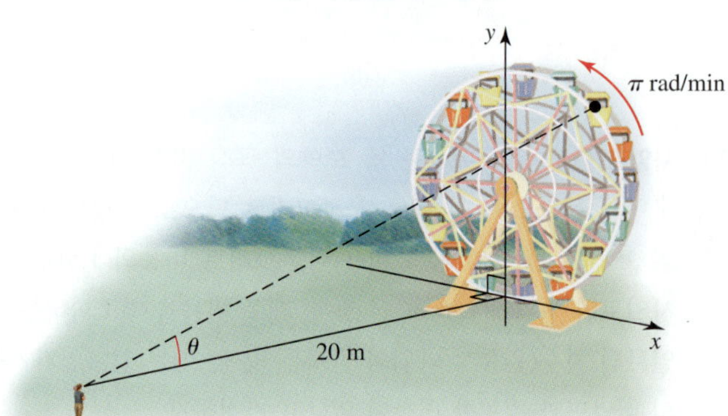

34. 크랭크 축 반지름이 r인 크랭크는 각주파수 ω로 회전하며, 길이가 L의 커넥팅 로드에 의해 피스톤에 연결된다(그림 참조). 피스톤의 가속도는 다음과 같이 변화한다.

$$a(\theta) = \omega^2 r\left(\cos\theta + \frac{r\cos 2\theta}{L}\right)$$

고정된 세 값 ω, L, r에 대하여 피스톤의 가속도가 최대일 때와 최소일 때 $\theta(0 \le \theta \le 2\pi)$의 값을 구하여라.

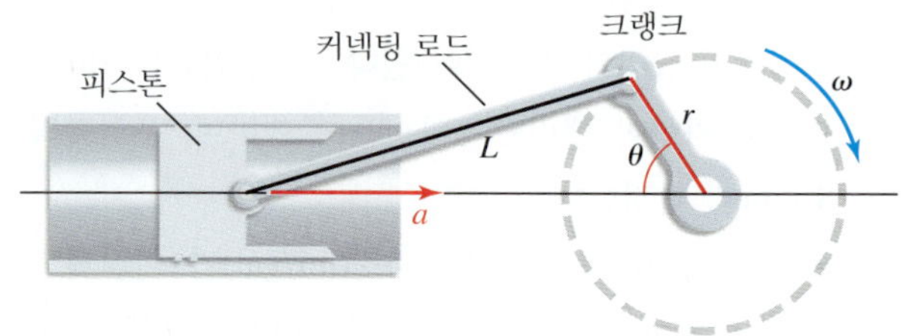

35. 이등변삼각형과의 거리의 합

a. 한 이등변삼각형은 밑변의 길이가 4이고 나머지 두 변의 길이가 $2\sqrt{2}$이다. P를 밑변의 수직이등분선 위의 점이라 하자. P와 세 꼭짓점 사이의 거리의 합을 최소일 때의 위치 P를 구하여라.

b. **a**에서 이등변삼각형의 높이가 $h(h > 0)$이고 밑변의 길이가 4라고 가정하자. 최솟값을 제공하는 P의 위치가 h $(h \ge 2/\sqrt{3})$와 무관함을 보여라.

36. 가장 느린 지름길 기관차가 당신과 1/4 mi만큼 떨어진 철길의 최단거리 지점을 지나기 시작했다. 이 열차는 길이는 1/3 mi이고 20 mi/hr의 속력으로 달리고 있다. 당신이 들판을 가로질러 일직선으로 달리기 시작한다면 기차를 탈 수 있는 최소한의 속력은 얼마인가? 당신은 어느 방향으로 뛰어야 하는가?

37. 원뿔 안의 실린더 원형 실린더는 반지름이 R이고 높이가 H인 원뿔 안에 위치하여 실린더의 밑면이 원뿔의 밑면에 놓인다.

a. 부피가 최대일 때의 실린더의 치수를 구하여라. 구체적으로 실린더의 최대 부피가 원뿔의 부피의 4/9임을 보여라.

b. 측면의 표면적(곡면의 면적)이 최대일 때의 실린더의 치수를 구하여라.

38. 가장 가까운 거리 $y = \sqrt{x}$의 그래프 위의 점 중 점 $(p, 0)$에 가장 가까운 점을 구하여라. 이때 (i) $p > \frac{1}{2}$과 (ii) $0 < p < \frac{1}{2}$의 두 경우에 대하여 각각 답하여라.

39. 나무 노치(Putnam Exam 1938, 재해석) 어느 원통형 나무의 줄기에 노치(홈)가 있다(그림 참조). 노치는 정확히 나무의 축까지 관통하고 나무의 직경 D에서 교차하는 두 개의 반평면으로 이루어진다. 두 반평면이 이루는 각도는 θ이다. 주어

진 나무와 고정된 각도 θ에 대하여 노치의 부피는 직경 D를 통과하는 수평면에 동일한 각도를 이루는 두 경계면을 취함으로써 최소화됨을 증명하여라.

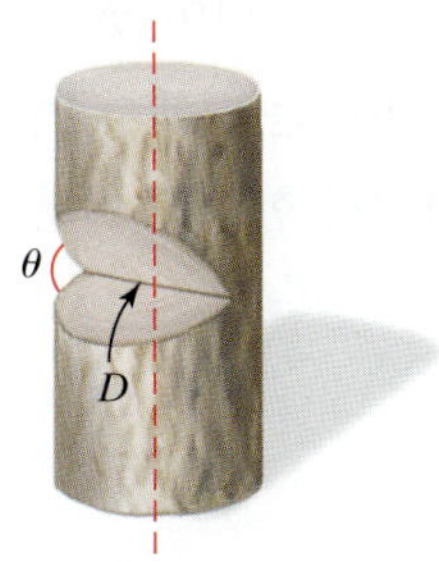

40. 울타리 문제 한 농부가 200 m 길이의 울타리를 사용하여 헛간에 대고 두 개의 삼각형 모양 우리를 만들려고 한다(그림 참조). 이때 우리는 세 면과 대각선으로 분할된 울타리로 구성된다. 우리의 면적이 최대일 때의 우리의 치수는 얼마인가?

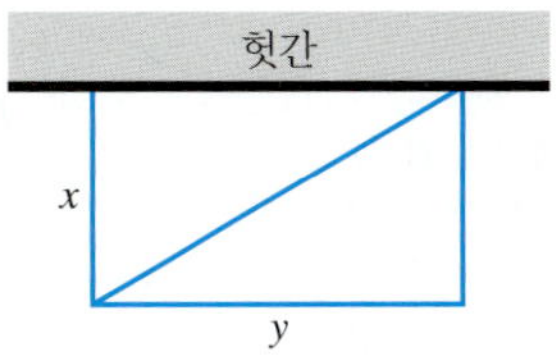

QUICK CHECK 정답

2. (i) $A = 400x - 2x^2$ (ii) $A = 400x - 3x^2$

3. $V = 108w^2 - 2w^3$ ◄

4.6 선형 근사와 미분

그래프 유틸리티를 사용하여 부드러운 곡선을 그린다고 상상해 보자. 이제 곡선 위의 점 P를 선택하고 P에서 곡선에 접하는 직선을 그린 다음 여러 번 확대한다. P 근처에서 곡선을 연속적으로 확대하면 곡선 모양이 점점 더 접선처럼 보일 것이다(그림 4.67(a)). 부드러운 곡선이 확대해서 볼수록 더 곧게 보인다는 이러한 기본적인 관찰을 국소 선형성이라고 한다. 이는 많은 중요한 수학적 아이디어의 기초

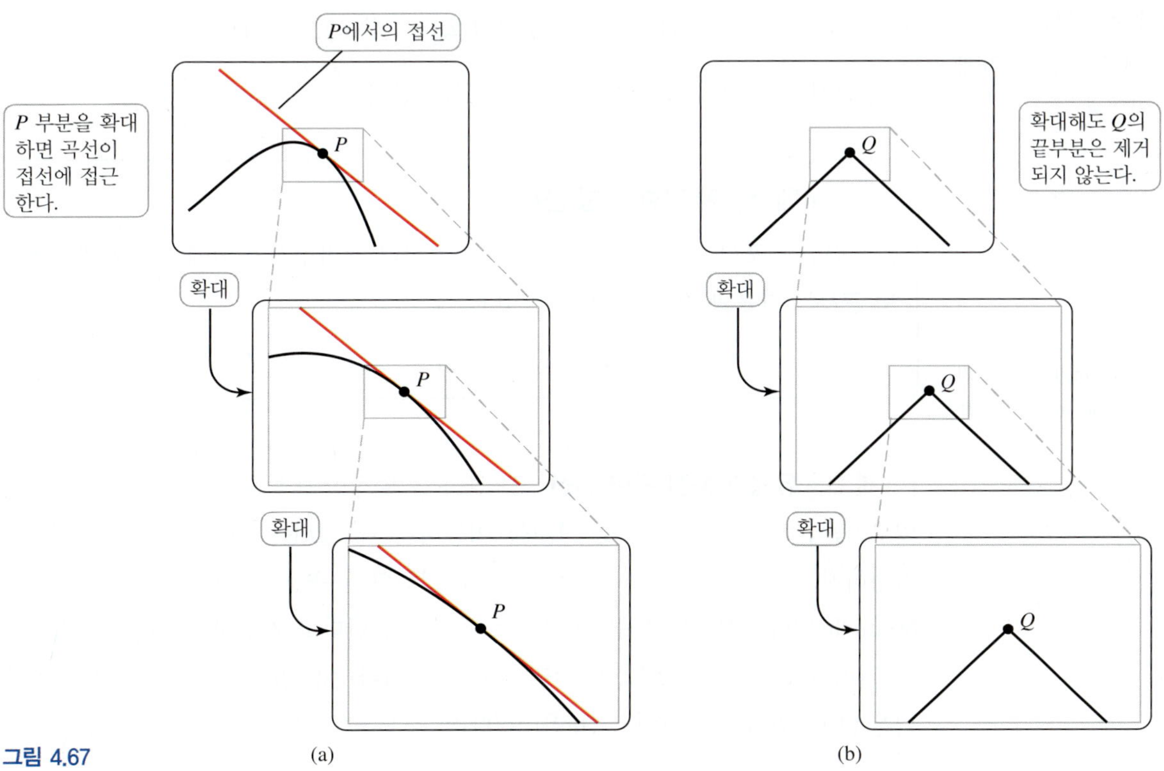

그림 4.67

가 되며, 그 중 하나는 선형 근사(linear approximation)이다.

이제 점 Q가 끝점 또는 첨점인 곡선을 생각해 보자(그림 4.67(b)). 어떻게 확대하더라도 Q에서 곡선이 '직선화'되거나 곡선의 끝점이 제거되지 않는다. P와 Q에서의 서로 다른 동작은 미분가능성의 개념과 관련이 있다. 그림 4.67(a)의 함수는 P에서 미분가능한 반면, 그림 4.67(b)의 함수는 Q에서 미분 불가능하다. 이 절에 제시된 기법의 조건 중 하나는 해당 지점에서 함수를 미분할 수 있어야 한다는 것이다.

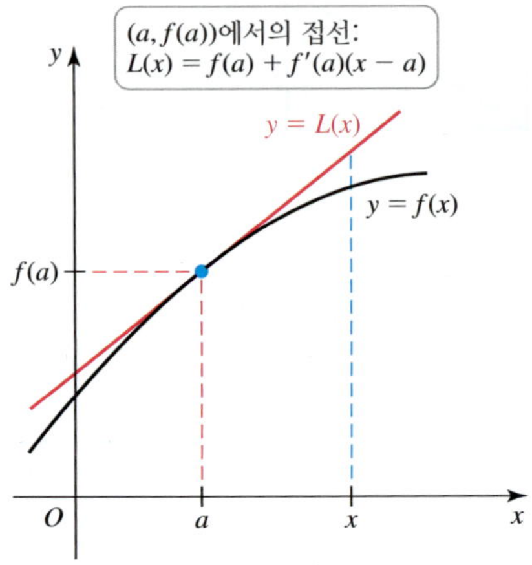

그림 4.68

선형 근사

그림 4.67(a)는 점 P에서 매끄러운 함수의 그래프를 확대하면 곡선이 점 P에서의 접선에 근접한다는 것을 나타낸다. 이는 선형 근사를 이해하는 열쇠이며, P에서 곡선에 접하는 직선을 사용하여 P 근처의 점의 함숫값을 근사화하는 것이다. 절차는 다음과 같다.

f가 점 a를 포함하는 구간에서 미분가능하다고 가정하자. 점 $(a, f(a))$에서 곡선의 접선의 기울기는 $f'(a)$이다. 따라서 접선의 방정식은 다음과 같다.

$$y - f(a) = f'(a)(x - a) \quad \text{또는} \quad y = \underbrace{f(a) + f'(a)(x - a)}_{L(x)}$$

이 접선은 점 a에서 f에 대한 **선형 근사**(linear approximation)라고 부르는 새로운 함수 L을 나타낸다(그림 4.68). a에서 f와 f'이 쉽게 계산된다면 a 근방의 f의 값은 선형 근사 L을 사용하여 쉽게 근사할 수 있다. 이는 다음과 같다.

$$f(x) \approx L(x) = f(a) + f'(a)(x - a)$$

이 근사치는 x가 a에 가까워질수록 정확해진다.

QUICK CHECK 1 점 a를 포함하는 구간에서 위로 오목한 함수 f의 그래프를 그려라. a에서 f의 선형 근사를 그려라. 선형 근사의 그래프는 f의 위에 있는가 아래에 있는가? ◀

정의 a에서 f에 대한 선형 근사

f가 점 a를 포함하는 구간 I에서 미분가능하다고 가정하자. a에서 f에 대한 **선형 근사**는 다음과 같은 선형 함수이다.

$$L(x) = f(a) + f'(a)(x - a), \quad x \in I$$

➤ 예제 1에서 x가 양수이면 60 mi/hr보다 느리게 주행하고, x가 음수이면 60 mi/hr보다 빠르게 주행한다.

| 예제 1 | 유용한 운전 관련 연산 고속도로를 일정한 속도로 주행하고 있으며, 마일로 속력을 측정하는 두 곳 사이를 이동하는 데 걸리는 시간(초)을 기록한다고 가정하자. 1마일을 이동하는 데 60초가 걸린다면 평균 속력은 1 mi/60 s 또는 60 mi/hr이다. 이제 1마일을 $60 + x$초 동안 이동한다고 가정하자. 예를 들어 62초가 걸리면 $x = 2$이고, 57초가 걸리면 $x = -3$이다. 이 경우 1마일 이상의 평균 속력은 (1 mi)/$(60 + x)$s이다. 1hr은 3600s와 같으므로 함수

$$s(x) = \frac{3600}{60 + x} = 3600(60 + x)^{-1}$$

은 60초보다 x초만큼 짧거나 긴 시간 동안 1 mi을 이동할 경우 mi/hr 단위의 평균 속력을 나타낸다. 예를 들어 1마일을 62초 동안 주행하는 경우 $x = 2$이고 평균 속력은 $s(2) \approx 58.06$ mi/hr이다. 1마일을 57초 동안 주행하면 $x = -3$이고 평균 속력은 $s(-3) \approx 63.16$ mi/hr이다. 운전 중에는 계산기를 사용할 수 없기 때문에 이 함수의 쉬운 근사치가 필요하다. 이 공식을 도출하기 위해 선형 근사를 사용해 보자.

풀이 이 아이디어는 점 0에서 s에 대한 선형 근사를 구하는 것이다. 먼저 연쇄법칙을 사용하면 다음을 얻는다.

$$s'(x) = -3600(60 + x)^{-2}$$

이때 $s(0) = 60$, $s'(0) = -3600 \cdot 60^{-2} = -1$이므로 선형 근사 공식을 사용하면 다음이 성립한다.

$$s(x) \approx L(x) = s(0) + s'(0)(x - 0) = 60 - x$$

예를 들어 1마일을 62초 동안 이동하는 경우 $x = 2$이고 평균 속도는 약 $L(2) = 58$ mi/hr로 이전에 주어진 정확한 값에 매우 가깝다. 1마일을 57초 동안 이동하는 경우 $x = -3$이고 평균 속도는 약 $L(-3) = 63$ mi/hr로 역시 정확한 값에 가깝다.

관련 연습문제 7-8번 ◀

QUICK CHECK 2 예제 1에서 75초 동안 1마일을 이동한다고 하자. 선형 근사 공식에 의해 주어진 평균 속력은 얼마인가? 정확한 평균 속력은 얼마인가? 두 값이 다름을 설명하여라. ◀

| 예제 2 | 선형 근사와 오차

a. $x = 1$에서 $f(x) = \sqrt{x}$에 대한 선형 근사를 구하고, $\sqrt{1.1}$의 근삿값을 구하여라.

b. 선형 근사를 이용하여 $\sqrt{0.1}$의 근삿값을 구하여라.

풀이

a. 선형 근사 공식

$$L(x) = f(a) + f'(a)(x - a)$$

에 $f(x) = \sqrt{x}$, $f'(x) = 1/(2\sqrt{x})$, $a = 1$을 대응시켜 $x = 1$에서 $f(x) = \sqrt{x}$를 선형화하자. $f(a) = f(1) = 1$, $f'(a) = f'(1) = \frac{1}{2}$이므로 다음을 얻는다.

$$L(x) = 1 + \frac{1}{2}(x - 1) = \frac{1}{2}(x + 1)$$

이는 점 (1, 1)에서 곡선의 접선이다(그림 4.69).

$x = 1.1$이 $x = 1$에 가까우므로 $L(1.1)$을 통해 $\sqrt{1.1}$을 다음과 같이 근사한다.

$$\sqrt{1.1} \approx L(1.1) = \frac{1}{2}(1.1 + 1) = 1.05$$

정확한 값은 $f(1.1) = \sqrt{1.1} = 1.0488\cdots$이므로 선형 근사의 오차는 약 0.0012이

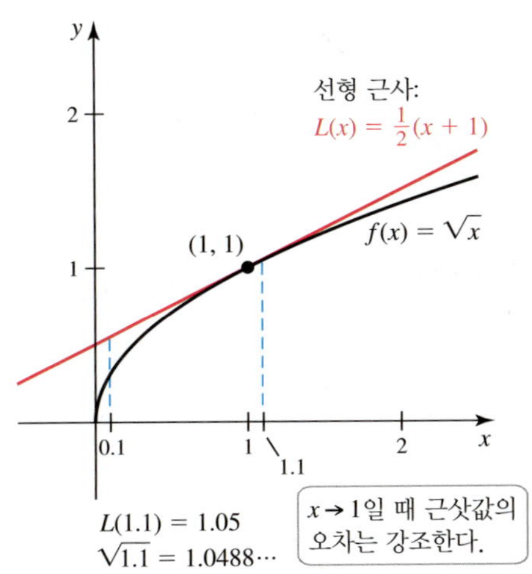

그림 4.69

표 4.4

x	$L(x)$	$\sqrt{x}$의 참값	오차
1.2	1.1	1.0954⋯	4.6×10^{-3}
1.1	1.05	1.0488⋯	1.2×10^{-3}
1.01	1.005	1.0049⋯	1.2×10^{-5}
1.001	1.0005	1.0005⋯	1.2×10^{-7}

다. 또한 접선이 f의 그래프 위에 있으므로 근사치는 **참값보다 크다**. 표 4.4에서 1에 가까운 x에 대하여 $\sqrt{x}$에 대한 몇 가지 근삿값의 오차 $|L(x) - \sqrt{x}|$를 볼 수 있다. x가 1에 가까워질수록 오차는 분명히 감소한다.

b. **a**에서 구한 선형 근사 $L(x) = \frac{1}{2}(x+1)$을 이용하여 $\sqrt{0.1}$의 근삿값을 구하면 다음과 같다.

$$\sqrt{0.1} \approx L(0.1) = \frac{1}{2}(0.1 + 1) = 0.55$$

계산기로 참값을 계산하면 $\sqrt{0.1} = 0.3162\cdots$이므로 근삿값이 크게 벗어났음을 알 수 있다. 오차는 $x = 0.1$에서 점 (1, 1)의 곡선의 접선이 곡선과 가깝지 않기 때문에 발생한다(그림 4.69). 이러한 이유로 $x = 0.1$에 가까운 다른 값 a를 찾은 다음 $f(a)$, $f'(a)$를 계산한다. $a = 0$을 시도해 보는 것도 좋지만 $f'(0)$이 정의되지 않는다. 가장 좋은 방법 중 하나는 $a = \frac{9}{100} = 0.09$인 경우이다. 선형 근사 $L(x) = f(a) + f'(a)(x - a)$를 이용하면 다음을 얻는다.

➤ 0.1에 가깝고 제곱근을 계산하기 쉽기 때문에 $a = \frac{9}{100}$를 선택한다.

$$\begin{aligned}\sqrt{0.1} \approx L(0.1) &= \overbrace{\sqrt{\frac{9}{100}}}^{f(a)} + \overbrace{\frac{1}{2\sqrt{9/100}}}^{f'(a)}\overbrace{\left(\frac{1}{10} - \frac{9}{100}\right)}^{(x-a)}\\ &= \frac{3}{10} + \frac{10}{6}\left(\frac{1}{100}\right)\\ &= \frac{19}{60} \approx 0.3167\end{aligned}$$

이 근삿값은 참값의 소수점 세 자리까지 정확히 일치한다.

관련 연습문제 19번 ➤

QUICK CHECK 3 $\sqrt{0.18}$의 값을 구하기 위해 선형 근사를 사용한다고 하자. a를 무엇으로 선택하는 것이 좋을까? ➤

| 예제 3 | 사인함수의 선형 근사 $x = 0$일 때 $f(x) = \sin x$에 대한 선형 근사를 구하여 $\sin 2.5°$의 근삿값을 구하여라.

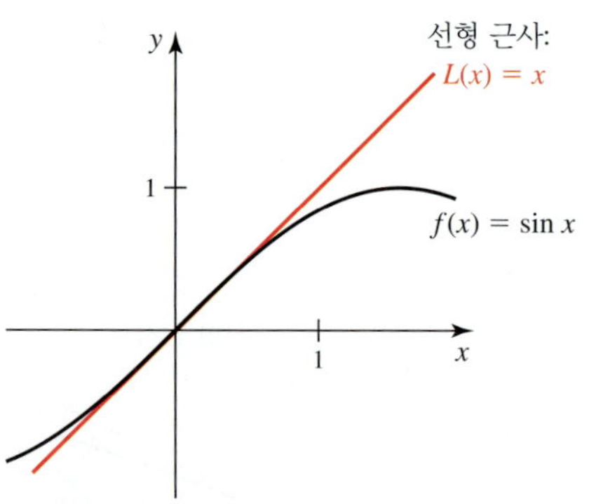

그림 4.70

풀이 선형 근사 $L(x) = f(a) + f'(a)(x - a)$에 $f(x) = \sin x$, $a = 0$을 적용해 보자. $f(0) = 0$, $f'(0) = \cos 0 = 1$이므로 다음을 얻는다.

$$L(x) = 0 + 1(x - 0) = x$$

다시 말하지만 위 선형 근사는 점 (0, 0)에서 곡선에 접하는 선이다(그림 4.70). $L(x)$를 사용하여 $\sin 2.5°$를 근사하기 전에 라디안으로 변환해야 한다.

$$2.5° = 2.5°\left(\frac{\pi}{180°}\right) = \frac{\pi}{72} \approx 0.04363 \text{ rad}$$

따라서 $\sin 2.5° \approx L(0.04363) = 0.04363$이다. 계산기를 이용하면 $\sin 2.5° \approx 0.04362$이며, 이 근삿값은 참값의 소수점 아래 네 자리까지 정확히 일치한다. ➤

예제 2와 예제 3에서는 계산기를 사용하여 근삿값의 정확성을 확인했다. 이는 다음과 같은 의문을 제기한다. 계산기가 더 정확한 값을 도출하는데 왜 선형 근사에 신경을 써야 하는가? 그 질문에 대한 몇 가지 좋은 답이 있다.

선형 근사는 사실 **다항함수 근사**(polynomial approximation)의 첫 번째 단계일 뿐이다. 선형 근사는 x가 a에 가까울 때 함숫값을 충분히 추정하는 반면, 일반적으로 차수가 높은 다항함수를 사용하면 더 잘 근사할 수 있다. 이러한 아이디어는 10장에서 자세히 탐구한다.

선형 근사는 또한 복잡한 함수에 대한 간단한 근사를 발견할 수 있게 해 준다. 예제 3에서 **작은 각도에 대한 사인함수의 근사치**, 즉 0에 가까운 x에 대하여 $\sin x \approx x$임을 발견했다.

QUICK CHECK 4 $x = 0$에서 $f(x) = \cos x$의 선형 근사는 $L(x) = 1$임을 설명하여라. ◀

선형 근사와 오목성

그림의 오목성을 통해 선형 근사에 대한 추가적인 통찰력을 얻을 수 있다. 그림 4.71(a)는 점 $(a, f(a))$에서 함수 f와 그 선형 근사(접선)의 그래프를 보여 준다. 이 경우 f는 a를 포함하는 구간에서 위로 오목하고, L의 그래프는 a 근방의 f의 그래프 아래에 위치한다. 그 결과 a 근방의 한 지점에서 계산된 선형 근사는 그 지점에서 f의 정확한 함숫값보다 작다. 즉, 선형 근사는 a 근방의 f의 **참값보다 작다**(underestimate)는 것을 의미한다.

이와 대비되는 경우는 그림 4.71(b)에서 볼 수 있는데, 여기서 f가 a를 포함하는 구간에서 아래로 오목할 때 f와 L의 그래프를 볼 수 있다. 이제 L의 그래프는 f의 그래프 위에 놓여 있는데, 이는 선형 근사가 a 근방에 있는 f의 **참값보다 크다**(overestimate)는 것을 의미한다.

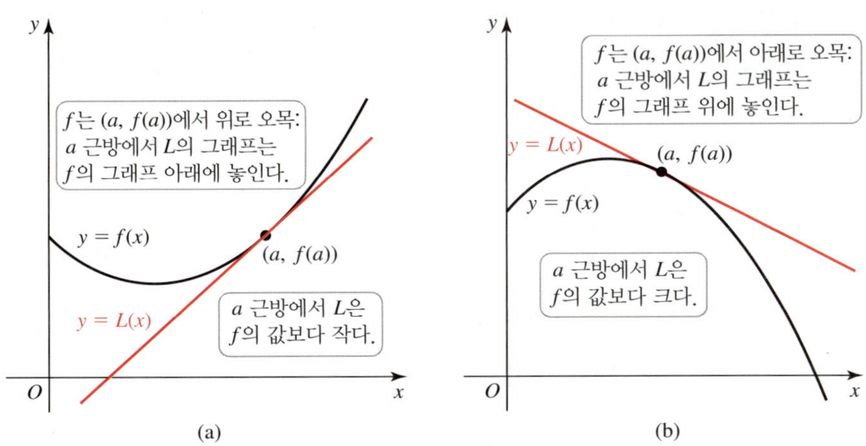

그림 4.71

오목성의 정도(**곡률**이라고도 함)와 관련된 또 다른 관찰을 할 수 있다. $|f''(a)|$의 값이 크다는 것(곡률이 큼) $(a, f(a))$ 근방에서 곡선의 기울기가 빠르게 변하고, f의 그래프가 접선으로부터 빠르게 분리됨을 나타낸다. $|f''(a)|$의 값이 작다는 것(곡률이 작음)은 $(a, f(a))$ 근방에서 곡선의 기울기가 천천히 변하고 있음을 의미

한다. 즉, 곡선은 $(a, f(a))$ 근방에서 비교적 평평하므로 곡선은 접선에 가깝게 유지된다. 따라서 $|f''(a)|$가 클 때 선형 근사의 절대 오차가 커진다.

| 예제 4 | 선형 근사와 오목성

a. $x = 1$, $x = 27$에서 $f(x) = x^{1/3}$에 대한 선형 근사를 구하여라.

b. **a**의 선형 근사를 이용하여 $\sqrt[3]{2}$, $\sqrt[3]{26}$의 근삿값을 구하여라.

c. **b**의 근삿값은 참값보다 큰가 작은가?

d. **b**의 각 근삿값의 오차를 계산하여라. 어떤 오차가 더 큰가? 이유를 설명하여라.

풀이

a.
$$f(1) = 1,\ f(27) = 3,\ f'(x) = \frac{1}{3x^{2/3}},\ f'(1) = \frac{1}{3},\ f'(27) = \frac{1}{27}$$

이므로 $x = 1$에서 선형 근사는

$$L_1(x) = 1 + \frac{1}{3}(x - 1) = \frac{1}{3}x + \frac{2}{3}$$

이고, $x = 27$에서 선형 근사는 다음과 같다.

$$L_2(x) = 3 + \frac{1}{27}(x - 27) = \frac{1}{27}x + 2$$

b. **a**의 결과를 이용하면 다음을 얻는다.

$$\sqrt[3]{2} \approx L_1(2) = \frac{1}{3}\cdot 2 + \frac{2}{3} = \frac{4}{3} \approx 1.333,$$

$$\sqrt[3]{26} \approx L_2(26) = \frac{1}{27}\cdot 26 + 2 \approx 2.963$$

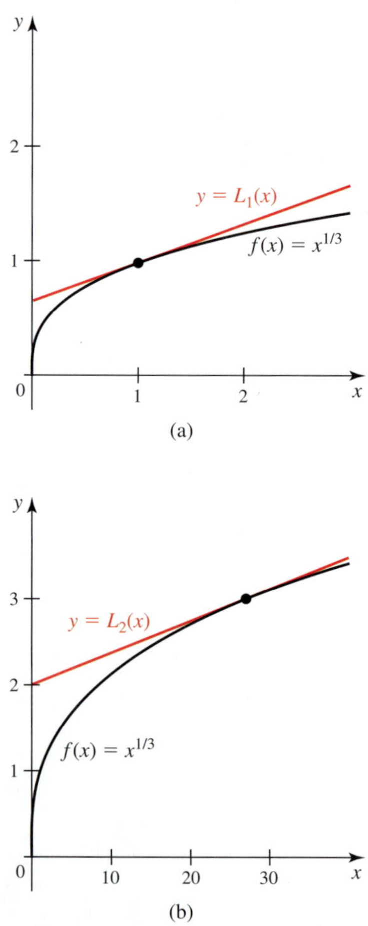

그림 4.72

c. 그림 4.72는 f와 $x = 1$, $x = 27$에서 f에 대한 선형 근사 L_1, L_2의 그래프를 보여 준다(x축의 서로 다른 값에 주목한다). f가 임의의 서로 다른 두 점에서 아래로 오목하다는 것을 알 수 있는데, 이는 다음을 통해 알 수 있다.

$$f''(x) = -\frac{2}{9}x^{-5/3} < 0, \quad x > 0$$

그 결과 선형 근사의 그래프는 f의 그래프 위에 있고, 두 근사는 참값보다 크다.

d. 두 선형 근사의 오차는 다음과 같다.

$$|L_1(2) - 2^{1/3}| \approx 0.073, \quad |L_2(26) - 26^{1/3}| \approx 0.00047$$

$|f''(1)| \approx 0.22$, $|f''(27)| \approx 0.00091$이므로 f의 곡률은 $x = 27$에서보다 $x = 1$에서 더 크며, 이는 $\sqrt[3]{26}$의 근삿값이 $\sqrt[3]{2}$의 근삿값보다 더 정확한 이유를 설명해 준다.

관련 연습문제 27-28번 ◀

선형 근사의 변형 선형 근사는 고정점 a와 a 근방의 점 x에 대하여 함수 f를

$$f(x) \approx f(a) + f'(a)(x - a)$$

로 근사할 수 있다고 말한다. 이 식을 다음과 같이 쓸 수 있다.

$$\underbrace{f(x) - f(a)}_{\Delta y} \approx f'(a)\underbrace{(x - a)}_{\Delta x}$$

변화량을 나타내기 위해 Δ(그리스어 대문자 델타)라는 표기법을 사용한다. $x - a$는 a와 a 근방의 점 x에 대한 x의 변화량이다. 마찬가지로 $f(x) - f(a)$는 y의 변화량이다(그림 4.73). 그래서 이 근사를 다음과 같이 쓴다.

$$\Delta y \approx f'(a)\,\Delta x$$

즉, y(함숫값)의 변화량는 x의 해당 변화량에 의해 $f'(a)$의 인수로 확대되거나 축소될 수 있다. 이 해석은 $f'(a)$가 x의 변화량에 대한 y의 변화량 비율이라는 친숙한 사실을 나타낸다.

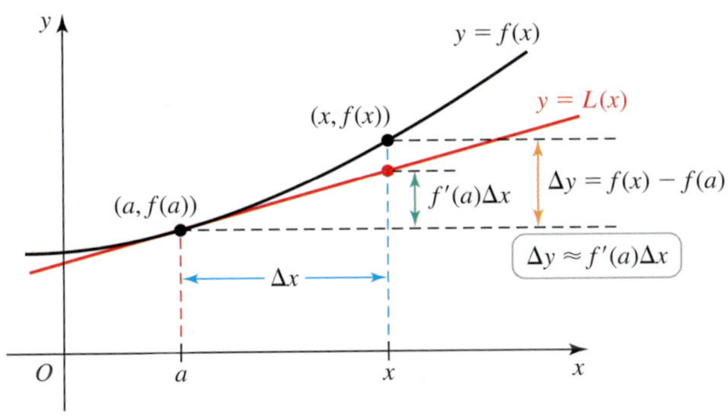

그림 4.73

> **Δx와 Δy의 관계**
>
> f가 점 a를 포함하는 구간 I에서 미분가능하다고 가정하자. I의 두 점 a, $a + \Delta x$ 사이의 f의 변화량은 근사적으로 다음과 같다.
>
> $$\Delta y \approx f'(a)\Delta x$$

| 예제 5 | 선형 근사를 이용한 변화량 추정

a. x가 1.00에서 1.05로 변할 때, $y = f(x) = x^9 - 2x + 1$의 변화량을 근사하여라.

b. 구형 열기구의 반지름이 4 m에서 3.9 m로 감소할 때, 열기구의 표면적의 변화량을 근사하여라.

풀이

a. y의 변화량은 $\Delta y \approx f'(a)\Delta x$이고, 여기서 $a = 1$, $\Delta x = 0.05$, $f'(x) = 9x^8 - 2$이다. 이 값을 대입하면 다음을 얻는다.

$$\Delta y \approx f'(a)\,\Delta x = f'(1)\cdot 0.05 = 7\cdot 0.05 = 0.35$$

x가 1.00에서 1.05로 증가하면 y는 약 0.35만큼 증가한다.

▶ 이러한 계산의 단위는 일괄적이다. r의 단위가 미터(m)이면 S'의 단위가 $m^2/m = m$이고 ΔS의 단위는 m^2이다.

QUICK CHECK 5 구의 부피가 $V = 4\pi r^3/3$이 주어진 경우 반지름이 a에서 $a + \Delta r$로 변할 때, 부피의 대략적인 변화량에 대한 식을 구하여라. ◀

b. 구의 표면적은 $S = 4\pi r^2$이므로 반지름이 Δr만큼 변화할 때의 표면적의 변화량은 $\Delta S \approx S'(a)\,\Delta r$이다. $S'(r) = 8\pi r$, $a = 4$, $\Delta r = -0.1$을 대입하면 표면적의 대략적인 변화량은 다음과 같다.

$$\Delta S \approx S'(a)\,\Delta r = S'(4)\cdot(-0.1) = 32\pi\cdot(-0.1) \approx -10.05$$

즉, 표면적의 변화량은 약 $-10.05\ \mathrm{m}^2$이다. 이는 음수이므로 표면적의 감소를 의미한다.

관련 연습문제 31, 33번 ◀

요약 선형 근사 이용

- $x = a$ 근방에서 f를 근사하려면 다음을 이용한다.

$$f(x) \approx L(x) = f(a) + f'(a)(x - a)$$

- 독립변수 x가 a에서 $a + \Delta x$로 변할 때 종속변수의 변화량 Δy를 근사적으로 구하려면 다음을 이용한다.

$$\Delta y \approx f'(a)\,\Delta x$$

미분

이제 관련된 두 가지 양을 구별할 수 있는 중요한 개념을 소개한다.

- x가 a에서 $a + \Delta x$로 변화함에 따라 함수 $y = f(x)$의 변화량(Δy)
- x가 a에서 $a + \Delta x$로 변화함에 따라 선형 근사 $y = L(x)$의 변화량(**미분소**라 부르는 dy)

a를 포함하는 구간에서 미분가능한 함수 $y = f(x)$를 생각해 보자. x좌표가 a에서 $a + \Delta x$로 변하면 해당 함수의 변화량은 정확히

$$\Delta y = f(a + \Delta x) - f(x)$$

이다. 선형 근사 $L(x) = f(a) + f'(a)(x - a)$를 사용하면 x가 a에서 $a + \Delta x$로 변할 때 L의 변화량은 다음과 같다.

$$\begin{aligned}\Delta L &= L(a + \Delta x) - L(a)\\ &= \underbrace{(f(a) + f'(a)(a + \Delta x - a))}_{L(a+\Delta x)} - \underbrace{(f(a) + f'(a)(a - a))}_{L(a)}\\ &= f'(a)\,\Delta x\end{aligned}$$

Δy와 ΔL을 구별하기 위해 **미분소(differential)**라 부르는 두 개의 새로운 변수를 정의한다. 미분소 dx는 단순히 Δx이고 미분소 dy는 선형 근사의 변화이며, 이는 $\Delta L = f'(a)\Delta x$이다. 이 표기법을 사용하면 다음을 얻는다.

$$\Delta L = \underbrace{dy}_{\Delta L\text{과 동일}} = f'(a)\,\Delta x = f'(a)\,\underbrace{dx}_{\Delta x\text{와 동일}}$$

따라서 점 a에서 $dy = f'(a)dx$이다. 고정점 a를 변수 점 x로 대체해서 다음과 같이 일반화하여 쓴다.

$$dy = f'(x)\,dx$$

정의 미분소

f가 x를 포함하는 구간에서 미분가능하다고 하자. x의 작은 변화는 **미분소** dx로 나타낸다. f의 해당 변화는 **미분소** $dy = f'(x)dx$이며, 이는 다음과 같이 근사된다.

$$\Delta y = f(x + dx) - f(x) \approx dy = f'(x)\,dx$$

그림 4.74는 $\Delta x = dx$가 작을 경우 Δy의 변화는 dy인 선형 근사의 변화에 의해 잘 근사된다는 것을 보여 준다. 또한 dx가 0에 가까워질수록 $\Delta y \approx dy$로 근사된다. 미분 표기법은 도함수에 대한 표기법과 일치한다. 즉, $dy = f'(x)$의 양변을 dx로 나누면 다음을 얻는다.

▶ 미적분학의 두 공동 발명가 중 한 명인 라이프니츠는 미적분학의 발전에서 미분소의 개념에 의존했다. 라이프니츠의 미분소에 대한 표기법은 오늘날 우리가 사용하는 표기법과 본질적으로 같다. 당시 아일랜드의 철학자 버클리 주교는 미분소를 '사라진 양의 유령'이라고 불렀다.

$$\frac{dy}{dx} = \frac{f'(x)\,dx}{dx} = f'(x)$$

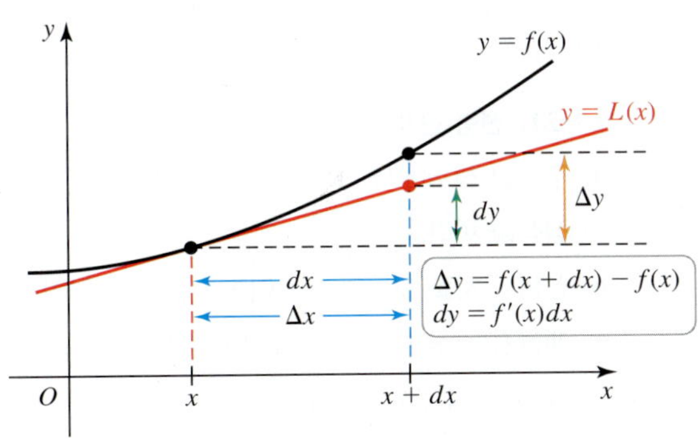

그림 4.74

| 예제 6 | 변화에 따른 미분소 미분소 표기법을 사용하여 작은 변화량 dx가 주어졌을 때 $f(x) = 3\cos^2 x$의 대략적인 변화량을 구하여라.

풀이 $f(x) = 3\cos^2 x$일 때, $f'(x) = -6\cos x \sin x = -3\sin 2x$이다. 따라서 다음과 같다.

▶ $\sin 2x = 2\sin x \cos x$임에 주목하자.

$$dy = f'(x)\,dx = -3\sin 2x\,dx$$

이는 독립변수 x의 작은 변화량 dx가 종속변수 $dy = -3\sin 2x\,dx$의 대략적인 변화량을 생성함을 나타낸다. 예를 들어 x가 $x = \pi/4$에서 $x = \pi/4 + 0.1$로 증가하

면 $dx = 0.1$이고

$$dy = -3\sin(\pi/2)(0.1) = -0.3$$

이다. 즉, 함수의 대략적인 변화량은 -0.3이며, 이는 약 0.3만큼 감소함을 의미한다.

관련 연습문제 38번 ◀

4.6절 연습문제

1단계 스타트

1. 부드러운 함수 f의 그래프를 그린 다음 곡선 위의 점 $P(a, f(a))$를 나타내어라. P에서 f에 대한 선형 근사를 나타내는 직선을 그려라.

2. f와 f'이 쉽게 계산되는 점 근방에서 함숫값을 근사하기 위해 선형 근사가 어떻게 사용되는가?

3. f가 $(-\infty, \infty)$에서 미분가능하고, $f(1) = 2$, $f'(1) = 3$이라 하자. $x = 1$에서 f에 대한 선형 근사를 구한 다음 $f(1.1)$의 값을 계산하여라.

4. $f(4) = 3$, $f'(4) = 2$와 선형 근사를 이용하여 $f(3.85)$의 근삿값을 구하여라.

5. 정의역에서 미분가능한 함수 f에 대하여 미분 dx와 미분 dy 사이의 관계를 쓰고 설명하여라.

6. f가 $(-\infty, \infty)$에서 미분가능하고 $f(5.01) - f(5) = 0.25$일 때, 선형 근사를 사용하여 $f'(5)$의 값을 추정하여라.

2단계 실전

7–8. 속도 추정 예제 1의 선형 근사를 이용하여 다음 물음에 답하여라.

7. 1마일을 59초 동안 이동한다면 평균 속력은 약 얼마인가? 정확한 속력은 얼마인가?

8. 1마일을 63초 동안 이동한다면 평균 속력은 약 얼마인가? 정확한 속력은 얼마인가?

9–12. 예상 시간 D마일을 $(60 + x)$ mi/hr의 일정한 속력으로 이동하려고 한다. 여기서 x는 양수 또는 음수일 수 있다. D마일을 주행하는 데 필요한 시간(분)은 $T(x) = 60D(60 + x)^{-1}$이다.

9. 점 $x = 0$에서 T에 대한 선형 근사가 $T(x) \approx L(x) = D\left(1 - \frac{x}{60}\right)$임을 보여라.

10. 연습문제 9번의 결과를 이용하여 45마일을 62 mi/hr로 주행하는 데 걸리는 시간의 근삿값을 구하여라. 정확한 소요 시간은 얼마인가?

11. 연습문제 9번의 결과를 이용하여 80마일을 57 mi/hr로 주행하는 데 걸리는 시간의 근삿값을 구하여라. 정확한 소요 시간은 얼마인가?

12. 연습문제 9번의 결과를 이용하여 93마일을 63 mi/hr로 주행하는 데 걸리는 시간의 근삿값을 구하여라. 정확한 소요 시간은 얼마인가?

13–15. 선형 근사 주어진 점 a에서 다음 함수에 대한 선형 근사를 구하여라.

13. $f(x) = 4x^2 + x,\ a = 1$ **14.** $g(t) = \sqrt{2t + 9},\ a = -4$

15. $f(x) = e^{3x-6},\ a = 2$

16–21. 선형 근사

a. 주어진 점 a에서 다음 함수에 대한 선형 근사를 나타내는 선형 방정식을 써라.

b. 선형 근사를 사용하여 주어진 양을 추정하여라.

c. 계산기로 구한 참값에 대하여 백분율 오차, 즉 $100\,|$근삿값 $-$ 참값$|\,/\,|$참값$|$을 계산하여라.

16. $f(x) = 12 - x^2,\ a = 2,\ f(2.1)$

17. $f(x) = \ln(1 + x),\ a = 0,\ f(0.9)$

18. $f(x) = \cos x,\ a = 0,\ f(-0.01)$

19. $f(x) = (8 + x)^{-1/3},\ a = 0,\ f(-0.1)$

20. $f(x) = 1/(x+1),\ a = 0,\ 1/1.1$

21. $f(x) = e^{-x},\ a = 0,\ e^{-0.03}$

22–26. 선형 근사를 사용한 추정치 선형 근사를 사용하여 다음 양을 추정하여라. 오차가 작도록 하는 a 값을 선택하여라.

22. $1/203$ **23.** $\sqrt{146}$

24. ln 1.05 **25.** $e^{0.06}$

26. $1/\sqrt[3]{510}$

27–28. 선형 근사와 오목성 주어진 함수와 점 a에 대하여 다음 단계를 수행하여라.

a. 점 a에서 함수 f에 대한 선형 근사 L을 구하여라.

b. 동일한 좌표평면에 f와 L의 그래프를 그려라.

c. **b**의 그래프에 기초하여 $x = a$ 근방에서 f에 대한 선형 근사가 참값보다 작은지 큰지 기술하여라.

d. $f''(a)$를 계산하여 **c**의 결론을 확인하여라.

27. $f(x) = \frac{2}{x}$, $a = 1$ **28.** $f(x) = e^{-x}$, $a = \ln 2$

29. 주행 속도 오류 예제 1의 평균 속력 $s(x)$와 선형 근사 $L(x)$를 다시 고려해 보자. $s(x)$를 근사하는 $L(x)$의 오차는 $E(x) = |L(x) - s(x)|$로 주어진다. 그래프 유틸리티를 사용하여 $E(x)$ $(E(x) \le 1)$의 값을 결정하여라. 이 구간에서 $L(x)$가 추정한 평균 속력의 정확성에 대하여 어떤 결론을 내릴 수 있는가?

30. 참 또는 거짓 다음 명제가 참이면 증명하고 거짓이면 반례를 들어라.

a. $x = 0$에서 $f(x) = x^2$에 대한 선형 근사는 $L(x) = 0$이다.

b. $x = 0$에서의 선형 근사는 $f(x) = |x|$에 대한 좋은 근삿값을 제공한다.

c. $f(x) = mx + b$의 경우, 임의의 점에서 f에 대한 선형 근사는 $L(x) = f(x)$이다.

d. $x = e$ 근방에서 $\ln x$의 값을 추정하기 위해 선형 근사를 사용하는 경우, 근삿값은 참값보다 크다.

31–33. 변화량의 근사

31. 구의 반지름이 $r = 5$ ft에서 $r = 5.1$ ft로 변할 때, 구의 부피 $\left(V(r) = \frac{4}{3}\pi r^3\right)$의 변화량을 근사하여라.

32. 직원기둥 실린더의 높이가 $h = 12$ cm에서 $h = 11.9$ cm로 변할 때, 고정된 반지름 $r = 20$ cm에 대하여 실린더의 부피 $(V(h) = \pi r^2 h)$의 변화량을 근사하여라.

33. 직원뿔의 반지름이 $r = 10$ m에서 $r = 9.9$ m로 감소할 때, 고정된 높이 $h = 6$ m에 대하여 직원뿔의 옆면적($S = \pi r\sqrt{r^2 + h^2}$)의 변화량을 근사하여라.

34–38. 미분 다음 함수에 대하여 x의 작은 변화량과 그에 대응하는 y의 변화량 사이의 관계를 $dy = f'(x)\,dx$ 형태로 표현하여라.

34. $f(x) = 2x + 1$ **35.** $f(x) = \frac{1}{x^3}$

36. $f(x) = 2 - a\cos x$, a는 상수

37. $f(x) = 3x^3 - 4x$ **38.** $f(x) = \tan x$

3단계 도전

39. 근사치 오류 $x = 8$에서 $f(x) = \sqrt[3]{x}$에 대한 선형 근사를 구하고, 해당 근삿값을 구하여라. 그다음 다양한 근삿값으로 오차를 보여 주는 다음 표를 완성하여라. 계산기로 참값을 구하여라. 백분율 오차는 100 | 근삿값 − 참값 | / | 참값 |이다. x가 8에 가까워짐에 따른 오차에 대하여 설명하여라.

x	선형 근사	정확한 값	백분율 오차
8.1			
8.01			
8.001			
8.0001			
7.9999			
7.999			
7.99			
7.9			

40. 선형 근사 및 2계 도함수 $f(1) = f'(1) = f''(1) = 1$을 만족하는 함수 f의 그래프를 그려라. 점 (1, 1)에서 함수 f에 대한 선형 근사를 그려라. 그다음 $g(1) = g'(1) = 1$, $g''(1) = 10$을 만족하는 함수 g의 그래프를 그려라(2계 도함수를 정확하게 나타낼 수는 없지만 $f''(1)$이 $g''(1)$에 비해 상대적으로 작다는 것을 그래프에 반영해야 한다). 이제 선형 근사가 $f(1, 1)$과 $g(1, 1)$의 근삿값에 사용된다고 가정하자.

a. $x = 1$ 근방에서 더 정확한 선형 근삿값을 갖는 함수는 무엇이며, 그 이유는 무엇인가?

b. 점 a 근방의 f에 대한 선형 근삿값의 오차가 $f''(a)$의 크기에 비례하는 이유를 설명하여라.

QUICK CHECK 정답

1. a 근방에서 선형 근사는 f의 그래프보다 아래에 놓인다.
2. $L(15) = 45$, $s(15) = 48$, $x = 15$는 0 근방이 아니다.
3. $a = 0.16$ **4.** $f(0) = 1$, $f'(0) = 0$이므로 $L(x) = 1$(이는 (0, 1)에서 $y = \cos x$의 접선이다). **5.** $\Delta V \approx 4\pi a^2 \Delta r$ ◀

4.7 로피탈 법칙

2장에서 극한에 대한 학습은 완료됐지만 완전하지는 않았다. **부정형**(indeterminate form)이라 부르는 일부 극한은 일반적으로 2장에 제시된 기법으로 구할 수 없다. 이러한 극한은 실생활에서 발생하는 더 흥미로운 극한인 경향이 있다. **로피탈 법칙**(L'Hôpital's Rule)이라 부르는 강력한 결과는 이 극한을 상대적으로 쉽게 구할 수 있게 해 준다.

다음은 부정형이 어떻게 등장하는지 보여 준다. f가 점 a에서 $\lim_{x\to a} f(x) = f(a)$를 만족하는 **연속함수**이면 $f(a)$를 계산하여 극한을 구할 수 있다. 하지만 대체적으로 구할 수 없는 극한인 경우가 많다. 사실 3.5절에서 이러한 극한에 직면했던 적이 있다.

$$\lim_{x\to 0} \frac{\sin x}{x} = 1$$

$(\sin x)/x$에 $x = 0$을 대입하면 0/0이므로 값이 정의되지 않는다. 그러나 앞에서 $(\sin x)/x$가 $x = 0$에서 1의 극한값을 갖는다는 것을 증명했다(정리 3.10). 이 극한은 **부정형**의 한 예이다. 즉, $\lim_{x\to 0} \frac{\sin x}{x}$는 $x \to 0$일 때 분모와 분자 모두 0에 접근한다.

부정형의 의미는 $\lim_{x\to\infty} \frac{ax}{x+1}$, $a \neq 0$으로도 설명된다. 이 극한은 ∞/∞($x \to \infty$일 때 분자와 분모는 임의로 커지는 것을 의미) 꼴의 부정형으로 임의로 커지지만 극한의 실제 값은 $\lim_{x\to\infty} \frac{ax}{x+1} = a \lim_{x\to\infty} \frac{x}{x+1} = a$이다. 일반적으로 ∞/∞나 0/0 꼴의 극한은 어떠한 극한값도 가질 수 있다. 이는 이러한 극한을 신중하게 다뤄야 하는 이유이다.

0/0 꼴에 대한 로피탈 법칙

▶ 0/0과 ∞/∞ 표기는 다양한 부정형의 형태를 상징하는 기호에 불과하다. 표기법 0/0은 0으로 나누는 것을 의미하지는 않는다.

▶ 로피탈(l'Hôpital, 1661–1704)은 최초의 미적분학 교과서를 썼다. 로피탈 법칙을 포함한 그의 책에 있는 많은 자료는 스위스 수학자 요한 베르누이(Johann Bernoulli, 1667–1748)에 의해 제공됐다.

함수 $f(x)/g(x)$에 대하여 $\lim_{x\to a} f(x) = \lim_{x\to a} g(x) = 0$이라 하자. 그러면 $\lim_{x\to a} \frac{f(x)}{g(x)}$는 0/0 꼴 부정형이다. 먼저 로피탈 법칙을 진술한 다음 특별한 경우를 증명해 보자.

정리 4.12 로피탈 법칙

f와 g가 a를 포함하는 열린구간 I (a는 제외)에서 미분가능하고 $g'(x) \neq 0$이라 하자. $\lim_{x\to a} f(x) = \lim_{x\to a} g(x) = 0$ 이고, 다음 식의 우변의 극한이 존재하면(또는 이 극한이 $\pm\infty$라면) 다음이 성립한다.

$$\lim_{x\to a} \frac{f(x)}{g(x)} = \lim_{x\to a} \frac{f'(x)}{g'(x)}$$

이 법칙은 $x \to a$가 $x \to \pm\infty$, $x \to a^+$, $x \to a^-$로 대체되는 경우에도 성립한다.

증명(특별한 경우) 이 정리의 증명은 일반화된 평균값 정리에 의존한다(4.2절의 연습문제 31번). f'과 g'이 a에서 연속이고 $f(a) = g(a) = 0$, $g'(a) \neq 0$이라 하자.

$$\begin{aligned}
\lim_{x\to a}\frac{f'(x)}{g'(x)} &= \frac{f'(a)}{g'(a)} && f'\text{과 } g'\text{의 연속성}\\
&= \frac{\displaystyle\lim_{x\to a}\frac{f(x)-f(a)}{x-a}}{\displaystyle\lim_{x\to a}\frac{g(x)-g(a)}{x-a}} && f'(a)\text{와 } g'(a)\text{의 정의}\\
&= \lim_{x\to a}\frac{\dfrac{f(x)-f(a)}{x-a}}{\dfrac{g(x)-g(a)}{x-a}} && \text{분모의 극한 } g'(a)\neq 0\\
&= \lim_{x\to a}\frac{f(x)-f(a)}{g(x)-g(a)} && x-a \text{ 약분하기}\\
&= \lim_{x\to a}\frac{f(x)}{g(x)} && f(a)=g(a)=0
\end{aligned}$$

➤ 미분계수의 정의는 부정형 형태의 예를 제공한다. f가 x에서 미분가능하면

$$f'(x) = \lim_{h\to 0}\frac{f(x+h)-f(x)}{h}$$

는 0/0 형태를 갖는다.

로피탈 법칙의 기하학적 의미는 약간의 통찰력을 제공한다. 먼저 두 선형 함수 f와 g를 생각해 보자. 이 두 함수는 각각 기울기가 4이고 점 $(a, 0)$을 통과한다. 즉,

$$f(x) = 4(x-a), \quad g(x) = 2(x-a)$$

이며, $f(a) = g(a) = 0$, $f'(x) = 4$, $g'(x) = 2$이다(그림 4.75).

f/g를 나타내어 다음을 알 수 있다.

$$\frac{f(x)}{g(x)} = \frac{4(x-a)}{2(x-a)} = \frac{4}{2} = \frac{f'(x)}{g'(x)}$$

이는 일반화할 수 있으며, $f(a) = g(a) = 0$, $g'(a) \neq 0$인 선형 함수에 대하여 다음이 성립한다.

$$\lim_{x\to a}\frac{f(x)}{g(x)} = \lim_{x\to a}\frac{f'(x)}{g'(x)}$$

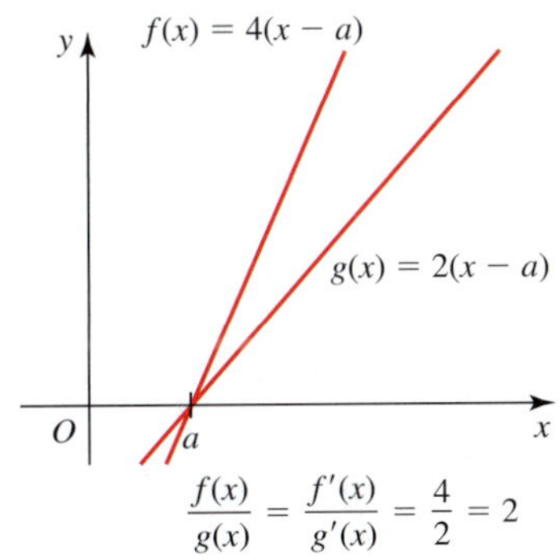

그림 4.75

f와 g가 선형 함수가 아닌 경우에는 a에서의 선형 근삿값으로 대체한다(그림 4.76). 점 a를 확대하면 곡선은 각각 기울기가 $f'(a)(f'(a) \neq 0)$, $g'(a)(g'(a) \neq 0)$인 접선 $y = f'(a)(x-a)$, $y = g'(a)(x-a)$에 가까워진다. $x = a$ 근방에서 다음을 얻는다.

$$\frac{f(x)}{g(x)} \approx \frac{f'(a)(x-a)}{g'(a)(x-a)} = \frac{f'(a)}{g'(a)}$$

따라서 두 함수의 비는 도함수의 비에 의해 잘 근사된다. $x \to a$일 때 다음 극한을 얻는다.

$$\lim_{x\to a}\frac{f(x)}{g(x)} = \lim_{x\to a}\frac{f'(x)}{g'(x)}$$

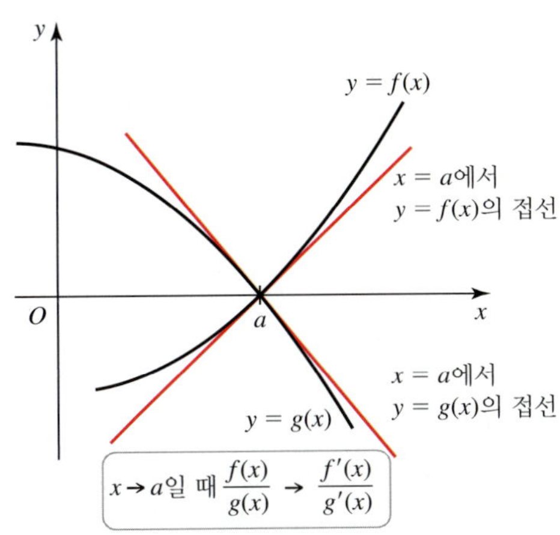

그림 4.76

QUICK CHECK 1 세 함수 중 어느 함수가 $x \to 0$일 때 부정형인가?
$f(x) = x^2/(x+2)$, $g(x) = (\tan 3x)/x$, $h(x) = (1 - \cos x)/x^2$ ◀

➤ a에서의 극한은 분자의 인수 $(x-1)$을 소거하여 계산할 수도 있다.

$$\lim_{x\to1}\frac{x^3+x^2-2x}{x-1}=\lim_{x\to1}\frac{x(x-1)(x+2)}{x-1}=\lim_{x\to1}x(x+2)=3$$

| 예제 1 | 로피탈 법칙 적용 다음 극한을 계산하여라.

a. $\displaystyle\lim_{x\to1}\frac{x^3+x^2-2x}{x-1}$ **b.** $\displaystyle\lim_{x\to0}\frac{\sqrt{9+3x}-3}{x}$

풀이

a. $\dfrac{x^3+x^2-2x}{x-1}$에 $x=1$을 대입하면 주어진 극한은 0/0 꼴의 부정형임을 알 수 있다. $f(x)=x^3+x^2-2x$, $g(x)=x-1$로 놓고 로피탈 법칙을 적용하면 다음과 같다.

$$\lim_{x\to1}\frac{x^3+x^2-2x}{x-1}=\lim_{x\to1}\frac{f'(x)}{g'(x)}=\lim_{x\to1}\frac{3x^2+2x-2}{1}=3$$

b. $x=0$을 대입하면 주어진 극한은 0/0 꼴의 부정형임을 알 수 있다. $f(x)=\sqrt{9+3x}-3$, $g(x)=x$로 놓으면 $f'(x)=\dfrac{3}{2\sqrt{9+3x}}$, $g'(x)=1$이다. 로피탈 법칙을 적용하면 다음을 얻는다.

$$\lim_{x\to0}\underbrace{\frac{\sqrt{9+3x}-3}{x}}_{f/g}=\lim_{x\to0}\underbrace{\frac{\frac{3}{2\sqrt{9+3x}}}{1}}_{f'/g'}=\frac{1}{2}$$

관련 연습문제 9번 ◀

로피탈 법칙은 $\lim_{x\to a}f'(x)/g'(x)$를 계산해야 한다. 이러한 두 번째 극한도 로피탈 법칙이 적용되는 또 다른 부정형일 수 있다.

| 예제 2 | 로피탈 법칙 반복 적용 다음 극한을 계산하여라.

a. $\displaystyle\lim_{x\to0}\frac{e^x-x-1}{x^2}$ **b.** $\displaystyle\lim_{x\to2}\frac{x^3-3x^2+4}{x^4-4x^3+7x^2-12x+12}$

풀이

a. 이 극한은 0/0 꼴의 부정형이다. 로피탈 법칙을 적용하면

$$\lim_{x\to0}\frac{e^x-x-1}{x^2}=\lim_{x\to0}\frac{e^x-1}{2x}$$

인데, 이는 0/0 꼴의 또 다른 극한이다. 로피탈 법칙을 다시 적용하면 다음을 얻는다.

$$\begin{aligned}\lim_{x\to0}\frac{e^x-x-1}{x^2}&=\lim_{x\to0}\frac{e^x-1}{2x} && \text{로피탈 법칙}\\&=\lim_{x\to0}\frac{e^x}{2} && \text{다시 로피탈 법칙}\\&=\frac{1}{2} && \text{극합값 계산하기}\end{aligned}$$

b. 분모와 분자에 $x = 2$를 대입하면 0/0 꼴임을 알 수 있다. 로피탈 법칙을 적용하면 다음을 얻는다.

$$\lim_{x\to 2}\frac{x^3 - 3x^2 + 4}{x^4 - 4x^3 + 7x^2 - 12x + 12} = \underbrace{\lim_{x\to 2}\frac{3x^2 - 6x}{4x^3 - 12x^2 + 14x - 12}}_{0/0\text{ 꼴 극한}} \quad \text{로피탈 법칙}$$

$$= \lim_{x\to 2}\frac{6x - 6}{12x^2 - 24x + 14} \quad \text{다시 로피탈 법칙}$$

$$= \frac{3}{7} \quad \text{극한값 계산하기}$$

이 계산에서 중요한 단계를 간과하기 쉽다. 로피탈 법칙을 처음 적용한 후, 로피탈 법칙을 두 번째로 적용하기 전에 새로운 극한이 부정형이라는 것을 확인해야 한다는 것이다.

관련 연습문제 20번 ◀

∞/∞ 꼴의 부정형

로피탈 법칙은 $\lim_{x\to a} f(x) = \pm\infty$, $\lim_{x\to a} g(x) = \pm\infty$인 $\lim_{x\to a} f(x)/g(x)$ 형태의 극한에도 적용되는데, 이를 ∞/∞ 꼴의 부정형이라 한다. 이에 대한 증명은 고급 교재에서 찾을 수 있다.

정리 4.13 로피탈 법칙(∞/∞)

f와 g가 a를 포함하는 열린구간 I(a는 제외)에서 미분가능하고, $g'(x) \neq 0$이라 하자. $\lim_{x\to a} f(x) = \pm\infty$, $\lim_{x\to a} g(x) = \pm\infty$이고, 다음 식의 우변의 극한이 존재하면(또는 이 극한이 $\pm\infty$라면) 다음이 성립한다.

$$\lim_{x\to a}\frac{f(x)}{g(x)} = \lim_{x\to a}\frac{f'(x)}{g'(x)}$$

이 법칙은 $x \to a$가 $x \to \pm\infty$, $x \to a^+$, $x \to a^-$로 대체되는 경우에도 적용된다.

QUICK CHECK 2 세 함수 중 어느 함수가 $x \to \infty$일 때 부정형인가? $f(x) = (\sin x)/x$, $g(x) = (3x^2 + 4)/x^2$, $h(x) = 2^x/x^2$ ◀

| 예제 3 | ∞/∞ 꼴에 로피탈 법칙 적용 다음 극한을 계산하여라.

a. $\displaystyle\lim_{x\to\infty}\frac{4x^3 - 6x^2 + 1}{2x^3 - 10x + 3}$　　**b.** $\displaystyle\lim_{x\to 0^+}\frac{\ln x}{\csc x}$

풀이

a. 이 극한은 $x \to \infty$일 때 분모와 분자가 모두 ∞에 접근하기 때문에 ∞/∞ 꼴의 부정형이다. 로피탈 법칙을 적용하면 다음을 얻는다.

➤ 2.5절에서 소개한 것과 같이 예제 3a의 극한은 정리 2.7에 의해 분자와 분모를 x^3으로 나누어 계산할 수 있다.

$$\underbrace{\lim_{x\to\infty}\frac{4x^3-6x^2+1}{2x^3-10x+3}}_{\infty/\infty} = \underbrace{\lim_{x\to\infty}\frac{12x^2-12x}{6x^2-10}}_{\infty/\infty} = \underbrace{\lim_{x\to\infty}\frac{24x-12}{12x}}_{\infty/\infty} = \lim_{x\to\infty}\frac{24}{12} = 2$$

b. 이 극한은 $x\to 0^+$일 때 분자는 $-\infty$, 분모는 ∞에 접근한다. 로피탈 법칙을 적용하면 다음을 얻는다.

➤ 예제 3b 풀이에서 로피탈 법칙을 다시 사용하기 전에 $(1/x)/(-\csc x\cot x)$을 간단히 함에 주목한다. 이 단계는 중요하다.

$$\lim_{x\to 0^+}\frac{\ln x}{\csc x} = \lim_{x\to 0^+}\frac{1/x}{-\csc x\cot x} \quad \text{로피탈 법칙}$$

$$= -\lim_{x\to 0^+}\frac{\sin^2 x}{x\cos x} \quad \text{간단히 하기}$$

새로운 극한은 0/0 꼴이고, 로피탈 법칙을 다시 적용하면 다음을 얻는다.

$$-\lim_{x\to 0^+}\frac{\sin^2 x}{x\cos x} = -\lim_{x\to 0^+}\frac{2\sin x\cos x}{\cos x - x\sin x} \quad \text{로피탈 법칙}$$

$$= -\frac{0}{1} = 0 \quad \text{극한값 계산하기}$$

관련 연습문제 26번 ◀

관련된 부정형: $0\cdot\infty$, $\infty-\infty$

$\lim_{x\to a} f(x)=0$, $\lim_{x\to a} g(x)=\pm\infty$일 때 $\lim_{x\to a} f(x)g(x)$, 즉 $0\cdot\infty$ 형태의 극한을 생각해 보자. 로피탈 법칙을 이러한 형태의 극한에 직접 적용할 수는 없다. 게다가 이러한 극한에 대하여 성급히 결론을 내리는 것은 위험하다. $f(x)=x$, $g(x)=\dfrac{1}{x^2}$인 경우 $\lim_{x\to 0} f(x)=0$, $\lim_{x\to 0} g(x)=\infty$이고 $\lim_{x\to 0} f(x)g(x)=\lim_{x\to 0}\dfrac{1}{x}$의 극한값은 존재하지 않는다. 반면, $f(x)=x$, $g(x)=\dfrac{1}{\sqrt{x}}$인 경우 $\lim_{x\to 0^+} f(x)=0$, $\lim_{x\to 0^+} g(x)=\infty$이고 $\lim_{x\to 0^+} f(x)g(x)=\lim_{x\to 0^+}\sqrt{x}=0$이다. 따라서 $0\cdot\infty$ 꼴의 극한을 가지는 두 함수의 곱은 극한값이 존재할 수도 있고 존재하지 않을 수도 있다. 다음 예제는 부정형의 형태를 0/0 또는 ∞/∞ 꼴로 변형하는 방법을 보여 준다.

| 예제 4 | $0\cdot\infty$ 꼴에 로피탈 법칙 적용 $\lim_{x\to\infty} x^2\sin\left(\dfrac{1}{4x^2}\right)$을 계산하여라.

풀이 $0\cdot\infty$ 꼴의 극한이다. 이 형식을 0/0 또는 ∞/∞ 꼴로 변환하는 일반적인 기술은 역수로 나누는 것이다. 극한을 다시 작성하고 로피탈 법칙을 적용하면 다음을 얻는다.

$$\underbrace{\lim_{x\to\infty} x^2\sin\left(\frac{1}{4x^2}\right)}_{0\cdot\infty\text{ 꼴}} = \underbrace{\lim_{x\to\infty}\frac{\sin\left(\frac{1}{4x^2}\right)}{\frac{1}{x^2}}}_{0/0\text{ 꼴로 변환}} \qquad x^2=\frac{1}{1/x^2}$$

$$= \lim_{x\to\infty} \frac{\cos\left(\frac{1}{4x^2}\right)\frac{1}{4}(-2x^{-3})}{-2x^{-3}} \quad \text{로피탈 법칙}$$

$$= \frac{1}{4}\lim_{x\to\infty}\cos\left(\frac{1}{4x^2}\right) \quad \text{간단히 하기}$$

$$= \frac{1}{4} \quad \frac{1}{4x^2}\to 0,\ \cos 0 = 1$$

관련 연습문제 27번

QUICK CHECK 3 극한 $\lim_{x\to\pi/2^-}(x-\pi/2)(\tan x)$의 형태는 무엇인가? 0/0 꼴로 나타내어라. ◄

$\lim_{x\to a} f(x) = \infty$, $\lim_{x\to a} g(x) = \infty$일 때 $\lim_{x\to a}(f(x)-g(x))$, 즉 $\infty-\infty$ 형태의 극한을 생각해 보자. $\infty-\infty$ 꼴의 극한에는 로피탈 법칙을 적용할 수 없다. 먼저 0/0 또는 ∞/∞ 꼴로 표현해야 한다. $\infty-\infty$ 형태를 그대로 사용하면 잘못된 결론에 도달하기 쉽다. 예를 들어 $f(x) = 3x+5$이고 $g(x) = 3x$이면 다음과 같다.

$$\lim_{x\to\infty}((3x+5)-(3x)) = 5$$

하지만 $f(x) = 3x$이고 $g(x) = 2x$이면

$$\lim_{x\to\infty}(3x-2x) = \lim_{x\to\infty} x = \infty$$

이다. 이 예들은 부정형의 형태가 왜 정해지지 않는지 다시 보여 준다. 진행하기 전에 다른 유용한 기술을 소개한다.

때로는 **변수를 치환**하여 극한을 $x\to\infty$에서 $t\to 0^+$로 변환하거나 그 반대로 변환할 수 있다. $\lim_{x\to\infty} f(x)$를 계산하기 위해 $t = 1/x$로 놓으면 $x\to\infty$일 때 $t\to 0^+$이고, 따라서 다음과 같다.

$$\lim_{x\to\infty} f(x) = \lim_{t\to 0^+} f\left(\frac{1}{t}\right)$$

이 아이디어는 다음 예제에 적용된다.

| 예제 5 | $\infty-\infty$ 꼴에 로피탈 법칙 적용 $\lim_{x\to\infty}\left(x-\sqrt{x^2-3x}\right)$를 계산하여라.

풀이 $x\to\infty$일 때 두 항은 모두 ∞에 접근하므로 두 항의 차 $x-\sqrt{x^2-3x}$는 $\infty-\infty$ 꼴이다. 먼저 분자, 분모를 각각 x로 나눈다.

$$\lim_{x\to\infty}\left(x-\sqrt{x^2-3x}\right) = \lim_{x\to\infty}\left(x-\sqrt{x^2(1-3/x)}\right) \quad x^2\text{을 근호 밖으로 꺼내기}$$

$$= \lim_{x\to\infty} x\left(1-\sqrt{1-3/x}\right) \quad x>0\text{이므로 } \sqrt{x^2}=x$$

$$= \lim_{x\to\infty}\frac{1-\sqrt{1-3/x}}{1/x} \quad x=\frac{1}{1/x}\text{을 이용하여 } 0\cdot\infty \text{ 꼴을 } 0/0 \text{ 꼴로 바꾸기}$$

이 새로운 극한은 0/0 꼴이며, 이제 로피탈 법칙을 적용할 수 있다. 한 가지 방법은 변수를 x 대신 $t = 1/x$로 바꾸는 것이다.

$$\lim_{x\to\infty}\frac{1-\sqrt{1-3/x}}{1/x} = \lim_{t\to0^+}\frac{1-\sqrt{1-3t}}{t} \quad t = 1/x\text{로 놓고 } \lim_{x\to\infty}\text{를 } \lim_{t\to0^+}\text{로 대체하기}$$

$$= \lim_{t\to0^+}\frac{\dfrac{3}{2\sqrt{1-3t}}}{1} \quad \text{로피탈 법칙}$$

$$= \frac{3}{2} \quad \text{극한값 계산하기}$$

관련 연습문제 32번 ◀

1^∞, 0^0, ∞^0 꼴의 부정형

1^∞, 0^0, ∞^0 꼴의 부정형은 모두 $\lim_{x\to a} f(x)^{g(x)}$ 형태의 극한에서 발생하며, 여기서 $x \to a$는 $x \to a^\pm$ 또는 $x \to \pm\infty$로 대체할 수 있다. 로피탈 법칙은 1^∞, 0^0, ∞^0 꼴의 부정형에 직접 적용할 수 없다. 먼저 $0/0$ 또는 ∞/∞ 꼴로 나타내야 한다. 어떻게 진행하는지 지금부터 알아보자.

$\ln x$와 e^x 사이의 역함수 관계로 인해 $f^g = e^{g \ln f}$이라 할 수 있다. 따라서 다음과 같이 나타낼 수 있다.

$$\lim_{x\to a} f(x)^{g(x)} = \lim_{x\to a} e^{g(x)\ln f(x)}$$

$\lim_{x\to a} g(x)\ln f(x)$가 존재할 때, 지수함수의 연속성에 의해 극한과 지수함수의 순서를 바꾸면 다음을 얻는다(정리 2.12).

$$\lim_{x\to a} f(x)^{g(x)} = \lim_{x\to a} e^{g(x)\ln f(x)} = e^{\lim_{x\to a} g(x)\ln f(x)}$$

따라서 $\lim_{x\to a} f(x)^{g(x)}$은 다음 두 단계를 거쳐 계산된다.

➤ 다음에 주목한다.
- 1^∞의 경우, L은 $\infty \cdot \ln 1 = \infty \cdot 0$ 형태를 갖는다.
- 0^0의 경우, L은 $0 \cdot \ln 0 = 0 \cdot -\infty$ 형태를 갖는다.
- ∞^0의 경우, L은 $0 \cdot \ln \infty = 0 \cdot \infty$ 형태를 갖는다.

절차 1^∞, 0^0, ∞^0 꼴의 부정형

$\lim_{x\to a} f(x)^{g(x)}$이 1^∞, 0^0, ∞^0 꼴 중 하나의 부정형이라 하자.

1. $L = \lim_{x\to a} g(x)\ln f(x)$를 분석한다. 이 극한을 $0/0$ 또는 ∞/∞ 꼴로 변형할 수 있으며, 둘 다 로피탈 법칙을 적용한다.

2. L이 유한한 값이면 $\lim_{x\to a} f(x)^{g(x)} = e^L$이다. $L = \infty$ 또는 $L = -\infty$이면 $\lim_{x\to a} f(x)^{g(x)} = \infty$ 또는 $\lim_{x\to a} f(x)^{g(x)} = 0$이다.

QUICK CHECK 4 0^∞ 꼴이 부정형이 아님을 설명하여라. ◀

| 예제 6 | 다음 극한을 계산하여라.

a. $\lim_{x\to0^+} x^x$ **b.** $\lim_{x\to\infty}\left(1+\frac{1}{x}\right)^x$

풀이

a. 이 극한은 0^0 꼴이다. 주어진 2단계 절차를 사용하여 $x^x = e^{x \ln x}$을 얻은 다음 먼저

$$L = \lim_{x \to 0^+} x \ln x$$

를 계산한다. 이 극한은 $0 \cdot \infty$ 꼴이며, ∞/∞ 꼴로 변형하여 로피탈 법칙을 적용한다.

$$\begin{aligned} L = \lim_{x \to 0^+} x \ln x &= \lim_{x \to 0^+} \frac{\ln x}{1/x} && x = \frac{1}{1/x} \\ &= \lim_{x \to 0^+} \frac{1/x}{-1/x^2} && \infty/\infty \text{ 꼴에 로피탈 법칙} \\ &= \lim_{x \to 0^+} (-x) = 0 && \text{간단히 하고 극한값 계산하기} \end{aligned}$$

두 번째 단계는 극한을 지수화하는 것이다.

$$\lim_{x \to 0^+} x^x = e^L = e^0 = 1$$

따라서 $\lim_{x \to 0^+} x^x = 1$이다(그림 4.77).

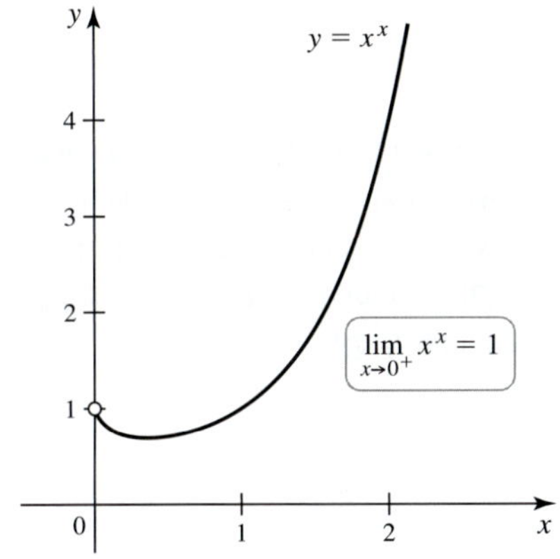

그림 4.77

b. 이 극한은 1^∞ 꼴이다. $(1 + 1/x)^x = e^{x \ln(1+1/x)}$에 주목하면 첫 번째 단계는 다음 극한을 계산하는 것이다.

$$L = \lim_{x \to \infty} x \ln\left(1 + \frac{1}{x}\right)$$

이 극한은 $0 \cdot \infty$ 꼴이다. **a**와 마찬가지로 극한을 계산하면 다음을 얻는다.

$$\begin{aligned} L = \lim_{x \to \infty} x \ln\left(1 + \frac{1}{x}\right) &= \lim_{x \to \infty} \frac{\ln(1 + 1/x)}{1/x} && x = \frac{1}{1/x} \\ &= \lim_{x \to \infty} \frac{\frac{1}{1 + 1/x} \cdot \left(-\frac{1}{x^2}\right)}{-\frac{1}{x^2}} && 0/0 \text{ 꼴에 로피탈 법칙} \\ &= \lim_{x \to \infty} \frac{1}{1 + 1/x} = 1 && \text{간단히 하고 극한값 계산하기} \end{aligned}$$

두 번째 단계는 극한을 지수화하는 것이다.

$$\lim_{x \to \infty} \left(1 + \frac{1}{x}\right)^x = e^L = e^1 = e$$

함수 $y = (1 + 1/x)^x$(그림 4.78)은 수평 점근선 $y = e \approx 2.71828$을 갖는다.

관련 연습문제 38번

> 예제 6b의 극한은 e의 정의에 의해 계산된다. 일반적인 극한
>
> $$\lim_{x \to \infty} \left(1 + \frac{a}{x}\right)^x = e^a$$
>
> 의 특별한 경우이다. 연습문제 60번을 참조하여라.

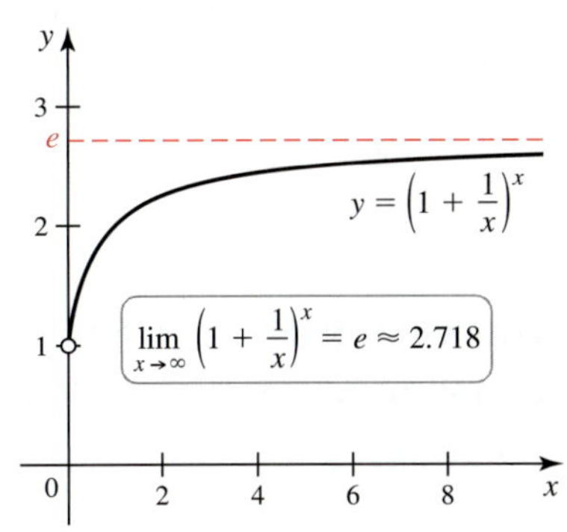

그림 4.78

함수의 증가율

로피탈 법칙의 중요한 용도는 함수의 증가율을 비교하는 것이다. 다음은 함수의 증가율 비교의 중요성을 보여 주는 두 가지 질문(실용 질문 하나, 이론 질문 하나)

이다.

> 전염병의 모델은 여기에 주어진 것보다 더 복잡한 함수이지만 그들은 동일한 일반적 특징을 갖고 있다.

- 전염병의 확산을 모델링하기 위한 특정 이론은 전염병이 시작된 지 t일 후 감염자 수가 다음 함수에 의해 주어진다고 예측한다.

$$N(t) = 2.5t^2e^{-0.01t} = 2.5\frac{t^2}{e^{0.01t}}$$

질문: 장기적($t \to \infty$)으로 전염병이 퍼지는가 아니면 소멸되는가?

> 소수 정리는 1896년 자크 아다마르(Jacques Hadamard)와 샤를 장 드 라 발레 푸신(Charles de la Vallée Poussin)에 의해 리만이 기여한 근본적인 아이디어에 의존하여 동시에 증명됐다(서로 다른 두 증명).

- 소수(prime number) p는 1과 자기 자신의 두 개의 약수만을 갖는 2 이상의 정수이다. 처음 몇 개의 소수들은 2, 3, 5, 7, 11이다. 유명한 정리에 의하면 x보다 작은 소수들의 수는 대략 다음과 같다.

$$P(x) = \frac{x}{\ln x}, \quad x\text{는 큰 수}$$

질문: 이 정리에 의하면 소수들의 개수는 무한한가?

이 두 질문은 두 함수의 비교 과정을 포함한다. 첫 번째 질문에서 $t \to \infty$일 때 t^2이 $e^{0.01t}$보다 빠르게 증가한다면 $\lim_{t\to\infty} N(t) = \infty$이고 전염병이 퍼질 것이다. 반면, $t \to \infty$일 때 $e^{0.01t}$이 t^2보다 빠르게 증가한다면 $\lim_{t\to\infty} N(t) = 0$이고 전염병은 소멸될 것이다. 곧 순간보다 더 **빠르게 증가**한다는 것이 무엇을 의미하는지 설명할 것이다.

두 번째 질문에서는 x와 $\ln x$를 비교한다. $x \to \infty$일 때 x가 $\ln x$보다 더 빠르게 커진다면 $\lim_{x\to\infty} P(x) = \infty$이고 소수들의 개수는 무한할 것이다.

우리의 목표는 이들의 증가율을 바탕으로 다음 함수족들의 순위를 얻는 것이다.

> 증가율이 큰 다른 함수로 $f(n) = n! = n(n-1)\cdots 2\cdot 1$로 정의되는 계승 함수(factorial function)가 있다.

- mx, $m > 0$ (선형 함수)
- x^p, $p > 0$ (다항함수와 대수함수)
- x^x (초지수함수 또는 탑 함수)
- $\ln x$ (로그함수)
- $\ln^q x$, $q > 0$ (로그함수의 거듭제곱)
- $x^p \ln x$, $p > 0$ (거듭제곱과 로그의 곱)
- e^x (지수함수)

QUICK CHECK 5 진행하기 전에 직관적으로 이러한 함수 종류들의 증가율 순서를 정하여라. ◀

증가율과 $x \to \infty$일 때 g보다 f가 더 빠르게 성장한다는 것이 무엇을 의미하는지를 정확히 정의해야 한다. 다음 정의를 살펴보자.

정의 ($x \to \infty$일 때) 함수의 증가율

f와 g가 $\lim_{x\to\infty} f(x) = \lim_{x\to\infty} g(x) = \infty$를 만족하는 함수라 가정하자. $x \to \infty$일 때 다음을 만족하면 '**f가 g보다 빠르게 증가**한다'라고 한다.

$$\lim_{x\to\infty}\frac{g(x)}{f(x)} = 0 \quad \text{또는} \quad \lim_{x\to\infty}\frac{f(x)}{g(x)} = \infty$$

> 다음을 만족하면 두 함수 'f와 g는 비슷한 증가율을 갖는다'라고 한다.
>
> $$\lim_{x\to\infty}\frac{f(x)}{g(x)} = M,\ 0 < M < \infty\ (M\text{은 유한한 양수})$$

증가율에 대한 아이디어는 그래프를 통해 잘 설명된다. 그림 4.79는 $y = mx$, $m > 0$ 형태의 선형 함수족과 $y = x^p$, $p > 1$ 형태의 x의 거듭제곱을 보여 준다. $x \to \infty$일 때 x의 거듭제곱이 선형 함수보다 빠르게(곡선이 더 빠른 속도로 상승) 증가하는 것을 알 수 있다.

그림 4.80은 $x \to \infty$일 때 $y = b^x$, $b > 1$ 형태의 지수함수가 $y = x^p$, $p > 0$ 형태의 x의 거듭제곱보다 빠르게 증가함을 보여 준다(예제 8).

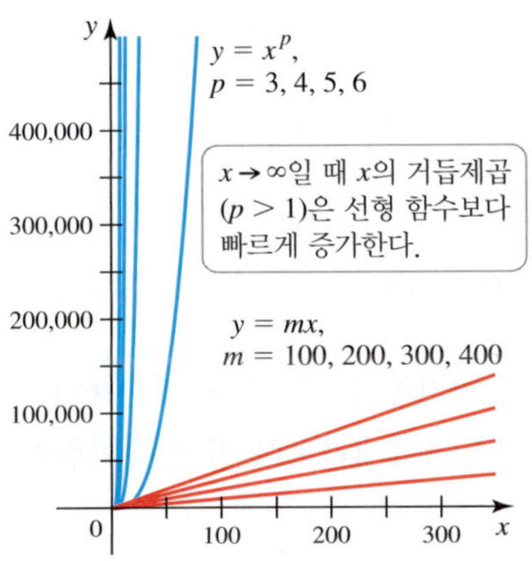

그림 4.79

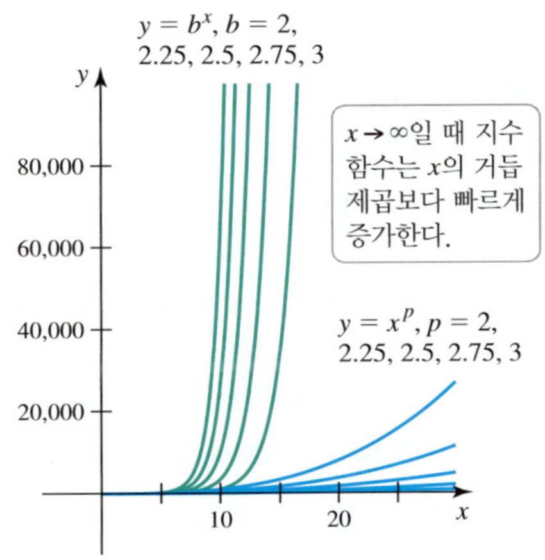

그림 4.80

QUICK CHECK 6 $x \to \infty$일 때 $f(x) = x^2$과 $g(x) = x^3$의 증가율을 비교하여라. $x \to \infty$일 때, $f(x) = x^2$과 $g(x) = 10x^2$의 증가율을 비교하여라. ◀

이제 증가율을 체계적으로 비교해 보자. 증가율의 극한은 ∞/∞ 꼴의 부정형을 포함하므로 로피탈 법칙을 적용할 수 있다.

| 예제 7 | **x의 거듭제곱 vs. $\ln x$의 거듭제곱** $x \to \infty$일 때 다음 함수쌍의 증가율을 비교하여라.

a. $f(x) = \ln x$, $g(x) = x^p$, $p > 0$

b. $f(x) = \ln^q x$, $g(x) = x^p$, $p > 0$, $q > 0$

풀이

a. 두 함수의 비의 극한은 다음과 같다.

$$\begin{aligned}\lim_{x\to\infty}\frac{\ln x}{x^p} &= \lim_{x\to\infty}\frac{1/x}{px^{p-1}} && \text{로피탈 법칙}\\ &= \lim_{x\to\infty}\frac{1}{px^p} && \text{간단히 하기}\\ &= 0 && \text{극한값 계산하기}\end{aligned}$$

x의 어떤 (지수가 양인) 거듭제곱이 $\ln x$보다 빨리 증가함을 알 수 있다.

b. 다음을 통해 $\ln^q x$와 x^p을 비교한다.

$$\lim_{x\to\infty}\frac{\ln^q x}{x^p}=\lim_{x\to\infty}\left(\frac{\ln x}{x^{p/q}}\right)^q=\Bigg(\underbrace{\lim_{x\to\infty}\frac{\ln x}{x^{p/q}}}_{0}\Bigg)^q$$

a에 의해 ($p/q>0$이므로) $\lim_{x\to\infty}\frac{\ln x}{x^{p/q}}=0$이다. 그러므로 ($q>0$이므로) $\lim_{x\to\infty}\frac{\ln^q x}{x^p}=0$이다. x의 어떤 (지수가 양인)거듭제곱이 $\ln x$의 어떤 (지수가 양인) 거듭제곱보다 빨리 증가한다는 결론을 내릴 수 있다. ◄

| 예제 8 | **x의 거듭제곱 vs. 자연지수함수** $x\to\infty$일 때 $f(x)=x^p\,(p>0)$과 $g(x)=e^x$의 증가율을 비교하여라.

풀이 $\lim_{x\to\infty}\frac{x^p}{e^x}$, $p>0$을 계산하는 것이 목표이다. 예제 7과 변수를 변경하여 비교를 가장 쉽게 수행할 수 있다. $x=\ln t$로 놓으면 $x\to\infty$일 때 $t\to\infty$이고, 이 치환에 의해 $x^p=\ln^p t$, $e^x=e^{\ln t}=t$이다. 그러므로 다음을 얻는다.

$$\lim_{x\to\infty}\frac{x^p}{e^x}=\lim_{t\to\infty}\frac{\ln^p t}{t}=0 \quad \text{예제 7}$$

같은 방법으로 $f(x)=x^p$과 $h(x)=b^x$, $b>1$의 증가율을 비교할 수 있다(연습문제 57번). 증가하는 지수함수가 x의 (지수가 양인) 거듭제곱보다 빨리 증가한다는 것을 알 수 있다(그림 4.80).

관련 연습문제 48, 51번 ◄

위와 비슷한 방법으로 $f(x)=x^p$과 $h(x)=b^x$, $b>1$의 증가율을 비교할 수 있다. 앞의 두 예제는 지수함수 b^x과 x^x의 비교와 함께 증가율의 순위를 결정한다.

정리 4.14 $x\to\infty$일 때 증가율 순위

$f\ll g$가 $x\to\infty$일 때 g가 f보다 증가율이 빠름을 나타낸다고 하자. 양의 실수 p, q, r, s와 $b>1$에 대하여 다음이 성립한다.

$$\ln^q x\ll x^p\ll x^p\ln^r x\ll x^{p+s}\ll b^x\ll x^x$$

이러한 상대적인 증가율을 직관적으로 이해하도록 노력해야 한다. 이후에 다룰 장들에서 유용하며, 무한대에서 극한을 빠르게 평가하는 데 사용될 수 있기 때문이다.

로피탈 법칙 적용의 문제점

로피탈 법칙을 사용할 때 주의해야 할 일반적인 함정 목록을 나열하며 이 절을 마무리한다.

1. 로피탈 법칙은

$$\lim_{x\to a}\frac{f(x)}{g(x)}=\lim_{x\to a}\left(\frac{f(x)}{g(x)}\right)' \quad \text{또는} \quad \lim_{x\to a}\frac{f(x)}{g(x)}=\lim_{x\to a}\left(\frac{1}{g(x)}\right)' f'(x)$$

가 아닌 $\lim_{x\to a}\frac{f(x)}{g(x)}=\lim_{x\to a}\frac{f'(x)}{g'(x)}$이다. 즉, $f'(x)$와 $g'(x)$를 계산하여 분자, 분모를 구성한 다음 극한을 구해야 한다. 로피탈 법칙과 몫의 법칙을 혼동하면 안 된다.

2. 로피탈 법칙을 적용하기 전에 주어진 극한이 $0/0$ 또는 ∞/∞ 꼴의 부정형인지 확인한다. 다음과 같이 로피탈 법칙을 잘못 적용하는 예를 살펴보자.

$$\lim_{x\to 0}\frac{1-\sin x}{\cos x}=\lim_{x\to 0}\frac{\cos x}{\sin x}$$

이 극한은 존재하지 않는다. 원래 극한은 애초에 부정형의 형태가 아니다. 이 극한은 다음과 같이 직접 대입하여 계산해야 한다.

$$\lim_{x\to 0}\frac{1-\sin x}{\cos x}=\frac{1-\sin 0}{1}=1$$

3. 로피탈 법칙을 반복적으로 사용할 때는 각 단계에서 식을 최대한 단순화하고 새로운 극한이 더 이상 부정형의 형태가 아닐 때 극한을 계산해야 한다.

4. 로피탈 법칙을 반복적으로 사용하다 보면 과정이 끝나지 않는 경우가 발생하며, 이럴 때는 다른 방법을 사용해야 한다. 예를 들어 양의 실수 a, b에 대하여 $\lim_{x\to\infty}\frac{\sqrt{ax+1}}{\sqrt{bx+1}}$ 형태의 극한일 때 이런 경우가 발생한다(연습문제 56번).

5. 로피탈 법칙에 의해 생성된 극한이 존재하는지 확인해야 한다. ∞/∞ 꼴인 $\lim_{x\to\infty}\frac{3x+\cos x}{x}$를 살펴보자. 로피탈 법칙을 적용하면 다음과 같다.

$$\lim_{x\to\infty}\frac{3x+\cos x}{x}=\lim_{x\to\infty}\frac{3-\sin x}{1}$$

우변의 극한값이 존재하지 않으므로 원래 극한도 존재하지 않는다는 결론은 솔깃하다. 사실 원래 주어진 극한값은 존재하며, 그 값은 3이다(분자와 분모를 x로 나눈다). 로피탈 법칙을 이용하여 결론에 도달하기 위해서는 로피탈 법칙에 의해 계산된 극한의 극한값이 존재(또는 $\pm\infty$)해야 한다.

4.7절 연습문제

1단계 스타트

1. 0/0 꼴의 부정형이 무엇을 의미하는지 예를 들어 설명하여라.

2. 0/0 꼴 극한에 로피탈 법칙을 사용할 때 적용되는 단계를 설명하여라.

3. 다음 각각의 예를 들어라.
   a. 값이 1인 부정형 $0\cdot\infty$ 꼴의 극한
   b. 값이 2인 부정형 $0\cdot\infty$ 꼴의 극한

4. $0\cdot\infty$ 꼴의 극한을 0/0 또는 ∞/∞ 꼴의 극한으로 변환하는 방법을 설명하여라.

5. 극한 $\lim_{x\to 0}(\tan^{-1}x)\left(\frac{1}{5x}\right)$은 $0\cdot\infty$ 꼴의 부정형이다. 극한을 0/0 꼴의 부정형으로 변환한 후 극한값을 계산하여라.

6. 1^{∞} 꼴이 부정형인 이유와 변수 치환으로 극한값을 계산할 수 없는 이유를 설명하여라. 함수를 어떻게 변형해야 하는지 설명하여라.

7. 극한에서 $x\to\infty$일 때 f가 g보다 더 빠르게 증가한다는 것은 무엇을 의미하는가?

8. $x\to\infty$일 때 세 함수 x^3, $\ln x$, x^x, 2^x의 증가율 순위를 구하여라.

2단계 실전

9–42. 다음 극한을 계산하여라. 편리해지고 적용이 가능할 때 로피탈 법칙을 사용하여라.

9. $\lim_{x\to 2}\frac{x^2-2x}{x^2-6x+8}$

10. $\lim_{x\to 1}\frac{x^2+2x}{x+3}$

11. $\lim_{x\to 1}\frac{\ln x}{4x-x^2-3}$

12. $\lim_{x\to\infty}\frac{3x^4-x^2}{6x^4+12}$

13. $\lim_{x\to e}\frac{\ln x-1}{x-e}$

14. $\lim_{x\to 0^+}\frac{1-\ln x}{1+\ln x}$

15. $\lim_{x\to 0}\frac{3\sin 4x}{5x}$

16. $\lim_{u\to\pi/4}\frac{\tan u-\cot u}{u-\pi/4}$

17. $\lim_{x\to 0}\frac{1-\cos 3x}{8x^2}$

18. $\lim_{x\to\pi}\frac{\cos x+1}{(x-\pi)^2}$

19. $\lim_{x\to\pi/2^-}\frac{\tan x}{3/(2x-\pi)}$

20. $\lim_{x\to 0}\frac{e^x-\sin x-1}{x^4+8x^3+12x^2}$

21. $\lim_{x\to\infty}\frac{e^{1/x}-1}{1/x}$

22. $\lim_{x\to -1}\frac{x^3-x^2-5x-3}{x^4+2x^3-x^2-4x-2}$

23. $\lim_{x\to\infty}\frac{\ln(3x+5)}{\ln(7x+3)+1}$

24. $\lim_{v\to 3}\frac{v-1-\sqrt{v^2-5}}{v-3}$

25. $\lim_{x\to 2}\frac{x^2-4x+4}{\sin^2\pi x}$

26. $\lim_{x\to\infty}\frac{x^2-\ln(2/x)}{3x^2+2x}$

27. $\lim_{x\to 0}x\csc x$

28. $\lim_{x\to 0}\csc 6x\sin 7x$

29. $\lim_{x\to\pi/2^-}\left(\frac{\pi}{2}-x\right)\sec x$

30. $\lim_{x\to 1^+}\left(\frac{1}{x-1}-\frac{1}{\ln x}\right)$

31. $\lim_{x\to 0^+}\left(\cot x-\frac{1}{x}\right)$

32. $\lim_{x\to\infty}\left(x^2-\sqrt{x^4+16x^2}\right)$

33. $\lim_{x\to\infty}\left(\sqrt{x-2}-\sqrt{x-4}\right)$

34. $\lim_{n\to\infty}\frac{1+2+\cdots+n}{n^2}$ $\left(\text{힌트: } 1+2+\cdots+n=\frac{n(n+1)}{2}\right)$

35. $\lim_{x\to\infty}\frac{\log_2 x}{\log_3 x}$

36. $\lim_{x\to 6}\frac{\sqrt[5]{5x+2}-2}{1/x-1/6}$

37. $\lim_{x\to\infty}x^3\left(\frac{1}{x}-\sin\frac{1}{x}\right)$

38. $\lim_{x\to 0^+}x^{2x}$

39. $\lim_{\theta\to\pi/2^-}(\tan\theta)^{\cos\theta}$

40. $\lim_{x\to 0^+}(1+x)^{\cot x}$

41. $\lim_{x\to 0}(e^{ax}+x)^{1/x}$, a는 상수

42. $\lim_{x\to 0}(x+\cos x)^{1/x}$

43. **복리 이자** $\$P$를 매년 $100r\%$의 이자율로 적립되는 저축 계좌에 예금한다고 가정하자.
   a. 이자를 1년에 한 번 복리로 계산하면 t년 후의 잔액은 $B(t)=P(1+r)^t$임을 보여라.
   b. 이자를 1년에 m번씩 복리로 계산하는 경우, t년 후 잔액은 $B(t)=P\left(1+\frac{r}{m}\right)^{mt}$이다. 예를 들어 $m=12$는 매달 복리에 해당하며, 각 월의 이자율은 $\frac{r}{12}$이다. $m\to\infty$인 극한에서 복리는 연속이라 한다. 연속 복리의 경우, t년 후 잔액이 $B(t)=Pe^{rt}$임을 보여라.

44. **두 가지 방법** 다음 극한을 계산하여라. 2장의 방법과 로피탈 법칙 각각을 사용하여 계산하여라.

$$\lim_{x\to 0}\frac{e^{2x}+4e^x-5}{e^{2x}-1}$$

45–47. 다양한 극한 다음 극한을 계산하여라.

45. $\lim_{x\to 1} \dfrac{x\ln x - x + 1}{x\ln^2 x}$

46. $\lim_{x\to 0^+} x^{1/(1+\ln x)}$

47. $\lim_{x\to 0} \dfrac{a^x - b^x}{x}$, a, b는 양의 상수

48–52. 증가율 비교 극한을 사용하여 주어진 두 함수 중 어느 함수가 더 빨리 증가하는지 확인하여라. 또는 두 함수의 증가율이 비슷한지 확인하여라.

48. x^{10}, $e^{0.01x}$

49. $\ln x^{20}$, $\ln x$

50. 100^x, x^x

51. x^{20}, 1.0001^x

52. e^{x^2}, e^{10x}

53. 참 또는 거짓 다음 명제가 참이면 증명하고 거짓이면 반례를 들어라.

a. 로피탈 법칙에 의해 $\lim_{x\to 2} \dfrac{x-2}{x^2-1} = \lim_{x\to 2} \dfrac{1}{2x} = \dfrac{1}{4}$이다.

b. $\lim_{x\to 0} x\sin x = \lim_{x\to 0} f(x)g(x) = \lim_{x\to 0} f'(x)\lim_{x\to 0} g'(x) = (\lim_{x\to 0} 1)(\lim_{x\to 0} \cos x) = 1$

c. $\lim_{x\to 0^+} x^{1/x}$은 부정형이다.

d. 1의 거듭제곱은 1이다. 따라서 $x \to 0$일 때 $(1 + x) \to 1$이므로 $x \to 0$일 때 $(1 + x)^{1/x} \to 1$이다.

e. $x \to \infty$일 때 $\ln x^{100}$과 $\ln x$는 비슷한 증가율을 갖는다.

f. $x \to \infty$일 때 e^x이 2^x보다 빨리 증가한다.

54–55. 4.4절의 그래프 작성 지침을 사용하여 다음 함수의 완전한 그래프를 그려라.

54. $f(x) = x\ln x$

55. $p(x) = xe^{-x^2/2}$

3단계 도전

56. 로피탈 루프 로피탈 법칙으로는 극한 $\lim_{x\to\infty} \dfrac{\sqrt{ax+b}}{\sqrt{cx+d}}$ (a, b, c, d는 양의 실수)를 구할 수 없음을 보여라. 다른 방법을 이용하여 극한값을 구하여라.

57. 지수함수와 거듭제곱함수 1보다 큰 실수 b에 대하여 임의의 지수함수 b^x이 거듭제곱함수 x^p, $p > 0$보다 증가율이 큼을 보여라.

58. 밑이 다른 두 로그함수 $a > 1$, $b > 1$인 두 함수 $f(x) = \log_a x$, $g(x) = \log_b x$에 대하여 $x \to \infty$일 때 두 함수는 비슷한 증가율을 가짐을 보여라.

59. 기하에서의 극한 $f(\theta)$를 삼각형 ABP의 넓이, $g(\theta)$를 현 PB와 호 PB 사이의 넓이라고 하자(그림 참조). $\lim_{\theta\to 0} \dfrac{g(\theta)}{f(\theta)}$를 계산하여라.

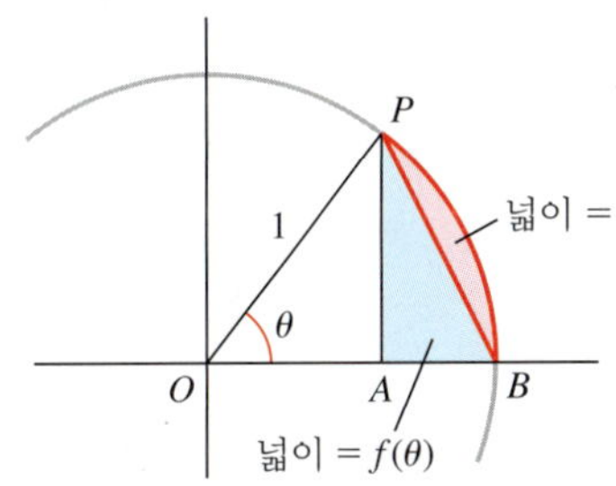

60. 지수함수의 극한 $\lim_{x\to\infty} \left(1 + \dfrac{a}{x}\right)^x = e^a$, $a \neq 0$임을 보여라.

61. 지수함수의 증가율

a. $b > 0$에 대하여 $x \to \infty$일 때 b^x이 e^x보다 빨리 증가하기 위한 b의 값을 구하여라.

b. $a > 0$에 대하여 $x \to \infty$일 때 e^x과 e^{ax}의 증가율을 비교하여라.

QUICK CHECK 정답

1. g와 h **2.** g와 h **3.** $0\cdot\infty$, $(x - \pi/2)/\cot x$
4. 0^∞ 꼴(예를 들어 $\lim_{x\to 0^+} x^{1/x}$)은 부정형이 아닌데, 0에 접근하면 더 큰 거듭제곱으로 증가하여 0에 가까이 가기 때문이다. **6.** $x \to \infty$일 때 x^3이 x^2보다 더 빨리 증가하고, x^2과 $10x^2$은 유사한 증가율을 갖는다.

4.8 뉴턴의 방법

▶ 뉴턴의 방법은 아이작 뉴턴(Isaac Newton)이 1669년에 이 방법을 고안했다. 그러나 비슷한 방법들이 뉴턴 시대 이전에 알려져 있었다. 제곱근에 대한 뉴턴의 방법의 특별한 사례를 바빌로니아 방법이라 부르며, 아마도 그리스 수학자에 의해 발명됐을 것이다.

수학에서 발생하는 흔한 문제는 함수의 근, 즉 0을 찾는 것이다. 함수의 근은 방정식 $f(x) = 0$을 만족하는 x의 값이며, 이는 f의 그래프의 x절편에 대응한다. 이미 근 찾기 문제의 중요한 예를 살펴봤다. 함수의 임계점을 찾으려면 방정식 $f'(x) = 0$을 풀어야 한다. 이 절에서 논의하는 뉴턴의 방법은 함수의 근을 근사하는 가장 효과적인 방법 중 하나이다.

왜 근삿값을 계산할까?

함수의 근에 깔린 얕은 배경은 근을 근사하는 방법이 필요한 이유를 설명해 준다. $f(x) = 2x - 9$와 같은 선형 함수가 주어지면 대수적 방법을 사용하여 $f(x) = 0$을 푸는 방법을 알게 되고, 단일근 $x = \frac{9}{2}$를 찾게 된다. 마찬가지로 이차함수 $f(x) = x^2 - 6x - 72$에 근의 공식을 사용하여 근이 $x = 12$, $x = -6$임을 확인할 수 있다. 삼차방정식과 사차방정식의 근을 찾기 위한 공식도 존재한다. 인수분해와 대수학과 같은 방법들은 **분석 방법**(analytical method)이라 하는데, 이 방법은 산술 연산과 라디칼의 관점에서 함수의 근을 **정확하게** 제공한다.

여기에 중요한 사실이 있다. 분석 방법은 앞에서 나열한 함수들(사차 이하의 다항함수)을 제외한 대부분의 함수의 근을 제공하지 않는다. 특별한 경우가 있긴 하다. 예를 들어 $f(x) = e^{2x} + 2e^x - 3$은 유일한 실근 $x = 0$을 갖고, $f(x) = x^{10} - 1$의 두 실근은 $x = 1$, $x = -1$이다. 그러나 일반적으로 $f(x) = e^{-x} - x$와 같은 비교적 단순한 함수의 근은 분석 방법으로 정확하게 찾을 수 없다. 분석 방법이 통하지 않는 대다수의 경우에는 다른 접근법이 필요하다. 이 접근법은 뉴턴의 방법과 같은 **수치적 방법**(numerical method)을 사용하여 근을 근사하는 것이다.

뉴턴의 방법 유도

뉴턴의 방법은 기하학적으로 가장 쉽게 도출된다. r이 근사하고자 하는 f의 근이라 가정하자. 즉, $f(r) = 0$이라는 것을 의미한다. 또한 f가 r을 포함하는 어떤 구간에서 미분가능하고, x_0을 일반적으로 기초 예비 분석에 의해 얻는 r에 대한 초기 근사값이라 가정하자. 다음 두 단계를 수행하여 r에 대한 더 나은 근삿값을 얻을 수 있다.

- 곡선 $y = f(x)$ 위의 점 $(x_0, f(x_0))$에서 접선을 그린다.
- 접선이 x축과 만나는 점 $(x_1, 0)$을 찾아 x_1을 r에 대한 새로운 근삿값이라 하자.

그림 4.81(a)에 주어진 곡선의 경우 x_1이 x_0보다 근 r에 대한 더 나은 근삿값이다. 근삿값 x_1을 개선하기 위해 x_1을 사용하여 다음 추정치 x_2를 결정하는 2단계 과정을 반복한다(그림 4.81(b)). 그다음 x_2를 사용하여 x_3 등을 구한다(그림 4.81(c)). 이 방식을 계속하여 근 r에 이상적으로 점점 더 가까워지거나 **수렴**하는 근삿값의

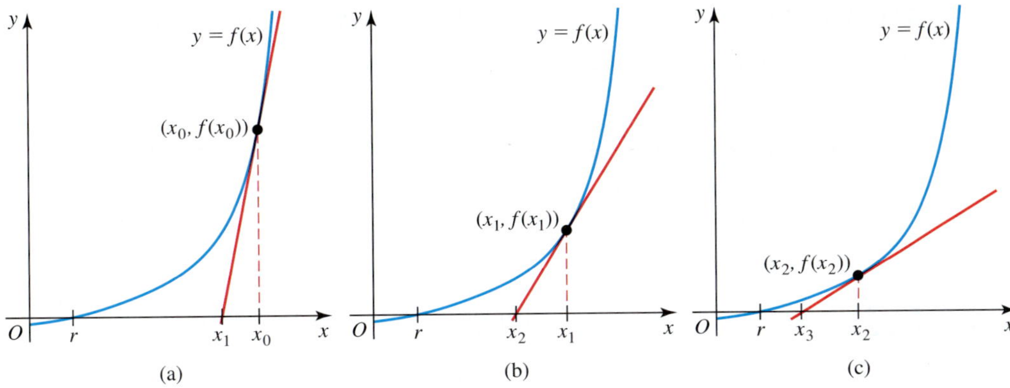

그림 4.81

▶ 9장의 주제는 수열이다.

$$\{x_1, x_2, \cdots\}$$

의 무한하게 정렬된 수들의 목록은 수열이며, 그 값이 수 r에 근접하면 수열이 r에 수렴한다고 한다. 수열이 하나의 수에 근접하지 못하면 수열은 발산한다고 한다.

수열 $\{x_1, x_2, x_3, \cdots\}$을 얻는다. 뉴턴의 방법의 몇 가지 단계와 근에 대한 근삿값의 수렴은 그림 4.82에 나타나 있다.

이제 방금 설명한 과정에 대한 공식을 찾는 일만 남았다. 근 r에 대한 n번째 근삿값 x_n을 계산한 후, 다음 근삿값 x_{n+1}을 얻으려 한다고 가정하자. 먼저 곡선 위의 점 $(x_n, f(x_n))$에서 접선을 그린다. 이 접선의 기울기는 $m = f'(x_n)$이다. 점 $(x_n, f(x_n))$에서 접선의 방정식은 다음과 같다.

$$y - f(x_n) = \underbrace{f'(x_n)}_{m}(x - x_n)$$

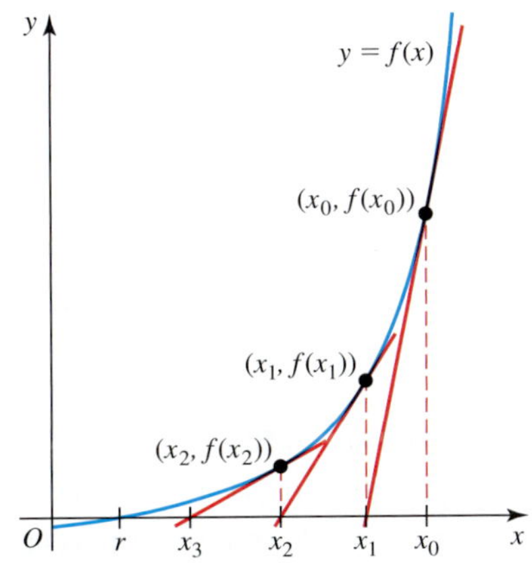

그림 4.82

접선의 방정식에서 $y = 0$으로 설정하고 x값을 구하여 이 접선이 x축과 만나는 점을 찾는다. 이 x값은 다음을 만족하는 새로운 근삿값 x_{n+1}이 된다.

$$\underbrace{0}_{y\text{를 0으로 설정}} - f(x_n) = f'(x_n)(\underbrace{x}_{x_{n+1}\text{이 됨}} - x_n)$$

▶ 기울기가 m이고 점 (x_n, y_n)을 지나는 직선의 방정식은 다음과 같다.

$$y - y_n = m(x - x_n)$$

x에 대하여 풀고 x_{n+1}이라 하면 다음을 얻는다.

$$\underbrace{x_{n+1}}_{\text{새로운 근삿값}} = \underbrace{x_n}_{\text{현재의 근삿값}} - \frac{f(x_n)}{f'(x_n)}, \quad f'(x_n) \neq 0$$

지금까지 함수 f의 근을 근사하기 위한 뉴턴의 방법의 일반적인 단계를 도출했다. 이 단계는 종료 조건을 만족할 때까지 $n = 0, 1, 2, \cdots$에 대하여 반복한다.

절차 $f(x) = 0$의 근의 근사를 위한 뉴턴의 방법

1. 근에 최대한 가까운 초기 근삿값 x_0을 선택한다.
2. $n = 0, 1, 2, \cdots$에 대하여 근삿값 x_{n+1}은 다음과 같다.

$$x_{n+1} = x_n - \frac{f(x_n)}{f'(x_n)}, \quad f'(x_n) \neq 0$$

3. 종료 조건을 충족하면 계산을 종료한다.

▶ 뉴턴의 방법 반복이라 불리는 반복 루프 계산의 한 예이다. 이 방법을 구현하는 가장 효율적인 방법은 계산기나 컴퓨터를 사용하는 것이다. 이 방법은 많은 소프트웨어 패키지에 포함되어 있다.

QUICK CHECK 1 방정식 $y - f(x_n) = f'(x_n)(x - x_n)$에서 $y = 0$으로 설정하고 x 값을 풀면 뉴턴의 방법 공식이 나오는지 확인하여라. ◀

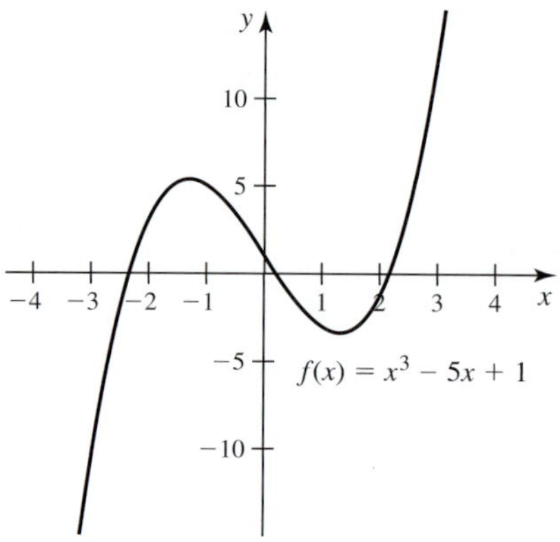

그림 4.83

| 예제 1 | 뉴턴의 방법 적용 뉴턴의 방법을 7번 적용하여 $f(x) = x^3 - 5x + 1$ (그림 4.83)의 근을 근사하여라. $x_0 = -3$, $x_0 = 1$, $x_0 = 4$를 초기 근삿값으로 사용하여라.

풀이 $f'(x) = 3x^2 - 5$이므로 뉴턴의 방법은 다음 형태를 취한다.

$$x_{n+1} = x_n - \frac{\overbrace{x_n^3 - 5x_n + 1}^{f(x_n)}}{\underbrace{3x_n^2 - 5}_{f'(x_n)}} = \frac{2x_n^3 - 1}{3x_n^2 - 5}$$

여기서 $n = 0, 1, 2, \cdots$ 및 x_0은 지정된 값이다. 초기 근삿값 $x_0 = -3$으로부터 첫 번째 근삿값은 다음과 같다.

$$x_1 = \frac{2x_0^3 - 1}{3x_0^2 - 5} = \frac{2(-3)^3 - 1}{3(-3)^2 - 5} = -2.5$$

두 번째 근삿값은 다음과 같다.

$$x_2 = \frac{2x_1^3 - 1}{3x_1^2 - 5} = \frac{2(-2.5)^3 - 1}{3(-2.5)^2 - 5} \approx -2.345455$$

표 4.5

n	x_n	x_n	x_n
0	−3	1	4
1	−2.500000	−0.500000	2.953488
2	−2.345455	0.294118	2.386813
3	−2.330203	0.200215	2.166534
4	−2.330059	0.201639	2.129453
5	−2.330059	0.201640	2.128420
6	−2.330059	0.201640	2.128419
7	−2.330059	0.201640	2.128419

➤ 표 4.5의 숫자는 원래 소수점 아래 16자리의 정확도로 계산되며, 여기서는 소수점 아래 6자리까지 표시했다.

계속해서 이 방식으로 표 4.5에 나와 있는 처음 7개의 근사치를 생성한다. 초기 근삿값 $x_0 = 1$, $x_0 = 4$로부터 생성된 근삿값도 표에 나와 있다.

초기 근삿값 $x_0 = -3$(두 번째 열)을 사용하면 네 번을 반복한 후 수열의 항이 −2.330059로 고정되고, 이 값이 그대로 유지된다. 초기 근삿값 $x_0 = 1$, $x_0 = 4$에서도 유사한 결과가 나온다. 이를 바탕으로 −2.330059, 0.201640, 2.128419는 소수점 아래(소수점의 오른쪽) 최소 여섯 자리의 정확도를 가진 f의 근에 대한 근삿값이라는 결론을 내릴 수 있다.

f의 그래프(그림 4.84)는 f가 세 실근을 가지며, 세 근에 대한 뉴턴 근사가 합리적임을 확인해 준다. 또한 이 그림은 각 근에서 처음 세 개의 뉴턴 근삿값을 보여 준다.

관련 연습문제 7번 ◀

QUICK CHECK 2 함수 $f(x) = x$에 뉴턴의 방법을 적용하면 어떻게 되는가? ◀

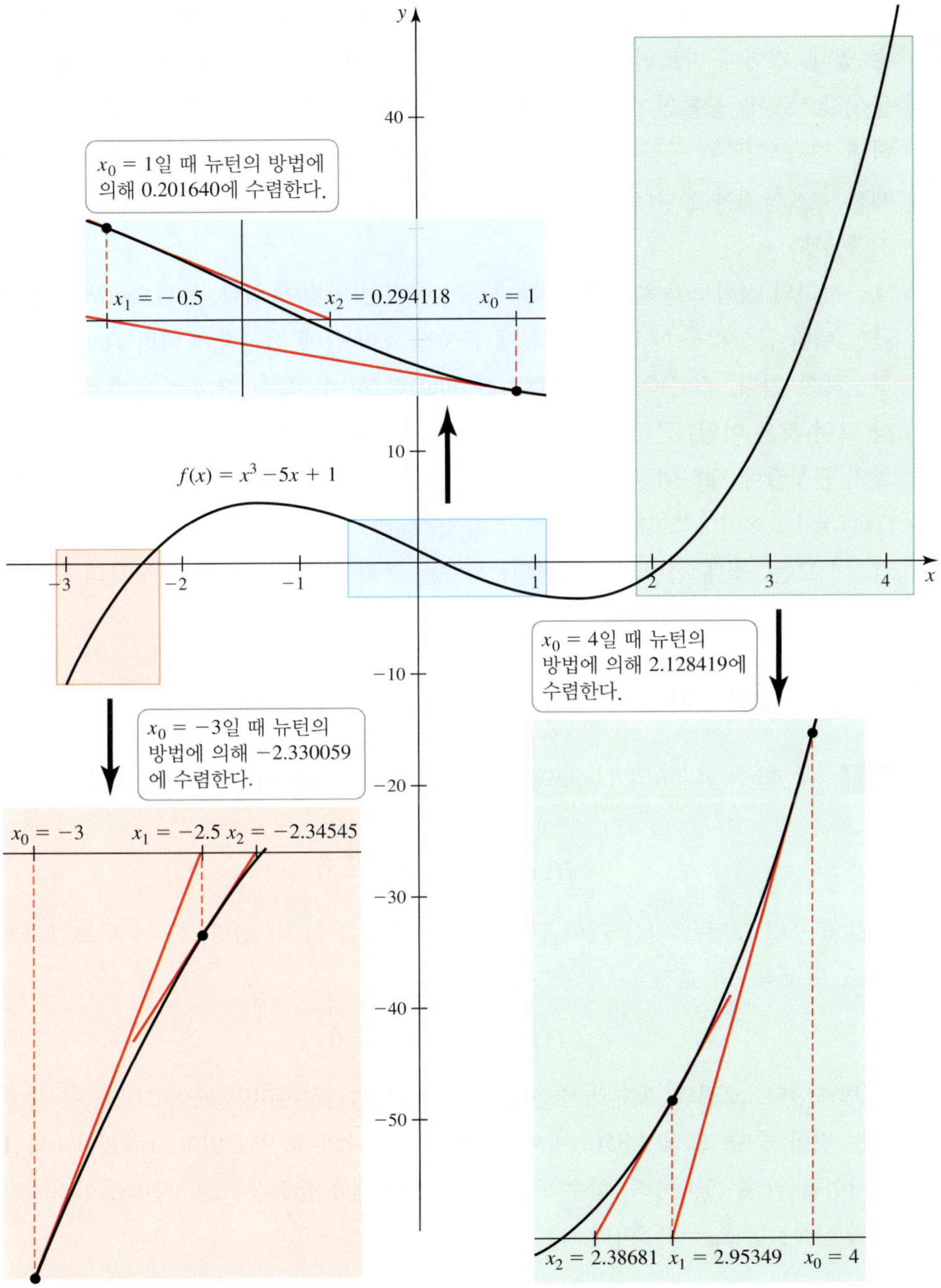

그림 4.84

언제 멈추는가?

예제 1은 다음과 같은 중요한 질문을 제기하고 이에 대한 실용적인 대답을 제공한다. 뉴턴의 근삿값을 몇 번 계산해야 하는가? 근 r과 근삿값 x_n에 대하여 오차 $|x_n - r|$을 계산하는 것이 이상적일 것이다. 불행히도 우리는 실제 근 r을 모르며 이는 우리가 근사하려고 하는 양이다. 따라서 오류를 추정하는 실용적인 방법이 필요하다.

▶ 뉴턴의 방법에 대한 프로그램을 작성한다면 방법이 수렴하지 않는 경우에 대비하여 최대 반복 횟수를 이스케이프별로 지정하는 것이 좋다.

▶ 잔차가 작다고 해서 항상 오차가 작은 것은 아니다. 다음 그림의 함수는 $x = 0$에서 0이다. 0.5와 같은 근삿값은 잔차는 작지만 오차가 크다.

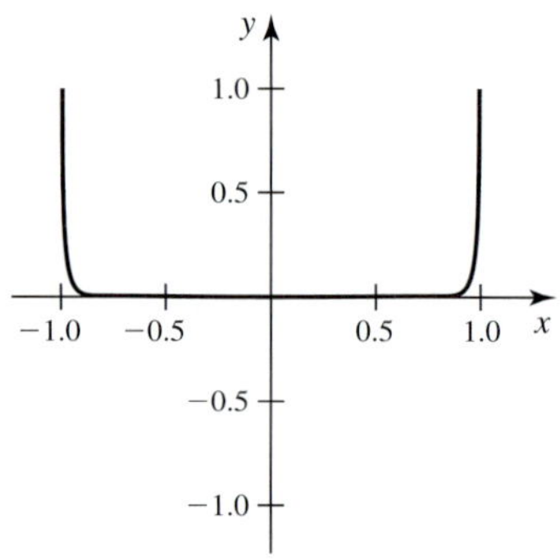

표 4.5의 두 번째 열을 보면 x_4와 x_5가 −2.330059로 일곱 자리가 일치함을 알 수 있다. 경험에 따르면 연속적인 두 근삿값의 일곱 자리가 일치하면 (근에 대한 근삿값으로서) 공통인 숫자임이 정확하다. 따라서 근사할 때 p자리의 정확도를 원하면 연속적인 두 근삿값이 p자리까지 동일할 때 또는 최대 반복 횟수를 초과할 때까지 계산해야 한다(이 경우 뉴턴의 방법은 원하는 정확도로 근의 근삿값을 찾지 못한다).

근사치의 정확도를 측정하는 또 다른 실용적인 방법이 있다. 뉴턴의 방법은 f의 근에 대한 근삿값을 생성하기 때문에 근삿값 x_n이 근에 접근함에 따라 $f(x_n)$은 0에 접근해야 한다. $f(x_n)$의 값을 **잔차**(residual)라 하며, 작은 잔차는 일반적으로(항상 그런 것은 아님) 근삿값의 오류가 작음을 나타낸다. 예제 1에서 잔차는 두 번째 열의 근삿값에 대하여 $f(x_7) = -1.8 \times 10^{-15}$이고, 세 번째 열의 근삿값에 대하여 $f(x_7) = 1.1 \times 10^{-16}$이며, 네 번째 열의 근삿값에 대하여 $f(x_7) = -1.8 \times 10^{-15}$이다. 이 모든 (최대 정밀도로 계산된) 잔차는 크기가 작기 때문에 근삿값의 오류가 작다는 확신을 더해 준다.

| 예제 2 | 교점 찾기 곡선 $y = \cos x$와 직선 $y = x$의 교점을 찾아라.

풀이 두 함수 g와 h의 그래프는 x좌표가 $g(x) = h(x)$를 만족하는 점에서 만난다. 즉,

$$f(x) = g(x) - h(x) = 0$$

으로 놓으면 교점을 찾는 것이 근을 찾는 문제임을 알 수 있다. 이 경우 곡선 $y = \cos x$ 및 $y = x$의 교점은

$$f(x) = \cos x - x = 0$$

을 만족한다. 교점의 개수와 좋은 초기 근삿값을 결정하려면 예비 그래프를 사용하는 것이 좋다. 그림 4.85(a)에서 두 곡선에 하나의 교점이 있고, x좌표가 0과 1 사이임을 알 수 있다. 즉, 함수 f는 0과 1 사이에서 함숫값 0을 갖는다. 합리적인 초기 근삿값은 $x_0 = 0.5$이다.

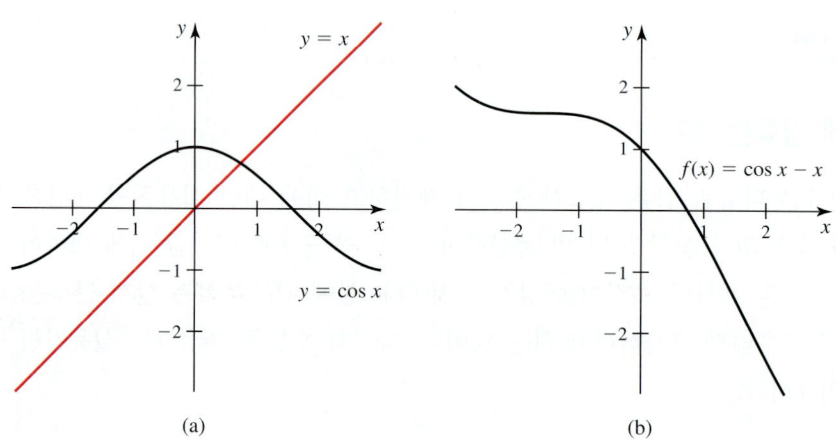

그림 4.85

뉴턴의 방법은 다음 형식을 취한다.

$$x_{n+1} = x_n - \frac{\overbrace{\cos x_n - x_n}^{f(x_n)}}{\underbrace{-\sin x_n - 1}_{f'(x_n)}} = \frac{x_n \sin x_n + \cos x_n}{\sin x_n + 1}$$

초기 근삿값 $x_0 = 0.5$를 사용한 뉴턴의 방법의 결과는 표 4.6에 나와 있다. 네 번의 반복 후 근삿값의 6자리가 일치함을 알 수 있으므로 근에 대한 근삿값으로 0.739085를 사용한다. 또한 마지막 열에 표시되고 완전한 정밀도로 계산된 잔차는 기본적으로 0이므로 근사의 정확도를 확인한다. 따라서 교점은 대략 (0.739085, 0.739085)이다(점이 직선 $y = x$ 위에 있기 때문이다).

관련 연습문제 14번 ◀

표 4.6

n	x_n	잔차
0	0.5	0.377583
1	0.755222	−0.0271033
2	0.739142	−0.0000946154
3	0.739085	-1.18098×10^{-9}
4	0.739085	0
5	0.739085	0

| 예제 3 | 극값 찾기 구간 $(0, \infty)$에서 함수 $f(x) = e^{-x} \sin 2x$의 첫 번째 극댓값과 첫 번째 극솟값의 x좌표를 구하여라.

풀이 함수의 그래프는 몇 가지 지침을 제공한다. 그림 4.86은 f가 $x > 0$에서 무한히 많은 극값을 가짐을 보여 준다. 첫 번째 극댓값은 구간 [0, 1]에서 발생하고, 첫 번째 극솟값은 구간 [2, 3]에서 발생한다.

극값을 찾으려면 다음 방정식을 풀어서 임계점을 찾아야 한다.

$$f'(x) = e^{-x}(2 \cos 2x - \sin 2x) = 0$$

이 방정식에 뉴턴의 방법을 적용한다. $x_0 = 0.2$, $x_0 = 2.5$의 초기 근삿값을 사용한 계산 결과가 표 4.7에 나와 있다.

뉴턴의 방법은 두 개의 임계점을 빠르게 찾고 f의 그래프와 일치시킨다. 첫 번째 극댓값은 $x \approx 0.553574$에서 발생하고, 첫 번째 극솟값은 $x \approx 2.124371$에서 발생한다는 결론을 내릴 수 있다.

관련 연습문제 23번 ◀

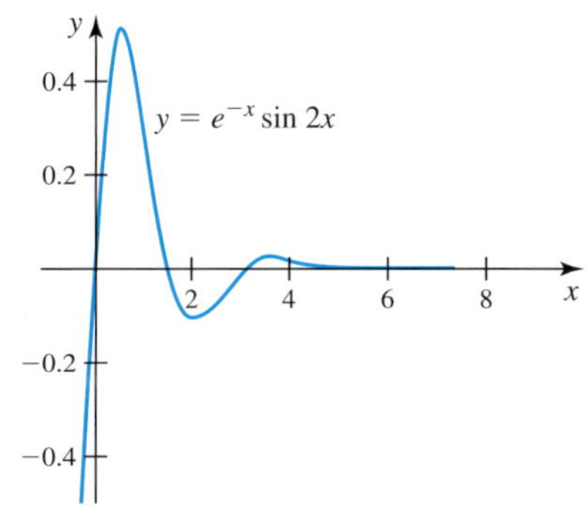

그림 4.86

표 4.7

n	x_n	x_n
0	0.200000	2.500000
1	0.499372	1.623915
2	0.550979	2.062202
3	0.553568	2.121018
4	0.553574	2.124360
5	0.553574	2.124371
6	0.553574	2.124371

뉴턴의 방법의 함정

좋은 초기 근삿값이 주어지면 뉴턴의 방법은 일반적으로 근에 수렴한다. 또한 이렇게 수렴하면 일반적으로 그 수렴 속도는 매우 빠르다. 그러나 뉴턴의 방법이 실패하면 흥미롭고 놀라운 방식으로 실패하게 된다. 뉴턴의 방법을 사용하는 것에 어려움을 겪는 한 가지 경우는 다음과 같다. $f'(x_n)$은 분모에 있는데, 만약 어떤 단계에서 $f'(x_n) = 0$이면 방법이 중단된다. 또한 어떤 단계에서 $f'(x_n)$이 0에 가까우면 근에 느리게 수렴하거나 수렴하지 못할 수 있다. 다음 예제는 뉴턴의 방법이 실패할 수 있는 세 가지 경우를 보여 준다.

➤ 뉴턴의 방법이 수렴하는 속도와 수렴하지 않는 방법에 대한 보다 철저한 분석은 수치해석학 강좌에서 제시한다.

뉴턴의 방법은 일반적으로 놀라운 수렴율을 갖고 있기 때문에 널리 사용된다.

| 예제 4 | 뉴턴의 방법의 어려움 $x_0 = 1$, $x_0 = 0.15$, $x_0 = 1.1$의 초기 근삿값과 함께 뉴턴의 방법을 사용하여 $f(x) = \dfrac{8x^2}{3x^2 + 1}$의 근을 구하여라.

풀이 f는 단일근 $x = 0$을 갖는다. 따라서 핵심은 근을 찾는 것이 아니라 뉴턴의 방법의 성능을 조사하는 것이다. f'을 계산하고 몇 단계의 뉴턴의 방법을 시행하면 다음을 얻는다.

$$x_{n+1} = x_n - \frac{f(x_n)}{f'(x_n)} = \frac{x_n}{2}\left(1 - 3x_n^2\right)$$

뉴턴의 방법을 다섯 번 반복한 결과가 표 4.8에 나와 있으며, 여기에는 서로 다른 세 이야기가 담겨 있다.

표 4.8

n	x_n	x_n	x_n
0	1	0.15	1.1
1	−1	0.0699375	−1.4465
2	1	0.0344556	3.81665
3	−1	0.0171665	−81.4865
4	1	0.00857564	8.11572×10^5
5	−1	0.00428687	-8.01692×10^{17}

$x_0 = 1$(두 번째 열)을 사용하여 생성된 근삿값은 +1과 −1 사이를 순환하는 상태가 된다. 그림 4.87은 이 드문 현상의 기초가 되는 기하학을 보여 준다.

$x_0 = 0.15$(세 번째 열)를 사용하여 생성된 근삿값은 실제 근 0에 수렴하지만 천천히 수렴한다(그림 4.88). 오류는 각 단계에서 약 절반으로 감소한다. 뉴턴의 방법은 일반적으로 오류 감소 속도가 더 빠르다. 느린 수렴은 f와 f' 모두 0에서 함숫값 0을 갖기 때문이다. 앞서 언급했듯이 근삿값 x_n이 f'의 근에 접근하면 수렴 속도가 자주 느려진다.

$x_0 = 1.1$(네 번째 열)을 사용하여 생성된 근삿값은 크기가 빠르게 증가하며 이 초기 근삿값이 합리적으로 보이지만 유한한 값에 수렴하지는 않는다. 이 경우의 그래프는 그림 4.89에 나와 있다.

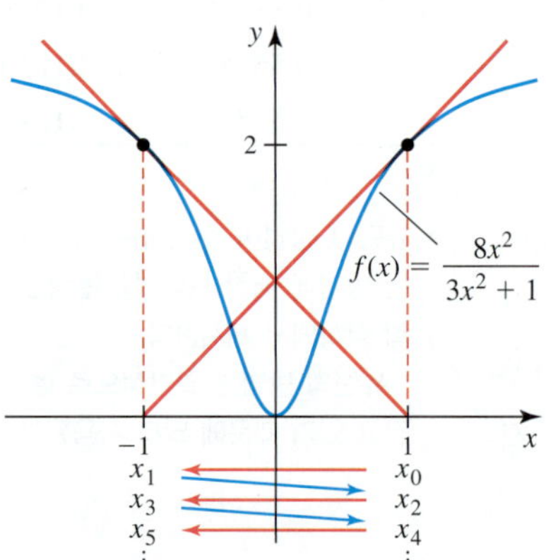

그림 4.87

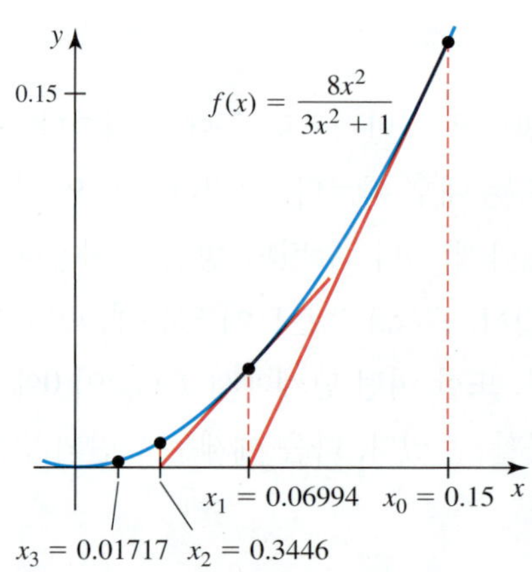

그림 4.88

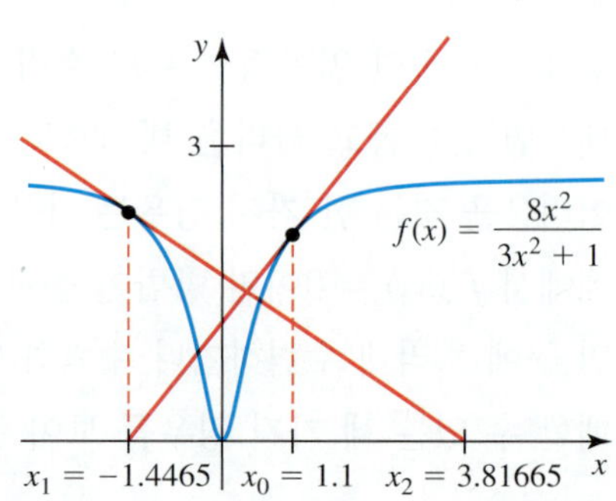

그림 4.89

이 예제의 세 가지 경우는 뉴턴의 방법이 일반적인 속도로 수렴하지 않을 수 있는 여러 방법을 보여 준다. 즉, 근삿값은 순환하거나 방황할 수 있으며, 천천히 수렴하거나(종종 빠른 속도로) 발산할 수 있다.

관련 연습문제 28–29번 ◀

4.8절 연습문제

1단계 스타트

1. 뉴턴의 방법을 기하학적으로 설명하여라.

2. f의 그래프와 $x = 1, 2, 3$에서 f에 접하는 직선은 다음과 같다. $x_0 = 3$일 때, 뉴턴의 방법을 적용하여 얻는 x_1, x_2, x_3의 값을 찾아라.

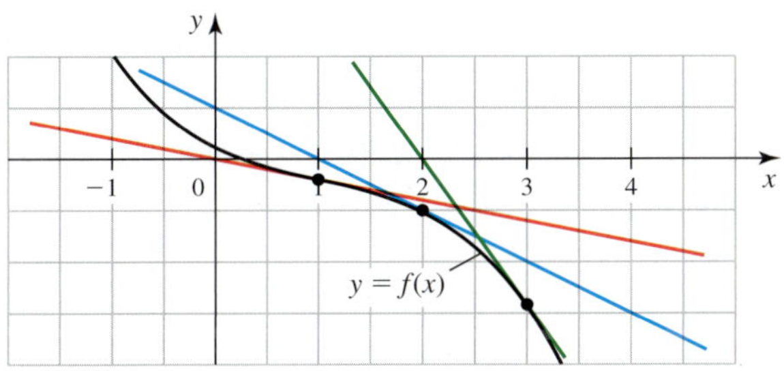

3. $f(x) = 2x^3 - 6x^2 + 4x$라 하자. $x_0 = 1.4$일 때, 뉴턴의 방법을 사용하여 x_1을 구하여라. f의 그래프(그림 참조)와 적절한 접선을 사용하여 x_0에서 x_1을 얻는 방법을 설명하여라.

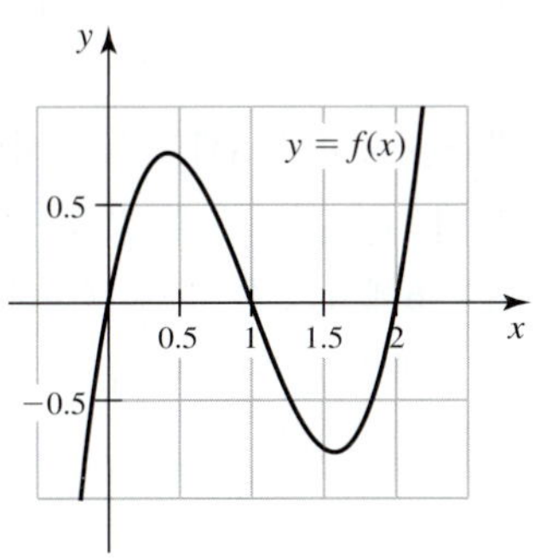

4. 뉴턴의 방법을 언제 끝낼지 어떻게 결정하는가?

5–6. 뉴턴의 방법에 대한 공식을 작성하고, 주어진 초기 근삿값을 사용하여 두 근삿값 x_1, x_2를 계산하여라.

5. $f(x) = x^2 - 6,\ x_0 = 3$

6. $f(x) = e^{-x} - x,\ x_0 = \ln 2$

2단계 실전

7–10. 뉴턴의 방법으로 근 찾기 함수 f와 초기 근삿값 x_0에 대하여 뉴턴의 방법을 사용하여 f의 근을 근사하여라. 연속적인 두 근삿값이 반올림하여 소수점 아래 다섯 자리가 일치하면 근삿값 계산을 중지한다. 예제 1과 유사한 표를 만들어 풀이 과정을 보여라.

7. $f(x) = x^2 - 10,\ x_0 = 3$

8. $f(x) = \sin x + x - 1,\ x_0 = 0.5$

9. $f(x) = \tan x - 2x,\ x_0 = 1.2$

10. $f(x) = \cos^{-1} x - x,\ x_0 = 0.75$

11–13. 모든 근 찾기 뉴턴의 방법을 사용하여 다음 함수의 모든 근을 찾아라. 예비 분석 및 그래프를 사용하여 적절한 초기 근삿값을 결정하여라.

11. $f(x) = \cos 2x - x^2 + 2x$

12. $f(x) = e^{-x} - \dfrac{x+4}{5}$

13. $f(x) = \ln x - x^2 + 3x - 1$

14–16. 교점 찾기 뉴턴의 방법을 사용하여 다음 두 곡선의 모든 교점을 근사하여라. 일부 예비 그래프 또는 분석은 적절한 초기 근삿값을 선택하는 데 도움이 될 수 있다.

14. $y = \sin x,\ y = \dfrac{x}{2}$

15. $y = \dfrac{1}{x},\ y = 4 - x^2$

16. $y = 4\sqrt{x},\ y = x^2 + 1$

17–18. 종양의 크기 다트머스 대학교에서 수행된 연구에서 특정 유형의 암 종양이 있는 쥐를 화학 요법 약물인 시스플라틴으로 치료했다. 치료 당시 이러한 종양 중 하나의 부피가 V_0이면 치료한 지 t일 후 종양의 부피는 함수 $V(t) = V_0(0.99e^{-0.1216t} + 0.01e^{0.239t})$으로 모델링된다(출처: *Undergraduate Mathematics for the Life Sciences, MAA Notes* No.81, 2013).

17. $0 \le t \le 16$일 때 $y = 0.99e^{-0.1216t} + 0.01e^{0.239t}$의 그래프를 그린 다음, 시간 경과에 따른 종양의 크기를 설명하여라. 뉴턴의 방법을 사용하여 종양이 원래 크기의 절반으로 감소하는 시점을 확인하여라.

18. 연구원들은 종양이 다시 자라기 시작하기 직전에 시스플라틴의 두 번째 치료제를 제공할 계획이다. $y = 0.99e^{-0.1216t} + 0.01e^{0.239t}$의 도함수와 뉴턴의 방법을 사용하여 두 번째 치료

제가 필요한 시점을 결정하여라.

19. 퇴직금 연간 이자율 r로 30년 동안 매년 말에 \$10,000를 투자한다고 가정하면 30년 후 계좌의 금액은 $A = \frac{10,000((1+r)^{30}-1)}{r}$이다. 30년 후 계좌에 \$1,000,000이 필요하다고 가정하자.

a. 투자 요구 사항을 충족하는 데 필요한 r의 최솟값이 다음 방정식을 만족함을 보여라.

$$1,000,000r - 10,000(1+r)^{30} + 10,000 = 0$$

b. **a**의 방정식을 풀기 위해 뉴턴의 방법을 적용하여 투자 목표를 달성하는 데 필요한 이자율을 찾아라.

20. 감쇠 발전기 스피링 위에서 수직으로 튕기는 물체의 변위는 $y(t) = 2.5e^{-t}\cos 2t$로 표현된다. 여기서 초기 변위는 $y(0) = 2.5$이고 $y = 0$은 정지 위치에 해당한다(그림 참조).

a. 물체가 정지 위치 $y = 0$을 처음 통과하는 시간을 찾아라.

b. 물체가 가장 낮은 지점에 도달할 때의 시간과 변위를 구하여라.

c. 물체가 정지 위치를 두 번째로 통과하는 시간을 찾아라.

d. 물체가 두 번째로 최고점에 도달할 때의 시간과 변위를 구하여라.

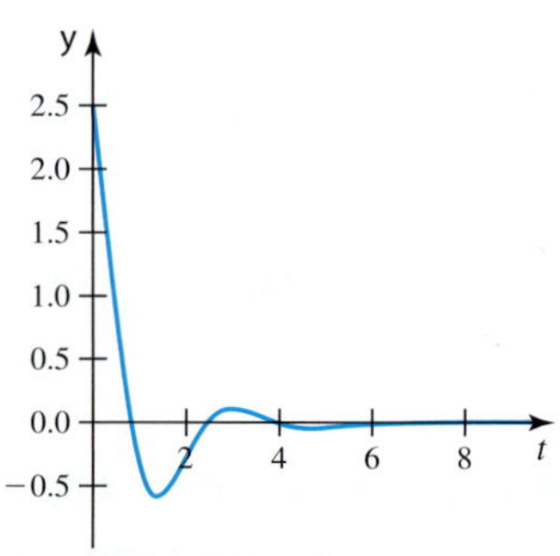

21–22. 근 추정 다양한 근의 값은 뉴턴의 방법을 사용하여 근사할 수 있다. 예를 들어 $\sqrt[3]{10}$의 값을 근사하려면 $x = \sqrt[3]{10}$으로 놓고 방정식의 양변을 세제곱하여 $x^3 = 10$, 즉 $x^3 - 10 = 0$을 얻는다. 따라서 $\sqrt[3]{10}$은 $p(x) = x^3 - 10$의 근이며, 뉴턴의 방법을 적용하여 근사할 수 있다. 근이 r인 정수 계수를 갖는 다항식을 먼저 찾아 r의 각 값을 근사하여라. 적절한 x_0 값을 사용하고 연속적인 두 근삿값이 반올림하여 소수점 아래 5자리와 일치하면 근삿값 계산을 중지하여라.

21. $r = 7^{1/4}$

22. $r = (-9)^{1/3}$

23–24. 뉴턴의 방법과 곡선 스케치 뉴턴의 방법을 사용하여 다음 질문에 대한 대략적인 답을 찾아라.

23. 구간 $(0, \infty)$에서 $f(x) = \frac{\cos x}{x}$의 첫 번째 극솟값을 어디에 있는가?

24. $f(x) = \frac{9}{5}x^5 - \frac{15}{2}x^4 + \frac{7}{3}x^3 + 30x^2 + 1$의 변곡점은 어디에 있는가?

25. 참 또는 거짓 다음 명제가 참이면 증명하고 거짓이면 반례를 들어라.

a. 뉴턴의 방법은 함수의 근을 근사하는 수치적 방법의 한 예이다.

b. 뉴턴의 방법은 이차방정식에 대하여 근의 공식보다 더 나은 근삿값을 제공한다.

c. 뉴턴의 방법으로 항상 함수의 근삿값을 찾을 수 있다.

26–27. 고정점 많은 함수에 대한 중요한 질문은 고정점의 존재와 위치에 관한 것이다. f의 고정점은 $f(x) - x = 0$을 만족하는 x 값이며, 이는 f의 그래프와 직선 $y = x$의 교점에 해당한다. 다음 함수의 모든 고정점을 찾아라. 예비 분석 및 그래프를 사용하여 적절한 초기 근삿값을 결정하여라.

26. $f(x) = \cos x$

27. $f(x) = 2x\cos x$, $[0, 2]$

3단계 도전

28–29. 뉴턴의 방법의 함정 함수 $f(x) = \frac{x}{1+x^2}$의 유일한 근은 $r = 0$이다.

28. 초기 근삿값 $x_0 = 1/\sqrt{3}$을 사용하여 다음 단계를 모두 수행하여라.

a. 뉴턴의 방법을 사용하여 x_1과 x_2의 정확한 값을 찾아라.

b. 추가 계산 없이 $x_3, x_4, x_5, \cdots$의 값을 명시하여라.

c. 뉴턴의 방법이 **b**에서 찾은 값을 생성하는 이유를 설명하기 위해 f의 그래프를 사용하여라.

d. $x_0 = 1/\sqrt{3}$일 때, 뉴턴의 방법이 근 $r = 0$을 근사하지 못하는 이유는 무엇인가?

29. 초기 근삿값 $x_0 = 2$를 사용하여 다음 단계를 모두 수행하여라.

a. 뉴턴의 방법을 사용하여 x_1, x_2, x_3의 값을 찾아라.

b. f의 그래프를 사용하여 뉴턴의 방법이 **a**에서 발견한 x_1과 x_2 값을 생성하는 이유를 설명하여라.

c. $x_0 = 2$일 때, 뉴턴의 방법이 근 $r = 0$을 근사하지 못하는 이유는 무엇인가?

30. 역수 근사화 나눗셈을 사용하지 않고 숫자 a의 역수를 근사하기 위해 $f(x) = \frac{1}{x} - a$에 뉴턴의 방법을 적용할 수 있다.

a. 뉴턴의 방법이 공식 $x_{n+1} = (2 - ax_n)x_n$을 제공하는지 확

인하여라.

b. 선택한 초기 근삿값을 사용하여 $a = 7$에 뉴턴의 방법을 적용하여라. 8자리 정확도로 근사치를 계산하여라. 이 경우 뉴턴의 방법이 몇 번 적용되는가?

31. 고윳값 문제 특정 종류의 미분방정식은 근 찾기 문제 $\tan \pi\lambda = \lambda$로 이어지며, 여기서 근 λ는 **고윳값**(eigenvalue)이라 한다. 이 문제의 처음 세 양의 고윳값을 찾아라.

32. 끌림 영역 f가 실근 r을 갖고, 뉴턴의 방법을 사용하여 초기 근삿값 x_0으로 r을 근사한다고 가정하자. r의 **끌림 영역**은 r에 수렴하는 수열을 생성하는 초기 근삿값의 집합이다. r 근처의 점은 종종 끌림 영역에 있다(항상은 아니다). 초기 근삿값 x_0이 수렴하지 않는 수열을 생성할 수 있고 때로는 초기 근삿값 x_0이 먼 근으로 수렴하는 수열을 생성할 수도 있다. $f(x) = (x+2)(x+1)(x-3)$이라 하면 근은 $x = -2, -1, 3$이다. 구간 $[-4, 4]$에 대한 초기 근삿값과 함께 뉴턴의 방법을 사용하고 각 근의 끌림 영역을 (대략적으로) 결정하여라.

QUICK CHECK 정답

1. $0 - f(x_n) = f'(x_n)(x - x_n) \Rightarrow -\dfrac{f(x_n)}{f'(x_n)} = x - x_n \Rightarrow x = x_n - \dfrac{f(x_n)}{f'(x_n)}$ **2.** 뉴턴의 방법은 정확하게 한 단계만에 근을 찾을 것이다. ◀

4.9 역도함수

미분의 목적은 주어진 함수 f의 도함수 f'을 구하는 것이다. 역미분(antidifferentiation)이라 하는 다음 역과정도 마찬가지로 중요하다. 함수 f가 주어지면 도함수가 f, 즉 $F' = f$인 역도함수(antiderivative) F를 찾아보자.

> **정의 역도함수**
>
> 구간 I의 모든 x에 대하여 $F'(x) = f(x)$이면 함수 F를 구간 I에서 f의 **역도함수**라고 한다.

이 절에서는 이전 장에서 증명한 공식을 다시 검토하여 해당 역도함수를 발견한다.

되돌아보기

미분 공식 $\dfrac{d}{dx}(x) = 1$을 생각해 보자. $F'(x) = f(x)$이므로 $f(x) = 1$의 역도함수는 $F(x) = x$이다. 같은 논리로 다음을 얻을 수 있다.

$$\frac{d}{dx}(x^2) = 2x \quad \Rightarrow \quad f(x) = 2x\text{의 역도함수는 } F(x) = x^2$$

$$\frac{d}{dx}(\sin x) = \cos x \quad \Rightarrow \quad f(x) = \cos x\text{의 역도함수는 } F(x) = \sin x$$

QUICK CHECK 1 x^4이 $4x^3$의 역도함수임을 보여라. ◀

이 각각의 역도함수 공식은 $F' = f$를 보임으로써 쉽게 확인할 수 있다.

바로 이런 의문이 생긴다. 함수는 항상 하나 이상의 역도함수가 있는가? 이 질문에 답하기 위해 $f(x) = 1$과 역도함수 $F(x) = x$를 살펴보자. 상수 C의 도함수는

0이므로 $F(x) = x + C$ 또한 $f(x) = 1$의 역도함수임을 확인할 수 있다.

$$F'(x) = \frac{d}{dx}(x + C) = 1 = f(x)$$

따라서 $f(x) = 1$은 실제로 무한히 많은 역도함수를 갖는다. 같은 이유로 $f(x) = 2x$의 역도함수는 $F(x) = x^2 + C$이고, $f(x) = \cos x$의 역도함수는 $F(x) = \sin x + C$이며, 여기서 C는 임의의 상수이다.

주어진 함수에 대한 역도함수가 여전히 더 있는지 의문이 들 수 있다. 다음 정리는 이에 대한 답을 제공한다.

정리 4.15 역도함수족

구간 I에서 f의 역도함수를 F라 하자. 구간 I에서 f의 모든 역도함수는 $F + C$ 형태이다. 여기서 C는 임의의 상수이다.

증명 F와 G가 구간 I에서 f의 역도함수라 가정하자. 그러면 $F' = f$, $G' = g$이고 이는 I에서 $F' = G'$임을 의미한다. 정리 4.6은 동일한 도함수를 갖는 함수가 서로 상수만큼 다르다는 것을 말한다. 따라서 $G = F + C$ 및 f의 모든 역도함수는 $F + C$ 형태이며, 여기서 C는 임의의 상수이다. ◀

정리 4.15에 의하면 함수의 역도함수는 무한히 많지만, 이들은 모두 $F + C$ 형태의 함수이다. 특정 함수의 역도함수는 상수만큼 서로 다르기 때문에 역도함수는 서로 y축으로 평행이동한 관계이다(그림 4.90).

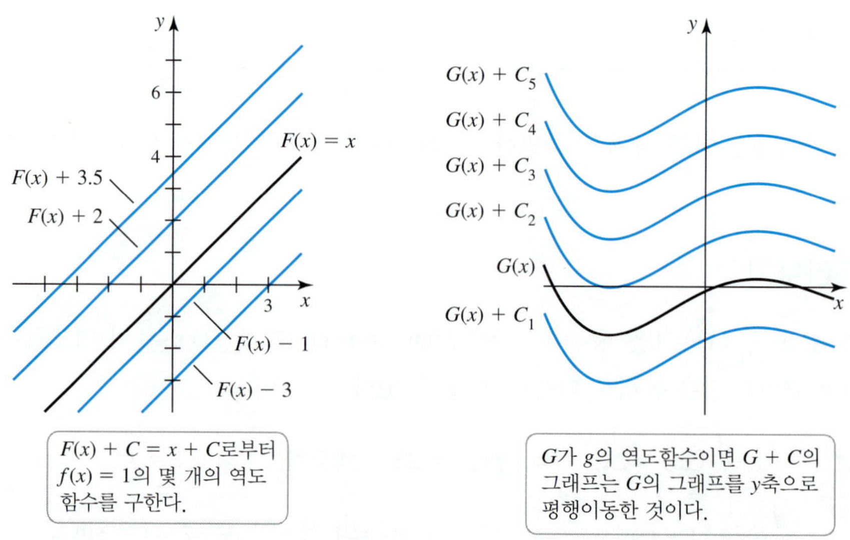

그림 4.90

| 예제 1 | 역도함수 찾기 아는 도함수를 사용하여 다음 함수의 모든 역도함수를 찾아라.

a. $f(x) = 3x^2$ **b.** $f(x) = \dfrac{1}{1+x^2}$ **c.** $f(t) = \sin t$

풀이

a. $\dfrac{d}{dx}(x^3) = 3x^2$이므로 $f(x) = 3x^2$의 역도함수는 x^3이다. 정리 4.15에 의해 역도함수족은 $F(x) = x^3 + C$(C는 상수)이다.

b. $\dfrac{d}{dx}(\tan^{-1}x) = \dfrac{1}{1+x^2}$이므로 f의 모든 역도함수는 $F(x) = \tan^{-1}x + C$(C는 상수)이다.

c. $\dfrac{d}{dx}(\cos t) = -\sin t$이며, 도함수가 $-\sin t$가 아닌 $\sin t$인 함수를 찾아야 한다. $\dfrac{d}{dx}(-\cos t) = \sin t$이므로 $\sin t$의 역도함수는 $F(t) = -\cos t + C$(C는 상수)이다.

관련 연습문제 7번 ◀

QUICK CHECK 2 세 함수 $f(x) = e^x$, $g(x) = 4x^3$, $h(x) = \sec^2 x$의 모든 역도함수족을 각각 찾아라. ◀

부정적분

표기법 $\dfrac{d}{dx}(f(x))$는 x에 대하여 $f(x)$를 미분하는 것을 뜻한다. 이제 역도함수에 대한 표기법도 필요하다. 다음 장에서 명백해지는 역사적인 이유로 f의 역도함수를 찾는 것을 의미하는 표기법은 **부정적분**(indefinite integral) $\int f(x)\,dx$이다. 부정적분 기호 $\int$이 나타날 때마다 **피적분함수**(integrand)라고 부르는 함수가 뒤따르고, 미분소 dx가 뒤에 붙는다. 이때 dx는 단순히 x가 독립변수, 즉 **적분 변수**(variable of integration)임을 의미한다. $\int f(x)\,dx$는 f의 모든 역도함수를 뜻한다. 피적분함수가 x가 아닌 다른 변수의 함수(예를 들어 $g(t)$)일 때, g의 역도함수는 $\int g(t)\,dt$와 같이 쓴다.

이 새 표기법으로 예제 1의 세 가지 결과를 작성하면 다음과 같다.

$$\int 3x^2\,dx = x^3 + C,\quad \int \frac{1}{1+x^2}\,dx = \tan^{-1}x + C,\quad \int \sin t\,dt = -\cos t + C$$

여기서 C는 **적분 상수**라고 부르는 임의의 상수이다. 앞에서 살펴본 미분 법칙은 부정적분으로 작성할 수 있다. 거듭제곱함수 법칙부터 시작하자.

정리 4.16 부정적분에서의 거듭제곱함수 법칙

$$\int x^p\,dx = \frac{x^{p+1}}{p+1} + C$$

여기서 p는 -1이 아닌 실수, C는 임의의 상수이다.

➤ 정리 4.16에서 $p = -1$이면 $F(x)$는 정의되지 않는다. $f(x) = x^{-1}$의 역도함수는 예제 5에서 설명한다. $p = 0$인 경우 $\int 1\,dx = x + C$이다.

증명 이 정리는 $f(x) = x^p$의 역도함수가 $F(x) = \dfrac{x^{p+1}}{p+1} + C$임을 말한다. $F'(x) = f(x)$를 확인하기 위해 $p \neq -1$에 대하여 다음을 얻는다.

▶ 모든 부정적분은 미분으로 확인할 수 있다. 부정적분을 미분하면 피적분함수와 같아야 한다.

$$F'(x) = \frac{d}{dx}\left(\frac{x^{p+1}}{p+1} + C\right) = \frac{d}{dx}\left(\frac{x^{p+1}}{p+1}\right) + \underbrace{\frac{d}{dx}(C)}$$

$$= \frac{(p+1)x^{(p+1)-1}}{p+1} + 0 = x^p$$

3.3절의 정리 3.4와 정리 3.5에서 상수 곱의 법칙과 합의 법칙을 다뤘다. 여기에 대응하는 역도함수 규칙이 있다.

정리 4.17 상수 곱과 합의 법칙

상수 곱의 법칙: $\int cf(x)\,dx = c\int f(x)\,dx$, c는 상수

합의 법칙: $\int (f(x) + g(x))\,dx = \int f(x)\,dx + \int g(x)\,dx$

다음 예제는 정리 4.16과 정리 4.17이 적용되는 과정을 보여 준다.

| 예제 2 | 부정적분 다음 부정적분을 구하여라.

a. $\int (3x^5 + 2 - 5\sqrt{x})\,dx$ **b.** $\int \frac{4x^{19} - 5x^{-8}}{x^2}\,dx$

c. $\int (z^2 + 1)(2z - 5)\,dz$

풀이

▶ $\int dx$는 $\int 1\,dx$을 의미하고, 상수함수 $f(x) = 1$의 부정적분은 $\int dx = x + C$이다.

▶ 예제 2a의 각 부정적분은 임의의 상수를 생성하며, 이들은 모두 C라고 하는 하나의 임의의 상수로 결합된다.

a. $\int (3x^5 + 2 - 5\sqrt{x})\,dx = \int 3x^5\,dx + \int 2\,dx - \int 5x^{1/2}\,dx$ 합의 법칙

$= 3\int x^5\,dx + 2\int dx - 5\int x^{1/2}\,dx$ 상수 곱의 법칙

$= 3\cdot\frac{x^6}{6} + 2\cdot x - 5\cdot\frac{x^{3/2}}{3/2} + C$ 거듭제곱함수 법칙

$= \frac{x^6}{2} + 2x - \frac{10}{3}x^{3/2} + C$ 간단히 하기

b. $\int \frac{4x^{19} - 5x^{-8}}{x^2}\,dx = \int (4x^{17} - 5x^{-10})\,dx$ 간단히 하고 적분하기

$= 4\int x^{17}\,dx - 5\int x^{-10}\,dx$ 합의 법칙과 상수 곱의 법칙

$= 4\cdot\frac{x^{18}}{18} - 5\cdot\frac{x^{-9}}{-9} + C$ 거듭제곱함수 법칙

$= \frac{2x^{18}}{9} + \frac{5x^{-9}}{9} + C$ 간단히 하기

c. $\int (z^2+1)(2z-5)\,dz = \int (2z^3 - 5z^2 + 2z - 5)dz$ 전개하고 적분하기

$= \frac{1}{2}z^4 - \frac{5}{3}z^3 + z^2 - 5z + C$ 각 항을 적분하기

모든 결과는 미분을 통해 확인할 수 있다.

> 예제 2b와 예제 2c로부터 일반적으로 곱이나 몫의 부정적분은 부정적분의 곱이나 몫이 아님을 알 수 있다.

관련 연습문제 13, 16, 18번 ◀

삼각함수의 부정적분

앞에서 $\sin x$의 역도함수를 찾기 위해 예제 1c의 익숙한 도함수를 사용했다. 이 절의 목표는 삼각함수에 대한 다른 미분 결과를 활용하여 부정적분을 구하는 것이다.

| 예제 3 | 삼각함수의 부정적분 다음 부정적분을 구하여라.

a. $\int \sec^2 x\,dx$ **b.** $\int (2x + 3\cos x)\,dx$ **c.** $\int \frac{\sin x}{\cos^2 x}\,dx$

풀이

a. $\frac{d}{dx}(\tan x) = \sec^2 x$ 이므로 다음을 얻는다.

$$\int \sec^2 x\,dx = \tan x + C$$

> 역도함수 및 부정적분에 해당하는 단어를 기억하자. $\frac{d}{dx}(\tan x) = \sec^2 x$는 $\tan x$가 $\sec^2 x$로 미분된다는 뜻이다. 그러므로 다음을 얻는다.
> $$\int \sec^2 x\,dx = \tan x + C$$

b. 먼저 정리 4.17을 사용하여 적분을 두 부분으로 나누면 다음과 같다.

$$\int (2x + 3\cos x)\,dx = 2\int x\,dx + 3\int \cos x\,dx$$ 합의 법칙과 상수 곱의 법칙

이 중 첫 번째 적분은 거듭제곱함수 법칙으로 계산하며, 두 번째 적분은 미분 결과인 $\frac{d}{dx}(\sin x) = \cos x$ 로 계산한다.

$$2\int x\,dx + 3\int \cos x\,dx = 2\cdot\frac{x^2}{2} + 3\sin x + C$$ 거듭제곱함수 법칙, $\frac{d}{dx}(\sin x) = \cos x \Rightarrow \int \cos x\,dx = \sin x + C$

$$= x^2 + 3\sin x + C$$ 간단히 하기

c. 적분을 다시 쓰면 다음과 같은 익숙한 미분 법칙이 보인다.

$$\int \frac{\sin x}{\cos^2 x}\,dx = \int \underbrace{\frac{1}{\cos x}}_{\sec x}\cdot\underbrace{\frac{\sin x}{\cos x}}_{\tan x}\,dx$$

$$= \int \sec x \tan x\,dx$$ 적분 다시 쓰기

$$= \sec x + C$$ $\frac{d}{dx}(\sec x) = \sec x\tan x \Rightarrow \int \sec x\tan x\,dx = \sec x + C$

관련 연습문제 21, 24번 ◀

예제 3에서 제시된 아이디어는 표 4.9의 적분을 구하는 데 사용되며, 여기서 C가 임의의 상수라고 가정한다. 예제 4는 삼각함수와 관련된 추가적인 적분을 제공한다.

QUICK CHECK 3 표 4.9의 6의 미분 결과를 이용하여 다음이 성립함을 보여라.

$$\int \csc x \cot x\, dx = -\csc x + C$$

표 4.9 삼각함수의 부정적분

1. $\frac{d}{dx}(\sin x) = \cos x \Rightarrow \int \cos x\, dx = \sin x + C$
2. $\frac{d}{dx}(\cos x) = -\sin x \Rightarrow \int \sin x\, dx = -\cos x + C$
3. $\frac{d}{dx}(\tan x) = \sec^2 x \Rightarrow \int \sec^2 x\, dx = \tan x + C$
4. $\frac{d}{dx}(\cot x) = -\csc^2 x \Rightarrow \int \csc^2 x\, dx = -\cot x + C$
5. $\frac{d}{dx}(\sec x) = \sec x \tan x \Rightarrow \int \sec x \tan x\, dx = \sec x + C$
6. $\frac{d}{dx}(\csc x) = -\csc x \cot x \Rightarrow \int \csc x \cot x\, dx = -\csc x + C$

| 예제 4 | 삼각함수를 포함하는 부정적분 다음 부정적분을 구하여라.

a. $\int \left(\frac{2}{\pi}\sin x - 2\csc^2 x\right) dx$ **b.** $\int \frac{4\cos x + \sin^2 x}{\sin^2 x}\, dx$

풀이

a. 적분을 분할하여(정리 4.17) 표 4.9를 사용하면 다음을 얻는다.

$$\begin{aligned} \int \left(\frac{2}{\pi}\sin x - 2\csc^2 x\right) dx &= \frac{2}{\pi}\int \sin x\, dx - 2\int \csc^2 x\, dx && \text{합의 법칙과 상수 곱의 법칙} \\ &= \frac{2}{\pi}(-\cos x) - 2(-\cot x) + C && \text{표 4.9의 2와 4} \\ &= 2\cot x - \frac{2}{\pi}\cos x + C && \text{간단히 하기} \end{aligned}$$

b. 마찬가지로 적분을 분할한 다음 표 4.9의 6과 일치하도록 첫 번째 항을 다시 작성하여 적분하면 다음을 얻는다.

$$\begin{aligned} \int \frac{4\cos x + \sin^2 x}{\sin^2 x}\, dx &= \int \Bigg(\underbrace{\frac{4}{\sin x}}_{4\csc x} \cdot \underbrace{\frac{\cos x}{\sin x}}_{\cot x} + \underbrace{\frac{\sin^2 x}{\sin^2 x}}_{1}\Bigg) dx \\ &= 4\int \csc x \cot x\, dx + \int dx && \text{적분 다시 작성하기, 정리 4.17} \\ &= -4\csc x + x + C && \text{표 4.9의 6, } \int dx = x + C \end{aligned}$$

관련 연습문제 23번 ◀

기타 부정적분

이제 이러한 결과를 이전 공식과 결합하여 익숙한 미분 결과를 부정적분으로 다시 작성하는 과정을 계속한다.

| 예제 5 | 추가적인 부정적분 다음 부정적분을 구하여라.

a. $\int \frac{dx}{x}$ **b.** $\int \frac{e^x}{3}\,dx$ **c.** $\int \left(\frac{4}{3\sqrt{1-x^2}} - \frac{3}{x}\right)dx$

풀이

a. 이 경우 $x \neq 0$에 대하여 $\frac{d}{dx}(\ln|x|) = \frac{1}{x}$이므로 다음과 같이 바로 구할 수 있다.

$$\int \frac{dx}{x} = \ln|x| + C$$

이 결과는 $p = -1$인 경우에 대한 거듭제곱함수 법칙의 빈 곳을 채워 준다.

➤ 부정적분을 구하기 위해서는 3장의 모든 미분 법칙을 완전히 이해해야 한다. 미분 법칙을 검토하는 시간을 충분히 갖기 바란다.

b. $\frac{d}{dx}(e^x) = e^x$이므로 다음과 같다.

$$\int \frac{e^x}{3}\,dx = \frac{1}{3}\int e^x\,dx = \frac{1}{3}e^x + C \quad \text{상수 곱의 법칙}$$

c. $\frac{d}{dx}(\sin^{-1} x) = \frac{1}{\sqrt{1-x^2}}$을 기억하면 다음을 얻는다.

$$\int\left(\frac{4}{3\sqrt{1-x^2}} - \frac{3}{x}\right)dx = \frac{4}{3}\int\frac{dx}{\sqrt{1-x^2}} - 3\int\frac{dx}{x} \quad \text{정리 4.17}$$

$$= \frac{4}{3}\sin^{-1}x - 3\ln|x| + C$$

$\frac{d}{dx}(\sin^{-1} x) = \frac{1}{\sqrt{1-x^2}}$ ⇒ **a**의 결과 $\int\frac{dx}{\sqrt{1-x^2}} = \sin^{-1}x + C$

관련 연습문제 27, 30-31번 ◀

예제 5에서 사용된 아이디어는 표 4.10의 결과로 이어지며, 여기서 C는 임의의 상수이다.

표 4.10

7. $\frac{d}{dx}(e^x) = e^x \Rightarrow \int e^x\,dx = e^x + C$

8. $\frac{d}{dx}(\ln|x|) = \frac{1}{x} \Rightarrow \int\frac{dx}{x} = \ln|x| + C$

9. $\frac{d}{dx}(\sin^{-1}x) = \frac{1}{\sqrt{1-x^2}} \Rightarrow \int\frac{dx}{\sqrt{1-x^2}} = \sin^{-1}x + C$

10. $\frac{d}{dx}(\tan^{-1}x) = \frac{1}{1+x^2} \Rightarrow \int\frac{dx}{1+x^2} = \tan^{-1}x + C$

11. $\frac{d}{dx}(\sec^{-1}|x|) = \frac{1}{x\sqrt{x^2-1}} \Rightarrow \int\frac{dx}{x\sqrt{x^2-1}} = \sec^{-1}|x| + C$

➤ 표 4.9와 표 4.10은 교재 끝부분에 있는 적분표의 일부분이다.

➤ 적분표의 결과는 우리가 적분 변수라고 부르는 것에 관계없이 적용된다.

|예제 6| **부정적분** 표 4.10을 사용하여 다음 부정적분을 구하여라.

a. $\int \frac{4x^3 + 2x}{3x^2}\,dx$ **b.** $\int \frac{5x^2}{4 + 4x^2}\,dx$

풀이

a. 분수를 분할하여 결과를 적분한다.

$$\begin{aligned}\int \frac{4x^3 + 2x}{3x^2}\,dx &= \int \left(\frac{4x}{3} + \frac{2}{3x}\right)dx && \text{분수 분할하기}\\ &= \frac{4}{3}\int x\,dx + \frac{2}{3}\int \frac{dx}{x} && \text{합의 법칙과 수 곱의 법칙}\\ &= \frac{4}{3}\cdot\frac{x^2}{2} + \frac{2}{3}\ln|x| + C && \text{거듭제곱함수 법칙, 표 4.10의 8}\\ &= \frac{2}{3}(x^2 + \ln|x|) + C && \text{간단히 하기}\end{aligned}$$

b. 분모에서 공통인수 4로 묶고 상수 곱의 법칙을 사용하면 다음을 얻는다.

$$\int \frac{5x^2}{4 + 4x^2}\,dx = \frac{5}{4}\int \frac{x^2}{1 + x^2}\,dx$$

새로운 피적분함수의 분모 $1 + x^2$은 표 4.10의 10의 분모와 일치한다. 하지만 분자는 어떠한가? 분자의 1을 더하고 빼면 다음과 같다.

$$\begin{aligned}\frac{5}{4}\int \frac{x^2}{1 + x^2}\,dx &= \frac{5}{4}\int \frac{1 + x^2 - 1}{1 + x^2}\,dx && \text{분자에 1 더하고 빼기}\\ &= \frac{5}{4}\int \left(\frac{1 + x^2}{1 + x^2} - \frac{1}{1 + x^2}\right)dx && \text{분수 분할하기}\\ &= \frac{5}{4}\left(\int dx - \int \frac{1}{1 + x^2}\,dx\right) && \text{합의 법칙}\\ &= \frac{5}{4}(x - \tan^{-1}x) + C && \text{적분 계산하기, 표 4.10의 10}\end{aligned}$$

➤

미분방정식의 소개

미지의 함수와 그 미분을 포함하는 방정식을 **미분방정식**(differential equation)이라 한다. 미분방정식을 시작하는 몇 가지 예로 시작해 보자.

함수 f의 도함수가 다음과 같다고 하자.

$$f'(x) = 2x + 10$$

이 방정식을 만족하는 함수 f를 찾기 위해 해들은 $2x + 10$의 역도함수임에 주목한다. 이는 $x^2 + 10x + C$이고, C는 임의의 상수이다. 따라서 무한히 많은 해를 가지며, 모든 형태의 해는 $f(x) = x^2 + 10x + C$이다.

QUICK CHECK 4 f'의 역도함수가 f인 이유를 설명하여라. ➤

이제 g가 주어지고 f가 알려지지 않은 $f'(x) = g(x)$ 형태의 더 일반적인 미분방정식을 생각해 보자. 해 f는 임의의 상수를 포함하는 g의 역도함수로 구성된다. 대부분의 경우 미분방정식은 임의의 상수를 결정할 수 있는 **초기 조건**(initial condition)을 수반한다. 다음과 같은 형식의 문제를 고려해 보자.

$$f'(x) = g(x), \quad g(x)\text{는 주어진 함수} \qquad \text{미분방정식}$$
$$f(a) = b, \quad a\text{와 } b\text{는 주어진 값} \qquad \text{초기 조건}$$

초기 조건과 결합된 미분방정식을 **초깃값 문제**(initial value problem)라고 한다.

| 예제 7 | **초깃값 문제** 다음 초깃값 문제를 풀어라.

a. $f'(x) = x^2 - 2x,\ f(1) = \dfrac{1}{3}$ **b.** $f'(t) = 1 - \dfrac{1}{t^2},\ f(1) = 0$

c. 초기 조건 $f(-1) = -2$를 사용하여 **b**의 미분방정식을 풀어라.

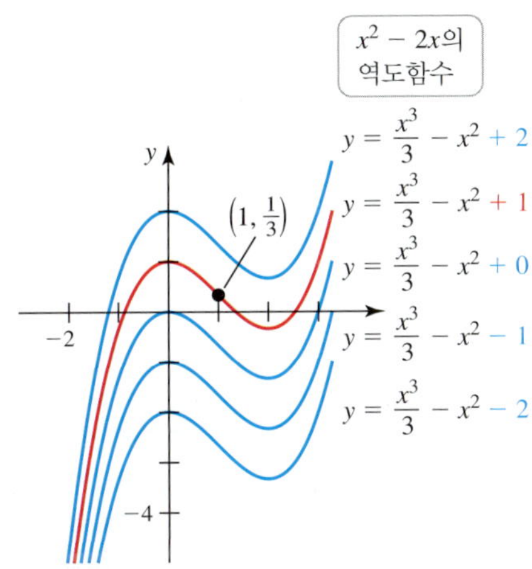

그림 4.91

풀이

a. 해 f는 $x^2 - 2x$의 역도함수이므로 다음을 얻는다.

$$f(x) = \frac{x^3}{3} - x^2 + C, \quad C\text{는 임의의 상수}$$

이제 상수만큼 서로 다르게 구성된 함수족에서 해를 결정해야 한다. **일반해**(general solution)라고 부르는 이 함수족은 그림 4.91에 나와 있으며, 여기서 다양한 C에 대한 곡선을 볼 수 있다.

초기 조건 $f(1) = \frac{1}{3}$을 사용하여 그래프가 점 $\left(1, \frac{1}{3}\right)$을 통과하는 일반해 중 특정 함수를 찾아야 한다. 조건 $f(1) = \frac{1}{3}$로 다음과 같이 추론한다.

$$f(x) = \frac{x^3}{3} - x^2 + C \qquad \text{일반해}$$
$$f(1) = \frac{1}{3} - 1 + C \qquad x = 1 \text{ 대입하기}$$
$$\frac{1}{3} = \frac{1}{3} - 1 + C \qquad f(1) = \tfrac{1}{3}$$
$$C = 1 \qquad C\text{에 대하여 풀기}$$

따라서 초깃값 문제의 해는 다음과 같다.

$$f(x) = \frac{x^3}{3} - x^2 + 1$$

이는 그림 4.91에 나타난 곡선 중 하나이다.

➤ 이를 통해 원래 문제인 $f'(x) = x^2 - 2x$, $f(1) = \frac{1}{3} - 1 + 1 = \frac{1}{3}$을 만족하는지 결과를 확인할 수 있다.

b. 거듭제곱함수 법칙(정리 4.16)에 의해 $1 - 1/t^2$의 한 역도함수는 $t + 1/t$이다. 그러므로 역도함수족

$$f(t) = t + \frac{1}{t} + C$$

는 주어진 미분방정식의 일반해이다. 그림 4.92는 C의 다양한 값에 대한 함수들을 보여 준다. C의 각 값에 대하여 f의 그래프가 두 부분으로 나누어진다. 초

기 조건 $f(1) = 0$에 따라 C의 값이 다음과 같이 결정된다.

$$f(t) = t + \frac{1}{t} + C \quad \text{일반해}$$
$$f(1) = 1 + 1 + C \quad t = 1 \text{ 대입하기}$$
$$0 = 2 + C \quad f(1) = 0$$
$$C = -2 \quad C\text{에 대하여 풀기}$$

일반해에 $C = -2$를 대입하면 $f(t) = t + \frac{1}{t} - 2$이다. 그러나 곡선 $y = t + \frac{1}{t} - 2$의 오른쪽 그래프만이 초기 조건에 의해 지정된 점 (1, 0)을 통과한다(그림 4.92의 제1사분면). 이 사실을 반영하기 위해 다음과 같이 f의 정의역을 제한함으로써 초깃값 문제를 해결할 수 있다.

$$f(t) = t + \frac{1}{t} - 2, \quad t > 0$$

➤ 예제 7b의 $f(t) = t + \frac{1}{t} - 2$는 $t = 0$에서 정의되지 않기 때문에 전체 정의역에서의 해결책으로 간주할 수는 없다. 초깃값 문제의 해결책은 단일 구간으로 정의되는 미분가능한 함수이다.

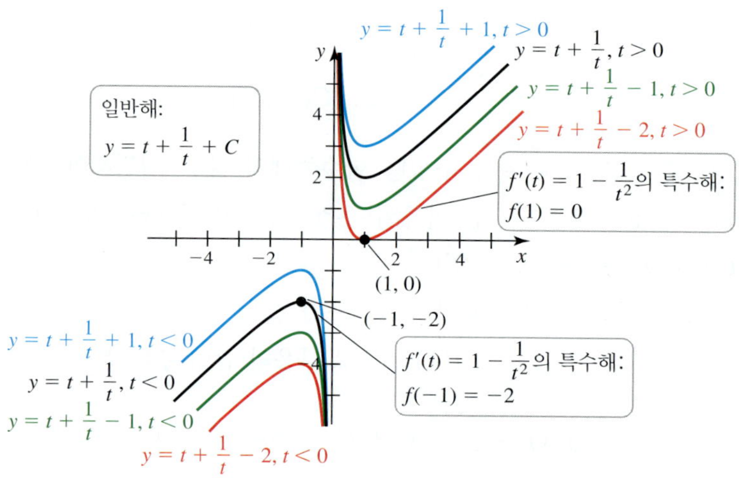

그림 4.92

c. **b**에서 구한 일반해에 초기 조건 $f(-1) = -2$를 대입하면 $f(-1) = -1 - 1 + C = -2$로 $C = 0$이다. 이 값을 일반해에 대입하면 $f(t) = t + \frac{1}{t}$이다. 이때 **b**에서 살펴봤듯이 곡선 $y = t + \frac{1}{t}$의 왼쪽 그래프만 점 (−1, −2)를 통과하므로 추가 조건이 필요하다(그림 4.92의 제3사분면). 이 초깃값 문제의 해는 다음과 같다.

$$f(t) = t + \frac{1}{t}, \quad t < 0$$

관련 연습문제 40, 42번 ◀

QUICK CHECK 5 속도의 역도함수는 위치이다. 하지만 상수에 의해 많은 역도함수를 갖는다. 두 물체가 같은 속도 함수를 가질 수 있지만 두 개의 서로 다른 위치함수를 가질 수 있는 이유를 설명하여라. ◀

운동 문제

역도함수는 3.6절에서 소개한 1차원 운동에 대한 주제를 다시 다루도록 해 준다. 원점을 기준으로 한 직선을 따라 움직이는 물체의 위치가 $s(t)$라고 가정하자. 여기서 $t(t \geq 0)$는 경과 시간을 나타낸다. 물체의 속도는 $v(t) = s'(t)$이며, 이를 역도함수 측면에서 생각할 수 있다. **위치 함수는 속도의 역도함수이다.** 물체의 속도 함수와 특정 시간에 그 위치가 주어질 때, 초깃값 문제를 풀어서 미래의 위치를 항상 결정할 수 있다.

또한 1차원에서 움직이는 물체의 가속도 $a(t)$가 속도의 변화율이며, 이는 $a(t) = v'(t)$를 의미한다. 즉, 속도는 가속도의 역도함수인 것이다. 그러므로 물체의 가속도와 속도가 특정 시간에 주어지면 항상 그 물체의 속도를 측정할 수 있다. 이 아이디어는 물체의 움직임을 모델링하는 핵심이다.

➤ 움직임이 있는 함수는 $t = 0$에서 시작한다고 가정한다. 이는 이미 초기 조건이 $t = 0$으로 지정됨을 의미한다.

속도 및 위치의 초깃값 문제

물체가 $t \geq 0$에 대하여 (알려진) 속도 $v(t)$로 직선을 따라 움직인다고 가정하자. 그다음 초깃값 문제

$$s'(t) = v(t), \quad s(0) = s_0 \ (s_0\text{은 (알려진) 처음 위치})$$

를 해결하여 물체의 위치를 찾는다. 물체의 (알려진) 가속도 $a(t)$가 주어지면 물체의 속도는 초깃값 문제

$$v'(t) = a(t), \quad v(0) = v_0 \ (v_0\text{은 (알려진) 처음 속도})$$

을 해결하여 구할 수 있다.

| 예제 8 | **경주** 달리기 주자 A는 $s(0) = 0$ 지점에서 출발하여 속도 $v(t) = 2t$로 직선 도로 위를 달린다. 주자 B는 $S(0) = 8$ 지점에서 출발하여 속도 $v(t) = 2$로 달린다. $t \geq 0$에 대하여 두 주자의 위치를 찾고 $t = 6$에서 누가 앞서는지 조사하여라.

풀이 주자 A의 위치를 처음 위치 $s(0) = 0$으로 하여 $s(t)$라고 하자. 그러면 위치 함수는 다음 초깃값 문제를 만족한다.

$$s'(t) = 2t, \quad s(0) = 0$$

$s'(t) = 2t$의 역도함수는 $s(t) = t^2 + C$ 형태이다. $s(0) = 0$을 대입하면 $C = 0$임을 알 수 있다. 따라서 주자 A의 위치는 다음과 같다.

$$s(t) = t^2, \quad t \geq 0$$

주자 B의 위치를 처음 위치 $S(0) = 8$로 하여 $S(t)$라고 하자. 이 위치 함수는 다음 초깃값 문제를 만족한다.

$$S'(t) = 2, \quad S(0) = 8$$

$S'(t) = 2$의 역도함수는 $S(t) = 2t + C$이다. $S(0) = 8$을 대입하면 $C = 8$임을 알 수 있다. 따라서 $t \geq 0$에 대하여 $S(t) = 2t + 8$로 주자 B의 위치가 주어진다.

두 주자의 위치 함수의 그래프는 그림 4.93과 같다. 주자 B는 헤드 스타트로 출발하지만 $s(t) = S(t)$, 즉 $t^2 = 2t + 8$일 때 주자 A에게 추월당한다. 이 방정식의 해는

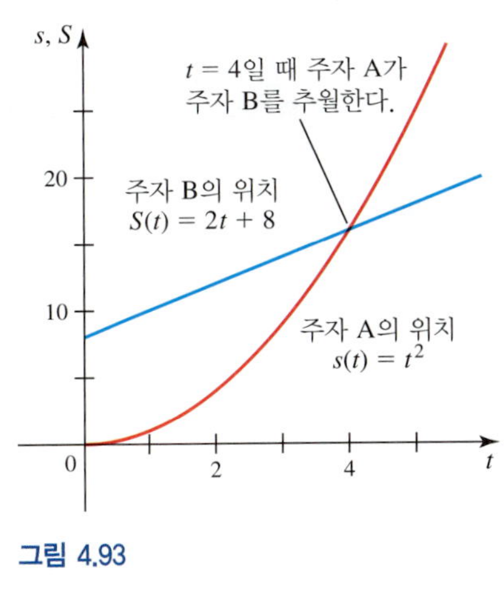

그림 4.93

$t = 4$, $t = -2$이다. $t \geq 0$에 대하여 경주가 진행되므로 $s = S = 16$, 즉 $t = 4$일 때 주자 A가 주자 B를 앞지른다. $t = 6$이면 주자 A가 앞선다.

관련 연습문제 53-54번 ◀

| 예제 9 | 중력에 의한 움직임 공기 저항을 무시할 때, 지구 표면 근처에서 수직 방향으로 움직이는 물체의 움직임은 중력에 의한 가속도에 의해 결정되는데, 이는 약 9.8 m/s^2이다. 강 위 100 m 높이의 절벽 가장자리에서 40 m/s의 속도로 $t = 0$일 때 수직 방향으로 돌을 던졌다고 가정하자.

a. $t \geq 0$에 대하여 돌의 속도 $v(t)$를 구하여라.

b. $t \geq 0$에 대하여 돌의 위치 $s(t)$를 구하여라.

c. 강 위에 있는 돌의 최대 높이를 구하여라.

d. 돌이 강에 부딪히는 순간의 속력은 얼마인가?

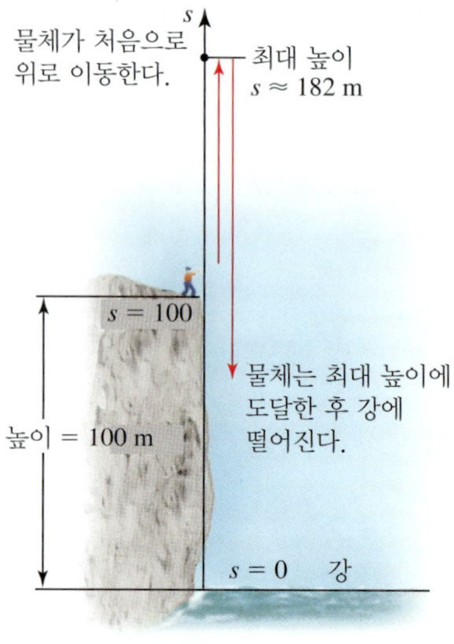

그림 4.94

풀이 $s = 0$을 강에 대응하고 s축의 양의 방향이 돌의 위치를 가리키도록 좌표계를 설정한다(그림 4.94). $t \geq 0$에 대하여 강을 기준으로 측정한 돌의 위치를 $s(t)$로 설정한다. 돌의 처음 속도는 $v(0) = 40$ m/s이고 처음 위치는 $s(0) = 100$ m이다.

a. 가속도는 s축의 음의 방향에서 중력의 영향을 받는다. 따라서 물체의 움직임을 결정하는 초깃값 문제는 다음과 같다.

$$\text{가속도} = v'(t) = -9.8, \quad v(0) = 40$$

-9.8의 역도함수는 $v(t) = -9.8t + C$이다. 초기 조건 $v(0) = 40$에서 $C = 40$이므로 돌의 속도는

$$v(t) = -9.8t + 40$$

이다. 그림 4.95와 같이 속도는 궤도의 높은 지점에서 0에 도달할 때까지 초깃값 $v(0) = 40$에서 감소한다. 이 지점은

$$v(t) = -9.8t + 40 = 0$$

즉, $t \approx 4.1$초일 때 도달한다. $t > 4.1$인 경우 속도가 음수이고 돌이 지구로 떨어지면서 속도의 크기가 커진다.

➤ 지구 표면의 중력에 의한 가속도는 약 9.8 m/s^2 또는 $g = 32$ ft/s^2이다. 중력가속도는 극지방의 경우 9.8460 m/s^2에서 적도 지방은 9.7982 m/s^2으로 다양하다. 방정식 $v'(t) = -g$는 뉴턴의 운동 제2법칙의 예이며, 공기 저항과 같은 다른 힘이 존재하지 않는다고 가정한다.

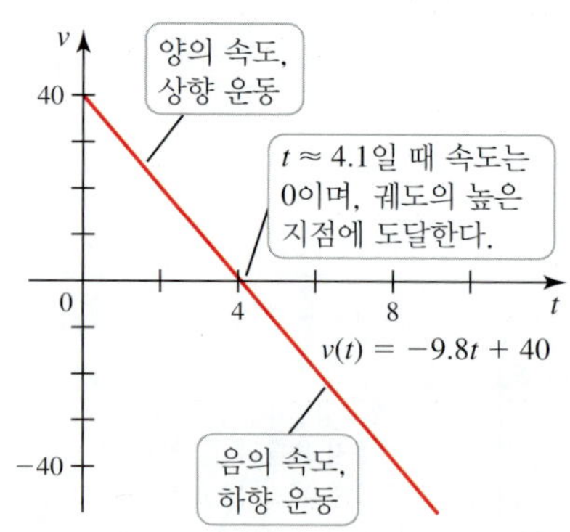

그림 4.95

b. 돌의 속도 함수를 알면 위치를 알 수 있다. 위치 함수는 다음 초깃값 문제를 만족한다.

$$v(t) = s'(t) = -9.8t + 40, \quad s(0) = 100$$

$-9.8t + 40$의 역도함수는 다음과 같다.

$$s(t) = -4.9t^2 + 40t + C$$

초기 조건 $s(0) = 100$을 대입하면 $C = 100$이므로 그림 4.96과 같이 돌의 위치 함수는 다음과 같다.

$$s(t) = -4.9t^2 + 40t + 100$$

위치 함수의 포물선 그래프는 돌의 실제 궤적이 아니다. 돌은 s축을 따라 수직 방향으로 움직이기 때문이다.

c. $0 < t < 4.1$일 때 돌의 위치 함수가 증가한다. $t \approx 4.1$일 때, 돌은 $s(4.1) \approx 182$ m의 높은 지점에 도달한다.

d. $t > 4.1$일 때 위치 함수는 감소하고, $s(t) = 0$일 때 돌이 강에 도달한다. 이 방정식의 근은 $t \approx 10.2$, $t \approx -2.0$이다. $t = 0$에서 출발하기 때문에 이 중 첫 번째 근만 유효하다. 그러므로 돌은 $t = 10.2$ s일 때 강에 도달하며, 이 순간의 속도(m/s)는 $|v(10.2)| \approx |-60| = 60$이다.

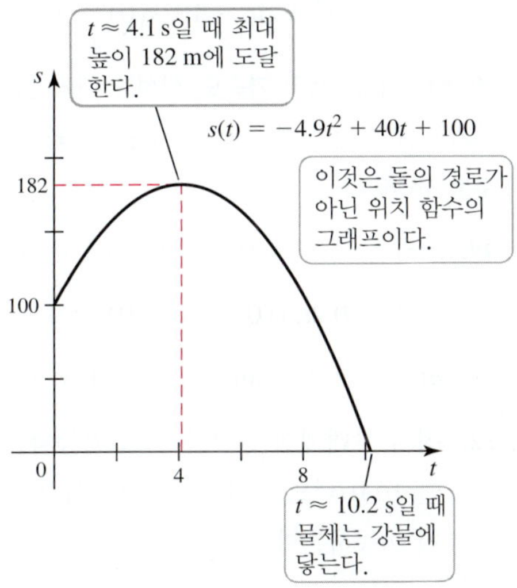

그림 4.96

관련 연습문제 55번 ◀

4.9절 연습문제

1단계 스타트

1. 도함수 또는 역도함수라는 단어로 다음 명제에서 밑줄 친 부분을 채워라.

$F'(x) = f(x)$이면 f는 F의 ________이고, F는 f의 ________ 이다.

2. $f(x) = 1$의 역도함수족에 대하여 설명하여라.

3. x^p의 역도함수를 구하여라. p의 어떤 값에 대하여 구할 수 있는가?

4. $1/x$의 역도함수를 구하여라.

5. $F(x) = x^2 - 3x + C$, $F(-1) = 4$일 때, C의 값을 구하여라.

2단계 실전

6–11. 역도함수 찾기 다음 함수의 모든 역도함수를 찾아라. 도함수를 통해 결과를 확인하여라.

6. $f(x) = 5x^4$

7. $f(x) = 2\sin x + 1$

8. $p(x) = 3\sec^2 x$

9. $f(x) = -\dfrac{2}{y^3}$

10. $f(x) = e^x$

11. $g(s) = \dfrac{1}{s^2+1}$

12–34. 부정적분 다음 함수의 부정적분을 구하여라. 미분을 통해 결과를 확인하여라.

12. $\int (3x^5 - 5x^9)\,dx$

13. $\int \left(4\sqrt{x} - \dfrac{4}{\sqrt{x}}\right) dx$

14. $\int (5s + 3)^2 \, ds$ **15.** $\int (3x^{1/3} + 4x^{-1/3} + 6) \, dx$

16. $\int (3x + 1)(4 - x) \, dx$ **17.** $\int \left(\frac{3}{x^4} + 2 - \frac{3}{x^2}\right) dx$

18. $\int \frac{4x^4 - 6x^2}{x} \, dx$ **19.** $\int \frac{x^2 - 36}{x - 6} \, dx$

20. $\int (\csc^2 \theta + 2\theta^2 - 3\theta) \, d\theta$

21. $\int \frac{2 + 3\cos y}{\sin^2 y} \, dy$ **22.** $\int (\sec^2 x - 1) \, dx$

23. $\int (\sec^2 \theta + \sec \theta \tan \theta) \, d\theta$

24. $\int (3t^2 + 2\csc^2 t) \, dt$

25. $\int \sec \theta (\tan \theta + \sec \theta + \cos \theta) \, d\theta$

26. $\int \frac{e^{2t} - 1}{e^t - 1} \, dt$ **27.** $\int \frac{6}{\sqrt{4 - 4x^2}} \, dx$

28. $\int \frac{4}{x\sqrt{x^2 - 1}} \, dx$ **29.** $\int \frac{1}{x\sqrt{36x^2 - 36}} \, dx$

30. $\int \frac{t + 1}{t} \, dt$ **31.** $\int e^{x+2} \, dx$

32. $\int \frac{e^{2w} - 5e^w + 4}{e^w - 1} \, dw$ **33.** $\int \frac{1 + \sqrt{x}}{x} \, dx$

34. $\int \sqrt{x} \left(2x^6 - 4\sqrt[3]{x}\right) dx$

35–38. 특정 역도함수 다음 함수 f에 대하여 주어진 조건을 만족하는 역도함수 F를 구하여라.

35. $f(x) = x^5 - 2x^2 + 1, F(0) = 1$

36. $f(x) = 8x^3 + \sin x, F(0) = 2$

37. $f(v) = \sec v \tan v, F(0) = 2, -\pi/2 < v < \pi/2$

38. $f(y) = \frac{3y^3 + 5}{y}, F(1) = 3, y > 0$

39–43. 초깃값 문제 해결 다음 초깃값 문제를 풀어라.

39. $f'(x) = 2x - 3, f(0) = 4$

40. $g'(x) = 7x^6 - 4x^3 + 12, g(1) = 24$

41. $f'(u) = 4(\cos u - \sin u), f\left(\frac{\pi}{2}\right) = 0$

42. $y'(t) = \frac{3}{t} + 6, y(1) = 8, t > 0$

43. $y'(\theta) = \frac{\sqrt{2}\cos^3 \theta + 1}{\cos^2 \theta}, y\left(\frac{\pi}{4}\right) = 3, -\pi/2 < \theta < \pi/2$

44–45. 일반해 그래프 작성 다음 미분방정식을 만족시키는 몇 가지 함수를 그래프로 나타내어라. 그다음 주어진 초기 조건을 만족하는 특정 함수를 찾아 그래프로 나타내어라.

44. $f'(x) = 2x - 5, f(0) = 4$

45. $f'(x) = 3x + \sin x, f(0) = 3$

46–48. 위치에서의 속도 직선을 따라 움직이는 물체의 속도 함수가 다음과 같을 때, 주어진 처음 위치에 대하여 위치 함수를 구하여라.

46. $v(t) = 2t + 4, s(0) = 0$

47. $v(t) = 2\sqrt{t}, s(0) = 1$

48. $v(t) = 6t^2 + 4t - 10, s(0) = 0$

49–51. 위치에서의 가속도 직선을 따라 움직이는 물체의 가속도 함수가 다음과 같을 때, 주어진 처음 속도와 처음 위치에 대하여 위치 함수를 구하여라.

49. $a(t) = -32, v(0) = 20, s(0) = 0$

50. $a(t) = 0.2t, v(0) = 0, s(0) = 1$

51. $a(t) = 2 + 3\sin t, v(0) = 1, s(0) = 10$

52. 정지 상태에서 출발한 어느 자동차는 직선 도로에서 5초 동안 16 ft/s^2으로 가속된다. 이 시간 동안 자동차는 얼마나 멀리 이동하는가?

53–54. 경주 두 명의 달리기 선수 A와 B의 속도 함수와 처음 위치가 주어져 있다. 두 선수의 위치 함수를 그래프로 나타내고, 두 선수가 (존재하는 경우) 처음으로 서로 만나는 시간과 위치를 찾아라.

53. A: $v(t) = \sin t, s(0) = 0$ B: $V(t) = \cos t, S(0) = 0$

54. A: $v(t) = e^t, s(0) = 0$ B: $V(t) = 2 + \cos t, S(0) = 3$

55–56. 중력을 이용한 움직임 중력 가속도에 의해서만 움직이는 물체의 수직 운동에 대한 다음 설명을 가정하자. 가속도 방정식 $a(t) = v'(t) = -g$로 시작하며, 여기서 $g = 9.8\ m/s^2$이다.

a. 가능한 모든 시간에 대한 물체의 속도를 구하여라.

b. 가능한 모든 시간에 대한 물체의 위치를 구하여라.

c. 물체가 가장 높은 지점에 도달한 시간을 구하여라. 이때 높이는 얼마인가?

d. 물체가 땅에 도달하는 시간을 구하여라.

55. 한 소프트볼은 (땅에서) 30 m/s의 속도로 수직 방향으로 튀어 오른다.

56. 한 페이로드가 10 m/s의 속도로 상승하는 열기구에서 400 m

의 높이에서 방출된다.

57. 참 또는 거짓 주어진 명제가 참이면 증명하고 거짓이면 반례를 들어라.

a. $F(x) = x^3 - 4x + 100$과 $G(x) = x^3 - 4x - 100$은 동일한 함수의 도함수이다.

b. $F'(x) = f(x)$이면 f는 F의 역도함수이다.

c. $F'(x) = f(x)$이면 $\int f(x)\,dx = F(x) + C$이다.

d. $f(x) = x^3 + 3$과 $g(x) = x^3 - 4$는 동일한 함수의 도함수이다.

e. $F'(x) = G'(x)$이면 $F(x) = G(x)$이다.

3단계 도전

58–59. 고계도함수로 주어진 함수 다음 미분방정식과 초기 조건을 만족하는 함수 F를 구하여라.

58. $F''(x) = \cos x,\ F'(0) = 3,\ F(\pi) = 4$

59. $F'''(x) = 672x^5 + 24x,\ F''(0) = 0,\ F'(0) = 2,\ F(0) = 1$

60. 유량 $t = 0$일 때 유출 밸브가 열려 있으며, 대형 탱크는 물로 채워진다. 물은 $0 \le t \le 10$일 때 $Q'(t) = 0.1(100 - t^2)$으로 주어진 gal/min 단위의 속도로 흘러나온다.

a. 초기 조건이 $Q(0) = 0$일 때, t분 후 탱크에서 흘러나온 물의 양 $Q(t)$를 구하여라.

b. $0 \le t \le 10$에 대하여 함수 $Q(t)$의 그래프를 그려라.

c. 10분 동안 탱크에서 얼마나 많은 물이 흘러나오는가?

61–62. 부정적분 확인 양변을 미분하여 다음 부정적분을 확인하여라. 이 적분은 다음 장에서 도출된다.

61. $\displaystyle\int \frac{\cos\sqrt{x}}{\sqrt{x}}\,dx = 2\sin\sqrt{x} + C$

62. $\displaystyle\int x^2\cos x^3\,dx = \frac{1}{3}\sin x^3 + C$

QUICK CHECK 정답

1. $d/dx(x^4) = 4x^3$ **2.** $e^x + C,\ x^4 + C,\ \tan x + C$ **3.** $d/dx(-\csc x + C) = \csc x \cot x$ **4.** f'을 얻기 위해 미분할 수 있는 함수 중 하나는 f이다. 따라서 f는 f'의 역도함수이다. **5.** 두 위치 함수는 서로 다른 두 초기 위치를 가질 수 있으며, 서로 상수만큼 다르다. ◀

4장 연습문제

1. 참 또는 거짓 주어진 명제가 참이면 증명하고 거짓이면 반례를 들어라.

a. $f'(c) = 0$이면 f는 극댓값 또는 극솟값을 갖는다.

b. $f''(c) = 0$이면 f는 c에서 변곡점을 갖는다.

c. $F(x) = x^2 + 10$과 $G(x) = x^2 - 100$은 동일한 함수의 역도함수이다.

d. $(-\infty, \infty)$에서 연속인 함수의 두 극솟값 사이에 극댓값이 있어야 한다.

e. $x = 0$일 때 $f(x) = \sin x$에 대한 선형 근사는 $L(x) = x$이다.

f. $\lim_{x\to\infty} f(x) = \infty$이고 $\lim_{x\to\infty} g(x) = \infty$이면 $\lim_{x\to\infty}(f(x) - g(x)) = 0$이다.

2. 주어진 구간에서 다음 조건을 만족하는 함수의 그래프를 그려라.

f는 구간 $[-4, 4]$에서 연속이다.

$x = -2, 0, 3$에서 $f'(x) = 0$이다.

f는 $x = 3$에서 최솟값을 갖는다.

f는 $x = -2$에서 극솟값을 갖는다.

f는 $x = 0$에서 극댓값을 갖는다.

f는 $x = -4$에서 최댓값을 갖는다.

3. f와 f'의 그래프를 사용하여 다음 단계를 수행하여라.

a. f의 임계점을 찾고 f가 증가하는 위치와 감소하는 위치를 파악하여라.

b. f의 변곡점 위치와 f가 위아래로 오목한 구간을 각각 결정하여라.

c. f가 극댓값과 극솟값을 갖는 위치를 결정하여라.

d. 가능한 f의 그래프를 그려라.

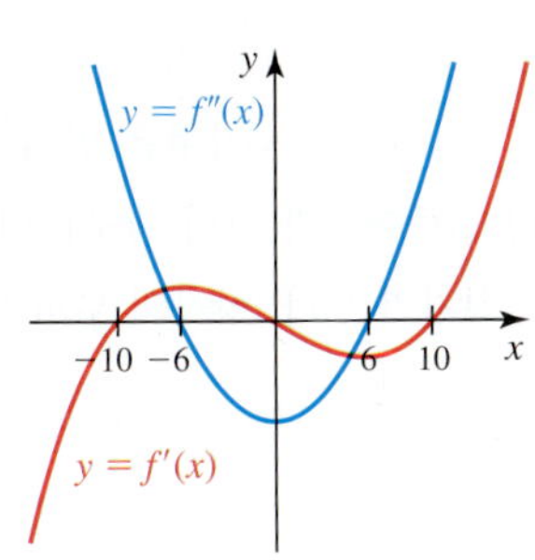

4–8. 임계점 주어진 구간에서 다음 함수의 임계점을 구하여라. 최댓값과 최솟값을 구하여라.

4. $f(x) = 3x^4 - 6x^2 + 9,\ [-2, 2]$

5. $f(x) = 2x^3 - 3x^2 - 36x + 12,\ (-\infty, \infty)$

6. $f(x) = \ln(x^2 - 2x + 2),\ [0, 2]$

7. $g(x) = -\dfrac{1}{2}\sin x + \dfrac{1}{2}\sin x \cos x,\ [0, 2\pi]$

8. $f(x) = 2x \ln x + 10,\ (0, 4)$

9. **절댓값** 구간 $[-4, 4]$에서 정의된 $f(x) = |x - 2| + |x + 3|$을 고려하자. f의 그래프에서 임계점을 파악하여 극값 및 최댓값과 최솟값을 갖는 점의 좌표를 구하여라.

10–12. f'와 f''을 사용하여 다음 물음에 답하여라.

a. f가 증가하는 구간과 감소하는 구간을 구하여라.

b. f가 위로 오목한 구간과 아래로 오목한 구간을 구하여라.

10. $f(x) = \dfrac{e^x}{1 + e^x}$

11. $f(x) = \dfrac{x^9}{9} + 3x^5 - 16$

12. $f(x) = x\sqrt{x + 9}$

13. **변곡점** $f(x) = 2x^5 - 10x^4 + 20x^3 + x + 1$은 변곡점을 갖는가? 만약 그렇다면 변곡점을 구하여라.

14. $a > 0$에 대하여 $f(x) = (x - a)(x + a)^3$의 임계점과 변곡점을 구하여라.

15–19. 곡선 그리기 4.4절에 제시된 지침을 사용하여 정의역 또는 주어진 구간에 대한 다음 함수의 완전한 그래프를 그려라. 그래프 유틸리티를 사용하여 그린 그래프를 확인하여라.

15. $f(x) = \dfrac{x^4}{2} - 3x^2 + 4x + 1$

16. $f(x) = 4\cos(\pi(x - 1)),\ [0, 2]$

17. $f(x) = \dfrac{x^2 + 3}{x - 1}$

18. $f(x) = \dfrac{10x^2}{x^2 + 3}$

19. $f(x) = \sqrt[3]{x} - \sqrt{x} + 2$

20. **팝콘 박스 최적화** 작은 팝콘 박스는 길이가 x이고 너비가 $x/2$인 음영으로 된 네 개의 직사각형을 먼저 잘라 $12'' \times 12''$의 종이판으로부터 만들어진다(그림 참조). 남은 종이판을 실선을 따라 접으면 상자가 된다. 상자의 부피의 최댓값을 구하여라.

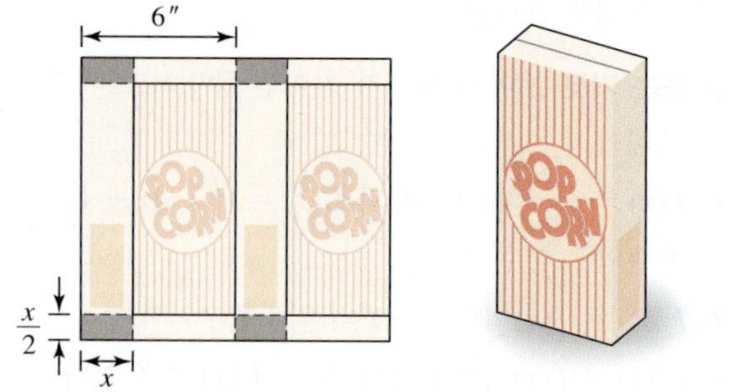

21. **소리 강도 최소화** 두 개의 사운드 스피커는 서로 100 m만큼 떨어져 있고 한 스피커의 소리는 다른 스피커 소리의 3배이다. 두 스피커를 이은 선분의 어느 지점에서 소리의 강도가 가장 약한가(힌트: 소리의 강도는 음원에 정비례하고 음원으로부터의 거리의 제곱에 반비례한다)?

22. **최적화** 어느 직각삼각형의 높이는 h, 밑변의 길이는 r, 빗변의 길이는 4이다(그림 참조). 직원뿔을 만들기 위해 높이가 h인 축 둘레를 회전시킨다고 할 때, 원뿔의 부피를 최대화하는 h와 r의 값은 각각 얼마인가(원뿔의 부피 $= \dfrac{1}{3}\pi r^2 h$)?

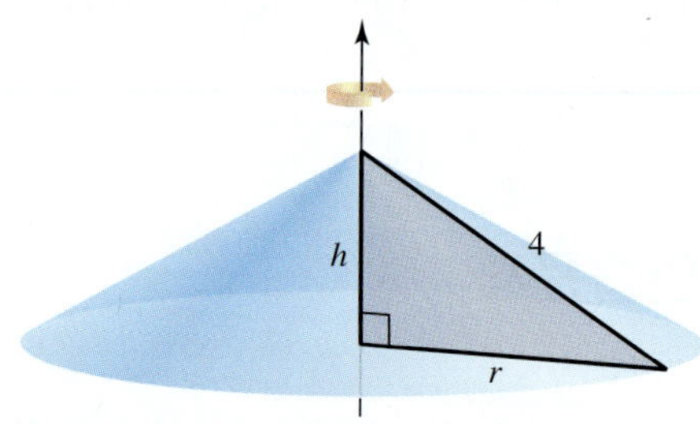

23. **인쇄 가능한 최대 영역** 어느 지면의 직사각형 페이지(너비가 x이고 길이가 y)의 면적은 98 in^{2}이고, 위쪽과 아래쪽 여백은 1 in로 설정되며, 왼쪽과 오른쪽 여백은 1/2 in이다. 인쇄 가능한 페이지의 영역은 여백에 있는 직사각형이다. 인쇄 가능한 영역을 최대화하는 페이지의 치수는 얼마인가?

24. **최대 면적** 두 점 $(0, p)$와 $(q, 0)$을 연결하여 제1사분면에 삼각형을 만들려고 한다. 이때 두 점 $(0, p)$와 $(q, 0)$ 사이의 거리는 10이다. 삼각형의 면적을 최대화하는 p와 q의 값을 구하여라.

25–26. 선형 근사

a. 주어진 점 a에서 f에 대한 선형 근사를 구하여라.

b. a를 이용하여 주어진 함숫값을 추정하여라. 근삿값이 정확한 함숫값보다 큰가 작은가?

25. $f(x) = x^{2/3},\ a = 27,\ f(29)$

26. $f(x) = \sin^{-1} x,\ a = \frac{1}{2},\ f(0.48)$

27–28. 선형 근사를 사용한 추정치 선형 근사를 사용하여 다음 양을 추정하여라. 오차가 작도록 a의 값을 선택하여라.

27. $f(x) = \frac{1}{4.2^2}$

28. $f(x) = \tan^{-1} 1.05$

29. 고도의 변화 1000 ft 높이에서 떨어진 돌의 고도 h(지상으로부터 피트 단위)는 방정식 $h(t) = 1000 - 16t^2$으로 모델링된다. 여기서 t는 초 단위로 측정되고 공기 저항은 무시한다. 구간 $5 \le t \le 5.7$에서 고도의 변화를 대략적으로 구하여라(단, $\Delta h \approx h'(a)\,\Delta t$).

30. 평균값 정리 $f(x) = \sqrt{10x}$와 구간 $[a, b] = [0, 10]$에 대하여 $\frac{f(b) - f(a)}{b - a} = f'(c)$를 만족하는 c 값을 추측하여라. 그다음 방정식 $\frac{f(b) - f(a)}{b - a} = f'(c)$를 풀어서 추측한 값을 검증하여라.

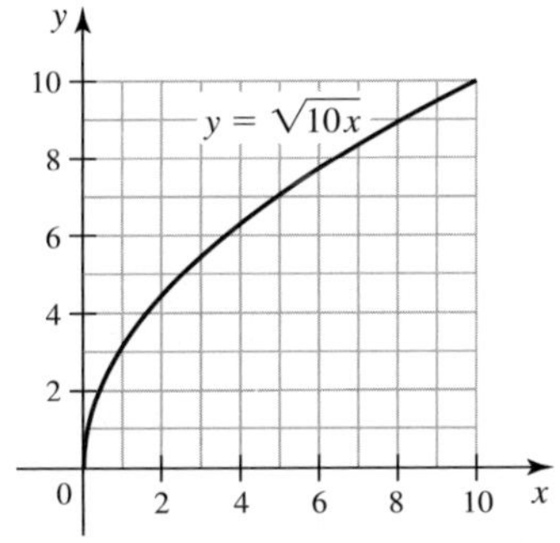

31. 평균값 정리 세포 배양 개체수는 함수 $P(t) = \frac{100t}{t + 1}$에 의해 증가하며, 여기서 $t(t \ge 0)$는 몇 주 안에 측정된다.

a. 구간 [0, 8]에서 인구의 평균변화율은 얼마인가?

b. 구간 [0, 8]의 어느 지점에서 인구의 순간변화율은 평균변화율과 같은가?

32. 뉴턴의 방법 뉴턴의 방법을 사용하여 $f(x) = 3x^3 - 4x^2 + 1$의 근들을 소수점 아래 여섯 자리까지 근사하여라.

33. 뉴턴의 방법 뉴턴의 방법을 사용하여 $f(x) = 2x^5 - 6x^3 - 4x + 2$의 변곡점의 x좌표를 소수점 아래 여섯 자리까지 근사하여라.

34–35. 두 가지 방법 두 가지 방법(로피탈 법칙을 사용하거나 사용하지 않거나)으로 다음 극한을 계산하여라.

34. $\lim_{x\to\infty} \frac{4x^4 - \sqrt{x}}{2x^4 + x^{-1}}$

35. $\lim_{x\to\infty} \frac{2x^5 - x + 1}{5x^6 + x}$

36–46. 극한 다음 극한을 계산하여라. 필요하면 로피탈 법칙을 사용하여라.

36. $\lim_{t\to 0} \frac{1 - \cos 6t}{2t}$

37. $\lim_{\theta\to 0} \frac{3\sin^2 2\theta}{\theta^2}$

38. $\lim_{\theta\to 0} 2\theta \cot 3\theta$

39. $\lim_{y\to 0^+} \frac{\ln^{10} y}{\sqrt{y}}$

40. $\lim_{x\to 1} \frac{x^4 - x^3 - 3x^2 + 5x - 2}{x^3 + x^2 - 5x + 3}$

41. $\lim_{x\to 0} \csc x \sin^{-1} x$

42. $\lim_{x\to\infty} \ln \frac{x + 1}{x - 1}$

43. $\lim_{x\to \pi/2^-} (\sin x)^{\tan x}$

44. $\lim_{x\to 0^+} |\ln x|^x$

45. $\lim_{x\to\infty} \left(1 - \frac{3}{x}\right)^x$

46. $\lim_{x\to 1} (x - 1)^{\sin \pi x}$

47–50. 증가율 비교 두 함수 중 어느 것이 더 빨리 증가하는지 아니면 비슷한 증가율을 갖는지 판단하여라.

47. $x^{1/2}$과 $x^{1/3}$

48. $\sqrt{x}$와 $\ln^{10} x$

49. e^x과 3^x

50. 2^x과 $4^{x/2}$

51–57. 부정적분 다음 함수의 부정적분을 구하여라.

51. $\int (2x + 1)^2\, dx$

52. $\int \left(\frac{1}{x^2} - \frac{2}{x^{5/2}}\right) dx$

53. $\int (1 + 3\cos\theta)\, d\theta$

54. $\int \frac{dx}{1 - \sin^2 x}$

55. $\int \frac{12}{x}\, dx$

56. $\int \frac{x^2}{x^4 + x^2}\, dx$

57. $\int \left(\sqrt[4]{x^3} + \sqrt{x^5}\right) dx$

58–59. 도함수로부터 함수 다음 조건을 만족하는 함수 f를 구하여라.

58. $f'(t) = \sin t + 2t,\ f(0) = 5$

59. $h'(x) = \frac{x^4 - 2}{1 + x^2},\ h(1) = -\frac{2}{3}$

60. 중력에 의한 수직 운동 로켓은 지상 125 m 높이의 플랫폼에서 처음 속도 120 m/s로 수직 위쪽 방향으로 발사된다. 힘이 작용하는 유일한 힘을 중력이라고 가정하자. $t \ge 0$에 대한 로켓의 속도와 위치 함수를 결정하여라. 그다음 로켓의 운동을 설명하여라.

61. 이동 거리 정지 상태에서 출발하는 자동차는 직선 도로에서 5초 동안 20 ft/s^{2}으로 가속된다. 이 시간 동안 자동차는 얼마나 멀리 이동하는가?

62. 지수를 포함한 두 극한 두 극한 $\lim_{x\to 0^+} \dfrac{x}{\sqrt{1-e^{-x^2}}}$와 $\lim_{x\to 0^+} \dfrac{x^2}{1-e^{-x^2}}$을 계산하여라.

63. 지수함수의 탑 함수 두 함수

$$f(x) = (x^x)^x, \quad g(x) = x^{(x^x)}$$

은 서로 다른 함수이다. 예를 들어 $f(3) = 19{,}683$이고 $g(3) \approx 7.6 \times 10^{12}$이다. $\lim_{x\to 0^+} f(x)$와 $\lim_{x\to 0^+} g(x)$가 부정형인지 조사하고, 극한값을 계산하여라.

64. *e*에 대한 극한 함수 $g(x) = \left(1 + \dfrac{1}{x}\right)^{x+a}$에 대하여 물음에 답하여라.

a. $0 \le a < \dfrac{1}{2}$이면 $x \to \infty$일 때 $g(x) \to e^-$임을 보여라.

b. $\dfrac{1}{2} \le a < 1$이면 $x \to \infty$일 때 $g(x) \to e^+$임을 보여라.

CHAPTER 5

적분
Integration

5.1 곡선 아래의 넓이 근사
5.2 정적분
5.3 미적분학의 기본 정리
5.4 적분 작업
5.5 치환 법칙

미리보기 우리는 지금 미적분학 이야기의 중요한 시점에 있다. 많은 이들은 이 장이 미적분학의 두 가지 과정인 미분과 적분 사이의 관계를 설명하기 때문에 이 장을 미적분학의 초석이라 주장할지도 모른다. 이 장은 함수의 그래프로 둘러싸인 영역의 면적을 찾는 것이 미적분학에서 왜 그렇게 중요한 문제인지 설명하는 것으로 시작한다. 그다음 역도함수가 넓이 문제를 해결하는 데 사용되는 정적분으로 어떻게 이어지는지 알아볼 것이다. 하지만 더 많은 이야기가 있다. 미적분학의 기본 정리(Fundamental Theorem of Calculus)에 표현되어 있는 미분과 적분 사이의 놀라운 연결을 볼 수 있다. 이 장에서 정적분의 핵심 속성을 개발하고, 정적분의 많은 응용 중 몇 가지를 조사하며 정적분을 계산하기 위한 몇 가지 강력한 방법 중 첫 번째 방법을 제시한다.

5.1 곡선 아래의 넓이 근사

도함수는 접선의 변화율 및 기울기와 관련이 있다. 또한 역도함수(또는 부정적분)를 구하는 과정이 미분 연산과 반대라는 것도 알고 있다. 그림 5.1은 지금까지 우리가 이해한 내용을 요약하고, 다음과 같은 질문을 제기한다. 적분의 기하학적 의미는 무엇인가? 다음 예가 이에 대한 단서를 보여 준다.

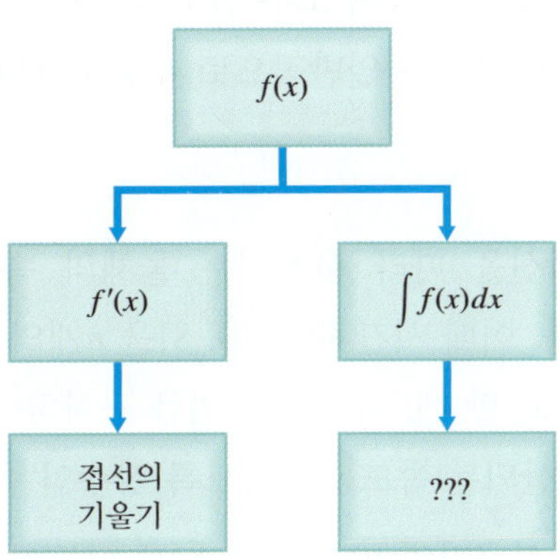

그림 5.1

속도 곡선 아래의 넓이

▶ 3.6절에서 직선을 따라 움직이는 물체의 변위는

마지막 위치 − 처음 위치

임을 살펴봤다. 물체의 속도가 양이면 변위는 이동한 거리와 같다.

위치 함수가 알려진 직선을 따라 움직이는 물체를 생각해 보자. 앞 장에서 특정 시간에 위치 함수의 그래프에 접하는 직선의 기울기가 그 시간의 속도 v를 의미함을 배웠다. 이제 그 상황을 뒤집어 보자. 움직이는 물체의 속도 함수를 알면 위치 함수에 대하여 무엇을 알 수 있는가?

2시간 동안 직선 도로를 따라 60 mi/hr의 일정한 속도로 이동하는 자동차를 상상해 보자. 구간 $0 \le t \le 2$에서 속도 함수 $v = 60$의 그래프는 수평선이다(그림 5.2). $t = 0$과 $t = 2$ 사이에서 자동차의 변위는 다음과 같이 익숙한 공식으로 찾을 수 있다.

$$\begin{aligned} \text{변위} &= \text{속도} \cdot \text{시간} \\ &= 60 \text{ mi/hr} \cdot 2 \text{ hr} = 120 \text{ mi} \end{aligned}$$

이 곱은 속도 곡선과 t축의 $t = 0$과 $t = 2$ 사이에 의해 형성된 직사각형의 넓이이다(그림 5.3). 이 경우(속도가 양의 상수), 속도 곡선과 t 축 사이의 넓이는 움직이는 물체의 변위임을 알 수 있다.

▶ 그림 5.3에서 직사각형의 세로의 단위는 mi/hr이므로 넓이의 단위는 mi/hr · hr = mi이고, 이는 변위의 단위와 같다.

QUICK CHECK 1 30분 동안은 일정한 속도 10 mi/hr로, 다음 30분 동안은 20 mi/hr로, 다음 한 시간 동안은 30 mi/hr로 움직이는 물체의 변위는 무엇인가? ◀

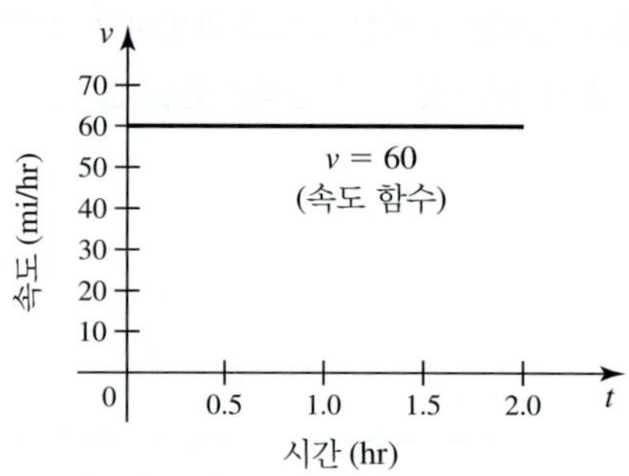

그림 5.2

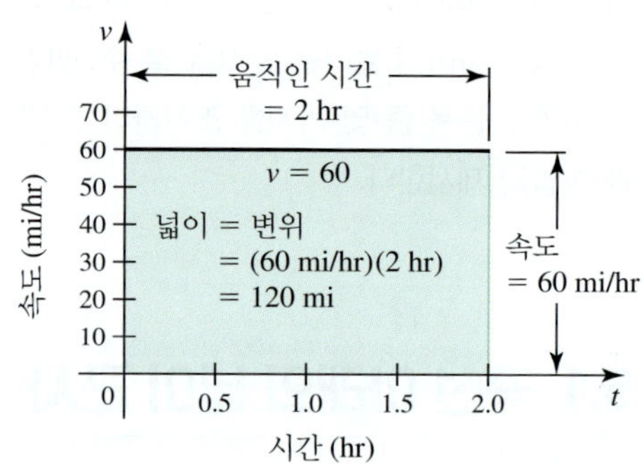

그림 5.3

물체가 반드시 일정한 속도로 움직이는 것은 아니므로 우선 이러한 아이디어를 시간 구간에 따라 **변하는** 양의 속도로 확장한다. 한 가지 전략은 시간 구간을 여러 부분구간으로 나누고 일정한 속도로 각 부분구간의 속도를 근사하는 것이다. 그다음 각 부분구간에서 변위를 계산하여 모두 합하면 된다. 이 전략은 변위에 대한 근삿값만 만든다. 그러나 이 근사는 일반적으로 부분구간의 수가 증가함에 따라 개선된다.

|예제 1| 변위 근사 직선을 따라 움직이는 물체의 속도(m/s)가 함수 $v = t^2$, $0 \le t \le 8$이라 가정하자. 이때 시간 구간 [0, 8]을 n개의 부분구간으로 나누며 각 부분구간의 길이는 같다고 할 때, 물체의 변위를 근사하여라. 각 부분구간에서 부분구간의 중간점에서 계산되는 속도 v와 같도록 상수인 속도로 근사하여라.

a. [0, 8]을 $n = 2$개의 부분구간인 [0, 4], [4, 8]로 나누어 시작하여라.

b. [0, 8]을 $n = 4$개의 부분구간인 [0, 2], [2, 4], [4, 6], [6, 8]로 나누어라.

c. [0, 8]을 동일한 길이를 갖는 $n = 8$개의 부분구간으로 나누어라.

풀이

a. 구간 [0, 8]을 길이가 4인 $n = 2$개의 부분구간 [0, 4], [4, 8]로 나눈다. 각 부분구간에서 속도는 부분구간의 중간점에서 v를 측정하여 근사한다(그림 5.4(a)).

- [0, 4]에서 속도는 $v(2) = 2^2 = 4$ m/s로 근사한다. 4 s 동안 4 m/s의 속도로 움직이면 변위는 4 m/s · 4 s = 16 m이다.
- [4, 8]에서 속도는 $v(6) = 6^2 = 36$ m/s로 근사한다. 4 s 동안 36 m/s의 속도로 움직이면 변위는 36 m/s · 4 s = 144 m이다.

따라서 총 구간 [0, 8]에서 변위의 근삿값은 다음과 같다.

$$(v(2) \cdot 4\text{ s}) + (v(6) \cdot 4\text{ s}) = (4\text{ m/s} \cdot 4\text{ s}) + (36\text{ m/s} \cdot 4\text{ s}) = 160\text{ m}$$

b. 길이가 2인 $n = 4$개의 부분구간으로 나눈다(그림 5.4(b)). 총 구간에서 변위의 근삿값은 다음과 같다.

$$(\underbrace{1\text{ m/s}}_{v(1)} \cdot 2\text{ s}) + (\underbrace{9\text{ m/s}}_{v(3)} \cdot 2\text{ s}) + (\underbrace{25\text{ m/s}}_{v(5)} \cdot 2\text{ s}) + (\underbrace{49\text{ m/s}}_{v(7)} \cdot 2\text{ s}) = 168\text{ m}$$

c. $n = 8$개의 부분구간(그림 5.4(c))에서 변위의 근삿값은 170 m이다. 각각의 경우 변위의 근삿값은 속도 곡선 아래의 직사각형 넓이의 합과 같다.

각 부분구간의 중간점은 해당 부분구간에 대한 속도를 근사하는 데 사용된다.

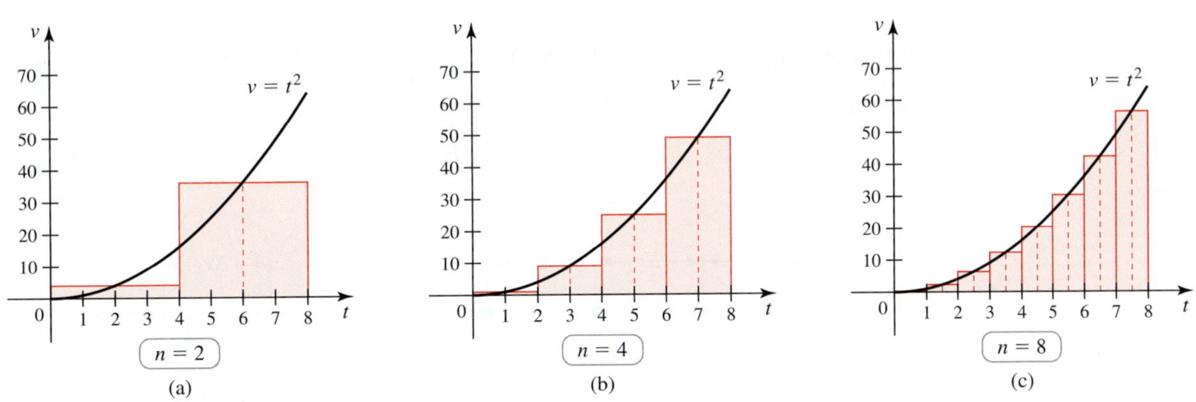

그림 5.4

관련 연습문제 2, 8번 ◀

예제 1에서의 작업을 계속할 수 있다. n의 값이 클수록 더 많은 직사각형이 있음을 의미한다. 일반적으로 직사각형이 많을수록 곡선 아래의 넓이에 더 잘 근사된다(그림 5.5). 계산기를 사용하여 $n = 1, 2, 4, 8, 16, 32, 64$개의 부분구간에서 계산한 근삿값들은 표 5.1과 같다. n이 증가할 때 근삿값은 약 170.7 m의 극한값에 가까워지는 것처럼 보인다. 극한은 속도 곡선 아래의 넓이를 의미하는 변위의

QUICK CHECK 2 예제 1에서 길이가 동일한 $n = 32$개의 부분구간을 사용한다면 각 부분구간의 길이는 얼마인가? 첫 번째와 마지막 부분구간의 중간점을 찾아라. ◀

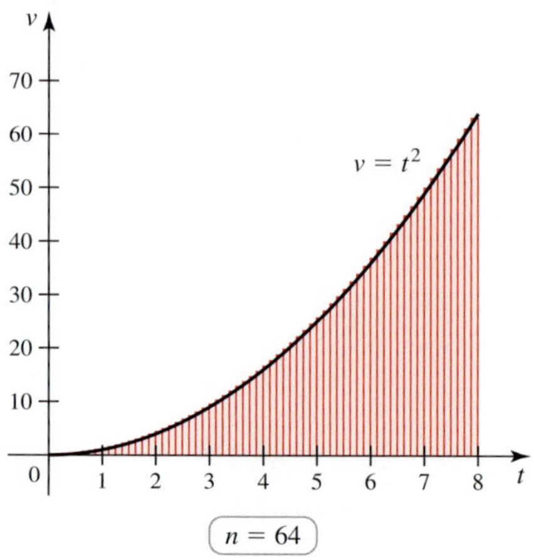

그림 5.5

표 5.1 구간 [0, 8]에서 속도 곡선 $v = t^2$ 아래의 넓이 근사

부분구간의 개수	각 부분구간의 길이	변위(곡선 아래의 넓이)의 근삿값
1	8 s	128.0 m
2	4 s	160.0 m
4	2 s	168.0 m
8	1 s	170.0 m
16	0.5 s	170.5 m
32	0.25 s	170.625 m
64	0.125 s	170.65625 m

정확한 값이다. 합의 극한을 취하는 이 기법은 5.2절에서 완전히 개발할 것이다.

➤ 함수의 그래프로 둘러싸인 영역의 넓이는 종종 '곡선 아래의 넓이'로 줄여서 표현한다.

리만합에 의한 면적의 근사

아이디어가 속도 곡선의 변위 계산에만 적용된다면 곡선 아래의 넓이를 조사하는 데 많은 시간을 소비하지 않을 것이다. 그러나 다음 두 장에서 알게 되겠지만, 곡선 아래의 넓이를 찾는 문제는 자주 발생하며 따라서 매우 중요하다. 이러한 이유로 이제 곡선 아래의 넓이를 근사하기 위한 체계적인 방법을 개발한다. 구간 $[a, b]$에서 연속이고 음이 아닌 함수 f를 고려해 보자. 목표는 f의 그래프와 x축의 $x = a$와 $x = b$로 둘러싸인 영역 R의 넓이를 근사하는 것이다(그림 5.6). 우선 구간 $[a, b]$를 동일한 길이의 n개의 부분구간으로 나누어 보자.

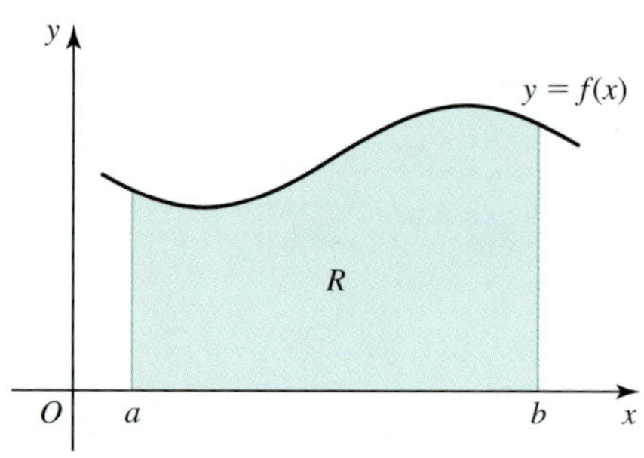

그림 5.6

$$[x_0, x_1], [x_1, x_2], \cdots, [x_{n-1}, x_n]$$

여기서 $a = x_0$, $b = x_n$이다(그림 5.7). 각 부분구간의 길이 Δx는 전체 구간을 n으로 나누어 다음과 같이 구한다.

$$\Delta x = \frac{b - a}{n}$$

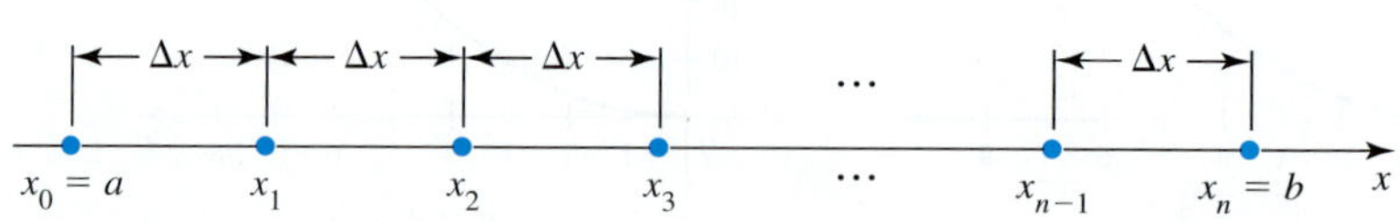

그림 5.7

정의 정규 분할

구간 $[a, b]$는 n개의 부분구간

$$[x_0, x_1], [x_1, x_2], \cdots, [x_{n-1}, x_n]$$

을 포함한 닫힌구간이고, 각 부분구간의 길이는 동일하게 $\Delta x = \dfrac{b - a}{n}$이며 $a = x_0$, $b = x_n$이라 가정하자. $x_0, x_1, x_2, \cdots, x_{n-1}, x_n$을 부분구간의 **끝점**이

라 하며, 이들이 **정규 분할**을 생성한다. 일반적으로 k번째 끝점은 다음과 같다.

$$x_k = a + k\Delta x, \quad k = 0, 1, 2, \cdots, n$$

QUICK CHECK 3 [1, 9]를 길이가 동일한 4개의 부분구간으로 분할할 때, Δx는 얼마인가? 끝점 x_0, x_1, x_2, x_3, x_4를 구하여라. ◀

k번째 부분구간 $[x_{k-1}, x_k]$에서 임의의 점 x_k^*를 선택하여 높이가 x_k^*의 함숫값 $f(x_k^*)$인 직사각형을 만든다(그림 5.8). k번째 부분구간의 직사각형 넓이는 다음과 같다.

$$\text{높이} \cdot \text{밑변의 길이} = f(x_k^*)\Delta x, \quad k = 1, 2, \cdots, n$$

그림 5.8에 있는 직사각형의 넓이를 더하면 영역 R의 근삿값을 얻을 수 있으며, 이를 **리만합**(Riemann sum)이라 한다.

$$f(x_1^*)\Delta x + f(x_2^*)\Delta x + \cdots + f(x_n^*)\Delta x$$

➤ 적분의 아이디어는 17세기에 발전했지만 독일 수학자 베른하르트 리만(Bernhard Riemann, 1826–1866)이 적분의 수학적 이론을 정립한 것은 거의 200년 후의 일이다.

왼쪽 리만합(left Riemann sum), 오른쪽 리만합(right Riemann sum), 중간점 리만합(midpoint Riemann sum)이 대표적인 세 리만합이다.

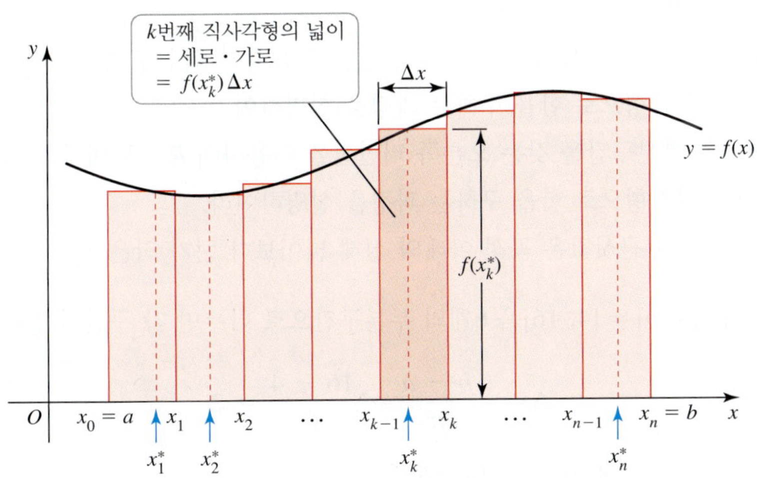

그림 5.8

정의 리만합

길이가 Δx로 동일한 n개의 부분구간으로 나누어진 닫힌구간 $[a, b]$에서 f가 정의된다고 가정하자. x_k^*가 k번째 부분구간 $[x_{k-1}, x_k]$, $k = 1, 2, \cdots, n$의 임의의 점일 때,

$$f(x_1^*)\Delta x + f(x_2^*)\Delta x + \cdots + f(x_n^*)\Delta x$$

를 구간 $[a, b]$에서 f의 **리만합**이라 한다.

- x_k^*가 구간 $[x_{k-1}, x_k]$의 왼쪽 끝점이면 위 리만합을 **왼쪽 리만합**이라 한다(그림 5.9).
- x_k^*가 구간 $[x_{k-1}, x_k]$의 오른쪽 끝점이면 위 리만합을 **오른쪽 리만합**이라 한

다(그림 5.10).

- x_k^*가 구간 $[x_{k-1}, x_k]$의 중간점이면 위 리만합을 **중간점 리만합**이라 한다(그림 5.11).

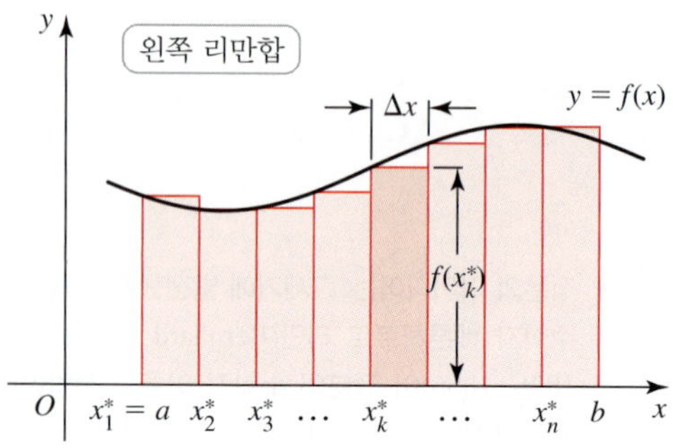

그림 5.9

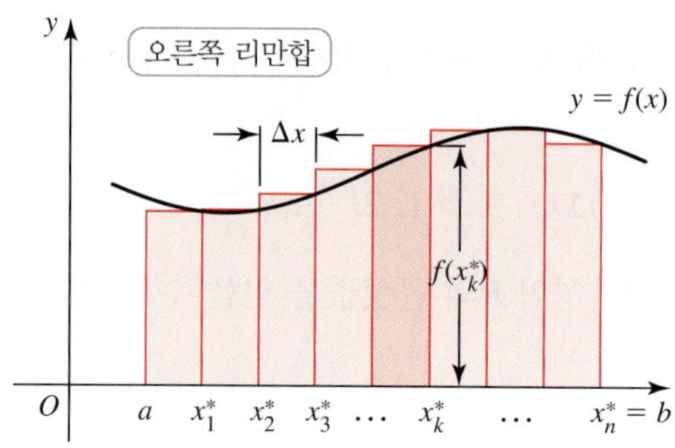

그림 5.10

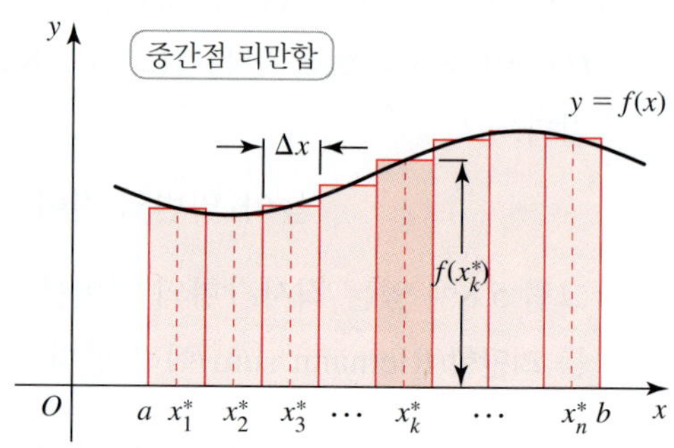

그림 5.11

| 예제 2 | 왼쪽 리만합과 오른쪽 리만합 R을 $f(x) = 3\sqrt{x}$의 그래프와 x축의 $x = 4$와 $x = 16$로 둘러싸인 영역이라 하자.

a. $n = 6$개의 부분구간을 갖는 왼쪽 리만합을 이용하여 R의 넓이를 근사하여라. 적당한 직사각형으로 합을 구하는 과정을 설명하여라.

b. $n = 6$개의 부분구간을 갖는 오른쪽 리만합을 이용하여 R의 넓이를 근사하여라. 적당한 직사각형으로 합을 구하는 과정을 설명하여라.

c. a, b에서 구한 근삿값은 곡선 아래의 실제 넓이보다 큰가 작은가?

풀이 구간 $[a, b] = [4, 16]$을 6개의 부분구간으로 나누면 각 구간의 길이는

$$\Delta x = \frac{b - a}{n} = \frac{16 - 4}{6} = 2$$

이므로 끝점은 4, 6, 8, 10, 12, 14, 16이다.

a. 왼쪽 리만합을 구하기 위해 여섯 부분구간의 왼쪽 끝점을 $x_1^*, x_2^*, \cdots, x_6^*$로 놓으면 직사각형의 높이는 $f(x_k^*)$, $k = 1, 2, \cdots, 6$이다.

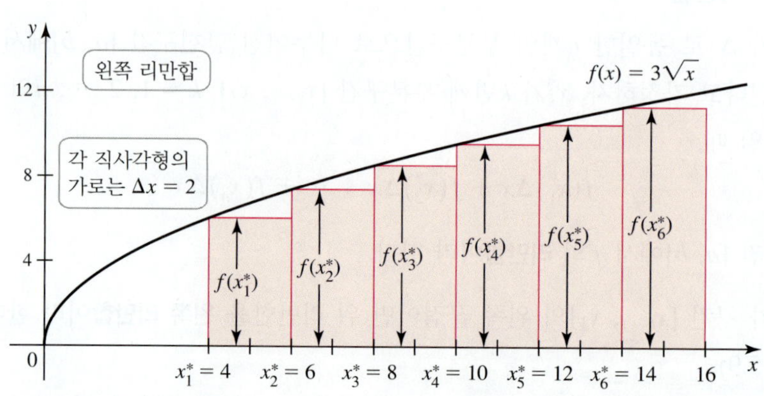

그림 5.12

왼쪽 리만합(그림 5.12)은 다음과 같다.

$$
\begin{aligned}
&f(x_1^*)\Delta x + f(x_2^*)\Delta x + \cdots + f(x_6^*)\Delta x \\
&\quad = f(4)\cdot 2 + f(6)\cdot 2 + f(8)\cdot 2 + f(10)\cdot 2 + f(12)\cdot 2 + f(14)\cdot 2 \\
&\quad = 3\sqrt{4}\cdot 2 + 3\sqrt{6}\cdot 2 + 3\sqrt{8}\cdot 2 + 3\sqrt{10}\cdot 2 + 3\sqrt{12}\cdot 2 + 3\sqrt{14}\cdot 2 \\
&\quad \approx 105.876
\end{aligned}
$$

b. 오른쪽 리만합을 구하기 위해 여섯 부분구간의 오른쪽 끝점을 $x_1^*, x_2^*, \cdots, x_6^*$으로 놓으면 직사각형의 높이는 $f(x_k^*)$, $k = 1, 2, \cdots, 6$이다.

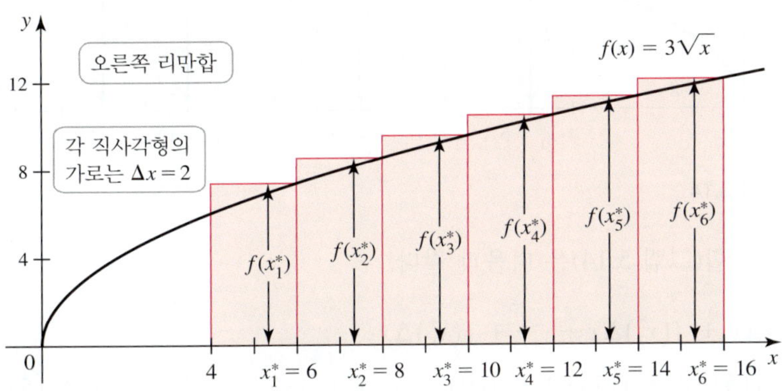

그림 5.13

오른쪽 리만합(그림 5.13)은 다음과 같다.

$$
\begin{aligned}
&f(x_1^*)\Delta x + f(x_2^*)\Delta x + \cdots + f(x_6^*)\Delta x \\
&\quad = f(6)\cdot 2 + f(8)\cdot 2 + f(10)\cdot 2 + f(12)\cdot 2 + f(14)\cdot 2 + f(16)\cdot 2 \\
&\quad = 3\sqrt{6}\cdot 2 + 3\sqrt{8}\cdot 2 + 3\sqrt{10}\cdot 2 + 3\sqrt{12}\cdot 2 + 3\sqrt{14}\cdot 2 + 3\sqrt{16}\cdot 2 \\
&\quad \approx 117.876
\end{aligned}
$$

c. 그래프를 보면 **a**에서 왼쪽 리만합은 실제 R의 실제 넓이보다 작다는 것을 알 수 있다. 반면, **b**에서 오른쪽 리만합은 실제 R의 실제 넓이보다 크다는 것을 알 수 있다. 따라서 R의 넓이는 105.876과 117.876 사이이다. 이러한 근삿값은 직사각형의 개수를 늘림으로써 개선할 수 있다.

관련 연습문제 12, 15번 ◀

QUICK CHECK 4 예제 2의 함수를 $f(x) = 1/x$로 바꾼다면 왼쪽 리만합 또는 오른쪽 리만합은 곡선 아래의 넓이보다 크게 근사되는가? ◀

| 예제 3 | 중간점 리만합 R을 $f(x) = 3\sqrt{x}$의 그래프와 x축의 $x = 4$와 $x = 16$로 둘러싸인 영역이라 하자. $n = 6$개의 부분구간을 갖는 중간점 리만합으로 R의 넓이를 근사하여라. 적당한 직사각형으로 합을 구하는 과정을 설명하여라.

풀이 끝점과 각 부분구간의 길이는 예제 2와 같다. 중간점 리만합을 구하기 위해 부분구간의 중간점을 $x_1^*, x_2^*, \cdots, x_6^*$로 놓으면 처음 구간의 중간점은 다음과 같이 x_0과 x_1의 평균이다.

$$x_1^* = \frac{x_0 + x_1}{2} = \frac{4 + 6}{2} = 5$$

나머지 중간점들도 두 끝점의 평균으로 계산한다.

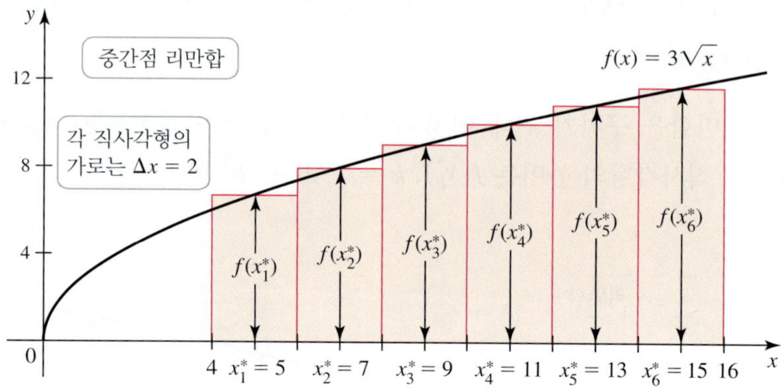

그림 5.14

중간점 리만합(그림 5.14)은 다음과 같다.

$$\begin{aligned} & f(x_1^*)\Delta x + f(x_2^*)\Delta x + \cdots + f(x_6^*)\Delta x \\ &= f(5)\cdot 2 + f(7)\cdot 2 + f(9)\cdot 2 + f(11)\cdot 2 + f(13)\cdot 2 + f(15)\cdot 2 \\ &= 3\sqrt{5}\cdot 2 + 3\sqrt{7}\cdot 2 + 3\sqrt{9}\cdot 2 + 3\sqrt{11}\cdot 2 + 3\sqrt{13}\cdot 2 + 3\sqrt{15}\cdot 2 \\ &\approx 112.062 \end{aligned}$$

왼쪽 리만합, 오른쪽 리만합, 중간점 리만합을 비교하면 중간점 리만합이 곡선 아래의 넓이에 대한 좀 더 정확한 근사값을 제시한다. 5.3절에서 이 곡선 아래의 정확한 넓이가 112임을 살펴볼 것이다.

관련 연습문제 17, 20번 ◀

표 5.2

x	$f(x)$
0	1
0.5	3
1.0	4.5
1.5	5.5
2.0	6.0

| 예제 4 | 표에 의한 리만합 구간 [0, 2]에서 f의 그래프 아래의 넓이 A를 $n = 4$인 왼쪽 리만합과 오른쪽 리만합을 이용하여 추정하여라. 이때 f는 연속함수이지만 표 5.2의 점들만 알고 있다고 가정한다.

풀이 구간 [0, 2]에서 $n = 4$인 부분구간의 길이는 $\Delta x = 2/4 = 0.5$이다. 각 부분구간의 왼쪽 끝점을 사용하면 왼쪽 리만합은 다음과 같다.

$$\begin{aligned} A &\approx f(0)\Delta x + f(0.5)\Delta x + f(1.0)\Delta x + f(1.5)\Delta x \\ &= 1\cdot 0.5 + 3\cdot 0.5 + 4.5\cdot 0.5 + 5.5\cdot 0.5 = 7.0 \end{aligned}$$

각 부분구간의 오른쪽 끝점을 사용하면 오른쪽 리만합은 다음과 같다.

$$\begin{aligned} A &\approx f(0.5)\Delta x + f(1.0)\Delta x + f(1.5)\Delta x + f(2.0)\Delta x \\ &= 3\cdot 0.5 + 4.5\cdot 0.5 + 5.5\cdot 0.5 + 6.0\cdot 0.5 = 9.5 \end{aligned}$$

이 5개의 함숫값으로 넓이의 근삿값을 구하는 것은 다소 어설프다. 이보다 좋은 근샷값은 좀 더 많은 부분구간과 함숫값으로 구할 수 있다.

관련 연습문제 22번◀

시그마(합) 기호

부분구간의 개수가 많은 리만합을 구하는 과정은 번거롭다. 이 과정을 단순화하는 몇 가지 기호를 소개한다.

시그마(또는 **합**) **기호**는 합을 간결하게 표현할 때 사용한다. 예를 들어 합 $1+2+3+\cdots+10$은 시그마 기호를 사용하면 $\sum_{k=1}^{10} k$로 표현된다. 기호 Σ(시그마, 그리스 대문자 S)는 합을 나타낸다. **인덱스** k는 하한($k=1$)에서 상한($k=10$)까지의 모든 정수를 취한다. Σ (**합산**) 바로 뒤에 나오는 표현식은 k의 각 값에 대하여 계산되고 결과값이 합산된다. 다음은 몇 가지 예이다.

$$\sum_{k=1}^{99} k = 1+2+3+\cdots+99 = 4950 \qquad \sum_{k=1}^{n} k = 1+2+\cdots+n$$

$$\sum_{k=0}^{3} k^2 = 0^2+1^2+2^2+3^2 = 14 \qquad \sum_{k=1}^{4} (2k+1) = 3+5+7+9 = 24$$

$$\sum_{k=-1}^{2} (k^2+k) = ((-1)^2+(-1)) + (0^2+0) + (1^2+1) + (2^2+2) = 8$$

합의 인덱스는 **가변수**이다. 이는 합에 속해 있으므로 인덱스 기호는 중요하지 않다. 예를 들면 다음과 같다.

$$\sum_{k=1}^{99} k = \sum_{n=1}^{99} n = \sum_{p=1}^{99} p$$

합과 시그마 기호의 두 가지 성질은 향후 작업에 유용하다. $\{a_1, a_2, \cdots, a_n\}$, $\{b_1, b_2, \cdots, b_n\}$이 실수의 두 집합이고 c가 실수라고 가정하자. 그다음 합에서 상수 곱을 인수분해할 수 있다.

$$\text{상수 곱의 법칙} \quad \sum_{k=1}^{n} ca_k = c\sum_{k=1}^{n} a_k$$

또한 두 합을 분해할 수 있다.

$$\text{합의 법칙} \quad \sum_{k=1}^{n} (a_k + b_k) = \sum_{k=1}^{n} a_k + \sum_{k=1}^{n} b_k$$

다음 예제와 연습문제에서 정수의 거듭제곱 합에 대한 다음 공식이 필수적으로 쓰인다.

▶ $\sum_{k=1}^{n} k^p$ (p는 양의 정수)에 대한 공식은 수 세기 동안 전해져 왔다. $p = 0, 1, 2, 3$에 대한 공식은 상대적으로 간단하다. 그러나 p가 증가할수록 공식은 복잡해진다.

정리 5.1 정수의 거듭제곱 합

양의 정수 n과 실수 c에 대하여 다음이 성립한다.

$$\sum_{k=1}^{n} c = cn \qquad \sum_{k=1}^{n} k = \frac{n(n+1)}{2}$$

$$\sum_{k=1}^{n} k^2 = \frac{n(n+1)(2n+1)}{6} \qquad \sum_{k=1}^{n} k^3 = \frac{n^2(n+1)^2}{4}$$

시그마 기호를 활용한 리만합

시그마 기호를 이용하면 리만합은 쉽고 간결한 형태를 표현된다.

$$f(x_1^*)\Delta x + f(x_2^*)\Delta x + \cdots + f(x_n^*)\Delta x = \sum_{k=1}^{n} f(x_k^*)\Delta x$$

시그마 기호로 왼쪽 리만합, 오른쪽 리만합, 중간점 리만합을 표현하기 위해 먼저 점 x_k^*를 정해야 한다.

- 왼쪽 리만합의 경우 부분구간의 왼쪽 끝점은 $x_k^* = a + (k-1)\Delta x$, $k = 1, \cdots, n$이다.
- 오른쪽 리만합의 경우 부분구간의 오른쪽 끝점은 $x_k^* = a + k\Delta x$, $k = 1, \cdots, n$이다.
- 중간점 리만합의 경우 부분구간의 중간점은 $x_k^* = a + (k - \frac{1}{2})\Delta x$, $k = 1, \cdots, n$이다.

▶ 왼쪽 리만합의 경우 $x_1^* = a + 0 \cdot \Delta x$, $x_2^* = a + 1 \cdot \Delta x$, $x_3^* = a + 2 \cdot \Delta x$이며, 일반적으로 $x_k^* = a + (k-1)\Delta x$, $k = 1, \cdots, n$이다.

오른쪽 리만합의 경우 $x_1^* = a + 1 \cdot \Delta x$, $x_2^* = a + 2 \cdot \Delta x$, $x_3^* = a + 3 \cdot \Delta x$이며, 일반적으로 $x_k^* = a + k\Delta x$, $k = 1, \cdots, n$이다.

중간점 리만합의 경우 $x_1^* = a + \frac{1}{2}\Delta x$, $x_2^* = a + \frac{3}{2}\Delta x$이며, 일반적으로 $x_k^* = a + (k - \frac{1}{2})\Delta x = \frac{x_k + x_{k-1}}{2}$, $k = 1, \cdots, n$이다.

세 리만합은 다음과 같이 간결하게 표현할 수 있다.

정의 시그마 기호를 활용한 왼쪽 리만합, 오른쪽 리만합, 중간점 리만합

길이가 Δx로 동일한 n개의 부분구간으로 나누어진 닫힌구간 $[a, b]$에서 정의된 f를 가정하자. x_k^*가 k번째 부분구간 $[x_{k-1}, x_k]$, $k = 1, 2, \cdots, n$의 점이면 $[a, b]$에서 f의 **리만합**은 $\sum_{k=1}^{n} f(x_k^*)\Delta x$이다. 세 가지 리만합은 다음과 같다.

- $x_k^* = a + (k-1)\Delta x$이면 $\sum_{k=1}^{n} f(x_k^*)\Delta x$는 **왼쪽 리만합**이다.
- $x_k^* = a + k\Delta x$이면 $\sum_{k=1}^{n} f(x_k^*)\Delta x$는 **오른쪽 리만합**이다.
- $x_k^* = a + (k - \frac{1}{2})\Delta x$이면 $\sum_{k=1}^{n} f(x_k^*)\Delta x$는 **중간점 리만합**이다.

| 예제 5 | 리만합 계산 $a = 0$, $b = 2$ 사이의 $n = 50$개의 부분구간에서 $f(x) = x^3 + 1$의 왼쪽 리만합, 오른쪽 리만합, 중간점 리만합을 구하여라. 곡선 아래의 정확한 넓이에 대하여 추측하여라(그림 5.15).

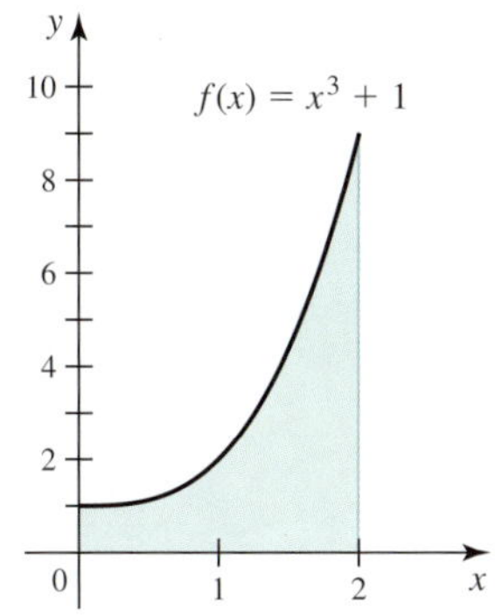

그림 5.15

풀이 $n = 50$개의 각 부분구간의 길이는 다음과 같다.

$$\Delta x = \frac{b-a}{n} = \frac{2-0}{50} = \frac{1}{25} = 0.04$$

왼쪽 리만합에 대한 x_k^*는

$$x_k^* = a + (k-1)\Delta x = 0 + 0.04(k-1) = 0.04k - 0.04,\ k = 1, 2, \cdots, 50$$

이므로 왼쪽 리만합은 다음과 같다.

$$\sum_{k=1}^{n} f(x_k^*)\Delta x = \sum_{k=1}^{50} f(0.04k - 0.04)0.04 = 5.8416$$

$x_k^* = a + k\Delta x = 0.04k$ 로 놓으면 오른쪽 리만합은 다음과 같다.

$$\sum_{k=1}^{n} f(x_k^*)\Delta x = \sum_{k=1}^{50} f(0.04k)0.04 = 6.1616$$

중간점 리만합을 구하기 위해

$$x_k^* = a + \left(k - \frac{1}{2}\right)\Delta x = 0 + 0.04\left(k - \frac{1}{2}\right) = 0.04k - 0.02$$

로 놓자. 중간점 리만합은 다음과 같다.

$$\sum_{k=1}^{n} f(x_k^*)\,\Delta x = \sum_{k=1}^{50} f(0.04k - 0.02)0.04 = 5.9992$$

구간 [0, 2]에서 f는 증가하므로 왼쪽 리만합은 그림 5.15에서 색칠한 영역의 넓이보다 작고, 오른쪽 리만합은 색칠한 영역의 넓이보다 크다. 따라서 정확한 넓이는 5.8416과 6.1616 사이이다. 중간점 리만합은 보통 증가 또는 감소함수에 대한 최적의 근삿값을 제공한다.

표 5.3은 최대 200까지의 n값에 대한 왼쪽 리만합, 오른쪽 리만합, 중간점 리만합 근삿값을 보여 준다. 세 가지 근삿값은 모두 6에 가까운 값이며, 이는 곡선 아래의 넓이의 합리적인 추정치이다. 5.2절에서 $n \to \infty$일 때 세 가지 리만합의 극한이 6임을 엄밀히 보일 것이다.

표 5.3 왼쪽, 오른쪽 및 중간점 리만합 근삿값

n	L_n	R_n	M_n
20	5.61	6.41	5.995
40	5.8025	6.2025	5.99875
60	5.86778	6.13444	5.99944
80	5.90063	6.10063	5.99969
100	5.9204	6.0804	5.9998
120	5.93361	6.06694	5.99986
140	5.94306	6.05735	5.9999
160	5.95016	6.05016	5.99992
180	5.95568	6.04457	5.99994
200	5.9601	6.0401	5.99995

다른 풀이 예제 5에 대한 다른 접근 방식을 검토해 보자. 앞에서 다룬 오른쪽 리만합을 고려해 보자.

$$\sum_{k=1}^{n} f(x_k^*)\,\Delta x = \sum_{k=1}^{50} f(0.04k)0.04$$

이 합을 계산기로 계산하기보다 $f(0.04k) = (0.04k)^3 + 1$과 합의 속성을 활용하여 구하면 다음과 같다.

$$\sum_{k=1}^{n} f(x_k^*)\Delta x = \sum_{k=1}^{50} \underbrace{((0.04k)^3 + 1)}_{f(x_k^*)}\underbrace{0.04}_{\Delta x}$$

$$= \sum_{k=1}^{50}(0.04k)^3\, 0.04 + \sum_{k=1}^{50} 1 \cdot 0.04 \qquad \sum(a_k + b_k) = \sum a_k + \sum b_k$$

$$= (0.04)^4 \sum_{k=1}^{50} k^3 + 0.04 \sum_{k=1}^{50} 1 \qquad \sum ca_k = c\sum a_k$$

정리 5.1의 정수의 거듭제곱 합 공식을 사용하여 다음과 같이 구한다.

$$\sum_{k=1}^{50} 1 = 50, \quad \sum_{k=1}^{50} k^3 = \frac{50^2 \cdot 51^2}{4}$$

이 값을 오른쪽 리만합에 대입하면 다음을 얻는다.

$$\sum_{k=1}^{50} f(x_k^*)\, \Delta x = \frac{3851}{625} = 6.1616$$

이 값을 계산기로 구한 결과와 확인해 보자. 임의의 n값에 대하여 리만합을 구하는 아이디어는 5.2절에서 사용한다. 5.2절에서는 $n \to \infty$일 때 리만합의 극한을 구할 것이다.

관련 연습문제 26번◀

5.1절 연습문제

1단계 스타트

1. 물체가 $0 \le t < 2$ 동안 15 m/s의 속도로, $2 \le t \le 5$ 동안 25 m/s의 속도로 직선을 따라 움직인다고 가정하자. 여기서 t는 초이다. 속도 함수의 그래프를 그리고, $0 \le t \le 5$ 동안 물체의 변위를 구하여라.

2. 직선을 따라 움직이는 물체의 속도(ft/s)는 구간 $0 \le t \le 8$에서 $v = f(t)$로 주어진다(그림 참조). 여기서 t는 초이다.

a. 구간 [0, 8]을 $n = 2$인 부분구간 [0, 4], [4, 8]로 나눌 때, 물체가 각 부분구간의 중간점에서의 v값과 동일하게 일정한 속도로 움직인다고 가정하자. 이러한 근삿값을 이용하여 구간 [0, 8]에서 물체의 변위를 추정하여라(그림 (a)).

b. $n = 4$인 부분구간에 대하여 **a**를 반복하여라(그림 (b)).

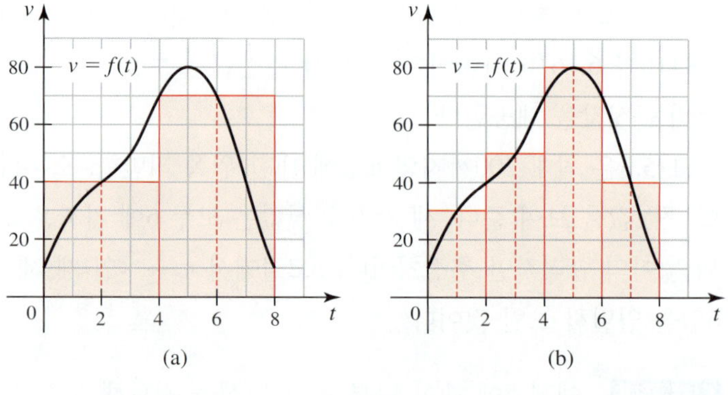

3. 직선을 따라 움직이는 물체의 속도(ft/s)는 구간 $0 \le t \le 6$에서 $v = f(t)$로 주어진다(그림 참조). 여기서 t는 초이다.

a. 구간 [0, 6]을 $n = 3$인 부분구간 [0, 2], [2, 4], [4, 6]으로

나눌 때, 물체가 각 부분구간의 오른쪽 끝점에서의 v값과 동일하게 일정한 속도로 움직인다고 가정하자. 이러한 근삿값을 이용하여 구간 [0, 6]에서 물체의 변위를 추정하여라(그림 (a)).

b. $n = 6$인 부분구간에 대하여 **a**를 반복하여라(그림 (b)).

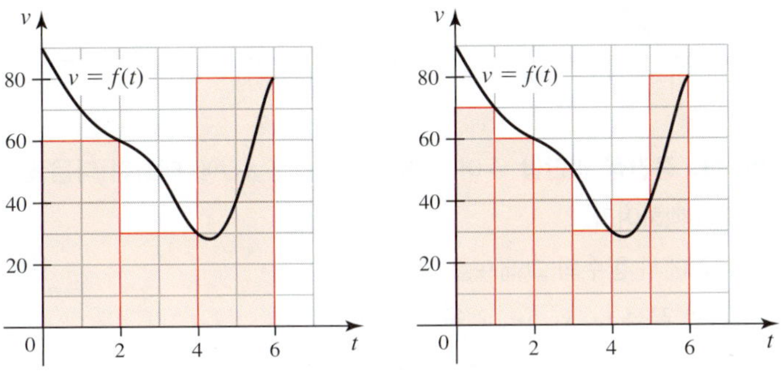

(a) (b)

4. $x = 0$과 $x = \dfrac{\pi}{2}$ 사이에서 $f(x) = \cos x$의 그래프와 x축으로 둘러싸인 영역의 넓이를 근사하여라. 가능한 전략을 설명하여라.

5. 그래프로부터 넓이 근사 그래프(그림 참조)와 x축의 구간 [1, 7]로 둘러싸인 영역의 넓이를 근사하여라. 구간은 $n = 6$개의 부분구간으로 나눈다. 왼쪽 리만합, 오른쪽 리만합을 이용하여 두 근삿값을 구하여라.

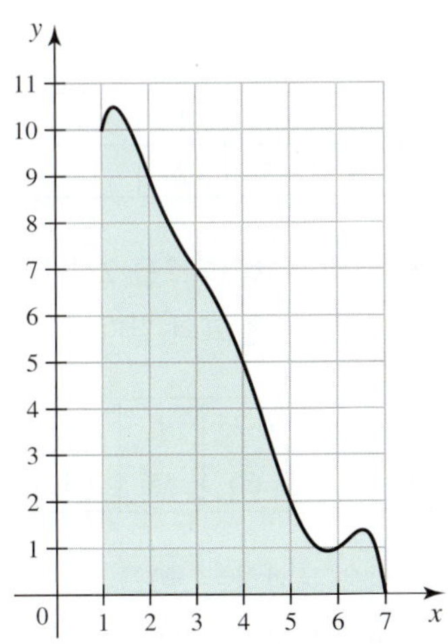

6. 구간 [1, 3]을 $n = 4$개의 부분구간으로 나눈다고 가정하자. 부분구간의 길이 Δx는 얼마인가? 끝점 x_0, x_1, x_2, x_3, x_4를 열거하여라. 어느 끝점이 리만합의 왼쪽, 오른쪽, 중간점으로 사용되는가?

7. 구간 $[a, b]$에서 감소하는 양의 함수에 대하여 이 함수의 오른쪽 리만합은 그래프 아래의 넓이보다 큰가 작은가? 이유를 설명하여라.

2단계 실전

8. 직선을 따라 움직이는 어느 물체의 속도는 구간 $0 \le t \le 4$에서 $v = 3t^2 + 1$로 주어진다. 여기서 t는 초이다.

a. 구간 [0, 4]을 $n = 4$개의 부분구간 [0, 1], [1, 2], [2, 3], [3, 4]로 나눌 때, 물체가 각 부분구간의 오른쪽 끝점에서의 v 값과 동일하게 일정한 속도로 움직인다고 가정하자. 이러한 근삿값을 이용하여 구간 [0, 4]에서 물체의 변위를 추정하여라(그림 (a)).

b. $n = 8$인 부분구간에 대하여 **a**를 반복하여라(그림 (b)).

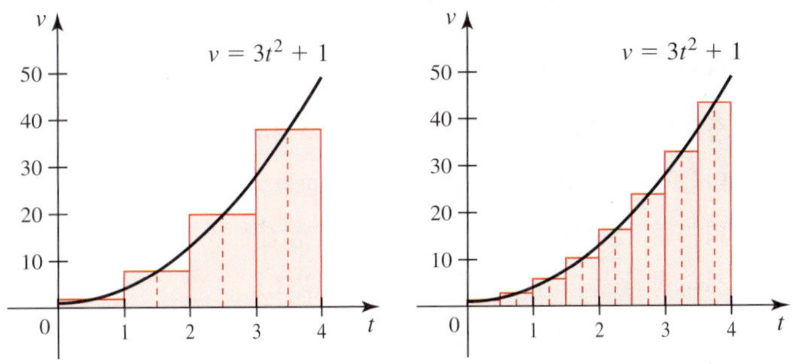

(a) (b)

9–11. 변위 근사 물체의 속도는 지정된 구간에서 다음 함수로 주어진다. 구간을 n개의 부분구간으로 나누고, 이 구간에서 물체의 변위를 근사하여라. 각 부분구간의 왼쪽 끝점을 사용하여 직사각형의 높이를 계산하여라.

9. $v = 2t + 1\,(\text{m/s}),\ 0 \le t \le 8, n = 2$

10. $v = \dfrac{1}{2t + 1}\,(\text{m/s}),\ 0 \le t \le 8, n = 4$

11. $v = 4\sqrt{t + 1}\,(\text{mi/hr}),\ 0 \le t \le 15, n = 5$

12. 왼쪽 리만합과 오른쪽 리만합 그림을 이용하여 $n = 5$개의 부분구간으로 나누어진 구간 [1, 6]에서 $f(x) = x + 1$에 대한 왼쪽 리만합과 오른쪽 리만합을 계산하여라.

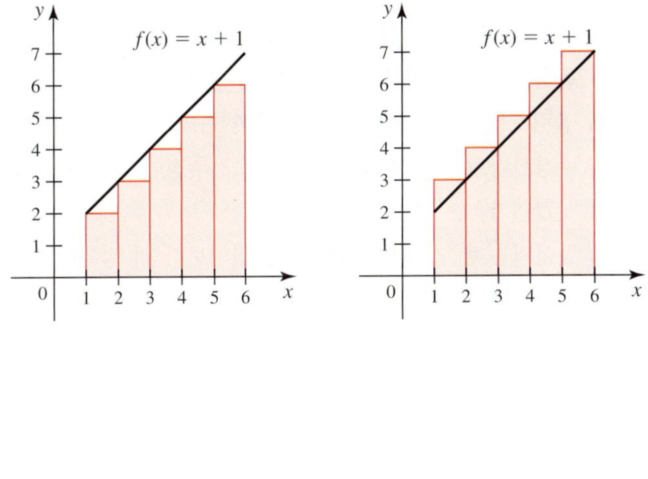

13-16. 주어진 함수, 구간 및 n값에 대하여 다음 단계를 수행하여라.

a. 구간에서 함수의 그래프를 그려라.

b. Δx와 끝점 $x_0, x_1, \cdots, x_n$을 계산하여라.

c. 왼쪽 리만합과 오른쪽 리만합을 설명하여라. 그다음 어떤 리만합이 넓이를 작게 또는 크게 근사하는지 결정하여라.

d. 왼쪽 리만합과 오른쪽 리만합을 계산하여라.

13. $f(x) = x + 1,\ [0, 4],\ n = 4$

14. $f(x) = \cos x,\ \left[0, \frac{\pi}{2}\right],\ n = 4$

15. $f(x) = x^2 - 1,\ [2, 4],\ n = 4$

16. $f(x) = e^{x/2},\ [1, 4],\ n = 6$

17. 중간점 리만합 x축의 [0, 10]을 $n = 5$개의 부분구간으로 나눈 다음 $f(x) = 100 - x^2$의 그래프와 x축으로 둘러싸인 영역의 넓이를 근사하여라. 각 부분구간의 중간점을 사용하여 각 직사각형의 높이를 결정하여라(그림 참조).

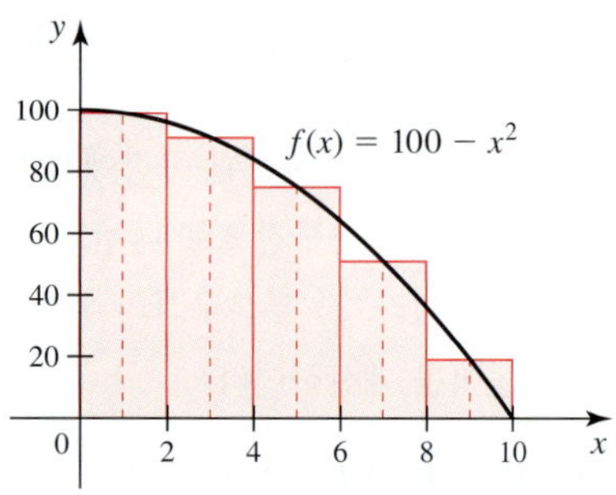

18. 자유 낙하 2012년 10월 14일, 펠릭스 바움가르트너(Felix Baumgartner)는 지구 표면에서 거의 39 km 고도에서 풍선 캡슐을 타고 자유 낙하를 시작했다. 낙하 중 그의 속도(m/s)는 그림에 표현돼 있다. 펠릭스는 떨어진 지 34초 만에 음속에 도달했고, 30초 동안 초음속으로 계속 낙하했다고 주장한다(출처: http://www.redbullstratos.com).

a. [34, 64]를 $n = 5$개의 부분구간으로 나눈 다음 왼쪽 리만합과 오른쪽 리만합을 이용하여 펠릭스가 초음속으로 이동하는 동안 얼마나 낙하했는지 추정하여라.

b. 펠릭스는 초음속으로 실제 낙하한 거리가 10,485 m라고 주장한다. **a**에서 추정한 것 중 어느 추정이 더 정확한 근삿값인가?

c. 떨어지는 총 거리에 대한 **a**의 추정치보다 더 정확한 추정치를 어떻게 얻을 수 있는가?

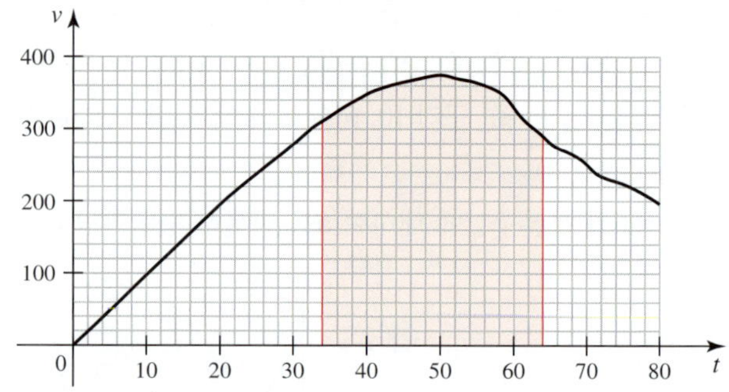

19-21. 중간점 리만합 주어진 함수, 구간 및 n값에 대하여 다음 단계를 수행하여라.

a. 구간에서 함수의 그래프를 그려라.

b. Δx와 끝점 $x_0, x_1, \cdots, x_n$을 계산하여라.

c. 적절한 그림을 통해 중간점 리만합을 설명하여라.

d. 중간점 리만합을 계산하여라.

19. $f(x) = 2x + 1,\ [0, 4],\ n = 4$

20. $f(x) = \sqrt{x},\ [1, 3],\ n = 4$

21. $f(x) = \frac{1}{x},\ [1, 6],\ n = 5$

22. 표에 의한 리만합 다음과 같이 4개의 부분구간으로 나누어진 구간 [0, 2]에서 f에 대한 왼쪽 리만합과 오른쪽 리만합을 계산하여라.

x	0	0.5	1	1.5	2
$f(x)$	5	3	2	1	1

23. 속도표에서의 변위 직선 고속도로를 2시간 동안 주행하는 자동차의 속도(mi/hr)는 다음 표와 같다.

t(hr)	0	0.25	0.5	0.75	1	1.25	1.5	1.75	2
v(mi/hr)	50	50	60	60	55	65	50	60	70

a. 표에 주어진 점을 통과하는 부드러운 곡선을 그려라.

b. $n = 2$ 및 $n = 4$개의 부분구간으로 나누어진 구간 [0, 2]에서 변위에 대한 중간점 리만합 근삿값을 구하여라.

24. 시그마 기호 다음 합을 시그마 기호를 사용하여 표현하여라(답은 유일하지 않다).

a. $1 + 2 + 3 + 4 + 5$

b. $4 + 5 + 6 + 7 + 8 + 9$

c. $1^2 + 2^2 + 3^2 + 4^2$

d. $1 + \frac{1}{2} + \frac{1}{3} + \frac{1}{4}$

25. 시그마 기호 다음을 계산하여라.

a. $\sum_{k=1}^{10} k$ **b.** $\sum_{k=1}^{6} (2k + 1)$

c. $\sum_{k=1}^{4} k^2$ **d.** $\sum_{n=1}^{5} (1 + n^2)$

e. $\sum_{m=1}^{3} \frac{2m + 2}{3}$ **f.** $\sum_{j=1}^{3} (3j - 4)$

g. $\sum_{p=1}^{5} (2p + p^2)$ **h.** $\sum_{n=0}^{4} \sin \frac{n\pi}{2}$

26–27. 더 큰 n값에 대한 리만합 주어진 함수 f 및 구간에 대하여 다음 단계를 수행하여라.

a. n값에 대하여 시그마 기호를 사용하여 왼쪽 리만합, 오른쪽 리만합, 중간점 리만합을 계산기를 사용하여 구하여라.

b. **a**에서 찾은 근삿값을 기반으로 f의 그래프와 구간의 x축으로 둘러싸인 영역의 넓이를 추정하여라.

26. $f(x) = 3\sqrt{x}$, $[0, 4]$, $n = 40$

27. $f(x) = x^2 - 1$, $[2, 5]$, $n = 75$

28–29. 계산기로 넓이 근사화 계산기와 오른쪽 리만합을 사용하여 주어진 영역의 넓이를 근사하여라. $n = 10, 30, 60, 80$인 부분구간에 대한 근삿값을 보여 주는 표를 만들어라. $n \to \infty$일 때 리만합의 극한을 추측하여라.

28. $f(x) = 12 - 3x^2$의 그래프와 x축의 $[-1, 1]$로 둘러싸인 영역

29. $f(x) = \frac{1 - \cos x}{2}$의 그래프와 x축의 $[-\pi, \pi]$로 둘러싸인 영역

30. 참 또는 거짓 다음 명제가 참이면 증명하고 거짓이면 반례를 들어라.

a. 선형 함수 $f(x) = 2x + 5$와 x축의 $[3, 6]$으로 둘러싸인 영역에 대하여 이 영역의 넓이를 중간점을 사용하여 근사했다고 가정하자. 이 근삿값은 어떠한 부분구간의 수에 대하여 정확한 넓이를 의미한다.

b. 양의 증가함수에 대하여 왼쪽 리만합은 항상 그래프와 x축의 $[a, b]$로 둘러싸인 영역의 넓이보다 크다.

c. 증가하거나 감소하는 일정하지 않은 함수의 경우, $[a, b]$ 및 주어진 n값에서 중간점 리만합은 항상 왼쪽 리만합과 오른쪽 리만합 사이에 있다.

31–32. 리만합에 대한 시그마 표기법 시그마 표기법을 사용하여 다음 리만합을 구하여라. 그다음 정리 5.1 또는 계산기를 사용하여 각 리만합을 계산하여라.

31. $f(x) = x + 1$, $[0, 4]$, $n = 50$에 대한 오른쪽 리만합

32. $f(x) = x^3$, $[3, 11]$, $n = 32$에 대한 중간점 리만합

33–34. 리만합 식별 구간과 n값에 대한 다음 빈 곳을 채워라.

33. $\sum_{k=1}^{4} f(1 + k) \cdot 1$은 $n =$ ____인 구간 [____, ____]에 대한 오른쪽 리만합이다.

34. $\sum_{k=1}^{4} f(1.5 + k) \cdot 1$은 $n =$ ____인 구간 [____, ____]에 대한 중간점 리만합이다.

35. 넓이 근사 $f(x) = x^2 + 2$의 그래프와 x축의 $[0, 2]$로 둘러싸인 영역의 넓이를 다음 방법으로 계산하여라.

a. $[0, 2]$를 $n = 4$개의 부분구간으로 나누고 왼쪽 리만합을 사용하여 영역의 넓이를 근사하여라. 결과를 기하학적으로 설명하여라.

b. $[0, 2]$를 $n = 4$개의 부분구간으로 나누고 중간점 리만합을 사용하여 영역의 넓이를 근사하여라. 결과를 기하학적으로 설명하여라.

c. $[0, 2]$를 $n = 4$개의 부분구간으로 나누고 오른쪽 리만합을 사용하여 영역의 넓이를 근사하여라. 결과를 기하학적으로 설명하여라.

36. 속도 그래프에서의 변위 직선을 따라 움직이는 물체에 대한 속도 함수를 고려하자(그림 참조).

a. $[0, 6]$에서 물체의 움직임을 설명하여라.

b. 기하학을 사용하여 $t = 0$과 $t = 2$ 사이에서 물체의 변위를 구하여라.

c. 기하학을 사용하여 $t = 2$와 $t = 5$ 사이에서 물체의 변위를 구하여라.

d. $t \geq 5$일 때 속도가 10 m/s로 유지된다고 가정하고 $t = 0$과 임의의 시간 $t \geq 5$ 사이의 변위를 제시하는 함수를 구하여라.

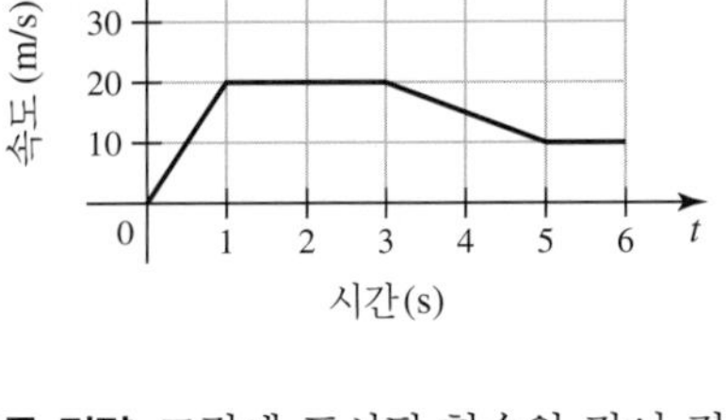

37. 밀도에 따른 질량 그림에 표시된 함수와 같이 길이에 의해 밀

도가 변하는 10 cm 길이의 얇은 막대가 합금으로 만들어진다. 밀도가 g/cm 단위로 측정된다고 가정하자. 6장에서 막대의 질량이 밀도 곡선 아래의 넓이임을 보일 것이다.

a. 막대의 왼쪽 절반의 질량을 구하여라($0 \le x \le 5$).

b. 막대의 오른쪽 절반의 질량을 구하여라($5 \le x \le 10$).

c. 전체 막대의 질량을 구하여라($0 \le x \le 10$).

d. 막대를 따라 균형을 이루는 점(질량 중심)을 구하여라.

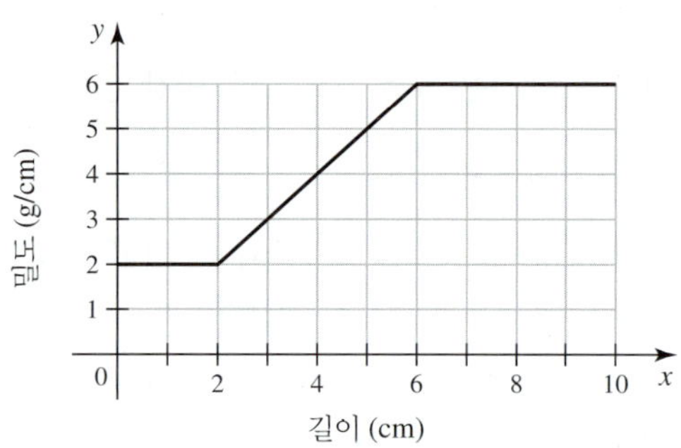

38. 속도로부터의 변위 다음 함수는 3시간 동안 직선 고속도로를 따라 움직이는 자동차의 속도(mi/hr)를 나타낸다. 구간 $[0, t]$에서 자동차의 변위 함수를 구하여라. 여기서 $0 \le t \le 3$이다.

$$v(t) = \begin{cases} 30, & 0 \le t \le 2 \\ 50, & 2 < t \le 2.5 \\ 44, & 2.5 < t \le 3 \end{cases}$$

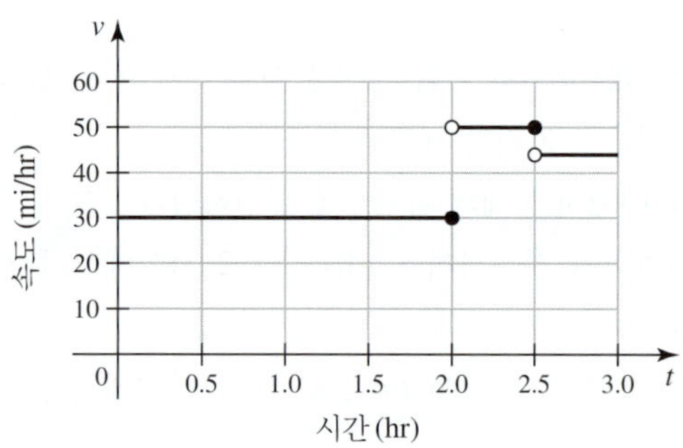

39. 절댓값 함수 계산기와 원하는 방법을 사용하여 다음 영역의 넓이를 근사하여라. $n = 16, 32, 64$인 부분구간을 사용하여 근삿값을 나타내는 표를 만들어라. 근사의 한계에 대하여 추측하여라.

$f(x) = |1 - x^3|$의 그래프와 x축의 $[-1, 2]$로 둘러싸인 영역

3단계 도전

40. 선형 함수에 대한 리만합 구간 $[a, b]$에서 선형 함수 $f(x) = mx + c$의 값이 양수라고 가정하자. 임의의 n에 대하여 중간점 리만합이 $[a, b]$에서 f의 그래프와 x축으로 둘러싸인 영역의 정확한 넓이와 같음을 증명하여라.

41. 오른쪽 리만합에 대한 그래프 개형 오른쪽 리만합을 사용하여 구간 $[a, b]$의 x축과 양의 함수 그래프로 둘러싸인 영역의 넓이를 근사한다고 가정하자. 표시된 네 가지 경우에 대한 근삿값이 정확한 넓이보다 작거나 큰지 나타내기 위해 다음 표를 채워라. 그래프를 사용하여 이유를 설명하여라.

	$[a, b]$에서 증가	$[a, b]$에서 감소
$[a, b]$에서 위로 오목		
$[a, b]$에서 아래로 오목		

QUICK CHECK 정답

1. 45 mi **2.** 0.25, 0.125, 7.875 **3.** $\Delta x = 2$, $\{1, 3, 5, 7, 9\}$
4. 왼쪽 리만합이 넓이보다 크게 근사된다. ◄

5.2 정적분

x축의 $[a, b]$에서 곡선 $y = f(x)$로 둘러싸인 영역의 넓이를 근사하는 방법으로 5.1절에서 리만합을 도입했다. 5.1절에서는 f가 구간에서 음이 아닌 함수라 가정했다. 다음 작업은 f가 구간 $[a, b]$에서 음수이거나 또는 일부 구간에서 음수일 때 리만합의 기하학적인 의미를 찾는 것이다. 이 문제를 해결한다면 이 절의 중요한 의미인 정적분의 정의에 한 걸음 나아갈 것이다. 정적분을 통해 리만합의 근삿값들은 넓이의 정확한 값이 되어간다.

구간 면적

f가 $[a, b]$의 일부 또는 모든 점에서 음수일 때 리만합을 어떻게 해석할까? 답은 리만합의 정의에서 찾을 수 있다.

| 예제 1 | 리만합 해석 n개의 균등한 부분구간으로 나누어진 구간 $[a, b]$에서 $f(x) = 1 - x^2$에 대한 리만합을 계산하고, 설명하여라.

a. $n = 4$개의 부분구간으로 나누어진 구간 $[a, b] = [1, 3]$에서 중간점 리만합

b. $n = 6$개의 부분구간으로 나누어진 구간 $[a, b] = [0, 3]$에서 왼쪽 리만합

풀이

a. 각 부분구간의 길이는 $\Delta x = \dfrac{b - a}{n} = \dfrac{3 - 1}{4} = 0.5$ 이므로 끝점은

$$x_0 = 1, \quad x_1 = 1.5, \quad x_2 = 2, \quad x_3 = 2.5, \quad x_4 = 3$$

이다. 중간점 리만합을 계산하기 위해 부분구간에서의 중간점에 대한 f의 값을 계산한다. 중간점은 다음과 같다.

$$x_1^* = 1.25, \quad x_2^* = 1.75, \quad x_3^* = 2.25, \quad x_4^* = 2.75$$

중간점 리만합은 다음과 같다.

$$\begin{aligned}\sum_{k=1}^{n} f(x_k^*)\,\Delta x &= \sum_{k=1}^{4} f(x_k^*)(0.5)\\ &= f(1.25)(0.5) + f(1.75)(0.5) + f(2.25)(0.5) + f(2.75)(0.5)\\ &= (-0.5625 - 2.0625 - 4.0625 - 6.5625)0.5\\ &= -6.625\end{aligned}$$

$f(x_k^*)$의 모든 값이 음수이므로 리만합 또한 음수이다. 넓이가 항상 음이 아닌 값을 갖기 때문에 리만합은 x축의 [1, 3]과 곡선 아래의 넓이에 근사되지 않는다. 그러나 $f(x_k^*)$ 값이 주어진 사각형 높이의 음수이다(그림 5.16). 따라서 리만

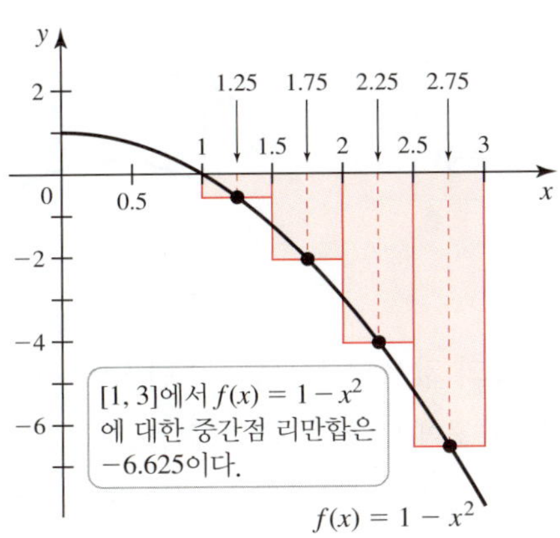

그림 5.16

합은 곡선으로 둘러싸인 영역의 넓이에 음의 부호를 붙인 값으로 근사된다.

b. 각 부분구간의 길이는 $\Delta x = \dfrac{b-a}{n} = \dfrac{3-0}{6} = 0.5$이므로 끝점은 $x_0 = 0$, $x_1 = 0.5$, $x_2 = 1$, $x_3 = 1.5$, $x_4 = 2$, $x_5 = 2.5$, $x_6 = 3$이다. 왼쪽 리만합을 계산하기 위해 각 부분구간의 왼쪽 끝점을 $x_1^*, x_2^*, \cdots, x_6^*$로 놓으면

$$x_1^* = 0, \quad x_2^* = 0.5, \quad x_3^* = 1, \quad x_4^* = 1.5, \quad x_5^* = 2, \quad x_6^* = 2.5$$

이다. 왼쪽 리만합은 다음과 같다.

$$\begin{aligned}\sum_{k=1}^{n} f(x_k^*)\Delta x &= \sum_{k=1}^{6} f(x_k^*)(0.5)\\ &= (\underbrace{f(0) + f(0.5) + f(1)}_{\text{음이 아닌 값}} + \underbrace{f(1.5) + f(2) + f(2.5)}_{\text{음의 값}})0.5\\ &= (1 + 0.75 + 0 - 1.25 - 3 - 5.25)0.5\\ &= -3.875\end{aligned}$$

이 경우 $f(x_k^*)$의 값은 $k = 1, 2, 3$일 때 음이 아니고, $k = 4, 5, 6$일 때 음수이다(그림 5.17).

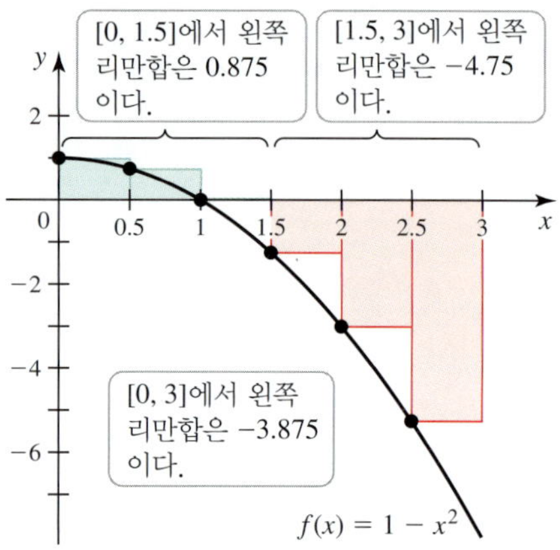

그림 5.17

관련 연습문제 9번

예제 1에서 배운 내용을 요약해 보자. $f(x) < 0$인 구간에서 리만합은 곡선으로 둘러싸인 영역의 넓이에 **음의 부호**를 붙인 값으로 근사된다(그림 5.18).

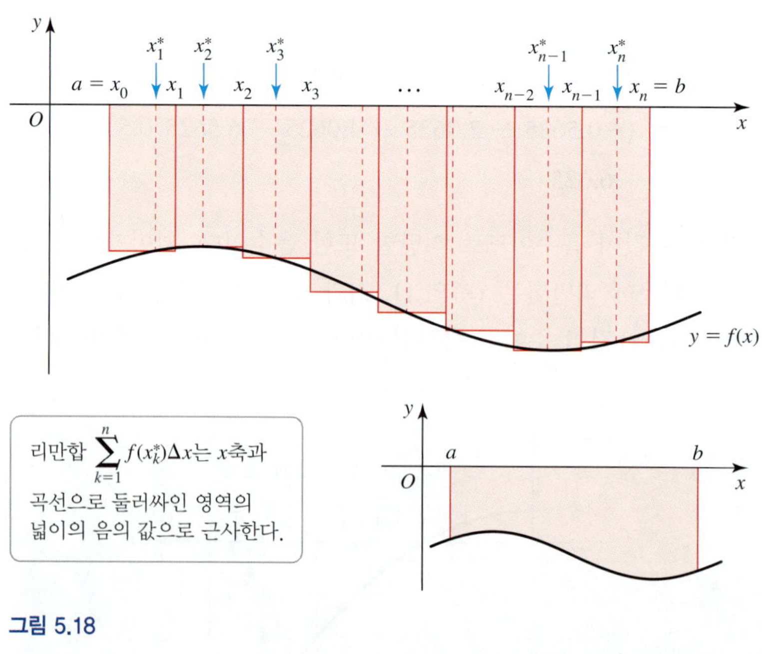

그림 5.18

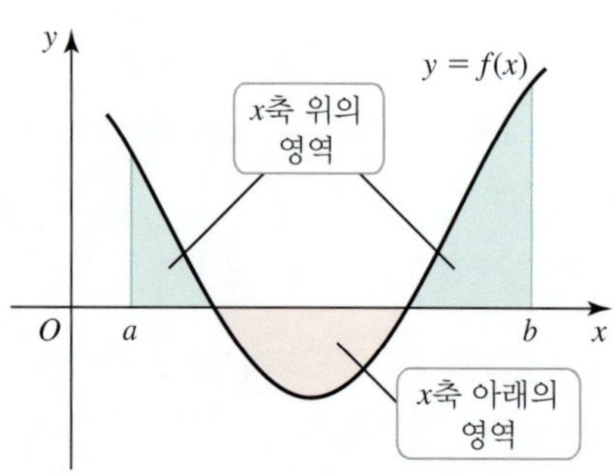

그림 5.19

$[a, b]$의 일부에서 f가 양의 값을 갖는 보다 일반적인 경우, f가 양인 곳에서 합은 양의 값을 갖고 f가 음인 곳에서 합은 음의 값을 갖는다. 리만합은 x축 위에 있는 영역의 넓이에서 x축 아래에 있는 영역의 넓이를 뺀 근삿값이며(그림 5.19), 이를 **구간 면적**(net area)이라 한다. 구간 면적은 양수, 음수이거나 0일 수 있다.

> **정의 구간 면적**
>
> 연속함수 f의 그래프와 x축의 $x = a$와 $x = b$로 둘러싸인 영역 R을 고려하자. R의 **구간 면적**은 R의 구간 $[a, b]$에서 x축 위에 있는 부분들의 넓이의 합에서 x축 아래에 있는 부분들의 넓이의 합을 뺀 것이다.

➤ 구간 면적은 구간 변화량, 순이익처럼 양의 값과 음의 값의 차이를 나타낸다. 일부 책에서는 구간 면적을 **부호 면적**(signed area)이라고도 한다.

QUICK CHECK 1 $f(x) = -5$일 때, f의 그래프와 x축의 $[1, 5]$로 둘러싸인 영역의 구간 면적은 얼마인가? 함수의 그래프와 영역을 그려라. ➤

정적분

구간 $[a, b]$에서 f에 대한 리만합은 f의 그래프와 x축의 $x = a$와 $x = b$, $a < b$로 둘러싸인 영역의 구간 면적 근삿값을 제공한다. 이 근삿값을 어떻게 참값으로 만들 수 있을까? f가 $[a, b]$에서 연속이고 부분구간의 수 n이 $n \to \infty$일 때, 즉 부분구간의 길이 Δx가 $\Delta x \to 0$일 때, 리만합 근삿값이 구간 면적의 정확한 값에 접근할 것으로 예상하는 것이 합리적이다(그림 5.20). 극한의 관점에서 구간 면적은 다음과 같이 나타낸다.

$$\text{구간 면적} = \lim_{n \to \infty} \sum_{k=1}^{n} f(x_k^*) \Delta x$$

QUICK CHECK 2 구간 $[0, 1)$에서 양이고 구간 $(1, 2]$에서 음인 연속함수 f에 대하여 f의 그래프와 x축의 $[0, 2]$로 둘러싸인 영역의 구간 면적이 0이 되도록 연속함수 f의 그래프를 그려라. ➤

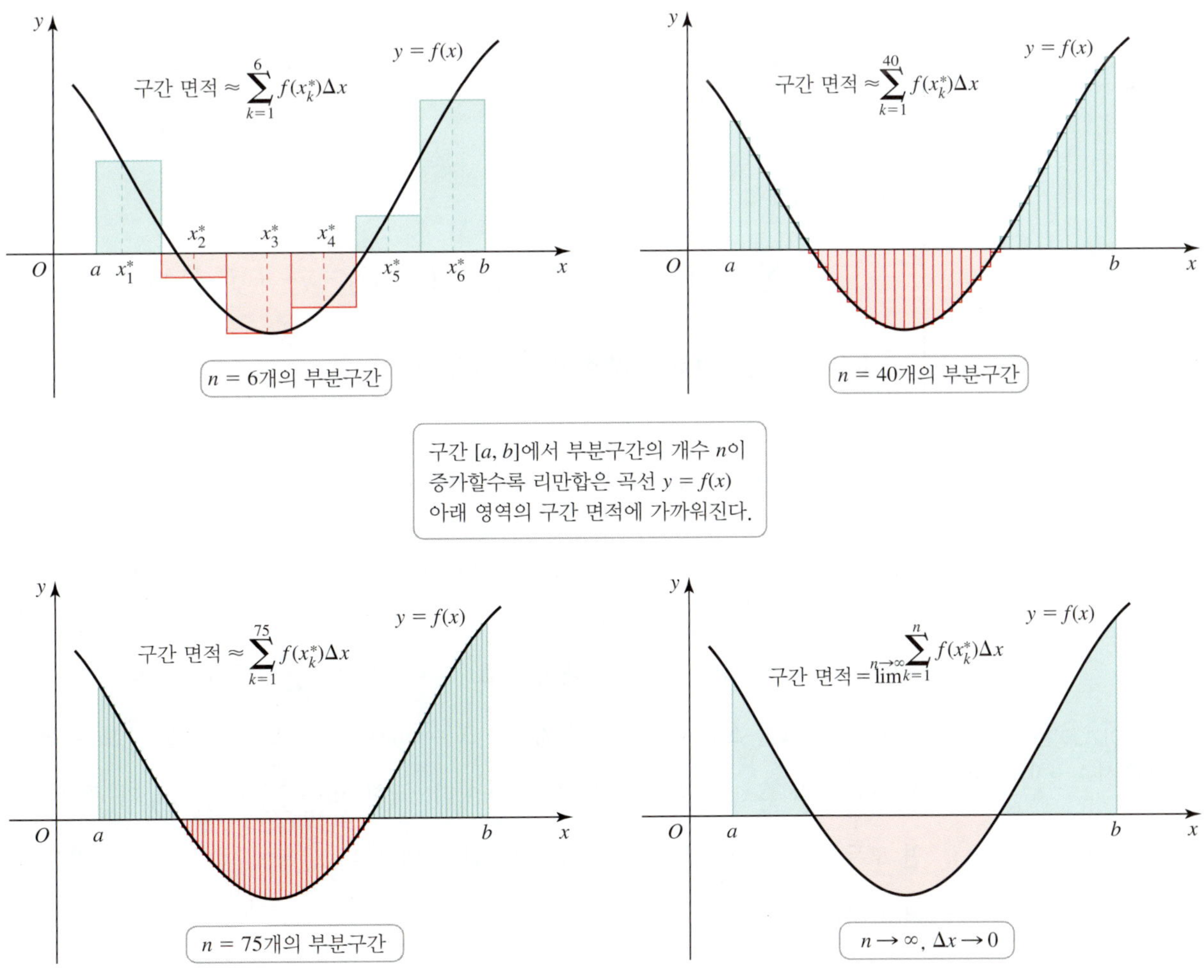

그림 5.20

지금까지 사용한 리만합은 구간 간격이 Δx로 동일한 **정규 분할**을 포함했다. 이제 $[a, b]$의 여러 분할을 소개한다. 이때 부분구간의 길이가 같을 필요는 없다. 구간 $[a, b]$의 정규 분할은 n개의 부분구간으로 구성된다.

$$[x_0, x_1], [x_1, x_2], \cdots, [x_{n-1}, x_n]$$

여기서 $x_0 = a$, $x_n = b$이고, $k\,(k = 1, 2, \cdots, n)$번째 부분구간의 길이는 $\Delta x_k = x_k - x_{k-1}$이며, x_k^*를 부분구간 $[x_{k-1}, x_k]$의 임의의 점이라 하자. 이러한 정규 분할은 일반적 리만합(general Riemann sum)을 정의하는 데 사용된다.

정의 일반적 리만합

$[x_0, x_1], [x_1, x_2], \cdots, [x_{n-1}, x_n]$이 $[a, b]$의 부분구간이라 하자. 여기서

$$a = x_0 < x_1 < x_2 < \cdots < x_{n-1} < x_n = b$$

이고, Δx_k를 부분구간 $[x_{k-1}, x_k]$의 길이이며, x_k^*를 부분구간 $[x_{k-1}, x_k]$, $k = 1, 2, \cdots, n$의 임의의 점이라 하자.

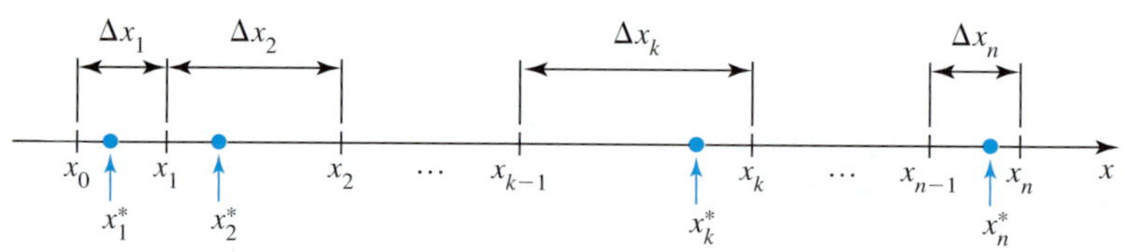

f가 $[a, b]$에서 정의되면

$$\sum_{k=1}^{n} f(x_k^*)\Delta x_k = f(x_1^*)\Delta x_1 + f(x_2^*)\Delta x_2 + \cdots + f(x_n^*)\Delta x_n$$

을 **$[a, b]$에서 f에 대한 일반적 리만합**이라 한다.

x_k^*를 부분구간 $[x_{k-1}, x_k]$, $k = 1, 2, \cdots, n$의 왼쪽 끝점으로 선택하면 일반적 리만합은 왼쪽 리만합과 같다. 마찬가지로 x_k^*를 오른쪽 끝점으로 선택하면 일반적 리만합은 오른쪽 리만합과 같으며, x_k^*를 부분구간의 중간점으로 선택하면 일반적 리만합은 중간점 리만합과 같다.

이제 $n \to \infty$이고 모든 k에 대하여 $\Delta x_k \to \infty$일 때, $\sum_{k=1}^{n} f(x_k^*)\,\Delta x_k$의 극한을 생각해 보자. Δ를 Δx_k 중 가장 큰 값, 즉 $\Delta = \max\{\Delta x_1, \Delta x_2, \cdots, \Delta x_n\}$으로 놓자. $\Delta \to 0$일 때 $\Delta x_k \to 0$, $k = 1, 2, \cdots, n$이다. 극한 $\lim_{\Delta \to 0} \sum_{k=1}^{n} f(x_k^*)\Delta x_k$가 존재하려면 모든 정규 분할 및 그 분할의 모든 점 x_k^*의 모든 선택에 대하여 같은 값을 가져야 한다.

➤ $\Delta \to 0$이면 모든 $\Delta x_k \to 0$이고, 이는 $n \to \infty$로 귀결된다. 따라서 극한에서 $\Delta \to 0$으로 표현해도 충분하다.

정의 정적분

$[a, b]$에서 정의된 함수 f에 대하여 극한 $\lim_{\Delta \to 0} \sum_{k=1}^{n} f(x_k^*)\Delta x_k$가 $[a, b]$의 모든 분할과 점 x_k^*의 모든 선택에 대해 존재하고 유일하면 $[a, b]$에서 f는 **적분 가능**하다고 한다. 이 극한을 ***a*에서 *b*까지 *f*의 정적분**이라 하고, 다음과 같이 나타낸다.

$$\int_a^b f(x)\,dx = \lim_{\Delta \to 0} \sum_{k=1}^{n} f(x_k^*)\Delta x_k$$

f의 정적분을 정의하는 극한이 존재할 때, 이는 f의 그래프와 x축의 $[a, b]$로 둘러싸인 영역의 구간 면적과 같다. 부정적분 $\int f(x)\,dx$는 x의 함수족(f의 역도함수)이라는 것과 정적분 $\int_a^b f(x)\,dx$는 실수(구간 면적)라는 것을 반드시 구분해야 한다.

표기 정적분에 대한 기호는 약간의 설명이 필요하다. 정의에서 방정식의 양쪽에 있는 기호 사이에는 직접적으로 일치하는 부분이 있다(그림 5.21). 극한에서 $\Delta \to 0$일 때 Σ로 표시된 유한합은 $\int$로 표시된 무한개의 항을 갖는 합이 된다. 적분 기호 $\int$는 합계를 나타내는 S를 길게 늘린 것이다. **적분의 한계**인 a와 b도 합의 한계와 일치한다. 합의 하한 $k = 1$은 적분 구간의 왼쪽 끝점 $x = a$에 해당하고, 합의 상한 $k = n$은 적분 구간의 오른쪽 끝점 $x = b$에 해당한다. 적분 기호 아래의 함수를 **피적분함수**(integrand)라 한다. 마지막으로 적분의 미분 dx(합에서의 Δx_k)는 적분에서 반드시 있어야 하는 부분이다. 이는 x가 **적분 변수**(variable of integration)라는 것을 알려 준다.

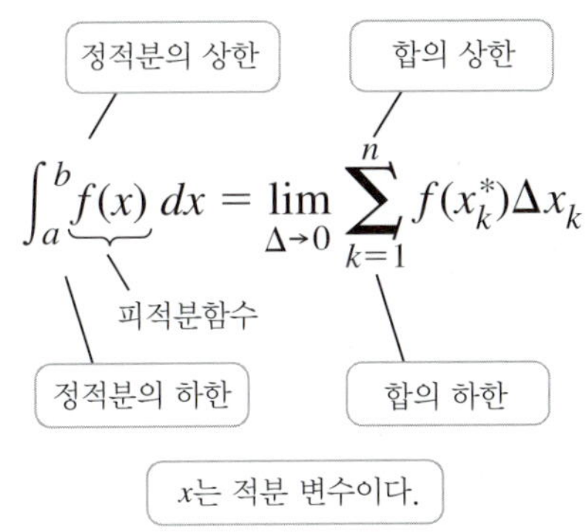

그림 5.21

적분 변수는 가변수이며, 다른 변수와 충돌하지 않는 한 변수의 이름은 중요하지 않다. 따라서 그림 5.22의 적분은 모두 같은 의미를 갖는다.

▶ 이 기호를 1675년에 도입한 라이프니츠는 dx가 무한히 얇은 직사각형의 가로를, $f(x)dx$가 그 직사각형의 넓이를 의미한다고 보고, $\int_a^b f(x)\,dx$를 a부터 b까지 이 넓이의 합을 나타내는 데 사용했다.

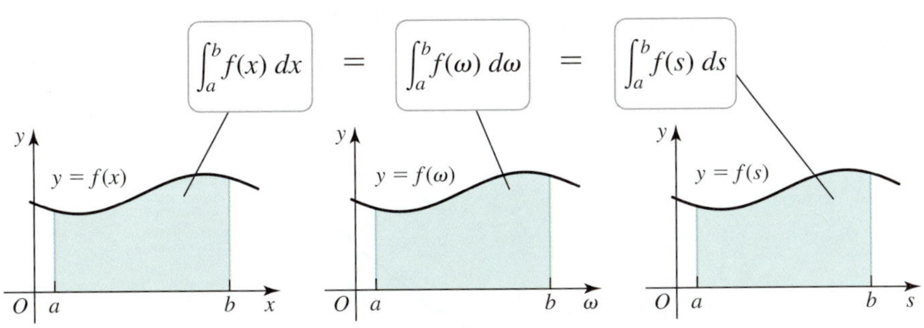

그림 5.22

영역을 더 작은 부분으로 나누고, 부분을 합하고, 극한을 취하는 기법은 미적분학 및 응용 분야에서 반복적으로 사용한다. 이 기법을 **작은 조각을 내어 합하기 방법**(slice and sum method)이라 한다. 이때 리만합의 극한이 정적분이 된다.

정적분 계산

▶ 구간 I에서 모든 x에 대하여 $|f(x)| < M$을 만족하는 M이 존재하면 함수 f는 구간 I에서 유계(bounded)라고 한다.

이 절에서 다루는 대부분의 함수는 적분 가능한 함수를 대상으로 한다(예외는 연습문제 46번 참조). 사실 f가 $[a, b]$에서 연속이거나 유한한 불연속 점으로 유계돼 있으면 f는 $[a, b]$에서 적분 가능하다. 이에 대한 증명은 책의 범위를 벗어나므로 생략한다.

정리 5.2 적분 가능한 함수

f가 $[a, b]$에서 연속이거나 $[a, b]$에서 유한한 불연속 점을 갖는 유계된 함수이면 f는 $[a, b]$에서 적분 가능하다.

QUICK CHECK 3 $f(x) = x$의 그래프를 그린 다음 기하학을 이용하여 $\int_{-1}^{1} x\,dx$를 구하여라. ◀

$[a, b]$에서 f가 연속이면 정적분 $\int_a^b f(x)\,dx$는 f의 그래프와 x축의 $[a, b]$로 둘러싸인 영역의 구간 면적이라는 것을 알았다. 그림 5.23은 구간 면적의 아이디어가 조각적 연속함수에 응용되는 과정을 보여 준다.

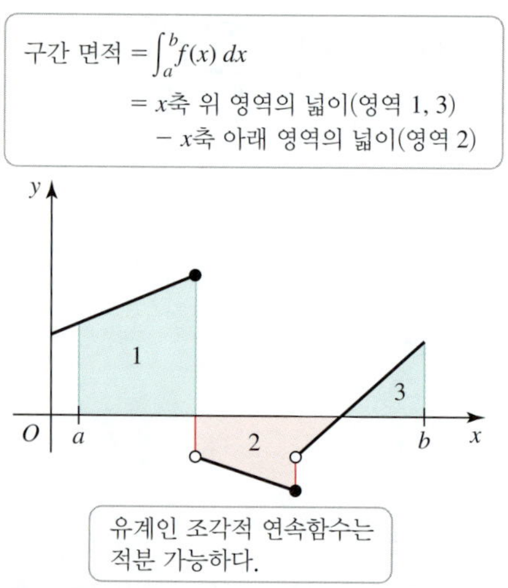

그림 5.23

| 예제 2 | 합의 극한 극한

$$\lim_{\Delta \to 0} \sum_{k=1}^{n} (3x_k^{*2} + 2x_k^* + 1)\Delta x_k$$

가 $[1, 3]$에서 f의 리만합 극한이라 가정하자. 함수 f를 찾은 다음 정적분을 극한으로 표현하여라. 이때 정적분은 기하학적으로 무엇을 의미하는가?

풀이 합 $\sum_{k=1}^{n} (3x_k^{*2} + 2x_k^* + 1)\Delta x_k$와 일반적 리만합 $\sum_{k=1}^{n} f(x_k^*)\Delta x_k$를 비교하면 $f(x) = 3x^2 + 2x + 1$이다. f는 다항함수이므로 $[1, 3]$에서 연속이고, 따라서 $[1, 3]$에서 적분은 다음과 같다.

$$\lim_{\Delta \to 0} \sum_{k=1}^{n} (3x_k^{*2} + 2x_k^* + 1)\Delta x_k = \int_1^3 (3x^2 + 2x + 1)\,dx$$

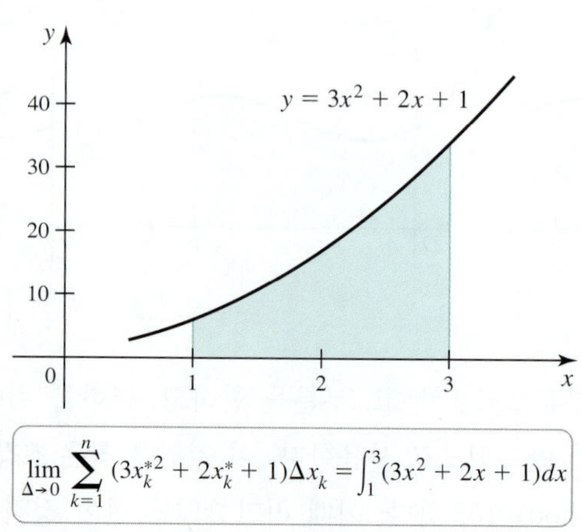

그림 5.24

f가 [1, 3]에서 양이므로 정적분 $\int_1^3 (3x^2 + 2x + 1)\,dx$는 곡선 $y = 3x^2 + 2x + 1$과 x축의 [1, 3]으로 둘러싸인 영역의 넓이와 같다(그림 5.24).

관련 연습문제 18번◀

| 예제 3 | 기하학을 이용한 정적분 계산 공식을 이용하여 다음 정적분을 구하여라.

a. $\int_2^4 (2x + 3)\,dx$ **b.** $\int_1^6 (2x - 6)\,dx$ **c.** $\int_3^4 \sqrt{1 - (x - 3)^2}\,dx$

풀이 기하학적으로 정적분을 계산하기 위해 대응하는 영역의 개형이 필요하다.

a. 정적분 $\int_2^4 (2x + 3)\,dx$는 x축과 $x = 2$에서 $x = 4$까지 직선 $y = 2x + 3$으로 둘러싸인 사다리꼴의 넓이이다(그림 5.25). 이 영역의 가로의 길이는 2이고, 평행한 두 세로의 길이는 $f(2) = 7$, $f(4) = 11$이다. 넓이 공식을 통해 다음을 얻는다.

$$\int_2^4 (2x + 3)\,dx = \frac{1}{2}\cdot 2(11 + 7) = 18$$

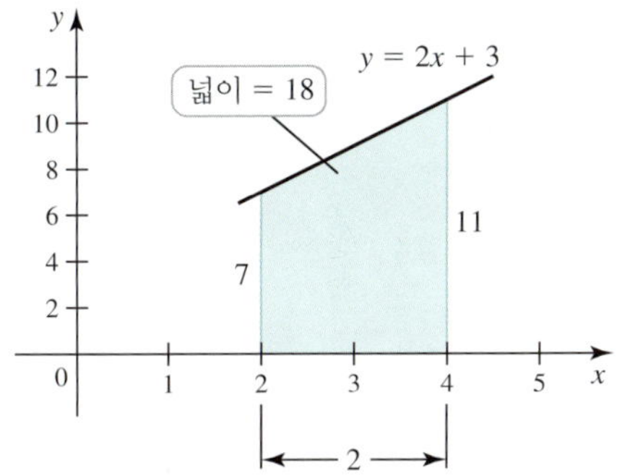

그림 5.25

▶ **사다리꼴과 넓이** $a = 0$일 때 삼각형의 넓이를, $a = b$일 때 직사각형의 넓이를 얻는다.

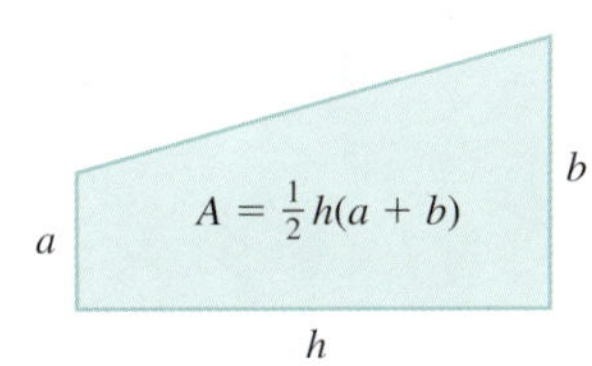

b. 그림 5.26은 직선 $y = 2x - 6$과 x축으로 둘러싸인 영역의 개형이 삼각형임을 보여 준다. 구간 [1, 3]에서 삼각형의 넓이는 $\frac{1}{2}\cdot 2\cdot 4 = 4$이고, 구간 [3, 6]에서 삼각형의 넓이는 $\frac{1}{2}\cdot 3\cdot 6 = 9$이다. 정적분은 다음과 같이 x축 위의 삼각형 넓이에서 x축 아래의 삼각형 넓이를 뺀 것이다.

$$\int_1^6 (2x - 6)\,dx = \text{구간 면적} = 9 - 4 = 5$$

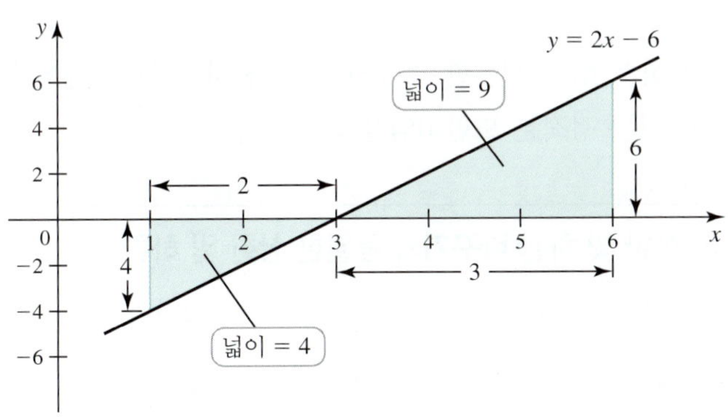

그림 5.26

c. 먼저 $y = \sqrt{1 - (x - 3)^2}$, $2 \le x \le 4$일 때 $y \ge 0$인 부분을 살펴보자. 양변을 제곱하면 $(x - 3)^2 + y^2 = 1$이며, 이 방정식은 반지름이 1이고 중심이 (3, 0)인 원이다. $y \ge 0$이므로 $y = \sqrt{1 - (x - 3)^2}$의 그래프는 원의 윗부분, 즉 상반원이다. 따라서 적분 $\int_3^4 \sqrt{1 - (x - 3)^2}\,dx$는 반지름이 1인 사분원의 넓이(그림 5.27)이므로 다음을 얻는다.

$$\int_3^4 \sqrt{1 - (x - 3)^2}\,dx = \frac{1}{4}\pi(1)^2 = \frac{\pi}{4}$$

관련 연습문제 20, 22번◀

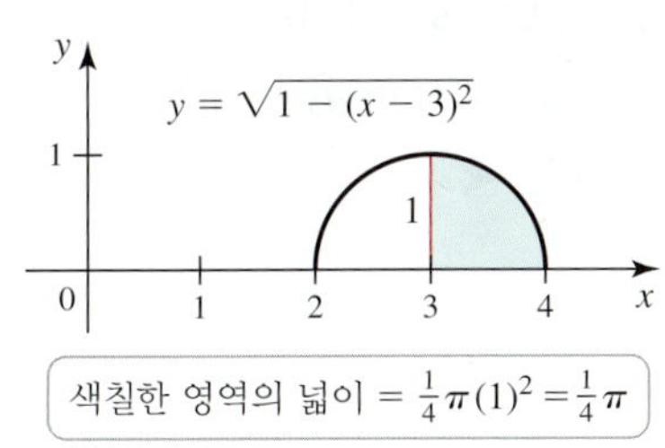

그림 5.27

QUICK CHECK 4 $f(x) = 5$로 놓고 기하학을 이용하여 $\int_1^3 f(x)\,dx$를 구하여라. $\int_a^b c\,dx$(c는 실수)는 무엇인가? ◀

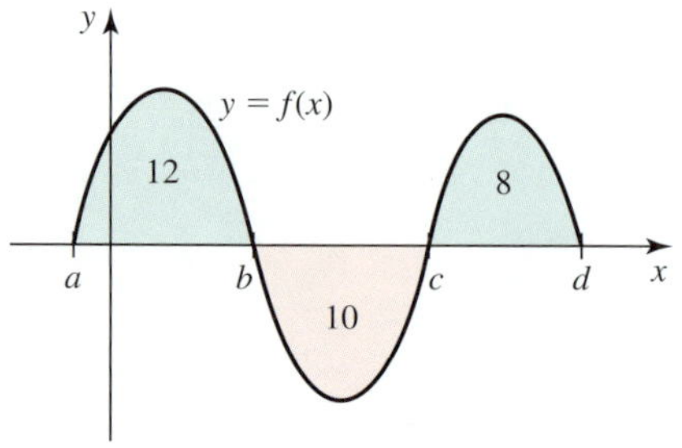

그림 5.28

| 예제 4 | 그래프를 통한 정적분 그림 5.28은 함수 f의 그래프와 함께 이 그래프와 x축으로 둘러싸인 영역들의 넓이를 보여 준다. 다음 정적분을 구하여라.

a. $\int_a^b f(x)\,dx$ **b.** $\int_b^c f(x)\,dx$ **c.** $\int_a^c f(x)\,dx$ **d.** $\int_b^d f(x)\,dx$

풀이

a. $[a, b]$에서 $f(x) \geq 0$이므로 정적분의 값은 그래프와 x축의 $[a, b]$로 둘러싸인 영역의 넓이이다. 즉, $\int_a^b f(x)\,dx = 12$이다.

b. $[b, c]$에서 $f(x) \leq 0$이므로 정적분의 값은 해당 영역의 넓이에 음의 부호를 붙인 값이다. 즉, $\int_b^c f(x)\,dx = -10$이다.

c. 정적분의 값은 $[a, b]$에서의 영역의 넓이($f(x) \geq 0$)에서 $[b, c]$에서의 영역의 넓이($f(x) \leq 0$)를 뺀 것이다. 따라서 $\int_a^c f(x)\,dx = 12 - 10 = 2$이다.

d. c와 같은 이유로 $\int_b^d f(x)\,dx = -10 + 8 = -2$이다.

관련 연습문제 30-31번 ◀

정적분의 성질

정적분 $\int_a^b f(x)\,dx$는 $a < b$일 때 정의됐다는 것을 상기하자. 그러나 이를 바꿔야 할 때도 있다. f가 $[a, b]$에서 적분 가능하면 다음과 같이 정의한다.

$$\int_b^a f(x)\,dx = -\int_a^b f(x)\,dx$$

다시 말해 적분 구간의 상한, 하한을 맞바꾸는 것은 적분의 부호를 바꾸는 것과 같다.

다른 기초적인 적분 성질로는 한 점에서 그 자신의 점까지 적분하면 적분 구간의 길이는 0이고, 이는 정적분 또한 0임을 의미한다.

정의 적분의 상한 및 하한 바꾸기와 동일한 상한 및 하한

$[a, b]$에서 적분 가능한 함수 f에 대하여 다음이 성립한다.

1. $\int_b^a f(x)\,dx = -\int_a^b f(x)\,dx$ **2.** $\int_a^a f(x)\,dx = 0$

QUICK CHECK 5 f가 $[a, b]$에서 적분 가능할 때, $\int_a^b f(x)\,dx + \int_b^a f(x)\,dx$를 구하여라. ◀

합의 적분 정적분은 정적분을 간단히 계산할 수 있는 또 다른 성질을 갖고 있다. 적분 가능한 두 함수 f, g에 대한 첫 번째 성질은 $f + g$가 $[a, b]$에서 적분 가능하다는 것과 그들의 합의 적분은 각각의 적분의 합과 같다는 것이다.

$$\int_a^b (f(x) + g(x))\,dx = \int_a^b f(x)\,dx + \int_a^b g(x)\,dx$$

f, g가 연속이라 가정하고 위 성질을 증명한다. 이 경우 $f + g$도 연속이므로 적분 가능하며, 다음을 만족한다.

$$\begin{aligned}
\int_a^b (f(x) + g(x))\,dx &= \lim_{\Delta\to 0} \sum_{k=1}^{n} (f(x_k^*) + g(x_k^*))\Delta x_k && \text{정적분의 정의} \\
&= \lim_{\Delta\to 0} \left(\sum_{k=1}^{n} f(x_k^*)\Delta x_k + \sum_{k=1}^{n} g(x_k^*)\Delta x_k \right) && \text{유한합에 대한 합의 법칙} \\
&= \lim_{\Delta\to 0} \sum_{k=1}^{n} f(x_k^*)\Delta x_k + \lim_{\Delta\to 0} \sum_{k=1}^{n} g(x_k^*)\Delta x_k && \text{합의 극한} \\
&= \int_a^b f(x)\,dx + \int_a^b g(x)\,dx && \text{정적분의 정의}
\end{aligned}$$

적분의 상수 곱 또 다른 정적분의 성질로 상수 곱은 정적분 바깥으로 뺄 수 있다는 것이다. f가 $[a, b]$에서 적분 가능하고 c가 상수이면 cf도 $[a, b]$에서 적분 가능하고 다음을 만족한다.

$$\int_a^b cf(x)\,dx = c\int_a^b f(x)\,dx$$

이 성질에 대한 증명은 유한합에 대한 다음 사실에 기반한다.

$$\sum_{k=1}^{n} cf(x_k^*)\Delta x_k = c\sum_{k=1}^{n} f(x_k^*)\Delta x_k$$

앞의 두 성질을 이용하면 다음이 성립함을 보일 수 있다.

$$\int_a^b (f(x) - g(x))\,dx = \int_a^b f(x)\,dx - \int_a^b g(x)\,dx$$

즉, 두 함수의 차의 적분은 각 적분의 차와 같다.

부분구간에 대한 적분 점 p가 a, b 사이에 놓여 있으면 $[a, b]$에서 적분은 두 적분으로 분리될 수 있다. 그림 5.29를 통해 알 수 있듯이 다음 성질을 만족한다.

$$\int_a^b f(x)\,dx = \int_a^p f(x)\,dx + \int_p^b f(x)\,dx$$

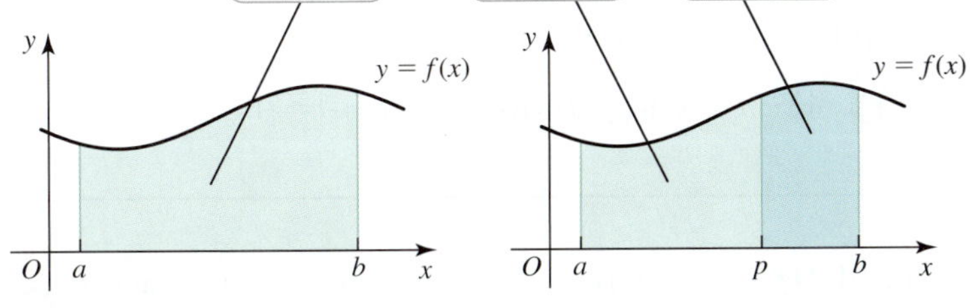

그림 5.29

이 성질은 점 p가 $[a, b]$ 밖에 놓여 있을 때도 만족한다. 예를 들어 $a < b < p$이고 f가 $[a, p]$에서 적분 가능하면 다음을 얻는다(그림 5.30).

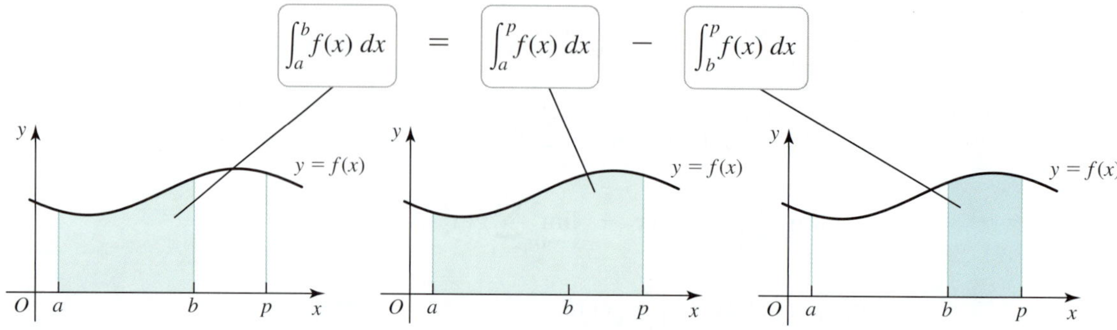

그림 5.30

$\int_p^b f(x)\,dx = -\int_b^p f(x)\,dx$이므로 다음을 얻는다.

$$\int_a^b f(x)\,dx = \int_a^p f(x)\,dx + \int_p^b f(x)\,dx$$

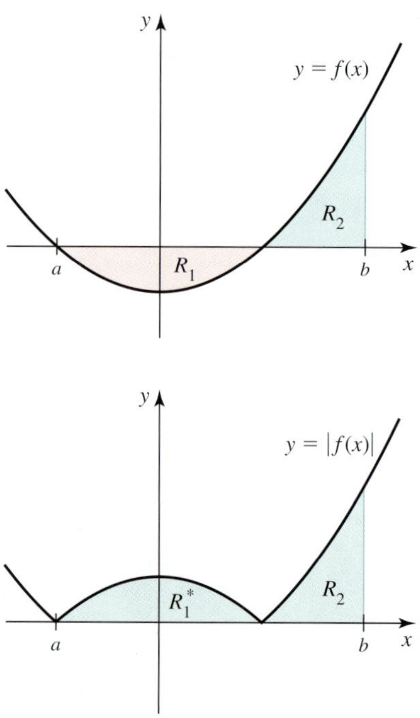

$\int_a^b |f(x)|\,dx = R_1^*$의 넓이 $+ R_2$의 넓이
$= R_1$의 넓이 $+ R_2$의 넓이

그림 5.31

절댓값의 적분 마지막으로 적분 가능한 함수의 절댓값의 적분 $\int_a^b |f(x)|\,dx$를 해석해 보자. 그림 5.31에서 f와 $|f|$의 그래프를 보여 준다. 적분 $\int_a^b |f(x)|\,dx$는 R_1^*와 R_2의 넓이를 나타내는데, 이때 R_1, R_1^*는 동일한 넓이를 갖는다. 따라서 $\int_a^b |f(x)|\,dx$는 R_1, R_2의 넓이의 합이다. 결론적으로 $\int_a^b |f(x)|\,dx$는 (x축 위와 아래의) 총 면적을 나타낸다.

이 모든 성질은 이후에도 자주 사용할 것이며, 이들을 표 5.4에 나열해 놓았다.

표 5.4 정적분의 성질

f, g가 a, b, p를 포함하는 구간에서 적분 가능한 함수라고 하자.

1. $\int_a^a f(x)\,dx = 0$ 정의
2. $\int_b^a f(x)\,dx = -\int_a^b f(x)\,dx$ 정의
3. $\int_a^b (f(x) \pm g(x))\,dx = \int_a^b f(x)\,dx \pm \int_a^b g(x)\,dx$
4. $\int_a^b cf(x)\,dx = c\int_a^b f(x)\,dx$, c는 임의의 상수
5. $\int_a^b f(x)\,dx = \int_a^p f(x)\,dx + \int_p^b f(x)\,dx$
6. $|f|$가 $[a, b]$에서 적분 가능하며, $\int_a^b |f(x)|\,dx$는 f의 그래프와 x축의 $[a, b]$로 둘러싸인 영역의 넓이이다.

| 예제 5 | 적분의 성질 $\int_0^5 f(x)\,dx = 3$, $\int_0^7 f(x)\,dx = -10$일 때, 가능하다면 다음 적분을 계산하여라.

a. $\int_0^7 2f(x)\,dx$ **b.** $\int_5^7 f(x)\,dx$ **c.** $\int_5^0 f(x)\,dx$

d. $\int_7^0 6f(x)\,dx$ **e.** $\int_0^7 |f(x)|\,dx$

풀이

a. 표 5.4의 성질 4에 의해 다음을 얻는다.

$$\int_0^7 2f(x)\,dx = 2\int_0^7 f(x)\,dx = 2\cdot(-10) = -20$$

b. 표 5.4의 성질 5에 의해 $\int_0^7 f(x)\,dx = \int_0^5 f(x)\,dx + \int_5^7 f(x)\,dx$이다. 따라서 다음과 같다.

$$\int_5^7 f(x)\,dx = \int_0^7 f(x)\,dx - \int_0^5 f(x)\,dx = -10 - 3 = -13$$

c. 표 5.4의 성질 2에 의해 다음을 얻는다.

$$\int_5^0 f(x)\,dx = -\int_0^5 f(x)\,dx = -3$$

d. 표 5.4의 성질 2와 성질 4에 의해 다음을 얻는다.

$$\int_7^0 6f(x)\,dx = -\int_0^7 6f(x)\,dx = -6\int_0^7 f(x)\,dx = (-6)(-10) = 60$$

e. f가 구간에서 양인지 음인지 알 수 없다면 적분을 계산할 수 없다. 이 경우 적분은 10보다 크거나 같은 값을 가질 수 있다.

관련 연습문제 26번◀

QUICK CHECK 6 기하학을 이용하여 $\int_{-1}^2 x\,dx$와 $\int_{-1}^2 |x|\,dx$를 구하여라. ◀

정적분의 유계

이후 이론적인 연구에 도움이 되는 세 가지 결과를 살펴보며 정적분의 성질에 대한 논의를 마친다. f, g가 $[a, b]$, $b > a$에서 연속이라 가정하자.

음이 아닌 피적분함수 f가 $[a, b]$에서 $f(x) \ge 0$이면 기하학적으로 $\int_a^b f(x)\,dx \ge 0$임은 명백하다(그림 5.32). 이를 증명하기 위해 m을 $[a, b]$에서 f의 최솟값이라 하자. 정리 4.1에 의해 m의 존재성이 보장되며 $m \ge 0$이다. $[a, b]$의 일반적 분할에 대하여 다음을 알 수 있다.

$$\begin{aligned} 0 \le m(b-a) &= m\sum_{k=1}^{n}\Delta x_k && \sum_{k=1}^{n}\Delta x_k = (b-a) \\ &= \sum_{k=1}^{n} m\Delta x_k && \text{유한합의 성질, 정리 5.1} \\ &\le \underbrace{\sum_{k=1}^{n} f(x_k^*)\Delta x_k}_{[a,b]\text{에서 } f\text{의 일반적 리만합}} && [a,b]\text{의 모든 } x_k^*\text{에 대하여 } m \le f(x_k^*) \end{aligned}$$

$\int_a^b f(x)dx$ = 곡선 $y = f(x)$ 아래의 구간 면적 (단, $f(x) \ge 0$, 구간 면적 ≥ 0)

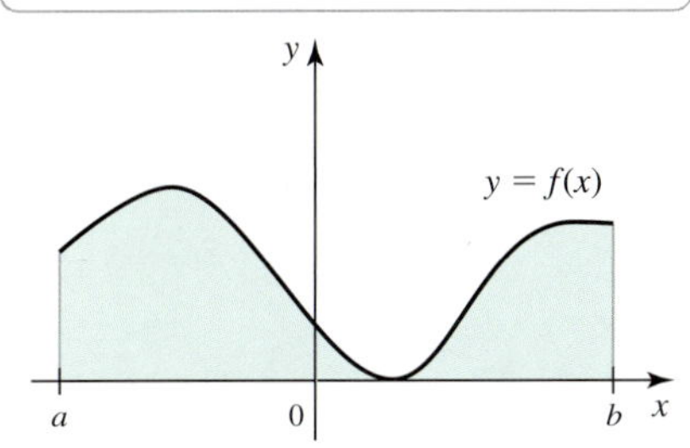

그림 5.32

지금까지 $[a, b]$의 임의의 정규 분할과 점 x_k^*의 모든 선택에 대해 f의 일반적 리만합이 음수가 아님을 살펴봤다. $\Delta = \max\{\Delta x_1, \Delta x_2, \cdots, \Delta x_n\}$에 대하여 $\Delta \to 0$일 때, 일반적 리만합에 극한을 취하면 다음을 얻는다.

$$\int_a^b f(x)\,dx \ge 0$$

[a, b]에서 $f(x) \geq g(x)$이면
$\int_a^b f(x)\,dx \geq \int_a^b g(x)\,dx$

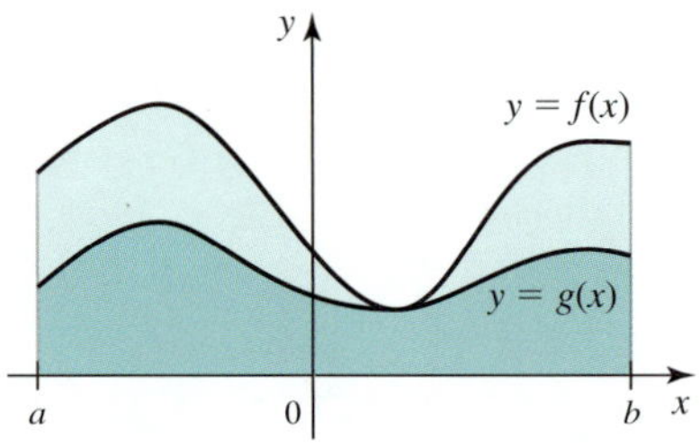

그림 5.33

$m(b - a) \leq \int_a^b f(x)\,dx \leq M(b - a)$

작은 직사각형의 넓이 / 곡선 아래의 넓이 / 큰 직사각형의 넓이

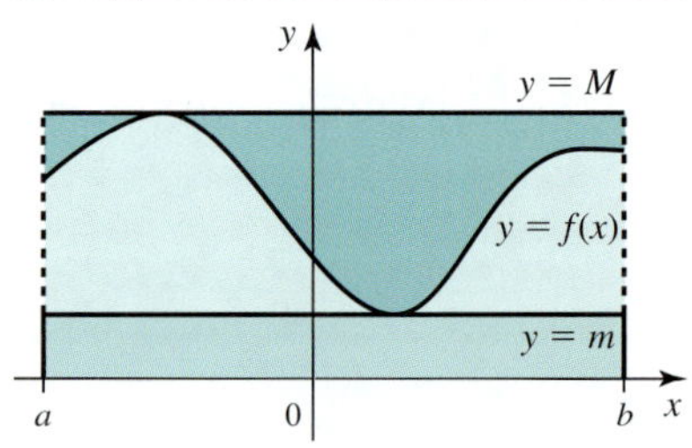

그림 5.34

정적분의 비교 [a, b]에서 $f(x) \geq g(x)$이면 다음을 얻는다(그림 5.33).

$$\int_a^b f(x)\,dx \geq \int_a^b g(x)\,dx$$

이 성질은 표 5.4의 성질 3과 이전 결과로부터 얻을 수 있다.

하한과 상한 f가 [a, b]에서 연속이므로 f는 [a, b]에서 최솟값 m과 최댓값 M을 갖는다(정리 4.1). 마지막 성질(그림 5.34)은 다음과 같다.

$$m(b - a) \leq \int_a^b f(x)\,dx \leq M(b - a)$$

이를 증명하기 위해 [a, b]의 정규 분할에 대하여 계산하면 다음을 얻는다.

$$\begin{aligned}
m(b - a) &= m\sum_{k=1}^{n} \Delta x_k && \sum_{k=1}^{n} \Delta x_k = b - a \\
&= \sum_{k=1}^{n} m\Delta x_k && \text{유한합의 성질} \\
&\leq \sum_{k=1}^{n} f(x_k^*)\Delta x_k && [a, b]\text{의 모든 } x_k^*\text{에 대하여 } m \leq f(x_k^*) \\
&\leq \sum_{k=1}^{n} M\Delta x_k && [a, b]\text{의 모든 } x_k^*\text{에 대하여 } f(x_k^*) \leq M \\
&= M\sum_{k=1}^{n} \Delta x_k && \text{유한합의 성질} \\
&= M(b - a) && \sum_{k=1}^{n} \Delta x_k = b - a
\end{aligned}$$

[a, b]의 임의의 분할과 x_k^*의 모든 선택에 대하여 $m(b - a) \leq \sum_{k=1}^{n} f(x_k^*)\Delta x_k \leq M(b - a)$임을 보였고, $\Delta \to 0$일 때 다음을 얻는다.

$$m(b - a) \leq \int_a^b f(x)\,dx \leq M(b - a)$$

표 5.5는 지금까지의 결과를 요약한다.

➤ 두 연속함수 f, g에 대하여 표 5.4와 표 5.5의 성질 3, 4, 7, 8, 9를 증명했지만 이 성질들은 f, g가 적분 가능할 때도 성립한다.

표 5.5 정적분의 추가 성질

구간 [a, b]에서 적분 가능한 두 함수 f, g에 대하여 다음이 성립한다. (단, $a < b$)

7. $f(x) \geq 0$이면 $\int_a^b f(x)\,dx \geq 0$이다.

8. $f(x) \geq g(x)$이면 $\int_a^b f(x)\,dx \geq \int_a^b g(x)\,dx$이다.

9. $m \leq f(x) \leq M$이면 $m(b - a) \leq \int_a^b f(x)\,dx \leq M(b - a)$이다.

다음 절에서는 이 장의 핵심 결과인 미적분학의 기본 정리를 증명할 때 성질 9를 사용할 것이다.

극한을 사용하여 정적분 계산

예제 3에서 사다리꼴, 삼각형, 원의 넓이 공식을 이용하여 정적분을 계산했다. 보다 일반적인 함수의 그래프로 둘러싸인 영역은 기존의 기하학적 방법으로는 넓이를 구하지 못하는 곡선 경계가 존재할 수 있다. 지금은 이러한 적분을 처리하는 유일한 방법이 정리 5.1에 있는 정적분 및 합의 공식뿐이다.

f가 $[a, b]$에서 적분 가능하면 $[a, b]$의 임의의 분할과 어떤 점 x_k^*에 대하여 $\int_a^b f(x)\,dx = \lim_{\Delta\to 0}\sum_{k=1}^{n} f(x_k^*)\Delta x_k$임을 알고 있다. 이 계산을 간단히 하기 위해 균등한 구간과 오른쪽 리만합을 이용한다. 즉, n에 대하여 균등한 구간 간격을 $\Delta x_k = \Delta x = \dfrac{b-a}{n}$로 놓고 $x_k^* = a + k\,\Delta x$, $k = 1, 2, \cdots, n$이라 하자. $n\to\infty$이고 $\Delta\to 0$일 때, 다음을 성립한다.

$$\int_a^b f(x)\,dx = \lim_{\Delta\to 0}\sum_{k=1}^{n} f(x_k^*)\Delta x_k = \lim_{n\to\infty}\sum_{k=1}^{n} f(a + k\Delta x)\Delta x$$

| 예제 6 | 정적분 계산 $n\to\infty$일 때, 오른쪽 리만합을 통해 $\int_0^2 (x^3+1)\,dx$를 계산하여라.

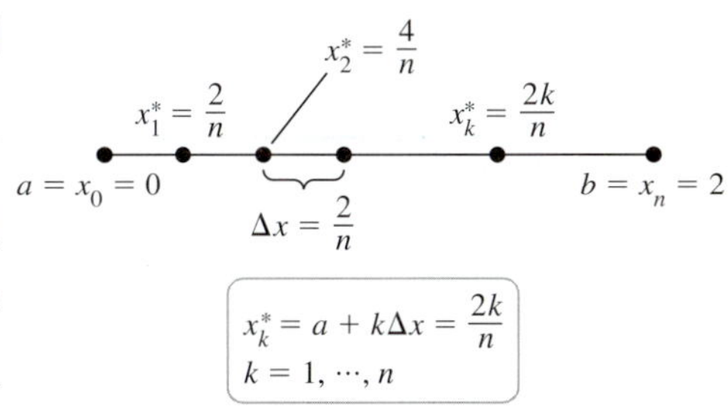

풀이 5.1절의 예제 5의 근삿값에 기반하여 주어진 적분 값이 6임을 추측할 수 있다. 이 추측을 검증하기 위해 적분을 정확히 계산해 보자. 구간 $[a, b] = [0, 2]$를 n개의 부분구간으로 나누면 구간의 길이는 $\Delta x = \dfrac{b-a}{n} = \dfrac{2}{n}$이고, 구간의 끝점은 다음과 같다.

$$x_k^* = a + k\Delta x = 0 + k\cdot\frac{2}{n} = \frac{2k}{n},\quad k = 1, 2, \cdots, n$$

$f(x) = x^3 + 1$로 놓으면 오른쪽 리만합은 다음과 같다.

$$\begin{aligned}
\sum_{k=1}^{n} f(x_k^*)\Delta x &= \sum_{k=1}^{n}\left(\left(\frac{2k}{n}\right)^3 + 1\right)\frac{2}{n} \\
&= \frac{2}{n}\sum_{k=1}^{n}\left(\frac{8k^3}{n^3} + 1\right) && \sum_{k=1}^{n} ca_k = c\sum_{k=1}^{n} a_k \\
&= \frac{2}{n}\left(\frac{8}{n^3}\sum_{k=1}^{n} k^3 + \sum_{k=1}^{n} 1\right) && \sum_{k=1}^{n}(ca_k + b_k) = c\sum_{k=1}^{n} a_k + \sum_{k=1}^{n} b_k \\
&= \frac{2}{n}\left(\frac{8}{n^3}\left(\frac{n^2(n+1)^2}{4}\right) + n\right) && \sum_{k=1}^{n} k^3 = \frac{n^2(n+1)^2}{4}\text{과 } \sum_{k=1}^{n} 1 = n,\ \text{정리 5.1} \\
&= \frac{4(n^2 + 2n + 1)}{n^2} + 2 && \text{간단히 하기}
\end{aligned}$$

▶ 왼쪽 리만합 또는 중간점 리만합을 이용하여 유사하게 계산할 수 있다.

이제 $n\to\infty$일 때 $\int_0^2 (x^3+1)\,dx$를 계산하면 다음을 얻는다.

$$\begin{aligned}\int_0^2 (x^3+1)\,dx &= \lim_{n\to\infty}\sum_{k=1}^{n} f(x_k^*)\Delta x\\ &= \lim_{n\to\infty}\left(\frac{4(n^2+2n+1)}{n^2}+2\right)\\ &= 4\underbrace{\lim_{n\to\infty}\left(\frac{n^2+2n+1}{n^2}\right)}_{1}+\lim_{n\to\infty}2\\ &= 4(1)+2=6\end{aligned}$$

따라서 $\int_0^2 (x^3+1)\,dx = 6$이다. 이로써 5.1절의 예제 5에서 한 추측이 검증됐다. ◀

f가 간단한 함수인 경우에도 예제 6의 리만합 계산은 복잡하다. 사차 이상의 다항식의 경우 계산이 더 어렵고, 유리함수와 초월함수의 경우에는 고급 수학 이론이 필요하다. 다음 절에서는 정적분을 계산하는 보다 효율적인 방법을 소개한다.

5.2절 연습문제

1단계 스타트

1. 구간 면적은 무엇을 측정하는가?

2. $y=f(x)$의 그래프를 사용하여 $n=6$일 때 왼쪽 리만합과 오른쪽 리만합을 이용하여 $\int_0^6 f(x)\,dx$를 추정하여라.

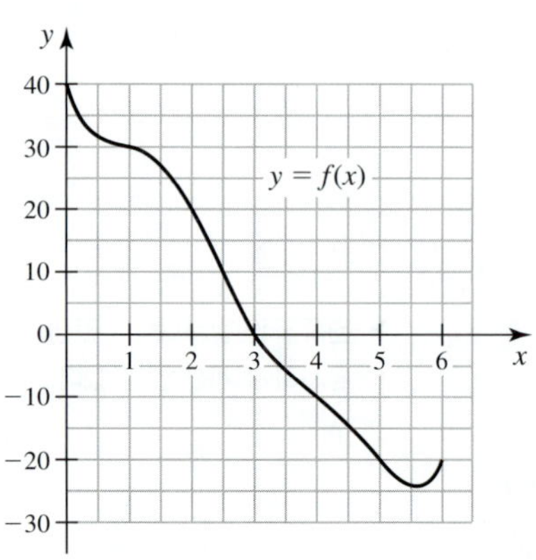

3. f가 [2, 8]에서 연속이라 가정하자. f값의 표를 이용하여 $n=3$일 때 왼쪽 리만합, 오른쪽 리만합, 중간점 리만합을 이용하여 $\int_2^8 f(x)\,dx$를 추정하여라.

x	2	3	4	5	6	7	8
$f(x)$	2	−2	−3	−4	−5	−2	−1

4. 구간 [−1, 4]에서 $y=2$의 그래프를 그려라. 기하학을 이용하여 $\int_{-1}^4 2\,dx$의 정확한 값을 구하여라.

5. 구간 [−1, 2]에서 $y=2x$의 그래프를 그려라. 기하학을 이용하여 $\int_{-1}^2 2x\,dx$의 정확한 값을 구하여라.

6. 그래프를 사용하여 $\int_0^{2\pi}\sin x\,dx$, $\int_0^{2\pi}\cos x\,dx$를 계산하여라.

7. $\int_a^a f(x)\,dx=0$을 기하학적으로 설명하여라.

8. 기하학을 이용하여 $\int_0^a x\,dx$를 구하여라. 여기서 a는 양수이다.

2단계 실전

9–10. 구간 면적 근사 다음 함수는 주어진 구간에서 음의 값을 갖는다.

a. 구간에서 함수의 그래프를 그려라.

b. $n=4$인 왼쪽 리만합, 오른쪽 리만합, 중간점 리만합을 사용하여 구간에서 x축과 f의 그래프로 둘러싸인 영역의 구간 면적을 근사하여라.

9. $f(x)=-2x-1$, $[0,4]$

10. $f(x)=\sin 2x$, $\left[\frac{\pi}{2},\pi\right]$

11–13. 구간 면적 근사 다음 함수는 주어진 구간에서 양의 값과 음의 값을 모두 갖는다.

a. 구간에서 함수의 그래프를 그려라.

b. $n = 4$인 왼쪽 리만합, 오른쪽 리만합, 중간점 리만합을 사용하여 구간에서 x축과 f의 그래프로 둘러싸인 영역의 구간 면적을 근사하여라.

c. **a**에서 그린 그래프를 사용하여 $[a, b]$의 어떤 구간이 구간 면적에 양의 값을 기여하는지 그리고 음의 값을 기여하는지 찾아라.

11. $f(x) = 4 - 2x,\ [0, 4]$ **12.** $f(x) = \sin 2x,\ \left[0, \dfrac{3\pi}{4}\right]$

13. $f(x) = \tan^{-1}(3x - 1),\ [0, 1]$

14–15. 영역의 넓이 vs. 구간 면적 다음 함수의 그래프로 그려라. 그 다음 리만합이 아닌 기하학을 이용하여 주어진 영역의 넓이와 구간 면적을 구하여라.

14. $y = -3x$와 x축의 $-2 \le x \le 2$ 사이의 영역

15. $y = 1 - |x|$와 x축의 $-2 \le x \le 2$ 사이의 영역

16–17. 정적분 근사 주어진 적분과 n값에 대하여 다음 단계를 수행하여라.

a. 적분 구간에 대한 피적분함수의 그래프를 그려라.

b. 정규 분할에 대하여 Δx와 끝점 $x_0, x_1, \cdots, x_n$을 계산하여라.

c. n 값에 대한 왼쪽 리만합과 오른쪽 리만합을 계산하여라.

d. 어느 리만합(왼쪽 또는 오른쪽)이 정적분의 값보다 작은지 큰지 확인하여라.

16. $\displaystyle\int_3^6 (1 - 2x)\,dx,\ n = 6$ **17.** $\displaystyle\int_1^7 \frac{1}{x}\,dx,\ n = 6$

18–19. 합의 극한으로서 정적분 구별 $[a, b]$에서 함수 f에 대한 다음 리만합 극한을 고려하자. f를 찾은 다음 극한을 정적분으로 표현하여라.

18. $\displaystyle\lim_{\Delta \to 0} \sum_{k=1}^{n} (x_k^{*2} + 1)\Delta x_k,\ [0, 2]$

19. $\displaystyle\lim_{\Delta \to 0} \sum_{k=1}^{n} x_k^*(\ln x_k^*)\Delta x_k,\ [1, 2]$

20–23. 정적분 다음 정적분을 계산하기 위해 (리만합이 아닌) 기하학을 이용하여라. 피적분함수의 그래프를 그린 다음 해당 영역을 표시하고 결과를 해석하여라.

20. $\displaystyle\int_0^4 (8 - 2x)\,dx$ **21.** $\displaystyle\int_{-1}^2 (-|x|)\,dx$

22. $\displaystyle\int_0^4 \sqrt{16 - x^2}\,dx$

23. $\displaystyle\int_0^4 f(x)\,dx,\ f(x) = \begin{cases} 5 & ,\ x \le 2 \\ 3x - 1, & x > 2 \end{cases}$

24–25. 다음 그림은 $y = x \sin x$의 그래프로 둘러싸인 네 영역 R_1, R_2, R_3, R_4에 대하여 각 영역의 넓이가 1, $\pi - 1$, $\pi + 1$, $2\pi - 1$임을 보여 준다(이 결과는 추후 증명한다). 이 정보를 이용하여 다음 적분을 구하여라.

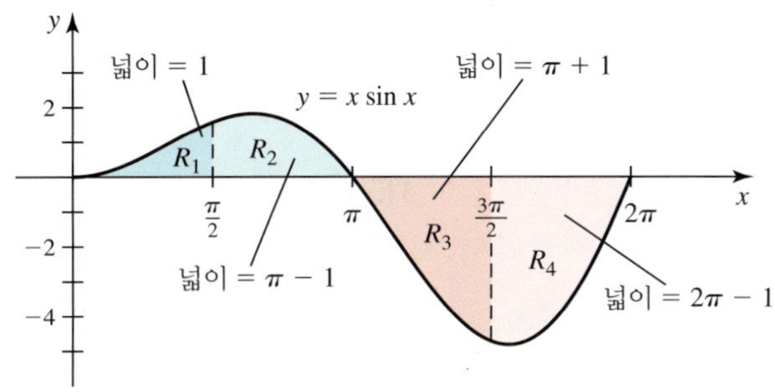

24. $\displaystyle\int_0^{\pi} x \sin x\,dx$ **25.** $\displaystyle\int_0^{2\pi} x \sin x\,dx$

26. 적분의 성질 $\int_0^4 3x(4 - x)\,dx = 32$와 적분의 정의 및 성질을 이용하여 다음 적분을 계산하여라.

a. $\displaystyle\int_4^0 3x(4 - x)\,dx$ **b.** $\displaystyle\int_0^4 x(x - 4)\,dx$

c. $\displaystyle\int_4^0 6x(4 - x)\,dx$ **d.** $\displaystyle\int_0^8 3x(4 - x)\,dx$

27. 적분의 성질 $\int_0^3 f(x)\,dx = 2$, $\int_3^6 f(x)\,dx = -5$, $\int_3^6 g(x)\,dx = 1$일 때, 다음 적분을 계산하여라.

a. $\displaystyle\int_0^3 5f(x)\,dx$ **b.** $\displaystyle\int_3^6 (-3g(x))\,dx$

c. $\displaystyle\int_3^6 (3f(x) - g(x))\,dx$ **d.** $\displaystyle\int_6^3 (f(x) + 2g(x))\,dx$

28. 적분의 성질 구간 $[1, 6]$에서 두 함수 f, g가
$\int_1^6 f(x)\,dx = 10$, $\int_1^6 g(x)\,dx = 5$, $\int_4^6 f(x)\,dx = 5$,
$\int_1^4 g(x)\,dx = 2$를 만족시킬 때, 다음 적분을 계산하여라.

a. $\displaystyle\int_1^4 3f(x)\,dx$ **b.** $\displaystyle\int_1^6 (f(x) - g(x))\,dx$

c. $\displaystyle\int_1^4 (f(x) - g(x))\,dx$ **d.** $\displaystyle\int_4^6 (g(x) - f(x))\,dx$

e. $\displaystyle\int_4^6 8g(x)\,dx$ **f.** $\displaystyle\int_4^1 2f(x)\,dx$

29. 적분의 성질 이용 적분 $I = \displaystyle\int_0^1 (x^3 - 2x)\,dx = -\frac{3}{4}$의 결과를 이용하여 다음 두 적분을 계산하여라.

a. $\displaystyle\int_0^1 (4x - 2x^3)\,dx$ **b.** $\displaystyle\int_1^0 (2x - x^3)\,dx$

30–33. 그래프를 통한 정적분 그림은 f의 그래프와 x축으로 둘러싸인 영역의 넓이를 보여 준다. 다음 적분을 구하여라.

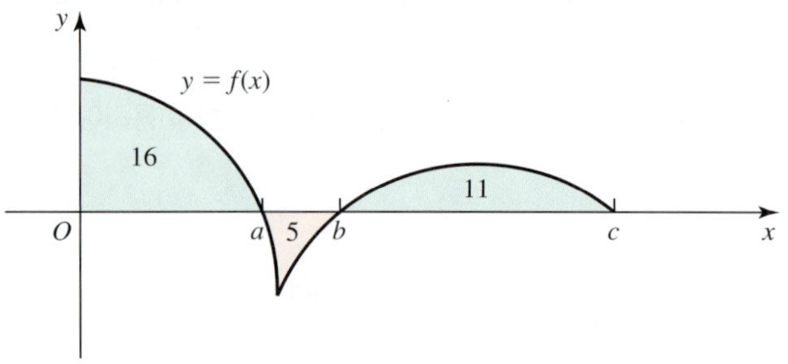

30. $\int_0^a f(x)\,dx$

31. $\int_a^c f(x)\,dx$

32. $\int_0^c |f(x)|\,dx$

33. $\int_a^0 f(x)\,dx$

34. 기하학과 적분 성질을 이용하여 다음을 계산하여라.

$$\int_0^1 (2x + \sqrt{1 - x^2} + 1)\,dx$$

35. 참 또는 거짓 다음 명제가 참이면 증명하고 거짓이면 반례를 들어라.

a. f가 구간 $[a, b]$에서 상수함수인 경우, 오른쪽 리만합과 왼쪽 리만합은 임의의 양의 정수 n에 대하여 $\int_a^b f(x)\,dx$의 정확한 값을 제공한다.

b. f가 구간 $[a, b]$에서 선형 함수인 경우, 중간점 리만합은 임의의 양의 정수 n에 대하여 $\int_a^b f(x)\,dx$의 정확한 값을 제공한다.

c. $\int_0^{2\pi/a} \sin ax\,dx = \int_0^{2\pi/a} \cos ax\,dx = 0$(힌트: 함수의 그래프를 그리고, 삼각함수의 성질을 이용한다)

d. $\int_a^b f(x)\,dx = \int_b^a f(x)\,dx$이면 f는 상수함수이다.

e. 표 5.4의 성질 4는 $\int_a^b xf(x)\,dx = x\int_a^b f(x)\,dx$를 의미한다.

36–37. 계산기로 정적분 근사 다음 정적분을 고려하자.

a. 임의의 n에 대하여 왼쪽 리만합과 오른쪽 리만합을 시그마 기호로 나타내어라.

b. $n = 20, 50, 100$일 때 계산기를 사용하여 각 합을 구하여라. 이 값을 이용하여 적분 값을 추정하여라.

36. $\int_0^1 (x^2 + 1)\,dx$

37. $\int_0^1 \cos^{-1} x\,dx$

38–39. 계산기로 중간점 리만합 계산 다음 정적분을 고려하자.

a. 임의의 n에 대하여 중간점 리만합을 시그마 기호로 나타내어라.

b. $n = 20, 50, 100$일 때 계산기를 사용하여 각 합을 구하여라. 이 값을 이용하여 적분 값을 추정하여라.

38. $\int_1^4 2\sqrt{x}\,dx$

39. $\int_0^4 (4x - x^2)\,dx$

40–43. 합의 한계 정적분의 정의를 이용하여 다음 적분을 구하여라. 오른쪽 리만합과 정리 5.1을 사용하여라.

40. $\int_0^2 (2x + 1)\,dx$

41. $\int_3^7 (4x + 6)\,dx$

42. $\int_1^4 (x^2 - 1)\,dx$

43. $\int_0^1 (4x^3 + 3x^2)\,dx$

3단계 도전

44. 기하학에 의한 면적 기하학을 이용하여 적분 $\int_{-6}^4 \sqrt{24 - 2x - x^2}\,dx$를 구하여라.

45. 적분 상수 정적분의 정의를 이용하여 성질 $\int_a^b cf(x)\,dx = c\int_a^b f(x)\,dx$가 성립함을 보여라. 여기서 f는 연속함수이고, c는 실수이다.

46. 적분할 수 없는 함수 $[0, 1]$에서 정의된 함수 $f(x)$를 고려하자. x가 유리수이면 $f(x) = 1$이고, x가 무리수이면 $f(x) = 0$이다. 이 함수는 무한한 불연속점을 가지며, 적분 $\int_0^1 f(x)\,dx$는 존재하지 않는다. 모든 n에 대하여 n개의 부분구간으로 이루어진 정규 분할에서 오른쪽 리만합, 왼쪽 리만합, 중간점 리만합이 1임을 보여라(힌트: 두 실수 사이에는 반드시 유리수와 무리수가 존재한다).

47. 정확한 적분 공식 정적분의 정의를 이용하여 다음 단계를 따라 $\int_a^b \frac{dx}{x^2}$, $0 < a < b$를 계산하여라.

a. $\{x_0, x_1, \cdots, x_n\}$은 $[a, b]$의 분할이고, $k = 1, 2, \cdots, n$에 대하여 $\Delta x_k = x_k - x_{k-1}$이라 가정하자. $k = 1, 2, \cdots, n$에 대하여 $x_{k-1} \le \sqrt{x_{k-1}x_k} \le x_k$임을 보여라.

b. $k = 1, 2, \cdots, n$에 대하여 $\frac{1}{x_{k-1}} - \frac{1}{x_k} = \frac{\Delta x_k}{x_{k-1}x_k}$임을 보여라.

c. $x_k^* = \sqrt{x_{k-1}x_k}$를 이용하여 $\int_a^b \frac{dx}{x^2}$에 대한 일반적 리만합을 간단히 하여라.

d. $\int_a^b \frac{dx}{x^2} = \frac{1}{a} - \frac{1}{b}$임을 보여라.

QUICK CHECK 정답

1. -20 **2.** $f(x) = 1 - x$는 가능한 예 중 하나이다. **3.** 0 **4.** 10, $c(b - a)$ **5.** 0 **6.** $\frac{3}{2}$; $\frac{5}{2}$

5.3 미적분학의 기본 정리

5.2절에 설명한 대로 리만합의 극한을 이용하여 정적분을 계산하는 것은 일반적으로 실용적이지 않다. 다행히 이 절에서 정적분을 계산하는 강력하고 실용적인 방법을 소개한다. 그 과정에서 미적분학의 가장 중요한 결과인 미적분학의 기본 정리에서 표현되는 미분과 적분의 역관계를 발견할 것이다. 이 과정의 첫 번째 단계는 넓이 함수(area function)를 도입하는 것이다(1.2절에서 처음 등장한다).

넓이 함수

넓이 함수의 개념은 도함수와 적분 사이의 관계에 대한 핵심적인 논의이다. 먼저 $t \geq a$에서 정의된 연속함수 f에서 시작한다. 여기서 a는 고정된 수이다. 왼쪽 끝점 a를 갖는 f의 넓이 함수를 $A(x)$라 하자. 이는 t축의 $t = a$, $t = x$와 f의 그래프로 둘러싸인 영역의 넓이를 의미한다(그림 5.35). 구간 면적 또한 정적분으로 주어진다.

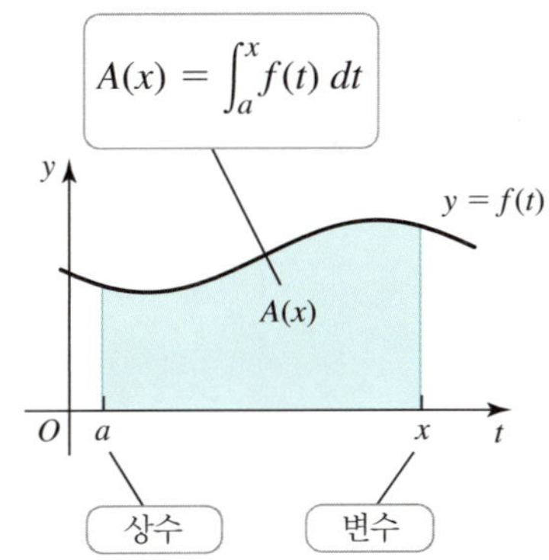

그림 5.35

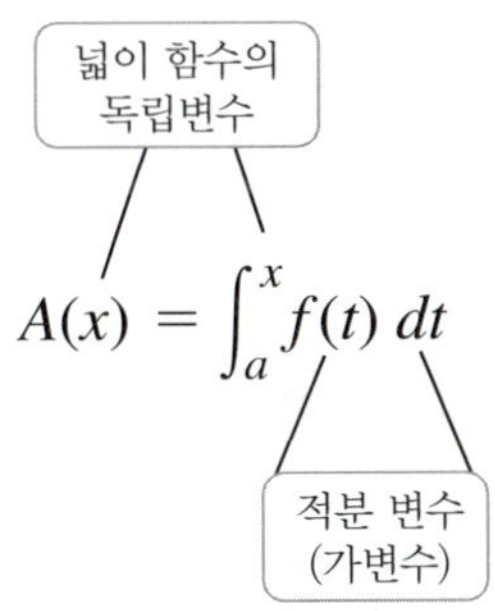

x는 적분의 상한이며 넓이 함수의 독립변수이다. x가 변경되면 곡선 아래의 구간 면적도 변경된다. 기호 x는 A에 대한 독립변수로 이미 사용 중이므로 적분 변수로 다른 기호를 선택해야 한다. x를 제외한 모든 기호는 가변수이므로 이를 사용할 수 있다. 이 경우 적분 변수로 t를 선택했다.

➤ $1 + 2 + \cdots + n$을 표현하는 함수 A를 만든다고 하자. 가장 간단한 방법은 함수 $A(n) = \sum_{k=1}^{n} k$, $n \geq 1$로 표현하는 것이다. 여기서 n은 함수 A의 독립변수이고, 합의 안쪽에 있는 k는 가변수이다. 합과 관련 있는 이 함수는 적분과 관련 있는 넓이 함수와 유사하다.

그림 5.36은 일반적으로 어떻게 넓이 함수가 생성되는지 보여 준다. f가 연속함수이고 a가 상수라 가정하고, $b > a$인 점 (a, b)를 선택한다. t축의 구간 $[a, b]$와 f의 그래프 사이 영역의 구간 면적은 $A(b)$이다. 오른쪽 끝점을 $(c, 0)$ 또는 $(d, 0)$으로 옮기면 구간 면적은 $A(c)$ 또는 $A(d)$이다. 일반적으로 $x > a$이면 $A(x) = \int_a^x f(t)\,dt$는 t축의 구간 $[a, x]$와 f의 그래프 사이 영역의 구간 면적이다.

그림 5.36은 $A(x)$가 x에 대하여 어떻게 변하는지 보여 준다. $A(a) = \int_a^a f(t)\,dt = 0$임을 알고 있다. $x > a$에 대하여 구간 면적은 $x < c$에서 증가하고 $f(c) = 0$이다. $x > c$에서 f는 음이므로 넓이 함수에 음의 값으로 기여한다. 결과적으로 넓이 함수는 $x > c$에서 감소한다.

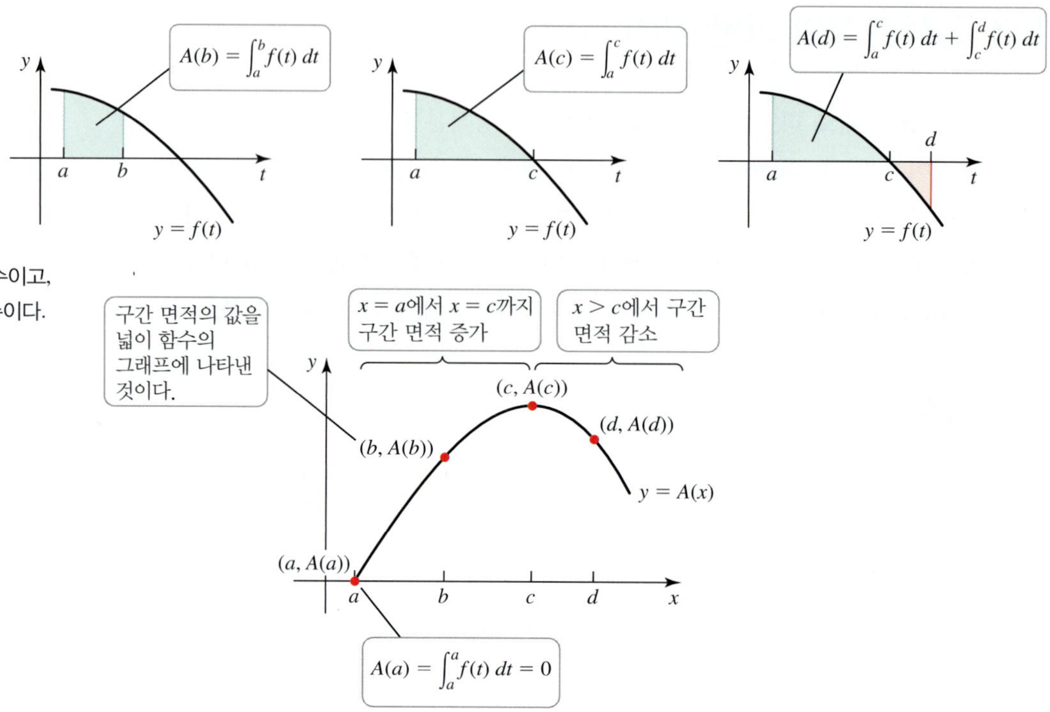

그림 5.36

➤ f의 그래프를 그릴 때 t는 독립변수이고, A의 그래프를 그릴 때 x는 독립변수이다.

정의 넓이 함수

$t \geq a$에서 연속인 함수 f에 대하여 왼쪽 끝점 a를 갖는 f의 넓이 함수는

$$A(x) = \int_a^x f(t)\,dt,\ x \geq a$$

이다. 넓이 함수는 함수 f의 그래프와 t축의 $[a, x]$로 둘러싸인 영역의 구간 면적을 의미한다.

다음 두 예제는 넓이 함수의 아이디어를 보여 준다.

| 예제 1 | 넓이 함수의 비교 그림 5.37은 다양한 영역의 넓이를 갖는 f의 그래프를 보여 준다. $A(x) = \int_{-1}^x f(t)\,dt$, $F(x) = \int_3^x f(t)\,dt$를 f의 두 넓이 함수라고 하자(왼쪽 끝점이 다르다는 것에 주의한다). 다음 넓이 함수의 값을 계산하여라.

a. $A(3)$, $F(3)$ **b.** $A(5)$, $F(5)$ **c.** $A(9)$, $F(9)$

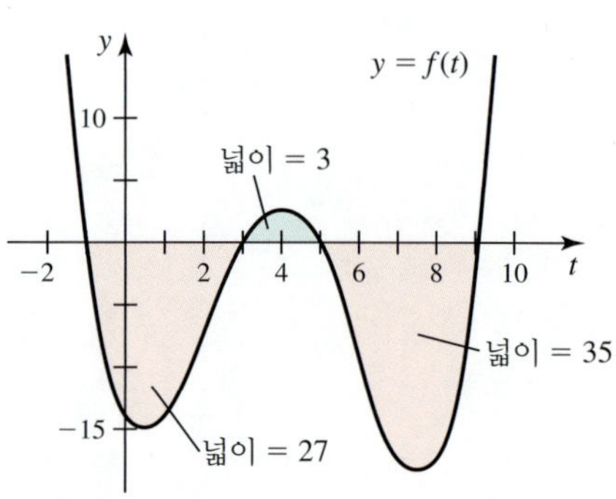

그림 5.37

풀이

a. $A(3) = \int_{-1}^3 f(t)$는 f의 그래프와 t축의 구간 $[-1, 3]$으로 둘러싸인 영역의 넓이이다. f의 그래프를 통해 $A(3) = -27$임을 알 수 있다. 또 다른 방법으로 표 5.4의 성질 1에 의해 $F(3) = \int_3^3 f(t)\,dt = 0$이며, $A(3) - F(3) = -27$임을 알 수 있다.

b. $A(5) = \int_{-1}^{5} f(t)\,dt$는 t축의 [3, 5] 위 넓이에서 t축의 [−1, 3] 아래 넓이를 뺀 값이므로 $A(5) = 3 - 27 = -24$이다. 마찬가지로 $F(5)$는 f의 그래프와 t축의 [3, 5]로 둘러싸인 영역의 넓이이다. 따라서 $F(5) = 3$이므로 $A(5) - F(5) = -27$이다.

c. **a**, **b**와 같이 $A(9) = -27 + 3 - 35 = -59$, $F(9) = 3 - 35 = -32$이다. 따라서 $A(9) - F(9) = -27$이다.

관련 연습문제 7번◀

QUICK CHECK 1 예제 1에서 $B(x)$는 왼쪽 끝점 5를 갖는 함수 f의 넓이 함수이다. $B(5)$, $B(9)$를 구하여라. ◀

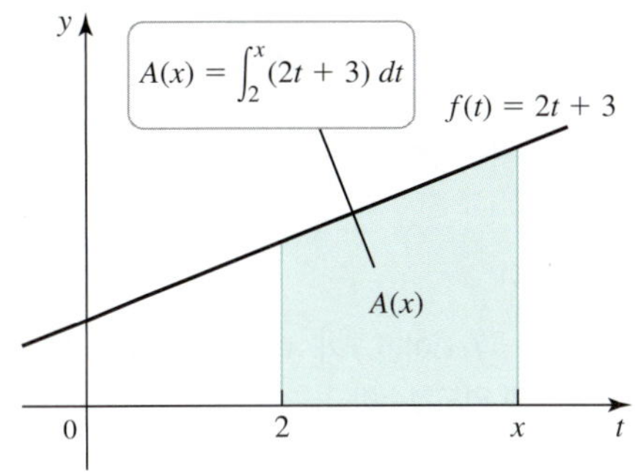

그림 5.38

예제 1은 같은 함수의 두 넓이 함수는 상수만큼의 차이를 갖는다는 중요한 사실을 설명한다. 예제 1의 경우 이 상수는 −27이다.

| 예제 2 | **사다리꼴 넓이** 직선 $f(t) = 2t + 3$과 t축의 $t = 2$, $t = x$로 둘러싸인 사다리꼴을 고려하자(그림 5.38). 넓이 함수 $A(x) = \int_2^x f(t)\,dt$는 $x \ge 2$에서 사다리꼴 넓이를 의미한다.

a. $A(2)$를 계산하여라. **b.** $A(5)$를 계산하여라.

c. 함수 $y = A(x)$, $x \ge 2$의 넓이 함수를 찾은 다음 그래프를 그려라.

d. A의 도함수와 f를 비교하여라.

풀이

a. 표 5.4의 성질 1에 의해 $A(2) = \int_2^2 (2t + 3)\,dt = 0$이다.

b. $A(5)$는 직선 $y = 2t + 3$과 t축의 구간 [2, 5]로 둘러싸인 사다리꼴의 넓이이다. 사다리꼴(그림 5.39) 넓이 공식을 이용하면 다음을 얻는다.

$$A(5) = \int_2^5 (2t + 3)\,dt = \frac{1}{2}\underbrace{(5 - 2)}_{\text{높이}}\cdot\underbrace{(f(2) + f(5))}_{\text{윗변과 아랫변의 합}} = \frac{1}{2}\cdot 3(7 + 13) = 30$$

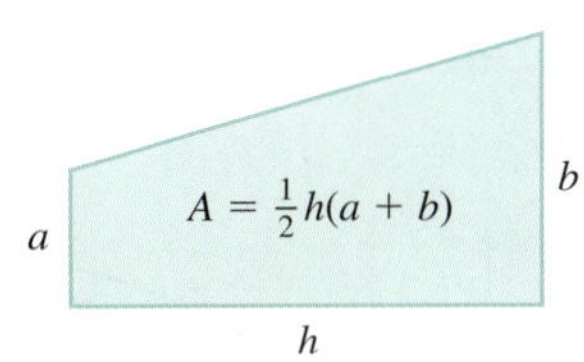

그림 5.39

c. 오른쪽 끝점은 변수 x이고 $x \ge 2$이다(그림 5.40). 이때 사다리꼴의 높이는 $x - 2$이다. 사다리꼴의 넓이 공식에 의해 사다리꼴의 넓이는 임의의 $x \ge 2$에 대하여

$$\begin{aligned} A(x) &= \frac{1}{2}\underbrace{(x - 2)}_{\text{높이}}\cdot\underbrace{(f(2) + f(x))}_{\text{윗변과 아랫변의 합}} \\ &= \frac{1}{2}(x - 2)(7 + 2x + 3) \\ &= (x - 2)(x + 5) \\ &= x^2 + 3x - 10 \end{aligned}$$

이다. 넓이 함수를 상한 변수를 갖는 적분으로 나타내면 다음과 같다.

$$A(x) = \int_2^x (2t + 3)\,dt = x^2 + 3x - 10,\ x \ge 2$$

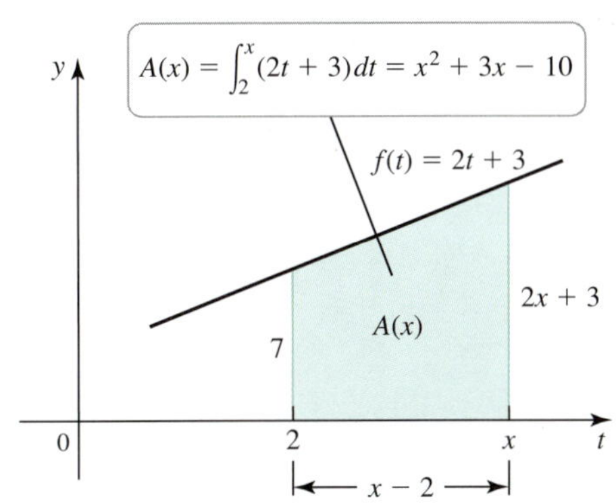

그림 5.40

직선 $f(t) = 2t + 3$은 $t \ge 2$에 대하여 t축 위에 있기 때문에 넓이 함수 $A(x) = x^2$

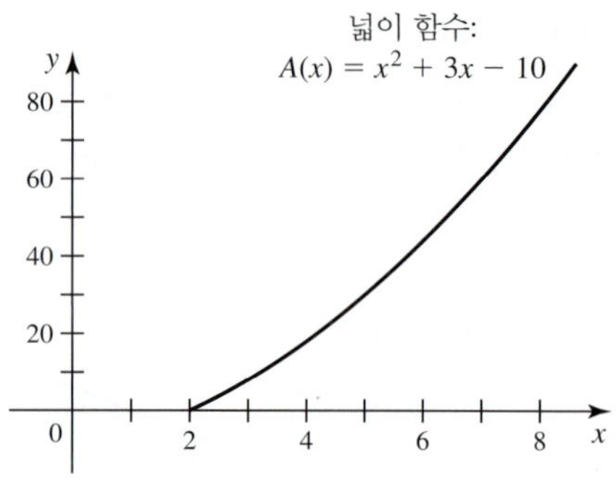

그림 5.41

➤ $A'(x) = f(x)$이면 f가 A의 도함수이다. 즉, A는 f의 역도함수이다.

QUICK CHECK 2 예제 2c의 넓이 함수는 $x = 6$과 $x = 10$일 때 정확한 넓이를 제공함을 보여라. ◀

$+ 3x - 10$은 x에 대한 증가함수이고 $A(2) = 0$이다(그림 5.41).

d. 넓이 함수를 미분하면 다음과 같다.

$$A'(x) = \frac{d}{dx}(x^2 + 3x - 10) = 2x + 3 = f(x)$$

따라서 $A'(x) = f(x)$이므로 넓이 함수 A는 f의 역도함수이다. 이러한 관계가 우연이 아니라는 것을 곧 알게 될 것이다. 이것이 바로 첫 번째 미적분학의 기본 정리이다.

관련 연습문제 10번◀

미적분학 기본 정리

예제 2는 선형 함수 f에 대한 넓이 함수 A가 f의 역도함수, 즉 $A'(x) = f(x)$라는 것을 제시한다. 우리의 목표는 이 추측이 더욱 일반적인 함수에서도 적용됨을 보이는 것이다. 직관적인 주장부터 시작하고, 엄밀한 증명은 이 절의 끝부분에 제시한다.

f가 구간 $[a, b]$에서 정의된 연속함수라고 하자. $A(x) = \int_a^x f(t)\,dt$는 왼쪽 끝점 a를 갖는 함수 f의 넓이 함수라고 한 것과 같이 이는 f의 그래프와 t축의 구간 $[a, x]$, $x \geq a$로 둘러싸인 영역의 넓이를 의미한다. 그림 5.42는 이 주장의 핵심을 보여 준다.

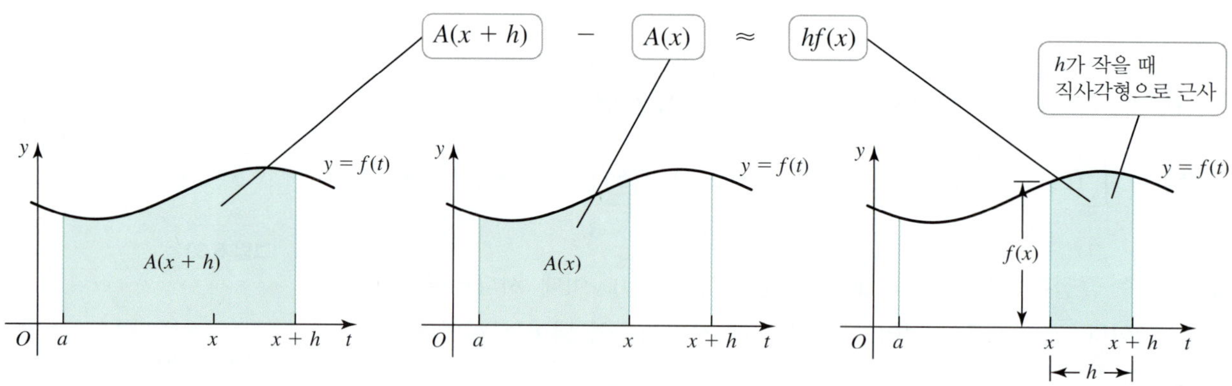

그림 5.42

이제 $h > 0$일 때 $A(x + h)$는 구간 $[a, x + h]$에서의 영역의 구간 면적이고, $A(x)$는 구간 $[a, x]$에서의 영역의 구간 면적이다. 그래서 $A(x + h) - A(x)$는 구간 $[x, x + h]$에서의 영역의 넓이이다. h가 작은 값이면 그 영역은 가로의 길이가 h이고 세로의 길이가 $f(x)$인 직사각형과 거의 같다. 따라서 이 영역의 구간 면적은

$$A(x + h) - A(x) \approx hf(x)$$

이고, 이를 h로 나누면 다음을 얻는다.

$$\frac{A(x + h) - A(x)}{h} \approx f(x)$$

$h < 0$의 경우에도 유사하게 주장할 수 있다. h가 0에 접근할 때, 이 근삿값은 더욱 개선될 것이다. $h \to 0$일 때, 극한

$$\underbrace{\lim_{h \to 0} \frac{A(x+h) - A(x)}{h}}_{A'(x)} = \underbrace{\lim_{h \to 0} f(x)}_{f(x)}$$

➤ $f'(x) = \lim_{h \to 0} \frac{f(x+h) - f(x)}{h}$임을 상기하자. 함수 f를 A로 대체하면 다음을 얻는다.

$$A'(x) = \lim_{h \to 0} \frac{A(x+h) - A(x)}{h}$$

는 $A'(x) = f(x)$를 보여 준다. 또한 $A(x) = \int_a^x f(t)\,dt$이므로 다음과 같이 표현할 수 있다.

$$A'(x) = \frac{d}{dx}\underbrace{\int_a^x f(t)\,dt}_{A(x)} = f(x)$$

이는 f의 적분의 도함수가 f임을 의미한다. 이것이 바로 첫 번째 미적분학의 기본 정리이다.

정리 5.3(기본 정리 1) 미적분학의 기본 정리

f가 $[a, b]$에서 연속이면 넓이 함수

$$A(x) = \int_a^x f(t)\,dt, \quad a \le x \le b$$

도 $[a, b]$에서 연속이고, (a, b)에서 미분가능하다. 넓이 함수는 $A'(x) = f(x)$를 만족한다. 즉,

$$A'(x) = \frac{d}{dx}\int_a^x f(t)\,dt = f(x)$$

에서 f의 넓이 함수가 $[a, b]$에서 f의 역도함수라는 것을 의미한다.

넓이 함수 A가 $[a, b]$에서 f의 역도함수라는 사실은 정적분을 계산하는 강력한 방법으로 한 걸음 다가서게 한다. f의 임의의 두 역도함수는 서로 상수만큼의 차이가 있다는 것을 기억하자(4.9절). F가 $[a, b]$에서 f의 또 다른 역도함수이면 다음이 성립한다.

$$F(x) = A(x) + C, \quad a \le x \le b$$

$A(a) = 0$이므로 다음을 얻는다.

$$F(b) - F(a) = (A(b) + C) - (A(a) + C) = A(b)$$

$A(b)$를 정적분으로 표현하면 다음 결과를 얻는다.

$$A(b) = \int_a^b f(x)\,dx = F(b) - F(a)$$

지금까지 f의 정적분 계산 과정을 살펴봤다.

• f의 임의의 역도함수 F를 찾는다.

• $F(b) - F(a)$, 즉 적분의 상한과 하한에서의 F 값의 차를 계산한다.

이 과정을 통해 미적분학의 기본 정리 2를 얻는다.

정리 5.3(기본 정리 2) 미적분학의 기본 정리

f가 $[a, b]$에서 연속이고, F를 $[a, b]$에서 f의 임의의 역도함수라 하면 다음이 성립한다.

$$\int_a^b f(x)\,dx = F(b) - F(a)$$

$F(b) - F(a)$를 간단히 $F(x)\big|_a^b$로 표현한다. 그림 5.43은 미적분학의 기본 정리 2를 요약한 것이다.

QUICK CHECK 3 $\left(\dfrac{x}{x+1}\right)\Big|_1^2$를 계산하여라. ◀

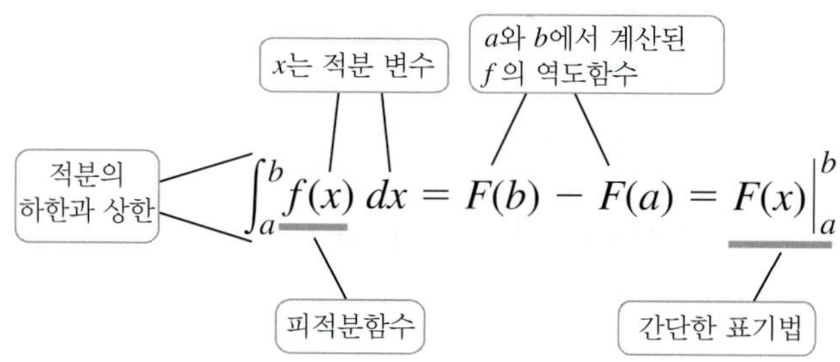

그림 5.43

미분과 적분 사이의 역관계 두 기본 정리가 미분과 적분 사이의 역관계를 표현한다는 것을 더 알아보자. 기본 정리 1은 다음과 같다.

$$\frac{d}{dx}\int_a^x f(t)\,dt = f(x)$$

즉, f의 적분의 도함수는 자기 자신이다.

f'의 역도함수는 f이므로 미적분학의 기본 정리 2는 다음을 의미한다.

$$\int_a^b f'(x)\,dx = f(b) - f(a)$$

QUICK CHECK 4 f가 f'의 역도함수인 이유를 설명하여라. ◀

즉, 도함수의 정적분은 두 점에서의 값으로 표현된다. 다시 말해 적분은 도함수를 '원상태로 되돌리는' 것이다.

이 마지막 관계는 적분을 누적 과정으로 표현하기 때문에 중요하다. 구간 $[a, b]$에서 f의 변화율(즉, f')을 알고 있다고 가정하자. 기본 정리에 의하면 해당 구간 동안의 변화율을 통합(즉, 합산 또는 누적)할 수 있으며, 결과는 단순히 끝점에서 계산된 f의 값의 차이다. 다음 절에서 이 누적 속성이 여러 번 사용되는 것을 볼 것이다. 이제 기본 정리를 사용하여 정적분을 계산해 보자.

| 예제 3 | **정적분 계산** 다음 정적분을 미적분학의 기본 정리 2를 사용하여 계산하라. 결과를 기하학적으로 설명하라.

a. $\int_0^{10}(60x - 6x^2)\,dx$ **b.** $\int_4^{16} 3\sqrt{x}\,dx$ **c.** $\int_0^{2\pi} 3\sin x\,dx$ **d.** $\int_{1/16}^{1/4} \frac{\sqrt{t}-1}{t}\,dt$

풀이

a. 4.9절의 역도함수 규칙을 사용하면 $60x - 6x^2$의 역도함수는 $F(x) = 30x^2 - 2x^3$이다. 기본 정리에 의해 정적분의 값은 다음과 같다.

$$\begin{aligned}\int_0^{10}(60x - 6x^2)\,dx &= \underbrace{(30x^2 - 2x^3)}_{F(x)}\Big|_0^{10} && \text{기본 정리}\\ &= \underbrace{(30\cdot 10^2 - 2\cdot 10^3)}_{F(10)} - \underbrace{(30\cdot 0^2 - 2\cdot 0^3)}_{F(0)} && x=10\text{과 } x=0\text{에서 계산하기}\\ &= (3000 - 2000) - 0\\ &= 1000 && \text{간단히 하기}\end{aligned}$$

$f(x) = 60x - 6x^2$은 [0, 10]에서 양이므로 정적분 $\int_0^{10}(60x - 6x^2)\,dx$는 f의 그래프와 x축의 구간 [0, 10]으로 둘러싸인 영역의 넓이이다(그림 5.44).

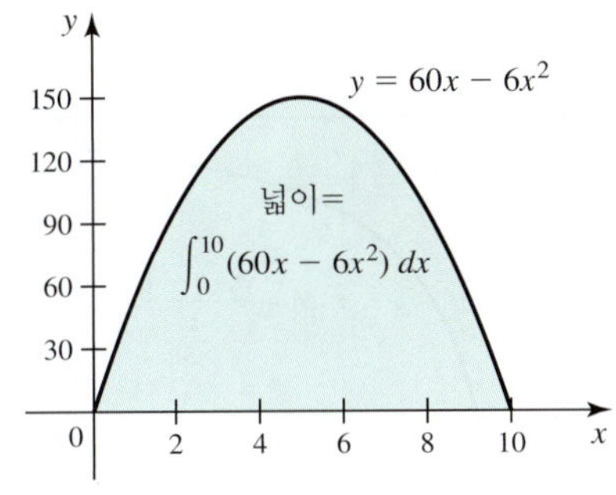

그림 5.44

b. $f(x) = 3\sqrt{x}$는 [4, 16]에서 양이므로(그림 5.45) 정적분 $\int_4^{16} 3\sqrt{x}\,dx$는 [4, 16]에서 f의 그래프 아래 영역의 넓이와 같다. 5.1절의 예제 3에서 중간점 리만합을 이용하여 면적의 근삿값이 대략 112.062임을 보였다. 미적분학의 기본 정리를 이용하여 정확한 넓이를 계산할 수 있다. $x^{1/2}$의 역도함수는 $\frac{2}{3}x^{3/2}$이므로 다음을 얻는다.

$$\begin{aligned}\int_4^{16} 3\sqrt{x}\,dx &= 3\int_4^{16} x^{1/2}\,dx && \text{표 5.4의 성질 4}\\ &= 3\cdot\frac{2}{3}x^{3/2}\Big|_4^{16} && \text{기본 정리}\\ &= 2(16^{3/2} - 4^{3/2}) && x=16\text{과 } x=4\text{에서 계산하기}\\ &= 2(64 - 8) = 112 && \text{간단히 하기}\end{aligned}$$

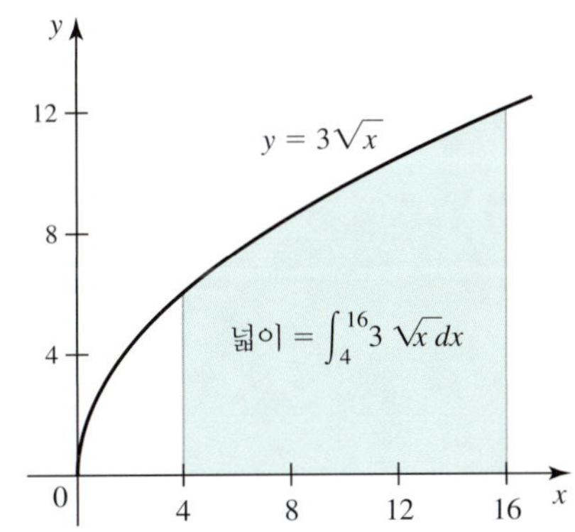

그림 5.45

c. 그림 5.46과 같이 $f(x) = 3\sin x$의 그래프와 x축의 $[0, 2\pi]$로 둘러싸인 영역은 두 부분으로 구성된다. 하나는 x축 윗부분이고 또 다른 하나는 x축 아랫부분이다. f의 그래프의 대칭성에 의해 이 두 영역은 같은 넓이를 갖고, $[0, 2\pi]$에서 정적분은 전체 영역의 구간 면적을 의미하므로 값은 0이다. 이를 검증해 보자. $f(x) = 3\sin x$의 역도함수는 $-3\cos x$이므로 정적분의 값은 다음과 같다.

$$\begin{aligned}\int_0^{2\pi} 3\sin x\,dx &= -3\cos x\Big|_0^{2\pi} && \text{기본 정리}\\ &= -3(\cos 2\pi - \cos 0) && \text{대입하기}\\ &= -3(1 - 1) = 0 && \text{간단히 하기}\end{aligned}$$

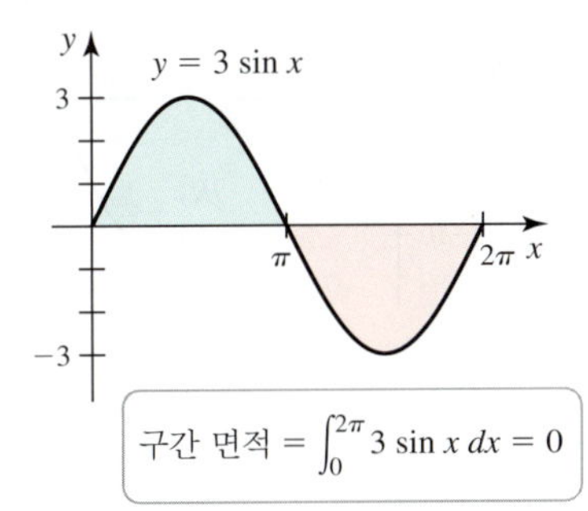

그림 5.46

➤ 정적분을 계산할 때, 예제 3b, c에서의 계산과 같이 가능하면 상수 곱을 앞으로 뺀다. 즉,

$$-3\cos x\Big|_0^{2\pi} = (-3\cos 2\pi) - (-3\cos 0)$$

보다

$$-3\cos x\Big|_0^{2\pi} = -3(\cos 2\pi - \cos 0)$$

과 같이 써서 계산하는 것이 좋다.

➤ $\frac{d}{dt}(t^{1/2}) = \frac{1}{2}t^{-1/2}$임을 알고 있으므로

$\int \frac{1}{2}t^{-1/2}\,dt = t^{1/2} + C$이고

$\int \frac{dt}{\sqrt{t}} = \int t^{-1/2}\,dt = 2t^{1/2} + C$

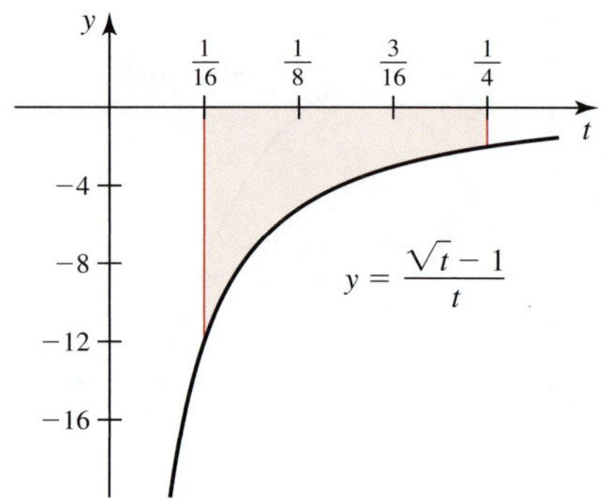

그림 5.47

d. 적분 변수가 x가 아닌 t이더라도 적분을 다음과 같이 간단히 할 수 있다.

$$\frac{\sqrt{t}-1}{t} = \frac{1}{\sqrt{t}} - \frac{1}{t}$$

t에 대한 역도함수를 구하고 기본 정리를 적용하면 다음을 얻는다.

$$\int_{1/16}^{1/4} \frac{\sqrt{t}-1}{t}\,dt = \int_{1/16}^{1/4}\left(t^{-1/2} - \frac{1}{t}\right)dt \quad \text{피적분함수 간단히 하기}$$

$$= \left(2t^{1/2} - \ln|t|\right)\Big|_{1/16}^{1/4} \quad \text{기본 정리}$$

$$= \left(2\left(\frac{1}{4}\right)^{1/2} - \ln\frac{1}{4}\right) - \left(2\left(\frac{1}{16}\right)^{1/2} - \ln\frac{1}{16}\right) \quad \text{계산하기}$$

$$= 1 - \ln\frac{1}{4} - \frac{1}{2} + \ln\frac{1}{16} \quad \text{간단히 하기}$$

$$= \frac{1}{2} - \ln 4 \approx -0.8863$$

적분 구간 $\left[\frac{1}{16}, \frac{1}{4}\right]$에서 f의 그래프가 t축의 아래에 있으므로 정적분의 값은 음이다(그림 5.47).

관련 연습문제 12번◀

| 예제 4 | 구간 면적과 정적분 그림 5.48은 $f(x) = 6x(x+1)(x-2)$의 그래프를 보여 준다. 영역 R_1은 곡선과 x축의 구간 $[-1, 0]$으로 둘러싸인 영역이고, R_2는 곡선과 x축의 구간 $[0, 2]$로 둘러싸인 영역이다.

a. 곡선과 x축의 $[-1, 2]$로 둘러싸인 영역의 **구간 면적**을 구하여라.

b. 곡선과 x축의 $[-1, 2]$로 둘러싸인 영역의 **넓이**를 구하여라.

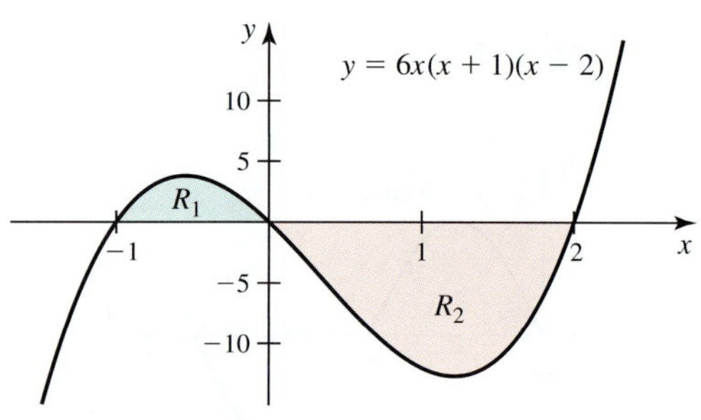

그림 5.48

풀이

a. 구간 면적은 정적분으로 주어진다. 먼저 피적분함수 f를 전개하여 역도함수를 구한다.

$$\int_{-1}^{2} f(x)\,dx = \int_{-1}^{2}(6x^3 - 6x^2 - 12x)\,dx \quad f\text{ 전개하기}$$

$$= \left(\frac{3}{2}x^4 - 2x^3 - 6x^2\right)\Big|_{-1}^{2} \quad \text{기본 정리}$$

$$= -\frac{27}{2} \quad \text{간단히 하기}$$

곡선과 x축의 $[-1, 2]$ 사이의 영역의 구간 면적은 $-\frac{27}{2}$이다. 이는 R_1의 넓이에서 R_2의 넓이를 뺀 것이다(그림 5.48). R_2가 R_1보다 더 큰 영역이므로 구간 면적은 음이다.

b. x축 위에 있는 영역 R_1의 넓이는 다음과 같다.

$$\int_{-1}^{0}(6x^3 - 6x^2 - 12x)\,dx = \left(\frac{3}{2}x^4 - 2x^3 - 6x^2\right)\Big|_{-1}^{0} = \frac{5}{2}$$

x축 아래에 있는 영역 R_2의 구간 면적은 음이며, 다음과 같다.

$$\int_{0}^{2}(6x^3 - 6x^2 - 12x)\,dx = \left(\frac{3}{2}x^4 - 2x^3 - 6x^2\right)\Big|_{0}^{2} = -16$$

따라서 R_2의 넓이는 $-(-16) = 16$이다. R_1과 R_2의 넓이를 합하면 $\frac{5}{2} + 16 = \frac{37}{2}$이다. 이 영역의 넓이는 $\int_{-1}^{2}|f(x)|\,dx$를 계산하여 구할 수 있다. ◀

예제 3과 예제 4에서 정적분을 계산하는 가장 강력한 도구인 기본 정리 2를 사용했다. 나머지 예제는 중요한 기본 정리 1을 사용하는 것을 보여 준다.

| 예제 5 | 적분의 도함수 기본 정리 1을 사용하여 다음을 간단히 하여라.

a. $\frac{d}{dx}\int_{1}^{x}\sin^2 t\,dt$ **b.** $\frac{d}{dx}\int_{x}^{5}\sqrt{t^2+1}\,dt$ **c.** $\frac{d}{dx}\int_{0}^{x^2}\cos t^2\,dt$

풀이

a. 기본 정리 1을 사용하여 다음을 알 수 있다.

$$\frac{d}{dx}\int_{1}^{x}\sin^2 t\,dt = \sin^2 x$$

b. 기본 정리 1을 사용하려면 변수는 반드시 상한에 있어야 한다. 따라서 성질 $\int_a^b f(t)\,dt = -\int_b^a f(t)\,dt$와 기본 정리를 적용하면 다음을 얻는다.

$$\frac{d}{dx}\int_{x}^{5}\sqrt{t^2+1}\,dt = -\frac{d}{dx}\int_{5}^{x}\sqrt{t^2+1}\,dt = -\sqrt{x^2+1}$$

c. 적분 상한이 x가 아니라 x의 함수이므로 미분하려는 함수는 합성함수이다. 따라서 연쇄 법칙이 필요하다. 먼저 $u = x^2$으로 놓고 다음과 같이 나타낸다.

$$y = g(u) = \int_{0}^{u}\cos t^2\,dt$$

연쇄 법칙에 의해 다음을 얻는다.

$$\begin{aligned}
\frac{d}{dx}\int_{0}^{x^2}\cos t^2\,dt &= \frac{dy}{dx} = \frac{dy}{du}\frac{du}{dx} && \text{연쇄 법칙}\\
&= \left(\frac{d}{du}\int_{0}^{u}\cos t^2\,dt\right)(2x) && g\text{ 함수식, } u'(x) = 2x \text{ 대입하기}\\
&= (\cos u^2)(2x) && \text{기본 정리}\\
&= 2x\cos x^4 && u = x^2 \text{ 대입하기}
\end{aligned}$$

관련 연습문제 37-38번 ◀

➤ 예제 5c는 라이프니츠 법칙의 한 예이다.

$$\frac{d}{dx}\int_{a}^{g(x)} f(t)\,dt = f(g(x))g'(x)$$

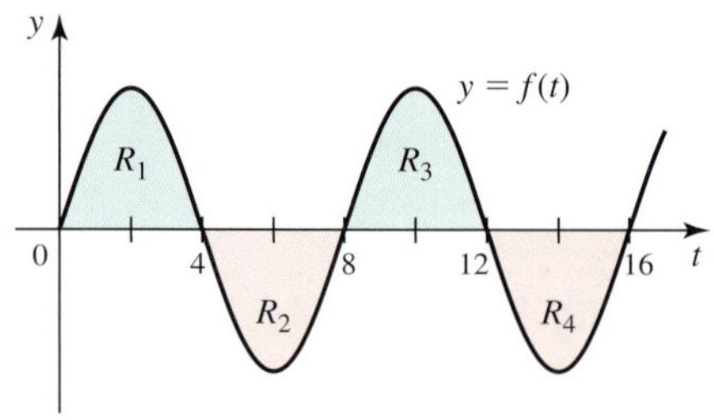

그림 5.49

|예제 6| 넓이 함수 작업 그림 5.49에 있는 함수 f에 대하여 넓이 함수는 $A(x) = \int_0^x f(t)\,dt$, $0 \le x \le 17$이다. 네 영역 R_1, R_2, R_3, R_4가 같은 넓이를 갖는다고 가정하여 물음에 답하여라.

a. $[0, 17]$에서 $A = 0$인 점을 찾아라.

b. $[0, 17]$에서 A가 극댓값 또는 극솟값을 갖는 점을 찾아라.

c. $0 \le x \le 17$에서 A의 그래프를 그려라.

풀이

a. $A(x) = \int_0^x f(t)\,dt$는 f의 그래프와 t축의 구간 $[0, x]$로 둘러싸인 영역의 구간 면적이다(그림 5.50(a)). 따라서 $A(0) = \int_0^0 f(t)\,dt = 0$이다. R_1과 R_2의 넓이가 같지만 t축의 반대편에 놓여 있으므로 $A(8) = \int_0^8 f(t)\,dt = 0$이다. 마찬가지로 $A(16) = \int_0^{16} f(t)\,dt = 0$이다. 따라서 $A = 0$인 점은 $x = 0, 8, 16$이다.

➤ 극솟값과 극댓값은 정의역의 점에서 생긴다는 것을 상기하자.

b. $0 < t < 4$에서 f는 양이므로 x가 0에서 4로 증가할 때 $A(x)$도 증가함을 의미한다(그림 5.50(b)). x가 4에서 8로 증가할 때, $4 < t < 8$에서 f는 음이므로 $A(x)$는 감소한다(그림 5.50(c)). 마찬가지로 x가 8에서 12로 증가할 때 $A(x)$는 증가하고(그림 5.50(d)), x가 12에서 16으로 증가할 때 $A(x)$는 감소한다. 1계 도함수 판정법에 의해 A는 $x = 8$, $x = 16$에서 극솟값을 갖고 $x = 4$, $x = 12$에서 극댓값을 갖는다(그림 5.50(e)).

c. **a**, **b**를 종합하면 A의 그래프의 개형을 그릴 수 있다(그림 5.50(e)). 모든 $x \ge 0$

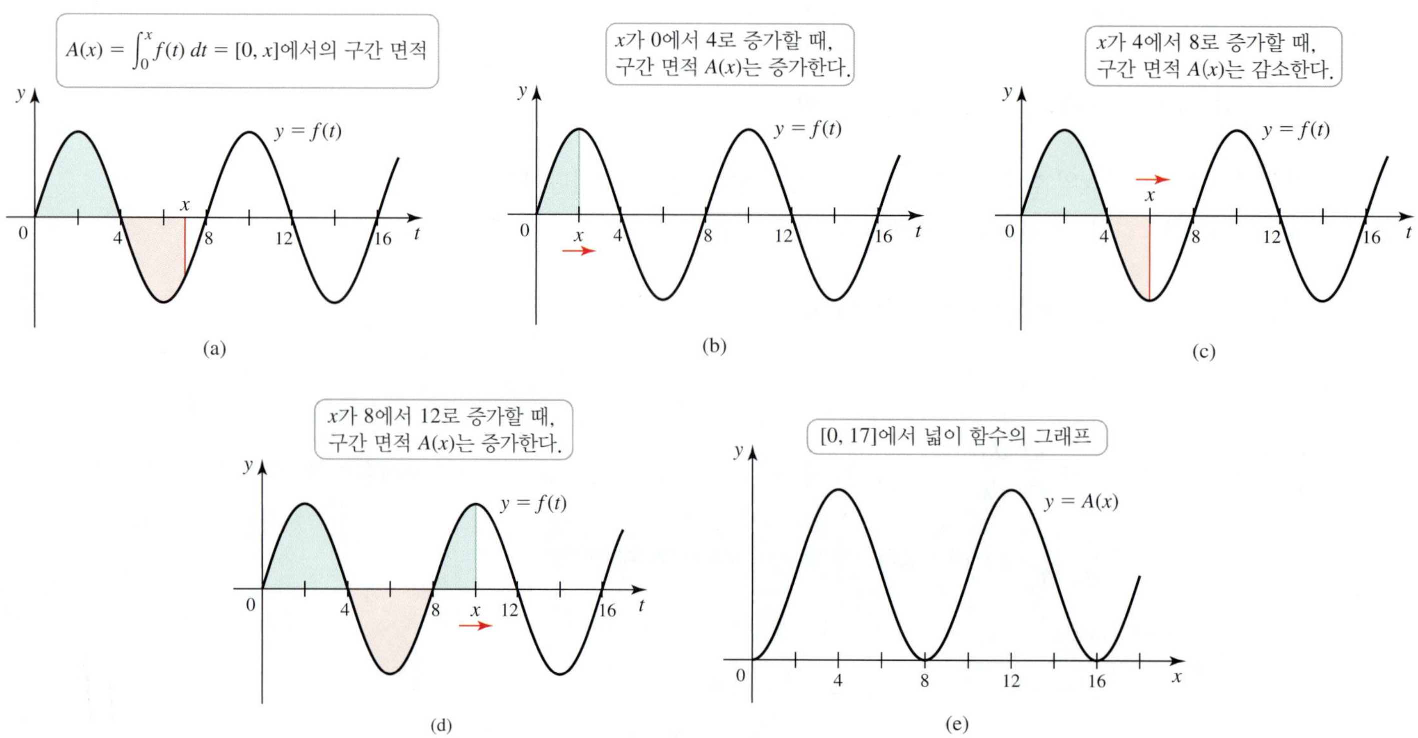

그림 5.50

에 대하여 $A(x) \geq 0$이다. A의 그래프의 함숫값(y좌표)을 정하는 것은 불가능하다.

관련 연습문제 36번◀

| 예제 7 | **사인 적분 함수** 다음 함수를 가정하자.

$$g(t) = \begin{cases} \dfrac{\sin t}{t}, & t > 0 \\ 1 \quad, & t = 0 \end{cases}$$

사인 적분 함수 $S(x) = \int_0^x g(t)\,dt$, $x \geq 0$의 그래프를 그려라.

풀이 S는 g의 넓이 함수이며, S의 독립변수는 x이고 t는 적분 변수(가변수)이다. 먼저 할 수 있는 좋은 방법은 피적분함수 g의 그래프를 그리는 것이다(그림 5.51(a)). 함수는 $g(0) = 1$이고 진폭이 감소하면서 진동한다. g는 $(0, \pi)$에서 양이므로 넓이 함수 S는 $S(0) = 0$부터 시작하여 $x = \pi$까지 증가한다. 그러나 $(\pi, 2\pi)$에서는 g가 음이므로 구간 면적은 감소한다. g는 $(2\pi, 3\pi)$에서 다시 양이므로 S는 다시 증가한다. 따라서 S의 그래프는 극댓값과 극솟값이 교대로 나타난다. g의 진폭이 감소하므로 S의 각 극댓값은 이전 극댓값보다 작고, S의 각 극솟값은 이전 극소값보다 크다(그림 5.51(b)). S의 정확한 극댓값, 극솟값을 결정하는 것은 어렵다.

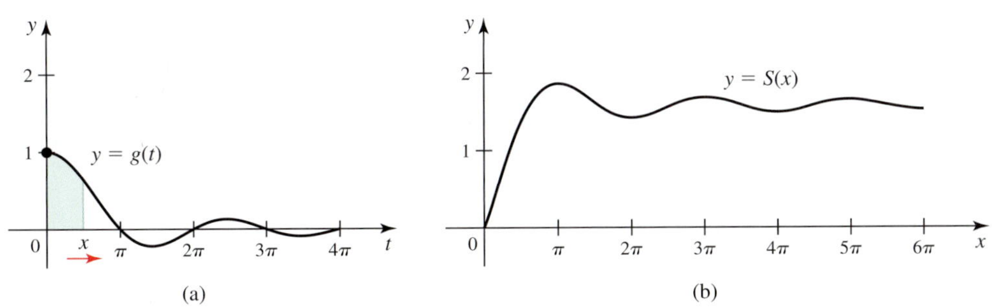

그림 5.51

미적분학의 기본 정리 1에 의해 다음을 알 수 있다.

$$S'(x) = \frac{d}{dx}\int_0^x g(t)\,dt = \frac{\sin x}{x}, \quad x > 0$$

예상하듯이 S의 도함수는 π의 정수 배마다 부호가 바뀐다. 특히 $(0, \pi)$, $(2\pi, 3\pi)$, $\cdots$, $(2n\pi, (2n+1)\pi)$, $\cdots$에서 S'은 양이고 S는 증가한다. 반면, 그 외 구간에서 S'은 음이고 S는 감소한다. 명백히 S는 $x = \pi, 3\pi, 5\pi, \cdots$에서 극댓값을 갖고 $x = 2\pi, 4\pi, 6\pi, \cdots$에서 극솟값을 갖는다.

➤ $\lim_{x\to\infty} S'(x) = \lim_{x\to\infty} g(x) = 0$임을 상기하자.

하나 더 주목할 점은 S가 증가하는 x에 대하여 진동하지만, 그래프는 점차 평평해지고 수평 점근선에 접근한다는 것이다(이 수평 점근선의 정확한 값을 찾는 것은 어려운 일이다. 연습문제 58번 참조). 이러한 모든 관찰을 종합하면 사인 적분 함수의 그래프를 그릴 수 있다(그림 5.51(b)).

관련 연습문제 51번◀

미적분학의 기본 정리에 대한 증명으로 이 절을 마무리한다.

기본 정리의 증명 f가 $[a, b]$에서 연속이고 A를 왼쪽 끝점이 a인 f의 넓이 함수라고 하자. 첫 번째 단계는 A가 (a, b)에서 미분가능하고, 미적분학의 기본 정리 1인 $A'(x) = f(x)$임을 증명하는 것이다. 이후 기본 정리 2를 증명한다.

1단계 $a < x < b$에 대하여 다음 도함수의 정의를 사용한다.

$$A'(x) = \lim_{h \to 0} \frac{A(x+h) - A(x)}{h}$$

먼저 $h > 0$이라 가정하자. 그림 5.52와 표 5.4의 성질 5에 의해 다음을 얻는다.

$$A(x+h) - A(x) = \int_a^{x+h} f(t)\,dt - \int_a^x f(t)\,dt = \int_x^{x+h} f(t)\,dt$$

즉, $A(x+h) - A(x)$는 구간 $[x, x+h]$에서 곡선으로 둘러싸인 영역의 구간 면적이다.

➤ 임의의 양수 h에 대하여 m, M이 존재한다. 이때 두 값은 h에 의존한다.

m과 M을 $[x, x+h]$에서 f의 연속성에 의해 존재하는 최솟값과 최댓값이라 하자. 이 두 값은 f의 연속성에 의해 존재한다. 따라서 길이가 h인 구간 $[x, x+h]$에서 $m \le f(t) \le M$이다. 표 5.5의 성질 9에 의해 다음을 얻는다.

$$mh \le \underbrace{\int_x^{x+h} f(t)\,dt}_{A(x+h) - A(x)} \le Mh$$

적분 식을 전개하면

$$mh \le A(x+h) - A(x) \le Mh$$

이고, 양수 h로 나누면 다음이 성립한다.

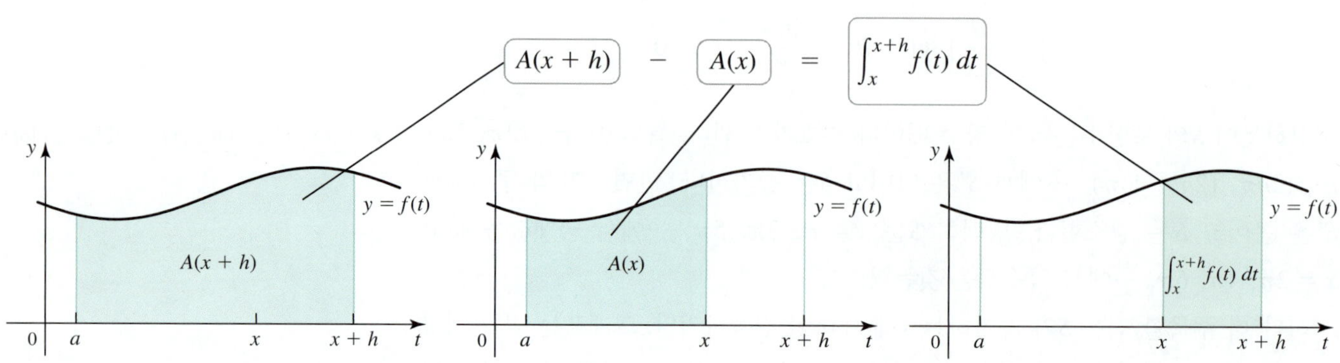

그림 5.52

$$m \le \frac{A(x+h) - A(x)}{h} \le M$$

$h < 0$인 경우도 비슷하게 증명할 수 있고, 같은 결론에 도달한다.

이제 부등식에 $h \to 0$인 극한을 취하자. f는 x에서 연속이므로 $h \to 0$일 때 m, M은 $f(x)$에 접근한다. 동시에 $h \to 0$일 때, m과 M 사이의 값은 $A'(x)$에 접근한다.

$$\underbrace{\lim_{h\to 0} m}_{f(x)} \le \underbrace{\lim_{h\to 0} \frac{A(x+h) - A(x)}{h}}_{A'(x)} \le \underbrace{\lim_{h\to 0} M}_{f(x)}$$

조임 정리(정리 2.5)에 의해 $A'(x)$가 존재하고, A는 $a < x < b$에서 미분가능하다는 결론을 얻는다. 더욱이 $A'(x) = f(x)$이다. 마지막으로 A가 (a, b)에서 미분가능하므로 정리 3.1에 의해 (a, b)에서 연속이다. 또한 끝점 a와 b에서도 A가 연속임을 보일 수 있다.

2단계 넓이 함수 A가 f의 역도함수임을 확인하면 $F(x) = A(x) + C$임을 알 수 있다. 여기서 F는 f의 역도함수이고 C는 상수이다. $A(a) = 0$에 주목하면 다음이 성립한다.

➤ 중요한 사실: 동일한 함수의 두 역도함수는 상수배 차이가 있다.

$$F(b) - F(a) = (A(b) + C) - (A(a) + C) = A(b)$$

$A(b)$를 정적분으로 표현하면 다음과 같다.

$$A(b) = \int_a^b f(x)\,dx = F(b) - F(a)$$

이는 미적분학의 기본 정리 2와 같다. ◀

5.3절 연습문제

1단계 스타트

1. A가 f의 넓이 함수라고 가정하자. f와 A 사이의 관계는 무엇인가?

2. 미적분학의 기본 정리를 사용하여 정적분을 구하는 방법을 수학적으로 설명하여라.

3. 선형 함수 $f(x) = 3 - x$는 구간 $[0, 3]$에서 감소한다. 구간 $[0, 3]$에서 f에 대한 넓이 함수(왼쪽 끝점이 0)가 증가하는가 감소하는가? 그림을 그리고 설명하여라.

4. 미적분학의 기본 정리 1에 나타난 미분과 적분의 역관계를 글로 설명한 다음 수학적으로 표현하여라.

5. $\dfrac{d}{dx}\displaystyle\int_a^x f(t)\,dt$와 $\dfrac{d}{dx}\displaystyle\int_a^b f(t)\,dt$를 계산하여라. 여기서 a, b는 상수이다.

6. f'은 $[3, 8]$에서 연속이고 $f(3) = 4$, $f(8) = 20$일 때, $\int_3^8 f'(t)\,dt$를 계산하여라.

2단계 실전

7. 그림은 f의 그래프이다. $A(x) = \int_{-2}^x f(t)\,dt$와 $F(x) = \int_4^x f(t)\,dt$를 f의 두 넓이 함수라고 하자. 다음 넓이 함수의 값을 계산하여라.

   a. $A(-2)$ **b.** $F(8)$ **c.** $A(4)$ **d.** $F(4)$ **e.** $A(8)$

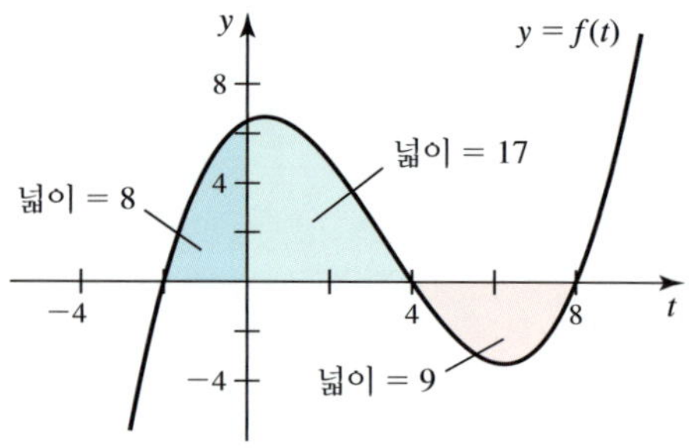

8. 상수함수에 대한 넓이 함수 함수 $f(t) = 5$와 실수 a를 가정하자(그림 참조).

a. 넓이 함수 $A(x) = \int_a^x f(t)\,dt$를 계산한 후, 그래프를 그려라.

b. $A'(x) = f(x)$임을 보여라.

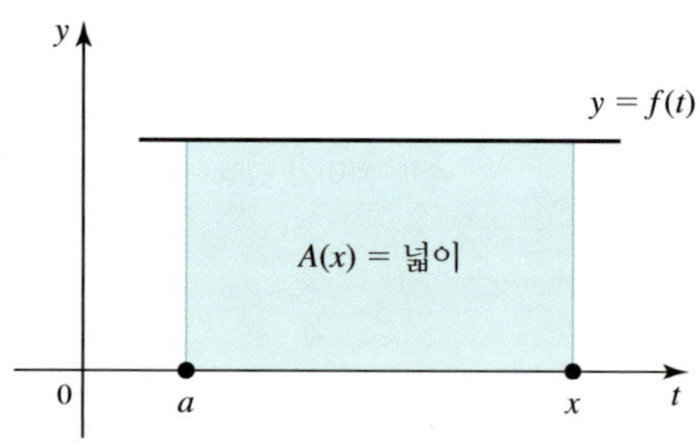

9. 같은 선형 함수에 대한 넓이 함수 $f(t) = t$이고 두 넓이 함수 $A(x) = \int_0^x f(t)\,dt$, $F(x) = \int_2^x f(t)\,dt$라 하자.

a. $A(2)$와 $A(4)$를 계산하여라. 기하학을 이용하여 $A(x)$, $x \geq 0$을 표현하여라.

b. $F(4)$와 $F(6)$을 계산하여라. 기하학을 이용하여 $F(x)$, $x \geq 2$ 를 표현하여라.

c. $A(x) - F(x)$는 상수이고, $A'(x) = F'(x) = f(x)$임을 보여라.

10–11. 다음 함수 f와 실수 a를 고려하자(그림 참조).

a. 넓이 함수 $A(x) = \int_a^x f(t)\,dt$를 계산한 후 그래프를 그려라.

b. $A'(x) = f(x)$임을 보여라.

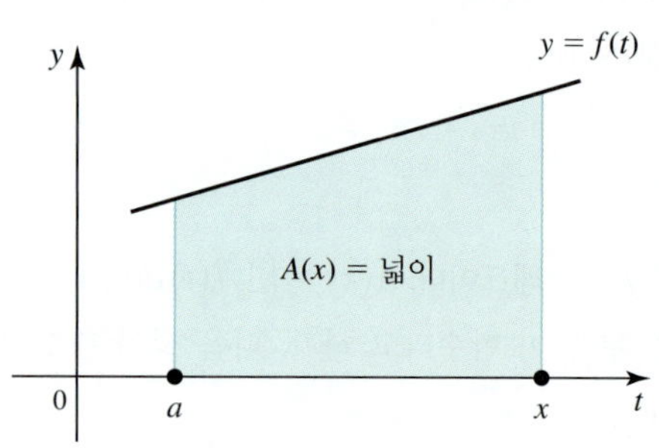

10. $f(t) = t + 5,\ a = -5$ **11.** $f(t) = 3t + 1,\ a = 2$

12. 정적분 미적분학의 기본 정리를 이용하여 적분 $\int_0^1 (x^2 - 2x + 3)\,dx$를 구하여라. 결과가 그림과 일치하는 이유를 설명하여라.

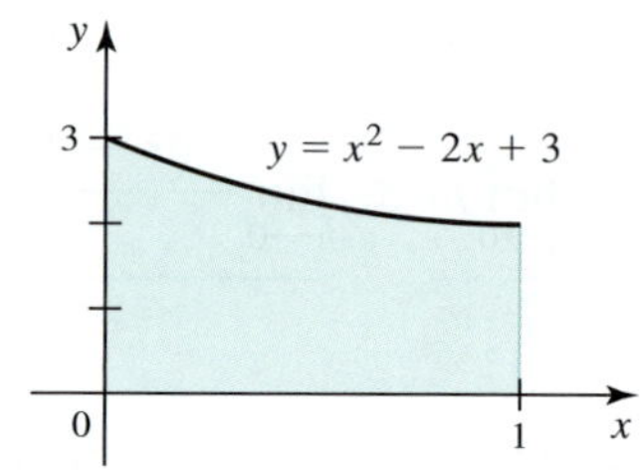

13–14. 정적분 미적분학의 기본 정리를 이용하여 다음 적분을 구하여라. 피적분함수의 그래프를 그린 다음 구간 면적을 찾은 영역을 표시하여라.

13. $\int_{-2}^{3} (x^2 - x - 6)\,dx$ **14.** $\int_0^5 (x^2 - 9)\,dx$

15–31. 정적분 미적분학의 기본 정리를 이용하여 다음 적분을 구하여라.

15. $\int_0^2 4x^3\,dx$ **16.** $\int_1^8 8x^{1/3}\,dx$

17. $\int_0^1 (x + \sqrt{x})\,dx$ **18.** $\int_1^9 \frac{2}{\sqrt{x}}\,dx$

19. $\int_{-2}^{2} (x^2 - 4)\,dx$ **20.** $\int_{1/2}^{1} (t^{-3} - 8)\,dt$

21. $\int_1^4 (1 - x)(x - 4)\,dx$ **22.** $\int_{-2}^{-1} x^{-3}\,dx$

23. $\int_0^{\pi/4} \sec^2\theta\,d\theta$ **24.** $\int_1^2 \frac{3}{t}\,dt$

25. $\int_1^8 \sqrt[3]{y}\,dy$ **26.** $\int_1^4 \frac{x - 2}{\sqrt{x}}\,dx$

27. $\int_0^{\pi/3} \sec x \tan x\,dx$ **28.** $\int_{\pi/4}^{3\pi/4} (\cot^2 x + 1)\,dx$

29. $\int_1^{\sqrt{3}} \frac{1}{1 + x^2}\,dx$ **30.** $\int_1^2 \frac{z^2 + 4}{z}\,dz$

31. $\int_0^{\pi} f(x)\,dx,\ f(x) = \begin{cases} \sin x + 1, & x \leq \pi/2 \\ 2\cos x + 2, & x > \pi/2 \end{cases}$

32–33. 넓이 다음 영역의 (i) 구간 면적과 (ii) 넓이를 구하여라. 함수를 그래프로 나타내고 해당 영역을 표시하여라.

32. $y = x^{1/2}$과 x축의 $x = 1$과 $x = 4$로 둘러싸인 영역

33. $y = x^4 - 16$과 x축으로 둘러싸인 영역

34–36. f의 그래프와 x의 주어진 구간으로 둘러싸인 영역의 넓이를 구하여라.

34. $f(x) = x^2 - 25,\ [2, 4]$

35. $f(x) = \dfrac{1}{x},\ [-2, -1]$

36. $f(x) = \sin x,\ \left[-\dfrac{\pi}{4}, \dfrac{3\pi}{4}\right]$

37–43. 적분의 도함수 다음을 간단히 하여라.

37. $\dfrac{d}{dx}\displaystyle\int_3^x (t^2 + t + 1)\, dt$

38. $\dfrac{d}{dx}\displaystyle\int_x^1 \sqrt{t^4 + 1}\, dt$

39. $\dfrac{d}{dx}\displaystyle\int_2^{x^3} \dfrac{dp}{p^2}$

40. $\dfrac{d}{dx}\displaystyle\int_0^{\cos x} (t^4 + 6)\, dt$

41. $\dfrac{d}{dz}\displaystyle\int_{\sin z}^{10} \dfrac{dt}{t^4 + 1}$

42. $\dfrac{d}{dt}\left(\displaystyle\int_1^t \dfrac{3}{x}\, dx - \int_{t^2}^1 \dfrac{3}{x}\, dx\right)$

43. $\dfrac{d}{dx}\displaystyle\int_{-x}^x \sqrt{1 + t^2}\, dt$

(힌트: $\displaystyle\int_{-x}^x \sqrt{1 + t^2}\, dt = \int_{-x}^0 \sqrt{1 + t^2}\, dt + \int_0^x \sqrt{1 + t^2}\, dt$)

44. 넓이 함수와 함수 대응시키기 a–d에 주어진 함수 f의 그래프와 A–D에 주어진 넓이 함수 $A(x) = \int_0^x f(t)\, dt$를 대응시켜라.

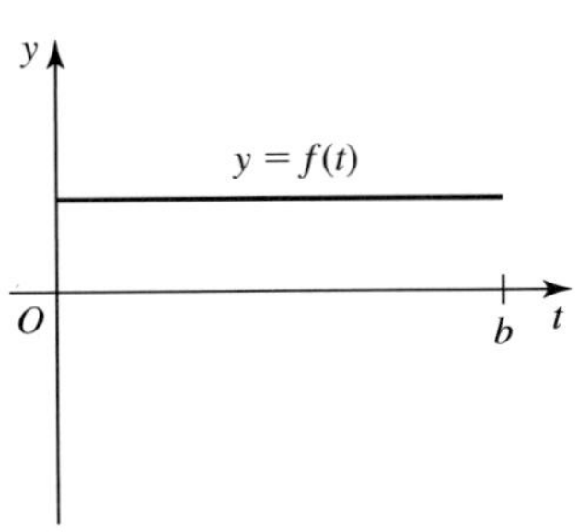

(a)

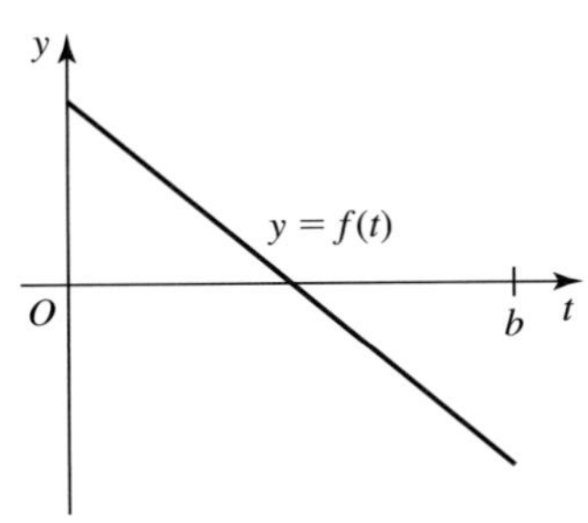

(b)

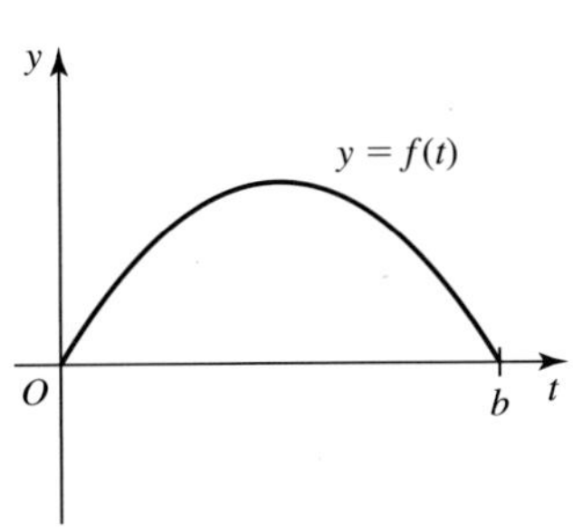

(c)

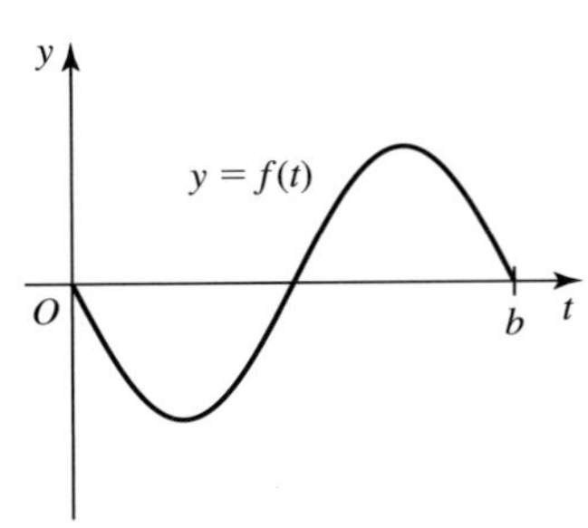

(d)

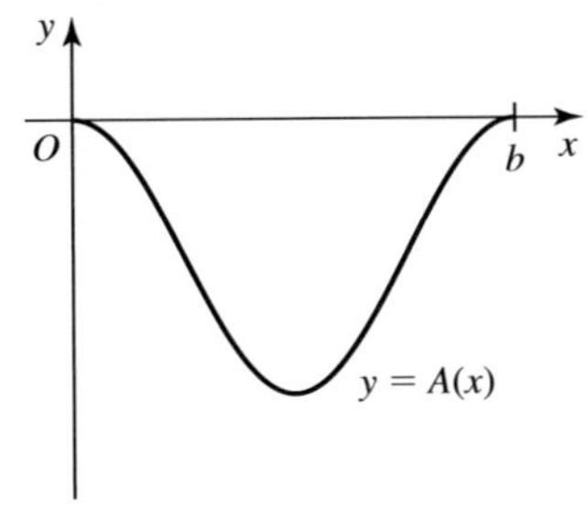

(A)

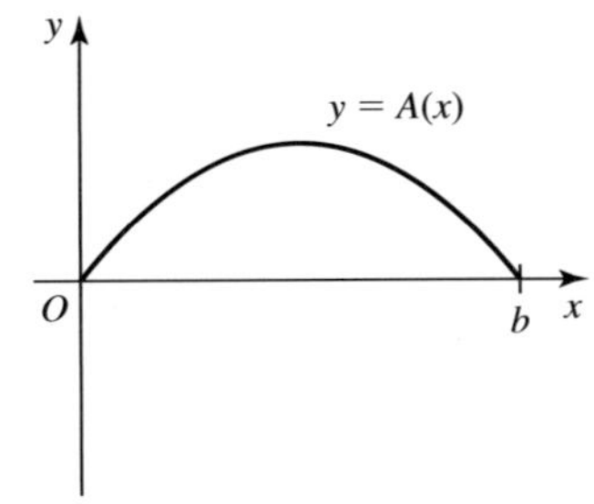

(B)

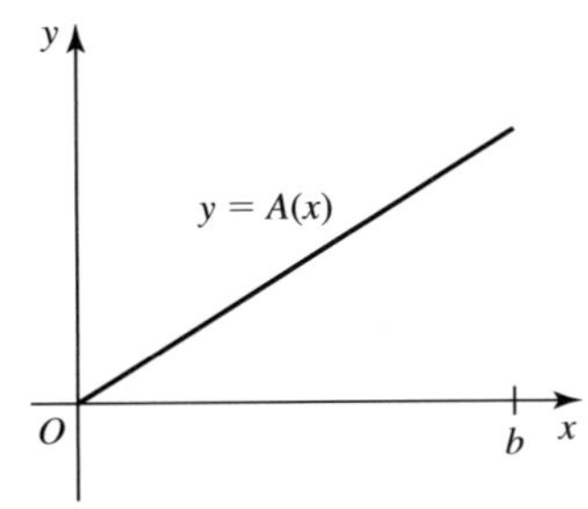

(C)

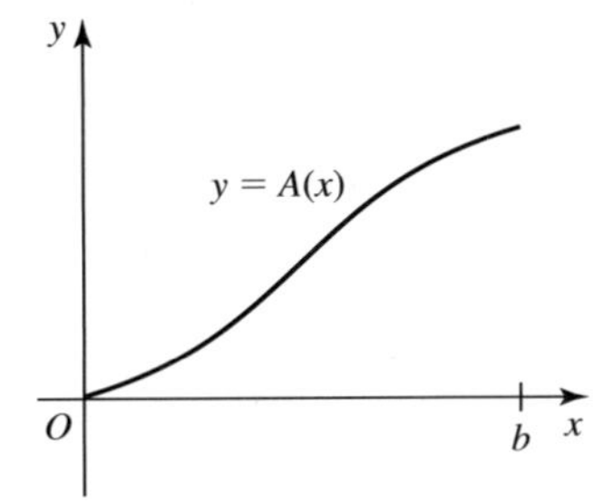

(D)

45–46. 함수 f와 그래프를 고려하여 물음에 답하여라.

a. 넓이 함수 $A(x) = \int_0^x f(t)\, dt$, $0 \le x \le 10$이 0이 되는 점을 추정하여라.

b. A가 극댓값 또는 극솟값을 갖는 점을 추정하여라.

c. y축의 눈금 없이 $0 \le x \le 10$에서 A의 그래프를 그려라.

45.

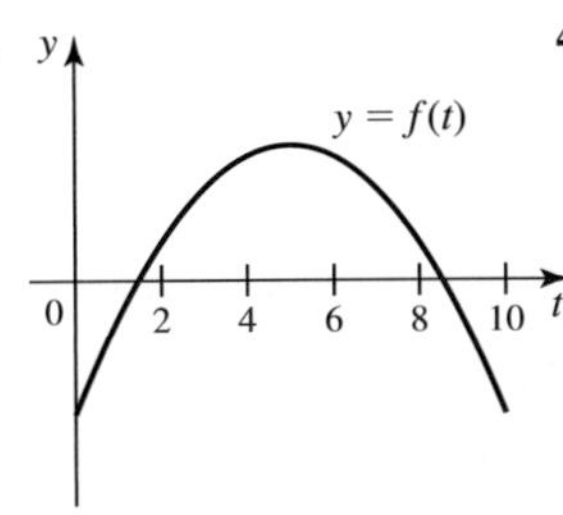

46.

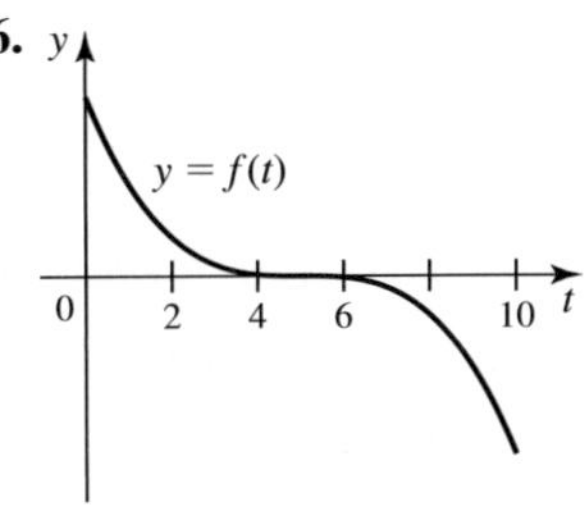

47. 그래프에 의한 넓이 함수 그림은 f의 그래프이다. $A(x) = \int_0^x f(t)\, dt$에 대하여 $A(2)$, $A(5)$, $A(8)$을 계산하여라.

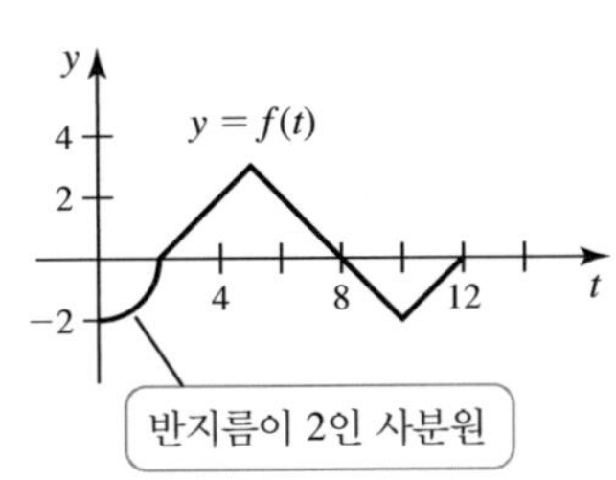

48–49. 넓이 함수 작업 함수 f와 세 점 a, b, c를 고려하자.

a. 미적분학의 기본 정리를 이용하여 넓이 함수 $A(x) = \int_a^x f(t)\, dt$를 구하여라.

b. f와 A의 그래프를 그려라.

c. $A(b)$, $A(c)$를 계산하여라. **b**의 그래프를 이용하여 결과를 설명하여라.

48. $f(x) = e^x, a = 0, b = \ln 2, c = \ln 4$

49. $f(x) = \cos x, a = 0, b = \dfrac{\pi}{2}, c = \pi$

50. 함수 $f(x) = \int_{-1}^{x} t^2(t-3)(t-4)\,dt$의 임계점을 구하고, 증가하는 구간 또는 감소하는 구간을 결정하여라.

51. 적분으로 정의된 함수 상한에 변수가 있는 정적분으로 표현되는 함수 $g(x) = \int_0^x \sin^2 t\,dt$를 고려하자.

a. 피적분함수의 그래프를 그려라.

b. $g'(x)$를 계산하여라.

c. g의 그래프를 그리고, 모든 작업 과정을 보인 다음 그 이유를 설명하여라.

52–53. 영역의 넓이 f의 그래프와 주어진 구간에서 x축으로 둘러싸인 영역 R의 넓이를 구하여라. f의 그래프를 그린 후, 영역 R을 표시하여라.

52. $f(x) = 2 - |x|,\ [-2, 4]$

53. $f(x) = x^4 - 4,\ [1, 4]$

54. 참 또는 거짓 다음 명제가 참이면 증명하고 거짓이면 반례를 들어라.

a. f가 $x > 0$에서 양이면서 감소함수이면 넓이 함수 $A(x) = \int_0^x f(t)\,dt$는 증가함수이다.

b. f가 $x > 0$에서 음이면서 증가함수이면 넓이 함수 $A(x) = \int_0^x f(t)\,dt$는 감소함수이다.

c. 두 함수 $p(x) = \sin 3x$와 $q(x) = 4\sin 3x$는 같은 함수의 역도함수를 갖는다.

d. $A(x) = 3x^2 - x - 3$이 함수 f의 넓이 함수이면 $B(x) = 3x^2 - x$ 또한 함수 f의 넓이 함수이다.

3단계 도전

55. 최대 구간 면적 $\int_{-1}^{b} x^2(3-x)\,dx$가 최댓값을 갖도록 하는 b의 값은 얼마인가(단, $b > -1$)?

56. 구간 면적이 0 함수 $f(x) = x^2 - 4x$를 고려하자.

a. $x \geq 0$에서 f의 그래프를 그려라.

b. $\int_0^b f(x)\,dx = 0$이 되도록 하는 양수 b의 값은 얼마인가?

c. 일반적으로 $f(x) = x^2 - ax$, $a > 0$에 대하여 $\int_0^b f(x)\,dx = 0$이 되도록 하는 양수 b의 값은 얼마인가?

57. 적분 방정식 미적분학의 기본 정리 1을 이용하여 다음 방정식을 만족하는 함수 f를 구하여라.

$$\int_0^x f(t)\,dt = 2\cos x + 3x - 2$$

결과를 방정식에 대입하여 확인하여라.

58. 사인 적분의 점근선 계산기를 사용하여

$$\lim_{x\to\infty} S(x) = \lim_{x\to\infty} \int_0^x \frac{\sin t}{t}\,dt$$

를 근사하여라. 여기서 S는 사인 적분 함수이다(예제 7 참조). 이유를 설명하여라.

59. 프레넬 적분 프레넬 적분 $S(x) = \int_0^x \sin t^2\,dt$가 미분방정식 $(S'(x))^2 + \left(\dfrac{S''(x)}{2x}\right)^2 = 1$을 만족함을 보여라.

QUICK CHECK 정답

1. 0, −35 **2.** $A(6) = 44$, $A(10) = 120$ **3.** $\frac{2}{3} - \frac{1}{2} = \frac{1}{6}$
4. f를 미분하면 f'을 얻는다. 따라서 f는 f'의 역도함수이다.

5.4 적분 작업

미적분학의 기본 정리를 사용하여 적분 및 그 응용에 대한 조사를 시작할 수 있다. 이 절에서는 적분에서 대칭의 역할에 대하여 논의하고, 작은 조각을 내어 합하기 방법을 사용하여 함수의 평균값을 정의하고, 적분에 대한 평균값 정리라는 이론적인 결과를 살펴본다.

우함수와 기함수의 적분

대칭은 수학 전반에 걸쳐 다양한 형태로 나타나며, 대칭성을 활용하면 종종 통찰력과 효율성이 생긴다. 여기서는 적분의 계산을 간단히 하기 위해 함수의 대칭성을 사용한다.

1.1절에서 우함수 및 기함수의 대칭성을 소개했다. **우함수**(even function)는 $f(-x)=f(x)$를 만족하고, 이는 그래프가 y축에 대하여 대칭임을 의미한다(그림 5.53(a)). 우함수의 예로 $f(x)=\cos x$, $f(x)=x^n$(n은 짝수)이 있다. **기함수**(odd function)는 $f(-x)=-f(x)$를 만족하며, 이는 그래프가 원점에 대하여 대칭임을 의미한다. 예를 들어 $f(x)=\sin x$, $f(x)=x^n$(n은 홀수)이다.

원점을 중심으로 한 구간에서 우함수 및 기함수를 적분하면 특별한 일이 발생한다. f가 우함수라 가정하고 $\int_{-a}^{a} f(x)\,dx$를 고려해 보자. 그림 5.53(a)와 같이 $[-a, 0]$에서 함수 f의 적분은 $[0, a]$에서의 적분과 같다. 따라서 $[-a, a]$에서 적분은 $[0, a]$에서 적분의 두 배, 즉

$$\int_{-a}^{a} f(x)\,dx = 2\int_{0}^{a} f(x)\,dx$$

이다. 반면, f가 기함수이고 $\int_{-a}^{a} f(x)\,dx$를 고려해 보면 그림 5.53(b)와 같이 $[-a, 0]$에서 함수 f의 적분은 $[0, a]$에서의 적분의 음의 값이다. 따라서 $[-a, a]$에서 적분은 0, 즉

$$\int_{-a}^{a} f(x)\,dx = 0$$

이다. 이 결과를 요약하면 다음과 같다.

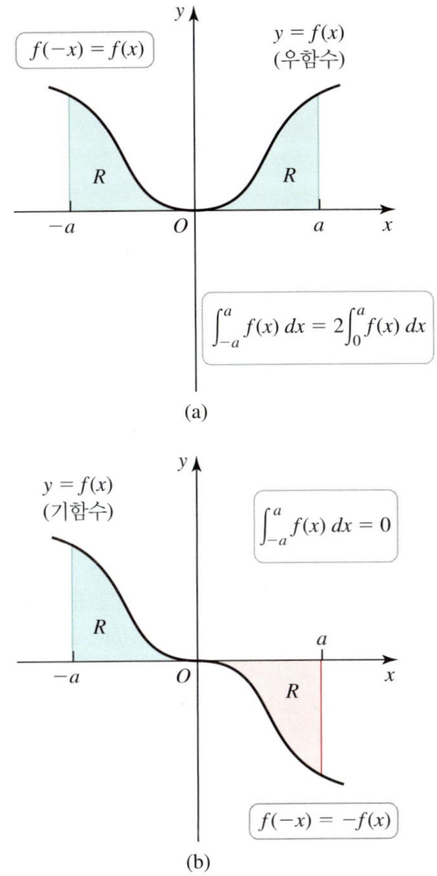

그림 5.53

> **정리 5.4 우함수와 기함수의 적분**
>
> 양의 실수 a와 $[-a, a]$에서 적분 가능한 함수 f에 대하여 다음이 성립한다.
>
> - f가 우함수이면 $\int_{-a}^{a} f(x)\,dx = 2\int_{0}^{a} f(x)\,dx$이다.
> - f가 기함수이면 $\int_{-a}^{a} f(x)\,dx = 0$이다.

다음 예제는 대칭성이 적분을 간단히 하는 방법을 보여 준다.

QUICK CHECK 1 f, g가 둘 다 우함수일 때, fg는 우함수인가 기함수인가? $f(-x)=f(x)$, $g(-x)=g(x)$를 이용하여라. ◀

| 예제 1 | 대칭함수의 적분 대칭성을 이용하여 다음 적분을 계산하여라.

a. $\int_{-2}^{2}(x^4 - 3x^3)\,dx$　　　**b.** $\int_{-\pi/2}^{\pi/2}(\cos x - 4\sin^3 x)\,dx$

풀이

a. $x^4 - 3x^3$은 기함수도 우함수도 아님에 주의하자. 즉, 정리 5.4를 직접적으로 적용할 수 없다. 그러나 적분을 분리하면 대칭성을 이용할 수 있다.

$$\int_{-2}^{2}(x^4 - 3x^3)\,dx = \int_{-2}^{2}x^4\,dx - 3\underbrace{\int_{-2}^{2}x^3\,dx}_{0} \quad \text{표 5.4의 성질 3, 4}$$

$$= 2\int_{0}^{2}x^4\,dx - 0 \quad x^4\text{은 우함수, } x^3\text{은 기함수}$$

$$= 2\left(\frac{x^5}{5}\right)\Bigg|_0^2 \quad \text{기본 정리}$$

$$= 2\left(\frac{32}{5}\right) = \frac{64}{5} \quad \text{간단히 하기}$$

피적분의 홀수 거듭제곱 항이 대칭성에 의해 제거되는 것에 주목하자. 하한이 0이므로 짝수 거듭제곱 항의 적분은 간단하다.

➤ $\sin^3 x$가 기함수임을 알아보는 여러 방법이 있다. 하나는 그래프가 원점에 대하여 대칭이므로 $\sin^3(-x) = -\sin^3 x$임을 확인하는 것이고, 이와 유사한 방법으로 x의 홀수 거듭제곱을 취한 다음 다시 홀수 거듭제곱을 취하는 것이다. 예를 들어 $(x^5)^3 = x^{15}$이다. 연습문제 25–26번에서 합성함수의 대칭에 관한 증명을 살펴볼 수 있다.

b. $\cos x$ 항은 우함수이므로 구간 $[0, \pi/2]$에서 적분할 수 있다. $\sin^3 x$는 어떤가? 기함수를 홀수 번 거듭제곱한 함수이므로 결과적으로 기함수가 된다. 즉, 구간 $[-\pi/2, \pi/2]$에서 적분은 0이다. 따라서 다음을 얻는다.

$$\int_{-\pi/2}^{\pi/2}(\cos x - 4\sin^3 x)\,dx = 2\int_{0}^{\pi/2}\cos x\,dx - 0 \quad \text{대칭성}$$

$$= 2\sin x\Big|_0^{\pi/2} \quad \text{기본 정리}$$

$$= 2(1 - 0) = 2 \quad \text{간단히 하기}$$

관련 연습문제 8번◀

함수의 평균값

5명의 체중이 각각 155, 143, 180, 105, 123파운드(lb)인 경우, 평균 체중은

$$\frac{155 + 143 + 180 + 105 + 123}{5} = 141.2\text{ lb}$$

이다. 이 개념은 함수로 자연스럽게 확장된다. 함수 f가 구간 $[a, b]$에서 연속이라 가정하자. 정규 분할 $x_0 = a, x_1, x_2, \cdots, x_n = b$, $\Delta x = \dfrac{b-a}{n}$를 이용하여 각 부분 구간에서 선택한 x_k^*에 대하여 $f(x_k^*)$, $k = 1, \cdots, n$을 계산한다. 함숫값 $f(x_k^*)$는 $[a, b]$에서 표본으로 보일 것이다. 이 함수의 평균값은 다음과 같다.

$$\frac{f(x_1^*) + f(x_2^*) + \cdots + f(x_n^*)}{n}$$

$n = \dfrac{b-a}{\Delta x}$이므로 n개 값의 평균을 리만합으로 표현할 수 있다.

$$\frac{f(x_1^*) + f(x_2^*) + \cdots + f(x_n^*)}{(b-a)/\Delta x} = \frac{1}{b-a}\sum_{k=1}^{n} f(x_k^*)\Delta x$$

이제 n을 증가시켜서 f의 더 많은 표본을 가져오고 $\Delta x \to 0^-$으로 감소할 때, 이 합의 극한은 $[a, b]$에서 f의 평균값을 의미하는 정적분이 된다.

$$\begin{aligned}\bar{f} &= \frac{1}{b-a}\lim_{n\to\infty}\sum_{k=1}^{n} f(x_k^*)\Delta x \\ &= \frac{1}{b-a}\int_a^b f(x)\,dx\end{aligned}$$

함수의 평균값에 대한 이 정의는 유한 개 숫자들의 평균의 정의와 유사하다.

정의 함수의 평균값

$[a, b]$에서 적분 가능한 함수 f의 평균값은 다음과 같다.

$$\bar{f} = \frac{1}{b-a}\int_a^b f(x)\,dx$$

$[a, b]$에서 함수 f의 평균값은 명확하게 기하학적인 해석을 갖는다. 평균값의 정의에서 양변에 $(b-a)$를 곱하면 다음을 얻는다.

$$\underbrace{(b-a)\bar{f}}_{\text{직사각형의 구간 면적}} = \underbrace{\int_a^b f(x)\,dx}_{\text{곡선으로 둘러싸인 영역의 구간 면적}}$$

$|\bar{f}|$는 $[a, b]$를 밑변으로 갖는 직사각형의 높이이고, 직사각형은 $[a, b]$에서 f의 그래프로 둘러싸인 영역의 구간 면적이다(그림 5.54). 이때 $\bar{f}$가 0이거나 음일 수도 있다.

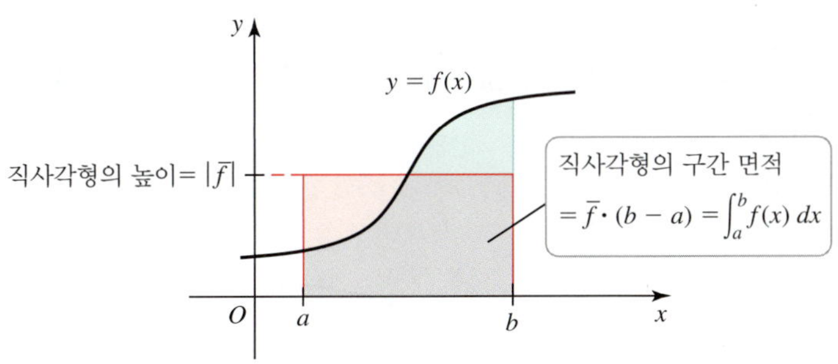

그림 5.54

QUICK CHECK 2 구간에서 상수함수의 평균값은 얼마인가? 구간 $[-a, a]$에서 기함수의 평균값은 얼마인가? ◀

| 예제 2 | 평균 고도 어느 하이킹 코스의 고도가 다음과 같이 주어진다.

$$f(x) = 60x^3 - 650x^2 + 1200x + 4500$$

여기서 f는 해수면 위 고도(ft)이고, $x(0 \le x \le 5)$의 단위는 마일(mi)로 코스를 따라가는 수평 거리를 나타낸다. 이 코스의 평균 고도는 얼마인가?

풀이 코스의 고도는 약 2000 ft와 5000 ft 사이이다(그림 5.55). 코스의 끝점을 수평 거리 $a = 0$ 및 $b = 5$에 해당하도록 하면 코스의 평균 고도(ft)는 다음과 같다.

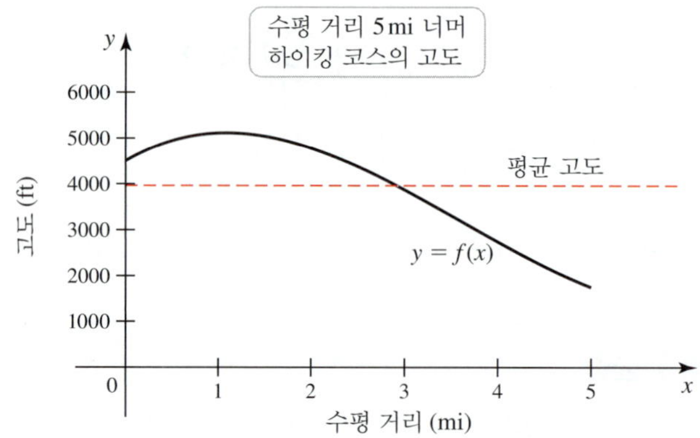

그림 5.55

$$\begin{aligned}\bar{f} &= \frac{1}{5}\int_0^5 (60x^3 - 650x^2 + 1200x + 4500)\,dx \\ &= \frac{1}{5}\left(60\frac{x^4}{4} - 650\frac{x^3}{3} + 1200\frac{x^2}{2} + 4500x\right)\Big|_0^5 \quad \text{기본 정리} \\ &= 3958\tfrac{1}{3} \quad \text{간단히 하기}\end{aligned}$$

즉, 코스의 평균 고도는 3960 ft보다 약간 낮다. ◀

➤ 이 결과와 도함수에 관한 다음 평균값 정리와 비교하여라. $f'(c)$가 f의 평균 기울기와 같아지는 점 c가 (a, b)에 적어도 하나 존재한다.

적분의 평균값 정리

함수의 평균값은 중요한 이론적 결과로 이끈다. 적분에 대한 평균값 정리에 의하면 f가 $[a, b]$에서 연속이면 $f(c)$가 (a, b)에서 f의 평균값과 같도록 하는 점 c가 구간 (a, b)에 적어도 하나 존재한다. 다시 말해 수평선 $y = \bar{f}$는 (a, b)의 어떤 점 c에서 f와 만난다는 것이다(그림 5.56). f가 연속이지 않으면 이러한 점은 존재하지 않을 수 있다.

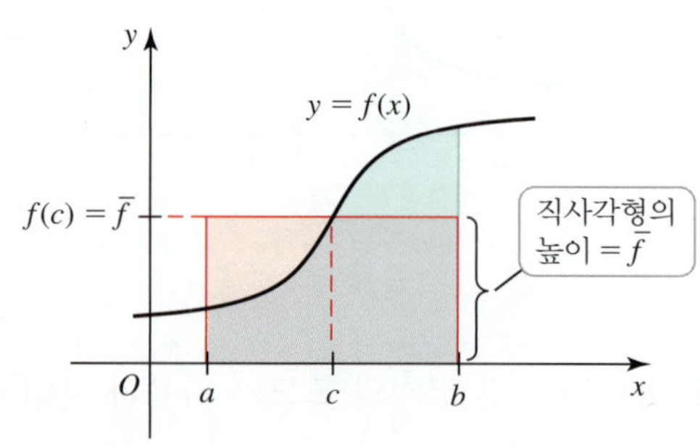

그림 5.56

➤ 정리 5.5는 f가 그의 평균값과 같아지는 점 c가 (a, b) 사이에 있다는 것을 보장한다. 그러나 f는 그 구간의 끝점에서 평균값과 같을 수도 있다.

정리 5.5 적분의 평균값 정리

f가 $[a, b]$에서 연속이면 다음을 만족하는 c가 (a, b)에 존재한다.

$$f(c) = \bar{f} = \frac{1}{b - a}\int_a^b f(t)\,dt$$

증명 $F(x) = \int_a^x f(t)\,dt$라 하면 F는 $[a, b]$에서 연속이고 (a, b)에서 미분가능하다(정리 5.3의 1). 도함수에 관한 평균값 정리(정리 4.4)를 F에 적용하면 다음을 만족하는 c가 (a, b)에 적어도 하나 존재한다는 결론을 얻는다.

$$\underbrace{F'(c)}_{f(c)} = \frac{F(b) - F(a)}{b - a}$$

정리 5.3의 1에 의해 $F'(c) = f(c)$를 얻으며, 정리 5.3의 2에 의해 다음을 얻는다.

$$F(b) - F(a) = \int_a^b f(t)\,dt$$

이를 종합하면 다음을 만족하는 c가 (a, b)에 존재함을 알 수 있다.

$$f(c) = \frac{1}{b - a}\int_a^b f(t)\,dt$$

➤ 평균값 정리의 일반적인 형태는 f, g가 $[a, b]$에서 연속이고 $[a, b]$에서 $g(x) \geq 0$일 때,

$$\int_a^b f(x)g(x)\,dx = f(c)\int_a^b g(x)\,dx$$

를 만족하는 점 c가 (a, b)에 존재한다는 것이다.

| 예제 3 | 함숫값과 같은 평균값 $f(x) = 2x(1 - x)$와 $[0, 1]$에서 f의 평균값이 같아지는 구간 $(0, 1)$의 점을 찾아라.

풀이 $[0, 1]$에서 f의 평균값은 다음과 같다.

$$\bar{f} = \frac{1}{1 - 0}\int_0^1 2x(1 - x)\,dx = \left(x^2 - \frac{2}{3}x^3\right)\Big|_0^1 = \frac{1}{3}$$

$f(x) = \frac{1}{3}$을 만족하는 $(0, 1)$의 점을 구해야 한다(그림 5.57). 근의 공식을 이용하여 $f(x) = 2x(1 - x) = \frac{1}{3}$의 두 근을 구하면 다음과 같다.

$$\frac{1 - \sqrt{1/3}}{2} \approx 0.211, \quad \frac{1 + \sqrt{1/3}}{2} \approx 0.789$$

이 두 점은 $x = \frac{1}{2}$의 양쪽에 대칭적으로 위치하고 있다. 두 해 0.211, 0.789는 $f(x) = ax(1 - x)$, $a \neq 0$의 해이다(연습문제 27번).

관련 연습문제 21번

QUICK CHECK 3 f가 연속이고

$$\int_a^b f(x)\,dx = 0$$

이면 (a, b)의 적어도 한 점에 대하여 $f(x) = 0$인 이유를 설명하여라.

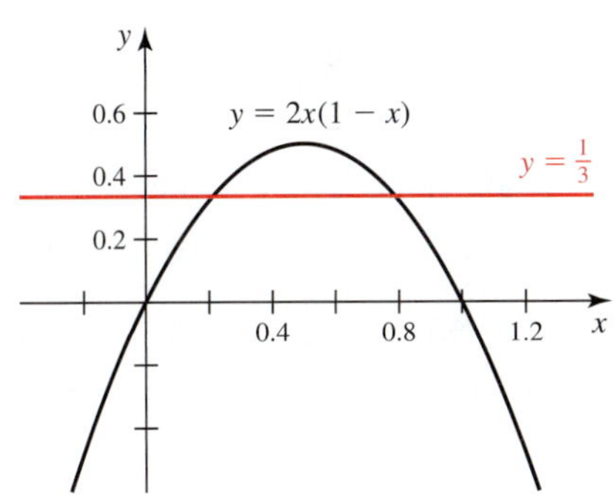

그림 5.37

5.4절 연습문제

1단계 스타트

1. f가 기함수일 때, $\int_{-a}^{a} f(x)\,dx = 0$인 이유는 무엇인가?

2. f가 우함수이고 $\int_{-8}^{8} f(x)\,dx = 18$이라 가정하자.
   a. $\int_0^8 f(x)\,dx$를 계산하여라.
   b. $\int_{-8}^{8} xf(x)\,dx$를 계산하여라.

3. 대칭성을 이용하여 다음 등식이 성립함을 보여라.

$$\int_{-4}^{4}(5x^4 + 3x^3 + 2x^2 + x + 1)\,dx = 2\int_0^4(5x^4 + 2x^2 + 1)\,dx$$

4. x^{12}은 우함수인가 기함수인가? $\sin x^2$은 우함수인가 기함수인가?

5. $[a, b]$에서 연속인 함수는 (a, b)의 어떤 점에서 이 함수의 평균값과 같다는 것을 설명하여라.

2단계 실전

6–12. 적분의 대칭성 대칭성을 이용하여 다음 적분을 계산하여라.

6. $\int_{-2}^{2} x^9\, dx$

7. $\int_{-2}^{2} (3x^8 - 2)\, dx$

8. $\int_{-2}^{2} (x^2 + x^3)\, dx$

9. $\int_{-2}^{2} (x^9 - 3x^5 + 2x^2 - 10)\, dx$

10. $\int_{-\pi/4}^{\pi/4} \sin^5 t\, dt$

11. $\int_{-\pi/4}^{\pi/4} \sec^2 x\, dx$

12. $\int_{-2}^{2} \frac{x^3 - 4x}{x^2 + 1}\, dx$

13–16. 평균값 주어진 구간에서 다음 함수의 평균값을 구하여라. 함수의 그래프를 그린 다음 평균값을 표시하여라.

13. $f(x) = x^3,\ [-1, 1]$

14. $f(x) = \frac{1}{x^2 + 1},\ [-1, 1]$

15. $f(x) = \cos x,\ \left[-\frac{\pi}{2}, \frac{\pi}{2}\right]$

16. $f(x) = x^n$, n은 $[0, 1]$의 임의의 양의 정수

17. **포물선 위의 평균 거리** 구간 $[0, 20]$에서 포물선 $y = 30x(20 - x)$와 x축 사이의 평균 거리는 얼마인가?

18. **평균 속도** 직선을 따라 움직이는 물체의 속도(m/s)는 구간 $[0, 6]$에서 $v(t) = t^2 + 3t$이다. 이 시간 동안 물체의 평균 속도를 구하여라.

19. **아치의 평균 높이** 어느 아치의 높이는 함수 $y = 10 \sin x$, $0 \le x \le \pi$로 주어진다. 아치의 평균 높이는 얼마인가?

20–22. 적분의 평균값 정리 다음 함수가 주어진 구간에서 평균값과 같도록 하는 모든 점을 찾거나 근사하여라.

20. $f(x) = 8 - 2x,\ [0, 4]$

21. $f(x) = 1 - \frac{x^2}{a^2},\ [0, a]$ (a는 양의 실수)

22. $f(x) = 1 - |x|,\ [-1, 1]$

23. **참 또는 거짓** 다음 명제가 참이면 증명하고 거짓이면 반례를 들어라.

a. f가 직선 $x = 2$에 대하여 대칭이면 $\int_0^4 f(x)\, dx = 2\int_0^2 f(x)\, dx$이다.

b. f가 모든 x에 대하여 $f(a + x) = -f(a - x)$(a는 상수)이면 $\int_{a-2}^{a+2} f(x)\, dx = 0$이다.

c. 구간 $[a, b]$에서 선형 함수의 평균값은 $[a, b]$의 중간점에서의 함숫값과 같다.

d. 구간 $[0, a]$, $a > 0$에서 $f(x) = x(a - x)$를 고려하자. $[0, a]$에서 f의 평균값은 f의 최댓값의 $\frac{1}{2}$이다.

24. **게이트웨이 아치** 세인트루이스에 있는 게이트웨이 아치의 높이는 630 ft이고 너비는 630 ft이다. 이 아치의 모양은 다음과 같은 포물선으로 표현할 수 있다.

$$y = 630\left(1 - \left(\frac{x}{315}\right)^2\right)$$

아치의 평균 높이를 구하여라.

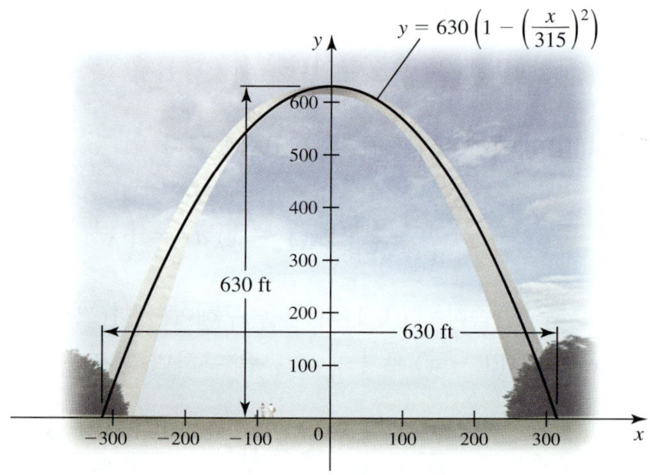

25–26. 합성함수의 대칭 다음 피적분함수가 우함수 또는 기함수임을 증명하여라. 그다음 적분 값을 구하거나 적분을 간단히 할 수 있는 방법을 제시하여라. 여기서 f와 g는 우함수이고, p는 기함수라고 가정한다.

25. $\int_{-a}^{a} f(g(x))\, dx$

26. $\int_{-a}^{a} p(g(x))\, dx$

27. **매개변수가 있는 평균값** 구간 $[0, 1]$에서 함수 $f(x) = ax(1 - x)$를 고려하자. 여기서 a는 양의 실수이다.

a. a의 함수로서 f의 평균값을 구하여라.

b. f의 값이 평균값과 같은 점을 찾고, 이 점이 a와 무관함을 증명하여라.

3단계 도전

28. 고대 문제 미적분학을 발견하기 오래전에 그리스 수학자는 여러 미적분 문제를 해결했다. 다음은 아르키메데스가 미적분학보다 2000년이나 앞선 방법을 사용하여 해결한 문제이다.

a. 포물선의 일부 면적이 가장 큰 넓이의 내접삼각형 넓이의 4/3와 같다는 것을 보여라. 즉, 포물선 $y = a^2 - x^2$과 x축으로 둘러싸인 영역의 넓이는 세 꼭짓점이 $(\pm a, 0)$, $(0, a^2)$인 삼각형 넓이의 4/3이다.

b. 포물선 $y = a^2 - x^2$과 x축으로 둘러싸인 영역의 넓이는 네 꼭짓점이 $(\pm a, 0)$, $(\pm a, a^2)$인 직사각형 넓이의 2/3와 같음을 보여라.

29. 거듭제곱함수의 대칭 다음 표의 빈 곳에 우함수 또는 기함수를 적고, 결과를 증명하여라. 여기서 n은 음이 아닌 정수이고, f^n은 f의 n거듭제곱을 의미한다.

	f는 우함수	f는 기함수
n은 짝수	f^n은 ______	f^n은 ______
n은 홀수	f^n은 ______	f^n은 ______

30. 적분의 평균값 정리의 일반화 구간 $[a, b]$에서 연속인 두 함수 f, g에 대하여 다음을 가정하자.

$$h(x) = (x - b)\int_a^x f(t)\,dt + (x - a)\int_x^b g(t)\,dt$$

a. 롤의 정리를 이용하여 다음을 만족하는 c가 (a, b)에 존재함을 보여라.

$$\int_a^c f(t)\,dt + \int_c^b g(t)\,dt = f(c)(b - c) + g(c)(c - a)$$

이 식은 적분의 평균값 정리의 일반화이다.

b. $\int_a^c f(t)\,dt = f(c)(b - c)$를 만족하는 c가 (a, b)에 존재함을 보여라.

c. 그래프를 이용하여 **b**의 결과를 기하학적으로 해석하여라.

d. **a**의 결과를 이용하여 적분에 대한 평균값 정리의 대안적 증명을 제시하여라.

(출처: *The College Mathematics Journal*, 33, 5, Nov 2002)

QUICK CHECK 정답

1. $f(-x)g(-x) = f(x)g(x)$이므로 fg는 우함수이다.
2. 상수함수의 평균값은 상수이다. 기함수의 평균값은 0이다.
3. 구간에서 평균값은 0이다. 적분의 평균값 정리에 의해 구간의 어떤 점에서 $f(x) = 0$이다. ◄

5.5 치환 법칙

미분가능한 함수가 주어지면 그 도함수를 계산할 수 있다. 그러나 반대 과정이 가능하다고 말할 수는 없다. 많은 함수, 심지어 비교적 간단한 함수도 익숙한 함수로 표현되는 역도함수를 갖지 않는다. $\sin x^2$, $(\sin x)/x$, x^x이 그 예이다. 이 절의 목표는 역도함수를 찾을 수 있는 함수족을 확장하는 것이다. 이 과정은 향상된 적분 기법을 다루는 8장에서 마무리할 것이다.

부정적분

새로운 역도함수 규칙을 찾는 한 가지 방법은 도함수에 관한 익숙한 법칙을 거꾸로 하는 것이다. 연쇄 법칙을 적용할 때, 이 전략은 치환 법칙으로 이어진다. 예를 들어 부정적분 $\int \cos 2x\,dx$를 고려하자. 이 문제와 관련된 가장 가까우면서도 익숙한 적분은 다음과 같다.

$$\int \cos x\,dx = \sin x + C$$

➤ C는 따로 언급하지 않아도 임의의 상수라 가정한다.

위 적분은 다음과 같이 확인할 수 있다.

$$\frac{d}{dx}(\sin x + C) = \cos x$$

이때 $\cos 2x$의 부정적분은 $\sin 2x + C$라고 **잘못된** 결론을 내릴 수 있다. 그러나 연쇄 법칙에 의해 다음을 알 수 있다.

$$\frac{d}{dx}(\sin 2x + C) = 2\cos 2x \neq \cos 2x$$

앞에 곱해진 상수 2에 의해 $\sin 2x$는 $\cos 2x$의 역도함수가 되지 않는다. 약간만 조정하면 이 문제를 해결할 수 있다. $\frac{1}{2}\sin 2x$에 대하여 같은 과정을 해 보자.

$$\frac{d}{dx}\left(\frac{1}{2}\sin 2x\right) = \frac{1}{2}\cdot 2\cos 2x = \cos 2x$$

원하던 결과가 나왔다! 따라서 다음을 얻는다.

$$\int \cos 2x\, dx = \frac{1}{2}\sin 2x + C$$

이와 같은 시행착오 접근 방식은 복잡한 적분의 경우 실용적이지 않다. 체계적인 방법을 만들기 위해 합성함수 $F(g(x))$를 고려하자. 여기서 F는 f의 역도함수, 즉 $F' = f$이다. 연쇄 법칙을 사용하여 합성함수 $F(g(x))$를 미분하면 연쇄 법칙을 사용하면 다음을 얻는다.

$$\frac{d}{dx}(F(g(x))) = \underbrace{F'(g(x))}_{f(g(x))}g'(x) = f(g(x))g'(x)$$

이 식은 $F(g(x))$가 $f(g(x))g'(x)$의 역도함수임을 의미하며, 이는 다음과 같이 표현된다.

$$\int f(g(x))g'(x)\, dx = F(g(x)) + C \qquad (1)$$

여기서 F는 f의 역도함수이다.

➤ 적분에 나타나지 않는 또 다른 변수이기만 하면 원하는 어떤 변수를 새로 지정해도 된다. 일반적으로 u를 새로운 변수로 선택한다.

이 접근 방식을 **치환 법칙**(또는 **변수 변환 법칙**)이라고 하는 이유가 무엇일까? 식 (1)의 합성함수 $f(g(x))$에서 안쪽 함수를 $u = g(x)$로 치환하면 $du = g'(x)dx$이다. 이때 식 (1)에서 적분은 다음과 같이 표현된다.

$$\int \underbrace{f(g(x))}_{f(u)}\underbrace{g'(x)\, dx}_{du} = \int f(u)\, du = F(u) + C$$

적분 $\int f(g(x))g'(x)\, dx$가 새로운 변수 u에 대한 새로운 적분 $\int f(u)\, du$로 대체됐음을 알 수 있다. 다시 말해 기존 변수 x를 새로운 변수 u로 치환한 것이다. 물론 u에 대한 새로운 적분이 기존 적분보다 어렵다면 이러한 치환은 도움이 되지 않는다. 치환 법칙은 익숙해질 때까지 많은 연습이 필요하다.

정리 5.6 부정적분의 치환 법칙

한 구간에서 미분가능한 함수 g에 대하여 $u = g(x)$라 하자. f가 g의 치역에서 연속이면 그 구간에서 다음이 성립한다.

$$\int f(g(x))g'(x)\,dx = \int f(u)\,du$$

실제로 정리 5.6은 다음 절차로 적용된다.

절차 치환 법칙(변수 변환)

1. 합성함수 $f(g(x))$를 포함하는 부정적분이 주어졌을 때, 피적분함수에 나타나는 $g'(x)$의 상수 곱이 안쪽 함수 $u = g(x)$를 식별한다.
2. $u = g(x)$, $du = g'(x)dx$로 치환한다.
3. u에 대한 새로운 부정적분을 계산한다.
4. $u = g(x)$를 사용하여 x에 대하여 결과를 나타낸다.

단, 치환 법칙이 모든 적분에 적용되는 것은 아니다.

| 예제 1 | 완벽한 치환 치환 법칙을 사용하여 다음 부정적분을 구하여라. 미분을 통해 결과를 확인하여라.

a. $\int 2(2x+1)^3\,dx$ **b.** $\int 10e^{10x}\,dx$

풀이

a. 합성함수 $(2x+1)^3$에서 $u = 2x+1$로 치환하면 $\dfrac{du}{dx} = 2$, $du = 2\,dx$이다. $du = 2\,dx$가 피적분함수에 나타나므로 변수 변환에 의해 다음을 얻는다.

$$\int \underbrace{(2x+1)^3}_{u^3}\cdot\underbrace{2\,dx}_{du} = \int u^3\,du \qquad u = 2x+1,\ du = 2\,dx\text{로 치환}$$

$$= \frac{u^4}{4} + C \qquad \text{역도함수}$$

$$= \frac{(2x+1)^4}{4} + C \qquad u\text{를 } 2x+1\text{로 되돌리기}$$

➤ 연쇄 법칙을 사용하여 $\dfrac{d}{dx}\left(\dfrac{(2x+1)^4}{4} + C\right) = 2(2x+1)^3$임을 확인한다.

마지막 단계로 새로운 변수 $u = 2x+1$을 원래 변수로 되돌려야 한다.

b. 합성함수 e^{10x}에서 $u = 10x$로 치환하면 $du = 10\,dx$이다. 이를 이용하면 다음을 얻는다.

$$\int \underbrace{e^{10x}}_{e^u}\underbrace{10\,dx}_{du} = \int e^u\,du \qquad u = 10x,\ du = 10\,dx\text{로 치환}$$
$$= e^u + C \qquad \text{역도함수}$$
$$= e^{10x} + C \qquad u\text{를 } 10x\text{로 되돌리기}$$

QUICK CHECK 1 $\int 4x^3(x^4+5)^{10}\,dx = \int u^{10}\,du$를 만족하는 새로운 변수 u를 찾아라. ◀

$\dfrac{d}{dx}(e^{10x} + C) = e^{10x}\cdot 10 = 10e^{10x}$을 계산하면 결과를 확인할 수 있다.

관련 연습문제 9, 11번 ◀

대부분의 치환은 완벽하지 않다. 나머지 예는 상수곱을 도입해야 하는 전형적인 경우를 보여 준다.

| 예제 2 | 상수 도입 다음 부정적분을 구하여라.

a. $\int x^4(x^5+6)^9\,dx$ **b.** $\int \cos^3 x \sin x\,dx$

풀이

a. 합성함수 $(x^5+6)^9$의 안쪽 함수는 x^5+6이며, 그 도함수 $5x^4$ 또한 피적분함수에 있다. 따라서 $u = x^5+6$으로 치환하면 $du = 5x^4\,dx$, 즉 $x^4\,dx = \frac{1}{5}\,du$이다. 치환 법칙에 의해 다음을 얻는다.

$$\int \underbrace{(x^5+6)^9}_{u^9}\underbrace{x^4\,dx}_{\frac{1}{5}du} = \int u^9\cdot\frac{1}{5}\,du \qquad u = x^5+6,\ du = 5x^4\,dx \Rightarrow x^4\,dx = \frac{1}{5}\,du\text{로 치환}$$
$$= \frac{1}{5}\int u^9\,du \qquad \int cf(x)\,dx = c\int f(x)\,dx$$
$$= \frac{1}{5}\cdot\frac{u^{10}}{10} + C \qquad \text{역도함수}$$
$$= \frac{1}{50}(x^5+6)^{10} + C \qquad u\text{를 } x^5+6\text{으로 되돌리기}$$

QUICK CHECK 2 예제 2a에서의 치환이 적분 $\int x^3(x^5+6)^9\,dx$에는 적용되지 않는 이유를 설명하여라. ◀

b. 피적분함수 $(\cos x)^3 \sin x$에서 합성함수 $(\cos x)^3$의 안쪽 함수가 $\cos x$이므로 $u = \cos x$로 치환하면 된다. $du = -\sin x\,dx$, 즉 $\sin x\,dx = -du$이므로 다음을 얻는다.

$$\int \underbrace{\cos^3 x}_{u^3}\underbrace{\sin x\,dx}_{-du} = -\int u^3\,du \qquad u = \cos x,\ du = -\sin x\,dx\text{로 치환}$$
$$= -\frac{u^4}{4} + C \qquad \text{역도함수}$$
$$= -\frac{\cos^4 x}{4} + C \qquad u\text{를 } \cos x\text{로 되돌리기}$$

관련 연습문제 12번 ◀

때로는 u에 대한 치환 방법이 명확하지 않거나 u에 대한 치환 방법이 둘 이상 있을 수 있다. 다음 예제는 이 두 가지를 모두 보여 준다.

| 예제 3 | 다른 치환 방법 $\int \frac{x}{\sqrt{x+1}}\,dx$를 구하여라.

풀이

치환 1 합성함수 $\sqrt{x+1}$에서 $u = x+1$로 치환하면 $du = dx$이므로 피적분함수의 분자에 x가 남아서 이 치환 방법이 효과가 있을지 의문이 들 수 있다. 하지만 계속해 보자. $u = x+1$이라 하면 $x = u-1$, $du = dx$이므로 다음을 얻는다.

$$\begin{aligned}\int \frac{x}{\sqrt{x+1}}\,dx &= \int \frac{u-1}{\sqrt{u}}\,du && u = x+1,\ du = dx\text{로 치환}\\ &= \int\left(\sqrt{u} - \frac{1}{\sqrt{u}}\right)du && \text{피적분함수 다시 쓰기}\\ &= \int (u^{1/2} - u^{-1/2})\,du && \text{지수가 유리수인 거듭제곱으로 나타내기}\end{aligned}$$

각 항을 적분한 다음 원래 변수 x로 되돌리면 다음과 같다.

$$\begin{aligned}\int (u^{1/2} - u^{-1/2})\,du &= \frac{2}{3}u^{3/2} - 2u^{1/2} + C && \text{역도함수}\\ &= \frac{2}{3}(x+1)^{3/2} - 2(x+1)^{1/2} + C && u\text{를 } x+1\text{로 되돌리기}\\ &= \frac{2}{3}(x+1)^{1/2}(x-2) + C && (x+1)^{1/2}\text{으로 묶고 간단히 하기}\end{aligned}$$

치환 2 또 다른 가능한 치환은 $u = \sqrt{x+1}$이다. 이때 $u^2 = x+1$, $x = u^2 - 1$, $dx = 2u\,du$이며, 이 치환 방법을 사용하면 다음을 얻는다.

➤ 치환 2에서 $u'(x) = \frac{1}{2\sqrt{x+1}}$로부터 $du = \frac{1}{2\sqrt{x+1}}dx$를 얻을 수 있다.

$$\begin{aligned}\int \frac{x}{\sqrt{x+1}}\,dx &= \int \frac{u^2-1}{u}\,2u\,du && u = \sqrt{x+1},\ x = u^2-1\text{로 치환}\\ &= 2\int (u^2-1)\,du && \text{피적분함수 간단히 하기}\\ &= 2\left(\frac{u^3}{3} - u\right) + C && \text{역도함수}\\ &= \frac{2}{3}(x+1)^{3/2} - 2(x+1)^{1/2} + C && u\text{를 }\sqrt{x+1}\text{로 되돌리기}\\ &= \frac{2}{3}(x+1)^{1/2}(x-2) + C && (x+1)^{1/2}\text{으로 묶고 간단히 하기}\end{aligned}$$

두 치환 방법을 사용하여 구한 두 부정적분이 동일하다는 것을 확인할 수 있다.

관련 연습문제 39번◀

부정적분에 대한 일반적인 공식

$\int f(ax)\,dx$ 형식의 적분은 이 절의 나머지 부분에서 자주 나오므로 4.9절에서 처음 소개된 적분 공식을 일반화해 보자. 이 절의 시작 부분에서 $\int f(ax)\,dx$ 형태의 적분을 살펴봤는데, 시행착오를 통해 $\int \cos 2x\,dx = \frac{1}{2}\sin 2x + C$를 발견했다. 이때 2는 다음과 같이 0이 아닌 임의의 상수 a로 대체할 수 있다.

$$\int \cos ax\,dx = \frac{1}{a}\sin ax + C$$

이 결과를 검증해 보자. $u = ax$로 놓으면 $du = a\,dx$, $dx = \dfrac{1}{a}du$이므로 치환 법칙에 의해 다음을 얻는다.

$$\begin{aligned}
\int \cos ax\,dx &= \int \cos u \cdot \frac{1}{a}\,du && u = ax,\ dx = \frac{1}{a}du\text{로 치환}\\
&= \frac{1}{a}\int \cos u\,du && \int cf(x)\,dx = c\int f(x)\,dx\\
&= \frac{1}{a}\sin u + C && \text{역도함수}\\
&= \frac{1}{a}\sin ax + C && u\text{를 } ax\text{로 되돌리기}
\end{aligned}$$

QUICK CHECK 3 치환 법칙을 사용하지 않고 $\int \cos 6x\,dx$를 계산하여라. ◀

이제 $\int \cos ax\,dx$에 대한 일반적인 결과를 얻었으므로 이를 사용하여 치환 법칙에 의존하지 않고 $\int \cos 6x\,dx$와 같은 적분을 구할 수 있다. 표 5.6은 추가적인 일반 공식을 나열한 것이다. (1)–(7)과 (9)에서는 a가 0이 아닌 실수라 가정하고, (10)과 (11)에서는 a가 양수라 가정한다. (2)–(6)은 (1)과 비슷한 방법으로 유도할 수 있다. 예제 4에서는 (7), (8), (10)을 유도한다. 이러한 모든 적분 공식은 미분을 통해 확인할 수 있다.

표 5.6 일반적인 적분 공식들

1. $\int \cos ax\,dx = \frac{1}{a}\sin ax + C$	**2.** $\int \sin ax\,dx = -\frac{1}{a}\cos ax + C$
3. $\int \sec^2 ax\,dx = \frac{1}{a}\tan ax + C$	**4.** $\int \csc^2 ax\,dx = -\frac{1}{a}\cot ax + C$
5. $\int \sec ax \tan ax\,dx = \frac{1}{a}\sec ax + C$	**6.** $\int \csc ax \cot ax = -\frac{1}{a}\csc ax + C$
7. $\int e^{ax}\,dx = \frac{1}{a}e^{ax} + C$	**8.** $\int b^x\,dx = \frac{1}{\ln b}b^x + C, b > 0, b \neq 1$
9. $\int \frac{dx}{a^2 + x^2} = \frac{1}{a}\tan^{-1}\frac{x}{a} + C$	**10.** $\int \frac{dx}{\sqrt{a^2 - x^2}} = \sin^{-1}\frac{x}{a} + C, a > 0$
11. $\int \frac{dx}{x\sqrt{x^2 - a^2}} = \frac{1}{a}\sec^{-1}\left\vert\frac{x}{a}\right\vert + C, a > 0$	

| 예제 4 | **적분 공식 유도** 다음 일반적인 부정적분에 대한 공식을 찾고, 표 5.6의 (7), (8), (10)을 검증하여라.

a. $\int e^{ax}\,dx$ **b.** $\int b^x\,dx, b > 0, b \neq 1$ **c.** $\int \frac{dx}{\sqrt{a^2 - x^2}},\ a > 0$

풀이

a. $u = ax$라 하면 $du = a\,dx$, 즉 $dx = \frac{1}{a}du$이다. 이를 적분에 대입하면 다음을 얻는다.

$$\int e^{ax}\,dx = \underbrace{\int e^u \frac{1}{a}\,du}_{u = ax,\ dx = 1/a\,du} = \frac{1}{a}\int e^u\,du = \frac{1}{a}e^u + C = \frac{1}{a}e^{ax} + C$$

b. 얼핏 보면 $\int b^x dx$는 표 5.6에 적용되지 않는 것 같다. 그러나 b^x을 다음과 같이 변형해 보자.

$$\int b^x\,dx = \int e^{x \ln b}\,dx$$

이는 **a**에서 얻은 (7)과 일치한다. 여기서 $a = \ln b$이다. 이를 통해 다음을 얻는다.

$$\int b^x\,dx = \int e^{x\ln b}dx = \frac{1}{\ln b}e^{x\ln b} + C = \frac{1}{\ln b}b^x + C$$

c. 4.9절에서 $\int \frac{dx}{\sqrt{1 - x^2}} = \sin^{-1}x + C$를 보였다. 더 일반적인 형태를 다루기 위해 분모를 인수 a^2으로 묶어서 치환의 표준 형태로 바꾼다.

$$\int \frac{dx}{\sqrt{a^2 - x^2}} = \int \frac{dx}{\sqrt{a^2(1 - x^2/a^2)}} \quad \text{인수분해하기}$$

$$= \frac{1}{a}\int \frac{dx}{\sqrt{1 - (x/a)^2}} \quad \int cf(x)\,dx = c\int f(x)\,dx,\ \sqrt{a^2} = a\,(a > 0)$$

이제 $u = x/a$라 하면 $du = (1/a)\,dx$, 즉 $dx = a\,du$이므로 이 치환을 통해 다음을 얻는다.

$$\frac{1}{a}\int \frac{dx}{\sqrt{1 - (x/a)^2}} = \frac{1}{a}\int \frac{a}{\sqrt{1 - u^2}}\,du \quad u = x/a,\ dx = a\,du$$

$$= \sin^{-1}u + C \quad a\text{를 약분하고 적분하기}$$

$$= \sin^{-1}\frac{x}{a} + C \quad u = x/a$$

상수 a는 두 번째 단계에서 약분되므로 $1/a$의 상수 곱 없는 역도함수를 얻는다. 이는 표 5.6에서 이와 같은 형태를 갖는 유일한 공식이다.

관련 연습문제 8번 ◀

➤ 표 5.6 1–7의 유형을 보면 피적분함수가 $y = f(ax)$ 형태이므로 예제 4c에서 $\frac{1}{\sqrt{a^2 - x^2}}$이 아닌 $\frac{1}{\sqrt{1 - (ax)^2}}$의 역도함수를 찾을 수도 있다. 여기서는 좀 더 흔히 볼 수 있는 전자의 형태로 적분을 구했다.

QUICK CHECK 4 $\int \frac{4}{\sqrt{4 - x^2}}\,dx$를 구하여라. ◀

정적분

치환 법칙은 정적분에도 사용된다. 실제로 두 가지 방법이 있다.

- 치환 법칙으로 역도함수 F를 찾은 다음, 기본 정리를 이용하여 $F(b) - F(a)$를 계산한다.
- 변수 x를 u로 바꾼 다음 적분 한계를 바꾸고 u에 대한 적분으로 완성한다. 구체적으로 $u = g(x)$인 경우, 하한 $x = a$는 $u = g(a)$로 바꾸고 상한 $x = b$는 $u = g(b)$로 바꾼다.

두 번째 방법이 더 효율적인 경향이 있으며 가능하면 이 방법을 사용할 것이다. 이 접근 방식은 다음 정리에 요약되어 있으며, 이는 몇 가지 정적분에 적용된다.

> **정리 5.7 정적분의 치환 법칙**
>
> 함수 g에 대하여 g'은 $[a, b]$에서 연속이고, $u = g(x)$라 하자. f가 g의 치역에서 연속이면 다음이 성립한다.
>
> $$\int_a^b f(g(x))g'(x)\,dx = \int_{g(a)}^{g(b)} f(u)\,du \tag{2}$$

증명 식 (2)의 양변에 미적분학의 기본 정리 2를 적용하자. F를 f의 역도함수라 하면 식 (1)(424쪽)에 의해 $F(g(x))$가 $f(g(x))g'(x)$의 역도함수임을 알 수 있다. 즉, 다음과 같다.

$$\int_a^b f(g(x))g'(x)\,dx = F(g(x))\Big|_a^b = F(g(b)) - F(g(a)) \qquad \text{기본 정리 2}$$

미적분학의 기본 정리를 식 (2)의 우변에 적용하면 다음을 얻는다.

$$\int_{g(a)}^{g(b)} f(u)\,du = F(u)\Big|_{g(a)}^{g(b)} = F(g(b)) - F(g(a))$$ ◄

| 예제 5 | 정적분 다음 적분을 계산하여라.

a. $\displaystyle\int_0^2 \frac{dx}{(x+3)^3}$ **b.** $\displaystyle\int_2^3 \frac{x^2}{x^3-7}\,dx$ **c.** $\displaystyle\int_0^{\pi/2} \sin^4 x \cos x\,dx$

풀이

a. 새로운 변수를 $u = x + 3$으로 놓으면 $du = dx$이다. 적분 변수를 x에서 u로 바꾸었으므로 적분 한계 또한 u로 나타내야 한다. 이 경우 다음과 같다.

$x = 0$은 $u = 0 + 3 = 3$ 하한

$x = 2$는 $u = 2 + 3 = 5$ 상한

전체 적분은 다음과 같이 계산된다.

➤ 피적분함수가 $f(ax + b)$ 형태이면 $u = ax + b$로 치환하는 것이 종종 효과적이다.

$$\int_0^2 \frac{dx}{(x+3)^3} = \int_3^5 u^{-3}\,du \qquad u = x+3,\ du = dx\text{로 치환}$$

$$= -\frac{u^{-2}}{2}\Big|_3^5 \qquad \text{기본 정리}$$

$$= -\frac{1}{2}(5^{-2} - 3^{-2}) = \frac{8}{225} \qquad \text{간단히 하기}$$

b. 분모의 도함수의 배수가 분자에 나타남을 확인하자. 따라서 $u = x^3 - 7$로 놓으면 $du = 3x^2 dx$, $x^2 dx = \frac{1}{3}du$이고 적분 한계는 다음과 같다.

$x = 2$는 $u = 2^3 - 7 = 1$ 하한

$x = 3$은 $u = 3^3 - 7 = 20$ 상한

치환에 의해 다음을 얻는다.

$$\int_2^3 \frac{x^2}{x^3 - 7}\,dx = \frac{1}{3}\int_1^{20} \frac{du}{u} \qquad u = x^3 - 7,\ du = 3x^2\,dx\text{로 치환}$$

$$= \frac{1}{3}\ln|u|\Big|_1^{20} \qquad \text{기본 정리}$$

$$= \frac{1}{3}(\ln 20 - \ln 1) \qquad \text{간단히 하기}$$

$$= \frac{1}{3}\ln 20 \approx 0.999 \qquad \ln 1 = 0$$

c. $u = \sin x$로 놓으면 $du = \cos x\,dx$이다. 적분의 하한은 $u = 0$이고 상한은 $u = 1$이므로 치환에 의해 다음을 얻는다.

$$\int_0^{\pi/2} \sin^4 x \cos x\,dx = \int_0^1 u^4\,du \qquad u = \sin x,\ du = \cos x\,dx$$

$$= \frac{u^5}{5}\Big|_0^1 = \frac{1}{5} \qquad \text{기본 정리}$$

관련 연습문제 25번◀

치환 법칙을 사용하면 실제로 자주 나타나는 두 표준 적분인 $\int \sin^2 x\,dx$, $\int \cos^2 x\,dx$를 찾을 수 있다. 이 두 적분은 다음 항등식을 사용하여 구할 수 있다.

$$\sin^2 x = \frac{1 - \cos 2x}{2}, \quad \cos^2 x = \frac{1 + \cos 2x}{2}$$

| 예제 6 | $\cos^2\theta$의 적분 $\int_0^{\pi/2} \cos^2\theta\,d\theta$를 계산하여라.

풀이 먼저 부정적분으로 시작하자. $\cos^2\theta$의 항등식을 사용하면 다음을 얻는다.

$$\int \cos^2\theta\,d\theta = \int \frac{1 + \cos 2\theta}{2}\,d\theta = \frac{1}{2}\int d\theta + \frac{1}{2}\int \cos 2\theta\,d\theta$$

표 5.6의 (1)을 두 번째 적분에 적용하면 다음과 같다.

$$\int \cos^2\theta\, d\theta = \frac{1}{2}\int d\theta + \frac{1}{2}\underbrace{\int \cos 2\theta\, d\theta}_{\frac{1}{2}\sin 2\theta + C}$$

$$= \frac{\theta}{2} + \frac{1}{4}\sin 2\theta + C \qquad \text{적분 계산하기, 표 5.6}$$

미적분학의 기본 정리를 이용하면 정적분은 다음과 같이 계산된다.

$$\int_0^{\pi/2}\cos^2\theta\, d\theta = \left(\frac{\theta}{2} + \frac{1}{4}\sin 2\theta\right)\Big|_0^{\pi/2}$$

$$= \left(\frac{\pi}{4} + \frac{1}{4}\sin\pi\right) - \left(0 + \frac{1}{4}\sin 0\right) = \frac{\pi}{4}$$

관련 연습문제 43, 45번 ◀

치환의 기하학

치환 법칙은 기하학적 해석을 갖고 있다. 문제를 단순히 하기 위해 적분 $\int_0^2 2(2x+1)\,dx$를 고려하자. [0, 2]에서 피적분함수 $y = 2(2x+1)$의 그래프는 그림 5.58(a)와 같다. 영역 R의 넓이는 적분으로 주어진다. 변수 $u = 2x + 1$, $du = 2\,dx$, $u(0) = 1$, $u(2) = 5$로 치환하면 다음과 같은 새로운 적분으로 변한다.

$$\int_0^2 2(2x+1)\,dx = \int_1^5 u\,du$$

그림 5.58(b)는 [1, 5]에서 새로운 피적분함수 $y = u$의 그래프를 보여 준다. 영역 R'의 넓이가 새로운 적분으로 주어진다. 영역 R과 R'의 넓이가 같다는 것을 확인할 수 있다. 이와 유사한 방법을 더욱 복잡한 피적분함수와 치환에 적용할 수 있다.

QUICK CHECK 5 변수 변환은 수학에서 자주 일어난다. 예를 들어 방정식 $x^4 - 13x^2 + 36 = 0$에 대하여 $u = x^2$으로 치환하면 이 방정식은 u에 관해 어떤 방정식이 되는가? 기존 방정식의 해는 무엇인가? ◀

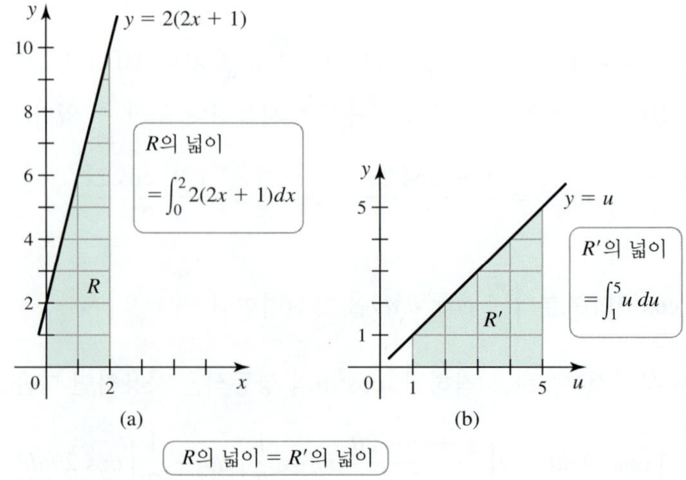

그림 5.58

5.5절 연습문제

1단계 스타트

1. 치환 법칙은 도함수에 관한 어느 정리를 기반으로 하는가?

2. 합성함수 $f(g(x))$는 안쪽 함수 g와 바깥 함수 f로 구성된다. 피적분함수가 $f(g(x))$를 포함하면 새로운 변수 u에 대하여 종종 어떤 함수가 선택될 가능성이 있는가?

3. 정적분 $\int_a^b f(g(x))g'(x)\,dx$를 계산하기 위해 $u = g(x)$로 치환할 때, 적분의 극한은 어떻게 변화하는가?

4–5. 주어진 치환을 사용하여 다음 부정적분을 구하여라. 미분하여 답을 확인하여라.

4. $\int 2x(x^2 + 1)^4 dx,\ u = x^2 + 1$

5. $\int \sin^3 x \cos x\, dx,\ u = \sin x$

6–7. $u = ax + b$로 치환하여 다음 부정적분을 구하여라.

6. $\int (x + 1)^{12} dx$

7. $\int \sqrt{2x + 1}\, dx$

8. 표 5.6을 이용하여 다음 부정적분을 구하여라.

a. $\int e^{10x} dx$

b. $\int \sec 5x \tan 5x\, dx$

c. $\int \sin 7x\, dx$

d. $\int \cos \frac{x}{7}\, dx$

e. $\int \frac{dx}{81 + 9x^2}$ (힌트: 우선 분모를 9로 묶어 낸다)

f. $\int \frac{dx}{\sqrt{36 - x^2}}$

2단계 실전

9–21. 부정적분 표 5.6 또는 변수 변환을 이용하여 다음 부정적분을 구하여라. 그다음 미분을 통해 답을 확인하여라.

9. $\int 2x(x^2 - 1)^{99} dx$

10. $\int \frac{2x^2}{\sqrt{1 - 4x^3}}\, dx$

11. $\int (x^2 + x)^{10}(2x + 1)\, dx$

12. $\int x^3(x^4 + 16)^6 dx$

13. $\int \frac{dx}{\sqrt{36 - 4x^2}}$

14. $\int 6x^2 4^{x^3} dx$

15. $\int (x^6 - 3x^2)^4(x^5 - x)\, dx$

16. $\int \frac{3}{\sqrt{1 - 25x^2}}\, dx$

17. $\int \frac{e^w}{36 + e^{2w}}\, dw$

18. $\int x \csc x^2 \cot x^2\, dx$

19. $\int \sec^2(10x + 7)\, dx$

20. $\int \frac{\csc^2 x}{\cot^3 x}\, dx$

21. $\int \sin x \sec^8 x\, dx$

22–36. 정적분 변수 변환 또는 표 5.6을 이용하여 다음 정적분을 계산하여라.

22. $\int_0^{\pi/8} \cos 2x\, dx$

23. $\int_0^1 2x(4 - x^2)\, dx$

24. $\int_1^3 \frac{2^x}{2^x + 4}\, dx$

25. $\int_0^{\pi/2} \sin^2 \theta \cos \theta\, d\theta$

26. $\int_{\ln \frac{\pi}{4}}^{\ln \frac{\pi}{2}} e^w \cos e^w\, dw$

27. $\int_{-1}^2 x^2 e^{x^3 + 1}\, dx$

28. $\int_{\pi/4}^{\pi/2} \frac{\cos x}{\sin^2 x}\, dx$

29. $\int_{2/(5\sqrt{3})}^{2/5} \frac{dx}{x\sqrt{25x^2 - 1}}$

30. $\int_0^4 \frac{x}{x^2 + 1}\, dx$

31. $\int_{1/3}^{1/\sqrt{3}} \frac{4}{9x^2 + 1}\, dx$

32. $\int_0^1 x\sqrt{1 - x^2}\, dx$

33. $\int_2^3 \frac{x}{\sqrt[3]{x^2 - 1}}\, dx$

34. $\int_0^2 x^3\sqrt{16 - x^4}\, dx$

35. $\int_{-\pi}^0 \frac{\sin x}{2 + \cos x}\, dx$

36. $\int_1^2 \frac{4}{9x^2 + 6x + 1}\, dx$

37. **평균 속도** 직선을 따라 움직이는 어느 물체의 속도(m/s)가 $v(t) = 8 \sin \pi t + 2t$로 주어진다. 시간 $t = 0$에서 $t = 10$까지 평균 속도를 구하여라. 여기서 t는 초이다.

38. **개체군 모델** 어느 박테리아 개체군의 성장 속도는 시간당 $p'(t) = \frac{200}{(t + 1)^r}$, $t \ge 0$으로 주어진다. 여기서 r은 1보다 큰 실수이다. 6장에서 시간 구간 $[0, t]$에서 개체군의 증가는 $\int_0^t p'(s)\, ds$로 주어짐을 보일 것이다(공간과 식량에 대한 경쟁을 반영하여 시간이 지남에 따라 성장률이 감소한다는 점에 유의하자).

a. $r = 2$일 때, 개체군 모델을 이용하면 시간 $0 \le t \le 4$ 동안 개체군은 얼마나 증가하는가?

b. $r = 3$일 때, 개체군 모델을 이용하면 $0 \le t \le 6$ 동안 개체군은 얼마나 증가하는가?

c. ΔP를 고정된 시간 구간 $[0, T]$에서 개체군 증가량이라 하

자. 고정된 T에 대하여 ΔP는 r에 따라 증가하는가 감소하는가?

d. 실험실 기술자가 시간 구간 [0, 10]에서 측정한 박테리아 개체군의 증가량이 350이다. 이 데이터 요소에 가장 적합한 r의 값을 추정하여라.

e. 미리 내다보기: **b**의 개체군 모델을 이용하여 시간 구간 $[0, T]$(T는 임의의 양수)에서 개체군의 증가량을 구하여라. 배양균이 무한대로 자라도록 한다면 박테리아 개체군은 무한정 증가하는가? 아니면 어떤 유한한 값에 가까워지는가?

39–42. 치환 법칙의 변형 다음 적분을 구하여라.

39. $\displaystyle\int \frac{x}{\sqrt{x-4}}\,dx$ **40.** $\displaystyle\int \frac{x}{\sqrt[3]{x+4}}\,dx$

41. $\displaystyle\int x\sqrt[3]{2x+1}\,dx$ **42.** $\displaystyle\int x(x+10)^9\,dx$

43–46. $\sin^2 x$와 $\cos^2 x$에 관한 적분 다음 적분을 계산하여라.

43. $\displaystyle\int_{-\pi}^{\pi} \cos^2 x\,dx$ **44.** $\displaystyle\int \sin^2\left(\theta + \frac{\pi}{6}\right)d\theta$

45. $\displaystyle\int_{-\pi/4}^{\pi/4} \sin^2 2\theta\,d\theta$

46. $\displaystyle\int_0^{\pi/6} \frac{\sin 2y}{\sin^2 y + 2}\,dy$ (힌트: $\sin 2y = 2\sin y\cos y$)

47. 참 또는 거짓 다음 명제가 참이면 증명하고 거짓이면 반례를 들어라. 단, f, f', f''이 모든 실수에 대하여 연속함수라고 가정한다.

a. $\displaystyle\int f(x)f'(x)\,dx = \frac{1}{2}(f(x))^2 + C$

b. $\displaystyle\int (f(x))^n f'(x)\,dx = \frac{1}{n+1}(f(x))^{n+1} + C, n \neq -1$

c. $\displaystyle\int \sin 2x\,dx = 2\int \sin x\,dx$

d. $\displaystyle\int (x^2+1)^9\,dx = \frac{(x^2+1)^{10}}{10} + C$

e. $\displaystyle\int_a^b f'(x)f''(x)\,dx = f'(b) - f'(a)$

48. 영역의 넓이 $f(x) = x\sin x^2$의 그래프 및 x축의 $x = 0$과 $x = \sqrt{\pi}$로 둘러싸인 영역의 넓이를 구하여라.

3단계 도전

49. 포물선의 변형 포물선 함수족 $y = \frac{1}{a} - \frac{x^2}{a^3}$, $a > 0$은 $x \geq 0$에 대하여 x절편이 $(a, 0)$이고 y절편이 $(0, 1/a)$인 특성을 갖는다. $A(a)$를 포물선과 x축으로 둘러싸인 제1사분면의 영역의 넓이라고 하자. $A(a)$를 찾은 다음 a에 대한 이 함수가 증가함수인지 감소함수인지 상수함수인지 확인하여라.

50. 치환 0이 아닌 실수 p와 기함수 f에 대하여 $\int_0^1 f(x)\,dx = \pi$라고 가정하자. 다음 적분을 계산하여라.

a. $\displaystyle\int_0^{\pi/(2p)} (\cos px)f(\sin px)\,dx$

b. $\displaystyle\int_{-\pi/2}^{\pi/2} (\cos x)f(\sin x)\,dx$

51. 사인함수의 평균값 그래프 유틸리티를 이용하여 함수 $f(x) = \sin kx$의 주기가 $2\pi/k$, $k = 1, 2, 3, \cdots$임을 보여라. 마찬가지로 $f(x) = \sin kx$의 첫 번째 봉우리(hump)가 구간 $[0, \pi/k]$에 있음을 보여라. $f(x) = \sin kx$의 첫 번째 봉우리의 평균값은 k와 무관함을 보여라. 평균값은 무엇인가?

52. 동일한 넓이 구간 [4, 9]에서 곡선 $y = \frac{(\sqrt{x}-1)^2}{2\sqrt{x}}$ 아래의 색칠된 영역(그림 (a))의 넓이는 구간 [1, 2]에서 곡선 $y = x^2$ 아래의 색칠된 영역(그림 (b))의 넓이와 같다. 넓이 계산 없이 그 이유를 설명하여라.

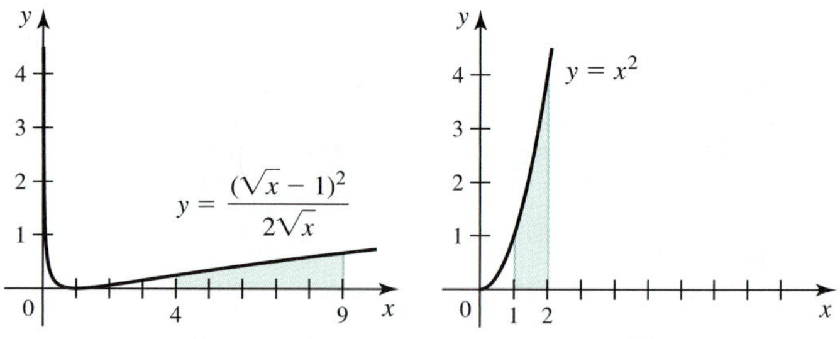

53. 일반적인 결과 다음 적분을 구하여라. 이때 함수 f는 정해지지 않았다. 여기서 $f^{(p)}$는 f의 p번째 도함수이고, f^p은 f의 p제곱 함수이다. f와 f의 도함수는 모든 실수에서 연속이라 가정한다.

$$\int_1^2 (5f^3(x) + 7f^2(x) + f(x))f'(x)\,dx,\ f(1) = 4,\ f(2) = 5$$

54–55. 두 가지 이상의 방법 때때로 두 가지 치환으로 작업이 수행된다. 주어진 치환을 이용하여 다음 적분을 구하여라.

54. $\displaystyle\int_0^1 x\sqrt{x+a}\,dx, a > 0$ $(u = \sqrt{x+a},\ u = x + a)$

55. $\displaystyle\int \sec^3\theta\tan\theta\,d\theta$ $(u = \cos\theta,\ u = \sec\theta)$

56. $\sin^2 x \cos^2 x$의 적분 $I = \int \sin^2 x \cos^2 x \, dx$에 대하여 물음에 답하여라.

a. 항등식 $\sin 2x = 2 \sin x \cos x$를 이용하여 I를 구하여라.

b. 항등식 $\cos^2 x = 1 - \sin^2 x$를 이용하여 I를 구하여라.

c. **a**, **b**의 결과가 같다는 것을 확인하고, 두 가지 방법의 계산 과정을 비교하여라.

57. 치환: 스케일링 기하학적으로 해석할 수 있는 또 다른 변수 변환은 스케일링 $u = cx$(c는 실수)이다. 다음을 증명하고, 해석하여라.

$$\int_a^b f(cx)\, dx = \frac{1}{c}\int_{ac}^{bc} f(u)\, du$$

$f(x) = \sin x$, $a = 0$, $b = \pi$, $c = 1/2$인 경우, 그림을 그려서 이러한 변수 변환을 설명하여라.

58–59. 다양한 치환 필요하면 두 가지 이상의 치환 방법으로 다음 적분을 구하여라.

58. $\displaystyle\int \frac{dx}{\sqrt{1 + \sqrt{1 + x}}}$ (힌트: $u = \sqrt{1 + x}$로 시작한다)

59. $\displaystyle\int_0^{\pi/2} \frac{\cos\theta \sin\theta}{\sqrt{\cos^2\theta + 16}}\, d\theta$ (힌트: $u = \cos\theta$로 시작한다)

QUICK CHECK 정답

1. $u = x^4 + 5$ **2.** $u = x^5 + 6$으로 치환하면 $du = 5x^4$이다. 그러나 피적분함수에 x^4은 나타나지 않는다.
3. $\frac{1}{6}\sin 6x + C$ **4.** $4\sin^{-1}\frac{x}{2} + C$
5. 새로운 방정식: $u^2 - 13u + 36 = 0$, 해: $x = \pm 2, \pm 3$ ◀

5장 연습문제

1. 참 또는 거짓 다음 명제가 참이면 증명하고 거짓이면 반례를 들어라. f와 f'은 모든 실수에서 연속이다.

a. $A(x) = \int_a^x f(t)\, dt$, $f(t) = 2t - 3$이면 A는 이차함수이다.

b. $A(x) = \int_a^x f(t)\, dt$와 f의 역도함수 F가 주어지면 $A'(x) = F(x)$이다.

c. $\int_a^b f'(x)\, dx = f(b) - f(a)$

d. f가 $[a, b]$에서 연속이고 $\int_a^b |f(x)|\, dx = 0$일 때, $[a, b]$에서 $f(x) = 0$이다.

e. $[a, b]$에서 f의 평균값이 0이면 $[a, b]$에서 $f(x) = 0$이다.

f. $\int_a^b (2f(x) - 3g(x))\, dx = 2\int_a^b f(x)\, dx + 3\int_b^a g(x)\, dx$

g. $\int f'(g(x))g'(x)\, dx = f(g(x)) + C$

2. 스쿠버 다이버의 상승률 수중에서 다이버가 너무 빨리 상승하면 감압병의 위험이 있다. 일반적으로 권장하는 최대 상승 속도는 수면 아래 15 ft에서 5분 동안 안전 정지를 할 때 30 ft/m이다. 다음 속도 함수에 따라 다이버가 8분 안에 수면으로 상승한다고 가정하자.

$$v(t) = \begin{cases} 30, & 0 \le t \le 2 \\ 0, & 2 < t \le 7 \\ 15, & 7 < t \le 8 \end{cases}$$

a. 속도 함수 v의 그래프를 그려라.

b. 속도 함수의 그래프 아래의 넓이를 계산하여라.

c. 속도 함수의 그래프 아래의 넓이의 물리적 의미를 설명하여라.

3. $n = 6$인 왼쪽 리만합, 오른쪽 리만합, 중간점 리만합을 이용하여 $\int_1^4 \sqrt{4x + 1}\, dx$의 값을 추정하여라.

4. 정적분 추정 계산기와 중간점 리만합을 이용하여 $\int_1^{25} \sqrt{2x - 1}\, dx$의 근삿값을 구하여라. $n = 10, 30, 60$인 정규 분할에 대한 근삿값을 표로 나타내어라. 적분의 정확한 값을 추론한 다음 미적분학의 기본 정리를 이용하여 추론을 증명하여라.

5. 리만합에 의한 적분 $\int_1^4 (3x - 2)\, dx$를 고려하자.

a. $n = 3$일 때, 적분에 대한 오른쪽 리만합을 계산하여라.

b. 양의 정수 n에 대하여 시그마 기호를 사용하여 오른쪽 리만합을 표현하여라.

c. **b**에서 $n \to \infty$일 때 리만합의 극한을 구하여 정적분을 계산하여라.

d. $y = 3x - 2$의 그래프를 그리고, 기하학을 이용하여 **c**의 결과를 확인하여라. 그다음 미적분학의 기본 정리를 이용하여 $\int_1^4 (3x - 2)\, dx$를 계산하여라.

6–7. 정적분의 극한 정의 오른쪽 리만합과 정규 분할을 사용하여 다음 정적분을 구하여라. 미적분학의 기본 정리를 사용하여 답을 확인하여라.

6. $\int_0^2 (x^2 - 4)\,dx$ **7.** $\int_0^4 (x^3 - x)\,dx$

8. 대칭성 $\int_0^4 f(x)\,dx = 10$, $\int_0^4 g(x)\,dx = 20$이고 f는 우함수, g는 기함수일 때, 다음 적분을 계산하여라.

a. $\int_{-4}^4 f(x)\,dx$ **b.** $\int_{-4}^4 3g(x)\,dx$

c. $\int_{-4}^4 (4f(x) - 3g(x))\,dx$ **d.** $\int_0^1 8xf(4x^2)\,dx$

e. $\int_{-2}^2 3xf(x)\,dx$

9–11. 적분의 성질 $\int_1^4 f(x)\,dx = 6$, $\int_1^4 g(x)\,dx = 4$, $\int_3^4 f(x)\,dx = 2$일 때, 다음 적분을 계산하여라. 또는 정보가 충분하지 않다고 말하여라.

9. $\int_1^4 3f(x)\,dx$ **10.** $\int_1^4 (3f(x) - 2g(x))\,dx$

11. $\int_1^3 \frac{f(x)}{g(x)}\,dx$

12. 기하학에 의한 넓이 기하학을 이용하여 다음 정적분을 계산하여라. 여기서 f의 그래프는 그림과 같다.

a. $\int_0^4 f(x)\,dx$ **b.** $\int_6^4 f(x)\,dx$

c. $\int_5^7 f(x)\,dx$ **d.** $\int_0^7 f(x)\,dx$

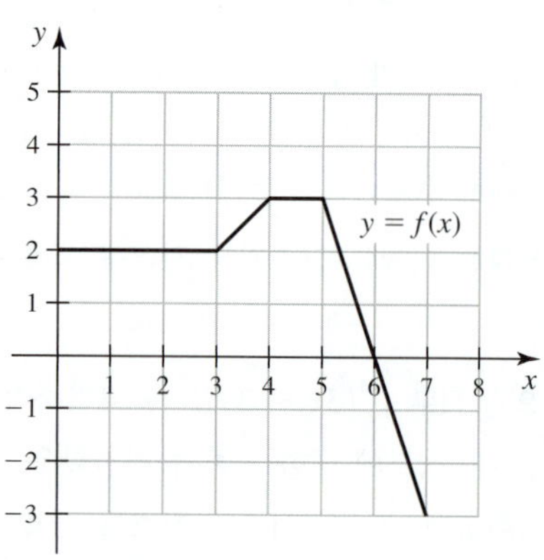

13. 기하학과 적분의 성질을 이용하여 정적분 $\int_0^4 \sqrt{8x - x^2}\,dx$를 계산하여라(힌트: 완전제곱식 형태).

14. 함수 식별 세 함수 $f(x)$, $f'(x)$, $\int_0^x f(t)\,dt$에 해당하는 그래프와 그림의 A, B, C를 대응시켜라.

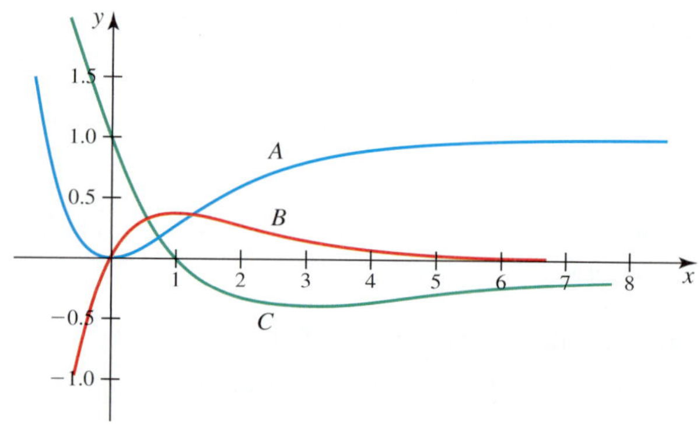

15–17. 다음 도함수를 구하여라.

15. $\frac{d}{dx}\int_7^x \sqrt{1 + t^4 + t^6}\,dt$ **16.** $\frac{d}{dx}\int_x^5 \sin w^6\,dw$

17. $\frac{d}{dx}\int_{-x}^x \frac{dt}{t^{10} + 1}$

18. $F' = f$일 때, 치환 방법을 이용하여 $\int f(ax + b)\,dx = \frac{1}{a}F(ax + b) + C$임을 보여라. 여기서 a, b는 0이 아닌 상수이다.

19–42. 다음 적분을 구하여라.

19. $\int_{-2}^2 (3x^4 - 2x + 1)\,dx$ **20.** $\int (9x^8 - 7x^6)\,dx$

21. $\int_0^1 \sqrt{x}\left(\sqrt{x} + 1\right)dx$ **22.** $\int_{\pi/6}^{\pi/3} (\sec^2 t + \csc^2 t)\,dt$

23. $\int_{\sqrt{2}}^2 \frac{dx}{x\sqrt{x^2 - 1}}$ **24.** $\int \frac{\cos x}{\sin^{7/4} x}\,dx$

25. $\int x^2 \cos x^3\,dx$ **26.** $\int \frac{\cos 7w}{16 + \sin^2 7w}\,dw$

27. $\int_0^1 x \cdot 2^{x^2+1}\,dx$ **28.** $\int_0^2 (2x + 1)^3\,dx$

29. $\int_0^1 5re^{3r^2+2}\,dr$ **30.** $\int e^{x+e^x}\,dx$

31. $\int \frac{dx}{\sqrt{1 - 4x^2}}$ **32.** $\int_0^{2\pi} \cos^2 \frac{x}{6}\,dx$

33. $\int_0^{\pi} \sin^2 5\theta\,d\theta$ **34.** $\int_2^3 \frac{x^2 + 2x - 2}{x^3 + 3x^2 - 6x}\,dx$

35. $\int_{-5}^5 \frac{w^3}{\sqrt{w^{50} + w^{20} + 1}}\,dw$ (힌트: 대칭성을 이용한다)

36. $\int \frac{1}{x^2}\sin\frac{1}{x}\,dx$ **37.** $\int \frac{dx}{(\tan^{-1}x)(1 + x^2)}$

38. $\int x(x+3)^{10}\,dx$

39. $\int_0^3 \frac{x}{\sqrt{25-x^2}}\,dx$

40. $\int_{\sqrt{2}/5}^{2/5} \frac{dx}{x\sqrt{25x^2-1}}$

41. $\int_{-10}^{10} \frac{x}{\sqrt{200-x^2}}\,dx$

42. $\int_0^4 f(x)\,dx,\ f(x) = \begin{cases} 2x+1, & x \le 3 \\ 3x^2+2x-8, & x > 3 \end{cases}$

43–44. 영역의 넓이 주어진 구간에서 f의 그래프와 x축으로 둘러싸인 영역의 넓이를 계산하여라.

43. $f(x) = 16 - x^2$, $[-4, 4]$

44. $f(x) = 2\sin\frac{x}{4}$, $[0, 2\pi]$

45. 넓이 vs. 구간 면적 구간 $[-1, 1]$에서 $f(x) = x^4 - x^2$의 그래프와 x축으로 둘러싸인 영역의 (i) 구간 면적 및 (ii) 넓이를 계산하여라.

46. 게이트웨이 아치 세인트루이스의 게이트웨이 아치는 높이가 630 ft이고 너비는 630 ft이다. 이때 다음 함수로 아치 모양을 모델링할 수 있다.

$$y = 1260 - 315(e^{0.00418x} + e^{-0.00418x})$$

여기서 아치의 너비는 $[-315, 315]$이고, x와 y의 단위는 피트이다. 아치의 평균 높이를 구하여라.

47. 속도에 의한 변위 어떤 입자는 초기 위치 $s(0) = 0$에서 시작하여 $v(t) = 5\sin\pi t$의 속도로 직선을 따라 이동한다. $t = 0$, $t = 2$ 사이에서 입자의 변위 $s(t) = \int_0^2 v(t)\,dt$를 구하여라. 이 구간 동안 입자가 움직인 거리 $\int_0^2 |v(t)|\,dt$를 구하여라.

48. $[0, \ln 2]$에서 $f(x) = e^{2x}$의 평균값을 구하여라.

49. 평균값 적분 계산 없이 물음에 답하여라.

a. 구간 $[1, 6]$에서 그림에 표시된 f의 평균값을 찾은 다음, $(1, 6)$에서 적분에 대한 평균값 정리에 의해 존재하는 점 c를 찾아라.

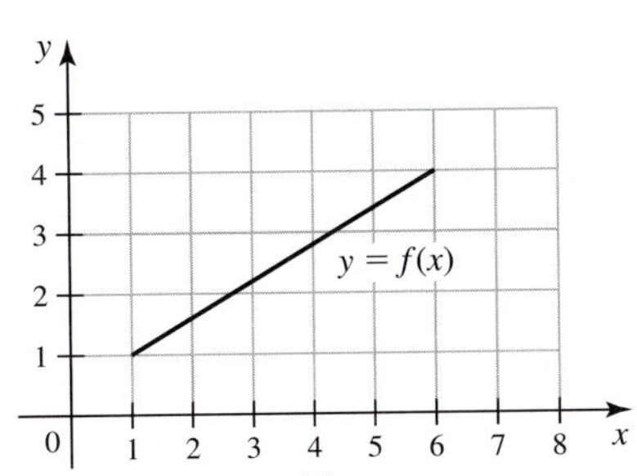

(a)

b. 구간 $[2, 6]$에서 그림에 표시된 f의 평균값을 찾은 다음, $(2, 6)$에서 적분의 평균값 정리에 의해 존재하는 점 c를 찾아라.

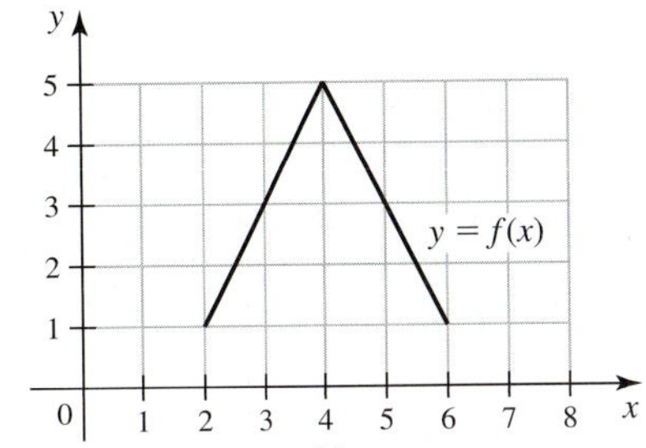

(b)

50. 미지의 함수 f'이 $[2, 4]$에서 연속이고 $\int_1^2 f'(2x)\,dx = 10$, $f(2) = 4$일 때, $f(4)$를 계산하여라.

51. 적분에 의해 정의된 함수 함수 $f(x) = \int_1^x \frac{dt}{t}$, $x \ge 1$의 그래프를 그려라. 그래프를 그리는 데 사용되는 모든 작업을 반드시 포함시켜라.

52. 넓이 함수와 기본 정리 다음 함수를 고려하자.

$$f(t) = \begin{cases} t, & -2 \le t < 0 \\ t^2/2, & 0 \le t \le 2 \end{cases}$$

그림은 함수의 그래프이다. $F(x) = \int_{-1}^x f(t)\,dt$, $G(x) = \int_{-2}^x f(t)\,dt$라 하자.

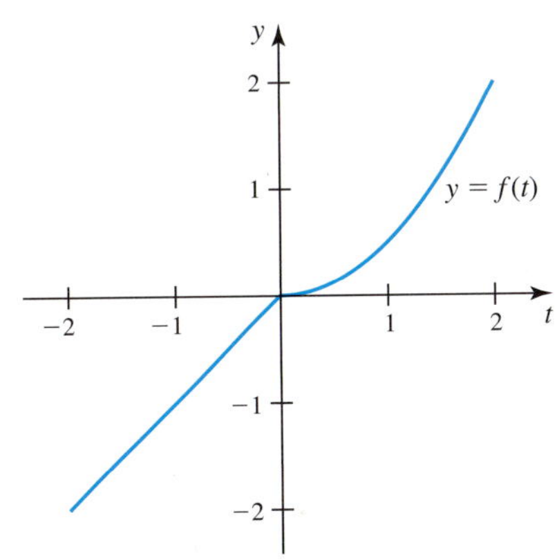

a. $F(-2)$와 $F(2)$를 계산하여라.

b. 기본 정리를 이용하여 $F'(x)$, $-2 \le x < 0$을 구하여라.

c. 기본 정리를 이용하여 $F'(x)$, $0 \le x \le 2$를 표현하여라.

d. $F'(-1)$과 $F'(1)$을 계산한 다음, 이 값을 설명하여라.

e. $F''(-1)$과 $F''(1)$을 계산하여라.

f. $F(x) = G(x) + C$를 만족하는 상수 C를 구하여라.

53. 적분의 극한 극한 $\lim_{x\to 2} \frac{\int_2^x e^{t^2} dt}{x-2}$를 계산하여라.

54. 적분의 기하학 적분 계산 없이 다음 등식이 양의 정수 n에 대하여 성립하는 이유를 설명하여라.

$$\int_0^1 x^n \, dx + \int_0^1 \sqrt[n]{x} \, dx = 1$$

55. 역탄젠트 적분 0이 아닌 두 상수 a와 b에 대하여 $\int \frac{dx}{a^2x^2 + b^2} = \frac{1}{ab} \tan^{-1}\left(\frac{ax}{b}\right) + C$를 증명하여라.

56. 적분에 의해 정의된 함수 $f(x) = \int_0^x (t-1)^{15}(t-2)^9 dt$라 하자.

a. f가 증가하는 구간과 감소하는 구간을 각각 찾아라.

b. f가 위로 오목인 구간과 아래로 오목인 구간을 각각 찾아라.

c. f가 극솟값을 갖는 점과 극댓값을 갖는 점 x를 각각 구하여라.

d. f의 변곡점은 어디인가?

57. 방정식의 상등 함수 u가 $u(x) + 2\int_0^x u(t)\, dt = 10$를 만족시킬 때, $u'(x) + 2u(x) = 0$임을 설명하여라. u가 두 번째 등식을 만족하면 첫 번째 방정식도 만족하는가?

58. 삼차 곡선의 단위 넓이 삼차 곡선 $y = x(x-c)^2$과 x축의 $[0, c]$로 둘러싸인 영역의 넓이가 1이 되도록 하는 양수 c를 구하여라.

CHAPTER 6

적분의 응용

Applications of Integration

미리보기 이제 지금까지 살펴본 기본적인 몇몇 적분 기법을 통한 그 응용에 대하여 살펴본다. 먼저 수량의 변화율이 알려진 경우 적분을 이용하여 특정 시간 동안 해당 수량의 구간 변화량 또는 미래의 값을 결정하는 일반적인 규칙을 설명한다. 다음으로 여러 곡선으로 둘러싸인 영역의 넓이, 3차원 입체의 부피와 겉넓이, 곡선의 길이를 계산하는 등 적분의 기하학적인 응용을 탐구한다. 이러한 모든 응용은 작은 조각을 내어 합하기 방법(slice-and-sum method)으로 통합된다.

6.1 속도와 구간 변화량
6.2 두 곡선 사이의 영역
6.3 조각 방법에 의한 부피
6.4 껍질 방법에 의한 부피
6.5 곡선의 길이
6.6 겉넓이

6.1 속도와 구간 변화량

앞 장에서 직선을 따라 움직이는 물체의 위치와 속도의 관계를 살펴봤다. 이제 적분을 통해 이 관계에 대하여 훨씬 더 많은 것을 말할 수 있다. 적분을 이용하여 속도와 위치를 연관시키면 유체 흐름, 인구 증가, 제조 비용, 천연자원의 생산 및 소비를 포함하는 다양한 실제 문제를 유사하게 관찰할 수 있다. 이 절의 아이디어는 미적분학의 기본 정리에서 직접 나온 것이며, 미적분학의 가장 강력한 응용 중 하나이다.

속도, 위치, 변위

직선 고속도로를 따라 운전하고 있고 기준점 또는 원점에 대한 상대 위치가 시간 $t(t \geq 0)$에 대하여 $s(t)$라고 가정하자. 시간 $[a, b]$에 대한 **변위**(displacement)는 위치 $s(b) - s(a)$의 변화이다(그림 6.1). $s(b) > s(a)$이면 변위는 양수이고, $s(b) < s(a)$이면 변위는 음수이다.

이제 $v(t)$가 특정 시간 t에서 물체의 속도라고 가정하자. 3장에서 s가 v의 역도함수임을 의미하는 $v(t) = s'(t)$를 기억하자. 미적분학의 기본 정리로부터 다음이 성립한다.

$$\int_a^b v(t)\,dt = \int_a^b s'(t)\,dt = s(b) - s(a) = \text{변위}$$

적분 $\int_a^b v(t)\,dt$는 시간 $t = a$와 $t = b$ 사이의 변위(위치 변화)이다. 즉, 시간 $[a, b]$

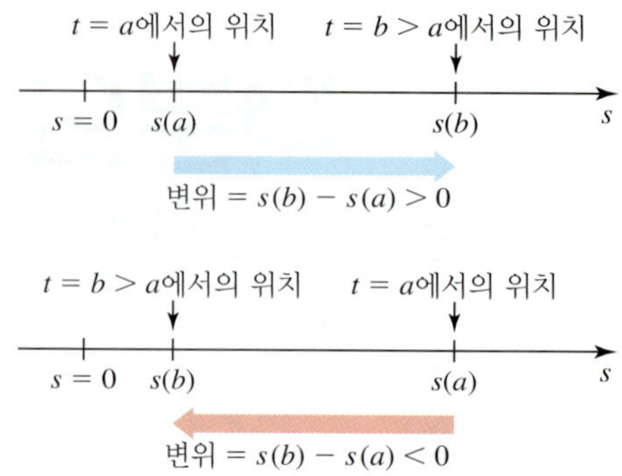

그림 6.1

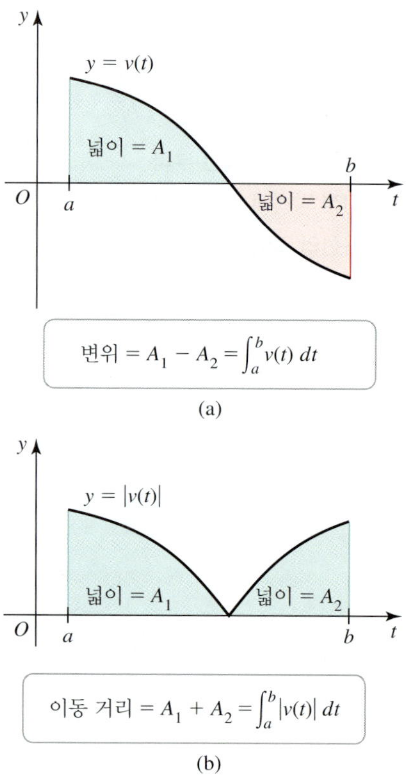

그림 6.2

에 대한 변위는 $[a, b]$에 대한 속도 곡선 아래의 구간 면적이다(그림 6.2(a)).

변위와 혼동하지 말아야 할 것은 시간 구간 동안 **이동 거리**(distance traveled)이며, 이는 운동 방향과 무관하게 물체가 이동한 총 거리이다. 속도가 양수이면 물체는 양의 방향으로 움직이고 변위는 이동 거리와 같다. 그러나 속도의 부호가 바뀌면 변위와 이동 거리는 일반적으로 같지 않다.

QUICK CHECK 1 한 경찰관이 남북으로 이어진 고속도로 위에 있는 경찰서에서 오전 9시에 출발하여 오전 9시부터 오전 10시 사이에 북쪽(양의 방향)으로 40 mi 이동했다. 그다음 오전 10시부터 오전 11시까지 경찰서의 남쪽으로 20 mi 떨어진 지점까지 남쪽으로 이동했다. 오전 9시에서 오전 11시 사이에 경찰관의 이동 거리와 변위는 각각 얼마인가? ◀

이동 거리를 계산하려면 속도의 크기가 필요하지만 부호는 필요 없다. 이때 속도의 크기 $|v(t)|$를 **속력**(speed)이라 한다. 짧은 시간 간격 dt 동안 이동 거리는 $|v(t)|\,dt$ (속력과 경과 시간의 곱)이다. 이 거리를 합하면 시간 구간 $[a, b]$ 동안 이동 거리는 속력의 적분이다. 즉, 다음과 같다.

$$\text{이동 거리} = \int_a^b |v(t)|\,dt$$

그림 6.2(b)는 속력을 적분하면 이동 거리에 해당하는 속도 곡선과 t축으로 둘러싸인 넓이(구간 면적이 아님)임을 보여 준다. 이때 이동 거리는 항상 음수가 아니다.

정의 위치, 속도, 변위, 이동 거리

1. 시간 t에서 직선을 따라 움직이는 물체의 **위치** $s(t)$는 원점을 기준으로 한 물체의 위치이다.
2. 시간 t에서 물체의 **속도**는 $v(t) = s'(t)$이다.
3. $t = a$와 $t = b\,(b > a)$ 사이에서 물체의 **변위**는 다음과 같다.

$$s(b) - s(a) = \int_a^b v(t)\,dt$$

> **4.** $t = a$와 $t = b$ 사이에 물체의 **이동 거리**는
>
> $$\int_a^b |v(t)|\,dt$$
>
> 이다. 여기서 $|v(t)|$는 시간 t에서 물체의 **속력**이다.

QUICK CHECK 2 $0 \le t \le 5$ 동안 직선을 따라 움직이는 물체에 대하여 변위와 이동 거리가 서로 다른 운동을 설명하여라. ◄

| 예제 1 | **속도에서 변위** 조깅하는 어떤 사람은 $0 \le t \le 3$ (단위는 mi/hr) 동안 $v(t) = 2t^2 - 8t + 6$의 속도로 직선 도로를 달린다. 여기서 t의 단위는 hr이다.

a. 구간 [0, 3]에 대한 속도 함수의 그래프를 그려라. 조깅하는 사람이 양의 방향으로 움직일 때와 음의 방향으로 움직일 때를 결정하여라.

b. 세 시간 구간 [0, 1], [1, 3], [0, 3]에서 조깅하는 사람의 변위(mi)를 구한 후, 결과를 해석하여라.

c. 구간 [0, 3]에서 이동 거리를 구하여라.

풀이

a. $v(t) = 2t^2 - 8t + 6 = 2(t-1)(t-3) = 0$을 풀면 $t = 1$과 $t = 3$에서 속도가 0임을 알 수 있다. 이 값은 v절편이 6인 상향 포물선에서의 t절편이다(그림 6.3(a)). 구간 $0 \le t < 1$에서 속도는 양수이며, 이는 조깅하는 사람이 양의 방향으로 움직인다는 것을 의미한다. 구간 $1 < t < 3$에서 속도는 음수이고 조깅하는 사람은 음의 방향으로 이동한다.

b. 구간 [0, 1]에 대한 변위는 다음과 같다.

$$s(1) - s(0) = \int_0^1 v(t)\,dt$$

$$= \int_0^1 (2t^2 - 8t + 6)\,dt \qquad v \text{ 대입하기}$$

$$= \left(\frac{2}{3}t^3 - 4t^2 + 6t\right)\Big|_0^1 = \frac{8}{3} \qquad \text{적분 계산하기}$$

비슷한 계산을 통해 구간 [1, 3]에 대한 변위를 구하면 다음과 같다.

$$s(3) - s(1) = \int_1^3 v(t)\,dt = -\frac{8}{3}$$

구간 [0, 3]에 대한 변위는 $\frac{8}{3} + \left(-\frac{8}{3}\right) = 0$이며, 이는 조깅하는 사람이 3시간 후 시작점으로 되돌아감을 의미한다.

c. **b**에서 조깅하는 사람이 이동한 총 거리를 추론했다. 구간 [0, 1]에서 이동 거리는 $\frac{8}{3}$ mi이고, 구간 [1, 3]에서 이동한 거리도 $\frac{8}{3}$ mi이다. 따라서 [0, 3]에서 이동한 거리는 $\frac{16}{3}$ mi이다. 다른 방법으로(그림 6.3(b)) 속력을 적분하면 동일한 결과를 얻을 수 있다.

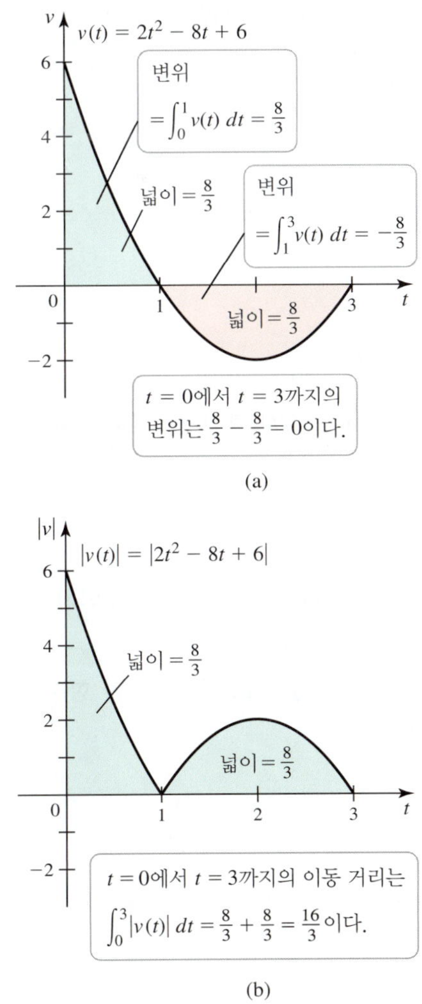

그림 6.3

$$\begin{aligned}\int_0^3 |v(t)|\,dt &= \int_0^1 (2t^2 - 8t + 6)\,dt + \int_1^3 (-(2t^2 - 8t + 6))\,dt && |v(t)|\text{의 정의}\\ &= \left(\frac{2}{3}t^3 - 4t^2 + 6t\right)\Big|_0^1 + \left(-\frac{2}{3}t^3 + 4t^2 - 6t\right)\Big|_1^3 && \text{적분 계산하기}\\ &= \frac{16}{3} && \text{간단히 하기}\end{aligned}$$

관련 연습문제 4번 ◀

위치 함수의 미래의 값

물체의 변위를 찾기 위해 초기 위치를 알 필요는 없다. 예를 들어 물체가 $s = -20$에서 $s = -10$으로 이동하든지 $s = 50$에서 $s = 60$으로 이동하든지 변위는 10이다. 미래의 시간에서 물체의 실제 **위치**(position)에 관심이 있다면 어떨까?

물체의 속도와 초기 위치 $s(0)$을 안다고 가정하자. 목표는 미래 시간 $t \geq 0$에서 위치 $s(t)$를 찾는 것이다. 미적분학의 기본 정리는 직접적인 해답을 제공한다. 위치 s는 속도 v의 역도함수이므로 다음을 만족한다.

➤ t는 위치 함수의 독립변수이다. 따라서 다른 (더미) 변수, 이 경우 x를 적분 변수로 사용해야 한다.

$$\int_0^t v(x)\,dx = \int_0^t s'(x)\,dx = s(x)\Big|_0^t = s(t) - s(0)$$

이 식을 정리하면 다음 결과를 얻는다.

정리 6.1 속도에 의한 위치

직선을 따라 움직이는 물체의 속도 $v(t)$와 초기 위치 $s(0)$이 주어지면 미래 시간 $t \geq 0$에 대한 물체의 위치 함수는 다음과 같다.

$$\underbrace{s(t)}_{t\text{에서 위치}} = \underbrace{s(0)}_{\text{초기 위치}} + \underbrace{\int_0^t v(x)\,dx}_{[0,\,t]\text{에 대한 변위}}$$

➤ 정리 6.1은 미적분학의 기본 정리의 결과와 같다.

QUICK CHECK 3 위치 $s(t)$는 수인가 함수인가? 고정 시간 $t = a$와 $t = b$에서 변위 $s(b) - s(a)$는 수인가 함수인가? ◀

정리 6.1은 위치 $s(t)$를 구하기 위해 구간 $[0, t]$에 대한 변위와 초기 위치 $s(0)$을 더해야 함을 알려 준다.

위치 함수를 결정하는 두 가지 방법이 있다.

- 역도함수(4.9절) 이용
- 정리 6.1 이용

일반적으로 후자가 효율적이지만 두 방법 모두 동일한 결과를 도출한다. 다음 예제는 두 가지 접근 방식을 모두 보여 준다.

| 예제 2 | 속도에 의한 위치 어느 블록이 원점($s = 0$)에서 질량이 없는 용수철에 매달려 정지해 있다. 이 블록을 $t = 0$에서 초기 위치 $s(0) = -\frac{1}{4}$까지 아래로 $\frac{1}{4}$ m

만큼 당겼다가 놓는다(그림 6.4). 이때 속도(m/s)는 $t \geq 0$에 대하여 $v(t) = \frac{1}{4}\sin t$로 주어진다. 위쪽 방향이 양수라고 가정한다.

a. $t \geq 0$에서 블록의 위치를 구하여라.

b. $0 \leq t \leq 3\pi$에 대하여 위치 함수의 그래프를 그려라.

c. 블록이 처음으로 원점을 통과할 때는 언제인가?

d. 블록이 처음으로 가장 높은 지점에 도달한 시점과 그 시점의 위치는 무엇인가? 블록은 언제 가장 낮은 지점으로 돌아가는가?

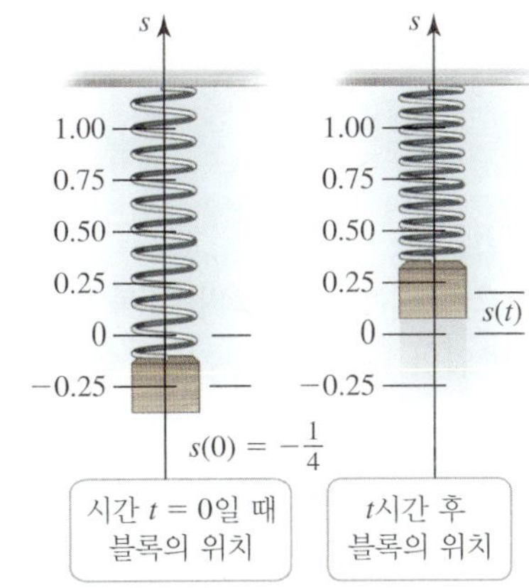

그림 6.4

풀이

a. 속도 함수(그림 6.5(a))는 $0 < t < \pi$에서 양수이며, 이는 블록이 양의(위쪽) 방향으로 이동함을 의미한다. 블록은 $t = \pi$에서 잠시 정지하고, $\pi < t < 2\pi$에서 음의(아래쪽) 방향으로 이동한다. 초기 위치 $s(0) = -\frac{1}{4}$ m에 대하여 시간 $t \geq 0$에서의 위치를 $s(t)$라 하자.

방법 1: 역도함수 이용

위치는 속도의 역도함수이므로 다음과 같다.

$$s(t) = \int v(t)\,dt = \int \frac{1}{4}\sin t\,dt = -\frac{1}{4}\cos t + C$$

임의의 상수 C를 결정하기 위해 초기 조건 $s(0) = -\frac{1}{4}$ m를 대입하면

$$-\frac{1}{4} = -\frac{1}{4}\cos 0 + C$$

이고, C에 대하여 풀면 $C = 0$임을 알 수 있다. 따라서 시간 $t \geq 0$에 대하여 위치는 다음과 같다.

$$s(t) = -\frac{1}{4}\cos t$$

방법 2: 정리 6.1 이용

다음 관계식을 이용한다.

$$s(t) = s(0) + \int_0^t v(x)\,dx$$

$v(x) = \frac{1}{4}\sin x$와 $s(0) = -\frac{1}{4}$을 대입하면 위치 함수는 다음과 같다.

$$\begin{aligned} s(t) &= \underbrace{-\frac{1}{4}}_{s(0)} + \int_0^t \underbrace{\frac{1}{4}\sin x}_{v(x)}\,dx \\ &= -\frac{1}{4} - \left(\frac{1}{4}\cos x\right)\Big|_0^t && \text{적분 계산하기} \\ &= -\frac{1}{4} - \frac{1}{4}(\cos t - 1) \\ &= -\frac{1}{4}\cos t && \text{간단히 하기} \end{aligned}$$

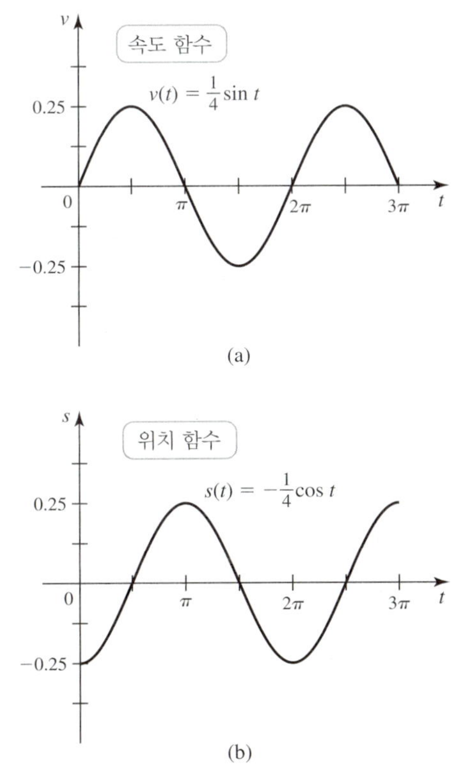

그림 6.5

➤ 변위를 구하려면 속도를 알아야 하고, 위치를 구하려면 속도와 초기 위치 $s(0)$을 모두 알아야 한다.

b. 위치 함수의 그래프는 그림 6.5(b)와 같다. 주어진 대로 $s(0) = -\frac{1}{4}$을 확인할 수 있다.

c. 블록은 처음에 양의(위쪽) 방향으로 이동하여 $s(t) = -\frac{1}{4}\cos t = 0$일 때 원점($s = 0$)에 도달한다. 따라서 블록은 $t = \pi/2$일 때 처음으로 원점을 통과한다.

d. 블록은 양의 방향으로 이동하여 $t = \pi$일 때 처음으로 최고점에 도달하고, 그 순간의 위치는 $s(\pi) = \frac{1}{4}$ m이다. 그다음 블록은 방향을 바꾸어 음의(아래쪽) 방향으로 이동하여 $t = 2\pi$일 때 최저점에 도달한다. 이 운동은 2π초마다 반복된다.

관련 연습문제 9번 ◀

QUICK CHECK 4 추가적인 계산 없이 구간 $[0, 2\pi]$에서 예제 2의 블록이 이동한 변위와 거리를 구하면 얼마인가? ◀

| 예제 3 | 스카이다이빙 공중에 떠 있는 헬리콥터에서 스카이다이버가 직선으로 떨어질 때, 80 m/s의 속도로 $t = 0$ s에서 $t = 19$ s까지 낙하하다가 낙하산을 펼친다고 가정하자. 속도는 2초 동안 선형적으로 감소하다가 $t = 40$ s에 지면에 도달할 때까지 6 m/s의 속도로 일정하게 유지된다. 이 운동을 속도 함수로 표현하면 다음과 같다.

$$v(t) = \begin{cases} 80 &, \quad 0 \le t < 19 \\ 783 - 37t, & 19 \le t < 21 \\ 6 &, \quad 21 \le t \le 40 \end{cases}$$

스카이다이버가 점프하기 위한 지면 위의 높이를 결정하여라.

➤ 물체의 속도는 물체의 밀도, 모양, 크기 및 물체가 통과하는 매질에 따라 달라진다. 낮은 대기에서 자유낙하하는 인간에 대한 속도 추정치는 120 mi/h(54 m/s)에서 180 mi/h(80 m/s)까지 다양하다.

풀이 헬리콥터의 위치에 해당하는 원점($s = 0$)에서 스카이다이버의 위치가 아래쪽으로 증가하도록 가정하자. 속도는 양수이므로 스카이다이버의 이동 거리, 즉 변위는 다음과 같다.

$$\begin{aligned}\int_0^{40} |v(t)|\,dt &= \int_0^{19} 80\,dt + \int_{19}^{21} (783 - 37t)\,dt + \int_{21}^{40} 6\,dt \\ &= 80t\Big|_0^{19} + \left(783t - \frac{37t^2}{2}\right)\Big|_{19}^{21} + 6t\Big|_{21}^{40} && \text{미적분학의 기본 정리} \\ &= 1720 && \text{계산하고 간단히 하기}\end{aligned}$$

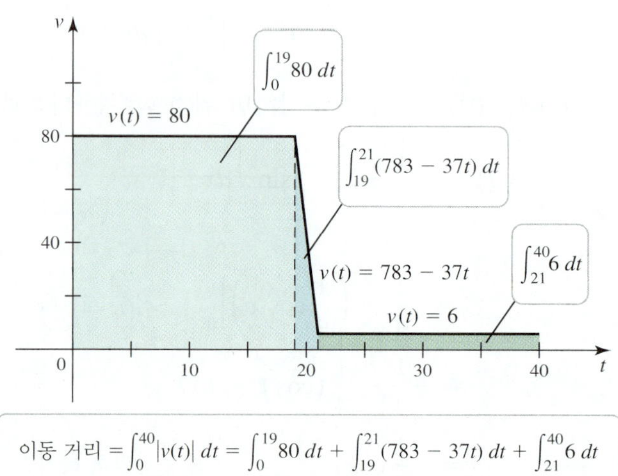

그림 6.6

QUICK CHECK 5 예제 3에서 스카이다이버의 속도가 $0 \le t < 20$일 때 80 m/s이고, $20 \le t \le 40$ 일 때 순간적으로 6 m/s라고 가정하자. 속도 함수의 그래프를 그린 후, 적분을 이용하지 않고 스카이다이버가 40 s 동안 떨어지는 거리를 구하여라. ◀

스카이다이버는 지상 1720 m 높이에서 뛰어내렸다. 스카이다이버의 변위는 속도 곡선 아래의 넓이와 같다(그림 6.6).

관련 연습문제 14번 ◀

가속도

직선을 따라 움직이는 물체의 가속도는 $a(t) = v(t)$이므로 속도와 가속도의 관계는 위치와 속도의 관계와 같다. 물체의 가속도가 주어졌을 때, 구간 $[a, b]$에 대한 속도의 변화는 다음과 같다.

$$\text{속도의 변화} = v(b) - v(a) = \int_a^b v'(t)\,dt = \int_a^b a(t)\,dt$$

또한 가속도와 초기 속도 $v(0)$을 알면 미래 시점의 속도도 구할 수 있다.

정리 6.2 가속도에 의한 속도

직선을 따라 움직이는 물체의 가속도 $a(t)$와 초기 속도 $v(0)$이 주어지면 미래 시간 $t \geq 0$에 대한 물체의 속도는 다음과 같다.

$$v(t) = v(0) + \int_0^t a(x)\,dx$$

➤ 정리 6.2는 미적분학의 기본 정리의 결과와 같다.

| 예제 4 | 중력장에서의 운동 한 포탄이 지상 30 m 지점에서 초기 속도 300 m/s로 바로 위쪽방향으로 발사된다(그림 6.7). 포탄에는 오직 중력만이 작용하고, 중력가속도는 9.8 m/s²이라 가정하자. 포탄이 공중에 있는 동안의 속도를 구하여라.

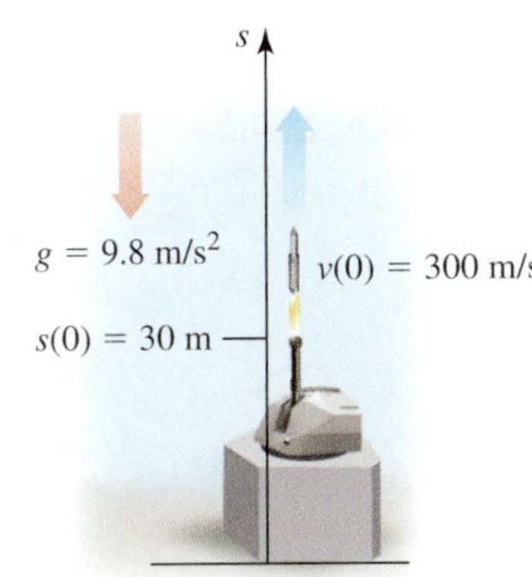

그림 6.7

풀이 양의 방향을 지면에 해당하는 원점($s = 0$)에서 위쪽으로 놓자. 포탄의 초기 속도는 $v(0) = 300$ m/s이고, 중력가속도는 $a(t) = -9.8$ m/s²이며 방향은 아래쪽이다. 가속도를 적분하면 속도는 다음과 같다.

$$v(t) = \underbrace{v(0)}_{300\text{ m/s}} + \int_0^t \underbrace{a(x)}_{-9.8\text{ m/s}^2}\,dx = 300 + \int_0^t (-9.8)\,dx = 300 - 9.8t$$

속도는 초깃값 300 m/s에서 감소하여 $v(t) = 300 - 9.8t = 0$, 즉 $t \approx 30.6$ s일 때 궤적의 최고점에서 0에 도달한다(그림 6.8). 이 시점에서 속도는 음수가 되고 포탄은 지면으로 하강한다.

속도 함수를 알면 예제 3의 방법을 이용하여 위치 함수를 구할 수 있다.

관련 연습문제 16번 ◀

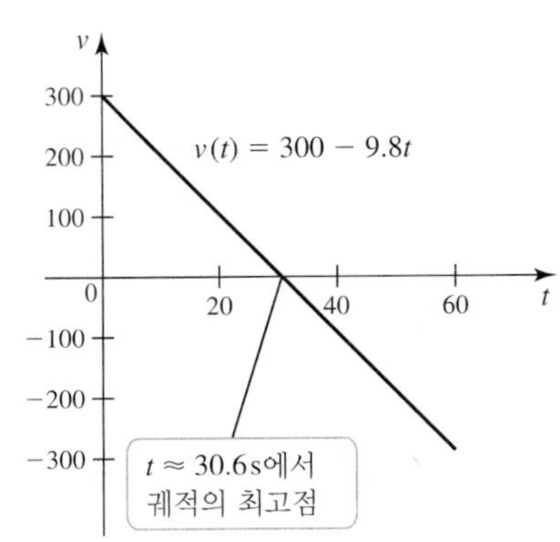

그림 6.8

구간 변화량과 미래의 값

속도, 위치, 변위에 대한 더 일반적인 상황을 알아보자. 시간이 지남에 따라 변하는 수량 Q를 가정하자. 이때 Q는 저수지 물의 양, 세포 배양의 개체군 또는 소비되거나 생산되는 자원의 양이다. Q의 변화율 Q'이 주어지면 적분을 이용하여 수량 Q

의 **구간 변화량**(net change) 또는 미래의 값을 계산할 수 있다.

속도와 위치에서 살펴봤듯이 $Q(t)$는 $Q'(t)$의 역도함수이므로 미적분학의 기본 정리는 다음을 알려 준다.

$$\int_a^b Q'(t)\,dt = Q(b) - Q(a) = \text{구간 } [a, b]\text{에서 } Q\text{의 구간 변화량}$$

➤ 적분의 단위는 일관적이다. 예를 들어 Q'의 단위가 갤런/초(gallons/second)이고 t와 x의 단위가 초인인 경우 $Q'(x)\,dx$의 단위는 갤런((gallons/second)(second) = gallons))이고, 이는 Q의 단위이다.

기하학적으로 시간 $[a, b]$에 대한 Q의 구간 변화량은 $[a, b]$에 대한 Q'의 그래프 아래의 구간 면적이다. $Q(t)\,dt$를 시간의 작은 증분에 대한 Q의 변화량으로 해석하여 $Q'(t)$를 적분하면 구간 $[a, b]$에 대하여 작은 변화가 누적되거나 합산된다. 그 결과는 $t = a$와 $t = b$ 사이에서 Q의 구간 변화량이다. 즉, 구간에서의 수량의 변화율을 누적하면 그 구간에서의 수량의 구간 변화량을 계산할 수 있다.

또한 변화율 Q'과 초깃값 $Q(0)$이 모두 주어지면 $t \ge 0$인 구간 $[0, t]$에서 적분하여 다음을 얻는다.

$$\int_0^t Q'(x)\,dx = Q(t) - Q(0)$$

이 식을 정리하면 미래의 시간 $t \ge 0$에서 Q의 값은 다음과 같다.

$$\underbrace{Q(t)}_{\text{미래의 값}} = \underbrace{Q(0)}_{\text{초깃값}} + \underbrace{\int_0^t Q'(x)\,dx}_{[0,\, t]\text{에서 구간 변화량}}$$

➤ 반복적이지만 정리 6.3은 미적분학의 기본 정리의 결과이기도 하다. Q'은 적분 가능한 함수라고 가정한다.

정리 6.3 구간 변화량과 미래의 값

시간이 지남에 따라 수량 Q가 알려진 비율 Q'으로 변한다고 가정하면 $t = a$와 $t = b\,(b > a)$ 사이에서 Q의 **구간 변화량**은 다음과 같다.

$$\underbrace{Q(b) - Q(a)}_{Q\text{의 구간 변화량}} = \int_a^b Q'(t)\,dt$$

초깃값 $Q(0)$이 주어지면 시간 $t\,(t \ge 0)$에서 Q의 미래의 값은 다음과 같다.

$$Q(t) = Q(0) + \int_0^t Q'(x)\,dx$$

표 6.1은 속도–변위 문제와 보다 더 일반적인 문제 사이의 관계를 보여 준다.

표 6.1

속도–변위 문제	일반적인 문제
위치 $s(t)$	수량 $Q(t)$(부피나 인구)
속도: $s'(t) = v(t)$	변화율: $Q'(t)$
변위: $s(b) - s(a) = \int_a^b v(t)\,dt$	구간 변화량: $Q(b) - Q(a) = \int_a^b Q'(t)\,dt$
미래의 위치: $s(t) = s(0) + \int_0^t v(x)\,dx$	Q의 미래의 값: $Q(t) = Q(0) + \int_0^t Q'(x)\,dx$

이제 변화율의 적분을 포함하는 일반적인 두 가지 응용을 살펴보자.

| 예제 5 | **세포 성장** 한 실험실의 세포 배양은 시간 $t = 0$에서 영양소가 추가될 때 세포 수는 100 cells로 증가한다. 세포 수 $N(t)$ (단위는 cells/hr)가

$$N'(t) = 90\,e^{-0.1t}$$

의 비율로 증가한다고 가정하자. $t \ge 0$에 대하여 $N(t)$를 구하여라.

➤ N은 양의 정수(세포의 수)이지만 이 예제에서는 연속인 변수로 생각한다.

풀이 그림 6.9와 같이 t가 작을 때 (음식과 공간이 많으므로) 성장 속도는 크고, t가 증가함에 따라 성장 속도는 감소한다. 초기 세포 수가 $N(0) = 100$ cells이므로 정리 6.3을 이용하여 미래의 시간 $t \ge 0$에서 세포 수 $N(t)$를 다음과 같이 구할 수 있다.

$$\begin{aligned} N(t) &= N(0) + \int_0^t N'(x)\,dx \\ &= \underbrace{100}_{N(0)} + \int_0^t \underbrace{90e^{-0.1x}}_{N'(x)}\,dx \\ &= 100 + \left[\left(\frac{90}{-0.1}\right)e^{-0.1x}\right]\Bigg|_0^t && \text{미적분학의 기본 정리} \\ &= 1000 - 900e^{-0.1t} && \text{간단히 하기} \end{aligned}$$

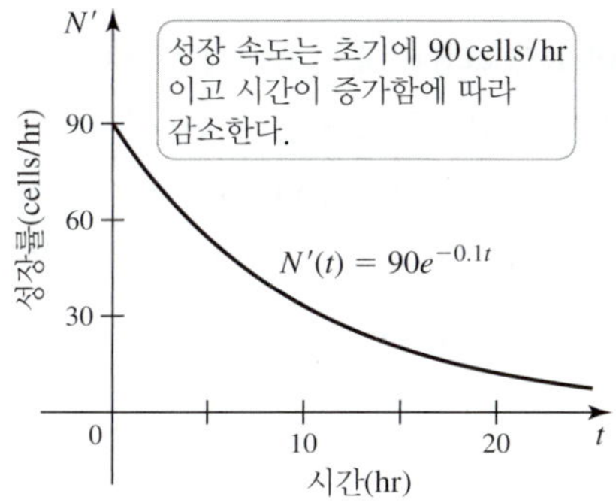

그림 6.9

세포 성장 함수의 그래프(그림 6.10)는 세포 수는 증가하지만 성장률은 감소함을 보여 준다. 초기 조건 $N(0) = 100$ cells을 만족하고 $t \to \infty$이면 세포 수는 1000 cells에 근접한다.

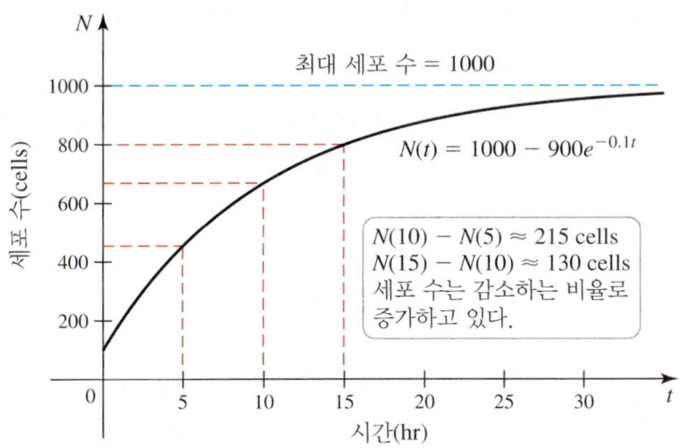

그림 6.10

관련 연습문제 20번 ◀

| 예제 6 | **생산 단가** 어느 출판사에서 출판된 특정 책의 권수가 $0 \le x \le 50{,}000$에서 한계 비용이

$$C'(x) = 12 - 0.0002x$$

라 한다. 12,001권부터 15,000권까지의 출판 비용은 얼마인가?

풀이

3.6절에서 비용 함수 $C(x)$는 제품의 x 단위를 생산하는 데 필요한 비용임을 기억하자. 한계 비용 $C'(x)$는 x 단위가 이미 생산된 상태에서 한 단위를 추가로 생산하는 데 드는 대략적인 비용이다. $x = 12{,}001$에서 $x = 15{,}000$까지의 출판 비용은 15,000권의 출판 비용에서 처음 12,000권의 출판 비용을 뺀 값이다. 따라서 12,001권부터 15,000권까지 출판하는 필요한 비용은 다음과 같다.

▶ x는 양의 정수(출판된 책의 수)이지만 이 예제에서는 연속인 변수로 생각한다.

$$C(15{,}000) - C(12{,}000) = \int_{12{,}000}^{15{,}000} C'(x)\,dx$$

$$= \int_{12{,}000}^{15{,}000} (12 - 0.0002x)\,dx \quad C'(x) \text{ 대입하기}$$

$$= (12x - 0.0001x^2)\Big|_{12{,}000}^{15{,}000} \quad \text{미적분학의 기본 정리}$$

$$= 27{,}900 \quad \text{간단히 하기}$$

관련 연습문제 26번 ◀

QUICK CHECK 6 예제 6에서 9,000권에서 12,000권으로 출판을 늘리는 비용은 12,000권에서 15,000권으로 출판을 늘리는 비용보다 많은가 적은가? 이유를 설명하여라. ◀

6.1절 연습문제

1단계 스타트

1. 직선을 따라 움직이는 물체에 적용되는 위치, 변위, 이동 거리의 의미를 설명하여라.

2. 직선을 따라 움직이는 물체의 속도 함수 v가 주어졌을 때, 물체의 변위를 찾기 위한 정적분에 대하여 설명하여라.

3. 수량 Q의 변화율과 초깃값 $Q(0)$이 주어졌을 때 $t \geq 0$에서 Q의 값을 찾는 방법을 설명하라.

4. **속도에 의한 변위와 거리** 그림은 직선을 따라 움직이는 물체의 속도를 나타내는 그래프이다. 시간의 단위는 hr이고 거리의 단위는 mi이며, 속도 곡선과 t축으로 둘러싸인 세 영역의 넓이가 주어져 있다.

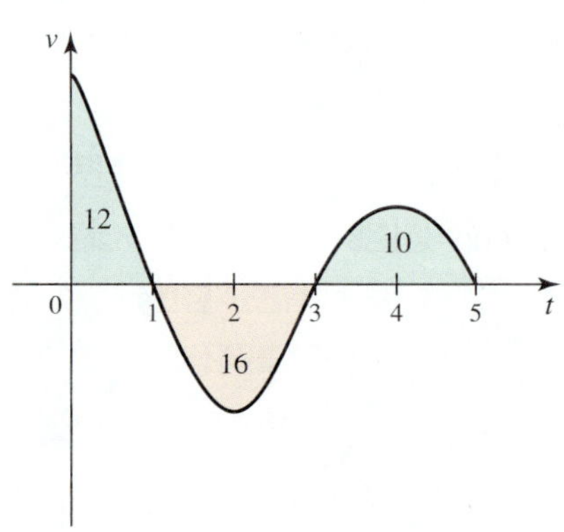

a. 물체가 양의 방향으로 움직인 구간은 어디인가?

b. 구간 [0, 3]에서 물체의 변위는 얼마인가?

c. 구간 [1, 5]에서 물체가 이동한 총 거리는 얼마인가?

d. 구간 [0, 5]에서 물체의 변위는 얼마인가?

e. 초기 위치를 기준으로 5시간 후 물체의 위치를 설명하여라.

5. **속도 그래프** 그림은 직선을 따라 움직이는 속도 함수의 그래프이다. 초기 위치 $s(0) = 0$에서 운동이 시작된다고 가정하자. 다음을 정의하여라.

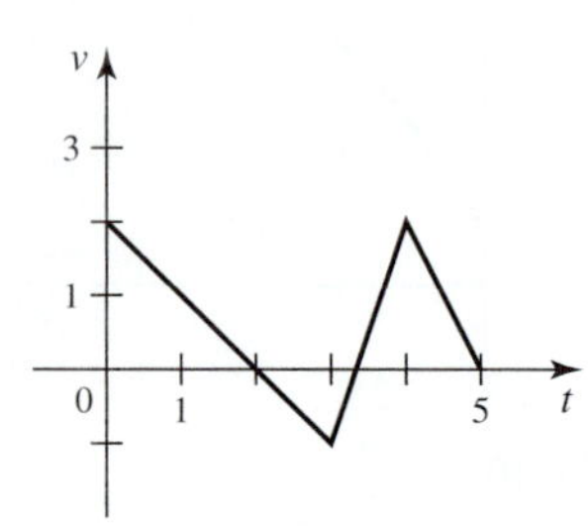

a. $t = 0$에서 $t = 5$까지의 변위

b. $t = 0$에서 $t = 5$까지의 이동 거리

c. $t = 5$에서의 위치

d. $s(t)$에 대한 구간별 함수

2단계 실전

6. 이동 거리와 변위 어느 물체가 $0 \le t \le 2\pi$에서 $v(t) = 3\sin 2t$의 속도(m/s)로 직선을 따라 움직인다고 가정하자. 여기서 t의 단위는 초이다(그림 참조).

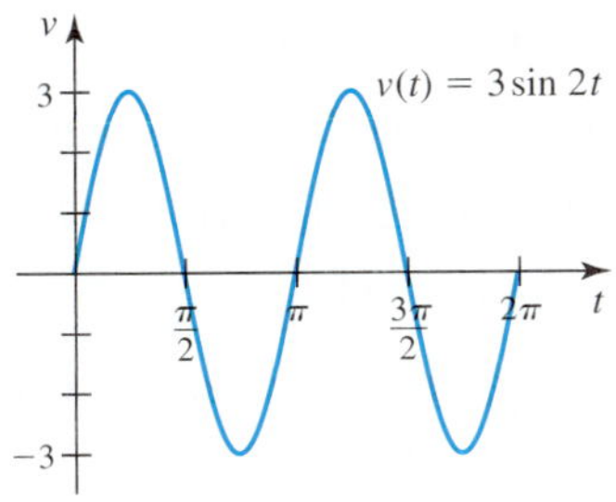

a. 시간 $[0, \pi/2]$에서 물체의 이동 거리를 구하여라.

b. 시간 $[0, \pi/2]$, $[0, \pi]$, $[0, 3\pi/2]$, $[0, 2\pi]$에서 물체의 변위를 구하여라(힌트: 그래프의 대칭성과 **a**의 풀이를 이용한다).

c. 시간 $[0, 2\pi]$에서 물체의 이동 거리를 구하여라.

7–8. 속도에서의 변위 주어진 속도 v로 직선을 따라 움직이는 물체를 고려하자. 시간 t의 단위는 s, 속도의 단위는 m/s라고 가정한다.

a. 움직임이 양의 방향일 때와 음의 방향일 때를 결정하여라.

b. 주어진 구간에 대한 변위를 구하여라.

c. 주어진 구간 동안 이동 거리를 구하여라.

7. $v(t) = 3t^2 - 6t$, $[0, 3]$

8. $v(t) = 3t^2 - 18t + 24$, $[0, 5]$

9–11. 속도에서의 위치 주어진 속도 v와 초기 위치에서 직선을 따라 움직이는 물체를 고려하자.

a. 역도함수 방법을 이용하여 $t \ge 0$에 대한 위치 함수를 결정하여라.

b. 미적분학의 기본 정리를 이용하여 $t \ge 0$에 대한 위치 함수를 결정하여라(정리 6.1). **a**의 결과와 일치하는지 확인하여라.

9. $v(t) = \sin t$, $[0, 2\pi]$, $s(0) = 1$

10. $v(t) = 6 - 2t$, $[0, 5]$, $s(0) = 0$

11. $v(t) = 9 - t^2$, $[0, 4]$, $s(0) = -2$

12. 진동 운동 용수철에 매달린 물체가 움직이도록 설정하고, 그에 따른 속도는 $t \ge 0$에 대하여 $v(t) = 2\pi\cos\pi t$로 주어진다. 양의 방향이 위쪽이고 $s(0) = 0$이라 가정한다.

a. $t \ge 0$에 대한 위치 함수를 결정하여라.

b. 구간 $[0, 4]$에서 위치 함수의 그래프를 그려라.

c. 물체가 최저점에 도달하는 최초 세 번의 시간은 언제인가?

d. 물체가 최고점에 도달하는 최초 세 번의 시간은 언제인가?

13. 정풍에서의 비행 정풍에서 날아가는 비행기의 속도(mi/h)는 $0 \le t \le 3$에서 $v(t) = 30(16 - t^2)$으로 주어진다. $s(0) = 0$이고 t의 단위는 hr라 가정하자.

a. $0 \le t \le 3$에서 위치 함수를 결정하여라.

b. 비행기는 처음 2 hr 동안 얼마나 이동하는가?

c. 속도가 400 mi/hr에 도달하는 순간 비행기는 얼마나 이동하는가?

14. 구간별 속도 직선 고속도로에서 (빠른) 자동차의 속도는 다음과 같이 주어진다.

$$v(t) = \begin{cases} 3t, & 0 \le t < 20 \\ 60, & 20 \le t < 45 \\ 240 - 4t, & t \ge 45 \end{cases}$$

이때 t의 단위는 초, v의 단위는 m/s이다.

a. $0 \le t \le 70$에서 속도 함수를 그래프로 나타내어라. 속도가 최대인 때는 언제인가? 속도가 0인 때는 언제인가?

b. 처음 30 s 동안 자동차의 이동 거리는 얼마인가?

c. 처음 60 s 동안 자동차의 이동 거리는 얼마인가?

d. $t = 75$일 때 자동차의 위치는 무엇인가?

15–18. 가속도에 의한 위치와 속도 주어진 가속도, 초기 속도, 초기 위치로 직선을 따라 움직이는 물체의 위치와 속도를 구하여라. 미적분학의 기본 정리를 이용하여라(정리 6.1, 정리 6.2).

15. $a(t) = -32$, $v(0) = 70$, $s(0) = 10$

16. $a(t) = -9.8$, $v(0) = 20$, $s(0) = 0$

17. $a(t) = -0.01t$, $v(0) = 10$, $s(0) = 0$

18. $a(t) = \cos 2t$, $v(0) = 5$, $s(0) = 7$

19–20. 개체 수의 증가

19. 어느 시골 마을의 최초($t = 0$) 인구는 250명이었다. 다음 해 인구는 $P'(t) = 30(1 + \sqrt{t})$의 비율로 증가했으며, 여기서 t의 단위는 년(year)이다.

a. 20년 후 마을 인구는 몇 명인가?

b. $t \ge 0$에 대하여 마을 인구 $P(t)$를 구하여라.

20. 배양 접시에 있는 박테리아 배양의 초기 세포 수는 1,500 cells이고, $N'(t) = 100e^{-0.25t}$의 비율로 증가한다. 여기서 t의 단위는 일(day)이다.

a. 20일 후 세포 수와 40일 후 세포 수는 얼마인가?

b. $t \geq 0$에 대하여 세포 수 $N(t)$를 구하여라.

21. **석유 생산** 정유 공장은 다음과 같은 비율 $Q'(t)$에 따라 석유를 생산한다.

$$Q'(t) = \begin{cases} 800 &, \quad 0 \leq t < 30 \\ 2600 - 60t, & \quad 30 \leq t < 40 \\ 200 &, \quad t \geq 40 \end{cases}$$

여기서 t의 단위는 일이고 Q의 단위는 배럴(barrel)이다.

a. 처음 35일 동안 몇 배럴이 생산되는가?

b. 처음 50일 동안 몇 배럴이 생산되는가?

c. 적분을 이용하지 않고 구간 [60, 80]에서 생산된 석유의 양을 결정하여라.

22. **천연자원의 고갈** 국가의 석유 추출 비율이 $r(t) = r_0 e^{-kt}(k > 0)$이라 가정하자. 여기서 $r_0 = 10^7$은 현재 추출 비율이고, 총 매장량의 추정치가 2×10^9배럴이라 가정한다.

a. t년 후 국가가 추출한 총 석유량 $Q(t)$를 구하여라.

b. $\lim_{t \to \infty} Q(t)$를 계산하고 이 극한의 의미를 설명하여라.

c. 총 석유 매장량이 영원히 지속되는 최소 붕괴 상수 k를 구하여라.

d. $r_0 = 2 \times 10^7$과 **c**에서 구한 최소 붕괴 상수 k에 대하여 총 석유 매장량은 얼마나 오래 지속되는가?

23. **저수지 채우기** 2500 m^3 용량의 저수지는 유일하게 유입된 파이프로 채워진다. $t = 0$일 때 파이프가 열리며, 저수지는 비어 있다. $Q(t)$를 시간 t에서 저수지의 물의 양이라 하면 저수지로 들어가는 물의 유량(m^3/hr)은 24시간 주기로 진동하며(그림 참조), 다음과 같이 주어진다.

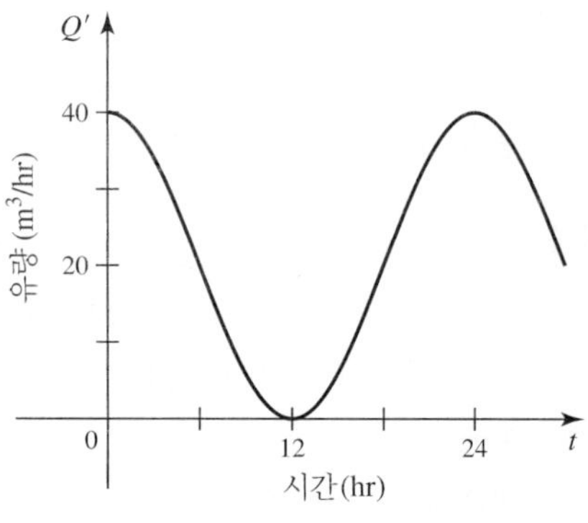

a. 처음 2시간 동안 저수지로 흐르는 물의 양은 얼마인가?

b. 구간 $[0, t]$ $(t \geq 0)$에서 저수지의 물의 양에 대한 함수를 구하여라.

c. 저수지는 언제 가득 차는가?

24. **폐의 공기 흐름** 폐 안팎의 공기 흐름에 대한 간단한 모델은 다음과 같다(사람마다 매개변수가 다르다).

$$V'(t) = -\frac{\pi}{2} \sin \frac{\pi t}{2}$$

여기서 $V(t)$(단위는 L)는 시간 $t \geq 0$에서 폐에 있는 공기의 부피이다. t의 단위는 초이며, $t = 0$은 폐에 공기가 가득 차서 숨을 내쉬기 시작하는 시간이다. 호흡할 때마다 폐에 있는 공기의 일부만 교환되며, 교환되는 공기의 양을 1회 **호흡량**(tidal volume)이라 한다.

a. $V(0) = 6$ L라 가정하고 공기의 부피 함수 V를 구하여라.

b. 분당 호흡 횟수는 얼마인가?

c. 1회 호흡량과 폐의 총 용량은 얼마인가?

25. **힘과 에너지** 전력(power)과 에너지(energy)라는 용어는 종종 같은 의미로 사용되지만 상당히 다르다. **에너지**는 물질을 움직이거나 가열하는 것으로 단위는 **줄**(J) 또는 **칼로리**(Cal)이다. 여기서 1 Cal = 4184 J이다. 1시간 걷기에는 대략 10^6 J 또는 250 Cal가 소모된다. 반면, **전력**은 에너지가 사용되는 비율이며, 단위는 **와트**(W, 1 W = 1 J/s)이다. 다른 유용한 전력의 단위로 **킬로와트**(1 kW = 10^3 W) 및 **메가와트**(1 MW = 10^6 W)가 있다. 1시간 동안 1 kW의 비율로 에너지를 사용하면 총 에너지 사용량은 1 kWh로 3.6×10^6 J이다.

24시간 동안 대도시의 전력 함수가 다음과 같이 주어진다고 가정하자.

$$P(t) = E'(t) = 300 - 200 \sin \frac{\pi t}{12}$$

여기서 P의 단위는 MW이고, $t = 0$은 오후 6시이다(그림 참조).

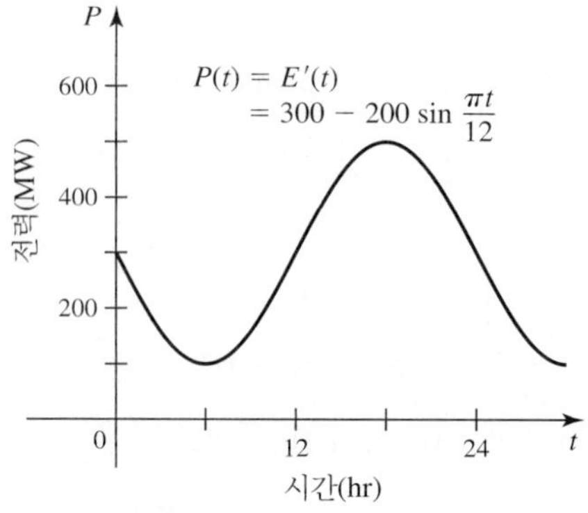

a. 이 도시는 일반적으로 24시간 동안 얼마나 많은 에너지를 소비하는가? MW와 J로 표현하여라.

b. 석탄 1 kg을 태우면 약 450 kWh의 에너지가 생산된다.

하루 동안 도시의 에너지 요구량을 충족하려면 몇 kg의 석탄이 필요한가? 1년 동안은 어떠한가?

c. 우라늄-235(U-235) 1 g의 핵분열은 약 16,000 kWh의 에너지를 생산한다. 하루 동안 도시의 에너지 요구량을 충족하려면 몇 g의 우라늄이 필요한가? 1년 동안은 어떠한가?

d. 일반적인 풍력 터빈은 약 200 kW의 속도로 전력을 생성한다. 도시의 평균 에너지 요구량을 충족하려면 대략 몇 개의 풍력 터빈이 필요한가?

26–27. 한계 비용 주어진 한계 비용 함수에 대하여 물음에 답하여라.

a. 생산량을 100개에서 150개로 늘릴 때 발생하는 추가 비용을 구하여라.

b. 생산량을 500개에서 550개로 늘릴 때 발생하는 추가 비용을 구하여라.

26. $C'(x) = 2000 - 0.5x$

27. $C'(x) = 300 + 10x - 0.01x^2$

28. 참 또는 거짓 다음 명제가 참이면 증명하고 거짓이면 반례를 들어라.

a. 직선을 따라 움직이는 물체의 이동 거리는 물체의 변위와 같다.

b. 속도가 구간에서 양수이면 변위와 해당 구간에서 이동 거리는 같다.

c. $t \geq 0$에 대하여 $V'(t) = 1 - \dfrac{t^2}{100}$의 유속(gal/min)으로 채워지고 배수되는 물탱크가 있다. 여기서 t의 단위는 분(min)이다. 물탱크에 있는 물의 부피는 10분 동안 증가했다가 물탱크가 비워질 때까지 감소한다.

d. 특정한 한계 비용 함수는 양수이고 감소한다. A단위에서 $2A$단위로 생산을 늘리는 비용은 $2A$단위에서 $3A$단위로 생산을 늘리는 비용보다 크다.

29–30. 등속도 다음 속도 함수에 대하여 문장을 완성하여라. 동일한 거리를 주어진 시간 동안 일정한 속도 _______으로 이동할 수 있다.

29. $v(t) = 1 - \dfrac{t^2}{16}, \quad 0 \leq t \leq 4$

30. $v(t) = t(25 - t^2)^{1/2}, \quad 0 \leq t \leq 5$

3단계 도전

31. 오토바이 경주 테오와 사샤는 직선 도로의 같은 위치에서 시작하여 다음 속도(mi/hr)로 오토바이를 탄다. t의 단위는 hr라 가정한다.

테오: $v_T(t) = 10, \quad t \geq 0$

사샤: $v_S(t) = 15t, \quad 0 \leq t \leq 1, \quad v_S(t) = 15, \quad t > 1$

a. 두 사람의 속도 함수의 그래프를 그려라.

b. 1 hr 동안 달리면 누가 더 멀리 달리는가? **a**의 그래프를 이용하여 기하학적으로 해석하여라.

c. 2 hr 동안 달리면 누가 더 멀리 달리는가? **a**의 그래프를 이용하여 기하학적으로 해석하여라.

d. 경주에서 세 지점 10 mi, 15 mi, 20 mi에 가장 먼저 도착하는 사람은 각각 누구인가? **a**의 그래프를 이용하여 기하학적으로 해석하여라.

e. 테오가 사샤보다 0.2 mi 앞에서 먼저 출발한 후 20 mi을 주행한다고 가정하자. 누가 경주에서 우승하는가?

f. 테오가 사샤보다 0.2시간 먼저 출발한 후 20 mi을 주행한다고 가정하자. 누가 경주에서 우승하는가?

32. 제설차 문제 지상에 일정한 비율로 눈이 내리는 가운데 정오에 제설차가 길고 곧은 길을 따라 내려오기 시작했다. 제설차는 처음 1시간 동안 이동한 거리는 두 시간 동안 이동한 거리의 두 배이다. 눈은 언제부터 내리기 시작했나? 제설차의 이동 비율은 눈의 깊이에 반비례한다고 가정하자.

33. f와 g가 구간 $[a, b]$에서 연속이고 도함수를 갖는다고 가정하자. $f(a) = g(a)$이고 $f(b) = g(b)$이면 $\int_a^b f'(x)\,dx = \int_a^b g'(x)\,dx$임을 증명하여라.

34. 연습문제 33번을 이용하여 두 개의 탐방로가 같은 위치에서 시작하여 같은 위치에서 끝나는 경우, 오르막과 내리막에 관계없이 두 탐방로의 고도의 구간 변화량이 동일함을 증명하여라.

QUICK CHECK 정답

1. 변위 = −20 mi(남쪽으로 20 mi), 이동 거리 = 100 mi
2. 물체가 $0 \leq t \leq 3$ 동안 양의 방향으로 이동한 후, $3 \leq t \leq 5$ 동안 음의 방향으로 이동한다고 가정하자. **3.** 함수, 수
4. 변위 = 0, 이동 거리 = 1 **5.** 1720 m
6. 출판 비용은 12,000권에서 15,000권의 경우보다 9,000권에서 12,000권의 경우에 더 많이 증가한다. C'을 그리고 곡선 아래의 넓이를 참조하여라. ◀

6.2 두 곡선 사이의 영역

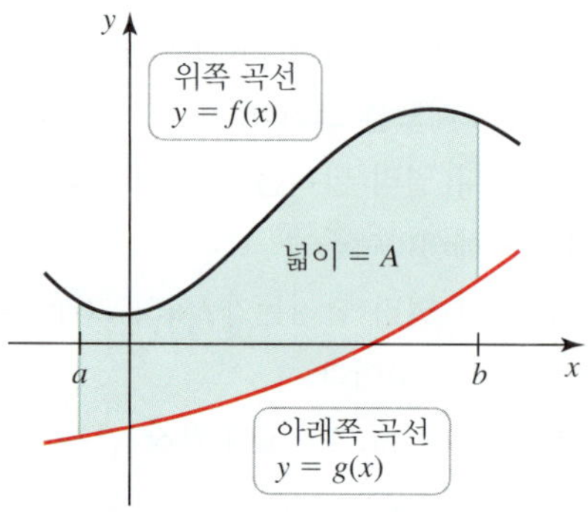

그림 6.11

이 절에서는 하나의 곡선으로 둘러싸인 영역의 넓이를 구하는 방법을 둘 이상의 곡선으로 둘러싸인 영역으로 일반화한다. 구간 $[a, b]$에서 $f(x) \geq g(x)$인 두 연속함수 f와 g를 고려하자(그림 6.11). 목표는 두 곡선과 수직선 $x = a$, $x = b$로 둘러싸인 영역의 넓이 A를 구하는 것이다.

리만합으로 넓이를 구하기 위해 작은 조각을 내어 합하기 방법(5.2절)을 다시 이용한다. 구간 $[a, b]$는 $\Delta x = (b - a)/n$에 의해 나누어진 균일한 간격의 점을 사용하여 n개의 부분구간으로 분할한다(그림 6.12). 각 부분구간에서 아래쪽 곡선에서 위쪽 곡선으로 확장되는 직사각형을 만든다. k번째 부분구간에서 점 x_k^*를 선택하면 해당 직사각형의 높이는 $f(x_k^*) - g(x_k^*)$이므로 k번째 직사각형의 넓이는 $(f(x_k^*) - g(x_k^*))\,\Delta x$이다(그림 6.13). n개의 직사각형의 넓이를 합하면 두 곡선 사이 영역의 넓이에 대한 근삿값이 된다.

$$A \approx \sum_{k=1}^{n} (f(x_k^*) - g(x_k^*))\Delta x$$

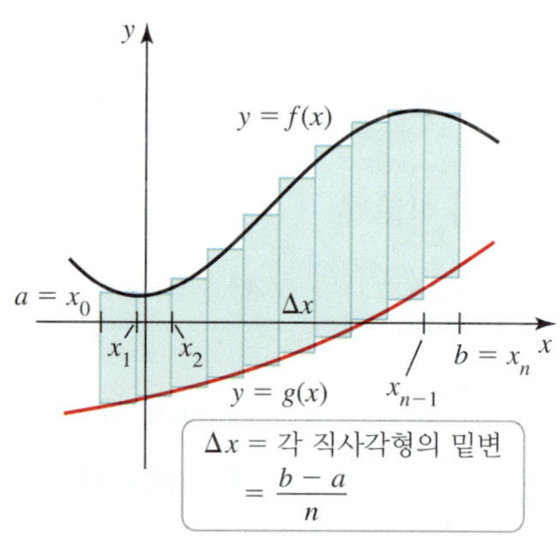

그림 6.12

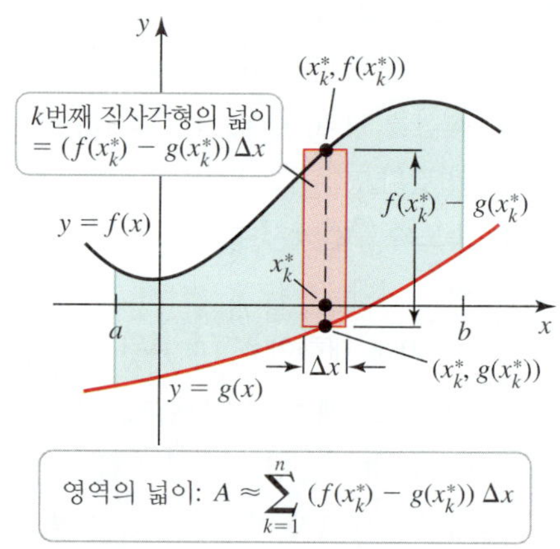

그림 6.13

끝점의 개수가 증가하면 Δx는 0에 가까워지고, 이들의 합도 두 곡선 사이 영역의 넓이에 가까워진다. 즉,

$$A = \lim_{n\to\infty} \sum_{k=1}^{n} (f(x_k^*) - g(x_k^*))\Delta x$$

이다. 이 리만합의 극한은 함수 $f - g$의 정적분과 같다.

➤ 이 정의는 넓이 공식을 이해하는 데 도움이 된다. $f(x) - g(x)$는 직사각형의 높이, dx는 밑변을 나타낸다. 영역의 넓이를 얻기 위해 직사각형 넓이 $(f(x) - g(x))\,dx$를 합(적분)한다.

정의 두 곡선 사이 영역의 넓이

구간 $[a, b]$에서 $f(x) \geq g(x)$인 두 연속함수 f와 g에 대하여 $[a, b]$에서 f와 g의 그래프로 둘러싸인 영역의 넓이는 다음과 같다.

$$A = \int_a^b (f(x) - g(x))\,dx$$

| 예제 1 | **두 곡선 사이의 넓이** $f(x) = 5 - x^2$과 $g(x) = x^2 - 3$으로 둘러싸인 영역의 넓이를 구하여라(그림 6.14).

풀이 많은 영역 문제 풀이의 핵심 단계는 적분 구간을 결정하기 위한 경계 곡선의 교점을 찾는 것이다. 이 두 곡선의 교점은 방정식 $5 - x^2 = x^2 - 3$을 만족한다.

이 방정식의 해는 각각 적분의 하한과 상한이 되는 $x = -2$와 $x = 2$이다. 구간 $[-2, 2]$에서 f의 그래프는 위쪽 곡선이고 g의 그래프는 아래쪽 곡선이므로 영역의 넓이는 다음과 같다.

$$A = \int_{-2}^{2}((\underbrace{5 - x^2}_{f(x)}) - (\underbrace{x^2 - 3}_{g(x)}))\,dx \quad f\text{와 } g \text{ 대입하기}$$

$$= 2\int_0^2 (8 - 2x^2)\,dx \quad \text{간단히 한 후 대칭성 이용하기}$$

$$= 2\left(8x - \frac{2}{3}x^3\right)\Bigg|_0^2 \quad \text{미적분학의 기본 정리}$$

$$= \frac{64}{3} \quad \text{간단히 하기}$$

대칭성을 이용하여 적분을 단순화할 때 주의하자. 또한 넓이 공식 $A = \int_a^b (f(x) - g(x))\,dx$는 $[a, b]$에서 $f(x) \geq g(x)$인 두 곡선 중 하나 또는 둘 모두가 x축 아래에 있더라도 유효하다.

관련 연습문제 5번 ◄

QUICK CHECK 1 두 곡선 사이의 영역에 대한 넓이 공식에서 아래쪽 곡선이 $g(x) = 0$이면 $y = f(x)$와 x축으로 둘러싸인 영역에 대한 넓이의 일반적인 공식이 되는지 확인하여라. ◄

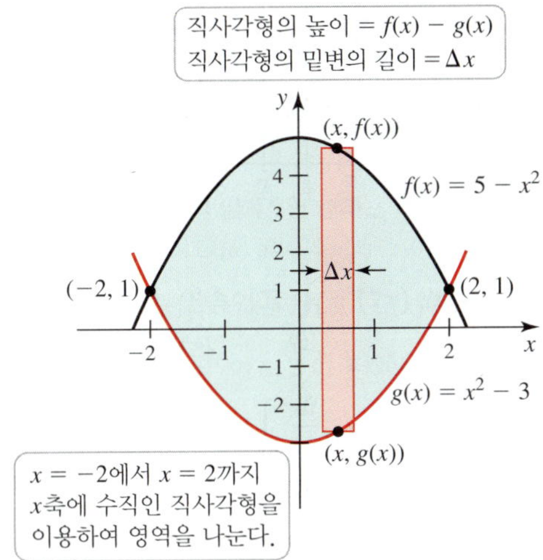

그림 6.14

QUICK CHECK 2 $[a, b]$에서 $f(x) \geq g(x) \geq 0$일 때, 넓이 공식

$$A = \int_a^b f(x)\,dx - \int_a^b g(x)\,dx$$

를 해석하여라. ◄

| 예제 2 | **복합 영역** $f(x) = -x^2 + 3x + 6$과 $g(x) = |2x|$로 둘러싸인 영역의 넓이를 구하여라(그림 6.15(a)).

풀이 영역의 아래쪽 경계는 절댓값 함수의 서로 다른 두 곡선으로 구성된다. 이 경우 영역은 두 개(또는 그 이상)의 영역으로 나누어져 넓이를 각각 구한 다음 합한다. 여기서는 R_1과 R_2로 표시한다(그림 6.15(b)). 절댓값의 정의에 의해 $g(x)$는 다음과 같다.

$$g(x) = |2x| = \begin{cases} 2x, & x \geq 0 \\ -2x, & x < 0 \end{cases}$$

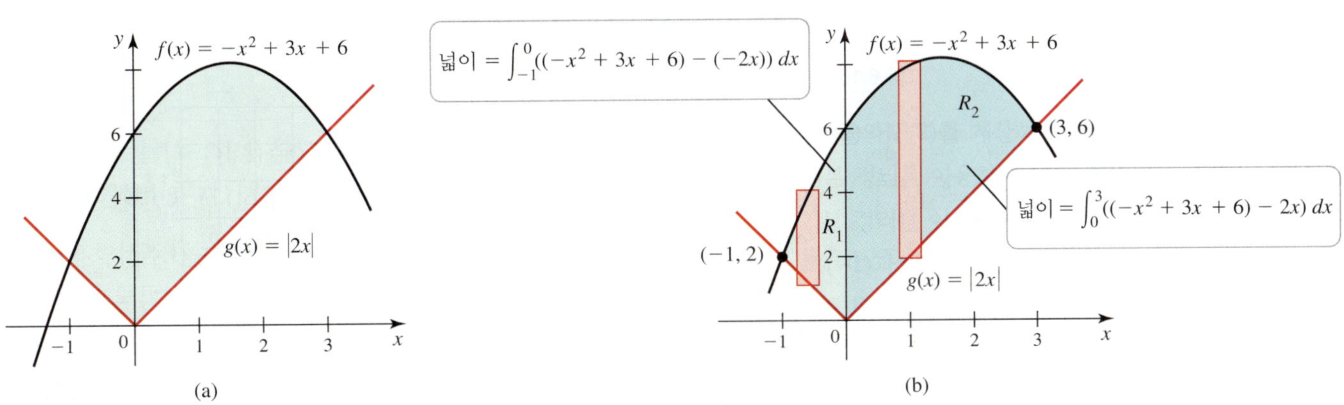

그림 6.15

➤ $x = 6$은 제4사분면에서 포물선 $y = -x^2 + 3x + 6$과 직선 $y = -2x$의 교점이다. $x < 0$일 때만 $g(x) = -2x$이므로 그림 6.15에는 표시되지 않는다.

f와 g의 왼쪽 교점은 $-2x = -x^2 + 3x + 6$, 즉 $x^2 - 5x - 6 = 0$에서 $(x+1)(x-6) = 0$이므로 $x = -1$ 또는 $x = 6$이다. 이때 $x = -1$만 조건을 만족한다. f와 g의 오른쪽 교점은 $2x = -x^2 + 3x + 6$에서 $x = 3$만 만족한다.

이러한 교점이 주어지면 영역 R_1은 구간 $[-1, 0]$에서 $y = -x^2 + 3x + 6$과 $y = -2x$의 경계이고, 영역 R_2는 구간 $[0, 3]$에서 $y = -x^2 + 3x + 6$과 $y = 2x$의 경계이다(그림 6.15(b)). 따라서 영역의 넓이는 다음과 같다.

$$A = \underbrace{\int_{-1}^{0}((-x^2 + 3x + 6) - (-2x))\,dx}_{\text{영역 } R_1\text{의 넓이}} + \underbrace{\int_{0}^{3}((-x^2 + 3x + 6) - 2x)\,dx}_{\text{영역 } R_2\text{의 넓이}}$$

$$= \int_{-1}^{0}(-x^2 + 5x + 6)\,dx + \int_{0}^{3}(-x^2 + x + 6)\,dx \qquad \text{간단히 하기}$$

$$= \left(-\frac{x^3}{3} + \frac{5}{2}x^2 + 6x\right)\Bigg|_{-1}^{0} + \left(-\frac{x^3}{3} + \frac{1}{2}x^2 + 6x\right)\Bigg|_{0}^{3} \qquad \text{미적분학의 기본 정리}$$

$$= 0 - \left(\frac{1}{3} + \frac{5}{2} - 6\right) + \left(-9 + \frac{9}{2} + 18\right) - 0 = \frac{50}{3} \qquad \text{간단히 하기}$$

관련 연습문제 8번 ◀

y에 관한 적분

x와 y의 역할을 반대로 하면 편리한 경우가 있다. 그림 6.16의 $x = f(y)$와 $x = g(y)$로 둘러싸인 영역을 고려하자. $c \le y \le d$에 대하여 $f(y) > g(y)$(이는 f의 그래프가 g의 그래프의 오른쪽에 있음을 의미한다)이면 영역의 하한과 상한은 각각 $y = c$와 $y = d$이다.

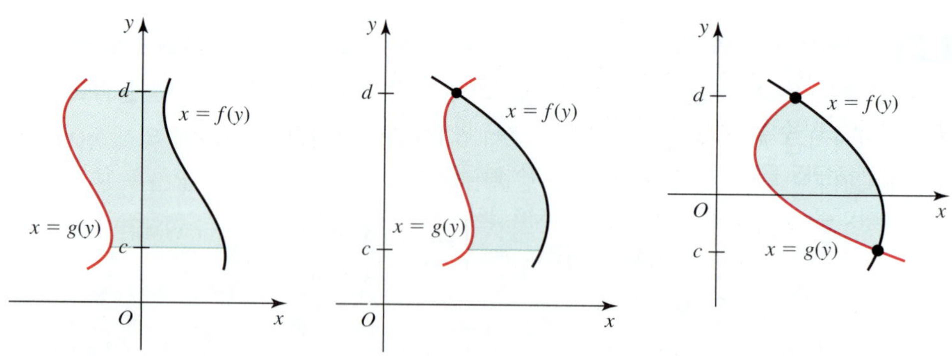

그림 6.16

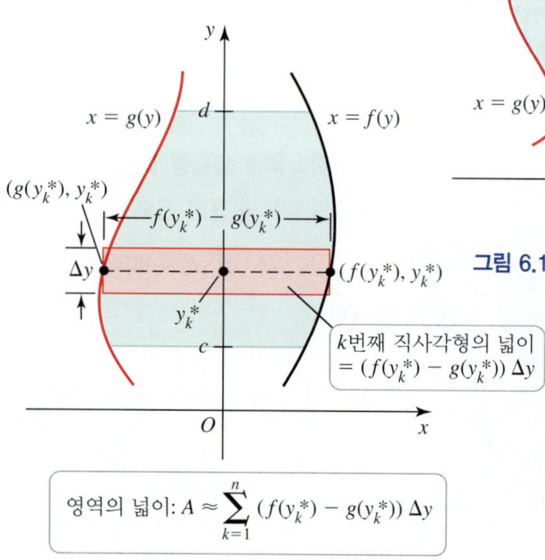

그림 6.17

이와 같은 경우에서 y를 독립변수로 놓고 구간 $[c, d]$를 밑변 $\Delta y = (d-c)/n$의 n개의 부분구간으로 분할한다(그림 6.17). k번째 부분구간에서 점 y_k^*를 택하고 왼쪽 곡선에서 오른쪽 곡선으로 확장되는 직사각형을 구성한다. k번째 직사각형의 높이는 $f(y_k^*) - g(y_k^*)$이므로 k번째 직사각형의 넓이는 $(f(y_k^*) - g(y_k^*))\Delta y$이다. 영역의 넓이는 직사각형 넓이의 합으로 근사된다. $n \to \infty$이면 $\Delta y \to 0$이므로 영역의 넓이는 다음 정적분과 같다.

$$A = \lim_{n\to\infty} \sum_{k=1}^{n} (f(y_k^*) - g(y_k^*))\Delta y = \int_c^d (f(y) - g(y))\, dy$$

정의 y에 관한 두 곡선 사이 영역의 넓이

구간 $[c, d]$에서 $f(y) \ge g(y)$인 두 연속함수 f와 g에 대하여 $[c, d]$에서 f와 g의 그래프로 둘러싸인 영역의 넓이는 다음과 같다.

$$A = \int_c^d (f(y) - g(y))\, dy$$

▶ 이 넓이 공식은 452쪽에 주어진 것과 유사하게 y축에 관하여 표현된다. 이 경우 $f(y)-g(y)$는 직사각형의 가로이고 dy는 세로를 나타낸다. 영역의 넓이를 구하기 위해 직사각형 $(f(y) - g(y))\,dy$의 넓이를 합(적분)한다.

| 예제 3 | y에 관한 적분 $y = x^3$, $y = x + 6$의 그래프와 x축으로 둘러싸인 영역 R의 넓이를 구하여라.

풀이 이 영역의 넓이는 x에 관한 적분으로 구할 수 있다. 그러나 이 접근 방법은 영역을 두 부분으로 나누어야 한다(그림 6.18). 또한 y를 독립변수로 보고 경계 곡선을 y의 함수로 표현하여 x축에 평행한 수평 직사각형으로 나타낼 수 있다(그림 6.19).

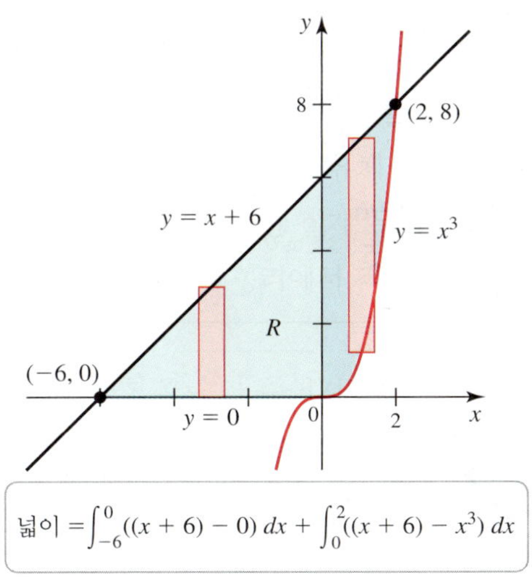

그림 6.18

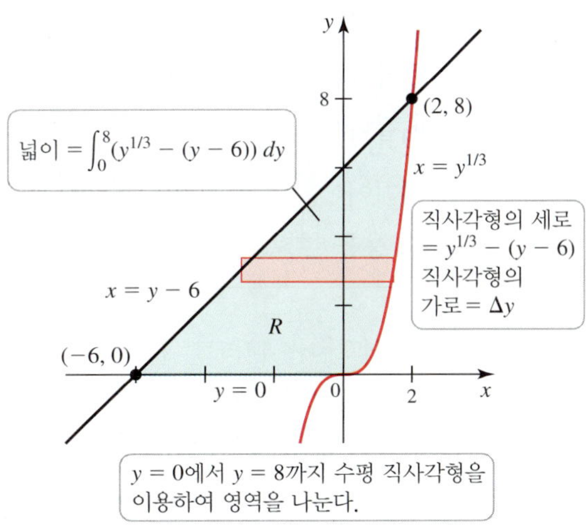

그림 6.19

x를 y에 관하여 풀면 오른쪽 곡선 $y = x^3$은 $x = f(y) = y^{1/3}$이 되고, 왼쪽 곡선 $y = x + 6$은 $x = g(y) = y - 6$이 된다. 곡선의 교점은 방정식 $y^{1/3} = y - 6$, 즉 $y = (y - 6)^3$을 만족한다. 이 방정식을 확장하면 다음과 같은 삼차방정식이 된다.

$$y^3 - 18y^2 + 107y - 216 = (y - 8)(y^2 - 10y + 27) = 0$$

▶ 예제 3에서 다항식의 나눗셈을 이용하여 삼차다항식을 인수분해하고 방정식

$$y^2 - 10y + 27 = 0$$

에 이차방정식의 근의 공식을 이용하여 실근이 없음을 보인다.

이 방정식의 유일한 실근은 $y = 8$이다. 그림 6.19와 같이 영역을 나눈 수평 직사각형의 넓이를 $y = 0$에서 $y = 8$까지 합한다. 따라서 영역의 넓이는 다음과 같다.

$$\int_0^8 (y^{1/3} - (y - 6))\,dy = \left(\frac{3}{4}y^{4/3} - \frac{y^2}{2} + 6y\right)\Bigg|_0^8 \quad \text{미적분학의 기본 정리}$$

$$= \left(\frac{3}{4}\cdot 16 - 32 + 48\right) - 0 = 28 \quad \text{간단히 하기}$$

관련 연습문제 10번 ◀

QUICK CHECK 3 영역 R은 곡선 $y = \sqrt{x}$, 직선 $y = x - 2$와 x축으로 둘러싸여 있다.

(a) x에 관한 적분으로 R의 넓이를 표현하여라.

(b) y에 관한 적분으로 R의 넓이를 표현하여라. ◀

| 예제 4 | 미적분과 기하학 제1사분면에서 두 곡선 $y = x^{2/3}$과 $y = x - 4$로 둘러싸인 영역 R의 넓이를 구하여라(그림 6.20).

풀이 영역을 수직으로 자르고 x에 관한 적분을 하기 위해서는 두 적분이 필요하다. 영역을 수평으로 자르면 y에 관한 단일 적분이 가능하므로 두 번째 접근 방식이 더 간단하다.

수평으로 자르면 오른쪽 경계 곡선은 $x = y + 4$이고 왼쪽 경계 곡선은 $x = y^{3/2}$이다. 두 곡선의 교점은 (8, 4)이고, 적분 구간은 $y = 0$에서 $y = 4$이다. R의 넓이는 다음과 같다.

$$\int_0^4 (\underbrace{(y + 4)}_{\text{오른쪽 곡선}} - \underbrace{y^{3/2}}_{\text{왼쪽 곡선}})\,dy = \left(\frac{y^2}{2} + 4y - \frac{2}{5}y^{5/2}\right)\Bigg|_0^4 = \frac{56}{5}$$

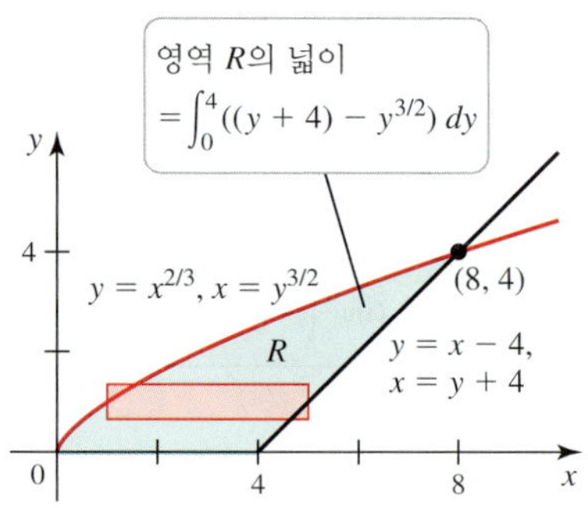

그림 6.20

➤ 예제 4에서 교점을 구하기 위해 방정식의 양변을 제곱하여 $y^{3/2} = y + 4$를 푼다.

다른 방법으로 이 넓이를 구할 수 있을까? 때로는 기하학을 이용하는 것이 도움이 된다. 영역 R은 구간 [0, 8]의 곡선 $y = x^{2/3}$ 아래 전체 영역에서 밑변이 구간 [4, 8]인 삼각형을 뺀 부분이다(그림 6.21). 곡선 $y = x^{2/3}$ 아래의 영역 R_1의 넓이는 다음과 같다.

$$\int_0^8 x^{2/3}\,dx = \frac{3}{5}x^{5/3}\Bigg|_0^8 = \frac{96}{5}$$

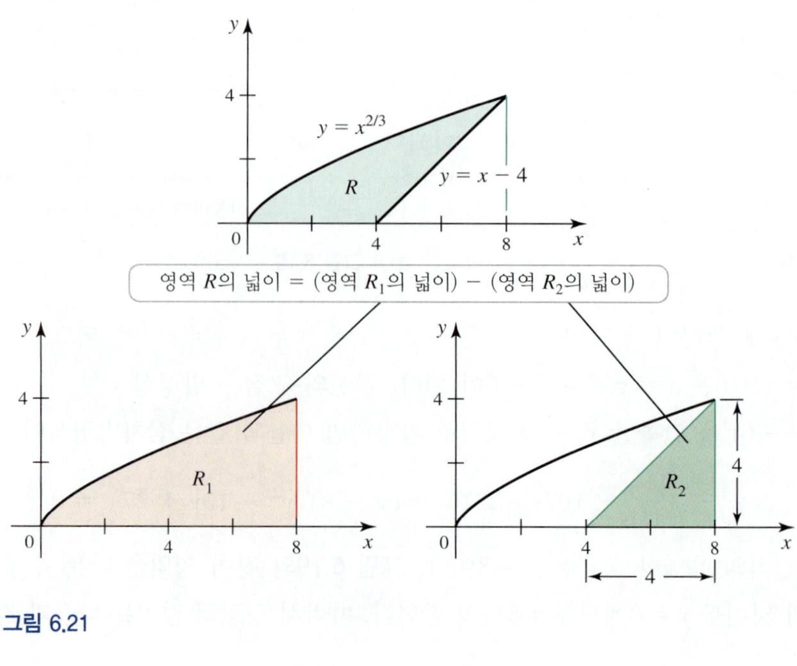

그림 6.21

QUICK CHECK 4 예제 3에서 영역의 넓이(그림 6.18)를 구하는 다른 방법은 $18 + \int_0^2 (x + 6 - x^3)\,dx$이다. 이유가 무엇인가? ◀

삼각형 R_2는 밑변의 길이가 4이고 높이가 4이므로 넓이는 $\frac{1}{2}\cdot 4\cdot 4 = 8$이다. 따라서 R의 넓이는 $\frac{96}{5} - 8 = \frac{56}{5}$으로 첫 번째 계산과 일치한다.

관련 연습문제 18번 ◀

6.2절 연습문제

1단계 스타트

1. $[a, c]$에서 두 함수 f와 g의 그래프에 의해 둘러싸인 색칠된 영역의 넓이를 두 적분의 합으로 표현하여라(그림 참조). 두 곡선은 $x = b$에서 만난다고 가정한다.

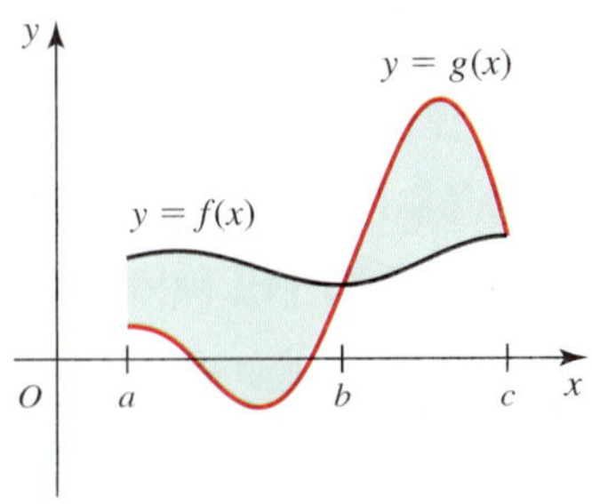

2. 두 곡선으로 둘러싸인 영역을 x에 관한 적분을 이용하여 가장 쉽게 구하는 경우를 그려라.

3. 두 가지 방법으로 영역(그림 참조)의 넓이를 구하여라.

a. x에 관한 적분 이용

b. 기하학 이용

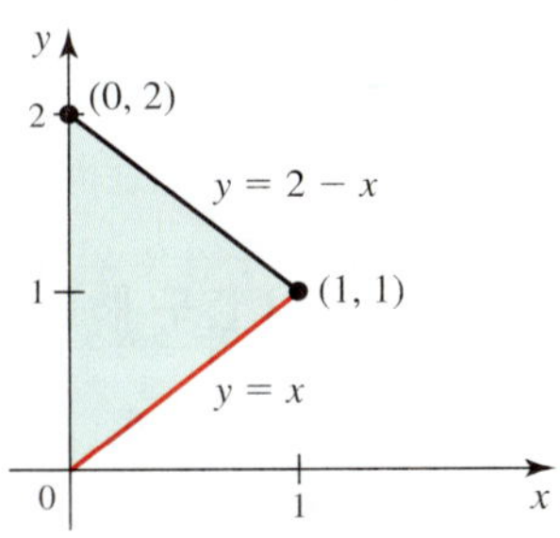

4. 연습문제 3번에서 색칠된 영역의 넓이를 y에 관한 두 적분의 합으로 표현하여라. 적분을 계산하지 않고 구하여라.

2단계 실전

5–15. 넓이 구하기 다음 그림에서 색칠된 영역의 넓이를 구하여라.

5.

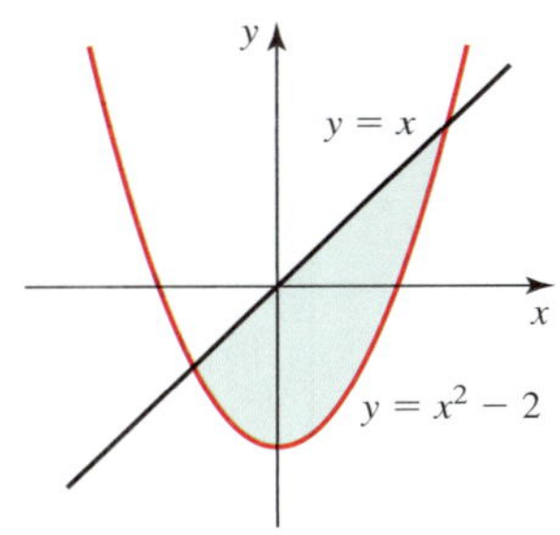

6.

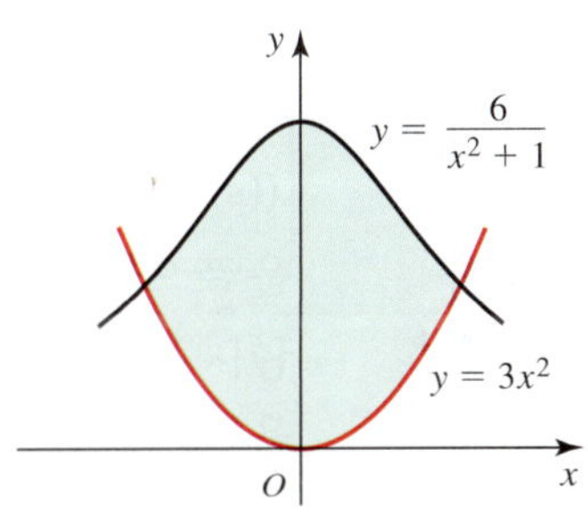

7. (힌트: 교점을 구한다)

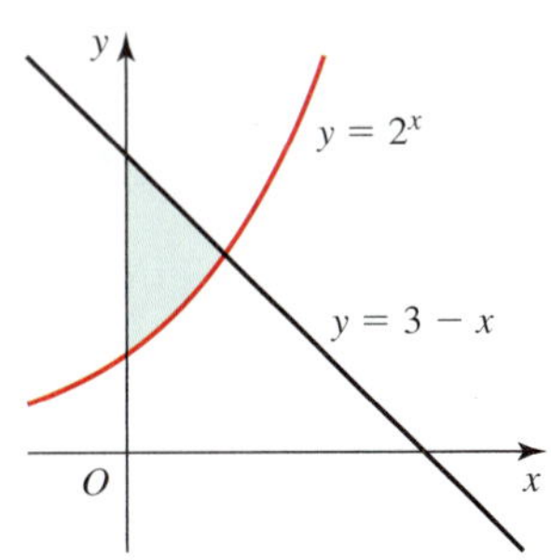

8.

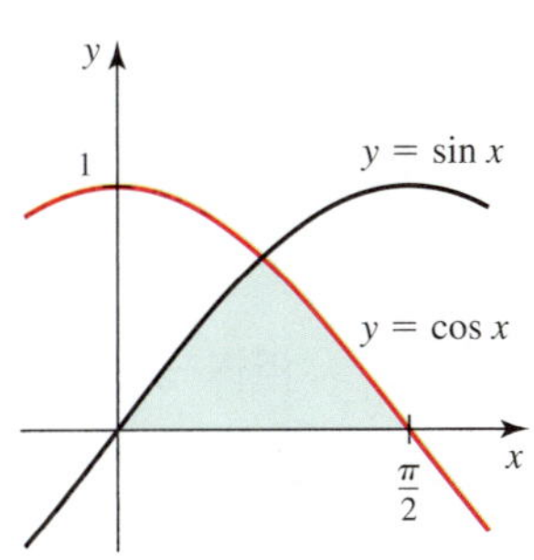

9.

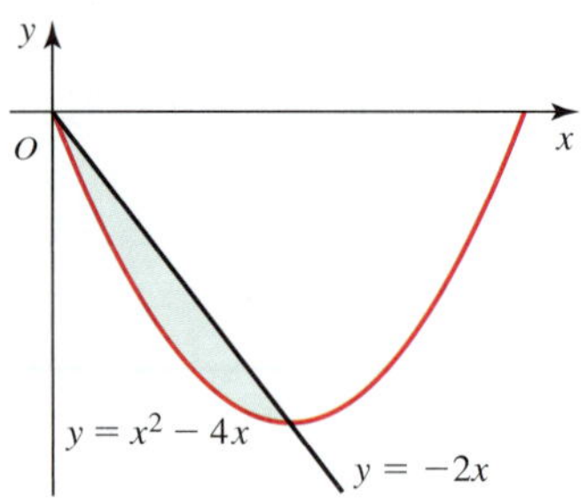

10.

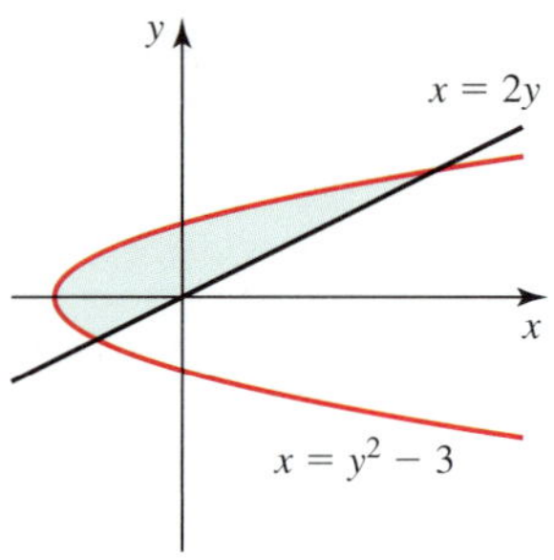

11.

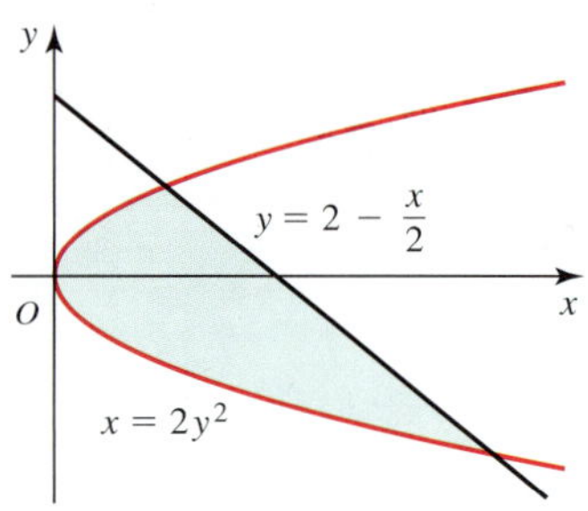

12.

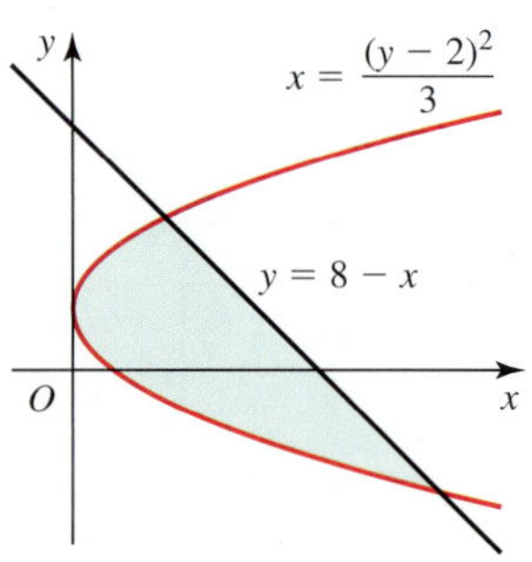

13.

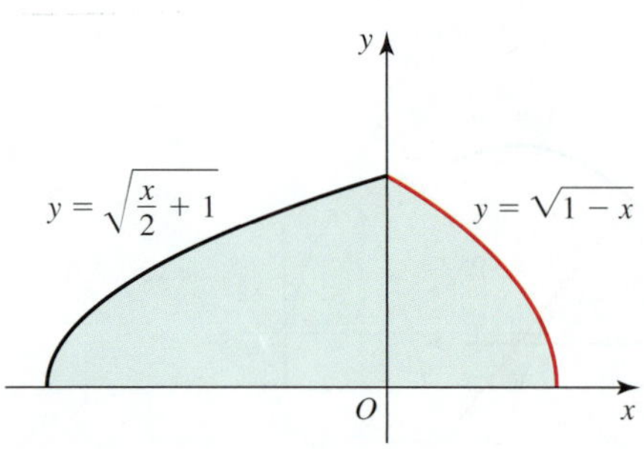

14.

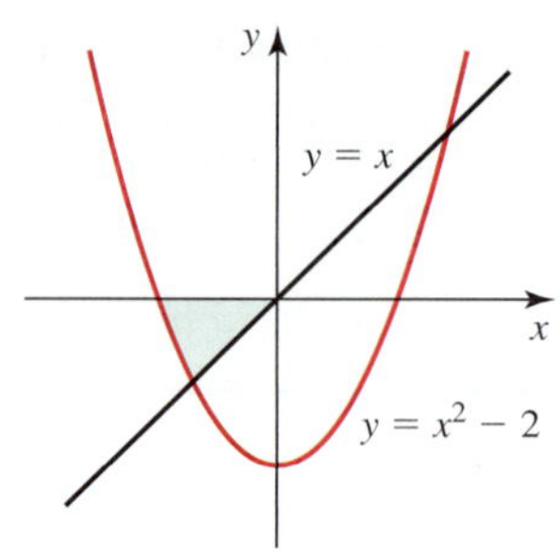

15.

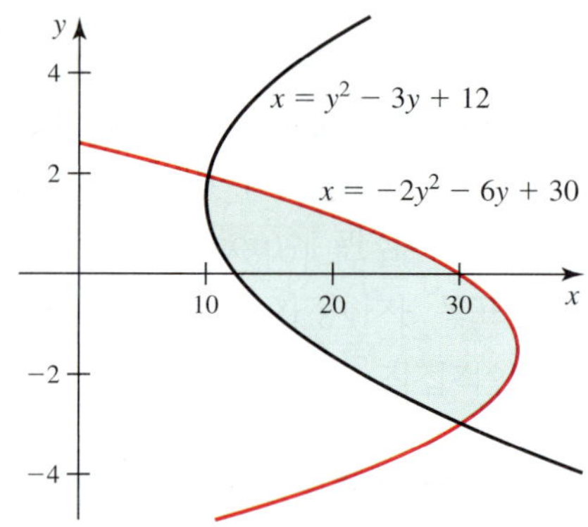

16. 두 가지 접근 방법 그림에서 색칠된 영역의 넓이를 (a) x에 관한 하나 이상의 적분과 (b) y에 관한 하나 이상의 적분으로 표현하여라. 적분을 계산하지 않고 구하여라.

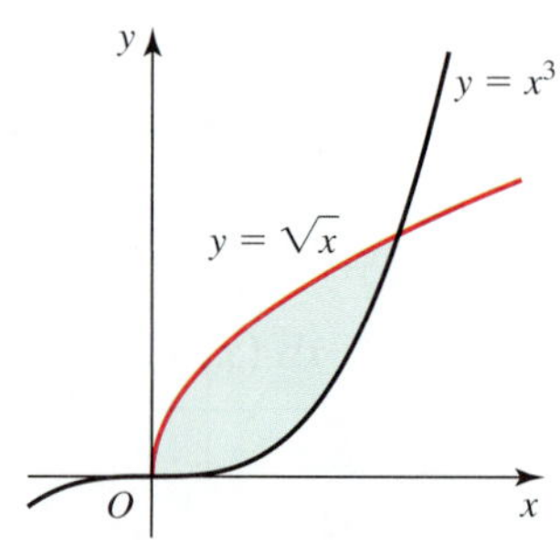

17. 속도 곡선 사이의 넓이 A와 B가 같은 위치에서 출발하여 직선 도로를 1시간 동안 달린다. A의 속도는 $v_1(\mathrm{t}) = 7t$이고, B의 속도는 $v_2(t) = 10\sqrt{t}$ 이다. 이때 t와 $v_1(t)$, $v_2(t)$의 단위는 각각 hr와 km/hr이다. $0 \le t \le 1$에 대하여 두 곡선 $y = v_1(t)$, $y = v_2(t)$ 사이의 넓이를 결정하여라. 이 영역의 물리적 의미를 해석하여라.

18. 미적분과 기하학 R_1은 제1사분면 위의 직선 $x = 1$과 곡선 $y = 6x(2 - x^2)^2$으로 둘러싸인 영역이고, R_2는 제1사분면 위의 곡선 $y = 6x(2 - x^2)^2$과 직선 $y = 6x$로 둘러싸인 영역이다. 두 영역 R_1과 R_2에 대하여 다음을 구하여라.

a. 영역 R_1의 넓이를 구하여라.

b. **a**의 결과와 기하학을 이용하여 영역 R_2의 넓이를 구하여라.

19-31. 곡선 사이의 영역 다음 영역의 넓이를 구하여라.

19. $y = 4x + 4$, $y = 6x + 6$과 $x = 4$로 둘러싸인 영역

20. $y = e^x$, $y = e^{-2x}$과 $x = \ln 4$로 둘러싸인 영역

21. $y = \dfrac{2}{1+x^2}$와 $y = 1$로 둘러싸인 영역

22. $y = x$, $y = \dfrac{1}{x}$과 $y = 0$, $x = 2$로 둘러싸인 영역

23. $y = 2 - |x|$와 $y = x^2$으로 둘러싸인 영역

24. $y = |x - 3|$과 $y = \dfrac{x}{2}$로 둘러싸인 영역

25. 제1사분면에서 $y = x^{2/3}$과 $y = 4$로 둘러싸인 영역

26. $y = e^x$, $y = 2e^{-x} + 1$과 $x = 0$로 둘러싸인 영역

27. 제1사분면에서 직선 $y = x$와 곡선 $y = 2x\sqrt{1 - x^2}$ 사이의 영역

28. $y = \sqrt{x}$, $y = 2x - 15$와 $y = 0$으로 둘러싸인 영역

29. $y = x^2 - 2x + 1$과 $y = 5x - 9$로 둘러싸인 영역

30. $x = y(y - 1)$과 $y = \dfrac{x}{3}$로 둘러싸인 영역

31. 제1사분면에서 $y = \dfrac{5}{2} - \dfrac{1}{x}$과 $y = x$로 둘러싸인 영역

32. 복잡한 영역 그림에서 색칠된 영역의 넓이를 구하여라.

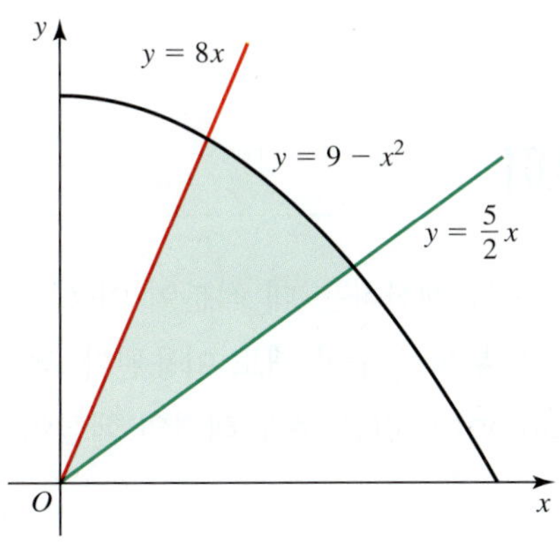

33. 참 또는 거짓 다음 명제가 참이면 증명하고 거짓이면 반례를 들어라.

a. $y = x$와 $x = y^2$으로 둘러싸인 영역의 넓이는 x에 관한 적분으로만 구할 수 있다.

b. 구간 $[0, \pi/2]$에서 $y = \sin x$와 $y = \cos x$ 사이에서 영역의 넓이는 $\int_0^{\pi/2} (\cos x - \sin x)\, dx$이다.

c. $\int_0^1 (x - x^2)\, dx = \int_0^1 (\sqrt{y} - y)\, dy$

3단계 도전

34. 음함수로 정의된 곡선의 넓이 곡선 $x^2 = y^4(1 - y^3)$으로 둘러싸인 색칠된 영역의 넓이를 구하여라(그림 참조).

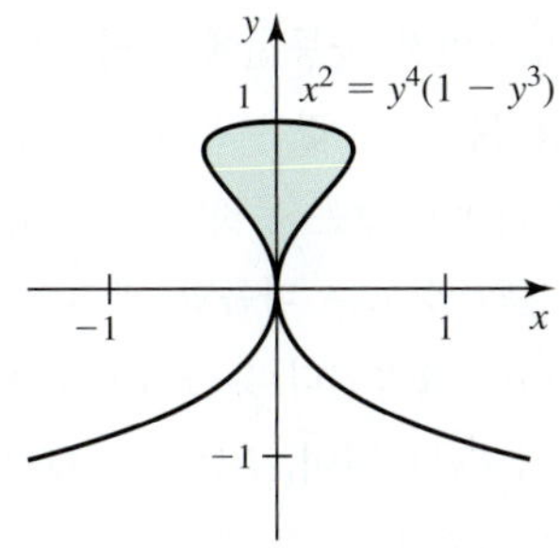

35-36. 근과 거듭제곱 $n \geq 2$인 양의 정수 n에 대하여 다음 영역의 넓이를 표현하여라.

35. $x \geq 0$일 때 $f(x) = x$와 $g(x) = x^{1/n}$으로 둘러싸인 영역

36. 구간 $[0, 1]$에서 $f(x) = x^{1/n}$과 $g(x) = x^n$으로 둘러싸인 영역의 넓이를 A_n이라 하자. 여기서 n은 양의 정수이다. $\lim_{n\to\infty} A_n$을 구하고, 그 결과를 해석하여라.

37. 이등분 영역 R이 $y = 1 - |x - 1|$과 x축으로 둘러싸인 영역일 때, R을 동일한 넓이를 가지는 두 영역으로 나누는 수평선 $y = k$를 구하여라.

38. 로렌츠 곡선과 지니 계수 로렌츠(Lorenz) 곡선은 $y = L(x)$로 표시된다. 여기서 $0 \leq x \leq 1$에 대하여 소득 인원의 누적 비율을 나타내고, $0 \leq y \leq 1$은 소득 금액의 누적 비율로 표시된다. 예를 들어 그림의 로렌츠 곡선에서 $L(0.5) = 0.2$는 소득 인원의 하위 0.5(50%)가 소득 금액의 0.2(20%)를 소유하고 있음을 의미한다.

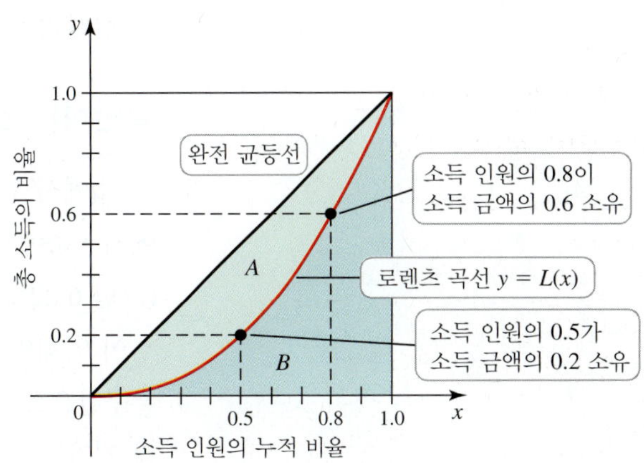

a. 로렌츠 곡선 $y = L(x)$는 **완전 균등선**(line of perfect equality)이라 하는 직선 $y = x$를 동반한다. 이 직선에 이러한 이름

이 부여된 이유를 설명하여라.

b. 로렌츠 곡선이 [0, 1]에서 조건 $L(0) = 0$, $L(1) = 1$, $L(x) \le x$와 $L'(x) \ge 0$을 만족하는 이유를 설명하여라.

c. $p = 1.1, 1.5, 2, 3, 4$일 때 로렌츠 곡선 $L(x) = x^p$의 그래프를 그려라. (완전 균등선에 가장 가까운) 가장 공평한 분배에 해당하는 p의 값은 무엇인가? 가장 불공평한 분배에 해당하는 p의 값은 무엇인가? 이유를 설명하여라.

d. 로렌츠 곡선의 정보는 다음과 같이 정의되는 **지니 계수**(Gini index)로 요약된다. A를 $y = x$와 $y = L(x)$ 사이의 영역(그림 참조)의 넓이, B를 $y = L(x)$와 x축으로 둘러싸인 영역의 넓이라 하면 지니 계수는 $G = \frac{A}{A+B}$이다. $G = 2A = 1 - 2\int_0^1 L(x)\,dx$임을 보여라.

e. $L(x) = x^p$과 $p = 1.1, 1.5, 2, 3, 4$인 경우 지니 계수를 계산하여라.

f. 지니 계수가 $p \ge 1$인 $L(x) = x^p$ 위에서 가장 작은 구간 $[a, b]$는 무엇인가? $[a, b]$의 끝점 중 가장 공평한 분배에 해당하는 끝점은 무엇인가?

g. 로렌츠 곡선 $L(x) = \frac{5x^2}{6} + \frac{x}{6}$에 대하여 [0, 1]에서 조건 $L(0) = 0$, $L(1) = 1$과 $L'(x) \ge 0$을 만족함을 보여라. 이 함수에 대한 지니 계수를 구하여라.

39. 근과 거듭제곱 $n \ge 2$인 양의 정수 n과 두 함수 $f(x) = x^n$, $g(x) = x^{1/n}$에 대하여 물음에 답하여라.

a. $x \ge 0$과 $n = 2, 3, 4$에 대하여 f와 g의 그래프를 그려라.

b. $x > 0$과 $n = 2, 3, 4, \cdots$에 대하여 넓이 $A_n(x) = \int_0^x (f(s) - g(s))\,ds$를 기하학적으로 해석하여라.

c. n에 대하여 $A_n(x) = 0$의 양의 근을 구하여라. n에 따라 근은 증가하는가 감소하는가?

QUICK CHECK 정답

1. $g(x) = 0$, $f(x) \ge 0$이면 두 곡선 사이의 넓이는 $\int_a^b (f(x) - 0)\,dx = \int_a^b f(x)\,dx$이므로 이는 $y = f(x)$와 x축으로 둘러싸인 영역의 넓이이다. **2.** $\int_a^b f(x)\,dx$는 f의 그래프와 x축으로 둘러싸인 영역의 넓이이다. $\int_a^b g(x)\,dx$는 g의 그래프와 x축으로 둘러싸인 영역의 넓이이다. 두 적분의 차는 f와 g의 그래프로 둘러싸인 영역의 넓이이다.
3. a. $\int_0^2 \sqrt{x}\,dx + \int_2^4 (\sqrt{x} - x + 2)\,dx$ **b.** $\int_0^2 (y + 2 - y^2)\,dy$
4. y축 왼쪽 삼각형의 넓이는 18이다. y축 오른쪽 영역의 넓이는 적분으로 주어진다. ◀

6.3 조각 방법에 의한 부피

곡선으로 둘러싸인 2차원 영역의 넓이를 계산하는 데 적분이 이용되는 것을 살펴봤다. 적분은 3차원 영역(또는 입체)의 부피를 구할 때도 이용된다. 작은 조각을 내어 합하기 방법(slice-and-sum method)이 이러한 문제 해결의 핵심이다.

일반적인 조각 방법

$x = a$에서 $x = b$까지 x 방향으로 확장되는 입체를 생각해 보자. 입체를 특이점 x에서 x축에 수직이 되도록 자르고, 절단면의 넓이가 적분 가능한 함수 A라 하자(그림 6.22).

이 입체의 부피를 구하기 위해 먼저 $[a, b]$를 길이가 $\Delta x = (b - a)/n$인 n개의 부분구간으로 나눈다. 각 부분구간의 끝점은 격자점 $x_0 = a, x_1, x_2, \cdots, x_n = b$이다. 각 격자점에서 x축에 수직이 되도록 입체를 자르면 두께가 Δx인 n개의 얇은 조각이 만들어진다(빵 한 덩이로 동일한 너비의 조각을 n개 만든다고 상상하자). 각 부분구간에서 임의의 점 x_k^*에 대하여 k번째 조각의 두께는 Δx이고 $A(x_k^*)$는 절단면의

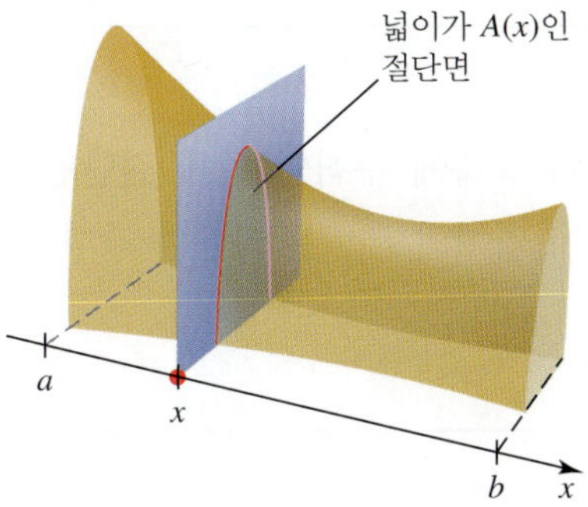

그림 6.22

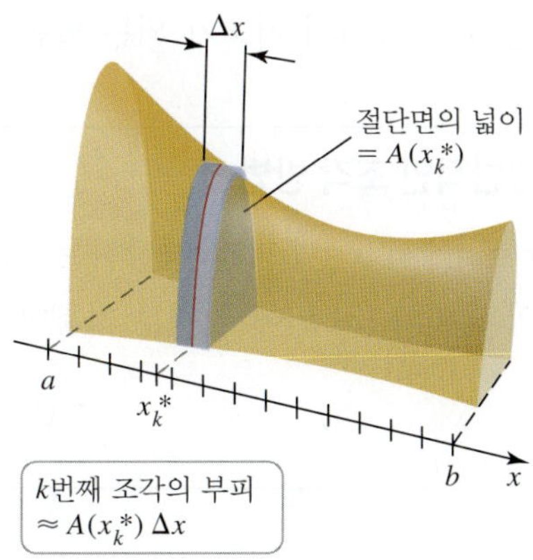

그림 6.23

넓이이다. 따라서 k번째 조각의 부피는 근사적으로 $A(x_k^*)\Delta x$이다(그림 6.23). 조각의 부피를 합하면 다음과 같이 입체의 부피로 근사된다.

$$V \approx \sum_{k=1}^{n} A(x_k^*)\Delta x$$

조각의 수가 증가하고($n \to \infty$) 각 조각의 두께가 0에 가까워지면($\Delta x \to 0$) 정확한 부피 V는 다음 정적분과 같다(그림 6.24).

$$V = \lim_{n\to\infty} \sum_{k=1}^{n} A(x_k^*)\Delta x = \int_a^b A(x)\, dx$$

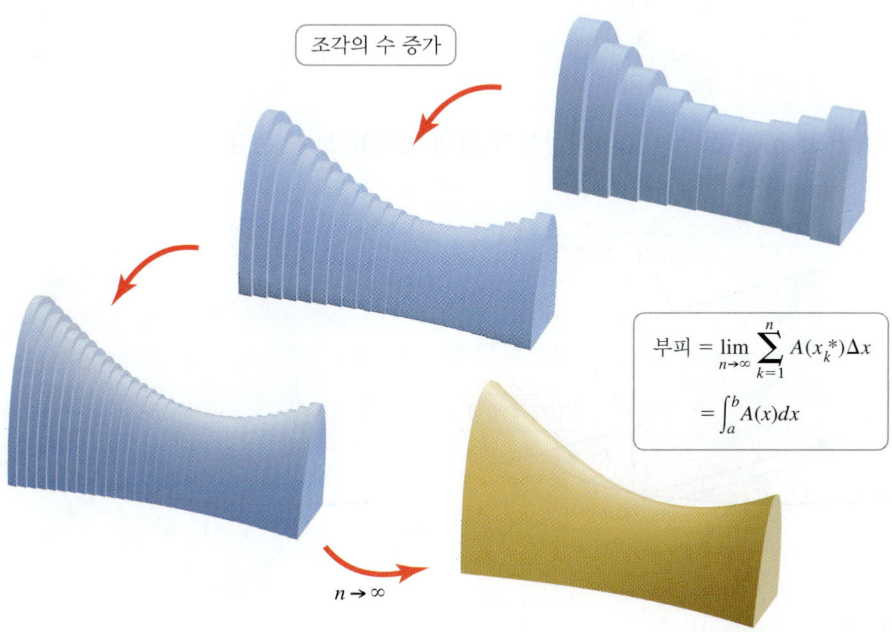

그림 6.24

다른 부피 공식의 기초가 되는 일반적인 조각 방법을 다음과 같이 정의한다.

▶ 이 부피 적분의 요인들은 다음과 같은 의미를 갖는다. $A(x)$는 조각 절단면의 넓이이고, dx는 두께를 나타낸다. 조각의 부피 $A(x)\,dx$를 합(적분)하면 입체의 부피가 된다.

QUICK CHECK 1 조각 방법으로 주어진 부피가 $[a, b]$에서 넓이 함수 A의 평균값에 $b - a$를 곱한 값과 같은 이유는 무엇인가? ◀

일반적인 조각 방법

$x = a$에서 $x = b$까지 확장하는 입체를 가정하자. x축에 수직인 입체 절단면의 넓이가 $[a, b]$에서 적분 가능한 함수 A이면 이 입체의 부피는 다음과 같다.

$$V = \int_a^b A(x)\,dx$$

| 예제 1 | '포물형 입방체'의 부피 R을 제1사분면에서 좌표축과 곡선 $y = 1 - x^2$으로 둘러싸인 영역이라 하자. 입체의 밑면은 R이고 밑면에 수직이면서 y축에 평행한 입체의 절단면은 정사각형이다(그림 6.25(a)). 이 입체의 부피를 구하여라.

풀이 $0 \le x \le 1$인 점 x에서 입체의 단면에 초점을 맞추자. 절단면은 한 변의 길이가 $1 - x^2$인 정사각형이므로 절단면의 넓이는 $A(x) = (1 - x^2)^2$이다. 조각 방법을 이용하여 입체의 부피를 구하면 다음과 같다.

$$\begin{aligned} V &= \int_0^1 A(x)\,dx && \text{조각 방법} \\ &= \int_0^1 (1 - x^2)^2\,dx && A(x) \text{ 대입하기} \\ &= \int_0^1 (1 - 2x^2 + x^4)\,dx && \text{피적분함수 전개하기} \\ &= \frac{8}{15} && \text{계산하기} \end{aligned}$$

그림 6.25(b)는 절단면이 정사각형인 실제 입체를 보여 준다.

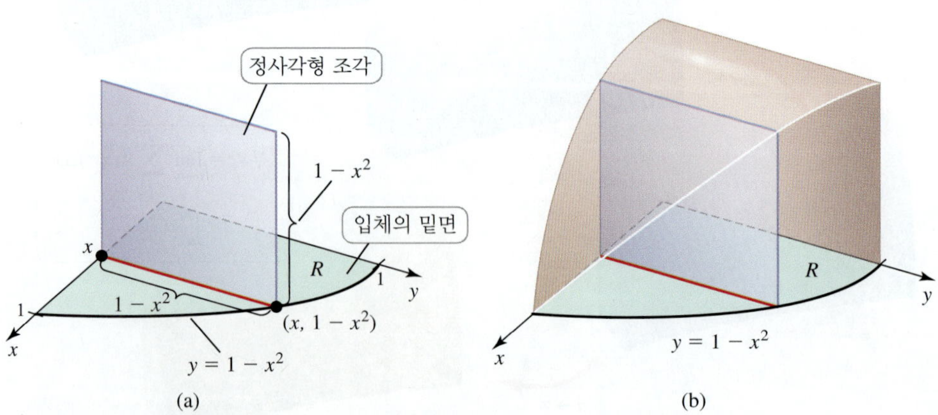

그림 6.25

관련 연습문제 6번 ◀

| 예제 2 | '포물형 반구'의 부피 xy평면에서 두 곡선 $y = x^2$과 $y = 2 - x^2$으로 둘러싸인 영역을 밑면으로 하는 입체가 있다. 밑면에 수직이고 y축에 평행한 입체의 절단면은 반원판이다. 이 입체의 부피를 구하여라.

풀이 x축에 수직인 표본 절단면이 반원판이므로(그림 6.26) 절단면의 넓이는 $\frac{1}{2}\pi r^2$이며, 여기서 r은 절단면의 반지름이다.

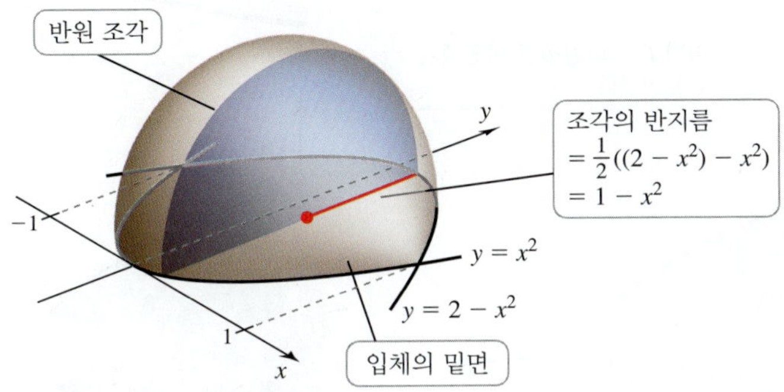

그림 6.26

반원판의 반지름은 위쪽 곡선 $y = 2 - x^2$과 아래쪽 곡선 $y = x^2$의 거리의 1/2이므로 점 x에서 반지름은 다음과 같다.

$$r = \frac{1}{2}((2 - x^2) - x^2) = 1 - x^2$$

이는 점 x에서 절단면인 반원판의 넓이가 다음과 같음을 의미한다.

$$A(x) = \frac{1}{2}\pi r^2 = \frac{\pi}{2}(1 - x^2)^2$$

두 경계 곡선의 교점은 $2 - x^2 = x^2$을 만족하므로 $x = \pm 1$이다. 따라서 절단면은 $x = -1$과 $x = 1$ 사이에 있다. 단면적의 넓이를 적분하면 입체의 부피는 다음과 같다.

$$\begin{aligned} V &= \int_{-1}^{1} A(x)\,dx && \text{조각 방법} \\ &= \int_{-1}^{1} \frac{\pi}{2}(1 - x^2)^2\,dx && A(x) \text{ 대입하기} \\ &= \frac{\pi}{2}\int_{-1}^{1}(1 - 2x^2 + x^4)\,dx && \text{피적분함수 전개하기} \\ &= \frac{8\pi}{15} && \text{계산하기} \end{aligned}$$

관련 연습문제 8번 ◀

QUICK CHECK 2 예제 2에서 밑면에 수직인 절단면이 반원이 아닌 정사각형일 때, 절단면의 넓이 함수 $A(x)$는 무엇인가? ◀

원판 방법

이제 **회전체**(solid of revolution)로 알려진 특정한 입체를 고려한다. f가 구간 $[a, b]$에서 $f(x) \geq 0$인 연속함수이고, R은 f의 그래프와 x축 및 두 직선 $x = a$

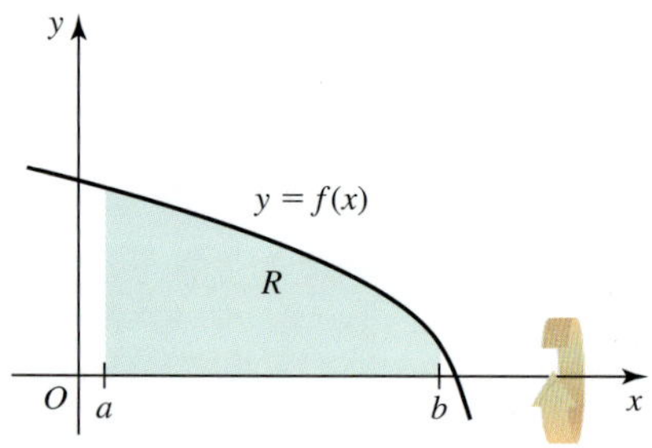

그림 6.27

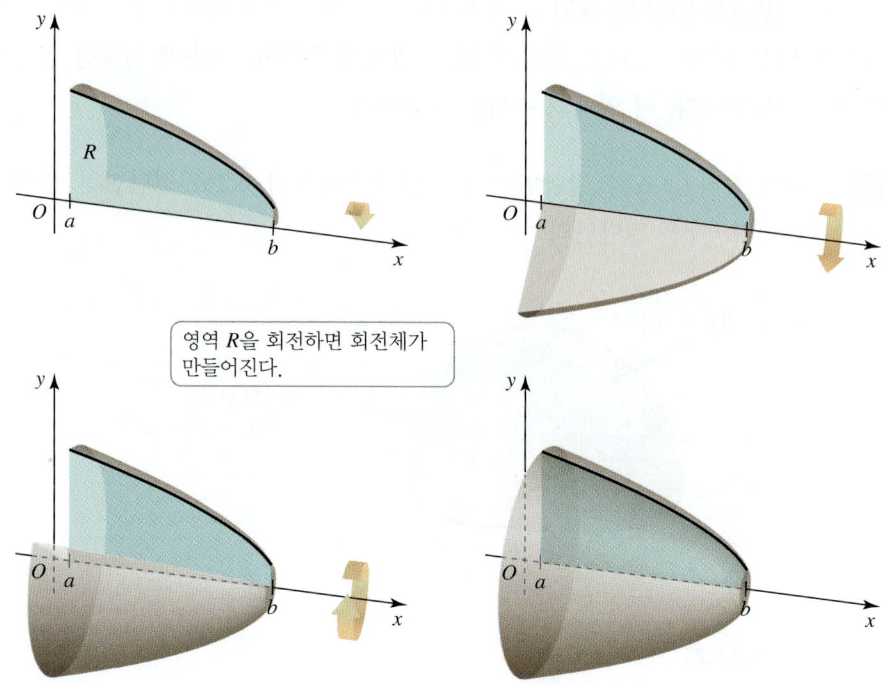

그림 6.28

QUICK CHECK 3 (a) R이 꼭짓점이 (0, 0), (0, 2), (2, 0), (2, 2)인 정사각형이고 (b) R이 세 꼭짓점이 (0, 0), (0, 2), (2, 0)인 삼각형인 경우 영역 R을 x축을 중심으로 회전시키면 어떤 입체가 생성되는가? ◀

와 $x = b$로 둘러싸인 영역이라 하자(그림 6.27). 이제 R을 x축을 중심으로 회전시켜 보자. R을 x축을 중심으로 한 번 회전시키면 3차원 회전체가 만들어진다(그림 6.28). 목표는 조각 방법을 이용하여 이 회전체의 부피를 구하는 것이다.

회전체의 경우 x축에 수직인 모든 절단면은 반지름이 $f(x)$인 **원판**(circular disks)이므로 절단면의 넓이 함수는 특별한 형태를 갖는다(그림 6.29). 따라서 $a \le x \le b$인 점 x에서의 절단면의 넓이는 다음과 같다.

$$A(x) = \pi\,(\text{반지름})^2 = \pi f(x)^2$$

일반적인 조각 방법으로 입체의 부피를 구하면 다음과 같다.

$$V = \int_a^b A(x)\,dx = \int_a^b \pi f(x)^2\,dx$$

회전체의 부피를 구하는 이 방법은 절단면이 원판이므로 **원판 방법**(disk method)이라 부른다.

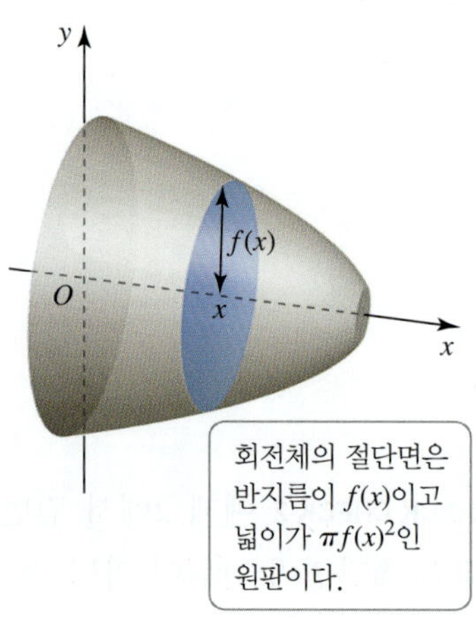

그림 6.29

x축 중심으로 회전하는 원판 방법

f가 구간 $[a, b]$에서 $f \ge 0$인 연속함수라 하자. f의 그래프와 x축 및 두 직선 $x = a$와 $x = b$로 둘러싸인 영역 R을 x축을 중심으로 회전시켜 얻은 회전체의 부피는 다음과 같다.

$$V = \int_a^b \pi \underbrace{f(x)^2}_{\text{원판의 반지름}}\,dx$$

| 예제 3 | **원판 방법** R을 곡선 $f(x) = (x+1)^2$, x축과 두 직선 $x = 0$, $x = 2$로 둘러싸인 영역이라 하자(그림 6.30(a)). R을 x축을 중심으로 회전시켜 얻은 회전체의 부피를 구하여라.

풀이 영역 R을 x축을 중심으로 회전시키면 회전체가 생성된다(그림 6.30(b)). 점 $0 \le x \le 2$에서 x축에 수직인 절단면은 반지름이 $f(x)$인 원판이다. 따라서 절단면의 넓이는 다음과 같다.

$$A(x) = \pi f(x)^2 = \pi((x+1)^2)^2$$

$x = 0$과 $x = 2$ 사이에서 이 절단면의 넓이를 적분하면 회전체의 부피는 다음과 같다.

$$V = \int_0^2 A(x)\,dx = \int_0^2 \pi(\underbrace{(x+1)^2}_{\text{원판의 반지름}})^2\,dx \quad A(x) \text{ 대입하기}$$

$$= \int_0^2 \pi(x+1)^4\,dx \quad \text{간단히 하기}$$

$$= \pi \frac{u^5}{5}\Big|_1^3 = \frac{242\pi}{5} \quad u = x+1\text{로 놓고 계산하기}$$

관련 연습문제 9-10번 ◀

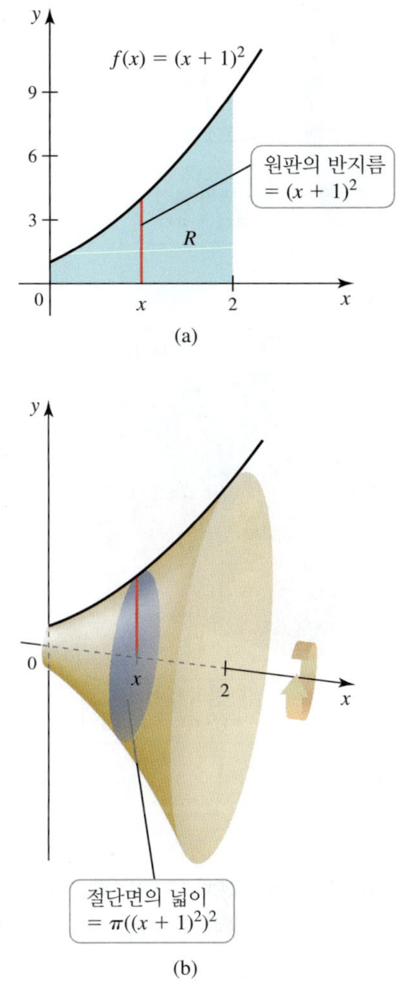

그림 6.30

와셔 방법

원판 방법을 약간 변형하면 더 특이한 회전체의 부피를 계산할 수 있다. R을 $x = a$와 $x = b$ 사이에서 f와 g의 그래프를 경계로 하는 영역이라 가정하자. 여기서 $f(x) \ge g(x) \ge 0$이다(그림 6.31). R을 x축을 중심으로 회전하여 얻은 회전체는 일반적으로 구멍이 있다.

일반적인 조각 방법을 다시 적용한다. 이 경우 입체를 따라 x축에 수직인 절단면

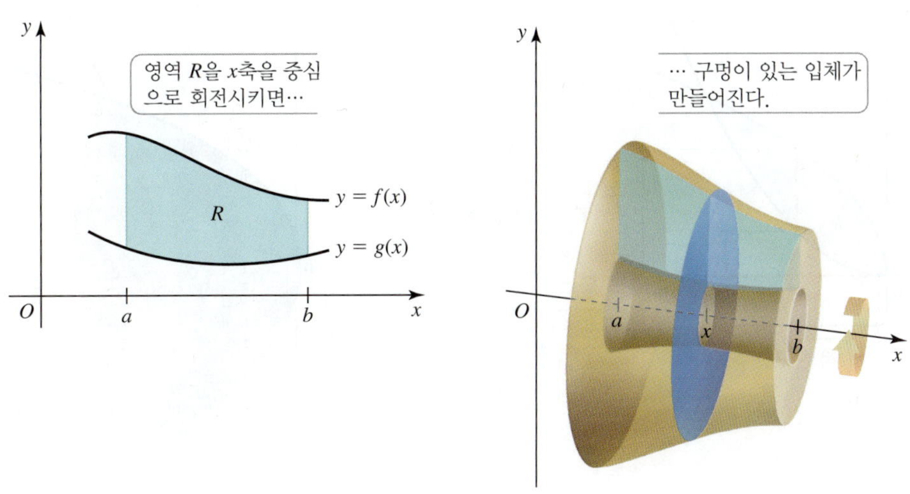

그림 6.31

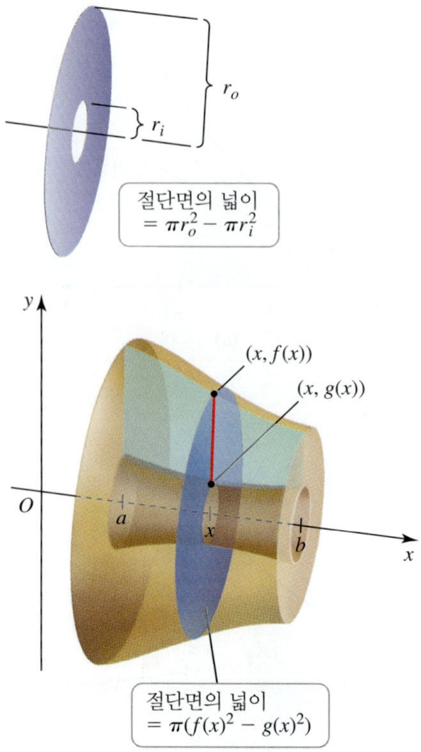

그림 6.32

은 바깥쪽 반지름이 $r_o = f(x)$이고 안쪽 반지름이 $r_i = g(x)$인 원형의 와셔(washer)이다. 여기서 $a \le x \le b$이다. 단면의 넓이는 전체 원판의 넓이에서 구멍의 넓이를 빼어 다음과 같이 구한다(그림 6.32).

$$A(x) = \pi(r_o^2 - r_i^2) = \pi(f(x)^2 - g(x)^2)$$

일반적인 조각 방법으로 다음과 같이 입체의 부피를 정의한다.

x축 중심으로 회전하는 와셔 방법

f와 g가 구간 $[a, b]$에서 $f(x) \ge g(x) \ge 0$인 연속함수이고 $y = f(x)$, $y = g(x)$와 두 직선 $x = a$, $x = b$로 둘러싸인 영역을 R이라 하자. R을 x축을 중심으로 회전시켜 얻은 회전체의 부피는 다음과 같다.

$$V = \int_a^b \pi(\underbrace{f(x)^2}_{\text{바깥쪽 반지름}} - \underbrace{g(x)^2}_{\text{안쪽 반지름}})\,dx$$

QUICK CHECK 4 $g(x) = 0$일 때, 와셔 방법을 이용한 결과가 원판 방법과 같음을 보여라. ◀

➤ 와셔 방법은 실제로 원판 방법을 두 번 적용한 것과 같다. 구멍이 없는 전체 입체의 부피를 (원판 방법으로) 계산한 다음 구멍의 부피(원판 방법으로도 계산)를 뺀다.

➤ 와셔 방법에서 π를 제외한 피적분함수 $f(x)^2 - g(x)^2$은 $(f(x) - g(x))^2$와 같지 않다.

| 예제 4 | 와셔 방법에 의한 부피 R은 $x = 0$과 $x = 1$ 사이에서 $f(x) = \sqrt{x}$와 $g(x) = x^2$에 의해 둘러싸인 영역이다. R을 x축을 중심으로 회전시킬 때 생성되는 회전체의 부피를 구하여라.

풀이 영역 R은 $[0, 1]$에서 $f(x) \ge g(x)$인 f와 g의 그래프에 의해 둘러싸인 영역이므로 와셔 방법을 적용할 수 있다(그림 6.33). 점 x에서 절단면의 넓이는 다음과 같다.

$$A(x) = \pi(f(x)^2 - g(x)^2) = \pi((\underbrace{\sqrt{x}}_{\text{바깥쪽 반지름}})^2 - (\underbrace{x^2}_{\text{안쪽 반지름}})^2) = \pi(x - x^4)$$

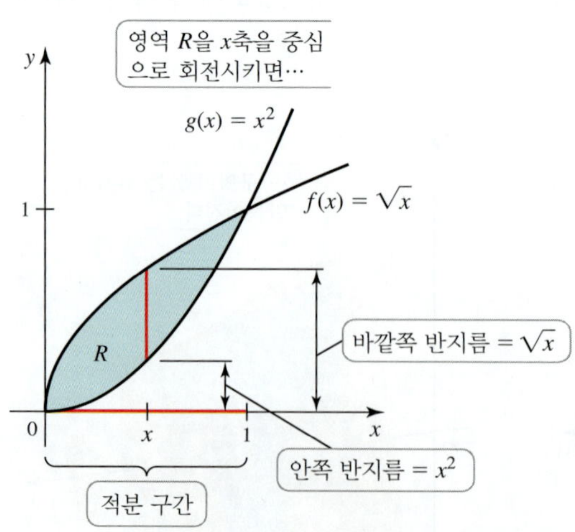

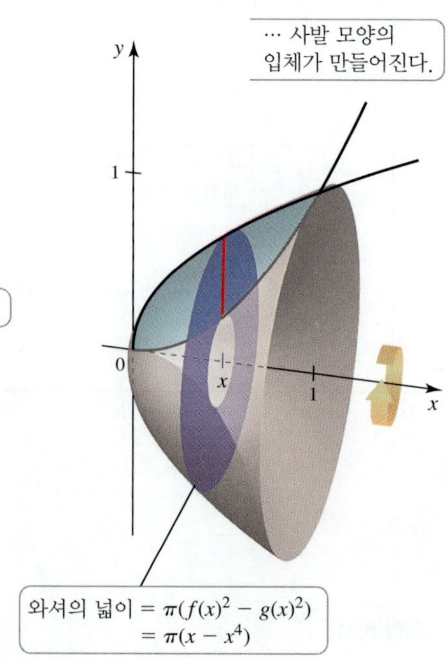

그림 6.33

따라서 입체의 부피는 다음과 같다.

$$V = \int_0^1 \pi(x - x^4)\,dx \qquad \text{와셔 방법}$$

$$= \pi\left(\frac{x^2}{2} - \frac{x^5}{5}\right)\Big|_0^1 = \frac{3\pi}{10} \qquad \text{미적분학의 기본 정리}$$

관련 연습문제 12번 ◀

QUICK CHECK 5 예제 4의 영역이 x축 대신 직선 $y = -1$을 중심으로 회전시킨다고 가정하자. (a) x에서 와셔의 안쪽 반지름은 얼마인가? (b) x에서 와셔의 바깥쪽 반지름은 얼마인가? ◀

y축 중심으로 회전

x축을 중심으로 회전하는 영역에 대하여 배운 모든 내용은 y축을 중심으로 회전하는 영역에도 적용된다. 오른쪽 곡선 $x = p(y)$와 왼쪽 곡선 $x = q(y)$ 및 두 수평선 $y = c$와 $y = d$로 둘러싸인 영역 R을 고려하자(그림 6.34(a)).

R을 y축을 중심으로 회전시켜 생성되는 입체의 부피를 구하기 위해 y축을 기준으로 일반적인 조각 방법을 이용하자(그림 6.34(b)). $c \le y \le d$에서 절단면의 넓이는 $A(y) = \pi(p(y)^2 - q(y)^2)$이다. 앞에서와 마찬가지로 입체의 절단면의 넓이를 적분하면 부피가 된다.

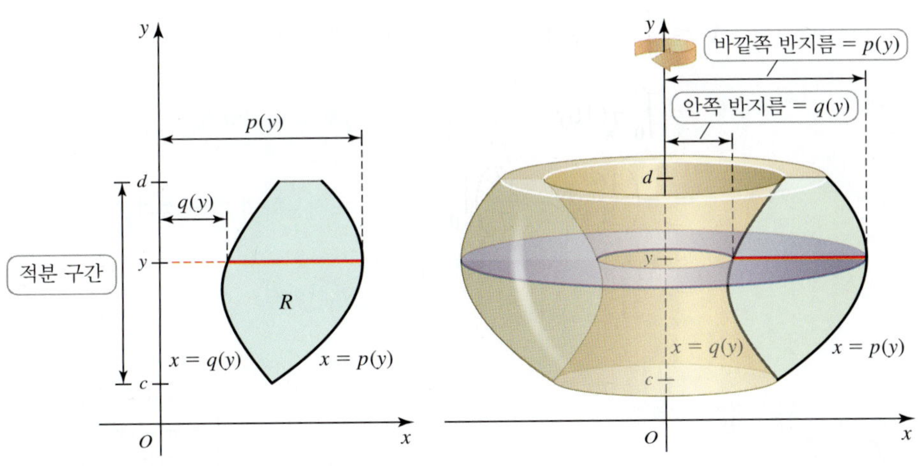

그림 6.34

y축 중심으로 회전하는 와셔 방법

p와 q가 구간 $[c, d]$에서 $p(y) \ge q(y) \ge 0$인 연속함수이고 $x = p(y)$, $x = q(y)$와 두 직선 $y = c$, $y = d$로 둘러싸인 영역을 R이라 하자. R을 y축을 중심으로 회전시켜 얻은 회전체의 부피는 다음과 같다.

➤ y축 중심으로 회전하는 원판 방법과 와셔 방법은 x축 중심으로 회전하는 원판 방법과 와셔 방법에서 x가 y로 대체된 것이다.

$$V = \int_c^d \pi(\underbrace{p(y)}_{\text{바깥쪽 반지름}}{}^2 - \underbrace{q(y)}_{\text{안쪽 반지름}}{}^2)\, dy$$

$q(y) = 0$인 경우 원판 방법의 결과는 다음과 같다.

$$V = \int_c^d \pi \underbrace{p(y)}_{\text{원판의 반지름}}{}^2\, dy$$

| 예제 5 | 어느 입체의 부피가 더 큰가? R을 제1사분면에서 곡선 $x = y^3$과 직선 $x = 4y$로 둘러싸인 영역이라 하자. R을 x축을 중심으로 회전, y축을 중심으로 회전시켜 만들어지는 두 입체의 부피 중 어느 것이 더 큰가?

풀이 $y^3 = 4y$에서 $y(y^2 - 4) = 0$을 풀면 R의 경계 곡선이 두 점 $(0, 0)$, $(8, 2)$에서 만난다. 영역 R(그림 6.35(a))을 y축을 중심으로 회전시키면 안쪽 면은 구부러진 깔때기 모양이 된다(그림 6.35(b)). y축에 수직인 와셔의 절단면은 $y = 0$에서 $y = 2$까지 움직인다. 점 y에서 절단면의 바깥쪽 반지름은 직선 $x = p(y) = 4y$에 의해 결정되고, 안쪽 반지름은 곡선 $x = q(y) = y^3$에 의해 결정된다. 와셔 방법을 적용하여 이 입체의 부피를 구하면 다음과 같다.

$$\begin{aligned} V &= \int_0^2 \pi(p(y)^2 - q(y)^2)\, dy && \text{와셔 방법} \\ &= \int_0^2 \pi(16y^2 - y^6)\, dy && p\text{와 } q \text{ 대입하기} \\ &= \pi\left(\frac{16}{3}y^3 - \frac{y^7}{7}\right)\Big|_0^2 && \text{미적분학의 기본 정리} \\ &= \frac{512\pi}{21} && \text{계산하기} \end{aligned}$$

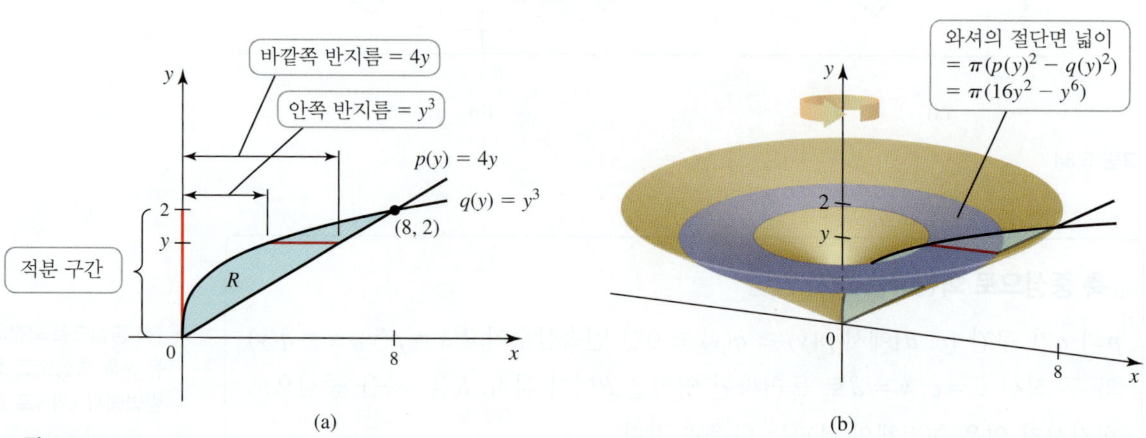

그림 6.35

영역 R을 x축을 중심으로 회전시키면 다른 깔때기가 된다(그림 6.36). $x = 0$과 $x = 8$ 사이에서 입체를 수직으로 자르면 와셔를 얻는다. 점 x에서 와셔의 바깥쪽 반지름은 곡선 $x = y^3$ 또는 $y = f(x) = x^{1/3}$에 의해 결정되고, 안쪽 반지름은 $x = 4y$ 또는 $y = g(x) = x/4$에 의해 결정된다. 만들어진 입체의 부피는 다음과 같다.

$$\begin{aligned} V &= \int_0^8 \pi(f(x)^2 - g(x)^2)\,dx && \text{와셔 방법} \\ &= \int_0^8 \pi\left(x^{2/3} - \frac{x^2}{16}\right)dx && f\text{와 } g \text{ 대입하기} \\ &= \pi\left(\frac{3}{5}x^{5/3} - \frac{x^3}{48}\right)\Bigg|_0^8 && \text{미적분학의 기본 정리} \\ &= \frac{128\pi}{15} && \text{계산하기} \end{aligned}$$

영역을 y축을 중심으로 회전시키면 더 큰 부피의 입체가 된다는 것을 알 수 있다.

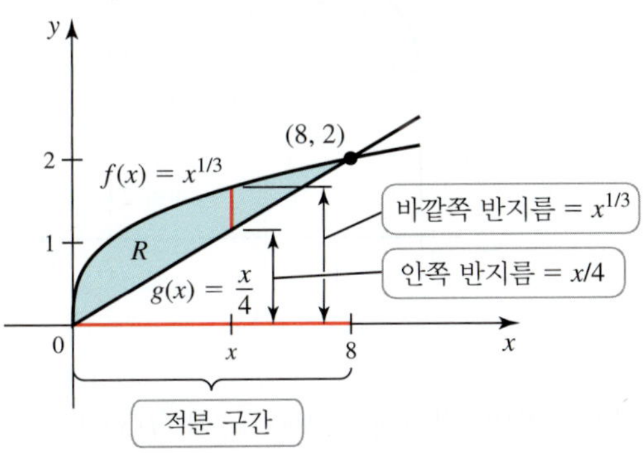

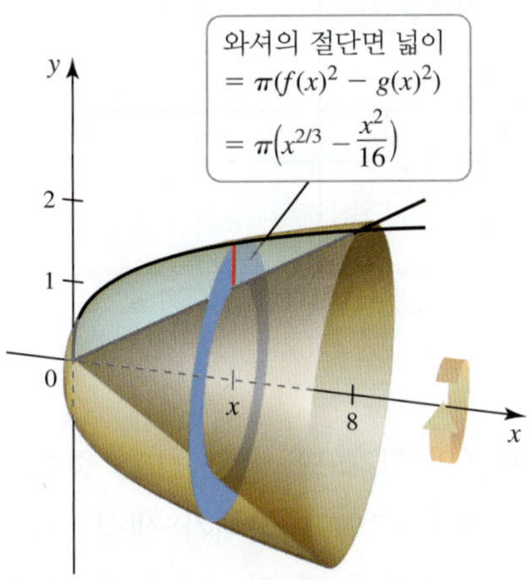

그림 6.36

관련 연습문제 24번 ◀

QUICK CHECK 6 제1사분면에서 $y = x$와 $y = x^3$으로 둘러싸인 영역을 y축을 중심으로 회전시켜 얻은 입체의 부피 적분을 구하여라. ◀

원판 방법과 와셔 방법은 영역 R을 좌표축 중 하나와 평행한 직선을 중심으로 회전시켜 얻은 입체로 일반화할 수 있다. 다음 예제에서는 이러한 세 가지 경우에 관하여 설명한다.

| 예제 6 | 다른 직선을 중심으로 회전 $f(x) = \sqrt{x} + 1$과 $g(x) = x^2 + 1$에 대하여 물음에 답하여라.

a. 구간 $[0, 1]$에서 f의 그래프와 직선 $y = 2$로 둘러싸인 영역 R_1을 직선 $y = 2$를 중심으로 회전시킬 때 만들어지는 입체의 부피를 구하여라.

b. 구간 $[0, 1]$에서 f와 g의 그래프로 둘러싸인 영역 R_2를 직선 $y = -1$을 중심으로 회전시킬 때 만들어지는 입체의 부피를 구하여라.

c. 구간 [0, 1]에서 f와 g의 그래프로 둘러싸인 영역 R_2를 직선 $x = 2$를 중심으로 회전시킬 때 만들어지는 입체의 부피를 구하여라.

풀이

a. 그림 6.37(a)는 영역 R_1과 회전축을 보여 준다. 원판 방법을 적용하면 점 x에서 원판의 반지름은 $2 - f(x) = 2 - (\sqrt{x} + 1) = 1 - \sqrt{x}$이다. 따라서 R_1을 $y = 2$를 중심으로 회전시킬 때 만들어지는 입체의 부피는 다음과 같다.

$$\int_0^1 \pi(\underbrace{1 - \sqrt{x}}_{\text{원판의 반지름}})^2\,dx = \pi\int_0^1 (1 - 2\sqrt{x} + x)\,dx = \frac{\pi}{6}$$

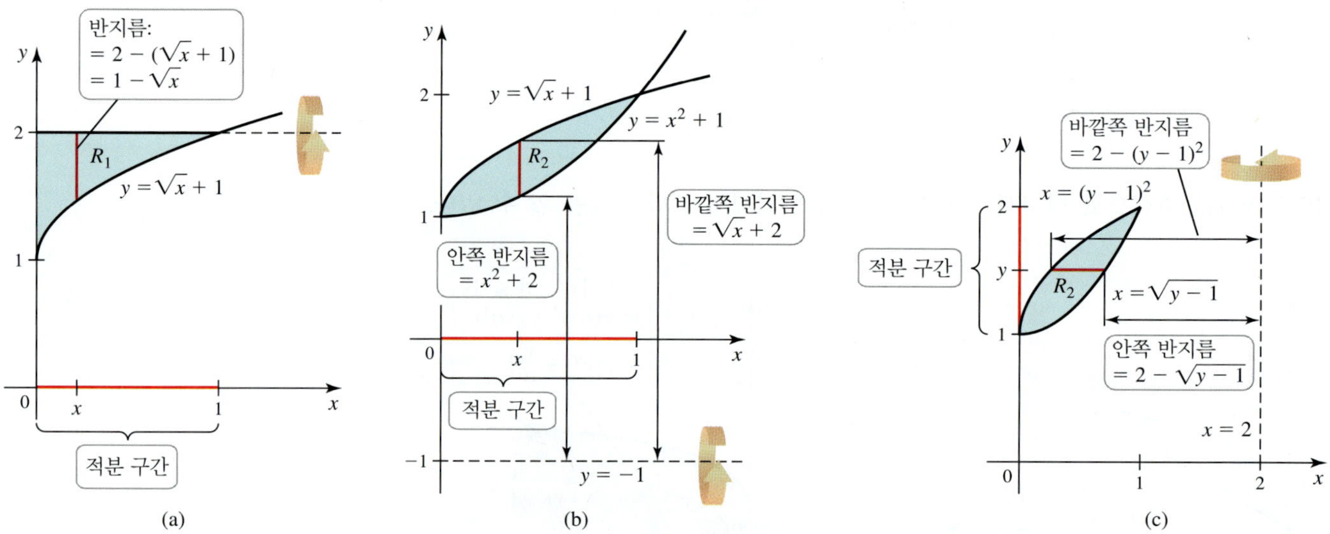

그림 6.37

b. f의 그래프를 $y = -1$을 중심으로 회전시키면 점 x에서 반지름이 $f(x) + 1 = \sqrt{x} + 2$인 회전체가 생성된다. 마찬가지로 g의 그래프를 $y = -1$을 중심으로 회전시킬 때 점 x에서 반지름이 $g(x) + 1 = x^2 + 2$인 회전체가 생성된다(그림 6.37(b)). 와셔 방법을 이용하여 R_2를 $y = -1$을 중심으로 회전시킬 때 만들어지는 입체의 부피는 다음과 같다.

$$\int_0^1 \pi((\underbrace{\sqrt{x} + 2}_{\text{바깥쪽 반지름}})^2 - (\underbrace{x^2 + 2}_{\text{안쪽 반지름}})^2)\,dx \qquad \text{와셔 방법}$$

$$= \pi\int_0^1 (-x^4 - 4x^2 + x + 4\sqrt{x})\,dx \qquad \text{간단히 하고 적분하기}$$

$$= \frac{49\pi}{30} \qquad \text{적분 계산하기}$$

c. 영역 R_2를 직선 $x = 2$를 중심으로 회전시킬 때 와셔 방법을 이용하여 y에 관하여 적분한다. 먼저 f의 그래프는 $y \geq 1$에서 $y = \sqrt{x} + 1$ 또는 $x = (y - 1)^2$이다. 또한 g의 그래프는 $y \geq 1$에서 $y = x^2 + 1$ 또는 $x = \sqrt{y - 1}$이다(그림 6.37(c)).

f의 그래프를 직선 $x=2$를 중심으로 회전시킬 때 점 y에서 원판의 반지름은 $2-(y-1)^2$이다. 마찬가지로 g의 그래프를 직선 $x=2$를 중심으로 회전시킬 때 점 y에서 원판의 반지름은 $2-\sqrt{y-1}$이다. 마지막으로 영역 R_2의 범위가 $1 \le y \le 2$임을 확인하자.

와셔 방법을 이용하여 피적분함수를 간단히 하고 y의 거듭제곱을 적분하여 회전체의 부피를 구하면 다음과 같다.

$$\int_1^2 \pi(\underbrace{(2-(y-1)^2)}_{\text{바깥쪽 반지름}}{}^2 - \underbrace{(2-\sqrt{y-1})}_{\text{안쪽 반지름}}{}^2)\,dy = \frac{31\pi}{30}$$

관련 연습문제 25번 ◀

6.3절 연습문제

1단계 스타트

1. 특이점 x에서 x축에 수직인 입체를 자를 때, $A(x)$의 의미를 설명하여라.

2. 밑면이 제1사분면에서 곡선 $y=\sqrt{3-x}$와 직선 $x=2$로 둘러싸인 영역이고 x축에 수직으로 자른 절단면이 정사각형인 입체를 가정하자.

a. $[0, 2]$의 점 x에서 입체의 절단면의 넓이 $A(x)$에 대한 식을 구하여라.

b. 입체의 부피에 대한 적분을 나타내어라.

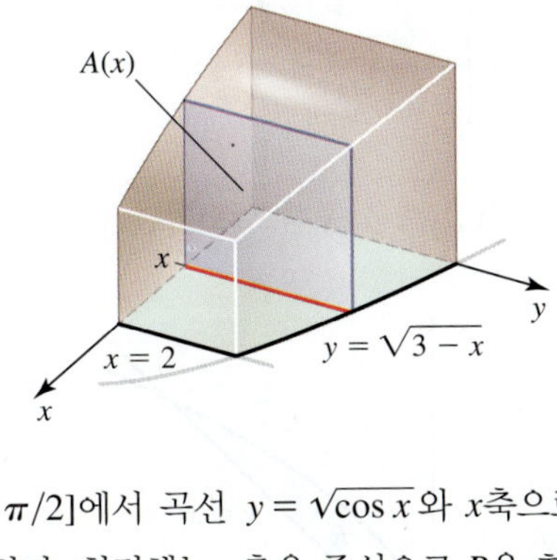

3. R을 $[0, \pi/2]$에서 곡선 $y=\sqrt{\cos x}$와 x축으로 둘러싸인 영역이라 하자. 회전체는 x축을 중심으로 R을 회전시켜 얻는다(그림 참조).

a. $[0, \pi/2]$의 점 x에서 회전체의 절단면의 반지름을 나타내어라.

b. $[0, \pi/2]$의 점 x에서 회전체의 절단면의 넓이 $A(x)$를 나타내어라.

c. 입체의 부피를 적분으로 나타내어라.

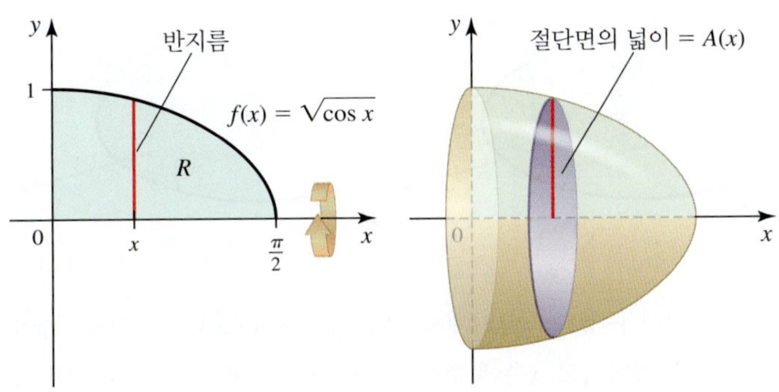

4–5. $y=1+\sqrt{x}$, $x=4$, $y=1$로 둘러싸인 영역 R에 대하여 다음을 구하여라.

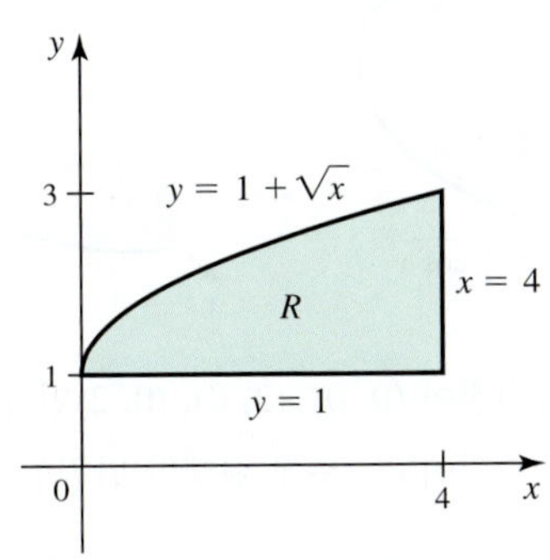

4. 영역 R을 x축을 중심으로 회전시키면 절단면이 와셔인 회전체가 생성된다.

a. [0, 4]의 점 x에서 입체의 절단면의 바깥쪽 반지름은 무엇인가?

b. [0, 4]의 점 x에서 입체의 절단면의 안쪽 반지름은 무엇인가?

c. [0, 4]의 점 x에서 입체의 절단면의 넓이 $A(x)$는 무엇인가?

d. 입체의 부피를 적분으로 나타내어라.

5. 영역 R을 직선 $y = 1$을 중심으로 회전시키면 회전체가 만들어진다.

a. [0, 4]의 점 x에서 입체의 절단면의 반지름은 무엇인가?

b. [0, 4]의 점 x에서 입체의 절단면의 넓이 $A(x)$는 무엇인가?

c. 입체의 부피를 적분으로 나타내어라.

2단계 실전

6–8. 조각 방법 조각 방법을 이용하여 다음 입체의 부피를 구하여라.

6. 밑면이 반원 $y = \sqrt{1 - x^2}$과 x축으로 둘러싸인 영역이고, x축에 수직인 절단면이 정사각형인 입체

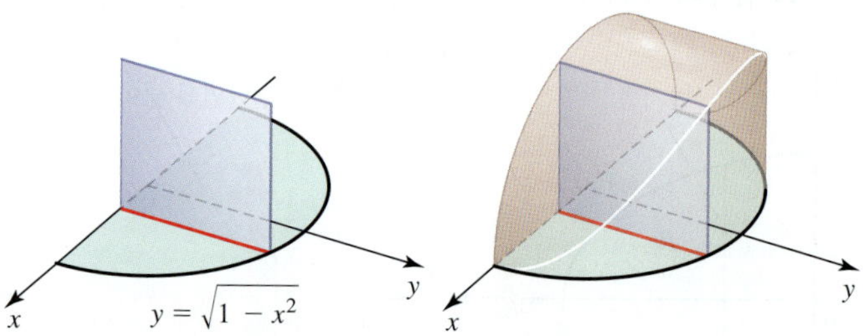

7. 밑면이 $[-\pi/2, \pi/2]$에서 곡선 $y = \sqrt{\cos x}$와 x축으로 둘러싸인 영역이고, x축에 수직인 절단면은 길이가 같은 두 변이 xy평면과 x축에 수직인 평면에 놓인 직각이등변삼각형인 입체

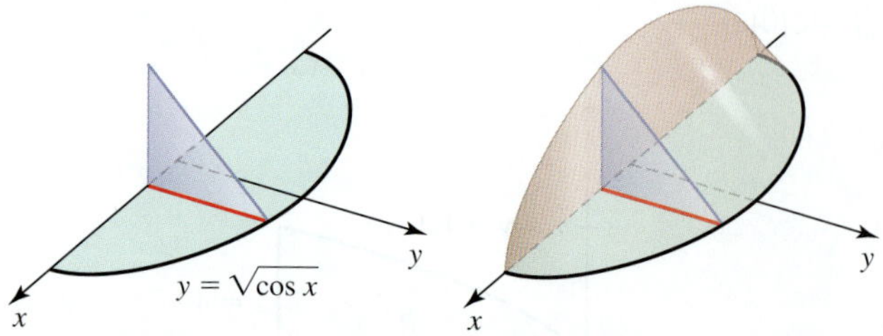

8. 밑면이 세 꼭짓점이 (0, 0), (2, 0), (0, 2)인 삼각형이고, 절단면이 밑면에 수직이고 y축에 평행한 반원인 입체

9–22. 회전체 R을 다음 곡선으로 둘러싸인 영역이라 하자. R을 주어진 축을 중심으로 회전시킬 때 만들어지는 입체의 부피를 구하여라.

9. $y = 2x$, $y = 0$, $x = 3$, x축을 중심으로 회전(원뿔의 부피 공식과 일치하는지 확인하여라)

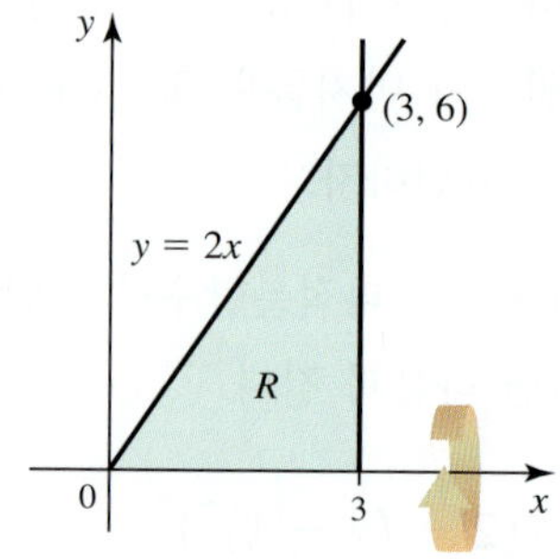

10. $y = e^{-x}$, $y = 0$, $x = 0$, $x = \ln 4$, x축을 중심으로 회전

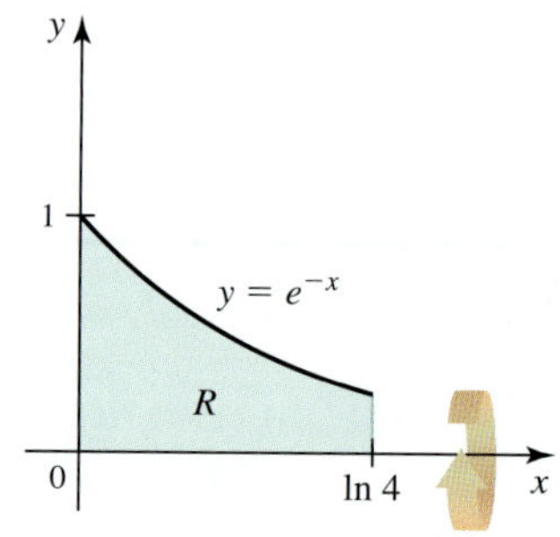

11. $x = \dfrac{1}{\sqrt{1 + y^2}}$, $x = 0$, $y = -1$, $y = 1$, y축을 중심으로 회전

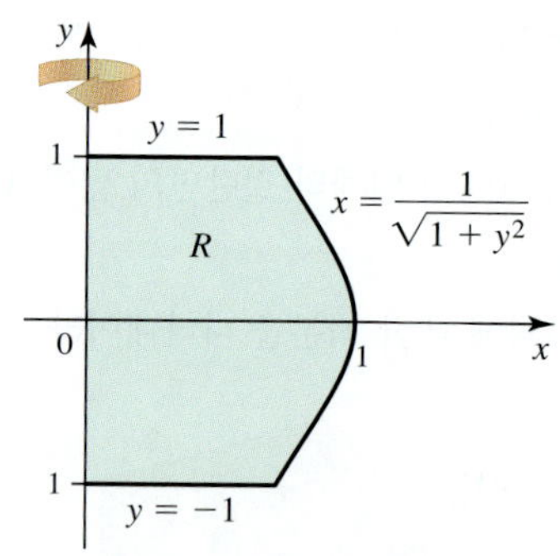

12. $y = x$, $y = 2\sqrt{x}$, x축을 중심으로 회전

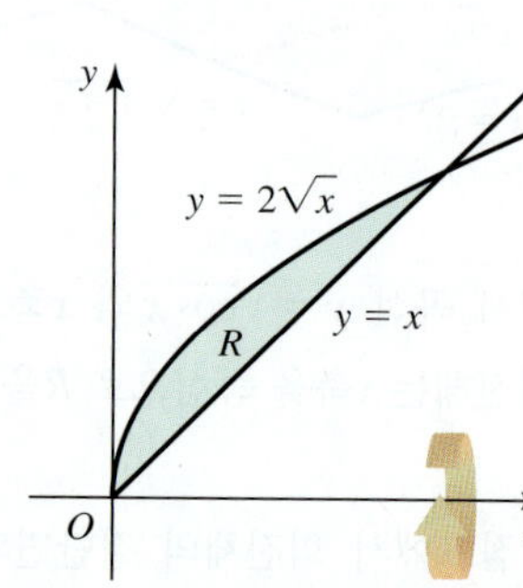

13. $y = e^{x/2}$, $y = e^{-x/2}$, $x = \ln 2$, $x = \ln 3$, x축을 중심으로 회전

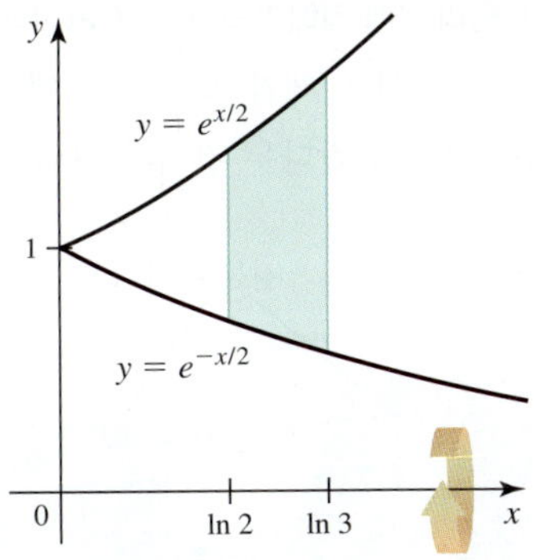

14. $y = x^3$, $y = 0$, $x = 1$, y축을 중심으로 회전

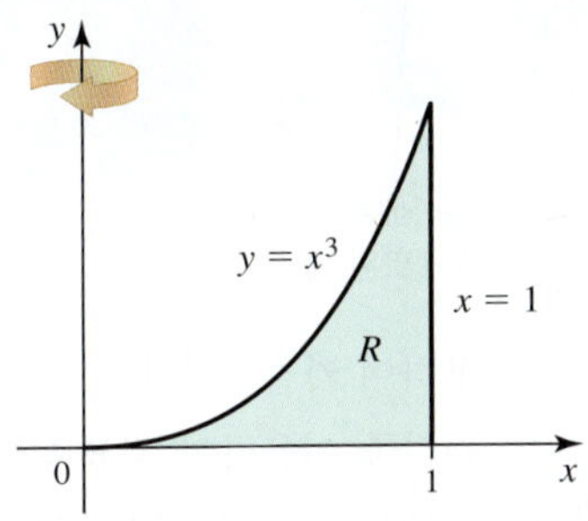

15. $[0, \pi/2]$에서 $y = \cos x$, $y = 0$, $x = 0$, x축을 중심으로 회전 (힌트: $\cos^2 x = \dfrac{1 + \cos 2x}{2}$)

16. $[0, \pi]$에서 $y = \sin x$, $y = 0$, x축을 중심으로 회전(힌트: $\sin^2 x = \dfrac{1 - \cos 2x}{2}$)

17. $y = \sin^{-1} x$, $x = 0$, $y = \frac{\pi}{4}$, y축을 중심으로 회전

18. $0 \le x \le \frac{\pi}{2}$에서 $y = \sin x$와 $y = \sqrt{\sin x}$, x축을 중심으로 회전

19. $y = \sqrt{x}$, $y = 0$, $x = 4$, y축을 중심으로 회전

20. $y = 1/\sqrt{x}$, $y = 0$, $x = 2$, $x = 6$, x축을 중심으로 회전

21. $y = e^x$, $y = 0$, $x = 0$, $x = 2$, x축을 중심으로 회전

22. $y = \ln x$, $y = \ln x^2$, $y = \ln 8$, y축을 중심으로 회전

23–24. 어느 것이 더 큰가? 다음 영역 R에 대하여 R을 x축을 중심으로 회전시킬 때 만들어지는 입체와 y축을 중심으로 회전시킬 때 만들어지는 입체의 부피 중 어느 것이 더 큰지 결정하여라.

23. R은 $y = 2x$, x축과 $x = 5$로 둘러싸인 영역

24. R은 $y = 1 - x^3$, x축과 y축으로 둘러싸인 영역

25–30. 다른 축을 중심으로 회전 R을 다음 곡선으로 둘러싸인 영역이라 가정하자. R을 주어진 직선을 중심으로 회전시킬 때 만들어지는 입체의 부피를 구하여라.

25. $y = 1 - \sqrt{x}$, $y = 1$, $x = 1$
$y = 1$을 중심으로 회전

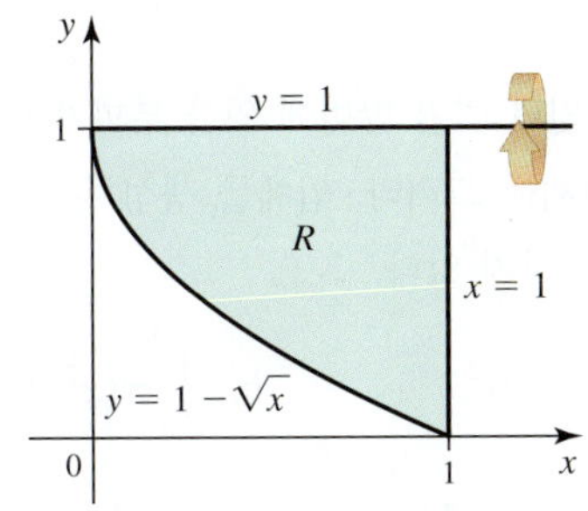

26. $x = 2 - \sec y$, $x = 2$, $y = \frac{\pi}{3}$, $y = 0$
$x = 2$를 중심으로 회전

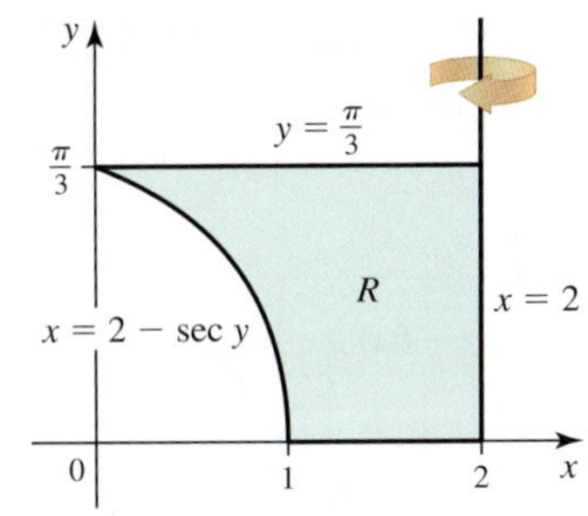

27. $x = 0$, $y = \sqrt{x}$, $y = 1$
$y = 1$을 중심으로 회전

28. $[0, \pi]$에서 $y = 2 \sin x$, $y = 0$
$y = -2$를 중심으로 회전

29. 구간 $\frac{\pi}{6} \le x \le \frac{5\pi}{6}$에서 $y = \sin x$, $y = 1 - \sin x$
$y = -1$을 중심으로 회전

30. $y = 2 - x$, $y = 2 - 2x$
$x = 3$을 중심으로 회전

31. 참 또는 거짓 다음 명제가 참이면 증명하고 거짓이면 반례를 들어라.

a. 사각뿔은 회전체이다.

b. 반구의 부피는 원판을 이용하여 계산할 수 있다.

c. R_1은 $[-\pi/2, \pi/2]$에서 $y = \cos x$와 x축으로 둘러싸인 영역이고, R_2는 $[0, \pi]$에서 $y = \sin x$와 x축으로 둘러싸인 영역이라 하자. R_1과 R_2를 x축을 중심으로 회전시킬 때 만들어지는 입체의 부피는 같다.

3단계 도전

32. 페르마의 부피 계산(1636) R을 곡선 $y = \sqrt{x + a}$ $(a > 0)$, y축과 x축으로 둘러싸인 영역이라 하고, S를 y축을 중심으로 R

을 회전시켜 만들어지는 입체라 가정하며, T를 S와 동일한 원형 밑면과 높이가 $\sqrt{a}$인 내접 원뿔이라 하자. $\frac{S\text{의 부피}}{T\text{의 부피}} = \frac{8}{5}$임을 보여라.

33. 적분에 의한 입체 원판 방법에 의한 부피가 다음 적분으로 주어지는 회전체를 그려라. 입체를 생성하는 함수를 나타내어라. 답은 유일하지 않다.

a. $\int_0^{\pi} \pi \sin^2 x\, dx$ **b.** $\int_0^2 \pi(x^2 + 2x + 1)\, dx$

34. 부피의 추정 $x = 0$에서 $x = 4$까지 곡선 $y = f(x)$로 둘러싸인 영역(그림 참조)을 x축을 중심으로 회전시켜 회전체를 만든다고 가정하자. 길이가 동일한 $n = 4$개의 부분구간에 대한 왼쪽 리만합, 오른쪽 리만합, 중간점 리만합을 이용하여 회전체의 부피를 추정하여라.

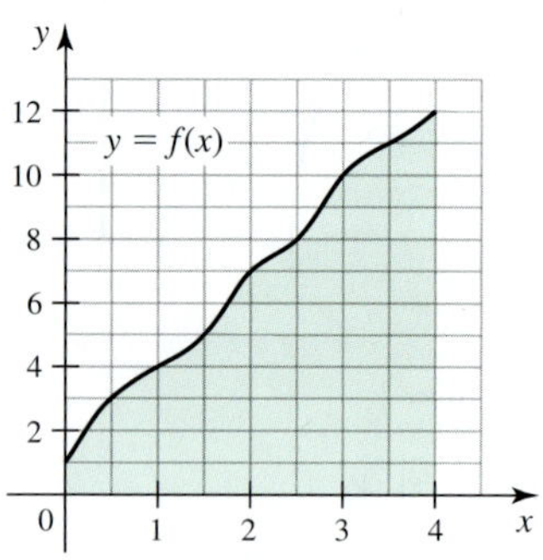

35. 원기둥, 원뿔, 반구 높이가 R이고 반지름이 R인 직원기둥의 부피는 $V_C = \pi R^3$이다(반지름 = 높이).

a. 주어진 원기둥과 밑면이 같고 높이가 R인 원기둥에 내접하는 원뿔의 부피를 구하여라. 부피를 V_C로 표현하여라.

b. 주어진 원기둥과 밑면이 같은 원기둥에 내접하는 반구의 부피를 구하여라. 부피를 V_C로 표현하여라.

36. 원환체(도넛) 중심이 (3, 0)이고 반지름이 2인 원을 y축을 중심으로 회전시킬 때 만들어지는 원환체(torus)의 부피를 구하여라. 기하학을 이용하여 적분을 계산하여라.

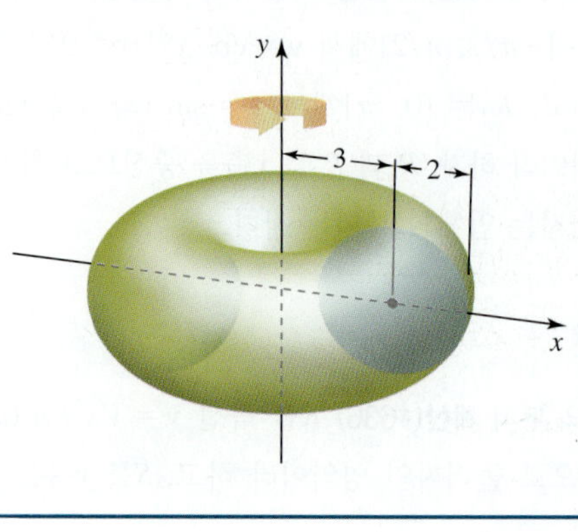

37. 카발리에리의 원리 카발리에리의 원리(Cavalieri's principle)는 높이가 같은 두 개의 입체가 모든 높이에서 같은 절단면의 넓이를 가지면 부피가 같다는 것이다(그림 참조).

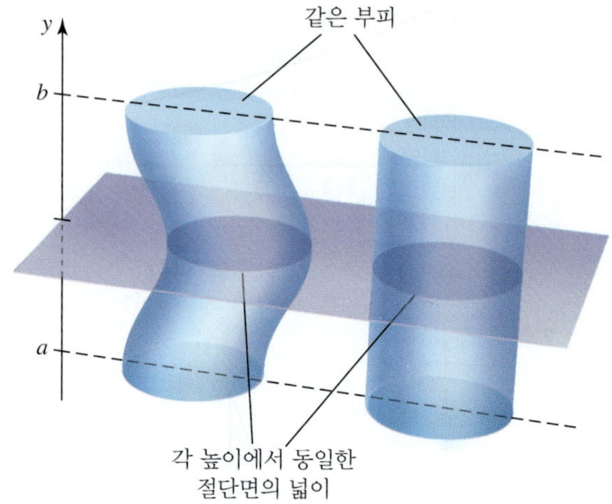

a. 조각 방법을 이용하여 카발리에리의 원리를 증명하여라.

b. 카발리에리의 원리를 이용하여 좌표축과 밑면이 이루는 각도가 $\frac{\pi}{4}$이고 반지름이 r, 높이가 h인 원기둥의 부피를 구하여라(그림 참조).

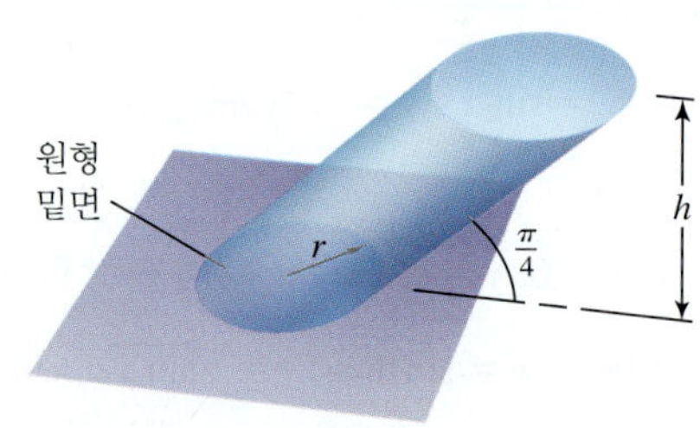

QUICK CHECK 정답

1. 구간 $[a, b]$에서 A의 평균값은 $\overline{A} = \frac{1}{b-a}\int_a^b A(x)\, dx$이다. 그러므로 $V = (b-a)\overline{A}$ **2.** $A(x) = (2 - 2x^2)^2$
3. **(a)** 높이가 2이고 반지름이 2인 원기둥 **(b)** 높이가 2이고 밑면의 반지름이 2인 원뿔
4. $g(x) = 0$이면 와셔 방법 $V = \int_a^b \pi(f(x)^2 - g(x)^2)\, dx$는 원판 방법 $V = \int_a^b \pi(f(x)^2)\, dx$가 된다.
5. **(a)** 안쪽 반지름 $= x^2 + 1$ **(b)** 바깥쪽 반지름 $= \sqrt{x} + 1$
6. $\int_0^1 \pi(y^{2/3} - y^2)\, dy$ ➤

6.4 껍질 방법에 의한 부피

부피를 구하는 많은 문제는 원판 방법이나 와셔 방법을 이용하여 해결할 수 있다. 그러나 이 방법들로 해결하기 어려운 문제도 있다. 따라서 회전체의 부피를 계산하는 데 이용할 수 있는 원판 방법이나 와셔 방법과 같은 **껍질 방법**(shell method)으로 부피를 구하는 문제에 관한 논의로 확장한다.

➤ 왜 다른 방법이 필요할까? R을 $y = x^2 - x^3$의 그래프와 x축으로 둘러싸인 제1사분면의 영역이라 하자(그림 6.38). R을 y축을 중심으로 회전시킬 때 만들어지는 회전체의 부피는 와셔 방법으로는 계산하기 어렵다. 이 경우 껍질 방법을 이용하여 계산하는 것이 좀 더 쉽다.

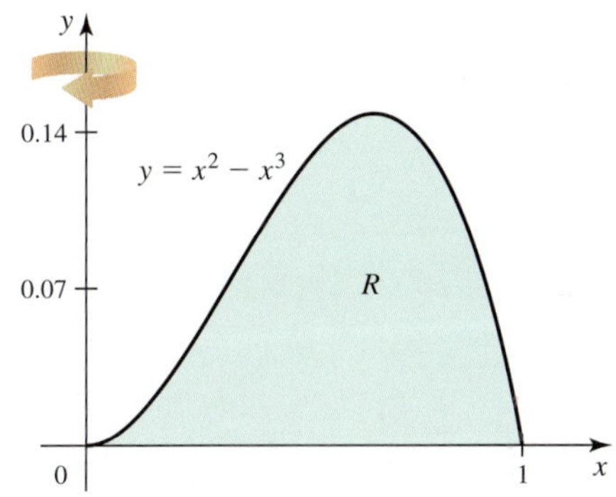

그림 6.38

원통 껍질 방법

R을 f의 그래프, x축과 두 직선 $x = a$, $x = b$로 둘러싸인 영역이라 하자. 여기서 $0 \le a < b$이고 $[a, b]$에서 $f(x) \ge 0$이다. R을 y축을 중심으로 회전시킬 때, 회전체는 그림 6.39와 같이 생성되고 이 입체의 부피는 작은 조각을 내어 합하기 방법으로 계산된다.

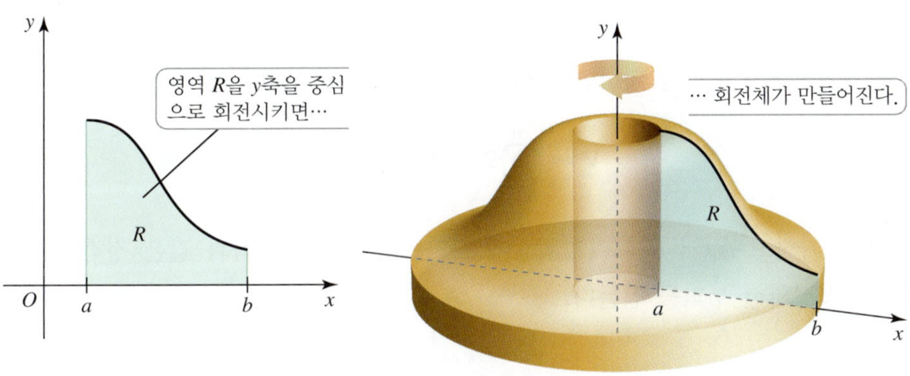

그림 6.39

$[a, b]$를 길이가 $\Delta x = (b - a)/n$인 n개의 부분부간으로 나누고 $k = 1, \cdots, n$에 대하여 k번째 부분구간의 임의의 점 x_k^*를 고려하자. 이제 높이가 $f(x_k^*)$고 밑변의 길이가 Δx인 k번째 부분구간의 직사각형을 관찰하자(그림 6.40). 이를 y축을 중심으로 회전시키면 직사각형은 얇은 **원통 껍질** 모양을 만든다.

k번째 원통 껍질을 만들면(그림 6.41) 이는 얇은 직사각형 판에 가까워진다. 이

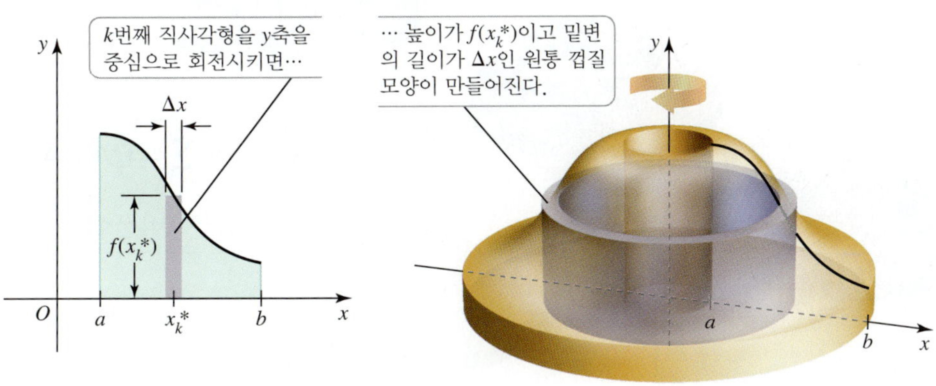

그림 6.40

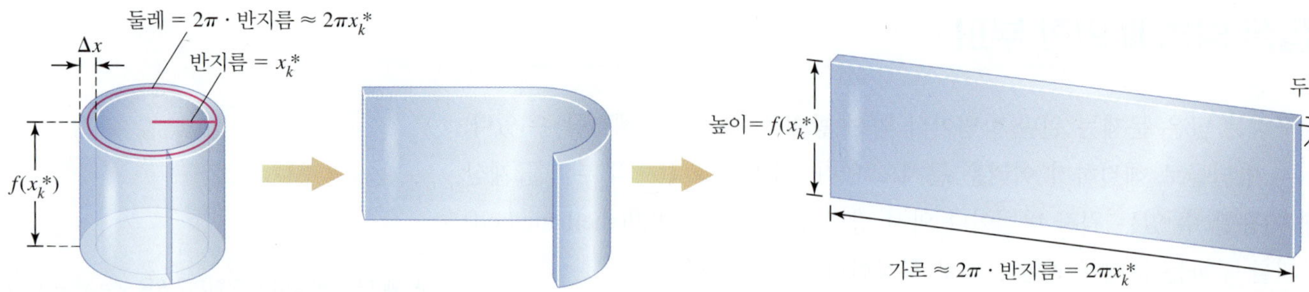

그림 6.41

판의 대략적인 가로의 길이는 반지름이 x_k^*인 원의 둘레와 같은 $2\pi x_k^*$이다. 이 판의 높이는 원래 직사각형의 높이인 $f(x_k^*)$이고 두께는 Δx이다. 그러므로 k번째 껍질의 부피는 대략적으로 다음과 같다.

$$\underbrace{2\pi x_k^*}_{\text{가로의 길이}} \cdot \underbrace{f(x_k^*)}_{\text{높이}} \cdot \underbrace{\Delta x}_{\text{두께}} = 2\pi x_k^* f(x_k^*)\Delta x$$

원통 껍질 n개의 부피를 더하면 전체 회전체 부피의 근삿값을 얻게 된다.

$$V \approx \sum_{k=1}^{n} 2\pi x_k^* f(x_k^*)\Delta x$$

n이 증가하고 Δx가 0에 가까워짐에 따라(그림 6.42) 다음과 같은 정적분으로 회전체의 정확한 부피를 얻는다.

$$V = \lim_{n\to\infty} \sum_{k=1}^{n} \underbrace{2\pi x_k^*}_{\text{껍질의 둘레}} \overbrace{f(x_k^*)}^{\text{껍질의 높이}} \underbrace{\Delta x}_{\text{껍질의 두께}} = \int_a^b 2\pi x f(x)\, dx$$

➤ 이 공식을 외우기보다는 각 인수의 의미를 생각해 보자. 원통 껍질 하나에서 $f(x)$는 높이, $2\pi x$는 원통 둘레, dx는 두께를 의미한다. 그러므로 $2\pi x\ f(x)\ dx$는 각 껍질의 부피를 나타내고, $x = a$부터 $x = b$까지 부피를 더한다. 껍질 방법을 위한 피적분함수는 반지름이 x인 껍질의 겉넓이를 나타내는 함수 $A(x)(a \le x \le b)$이다.

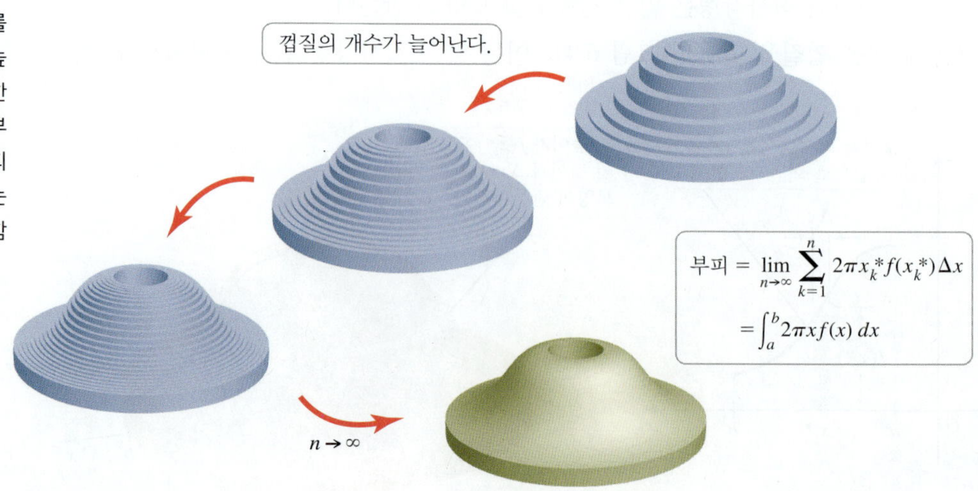

그림 6.42

예제를 살펴보기 전에 원판 방법에서 했던 것처럼 껍질 방법을 일반화한다. 영역 R을 두 곡선 $y=f(x)$와 $y=g(x)$로 둘러싸인 영역이라 하자. 이때 $[a, b]$에서 $f(x) \geq g(x)$이다(그림 6.43). 영역 R을 y축을 중심으로 회전시킬 때 만들어지는 회전체의 부피는 얼마일까?

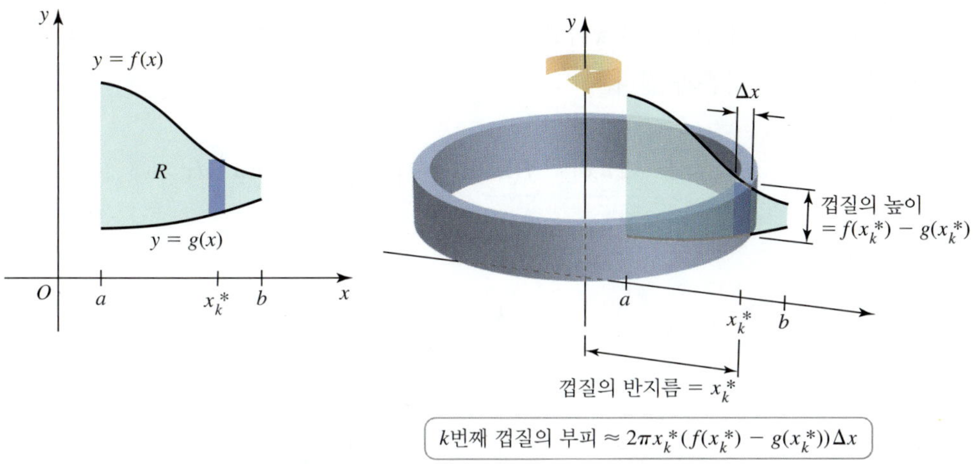

그림 6.43

이 상황은 방금 고려한 경우와 유사하다. 일반적인 영역 R에서 원통 껍질을 벗겨내면 k번째 껍질의 높이는 $f(x_k^*) - g(x_k^*)$가 된다. 여기서 $k = 1, \cdots, n$이다. 앞에서와 마찬가지로 k번째 껍질의 반지름 x_k^*를 얻으며, 이는 k번째 껍질의 대략적인 부피가 $2\pi x_k^*(f(x_k^*) - g(x_k^*))\Delta x$임을 의미한다(그림 6.43). 모든 원통 껍질의 부피를 더하면 전체 회전체 부피의 근삿값을 얻는다.

$$V \approx \sum_{k=1}^{n} \underbrace{2\pi x_k^*}_{\text{껍질의 둘레}} \cdot \underbrace{(f(x_k^*) - g(x_k^*))}_{\text{껍질의 높이}}\Delta x$$

$n \to \infty$($\Delta x \to 0$을 의미)인 극한을 취하면 다음과 같이 회전체의 정확한 부피는 정적분으로 표현된다.

$$V = \lim_{n\to\infty} \sum_{k=1}^{n} 2\pi x_k^*(f(x_k^*) - g(x_k^*))\Delta x = \int_a^b 2\pi x(f(x) - g(x))\, dx$$

이제 껍질 방법에 대한 공식을 얻는다.

껍질 방법에 의한 부피

f와 g가 $[a, b]$에서 $f(x) \geq g(x)$인 연속함수이고 R을 두 곡선 $y=f(x)$, $y=g(x)$와 두 직선 $x=a$, $x=b$로 둘러싸인 영역이라 하자. 영역 R을 y축을 중심으로 회전시켜 얻은 회전체의 부피는 다음과 같다.

$$V = \int_a^b \underbrace{2\pi x}_{\text{껍질의 둘레}} \underbrace{(f(x) - g(x))}_{\text{껍질의 높이}}\, dx$$

➤ 영역 R을 x축을 중심으로 회전시킬 때, 껍질 방법과 유사한 공식은 x와 y의 역할을 바꾸어 얻을 수 있다.

$$V = \int_c^d 2\pi y(p(y) - q(y))\, dy$$

이제 R을 두 곡선 $x=p(y)$, $x=q(y)$로 둘러싸인 영역이라 가정하자. 이때 $[c, d]$에서 $p(y) \geq q(y)$이다.

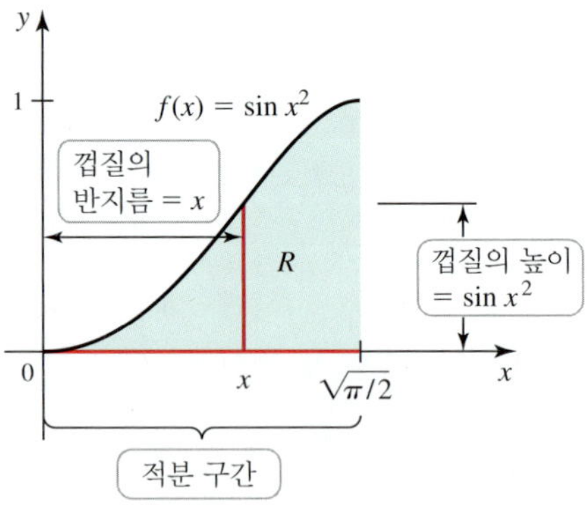

그림 6.44

| 예제 1 | **사인 함수 그릇** R을 곡선 $f(x) = \sin x^2$ 및 x축과 직선 $x = \sqrt{\pi/2}$로 둘러싸인 영역이라 하자(그림 6.44). 영역 R을 y축을 중심으로 회전시킬 때 만들어지는 회전체의 부피를 구하여라.

풀이 R을 y축을 중심으로 회전시키면 그릇 모양의 영역이 된다(그림 6.45). 일반적인 원통 껍질의 반지름은 x이고 높이는 $f(x) = \sin x^2$이다. 그러므로 껍질 방법에 의한 부피는 다음과 같다.

$$V = \int_a^b \underbrace{2\pi x}_{\text{껍질의 둘레}} \cdot \underbrace{f(x)}_{\text{껍질의 높이}}\, dx = \int_0^{\sqrt{\pi/2}} 2\pi x \sin x^2\, dx$$

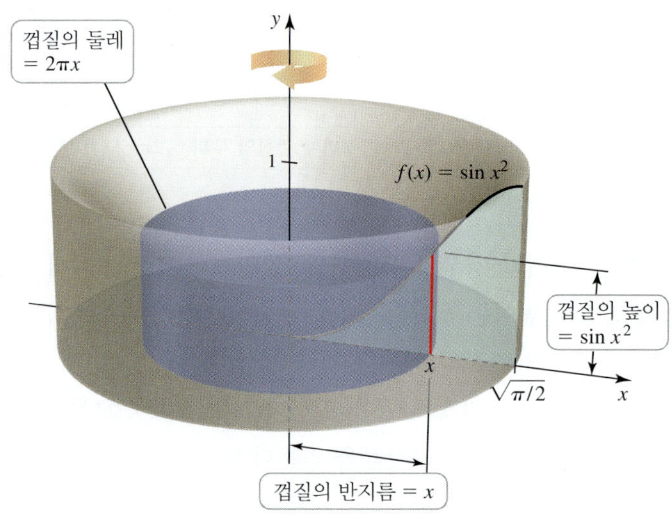

그림 6.45

➤ 껍질 방법으로 부피를 계산할 때, xy평면에 영역 R을 그린 후 일반적인 껍질을 생성하는 영역을 통해 한 조각을 그리는 것이 가장 좋다.

이제 $u = x^2$으로 치환하면 $du = 2x\,dx$이고 하한 $x = 0$은 $u = 0$, 상한 $x = \sqrt{\pi/2}$는 $u = \pi/2$가 된다. 즉, 회전체의 부피는 다음과 같다.

$$V = \int_0^{\sqrt{\pi/2}} \underbrace{2\pi x}_{\text{껍질의 둘레}} \cdot \underbrace{\sin x^2}_{\text{껍질의 높이}}\, dx = \pi \int_0^{\pi/2} \sin u\, du \qquad u = x^2,\ du = 2x\,dx$$

$$= \pi(-\cos u)\Big|_0^{\pi/2} \qquad \text{미적분학의 기본 정리}$$

$$= \pi(0 - (-1)) = \pi \qquad \text{간단히 하기}$$

관련 연습문제 9번 ◀

QUICK CHECK 1 x축과 직선 $y = 2x$, 직선 $x = 1$로 둘러싸인 삼각형을 y축을 중심으로 회전시킬 때, 이 회전체의 부피를 껍질 방법으로 구한 것과 동일한 결과를 갖는 적분으로 제시하여라. ◀

| 예제 2 | **x축에 관한 껍질 방법** R을 곡선 $y = \sqrt{x-2}$와 직선 $y = 2$로 둘러싸인 제1사분면 영역이라 하자. 영역 R을 x축을 중심으로 회전시킬 때 만들어지는 회전체의 부피를 구하여라.

풀이 x축에 관한 회전은 껍질 방법에서 적분이 y와 관계된다. 일반적인 껍질은 x축과 평행하고 반지름은 $y\,(0 \le y \le 2)$이다. 껍질은 y축에서부터 곡선 $y = \sqrt{x-2}$를 따라 펼쳐진다(그림 6.46). $y = \sqrt{x-2}$를 x에 관하여 정리하면 $x = y^2 + 2$를 얻는데, 이는 점 y에서 껍질의 높이가 된다(그림 6.47). y에 관하여 적분하면 다음 회전체의 부피를 얻는다.

$$V = \int_0^2 \underbrace{2\pi y}_{\text{껍질의 둘레}} \cdot \underbrace{(y^2 + 2)}_{\text{껍질의 높이}}\, dy = 2\pi \int_0^2 (y^3 + 2y)\, dy = 16\pi$$

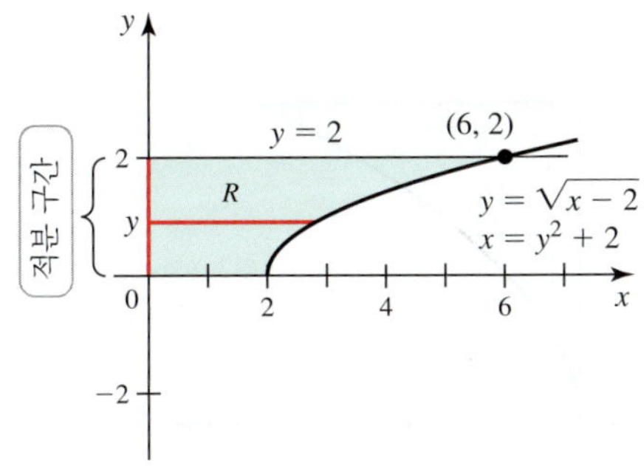

그림 6.46

▶ 예제 2에서 원판 방법이나 와셔 방법을 이용하여 부피를 계산할 수 있지만 이 접근 방법은 영역을 두 영역으로 나누어야 한다는 것에 주의해야 한다. 더 좋은 방법은 껍질 방법을 이용하여 y축을 따라 적분하는 것이다

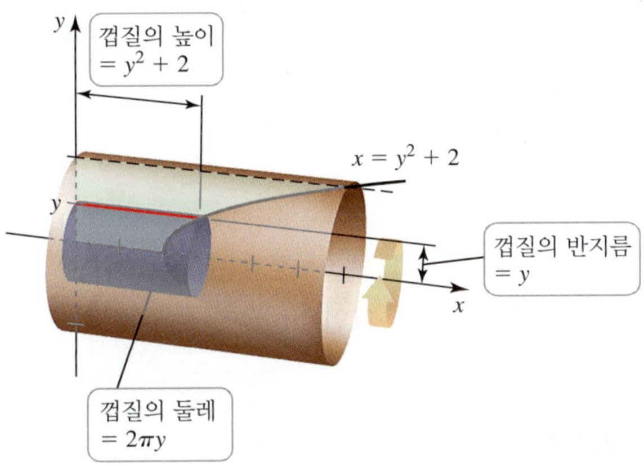

그림 6.47

관련 연습문제 7, 11번 ◀

| 예제 3 | 뚫려 있는 구의 부피 반지름이 $r\,(0 \le r \le a)$인 원통형 구멍에 의해 반지름이 a인 구가 중심에서 대칭적으로 뚫려 있다. 남아 있는 부분의 부피는 얼마인가?

풀이 y축을 원통형 구멍의 축과 일치하도록 택한다. R을 xy평면에서 위로는 반지름이 a인 상반원인 $f(x) = \sqrt{a^2 - x^2}$, 아래로는 반지름이 a인 하반원인 $g(x) = -\sqrt{a^2 - x^2}$으로 둘러싸인 영역이라 하자(그림 6.48(a)). 조각들을 $x = r$부터 $x = a$까지 x축에 수직인 방향으로 택하면 조각 하나가 y축을 중심으로 회전되

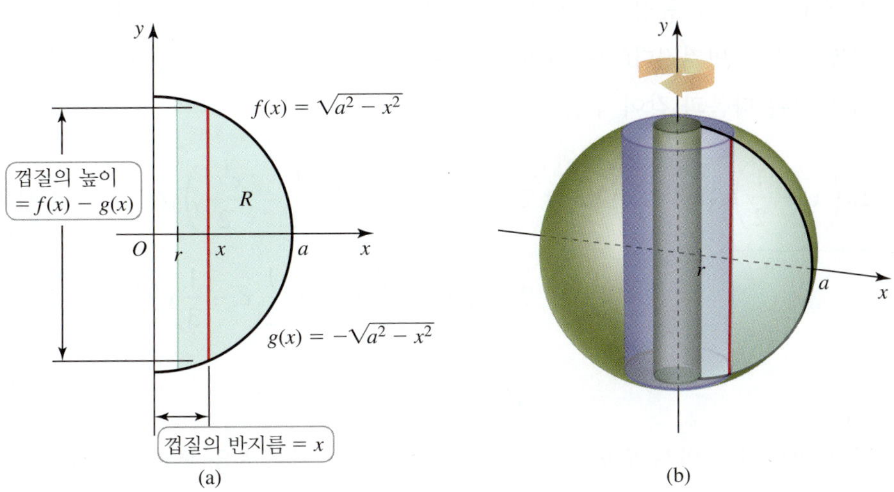

그림 6.48

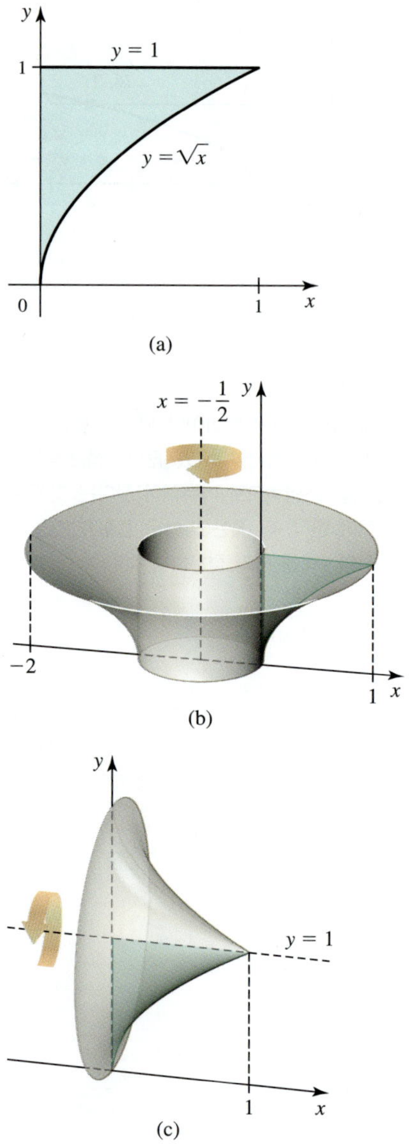

그림 6.49

➤ y축($x = 0$)을 중심으로 회전시키면 껍질의 반지름은 x가 될 것이다. 이 경우 직선 $x = -\frac{1}{2}$을 중심으로 회전시키므로 껍질의 반지름은 $x + \frac{1}{2}$이다.

며 구의 중심을 관통하는 원통 껍질이 벗겨진다(그림 6.48(b)). 일반적인 껍질의 반지름은 x이고 높이는 $f(x) - g(x) = 2\sqrt{a^2 - x^2}$ 이다. 그러므로 구에서 남아 있는 부분의 부피는 다음과 같다.

$$\begin{aligned} V &= \int_r^a \underbrace{2\pi x}_{\text{껍질의 둘레}}\underbrace{(2\sqrt{a^2 - x^2})}_{\text{껍질의 높이}}\,dx \\ &= -2\pi\int_{a^2-r^2}^{0} \sqrt{u}\,du \qquad u = a^2 - x^2,\ du = -2x\,dx \\ &= 2\pi\left(\frac{2}{3}u^{3/2}\right)\Bigg|_0^{a^2-r^2} \qquad \text{미적분학의 기본 정리} \\ &= \frac{4\pi}{3}(a^2 - r^2)^{3/2} \qquad \text{간단히 하기} \end{aligned}$$

특별한 경우를 확인하여 결과를 검증해 보자. $r = a$인 경우(구멍의 반지름이 구의 반지름과 같은 경우) 계산값은 0이므로 이 결과는 옳다. $r = 0$인 경우(구에 구멍이 없는 경우) 계산값은 정확한 구의 부피인 $\frac{4}{3}\pi a^3$이다.

관련 연습문제 34번 ◀

| 예제 4 | 다른 직선에 관한 회전 R을 곡선 $y = \sqrt{x}$, 직선 $y = 1$과 x축으로 둘러싸인 영역이라 하자(그림 6.49(a)).

a. 껍질 방법을 이용하여 R을 직선 $x = -\frac{1}{2}$을 중심으로 회전시킬 때 만들어지는 회전체의 부피를 구하여라(그림 6.49(b)).

b. 원판 방법이나 와셔 방법을 이용하여 R을 직선 $y = 1$을 중심으로 회전시킬 때 만들어지는 회전체의 부피를 구하여라(그림 6.49(c)).

풀이

a. 껍질 방법으로 y축과 평행하도록 영역 R을 통과하는 조각을 상상해 보자. 점 x에서 R을 통과하는 일반적인 조각의 높이는 $1 - \sqrt{x}$ $(0 \le x \le 1)$이다. 조각을 직선 $x = -\frac{1}{2}$을 중심으로 회전시키면 반지름이 $x + \frac{1}{2}$이고 높이가 $1 - \sqrt{x}$ 인 원통 껍질이 벗겨진다(그림 6.50). 표준화된 껍질 방법을 약간 변형하면 회전체의 부피는 다음과 같이 구할 수 있다.

$$\begin{aligned} \int_0^1 \underbrace{2\pi\left(x + \frac{1}{2}\right)}_{\text{껍질의 둘레}}\underbrace{(1 - \sqrt{x})}_{\text{껍질의 높이}}\,dx &= 2\pi\int_0^1\left(x - x^{3/2} + \frac{1}{2} - \frac{x^{1/2}}{2}\right)dx \qquad \text{피적분함수 전개하기} \\ &= 2\pi\left(\frac{1}{2}x^2 - \frac{2}{5}x^{5/2} + \frac{1}{2}x - \frac{1}{3}x^{3/2}\right)\Bigg|_0^1 \qquad \text{적분 계산하기} \\ &= \frac{8\pi}{15} \end{aligned}$$

b. 원판 방법이나 와셔 방법으로 y축과 평행하도록 영역 R을 통과하는 조각들을 선택한다. 점 $x(0 \le x \le 1)$에서 일반적인 조각을 생각하자. $y = 1$에서 측정되

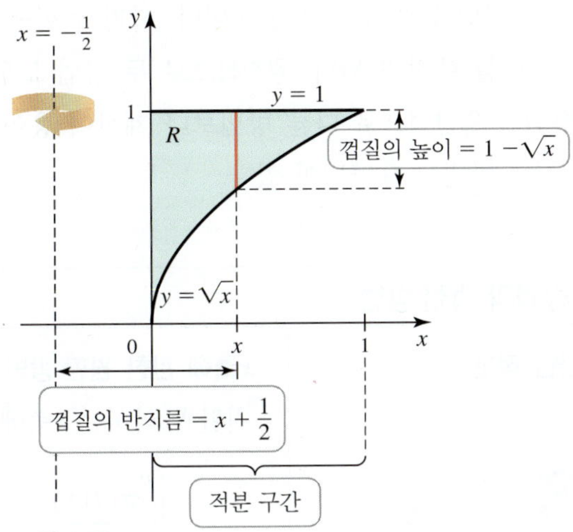

그림 6.50

는 거리는 $1 - \sqrt{x}$ 이므로 조각을 직선 $y = 1$을 중심으로 회전시키면 반지름이 $1 - \sqrt{x}$ 인 원판이 만들어진다(그림 6.51). 원판 방법이나 와셔 방법에 의해 회전체의 부피는 다음과 같다.

$$\int_0^1 \pi \underbrace{(1 - \sqrt{x})}_{\text{원판의 반지름}}{}^2\, dx = \pi \int_0^1 (1 - 2\sqrt{x} + x)\, dx \quad \text{피적분함수 전개하기}$$

$$= \pi\left(x - \frac{4}{3}x^{3/2} + \frac{1}{2}x^2\right)\Big|_0^1 \quad \text{적분 계산하기}$$

$$= \frac{\pi}{6}$$

➤ 원판 방법이나 와셔 방법은 **a**에서도 사용 가능하고, 껍질 방법은 **b**에서도 사용 가능하다.

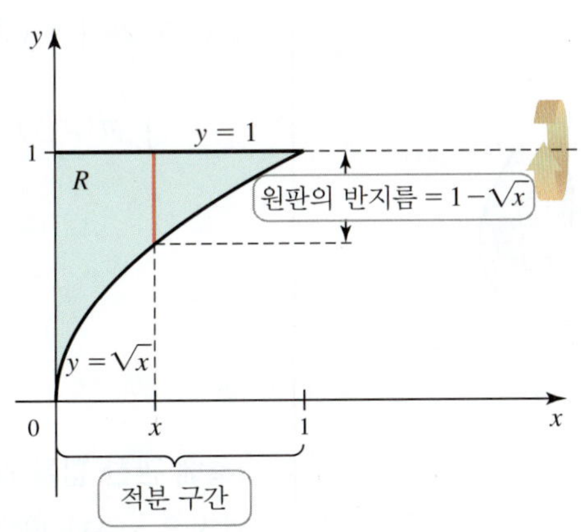

그림 6.51

관련 연습문제 19번 ➤

QUICK CHECK 2 예제 4b에서 R을 직선 $y = -5$를 중심으로 회전시키는 경우, 부피를 계산하는 적분을 나타내어라. ➤

순서 복원

조각 방법, 원판 방법, 와셔 방법, 껍질 방법 등으로 작업하다 보면 여러분은 다소 압도당하는 느낌이 들 수도 있다. 어떤 방법을 선택해야 하며, 가장 좋은 방법은 무엇일까?

원판 방법은 와셔 방법의 특별한 경우일 뿐이다. 따라서 회전체의 경우 와셔 방법과 껍질 방법 중 하나를 택하면 된다. 원칙적으로 두 방법 모두 사용할 수 있다. 실제로 둘 중 한 방법은 일반적으로 다른 방법보다 계산이 용이한 적분을 만들어 준다. 다음 표에 이러한 방법이 요약되어 있다.

요약 원판/와셔 방법과 껍질 방법

x에 관한 적분

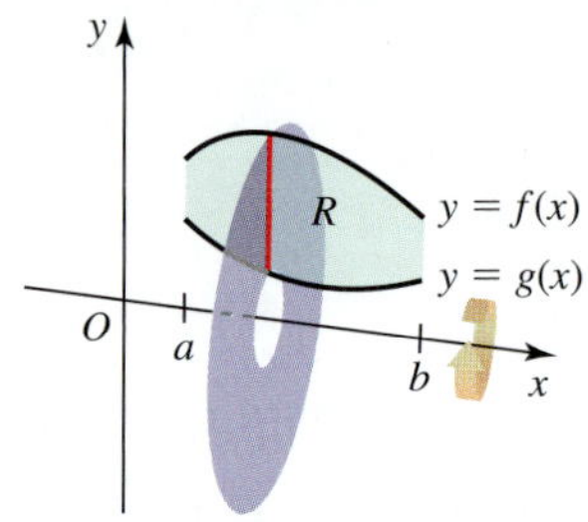

x축에 관한 원판 방법/와셔 방법

원판과 와셔는 x축에 수직이다.

$$\int_a^b \pi(\underbrace{f(x)}_{\text{바깥쪽 반지름}}{}^2 - \underbrace{g(x)}_{\text{안쪽 반지름}}{}^2)\, dx$$

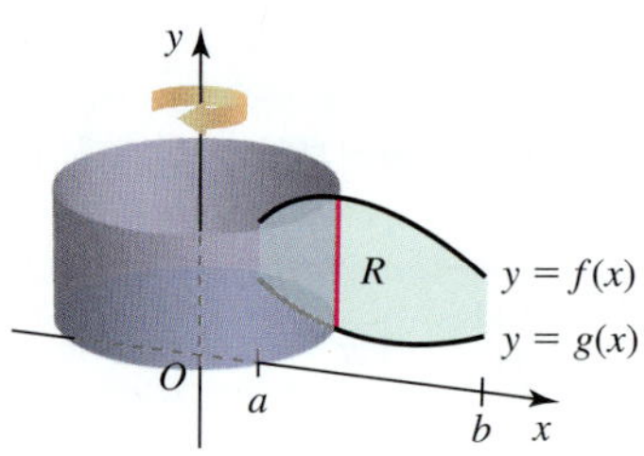

y축에 관한 껍질 방법

껍질은 y축과 평행하다.

$$\int_a^b \underbrace{2\pi x}_{\text{껍질의 둘레}}\underbrace{(f(x) - g(x))}_{\text{껍질의 높이}}\, dx$$

y에 관한 적분

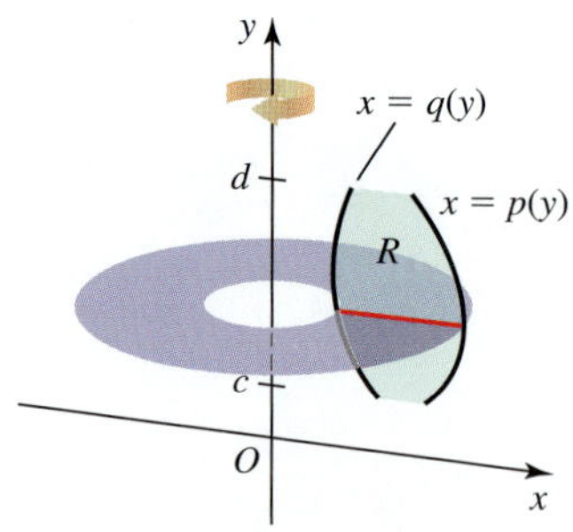

y축에 관한 원판 방법/와셔 방법

원판과 와셔는 y축에 수직이다.

$$\int_c^d \pi(\underbrace{p(y)}_{\text{바깥쪽 반지름}}{}^2 - \underbrace{q(y)}_{\text{안쪽 반지름}}{}^2)\, dy$$

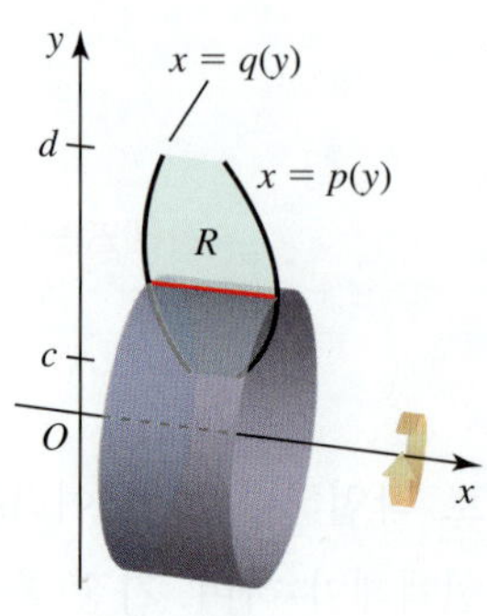

x축에 관한 껍질 방법

껍질은 x축과 평행하다.

$$\int_c^d \underbrace{2\pi y}_{\text{껍질의 둘레}}\underbrace{(p(y) - q(y))}_{\text{껍질의 높이}}\, dy$$

다음 예제는 두 방법을 동일한 문제에 사용할 수 있고, 그 중 한 방법이 더 좋을 수 있음을 보여 준다.

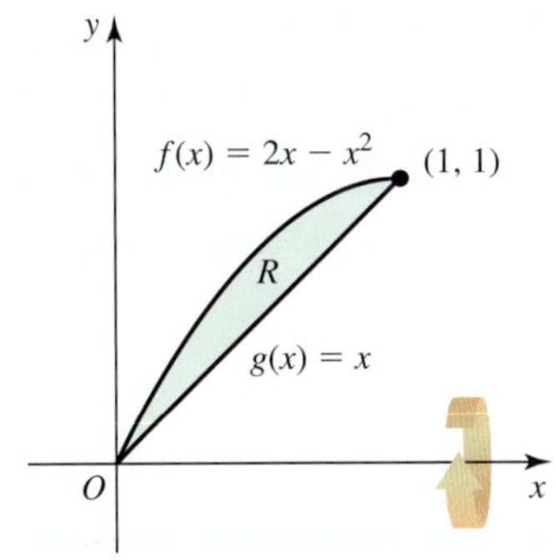

그림 6.52

| 예제 5 | 어느 방법으로 부피를 계산할까? 영역 R을 구간 [0, 1]에서 두 곡선 $f(x) = 2x - x^2$, $g(x) = x$로 둘러싸인 영역이라 하자(그림 6.52). 와셔 방법과 껍질 방법을 이용하여 R을 x축을 중심으로 회전시킬 때 만들어지는 회전체의 부피를 계산하여라.

풀이 $f(x) = g(x)$를 계산하면 두 곡선이 두 점 (0, 0)과 (1, 1)에서 만난다는 것을 알 수 있다. 와셔 방법을 이용하면 위로 유계된 곡선은 f의 그래프이고 아래로 유계된 곡선은 g의 그래프이다. 일반적인 와셔는 x축에 수직이다(그림 6.53). 그러므로 부피는 다음과 같다.

$$V = \int_0^1 \pi(\underbrace{(2x - x^2)^2}_{\text{바깥쪽 반지름}} - \underbrace{x^2}_{\text{안쪽 반지름}})\, dx \qquad \text{와셔 방법}$$

$$= \pi \int_0^1 (x^4 - 4x^3 + 3x^2)\, dx \qquad \text{피적분함수 전개하기}$$

$$= \pi \left(\frac{x^5}{5} - x^4 + x^3\right)\bigg|_0^1 = \frac{\pi}{5} \qquad \text{적분 계산하기}$$

껍질 방법은 유계인 곡선을 오른쪽 부분 $x = p(y)$와 왼쪽 부분 $x = q(y)$로 표현할 필요가 있다. 이 경우 오른쪽 곡선은 $x = y$이다. $y = 2x - x^2$을 x에 관하여 풀면 왼쪽 곡선을 나타내는 방정식이 $x = 1 - \sqrt{1 - y}$ 임을 알 수 있다. 일반적인 껍질은 x축과 평행하다(그림 6.54). 그러므로 부피는 다음과 같다.

➤ $y = 2x - x^2$을 x에 관하여 풀려면 $x^2 - 2x + y = 0$으로 쓰고 제곱식을 완성하거나 이차방정식의 근의 공식을 사용하면 된다.

$$V = \int_0^1 \underbrace{2\pi y}_{\text{껍질의 둘레}} \underbrace{(y - (1 - \sqrt{1 - y}))}_{\text{껍질의 높이}}\, dy$$

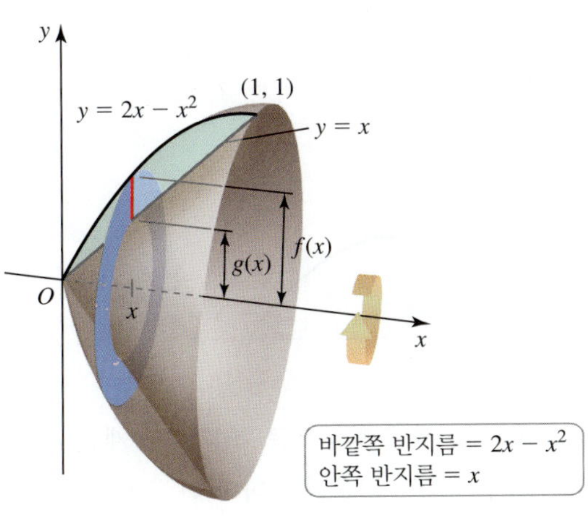

그림 6.53

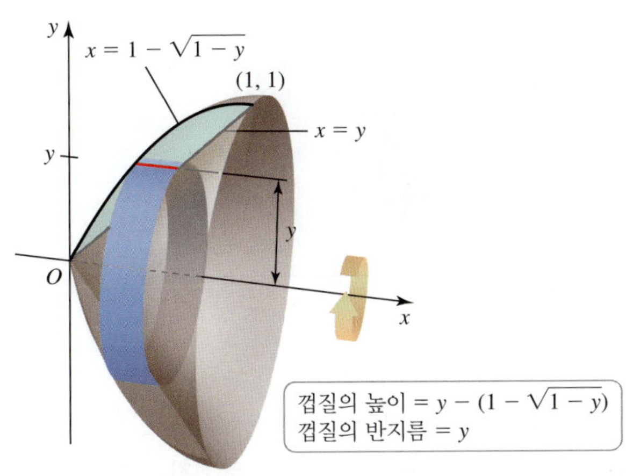

그림 6.54

QUICK CHECK 3 예제 5에서 영역을 y축을 중심으로 회전시키는 경우를 가정하자. 어느 방법(와셔 방법과 껍질 방법)이 더 쉬운 적분 과정을 유도하는가? ◀

이 적분 값은 $\frac{\pi}{5}$이지만 풀이 과정은 와셔 방법으로 계산하는 것보다 어렵다. 물론 껍질 방법이 다른 문제에는 더 나은 방법일 수 있다.

관련 연습문제 27번 ◀

6.4절 연습문제

1단계 스타트

1. f와 g를 구간 $[a, b]$에서 $f(x) \geq g(x) \geq 0$인 연속함수라 하자. 두 곡선 f, g와 두 직선 $x = a$, $x = b$로 둘러싸인 영역을 y축을 중심으로 회전시킨다. 회전 결과로 생기는 회전체의 부피를 껍질 방법에 의한 적분으로 나타내어라.

2. 다음 빈 곳을 채워라. 영역 R을 x축을 중심으로 회전시킨다. 회전 결과로 생기는 회전체의 부피는 (이론적으로) ______에 따라 적분하는 원판 방법이나 와셔 방법을 사용하거나 ______에 따라 적분하는 껍질 방법을 사용하여 얻을 수 있다.

3. R을 위로는 곡선 $y = 2 - x^2$으로 유계이고 아래로는 직선 $y = x$로 유계인 제1사분면 영역이라 하자. R을 y축을 중심으로 회전시킬 때 만들어지는 회전체의 부피를 껍질 방법을 이용하여 계산한다고 하자.

a. $[0, 2]$의 점 x에서 원통 껍질의 반지름은 무엇인가?

b. $[0, 2]$의 점 x에서 원통 껍질의 높이는 무엇인가?

c. 껍질 방법을 이용하여 회전체의 부피를 구하는 적분을 적어라.

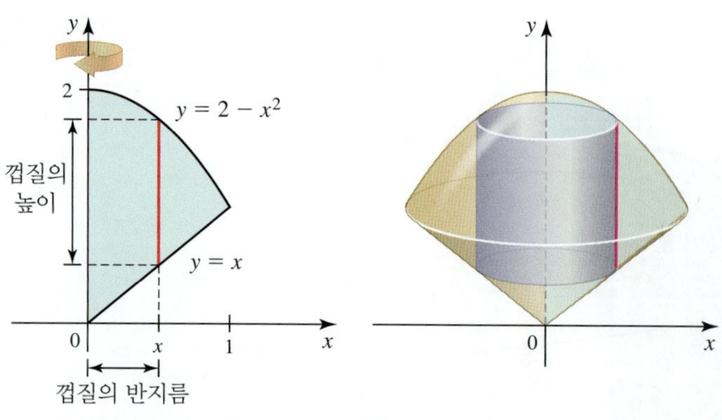

4. R을 곡선 $y = 2 - \sqrt{x}$와 두 직선 $y = 2$, $x = 4$로 둘러싸인 제1사분면 영역이라 하자. R을 직선 $y = 2$를 중심으로 회전시킬 때 만들어지는 회전체의 부피를 껍질 방법을 이용하여 계산한다고 하자.

a. $[0, 2]$에서 점 y에서 원통 껍질의 반지름은 무엇인가?

b. $[0, 2]$에서 점 y에서 원통 껍질의 높이는 무엇인가?

c. 껍질 방법을 이용하여 회전체의 부피를 구하는 적분을 적어라.

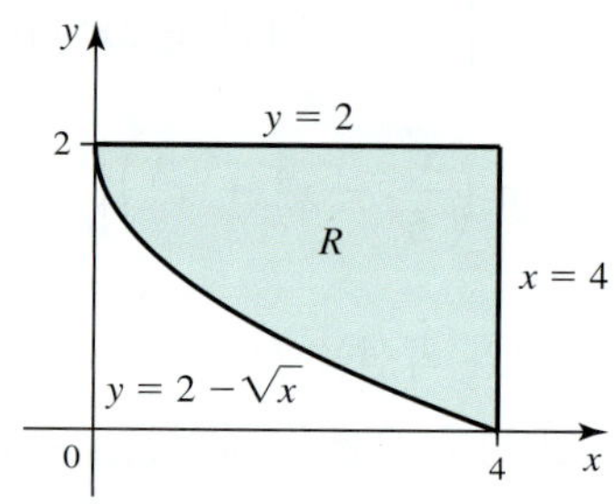

2단계 실전

5–17. 껍질 방법 R을 다음 곡선들로 둘러싸인 영역이라 하자. R을 주어진 축을 중심으로 회전할 때 생기는 회전체의 부피를 껍질 방법으로 구하여라.

5. $y = x - x^2$, $y = 0$, y축을 중심으로 회전

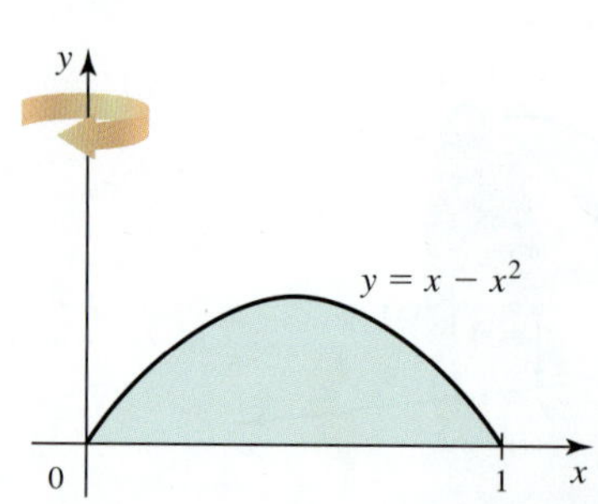

6. $y = 3x$, $y = 3$, $x = 0$, y축을 중심으로 회전(적분 계산 후 원뿔의 부피 공식을 이용하여 답을 확인하여라)

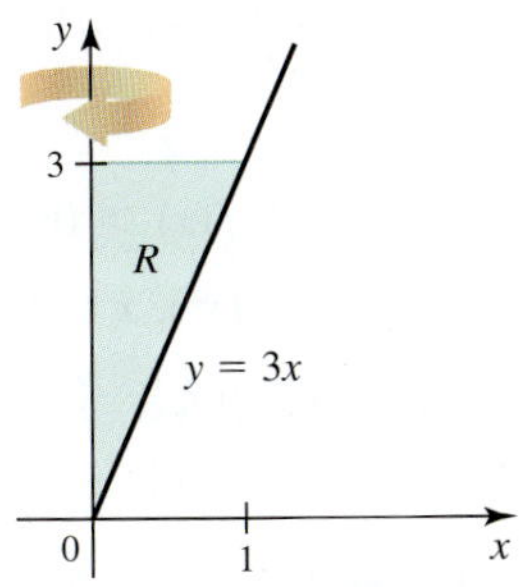

7. $y = \sqrt{x}$, $y = 0$, $x = 4$, x축을 중심으로 회전

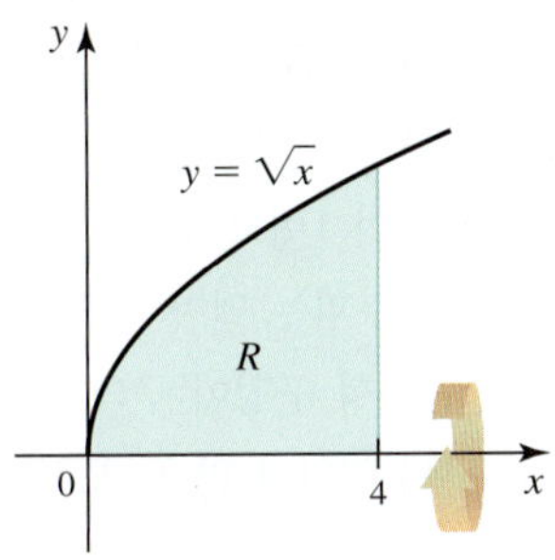

8. $y = 4 - x$, $y = 2$, $x = 0$, x축을 중심으로 회전

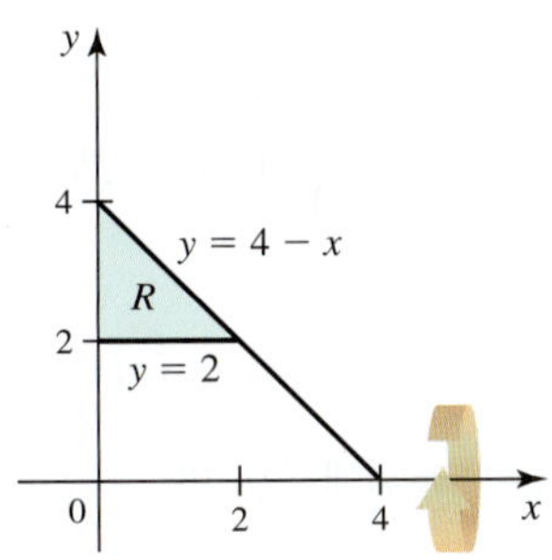

9. $y = \cos x^2$, $y = 0$(단, $0 \le x \le \sqrt{\pi/2}$), y축을 중심으로 회전

10. $y = 1 - x^2$, $x = 0$, $y = 0$(제1사분면 영역), y축을 중심으로 회전

11. $x = y^2$, $x = 0$, $y = 3$, x축을 중심으로 회전

12. $y = x$, $y = 2 - x$, $y = 0$, x축을 중심으로 회전

13. $y = \dfrac{1}{(x^2+1)^2}$, $y = 0$, $x = 1$, $x = 2$, y축을 중심으로 회전

14. $y = 2x^{-3/2}$, $y = 2$, $y = 16$, $x = 0$, x축을 중심으로 회전

15. $y = \dfrac{e^x}{x}$, $y = 0$, $x = 1$, $x = 2$, y축을 중심으로 회전

16. $y = \sqrt{\cos^{-1} x}$ (제1사분면 영역), x축을 중심으로 회전

17. $y = x^3 - x^8 + 1$, $y = 1$, y축을 중심으로 회전

18–19. 껍질 방법과 와셔 방법 R을 다음 곡선들로 둘러싸인 영역이라 하자. R을 주어진 축을 중심으로 회전시킬 때 생기는 회전체의 부피를 껍질 방법과 와셔 방법으로 구하여라.

18. $y = x$, $y = x^{1/3}$(제1사분면 영역), x축을 중심으로 회전

19. $y = (x-2)^3 - 2$, $x = 0$, $y = 25$, y축을 중심으로 회전

20–22. 다른 직선에 관한 껍질 방법 R을 $y = x^2$과 $x = 1$, $y = 0$으로 둘러싸인 영역이라 하자. R을 다음 축을 중심으로 회전시킬 때 만들어지는 회전체의 부피를 껍질 방법으로 각각 구하여라.

20. $x = -2$ **21.** $x = 2$ **22.** $y = -2$

23–24. 다른 직선에 관한 껍질 방법과 와셔 방법 $y = x^2$과 $y = 1$, $x = 0$으로 둘러싸인 제1사분면의 영역을 다음 축을 중심으로 회전시킬 때 만들어지는 회전체의 부피를 껍질 방법과 와셔 방법을 이용하여 각각 구하여라.

23. $y = -2$ **24.** $y = 6$

25. 구의 부피 R을 원 $x^2 + y^2 = r^2$의 윗부분과 x축으로 둘러싸인 영역이라 하자. 반지름이 r인 구는 x축을 중심으로 R을 회전시킬 때 생긴다.

a. 껍질 방법을 이용하여 반지름이 r인 구의 부피가 $\frac{4}{3}\pi r^3$임을 증명하여라.

b. 원판 방법을 이용하여 **a**를 반복하여라.

26. 원환체(도넛) 한 원환체는 중심이 (3, 0)이고 반지름이 2인 원을 y축을 중심으로 회전시킬 때 만들어진다.

a. 껍질 방법을 이용하여 원환체의 부피를 계산하기 위한 적분을 적어라.

b. 와셔 방법을 이용하여 원환체의 부피를 계산하기 위한 적분을 적어라.

c. **a**와 **b**에서 얻은 두 가지 적분 중 하나를 계산하여 원환체의 부피를 구하여라(힌트: 두 가지 적분은 미적분학의 기본 정리를 사용하지 않고 계산 가능하다).

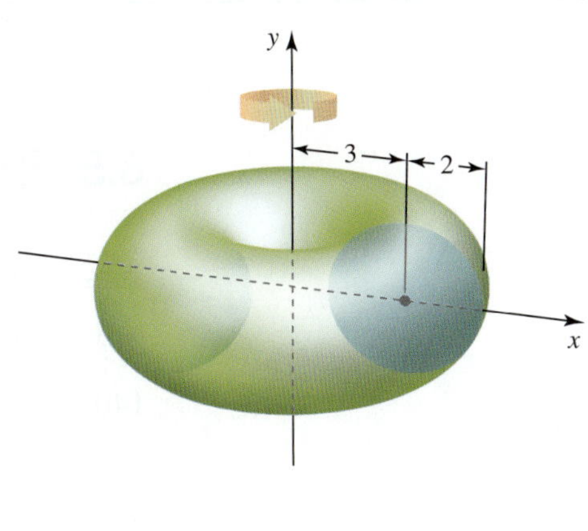

27–31. 방법의 선택 R을 다음 곡선들로 둘러싸인 영역이라 하자. R을 주어진 축을 중심으로 회전시킬 때 생기는 회전체의 부피를 선택한 방법을 이용하여 구하여라.

27. $y = x - x^4$, $y = 0$, x축을 중심으로 회전

28. $y = x^2$, $y = 2 - x^2$, x축을 중심을 회전

29. $y = x$, $y = 2x + 2$, $x = 2$, $x = 6$, y축을 중심으로 회전

30. $y = \sqrt{\ln x}$, $y = \sqrt{\ln x^2}$, $y = 1$, x축을 중심으로 회전

31. $y = x^2$, $y = 2 - x$, $x = 0$(제1사분면 영역), y축을 중심으로 회전

32. 참 또는 거짓 다음 명제가 참이면 증명하고 거짓이면 반례를 들어라.

a. 껍질 방법을 이용할 때, 원통 껍질의 축은 회전하는 축과 평행하다.

b. 영역을 y축을 중심으로 회전시킨다면 껍질 방법을 이용해야 한다.

c. 영역을 x축을 중심으로 회전시킨다면 이론적으로 원판 방법과 와셔 방법을 이용하여 x에 관하여 적분하거나 껍질 방법을 이용하여 y에 관하여 적분하는 것이 가능하다.

3단계 도전

33–34. 껍질 방법 껍질 방법으로 다음 회전체의 부피를 구하여라.

33. 반지름이 3이고 높이가 8인 직원뿔

34. 반지름이 6이고 높이가 9인 직원뿔을 축을 따라 반지름이 3인 구멍을 대칭적으로 뚫었을 때 생기는 입체

35. 같은 부피 R을 곡선 $y = ax^2 + 1\,(a \geq -1)$과 세 직선 $y = 0$, $x = 0$, $x = 1$로 둘러싸인 영역이고, S_1과 S_2를 각각 R을 x축과 y축을 중심으로 회전시킬 때 만들어지는 입체라 하자.

a. S_1과 S_2의 부피 V_1과 V_2를 a에 관한 함수로 나타내어라.

b. $V_1(a) = V_2(a)$을 만족하기 위한 $a\,(a \geq -1)$의 값은 얼마인가?

36. 변수 변환 모든 x에 대하여 $f(x) > 0$이고 $\int_0^4 f(x)\,dx = 10$이고, R을 두 좌표축과 $y = f(x^2)$, $x = 2$로 둘러싸인 제1사분면 영역이라 하자. 영역 R을 y축을 중심으로 회전시킬 때 만들어지는 입체의 부피를 구하여라.

37. 미적분학 없이 구하는 부피 미적분학을 사용하거나 사용하지 않고 물음에 답하여라.

a. 한 변의 길이가 r인 정육면체는 구에 내접하고, 원뿔은 직원기둥에 내접한다. 원뿔의 측면 길이(모선)는 지름과 같다. 이 원기둥의 부피는 얼마인가?

b. 정육면체는 반지름이 1이고 높이가 3인 직원뿔에 내접한다. 이 정육면체의 부피는 얼마인가?

c. 길이가 10 in인 원통형 구멍이 구의 중심을 통해 대칭적으로 뚫려 있다. 구에 얼마나 많은 재료가 남아 있는가(충분한 정보가 제공됐다)?

38. 다른 회전축 R을 구간 $[a, b]$에서 $y = f(x)$와 $y = g(x)$로 둘러싸인 영역이라 하자(단, $f(x) \geq g(x) \geq 0$).

a. R을 R 아래에 있는 수평선 $y = y_0$을 중심으로 회전시키면 만들어지는 입체의 부피가 와셔 방법에 의해 다음과 같음을 보여라.

$$V = \int_a^b \pi\left(\left(f(x) - y_0\right)^2 - \left(g(x) - y_0\right)^2\right) dx$$

b. 직선 $y = y_0$이 R 위에 있다면 위 공식은 어떻게 바뀌는가?

QUICK CHECK 정답

1. $\int_0^1 2\pi x(2x)\,dx$ **2.** $V = \int_0^1 \pi(36 - (\sqrt{x} + 5)^2)\,dx$

3. 껍질 방법이 더 쉽다. ◀

6.5 곡선의 길이

우주 정거장은 타원형 경로로 지구를 공전한다. 한 궤도에서 얼마나 멀리 이동할까? 야구의 강타자가 관중석 상단으로 홈런을 날렸고, 해설자는 공이 본루로부터 140 m만큼 떨어졌다고 주장한다. 그런데 공은 실제로 비행 경로를 따라 얼마나 멀리 이동했을까? 이러한 질문은 궤적의 길이, 보다 일반적으로는 호의 길이(arc length)를 다룬다. 살펴본 것처럼 답은 적분으로 구할 수 있다.

호의 길이 문제를 공식화하는 일반적인 두 방법이 있다. 곡선은 $y = f(x)$ 형태로 명확하게 제공되거나 매개변수로 정의될 수 있다. 이번 절에서는 첫 번째 경우를 다룬다. 매개변수 곡선과 관련된 호의 길이 문제는 11.1절에서 논의한다.

$y = f(x)$의 호의 길이

곡선 $y = f(x)$가 주어지고, 함수 f가 구간 $[a, b]$에서 연속인 1계 도함수를 갖는다고 가정하자. 목표는 점 $(a, f(a))$에서 점 $(b, f(b))$로 곡선을 따라 걸어갈 때 얼마나 걸어갈지 결정하는 것이다. 이 거리가 호의 길이이며, L로 표기한다.

그림 6.55와 같이 $[a, b]$를 길이가 $\Delta x = (b - a)/n$인 n개의 부분부간으로 나누고 $k = 1, \cdots, n$에 대하여 x_k를 k번째 부분구간의 오른쪽 끝점이라 하자.

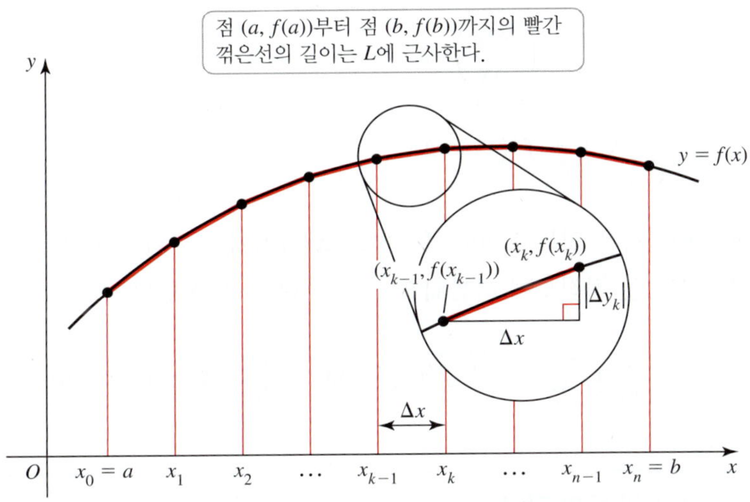

그림 6.55

곡선의 대응하는 점들을 선분으로 연결하면 n개의 선분을 갖는 꺾은선을 얻는다. n이 크고 Δx가 작을수록 꺾은선의 길이는 실제 곡선의 길이에 잘 근사한다. 전략은 꺾은선의 길이를 찾고 Δx가 0으로 수렴하는 동안 n을 증가시켜 곡선의 정확한 길이를 얻는 것이다.

➤ 일반적으로 k번째 부분구간에서 어떤 점을 택해도 좋고 Δx를 한 부분구간에서 다음 부분구간까지의 길이로 바꾸어도 좋다. 논의를 단순화하기 위해 이 경우처럼 오른쪽 끝점을 사용하여 같은 결과를 이끌어낸다.

k번째 부분구간 $[x_{k-1}, x_k]$의 두 점 $(x_{k-1}, f(x_{k-1}))$와 $(x_k, f(x_k))$를 잇는 선분을 생각해 보자. 이 두 점의 y좌표의 변화를

$$\Delta y_k = f(x_k) - f(x_{k-1})$$

로 둘 수 있다. k번째 선분은 밑변의 길이가 Δx이고 높이가 $|\Delta y_k| = |f(x_k) - f(x_{k-1})|$인 직각삼각형의 빗변이다. 각 선분의 길이는 다음과 같다.

➤ Δx가 모든 부분구간에서 동일한 반면, Δy_k는 부분구간에 의존한다는 것에 유의한다.

$$\sqrt{(\Delta x)^2 + |\Delta y_k|^2}, \quad k = 1, 2, \cdots, n$$

이러한 길이들을 합하면 다음과 같이 곡선의 길이 L의 근삿값인 꺾은선의 길이를 얻는다.

$$L \approx \sum_{k=1}^{n} \sqrt{(\Delta x)^2 + |\Delta y_k|^2}$$

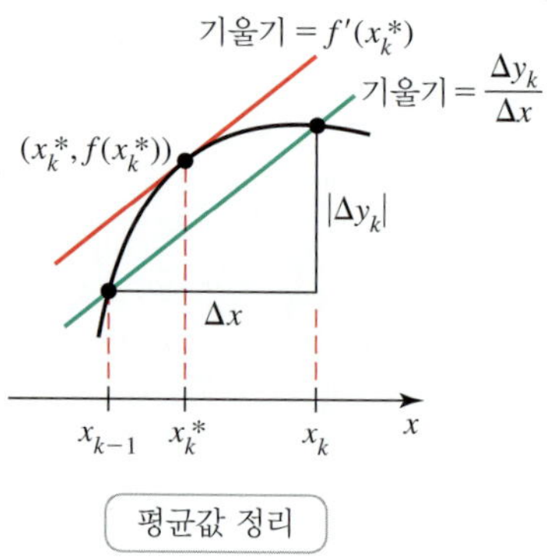

그림 6.56

이전의 적분 응용에서 이 시점에 정적분을 얻기 위해 $n \to \infty$이고 $\Delta x \to 0$인 극한을 취했었다. 그러나 이 경우 Δy_k항이 있으므로 극한을 취하기 전에 추가 단계를 거쳐야 한다. k번째 부분구간의 선분의 기울기는 $\Delta y_k/\Delta x$((y의 증가량)/(x의 증가량))임을 유의하자. 평균값 정리(그림 6.56과 4.2절 참조)에 의해 이 기울기는 k번째 부분구간의 점 x_k^*에 대한 $f'(x_k^*)$와 같다. 그러므로 다음을 얻는다.

$$\begin{aligned} L &\approx \sum_{k=1}^{n} \sqrt{(\Delta x)^2 + |\Delta y_k|^2} \\ &= \sum_{k=1}^{n} \sqrt{(\Delta x)^2\left(1 + \left(\frac{\Delta y_k}{\Delta x}\right)^2\right)} && (\Delta x)^2\text{으로 묶어내기} \\ &= \sum_{k=1}^{n} \sqrt{1 + \left(\frac{\Delta y_k}{\Delta x}\right)^2}\,\Delta x && \Delta x\text{를 제곱근 밖으로 꺼내기} \\ &= \sum_{k=1}^{n} \sqrt{1 + f'(x_k^*)^2}\,\Delta x && \text{평균값 정리} \end{aligned}$$

이제 우리는 리만합을 얻는다. n이 증가하고 Δx가 0에 가까워지면 합은 곡선의 정확한 길이이기도 한 정적분에 가까워진다. 즉, 다음을 만족한다.

$$L = \lim_{n\to\infty} \sum_{k=1}^{n} \sqrt{1 + f'(x_k^*)^2}\,\Delta x = \int_a^b \sqrt{1 + f'(x)^2}\,dx$$

➤ $1 + f'(x)^2$이 양수이면 f'이 존재하는 경우 피적분함수의 제곱근이 정의된다. $\sqrt{1 + f'(x)^2}$이 $[a, b]$에서 적분 가능하려면 f'이 연속이라는 조건이 필요하다.

정의 $y = f(x)$의 호의 길이

구간 $[a, b]$에서 연속인 1계 도함수를 갖는 함수 f에 대하여 점 $(a, f(a))$에서 점 $(b, f(b))$까지 곡선 $y = f(x)$의 길이는 다음과 같다.

$$L = \int_a^b \sqrt{1 + f'(x)^2}\,dx$$

QUICK CHECK 1 $a \geq 0$일 때, $x = 0$과 $x = a$ 사이의 직선 $y = x$의 길이를 나타내는 호의 길이 공식은 무엇인가? ◀

| 예제 1 | 호의 길이 $x = 0$과 $x = 4$ 사이의 곡선 $y = x^{3/2}$(그림 6.57)의 길이를 구하여라.

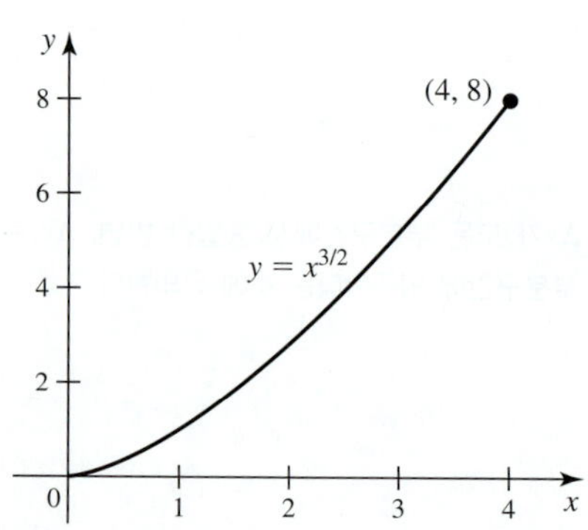

그림 6.57

풀이 구간 $[0, 4]$에서 $f'(x) = \frac{3}{2}x^{1/2}$이 연속임에 유의하자. 호의 길이 공식을 사용하면 다음을 얻는다.

$$\begin{aligned} L &= \int_a^b \sqrt{1 + f'(x)^2}\,dx = \int_0^4 \sqrt{1 + \left(\frac{3}{2}x^{1/2}\right)^2}\,dx && f'(x)\text{ 대입하기} \\ &= \int_0^4 \sqrt{1 + \frac{9}{4}x}\,dx && \text{간단히 하기} \end{aligned}$$

$$= \frac{4}{9}\int_1^{10}\sqrt{u}\,du \qquad u = 1 + \frac{9x}{4},\ du = \frac{9}{4}dx$$

$$= \frac{4}{9}\left(\frac{2}{3}u^{3/2}\right)\Big|_1^{10} \qquad \text{미적분학의 기본 정리}$$

$$= \frac{8}{27}(10^{3/2} - 1) \qquad \text{간단히 하기}$$

호의 길이는 $\frac{8}{27}(10^{3/2} - 1) \approx 9.1$이다.

관련 연습문제 6번 ◀

| 예제 2 | 지수 곡선의 호의 길이 구간 $[0, \ln 2]$에서 곡선 $f(x) = 2e^x + \frac{1}{8}e^{-x}$의 길이를 구하여라.

풀이 먼저 $f'(x) = 2e^x - \frac{1}{8}e^{-x}$과 $f'(x)^2 = 4e^{2x} - \frac{1}{2} + \frac{1}{64}e^{-2x}$을 얻는다. 구간 $[0, \ln 2]$에서 곡선의 길이는 다음과 같다.

$$L = \int_0^{\ln 2}\sqrt{1 + f'(x)^2}\,dx = \int_0^{\ln 2}\sqrt{1 + (4e^{2x} - \tfrac{1}{2} + \tfrac{1}{64}e^{-2x})}\,dx$$

$$= \int_0^{\ln 2}\sqrt{4e^{2x} + \tfrac{1}{2} + \tfrac{1}{64}e^{-2x}}\,dx \qquad \text{간단히 하기}$$

$$= \int_0^{\ln 2}\sqrt{(2e^x + \tfrac{1}{8}e^{-x})^2}\,dx \qquad \text{인수분해하기}$$

$$= \int_0^{\ln 2}(2e^x + \tfrac{1}{8}e^{-x})\,dx \qquad \text{간단히 하기}$$

$$= (2e^x - \tfrac{1}{8}e^{-x})\Big|_0^{\ln 2} = \frac{33}{16} \qquad \text{적분 계산하기}$$

◀

| 예제 3 | 원의 둘레 반지름이 a인 원의 둘레가 $2\pi a$임을 확인하여라.

풀이 중심이 $(0, 0)$이고 반지름이 a인 상반원은 $|x| \le a$에서 함수 $f(x) = \sqrt{a^2 - x^2}$으로 주어진다(그림 6.58). 따라서 반원의 호의 길이를 구하기 위해 구간 $[-a, a]$에서 호의 길이 공식을 사용해야 한다고 생각할 수 있다. 그러나 원은 $x = \pm a$에서 수직 접선을 갖고 $f'(\pm a)$는 정의되지 않으므로 호의 길이 공식을 사용할 수 없다.

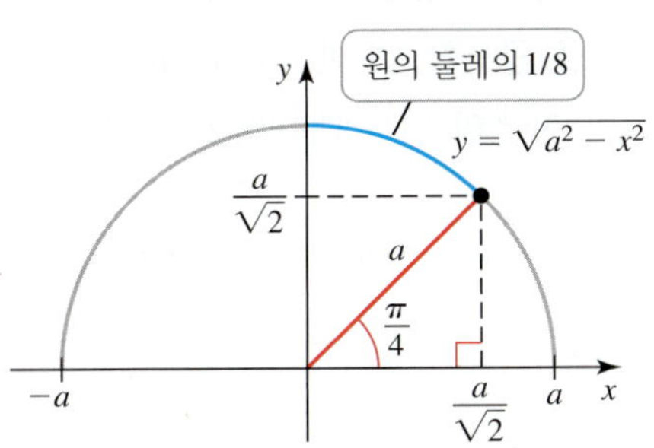

그림 6.58

다른 접근 방법은 대칭성을 이용하고 $x = \pm a$인 점은 피하는 것이다. 예를 들어 구간 $[0, a/\sqrt{2}]$에서 원의 둘레의 $\frac{1}{8}$을 계산하자(그림 6.58).

우선 구간 $[0, a/\sqrt{2}]$에서 연속인 $f(x) = -\frac{x}{\sqrt{a^2 - x^2}}$를 결정한다. 원의 둘레의 $\frac{1}{8}$은 다음과 같다.

$$\begin{aligned}
\int_0^{a/\sqrt{2}} \sqrt{1 + f'(x)^2}\, dx &= \int_0^{a/\sqrt{2}} \sqrt{1 + \left(-\frac{x}{\sqrt{a^2 - x^2}}\right)^2}\, dx \\
&= \int_0^{a/\sqrt{2}} \sqrt{\frac{a^2}{a^2 - x^2}}\, dx && \text{간단히 하기} \\
&= a\int_0^{a/\sqrt{2}} \frac{dx}{\sqrt{a^2 - x^2}} && \text{간단히 하기}(a > 0) \\
&= a \sin^{-1} \frac{x}{a}\Big|_0^{a/\sqrt{2}} && \text{적분하기} \\
&= a\left(\sin^{-1}\frac{1}{\sqrt{2}} - 0\right) && \text{계산하기} \\
&= \frac{\pi a}{4} && \text{간단히 하기}
\end{aligned}$$

▶ $[-a, a]$에서 반원의 호의 길이에 대한 적분은 8.9절에서 다루는 주제인 이상적분(improper integral)의 한 예이다.

따라서 전체 원의 둘레는 $8(\pi a/4) = 2\pi a$임을 알 수 있다.

관련 연습문제 7번 ◀

| 예제 4 | 미리보기 구간 [0, 2]에서 포물선 $f(x) = x^2$ 위의 곡선을 생각하자.

a. 곡선의 길이를 위한 적분을 적어라.

b. 계산기를 사용하여 적분을 계산하여라.

풀이

a. $f'(x) = 2x$이므로 호의 길이를 구하는 적분은 다음과 같다.

$$\int_0^2 \sqrt{1 + f'(x)^2}\, dx = \int_0^2 \sqrt{1 + 4x^2}\, dx$$

b. 지금까지의 적분 기법으로는 이 적분을 계산할 수 없다(8.4절 참조). 이는 호의 길이 적분의 전형적인 형태이다. 간단한 함수라도 해석적으로 계산하기 어려운 호의 길이 적분으로 이어질 수 있다. 해석적 방법을 쓰기 어려운 경우 수치 적분을 사용하여 정적분 값을 근사할 수 있다(8.8절). 많은 계산기에 이를 계산하는 함수가 내장돼 있다. 이 적분의 경우 대략적인 호의 길이는 다음과 같다.

$$\int_0^2 \sqrt{1 + 4x^2}\, dx \approx 4.647$$

▶ 기술에 의지할 수 있는 경우, 답이 그럴듯한지 확인해 보는 것이 좋다. 예제 4에서 [0, 2]에서 $y = x^2$의 호의 길이가 약 4.647임을 구했다. (0, 0)과 (2, 4) 사이의 직선 거리는 $\sqrt{20} \approx 4.472$이므로 구한 답은 합리적이다.

관련 연습문제 11번 ◀

$x = g(y)$의 호의 길이

때때로 곡선을 y에 관한 함수, 즉 $x = g(y)$로 표기하는 것이 낫다. 이 경우 호의 길이 공식은 $y = f(x)$에서 x와 y의 역할을 맞바꾸어 유도된다. 결과는 다음과 같은 호의 길이 공식이다.

> **정의** $x = g(y)$**의 호의 길이**
>
> 구간 $[c, d]$에서 연속인 1계 도함수를 갖는 함수 g에 대하여 점 $(g(c), c)$에서 점 $(g(d), d)$까지 곡선 $x = g(y)$의 길이는 다음과 같다.
>
> $$L = \int_c^d \sqrt{1 + g'(y)^2}\, dy$$

QUICK CHECK 2 $d \geq c$일 때, $y = c$와 $y = d$ 사이의 직선 $x = y$의 길이를 나타내는 호의 길이 공식은 무엇인가? 이는 피타고라스 정리에 의한 결과와 일치하는가? ◀

| 예제 5 | **호의 길이** $x = 0$과 $x = 8$ 사이의 곡선 $y = f(x) = x^{2/3}$의 길이를 구하여라(그림 6.59).

풀이 $f(x) = x^{2/3}$의 도함수는 $f'(x) = \frac{2}{3}x^{-1/3}$이며, $x = 0$에서 정의되지 않는다. 그러므로 x에 관한 호의 길이 공식은 사용할 수 없지만 곡선은 확실히 길이가 잘 정의된 것처럼 보인다.

핵심은 y를 독립변수로 사용하여 곡선을 나타내는 것이다. $y = x^{2/3}$을 x에 관하여 풀기 위해 $x = g(y) = \pm y^{3/2}$을 얻는다. $x = 8$일 때 $y = 8^{2/3} = 4$이므로 $\pm y^{3/2}$이 양인 부분을 사용해야 한다는 것에 유의하자. 즉, $x = 0$과 $x = 8$ 사이의 곡선 $y = f(x) = x^{2/3}$의 길이를 구하는 것은 $y = 0$과 $y = 4$ 사이의 곡선 $x = g(y) = y^{3/2}$의 길이를 구하는 것과 같다. 이는 예제 1에서 풀었던 것과 같다. 따라서 호의 길이는 $\frac{8}{27}(10^{3/2} - 1) \approx 9.1$이다.

관련 연습문제 10번 ◀

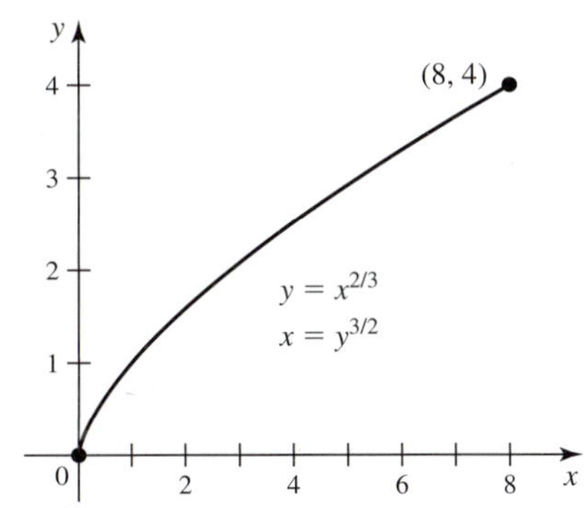

그림 6.59

QUICK CHECK 3 구간 $0 \leq y \leq \pi$에서 곡선 $x = \sin y$의 길이를 구하기 위한 적분을 적어라. ◀

| 예제 6 | **독창성 필요** 구간 $[1, \sqrt{2}]$에서 곡선 $y = f(x) = \ln\left(x + \sqrt{x^2 - 1}\right)$의 길이를 구하여라(그림 6.60).

풀이 f'의 계산 결과는 f의 그래프가 $x = 1$에서 수직 접선을 갖는다는 것을 보여 준다. 그러므로 호의 길이 공식에서 피적분함수는 $x = 1$에서 정의되지 않는다. 다른 전략은 $x = g(y)$ 형태로 함수를 표현하고 y에 대한 호의 길이 적분을 계산하는 것이다. $x \geq 1$과 $y \geq 0$에 주목하여 다음 단계로 $y = \ln\left(x + \sqrt{x^2 - 1}\right)$을 x에 관하여 푼다.

$$e^y = x + \sqrt{x^2 - 1} \qquad \text{자연지수에 양변을 거듭제곱하기}$$

$$e^y - x = \sqrt{x^2 - 1} \qquad \text{양변에 } x\text{를 빼기}$$

$$e^{2y} - 2e^y x = -1 \qquad \text{양변을 제곱한 다음 } x^2\text{을 소거하기}$$

$$x = \frac{e^{2y} + 1}{2e^y} = \frac{e^y + e^{-y}}{2} \qquad x\text{에 관하여 풀기}$$

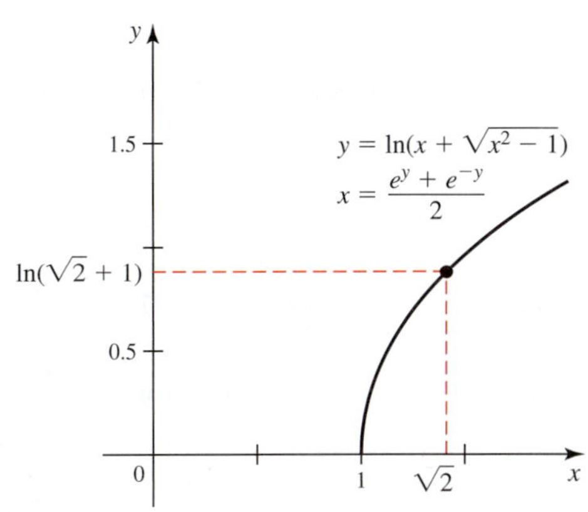

그림 6.60

➤ 함수 $\frac{1}{2}(e^y + e^{-y})$은 **쌍곡선코사인**이며 $\cosh y$로 표기한다. 함수 $\frac{1}{2}(e^y - e^{-y})$은 **쌍곡선사인**이며 $\sinh y$로 표기한다(7.3절 참조).

주어진 곡선은 함수 $x = g(y) = \dfrac{e^y + e^{-y}}{2}$으로 표기된다는 결론에 도달한다. 이때 구간 $1 \le x \le \sqrt{2}$는 구간 $0 \le y \le \ln(\sqrt{2} + 1)$에 대응한다(그림 6.60). $g'(y) = \dfrac{e^y - e^{-y}}{2}$은 $[0, \ln(\sqrt{2} + 1)]$에서 연속인 것에 주목하자. 호의 길이는 다음과 같다.

$$\int_0^{\ln(\sqrt{2}+1)} \sqrt{1 + g'(y)^2}\, dy = \int_0^{\ln(\sqrt{2}+1)} \sqrt{1 + \left(\frac{e^y - e^{-y}}{2}\right)^2}\, dy \quad g'(y) \text{ 대입하기}$$

$$= \frac{1}{2}\int_0^{\ln(\sqrt{2}+1)} (e^y + e^{-y})\, dy \quad \text{전개한 다음 간단히 하기}$$

$$= \frac{1}{2}(e^y - e^{-y})\Big|_0^{\ln(\sqrt{2}+1)} = 1 \quad \text{미적분학의 기본 정리}$$

6.5절 연습문제

1단계 스타트

1. $x = a$과 $x = b$ 사이의 곡선 $y = f(x)$의 길이를 구하기 위해 필요한 단계를 설명하여라.

2–3. 호의 길이 적분 설정 주어진 구간에서 다음 곡선의 길이를 얻기 위해 x에 관한 적분을 쓰고 간단히 하여라. 계산하지는 않아도 된다.

2. $y = x^3 + 2$, $[-2, 5]$ **3.** $y = e^{-2x}$, $[0, 2]$

4. 미적분학을 이용하여 $[1, 5]$에서 직선 $y = 2x + 1$의 호의 길이를 구한 다음 기하학을 이용하여 답을 확인하여라.

2단계 실전

5–10. 호의 길이 계산 주어진 구간에서 다음 곡선의 호의 길이를 구하여라.

5. $y = -8x - 3$, $[-2, 6]$ (미적분학 이용)

6. $y = \dfrac{1}{3}x^{3/2}$, $[0, 60]$ **7.** $y = \dfrac{(x^2 + 2)^{3/2}}{3}$, $[0, 1]$

8. $y = \dfrac{x^4}{4} + \dfrac{1}{8x^2}$, $[1, 2]$ **9.** $x = \dfrac{y^4}{4} + \dfrac{1}{8y^2}$, $1 \le y \le 2$

10. $x = 2y - 4$, $-3 \le y \le 4$ (미적분학을 이용하되 기하학으로 결과를 확인하여라)

11–15. 계산기에 의한 호의 길이

a. 주어진 구간에서 다음의 곡선의 호의 길이를 얻기 위해 적분을 쓰고 간단히 하여라.

b. 필요하다면 계산 기술을 사용하거나 적분을 근사하여라.

11. $y = x^2$, $-1 \le x \le 1$

12. $y = \ln x$, $1 \le x \le 4$

13. $x = \sqrt{y - 2}$, $3 \le y \le 4$

14. $y = \cos 2x$, $0 \le x \le \pi$

15. $y = \dfrac{1}{x}$, $1 \le x \le 10$

16. 금문교의 케이블 현수교의 케이블은 포물선으로 모델링할 수 있다. 금문교의 중앙 간격은 길이가 1280 m이고 높이가 152 m이다(그림 참조). 포물선 $y = 0.00037x^2$은 케이블 모양과 잘 맞는다. 여기서 $|x| \le 640$이고 x와 y는 미터 단위이다. 다리의 두 상단 사이에 뻗어 있는 케이블의 대략적인 길이를 구하여라.

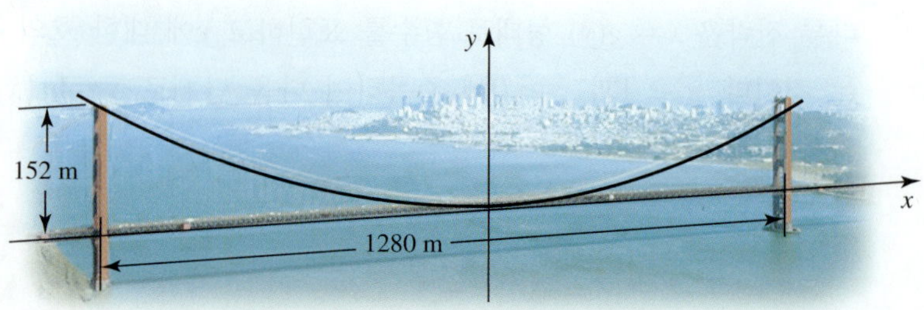

17. 참 또는 거짓 다음 명제가 참이면 증명하고 거짓이면 반례를 들어라.

a. $\int_a^b \sqrt{1 + f'(x)^2}\, dx = \int_a^b (1 + f'(x))\, dx$

b. f'이 구간 $[a, b]$에서 연속이면 $[a, b]$에서 곡선 $y = f(x)$의 길이는 $[a, b]$에서 곡선 $y = \sqrt{1 + f'(x)^2}$ 아래의 넓이와 같다.

c. 구간의 일부에서 $f(x) < 0$이면 호의 길이는 음수일 수 있다.

18. 호의 길이 함수 구간 $[a, b]$에서 다음 적분을 호의 길이로 갖는 미분가능한 함수는 무엇인가? 답은 유일하지 않을 수 있으며, 조건을 만족하는 함수들을 제시하여라.

a. $\int_a^b \sqrt{1 + 16x^4}\, dx$ b. $\int_a^b \sqrt{1 + 36\cos^2 2x}\, dx$

19. 코사인 vs. 포물선 구간 $[-1, 1]$에서 $y = 1 - x^2$과 $y = \cos \frac{\pi x}{2}$ 중 더 긴 길이를 갖는 곡선은 무엇인가?

3단계 도전

20. 관련된 곡선의 길이 구간 $[a, b]$에서 f의 그래프의 길이가 L이라 가정하자(여기서 f'은 $[a, b]$에서 연속이다). 다음 적분을 L에 관하여 나타내어라.

a. $\int_{a/2}^{b/2} \sqrt{1 + f'(2x)^2}\, dx$

b. $\int_{a/c}^{b/c} \sqrt{1 + f'(cx)^2}\, dx$ (단, $c \neq 0$)

21. 여러 종류의 지수함수

a. 함수 $f(x) = Ae^{ax} + \frac{1}{4Aa^2}e^{-ax}(a > 0, A > 0)$의 호의 길이를 구하는 적분은 우리가 알고 있는 방법을 사용하여 계산할 수도 있음을 보여라.

b. 구간 $[0, \ln 2]$에서 곡선 $y = f(x)$의 호의 길이가 다음과 같음을 보여라.

$$A(2^a - 1) - \frac{1}{4a^2A}(2^{-a} - 1)$$

QUICK CHECK 정답

1. $\sqrt{2}\,a$(점을 연결하는 선분의 길이)
2. $\sqrt{2}(d - c)$ (점을 연결하는 선분의 길이)
3. $L = \int_0^{\pi} \sqrt{1 + \cos^2 y}\, dy$ ◀

6.6 겉넓이

6.3절과 6.4절에서 회전체를 소개했고, 이러한 회전체의 부피를 계산하는 방법을 제시했다. 이제 이와 관련된 문제를 생각해 보자. 회전체의 겉넓이를 계산하는 것이다. 겉넓이 계산은 공기역학(비행기 날개의 양력 계산)과 생물학(세포막을 가로지르는 수송 속도 계산)의 두 가지 응용 분야에서 중요하다. 여기에 흥미로운 점이 있다. 겉넓이 문제는 부피 문제(3차원)와 호의 길이 문제(1차원)의 '사이'에 있다는 것이다. 이러한 이유로 겉넓이 적분을 전개할 때 부피와 호의 길이 계산에 나타나는 아이디어를 확인할 수 있다.

몇 가지 사전 계산

구간 $[a, b]$에서 주어진 곡선 $y = f(x)$를 생각하자. 여기서 f는 구간 $[a, b]$에서 연속인 1계 도함수를 갖는 음이 아닌 함수이다. **회전면**(surface of revolution)을 생성하기 위해 곡선을 x축을 중심으로 회전시킨다고 상상하자(그림 6.61). 목표는 이 표면의 넓이, 즉 겉넓이(surface area)를 얻는 것이다.

이 문제를 다루기 전에 일반적인 겉넓이 공식을 만드는 예비 문제를 고려한다. 우선 구간 $[0, h]$에서 $f(x) = rx/h$의 그래프를 생각하자. 여기서 $h > 0$, $r > 0$이다.

➤ 원뿔의 겉넓이(밑면 제외) 공식을 유도하는 한 가지 방법은 밑면에서 꼭짓점까지의 선으로 원뿔을 자르는 것이다. 원뿔을 펼치면 길이가 $2\pi r$인 곡선을 모서리로 갖는 반지름이 ℓ인 원형 디스크 모양의 부채꼴을 생성한다. 이 부분은 반지름이 ℓ인 전체 원형 디스크의 $\frac{2\pi r}{2\pi \ell} = \frac{r}{\ell}$인 부분이다. 따라서 원뿔의 겉넓이이기도 한 이 부분의 넓이는 $\pi\ell^2 \cdot \frac{r}{\ell} = \pi r\ell$이다.

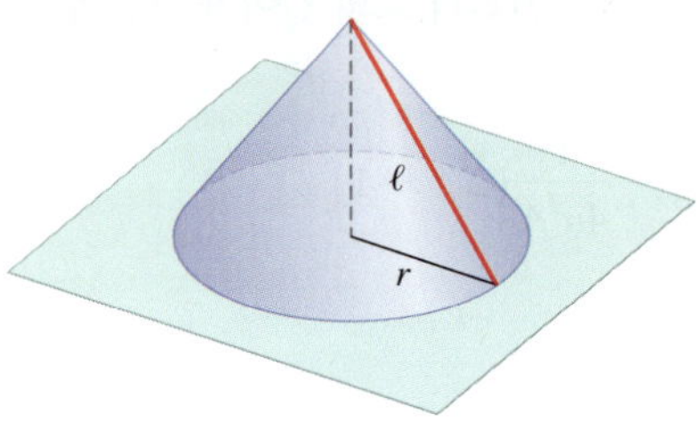

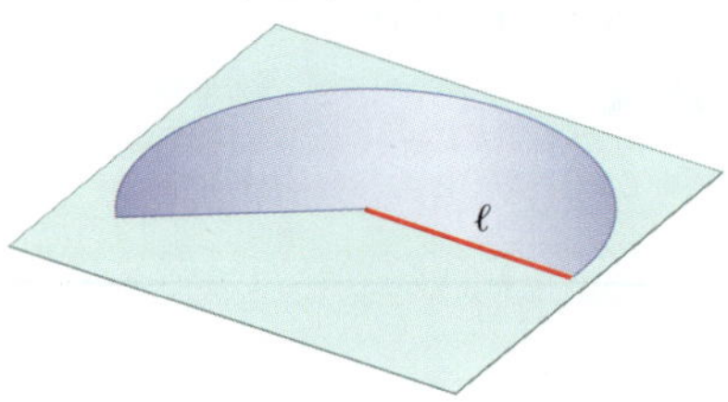

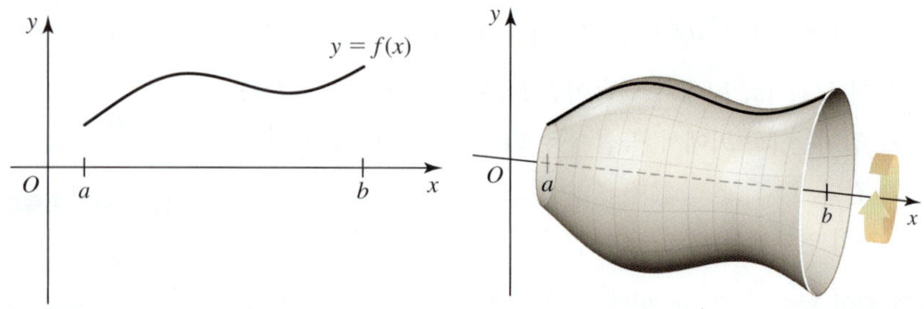

그림 6.61

이 선분을 x축을 중심으로 회전시키면 반지름이 r이고 높이가 h인 원뿔의 표면이 생성된다(그림 6.62). 기하학의 공식에 따르면 반지름이 r이고 높이가 h인 직원뿔의 겉넓이(밑면 제외)는 $\pi r\sqrt{r^2 + h^2} = \pi r\ell$이다. 여기서 ℓ은 원뿔의 모선의 길이(원뿔의 경사 모서리의 길이)이다.

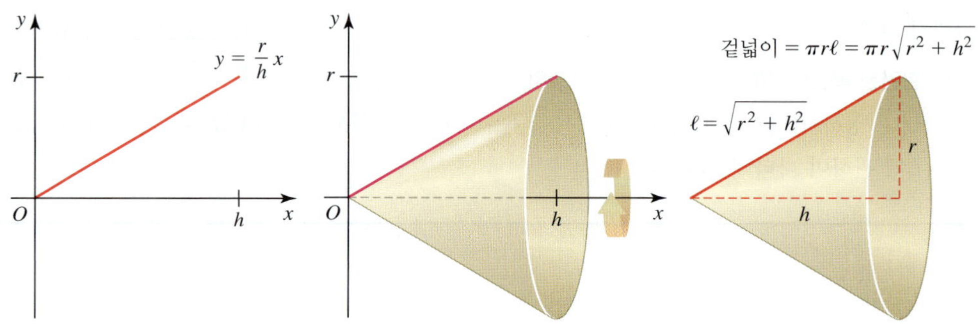

그림 6.62

이 결과로 인해 도움이 될 수 있는 예비 문제를 해결할 수 있다. 구간 $[a, b]$에서 선형 함수 $y = cx$를 생각하자. 여기서 $0 < a < b$, $c > 0$이다. 이 선분을 x축을 중심으로 회전시키면 **원뿔대**(frustum of a cone)(윗부분이 잘린 원뿔)가 만들어진다. 목표는 원뿔대의 겉넓이 S를 찾는 것이다. 그림 6.63은 S가 구간 $[0, b]$에 걸쳐 펼쳐진 원뿔의 겉넓이 S_b와 구간 $[0, a]$에 걸쳐 펼쳐진 원뿔의 겉넓이 S_a의 차와 같음을 보여 준다.

QUICK CHECK 1 높이가 10이고 반지름이 20인 원뿔의 겉넓이(밑면 제외)와 높이가 20이고 반지름이 10인 원뿔의 겉넓이(밑면 제외) 중 어느 것이 더 큰가? ◀

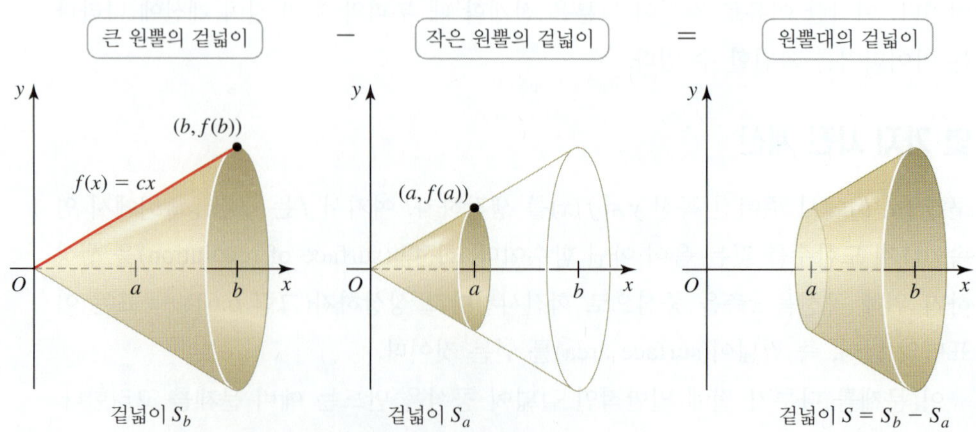

그림 6.63

$[0, b]$에서 원뿔의 반지름이 $r = f(b) = cb$이고 높이가 $h = b$라 하자. 그러므로 이 원뿔의 겉넓이는 다음과 같다.

$$S_b = \pi r\sqrt{r^2 + h^2} = \pi(bc)\sqrt{(bc)^2 + b^2} = \pi b^2 c\sqrt{c^2 + 1}$$

비슷하게 $[0, a]$에서 원뿔의 반지름이 $r = f(a) = ca$이고 높이가 $h = a$라 하자. 그러면 이 원뿔의 겉넓이는 다음과 같다.

$$S_a = \pi(ac)\sqrt{(ac)^2 + a^2} = \pi a^2 c\sqrt{c^2 + 1}$$

겉넓이의 차 $S = S_b - S_a$는 $[a, b]$에서 원뿔대의 겉넓이 S가 된다.

$$\begin{aligned} S = S_b - S_a &= \pi b^2 c\sqrt{c^2 + 1} - \pi a^2 c\sqrt{c^2 + 1} \\ &= \pi c(b^2 - a^2)\sqrt{c^2 + 1} \end{aligned}$$

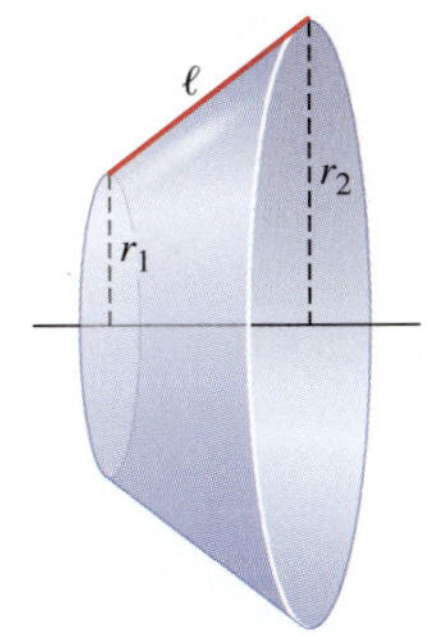

원뿔대의 겉넓이:
$S = \pi(f(b) + f(a))\ell$
$= \pi(r_2 + r_1)\ell$

이 겉넓이 공식을 약간 변형하면 유용한 점이 있다. $(a, f(a))$에서 $(b, f(b))$까지 선분의 길이(그림 6.63에서 원뿔대의 모선의 길이)는 다음과 같다.

$$\ell = \sqrt{(b - a)^2 + (bc - ac)^2} = (b - a)\sqrt{c^2 + 1}$$

그러므로 원뿔대의 겉넓이는 다음과 같이 쓸 수 있다.

$$\begin{aligned} S &= \pi c(b^2 - a^2)\sqrt{c^2 + 1} \\ &= \pi c(b + a)(b - a)\sqrt{c^2 + 1} && b^2 - a^2 \text{ 인수분해하기} \\ &= \pi(\underbrace{cb}_{f(b)} + \underbrace{ca}_{f(a)})\underbrace{(b - a)\sqrt{c^2 + 1}}_{\ell} && c(b + a) \text{ 전개하기} \\ &= \pi(f(b) + f(a))\ell \end{aligned}$$

이 결과는 구간 $[a, b]$에서 양인 임의의 선형 함수 $g(x) = cx + d$로 일반화할 수 있다. 즉, $(a, g(a))$에서 $(b, g(b))$까지 선분을 x축을 중심으로 회전시킬 때 생기는 원뿔대의 겉넓이는 $\pi(g(b) + g(a))\ell$로 주어진다.

QUICK CHECK 2 구간 $[2, 5]$에서 $f(x) = 3x$의 그래프를 x축을 중심으로 회전시킬 때 만들어지는 원뿔대의 겉넓이는 얼마인가? ➤

겉넓이 공식

이제 원뿔대에 대한 겉넓이 공식을 사용하여 회전면에 대한 일반적인 넓이 공식을 유도한다. f가 $[a, b]$에서 연속인 1계 도함수를 갖는 음이 아닌 함수라고 가정하자. 곡면은 구간 $[a, b]$에서 f의 그래프를 x축을 중심으로 회전시켜 만들어진다. 구간 $[a, b]$를 길이가 $\Delta x = \dfrac{b-a}{n}$로 동일한 n개의 부분구간으로 나누는 것으로 시작한다. 이 분할의 격자점은 다음과 같다.

$$x_0 = a, x_1, x_2, \cdots, x_{n-1}, x_n = b$$

이제 k번째 부분구간 $[x_{k-1}, x_k]$의 두 점 $(x_{k-1}, f(x_{k-1}))$와 $(x_k, f(x_k))$ 사이의 선분을 고려하자(그림 6.64). 이 두 점의 y좌표의 변화를 $\Delta y_k = f(x_k) - f(x_{k-1})$로 놓는다.

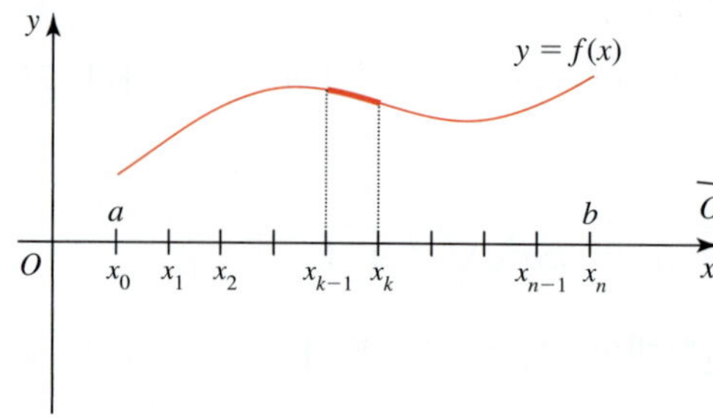

그림 6.64

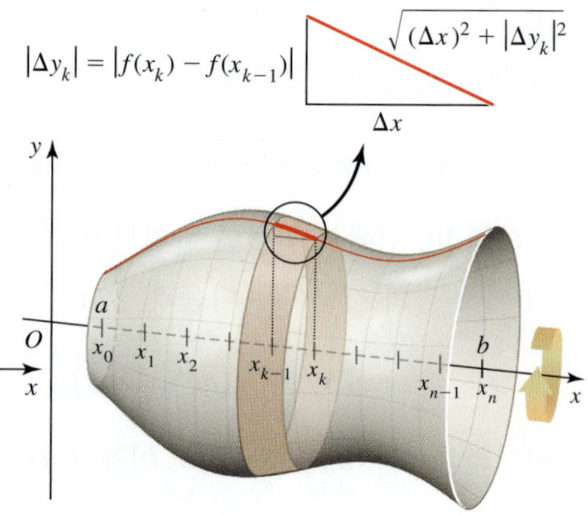

그림 6.65

선분을 x축을 중심으로 회전시키면 원뿔대가 생긴다(그림 6.65). 이 원뿔대의 모선의 길이는 밑변의 길이가 Δx이고 높이가 $|\Delta y_k|$인 직원뿔의 빗변의 길이이다. 그러므로 k번째 원뿔대의 모선의 길이는

$$\sqrt{(\Delta x)^2 + |\Delta y_k|^2} = \sqrt{(\Delta x)^2 + (\Delta y_k)^2}$$

이고 겉넓이는 다음과 같다.

$$S_k = \pi(f(x_k) + f(x_{k-1}))\sqrt{(\Delta x)^2 + (\Delta y_k)^2}$$

회전체 전체의 겉넓이 S는 대략적으로 각각의 원뿔대 $S_k(k = 1, 2, \cdots, n)$의 겉넓이의 합이라는 것을 말해 준다. 즉, 다음이 성립한다.

$$S \approx \sum_{k=1}^{n} S_k = \sum_{k=1}^{n} \pi(f(x_k) + f(x_{k-1}))\sqrt{(\Delta x)^2 + (\Delta y_k)^2}$$

➤ 구간 $[a, b]$에서 f는 미분가능하다는 것에 유의하자. 그러므로 f는 평균값 정리의 조건을 만족한다. 6.5절에서 호의 길이 공식을 유도할 때 유사한 논의가 있었음을 기억하자.

우리는 이 합이 리만합과 동일하다는 것을 원한다. 그러나 올바른 형식으로 작성하려면 한 단계가 더 필요하다. k번째 부분구간 $[x_{k-1}, x_k]$에 평균값 정리를 적용하면 구간 (x_{k-1}, x_k), $k = 1, 2, \cdots, n$의 어떤 수 x_k^*에 대하여

$$\frac{f(x_k) - f(x_{k-1})}{\Delta x} = f'(x_k^*)$$

가 성립함을 알 수 있다. 이로부터 $\Delta y_k = f(x_k) - f(x_{k-1}) = f'(x_k^*)\Delta x$를 얻는다.

겉넓이를 근사하기 위해 이 표현에서 Δy_k를 $f'(x_k^*)\Delta x$로 대체하면 결과는 다음과 같다.

$$\begin{aligned} S \approx \sum_{k=1}^{n} S_k &= \sum_{k=1}^{n} \pi(f(x_k) + f(x_{k-1}))\sqrt{(\Delta x)^2 + (\Delta y_k)^2} \\ &= \sum_{k=1}^{n} \pi(f(x_k) + f(x_{k-1}))\sqrt{(\Delta x)^2(1 + f'(x_k^*)^2)} && \text{평균값 정리} \\ &= \sum_{k=1}^{n} \pi(f(x_k) + f(x_{k-1}))\sqrt{1 + f'(x_k^*)^2}\,\Delta x && \Delta x\text{를 밖으로 꺼내기} \end{aligned}$$

Δx가 작을 때 $x_{k-1} \approx x_k \approx x_k^*$를 얻고 f의 연속성에 의해 $f(x_{k-1}) \approx f(x_k) \approx f(x_k^*)$, $k = 1, 2, \cdots, n$을 얻는다. 이 관찰을 통해 다음과 같이 쓸 수 있다.

$$\begin{aligned} S &\approx \sum_{k=1}^{n} \pi(f(x_k^*) + f(x_k^*))\sqrt{1 + f'(x_k^*)^2}\,\Delta x \\ &= \sum_{k=1}^{n} 2\pi f(x_k^*)\sqrt{1 + f'(x_k^*)^2}\,\Delta x \end{aligned}$$

리만합의 형태를 갖는 S에 대한 이러한 근사는 부분구간의 개수가 증가하고 부분구간의 길이가 0에 가까워지면 점점 개선된다. 특별히 $n \to \infty$이고 $\Delta x \to 0$임에 따라 겉넓이를 위한 다음 적분을 얻는다.

$$\begin{aligned} S &= \lim_{n\to\infty} \sum_{k=1}^{n} 2\pi f(x_k^*)\sqrt{1 + f'(x_k^*)^2}\,\Delta x \\ &= \int_a^b 2\pi f(x)\sqrt{1 + f'(x)^2}\,dx \end{aligned}$$

정의 회전체의 겉넓이

구간 $[a, b]$에서 연속인 1계 도함수를 갖는 음이 아닌 함수 f를 가정하자. 구간 $[a, b]$에서 f의 그래프를 x축을 중심으로 회전시킬 때 만들어지는 입체의 겉넓이는 다음과 같다.

$$S = \int_a^b 2\pi f(x)\sqrt{1 + f'(x)^2}\,dx$$

QUICK CHECK 3 $f(x) = c$라 하자. 여기서 $c > 0$이다. 구간 $[a, b]$에서 f의 그래프를 x축을 중심으로 회전시켰을 때 만들어지는 표면은 무엇인가? 미적분학을 사용하지 않고 구한 겉넓이는 무엇인가? ◀

| 예제 1 | 겉넓이 공식 이용하기 구간 $[1, 3]$에서 $f(x) = 2\sqrt{x}$의 그래프를 x축을 중심으로 회전시킬 때 만들어지는 회전체(그림 6.66)의 겉넓이는 얼마인가?

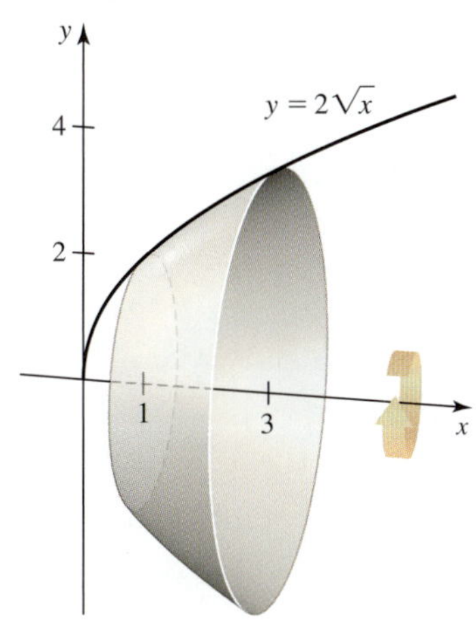

그림 6.66

풀이 $f'(x) = \dfrac{1}{\sqrt{x}}$에 유의하여 겉넓이 공식을 적용하면 다음을 얻는다.

$$\begin{aligned} S &= \int_a^b 2\pi f(x)\sqrt{1 + f'(x)^2}\,dx \\ &= 2\pi\int_1^3 2\sqrt{x}\sqrt{1 + \frac{1}{x}}\,dx && f\text{와 } f' \text{ 대입하기} \\ &= 4\pi\int_1^3 \sqrt{x + 1}\,dx && \text{간단히 하기} \\ &= \frac{8\pi}{3}(x + 1)^{3/2}\Big|_1^3 = \frac{16\pi}{3}(4 - \sqrt{2}) && \text{적분하고 간단히 하기} \end{aligned}$$

관련 연습문제 5번 ◀

| 예제 2 | 구면띠의 겉넓이 반지름이 a인 구를 서로 평행한 두 평면으로 자르면 구면띠가 생성된다. 이 예제에서는 첫 번째 평면이 지름에 수직인 방향으로 반으

로 자르는 동안 두 번째 평면이 오른쪽으로 $h(0 \le h < a)$만큼 놓여 있을 때 생기는 구면띠의 겉넓이를 계산한다(그림 6.67(a)). 반지름이 a인 구에서 절단된 폭이 h인 구면띠의 겉넓이가 $2\pi ah$임을 보인 다음 이 결과를 이용하여 구의 겉넓이가 $4\pi a^2$임을 보여라.

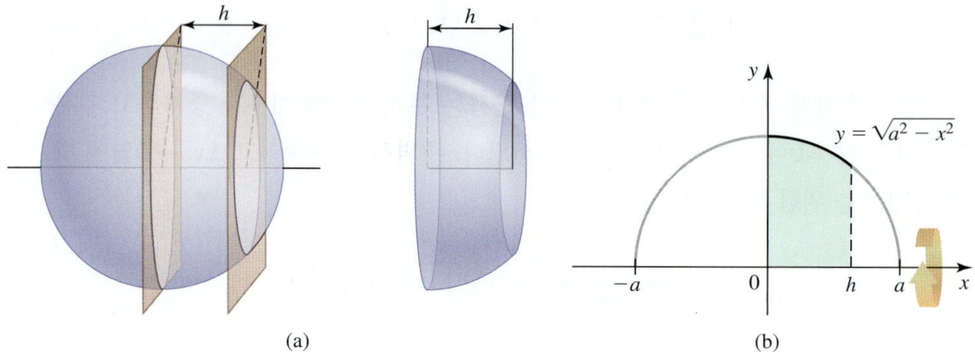

그림 6.67

풀이 구면띠를 만들기 위해 구간 [0, h]에서 곡선 $f(x) = \sqrt{a^2 - x^2}$을 x축을 중심으로 회전시킨다(그림 6.67(b)). $f'(x) = -x(a^2 - x^2)^{-1/2}$임에 유의하면 폭이 h인 구면띠의 겉넓이는 다음과 같다.

$$
\begin{aligned}
S &= \int_a^b 2\pi f(x)\sqrt{1 + f'(x)^2}\,dx \\
&= 2\pi \int_0^h \sqrt{a^2 - x^2}\sqrt{1 + (-x(a^2 - x^2)^{-1/2})^2}\,dx && f\text{와 } f' \text{ 대입하기} \\
&= 2\pi \int_0^h \sqrt{a^2 - x^2}\sqrt{\frac{a^2}{a^2 - x^2}}\,dx && \text{간단히 하기} \\
&= 2\pi \int_0^h a\,dx = 2\pi ah && \text{간단히 한 다음 적분하기}
\end{aligned}
$$

전체 구의 겉넓이를 구하기 위해 구간 [0, h]에서 적분하는 것이 아니라 구간 [$-a$, a]에서 적분하려는 경향이 있다. 그러나 f가 $\pm a$에서 미분가능하지 않으므로 497쪽의 겉넓이 공식을 사용할 수 없음에 유의하자. 대신 구면띠에 대한 넓이 공식을 사용하고 h를 a의 왼쪽 방향으로 접근시켜 관련된 반구의 넓이를 찾을 수 있다.

$$\text{구면띠의 겉넓이} = 2\pi ah\text{이므로}$$

$$\text{반구의 겉넓이} = \lim_{h \to a^-} 2\pi ah = 2\pi a^2$$

그러므로 반지름이 a인 구의 겉넓이는 $2(2\pi a^2) = 4\pi a^2$이다.

관련 연습문제 7번 ◀

| 예제 3 | **깔때기 그리기** 어느 깔때기의 곡면은 구간 [1, 2]에서 $y = f(x) = x^3 + \frac{1}{12x}$의 그래프를 x축을 중심으로 회전시켜 얻는다. 이 깔때기의 곡면(그림 6.68)의 겉넓이는 얼마인가? 깔때기 외부를 0.05 cm 두께의 페인트 층으로 덮는 데 필요한 페인트의 양은 대략 얼마인가? x와 y가 센티미터로 측정된다고 가정하자.

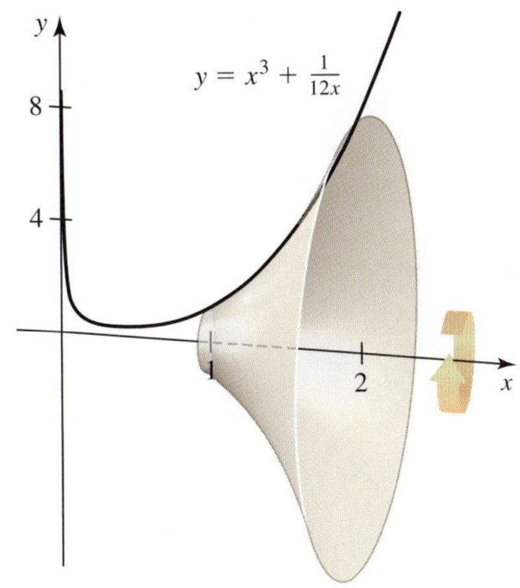

그림 6.68

풀이 $f'(x) = 3x^2 - \frac{1}{12x^2}$ 임에 유의하면 폭이 h인 구면띠의 겉넓이(cm^2)는 다음과 같다.

$$S = \int_a^b 2\pi f(x)\sqrt{1 + f'(x)^2}\,dx$$

$$= 2\pi\int_1^2 \left(x^3 + \frac{1}{12x}\right)\sqrt{1 + \left(3x^2 - \frac{1}{12x^2}\right)^2}\,dx \quad f\text{와 } f' \text{ 대입하기}$$

$$= 2\pi\int_1^2 \left(x^3 + \frac{1}{12x}\right)\sqrt{\left(3x^2 + \frac{1}{12x^2}\right)^2}\,dx \quad \text{전개하고 제곱근 안을 인수분해하기}$$

$$= 2\pi\int_1^2 \left(x^3 + \frac{1}{12x}\right)\left(3x^2 + \frac{1}{12x^2}\right)dx \quad \text{간단히 하기}$$

$$= \frac{12{,}289}{192}\pi \quad \text{적분하기}$$

페인트 층의 두께가 0.05 cm이므로 필요한 페인트의 대략적인 양은 다음과 같다.

$$\left(\frac{12{,}289\pi}{192}\ \mathrm{cm}^2\right)(0.05\ \mathrm{cm}) \approx 10.1\ \mathrm{cm}^3$$

관련 연습문제 11번 ◀

곡선이 (x축이 아닌) y축을 중심으로 회전시킬 때 겉넓이 적분을 얻는 과정을 사용할 수 있다. 결과는 x가 y로 대체되는 동일한 적분이다. 예를 들어 구간 $[c, d]$에서 곡선 $x = g(y)$를 y축을 중심으로 회전시키면 만들어지는 입체의 겉넓이는 다음과 같다.

$$S = \int_c^d 2\pi g(y)\sqrt{1 + g'(y)^2}\,dy$$

이 적분을 사용하기 위해 우선 주어진 곡선을 y에 관하여 미분가능한 함수로 정의해야 한다.

| 예제 4 | **관점의 변화** 함수 $y = \ln\left(\frac{x + \sqrt{x^2 - 1}}{2}\right)$에 대하여 두 점 $\left(\frac{5}{4}, 0\right)$과 $\left(\frac{17}{8}, \ln 2\right)$ 사이의 곡선 부분을 y축을 중심으로 회전시킬 때 생기는 입체(그림 6.69)의 겉넓이를 구하여라.

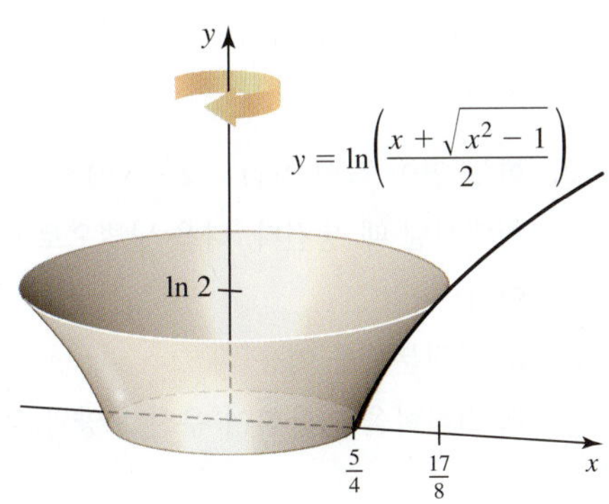

그림 6.69

풀이 다음 단계를 거쳐 x를 y에 관하여 푼다.

$$y = \ln\left(\frac{x + \sqrt{x^2 - 1}}{2}\right)$$

$$e^y = \frac{x + \sqrt{x^2 - 1}}{2} \qquad \text{자연지수에 양변을 거듭제곱하기}$$

$$2e^y - x = \sqrt{x^2 - 1} \qquad \text{식 변형하기}$$

$$4e^{2y} - 4xe^y + x^2 = x^2 - 1 \qquad \text{양변을 제곱하기}$$

$$x = g(y) = e^y + \frac{1}{4}e^{-y} \qquad x\text{에 관하여 풀기}$$

$g'(y) = e^y - \frac{1}{4}e^{-y}$이고 y축에서 적분 구간은 $[0, \ln 2]$임에 유의하면 겉넓이는 다음과 같다.

$$\begin{aligned}
S &= \int_c^d 2\pi g(y)\sqrt{1 + g'(y)^2}\, dy \\
&= 2\pi \int_0^{\ln 2} \left(e^y + \frac{1}{4}e^{-y}\right)\sqrt{1 + \left(e^y - \frac{1}{4}e^{-y}\right)^2}\, dy && g\text{와 } g' \text{ 대입하기} \\
&= 2\pi \int_0^{\ln 2} \left(e^y + \frac{1}{4}e^{-y}\right)\sqrt{\left(e^y + \frac{1}{4}e^{-y}\right)^2}\, dy && \text{전개한 다음 인수분해하기} \\
&= 2\pi \int_0^{\ln 2} \left(e^y + \frac{1}{4}e^{-y}\right)^2 dy && \text{간단히 하기} \\
&= 2\pi \int_0^{\ln 2} \left(e^{2y} + \frac{1}{2} + \frac{1}{16}e^{-2y}\right) dy && \text{전개하기} \\
&= \pi\left(\frac{195}{64} + \ln 2\right) && \text{적분하기}
\end{aligned}$$

6.6절 연습문제

1단계 스타트

1. 반지름이 3이고 높이가 4인 직원뿔의 겉넓이는 얼마인가?

2. f가 $[a, b]$에서 연속인 1계 도함수를 갖는 음이 아닌 함수라고 가정하자. 구간 $[a, b]$에서 곡선 $y = f(x)$를 x축을 중심으로 회전시킬 때 생기는 곡면의 겉넓이를 구하는 방법을 설명하여라.

3. 한 표면이 직선 $f(x) = 2 - x\,(0 \le x \le 2)$를 x축을 중심으로 회전시킬 때 생긴다. 다음 방법으로 이 표면의 겉넓이를 구하여라.
   - **a.** 미적분학을 이용
   - **b.** 기하학을 이용하여 우선 모양과 표면의 차원을 결정한다.

2단계 실전

4–10. 곡면의 넓이 계산 다음 곡선을 주어진 축을 중심으로 회전시킬 때 생기는 표면의 겉넓이를 구하여라.

4. $y = 3x + 4$, $0 \le x \le 6$, x축을 중심으로 회전

5. $y = 8\sqrt{x}$, $9 \le x \le 20$, x축을 중심으로 회전

6. $y = (3x)^{1/3}$, $0 \le x \le \frac{8}{3}$, y축을 중심으로 회전

7. $y = \sqrt{1 - x^2}$, $-\frac{1}{2} \le x \le \frac{1}{2}$, x축을 중심으로 회전

8. $y = 4x - 1$, $1 \le x \le 4$, y축을 중심으로 회전(힌트: y에 관하여 적분하여라)

9. $y = \frac{1}{4}(e^{2x} + e^{-2x})$, $-2 \le x \le 2$, x축을 중심으로 회전

10. $x = \sqrt{12y - y^2}$, $2 \le y \le 10$, y축을 중심으로 회전

11. 표면 칠하기 구간 $1 \le x \le 7$에서 곡선 $y = \sqrt{8x - x^2}$을 x축을 중심으로 회전시킬 때 생성되는 구면띠 표면의 한 면에 1.5 mm 두께의 페인트가 칠해진다. 필요한 페인트의 대략적인 양을 구하여라. x와 y의 단위는 미터라고 가정하자.

12. 참 또는 거짓 다음 명제가 참이면 증명하고 거짓이면 반례를 들어라.

a. 구간 $[a, b]$에서 곡선 $y = f(x)$를 y축을 중심으로 회전킬 때 만들어지는 곡면의 넓이는 다음과 같다.

$$\int_{f(a)}^{f(b)} 2\pi f(y)\sqrt{1 + f'(y)^2}\, dy$$

b. f가 구간 $[a, b]$에서 일대일 함수가 아니면 $[a, b]$에서 f의 그래프를 x축을 중심으로 회전시킬 때 생성되는 표면의 넓이는 정의되지 않는다.

c. $f(x) = 12x^2$에 대하여 $[-4, 4]$에서 f의 그래프를 x축을 중심으로 회전시킬 때 만들어지는 곡면의 넓이는 $[0, 4]$에서 f의 그래프를 x축을 중심으로 회전시킬 때 만들어지는 곡면의 넓이의 두 배이다.

d. $f(x) = 12x^2$에 대하여 $[-4, 4]$에서 f의 그래프를 y축을 중심으로 회전시킬 때 생성되는 곡면의 넓이는 $[0, 4]$에서 f의 그래프를 y축을 중심으로 회전시킬 때 만들어지는 곡면의 넓이의 두 배이다.

13–14. 기술에 의한 겉넓이 계산 주어진 구간에서 다음 곡선을 생각해 보자.

a. 곡선을 주어진 축을 중심으로 회전시킬 때 만들어지는 곡면의 넓이를 적분으로 나타내어라.

b. 계산기나 소프트웨어를 이용하여 대략적인 겉넓이를 구하여라.

13. $y = \cos x$, $0 \le x \le \dfrac{\pi}{2}$, x축을 중심으로 회전

14. $y = \tan x$, $0 \le x \le \dfrac{\pi}{4}$, x축을 중심으로 회전

15. 성망형 곡선 회전 $x^{2/3} + y^{2/3} = a^{2/3}$으로 표현되는 성망형 곡선(astroid)의 상반을 가정하자. 여기서 $a > 0$, $|x| \le a$이다. 곡선을 x축을 중심으로 회전시킬 때 만들어지는 곡면의 겉넓이를 구하여라. 곡선을 나타내는 함수는 0에서 미분할 수 없음에 유의하자. 그러나 겉넓이 적분은 대칭성 및 알고 있는 기법을 사용하여 계산할 수 있다.

3단계 도전

16–18. 겉넓이 계산 다음 곡선을 주어진 축을 중심으로 회전시킬 때 만들어지는 표면의 겉넓이를 구하여라.

16. $y = x^{3/2} - \dfrac{x^{1/2}}{3}$, $1 \le x \le 2$, x축을 중심으로 회전

17. $y = \dfrac{x^3}{3} + \dfrac{1}{4x}$, $\dfrac{1}{2} \le x \le 2$, x축을 중심으로 회전

18. $x = 4y^{3/2} - \dfrac{y^{1/2}}{12}$, $1 \le y \le 4$, y축을 중심으로 회전

19. 구의 영역 반지름이 r인 구가 h만큼 떨어진 두 개의 수평면으로 잘려져 있다고 가정하자(그림 참조). 구에서 잘려진 부분의 겉넓이가 절단된 평면의 위치와 무관하게 $2\pi rh$임을 보여라.

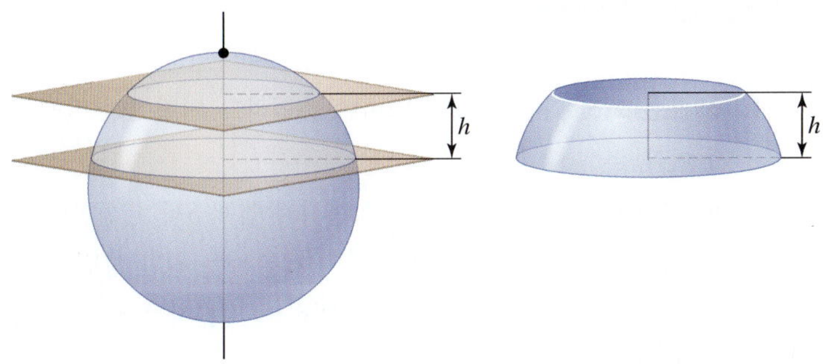

20. 겉넓이와 부피 비율(SAV) 고체 물체(인공 및 자연 모두)의 설계에서 물체의 부피에 대한 겉넓이의 비율이 중요하다. 동물은 일반적으로 체적에 비례하는 속도로 열을 생성하고 겉넓이에 비례하는 속도로 열을 잃는다. 따라서 SAV 비율이 낮은 동물은 열을 유지하는 경향이 있는 반면, SAV 비율이 높은 동물(예를 들어 어린이 및 벌새)은 상대적으로 빨리 열을 잃는다.

a. 한 변의 길이가 R인 정육면체의 SAV 비율은 얼마인가?

b. 반지름이 R인 구의 SAV 비율은 얼마인가?

c. $R \ge 1$에 대하여 장축의 길이가 $2R\sqrt[3]{4}$이고 다른 두 축이 장축의 길이의 절반인 타원체의 SAV 비율을 구하여라(이 스케일링은 주어진 R값에 대하여 타원체의 부피와 반지름이 R인 구의 부피가 같도록 할 때 사용된다). 일반적인 타원체의 부피는 $V = \dfrac{4\pi}{3}ABC$이다. 여기서 축의 길이는 $2A$, $2B$, $2C$이다.

d. R의 함수로 반지름이 $R \ge 1$인 구의 SAV 비율을 그래프로 그린 후(**b**), 동일한 축들의 집합에서 **c**에서 설명한 타원체의 SAV 비율을 그래프로 나타내어라. 어느 물체의 SAV 비율이 더 작은가?

e. 동일한 부피를 가진 모든 타원체 중 열 손실을 최소화하는 것이 목표라면 동물의 모양으로 어떤 타원체를 선택하겠는가?

21. 스케일링 표면적 f가 $[a, b]$에서 연속인 1계 도함수를 갖는 음이 아닌 함수라 하고 $g(x) = cf(x)$, $h(x) = f(cx)$라 가정하자. 여기서 $c > 0$이다. 구간 $[a, b]$에서 곡선 $y = f(x)$를 x축을 중심으로 회전시킬 때 생기는 표면의 겉넓이는 A이다. 다음 적분을 A와 c로 나타내어라.

a. $\int_a^b 2\pi g(x)\sqrt{c^2 + g'(x)^2}\,dx$

b. $\int_{a/c}^{b/c} 2\pi h(x)\sqrt{c^2 + h'(x)^2}\,dx$

QUICK CHECK 정답

1. 첫 번째 원뿔의 겉넓이$(200\sqrt{5}\,\pi)$가 두 번째 원뿔의 겉넓이$(100\sqrt{5}\,\pi)$의 두 배이다. **2.** 겉넓이는 $63\sqrt{10}\,\pi$이다.
3. 표면은 반지름이 c이고 높이가 $b - a$인 원기둥이다. 곡면의 넓이는 $2\pi c(b - a)$이다. ➤

6장 연습문제

1. 참 또는 거짓 다음 명제가 참이면 증명하고 거짓이면 반례를 들어라.

a. 영역 R을 y축을 중심으로 회전시켜 입체 S를 생성한다. S의 부피를 구하려면 y에 관하여 적분하는 원판 방법 또는 와셔 방법을 이용하거나 x에 관하여 적분하는 껍질 방법을 이용해야 한다.

b. 직선 위를 움직이는 물체의 속도만 주어지면 변위는 구할 수 있지만 위치는 구할 수 없다.

c. 물이 일정한 속도(예를 들어 6 gal/min)로 탱크로 유입되면 물탱크에 있는 물의 부피는 시간에 의한 선형 함수에 따라 증가한다.

2. 변위, 거리, 위치 속도가 $v(t) = 12t^2 - 30t + 12$, $0 \le t \le 3$이고 초기 위치가 $s(0) = 1$인 직선을 따라 움직이는 물체를 고려하자. 시간 t의 단위는 초, 속도의 단위는 m/s이다.

a. 주어진 구간에서 물체가 양의 방향으로 움직일 때와 음의 방향으로 움직일 때를 결정하여라.

b. 주어진 구간에 대한 변위를 구하여라.

c. 주어진 구간 동안 이동 거리를 구하여라.

d. 미적분학의 기본 정리(정리 6.1)를 이용하여 위치 함수 $s(t)$를 결정하여라. 역도함수 방법을 이용하여 위치 함수를 구한 다음 결과를 확인하라.

3. 위치, 변위와 이동 거리 한 발사체는 $t = 0$인 지상에서 수직으로 발사되고 비행 중 속도(m/s)는 $v(t) = 20 - 10t$이다. $0 \le t \le 4$에 대하여 t초 후에 위치, 변위, 이동 거리를 각각 구하여라.

4. 진자 직선을 따라 움직이는 물체의 가속도는 $a(t) = 2\sin\frac{\pi t}{4}$이다. 초기 속도와 초기 위치는 각각 $v(0) = -\frac{8}{\pi}$, $s(0) = 0$이다.

a. $t \ge 0$에 대한 속도와 위치를 구하여라.

b. s의 최솟값과 최댓값은 얼마인가?

c. 구간 $[0, 8]$에서 평균 속도와 평균 위치를 구하여라.

5. 연비 비행 중인 소형 비행기는 다음 비율(gal/min)에 따라 연료를 소비한다.

$$R'(t) = \begin{cases} 4t^{1/3}, & 0 \le t \le 8 \quad (\text{이륙 시}) \\ 2 \quad , & t > 8 \quad (\text{순항 시}) \end{cases}$$

a. $0 \le t \le 8$에 대하여 소비된 총 연료인 함수 R을 구하여라.

b. $t \ge 0$에 대하여 소비된 총 연료인 함수 R을 구하여라.

c. 연료 탱크 용량이 150 gal이면 연료가 언제 다 떨어지는가?

6. 속도 감소 위로 발사된 어느 발사체의 속도(m/s)는 $t \ge 0$에 대하여 $v(t) = 200e^{-t/10}$이다.

a. $t \ge 0$에 대하여 속도 함수를 그래프로 나타내어라.

b. 언제 속도가 50 m/s에 도달하는가?

c. $s(0) = 0$이라 가정하고 $t \ge 0$에 대하여 발사체의 위치 함수를 구한 다음 그래프로 나타내어라.

d. 시간이 무제한이라면 발사체가 2500 m를 이동할 수 있는가? 그렇다면 이동 거리는 언제 2500 m가 되는가?

7. 속도가 지수함수로 나타나는 자전거 타기 톰과 수는 자전거를 타고 같은 시각에 같은 위치에서 출발했다. 톰은 20 mi/hr

의 속도로 자전거를 타기 시작했고 $t \geq 0$에 대하여 함수 $v(t) = 20e^{-2t}$을 따라 속도가 감소한다. 수는 15 mi/hr의 속도로 자전거를 타기 시작했고 $t \geq 0$에 대하여 함수 $u(t) = 15e^{-t}$을 따라 속도가 감소한다.

a. 톰과 수의 위치 함수를 구한 다음 그래프로 나타내어라.

b. 두 사람이 동시에 같은 위치에 있었던 시간을 구하여라.

c. 과연 누가 주도권을 잡고 선두를 지켰을까?

8–13. 영역의 넓이 다음 영역의 넓이를 구하여라.

8.

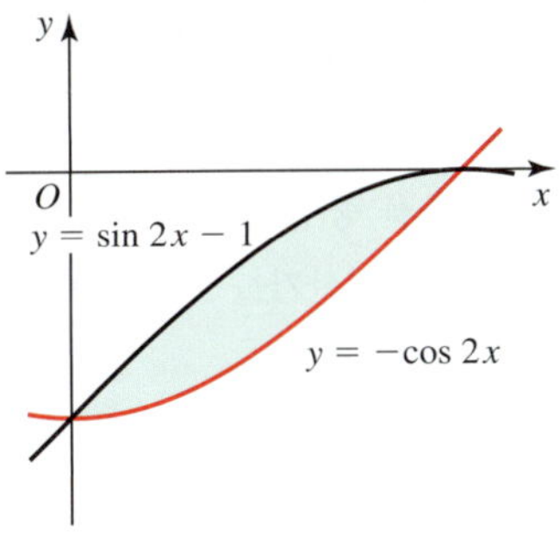

9. $y = \ln x$, $y = 1$, $x = 1$로 둘러싸인 영역

10. $y = 4x$와 $y = x\sqrt{25 - x^2}$으로 둘러싸인 제1사분면의 영역

11. $y = x^2$, $y = 2x^2 - 4x$, $y = 0$으로 둘러싸인 영역

12. $y = x/6$, $y = 1 - |x/2 - 1|$로 둘러싸인 제1사분면의 영역

13. $y = 2x^2 - 6x + 5$, $y = 1$로 둘러싸인 영역

14–17. 다수의 영역 세 영역 R_1, R_2, R_3을 $y = 2\sqrt{x}$, $y = 3 - x$, $x = 3$의 그래프로 만들어진 영역이라 하자(그림 참조).

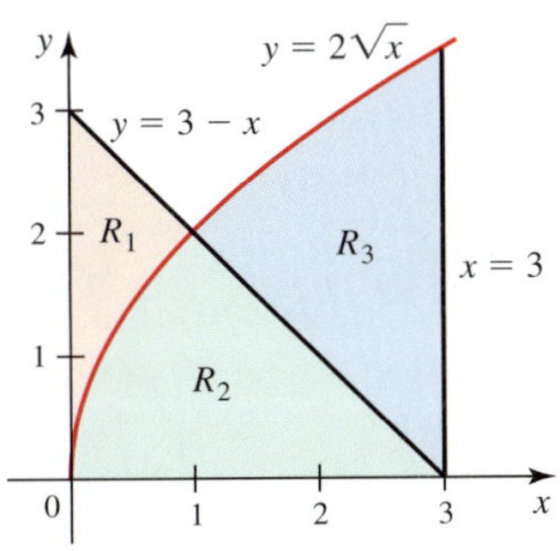

14. 세 영역 R_1, R_2, R_3의 넓이를 각각 구하여라.

15. 영역 R_1을 y축을 중심으로 회전시킬 때 생기는 입체의 부피를 구하여라.

16. 영역 R_2을 x축을 중심으로 회전시킬 때 생기는 입체의 부피를 구하여라.

17. 영역 R_3을 직선 $x = 3$을 중심으로 회전시킬 때 생기는 입체의 부피와 값이 같은 적분 혹은 적분의 합을 구하기 위해 껍질 방법을 이용하여라. 적분을 계산할 필요는 없다.

18–19. 넓이와 부피 R을 $f(x) = \begin{cases} 1, & 0 \leq x \leq 1 \\ 2 - \sqrt{x}, & 1 < x \leq 4 \end{cases}$의 그래프로 둘러싸인 제1사분면의 영역이라 하자.

18. 영역 R의 넓이를 구하여라.

19. R을 y축을 중심으로 회전시킬 때 생기는 입체의 부피를 구하여라.

20. 그림에서 색칠된 두 영역 R_1, R_2의 넓이를 구하여라.

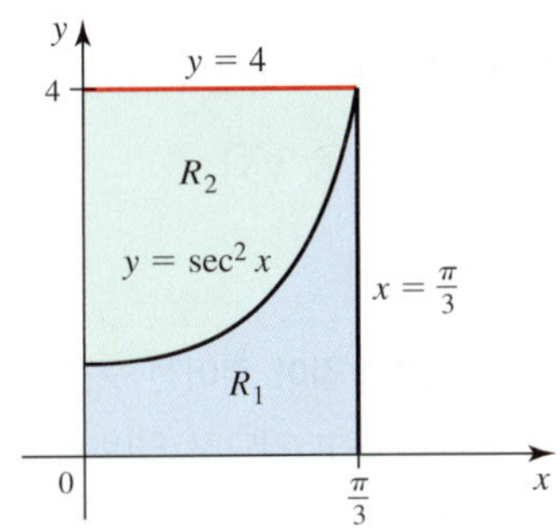

21. 넓이 함수 $a > 0$일 때 두 함수 $y = \dfrac{x^2}{a}$과 $y = \sqrt{\dfrac{x}{a}}$를 생각하자. 두 곡선 사이의 영역의 넓이 $A(a)$를 구하여라.

22–28. 입체의 부피 다음 질문에 답하기 위해 일반적인 조각 방법인 원판 방법, 와셔 방법, 껍질 방법 중 하나를 택하여라.

22. 밑면이 $y = \sqrt{x}$, $y = 2 - x$와 x축으로 둘러싸인 제1사분면의 영역이고 단면이 밑면에 수직이고 y축에 평행한 정사각형인 입체의 부피는 얼마인가?

23. 밑면이 $y = \sqrt{x}$, $y = 2 - x$와 y축으로 둘러싸인 제1사분면의 영역이고 단면이 밑면에 수직이고 x축에 평행한 정사각형인 입체의 부피는 얼마인가?

24. 두 곡선 $y = 1 + \sqrt{x}$, $y = 1 - \sqrt{x}$와 직선 $x = 1$로 둘러싸인 영역을 y축을 중심으로 회전시킬 때 만들어지는 입체의 부피를 (a) x에 관하여 적분하고 (b) y에 관하여 적분하여 구하여라. 두 답이 일치하는지 확인하여라.

25. 제1사분면에서 $x = 0$, $x = \sqrt{\ln y}$, $x = \sqrt{2 - \ln y}$의 그래프로 둘러싸인 영역을 y축을 중심으로 회전시킬 때 만들어지는 입체의 부피는 얼마인가?

26. 구간 $[0, \sqrt{3}/2]$에서 $y = (1 - x^2)^{-1/2}$의 그래프와 x축으로 둘러싸인 영역을 y축을 중심으로 회전시킬 때 만들어지는 입체의 부피는 얼마인가?

27. $y = (x-2)^2$의 그래프와 $y = 4$로 둘러싸인 영역을 직선 $y = 4$를 중심으로 회전시킬 때 만들어지는 입체의 부피는 얼마인가?

28. $y = 2x$, $y = 6 - x$, $y = 0$의 그래프로 둘러싸인 영역을 직선 $y = -2$와 직선 $x = -2$를 중심으로 회전시킬 때 만들어지는 입체의 부피를 각각 구하여라. 어느 것이 더 큰가?

29. 부피 비교 R을 $[0, 1]$에서 $f(x) = cx(1-x)$의 그래프와 x축으로 둘러싸인 영역이라 하자. R을 x축을 중심으로 회전시킬 때 생기는 입체의 부피와 R을 y축을 중심으로 회전시킬 때 생기는 입체의 부피가 같도록 하는 양수 c를 구하여라.

30–31. 호의 길이 다음 곡선의 길이를 구하여라.

30. $y = \ln\left(x + \sqrt{x^2 - 1}\right)$, $[\sqrt{2}, \sqrt{5}]$

31. $y = x^{1/2} - x^{3/2}/3$, $[1, 3]$

32–33. 계산기를 이용한 호의 길이 주어진 구간에서 다음 곡선의 호의 길이를 나타내는 적분을 쓰고 간단히 하여라. 계산기를 이용하여 적분의 근삿값을 구하여라.

32. $y = (x+1)^2$, $[2, 4]$

33. $y = \ln x$가 $x = 1$과 $x = b > 1$ 사이에서 다음과 같이 주어진다.

$$\int \sqrt{\frac{x^2 + a^2}{x}}\,dx = \sqrt{x^2 + a^2} - a\ln\left(\frac{a + \sqrt{x^2 + a^2}}{x}\right) + C$$

어느 방법을 사용하든지 곡선이 길이가 2가 되도록 하는 b의 값을 근사하여라.

34. 겉넓이와 부피 $f(x) = \sqrt{3x - x^2}$에 대하여 R을 구간 $[0, 3]$에서 f의 그래프와 x축으로 둘러싸인 영역이라 하자.

a. $[0, 3]$에서 f의 그래프를 x축을 중심으로 회전시킬 때 생기는 표면의 넓이를 구하여라.

b. R을 x축을 중심으로 회전시킬 때 생기는 입체의 부피를 구하여라.

35. 겉넓이 그 이상의 내용 $f(x) = \dfrac{x^4}{2} + \dfrac{1}{16x^2}$에 대하여 R을 구간 $[1, 2]$에서 f의 그래프와 x축으로 둘러싸인 영역이라 하자.

a. $[1, 2]$에서 f의 그래프를 x축을 중심으로 회전시킬 때 생기는 표면의 넓이를 구하여라. 계산기를 이용하여 적분을 계산하거나 근삿값을 구하여라.

b. $[1, 2]$에서 곡선 $y = f(x)$의 길이를 구하여라.

c. R을 y축을 중심으로 회전시킬 때 생기는 입체의 부피를 구하여라.

d. R을 x축을 중심으로 회전시킬 때 생기는 입체의 부피를 구하여라. 계산기를 이용하여 적분을 계산하거나 근삿값을 구하여라.

CHAPTER

7

로그함수, 지수함수 및 쌍곡선함수

Logarithmic, Exponential, and Hyperbolic Functions

미리보기 이 장에서는 로그함수와 지수함수를 다시 살펴보고 미적분학의 관점에서 이들 함수와 그 성질을 알아본다. 1장부터 이들 함수를 엄밀함 없이 다뤘지만, 이 장에서는 이들 함수를 엄밀하게 정의하고 그 성질을 자세히 알아보며 다양한 응용을 다룬다. 이 장은 지수함수, 삼각함수 모두와 관련된 함수 계열인 쌍곡선함수에 대한 소개로 마무리한다.

7.1 로그함수와 지수함수 재검토
7.2 지수 모델
7.3 쌍곡선함수

7.1 로그함수와 지수함수 재검토

앞부분에서 지수함수와 로그함수에 대한 몇 가지 주장을 했지만 증명하지 않았다(예를 들어 정의역에서 연속이고 미분가능하다). 이 절의 목표는 이러한 중요한 함수들의 성질을 보다 엄밀하게 제시함으로써 견고한 기초를 다지는 것이다. 시작하기 전에 해당 절을 안내하는 데 도움이 되는 로드맵을 제공한다. 다음 네 단계를 수행한다.

1. 적분 관점에서 자연로그함수를 정의하고 이 새로운 정의에서 직접적으로 $\ln x$의 성질을 도출한다.
2. 자연지수함수 e^x은 $\ln x$의 역함수로 도입되며, e^x의 성질은 이 역함수 관계에 의해 제시된다. 또한 이 함수와 관련된 미적분 공식을 제시한다.
3. 다음으로 e^x의 관점에서 일반 지수함수 b^x을 정의하고, $\ln x$의 관점에서 일반적인 로그함수 $\log_b x$를 정의한다. 3.9절에 제시된 미분 및 적분 결과는 이러한 정의에서 즉시 도출된다.
4. 마지막으로 거듭제곱의 공식(3.9절)을 다시 살펴보고, e를 근사할 때 사용할 수 있는 극한을 도출한다.

1단계: 자연로그함수

목표는 적분을 이용하여 정의한 자연로그(natural logarithm)의 성질을 제시하는 것이다. 모든 것은 다음 정의로부터 시작된다.

정의 자연로그함수

양수 x의 **자연로그함수**는 $\ln x = \int_1^x \frac{1}{t}\,dt$이다.

자연로그함수의 익숙한 모든 기하학적, 대수적 성질은 이 새로운 적분 정의를 따르게 된다.

자연로그함수의 성질

정의역, 치역, 부호 자연로그함수는 적분으로 정의되기 때문에 $t = 1$과 $t = x$ 사이의 곡선 $y = 1/t$ 아래의 넓이이다. 적분은 $t = 0$에서 정의되지 않으므로 $\ln x$의 정의역은 $(0, \infty)$이다. 구간 $(1, \infty)$에서 곡선 아래 영역의 구간 면적이 양수이므로 $\ln x$는 양수이다(그림 7.1(a)). $(0,\ 1)$에서 $\int_1^x \frac{1}{t}\,dt = -\int_x^1 \frac{1}{t}\,dt$이므로 $\ln x$는 음수이다(그림 7.1(b)). 예상대로 $x = 1$이면 $\ln 1 = \int_1^1 \frac{1}{t}\,dt = 0$이다. $\ln x$의 구간 면적은 $\ln x$의 치역이 $(\infty, -\infty)$임을 의미한다(증명은 연습문제 38번 참조).

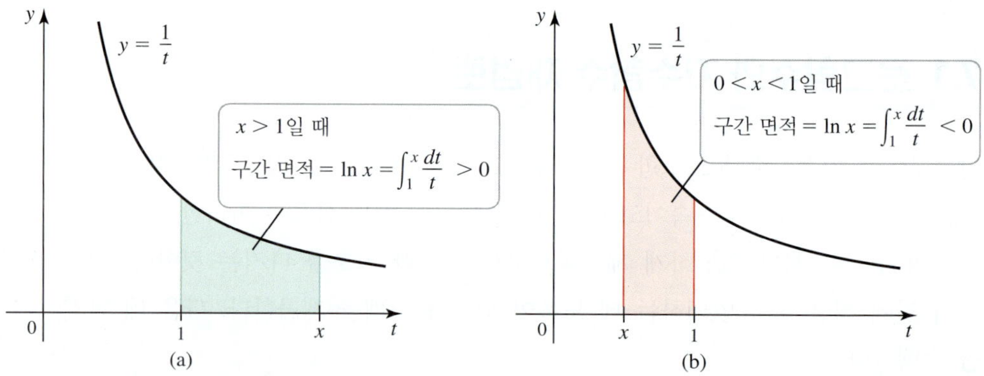

그림 7.1

> 미적분학의 기본 정리에 의해 다음이 성립한다.
> $$\frac{d}{dx}\int_a^x f(t)\,dt = f(x)$$

도함수 자연로그함수의 도함수는 정의와 미적분학의 기본 정리로부터 다음과 같이 구할 수 있다.

$$\frac{d}{dx}(\ln x) = \frac{d}{dx}\int_1^x \frac{dt}{t} = \frac{1}{x}, \quad x > 0$$

중요한 두 가지 결과가 있다.

- 도함수는 $x > 0$에 대하여 정의되므로 $\ln x$는 $x > 0$에 대하여 미분가능한 함수이다. 이는 함수 $\ln x$가 정의역에서 연속함수임을 의미한다(정리 3.1).
- $1/x > 0$의 경우, $x > 0$에 대하여 $\ln x$는 지속적으로 증가하고 정의역에서 일대일 함수이므로 역함수를 갖는다.

연쇄 법칙은 미분 법칙을 0이 아닌 모든 실수까지 확장해 준다. $x < 0$의 경우, $\ln(-x)$를 미분함으로써 다음이 성립한다.

$$\frac{d}{dx}(\ln|x|) = \frac{1}{x}, \quad x \neq 0$$

일반적으로 연쇄 법칙에 의해 다음을 얻는다.

$$\frac{d}{dx}(\ln|u(x)|) = \frac{1}{u(x)}u'(x) = \frac{u'(x)}{u(x)}$$

QUICK CHECK 1 $\ln|x|$의 정의역은 무엇인가? ◀

ln x의 그래프 앞에서 언급한 것처럼 $\ln x$는 $x > 0$에서 연속이고 지속적으로 증가한다. 2계 도함수인 $\frac{d^2}{dx^2}(\ln x) = -\frac{1}{x^2}$은 $x > 0$에서 음수이며, 이는 $x > 0$에서 $\ln x$의 그래프가 아래로 오목하다는 것을 의미한다. 다음 식은 연습문제 38번에서 증명한다.

$$\lim_{x\to\infty} \ln x = \infty, \quad \text{and} \quad \lim_{x\to 0^+} \ln x = -\infty$$

이는 $\ln 1 = 0$과 결합되어 $y = \ln x$의 그래프를 제공한다(그림 7.2).

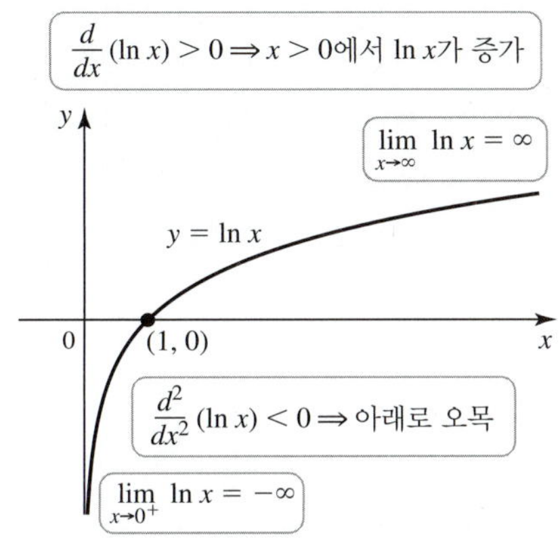

그림 7.2

곱의 로그 익숙한 로그함수의 성질

$$\ln xy = \ln x + \ln y, \quad x > 0, \quad y > 0$$

은 다음과 같이 적분의 정의로 증명할 수 있다.

$$\begin{aligned}
\ln xy &= \int_1^{xy} \frac{dt}{t} && \ln xy\text{의 정의} \\
&= \int_1^{x} \frac{dt}{t} + \int_x^{xy} \frac{dt}{t} && \text{적분의 덧셈 성질} \\
&= \int_1^{x} \frac{dt}{t} + \int_1^{y} \frac{du}{u} && \text{두 번째 적분에서 } u = t/x\text{로 치환} \\
&= \ln x + \ln y && \ln\text{의 정의}
\end{aligned}$$

몫의 로그 $x > 0$, $y > 0$이면 곱의 법칙과 대수에 의해 다음을 얻는다.

$$\ln x = \ln\left(y \cdot \frac{x}{y}\right) = \ln y + \ln\frac{x}{y}$$

$\ln(x/y)$를 풀면 몫에 대한 로그의 성질인 다음을 얻는다.

$$\ln\frac{x}{y} = \ln x - \ln y$$

지수의 로그 양수 x와 유리수 p에 대하여 다음을 얻는다.

$$\begin{aligned}
\ln x^p &= \int_1^{x^p} \frac{dt}{t} && \ln x^p\text{의 정의} \\
&= p\int_1^{x} \frac{du}{u} && t = u^p,\ dt = pu^{p-1}\,du\text{로 놓기} \\
&= p\ln x && \text{정의에 의해 } \ln x = \int_1^x \frac{du}{u}
\end{aligned}$$

이 식은 거듭제곱 법칙($dt = pu^{p-1}\,du$)에 의존하며, 유리수 지수의 경우에만 증명된다. 이 절의 후반부에서 모든 실수 p에 대한 거듭제곱 법칙을 증명한다.

적분 $\dfrac{d}{dx}(\ln|x|) = \dfrac{1}{x}$이므로 다음을 얻는다.

$$\int \frac{1}{x}\,dx = \ln|x| + C$$

지금까지 $\ln x$의 익숙한 성질이 이 함수의 새로운 적분의 정의로부터 나온다는 것을 보였다.

> **정리 7.1 자연로그함수의 성질**
>
> **1.** $\ln x$의 정의역과 치역은 각각 $(0, \infty)$와 $(-\infty, \infty)$이다.
>
> **2.** $x > 0,\ y > 0$에 대하여 $\ln xy = \ln x + \ln y$
>
> **3.** $x > 0,\ y > 0$에 대하여 $\ln(x/y) = \ln x - \ln y$
>
> **4.** 양수 x와 유리수 p에 대하여 $\ln x^p = p \ln x$
>
> **5.** $x \neq 0$에 대하여 $\dfrac{d}{dx}(\ln|x|) = \dfrac{1}{x}$
>
> **6.** $u(x) \neq 0$에 대하여 $\dfrac{d}{dx}(\ln|u(x)|) = \dfrac{u'(x)}{u(x)}$
>
> **7.** $\displaystyle\int \frac{1}{x}\,dx = \ln|x| + C$

| 예제 1 | ln x가 나오는 적분 $\displaystyle\int_0^4 \frac{x}{x^2+9}\,dx$를 계산하여라.

풀이

$$\int_0^4 \frac{x}{x^2+9}\,dx = \frac{1}{2}\int_9^{25}\frac{du}{u} \qquad u = x^2+9,\ du = 2x\,dx\text{로 놓기}$$

$$= \frac{1}{2}\ln|u|\Big|_9^{25} \qquad \text{미적분학의 기본 정리}$$

$$= \frac{1}{2}(\ln 25 - \ln 9) \qquad \text{계산하기}$$

$$= \ln\frac{5}{3} \qquad \text{로그의 성질}$$

2단계: 지수함수

$f(x) = \ln x$가 구간 $(0, \infty)$에서 연속이고 증가함수임을 확인했다. 따라서 이 함수는 일대일 함수이고 $(0, \infty)$에서 역함수가 존재한다. 역함수는 $f^{-1}(x) = \exp(x)$로 나타내며, 그래프는 $f(x) = \ln x$의 그래프를 직선 $y = x$에 대하여 대칭시켜 얻는다(그림 7.3). $\ln x$의 치역이 $(-\infty, \infty)$이므로 $\exp(x)$의 정의역은 $(-\infty, \infty)$이고, $\ln x$의 정의역이 $(0, \infty)$이므로 $\exp(x)$의 치역은 $(0, \infty)$이다.

함수와 역함수의 일반적인 관계는 다음과 같다.

- $y = \exp(x)$와 $x = \ln y$는 필요충분조건이다.
- $x > 0$에 대하여 $\exp(\ln x) = x$이고, 모든 x에 대하여 $\ln(\exp(x)) = x$

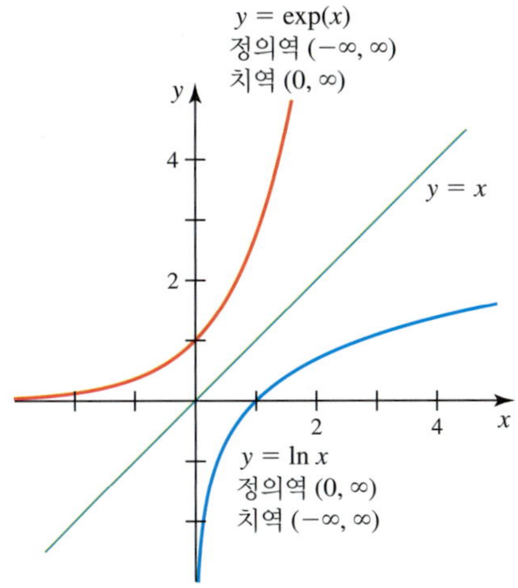

그림 7.3

이제 $\ln x$의 성질과 $\ln x$, $\exp(x)$의 역함수 관계를 이용하여 $\exp(x)$가 모든 지수함수의 예상되는 성질을 만족함을 보일 것이다. 예를 들어 $x_1 = \ln y_1$, $x_2 = \ln y_2$이면 $y_1 = \exp(x_1)$, $y_2 = \exp(x_2)$이고 다음을 얻는다.

$$\begin{aligned} \exp(x_1 + x_2) &= \exp(\underbrace{\ln y_1 + \ln y_2}_{\ln y_1 y_2}) && x_1 = \ln y_1,\ x_2 = \ln y_2 \text{ 대입하기} \\ &= \exp(\ln y_1 y_2) && \text{로그의 성질} \\ &= y_1 y_2 && \exp(x)\text{와 } \ln x\text{의 역관계} \\ &= \exp(x_1)\exp(x_2) && y_1 = \exp(x_1),\ y_2 = \exp(x_2) \end{aligned}$$

따라서 $\exp(x)$는 지수함수 $b^{x_1+x_2} = b^{x_1}b^{x_2}$의 성질을 만족한다. 유사한 방법으로 $\exp(x)$가 지수함수의 다른 성질도 만족함을 알 수 있다(연습문제 37번).

$$\begin{aligned} \exp(0) &= 1, \\ \exp(x_1 - x_2) &= \frac{\exp(x_1)}{\exp(x_2)}, \\ \text{유리수 } p\text{에 대하여 } (\exp(x))^p &= \exp(px) \end{aligned}$$

$\exp(x)$가 지수함수임을 확인하기 위해 함수의 밑을 확인한다. 실수 $\exp(1)$을 생각해 보자. 약간의 선입견은 있지만 이를 e라고 부르면 $\ln x$와 $\exp(x)$ 사이의 역함수 관계는 다음을 의미한다.

$$e = \exp(1)\text{이면 } \ln e = \ln(\exp(1)) = 1\text{이다.}$$

$\ln e = 1$과 $\ln x$의 적분의 정의를 이용하여 다음과 같이 공식적으로 e를 정의한다.

정의 수 e

e는 $\ln e = \int_1^e \frac{dt}{t} = 1$을 만족시키는 실수이다.

➤ 이 절의 끝부분에 e에 대한 근삿값을 제공하는 극한의 정의를 다룬다.

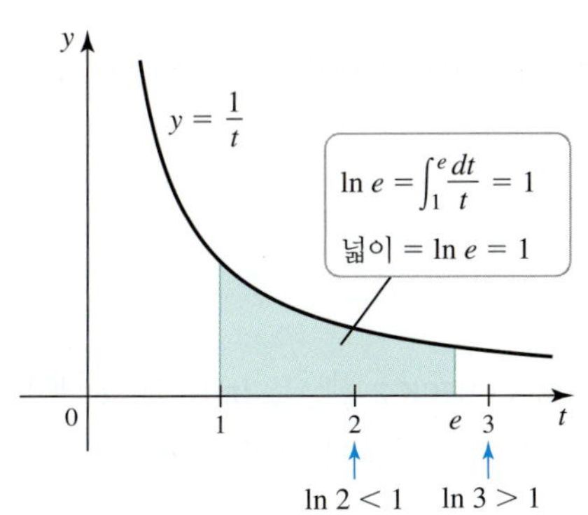

그림 7.4

수 e는 $y = \frac{1}{t}$의 그래프와 t축의 구간 $[1, e]$에 의해 경계되는 영역의 넓이가 1인 성질을 갖는다(그림 7.4). $\ln 2 < 1$, $\ln 3 > 1$에 주목하자(연습문제 39번). $\ln x$는 정의역에서 연속이므로 중간값 정리는 $\ln e = 1$이고 $2 < e < 3$인 수 e를 보장한다.

이제 $\exp(x)$가 지수함수 e^x임을 보일 수 있다. 유리수 p에 대하여 $e^p > 0$에 주목한다. 정리 7.1의 성질 4에 의해 다음을 얻는다.

$$\ln e^p = p \underbrace{\ln e}_{1} = p$$

또한 $\ln x$와 $\exp(x)$의 역함수 관계를 이용하면 다음을 얻는다.

$$\ln \exp(p) = p$$

p에 대한 두 식을 같다고 하면 $e^p = \ln \exp(p)$를 얻는다. $\ln x$는 일대일 함수이므로 다음을 만족한다.

$$e^p = \exp(p), \quad p\text{는 유리수}$$

따라서 $\exp(x)$가 밑 e를 갖는 지수함수라고 결론 내릴 수 있다.

우리는 이미 x가 유리수일 때 e^x을 계산하는 방법을 알고 있다. 예를 들어 $e^3 = e \cdot e \cdot e$, $e^{-2} = \dfrac{1}{e \cdot e}$, $e^{1/2} = \sqrt{e}$이다. 한편 x가 무리수이면 e^x을 어떻게 계산해야 할까? 함수 $x = \ln y$는 $y > 0$에서 정의되고, 치역은 실수 전체의 집합이다. 따라서 역함수 $y = \exp(x)$의 정의역은 실수 전체의 집합이다. 즉, $\exp(x)$는 실수 전체의 집합에서 정의된다. 이제 x가 무리수일 때 e^x을 $\exp(x)$로 정의한다.

정의 지수함수

임의의 실수 x에 대하여 $y = e^x = \exp(x)$이며, 여기서 $x = \ln y$이다.

이제 $\exp(x)$라고 표기할 필요 없이 $\ln x$의 역함수로서 e^x을 사용할 수 있다. e^x과 $\ln x$의 일반적인 역함수 관계를 유지하며 $\exp(x)$의 성질을 e^x에 적용할 수 있다.

정리 7.2 e^x의 성질

지수함수 e^x은 다음 성질을 만족시키고, 이 모든 것은 $\ln x$의 적분의 정의에서 비롯된다. x와 y를 실수라고 하자.

1. $e^{x+y} = e^x e^y$
2. $e^{x-y} = e^x / e^y$
3. $(e^x)^p = e^{xp}$, p는 유리수
4. $\ln(e^x) = x$
5. $e^{\ln x} = x$, $x > 0$

➤ 성질 3에서 p에 대한 제한은 곧 없어질 것이다.

QUICK CHECK 2 $e^{\ln 2x}$, $\ln(e^{2x})$, $e^{2\ln x}$, $\ln(2e^x)$을 간단히 하여라. ◀

미분과 적분 정리 3.21 (역함수의 미분)에 의해 지수함수의 도함수는 모든 x에서 존재한다. $\dfrac{d}{dx}(e^x)$을 계산하기 위해 $\ln(e^x) = x$의 양변을 x에 관하여 미분한다.

$$\frac{d}{dx}(\ln e^x) = \underbrace{\frac{d}{dx}(x)}_{1}$$

$$\frac{1}{e^x}\frac{d}{dx}(e^x) = 1 \qquad \frac{d}{dx}(\ln u(x)) = \frac{u'(x)}{u(x)} \text{ (연쇄 법칙)}$$

$$\frac{d}{dx}(e^x) = e^x \qquad \frac{d}{dx}(e^x)\text{에 대하여 풀기}$$

다시 한 번 지수함수는 자신의 도함수라는 결과를 얻는다. e^x은 상수를 포함하는 부정적분이다. 즉, 다음과 같다.

$$\int e^x dx = e^x + C$$

연쇄 법칙을 이용하여 이 결과를 확장하면 다음 정리를 얻는다.

QUICK CHECK 3 $x = \ln 2$에서 곡선 $y = e^x$의 기울기는 얼마인가? $x = 0$과 $x = \ln 2$ 사이에서 $y = e^x$의 그래프와 x축에 의해 둘러싸인 영역의 넓이는 얼마인가? ◄

정리 7.3 지수함수의 미분과 적분

실수 x에 대하여 다음이 성립한다.

$$\frac{d}{dx}(e^{u(x)}) = e^{u(x)}u'(x), \quad \int e^x dx = e^x + C$$

| 예제 2 | e^x이 나오는 적분 $\int \frac{e^x}{1+e^x}dx$를 구하여라.

풀이 $u = 1 + e^x$으로 놓으면 $du = e^x\,dx$이다.

$$\begin{aligned}\int \underbrace{\frac{1}{1+e^x}}_{u}\underbrace{e^x dx}_{du} &= \int \frac{1}{u}du && u = 1 + e^x,\ du = e^x\,dx\\ &= \ln|u| + C && u^{-1}\text{의 역도함수}\\ &= \ln(1+e^x) + C && u\text{ 대신 }1+e^x\text{ 대입하기}\end{aligned}$$

모든 x에 대하여 $1 + e^x > 0$이므로 $\ln|u|$에서 절댓값 기호를 제거할 수 있음에 주목한다.

관련 연습문제 20번 ◄

3단계: 일반적인 로그함수와 지수함수

일반적인 양수 b를 밑으로 갖는 지수함수와 로그함수에 적용해 보자. 첫 번째 단계는 밑이 1이 아닌 b이고 모든 실수 x에 대하여 지수함수 b^x을 정의하는 것이다. 정리 7.2의 성질 3과 $b = e^{x\ln b}$을 이용한다. x가 유리수이면 다음을 만족한다.

$$b^x = (\underbrace{e^{\ln b}}_{b})^x = e^{x\ln b}$$

이 관계는 b^x을 e^x에 관하여 표현한다는 점에서 중요하다. e^x이 모든 실수 x에 대하여 정의되므로 모든 실수 x에 대하여 b^x을 정의하기 위해 이 관계식을 이용한다.

정의 일반적인 밑을 가진 지수함수

b를 $b \neq 1$인 양의 실수라 하자. 모든 실수 x에 대하여 다음이 성립한다.

$$b^x = e^{x \ln b}$$

이 정의는 정리 7.1의 성질 4의 빈틈을 메운다($\ln x^p = p \ln x$). b^x의 정의를 사용하여 다음을 얻는다.

$$\text{양수 } x\text{와 실수 } p\text{에 대하여 } x^p = e^{p \ln x}$$

양변에 자연로그를 취하고 e^x과 $\ln x$의 역함수 관계를 이용하면 다음이 성립한다.

$$\text{양수 } x\text{와 실수 } p\text{에 대하여 } \ln x^p = \ln e^{p \ln x} = p \ln x$$

➤ 실수 p에 대하여 $\ln x^p = p \ln x$임을 알고 있고, 또한 정리 7.2의 성질 3을 실수로 확장할 수 있다. 두 실수 x와 y에 대하여 $z = (e^x)^y$의 양변에 자연로그를 취하면 $\ln z = y \ln e^x = xy$ 또는 $z = e^{xy}$이다. 따라서 $(e^x)^y = e^{xy}$이다.

이 방법으로 정리 7.1의 성질 4를 실수 지수까지 확장한다.

b^x이 e^x의 관점에서 정의되듯이 밑이 1이 아닌 양수 b인 로그를 $\ln x$의 관점에서 표현할 수 있다. 필요한 것은 밑 변환 공식이다(1.3절).

$$\log_b x = \frac{\ln x}{\ln b}$$

정리 3.16과 정리 3.18은 밑이 양수 b인 지수함수와 로그함수의 미분을 제공한다. 연쇄 법칙으로 결과를 확장하면 다음과 같은 미분과 적분을 얻는다.

요약 다른 밑을 갖는 미분과 적분

$b > 0$, $b \neq 1$에 대하여 다음이 성립한다.

$$u(x) \neq 0\text{일 때 } \frac{d}{dx}(\log_b |u(x)|) = \frac{1}{\ln b}\frac{u'(x)}{u(x)}, \quad \frac{d}{dx}(b^{u(x)}) = (\ln b) b^{u(x)} u'(x)$$

$$\int b^x dx = \frac{1}{\ln b} b^x + C$$

QUICK CHECK 4 일반적인 밑 b에 대한 미분과 적분 결과가 $b = e$일 때 예상된 결과로 도출되는지 확인하여라. ◀

| 예제 3 | 다른 밑을 갖는 지수가 포함된 적분 다음 적분을 구하여라.

a. $\int x\, 3^{x^2} dx$ **b.** $\int_1^4 \frac{6^{-\sqrt{x}}}{\sqrt{x}} dx$

풀이

a. $\int x\, 3^{x^2}\, dx = \frac{1}{2}\int 3^u\, du$ $\quad u = x^2,\ du = 2x\,dx$

$= \frac{1}{2}\frac{1}{\ln 3}3^u + C$ $\quad$ 적분하기

$= \frac{1}{2\ln 3}3^{x^2} + C$ $\quad u = x^2$으로 놓기

b. $\int_1^4 \frac{6^{-\sqrt{x}}}{\sqrt{x}}\, dx = -2\int_{-1}^{-2} 6^u\, du$ $\quad u = -\sqrt{x},\ du = -\frac{1}{2\sqrt{x}}\,dx$

$= -\frac{2}{\ln 6}6^u\Big|_{-1}^{-2}$ $\quad$ 미적분학의 기본 정리

$= \frac{5}{18\ln 6}$ $\quad$ 간단히 하기

관련 연습문제 24번 ◀

4단계: 일반적인 거듭제곱 법칙

$x^p = e^{p\ln x}$을 사용하면 거듭제곱 법칙의 최종 버전을 기술하고 증명할 수 있다. 3장에서 p가 유리수일 때 다음이 성립함을 보였다.

$$\frac{d}{dx}(x^p) = px^{p-1}$$

이 결과는 $x^p = e^{p\ln x}$을 미분하여 모든 실수 p까지 확장된다.

$$\frac{d}{dx}(x^p) = \frac{d}{dx}(e^{p\ln x}) \qquad x^p = e^{p\ln x}$$

$$= \underbrace{e^{p\ln x}}_{x^p}\frac{p}{x} \qquad \text{연쇄 법칙}$$

$$= x^p\frac{p}{x} \qquad e^{p\ln x} = x^p$$

$$= px^{p-1} \qquad \text{간단히 하기}$$

정리 7.4 일반적인 거듭제곱 법칙

임의의 실수 p에 대하여 다음이 성립한다.

$$\frac{d}{dx}(x^p) = px^{p-1}, \quad \frac{d}{dx}(u(x)^p) = pu(x)^{p-1}u'(x)$$

| 예제 4 | 탑 함수의 도함수 $f(x) = x^{2x}$의 도함수를 구하여라.

풀이 역함수 관계 $e^{\ln x} = x$를 이용하여 $x^{2x} = e^{\ln(x^{2x})} = e^{2x\ln x}$으로 나타낸다.

$$\begin{aligned}\frac{d}{dx}(x^{2x}) &= \frac{d}{dx}(e^{2x\ln x}) \\ &= \underbrace{e^{2x\ln x}}_{x^{2x}}\frac{d}{dx}(2x\ln x) && \frac{d}{dx}(e^{u(x)}) = e^{u(x)}u'(x) \\ &= x^{2x}\left(2\ln x + 2x\cdot\frac{1}{x}\right) && \text{곱의 법칙} \\ &= 2x^{2x}(1+\ln x) && \text{간단히 하기}\end{aligned}$$

관련 연습문제 7, 9번 ◀

e의 근삿값

수 e는 $\ln x$와 e^x의 밑임을 알아봤다. 이때 e의 값을 어떻게 근사할 것인가? $x=1$에서 $\ln x$의 미분은 1임을 기억하자. 미분의 정의에 의해 다음이 성립한다.

▶ $\frac{d}{dx}(\ln x) = \frac{1}{x}$이므로 $\frac{d}{dx}(\ln x)\Big|_{x=1} = \frac{1}{1} = 1$이다.

$$\begin{aligned}1 = \frac{d}{dx}(\ln x)\Big|_{x=1} &= \lim_{h\to 0}\frac{\ln(1+h)-\ln 1}{h} && x=1\text{에서 } \ln x\text{의 미분} \\ &= \lim_{h\to 0}\frac{\ln(1+h)}{h} && \ln 1 = 0 \\ &= \lim_{h\to 0}\ln(1+h)^{1/h} && p\ln x = \ln x^p\end{aligned}$$

▶ 여기서 2.6절의 정리 2.12가 적용된다. $g(a)$에서 f가 연속이고 $\lim_{x\to a} g(x)$가 존재하면 $\lim_{x\to a} f(g(x)) = f(\lim_{x\to a} g(x))$이다.

자연로그는 $x>0$에서 연속이므로 $\lim_{h\to 0}$과 $\ln(1+h)^{1/h}$의 순서를 바꾸는 것이 허용된다.

$$\ln\big(\underbrace{\lim_{h\to 0}(1+h)^{1/h}}_{e}\big) = 1$$

$\ln e = 1$이므로 e는 방정식을 만족하는 유일한 수이다. 즉, 괄호 안의 극한값은 e이다. 따라서 극한값으로서 단 하나의 e는 다음과 같다.

$$e = \lim_{h\to 0}(1+h)^{1/h}$$

표 7.1은 $h\to 0$일 때 $(1+h)^{1/h}\to 2.718282\cdots$임을 보여 준다. 이 극한값이 e이고, 수많은 숫자로 계산된다. 근삿값

$$e \approx 2.718281828459045$$

는 10장에서 소개하는 방법으로 얻을 수 있다.

표 7.1

h	$(1+h)^{1/h}$	h	$(1+h)^{1/h}$
10^{-1}	2.593742	-10^{-1}	2.867972
10^{-2}	2.704814	-10^{-2}	2.731999
10^{-3}	2.716924	-10^{-3}	2.719642
10^{-4}	2.718146	-10^{-4}	2.718418
10^{-5}	2.718268	-10^{-5}	2.718295
10^{-6}	2.718280	-10^{-6}	2.718283
10^{-7}	2.718282	-10^{-7}	2.718282

7.1절 연습문제

1단계 스타트

1. $\ln x$의 정의역과 치역은 무엇인가?

2. $\int 4^x\,dx$를 구하여라.

3. 3^x, x^{π}, $x^{\sin x}$을 밑 e로 나타내어라.

2단계 실전

4–14. 도함수 다음 도함수를 구하여라.

4. $\frac{d}{dx}(x \ln x^3)$

5. $\frac{d}{dx}(\sin(\ln x))$

6. $\frac{d}{dx}((\ln 2x)^{-5})$

7. $\frac{d}{dx}((2x)^{4x})$

8. $\frac{d}{dx}(2^{(x^2)})$

9. $\frac{d}{dx}((x+1)^{2x})$

10. $\frac{d}{dy}(y^{\sin y})$

11. $\frac{d}{dx}(e^{-10x^2})$

12. $\frac{d}{dx}(x^{2x})$

13. $\frac{d}{dx}\left(\left(\frac{1}{x}\right)^x\right)$

14. $\frac{d}{dx}\left(1+\frac{4}{x}\right)^x$

15–31. 적분 다음 적분을 구하여라. 필요하다면 절댓값을 포함하여라.

15. $\int_0^3 \frac{2x-1}{x+1}\,dx$

16. $\int_e^{e^2} \frac{dx}{x \ln^3 x}$

17. $\int \frac{e^{2x}}{4+e^{2x}}\,dx$

18. $\int_{e^2}^{e^3} \frac{dx}{x \ln x \ln^2(\ln x)}$

19. $\int_0^2 4xe^{-x^2/2}\,dx$

20. $\int \frac{e^{\sqrt{x}}}{\sqrt{x}}\,dx$

21. $\int \frac{e^x+e^{-x}}{e^x-e^{-x}}\,dx$

22. $\int_{-1}^1 10^x\,dx$

23. $\int_1^2 (1+\ln x)x^x\,dx$

24. $\int x^2 6^{x^3+8}\,dx$

25. $\int xe^{3x^2+1}\,dx$

26. $\int 3^{-2x}\,dx$

27. $\int x^2 10^{x^3}\,dx$

28. $\int_1^{2e} \frac{3^{\ln x}}{x}\,dx$

29. $\int_1^{e^2} \frac{(\ln x)^5}{x}\,dx$

30. $\int_0^{\ln 2} \frac{e^{3x}-e^{-3x}}{e^{3x}+e^{-3x}}\,dx$

31. $\int \frac{e^{5+\sqrt{x}}}{\sqrt{x}}\,dx$

32–33. 계산기 계산기를 사용하여 표 7.1과 유사한 표를 만든 후, 극한의 근삿값을 구하여라. 로피탈 법칙으로 결과를 확인하여라.

32. $\lim_{h\to 0}(1+2h)^{1/h}$

33. $\lim_{x\to 0}\frac{2^x-1}{x}$

34. 참 또는 거짓 다음 명제가 참이면 증명하고 거짓이면 반례를 들어라. $x > 0$, $y > 0$이라고 가정하자.

a. $\ln xy = \ln x + \ln y$

b. $\ln 0 = 1$

c. $\ln(x+y) = \ln x + \ln y$

d. $2^x = e^{2\ln x}$

e. 구간 $[1, e]$에서 곡선 $y = 1/x$ 아래 x축으로 둘러싸인 영역의 넓이는 1이다.

3단계 도전

35. 평균값 $p > 1$에 대하여 구간 $[1, p]$에서 $f(x) = \frac{1}{x}$의 평균은 무엇인가? $p \to \infty$일 때, f의 평균은 얼마인가?

36. 구간 면적이 0 함수 $f(x) = \frac{1-x}{x}$를 고려하자.

a. $\int_{1-a}^{1+a} f(x)\,dx = 0$이고 $0 < a < 1$인 수 a는 얼마인가?

b. $\int_{1/a}^{a} f(x)\,dx = 0$이고 $a > 1$인 수 a는 얼마인가?

37. exp (x)의 성질 $\ln x$와 $\exp(x)$의 역함수 관계와 $\ln x$의 성질을 이용하여 다음 성질을 증명하여라.

a. $\exp(0) = 1$

b. $\exp(x-y) = \frac{\exp(x)}{\exp(y)}$

c. $(\exp(x))^p = \exp(px)$, p는 유리수

38. ln x의 극한 다음 사실을 이용하여 $\lim_{x\to\infty}\ln x = \infty$, $\lim_{x\to 0^+}\ln x = -\infty$임을 보여라.

a. 구간 $[1, 2]$에서 함수 $f(x) = 1/x$의 그래프를 그려라. $[1, 2]$에서 곡선 $y = f(x)$와 x축으로 둘러싸인 영역의 넓이가 $\ln 2$인 이유를 설명하여라.

b. 구간 $[1, 2]$에서 높이가 $1/2$인 직사각형을 만들고, $\ln 2 > 1/2$인 이유를 설명하여라.

c. $\ln 2^n > n/2$과 $\ln 2^{-n} > -n/2$을 증명하여라.

d. $\lim_{x\to\infty}\ln x = \infty$와 $\lim_{x\to 0^+}\ln x = -\infty$임을 결론 내려라.

39. e의 경계 적어도 $n = 2$인 균등한 부분구간을 갖는 왼쪽 리만합을 이용하여 $\ln 2 = \int_1^2 \frac{dt}{t}$의 근삿값을 구하고, $\ln 2 < 1$임을 보여라. $n = 7$인 균등한 부분구간을 갖는 오른쪽 리만합을 이용하여 $\ln 3 = \int_1^3 \frac{dt}{t}$의 근삿값을 구하고, $\ln 3 > 1$임을 보여라.

40. 조화합 9장에서 조화합 $1+\frac{1}{2}+\frac{1}{3}+\cdots+\frac{1}{n}$을 배울 것이다. 왼쪽 리만합을 이용하여 $\int_1^{n+1}\frac{dx}{x}$의 근삿값을 구하고, $1+\frac{1}{2}+\frac{1}{3}+\cdots+\frac{1}{n} > \ln(n+1)$임을 보여라. 이 사실을 이

용하여 $\lim_{n\to\infty}\left(1+\frac{1}{2}+\frac{1}{3}+\cdots+\frac{1}{n}\right)$이 존재하지 않음을 보여라.

QUICK CHECK 정답

1. $\{x: x \neq 0\}$ **2.** $2x, 2x, x^2, \ln 2 + x$ **3.** 기울기 = 2; 넓이 = 1 **4.** $b = e$일 때 $\ln b = 1$이다. ◀

7.2 지수 모델

지수함수는 광범위하게 사용된다. 이 절에서 재정, 의학, 생태학, 생물학, 경제학, 약물 동태학, 인류학 및 물리학에서 응용되는 지수함수를 살펴볼 것이다.

지수적 증가

다음 방식으로 증가하는 양을 추정해 보자. 1년 동안 또는 단위시간 동안 수량의 백분율 변화는 일정하게 유지된다. 예를 들어 부동산 투자의 가치가 매년 7%씩 증가한다거나 빵 반죽 한 묶음에 있는 효모균 세포가 분당 1.3%로 증가한다고 가정하자. 두 경우 모두 수량 증가를 모델링하는 간단한 함수를 만들 수 있다.

매년 7%씩 성장하는 부동산 투자에 초점을 맞추자. 시간 $t = 0$에서의 값을 y_0이라 하면 1년 후 가치를 계산하기 위해 y_0의 7%를 y_0에 더한다.

$$t = 1\text{에서의 값: } y_0 + 0.07y_0 = y_0(1 + 0.07) = y_0(1.07)$$

이전 계산에서 수량에 1.07을 곱하면 수량을 7% 늘리는 것과 같았다. 따라서 2년 후 부동산 투자의 가치는 다음과 같다.

$$t = 2\text{에서의 값: } \underbrace{y_0(1.07)}_{t\,=\,1\text{에서의 값}}(1.07) = y_0(1.07)^2$$

이미 일정한 패턴이 나타나고 있다. $t = 3$년 후 투자 가치를 찾기 위해 $t = 2$년 후 투자 가치에 1.07를 곱하면 다음에 도달한다.

$$t = 3\text{에서의 값: } \underbrace{y_0(1.07)^2}_{t\,=\,2\text{에서의 값}}(1.07) = y_0(1.07)^3$$

이 패턴을 바탕으로 언제든지 t의 투자 가치가 다음 지수함수로 주어진다는 것을 발견할 수 있다.

$$y(t) = y_0(1.07)^t \qquad (1)$$

밑이 1.07인 방정식 (1)의 지수함수는 임의의 시간 t년 후 부동산 투자 가치를 적절하게 설명하지만 일반적으로 밑 e로 표현된 함수로 작업하는 것이 더 쉽다. 7.1절에서 살펴본 $b^x = e^{x \ln b}$을 기억하면 방정식 (1)은 다음과 같이 쓸 수 있다.

$$y(t) = y_0(1.07)^t = y_0e^{t \ln 1.07} \approx y_0e^{0.0677t} \qquad \ln 1.07 \approx 0.0677$$

한 시간 단위에서 다음 시간 단위로 백분율 변화가 일정하게 유지되는 수량에 대하여 이 절차를 수행할 수 있다는 것은 명백하다. 그 결과는 다음과 같다.

$$y(t) = y_0 e^{kt}$$

여기서 **비례상수**(rate constant)라고 부르는 상수 k는 한 시간 단위에서 수량의 상수 백분율 변화에 의해 결정된다. $k > 0$일 때 함수 $y(t) = y_0 e^{kt}$을 지수적 증가함수라 하며(그림 7.5), 특별한 성질을 갖는다. y의 도함수는 다음과 같다.

$$y'(t) = y_0 k e^{kt} = k(\underbrace{y_0 e^{kt}}_{y(t)}) \quad (2)$$

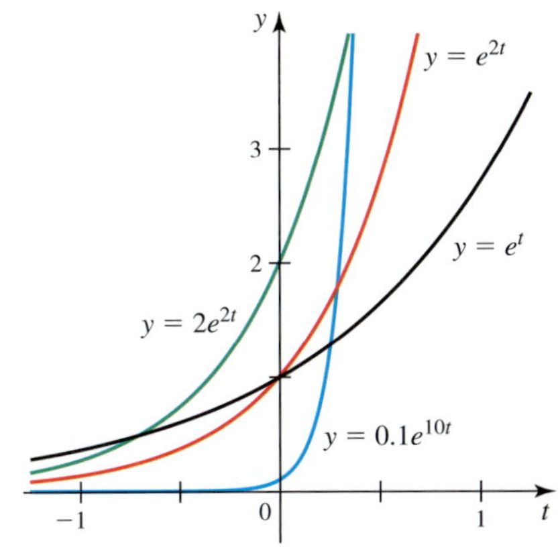

그림 7.5

즉, $y'(t) = ky(t)$이다. 방정식 (2)는 지수적 증가함수의 변화율이 그 값에 비례함을 의미한다. $y(t)$가 모집단을 나타내면 $y'(t)$는 사람/월 또는 cells/hr와 같은 단위를 가진 모집단의 **(절대) 증가율**이다. 증가율은 함숫값에 비례하므로 인구가 많을수록 증가 속도가 빠르다.

➤ 도함수 $\frac{dy}{dt}$는 절대 증가율이지만 일반적으로 증가율이라고 한다.

증가율에 대하여 이야기하는 또 다른 방법은 **상대 증가율**(relative growth rate), 즉 증가율을 양의 현재 값으로 나눈 값 또는 $y'(t)/y(t)$를 사용하는 것이다. 방정식 (2)가 $y'(t)/y(t) = k$ 형태로 표현되면 이는 다른 해석을 갖는다. 지수적으로 증가하는 양은 상대적인 증가율이 일정하다고 한다. 지속적인 상대 증가율 또는 지속적인 백분율 변화는 지수적 증가의 특징이다. 방정식 (1)로 돌아가면 매년 7%의 일정한 백분율 변화가 $k = \ln 1.07 \approx 0.0677$의 비례상수와 같음을 알 수 있다. 예제 1은 지수적 증가와 선형적 증가의 차이를 보여 준다.

| 예제 1 | **선형적 증가 vs. 지수적 증가** 파인 도시의 인구는 $P(t) = 1500 + 125t$이고, 스프루스 도시의 인구는 $S(t) = 1500e^{0.1t}$이다. 여기서 $t \geq 0$은 년 단위로 측정된다고 가정한다. 각 도시의 증가율과 상대 증가율을 구하여라.

➤ 매년 4%씩 일정한 비율로 증가하는 소비자 물가지수는 지수적으로 증가한다. 매월 3%의 일정한 비율로 평가 절하되는 통화는 지수적으로 감소한다. 이와는 대조적으로 선형적 증가는 매년 500명 또는 매월 $400과 같이 지속적인 절대 증가율을 특징으로 한다.

풀이 파인 도시는 선형 함수에 따라 증가하는 반면, 스프루스 도시는 지수적으로 증가한다(그림 7.6). 파인 도시의 증가율은 $P'(t) = 125$명/년이며, 이는 일정하다. 스프루스 도시의 증가율은

$$S'(t) = 0.1(\underbrace{1500e^{0.1t}}_{S(t)}) = 0.1S(t)$$

이고, 증가율은 인구에 비례한다는 것을 보여 준다. 파인 도시의 상대 증가율은 $\frac{P'(t)}{P(t)} = \frac{125}{1500 + 125t}$로 시간이 지날수록 감소한다. 스프루스 도시의 상대 증가율은

$$\frac{S'(t)}{S(t)} = \frac{0.1 \cdot 1500e^{0.1t}}{1500e^{0.1t}} = 0.1$$

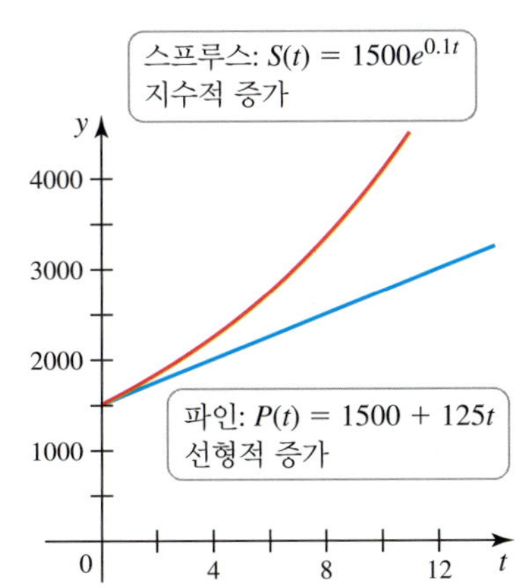

그림 7.6

이고, 이는 일정하다. 요약하면 선형 모집단 함수는 일정한 절대 증가율을 가지며,

지수 모집단 함수는 일정한 상대 증가율을 갖는다.

관련 연습문제 7번 ◀

QUICK CHECK 1 모집단 A는 연 4%의 일정한 비율로 증가하고, 모집단 B는 연간 500명의 일정한 비율로 증가한다. 어느 인구가 지수적으로 증가하는가? 어떤 종류의 증가가 나타나는가? ◀

▶ 단위시간$^{-1}$은 '단위시간마다'라고 읽는다. 예를 들어 달$^{-1}$은 '매달'이라고 읽는다.

$y(t) = y_0 e^{kt}$에서 비례상수 k는 지수함수의 증가율을 결정한다. 시간이 포함된 문제의 경우 k의 단위는 시간$^{-1}$이다. 예를 들어 t를 매월 측정한다면 k의 단위는 월$^{-1}$이다. 이 방식에 의하면 지수 kt는 무차원(단위 없음)이다.

특별한 이유가 없는 한 $t = 0$을 시간의 기준점으로 삼는 것이 일반적이다. $y(t) = y_0 e^{kt}$에서 $y(0) = y_0$이므로 y_0은 관심 수량의 **초깃값**(initial value)이라는 간단한 의미를 갖는다. 예제에서는 일반적으로 두 가지 정보가 제공되는데, 이는 초깃값과 비례상수 k를 결정하는 좋은 단서이다. 초깃값과 비례상수는 지수적 증가함수를 완성시킨다.

지수적 증가함수

지수적 증가는 $y(t) = y_0 e^{kt}$ 형식의 함수로 설명된다. $t = 0$에서 y의 **초깃값**은 $y(0) = y_0$이고, **비례상수** $k > 0$은 증가율을 결정한다. 지수적 증가는 일정한 상대 증가율이 특징이다.

지수적 증가는 일정한 상대 증가율이 특징이므로 수량이 두 배(100% 증가)가 되는 데 필요한 시간이 일정하다. 따라서 지수적으로 증가하는 양을 설명하는 한 가지 방법은 두 배의 시간(doubling time)을 주는 것이다. 함수 $y(t) = y_0 e^{kt}$의 값이 y_0에서 $2y_0$까지 두 배가 되는 데 걸리는 시간을 계산하기 위해 다음을 만족시키는 t의 값을 찾는다.

▶ 초깃값 y_0은 이 식의 양변에 나타난다. 소거하면 두 배가 되는 시간은 초기 조건과 무관하다는 것을 의미한다. 즉, 두 배의 시간은 모든 t에 대하여 일정하다.

$$2y_0 = y_0 e^{kt}$$

방정식 $2y_0 = y_0 e^{kt}$에서 y_0을 소거하면 방정식 $2 = e^{kt}$이 남는다. 양변에 로그를 취하면 $\ln 2 = \ln e^{kt}$, 즉 $\ln 2 = kt$이므로 $t = \frac{\ln 2}{k}$를 얻는다. $T_2 = \frac{\ln 2}{k}$로 놓으면 T_2는 두 배의 시간을 나타낸다. y가 지수적으로 증가하면 100에서 200으로 두 배가 되는 데 걸린 시간은 1000에서 2000까지 두 배가 되는 시간과 같다.

정의 두 배의 시간

함수 $y(t) = y_0 e^{kt}$, $k > 0$ 형태로 표현되는 양은 t와 동일한 단위이며, $T_2 = \frac{\ln 2}{k}$인 일정한 **두 배의 시간**을 갖는다.

QUICK CHECK 2 $y(t) = y_0 e^{kt}$이 y_0에서 $2y_0$까지 두 배가 되는 데 걸리는 시간이 $2y_0$에

서 $4y_0$까지 두 배가 되는 데 걸리는 시간과 동일한지 확인하여라. ◀

| 예제 2 | **세계 인구** 인구 증가율은 지리적으로 다양하고 시간이 지남에 따라 변동한다. 세계 인구의 전반적인 증가율은 1960년대에는 연간 2.1%로 정점을 찍었다. 1999년($t = 0$) 60억 명과 2017년($t = 18$) 74억 명의 세계 인구를 가정하자.

a. 두 데이터 지점에 적합한 세계 인구에 대한 지수적 증가함수를 구하여라.

b. **a**의 모델을 사용하여 세계 인구가 두 배가 되는 시간을 구하여라.

c. $0 \le t \le 50$일 때, (절대적) 증가율 $y'(t)$를 찾아 그래프를 그려라.

d. 증가 모델에 따르면 2020년($t = 21$)에 인구가 얼마나 빠르게 증가할 것으로 예상되는가?

➤ **세계 인구**

1804	10억
1927	20억
1960	30억
1974	40억
1987	50억
1999	60억
2012	70억
2050	90억(예상)

풀이

a. $y(t)$는 1999년 이후 t년 동안 수십 억명으로 측정된 세계 인구라고 가정하자. 증가함수를 $y(t) = y_0 e^{kt}$으로 놓고 y_0과 k를 결정해야 한다. 초깃값은 $y_0 = 6$(60억 명)이다. 비례상수 k를 결정하기 위해 $y(18) = 7.4$를 사용한다. $y_0 = 6$인 증가함수에 $t = 18$을 대입하면 다음을 얻는다.

$$y(18) = 6e^{18k} = 7.4$$

k에 관하여 풀면 $k = \dfrac{\ln(7.4/6)}{18} \approx 0.01165$년$^{-1}$이다.

따라서 증가함수는 다음과 같다.

$$y(t) = 6e^{0.01165t}$$

b. 인구가 두 배가 되는 시간은 다음과 같다.

$$T_2 = \frac{\ln 2}{k} \approx \frac{\ln 2}{0.01165} \approx 59.5(\text{년})$$

c. 증가함수 $y(t) = 6e^{0.01165t}$에서

$$y'(t) = 6(0.01165)e^{0.01165t} = 0.0699e^{0.01165t}$$

이고, 여기서 단위는 10억 명/년이다. 그림 7.7과 같이 증가율 자체는 지수적으로 증가한다.

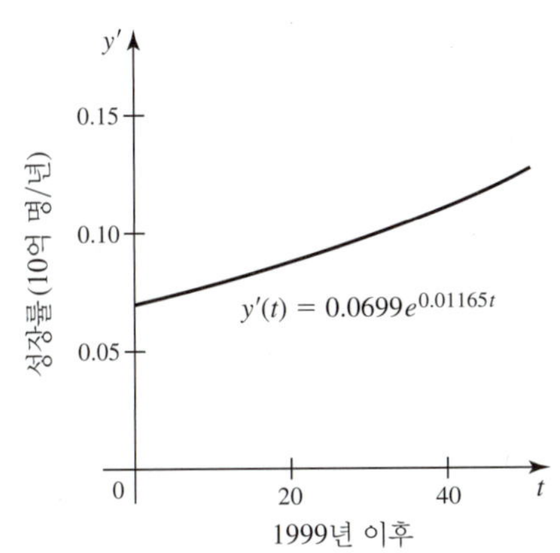

그림 7.7

d. 2020년($t = 21$) 증가율은 다음과 같이 예상된다.

$$y'(21) = 0.0699e^{(0.01165)(21)} \approx 0.0893(10\text{억 명/년})$$

또는 대략 8천 9백만 명/년이다.

관련 연습문제 9번 ◀

➤ 비율을 일로 바꾸면(365로 나눈다) 2020년 세계 인구는 대략적으로 매일 244,600명의 비율로 증가할 것으로 예상된다.

QUICK CHECK 3 $y(t) = 100e^{0.05t}$에 대하여 t가 1단위시간 증가할 때, y가 증가하는 정확한 백분율은 얼마인가?

▶ 연속 복리의 개념은 4.7절 연습문제 43번에서 다루었다.

재무 모델 지수함수는 재무 분야에서 넓게 응용되며, 그 중 몇 가지는 연습문제에서 다룬다. 우선 초기 예금을 계좌에 재투자하여 이자를 얻는 간단한 저축 계좌를 생각해 보자. 이자는 정기적으로(예를 들어 연 1회, 월 1회, 일 1회) 지급하거나 이자가 계속 복리가 될 수 있다. 모든 경우 계좌의 잔액은 알려진 **연간 수익률**로 결정되는 비율로 지수적으로 증가한다. 추가 예금을 하지 않는다고 가정하면 계좌의 잔액은 지수적 증가함수 $y(t) = y_0e^{kt}$을 따른다. 여기서 y_0은 초기 예금이고 t는 년 단위로 측정되며, k는 연간 수익률로 결정된다.

| 예제 3 | 복리 저축 계좌의 연간 수익률은 1년 동안 잔액이 증가하는 비율이다. 연간 수익률이 6.18%인 저축 계좌에 $500를 저축했다고 가정하자. 금리가 일정하고 추가적인 예금이나 인출은 없다고 가정하자. 잔액이 $2500이 되는 데 얼마나 걸리는가?

풀이 잔액이 매년 고정된 비율로 증가하므로 잔액은 지수적으로 증가한다. $y(t)$를 $y_0 = \$500$로 최초 예금한 지 t년 후 잔액으로 가정하면 $y(t) = y_0e^{kt}$이며, 이때 비례상수 k를 결정해야 한다. 초기 잔액이 y_0이면 1년 후 잔액은 6.18% 더 많거나 또는

▶ 잔액이 1년 만에 6.18% 증가하면 1.0618배로 증가하게 된다.

$$y(1) = 1.0618y_0 = y_0e^k$$

이다. k에 관하여 풀면 비례상수는 다음과 같다.

$$k = \ln 1.0618 \approx 0.060 \text{ yr}^{-1}$$

따라서 $t \geq 0$일 때 잔액은 $y(t) = 500e^{0.060t}$이다. 잔액이 $2500에 도달하는 데 걸리는 시간을 결정하기 위해 다음 방정식을 푼다.

$$y(t) = 500e^{0.060t} = 2500$$

500으로 나누고 양변에 로그를 취하면 다음을 얻는다.

$$0.060t = \ln 5$$

잔액은 $t = (\ln 5)/0.060 \approx 26.8$ yr 후 $2500에 도달한다.

관련 연습문제 11번 ◀

자원 소비량 많이 사용되는 자원 중 에너지는 분명히 가장 중요한 요소 중 하나이다. 에너지의 기본 단위는 **줄**(J)이며, 대략 0.1 kg 물체(오렌지 1개)를 1 m만큼 들어 올리는 데 필요한 에너지이다. 에너지가 소비되는 비율은 **전력**(power)이라 한다. 전력의 기본 단위는 **와트**(W)이고, 1 W = 1 J/s이다. 1분 동안 100 W 전구를 켠다면 전구는 100 J/s의 비율로 에너지를 소비하고, 총 100 J/s·60 s = 6000 J의 에너지를 쓸 것이다.

많은 양의 에너지를 측정하는 유용한 한 가지 방법은 **킬로와트시**(kWh)이다. 1킬로와트는 1000 W 또는 1000 J/s이다. 따라서 1 hr(3600 s) 동안 1 kW의 비율로

에너지를 소비한다면 총 $1000 \text{ J/s} \cdot 3600\text{s} = 3.6 \times 10^6 \text{J}$의 에너지를 쓸 것이다. 1시간 동안 달리는 사람은 대략 1 kWh의 에너지를 소비한다. 일반적인 가정에서는 한 달에 1000 kWh를 사용한다.

(사람, 기계, 도시 등이) 사용한 총 에너지가 함수 $E(t)$로 주어진다고 가정한다. 전력 $P(t)$는 에너지가 사용되는 비율이므로 $P(t) = E'(t)$이다. 6.1절의 개념을 이용하여 시간 $t = a$에서 $t = b$까지 사용된 전체 에너지는 다음과 같다.

$$\text{사용된 전체 에너지} = \int_a^b E'(t)\, dt = \int_a^b P(t)\, dt$$

에너지가 전력 곡선 아래의 넓이임을 알 수 있다. 이를 바탕으로 에너지 소비율이 지수적으로 증가하는 상황을 조사할 수 있다.

| 예제 4 | 에너지 소비량 2010년 초 덴버 도시의 에너지 소비량은 7000메가와트(MW)였다. 여기서 1 MW = 10^6 W이다. 이 소비량은 연간 2%의 비율로 증가할 것으로 예상된다.

a. 2010년 초 이후 모든 시간의 에너지 소비 전력 또는 비율을 제공하는 함수를 구하여라.

b. 2018년 한 해 동안 사용된 에너지의 총량을 구하여라.

c. 2010년과 임의의 시간 $t \geq 0$ 사이에 도시에서 사용되는 총(누적) 에너지의 양을 구하는 함수를 구하여라.

풀이

a. $t \geq 0$은 2010년 이후 연수라 하고, $P(t)$를 시간 t에서 에너지 소비율을 제공하는 전력 함수라 하자. P가 매년 2%씩 일정한 비율로 증가하므로 지수적으로 증가한다. 따라서 $P(t) = P_0 e^{kt}$이고, 여기서 $P_0 = 7000$ MW이다. $t = 1$을 대입하여 k를 결정하면 1년 후 전력량은 다음과 같다.

$$P(1) = P_0 e^k = 1.02 P_0 \qquad \text{2\% 증가 또는 1.02배 증가}$$

P_0을 소거하고 k에 관하여 풀면 $k = \ln 2 \approx 0.0198$이다. 따라서 전력 함수(그림 7.8)는 다음과 같다.

$$P(t) = 7000e^{0.0198t}, \quad t \geq 0$$

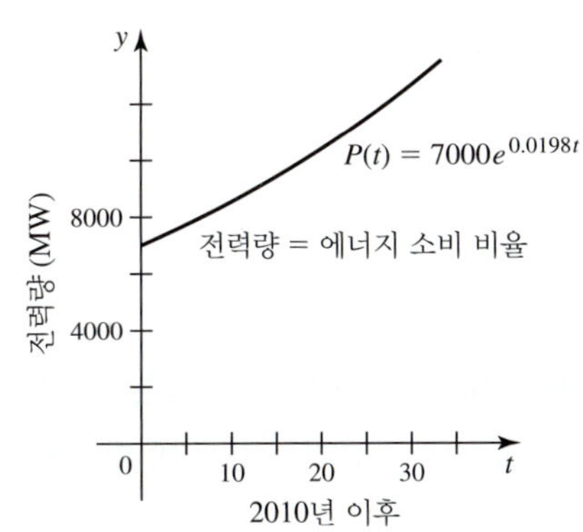

그림 7.8

➤ 연간 증가율이 2%일 때 $k = 2\% = 0.02$년$^{-1}$으로 가정하는 것은 흔한 실수이다. 비례상수 k는 예제 4a와 같이 $k \approx 0.0198$이 되도록 계산해야 한다. 증가율이 클수록 k와 실제 증가율의 차이가 커진다.

b. 2018년 한 해는 구간 $8 \leq t \leq 9$에 해당하고, $P(t) = 7000e^{0.0198t}$에 대입하면 2018년에 사용된 에너지의 총량은 다음과 같다.

$$\begin{aligned}
\int_8^9 P(t)\, dt &= \int_8^9 7000e^{0.0198t}\, dt && P(t) \text{ 대입하기} \\
&= \frac{7000}{0.0198} e^{0.0198t} \Big|_8^9 && \text{미적분학의 기본 정리} \\
&\approx 8283 && \text{계산하기}
\end{aligned}$$

P의 단위는 MW이고 t는 연단위이므로 에너지의 단위는 MW-yr이다. MWh로 바꾸기 위해 8760 hr/yr을 곱하면 총 에너지는 약 7.26×10^7 MWh(또는 7.26×10^{10} kWh)이다.

c. $t = 0$과 미래 시간 t 사이에 사용된 총 에너지는 미래의 값 공식에 의해 주어진다(6.1절).

$$E(t) = E(0) + \int_0^t E'(s)\,ds = E(0) + \int_0^t P(s)\,ds$$

$t = 0$이 2010년 초에 해당한다고 가정하면 $E(0) = 0$이다. 다시 전력 함수 P에 대입하면 시간 t에서 총 에너지(MW-yr)는 다음과 같다.

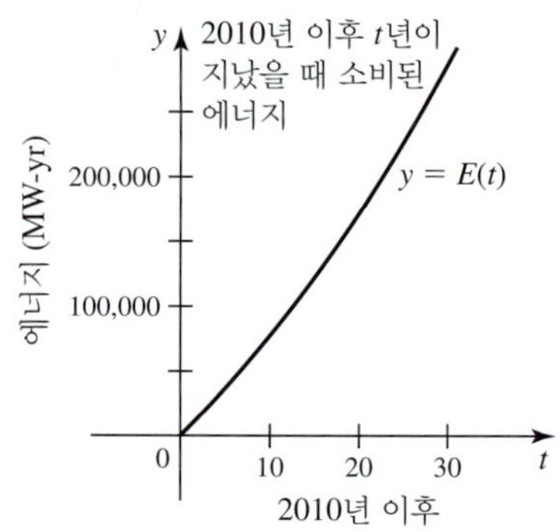

그림 7.9

$$\begin{aligned} E(t) &= E(0) + \int_0^t P(s)\,ds \\ &= 0 + \int_0^t 7000e^{0.0198s}\,ds && P(s),\ E(0)\text{ 대입하기} \\ &= \frac{7000}{0.0198}\,e^{0.0198s}\Big|_0^t && \text{미적분학의 기본 정리} \\ &\approx 353{,}535(e^{0.0198t} - 1) && \text{계산하기} \end{aligned}$$

그림 7.9에서와 같이 에너지 소비율이 지수적으로 증가하면 총 에너지 소비량도 지수적으로 증가한다. ◄

지수적 감소

지수적 증가에 대하여 배운 모든 것은 지수적 감소로 이어진다. 지수적으로 감소하는 함수의 형태는 $y(t) = y_0 e^{kt}$ 이다. 여기서 $y_0 = y(0)$은 초깃값이고 $k < 0$은 비례상수이다.

지수적 감소는 일정한 상대 감소율과 일정한 **반감기**(half-life)가 특징이다. 예를 들어 방사능의 플루토늄(plutonium)의 반감기는 24,000년이다. 즉, 1 mg의 초기 샘플은 24,000년 후 0.5 mg으로, 48,000년 후 0.25 mg으로 감소한다. $T_{1/2}$로 표시한 반감기를 계산하려면 $y(t) = y_0 e^{kt}$ 이 현재 값의 절반에 도달하는 데 필요한 시간을 구하면 된다. 즉, $y_0/2 = y_0 e^{kt}$을 풀어 t의 값을 구한다. y_0을 소거하고 양변에 로그를 취하면 다음을 얻는다.

QUICK CHECK 4 30년마다 8배로 감소하는 물질의 반감기는 몇 년인가? ◄

$$\frac{1}{2} = e^{kt} \quad\Rightarrow\quad \ln\frac{1}{2} = kt \quad\Rightarrow\quad t = \frac{\ln(1/2)}{k}$$

> **지수적 감소함수**
>
> 지수적 감소는 $y(t) = y_0 e^{kt}$ 형식의 함수로 설명된다. y의 초깃값은 $y_0 = y(0)$이고, 비례상수 $k < 0$은 감소율을 결정한다. 지수적 감소는 일정한 상대 감소율이 특징이다. 일정한 **반감기**는 $T_{1/2} = \dfrac{\ln(1/2)}{k}$ 이고, 단위는 t와 같다.

➤ $\ln(1/2) < 0$, $k < 0$이므로 $T_{1/2} > 0$이다.

방사능 연대 추정 고대 물건(예를 들어 화석, 뼈, 운석, 동굴 벽화)의 연대를 추정하는 강력한 방법은 특정 원소의 방사능 감소를 조사하는 것이다. 방사능 동위원소 C-14는 방사능 물질에 존재하는 탄소 동위원소이다. 유기체가 죽으면 C-14를 대체하는 것을 멈추고, 존재하는 C-14는 약 $T_{1/2} = 5730$년의 반감기로 감소한다. 살아 있는 유기체의 C-14를 죽은 샘플의 양과 비교하여 연대를 추정한다.

| 예제 5 | 연대 추정 연구자들은 화석화된 뼈 속 C-14의 양이 살아 있는 뼈 속 C-14의 양의 30%라는 것을 알아냈다. 뼈의 연대를 추정하여라. 이때 C-14의 반감기는 5730년이라고 가정한다.

풀이 지수적 감소함수 $y(t) = y_0 e^{kt}$은 동물이 죽은 지 t년 후 뼈에 있는 C-14의 양을 나타낸다. 반감기 공식에 의해 $T_{1/2} = \ln(1/2)/k$이므로 $T_{1/2} = 5730$ yr을 대입하면 비례상수는 다음과 같다.

$$k = \frac{\ln(1/2)}{T_{1/2}} = \frac{\ln(1/2)}{5730 \text{ yr}} \approx -0.000121 \text{ yr}^{-1}$$

살아 있는 뼈에 있는 C-14의 양을 y_0이라 가정한다. t년 동안 화석화된 뼈에 있는 C-14의 양은 초깃값의 30%, 즉 $0.3y_0$으로 감소한다. 감소함수를 이용하면 다음을 얻는다.

$$0.3y_0 = y_0 e^{-0.000121t}$$

t에 관하여 풀면 뼈의 연대는 다음과 같다.

$$t = \frac{\ln 0.3}{-0.000121} \approx 9950$$

관련 연습문제 18번 ◀

약동학 약동학은 약물이 신체에 흡수되는 과정을 설명한다. 몸에서 대부분의 약물이 제거되는 양상은 반감기를 갖는 지수적 감소함수로 모델링할 수 있다. 가장 간단한 모델은 전체 약물 용량이 즉시 혈액에 흡수된다고 가정하는 것이다. 이 가정은 약간 이상적이다. 더 세밀한 수학적 모델은 흡수 과정을 설명한다.

| 예제 6 | 약동학 지수적 감소함수 $y(t) = y_0 e^{kt}$은 초기 용량 $y_0 = 100$ mg을 투여한 지 t시간 후 혈중 혈액의 양을 모델링한다. 이때 약물의 반감기가 16시간이라 가정한다.

a. 혈액 내 약물의 양을 조절하는 지수적 감소함수를 구하여라.

b. 약물이 초기 용량(1mg)의 1%에 도달하는 데 얼마나 걸리는가?

c. 첫 번째 약을 투여한 지 12시간 후 두 번째 약을 100 mg 투여할 경우 약물 수치가 1 mg에 도달하는 데 얼마나 걸리는가?

➤ **일반 약의 반감기 근삿값**

페니실린	1 hr
아목시실린	1 hr
니코틴	2 hr
모르핀	3 hr
테트라사이클린	9 hr
디기탈리스	33 hr
페노바비탈	2–6 days

풀이

a. 반감기가 16 hr이므로 비례상수는 다음과 같다.

$$k = \frac{\ln(1/2)}{T_{1/2}} = \frac{\ln(1/2)}{16\text{ hr}} \approx -0.0433\text{ hr}^{-1}$$

따라서 감소함수는 $y(t) = 100e^{-0.0433t}$이다.

b. 약물이 1 mg에 도달하는 데 걸리는 시간은 다음 방정식의 해이다.

$$100e^{-0.0433t} = 1$$

t에 관하여 풀면 다음을 얻는다.

$$t = \frac{\ln 0.01}{-0.0433\text{ hr}^{-1}} \approx 106\text{ hr}$$

약물이 초기 투여량의 1%로 감소하는 데 4일 이상이 걸린다.

c. **a**의 지수적 감소함수를 이용하여 12시간 후 혈액 내 약물의 양을 구하면 다음과 같다.

$$y(12) = 100e^{-0.0433\cdot 12} \approx 59.5\text{ mg}$$

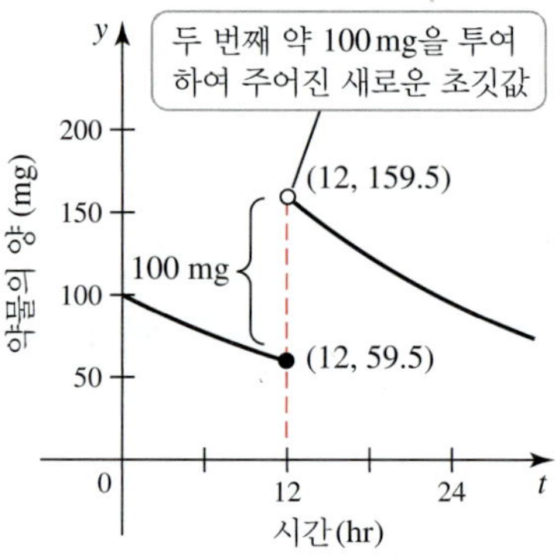

그림 7.10

12시간 후 두 번째 약 100 mg 투여 시 약물의 양은 159.5 mg으로 증가한다. 이 양은 다른 지수적 감소 과정의 새로운 초깃값이 된다(그림 7.10). 두 번째 약 투여 시점으로부터 t시간 후 측정한 혈액 내 약물의 양은 다음과 같다.

$$y(t) = 159.5e^{-0.0433t}$$

약물의 양은

$$y = 159.5e^{-0.0433t} = 1$$

일 때 1 mg에 도달하며, 걸리는 시간은 다음과 같다.

$$t = \frac{-\ln 159.5}{-0.0433\text{ hr}^{-1}} = 117.1\text{ hr}$$

$\ln \frac{1}{159.5} = -\ln 159.5$

두 번째 약을 투여한 지 약 117 hr(또는 첫 번째 약을 투약한 지 129 hr) 후 약물의 양은 1 mg에 도달한다.

관련 연습문제 15번 ◀

7.2절 연습문제

1단계 스타트

1. 상대 증가율의 관점에서 지수적 증가의 정의는 무엇인가?

2. 두 배의 시간의 의미를 설명하여라.

3. 비례상수와 두 배의 시간과의 관계는 무엇인가?

4. 함수 $y(t) = y_0e^{kt}$(t는 연 단위)으로 표현되는 어떤 물질의 양이 20년 후 두 배가 된다고 할 때, 비례상수 k를 구하여라.

5. 지수적 증가로 모델링되는 두 가지 예를 들어라.

6. 포식자가 없는 어느 조그만 섬의 토끼의 개체수는 매달 11%

증가한다고 한다. 지금부터 t달 후 섬의 토끼 개체수를 $y(t)$라 할 때, 증가함수 $y(t) = y_0 e^{kt}$에서 비례상수 k를 구하여라.

2단계 실전

7. 절대 증가율과 상대 증가율 두 함수 $f(t) = 100 + 10.5t$, $g(t) = 100e^{t/10}$에 대하여 선형 함수의 증가율은 일정하고, 지수함수의 상대 증가율도 일정함을 보여라.

8–10. 지수적 증가함수 설계 주어진 상황에서 다음 단계를 수행하여라.

a. 비례상수 k를 구하고, 이를 이용하여 데이터에 적합한 지수적 증가함수를 만들어라.

b. 추가되는 질문에 답하여라.

8. 인구 2016년 인구가 90,000명인 도시의 인구는 매년 2.4% 증가한다. 인구가 120,000명에 도달하는 연도는 언제인가?

9. 인구 어느 도시의 현재 인구는 50,000명이고, 인구는 지수적으로 증가한다. 인구가 10년 후 55,000명으로 증가할 것이라고 예상될 때, 지금부터 20년 후 인구는 몇 명으로 예상되는가?

10. 비용 상승 2010년과 2016년 사이 평균 인플레이션은 매년 약 1.6%이다. 2010년 식료품 카트가 \$100이고 인플레이션 비율이 매년 1.6%로 일정하다고 가정할 때, 2025년 식료품 카트는 얼마인가?

11. 연간 수익률 결정 저축 계좌에 예금해 놓은 \$1000가 지수적으로 증가한다고 한다. 5년 후 계좌의 금액이 \$1200으로 증가할 때, 연간 수익률을 구하여라. 이때 이율이 일정하고 추가적인 예금이나 인출이 없다고 가정한다.

12. 추정 민감도 2014년 미국 통계청에서 발표한 인구 조사서에 따르면 미국 인구는 매년 0.79%의 증가 비율로 2020년에는 334.4백만 명이 될 것이라 예상한다.

a. 이 수치를 바탕으로 인구가 두 배로 되는 시기와 2050년 인구를 구하여라. 증가율은 상수라고 가정한다.

b. 실제 증가율이 0.7%라고 가정하자. 인구가 두 배로 되는 시기와 2050년 인구를 구하여라.

13. 텍사스의 인구 텍사스는 2016년에 미국에서 인구가 세 번째로 많이 증가하는 도시이다. 텍사스는 2010년 25.1백만 명에서 2016년 26.47백만 명으로 증가했다. 지수적 증가 모델을 사용하여 2025년 텍사스의 인구를 예측하여라.

14–15. 지수적 감소함수 설계 다음 데이터에 적합한 지수적 감소함수를 만든 다음 질문에 답하여라. 기준점($t = 0$)과 시간 단위를 식별해야 한다.

14. 범죄율 2018년에 800건의 살인이 발생하는 도시의 살인 비율이 매년 3%로 감소했다. 이 비율로 한 해 600건의 살인에 도달하는 시기는 언제인가?

15. 바륨 대사 36시간의 반감기를 갖는 바륨 약은 혈류에서 제거된다. 환자가 처음 자정에 20 mg의 바륨 약을 복용했다고 가정하자. 다음 날 정오에 환자의 피에 얼마만큼의 바륨 약이 존재하겠는가? 바륨 약이 처음 수준의 10% 농도에 도달하는 때는 언제인가?

16. 웨스트 버지니아 인구 웨스트 버지니아 인구는 2010년 1.853백만 명에서 2016년 1.831백만 명으로 감소했다. 지수적 모델을 사용하여 2025년 인구를 예측하여라. 지수적 (감소) 모델이 웨스트 버지니아 인구의 장기적 모델에 적합하지 않은 이유를 설명하여라.

17. 대기압 해수면에서 지구 대기의 기압은 약 1000밀리바이고, 고도에 따라 지수적으로 감소한다. 30,000 ft(약 에베레스트 산의 높이) 고도에서 기압은 해수면 기압의 1/3이다. 지구 대기의 기압이 해수면 기압의 절반이 되는 고도는 얼마인가? 해수면 기압의 1%에 해당하는 고도는 얼마인가?

18. 우라늄 연대 측정 우라늄-228(U-228)은 반감기가 45억 년이다. 지질학자는 U-228과 납이 혼합되어 있는 돌을 찾았고, U-228의 85%가 남아 있으며 나머지 15%는 납으로 붕괴됐다는 것을 밝혀냈다. 이 돌은 얼마나 오래되었는가?

19. 카페인 일반인이 카페인이 들어 있는 음료를 마신 후 혈류에 남아 있는 카페인 양은 지수적 감소 함수로 모델링할 수 있다. 반감기는 나이, 몸무게를 포함하여 다양한 요인에 의해 달라지지만, 간단히 하기 위해 어느 에너지 음료의 카페인은 즉시 혈류로 들어가서 없어진다고 가정하자. 일반인이 카페인이 포함된 이 에너지 음료를 마신다고 하자. 2시간 후 에너지 음료의 카페인의 80%가 혈류에 남아 있을 때, 카페인의 반감기를 구하여라.

20. LED 조명 어느 LED(발광다이오드) 전구는 원가가 급격히 낮아지고 있으며, 표준 백열 전구나 CFL(콤팩트 형광등) 전구에 비해 에너지 효율이 높다. 일부 추정에 따르면 LED 전구는 백열 전구보다 40배 이상, CFL 전구보다 8배 이상 더 오래 지속된다고 한다. 하이츠의 법칙은 LED 전구의 루멘당 비용이 10년마다 10배씩 감소할 것으로 예측한다. 이는 10년 후 LED 전구 한 개의 비용이 현재 원가의 10분의 1이

된다는 의미이다. 2018년 4달러인 특정 LED 전구 비용이 2021년에는 얼마가 되는지 예측하여라.

21. **암세포 증가** 암세포가 이상적으로 반지름이 5 μm인 구 모양이라 가정하자. 암세포의 수는 35일이 지나면 두 배가 된다. 한 암세포가 부피가 0.5 cm^3(1 cm = 10,000 μm)를 갖는 여러 암세포로 증가하는 데 얼마나 걸리는가? 암세포의 구 모양은 빽빽이 채워진다고 가정하자.

22. **참 또는 거짓** 다음 명제가 참이면 증명하고 거짓이면 반례를 들어라.

a. 어떤 물질의 양이 매년 6% 증가하면 증가함수 $y(t) = y_0e^{0.06t}$을 따른다고 한다.

b. 어떤 물질의 양이 매년 10% 증가하면 3년 동안 30% 증가한다.

c. 어떤 물질의 양이 매달 1/3로 감소하면 이 양은 지수적으로 감소한다.

d. 지수적 증가함수의 일정한 비율이 증가하면 두 배의 시간은 감소한다.

e. 어떤 물질의 양이 지수적으로 증가하면 10배로 증가하는 데 필요한 시간은 모든 시간 동안 상수이다.

3단계 도전

23. **화학 요법** 다트머스 대학의 실험에 의하면 어느 암세포가 있는 쥐는 화학 요법 약물인 시스플라틴으로 치료됐다. 치료 전 암세포는 복제 세포로 구성되어 있고, 이는 빠르게 분열되며 2.9일마다 크기가 두 배가 된다고 가정한다. 치료 후 99%의 암세포가 진행이 중단된 세포가 되며, 이는 분해되지 않고 5.7일마다 부피가 50%로 작아진다. 어떤 특별한 쥐에 대하여 치료 시 암세포의 크기가 0.5 cm^3라고 가정하자.

a. 치료한 지 t일 후 암세포에서 진행이 중단된 세포의 총 부피를 나타내는 지수적 감소함수 $V_1(t)$를 구하여라.

b. 치료한 지 t일 후 복제 세포의 총 부피를 나타내는 지수적 증가함수 $V_2(t)$를 구하여라.

c. **a**, **b**를 이용하여 치료 후 암세포의 부피를 나타내는 $V(t)$를 구하여라.

d. $V(t)$, $0 \le t \le 15$의 그래프를 그려라. 시스플라틴을 사용한 치료가 없다고 가정하면 암세포의 크기는 어떻게 되는가?

e. 화학 요법 치료가 두 번 이상 필요한 경우에는 종양이 다시 자라기 시작하기 직전에 두 번째 치료를 하는 것이 최선인 경우가 많다. 이 쥐의 경우 두 번째 치료는 언제 해야 하는가(출처: *Motivating Calculus with Biology, MAA Notes*, 81, 2013)?

24. **경주** 같은 시간에 같은 장소에서 A와 B가 각각 $u(t) = \dfrac{4}{t+1}$ mi/hr, $v(t) = 4e^{-t/2}$ mi/hr, $t \ge 0$의 속도로 경주를 펼친다.

a. $t = 5$시간 후 누가 앞서는가? $t = 10$시간 후에는 누가 앞서는가?

b. A, B의 위치 함수의 그래프를 그려라. 시간이 제한되지 않는다면 누가 유한한 길이를 뛰겠는가?

25. **복합 인플레이션** 미국 정부는 물가 상승률(소비자 물가지수로 측정)을 매월, 매년 보고한다. 특정 달에 **월간** 물가 상승률이 0.8%로 보고된다고 가정하자. 이 비율이 일정하다면 그에 상응하는 **연간** 인플레이션 비율은 얼마인가? 연간 요금이 월 요금의 12배인가? 이유를 설명하여라.

26. **등가 성장 함수** 동일한 지수적 증가함수는 세 가지 형태인 $y(t) = y_0e^{kt}$, $y(t) = y_0(1+r)^t$, $y(t) = y_0 2^{t/T_2}$으로 표현할 수 있다. k를 r의 함수로, r은 T_2의 함수로, T_2를 k의 함수로 나타내어라.

27. **일정한 두 배의 시간** 지수적으로 증가하는 양에 대한 두 배의 시간이 항상 일정함을 증명하여라.

QUICK CHECK 정답

1. 모집단 A는 지수적으로 증가한다. 모집단 B는 선형적으로 증가한다. **3.** 함수 $100e^{0.05t}$은 1단위시간 동안에 1.0513배로 증가한다. **4.** 10년 ◀

7.3 쌍곡선함수

이절에서는 삼각함수와 지수함수와 밀접한 관련이 있는 새로운 함수족 **쌍곡선함수**(hyperbolic function)를 소개한다. 쌍곡선함수는 유체역학, 발사체 운동, 건축학 및 전기공학에서 널리 사용된다. 또한 수학에서 많은 이론적인 결과를 발전시키는 데 중요한 역할을 한다.

삼각함수와 쌍곡선함수의 관계

1장에서 정의된 삼각함수는 원과 관련된 관계에 기초한다. 이러한 이유로 삼각함수를 원(circular)함수로도 한다. 특히 $\cos t$와 $\sin t$는 각각 t라디안의 각도에 대응하는 단위원 위의 점 $P(x, y)$의 x좌표와 y좌표와 같다(그림 7.11). t는 $(1, 0)$에서 점 $P(x, y)$까지 호의 길이이다.

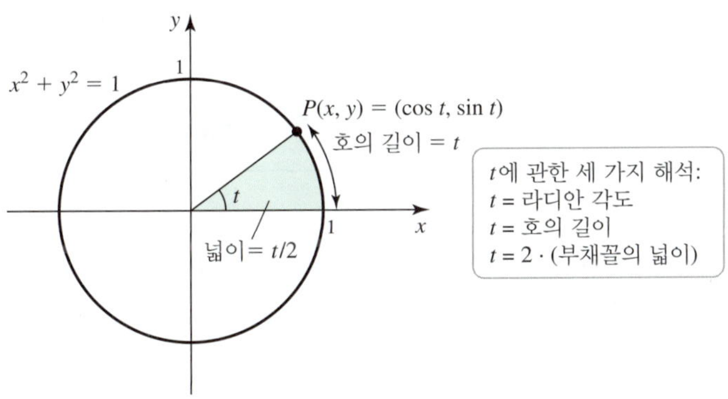

그림 7.11

수 t를 해석하는 또 다른 방법은 삼각함수와 쌍곡선함수를 연결하는 것이다. 그림 7.11에서 t가 부채꼴의 넓이의 두 배임을 확인해 보자. 두 함수 $\cos t$와 $\sin t$는 여전히 각각 점 P의 x좌표와 y좌표로 정의되지만 이제 P를 넓이가 t의 절반인 부채꼴과 연관시킨다.

➤ 반지름이 r, 각도가 θ인 부채꼴의 넓이는 $A = \frac{1}{2}r^2\theta$이다. $r = 1$, $\theta = t$이면 $A = \frac{1}{2}t$이므로 $t = 2A$이다.

쌍곡선코사인(hyperbolic cosine)과 **쌍곡선사인**(hyperbolic sine)은 원 $x^2 + y^2 = 1$ 대신 쌍곡선 $x^2 - y^2 = 1$을 사용하여 유사한 방식으로 정의된다. x축과 단위쌍곡선 $x^2 - y^2 = 1$의 오른쪽 부분 및 원점에서 쌍곡선 위의 점 $P(x, y)$까지의 직선으로 둘러싸인 영역을 고려하자(그림 7.12). t는 이 영역의 넓이의 두 배와 같다.

t의 쌍곡선코사인($\cosh t$)은 P의 x좌표이고, t의 쌍곡선사인($\sinh t$)은 P의 y좌표이다. x와 y를 t로 표현하면 쌍곡선함수의 표준 정의가 나온다. 넓이인 t를 P의 좌표에 의존하는 적분으로 나타냄으로써 이 작업을 수행한다.

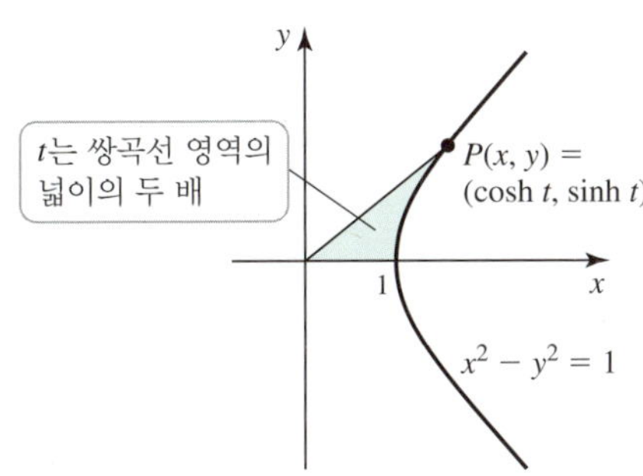

그림 7.12

연습문제 57번에서 계산을 통해 다음을 보이기 바란다.

$$x = \cosh t = \frac{e^t + e^{-t}}{2}, \quad y = \sinh t = \frac{e^t - e^{-t}}{2}$$

이 절에서 이어지는 모든 내용은 이 두 가지 정의에 기초한다.

쌍곡선함수의 정의, 항등식, 그래프

쌍곡선코사인과 쌍곡선사인이 정의되면 나머지 4개의 쌍곡선함수는 삼각함수와 유사한 방식으로 얻는다.

➤ 쌍곡선함수의 이름에 대하여 보편적으로 받아들이는 발음은 없다. 미국에서는 cohsh x(긴 oh 발음)와 sinch x는 cosh x와 sinh x에 대한 일반적인 선택이다. 다른 함수에는 tanch x, cotanch x, seech x 또는 sech x, coseech x 또는 cosech x라 발음한다. 국제적인 발음도 다양하다.

정의 쌍곡선함수

쌍곡선코사인

$$\cosh x = \frac{e^x + e^{-x}}{2}$$

쌍곡선사인

$$\sinh x = \frac{e^x - e^{-x}}{2}$$

쌍곡선탄젠트

$$\tanh x = \frac{\sinh x}{\cosh x} = \frac{e^x - e^{-x}}{e^x + e^{-x}}$$

쌍곡선코탄젠트

$$\coth x = \frac{\cosh x}{\sinh x} = \frac{e^x + e^{-x}}{e^x - e^{-x}}$$

쌍곡선시컨트

$$\operatorname{sech} x = \frac{1}{\cosh x} = \frac{2}{e^x + e^{-x}}$$

쌍곡선코시컨트

$$\operatorname{csch} x = \frac{1}{\sinh x} = \frac{2}{e^x - e^{-x}}$$

쌍곡선함수는 다수의 중요한 항등식을 만족한다. 쌍곡선함수의 기본 항등식부터 시작하자. 이는 친숙한 삼각항등식 $\cos^2 x + \sin^2 x = 1$과 유사하다.

$$\cosh^2 x - \sinh^2 x = 1$$

➤ 쌍곡선함수의 기본 항등식은 쌍곡선함수의 기하학적 정의로도 이해할 수 있다. 점 $P(\cosh t, \sinh t)$가 쌍곡선 $x^2 - y^2 = 1$ 위에 있으므로 P의 좌표는 쌍곡선의 방정식을 만족하고, 다음 식을 유도한다.

$$\cosh^2 t - \sinh^2 t = 1$$

이 항등식은 정의를 이용하여 증명한다.

$$\begin{aligned}\cosh^2 x - \sinh^2 x &= \left(\frac{e^x + e^{-x}}{2}\right)^2 - \left(\frac{e^x - e^{-x}}{2}\right)^2 && \text{cosh } x, \text{ sinh } x\text{의 정의} \\ &= \frac{e^{2x} + 2 + e^{-2x} - (e^{2x} - 2 + e^{-2x})}{4} && \text{전개한 후 분자 정리하기} \\ &= \frac{4}{4} = 1 && \text{간단히 하기}\end{aligned}$$

| 예제 1 | 쌍곡선 항등식 도출

a. 기본 항등식 $\cosh^2 x - \sinh^2 x = 1$을 사용하여 $1 - \tanh^2 x = \operatorname{sech}^2 x$를 증명하여라.

b. 항등식 $\sinh 2x = 2 \sinh x \cosh x$를 유도하여라.

풀이

a. 기본 항등식 $\cosh^2 x - \sinh^2 x = 1$의 양변을 $\cosh^2 x$로 나누면 원하는 결과를 얻는다.

$$\cosh^2 x - \sinh^2 x = 1 \qquad \text{기본 항등식}$$

$$\frac{\cosh^2 x}{\cosh^2 x} - \underbrace{\frac{\sinh^2 x}{\cosh^2 x}}_{\tanh^2 x} = \underbrace{\frac{1}{\cosh^2 x}}_{\operatorname{sech}^2 x} \qquad \text{양변을 } \cosh^2 x\text{로 나누기}$$

$$1 - \tanh^2 x = \operatorname{sech}^2 x \qquad \text{함수로 나타내기}$$

b. 쌍곡선사인의 정의를 이용하면 다음을 얻는다.

$$\begin{aligned} \sinh 2x &= \frac{e^{2x} - e^{-2x}}{2} && \sinh x\text{의 정의} \\ &= \frac{(e^x - e^{-x})(e^x + e^{-x})}{2} && \text{합차의 곱으로 인수분해하기} \\ &= 2 \sinh x \cosh x && \text{함수로 나타내기} \end{aligned}$$

관련 연습문제 9번 ◀

예제 1의 항등식은 유용한 쌍곡선 항등식 중 두 개일 뿐이다. 쌍곡선 항등식의 일부를 다음과 같이 열거한다.

쌍곡선 항등식

$\cosh^2 x - \sinh^2 x = 1$ $\qquad$ $\cosh(-x) = \cosh x$

$1 - \tanh^2 x = \operatorname{sech}^2 x$ $\qquad$ $\sinh(-x) = -\sinh x$

$\coth^2 x - 1 = \operatorname{csch}^2 x$ $\qquad$ $\tanh(-x) = -\tanh x$

$\cosh(x + y) = \cosh x \cosh y + \sinh x \sinh y$

$\sinh(x + y) = \sinh x \cosh y + \cosh x \sinh y$

$\cosh 2x = \cosh^2 x + \sinh^2 x$ $\qquad$ $\sinh 2x = 2 \sinh x \cosh x$

$\cosh^2 x = \dfrac{\cosh 2x + 1}{2}$ $\qquad$ $\sinh^2 x = \dfrac{\cosh 2x - 1}{2}$

쌍곡선함수의 그래프는 친숙한 두 함수 e^x과 e^{-x}의 그래프를 기반으로 하기 때문에 비교적 쉽게 그릴 수 있다. $\lim_{x\to\infty} e^{-x} = 0$, $\lim_{x\to-\infty} e^x = 0$을 기억하자. 이러한 사실을 염두에 두면 x의 큰 값에 대하여 $\cosh x = \dfrac{e^x + e^{-x}}{2} \approx \dfrac{e^x}{2}$이므로 $x \to \infty$일 때 $\cosh x$의 그래프(그림 7.13)가 $y = \frac{1}{2}e^x$의 그래프에 접근한다. 이때 다음과 같이 $\cosh x$는 우함수이다.

$$\cosh(-x) = \frac{e^{-x} + e^{-(-x)}}{2} = \frac{e^x + e^{-x}}{2} = \cosh x$$

마지막으로 $\cosh 0 = \dfrac{e^0 + e^0}{2} = 1$이므로 y축과의 교점은 (0, 1)이다. 그림 7.13의 기함수 $\sinh x$의 움직임은 거의 동일한 방법으로 설명된다.

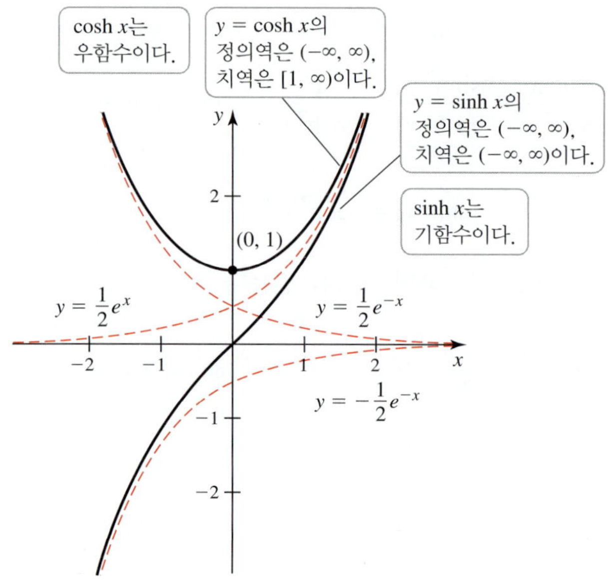

그림 7.13

QUICK CHECK 1 쌍곡선사인의 정의를 이용하여 sinh x가 기함수임을 보여라. ◀

다른 네 쌍곡선함수의 그래프는 그림 7.14에 나와 있다. 각 정의에 의해 cosh x, sinh x, tanh x, sech x의 정의역은 $(-\infty, \infty)$인 반면, coth x, csch x의 정의역은 0을 제외한 모든 실수의 집합이다.

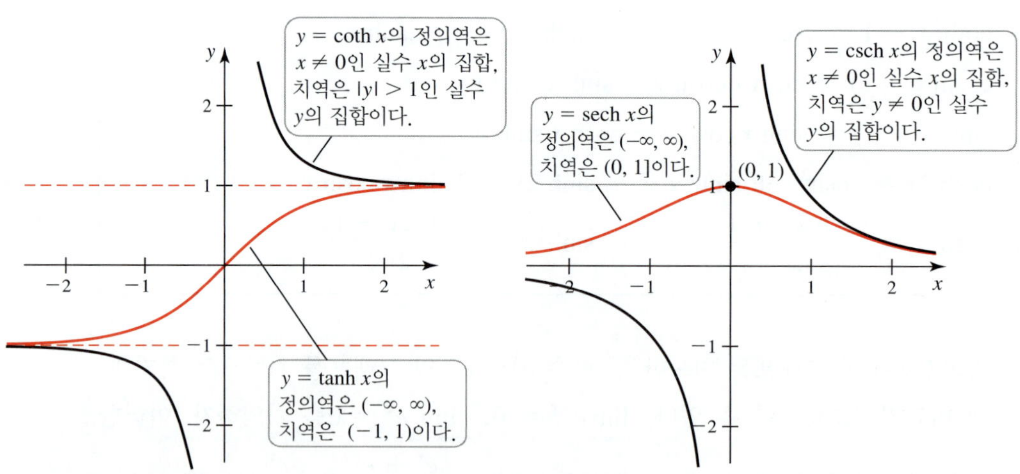

그림 7.14

QUICK CHECK 2 tanh x의 그래프가 두 수평 점근선 $y = 1$과 $y = -1$을 갖는 이유를 설명하여라. ◀

쌍곡선함수의 미분과 적분

쌍곡선함수는 e^x과 e^{-x}으로 정의되므로 미분은 간단하다. 쌍곡선함수의 미분은 정리 7.5에 제시되어 있으며, 이 공식을 뒤집으면 적분 공식을 얻는다.

정리 7.5 쌍곡선함수의 미분과 적분 공식

1. $\dfrac{d}{dx}(\cosh x) = \sinh x \quad \Rightarrow \quad \displaystyle\int \sinh x\,dx = \cosh x + C$

2. $\dfrac{d}{dx}(\sinh x) = \cosh x \quad \Rightarrow \quad \displaystyle\int \cosh x\,dx = \sinh x + C$

3. $\dfrac{d}{dx}(\tanh x) = \operatorname{sech}^2 x \quad \Rightarrow \quad \displaystyle\int \operatorname{sech}^2 x\,dx = \tanh x + C$

4. $\dfrac{d}{dx}(\coth x) = -\operatorname{csch}^2 x \quad \Rightarrow \quad \displaystyle\int \operatorname{csch}^2 x\,dx = -\coth x + C$

5. $\dfrac{d}{dx}(\operatorname{sech} x) = -\operatorname{sech} x \tanh x \quad \Rightarrow \quad \displaystyle\int \operatorname{sech} x \tanh x\,dx = -\operatorname{sech} x + C$

6. $\dfrac{d}{dx}(\operatorname{csch} x) = -\operatorname{csch} x \coth x \quad \Rightarrow \quad \displaystyle\int \operatorname{csch} x \coth x\,dx = -\operatorname{csch} x + C$

➤ 쌍곡선함수에 대한 항등식, 미분 공식, 적분 공식은 삼각함수 공식과 유사하므로 기억하기 쉽다. 그러나 쌍곡선함수와 삼각함수 공식에서 부호의 미묘한 차이점에 유의해야 한다. 예를 들어

$$d/dx(\cos x) = -\sin x$$

인 반면,

$$d/dx(\cosh x) = \sinh x$$

이다.

증명 $\cosh x$와 $\sinh x$의 정의를 사용하면 다음을 얻는다.

$$\frac{d}{dx}(\cosh x) = \frac{d}{dx}\left(\frac{e^x + e^{-x}}{2}\right) = \frac{e^x - e^{-x}}{2} = \sinh x,$$

$$\frac{d}{dx}(\sinh x) = \frac{d}{dx}\left(\frac{e^x - e^{-x}}{2}\right) = \frac{e^x + e^{-x}}{2} = \cosh x$$

공식 (3)을 증명하기 위해 $\tanh x = \sinh x/\cosh x$로 시작하여 그다음 몫의 법칙을 적용한다.

$$\begin{aligned}
\frac{d}{dx}(\tanh x) &= \frac{d}{dx}\left(\frac{\sinh x}{\cosh x}\right) && \tanh x\text{의 정의} \\
&= \frac{(\cosh x)\cosh x - (\sinh x)\sinh x}{\cosh^2 x} && \text{몫의 법칙} \\
&= \frac{1}{\cosh^2 x} && \cosh^2 x - \sinh^2 x = 1 \\
&= \operatorname{sech}^2 x && \operatorname{sech} x = 1/\cosh x
\end{aligned}$$

남은 미분 공식의 증명은 연습문제 10–11번에서 다룬다. 적분 공식은 대응하는 미분 공식의 직접적인 결과이다. ◀

| 예제 2 | 쌍곡선함수의 미분과 적분 다음 도함수와 적분을 구하여라.

a. $\dfrac{d}{dx}(\operatorname{sech} 3x)$ b. $\dfrac{d^2}{dx^2}(\operatorname{sech} 3x)$

c. $\displaystyle\int \frac{\operatorname{csch}^2 \sqrt{x}}{\sqrt{x}}\,dx$ **d.** $\displaystyle\int_0^{\ln 3} \sinh^3 x \cosh x\,dx$

풀이

a. 정리 7.5의 공식 (5)에 연쇄 법칙을 적용하면 다음을 얻는다.

$$\frac{d}{dx}(\operatorname{sech} 3x) = -3 \operatorname{sech} 3x \tanh 3x$$

b. a의 결과에 곱의 법칙과 연쇄 법칙을 적용하면 다음을 얻는다.

$$\begin{aligned}\frac{d^2}{dx^2}(\operatorname{sech} 3x) &= \frac{d}{dx}(-3 \operatorname{sech} 3x \tanh 3x)\\ &= \underbrace{\frac{d}{dx}(-3\operatorname{sech} 3x)}_{9 \operatorname{sech} 3x \tanh 3x} \cdot \tanh 3x + (-3 \operatorname{sech} 3x)\cdot \underbrace{\frac{d}{dx}(\tanh 3x)}_{3\operatorname{sech}^2 3x} && \text{곱의 법칙}\\ &= 9 \operatorname{sech} 3x \tanh^2 3x - 9 \operatorname{sech}^3 3x && \text{연쇄 법칙}\\ &= 9 \operatorname{sech} 3x(\tanh^2 3x - \operatorname{sech}^2 3x) && \text{간단히 하기}\end{aligned}$$

c. $u = \sqrt{x}$로 치환하여 적분하면 다음과 같다.

$$\begin{aligned}\int \frac{\operatorname{csch}^2 \sqrt{x}}{\sqrt{x}}\,dx &= 2\int \operatorname{csch}^2 u\,du && u = \sqrt{x},\ du = \frac{1}{2\sqrt{x}}\,dx\text{로 놓기}\\ &= -2\coth u + C && \text{정리 7.5의 공식 (4)}\\ &= -2\coth\sqrt{x} + C && u = \sqrt{x}\end{aligned}$$

d. 미분 공식 $\dfrac{d}{dx}(\sinh x) = \cosh x$에서 $u = \sinh x$로 치환한다.

$$\int_0^{\ln 3} \sinh^3 x \cosh x\,dx = \int_0^{4/3} u^3\,du \qquad u = \sinh x,\ du = \cosh x\,dx\text{로 놓기}$$

계산하면 새로운 변수의 값은

$$\begin{aligned} x = 0 \quad &\Rightarrow \quad u = \sinh 0 = 0\,,\\ x = \ln 3 \quad &\Rightarrow \quad u = \sinh(\ln 3) = \frac{e^{\ln 3} - e^{-\ln 3}}{2} = \frac{3 - 1/3}{2} = \frac{4}{3}\end{aligned}$$

이므로 변수 u의 적분을 계산하면 다음과 같다.

$$\begin{aligned}\int_0^{4/3} u^3\,du &= \frac{1}{4}u^4\Big|_0^{4/3}\\ &= \frac{1}{4}\left(\left(\frac{4}{3}\right)^4 - 0^4\right) = \frac{64}{81}\end{aligned}$$

관련 연습문제 22번 ◀

QUICK CHECK 3 $f(x) = 4\cosh 2x$의 도함수와 부정적분을 구하여라.

정리 7.6은 정리 7.5에서 제시되지 않은 네 쌍곡선함수에 대한 적분 공식을 제시한다.

정리 7.6 쌍곡선함수의 적분 공식

1. $\int \tanh x\, dx = \ln(\cosh x) + C$ **2.** $\int \coth x\, dx = \ln|\sinh x| + C$

3. $\int \operatorname{sech} x\, dx = \tan^{-1}(\sinh x) + C$ **4.** $\int \operatorname{csch} x\, dx = \ln|\tanh(x/2)| + C$

증명 공식 (1)은 $\tanh x$를 $\sinh x$와 $\cosh x$로 나타내면 도출된다.

$$\begin{aligned}
\int \tanh x\, dx &= \int \frac{\sinh x}{\cosh x}\, dx && \tanh x\text{의 정의}\\
&= \int \frac{1}{u}\, du && u = \cosh x,\ du = \sinh x\, dx\text{로 놓기}\\
&= \ln|u| + C && \text{적분 계산하기}\\
&= \ln \cosh x + C && u = \cosh x > 0
\end{aligned}$$

공식 (2)는 유사한 방식으로 도출된다(연습문제 31번). 공식 (3)과 공식 (4)의 보다 까다로운 증명은 연습문제 53–54번에서 다룬다. ◀

| 예제 3 | 쌍곡선함수를 포함하는 적분 부정적분 $\int x \coth x^2\, dx$를 구하여라.

풀이 $u = x^2$으로 치환하여 적분하면 다음을 얻는다.

$$\begin{aligned}
\int x \coth x^2\, dx &= \frac{1}{2}\int \coth u\, du && u = x^2,\ du = 2x\, dx\text{로 놓기}\\
&= \frac{1}{2}\ln|\sinh u| + C && \text{정리 7.6 사용하여 적분 계산하기}\\
&= \frac{1}{2}\ln(\sinh x^2) + C && u = x^2,\ \sinh x^2 \ge 0
\end{aligned}$$

관련 연습문제 23번 ◀

QUICK CHECK 4 부정적분 $\int \operatorname{csch} 2x\, dx$를 구하여라. ◀

역쌍곡선함수

이 시점에서는 $\int \frac{dx}{\sqrt{x^2+4}}$와 같은 적분을 계산하는 도구가 없다. 역쌍곡선함수를 연구함으로써 새로운 적분 공식을 발견할 수 있다. 역쌍곡선함수는 쌍곡선함수를 포함하는 방정식을 풀 때도 유용하다.

그림 7.13과 그림 7.14는 네 함수 $\sinh x$, $\tanh x$, $\coth x$, $\operatorname{csch} x$가 모두 각각의 정의역에서 일대일임을 보여 준다. 이는 각 함수의 역함수가 존재함을 의미한다. 그러나 함수 $y = \cosh x$는 $(-\infty, \infty)$에서 일대일이 아니므로 $y = \cosh^{-1} x$로 표

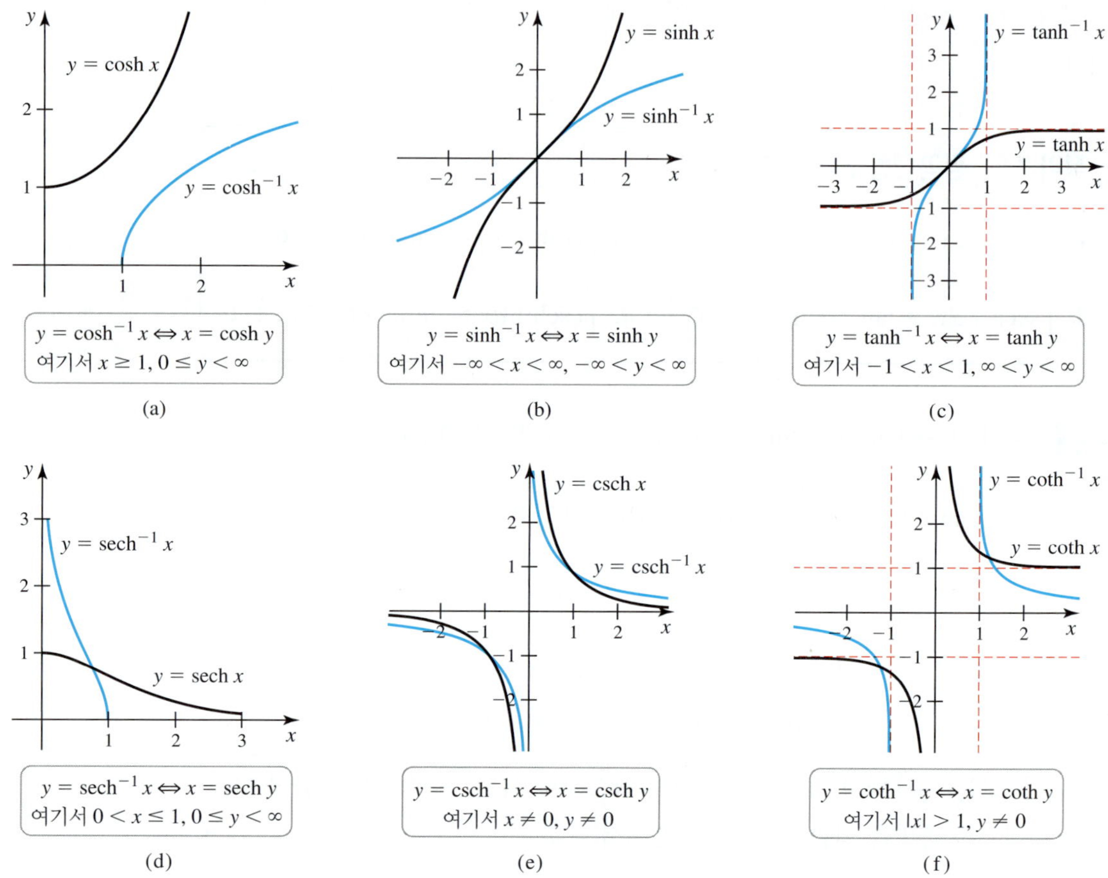

그림 7.15

시되는 역함수는 cosh x의 영역을 제한하는 경우에만 존재한다. 특히 $y = \cosh x$의 치역을 구간 $[0, \infty)$로 제한되면 함수는 일대일이 되고, 그 역함수는 다음과 같이 정의된다.

$$y = \cosh^{-1} x\text{의 필요충분조건은 } x = \cosh y \text{ 여기서 } x \geq 1,\ 0 \leq y < \infty$$

그림 7.15(a)는 $y = \cosh^{-1} x$의 그래프를 나타내며, 이는 $y = \cosh x$의 그래프를 $[0, \infty)$에서 직선 $y = x$에 대하여 대칭시켜 얻은 것이다. 다른 5개의 역쌍곡선함수의 정의와 그래프도 그림 7.15에서 나와 있다. $y = \operatorname{sech} x$의 정의역(그림 7.15(d))은 역함수의 존재를 보장하기 위해 $[0, \infty)$로 제한해야 한다는 점에 유의해야 한다.

쌍곡선함수는 지수함수 관점에서 정의되므로 로그의 관점에서 그 역함수에 대한 분명한 공식을 찾을 수 있다. 예를 들어 역쌍곡선사인의 정의부터 시작해 보자. 모든 실수 x와 y에 대하여 다음을 얻는다.

$$y = \sinh^{-1} x \quad \Leftrightarrow \quad x = \sinh y$$

1.3절에서 요약한 절차를 따라 다음을 얻는다.

$$x = \sinh y = \frac{e^y - e^{-y}}{2}$$

여기서 y는 $\sinh^{-1}x$를 의미한다.

$$x = \frac{e^y - e^{-y}}{2} \quad \Rightarrow \quad e^y - 2x - e^{-y} = 0 \qquad \text{재배열하기}$$
$$\Rightarrow \quad (e^y)^2 - 2xe^y - 1 = 0 \qquad e^y \text{ 곱하기}$$

이 단계에서 e^y의 이차방정식으로 보고 $a = 1,\ b = -2x,\ c = -1$인 이차방정식에 근의 공식을 적용하여 e^y에 관하여 푼다.

$$e^y = \frac{2x \pm \sqrt{4x^2 + 4}}{2} = x \pm \sqrt{x^2 + 1} = \underbrace{x + \sqrt{x^2 + 1}}_{\text{양의 근을 선택}}$$

$e^y > 0,\ \sqrt{x^2+1} > x$이므로 양의 근을 선택해야 한다. 양변에 자연로그를 취하고 y에 관하여 풀면 다음을 얻는다.

$$e^y = x + \sqrt{x^2 + 1} \quad \Rightarrow \quad y = \ln(x + \sqrt{x^2 + 1})$$

따라서 구하는 식은 $\sinh^{-1} x = \ln(x + \sqrt{x^2 + 1})$이다.

다른 역쌍곡선함수에도 유사한 절차를 수행할 수 있다. 정리 7.7은 계산의 결과를 보여 준다.

정리 7.7 로그함수로 표현되는 역쌍곡선함수

$$\cosh^{-1} x = \ln(x + \sqrt{x^2 - 1})\ (x \ge 1) \qquad \operatorname{sech}^{-1} x = \cosh^{-1} \frac{1}{x}\ (0 < x \le 1)$$
$$\sinh^{-1} x = \ln(x + \sqrt{x^2 + 1}) \qquad \operatorname{csch}^{-1} x = \sinh^{-1} \frac{1}{x}\ (x \ne 0)$$
$$\tanh^{-1} x = \frac{1}{2} \ln\left(\frac{1 + x}{1 - x}\right)\ (|x| < 1) \qquad \coth^{-1} x = \tanh^{-1} \frac{1}{x}\ (|x| > 1)$$

➤ 대부분의 계산기는 쌍곡선사인, 쌍곡선코사인, 쌍곡선탄젠트를 역함수와 함께 직접 계산할 수 있지만 sech^{-1}, $\operatorname{csch}^{-1}x$, $\coth^{-1}x$를 계산하도록 프로그래밍되어 있지는 않다. 정리 7.7의 공식은 계산기에서 이러한 함수를 계산하는 데 유용하다.

역쌍곡선시컨트, 역쌍곡선코시컨트, 역쌍곡선코탄젠트에 대한 정리 7.7의 공식은 대응하는 역함수의 역수로 주어진다. 이 공식은 역함수의 정의로 검증할 수 있다. 예를 들어 $\operatorname{csch}^{-1} x$의 정의에 의해 다음을 얻는다.

$$y = \operatorname{csch}^{-1} x \quad \Leftrightarrow \quad x = \operatorname{csch} y \quad \Leftrightarrow \quad 1/x = \sinh y$$

$1/x = \sinh y$의 양변에 역쌍곡선사인을 적용하면 다음이 성립한다.

$$\sinh^{-1}(1/x) = \underbrace{\sinh^{-1}(\sinh y)}_{y} \quad \text{또는} \quad y = \operatorname{csch}^{-1} x = \sinh^{-1}(1/x)$$

유사한 방식으로 다른 두 공식을 얻는다.

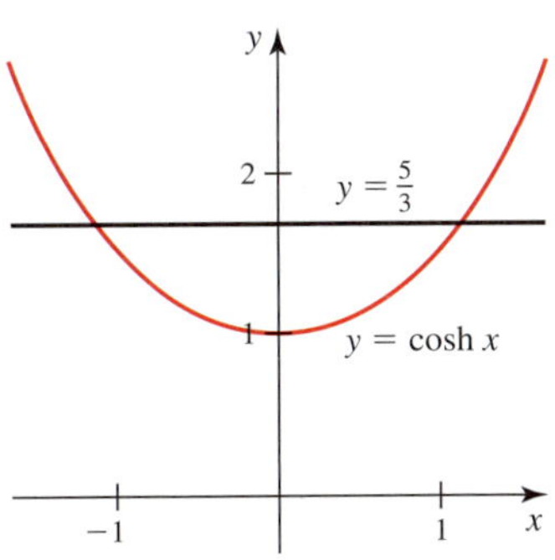

그림 7.16

QUICK CHECK 5 예제 4의 결과를 이용하여 곡선 $y = \cosh x$와 직선 $y = \frac{5}{3}$로 둘러싸인 영역(그림 7.16)의 넓이를 적분으로 나타낸 후, 적분을 계산하여라. ◀

| 예제 4 | 교점 곡선 $y = \cosh x$와 직선 $y = \frac{5}{3}$의 교점을 찾아라(그림 7.16).

풀이 교점의 x좌표는 방정식 $\cosh x = \frac{5}{3}$를 만족하며, 이는 방정식의 양변에

$\cosh^{-1}$를 적용하면 해결된다. 그러나 $\cosh^{-1}(\cosh x)$를 계산할 때 주의할 점이 있다. 연습문제 52번에서 $\cosh^{-1}(\cosh x) = |x|$임을 보여야 한다. 이를 이용하면 교점의 x좌표는 다음과 같다.

$$\cosh x = \frac{5}{3} \qquad \text{방정식 세우기}$$

$$\cosh^{-1}(\cosh x) = \cosh^{-1}\frac{5}{3} \qquad \text{양변에 } \cosh^{-1} \text{ 적용하기}$$

$$|x| = \ln\left(\frac{5}{3} + \sqrt{\left(\frac{5}{3}\right)^2 - 1}\right) \qquad \text{정리 7.7}$$

$$x = \pm\ln 3 \qquad \text{간단히 하기}$$

교점은 직선 $y = \frac{5}{3}$ 위에 있으므로 구하는 교점은 $\left(-\ln 3, \frac{5}{3}\right)$, $\left(\ln 3, \frac{5}{3}\right)$이다.

관련 연습문제 32번 ◀

역쌍곡선함수의 도함수와 관련된 적분 공식

역쌍곡선함수의 도함수는 정리 7.7에 주어진 로그함수 공식으로부터 직접 구할 수 있지만 그림 7.15에 있는 정의를 사용하는 것이 더 편리하다.

역쌍곡선사인은 다음과 같이 정의됨을 상기하자.

$$y = \sinh^{-1} x \quad \Leftrightarrow \quad x = \sinh y$$

$x = \sinh y$의 양변을 x에 관하여 미분한 다음, dy/dx에 대하여 푼다.

$$x = \sinh y \qquad y = \sinh^{-1} x \quad \Leftrightarrow \quad x = \sinh y$$

$$1 = (\cosh y)\frac{dy}{dx} \qquad \text{음함수의 미분 적용하기}$$

$$\frac{dy}{dx} = \frac{1}{\cosh y} \qquad dy/dx\text{에 대하여 풀기}$$

$$\frac{dy}{dx} = \frac{1}{\pm\sqrt{\sinh^2 y + 1}} \qquad \cosh^2 y - \sinh^2 y = 1$$

$$\frac{dy}{dx} = \frac{1}{\sqrt{x^2 + 1}} \qquad x = \sinh y$$

마지막 단계에서 모든 y에 대하여 $\cosh y > 0$이므로 양의 근을 선택한다.

정리 7.8에 있는 나머지 역쌍곡선함수의 도함수도 같은 방법으로 유도한다.

정리 7.8 역쌍곡선함수의 도함수

$$\frac{d}{dx}(\cosh^{-1} x) = \frac{1}{\sqrt{x^2 - 1}} \quad (x > 1) \qquad \frac{d}{dx}(\sinh^{-1} x) = \frac{1}{\sqrt{x^2 + 1}}$$

$$\frac{d}{dx}(\tanh^{-1} x) = \frac{1}{1 - x^2} \quad (|x| < 1) \qquad \frac{d}{dx}(\coth^{-1} x) = \frac{1}{1 - x^2} \quad (|x| > 1)$$

$$\frac{d}{dx}(\operatorname{sech}^{-1} x) = -\frac{1}{x\sqrt{1 - x^2}} \quad (0 < x < 1)$$

$$\frac{d}{dx}(\operatorname{csch}^{-1} x) = -\frac{1}{|x|\sqrt{1 + x^2}} \quad (x \neq 0)$$

정리 7.8의 공식들에 있는 제한은 역함수의 정의역에 의한 직접적인 결과이다(그림 7.15). $\tanh^{-1}x$와 $\coth^{-1}x$의 도함수는 $1/(1 - x^2)$이지만 이 결과는 서로 다른 정의역($\tanh^{-1}x$는 $|x| < 1$, $\coth^{-1}x$는 $|x| > 1$)에서 유효하다. 이 사실은 다음 정리의 공식 (3)과 관련되는데, 정리 7.8의 도함수 공식의 역이다. 다음은 적분 결과를 나열한 것이며, a는 양의 상수이다. 각 공식은 미분으로 검증할 수 있다.

정리 7.9 적분 공식

1. $$\int \frac{dx}{\sqrt{x^2 - a^2}} = \cosh^{-1}\frac{x}{a} + C, \quad x > a$$

2. $$\int \frac{dx}{\sqrt{x^2 + a^2}} = \sinh^{-1}\frac{x}{a} + C, \text{ 모든 } x$$

3. $$\int \frac{dx}{a^2 - x^2} = \begin{cases} \dfrac{1}{a}\tanh^{-1}\dfrac{x}{a} + C, & |x| < a \\[2ex] \dfrac{1}{a}\coth^{-1}\dfrac{x}{a} + C, & |x| > a \end{cases}$$

4. $$\int \frac{dx}{x\sqrt{a^2 - x^2}} = -\frac{1}{a}\operatorname{sech}^{-1}\frac{x}{a} + C, \quad 0 < x < a$$

5. $$\int \frac{dx}{x\sqrt{a^2 + x^2}} = -\frac{1}{a}\operatorname{csch}^{-1}\frac{|x|}{a} + C, \quad x \neq 0$$

➤ 정리 7.9에 있는 적분은 로그의 관점 및 적분 변수에 대한 적은 제한과 함께 8장에서 다시 나타난다.

| 예제 5 | 역쌍곡선함수의 도함수 다음 함수의 dy/dx를 구하여라.

a. $y = \tanh^{-1} 3x$ **b.** $y = x^2 \sinh^{-1} x$

풀이

a. 연쇄 법칙을 이용하여 다음을 얻는다.

$$\frac{dy}{dx} = \frac{d}{dx}(\tanh^{-1} 3x) = \frac{1}{1 - (3x)^2}\cdot 3 = \frac{3}{1 - 9x^2}$$

b. $$\frac{dy}{dx} = 2x\sinh^{-1}x + x^2\cdot\frac{1}{\sqrt{x^2 + 1}} \quad \text{곱의 법칙, 정리 7.8}$$

$$= x\left(\frac{2\sqrt{x^2 + 1}\cdot\sinh^{-1}x + x}{\sqrt{x^2 + 1}}\right) \quad \text{간단히 하기}$$

관련 연습문제 16, 18번 ◀

➤ 예제 5a의 해에 있는 함수 $3/(1 - 9x^2)$은 $x \neq \pm 1/3$인 모든 점에서 정의된다. 그러나 $\tanh^{-1}x$는 $-1/3 < x < 1/3$에서 정의되므로 $dy/dx = 3/(1 - x^2)$은 $-1/3 < x < 1/3$에서 정의된다. $\frac{d}{dx}(\coth^{-1} 3x)$의 계산 결과도 같지만 $(-\infty, -1/3) \cup (1/3, \infty)$에서 정의된다.

| 예제 6 | 적분 계산

a. 구간 [0, 3]에서 곡선 $y = 1/\sqrt{x^2 + 16}$로 둘러싸인 영역의 넓이를 구하여라.

b. $\int_9^{25} \frac{dx}{\sqrt{x}(4 - x)}$를 계산하여라.

풀이

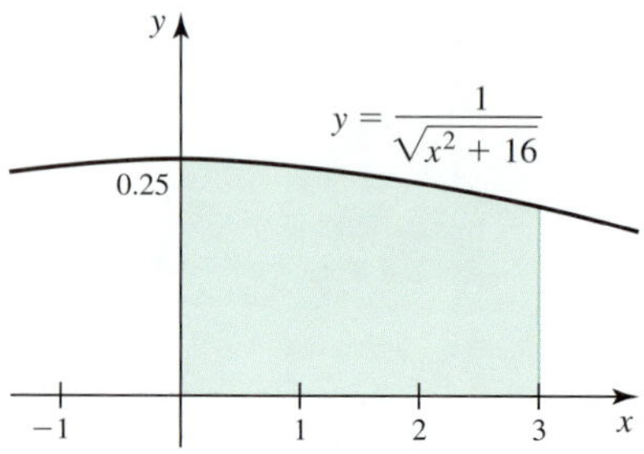

그림 7.17

a. 해당 영역은 그림 7.17에 나타나 있으며, 넓이는 $\int_0^3 \frac{dx}{\sqrt{x^2 + 16}}$와 같다. 정리 7.9의 공식 (2)에 $a = 4$를 대입하여 다음을 얻는다.

$$\begin{aligned} \int_0^3 \frac{dx}{\sqrt{x^2 + 16}} &= \sinh^{-1} \frac{x}{4} \bigg|_0^3 && \text{정리 7.9} \\ &= \sinh^{-1} \frac{3}{4} - \sinh^{-1} 0 && \text{계산하기} \\ &= \sinh^{-1} \frac{3}{4} && \sinh^{-1} 0 = 0 \end{aligned}$$

계산기로 $\sinh^{-1}(3/4) \approx 0.693$을 얻는다. 정확한 결과는 정리 7.7를 사용하여 로그로 쓸 수 있다.

$$\sinh^{-1}(3/4) = \ln\left(3/4 + \sqrt{(3/4)^2 + 1}\right) = \ln 2$$

b. 정리 7.9를 이용할 수 없는 적분이므로 $u = \sqrt{x}$로 치환한다.

$$\int_9^{25} \frac{dx}{\sqrt{x}(4 - x)} = 2\int_3^5 \frac{du}{4 - u^2} \qquad u = \sqrt{x},\ du = \frac{dx}{2\sqrt{x}} \text{ 로 놓기}$$

새로운 적분은 $a = 2$인 공식 (3)과 일치한다. 결론은 다음과 같다.

$$\begin{aligned} 2\int_3^5 \frac{du}{4 - u^2} &= 2 \cdot \frac{1}{2} \coth^{-1} \frac{u}{2} \bigg|_3^5 && \int \frac{dx}{a^2 - x^2} = \frac{1}{a} \coth^{-1} \frac{x}{a} + C \\ &= \coth^{-1} \frac{5}{2} - \coth^{-1} \frac{3}{2} && \text{계산하기} \end{aligned}$$

적분 구간($3 \le u \le 5$)은 $|u| > a = 2$를 만족하므로 $\coth^{-1} x$를 포함하는 역도함수를 선택한다. 정리 7.7은 계산기로 $\coth^{-1} x$를 계산할 수 없는 경우, 결과를 수 형식으로 나타내기 위해 사용한다.

$$\coth^{-1} \frac{5}{2} - \coth^{-1} \frac{3}{2} = \tanh^{-1} \frac{2}{5} - \tanh^{-1} \frac{2}{3} \approx -0.381$$

관련 연습문제 24, 33번 ◀

QUICK CHECK 6 $\int_0^1 \frac{du}{4 - u^2}$를 계산하여라. ◀

쌍곡선함수의 응용

이 절은 쌍곡선함수와 관련된 두 가지 응용 문제를 간략하게 다루며 마무리한다. 추가적인 응용은 연습문제에 제시한다.

현수선 자신의 무게를 지탱하며 자유롭게 걸려 있는 로프나 유연한 케이블이 동일한 높이의 두 지점을 연결하면 그 곡선의 형태는 **현수선**(catenary)이 된다. 전화선 티롤리안 횡단(Tyrolean traverse)을 위해 설치된 가로질러 늘어뜨린 로프(예제 7) 및 거미줄에서 현수선을 발견할 수 있다.

일반적인 현수선의 방정식은 $y = a\cosh(x/a)$이고, 여기서 a는 0이 아닌 실수이다. $a < 0$일 때 곡선은 역현수선이라 하며, 종종 아치 설계에 사용된다. 그림 7.18은 a의 몇 가지 값에 대한 현수선을 보여 준다.

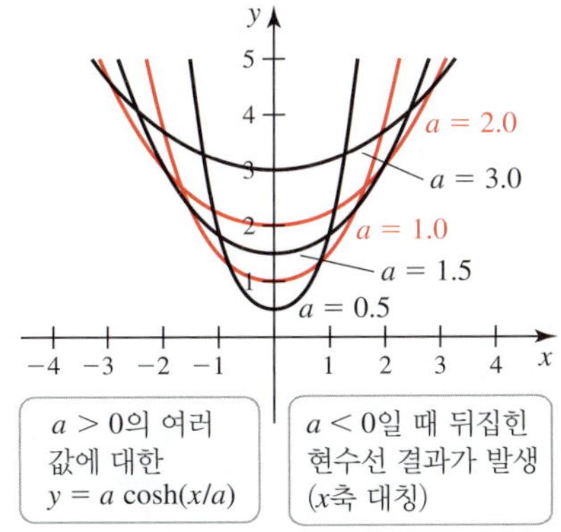

그림 7.18

| 예제 7 | 현수선의 길이 어느 등산가는 티롤리안 횡단을 위해 100 ft만큼 떨어져 있는 동일한 높이의 두 지점에 밧줄을 고정시켰다. 밧줄의 위치는 구간 $[-50, 50]$에서 현수선 $f(x) = 200\cosh(x/200)$로 설명된다(그림 7.19). 두 앵커 사이에 매달린 로프의 길이를 구하여라(단, 줄의 무게는 무시한다).

풀이 6.5절에서 다룬 구간 $[a, b]$에서 곡선 $y = f(x)$의 호의 길이는 $L = \int_a^b \sqrt{1 + f'(x)^2}\,dx$ 임을 상기한다. 또한 다음 식을 주목하자.

$$f'(x) = 200\sinh\left(\frac{x}{200}\right)\cdot\frac{1}{200} = \sinh\frac{x}{200}$$

따라서 밧줄의 길이는 다음과 같다.

$$\begin{aligned}
L &= \int_{-50}^{50}\sqrt{1 + \sinh^2\left(\frac{x}{200}\right)}\,dx && \text{호의 길이 공식}\\
&= 2\int_0^{50}\sqrt{1 + \sinh^2\left(\frac{x}{200}\right)}\,dx && \text{대칭성 이용하기}\\
&= 400\int_0^{1/4}\sqrt{1 + \sinh^2 u}\,du && u = \frac{x}{200}\text{로 놓기}\\
&= 400\int_0^{1/4}\cosh u\,du && 1 + \sinh^2 u = \cosh^2 u\\
&= 400\sinh u\Big|_0^{1/4} && \text{적분 계산하기}\\
&= 400\left(\sinh\frac{1}{4} - \sinh 0\right) && \text{간단히 하기}\\
&\approx 101\text{ ft} && \text{계산하기}
\end{aligned}$$

관련 연습문제 36번 ◀

➤ 티롤리안 횡단은 두 절벽 사이의 골짜기나 물살이 센 강물 같은 어려운 지형을 통과하기 위해 사용된다. 두 앵커(anchor) 사이에 밧줄을 매달고, 등산가는 밧줄을 잡고 잡아당기면서 건넌다.

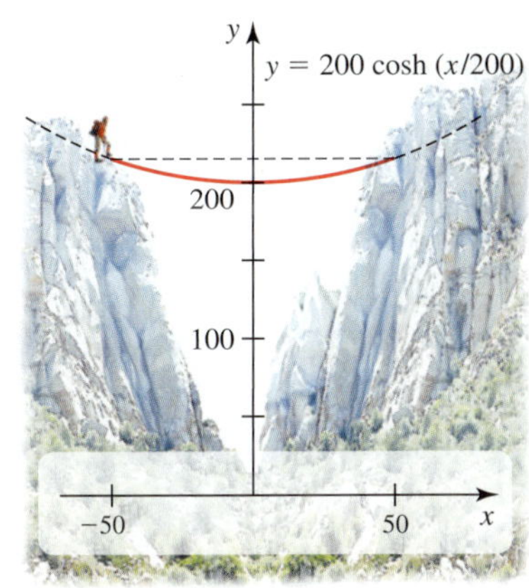

그림 7.19

➤ 12장에 소개되는 벡터해석의 원리를 이용하여 밧줄의 장력과 예제 7에서 앵커의 힘을 계산할 수 있다. 이는 티롤리안 횡단을 준비하는 모든 사람에게 중요한 정보이며, 처짐 각도는 이 계산에 포함된다. 비슷한 계산은 건설에서 사용되는 현수선 생명선과 할리우드 영화에서 영화의 카메라 촬영을 조작하는 데 중요하다.

파동 속도 이동파의 특성을 설명하기 위해 연구자들은 알려진(또는 가설화된) 파동의 특성을 반영하고 미분방정식의 형태를 갖는 **파동방정식**을 만들어낸다. 파동방정식을 풀면 파동에 대한 추가 정보가 생성되며, 이러한 맥락에서 쌍곡선함수가 자연스럽게 발생한다는 것이 밝혀졌다.

| 예제 8 | 해양파 속도 바다 위를 이동하는 표면파의 속도 v(m/s)는 다음 식에 의해 모델링된다.

$$v = \sqrt{\frac{g\lambda}{2\pi}\tanh\left(\frac{2\pi d}{\lambda}\right)}$$

여기서 $g = 9.8\ \text{m/s}^2$은 중력가속도, λ는 꼭대기에서 꼭대기까지 미터로 측정된 파장이고, d는 미터로 측정한 흔들리지 않는 물의 깊이(그림 7.20)이다.

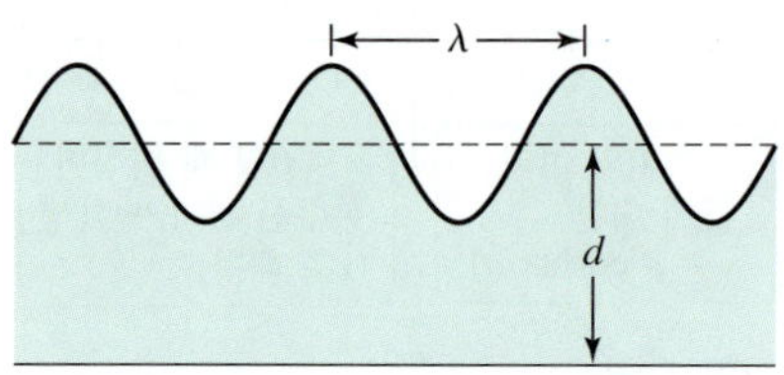

그림 7.20

➤ 유체역학에서 수심은 물의 실제 깊이가 아닌 깊이와 파장의 비율인 d/λ 관점에서 논의한다. 일반적으로 세 가지로 분류한다.

얕은 물: $d/\lambda < 0.05$

중간 깊이: $0.05 < d/\lambda < 0.5$

깊은 물: $d/\lambda > 0.5$

a. 바다 카약을 타는 한 여자가 카약 아래를 지나가는 여러 파도를 관찰하여 $\lambda = 12$ m, $v = 4$ m/s를 추정했다. 그녀가 카약을 타고 있는 물의 깊이는 얼마인가?

b. 파동 속도의 심층수 방정식은 $v = \sqrt{\frac{g\lambda}{2\pi}}$이며, 이는 위 속도 공식에 대한 근삿값이다. 파장에 대한 깊이의 비율 d/λ가 $\frac{1}{2}$보다 크면 파장은 깊은 물에 있다고 한다. $v = \sqrt{\frac{g\lambda}{2\pi}}$가 $d/\lambda > \frac{1}{2}$일 때 좋은 근삿값인 이유를 설명하여라.

풀이

a. $\lambda = 12$, $v = 4$를 속도 방정식에 대입해서 d에 관하여 푼다.

$$4 = \sqrt{\frac{g\cdot 12}{2\pi}\tanh\left(\frac{2\pi d}{12}\right)} \Rightarrow 16 = \frac{6g}{\pi}\tanh\left(\frac{\pi d}{6}\right) \quad \text{양변 제곱하기}$$

$$\Rightarrow \frac{8\pi}{3g} = \tanh\left(\frac{\pi d}{6}\right) \quad \frac{\pi}{6g}\ \text{곱하기}$$

tanh 인수에서 d를 얻기 위해 방정식의 양변에 $\tanh^{-1}$를 취하고 모든 x에 대하여 $\tanh^{-1}(\tanh x) = x$임을 사용한다.

$$\tanh^{-1}\left(\frac{8\pi}{3g}\right) = \tanh^{-1}\left(\tanh\left(\frac{\pi d}{6}\right)\right) \quad \text{양변에 } \tanh^{-1} \text{ 취하기}$$

$$\tanh^{-1}\left(\frac{8\pi}{29.4}\right) = \frac{\pi d}{6} \quad \text{간단히 하고, } 3g = 29.4 \text{ 대입하기}$$

$$d = \frac{6}{\pi}\tanh^{-1}\left(\frac{8\pi}{29.4}\right) \approx 2.4\ \text{m} \quad d\text{에 관하여 풀기}$$

따라서 카약은 약 2.4m 깊이의 물 속에 있다.

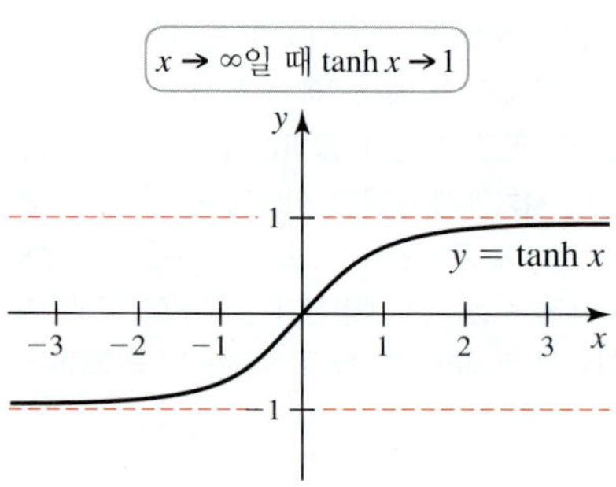

그림 7.21

b. $y = \tanh x$는 $x \to \infty$일 때 1에 접근하는 증가함수($dy/dx = \text{sech}^2\, x > 0$)임을 기억하자(그림 7.21). 또한 $\frac{d}{\lambda} = \frac{1}{2}$일 때 $\tanh\left(\frac{2\pi d}{\lambda}\right) = \tanh \pi \approx 0.996$이므로 거의 1과 같다. 이 사실은 $\frac{d}{\lambda} > \frac{1}{2}$일 때마다 속도 방정식에서 $\tanh\left(\frac{2\pi d}{\lambda}\right)$는 1로 대체할 수 있고, 결과적으로 물 속에서 속도 함수는 $v = \sqrt{\frac{g\lambda}{2\pi}}$임을 나타낸다.

관련 연습문제 38번 ◀

QUICK CHECK 7 깊은 물에서 긴 파도가 짧은 파도보다 더 빨리 이동하는 이유를 설명하여라. ◀

7.3절 연습문제

1단계 스타트

1. 쌍곡선코사인과 쌍곡선사인함수의 정의를 설명하여라.
2. 쌍곡선함수의 기본 항등식은 무엇인가?
3. $\sinh^{-1} x$를 로그함수로 나타내어라.
4. 계산기에 $\sinh^{-1} x$가 내장되어 있지만 $\operatorname{csch}^{-1} x$는 없다. 그렇다면 어떻게 $\operatorname{csch}^{-1} 5$를 계산할 수 있는가?
5. 정적분 $\int_6^8 \frac{dx}{16 - x^2}$를 계산할 때, $\frac{1}{4}\tanh^{-1}\frac{x}{4}$ 대신 역도함수 $\frac{1}{4}\coth^{-1}\frac{x}{4}$를 선택해야 하는 이유는 무엇인가?

2단계 실전

6–8. 항등식 쌍곡선함수의 정의를 이용하여 다음 항등식을 증명하여라.

6. $\tanh x = \frac{e^{2x} - 1}{e^{2x} + 1}$
7. $\cosh 2x = \cosh^2 x + \sinh^2 x$ (힌트: 우변부터 시작한다)
8. $\cosh x + \sinh x = e^x$
9. **항등식** 항등식 $\cosh 2x = \cosh^2 x + \sinh^2 x$를 이용하여 $\cosh^2 x = \frac{\cosh 2x + 1}{2}$, $\sinh^2 x = \frac{\cosh 2x - 1}{2}$임을 증명하여라.

10–11. 도함수 공식 $\frac{d}{dx}(\cosh x) = \sinh x$, $\frac{d}{dx}(\sinh x) = \cosh x$와 같은 다음 도함수 공식을 유도하여라.

10. $\frac{d}{dx}(\coth x) = -\operatorname{csch}^2 x$
11. $\frac{d}{dx}(\operatorname{csch} x) = -\operatorname{csch} x \coth x$

12–18. 도함수 다음 함수의 도함수를 구하여라.

12. $f(x) = \cosh^2 x$
13. $f(x) = \tanh^2 x$
14. $f(x) = \ln(\operatorname{sech} 2x)$
15. $f(x) = x^2 \cosh^2 3x$
16. $f(x) = \cosh^{-1} 4x$
17. $f(v) = \sinh^{-1} v^2$
18. $f(x) = x\sinh^{-1} x - \sqrt{x^2 + 1}$

19–28. 적분 다음 적분을 구하여라.

19. $\int \cosh 2x\, dx$
20. $\int \frac{\sinh x}{1 + \cosh x}\, dx$
21. $\int \tanh^2 x\, dx$ (힌트: 항등식을 이용한다)
22. $\int_0^1 \cosh^3 3x \sinh 3x\, dx$
23. $\int_0^{\ln 2} \tanh x\, dx$
24. $\int \frac{dx}{8 - x^2}, x > 2\sqrt{2}$
25. $\int \frac{e^x}{36 - e^{2x}}\, dx, x < \ln 6$
26. $\int \frac{dx}{x\sqrt{4 - x^8}}$
27. $\int \frac{\cosh z}{\sinh^2 z}\, dz$
28. $\int_{5/12}^{3/4} \frac{\sinh^{-1} x}{\sqrt{x^2 + 1}}\, dx$
29. **두가지 방법** 적분 $\int \frac{\sinh(\ln x)}{x}\, dx$를 다음 두 가지 방법으로 구하여라.
    a. 먼저 피적분함수를 간단히 한 후 적분한다.
    b. $u = \ln x$로 치환하고 적분한 후, 결과를 간단히 한다. 두 방법이 같은 답을 주는 것을 검증하여라.
30. **시각적 근사**
    a. 그래프 유틸리티를 이용하여 $y = \coth x$의 그래프를 그려라. $\int_5^{10} \coth x\, dx \approx 5$인 이유를 설명하여라.
    b. $\int_5^{10} \coth x\, dx$를 계산하여라. 계산기를 사용하여 소수점 아래 10자리까지 근삿값을 구하여라. 이 근삿값과 **a**에서 구한 값과의 오차는 얼마인가?
31. **적분 증명** 정리 7.6의 공식 $\int \coth x\, dx = \ln|\sinh x| + C$를 증명하여라.
32. **교점과 넓이**
    a. 함수 $f(x) = \operatorname{sech} x$, $g(x) = \tanh x$의 그래프를 그린 다음 교점의 x좌표를 구하여라.
    b. f, g의 그래프와 y축으로 둘러싸인 영역의 넓이를 계산하여라.

33–35. 정적분 다음 정적분을 구하여라. 정리 7.7을 사용하여 결과를 로그함수로 나타내어라.

33. $\int_1^{e^2} \frac{dx}{x\sqrt{\ln^2 x + 1}}$
34. $\int_{-2}^{2} \frac{dt}{t^2 - 9}$
35. $\int_{1/8}^{1} \frac{dx}{x\sqrt{1 + x^{2/3}}}$
36. **아치의 현수선** x축 위에 놓여 있는 곡선 $y = \frac{17}{15} - \cosh x$의 일부는 아치의 현수선을 형성한다. x축 위에 놓여 있는 이 아치의 평균 높이를 구하여라.
37. **전력선** 전력선이 똑같은 높이의 두 기둥에 달려 있고, 두

기둥은 서로 100 ft 거리로 떨어져 있다. 전력선이 곡선 $f(x) = a\cosh\frac{x}{a}$ 를 따른다고 하자. 다음 단계를 수행하여 두 기둥 사이에서 10 ft의 처짐을 발생시키는 a의 값을 구하여라. $x = \pm 50$에서 두 기둥이 있는 좌표계를 이용하여라.

a. a는 방정식 $\cosh\frac{50}{a} - 1 = \frac{10}{a}$을 만족시킴을 보여라.

b. $t = \frac{10}{a}$이면 **a**의 방정식을 $\cosh 5t - 1 = t$로 간단히 할 수 있다. 그래프 유틸리티를 이용하여 t에 관하여 풀어라.

c. **b**의 답을 이용하여 a를 구하고, 전력선의 길이를 계산하여라.

38. 파장 바다에서 파도의 속도가 $v = \sqrt{\frac{g\lambda}{2\pi}\tanh\left(\frac{2\pi d}{\lambda}\right)}$ (예제 8)로 주어졌다. 그래프 유틸리티나 루트 파인더(sqrt finder)를 이용하여 바다 파도의 파장 λ의 근삿값을 구하여라. 바다의 파도는 물속 $d = 10$ m 깊이에서 $v = 7$ m/s의 속도로 이동한다.

39. 얕은 물에서의 속도 방정식

a. $a = 0$에서 $f(x) = \tanh x$에 선형 근사는 $L(x) = x$임을 확인하여라.

b. 바다 파도의 속도가 $v = \sqrt{\frac{g\lambda}{2\pi}\tanh\left(\frac{2\pi d}{\lambda}\right)}$임을 상기하자. 유체역학에서 얕은 물은 파장에 대한 깊이의 비가 $\frac{d}{\lambda} < 0.05$인 곳을 의미한다. **a**의 결과를 이용하여 얕은 물에서의 속도 방정식의 근삿값이 $v = \sqrt{gd}$ 임을 설명하여라.

c. 얕은 물에서의 속도 방정식을 이용하여 파도가 해변에 다가갈수록 느려지는 경향이 있는 이유를 설명하여라.

40. 참 또는 거짓 다음 명제가 참이면 증명하고 거짓이면 반례를 들어라.

a. $\frac{d}{dx}(\sinh(\ln 3)) = \frac{\cosh(\ln 3)}{3}$

b. $\frac{d}{dx}(\sinh x) = \cosh x,\ \frac{d}{dx}(\cosh x) = -\sinh x$

c. $\ln(1 + \sqrt{2}) = -\ln(-1 + \sqrt{2})$

d. $\int_0^1 \frac{dx}{4 - x^2} = \frac{1}{2}\left(\coth^{-1}\frac{1}{2} - \coth^{-1} 0\right)$

41. 쌍곡선함수의 계산 계산기를 사용하지 않고 다음 값을 구하여라. 또는 값이 존재하지 않다는 것을 설명하여라. 가능한 한 답을 간단히 하여라.

a. $\cosh 0$ **b.** $\tanh 0$

c. $\operatorname{csch} 0$ **d.** $\operatorname{sech}(\sinh 0)$

e. $\coth(\ln 5)$ **f.** $\sinh(2\ln 3)$

g. $\cosh^2 1$ **h.** $\operatorname{sech}^{-1}(\ln 3)$

I. $\cosh^{-1}\frac{17}{8}$ **j.** $\sinh^{-1}\frac{e^2 - 1}{2e}$

42. 임계점 함수 $f(x) = \sinh^2 x \cosh x$의 임계점을 구하여라.

43. 변곡점 $f(x) = \tanh^2 x$의 변곡점의 x좌표를 구하여라.

44. 영역의 넓이 $y = \operatorname{sech} x$, $x = 1$, 단위원(그림 참조)으로 둘러싸인 영역의 넓이를 구하여라.

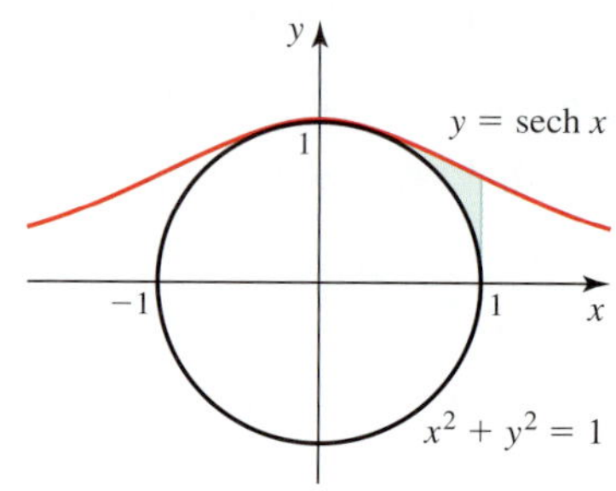

45. 로피탈의 허점 $\lim_{x\to\infty}\frac{\sinh x}{\cosh x}$에서 로피탈 법칙이 적용되지 않는 이유를 설명하여라. 다른 방법으로 극한을 구하여라.

46–47. 극한 로피탈 법칙을 이용하여 다음 극한을 구하여라.

46. $\lim_{x\to 0}\frac{\tanh^{-1} x}{\tan(\pi x/2)}$ **47.** $\lim_{x\to 0^+}(\tanh x)^x$

3단계 도전

48. 가마 설계 그림과 같이 역현수선 형태의 가마(도자기를 굽는 가마) 내부의 부피를 구하여라.

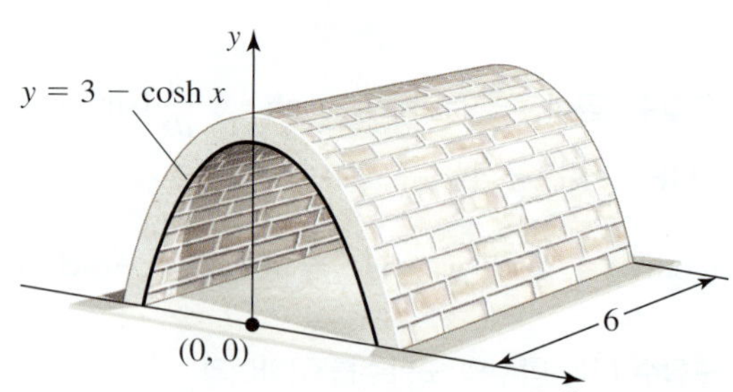

49. 떨어지는 물체 받침대로부터 떨어지는 물체는 공기 저항을 받는다. 공기 저항은 물체 속도의 제곱에 비례한다. t초 후 떨어진 거리는 $d(t) = \frac{m}{k}\ln\left(\cosh\left(\sqrt{\frac{kg}{m}}\,t\right)\right)$로 주어진다. 여기서 m은 물체의 질량(단위는 kg)이고, $g = 9.8$ m/s^{2}은 중력가속도이며 k는 물리 상수이다.

a. 베이스 점퍼($m = 75$ kg)가 높은 절벽에서 뛰어내리고, 10초 후 낙하산을 편다. 10초 후 얼마나 떨어지겠는가? $k = 0.2$라고 가정하자.

b. 처음 100 m에서 떨어지는 데 얼마나 걸리는가? 두 번째 100 m는 얼마나 걸리는가? 각각에 대한 평균 속도는 얼마인가?

50–51. 항등식 증명 다음 항등식을 증명하여라.

50. $\sinh(\cosh^{-1} x) = \sqrt{x^2 - 1},\ x \ge 1$

51. $\cosh(x + y) = \cosh x \cosh y + \sinh x \sinh y$

52. 역함수 항등식 공식 $\cosh^{-1} t = \ln\left(t + \sqrt{t^2 - 1}\right)$을 이용하여 $\cosh^{-1}(\cosh x) = |x|$임을 보여라. 또한 $x \ge 0$, $x < 0$인 경우를 각각 고려하여라.

53. 많은 공식 $\operatorname{sech} x$의 부정적분을 표현하는 다양한 방법이 있다.

a. $\int \operatorname{sech} x\, dx = \tan^{-1}(\sinh x) + C$(정리 7.6)를 증명하여라(힌트: $\operatorname{sech} x = \dfrac{1}{\cosh x} = \dfrac{\cosh x}{\cosh^2 x} = \dfrac{\cosh x}{1 + \sinh^2 x}$이고 변수를 변환한다).

b. $\int \operatorname{sech} x\, dx = \sin^{-1}(\tanh x) + C$를 증명하여라(힌트: $\operatorname{sech} x = \dfrac{\operatorname{sech}^2 x}{\sqrt{1 - \tanh^2 x}}$임을 보이고, 변수를 변환한다).

c. $\dfrac{d}{dx}(2\tan^{-1} e^x) = \operatorname{sech} x$를 증명하여 $\int \operatorname{sech} x\, dx = 2\tan^{-1} e^x + C$임을 보여라.

54. 적분 공식 다음 단계를 수행하여 공식 $\int \operatorname{csch} x\, dx = \ln\left|\tanh \dfrac{x}{2}\right| + C$(정리 7.6)를 유도하여라.

a. $u = \dfrac{x}{2}$로 치환하여 $\int \operatorname{csch} x\, dx = \int \dfrac{2\, du}{\sinh 2u}$임을 보여라.

b. $\sinh u$의 항등식을 이용하여 $\dfrac{2}{\sinh 2u} = \dfrac{\operatorname{sech}^2 u}{\tanh u}$임을 보여라.

c. $\int \dfrac{\operatorname{sech}^2 u}{\tanh u}\, du$를 결정하기 위해 다시 변수 변환을 하고 x에 관하여 답을 표현하여라.

55. 호의 길이 연습문제 54번의 결과를 이용하여 $[\ln 2, \ln 8]$에서 곡선 $f(x) = \ln\left|\tanh \dfrac{x}{2}\right|$의 호의 길이를 구하여라.

56. 적분족 $u = x^r$으로 치환하여 $\int \dfrac{dx}{x\sqrt{1 - x^{2r}}} = -\dfrac{1}{r}\operatorname{sech}^{-1} x^r + C$, $r > 0$, $0 < x < 1$임을 보여라.

57. 쌍곡선사인과 쌍곡선코사인의 정의 쌍곡선선 $x^2 - y^2 = 1$ 위에 있는 점의 x좌표와 y좌표는 각각 $\cosh t$와 $\sinh t$로 정의한다. 여기서 t는 그림에서 색칠된 영역의 2배이다. 다음 단계를 수행하여 x와 y는 다음과 같이 표현할 수 있음을 증명하여라.

$$x = \cosh t = \frac{e^t + e^{-t}}{2}, \quad y = \sinh t = \frac{e^t - e^{-t}}{2}$$

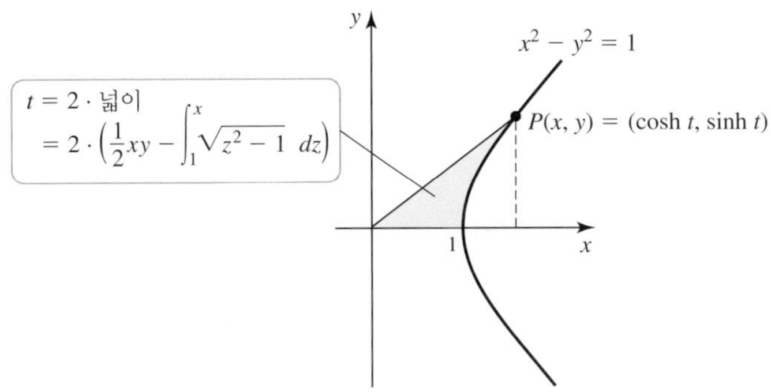

a. t가 다음과 같이 주어지면 t가 색칠된 영역의 넓이의 두 배가 되는 이유를 설명하여라.

$$t = 2\cdot\left(\frac{1}{2}xy - \int_1^x \sqrt{z^2 - 1}\, dz\right)$$
$$= x\sqrt{x^2 - 1} - 2\int_1^x \sqrt{z^2 - 1}\, dz$$

b. 8장에서 **a**의 적분 공식을 유도할 것이다.

$$\int \sqrt{z^2 - 1}\, dz = \frac{z}{2}\sqrt{z^2 - 1} - \frac{1}{2}\ln\left|z + \sqrt{z^2 - 1}\right| + C$$

구간 $[1, x]$에서 적분을 계산하고, 절댓값을 생략할 수 있는 이유를 설명하여라. **a**의 결과와 결합하여 다음을 보여라.

$$t = \ln\left(x + \sqrt{x^2 - 1}\right)$$

c. $x = \dfrac{e^t + e^{-t}}{2}$을 보이기 위해 **b**로부터 마지막 방정식을 x에 관하여 풀어라.

d. **c**의 결과와 $y = \sqrt{x^2 - 1}$을 이용하여 $y = \dfrac{e^t - e^{-t}}{2}$을 보여라.

QUICK CHECK 정답

1. $\sinh(-x) = \dfrac{e^{-x} - e^{-(-x)}}{2} = -\dfrac{e^x - e^{-x}}{2} = -\sinh x$

2. $\tanh x = \dfrac{e^x - e^{-x}}{e^x + e^{-x}}$, $\lim\limits_{x\to\infty} e^{-x} = 0$이므로 큰 x에 대하여 $\tanh x \approx \dfrac{e^x}{e^x} = 1$이다. 따라서 $y = 1$은 수평 점근선이다. 같은 맥락으로 $x \to -\infty$일 때 $\tanh x \to -1$이므로 $y = -1$도 수평 점근선이다. **3.** $\dfrac{d}{dx}(4\cosh 2x) = 8\sinh 2x$, $\int 4\cosh 2x\, dx = 2\sinh 2x + C$ **4.** $\dfrac{1}{2}\ln|\tanh x| + C$

5. 넓이 $= 2\displaystyle\int_0^{\ln 3}\left(\frac{5}{3} - \cosh x\right) dx$

$$= \frac{2}{3}(5\ln 3 - 4) \approx 0.995$$

6. $\int_0^1 \frac{du}{4-u^2} = \frac{1}{2}\tanh^{-1}\frac{1}{2} \approx 0.275$

7. 깊은 물의 파도 속도 공식은 $v = \sqrt{\frac{g\lambda}{2\pi}}$이며, 이는 파장 1의 증가함수이다. 따라서 1보다 큰 값은 더 빠른 파도에 대응한다. ◀

7장 연습문제

1. **참 또는 거짓** 다음 명제가 참이면 증명하고 거짓이면 반례를 들어라.
   - a. 변수 $y = t + 1$은 t가 1만큼 증가할 때마다 값이 두 배가 된다.
   - b. 함수 $y = Ae^{0.1t}$은 t가 1만큼 증가할 때마다 10% 증가한다.
   - c. $\ln xy = (\ln x)(\ln y)$
   - d. $\sinh(\ln x) = \frac{x^2-1}{2x}$

2–5. 적분 다음 적분을 구하여라.

2. $\int_{e^2}^{e^8} \frac{dx}{x\ln x}$ 3. $\int \frac{x+4}{x^2+8x+25}\,dx$

4. $\int \frac{dx}{\sqrt{x^2-9}}, x > 3$ 5. $\int_0^1 \frac{x^2}{9-x^6}\,dx$

6–10. 도함수 다음 함수의 도함수를 구하여라.

6. $g(x) = x^{3x^2+1}$ 7. $f(t) = \cosh t \sinh t$

8. $f(x) = \cosh^2(3x-1)$ 9. $f(x) = \tanh^{-1}(\cos x)$

10. $f(x) = \operatorname{sech}^{-1}\frac{1}{x^2}, x > 1$

11. **카페인** 한 성인이 카페인 75 mg이 들어 있는 에스프레소를 마신다고 하자. 카페인의 반감기는 5.5시간이라 하면 이 성인의 혈류에 카페인이 30 mg만큼 남아 있을 때는 언제인가?

12. **무어의 법칙** 1965년 고든 무어는 집적 회로에 배치할 수 있는 트랜지스터의 수가 매년 약 2배씩 증가하고 있음을 관찰했으며, 이 추세가 앞으로 10년 동안 계속 될 것이라고 예측했다. 1975년 무어는 두 배의 시간을 2년으로 수정했고, 이 예측은 무어의 법칙(Moore's Law)으로 알려지게 됐다.
   - a. 1979년 인텔은 인텔 8088 프로세서를 출시했다. 각 집적 회로에는 29,000개의 트랜지스터가 포함되어 있다. 무어의 수정된 두 배 시간을 사용하여 1979년으로부터 t년 후 집적 회로의 트랜지스터 수를 근사하는 함수 $y(t)$를 구하여라.
   - b. 2000년에 펜티엄 4 집적 회로가 도입됐으며, 4200만 트랜지스터를 포함하고 있다. 이 값을 **a**의 함수를 이용하여 얻은 값과 비교하여라.

13. **인구 증가** 초기 인구 150,000명에서 연간 4%의 일정한 증가율로 증가하는 도시에 대하여 도시 인구가 100만 명에 도달하는 데 걸리는 시간은 얼마인가?

14. **곡선 그리기** 4.4절의 그래프 기법을 이용하여 함수 $f(x) = e^x(x^2 - x)$의 그래프를 그려라. 극댓값, 극솟값과 변곡점, 오목성과 끝부분의 형태를 확인하여라. 그래프 유틸리티를 이용하여 결과를 확인하여라.

15. **로그 정규분포** 확률 및 통계에서 일반적으로 사용되는 분포는 로그 정규분포이다(로그 변수가 정규 분포를 따르면 변수 자체도 로그 정규분포를 따른다). 분포 함수가 다음과 같다고 하자.

$$f(x) = \frac{1}{x\sigma\sqrt{2\pi}} e^{-\ln^2 x/(2\sigma^2)}, \quad x \ge 0$$

여기서 $\ln x$는 평균이 0이고 표준편차가 $\sigma > 0$이다.
   - a. $\sigma = \frac{1}{2}$, 1, 2에 대한 f의 그래프를 각각 그려라. f의 그래프에 의하면 $\lim_{x\to 0} f(x)$가 존재하는가?
   - b. $\lim_{x\to 0} f(x)$를 구하여라 (힌트: $x = e^y$으로 놓는다).
   - c. f가 $x^* = e^{-\sigma^2}$에서 하나의 극댓값을 가짐을 보여라.
   - d. $f(x^*)$를 구하여라. σ에 대한 함수로 결과를 표현하여라.
   - e. **d**에서 $f(x^*)$가 최솟값을 가지는 양수 σ의 값은 얼마인가?

16. **선형 근사** $a = \ln 3$에서 $f(x) = \cosh x$의 선형 근사를 구하여라. 선형 근사를 이용하여 $\cosh 1$의 근삿값을 구하여라.

17. **쌍곡선함수의 도함수** 다음 도함수를 구하여라.
   - a. $\frac{d^6}{dx^6}(\cosh x)$ b. $\frac{d}{dx}(x \operatorname{sech} x)$

CHAPTER

8

여러 가지 적분법

Integration Techniques

미리보기 이 장에서는 적분 방법들로 돌아가 치환(혹은 변수 변환)법을 보완하는 다양하고 새로운 적분 전략을 학습한다. 이 장에서 새로 소개할 적분법은 부분적분, 삼각치환, 부분분수 등이다. 이와 더불어 이러한 해석적 방법(연필-종이 방법)은 우리가 구할 수 있는 적분들의 범주를 크게 확장할 것이다. 그럼에도 앞서 언급한 적분법들로 적분을 구할 수 없는 경우가 많다는 사실을 인지하는 것이 중요하다. 이러한 이유로 부정적분들을 구할 때 쓰이는 적분표에 기반한 방법과 정적분의 근삿값을 구하기 위한 컴퓨터에 기반한 적분법을 소개한다. 이후 적분 구간 내에서 무한한 값을 갖는 피적분함수의 적분, 무한 구간에서의 적분을 논할 것이다. 이상적분(특이적분)이라 부르는 이러한 적분들은 놀라운 결과를 제공하며 실제로 많이 응용되고 있다.

8.1 기본 접근법
8.2 부분적분법
8.3 삼각적분법
8.4 삼각치환
8.5 부분분수
8.6 적분 전략
8.7 다른 적분법들
8.8 수치적분
8.9 이상적분

8.1 기본 접근법

새 적분 기법을 소개하기에 앞서 이 절에서는 다음 두 가지 목표를 논한다. 첫째로 5.5절에서 학습한 치환법을 간략히 복습한다. 둘째로 적분 값을 구할 때 알아 두면 유용한 여러 가지 단순화 과정을 소개한다.

표 8.1은 앞부분에서 학습한 기초적인 적분 공식들과 더불어 네 가지 기본 삼각

➤ 표 8.1은 4.9절의 표 4.9, 표 4.10과 유사하다. 이 표는 책 끝에 등장하는 적분표의 일부분이다.

표 8.1 기초적인 적분 공식들

1. $\int k\,dx = kx + C$, k는 실수	**2.** $\int x^p\,dx = \dfrac{x^{p+1}}{p+1} + C$, $p \neq -1$는 실수	**3.** $\int \cos ax\,dx = \dfrac{1}{a}\sin ax + C$
4. $\int \sin ax\,dx = -\dfrac{1}{a}\cos ax + C$	**5.** $\int \sec^2 ax\,dx = \dfrac{1}{a}\tan ax + C$	**6.** $\int \csc^2 ax\,dx = -\dfrac{1}{a}\cot ax + C$
7. $\int \sec ax \tan ax\,dx = \dfrac{1}{a}\sec ax + C$	**8.** $\int \csc ax \cot ax\,dx = -\dfrac{1}{a}\csc ax + C$	**9.** $\int e^{ax}\,dx = \dfrac{1}{a}e^{ax} + C$
10. $\int \dfrac{dx}{x} = \ln\lvert x\rvert + C$	**11.** $\int \dfrac{dx}{a^2 + x^2} = \dfrac{1}{a}\tan^{-1}\dfrac{x}{a} + C$	**12.** $\int \dfrac{dx}{\sqrt{a^2 - x^2}} = \sin^{-1}\dfrac{x}{a} + C, a > 0$
13. $\int \dfrac{dx}{x\sqrt{x^2 - a^2}} = \dfrac{1}{a}\sec^{-1}\left\lvert\dfrac{x}{a}\right\rvert + C, a > 0$	**14.** $\int \tan ax\,dx = \dfrac{1}{a}\ln\lvert\sec ax\rvert + C$	**15.** $\int \cot ax\,dx = \dfrac{1}{a}\ln\lvert\sin ax\rvert + C$
16. $\int \sec ax\,dx = \dfrac{1}{a}\ln\lvert\sec ax + \tan ax\rvert + C$	**17.** $\int \csc ax\,dx = -\dfrac{1}{a}\ln\lvert\csc ax + \cot ax\rvert + C$	

적분(공식 14-17)을 추가한 것이다. 추가된 새 공식들은 예제 1, 2에서 치환법으로 유도할 것이다.

4.9절에서 $\int \cos x\,dx$와 $\int \sin x\,dx$의 적분 공식을 소개하고, 이를 이용하여 5.5절의 표 5.6에 등장하는 보다 일반적인 결과를 유도했다. 표 5.6에서 누락된 적분 공식들은 $\tan x$, $\cot x$, $\sec x$, $\csc x$의 역도함수이다. 예제 1, 2(그리고 이와 연관된 연습문제)에서 위 함수들의 적분 공식을 유도할 것이다.

| 예제 1 | 치환법 복습 다음과 같은 표 8.1의 공식 14를 유도하여라.

$$\int \tan ax\,dx = \frac{1}{a}\ln|\sec ax| + C$$

풀이 좀 더 단순한 형태의 적분 $\int \tan x\,dx$에서 시작해 보자. 기본적인 치환법을 적용하기 위해 $\tan x$를 $\sin x$와 $\cos x$의 비로 나타내어 적분하면 다음을 얻는다.

$$\begin{aligned}\int \tan x\,dx &= \int \frac{\sin x}{\cos x}dx \\ &= -\int \frac{1}{u}\,du \qquad u = \cos x,\ du = -\sin x\,dx \\ &= -\ln|u| + C = -\ln|\cos x| + C\end{aligned}$$

로그함수의 성질을 이용하면 위 적분은 다음과 같이 표현된다.

$$\begin{aligned}\int \tan x\,dx &= -\ln|\cos x| + C = -\ln|1/\sec x| + C \\ &= -(\ln 1 - \ln|\sec x|) = \ln|\sec x| + C\end{aligned}$$

QUICK CHECK 1 적분 $\int \frac{\sec^2 x}{\tan^3 x}dx$는 어떤 변수 변환을 적용하여 구해야 하는가? ◀

위 결과를 이용하면 표 8.1에 등장하는 보다 일반적인 공식(공식 14)은 $u = ax$로 치환하여 쉽게 유도할 수 있다. 표 8.1의 공식 15 또한 이와 비슷한 방식으로 증명할 수 있다(연습문제 34번).

관련 연습문제 34번 ◀

| 예제 2 | 1 곱하기 다음과 같은 표 8.1의 공식 16을 유도하여라.

$$\int \sec ax\,dx = \frac{1}{a}\ln|\sec ax + \tan ax| + C$$

풀이 예제 1과 마찬가지로 단순한 형태의 적분 $\int \sec x\,dx$에서 시작해 보자. 이 적분을 구하는 기법은 다소 생소하게 느껴질 것이며, 이는 특수한 경우의 적분에서만 쓰는 방식이다. 이 적분의 아이디어는 피적분함수에 1을 곱하고 이를 적절히 변형하는 것이다. 이제 1을 다음과 같이 변형한다.

$$1 = \frac{\sec x + \tan x}{\sec x + \tan x}$$

적분을 구하면 다음과 같다.

$$\begin{aligned}
\int \sec x\, dx &= \int \sec x \cdot \underbrace{\frac{\sec x + \tan x}{\sec x + \tan x}}_{1} dx && \text{피적분함수에 1 곱하기} \\
&= \int \frac{\sec^2 x + \sec x \tan x}{\sec x + \tan x} dx && \text{분자 전개하기} \\
&= \int \frac{du}{u} && u = \sec x + \tan x,\ du = (\sec^2 x + \sec x \tan x)dx \\
&= \ln |u| + C && \text{적분하기} \\
&= \ln |\sec x + \tan x| + C && u = \sec x + \tan x
\end{aligned}$$

적분 $\int \sec ax\, dx$에서 $u = ax$로 치환하면 표 8.1에 등장하는 보다 일반적인 공식(공식 16)을 유도할 수 있다. 표 8.1의 공식 17 또한 이와 비슷한 방식으로 증명할 수 있다(연습문제 35번).

관련 연습문제 35번 ◀

| 예제 3 | 정교한 치환법 적분 $\int \frac{dx}{e^x + e^{-x}}$를 구하여라.

풀이 유사한 적분 공식을 표 8.1에서 찾을 수 없다. 적절한 시행착오를 통해 예제 2에서 사용한 방법을 시도해 볼 것이다. 우선 피적분함수의 분자와 분모에 e^x을 곱해 보자.

$$\int \frac{dx}{e^x + e^{-x}} = \int \frac{e^x}{e^{2x} + 1} dx \qquad e^x \cdot e^x = e^{2x}$$

위 피적분함수에서 $u = e^x$으로 치환하면 $du = e^x\, dx$를 얻는다. 이 치환법을 이용하면 위 적분은 다음과 같이 표현된다.

$$\begin{aligned}
\int \frac{e^x}{e^{2x} + 1} dx &= \int \frac{du}{u^2 + 1} && u = e^x,\ du = e^x\, dx\text{로 놓기} \\
&= \tan^{-1} u + C && \text{표 8.1} \\
&= \tan^{-1} e^x + C && u = e^x
\end{aligned}$$

관련 연습문제 23번 ◀

| 예제 4 | 분수 쪼개기 적분 $\int \frac{\cos x + \sin^3 x}{\sec x} dx$를 구하여라.

풀이 이 경우 분수를 쪼개서 피적분함수를 다음과 같이 자연스럽게 나타내 보자.

$$\begin{aligned}
\int \frac{\cos x + \sin^3 x}{\sec x} dx &= \int \frac{\cos x}{\sec x} dx + \int \frac{\sin^3 x}{\sec x} dx && \text{분수 쪼개기} \\
&= \int \cos^2 x\, dx + \int \sin^3 x \cos x\, dx && \sec x = \frac{1}{\cos x}
\end{aligned}$$

위 식의 첫 번째 적분은 반각 공식(5.5절의 예제 6 참조)을 이용하고, 두 번째 적분은 $u = \sin x$로 치환하여 다음과 같이 구한다.

➤ 반각 공식

$$\cos^2 x = \frac{1 + \cos 2x}{2}$$

$$\sin^2 x = \frac{1 - \cos 2x}{2}$$

$$\int \frac{\cos x + \sin^3 x}{\sec x}\,dx = \int \cos^2 x\,dx + \int \sin^3 x \cos x\,dx$$

$$= \int \frac{1 + \cos 2x}{2}\,dx + \int \sin^3 x \cos x\,dx \quad \text{반각공식}$$

$$= \frac{1}{2}\int dx + \frac{1}{2}\int \cos 2x\,dx + \int u^3\,du \quad u = \sin x,\ du = \cos x\,dx$$

$$= \frac{x}{2} + \frac{1}{4}\sin 2x + \frac{1}{4}\sin^4 x + C \quad \text{적분 계산하기}$$

관련 연습문제 13번◀

QUICK CHECK 2 $\int \frac{x^3 + \sqrt{x}}{x^{3/2}}\,dx$를 적분하기에 앞서 피적분함수를 어떻게 간단히 해야 하는지 설명하여라.◀

| 예제 5 | 유리함수 나누기 적분 $\int \frac{x^2 + 2x - 1}{x + 4}\,dx$를 구하여라.

풀이 유리함수(분자와 분모가 다항식인 함수)를 적분할 때, 우선 이 유리함수가 가분수(분자의 차수가 분모의 차수 이상인 분수) 함수인지 확인한다. 이 예에서 피적분함수가 가분수 함수이며, 긴 나눗셈을 통해 식을 다음과 같이 간단한 형태로 바꾼 후 적분을 구한다.

$$\int \frac{x^2 + 2x - 1}{x + 4}\,dx = \int (x - 2)\,dx + \int \frac{7}{x + 4}\,dx \quad \text{긴 나눗셈}$$

$$= \frac{x^2}{2} - 2x + 7\ln|x + 4| + C \quad \text{적분 계산하기}$$

관련 연습문제 18번◀

➤
$$\begin{array}{r} x - 2 \\ x + 4\overline{)\,x^2 + 2x - 1} \\ \underline{x^2 + 4x} \\ -2x - 1 \\ \underline{-2x - 8} \\ 7 \end{array}$$

QUICK CHECK 3 $\int \frac{x + 1}{x - 1}\,dx$를 적분하기 전에 피적분함수를 어떻게 간단히 해야 하는지 설명하여라.◀

| 예제 6 | 완전제곱식 형태 만들기 적분 $\int \frac{dx}{\sqrt{-x^2 - 8x - 7}}$를 구하여라.

풀이 표 8.1에서는 주어진 적분과 유사한 형태의 적분이 없으므로 위 적분을 구하기 전에 몇 가지 작업이 필요하다. 핵심 아이디어는 분모 다항식을 다음과 같이 완전제곱식 형태로 변형하는 것이다.

$$-x^2 - 8x - 7 = -(x^2 + 8x + 7)$$

$$= -(x^2 + 8x \underbrace{+ 16 - 16}_{\text{16 더하고 빼기}} + 7) \quad \text{완전제곱식 형태 만들기}$$

$$= -((x + 4)^2 - 9) \quad \text{인수분해 및 항 더하기}$$

$$= 9 - (x + 4)^2 \quad \text{재정렬하기}$$

적당히 변수 변환을 하면 주어진 적분은 다음과 같다.

$$\int \frac{dx}{\sqrt{-7 - 8x - x^2}} = \int \frac{dx}{\sqrt{9 - (x + 4)^2}} \quad \text{완전제곱식 형태}$$

$$= \int \frac{du}{\sqrt{9 - u^2}} \quad u = x + 4,\ du = dx$$

$$= \sin^{-1}\frac{u}{3} + C \quad \text{표 8.1}$$

QUICK CHECK 4 $x^2 + 6x + 16$을 완전제곱식 형태로 나타내어라.◀

$$= \sin^{-1}\left(\frac{x+4}{3}\right) + C \quad u\text{를 } x+4\text{로 바꾸기}$$

관련 연습문제 16, 19번 ◀

이 절에서는 주어진 적분을 구하기 위해 피적분함수를 적분하기 쉬운 형태로 변형하는 기법에 대하여 논하였다. 이러한 아이디어는 최선의 적분법을 사용할 수 있도록 도와준다. 새 적분 기법을 학습하고 적분 기술을 향상시키기 위해 이 점을 항상 유념하길 바란다.

8.1절 연습문제

1단계 스타트

1. 적분 $\int (4-7x)^{-6}\,dx$를 구하려면 변수 변환을 어떻게 해야 하는가?
2. 적분 $\int \sin^2 x\,dx$를 구하려면 어떤 삼각항등식을 사용해야 하는가?
3. 적분 $\int \frac{10}{x^2-4x-9}\,dx$를 구하기 위한 첫 번째 단계를 설명하여라.

2단계 실전

4–32. 적분 복습 다음 적분을 구하여라.

4. $\int \frac{dx}{(3-5x)^4}$

5. $\int_0^{3\pi/8} \sin\left(2x-\frac{\pi}{4}\right)dx$

6. $\int \frac{\ln 2x}{x}\,dx$

7. $\int \frac{e^x}{e^x+1}\,dx$

8. $\int_1^{e^2} \frac{\ln^2(x^2)}{x}\,dx$

9. $\int_1^2 s(s-1)^9\,ds$

10. $\int \frac{(\ln w - 1)^7 \ln w}{w}\,dw$

11. $\int \frac{x+2}{x^2+4}\,dx$

12. $\int e^x \csc(3e^x+4)\,dx$

13. $\int_0^{\pi/4} \frac{\sec\theta + \csc\theta}{\sec\theta\csc\theta}\,d\theta$

14. $\int \frac{2-3x}{\sqrt{1-x^2}}\,dx$

15. $\int_{\pi/4}^{\pi/2} \sqrt{1+\cot^2 x}\,dx$

16. $\int \frac{dx}{x^2-2x+10}$

17. $\int \frac{x^3+2x^2+5x+3}{x^2+x+2}\,dx$

18. $\int_0^1 \frac{t^4+t^3+t^2+t+1}{t^2+1}\,dt$

19. $\int \frac{d\theta}{\sqrt{27-6\theta-\theta^2}}$

20. $\int \frac{d\theta}{1+\sin\theta}$

21. $\int \frac{dx}{\sec x - 1}$

22. $\int \frac{\cosh 3x}{1+\sinh 3x}\,dx$

23. $\int \frac{e^x}{e^x-2e^{-x}}\,dx$

24. $\int \frac{dx}{x^{-1}+1}$

25. $\int \sqrt{9+\sqrt{t+1}}\,dt$

26. $\int_{-1}^0 \frac{x}{x^2+2x+2}\,dx$

27. $\int e^x \sec(e^x+1)\,dx$

28. $\int \sin x \sin 2x\,dx$

29. $\int \frac{dx}{x^{1/2}+x^{3/2}}$

30. $\int \frac{x-2}{x^2+6x+13}\,dx$

31. $\int \frac{e^x}{e^{2x}+2e^x+1}\,dx$

32. $\int_1^3 \frac{2}{x^2+2x+1}\,dx$

33. **참 또는 거짓** 다음 명제가 참이면 증명하고 거짓이면 반례를 들어라.

   a. $\int \frac{3}{x^2+4}\,dx = \int \frac{3}{x^2}\,dx + \int \frac{3}{4}\,dx$

   b. 긴 나눗셈을 통해 $\int \frac{x^3+2}{3x^4+x}\,dx$를 적분하기 간단한 형태로 변형할 수 있다.

   c. $\int \frac{1}{\sin x + 1}\,dx = \ln|\sin x + 1| + C$

   d. $\int \frac{dx}{e^x} = \ln e^x + C$

34–35. cot x와 csc x의 적분

34. 변수 변환을 통해 $\int \cot x\,dx = \ln|\sin x| + C$를 보여라 (힌트: 예제 1 참조).

35. $\int \csc x\,dx = -\ln|\csc x + \cot x| + C$를 증명하여라(힌트: 예제 2 참조).

36. 서로 다른 치환법

a. $u = \tan x$로 치환하여 적분 $\int \tan x \sec^2 x\,dx$를 구하여라.

b. $u = \sec x$로 치환하여 적분 $\int \tan x \sec^2 x\,dx$를 구하여라.

c. **a**와 **b**의 결과를 적절히 조정하여 두 결과가 같음을 확인하여라.

37. 서로 다른 방법 $I = \int \frac{x^2}{x+1}\,dx$에 대하여 다음 물음에 답하여라.

a. $u = x + 1$로 치환하여 적분 I를 구하여라.

b. 피적분함수에 긴 나눗셈을 수행하여 적분 I를 구하여라.

c. **a**와 **b**의 결과를 적절히 조정하여 두 결과가 같음을 확인하여라.

38. 두 곡선 사이의 넓이 구간 [2, 4]에서 두 곡선 $y = \frac{x^2}{x^3 - 3x}$과 $y = \frac{1}{x^3 - 3x}$로 둘러싸인 영역의 넓이를 구하여라.

39. 입체의 부피 구간 [0, 2]에서 함수 $f(x) = \sqrt{x^2 + 1}$의 그래프와 x축으로 둘러싸인 영역을 R이라 하자. 영역 R을 y축을 중심으로 회전시켜 얻은 입체의 부피를 구하여라.

3단계 도전

40. 곡면의 넓이 $f(x) = \sqrt{x+1}$에 대하여 구간 [0, 1]에서 함수 f의 그래프와 x축으로 둘러싸인 영역을 x축을 중심으로 회전시킨 입체의 표면적을 구하여라.

41. 호의 길이 구간 [0, 1]에서 곡선 $y = x^{5/4}$의 길이를 구하여라 (힌트: 호의 길이를 구하는 적분에서 $u^2 = 1 + \left(\frac{5}{4}\right)^2 \sqrt{x}$로 치환한다).

QUICK CHECK 정답

1. $u = \tan x$로 놓는다. **2.** 피적분함수를 $x^{3/2} + x^{-1}$으로 표현한다. **3.** 긴 나눗셈을 통해 피적분함수를 $1 + \frac{2}{x-1}$로 표현한다. **4.** $(x+3)^2 + 7$ ◀

8.2 부분적분법

치환 법칙(5.5절)은 도함수의 연쇄 법칙의 역에 대응한다. 이와 유사하게 이 절에서는 도함수의 곱의 법칙의 역에 대응하는 적분법을 이용한다. 이러한 적분 기법을 **부분적분법**(integration by parts)이라 한다. 부분적분법의 중요성을 알아보기 위해 다음 부정적분을 살펴보자.

$$\int e^x\,dx = e^x + C\text{와 } \int xe^x\,dx$$

첫 번째 적분은 이미 다루었던 기초적인 적분이다. 두 번째 적분은 첫 번째 적분과 형태가 약간 다르지만 피적분함수에 등장하는 두 함수의 곱 xe^x을 적분하는 것은 (현재는) 불가능해 보인다. 부분적분법은 함수의 곱의 적분 값을 구하는 데 가장 적합한 적분법이다.

부정적분에 대한 부분적분법

미분가능한 두 함수 u와 v에 대하여 도함수의 곱의 법칙은 다음과 같다.

$$\frac{d}{dx}(u(x)v(x)) = u'(x)v(x) + u(x)v'(x)$$

양변을 적분하면 위 법칙을 다음과 같은 부정적분 형태로 바꿔 쓸 수 있다.

$$u(x)v(x) = \int (u'(x)v(x) + u(x)v'(x))\, dx$$

위 식을

$$\int u(x)\underbrace{v'(x)\, dx}_{dv} = u(x)v(x) - \int v(x)\underbrace{u'(x)\, dx}_{du}$$

와 같이 정리하면 부분적분의 기본 관계식을 이끌어낼 수 있다. 위 등식에 $du = u'(x)\,dx$와 $dv = v'(x)\,dx$를 적용하면 독립변수 x를 생략할 수 있으므로 다음 공식을 얻는다.

$$\int u\, dv = uv - \int v\, du$$

주어진 적분을 $\int u\, dv$로 보고, 부분적분법을 이용해 이 적분을 새로운 적분 $\int v\, du$ 꼴로 표현한다. 이 적분 기법은 새로 등장한 적분을 구하기 쉬운 경우에 유용하다.

부분적분법

미분가능한 두 함수 u와 v에 대하여 다음이 성립한다.

$$\int u\, dv = uv - \int v\, du$$

| 예제 1 | 부분적분법 적분 $\int xe^x\, dx$를 구하여라.

풀이 피적분함수가 어떤 함수들의 곱 형태일 때 주로 부분적분법을 사용한다. 우선 함수의 곱 xe^x을 u에 대응하는 부분과 dv(항상 미분 형식 dx를 포함)에 대응하는 부분으로 나눈다. x의 거듭제곱은 u로 놓기 좋은 경우 중 하나이다. dv로 두는 경우는 반드시 적분하기 쉬운 형태여야 한다. 이 경우 $u = x$와 $dv = e^x\, dx$로 놓는 것이 좋다. 그러면 $du = dx$를 얻는다. 관계식 $dv = e^x\, dx$는 v가 e^x의 역도함수임을 의미하므로 v를 e^x으로 놓으면 된다. 다음 표는 이러한 계산에 도움이 될 것이다.

▶ 적분 상수는 최종 적분 결과에서 등장하면 충분하므로 부분적분 계산 과정에서 적분 상수를 포함시키지 않아도 된다.

주어진 적분에 등장하는 함수	$u = x$	$dv = e^x\, dx$
새로운 적분에 등장하는 함수	$du = dx$	$v = e^x$

▶ 표에 있는 화살표는 부분적분 공식을 어떻게 적용하는지 보여 준다. 첫 번째 화살표는 곱 uv를, 두 번째 화살표는 피적분함수 $v\, du$를 나타낸다.

이제 부분적분법을 적용하면 다음이 성립한다.

$$\int \underbrace{x}_{u}\, \underbrace{e^x\, dx}_{dv} = \underbrace{x}_{u}\, \underbrace{e^x}_{v} - \int \underbrace{e^x}_{v}\, \underbrace{dx}_{du}$$

주어진 적분 $\int xe^x dx$는 이제 적분하기 쉬운 e^x의 적분 $\int e^x dx = e^x + C$로 대체되었다. 따라서 적분 전체 과정은 다음과 같다.

$$\begin{aligned}\int xe^x\,dx &= xe^x - \int e^x\,dx && \text{부분적분}\\ &= xe^x - e^x + C && \text{새로운 적분값 구하기}\end{aligned}$$

관련 연습문제 6번 ◀

➤ 표를 만들려면 우선 주어진 적분의 함수를 다음과 같이 써야 한다.

$u =$ ____, $dv =$ ____

그다음 새로 적분할 함수를 찾기 위해 u를 미분하고 dv를 적분한다.

$du =$ ____, $v =$ ____

| 예제 2 | **부분적분법** 적분 $\int x \sin x\,dx$를 구하여라.

풀이 x의 거듭제곱은 u로 놓기 좋음을 다시 한번 기억하여 다음 표를 살펴보자.

$u = x$	$dv = \sin x\,dx$
$du = dx$	$v = -\cos x$

부분적분법을 적용하면 다음을 얻는다.

$$\begin{aligned}\int \underbrace{x}_{u}\,\underbrace{\sin x\,dx}_{dv} &= \underbrace{x}_{u}\,\underbrace{(-\cos x)}_{v} - \int \underbrace{(-\cos x)}_{v}\,\underbrace{dx}_{du} && \text{부분적분}\\ &= -x\cos x + \sin x + C && \text{적분값 구하기}\left(\textstyle\int \cos x\,dx = \sin x\right)\end{aligned}$$

관련 연습문제 21번 ◀

QUICK CHECK 1 적분 $\int x\cos x\,dx$를 구할 때, u와 dv를 무엇으로 선택하는 것이 가장 좋은가? ◀

일반적으로 부분적분법은 dv가 적분하기 쉽고 새로 등장하는 적분이 주어진 적분보다 계산하기 쉬울 때 적용한다. 부분적분법은 적분 $\int x^n f(x)\,dx$(n은 양의 정수) 꼴을 구할 때 자주 쓴다. 다음 예제처럼 이러한 형태의 적분을 구할 때는 일반적으로 부분적분법을 반복적으로 사용한다.

| 예제 3 | **부분적분법의 반복 적용**

a. 적분 $\int x^2 e^x dx$를 구하여라.

b. n이 양의 정수일 때, 적분 $\int x^n e^x dx$를 어떻게 구해야 하는가?

풀이

$u = x^2$	$dv = e^x\,dx$
$du = 2x\,dx$	$v = e^x$

a. x^2은 u로 놓기 좋은 함수이며, 이 경우 $dv = e^x dx$가 된다.

$$\int \underbrace{x^2}_{u}\,\underbrace{e^x\,dx}_{dv} = \underbrace{x^2}_{u}\,\underbrace{e^x}_{v} - \int \underbrace{e^x}_{v}\,\underbrace{2x\,dx}_{du}$$

우변에 등장하는 새로운 적분은 x의 거듭제곱 지수가 하나 줄었기 때문에 주어진 적분보다 간단한 형태의 적분임을 알 수 있다. 사실 우변에 새로 등장한 적분은 예제 1에서 이미 계산했다. 따라서 부분적분을 두 번 적용하면 다음을 얻는다.

$$\begin{aligned}\int x^2e^x\,dx &= x^2e^x - 2\int xe^x\,dx && \text{부분적분}\\ &= x^2e^x - 2(xe^x - e^x) + C && \text{예제 1의 결과}\\ &= e^x(x^2 - 2x + 2) + C && \text{간단히 하기}\end{aligned}$$

b. 이제 $u = x^n$, $dv = e^x\,dx$로 놓자. 위와 마찬가지로 부분적분을 적용하면 다음을 얻는다.

$$\int x^n e^x\,dx = x^n e^x - n\int x^{n-1} e^x\,dx$$

즉, 부분적분을 이용하면 피적분함수의 변수 x의 지수가 작아짐을 알 수 있다. **a**는 $n = 2$인 경우이며, 이때 부분적분을 두 번 적용하였다. 마찬가지로 적분 $\int x^n e^x dx$의 경우, 부분적분을 n번 적용하여 적분하기 쉬운 $\int e^x dx$ 꼴을 얻을 수 있음을 확인할 수 있다.

관련 연습문제 13번

$u = x^n$	$dv = e^x\,dx$
$du = nx^{n-1}\,dx$	$v = e^x$

▶ 변수의 지수가 줄어드는 적분 항등식을 **축소 공식**(reduction formula)이라 한다. 축소 공식을 적용하는 예는 연습문제 27–28번에서 찾아볼 수 있다.

| 예제 4 | 부분적분법의 반복 적용 적분 $\int e^{2x}\sin x\,dx$를 구하여라.

풀이 피적분함수가 함수의 곱 형태이므로 부분적분을 이용하자. 이 경우 u와 dv를 선택하는 것이 명확하지 않으므로 우선 다음과 같이 선택해 보자.

$u = e^{2x}$	$dv = \sin x\,dx$
$du = 2e^{2x}\,dx$	$v = -\cos x$

▶ 예제 4에서 $u = \sin x$와 $dv = e^{2x}dx$로 선택할 수도 있다. 일반적으로 부분적분법을 적용할 때는 시행착오를 몇 번 겪기도 한다. 효율적인(적절한) 함수의 선택은 많은 연습을 통해 가능함을 잊지 말자.

이제 주어진 적분은 다음과 같이 표현된다.

$$\int e^{2x}\sin x\,dx = -e^{2x}\cos x + 2\int e^{2x}\cos x\,dx \qquad (1)$$

주어진 적분이 새로운 적분 $\int e^{2x}\cos x\,dx$를 포함하는 형태로 바뀌었으나 처음 주어진 적분을 구하는 것보다 쉬운 형태가 아님을 알 수 있다. 새로운 u와 dv를 선택해서 부분적분법을 적용해 볼 수도 있지만 이는 그리 좋은 방법이 아니다. 대신 다음과 같이 u와 dv를 선택해서 $\int e^{2x}\cos x\,dx$를 구해 보자.

▶ 부분적분법을 적용할 때, 줄임말 LIPET를 기억하면 많은 도움이 된다. 피적분함수가 두 개 혹은 그 이상의 함수의 곱으로 주어졌을 때, 로그함수(**L**ogarithmic), 역삼각함수(**I**nverse trigonometric), 다항함수(**P**olynomial), 지수함수(**E**xponential), 삼각함수(**T**rigonometric) 형태의 함수를 u로 선택하면 적분이 쉬워지는 경우가 많음을 기억하자.

$u = e^{2x}$	$dv = \cos x\,dx$
$du = 2e^{2x}\,dx$	$v = \sin x$

부분적분법을 이용하면 다음을 얻는다.

$$\int e^{2x}\cos x\,dx = e^{2x}\sin x - 2\int e^{2x}\sin x\,dx \qquad (2)$$

이제 식 (2)에서 원래 적분인 $\int e^{2x}\sin x\,dx$가 등장함에 주목하자. 식 (2)의 결과를 식 (1)에 대입하면 다음과 같다.

$$\begin{aligned}\int e^{2x}\sin x\,dx &= -e^{2x}\cos x + 2\int e^{2x}\cos x\,dx \\ &= -e^{2x}\cos x + 2\left(e^{2x}\sin x - 2\int e^{2x}\sin x\,dx\right) && \int e^{2x}\cos x\,dx\text{에 식 (2) 대입하기} \\ &= -e^{2x}\cos x + 2e^{2x}\sin x - 4\int e^{2x}\sin x\,dx && \text{간단히 하기}\end{aligned}$$

▶ 식 $\int e^{2x}\sin x\,dx = -e^{2x}\cos x + 2e^{2x}\sin x - 4\int e^{2x}\sin x\,dx$에서 $\int e^{2x}\sin x\,dx$를 구하려면 양변에 $4\int e^{2x}\sin x\,dx$를 더한 후 양변을 5로 나누면 된다.

위 식을 정리하고 적분 상수를 적으면 주어진 적분을 다음과 같이 얻는다.

$$\int e^{2x} \sin x \, dx = \frac{1}{5} e^{2x} (2 \sin x - \cos x) + C$$

관련 연습문제 14번 ◀

정적분에 대한 부분적분법

정적분에 부분적분법을 적용하는 방법은 두 가지가 있다. 예제 1–4에서 학습한 방법을 통해 역도함수를 먼저 구한 다음, 적분의 양 끝값을 대입하여 적분 값을 구할 수 있다. 또 다른 방법으로 부분적분을 적용하는 과정에 바로 적분의 양 끝값을 대입하여 적분 값을 구할 수도 있다. 두 번째 접근법을 이용하면 정적분에 대한 부분적분법 공식(integration by parts for definite integrals)을 얻는다.

▶ 정적분에 대한 부분적분법 또한 다음과 같은 형태이다.

$$\int u \, dv = uv - \int v \, du$$

이때 양변의 정적분은 독립변수 x에 대한 함수로 써야 함에 유의하자.

정적분에 대한 부분적분법

미분가능한 두 함수 u와 v에 대하여 다음이 성립한다.

$$\int_a^b u(x)v'(x) \, dx = u(x)v(x)\Big|_a^b - \int_a^b v(x)u'(x) \, dx$$

| 예제 5 | **정적분** 적분 $\int_1^2 \ln x \, dx$를 계산하여라.

풀이 이 경우 피적분함수는 두 함수의 곱 형태가 아닌 것처럼 보인다. 부분적분을 적용하기 위해 피적분함수를 두 함수의 곱 $(\ln x)(1 \, dx)$로 보는 것이 핵심이다.

$u = \ln x$	$dv = dx$
$du = \frac{1}{x} dx$	$v = x$

부분적분법을 이용하면 다음을 얻는다.

$$\begin{aligned}
\int_1^2 \underbrace{\ln x}_{u} \, \underbrace{dx}_{dv} &= \big(\underbrace{(\ln x)}_{u} \, \underbrace{x}_{v}\big)\Big|_1^2 - \int_1^2 \underbrace{x}_{v} \, \underbrace{\frac{1}{x} dx}_{du} && \text{부분적분} \\
&= (x \ln x - x)\Big|_1^2 && \text{적분한 후 간단히 하기} \\
&= (2 \ln 2 - 2) - (0 - 1) && \text{계산하기} \\
&= 2 \ln 2 - 1 \approx 0.386 && \text{간단히 하기}
\end{aligned}$$

관련 연습문제 17번 ◀

예제 5에서 $\ln x$의 정적분 값을 구했다. 이제 이 계산 과정에서 등장한 부정적분 공식을 적분 공식 표에 추가할 수 있다.

ln x의 부정적분

$$\int \ln x\, dx = x \ln x - x + C$$

QUICK CHECK 2 미분하여 다음 식이 성립함을 확인하여라.
$\int \ln x\, dx = x \ln x - x + C$ ◀

이제 익숙한 기하 문제에 부분적분법을 적용해 볼 것이다.

| 예제 6 | 회전체 R을 곡선 $y = \ln x$, x축, 직선 $x = e$로 둘러싸인 영역이라 하자 (그림 8.1). 영역 R을 x축을 중심으로 회전시켜 얻은 입체의 부피를 구하여라.

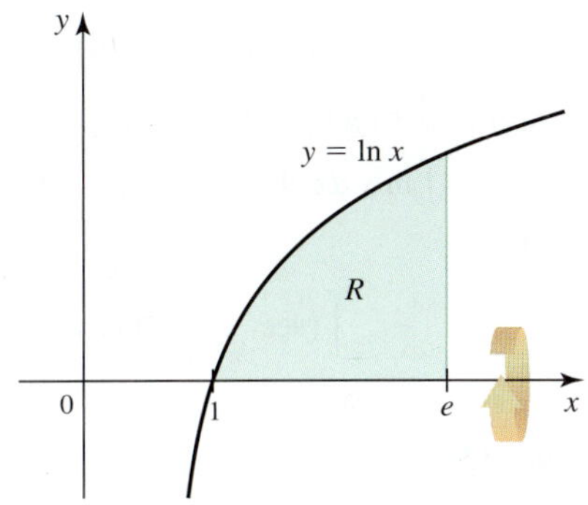

그림 8.1

풀이 R을 x축을 중심으로 회전시켜 얻은 입체의 부피는 원판 방법(6.3절)을 이용해서 다음과 같이 구할 수 있다.

$$V = \int_1^e \pi(\ln x)^2\, dx$$

다음 표를 이용하여 부분적분이 가능하다.

$u = (\ln x)^2$	$dv = dx$
$du = \dfrac{2 \ln x}{x}\, dx$	$v = x$

➤ 구간 $[a, b]$에서 $f(x) \geq 0$이고, 구간 $[a, b]$에서 함수 f의 그래프와 x축으로 둘러싸인 영역을 x축을 중심으로 회전시켜 얻은 입체의 부피는 $V = \int_a^b \pi f(x)^2\, dx$임을 기억하자.

앞에서 얻은 ln x의 적분 공식을 이용하면 다음을 얻는다.

$$
\begin{aligned}
V &= \int_1^e \pi(\ln x)^2\, dx && \text{원판 방법} \\
&= \pi\left(\underbrace{(\ln x)^2}_{u}\underbrace{x}_{v}\Big|_1^e - \int_1^e \underbrace{x}_{v}\underbrace{\frac{2\ln x}{x}\, dx}_{du}\right) && \text{부분적분} \\
&= \pi\left(x(\ln x)^2\Big|_1^e - 2\int_1^e \ln x\, dx\right) && \text{간단히 하기} \\
&= \pi\left(x(\ln x)^2\Big|_1^e - 2(x\ln x - x)\Big|_1^e\right) && \int \ln x\, dx = x\ln x - x + C \\
&= \pi(e(\ln e)^2 - 2e\ln e + 2e - 2) && \text{대입한 후 간단히 하기} \\
&= \pi(e - 2) \approx 2.257 && \text{간단히 하기}
\end{aligned}
$$

관련 연습문제 24-25번 ◀

QUICK CHECK 3 정적분 $\int_1^e (\ln x)^6\, dx$를 ln x의 적분으로 나타내려면 부분적분법을 몇 번 적용해야 하는가? ◀

8.2절 연습문제

1단계 스타트

1. 부분적분법의 기반이 되는 미분 공식은 무엇인가?

2. $u = \ln x,\ dv = x\,dx$로 선택한 다음 부분적분법을 이용하여 적분 $\int x \ln x\, dx$를 구하여라.

3. 부분적분법을 적용하기 좋은 피적분함수는 어떤 형태인가?

4. 치환법을 이용하여 다음 적분을 $\int \ln u\, du$ 꼴로 변형하여라. 그다음 $\int \ln x\, dx$의 적분 공식을 이용하여 다음 적분을 구하여라.

$$\int (\sec^2 x) \ln (\tan x + 2)\, dx$$

2단계 실전

5–21. 부분적분법 부분적분법을 이용하여 다음 적분을 구하여라.

5. $\int x \cos 5x\, dx$

6. $\int te^{6t}\, dt$

7. $\int x \ln 10x\, dx$

8. $\int (2w + 4) \cos 2w\, dw$

9. $\int x\, 3^x\, dx$

10. $\int \frac{\ln x}{x^{10}}\, dx$

11. $\int x \sin x \cos x\, dx$

12. $\int x^2 \sin 2x\, dx$

13. $\int t^2 e^{-t}\, dt$

14. $\int e^x \cos x\, dx$

15. $\int e^{-x} \sin 4x\, dx$

16. $\int e^{3x} \sin e^x\, dx$

17. $\int_0^{\pi} x \sin x\, dx$

18. $\int_0^{\pi/2} x \cos 2x\, dx$

19. $\int_1^{e^2} x^2 \ln x\, dx$

20. $\int_0^1 \sin^{-1} y\, dy$

21. $\int \theta \sec^2 \theta\, d\theta$

22. **a**의 적분을 계산하고 이를 이용하여 **b**의 적분을 구하여라.

a. $\int \tan^{-1} x\, dx$ **b.** $\int x \tan^{-1} x^2\, dx$

23–25. 입체의 부피 주어진 영역을 주어진 축을 중심으로 회전하여 얻은 입체의 부피를 구하여라.

23. 곡선 $f(x) = e^{-x}$과 직선 $x = \ln 2$로 둘러싸인 영역을 y축 중심으로 회전

24. 구간 $[1, e]$에서 곡선 $g(x) = \sqrt{\ln x}$와 x축으로 둘러싸인 영역을 x축 중심으로 회전

25. 구간 $[1, e^2]$에서 곡선 $f(x) = x \ln x$와 x축으로 둘러싸인 영역을 x축 중심으로 회전

26. **참 또는 거짓** 다음 명제가 참이면 증명하고 거짓이면 반례를 들어라.

a. $\int uv'\,dx = \left(\int u\, dx\right)\left(\int v'\,dx\right)$

b. $\int uv'\,dx = uv - \int vu'\,dx$

c. $\int v\, du = uv - \int u\, dv$

27–28. 축소 공식 부분적분법을 이용하여 다음 축소 공식을 유도하여라.

27. $\int x^n \cos ax\, dx = \frac{x^n \sin ax}{a} - \frac{n}{a}\int x^{n-1} \sin ax\, dx$ (단, $a \neq 0$)

28. $\int \ln^n x\, dx = x \ln^n x - n \int \ln^{n-1} x\, dx$

29–30. 축소 공식의 응용 축소 공식을 이용하여 다음 적분을 구하여라.

29. $\int x^2 \cos 5x\, dx$

30. $\int_1^e \ln^3 x\, dx$

31. **두 가지 방법**

a. 부분적분법을 이용하여 적분 $\int \frac{x}{\sqrt{x+1}}\, dx$를 구하여라.

b. 치환법을 이용하여 적분 $\int \frac{x}{\sqrt{x+1}}\, dx$를 구하여라.

c. **a**와 **b**에서 구한 답이 일치함을 확인하여라.

32. **밑이 b인 로그함수** 다음을 증명하여라.

$$\int \log_b x\, dx = \frac{1}{\ln b}(x \ln x - x) + C$$

33. **두 가지 적분법 결합하기** 치환법을 이용한 다음 부분적분법을 적용하여 적분 $\int \cos \sqrt{x}\, dx$를 구하여라.

34. **항등식** f는 구간 $[a, b]$에서 연속인 도함수들을 갖는 함수이고 $f'(a) = f'(b) = 0$일 때, 다음이 성립함을 보여라.

$$\int_a^b x f''(x)\, dx = f(a) - f(b)$$

35. **적분으로 정의된 함수** 구간 $[e, e^3]$에서 함수 $f(x) = \int_e^x \sqrt{\ln^2 t - 1}\, dt$의 호의 길이를 구하여라.

36. **부피 비교** R을 구간 $[0, \pi]$에서 곡선 $y = \sin x$와 x축으로 둘러싸인 영역이라 하자. 영역 R을 x축을 중심으로 회전시켜

얻은 입체의 부피와 y축을 중심으로 회전시켜 얻은 입체의 부피 중 더 큰 것은 무엇인가?

37. 회전체 구간 $[0, \pi/2]$에서 곡선 $y = \cos x$와 x축으로 둘러싸인 영역을 y축을 중심으로 회전시킨 입체의 부피를 구하여라.

3단계 도전

38. 두 가지 유용한 지수함수의 적분법 두 실수 a와 b에 대하여 부분적분법을 이용하여 다음 공식을 유도하여라.

$$\int e^{ax} \sin bx\, dx = \frac{e^{ax}(a \sin bx - b \cos bx)}{a^2 + b^2} + C$$

$$\int e^{ax} \cos bx\, dx = \frac{e^{ax}(a \cos bx + b \sin bx)}{a^2 + b^2} + C$$

39. 진동자의 변위 마찰력에 의해 느려지는 용추철 끝에 매달린 질량의 위치 함수가 $s(t) = e^{-t}\sin t$로 주어져 있다고 하자.

a. 위치 함수의 그래프를 그려라. 진동자가 위치 $s = 0$을 지나는 때는 언제인가?

b. 구간 $[0, \pi]$에서 위치의 평균값을 구하여라.

c. **b**를 일반화하여 구간 $[n\pi, (n+1)\pi]$에서 위치의 평균값을 구하여라. 여기서 $n = 0, 1, 2, \cdots$이다.

d. $n = 0, 1, 2, \cdots$에 대하여 a_n을 구간 $[n\pi, (n+1)\pi]$에서 위치의 평균값의 절댓값이라 하자. $a_0, a_1, a_2, \cdots$에 어떤 규칙이 있는지 설명하여라.

40. 도표 적분법 f는 여러 번 미분가능하고 g는 여러 번 적분 가능한 함수일 때, 적분 $\int f(x)g(x)\, dx$를 생각해 보자. G_k를 g를 k번 적분한 함수라 하자(여기서 적분 상수는 생략한다).

a. 적분 $\int f(x)g(x)\,dx$에서 $u = f(x)$와 $dv = g(x)\, dx$로 선택하여 부분적분법을 적용하면 $\int f(x)g(x)\,dx = f(x)G_1(x) - \int f'(x)G_1(x)\,dx$가 됨을 보여라. 이 공식은 다음 표를 이용하여 암기할 수 있다. 표의 오른쪽 화살표는 부분적분 공식의 우변에 등장하는 함수들의 곱을 나타내고, 왼쪽 화살표는 (부분적분 공식의 우변에 등장하는) 적분의 피적분함수에서 등장하는 함수들의 곱을 나타낸다. 화살표와 연관된 부호의 의미를 설명하여라.

f와 f의 도함수들	g와 g의 적분들
$f(x)$ ↘ +	$g(x)$
$f'(x)$ ← −	$G_1(x)$

b. $u = f'(x)$와 $dv = G_1(x)\,dx$로 놓고 부분적분법을 이용하여 (**a**에서 등장한) 적분 $\int f'(x)G_1(x)\, dx$를 구한 다음, 이를 이용하여 다음이 성립함을 보여라.

$$\int f(x)g(x)\, dx = f(x)G_1(x) - f'(x)G_2(x) + \int f''(x)G_2(x)\, dx$$

화살표와 연관된 부호에 주의하여 이 적분 공식과 다음 표 사이의 관계를 설명하여라.

f와 f의 도함수들	g와 g의 적분들
$f(x)$ ↘ +	$g(x)$
$f'(x)$ ↘ −	$G_1(x)$
$f''(x)$ ← +	$G_2(x)$

c. **a**와 **b**에서 수행한 것과 마찬가지로 부분적분법을 한 번 더 적용해 보자. 이와 같이 부분적분법을 세 번 적용하여 얻은 적분 공식을 쓰고, 이와 연관된 (화살표에 부호를 포함한) **도표 적분법**(tabular integration) 표를 만들어라.

d. **c**에서 구한 도표 적분법을 확장하면 부분적분법을 여러 번 적용할 때의 적분 공식 및 이와 연관된 도표를 쉽게 만들 수 있다. 위에서 살펴본 방식을 이용하여 적분 $\int x^2 e^{x/2}\, dx$를 적절한 도표를 만들어 보고, 이 표를 만드는 과정이 네 개의 행으로 마무리됨을 설명하여라.

e. 도표 적분법을 이용하여 적분 $\int x^3 \cos x\, dx$를 구하여라. 이 표의 행은 몇 개가 되는가? 그 이유는 무엇인가?

f. p_n은 차수가 $n > 0$인 다항식이고 g는 위와 마찬가지로 필요한 만큼 적분 가능한 함수라고 하자. $\int p_n(x)g(x)\, dx$ 꼴의 적분을 구할 때 도표 적분법이 유용하게 쓰이는 이유를 설명하여라.

41. 도표 적분법의 확장 연습문제 40번을 참고하여 물음에 답하여라.

a. 다음 표는 적분 $\int e^x \cos x\, dx$의 값을 도표 적분법을 이용하여 구할 때 등장하는 표이다. 이 표를 이용하여 적분 $\int e^x \cos x\, dx$를 적당한 함수들과 부정적분의 합 꼴로 표현하여라.

f와 f의 도함수들	g와 g의 적분들
e^x ↘ +	$\cos x$
e^x ↘ −	$\sin x$
e^x ← +	$-\cos x$

b. **a**에서 얻은 식을 적분 $\int e^x \cos x\, dx$에 대하여 풀어라.

c. **a**와 **b**에서 사용한 아이디어를 이용하여 적분 $\int e^{-2x} \sin 3x\, dx$를 구하여라.

42. 적분 가능한 경우와 불가능한 경우 음이 아닌 정수 n에 대하여 $I_n = \int x^n e^{-x^2}\,dx$라 하자.

a. $I_0 = \int e^{-x^2}\,dx$는 기본 함수들로 표현할 수 없는 함수이다. I_1의 값을 구하여라.

b. 부분적분법을 이용하여 I_3의 값을 구하여라.

c. 부분적분법과 **b**의 결과를 이용하여 I_5의 값을 구하여라.

d. 일반적으로 n이 홀수인 경우, $I_n = -\frac{1}{2}e^{-x^2}p_{n-1}(x)$가 성립함을 보여라. 여기서 p_{n-1}은 차수가 $n-1$인 적당한 다항식이다.

e. n이 짝수인 경우, I_n은 기본 함수들로 표현할 수 없음에 대하여 논하여라.

QUICK CHECK 정답

1. $u = x,\ dv = \cos x\,dx$로 놓자.

2. $\frac{d}{dx}(x\ln x - x + C) = \ln x$

3. 부분적분법은 다섯 번 적용해야 한다. ◀

8.3 삼각적분법

지금까지 삼각함수에 대한 적분의 목록이 제한적이었다. 예를 들어 표 8.1에 등장하는 기본 삼각함수들은 적분 가능하다. 그러나 아직까지 $\int \cos^5 x\,dx$ 또는 $\int \cos^2 x \sin^4 x\,dx$ 꼴의 적분은 다루지 않았다. 이 절의 목표는 삼각함수의 거듭제곱으로 이루어진 함수의 적분을 구하는 기법을 학습하는 것이다. 이는 다음 절에서 등장하는 삼각치환(trigonometric substitution)에 필수적으로 쓰는 기법이다.

sin x 또는 cos x의 거듭제곱의 적분

두 양의 정수 m, n에 대하여 $\int \sin^m x\,dx$ 또는 $\int \cos^n x\,dx$ 꼴의 적분을 구하는 전략은 크게 두 가지이다. 예제 1과 같이 이 두 전략은 삼각함수의 공식을 적절히 변형하는 방법이다.

➤ 이 절에서 등장하는 몇 가지 기법은 삼각함수의 음의 거듭제곱인 경우에도 적용 가능하다.

| 예제 1 | 사인, 코사인의 거듭제곱 다음 적분을 구하여라.

a. $\int \cos^5 x\,dx$ **b.** $\int \sin^4 x\,dx$

풀이

➤ 피타고라스 항등식

$$\cos^2 x + \sin^2 x = 1$$
$$1 + \tan^2 x = \sec^2 x$$
$$\cot^2 x + 1 = \csc^2 x$$

a. $\cos x$ (또는 $\sin x$)를 홀수 번 거듭제곱한 함수를 포함한 적분은 $\cos x$ (또는 $\sin x$)항 하나를 분리하면 쉽게 적분을 구할 수 있다. 이 경우 $\cos^5 x$를 $\cos^4 x \cdot \cos x$로 변형하고, $\cos^4 x$는 항등식 $\cos^2 x = 1 - \sin^2 x$를 이용하여 $\sin x$에 대한 식으로 변형한다. 이제 $u = \sin x$로 치환하면 다음을 얻는다.

$$\begin{aligned}\int \cos^5 x\,dx &= \int \cos^4 x \cos x\,dx && \cos x \text{ 분리하기}\\ &= \int (1-\sin^2 x)^2 \cos x\,dx && \text{피타고라스 항등식}\\ &= \int (1-u^2)^2\,du && u=\sin x,\ du = \cos x\,dx\text{로 놓기}\end{aligned}$$

$$= \int (1 - 2u^2 + u^4)\, du \qquad \text{전개하기}$$

$$= u - \frac{2}{3}u^3 + \frac{1}{5}u^5 + C \qquad \text{적분하기}$$

$$= \sin x - \frac{2}{3}\sin^3 x + \frac{1}{5}\sin^5 x + C \qquad u\text{를 } \sin x\text{로 바꾸기}$$

b. $\sin x$ 또는 $\cos x$를 짝수 번 거듭제곱한 함수의 경우, 반각 공식

$$\sin^2 x = \frac{1 - \cos 2x}{2}, \quad \cos^2 x = \frac{1 + \cos 2x}{2}$$

를 이용하여 피적분함수의 지수를 줄인다.

$$\int \sin^4 x\, dx = \int \underbrace{\left(\frac{1 - \cos 2x}{2}\right)}_{\sin^2 x}{}^2 dx \qquad \text{반각 공식}$$

$$= \frac{1}{4}\int (1 - 2\cos 2x + \cos^2 2x)\, dx \qquad \text{피적분함수 전개하기}$$

$\cos^2 2x$에 대한 반각 공식을 이용하면 다음을 얻는다.

$$\int \sin^4 x\, dx = \frac{1}{4}\int \left(1 - 2\cos 2x + \underbrace{\frac{1 + \cos 4x}{2}}_{\cos^2 2x}\right) dx \qquad \text{반각공식}$$

$$= \frac{1}{4}\int \left(\frac{3}{2} - 2\cos 2x + \frac{1}{2}\cos 4x\right) dx \qquad \text{간단히 하기}$$

$$= \frac{3x}{8} - \frac{1}{4}\sin 2x + \frac{1}{32}\sin 4x + C \qquad \text{적분값 구하기}$$

관련 연습문제 5-6번 ◀

➤ $\sin^2 x$와 $\cos^2 x$의 반각공식은 혼동하기 쉽다. $\sin^2 x$의 반각공식에는 음의 부호가, $\cos^2 x$의 반각 공식에는 양의 부호가 등장하므로 '사인은 음의 부호'로 외우면 반각 공식을 기억할 때 도움이 될 것이다.

QUICK CHECK 1 $\sin x$항 하나를 분리하고 $\sin^2 x$를 $\cos x$에 대한 식으로 변형한 다음, 적절한 치환법을 이용하여 적분 $\int \sin^3 x\, dx$를 구하여라. ◀

$\sin x$와 $\cos x$의 거듭제곱의 곱의 적분

이제 $\int \sin^m x \cos^n x\, dx$ 꼴의 적분을 다룰 것이다. 양의 정수 m이 홀수인 경우, $\sin x$ 항 하나를 분리한 후 남은 $\sin x$의 짝수 번 거듭제곱을 코사인함수에 대한 식으로 변형한다. 이후 $u = \cos x$로 치환하면 적분을 쉽게 구할 수 있다. 양의 정수 n이 홀수인 경우에도 방식은 비슷하다.

두 양의 정수 m과 n이 모두 짝수인 경우, 반각공식을 이용하여 피적분함수를 $\cos 2x$에 대한 다항식으로 변형하면 예제 2와 같이 각 항이 적분 가능한 형태가 됨을 알 수 있다.

| 예제 2 | **사인과 코사인의 곱** 다음 적분을 구하여라.

a. $\int \sin^4 x \cos^2 x\, dx$ **b.** $\int \sin^3 x \cos^{-2} x\, dx$

풀이

a. 지수가 모두 짝수인 경우, 반각공식을 다음과 같이 적용해 보자.

$$\int \sin^4 x \cos^2 x\,dx = \int \underbrace{\left(\frac{1-\cos 2x}{2}\right)^2}_{\sin^2 x} \underbrace{\left(\frac{1+\cos 2x}{2}\right)}_{\cos^2 x} dx \qquad \text{반각공식}$$

$$= \frac{1}{8}\int (1 - \cos 2x - \cos^2 2x + \cos^3 2x)\,dx \qquad \text{전개하기}$$

피적분함수의 세 번째 항은 반각공식을 이용해서 변형할 수 있다. 마지막 항의 경우, 치환법을 적용하기 위해 $\cos 2x$항 하나를 분리한 후 남은 $\cos 2x$의 짝수 번 거듭제곱을 $\sin 2x$에 대한 식으로 변형한다.

$$\int \sin^4 x \cos^2 x\,dx$$

$$= \frac{1}{8}\int \left(1 - \cos 2x - \overbrace{\left(\frac{1+\cos 4x}{2}\right)}^{\cos^2 2x}\right) dx + \frac{1}{8}\int \overbrace{(1-\sin^2 2x)}^{\cos^2 2x} \cdot \cos 2x\,dx$$

마지막으로 두 번째 적분을 $u = \sin 2x$로 치환하여 적분한다. 항을 정리하면 다음을 얻는다.

$$\int \sin^4 x \cos^2 x\,dx = \frac{1}{16}x - \frac{1}{64}\sin 4x - \frac{1}{48}\sin^3 2x + C$$

b. 적어도 하나의 지수가 홀수이자 양의 정수인 경우, 다음과 같이 접근한다.

$$\int \sin^3 x \cos^{-2} x\,dx = \int \sin^2 x \cos^{-2} x \cdot \sin x\,dx \qquad \sin x \text{ 분리하기}$$

$$= \int (1-\cos^2 x)\cos^{-2} x \cdot \sin x\,dx \qquad \text{피타고라스 항등식}$$

$$= -\int (1-u^2)\,u^{-2}\,du \qquad u = \cos x,\ du = -\sin x\,dx$$

$$= \int (1-u^{-2})\,du = u + \frac{1}{u} + C \qquad \text{적분값 구하기}$$

$$= \cos x + \sec x + C \qquad u\text{를 } \cos x\text{로 바꾸기}$$

관련 연습문제 8-9번 ◀

QUICK CHECK 2 적분 $\int \sin^3 x \cos^3 x\,dx$를 구하려면 어떤 전략을 써야 하는가? ◀

표 8.2는 적분 $\int \sin^m x \cos^n x\,dx$를 구하는 전략을 정리해 놓은 것이다.

표 8.2

$\int \sin^m x \cos^n x\,dx$	적분 전략
양의 정수 m이 홀수이고 n이 실수인 경우	$\sin x$항 하나를 분리하고, 남은 $\sin x$의 짝수 번 거듭제곱을 $\cos x$에 대한 식으로 변형한 후, $u = \cos x$로 치환한다.
양의 정수 n이 홀수이고 m이 실수인 경우	$\cos x$항 하나를 분리하고, 남은 $\cos x$의 짝수 번 거듭제곱을 $\sin x$에 대한 식으로 변형한 후, $u = \sin x$로 치환한다.
음이 아닌 정수 m과 n이 둘 다 짝수인 경우	반각공식을 이용하여 피적분함수를 $\cos 2x$에 대한 다항식으로 변형한 후, 지수가 1보다 큰 $\cos 2x$의 거듭제곱들에 대하여 위 전략을 다시 한 번 적용한다.

➤ m과 n이 둘 다 홀수인 경우, $\sin x$ 또는 $\cos x$를 분리하는 것 둘 다 가능하지만, 실제 계산에서는 이 중 하나가 다른 경우보다 효과적일 수 있다.

축소 공식

예제 1b와 같이 $\int \sin^8 x\,dx$ 꼴의 적분을 구하는 방법은 다소 지루하고 장황하다. 축소 공식(reduction formula)은 이런 적분을 하는 수고를 덜기 위해 개발됐다. 축소 공식은 어떤 함수의 거듭제곱에 대한 적분을 그 함수의 거듭제곱의 지수가 줄어든 경우의 적분으로 변환해 주는 공식이다. 8.2절의 연습문제 27–28번에서 축소 공식이 적용되는 몇 가지 경우를 살펴봤다. 다음은 자주 쓰는 삼각함수에 대한 몇 가지 축소 공식이다.

축소 공식

n을 양의 정수라 하자.

1. $\displaystyle\int \sin^n x\,dx = -\frac{\sin^{n-1} x \cos x}{n} + \frac{n-1}{n}\int \sin^{n-2} x\,dx$

2. $\displaystyle\int \cos^n x\,dx = \frac{\cos^{n-1} x \sin x}{n} + \frac{n-1}{n}\int \cos^{n-2} x\,dx$

3. $\displaystyle\int \tan^n x\,dx = \frac{\tan^{n-1} x}{n-1} - \int \tan^{n-2} x\,dx,\quad n \neq 1$

4. $\displaystyle\int \sec^n x\,dx = \frac{\sec^{n-2} x \tan x}{n-1} + \frac{n-2}{n-1}\int \sec^{n-2} x\,dx,\quad n \neq 1$

공식 1, 공식 3, 공식 4의 증명은 연습문제 39–41번에서 다룬다. 공식 2의 유도 과정은 공식 1의 유도 과정과 비슷하다.

| 예제 3 | **tan x의 거듭제곱** 적분 $\int \tan^4 x\,dx$를 구하여라.

풀이 축소 공식 3에 의해 다음을 얻는다.

$$\begin{aligned}\int \tan^4 x\,dx &= \frac{1}{3}\tan^3 x - \underbrace{\int \tan^2 x\,dx}_{\text{축소 공식(3) 한 번 더 적용}}\\ &= \frac{1}{3}\tan^3 x - \Big(\tan x - \int \underbrace{\tan^0 x}_{=1}\,dx\Big)\\ &= \frac{1}{3}\tan^3 x - \tan x + x + C\end{aligned}$$

항등식 $\tan^2 x = \sec^2 x - 1$을 사용하여 구하는 방법이 있다.

$$\begin{aligned}\int \tan^4 x\,dx &= \int \tan^2 x\,\underbrace{(\sec^2 x - 1)}_{\tan^2 x}\,dx\\ &= \int \tan^2 x \sec^2 x\,dx - \int \tan^2 x\,dx\end{aligned}$$

위 식의 첫 번째 적분은 $u = \tan x$, $du = \sec^2 x\,dx$로 치환하고, 두 번째 적분에 항등식 $\tan^2 x = \sec^2 x - 1$을 한 번 더 적용하면 다음을 얻는다.

$$\begin{aligned}\int \tan^4 x\,dx &= \int \underbrace{\tan^2 x}_{u^2}\,\underbrace{\sec^2 x\,dx}_{du} - \int \tan^2 x\,dx \\ &= \int u^2\,du - \int (\sec^2 x - 1)\,dx && \text{치환과 항등식} \\ &= \frac{u^3}{3} - \tan x + x + C && \text{적분값 구하기} \\ &= \frac{1}{3}\tan^3 x - \tan x + x + C && u = \tan x\end{aligned}$$

관련 연습문제 16번 ◀

$\tan x$와 $\sec x$의 홀수 번 거듭제곱의 경우, 축소 공식 3 또는 4를 적용하면 최종적으로 $\int \tan x\,dx$ 또는 $\int \sec x\,dx$ 형태를 얻는다. 표 8.1을 이용하면 이와 같은 적분들과 더불어 $\cot x$와 $\csc x$의 적분에 대한 공식을 얻을 수 있다.

tan x와 sec x의 거듭제곱끼리 곱의 적분

$\int \tan^m x \sec^n x\,dx$ 꼴의 적분을 구하는 방법은 $\int \sin^m x \cos^n x\,dx$의 경우와 유사하다. 예를 들어 양의 정수 n이 짝수인 경우, $\sec^2 x$항 하나를 분리한 후 남은 $\sec x$의 짝수 번 거듭제곱을 $\tan x$에 대한 식으로 변형한다. 이후 $u = \tan x$로 치환하면 주어진 적분을 쉽게 구할 수 있다. 양의 정수 m이 홀수인 경우, ($\sec x$의 도함수인) $\sec x \tan x$항 하나를 분리한 후 $u = \sec x$로 치환하면 주어진 적분을 쉽게 구할 수 있다. 양의 정수 m이 짝수이고 n이 홀수인 경우, 피적분함수를 $\sec x$에 대한 다항식으로 표현할 수 있으며, 이 다항식의 각 항에 축소 공식을 적용할 수 있다. 예제 4에서 이 적분 기법을 쓸 것이다.

| 예제 4 | **tan x와 sec x의 곱** 다음 적분을 구하여라.

a. $\int \tan^3 x \sec^4 x\,dx$ **b.** $\int \tan^2 x \sec x\,dx$

풀이

a. $\sec x$의 짝수 번 거듭제곱의 경우이므로 $\sec^2 x$항 하나를 분리하고 $u = \tan x$로 치환하면 다음을 얻는다.

$$\begin{aligned}\int \tan^3 x \sec^4 x\,dx &= \int \tan^3 x \sec^2 x \cdot \sec^2 x\,dx \\ &= \int \tan^3 x\,(\tan^2 x + 1)\cdot \sec^2 x\,dx && \sec^2 x = \tan^2 x + 1 \\ &= \int u^3 (u^2 + 1)\,du && u = \tan x,\ du = \sec^2 x\,dx \\ &= \frac{1}{6}\tan^6 x + \frac{1}{4}\tan^4 x + C && \text{계산하기, } u = \tan x\end{aligned}$$

또 다른 방법은, 피적분함수가 $\tan x$의 홀수 번 거듭제곱을 포함하는 꼴이므로 $\sec x \tan x$ 항을 분리하고 $u = \sec x$로 치환하여 적분을 다음과 같이 구하는 것이다.

$$\begin{aligned}\int \tan^3 x \sec^4 x\, dx &= \int \underbrace{\tan^2 x}_{\sec^2 x - 1} \sec^3 x \cdot \sec x \tan x\, dx \\ &= \int (\sec^2 x - 1) \sec^3 x \cdot \sec x \tan x\, dx \\ &= \int (u^2 - 1)\, u^3\, du && u = \sec x,\ du = \sec x \tan x\, dx \\ &= \frac{1}{6}\sec^6 x - \frac{1}{4}\sec^4 x + C && \text{계산한 후 } u = \sec x \text{ 대입하기}\end{aligned}$$

두 풀이의 결과가 다르게 보이지만 사실은 같은 결과임을 확인할 수 있다. 실제로 두 번째 풀이의 결과에 항등식 $1 + \tan^2 x = \sec^2 x$를 적용하면 첫 번째 풀이의 결과와 동일해지며, 둘의 차이는 적분 상수 C뿐임에 유의하자.

b. $\tan x$의 짝수 번 거듭제곱을 $\sec x$에 대한 식으로 변형하면 다음을 얻는다.

$$\begin{aligned}\int \tan^2 x \sec x\, dx &= \int (\sec^2 x - 1) \sec x\, dx && \tan^2 x = \sec^2 x - 1 \\ &= \int \sec^3 x\, dx - \int \sec x\, dx && \text{전개하기} \\ &= \overbrace{\frac{1}{2}\sec x \tan x + \frac{1}{2}\int \sec x\, dx}^{\text{축소 공식 4}} - \int \sec x\, dx && \text{축소 공식} \\ &= \frac{1}{2}\sec x \tan x - \frac{1}{2}\ln|\sec x + \tan x| + C && \text{시컨트 적분 적용하기, 표 8.1}\end{aligned}$$

관련 연습문제 17-18번 ◀

> ➤ 예제 4a에서 두 가지 적분법으로 얻은 결과들이 서로 다르게 보이지만 사실 이 둘은 동치이다. 이러한 상황은 삼각적분을 구할 때 자주 발생한다. 예를 들어 축소 공식 1을 이용하여 적분 $\int \sin^4 x\, dx$를 구한 후, 그 결과를 예제 1b에서 얻은 값
>
> $$\frac{3x}{8} - \frac{1}{4}\sin 2x + \frac{1}{32}\sin 4x + C$$
>
> 와 비교해 보아라.

표 8.3은 적분 $\int \tan^m x \sec^n x\, dx$를 구하는 전략을 정리해 놓은 것이다. 적분 $\int \cot^m x \csc^n x\, dx$에도 이와 유사한 기법을 적용할 수 있다.

표 8.3

$\int \tan^m x \sec^n x\, dx$	적분 전략
양의 정수 n이 짝수, m이 실수	$\sec^2 x$항 하나를 분리하고, 남은 $\sec x$의 짝수 번 거듭제곱을 $\tan x$에 대한 식으로 변형한 후, $u = \tan x$로 치환한다.
양의 정수 m이 홀수, n이 실수	$\sec x \tan x$항 하나를 분리하고, 남은 $\tan x$의 짝수 번 거듭제곱을 $\sec x$에 대한 식으로 변형한 후, $u = \sec x$로 치환한다.
양의 정수 m이 짝수, 양의 정수 n이 홀수	$\tan x$의 짝수 번 거듭제곱을 $\sec x$에 대한 다항식으로 변형한 뒤, 각 항에 축소 공식 4를 적용한다.

8.3절 연습문제

1단계 스타트

1. $\sin^2 x$와 $\cos^2 x$를 적분할 때 쓰는 반각 공식을 적어라.

2. $\sin^3 x$의 적분 방법을 설명하여라.

3. 축소 공식은 무엇인가?

4. $\int \tan^{10} x \sec^2 x\, dx$는 어떻게 적분해야 하는가?

2단계 실전

5–31. 삼각적분법 다음 적분을 구하여라.

5. $\int \cos^3 x\, dx$

6. $\int \sin^2 3x\, dx$

7. $\int \sin^5 x\, dx$

8. $\int \sin^3 x \cos^2 x\, dx$

9. $\int \cos^3 x \sqrt{\sin x}\, dx$

10. $\int_0^{\pi/3} \sin^5 x \cos^{-2} x\, dx$

11. $\int_0^{\pi/2} \cos^3 x \sqrt{\sin^3 x}\, dx$

12. $\int \sin^2 x \cos^2 x\, dx$

13. $\int \sin^2 x \cos^4 x\, dx$

14. $\int \tan^2 x\, dx$

15. $\int \cot^4 x\, dx$

16. $\int 20 \tan^6 x\, dx$

17. $\int 10 \tan^9 x \sec^2 x\, dx$

18. $\int \tan x \sec^3 x\, dx$

19. $\int \frac{\sec^4(\ln \theta)}{\theta}\, d\theta$

20. $\int_{-\pi/3}^{\pi/3} \sqrt{\sec^2 \theta - 1}\, d\theta$

21. $\int_0^{\pi/4} \sec^7 x \sin x\, dx$

22. $\int \tan^3 4x\, dx$

23. $\int \sec^2 x \tan^{1/2} x\, dx$

24. $\int \frac{\csc^4 x}{\cot^2 x}\, dx$

25. $\int_{\pi/20}^{\pi/10} \csc^2 5w \cot^4 5w\, dw$

26. $\int (\csc^2 x + \csc^4 x)\, dx$

27. $\int_0^{\pi/4} \sec^4 \theta\, d\theta$

28. $\int_{\pi/6}^{\pi/3} \cot^3 \theta\, d\theta$

29. $\int_0^{\pi} (1 - \cos 2x)^{3/2}\, dx$

30. $\int_0^{\pi/2} \sqrt{1 - \cos 2x}\, dx$

31. $\int_0^{\pi/4} (1 + \cos 4x)^{3/2}\, dx$

32. **참 또는 거짓** 다음 명제가 참이면 증명하고 거짓이면 반례를 들어라.
    a. m이 양의 정수이면 $\int_0^{\pi} \cos^{2m+1} x\, dx = 0$이다.
    b. m이 양의 정수이면 $\int_0^{\pi} \sin^m x\, dx = 0$이다.

33. **부피** 구간 $[0, \pi/2]$에서 곡선 $y = \sin^2 x \cos^{3/2} x$와 x축으로 둘러싸인 영역을 x축을 중심으로 회전시켜 얻은 입체의 부피를 구하여라.

34–37. $\int \sin mx \cos nx\, dx$ 꼴의 적분 다음 항등식을 이용하여 적분을 구하여라.

$$\sin mx \sin nx = \frac{1}{2}(\cos((m - n)x) - \cos((m + n)x))$$

$$\sin mx \cos nx = \frac{1}{2}(\sin((m - n)x) + \sin((m + n)x))$$

$$\cos mx \cos nx = \frac{1}{2}(\cos((m - n)x) + \cos((m + n)x))$$

34. $\int \sin 3x \cos 7x\, dx$

35. $\int \sin 5x \sin 7x\, dx$

36. $\int \sin 3x \sin 2x\, dx$

37. $\int \cos x \cos 2x\, dx$

3단계 도전

38. (푸리에 급수를 찾을 때 쓰는) 다음 **직교 관계**(orthogonality relation)를 증명하여라. 여기서 m과 n은 서로 다른 정수이다.
    a. $\int_0^{\pi} \sin mx \sin nx\, dx = 0$ b. $\int_0^{\pi} \cos mx \cos nx\, dx = 0$
    c. $\int_0^{\pi} \sin mx \cos nx\, dx = 0$, 여기서 $|m + n|$은 짝수

39. **사인 축소 공식** n이 양의 정수일 때, 부분적분법을 이용하여 다음 축소 공식을 유도하여라.

$$\int \sin^n x\, dx = -\sin^{n-1} x \cos x + (n - 1)\int \sin^{n-2} x \cos^2 x\, dx$$

적절한 항등식을 이용하여 다음 축소 공식을 유도하여라.

$$\int \sin^n x\, dx = -\frac{\sin^{n-1} x \cos x}{n} + \frac{n - 1}{n}\int \sin^{n-2} x\, dx$$

이 축소 공식을 이용하여 적분 $\int \sin^6 x\, dx$를 구하여라.

40. **탄젠트 축소 공식** n이 1이 아닌 양의 정수일 때, 다음을 증명하여라.

$$\int \tan^n x\, dx = \frac{\tan^{n-1} x}{n - 1} - \int \tan^{n-2} x\, dx$$

이 공식을 이용하여 적분 $\int_0^{\pi/4} \tan^3 x\, dx$를 구하여라.

41. **시컨트 축소 공식** n이 1이 아닌 양의 정수일 때, 다음을 증명하여라.

$$\int \sec^n x\,dx = \frac{\sec^{n-2} x \tan x}{n-1} + \frac{n-2}{n-1}\int \sec^{n-2} x\,dx$$

(힌트: $u = \sec^{n-2} x$와 $dv = \sec^2 x\,dx$로 선택하여 부분적분법을 적용한다)

42. **사인과 코사인의 거듭제곱에 대한 탐구**

a. 구간 $[0, \pi]$에서 두 함수 $f_1(x) = \sin^2 x$와 $f_2(x) = \sin^2 2x$의 그래프를 그려라. 구간 $[0, \pi]$에서 이 두 함수의 그래프 아래에 놓인 영역의 넓이를 각각 구하여라.

b. n이 양의 정수일 때, 구간 $[0, \pi]$에서 함수 $f_n(x) = \sin^2 nx$의 그래프를 몇 개 더 그려라. 구간 $[0, \pi]$에서 이 함수들의 그래프 아래에 놓인 영역의 넓이를 각각 구하여라. 결과에 대하여 논하여라.

c. 양의 정수 n에 대하여 적분 $\int_0^\pi \sin^2 nx\,dx$는 항상 같은 값을 가짐을 증명하여라.

d. **c**의 적분에서 사인함수를 코사인함수로 바꾸어도 같은 결과를 얻는가?

e. $\sin^2 x$를 $\sin^4 x$로 바꾸어 **a**, **b**, **c**의 과정을 반복하여라. 결과에 대하여 논하여라.

QUICK CHECK 정답

1. $\frac{1}{3}\cos^3 x - \cos x + C$ **2.** $\int \sin^3 x \cos^3 x\,dx = \int \sin^2 x \cos^3 x \sin x\,dx = \int (1 - \cos^2 x)\cos^3 x \sin x\,dx$로 변형한 다음 $u = \cos x$로 치환하자. 또는 $\int \sin^3 x \cos^3 x\,dx = \int \sin^3 x \cos^2 x \cos x\,dx$로 변형한 다음 적분을 구해도 좋다. ◄

8.4 삼각치환

6.5절의 예제 4에서 구간 $[0, 2]$에서 포물선 $y = x^2$의 호의 길이를 다음과 같이 구했다.

$$\int_0^2 \sqrt{1 + 4x^2}\,dx = \int_0^2 2\sqrt{\tfrac{1}{4} + x^2}\,dx$$

지금까지는 이 적분을 구하기 위한 해석적 방법을 다루지 않았다. 적분 $\int_0^2 \sqrt{1 + 4x^2}\,dx$의 값을 구하기 어려운 이유는 제곱근 안에 두 제곱항의 합(또는 차)을 단순한 형태로 변형하기 쉽지 않기 때문이다. 반면, 제곱근 안에 두 제곱 항의 곱이 있으면 $\sqrt{A^2B^2} = |AB|$ 형태로 쉽게 단순화된다. $1 + 4x^2$을 제곱항의 곱으로 표현할 수 있다면 위 적분은 계산하기 쉬운 형태로 변형될 것이다. 이 절에서는 두 제곱항의 합 $a^2 + x^2$(또는 $a^2 - x^2$, $x^2 - a^2$과 같은 두 제곱항의 차) 형태를 제곱항의 곱 형태로 변형하는 기법을 소개한다.

포물선의 호의 길이 적분과 비슷한 형태의 적분은 여러 분야에서 등장한다. 예를 들어 정전기력, 자기력, 중력이 역제곱 법칙(거리 r에 대하여 주어진 힘이 $1/r^2$에 비례하는 규칙)에 나온다. 2차원 공간에서 이러한 힘의 장(force field)을 계산하면 $\int \frac{dx}{\sqrt{x^2 + a^2}}$ 또는 $\int \frac{dx}{(x^2 + a^2)^{3/2}}$ 꼴의 적분을 얻게 된다. a가 상수일 때, $a^2 \pm x^2$ 또는 $x^2 - a^2$ 꼴의 적분은 삼각함수를 포함하는 다소 예상치 못한 치환법으로 간단히 할 수 있음이 알려져 있다. 이 치환법으로 얻는 새로운 적분은 보통 앞 절에서 다루었던 다양한 형태의 삼각적분으로 주어진다.

▶ 두 제곱의 차를 두 제곱의 곱으로 변형하는 방법을 이해하기 위해 피타고라스 정리 $a^2 + b^2 = c^2$을 생각해 보자. 이 정리를 재배열하면 제곱의 차 $a^2 - x^2$을 포함한 적분에 대한 표준화된 치환법을 이끌어 낼 수 있다. $\sqrt{a^2 - x^2}$항은 빗변의 길이가 a이고 높이가 x인 직각삼각형의 밑변의 길이가 된다. 직각삼각형의 아래쪽 예각을 θ로 놓으면 $x = a \sin \theta$로 치환하여 $a^2 - x^2$이 $a^2\cos^2\theta$로 바뀜을 확인할 수 있다.

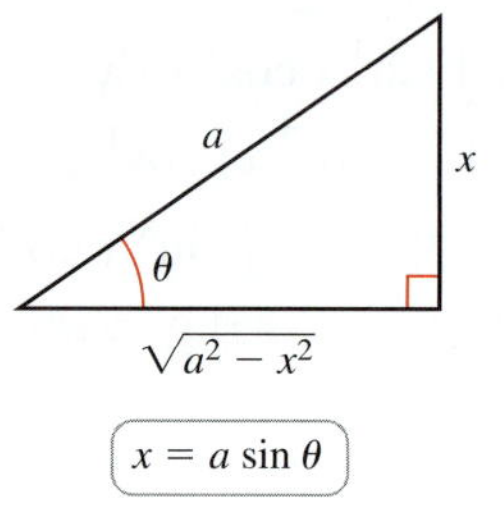

QUICK CHECK 1 $x = a \sin \theta$로 치환하여 이용하여 $9 - x^2$을 곱의 형태로 변형하여라. ◀

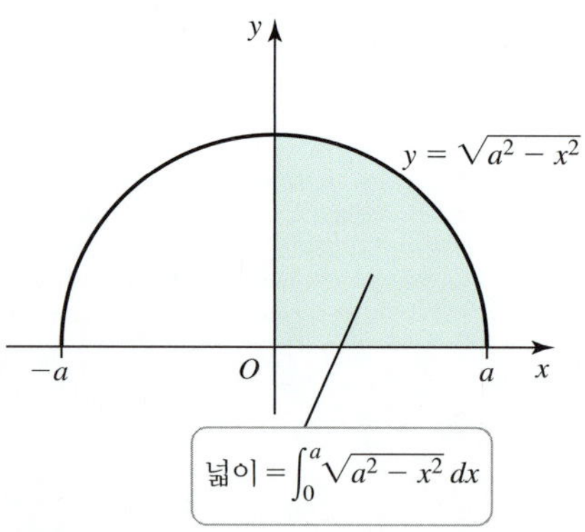

그림 8.2

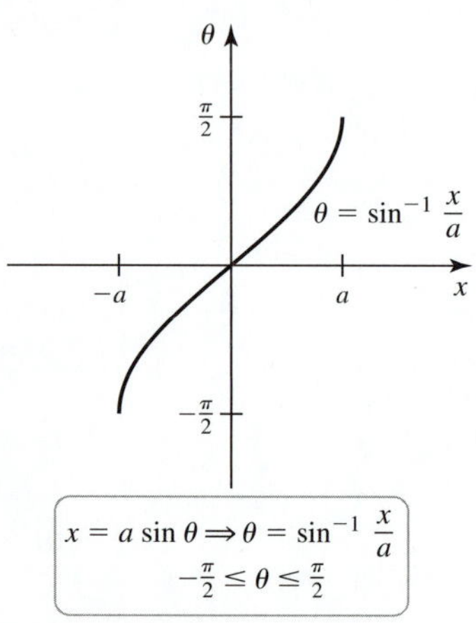

그림 8.3

$a^2 - x^2$ 꼴을 포함하는 적분

a가 상수일 때, $a^2 - x^2$ 꼴을 포함하는 피적분함수를 적분한다고 가정해 보자. 이때 x를 $a \sin \theta$로 치환하면 다음과 같다.

$$\begin{aligned} a^2 - x^2 &= a^2 - (a \sin \theta)^2 && x\text{를 } a \sin\theta\text{로 바꾸기} \\ &= a^2 - a^2 \sin^2 \theta && \text{간단히 하기} \\ &= a^2(1 - \sin^2\theta) && \text{인수분해하기} \\ &= a^2 \cos^2 \theta && 1 - \sin^2\theta = \cos^2\theta \end{aligned}$$

이 계산을 통해 $x = a \sin \theta$로 변수 변환을 하면 제곱항의 차 $a^2 - x^2$을 제곱항의 곱 $a^2 \cos^2 x$로 바꿀 수 있음을 확인할 수 있다. 이와 같이 적분 변수가 θ로 변형된 적분은 원래 주어진 적분보다 계산하기 쉬워지는 경우가 많다. 다음 예제를 통해 위 과정을 보다 자세히 살펴보자.

| 예제 1 | 원의 넓이 반지름이 a인 원의 넓이가 πa^2임을 보여라.

풀이 함수 $f(x) = \sqrt{a^2 - x^2}$은 중심이 원점이고 반지름이 a인 상반원을 나타낸다(그림 8.2). 구간 $[0, a]$에서 이 곡선 아래의 영역은 사분원이다. 따라서 전체 영역의 넓이는 $4\int_0^a \sqrt{a^2 - x^2}\, dx$이다.

피적분함수가 $a^2 - x^2$ 꼴을 포함하므로 삼각치환 $x = a \sin \theta$를 이용하는데, 이 치환은 $\theta = \sin^{-1}(x/a)$ 꼴로도 표현할 수 있다. 이 치환은 각 θ가 $\sin^{-1}(x/a)$의 치역인 구간 $-\frac{\pi}{2} \le \theta \le \frac{\pi}{2}$에 놓이는 경우에만 잘 정의된다(그림 8.3). 일반적인 치환법과 마찬가지로 위 치환과 연관된 미분 형식은 다음과 같이 주어진다.

$$x = a \sin \theta\text{에서 } dx = a \cos \theta\, d\theta$$

새로운 변수 θ는 각도 역할을 함에 유의하자. 피적분함수에서 x를 $a \sin \theta$로 바꾸면 다음을 얻는다.

$$\begin{aligned} \sqrt{a^2 - x^2} &= \sqrt{a^2 - (a \sin \theta)^2} && x\text{를 } a\sin\theta\text{로 바꾸기} \\ &= \sqrt{a^2(1 - \sin^2\theta)} && \text{인수분해하기} \\ &= \sqrt{a^2 \cos^2 \theta} && 1 - \sin^2\theta = \cos^2\theta \\ &= |a \cos \theta| && \sqrt{x^2} = |x| \\ &= a \cos \theta && a > 0, \cos\theta \ge 0 \left(-\frac{\pi}{2} \le \theta \le \frac{\pi}{2}\right) \end{aligned}$$

적분의 양끝(상한 및 하한) 또한 바꾸자. $x = 0$일 때 $\theta = \sin^{-1} 0 = 0$, $x = a$일 때, $\theta = \sin^{-1}(a/a) = \sin^{-1} 1 = \pi/2$이다. 이와 같이 치환하면 적분 값은 다음과 같다.

$$4\int_0^a \sqrt{a^2 - x^2}\, dx = 4\int_0^{\pi/2} \underbrace{a\cos\theta}_{\text{단순화된 피적분함수}} \cdot \underbrace{a\cos\theta\, d\theta}_{dx} \qquad x = a\sin\theta,\ dx = a\cos\theta\, d\theta$$

$$= 4a^2 \int_0^{\pi/2} \cos^2\theta\, d\theta \qquad \text{간단히 하기}$$

$$= 4a^2\left(\frac{\theta}{2} + \frac{\sin 2\theta}{4}\right)\Bigg|_0^{\pi/2} \qquad \cos^2\theta = \frac{1+\cos 2\theta}{2}$$

$$= 4a^2\left(\left(\frac{\pi}{4} + 0\right) - (0 + 0)\right) = \pi a^2 \qquad \text{간단히 하기}$$

➤ $\sin^2\theta$와 $\cos^2\theta$를 적분할 때 유용하게 쓰는 항등식은 다음과 같다.

$$\sin^2\theta = \frac{1-\cos 2\theta}{2}$$

$$\cos^2\theta = \frac{1+\cos 2\theta}{2}$$

비슷한 계산(연습문제 30번)을 적용하면 주어진 타원의 넓이도 구할 수 있다.

관련 연습문제 4-5번 ◀

| 예제 2 | 사인 치환 적분 $\int \frac{dx}{(16 - x^2)^{3/2}}$를 구하여라.

풀이 $16 - x^2$은 $a = 4$일 때 $a^2 - x^2$ 꼴이므로 삼각치환 $x = 4\sin\theta$를 이용한다. 그러면 $dx = 4\cos\theta\, d\theta$이고, $(16 - x^2)^{3/2}$을 간단히 하면 다음을 얻는다.

$$(16 - x^2)^{3/2} = (16 - (4\sin\theta)^2)^{3/2} \qquad x = 4\sin\theta \text{ 대입하기}$$

$$= (16(1 - \sin^2\theta))^{3/2} \qquad \text{인수분해하기}$$

$$= (16\cos^2\theta)^{3/2} \qquad 1 - \sin^2\theta = \cos^2\theta$$

$$= 64\cos^3\theta \qquad \text{간단히 하기}$$

$(16 - x^2)^{3/2}$과 dx를 θ에 대하여 나타내면 다음과 같다.

$$\int \frac{\overbrace{dx}^{4\cos\theta\, d\theta}}{\underbrace{(16 - x^2)^{3/2}}_{64\cos^3\theta}} = \int \frac{4\cos\theta}{64\cos^3\theta}\, d\theta$$

$$= \frac{1}{16}\int \frac{d\theta}{\cos^2\theta}$$

$$= \frac{1}{16}\int \sec^2\theta\, d\theta \qquad \text{간단히 하기}$$

$$= \frac{1}{16}\tan\theta + C \qquad \text{적분하기}$$

마지막 단계는 위 결과를 x에 대한 함수로 나타내는 것이다. 대부분의 경우 이 단계는 x와 θ의 관계를 나타내는 삼각형을 그리면 쉽게 해결된다. 그림 8.4는 직각이 아닌 한 각이 θ이고 이에 대응하는 변이 $x = 4\sin\theta$(또는 $\sin\theta = x/4$)를 만족하는 직각삼각형을 나타낸다. 이 삼각형을 이용하면 $\tan\theta = \frac{x}{\sqrt{16 - x^2}}$임을 쉽게 확인할 수 있고, 따라서 다음을 얻는다.

$$\int \frac{dx}{(16 - x^2)^{3/2}} = \frac{1}{16}\tan\theta + C = \frac{x}{16\sqrt{16 - x^2}} + C$$

관련 연습문제 6번 ◀

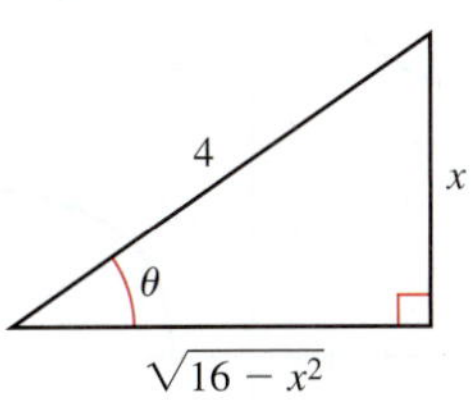

$\sin\theta = \frac{x}{4}$

$\tan\theta = \frac{x}{\sqrt{16 - x^2}}$

그림 8.4

$a^2 + x^2$ 또는 $x^2 - a^2$ 꼴을 포함하는 적분

탄젠트와 시컨트를 포함하는 삼각치환은 사인 치환의 경우와 비슷한 과정으로 얻는다. a가 양의 실수일 때, 그림 8.5와 표 8.4에서 이 세 가지 기본적인 삼각치환법을 정리해 놓았다.

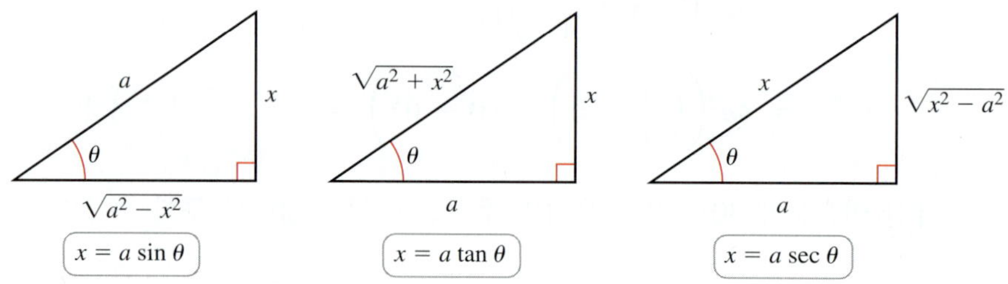

그림 8.5

표 8.4

다음을 포함하는 적분	대응하는 치환법	유용한 항등식
$a^2 - x^2$	$x = a\sin\theta,\ -\dfrac{\pi}{2} \le \theta \le \dfrac{\pi}{2},\ \lvert x\rvert \le a$	$a^2 - a^2\sin^2\theta = a^2\cos^2\theta$
$a^2 + x^2$	$x = a\tan\theta,\ -\dfrac{\pi}{2} < \theta < \dfrac{\pi}{2}$	$a^2 + a^2\tan^2\theta = a^2\sec^2\theta$
$x^2 - a^2$	$x = a\sec\theta,\ \begin{cases} 0 \le \theta < \dfrac{\pi}{2},\ x \ge a \\ \dfrac{\pi}{2} < \theta \le \pi,\ x \le -a \end{cases}$	$a^2\sec^2\theta - a^2 = a^2\tan^2\theta$

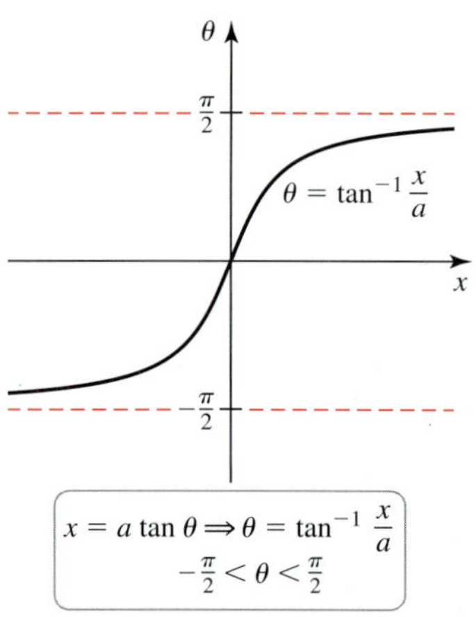

그림 8.6

탄젠트 치환 $x = a\tan\theta$가 잘 정의되려면 각 θ가 반드시 $\tan^{-1}(x/a)$의 치역인 구간 $-\pi/2 < \theta < \pi/2$에 놓여야 한다(그림 8.6). 이 구간에서 $\sec\theta > 0$이고 $a > 0$이므로 다음과 같이 나타낼 수 있다.

$$\sqrt{a^2 + x^2} = \sqrt{a^2 + (a\tan\theta)^2} = \sqrt{a^2\underbrace{(1 + \tan^2\theta)}_{\sec^2\theta}} = a\sec\theta$$

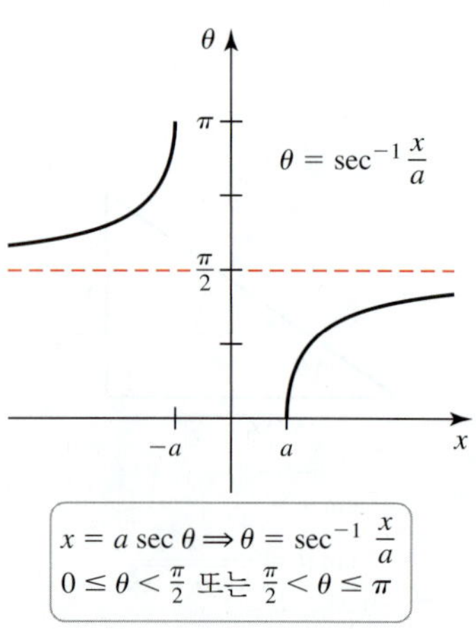

그림 8.7

시컨트 치환의 경우 약간 기교를 부려야 한다. 1.4절에서 논한 것처럼 $\theta = \sec^{-1}(x/a)$는 $x \ge a$에서 정의되며, 이 경우 $0 \le \theta < \pi/2$를 만족하고, $\theta = \sec^{-1}(x/a)$는 $x \le -a$에서도 정의되며, 이 경우 $\pi/2 < \theta \le \pi$를 만족한다(그림 8.7). 따라서 $\sqrt{x^2 - a^2}$ 꼴을 포함하는 피적분함수를 단순화할 때는 θ의 범위를 신중하게 다루어야 한다. $\tan\theta$가 제1사분면에서는 양의 값을, 제2사분면에서는 음의 값을 가지므로 다음을 얻는다.

$$\sqrt{x^2 - a^2} = \sqrt{a^2\underbrace{(\sec^2\theta - 1)}_{\tan^2\theta}} = \lvert a\tan\theta\rvert = \begin{cases} a\tan\theta\ , & 0 \le \theta < \dfrac{\pi}{2} \\ -a\tan\theta, & \dfrac{\pi}{2} < \theta \le \pi \end{cases}$$

정적분의 값을 구할 때, 적분의 양 끝값이 위에서 언급한 두 경우 중 어디에 해당하는지 반드시 확인해야 한다. 부정적분의 경우, 문제에서 변수에 대한 제한 조건이 주어지지 않는다면 적분을 불연속적인 공식(piecewise formula)으로 표현해야 할 수도 있다(연습문제 42번).

QUICK CHECK 2 다음 적분에 대한 삼각치환을 제시하고, 이 치환을 적용하여 새로 얻는 적분을 적어라.

a. $\int \frac{x^2}{\sqrt{x^2+9}}\,dx$

b. $\int \frac{3}{\sqrt{x^2-16}}\,dx,\ x > 4$ ◀

➤ 예제 3에서 정적분의 값을 구하고 있으므로 적분의 양 끝값 $\theta = 0$과 $\theta = \tan^{-1}4$를 적절히 변형해야 한다. 그러나 $\tan^{-1}4$는 특수각이 아니므로 역도함수를 x에 대한 식으로 표현한 후, 주어진 적분의 양 끝값을 사용하는 것이 더 쉽다.

| 예제 3 | 포물선의 길이 구간 [0, 2]에서 포물선 $y = x^2$의 호의 길이를 나타내는 적분 $\int_0^2 \sqrt{1+4x^2}\,dx$를 계산하여라.

풀이 근호 안의 4를 제곱근 밖으로 꺼내면 다음을 얻는다.

$$\int_0^2 \sqrt{1+4x^2}\,dx = 2\int_0^2 \sqrt{\tfrac{1}{4}+x^2}\,dx = 2\int_0^2 \sqrt{\left(\tfrac{1}{2}\right)^2+x^2}\,dx$$

이제 피적분함수는 $a = \frac{1}{2}$일 때의 $a^2 + x^2$ 꼴이므로 $x = \frac{1}{2}\tan\theta$로 치환하자. 그러면 $dx = \frac{1}{2}\sec^2\theta\,d\theta$와 다음을 얻는다.

$$\sqrt{\left(\tfrac{1}{2}\right)^2+x^2} = \sqrt{\left(\tfrac{1}{2}\right)^2+\left(\tfrac{1}{2}\tan\theta\right)^2} = \frac{1}{2}\underbrace{\sqrt{1+\tan^2\theta}}_{\sec^2\theta} = \frac{1}{2}\sec\theta$$

정적분의 양 끝값은 잠시 미뤄 두고, 다음 역도함수를 먼저 계산하자.

$$\begin{aligned} 2\int \sqrt{\left(\tfrac{1}{2}\right)^2+x^2}\,dx &= 2\int \tfrac{1}{2}\sec\theta\,\underbrace{\tfrac{1}{2}\sec^2\theta\,d\theta}_{dx} && x = \tfrac{1}{2}\tan\theta,\ dx = \tfrac{1}{2}\sec^2\theta\,d\theta \\ &= \frac{1}{2}\int \sec^3\theta\,d\theta && \text{간단히 하기} \\ &= \frac{1}{4}\left(\sec\theta\tan\theta + \ln|\sec\theta+\tan\theta|\right) + C && \text{8.3절의 축소 공식 4} \end{aligned}$$

우리가 선택한 치환의 각에 대응하는 직각삼각형(그림 8.8)을 이용하면 앞서 구한 역도함수를 원래 주어진 변수 x에 대한 함수로 표현할 수 있고, 따라서 다음과 같이 정적분을 계산할 수 있다.

$$\begin{aligned} 2\int_0^2 \sqrt{\left(\tfrac{1}{2}\right)^2+x^2}\,dx &= \frac{1}{4}\left(\underbrace{\sqrt{1+4x^2}}_{\sec\theta}\,\underbrace{2x}_{\tan\theta} + \ln\left|\underbrace{\sqrt{1+4x^2}}_{\sec\theta}+\underbrace{2x}_{\tan\theta}\right|\right)\Bigg|_0^2 \\ &= \frac{1}{4}\left(4\sqrt{17} + \ln\left(\sqrt{17}+4\right)\right) \approx 4.65 \end{aligned}$$

관련 연습문제 21, 41번 ◀

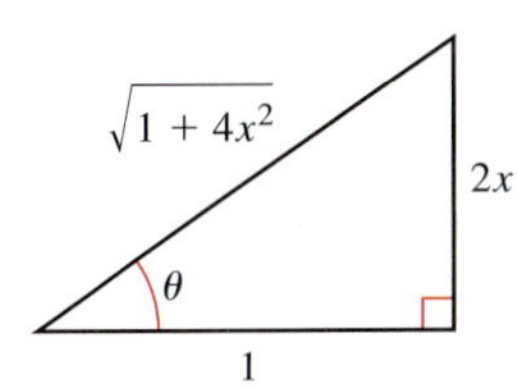

$\tan\theta = 2x$
$\sec\theta = \sqrt{1+4x^2}$

그림 8.8

QUICK CHECK 3 5.5절에서 $\int \frac{dx}{a^2+x^2} = \frac{1}{a}\tan^{-1}\frac{x}{a} + C$가 성립함을 보였다. 이 결과를 적절한 삼각치환을 이용하여 다시 유도하여라. ◀

| 예제 4 | 또 다른 탄젠트 치환 적분 $\int \frac{dx}{(1+x^2)^2}$를 구하여라.

풀이 $1 + x^2$항이 있으므로 $x = \tan\theta$로 치환하자. 그러면 $\theta = \tan^{-1}x$, $dx =$

$\sec^2\theta\, d\theta$와 다음을 얻는다,

$$(1+x^2)^2 = (\underbrace{1+\tan^2\theta}_{\sec^2\theta})^2 = \sec^4\theta$$

이들을 대입하면 구하는 부정적분은 다음과 같다.

$$\begin{aligned}\int \frac{dx}{(1+x^2)^2} &= \int \frac{\sec^2\theta}{\sec^4\theta}\,d\theta && x=\tan\theta,\ dx=\sec^2\theta\,d\theta\\ &= \int \cos^2\theta\,d\theta && \text{간단히 하기}\\ &= \frac{\theta}{2}+\frac{\sin 2\theta}{4}+C && \cos^2\theta=\frac{1+\cos 2\theta}{2}\end{aligned}$$

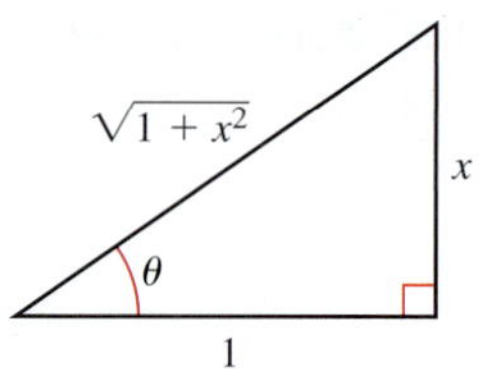

$$\sin\theta = \frac{x}{\sqrt{1+x^2}}$$
$$\cos\theta = \frac{1}{\sqrt{1+x^2}}$$

그림 8.9

마지막으로 위 결과의 변수를 원래 주어진 변수 x로 바꾸자. 위 결과의 첫 항 $\theta/2$는 $\frac{1}{2}\tan^{-1}x$가 된다. 두 번째 항에 있는 $\sin 2\theta$는 항등식 $\sin 2\theta = 2\sin\theta\cos\theta$로 바꾸어 보자. 그림 8.9의 직각삼각형을 통해 다음을 얻는다.

$$\frac{1}{4}\sin 2\theta = \frac{1}{2}\sin\theta\cos\theta = \frac{1}{2}\cdot\frac{x}{\sqrt{1+x^2}}\cdot\frac{1}{\sqrt{1+x^2}} = \frac{x}{2(1+x^2)}$$

이제 주어진 적분은 다음과 같이 구할 수 있다.

$$\begin{aligned}\int\frac{dx}{(1+x^2)^2} &= \frac{\theta}{2}+\frac{\sin 2\theta}{4}+C\\ &= \frac{1}{2}\tan^{-1}x + \frac{x}{2(1+x^2)} + C\end{aligned}$$

관련 연습문제 15번 ◀

| 예제 5 | 여러 가지 접근법 적분 $\int \frac{dx}{\sqrt{x^2+4}}$를 구하여라.

풀이 이제 서로 다른 몇 가지 방법을 통해 적분을 구할 것이다.

풀이 1 x^2+4항이 있으므로 $x=2\tan\theta$로 치환하자. 그러면 $dx = 2\sec^2\theta\,d\theta$와 다음을 얻는다.

$$\sqrt{x^2+4} = \sqrt{4\tan^2\theta+4} = \sqrt{4(\tan^2\theta+1)} = 2\sqrt{\sec^2\theta} = 2\sec\theta$$

이 치환을 적용하면 주어진 적분은 다음과 같이 계산할 수 있다.

$$\int\frac{dx}{\sqrt{x^2+4}} = \int\frac{2\sec^2\theta}{2\sec\theta}\,d\theta = \int\sec\theta\,d\theta = \ln|\sec\theta+\tan\theta|+C$$

위 부정적분을 x에 대한 식으로 나타내기 위해 $x=2\tan\theta$를 이용하면 다음을 얻는다.

$$\tan\theta = \frac{x}{2}\text{이고 }\sec\theta = \sqrt{\tan^2\theta+1} = \frac{1}{2}\sqrt{x^2+4}$$

따라서 구하는 적분은 다음과 같다.

$$\int \frac{dx}{\sqrt{x^2+4}} = \ln|\sec\theta + \tan\theta| + C$$

$$= \ln\left|\frac{1}{2}\sqrt{x^2+4} + \frac{x}{2}\right| + C$$ sec θ와 tan θ에 대입하기

$$= \ln\left(\frac{1}{2}(\sqrt{x^2+4} + x)\right) + C$$ 인수분해하기, $\sqrt{x^2+4} + x > 0$

$$= \ln\frac{1}{2} + \ln(\sqrt{x^2+4} + x) + C$$ $\ln ab = \ln a + \ln b$

$$= \ln(\sqrt{x^2+4} + x) + C$$ 상수를 C와 합치기

풀이 2 7.3절의 정리 7.9를 이용하면 다음이 성립한다.

$$\int \frac{dx}{\sqrt{x^2+4}} = \sinh^{-1}\frac{x}{2} + C$$

7.3절의 정리 7.7에 의해

$$\sinh^{-1}\frac{x}{2} = \ln\left(\frac{x}{2} + \sqrt{\left(\frac{x}{2}\right)^2 + 1}\right) = \ln\left(\frac{1}{2}(\sqrt{x^2+4} + x)\right)$$

를 알고 있으며, 따라서 풀이 1과 같은 결과를 얻는다.

풀이 3 끝으로 소개할 방법은 $x = 2\sinh t$로 치환하는 것이다. 그러면 $dx = 2\cosh t\,dt$와 다음을 얻는다.

$$\sqrt{x^2+4} = \sqrt{4\sinh^2 t + 4} = \sqrt{4(\sinh^2 t + 1)} = 2\sqrt{\cosh^2 t} = 2\cosh t$$

이제 주어진 적분은 다음과 같이 표현된다.

$$\int \frac{dx}{\sqrt{x^2+4}} = \int \frac{2\cosh t}{2\cosh t}\,dt = \int dt = t + C$$

$x = 2\sinh t$이므로 $t = \sinh^{-1}\frac{x}{2}$이고, 따라서 정리 7.7에 의해 풀이 2와 같은 결과를 얻음을 확인할 수 있다.

이 예제는 주어진 적분을 여러 방법으로 계산할 수 있음을 보여 준다. 연습을 많이 하면 주어진 적분을 계산하는 가장 좋은 방법을 터득하게 될 것이다.

관련 연습문제 25번 ◀

| 예제 6 | 시컨트 치환 적분 $\int_1^4 \frac{\sqrt{x^2+4x-5}}{x+2}\,dx$를 계산하여라.

풀이 이 예제는 8.1절에서 학습한 유용한 기법들을 어떻게 적용하는지 보여 준다. 피적분함수에 표 8.4의 형태가 없다. 그러나 완전제곱식 형태로 만들어서 피적분함수를 표 8.4의 형태로 변형시킬 수 있다. $x^2 + 4x - 5 = (x+2)^2 - 9$이므로 $u = x + 2$로 변수 변환을 하면 주어진 적분을 다음과 같이 쓸 수 있다.

➤ $x^2 + bx + c$를 완전제곱식 형태로 만들 때, $(b/2)^2$을 더하고 뺀 후, 완전제곱식 형태로 인수분해한다. 또한 예제 6에서 $x + 2 = 3\sec\theta$로 바로 치환해서 계산해도 무방하다.

$$\int_1^4 \frac{\sqrt{x^2+4x-5}}{x+2}\,dx = \int_1^4 \frac{\sqrt{(x+2)^2-9}}{x+2}\,dx \quad \text{완전제곱 꼴로 만들기}$$

$$= \int_3^6 \frac{\sqrt{u^2-9}}{u}\,du \quad u = x+2,\ du = dx \text{ 적분 양 끝 바꾸기}$$

▶ 삼각치환 $u = 3\sec\theta$는 $\theta = \sec^{-1}(u/3)$로 바꿔 쓸 수 있다. 적분 $\int_3^6 \frac{\sqrt{u^2-9}}{u}du$에서 $u \ge 3$이므로 $0 \le \theta < \frac{\pi}{2}$임을 알 수 있다.

위와 같이 변형된 적분에 시컨트 치환 $u = 3\sec\theta$(단, $0 \le \theta < \pi/2$)를 적용하면 $du = 3\sec\theta\tan\theta\,d\theta$와 $\sqrt{u^2-9} = 3\tan\theta$를 얻는다. 또한 적분의 양 끝값을 변형시킨다. 즉, $u = 3$일 때 $\theta = 0$, $u = 6$일 때 $\theta = \pi/3$이다. 이제 주어진 적분을 다음과 같이 계산할 수 있다.

$$\int_1^4 \frac{\sqrt{x^2+4x-5}}{x+2}\,dx = \int_3^6 \frac{\sqrt{u^2-9}}{u}\,du \quad u = x+2,\ du = dx$$

$$= \int_0^{\pi/3} \frac{3\tan\theta}{3\sec\theta}\,3\sec\theta\tan\theta\,d\theta \quad u = 3\sec\theta,\ du = 3\sec\theta\tan\theta\,d\theta$$

$$= 3\int_0^{\pi/3} \tan^2\theta\,d\theta \quad \text{간단히 하기}$$

$$= 3\int_0^{\pi/3} (\sec^2\theta - 1)\,d\theta \quad \tan^2\theta = \sec^2\theta - 1$$

$$= 3(\tan\theta - \theta)\Big|_0^{\pi/3} \quad \text{적분하기}$$

$$= 3\sqrt{3} - \pi \quad \text{간단히 하기}$$

관련 연습문제 32번 ◀

8.4절 연습문제

1단계 스타트

1. $\sqrt{x^2-9}$를 포함하는 적분을 구하려면 변수 변환을 어떻게 해야 하는가?

2. $\sqrt{100-x^2}$을 포함하는 적분을 구하려면 변수 변환을 어떻게 해야 하는가?

3. $-\frac{\pi}{2} \le \theta \le \frac{\pi}{2}$일 때, 삼각치환 $x = 2\sin\theta$를 이용하여 $\cot\theta$를 x에 대한 식으로 나타내어라.

2단계 실전

4-28. 삼각치환 삼각치환을 이용하여 다음 적분을 구하여라.

4. $\int_0^{5/2} \frac{dx}{\sqrt{25-x^2}}$ (힌트: 삼각치환을 이용하지 않고 적분 값을 구하여 두 결과를 비교해 본다)

5. $\int_5^{5\sqrt{3}} \sqrt{100-x^2}\,dx$

6. $\int_{1/2}^{\sqrt{3}/2} \frac{x^2}{\sqrt{1-x^2}}\,dx$

7. $\int \frac{dx}{\sqrt{16-x^2}}$

8. $\int \frac{dx}{x^2\sqrt{x^2+9}}$

9. $\int_0^2 \frac{x^2}{x^2+4}\,dx$

10. $\int \frac{dx}{\sqrt{x^2-81}},\ x > 9$

11. $\int \sqrt{64-x^2}\,dx$

12. $\int \frac{dx}{(25-x^2)^{3/2}}$

13. $\int \frac{\sqrt{9-x^2}}{x}\,dx$

14. $\int_0^{1/3} \frac{dx}{(9x^2+1)^{3/2}}$

15. $\int \frac{dx}{(4+x^2)^2}$

16. $\int \frac{x^2}{\sqrt{16-x^2}}\,dx$

17. $\displaystyle\int \frac{\sqrt{x^2-9}}{x}\,dx,\ x > 3$ **18.** $\displaystyle\int \frac{dx}{x(x^2-1)^{3/2}},\ x > 1$

19. $\displaystyle\int_{1/\sqrt{3}}^{1} \frac{dx}{x^2\sqrt{1+x^2}}$ **20.** $\displaystyle\int \frac{x^2}{(100-x^2)^{3/2}}\,dx$

21. $\displaystyle\int \frac{dx}{(1+4x^2)^{3/2}}$ **22.** $\displaystyle\int_0^{4/\sqrt{3}} \frac{dx}{\sqrt{x^2+16}}$

23. $\displaystyle\int \frac{x^3}{(81-x^2)^2}\,dx$ **24.** $\displaystyle\int_{4/\sqrt{3}}^{4} \frac{dx}{x^2(x^2-4)}$

25. $\displaystyle\int_0^{1/\sqrt{3}} \sqrt{x^2+1}\,dx$ **26.** $\displaystyle\int \frac{x^2}{\sqrt{4+x^2}}\,dx$

27. $\displaystyle\int \frac{\sqrt{9x^2-25}}{x^3}\,dx,\ x > \frac{5}{3}$

28. $\displaystyle\int \frac{dx}{x^3\sqrt{x^2-100}},\ x > 10$

29. **참 또는 거짓** 다음 명제가 참이면 증명하고 거짓이면 반례를 들어라.

a. $x = 4\tan\theta$이면 $\csc\theta = 4/x$이다.

b. 적분 $\displaystyle\int_1^2 \sqrt{1-x^2}\,dx$는 유한한 실수 값을 갖지 않는다.

c. 적분 $\displaystyle\int_1^2 \sqrt{x^2-1}\,dx$는 유한한 실수 값을 갖지 않는다.

d. 적분 $\displaystyle\int \frac{dx}{x^2+4x+9}$는 삼각치환을 이용하여 구할 수 없다.

30. **타원의 넓이** 중심이 원점이고 축의 길이가 $2a$, $2b$인 타원의 위쪽 절반은 함수 $y = \dfrac{b}{a}\sqrt{a^2-x^2}$으로 표현된다(그림 참조). 타원의 넓이를 a와 b에 대한 함수로 나타내어라.

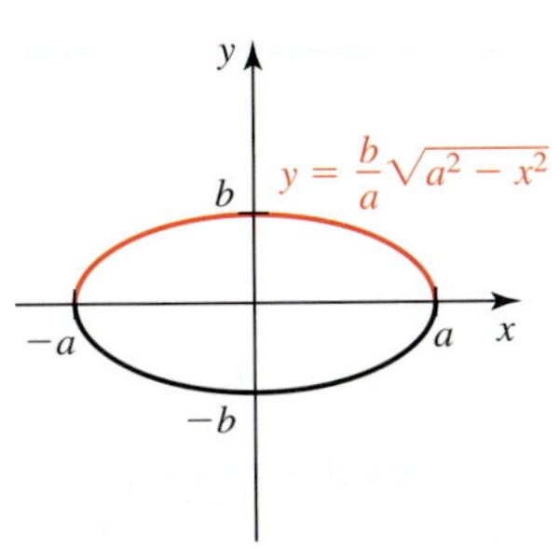

31. **원의 활꼴의 넓이** 다음 두 가지 방법을 이용하여 반지름이 r이고 중심각이 θ인 활꼴(그림 참조)의 넓이가 다음과 같음을 보여라.

$$A_{\text{seg}} = \frac{1}{2}r^2(\theta - \sin\theta)$$

a. (미적분학 방법을 쓰지 않고) 기하학적 방법을 이용하여 넓이를 구하여라.

b. 미적분학 방법을 이용하여 넓이를 구하여라.

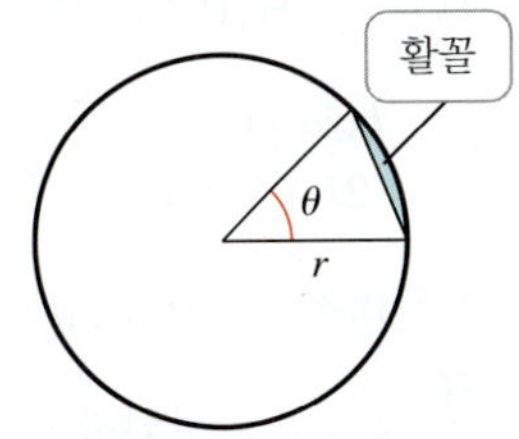

32–37. **완전제곱식 형태 만들기** 다음 적분을 구하여라.

32. $\displaystyle\int \frac{dx}{x^2-6x+34}$ **33.** $\displaystyle\int \frac{dx}{\sqrt{3-2x-x^2}}$

34. $\displaystyle\int \frac{dx}{x^2+6x+18}$

35. $\displaystyle\int_{1/2}^{(\sqrt{2}+3)/(2\sqrt{2})} \frac{dx}{8x^2-8x+11}$

36. $\displaystyle\int \frac{x^2-8x+16}{(9+8x-x^2)^{3/2}}\,dx$ **37.** $\displaystyle\int_{2+\sqrt{2}}^{4} \frac{dx}{\sqrt{(x-1)(x-3)}}$

38–39. **$\sec^3 u$의 적분 이용하기** 8.3절의 축소 공식 4로 다음 식을 얻는다.

$$\int \sec^3 u\,du = \frac{1}{2}(\sec u\tan u + \ln|\sec u + \tan u|) + C$$

주어진 함수의 그래프를 그린 다음 각 구간에서 함수의 그래프 아래에 놓인 영역의 넓이를 구하여라.

38. $f(x) = (9-x^2)^{-2}$, $\left[0, \dfrac{3}{2}\right]$

39. $f(x) = \sqrt{x^2-9}/x$, $[3, 6]$

40. 구간 $[0, 3]$에서 곡선 $f(x) = (16+x^2)^{-3/2}$과 x축으로 둘러싸인 영역의 넓이를 구하여라.

3단계 도전

41. **포물선의 길이** a가 양의 실수일 때, $x = 0$에서 $x = 10$까지 곡선 $y = ax^2$의 길이를 구하여라.

42. **시컨트 치환 시 주의 사항** 치환 $x = a\sec\theta$는 $x \ge a$(이 경우 $0 \le \theta < \pi/2$, $\tan\theta \ge 0$)와 $x \le -a$(이 경우 $\pi/2 < \theta \le \pi$, $\tan\theta \le 0$) 둘 중 하나만을 만족함을 상기하자. 이때 다음이 성립함을 보여라.

$$\int \frac{dx}{x\sqrt{x^2-1}} = \begin{cases} \sec^{-1}x + C, & x > 1 \\ -\sec^{-1}x + C, & x < -1 \end{cases}$$

43. **선전하에 의한 전기장** 총 전하 Q가 그림과 같이 y축을 따라

길이가 $2L$인 선분 위에 균등하게 분포되어 있다. 점 $(a, 0)$에서 전기장의 x성분은 다음과 같이 주어진다.

$$E_x(a) = \frac{kQa}{2L}\int_{-L}^{L} \frac{dy}{(a^2 + y^2)^{3/2}}$$

여기서 k는 적당한 물리적 상수이고, $a > 0$이다.

a. $E_x(a) = \dfrac{kQ}{a\sqrt{a^2 + L^2}}$임을 확인하여라.

b. 그림의 선분 위에서 선전하 밀도를 $\rho = Q/2L$로 놓으면 $L \to \infty$일 때 $E_x(a) = 2k\rho/a$가 됨을 보여라.

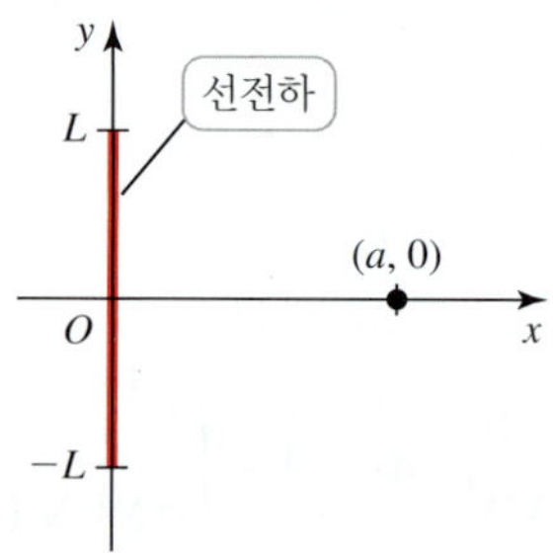

44. 최단 시간 강하 사이클로이드(cycloid)는 원을 직선 위에서 굴렸을 때 원 위의 한 정점이 그리는 곡선이다. 어떤 줄이 그림과 같이 사이클로이드를 뒤집어 놓은 모양으로 주어져 있다고 상상해 보자. 마찰력이 없다고 가정할 때, 이 줄을 따라 굴러 내려가는 구슬은 몇 가지 놀라운 성질을 갖는다. 모든 모양의 줄들 중 구슬이 가장 빨리 굴러 내려가는(최단 시간 강하, fastest descent time) 줄의 모양은 사이클로이드임이 알려져 있다. 이 곡선 위에서 $0 \le a < b \le \pi$를 만족하는 임의의 두 점 a, b 사이의 강하 시간(descent time)은 다음과 같음을 보일 수 있다.

$$\text{강하 시간} = \int_a^b \sqrt{\frac{1 - \cos t}{g(\cos a - \cos t)}}\,dt$$

여기서 g는 중력 가속도, $t = 0$은 줄의 맨 위, $t = \pi$는 줄의 맨 아래 지점에 대응하는 시각이다.

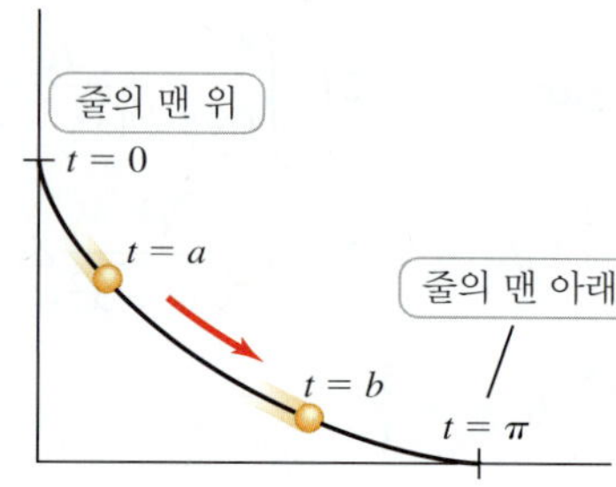

a. $u = \cos t$로 치환하여 구간 $[a, b]$에서의 강하 시간을 구하여라.

b. $b = \pi$일 때, 모든 a 값에 대하여 강하 시간이 같음을 보여라. 즉, 시작점에 상관없이 줄의 맨 아래 바닥까지 강하하는 시간은 똑같다는 의미이다.

QUICK CHECK 정답

1. $x = 3\sin\theta$를 이용하면 $9\cos^2\theta$를 얻는다. **2.** (a) $x = 3\tan\theta$로 치환, $\int 9\tan^2\theta\sec\theta\,d\theta$ (b) $x = 4\sec\theta$로 치환, $\int 3\sec\theta\,d\theta$ **3.** $x = a\tan\theta$로 놓으면 $dx = a\sec^2\theta\,d\theta$가 된다. 따라서 새로 얻는 적분은 $\int \frac{a\sec^2\theta\,d\theta}{a^2(1 + \tan^2\theta)} = \frac{1}{a}\int d\theta = \frac{1}{a}\theta + C = \frac{1}{a}\tan^{-1}\frac{x}{a} + C$이다. ◀

8.5 부분분수

하늘에서 다이빙하는 스카이다이버의 속도를 알아 내려면 $\int \frac{dv}{a - bv^2}$ 꼴의 적분을 구해야 하고, 크기가 제한된 종의 개체수를 모델링하면 $\int \frac{dP}{aP(1 - bP)}$ 꼴의 적분이 등장함을 알 수 있다(여기서 a와 b는 상수이다). 이 두 적분의 공통점은 피적분함수가 유리함수라는 것이다. 공학이나 전기회로와 같은 모델링에서 이와 비슷한 형태의 적분이 등장한다. 이 절에서는 유리함수의 적분을 위한 **부분분수 방법**(method of partial fractions)을 소개한다. 부분분수 방법에 표준 치환법과 삼각치환법(8.4절)을 적절히 조합하면 (원론적으로) 모든 유리함수의 적분이 가능하다.

➤ p와 q가 다항식일 때, p/q 꼴 함수를 유리함수라 한다.

부분분수 방법

함수

$$f(x) = \frac{1}{x-2} + \frac{2}{x+4}$$

가 주어졌을 때, 이를 통분하면 다음을 얻는다.

$$f(x) = \frac{(x+4) + 2(x-2)}{(x-2)(x+4)} = \frac{3x}{(x-2)(x+4)} = \frac{3x}{x^2+2x-8}$$

부분분수의 목적은 이 과정을 거꾸로 진행하는 것이다. 주어진 유리함수의 적분이 어려운 경우, 부분분수 방법은 주어진 함수를 보다 적분하기 쉬운 형태로 바꾸어 준다.

유리함수		**부분분수 분해**
$\frac{3x}{x^2+2x-8}$	부분분수 방법 →	$\frac{1}{x-2} + \frac{2}{x+4}$
적분이 어려움		**적분이 쉬움**
$\int \frac{3x}{x^2+2x-8}\,dx$		$\int \left(\frac{1}{x-2} + \frac{2}{x+4}\right) dx$

QUICK CHECK 1 $f(x) = \frac{1}{x-2} + \frac{2}{x+4}$의 역도함수를 찾아라. ◀

핵심 아이디어 함수 $f(x) = \frac{3x}{(x-2)(x+4)}$가 주어졌을 때, 목표는 이런 형태의 함수를 다음 형태로 변형시키는 것이다.

$$\frac{A}{x-2} + \frac{B}{x+4}$$

여기서 A와 B는 구해야 하는 상수이며, 위와 같은 표현을 주어진 유리함수의 **부분분수 분해**(partial fraction decomposition)라 한다. 이 경우 부분분수 분해는 두 항으로 이루어져 있으며, 각 항은 원래 함수의 분모의 인수들로 주어져 있다.

➤ 원래 주어진 유리함수의 분자는 부분분수 분해 형태에 영향을 주지 않음에 주목하자. 여기서 등장하는 A, B와 같은 상수를 미정계수라 한다.

두 상수 A와 B는 f의 정의역의 모든 x값에 대하여 원래 함수 f와 부분분수 분해가 서로 같다고 놓고 구할 수 있다.

$$\frac{3x}{(x-2)(x+4)} = \frac{A}{x-2} + \frac{B}{x+4} \tag{1}$$

식 (1)의 양변에 $(x-2)(x+4)$를 곱하면 다음을 얻는다.

➤ 이 과정에서 두 조건 $x \neq 2$와 $x \neq 4$가 필요하다. 이 두 값은 모두 f의 정의역에 속하지 않는다.

$$3x = A(x+4) + B(x-2)$$

위 식을 x의 차수에 맞게 정리하자.

$$3x = (A + B)x + (4A - 2B) \tag{2}$$

모든 x에 대하여 식 (2)가 성립하려면

- 양변의 x^1의 계수가 같아야 하고
- 양변의 x^0의 계수(즉, 상수항)가 각각 같아야 한다.

$$3x + 0 = (A + B)x + (4A - 2B)$$

이를 통해 A와 B에 관한 두 식을 얻는다.

$$x^1\text{의 계수 비교:} \quad 3 = A + B$$
$$x^0\text{의 계수 비교:} \quad 0 = 4A - 2B$$

첫 번째 식에서 $A = 3 - B$이고, 이를 두 번째 식에 대입하면 $0 = 4(3 - B) - 2B$를 얻는다. 이를 B에 대하여 풀면 $6B = 12$, 즉 $B = 2$이므로 $A = 3 - B = 1$이다.

식 (1)에 A와 B의 값을 대입하면 부분분수 분해는 다음과 같다.

$$\frac{3x}{(x-2)(x+4)} = \frac{1}{x-2} + \frac{2}{x+4}$$

단순 일차 인수

▶ 일반적인 분수처럼 유리함수의 분자와 분모가 공통인수를 갖지 않는 경우, 이 유리함수를 **기약분수**(reduced form)라 한다. 또한 유리함수의 분자의 차수가 분모의 차수보다 작을 때, 이 함수를 **진분수**(proper) **함수**라 한다.

위 계산은 **단순 일차 인수**(simple linear factor)에 대한 부분분수 방법을 나타낸다. 유리함수의 분모가 서로 다른 $(x - r)$ 꼴 일차 인수의 곱으로 주어졌을 때, 이 분모의 각 인수를 단순 일차 인수라 한다. 이 경우에 대한 일반적인 풀이 과정을 소개한다.

▶ 간단한 계산을 위해 1단계에서 분모 q의 인수들의 최고차항의 계수가 1이 되도록 표현했다. 어떤 인수가 다른 인수의 상수 배가 아닌 경우에 한해, 최고차항의 계수가 1이 아닌 인수의 경우에도 이 과정을 적용할 수 있다. 예를 들어 $(x+2)(2x+4) = 2(x+2)^2$의 경우 단순 일차 인수 두 개가 아닌 일차 인수가 반복되는 경우로 간주할 것이다. 예제 2를 참조하여라.

절차 단순 일차 인수에 대한 부분분수

유리함수 $f(x) = p(x)/q(x)$(p와 q는 공통인수가 없고 p의 차수가 q의 차수보다 작은 다항식)에 대하여 q는 단순 일차 인수의 곱이라 가정하자. 이때 부분분수 분해는 다음 단계를 통해 얻을 수 있다.

1단계 분모 q를 인수분해 분모 q를 $(x - r_1)(x - r_2) \cdots (x - r_n)$ 꼴로 인수분해한다. 여기서 $r_1, \cdots, r_n$은 서로 다른 실수이다.

2단계 부분분수 분해 다음과 같이 부분분수 분해를 나타낸다.

$$\frac{p(x)}{q(x)} = \frac{A_1}{(x - r_1)} + \frac{A_2}{(x - r_2)} + \cdots + \frac{A_n}{(x - r_n)}$$

3단계 분모 지우기 미정계수 $A_1, \cdots, A_n$이 만족해야 할 조건을 얻기 위해 2단계 식의 양변에 $q(x) = (x - r_1)(x - r_2) \cdots (x - r_n)$을 곱한다.

4단계 미정계수 구하기 3단계 식의 양변에서 x의 거듭제곱의 지수가 같은 항의 계수를 각각 비교하여 미정계수 $A_1, \cdots, A_n$을 구한다.

QUICK CHECK 2 기약인 진분수 함수의 분모가 $(x-1)(x+5)(x-10)$으로 주어졌을 때, 이 함수의 부분분수 분해 형태는 일반적으로 어떠한가? ◀

| 예제 1 | 부분분수를 이용한 적분

a. $f(x) = \dfrac{3x^2 + 7x - 2}{x^3 - x^2 - 2x}$의 부분분수 분해를 구하여라.

b. 적분 $\int f(x)\, dx$를 구하여라.

풀이

a. 부분분수 분해는 다음 네 단계로 이루어진다.

1단계: 분모를

$$x^3 - x^2 - 2x = x(x+1)(x-2)$$

와 같이 인수분해하면 분모가 서로 다른 단순 일차 인수의 곱으로 표현된다.

2단계: 부분분수 분해는 다음과 같이 분모의 각 인수에 대응하는 항으로 이루어진다.

$$\frac{3x^2 + 7x - 2}{x(x+1)(x-2)} = \frac{A}{x} + \frac{B}{x+1} + \frac{C}{x-2} \qquad (3)$$

목표는 미정계수 A, B, C를 찾는 것이다.

➤ 미정계수를 $A_1, A_2, A_3, \cdots$ 또는 $A, B, C, \cdots$ 등으로 표현해도 아무 상관없다. 후자의 경우 밑첨자를 쓰지 않는 선택일 뿐이다.

3단계: 식 (3)의 양변에 $x(x+1)(x-2)$를 곱한다.

$$\begin{aligned} 3x^2 + 7x - 2 &= A(x+1)(x-2) + Bx(x-2) + Cx(x+1) \\ &= (A + B + C)x^2 + (-A - 2B + C)x - 2A \end{aligned}$$

4단계: 3단계 식의 양변의 x^2, x^1, x^0에 대응하는 계수를 비교한다.

x^2의 계수 비교: $A + B + C = 3$

x^1의 계수 비교: $-A - 2B + C = 7$

x^0의 계수 비교: $-2A = -2$

세 번째 식에 의해 $A = 1$을 얻는다. 이를 나머지 두 식에 대입하면

$$B + C = 2, \quad -2B + C = 8$$

을 얻는다. B와 C에 대하여 풀면 $A = 1, B = -2, C = 4$를 얻는다. 이를 식 (3)에 대입하여 부분분수 분해를 구하면 다음과 같다.

$$f(x) = \frac{1}{x} - \frac{2}{x+1} + \frac{4}{x-2}$$

b. 이제 다음과 같이 적분을 쉽게 구할 수 있다.

$$\begin{aligned}\int \frac{3x^2+7x-2}{x^3-x^2-2x}\,dx &= \int\left(\frac{1}{x}-\frac{2}{x+1}+\frac{4}{x-2}\right)dx && \text{부분분수}\\ &= \ln|x| - 2\ln|x+1| + 4\ln|x-2| + K && \text{적분하기, } K\text{는 임의의 상수}\\ &= \ln\frac{|x|(x-2)^4}{(x+1)^2} + K && \text{로그함수의 성질}\end{aligned}$$

관련 연습문제 19번 ◀

지름길(편리한 값) 부분분수 분해에서 세 개 이상의 미정계수에 대한 방정식을 푸는 것은 다소 어려울 수도 있다. 단순 일차 인수의 경우, 미정계수를 구하는 지름길이 있다. 예제 1의 3단계에서 다음 식을 얻었다.

$$3x^2+7x-2 = A(x+1)(x-2) + Bx(x-2) + Cx(x+1)$$

이 등식은 모든 x값에 대하여 성립해야 하므로 특정한 x값에서도 등식이 성립해야 한다. x값을 현명하게 잡으면 A, B, C의 값을 쉽게 구할 수 있다. 예를 들어 $x=0$을 대입하면 $-2=-2A$, 즉 $A=1$이고, $x=-1$을 대입하면 $-6=3B$, 즉 $B=-2$이며, $x=2$를 대입하면 $24=6C$, 즉 $C=4$를 얻는다. 각 경우에 우변의 한 항을 제외한 나머지 항이 모두 0이 되도록 x를 선택한다.

➤ 단순 일차 인수가 아닌 경우, 지름길을 이용하여 일부 미정계수를 결정할 수 있으나 모든 미정계수를 결정할 수 있는 것은 아니다. 그러나 지름길을 이용하면 구해야 하는 미정계수를 줄일 수 있다. 적절히 수정된 지름길을 이용하면 모든 미정계수를 구할 수 있다. 예제 3 옆의 주석을 참고하여라.

| 예제 2 | 지름길 이용

a. $f(x) = \dfrac{9x^2+2x-1}{(x-1)(2x^2+7x-4)}$의 부분분수 분해를 구하여라.

b. 적분 $\displaystyle\int_2^{14} f(x)\,dx$를 계산하여라.

풀이

a. 부분분수 분해는 다음 네 단계로 이루어진다.

1단계 f의 분모를 인수분해하면 $(x-1)(2x-1)(x+4)$이며 따라서 피적분함수의 분모는 세 단순 일차 인수를 갖는다.

2단계 부분분수 분해는 다음과 같이 분모의 각 인수에 대응하는 항들을 갖는다.

$$\frac{9x^2+2x-1}{(x-1)(2x-1)(x+4)} = \frac{A}{x-1} + \frac{B}{2x-1} + \frac{C}{x+4} \tag{4}$$

목표는 미정계수 A, B, C를 찾는 것이다.

3단계 식 (4)의 양변에 $(x-1)(2x-1)(x+4)$를 곱한다.

$$\begin{aligned}9x^2+2x-1 = {}&A(2x-1)(x+4) + B(x-1)(x+4)\\ &+ C(x-1)(2x-1)\end{aligned} \tag{5}$$

4단계 이제 지름길로 미정계수 A, B, C를 구하자. $x=1$, $1/2$, -4를 식 (5)에 대입

하면 다음과 같이 바로 미정계수를 구할 수 있다.

$$x = 1 \Rightarrow 10 = 5A + 0 \cdot B + 0 \cdot C \Rightarrow A = 2$$
$$x = 1/2 \Rightarrow 9/4 = 0 \cdot A - 9B/4 + 0 \cdot C \Rightarrow B = -1$$
$$x = -4 \Rightarrow 135 = 0 \cdot A + 0 \cdot B + 45C \Rightarrow C = 3$$

식 (4)에 A, B, C의 값을 대입하면 다음 부분분수 분해를 얻는다.

$$f(x) = \frac{2}{x-1} - \frac{1}{2x-1} + \frac{3}{x+4}$$

b. 이제 다음과 같이 적분을 구할 수 있다.

$$\int_2^{14} f(x)\,dx = \int_2^{14}\left(\frac{2}{x-1} - \frac{1}{2x-1} + \frac{3}{x+4}\right)dx \qquad \text{부분분수}$$

$$= \left(2\ln|x-1| - \frac{1}{2}\ln|2x-1| + 3\ln|x+4|\right)\Big|_2^{14} \qquad u = 2x-1,\ du = 2dx\text{로 놓고 적분하기}$$

$$= 2\ln 13 - \frac{1}{2}\ln 27 + 3\ln 18 - \left(2\underbrace{\ln 1}_{0} - \frac{1}{2}\ln 3 + 3\ln 6\right) \qquad \text{대입하기}$$

$$= \ln 13^2 + \underbrace{\ln 18^3 - \ln 6^3}_{\ln 27} - \underbrace{\frac{1}{2}(\ln 27 - \ln 3)}_{\ln 3} \qquad \text{로그의 성질}$$

$$= \ln 1521 \approx 7.327 \qquad \text{간단히 하기}$$

관련 연습문제 15번◀

반복되는 일차 인수

앞에서 유리함수의 분모가 $(x-r)$ 꼴의 단순 일차 인수들로 인수분해되는 경우에 대하여 논의했다. 그러나 $x^2(x-3)$, $(x+2)^2(x-4)^3$처럼 분모의 인수분해에서 일차항의 지수가 1보다 크면 어떻게 해야 할까? 이런 경우를 **반복되는 일차 인수**(repeated linear factors)라 하며, 앞부분에서 사용한 방식을 약간 수정할 필요가 있다.

➤ '단순(simple)'는 인수의 지수가 1이라는 뜻이고 '반복되는(repeated)'은 인수의 지수가 1보다 큰 정수라는 뜻이다.

수정된 방법은 다음과 같다. 1보다 큰 정수 m에 대하여 $(x-r)^m$이 분모의 인수라고 가정하자. 이때 부분분수 분해에서 각 $(x-r)$의 거듭제곱항이 m제곱까지 등장해야 한다. 예를 들어 $x^2(x-3)^4$이 분모에 있는 경우, 부분분수 분해는 다음과 같은 항들의 합을 포함해야 한다.

$$\frac{A}{x} + \frac{B}{x^2} + \frac{C}{(x-3)} + \frac{D}{(x-3)^2} + \frac{E}{(x-3)^3} + \frac{F}{(x-3)^4}$$

➤ x^2을 반복되는 일차 인수 $(x-0)^2$으로 간주한다.

미정계수의 개수가 늘어나긴 했지만 부분분수를 구하는 나머지 과정은 앞에서 살펴본 것과 같다.

절차 반복되는 일차 인수에 대한 부분분수

반복되는 일차 인수 $(x-r)^m$이 기약 진분수 함수의 분모에 등장한다고 하자. 이 유리함수의 부분분수 분해는 각각 1제곱부터 m제곱까지 $(x-r)$의 거듭제곱에 대한 부분분수 형태를 포함한다. 즉, 부분분수 분해는 다음과 같은 항들의 합을 포함한다.

$$\frac{A_1}{(x-r)}+\frac{A_2}{(x-r)^2}+\frac{A_3}{(x-r)^3}+\cdots+\frac{A_m}{(x-r)^m}$$

여기서 $A_1, \cdots, A_m$은 결정해야 할 상수, 즉 미정계수이다.

| 예제 3 | 반복되는 일차 인수에 대한 적분 함수 $f(x)=\dfrac{5x^2-3x+2}{x^3-2x^2}$에 대하여 적분 $\int f(x)\,dx$를 구하여라.

풀이 분모는 $x^3-2x^2=x^2(x-2)$로 인수분해되므로 분모는 한 개의 단순 일차 인수 $(x-2)$와 한 개의 반복되는 일차 인수 x^2을 갖는다. 따라서 부분분수 분해는 다음 형태이어야 한다.

$$\frac{5x^2-3x+2}{x^2(x-2)}=\frac{A}{x}+\frac{B}{x^2}+\frac{C}{x-2}$$

위 식의 양변에 $x^2(x-2)$를 곱하면 다음을 얻는다.

$$\begin{aligned}5x^2-3x+2&=Ax(x-2)+B(x-2)+Cx^2\\&=(A+C)x^2+(-2A+B)x-2B\end{aligned}$$

양변의 x^2, x^1, x^0에 대응하는 계수를 비교하여 A, B, C를 구할 수 있다.

x^2의 계수 비교 : $A+C=5$

x^1의 계수 비교 : $-2A+B=-3$

x^0의 계수 비교 : $-2B=2$

➤ 지름길을 이용하면 세 개 중 두 개의 계수를 구할 수 있다. $x=0$을 대입하면 B를, $x=2$를 대입하면 C를 구할 수 있다. 앞의 두 값을 제외한 x의 임의의 값을 대입하면 A를 구할 수 있다.

세 방정식을 풀면 $A=1$, $B=-1$, $C=4$를 얻는다. 이 값을 대입하여 부분분수 분해를 구하면 다음과 같다.

$$f(x)=\frac{1}{x}-\frac{1}{x^2}+\frac{4}{x-2}$$

이제 다음과 같이 적분을 쉽게 구할 수 있다.

$$\begin{aligned}\int\frac{5x^2-3x+2}{x^3-2x^2}\,dx&=\int\left(\frac{1}{x}-\frac{1}{x^2}+\frac{4}{x-2}\right)dx && \text{부분분수}\\&=\ln|x|+\frac{1}{x}+4\ln|x-2|+K && \text{적분하기, } K\text{는 임의의 상수}\end{aligned}$$

QUICK CHECK 3 $q(x)=x^2(x-3)^2(x-1)$에 대하여 기약 진분수 함수 $p(x)/q(x)$를 부분분수 분해 형태로 나타내어라. ◀

$$= \frac{1}{x} + \ln(|x|(x-2)^4) + K$$ 로그함수의 성질

관련 연습문제 22번 ◀

기약 이차 인수

대수학의 기본 정리에 의하면 실수 계수를 갖는 다항식은 $x - r$ 꼴의 일차 인수와 $ax^2 + bx + c$ (r, a, b, c는 실수) 꼴의 기약 이차 인수(irreducible quadratic factor)의 곱으로 나타낼 수 있다. 여기서 기약(irreducible)이란 $ax^2 + bx + c$를 실수 계수를 갖는 다항식의 곱으로 인수분해할 수 없음을 뜻한다. 예를 들어 다항식

➤ $b^2 - 4ac < 0$이면 이차다항식 $ax^2 + bx + c$는 실근을 갖지 않으며, 따라서 실수 계수를 갖는 다항식의 곱으로 인수분해할 수 없다.

$$x^9 + 4x^8 + 6x^7 + 34x^6 + 64x^5 - 84x^4 - 287x^3 - 500x^2 - 354x - 180$$

은 다음과 같이 인수분해된다.

$$\underbrace{(x-2)}_{\text{일차인수}}\underbrace{(x+3)^2}_{\text{반복되는 일차 인수}}\underbrace{(x^2-2x+10)}_{\text{기약 이차 인수}}\underbrace{(x^2+x+1)^2}_{\text{반복되는 기약 이차인수}}$$

이 인수분해에서 (단순 그리고 반복되는) 일차 인수와 (단순 그리고 반복되는) 기약 이차 인수가 등장함을 확인할 수 있다.

기약 이차 인수는 단순 인수와 반복되는 인수, 이 두 가지 경우를 고려해야 한다. 단순 이차 인수의 경우 다음 예제에서 다룰 것이고, 반복되는 이차 인수의 경우 일반적으로 계산이 길어지며, 이는 연습문제에서 다룰 것이다.

절차 단순 기약 이차 인수에 대한 부분분수

단순 기약 이차 인수 $ax^2 + bx + c$가 기약 진분수 함수의 분모에 등장한다고 하자. 이 유리함수의 부분분수 분해는 다음과 같은 항을 포함한다.

$$\frac{Ax + B}{ax^2 + bx + c}$$

여기서 A와 B는 결정해야 할 계수, 즉 미정계수이다.

| 예제 4 | 부분분수로 나타내기 다음 함수를 부분분수 분해 형태로 나타내어라.

a. $\dfrac{x^2 + 1}{x^4 - 4x^3 - 32x^2}$ **b.** $\dfrac{10}{(x-2)^2(x^2+2x+2)}$

풀이

a. 분모는 $x^2(x^2 - 4x - 32) = x^2(x-8)(x+4)$로 인수분해되므로 x는 반복되는 일차 인수, $(x-8)$과 $(x+4)$는 단순 일차 인수이다. 따라서 부분분수 분해 형태는 다음과 같다.

$$\frac{A}{x} + \frac{B}{x^2} + \frac{C}{x - 8} + \frac{D}{x + 4}$$

인수 $x^2 - 4x - 32$는 이차식이지만 이 식은 $(x - 8)(x + 4)$로 인수분해되므로 기약이 아니다.

➤ 예제 4b에서 $(x - 2)^2$은 기약 이차 인수가 아니라 반복되는 일차 인수이다.

b. 분모는 이미 인수분해되어 있다. 이차 인수 $x^2 + 2x + 2$는 실수 계수를 갖는 일차식의 곱으로 인수분해할 수 없으므로 이 이차식은 기약이다. 따라서 부분분수 분해 형태는 다음과 같다.

$$\frac{A}{x - 2} + \frac{B}{(x - 2)^2} + \frac{Cx + D}{x^2 + 2x + 2}$$

관련 연습문제 6번 ◀

| 예제 5 | 이차 인수에 대한 적분 적분 $\int \frac{7x^2 - 13x + 13}{(x - 2)(x^2 - 2x + 3)} dx$를 구하여라.

풀이 분모에 등장하는 이차 인수는 기약임에 유의하자. 부분분수 분해는 다음 형태로 표현된다.

$$\frac{7x^2 - 13x + 13}{(x - 2)(x^2 - 2x + 3)} = \frac{A}{x - 2} + \frac{Bx + C}{x^2 - 2x + 3}$$

양변에 $(x - 2)(x^2 - 2x + 3)$을 곱하면 다음과 같다.

$$\begin{aligned} 7x^2 - 13x + 13 &= A(x^2 - 2x + 3) + (Bx + C)(x - 2) \\ &= (A + B)x^2 + (-2A - 2B + C)x + (3A - 2C) \end{aligned}$$

각 x의 거듭제곱항의 계수를 비교하면 다음이 성립한다.

$$A + B = 7, \quad -2A - 2B + C = -13, \quad 3A - 2C = 13$$

연립일차방정식을 풀면 $A = 5,\ B = 2,\ C = 1$이므로 주어진 적분을 다음과 같이 쓸 수 있다.

$$\int \frac{7x^2 - 13x + 13}{(x - 2)(x^2 - 2x + 3)} dx = \int \frac{5}{x - 2} dx + \int \frac{2x + 1}{x^2 - 2x + 3} dx$$

위 식에서 (좀 더 어려운) 두 번째 적분을 구해 보자. 분자에 $du = (2x - 2)dx$가 있으면 $u = x^2 - 2x + 3$으로 치환할 수 있다. 그러므로 분자를 $2x + 1 = (2x - 2) + 3$으로 변형하고 적분을 두 부분으로 나눈다.

$$\int \frac{2x + 1}{x^2 - 2x + 3} dx = \int \frac{2x - 2}{x^2 - 2x + 3} dx + \int \frac{3}{x^2 - 2x + 3} dx$$

종합하면 다음을 얻는다.

$$\int \frac{7x^2 - 13x + 13}{(x-2)(x^2-2x+3)}\,dx$$

$$= \int \frac{5}{x-2}\,dx + \int \frac{2x-2}{\underbrace{x^2-2x+3}_{u\,=\,x^2-2x+3\text{로 놓기}}}\,dx + \int \frac{3}{\underbrace{x^2-2x+3}_{(x-1)^2+2}}\,dx \qquad \text{세 번째 적분을 완전제곱식 형태로}$$

$$= 5\ln|x-2| + \ln|x^2-2x+3| + \frac{3}{\sqrt{2}}\tan^{-1}\left(\frac{x-1}{\sqrt{2}}\right) + K \qquad \text{적분하기}$$

$$= \ln|(x-2)^5(x^2-2x+3)| + \frac{3}{\sqrt{2}}\tan^{-1}\left(\frac{x-1}{\sqrt{2}}\right) + K \qquad \text{로그함수의 성질}$$

마지막 적분 $\int \frac{3}{x^2-2x+3}\,dx$를 구하기 위해 피적분함수의 분모를 완전제곱식 형태로 만든 다음 $u = x - 1$로 치환하여 표준 형태인 $3\int \frac{du}{u^2+2}$로 변형한다.

관련 연습문제 28-29번 ◄

긴 나눗셈 지금까지 유리함수 $f(x) = p(x)/q(x)$가 진분수 함수일 때 이 유리함수의 부분분수 분해에 대하여 알아봤다. 한편 f가 가분수인 유리함수일 때는 분자를 분모로 나누어 f를 두 부분으로 나누어 표현해야 한다. 한 부분은 다항식일 것이고, 나머지 부분은 진분수일 것이다. 예를 들어 함수

$$f(x) = \frac{2x^3 + 11x^2 + 28x + 33}{x^2 - x - 6}$$

에 대하여 다음과 같이 긴 나눗셈을 수행한다.

$$\begin{array}{r@{\,}l}
 & 2x + 13 \\
x^2 - x - 6 \,\big) & 2x^3 + 11x^2 + 28x + 33 \\
 & \underline{2x^3 - 2x^2 - 12x} \\
 & 13x^2 + 40x + 33 \\
 & \underline{13x^2 - 13x - 78} \\
 & 53x + 111
\end{array}$$

이를 통해 다음을 얻는다.

$$f(x) = \underbrace{2x + 13}_{\substack{\text{다항식} \\ \text{적분하기 쉬움}}} + \underbrace{\frac{53x + 111}{x^2 - x - 6}}_{\substack{\text{부분분수} \\ \text{분해 적용}}}$$

첫 번째 부분은 쉽게 적분 가능하고, 두 번째 부분은 이 절에서 학습한 부분분수 분해 방법을 적용하여 적분을 구하면 된다.

QUICK CHECK 4 긴 나눗셈으로 $\frac{x}{x+1}$를 단순화하면 어떤 형태가 되는가? ◄

요약 부분분수 분해

유리함수 $f(x) = p(x)/q(x)$가 기약 진분수 함수라 하자. 분모 q는 실수 범위에서 완전히 인수분해(즉, q는 실수 계수를 갖는 일차 인수와 기약 이차 인수의 곱으로 인수분해)된다고 가정하고, m은 양의 정수라 하자.

1. **단순 일차 인수** 분모에 인수 $x - r$이 있으면 부분분수 분해는 $\dfrac{A}{x-r}$ 꼴을 포함한다.

2. **반복되는 일차 인수** $m > 1$일 때 분모에 인수 $(x - r)^m$이 있으면 부분분수 분해는 다음과 같은 항들의 합을 포함한다.

$$\frac{A_1}{(x-r)} + \frac{A_2}{(x-r)^2} + \frac{A_3}{(x-r)^3} + \cdots + \frac{A_m}{(x-r)^m}$$

3. **단순 기약 이차 인수** 분모에 기약 인수 $ax^2 + bx + c$가 있으면 부분분수 분해는 다음과 같은 항을 포함한다.

$$\frac{Ax + B}{ax^2 + bx + c}$$

4. **반복되는 기약 이차 인수**(연습문제 32–33번 참조) $m > 1$일 때 분모에 반복된 기약 인수 $(ax^2 + bx + c)^m$이 있으면 부분분수 분해는 다음과 같은 항들의 합을 포함한다.

$$\frac{A_1x + B_1}{ax^2 + bx + c} + \frac{A_2x + B_2}{(ax^2 + bx + c)^2} + \cdots + \frac{A_mx + B_m}{(ax^2 + bx + c)^m}$$

8.5절 연습문제

1단계 스타트

1. 부분분수 분해를 이용하여 적분할 수 있는 함수는 어떤 종류인가?

2. 다음 경우에 대하여 진분수 함수의 부분분수 분해에 나오는 항들은 어떤 형태이어야 하는가?
   - **a.** 분모에 인수 $x - 3$이 있는 경우
   - **b.** 분모에 인수 $(x - 4)^3$이 있는 경우
   - **c.** 분모에 인수 $x^2 + 2x + 6$이 있는 경우

3–9. 다음 유리함수를 부분분수 분해 형태로 나타내어라. 미정계수의 값을 구할 필요는 없다.

3. $\dfrac{4x}{x^2 - 9x + 20}$ **4.** $\dfrac{x+3}{(x-5)^2}$

5. $\dfrac{4}{x^5 - 5x^3 + 4x}$ **6.** $\dfrac{20x}{(x-1)^2(x^2+1)}$

7. $\dfrac{1}{x(x^2+1)}$ **8.** $\dfrac{x^4 + 12x^2}{(x-2)^2(x^2+x+2)^2}$

9. $\dfrac{x}{(x^4 - 16)^2}$

2단계 실전

10–12. 다음 유리함수의 부분분수 분해를 구하여라.

10. $\dfrac{5x-7}{x^2 - 3x + 2}$ **11.** $\dfrac{6}{x^2 - 2x - 8}$

12. $\dfrac{2x^2 + 5x + 6}{x^2 + 3x + 2}$ (힌트: 먼저 긴 나눗셈을 적용한다)

13–33. 적분 다음 적분을 구하여라.

13. $\int \frac{3}{(x-1)(x+2)}dx$

14. $\int \frac{6}{x^2-1}dx$

15. $\int \frac{8x-5}{3x^2-5x+2}dx$

16. $\int_{-1}^{2} \frac{5x}{x^2-x-6}dx$

17. $\int \frac{6x^2}{x^4-5x^2+4}dx$

18. $\int \frac{3x^2+4x-6}{x^2-3x+2}dx$

19. $\int \frac{x^2+12x-4}{x^3-4x}dx$

20. $\int \frac{dx}{x^4-10x^2+9}$

21. $\int \frac{81}{x^3-9x^2}dx$

22. $\int_{-1}^{1} \frac{x}{(x+3)^2}dx$

23. $\int \frac{2}{x^3+x^2}dx$

24. $\int \frac{x-5}{x^2(x+1)}dx$

25. $\int \frac{x^3-10x^2+27x}{x^2-10x+25}dx$

26. $\int \frac{x^2-4}{x^3-2x^2+x}dx$

27. $\int \frac{x^2+x+2}{(x+1)(x^2+1)}dx$

28. $\int \frac{2x^2+5x+5}{(x+1)(x^2+2x+2)}dx$

29. $\int \frac{20x}{(x-1)(x^2+4x+5)}dx$

30. $\int \frac{x^3+5x}{(x^2+3)^2}dx$

31. $\int \frac{x^3+6x^2+12x+6}{(x^2+6x+10)^2}dx$

32. $\int \frac{2}{x(x^2+1)^2}dx$

33. $\int \frac{9x^2+x+21}{(3x^2+7)^2}dx$

34. **참 또는 거짓** 다음 명제가 참이면 증명하고 거짓이면 반례를 들어라.

a. 적분 $\int \frac{4x^6}{x^4+3x^2}dx$를 구하려면 피적분함수의 부분분수 분해를 먼저 구해야 한다.

b. 적분 $\int \frac{6x+1}{3x^2+x}dx$를 구하는 가장 쉬운 방법은 피적분함수의 부분분수 분해를 이용하는 것이다.

c. 유리함수 $f(x) = \frac{1}{x^2-13x+42}$은 기약 이차다항식을 분모로 갖는다.

d. 유리함수 $f(x) = \frac{1}{x^2-13x+43}$은 기약 이차다항식을 분모로 갖는다.

35. **영역의 넓이** 곡선 $y = \frac{10}{x^2-2x-24}$, x축, 두 직선 $x=-2$와 $x=2$로 둘러싸인 영역의 넓이를 구하여라.

36–37. 입체의 부피 다음 입체의 부피를 구하여라.

36. 곡선 $y = \frac{x}{x+1}$, x축, 직선 $x=4$로 둘러싸인 영역을 x축을 중심으로 회전시켜 얻은 입체

37. $y = \frac{1}{\sqrt{x(3-x)}}$, $y=0$, $x=1$, $x=2$로 둘러싸인 영역을 x축을 중심으로 회전시켜 얻은 입체

38. **두 가지 방법** $x > 1$일 때, 적분 $\int \frac{dx}{x^2-1}$를 부분분수 분해를 이용하는 방법과 삼각치환을 이용하는 방법을 적용해서 각각 구하여라. 이 두 방법으로 얻은 결과를 조정하여 사실상 두 결과가 일치함을 확인하여라.

39. **컴퓨터 대수 체계를 이용하여 상수 값 구하기** 다음 유리함수를 적절한 형태를 갖는 부분분수 분해로 나타낸 후, 미정계수를 컴퓨터 대수 체계(computer algebra system)를 이용하여 구하여라.

$$\frac{x^4+3x^2+1}{x(x^2+1)^2(x^2+x+4)^2}$$

40–43. 사전 단계 다음 적분은 부분분수 분해 방법을 적용하기 전에 변수 변환과 같은 사전 단계가 필요하다. 다음 적분을 구하여라.

40. $\int \frac{e^x}{(e^x-1)(e^x+2)}dx$

41. $\int \frac{\sec t}{1+\sin t}dt$

42. $\int \frac{e^{3x}+e^{2x}+e^x}{(e^{2x}+1)^2}dx$

43. $\int \frac{dx}{1+e^x}$

44. **$\int \sec x\,dx$의 또 다른 형태**

a. 항등식 $\sec x = \frac{\cos x}{1-\sin^2 x}$가 성립함을 보여라.

b. **a**를 이용하여 다음을 증명하여라.

$$\int \sec x\,dx = \frac{1}{2}\ln\left|\frac{1+\sin x}{1-\sin x}\right| + C$$

(출처: *The College Mathematics Journal*, 32, 5, Nov 2001)

3단계 도전

45–47. 분자와 분모가 삼각함수로 이루어진 피적분함수는 종종 $u = \tan(x/2)$ 또는 이와 동치인 $x = 2\tan^{-1}u$로 치환하여 유리함수로 변환할 수 있다. 다음 관계식은 이러한 변수 변환에 유용하다. 물음에 답하여라.

$$A:\ dx = \frac{2}{1+u^2}du \quad B:\ \sin x = \frac{2u}{1+u^2} \quad C:\ \cos x = \frac{1-u^2}{1+u^2}$$

45. $x = 2\tan^{-1}u$를 미분하여 관계식 A가 성립함을 보여라. 직각삼각형과 다음 배각공식

$$\sin x = 2\sin\frac{x}{2}\cos\frac{x}{2}, \quad \cos x = 2\cos^2\frac{x}{2} - 1$$

을 이용하여 관계식 B와 관계식 C가 성립함을 보여라.

46. 적분 $\int \frac{dx}{1 - \cos x}$를 구하여라.

47. 적분 $\int_0^{\pi/2} \frac{d\theta}{\cos\theta + \sin\theta}$를 계산하여라.

48. **출발하는 세 자동차** 정지된 상태에서 출발하는 세 대의 차 A, B, C는 각각 다음 속도 함수를 따르면서 직선 위에서 가속한다.

$$v_A(t) = \frac{88t}{t+1}, \quad v_B(t) = \frac{88t^2}{(t+1)^2}, \quad v_C(t) = \frac{88t^2}{t^2+1}$$

a. 구간 $0 \le t \le 1$에서 어느 차가 가장 멀리 가는가?

b. 구간 $0 \le t \le 5$에서 어느 차가 가장 멀리 가는가?

c. 세 차가 원점에서 출발한다는 가정하여 세 차의 위치 함수를 각각 구하여라.

d. 궁극적으로 어떤 차가 다른 차들보다 앞에 있게 되는가?

49. $\boldsymbol{\pi < 22/7}$ π의 근삿값 중 가장 먼저 등장한 근삿값 중 하나는 22/7이다. 부등식 $0 < \int_0^1 \frac{x^4(1-x)^4}{1+x^2}\,dx = \frac{22}{7} - \pi$가 성립함을 보여라. $\pi < 22/7$가 성립하는 이유는 무엇인가?

QUICK CHECK 정답

1. $\ln|x-2| + 2\ln|x+4| = \ln|(x-2)(x+4)^2|$

2. $A/(x-1) + B/(x+5) + C/(x-10)$

3. $A/x + B/x^2 + C/(x-3) + D/(x-3)^2 + E/(x-1)$

4. $1 - \frac{1}{x+1}$ ◀

8.6 적분 전략

지금까지는 특정한 적분 기법을 학습하는 맥락에서 적분을 구하는 다양한 방법을 소개했다. 예를 들어 8.3절에서는 삼각함수를 포함하는 적분에 초점을 맞췄다. 이 절의 주요 목표는 적용할 적분법이 명확하지 않은 경우, 일반적인 적분 문제를 공략하는 방법을 알아보는 것이다.

적분 전략

시작하기 앞서 여러분이 이 장의 맨 처음에 등장한 표 8.1의 적분 공식을 모두 알고 있다고 가정할 것이다. 또한 8.2절과 8.3절에서 살펴본 축소 공식에 익숙하다고 간주할 것이며, 여러분의 강사는 쌍곡선함수를 포함한 7.3절의 공식을 알고 있어야 한다고 말할 수도 있다.

5.5절에서는 (미분가능한) 함수의 도함수를 계산하려면 일반적으로 3장의 미분 공식을 적절히 적용하면 된다는 것을 배웠다. 일반적으로 함수의 역도함수를 구하는 것은 도함수를 구하는 것보다 어려운 일이다. 이어지는 내용에서는 익숙하지 않은 적분을 마주했을 때 사용할 전략들을 간략한 예시와 함께 소개한다.

피적분함수 다시 쓰기 피적분함수를 변환할 때 몇 가지 기법을 사용할 수 있다. 예를 들어 분수를 쪼개거나 긴 나눗셈 또는 삼각항등식을 적용하기도 하며, 이차식을 포함하는 피적분함수를 완전제곱식 형태로 만들 수도 있고, (분자와 분모에 같은 식을 곱하는 것처럼) 대수적인 조작을 수행하거나 공통인수를 약분하는 방법도 있다.

| 예제 1 | 피적분함수 다시 쓰기 적분 $\int \frac{\sin x + 1}{\cos^2 x}\,dx$를 구하여라.

풀이 분수를 쪼개고 삼각항등식을 적용하여 피적분함수를 다음과 같이 두 적분으로 나눠 보자.

$$\int \frac{\sin x + 1}{\cos^2 x}\,dx = \int \left(\frac{1}{\cos x}\cdot\frac{\sin x}{\cos x} + \frac{1}{\cos^2 x}\right)dx$$
$$= \int \sec x \tan x\,dx + \int \sec^2 x\,dx$$

우변의 두 적분 모두 표 8.1을 이용하면 쉽게 구할 수 있다.

관련 연습문제 6번 ◀

QUICK CHECK 1 표 8.1을 이용하여 적분 $\int \frac{\sin x + 1}{\cos^2 x}\,dx$를 구하는 예제 1의 풀이를 완성하여라. ◀

치환 시도하기 일반적인 법칙과 같이 피적분함수가 함수 $f(x)$와 도함수 $f'(x)$를 포함하고 있으면 $u = f(x)$로 치환하여 주어진 적분을 쉬운 적분으로 바꿀 수 있다. 예를 들어 $\int \frac{\sin(1/x)}{x^2}\,dx$의 경우, $\frac{du}{dx} = -\frac{1}{x^2}$ 꼴이 피적분함수에 있으므로 $u = 1/x$로 치환해 볼 수 있다. 치환법을 이용하여 적분을 구할 때 반드시 따라야 할 규칙이 없음을 기억해 두자. 경우에 따라 창의적인 치환이 통하기도 한다.

QUICK CHECK 2 $u = \frac{1}{x}$로 치환하여 적분 $\int \frac{\sin(1/x)}{x^2}\,dx$를 구하여라. ◀

| 예제 2 | 피적분함수 다시 쓴 후 치환하기 적분 $\int \frac{x^2}{\sqrt{4 - x^6}}\,dx$를 구하여라.

풀이 피적분함수의 분자에 x^3의 도함수의 상수 배가 있으므로 분모를 $\sqrt{4-(x^3)^2}$으로 나타내면 될 것 같다. $u = x^3$으로 치환해 보자.

$$\int \frac{x^2}{\sqrt{4 - x^6}}\,dx = \int \frac{x^2}{\sqrt{4 - (x^3)^2}}\,dx = \frac{1}{3}\int \frac{du}{\sqrt{4 - u^2}}$$

$u = x^3$, $du = 3x^2\,dx$로 놓기

$\int \frac{du}{\sqrt{4 - u^2}}$는 표 8.1에서 찾을 수 있는 표준 형태의 적분이다.

관련 연습문제 22번 ◀

QUICK CHECK 3 적분 $\int \frac{x^2}{\sqrt{4 - x^6}}\,dx$를 구하는 예제 2의 풀이를 완성하여라. 답을 x에 관한 식으로 표현해야 함을 잊지 말자. ◀

피적분함수에서 나타나는 공통적인 유형 알아보기 다음은 피적분함수 및 그와 연관된 적분 기법에서 찾아볼 수 있는 몇 가지 유형을 정리한 것이다.

1. 두 함수의 곱, 특히 다항함수와 초월함수(로그함수, 지수함수, 삼각함수, 역삼각함수)의 곱의 적분에는 보통 부분적분법(8.2절)을 적용한다. 어떤 경우에는 피적분함수가 단일 함수(예를 들어 $\int \ln x\,dx$ 또는 $\int \sin^{-1} x\,dx$)이어도 부분적분법을 성공적으로 적용할 수도 있다.
2. $\sin x$, $\cos x$, $\tan x$, $\sec x$, $\cot x$, $\csc x$의 거듭제곱 및 그들의 곱은 항등식, 축소공식, 8.3절의 표 8.2와 표 8.3에서 주어진 치환법 등으로 적분한다.
3. $a^2 - x^2$, $a^2 + x^2$, $x^2 - a^2$ 꼴을 포함하는 적분에 삼각치환을 적용해야 할 수도 있다. 이러한 적분을 다룰 때, 8.4절의 표 8.4에서 주어진 치환법을 이용해 보아라. 이때 보다 단순한 풀이가 있을 수 있다는 것도 잊지 말자. 예를 들어 적

분 $\int \frac{x}{1-x^2}\,dx$는 삼각치환 $x = \sin\theta$를 이용하는 것보다 $u = 1 - x^2$으로 치환하는 것이 훨씬 쉽다.

4. 유리함수를 적분할 때는 8.5절의 부분분수 분해를 이용해 보자. 유리함수가 가분수 함수인 경우, 분자와 분모의 공통인수를 약분하고 긴 나눗셈을 적용하는 것이 먼저임을 기억하자.

| 예제 3 | **전략 알아보기** 다음 피적분함수의 유형을 살펴보고, 적분을 구하기 위한 기법을 제시하여라.

a. $\int \frac{4-3x^2}{x(x^2-4)}\,dx$ **b.** $\int xe^{\sqrt{1+x^2}}\,dx$ **c.** $\int \ln(1+x^2)\,dx$

풀이

a. 피적분함수가 유리함수이고 분모의 인수분해가 쉬우므로 부분분수 분해를 이용하는 것이 당연해 보인다. 그러나 다른 방법을 적용하는 것이 보다 쉬울 수도 있다. 분모를 전개하면 주어진 적분을 다음과 같이 치환할 수 있음을 알 수 있다.

$$\int \frac{4-3x^2}{x(x^2-4)}\,dx = \int \frac{4-3x^2}{x^3-4x}\,dx$$

$u = x^3 - 4x$로 놓기
$du = (3x^2-4)\,dx$
또는 $-du = (4-3x^2)\,dx$

위 치환을 통해 표준 형태의 적분 $-\int \frac{du}{u}$를 얻는다.

b. 이 피적분함수는 몇 가지 적분 기법을 제안한다. 피적분함수에 $du/dx = 2x$(의 상수 배)가 등장하므로 $u = 1 + x^2$으로 치환하는 것이 적절해 보인다. 이 치환법을 적용하면 주어진 적분은 $\frac{1}{2}\int e^{\sqrt{u}}\,du$ 꼴로 변형된다. 그러나 이 적분은 교묘한 치환법과 부분적분법을 적용해야 구할 수 있다.

피적분함수가 두 함수의 곱으로 주어진 경우, 첫 번째 단계로 부분적분법을 적용할 수도 있다. 이 방법은 그리 효과적이지 않으며, 이 방법을 적용한 풀이는 독자에게 맡긴다.

마지막으로 피적분함수에 $1 + x^2$이 등장하므로 삼각치환 $x = \tan\theta$를 적용할 수 있다. 이 삼각치환을 적용하면 다음을 얻는다.

$$\begin{aligned}\int xe^{\sqrt{1+x^2}}\,dx &= \int \tan\theta \cdot e^{\sqrt{1+\tan^2\theta}}\sec^2\theta\,d\theta && x = \tan\theta,\ dx = \sec^2\theta\,d\theta\\ &= \int \sec\theta \cdot e^{\sec\theta}\sec\theta\tan\theta\,d\theta && \text{치환법 적용하기 위해 피적분함수 다시 쓰기}\\ &= \int ue^u\,du && u = \sec\theta,\ du = \sec\theta\tan\theta\,d\theta\text{로 놓기}\end{aligned}$$

➤ 예제 3b에서 시도할 수 있는 또 다른 방법은 $u = \sqrt{1+x^2}$ 으로 치환하는 것이다. 이렇게 치환하면 주어진 적분이 바로 $\int ue^u\,du$ 꼴로 변형된다. 예제를 통해 알 수 있듯이 창의적으로 풀이하려면 연습을 많이 해야 한다.

위 식의 마지막에 얻은 적분은 8.2절의 예제 1에서 다루었으며, 부분적분법을 이용하여 적분을 구했었다.

c. 피적분함수에 $1 + x^2$이 있으므로 삼각치환 $x = \tan\theta$를 적용할 수 있다. 이 경

우 주어진 적분은 $\int \ln(\sec^2\theta)\sec^2\theta\,d\theta$로 변형된다. 부분적분법을 적용하면 적분을 구할 수 있지만, 이는 처음부터 부분적분법을 이용하는 것보다 비효율적이다. 다음과 같이 u와 dv를 선택한다.

$u = \ln(1 + x^2)$	$dv = dx$
$du = \dfrac{2x}{1 + x^2}\,dx$	$v = x$

그러면 주어진 적분은

$$\int \ln(1 + x^2)\,dx = x\ln(1 + x^2) - 2\int \frac{x^2}{1 + x^2}\,dx$$

와 같이 변형되고, 새로 얻은 적분의 값은 긴 나눗셈과 통상적인 적분 과정을 이용해 구할 수 있다.

관련 연습문제 28번 ◀

예제 3의 적분은 중요한 두 개념을 드러낸다. 첫째, 주어진 적분에 둘 이상의 적분 기법이 적용될 수 있다는 점을 인지하는 것이다. 실제로 어떤 한 방법이 다른 방법보다 효과적일 수 있으므로 선택한 방법이 잘 적용되지 않는 경우, 다른 방법을 시도해야 한다. 둘째, 어떤 방법이 최선인지 결정하려면 이용하고자 하는 몇 가지 기법의 첫 번째 단계를 모두 거쳐야 할 수도 있다는 점이다.

끈기를 가져라 주어진 적분을 구하려고 시도해도 결과가 좋지 않을 수도 있다는 것을 명심해야 한다. 예제 1의 적분을 다시 살펴보자. 분수를 쪼개는 대신 항등식 $\cos^2 x = 1 - \sin^2 x$를 이용하면 다음과 같다.

$$\int \frac{\sin x + 1}{\cos^2 x}\,dx = \int \frac{\sin x + 1}{1 - \sin^2 x}\,dx = \int \frac{\sin x + 1}{(1 + \sin x)(1 - \sin x)}\,dx$$
$$= \int \frac{1}{1 - \sin x}\,dx$$

위 계산에 어떠한 오류도 없지만 마지막 적분은 구하기 쉬운 형태가 아니다. 이런 상황이 생겼을 땐 과감히 다른 방법을 이용해 보자.

| 예제 4 | **부분적분법?** 적분 $\int xe^{\sqrt{x}}\,dx$를 구하여라.

풀이 피적분함수가 x의 거듭제곱과 초월함수의 곱으로 주어져 있다. 이러한 형태는 대개 부분적분법을 적용한다. 다음과 같이 u와 dv를 선택해 보자.

$u = e^{\sqrt{x}}$	$dv = x\,dx$
$du = \dfrac{e^{\sqrt{x}}}{2\sqrt{x}}\,dx$	$v = \dfrac{x^2}{2}$

▶ 예제 4의 풀이 과정 중 부분적분법을 이용하여 얻은 적분의 $\int x^{3/2} e^{\sqrt{x}}\,dx$는 계산 가능하다. 예를 들어 $u = e^{\sqrt{x}}$으로 치환하면 이 적분은 $2\int \ln^4 u\,du$로 변형되며, $u = \sqrt{x}$로 치환하면 이 적분은 $2\int u^4 e^u\,du$로 변형된다. 두 적분 모두 8.2절 연습문제에서 주어진 축소 공식을 이용하여 구할 수 있다. 그러나 $u = \sqrt{x}$로 치환한 두 번째 풀이가 보다 효과적이다.

그러면 주어진 적분은 다음과 같이 변형된다.

$$\int xe^{\sqrt{x}}\,dx = \frac{x^2e^{\sqrt{x}}}{2} - \frac{1}{4}\int x^{3/2}e^{\sqrt{x}}\,dx$$

새로 얻은 적분은 원래 적분보다 훨씬 어려워 보인다. 부분적분법이 성공적이지 않은 관계로 주어진 적분으로 다시 돌아가자. 이번에는 $u = \sqrt{x}$로 치환하면 $du = \dfrac{1}{2\sqrt{x}}\,dx$를 얻는다. 이 지점에서 다음 두 가지 방법을 쓸 수 있다.

방법 1: 선택한 치환법은 피적분함수의 분모에 $2\sqrt{x}$가 등장할 때 성공적으로 적용된다. 이 치환법을 적용하기 위해 1 곱하기 기법을 이용하여 피적분함수의 분자와 분모에 $2\sqrt{x}$를 곱하자.

$$\begin{aligned}\int xe^{\sqrt{x}}\,dx &= \int \frac{2\sqrt{x}\cdot xe^{\sqrt{x}}}{2\sqrt{x}}\,dx && \text{1 곱하기}\\ &= 2\int u^3e^u\,du && u = \sqrt{x},\ du = \frac{dx}{2\sqrt{x}},\ \sqrt{x}\cdot x = (\sqrt{x})^3 = u^3\end{aligned}$$

방법 2: $u = \sqrt{x}$에서 $x = u^2$이므로 $dx = 2u\,du$이다. 이를 적분에 적용하면 다음을 얻는다.

$$\begin{aligned}\int xe^{\sqrt{x}}\,dx &= \int u^2e^u\cdot 2u\,du && u = \sqrt{x},\ x = u^2,\ dx = 2u\,du\\ &= 2\int u^3e^u && \text{간단히 하기}\end{aligned}$$

두 방법 모두 같은 적분 $2\int u^3e^u\,du$를 얻으며, 부분적분법을 반복 적용하거나(도표 적분법을 다룬 8.2절의 연습문제 40–41번 참조) 축소 공식을 이용하면 쉽게 적분할 수 있다.

관련 연습문제 51번 ◀

복합적 기법 복잡한 적분의 경우 둘 이상의 기법이 필요할 수도 있다. 몇 가지 적분 기법을 적용해서 적분을 구해야 하는 경우를 소개하며 이 절을 마무리하도록 하겠다.

| 예제 5 | 복합적 기법이 필요한 경우 구간 $[0, \ln 2]$에서 곡선 $f(x) = e^x$을 x축을 중심으로 회전시켜 얻은 회전면(곡면)의 넓이를 구하여라.

풀이 6.6절에서 구간 $[a, b]$에서 곡선 $y = f(x)$를 x축을 중심으로 회전시켜 얻은 회전면의 넓이가 적분 $\int_a^b 2\pi\, f(x)\sqrt{1 + f'(x)^2}\,dx$임을 살펴봤다. $f'(x) = e^x$이므로 곡면의 넓이는 다음과 같이 표현된다.

$$\int_0^{\ln 2} 2\pi e^x\sqrt{1 + (e^x)^2}\,dx$$

피적분함수에 e^x과 이의 도함수가 등장하므로 $u = e^x$으로 치환해 보자.

$$\int_0^{\ln 2} 2\pi e^x\sqrt{1+(e^x)^2}\,dx = 2\pi\int_1^2\sqrt{1+u^2}\,du \qquad \begin{array}{l} u=e^x,\ du=e^x\,dx \\ x=0 \Rightarrow u=1,\ x=\ln 2 \Rightarrow u=2 \end{array}$$

새로 얻은 적분은 $1+u^2$을 포함하므로 삼각치환 $u=\tan\theta$를 시도해 보자. 정적분 값을 구하기 전에 부정적분을 구한다.

$$\begin{aligned} 2\pi\int\sqrt{1+u^2}\,du &= 2\pi\int\sqrt{1+\tan^2\theta}\,\sec^2\theta\,d\theta && u=\tan\theta,\ du=\sec^2\theta\,d\theta\text{로 놓기} \\ &= 2\pi\int\sec^3\theta\,d\theta && 1+\tan^2\theta=\sec^2\theta \end{aligned}$$

위 적분을 마무리 짓기 위해 8.3절의 시컨트함수에 대한 축소 공식을 적용한 후 다시 변수 u에 관한 식으로 변형하자.

$$\begin{aligned} 2\pi\int\sec^3\theta\,d\theta &= 2\pi\left(\frac{1}{2}\sec\theta\tan\theta+\frac{1}{2}\int\sec\theta\,d\theta\right) && \text{시컨트 축소 공식} \\ &= \pi(\sec\theta\tan\theta+\ln|\sec\theta+\tan\theta|)+C && \text{적분 } \textstyle\int\sec\theta\,d\theta \text{ 구하기} \\ &= \pi\left(u\sqrt{1+u^2}+\ln\left|u+\sqrt{1+u^2}\right|\right)+C && \tan\theta=u,\ \sec\theta=\sqrt{1+u^2} \end{aligned}$$

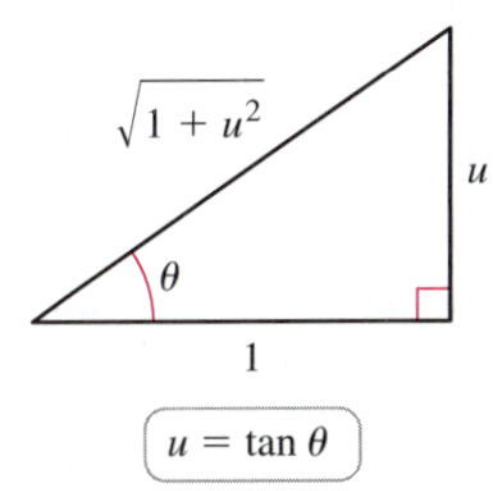

변수 u에 대한 정적분의 양 끝값을 위 역도함수에 대입하면 다음 곡면의 넓이를 얻는다.

$$\begin{aligned} \text{넓이} &= \pi\left(u\sqrt{1+u^2}+\ln\left(u+\sqrt{1+u^2}\right)\right)\Big|_1^2 \\ &= \pi\left(2\sqrt{5}-\sqrt{2}+\ln\frac{2+\sqrt{5}}{1+\sqrt{2}}\right) \approx 11.37 \end{aligned}$$

관련 연습문제 44번 ◀

8.6절 연습문제

1단계 스타트

1–3. 적분 전략 선택하기 다음 적분을 구하기 위한 적분 전략을 알아보아라. 필요하다면 적절한 적분 전략을 적용하기 전에 어떻게 피적분함수를 단순화할 것인지 설명하여라. 적분 값을 정확히 계산할 필요는 없다.

1. $\displaystyle\int 4x\sin 5x\,dx$

2. $\displaystyle\int \frac{x^3}{\sqrt{64-x^2}}\,dx$

3. $\displaystyle\int \frac{5x^2+18x+20}{(2x+3)(x^2+4x+8)}\,dx$

2단계 실전

4–42. 다음 적분을 구하여라.

4. $\displaystyle\int_0^{\pi/2} \frac{\sin\theta}{1+\cos^2\theta}\,d\theta$

5. $\displaystyle\int_4^6 \frac{dx}{\sqrt{8x-x^2}}$

6. $\displaystyle\int_0^{\pi/4} (\sec x-\cos x)^2\,dx$

7. $\displaystyle\int \frac{dx}{e^x\sqrt{1-e^{2x}}}$

8. $\displaystyle\int_1^4 \frac{2^{\sqrt{x}}}{\sqrt{x}}\,dx$

9. $\displaystyle\int_1^2 w^3e^{w^2}\,dw$

10. $\displaystyle\int_0^{\pi/2} \sin^7 x\,dx$

11. $\displaystyle\int x^9\ln 3x\,dx$

12. $\displaystyle\int \frac{\sin x}{\cos^2 x+\cos x}\,dx$

13. $\displaystyle\int \frac{dx}{x\sqrt{1-x^2}}$

14. $\int \sin^4 \frac{x}{2}\, dx$

15. $\int \frac{2\cos x + \cot x}{1 + \sin x}\, dx$

16. $\int \sqrt{36 - 9x^2}\, dx$

17. $\int \frac{e^x}{a^2 + e^{2x}}\, dx,\ a \neq 0$

18. $\int_0^{\pi/4} (\tan^2\theta + \tan\theta + 1)\sec^2\theta\, d\theta$

19. $\int_0^{\pi/6} \frac{dx}{1 - \sin 2x}$

20. $\int \sin x \ln(\sin x)\, dx$

21. $\int \cot^{3/2} x \csc^4 x\, dx$

22. $\int \frac{x^9}{\sqrt{1 - x^{20}}}\, dx$

23. $\int_0^{\ln 2} \frac{1}{(1 + e^x)^2}\, dx$

24. $\int \frac{2x^3 + x^2 - 2x - 4}{x^2 - x - 2}\, dx$

25. $\int \tan^3 x \sec^9 x\, dx$

26. $\int_0^{\pi/3} \tan x \sec^{7/4} x\, dx$

27. $\int e^x \cot^3 e^x\, dx$

28. $\int \frac{3x^2 + 3x + 1}{x^3 + x}\, dx$

29. $\int \sin\sqrt{x}\, dx$

30. $\int \frac{dx}{x^4 + x^2}$

31. $\int_0^{\sqrt{2}/2} e^{\sin^{-1} x}\, dx$

32. $\int x^a \ln x\, dx,\ a \neq -1$

33. $\int_0^{1/6} \frac{dx}{\sqrt{1 - 9x^2}}$

34. $\int \frac{x^2}{\sqrt{1 - 9x^2}}\, dx$

35. $\int \frac{dx}{1 - x^2 + \sqrt{1 - x^2}}$

36. $\int \frac{1 - \cos x}{1 + \cos x}\, dx$

37. $\int_9^{16} \sqrt{1 + \sqrt{x}}\, dx$

38. $\int_1^3 \frac{\tan^{-1}\sqrt{x}}{x^{1/2} + x^{3/2}}\, dx$

39. $\int \cos^{-1} x\, dx$

40. $\int \frac{\sin^{-1} x}{x^2}\, dx$

41. $\int \frac{x^4 + 2x^3 + 5x^2 + 2x + 1}{x^5 + 2x^3 + x}\, dx$

42. $\int e^x \sin^{998}(e^x)\cos^3(e^x)\, dx$

43. 참 또는 거짓 다음 명제가 참이면 증명하고 거짓이면 반례를 들어라.

a. 적분 $\int \frac{dx}{1 - x^2}$를 구하는 두 가지 이상의 방법이 있다.

b. 적분 $\int \sin\sqrt[3]{x}\, dx$에서 $u = \sqrt[3]{x}$로 치환하면 $\int 3u^2 \sin u\, du$를 얻는다.

c. 적분 $\int \tan 3x \sec^2 3x\, dx$를 구하는 가장 효율적인 방법은 우선 피적분함수를 $\sin 3x$와 $\cos 3x$에 대한 식으로 표현하는 것이다.

d. 적분 $\int \frac{\tan^2 x}{\tan x - 1}\, dx$에서 $u = \tan x$로 치환하면 $\int \frac{u^2}{u - 1}\, du$를 얻는다.

44. 곡면의 넓이 구간 $[0, \pi/2]$에서 곡선 $f(x) = \sin x$를 x축을 중심으로 회전시켜 얻은 회전면(곡면)의 넓이를 구하여라.

45. 부피 구간 $[0, \pi/4]$에서 곡선 $y = \frac{1}{1 - \sin x}$로 둘러싸인 영역을 x축을 중심으로 회전시켜 얻은 입체의 부피를 구하여라.

46. 일 R을 제1사분면에서 곡선 $y = \sec^{-1} x$와 직선 $y = \pi/3$로 둘러싸인 영역이라 하자. 물이 가득 차 있는 어떤 물통의 형태가 영역 R을 y축을 중심을 회전시켜 얻은 입체와 같다고 가정하자. 가득 찬 물통의 물 전체를 물통의 맨 위로 퍼 올려서 물통을 비우는 데 필요한 일은 얼마인가? 여기서 x와 y의 단위는 미터(meter)이다.

3단계 도전

47–51. 다음 적분을 구하여라.

47. $\int \frac{68}{e^{2x} + 2e^x + 17}\, dx$

48. $\int \frac{dx}{1 - \tan^2 x}$

49. $\int e^{\sqrt[3]{x}}\, dx$

50. $\int \tan^{-1}\sqrt[3]{x}\, dx$

51. $\int e^{\sqrt{\sin x}} \cos x\, dx$

52. 곡면의 넓이 구간 $[0, \pi/4]$에서 곡선 $f(x) = \tan x$를 x축을 중심으로 회전시켜 얻어지는 회전면(곡면)의 넓이를 구하여라.

QUICK CHECK 정답

1. $\sec x + \tan x + C$ **2.** $\cos(1/x) + C$

3. $\frac{1}{3}\sin^{-1}\frac{x^3}{2} + C$ ◀

8.7 다른 적분법들

다양한 치환법, 부분적분법, 부분분수 등 지금까지 학습한 적분 방법은 **해석적 방법**(analytical method)이다. 펜과 종이로 이 방법을 수행할 수 있으며, 이 방법은 정확한 결과를 준다. 해석적 방법을 통해 중요한 많은 적분을 구할 수 있지만, 해석적 방법으로 구할 수 없는 적분이 훨씬 더 많다. 예를 들어 다음 적분들은 익숙한 함수들로는 결코 구할 수 없다.

$$\int e^{x^2}\,dx, \qquad \int \sin x^2\,dx, \qquad \int \frac{\sin x}{x}\,dx, \qquad \int \frac{e^{-x}}{x}\,dx, \qquad \int \ln(\ln x)\,dx$$

다음 두 절에서는 해석적 방법이 적용되지 않는 적분을 구하기 위한 또 다른 전략을 알아볼 것이다. 이러한 전략은 다음 세 범주에 속한다.

1. **적분표** 뒷표지 안쪽에 많은 수의 표준 적분에 대한 표가 있다. 이 적분들은 해석적 방법을 통해 얻은 것이므로 적분표를 이용하는 방법은 해석적 방법으로 간주한다. 이 적분표는 8.2절과 8.3절에서 논의한 축소 공식도 포함한다.

2. **기호적 방법** 컴퓨터 대수 체계는 어려운 적분을 구하는 정교한 알고리즘을 가지고 있다. 기호적 방법(symbolic method)을 이용하면 많은 정적분의 값과 부정적분을 정확히 구할 수 있다.

3. **수치적 방법** 정적분의 값은 다음 절에서 소개할 수치적 방법을 사용하여 정확하게 근사할 수 있다. 수치적(numerical)이란 단어는 기호를 조작하는 방법 대신 수치를 계산한다는 것을 의미한다. 컴퓨터와 계산기는 보통 수치적 계산을 수행할 수 있는 함수가 내장되어 있다.

그림 8.10은 다양한 적분 전략과 그 전략들이 서로 어떤 관계가 있는지 보여 준다.

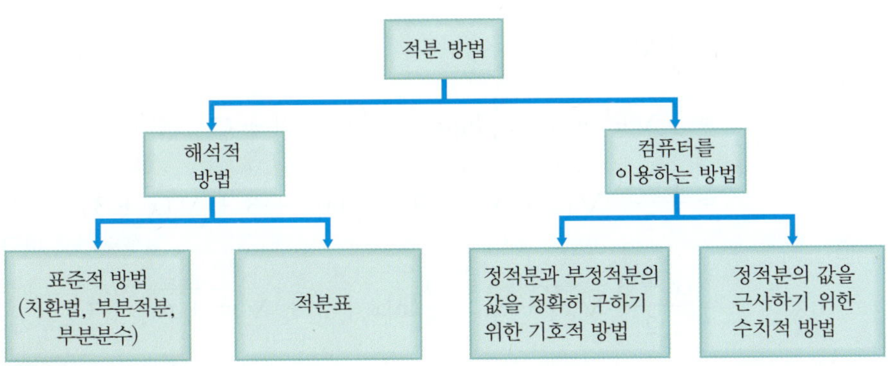

그림 8.10

적분표를 이용하는 방법

특정한 적분이 주어졌을 때, 적분표에서 그와 일치하는 적분을 찾을 수도 있다. 대부분 적분을 적분표에 나타나는 적분으로 변환하기 위한 약간의 사전 작업이 필요하다. 대부분의 적분표는 부정적분만 다루지만, 일부 적분표는 특정한 정적분을 포함한다. 다음 예제는 적분표를 이용한 다양한 방법을 보여 준다.

▶ 짧은 적분표를 이 책의 끝부분에서 찾아볼 수 있다. 보다 긴 적분표는 온라인 및 CRC Mathematical Tables과 Abramowitz와 Stegun의 Handbook of Mathematical Functions처럼 유서 깊은 적분 모음집에서 찾아볼 수 있다.

| 예제 1 | 적분표 이용하기 적분 $\int \frac{dx}{x\sqrt{2x-9}}$를 구하여라.

풀이 $u^2 = 2x - 9$로 변수 변환을 하여 이 적분을 구할 수 있다. 또 다른 방법은 적분표에 나오는 공식

$$\int \frac{dx}{x\sqrt{ax-b}} = \frac{2}{\sqrt{b}}\tan^{-1}\sqrt{\frac{ax-b}{b}} + C, \quad b > 0$$

을 이용하는 것이며 이 공식은 주어진 적분에 대응하는 공식이다. $a = 2$, $b = 9$를 대입하면 다음을 얻는다.

$$\int \frac{dx}{x\sqrt{2x-9}} = \frac{2}{\sqrt{9}}\tan^{-1}\sqrt{\frac{2x-9}{9}} + C = \frac{2}{3}\tan^{-1}\frac{\sqrt{2x-9}}{3} + C$$

▶ $u^2 = 2x - 9$로 놓으면 $u\,du = dx$이고 $x = \frac{1}{2}(u^2+9)$가 된다. 따라서 다음을 얻는다.

$$\int \frac{dx}{x\sqrt{2x-9}} = 2\int \frac{du}{u^2+9}$$

관련 연습문제 5번 ◀

| 예제 2 | 사전 작업 적분 $\int \sqrt{x^2+6x}\,dx$를 구하여라.

풀이 대부분의 적분표는 이러한 적분을 포함하지 않는다. 이와 가장 유사한 적분을 찾는다면 $\int \sqrt{x^2 \pm a^2}\,dx$일 것이다. 주어진 적분을 다음과 같은 완전제곱식 형태 만들기와 치환법을 이용하여 $\int \sqrt{x^2 \pm a^2}\,dx$ 꼴의 적분으로 변형할 수 있다.

$$x^2 + 6x = x^2 + 6x + 9 - 9 = (x+3)^2 - 9$$

$u = x + 3$으로 변수 변환을 하여 적분을 다음과 같이 구할 수 있다.

$$\begin{aligned}
\int \sqrt{x^2+6x}\,dx &= \int \sqrt{(x+3)^2-9}\,dx && \text{완전제곱 꼴 만들기}\\
&= \int \sqrt{u^2-9}\,du && u = x+3,\ du = dx\\
&= \frac{u}{2}\sqrt{u^2-9} - \frac{9}{2}\ln|u + \sqrt{u^2-9}| + C && \text{적분표}\\
&= \frac{x+3}{2}\sqrt{(x+3)^2-9} - \frac{9}{2}\ln|x+3+\sqrt{(x+3)^2-9}| + C && u\text{를 } x+3\text{로 바꾸기}\\
&= \frac{x+3}{2}\sqrt{x^2+6x} - \frac{9}{2}\ln|x+3+\sqrt{x^2+6x}| + C && \text{간단히 하기}
\end{aligned}$$

관련 연습문제 16-17번 ◀

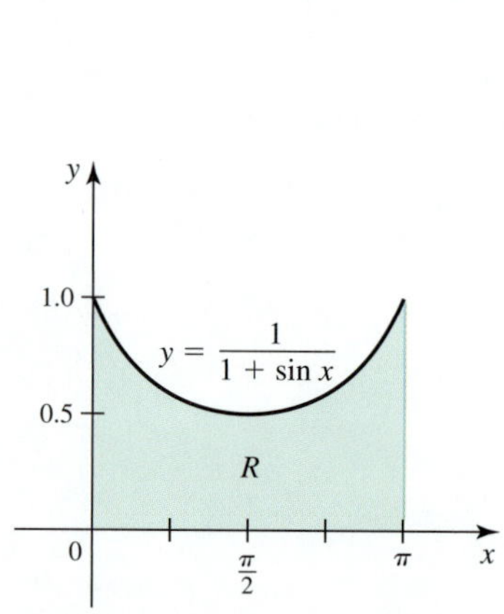

그림 8.11

| 예제 3 | 적분표 이용하여 넓이 구하기 $x = 0$과 $x = \pi$ 사이에서 곡선 $y = \frac{1}{1+\sin x}$과 x축으로 둘러싸인 영역의 넓이를 구하여라.

풀이 영역(그림 8.11) 전체가 x축 위에 놓여 있으므로 이 영역의 넓이는

$\int_0^{\pi} \frac{dx}{1 + \sin x}$ 이다. 적분표에서 이와 일치하는 적분을 찾으면 다음과 같다.

$$\int \frac{dx}{1 + \sin ax} = -\frac{1}{a}\tan\left(\frac{\pi}{4} - \frac{ax}{2}\right) + C$$

$a = 1$일 때 이 정적분의 값을 구하면 다음을 얻는다.

$$\int_0^{\pi} \frac{dx}{1 + \sin x} = -\tan\left(\frac{\pi}{4} - \frac{x}{2}\right)\bigg|_0^{\pi} = -\tan\left(-\frac{\pi}{4}\right) - \left(-\tan\frac{\pi}{4}\right) = 2$$

관련 연습문제 23번 ◀

QUICK CHECK 1 예제 3의 결과를 이용하여 적분 $\int_0^{\pi/2} \frac{dx}{1 + \sin x}$를 계산하여라. ◀

기호적 방법

컴퓨터 대수 체계는 기호적 방법을 통해 많은 적분을 구해 주며, 수치적 방법을 통해 많은 정적분의 값을 근사해 준다. 서로 다른 소프트웨어 패키지는 같은 부정적분에 대하여 서로 다른 결과를 낼 수도 있지만 궁극적으로 그 결과는 일치해야 한다. 다음 논의는 특정한 컴퓨터 대수 체계에 의존하지 않는다. 오히려 서로 다른 체계로 얻은 결과를 설명하고, 컴퓨터 대수 체계를 사용할 때 드러나는 몇 가지 특이점을 보여 줄 것이다.

QUICK CHECK 2 어떤 컴퓨터 대수 체계로 $\int \sin x \cos x \, dx = \frac{1}{2}\sin^2 x + C$를 얻었고, 또 다른 컴퓨터 대수 체계로 $\int \sin x \cos x \, dx = -\frac{1}{2}\cos^2 x + C$를 얻었다. 사실상 두 결과는 일치함을 보여라.

| 예제 4 | 명백한 차이점 적분 $\int \frac{dx}{\sqrt{e^x + 1}}$를 적분표와 컴퓨터 대수 체계를 이용하여 각각 구하여라.

▶ 어떤 컴퓨터 대수 체계는 부정적분을 구할 때 적분 상수를 포함하지 않기도 한다. 그러나 결과를 쓸 때는 적분 상수를 반드시 포함시켜야 한다.

풀이 어느 특정 컴퓨터 대수 체계를 이용하면 다음을 얻는다.

$$\int \frac{dx}{\sqrt{e^x + 1}} = -2\tanh^{-1}\sqrt{e^x + 1} + C$$

여기서 $\tanh^{-1}$는 역쌍곡선탄젠트(inverse hyperbolic tangent) 함수이다(7.3절). 그러나 먼저 $u = e^x$으로 치환하여 보다 익숙한 함수로 적분을 나타낼 수 있다. 이 치환에 의해 $du = e^x\,dx$ 또는 $dx = du/e^x = du/u$를 얻으므로 주어진 적분은 다음과 같이 변형된다.

▶ 쌍곡선탄젠트함수는 $\tanh x = \frac{e^x - e^{-x}}{e^x + e^{-x}}$이다. 이 함수의 역함수가 역쌍곡선탄젠트함수이며, $\tanh^{-1}x$로 쓴다.

$$\int \frac{dx}{\sqrt{e^x + 1}} = \int \frac{du}{u\sqrt{u + 1}}$$

컴퓨터 대수 체계를 한 번 더 이용하면 다음이 성립한다.

$$\int \frac{dx}{\sqrt{e^x + 1}} = \int \frac{du}{u\sqrt{u + 1}} = \ln\left(\sqrt{1 + u} - 1\right) - \ln\left(\sqrt{1 + u} + 1\right)$$
$$= \ln\left(\sqrt{1 + e^x} - 1\right) - \ln\left(\sqrt{1 + e^x} + 1\right)$$

▶ 어떤 컴퓨터 대수 체계는 $\ln x$를 $\log x$로 표현하기도 한다.

적분표를 이용하면 위 결과들과 동치인 세 번째 형태를 얻는다.

$$\int \frac{dx}{\sqrt{e^x+1}} = \int \frac{du}{u\sqrt{u+1}} = \ln\left(\frac{\sqrt{u+1}-1}{\sqrt{u+1}+1}\right) + C$$
$$= \ln\left(\frac{\sqrt{e^x+1}-1}{\sqrt{e^x+1}+1}\right) + C$$

두 결과의 차이는 종종 몇몇 대수적 단계 또는 삼각항등식으로 드러난다. 이 경우 마지막 두 결과는 로그함수의 성질을 통해 두 값이 일치하도록 조정할 수 있다. 또한 이 예제에서는 어떤 컴퓨터 대수 체계는 적분 상수를 표기하지 않거나 로그함수가 등장할 때 절댓값을 누락할 수도 있음을 보여 준다. 이 체계를 사용하는 사용자는 결과에 적분 상수와 절댓값이 누락됐는지 반드시 확인해야 한다.

관련 연습문제 25번 ◀

QUICK CHECK 3 부분적분법을 이용하면 $\int \frac{dx}{x(x+1)} = \ln\left|\frac{x}{x+1}\right| + C$ 임을 보일 수 있다. 어떤 컴퓨터 대수 체계를 이용했더니 $\int \frac{dx}{x(x+1)} = \ln x - \ln(x+1)$이 나왔다. 이 컴퓨터 대수 체계를 이용한 결과의 어느 부분이 잘못되었는가?

|예제 5| 기호적 방법 vs. 수치적 방법 컴퓨터 대수 체계를 이용하여 적분 $\int_0^1 \sin x^2\, dx$를 계산하여라.

풀이 컴퓨터 대수 체계를 이용하면 주어진 적분의 정확한 값을 익숙하지 않은 함수의 형태로 얻는 경우가 종종 있다. 또는 이 체계로도 정확한 적분을 구하지 못하는 경우도 있다. 예를 들어 한 특정한 컴퓨터 대수 체계에서 다음과 같은 계산 결과가 나왔다고 하자.

$$\int_0^1 \sin x^2\, dx = \sqrt{\frac{\pi}{2}}\, S\left(\sqrt{\frac{2}{\pi}}\right)$$

여기서 S는 프레넬 적분 함수(Fresnel integral function)$\left(S(x) = \int_0^x \sin\left(\frac{\pi t^2}{2}\right) dt\right)$로 알려진 함수이다. 그러나 만약 컴퓨터 대수 체계가 주어진 적분의 근삿값을 내도록 설정됐다면 결과값은 다음과 같은 매우 훌륭한 근삿값일 것이다.

$$\int_0^1 \sin x^2\, dx \approx 0.3102683017$$

관련 연습문제 31-32번 ◀

8.7절 연습문제

1단계 스타트

1. 적분을 구할 때 쓰는 해석적 방법의 예를 몇 가지 들어라.

2. 적분표에 등장하는 적분과 컴퓨터 대수 체계를 이용하여 얻은 적분이 서로 다를 수도 있는 이유는 무엇인가?

3. $u = e^x$으로 치환한 후 적분표를 이용하여 적분 $\int e^x \cos^3(e^x)\,dx$를 구하여라.

2단계 실전

4–20. 적분표 살펴보기 적분표를 이용하여 다음 부정적분을 구하여라. 어떤 적분은 적분표에서 대응하는 적분 공식을 찾기 전에 완전제곱식 형태로 만들기, 변수 변환 적용하기 등 적분을 구하기 위한 사전 작업이 필요하다.

4. $\int \cos^{-1} x\,dx$

5. $\int \frac{dx}{\sqrt{x^2+16}}$

6. $\int \frac{3u}{2u+7}\,du$

7. $\int \frac{dx}{1-\cos 4x}$

8. $\int \frac{x}{\sqrt{4x+1}}\,dx$

9. $\int \frac{dx}{\sqrt{9x^2-100}},\ x > \frac{10}{3}$

10. $\int \frac{e^x}{\sqrt{e^{2x}+4}}\,dx$

11. $\int \frac{\cos x}{\sin^2 x + 2\sin x}\,dx$

12. $\int \frac{(\ln x)\sin^{-1}(\ln x)}{x}\,dx$

13. $\int \frac{dx}{(16+9x^2)^{3/2}}$

14. $\int \frac{dx}{x\sqrt{144-x^2}}$

15. $\int \ln^2 x\,dx$

16. $\int \sqrt{x^2+10x}\,dx,\ x > 0$

17. $\int \frac{dx}{x^2+2x+10}$

18. $\int \frac{dx}{x(x^{10}+1)}$

19. $\int \frac{dx}{\sqrt{x^2-6x}},\ x > 6$

20. $\int \frac{\tan^{-1} x^3}{x^4}\,dx$

21–24. 기하학 문제 적분표를 이용하여 물음에 답하여라.

21. 구간 $[0, 8]$에서 곡선 $y = \frac{x^2}{4}$의 길이를 구하여라.

22. 구간 $[0, \ln 2]$에서 곡선 $y = e^x$의 길이를 구하여라.

23. 구간 $[0, 12]$에서 곡선 $y = 1/\sqrt{x+4}$과 x축으로 둘러싸인 영역을 y축을 중심으로 회전시켰다. 이렇게 얻은 입체의 부피는 얼마인가?

24. 두 함수 $y = \pi/2$, $y = \sin^{-1} x$의 그래프와 y축으로 둘러싸인 영역을 y축을 중심으로 회전시켰다. 이렇게 얻은 입체의 부피는 얼마인가?

25–32. CAS를 이용한 적분 컴퓨터 대수 체계(CAS)를 이용하여 다음 적분을 구하여라. 정적분의 경우 정확한 적분 값과 근삿값을 모두 구하여라. 여기서 a는 양의 실수이다.

25. $\int \frac{x}{\sqrt{2x+3}}\,dx$

26. $\int \tan^2 3x\,dx$

27. $\int_0^4 (9+x^2)^{3/2}\,dx$

28. $\int \frac{(x^2-a^2)^{3/2}}{x}\,dx$

29. $\int_0^{\pi/2} \frac{dt}{1+\tan^2 t}$

30. $\int (a^2-x^2)^{3/2}\,dx$

31. $\int_0^1 (\ln x)\ln(1+x)\,dx$

32. $\int_1^2 \frac{x^{19}}{\sqrt{x^4-1}}\,dx$

33–34. 축소 공식 적분표의 축소 공식을 이용하여 다음 적분을 구하여라.

33. $\int x^3 e^{2x}\,dx$

34. $\int \tan^4 3y\,dy$

35. 컴퓨터 대수 체계를 이용한 적분 컴퓨터 대수 체계를 이용하여 제1사분면에서 두 곡선 $y = \sqrt{x+\sqrt{x}}$와 $y = \frac{2}{\sqrt{1+\sqrt{x}}}$로 둘러싸인 영역의 넓이의 정확한 값을 구하여라.

36–37. 공식 유도하기 다음 적분을 구하여라. 여기서 a와 b는 실수이고 n은 양의 정수이다.

36. $\int \frac{x}{ax+b}\,dx$ (힌트: $u = ax+b$)

37. $\int x(ax+b)^n\,dx$ (힌트: $u = ax+b$)

38. 참 또는 거짓 다음 명제가 참이면 증명하고 거짓이면 반례를 들어라.

a. 어떤 컴퓨터 대수 체계를 이용하면 $\int \frac{dx}{x(x-1)} = \ln(x-1) - \ln x$를 얻고, 적분표를 이용하면 $\int \frac{dx}{x(x-1)} = \ln\left|\frac{x-1}{x}\right| + C$를 얻는 것이 가능하다.

b. 컴퓨터 대수 체계의 기호적 모드를 적용하면 $\int_0^1 x^8\,dx = \frac{1}{9}$을 얻을 수 있고, 컴퓨터 대수 체계의 근사(수치적) 모드를 적용하면 $\int_0^1 x^8\,dx = 0.11111111$을 얻을 수도 있다.

3단계 도전

39. 결과 조정하기 어떤 컴퓨터 대수 체계를 이용하여 적분 $\int \frac{dx}{1 + \sin x} = \frac{\sin x - 1}{\cos x}$을 얻었고, 또 다른 컴퓨터 대수 체계를 이용하여 적분 $\int \frac{dx}{1 + \sin x} = \frac{2\sin(x/2)}{\cos(x/2) + \sin(x/2)}$를 얻었다. 결과를 조정하여 두 값이 사실상 일치함을 보여라.

40–41. 적분표 두 번 살펴보기 적분표를 두 번 이상 이용해야 할 수도 있는 다음 적분을 구하여라. 적분표를 이용하여 적분을 구한 다음, 그 값을 컴퓨터 대수 체계를 이용하여 구한 적분과 비교하여라.

40. $\int x \sin^{-1} 2x\, dx$ **41.** $\int \frac{\tan^{-1} x}{x^2}\, dx$

42. 미적분학의 기본 정리를 이용하지 않고 적분 구하기 적분 $\int_0^{\pi/4} \ln(1 + \tan x)\, dx$를 다음 단계를 거쳐서 계산하여라.

a. f가 구간 $[0, b]$에서 적분 가능한 함수일 때, 치환법을 이용하여 다음을 증명하여라.

$\int_0^b f(x)\, dx = \int_0^{b/2} (f(x) + f(b - x))\, dx$

b. **a**의 식과 항등식 $\tan(\alpha + \beta) = \frac{\tan\alpha + \tan\beta}{1 - \tan\alpha\tan\beta}$를 이용하여 적분 $\int_0^{\pi/4} \ln(1 + \tan x)\, dx$를 계산하여라(출처: *The College Mathematics Journal*, 33, 4, Sep 2004).

43. 진자의 주기 오로지 중력의 영향만을 받으며 좌우로 진동하는 길이가 L미터인 진자를 생각해 보자. 이 진자가 그림과 같이 초기각 θ_0(라디안)으로 출발한다고 가정하자. (진자가 한 번 진동하는) 주기는 다음과 같이 주어진다.

$$T = \frac{4}{\omega}\int_0^{\pi/2} \frac{d\varphi}{\sqrt{1 - k^2 \sin^2\varphi}}$$

여기서 $\omega^2 = \frac{g}{L}$이고 $g = 9.8\ \text{m/s}^2$은 중력 가속도이며 $k^2 = \sin^2\frac{\theta_0}{2}$이다. $L = 9.8$ m, 즉 $\omega = 1\text{s}^{-1}$라 가정하자.

a. 컴퓨터 대수 체계를 이용하여 각 $\theta_0 = 0.1, 0.2, \cdots, 0.9, 1.0$(라디안)에 대한 진자의 주기를 각각 찾아라.

b. 각 θ_0이 충분히 작을 때, 진자의 주기는 약 2π s이어야 한다. a에서 다룬 각 θ_0 중 각에 대한 진자의 주기와 2π의 상대 오차가 10% 이내가 되도록 하는 각 θ_0은 얼마인가?

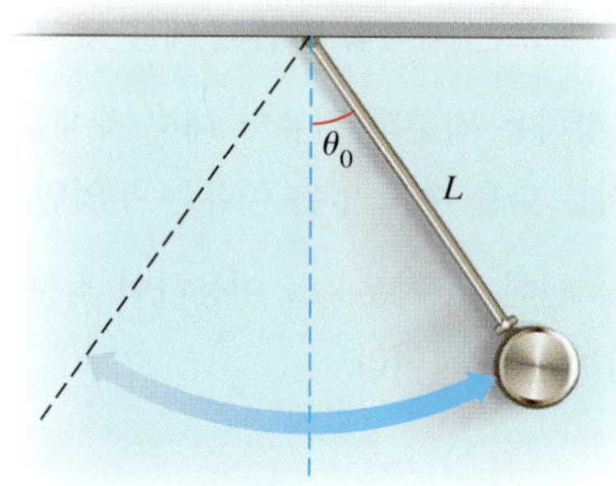

44. 사인과 코사인의 거듭제곱 다음이 성립함을 보일 수 있다.

$$\int_0^{\pi/2} \sin^n x\, dx = \int_0^{\pi/2} \cos^n x\, dx = \begin{cases} \dfrac{1\cdot3\cdot5\cdots(n-1)}{2\cdot4\cdot6\cdots n}\cdot\dfrac{\pi}{2}, & n \ge 2\text{이 짝수일 때} \\ \dfrac{2\cdot4\cdot6\cdots(n-1)}{3\cdot5\cdot7\cdots n}, & n \ge 3\text{이 홀수일 때} \end{cases}$$

a. 컴퓨터 대수 체계를 이용하여 $n = 2, 3, 4, 5$일 때 위 식이 성립함을 확인하여라.

b. $n = 10$일 때 위 적분을 계산하고, 위 식의 결과와 일치함을 확인하여라.

c. 그래프와 기호적 계산을 이용하여 n이 증가할 때 위 적분이 증가하는지 감소하는지 결정하여라.

QUICK CHECK 정답

1. 1 **2.** $\sin^2 x = 1 - \cos^2 x$이므로 두 결과는 적당한 상수만큼 차이나며, 이 차이는 임의의 적분 상수 C가 포함할 수 있다. **3.** $\ln a - \ln b = \ln(a/b)$이므로 두 번째 결과는 $x > 0$일 때 첫 번째 결과와 일치한다. 따라서 두 번째 결과는 반드시 절댓값과 적분 상수를 포함해야 한다. ➤

8.8 수치적분

지금까지 살펴본 해석적 방법으로는 주어진 적분을 구할 수 없는 상황이 생긴다. 예를 들어 $\cos x^2$과 $1/\ln x$처럼 피적분함수가 명확한 형태의 역도함수를 갖지 않을 수 있고, 피적분함수의 값이 유한한 점에서만 알려진 형태여서 역도함수를 구하는 것이 불가능할 수도 있다.

해석적 방법이 실패할 경우 일반적으로 계산기나 컴퓨터로 계산할 수 있는 **수치적 방법**(numerical method)을 이용한다. 이 방법은 주어진 정적분의 정확한 값을 제시하지는 못하지만 일반적으로 실제 적분 값과 매우 유사한 근삿값을 제공해 준다. 대부분의 계산기와 소프트웨어 패키지, 컴퓨터 대수 체계에서는 수치적분 방법이 내장되어 있다. 이 절에서는 몇 가지 수치적 방법을 알아본다.

절대 오차와 상대 오차

수치적 방법은 대개 정확한 결과값을 주지 않으므로 근삿값의 정확도를 고려해야 하며, 이로 인해 등장하는 개념이 바로 **절대 오차**(absolute error)와 **상대 오차**(relative error)이다.

정의 절대 오차와 상대 오차

정확한 해 x를 갖는 문제를 수치적으로 계산하여 얻은 해를 c라 하자. x에 대한 근삿값인 c의 오차를 측정하는 방법으로 보통 다음 두 가지가 있다.

$$\textbf{절대 오차} = |c - x|,$$

$$\textbf{상대 오차} = \frac{|c - x|}{|x|} \quad (\text{단, } x \neq 0)$$

➤ 일반적으로 정확한 해를 알 수 없는 경우를 다루므로 실질적인 목표는 오차의 최댓값을 추정하는 것이다.

| 예제 1 | 절대 오차와 상대 오차 고대 그리스인은 $\frac{22}{7}$를 π의 근삿값으로 사용했다. π에 대한 이 근삿값의 절대 오차와 상대 오차를 구하여라.

풀이 $c = \frac{22}{7}$를 $x = \pi$의 근삿값이라 하면 다음을 얻는다.

$$\text{절대 오차} = \left|\frac{22}{7} - \pi\right| \approx 0.00126,$$

$$\text{상대 오차} = \frac{|22/7 - \pi|}{|\pi|} \approx 0.000402 \approx 0.04\%$$

관련 연습문제 7-8번 ◀

중점 법칙

대부분의 수치적분법은 리만합에 기반을 두고 있다. 이 방법은 주어진 곡선으로 둘러싸인 영역의 구간 면적(net area)을 근사한다. 구간 $[a, b]$에서 정의된 함수 f에 대하여 전형적인 문제는 그림 8.12와 같이 주어진다. 목표는 정적분 $\int_a^b f(x)\,dx$의 값을 근사하는 것이다.

리만합을 구할 때와 마찬가지로 먼저 구간 $[a, b]$를 동일한 길이 $\Delta x = (b - a)/n$를 갖는 n개의 부분구간으로 분할한다. 이 분할은 다음 $n + 1$개의 격자점을 만든다.

$$x_0 = a,\ \ x_1 = a + \Delta x,\ \ x_2 = a + 2\Delta x,\ \cdots,\ \ x_k = a + k\Delta x,\ \cdots,\ \ x_n = b$$

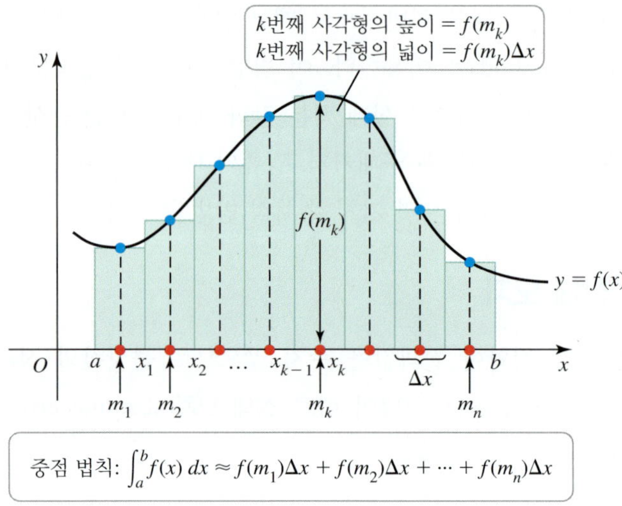

그림 8.12

$k = 1, 2, \cdots, n$에 대하여 k번째 부분구간은 $[x_{k-1}, x_k]$이다.

중점 법칙(Midpiont Rule)은 직사각형을 이용하여 곡선 아래의 영역을 근사하는 방법이다. 이 직사각형들의 가로의 길이는 Δx이다. k번째 직사각형의 세로의 길이는 $f(m_k)$로 주어지며, 여기서 $m_k = (x_{k-1} + x_k)/2$는 k번째 부분구간의 중점이다(그림 8.12). 따라서 k번째 직사각형의 구간 면적은 $f(m_k)\Delta x$이다.

n개의 직사각형을 이용해 얻은 주어진 적분에 대한 중점 법칙 근삿값(Midpoint Rule approximation)을 $M(n)$이라 하자. 이 직사각형들의 구간 면적을 모두 더하면 다음과 같다.

➤ 어떤 k에 대하여 $f(m_k) < 0$이면 이에 대응하는 직사각형의 구간 면적은 음수가 되며, 이는 근삿값을 구할 때 음의 값으로 기여한다(5.2절 참조).

$$\begin{aligned}\int_a^b f(x)\,dx &\approx M(n)\\ &= f(m_1)\Delta x + f(m_2)\Delta x + \cdots + f(m_n)\Delta x\\ &= \sum_{k=1}^{n} f\left(\frac{x_{k-1} + x_k}{2}\right)\Delta x\end{aligned}$$

리만합과 마찬가지로 적분 $\int_a^b f(x)\,dx$에 대한 중점 법칙 근삿값은 일반적으로 n이 증가할수록 실제 적분 값에 가까워진다.

➤ 중점 법칙은 5.1절에서 소개한 중점 리만합과 같다.

정의 중점 법칙

구간 $[a, b]$에서 잘 정의된 적분 가능한 함수 f를 가정하자. 구간 $[a, b]$에서 n개의 같은 길이를 갖는 부분구간을 이용하여 얻은 적분 $\int_a^b f(x)\,dx$에 대한 **중점 법칙 근삿값**을 다음과 같이 정의한다.

$$\begin{aligned}M(n) &= f(m_1)\Delta x + f(m_2)\Delta x + \cdots + f(m_n)\Delta x\\ &= \sum_{k=1}^{n} f\left(\frac{x_{k-1} + x_k}{2}\right)\Delta x\end{aligned}$$

QUICK CHECK 1 구간 $[3, 11]$에서 $n = 4$일 때 중점 규칙을 적용하기 위해 피적분함수에 대입해야 할 점은 무엇인가? ➤

여기서 $\Delta x = (b - a)/n$이고 $k = 1, 2, \cdots, n$에 대하여 $x_0 = a$, $x_k = a + k\Delta x$이며 $m_k = (x_{k-1} + x_k)/2$는 k번째 부분구간 $[x_{k-1}, x_k]$의 중점이다.

| 예제 2 | 중점 법칙 이용하기 부분구간의 개수가 각각 $n = 4$와 $n = 8$일 때, 중점 법칙을 이용하여 적분 $\int_2^4 x^2\,dx$의 근삿값을 구하여라.

풀이 $a = 2$, $b = 4$이고 부분구간의 개수가 $n = 4$일 때, 각 부분구간의 길이는 $\Delta x = (b - a)/n = (4 - 2)/4 = 0.5$이다. 각각의 격자점은 다음과 같다.

$$x_0 = 2,\ x_1 = 2.5,\ x_2 = 3,\ x_3 = 3.5,\ x_4 = 4$$

그림 8.13과 같이 피적분함수에 다음 중점들을 대입해야 한다.

$$m_1 = 2.25,\ m_2 = 2.75,\ m_3 = 3.25,\ m_4 = 3.75$$

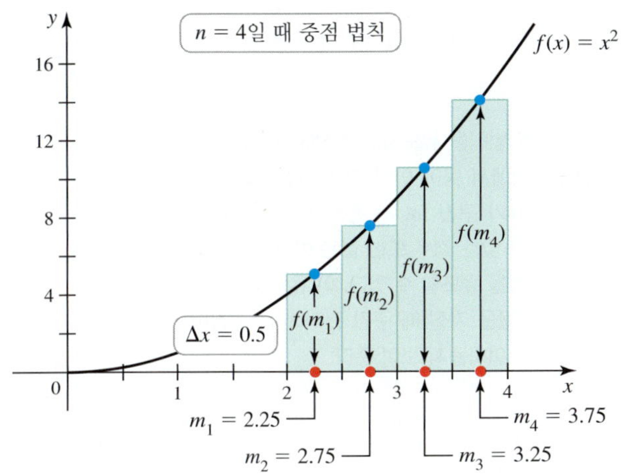

그림 8.13

$f(x) = x^2$이고 $n = 4$이므로 중점 법칙 근삿값은 다음과 같다.

$$\begin{aligned} M(4) &= f(m_1)\Delta x + f(m_2)\Delta x + f(m_3)\Delta x + f(m_4)\Delta x \\ &= (m_1^2 + m_2^2 + m_3^2 + m_4^2)\Delta x \\ &= (2.25^2 + 2.75^2 + 3.25^2 + 3.75^2)\cdot 0.5 \\ &= 18.625 \end{aligned}$$

실제 영역의 넓이는 $\frac{56}{3}$이므로 중점 법칙 근삿값은 절대 오차

$$|18.625 - 56/3| \approx 0.0417$$

를 갖고, 상대 오차는 다음과 같다.

$$\left|\frac{18.625 - 56/3}{56/3}\right| \approx 0.00223 = 0.223\%$$

$n = 8$개의 부분구간을 이용하면 중점 근삿값은

$$M(8) = \sum_{k=1}^{8} f(m_k)\Delta x = 18.65625$$

이며, 이 값에 대한 절대 오차는 약 0.0104, 상대 오차는 약 0.0558%이다. 이를 통해 n의 크기를 키우고 더 많은 직사각형을 이용하면 근삿값의 오차가 줄어듦을 확인할 수 있다.

관련 연습문제 9번 ◀

사다리꼴 법칙

적분 $\int_a^b f(x)\,dx$의 값을 근사하는 또 다른 수치적 방법으로 사다리꼴 법칙(Trapezoid Rule)이 있다. 이 방법은 중점 법칙에서 설명한 것과 구간 $[a, b]$의 균

사다리꼴의 넓이

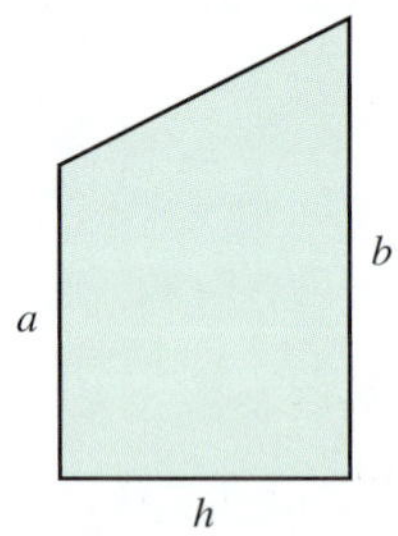

넓이 $= h\left(\frac{a+b}{2}\right)$

➤ 사다리꼴 법칙을 유도하는 과정에서는 f가 구간 $[a, b]$에서 음이 아닌 값을 가진다고 가정했지만, f가 구간 $[a, b]$ 전체 혹은 일부에서 음의 값을 갖는 경우 또한 같은 방법으로 사다리꼴 법칙을 유도할 수 있다. 이 유도 과정은 f가 음의 값을 가질 때 구간 면적에 음의 값이 어떻게 기여하는지 보여 준다.

등 분할을 이용한다. 직사각형을 이용하여 주어진 곡선 아래의 영역을 근사하는 대신 사다리꼴 법칙은 사다리꼴을 이용한다. 사다리꼴의 높이는 각각 Δx이다. $k = 1, 2, \cdots, n$에 대하여 k번째 사다리꼴의 윗변과 아랫변의 길이는 각각 $f(x_{k-1})$과 $f(x_k)$이다(그림 8.14). 따라서 k번째 사다리꼴의 구간 면적은 $\frac{f(x_{k-1}) + f(x_k)}{2}\Delta x$가 된다.

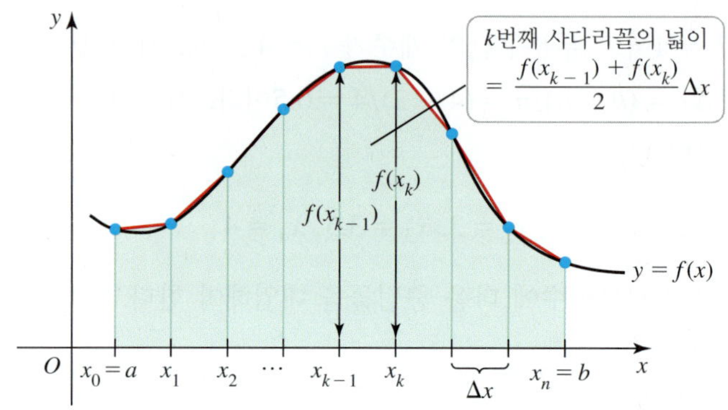

사다리꼴 법칙: $\int_a^b f(x)dx \approx \left(\frac{1}{2}f(x_0) + f(x_1) + \cdots + f(x_{n-1}) + \frac{1}{2}f(x_n)\right)\Delta x$

그림 8.14

n개의 부분구간을 이용하여 얻은 주어진 적분에 대한 사다리꼴 법칙 근삿값(Trapezoid Rule approximation)을 $T(n)$이라 하면 다음을 얻는다.

$$\int_a^b f(x)\,dx \approx T(n)$$

$$= \underbrace{\frac{f(x_0) + f(x_1)}{2}\Delta x}_{\text{첫 번째 사다리꼴의 넓이}} + \underbrace{\frac{f(x_1) + f(x_2)}{2}\Delta x}_{\text{두 번째 사다리꼴의 넓이}} + \cdots + \underbrace{\frac{f(x_{n-1}) + f(x_n)}{2}\Delta x}_{n\text{번째 사다리꼴의 넓이}}$$

$$= \left(\frac{f(x_0)}{2} + \underbrace{\frac{f(x_1)}{2} + \frac{f(x_1)}{2}}_{f(x_1)} + \cdots + \underbrace{\frac{f(x_{n-1})}{2} + \frac{f(x_{n-1})}{2}}_{f(x_{n-1})} + \frac{f(x_n)}{2}\right)\Delta x$$

$$= \left(\frac{f(x_0)}{2} + \underbrace{f(x_1) + \cdots + f(x_{n-1})}_{\sum_{k=1}^{n-1} f(x_k)} + \frac{f(x_n)}{2}\right)\Delta x$$

중점 법칙과 마찬가지로 사다리꼴 법칙 근삿값은 n이 커질수록 실제 값에 가까워진다.

정의 사다리꼴 법칙

구간 $[a, b]$에서 잘 정의된 적분 가능한 함수 f를 가정하자. 구간 $[a, b]$에서 n개의 같은 길이를 갖는 부분구간을 이용하여 얻은 적분 $\int_a^b f(x)\,dx$에 대한 **사**

다리꼴 법칙 근삿값을 다음과 같이 정의한다.

$$T(n) = \left(\frac{1}{2}f(x_0) + \sum_{k=1}^{n-1} f(x_k) + \frac{1}{2}f(x_n)\right)\Delta x$$

여기서 $\Delta x = (b - a)/n$이고 $k = 0, 1, \cdots, n$에 대하여 $x_k = a + k\Delta x$이다.

QUICK CHECK 2 사다리꼴 법칙을 이용하여 얻은 적분 $\int_0^4 x^2\,dx$의 근삿값은 실제 값보다 큰가 작은가? ◄

| 예제 3 | 사다리꼴 법칙 이용하기 부분구간의 개수가 $n = 4$일 때, 사다리꼴 법칙을 이용하여 적분 $\int_2^4 x^2\,dx$의 근삿값을 구하여라.

풀이 예제 2와 마찬가지로 격자점은 다음과 같이 주어진다.

$$x_0 = 2,\ \ x_1 = 2.5,\ \ x_2 = 3,\ \ x_3 = 3.5,\ \ x_4 = 4$$

$f(x) = x^2$이고 $n = 4$이므로 사다리꼴 법칙 근삿값은 다음과 같다.

$$\begin{aligned} T(4) &= \tfrac{1}{2}f(x_0)\Delta x + f(x_1)\Delta x + f(x_2)\Delta x + f(x_3)\Delta x + \tfrac{1}{2}f(x_4)\Delta x \\ &= \left(\tfrac{1}{2}{x_0}^2 + {x_1}^2 + {x_2}^2 + {x_3}^2 + \tfrac{1}{2}{x_4}^2\right)\Delta x \\ &= \left(\tfrac{1}{2}\cdot 2^2 + 2.5^2 + 3^2 + 3.5^2 + \tfrac{1}{2}\cdot 4^2\right)\cdot 0.5 \\ &= 18.75 \end{aligned}$$

그림 8.15는 $n = 4$개의 사다리꼴에 의한 근사를 나타낸다. 실제 영역의 정확한 넓이는 56/3이므로 사다리꼴 법칙 근삿값의 절대 오차는 약 0.0833이고, 상대 오차는 약 0.00446, 즉 0.446%가 된다. n이 커지면 이 오차도 줄어듦을 확인할 수 있다.

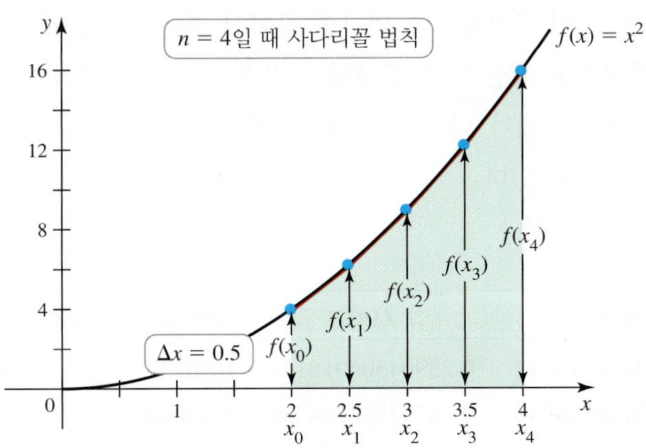

그림 8.15

관련 연습문제 11번 ◄

| 예제 4 | 중점 법칙과 사다리꼴 법칙의 오차 다음과 같이 적분 값이 주어져 있다.

$$\int_0^1 xe^{-x}\,dx = 1 - 2e^{-1}$$

위 적분 구간이 $n = 4, 8, 16, 32, 64, 128$개의 부분구간으로 분할됐을 때, 각 분할에 대한 중점 법칙 근삿값과 사다리꼴 법칙 근삿값의 절대 오차를 구하여라.

풀이 주어진 적분의 정확한 값이 주어져 있으므로(실제로 정확한 값을 아는 경우는 드물다) 다양한 근삿값에 대한 오차를 구할 수 있다. 예를 들어 $n = 16$이면 $k = 0, 1, \cdots, n$에 대하여 $\Delta x = \frac{1}{16}$, $x_k = \frac{k}{16}$가 된다. 시그마 기호와 계산기를 이용하면 다음 값을 얻는다.

$$M(16) = \sum_{k=1}^{\overbrace{16}^{n}} f\left(\overbrace{\frac{(k-1)/16 + k/16}{2}}^{x_{k-1}\ \ x_k}\right)\overbrace{\frac{1}{16}}^{\Delta x} = \sum_{k=1}^{16} f\left(\frac{2k-1}{32}\right)\frac{1}{16}$$

$$\approx 0.26440383609318$$

$$T(16) = \left(\frac{1}{2}f(\underbrace{0}_{x_0 = a}) + \sum_{k=1}^{\overbrace{15}^{n-1}} f(\underbrace{k/16}_{x_k}) + \frac{1}{2}f(\underbrace{1}_{x_{16} = b})\right)\frac{1}{16} \approx 0.26391564480235$$

$n = 16$일 때 중점 법칙 근삿값에 대한 절대 오차는 $|M(16) - (1 - 2e^{-1})| \approx 0.000163$이 되고, 사다리꼴 법칙 근삿값에 대한 절대 오차는 $|T(16) - (1 - 2e^{-1})| \approx 0.000325$가 된다.

다양한 n 값에 대하여 주어진 적분에 대한 중점 법칙 근삿값과 사다리꼴 법칙 근삿값 그리고 그에 대응하는 절대 오차가 표 8.5에 잘 정리되어 있다. 예상대로 n이 커질수록 두 방법에 의한 근삿값의 오차가 줄어듦을 확인해 볼 수 있다. $n = 128$개의 부분구간으로 분할된 경우, 두 근삿값 $M(128)$과 $T(128)$은 소수점 아래 넷째 자리까지 일치한다. 이 근삿값들에 의하면 주어진 적분에 적합한 근삿값은 0.2642이다. 오차가 줄어드는 양상 또한 주목할 가치가 있다. 표 8.5의 오차 열을 자세히 살펴보면 n의 값이 두 배가 되면(또는 Δx가 반으로 줄어들면) 오차는 대략 네 배로 감소함을 확인할 수 있다.

QUICK CHECK 3 표 8.5에서 $T(16)$과 $T(32)$의 오차, $T(32)$와 $T(64)$ 사이의 오차 값이 대략 몇 배로 감소하는지 계산하여라. ◀

표 8.5

n	$M(n)$	$T(n)$	$M(n)$에 대한 오차	$T(n)$에 대한 오차
4	0.26683456310319	0.25904504019141	0.00259	0.00520
8	0.26489148795740	0.26293980164730	0.000650	0.00130
16	0.26440383609318	0.26391564480235	0.000163	0.000325
32	0.26428180513718	0.26415974044777	0.0000407	0.0000814
64	0.26425129001915	0.26422077279247	0.0000102	0.0000203
128	0.26424366077837	0.26423603140581	0.00000254	0.00000509

관련 연습문제 17번 ◀

왼쪽 리만합 및 오른쪽 리만합과 마찬가지로 중점 규칙 및 사다리꼴 규칙은 불균등한 격자(즉, 부분구간의 길이가 서로 다른 경우) 위에서 주어진 데이터에 관한 문제에도 적용할 수 있다. 사다리꼴 법칙의 경우, 다음 예제와 같이 근사된 사다리꼴의 구간 면적을 각각 구한 후, 그 값들을 더해야 한다.

| 예제 5 | 해수면의 구간 변화량 표 8.6은 1995년($t = 0$)부터 2011년($t = 16$)까지 지구 해수면 $s(t)$의 연간 변화율 $s'(t)$를 나타낸 것이다. 여기서 변화율의 단위는 mm/yr이다.

표 8.6

t (1995년부터)	0 (1995)	3 (1998)	5 (2000)	7 (2002)	8 (2003)	12 (2007)	14 (2009)	16 (2011)
$s'(t)$ (mm/yr)	0.51	5.19	4.39	2.21	5.24	0.63	4.19	2.38

(출처: Collecte Localisation Satellites/Centre national d'études spatiales/Legos)

a. 구간 [0, 16]에서 s'이 연속일 때, 1995년부터 2011년까지 해수면의 구간 변화량을 찾으려면 어떤 정적분을 이용해야 하는지 설명한 다음 그 정적분을 적어 보아라.

b. 표 8.6의 데이터를 이용하고 사다리꼴 법칙을 일반화하여 **a**에서 얻은 적분의 근삿값을 구하여라.

▶ 해수면 변화율은 측정 장소에 따라 달라진다. 또한 해수면은 계절별로 달라지고 해류의 영향도 받는다. 표 8.6의 데이터는 해당 연도 초에 전 세계의 해수면 변화의 평균값의 근삿값을 반영한 것이다.

풀이

a. 구간 $[a, b]$에서 어떤 양 Q의 구간 변화량은 $Q(b) - Q(a)$로 주어진다(6.1절). 변화율 Q'이 주어질 때, Q의 구간 변화량은 같은 구간에서 Q'을 적분한 값으로 주어진다. 즉, 다음과 같다.

$$Q\text{의 구간 변화량} = Q(b) - Q(a) = \int_a^b Q'(t)\,dt \quad \text{미적분학의 기본 정리}$$

따라서 1995년부터 2011년까지 해수면의 구간 변화량은 $\int_0^{16} s'(t)\,dt$이다.

b. 그림 8.16은 표 8.6의 값과 $\int_0^{16} s'(t)\,dt$의 값을 근사하는 7개의 사다리꼴을 나타낸다. 그림에서 격자점(표 8.6의 t값)들은 구간 [0, 16]을 균등하게 분할한 것이 아님에 주목하자. 따라서 기존의 사다리꼴 법칙을 일반화하고 각각의 사다리꼴의 넓이를 따로 계산해야 한다.

부분구간 [0, 3]의 첫 번째 사다리꼴 넓이는 다음과 같다.

$$\underbrace{\text{첫 번째 사다리꼴의 넓이}}_{A = \frac{1}{2}(b_1 + b_2)h} = \frac{1}{2}\cdot\underbrace{(s'(0) + s'(3))}_{\text{측정 단위 mm/yr}}\cdot\underbrace{3}_{\text{yr}}$$

$$= \frac{1}{2}\cdot(0.51 + 5.19)\cdot 3 = 8.55$$

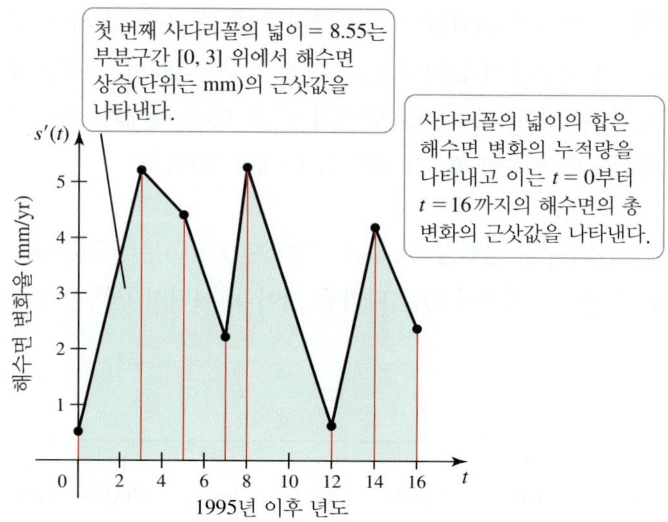

그림 8.16

s'의 측정 단위가 mm/yr이고 t의 단위가 yr이므로 위 사다리꼴의 넓이 8.55는 1995년부터 1998년까지 해수면 구간 변화량의 근삿값(단위는 mm)으로 해석할 수 있다. 적분 $\int_0^{16} s'(t)\,dt$의 값을 근사하기 위해 남은 사다리꼴들의 넓이를 더하면 해수면의 변화량이 누적되고, 결론적으로 구간 [0, 16]에서 해수면의 총 변화량을 얻게 된다. 7개의 사다리꼴의 넓이를 모두 더하면 다음을 얻는다.

$$\underbrace{\frac{1}{2}(s'(0)+s'(3))\cdot 3}_{\text{첫 번째 사다리꼴}} + \underbrace{\frac{1}{2}(s'(3)+s'(5))\cdot 2}_{\text{두 번째 사다리꼴}\cdots} + \frac{1}{2}(s'(5)+s'(7))\cdot 2$$

$$+\frac{1}{2}(s'(7)+s'(8))\cdot 1 + \frac{1}{2}(s'(8)+s'(12))\cdot 4 + \frac{1}{2}(s'(12)+s'(14))\cdot 2$$

$$+\underbrace{\frac{1}{2}(s'(14)+s'(16))\cdot 2}_{\cdots\text{마지막 사다리꼴}} = 51.585$$

따라서 1995년부터 2011년까지 해수면이 약 51.585 mm만큼 상승했다고 결론 내릴 수 있다.

관련 연습문제 22-23번 ◀

심프슨의 법칙

주어진 함수 f의 그래프를 선분이 아닌 곡선으로 근사하면 중점 법칙과 사다리꼴 법칙을 이용한 근사를 개선시킬 수 있다. 중점 법칙과 사다리꼴 법칙에서 사용한 구간 $[a, b]$의 분할로 돌아와서 곡선 $y = f(x)$ 위에 연달아 놓인 세 점 $(x_0, f(x_0))$, $(x_1, f(x_1))$, $(x_2, f(x_2))$를 고려해 보자. 이 세 점은 포물선을 결정하며, 구간 $[x_0, x_2]$에서 이 포물선으로 둘러싸인 구간 면적을 쉽게 찾을 수 있다. 이 과정을 적분 구간에 연달아 놓인 세 점에 모두 적용하면 **심프슨의 법칙**(Simpson's Rule)을 얻는다(그림 8.17). 목표는 이 법칙의 공식을 구하는 것이다.

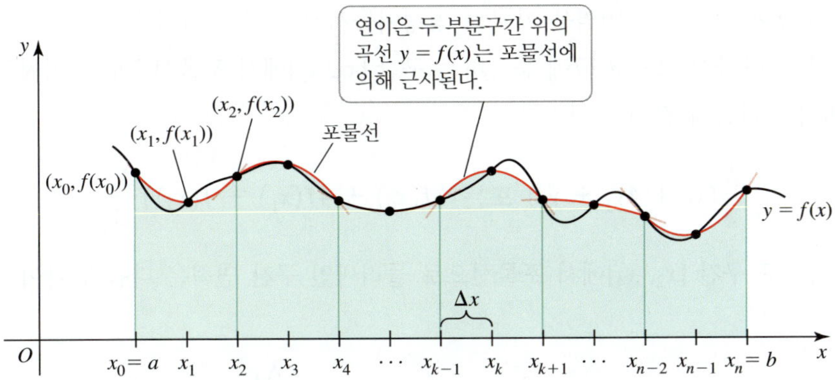

심프슨의 법칙: $\int_a^b f(x)\,dx$

$\approx \left(f(x_0) + 4f(x_1) + 2f(x_2) + 4f(x_3) + \cdots + 2f(x_{n-2}) + 4f(x_{n-1}) + f(x_n)\right)\dfrac{\Delta x}{3}$

그림 8.17

심프슨의 법칙을 쉽게 유도하기 위해 세 격자점 $-h$, 0, h이 있고 원점에 대하여 대칭인 구간 $[-h, h]$를 고려하자. 여기서 $h = \Delta x$이고, 함수 f의 그래프에 대응하는 세 점을 각각 $(-h, y_0)$, $(0, y_2)$, (h, y_2)로 놓자(그림 8.18).

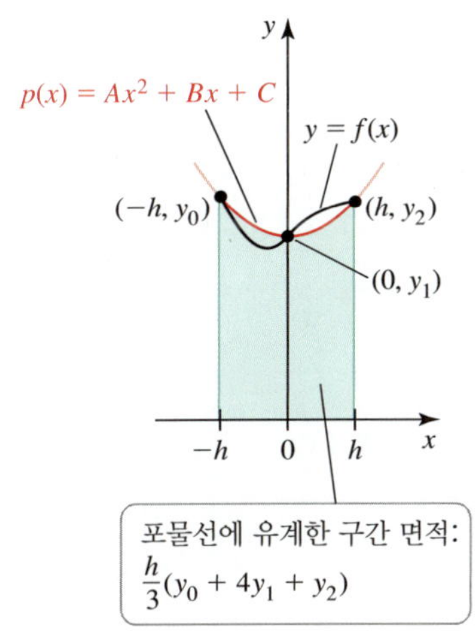

그림 8.18

이 세 점이 포물선 $p(x) = Ax^2 + Bx + C$ 위에 있다면 다음 조건을 만족해야 한다.

$$p(-h) = A(-h)^2 + B(-h) + C = y_0 \quad \text{또는} \quad Ah^2 - Bh + C = y_0$$
$$p(0) = A(0)^2 + B(0) + C = y_1 \quad \text{또는} \quad C = y_1$$
$$p(h) = A(h)^2 + B(h) + C = y_2 \quad \text{또는} \quad Ah^2 + Bh + C = y_2$$

세 식을 A, B, C에 대하여 풀면 다음을 얻는다.

$$A = \frac{y_0 - 2y_1 + y_2}{2h^2}, \quad B = \frac{y_2 - y_0}{2h}, \quad C = y_1$$

따라서 포물선으로 둘러싸인 구간 면적은 다음과 같이 주어진다.

$$\int_{-h}^{h}\Bigg(\underbrace{\frac{y_0 - 2y_1 + y_2}{2h^2}}_{A}x^2 + \overbrace{\underbrace{\frac{y_2 - y_0}{2h}}_{B}x}^{\text{기함수}} + \underbrace{y_1}_{C}\Bigg)dx = 2\int_0^h\left(\frac{y_0 - 2y_1 + y_2}{2h^2}x^2 + y_1\right)dx \quad \text{대칭성 이용하기}$$

$$= 2\left(\frac{y_0 - 2y_1 + y_2}{6h^2}x^3 + y_1x\right)\Bigg|_0^h \quad \text{적분하기}$$

$$= 2\left(\frac{(y_0 - 2y_1 + y_2)h}{6} + y_1h\right) \quad \text{계산하기}$$

$$= \frac{h}{3}(y_0 + 4y_1 + y_2) \quad \text{간단히 하기}$$

➤ $f(x)$가 우함수이고 $g(x)$가 기함수인 경우, 다음이 성립한다.

$$\int_{-h}^{h} f(x)\,dx = 2\int_0^h f(x)\,dx,$$
$$\int_{-h}^{h} g(x)\,dx = 0$$

➤ 세 점 $(-h, y_0)$, $(0, y_1)$, (h, y_2)가 한 직선 위에 놓일 경우, 이 세 점을 지나는 포물선은 존재하지 않는다. 그러나 이 세 점을 지나는 선분으로 둘러싸인 영역의 구간 면적 또한 $\frac{h}{3}(y_0 + 4y_1 + y_2)$임을 보일 수 있다.

그림 8.18에 등장하는 영역을 가로로 평행이동시켜도 구간 면적은 변하지 않음에 주목하자. 따라서 그림 8.17에 등장하는 구간 $[x_0, x_2]$에서 포물선으로 둘러싸인 실제 면적은 다음과 같이 주어진다.

$$\frac{h}{3}(y_0 + 4y_1 + y_2) \text{ 또는 } (f(x_0) + 4f(x_1) + f(x_2))\frac{\Delta x}{3}$$

마찬가지로 구간 $[x_2, x_4]$에서 포물선으로 둘러싸인 구간 면적은 다음과 같이 주어진다.

$$(f(x_2) + 4f(x_3) + f(x_4))\frac{\Delta x}{3}$$

이러한 포물선의 구간 면적을 모두 더하면 구간 $[a, b]$에서 함수 f의 그래프로 둘러싸인 영역의 구간 면적의 근삿값을 얻게 된다. n개의 부분구간이 주어졌을 때, 심프슨의 법칙 근삿값(Simpson's Rule approximation)을 $S(n)$으로 나타내면 다음이 성립한다.

$$\begin{aligned} S(n) &= \underbrace{(f(x_0) + 4f(x_1) + f(x_2))\frac{\Delta x}{3}}_{\text{첫 번째 포물선에 유계한 실제 면적}} + \underbrace{(f(x_2) + 4f(x_3) + f(x_4))\frac{\Delta x}{3}}_{\text{두 번째 포물선에 유계한 실제 면적}} + \cdots \\ &\quad + \underbrace{(f(x_{n-2}) + 4f(x_{n-1}) + f(x_n))\frac{\Delta x}{3}}_{n\text{번째 포물선에 유계한 실제 면적}} \\ &= (f(x_0) + 4f(x_1) + 2f(x_2) + 4f(x_3) + \cdots + 2f(x_{n-2}) \\ &\quad + 4f(x_{n-1}) + f(x_n))\frac{\Delta x}{3} \end{aligned}$$

첫 번째 항과 마지막 항을 제외하면 계수로 4와 2가 번갈아 등장함에 주목하자. 이 법칙을 적용하려면 n이 반드시 짝수인 정수이어야 한다.

정의 심프슨의 법칙

구간 $[a, b]$에서 잘 정의된 적분 가능한 함수 f에 대하여 n은 2 이상의 큰 짝수라 하자. 구간 $[a, b]$에서 n개의 같은 길이를 갖는 부분구간을 이용하여 얻은 적분 $\int_a^b f(x)\,dx$에 대한 **심프슨의 법칙 근삿값**을 다음과 같이 정의한다.

$$S(n) = (f(x_0) + 4f(x_1) + 2f(x_2) + 4f(x_3) + \cdots + 4f(x_{n-1}) + f(x_n))\frac{\Delta x}{3}$$

여기서 $\Delta x = (b-a)/n$이고 $k = 0, 1, \cdots, n$에 대하여 $x_k = a + k\Delta x$이다.

| 예제 6 | 심프슨의 법칙 이용하기 부분구간의 개수가 $n = 4$일 때, 심프슨의 법칙을 이용하여 적분 $\int_{\pi/2}^{5\pi/2} \frac{\sin x}{x}\,dx$의 근삿값을 구하여라.

풀이 $\Delta x = \dfrac{5\pi/2 - \pi/2}{4} = \pi/2$ 이고 격자점은 다음과 같이 주어진다.

$$x_0 = \pi/2,\ x_1 = \pi,\ x_2 = 3\pi/2,\ x_3 = 2\pi,\ x_4 = 5\pi/2$$

$f(x) = \dfrac{\sin x}{x}$, $n = 4$이므로 심프슨의 법칙에 의한 근삿값은 다음과 같다.

$$\begin{aligned} S(4) &= (f(x_0) + 4f(x_1) + 2f(x_2) + 4f(x_3) + f(x_4))\frac{\pi/2}{3} \\ &= \left(\frac{\sin x_0}{x_0} + \frac{4\sin x_1}{x_1} + \frac{2\sin x_2}{x_2} + \frac{4\sin x_3}{x_3} + \frac{\sin x_4}{x_4}\right)\frac{\pi}{6} \\ &= \left(\frac{1}{\pi/2} + \frac{4(0)}{\pi} + \frac{2(-1)}{3\pi/2} + \frac{4(0)}{2\pi} + \frac{1}{5\pi/2}\right)\frac{\pi}{6} \\ &= \left(\frac{2}{\pi} - \frac{4}{3\pi} + \frac{2}{5\pi}\right)\frac{\pi}{6} \\ &= \frac{8}{45} \approx 0.178 \end{aligned}$$

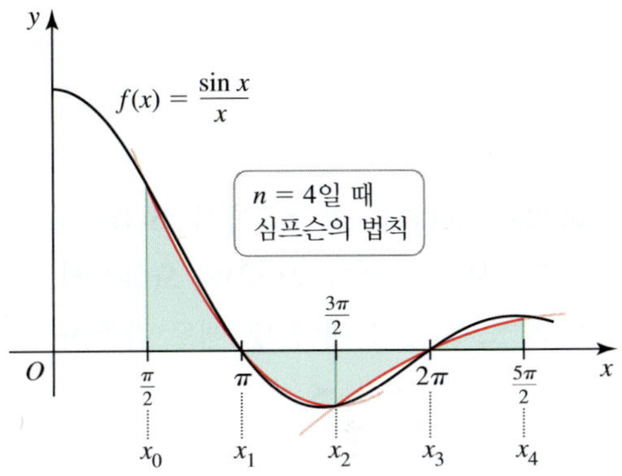

그림 8.19

그림 8.19는 두 포물선에 의한 근사를 나타낸다. 이 근삿값의 오차를 분석하려면 정리 8.1을 살펴봐야 한다. 이 정리는 구간 $\left[\frac{\pi}{2}, \frac{5\pi}{2}\right]$에서 $|f^{(4)}(x)|$의 상계를 찾는 법을 포함한다.

관련 연습문제 13번 ◀

QUICK CHECK 4 부분구간의 개수가 $n = 6$일 때, 적분 $\int_0^3 g(x)\,dx$에 대한 심프슨의 법칙 공식을 적어라. ◀

심프슨의 법칙 공식을 사용할 수도 있지만 더 쉬운 방법도 있다. 사다리꼴 법칙 근삿값 $T(n)$과 $T(2n)$을 알고 있으면 심프슨의 법칙 근삿값은 다음과 같이 간단히 계산하여 구할 수 있다(연습문제 41번).

$$S(2n) = \frac{4T(2n) - T(n)}{3}$$

| 예제 7 | 사다리꼴 법칙과 심프슨의 법칙의 오차 적분 값 $\int_0^1 xe^{-x}\,dx = 1 - 2e^{-1}$이 주어졌다고 하자. 이 적분 구간이 각각 $n = 8, 16, 32, 64, 128$개의 부분구간으로 분할됐을 때, 각 분할에 대한 사다리꼴 법칙 근삿값과 심프슨의 법칙 근삿값의 절대 오차를 구하여라.

풀이 심프슨의 법칙에 대한 지름길 공식은 사다리꼴 법칙으로 구한 값을 통해 얻을 수 있으므로 사다리꼴 법칙 근삿값을 먼저 구하는 것이 최선이다. 표 8.7의 두 번째 열은 예제 4에서 계산한 사다리꼴 법칙 근삿값들을 나타낸다. 이 근삿값을 이용하면 이에 대응하는 심프슨의 법칙 근삿값을 쉽게 찾을 수 있다. 예를 들어 $n = 4$일 때 다음을 얻는다.

$$S(8) = \frac{4T(8) - T(4)}{3} \approx 0.26423805546593$$

표 8.7은 각각의 근삿값에 대한 절대 오차를 보여 준다. 심프슨의 법칙의 오차가 사다리꼴 법칙의 오차보다 빠르게 감소함을 확인할 수 있다. 표의 오차 값들을 주의 깊게 살펴보자. 심프슨의 법칙의 오차가 어떤 명확한 양상을 띤다. n의 값이 두 배가 되면(Δx가 반으로 줄어들면) 오차는 대략 16배로 감소한다. 이는 심프슨의 법칙이 보다 정확한 근사 방법임을 의미한다.

QUICK CHECK 5 표 8.7에서 $S(16)$과 $S(32)$ 사이의 오차, $S(32)$와 $S(64)$ 사이의 오차 값이 대략 몇 배로 감소하는지 계산하여라. ◀

표 8.7

n	$T(n)$	$S(n)$	$T(n)$의 오차	$S(n)$의 오차
4	0.25904504019141		0.00520	
8	0.26293980164730	0.26423805546593	0.00130	0.00000306
16	0.26391564480235	0.26424092585404	0.000325	0.000000192
32	0.26415974044777	0.26424110566291	0.0000814	0.0000000120
64	0.26422077279247	0.26424111690738	0.0000203	0.000000000750
128	0.26423603140581	0.26424111761026	0.00000509	0.0000000000469

관련 연습문제 24-25번 ◀

수치적분의 오차

이 절에서 학습한 세 가지 근사 방법의 오차를 구하는 자세한 과정은 이 책의 수준을 벗어난다. 따라서 이 근사 방법의 오차에 관한 정리를 증명 없이 소개하고, 이 결과가 예제 2, 3, 4, 7의 결과와 일치함을 알아본다.

➤ $\Delta x = \frac{b-a}{n}$ 이므로 정리 8.1의 오차 상계를 다음과 같이 나타낼 수 있다.

$$E_M \le \frac{k(b-a)^3}{24n^2},$$

$$E_T \le \frac{k(b-a)^3}{12n^2},$$

$$E_S \le \frac{K(b-a)^5}{180n^4}$$

정리 8.1 수치적분의 오차

f''이 구간 $[a, b]$에서 연속이고 k는 구간 $[a, b]$에 속하는 모든 x에 대하여 부등식 $|f''(x)| \le k$를 만족하는 실수라고 가정하자. n개의 부분구간에 대한 중점 법칙과 사다리꼴 법칙으로부터 얻은 적분 $\int_a^b f(x)\,dx$의 근삿값의 절대 오차 E_M과 E_T는 다음과 같이 주어진다.

$$E_M \le \frac{k(b-a)}{24}(\Delta x)^2, \qquad E_T \le \frac{k(b-a)}{12}(\Delta x)^2$$

여기서 $\Delta x = (b-a)/n$이다.

이제 $f^{(4)}$이 구간 $[a, b]$에서 연속이고 K는 구간 $[a, b]$에서 $|f^{(4)}(x)| \le K$를 만족하는 실수라고 가정하자. n개의 부분구간에 대한 심프슨의 법칙으로부터 얻은 적분 $\int_a^b f(x)\,dx$의 값의 근삿값의 절대 오차 E_S는 다음과 같이 주어진다.

$$E_S \le \frac{K(b-a)}{180}(\Delta x)^4$$

QUICK CHECK 6 예제 6에서 $n = 4$일 때 심프슨의 법칙으로 $\int_{\pi/2}^{5\pi/2} \frac{\sin x}{x}\,dx \approx 0.178$을

알아냈다. 구간 $\left[\frac{\pi}{2}, \frac{5\pi}{2}\right]$에서 부등식 $|f^{(4)}(x)| \leq 0.2$가 주어졌을 때, 정리 8.1을 이용하여 이 근삿값의 절대 오차 E_S의 상계(upper bound)를 구하여라. ◀

중점 법칙과 사다리꼴 법칙과 연관된 절대 오차는 $(\Delta x)^2$에 비례한다. 따라서 예제 4에서 살펴본 것처럼 Δx가 2배씩 줄어들면 오차는 약 4배씩 줄어든다. 심프슨의 법칙은 보다 정확한 근사 방법이다. 이와 연관된 절대 오차는 $(\Delta x)^4$에 비례하며, 이는 예제 7에서 살펴본 것처럼 Δx가 2배씩 줄어들면 오차는 약 16배씩 줄어든다는 것을 의미한다. 예제 7의 결과를 통해 사다리꼴 법칙과 심프슨의 법칙을 동시에 사용하면 비교적 적은 계산을 통해 보다 정확한 근삿값을 얻을 수 있음을 알 수 있다.

8.8절 연습문제

1단계 스타트

1. 구간 [4, 18]이 동일한 길이를 갖는 $n = 28$개의 부분구간으로 분할된 경우, Δx의 값은 얼마가 되는가?

2. 정적분의 값을 근사할 때 사다리꼴 법칙이 어떻게 이용되는지 기하학적으로 설명하여라.

3–5. 그래프를 이용하여 정적분 $\int_0^8 f(x)\,dx$에 대한 다음 근삿값을 구하여라.

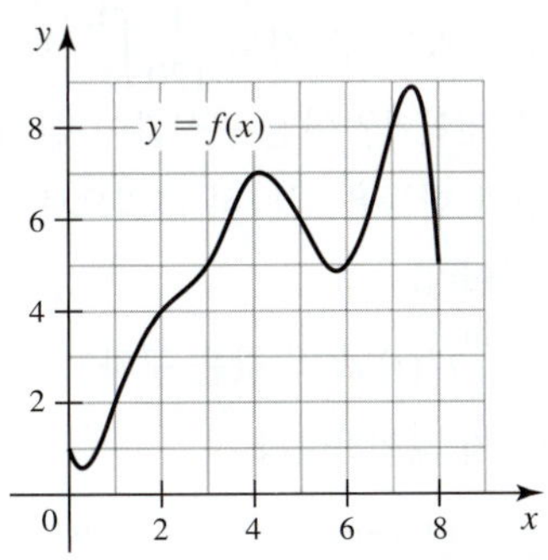

3. $M(4)$ **4.** $T(4)$ **5.** $S(4)$

6. 구간 [−1, 9]에서 $n = 5$일 때 사다리꼴 법칙을 적용하면 어떤 x좌표들을 피적분함수에 대입해야 하는가?

7–8. c를 이용하여 x를 근사할 때, 절대 오차와 상대 오차를 각각 구하여라.

7. $x = \pi,\ c = 3.14$

8. $x = e,\ c = 2.72$

2단계 실전

9–10. 중점 법칙 근삿값 주어진 조건을 이용하여 다음 적분에 대한 중점 법칙 근삿값을 구하여라.

9. 부분구간이 $n = 1, 2, 4$개일 때, 적분 $\int_2^{10} 2x^2\,dx$의 근삿값

10. 부분구간이 $n = 6$개일 때, 적분 $\int_0^1 \sin \pi x\,dx$의 근삿값

11–12. 사다리꼴 법칙 근삿값 주어진 조건을 이용하여 다음 적분에 대한 사다리꼴 법칙 근삿값을 구하여라.

11. 부분구간이 $n = 2, 4, 8$개일 때, 적분 $\int_2^{10} 2x^2\,dx$의 근삿값

12. 부분구간이 $n = 6$개일 때, 적분 $\int_0^1 \sin \pi x\,dx$의 근삿값

13–14. 심프슨의 법칙 근삿값 주어진 조건을 이용하여 다음 적분에 대한 심프슨의 법칙 근삿값을 구하여라.

13. 부분구간이 $n = 4, 6$개일 때, 적분 $\int_0^{\pi} \sqrt{\sin x}\,dx$의 근삿값

14. 부분구간이 $n = 10$개일 때, 적분 $\int_{-2}^{3} e^{-x^2}\,dx$의 근삿값

15. 중점 법칙, 사다리꼴 법칙과 상대 오차 부분구간이 $n = 25$개일 때, 적분 $\int_0^1 \sin \pi x\,dx$에 대한 중점 법칙 근삿값과 사다리꼴 법칙 근삿값을 구하여라. 또한 각 근삿값에 대한 상대 오차를 구하여라.

16–18. 중점 법칙과 사다리꼴 법칙의 비교 다음 적분에 중점 법칙과 사다리꼴 법칙을 적용하여라. 표 8.5와 유사하게 부분구간이 $n = 4, 8, 16, 32$개일 때 각 근삿값과 오차를 나타내는 표를 만들어라. 오차

를 계산하기 위해 다음 적분의 정확한 값을 제시하였다.

16. $\int_1^5 (3x^2 - 2x)\,dx = 100$ **17.** $\int_0^{\pi/4} 3\sin 2x\,dx = \frac{3}{2}$

18. $\int_0^{\pi} \sin x \cos 3x\,dx = 0$

19. **강의 유속** 그림은 기온이 오르던 2월의 어느 날부터 시작된 워싱턴 주 카네이션 근방의 스노퀄미 강의 유량의 변화율 $r(t)$를 나타낸다. 변수 t는 자정 이후 시간(hr)을 나타내고, $r(t)$는 시간당 백만 입방 피트(millions of ft^3/hr) 단위로 주어진다. $\int_0^{24} r(t)\,dt$는 24시간 동안 카네이션 마을로 흐르는 강물의 총량이다. 부분구간의 개수가 $n = 4$일 때, 사다리꼴 법칙과 심프슨의 법칙을 이용하여 적분 $\int_0^{24} r(t)\,dt$의 근삿값을 구하여라.

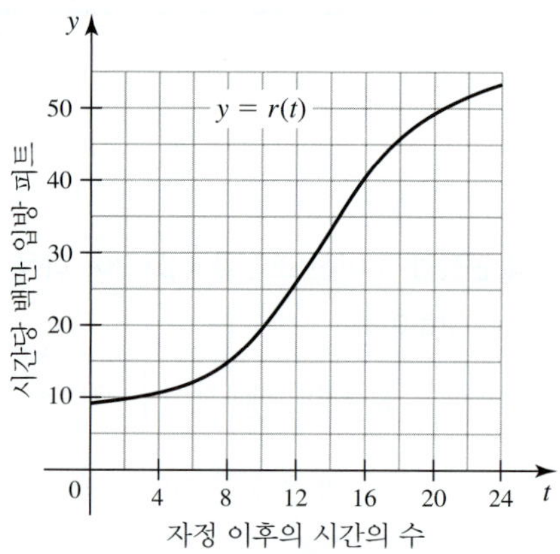

20–21. **기온 데이터** 그림은 1월 중 같은 날에 12시간 동안 측정된 네 도시(콜로라도 주의 볼더, 캘리포니아 주의 샌프란시스코, 매사추세츠 주의 낸터컷, 미네소타 주의 덜루스)의 시간별 기온 데이터를 나타낸다. 이 데이터가 연속인 기온 함수 $T(t)$를 갖는다고 가정하면 12시간 동안의 평균 기온(단위: F°)은 적분 $\overline{T} = \frac{1}{12}\int_0^{12} T(t)\,dt$로 주어진다.

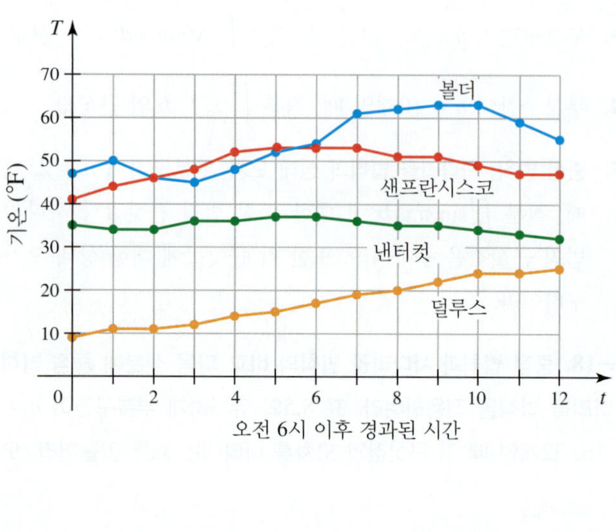

t	0	1	2	3	4	5	6	7	8	9	10	11	12
볼더	47	50	46	45	48	52	54	61	62	63	63	59	55
샌프란시스코	41	44	46	48	52	53	53	53	51	51	49	47	47
낸터컷	35	34	34	36	36	37	37	36	35	35	34	33	32
덜루스	9	11	11	12	14	15	17	19	20	22	24	24	25

20. 볼더 시의 12시간 동안의 평균 기온에 대한 정밀한 근삿값을 찾은 다음, 어떤 방법을 이용했는지 설명하여라.

21. 낸터컷 시의 12시간 동안의 평균 기온에 대한 정밀한 근삿값을 찾은 다음, 어떤 방법을 이용했는지 설명하여라.

22–23. **불균등한 격자점** 제시된 방법을 이용하여 불균등한 격자점에 대한 다음 물음에 답하여라.

22. 시간 $t = 0$일 때 고데기가 콘센트에 꽂혀 있다. 이 고데기의 온도 T의 단위는 화씨(F°)이고 구간 $0 \le t \le 120$에서 순증가(strictly increasing)하며 아래로 오목한 연속함수라 가정하자. 표는 각 시간(단위: 초)에 대응하는 온도 T를 나타낸다.

t (초)	0	20	45	60	90	110	120
$T(t)$(°F)	70	130	200	239	311	355	375

a. 적분 $\frac{1}{120}\int_0^{120} T(t)\,dt$의 값을 세 가지 방법(왼쪽 리만합, 오른쪽 리만합, 사다리꼴 법칙)을 이용하여 근사하여라. 여기서 적분 $\frac{1}{120}\int_0^{120} T(t)\,dt$의 값이 어떤 의미를 갖는지 설명하여라.

b. **a**에서 구한 근삿값 중 적분 $\frac{1}{120}\int_0^{120} T(t)\,dt$의 값보다 큰 근삿값은 무엇인가? 어떤 근삿값이 실제 적분 값보다 작은가? 계산한 합들을 간단히 그림으로 나타내어 구한 답을 정당화하여라.

c. 적분 $\frac{1}{120}\int_0^{120} T'(t)\,dt$의 값을 구하고, 이 적분 값이 어떤 의미를 갖는지 해석하여라.

23. 어떤 열기구를 해발 5400 ft 고도에서 쏘아올린다고 하자. 이 열기구가 상승할 때, 열기구의 수직 방향의 속도는 기압의 변화를 측정하는 승강측정기라 부르는 기기를 이용하여 계산한다. 표는 주어진 시간에 해당하는 수직 방향의 속도(단위: ft/min)를 나타낸다.

t(분)	0	1	1.5	3	3.5	4	5
속도(ft/min)	0	100	120	150	110	90	80

a. 사다리꼴 법칙을 이용하여 출발한 지 5분 후 열기구의 고도를 근사하여라. 열기구는 해발 5400 ft 고도부터 올라감

을 상기하자.

b. 오른쪽 리만합을 이용하여 출발한 지 5분 후 열기구의 고도를 근사하여라.

c. 주어진 데이터에 잘 부합하는 다항식은 다음과 같다.

$$g(t) = 3.49t^3 - 43.21t^2 + 142.43t - 1.75$$

이 다항식을 이용하여 출발한 지 5분 후 열기구의 고도를 근사하여라.

24–25. 사다리꼴 법칙과 심프슨의 법칙 n의 값에 대하여 다음 적분을 생각해 보자.

a. 부분구간의 개수가 n, $2n$일 때, 다음 적분의 사다리꼴 법칙 근삿값을 각각 구하여라.

b. 부분구간의 개수가 $2n$일 때, 다음 적분의 심프슨의 법칙 근삿값을 구하여라. 예제 7과 같이 사다리꼴 법칙 근삿값을 이용하면 심프슨의 법칙 근삿값을 쉽게 구할 수 있다.

c. 부분구간의 개수가 $2n$일 때, 사다리꼴 법칙 근삿값의 절대 오차와 심프슨의 법칙의 근삿값의 절대 오차를 구하여라.

24. $\int_0^1 e^{2x}\,dx,\ n = 25$ **25.** $\int_1^e \frac{dx}{x},\ n = 50$

26–27. 심프슨의 법칙 다음 적분에 심프슨의 법칙을 적용하여라. 예제 7과 같이 사다리꼴 법칙 근삿값을 이용하면 심프슨의 법칙 근삿값을 쉽게 구할 수 있다. 표 8.7과 유사하게 부분구간의 개수가 $n = 4$, 9, 16, 32일 때, 근삿값과 오차를 나타내는 표를 만들어라. 오차를 계산하기 위해 주어진 적분의 정확한 값을 제시하였다.

26. $\int_0^4 (3x^5 - 8x^3)\,dx = 1536$

27. $\int_0^\pi e^{-t}\sin t\,dt = \frac{1}{2}(e^{-\pi} + 1)$

28. 참 또는 거짓 다음 명제가 참이면 증명하고 거짓이면 반례를 들어라.

a. 부분구간의 개수가 $n = 18$일 때 심프슨의 법칙을 이용하여 적분 $\int_a^b f(x)\,dx$의 값을 근사했다고 가정하자. 또한 구간 $[a, b]$에서 부등식 $|f^{(4)}(x)| \le 1$이 성립한다고 하자. 이 적분의 근삿값을 구할 때 발생하는 절대 오차 E_S는 부등식 $E_S \le \frac{(\Delta x)^5}{10}$을 만족한다.

b. 중점 법칙에서 쓰인 부분구간의 개수가 3배씩 증가하면 오차는 약 8배씩 감소할 것으로 예상된다.

c. 사다리꼴 법칙에서 쓴 부분구간의 개수가 4배씩 증가하면 오차는 약 16배씩 감소할 것으로 예상된다.

29–30. 중점 법칙과 사다리꼴 법칙 비교 부분구간의 개수가 $n = 4$, 8, 16, 32개일 때, 중점 법칙과 사다리꼴 법칙을 (정확한 값이 주어진) 다음 적분에 적용했을 때 발생하는 오차들을 비교하여라.

29. $\int_0^{\pi/2} \cos^9 x\,dx = \frac{128}{315}$

30. $\int_0^\pi \ln(5 + 3\cos x)\,dx = \pi \ln \frac{9}{2}$

31–32. 심프슨의 법칙 이용하기 심프슨의 법칙을 이용하여 다음 적분의 근삿값을 구하여라. 적당한 부분간의 개수 n값들에 대한 계산을 통해 근삿값의 오차가 10^{-3}보다 작게 만들어라.

31. $\int_0^\pi \frac{4\cos x}{5 - 4\cos x}\,dx = \frac{2\pi}{3}$

32. $\int_0^\pi \sin 6x \cos 3x\,dx = \frac{4}{9}$

33. 키의 정규분포 미국 남성의 키는 평균이 69 in, 표준편차가 3 in인 정규분포를 따른다. 즉, 키가 a인치와 b인치 사이 $(a < b)$인 남성의 비율은 다음 적분으로 주어진다.

$$\frac{1}{3\sqrt{2\pi}} \int_a^b e^{-((x-69)/3)^2/2}\,dx$$

전체 미국 남성 중 키가 66인치와 72인치 사이인 남성은 몇 %인가? 선택한 방법을 이용하여 연속된 근삿값의 차이가 10^{-3}보다 작도록 하는 부분구간의 개수 n을 찾아라.

34–36. 오차 추정 정리 8.1을 참고하여 문제를 풀어라.

34. 함수 $f(x) = \sqrt{x^3 + 1}$에 대하여 물음에 답하여라.

a. 부분구간의 개수가 $n = 50$일 때, 적분 $\int_1^6 \sqrt{x^3 + 1}\,dx$에 대한 중점 법칙 근삿값을 구하여라.

b. $f''(x)$를 구하여라.

c. 구간 $[1, 6]$에서 f''이 감소하고 양의 값을 가짐을 이용하여 $[1, 6]$에서 $|f''(x)| \le 15/(8\sqrt{2})$가 성립함을 보여라.

d. 정리 8.1을 이용하여 **a**에서 구한 근삿값의 절대 오차의 상계를 구하여라.

35. 함수 $f(x) = \sin e^x$에 대하여 물음에 답하여라.

a. 부분구간의 개수 $n = 40$일 때, 적분 $\int_0^1 \sin e^x\,dx$에 대한 사다리꼴 법칙 근삿값을 구하여라.

b. $f''(x)$를 구하여라.

c. $e < 3$을 이용하여 구간 $[0, 1]$에서 $|f''(x)| < 6$이 성립함을 보여라(힌트: f''의 그래프를 살펴본다).

d. 정리 8.1을 이용하여 **a**에서 구한 근삿값의 절대 오차의 상계를 구하여라.

36. 함수 $f(x) = \sqrt{\sin x}$에 대하여 물음에 답하여라.

a. 부분구간의 개수 $n = 20$일 때, 적분 $\int_1^2 \sqrt{\sin x}\,dx$에 대한 심프슨의 법칙 근삿값을 구하여라.

b. 정리 8.1을 이용하여 **a**에서 구한 근삿값의 절대 오차의 상계를 구하여라(힌트: 구간 [1, 2]에서 $|f^{(4)}(x)| \le 1$이 성립함을 이용한다).

3단계 도전

37. 타원의 길이 축의 길이가 $2a$이고 $2b$인 타원의 둘레는 다음 적분으로 주어진다.

$$\int_0^{2\pi} \sqrt{a^2\cos^2 t + b^2\sin^2 t}\,dt$$

수치적분을 이용하여 부분구간의 개수 n의 다양한 값들에 대하여 $a = 4$이고 $b = 8$인 타원의 둘레를 근사하여라.

38. 정확한 심프슨의 법칙

a. 부분구간의 개수가 $n = 2$일 때, 심프슨의 법칙을 이용하여 적분 $\int_0^4 x^3\,dx$의 근삿값을 구하여라. 이 근삿값을 실제 적분 값과 비교하여라.

b. 부분구간의 개수 $n = 4$일 때, 심프슨의 법칙을 이용하여 적분 $\int_0^4 x^3\,dx$의 근삿값을 구하여라. 이 근삿값을 실제 적분 값과 비교하여라.

c. 정리 8.1의 심프슨의 법칙과 관련된 오차 부등식을 이용하여 **a**와 **b**에서 얻은 근삿값과 주어진 적분의 실제 값이 같아지는 이유를 설명하여라.

d. $f(x)$를 3차 이하인 다항식이라 하자. 정리 8.1을 이용하여 임의의 (짝수) 개수의 부분구간에 대한 심프슨의 법칙을 적용하여 얻은 근삿값이 적분 $\int_a^b f(x)\,dx$의 실제 값과 같아지는 이유를 설명하여라.

39. 사다리꼴 법칙의 지름길 n개로 분할된 구간 $[a, b]$에서 연속인 함수에 대하여 중점 법칙 근삿값 $M(n)$과 사다리꼴 법칙의 근삿값 $T(n)$이 주어졌을 때, 다음이 성립함을 보여라.

$$T(2n) = \frac{T(n) + M(n)}{2}$$

40. 사다리꼴 법칙과 오목성 함수 f가 구간 $[a, b]$에서 양의 값을 갖고 연속인 2계 도함수를 갖는다고 가정하자. f''이 구간 $[a, b]$에서 양의 값을 가지면 사다리꼴 법칙을 이용한 적분 $\int_a^b f(x)\,dx$의 근삿값은 실제 적분 값보다 커지는가 작아지는가? 정리 8.1과 그림을 통해 구한 답을 정당화하여라.

41. 심프슨의 법칙의 지름길 $n \ge 1$일 때 $S(2n) = \dfrac{4T(2n) - T(n)}{3}$을 증명하여라.

42. 또 다른 심프슨의 법칙 $n \ge 1$일 때 또 다른 형태의 심프슨의 법칙은 $S(2n) = \dfrac{2M(n) + T(n)}{3}$과 같이 주어진다. 이 법칙을 이용하여 부분구간의 개수가 $n = 10$일 때, 적분 $\int_1^e \frac{1}{x}\,dx$의 근삿값을 구하여라.

QUICK CHECK 정답

1. 4, 6, 8, 10 **2.** 근삿값이 실제 값보다 크다. **3.** 각각 4배 **4.** $\int_0^3 g(x)\,dx \approx (g(0) + 4g(0.5) + 2g(1) + 4g(1.5) + 2g(2) + 4g(2.5) + g(3))\frac{0.5}{3}$ **5.** 각각 16배 **6.** $E_S \le \frac{0.2(2\pi)}{180}\cdot\left(\frac{\pi}{2}\right)^4 \approx 0.0425$ ◀

8.9 이상적분

지금까지 유한한 적분 구간에서 유한한 값을 갖는 피적분함수의 정적분만 다뤘다. 이 절에서는 이러한 조건들을 만족하지 않는 함수의 정적분을 구하는 법을 다루게 될 것이다. 예를 하나 들어 보자. 지표면으로부터 고도 H까지 로켓을 쏘아 올리기 위해 필요한 에너지는 적분 $\int_R^{R+H} k/x^2\,dx$로 주어진다. 여기서 $R = 6370$ km는 지구 반지름이고 k는 로켓의 질량, 지구의 질량, 중력 상수를 포함하는 상수이다. 임의의 고도 $H > 0$에 대하여 이 적분 값을 구해야 할 수도 있다. 이제 목표는 로켓이 지구 중력장을 벗어날 수 있도록 로켓을 임의의 높은 고도 H까지 쏘아 올리는 것이라 가정하자. 이때 필요한 에너지는 주어진 적분이 $H \to \infty$일 때이며, 이 적분을 $\int_R^{\infty} k/x^2\,dx$로 나타낸다. 이 적분은 **이상적분**(improper integral)의 한 예이며, 유한한 값을 갖는다(이는 로켓을 우주 밖으로 쏘아 올리는 것이 가능한 이유를 말해준다). 역사적인 이유로부터 **이상적분**이라는 용어는 다음 경우에 사용한다.

- 적분 구간이 무한인 경우
- 적분 구간에서 피적분함수가 유계가 아닌 경우

이 절에서는 이상적분과 그 응용에 대하여 탐구할 것이다.

이상적분

무한 구간에서 어떤 함수를 적분할 때 어떤 일이 일어나는지 간단한 예를 통해 살펴보자. 1보다 큰 임의의 실수 b에 대하여 적분 $\int_1^b \frac{1}{x^2}\,dx$를 생각해 보자. 그림 8.20과 같이 이 적분은 $x = 1$과 $x = b$ 사이에서 곡선 $y = x^{-2}$과 x축으로 둘러싸인 영역의 넓이를 나타낸다. 실제로 이 적분의 값은 다음과 같다.

$$\int_1^b \frac{1}{x^2}\,dx = -\frac{1}{x}\bigg|_1^b = 1 - \frac{1}{b}$$

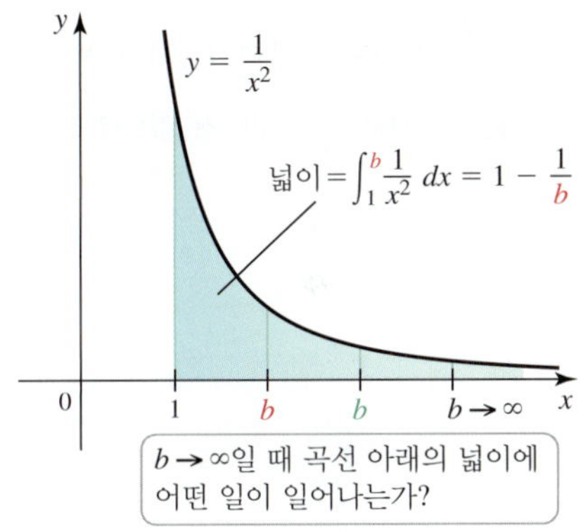

그림 8.20

예를 들어 $b = 2$이면 곡선 아래의 넓이는 $\frac{1}{2}$이고, $b = 3$이면 곡선 아래의 넓이는 $\frac{2}{3}$이다. 일반적으로 b가 증가하면 곡선 아래의 넓이도 증가한다.

이제 b가 임의로 커질 때 넓이에 어떤 일이 발생하는지 살펴보자. $b \to \infty$이면 이 곡선 아래의 영역의 넓이는 다음과 같이 주어진다.

$$\lim_{b\to\infty}\left(1 - \frac{1}{b}\right) = 1$$

놀라워 보일수도 있겠지만 **무한한** 길이를 가지며 이에 의해 유계된 영역이 **유한한** 넓이(1 제곱 단위)를 갖는 곡선을 발견했었다.

이 결과를 다음과 같이 표현한다.

$$\int_1^{\infty} \frac{1}{x^2}\,dx = 1$$

적분 위끝에 ∞가 등장하므로 이 적분은 이상적분이다. 일반적으로 적분 $\int_a^{\infty} f(x)\,dx$의 값을 구하려면 먼저 유한 구간 $[a, b]$에서 적분한 다음 $b \to \infty$로 두면 된다. 두 적분 $\int_{-\infty}^{b} f(x)\,dx$와 $\int_{-\infty}^{\infty} f(x)\,dx$의 값을 구할 때도 과정은 비슷하다.

> (정의의 세 번째 경우인) 양 끝이 무한인 적분은
>
> $$\int_{-\infty}^{\infty} f(x)\,dx = \lim_{b\to\infty}\int_{-b}^{b} f(x)\,dx$$
>
> 가 아닌 두 개의 독립적인 극한값으로 정의해야 한다.

정의　무한 구간에서의 이상적분

1. f가 구간 $[a, \infty)$에서 연속이면 다음과 같이 정의한다.

$$\int_a^{\infty} f(x)\,dx = \lim_{b\to\infty}\int_a^b f(x)\,dx$$

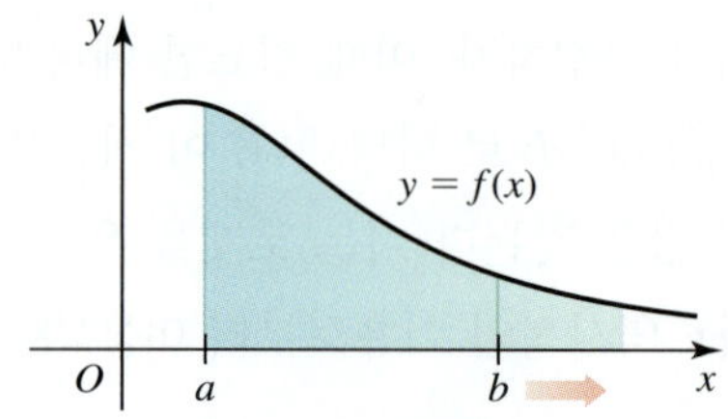

2. f가 구간 $(-\infty, b]$에서 연속이면 다음과 같이 정의한다.

$$\int_{-\infty}^{b} f(x)\,dx = \lim_{a\to-\infty}\int_a^b f(x)\,dx$$

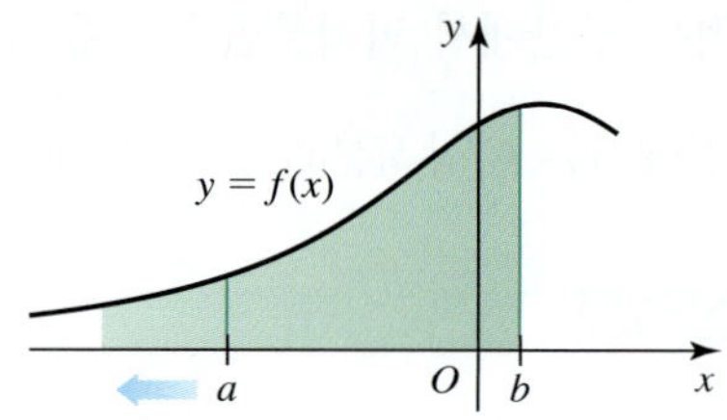

3. f가 구간 $(-\infty, \infty)$에서 연속이면 다음과 같이 정의한다.

$$\int_{-\infty}^{\infty} f(x)\,dx = \lim_{a\to-\infty}\int_a^c f(x)\,dx + \lim_{b\to\infty}\int_c^b f(x)\,dx$$

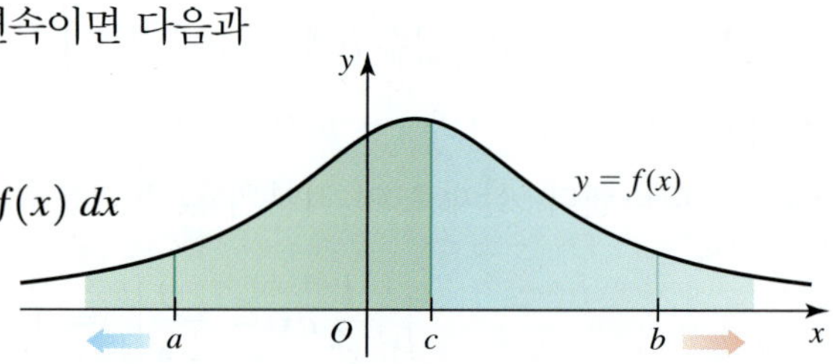

여기서 c는 임의의 실수이다. 주어진 적분의 값과 수렴성은 c값에 의존하지 않음을 보일 수 있다.

세 정의에서 극한이 존재하면 이상적분은 **수렴한다**라고 하고, 극한이 존재하지 않으면 **발산한다**라고 한다.

| 예제 1 |　이상적분 다음 적분을 계산하여라.

a. $\displaystyle\int_0^{\infty} e^{-x}\,dx$　　　　**b.** $\displaystyle\int_{-\infty}^{\infty} \frac{dx}{1+x^2}$

풀이

a. 이상적분의 정의를 이용하면 다음을 얻는다.

$$\int_0^{\infty} e^{-x}\,dx = \lim_{b\to\infty}\int_0^b e^{-x}\,dx \qquad \text{이상적분의 정의}$$

$$= \lim_{b\to\infty}\left(-e^{-x}\right)\Big|_0^b \qquad \text{적분값 구하기}$$

$$= \lim_{b\to\infty}\left(1 - e^{-b}\right) \qquad \text{간단히 하기}$$

$$= \left(1 - \underbrace{\lim_{b\to\infty}\frac{1}{e^b}}_{0\text{으로 수렴}}\right) = 1 \qquad e^{-b} = \frac{1}{e^b},\ \text{극한값 계산하기}$$

이 경우 극한이 존재하므로 적분이 수렴하고 주어진 곡선 아래 영역은 유한한 넓이 1을 갖는다(그림 8.21).

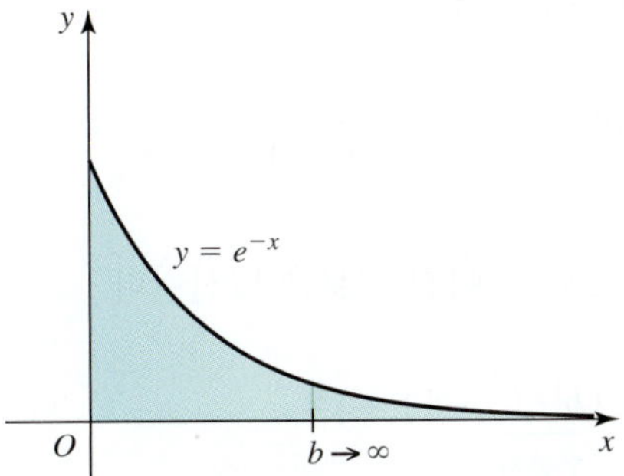

구간 $[0, \infty)$에서 곡선 $y = e^{-x}$ 아래 영역의 넓이는 유한한 값 1을 갖는다.

그림 8.21

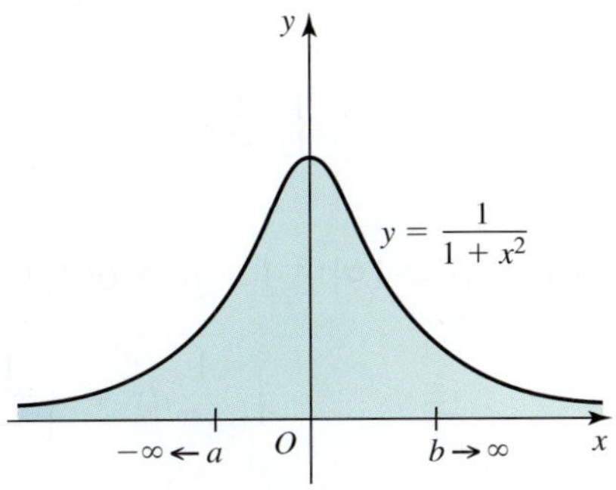

구간 $(-\infty, \infty)$에서 곡선 $y = \frac{1}{1 + x^2}$ 아래 영역의 넓이는 유한한 값 π를 갖는다.

그림 8.22

b. $c = 0$으로 놓고 이상적분의 정의를 이용하면 다음을 얻는다.

$$\begin{aligned}
\int_{-\infty}^{\infty} \frac{dx}{1 + x^2} &= \lim_{a \to -\infty} \int_a^c \frac{dx}{1 + x^2} + \lim_{b \to \infty} \int_c^b \frac{dx}{1 + x^2} && \text{이상적분의 정의} \\
&= \lim_{a \to -\infty} \tan^{-1} x \Big|_a^0 + \lim_{b \to \infty} \tan^{-1} x \Big|_0^b && c = 0, \text{적분 계산하기} \\
&= \lim_{a \to -\infty} (0 - \tan^{-1} a) + \lim_{b \to \infty} (\tan^{-1} b - 0) && \text{간단히 하기} \\
&= \frac{\pi}{2} + \frac{\pi}{2} = \pi && \text{극한값 구하기}
\end{aligned}$$

임의의 중간값 c에 대해서도 같은 결과를 얻는다. 따라서 주어진 적분의 값은 π이다(그림 8.22).

관련 연습문제 8번 ◀

➤ 다음 공식을 상기하자.

$$\int \frac{dx}{a^2 + x^2} = \frac{1}{a} \tan^{-1} \frac{x}{a} + C$$

함수 $y = \tan^{-1} x$의 그래프로부터 다음을 얻는다.

$$\lim_{x \to \infty} \tan^{-1} x = \frac{\pi}{2}, \quad \lim_{x \to -\infty} \tan^{-1} x = -\frac{\pi}{2}$$

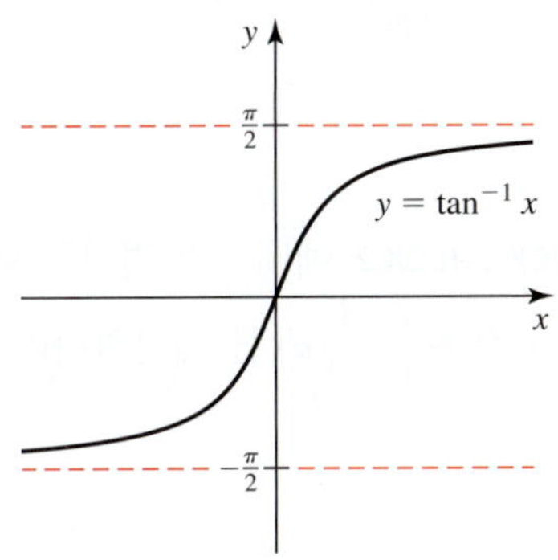

| 예제 2 | 함수족 $f(x) = 1/x^p$ 실수 p에 대하여 $f(x) = 1/x^p$ 꼴 함수족을 생각해 보자. 어떤 p값에 대하여 적분 $\int_1^\infty f(x)\,dx$가 수렴하는가?

풀이 $p > 0$의 경우 $x \to \infty$일 때 함수 $f(x) = 1/x^p$은 0으로 수렴하며, p값이 커질수록 감소하는 속도가 빨라진다(그림 8.23). $p \neq 1$이라 가정하고 주어진 적분을 계산하면 다음과 같다.

$$\begin{aligned}
\int_1^\infty \frac{1}{x^p}\,dx &= \lim_{b \to \infty} \int_1^b x^{-p}\,dx && \text{이상적분의 정의} \\
&= \frac{1}{1 - p} \lim_{b \to \infty} \left(x^{1-p} \Big|_1^b \right) && \text{유한구간 위에서 적분 값 구하기} \\
&= \frac{1}{1 - p} \lim_{b \to \infty} (b^{1-p} - 1) && \text{간단히 하기}
\end{aligned}$$

QUICK CHECK 1 함수 $f(x) = 1 + x^{-1}$은 $x \to \infty$일 때 1로 감소하면서 수렴한다. 적분 $\int_1^\infty f(x)\,dx$가 존재하는가? ◀

➤ $p \neq 1$일 때, 다음이 성립함을 상기하자.

$$\int \frac{1}{x^p}\,dx = \int x^{-p}\,dx = \frac{x^{-p+1}}{-p + 1} + C = \frac{x^{1-p}}{1 - p} + C$$

➤ 예제 2는 9장의 무한급수 연구에 중요하게 쓰인다. 이 예제는 구간 $[a, \infty)$에서 연속함수 f의 적분이 수렴하려면 f가 단순히 0으로 감소한다는 것 이상의 조건이 필요함을 보여 준다. 실제로 f는 0으로 '충분히 빠르게' 감소해야 한다.

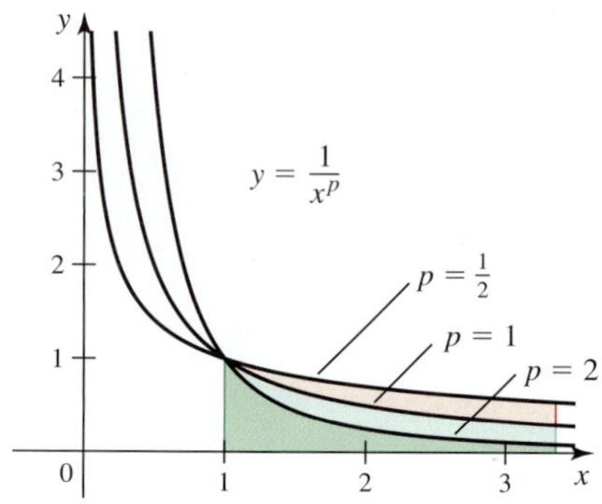

그림 8.23

이제 다음 세 경우를 고려하자.

case 1: $p > 1$이면 $p - 1 > 0$이고 $b^{1-p} = 1/b^{1-p}$은 $b \to \infty$일 때 0으로 수렴한다. 따라서 주어진 적분은 수렴하고, 그 값은 다음과 같다.

$$\int_1^\infty \frac{1}{x^p}\,dx = \frac{1}{1-p}\lim_{b\to\infty}(\underbrace{b^{1-p}}_{0\text{으로 수렴}} - 1) = \frac{1}{p-1}$$

case 2: $p < 1$이면 $1 - p > 0$이고, 다음과 같이 주어진 적분은 발산한다.

$$\int_1^\infty \frac{1}{x^p}\,dx = \frac{1}{1-p}\lim_{b\to\infty}(\underbrace{b^{1-p}}_{\text{무한히 커짐}} - 1) = \infty$$

case 3: $p = 1$이면 $\int_1^\infty \frac{1}{x}\,dx = \lim_{b\to\infty} \ln b = \infty$, 즉 주어진 적분은 발산한다.

요약하면 $p > 1$이면 $\int_1^\infty \frac{1}{x^p}\,dx = \frac{1}{p-1}$이고, $p \le 1$이면 적분은 발산한다.

관련 연습문제 5번 ◀

| 예제 3 | 회전체의 부피 R을 $x \ge 1$일 때 함수 $y = x^{-1}$의 그래프와 x축으로 둘러싸인 영역이라 하자.

a. R을 x축을 중심으로 회전시켜 얻은 입체의 부피는 무엇인가?

b. R을 x축을 중심으로 회전시켜 얻은 입체의 겉넓이는 무엇인가?

c. R을 y축을 중심으로 회전시켜 얻은 입체의 부피는 무엇인가?

QUICK CHECK 2 예제 2의 결과를 이용하여 적분 $\int_1^\infty \frac{1}{x^4}\,dx$를 계산하여라. ◀

풀이

a. 영역 R과 이에 대응하는 회전체는 그림 8.24에 잘 나와 있다. 구간 $[1, b]$에서 원판 방법(6.3절)을 적용하고 $b \to \infty$라 하면 다음을 얻는다.

$$\begin{aligned} \text{부피} &= \int_1^\infty \pi(f(x))^2\,dx && \text{원판 방법} \\ &= \pi \lim_{b\to\infty}\int_1^b \frac{1}{x^2}\,dx && \text{이상적분의 정의} \\ &= \pi \lim_{b\to\infty}\left(1 - \frac{1}{b}\right) = \pi && \text{적분 값 구하기} \end{aligned}$$

이 이상적분은 존재하며, 주어진 입체의 부피는 π(세제곱 단위)가 된다.

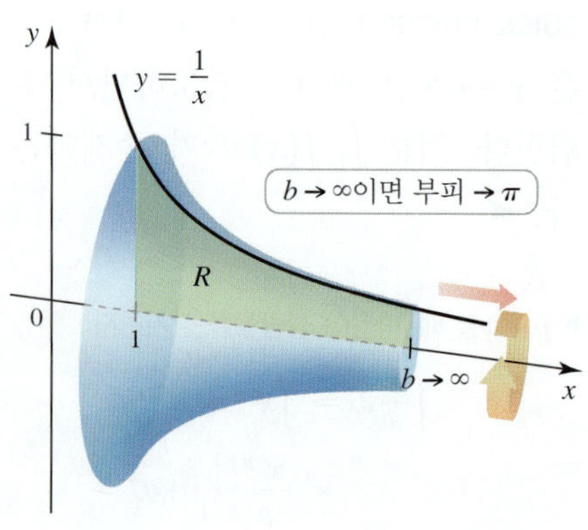

그림 8.24

b. 6.6절의 결과로부터 $b > 1$일 때 구간 $[1, b]$에서 생성된 입체의 겉넓이를 구하면 다음을 얻는다.

$$\int_1^b 2\pi f(x)\sqrt{1 + f'(x)^2}\,dx$$

$b \to \infty$라 하면 구간 $[1, \infty)$에서 생성된 입체의 겉넓이는 다음과 같이 주어진다.

$$\text{회전면의 넓이} = 2\pi \lim_{b\to\infty} \int_1^b f(x)\sqrt{1 + f'(x)^2}\,dx \quad \text{회전면의 넓이 공식, } b \to \infty$$

$$= 2\pi \lim_{b\to\infty} \int_1^b \frac{1}{x}\sqrt{1 + \left(-\frac{1}{x^2}\right)^2}\,dx \quad f\text{와 } f' \text{ 대입하기}$$

$$= 2\pi \lim_{b\to\infty} \int_1^b \frac{1}{x^3}\sqrt{1 + x^4}\,dx \quad \text{간단히 하기}$$

➤ 예제 3b의 적분 값은 $u = x^2$으로 치환한 후 적분표를 이용하여 직접적으로 구할 수 있다.

적분 구간 $x \ge 1$에서 부등식 $\sqrt{1 + x^4} > \sqrt{x^4} = x^2$을 얻고, 따라서 다음 부등식이 성립한다.

$$\frac{1}{x^3}\sqrt{1 + x^4} > \frac{x^2}{x^3} = \frac{1}{x}$$

따라서 $1 < b < \infty$인 모든 b에 대하여 다음 결과를 얻는다.

$$\text{회전면의 넓이} = 2\pi \int_1^b \frac{1}{x^3}\sqrt{1 + x^4}\,dx > 2\pi \int_1^b \frac{1}{x}\,dx$$

➤ 예제 3a와 예제 3b의 입체를 가브리엘의 나팔(Gabriel's horn) 또는 토리첼리의 트럼펫(Torricelli's trumpet)이라 한다. 이 입체가 유한한 부피를 가지는 동시에 무한한 겉넓이를 갖는다는 상당히 주목할 만한 결과를 얻는다.

예제 2에 의해 $2\pi \lim_{b\to\infty} \int_1^b \frac{1}{x}\,dx = \infty$이므로 위 부등식을 적용하면 $2\pi \lim_{b\to\infty} \int_1^b \frac{1}{x^3}\sqrt{1 + x^4}\,dx = \infty$이다. 따라서 주어진 적분은 발산하며, 이 입체의 겉넓이는 무한대가 된다.

c. 문제의 영역과 이에 대응하는 회전체는 그림 8.25에 잘 나와 있다. 구간 $[1, b]$에서 껍질 방법(6.4절)을 적용하고 $b \to \infty$라 하면 부피는 다음과 같이 주어진다.

➤ 구간 $[a, b]$에서 $f(x) > 0$이면 이 구간에서 f의 그래프와 x축으로 둘러싸인 영역을 y축을 중심으로 회전시켜 얻은 입체의 부피는 다음 적분으로 나타낼 수 있다.

$$V = \int_a^b 2\pi x f(x)\,dx$$

$$\text{부피} = \int_1^\infty 2\pi x f(x)\,dx \quad \text{껍질 방법}$$

$$= 2\pi \int_1^\infty 1\,dx \quad f(x) = x^{-1}$$

$$= 2\pi \lim_{b\to\infty} \int_1^b 1\,dx \quad \text{이상적분의 정의}$$

$$= 2\pi \lim_{b\to\infty} (b - 1) \quad \text{유한구간 위에서 적분 값 구하기}$$

$$= \infty \quad \text{이상적분은 발산한다.}$$

따라서 영역 R을 y축을 중심으로 회전시켜 얻은 입체의 부피는 무한대이다.

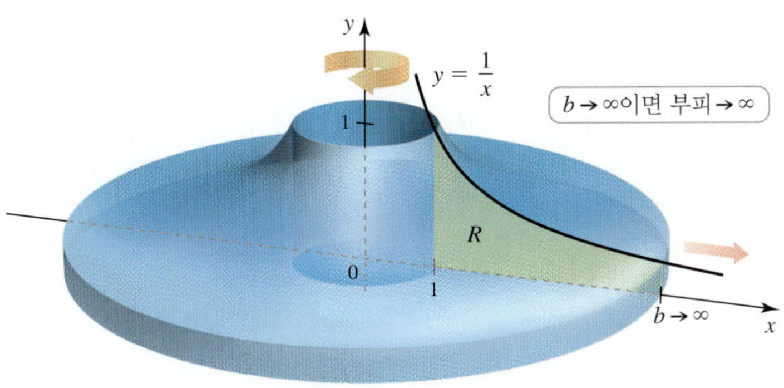

그림 8.25

관련 연습문제 33번 ◀

유계가 아닌 피적분함수

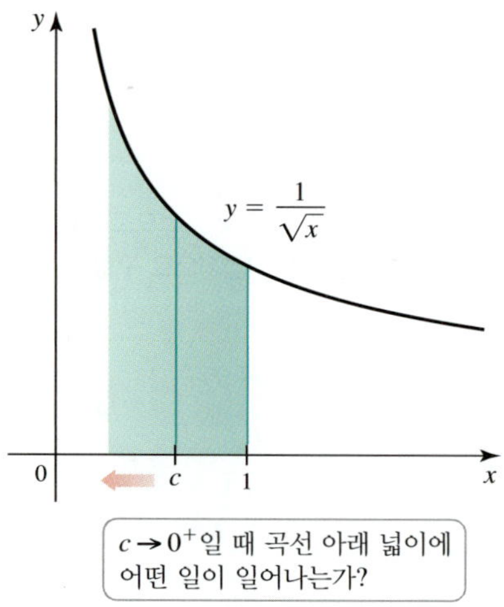

그림 8.26

이상적분은 피적분함수가 적분 구간의 어떤 점에서 무한대가 되는 경우에도 발생한다. 함수 $f(x) = 1/\sqrt{x}$을 생각해 보자(그림 8.26). $x = 0$과 $x = 1$ 사이에서 함수 f의 그래프로 둘러싸인 영역의 넓이를 살펴보자. f는 $x = 0$에서 정의되지 않으며, $x \to 0^+$일 때 무한대로 증가함에 주목하자.

아이디어는 적분의 아래끝 0을 0 근방의 $0 < c < 1$인 양의 실수 c로 바꾼 다음 $\int_c^1 \frac{dx}{\sqrt{x}}$를 고려하는 것이다. 이제 다음을 얻는다.

$$\int_c^1 \frac{dx}{\sqrt{x}} = 2\sqrt{x}\Big|_c^1 = 2(1 - \sqrt{c})$$

구간 (0, 1]에서 곡선 아래의 넓이를 구하기 위해 $c \to 0^+$라 하자. 이로부터 얻는 넓이를 $\int_0^1 \frac{dx}{\sqrt{x}}$로 나타내며, 이 넓이는 다음과 같이 주어진다.

$$\lim_{c\to 0^+} \int_c^1 \frac{dx}{\sqrt{x}} = \lim_{c\to 0^+} 2(1 - \sqrt{c}) = 2$$

다시 한 번 놀라운 결과를 얻는다. 즉, 주어진 영역이 무한한 길이를 갖는 곡선을 경계로 함에도 불구하고 이 영역의 넓이는 유한하다는 것이다.

➤ $p > 0$일 때, 함수 $f(x) = 1/x^p$은 $x = 0$에서 유계가 아니다. $p < 1$의 경우 다음이 성립함을 보일 수 있다(연습문제 48번).

$$\int_0^1 \frac{dx}{x^p} = \frac{1}{1 - p}$$

이외의 경우 주어진 적분은 발산한다.

QUICK CHECK 3 위 계산에서 양쪽 극한이 아닌 한쪽 극한 $c \to 0^+$를 이용해야 하는 이유를 설명하여라. ◀

위에서 다룬 예는 주어진 함수가 어떤 점 p에서 유계가 아니더라도 점 p를 포함하는 구간에서 적분 가능할 수 있음을 보여 준다. 점 p는 적분 구간의 양 끝 또는 구간 내에 있을 수도 있다.

정의 유계가 아닌 피적분함수에 대한 이상적분

1. f가 구간 $(a, b]$에서 연속이고 $\lim_{x\to a^+} f(x) = \pm\infty$이면 다음과 같이 정의한다.

$$\int_a^b f(x)\,dx = \lim_{c\to a^+} \int_c^b f(x)\,dx$$

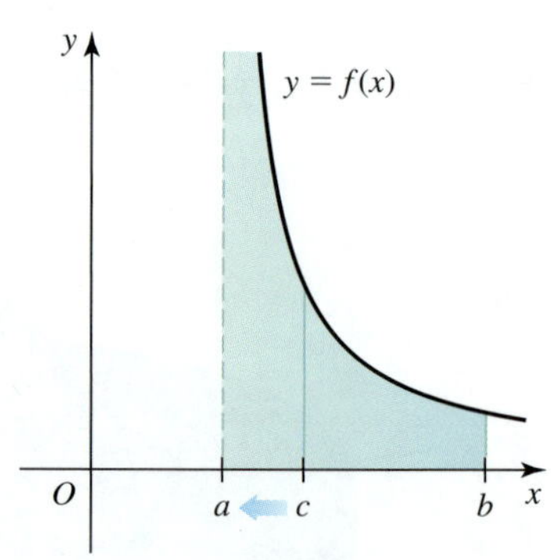

2. f가 구간 $[a, b)$에서 연속이고 $\lim_{x \to b^-} f(x) = \pm\infty$이면 다음과 같이 정의한다.

$$\int_a^b f(x)\,dx = \lim_{c \to b^-} \int_a^c f(x)\,dx$$

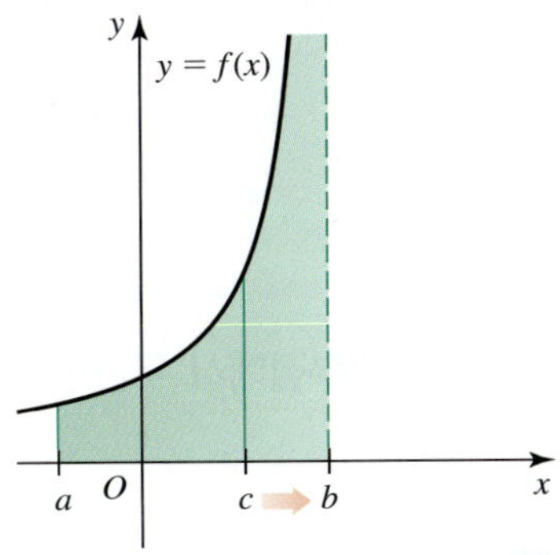

3. f가 구간 $[a, b]$ 내부의 한 점 p를 제외한 곳에서 연속이고 점 p에서 f가 유계가 아니면 다음과 같이 정의한다.

$$\int_a^b f(x)\,dx = \lim_{c \to p^-} \int_a^c f(x)\,dx + \lim_{d \to p^+} \int_d^b f(x)\,dx$$

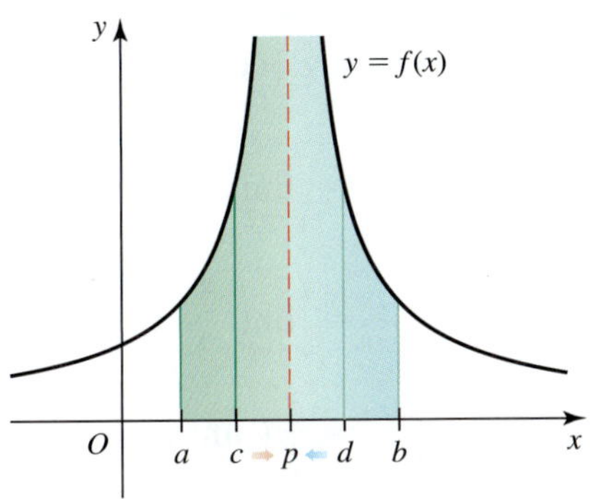

세 정의에서 극한이 존재하면 이상적분은 **수렴**한다라고 하고, 극한이 존재하지 않으면 **발산**한다라고 한다.

| 예제 4 | **무한한 값을 갖는 피적분함수** 구간 $(-3, 3)$에서 (존재한다면) 함수 $f(x) = \dfrac{1}{\sqrt{9 - x^2}}$의 그래프와 x축으로 둘러싸인 영역 R의 넓이를 구하여라.

➤ 다음 공식을 상기해 보자.

$$\int \frac{dx}{\sqrt{a^2 - x^2}} = \sin^{-1}\frac{x}{a} + C$$

풀이 피적분함수는 우함수이고 $x = \pm 3$에서 수직 점근선을 갖는다(그림 8.27). 대칭성에 의해 R의 넓이는 다음 이상적분의 존재가 보장되면 아래와 같이 주어진다.

$$\int_{-3}^{3} \frac{1}{\sqrt{9 - x^2}}\,dx = 2\int_0^3 \frac{1}{\sqrt{9 - x^2}}\,dx$$

피적분함수가 $x = 3$에서 유계가 아니므로 적분의 위끝을 c로 대체하고 $c \to 3^-$라 하면 다음을 얻는다.

$$2\int_0^3 \frac{dx}{\sqrt{9 - x^2}} = 2\lim_{c \to 3^-} \int_0^c \frac{dx}{\sqrt{9 - x^2}} \qquad \text{이상적분의 정의}$$

$$= 2\lim_{c \to 3^-} \sin^{-1}\frac{x}{3}\Big|_0^c \qquad \text{적분 값 구하기}$$

$$= 2\lim_{c \to 3^-} \left(\underbrace{\sin^{-1}\frac{c}{3}}_{\pi/2\text{로 수렴}} - \underbrace{\sin^{-1} 0}_{0\text{과 같음}}\right) \qquad \text{간단히 하기}$$

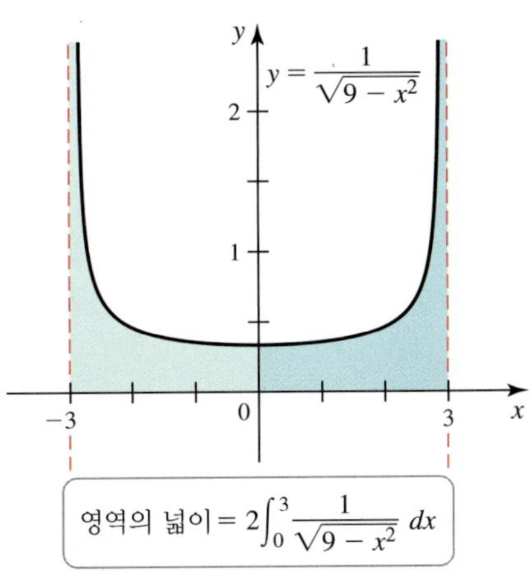

그림 8.27

$c \to 3^-$일 때 $\sin^{-1}(c/3) \to \sin^{-1} 1 = \pi/2$이므로 R의 넓이는 다음과 같다.

$$2\int_0^3 \frac{1}{\sqrt{9 - x^2}}\,dx = 2\left(\frac{\pi}{2} - 0\right) = \pi$$

관련 연습문제 19번 ◀

| 예제 5 | 내부점에서 무한한 값을 갖는 피적분함수 적분 $\int_1^{10} \frac{dx}{(x-2)^{1/3}}$의 값을 계산하여라.

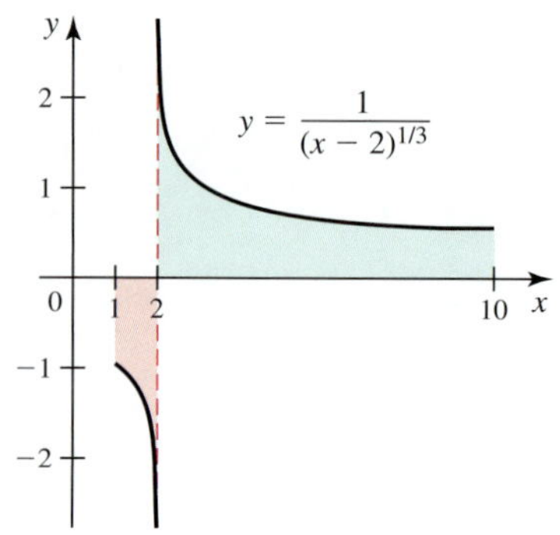

그림 8.28

풀이 피적분함수는 $x = 2$에서 유계가 아니고, 이는 적분 구간의 내부점이다(그림 8.28). 주어진 적분을 두 부분구간으로 쪼개고, 각 부분구간에서 이상적분의 값을 구하면 다음을 얻는다.

$$\begin{aligned}
\int_1^{10} \frac{dx}{(x-2)^{1/3}} &= \lim_{c \to 2^-} \int_1^c \frac{dx}{(x-2)^{1/3}} + \lim_{d \to 2^+} \int_d^{10} \frac{dx}{(x-2)^{1/3}} && \text{이상적분의 정의} \\
&= \lim_{c \to 2^-} \frac{3}{2}(x-2)^{2/3}\Big|_1^c + \lim_{d \to 2^+} \frac{3}{2}(x-2)^{2/3}\Big|_d^{10} && \text{적분 값 구하기} \\
&= \frac{3}{2}\left(\lim_{c \to 2^-}(c-2)^{2/3} - (1-2)^{2/3}\right) \\
&\quad + \frac{3}{2}\left((10-2)^{2/3} - \lim_{d \to 2^+}(d-2)^{2/3}\right) && \text{간단히 하기} \\
&= \frac{3}{2}\left(0 - (-1)^{2/3} + 8^{2/3} - 0\right) = \frac{9}{2} && \text{극한값 구하기}
\end{aligned}$$

관련 연습문제 25번 ◀

➤ 예제 5의 결과 9/2는 구간 [1, 10]에서 곡선 $y = 1/(x-2)^{1/3}$으로 둘러싸인 영역의 구간 면적으로 볼 수 있다.

다음 예제는 이상적분이 실제 상황에 어떻게 응용되는지 보여 준다.

| 예제 6 | 생체이용률 약물을 원하는 표적에 전달하는 가장 효율적인 방법은 그 약물을 정맥주사로 (혈액에 직접) 투여하는 것이다. 다른 방법(예를 들어 주사, 경구 투여, 비강 흡입기 또는 피부 패치)으로 약물을 투여하면 일반적으로 약물의 일부는 혈액에 도달하기 전에 다른 곳에 흡수된다. 정의에 의해 약물의 생체이용률은 정맥주사 방법과 비교했을 때 비정맥주사 방법이 얼마나 효율적인지 측정하는 것을 뜻한다. 정맥주사 투여의 생체이용률은 100%이다.

시간 $t(t \geq 0)$에 대하여 $C_i(t)$와 $C_o(t)$를 각각 정맥주사와 경구 투여를 이용했을 때 약물의 혈중농도를 나타내는 함수로 놓자(이 두 함수는 임상실험을 통해 결정될 수 있다). 처음부터 같은 양의 약물을 두 방법을 통해 투여한다고 가정하면 경구 투여에 대한 생체이용률은 다음과 같이 정의된다.

$$F = \frac{\mathrm{AUC}_o}{\mathrm{AUC}_i} = \frac{\int_0^\infty C_o(t)\,dt}{\int_0^\infty C_i(t)\,dt}$$

여기서 AUC는 곡선 아래의 넓이를 뜻하는 약리학 용어이다.

t를 시간 단위로 측정할 때, 어떤 약물을 정맥주사로 혈액에 투여했을 때의 혈중농도가 $C_i(t) = 100e^{-0.3t}$(단위는 mg/L)로 주어진다고 가정하자. 또한 같은 약물이 경구 투여를 통해 전달되었을 때의 혈중농도는 $C_o(t) = 90(e^{-0.3t} - e^{-2.5t})$으로 주어진다고 가정하자(그림 8.29). 이 약물의 생체이용률을 구하여라.

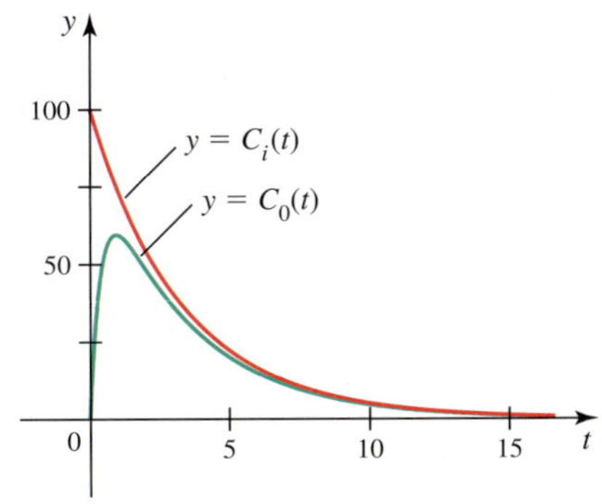

그림 8.29

풀이 농도 함수의 적분 값을 구하면 다음과 같다.

$$\begin{aligned} \text{AUC}_i &= \int_0^\infty C_i(t)\,dt = \int_0^\infty 100e^{-0.3t}\,dt \\ &= \lim_{b\to\infty} \int_0^b 100e^{-0.3t}\,dt && \text{이상적분} \\ &= \lim_{b\to\infty} \frac{1000}{3}(1 - \underbrace{e^{-0.3b}}_{0\text{으로 수렴}}) && \text{적분 계산하기} \\ &= \frac{1000}{3} && \text{극한값 구하기} \end{aligned}$$

$$\begin{aligned} \text{AUC}_o &= \int_0^\infty C_o(t)\,dt = \int_0^\infty 90(e^{-0.3t} - e^{-2.5t})\,dt \\ &= \lim_{b\to\infty} \int_0^b 90(e^{-0.3t} - e^{-2.5t})\,dt && \text{이상적분} \\ &= \lim_{b\to\infty} \left(300(1 - \underbrace{e^{-0.3b}}_{0\text{으로 수렴}}) - 36(1 - \underbrace{e^{-2.5b}}_{0\text{으로 수렴}})\right) && \text{적분 계산하기} \\ &= 264 && \text{극한값 구하기} \end{aligned}$$

따라서 생체이용률은 $F = 264/(1000/3) = 0.792$ 이고, 이는 약물의 경구 투여 방법이 정맥주사의 약 80% 정도 효과를 낸다는 것을 뜻한다. 참고로 F는 구간 $[0, \infty)$에서 두 곡선 아래의 넓이의 비이다.

관련 연습문제 31번 ◀

비교판정법

이 책에 나오는 적분 공식으로는 역도함수를 구하는 것이 불가능한 경우가 있으므로 이상적분의 수렴 여부를 판단할 수 없는 경우가 존재한다. 예를 들어 $g(x) = e^{-x^2}$의 역도함수를 기초함수로 표현할 수 없고, 따라서 이 절의 앞부분에서 사용한 방법으로는 $\int_a^\infty e^{-x^2}\,dx$($a$는 임의의 실수)의 수렴 여부를 판단할 수 없다. 다음 정리의 비교판정법(comparison test)이 이러한 문제를 해결하는 데 도움을 줄 것이다.

➤ 적분 $\int_a^\infty e^{-x^2}\,dx$는 확률론에서 필수적인 역할을 하며, 이 값의 수렴 여부를 결정하는 것은 매우 중요한 문제이다(예제 7a 참조).

정리 8.2 이상적분에 대한 비교판정법

구간 $[a, \infty)$에서 두 함수 f와 g가 연속이고, $x \ge a$에 대하여 $f(x) \ge g(x) \ge 0$이라 가정하자.

1. $\int_a^\infty f(x)\,dx$가 수렴하면 $\int_a^\infty g(x)\,dx$도 수렴한다.
2. $\int_a^\infty g(x)\,dx$가 발산하면 $\int_a^\infty f(x)\,dx$도 발산한다.

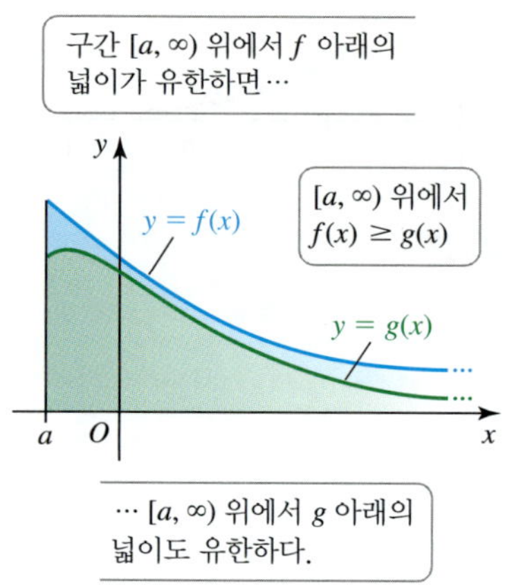

그림 8.30

위 정리의 자세한 증명은 생략한다. 그림 8.30은 정리 8.2의 명제 (1)을 이해하는 데 도움이 될 것이다. 구간 $[a, \infty)$에서 f의 그래프 아래의 넓이가 유한하고 $f(x) \geq g(x) \geq 0$이면 g의 그래프 아래의 넓이는 반드시 유한해야 한다. 명제 (2)는 명제 (1)의 대우이므로 명제 (1)로부터 바로 유도된다. $\int_{-\infty}^{b} f(x)\,dx$ 꼴의 이상적분과 유한 구간에서 피적분함수가 유계가 아닌 경우의 이상적분에 대해서도 이와 유사한 정리를 적용할 수 있다.

QUICK CHECK 4 다음이 성립함을 보여라.

$$\int_1^\infty e^{-x}\,dx = \frac{1}{e}$$

| 예제 7 | **비교판정법** 정리 8.2를 이용하여 다음 적분의 수렴 여부를 조사하여라.

a. $\int_1^\infty e^{-x^2}\,dx$ **b.** $\int_1^\infty \frac{1}{\sqrt[3]{x^2 - 0.5}}\,dx$

풀이

a. 정리 8.2를 적용하기에 앞서 비교판정법의 (1)과 (2) 중 어떤 것을 적용할지 결정하기 위해 주어진 이상적분의 수렴 여부를 예측해 보는 것은 많은 도움이 된다. 예제 1a에서 $\int_0^\infty e^{-x}\,dx$가 수렴함을 보였으며, 따라서 $\int_1^\infty e^{-x}\,dx$ 또한 수렴함을 알 수 있다(QUICK CHECK 4). (큰 x값에 대하여 $x^2 > x$이므로) $x \to \infty$일 때 e^{-x^2}은 e^{-x}보다 빠르게 0에 다가가므로 $\int_1^\infty e^{-x^2}\,dx$ 또한 수렴할 것이라고 예상할 수 있다. 따라서 명제 (1)에서 $f(x) = e^{-x}$, $g(x) = e^{-x^2}$으로 놓자. 구간 $[1, \infty)$에서 $x \leq x^2$이고 e^x은 증가하므로 $e^x \leq e^{x^2}$이고, 따라서 $[1, \infty)$에서 다음을 얻는다.

$$e^{-x} \geq e^{-x^2}$$ 그림 8.31

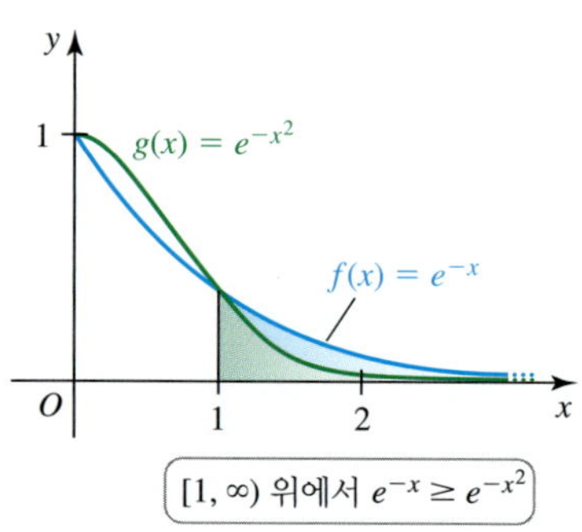

그림 8.31

따라서 정리 8.2의 (1)에 의해 $\int_1^\infty e^{-x^2}\,dx$는 수렴한다.

b. 정리 8.2를 이용할 때 주어진 이상적분과 비교할 적절한 이상적분을 찾는 것은 그리 쉽지 않다. 이 경우 적당히 큰 x값에 대하여 $\frac{1}{\sqrt[3]{x^2 - 0.5}} \approx \frac{1}{\sqrt[3]{x^2}} = \frac{1}{x^{2/3}}$이고, 따라서 $\int_1^\infty \frac{1}{\sqrt[3]{x^2 - 0.5}}\,dx$를 $\int_1^\infty \frac{1}{x^{2/3}}\,dx$와 비교해 볼 것이다. 예제 2에서 $p \leq 1$일 때 $\int_1^\infty \frac{1}{x^p}\,dx$가 발산함을 보였고, 따라서 $\int_1^\infty \frac{1}{\sqrt[3]{x^2 - 0.5}}\,dx$ 또한 발산할 것이라 예상할 수 있다. 따라서 정리 8.2의 명제 (2)에서 $f(x) = \sqrt[3]{x^2 - 0.5}$, $g(x) = x^{2/3}$으로 놓자. 목표는 구간 $[1, \infty)$에서 $f(x) \geq g(x)$를 보이는 것이다. 구간 $[1, \infty)$에서 $\sqrt[3]{x^2 - 0.5} < \sqrt[3]{x^2} = x^{2/3}$이고, 이를 통해 구간 $[1, \infty)$에서 다음 부등식을 얻는다.

$$\frac{1}{\sqrt[3]{x^2 - 0.5}} > \frac{1}{x^{2/3}}$$

정리 8.2의 (2)에 의해 $\int_1^\infty \frac{1}{\sqrt[3]{x^2 - 0.5}}\,dx$는 발산한다.

관련 연습문제 39–40번 ◀

이제 중요한 두 가지 사실을 언급함으로써 이 절을 마치도록 한다. 첫째, 함수 g가 정리 8.2의 조건을 만족하면 $\int_a^\infty g(x)\,dx$ 꼴의 이상적분에 대하여 전체 적분 구간 $[a, \infty)$에서 정리 8.2의 조건을 만족하는 함수 f를 찾을 필요가 없다는 것이다. 대신 다음 조건을 만족하는 함수 f를 찾으면 충분하다.

$c > a$일 때, 구간 $[c, \infty)$에서 $f(x) \ge g(x)$이고 $\int_c^\infty f(x)\,dx$가 수렴한다.

이 두 조건은 $\int_a^\infty g(x)\,dx$가 수렴한다는 결론을 내리기에 충분한 조건들이다. $g(x)$는 구간 $[a, c]$에서 유계이고, 따라서 $\int_a^c g(x)\,dx$ 값이 유한하기 때문이다. 예를 들어 구간 $[0, \infty)$의 모든 점에서 e^{-x}이 e^{-x^2}보다 같거나 크지 않음에도 불구하고 (그림 8.31), 예제 7a의 결과를 이용하면 (적분 아래끝이 0인) $\int_0^\infty e^{-x^2}\,dx$가 수렴함을 보일 수 있다. 유한한 값 $\int_0^1 e^{-x^2}\,dx$를 수렴하는 적분 $\int_1^\infty e^{-x^2}\,dx$에 더하는 것은 $\int_0^\infty e^{-x^2}\,dx$의 수렴성에 아무런 영향을 주지 않기 때문이다. 이 절에서 다룬 다른 형태의 이상적분에 대해서도 비슷한 원리를 적용할 수 있다.

둘째, 예제 7a에서 주어진 적분의 정확한 값을 구할 수 없다는 것이다. 추후 수렴하는 적분의 정교한 근삿값을 구하는 방법을 개발하고, 15.3절에서 $\int_0^\infty e^{-x^2}\,dx = \frac{\sqrt{\pi}}{2}$를 보일 것이다.

8.9절 연습문제

1단계 스타트

1. 이상적분이 발생하는 일반적인 두 가지 경우는 무엇인가?

2. 적분 $\int_2^\infty \frac{dx}{x^{1/5}}$를 극한으로 바꿔 쓴 다음 이 적분이 발산함을 보여라.

3. $\lim_{a\to-\infty}\int_a^0 f(x)\,dx + \lim_{b\to\infty}\int_0^b f(x)\,dx$를 이상적분 형태로 나타내어라.

2단계 실전

4–29. 이상적분 다음 적분의 수렴 여부를 조사하고, 수렴하면 그 값을 구하여라.

4. $\int_3^\infty \frac{dx}{x^2}$

5. $\int_2^\infty \frac{dx}{\sqrt{x}}$

6. $\int_0^\infty e^{-ax}\,dx,\ a > 0$

7. $\int_0^\infty \cos x\,dx$

8. $\int_{-\infty}^\infty \frac{dx}{x^2 + 100}$

9. $\int_7^\infty \frac{dx}{(x+1)^{1/3}}$

10. $\int_1^\infty \frac{3x^2 + 1}{x^3 + x}\,dx$

11. $\int_2^\infty \frac{\cos(\pi/x)}{x^2}\,dx$

12. $\int_0^\infty \frac{e^u}{e^{2u} + 1}\,du$

13. $\int_{-\infty}^\infty \frac{e^{3x}}{1 + e^{6x}}\,dx$

14. $\int_{-\infty}^\infty xe^{-x^2}\,dx$

15. $\int_{-\infty}^\infty \frac{(\tan^{-1} t)^2}{t^2 + 1}\,dt$

16. $\int_1^\infty \frac{dv}{v(v+1)}$

17. $\int_2^\infty \frac{dy}{y \ln y}$

18. $\int_{-\infty}^0 \frac{dx}{\sqrt[3]{2 - x}}$

19. $\int_0^8 \frac{dx}{\sqrt[3]{x}}$

20. $\int_0^{\pi/2} \tan\theta\, d\theta$

21. $\int_0^{\pi/2} \sec x \tan x\, dx$

22. $\int_0^1 \frac{e^{\sqrt{x}}}{\sqrt{x}}\, dx$

23. $\int_0^1 \frac{x^3}{x^4 - 1}\, dx$

24. $\int_0^{10} \frac{dx}{\sqrt[4]{10 - x}}$

25. $\int_0^2 \frac{dx}{(x - 1)^2}$

26. $\int_{-2}^2 \frac{dp}{\sqrt{4 - p^2}}$

27. $\int_0^1 \ln x\, dx$

28. $\int_0^{\ln 2} \frac{e^x}{\sqrt{e^{2x} - 1}}\, dx$

29. $\int_{-\infty}^{\infty} e^{-|x|}\, dx$

30. **종신연금** 오늘 연간 복리가 p%인 예금계좌에 \$$B$를 입금한다고 생각해 보자(7.2절 참조). 목표는 이 계좌에서 영구적으로 매년 \$$I$를 인출하는 것이다. 이를 위해 입금해야 할 돈의 총액은 $B = I\int_0^{\infty} e^{-rt}\, dt$이다. 여기서 $r = p/100$이다. 연간 복리가 12%인 예금계좌를 찾았고, 매년 이 계좌에서 \$5000를 인출하고자 한다고 가정하자. 오늘 얼마를 입금해야 하는가?

31. **생체이용률** 어떤 약물을 정맥주사로 투여했을 때, 이 약물의 혈중농도는 시간 $t\,(t \ge 0)$에 대하여 $C_i(t) = 250e^{-0.08t}$으로 주어진다. 같은 약물이 경구로 투여될 때, 이 약물의 혈중농도는 시간 $t\,(t \ge 0)$에 대하여 $C_o(t) = 200(e^{-0.08t} - e^{-1.8t})$으로 주어진다. 이 약물의 생체이용률을 구하여라.

32. **평균 수명** 어떤 컴퓨터 칩이 고장날 때까지의 평균 시간은 $0.00005\int_0^{\infty} e^{-0.00005t}\, dt$이다. 이 값을 구하여라.

33–38. 부피 주어진 입체의 부피의 존재 여부를 조사하고, 존재하는 경우 그 부피를 구하여라.

33. 구간 $[1, \infty)$에서 $f(x) = x^{-2}$의 그래프와 x축으로 둘러싸인 영역을 x축을 중심으로 회전시켜 얻은 입체

34. 구간 $[1, \infty)$에서 $f(x) = \sqrt{\frac{x + 1}{x^3}}$의 그래프와 x축으로 둘러싸인 영역을 x축을 중심으로 회전시켜 얻은 입체

35. 구간 $[2, \infty)$에서 $f(x) = \frac{1}{\sqrt{x}\ln x}$의 그래프와 x축으로 둘러싸인 영역을 x축을 중심으로 회전시켜 얻은 입체

36. 구간 $(1, 2]$에서 $f(x) = (x - 1)^{-1/4}$의 그래프와 x축으로 둘러싸인 영역을 x축을 중심으로 회전시켜 얻은 입체

37. 구간 $[0, \pi/2)$에서 $f(x) = \tan x$의 그래프와 x축으로 둘러싸인 영역을 x축을 중심으로 회전시켜 얻은 입체

38. 구간 $[0, 4)$에서 $f(x) = (4 - x)^{-1/3}$의 그래프와 x축으로 둘러싸인 영역을 y축을 중심으로 회전시켜 얻은 입체

39–43. 비교판정법 다음 적분의 수렴 여부를 조사하여라.

39. $\int_1^{\infty} \frac{dx}{x^3 + 1}$

40. $\int_3^{\infty} \frac{dx}{\ln x}$ (힌트: $\ln x \le x$)

41. $\int_1^{\infty} \frac{\sin^2 x}{x^2}\, dx$

42. $\int_1^{\infty} \frac{2 + \cos x}{\sqrt{x}}\, dx$

43. $\int_0^1 \frac{dx}{\sqrt{x^{1/3} + x}}$

44. **참 또는 거짓** 다음 명제가 참이면 증명하고 거짓이면 반례를 들어라.

a. 구간 $[0, \infty)$에서 f가 연속이고 $0 < f(x) < g(x)$이며 $\int_0^{\infty} g(x)\, dx = M < \infty$이면 $\int_0^{\infty} f(x)\, dx$는 존재한다.

b. $\lim_{x\to\infty} f(x) = 1$이면 $\int_0^{\infty} f(x)\, dx$는 존재한다.

c. $q > p$일 때 $\int_0^1 x^{-p}\, dx$가 존재하면 $\int_0^1 x^{-q}\, dx$는 존재한다.

d. $q > p$일 때 $\int_1^{\infty} x^{-p}\, dx$가 존재하면 $\int_1^{\infty} x^{-q}\, dx$는 존재한다.

e. $p > -\frac{1}{3}$이면 $\int_1^{\infty} \frac{dx}{x^{3p+2}}$는 존재한다.

45. **두 곡선 사이의 넓이** $x \ge 0$일 때, R을 $y = e^{-ax}$과 $y = e^{-bx}$의 그래프로 둘러싸인 영역이라 하자. 여기서 $a > b > 0$이다. R의 넓이를 a와 b로 나타내어라.

46. **지수함수로 둘러싸인 영역** $a > 0$이고 R을 구간 $[b, \infty)$에서 $y = e^{-ax}$의 그래프와 x축으로 둘러싸인 영역이라 하자.

a. $A(a, b)$를 구하여라. 여기서 $A(a, b)$는 R의 넓이를 a와 b에 대한 함수로 나타낸 것이다.

b. $A(a, b) = 2$가 성립하기 위한 관계식 $b = g(a)$를 찾아라.

c. 다음을 만족하는 b의 최솟값을 b^*라 부르자. $b > b^*$일 때 $A(a, b) = 2$를 만족하는 어떤 양수 a가 존재한다. 이 최솟값 b^*는 얼마인가?

3단계 도전

47. **무한 구간에서 유계가 아닌 피적분함수의 이상적분** 실수 a에 대하여 $\lim_{x\to a^+} f(x) = -\infty$ 또는 $\lim_{x\to a^+} f(x) = \infty$가 성립한다고 가정하자. 이 경우, 적분 $\int_a^{\infty} f(x)\, dx$는 ∞가 적분 위끝에 등장하고 f는 $x = a$에서 유계가 아니라는 두 가지 이유에 의해 이상적분이 된다. a보다 큰 임의의 실수 c에 대하여 $\int_a^{\infty} f(x)\, dx = \int_a^c f(x)\, dx + \int_c^{\infty} f(x)\, dx$가 성립함을 보일 수 있다. 이 결과를 이용하여 이상적분 $\int_1^{\infty} \frac{dx}{x\sqrt{x - 1}}$를 계산하여라.

48. 함수족 $f(x) = \frac{1}{x^p}$ 살펴보기 실수 p에 대하여 $f(x) = \frac{1}{x^p}$ 꼴의 함수들의 모임을 생각해 보자. 어떤 p값에 대하여 적분 $\int_0^1 f(x)\, dx$가 수렴하는가? 수렴하는 경우, 이 적분 값은 얼마인가?

49–50. 수치적 방법 수치적 방법 또는 계산기를 이용하여 다음 적분의 값을 가능한 한 가깝게 근사하여라. 적분의 정확한 값은 다음과 같이 제시되어 있다.

49. $\int_0^{\pi/2} \ln(\sin x)\, dx = \int_0^{\pi/2} \ln(\cos x)\, dx = -\frac{\pi \ln 2}{2}$

50. $\int_0^{\infty} \ln\left(\frac{e^x + 1}{e^x - 1}\right) dx = \frac{\pi^2}{4}$

51. 감쇠진동자 양수 a와 실수 b에 대하여 적분을 이용하여 다음 항등식이 성립함을 확인하여라(8.2절의 연습문제 38번 참조).

a. $\int_0^{\infty} e^{-ax} \cos bx\, dx = \frac{a}{a^2 + b^2}$

b. $\int_0^{\infty} e^{-ax} \sin bx\, dx = \frac{b}{a^2 + b^2}$

52. 다양한 방법이 필요한 경우 다음 단계를 수행하여 $\int_0^{\infty} \frac{\sqrt{x} \ln x}{(1 + x)^2} dx = \pi$가 성립함을 보여라(출처: *Mathematics Magazine* 59, 1, Feb 1986).

a. $u = \sqrt{x} \ln x$로 치환하여 부분적분법을 적용하여라.

b. $y = 1/x$로 변수 변환을 하여라.

c. $\int_0^1 \frac{\ln x}{\sqrt{x}(1 + x)} dx = -\int_1^{\infty} \frac{\ln x}{\sqrt{x}(1 + x)} dx$가 성립함을 보여라(이 두 적분이 수렴함도 보여라). 이를 통해 $\int_0^{\infty} \frac{\ln x}{\sqrt{x}(1 + x)} dx = 0$이 성립함을 보여라.

d. $z = \sqrt{x}$로 변수 변환을 하여 남은 적분의 값을 구하여라.

53–54. 라플라스 변환 라플라스 변환(Laplace transform)은 공학과 물리에 등장하는 문제들을 푸는 강력한 도구 중 하나이다. 주어진 함수 $f(t)$에 대하여 라플라스 변환 $F(s)$는 다음과 같이 정의된다.

$$F(s) = \int_0^{\infty} e^{-st} f(t)\, dt$$

여기서 s는 양의 실수로 가정한다. 예를 들어 $f(t) = e^{-t}$의 라플라스 변환을 찾기 위해 부분적분을 이용하면 다음 이상적분의 값을 얻는다.

$$F(s) = \int_0^{\infty} e^{-st} e^{-t}\, dt = \int_0^{\infty} e^{-(s+1)t}\, dt = \frac{1}{s + 1}$$

a가 실수일 때, 다음 라플라스 변환이 성립함을 확인하여라.

53. $f(t) = e^{at} \rightarrow F(s) = \frac{1}{s - a}$

54. $f(t) = \sin at \rightarrow F(s) = \frac{a}{s^2 + a^2}$

55. 이상적분 다음 이상적분을 구하여라(Putnam Exam, 1939).

a. $\int_1^3 \frac{dx}{\sqrt{(x - 1)(3 - x)}}$ **b.** $\int_1^{\infty} \frac{dx}{e^{x+1} + e^{3-x}}$

56. 탈출 속도와 블랙홀 어떤 물체를 지표면에서 우주 공간으로 쏘아 올리기 위해 필요한 일은 $W = \int_R^{\infty} F(x)\, dx$로 주어진다. 이때 $R = 6370$ km는 지구 반지름의 근삿값, $F(x) = \frac{GMm}{x^2}$은 지구와 물체 사이의 중력장, G는 중력 상수, M은 지구의 질량, m은 물체의 질량 그리고 $GM = 4 \times 10^{14}\ \mathrm{m^3/s^2}$이다.

a. 어떤 물체를 쏘아 올리는 데 필요한 일을 찾고, 이를 m에 관한 식으로 나타내어라.

b. 이 물체에 가해지는 운동에너지 $\frac{1}{2} m v_e^2$이 일 W와 같아지기 위해 필요한 탈출 속도 v_e는 무엇인가?

c. 18세기 프랑스 과학자 라플라스는 다음 논증을 통해 블랙홀의 존재를 예견했다. 어떤 물체가 빛의 속도 $c = 300{,}000$ km/s와 같거나 이를 넘어서는 탈출 속도를 가진다면 빛은 그 물체를 벗어날 수 없으며 보이지도 않는다. 위 조건을 만족하는 물체의 반경 R은 부등식 $R \le 2GM/c^2$을 만족함을 보여라. 지구가 블랙홀이 되려면 반경이 얼마나 되어야 하는가?

57. 감마 함수 감마 함수(gamma function)는 0이 아니고 음의 정수도 아닌 수 p에 대하여 $\Gamma(p) = \int_0^{\infty} x^{p-1} e^{-x}\, dx$로 정의된다.

a. $p = 1, 2, 3, \cdots$ 일 때, 축소 공식

$$\int_0^{\infty} x^p e^{-x}\, dx = p \int_0^{\infty} x^{p-1} e^{-x}\, dx$$

를 이용하여 $\Gamma(p + 1) = p!$($p!$은 p의 계승)이 성립함을 보여라.

b. $x = u^2$으로 치환한 후 $\int_0^{\infty} e^{-u^2}\, du = \frac{\sqrt{\pi}}{2}$를 이용하여 $\Gamma\left(\frac{1}{2}\right) = \sqrt{\pi}$를 보여라.

QUICK CHECK 정답

1. 적분은 발산한다. $\lim_{b\to\infty} \int_1^b (1 + x^{-1})\, dx = \lim_{b\to\infty} (x + \ln x)\Big|_1^b$는 존재하지 않는다. **2.** $\frac{1}{3}$ **3.** c는 적분 구간 (0, 1)에서 0에 가까워져야 한다. 따라서 $c \rightarrow 0^+$이다.

4. $\int_1^{\infty} e^{-x}\, dx = \lim_{b\to\infty}\left(-e^{-x}\Big|_1^b\right) = e^{-1}$ ◀

8장 연습문제

1. 참 또는 거짓 다음 명제가 참이면 증명하고 거짓이면 반례를 들어라.

a. 부분적분법을 이용하여 적분 $\int x^2 e^{2x}\,dx$를 구할 수 있다.

b. 적분 $\int \frac{dx}{\sqrt{x^2-100}}$를 구하는 해석적 방법 중 가장 좋은 것은 부분분수를 이용하는 것이다.

c. 어떤 컴퓨터 대수 체계는 $\int 2\sin x\cos x\,dx = \sin^2 x$의 결과를 냈고, 또 다른 컴퓨터 대수 체계는 $\int 2\sin x\cos x\,dx = -\cos^2 x$의 결과를 냈다. (적분 상수가 생략된 것과는 별개로) 이 중 하나는 틀린 결과이다.

d. $\int 2\sin x\cos x\,dx = -\frac{1}{2}\cos 2x + C$

e. 적분 $\int \frac{x^3+1}{3x^2}\,dx$를 구하는 가장 좋은 접근법은 변수 변환 $u = x^3+1$을 이용하는 것이다.

2–37. 적분 전략 8.1절에서 8.5절까지 소개된 방법들을 이용하여 다음 적분을 구하여라.

2. $\int \frac{3x}{\sqrt{x+4}}\,dx$ **3.** $\int \frac{x}{2\sqrt{x+2}}\,dx$

4. $\int_{-2}^{1} \frac{3}{x^2+4x+13}\,dx$ **5.** $\int_0^{\pi/4} \cos^5 2x \sin^2 2x\,dx$

6. $\int \frac{\sqrt{t-1}}{2t}\,dt$ **7.** $\int_0^{\pi} e^{3x}\sin 6x\,dx$

8. $\int_1^2 \frac{3x^5+48x^3+3x^2+16}{x^3+16x}\,dx$

9. $\int \frac{2x^2+7x+4}{x^3+2x^2+2x}\,dx$ **10.** $\int \frac{x^2+4x+7}{(x+3)^3}\,dx$

11. $\int_{\sqrt{2}}^{2} \frac{\sqrt{x^2-1}}{x}\,dx$ **12.** $\int \frac{\sin^4 t}{\cos^6 t}\,dt$

13. $\int_{-3/2}^{-1} \frac{dx}{4x^2+12x+10}$ **14.** $\int \frac{dw}{(w+1)^2\sqrt{w^2+2w-8}}$

15. $\int \frac{\cos^4 x}{\sin^6 x}\,dx$ **16.** $\int x\sinh 2x\,dx$

17. $\int \tan^3 3\theta \sec^3 3\theta\,d\theta$ **18.** $\int \frac{x^3}{\sqrt{4x^2+16}}\,dx$

19. $\int \frac{3x^3+4x^2+6x}{(x+1)^2(x^2+4)}\,dx$ **20.** $\int \frac{dt}{2+e^t}$

21. $\int \frac{d\theta}{1+\cos 4\theta}$ **22.** $\int e^x \sin x\,dx$

23. $\int \frac{2x^3+5x^2+13x+9}{x^2(x^2+4x+9)}\,dx$

24. $\int \cos^2 4\theta\,d\theta$ **25.** $\int \sec^{49} 2z \tan 2z\,dz$

26. $\int_0^{\pi/4} \sin^5 4\theta\,d\theta$

27. $\int \frac{dx}{\sqrt{x}+\sqrt[3]{x}}$ (힌트: $u = x^6$으로 놓는다)

28. $\int \frac{dy}{y^2\sqrt{18-2y^2}}$ **29.** $\int_0^{\sqrt{3}/2} \frac{4}{9+4x^2}\,dx$

30. $\int \operatorname{sech}^2 x \sinh x\,dx$ **31.** $\int_0^{\ln(\sqrt{3}+2)} \frac{\cosh x}{\sqrt{4-\sinh^2 x}}\,dx$

32. $\int \frac{dx}{x^2-2x-15}$ **33.** $\int_0^1 \frac{dy}{(y+1)(y^2+1)}$

34. $\int_0^2 \frac{dx}{\sqrt[3]{|x-1|}}$ **35.** $\int \frac{dx}{x^2-x-2}$

36. $\int \frac{2x^2-4x}{x^2-4}\,dx$ **37.** $\int \frac{e^{2t}}{(1+e^{4t})^{3/2}}\,dt$

38. **a**의 적분을 구한 다음, 이를 이용하여 **b**의 적분을 구하여라.

a. $\int e^x \sec e^x \tan e^x\,dx$ **b.** $\int e^{2x} \sec e^x \tan e^x\,dx$

39–41. 적분표 적분표를 이용하여 다음 적분을 구하여라.

39. $\int \frac{dx}{x\sqrt{4x-6}}$ **40.** $\int \sec^5 x\,dx$

41. $\int_0^{\pi/2} \cos x \ln^3(1+\sin x)\,dx$

42–44. 이상적분 다음 적분을 계산하거나 적분이 발산함을 보여라.

42. $\int_0^{\infty} xe^{-x}\,dx$ **43.** $\int_0^3 \frac{dx}{\sqrt{9-x^2}}$

44. $\int_1^{\infty} \frac{dx}{x(x-1)^{1/3}}$ (힌트: 먼저 적분을 두 이상적분의 합으로 나타낸다)

45–46. 비교판정법 다음 적분의 수렴 여부를 조사하여라.

45. $\int_{1}^{\infty} \frac{dx}{x^5 + x^4 + x^3 + 1}$ **46.** $\int_{3}^{\infty} \frac{x^3}{\sqrt{x^7 - 1}}\,dx$

47. 근삿값 컴퓨터 대수 체계를 이용하여 적분 $\int_{-1}^{1} e^{-2x^2}\,dx$의 근삿값을 구하여라.

48–49. 수치적분 부분구간의 개수 n에 대하여 다음 적분의 중점 법칙 근삿값 $M(n)$, 사다리꼴 법칙 근삿값 $T(n)$, 심프슨의 법칙 근삿값 $S(n)$을 각각 구하여라.

48. $\int_{0}^{8} f(x)\,dx,\ n = 4$(아래 그림 참조)

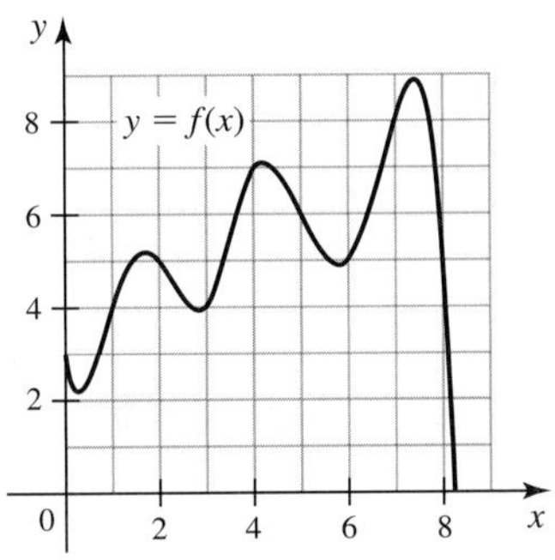

49. $\int_{0}^{1} \tan x^2\,dx,\ n = 40$

50. 수치적 방법에 의한 이상적분 사다리꼴 법칙(8.8절)을 이용하여 $R = 2, 4, 8$일 때 적분 $\int_0^R e^{-x^2}\,dx$의 근삿값을 구하여라. 이때 주어진 R의 값에 대하여 부분구간의 개수를 각각 $n = 4, 8, 16, 32$로 잡고, 연속된 n값에 대한 근삿값들을 서로 비교해 보아라. 이 근삿값들을 이용하여 적분 $I = \int_0^\infty e^{-x^2}\,dx$ 의 값을 근사하여라.

51. 부피 비교 R을 구간 $[0, \pi]$에서 함수 $y = \sin x$의 그래프와 x축으로 둘러싸인 영역이라 하자. R을 x축을 중심으로 회전시켜 얻은 입체의 부피와 y축을 중심으로 회전시켜 얻은 입체의 부피 중 더 큰 것은 무엇인가?

52–53. 부피 R은 구간 $[1, e]$에서 곡선 $y = \ln x$와 x축으로 둘러싸인 영역이다. 주어진 축을 중심으로 R을 회전시켜 얻은 입체의 부피를 구하여라.

52. x축 **53.** 직선 $x = 1$

54. 값이 0인 로그 적분 함수 $y = \ln x$의 그래프를 통해 $0 < a < 1$인 임의의 실수 a에 대하여 $\int_a^b \ln x\,dx = 0$(즉, 구간 $[a, b]$에서 $y = \ln x$의 그래프로 둘러싸인 영역의 구간 면적이 0이다)을 만족하는 유일한 실수 $b = g(a)$가 존재함을 쉽게 확인할 수 있다.

a. $b = g\left(\frac{1}{2}\right)$의 근삿값을 구하여라.

b. $b = g\left(\frac{1}{3}\right)$의 근삿값을 구하여라.

c. $b = g(a)$를 만족하는 모든 순서쌍 (a, b)에 대한 관계식을 찾아라.

d. g는 a에 대한 증가함수인가 감소함수인가? 이유를 설명하여라.

55. 평균 속도 구간 $0 \le t \le \pi$에서 속도가 $v(t) = 10 \sin 3t$로 주어진 발사체의 평균 속도를 구하여라.

56. 교통류 교통량 연구로 얻은 데이터가 어떤 곡선을 나타낼 때, 고속도로의 한 지점을 지나는 차들의 교통류율(flow rate)의 근삿값은 약 $R(t) = 800te^{-t/2}$(cars/hr)으로 주어진다. $0 \le t \le 4$ 동안 얼마나 많은 차가 측정 지점을 통과하는가?

57. 로그 적분의 모임 실수 p에 대하여 $I(p) = \int_1^e \frac{\ln x}{x^p}\,dx$라 하자.

a. 모든 실수 p에 대하여 $I(p)$를 p에 대한 식으로 표현하여라.

b. 두 극한 $\lim_{p\to\infty} I(p)$와 $\lim_{p\to-\infty} I(p)$를 구하여라.

c. 어떤 p값에 대하여 $I(p) = 1$이 되는가?

58. 최적근사 $I = \int_0^1 \frac{x^2 - x}{\ln x}\,dx$에 대하여 적절한 방법을 잘 선택하여 I의 좋은 근삿값을 구하여라. 다음을 이용해도 좋다.

$$\lim_{x\to 0^+} \frac{x^2 - x}{\ln x} = 0,\quad \lim_{x\to 1^-} \frac{x^2 - x}{\ln x} = 1$$

59. 수치적분 계산기를 이용하여 $\int_0^1 \frac{\sin^{-1} x}{x}\,dx = \frac{\pi \ln 2}{n}$를 만족하는 정수 n을 결정하여라.

60. 부피 비교 R을 곡선 $y = \ln x$, x축, 직선 $x = a\,(a > 1)$로 둘러싸인 영역이라 하자.

a. R을 x축을 중심으로 회전시켜 얻은 입체의 부피 $V_1(a)$를 구하여라($V_1(a)$를 a에 대한 함수로 표현한다).

b. R을 y축을 중심으로 회전시켜 얻은 입체의 부피 $V_2(a)$를 구하여라($V_2(a)$를 a에 대한 함수로 표현한다).

c. 두 함수 V_1과 V_2의 그래프를 그려라. 어떤 $a\,(a > 1)$ 값에 대하여 $V_1(a) > V_2(a)$가 성립하는가?

61. 같은 부피 R_1을 구간 $[0, b]$에서 함수 $y = e^{-ax}$의 그래프와 x축으로 둘러싸인 영역이라 하자(단, $a > 0$이고 $b > 0$). R_2를 구간 $[b, \infty)$에서 함수 $y = e^{-ax}$의 그래프와 x축으로 둘러싸인 영역으로 놓자. R_1과 R_2를 x축을 중심으로 회전시켜 얻은 입체의 부피를 각각 V_1과 V_2로 놓자. $V_1 = V_2$를 만족시키

는 a와 b의 관계식을 구한 다음, 그 식을 나타내는 그래프를 그려라.

62. 두 곡선 사이의 영역 구간 $[0, \pi/4]$에서 두 함수 $y = \tan x$와 $y = \sec x$의 그래프 사이에 놓인 영역의 넓이를 구하여라.

63. 월리스 곱 다음 단계를 수행하여 17세기 영국 수학자 존 월리스(John Wallis)가 발견한 잘 알려진 공식을 증명하여라.

a. 축소 공식을 이용하여 다음을 보여라.

$$\int_0^\pi \sin^m x\,dx = \frac{m-1}{m}\int_0^\pi \sin^{m-2} x\,dx$$

여기서 m은 $m \geq 2$인 정수이다.

b. 1보다 크거나 같은 임의의 정수 n에 대하여 다음을 보여라.

$$\int_0^\pi \sin^{2n} x\,dx = \frac{2n-1}{2n}\cdot\frac{2n-3}{2n-2}\cdots\frac{1}{2}\cdot\pi$$

이 식의 우변의 곱을 월리스 곱(Wallis product)이라 한다.

c. 1보다 크거나 같은 임의의 정수 n에 대하여 다음을 보여라.

$$\int_0^\pi \sin^{2n+1} x\,dx = \frac{2n}{2n+1}\cdot\frac{2n-2}{2n-1}\cdots\frac{2}{3}\cdot 2$$

이 식의 우변의 곱은 월리스 곱의 또 다른 예이다.

d. 구간 $[0, \pi]$에서 성립하는 부등식 $0 \leq \sin x \leq 1$을 이용하여 음이 아닌 임의의 정수 m에 대하여 부등식

$$0 \leq \int_0^\pi \sin^{m+1} x\,dx \leq \int_0^\pi \sin^m x\,dx$$

가 성립함을 보여라.

e. **d**를 이용하여 2보다 크거나 같은 임의의 정수 n에 대하여 다음이 성립함을 보여라.

$$\frac{2n}{2n+1}\cdot\frac{2n-2}{2n-1}\cdots\frac{2}{3}\cdot 2 \leq \frac{2n-1}{2n}\cdot\frac{2n-3}{2n-2}\cdots\frac{1}{2}\cdot\pi \leq \frac{2n-2}{2n-1}\cdot\frac{2n-4}{2n-3}\cdots\frac{2}{3}\cdot 2$$

f. 2보다 크거나 같은 임의의 정수 n에 대하여 다음이 성립함을 보여라.

$$\frac{2n}{2n+1}\cdot\frac{\pi}{2} \leq \frac{(2n)^2}{2n+1}\cdot\frac{(2n-2)^2}{(2n-1)^2}\cdots\frac{2^2}{3^2} \leq \frac{\pi}{2}$$

g. **f**를 이용하여 월리스 공식(Wallis formula)으로 알려진 다음 등식이 성립함을 보여라.

$$\frac{\pi}{2} = \lim_{n\to\infty}\left(\frac{2}{1}\cdot\frac{2}{3}\cdot\frac{4}{3}\cdot\frac{4}{5}\cdots\frac{2n}{2n-1}\cdot\frac{2n}{2n+1}\right)$$

CHAPTER 9

수열과 무한급수
Sequences and Infinite Series

미리보기 이 장에서는 미적분학의 기초, 즉 수학의 기초 주제를 다룬다. 첫 번째 과제는 수열과 무한급수를 명확하게 구별하는 것이다. 수열(sequence)은 수 a_1, a_2, $\cdots$의 나열이고 무한급수(infinite series)는 수들의 합 $a_1 + a_2 + \cdots$이다. 극한으로 수렴한다는 개념은 수열과 급수 모두에서 중요하지만 두 경우 수렴은 다르게 분석된다. 수열의 한계를 결정하기 위해 무한대에서 함수의 극한에 쓰는 것과 동일한 도구를 사용한다. 무한급수를 분석하려면 새로운 방법이 필요하며, 이 장에서 소개할 것이다. 무한급수는 이론적 중요성을 갖고 있으며, 많은 실용적인 질문(자동차 대출은 언제 상환되는가? 하루에 약 세 알을 먹는다면 혈액 속에 얼마나 많은 항생제가 축적되겠는가?)에 답하기 위해 사용되는 기하급수(geometric series)부터 시작한다. 그다음 주어진 수열의 수렴 여부를 결정할 때 사용하는 몇 가지 판정법을 제시한다. 마지막 절에서는 주어진 급수에 적절한 수렴판정법을 선택하는 데 도움이 되는 지침을 제공한다.

9.1 개요
9.2 수열
9.3 무한급수
9.4 발산판정법과 적분판정법
9.5 비교판정법
9.6 교대급수
9.7 비판정법과 근판정법
9.8 수렴판정법 선택

9.1 개요

수열과 급수를 이해하기 위해서는 두 개념의 어떤 점이 서로 다르고 어떻게 연관되어 있는지 이해해야 한다. 이 절의 목적은 수열과 급수를 구체적인 용어로 소개하고 그 차이점과 서로의 관계를 설명하는 것이다.

▶ 일반적으로 이 장에서는 급수(series)와 무한급수(infinite series) 용어를 같은 개념으로 사용한다.

수열의 예

다음 수의 집합을 생각해 보자.

$$\{1, 4, 7, 10, 13, 16, \cdots\}$$

▶ 수열의 마지막 수 뒤에 있는 점($\cdots$, 줄임표)은 수가 무한히 나열함을 의미한다.

이 수들은 앞의 수에 3을 더하여 뒤의 수가 나온다. 이 규칙에 의하면 수들을 무한히 나열할 수 있다.

이 집합은 **수열**(sequence)의 예이며, 수열이란 순서가 있는 수의 나열이다. 수열의 각 수를 수열의 **항**(term)이라 한다. 다음 형태 중 하나로 수열을 나타낸다.

$$\{a_1, a_2, a_3, \cdots, \quad a_n, \cdots\}, \qquad \{a_n\}_{n=1}^{\infty}, \qquad \{a_n\}$$

여기서 a_n의 첨자 n을 **인덱스**(index)라 하며, 수열의 항 순서를 나타낸다. 시작 인덱스의 선택은 임의이지만 수열은 일반적으로 $n = 0$ 또는 $n = 1$로 시작한다.

수열 $\{1, 4, 7, 10, \cdots\}$은 두 가지 방법으로 정의할 수 있다. 먼저 수열의 각 항이 이전 항보다 3만큼 크다는 규칙이 있다. 즉, $a_2 = a_1 + 3$, $a_3 = a_2 + 3$, $a_4 = a_3 + 3$ 등이다. 일반적으로 다음이 성립함을 알 수 있다.

$$a_1 = 1, a_n + 1 = a_n + 3, \quad n = 1, 2, 3, \cdots$$

수열을 정의하는 이 방식을 **점화 관계**(또는 **점화식, 명시적 공식**)라고 한다. 이는 수열의 첫째항(이 경우 $a_1 = 1$)을 지정하고 이전 항에서 수열의 다음 항을 계산하기 위한 일반적인 규칙을 제공한다. 예를 들어 a_{100}을 알고 있는 경우 점화 관계를 통해 a_{101}을 찾을 수 있다.

수열의 처음 146개 항을 계산하는 대신 직접 a_{147}을 찾는다고 가정하자. 수열의 처음 네 항은 다음과 같이 쓸 수 있다.

$$a_1 = 1 + (3 \cdot 0), \quad a_2 = 1 + (3 \cdot 1), \quad a_3 = 1 + (3 \cdot 2), \quad a_4 = 1 + (3 \cdot 3)$$

패턴을 관찰하자. 수열의 n번째 항은 1 더하기 $3(n-1)$ 또는 다음과 같다.

$$a_n = 1 + 3(n-1) = 3n - 2, \quad n = 1, 2, 3, \cdots$$

QUICK CHECK 1 점화 관계를 사용하여 수열 $\{1, 4, 7, 10, \cdots\}$에 대한 a_{10}을 찾은 후, n번째 항에 대한 공식을 사용하여 다시 a_{10}을 구하여라. ◀

이 **명시적 공식**에 의해 수열의 n번째 항은 n의 값으로 직접 결정된다. 예를 들어 $n = 147$일 때 다음이 성립한다.

$$a_{\underbrace{147}_{n}} = 3 \cdot \underbrace{147}_{n} - 2 = 439$$

▶ 공식 $a_n = f(n)$으로 정의하면 수열은 함수라는 것이 명백해진다. 정의역은 일반적으로 음이 아닌 정수의 부분집합이고, 정의역의 각 정수 n에 하나의 실수 a_n이 대응된다.

> **정의 수열**
>
> **수열** $\{a_n\}$은 다음과 같은 형태의 수의 나열이다.
>
> $$\{a_1, a_2, a_3, \cdots, a_n, \cdots\}$$
>
> 수열은 a_1이 주어진 $a_{n+1} = f(a_n)$, $n = 1, 2, 3, \cdots$ 형태의 **점화 관계**(점화식)로 생성할 수 있다. 또한 수열은 $n = 1, 2, 3, \cdots$에 대하여 $a_n = f(n)$, $n = 1, 2, 3, \cdots$ 형태의 공식으로 정의할 수도 있다.

| 예제 1 | 명시적 공식 $\{a_n\}_{n=1}^{\infty}$에 대한 공식을 사용하여 다음 수열의 처음 네 항을 찾아라. 수열의 그래프를 그려라.

a. $a_n = \dfrac{1}{2^n}$ **b.** $a_n = \dfrac{(-1)^n n}{n^2 + 1}$

풀이

a. $n = 1, 2, 3, 4, \cdots$을 명시적 공식 $a_n = \dfrac{1}{2^n}$에 대입하면 다음을 얻는다.

$$\left\{\frac{1}{2}, \frac{1}{2^2}, \frac{1}{2^3}, \frac{1}{2^4}, \cdots\right\} = \left\{\frac{1}{2}, \frac{1}{4}, \frac{1}{8}, \frac{1}{16}, \cdots\right\}$$

수열의 그래프는 정수 집합에서 정의되는 함수의 그래프이다. 이 경우 $n = 1, 2, 3, \cdots$에 대하여 순서쌍 (n, a_n)을 표시하면 점들로 구성된 그래프를 생성한다. 수열 $a_n = \frac{1}{2^n}$의 그래프는 n이 증가함에 따라 수열의 항이 0에 가까워짐을 나타낸다(그림 9.1).

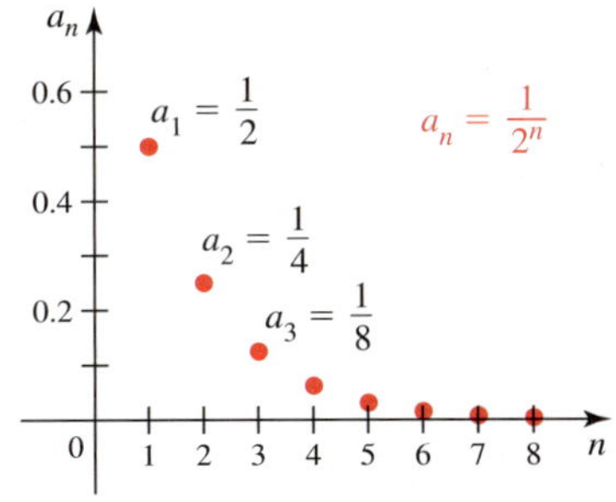

그림 9.1

b. 명시적 공식에 $n = 1, 2, 3, 4, \cdots$을 대입하면 수열의 항은 다음과 같다.

$$\left\{\frac{(-1)^1(1)}{1^2+1}, \frac{(-1)^2 2}{2^2+1}, \frac{(-1)^3 3}{3^2+1}, \frac{(-1)^4 4}{4^2+1}, \cdots\right\} = \left\{-\frac{1}{2}, \frac{2}{5}, -\frac{3}{10}, \frac{4}{17}, \cdots\right\}$$

➤ '스위치' $(-1)^n$은 수열 및 급수에서 항의 부호를 대체하기 위해 자주 사용된다.

그래프(그림 9.2)에서 수열의 항은 부호가 번갈아 나타나며, n이 증가함에 따라 0에 접근한다는 것을 알 수 있다.

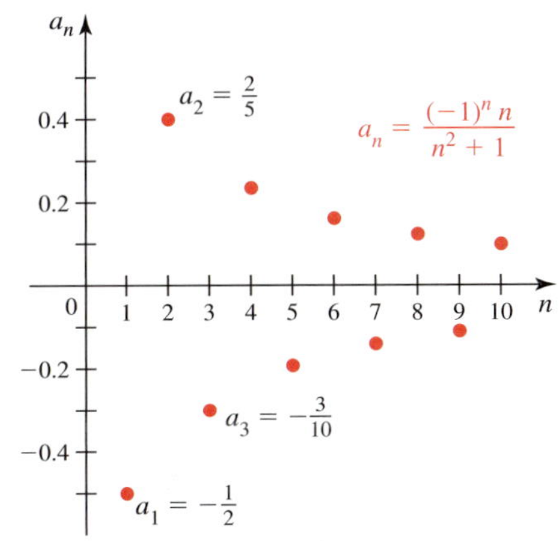

그림 9.2

관련 연습문제 7번 ◀

| 예제 2 | 점화 관계 $\{a_n\}_{n=1}^{\infty}$에 대한 점화 관계를 사용하여 다음 두 수열의 처음 네 항을 각각 구하여라.

$$a_{n+1} = 2a_n + 1,\ a_1 = 1 \text{과} \quad a_{n+1} = 2a_n + 1,\ a_1 = -1$$

풀이 점화 관계는 두 수열이 동일하며, 첫째항만 다르다. 수열의 처음 네 항은 다음과 같다.

n	$a_1 = 1$인 a_n	$a_1 = -1$인 a_n
1	$a_1 = 1$ (주어진 값)	$a_1 = -1$ (주어진 값)
2	$a_2 = 2a_1 + 1 = 2 \cdot 1 + 1 = 3$	$a_2 = 2a_1 + 1 = 2(-1) + 1 = -1$
3	$a_3 = 2a_2 + 1 = 2 \cdot 3 + 1 = 7$	$a_3 = 2a_2 + 1 = 2(-1) + 1 = -1$
4	$a_4 = 2a_3 + 1 = 2 \cdot 7 + 1 = 15$	$a_4 = 2a_3 + 1 = 2(-1) + 1 = -1$

첫 번째 수열의 항은 한계가 없이 증가하는 반면, 두 번째 수열은 모든 항이 −1임을 알 수 있다. 분명히 수열의 첫째항은 수열의 전체 양상을 결정할 수 있다.

관련 연습문제 11번 ◀

QUICK CHECK 2 수열 $\{1, 3, 7, 15, \cdots\}$에 대한 명시적 공식을 찾아라(예제 2). ◀

| 예제 3 | 수열 작업 다음 수열을 고려하자.

a. $\{a_n\} = \{-2, 5, 12, 19, \cdots\}$ **b.** $\{b_n\} = \{3, 6, 12, 24, 48, \cdots\}$

(i) 주어진 수열에서 그다음 두 항을 찾아라.

(ii) 수열의 점화 관계를 찾아라.

(iii) 수열의 n번째 항에 대한 공식을 찾아라.

풀이

a. (i) 각 항은 이전 항에 7을 더하여 얻을 수 있으므로 다음 두 항은 $19 + 7 = 26$,

26 + 7 = 33이다.

(ii) 각 항이 이전 항보다 7만큼 크므로 점화 관계는 다음과 같다.

$$a_{n+1} = a_n + 7, a_0 = -2, \quad n = 0, 1, 2, \cdots$$

(iii) $a_0 = -2, a_1 = -2 + (1 \cdot 7),\ a_2 = -2 + (2 \cdot 7)$이므로 명시적 공식은 다음과 같다.

$$a_n = 7n - 2, \quad n = 0, 1, 2, \cdots$$

b. **(i)** 각 항은 이전 항에 2를 곱하여 얻을 수 있으므로 다음 두 항은 $48 \cdot 2 = 96$, $96 \cdot 2 = 192$이다.

➤ 예제 3에서 $n = 0$을 시작 인덱스로 선택했다. 다른 선택도 가능하다.

(ii) 각 항이 이전 항의 두 배이므로 점화 관계는 다음과 같다.

$$a_{n+1} = 2a_n, a_0 = 3, \quad n = 0, 1, 2, \cdots$$

(iii) 명시적 공식을 얻으려면 $a_0 = 3,\ a_1 = 3(2^1),\ a_2 = 3(2^2)$을 기억하자. 일반적으로 다음이 성립한다.

$$a_n = 3(2^n), \quad n = 0, 1, 2, \cdots$$

관련 연습문제 14번 ◀

수열의 극한

아마도 수열의 가장 중요한 질문은 이 문제일 것이다. 수열의 첫째항으로부터 멀리 이동하면 할수록(n을 무한히 크게 할 때), 즉 $a_{100}, \cdots, a_{10,000}, \cdots$에서 수열의 항은 어떻게 작동하는가? 특정한 수에 접근하는가? 그렇다면 그 수는 얼마인가? 아니면 한계가 없이 커지는가? 움직임에 패턴이 있는가?

수열의 항이 무한한 경우 **극한**(limit)으로 설명한다. 수열의 극한은 다음 절에서 엄격하게 정의한다. 지금은 간단하게 정의할 것이다.

> **정의 수열의 극한**
>
> n이 증가함에 따라 수열 $\{a_n\}$의 항이 특정한 수 L에 접근하면, 즉 충분히 큰 n에 대하여 a_n이 L에 임의로 근접할 수 있으면 $\lim_{n\to\infty} a_n = L$이 존재하고 수열은 L에 **수렴**한다고 한다. n이 증가할 때 수열의 항이 단 하나의 값에 접근하지 않으면 수열의 극한이 없고 수열은 **발산**한다고 한다.

| 예제 4 | 수열의 극한 다음 수열의 처음 네 항을 구하여라. 수열이 수렴하면 극한에 대하여 추측하여라. 수열이 발산한다고 결정했다면 이유를 설명하여라.

a. $\left\{\dfrac{(-1)^n}{n^2+1}\right\}_{n=1}^{\infty}$ 명시적 공식

b. $\{\cos n\pi\}_{n=1}^{\infty}$ 명시적 공식

c. $\{a_n\}_{n=1}^{\infty},\ a_{n+1} = -2a_n,\ a_1 = 1$ 점화 관계

풀이

a. $n = 1$로 시작하면 수열의 처음 네 항은 다음과 같다.

$$\left\{\frac{(-1)^1}{1^2+1}, \frac{(-1)^2}{2^2+1}, \frac{(-1)^3}{3^2+1}, \frac{(-1)^4}{4^2+1}, \cdots\right\} = \left\{-\frac{1}{2}, \frac{1}{5}, -\frac{1}{10}, \frac{1}{17}, \cdots\right\}$$

항은 점점 크기가 감소하고 부호가 번갈아 나타나면서 0에 가까워진다. 즉, 극한은 0이다(그림 9.3).

b. 수열의 처음 네 항은 다음과 같다.

$$\{\cos\pi, \cos 2\pi, \cos 3\pi, \cos 4\pi, \cdots\} = \{-1, 1, -1, 1, \cdots\}$$

이 경우 수열의 항은 -1과 $+1$이 번갈아 나오며, 하나의 값에 접근하지 않는다. 따라서 수열은 발산한다(그림 9.4).

c. 수열의 처음 네 항은 다음과 같다.

$$\{1, -2a_1, -2a_2, -2a_3, \cdots\} = \{1, -2, 4, -8, \cdots\}$$

항은 무한히 증가하므로 다음과 같이 수열은 발산한다(그림 9.5).

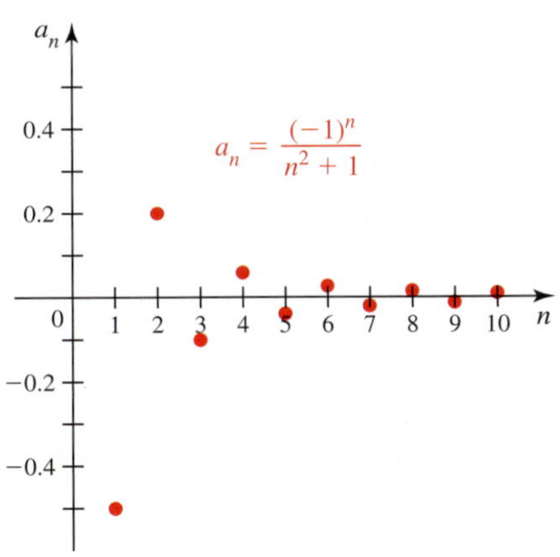

그림 9.3

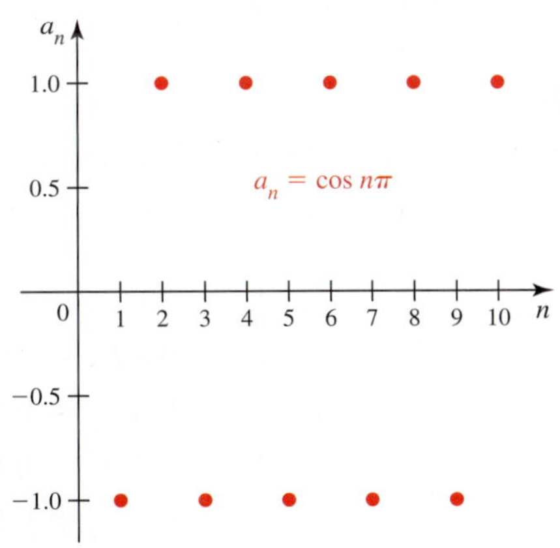

그림 9.4

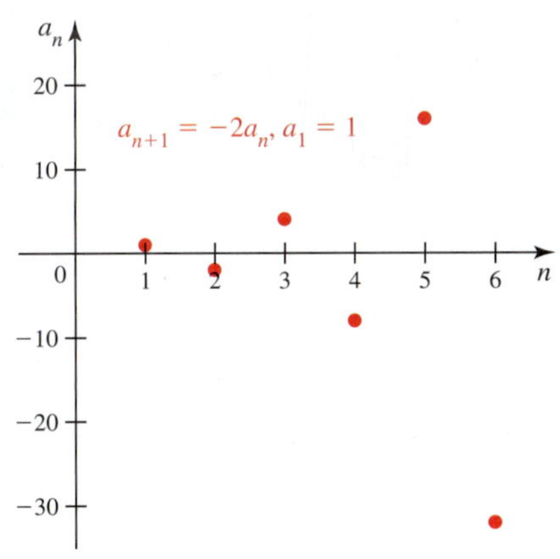

그림 9.5

관련 연습문제 18번 ◀

| 예제 5 | 수열의 극한 다음 수열의 항을 열거한 후 그래프로 나타내어라. 그리고 극한에 대하여 추측하여라.

$$a_n = \frac{4n^3}{n^3+1}, \quad n = 1, 2, 3, \cdots$$

풀이 표 9.1은 수열 $\{a_n\}$의 처음 14개의 항을 나타낸 것이고, 그래프가 그림 9.6에 있다. 항이 4에 가까워지는 것으로 보인다.

표 9.1

n	a_n	n	a_n
1	2.000	8	3.992
2	3.556	9	3.995
3	3.857	10	3.996
4	3.938	11	3.997
5	3.968	12	3.998
6	3.982	13	3.998
7	3.988	14	3.999

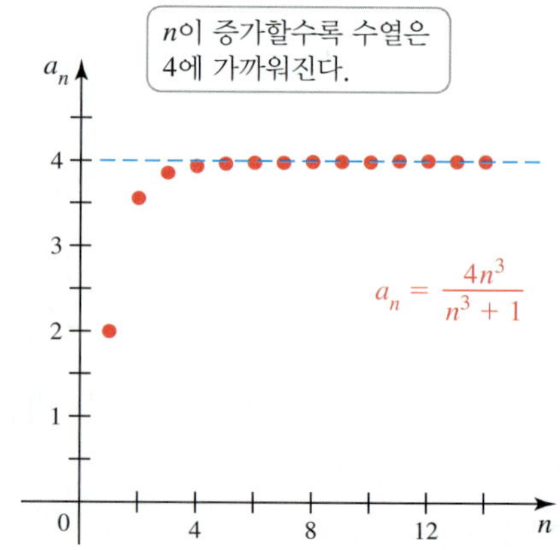

그림 9.6

관련 연습문제 23번

| 예제 6 | 튀어 오르는 공 공중으로 똑바로 던진 농구공이 높은 곳에 닿아 바닥으로 떨어진다. 공이 바닥에서 튀어 오를 때마다 이전 높이의 0.8로 리바운드된다. h_n을 n번째 바운스 후 최고점이라 하고 초기 높이는 $h_0 = 20$ ft라고 하자.

a. 점화 관계와 수열 $\{h_n\}$의 명시적 공식을 찾아라.

b. 10번째 바운스 후 최고점은 얼마인가? 20번째 바운스 후 최고점은 얼마인가?

c. 수열 $\{h_n\}$의 극한을 추측하여라.

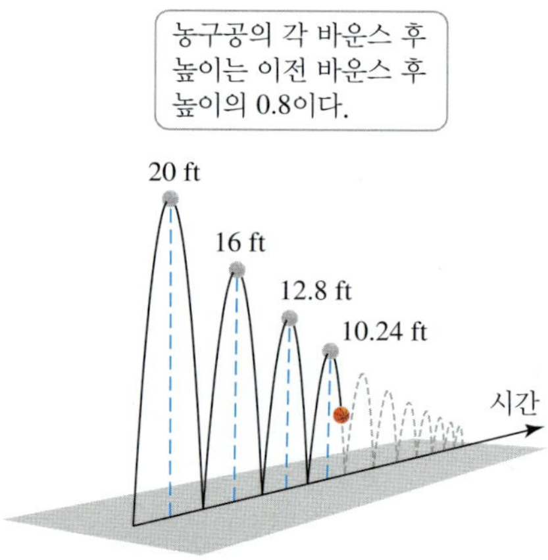

그림 9.7

풀이

a. 먼저 각 높이가 이전 높이의 0.8이라는 규칙을 통해 여러 번 바운스 후 공의 높이를 작성하고 그래프로 표시한다(그림 9.7). 예를 들어 다음을 얻는다.

$$\begin{aligned} h_0 &= 20 \text{ ft}, \\ h_1 &= 0.8\, h_0 = 16 \text{ ft}, \\ h_2 &= 0.8\, h_1 = 0.8^2\, h_0 = 12.80 \text{ ft}, \\ h_3 &= 0.8\, h_2 = 0.8^3\, h_0 = 10.24 \text{ ft}, \\ h_4 &= 0.8\, h_3 = 0.8^4\, h_0 \approx 8.19 \text{ ft} \end{aligned}$$

이 수열은 앞의 항에 0.8을 곱하여 다음 항이 만들어진다. 따라서 높이의 순서에 대한 점화 관계는 다음과 같다.

$$h_{n+1} = 0.8\, h_n, \quad h_0 = 20, \quad n = 0, 1, 2, 3, \cdots$$

n번째 항의 공식을 찾기 위해 다음 관계를 살펴보자.

$$h_1 = h_0 \cdot 0.8, \quad h_2 = h_0 \cdot 0.8^2, \quad h_3 = h_0 \cdot 0.8^3, \quad h_4 = h_0 \cdot 0.8^4$$

일반적으로 수열의 항에 대한 다음 명시적 공식을 얻는다.

$$h_n = h_0 \cdot 0.8^n = 20 \cdot 0.8^n, \qquad n = 0, 1, 2, 3, \cdots$$

b. 수열의 명시적 공식에 의하면 $n = 10$바운스 후 높이는 다음과 같다.

$$h_{10} = 20 \cdot 0.8^{10} \approx 2.15 \text{ ft}$$

$n = 20$바운스 후 높이는 다음과 같다.

$$h_{20} = 20 \cdot 0.8^{20} \approx 0.23 \text{ ft}$$

c. 수열의 항이 감소하고 0에 근접하는 것으로 보인다(그림 9.8). 따라서 수열의 극한은 $\lim_{n \to \infty} h_n = 0$이다.

관련 연습문제 29-30번

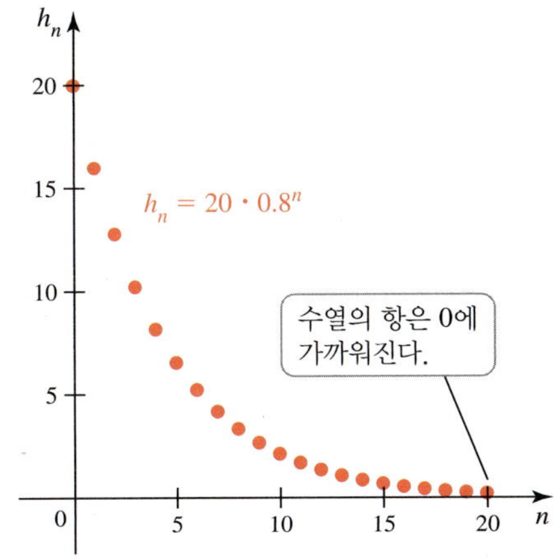

그림 9.8

무한급수와 부분합의 수열

무한급수는 무한히 많은 수의 합으로 볼 수 있으며, 형태는 다음과 같다.

$$a_1 + a_2 + \cdots + a_n + \cdots$$

여기서 급수의 항 $a_1, a_2, \cdots$은 실수이다. 먼저 이 질문에 답해야 한다. 어떻게 무한히 많은 수의 집합을 합하고 유한한 수를 만들 수 있는가? 여기 유익한 예가 있다.

그림 9.9와 같이 세분된 단위정사각형(변의 길이가 1)을 고려해 보자. 연속된 n번째 그림에서 색칠된 영역의 넓이를 S_n이라 하면 첫 번째 그림에서 색칠된 영역의 넓이는 다음과 같다.

$$S_1 = \frac{1}{2} \cdot 1 = \frac{1}{2} \qquad \frac{1}{2} = \frac{2^1 - 1}{2^1}$$

두 번째 그림의 색칠된 영역의 넓이는 S_1에 더 작은 파란 정사각형의 넓이 $\frac{1}{2} \cdot \frac{1}{2} = \frac{1}{4}$을 더한 것이다. 따라서 다음이 성립한다.

$$S_2 = \frac{1}{2} + \frac{1}{4} = \frac{3}{4} \qquad \frac{3}{4} = \frac{2^2 - 1}{2^2}$$

세 번째 그림의 색칠된 영역의 넓이는 S_2에 더 작은 초록색 직사각형의 넓이 $\frac{1}{2} \cdot \frac{1}{4} = \frac{1}{8}$을 더한 것이다. 따라서 다음이 성립한다.

$$S_3 = \frac{1}{2} + \frac{1}{4} + \frac{1}{8} = \frac{7}{8} \qquad \frac{7}{8} = \frac{2^3 - 1}{2^3}$$

이런 식으로 계속하면 다음을 얻는다.

$$S_n = \frac{1}{2} + \frac{1}{4} + \frac{1}{8} + \cdots + \frac{1}{2^n} = \frac{2^n - 1}{2^n}$$

이 과정을 무한히 계속하면 색칠된 영역의 넓이 S_n이 단위정사각형의 넓이인 1에 접근함을 알 수 있다. 즉, 다음 결과는 그럴 듯하다.

$$\lim_{n \to \infty} S_n = \underbrace{\frac{1}{2} + \frac{1}{4} + \frac{1}{8} + \cdots}_{\text{무한히 계속 합하기}} = 1$$

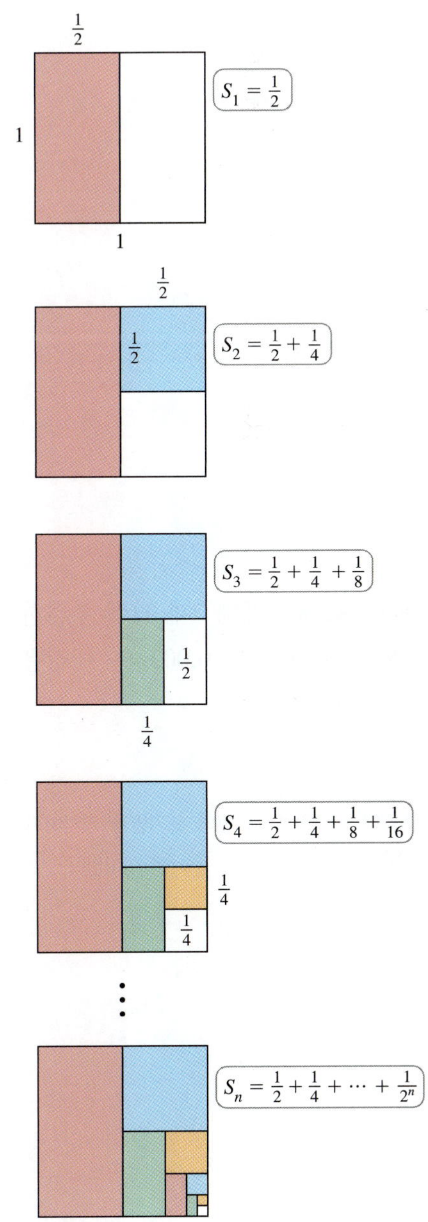

그림 9.9

명시적 공식 $S_n = \dfrac{2^n - 1}{2^n}$은 $\lim_{n\to\infty} S_n = 1$로 전환되며, 다음 절에서 이 주장을 분석할 것이다.

이 예제는 무한한 수의 집합을 합하면 유한한 수가 나올 수 있다는 것을 보여 준다. 이 경우 합은 1이다. 이 예에서 생성된 수열 $\{S_n\}$은 매우 중요하다. 이는 **부분합의 수열**이라 하며, 극한은 무한급수 $\frac{1}{2} + \frac{1}{4} + \frac{1}{8} + \cdots$의 값이다. 부분합의 수열의 개념은 1의 십진법 확장으로 설명할 수 있다.

| 예제 7 | **급수 작업** 다음 무한급수를 고려하자.

$$0.9 + 0.09 + 0.009 + 0.0009 + \cdots$$

여기서 각 항은 이전 항의 $\frac{1}{10}$을 곱하여 나온 형태이다.

a. 급수의 처음 한 개, 두 개, 세 개, 네 개의 항의 합을 각각 구하여라.

b. 무한급수 $0.9 + 0.09 + 0.009 + \cdots$의 값은 얼마인가?

풀이

a. S_n을 주어진 급수의 처음 n개 항의 합이라 하자. 그러면 다음이 성립한다.

$$\begin{aligned} S_1 &= 0.9, \\ S_2 &= 0.9 + 0.09 = 0.99, \\ S_3 &= 0.9 + 0.09 + 0.009 = 0.999, \\ S_4 &= 0.9 + 0.09 + 0.009 + 0.0009 = 0.9999 \end{aligned}$$

b. 합 $S_1, S_2, \cdots, S_n$은 부분합의 수열인 수열 $\{S_n\}$을 형성한다. 점점 더 많은 항을 포함할수록 S_n의 값은 1에 가까워진다. 따라서 급수의 값은 1이다.

$$0.9 + 0.09 + 0.009 + 0.0009 + \cdots = 1$$

$S_1 = 0.9$

$S_2 = 0.99$

$S_3 = 0.999$

관련 연습문제 31번 ◀

QUICK CHECK 3 예제 7과 같이 추론한다면 $0.3 + 0.03 + 0.003 + \cdots$ 값은 얼마인가? ◀

➤ 5장에 소개한 다음 합의 표기법을 기억하자. $\sum_{k=1}^{n} a_k$는 $a_1 + a_2 + \cdots + a_n$을 의미한다.

부분합의 수열의 n번째 항은 다음과 같다.

$$S_n = \underbrace{0.9 + 0.09 + 0.009 + \cdots + 0.0\cdots09}_{n\text{개의 항}} = \sum_{k=1}^{n} 9 \cdot 0.1^k$$

$\lim_{n\to\infty} S_n = 1$임을 구했다. 이러한 이유로 다음과 같이 쓸 수 있다.

$$\lim_{n\to\infty} S_n = \lim_{n\to\infty} \underbrace{\sum_{k=1}^{n} 9 \cdot 0.1^k}_{S_n} = \underbrace{\sum_{k=1}^{\infty} 9 \cdot 0.1^k}_{\text{새로운 형태}} = 1$$

$n \to \infty$에 따라 새로운 수학적 형태 $\sum_{k=1}^{\infty} 9 \cdot 0.1^k$이 형성된다. 이는 무한급수이며, 그

값은 부분합의 수열의 극한이다.

정의 무한급수

수열 $\{a_1, a_2, a_3, \cdots\}$에 대하여 항들의 합

$$a_1 + a_2 + a_3 + \cdots = \sum_{k=1}^{\infty} a_k$$

를 **무한급수**라고 한다. 이 수열과 관련된 부분합의 수열 $\{S_n\}$의 항은 다음과 같다.

$$\begin{aligned} S_1 &= a_1 \\ S_2 &= a_1 + a_2 \\ S_3 &= a_1 + a_2 + a_3 \\ &\vdots \\ S_n &= a_1 + a_2 + a_3 + \cdots + a_n = \sum_{k=1}^{n} a_k, \quad n = 1, 2, 3, \cdots \end{aligned}$$

부분합의 수열 $\{S_n\}$의 극한이 L이면 무한급수는 이 극한으로 **수렴**하며, 다음과 같이 쓴다.

$$\sum_{k=1}^{\infty} a_k = \lim_{n\to\infty} \underbrace{\sum_{k=1}^{n} a_k}_{S_n} = \lim_{n\to\infty} S_n = L$$

부분합의 수열이 발산하면 무한급수 또한 **발산**한다.

➤ 급수라는 용어는 역사적 이유로 사용된다. 급수를 볼 때는 합을 생각해야 한다.

QUICK CHECK 4 급수 $\sum_{k=1}^{\infty} 1$과 급수 $\sum_{k=1}^{\infty} k$는 각각 수렴하는가 발산하는가? ◄

| 예제 8 | 부분합의 수열 다음 무한급수를 고려하자.

$$\sum_{k=1}^{\infty} \frac{1}{k(k+1)}$$

a. 부분합의 수열의 처음 네 항을 찾아라.

b. S_n에 대한 표현을 찾고 급수의 값에 구하여라.

풀이

a. 부분합의 수열은 명시적으로 계산할 수 있다.

$$S_1 = \sum_{k=1}^{1} \frac{1}{k(k+1)} = \frac{1}{2},$$

$$S_2 = \sum_{k=1}^{2} \frac{1}{k(k+1)} = \frac{1}{2} + \frac{1}{6} = \frac{2}{3},$$

$$S_3 = \sum_{k=1}^{3} \frac{1}{k(k+1)} = \frac{1}{2} + \frac{1}{6} + \frac{1}{12} = \frac{3}{4},$$

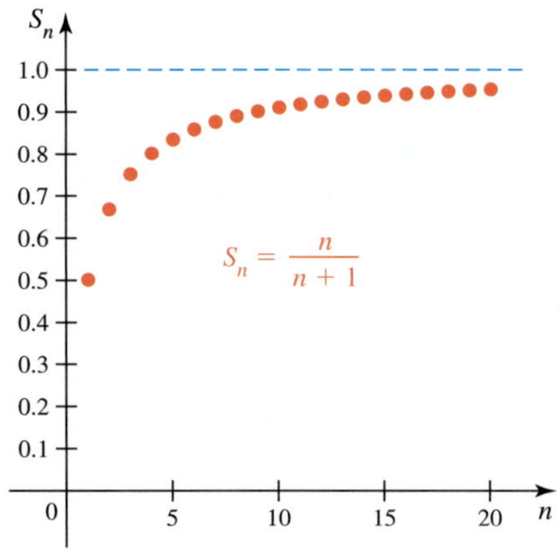

그림 9.10

$$S_4 = \sum_{k=1}^{4} \frac{1}{k(k+1)} = \frac{1}{2} + \frac{1}{6} + \frac{1}{12} + \frac{1}{20} = \frac{4}{5}$$

b. 부분합의 수열의 패턴에 기초했을 때 합리적인 추측은 수열 $\left\{\frac{1}{2}, \frac{2}{3}, \frac{3}{4}, \frac{4}{5}, \frac{5}{6}, \cdots\right\}$을 생성하는 $S_n = \frac{n}{n+1}$, $n = 1, 2, 3, \cdots$이다. S_n의 값은 1에 접근하는 것으로 보이는데(그림 9.10), 따라서 극한은 $\lim_{n\to\infty} S_n = \lim_{n\to\infty} \frac{n}{n+1} = 1$이다. 그러므로 다음과 같이 결론 내릴 수 있다.

$$\sum_{k=1}^{\infty} \frac{1}{k(k+1)} = \lim_{n\to\infty} S_n = 1$$

관련 연습문제 34번 ◀

QUICK CHECK 5 급수 $\sum_{k=1}^{\infty} (-1)^k k$에 대한 부분합의 수열의 처음 네 항을 구하여라. 수열은 수렴하는가 발산하는가? ◀

요약

다음 세 가지 핵심 아이디어를 명심하자.

- **수열** $\{a_1, a_2, \cdots, a_n, \cdots\}$은 순서가 있는 수의 **나열**이다.
- **무한급수** $\sum_{k=1}^{\infty} a_k = a_1 + a_2 + a_3 + \cdots$은 수들의 **합**이다.
- $S_n = a_1 + a_2 + \cdots + a_n$인 **부분합의 수열** $\{S_1, S_2, S_3, \cdots\}$은 급수 $\sum_{k=1}^{\infty} a_k$를 계산하기 위해 사용된다.

수열의 경우 무한한 순서의 항에 대한 개별 용어가 어떻게 동작하는지 알아보자. 즉, $\lim_{n\to\infty} a_n$에 대하여 고찰한다. 무한급수의 경우 급수와 관련된 부분합의 순서를 조사한다. 부분합의 수열 $\{S_n\}$의 극한이 존재하면 무한급수 $\sum_{k=1}^{\infty} a_k$는 이 극한으로 수렴한다. 부분합의 수열의 극한이 존재하지 않으면 무한급수는 발산한다.

표 9.2는 수열/급수 및 함수, 일반항과 합 사이의 대응 관계를 보여 준다. 수열의 경우 인덱스 n은 독립변수의 역할을 하며 정수 값을 갖는다.

표 9.2

	수열/급수	함수
독립변수	n	x
종속변수	a_n	$f(x)$
정의역	정수 예를 들어, $n = 1, 2, 3, \cdots$	실수 예를 들어, $\{x: x \geq 1\}$
누적	합	적분
유한 구간에서의 누적	$\sum_{k=1}^{n} a_k$	$\int_1^n f(x)\,dx$
무한 구간에서의 누적	$\sum_{k=1}^{\infty} a_k$	$\int_1^{\infty} f(x)\,dx$

수열 $\{a_n\}$의 경우 누적의 개념은 합에 해당하는 반면, 함수의 경우 적분에 해당한다. 유한합은 유한한 간격에 걸쳐 함수를 통합하는 것과 유사하며, 무한급수는 무한 간격에 걸쳐 함수를 합하는 것과 유사하다.

9.1절 연습문제

1단계 스타트

1. 수열을 정의하고 예를 하나 들어라.

2. 수열 $\{a_n\}$이 점화 관계 $a_{n+1} = na_n$, $n = 1, 2, 3, \cdots$으로 정의된다고 가정하자, 여기서 $a_1 = 1$이다. 수열의 처음 다섯 항을 구하여라.

3. 수열 $\{1, -2, 3, -4, -5, \cdots\}$에 대한 두 가지 공식을 찾아라.

4. 수열 $\left\{\left(1+\frac{1}{10^n}\right)^{10^n}\right\}_{n=1}^{\infty}$의 처음 10개의 항을 소수점 아래 여덟째 자리까지 반올림하였다(표 참조). 수열의 극한을 구하여라.

n	a_n
1	2.59374246
2	2.70481383
3	2.71692393
4	2.71814593
5	2.71826824
6	2.71828047
7	2.71828169
8	2.71828179
9	2.71828204
10	2.71828203

5. 부분합의 수열의 항이 $S_n = \sum_{k=1}^{n} k^2$, $n = 1, 2, 3, \cdots$으로 정의됐을 때, 수열의 처음 네 항을 구하여라.

6. 시그마 표기법을 사용하여 처음 네 개의 연속 부분합이 10, 20, 30, 40인 무한급수를 구하여라.

2단계 실전

7-10. 명시적 공식 수열 $\{a_n\}_{n=1}^{\infty}$의 처음 네 항을 구하여라.

7. $a_n = \frac{1}{10^n}$

8. $a_n = \frac{(-1)^n}{2^n}$

9. $a_n = \frac{2^{n+1}}{2^n + 1}$

10. $a_n = 1 + \sin\frac{\pi n}{2}$

11-13. 점화 관계 다음 점화 관계로 정의된 수열 $\{a_n\}$의 처음 네 항을 구하여라.

11. $a_{n+1} = 2a_n$, $a_1 = 2$

12. $a_{n+1} = 3a_n - 12$, $a_1 = 10$

13. $a_{n+1} = \frac{1}{1 + a_n}$, $a_0 = 1$

14-17. 수열 작업 수열 $\{a_n\}_{n=1}^{\infty}$의 여러 항이 주어져 있다.

a. 수열의 다음 두 항을 구하여라.

b. 수열을 생성하는 관계(점화식)를 구하여라(초기 인덱스 값과 수열의 첫째항을 제공한다).

c. 수열의 n번째 항에 대한 명시적 공식을 구하여라.

14. $\left\{1, \frac{1}{2}, \frac{1}{4}, \frac{1}{8}, \frac{1}{16}, \cdots\right\}$

15. $\{1, 2, 4, 8, 16, \cdots\}$

16. $\{1, 3, 9, 27, 81, \cdots\}$

17. $\{-5, 5, -5, 5, \cdots\}$

18-22. 수열의 극한 다음 수열의 네 항 a_1, a_2, a_3, a_4를 구하여라. 수열이 수렴한다고 추측했다면 극한을 구하여라. 수열이 발산한다고 결정했다면 이유를 설명하여라.

18. $a_n = 10^n - 1$, $n = 1, 2, 3, \cdots$

19. $a_n = \frac{1}{10^n}$, $n = 1, 2, 3, \cdots$

20. $a_n = 3 + \cos(\pi n)$, $n = 1, 2, 3, \cdots$

21. $a_{n+1} = 1 + \frac{a_n}{2}$, $a_0 = 2$

22. $a_{n+1} = \frac{a_n}{11} + 50$, $a_0 = 50$

23-24. 수열의 공식 다음 수열 $\{a_n\}_{n=1}^{\infty}$에 대한 공식을 고려하자. 적어도 10개의 항을 표로 만들고, 수열 또는 수열이 발산하는 상태에 대한 그럴듯한 극한을 구하여라.

23. $a_n = \frac{5^n}{5^n + 1}$

24. $a_n = n^2 + n$

25. 그래프에 의한 극한 수열 $a_n = 2 + 2^{-n}$, $n = 1, 2, 3, \cdots$을 고려하자.

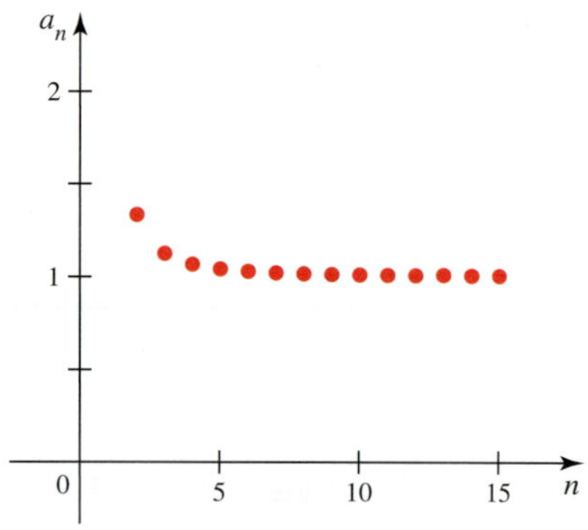

a. 수열의 처음 네 항을 구하여라.

b. **a**와 그림에 기초하여 수열의 극한을 구하여라.

26–28. 점화 관계 다음 점화 관계를 고려하자. 적어도 10개의 항을 표로 만들고, 수열 또는 수열이 발산하는 상태에 대한 그럴듯한 극한을 구하여라.

26. $a_{n+1} = \frac{1}{2}a_n + 2,\ a_1 = 3$

27. $a_{n+1} = 4a_n + 1,\ a_0 = 1$

28. $a_{n+1} = \frac{1}{2}\sqrt{a_n} + 3,\ a_1 = 8$

29–30. 튀어 오르는 어떤 공의 높이 공을 h_0미터 높이까지 던졌다. 각 바운스 후 공은 이전 높이의 $\frac{1}{r}$로 리바운드된다. h_n을 n번째 바운스 후 높이라고 하자. 다음 h_0의 값과 r의 값을 고려하자.

a. 높이의 수열 $\{h_n\}$의 처음 네 항을 구하여라.

b. 수열 $\{h_n\}$의 n번째 항의 공식을 구하여라.

29. $h_0 = 20,\ r = 0.5$ **30.** $h_0 = 30,\ r = 0.25$

31–33. 부분합의 수열 다음 무한급수에 대하여 부분합의 수열의 처음 네 항을 구하여라. 그다음 무한급수의 값이나 급수가 발산 여부를 구하여라.

31. $0.3 + 0.03 + 0.003 + \cdots$

32. $4 + 0.9 + 0.09 + 0.009 + \cdots$

33. $\sum_{k=1}^{\infty} \frac{6}{10^k}$

34–35. 부분합의 수열에 대한 공식 다음 무한급수를 고려하자.

a. 급수의 처음 네 부분합 S_1, S_2, S_3, S_4를 구하여라.

b. 무한급수의 n번째 부분합 S_n에 대한 공식을 구하여라. 이 공식을 사용하여 무한급수의 다음 네 부분합 S_5, S_6, S_7, S_8을 구하여라.

c. 급수의 수렴 여부를 조사하여라.

34. $\sum_{k=1}^{\infty} \frac{2}{(2k-1)(2k+1)}$

35. $\sum_{k=1}^{\infty} 90(0.1)^k$

36. 참 또는 거짓 다음 명제가 참이면 증명하고 거짓이면 반례를 들어라.

a. 급수 $1 + 2 + 3$에 대한 부분합의 수열은 $\{1, 3, 6, 10, \cdots\}$이다.

b. 양수의 수열이 수렴하면 수열은 감소한다.

c. 수열 $\{a_n\}$의 항이 양수이고 증가하면 급수 $\sum_{k=1}^{\infty} a_k$에 대한 부분합의 수열은 발산한다.

37–38. 실생활 수열 수열을 생성하는 다음 상황을 고려하자.

a. 수열의 처음 다섯 항을 구하여라.

b. 수열의 항에 대한 공식을 구하여라.

c. 수열을 생성하는 점화 관계를 구하여라.

d. 계산기나 그래프 유틸리티를 사용하여 수열의 극한을 추정하거나 존재하지 않는 상태를 나타내어라.

37. 방사성 붕괴 어느 물질은 방사성 붕괴로 인해 10년마다 질량의 50%가 다른 원소로 변환된다. M_n이 10년이 n번째 반복된 이후 방사성 물질의 질량이라 하자. 여기서 물질의 초기 질량은 $M_0 = 20$ g이다.

38. 약물 감소 잭은 자정에 200 mg의 진통제를 복용했다. 매시간 5%의 약물이 그의 혈액에서 분해된다. d_n을 약물을 복용한 지 n시간 후 잭의 혈액에 남아 있는 약물의 양이라 하자. 여기서 $d_0 = 200$ mg이다.

3단계 도전

39. 공이 튀어 올라 이동한 거리 공을 $h_0 = 20$미터 높이까지 위로 던졌다. 각 바운스 후 공은 이전 높이의 $r = 0.75$로 리바운드된다. h_n을 n번째 바운스 후의 높이라 하고 S_n을 n번째 바운스 순간에 공이 이동한 총 거리라고 하자.

a. 수열 $\{S_n\}$의 처음 네 항을 구하여라.

b. 수열 $\{S_n\}$의 20개의 항을 표로 만들고, $\{S_n\}$의 극한을 구하여라.

40. 고정점 반복 고정점 반복(fixed-point iteration)으로 알려진 방정식 $x = f(x)$의 해를 추정하는 방법은 다음과 같은 점화 관계를 기반으로 한다. $n = 1, 2, 3, \cdots$과 실수 c에 대하여 $x_0 = c,\ x_{n+1} = f(x_n)$이라 하자. 수열 $\{x_n\}_{n=0}^{\infty}$이 L로 수렴하면 L은 방정식 $x = f(x)$의 해이며, L을 f의 고정점이라고 한다. 소수점 아래 p자리의 정확도로 L을 근사하려면 두 개의 연속된 값이 p자리의 정확도로 일치할 때까지 수열 $\{x_n\}_{n=0}^{\infty}$

의 항을 계산할 수 있다. 고정점 반복과 x_0값을 사용하여 $p = 3$자리 정확도로 다음 방정식의 해를 구하여라.

$$x = \cos x,\ x_0 = 0.8$$

QUICK CHECK 정답

1. $a_{10} = 28$ **2.** $a_n = 2^n - 1,\ n = 1, 2, 3, \ldots$ **3.** $0.33333\cdots = \frac{1}{3}$ **4.** 둘 다 발산한다. **5.** $S_1 = -1,\ S_2 = 1,\ S_3 = -2,\ S_4 = 2$, 무한급수는 발산한다. ➤

9.2 수열

앞 절에서는 수열과 무한급수의 심층 조사 단계를 설정했다. 이 절은 수열에 전념하며, 나머지 절에서는 급수를 다룬다.

수열의 극한 및 극한 법칙

수열에 대한 근본적인 질문은 수열이 무한대가 될 때에 관한 개념이다. 예를 들어 수열

$$\{a_n\}_{n=0}^{\infty} = \left\{\frac{1}{n^2+1}\right\}_{n=0}^{\infty} = \left\{1, \frac{1}{2}, \frac{1}{5}, \frac{1}{10}, \cdots\right\}$$

의 항은 양수를 유지하며 점점 0으로 감소한다. 이 수열은 수렴하고 극한은 $\lim_{n\to\infty} a_n = 0$과 같이 쓴다. 같은 방법으로 수열

$$\{b_n\}_{n=1}^{\infty} = \left\{(-1)^n \frac{n(n+1)}{2}\right\}_{n=1}^{\infty} = \{-1, 3, -6, 10, \cdots\}$$

의 항은 점점 증가하고 n이 커질수록 어떤 값에 접근하지 않는다. 이 경우 수열이 발산한다고 한다.

수열의 극한은 변수 n이 $n \to \infty$로서 정수 값만 갖는다고 가정한다는 점을 제외하고 함수의 무한대에서의 극한과 다르지 않다. 이 아이디어는 다음과 같다.

주어진 수열 $\{a_n\}$에서 모든 인덱스 n에 대하여 $f(n) = a_n$이 되도록 함수 f를 정의한다. 예를 들어 $a_n = n/(n+1)$이면 $f(x) = x/(x+1)$라고 한다. 2.5절의 방법에 의해 수열의 항이 함수 f의 그래프 위에 있으므로 $\lim_{n\to\infty} a_n = 1$이며(그림 9.11), 따라서 $\lim_{x\to\infty} f(x) = 1$이다. 이 추론은 다음 정리의 기초가 된다.

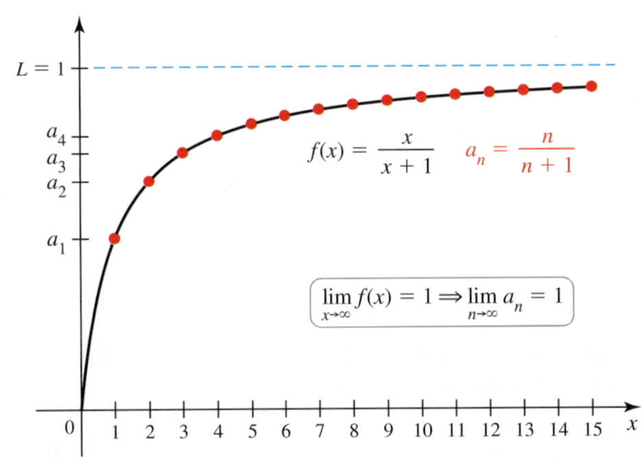

그림 9.11

> **정리 9.1 함수의 극한에 의한 수열의 극한**
>
> 양의 정수 n에 대하여 함수 $f(n) = a_n$을 가정하자. $\lim_{x\to\infty} f(x) = L$이면 수열 $\{a_n\}$의 극한도 L이며, L은 $\pm\infty$일 수 있다.

➤ 정리 9.1의 역은 참이 아니다. 예를 들어 $a_n = \cos 2\pi n$이면 $\lim_{n\to\infty} a_n = 1$이지만 $\lim_{x\to\infty} \cos 2\pi x$는 존재하지 않는다.

무한대에서 수열의 극한과 함수의 극한이 대응되므로 정리 2.3에서 주어진 함수의 극한과 유사한 다음 성질이 성립한다.

➤ 수열 $\{a_n\}$의 극한은 n값이 큰 항인 존재하는 수열에 의해 결정된다. 수열 $\{a_n\}$과 수열 $\{b_n\}$이 처음 100개의 항에서 서로 다르지만, $n > 100$인 항에서 동일한 항을 갖는다면 두 수열은 같은 극한을 갖는다. 이러한 이유로 수열의 초기 인덱스(예를 들어 $n = 0$ 또는 $n = 1$)는 종종 지정되지 않는다.

정리 9.2 수열의 극한 법칙

두 수열 $\{a_n\}$과 $\{b_n\}$의 극한이 각각 A와 B라고 가정하자. 그러면 다음이 성립한다.

1. $\lim_{n\to\infty} (a_n \pm b_n) = A \pm B$

2. $\lim_{n\to\infty} ca_n = cA$

3. $\lim_{n\to\infty} a_n b_n = AB$

4. $\lim_{n\to\infty} \dfrac{a_n}{b_n} = \dfrac{A}{B},\ B \neq 0$

| 예제 1 | 수열의 극한 다음 수열의 극한을 구하여라.

a. $a_n = \dfrac{3n^3}{n^3 + 1}$ **b.** $b_n = \left(\dfrac{n + 5}{n}\right)^n$ **c.** $c_n = n^{1/n}$

풀이

a. $f(n) = a_n$으로 놓으면 함수 f는 $f(x) = \dfrac{3x^3}{x^3+1}$이다. 분자와 분모를 x^3으로 나누면(또는 정리 2.7을 사용하면) $\lim_{x\to\infty} f(x) = 3$을 얻는다(또는 로피탈 법칙을 적용하여 동일한 결과를 얻을 수 있다). 따라서 $\lim_{n\to\infty} a_n = 3$이라고 결론 내린다.

b. 극한

$$\lim_{n\to\infty} b_n = \lim_{n\to\infty}\left(\frac{n + 5}{n}\right)^n = \lim_{n\to\infty}\left(1 + \frac{5}{n}\right)^n$$

은 부정형 1^∞이다. 먼저 이 극한(4.7절)에서

$$L = \lim_{n\to\infty} \ln\left(1 + \frac{5}{n}\right)^n = \lim_{n\to\infty} n \ln\left(1 + \frac{5}{n}\right)$$

를 계산한 다음 L이 존재하는 경우 $\lim_{n\to\infty} b_n = e^L$임을 기억하자. 부정형 0/0에 대한 로피탈 법칙을 적용하면 다음을 얻는다.

➤ 예제 1a와 같이 수열을 x의 함수로 쓰기보다는 n을 연속 변수로 취급하여 n에 관하여 미분하는 것이 관례이다.

$$L = \lim_{n\to\infty} n \ln\left(1 + \frac{5}{n}\right) = \lim_{n\to\infty} \frac{\ln(1 + (5/n))}{1/n} \qquad \text{부정형 } 0/0$$

$$= \lim_{n\to\infty} \frac{\dfrac{1}{1 + (5/n)}\left(-\dfrac{5}{n^2}\right)}{-1/n^2} \qquad \text{로피탈 법칙}$$

$$= \lim_{n\to\infty} \frac{5}{1 + (5/n)} = 5 \qquad n\to\infty\text{일 때 } 5/n\to 0\text{, 간단히 하기}$$

➤ 로피탈 법칙에 대한 설명은 다음을 다룬 4.7절을 참조하여라.

$$\lim_{x\to\infty}\left(1 + \frac{a}{x}\right)^x = e^a$$

$\lim_{n\to\infty} b_n = e^L = e^5$이므로 $\lim_{n\to\infty}\left(\frac{5+n}{n}\right)^n = e^5$이 성립한다.

c. 극한은 부정형 ∞^0이므로 먼저 $L = \lim_{n\to\infty} \ln n^{1/n} = \lim_{n\to\infty} \frac{\ln n}{n}$을 계산한다. L이 존재하면 $\lim_{n\to\infty} c_n = e^L$이다. 로피탈 법칙이나 4.7절의 상대 증가율을 사용하면 $L = 0$을 알 수 있다. 그러므로 $\lim_{n\to\infty} c_n = e^0 = 1$이다.

관련 연습문제 20번 ◀

수열에 관한 용어

이제 함수의 경우와 유사한 수열에 관한 몇 가지 용어를 소개한다. 다음 용어는 수열 $\{a_n\}$을 설명하는 데 사용된다.

정의 수열에 관한 용어

- $\{a_n\}$은 $a_{n+1} > a_n$일 때 **증가**한다. 예를 들어 $\{0, 1, 2, 3, \cdots\}$이다.
- $\{a_n\}$은 $a_{n+1} \ge a_n$일 때 **비감소**이다. 예를 들어 $\{1, 1, 2, 2, 3, 3, \cdots\}$이다.
- $\{a_n\}$은 $a_{n+1} < a_n$일 때 **감소**한다. 예를 들어 $\{2, 1, 0, -1, \cdots\}$이다.
- $\{a_n\}$은 $a_{n+1} \le a_n$일 때 **비증가**이다. 예를 들어 $\{0, -1, -1, -2, -2, \cdots\}$이다.
- $\{a_n\}$이 증가하지 않거나 감소하지 않는 경우(한 방향으로 이동) **단조**이다.
- $\{a_n\}$은 관련된 모든 n의 값에 대하여 $a_n \le M$인 수 M이 존재하는 경우 **위로 유계**이고, 관련된 모든 n의 값에 대하여 $a_n \ge N$인 수 N이 존재하는 경우 **아래로 유계**이다.
- $\{a_n\}$이 위로 유계이고 아래로 유계이면 $\{a_n\}$을 **유계** 수열이라 한다.

➤ 증가수열은 정의상 감소하지 않기 때문에 단조수열이다. 마찬가지로 감소수열도 단조수열이다.

예를 들어 수열

$$\{a_n\} = \left\{1 - \frac{1}{n}\right\}_{n=1}^{\infty} = \left\{0, \frac{1}{2}, \frac{2}{3}, \frac{3}{4}, \cdots\right\}$$

은 $0 \le a_n \le 1$, $n \ge 1$을 만족하며, 이 항은 점점 커진다. 그러므로 수열은 아래로 유계이자 위로 유계이며 증가한다. 또한 단조수열이다(그림 9.12). 수열

$$\{b_n\} = \left\{1 + \frac{1}{n}\right\}_{n=1}^{\infty} = \left\{2, \frac{3}{2}, \frac{4}{3}, \frac{5}{4}, \cdots\right\}$$

은 $1 \le b_n \le 2$, $n \ge 1$을 만족하며, 이 항은 점점 작아진다. 그러므로 수열은 아래로 유계이자 위로 유계이며 감소한다. 또한 단조수열이다(그림 9.12). $\{a_n\}$과 $\{b_n\}$이 위아래로 유계이므로 두 수열 모두 유계 수열이다.

QUICK CHECK 1 다음 수열을 유계 수열과 단조수열 또는 둘 다로 분류하여라.

a. $\left\{\frac{1}{2}, \frac{3}{4}, \frac{7}{8}, \frac{15}{16}, \cdots\right\}$

b. $\left\{1, -\frac{1}{2}, \frac{1}{4}, -\frac{1}{8}, \frac{1}{16}, \cdots\right\}$

c. $\{1, -2, 3, -4, 5, \cdots\}$

d. $\{1, 1, 1, 1, \cdots\}$ ◀

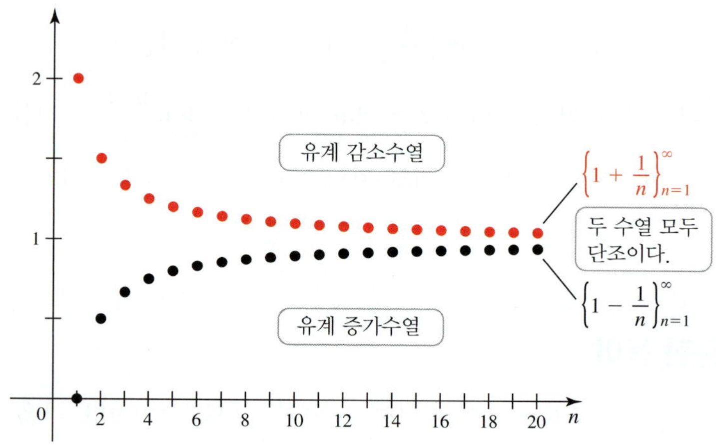

그림 9.12

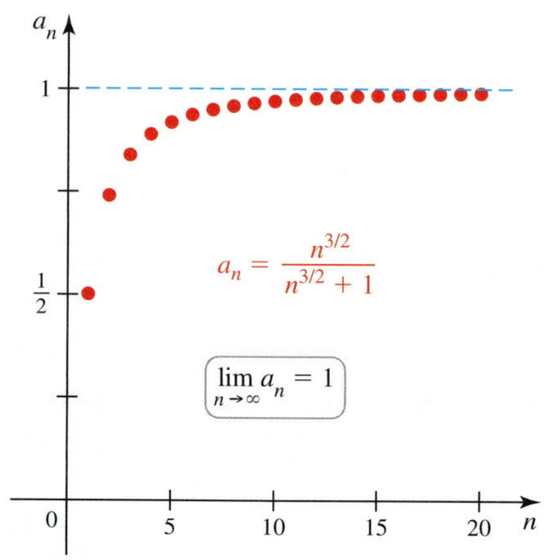

그림 9.13

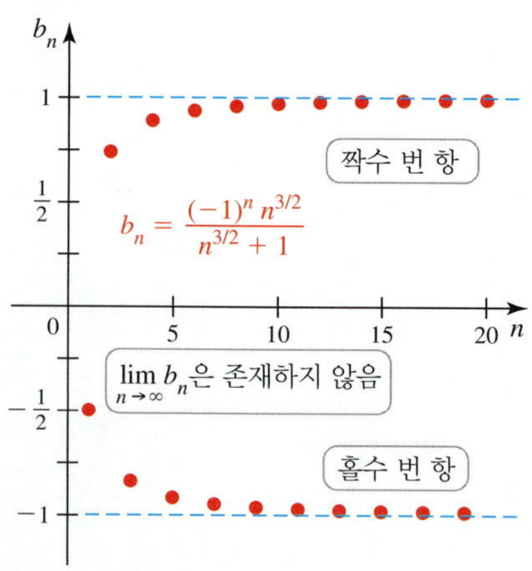

그림 9.14

| 예제 2 | 수열의 극한과 그래프 $n \to \infty$일 때 $\{a_n\}$과 $\{b_n\}$의 극한을 비교하고 대조하여라.

a. $a_n = \dfrac{n^{3/2}}{n^{3/2}+1}$ **b.** $b_n = \dfrac{(-1)^n n^{3/2}}{n^{3/2}+1}$

풀이

a. $\{a_n\}$의 항은 양수이고 증가하며 유계이다(그림 9.13). a_n의 분자와 분모를 $n^{3/2}$으로 나누면 다음을 얻는다.

$$\lim_{n\to\infty} a_n = \lim_{n\to\infty} \frac{n^{3/2}}{n^{3/2}+1} = \lim_{n\to\infty} \frac{1}{1+\underbrace{\frac{1}{n^{3/2}}}_{n\to\infty\text{일 때 0에 접근}}} = 1$$

b. 유계 수열 $\{b_n\}$의 항은 부호가 번갈아 나타난다. **a**의 결과를 이용하여 짝수 번 항은 1에 접근하는 증가수열을 형성하고, 홀수 항은 −1에 접근하는 감소수열을 형성한다(그림 9.14). 따라서 수열이 발산하며, $(-1)^n$이 수열의 움직임에 큰 영향을 끼칠 수 있다는 사실을 보여 준다.

관련 연습문제 28번 ◀

등비수열

등비수열(geometric sequence)은 **공비**(ratio)라고 하는 고정 상수를 이전 항에 곱하여 각 항을 얻는다는 특성이 있다. 이는 $\{r^n\}$ 또는 $\{ar^n\}$ 형태이며 공비 r과 $a(a \neq 0)$는 실수이다. r 값은 수열의 움직임을 결정한다.

절댓값이 1보다 작은 수를 거듭제곱하면 결과는 0으로 감소한다. 예를 들어 $r = 0.75$인 공비수열 $\{0.75^n\}$은 0으로 수렴하며 단조수열이다(그림 9.15). $r = -0.75$로 선택하면 $\{(-0.75)^n\} = \{(-1)^n 0.75^n\}$을 얻는다. $(-1)^n$은 1과 −1 사이에서 진동하는 반면, 0.75^n은 n이 증가함에 따라 0으로 감소함을 관찰하자. 따

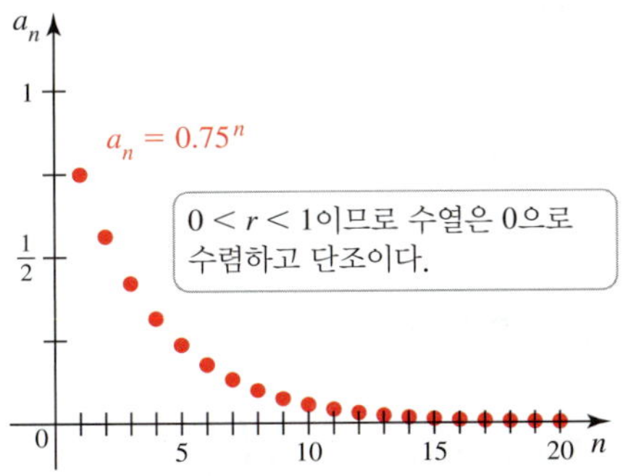

그림 9.15

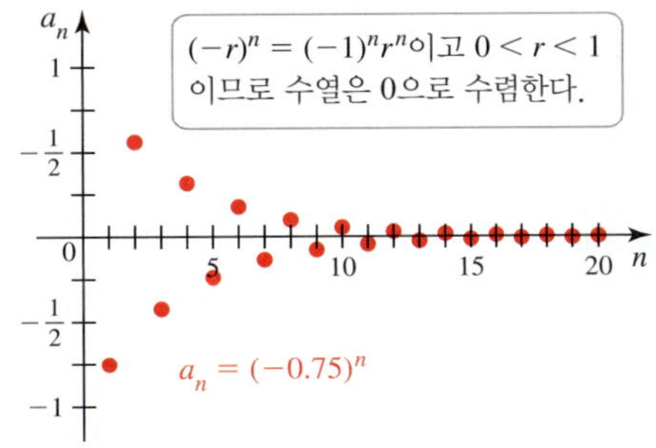

그림 9.16

라서 수열 $\{0.75^n\}$은 진동하고 0으로 수렴한다(그림 9.16).

절댓값이 1보다 큰 수를 거듭제곱하면 결과는 증가한다. 예를 들어 $r = 1.15$로 놓으면 항이 양수이고 경계 없이 무한히 증가하는 수열 $\{1.15^n\}$이 생긴다. 이 경우 수열은 발산하고 단조이다(그림 9.17). $r = -1.15$로 놓으면 $\{(-1.15)^n\} = \{(-1)^n 1.15^n\}$을 얻는다. 마찬가지로 $(-1)^n$은 1과 -1 사이에서 진동하지만 n이 증가함에 따라 1.15^n은 경계 없이 무한히 증가한다. 항은 경계 없이 크기가 증가하고 부호가 번갈아 나타난다. 이 경우 수열은 진동하고 발산한다(그림 9.18).

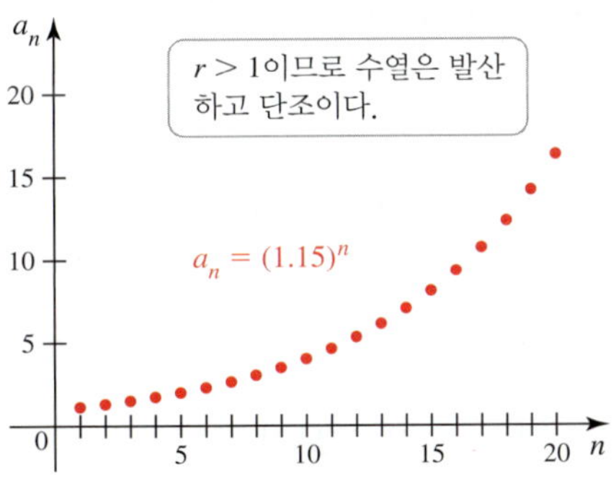

그림 9.17

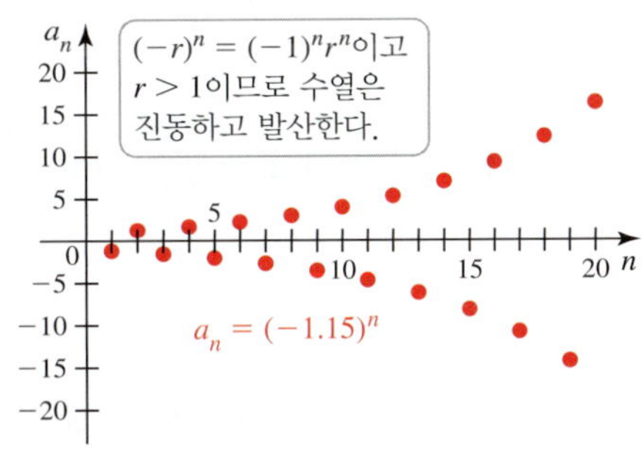

그림 9.18

앞의 논의와 QUICK CHECK 2 내용을 다음 정리에 요약해 놓았다.

QUICK CHECK 2 $r = -1$, $r = 1$인 경우, $\{r^n\}$의 움직임을 각각 설명하여라. ◀

정리 9.3 등비수열

실수 r에 대하여 다음이 성립한다.

$$\lim_{n\to\infty} r^n = \begin{cases} 0 & , \ |r| < 1 \\ 1 & , \ r = 1 \\ \text{존재하지 않는다}, & r \le -1 \text{ 또는 } r > 1 \end{cases}$$

$r > 0$이면 $\{r^n\}$은 단조수열이다. $r < 0$이면 $\{r^n\}$은 진동한다.

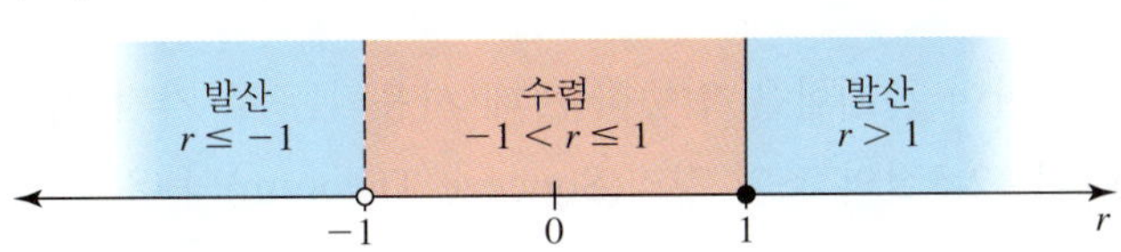

| 예제 3 | 극한 법칙 사용 다음 수열의 극한을 구하여라.

a. $a_n = 5(0.6)^n - \dfrac{1}{3^n}$ **b.** $b_n = \dfrac{2n^2 + n}{2^n(3n^2 - 4)}$

풀이

a. 정리 9.2의 법칙 1과 법칙 2를 사용하면 다음을 얻는다.

$$\lim_{n\to\infty} a_n = \lim_{n\to\infty}\left(5(0.6)^n - \frac{1}{3^n}\right) = 5\lim_{n\to\infty}(0.6)^n - \lim_{n\to\infty}\left(\frac{1}{3}\right)^n$$

$\{(0.6)^n\}$과 $\{(1/3)^n\}$ 모두 $|r| < 1$인 등비수열이고, 이는 다음을 의미한다.

$$\lim_{n\to\infty} a_n = 5\underbrace{\lim_{n\to\infty}(0.6)^n}_{0} - \underbrace{\lim_{n\to\infty}\left(\frac{1}{3}\right)^n}_{0} = 5\cdot 0 - 0 = 0 \quad \text{정리 9.3}$$

b. 수열의 극한을 극한의 곱으로 나타낸다.

$$\lim_{n\to\infty} b_n = \lim_{n\to\infty}\frac{2n^2 + n}{2^n(3n^2 - 4)} = \lim_{n\to\infty}\left(\frac{1}{2}\right)^n \cdot \lim_{n\to\infty}\frac{2n^2 + n}{3n^2 - 4} \quad \text{정리 9.2의 법칙 3}$$

첫 번째 극한은 $r = 1/2$인 등비수열을 포함하고, 두 번째 극한은 정리 2.7을 이용한다.

$$\lim_{n\to\infty} b_n = \underbrace{\lim_{n\to\infty}\left(\frac{1}{2}\right)^n}_{0} \cdot \underbrace{\lim_{n\to\infty}\frac{2n^2 + n}{3n^2 - 4}}_{2/3} = 0\cdot\frac{2}{3} = 0 \quad \text{극한 계산하기}$$

관련 연습문제 14번 ◀

이 예제는 수열의 움직임이 다음 중 하나로 표시될 수 있음을 보여 준다.

- 수열의 극한인 단 하나의 값으로 수렴할 수 있다.
- 항은 경계 없이(하나의 기호 또는 혼합 기호로) 크기가 증가할 수 있으며, 이 경우 수열은 발산한다.
- 항은 경계가 있지만 항이 두 개 이상의 값에 접근하는 진동 상태이며, 이 경우 수열은 발산한다.

앞에서 설명하지 않은 또 다른 유형이 있다. 수열의 항은 경계가 있을 수 있지만, 특정한 형태 없이 영원히 혼란스럽게 떠돌 수 있다. 이 경우에도 수열은 발산한다.

조임 정리

극한을 구하고 극한이 존재함을 입증하는 데 사용되는 두 가지 이론을 확인해 보자. 첫 번째 정리는 2.3절의 조임 정리(Squeeze Theorem)와 유사하다.

정리 9.4 수열에 대한 조임 정리

세 수열 $\{a_n\}$, $\{b_n\}$, $\{c_n\}$에 대하여 인덱스 N보다 큰 모든 정수 n에 대하여 $a_n \le b_n \le c_n$이라 하자. $\lim_{n\to\infty} a_n = \lim_{n\to\infty} c_n = L$이면 $\lim_{n\to\infty} b_n = L$을 만족한다(그림 9.19).

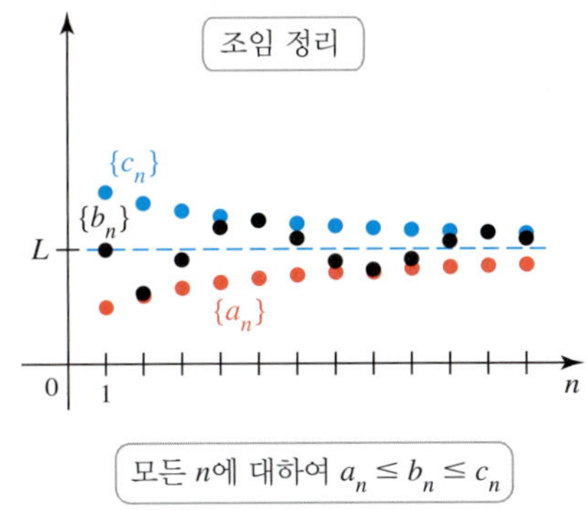

그림 9.19

| 예제 4 | 조임 정리 수열 $b_n = \dfrac{\cos n}{n^2+1}$의 극한을 구하여라.

풀이 주어진 수열 $\{b_n\}$의 항의 위아래에 있는 두 수열 $\{a_n\}$, $\{c_n\}$을 찾아보자. 모든 n에 대하여 $-1 \le \cos n \le 1$이므로 다음과 같다.

$$\underbrace{-\frac{1}{n^2+1}}_{a_n} \le \underbrace{\frac{\cos n}{n^2+1}}_{b_n} \le \underbrace{\frac{1}{n^2+1}}_{c_n}$$

$a_n = -\dfrac{1}{n^2+1}$과 $c_n = \dfrac{1}{n^2+1}$이라 하면 1보다 큰 모든 n에 대하여 $a_n \le b_n \le c_n$이다. 뿐만 아니라 $\lim_{n\to\infty} a_n = \lim_{n\to\infty} c_n = 0$이다. 조임 정리에 의해 $\lim_{n\to\infty} b_n = 0$이다(그림 9.20).

관련 연습문제 33-34번 ◀

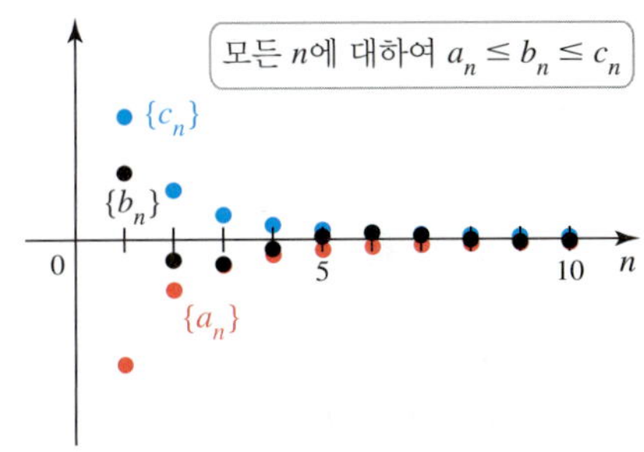

그림 9.20

유계 단조수열 정리

뜨거운 커피 한 잔을 책상 위에 올려놓고 식힌다고 가정해 보자. 매 분 커피의 온도를 측정하여 온도 값 수열 $\{T_1, T_2, T_3, \cdots\}$을 생성한다고 하자. 이 수열에는 두 가지 특성이 있다. 첫째, (커피가 식고 있으므로) 수열의 항이 감소하고 있고 둘째, (커피의 온도가 주변 방의 온도보다 낮을 수 없으므로) 수열은 아래로 유계이다. 사실 무한히 측정하면 온도의 수열은 방의 온도로 수렴한다. 이 예는 유계성과 단조성을 이용하여 수렴 수열을 특정 짓는 중요한 정리를 보여 준다. 이 정리는 믿기 쉽지만 증명은 이 책의 범위를 벗어나므로 생략한다.

정리 9.5 유계 단조수열

유계이고 단조인 수열은 수렴한다.

그림 9.21은 이 정리의 두 가지 경우를 보여 준다. 첫 번째, 모든 항이 M보다 작은 비감소 수열이다. 이는 M보다 작거나 같은 극한으로 수렴해야 한다. 두 번째, 비슷한 방법으로 모든 항이 N보다 큰 비증가 수열은 N보다 크거나 같은 극한으로 수렴해야 한다.

➤ **일부 선택적 용어**: 그림 9.21(a)에서 M은 수열의 상한이라 하고, 그림 9.21(b)에서 N은 수열의 하한이라 한다. 수 M^*가 모든 상한 중 가장 작은 경우, 수열(또는 집합)의 최소 상한이라 한다. 수열(또는 비어 있지 않은 집합)이 위로 유계이면 이 수열이 최소 상한을 갖는다는 것은 실수의 기본 성질이다. 위로 유계인 증가수열은 최소 상한으로 수렴한다는 것을 보일 수 있다. 마찬가지로 아래로 유계인 감소 수열은 최대 하한으로 수렴한다.

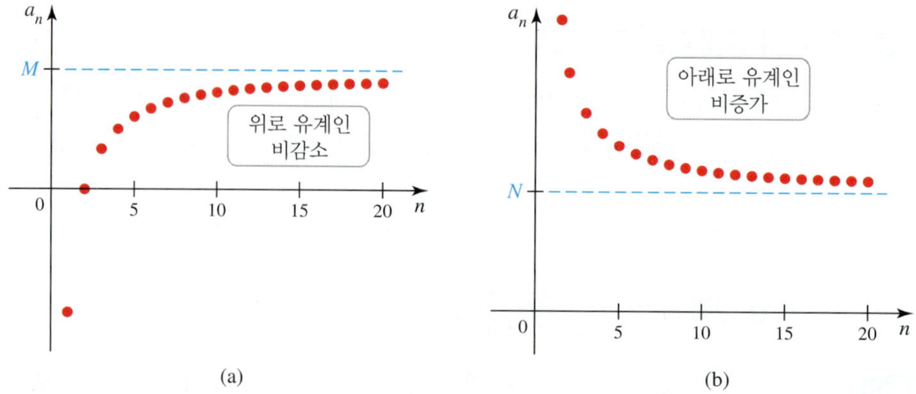

그림 9.21

응용 프로그램: 점화 관계

➤ 대부분의 약물은 혈류에서 기하급수적으로 감소하며, 약물이 혈액으로 빠르게 흡수된다고 가정할 때 특징적인 반감기를 갖는다.

| 예제 5 | 약물 복용량에 대한 수열 의사가 100 mg의 항생제를 12시간마다 복용하도록 처방했다고 가정하자. 또한 이 약물은 12시간의 반감기를 갖는 것으로 알려져 있다. 즉, 12시간마다 혈액에 있는 약물의 절반이 분해된다.

a. 각 순서에 항생제 투약 직후 혈액 내 약물의 양을 나타내는 수열을 구하여라.

b. 그래프를 사용하여 이 수열의 극한을 제시하여라. 장기적으로 혈액에 얼마나 많은 약물이 남아 있겠는가?

c. 수열의 극한을 직접 계산하여라.

풀이

a. n번째 투약 직후 혈액 내 약물의 양을 d_n으로 하자. 여기서 $n = 1, 2, \cdots$이고 $d_1 = 100$ mg이다. n번째 투약 후 약물의 양(d_n)으로 $(n+1)$번째 투약 후 약물의 양 (d_{n+1})을 제공하는 점화 관계를 알아 내는 것이 목표이다. n번째 투약과 $(n+1)$번째 투약 사이의 12시간 동안 혈액 내 약물의 절반이 분해되고 100 mg의 약물이 추가된다. 따라서 수열 (d_n)에 대한 점화 관계는 다음과 같다.

$$d_{n+1} = 0.5\, d_n + 100, \quad n = 1, 2, 3, \cdots, \quad d_1 = 100$$

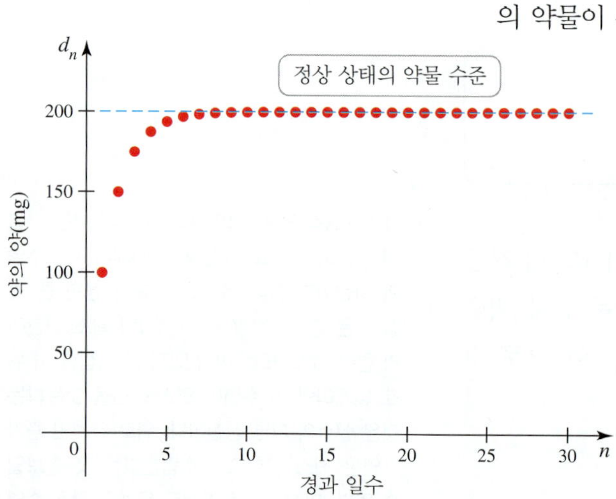

그림 9.22

b. 그림 9.22에서 볼 수 있듯이 약 10회(5일) 투약 후 혈액 내 항생제의 양은 200 mg에 가깝고, 특히 신체에서 절대 200 mg을 초과하지 않는다.

c. 그림 9.22는 수열의 항이 증가하고 200으로 제한된다는 증거를 제공한다. 이를 증명하기 위해 $d_1 = 100 < 200$을 참고하자. 이제 임의의 $k > 1$에 대하여 $d_k < 200$이라 가정하자. **a**의 점화 관계는 $d_{k+1} = 0.5\, d_k + 100$을 의미한다. $d_k < 200$이므로 다음이 성립한다.

$$d_{k+1} = 0.5\underbrace{d_k}_{<200} + 100 < 0.5(200) + 100 = 200$$

수학적 귀납법을 통해 모든 k에 대하여 $d_k < 200$이라고 결론 내릴 수 있다. $\{d_k\}$가 증가 수열(따라서 단조수열)임을 증명하려면 $d_{k+1} - d_k > 0$을 보일 필요가 있다. 다음을 기억하자.

$$d_{k+1} - d_k = \underbrace{0.5d_k + 100}_{\text{점화 관계}} - d_k = 100 - 0.5d_k > 0$$

최종 부등식은 $d_k < 200$에서 비롯된다. $\{d_k\}$가 증가하므로 첫째항인 $d_1 = 100$에 의해 $\{d_k\}$는 경계가 정해진다. 유계 단조수열 정리에 의해 이 수열은 유계이다. 따라서 $\lim_{n\to\infty} d_n = L$, $\lim_{n\to\infty} d_{n+1} = L$이다. 점화 관계의 양변에 극한을 취하면 다음을 얻는다.

$$\begin{aligned} d_{n+1} &= 0.5\,d_n + 100 && \text{점화 관계} \\ \underbrace{\lim_{n\to\infty} d_{n+1}}_{L} &= 0.5\underbrace{\lim_{n\to\infty} d_n}_{L} + \lim_{n\to\infty} 100 && \text{양변에 극한 취하기} \\ L &= 0.5L + 100 && L\text{로 대체하기} \end{aligned}$$

L에 관하여 풀면 정상 상태의 약물 수준은 $L = 200$이다.

관련 연습문제 36, 45번 ◀

▶ 수학적 귀납법은 자연수를 포함하는 모든 정리를 증명하는 데 사용된다. 첫 번째 단계는 $n = 1$일 때 정리가 성립한다는 것을 보인다. 두 번째 단계는 $n = k$일 때 명제가 참이면 $n = k + 1$일 때 명제가 참임을 보인다. 여기서 k는 1보다 큰 자연수이다. 두 번째 단계의 정리가 참이면 정리는 임의의 자연수에 대하여 성립한다는 점을 의미한다.

QUICK CHECK 3 예제 5와 동일한 반감기를 갖는 약물의 경우 (i) 정상 투약량이 100 mg이 아닌 150 mg이면 혈액 내 약물의 정상 상태 수준이 어떻게 변화하는가? (ii) 투약 간격이 12시간이 아닌 6시간이면 정상 상태 수준이 어떻게 변화하는가? ◀

수열의 성장률

4.7절에서 함수의 상대적 성장률을 설정하기 위해 했던 모든 노력을 이제 수열에 적용한다. 질문은 다음과 같다. 두 비감소 수열 $\{a_n\}$, $\{b_n\}$에 대하여 $n \to \infty$일 때 어떤 수열이 더 빨리 증가하는가? 함수와 마찬가지로 성장률을 비교하기 위해 $\lim_{n\to\infty} a_n/b_n$의 값을 구한다. $\lim_{n\to\infty} a_n/b_n = 0$이면 $\{b_n\}$은 $\{a_n\}$보다 빨리 커지고, $\lim_{n\to\infty} a_n/b_n = \infty$이면 $\{a_n\}$은 $\{b_n\}$보다 빨리 커진다.

4.7절의 결과를 사용하여 양의 실수 p, q, r, s와 1보다 큰 실수 b에 대하여 $n \to \infty$일 때 수열의 성장률은 다음과 같은 순위를 갖는다.

$$\{\ln^q n\} \ll \{n^p\} \ll \{n^p \ln^r n\} \ll \{n^{p+s}\} \ll \{b^n\} \ll \{n^n\}$$

이전처럼 표기법 $\{a_n\} \ll \{b_n\}$은 $n \to \infty$일 때 $\{b_n\}$이 $\{a_n\}$보다 빨리 커진다는 것을 의미한다. 목록에 추가해야 하는 또 다른 중요한 수열은 **팩토리얼 수열**(factorial sequence) $\{n!\}$로서, $n! = n(n-1)(n-2)\cdots 2\cdot 1$이다. 목록에서 팩토리얼 수열 $\{n!\}$은 어디에 해당되는가? 다음은 $\{n!\}$을 이해하는 데 도움이 될 것이다.

$$n^n = \underbrace{n\cdot n\cdot n \cdots n}_{n\text{개의 인자}}\text{인 반면,}$$

$$n! = \underbrace{n\cdot(n-1)\cdot(n-2)\cdots 2\cdot 1}_{n\text{개의 인자}}$$

▶ $0! = 1$ (정의)
$1! = 1$
$2! = 2\cdot 1! = 2$
$3! = 3\cdot 2! = 6$
$4! = 4\cdot 3! = 24$
$5! = 5\cdot 4! = 120$
$6! = 6\cdot 5! = 720$

두 수열의 n번째 항은 n개의 인자의 곱을 포함하며, $n!$의 인자는 감소하는 반면, n^n의 인자는 일정하다. 이 관찰을 바탕으로 $\{n^n\}$이 $\{n!\}$보다 빨리 증가한다고 주장하며 $\{n!\} \ll \{n^n\}$이라 정했다. 하지만 $\{b^n\}$과 비교하면 $\{n!\}$은 어디에 있는가? 다음 사실에 주목해 보자.

$$b^n = \underbrace{b \cdot b \cdot b \cdots b}_{n\text{개의 인자}}\text{인 반면,}$$

$$n! = \underbrace{n \cdot (n-1) \cdot (n-2) \cdots 2 \cdot 1}_{n\text{개의 인자}}$$

두 수열의 n번째 항은 n개의 인자의 곱을 포함하며, b^n의 인자는 일정하게 유지되는 반면, $n!$의 인자는 n과 함께 증가한다. 따라서 $\{n!\}$이 $\{b^n\}$보다 빨리 증가한다고 주장하며 b가 클 경우 경주의 결과가 즉시 명확하게 드러나지 않을 수도 있지만 (연습문제 57번), 이 추측은 계산으로 뒷받침할 수 있다.

QUICK CHECK 4 $\{\ln n\}$과 $\{n^{1.1}\}$ 중 어느 수열이 더 빨리 성장하는가? $\lim_{n\to\infty} \frac{n^{1,000,000}}{e^n}$은 어떠한가? ◀

정리 9.6 수열의 성장률

다음 수열은 $n \to \infty$에서의 증가율로 정렬된다. 즉, 목록의 $\{b^n\}$ 앞에 $\{a^n\}$이 나타나면 $\lim_{n\to\infty} \frac{a_n}{b_n} = 0$과 $\lim_{n\to\infty} \frac{b_n}{a_n} = \infty$이다.

$$\{\ln^q n\} \ll \{n^p\} \ll \{n^p \ln^r n\} \ll \{n^{p+s}\} \ll \{b^n\} \ll \{n!\} \ll \{n^n\}$$

순서는 양의 실수 p, q, r, s와 $b(b > 1)$에 적용된다.

정리 9.6의 순위에서 수열에 양의 상수를 곱해도 변하지 않는다는 점에 주목할 필요가 있다.

| 예제 6 | 수렴과 성장률 다음 수열의 수렴 여부를 조사하기 위해 수열의 성장률을 비교하여라.

a. $\left\{\frac{\ln n^{10}}{0.00001n}\right\}$ **b.** $\left\{\frac{n^8 \ln n}{n^{8.001}}\right\}$ **c.** $\left\{\frac{n!}{10^n}\right\}$

풀이

a. $\ln n^{10} = 10$이므로 분자의 수열은 수열 $\{\ln n\}$의 상수 배이다. 마찬가지로 분모의 수열은 수열 $\{n\}$의 상수 배이다. 정리 9.6에 의하면 $n \to \infty$일 때 $\{n\}$은 $\{\ln n\}$보다 빠르게 증가한다. 따라서 수열 $\left\{\frac{\ln n^{10}}{0.00001n}\right\}$은 0으로 수렴한다.

b. 분자의 수열은 $p = 8$이고 $r = 1$인 정리 9.6의 $\{n^p \ln^r n\}$이다. 분모의 수열은 $p = 8$이고 $s = 0.001$인 정리 9.6의 $\{n^{p+s}\}$이다. $\{n^{p+s}\}$이 $\{n^p \ln^r n\}$보다 $n \to \infty$로 빠르게 증가하기 때문에 $\left\{\frac{n^8 \ln n}{n^{8.001}}\right\}$이 0으로 수렴한다고 결론 내린다.

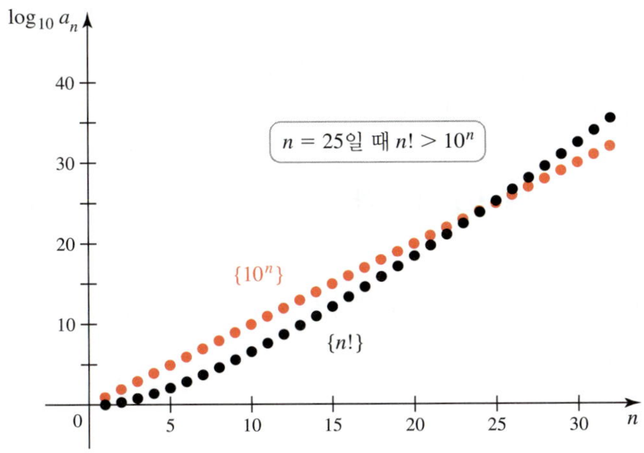

그림 9.23

c. 정리 9.6에 의해 $n!$은 $n \to \infty$일 때 어떤 지수함수보다 빨리 증가한다는 것을 알 수 있다. 따라서 $\lim_{n\to\infty} \frac{n!}{10^n} = \infty$이므로 수열은 발산한다. 그림 9.23은 $\{n!\}$과 $\{10^n\}$의 성장률을 시각적으로 비교한 것이다. 이 두 수열은 매우 빠르게 증가하므로 항에 로그를 취해 보자. 지수 수열 $\{10^n\}$은 $n = 25$개의 항까지 팩토리얼 수열 $\{n!\}$을 앞선다. $n = 25$인 순간 팩토리얼 수열이 지수 수열을 추월한다. ◀

수열 극한의 공식적 정의

함수의 극한과 마찬가지로 수열의 극한도 공식적인 정의가 있다.

정의 수열의 극한

충분히 큰 n에 대하여 a_n의 항을 취함으로써 임의의 값 L에 가깝게 만들 수 있다면 수열 $\{a_n\}$은 L로 수렴한다. 더 정확히 말하면 임의의 양수 ε이 주어졌을 때, 다음과 같은 정수 N(ε에만 의존)을 찾을 수 있다면 수열 $\{a_n\}$은 고유한 극한 L을 갖는다.

$$|a_n - L| < \varepsilon, \quad n > N$$

수열의 극한이 L이면 수열이 L로 **수렴한다**라 하고, 다음과 같이 쓴다.

$$\lim_{n\to\infty} a_n = L$$

수렴하지 않는 수열은 **발산한다**라고 한다.

수렴 수열의 극한에 대한 공식적 정의는 함수의 무한대에서의 극한과 거의 같은 방식으로 해석된다. 임의의 작은 $\varepsilon > 0$이 주어졌을 때, 이어지는 모든 항이 극한 L

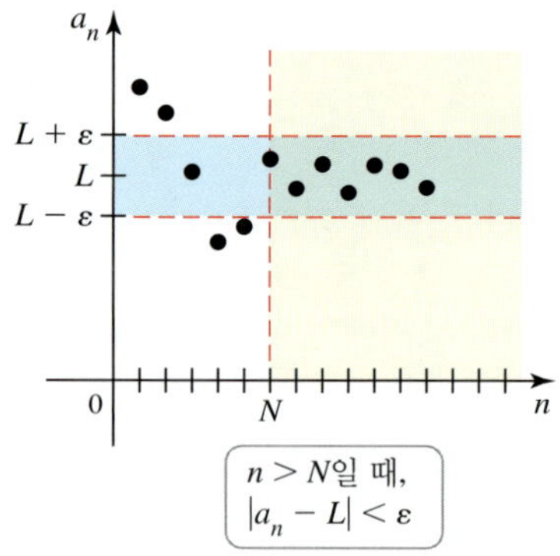

그림 9.24

의 ε 이내에 오도록 하려면 수열의 인덱스가 얼마나 커야 하는가(그림 9.24)? (아무리 작더라도) 임의의 양수 ε 값이 주어지면 a_N을 초과하는 모든 항이 L의 ε 이내에 있도록 N의 값을 찾아야 한다.

| 예제 7 | 공식적 정의를 사용한 극한 $\lim_{n\to\infty} a_n = \lim_{n\to\infty} \frac{n}{n-1} = 1$이라는 주장을 고려하자.

a. $\varepsilon = 0.01$이 주어졌을 때, 극한의 정의의 조건을 만족하는 N값을 구하여라.

b. $\lim_{n\to\infty} a_n = 1$을 증명하여라.

풀이

a. 정수 N을 구할 때 $|a_n - 1| < \varepsilon = 0.01$인 정수 N을 찾아야 한다. 이 조건은 다음과 같이 쓸 수 있다.

$$|a_n - 1| = \left|\frac{n}{n-1} - 1\right| = \left|\frac{1}{n-1}\right| < 0.01$$

$n > 1$에 주목하면 절댓값을 없앨 수 있다. n에 대한 조건은 $n - 1 > 1/0.01 = 100$, 즉 $n > 101$이 된다. 따라서 $N = 101$ 이상의 정수를 정한다. 이는 $n > 101$일 때 $|a_n - 1| < 0.01$을 의미한다.

b. 임의의 양수 ε이 주어졌을 때, $n > N$이면 $|a_n - 1| = \left|\frac{n}{n-1} - 1\right| < \varepsilon$을 보장하는 N(ε에 의존)을 찾아야 한다. $n > 1$일 때 부등식 $\left|\frac{n}{n-1} - 1\right| < \varepsilon$은 다음을 의미한다.

$$\left|\frac{n}{n-1} - 1\right| = \frac{1}{n-1} < \varepsilon$$

n에 관하여 풀면 $\frac{1}{n-1} < \varepsilon$, $n - 1 > \frac{1}{\varepsilon}$, 즉 $n > \frac{1}{\varepsilon} + 1$을 얻는다. 따라서 $\varepsilon > 0$이 주어지면 수열의 항이 극한 1의 ε 이내에 있는지 확인하기 위해 $N \geq \frac{1}{\varepsilon} + 1$ 근방에서 a_N 너머를 살펴봐야 한다. 임의의 양수 ε에 대하여 N의 값을 제공할 수 있으므로 극한은 존재하며, 값은 1이다.

➤ 일반적으로 $1/\varepsilon + 1$은 정수가 아니므로 N은 $1/\varepsilon + 1$보다 큰 정수 중 가장 작은 정수 또는 임의의 큰 정수로 택해야 한다.

관련 연습문제 54번 ◀

9.2절 연습문제

1단계 스타트

1. 극한이 존재하며 비증가인 수열의 예를 하나 들어라.

2. 극한이 존재하며 유계인 수열의 예를 하나 들어라.

3. 어떤 r의 값에 대하여 수열 $\{r^n\}$이 수렴하는가? 또한 어떤 r의 값에 대하여 수열 $\{r^n\}$이 발산하는가?

4–5. 다음 수열의 수렴 여부를 조사하고, 단조인지 진동하는지 설명하여라. 수열이 수렴하는 경우 극한을 구하여라.

4. $\{1.00001^n\}$ **5.** $\{(-0.7)^n\}$

6. $n \to \infty$일 때, $\{n^{100}\}$과 $\{e^{n/100}\}$의 성장률을 비교하여라.

2단계 실전

7–26. 수열의 극한 다음 수열의 극한을 찾거나 수열이 발산하는지 결정하여라.

7. $\left\{\dfrac{n^3}{n^4+1}\right\}$

8. $\left\{\dfrac{3n^3-1}{2n^3+1}\right\}$

9. $\left\{\tan^{-1}\left(\dfrac{10n}{10n+4}\right)\right\}$

10. $\left\{1+\cos\dfrac{1}{n}\right\}$

11. $\left\{\ln\sin\dfrac{1}{n}+\ln n\right\}$

12. $\left\{\dfrac{\sqrt{4n^4+3n}}{8n^2+1}\right\}$

13. $\left\{\dfrac{\ln n^2}{\ln 3n}\right\}$

14. $\{2^{n+1}3^{-n}\}$

15. $\{(0.5)^n+3(0.75)^n\}$

16. $\left\{\dfrac{3^{n+1}+3}{3^n}\right\}$

17. $\left\{\dfrac{(n+1)!}{n!}\right\}$

18. $\{\tan^{-1}n\}$

19. $\{\sqrt{n^2+1}-n\}$

20. $\left\{\left(1+\dfrac{2}{n}\right)^n\right\}$

21. $\{\sqrt[n]{e^{3n+4}}\}$

22. $\left\{\sqrt{\left(1+\dfrac{1}{2n}\right)^n}\right\}$

23. $\left\{\dfrac{n}{e^n+3n}\right\}$

24. $\left\{\left(\dfrac{1}{n}\right)^{1/n}\right\}$

25. $\{b_n\},\ \ b_n=\begin{cases}\dfrac{n}{n+1}, & n\le 5000\\ ne^{-n}, & n>5000\end{cases}$

26. $\left\{n\sin\dfrac{6}{n}\right\}$

27. $a_n=\sin\dfrac{n\pi}{2}$에 대하여 수열 $\{a_n\}$의 점그래프를 그려라. 수열의 극한을 구하거나 수열이 발산하는 이유를 설명하여라.

28–35. 추가 수열 수열의 수렴 여부를 조사하여라. 수렴하면 극한을 구하여라.

28. $\left\{\dfrac{(-1)^n}{2^n}\right\}$

29. $a_n=(-1)^n\sqrt[n]{n}$

30. $\left\{\dfrac{n\sin^3(n\pi/2)}{n+1}\right\}$

31. $a_n=e^{-n}\cos n$

32. $\left\{\dfrac{\tan^{-1}n}{n}\right\}$

33. $\left\{\dfrac{\cos n}{n}\right\}$

34. $\left\{\dfrac{\sin n}{2^n}\right\}$

35. $\left\{\dfrac{75^{n-1}}{99^n}+\dfrac{5^n\sin n}{8^n}\right\}$

36. **주기적 복용량** 많은 사람들이 심장병 예방책으로 아스피린을 정기적으로 복용한다. 한 사람이 24시간마다 80 mg의 아스피린을 복용한다고 가정하며, 이 아스피린의 반감기가 24시간이라 가정하자. 즉, 24시간마다 혈액 속 약물의 절반이 분해된다.

 a. n번째 복용 후 혈액 내 약물의 양을 제공하는 수열 $\{d_n\}$의 점화 관계를 구하여라. 여기서 $d_1=80$이다.

 b. 계산기로 이 극한을 추정하여라. 장기적으로 볼 때, 이 사람의 혈액에는 얼마나 많은 양의 약이 들어 있겠는가?

 c. 수열에 극한이 존재한다 가정하고 $\{d_n\}$의 극한을 직접 찾아 **b**의 결과를 확인하여라.

37. **저축 계획** 제임스는 매월 초 \$100를 입금하면 연 9%의 이자를 받는 계좌에 예금하거나 이에 상응하는 월 0.75%의 이자를 받는 저축 계획을 시작했다. 명확하게 말하면 매달 1일 은행은 현재 잔액의 0.75%를 이자로 가산한 후 제임스가 \$100를 입금한다. B_n을 n번째 입금한 후 계좌 잔액이라 하자. 여기서 $B_0=\$0$이다.

 a. 수열 $\{B_n\}$의 처음 다섯 항을 적어라.

 b. 수열 $\{B_n\}$을 생성하는 점화 관계를 찾아라.

 c. 잔액이 \$5000에 도달하는 데 몇 개월이 걸리는가?

38–41. 수열의 성장률 정리 9.6을 사용하여 다음 수열의 극한을 구하거나 발산 여부를 표시하여라.

38. $\left\{\dfrac{n!}{n^n}\right\}$

39. $\left\{\dfrac{n^{10}}{\ln^{20}n}\right\}$

40. $\left\{\dfrac{n^{1000}}{2^n}\right\}$

41. $a_n=\dfrac{6^n+3^n}{6^n+n^{100}}$

42. **참 또는 거짓** 다음 명제가 참이면 증명하고 거짓이면 반례를 들어라.

 a. $\lim\limits_{n\to\infty}a_n=1,\ \lim\limits_{n\to\infty}b_n=3$이면 $\lim\limits_{n\to\infty}\dfrac{b_n}{a_n}=3$이다.

 b. $\lim\limits_{n\to\infty}a_n=0,\ \lim\limits_{n\to\infty}b_n=\infty$이면 $\lim\limits_{n\to\infty}a_nb_n=0$이다.

 c. 두 수렴 수열 $\{a_n\}$과 $\{b_n\}$은 처음 100개의 항이 다르지만 $n>100$의 경우 $a_n=b_n$일 때, 이는 $\lim\limits_{n\to\infty}a_n=\lim\limits_{n\to\infty}b_n$을 의미한다.

 d. $\{a_n\}=\left\{1,\dfrac{1}{2},\dfrac{1}{3},\dfrac{1}{4},\dfrac{1}{5},\cdots\right\}$,

 $\{b_n\}=\left\{1,\dfrac{1}{2},\dfrac{1}{3},\dfrac{1}{4},\dfrac{1}{5},\cdots\right\}$이면

 $\lim\limits_{n\to\infty}a_n=\lim\limits_{n\to\infty}b_n$이다.

e. 수열 $\{a_n\}$이 수렴하면 수열 $\{(-1)^n a_n\}$은 수렴한다.

f. 수열 $\{a_n\}$이 발산하면 수열 $\{0.000001 a_n\}$은 발산한다.

43–44. 점화 관계에 의한 수열 점화 관계에 의해 정의되는 다음 수열은 단조이고 유계이며, 따라서 정리 9.5에 의해 수렴한다.

a. 수열의 처음 세 항을 찾아 수열이 비감소인지 비증가인지 확인하여라.

b. 해석적 방법을 사용하여 수열의 극한을 찾아라.

43. $a_{n+1} = 2a_n(1 - a_n),\ a_0 = 0.3$

44. $a_{n+1} = \sqrt{2 + a_n},\ a_0 = 3$

45. 약물 복용 어느 환자는 12시간마다 75 mg의 약물을 복용하고 12시간마다 혈액에 있는 약물의 60%가 분해된다.

a. d_n을 n회 복용 후 혈류에 남아 있는 약물의 양(mg)이라 하자. 여기서 $d_1 = 75$이다. d_n에 대한 점화 관계를 찾아라.

b. $\{d_n\}$이 단조이고 유계이므로 수렴함을 보여라.

c. 수열의 극한을 구하여라. 이 극한의 물리적 의미는 무엇인가?

46. 계산기 알고리즘 CORDIC(좌표 회전 디지털 계산) 알고리즘은 대부분의 계산기에서 삼각함수 및 로그함수 값을 계산할 때 사용된다. 집계 상수라 하는 CORDIC 알고리즘의 중요한 수는 무한곱 $\prod_{n=0}^{\infty}\frac{2^n}{\sqrt{1+2^{2n}}}$이며, 여기서 $\prod_{n=0}^{N} a_n$은 부분곱 $a_0 \cdot a_1 \cdot a_N$이다. 무한곱은 수열이다. 이 무한곱은 다음 수열의 극한이다.

$$\left\{\prod_{n=0}^{0}\frac{2^n}{\sqrt{1+2^{2n}}}, \prod_{n=0}^{1}\frac{2^n}{\sqrt{1+2^{2n}}}, \prod_{n=0}^{2}\frac{2^n}{\sqrt{1+2^{2n}}}, \ldots\right\}$$

집계 상수를 추정하여라. 계산기는 어떻게 작동하는가?

3단계 도전

47. 수열 $\{a_n\}_{n=0}^{\infty}$가 점화 관계 $a_{n+1} = \frac{1}{3}a_n + 6$, $a_0 = 3$에 의해 정의된다고 가정하자.

a. 수열이 증가하며 유계임을 증명하여라.

b. $\{a_n\}_{n=0}^{\infty}$가 수렴하는 이유를 설명하고 극한을 구하여라.

48. 거듭제곱근 $a_{n+1} = \sqrt{2 + a_n}$, $a_0 = \sqrt{2}$, $n = 0, 1, 2, 3, \cdots$으로 정의된 수열을 고려하자.

a. 수열 $\{a_n\}$의 처음 네 항을 구하여라. 정확한 값을 먼저 제시한 다음 대략적인 값을 써라.

b. 수열이 증가하고 유계임을 보여라.

c. 극한이 존재한다고 가정하고 예제 5의 방법을 사용하여 정확한 극한값을 구하여라.

49. 피보나치 수열 유명한 피보나치 수열은 서기 1200년경 피보나치라고도 알려진 레오나르도 피사노가 토끼 개체 수의 증가를 위한 모델로 제안한 것이다. 이는 점화 관계 $f_{n+1} = f_n + f_{n-1}$, $n = 1, 2, 3, \cdots$에 의해 주어지며, $f_0 = 1$, $f_1 = 1$이다. 즉, 수열의 각 항은 앞의 두 항을 합한 것이다.

a. 수열의 처음 열 개 항을 적어라.

b. 수열은 유계인가?

c. 수열의 연속된 항의 비 $\varphi = \lim_{n\to\infty}\frac{f_{n+1}}{f_n}$을 추정하거나 결정하여라. 황금비로 알려진 $\varphi = \frac{1+\sqrt{5}}{2}$에 대한 논거를 제시하여라.

d. 귀납법을 사용하여 다음의 놀라운 결과를 증명하여라.

$$f_n = \frac{1}{\sqrt{5}}(\varphi^n - (-1)^n \varphi^{-n})$$

50. 연분수 과정이 동일하게 계속되는 다음 표현을 연분수라고 한다.

$$1 + \cfrac{1}{1 + \cfrac{1}{1 + \cfrac{1}{1 + \cfrac{1}{1 + \ddots}}}}$$

a. 점화 관계 $a_0 = 1$, $a_{n+1} = 1 + \frac{1}{a_n}$, $n = 0, 1, 2, 3, \cdots$을 사용하여 이 식을 단계별로 작성할 수 있음을 보여라. 극한이 존재한다면 식의 값이 $\lim_{n\to\infty} a_n$으로 해석될 수 있는 이유를 설명하여라.

b. 수열 $\{a_n\}$의 처음 다섯 항을 작성하여라.

c. 계산 및 그래프를 사용하여 수열의 극한을 추정하여라.

d. 극한이 존재한다 가정하고 예제 5의 방법을 사용하여 정확한 극한을 구하여라. 추정치를 황금비로 알려진 $\frac{1+\sqrt{5}}{2}$와 비교하여라.

e. 극한이 존재한다 가정하고 동일한 아이디어를 사용하여

$$a + \cfrac{b}{a + \cfrac{b}{a + \cfrac{b}{a + \cfrac{b}{a + \ddots}}}}$$

의 값을 결정하여라. 여기서 a와 b는 양의 실수이다.

51. 우박수열 여기 우박 문제(또는 울람 추측, 콜라츠 추측)로 알려진 흥미로운(해결되지 않은) 문제가 있다. 이는 서로 다른 두 방식으로 수열을 포함한다. 먼저 양의 정수 N을 선택하고 이를 a_0이라 부르며, 이는 수열의 씨앗이다. 나머지 수열은 $n = 0, 1, 2, 3, \cdots$에 대하여 다음과 같이 생성된다.

$$a_{n+1} = \begin{cases} a_n/2 \quad , & a_n\text{이 짝수일 때} \\ 3a_n + 1, & a_n\text{이 홀수일 때} \end{cases}$$

이때 어떤 n에 대하여 $a_n = 1$이면 수열은 끝난다.

a. 씨앗 $N = 2, 3, 4, \cdots, 10$으로부터 나오는 수열을 계산하여라. 이 모든 경우 수열이 끝나는지 확인해야 한다. (아직 증명되지 않은) 우박 문제는 모든 양의 정수 N에 대하여 수열이 유한한 수의 항으로 끝난다고 말한다.

b. 이제 우박수열 $\{H_k\}$를 정의하여라. 이는 수열 $\{a_n\}$이 k의 씨앗으로 시작하는 데 필요한 항의 수이다. $H_2 = 1$, $H_3 = 7$, $H_4 = 2$를 확인하여라.

c. 가능한 한 많은 우박수열의 항을 표시하여라. 이 수열은 어떻게 이름이 지어졌는가? 추측이 사실로 보이는가?

52–54. 극한의 공식적 증명 공식적 수열의 극한의 정의를 사용하여 다음 극한을 증명하여라.

52. $\lim_{n\to\infty} \frac{1}{n} = 0$

53. $\lim_{n\to\infty} \frac{3n^2}{4n^2+1} = \frac{3}{4}$

54. $\lim_{n\to\infty} \frac{cn}{bn+1} = \frac{c}{b}$, b, c는 양의 실수

55. 모수에서 두 수열 비교 수열 $\{n!\}$이 수열 $\{n^{an}\}$보다 빠르게 증가하도록 하는 a의 값은 무엇인가(**힌트**: 스털링 공식이 유용하다. n이 큰 값인 경우 $n! \approx \sqrt{2\pi n}\, n^n e^{-n}$이다)?

56. 재인덱싱 다음 수열 $\{a_n\}_{n=1}^{\infty}$를 $\{b_n\}_{n=3}^{\infty}$ 형태로 표현하여라.

$$\{n^2 + 6n - 9\}_{n=1}^{\infty}$$

57. 교점 수열 $\{n!\}$은 궁극적으로 $n \to \infty$일 때 어떤 $b > 1$에 대하여 수열 $\{b^n\}$보다 빠르게 증가한다. 그러나 n의 작은 값에 대해서는 일반적으로 b^n이 $n!$보다 크다. $b = 2$, $b = e$, $b = 10$에 대하여 $n! > b^n$이 되도록 하는 n의 최솟값을 계산기로 각각 결정하여라.

QUICK CHECK 정답

1. a. 유계, 단조 **b.**유계, 단조가 아님 **c.** 유계가 아님, 단조가 아님 **d.** 유계, 단조(비증가와 비감소의 경우 둘 다) **2.** $r = -1$이면 수열은 $\{-1, 1, -1, 1, \cdots\}$이고 항은 부호가 번갈아 나오며 수열이 발산한다. $r = 1$이면 수열은 $\{1, 1, 1, 1, \cdots\}$이고 항은 일정하며 수열은 1로 수렴한다. **3.** 두 가지 변화 모두 약물의 정상 상태를 증가시킬 것이다. **4.** $\{n^{1.1}\}$이 더 빠르게 증가한다. 극한은 0이다.

9.3 무한급수

기하급수를 이용한 무한급수에 대한 논의를 시작한다. 이 급수는 다른 무한급수보다 자주 나오며, 많은 실생활 문제에 사용되고 일반적으로 무한급수의 모든 필수적인 특징을 보여 준다. 먼저 9.1절의 몇 가지 중요한 아이디어를 요약해 본다.

모든 무한급수 $\sum_{k=1}^{\infty} a_k$에는 다음과 같은 부분합의 수열이 있음을 기억하자.

$$S_1 = a_1, \quad S_2 = a_1 + a_2, \quad S_3 = a_1 + a_2 + a_3$$

일반적으로 $S_n = \sum_{k=1}^{n} a_k$, $n = 1, 2, 3, \cdots$이다.

부분합의 수열 $\{S_n\}$이 수렴, 즉 $\lim_{n\to\infty} S_n = L$이면 무한급수의 값도 L이다. 부분합의 수열이 발산하면 무한급수 또한 발산한다.

요약하면 무한급수를 계산하려면 부분합의 수열 $\{S_n\}$에 대한 공식을 구한 후, 그 극한을 찾아야 한다. 이 절차는 이 절에서 설명하는 기하급수 및 망원급수(tele-

➤ 부분합의 수열은 다음과 같이 시각화할 수 있다.

$$\underbrace{\underbrace{\underbrace{a_1}_{S_1} + a_2}_{S_2} + a_3}_{S_3} + a_4 + \cdots$$

초기 인덱스가 1이 아닐 때 n번째 부분합은 수열의 처음 n개의 항의 합이다. 예를 들어 $\sum_{k=3}^{\infty} a_k$의 n번째 부분합은 다음과 같다.

$$S_n = \underbrace{a_3 + a_4 + \cdots + a_{n+2}}_{n\text{개}}$$

QUICK CHECK 1 급수 $\sum_{k=0}^{\infty} b_n$의 n번째 부분합을 적어라. ◀

▶ 등비수열 형태는 $\{r^k\}$ 또는 $\{ar^k\}$이다. 기하 합과 기하급수 형태는 $\sum r^k$ 또는 $\sum ar^k$이다.

QUICK CHECK 2 다음 합 중 어떤 것이 기하 합이 아닌가?

a. $\sum_{k=0}^{10} \left(\frac{1}{2}\right)^k$ **b.** $\sum_{k=0}^{20} \frac{1}{k}$

c. $\sum_{k=0}^{30} (2k + 1)$ ◀

▶ 표기법 $\sum_{k=0}^{\infty} ar^k$은 $r = 0$일 때 정의되지 않은 첫째항을 갖는 것으로 나타난다. 이 표기법은 $a + ar + ar^2 + \cdots$을 의미하므로 $r = 0$일 때 극한값은 a이다.

QUICK CHECK 3 기하 합 공식이 합 $1 + \frac{1}{2}$과 $\frac{1}{2} + \frac{1}{4} + \frac{1}{8}$에 대하여 바른 결과를 제공하는지 확인하여라. ◀

scoping series)의 극한으로 수행할 수 있다.

기하 합과 급수

기하급수에 대한 예비 단계로 합의 각 항이 이전 항의 상수 배로 이루어진 유한합인 기하 합을 연구한다. 항이 n개인 **기하 합**(geometric sum)의 형태는 다음과 같다.

$$S_n = a + ar + ar^2 + \cdots + ar^{n-1} = \sum_{k=0}^{n-1} ar^k$$

여기서 $a \neq 0$이고 r은 실수이다. r은 합의 **공비**(ratio)라 하고 a는 첫째항이다. 예를 들어 $r = 0.1$, $a = 0.9$, $n = 4$인 기하 합은 다음과 같다.

$$\begin{aligned} 0.9 + 0.09 + 0.009 + 0.0009 &= 0.9(1 + 0.1 + 0.01 + 0.001) \\ &= \sum_{k=0}^{3} 0.9(0.1^k) \end{aligned}$$

목표는 $a \neq 0$, r, 양의 정수 n의 모든 값에 대한 다음 기하 합에 대한 공식을 찾는 것이다.

$$S_n = a + ar + ar^2 + \cdots + ar^{n-1} \tag{1}$$

이 과정에서 영리한 전략을 필요로 한다. 첫 번째 단계는 식 (1)의 양쪽에 공비 r을 곱하는 것이다.

$$\begin{aligned} rS_n &= r(a + ar + ar^2 + ar^3 + \cdots + ar^{n-1}) \\ &= ar + ar^2 + ar^3 + \cdots + ar^{n-1} + ar^n \end{aligned} \tag{2}$$

이제 방정식 (1)에서 방정식 (2)를 빼면 우변 대부분의 항이 다음을 남기고 소거된다는 점에 주목하자.

$$S_n - rS_n = a - ar^n$$

$r \neq 1$이라 가정하고 S_n에 관하여 풀면 기하 합에 대한 일반적인 공식이 된다.

$$S_n = a\frac{1 - r^n}{1 - r} \tag{3}$$

기하 합을 다룬 것은 기하급수로 가는 짧은 단계이다. 기하합 $S_n = \sum_{k=0}^{n-1} ar^k$이 기하급수 $\sum_{k=0}^{\infty} ar^k$에 대한 부분합의 수열을 형성한다는 것에 주목한다. 기하급수의 값은 (극한이 존재하는 경우) 부분합의 수열의 극한이다. 식 (3)을 이용하면 다음을 얻는다.

$$\underbrace{\sum_{k=0}^{\infty} ar^k}_{\text{기하급수}} = \lim_{n\to\infty} \underbrace{\sum_{k=0}^{n-1} ar^k}_{\text{기하 합 } S_n} = \lim_{n\to\infty} a\frac{1 - r^n}{1 - r}$$

이 극한을 계산하기 위해 $n \to \infty$일 때 r^n의 동작을 조사해야 한다. 등비수열(9.2절)에서 다룬 다음 내용을 상기하자.

$$\lim_{n\to\infty} r^n = \begin{cases} 0 & , \ |r| < 1 \\ 1 & , \ r = 1 \\ \text{존재하지 않는다} & , \ r \le -1 \text{ 또는 } r > 1 \end{cases}$$

Case 1: $|r| < 1$인 경우, $\lim_{n\to\infty} r^n = 0$이므로 다음을 얻는다.

$$\lim_{n\to\infty} S_n = \lim_{n\to\infty} a\frac{1-r^n}{1-r} = a\frac{1-\overbrace{\lim_{n\to\infty} r^n}^{0}}{1-r} = \frac{a}{1-r}$$

$|r| < 1$인 이 경우 기하급수는 $\dfrac{a}{1-r}$로 수렴한다.

Case 2: $|r| > 1$인 경우, $\lim_{n\to\infty} r^n$이 존재하지 않으므로 $\lim_{n\to\infty} S_n$은 존재하지 않으며, 따라서 발산한다.

Case 3: $|r| = 1$인 경우, $r = 1$일 때 기하급수 $\sum_{k=0}^{\infty} a = a + a + a + \cdots$은 발산한다. $r = -1$일 때 기하급수 $a\sum_{k=0}^{\infty}(-1)^k = a - a + a - \cdots$은 (부분합의 수열이 0과 a 사이에서 진동하므로) 발산한다.

정리 9.7은 이 결과를 요약해 놓은 것이다.

QUICK CHECK 4 $\frac{1}{2} + \frac{1}{4} + \frac{1}{8} + \frac{1}{16} + \cdots$을 계산하여라. ◀

정리 9.7 기하급수

$a \ne 0$, r이 실수라고 하자. $|r| < 1$이면 $\sum_{k=0}^{\infty} ar^k = \dfrac{a}{1-r}$이고, $|r| \ge 1$이면 급수는 발산한다.

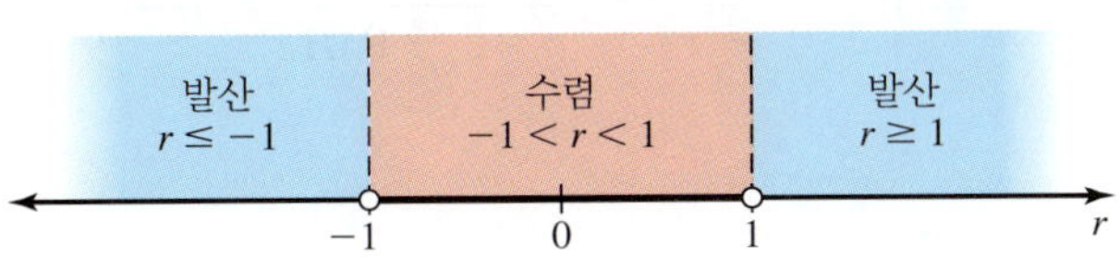

QUICK CHECK 5 $\sum_{k=0}^{\infty} 0.2^k$이 수렴하고 $\sum_{k=0}^{\infty} 2^k$이 발산하는 이유를 설명하여라. ◀

| 예제 1 | 기하급수 다음 기하급수를 계산하거나 급수가 발산하면 이유를 설명하여라.

a. $\sum_{k=0}^{\infty} 1.1^k$ **b.** $\sum_{k=0}^{\infty} e^{-k}$ **c.** $\sum_{k=2}^{\infty} 3(-0.75)^k$

풀이

a. 기하급수의 공비는 $r = 1.1$이다. $|r| \ge 1$이므로 급수는 발산한다.

b. $e^{-k} = \dfrac{1}{e^k} = \left(\dfrac{1}{e}\right)^k$을 기억하면 급수의 공비는 $r = \dfrac{1}{e}$이고 첫째항은 $a = 1$이다.

$|r| < 1$이므로 급수는 수렴하고 그 값은 다음과 같다.

$$\sum_{k=0}^{\infty} e^{-k} = \sum_{k=0}^{\infty}\left(\frac{1}{e}\right)^k = \frac{1}{1-(1/e)} = \frac{e}{e-1} \approx 1.582$$

▶ 예제 1c의 급수는 부호가 번갈아 나오므로(alternate in sign) 교대급수(alternating series)라고 한다. 이러한 일련의 급수는 9.6절에서 자세히 논의한다.

c. 급수의 처음 몇 개의 항을 쓰는 것이 도움이 된다.

$$\sum_{k=2}^{\infty} 3(-0.75)^k = \underbrace{3(-0.75)^2}_{a} + \underbrace{3(-0.75)^3}_{ar} + \underbrace{3(-0.75)^4}_{ar^2} + \cdots$$

급수의 첫째항이 $a = 3(-0.75)^2$이고 공비가 $r = -0.75$임을 알 수 있다. $|r| < 1$이므로 급수는 수렴하고 그 값은 다음과 같다.

$$\sum_{k=2}^{\infty} 3(-0.75)^k = \underbrace{\frac{3(-0.75)^2}{1-(-0.75)}}_{\frac{a}{1-r}} = \frac{27}{28}$$

관련 연습문제 7, 15번 ◀

| 예제 2 | 기하급수로서 십진법 확장 $1.0\overline{35} = 1.0353535\cdots$를 기하급수로 쓴 후, 값을 분수로 나타내어라.

풀이 이 수의 십진수 부분은 $a = 0.035$이고, $r = 0.01$인 수렴 기하급수이다.

$$1.0353535\cdots = 1 + \underbrace{0.035 + 0.00035 + 0.0000035 + \cdots}_{a=0.035,\ r=0.01\text{인 기하급수}}$$

급수를 계산하면 다음과 같다.

$$1.0353535\cdots = 1 + \frac{a}{1-r} = 1 + \frac{0.035}{1-0.01} = 1 + \frac{35}{990} = \frac{205}{198}$$

관련 연습문제 26번 ◀

망원급수

기하급수를 사용하여 부분합의 수열에 대한 공식을 찾고 수열의 극한을 계산함으로써 전체 계산 과정을 수행했다. 이러한 분석이 가능한 무한급수는 많지 않다. **망원급수**(telescoping series)라 하는 또 다른 종류의 급수로, 이 분석을 수행할 수 있다. 여기 한 가지 예가 있다.

| 예제 3 | 망원급수 다음 급수를 계산하여라.

a. $\displaystyle\sum_{k=1}^{\infty}\left(\cos\frac{1}{k} - \cos\frac{1}{k+1}\right)$ **b.** $\displaystyle\sum_{k=3}^{\infty}\frac{1}{(k-2)(k-1)}$

풀이

a. 부분합의 수열의 n번째 항은 다음과 같다.

$$S_n = \sum_{k=1}^{n}\left(\cos\frac{1}{k} - \cos\frac{1}{k+1}\right)$$
$$= \left(\cos 1 - \cos\frac{1}{2}\right) + \left(\cos\frac{1}{2} - \cos\frac{1}{3}\right) + \cdots + \left(\cos\frac{1}{n} - \cos\frac{1}{n+1}\right)$$
$$= \cos 1 + \underbrace{\left(-\cos\frac{1}{2} + \cos\frac{1}{2}\right)}_{0} + \cdots + \underbrace{\left(-\cos\frac{1}{n} + \cos\frac{1}{n}\right)}_{0} - \cos\frac{1}{n+1} \quad \text{항 재배열하기}$$
$$= \cos 1 - \cos\frac{1}{n+1} \quad \text{간단히 하기}$$

합의 내부 항이 소거(또는 망원)되고 S_n에 대한 간단한 식이 남는 것을 관찰하자. 극한을 대입하면 다음을 얻는다.

$$\sum_{k=1}^{\infty}\left(\cos\frac{1}{k} - \cos\frac{1}{k+1}\right) = \lim_{n\to\infty} S_n$$
$$= \lim_{n\to\infty}\left(\cos 1 - \underbrace{\cos\frac{1}{n+1}}_{\to \cos 0 = 1}\right)$$
$$= \cos 1 - 1 \approx -0.46$$

b. 초기 인덱스가 $k = 3$이므로 n번째 부분합 S_n은 $k = 3$에서 $k = n + 2$까지 이어지는 n개의 항을 포함하므로 다소 어색하다. n번째 부분합은 초기 인덱스가 $k = 1$일 때가 가장 일반적이다. $k = 3$일 때 $j = 1$, $k - 1 = j + 1$을 의미하는 치환 $j = k - 2$를 사용하여 원래 합을 다시 정리하면 다음과 같다.

$$\sum_{k=3}^{\infty}\frac{1}{(k-2)(k-1)} = \sum_{j=1}^{\infty}\frac{1}{j(j+1)} \quad j = k - 2\text{로 놓기}$$
$$= \sum_{k=1}^{\infty}\frac{1}{k(k+1)}$$

인덱스를 나타내는 변수는 급수의 값에 영향을 미치지 않으므로 인덱스 k로 다시 놓을 수 있다.

부분분수 분해 방법을 사용하여 부분합의 수열을 나타내면 다음과 같다.

➤ 8.5절로 돌아가 부분분수 분해 방법을 복습하여라.

$$S_n = \sum_{k=1}^{n}\frac{1}{k(k+1)} = \sum_{k=1}^{n}\left(\frac{1}{k} - \frac{1}{k+1}\right)$$

이 합을 적으면 다음이 성립함을 알 수 있다.

$$S_n = \left(1 - \frac{1}{2}\right) + \left(\frac{1}{2} - \frac{1}{3}\right) + \left(\frac{1}{3} - \frac{1}{4}\right) + \cdots + \left(\frac{1}{n} - \frac{1}{n+1}\right)$$

$$= 1 + \underbrace{\left(-\frac{1}{2} + \frac{1}{2}\right)}_{0} + \underbrace{\left(-\frac{1}{3} + \frac{1}{3}\right)}_{0} + \cdots + \underbrace{\left(-\frac{1}{n} + \frac{1}{n}\right)}_{0} - \frac{1}{n+1}$$

$$= 1 - \frac{1}{n+1}$$

다시 말해 부분합과 모든 내부 항이 소거된다. 결과는 부분합의 n번째 항에 대한 간단한 공식이다. 급수의 값은 다음과 같다.

$$\sum_{k=1}^{\infty} \frac{1}{k(k+1)} = \lim_{n\to\infty} S_n = \lim_{n\to\infty}\left(1 - \frac{1}{n+1}\right) = 1$$

관련 연습문제 31, 36번 ◀

수렴 급수의 특성

다음 작업에 유용한 몇 가지 특성들로 이 절을 마무리한다. 표기법 $\sum a_k$는 k의 초깃값과 최종값이 없으며, 항이 양수 또는 음수(또는 둘 다)일 수 있는 일반적인 무한급수를 가리킨다.

▶ 무한급수의 **앞선 항**(leading term)은 작은 인덱스로 시작하는 항이다. 무한급수의 **꼬리**(tail)는 급수의 '끝'부분에 크고 증가하는 인덱스를 가진 항으로 구성된다. 무한급수의 수렴 여부는 급수의 꼬리에 따라 달라지는 반면, 수렴 급수의 값은 주로 앞선 항에 의해 결정된다.

정리 9.8 수렴 급수의 특성

1. $\sum a_k$가 A로 수렴하고 c가 실수라고 가정하자. 급수 $\sum ca_k$는 수렴하고, $\sum ca_k = c\sum a_k = cA$이다.
2. $\sum a_k$가 발산한다고 가정하자. 그러면 0이 아닌 모든 실수 c에 대하여 $\sum ca_k$도 발산한다.
3. $\sum a_k$가 A로 수렴하고 $\sum b_k$가 B로 수렴한다고 가정하자. 급수 $\sum(a_k \pm b_k)$는 수렴하고, $\sum(a_k \pm b_k) = \sum a_k \pm \sum b_k = A \pm B$이다.
4. $\sum a_k$가 발산하고 $\sum b_k$가 수렴한다고 가정하자. 그러면 $\sum(a_k \pm b_k)$는 발산한다.
5. M이 양의 정수이면 $\sum_{k=1}^{\infty} a_k$와 $\sum_{k=M}^{\infty} a_k$는 둘 다 수렴하거나 둘 다 발산한다. 일반적으로 급수의 수렴 여부는 급수에 더하거나 뺀 유한한 수의 항에 의존하지 않는다. 하지만 0이 아닌 항을 더하거나 빼면 수렴 급수의 값이 변한다.

증명 이 특성은 유한합과 수열의 극한으로 증명할 수 있다. 특성 1을 증명하기 위해 $\sum_{k=1}^{\infty} a_k$가 A로 수렴한다고 가정하면 다음이 성립함에 주목하자.

$$\sum_{k=1}^{\infty} ca_k = \lim_{n\to\infty} \sum_{k=1}^{n} ca_k \quad \text{무한급수의 정의}$$

$$= \lim_{n\to\infty} c\sum_{k=1}^{n} a_k \quad \text{유한합의 성질}$$

$$= c \lim_{n\to\infty} \sum_{k=1}^{n} a_k \quad \text{극한의 성질}$$

$$= c \sum_{k=1}^{\infty} a_k \quad \text{무한급수의 정의}$$

$$= cA \quad \text{급수의 값}$$

특성 2와 특성 3에 대한 증명도 비슷하다(연습문제 50번). 특성 4에 대한 증명은 생략한다.

특성 5는 $1 < M < n$인 유한합에 의해 설명된다.

$$\sum_{k=M}^{n} a_k = \sum_{k=1}^{n} a_k - \sum_{k=1}^{M-1} a_k$$

$n \to \infty$일 때 이 방정식에서 무한급수의 값을 $\sum_{k=1}^{\infty} a_k = A$라 가정하면 다음이 성립한다.

$$\sum_{k=M}^{\infty} a_k = \underbrace{\sum_{k=1}^{\infty} a_k}_{A} - \underbrace{\sum_{k=1}^{M-1} a_k}_{\text{유한한 수}}$$

우변은 유한한 값이므로 $\sum_{k=M}^{\infty} a_k$는 수렴한다. 비슷하게 $\sum_{k=M}^{\infty} a_k$가 수렴하면 $\sum_{k=1}^{\infty} a_k$도 수렴한다. 유사한 논증에 의해 이 두 급수 중 하나가 발산하면 다른 한 급수도 발산한다.

QUICK CHECK 6 $\sum_{k=1}^{\infty} a_k$가 수렴하면 (다른 초기 인덱스를 가진) 급수 $\sum_{k=5}^{\infty} a_k$가 수렴하는 이유를 설명하여라. 두 급수는 똑같은 값을 갖는가? ◀

| 예제 4 | 급수의 특성 사용 다음 무한급수를 계산하여라.

a. $\displaystyle\sum_{k=2}^{\infty} \left(\frac{1}{3^k} - \frac{2}{3^{k+2}}\right)$ **b.** $\displaystyle\sum_{k=1}^{\infty} \left(5\left(\frac{2}{3}\right)^k - \frac{7^{k-1}}{6^k}\right)$

풀이

a. $\sum_{k=2}^{\infty} \frac{1}{3^k}$과 $\sum_{k=2}^{\infty} \frac{2}{3^{k+1}}$가 수렴하므로 정리 9.8의 특성 1과 특성 3을 사용하여 다음과 같이 쓸 수 있다.

$$\sum_{k=2}^{\infty} \left(\frac{1}{3^k} - \frac{2}{3^{k+1}}\right) = \sum_{k=2}^{\infty} \frac{1}{3^k} - 2\sum_{k=2}^{\infty} \frac{1}{3^{k+1}}$$

새로운 두 급수 모두 기하급수이고, 공비가 $r = \frac{1}{3} < 1$이므로 두 급수 모두 수렴한다. $\sum_{k=2}^{\infty} \frac{1}{3^k}$의 첫째항은 $a = \frac{1}{9}$이고, $\sum_{k=2}^{\infty} \frac{1}{3^{k+1}}$의 첫째항은 $a = \frac{1}{27}$이므로 다음을 얻는다.

$$\sum_{k=2}^{\infty} \left(\frac{1}{3^k} - \frac{2}{3^{k+1}}\right) = \sum_{k=2}^{\infty} \frac{1}{3^k} - 2\sum_{k=2}^{\infty} \frac{1}{3^{k+1}} = \frac{\frac{1}{9}}{1 - \frac{1}{3}} - 2\,\frac{\frac{1}{27}}{1 - \frac{1}{3}}$$

$$= \frac{1}{9}\cdot\frac{3}{2} - \frac{2}{27}\cdot\frac{3}{2} = \frac{1}{18}$$

b. 두 급수 $\sum_{k=1}^{\infty} 5\left(\frac{2}{3}\right)^k$과 $\sum_{k=1}^{\infty} \frac{7^{k-1}}{6^k}$을 각각 계산한다. 첫 번째는 기하급수이고 9.3절의 방법으로 계산한다. 처음 몇 개의 항은 다음과 같다.

$$\sum_{k=1}^{\infty} 5\left(\frac{2}{3}\right)^k = 5\left(\frac{2}{3}\right) + 5\left(\frac{2}{3}\right)^2 + 5\left(\frac{2}{3}\right)^3 + \cdots$$

급수의 첫째항은 $a = 5\left(\frac{2}{3}\right)$이고 공비는 $r = \frac{2}{3} < 1$이다. 그러므로 다음과 같다.

$$\sum_{k=1}^{\infty} 5\left(\frac{2}{3}\right)^k = \frac{a}{1-r} = \frac{5\left(\frac{2}{3}\right)}{1-\frac{2}{3}} = 10$$

두 번째 급수의 처음 몇 개의 항을 쓰면 역시 기하급수라는 것을 알 수 있다.

$$\sum_{k=1}^{\infty} \frac{7^{k-1}}{6^k} = \frac{1}{6} + \frac{7}{6^2} + \frac{7^2}{6^3} + \cdots$$

공비가 $r = \frac{7}{6} > 1$이므로 $\sum_{k=1}^{\infty} \frac{7^{k-1}}{6^k}$은 발산한다. 정리 9.8의 특성 4에 의해 원래 급수 또한 발산한다.

관련 연습문제 42번 ◀

QUICK CHECK 7 항이 모두 양수인 있는 급수에서 부분합의 수열 $\{S_n\}$이 증가하는 수열인 이유를 설명하여라. ◀

9.3절 연습문제

1단계 스타트

1. 기하급수에서 공비는 무엇을 의미하는가?

2. 기하급수는 항상 유한한 값을 갖는가?

3. 다음 기하급수에서 첫째항 a와 공비 r을 찾아라.

a. $\sum_{k=0}^{\infty} \frac{2}{3}\left(\frac{1}{5}\right)^k$ **b.** $\sum_{k=2}^{\infty} \frac{1}{3}\left(-\frac{1}{3}\right)^k$

4. $\sum_{k=1}^{\infty}\left(\frac{1}{k+3} - \frac{1}{k+4}\right)$의 n번째 부분합 S_n에 대한 공식을 구하여라. 공식을 사용하여 급수의 처음 36개의 항을 찾아라.

2단계 실전

5–8. 기하 합 다음 기하 합을 계산하여라.

5. $\sum_{k=0}^{8} 3^k$ **6.** $\sum_{k=0}^{20}\left(\frac{2}{5}\right)^{2k}$

7. $\sum_{k=0}^{9}\left(-\frac{3}{4}\right)^k$

8. $\frac{1}{4} + \frac{1}{12} + \frac{1}{36} + \frac{1}{108} + \cdots + \frac{1}{2916}$

9. 정기 저축 연이율을 12로 나눈 값인 월이율 r을 적용하는 저축 계좌에 매월 초 m달러를 예금한다고 가정하자(예를 들어 연이율이 2.4%인 경우 $r = 0.024/12 = 0.002$). 초기 투자 m달러의 경우, 두 번째 달 초에 계좌에 있는 돈은 두 번째 예금과 첫 번째 예금에 이자를 더한 금액, 즉 $m + m(1 + r)$이다. 이 방식으로 진행하면 n개월 후 계좌의 금액이 $A_n = m + m(1+r) + \cdots + m(1+r)^{n-1}$임을 알 수 있다. 매달 250달러를 예금하고 이자율이 월 0.2%일 때, 5년(60개월) 후 예금 계좌에 있는 돈의 양을 결정하여라(**힌트**: 기하 합을 사용한다).

10. 두 가지 방법으로 기하급수 계산 기하급수 $\sum_{k=0}^{\infty}\left(-\frac{2}{7}\right)^k$을 두 가지 방법으로 계산하여라.

a. 부분합의 수열 S_n을 찾은 다음 $\lim_{n\to\infty} S_n$을 계산하여라.

b. 정리 9.7을 사용하여 급수를 계산하여라.

11–21. 등비수열 다음 기하급수를 계산하거나 발산 상태를 설명하여라.

11. $\sum_{k=0}^{\infty}\left(\frac{1}{4}\right)^k$ **12.** $\sum_{k=0}^{\infty}\left(-\frac{9}{10}\right)^k$

13. $\sum_{k=0}^{\infty}0.9^k$

14. $1 + 1.01 + 1.01^2 + 1.01^3 + \cdots$

15. $\sum_{k=1}^{\infty}e^{-2k}$ **16.** $\sum_{k=1}^{\infty}2^{-3k}$

17. $\sum_{k=4}^{\infty}\frac{1}{5^k}$ **18.** $\sum_{k=0}^{\infty}3(-\pi)^{-k}$

19. $1 + \frac{e}{\pi} + \frac{e^2}{\pi^2} + \frac{e^3}{\pi^3} + \cdots$

20. $\sum_{k=2}^{\infty}(-0.15)^k$ **21.** $\sum_{k=1}^{\infty}\frac{4}{12^k}$

22–23. 주기적 복용량 특정 약물을 하루에 한 번 주어진 용량(mg)만큼 복용하며, f가 다음 날 혈액에 남아 있는 약물의 비율이라 가정하자. 두 번째 날 다시 약을 복용한 직후 혈액에 남아 있는 약물의 양은 두 번째 복용량의 합과 첫 번째 복용량이 혈액에 남아 있는 비율의 합과 같으며, 이는 $m + mf$이다. 이 방식으로 n번째 날에 약을 복용한 직후 혈액에 남아 있는 약물의 양은 $A_n = m + mf + \cdots + mf^{n-1}$이다. 주어진 f와 m값에 대하여 A_5, A_{10}, A_{30}과 $\lim_{n\to\infty} A_n$을 계산하여라. 극한 $\lim_{n\to\infty} A_n$의 의미를 해석하여라.

22. $f = 0.25$, $m = 200$ mg **23.** $f = 0.4$, $m = 150$ mg

24. 주기적 복용량 6시간마다 항생제 200 mg을 복용한다고 가정하자. 약물의 반감기(약물의 절반이 혈액에서 분해되는 데 걸리는 시간)는 6시간이다. 무한급수를 사용하여 혈액에 남아 있는 항생제의 장기간(정상 상태) 양을 찾아라. 이때 정상 상태의 양이 유한하다고 가정한다.

25–28. 십진법 확장 반복되는 다음 소수를 기하급수로 쓴 다음, 분수(두 정수의 비)로 나타내어라.

25. $0.\overline{3} = 0.333\cdots$ **26.** $0.\overline{037} = 0.037037\cdots$

27. $0.\overline{456} = 0.456456456\cdots$ **28.** $0.00\overline{952} = 0.00952952\cdots$

29–36. 망원급수 다음 망원급수에 대하여 부분합의 수열 $\{S_n\}$의 n번째 항에 대한 공식을 구하여라. 그다음 $\lim_{n\to\infty} S_n$을 계산하여 급수의 값을 구하거나 발산 상태를 설명하여라.

29. $\sum_{k=1}^{\infty}\left(\frac{1}{k+1} - \frac{1}{k+2}\right)$ **30.** $\sum_{k=1}^{\infty}\frac{1}{(k+6)(k+7)}$

31. $\sum_{k=3}^{\infty}\frac{4}{(4k-3)(4k+1)}$ **32.** $\sum_{k=1}^{\infty}\ln\frac{k+1}{k}$

33. $\sum_{k=1}^{\infty}\frac{1}{(k+p)(k+p+1)}$, p는 양의 정수

34. $\sum_{k=1}^{\infty}\left(\frac{1}{\sqrt{k+1}} - \frac{1}{\sqrt{k+3}}\right)$

35. $\sum_{k=1}^{\infty}\frac{3}{k^2+5k+4}$ **36.** $\sum_{k=1}^{\infty}(\tan^{-1}(k+1) - \tan^{-1}k)$

37. 두 가지 방법으로 무한급수를 계산 두 가지 방법으로 급수 $\sum_{k=1}^{\infty}\left(\frac{4}{3^k} - \frac{4}{3^{k+1}}\right)$를 계산하여라.

a. 망원급수 방법을 사용하여라.

b. 정리 9.8의 기하급수 방법을 사용하여라.

38–44. 급수 계산 급수의 값을 계산하거나 발산 상태를 설명하여라.

38. $\sum_{k=0}^{\infty}\frac{1}{16k^2+8k-3}$ **39.** $\sum_{k=0}^{\infty}\left(\frac{1}{4}\right)^k 5^{3-k}$

40. $\sum_{k=1}^{\infty}\frac{(-2)^k}{3^{k+1}}$ **41.** $\sum_{k=2}^{\infty}\frac{\ln((k+1)k^{-1})}{(\ln k)\ln(k+1)}$

42. $\sum_{k=0}^{\infty}\left(3\left(\frac{2}{5}\right)^k - 2\left(\frac{5}{7}\right)^k\right)$ **43.** $\sum_{k=1}^{\infty}\left(\frac{1}{3}\left(\frac{5}{6}\right)^k + \frac{3}{5}\left(\frac{7}{9}\right)^k\right)$

44. $\sum_{k=1}^{\infty}\left(\left(\frac{1}{6}\right)^k + \left(\frac{1}{3}\right)^{k-1}\right)$

45. 참 또는 거짓 다음 명제가 참이면 증명하고 거짓이면 반례를 들어라.

a. $\sum_{k=1}^{\infty}a_k$가 수렴하면 $\sum_{k=10}^{\infty}a_k$도 수렴한다.

b. $\sum_{k=1}^{\infty}a_k$가 발산하면 $\sum_{k=10}^{\infty}a_k$도 발산한다.

c. $\sum a_k$가 수렴하면 $\sum(a_k + 0.0001)$도 발산한다.

d. $\sum p^k$(p는 상수)이 발산하면 $\sum(p + 0.001)^k$은 발산한다.

e. $\sum_{k=1}^{\infty}\left(\frac{\pi}{e}\right)^{-k}$은 수렴 기하급수이다.

f. 급수 $\sum_{k=1}^{\infty}a_k$이 수렴하고 $|a| < |b|$이면 급수 $\sum_{k=1}^{\infty}b^k$도 수렴한다.

g. 급수 $1 + r + r^2 + r^3 + \cdots$을 r에 대한 함수로 보면 이 급수는 구간 $\left(\frac{1}{2}, \infty\right)$의 모든 값을 갖는다.

46. 이진수 인간은 10개의 숫자 0부터 9까지로 이루어진 십진수를 사용하는 반면, 컴퓨터는 내부적으로 0과 1로 구성된 이진수로 숫자를 계산하고 저장한다. $0.b_1b_2b_3\cdots$ 형식의 이진수를 고려하자. 여기서 각 숫자 $b_1b_2b_3\cdots$은 0 또는 1이다. 이진수 $0.b_1b_2b_3\cdots$의 십진법 표현은 무한급수 $\frac{b_1}{2}+\frac{b_2}{2^2}+\frac{b_3}{2^3}+\cdots$이다. 컴퓨터는 유한한 수의 자릿수만 저장할 수 있으므로 자릿수가 무한한 수는 컴퓨터에서 사용하거나 저장하기 전에 반올림하거나 버림을 해야 한다.

a. 이진수 $0.\overline{0011}$을 십진법으로 나타내어라.

b. 컴퓨터가 이진수 $0.\overline{0011}$을 저장하기 전에 $b = 0.0011001100110011$로 반올림한다고 가정하자. 답을 소수점 이하 여덟 째 자리까지 반올림하여 b의 대략적인 십진법 표현을 찾아라.

47. $\sum_{k=3}^{\infty} r^{2k} = 10$인 r의 값은 얼마인가?

48–49. 대출금 은행에서 월이율 r로 P달러를 빌렸고 대출을 상환하기 위해 매월 M달러를 지불한다고 가정하자(예를 들어 1.5%의 이자율로 30,000달러를 빌렸다면 $P = 30{,}000$, $r = 0.015$이다). 매달 은행은 먼저 대출 잔액에 이자를 가산한 후 새로운 대출 잔액을 결정하기 위해 월 지급액을 차감한다. 따라서 A_0이 원래 대출 잔액이고 A_n이 n회 지불 후 대출 잔액과 같아지면 n번째 지불 후 잔액은 채권 공식 $A_n = A_{n-1}(1+r) - M$, $A_0 = P$로 계산된다.

48. 채권 공식과 기하 합을 사용하여 명시적 공식 $A_n = \left(A_0 - \frac{M}{r}\right)(1+r)^n + \frac{M}{r}$을 증명하여라.

49. 주택 담보 대출 월 0.5%의 금리로 18만 달러의 주택 담보 대출을 받는다고 가정하자. 한 달에 1,000달러씩 지불한다면 몇 개월 후에 대출 잔액이 0달러가 되는가?

3단계 도전

50. 발산 급수의 특성 정리 9.8의 특성 2 '$\sum a_k$가 발산하면 0이 아닌 임의의 실수 c에 대하여 $\sum ca_k$도 발산한다'를 증명하여라.

51. 제논의 역설 (기원전 450년경에 살았던) 그리스 철학자 제논은 많은 역설을 발견했는데, 그 중 가장 유명한 것은 빠른 전사 아킬레스와 거북이의 경주에 관한 것이다. 제논은 다음과 같이 주장했다.

> 달리기를 할 때 속도가 느린 사람은 결코 빠른 사람에게 추월당하지 않는다. 왜냐하면 속도가 빠른 사람은 앞서 달리기 시작한 느린 사람이 지나간 지점에 도달해야 하기 때문이다. 따라서 속도가 느린 사람은 반드시 빠른 사람보다 어느 정도 앞에 있어야 한다.

다시 말해 거북이가 앞서 출발했고, 아킬레스가 거북이가 있던 지점에 도달할 때마다 거북이가 이미 앞으로 나아갔기 때문에 아킬레스가 거북이를 추월하지 못한다는 것이다. 아킬레스가 거북이보다 1 mi 뒤에서 출발하고 시속 5 mi의 속도로 달려서 시속 1 mi로 가는 거북이를 쫓아간다고 가정하여 이 역설을 해결하여라. 아킬레스가 거북이를 따라잡기 전에 얼마나 멀리 달렸으며, 시간은 얼마나 걸리는가?

52. 아르키메데스의 포물선 직교법 그리스인은 미적분학이 발견되기 거의 2000년 전에 몇 가지 미적분 문제를 풀었다. 한 예는 아르키메데스의 포물선의 한 부분으로 둘러싸인 구역 R의 넓이에 관한 계산인데, 그는 여기에 '소진의 방법'을 사용했다. 그림에서 볼 수 있듯이 아이디어는 R을 무한한 삼각형의 수열로 채우는 것이었다. 아르키메데스는 넓이가 A_1인 포물선에 새겨진 이등변삼각형으로 시작하여 단계별로 진행했고, 각 단계에서 새로운 삼각형의 수는 두 배로 증가했다. 각 단계에서 새로운 삼각형의 넓이가 이전 단계에서 삼각형의 넓이의 1/8임(해법의 열쇠)을 보일 수 있었다. 예를 들어 $A_2 = 1/8A_1$ 등이다. 아르키메데스가 한 것처럼 R의 넓이가 A_1의 넓이의 4/3임을 보여라.

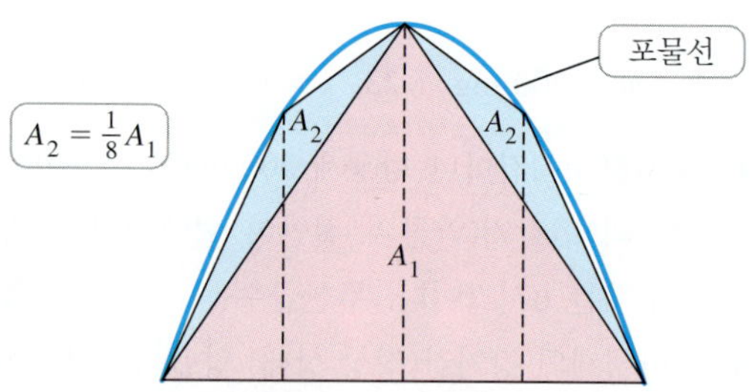

53. 눈꽃섬 프랙탈 눈꽃섬(또는 코흐섬)이라고 하는 프랙탈은 다음과 같이 구성된다. I_0을 한 변의 길이가 1인 정삼각형이라 하자. 그림 I_1은 각 변의 1/3등분 중 중간을 한 변으로 하는 새로운 바깥쪽 정삼각형으로 대체하여 얻는다(그림 참조). 이 과정을 반복하는데, 여기서 I_{n+1}은 I_n의 각 변의 $\frac{1}{3^{n+1}}$등분 중 중간을 한 변으로 하는 새로운 바깥쪽 정삼각형으로 대체하여 얻는다. $n \to \infty$일 때의 그림을 눈꽃섬이라고 한다.

a. L_n을 I_n의 둘레라고 하자. $\lim_{n\to\infty} L_n = \infty$임을 보여라.

b. A_n을 I_n의 넓이라고 하자. $\lim_{n\to\infty} A_n$을 구하여라. 이 값은 존재한다.

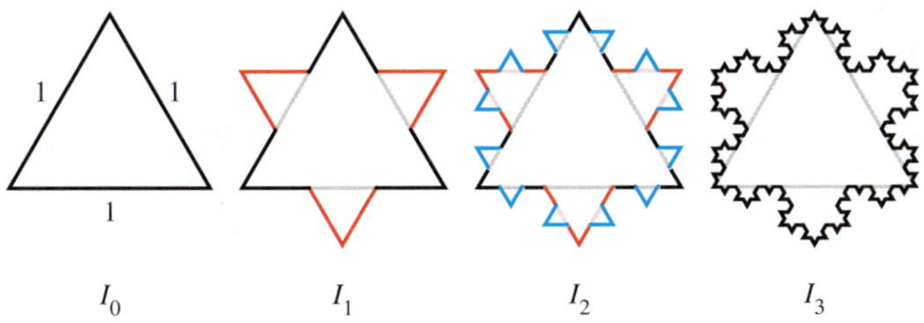

54. 나머지항 값이 $\frac{1}{1-r}$, $|r| < 1$인 기하급수 $S = \sum_{k=0}^{\infty} r^k$을 고려하자. $S_n = \sum_{k=0}^{n-1} r^k = \frac{1-r^n}{1-r}$을 처음 n개의 항의 합이라 하자. 나머지 R_n의 크기는 S를 S_n으로 근사할 때의 오차이다. 다음을 보여라.

$$R_n = S - S_n = \frac{r^n}{1-r}$$

55–56. 나머지항의 비교 연습문제 54번을 사용하여 부분합이 급수의 값의 10^{-6} 이내에 있으려면(즉, $|R_n| < 10^{-6}$) 급수의 항이 얼마나 필요한지 결정하여라.

55. a. $\sum_{k=0}^{\infty} (-0.8)^k$ **b.** $\sum_{k=0}^{\infty} 0.2^k$

56. a. $\sum_{k=0}^{\infty} \left(\frac{1}{\pi}\right)^k$ **b.** $\sum_{k=0}^{\infty} \left(\frac{1}{e}\right)^k$

57. 급수로 정의된 함수 함수 f가 기하급수 $f(x) = \sum_{k=0}^{\infty} (-1)^k x^k$에 의해 정의된다고 가정하자.

a. 가능하다면 $f(0)$, $f(0.2)$, $f(0.5)$, $f(1)$, $f(1.5)$를 구하여라.

b. f의 정의역은 무엇인가?

58. 방정식의 급수 기하급수

$$f(x) = \sum_{k=0}^{\infty} \left(\frac{1}{1+x}\right)^k$$

이 수렴하도록 하는 x의 값은 얼마인가? $f(x) = 3$을 풀어라.

QUICK CHECK 정답

1. $S_n = b_0 + b_1 + \cdots + b_{n-1}$ **2.** b와 c **3.** 공식을 사용하면 값은 $\frac{3}{2}$과 $\frac{7}{8}$이다. **4.** 1 **5.** 첫 번째는 $|r| = 0.2 < 1$이므로 수렴하고, 두 번째는 $|r| = 2 > 1$이므로 발산한다. **6.** 유한 개의 항을 제외하더라도 급수의 수렴성은 바뀌지 않는다. 일반적으로 급수의 값은 달라진다. **7.** 부분합의 수열 S_n의 n번째 항에 양수를 더해서 $n+1$번째 항이 생긴다. 따라서 $S_{n+1} > S_n$, 즉 증가수열이다. ◀

9.4 발산판정법과 적분판정법

기하급수와 망원급수는 부분합의 수열을 찾을 수 있고 그 극한은 (존재하는 경우) 계산할 수 있다. 불행히도 대부분의 무한급수는 부분합의 수열에 대한 명시적 공식을 찾는 것이 어렵거나 불가능하다. 즉, 대부분의 수렴 급수의 정확한 값을 구하는 것은 어렵다.

이러한 관찰에 비추어 초점을 옮겨서 단순히 예 또는 아니오로 답하는 질문을 해본다. 무한급수가 주어지면 그 급수는 수렴하는가? 아니오라고 답하면 수열은 발산하며, 더 이상 질문할 것이 없다. 예라고 대답하면 수열은 수렴하며, 값을 추정할 수 있다.

발산판정법

가장 간단하고 유용한 판정법 중 하나는 무한급수의 발산 여부를 결정한다. 이 절과 다음 절의 초점은 항이 모두 양수인 급수에 있지만, 발산판정법은 항의 부호에 상관없이 모든 급수에 적용된다.

정리 9.9 발산판정법

Σa_k가 수렴하면 $\lim_{k\to\infty} a_k = 0$이다. 이와 동치로 $\lim_{k\to\infty} a_k \neq 0$이면 급수 Σa_k는 발산한다.

중요 참고 사항: 정리 9.9는 급수가 수렴한다는 결론을 내릴 때는 사용할 수 없다.

증명 $\{S_n\}$을 급수 Σa_k에 대한 부분합의 수열이라 하자. 급수가 수렴한다고 가정하면 유한한 값을 가지는데, 이를 S라 하면 다음과 같다.

$$S = \lim_{n\to\infty} S_n = \lim_{n\to\infty} S_{n-1}$$

$S_n - S_{n-1} = a_n$을 기억하자. 그러므로 다음이 성립한다.

$$\lim_{n\to\infty} a_n = \lim_{n\to\infty} (S_n - S_{n-1}) = S - S = 0$$

즉, $\lim_{n\to\infty} a_n = 0$이다(이는 $\lim_{k\to\infty} a_k = 0$(그림 9.25을 의미한다). 판정법의 두 번째 명제는 첫 번째 명제의 대우이므로 성립한다(주석 참조). ◄

➤ 'p이면 q이다'가 참이면 이의 대우인 'q가 아니면 p가 아니다'도 참이다. 그러나 역의 경우 'q이면 p이다'는 반드시 참은 아니다. 다음 명제로 실제로 이를 확인해 보아라.
내가 파리에 산다면 나는 프랑스에 사는 것이다.

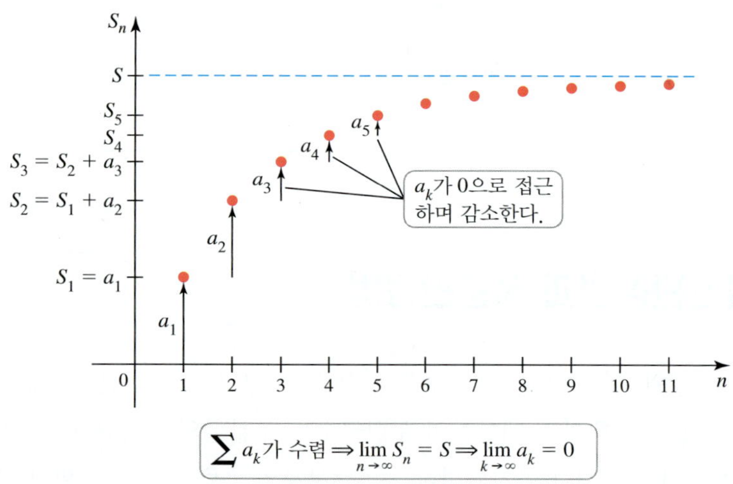

그림 9.25

| 예제 1 | 발산판정법의 사용 다음 수열이 발산 여부를 결정하거나 발산판정법으로 결론을 내릴 수 없는 상태인지 판단하여라.

a. $\displaystyle\sum_{k=0}^{\infty} \frac{k}{k+1}$ **b.** $\displaystyle\sum_{k=1}^{\infty} \frac{1+3^k}{2^k}$

c. $\displaystyle\sum_{k=1}^{\infty} \frac{1}{k}$ **d.** $\displaystyle\sum_{k=1}^{\infty} \frac{1}{k^2}$

풀이 발산판정법에 의해 $\lim_{k\to\infty} a_k \neq 0$이면 급수 Σa_k는 발산한다.

a. $\lim_{k\to\infty} a_k = \lim_{k\to\infty} \frac{k}{k+1} = 1 \neq 0$

급수의 항은 0에 접근하지 않으므로 발산판정법에 의해 발산한다.

b. $\lim_{k\to\infty} a_k = \lim_{k\to\infty} \frac{1+3^k}{2^k}$

$= \lim_{k\to\infty} \left(\underbrace{2^{-k}}_{\to 0} + \underbrace{\left(\frac{3}{2}\right)^k}_{\to \infty} \right)$ 간단히 하기

$= \infty$

이 경우 $\lim_{k\to\infty} a_k \neq 0$이고 급수 $\sum_{k=1}^{\infty} \frac{1+3^k}{2^k}$은 발산판정법에 의해 발산한다.

c. $\lim_{k\to\infty} a_k = \lim_{k\to\infty} \frac{1}{k} = 0$

이 경우 급수의 항이 0으로 접근하므로 발산판정법으로 결론을 내릴 수 없다. 발산판정법은 급수가 수렴한다는 것을 증명하는 데 사용할 수 없다는 점을 기억하자.

d. $\lim_{k\to\infty} a_k = \lim_{k\to\infty} \frac{1}{k^2} = 0$

c와 같이 급수의 항은 0으로 접근하고, 따라서 발산판정법으로 결론을 내릴 수 없다.

관련 연습문제 5번 ◀

QUICK CHECK 1 기하급수 $\sum r^k$에 발산판정법을 적용하여라. 급수가 발산하도록 하는 r의 값은 무엇인가? ◀

요약하면 $k \to \infty$일 때 주어진 급수의 항 a_k가 0에 가까워지지 **않으면** 급수는 발산한다. 불행히도 이 판정법은 오용되기 쉽다. 급수의 항이 0에 가까워지면 급수는 수렴된다고 결론짓는 것은 솔깃한 일이다. 그러나 예제 1c와 예제 1d의 급수를 다시 한번 살펴보자. 두 급수 모두 $\lim_{k\to\infty} a_k = 0$이지만 둘 중 하나는 수렴하고 하나는 발산함을 알 수 있다. $\lim_{k\to\infty} a_k = 0$만으로는 급수의 양상을 예측할 수 없다.

조화급수

이제 놀라운 결과를 가진 예시를 살펴보자. **조화급수**(harmonic series)로 알려진 유명한 무한급수

$$\sum_{k=1}^{\infty} \frac{1}{k} = 1 + \frac{1}{2} + \frac{1}{3} + \frac{1}{4} + \frac{1}{5} + \cdots$$

을 고려하자. 이 급수는 수렴하는가? 예제 1c에서 설명한 바와 같이 $\lim_{k\to\infty} \frac{1}{k} = 0$임에도 이 문제는 발산판정법으로 답할 수 없다. 대신 부분합의 수열의 항을 나열하여 수렴성을 알아본다고 가정하자.

$$S_1 = 1, \qquad S_2 = 1 + \frac{1}{2} = \frac{3}{2},$$

$$S_3 = 1 + \frac{1}{2} + \frac{1}{3} = \frac{11}{6}, \qquad S_4 = 1 + \frac{1}{2} + \frac{1}{3} + \frac{1}{4} = \frac{25}{12}$$

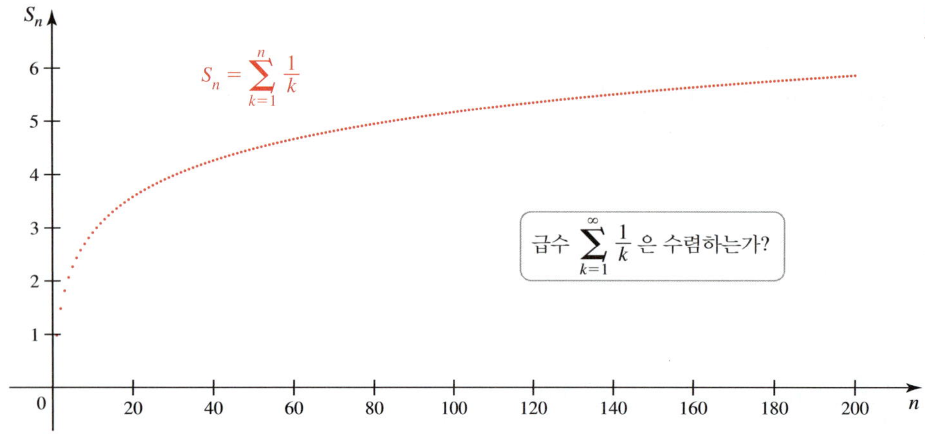

그림 9.26

표 9.3

n	S_n	n	S_n
10^3	≈ 7.49	10^{10}	≈ 23.60
10^4	≈ 9.79	10^{20}	≈ 46.63
10^5	≈ 12.09	10^{30}	≈ 69.65
10^6	≈ 14.39	10^{40}	≈ 92.68

일반적으로 다음과 같다.

$$S_n = \sum_{k=1}^{n} \frac{1}{k} = 1 + \frac{1}{2} + \frac{1}{3} + \frac{1}{4} + \cdots + \frac{1}{n}$$

이 수열에는 뚜렷한 패턴이 없으며 실제로 S_n에 대한 간단한 명시적 공식이 존재하지 않으므로 수를 통해 수열을 분석한다. 그림 9.26에 나온 부분합의 수열의 처음 200개 항을 살펴보자. 어떠한가? 급수가 수렴할까? 부분합의 수열의 항은 증가하지만 유계이다. 극한에 도달할 수도 있고 유계 없이 증가할 수도 있다.

부분합의 수열에 대한 추가 항을 계산하는 것은 결정적인 결과를 제공하지 않는다. 표 9.3은 처음 백만 개의 항의 합이 15보다 작으며, 상상할 수 없을 정도로 많은 항인 처음 10^{40}개의 항의 합은 100보다 작음을 보여 준다. 이는 계산만으로 급수의 수렴 여부를 결정하기 충분하지 않은 경우이다. 급수의 수렴 여부를 판단할 다른 방법이 필요하다.

부분합의 수열의 n번째 항

$$S_n = \sum_{k=1}^{n} \frac{1}{k} = 1 + \frac{1}{2} + \frac{1}{3} + \frac{1}{4} + \cdots + \frac{1}{n}$$

기하학적으로 구간 $[1, n+1]$에서 함수 $y = \frac{1}{x}$의 왼쪽 리만 합으로 표시되는 것을 관찰하자(그림 9.27). 이 사실은 왼쪽에서 오른쪽으로 직사각형의 넓이가 각각 $1, \frac{1}{2}, \cdots, \frac{1}{n}$임을 의미한다. 이 n개의 직사각형의 넓이의 합과 곡선 아래의 넓이를 비교하면 $S_n > \int_1^{n+1} \frac{dx}{x}$가 나온다. n이 증가함에 따라 $\int_1^{n+1} \frac{dx}{x} = \ln(n+1)$이 경계 없이 증가한다는 것을 알고 있다. S_n이 $\int_1^{n+1} \frac{dx}{x}$를 초과하므로 S_n도 경계 없이 증가한다. 따라서 $\lim_{n\to\infty} S_n = \infty$이고, 조화급수 $\sum_{k=1}^{\infty} \frac{1}{k}$도 발산한다. 이 주장은 다음 정리를 정당화한다.

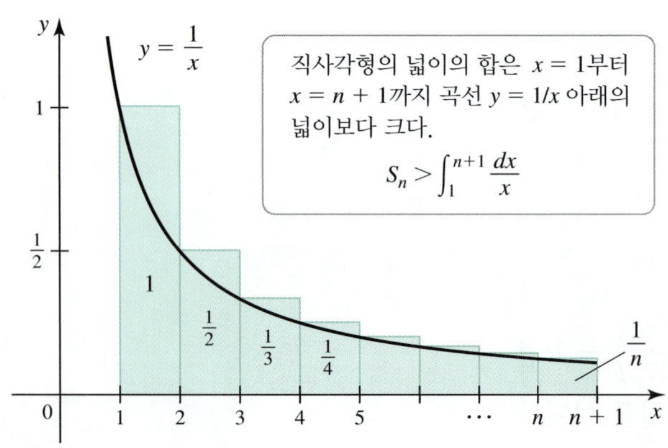

그림 9.27

➤ $\int \frac{dx}{x} = \ln|x| + C$를 기억하자. 8.9절에서 $p \le 1$일 때 $\int_1^{\infty} \frac{dx}{x^p}$가 발산함을 보였다. 따라서 $\int_1^{\infty} \frac{dx}{x}$는 발산한다.

정리 9.10 조화급수

조화급수 $\sum_{k=1}^{\infty}\frac{1}{k} = 1 + \frac{1}{2} + \frac{1}{3} + \frac{1}{4} + \frac{1}{5} + \cdots$은 급수의 항이 0에 가까워지더라도 발산한다.

조화급수의 발산 여부를 증명하는 데 사용된 아이디어는 새롭고 강력한 수렴판정법을 증명할 때 사용된다. 이 판정법과 9.5절에 제시된 판정법은 양의 항을 가진 급수에만 적용된다.

적분판정법

무한급수는 합이고 적분은 극한이라는 사실은 급수와 적분 사이의 연관성을 암시한다. 적분판정법은 이 연관성을 이용한 것이다.

정리 9.11 적분판정법

$x \ge 1$에 대하여 f가 연속이고 양이며 감소하는 함수이고, $a_k = f(k)$, $k = 1, 2, 3, \cdots$이라 하자. 그러면

$$\sum_{k=1}^{\infty} a_k \text{이고} \quad \int_1^{\infty} f(x)\,dx$$

는 둘 다 수렴하거나 둘 다 발산한다. 둘 다 수렴하는 경우 적분의 값이 급수의 값과 같지 않다.

➤ 적분판정법은 급수 a_k의 항이 일부 유한한 수 $N > 1$에 대하여 $k > N$일 때 감소하는 경우에도 적용된다. 이 상황을 설명하기 위해 증명을 수정할 수 있다.

증명 그림 9.28의 색칠된 영역을 비교하면 다음이 성립한다.

$$\sum_{k=2}^{n} a_k < \int_1^{n} f(x)\,dx < \sum_{k=1}^{n-1} a_k \tag{1}$$

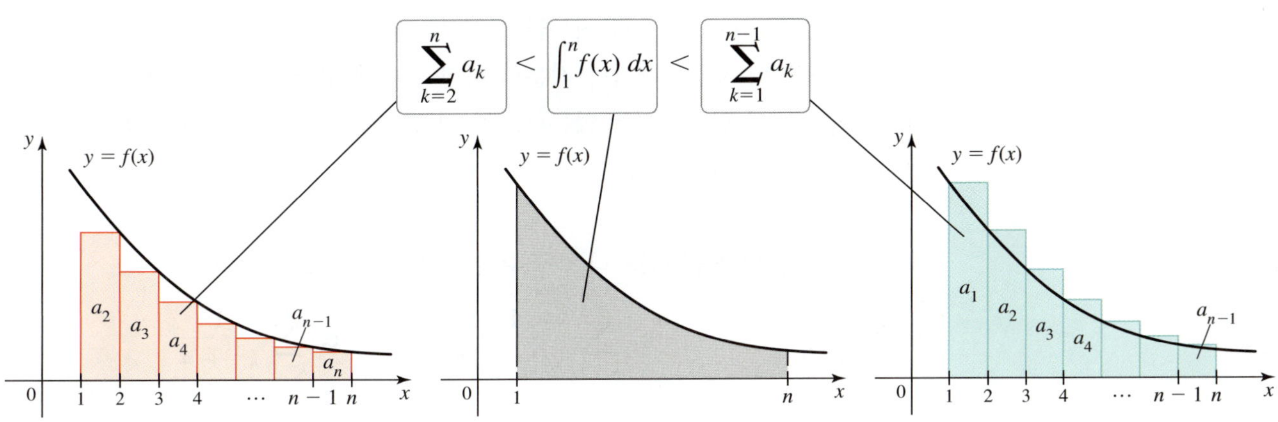

그림 9.28

증명은 두 가지 결과를 입증해야 한다. 이상적분 $\int_1^\infty f(x)\,dx$가 유한한 값을 가지면 무한급수는 수렴하고, 무한급수가 수렴하면 이상적분은 유한한 값을 갖는다. 먼저 이상적분 $\int_1^\infty f(x)\,dx$가 유한한 값을 갖는다고 가정하자. 그러면 다음을 얻는다.

$$
\begin{aligned}
\sum_{k=1}^{n} a_k &= a_1 + \sum_{k=2}^{n} a_k && \text{급수에서 첫째항 분리하기}\\
&< a_1 + \int_1^n f(x)\,dx && \text{식 (1)에서 왼쪽 부등식}\\
&< a_1 + \int_1^\infty f(x)\,dx && f\text{가 양이므로 } \int_1^n f(x)\,dx < \int_1^\infty f(x)\,dx\\
&= a_1 + I
\end{aligned}
$$

▶ 이 증명에서 9.2절의 유계 단조수열 정리에 두 번 의존한다. 유계 단조수열은 수렴한다.

이는 부분합의 수열 $S_n = \sum_{k=1}^{n} a_k$ 의 항이 $a_1 + I$에 의해 위로 유계임을 의미한다. $\{S_n\}$ 또한 증가하므로(급수는 양의 항으로 구성됨) 부분합의 수열은 수렴하는데, 이는 급수 $\sum_{k=1}^{\infty} a_k$가 ($a_1 + I$보다 작거나 같은 값으로) 수렴한다는 것을 의미한다.

이제 무한급수 $\sum_{k=1}^{\infty} a_k$가 수렴하고 그 값이 S라고 가정하면 다음을 얻는다.

$$
\begin{aligned}
\int_1^n f(x)\,dx &< \sum_{k=1}^{n-1} a_k && \text{식 (1)에서 오른쪽 부등식}\\
&< \sum_{k=1}^{\infty} a_k && a_k\text{항이 모두 양수}\\
&= S && \text{무한급수의 값}
\end{aligned}
$$

▶ 이 증명의 확장된 버전은 사실 모든 경우에 $\int_1^\infty f(x)\,dx < \sum_{k=1}^{\infty} a_k$(등호가 없는 부등식)를 보이는 데 사용할 수 있다.

($f(x) > 0$이므로) 수열 $\left\{\int_1^n f(x)\,dx\right\}$가 증가하고 있고 고정된 수 S에 의해 위로 유계임을 알 수 있다. 그러므로 이상적분 $\int_1^\infty f(x)\,dx = \lim_{n\to\infty} \int_1^n f(x)\,dx$는 ($S$보다 작거나 같은) 유한한 값을 갖는다.

$\int_1^\infty f(x)\,dx$가 유한하면 $\sum a_k$는 수렴하고, 역도 성립한다는 것을 보였다. 동일한 부등식은 $\int_1^\infty f(x)\,dx$와 $\sum a_k$도 모두 발산한다는 것을 의미한다. ◀

적분판정법은 급수의 수렴 여부를 결정하는 데 사용된다. 이러한 이유로 급수의 몇 개의 항을 더하거나 빼거나 적분의 하한을 다른 유한한 점으로 바꾼다고 해서 판정법의 결과가 달라지지는 않는다. 즉, 이 판정법은 급수의 초기 인덱스나 적분의 하한에 의존하지 않는다.

| 예제 2 | 적분판정법 사용 다음 급수의 수렴 여부를 조사하여라.

a. $\sum_{k=1}^{\infty} \frac{k}{k^2+1}$ **b.** $\sum_{k=3}^{\infty} \frac{1}{\sqrt{2k-5}}$ **c.** $\sum_{k=0}^{\infty} \frac{1}{k^2+4}$

풀이

a. 이 급수와 관련된 함수는 $f(x) = x/(x^2 + 1)$이고, $x \geq 1$에 대하여 양이다. 또한 일련의 항이 급수의 고정된 항을 넘어 감소하고 있음을 보여야 한다. 수열의 처음 몇 개의 항은 $\{\frac{1}{2}, \frac{2}{5}, \frac{3}{10}, \frac{4}{17}, \cdots\}$이고 감소하는 것으로 나타난다. 감소하는 특성을 확인하기 어려울 때 한 가지 접근법은 함수가 감소함을 보이기 위해 도함수를 사용하는 것이다. 이 경우 다음이 성립한다.

$$f'(x) = \frac{d}{dx}\left(\frac{x}{x^2+1}\right) = \underbrace{\frac{x^2 + 1 - 2x^2}{(x^2+1)^2}}_{\text{몫의 법칙}} = \frac{1 - x^2}{(x^2+1)^2}$$

$x > 1$, $f'(x) < 0$인 경우 급수의 함수와 항이 감소함을 의미한다. 수렴을 결정하는 적분은 다음과 같다.

$$\begin{aligned}
\int_1^\infty \frac{x}{x^2+1}\,dx &= \lim_{b\to\infty} \int_1^b \frac{x}{x^2+1}\,dx && \text{이상적분의 정의} \\
&= \lim_{b\to\infty} \frac{1}{2}\ln(x^2+1)\Big|_1^b && \text{적분 계산하기} \\
&= \frac{1}{2}\lim_{b\to\infty} (\ln(b^2+1) - \ln 2) && \text{간단히 하기} \\
&= \infty && \lim_{b\to\infty} \ln(b^2+1) = \infty
\end{aligned}$$

적분이 발산하므로 급수는 발산한다.

b. 적분판정법은 $k = 1$ 이외의 초기 인덱스를 사용하도록 수정하여 적용할 수 있다. $k \geq 3$인 경우 이 급수의 항이 감소한다. 이 경우 관련된 적분은 다음과 같다.

$$\begin{aligned}
\int_3^\infty \frac{dx}{\sqrt{2x-5}} &= \lim_{b\to\infty} \int_3^b \frac{dx}{\sqrt{2x-5}} && \text{이상적분의 정의} \\
&= \lim_{b\to\infty} \sqrt{2x-5}\Big|_3^b && \text{적분 계산하기} \\
&= \infty && \lim_{b\to\infty} \sqrt{2b-5} = \infty
\end{aligned}$$

적분이 발산하므로 급수 또한 발산한다.

c. $k \geq 0$에 대하여 급수의 항은 양수이고 감소한다. 관련된 적분은 다음과 같다.

$$\begin{aligned}
\int_0^\infty \frac{dx}{x^2+4} &= \lim_{b\to\infty} \int_0^b \frac{dx}{x^2+4} && \text{이상적분의 정의} \\
&= \lim_{b\to\infty} \frac{1}{2}\tan^{-1}\frac{x}{2}\Big|_0^b && \text{적분 계산하기} \\
&= \frac{1}{2}\underbrace{\lim_{b\to\infty} \tan^{-1}\frac{b}{2}}_{\frac{\pi}{2}} - \tan^{-1} 0 && \text{간단히 하기} \\
&= \frac{\pi}{4}
\end{aligned}$$

적분이 유한하므로(즉, 수렴하므로) 무한급수 또한 수렴한다(하지만 $\frac{\pi}{4}$의 경우 수렴하지 않는다).

관련 연습문제 9번

p-급수

적분판정법은 p-급수(p-series)로 알려진 무한급수의 수렴성을 다루는 정리 9.12를 증명하는 데 사용된다.

> **정리 9.12 p-급수 판정법**
>
> p-급수 $\sum_{k=1}^{\infty} \frac{1}{k^p}$은 $p > 1$일 때 수렴하고 $p \le 1$일 때 발산한다.

QUICK CHECK 2 다음 급수 중 어느 것이 p-급수이고, 어느 급수가 수렴하는가?

a. $\sum_{k=1}^{\infty} k^{-0.8}$

b. $\sum_{k=1}^{\infty} 2^{-k}$

c. $\sum_{k=10}^{\infty} k^{-4}$

증명 적분판정법을 적용하려면 급수의 항이 $p > 0$에 대하여 양수이고 감소함을 보이자. 급수와 관련된 함수는 $f(x) = \frac{1}{x^p}$이고, 관련된 적분은 $\int_1^{\infty} \frac{dx}{x^p}$이다. 8.9절의 예제 2에 적용하면 이 이상적분은 $p > 1$일 때 수렴하고 $p \le 1$일 때 발산함을 기억하자. 따라서 적분판정법에 의해 p-급수 $\sum_{k=1}^{\infty} \frac{1}{k^p}$은 $p > 1$일 때 수렴하고 $0 < p \le 1$일 때 발산한다. 발산판정법에 의해 $p \le 0$일 때 급수는 발산한다.

| 예제 3 | p-급수 판정법 사용 다음 급수의 수렴 여부를 조사하여라.

a. $\sum_{k=1}^{\infty} k^{-3}$

b. $\sum_{k=1}^{\infty} \frac{1}{\sqrt[4]{k^3}}$

c. $\sum_{k=4}^{\infty} \frac{1}{(k-1)^2}$

풀이

a. $\sum_{k=1}^{\infty} k^{-3} = \sum_{k=1}^{\infty} \frac{1}{k^3}$은 $p = 3$인 p-급수이므로 정리 9.12에 의해 수렴한다.

b. 이 급수는 $p = \frac{3}{4}$인 p-급수이다. 정리 9.12에 의해 이 급수는 발산한다.

c. 급수

$$\sum_{k=4}^{\infty} \frac{1}{(k-1)^2} = \sum_{k=3}^{\infty} \frac{1}{k^2} = \frac{1}{3^2} + \frac{1}{4^2} + \frac{1}{5^2} + \cdots$$

은 처음 두 항이 없는 수렴 p-급수($p = 2$)이다. 유한한 개수의 항을 더하거나 없애는 것은 급수의 수렴성에 영향을 주지 않음을 기억하자(정리 9.8의 특성 5). 따라서 주어진 급수는 수렴한다.

관련 연습문제 12번

무한급수의 값 추정

적분판정법은 그 자체로도 강력하지만 추가 정보도 제공한다. 양의 항을 사용하여 수렴 급수의 값을 추정할 때 사용할 수 있다. **나머지**(remainder)를 처음 n개의 항의 합으로 수렴 급수를 근사하는 오차, 즉 다음과 같이 정의한다.

$$R_n = \underbrace{\sum_{k=1}^{\infty} a_k}_{\text{급수의 값}} - \underbrace{\sum_{k=1}^{n} a_k}_{\text{처음 } n\text{개의 항으로 근사한 값}} = a_{n+1} + a_{n+2} + a_{n+3} + \cdots$$

나머지는 급수의 꼬리, 즉 a_n 너머의 항들로 구성된다. 항이 양수인 급수의 경우 나머지는 양의 값이다.

QUICK CHECK 3 $\sum a_k$가 양의 항을 갖는 발산 급수일 때, $R_n > 0$인 이유는 무엇인가? ◀

이제 적분판정법에서 증명했던 것처럼 많은 논쟁이 생긴다. 관련된 모든 k에 대하여 f를 $f(k) = a_k$인 연속이고 양의 값을 갖는 감소함수라고 하자. 그림 9.29에서 $\int_{n+1}^{\infty} f(x)\,dx < R_n$을 확인할 수 있다.

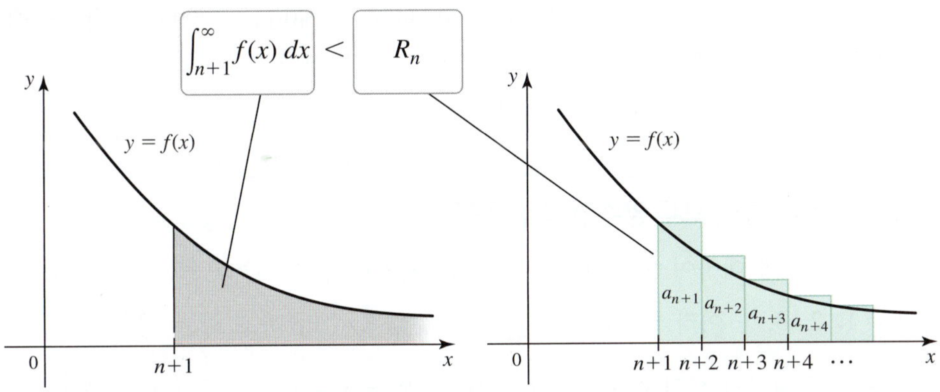

그림 9.29

비슷하게 그림 9.30은 $R_n < \int_{n}^{\infty} f(x)\,dx$를 보여 준다.

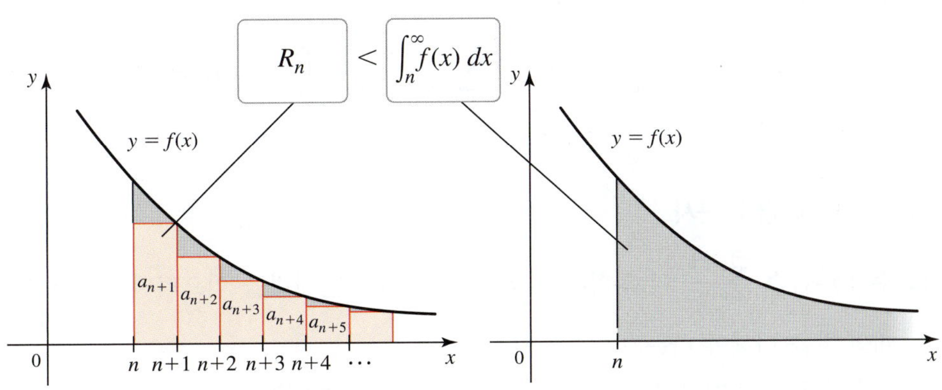

그림 9.30

이 두 부등식을 합하면 나머지는 두 적분 사이에 위치한다.

$$\int_{n+1}^{\infty} f(x)\,dx < R_n < \int_{n}^{\infty} f(x)\,dx \qquad (2)$$

적분을 계산할 수 있다면 이 결과는 나머지에 대한 추정치를 제공하게 된다.

그러나 이 결과를 표현하는 유용한 방법이 또 있다. 급수의 값은 처음 n개의 S_n과 나머지 R_n의 합인

$$S = \sum_{k=1}^{\infty} a_k = \underbrace{\sum_{k=1}^{n} a_k}_{S_n} + R_n$$

과 같다. 식 (2)의 각 항에 S_n을 더하면 다음을 얻는다.

$$\underbrace{S_n + \int_{n+1}^{\infty} f(x)\,dx}_{L_n} < \underbrace{\sum_{k=1}^{\infty} a_k}_{S_n + R_n = S} < \underbrace{S_n + \int_{n}^{\infty} f(x)\,dx}_{U_n}$$

이 부등식은 $L_n < S < U_n$으로 간단히 할 수 있는데, 여기서 S는 급수의 정확한 값이고 L_n과 U_n은 각각 S의 하계(lower bound)와 상계(upper bound)이다. 이 경계에서 적분을 계산할 수 있으면 (급수의 처음 n개의 항을 더하여) S_n을 구하고 L_n과 U_n을 모두 계산하는 것이 간단하다.

정리 9.13 항이 모두 양수인 급수 추정

f를 $x \geq 1$에 대하여 연속이고 양의 값을 가지며 감소함수라 하고 $a_k = f(k)$, $k = 1, 2, 3, \cdots$이라 하자. $S = \sum_{k=1}^{\infty} a_k$를 수렴 급수라 하고 $S_n = \sum_{k=1}^{n} a_k$를 급수의 처음 n개의 항의 합이라 하자. 나머지 $R_n = S - S_n$은 다음을 만족한다.

$$R_n < \int_{n}^{\infty} f(x)\,dx$$

더욱이 급수의 정확한 값은 다음과 같이 유계이다.

$$L_n = S_n + \int_{n+1}^{\infty} f(x)\,dx < \sum_{k=1}^{\infty} a_k < S_n + \int_{n}^{\infty} f(x)\,dx = U_n$$

| 예제 4 | p-급수 근사

a. 수렴 p-급수 $\sum_{k=1}^{\infty} \frac{1}{k^2}$의 정확한 값의 10^{-3} 이내의 근삿값을 얻으려면 급수의 몇 개의 항을 더해야 하는가?

b. 급수의 50개의 항을 사용하여 급수의 근삿값을 구하여라.

풀이 이 급수와 관련된 함수는 $f(x) = 1/x^2$이다.

a. 나머지가 유계임을 이용하면 다음을 얻는다.

$$R_n < \int_n^\infty f(x)\,dx = \int_n^\infty \frac{dx}{x^2} = \frac{1}{n}$$

$R_n < 10^{-3}$을 보장하기 위해 $1/n < 10^{-3}$인 n을 선택해야 하며, 이는 $n > 1000$을 의미한다. 즉, 나머지가 10^{-3}보다 작도록 하려면 적어도 급수의 1001개 항을 더해야 한다.

b. 급수에 대한 유계를 이용하면 $L_n < S < U_n$을 얻는다. 여기서 S는 급수의 정확한 값이고 L_n과 U_n은 다음과 같다.

$$L_n = S_n + \int_{n+1}^\infty \frac{dx}{x^2} = S_n + \frac{1}{n+1}, \quad U_n = S_n + \int_n^\infty \frac{dx}{x^2} = S_n + \frac{1}{n}$$

그러므로 급수는 다음과 같이 유계이다.

$$S_n + \frac{1}{n+1} < S < S_n + \frac{1}{n}$$

여기서 S_n은 처음 n개 항의 합이다. 계산기를 사용하여 급수의 처음 50개 항을 더하면 $S_{50} \approx 1.625133$을 알 수 있다. 급수의 정확한 값은 구간

$$S_{50} + \frac{1}{50+1} < S < S_{50} + \frac{1}{50}$$

즉, $1.644741 < S < 1.645133$에 존재한다. 이 두 유계의 평균을 S의 근삿값으로 취하면 $S \approx 1.644937$을 알 수 있다. 이 추정이 단순히 S_{50}을 사용하는 것보다 낫다. 그림 9.31(a)는 $n = 1, 2, \cdots, 50$에 대한 하계 L_n과 상계 U_n을 보여 준다. 그림 9.31(b)는 이러한 유계를 $n = 50, 51, \cdots, 100$으로 확대하여 보여 준다. 두 그림은 n이 증가함에 따라 급수의 정확한 값에 대한 간격이 어떻게 좁아지는지 보여 준다.

➤ p가 짝수일 때 p-급수의 값은 대부분 알려져 있다. 예를 들어 $p = 2$일 때 p-급수는 $\pi^2/6$으로 수렴하고, $p = 4$일 때 p-급수는 $\pi^4/90$으로 수렴한다. p가 홀수일 때 p-급수의 값은 알려져 있지 않다.

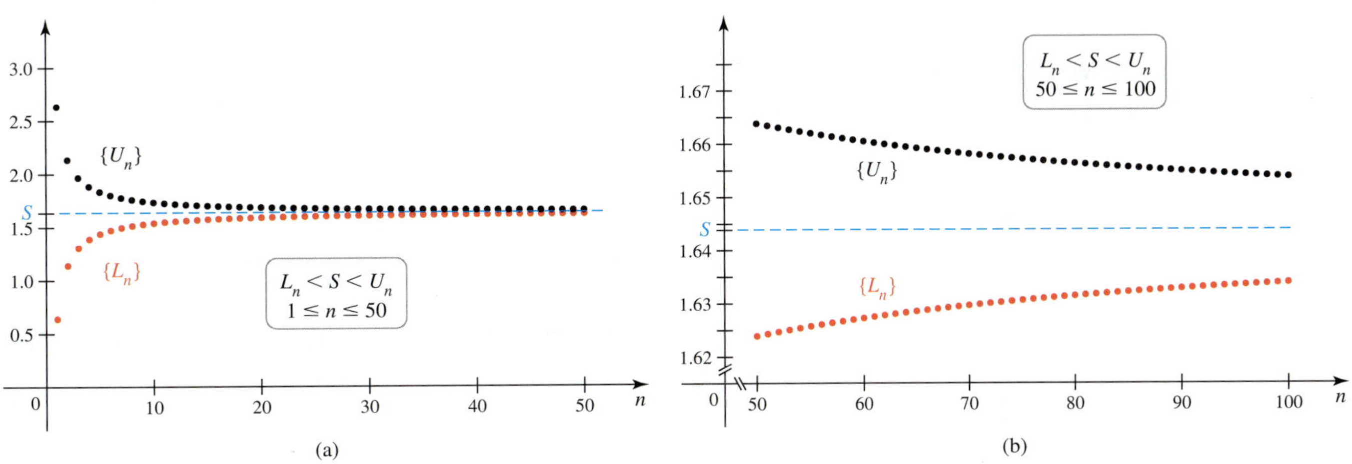

그림 9.31

관련 연습문제 21-22번 ◀

9.4절 연습문제

1단계 스타트

1. $\lim_{k\to\infty} a_k = 1$이 주어졌을 때, $\sum_{k=1}^{\infty} a_k$에 대하여 무엇을 말할 수 있는가?

2. $\sum_{k=1}^{\infty} a_k = 10{,}000$이 주어졌을 때, $\lim_{k\to\infty} a_k$에 대하여 무엇을 말할 수 있는가?

3. 급수 $\sum_{k=10}^{\infty} \frac{1}{k^p}$(초기 인덱스는 10)이 수렴하도록 하는 p의 값은 무엇인가? 발산하도록 하는 p의 값은 무엇인가?

4. 무한급수의 나머지를 정의하여라.

2단계 실전

5–8. 발산판정법 다음 수열이 발산 여부를 결정하거나 발산판정법으로 결론을 내릴 수 없는 상태인지 판단하여라.

5. $\sum_{k=0}^{\infty} \frac{k}{2k+1}$

6. $\sum_{k=0}^{\infty} \frac{1}{1000+k}$

7. $\sum_{k=2}^{\infty} \frac{k}{\ln k}$

8. $\sum_{k=2}^{\infty} \frac{\sqrt{k}}{\ln^{10} k}$

9–11. 적분판정법 적분판정법을 사용하여 적분판정법의 조건을 만족시킨 다음 급수의 수렴 여부를 조사하여라.

9. $\sum_{k=0}^{\infty} \frac{1}{\sqrt{k+8}}$

10. $\sum_{k=1}^{\infty} \frac{1}{\sqrt[3]{5k+3}}$

11. $\sum_{k=1}^{\infty} ke^{-2k^2}$

12–19. 발산판정법, 적분판정법, *p*-급수 판정법 발산판정법, 적분판정법, *p*-급수 판정법 중 하나를 이용하여 다음 급수의 수렴 여부를 조사하여라.

12. $\sum_{k=1}^{\infty} k^{-1/5}$

13. $\sum_{k=1}^{\infty} \frac{k^3}{e^{k^4}}$

14. $\sum_{k=1}^{\infty} k^{1/k}$

15. $\sum_{k=1}^{\infty} \frac{1}{k^{10}}$

16. $\sum_{k=3}^{\infty} \frac{1}{(k-2)^4}$

17. $\sum_{k=1}^{\infty} \frac{k}{e^k}$

18. $\sum_{k=1}^{\infty} \left(\frac{k}{k+10}\right)^k$

19. $\sum_{k=1}^{\infty} \frac{1}{\sqrt[3]{k}}$

20. **급수의 하계와 상계** 수렴 급수 $\sum_{k=1}^{\infty} \frac{1}{k^7}$과 $n = 2$에 대하여 정리 9.13을 사용하여 다음 단계를 수행하여라.
    a. S_n을 사용하여 급수의 값을 추정하여라.
    b. 나머지 R_n에 대한 상계를 찾아라.
    c. 급수의 정확한 값에 대한 하계(L_n)와 상계(U_n)을 찾아라.

21–22. 나머지와 추정 다음 수렴 급수를 고려하자.

a. n개의 항에서 나머지에 대한 상계를 구하여라.
b. 나머지가 10^{-3} 미만이려면 몇 개의 항이 필요한지 구하여라.
c. 급수의 정확한 값에 대한 하계(L_n)와 상계(U_n)을 찾아라.
d. 급수의 10개의 항을 사용하여 근사할 경우 급수의 값이 존재하는 구간을 찾아라.

21. $\sum_{k=1}^{\infty} \frac{1}{k^6}$

22. $\sum_{k=1}^{\infty} \frac{1}{3^k}$

23. 급수 $\sum_{k=1}^{\infty} \frac{1}{k^7}$의 정확한 값을 10^{-4} 이내로 추정하여라.

24. **참 또는 거짓** 다음 명제가 참이면 증명하고 거짓이면 반례를 들어라.
    a. 합 $\sum_{k=1}^{\infty} \frac{1}{3^k}$은 p-급수이다.
    b. 합 $\sum_{k=3}^{\infty} \frac{1}{\sqrt{k-2}}$은 p-급수이다.
    c. $x \ge 1$일 때 f가 연속이고 양의 값을 가지며 감소함수이고 $a_k = f(k)$, $k = 1, 2, 3, \cdots$이라 가정하자. $\sum_{k=1}^{\infty} a_k$가 L로 수렴하면 $\int_1^{\infty} f(x)\,dx$는 L로 수렴한다.
    d. 급수 $\sum_{k=1}^{\infty} \frac{1}{k^2}$의 모든 부분합 S_n은 $\sum_{k=1}^{\infty} \frac{1}{k^2}$의 정확한 값보다 작다.
    e. $\sum k^{-p}$이 수렴하면 $\sum k^{-p+0.001}$도 수렴한다.
    f. $\lim_{k\to\infty} a_k = 0$이면 $\sum a_k$는 수렴한다.

25–32. 판정법 선택 9.3절과 9.4절에 나온 특성과 판정법을 이용하여 다음 급수의 수렴 여부를 조사하여라.

25. $\sum_{k=2}^{\infty} \frac{1}{e^k}$

26. $\sum_{k=1}^{\infty} \frac{1}{(3k+1)(3k+4)}$

27. $\sum_{k=1}^{\infty} \frac{k}{\sqrt{k^2+1}}$

28. $\sum_{k=3}^{\infty} \frac{4}{k\sqrt{\ln k}}$

29. $\sum_{k=1}^{\infty}\left(\frac{5}{6}\right)^{-k}$

30. $\sum_{k=4}^{\infty}\frac{3}{(k-3)^4}$

31. $\frac{2}{4^2}+\frac{2}{5^2}+\frac{2}{6^2}+\cdots$

32. $\sum_{k=1}^{\infty}\frac{3^{k+2}}{5^k}$

33. 합성된 로그 p-급수 급수 $\sum_{k=2}^{\infty}\frac{1}{k(\ln k)(\ln\ln k)^p}$ 을 고려하자. 여기서 p는 실수이다.

a. 급수가 수렴하도록 하는 p의 값은 무엇인가?

b. 다음 급수 중 어느 것이 더 빨리 수렴하는가? 설명하여라.

$$\sum_{k=2}^{\infty}\frac{1}{k(\ln k)^2},\quad \sum_{k=3}^{\infty}\frac{1}{k(\ln k)(\ln\ln k)^2}$$

3단계 도전

34. 제타 함수 리만 제타 함수는 광범위한 연구 대상이며, 몇 가지 유명한 미해결 문제와 관련이 있다. 이 함수는 $\zeta(x)=\sum_{k=1}^{\infty}\frac{1}{k^x}$로 정의한다. x가 실수일 때 제타 함수는 p-급수가 되며, p가 짝수인 경우 $\zeta(p)$의 값은 정확히 알려져 있다. 예를 들면 다음과 같다.

$$\sum_{k=1}^{\infty}\frac{1}{k^2}=\frac{\pi^2}{6},\quad \sum_{k=1}^{\infty}\frac{1}{k^4}=\frac{\pi^4}{90},\quad \sum_{k=1}^{\infty}\frac{1}{k^6}=\frac{\pi^6}{945},\ \cdots$$

이 책에서 다룬 추정 기법을 이용하여 나머지가 10^{-3} 미만인 (정확히 알려지지 않은 값인) $\zeta(3)$, $\zeta(5)$를 근사하여라.

35. 홀수 거듭제곱과의 관계 $\sum_{k=1}^{\infty}\frac{1}{k^2}=\frac{\pi^2}{6}$(연습문제 34번)을 가정하고 이 급수의 값을 바꾸지 않은 상태에서 급수의 항을 다시 정렬할 수 있다. 양의 홀수만큼 거듭제곱된 식의 역수의 합을 구하여라.

36. 발산 증명 $\sum_{k=1}^{\infty}\frac{1}{\sqrt{k}}$ 이 발산함을 보이기 위해 이 책에서 조화급수에 대하여 다룬 것과 유사한 주장을 제시하여라.

37. 합의 수열 $n=1, 2, 3, \cdots$에 대하여 다음과 같이 정의된 수열 $\{x_n\}$을 고려하자.

$$x_n=\sum_{k=n+1}^{2n}\frac{1}{k}=\frac{1}{n+1}+\frac{1}{n+2}+\cdots+\frac{1}{2n}$$

a. 세 항 x_1, x_2, x_3을 적어라.

b. $n=1, 2, 3, \cdots$에 대하여 $\frac{1}{2}\le x_n<1$임을 보여라.

c. n개의 부분구간을 사용하여 x_n이 $\int_1^2\frac{dx}{x}$에 대한 오른쪽 리만합임을 보여라.

d. $\lim_{n\to\infty}x_n=\ln 2$라는 결론을 내려라.

38. 조화급수와 피보나치 수열 피보나치 수열 $\{1, 1, 2, 3, 5, 8, 13, \cdots\}$은 다음 점화 관계에 의해 형성된다.

$$f_{n+1}=f_n+f_{n-1},\quad n=1,2,3,\cdots,\quad f_0=1, f_1=1$$

a. 연속된 항 비에 대한 수열 $\left\{\frac{f_{n+1}}{f_n}\right\}$의 극한은 φ임을 보일 수 있다. 점화 관계의 양변을 f_n으로 나눈 다음 $n\to\infty$인 극한을 취하면 $\varphi=\lim_{n\to\infty}\frac{f_{n+1}}{f_n}=\frac{1+\sqrt{5}}{2}\approx 1.618$임을 보여라.

b. $\lim_{n\to\infty}\frac{f_{n-1}}{f_{n+1}}=1-\frac{1}{\varphi}\approx 0.382$임을 보여라.

c. 다음과 같이 항을 묶어 나타낸 조화급수를 고려하자.

$$\sum_{k=1}^{\infty}\frac{1}{k}=1+\frac{1}{2}+\frac{1}{3}+\underbrace{\left(\frac{1}{4}+\frac{1}{5}\right)}_{\text{항 2개}}+\underbrace{\left(\frac{1}{6}+\frac{1}{7}+\frac{1}{8}\right)}_{\text{항 3개}}+\underbrace{\left(\frac{1}{9}+\cdots+\frac{1}{13}\right)}_{\text{항 5개}}+\cdots$$

피보나치 수열을 염두에 두고 다음이 성립함을 보여라.

$$\sum_{k=1}^{\infty}\frac{1}{k}\ge 1+\frac{1}{2}+\frac{1}{3}+\frac{2}{5}+\frac{3}{8}+\frac{5}{13}+\cdots=1+\sum_{k=1}^{\infty}\frac{f_{k-1}}{f_{k+1}}$$

d. **b**를 사용하여 조화급수가 발산함을 결론 내려라(출처: *The College Mathematics Journal*, 43, May, 2012).

QUICK CHECK 정답

1. 급수는 $|r|\ge 1$일 때 발산한다. **2. a.** 발산하는 p-급수 **b.** 수렴 기하급수 **c.** 수렴 p-급수 **3.** 나머지는 $R_n=a_{n+1}+a_{n+2}+\cdots$이고 양수를 포함한다. ◀

9.5 비교판정법

앞 절에서 다룬 적분판정법은 $\sum_{k=1}^{\infty} \frac{4}{4+k^2}$와 같은 급수에 쉽게 적용할 수 있는데, 이는 $\int_1^{\infty} \frac{4}{4+x^2}\,dx$가 표준 적분 중 하나이기 때문이다. 하지만 적분판정법으로 $\sum_{k=1}^{\infty} \frac{5k^4-2k^2+3}{2k^6-k+5}$의 수렴 여부를 조사하는 것은 더 어렵다. 이러한 이유로 비교판정법(comparison test)이라 부르는 두 가지 수렴판정법을 추가로 개발하고, 그 중 하나를 예제 2a에 사용하여 $\sum_{k=1}^{\infty} \frac{5k^4-2k^2+3}{2k^6-k+5}$의 수렴성을 조사할 것이다. 적분판정법과 마찬가지로 두 비교판정법은 항이 모두 양수인 급수에만 적용된다.

비교판정법

비교판정법은 알려진 급수를 사용하여 알려지지 않은 급수의 수렴을 조사한다. 첫 번째 판정법은 직접 비교판정법 또는 간단히 비교판정법이라 한다.

➤ 급수의 수렴 여부는 꼬리 부분의 항(인덱스가 큰 값)의 동작에 달려 있다. 따라서 부등식 $a_k \le b_k$와 $b_k \le a_k$가 급수의 모든 항에서 성립할 필요는 없다. 어떤 양의 정수 N에 대해서는 모두 $k > N$을 유지해야 한다.

정리 9.14 비교판정법

$\sum a_k$와 $\sum b_k$가 항이 모두 양수인 급수라고 하자.

1. $a_k \le b_k$이고 $\sum b_k$가 수렴하면 $\sum a_k$는 수렴한다.

2. $b_k \le a_k$이고 $\sum b_k$가 발산하면 $\sum a_k$는 발산한다.

증명 $\sum b_k$의 값이 유한한 값 B임을 의미하는 $\sum b_k$의 수렴성을 가정하자. $\sum a_k$에 대한 부분합의 수열은 다음을 만족한다.

$$\begin{aligned} S_n = \sum_{k=1}^{n} a_k &\le \sum_{k=1}^{n} b_k && a_k \le b_k \\ &< \sum_{k=1}^{\infty} b_k && \text{양수인 항들을 유한합에 더하기} \\ &= B && \text{급수의 값} \end{aligned}$$

따라서 $\sum a_k$에 대한 부분합의 수열은 증가하고 B에 의해 위로 유계이다. 유계 단조수열 정리(정리 9.5)에 의해 $\sum a_k$에 대한 부분합의 수열은 극한을 갖는데, 이는 $\sum a_k$가 수렴함을 의미한다. 이 정리의 두 번째 경우는 비슷한 방법으로 증명된다. ◀

비교판정법은 부분합의 수열의 그래프로 묘사할 수 있다. 다음 급수를 고려하자.

$$\sum_{k=1}^{\infty} a_k = \sum_{k=1}^{\infty} \frac{1}{k^2+10}, \quad \sum_{k=1}^{\infty} b_k = \sum_{k=1}^{\infty} \frac{1}{k^2}$$

$\frac{1}{k^2+10} < \frac{1}{k^2}$ 이므로 이는 $a_k < b_k$, $k \geq 1$을 의미한다. 더욱이 Σb_k는 수렴 p-급수이다. 비교판정법에 의해 Σa_k 또한 수렴한다고 결론 내릴 수 있다(그림 9.32).

비교판정법의 두 번째 경우는 다음 급수로 설명된다.

$$\sum_{k=4}^{\infty} a_k = \sum_{k=4}^{\infty} \frac{1}{\sqrt{k}-3}, \quad \sum_{k=4}^{\infty} b_k = \sum_{k=4}^{\infty} \frac{1}{\sqrt{k}}$$

이때 $\frac{1}{\sqrt{k}} < \frac{1}{\sqrt{k}-3}$, $k \geq 4$이므로 $b_k < a_k$, $k \geq 4$이다. 따라서 Σb_k가 발산하는 p-급수이므로 비교판정법에 의해 Σa_k 또한 발산한다. 그림 9.33은 Σa_k에 대한 부분합의 수열이 Σb_k에 대한 부분합의 수열을 넘어섬을 보여 준다. Σb_k에 대한 부분합의 수열은 발산하므로 Σa_k에 대한 부분합의 수열 또한 발산한다.

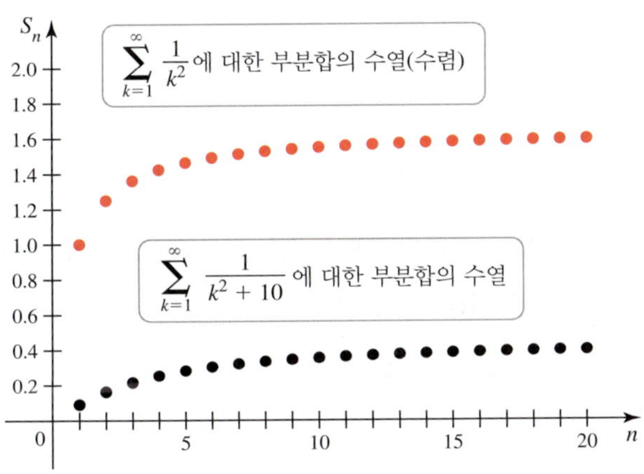

그림 9.32

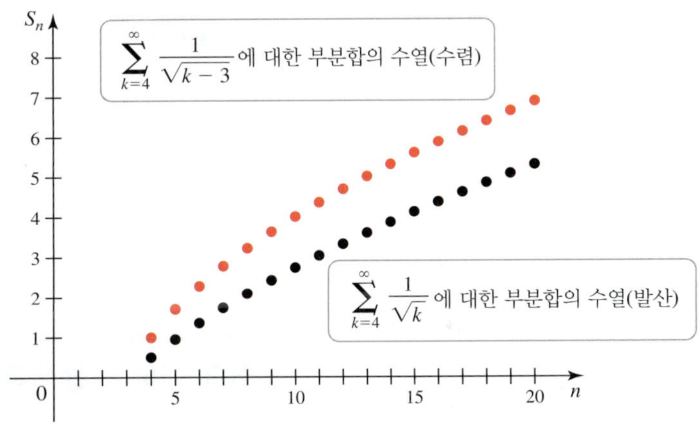

그림 9.33

비교판정법의 핵심은 비교할 적절한 급수를 찾는 것이다. 많은 연습을 통해 패턴을 발견하고 비교할 좋은 급수를 선택할 수 있다.

| 예제 1 | 비교판정법 사용 다음 급수의 수렴 여부를 조사하여라.

a. $\sum_{k=1}^{\infty} \frac{k^3}{2k^4-1}$ **b.** $\sum_{k=2}^{\infty} \frac{\ln k}{k^3}$

풀이 비교판정법을 사용할 때 급수의 항이 어떻게 동작하는지 이해하는 것이 도움이 된다.

a. 이 급수에서 점점 더 멀어질수록($k \to \infty$)항은 다음과 같이 동작한다.

$$\frac{k^3}{2k^4-1} \approx \frac{k^3}{2k^4} = \frac{1}{2k}$$

따라서 비교할 급수를 위한 합리적인 선택은 발산 급수 $\Sigma \frac{1}{2k}$ 이다. 이제 주어진 급수의 항이 비교 급수의 항보다 **큼**을 보여야 한다. 이는 $2k^4 - 1 < 2k^4$에 주목하면 된다. 양변에 역수를 취하면 다음을 얻는다.

➤ Σa_k가 발산하면 Σca_k(c는 임의의 상수) 또한 발산한다(9.3절의 연습문제 50번).

$$\frac{1}{2k^4-1} > \frac{1}{2k^4}, \quad 즉 \quad \frac{k^3}{2k^4-1} > \frac{k^3}{2k^4} = \frac{1}{2k}$$

$\sum \frac{1}{2k}$이 발산하므로 비교판정법의 두 번째 경우에 의해 주어진 급수 또한 발산한다.

b. $k \geq 2$일 때 $\ln k < k$임에 주목하자. 양변을 k^3으로 나누면 다음과 같다.

$$\frac{\ln k}{k^3} < \frac{k}{k^3} = \frac{1}{k^2}$$

따라서 적절한 비교 급수는 수렴 p-급수 $\sum \frac{1}{k^2}$이다. $\sum \frac{1}{k^2}$이 수렴하므로 주어진 급수도 수렴한다.

관련 연습문제 7, 10번 ◀

QUICK CHECK 1 발산 급수 $\Sigma 1/k$을 $\Sigma 1/(k+1)$의 수렴 여부를 조사하기 위한 비교 급수로 사용하기 어려운 이유를 설명하여라. ◀

극한 비교판정법

비교 급수가 분명하고 필요한 부등식이 확립된 경우 비교판정법을 시도해야 한다. 그러나 예제 1a의 급수가 $\sum_{k=1}^{\infty} \frac{k^3}{2k^4-1}$이 아닌 $\sum_{k=1}^{\infty} \frac{k^3}{2k^4+10}$인 경우에는 $\sum \frac{1}{2k}$과 비교할 수 없다. 부등식을 다루는 것보다 **극한 비교판정법**(**limit comparison test**)이라는 보다 정교한 검정을 사용하는 것이 쉬운 경우가 많다.

QUICK CHECK 2 극한 비교판정법의 첫 번째 경우, $0 < L < \infty$가 성립해야 한다. a_k나 b_k 중 하나를 알려진 비교 급수로 선택할 수 있는 이유는 무엇인가? 즉, L이 a_k/b_k 또는 b_k/a_k의 극한이 될 수 있는 이유는 무엇인가? ◀

정리 9.15 극한 비교판정법

Σa_k와 Σb_k가 항이 모두 양수인 급수이고 다음이 성립한다고 하자.

$$\lim_{k\to\infty} \frac{a_k}{b_k} = L$$

1. $0 < L < \infty$(즉, L이 유한한 양수)이면 Σa_k와 Σb_k는 둘 다 수렴하거나 발산한다.
2. $L = 0$이고 Σb_k가 수렴하면 Σa_k도 수렴한다.
3. $L = \infty$이고 Σb_k가 발산하면 Σa_k도 발산한다.

➤ $|x| < a$가 $-a < x < a$와 동치임을 기억하자.

증명 (1) $\lim_{k\to\infty} \frac{a_k}{b_k} = L$의 정의를 기억하자. 임의의 양수 ε이 주어지면 충분히 큰 k에 대하여 $\left|\frac{a_k}{b_k} - L\right| < \varepsilon$을 만족한다. 이 경우 $\varepsilon = L/2$로 놓자. 그러면 충분히 큰 k에 대하여 $\left|\frac{a_k}{b_k} - L\right| < \frac{L}{2}$, 즉 (절댓값 없애면) $-\frac{L}{2} < \frac{a_k}{b_k} - L < \frac{L}{2}$을 만족한다. 이 부등식의 세 변에 L을 더하면 다음을 얻는다.

$$\frac{L}{2} < \frac{a_k}{b_k} < \frac{3L}{2}$$

이 부등식은 충분히 큰 k에 대하여 다음이 성립함을 의미한다.

$$\frac{Lb_k}{2} < a_k < \frac{3Lb_k}{2}$$

$\sum a_k$의 항이 $\sum b_k$의 항의 배수 사이에 있음을 볼 수 있다. 비교판정법에 의해 두 급수가 둘 다 수렴하거나 발산한다. 두 번째($L = 0$)와 세 번째 경우($L = \infty$)는 연습문제 33번에서 다룬다. ◀

| 예제 2 | 극한 비교판정법 사용 다음 급수의 수렴 여부를 조사하여라.

a. $\displaystyle\sum_{k=1}^{\infty} \frac{5k^4 - 2k^2 + 3}{2k^6 - k + 5}$ **b.** $\displaystyle\sum_{k=1}^{\infty} \frac{\ln k}{k^2}$

풀이 두 경우 모두 $k \to \infty$일 때 급수의 항이 동일하게 동작하는 비교 급수를 찾아야 한다.

a. $k \to \infty$일 때 합리적인 함수는 앞선 두 (최고차)항의 비처럼 동작한다. 이 경우 $k \to \infty$일 때 다음이 성립한다.

$$\frac{5k^4 - 2k^2 + 3}{2k^6 - k + 5} \approx \frac{5k^4}{2k^6} = \frac{5}{2k^2}$$

따라서 합리적인 비교 급수는 수렴 p-급수 $\displaystyle\sum_{k=1}^{\infty} \frac{1}{k^2}$이다(5/2 인자는 주어진 급수의 수렴 여부에 영향을 주지 않는다). 비교 급수를 선택한 후 극한 L을 계산하면 다음과 같다.

$$\begin{aligned} L &= \lim_{k\to\infty} \frac{(5k^4 - 2k^2 + 3)/(2k^6 - k + 5)}{1/k^2} && \text{급수의 항의 비} \\ &= \lim_{k\to\infty} \frac{k^2(5k^4 - 2k^2 + 3)}{2k^6 - k + 5} && \text{간단히 하기} \\ &= \lim_{k\to\infty} \frac{5k^6 - 2k^4 + 3k^2}{2k^6 - k + 5} = \frac{5}{2} && \text{간단히 한 다음 극한 계산하기} \end{aligned}$$

$0 < L < \infty$이므로 주어진 급수는 수렴한다.

b. 왜 이 급수가 흥미로운가? $\displaystyle\sum_{k=1}^{\infty} \frac{1}{k^2}$이 수렴하면 $\displaystyle\sum_{k=1}^{\infty} \frac{1}{k}$이 발산함을 알고 있다. 주어진 급수 $\displaystyle\sum_{k=1}^{\infty} \frac{\ln k}{k^2}$는 두 급수의 '사이'에 있다. 이 관찰을 통해 $\displaystyle\sum_{k=1}^{\infty} \frac{1}{k^2}$과 $\displaystyle\sum_{k=1}^{\infty} \frac{1}{k}$ 중 하나를 비교 급수로 사용할 수 있다. 첫 번째 경우, $a_k = \ln k/k^2$와 $b_k = 1/k^2$로 놓으면 다음을 얻는다.

$$L = \lim_{k\to\infty} \frac{a_k}{b_k} = \lim_{k\to\infty} \frac{\ln k/k^2}{1/k^2} = \lim_{k\to\infty} \ln k = \infty$$

극한 비교판정법의 세 번째 경우는 여기에 적용되지 않는데, 비교 급수 $\sum_{k=1}^{\infty}\frac{1}{k^2}$이 수렴하기 때문이다. 세 번째 경우는 비교 급수가 발산할 때만 결론 내릴 수 있다.

대신 비교 급수로 $\sum b_k = \sum \frac{1}{k}$을 사용하면 다음을 얻는다.

$$L = \lim_{k\to\infty}\frac{a_k}{b_k} = \lim_{k\to\infty}\frac{\ln k/k^2}{1/k} = \lim_{k\to\infty}\frac{\ln k}{k} = 0$$

극한 비교판정법의 두 번째 경우는 여기에 적용되지 않는데, 비교 급수 $\sum_{k=1}^{\infty}\frac{1}{k}$이 발산하기 때문이다. 두 번째 경우는 비교 급수가 **수렴**할 때만 결론 내릴 수 있다.

문제가 조금 더 정교해지면 극한 비교판정법이 제격이다. $\sum_{k=1}^{\infty}\frac{1}{k^2}$과 $\sum_{k=1}^{\infty}\frac{1}{k}$ '사이'에 있는 급수는 수렴 p-급수 $\sum_{k=1}^{\infty}\frac{1}{k^{3/2}}$이며, 이를 비교 급수로 사용한다. $a_k = \ln k/k^2$와 $b_k = 1/k^{3/2}$로 놓으면 다음을 얻는다.

$$L = \lim_{k\to\infty}\frac{a_k}{b_k} = \lim_{k\to\infty}\frac{\ln k/k^2}{1/k^{3/2}} = \lim_{k\to\infty}\frac{\ln k}{\sqrt{k}} = 0$$

(이 극한은 로피탈 법칙을 사용하거나 $\ln k$가 어떤 양의 거듭제곱보다 더 느리게 증가함을 상기함으로써 계산할 수 있다) 이제 극한 비교판정법의 두 번째 경우가 적용된다. 비교 급수 $\sum\frac{1}{k^{3/2}}$이 수렴하므로 주어진 급수는 수렴한다.

관련 연습문제 6번 ◀

9.5절 연습문제

1단계 스타트

1. 극한 비교판정법이 어떻게 작동하는지 설명하여라.

2. $\sum_{k=1}^{\infty}\frac{1}{k^2+1}$의 수렴 여부를 조사하려면 비교판정법과 함께 어떤 비교 급수를 사용해야 하는가?

3. $\sum_{k=1}^{\infty}\frac{2^k}{3^k+1}$의 수렴 여부를 조사하려면 비교판정법과 함께 어떤 비교 급수를 사용해야 하는가?

4. $\sum_{k=1}^{\infty}\frac{k^2+k+5}{k^3+3k+1}$의 수렴 여부를 조사하려면 극한 비교판정법과 함께 어떤 비교 급수를 사용해야 하는가?

2단계 실전

5–18. 비교판정법 비교판정법 혹은 극한 비교판정법을 이용하여 다음 급수의 수렴 여부를 조사하여라.

5. $\sum_{k=1}^{\infty}\frac{1}{k^2+4}$

6. $\sum_{k=1}^{\infty}\frac{k^2-1}{k^3+4}$

7. $\sum_{k=1}^{\infty}\frac{\sqrt{k}}{k^2+3}$

8. $\sum_{k=1}^{\infty}\frac{4^k}{5^k-3}$

9. $\sum_{k=1}^{\infty}\frac{1}{k^{3/2}+1}$

10. $\sum_{k=4}^{\infty}\frac{1+\cos^2 k}{k-3}$

11. $\sum_{k=1}^{\infty}\frac{(3k^3+4)(7k^2+1)}{(2k^3+1)(4k^3-1)}$

12. $\sum_{k=1}^{\infty}\frac{\sin(1/k)}{k^2}$

13. $\sum_{k=1}^{\infty}\frac{1}{2k-\sqrt{k}}$

14. $\sum_{k=1}^{\infty}\frac{2+(-1)^k}{k^2}$

15. $\sum_{k=1}^{\infty}\frac{\sqrt[3]{k^2+1}}{\sqrt{k^3+2}}$

16. $\sum_{k=1}^{\infty}\frac{20}{\sqrt[3]{k}+\sqrt{k}}$

17. $\sum_{k=1}^{\infty}\frac{1}{2^{\ln k}}$

18. $\sum_{k=1}^{\infty}\frac{1}{4^{\ln k}}$

19. 참 또는 거짓 다음 명제가 참이면 증명하고 거짓이면 반례를 들어라.

a. $0 < a_k < b_k$라 하자. $\sum a_k$가 수렴하면 $\sum b_k$도 수렴한다.

b. $0 < a_k < b_k$라 하자. $\sum a_k$가 발산하면 $\sum b_k$도 발산한다.

c. $0 < b_k < c_k < a_k$라 하자. $\sum a_k$가 수렴하면 $\sum b_k$와 $\sum c_k$도 수렴한다.

d. 극한 비교판정법을 적용할 때 $\sum_{k=1}^{\infty} \frac{k^2 + 2k + 1}{k^5 + 5k + 7}$에 대한 적절한 비교 급수는 $\sum_{k=1}^{\infty} \frac{1}{k^3}$이다.

20. 두 가지 방법으로 급수 판정 비교판정법이나 극한 비교판정법 중 하나를 이용하여 급수 $\sum_{k=1}^{\infty} \frac{1}{k^2 + 2k + 1}$의 수렴 여부를 조사하여라. 그리고 다른 방법을 이용해 구한 답을 확인하여라.

21–31. 판정법 선택 적절한 판정법을 선택하여 다음 급수의 수렴 여부를 조사하여라.

21. $\sum_{k=1}^{\infty} \left(1 + \frac{2}{k}\right)^k$

22. $\sum_{k=1}^{\infty} \frac{k^2 + 2k + 1}{3k^2 + 1}$

23. $\sum_{k=3}^{\infty} \frac{1}{\ln k}$

24. $\sum_{k=1}^{\infty} \frac{1}{\sqrt{k^3 - k + 1}}$

25. $\sum_{k=1}^{\infty} \left(\frac{1}{k} + 2^{-k}\right)$

26. $\sum_{k=1}^{\infty} \frac{k^8}{k^{11} + 3}$

27. $\sum_{k=1}^{\infty} \frac{1}{k^{1+p}}, p > 0$

28. $\sum_{k=1}^{\infty} \ln\left(\frac{k + 2}{k + 1}\right)$

29. $\sum_{k=2}^{\infty} \frac{1}{k^{\ln k}}$

30. $\sum_{k=1}^{\infty} \tan \frac{1}{k}$

31. $\frac{1}{1 \cdot 3} + \frac{1}{3 \cdot 5} + \frac{1}{5 \cdot 7} + \cdots$

32. 제곱의 급수 $\sum a_k$가 항이 모두 양수인 수렴 급수이면 급수 $\sum a_k^2$도 수렴함을 증명하여라.

3단계 도전

33. 극한 비교판정법 검증 극한 비교판정법(정리 9.15)의 첫 번째 경우를 사용하여 두 번째와 세 번째 경우를 증명하여라.

34. 초기 극한 1600년대 초 수학자 월리스(Wallis), 파스칼(Pascal), 페르마(Fermat)는 $x = 0$과 $x = 1$ 사이에 있는 곡선 $y = x^p$ 아래의 넓이를 계산하려고 했다. 여기서 p는 양의 정수이다. 미적분학의 기본 정리가 나오기 이전에 그들은 다음을 증명할 수 있었다.

$$\lim_{n\to\infty} \frac{1}{n} \sum_{k=0}^{n-1} \left(\frac{k}{n}\right)^p = \frac{1}{p + 1}$$

리만합과 적분에 대하여 알고 있는 것을 이용하여 이 극한을 확인하여라.

QUICK CHECK 정답

1. 비교판정법을 사용하기 위해 $1/(k + 1) > 1/k$을 보여야 하는데, 이는 성립하지 않는다. **2.** $\lim_{k\to\infty} \frac{a_k}{b_k} = L, 0 < L < \infty$이면 $\lim_{k\to\infty} \frac{b_k}{a_k} = \frac{1}{L}, 0 < 1/L < \infty$이다.

9.6 교대급수

앞서 논의한 내용은 항이 모두 양수인 무한급수에 초점을 맞췄는데, 이는 전체 주제에서 확실히 중요한 부분이다. 하지만 여러 가지가 혼용된 재미있는 급수가 많이 남아 있다. 예를 들어 급수

$$1 + \frac{1}{2} - \frac{1}{3} - \frac{1}{4} + \frac{1}{5} + \frac{1}{6} - \frac{1}{7} - \frac{1}{8} + \cdots$$

은 두 양수 항 뒤에 두 음수 항이 나오는 패턴이 반복된다. 분명 무한급수는 끝없이 계속되는 부호 패턴을 가질 수 있으므로 주의할 필요가 있다.

다행히 가장 간단한 부호 패턴 또한 매우 중요하다. 부호가 엄격히 번갈아가며 나오는 다음 **교대급수**(alternating series)를 고려하자.

$$\sum_{k=1}^{\infty} \frac{(-1)^{k+1}}{k} = 1 - \frac{1}{2} + \frac{1}{3} - \frac{1}{4} + \frac{1}{5} - \frac{1}{6} + \frac{1}{7} - \frac{1}{8} + \cdots$$

인자 $(-1)^{k+1}$ (또는 $(-1)^k$)은 $\{\cdots, 1, -1, 1, -1, \cdots\}$을 패턴을 갖고 있으며, 부호가 번갈아 나온다.

교대조화급수

교대조화급수(alternating harmonic series)라 부르는 급수 $\sum_{k=1}^{\infty} \frac{(-1)^{k+1}}{k}$을 다루어 교대급수와 어떤 점이 다른지 알아보자. 교대 부호가 없는 이 급수 $\sum_{k=1}^{\infty} \frac{1}{k}$은 발산 조화급수임을 기억하자. 즉, 여기서 즉각적인 질문은 교대 부호의 존재가 급수의 수렴성에 영향을 미치는가이다.

급수에 대한 부분합의 수열을 살펴봄으로써 이 질문에 답해 보자. 이 경우 부분합의 처음 네 항은 다음과 같다.

$$S_1 = 1$$
$$S_2 = 1 - \frac{1}{2} = \frac{1}{2}$$
$$S_3 = 1 - \frac{1}{2} + \frac{1}{3} = \frac{5}{6}$$
$$S_4 = 1 - \frac{1}{2} + \frac{1}{3} - \frac{1}{4} = \frac{7}{12}$$

부분합의 수열의 처음 30개 항을 그림 9.34에 표시하면 주목할 만한 몇 가지 특징이 있다.

- 부분합의 수열의 항은 극한으로 수렴하는 것처럼 보인다. 그렇다면 조화급수가 발산할 때 교대조화급수는 수렴함을 의미한다. 항이 양수인 발산 급수를 취하여

QUICK CHECK 1 급수 $1 - 2 + 3 - 4 + 5 - 6 + \cdots$에 대한 부분합의 수열의 처음 몇 개의 항을 적어라. 급수가 수렴하는 것처럼 보이는가? 발산하는 것처럼 보이는가? ◀

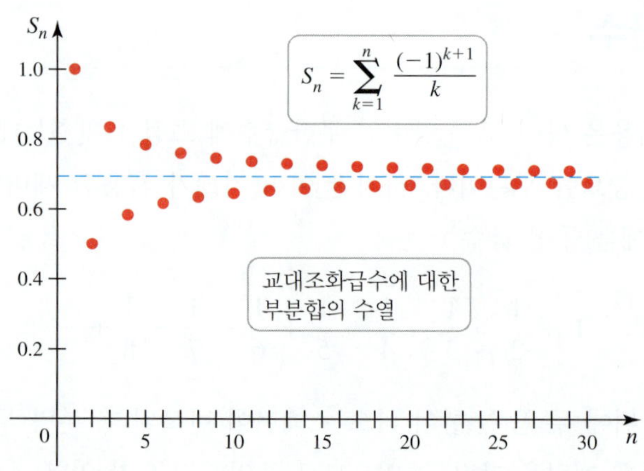

그림 9.34

교대급수로 만들면 수렴 급수로 바꿀 수 있음을 곧 알게 될 것이다.

- 항이 양수인 급수의 경우 부분합의 수열은 필연적으로 증가하는 수열이다. 교대급수의 항의 부호가 번갈아 나오므로 부분합의 수열은 증가하지 않는다(그림 9.34).
- 교대조화급수에서 부분합의 수열의 홀수 번 항은 감소수열을 형성하고, 짝수 번 항은 증가수열을 형성한다. 결과적으로 부분합의 수열의 극한은 수열의 연속된 두 항 사이에 있다.

교대급수판정법

일반적으로 교대급수를 고려할 때 $\sum(-1)^{k+1}a_k$로 쓰여진 급수를 다룬다. 여기서 $a_k > 0$이다. 발산판정법을 제외하고 항이 모두 양수인 급수에 교대급수판정법을 적용할 수 없다. 다행히 대부분의 교대급수에 한 판정법이 작동하며, 적용이 쉽다.

➤ 9.4절의 발산판정법이 모든 급수에 적용된다는 점을 기억하자. (교대급수를 포함한) 임의의 급수의 항이 0으로 접근하는 경향이 없으면 이 급수는 발산한다.

정리 9.16 교대급수판정법

교대급수 $\sum(-1)^{k+1}a_k$가 수렴하면 다음을 보장한다.

1. 급수의 항들은 비증가이다(한 인덱스 N보다 큰 k에 대하여 $0 < a_{k+1} \le a_k$).
2. $\lim_{k\to\infty} a_k = 0$

➤ 급수의 첫째항의 부호에 따라 $(-1)^k$ 또는 $(-1)^{k+1}$으로 교대급수를 작성할 수 있다. 정리 9.16은 $\sum(-1)^k a_k$ 형태의 급수에도 적용된다.

여기서 혼란스러울 만한 내용이 있다. 급수에서 양수인 항에 대하여 $\lim_{k\to\infty} a_k = 0$은 수렴을 **의미하지 않는다**. 비증가 항들로 이루어진 교대급수의 경우 $\lim_{k\to\infty} a_k = 0$은 수렴을 **의미한다**.

증명 이 정리의 증명은 짧고 유익하며, 그림 9.35에 기반한다. 다음 형태의 급수를 고려하자.

$$\sum_{k=1}^{\infty}(-1)^{k+1}a_k = a_1 - a_2 + a_3 - a_4 + \cdots$$

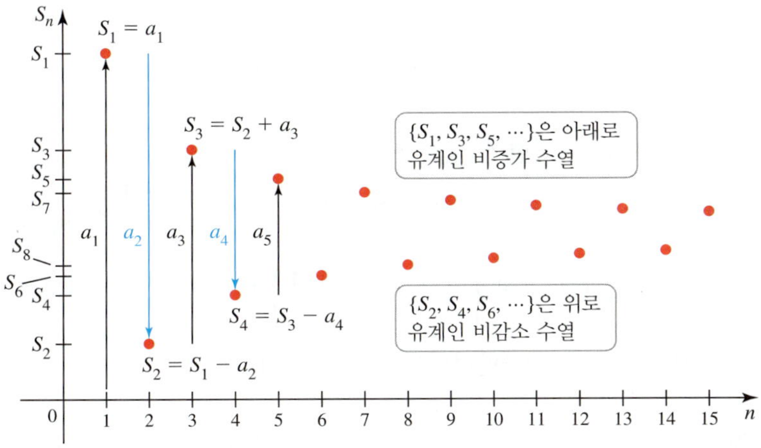

그림 9.35

급수의 항의 값이 커지지 않으므로 짝수 번 항으로 이루어진 부분합의 수열 $\{S_{2k}\} = \{S_2, S_4, \cdots\}$은 S_1에 의해 위로 유계인 비감소 수열을 형성한다. 유계 단조수열 정리 (9.2절)에 의해 이 수열은 극한 L을 갖는다. 비슷하게 홀수 번 항으로 이루어진 부분합의 수열 $\{S_{2k-1}\} = \{S_1, S_3, \cdots\}$은 S_2에 의해 아래로 유계인 비증가 수열을 형성한다. 유계 단조수열 정리에 의해 이 수열 또한 극한 L'을 갖는다. 지금까지 $L = L'$이라 결론 내릴 수 없다. 하지만 $S_{2k} = S_{2k-1} - a_{2k}$임을 기억하자. 조건에서 $\lim_{k\to\infty} a_k = 0$이므로 이는 다음을 만족시킨다.

$$\underbrace{\lim_{k\to\infty} S_{2k}}_{L} = \underbrace{\lim_{k\to\infty} S_{2k-1}}_{L'} - \underbrace{\lim_{k\to\infty} a_{2k}}_{0}$$

즉, $L = L'$이다. 따라서 부분합의 수열은 (고유한) 극한으로 수렴하고, 해당 교대급수는 대응되는 극한으로 수렴한다. ◀

이제 교대조화급수 $\sum_{k=1}^{\infty}\frac{(-1)^{k+1}}{k}$이 수렴함을 확인할 수 있다. 항 $a_k = \frac{1}{k}$이 감소하고 $\lim_{k\to\infty} a_k = 0$이므로 이 사실은 교대급수판정법 바로 뒤에 나온다.

➤ $\sum_{k=1}^{\infty}\frac{1}{k}$
- 발산
- 부분합 증가

$\sum_{k=1}^{\infty}\frac{(-1)^{k+1}}{k}$
- 수렴
- 위아래로 유계인 부분합

정리 9.17 교대조화급수판정법

(조화급수 $\sum_{k=1}^{\infty}\frac{1}{k}$은 발산하지만) 교대조화급수 $\sum_{k=1}^{\infty}\frac{(-1)^{k+1}}{k}$은 수렴한다.

QUICK CHECK 2 비감소인 항을 가진 수렴 교대급수의 값이 부분합의 수열의 연속된 두 항 사이에 존재하는 이유를 설명하여라. ◀

| 예제 1 | 교대급수판정법 다음 급수의 수렴 여부를 조사하여라.

a. $\sum_{k=1}^{\infty}\frac{(-1)^{k+1}}{k^2}$ **b.** $2 - \frac{3}{2} + \frac{4}{3} - \frac{5}{4} + \cdots$ **c.** $\sum_{k=2}^{\infty}\frac{(-1)^{k}\ln k}{k}$

풀이

a. 이 급수의 항은 $k \ge 1$에 대하여 감소하며, 다음이 성립한다.

$$\lim_{k\to\infty} a_k = \lim_{k\to\infty}\frac{1}{k^2} = 0$$

그러므로 이 급수는 수렴한다.

b. 시그마 표기법을 사용하면 주어진 급수는 $\sum_{k=1}^{\infty}(-1)^{k+1}\frac{k+1}{k}$이다.

$\lim_{k\to\infty}\frac{k+1}{k} = 1$이므로 수열 $\left\{(-1)^{k+1}\frac{k+1}{k}\right\}$은 진동하고 발산한다. 따라서 $\sum_{k=1}^{\infty}(-1)^{k+1}\frac{k+1}{k}$은 발산판정법에 의해 발산한다.

c. 첫 번째 단계는 항이 일정하게 유지되다가 값이 감소함을 보이는 것이다. 한 가

지 방법은 급수의 항을 생성하는 함수 $f(x) = \dfrac{\ln x}{x}$를 살펴보는 것이다. 몫의 법칙에 의해 $f'(x) = \dfrac{1 - \ln x}{x^2}$이며, $x > e$일 때 $f'(x) < 0$이라는 사실은 항 $\dfrac{\ln k}{k}$, $k \geq 3$이 감소함을 의미한다. 어떤 고정된 정수보다 큰 모든 k에 대하여 급수의 항이 감소한다는 교대판정법의 첫 번째 조건을 충족한다. 게다가 로피탈 법칙 또는 $\{\ln k\}$가 $\{k\}$보다 느리게 증가한다는 사실(9.2절)을 이용하면 다음을 얻는다.

$$\lim_{k\to\infty} a_k = \lim_{k\to\infty} \frac{\ln k}{k} = 0$$

교대급수판정법의 조건을 모두 만족하므로 급수가 수렴한다.

관련 연습문제 8번 ◀

교대급수의 나머지

급수가 S로 수렴하면 나머지는 $R_n = S - S_n$이고, 여기서 S_n은 급수의 처음 n개 항의 합이다. 나머지의 크기는 S_n으로 S를 근사할 때의 절대 오차(absolute error)이다.

교대급수의 나머지 크기에 대한 상계는 다음 관찰로 얻는다. 항의 크기가 비증가인 경우 급수의 값은 항상 부분합의 연속된 항 사이에 존재한다. 따라서 그림 9.36과 같이 다음이 성립한다.

$$|R_n| = |S - S_n| \leq |S_{n+1} - S_n| = a_{n+1}$$

이 주장은 다음 정리에 의해 정당화된다.

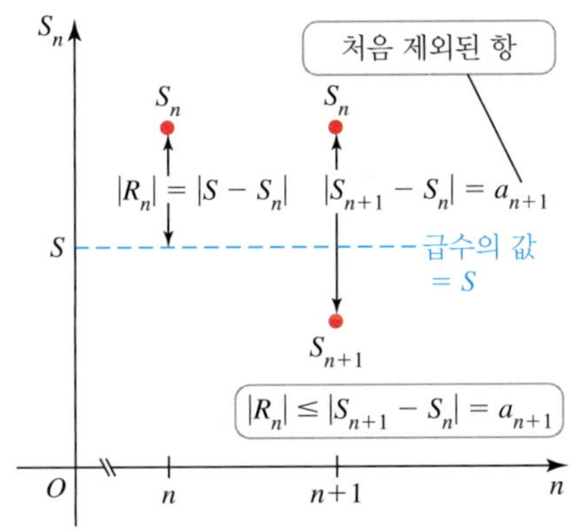

그림 9.36

정리 9.18 교대급수의 나머지

비증가 항을 갖는 수렴 교대급수 $\sum_{k=1}^{\infty}(-1)^{k+1}a_k$에 대하여 $R_n = S - S_n$을 처음 n개 항의 합으로 해당 급수의 값을 근사하는 나머지라고 가정하자. 그러면 $|R_n| \leq a_{n+1}$이다. 즉, 나머지의 크기는 처음 제외된 항의 크기보다 작거나 같다.

| 예제 2 | 교대급수의 나머지

a. $\ln 2 = 1 - \dfrac{1}{2} + \dfrac{1}{3} - \dfrac{1}{4} + \cdots = \sum_{k=1}^{\infty}\dfrac{(-1)^{k+1}}{k}$이 알려져 있다. 10^{-6}보다 작은 오차로 $\ln 2$를 근사하려면 급수의 항이 몇 개 필요한가? 급수의 정확한 값이 주어졌지만, 이는 질문에 답하는 데 필요하지 않다.

b. 급수 $-1 + \dfrac{1}{2!} - \dfrac{1}{3!} + \dfrac{1}{4!} - \cdots = \sum_{k=1}^{\infty}\dfrac{(-1)^k}{k!}$을 고려하자. $n = 9$개 항으로 급수의 값$(e^{-1} - 1)$을 근사할 때, 오차 크기에 대한 상계를 구하여라.

풀이 두 급수 모두 정리 9.18의 조건을 만족한다.

a. 급수는 처음 n개의 항에 나머지를 더한 값으로 표현된다.

$$\sum_{k=1}^{\infty}\frac{(-1)^{k+1}}{k} = \underbrace{1-\frac{1}{2}+\frac{1}{3}-\frac{1}{4}+\cdots+\frac{(-1)^{n+1}}{n}}_{S_n=\text{ 처음 }n\text{개 항의 합}} + \overbrace{\underbrace{\frac{(-1)^{n+2}}{n+1}}_{|R_n|=|S-S_n|\text{은 이 항의 크기보다 작음}}+\cdots}^{R_n}$$

나머지는 $(n + 1)$번째 항의 크기보다 작거나 같다.

$$|R_n| = |S - S_n| \le a_{n+1} = \frac{1}{n+1}$$

오차가 10^{-6}보다 작으려면 다음을 만족해야 한다.

$$a_{n+1} = \frac{1}{n+1} < 10^{-6},\ \text{즉 } n+1 > 10^6$$

따라서 10^{-6} 미만의 오차를 갖는 ln 2의 근삿값을 얻으려면 100만 개 항이 필요하다.

b. 급수는 처음 9개 항에 나머지 항을 더한 값으로 표시할 수 있다.

$$\sum_{k=1}^{\infty}\frac{(-1)^{k}}{k!} = \underbrace{-1+\frac{1}{2!}-\frac{1}{3!}+\cdots-\frac{1}{9!}}_{S_9\,=\text{ 처음 9개 항의 합}} + \overbrace{\underbrace{\frac{1}{10!}}_{|R_9|=|S-S_9|\text{은 이 항의 크기보다 작음}}-\cdots}^{R_9}$$

처음 9개 항을 사용하여 급수의 값을 근사할 때 발생하는 오차는 다음을 만족한다.

$$|R_9| = |S - S_9| \le a_{10} = \frac{1}{10!} \approx 2.8 \times 10^{-7}$$

따라서 오차는 2.8×10^{-7}보다 크지 않다. 참고로 처음 9개 항의 합인 $\displaystyle\sum_{k=1}^{9}\frac{(-1)^k}{k!} \approx -0.632120811$과 정확한 값 $S = e^{-1} - 1 \approx -0.632120559$의 차는 대략 2.5×10^{-7}이다. 그러므로 실제 오차는 정리 9.18에 의해 주어진 경계를 만족한다.

관련 연습문제 17번 ◀

QUICK CHECK 3 예제 2에서 두 급수의 수렴 속도를 비교한 후, 결과를 설명하여라. 한 급수가 다른 급수보다 빠르게 수렴하는 이유는 무엇인가? ◀

절대수렴과 조건수렴

이 마지막 부분에서는 10장에 필요한 몇 가지 용어를 소개한다. 이제 표기법 $\sum a_k$로 양수, 교대급수 또는 더 일반적인 무한급수 등 모든 급수를 나타내겠다.

수렴 조화급수 $\sum(-1)^{k+1}/k$을 다시 살펴보자. 항이 양수로 이루어진 대응하는 급수 $\sum 1/k$ 은 발산 조화급수이다. 이와 대조적으로 예제 1a에서 교대급수 $\sum(-1)^{k+1}/k^2$ 이 수렴하고 항이 양수로 이루어진 대응하는 p-급수 $\sum 1/k^2$ 또한 수렴함을 알아봤다. 이 예는 수렴 급수에서 교대 부호를 없애면 수렴 급수가 생성될 수도 생성되지 않을 수도 있음을 보여 준다. 지금부터 소개하는 용어는 이 두 경우를 구별해 준다.

정의 절대수렴과 조건수렴

$\sum|a_k|$가 수렴하면 $\sum a_k$는 **절대수렴**한다.

$\sum|a_k|$가 발산하고 $\sum a_k$가 수렴하면 $\sum a_k$는 **조건수렴**한다.

급수 $\sum(-1)^{k+1}/k^2$ 은 절댓값의 급수

$$\sum_{k=1}^{\infty}\left|\frac{(-1)^{k+1}}{k^2}\right| = \sum_{k=1}^{\infty}\frac{1}{k^2}$$

이 수렴 p-급수이므로 절대수렴 급수의 한 예이다. 이 경우 급수의 교대 부호를 없애는 것은 수렴성에 영향을 주지 않는다.

반면, 수렴 교대조화급수 $\sum(-1)^{k+1}/k$ 은 절댓값의 급수

$$\sum_{k=1}^{\infty}\left|\frac{(-1)^{k+1}}{k}\right| = \sum_{k=1}^{\infty}\frac{1}{k}$$

이 수렴하지 않는 특성을 갖고 있다. 이 경우 급수의 교대 부호를 없애는 것은 수렴성에 영향을 주고, 이 급수는 절대수렴하지 않는다. 대신 이 급수가 조건수렴한다(converge conditionally)라고 말한다. ($\sum(-1)^{k+1}/k$ 과 같은) 수렴 급수는 절대수렴하지(converge absolutely) 않을 것이다. 하지만 급수가 절대수렴한다면 그 급수는 수렴한다.

정리 9.19 절대수렴은 수렴을 의미한다

$\sum|a_k|$가 수렴하면 $\sum a_k$도 수렴한다(절대수렴은 수렴을 뜻한다). 이와 동치로 $\sum a_k$가 발산하면 $\sum|a_k|$는 발산한다.

증명 $|a_k| = a_k$ 또는 $|a_k| = -a_k$이므로 $0 \le a_k + |a_k| \le 2|a_k|$이다. 가정에 의해 $\sum|a_k|$는 수렴하고, 이는 $2\sum|a_k|$가 수렴함을 의미한다. 비교판정법과 부등식 $0 \le a_k + |a_k| \le 2|a_k|$를 사용하면 $\sum(a_k + |a_k|)$가 수렴한다. 이제 다음에 주목하자.

$$\sum a_k = \sum(a_k + |a_k| - |a_k|) = \underbrace{\sum(a_k + |a_k|)}_{\text{수렴}} - \underbrace{\sum|a_k|}_{\text{수렴}}$$

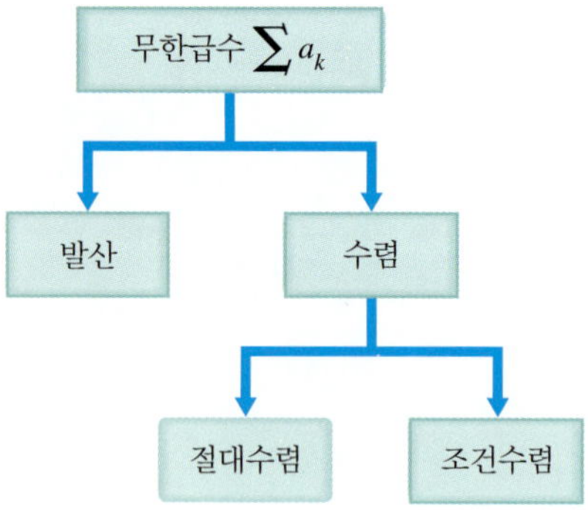

그림 9.37

QUICK CHECK 4 항이 모두 양수인 수렴 급수가 절대수렴하는 이유를 설명하여라. ◀

이제 $\sum a_k$가 두 수렴 급수의 합임을 알 수 있다. 정리의 두 번째 문장은 논리적으로 첫 번째 문장과 동일하다. ◀

그림 9.37은 절대수렴과 조건수렴의 개요를 제공한다. 이는 수렴 또는 발산 여부로 분류되는 모든 무한급수의 세계를 보여 준다. 수렴 급수는 절대수렴 급수와 조건수렴 급수로 나뉜다. 다음은 이에 대한 몇 가지 결과이다.

- 절대수렴과 조건수렴의 구분은 교대급수를 포함하는 교대 부호의 계열에만 관련이 있다. 일련의 양의 항이 수렴하면 절대수렴하며, 조건수렴은 적용되지 않는다.
- 절대수렴을 검정하기 위해 일련의 양의 항인 급수 $\sum |a_k|$를 검정한다. 따라서 9.4절과 9.5절(양의 급수의 경우)의 수렴판정법을 사용하여 절대수렴 여부를 조사한다.

| 예제 3 | 절대수렴과 조건수렴 다음 급수가 발산하는지 절대수렴하는지 조건수렴하는지 조사하여라.

a. $\displaystyle\sum_{k=1}^{\infty} \frac{(-1)^{k+1}}{\sqrt{k}}$ **b.** $\displaystyle\sum_{k=1}^{\infty} \frac{(-1)^{k+1}}{\sqrt{k^3}}$ **c.** $\displaystyle\sum_{k=1}^{\infty} \frac{\sin k}{k^2}$ **d.** $\displaystyle\sum_{k=1}^{\infty} \frac{(-1)^k k}{k+1}$

풀이

a. 절댓값의 급수

$$\sum_{k=1}^{\infty} \left| \frac{(-1)^{k+1}}{\sqrt{k}} \right| = \sum_{k=1}^{\infty} \frac{1}{\sqrt{k}}$$

을 조사하는데, ($p = \frac{1}{2} < 1$이므로) 이는 발산 p-급수이다. 따라서 주어진 교대급수는 절대수렴하지 않는다. 급수의 조건수렴 여부를 결정하기 위해 부호가 번갈아 나오는 원래 급수를 살펴보자. 이 급수의 항의 크기는 $\lim_{k\to\infty} 1/\sqrt{k} = 0$으로 감소하므로 교대급수판정법에 의해 급수는 수렴한다. 이 급수는 수렴하므로 절대수렴하진 않지만 조건수렴한다.

b. 절대수렴성을 알아보기 위해 ($p = \frac{3}{2} > 1$이므로) 수렴 p-급수인 절댓값의 급수

$$\sum_{k=1}^{\infty} \left| \frac{(-1)^{k+1}}{\sqrt{k^3}} \right| = \sum_{k=1}^{\infty} \frac{1}{k^{3/2}}$$

을 살펴본다. 따라서 원래 교대급수는 절대수렴한다(그리고 정리 9.19에 의해 급수는 수렴한다).

c. 이 급수의 항은 부호가 엄격히 번갈아 나타나지 않으므로(처음 몇 개의 부호는 $+++---$이다) 교대급수판정법을 적용할 수 없다. $|\sin k| \le 1$이므로 절댓값의 급수의 항은 다음을 만족한다.

$$\left|\frac{\sin k}{k^2}\right| = \frac{|\sin k|}{k^2} \leq \frac{1}{k^2}$$

급수 $\sum \frac{1}{k^2}$은 수렴 p-급수이다. 따라서 비교판정법에 의해 급수 $\sum \left|\frac{\sin k}{k^2}\right|$는 수렴하고, 이는 급수 $\sum \frac{\sin k}{k^2}$가 절대수렴함을 의미한다(그리고 정리 9.19에 의해 급수는 수렴한다).

d. $\lim_{k\to\infty} k/(k+1) = 1$은 수열 $\left\{\frac{(-1)^k k}{k+1}\right\}$가 진동하고 발산함을 의미한다. 급수의 항이 0이 되는 경향이 없으므로 발산판정법에 의해 급수는 발산한다.

관련 연습문제 23, 26-27번 ◀

9.6절 연습문제

1단계 스타트

1. 교대급수에 대한 부분합의 수열이 증가수열이 아닌 이유를 설명하여라.

2. 항이 비감소인 수렴 교대급수의 값이 부분합의 수열의 연속된 두 항 사이에 존재하는 이유는 무엇인가?

3. (크기가 비감소인 항들로 이루어진) 교대급수의 나머지의 크기가 처음 제외된 항의 크기보다 작거나 같은 이유를 설명하여라.

4. 항이 모두 양수인 급수가 조건수렴할 수 있는가? 설명하여라.

5. 교대급수가 절대수렴하지만 조건수렴하지 않을 수 있는가?

2단계 실전

6–14. 교대급수판정법 다음 급수의 수렴 여부를 조사하여라.

6. $\sum_{k=0}^{\infty} \frac{(-1)^k}{2k+1}$

7. $\sum_{k=1}^{\infty} \frac{(-1)^k k}{3k+2}$

8. $\sum_{k=1}^{\infty} \frac{(-1)^{k+1}}{k^3}$

9. $\sum_{k=1}^{\infty} (-1)^{k+1} \frac{k^2}{k^3+1}$

10. $\sum_{k=2}^{\infty} (-1)^k \frac{k^2-1}{k^2+3}$

11. $\sum_{k=2}^{\infty} (-1)^k \left(1+\frac{1}{k}\right)$

12. $\sum_{k=1}^{\infty} (-1)^k \frac{k^{11}+2k^5+1}{4k(k^{10}+1)}$

13. $\sum_{k=1}^{\infty} (-1)^{k+1} k^{1/k}$

14. $\sum_{k=0}^{\infty} \frac{(-1)^k}{\sqrt{k^2+4}}$

15–16. 부분합의 오차 추정 다음 수렴 교대급수와 주어진 n의 값에 대하여 n항까지의 부분합을 구하여라. 정리 9.18을 사용하여 부분합 S_n으로 급수의 값 S를 추정할 때 생기는 오차 $|S - S_n|$의 상계를 찾아라.

15. $\sum_{k=1}^{\infty} \frac{(-1)^k}{k^4}$, $n = 4$

16. $\sum_{k=0}^{\infty} \frac{(-1)^k}{k^4+k^2+1}$, $n = 5$

17–19. 교대급수의 나머지 나머지가 10^{-4}보다 작도록 하기 위해 다음 수렴 급수의 항을 몇 개 더해야 하는지 확인하여라. 필요하지 않더라도 정확한 급수의 값이 제공된다.

17. $\ln 2 = \sum_{k=1}^{\infty} \frac{(-1)^{k+1}}{k}$

18. $\frac{\pi}{4} = \sum_{k=0}^{\infty} \frac{(-1)^k}{2k+1}$

19. $\frac{7\pi^4}{720} = \sum_{k=1}^{\infty} \frac{(-1)^{k+1}}{k^4}$

20–22. 무한급수 추정 절대 오차가 10^{-3} 미만이 되도록 다음 수렴 급수의 값을 추정하여라.

20. $\sum_{k=1}^{\infty} \frac{(-1)^k}{k^5}$

21. $\sum_{k=1}^{\infty} \frac{(-1)^k k}{k^2+1}$

22. $\sum_{k=1}^{\infty} \frac{(-1)^k}{k^k}$

23–32. 절대수렴과 조건수렴 다음 급수의 절대수렴, 조건수렴, 발산 여부를 조사하여라.

23. $\sum_{k=1}^{\infty} \frac{(-1)^k}{k^{2/3}}$

24. $\sum_{k=1}^{\infty} \frac{(-1)^{k+1}}{(k+1)!}$

25. $\sum_{k=1}^{\infty}\left(\frac{3}{4}\right)^k$

26. $\sum_{k=1}^{\infty}\frac{\cos k}{k^3}$

27. $\sum_{k=1}^{\infty}(-1)^k \tan^{-1} k$

28. $\sum_{k=1}^{\infty}\frac{(-1)^{k+1}}{2\sqrt{k}-1}$

29. $\sum_{k=1}^{\infty}\frac{(-1)^k k}{2k+1}$

30. $\sum_{k=1}^{\infty}\frac{(-1)^k \tan^{-1} k}{k^3}$

31. $\sum_{k=2}^{\infty}(-1)^k \frac{k^2+1}{k^3-1}$

32. $\sum_{k=1}^{\infty}(-1)^{k+1}\frac{k!}{k^k}$ (힌트: $k \le 3$일 때 $\frac{k!}{k^k} \le \frac{2}{k^2}$를 보인다)

33. **참 또는 거짓** 다음 명제가 참이면 증명하고 거짓이면 반례를 들어라.

a. 수렴하는 급수는 반드시 절대수렴한다.

b. 절대수렴하는 급수는 반드시 수렴한다.

c. 조건수렴하는 급수는 반드시 수렴한다.

d. $\sum a_k$가 발산하면 $\sum|a_k|$도 발산한다.

e. $\sum a_k^2$이 수렴하면 $\sum a_k$도 수렴한다.

f. $a_k > 0$이고 $\sum a_k$가 수렴하면 $\sum a_k^2$도 수렴한다.

g. $\sum a_k$가 조건수렴하면 $\sum|a_k|$는 발산한다.

3단계 도전

34. **교대 p-급수** $\sum_{k=1}^{\infty}\frac{1}{k^2} = \frac{\pi^2}{6}$이 주어졌을 때, $\sum_{k=1}^{\infty}\frac{(-1)^{k+1}}{k^2} = \frac{\pi^2}{12}$임을 보여라.

35. **오류** 다음 주장의 오류를 설명하여라.

$$x = 1 + \frac{1}{3} + \frac{1}{5} + \frac{1}{7} + \cdots, \quad y = \frac{1}{2} + \frac{1}{4} + \frac{1}{6} + \frac{1}{8} + \cdots$$

이라 하자. 즉, $2y = x + y$인데, 이는 $x = y$를 의미한다. 반면,

$$x - y = \underbrace{\left(1 - \frac{1}{2}\right)}_{>0} + \underbrace{\left(\frac{1}{3} - \frac{1}{4}\right)}_{>0} + \underbrace{\left(\frac{1}{5} - \frac{1}{6}\right)}_{>0} + \cdots > 0$$

과 같이 양의 항의 합이고, 따라서 $x > y$이다. 그러므로 $x = y$이고 $x > y$가 도출된다.

36. **발산 교대급수** 다음 교대급수를 고려하자.

$$\sum_{k=1}^{\infty}(-1)^{k+1}a_k = \frac{1}{1^2} - \frac{1}{1} + \frac{1}{2^2} - \frac{1}{2} + \frac{1}{3^2} - \frac{1}{3} + \cdots$$

a. 급수의 각 항이 0으로 수렴함을 보여라.

b. 급수의 처음 $2n$개의 항의 합인 S_{2n}에 대한 공식을 찾아라.

c. 급수의 각 항이 0으로 수렴함에도 교대급수가 발산하는 이유를 설명하여라. 이 결과가 교대급수판정법에 모순되지 않는 이유를 설명하여라.

QUICK CHECK 정답

1. 1, −1, 2, −2, 3, −3, ⋯, 급수는 발산한다. **2.** 부분합의 수열의 짝수 번 항은 한쪽에서 급수의 값에 접근하고, 부분합의 수열의 홀수 번 항은 다른 쪽에서 급수의 값에 접근한다. **3.** 분모에 $k!$이 있는 두 번째 급수는 $k \to \infty$일 때 $k!$이 k보다 훨씬 빨리 증가하므로 첫 번째 급수보다 빨리 수렴한다. **4.** 급수의 항이 모두 양수이면 절댓값의 급수는 급수 그 자체와 같다.

9.7 비판정법과 근판정법

이제 일반 급수에 대한 두 가지 수렴판정법인 비판정법과 근판정법을 추가로 알아본다. 두 판정법 모두 다음 절에서 자주 사용할 것이다. 앞 절과 마찬가지로 이 판정법은 무한급수의 수렴 여부를 결정하지만 급수의 값을 정하지는 않는다.

비판정법

지금까지 급수의 수렴 여부를 판별하는 판정법은 강력하지만 모두 한계가 있다.

예를 들어 적분판정법은 적분을 계산해야 하며 $\sum_{k=1}^{\infty} \frac{1}{k!}$의 경우 $1/k!$을 적분해야 하는 문제가 생기므로 판정법을 적용하기 어렵다. 또한 적분판정법과 비교판정법은 항이 모두 양수인 급수에만 사용할 수 있다.

다음 정리에서 설명할 비판정법은 분석할 수 있는 무한급수의 집합을 크게 확대한다. 판정의 성공 여부는 급수에서 연속된 항의 비의 극한을 계산하는 데 달렸지만, 이는 모든 급수에 적용할 수 있다. 비판정법을 통해 도출한 결론은 9.6절의 절대수렴과 정리 9.19에 의존한다. 이때 비 a_{k+1}/a_k이 정의되도록 모든 k에 대하여 $a_k \neq 0$이라 가정한다.

정리 9.20 비판정법

무한급수 Σa_k에 대하여 $r = \lim_{k\to\infty} \left|\frac{a_{k+1}}{a_k}\right|$이라 하자.

1. $r < 1$이면 급수는 절대수렴하고, 따라서 (정리 9.19에 의해) 급수는 수렴한다.

2. $r > 1$ ($r = \infty$ 포함)이면 급수는 발산한다.

3. $r = 1$이면 이 판정법으로 결론 내릴 수 없다.

증명(윤곽) 증명의 이면에 있는 아이디어는 통찰력을 제공한다. 극한 $r \geq 0$이 존재한다고 가정하자. 그러면 k가 커짐에 따라 비 $|a_{k+1}/a_k|$이 r에 접근하면 $|a_{k+1}| \approx r|a_k|$를 얻는다. 따라서 급수의 항이 늘어날수록 다음과 같이 동작한다.

$$\begin{aligned} |a_k| + |a_{k+1}| + |a_{k+2}| + \cdots &\approx |a_k| + r|a_k| + r^2|a_k| + r^3|a_k| + \cdots \\ &= |a_k|(1 + r + r^2 + r^3 + \cdots) \end{aligned}$$

급수의 수렴 여부를 결정하는 급수의 꼬리 부분은 공비가 r인 기하급수처럼 동작한다. $r < 1$이면 기하급수가 수렴하고 $r > 1$이면 급수가 발산함을 알고 있는데, 이는 비판정법의 결론과 같다. ◀

▶ 정리 9.20의 공식적인 증명은 부록을 참조하여라.

| 예제 1 | 비판정법 사용 비판정법을 사용하여 다음 급수의 수렴 여부를 조사하여라.

a. $\sum_{k=1}^{\infty} \frac{10^k}{k!}$ **b.** $\sum_{k=1}^{\infty} \frac{(-1)^k k^k}{k!}$ **c.** $\sum_{k=1}^{\infty} (-1)^{k+1} e^{-k} (k^2 + 4)$

풀이 각각의 경우 연속된 두 항의 비에 대한 극한이 결정된다.

a. 이 경우 급수의 항이 모두 양수이다. 따라서 다음을 얻는다.

$$r = \lim_{k\to\infty} \left|\frac{a_{k+1}}{a_k}\right| = \lim_{k\to\infty} \frac{10^{k+1}/(k+1)!}{10^k/k!} \quad a_{k+1}\text{과 } a_k \text{ 대입하기}$$

➤ 다음을 기억하자.

$$k! = k\cdot(k-1)\cdots 2\cdot 1$$

따라서 다음이 성립한다.

$$(k+1)! = (k+1)\underbrace{k(k-1)\cdots 1}_{k!} = (k+1)k!$$

$$= \lim_{k\to\infty} \frac{10^{k+1}}{10^k}\cdot\frac{k!}{(k+1)k!} \quad \text{분모 뒤집어서 곱하기}$$

$$= \lim_{k\to\infty} \frac{10}{k+1} = 0 \quad \text{간단히 한 후 극한 계산하기}$$

$r = 0 < 1$이므로 급수는 비판정법에 의해 수렴한다.

b. $$r = \lim_{k\to\infty}\left|\frac{a_{k+1}}{a_k}\right| = \lim_{k\to\infty}\left|\frac{(-1)^{k+1}(k+1)^{k+1}/(k+1)!}{(-1)^k k^k/k!}\right| \quad a_{k+1}\text{과 } a_k \text{ 대입하기}$$

$$= \lim_{k\to\infty}\left(\frac{k+1}{k}\right)^k \quad \text{간단히 하기}$$

$$= \lim_{k\to\infty}\left(1+\frac{1}{k}\right)^k = e \quad \text{간단히 한 후 극한 계산하기}$$

➤ 4.7절에서 $\lim_{k\to\infty}\left(1+\frac{1}{k}\right)^k = e \approx 2.718$을 기억하여라.

$r = e > 1$이므로 비판정법에 의해 급수는 발산한다. $\lim_{k\to\infty} k^k/k! = \infty$(정리 9.6)에 주목하고 발산판정법을 사용해도 동일한 결론에 도달할 수 있었다.

c. $$r = \lim_{k\to\infty}\left|\frac{a_{k+1}}{a_k}\right| = \lim_{k\to\infty}\frac{e^{-(k+1)}((k+1)^2+4)}{e^{-k}(k^2+4)} \quad a_{k+1}\text{과 } a_k \text{ 대입하기}$$

$$= \lim_{k\to\infty}\frac{e^{-k}e^{-1}(k^2+2k+5)}{e^{-k}(k^2+4)} \quad \text{간단히 하기}$$

$$= e^{-1}\underbrace{\lim_{k\to\infty}\frac{k^2+2k+5}{k^2+4}}_{1} \quad \text{간단히 하기}$$

$$= e^{-1}$$

$e^{-1} = \frac{1}{e} < 1$이므로 비판정법에 의해 급수는 절대수렴하며, 이는 급수가 수렴함을 의미한다. ➤

QUICK CHECK 1 $10!/9!$, $(k+2)!/k!$, $k!/(k+1)!$을 계산하여라. ➤

비판정법은 많은 급수의 수렴 여부를 판정해 준다. 그럼에도 비판정법을 조화급수 $\sum_{k=1}^{\infty}\frac{1}{k}$에 적용하면 어떤 결과가 나오는지 관찰해 보자.

➤ 9.8절에서 주어진 급수에 가장 적합한 수렴 판정법을 결정하는 데 도움이 되는 지침을 제공한다.

$$r = \lim_{k\to\infty}\left|\frac{a_{k+1}}{a_k}\right| = \lim_{k\to\infty}\frac{1/(k+1)}{1/k} = \lim_{k\to\infty}\frac{k}{k+1} = 1$$

이는 비판정법으로 결론이 나지 않음을 의미한다. 조화급수가 발산한다는 것은 알지만 비판정법은 이 사실을 확인하는 데 사용할 수 없다. 이 장에서 볼 수 있는 모든 수렴판정법과 마찬가지로 비판정법도 특정한 종류의 급수에만 작동한다.

QUICK CHECK 2 비판정법으로 $\sum_{k=1}^{\infty}\frac{1}{k^2}$에 대하여 결론을 내리지 못함을 확인하여라. 어느 판정법을 적용하여 $\sum_{k=1}^{\infty}\frac{1}{k^2}$이 수렴함을 보일 수 있는가? ➤

근판정법

근판정법은 비판정법과 유사하며, 일반항에 거듭제곱이 포함된 급수에 적합하다.

정리 9.21 근판정법

무한급수 $\sum a_k$에 대하여 $\rho = \lim_{k\to\infty} \sqrt[k]{|a_k|}$라고 하자.

1. $\rho < 1$이면 급수는 절대수렴하고, 따라서 (정리 9.19에 의해) 급수는 수렴한다.
2. $\rho > 1$ ($\rho = \infty$ 포함)이면 급수는 발산한다.
3. $\rho = 1$이면 이 판정법으로 결론 내릴 수 없다.

증명(윤곽) 극한 ρ가 존재한다고 가정하자. k가 크면 $\rho \approx \sqrt[k]{|a_k|}$, 즉 $|a_k| \approx \rho^k$이다. k의 큰 값에 대하여 급수의 수렴 여부를 결정하는 급수의 꼬리 부분은 다음과 같이 동작한다.

$$|a_k| + |a_{k+1}| + |a_{k+2}| + \cdots \approx \rho^k + \rho^{k+1} + \rho^{k+2} + \cdots$$

따라서 급수의 꼬리 부분은 공비가 r인 기하급수이다. $\rho < 1$이면 기하급수는 수렴하고, $\rho > 1$이면 급수는 발산하며, 이는 근판정법의 결론과 같다. ◀

➤ 정리 9.21의 공식적인 증명은 부록을 참조하여라.

| 예제 2 | 근판정법 사용 근판정법을 사용하여 다음 급수의 수렴 여부를 조사하여라.

a. $\displaystyle\sum_{k=1}^{\infty} \left(\frac{3 - 4k^2}{7k^2 + 6}\right)^k$ **b.** $\displaystyle\sum_{k=1}^{\infty} \frac{(-2)^k}{k^{10}}$

풀이

a. 필요한 극한은 다음과 같다.

$$\rho = \lim_{k\to\infty} \sqrt[k]{\left|\left(\frac{3 - 4k^2}{7k^2 + 6}\right)^k\right|} = \lim_{k\to\infty} \frac{4k^2 - 3}{7k^2 + 6} = \frac{4}{7}$$

$|3 - 4k^2| = 4k^2 - 3,\ k > 1$

$\rho < 1$이므로 근판정법에 의해 급수는 절대수렴한다(따라서 수렴한다).

b. 이 경우

$$\rho = \lim_{k\to\infty} \sqrt[k]{\left|\frac{(-2)^k}{k^{10}}\right|} = \lim_{k\to\infty} \frac{2}{k^{10/k}} = \lim_{k\to\infty} \frac{2}{(k^{1/k})^{10}} = 2$$

$\lim_{k\to\infty} k^{1/k} = 1$

에서 $\rho > 1$이므로 근판정법에 의해 급수는 발산한다.

이 예제에서는 두 급수에 모두 비판정법을 사용할 수 있긴 하지만 근판정법을 적용하는 것이 더 쉽다. **b**에서 발산판정법을 적용해도 동일한 결론이 나온다.

관련 연습문제 9번 ◀

9.7절 연습문제

1단계 스타트

1. 비판정법을 어떻게 적용하는지 설명하여라.

2. 계산기 없이 1000!/998!을 계산하여라.

3. 음이 아닌 임의의 정수 k에 대하여 $\frac{k!}{(k+2)!}$을 간단히 하여라.

4. 급수가 계승 항을 포함하는 경우 어떤 검정을 사용하는 것이 좋은가?

2단계 실전

5–15. 비판정법과 근판정법 비판정법 또는 근판정법을 사용하여 다음 급수의 절대수렴 또는 발산 여부를 조사하여라.

5. $\sum_{k=1}^{\infty} \frac{(-1)^k}{k!}$

6. $\sum_{k=1}^{\infty} (-1)^{k+1}\left(\frac{10k^3+k}{9k^3+k+1}\right)^k$

7. $\sum_{k=1}^{\infty} \frac{k^2}{4^k}$

8. $\sum_{k=1}^{\infty} (-1)^{k+1} ke^{-k}$

9. $\sum_{k=1}^{\infty} \frac{(-7)^k}{k^2}$

10. $\sum_{k=1}^{\infty} \frac{2^k}{k^{99}}$

11. $\sum_{k=1}^{\infty} \frac{(k!)^2}{(2k)!}$

12. $\sum_{k=1}^{\infty} \left(\frac{k}{k+1}\right)^{2k^2}$

13. $\sum_{k=1}^{\infty} (-1)^{k+1}\left(\frac{3k^2+4k}{2k^2+1}\right)^k$

14. $1 + \left(\frac{1}{2}\right)^2 + \left(\frac{1}{3}\right)^3 + \left(\frac{1}{4}\right)^4 + \cdots$

15. $\sum_{k=1}^{\infty} \frac{(-1)^{k+1}k^{2k}}{k!k!}$

16. **참 또는 거짓** 다음 명제가 참이면 증명하고 거짓이면 반례를 들어라.

   a. 모든 양의 정수 n에 대하여 $n!n! = (2n)!$이다.

   b. $\frac{(2n)!}{(2n-1)!} = 2n$

   c. $\lim_{k\to\infty} \sqrt[k]{|a_k|} = \frac{1}{4}$이면 $\Sigma 10a_k$는 절대수렴한다.

   d. 비판정법은 0이 아닌 유리함수 a_k에 대하여 Σa_k에 적용하면 언제나 결론에 도달하지 못한다.

17–25. 판정법 선택 선택한 판정법을 사용하여 다음 급수가 절대수렴하는지 조건수렴하는지 또는 발산하는지 조사하여라.

17. $\sum_{k=1}^{\infty} (-1)^k \frac{2^{k+1}}{9^{k-1}}$

18. $\sum_{k=1}^{\infty} \frac{(2k+1)!}{(k!)^2}$

19. $\sum_{k=1}^{\infty} \frac{k^{100}}{(k+1)!}$

20. $\sum_{k=1}^{\infty} \frac{(-1)^k k^3}{\sqrt{k^8+1}}$

21. $\sum_{k=1}^{\infty} (\sqrt[k]{k} - 1)^{2k}$

22. $\sum_{k=1}^{\infty} \frac{2^k k!}{k^k}$

23. $\sum_{k=1}^{\infty} \frac{(-1)^k}{k^{0.99}}$

24. $\frac{1}{1!} + \frac{4}{2!} + \frac{9}{3!} + \frac{16}{4!} + \cdots$

25. $\sum_{k=1}^{\infty} \frac{(-1)^k}{\sqrt{k^{3/2}+k}}$

3단계 도전

26–29. 모수와 수렴 다음 급수가 수렴하도록 하는 양의 모수 p의 값을 구하여라.

26. $\sum_{k=2}^{\infty} \frac{\ln k}{k^p}$

27. $\sum_{k=2}^{\infty} \left(\frac{\ln k}{k}\right)^p$

28. $\sum_{k=1}^{\infty} \frac{kp^k}{k+1}$

29. $\sum_{k=1}^{\infty} \left(1 - \frac{p}{k}\right)^k$

30–32. 거듭제곱급수 미리보기 비판정법 또는 근판정법을 사용하여 급수가 수렴하도록 하는 x 값을 결정하여라.

30. $\sum_{k=1}^{\infty} x^k$

31. $\sum_{k=1}^{\infty} \frac{x^k}{k^2}$

32. $\sum_{k=1}^{\infty} \frac{x^k}{2^k}$

QUICK CHECK 정답

1. 10, $(k+2)(k+1)$, $1/(k+1)$ **2.** 적분판정법 또는 $p = 2$인 p-급수 ◀

9.8 수렴판정법 선택

앞 절에서 무한급수의 수렴 여부를 결정하는 방법을 제시했으며, 특정한 경우 수렴 급수의 정확한 값을 결정할 수 있음을 발견했다. 이 절에서는 한 걸음 물러서서 무한급수를 분류하고 특정 급수에 적합한 판정법을 결정하기 위한 일반적인 전략에 초점을 맞춘다.

급수에 대한 전략

표 9.4에 요약된 수렴판정법을 이미 알고 있는 경우 매우 유용하다. 이러한 판정법을 염두에 두고 다양한 전략을 탐색하고 예를 들며 설명한다. 이 전략은 주어진 순서에 따라 순차적으로 적용할 수 있다.

급수의 분류 무한급수에 접근하는 첫 번째 단계는 급수를 분류하는 데 도움이 되는 몇 가지 고유한 특성을 확인하는 것이다. 양의 항을 가진 급수인가? 교대급수인가? 아니면 좀 더 일반적인 급수인가? 일반항은 유리함수, 지수함수 또는 계승으로 구성되어 있는가? 수렴판정법을 적용하기 전에 분명한 방법으로 급수를 간단히 할 수 있는가? 이를 즉각적으로 시사하는 예제를 살펴보자.

| 예제 1 | 급수의 분류 급수 $\sum_{k=1}^{\infty} \frac{2^k + \cos(\pi k)\sqrt{k}}{3^{k+1}}$에 대하여 논하여라.

풀이 이 급수를 분석하는 좋은 첫 번째 단계는 급수를 계산 가능한 두 급수로 분할하는 것이다. 다음과 같이 쓰며 시작한다.

$$\sum_{k=1}^{\infty} \frac{2^k + \cos(\pi k)\sqrt{k}}{3^{k+1}} = \underbrace{\sum_{k=1}^{\infty} \frac{2^k}{3^{k+1}}}_{\text{기하급수}} + \underbrace{\sum_{k=1}^{\infty} \frac{\cos(\pi k)\sqrt{k}}{3^{k+1}}}_{\text{교대급수}}$$

첫 번째 급수의 일반항은 두 지수함수의 비이므로 이 급수는 명시적으로 평가할 수 있는 기하급수이다. $\cos(\pi k) = (-1)^k$이므로 두 번째 급수는 교대급수이며, 수렴성도 판정할 수 있다. 원래 급수가 수렴하려면 기하급수와 교대급수가 모두 수렴해야 한다. ◀

QUICK CHECK 1 예제 1의 기하급수를 계산하여라. 예제 1의 교대급수가 수렴하는가? ◀

발산판정법 적용 거의 예외 없이 발산판정법은 극한 외에는 아무것도 필요로 하지 않으므로 적용하기 가장 쉬운 판정법이다. 게다가 이는 빠른 결론, 즉 주어진 급수가 발산한다는 결론으로 이어질 수 있다.

| 예제 2 | 발산판정법 급수 $\sum_{k=1}^{\infty}\left(1 - \frac{10}{k}\right)^k$은 수렴하는가 발산하는가?

풀이 이 급수의 항은 $k < 10$에서 부호가 번갈아 나타난 후, $k > 10$에서 양수이

표 9.4 특정한 급수와 수렴판정법

급수 또는 판정법	급수 형태	수렴 조건	발산 조건	참고
기하급수	$\sum_{k=0}^{\infty} ar^k,\ a \neq 0$	$\lvert r \rvert < 1$	$\lvert r \rvert \geq 1$	$\lvert r \rvert < 1$일 때 $\sum_{k=0}^{\infty} ar^k = \frac{a}{1-r}$
발산판정법	$\sum_{k=1}^{\infty} a_k$	해당 없음	$\lim_{k\to\infty} a_k \neq 0$	수렴성 판정에 이용할 수 없다.
적분판정법	$\sum_{k=1}^{\infty} a_k,\ a_k = f(k)$이고 f가 연속이며 감소하는 양의 함수	$\int_1^{\infty} f(x)\,dx$가 수렴	$\int_1^{\infty} f(x)\,dx$가 발산	적분의 값은 급수의 값이 아니다.
p-급수	$\sum_{k=1}^{\infty} \frac{1}{k^p}$	$p > 1$	$p \leq 1$	비교판정법에 유용하다.
비판정법	$\sum_{k=1}^{\infty} a_k$	$\lim_{k\to\infty} \left\lvert \frac{a_{k+1}}{a_k} \right\rvert < 1$	$\lim_{k\to\infty} \left\lvert \frac{a_{k+1}}{a_k} \right\rvert > 1$	$\lim_{k\to\infty} \left\lvert \frac{a_{k+1}}{a_k} \right\rvert = 1$이면 판정 불능
근판정법	$\sum_{k=1}^{\infty} a_k$	$\lim_{k\to\infty} \sqrt[k]{\lvert a_k \rvert} < 1$	$\lim_{k\to\infty} \sqrt[k]{\lvert a_k \rvert} > 1$	$\lim_{k\to\infty} \sqrt[k]{\lvert a_k \rvert} = 1$이면 판정 불능
비교판정법	$\sum_{k=1}^{\infty} a_k,\ a_k > 0$	$a_k \leq b_k,\ \sum_{k=1}^{\infty} b_k$가 수렴	$b_k \leq a_k,\ \sum_{k=1}^{\infty} b_k$가 발산	$\sum_{k=1}^{\infty} a_k$는 주어진 급수, $\sum_{k=1}^{\infty} b_k$는 추가해야 하는 급수
극한 비교판정법	$\sum_{k=1}^{\infty} a_k,\ a_k > 0,\ b_k > 0$	$0 \leq \lim_{k\to\infty} \frac{a_k}{b_k} < \infty,$ $\sum_{k=1}^{\infty} b_k$가 수렴	$\lim_{k\to\infty} \frac{a_k}{b_k} > 0,\ \sum_{k=1}^{\infty} b_k$가 발산	$\sum_{k=1}^{\infty} a_k$는 주어진 급수, $\sum_{k=1}^{\infty} b_k$는 추가해야 하는 급수
교대급수판정법	$\sum_{k=1}^{\infty} (-1)^k a_k,\ a_k > 0$	$\lim_{k\to\infty} a_k = 0,$ $0 < a_k + 1 \leq a_k$	$\lim_{k\to\infty} a_k \neq 0$	나머지 R_n에 대하여 $\lvert R_n \rvert \leq a_{n+1}$
절대수렴	$\sum_{k=1}^{\infty} a_k,\ a_k$는 임의의 수열	$\sum_{k=1}^{\infty} \lvert a_k \rvert$가 수렴		임의의 급수에 적용된다.

고 0에 가까운 상태를 유지한다. 발산판정법을 적용하기 위해 로피탈 법칙으로 일반항의 극한을 계산하면 다음을 얻는다.

$$\lim_{k\to\infty}\left(1 - \frac{10}{k}\right)^k = e^{-10} \neq 0$$

일반항의 극한이 0이 아니므로 급수는 (매우 느리게) 발산한다. ◀

QUICK CHECK 2 예제 2의 극한 계산 단계를 살펴보아라. ◀

특정한 급수 식별 지금까지 수렴 판정을 위해 쉽게 식별되고 분석할 수 있는 특정한 몇 가지 급수를 연구했다. 특히 기하급수, p-급수, (흔하지 않고 덜 일반적인) 망원급수를 찾아야 한다.

| 예제 3 | **특정한 급수** 급수 $\sum_{k=4}^{\infty} \frac{1}{\sqrt[4]{k^2 - 6k + 9}}$은 수렴하는가 발산하는가?

풀이 양의 항으로 이루어진 급수는 발산판정법으로 발산 여부를 판정할 수 없다. 한 접근 방향은 다음 과정에 따라 급수를 다시 작성하는 것이다.

$$\begin{aligned} \sum_{k=4}^{\infty} \frac{1}{\sqrt[4]{k^2 - 6k + 9}} &= \sum_{k=4}^{\infty} \frac{1}{\sqrt[4]{(k-3)^2}} && \text{분모 인수분해하기} \\ &= \sum_{j=1}^{\infty} \frac{1}{\sqrt[4]{j^2}} && j = k - 3\text{으로 놓기} \\ &= \sum_{k=1}^{\infty} \frac{1}{\sqrt{k}} && \text{간단히 하기} \end{aligned}$$

이 급수는 $p = \frac{1}{2} < 1$인 p-급수임을 확인할 수 있다. 따라서 급수는 발산한다. ◀

적분판정법, 비판정법, 근판정법 여러분은 아마도 지금까지 급수의 일반항이 적분하기 쉬워 보이면 적분을 충분히 수월하게 해냈을 것이다. 이외에도 즉각적으로 알 수 있는 정보가 몇 가지 더 있는데, ($k!$과 같은) 계승을 포함하거나 항이 $f(k)^k$ 형태인 급수의 경우 적분판정법은 별 도움이 되지 않는다. 다시 말해 $k!$, k^k, a^k (a는 상수) 형태의 항에 대한 급수에는 비판정법이나 근판정법이 유용하다.

| 예제 4 | **하나 이상의 판정법** 급수 $\sum_{k=1}^{\infty} k^2 e^{-2k}$은 수렴하는가 발산하는가?

풀이 양의 항으로 이루어진 급수의 일반항은 부분적분법으로 적분할 수 있으며, 결과는 $\int_1^{\infty} x^2 e^{-2x} dx = \frac{5e^{-2}}{4} < \infty$이다. 적분이 수렴하므로 무한급수 또한 수렴한다. 하지만 비판정법을 적용하는 것이 더 쉬울 수 있다. 즉, 다음을 얻는다.

$$\lim_{k \to \infty} \frac{(k+1)^2 e^{-2(k+1)}}{k^2 e^{-2k}} = e^{-2} \underbrace{\lim_{k \to \infty} \left(\frac{k+1}{k}\right)^2}_{1} = e^{-2} \cdot 1 \approx 0.135 < 1$$

연속된 항의 비가 1보다 작으므로 급수는 수렴한다.

관련 연습문제 13번 ◀

➤ 적분판정법을 사용할 때 적분이 정리 9.11의 조건을 만족하는지 확인해야 한다. 즉, 적분이 유한한 수 k에 대하여 $[k, \infty)$에서 연속이고 양의 값을 가지며 감소함수이어야 한다. 예제 4에서 $f(x) = x^2 e^{-2x}$은 $[1, \infty)$에서 이 조건을 만족한다.

QUICK CHECK 3 예제 4의 비판정법에서 극한을 확인하여라. ◀

항의 비 급수가 유리함수 또는 거듭제곱근이나 대수함수의 비를 포함하면 이 급수는 비교판정법의 가능성이 있는 후보이다. 일반적인 비교판정법이 쉽게 작동하지 않을 때는 더 강력한 극한 비교판정법을 통해 결론을 내릴 수 있다. 다음 예제를 통해 알 수 있듯이 일반항의 끝부분 동작($k \to \infty$일 때)을 분석하는 것은 종종 좋은 비교 급수를 찾는 데 필요한 작업이다.

| 예제 5 | **비교판정법** 급수 $\sum_{k=2}^{\infty} \sqrt[3]{\frac{k^2-1}{k^4+4}}$은 수렴하는가 발산하는가?

풀이 발산판정법으로는 결론이 나지 않는다. 적분판정법, 비판정법, 근판정법을 실용적이지 않은 것으로 간주하고 비교판정법을 적용한다. 일반항의 끝부분 동작은 분자와 분모의 앞선 항에 의해 결정된다. k의 큰 값에 대하여 다음을 얻는다.

$$\sqrt[3]{\frac{k^2-1}{k^4+4}} \approx \sqrt[3]{\frac{k^2}{k^4}} = \frac{1}{k^{2/3}}$$

따라서 좋은 비교 급수는 $\sum k^{-2/3}$이고, 이는 발산 p-급수이다. 이 경우 일반적인 비교판정법을 적용하기 쉽지 않으므로 극한 비교판정법으로 눈을 돌린다. 주어진 급수와 비교 급수의 항 비에 극한을 취하면 다음이 성립한다.

$$L = \lim_{k\to\infty} \frac{\sqrt[3]{\frac{k^2-1}{k^4+4}}}{k^{-2/3}} = \lim_{k\to\infty} \sqrt[3]{\frac{k^2-1}{k^4+4}} \cdot k^{2/3} = \lim_{k\to\infty} \sqrt[3]{\frac{k^4-k^2}{k^4+4}}$$

$$= \sqrt[3]{\lim_{k\to\infty} \frac{1-k^{-2}}{1+4k^{-4}}} = 1$$

$0 < L < \infty$이고 비교 급수가 발산하므로 주어진 급수 또한 발산한다.

관련 연습문제 25번 ◀

이 절에서 다룬 방법들로 극한 판정을 시작하는 것은 좋지만, 수렴판정법에 익숙해지려면 많은 연습이 필수이다.

9.8절 연습문제

1단계 스타트

1–5. 수렴판정법 선택 다음 급수에 알맞은 수렴판정법을 선택하여라. 필요한 경우 수렴판정법을 적용하기 전에 급수를 간단히 하거나 다시 작성하는 방법을 설명하여라. 수렴판정법을 수행할 필요는 없다.

1. $\sum_{k=1}^{\infty} (-1)^k \left(2 + \frac{1}{k^2}\right)^k$

2. $\sum_{k=3}^{\infty} \frac{2k^2}{k^2-k-2}$

3. $\sum_{k=10}^{\infty} \frac{1}{(k-9)^5}$

4. $\sum_{k=1}^{\infty} \frac{k^2}{k^4+k^3+1}$

5. $\sum_{k=1}^{\infty} \frac{(-1)^{k+1}}{\sqrt{2^k + \ln k}}$

2단계 실전

6–43. 수렴판정법 적용 다음 급수의 수렴 여부를 조사하여라. 구한 답을 설명하여라.

6. $\sum_{k=1}^{\infty} \frac{2k^4+k}{4k^4-8k}$

7. $\sum_{k=3}^{\infty} \frac{5}{2+\ln k}$

8. $\sum_{k=1}^{\infty} \frac{(-7)^k}{k!}$

9. $\sum_{k=1}^{\infty} \frac{(-k)^3}{3k^3+2}$

10. $\sum_{k=0}^{\infty} \frac{3^{k+4}}{5^{k-2}}$

11. $\sum_{k=1}^{\infty} \frac{(-1)^k k}{k^3+1}$

12. $\sum_{k=1}^{\infty} \frac{k^5}{5^k}$

13. $\sum_{k=1}^{\infty} \frac{1}{\sqrt{k}e^{\sqrt{k}}}$

14. $\displaystyle\sum_{k=1}^{\infty} \frac{3 + \cos 5k}{k^3}$

15. $\displaystyle\sum_{k=1}^{\infty} \frac{10^k + 1}{k^{10}}$

16. $\displaystyle\sum_{j=1}^{\infty} \frac{5}{j^2 + 4}$

17. $\displaystyle\sum_{k=3}^{\infty} \frac{1}{k^{1/3} \ln k}$

18. $\displaystyle\sum_{k=1}^{\infty} \frac{2^k 3^k}{k^k}$

19. $\displaystyle\sum_{k=1}^{\infty} (-1)^k \left(\frac{5k}{3k + 7}\right)^k$

20. $\displaystyle\sum_{k=1}^{\infty} \frac{5^k (k!)^2}{(2k)!}$

21. $\displaystyle\sum_{k=1}^{\infty} \frac{2^k}{3^k - 2^k}$

22. $\displaystyle\sum_{k=1}^{\infty} \cos \frac{(3k - 1)\pi}{3}$

23. $\displaystyle\sum_{k=1}^{\infty} \frac{k^4}{e^{k^5}}$

24. $\displaystyle\sum_{k=1}^{\infty} \frac{(4k)!}{(k!)^4}$

25. $\displaystyle\sum_{k=1}^{\infty} \frac{\sqrt[5]{k}}{\sqrt[5]{k^7 + 1}}$

26. $\displaystyle\sum_{k=1}^{\infty} \frac{7^k + 11^k}{11^k}$

27. $\displaystyle\sum_{k=1}^{\infty} \sin \frac{1}{k^9}$

28. $\displaystyle\sum_{k=1}^{\infty} \cos \frac{1}{k^9}$

29. $\displaystyle\sum_{k=1}^{\infty} 5^{1-2k}$

30. $\displaystyle\sum_{k=1}^{\infty} \frac{k!}{k^k + 3}$

31. $\displaystyle\sum_{k=1}^{\infty} \frac{1}{\ln(e^k + 1)}$

32. $\displaystyle\sum_{k=1}^{\infty} \left(\frac{k + a}{k}\right)^{k^2}, a > 0$

33. $\displaystyle\sum_{k=1}^{\infty} \left(\cos \frac{1}{k} - \cos \frac{1}{k + 1}\right)$

34. $\displaystyle\sum_{j=1}^{\infty} \frac{\cot^{-1} \frac{1}{j}}{2^j}$

35. $\displaystyle\sum_{k=1}^{\infty} \left(1 + \frac{1}{2k}\right)^k$

36. $\displaystyle\sum_{k=1}^{\infty} \frac{\ln^2 k}{k^{3/2}}$

37. $\displaystyle\sum_{k=0}^{\infty} k^2 \cdot 1.001^{-k}$

38. $\displaystyle\sum_{k=1}^{\infty} \left(-\frac{1}{k}\right)^k$

39. $\displaystyle\sum_{k=0}^{\infty} \frac{3k}{\sqrt[4]{k^4 + 3}}$

40. $\displaystyle\sum_{k=1}^{\infty} \tan^{-1} \frac{1}{\sqrt{k}}$

41. $\displaystyle\sum_{k=1}^{\infty} \left(\frac{1}{\sqrt{k + 2}} - \frac{1}{\sqrt{k}}\right)$

42. $\displaystyle\sum_{j=2}^{\infty} \frac{1}{j \ln^{10} j}$

43. $\displaystyle\frac{1}{2 \cdot 3} + \frac{1}{4 \cdot 5} + \frac{1}{6 \cdot 7} + \frac{1}{8 \cdot 9} + \cdots$

3단계 도전

44. 참 또는 거짓 다음 명제가 참이면 증명하고 거짓이면 반례를 들어라.

a. 특정한 비교 급수가 있는 한 급수에 극한 비교판정법을 성공적으로 적용할 수 있는 경우, 비교판정법도 동일한 비교 급수와 함께 작동한다.

b. 급수 $\displaystyle\sum_{k=3}^{\infty} \frac{1}{k \ln^p k}$은 동일한 p의 값에 대하여 급수 $\displaystyle\sum_{k=3}^{\infty} \frac{1}{k^p}$로서 수렴한다.

c. 비판정법과 근 판정법 모두 기하급수에 결정적으로 작용할 수 있다.

d. 교대급수판정법을 몇몇 급수가 발산함을 보이는 데 사용할 수 있다.

45–47. 몇 가지 추가 급수 다음 급수의 수렴 여부를 조사하여라. 구한 답을 설명하여라.

45. $\displaystyle\sum_{k=1}^{\infty} \frac{k}{1 + 2 + \cdots + k}$

46. $\displaystyle\sum_{k=0}^{\infty} \ln\left(\frac{2k + 1}{2k + 4}\right)$

47. $\displaystyle\sum_{k=1}^{\infty} \frac{1}{2^{\ln k} + 2}$

QUICK CHECK 정답

1. 2/3, 수렴한다 ◄

9장 연습문제

1. 참 또는 거짓 다음 명제가 참이면 증명하고 거짓이면 반례를 들어라.

a. 수열 $\{a_n\}$의 항은 크기가 증가하므로 수열의 극한이 존재하지 않는다.

b. 급수 $\sum \frac{1}{\sqrt{k}}$의 항은 0에 접근하므로 급수는 수렴한다.

c. 급수 $\sum a_k$ 의 부분합의 수열이 $\frac{5}{2}$에 접근하므로 무한급수는 $\frac{5}{2}$로 수렴한다.

d. 절대수렴하는 교대급수는 반드시 조건수렴한다.

e. 수열 $a_n = \dfrac{n^2}{n^2+1}$은 수렴한다.

f. 수열 $a_n = \dfrac{(-1)^n n^2}{n^2+1}$은 수렴한다.

g. 급수 $\sum_{k=1}^{\infty} \frac{k^2}{k^2+1}$은 수렴한다.

h. 급수 $\sum_{k=1}^{\infty} \frac{1}{k^2+1}$과 관련된 부분합의 수열은 수렴한다.

2. 기하 합 두 기하 합 $\sum_{k=0}^{9} (0.2)^k$과 $\sum_{k=2}^{9} (0.2)^k$을 계산하여라.

3. 부분합 S_n을 $\sum_{k=1}^{\infty} a_k = 8$의 n항까지의 부분합이라 하자. $\lim_{k\to\infty} a_k$와 $\lim_{n\to\infty} S_n$을 구하여라.

4. 급수 $\sum_{k=1}^{\infty} a_k$가 발산하는 반면, 수열 $\{a_k\}$는 수렴하는 예를 (가능하다면) 제시하여라.

5. 수열 vs. 급수

a. 수열 $\left\{\left(-\frac{4}{5}\right)^k\right\}$의 극한을 구하여라.

b. $\sum_{k=0}^{\infty} \left(-\frac{4}{5}\right)^k$을 계산하여라.

6. a. 수열 $\left\{\frac{k}{k+1}\right\}$는 수렴하는가? 이유가 무엇인가?

b. 급수 $\sum_{k=1}^{\infty} \frac{k}{k+1}$는 수렴하는가? 이유가 무엇인가?

7–12. 수열의 극한 수열의 극한을 구하거나 존재하지 않음을 결정하여라.

7. $a_n = (-1)^n \frac{3n^3 + 4n}{6n^3 + 5}$ **8.** $a_n = \frac{2^n + 5^{n+1}}{5^n}$

9. $a_n = \frac{8^n}{n!}$

10. $a_n = \frac{(3n^2 + 2n + 1)\sin n}{4n^3 + n}$ (힌트: 조임 정리)

11. $a_n = \left(\frac{1}{n}\right)^{1/\ln n}$ **12.** $a_n = \frac{(-1)^n}{0.9^n}$

13. 점화 관계로 정의된 수열 수열 $\{a_n\}_{n=0}^{\infty}$는 다음과 같은 점화 관계에 의해 정의된다. 각 수열은 단조롭고 유계가 있다고 가정하자.

$$a_{n+1} = \frac{1}{2}a_n + 8,\ a_0 = 80$$

a. 수열의 처음 다섯 항 $a_0, a_1, \cdots, a_4$를 찾아라.

b. 수열의 극한을 구하여라.

14–19. 급수 계산 다음 무한급수를 계산하거나 발산함을 결정하여라.

14. $\sum_{k=1}^{\infty} 3(1.001)^k$ **15.** $\sum_{k=0}^{\infty} \left(\left(\frac{1}{3}\right)^k + \left(\frac{4}{3}\right)^k\right)$

16. $\sum_{k=1}^{\infty} \ln\left(\frac{2k+1}{2k-1}\right)$ **17.** $\sum_{k=0}^{\infty} (\tan^{-1}(k+2) - \tan^{-1}k)$

18. $\sum_{k=1}^{\infty} \frac{9}{(3k-2)(3k+1)}$ **19.** $\sum_{k=1}^{\infty} \frac{2^k}{3^{k+2}}$

20. $0.314141414\cdots$을 두 정수의 비로 나타내어라.

21–37. 수렴 또는 발산 선택한 수렴판정법을 사용하여 다음 급수의 수렴 여부를 조사하여라.

21. $\sum_{k=1}^{\infty} k^{-2/3}$ **22.** $\sum_{k=1}^{\infty} \frac{2k^4 + k^3 + 1}{3k^4 + 4}$

23. $\sum_{k=1}^{\infty} \frac{7 + \sin k}{k^2}$ **24.** $\sum_{k=1}^{\infty} \frac{k^4}{\sqrt{9k^{12} + 2}}$

25. $\sum_{k=1}^{\infty} \frac{2^k}{e^k}$ **26.** $\sum_{k=1}^{\infty} \left(\frac{k}{2k+3}\right)^k$

27. $\sum_{k=1}^{\infty} \frac{k!}{e^k k^k}$ **28.** $\sum_{k=1}^{\infty} \frac{5^k}{2^{2k+1}}$

29. $\sum_{j=0}^{\infty} \frac{2 \cdot 4^j}{(2j+1)!}$ **30.** $\sum_{k=3}^{\infty} \frac{\ln k}{k^{3/2}}$

31. $\sum_{k=1}^{\infty} \frac{3}{2 + e^k}$ **32.** $\sum_{k=1}^{\infty} \frac{\sqrt[k]{k}}{k^3}$

33. $\sum_{k=1}^{\infty} k^5 e^{-k}$ **34.** $\sum_{k=1}^{\infty} \left(1 - \cos\frac{1}{k}\right)$

35. $\sum_{k=1}^{\infty} \left(1 - \cos\frac{1}{k}\right)^2$ **36.** $\sum_{k=1}^{\infty} \frac{\coth k}{k}$

37. $\sum_{k=1}^{\infty} \tanh k$

38–43. 절대수렴 또는 조건수렴 다음 급수의 절대수렴, 조건수렴, 발산 여부를 조사하여라.

38. $\sum_{k=1}^{\infty} \frac{(-1)^{k+1}}{k^{3/7}}$ **39.** $\sum_{k=2}^{\infty} \frac{(-1)^k}{k^2 - 1}$

40. $\sum_{k=1}^{\infty} \frac{(-1)^{k+1}(k^2+4)}{2k^2+1}$ **41.** $\sum_{k=1}^{\infty} (-1)^k k e^{-k}$

42. $\sum_{k=1}^{\infty} \frac{(-1)^{k+1}10^k}{k!}$ **43.** $\sum_{k=1}^{\infty} \frac{(-2)^{k+1}}{k^2}$

44. 급수의 상계와 하계 수렴 급수 $\sum_{k=1}^{\infty} \frac{1}{k^5}$과 $n = 5$에 대하여 다음 단계를 수행하여라.

a. n항까지의 부분합 S_n을 사용하여 급수의 값을 추정하여라.

b. 나머지 R_n에 대한 상계를 찾아라.

c. 급수의 정확한 값에 대한 하계(L_n)와 상계(U_n)을 찾아라.

45. 급수 $\sum_{k=1}^{\infty} \frac{1}{(2k+5)^3}$의 값을 참값의 10^{-4} 이내로 추정하여라.

46. 유한한 교대급수의 합 오차 근사 오차가 10^{-8}보다 작으려면 급수 $\sum_{k=1}^{\infty} \frac{(-1)^{k+1}}{k^4}$의 항을 몇 개나 더해야 하는가?

47. 터널 건설 인부들이 산을 가로질러 터널을 만들고 있다. 터널이 길수록 바위와 흙을 더 먼 거리를 날라 없애야 하므로 당연히 공사율이 줄어든다. 매주 인부들이 지난주에 파낸 거리의 0.95를 파낸다고 가정하자. 첫 주에 인부들은 터널 100 m를 건설했다.

a. 인부들은 10주 동안, 20주 동안, N주 동안 각각 몇 m의 터널을 건설하는가?

b. 인부들이 이 속도로 만들 수 있는 가장 긴 터널은 몇 m인가?

48. 원이 있는 쪽수 어떤 책의 1쪽은 반지름이 1인 원이 하나 있다. 2쪽에는 반지름이 1/2인 원이 두 개 있다. n쪽에는 반지름이 2^{-n+1}인 원이 2^{n-1}개 있다.

a. 책의 n쪽에 있는 원의 넓이의 합은 얼마인가?

b. 책의 쪽수가 무한하다($n \to \infty$)고 가정하면 책에 있는 모든 원의 넓이의 합은 얼마인가?

49. 시에르핀스키 삼각형 시에르핀스키 삼각형(Sierpinski triangle)이라 하는 프랙탈은 수열의 극한이다. 변의 길이가 1인 정삼각형에서 시작하여 변의 길이가 1/2인 거꾸로 된 정삼각형을 없앤다. 그다음 변의 길이가 1/4인 거꾸로 된 세 정삼각형을 이 그림에서 없앤다(그림 참조). 이 과정을 계속하여 n 단계 이후 제거된 삼각형의 총 넓이를 T_n이라고 하자. 변의 길이가 L인 정삼각형의 넓이는 $A = \frac{\sqrt{3}L^2}{4}$이다.

a. 1단계와 2단계 이후 제거된 삼각형의 총 넓이인 T_1과 T_2를 구하여라.

b. $n = 1, 2, 3, \cdots$에 대하여 T_n을 찾아라.

c. $\lim_{n \to \infty} T_n$을 구하여라.

d. $n \to \infty$일 때 원래 삼각형에서 남는 넓이는 얼마인가?

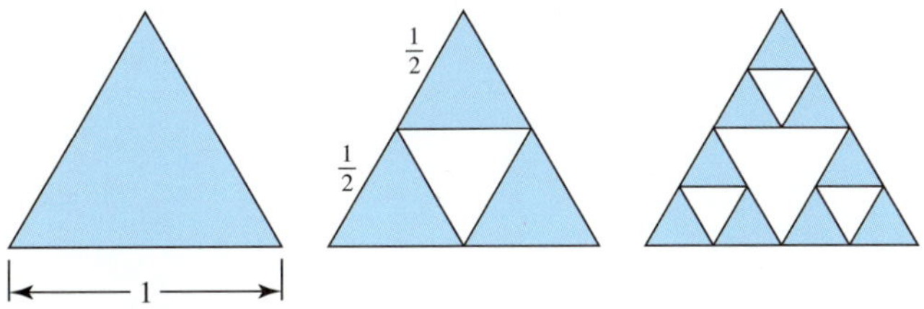

50. 시간에 따라 튀는 공 주어진 높이에서 고무공을 떨어뜨릴 때 높이의 p(p는 유리수) 배로 올라온다고 가정하자. 공기 저항이 없는 상태에서 h m 높이에서 떨어진 공은 땅에 떨어지는 데 $\sqrt{\frac{2h}{g}}$ 초가 필요하다. 여기서 $g \approx 9.8\ \text{m/s}^2$은 중력가속도다. 주어진 높이까지 튀어 오르는 데 걸리는 시간은 그 높이에서 땅으로 떨어지는 시간과 같다. 10 m 높이에서 떨어진 공이 정지하는 데 몇 초가 걸리는가?

CHAPTER 10

거듭제곱급수 Power Series

10.1 다항함수로 함수 근사하기
10.2 거듭제곱급수의 성질
10.3 테일러 급수
10.4 테일러 급수 다루기

미리보기 지금까지 실수로만 이루어져 있는 무한급수를 다루었다. 이 장에서는 사소한 듯 보이지만 큰 차이를 가지고 있는 변화를 살펴볼 텐데, 바로 변수들의 거듭제곱 항들을 포함하는 무한급수이다. 이런 변화로 무한급수가 거듭제곱급수(또는 멱급수)가 된다. 미적분학의 가장 기본적인 생각 중 하나는 바로 함수를 거듭제곱급수(power series)로 표현할 수 있다는 것이다. 이에 대한 첫걸음으로 다항함수를 통해 함수 근사법을 공부할 것이다. 다항함수에서 거듭제곱급수로의 전환은 비교적 쉬운 편이고, 어떻게 익숙한 함수를 테일러 급수(Taylor series)라 부르는 거듭제곱급수로 표현하는지 배우게 된다. 이 장의 나머지 부분에서는 테일러 급수의 성질과 많은 사용법을 배운다.

10.1 다항함수로 함수 근사하기

거듭제곱급수는 익숙한 함수를 표현하고 새로운 함수를 정의하는 방법을 제공한다. 이러한 이유로 집합과 함수처럼 거듭제곱급수는 수학의 근본이 되는 개념이다.

거듭제곱급수란 무엇인가?

거듭제곱급수란 다음과 같은 형태의 무한급수이다.

$$\sum_{k=0}^{\infty} c_k x^k = \underbrace{c_0 + c_1 x + c_2 x^2 + \cdots + c_n x^n}_{n\text{차 다항함수}} + \underbrace{c_{n+1} x^{n+1} + \cdots}_{\text{계속되는 고차항들}},$$

또는 일반적으로 다음과 같이 나타낸다.

$$\sum_{k=0}^{\infty} c_k (x-a)^k = \underbrace{c_0 + c_1(x-a) + \cdots + c_n(x-a)^n}_{n\text{차 다항함수}} + \underbrace{c_{n+1}(x-a)^{n+1} + \cdots}_{\text{계속되는 고차항들}}$$

여기서 위 급수의 **중심**(center) a와 계수 c_k는 상수이다. 이런 형태의 급수는 거듭제곱급수라 부르는데, 급수가 x 또는 $(x-a)$의 거듭제곱으로 이루어져 있기 때문이다.

다시 말해 거듭제곱급수는 다음과 같이 점차 증가하는 차수의 다항함수들로 이루어져 있다.

$$
\begin{aligned}
&\text{차수 } 0:\ c_0 \\
&\text{차수 } 1:\ c_0 + c_1 x \\
&\text{차수 } 2:\ c_0 + c_1 x + c_2 x^2 \\
&\quad\vdots \\
&\text{차수 } n:\ c_0 + c_1 x + c_2 x^2 + \cdots + c_n x^n = \sum_{k=0}^{n} c_k x^k \\
&\quad\vdots
\end{aligned}
\quad \text{다항함수}
$$

$$c_0 + c_1 x + c_2 x^2 + \cdots + c_n x^n + \cdots = \sum_{k=0}^{\infty} c_k x^k \quad \text{거듭제곱급수}$$

이 관점에서 거듭제곱급수는 '수퍼−다항함수'라 할 수 있다. 그러므로 함수를 나타내기 위해 다항함수를 이용하면서 거듭제곱급수를 탐구해 보자.

다항함수 근사

이런 시도는 중요한 관찰에 기반하고 있다. 다항함수(예를 들어 $f(x) = x^8 - 4x^5 + \frac{1}{2}$)의 함숫값을 계산하려면 단지 덧셈, 뺄셈, 곱셈, 나눗셈만으로 구할 수 있다. 하지만 대수함수(예를 들어 $f(x) = \sqrt[3]{x^4 - 1}$)와 삼각함수, 로그함수와 지수함수는 여러 산술 연산만으로 함숫값을 계산할 수 없다. 따라서 함수의 단순한 형태인 다항함수를 이용하여 복잡한 함숫값의 근사치를 구하려는 시도는 의미가 있다고 할 수 있다.

선형 근사와 이차 근사

4.6절에서 함수 f가 점 a에서 미분가능하면 a의 근방에서 함숫값은 접선을 이용하여 근사할 수 있다는 사실을 다뤘다. 그런데 접선이 일차다항식으로서 선형 근삿값을 구할 수 있었다. 그러므로 a에서 선형 근사는 다음과 같이 주어진다.

$$y - f(a) = f'(a)(x - a) \text{ 또는 } y = f(a) + f'(a)(x - a)$$

선형 근사는 일차함수이므로 p_1이라 하자.

$$p_1(x) = f(a) + f'(a)(x - a)$$

이러한 다항함수는 중요한 성질을 갖는데, $p_1(x)$는 $x = a$에서 함수 $f(x)$와 같은 값과 기울기를 갖는다(그림 10.1).

$$p_1(a) = f(a)\text{이고 } p_1'(a) = f'(a)$$

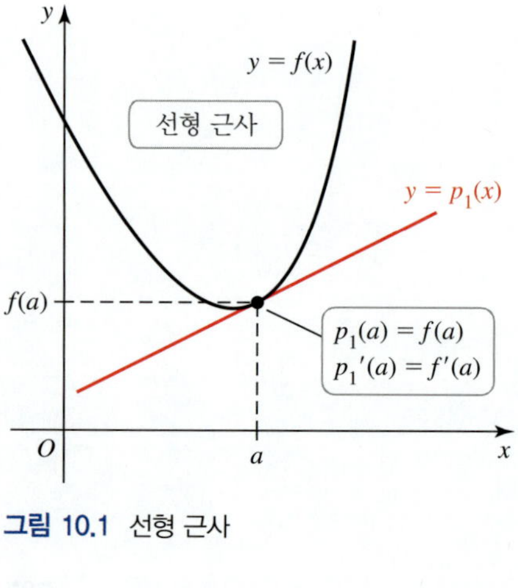

그림 10.1 선형 근사

함수가 a 근방에서 비교적 일정한 기울기를 가지면 훌륭한 선형 근삿값이 나온다. 하지만 함수가 a 근방에서 큰 곡률을 가지면 접선을 이용한 근삿값은 정확도가 매우 낮아진다. 이런 현상을 개선하기 위해 선형 근사에 하나의 항을 추가하여 이차 근사를 이용한다. 이 새로운 이차 다항식을 p_2로 나타낸다.

$$p_2(x) = \underbrace{f(a) + f'(a)(x-a)}_{p_1(x)} + \underbrace{c_2(x-a)^2}_{\text{이차항}}$$

새로운 항은 결정해야 할 계수 c_2와 이차항 $(x-a)^2$을 포함한다.

c_2를 결정하고 p_2가 a 근방에서 함수 f의 좋은 근삿값이 되기 위해 p_2는 f와 a에서 같은 함숫값, 기울기와 오목성을 가져야 하므로 p_2는 다음 조건을 만족해야 한다.

$$p_2(a) = f(a), \quad p_2'(a) = f'(a), \quad p_2''(a) = f''(a)$$

여기서 f는 a에서 1계, 2계 도함수의 값이 존재한다고 가정한다(그림 10.2).

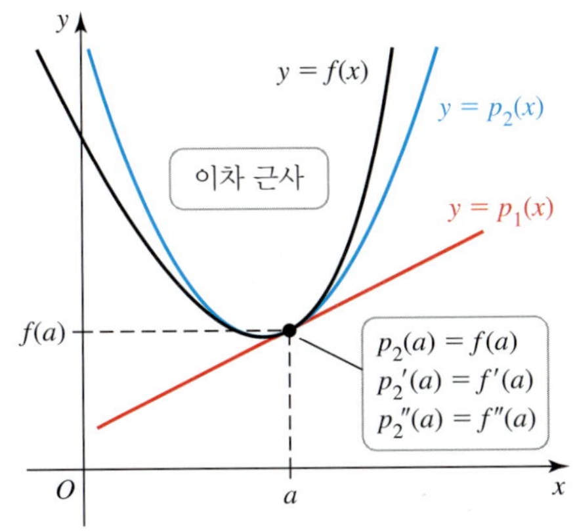

그림 10.2 이차 근사

➤ 오목성이 일치하면 p_2의 그래프가 점 a에서 f의 그래프와 같은 방향으로 휨을 보장한다.

p_2에 x 대신 a를 대입하면 $p_2(a) = f(a)$이므로 첫 번째 조건을 만족한다. p_2를 한 번 미분하면 다음을 얻는다.

$$p_2'(x) = f'(a) + 2c_2(x-a)$$

따라서 $p_2'(a) = f'(a)$이므로 두 번째 조건을 만족한다. 또한 $p_2''(a) = 2c_2$이므로

$$p_2''(a) = 2c_2 = f''(a)$$

에서 세 번째 조건을 만족한다. 즉, $c_2 = \frac{1}{2}f''(a)$이므로 이차 근사 다항함수는 다음과 같다.

$$p_2(x) = \underbrace{f(a) + f'(a)(x-a)}_{p_1(x)} + \frac{f''(a)}{2}(x-a)^2$$

| 예제 1 | ln x의 선형 근사와 이차 근사

a. $x = 1$에서 함수 $f(x) = \ln x$에 대한 선형 근사를 구하여라.

b. $x = 1$에서 함수 $f(x) = \ln x$에 대한 이차 근사를 구하여라.

c. 두 근사를 이용하여 ln 1.05의 근삿값을 구하여라.

풀이

a. $f(1) = 0$, $f'(x) = 1/x$, $f'(1) = 1$이므로 $x = 1$에서 $f(x) = \ln x$의 선형 근사는 다음과 같다.

$$p_1(x) = f(1) + f'(1)(x-1) = 0 + 1(x-1) = x - 1$$

그림 10.3과 같이 p_1은 f와 같은 함숫값 $p_1(1) = f(1)$을 갖고, 같은 기울기 $p_1'(1) = f'(1)$을 갖는다.

b. $f''(x) = -1/x^2$이므로 $f''(1) = -1$이다. **a**에서 찾은 선형 근사에 이차항을 더하여 이차 근사는 다음과 같다.

$$p_2(x) = \underbrace{x-1}_{p_1(x)} + \underbrace{\frac{1}{2}f''(1)}_{c_2}(x-1)^2 = x - 1 - \frac{1}{2}(x-1)^2$$

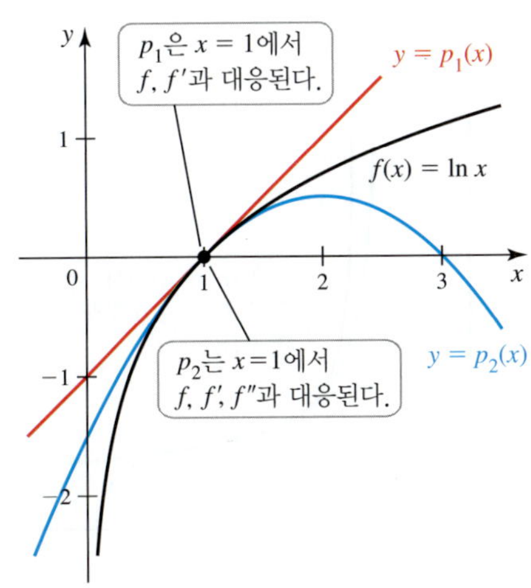

그림 10.3

p_2는 $x = 1$에서 f와 같은 함숫값, 기울기, 오목성을 갖는다(그림 10.3).

c. ln 1.05의 근삿값을 구하고자 각각의 다항함수에 $x = 1.05$를 대입하면

$$p_1(1.05) = 1.05 - 1 = 0.05, \quad \text{선형 근사}$$

$$p_2(1.05) = 1.05 - 1 - \frac{1}{2}(1.05 - 1)^2 = 0.04875 \quad \text{이차 근사}$$

계산기를 이용하여 얻은 ln 1.05의 소수점 아래 다섯째 자리까지의 근삿값은 0.04879인데, 이차 근사가 선형 근사보다 더 좋은 근삿값을 제공한다.

관련 연습문제 7번 ◀

이제 선형 근사와 이차 근사의 개념을 확장하여 보다 좋은 근삿값을 제공하는 높은 차수의 다항함수 근사를 얻는 방법을 생각해 보자.

테일러 다항식

➤ 18세기 초부터 알려진 아이디어에 기초하여 브룩 테일러(Brook Taylor, 1685–1731)는 테일러 정리(Taylor's Theorem)를 1715년에 출간했다. 그는 부분적분법을 발견한 공로도 있다.

함수 f가 a에서 첫 n계 도함수를 갖는다고 가정하자. 이제 a 근방에서 함수 f의 근삿값을 제공할 n차 다항함수를 찾고자 한다. p_2에 의한 삼차함수 p_3은

$$p_3(x) = p_2(x) + c_3(x - a)^3$$

형태이고, 다음 네 가지 조건을 만족한다.

$$p_3(a) = f(a), \quad p_3'(a) = f'(a), \quad p_3''(a) = f''(a), \quad p_3'''(a) = f'''(a)$$

p_3은 p_2에 항을 하나 더하여 얻었기 때문에 처음 세 조건을 만족한다. 마지막 네 번째 조건을 이용하여 c_3을 찾으려면 $p_3'''(a) = f'''(a)$를 풀어야 한다. 이때 $p_3'''(x) = 3 \cdot 2c_3 = 3!c_3$이므로 $p_3'''(a) = 3!c_3 = f'''(a)$이며, 따라서 마지막 조건을 만족한다. 이를 c_3에 관하여 풀면 $c_3 = \dfrac{f'''(a)}{3!}$이므로 삼차함수 근사는 다음과 같다.

➤ $2! = 2 \cdot 1$, $3! = 3 \cdot 2 \cdot 1$, $k! = k \cdot (k - 1)!$이고, 정의에 의해 $0! = 1$임을 상기하자.

QUICK CHECK 1 $k = 0, 1, 2, 3$일 때, p_3은 $p_3^{(k)}(a) = f^{(k)}(a)$임을 보여라. ◀

$$p_3(x) = \underbrace{f(a) + f'(a)(x - a) + \frac{f''(a)}{2!}(x - a)^2}_{p_2(x)} + \frac{f'''(a)}{3!}(x - a)^3$$

이 방법을 계속하여 이전 다항식에 항을 추가한 후 a에서 함수 f의 n차 근사를 구하면 다음을 얻는다.

$$p_n(x) = \underbrace{f(a) + f'(a)(x - a) + \frac{f''(a)}{2!}(x - a)^2 + \cdots}_{p_{n-1}(x)} + \frac{f^{(n)}(a)}{n!}(x - a)^n$$

p_n은 다음 $n + 1$개의 조건을 만족한다.

$$p_n(a) = f(a), \quad p_n'(a) = f'(a), \quad p_n''(a) = f''(a), \cdots, \quad p_n^{(n)}(a) = f^{(n)}(a)$$

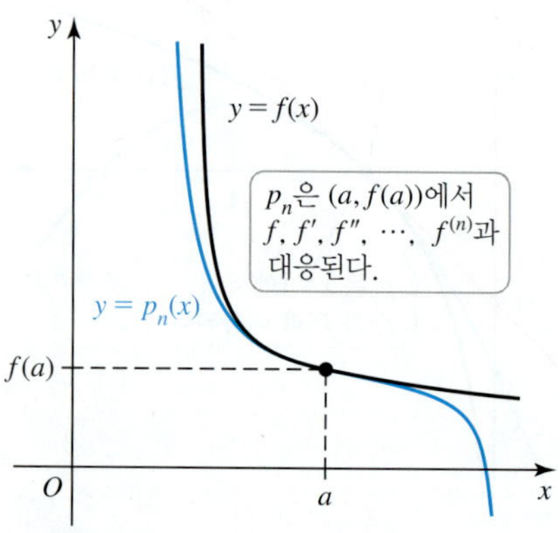

그림 10.4

이 조건들을 만족함으로써 p_n의 그래프는 a 근방에서 함수 f의 그래프와 매우 가까운 곡선이 됨을 확인할 수 있다(그림 10.4).

정의 테일러 다항식

a에서 함수 f의 미분계수 $f', f'', \cdots, f^{(n)}$이 주어질 때, a에서 함수 f의 **n차 테일러 다항식**은 함수 f와 함숫값, 기울기와 n차 도함수까지 모두 같은 값을 갖는다. 즉, 다음을 만족한다.

$$p_n(a) = f(a), p_n'(a) = f'(a), \cdots, \ p_n^{(n)}(a) = f^{(n)}(a)$$

a에서 n차 테일러 다항식은 다음과 같다.

$$p_n(x) = f(a) + f'(a)(x-a) + \frac{f''(a)}{2!}(x-a)^2 + \cdots + \frac{f^{(n)}(a)}{n!}(x-a)^n$$

간단히 나타내면 $p_n(x) = \sum_{k=0}^{n} c_k(x-a)^k$이며, 여기서 **계수**는 다음과 같다.

$$c_k = \frac{f^{(k)}(a)}{k!}, \quad k = 0, 1, 2, \ldots, n$$

➤ $f^{(n)}$은 f의 n번째 도함수를 나타낸다. 일반적으로 영차 도함수 $f^{(0)}$은 f 자신을 나타낸다.

| 예제 2 | sin x의 테일러 다항식 $x = 0$에서 $f(x) = \sin x$의 테일러 다항식 $p_1, \cdots, p_7$을 구하여라.

풀이 f를 계속 미분하여 도함수를 구하고, 0에서 미분계수를 구한다. 그다음 c_k, $k = 0, 1, \cdots, 7$을 계산한다.

$$f(x) = \sin x \Rightarrow f(0) = 0$$
$$f'(x) = \cos x \Rightarrow f'(0) = 1$$
$$f''(x) = -\sin x \Rightarrow f''(0) = 0$$
$$f'''(x) = -\cos x \Rightarrow f'''(0) = -1$$
$$f^{(4)}(x) = \sin x \Rightarrow f^{(4)}(0) = 0$$

0에서 sin x의 도함수들은 $(0, 1, 0, -1)$의 값을 순차적으로 반복하여 갖는다. 따라서 $f^{(5)}(0) = 1$, $f^{(6)}(0) = 0$, $f^{(7)}(0) = -1$이다.

이제 0 근방에서 $f(x) = \sin x$를 근사한 테일러 다항식을 구하자. 우선 선형 근사는 차수가 1이므로

$$p_1(x) = f(0) + f'(0)(x-0) = x$$

이고, 그래프는 원점을 지나며 기울기가 1인 직선이다(그림 10.5). f와 p_1은 같은 함숫값($f(0) = p_1(0) = 0$)과 같은 기울기($f'(0) = p_1'(0) = 1$)를 갖는다. 0 근방에서 p_1은 f의 좋은 근삿값을 제공하지만 $|x| > \pi/4$이면 두 그래프의 차이는 커진다.

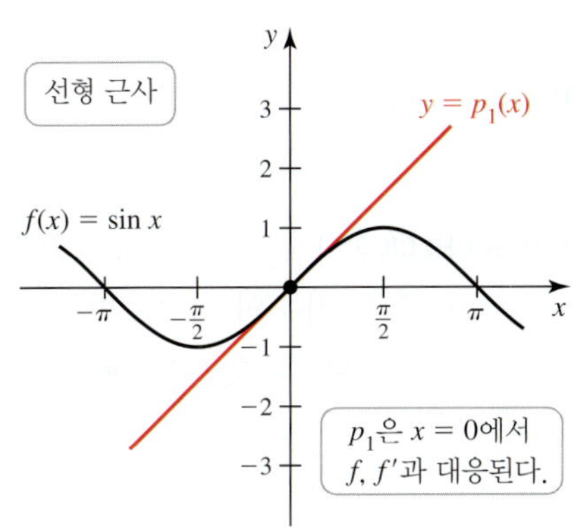

그림 10.5

이차 다항식은

➤ 다음 다항식은 이전 다항식에 새로운 항 하나를 추가하여 얻는다. 예를 들어 삼차 다항식은 이차 다항식에 다음과 같이 새로운 항을 추가하여 얻는다.

$$p_3(x) = p_2(x) + \frac{f'''(a)}{3!}(x-a)^3$$

$$p_2(x) = \underbrace{f(0)}_{0} + \underbrace{f'(0)}_{1}x + \underbrace{\frac{f''(0)}{2!}}_{0}x^2 = x$$

이므로 p_2는 p_1과 동일하다.

삼차 다항식은 다음과 같다.

$$p_3(x) = \underbrace{f(0) + f'(0)x + \frac{f''(0)}{2!}x^2}_{p_2(x)\,=\,x} + \underbrace{\frac{f'''(0)}{3!}}_{-1/3!}x^3 = x - \frac{x^3}{6}$$

이로써 0에서 p_3이 f와 같은 함숫값, 같은 기울기, 같은 오목성, 같은 3계 도함수의 값을 갖도록 만들었다(그림 10.6). 결과적으로 p_3은 p_1보다 넓은 구간에서 함수 f의 좋은 근삿값을 제공한다.

QUICK CHECK 2 $f(x) = \sin x$와 $p_3(x) = x - x^3/6$에 대하여 다음이 성립함을 보여라.

$$f(0) = p_3(0),$$
$$f'(0) = p_3'(0),$$
$$f''(0) = p_3''(0),$$
$$f'''(0) = p_3'''(0)$$ ◀

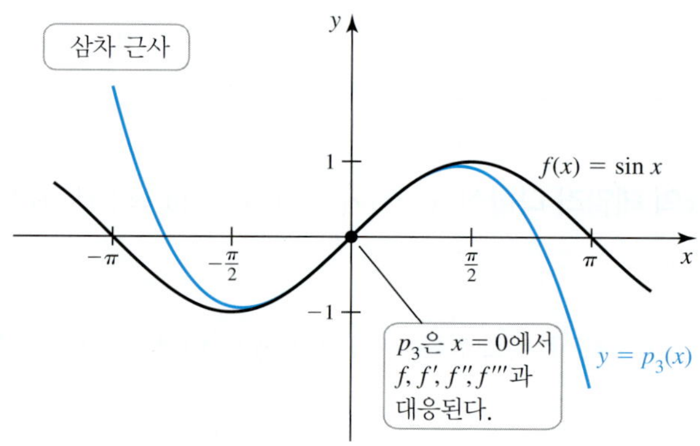

그림 10.6

테일러 다항식을 찾는 과정은 차수를 얼마든지 높게 만들 수 있다. $x = 0$에서 함수 $f(x) = \sin x$의 모든 짝수 차수 도함수의 값은 0이므로 $p_4(x) = p_3(x)$이다. 마찬가지로 $p_6(x) = p_5(x)$이다.

$$p_6(x) = p_5(x) = x - \frac{x^3}{3!} + \frac{x^5}{5!} \qquad c_5 = \frac{f^{(5)}(0)}{5!} = \frac{1}{5!}$$

마지막으로 7차 테일러 다항식은 다음과 같다.

$$p_7(x) = x - \frac{x^3}{3!} + \frac{x^5}{5!} - \frac{x^7}{7!} \qquad c_7 = \frac{f^{(7)}(0)}{7!} = -\frac{1}{7!}$$

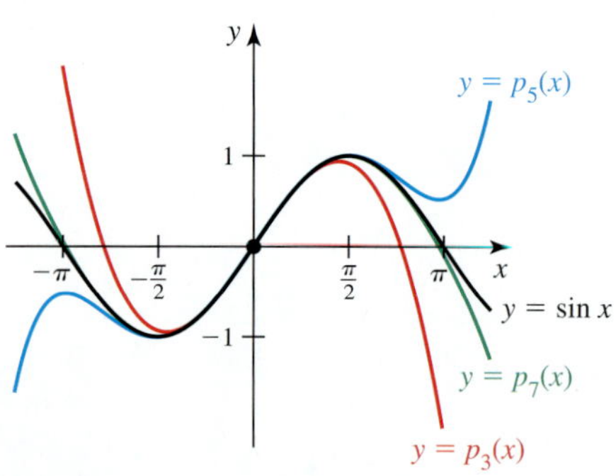

그림 10.7

그림 10.7과 같이 테일러 다항식의 차수가 커짐에 따라 함수 $f(x) = \sin x$의 근삿값이 보다 넓은 구간에서 정확도를 더해간다. 예를 들어 p_7은 구간 $[-\pi, \pi]$에서 $f(x) = \sin x$의 좋은 근삿값을 제공한다. $\sin x$와 0에서 $\sin x$의 테일러 다항식은 모두 기함수이다.

관련 연습문제 9번 ◀

QUICK CHECK 3 0에서 $\sin x$의 테일러 다항식이 홀수 차수의 항들로만 이루어져 있는 이유는 무엇인가? ◀

테일러 다항식으로 근삿값 구하기

다음 예제에서 알 수 있듯이 테일러 다항식은 함수를 근사하는 데 널리 쓰인다.

| 예제 3 | e^x의 테일러 다항식

a. 0에서 함수 $f(x) = e^x$의 차수가 $n = 0, 1, 2, 3$인 테일러 다항식을 구하여라. f와 다항함수들의 그래프를 그려라.

b. **a**에서 얻은 다항식을 이용하여 $e^{0.1}$과 $e^{-0.25}$의 근삿값을 구하여라. 절대 오차 $|f(x) - p_n(x)|$를 구하여라. 계산기를 이용하여 f의 정확한 값을 계산하여라.

➤ c가 x에 대한 근삿값이면 c의 절대 오차는 $|x - c|$이고, 상대 오차는 $|x - c|/|x|$임을 기억하자. 이때 오차는 절대 오차를 의미할 때 썼다.

풀이

a. 0에서 테일러 다항식의 계수는 다음과 같다.

$$c_k = \frac{f^{(k)}(0)}{k!}, \quad k = 0, 1, 2, \cdots, n$$

$f(x) = e^x$이고 $f^{(k)}(x) = e^x$, $f^{(k)}(0) = 1$, $c_k = 1/k!$, $k = 0, 1, 2, 3, \cdots$이며, 처음 4개 다항식은 다음과 같다.

$$p_0(x) = f(0) = 1,$$

$$p_1(x) = \underbrace{f(0)}_{p_0(x)=1} + \underbrace{f'(0)}_{1}x = 1 + x,$$

$$p_2(x) = \underbrace{f(0) + f'(0)x}_{p_1(x)=1+x} + \underbrace{\frac{f''(0)}{2!}}_{1/2}x^2 = 1 + x + \frac{x^2}{2},$$

$$p_3(x) = \underbrace{f(0) + f'(0)x + \frac{f''(0)}{2!}x^2}_{p_2(x)=1+x+x^2/2} + \underbrace{\frac{f^{(3)}(0)}{3!}}_{1/6}x^3 = 1 + x + \frac{x^2}{2} + \frac{x^3}{6}$$

다음 차수의 테일러 다항식을 통해 0에서 함수 $f(x) = e^x$의 보다 좋은 근사를 얻을 수 있다(그림 10.8). 이 과정을 계속하면 0에서 함수 $f(x) = e^x$의 n차 테일러 다항식은 다음과 같다.

$$p_n(x) = 1 + x + \frac{x^2}{2!} + \frac{x^3}{3!} + \cdots + \frac{x^n}{n!} = \sum_{k=0}^{n} \frac{x^k}{k!}$$

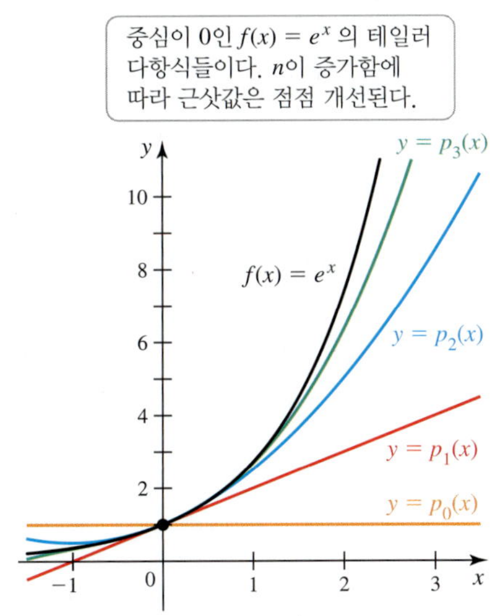

그림 10.8

b. $n = 0, 1, 2, 3$일 때, $p_n(0.1)$, $p_n(-0.25)$를 계산한 후, 각각을 계산기를 이용한 값 $e^{0.1} \approx 1.1051709$, $e^{-0.25} \approx 0.77880078$과 비교하자. 결과는 표 10.1에 나와 있다. n이 증가함에 따라 근삿값에 오차가 적어짐을 알 수 있다. 또한 $e^{0.1}$에 대한 근삿값의 오차가 $e^{-0.25}$에 대한 근삿값의 오차보다 작은데, $x = 0.1$이 $x = -0.25$보다 0에 더 가깝기 때문이다. 이러한 계산을 통해 $e^{0.1} \approx 1.105$와 $e^{-0.25} \approx 0.78$ 정도가 비교적 좋은 근삿값임을 알 수 있다.

▶ 여러 근삿값에 기초해서 추정값을 찾을 때 훌륭한 법칙 중 하나는 반올림 후 마지막 두 근삿값의 공통 자릿수를 모두 택하는 것이다.

QUICK CHECK 4 예제 3에서 $f(x) = e^x$의 두 테일러 다항식 p_4와 p_5를 구하여라. ◀

표 10.1

n	근삿값 $p_n(0.1)$	절대 오차 $\lvert e^{0.1} - p_n(0.1)\rvert$	근삿값 $p_n(-0.25)$	절대 오차 $\lvert e^{-0.25} - p_n(-0.25)\rvert$
0	1	1.1×10^{-1}	1	2.2×10^{-1}
1	1.1	5.2×10^{-3}	0.75	2.9×10^{-2}
2	1.105	1.7×10^{-4}	0.78125	2.4×10^{-3}
3	1.105167	4.3×10^{-6}	0.778646	1.5×10^{-4}

관련 연습문제 16번 ◀

| 예제 4 | 테일러 다항식을 이용하여 실수의 근삿값 구하기 차수가 $n = 0, 1, 2, 3$인 테일러 다항식을 이용하여 $\sqrt{18}$의 근삿값을 구하여라.

풀이 $f(x) = \sqrt{x}$로 놓고 $a = 16$이라 하자. 16이 18에 가까우면서도 함숫값과 도함수의 값을 계산하기 쉽기 때문이다. 테일러 다항식은 다음과 같다.

$$p_n(x) = f(16) + f'(16)(x - 16) + \frac{f''(16)}{2!}(x - 16)^2 + \cdots + \frac{f^{(n)}(16)}{n!}(x - 16)^n$$

필요한 도함수의 값을 계산하면 다음과 같다.

$$\begin{aligned} f(x) &= \sqrt{x} \Rightarrow f(16) = 4, \\ f'(x) &= \frac{1}{2}x^{-1/2} \Rightarrow f'(16) = \frac{1}{8}, \\ f''(x) &= -\frac{1}{4}x^{-3/2} \Rightarrow f''(16) = -\frac{1}{256}, \\ f'''(x) &= \frac{3}{8}x^{-5/2} \Rightarrow f'''(16) = \frac{3}{8192} \end{aligned}$$

그러므로 (p_0, p_1, p_2를 포함하는) 다항식 p_3은 다음과 같다.

$$p_3(x) = \underbrace{\underbrace{\underbrace{4}_{p_0(x)} + \frac{1}{8}(x - 16)}_{p_1(x)} - \frac{1}{512}(x - 16)^2}_{p_2(x)} + \frac{1}{16{,}384}(x - 16)^3$$

테일러 다항식은 차수가 커짐에 따라 더 나은 근사를 제공한다(그림 10.9).

$x = 18$일 때, $\sqrt{18}$의 근삿값과 절대 오차는 표 10.2에 나와 있다($\sqrt{18}$의 값은 계산기를 이용하여 얻을 수 있다). 예상한 바와 같이 n이 커짐에 따라 오차가 작아진다. 이런 계산을 통해 좋은 근삿값으로 $\sqrt{18} \approx 4.24$를 얻는다.

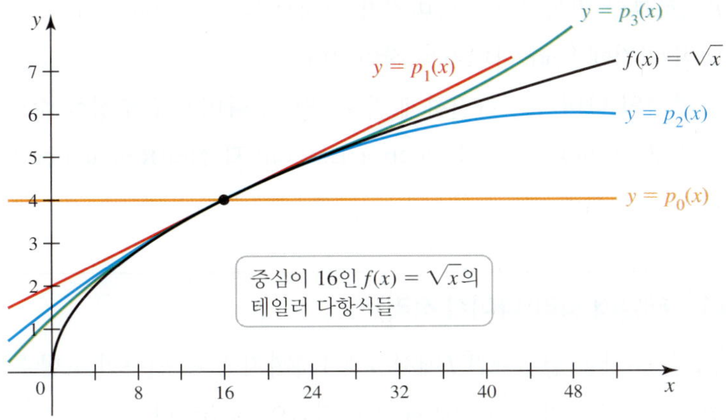

그림 10.9

표 10.2

n	근삿값 $p_n(18)$	절대 오차 $\lvert\sqrt{18} - p_n(18)\rvert$
0	4	2.4×10^{-1}
1	4.25	7.4×10^{-3}
2	4.242188	4.5×10^{-4}
3	4.242676	3.5×10^{-5}

관련 연습문제 19번 ◀

QUICK CHECK 5 $\sqrt{x}$와 $\sqrt[4]{x}$로 각각 $\sqrt{51}$과 $\sqrt[4]{15}$의 근삿값을 계산할 때, 어떤 점에서 테일러 다항식을 구해야 하는가? ◀

테일러 다항식의 나머지

테일러 다항식은 특정 점 근방의 함숫값에 대한 좋은 근삿값을 제공한다. 하지만 그 근삿값은 얼마나 정확한 것인가? 이 질문에 대답하기 위해 테일러 다항식의 나머지를 정의해 보자. p_n이 x에서 함수 f의 n차 테일러 다항식이면 나머지는 다음과 같다.

$$R_n(x) = f(x) - p_n(x)$$

$f(x)$의 함숫값을 $p_n(x)$으로 근사할 때, 나머지의 절댓값이 오차이다. 그러므로 $f(x) = p_n(x) + R_n(x)$이고 f가 두 항, 즉 다항함수 근사식과 나머지로 이루어져 있음을 알 수 있다.

정의 테일러 다항식의 나머지

p_n을 어떤 점에서 함수 f의 n차 테일러 다항식이라 하자. p_n으로 f를 근사할 때, **나머지**는 다음과 같다.

$$R_n(x) = f(x) - p_n(x)$$

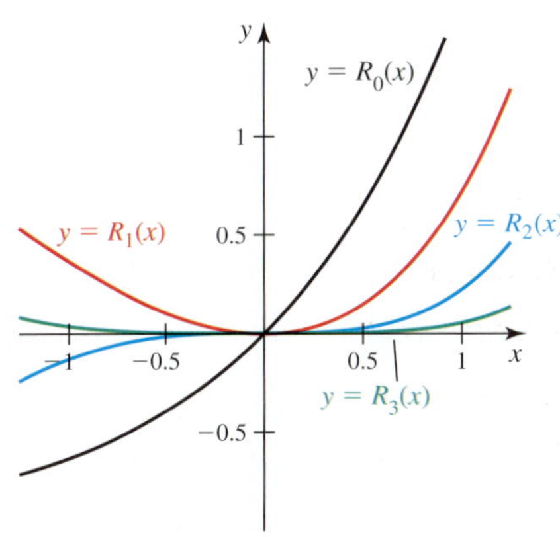

$|x|$가 증가함에 따라 나머지도 증가한다. n이 증가함에 따라 나머지는 점점 감소하여 0에 가까워진다.

그림 10.10

그림 10.10에서 나머지의 개념을 볼 수 있는데, 0에서 $f(x) = e^x$의 여러 차수의 테일러 다항식의 나머지를 볼 수 있다(예제 3). 고정된 차수 n에 대하여 특정한 점

(이 경우 0)으로부터 멀어질수록 나머지가 커지는 경향이 있다. 그리고 x가 고정됐다면 차수 n이 커짐에 따라 나머지는 작아진다.

테일러 다항식의 나머지는 간결하게 쓸 수 있고, 나머지를 추정할 수도 있다. 다음 결과는 테일러 정리(Taylor's Theoem)(또는 나머지 정리(Remainder Theorem)) 라고 부른다.

정리 10.1 테일러 정리(나머지 정리)

함수 f가 a를 포함한 열린구간 I에서 $n+1$차까지 모두 연속인 도함수를 갖는다고 가정하면 구간 I의 모든 x에 대하여 다음이 성립한다.

$$f(x) = p_n(x) + R_n(x)$$

여기서 p_n은 a에서 함수 f의 n차 테일러 다항식이고, 나머지는 다음과 같다.

$$R_n(x) = \frac{f^{(n+1)}(c)}{(n+1)!}(x-a)^{n+1}$$

여기서 c는 x와 a 사이의 점이다.

토론 위 정리의 증명은 생략한다. 이 정리로부터 두 가지 정보를 얻는다. 먼저 $n=0$인 경우 다음 평균값 정리(4.2절)와 같다.

$$\frac{f(x)-f(a)}{x-a} = f'(c)$$

여기서 c는 x와 a 사이의 점이다. 항의 순서를 바꿔 쓰면 다음을 얻는다.

$$\begin{aligned} f(x) &= \underbrace{f(a)}_{p_0(x)} + \underbrace{f'(c)(x-a)}_{R_0(x)} \\ &= p_0(x) + R_0(x) \end{aligned}$$

이는 $n=0$일 때 테일러 정리이다. 크게 놀랍지 않지만 테일러 정리에서 $f^{(n+1)}(c)$ 항은 평균값 정리로부터 얻은 것이다.

두 번째 관찰은 나머지를 쉽게 기억할 수 있게 해 준다. $(n+1)$차 테일러 다항식 p_{n+1}을 쓴다면 가장 높은 차수의 항은 $\dfrac{f^{(n+1)}(a)}{(n+1)!}(x-a)^{n+1}$이다. 여기서 $f^{(n+1)}(a)$를 $f^{(n+1)}(c)$로 대체하면 p_n의 나머지를 얻을 수 있다.

나머지 추정

나머지는 이론적으로나 실질적으로도 중요하다. 지금은 실질적인 문제를 다루고, 이론적인 문제는 10.3절에서 다룰 것이다. 나머지는 근삿값의 오차를 추정하는 데 쓸 수 있고, 원하는 정밀도를 제공하는 테일러 다항식의 차수를 결정하게 해 준다.

일반적으로 c는 알 수 없는데, 나머지를 추정할 때 어려운 점이 바로 $|f^{(n+1)}(c)|$의 범위를 찾는 것이다. 범위를 알 수 있다고 가정하면 다음 정리로부터 나머지의 일반적인 추정치를 얻을 수 있다.

정리 10.2 나머지 추정

정해진 양의 정수 n에 대하여 c가 x와 a 사이의 점이고, $|f^{(n+1)}(c)| < M$이라 하자. a에서 f의 n차 테일러 다항식의 나머지는 다음을 만족한다.

$$|R_n(x)| = |f(x) - p_n(x)| \le M \frac{|x-a|^{n+1}}{(n+1)!}$$

증명 정리 10.1에서 $|f^{(n+1)}(c)|$ 대신 보다 큰 M으로 교체한 부등식으로부터 해당 부등식을 얻는다. ◂

이제 나머지의 상한을 어떻게 얻는지 또한 어떻게 쓰는지 세 예제를 통해 알아보자.

| 예제 5 | cos x의 나머지 추정 0에서 $f(x) = \cos x$의 테일러 다항식의 나머지의 범위를 구하여라.

풀이 정리 10.1에 의해 $a = 0$에서 다음을 얻는다.

$$R_n(x) = \frac{f^{(n+1)}(c)}{(n+1)!} x^{n+1}$$

여기서 c는 0과 x 사이의 점이다. n에 따라 $f^{(n+1)}(c) = \pm\sin c$ 또는 $f^{(n+1)}(c) = \pm\cos c$이고, 두 경우 모두 $|f^{(n+1)}(c)| \le 1$이다. 그러므로 정리 10.2에서 $M = 1$로 택하면 나머지의 절댓값은 다음과 같다.

$$|R_n(x)| = \left| \frac{f^{(n+1)}(c)}{(n+1)!} x^{n+1} \right| \le \frac{|x|^{n+1}}{(n+1)!}$$

예를 들어 테일러 다항식 p_{10}을 써서 cos 0.1의 근삿값을 구하면 나머지는 다음과 같다.

$$|R_{10}(0.1)| \le \frac{0.1^{11}}{11!} \approx 2.5 \times 10^{-19}$$

관련 연습문제 21번 ◂

| 예제 6 | 나머지 추정 예제 4를 다시 고려하여 테일러 다항식으로 $\sqrt{18}$ 의 근삿값을 찾으면 다음과 같다.

$$p_3(x) = 4 + \frac{1}{8}(x-16) - \frac{1}{512}(x-16)^2 + \frac{1}{16{,}384}(x-16)^3$$

p_3을 이용하여 구한 $\sqrt{18}$의 근삿값에 대하여 오차의 상한을 구하여라.

풀이 예제 4에서는 $\sqrt{18}$의 정확한 값을 계산기를 이용하여 얻은 후, 근삿값과의 오차를 계산했다. 현실적으로 정확한 값을 모르는 경우에도 정리 10.2를 이용하면 오차의 최대치를 알 수 있다. $n = 3$, $a = 16$, $x = 18$로 택하여 이 정리를 적용하면 $p_3(18)$에 의한 $\sqrt{18}$의 근사에서 나머지는 다음을 만족한다.

$$|R_3(18)| \le M\frac{(18-16)^4}{4!} = \frac{2}{3}M$$

여기서 M은 16과 18 사이의 모든 c에 대하여 $|f^{(4)}(c)| \le M$을 만족하는 수이다. 이 경우 $f^{(4)}(c) = -\frac{15}{16}c^{-7/2}$이고 $|f^{(4)}(c)| = \frac{15}{16}c^{-7/2} = \frac{15}{16c^{7/2}} \le M$, $16 \le c \le 18$이다. $\frac{15}{16c^{7/2}}$는 구간 $[16, 18]$에서 감소함수이고, $c = 16$에서 최댓값은 5.7×10^{-5}이다(그림 10.11). 따라서 나머지의 최대 오차는 다음과 같다.

$$|R_3(18)| \le \frac{2}{3}M \approx \frac{2}{3}\cdot 5.7 \times 10^{-5} \approx 3.8 \times 10^{-5}$$

예제 4(표 10.2)에서 계산한 실제 오차는 3.5×10^{-5}이며, 나머지의 최대 오차보다 작다.

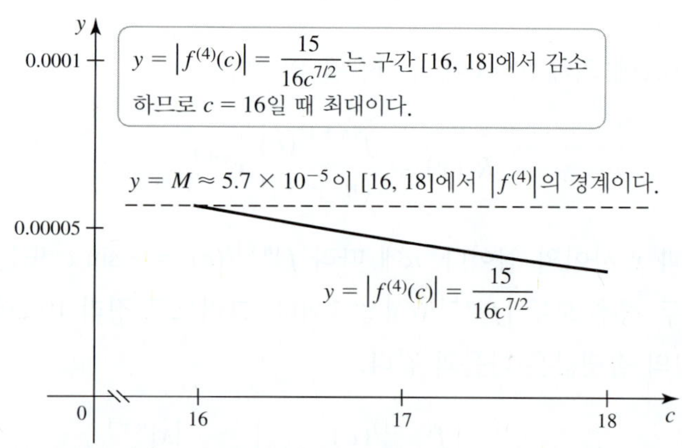

그림 10.11

| 예제 7 | **e^x의 나머지 추정** 0에서 $f(x) = e^x$의 6차 테일러 다항식으로 $e^{0.45}$의 근삿값의 최대 오차를 구하여라.

풀이 정리 10.2에 의해 오차의 절댓값은 다음과 같다.

$$|R_n(x)| \le M\frac{|x-a|^{n+1}}{(n+1)!}$$

여기서 M은 a와 x 사이의 모든 점 c에 대하여 $|f^{(n+1)}(c)| \le M$이 되도록 정한

다. $k = 0, 1, 2, \cdots$에 대하여 $f^{(k)}(x) = e^x$이다. 이때 $n = 6$, $a = 0$, $x = 0.45$이므로 나머지의 최대 오차는 다음과 같다.

$$|R_6(0.45)| \le M\frac{|0.45 - 0|^7}{7!} \approx 7.4 \times 10^{-7} M$$

여기서 M은 $c \in [0, 0.45]$인 모든 c에 대하여 $|f^{(7)}(c)| = e^c \le M$이다. e^c은 c에 대한 증가함수이므로 $c = 0.45$일 때 최댓값 $e^{0.45}$을 갖는다. 하지만 정확한 값은 알지 못하는데, 우리는 지금 근삿값을 구하고 있기 때문이다. 따라서 $e^{0.45} \le M$인 M을 다른 방법으로 찾아야 한다. 한 가지 방법으로 $e^{0.45} < e^{1/2} < 4^{1/2} = 2$에 의해 $M = 2$로 택한다(그림 10.12). 따라서 나머지의 최대 오차는 다음과 같다.

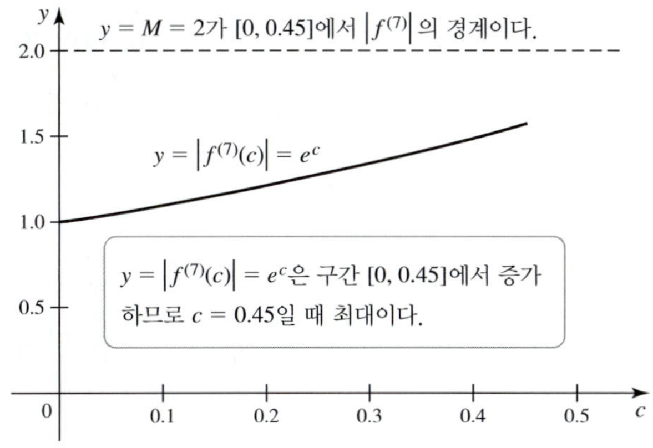

그림 10.12

$$|R_6(0.45)| \le 7.4 \times 10^{-7} M \approx 1.5 \times 10^{-6}$$

예제 3에서 $n = 6$인 테일러 다항식을 쓰면 $e^{0.45}$의 근삿값은 다음과 같다.

$$p_6(0.45) = \sum_{k=0}^{6} \frac{0.45^k}{k!} \approx 1.5683114$$

즉, 오차는 1.5×10^{-6}을 넘지 않는다.

관련 연습문제 25번 ◀

➤ $f(x) = e^x$이면

$$p_n(x) = \sum_{k=0}^{n} \frac{x^k}{k!}$$

임을 기억하자.

QUICK CHECK 6 예제 7에서 $R_7(0.45)$의 상계를 근사하여라. ◀

| 예제 8 | 나머지 계산하기 10.2절의 예제 4b에 나오는 0에서 $f(x) = \ln(1 - x)$의 n차 테일러 다항식은 다음과 같다.

$$p_n(x) = -\sum_{k=1}^{n} \frac{x^k}{k} = -x - \frac{x^2}{2} - \frac{x^3}{3} - \cdots - \frac{x^n}{n}$$

a. $p_3(x)$를 사용하여 함수 $\ln(1 - x)$, $x \in \left[-\frac{1}{2}, \frac{1}{2}\right]$의 근삿값의 오차 범위를 찾아라.

b. 테일러 다항식을 이용하여 구간 $\left[-\frac{1}{2}, \frac{1}{2}\right]$에서 함수 $\ln(1 - x)$의 근삿값을 계산할 때, 오차를 10^{-3}보다 작게 하려면 항을 몇 개 포함해야 하는가?

풀이

a. 테일러 다항식 p_3의 나머지는 $R_3(x) = \dfrac{f^{(4)}(c)}{4!}x^4$이며, c는 0과 x 사이에 점이다. 4계 도함수를 계산하면 $f^{(4)}(x) = -\dfrac{6}{(1 - x)^4}$이다. 구간 $\left[-\frac{1}{2}, \frac{1}{2}\right]$에서 도함수는 $x = \frac{1}{2}$일 때 최댓값 $6/\left(\frac{1}{2}\right)^4 = 96$을 갖는다. 마찬가지로 x^4은 $x = \pm\frac{1}{2}$일 때 최댓값 $\left(\frac{1}{2}\right)^4 = \frac{1}{16}$을 갖는다. 그러므로 구간 $\left[-\frac{1}{2}, \frac{1}{2}\right]$에서 $|R_3(x)| \le \dfrac{96}{4!}\left(\frac{1}{16}\right) = 0.25$이다. p_3에 의해 구간 $\left[-\frac{1}{2}, \frac{1}{2}\right]$에서 $f(x)$의 근삿값의 오차는 0.25보다 크지 않다.

b. 양의 정수 n에 대하여 나머지는 $R_n(x) = \dfrac{f^{(n+1)}(c)}{(n+1)!}x^{n+1}$이다. 함수 f를 여러 번 미분하면 다음을 얻는다.

$$f^{(n+1)}(x) = -\frac{n!}{(1-x)^{n+1}}$$

구간 $\left[-\frac{1}{2}, \frac{1}{2}\right]$에서 이 도함수는 $x = \frac{1}{2}$일 때 최댓값 $n!/\left(\frac{1}{2}\right)^{n+1}$을 갖는다. 간단히 말해 x^{n+1}은 $x = \pm\frac{1}{2}$일 때 최댓값 $\left(\frac{1}{2}\right)^{n+1}$을 갖는다. 따라서 나머지의 최대 오차는 다음과 같다.

$$\begin{aligned} |R_n(x)| &= \frac{1}{(n+1)!} \cdot \underbrace{|f^{(n+1)}(c)|}_{\leq n!2^{n+1}} \cdot \underbrace{|x|^{n+1}}_{\leq \left(\frac{1}{2}\right)^{n+1}} \\ &\leq \frac{1}{(n+1)!} \cdot n!2^{n+1} \cdot \frac{1}{2^{n+1}} \\ &= \frac{1}{n+1} \qquad \frac{n!}{(n+1)!} = \frac{1}{n+1} \end{aligned}$$

이 오차가 전체 구간 $\left[-\frac{1}{2}, \frac{1}{2}\right]$에서 10^{-3}보다 작으려면 n은 $|R_n| \leq \dfrac{1}{n+1} < 10^{-3}$, 즉 $n > 999$를 만족해야 한다. x가 0에 가깝다면 오차는 10^{-3}보다 훨씬 작을 것이다.

관련 연습문제 29번 ◀

10.1절 연습문제

1단계 스타트

1. 0에서 2차 테일러 다항식을 쓸 때, 테일러 다항식이 만족해야 하는 조건은 무엇인가?

2. 0에서 함수 $f(x) = \sqrt{1+x}$의 처음 세 테일러 다항식은 $p_0 = 1$, $p_1 = 1 + \dfrac{x}{2}$, $p_2 = 1 + \dfrac{x}{2} - \dfrac{x^2}{8}$이다. 이 세 테일러 다항식을 이용하여 $\sqrt{1.1}$의 세 근삿값을 구하여라.

3. $f(0) = 1$, $f'(0) = 0$, $f''(0) = 2$, $f^{(3)}(0) = 6$일 때, 0에서 f의 3차 테일러 다항식을 구하고, 이를 이용하여 $f(0.2)$의 근삿값을 구하여라.

4. $f(2) = 1$, $f'(2) = 1$, $f''(2) = 0$, $f^{(3)}(2) = 12$일 때, 2에서 f의 3차 테일러 다항식을 구하고, 이를 이용하여 $f(1.9)$의 근삿값을 구하여라.

2단계 실전

5–8. 선형 근사와 이차 근사

a. 점 a에서 다음 함수의 선형 근사를 구하여라.

b. 점 a에서 다음 함수의 이차 근사를 구하여라.

c. **a**와 **b**에서 얻은 다항식을 이용하여 주어진 값을 근사하여라.

5. $f(x) = 8x^{3/2}$, $a = 1$, $8 \cdot 1.1^{3/2}$의 근삿값

6. $f(x) = e^{-2x}$, $a = 0$, $e^{-0.2}$의 근삿값

7. $f(x) = (1+x)^{-1}$, $a = 0$, $\dfrac{1}{1.05}$의 근삿값

8. $f(x) = x^{1/3}$, $a = 8$, $7.5^{1/3}$의 근삿값

9. $a = 0$에서 $f(x) = \cos 6x$의 테일러 다항식 $p_1, \cdots, p_4$를 구하여라.

10. $a = 0$에서 $f(x) = (1+x)^{-3}$의 테일러 다항식 p_3, p_4를 구하여라.

11. $a = 1$에서 $f(x) = x^3$의 테일러 다항식 p_1, p_2, p_3을 구하여라.

12. $a = e$에서 $f(x) = \ln x$의 테일러 다항식 p_3을 구하여라.

13–14. 테일러 다항식의 그래프 그리기

a. 점 a에서 다음 함수의 차수 $n = 1$, 2인 n차 테일러 다항식을 구하여라.

b. 테일러 다항식과 함수의 그래프를 각각 그려라.

13. $f(x) = \ln(1-x)$, $a = 0$

14. $f(x) = \sin x$, $a = \frac{\pi}{4}$

15–16. 테일러 다항식으로 근삿값 구하기

a. 테일러 다항식 p_2를 이용하여 주어진 수치의 근삿값을 구하여라.

b. 정확한 값은 계산기로 주어졌다고 가정하여 근삿값의 절대 오차를 구하여라.

15. $f(x) = \sqrt{1+x}$, $p_2(x) = 1 + x/2 - x^2/8$, $\sqrt{1.05}$의 근삿값

16. $f(x) = e^{-x}$, $p_2(x) = 1 - x + x^2/2$, $e^{-0.15}$의 근삿값

17–20. 테일러 다항식으로 근삿값 구하기

a. $n = 3$인 테일러 다항식을 이용하여 주어진 수치의 근삿값을 구하여라.

b. 정확한 값은 계산기로 주어졌다고 가정하여 근삿값의 절대 오차를 구하여라.

17. $e^{0.12}$ **18.** $\tan(-0.1)$

19. $\sqrt{1.06}$ **20.** $\sinh 0.5$

21–23. 나머지 a에서 함수의 n차 테일러 다항식의 나머지 R_n을 구하여라. 결과를 일반적인 n의 값으로 표현하여라.

21. $f(x) = \sin x$, $a = 0$ **22.** $f(x) = e^{-x}$, $a = 0$

23. $f(x) = \sin x$, $a = \frac{\pi}{2}$

24–26. 오차 추정 0에서 함수의 n차 테일러 다항식으로 다음 수치의 근삿값 계산에서 생기는 오차 범위를 나머지를 이용하여 구하여라.

24. $\sin 0.3$, $n = 4$ **25.** $e^{0.25}$, $n = 4$

26. $e^{-0.5}$, $n = 4$

27–29. 최대 오차 주어진 구간에서 n차 테일러 다항식으로 다음 수치의 근삿값 계산에서 생기는 오차 범위를 나머지를 이용하여 구하여라.

27. $\sin x \approx x - \frac{x^3}{6}$, $\left[-\frac{\pi}{4}, \frac{\pi}{4}\right]$

28. $e^x \approx 1 + x + \frac{x^2}{2}$, $\left[-\frac{1}{2}, \frac{1}{2}\right]$

29. $\ln(1+x) \approx x - \frac{x^2}{2}$, $[-0.2, 0.2]$

30–32. 항의 개수 다음 수치의 근삿값을 계산할 때, 절대 오차가 10^{-3}보다 작도록 하는 테일러 다항식의 최소 차수는 얼마인가(어떤 점에서의 테일러 다항식을 쓰느냐에 따라 답이 달라진다)?

30. $e^{-0.5}$ **31.** $\cos(-0.25)$

32. $\sqrt{1.06}$

33. 참 또는 거짓 다음 명제가 참이면 증명하고 거짓이면 반례를 들어라.

a. 0에서 $f(x) = e^{-2x}$의 테일러 다항식에는 오직 짝수 거듭제곱만 나타난다.

b. $f(x) = x^5 - 1$일 때, 0에서 함수 f의 10차 테일러 다항식은 자기 자신이다.

c. 0에서 $f(x) = \sqrt{1+x^2}$의 n차 테일러 다항식에는 오직 짝수 거듭제곱만 나타난다.

d. f가 a에서 변곡점을 갖고, a를 포함하는 구간에서 f''이 연속이면 a에서 f의 2차 테일러 다항식은 선형이다.

34. 함수와 다항식 짝 짓기 a–f의 함수와 A–F의 0에서의 테일러 다항식을 짝 지어라. 이유를 설명하여라.

a. $\sqrt{1+2x}$ **A.** $p_2(x) = 1 + 2x + 2x^2$

b. $\frac{1}{\sqrt{1+2x}}$ **B.** $p_2(x) = 1 - 6x + 24x^2$

c. e^{2x} **C.** $p_2(x) = 1 + x - \frac{x^2}{2}$

d. $\frac{1}{1+2x}$ **D.** $p_2(x) = 1 - 2x + 4x^2$

e. $\frac{1}{(1+2x)^3}$ **E.** $p_2(x) = 1 - x + \frac{3}{2}x^2$

f. e^{-2x} **F.** $p_2(x) = 1 - 2x + 2x^2$

35–38. 근사에 대한 소론 x가 0에 가까울 때, 다음과 같은 일반적인 근사를 생각해 보자.

a. $f(0.1)$의 근삿값을 구하고, 근사의 오차 범위를 구하여라.

b. $f(0.2)$의 근삿값을 구하고, 근사의 오차 범위를 구하여라.

35. $f(x) = \sin x \approx x$ **36.** $f(x) = \cos x \approx 1 - \frac{x^2}{2}$

37. $f(x) = \sqrt{1+x} \approx 1 + \frac{x}{2}$

38. $f(x) = e^x \approx 1 + x$

3단계 도전

39. 근삿값의 오차 $x = -0.2, -0.1, 0.0, 0.1, 0.2$에서 두 테일러 다항식 $p_2(x) = 1 + x^2/2$과 $p_4(x) = 1 + x^2/2 + 5x^4/24$을 이용하여 $f(x) = \sec x$의 근삿값을 계산하고, 정확한 함숫값은 계산기로 주어진다고 가정하자.

a. 각 점에서 유효 자리가 세 자리인 근삿값의 절대 오차 표를 만들어라.

b. 각 오차 열에서 x에 따라 오차는 어떻게 변하는가? 어떤 x 값에 의해 오차가 최대 또는 최소가 되는가?

x	$\lvert\sec x - p_2(x)\rvert$	$\lvert\sec x - p_4(x)\rvert$
−0.2		
−0.1		
0.0		
0.1		
0.2		

40. 근삿값의 오차 다음 함수와 그의 테일러 다항식으로 연습문제 39번의 표를 만들어라.

$$f(x) = e^{-x},\ p_1(x) = 1 - x,\ p_2(x) = 1 - x + \frac{x^2}{2}$$

41. 최상 중심점 테일러 다항식으로 $e^{0.35}$의 근삿값을 계산할 때, 0 또는 2의 두 점 중 어느 점에서의 근삿값이 더 정확한가? 계산기를 이용하여 정리 10.2와 같은 결론을 얻는지 확인하여라. 답은 다항식의 차수에 따라 달라지는가?

42. 접선은 p_1 f가 $x = a$에서 미분가능하다고 하자.

a. 곡선 $y = f(x)$의 점 $(a, f(a))$에서의 접선의 방정식을 구하여라.

b. 테일러 다항식 p_1이 **a**에서 구한 접선임을 확인하라.

43. $\sin x$ 근사 $f(x) = \sin x$에 대하여 p_n과 q_n은 각각 0과 π에서의 n차 테일러 다항식이다.

a. p_5와 q_5를 구하여라.

b. 구간 $[-\pi, 2\pi]$에서 f, p_5, q_5의 그래프를 그려라. 어느 구간에서 p_5가 q_5보다 좋은 근삿값인가? 어느 구간에서 q_5가 p_5보다 좋은 근삿값인가?

c. 주어진 점에서 p_5와 q_5의 오차를 보여 주는 다음 표를 완성하여라.

x	$\lvert\sin x - p_5(x)\rvert$	$\lvert\sin x - q_5(x)\rvert$
$\pi/4$		
$\pi/2$		
$3\pi/4$		
$5\pi/4$		
$7\pi/4$		

d. 표에 주어진 점 중 어떤 점에서 p_5가 q_5보다 좋은 근삿값인가? 어떤 점에서 q_5가 p_5보다 좋은 근삿값인가? 결과를 설명하여라.

44. 제곱근 근사 $f(x) = \sqrt{x}$에 대하여 p_1과 q_1은 각각 36과 49에서의 1차 테일러 다항식이다.

a. p_1과 q_1을 구하여라.

b. p_1과 q_1을 이용하여 $x = 37, 39, 41, 43, 45, 47$에서 f(x)의 근삿값의 오차를 보여 주는 다음 표를 완성하여라.

x	$\lvert\sqrt{x} - p_1(x)\rvert$	$\lvert\sqrt{x} - q_1(x)\rvert$
37		
39		
41		
43		
45		
47		

c. 표에 주어진 점 중 어떤 점에서 p_1이 q_1보다 좋은 근삿값인가? 결과를 설명하여라.

QUICK CHECK 정답

3. $f(x) = \sin x$는 기함수이므로 $x = 0$에서 짝수 차수 도함수의 값은 0이다. 따라서 이의 테일러 다항식 또한 기함수이다.
4. $p_4(x) = p_3(x) + \dfrac{x^4}{4!}$, $p_5(x) = p_4(x) + \dfrac{x^5}{5!}$ **5.** $x = 49$와 $x = 16$은 좋은 선택이다. **6.** $e^{0.45} < 2$이므로 $|R_7(0.45)| < 2\dfrac{0.45^8}{8!} \approx 8.3 \times 10^{-8}$이다.

10.2 거듭제곱급수의 성질

앞 절에서 테일러 다항식으로 많은 함수의 근삿값을 얻을 수 있으며, 다항식의 차수가 높아짐에 따라 보다 좋은 근삿값을 얻을 수 있음을 배웠다. 이 절에서는 다음 단계로 테일러 다항식의 차수를 한없이 크게 하여 얻는 **거듭제곱급수**(power series)를 다룬다.

거듭제곱급수로서의 기하급수

거듭제곱급수에 친숙해지는 한 방법은 9.3절에서 처음 공부한 **기하급수**를 상기하는 것이다. 정해진 수 r에 대하여 다음 기하급수

$$\sum_{k=0}^{\infty} r^k = 1 + r + r^2 + \cdots = \frac{1}{1-r}, \qquad |r| < 1$$

에서 실수 r을 변수 x로 대체한다. 이렇게 함으로써 기하급수는 친숙한 함수의 새로운 표현이 된다.

$$\sum_{k=0}^{\infty} x^k = 1 + x + x^2 + \cdots = \frac{1}{1-x}, \qquad |x| < 1$$

이 무한급수가 거듭제곱급수이며, $|x| < 1$인 구간에서 유효한 함수 $1/(1-x)$의 다른 표현이다.

일반적으로 거듭제곱급수는 삼각함수, 지수함수와 로그함수 같은 친숙한 함수를 나타내는 데 사용된다. 거듭제곱급수는 새로운 함수를 정의하는 데도 쓰인다. 예를 들어 다음과 같이 정의된 함수를 생각해 보자.

$$g(x) = \sum_{k=1}^{\infty} \frac{(-1)^k k}{4^k} x^{2k}$$

함수라는 용어는 조심해서 사용해야 하는데, g가 함수인지 아직 확실하지 않기 때문이다. g가 함수라면 g는 연속인가? g는 도함수를 가질까? 그래프(그림 10.13)로 판단해 보면 g는 구간 $(-2, 2)$에서 연속이며 미분가능해 보인다(이 장 끝에서 확인해 볼 예정이다). 사실 거듭제곱급수는 모든 함수의 성질을 충족한다. x의 적절한 값에 대하여 거듭제곱급수는 많아야 하나의 값만 갖는다. 함수의 정의역, 성질과 요건이 아직 확정되지는 않았지만 이러한 이유로 거듭제곱급수를 함수로 사용한다.

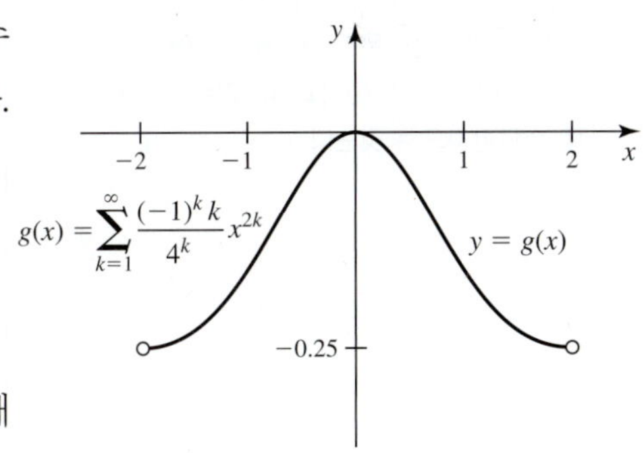

그림 10.13

➤ 그림 10.13은 구간 $(-2, 2)$에서 주어진 x의 값에 대하여 처음 500개 항을 합하여 구한 근삿값을 g의 그래프를 통해 보여 준다.

QUICK CHECK 1 g의 거듭제곱급수에 $x = 0$을 대입하여 그림 10.13의 함수에 대하여 $g(0)$을 구하여라. ◀

거듭제곱급수의 수렴

먼저 거듭제곱급수와 관련된 용어를 정의하자.

> **정의 거듭제곱급수**
>
> 거듭제곱급수는 다음과 같은 일반형을 갖는다.
>
> $$\sum_{k=0}^{\infty} c_k(x-a)^k$$
>
> 여기서 a와 c_k는 실수이고 x는 변수이다. c_k는 거듭제곱급수의 **계수**이고, a는 거듭제곱급수의 **중심**이다. 급수가 수렴하는 변수 x의 값들로 이루어진 집합을 **수렴구간**이라 한다. 급수의 R로 나타내는 **수렴반경**은 급수의 중심에서 수렴구간의 경계까지의 거리를 나타낸다(그림 10.14).

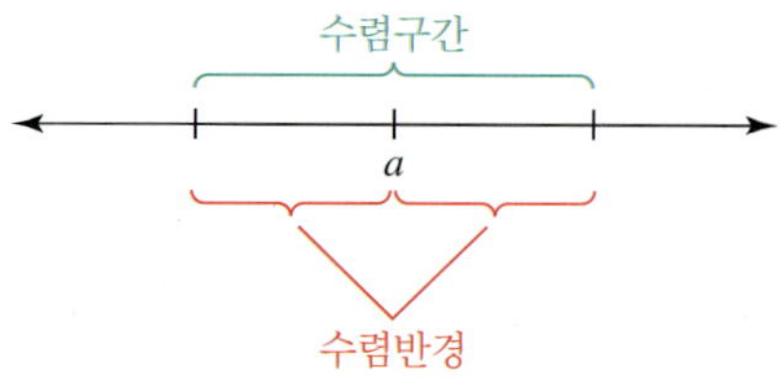

그림 10.14

그럼 어떻게 주어진 급수의 수렴반경을 정하는가? 급수에서의 x^k 또는 $(x-a)^k$의 존재에 의해 급수가 절대수렴하는 x의 값을 정하기 위해 비판정법 또는 근판정법을 사용하도록 암시하고 있다. 정리 9.19를 이용하여 급수가 절대수렴하는 구간을 정하면 급수가 수렴하는 값을 알게 된다.

정리 10.3에 어떤 급수가 수렴하는 조건이 있고, 그 증명은 부록에 있다.

➤ 정리 10.3은 수렴구간이 급수의 중심에 대하여 대칭임을 의미한다. 즉, 수렴반경 R은 비판정법으로 r을(근판정법으로는 ρ를) 분석하여 정한다. 이 정리는 수렴구간의 끝점에서의 수렴성에 대한 언급은 없다. 예를 들어 수렴구간 (2, 6), (2, 6], [2, 6), [2, 6] 모두는 수 $R=2$를 수렴반경으로 갖는다.

> **정리 10.3 거듭제곱급수의 수렴**
>
> a를 중심으로 갖는 거듭제곱급수 $\sum_{k=0}^{\infty} c_k(x-a)^k$은 다음 세 가지 형태 중 하나로 수렴한다.
>
> **1.** 급수가 모든 x에 대하여 절대수렴한다. 정리 9.19에 의해 급수가 모든 x에 대하여 수렴하고, 이 경우 수렴구간은 $(-\infty, \infty)$이며 수렴반경은 $R=\infty$이다.
>
> **2.** 적당한 양의 실수 R에 대하여 $|x-a|<R$이면 급수가 절대수렴하고(물론 수렴하고) $|x-a|>R$이면 발산하며, 이때 수렴반경은 R이다.
>
> **3.** 급수가 오직 한 점 a에서만 수렴한다. 이 경우 수렴반경은 $R=0$이다.

다음 예제에서 어떻게 비판정법과 근판정법으로 수렴반경과 수렴구간을 구하는지 보고, 정리 10.3의 각 경우를 살펴보자.

| 예제 1 | 수렴반경과 수렴구간 다음 거듭제곱급수의 수렴반경과 수렴구간을 구하여라.

a. $\sum_{k=0}^{\infty} \frac{x^k}{k!}$ **b.** $\sum_{k=0}^{\infty} \frac{(-1)^k(x-2)^k}{4^k}$ **c.** $\sum_{k=1}^{\infty} k!\, x^k$

풀이

a. 거듭제곱급수의 중심은 0이고, 급수의 항에 $x^k/k!$이 포함되어 있으므로 비판정법을 이용하여 절대수렴 여부를 조사한다.

$$
\begin{aligned}
r &= \lim_{k\to\infty} \frac{|x^{k+1}/(k+1)!|}{|x^k/k!|} && \text{비판정법} \\
&= \lim_{k\to\infty} \frac{|x|^{k+1}}{|x|^k} \cdot \frac{k!}{(k+1)!} && \text{곱셈 순서 바꾸기} \\
&= |x| \lim_{k\to\infty} \frac{1}{k+1} = 0 && x\text{를 고정하여 극한 구하기}
\end{aligned}
$$

x를 고정하여 $k \to \infty$일 때 극한을 계산한다. 모든 실수에 대하여 $r = 0$이므로 이 급수는 모든 x에 대하여 절대수렴한다. 즉 모든 x에 대하여 수렴한다. 그러므로 수렴구간은 $(-\infty, \infty)$이고(그림 10.15), 수렴반경은 $R = \infty$이다.

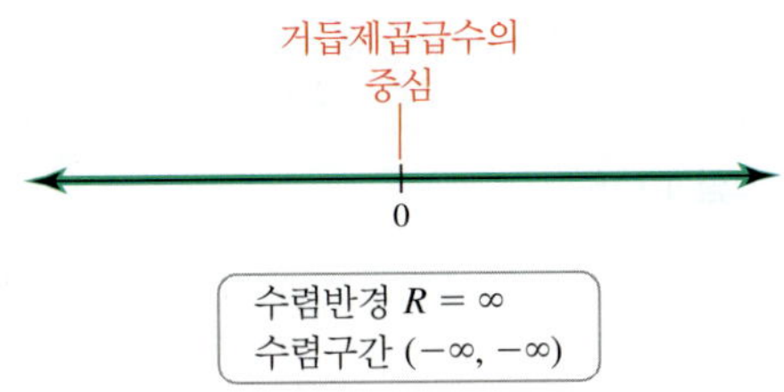

그림 10.15

b. 이번에는 근판정법을 사용해 보자.

$$
\rho = \lim_{k\to\infty} \sqrt[k]{\left|\frac{(-1)^k(x-2)^k}{4^k}\right|} = \frac{|x-2|}{4}
$$

이고, ρ가 x에 따라 변한다. 절대수렴하려면 x는

$$
\rho = \frac{|x-2|}{4} < 1
$$

즉, $|x-2| < 4$이어야 한다. 부등식을 풀면 $-4 < x-2 < 4$, $-2 < x < 6$이다. 결론적으로 이 급수는 구간 $(-2, 6)$에서 절대수렴하고, 수렴반경은 $R = 4$이다. $-\infty < x < -2$ 또는 $6 < x < \infty$에 대하여 $\rho > 1$이므로 이 구간들에서는 급수가 발산한다($k \to \infty$이면 급수의 항들이 0에 수렴하지 않고, 발산판정법에 의해 발산한다.)

근판정법으로는 구간의 양 끝점 $x = -2$와 $x = 6$에서의 수렴성을 판정할 수 없는데, 이 두 점에서는 근판정법의 결과가 $\rho = 1$이 되기 때문이다. 양 끝점에서 수렴성을 판정하기 위해 각 점을 급수에 대입하여 다른 판정법을 이용한다. $x = -2$에서 거듭제곱급수는 다음과 같다.

➤ 예제 1b의 거듭제곱급수는 비판정법 또는 근판정법을 모두 쓸 수 있다.

$$
\begin{aligned}
\sum_{k=0}^{\infty} \frac{(-1)^k(x-2)^k}{4^k} &= \sum_{k=0}^{\infty} \frac{4^k}{4^k} && \text{급수에 } x = -2 \text{ 대입하기} \\
&= \sum_{k=0}^{\infty} 1 && \text{발산판정법에 의해 발산}
\end{aligned}
$$

이 급수는 구간의 왼쪽 끝점에서 발산한다. $x = 6$에서 거듭제곱급수는 다음과 같다.

➤ 비판정법과 근판정법으로 수렴반경을 결정할 수 있다. 그러나 수렴구간은 끝점에서의 수렴성이 정해질 때까지 결정되지 않는다.

$$
\begin{aligned}
\sum_{k=0}^{\infty} \frac{(-1)^k(x-2)^k}{4^k} &= \sum_{k=0}^{\infty} (-1)^k \frac{4^k}{4^k} && \text{급수에 } x = 6 \text{ 대입하기} \\
&= \sum_{k=0}^{\infty} (-1)^k && \text{발산판정법에 의해 발산}
\end{aligned}
$$

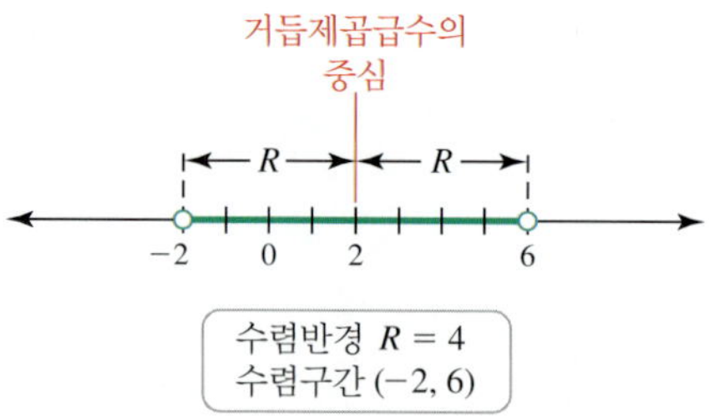

그림 10.16

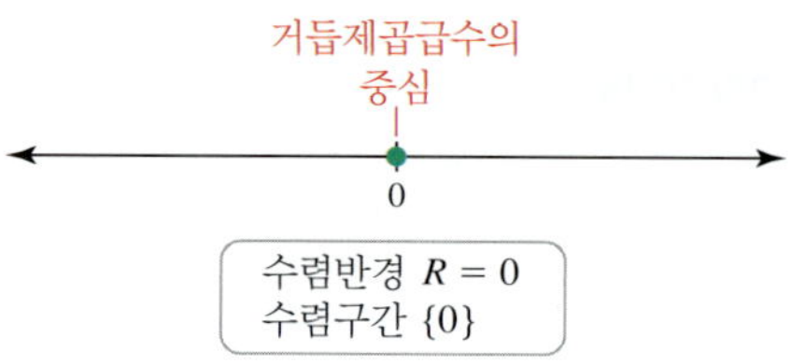

그림 10.17

QUICK CHECK 2 기하급수 $\sum x^k$ 의 수렴반경과 수렴구간은 무엇인가? ◀

이 급수는 구간의 오른쪽 끝점에서도 발산한다. 따라서 수렴구간은 양 끝점을 제외한 $(-2, 6)$이다(그림 10.16).

c. 이 경우에는 비판정법이 좋은데,

$$\begin{aligned} r &= \lim_{k\to\infty} \frac{|(k+1)!\, x^{k+1}|}{|k!\, x^k|} && \text{비판정법} \\ &= |x| \lim_{k\to\infty} \frac{(k+1)!}{k!} && \text{간단히 하기} \\ &= |x| \lim_{k\to\infty} (k+1) && \text{간단히 하기} \\ &= \infty && x \neq 0\text{일 때} \end{aligned}$$

이다. 0이 아닌 모든 x에 대하여 $r > 1$이므로 이 급수는 $(-\infty, 0)$과 $(0, \infty)$에서 발산한다.

$r < 1$인 경우는 오직 $x = 0$ 일 때뿐이고, 급수는 0이다. 급수의 수렴구간은 한 점 $x = 0$(그림 10.17)이고, 수렴반경은 $R = 0$이다. ◀

| 예제 2 | **급수** $\displaystyle\sum_{k=1}^{\infty} \frac{(x-2)^k}{\sqrt{k}}$의 수렴구간과 수렴반경을 비판정법을 이용하여 구하여라.

➤ 예제 2의 거듭제곱급수는 근판정법으로 분석할 수도 있다.

풀이

$$\begin{aligned} r &= \lim_{k\to\infty} \frac{|(x-2)^{k+1}/\sqrt{k+1}|}{|(x-2)^k/\sqrt{k}|} && \text{비판정법} \\ &= |x-2| \lim_{k\to\infty} \sqrt{\frac{k}{k+1}} && \text{간단히 하기} \\ &= |x-2| \underbrace{\sqrt{\lim_{k\to\infty} \frac{k}{k+1}}}_{1} && \text{극한 법칙} \\ &= |x-2| && \text{제곱근 안의 극한값은 1} \end{aligned}$$

이 급수는 $r < 1$, 즉 $|x-2| < 1$, $1 < x < 3$인 모든 x에 대하여 절대수렴(따라서 수렴)한다. 수렴반경은 $R = 1$이다. 구간 $-\infty < x < 1$과 $3 < x < \infty$에서 $r > 1$이고, 급수는 발산한다.

이제 끝점에서 수렴성을 판정하자. $x = 1$을 대입하면 급수는 다음과 같다.

$$\sum_{k=1}^{\infty} \frac{(x-2)^k}{\sqrt{k}} = \sum_{k=1}^{\infty} \frac{(-1)^k}{\sqrt{k}}$$

이 급수는 교대급수판정법(급수의 각 항은 감소하고, $k \to \infty$이면 극한값이 0)에 의해 수렴한다. $x = 3$을 대입하면 급수는 다음과 같다.

$$\sum_{k=1}^{\infty} \frac{(x-2)^k}{\sqrt{k}} = \sum_{k=1}^{\infty} \frac{1}{\sqrt{k}}$$

이 급수는 발산하는 p-급수이다. 그러므로 수렴구간은 $1 \le x < 3$이다(그림 10.18).

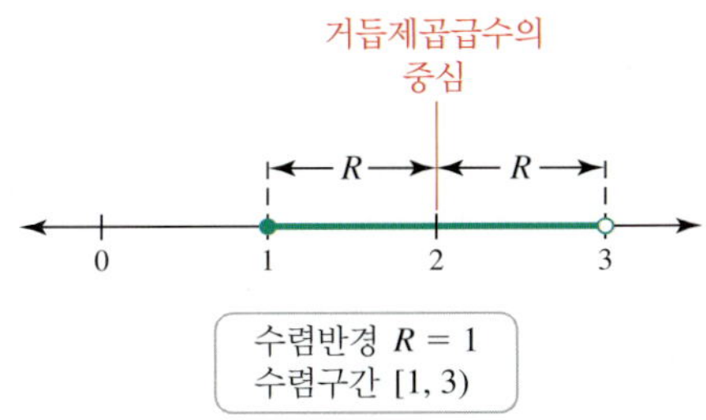

그림 10.18

예제 1과 예제 2에서 주어진 급수의 수렴구간과 수렴반경을 정하는 데 쓰인 기술을 다음과 같이 요약한다.

요약 $\sum c_k(x-a)^k$의 수렴구간과 수렴반경 구하는 방법

1. 급수가 절대수렴하는 구간 $(a-R, a+R)$을 정하기 위해 비판정법 또는 근판정법을 사용한다. 이때 급수의 수렴반경은 R이다.
2. 수렴구간을 찾기 위해 다음과 같이 수렴반경을 이용한다.
   - $R = \infty$이면 수렴구간은 $(-\infty, \infty)$이다.
   - $R = 0$이면 수렴구간은 한 점 $x = a$이다.
   - $0 < R < \infty$이면 수렴구간은 $(a-R, a+R)$과 구간의 양 끝점 또는 어느 한 점을 포함할 수도 있다. 두 끝점 $x = a - R$과 $x = a + R$에서의 수렴성 판정은 급수 $\sum c_k(-R)^k$과 $\sum c_k R^k$의 수렴성을 분석하여 결정된다.

이 방법은 어떤 급수에도 적용할 수 있지만, 일반적으로 문제의 급수에 대하여 알려진 것이 전혀 없는 경우도 있다. 정리 10.4, 정리 10.5에서와 같이 알려진 급수로부터 새로운 급수를 만들 수도 있는데, 이 경우 수렴구간을 찾는 데 다른 방법을 쓰기도 한다.

거듭제곱급수 결합

거듭제곱급수는 수렴구간에서 함수를 정의한다. 거듭제곱급수가 대수적으로 결합되면 새로운 함수가 만들어진다. 다음 정리는 증명 없이 거듭제곱급수를 결합하는 세 가지 흔한 방법을 제공한다.

정리 10.4 거듭제곱급수 결합

두 거듭제곱급수 $\sum c_k x^k$과 $\sum d_k x^k$이 구간 I에서 함수 $f(x)$와 $g(x)$에 수렴한다고 가정하자.

1. **합과 차** 거듭제곱급수 $\sum (c_k \pm d_k)x^k$은 구간 I에서 $f(x) \pm g(x)$에 수렴한다.
2. **거듭제곱 곱하기** 거듭제곱급수의 모든 항이 $x^m \sum c_k x^k = \sum c_k x^{k+m}$인 m을 $k + m \ge 0$인 정수라 하자. 이 급수는 $x \ne 0$인 I의 모든 점에서 $x^m f(x)$에 수렴한다. $x = 0$이면 이 급수는 $\lim_{x \to 0} x^m f(x)$에 수렴한다.

➤ 새로운 거듭제곱급수는 거듭제곱급수들의 곱 또는 비로 정의할 수도 있다. 이러한 급수의 계수를 계산하는 문제는 더욱 어렵다(연습문제 39번).

➤ 정리 10.4는 $x = 0$ 이외의 점을 중심으로 갖는 거듭제곱급수에도 적용할 수 있다. 성질 1은 직접 적용하고, 성질 2와 성질 3은 약간의 변형 후 적용한다.

> **3. 합성** m은 양의 정수, b는 0이 아닌 실수, $h(x) = bx^m$일 때, 거듭제곱급수 $\sum c_k (h(x))^k$은 $h(x)$가 I에 속하는 모든 x에 대하여 합성함수 $f(h(x))$에 수렴한다.

| 예제 3 | 거듭제곱급수 결합 기하급수

$$\frac{1}{1-x} = \sum_{k=0}^{\infty} x^k = 1 + x + x^2 + x^3 + \cdots, \qquad |x| < 1$$

에 대하여 다음 함수의 거듭제곱급수와 수렴구간을 구하여라.

a. $\dfrac{x^5}{1-x}$ **b.** $\dfrac{1}{1-2x}$ **c.** $\dfrac{1}{1+x^2}$

풀이

a.

$$\begin{aligned}\frac{x^5}{1-x} &= x^5(1 + x + x^2 + \cdots) \quad \text{정리 10.4의 성질 2}\\ &= x^5 + x^6 + x^7 + \cdots\\ &= \sum_{k=0}^{\infty} x^{k+5}\end{aligned}$$

이 기하급수는 비가 $r = x$이고, $|r| = |x| < 1$일 때 수렴한다. 수렴구간은 $|x| < 1$이다.

b. $\dfrac{1}{1-x}$에 대한 거듭제곱급수에 x 대신 $2x$를 대입하면 다음과 같다.

$$\begin{aligned}\frac{1}{1-2x} &= 1 + (2x) + (2x)^2 + \cdots \quad \text{정리 10.4의 성질 3}\\ &= \sum_{k=0}^{\infty} (2x)^k\end{aligned}$$

이 기하급수는 비가 $r = 2x$이고, $|r| = |2x| < 1$, 즉 $|x| < \frac{1}{2}$일 때 수렴한다. 수렴구간은 $|x| < \frac{1}{2}$이다.

c. $\dfrac{1}{1-x}$에 대한 거듭제곱급수에 x 대신 $-x^2$을 대입하면 다음과 같다.

$$\begin{aligned}\frac{1}{1+x^2} &= 1 + (-x^2) + (-x^2)^2 + \cdots \quad \text{정리 10.4의 성질 3}\\ &= 1 - x^2 + x^4 - \cdots\\ &= \sum_{k=0}^{\infty} (-1)^k x^{2k}\end{aligned}$$

이 기하급수는 비가 $r = -x^2$이고, $|r| = |-x^2| = |x^2| < 1$, 즉 $|x| < 1$일 때 수렴한다.

관련 연습문제 21번 ◀

거듭제곱급수의 미분과 적분

다항식에 관한 몇몇 성질은 거듭제곱급수에도 그대로 적용되지만 어떤 성질은 거듭제곱급수에는 적용되지 않는다. 예를 들어 다항함수는 모든 실수 x에 대하여 정의되지만 거듭제곱급수는 수렴구간에서만 정의된다. 일반적으로 다항식의 성질은 수렴구간에서만 정의된 거듭제곱급수에 적용될 수 있다. 다음 결과가 이런 원칙을 잘 보여 주고 있다.

정리 10.5 거듭제곱급수의 미분과 적분

거듭제곱급수 $\sum c_k(x-a)^k$이 $|x-a|<R$에 대하여 수렴하고, 그 구간에서 함수 f로 정의된다고 하자.

1. 함수 f는 $|x-a|<R$에 대하여 미분가능하고(이는 연속임을 의미함), f'은 함수 f의 거듭제곱급수의 항을 각각 미분하여 얻는다. 즉, 다음과 같다.

$$f'(x) = \sum kc_k(x-a)^{k-1}$$

2. 함수 f의 부정적분은 함수 f의 거듭제곱급수의 항을 각각 적분하여 얻는다. 즉, $|x-a|<R$에 대하여 다음을 만족한다.

$$\int f(x)\,dx = \sum c_k \frac{(x-a)^{k+1}}{k+1} + C$$

여기서 C는 임의의 상수이다.

➤ 정리 10.5는 수렴구간의 끝점에서 미분된 또는 적분된 급수의 수렴성에는 적용되지 않는다.

이 정리의 증명 과정은 어려워서 생략한다. 하지만 예제를 들기 전에 한 가지 지적하고 싶은 점은 정리 10.5에 있는 명제 중 거듭제곱급수의 각 항을 미분 또는 적분한 것은 두 가지를 의미하는데, 첫 번째는 미분 또는 적분된 거듭제곱급수는 수렴구간의 내부에서 수렴한다는 것이다. 하지만 이 정리는 수렴성 이상의 사실을 포함한다, 정리에 따르면 미분된 거듭제곱급수와 적분된 거듭제곱급수는 수렴구간 내부에서 각각 f의 도함수와 부정적분에 수렴한다. 이 정리를 이용하여 새로운 거듭제곱급수를 만들어 보자.

| 예제 4 | 거듭제곱급수의 미분과 적분 다음 기하급수를 생각하자,

$$f(x) = \frac{1}{1-x} = \sum_{k=0}^{\infty} x^k = 1 + x + x^2 + x^3 + \cdots, \quad |x| < 1$$

a. 각 항을 미분하여 f'의 거듭제곱급수를 찾고, 그 급수로 표현되는 함수를 구하여라.

b. 각 항을 적분한 후, 그 급수로 표현되는 함수를 구하여라.

풀이

a. $f'(x) = (1-x)^{-2}$을 이용하여 거듭제곱급수를 미분하면 다음을 얻는다.

$$\begin{aligned} f'(x) &= \frac{d}{dx}(1 + x + x^2 + x^3 + \cdots) && f\text{의 거듭제곱급수 미분하기} \\ &= 1 + 2x + 3x^2 + \cdots && \text{각 항 미분하기} \\ &= \sum_{k=0}^{\infty}(k+1)\,x^k && \text{합 기호로 나타내기} \end{aligned}$$

그러므로 구간 $|x| < 1$에서 $f'(x)$는 다음과 같다.

$$f'(x) = (1-x)^{-2} = \sum_{k=0}^{\infty}(k+1)\,x^k$$

정리 10.5는 구간의 양 끝점에서 미분된 급수의 수렴성에 대해서는 어떤 결론도 내리지 않았다. 이 경우 $x = \pm 1$을 거듭제곱급수에 대입하면 양 끝점에서 급수가 발산함을 알 수 있다.

b. f와 거듭제곱급수의 각 항을 적분하면

$$\int \frac{dx}{1-x} = \int (1 + x + x^2 + x^3 + \cdots)\,dx$$

이고, 이는 다음과 같다.

$$-\ln|1-x| = x + \frac{x^2}{2} + \frac{x^3}{3} + \frac{x^4}{4} + \cdots + C$$

여기서 C는 임의의 상수이다. $x = 0$일 때 등식의 좌변은 0이다. $C = 0$이면 $x = 0$일 때 등식의 우변도 0이다. $|x| < 1$이므로 좌변의 절댓값 기호는 없어도 된다. 양변에 -1을 곱하면 $\ln(1-x)$의 거듭제곱급수를 얻는다.

$$\ln(1-x) = -x - \frac{x^2}{2} - \frac{x^3}{3} - \frac{x^4}{4} - \cdots = -\sum_{k=1}^{\infty}\frac{x^k}{k}$$

$|x| < 1$의 끝점에서 수렴성을 조사해 보자. $x = 1$이면 이 급수는 발산하는 조화급수이고, $x = -1$일 때 이 급수는 수렴하는 교대급수이다(9.6절). 따라서 수렴구간은 $-1 \le x < 1$이다. 이 급수가 $x = -1$일 때 수렴함을 알지만, 정리 10.5는 $\ln(1-x)$의 수렴성은 오직 구간 내부의 점들에 대해서만 보장하고 있다. 정리 10.5를 써서 $x = -1$일 때 이 급수가 $\ln 2$에 수렴한다고 결론지을 수는 없다. 실제로 $x = -1$일 때 이 급수가 $\ln 2$에 수렴한다(10.3절).

QUICK CHECK 3 예제 4의 결과를 이용하여 $\ln \frac{1}{2} = -\ln 2$를 거듭제곱급수로 표현하여라. ◀

관련 연습문제 26, 28번 ◀

| 예제 5 | 함수에서 거듭제곱급수로 0에서 다음 함수의 거듭제곱급수 표현을 찾고, 수렴구간을 구하여라.

a. $\tan^{-1} x$ **b.** $\ln\left(\dfrac{1+x}{1-x}\right)$

풀이 두 경우에 각각 알고 있는 거듭제곱급수와 미분, 적분 및 기타 결합을 이용하여 해결한다.

a. 핵심은

$$\int \frac{dx}{1+x^2} = \tan^{-1} x + C$$

를 상기한 다음, 예제 3c로부터

$$\frac{1}{1+x^2} = 1 - x^2 + x^4 - \cdots, \quad |x| < 1$$

을 이용하는 것이다. 이제 위 식의 양변을 적분하면

$$\int \frac{dx}{1+x^2} = \int (1 - x^2 + x^4 - \cdots)\, dx$$

이므로 다음을 얻는다.

$$\tan^{-1} x = x - \frac{x^3}{3} + \frac{x^5}{5} - \cdots + C$$

$x = 0$을 대입한 후 $\tan^{-1} 0 = 0$을 이용하면 $C = 0$을 얻는다. 따라서 다음과 같다.

$$\tan^{-1} x = x - \frac{x^3}{3} + \frac{x^5}{5} - \cdots = \sum_{k=0}^{\infty} \frac{(-1)^k x^{2k+1}}{2k+1}$$

정리 10.5에 의해 이 거듭제곱급수는 $\tan^{-1} x$, $|x| < 1$에 수렴한다. 끝점에서 수렴성을 각각 조사하면 $x = \pm 1$에서 모두 수렴함을 알 수 있다. 따라서 수렴구간은 $[-1, 1]$이다.

➤ 또한 정리 10.5는 예제 5a의 거듭제곱급수가 $x = \pm 1$에서 $\tan^{-1} x$에 수렴함을 보장하지는 않는다. 실제로 수렴하기는 한다.

b. 예제 4에서 이미 다음이 성립함을 알아봤다.

$$\ln(1 - x) = -x - \frac{x^2}{2} - \frac{x^3}{3} - \cdots$$

x 대신 $-x$를 대입하면 정리 10.4의 성질 3에 의해 다음을 얻는다.

$$\ln(1 - (-x)) = \ln(1 + x) = x - \frac{x^2}{2} + \frac{x^3}{3} - \cdots$$

➤ 니콜라스 메르카토르(Nicolaus Mercator, 1620–1687)와 아이삭 뉴턴(Isaac Newton, 1642–1727)은 독립적으로 메르카토르 급수(Mercator series)라 부르는 $\ln(1 + x)$의 거듭제곱급수를 도출했다.

이 두 급수의 차를 계산하면 다음과 같다.

$$\ln\left(\frac{1+x}{1-x}\right) = \ln(1+x) - \ln(1-x) \quad \text{로그함수의 성질}$$

$$= \underbrace{\left(x - \frac{x^2}{2} + \frac{x^3}{3} - \cdots\right)}_{\ln(1+x)} - \underbrace{\left(-x - \frac{x^2}{2} - \frac{x^3}{3} - \cdots\right)}_{\ln(1-x)}, \quad |x| < 1$$

$$= 2\left(x + \frac{x^3}{3} + \frac{x^5}{5} + \cdots\right) \quad \text{정리 10.4의 성질 1}$$

$$= 2\sum_{k=0}^{\infty} \frac{x^{2k+1}}{2k+1}$$ 합 기호로 나타내기

QUICK CHECK 4 예제 5b의 거듭제곱급수가 끝점 $x = \pm 1$에서 수렴하지 않음을 확인하여라. ◀

이 급수는 구간 $|x| < 1$에서 수렴하는 서로 다른 두 급수의 차이다. 그러므로 정리 10.4에 의해 새로운 급수도 $|x| < 1$에서 수렴한다.

관련 연습문제 29번 ◀

주의 깊게 살펴보면 이 절에서 다룬 모든 예는 모두 기하급수에서 유래함을 알 수 있다. 기하급수를 이용함으로써 많은 함수의 거듭제곱급수를 찾을 수 있었다. 보다 기본적인 다른 몇몇 급수를 사용하여 얻을 수 있는 것들을 상상해 보자. 바로 다음 절에서 이에 대하여 공부한다. 즉, 미적분학의 많은 기본적인 함수의 거듭제곱급수를 찾을 것이다.

10.2절 연습문제

1단계 스타트

1. 0을 중심으로 갖고, 계수가 c_0, c_1, c_2, c_3인 거듭제곱급수의 처음 네 개 항을 적어라.

2. 거듭제곱급수의 수렴반경을 찾는 데 어떤 판정법이 쓰이는가?

3. 거듭제곱급수를 미분하거나 적분하여 얻는 거듭제곱급수의 수렴반경과 수렴구간은 변하는가? 설명하여라.

4. 어떤 거듭제곱급수가 $|4x - 8| \le 40$이면 수렴하고 $|4x - 8| > 40$이면 발산할 때, 수렴반경과 수렴구간을 구하여라.

2단계 실전

5–18. 수렴반경과 수렴구간 다음 거듭제곱급수의 수렴반경과 수렴구간을 구하여라.

5. $\sum_{k=0}^{\infty} (2x)^k$

6. $\sum_{k=1}^{\infty} (kx)^k$

7. $\sum_{k=1}^{\infty} \sin^k\left(\frac{1}{k}\right)x^k$

8. $\sum_{k=0}^{\infty} \left(\frac{x}{3}\right)^k$

9. $\sum_{k=1}^{\infty} \frac{x^k}{k^k}$

10. $\sum_{k=0}^{\infty} \frac{x^k}{2^k + 1}$

11. $-\frac{x^2}{1!} + \frac{x^4}{2!} - \frac{x^6}{3!} + \frac{x^8}{4!} - \cdots$

12. $\sum_{k=1}^{\infty} \frac{(-1)^{k+1}(x-1)^k}{k}$

13. $\sum_{k=0}^{\infty} \frac{(4x-1)^k}{k^2 + 4}$

14. $\sum_{k=0}^{\infty} \frac{k^{10}(2x-4)^k}{10^k}$

15. $\sum_{k=0}^{\infty} \frac{k^2 x^{2k}}{k!}$

16. $\sum_{k=1}^{\infty} \frac{x^{2k+1}}{3^{k-1}}$

17. $\sum_{k=1}^{\infty} \frac{(x-1)^k k^k}{(k+1)^k}$

18. $\sum_{k=0}^{\infty} \frac{k^{20} x^k}{(2k+1)!}$

19–20. 수렴반경 다음 거듭제곱급수의 수렴반경을 구하여라.

19. $\sum_{k=1}^{\infty} \frac{k! x^k}{k^k}$

20. $\sum_{k=1}^{\infty} \left(\frac{k}{k+4}\right)^{k^2} x^k$

21–23. 거듭제곱급수 결합 기하급수

$$f(x) = \frac{1}{1-x} = \sum_{k=0}^{\infty} x^k, \quad |x| < 1$$

을 이용하여 다음 함수의 거듭제곱급수(중심은 0) 표현을 구하여라. 새 급수의 수렴구간을 구하여라.

21. $f(3x) = \frac{1}{1-3x}$

22. $h(x) = \frac{2x^3}{1-x}$

23. $p(x) = \frac{4x^{12}}{1-x}$

24–25. 거듭제곱급수 결합 거듭제곱급수 표현

$$f(x) = \ln(1-x) = -\sum_{k=1}^{\infty} \frac{x^k}{k}, \quad -1 \le x < 1$$

을 이용하여 다음 함수의 거듭제곱급수(중심은 0) 표현을 구하여라. 새 급수의 수렴구간을 구하여라.

24. $f(3x) = \ln(1 - 3x)$ **25.** $p(x) = 2x^6 \ln(1 - x)$

26–28. 거듭제곱급수의 미분과 적분 함수 f의 거듭제곱급수를 미분 또는 적분하여(1번 이상 할 수도 있음) 함수 g의 거듭제곱급수(중심은 0) 표현을 구하여라. 새 급수의 수렴구간을 구하여라.

26. $g(x) = \dfrac{2}{(1 - 2x)^2}$, $f(x) = \dfrac{1}{1 - 2x}$ 을 이용

27. $g(x) = -\dfrac{1}{(1 + x)^2}$, $f(x) = \dfrac{1}{1 + x}$ 을 이용

28. $g(x) = \ln(1 - 3x)$, $f(x) = \dfrac{1}{1 - 3x}$ 을 이용

29–31. 함수에서 거듭제곱급수로 알려진 거듭제곱급수를 이용하여 다음 함수의 중심 0에서의 거듭제곱급수 표현을 구하여라.

29. $f(x) = \dfrac{2x}{(1 + x^2)^2}$ **30.** $f(x) = \dfrac{3}{3 + x}$

31. $f(x) = \ln \sqrt{4 - x^2}$

32. 참 또는 거짓 다음 명제가 참이면 증명하고 거짓이면 반례를 들어라.

a. 거듭제곱급수 $\sum c_k(x - 3)^k$의 수렴구간은 $(-2, 8)$일 수 있다.

b. 거듭제곱급수 $\sum_{k=0}^{\infty}(-2x)^k$은 구간 $-\frac{1}{2} < x < \frac{1}{2}$에서 수렴한다.

c. $f(x) = \sum_{k=0}^{\infty} c_k x^k$, $|x| < 1$이면 $f(x^2) = \sum c_k x^{2k}$, $|x| < 1$이다.

d. 구간 $(-a, a)$의 모든 x에 대하여 $f(x) = \sum_{k=0}^{\infty} c_k x^k = 0$이면 모든 k에 대하여 $c_k = 0$이다.

33. 거듭제곱급수의 이동 거듭제곱급수 $f(x) = \sum c_k x^k$의 수렴구간이 $|x| < R$이면 0이 아닌 실수 a에 대하여 함수 $f(x - a)$의 거듭제곱급수의 수렴구간은 무엇인가?

34–36. 급수에서 함수로 다음 급수로 표현되는 함수를 구하고, 급수의 수렴구간을 구하여라(모든 급수가 거듭제곱급수는 아니다).

34. $\sum_{k=0}^{\infty}(\sqrt{x} - 2)^k$ **35.** $\sum_{k=0}^{\infty} e^{-kx}$

36. $\sum_{k=0}^{\infty}\left(\dfrac{x^2 - 1}{3}\right)^k$

37. 지수함수 10.3절에서 0에서 지수함수의 거듭제곱급수는

$$e^x = \sum_{k=0}^{\infty} \frac{x^k}{k!}, \quad -\infty < x < \infty$$

임을 보일 것이다. 이 방법을 이용하여 함수 $f(x) = e^{-3x}$의 0에서 거듭제곱급수를 구하여라. 이 급수의 수렴구간을 구하여라.

3단계 도전

38. 거듭제곱급수에 x의 거듭제곱을 곱하기 $f(x) = \sum_{k=0}^{\infty} c_k x^k$이 수렴반경 R로 수렴하면 m이 양의 정수이고, $x^m f(x)$의 거듭제곱급수 또한 같은 수렴반경 R로 수렴함을 증명하여라.

39. 거듭제곱급수의 곱 두 함수

$$f(x) = \sum_{k=0}^{\infty} c_k x^k, \; g(x) = \sum_{k=0}^{\infty} d_k x^k$$

에 대하여 물음에 답하여라.

a. 다항식을 곱하듯이 두 거듭제곱급수를 곱하여라. 곱 $f(x)g(x)$의 처음 세 개 항을 써라.

b. 두 거듭제곱급수의 곱에서 x^n, $n = 0, 1, 2, \cdots$의 계수의 일반화된 식을 구하여라.

QUICK CHECK 정답

1. $g(0) = 0$ **2.** $|x| < 1$, $R = 1$ **3.** $x = 1/2$로 놓으면 $\ln(1/2) = -\ln 2 = -\sum_{k=1}^{\infty} \dfrac{1}{2^k k}$ 이다. ◀

10.3 테일러 급수

수렴구간에서 거듭제곱급수를 함수로 표현할 수 있음을 앞 절에서 살펴봤다. 이 절에서는 그 역, 즉 '주어진 함수의 거듭제곱급수로의 표현은 무엇일까?'를 관찰해 보자. 우리는 어떻게 테일러 다항식으로 함수를 근사하는 방법을 알기 때문에 이런 질문에 대답할 준비가 되어 있다. 테일러 다항식을 확장하여 소위 **테일러 급수**를 함수의 거듭제곱급수 표현으로 사용한다.

함수의 테일러 급수

점 a에서 함수 f가 모든 차수의 도함수 $f^{(k)}(a)$를 갖는다고 하자. f의 a에서 n차 테일러 다항식을 쓰고, n을 한없이 증가시키면 다음 거듭제곱급수를 얻는다.

$$\underbrace{c_0 + c_1(x-a) + c_2(x-a)^2 + \cdots + c_n(x-a)^n}_{n\text{차 테일러 다항식}} + \underbrace{\cdots}_{n\to\infty} = \sum_{k=0}^{\infty} c_k(x-a)^k$$

테일러 다항식의 계수는 다음과 같이 주어진다,

$$c_k = \frac{f^{(k)}(a)}{k!}, \quad k = 0, 1, 2, \cdots.$$

▶ 맥클로린 급수는 1742년에 교과서에 테일러 업적으로 기술한 스코틀랜드 수학자 콜린 맥클로린(Colin Maclaurin, 1698–1746)의 이름에서 따왔다.

이 계수들은 중심이 a인 f의 테일러 급수(Taylor series)라 부르는 거듭제곱급수의 계수이기도 하다. 이것이 바로 a에서 f의 테일러 다항식의 자연스러운 확장이기도 하다. 중심이 0인 테일러 급수를 맥클로린 급수(Maclaurin series)라 한다.

정의 함수의 테일러 급수, 맥클로린 급수

함수 f가 a를 중심으로 갖는 구간에서 모든 차수의 도함수를 갖는다고 하자. **중심이 a인 함수 f의 테일러 급수**는 다음과 같다.

$$f(a) + f'(a)(x-a) + \frac{f''(a)}{2!}(x-a)^2 + \frac{f^{(3)}(a)}{3!}(x-a)^3 + \cdots$$
$$= \sum_{k=0}^{\infty} \frac{f^{(k)}(a)}{k!}(x-a)^k$$

중심이 0인 테일러 급수를 **맥클로린 급수**라 한다.

▶ 어떤 함수의 테일러 급수가 다른 함수로 수렴하는 보기 드문 경우도 있다.

테일러 급수를 유용하게 쓰려면 다음 두 가지를 알아야 한다.

- 테일러 급수가 수렴하는 x의 값
- f의 테일러 급수가 f와 같도록 하는 x의 값

두 번째 사항은 미묘한 문제라 논의를 미룬다. 지금은 어떤 점을 중심으로 갖는 함

수 f의 테일러 급수를 찾기로 하고, 이때 함수 $f(x)$가 거듭제곱급수와 같다는 주장은 하지 않겠다.

QUICK CHECK 1 중심이 a인 함수 f의 테일러 급수의 값을 $x = a$에서 계산하면 그 값은 $f(a)$임을 확인하여라. ◀

| 예제 1 | 맥클로린 급수와 수렴성 다음 함수의 맥클로린 급수(중심이 0인 테일러 급수)와 수렴구간을 구하여라.

a. $f(x) = \cos x$ **b.** $f(x) = \dfrac{1}{1-x}$

풀이 테일러 급수의 계수를 찾는 과정은 테일러 다항식의 경우와 같다. 즉, 작업의 대부분은 f의 도함수를 구하는 것이다.

a. 맥클로린 급수는 다음 형태이다.

$$\sum_{k=0}^{\infty} c_k x^k \quad \text{여기서} \quad c_k = \frac{f^{(k)}(0)}{k!}, \quad k = 0, 1, 2, \cdots$$

$x = 0$에서 $f(x) = \cos x$의 도함수 값을 계산해 보자.

$$\begin{aligned} f(x) &= \cos x \Rightarrow f(0) = 1 \\ f'(x) &= -\sin x \Rightarrow f'(0) = 0 \\ f''(x) &= -\cos x \Rightarrow f''(0) = -1 \\ f'''(x) &= \sin x \Rightarrow f'''(0) = 0 \\ f^{(4)}(x) &= \cos x \Rightarrow f^{(4)}(0) = 1 \\ &\vdots \qquad\qquad\qquad \vdots \end{aligned}$$

홀수 차수 도함수는 0, 즉 $c_k = \dfrac{f^{(k)}(0)}{k!} = 0$($k$는 홀수)이고, 짝수 차수 도함수는 다음과 같다.

$$c_0 = f(0) = 1, \qquad c_2 = \frac{f^{(2)}(0)}{2!} = -\frac{1}{2!},$$

$$c_4 = \frac{f^{(4)}(0)}{4!} = \frac{1}{4!}, \quad c_6 = \frac{f^{(6)}(0)}{6!} = -\frac{1}{6!},$$

일반적으로 $c_{2k} = \dfrac{(-1)^k}{(2k)!}$이다. 그러므로 f의 맥클로린 급수는 다음과 같다.

$$1 - \frac{x^2}{2!} + \frac{x^4}{4!} - \frac{x^6}{6!} + \cdots = \sum_{k=0}^{\infty} \frac{(-1)^k}{(2k)!} x^{2k}$$

이 급수는 모든 테일러 다항식을 포함하며, 급수는 오직 짝수 차수의 x항들만 포함하는데, 이는 $\cos x$가 우함수이기 때문이다.

➤ 예제 1a에서 $\cos x$와 맥클로린 급수는 모두 우함수임을 살펴봤다. 이 관찰에는 주의가 필요하다. 0이 아닌 다른 점이 중심인 우함수의 테일러 급수는 우함수, 기함수 또는 우함수도 기함수도 아닌 함수일 수 있다. 이런 현상은 기함수일 때에도 나올 수 있다.

급수는 어떤 x값에 대하여 수렴하는가? 10.2절에서 다룬 것처럼 비판정법을 쓰면 다음을 얻는다.

$$r = \lim_{k\to\infty}\left|\frac{(-1)^{k+1}x^{2(k+1)}/(2(k+1))!}{(-1)^k x^{2k}/(2k)!}\right| \quad r = \lim_{k\to\infty}\left|\frac{a_{k+1}}{a_k}\right|$$

$$= \lim_{k\to\infty}\left|\frac{x^2}{(2k+2)(2k+1)}\right| = 0 \quad \text{간단히 하기, } x\text{를 고정하여 극한 계산하기}$$

➤ 다음이 성립함을 기억하자.

$(2k+2)! = (2k+2)(2k+1)(2k)!$

그러므로 $\frac{(2k)!}{(2k+2)!} = \frac{1}{(2k+2)(2k+1)}$

이다.

이 경우 모든 x에 대하여 $r < 1$이므로 맥클로린 급수는 모든 x에 대하여 절대 수렴한다. 즉, 정리 9.19에 의해 맥클로린 급수는 모든 x에 대하여 수렴한다. 따라서 수렴구간은 $-\infty < x < \infty$이다.

b. **a**와 비슷하게 0에서 $f(x) = 1/(1-x)$의 도함수 값을 계산하면

$$f(x) = \frac{1}{1-x} \Rightarrow f(0) = 1,$$

$$f'(x) = \frac{1}{(1-x)^2} \Rightarrow f'(0) = 1,$$

$$f''(x) = \frac{2}{(1-x)^3} \Rightarrow f''(0) = 2!,$$

$$f'''(x) = \frac{3\cdot 2}{(1-x)^4} \Rightarrow f'''(0) = 3!,$$

$$f^{(4)}(x) = \frac{4\cdot 3\cdot 2}{(1-x)^5} \Rightarrow f^{(4)}(0) = 4!$$

이므로 일반적으로 $f^{(k)}(0) = k!$이다. 그러므로 맥클로린 급수의 계수는 $c_k = \frac{f^{(k)}(0)}{k!} = \frac{k!}{k!} = 1$, $k = 0, 1, 2, \cdots$이고, 0에서 함수 f의 급수는 다음과 같다.

$$1 + x + x^2 + x^3 + \cdots = \sum_{k=0}^{\infty} x^k$$

이 거듭제곱급수는 익숙하다! 함수 $f(x) = 1/(1-x)$의 맥클로린 급수는 기하급수이다. 이는 비판정법을 이용하여 보일 수도 있지만, 이미 이 급수가 $|x| < 1$에 대하여 수렴함을 증명했다. ◀

QUICK CHECK 2 예제 1b에 의하면 $f(x) = (1+x)^{-1}$의 테일러 급수는 무엇인가? ◀

이 예제는 중요한 사실을 알려 준다. 주어진 점에서 함수의 거듭제곱급수는 오직 하나이지만 급수를 찾는 방법은 여러 가지일 수 있다는 것이다. 중요한 점이 또 있다. 예제 1b의 급수는 구간 $(-1, 1)$에서 함수 $f(x) = 1/(1-x)$의 표현이다. 함수 f의 다른 구간, 다른 중심에서의 급수 표현의 계수는 다시 구해야 한다는 것이며, 이는 다음 예제를 통해 살펴보도록 하자.

| 예제 2 | 다른 중심 택하기 중심이 5인 함수 $f(x) = \frac{1}{1-x}$의 테일러 급수를 구하고, 이의 수렴반경과 수렴구간을 구하여라.

풀이 예제 1b와 같이 f의 k차 도함수를 구하면 $f^{(k)}(x) = \frac{k!}{(1-x)^{k+1}}$이므로

테일러 급수의 계수는

$$c_k = \frac{f^{(k)}(5)}{k!} = \frac{k!}{k!(1-5)^{k+1}} = \frac{(-1)^{k+1}}{4^{k+1}}, \quad k = 0, 1, 2, \cdots$$

이고, 5에서 f의 급수는 다음과 같다.

$$\sum_{k=0}^{\infty} \frac{(-1)^{k+1}(x-5)^k}{4^{k+1}} = -\frac{1}{4} + \frac{x-5}{4^2} - \frac{(x-5)^2}{4^3} + \frac{(x-5)^3}{4^4} \cdots$$

이 급수의 수렴구간을 찾기 위해 비판정법을 사용하면 다음을 얻는다.

$$r = \lim_{k\to\infty}\left|\frac{(-1)^{k+2}(x-5)^{k+1}/4^{k+2}}{(-1)^{k+1}(x-5)^k/4^{k+1}}\right| = \lim_{k\to\infty}\frac{|x-5|}{4} = \frac{|x-5|}{4}$$

이 급수는 $r = \dfrac{|x-5|}{4} < 1$ 또는 $1 < x < 9$이면 절대수렴하므로 수렴반경은 4이다. 이 급수는 $x = 1$과 $x = 9$에서 발산하므로 수렴구간은 $(1, 9)$이다.

그림 10.19는 f의 그래프와 5에서 f의 7차 테일러 다항식 p_7의 그래프(파란 곡선)와 0에서 f의 7차 테일러 다항식 p_7의 그래프(빨간 곡선)를 나타낸 것이다. 두 경우의 공통인 수렴구간은 $f(x) = \dfrac{1}{1-x}$의 수직 점근선($x = 1$)까지 연장되어 있다. 사실 중심이 1이 아닌 a인 f의 테일러 급수의 수렴구간은 a를 중심으로 대칭이며 $x = 1$까지 연장된다. 놀랍게도 f의 테일러 급수는 f의 불연속점을 '알고 있다'는 것이다.

관련 연습문제 15번 ◀

QUICK CHECK 3 예제 2의 급수 $\displaystyle\sum_{k=0}^{\infty}\frac{(-1)^{k+1}(x-5)^k}{4^{k+1}}$은 $x = 1$과 $x = 9$에서 발산함을 확인하여라. ◀

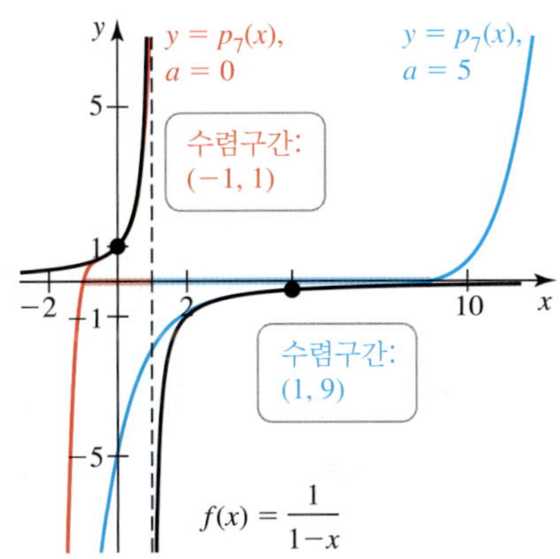

그림 10.19

| 예제 3 | 0 이외의 중심 중심이 8인 $f(x) = \sqrt[3]{x}$의 테일러 급수의 0이 아닌 처음 네 개 항을 구하여라.

풀이 f는 $x = 8$에서 모든 차수의 도함수를 갖는다. 중심 8에서 테일러 급수의 형태는 다음과 같다.

$$\sum_{k=0}^{\infty} c_k(x-8)^k, \quad c_k = \frac{f^{(k)}(8)}{k!}$$

이제 도함수 값을 계산한다.

$$f(x) = x^{1/3} \Rightarrow f(8) = 2,$$

$$f'(x) = \frac{1}{3}x^{-2/3} \Rightarrow f'(8) = \frac{1}{12},$$

$$f''(x) = -\frac{2}{9}x^{-5/3} \Rightarrow f''(8) = -\frac{1}{144},$$

$$f'''(x) = \frac{10}{27}x^{-8/3} \Rightarrow f'''(8) = \frac{5}{3456}$$

이제 거듭제곱급수로 나타내면 다음과 같다.

$$2+\frac{1}{12}(x-8)+\frac{1}{2!}\left(-\frac{1}{144}\right)(x-8)^2+\frac{1}{3!}\left(\frac{5}{3456}\right)(x-8)^3+\cdots$$

$$=2+\frac{1}{12}(x-8)-\frac{1}{288}(x-8)^2+\frac{5}{20{,}736}(x-8)^3+\cdots$$

| 예제 4 | 맥클로린 급수 다루기 $f(x)=e^x$이라 하자.

a. f의 맥클로린 급수를 구하여라.

b. 급수의 수렴구간을 구하여라.

c. 이 급수를 이용하여 세 함수 x^4e^x, e^{-2x}, e^{-x^2}의 맥클로린 급수를 각각 구하여라.

풀이

a. 중심 0에서 $f(x)=e^x$의 테일러 다항식의 계수는 $c_k=1/k!$이다(10.1절 예제 3). 이 계수들은 맥클로린 급수의 계수이기도 하다. 그러므로 e^x의 맥클로린 급수는 다음과 같다.

$$1+\frac{x}{1!}+\frac{x^2}{2!}+\cdots+\frac{x^n}{n!}+\cdots=\sum_{k=0}^{\infty}\frac{x^k}{k!}$$

b. 비판정법을 쓰면 다음을 얻는다.

$$r=\lim_{k\to\infty}\left|\frac{x^{k+1}/(k+1)!}{x^k/k!}\right| \quad \text{약분하기}$$

$$=\lim_{k\to\infty}\left|\frac{x}{k+1}\right|=0 \quad \text{간단히 하기, } x\text{를 고정하여 극한 계산하기}$$

모든 x에 대하여 $r<1$이므로 수렴구간은 $-\infty<x<\infty$이다.

c. 정리 10.4에 의해 거듭제곱급수는 수렴구간에서라면 더하기도, x의 거듭제곱으로 곱하기도, 다른 함수와 합성할 수도 있다. 그러므로 x^4e^x의 맥클로린 급수는 다음과 같다.

$$x^4\sum_{k=0}^{\infty}\frac{x^k}{k!}=\sum_{k=0}^{\infty}\frac{x^{k+4}}{k!}=x^4+\frac{x^5}{1!}+\frac{x^6}{2!}+\cdots+\frac{x^{k+4}}{k!}+\cdots$$

이와 비슷하게 e^{-2x}은 합성함수 $f(-2x)$이다. f의 맥클로린 급수에서 x 대신 $-2x$를 대입하면 e^{-2x}의 거듭제곱급수는 다음과 같다.

$$\sum_{k=0}^{\infty}\frac{(-2x)^k}{k!}=\sum_{k=0}^{\infty}\frac{(-1)^k(2x)^k}{k!}=1-2x+2x^2-\frac{4}{3}x^3+\cdots$$

e^{-x^2}의 맥클로린 급수는 e^x의 맥클로린 급수에서 x 대신 $-x^2$을 대입하면 얻을 수 있다.

$$\sum_{k=0}^{\infty}\frac{(-x^2)^k}{k!}=\sum_{k=0}^{\infty}\frac{(-1)^kx^{2k}}{k!}=1-x^2+\frac{x^4}{2!}-\frac{x^6}{3!}+\cdots$$

$f(x) = e^x$의 수렴구간은 $-\infty < x < \infty$이므로 세 함수 $x^4 e^x$, e^{-2x}, e^{-x^2}의 급수를 얻는 데 쓴 변형 과정은 수렴구간에 영향을 미치지 않는다. 그래도 걱정된다면 새로운 급수에 비판정법을 적용하여 수렴구간을 확인할 수 있다.

관련 연습문제 18번 ◀

QUICK CHECK 4 $2xe^x$과 e^{-x}의 맥클로린 급수의 처음 세 항을 각각 구하여라. ◀

이항급수

p가 양의 정수이면 $(1+x)^p$은 p차 다항식임을 대수학에서 배웠다. 실제로 다음과 같다.

$$(1+x)^p = \binom{p}{0} + \binom{p}{1}x + \binom{p}{2}x^2 + \cdots + \binom{p}{p}x^p$$

여기서 $\binom{p}{k}$는 다음과 같이 정의되는 이항계수이다.

➤ 음이 아닌 두 정수 p와 $k(0 \le k \le p)$에 대하여 이항계수는 $\binom{p}{k} = \dfrac{p!}{k!(p-k)!}$, $0! = 1$로 정의된다. 이 계수는 파스칼의 삼각형의 행을 형성한다. $(1+x)^5$의 계수는 파스칼 삼각형의 6번째 행이다.

1
1 1
1 2 1
1 3 3 1
1 4 6 4 1
1 5 10 10 5 1

정의 이항계수

실수 p와 1보다 큰 정수 k에 대하여 이항계수 $\binom{p}{k}$는 다음과 같다.

$$\binom{p}{k} = \frac{p(p-1)(p-2)\cdots(p-k+1)}{k!}, \quad \binom{p}{0} = 1$$

예를 들어

$$(1+x)^5 = \underbrace{\binom{5}{0}}_{1} + \underbrace{\binom{5}{1}}_{5}x + \underbrace{\binom{5}{2}}_{10}x^2 + \underbrace{\binom{5}{3}}_{10}x^3 + \underbrace{\binom{5}{4}}_{5}x^4 + \underbrace{\binom{5}{5}}_{1}x^5$$

$$= 1 + 5x + 10x^2 + 10x^3 + 5x^4 + x^5$$

이다. 목표는 함수 $f(x) = (1+x)^p$ (p는 0이 아닌 실수)에 확장하여 적용하는 것이다. 그 결과가 바로 이항급수(binomial series)라고 부르는 테일러 급수이다.

QUICK CHECK 5 이항계수 $\binom{-3}{2}$와 $\binom{\frac{1}{2}}{3}$을 계산하여라. ◀

정리 10.6 이항급수

0이 아닌 실수 p에 대하여 중심 0에서 $f(x) = (1+x)^p$의 테일러 급수는 **이항급수**

$$\sum_{=0}^{\infty}\binom{p}{k}x^k = 1 + \sum_{k=1}^{\infty}\frac{p(p-1)(p-2)\cdots(p-k+1)}{k!}x^k$$

$$= 1 + px + \frac{p(p-1)}{2!}x^2 + \frac{p(p-1)(p-2)}{3!}x^3 + \cdots$$

과 같다. 이 급수는 $|x| < 1$에 대하여(p에 따라 양 끝점에서도) 수렴한다. p가 음이 아닌 정수이면 이 급수는 유한 개의 항을 포함하는 p차 다항식이다.

▶ $\binom{p}{k}$를 계산하려면 p에서 시작하여 1씩 빼면서 k개의 항을 얻은 다음, 모두 곱하고 이를 $k!$로 나눈다. $\binom{p}{0}=1$을 기억하자.

증명 중심 0에서 거듭제곱급수는 다음 형태이다,

$$\sum_{k=0}^{\infty} c_k x^k, \quad c_k = \frac{f^{(k)}(0)}{k!}, \quad k = 0, 1, 2, \cdots$$

0에서 도함수의 값을 계산하면 다음과 같다.

$$\begin{aligned}
f(x) &= (1+x)^p \Rightarrow f(0) = 1, \\
f'(x) &= p(1+x)^{p-1} \Rightarrow f'(0) = p, \\
f''(x) &= p(p-1)(1+x)^{p-2} \Rightarrow f''(0) = p(p-1), \\
f'''(x) &= p(p-1)(p-2)(1+x)^{p-3} \Rightarrow f'''(0) = p(p-1)(p-2)
\end{aligned}$$

반복되는 패턴: $f^{(k)}(0)$은 k개의 항의 곱 $p(p-1)(p-2)\cdots(p-k+1)$을 포함한다. 일반적으로

$$f^{(k)}(0) = p(p-1)(p-2)\cdots(p-k+1)$$

이므로

$$c_k = \frac{f^{(k)}(0)}{k!} = \frac{p(p-1)(p-2)\cdots(p-k+1)}{k!} = \binom{p}{k}, \quad k = 0, 1, 2, \cdots$$

와 같다. 중심 0에서 $f(x) = (1+x)^p$의 테일러 급수는 다음과 같다.

$$\binom{p}{0} + \binom{p}{1}x + \binom{p}{2}x^2 + \binom{p}{3}x^3 + \cdots = \sum_{k=0}^{\infty}\binom{p}{k}x^k$$

이 급수는 모든 p값에 대하여 같은 일반형을 갖는다. p가 음이 아닌 정수이면 이 급수는 유한 개의 항을 포함하는 p차 다항식이다.

이항급수의 수렴구간은 비판정법으로 결정할 수 있다. p와 x를 고정하면 극한은 다음과 같다.

$$\begin{aligned}
r &= \lim_{k\to\infty}\left|\frac{x^{k+1}p(p-1)\cdots(p-k+1)(p-k)/(k+1)!}{x^k p(p-1)\cdots(p-k+1)/k!}\right| && (k+1)\text{번째 항과 } k\text{번째 항의 비} \\
&= |x| \underbrace{\lim_{k\to\infty}\left|\frac{p-k}{k+1}\right|}_{1\text{로 수렴}} && \text{약분하여 간단히 하기} \\
&= |x| && \text{고정된 } p\text{에 대하여 } \lim_{k\to\infty}\left|\frac{p-k}{k+1}\right| = 1
\end{aligned}$$

▶ 정리 10.6에서 이항급수에 대하여 수렴구간이 다음과 같음을 보일 수 있다

- $p \le -1$이면 $(-1, 1)$이다.
- $-1 < p < 0$이면 $(-1, 1]$이다.
- $p > 0$이고 p가 정수가 아니면 $[-1, 1]$이다.

절대수렴하려면 $r = |x| < 1$이어야 한다. 그러므로 이 급수는 $|x| < 1$에 대하여 수렴한다. p값에 따라 수렴구간에 양 끝점이 포함될 수도 있다. ◀

▶ 이항급수는 테일러 급수이다. 예제 5의 급수는 중심이 0이므로 맥클로린 급수이기도 하다.

| 예제 5 | 이항급수 함수 $f(x) = \sqrt{1+x}$라 하자.

a. 0에서 f의 이항급수의 처음 네 개 항을 구하여라.

b. $\sqrt{1.15}$의 근삿값을 소수점 아래 셋째 자리까지 구하여라. 수렴구간 $[-1, 1]$에서 이 급수가 f에 수렴한다고 가정하여라.

풀이

a. $p = \frac{1}{2}$에 대하여 이항급수의 처음 네 개 계수를 계산하면 다음과 같다.

$$c_0 = 1, \qquad c_1 = \binom{\frac{1}{2}}{1} = \frac{\frac{1}{2}}{1!} = \frac{1}{2},$$

$$c_2 = \binom{\frac{1}{2}}{2} = \frac{\frac{1}{2}\left(-\frac{1}{2}\right)}{2!} = -\frac{1}{8}, \qquad c_3 = \binom{\frac{1}{2}}{3} = \frac{\frac{1}{2}\left(-\frac{1}{2}\right)\left(-\frac{3}{2}\right)}{3!} = \frac{1}{16}$$

급수의 처음 몇 개의 항은 다음과 같다.

$$1 + \frac{1}{2}x - \frac{1}{8}x^2 + \frac{1}{16}x^3 - \cdots$$

b. **a**의 이항급수의 처음 $n+1$개 항을 택한 후, n차 테일러 다항식 p_n을 이용하여 $f(0.15) = \sqrt{1.15}$의 근삿값을 구한다. 표 10.3은 $x = 0.15$로 택하여 다항식의 근삿값을 구해 놓은 것이다. 거듭제곱급수의 네 개의 항($n = 3$)으로는 $\sqrt{1.15} \approx 1.072$이다. $n = 2$와 $n = 3$에서의 근삿값이 소수점 아래 셋째 자리까지 같으므로 1.072가 구하는 근삿값이다.

관련 연습문제 24번 ◀

표 10.3

n	$p_n(0.15)$의 근삿값
0	1.0
1	1.075
2	1.0721875
3	1.072398438

➤ 예제 5에서 맥클로린 급수가 원하는 정확도를 갖기 위해 필요한 항의 개수를 정하는 데 교대급수(9.6절)의 나머지정리를 쓸 수 있다.

QUICK CHECK 6 이항급수의 두 개와 세 개 항을 사용하여 예제 5의 $\sqrt{1.1}$의 근삿값을 구하여라. ◀

| 예제 6 | **이항급수 다루기** 다음 두 함수를 가정하자.

$$f(x) = \sqrt[3]{1 + x} \text{ 와 } g(x) = \sqrt[3]{c + x} \ (c\text{는 0보다 큰 상수})$$

a. 0에서 f의 이항급수의 처음 네 개 항을 구하여라.

b. **a**를 이용하여 0에서 g의 이항급수의 처음 네 개 항을 구하여라.

c. **b**를 이용하여 $\sqrt[3]{23}, \sqrt[3]{24}, \cdots, \sqrt[3]{31}$을 근사하여라. 수렴구간에서 이 급수가 g에 수렴한다고 가정하여라.

풀이

a. $f(x) = (1 + x)^{1/3}$이므로 $p = \frac{1}{3}$인 이항계수를 계산하면 다음과 같다.

$$c_0 = \binom{\frac{1}{3}}{0} = 1, \qquad c_1 = \binom{\frac{1}{3}}{1} = \frac{\frac{1}{3}}{1!} = \frac{1}{3},$$

$$c_2 = \binom{\frac{1}{3}}{2} = \frac{\left(\frac{1}{3}\right)\left(\frac{1}{3} - 1\right)}{2!} = -\frac{1}{9}, \qquad c_3 = \binom{\frac{1}{3}}{3} = \frac{\left(\frac{1}{3}\right)\left(\frac{1}{3} - 1\right)\left(\frac{1}{3} - 2\right)}{3!} = \frac{5}{81}$$

따라서 이항급수의 처음 네 개 항은 다음과 같다.

$$1 + \frac{1}{3}x - \frac{1}{9}x^2 + \frac{5}{81}x^3$$

b. $g(x) = \sqrt[3]{c+x}$의 급수를 직접 찾기 전에 간단한 대수적 연산을 하면 다음을 얻는다.

$$g(x) = \sqrt[3]{c+x} = \sqrt[3]{c\left(1+\frac{x}{c}\right)} = \sqrt[3]{c}\cdot\sqrt[3]{1+\frac{x}{c}} = \sqrt[3]{c}\cdot f\left(\frac{x}{c}\right)$$

다시 말해 g는 f로 표현되고, f의 급수는 **a**에 있다. 따라서 g의 급수는 f의 급수에 x/c를 대입한 다음 급수 전체에 $\sqrt[3]{c}$를 곱하여 얻는다.

$$g(x) = \sqrt[3]{c}\underbrace{\left(1+\frac{1}{3}\left(\frac{x}{c}\right)-\frac{1}{9}\left(\frac{x}{c}\right)^2+\frac{5}{81}\left(\frac{x}{c}\right)^3-\cdots\right)}_{f(x/c)}$$

a에서 구한 급수는 $|x| \le 1$에 대하여 f에 수렴한다. 그러므로 $f(x/c)$의 급수는 $|x/c| \le 1$, 즉 $|x| \le c$에 대하여 $f(x/c)$에 수렴한다.

c. **b**의 급수에서 처음 네 개 항을 택하여 세제곱근의 근삿값을 계산해 보자. 예를 들어 $c = 27$, $x = 2$, 즉 $\sqrt[3]{29} = \sqrt[3]{\underbrace{27}_{c} + \underbrace{2}_{x}}$ 로 택한다. $c = 27$로 택한 이유는 29의 근방이고, $\sqrt[3]{c} = \sqrt[3]{27} = 3$으로 계산이 용이하기 때문이다. $c = 27$, $x = 2$를 대입하면 다음을 얻는다.

$$\sqrt[3]{29} \approx \sqrt[3]{27}\left(1+\frac{1}{3}\left(\frac{2}{27}\right)-\frac{1}{9}\left(\frac{2}{27}\right)^2+\frac{5}{81}\left(\frac{2}{27}\right)^3\right) \approx 3.0723$$

이와 같은 방법으로 23, 24, ⋯, 30, 31의 세제곱근의 근삿값을 계산하자(표 10.4). 절대 오차는 근삿값과 계산기로 얻는 값의 차를 의미한다. 27로부터 멀어질수록 오차가 커짐에 유의하자.

표 10.4

	근삿값	절대 오차
$\sqrt[3]{23}$	2.8439	6.7×10^{-5}
$\sqrt[3]{24}$	2.8845	2.0×10^{-5}
$\sqrt[3]{25}$	2.9240	3.9×10^{-6}
$\sqrt[3]{26}$	2.9625	2.4×10^{-7}
$\sqrt[3]{27}$	3	0
$\sqrt[3]{28}$	3.0366	2.3×10^{-7}
$\sqrt[3]{29}$	3.0723	3.5×10^{-6}
$\sqrt[3]{30}$	3.1072	1.7×10^{-5}
$\sqrt[3]{31}$	3.1414	5.4×10^{-5}

관련 연습문제 27번 ◀

테일러 급수의 수렴

지금까지 테일러 급수에 대하여 충분히 논의한 것처럼 생각할 수 있다. 하지만 기술적인 관점을 간과했다. 함수 f가 주어지면 어떻게 중심 a에서의 테일러 급수를 구하는지 알고 있고, 또한 수렴구간을 찾는 방법도 알고 있다. 그럼에도 그 급수가 실제로 f에 수렴하는지는 알 수 없다. 남은 과제는 언제 f의 테일러 급수가 수렴구간에서 실제로 f에 수렴하는지 결정하는 것이다. 다행히도 필요한 도구는 테일러 정리(정리 10.1)에 나와 있듯이 테일러 다항식의 나머지이다.

f가 a를 포함하는 열린구간에서 모든 차수의 도함수를 갖는다고 가정하자. 테일러 정리에 의해 다음이 성립한다.

$$f(x) = p_n(x) + R_n(x)$$

여기서 p_n은 중심 a에서 f의 n차 테일러 다항식으로

$$R_n(x) = \frac{f^{(n+1)}(c)}{(n+1)!}(x-a)^{n+1}$$

은 나머지이고, c는 x와 a 사이의 점이다. 나머지 $R_n(x) = f(x) - p_n(x)$는 f와 근사 다항식 p_n의 차를 나타낸다. 점 x에서 테일러 급수가 f에 수렴한다는 뜻은 점 x에서 테일러 급수의 값이 $f(x)$와 같다는 뜻, 즉 $\lim_{n\to\infty} p_n(x) = f(x)$이다. 다음 정리에 이러한 아이디어가 명확하게 들어 있다.

정리 10.7 테일러 급수의 수렴

f가 a를 포함하는 열린구간 I에서 모든 차수의 도함수를 갖는다고 가정하자. 구간 I의 모든 점 x에서 테일러 급수가 f에 수렴할 필요충분조건은 구간 I의 모든 점 x에서 $\lim_{n\to\infty} R_n(x) = 0$이다. 여기서

$$R_n(x) = \frac{f^{(n+1)}(c)}{(n+1)!}(x-a)^{n+1}$$

은 x에서 나머지이고, c는 x와 a 사이의 점이다.

증명 이 정리에는 모든 차수의 도함수가 필요하다. 따라서 테일러 정리(정리 10.1)에 의해 나머지는 모든 n에 대하여 주어진 대로 존재한다. p_n은 f의 n차 테일러 다항식이고, $\lim_{n\to\infty} p_n(x)$는 중심 a에서 f의 테일러 급수로서, I의 점 x에서의 값이다.

우선 구간 I에서 $\lim_{n\to\infty} R_n(x) = 0$이라 가정하고, $p_n(x) = f(x) - R_n(x)$를 상기하자. 양변에 극한을 취하면 다음과 같다.

$$\underbrace{\lim_{n\to\infty} p_n(x)}_{\text{테일러 급수}} = \lim_{n\to\infty} (f(x) - R_n(x)) = \underbrace{\lim_{n\to\infty} f(x)}_{f(x)} - \underbrace{\lim_{n\to\infty} R_n(x)}_{0} = f(x)$$

I의 모든 점 x에서 $\lim_{n\to\infty} p_n(x)$는 $f(x)$와 같다.

역으로 테일러 급수가 f에 수렴하면 $f(x) = \lim_{n\to\infty} p_n(x)$이므로 다음이 성립한다.

$$0 = f(x) - \lim_{n\to\infty} p_n(x) = \lim_{n\to\infty} \underbrace{(f(x) - p_n(x))}_{R_n(x)} = \lim_{n\to\infty} R_n(x)$$

따라서 I의 모든 점 x에서 $\lim_{n\to\infty} R_n(x) = 0$이다. ◀

나머지의 식에서 $\lim_{n\to\infty} R_n(x) = 0$을 보이는 것이 종종 어려울 때가 있다. 다음은 $\lim_{n\to\infty} R_n(x) = 0$을 보이는 것이 가능한 예제이다.

| 예제 7 | e^x의 맥클로린 급수의 나머지 $-\infty < x < \infty$에 대하여 $f(x) = e^x$의 맥클로린 급수가 $f(x)$에 수렴함을 보여라.

풀이 예제 4에서 보였듯이 $f(x) = e^x$의 맥클로린 급수

$$\sum_{k=0}^{\infty} \frac{x^k}{k!} = 1 + x + \frac{x^2}{2!} + \cdots + \frac{x^n}{n!} + \cdots$$

는 $-\infty < x < \infty$에 대하여 수렴한다. 10.1절 예제 7에서 나머지는 다음과 같음을 보였다.

$$R_n(x) = \frac{e^c}{(n+1)!} x^{n+1}, \quad 0 < c < x$$

c는 n에 따라 달라지지만 항상 0과 x 사이에 있다. 따라서 e^c은 $e^0 = 1$과 e^x 사이에 있다. 실제로 모든 n에 대하여 $e^c \le e^{|x|}$이므로 다음을 얻는다.

$$|R_n(x)| \le \frac{e^{|x|}}{(n+1)!} |x|^{n+1}$$

x를 고정하면

$$\lim_{n\to\infty} |R_n(x)| = \lim_{n\to\infty} \frac{e^{|x|}}{(n+1)!} |x|^{n+1} = e^{|x|} \lim_{n\to\infty} \frac{|x|^{n+1}}{(n+1)!} = 0$$

인데, $-\infty < x < \infty$에 대하여 $\lim_{n\to\infty} x^n/n! = 0$을 사용했다(9.2절). $\lim_{n\to\infty} |R_n(x)| = 0$이므로 모든 실수 x에 대하여 테일러 급수는 e^x에 수렴하고, 다음이 성립한다.

$$e^x = \sum_{k=0}^{\infty} \frac{x^k}{k!} = 1 + x + \frac{x^2}{2!} + \cdots + \frac{x^n}{n!} + \cdots$$

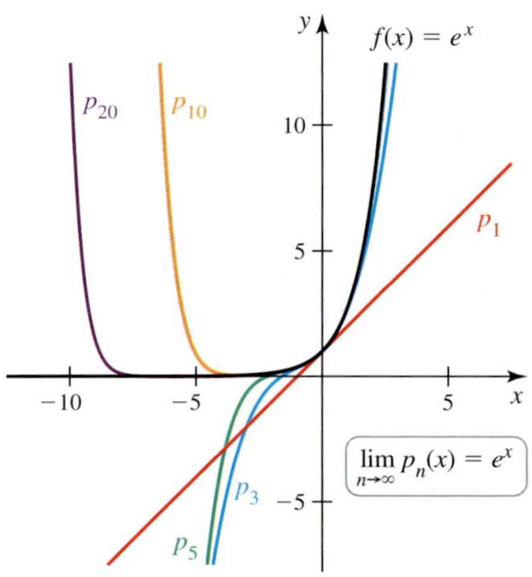

그림 10.20

테일러 급수의 수렴성은 그림 10.20에 나타나 있고, 차수가 점점 높아지는 테일러 다항식과 e^x의 그래프가 포함되어 있다.

관련 연습문제 33번 ◀

| 예제 8 | cos x의 맥클로린 급수의 수렴성 $-\infty < x < \infty$에 대하여 $\cos x$의 맥클로린 급수

$$1 - \frac{x^2}{2!} + \frac{x^4}{4!} - \frac{x^6}{6!} + \cdots = \sum_{k=0}^{\infty} (-1)^k \frac{x^{2k}}{(2k)!}$$

이 $f(x) = \cos x$에 수렴함을 보여라.

풀이 주어진 거듭제곱급수가 f에 수렴함을 보이려면 $-\infty < x < \infty$에 대하여 $\lim_{n\to\infty} |R_n(x)| = 0$을 보여야 한다. $a = 0$에서 테일러 정리를 적용하면 다음을 얻는다.

$$R_n(x) = \frac{f^{(n+1)}(c)}{(n+1)!} x^{n+1}$$

$f^{(n+1)}(c) = \pm\sin c$ 또는 $f^{(n+1)}(c) = \pm\cos c$를 생각하면 모든 경우에 $|f^{(n+1)}(c)| \le 1$이다. 따라서 나머지의 절댓값의 범위는 다음과 같다.

$$|R_n(x)| = \left|\frac{f^{(n+1)}(c)}{(n+1)!}x^{n+1}\right| \le \frac{|x|^{n+1}}{(n+1)!}$$

x를 고정하고 $\lim_{n\to\infty} x^n/n! = 0$을 이용하면 모든 x에 대하여 $\lim_{n\to\infty} R_n(x) = 0$이다. 따라서 주어진 거듭제곱급수는 모든 x에 대하여 $f(x) = \cos x$에 수렴한다. 즉, $\cos x = \sum_{k=0}^{\infty} \frac{(-1)^k x^{2k}}{(2k)!}$이다. $\cos x$로의 테일러 급수의 수렴성은 그림 10.21에 나타나 있다.

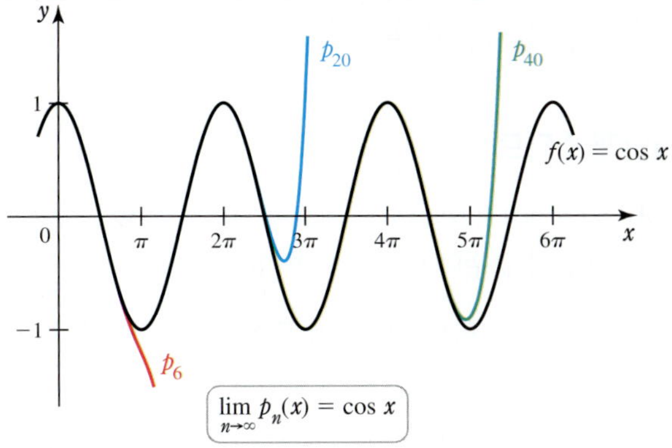

그림 10.21

관련 연습문제 32번 ◀

예제 7과 예제 8에서 쓴 절차는 지금까지 공부한 모든 테일러 급수에 적용할 수 있다(난이도는 서로 다름). 각 경우 테일러 급수는 수렴구간에서 표현하는 함수에 수렴한다. 표 10.5에 중심이 0인 테일러 급수와 함수를 요약해 놓았다.

표 10.5

$$\frac{1}{1-x} = 1 + x + x^2 + \cdots + x^k + \cdots = \sum_{k=0}^{\infty} x^k, \quad |x| < 1$$

$$\frac{1}{1+x} = 1 - x + x^2 - \cdots + (-1)^k x^k + \cdots = \sum_{k=0}^{\infty} (-1)^k x^k, \quad |x| < 1$$

$$e^x = 1 + x + \frac{x^2}{2!} + \cdots + \frac{x^k}{k!} + \cdots = \sum_{k=0}^{\infty} \frac{x^k}{k!}, \quad |x| < \infty$$

$$\sin x = x - \frac{x^3}{3!} + \frac{x^5}{5!} - \cdots + \frac{(-1)^k x^{2k+1}}{(2k+1)!} + \cdots = \sum_{k=0}^{\infty} \frac{(-1)^k x^{2k+1}}{(2k+1)!}, \quad |x| < \infty$$

$$\cos x = 1 - \frac{x^2}{2!} + \frac{x^4}{4!} - \cdots + \frac{(-1)^k x^{2k}}{(2k)!} + \cdots = \sum_{k=0}^{\infty} \frac{(-1)^k x^{2k}}{(2k)!}, \quad |x| < \infty$$

$$\ln(1+x) = x - \frac{x^2}{2} + \frac{x^3}{3} - \cdots + \frac{(-1)^{k+1} x^k}{k} + \cdots = \sum_{k=1}^{\infty} \frac{(-1)^{k+1} x^k}{k}, \quad -1 < x \le 1$$

$$-\ln(1-x) = x + \frac{x^2}{2} + \frac{x^3}{3} + \cdots + \frac{x^k}{k} + \cdots = \sum_{k=1}^{\infty} \frac{x^k}{k}, \quad -1 \le x < 1$$

$$\tan^{-1} x = x - \frac{x^3}{3} + \frac{x^5}{5} - \cdots + \frac{(-1)^k x^{2k+1}}{2k+1} + \cdots = \sum_{k=0}^{\infty} \frac{(-1)^k x^{2k+1}}{2k+1}, \quad |x| \le 1$$

$$\sinh x = x + \frac{x^3}{3!} + \frac{x^5}{5!} + \cdots + \frac{x^{2k+1}}{(2k+1)!} + \cdots = \sum_{k=0}^{\infty} \frac{x^{2k+1}}{(2k+1)!}, \quad |x| < \infty$$

$$\cosh x = 1 + \frac{x^2}{2!} + \frac{x^4}{4!} + \cdots + \frac{x^{2k}}{(2k)!} + \cdots = \sum_{k=0}^{\infty} \frac{x^{2k}}{(2k)!}, \quad |x| < \infty$$

$$(1+x)^p = \sum_{k=0}^{\infty} \binom{p}{k} x^k, \; |x| < 1, \; \binom{p}{k} = \frac{p(p-1)(p-2)\cdots(p-k+1)}{k!}, \; \binom{p}{0} = 1$$

➤ 표 10.5는 여러 경우에 f의 테일러 급수가 수렴구간 끝점에서 f에 수렴함을 증명 없이 주장한다. 끝점에서의 수렴성은 일반적으로 높은 수준의 기법을 필요로 한다. 다음 정리를 써서 보일 수도 있다.

중심이 0인 f의 테일러 급수가 구간 $(-R, R)$에서 f에 수렴한다고 가정하자. 이 급수가 $x = R$에서 수렴하면 이 급수는 $\lim_{x\to R^-} f(x)$에 수렴한다. 이 급수가 $x = -R$에서 수렴하면 이 급수는 $\lim_{x\to -R^+} f(x)$에 수렴한다.

예를 들어 이 정리로 $\ln(1 + x)$의 테일러 급수가 $x = 1$에서 $\ln 2$에 수렴한다고 결론 내릴 수 있다.

➤ 정리 10.6에 언급했듯이 이항급수는 p값에 따라 $x = \pm 1$에서 $(1 + x)^p$에 수렴한다.

10.3절 연습문제

1단계 스타트

1. 중심이 a인 함수 f의 테일러 다항식은 중심이 a인 함수 f의 테일러 급수와 어떤 관계가 있는가?

2. 모든 음이 아닌 정수 k에 대하여 $f^{(k)}(2) = 1$일 때, 중심이 2인 f의 테일러 급수를 구하여라.

3. f의 맥클로린 급수를 알고, 그 급수가 $|x| < 1$에서 $f(x)$에 수렴한다고 가정하자. $f(x^2)$의 맥클로린 급수를 찾는 방법을 설명하고, 그 수렴구간을 구하여라.

4. 어떤 함수의 테일러 급수가 그 함수에 수렴한다는 의미를 나머지를 사용하여 설명하여라.

2단계 실전

5–13. 테일러 급수와 수렴구간

a. 테일러 급수 및 맥클로린 급수의 정의를 써서 중심이 a인 함수의 테일러 급수의 0이 아닌 처음 네 개 항을 구하여라.

b. 합 기호를 이용하여 거듭제곱급수를 적어라.

c. 급수의 수렴구간을 정하여라.

5. $f(x) = \dfrac{1}{x^2}, a = 1$

6. $f(x) = e^{-x}, a = 0$

7. $f(x) = \dfrac{2}{(1-x)^3}, a = 0$

8. $f(x) = (1 + x^2)^{-1}, a = 0$

9. $f(x) = e^{2x}, a = 0$

10. $f(x) = \tan^{-1}\dfrac{x}{2}, a = 0$

11. $f(x) = 3^x, a = 0$

12. $f(x) = \cosh 3x, a = 0$

13. $f(x) = \ln(x-2), a = 3$

14–17. 테일러 급수

a. 테일러 급수의 정의를 써서 중심이 a인 함수의 테일러 급수의 0이 아닌 처음 네 개 항을 구하여라.

b. 합 기호를 이용하여 거듭제곱급수를 적어라.

14. $f(x) = \sin x, a = \dfrac{\pi}{2}$

15. $f(x) = \dfrac{1}{x}, a = 1$

16. $f(x) = \ln x, a = 3$

17. $f(x) = 2^x, a = 1$

18–22. 테일러 급수 다루기 표 10.5의 테일러 급수를 써서 중심이 0인 다음 함수의 테일러 급수의 0이 아닌 처음 네 개 항을 구하여라.

18. $\ln(1 + x^2)$

19. $\dfrac{1}{1-2x}$

20. $\begin{cases} \dfrac{e^x - 1}{x}, & x \neq 1 \\ 1, & x = 1 \end{cases}$

21. $(1 + x^4)^{-1}$

22. $\sinh x^2$

23–25. 이항급수

a. 중심이 0인 다음 함수의 이항급수의 0이 아닌 처음 네 개 항을 구하여라.

b. 구한 네 개 항을 이용하여 주어진 수치의 근삿값을 구하여라.

23. $f(x) = (1 + x)^{-2}$, $\dfrac{1}{1.21} = \dfrac{1}{1.1^2}$의 근삿값

24. $f(x) = \sqrt[4]{1 + x}$, $\sqrt[4]{1.12}$의 근삿값

25. $f(x) = (1 + x)^{-2/3}$, $1.18^{-2/3}$의 근삿값

26–28. 이항급수 다루기 거듭제곱급수, 대입, 인수분해의 성질을 이용하여 주어진 함수의 맥클로린 급수의 0이 아닌 처음 네 개 항을 구하여라. 새로운 급수의 수렴구간을 구하여라(정리 10.4 참조). 다음 맥클로린 급수를 이용하여라.

$$\sqrt{1 + x} = 1 + \frac{x}{2} - \frac{x^2}{8} + \frac{x^3}{16} - \cdots, \quad -1 \le x \le 1$$

26. $\sqrt{1 + x^2}$

27. $\sqrt{9 - 9x}$

28. $\sqrt{a^2 + x^2}, a > 0$

29–31. 이항급수 다루기 거듭제곱급수, 대입, 인수분해의 성질을 이용하여 주어진 함수의 맥클로린 급수의 0이 아닌 처음 네 개 항을 구하여라. 다음 맥클로린 급수를 이용하여라.

$$(1 + x)^{-2} = 1 - 2x + 3x^2 - 4x^3 + \cdots, \quad -1 < x < 1$$

29. $(1 + 4x)^{-2}$

30. $\dfrac{1}{(4 + x^2)^2}$

31. $\dfrac{1}{(3 + 4x)^2}$

32–33. 나머지 중심이 a인 다음 함수의 테일러 급수의 나머지를 구하여라. 그다음 수렴구간의 모든 x에 대하여 $\lim_{n\to\infty} R_n(x) = 0$을 증명하여라.

32. $f(x) = \sin x, a = 0$

33. $f(x) = e^{-x}, a = 0$

34. **참 또는 거짓** 다음 명제가 참이면 증명하고 아니면 반례를 들어라.

a. 함수 $f(x) = \sqrt{x}$는 0을 중심으로 테일러 급수를 갖는다.

b. 함수 $f(x) = \csc x$는 $\pi/2$를 중심으로 테일러 급수를 갖는다.

c. f가 구간 $(-2, 2)$에서 수렴하는 테일러 급수를 갖는다면 $f(x^2)$이 구간 $(-2, 2)$에서만 수렴하는 테일러 급수를 갖는다.

d. 중심이 0인 f의 테일러 급수가 $p(x)$이면 $p(x-1)$은 중심이 1인 f의 테일러 급수이다.

e. 중심이 0인 우함수의 테일러 급수는 짝수 차수의 거듭제곱항만 갖는다.

35–38. 임의의 방법

a. 중심이 0인 다음 함수의 테일러 급수의 0이 아닌 처음 네 개 항을 임의의 해석적 방법을 써서 구하여라. 이때 테일러 급수의 계수의 정의를 사용할 필요는 없다.

b. 급수의 수렴반경을 구하여라.

35. $f(x) = \dfrac{e^x + e^{-x}}{2}$ **36.** $f(x) = (1 + x^2)^{-2/3}$

37. $f(x) = \sqrt{1 - x^2}$ **38.** $f(x) = \dfrac{1}{x^4 + 2x^2 + 1}$

39–40. 거듭제곱의 근사 주어진 점 a가 중심인 다음 함수의 테일러 급수의 계수를 구하고, 그 급수의 처음 네 개 항을 구하여 주어진 수치의 근삿값을 구하여라.

39. $f(x) = \sqrt[3]{x}$, $a = 64$에서 $\sqrt[3]{60}$의 근삿값

40. $f(x) = \sqrt[4]{x}$, $a = 16$에서 $\sqrt[4]{13}$의 근삿값

3단계 도전

41. 정수 계수 중심이 0인 $f(x) = \sqrt{1 + 4x}$의 테일러 급수(이항급수)의 0이 아닌 처음 다섯 개의 항의 계수는 모두 정수임을 보여라(사실 모든 계수는 정수이다).

QUICK CHECK 정답

1. $x = a$에서 $f(a)$를 제외한 모든 항은 0이다. 그러므로 이 점에서 급수는 $f(a)$이다. **2.** $1 - x + x^2 - x^3 + x^4 - \cdots$

3. 이 급수는 발산판정법에 의해 양 끝점에서 모두 발산한다.

4. $2x + 2x^2 + x^3$, $1 - x + x^2/2$ **5.** 6, 1/16

6. 1.05, 1.04875 ◀

10.4 테일러 급수 다루기

친숙한 여러 함수의 테일러 급수와 함께 거듭제곱급수를 다루는 여러 방법도 알아봤다. 거듭제곱급수는 극한과 도함수로부터 적분과 근사에 이르기까지 미적분학의 광범위한 응용이 가능함을 보게 될 것이다. 선택적으로 공부해도 될 다섯 가지 주제를 다루고자 한다.

테일러 급수에 의한 극한

테일러 급수의 중요한 응용 중 하나는 극한값 계산이다. 두 예제를 통해 주요한 아이디어를 살펴보자.

| 예제 1 | 테일러 급수로 극한값 계산하기 극한 $\lim_{x \to 0} \dfrac{x^2 + 2\cos x - 2}{3x^4}$를 구하여라.

풀이 이 극한은 0/0 꼴인 부정형이므로 로피탈 법칙을 써야 하는데, 답을 얻으려면 로피탈 법칙을 네 번이나 적용해야 한다. 다른 방법으로, 이 극한은 x가 0의 근방에서 값을 가지므로 $\cos x$를 맥클로린 급수로 대체해 보자.

➤ 로피탈 법칙은 같은 극한에 반드시 한 번 이상 써야 하거나 도함수를 계산하기 힘들 때는 실용적이지 않다.

➤ 극한을 계산하는 과정에서 급수를 쓸 때, 사용하는 테일러 급수의 항의 개수는 정해진 것이 없다. 이런 경우라면 보다 많은 항(높은 차수)을 포함시켜야 한다. 급수 끝의 점들은 직전 마지막 항의 차수보다 더 높은 차수를 갖는 항을 의미한다.

$$\cos x = 1 - \frac{x^2}{2} + \frac{x^4}{24} - \frac{x^6}{720} + \cdots \qquad \text{표 10.5}$$

이므로 다음이 성립한다.

$$\begin{aligned}
\lim_{x\to 0} \frac{x^2 + 2\cos x - 2}{3x^4} &= \lim_{x\to 0} \frac{x^2 + 2\left(1 - \frac{x^2}{2} + \frac{x^4}{24} - \frac{x^6}{720} + \cdots\right) - 2}{3x^4} && \text{급수에 } \cos x \text{ 대입하기} \\
&= \lim_{x\to 0} \frac{x^2 + \left(2 - x^2 + \frac{x^4}{12} - \frac{x^6}{360} + \cdots\right) - 2}{3x^4} && \text{간단히 하기} \\
&= \lim_{x\to 0} \frac{\frac{x^4}{12} - \frac{x^6}{360} + \cdots}{3x^4} && \text{간단히 하기} \\
&= \lim_{x\to 0} \left(\frac{1}{36} - \frac{x^2}{1080} + \cdots\right) = \frac{1}{36} && \text{정리 10.4 성질 2, 극한값 계산하기}
\end{aligned}$$

관련 연습문제 7번 ◀

QUICK CHECK 1 테일러 급수 $\sin x = x - x^3/6 + \cdots$을 사용하여 $\lim_{x\to 0} (\sin x)/x = 1$임을 보여라. ◀

| 예제 2 | 테일러 급수로 극한값 계산하기 극한 $\lim_{x\to\infty}\left(6x^5 \sin\frac{1}{x} - 6x^4 + x^2\right)$을 구하여라.

풀이 함수의 정의역에서 임의의 유한한 점이 중심이면 테일러 급수를 계산할 수 있지만 $x = \infty$에서는 함수를 어떻게 전개해야 할지 아직 모르는 상태이다. 이미 개발한 방법인 x 대신 $\frac{1}{t}$로 대입하고, $x \to \infty$ 대신 $t \to 0^+$로 대체해 보자. 그러면 다음을 얻는다.

$$\begin{aligned}
\lim_{x\to\infty}\left(6x^5 \sin\frac{1}{x} - 6x^4 + x^2\right) &= \lim_{t\to 0^+}\left(\frac{6\sin t}{t^5} - \frac{6}{t^4} + \frac{1}{t^2}\right) && x \text{ 대신 } 1/t \text{ 대입하기} \\
&= \lim_{t\to 0^+}\left(\frac{6\sin t - 6t + t^3}{t^5}\right) && \text{통분하기}
\end{aligned}$$

이 극한은 0/0 꼴인 부정형이다. 함수 $\sin t$를 중심 0에서 테일러 급수로 전개하자.

$$\sin t = t - \frac{t^3}{6} + \frac{t^5}{120} - \frac{t^7}{5040} + \cdots \qquad \text{표 10.5}$$

따라서 극한값은 다음과 같다.

$$\begin{aligned}
&\lim_{t\to 0^+}\left(\frac{6\sin t - 6t + t^3}{t^5}\right) \\
&= \lim_{t\to 0^+}\left(\frac{6\left(t - \frac{t^3}{6} + \frac{t^5}{120} - \frac{t^7}{5040} + \cdots\right) - 6t + t^3}{t^5}\right) && \sin t\text{에 급수 대입하기}
\end{aligned}$$

$$= \lim_{t \to 0^+} \left(\frac{\frac{t^5}{20} - \frac{t^7}{840} + \cdots}{t^5} \right)$$ 간단히 하기

$$= \lim_{t \to 0^+} \left(\frac{1}{20} - \frac{t^2}{840} + \cdots \right) = \frac{1}{20}$$ 정리 10.4 성질 2, 극한값 계산하기

관련 연습문제 10번 ◀

거듭제곱급수 미분

다음 예제에서는 항별로 미분하는 방법(정리 10.5)을 보여 준다.

| 예제 3 | 도함수의 거듭제곱급수 $f(x) = \sin x$의 맥클로린 급수를 미분하여 $\frac{d}{dx}(\sin x) = \cos x$임을 보여라.

풀이 $f(x) = \sin x$의 맥클로린 급수는

$$\sin x = x - \frac{x^3}{3!} + \frac{x^5}{5!} - \frac{x^7}{7!} + \cdots$$

이고, $-\infty < x < \infty$에 대하여 수렴한다. 정리 10.5에 의해 미분된 급수 또한 $-\infty < x < \infty$에 대하여 수렴하고, $f'(x)$에 수렴한다. 항별로 미분하면 다음을 얻는다.

$$\frac{d}{dx}\left(x - \frac{x^3}{3!} + \frac{x^5}{5!} - \frac{x^7}{7!} + \cdots \right) = 1 - \frac{x^2}{2!} + \frac{x^4}{4!} - \frac{x^6}{6!} + \cdots = \cos x$$

미분된 급수는 $\cos x$의 맥클로린 급수이므로 $f'(x) = \cos x$를 확인할 수 있다.

관련 연습문제 13번 ◀

QUICK CHECK 2 $\cos x$의 거듭제곱급수(예제 3)를 미분하여 결과를 확인하여라. ◀

| 예제 4 | 미분방정식 초기조건 $y(0) = 6$인 미분방정식 $y'(t) = y + 2$의 거듭제곱급수의 해를 구하여라. 이 급수로 표현되는 함수를 찾아라.

풀이 초기조건이 $t = 0$에서 주어졌으므로 해가 중심이 0인 테일러 급수 $y(t) = \sum_{k=0}^{\infty} c_k t^k$ 형태로서 계수 c_k를 찾아야 한다. 테일러 급수의 계수는

$$c_k = \frac{y^{(k)}(0)}{k!}, \quad k = 0, 1, 2, \cdots$$

로 주어진다. $y^{(k)}(0)$, $k = 0, 1, 2, \cdots$를 결정할 수 있으면 이 급수의 계수를 결정할 수 있다.

초기조건 $t = 0$일 때의 $y = 6$을 거듭제곱급수

$$y(t) = c_0 + c_1 t + c_2 t^2 + \cdots$$

에 대입하면 다음을 얻는다.

$$6 = c_0 + c_1(0) + c_2(0)^2 + \cdots$$

따라서 $c_0 = 6$이다. $y'(0)$을 결정하려면 $t = 0$을 미분방정식에 대입해야 하며, $y'(0) = y(0) + 2 = 6 + 2 = 8$이다. 그러므로 $c_1 = y'(0)/1! = 8$이다.

나머지 도함수 값도 계속하여 미분방정식에 $t = 0$을 대입하면 $y''(0) = y'(0) = 8$, $y'''(0) = y''(0) = 8$을 얻는다. 이를 일반화하면 $y^{(k)}(0) = 8$, $k = 1, 2, 3, \cdots$이므로

$$c_k = \frac{y^{(k)}(0)}{k!} = \frac{8}{k!}, \quad k = 1, 2, 3, \cdots$$

이고, 테일러 급수의 해는 다음과 같다.

$$\begin{aligned} y(t) &= c_0 + c_1 t + c_2 t^2 + \cdots \\ &= 6 + \frac{8}{1!}t + \frac{8}{2!}t^2 + \frac{8}{3!}t^3 + \cdots \end{aligned}$$

이 급수로 표현되는 함수를 찾기 위해

$$\begin{aligned} y(t) &= \underbrace{-2 + 8}_{6} + \frac{8}{1!}t + \frac{8}{2!}t^2 + \frac{8}{3!}t^3 + \cdots \\ &= -2 + 8\underbrace{\left(1 + t + \frac{t^2}{2!} + \frac{t^3}{3!} + \cdots\right)}_{e^t} \end{aligned}$$

와 같이 쓰면 거듭제곱급수는 e^x의 테일러 급수이다. 그러므로 해는 $y = -2 + 8e^t$이다. ◀

➤ $y(t) = -2 + 8e^t$은 $y'(t) = y + 2$, $y(0) = 6$을 만족함을 확인해야 한다.

거듭제곱급수 적분

다음 예제는 해석적 방법으로는 계산할 수 없는 적분의 근삿값을 계산하는 데 거듭제곱급수를 이용할 수 있음을 보여 준다.

| 예제 5 | 정적분의 근삿값 정적분 $\int_0^1 e^{-x^2}dx$의 근삿값을 오차 5×10^{-4}보다 크지 않게 구하여라.

풀이 e^{-x^2}의 역도함수는 기본 함수로 표현할 수 없다. 다른 방법으로, e^{-x^2}의 맥클로린 급수를 항별로 적분하여 사용한다. 수렴구간에서 거듭제곱급수의 적분은 유효하다(정리 10.5). 맥클로린 급수

$$e^x = 1 + x + \frac{x^2}{2!} + \frac{x^3}{3!} + \cdots + \frac{x^n}{n!} + \cdots$$

은 $-\infty < x < \infty$에서 수렴하는데, x 대신 $-x^2$을 대입하면

$$e^{-x^2} = 1 - x^2 + \frac{x^4}{2!} - \frac{x^6}{3!} + \cdots + \frac{(-1)^n x^{2n}}{n!} + \cdots$$

이고, 이 급수 또한 $-\infty < x < \infty$에서 수렴한다. 미적분학의 기본 정리에 의해 다음이 성립한다.

$$\int_0^1 e^{-x^2}dx = \left(x - \frac{x^3}{3} + \frac{x^5}{5\cdot 2!} - \frac{x^7}{7\cdot 3!} + \cdots + \frac{(-1)^n x^{2n+1}}{(2n+1)n!} + \cdots\right)\Bigg|_0^1$$

$$= 1 - \frac{1}{3} + \frac{1}{5\cdot 2!} - \frac{1}{7\cdot 3!} + \cdots + \frac{(-1)^n}{(2n+1)n!} + \cdots$$

정적분이 교대급수로 표현됐으므로 n항 이후의 항을 제거할 때 나머지의 크기는 제거되는 처음 항의 크기 $\left|\frac{(-1)^{n+1}}{(2n+3)(n+1)!}\right|$보다 작다. 이 항의 크기는 $n \geq 5$이면 5×10^{-4}보다 작다($n = 5$일 때 $\frac{1}{13\cdot 6!} \approx 1.07 \times 10^{-4}$). $n = 5$까지의 항들의 합으로 다음 근삿값을 얻는다.

$$\int_0^1 e^{-x^2}dx \approx 1 - \frac{1}{3} + \frac{1}{5\cdot 2!} - \frac{1}{7\cdot 3!} + \frac{1}{9\cdot 4!} - \frac{1}{11\cdot 5!} \approx 0.747$$

관련 연습문제 19번 ◀

▶ 예제 5의 적분은 정규분포와의 관계로 인해 확률과 통계 이론에서 중요한 역할을 한다.

실수 표현하기

수렴하는 거듭제곱급수에 x값을 대입하면 결과는 친숙한 실수의 급수 표현이 된다. 다음 예제에서는 이런 경우를 보여 준다.

| 예제 6 | 무한급수 계산하기

a. $f(x) = \tan^{-1}x$의 맥클로린 급수를 이용하여 다음을 구하여라.

$$1 - \frac{1}{3} + \frac{1}{5} - \cdots = \sum_{k=0}^{\infty}\frac{(-1)^k}{2k+1}$$

b. $f(x) = (e^x - 1)/x$, $x \neq 0$이고 $f(0) = 1$이라 하자. f의 맥클로린 급수를 이용하여 $f'(1)$과 $\sum_{k=1}^{\infty}\frac{k}{(k+1)!}$를 구하여라.

풀이

a. 표 10.5에서 $|x| \leq 1$일 때

$$\tan^{-1}x = x - \frac{x^3}{3} + \frac{x^5}{5} - \cdots + \frac{(-1)^k x^{2k+1}}{2k+1} + \cdots = \sum_{k=0}^{\infty}\frac{(-1)^k x^{2k+1}}{2k+1}$$

이고, $x = 1$을 대입하면 다음을 얻는다.

$$\tan^{-1}1 = 1 - \frac{1^3}{3} + \frac{1^5}{5} - \cdots = \sum_{k=0}^{\infty}\frac{(-1)^k}{2k+1}$$

$\tan^{-1}1 = \pi/4$이므로 이 급수의 값은 $\pi/4$이다.

▶ (그레고리 급수로 알려진) 예제 6a의 급수는 π의 여러 급수 표현 중 하나이다. 이 급수는 매우 천천히 수렴하므로 π의 근삿값을 계산하는 데 효과적이지는 않다.

b. e^x의 맥클로린 급수를 이용하면 $f(x) = (e^x - 1)/x$의 급수

$$f(x) = \frac{e^x - 1}{x} = \frac{1}{x}\Bigg(\underbrace{\left(1 + x + \frac{x^2}{2!} + \frac{x^3}{3!} + \cdots\right)}_{e^x} - 1\Bigg) \quad \text{급수에 } e^x \text{ 대입하기}$$

$$= 1 + \frac{x}{2!} + \frac{x^2}{3!} + \frac{x^3}{4!} + \cdots = \sum_{k=1}^{\infty} \frac{x^{k-1}}{k!} \quad \text{정리 10.4 성질 2}$$

은 $-\infty < x < \infty$에서 수렴한다. 몫의 법칙에 의하면

$$f'(x) = \frac{xe^x - (e^x - 1)}{x^2}$$

이며, f의 급수를 항별로 미분하면 다음을 얻는다.

$$f'(x) = \frac{d}{dx}\left(1 + \frac{x}{2!} + \frac{x^2}{3!} + \frac{x^3}{4!} + \cdots\right)$$

$$= \frac{1}{2!} + \frac{2x}{3!} + \frac{3x^2}{4!} + \cdots = \sum_{k=1}^{\infty} \frac{kx^{k-1}}{(k+1)!}$$

QUICK CHECK 3 $\tan^{-1} x$의 맥클로린 급수에 어떤 x값을 대입해야 $\pi/6$의 급수 표현을 얻을 수 있는가? ◀

이제 f'의 두 가지 표현을 얻었고, $x = 1$에서의 값을 계산하면 다음과 같다.

$$f'(1) = 1 = \sum_{k=1}^{\infty} \frac{k}{(k+1)!}$$

관련 연습문제 26번 ◀

함수를 거듭제곱급수로 표현하기

함수를 정의하고 친숙한 함수로 대체하여 표현함에 있어 거듭제곱급수는 수학에서 큰 역할을 한다. 거듭제곱급수에서 자주 쓰는 기법을 다루는 두 예제를 들면서 이 장을 마감하고자 한다.

| 예제 7 | **급수 확인하기** 거듭제곱급수 $\displaystyle\sum_{k=0}^{\infty} \frac{(1-2x)^k}{k!}$으로 표현되는 함수를 찾고, 수렴구간을 구하여라.

풀이 지수함수의 맥클로린 급수

$$e^x = \sum_{k=0}^{\infty} \frac{x^k}{k!}$$

은 $-\infty < x < \infty$에 대하여 수렴한다. x 대신 $1 - 2x$를 대입하면 다음을 얻는다.

$$\sum_{k=0}^{\infty} \frac{(1-2x)^k}{k!} = e^{1-2x}$$

$-\infty < 1 - 2x < \infty$에서 $1 - 2x$는 e^x의 수렴구간에 속하므로 이러한 대체가 허용

된다. 그러므로 주어진 급수가 $-\infty < x < \infty$에 대하여 e^{1-2x}을 표현할 수 있다.

관련 연습문제 28번 ◀

| 예제 8 | 신비의 급수 거듭제곱급수 $\sum_{k=1}^{\infty} \frac{(-1)^k k}{4^k} x^{2k}$은 10.2절에서 처음 나온다. 이 급수의 수렴구간을 구하고, 이 구간에서 표현하는 함수를 찾아라.

풀이 급수에 비판정법을 적용하면 $|x^2/4| < 1$, 즉 $|x| < 2$일 때 수렴한다. 이 구간의 끝점 $x = \pm 2$에서는 급수가 발산한다. 따라서 수렴구간은 $|x| < 2$이다.

이 급수로 표현되는 함수를 찾기 위해 기하급수를 얻을 때까지 변형한다. 먼저

$$\sum_{k=1}^{\infty} \frac{(-1)^k k}{4^k} x^{2k} = \sum_{k=1}^{\infty} k\left(-\frac{1}{4}\right)^k x^{2k}$$

에서 우변의 급수는 인수 k가 있으므로 기하급수가 아니다. k는 미분을 통해 나타난다는 사실에 주목해야 하는데, 특히 $\frac{d}{dx}(x^{2k}) = 2kx^{2k-1}$이다. 급수의 항을 얻기 위해 다음 과정을 거친다.

$$\underbrace{\sum_{k=1}^{\infty} \frac{(-1)^k k}{4^k} x^{2k}}_{\text{원래 급수}} = \sum_{k=1}^{\infty} k\left(-\frac{1}{4}\right)^k x^{2k}$$

$$= \frac{1}{2}\sum_{k=1}^{\infty} 2k\left(-\frac{1}{4}\right)^k x^{2k} \qquad \text{2를 곱한 다음 2로 나누기}$$

$$= \frac{x}{2}\sum_{k=1}^{\infty} 2k\left(-\frac{1}{4}\right)^k x^{2k-1} \qquad \text{급수에서 } x\text{항 하나 꺼내기}$$

이제 마지막 급수를 다른 급수의 도함수로 확인하자.

$$\underbrace{\sum_{k=1}^{\infty} \frac{(-1)^k k}{4^k} x^{2k}}_{\text{원래 급수}} = \frac{x}{2}\sum_{k=1}^{\infty}\left(-\frac{1}{4}\right)^k \underbrace{2kx^{2k-1}}_{\frac{d}{dx}(x^{2k})}$$

$$= \frac{x}{2}\sum_{k=1}^{\infty}\left(-\frac{1}{4}\right)^k \frac{d}{dx}(x^{2k}) \qquad \text{도함수로 확인하기}$$

$$= \frac{x}{2}\frac{d}{dx}\left(\sum_{k=1}^{\infty}\left(-\frac{x^2}{4}\right)^k\right) \qquad \text{인수분해한 다음 항별로 미분하기}$$

마지막 급수는 공비가 $r = -x^2/4$, 첫째항이 $-x^2/4$인 기하급수이다. 그러므로 $\left|\frac{x^2}{4}\right| < 1$, 즉 $|x| < 2$이면 값은 $\frac{-x^2/4}{1 + (x^2/4)}$이다.

$$\underbrace{\sum_{k=1}^{\infty} \frac{(-1)^k k}{4^k} x^{2k}}_{\text{원래 급수}} = \frac{x}{2}\frac{d}{dx}\left(\sum_{k=1}^{\infty}\left(-\frac{x^2}{4}\right)^k\right)$$

$$= \frac{x}{2}\frac{d}{dx}\left(\frac{-x^2/4}{1 + (x^2/4)}\right) \qquad \text{기하급수의 합}$$

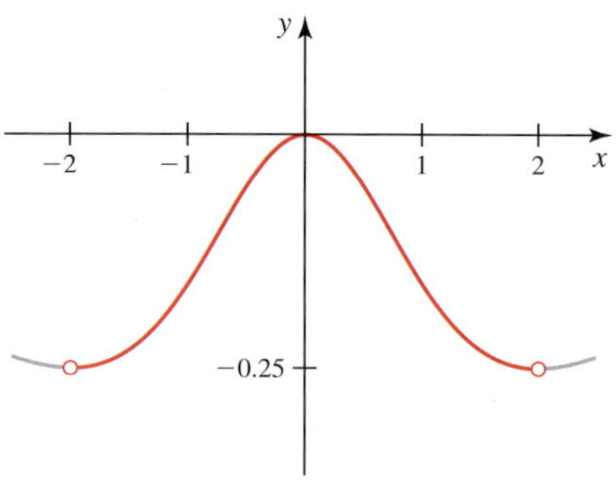

$(-2,\,2)$에서 $\displaystyle\sum_{k=1}^{\infty} \frac{(-1)^k k}{4^k} x^{2k} = -\frac{4x^2}{(4+x^2)^2}$

그림 10.22

$$= \frac{x}{2}\frac{d}{dx}\left(\frac{-x^2}{4+x^2}\right) \qquad \text{간단히 하기}$$

$$= -\frac{4x^2}{(4+x^2)^2} \qquad \text{미분한 다음 간단히 하기}$$

그러므로 구간 $(-2, 2)$에서 주어진 급수에 의해 표현된 함수를 얻었으니 바로

$$f(x) = -\frac{4x^2}{(4+x^2)^2}$$

은 $-\infty < x < \infty$에서 정의되는데(그림 10.22), 주어진 거듭제곱급수는 0을 중심으로 구간 $(-2, 2)$에서 f에 수렴한다.

관련 연습문제 31-32번 ◀

10.4절 연습문제

1단계 스타트

1. 이 절에서 f와 g가 중심이 a인 테일러 급수일 때, 극한 $\displaystyle\lim_{x\to a}\frac{f(x)}{g(x)}$를 구하는 전략을 설명하여라.

2. e^x의 테일러 급수를 이용하여 $e^{-0.6}$의 근삿값을 어떻게 구하는가?

3. $\sinh x$와 $\cosh x$의 테일러 급수를 이용하여 $\dfrac{d}{dx}\sinh x = \cosh x$임을 보여라.

2단계 실전

4-12. 극한 테일러 급수를 이용하여 다음 극한을 구하여라.

4. $\displaystyle\lim_{x\to 0}\frac{e^x - 1}{x}$

5. $\displaystyle\lim_{x\to 0}\frac{-x - \ln(1-x)}{x^2}$

6. $\displaystyle\lim_{x\to 0}\frac{e^x - e^{-x}}{x}$

7. $\displaystyle\lim_{x\to 0}\frac{2\cos 2x - 2 + 4x^2}{2x^4}$

8. $\displaystyle\lim_{x\to 0}\frac{\ln(1+x) - x + x^2/2}{x^3}$

9. $\displaystyle\lim_{x\to 0}\frac{3\tan^{-1}x - 3x + x^3}{x^5}$

10. $\displaystyle\lim_{x\to 0}\frac{12x - 8x^3 - 6\sin 2x}{x^5}$

11. $\displaystyle\lim_{x\to 2}\frac{x-2}{\ln(x-1)}$

12. $\displaystyle\lim_{x\to 0}\frac{e^{-2x} - 4e^{-x/2} + 3}{2x^2}$

13-16. 도함수의 거듭제곱급수

a. 중심이 0인 다음 함수의 테일러 급수를 구하여라.

b. 미분된 급수에 의해 표현되는 함수를 구하여라.

c. 도함수의 거듭제곱급수의 수렴구간을 구하여라.

13. $f(x) = e^x$

14. $f(x) = \ln(1+x)$

15. $f(x) = e^{-2x}$

16. $f(x) = \tan^{-1}x$

17-18. 미분방정식

a. 초기조건을 만족하는 미분방정식의 해에 대한 거듭제곱급수를 구하여라.

b. 거듭제곱급수로 표현된 함수를 구하여라.

17. $y'(t) - y = 0,\ y(0) = 2$

18. $y'(t) - 3y = 10,\ y(0) = 2$

19-22. 정적분의 근삿값 테일러 급수를 이용하여 다음 정적분의 근삿값을 구하여라. 오차가 10^{-4}보다 작도록 필요한 수만큼의 항을 포함하여라.

19. $\displaystyle\int_0^{0.25} e^{-x^2}dx$

20. $\displaystyle\int_{-0.35}^{0.35} \cos 2x^2\,dx$

21. $\displaystyle\int_0^{0.35} \tan^{-1}x\,dx$

22. $\displaystyle\int_0^{0.5} \frac{dx}{\sqrt{1+x^6}}$

23-25. 실수의 근삿값 알맞은 테일러 급수를 이용하여 다음 실수와 같은 값을 갖는 무한급수의 0이 아닌 처음 네 개 항을 찾아라.

23. e^2

24. $\cos 2$

25. $\ln\dfrac{3}{2}$

26. 무한급수 계산하기 $f(x) = \dfrac{e^x - 1}{x}$, $f(0) = 1$이라 하자. 중심이 0인 f의 테일러 급수를 이용하여 $f(1)$과 $\displaystyle\sum_{k=0}^{\infty}\frac{1}{(k+1)!}$의 값을 구하여라.

27. 무한급수 계산하기 중심이 0인 $f(x) = \ln(1+x)$의 테일러 급수를 구하고, 수렴구간도 구하여라. 수렴구간에서 테일러 급수가 f에 수렴한다고 가정하자. $f(1)$을 구하여 $\sum_{k=1}^{\infty} \frac{(-1)^{k+1}}{k}$ (교대조화급수)의 값을 구하여라.

28–32. 거듭제곱급수로 함수 표현하기 다음 거듭제곱급수로 표현되는 함수를 구하여라.

28. $\sum_{k=0}^{\infty} \frac{x^k}{2^k}$

29. $\sum_{k=0}^{\infty} (-1)^k \frac{x^{2k}}{4^k}$

30. $\sum_{k=1}^{\infty} \frac{x^k}{k}$

31. $\sum_{k=1}^{\infty} (-1)^k \frac{kx^{k+1}}{3^k}$

32. $\sum_{k=2}^{\infty} \frac{k(k-1)x^k}{3^k}$

33. 참 또는 거짓 다음 명제가 참이면 증명하고 거짓이면 반례를 들어라.

a. $\int_0^2 \frac{dx}{1-x}$의 값은 피적분함수를 테일러 급수로 전개한 후, 항별로 적분하여 구할 수 있다.

b. $\pi/3$의 근삿값을 구하기 위해 $\tan^{-1}x$의 테일러 급수에 $x = \sqrt{3}$을 대입할 수 있다.

c. $\sum_{k=0}^{\infty} \frac{(\ln 2)^k}{k!} = 2$

34. 상수를 포함한 극한 테일러 급수를 사용하여 다음 극한을 구하여라. 결과를 0이 아닌 상수로 표현하여라.

$$\lim_{x\to 0} \frac{\sin ax}{\sin bx}$$

3단계 도전

35. 테일러 급수로 극한 구하기 테일러 급수를 이용하여 $\lim_{x\to 0}\left(\frac{\sin x}{x}\right)^{1/x^2}$을 구하여라.

36–37. 도함수 기법 함수 f의 고계도함수를 구할 때 시간을 절약할 수 있는 대체 방법을 제시하고자 한다. 중심이 a인 f의 테일러 급수를 도함수를 구하지 않고 (예를 들어 알려진 급수로부터) 찾을 수 있다고 가정하자. 그다음 $f^{(k)}(a) = k!$에 $(x-a)^k$의 계수를 곱하여 얻는다. 이 아이디어를 통해 다음 함수의 $f^{(3)}(0)$과 $f^{(4)}(0)$을 구하여라. 이때 알려진 급수를 이용하고, 도함수는 계산하지 않는다.

36. $f(x) = e^{\cos x}$

37. $f(x) = \int_0^x \sin t^2\, dt$

QUICK CHECK 정답

1. $x \to 0$일 때 $\frac{\sin x}{x} = \frac{x - x^3/3! + \cdots}{x} = 1 - \frac{x^2}{3!} + \cdots \to 1$
2. 결과는 $-\sin x$의 거듭제곱급수이다. **3.** $x = 1/\sqrt{3}$(수렴구간 내에 있다) ◀

10장 연습문제

1. 참 또는 거짓 다음 명제가 참인지 증명하고 거짓이면 반례를 들어라.

a. 2에서 f의 n차 테일러 다항식을 p_n이라 하자. 근삿값 $p_3(2.1) \approx f(2.1)$은 근삿값 $p_3(2.2) \approx f(2.2)$보다 더 정확하다.

b. 3에서 f의 테일러 급수가 수렴반경을 6으로 갖는다면 수렴구간은 $[-3, 9]$이다.

c. 거듭제곱급수 $\sum c_k x^k$의 수렴구간은 $(-7/3, 7/3)$일 수 있다.

d. $f(x) = (1+x)^{12}$의 맥클로린 급수는 유한 개의 0이 아닌 항을 갖는다.

e. 거듭제곱급수 $\sum c_k (x-3)^k$이 수렴반경 $R = 4$를 갖고, 수렴구간의 양 끝점에서 수렴하면 수렴구간은 $[-1, 7]$이다.

2–5. 테일러 다항식 주어진 점 a가 중심인 다음 함수의 n차 테일러 다항식을 구하여라.

2. $f(x) = \cos^3 x, n = 2, a = 0$

3. $f(x) = e^{1/x-1}, n = 2, a = 1$

4. $f(x) = \cos(\ln x), n = 2, a = 1$

5. $f(x) = \cosh x, n = 3, a = \ln 2$

6–7. 근삿값

a. 주어진 점 a가 중심인 다음 함수의 1차 테일러 다항식과 2차 테일러 다항식을 구하여라.

b. 테일러 다항식을 이용하여 주어진 수치의 근삿값을 구하여라. 이 근삿값과 계산기를 이용한 정확한 값과의 절대 오차의 표를 만들어라.

6. $f(x) = e^x, a = 0, e^{-0.08}$의 근삿값

7. $f(x) = \sin x, a = \dfrac{\pi}{4}, \sin\dfrac{\pi}{5}$의 근삿값

8. **나머지 추정** 0에서 다음 함수의 테일러 급수의 나머지항 $R_n(x)$를 구하여라. n에 대하여 주어진 구간에서 나머지항의 상계를 구하여라(상계는 유일하지 않다).

$$f(x) = \sin x,\ R_3(x)\text{의 상계},\ |x| < \pi$$

9–13. 수렴반경과 수렴구간 다음 급수의 수렴반경을 비판정법이나 근판정법을 이용하여 구하여라. 구간의 끝점에서 수렴 여부를 조사하고, 수렴구간을 결정하여라.

9. $\displaystyle\sum_{k=1}^{\infty} \frac{k^2 x^k}{k!}$

10. $\displaystyle\sum_{k=1}^{\infty} \frac{(-1)^k (x+1)^{2k}}{k!}$

11. $\displaystyle\sum_{k=0}^{\infty} \left(\frac{x}{9}\right)^{3k}$

12. $\displaystyle\sum_{k=1}^{\infty} \frac{(x+2)^k}{2^k \ln k}$

13. $\displaystyle\sum_{k=1}^{\infty} \frac{(-1)^k (2x+1)^k}{k^2 3^k}$

14. **수렴반경** 급수 $\displaystyle\sum_{k=1}^{\infty} \frac{(3k)!\,x^k}{(k!)^3}$의 수렴반경을 구하여라.

15–17. 기하급수로부터 거듭제곱급수 구하기 기하급수 $\displaystyle\sum_{k=0}^{\infty} x^k = \frac{1}{1-x},\ |x| < 1$을 이용하여 다음 함수의 맥클로린 급수와 수렴구간을 구하여라.

15. $f(x) = \dfrac{1}{1-x^2}$

16. $f(x) = \dfrac{1}{1+5x}$

17. $f(x) = \dfrac{1}{(1-10x)^2}$

18–21. 테일러 급수 주어진 점 a가 중심인 다음 함수의 테일러 다항식의 0이 아닌 처음 세 개 항을 구하여라. 합의 기호를 써서 급수를 나타내어라.

18. $f(x) = e^{3x}, a = 0$

19. $f(x) = \cos x, a = \dfrac{\pi}{2}$

20. $f(x) = \tan^{-1} 4x, a = 0$

21. $f(x) = \cosh(2x-2), a = 1$

22–23. 이항급수 다음 함수의 맥클로린 급수의 처음 세 개 항을 구하여라.

22. $f(x) = (1+x)^{1/3}$

23. $f(x) = \left(1 + \dfrac{x}{2}\right)^{-3}$

24. **수렴성** 0에서 함수 $f(x) = \sinh x + \cosh x$의 테일러 급수의 나머지항 $R_n(x)$를 구하여라. 모든 실수 x에 대하여 $\displaystyle\lim_{n\to\infty} |R_n(x)| = 0$임을 보여라.

25–27. 거듭제곱급수에 의한 극한 테일러 급수를 이용하여 다음 극한을 구하여라.

25. $\displaystyle\lim_{x\to 0} \frac{x^2/2 - 1 + \cos x}{x^4}$

26. $\displaystyle\lim_{x\to 4} \frac{\ln(x-3)}{x^2-16}$

27. $\displaystyle\lim_{x\to 0} \frac{\sec x - \cos x - x^2}{x^4}$

(힌트: $\sec x$의 맥클로린 급수는 $1 + \dfrac{x^2}{2} + \dfrac{5x^4}{24} + \dfrac{61x^6}{720} + \cdots$)

28–29. 거듭제곱급수에 의한 정적분 테일러 급수를 이용하여 다음 정적분의 근삿값을 구하여라. 오차를 10^{-3}보다 작도록 필요한 만큼의 항을 포함시켜라.

28. $\displaystyle\int_0^{1/2} e^{-x^2}\,dx$

29. $\displaystyle\int_0^1 x\cos x\,dx$

30–31. 실수 근사 적절한 테일러 급수를 이용하여 다음 실수와 같은 값을 갖는 무한급수의 0이 아닌 처음 네 개 항을 찾아라. 무한급수의 중심은 여러 가지로 선택할 수 있다.

30. $\sqrt{119}$

31. $\tan^{-1}\left(-\dfrac{1}{3}\right)$

CHAPTER 11

매개 곡선과 극곡선
Parametric and Polar Curves

미리보기 지금까지 $y = f(x)$ 꼴의 함수에만 집중하여 직교좌표계에서 그들의 양상을 공부했다. 그러나 곡선을 만들고 함수를 표현하는 다른 방법들도 있다. 이는 3차원 공간에서 곡선과 궤적을 표현하는 데 쓰이기도 하는 매개 곡선으로 논의를 시작하고자 한다. 원형, 원통형과 구형의 대상을 다룰 때는 종종 다른 좌표계가 더 편리하기도 하다. 이 장에서 원형 기하학에 쓰일 극좌표를 소개한다. 원주좌표계와 구면좌표계는 15장에서 소개한다. 매개방정식과 극좌표를 다룬 다음, 이 좌표계에서의 미분과 적분을 살펴본다. 관심 대상인 곡선이 매개방정식이나 극좌표로 주어졌을 때 접선의 기울기, 변화율, 영역의 넓이와 곡선의 길이는 어떻게 구할 것인가? 원뿔 곡선과 관련된 주제로 이 장을 끝내고자 한다. 타원, 포물선, 쌍곡선(이들은 모두 원뿔 곡선)은 직교좌표계와 극좌표계의 두 방법으로 나타낼 수 있다. 이러한 종류의 곡선은 많은 흥미로운 성질을 갖고 있으며, 뒤에 여러 번 소개할 것이다.

11.1 매개방정식
11.2 극좌표
11.3 극좌표에서의 미분과 적분
11.4 원뿔 곡선

11.1 매개방정식

지금까지는 xy평면에서 곡선을 나타낼 때 함수 $y = f(x)$ 형태만 사용했다. 이 절에서 곡선을 정의하는 다른 방법으로 매개방정식을 고찰한다. 매개 곡선은 흔히 볼 수 있는 곡선뿐만 아니라 독특한 곡선을 다룰 수 있게 해 주는데, 특히 움직이는 물체의 궤적을 분석할 때 반드시 필요한 도구임을 알게 될 것이다.

기본 개념

모터보트가 반경 4마일인 원형 코스를 한 바퀴에 2π시간 동안 일정한 속도로 반시계 방향으로 움직인다. 임의의 시간 $t \ge 0$에 대하여 보트의 위치 $(x(t), y(t))$를 나타내 보자. 보트는 양의 x축 위의 점 (4, 0)에서 출발한다(그림 11.1). 보트의 위치에 해당하는 각도 θ는 $t = 0$일 때 $\theta = 0$에서 시작하여 2π시간마다 2π라디안씩 증가한다. 그러므로 $t \ge 0$에 대하여 $\theta = t$이다. $t \ge 0$일 때, 보트의 x좌표와 y좌표는 다음과 같다.

$$x = 4\cos\theta = 4\cos t, \quad y = 4\sin\theta = 4\sin t$$

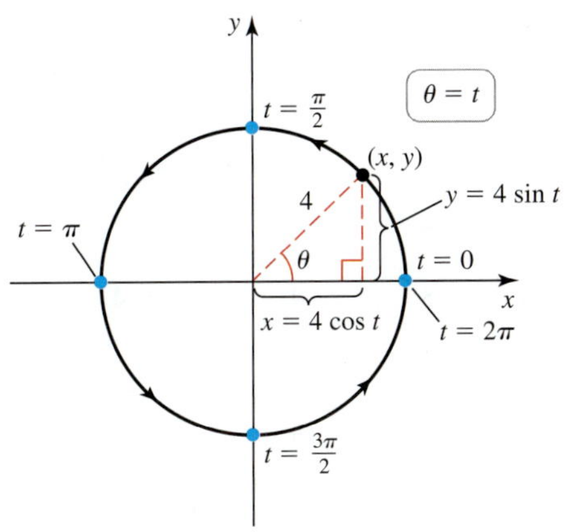

그림 11.1

보트는 $t = 0$일 때 시작점인 $(4, 0)$에 있고, $t = 2\pi$일 때 시작점으로 돌아온다.

두 방정식 $x = 4\cos t$, $y = 4\sin t$는 **매개방정식**(parametric equation)의 예이다. 두 방정식에서 x와 y는 세 번째 변수 t로 표현되는데, 이때 t를 **매개변수**(parameter)라고 부르며, 종종 시간을 나타낸다.

일반적으로 매개방정식의 형태는

$$x = f(t), \quad y = g(t)$$

인데, f와 g는 주어진 함수이고 매개변수 t는 주로 명시된 구간 $a \le t \le b$에서 변한다(그림 11.2). 이런 방정식으로 표현되는 **매개 곡선**(parametric curve)은 다음과 같은 평면 위의 점들로 이루어진다.

➤ 매개방정식 형태에서 매개변수 t는 독립변수이다. 매개방정식에는 두 종속변수 x와 y가 있다.

$$(x, y) = (f(t), g(t)), \quad a \le t \le b$$

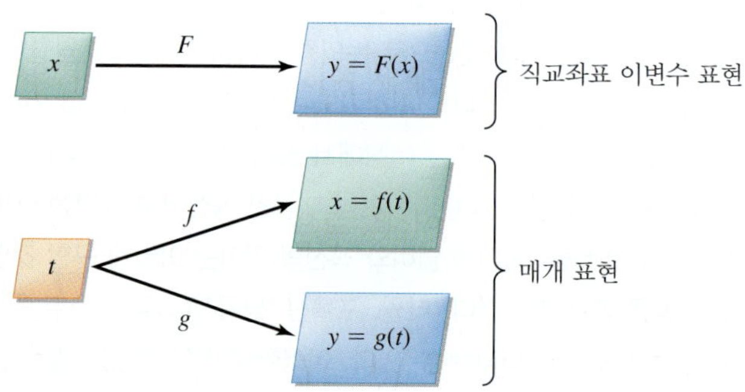

그림 11.2

| 예제 1 | 매개 포물선 다음 매개방정식의 그래프를 그린 다음 분석하여라.

$$x = f(t) = 2t, \quad y = g(t) = \frac{1}{2}t^2 - 4, \quad 0 \le t \le 8$$

풀이 매개 곡선을 시각화할 때 여러 점을 찍어 보는 것이 도움이 된다. 표 11.1은 구간 $[0, 8]$에서 여러 t 값에 상응하는 x와 y 값을 보여 주고 있다. 표 11.1의 순서쌍 (x, y)를 평면 위에 나타내고, 그 점들을 매끄러운 곡선으로 연결하면 그림 11.3의 그래프를 얻는다. t가 시작점 $t = 0$에서 끝점 $t = 8$까지 증가함에 따라 곡선은 시점 $(0, -4)$에서 종점 $(16, 28)$로 이어지는 곡선으로 나타난다. 이때 매개변수 값

표 11.1

t	x	y	(x, y)
0	0	-4	$(0, -4)$
1	2	$-\frac{7}{2}$	$\left(2, -\frac{7}{2}\right)$
2	4	-2	$(4, -2)$
3	6	$\frac{1}{2}$	$\left(6, \frac{1}{2}\right)$
4	8	4	$(8, 4)$
5	10	$\frac{17}{2}$	$\left(10, \frac{17}{2}\right)$
6	12	14	$(12, 14)$
7	14	$\frac{41}{2}$	$\left(14, \frac{41}{2}\right)$
8	16	28	$(16, 28)$

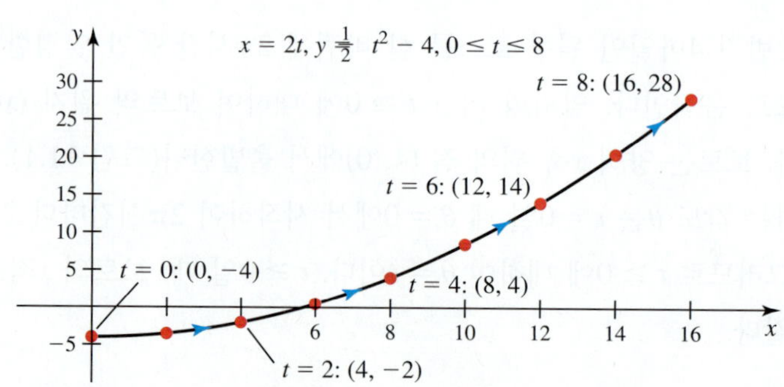

그림 11.3

은 그래프에 나타나지 않음에 주목하자. 매개변수의 유일한 표식은 곡선이 만들어지는 방향이다. 이 경우 오른쪽 윗방향으로 나타나며 곡선 위의 파란색 화살표로 표시되어 있다.

▶ 매개방정식에서 t는 유일한 독립변수이고, x와 y는 두 종속변수이다.

종종 매개방정식에서 매개변수를 소거하여 x와 y만으로 곡선을 나타낼 수도 있다. 이 경우 x에 관한 방정식에서 $t = x/2$이므로 y에 관한 방정식에 대입하면 다음을 얻는다.

$$y = \frac{1}{2}t^2 - 4 = \frac{1}{2}\left(\frac{x}{2}\right)^2 - 4 = \frac{x^2}{8} - 4$$

이런 형태로 표현된 곡선은 포물선의 일부이다. t가 구간 $0 \le t \le 8$의 값이고 $x = 2t$이므로 x는 $0 \le x \le 16$의 값을 갖는다. 그러므로 매개방정식은 x가 $0 \le x \le 16$인 포물선의 일부를 만들어낸다. ◀

QUICK CHECK 1 매개방정식 $x = t^2$, $y = t$, $-10 \le t \le 10$으로 만들어지는 곡선을 확인하여라. ◀

매개방정식의 쌍이 주어졌을 때, 예제 1에서 매개변수 값이 증가함에 따라 어떤 특정 방향으로 곡선 위의 점을 얻게 된다. 다음 정의가 이를 잘 나타내며, 앞으로의 작업에 중요한 부분이다.

정의 양방향

매개변수가 증가함에 따라 얻는 매개 곡선의 방향을 곡선의 **양방향**이라 한다 (곡선 위에 화살표로 나타낸다).

| 예제 2 | 매개 원

a. 다음 매개 곡선

$$x = 4\cos 2\pi t,\quad y = 4\sin 2\pi t,\quad 0 \le t \le 1$$

이 반지름이 4, 중심이 원점인 원임을 확인하여라.

b. 거북이가 **a**의 원형 코스를 따라 반시계 방향으로 일정한 속도로 걷는데, 점 (4, 0)에서 출발하여 한 바퀴 도는 데 30분이 걸린다. 시간 t의 단위를 min이라 하고 $t \ge 0$일 때, 거북이의 경로에 대한 매개방정식을 구하여라.

풀이

a. 표 11.2에 t의 값과 그에 대응하는 순서쌍 (x, y)가 기록되어 있다. $t = 0$에서 $t = 1$로 증가함에 따라 점을 표시해 보면 그래프가 반지름이 4인 원으로 나타남을 알 수 있다. 즉, (4, 0)을 시점과 종점으로 하고, 양방향은 반시계 방향이다 (그림 11.4). t가 1보다 크면 같은 곡선을 또 지나간다.

결론적으로 곡선을 결정하기 위해 매개변수를 소거하면 다음을 얻는다.

표 11.2

t	(x, y)
0	$(4, 0)$
$\frac{1}{8}$	$(2\sqrt{2}, 2\sqrt{2})$
$\frac{1}{4}$	$(0, 4)$
$\frac{3}{8}$	$(-2\sqrt{2}, 2\sqrt{2})$
$\frac{1}{2}$	$(-4, 0)$
$\frac{3}{4}$	$(0, -4)$
1	$(4, 0)$

$$\begin{aligned} x^2 + y^2 &= (4\cos 2\pi t)^2 + (4\sin 2\pi t)^2 \\ &= 16\underbrace{(\cos^2 2\pi t + \sin^2 2\pi t)}_{1} = 16 \qquad \cos^2\theta + \sin^2\theta = 1 \end{aligned}$$

이 매개방정식의 그래프는 원 $x^2 + y^2 = 16$임을 확인했다.

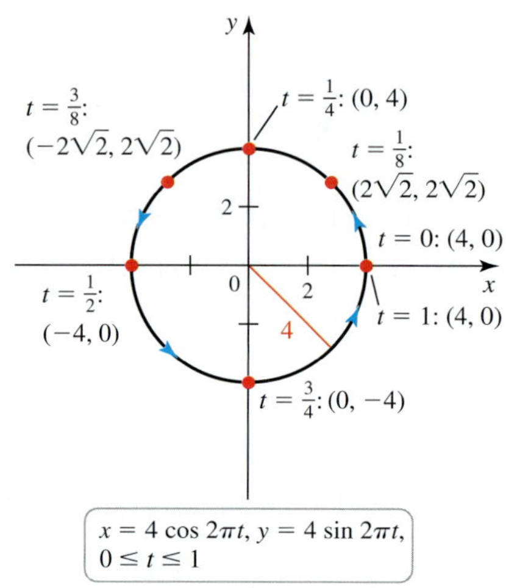

그림 11.4

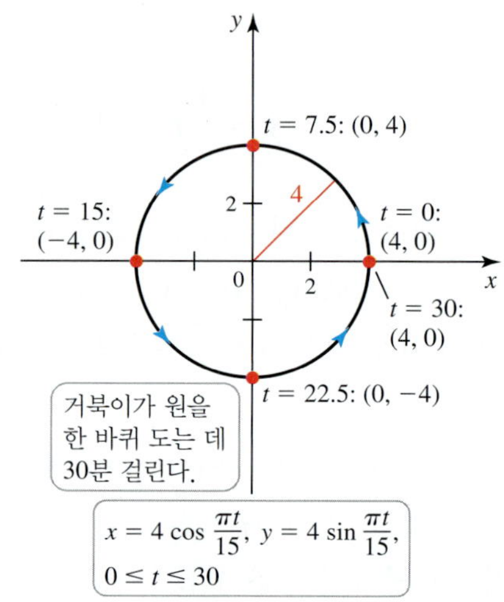

그림 11.5

b. a의 끝부분 계산을 0이 아닌 임의의 실수 b에 대하여 다시 해 보면 매개방정식

$$x = 4\cos bt, \quad y = 4\sin bt$$

또한 반지름이 4인 원임을 확인할 수 있다. $b > 0$이면 그래프는 반시계 방향으로 그려진다. 각진동수(angular frequency) b는 t가 0에서 30까지 변하도록 조정해야 하고, 곱 bt는 0에서 2π까지 변한다. 구체적으로 $t = 30$일 때 $30b = 2\pi$, 즉 $b = \dfrac{\pi}{15}$ rad/min이어야 한다. 따라서 거북이의 움직임에 대한 매개방정식은 다음과 같다.

➤ 예제 2b에서 상수 $|b|$는 물체가 단위시간 동안 움직이는 라디안의 수를 나타내며, 각진동수라고 한다. 거북이가 30 min마다 2π rad을 이동하므로 각진동수는 $2\pi/30 = \pi/15$ rad/min이다. 라디안은 단위를 갖지 않으므로 이 경우 각진동수의 단위는 분당 단위이고, 기호로는 min^{-1}이다.

$$x = 4\cos\frac{\pi t}{15}, \quad y = 4\sin\frac{\pi t}{15}, \quad 0 \le t \le 30$$

t가 0에서 30까지 증가하는 동안 점 (x, y)가 반지름이 4의 원을 한 바퀴 돌아야 함을 반드시 확인해야 한다.

관련 연습문제 19, 28번 ◀

매개방정식 $x = a\cos bt$, $y = a\sin bt$의 0이 아닌 두 실수 a와 b에 대하여 예제 2를 일반화하면 다음을 얻는다.

$$\begin{aligned} x^2 + y^2 &= (a\cos bt)^2 + (a\sin bt)^2 \\ &= a^2\underbrace{(\cos^2 bt + \sin^2 bt)}_{1} = a^2 \end{aligned}$$

그러므로 0이 아닌 b에 대하여 매개방정식 $x = a\cos bt$, $y = a\sin bt$는 중심이 원

점이고 반지름이 $|a|$인 원 전체 또는 그 일부분을 그래프로 갖는다. 길이가 $2\pi/|b|$인 구간에서 t가 변함에 따라 원을 한 바퀴 돌게 된다. t가 시간을 의미하면 $2\pi/|b|$ 시간 단위로 원을 한 바퀴 돌게 되는데, 이는 b 값을 바꿈으로써 원 위를 움직이는 속도를 바꿀 수 있음을 의미한다. $b > 0$이면 양방향은 반시계 방향이고, $b < 0$이면 원은 시계 방향으로 돈다.

➤ 0이 아닌 상수 b에 대하여 두 함수 $\sin bt$와 $\cos bt$는 주기가 $2\pi/|b|$이다. 두 방정식 $x = a\cos bt$, $y = -a\sin bt$ 또한 반지름이 $|a|$인 원을 나타내며, t가 길이 $2\pi/|b|$인 구간에서 변하면 두 방정식 $x = \pm a\sin bt$, $y = \pm a\cos bt$도 마찬가지로 원을 나타낸다.

보다 일반적인 매개방정식

$$x = x_0 + a\cos bt, \quad y = y_0 + a\sin bt$$

는 중심이 (x_0, y_0), 반지름이 $|a|$인 원 $(x - x_0)^2 + (y - y_0)^2 = a^2$의 전체 또는 일부분을 의미한다. $b > 0$이면 반시계 방향으로 원이 만들어진다. 예제 2에서와 같이 곡선(예를 들어 반지름이 4인 원)은 많은 방법으로 매개화할 수 있다.

QUICK CHECK 2 두 방정식 $x = 3\sin t$, $y = -3\cos t$, $0 \le t \le 2\pi$로 생성되는 원의 중심과 반지름을 구하여라. 양방향을 명시하여라. ◀

다음은 매개방정식 중 가장 중요한 예 중 하나이다.

$$x = x_0 + at, \; y = y_0 + bt, \; -\infty < t < \infty$$

여기서 x_0, y_0, a, b는 상수이고, 특히 $a \neq 0$이다. 이러한 방정식의 그래프는 매개변수를 소거하여 얻을 수 있다. 먼저 x에 관한 방정식을 t에 관하여 풀면 $t = \dfrac{x - x_0}{a}$이다. 이를 y에 관한 방정식에 대입하면 y를 x로 표현한 방정식을 얻게 된다.

$$y = y_0 + bt = y_0 + b\left(\frac{x - x_0}{a}\right) \quad \text{또는} \quad y - y_0 = \frac{b}{a}(x - x_0)$$

이 방정식은 기울기가 $\dfrac{b}{a}$이고 점 (x_0, y_0)을 지나는 직선이다.

> **요약 직선의 매개방정식**
>
> 매개방정식
>
> $$x = x_0 + at, \; y = y_0 + bt, \; -\infty < t < \infty \; (x_0, y_0, a, b\text{는 상수}, a \neq 0)$$
>
> 는 기울기가 $\dfrac{b}{a}$, 점 (x_0, y_0)을 지나는 직선을 의미한다. $a = 0$이고 $b \neq 0$이면 이 직선은 수직선이다.

주어진 직선의 매개방정식은 유일하지 않다는 사실에 주목해야 한다. 예를 들어 k가 0이 아닌 상수이면 두 상수 a와 b를 ka와 kb로 각각 대체해도 같은 직선을 의미한다(단, 방향이나 속력이 다를 수도 있다).

| 예제 3 | 직선의 매개방정식

a. 직선을 나타내는 매개방정식 $x = -2 + 3t$, $y = 4 - 6t$, $-\infty < t < \infty$에 대하여 이 직선에 대한 기울기-절편 형태의 방정식을 구하여라.

b. 점 $(2, 1)$을 지나고 기울기가 $\dfrac{1}{3}$인 직선의 매개방정식을 두 개 구하여라.

c. 시점이 $P(4, 7)$이고 종점이 $Q(2, -3)$인 선분의 매개방정식을 구하여라.

풀이

a. 매개변수를 소거하기 위해 x에 관한 방정식을 t에 대하여 풀면 $t = \frac{x+2}{3}$이다. 이를 y에 관한 방정식의 t에 대입하면 다음을 얻는다.

$$y = 4 - 6\left(\frac{x+2}{3}\right) = 4 - 2x - 4 = -2x$$

직선 $y = -2x$는 원점을 지나고 기울기는 -2이다.

b. 요약에 있던 일반적인 직선의 매개방정식을 사용한다. 직선의 기울기가 $\frac{1}{3}$이므로 $a = 3$, $b = 1$로 선택한다. $x_0 = 2$, $y_0 = 1$로 하면 직선의 매개방정식은 $x = 2 + 3t$, $y = 1 + t$, $-\infty < t < \infty$이다. 이 직선은 $t = 0$일 때 $(2, 1)$을 지나고, t가 증가함에 따라 오른쪽으로 증가한다(그림 11.6). a와 b를 다르게 택할 수도 있다. 예를 들어 $a = -6$, $b = -2$로 선택하면 $x = 2 - 6t$, $y = 1 - 2t$, $-\infty < t < \infty$이다. 이 매개방정식도 같은 직선을 나타내지만 반대 방향으로 생성된다(왼쪽으로 하향).

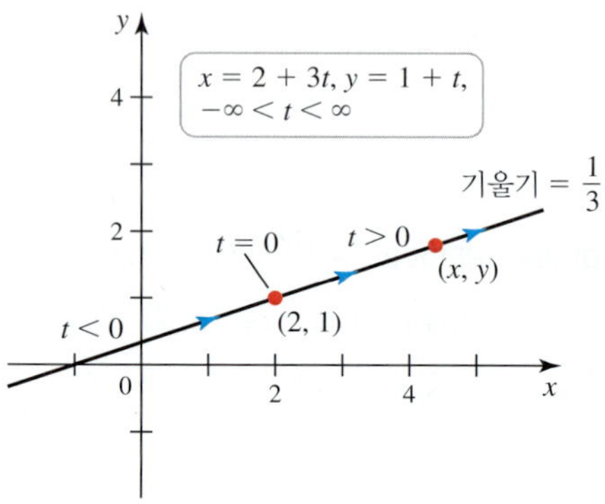

그림 11.6

➤ $a = -1$, $b = -5$로 선택하면 기울기는 $b/a = 5$가 된다. 이 선택에 의해 P에서 Q로 움직임에 따라 x의 감소가 y의 감소로 이어진다.

➤ 직선과 선분은 의외의 매개 표현을 가질 수도 있다. 예를 들어 방정식 $x = \sin t$, $y = 2\sin t$는 선분 $y = 2x$, $-1 \le x \le 1$을 나타낸다($x = \sin t$의 치역은 $[-1, 1]$임을 기억하자).

c. 이 직선의 기울기는 $\frac{7-(-3)}{4-2} = 5$이다. 이때 선분은 P에서 Q로 생성되므로 x와 y 모두 감소한다(그림 11.7). 직선이 생성되는 방향을 고려하여 $a = -1$, $b = -5$로 선택한다. $P(4, 7)$이 선분의 시작점이므로 $x_0 = 4$, $y_0 = 7$로 택하면 매개방정식은 $x = 4 - t$, $y = 7 - 5t$이다. $t = 0$일 때 시작점 $(4, 7)$을 얻는데, 우리는 선분을 나타내는 매개방정식을 찾고 있으므로 t의 구간을 제한해야 한다. 어떤 t값에 대하여 끝점 $Q(2, -3)$을 얻는가? $x = 4 - t = 2$로 놓고 풀면 $t = 2$이다. 다시 확인하기 위해 $y = 7 - 5t = -3$로 놓고 풀면 역시 $t = 2$가 나온다(같은 t값을 얻지 못했다면 기울기를 잘못 계산했을 수 있다). 그러므로 선분에 대한 매개방정식은 $x = 4 - t$, $y = 7 - 5t$, $0 \le t \le 2$이다.

관련 연습문제 8, 21번 ◀

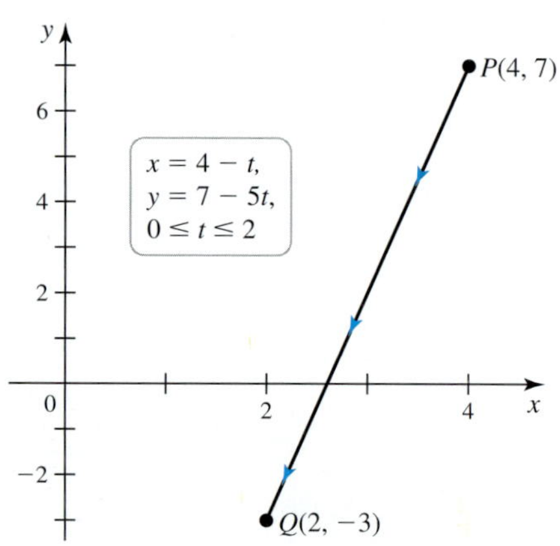

그림 11.7

QUICK CHECK 3 $x = 3 + 2t$, $y = -12 - 6t$, $-\infty < t < \infty$로 표현되는 곡선을 기술하여라. ◀

| 예제 4 | 곡선의 매개방정식 자주 하는 일 중 하나는 직교방정식 또는 그래프로 주어진 곡선의 매개방정식을 찾는 것이다. 다음 곡선의 매개방정식을 구하여라.

a. 포물선 $y = 9 - x^2$의 일부 (단, $-1 \le x \le 3$)

b. 곡선 $x = (y - 5)^2 + \sqrt{y}$ 전체

c. 구간 $0 \le t \le 2$에서 정의된 매개변수 t에 대하여 $P(-2, 0)$에서 $Q(0, 3)$으로, $Q(0, 3)$에서 $R(4, 0)$으로(이 순서대로) 구성된 두 선분

풀이

a. $y = f(x)$ 형태일 때 가장 쉬운 방법은 $x = t$, $y = f(t)$(단, t는 매개변수)로 놓은 다음, 매개변수에 대한 적정 구간을 찾으면 된다. 이 방법을 적용하면 다음을 얻는다.

$$x = t, \quad y = 9 - t^2, \quad -1 \le t \le 3$$

이런 매개 표현은 유일하지 않다. 예를 들어 매개방정식

$$x = 1 - t, \quad y = 9 - (1 - t)^2, \quad -2 \le t \le 2$$

도 같은 곡선을 나타내는데, 차이점은 이 매개방정식은 포물선을 오른쪽에서 왼쪽으로 생성하고, 원래 매개방정식은 포물선을 왼쪽에서 오른쪽으로 생성한다는 것이다(그림 11.8).

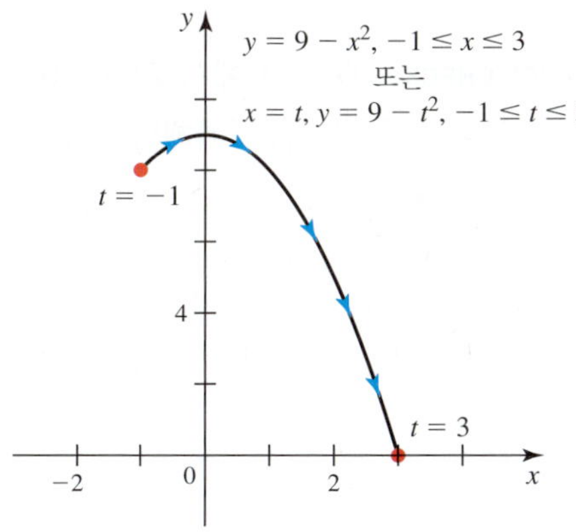

그림 11.8

b. 이 경우 $y = t$로 택하는 것이 쉽다. 그러면 곡선의 매개방정식은 다음과 같다.

$$x = (t - 5)^2 + \sqrt{t}, \quad y = t$$

t는 구간 $[0, \infty)$에서 값을 가질 수 있다. $t \to \infty$일 때, $x \to \infty$이고 $y \to \infty$이다(그림 11.9).

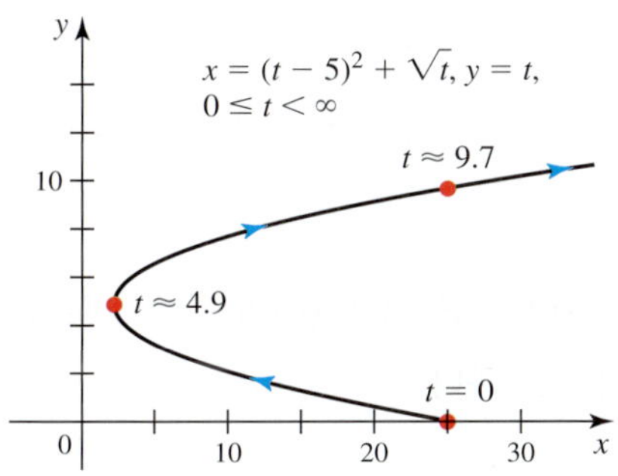

그림 11.9

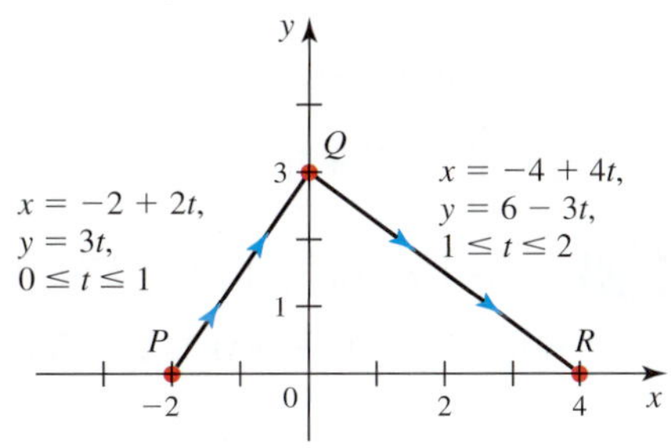

그림 11.10

c. 곡선은 두 선분으로 이루어져 있는데(그림 11.10), 각각은 $x = x_0 + at$, $y = y_0 + bt$로 매개화할 수 있다. 선분 PQ는 $P(-2, 0)$에서 출발하여 x축의 양의 방향의 기울기 $\frac{3}{2}$으로 생성된다. 매개방정식은 다음과 같다.

$$x = -2 + 2t, \quad y = 3t, \quad 0 \le t \le 1$$

선분 QR의 매개방정식을 찾는 과정에는 약간의 창의성이 필요하다. $t = 1$일 때 $Q(0, 3)$에서 출발하여 $t = 2$일 때 $R(4, 0)$에서 끝난다. $t = 1$이면 $x = 0$이고 $t = 2$이면 $x = 4$임을 기억하여 이를 x 에 관한 방정식 $x = x_0 + at$에 대입하면 다음 방정식들을 얻는다.

$$x_0 + a = 0 \qquad t = 1\text{일 때 } x = 0$$

$$x_0 + 2a = 4 \qquad t = 2\text{일 때 } x = 4$$

x_0과 a에 대하여 풀면 $x_0 = -4$, $a = 4$이다. 같은 방법으로 y에 관한 방정식 $y = y_0 + bt$에 적용하면 다음을 얻는다.

$$y_0 + b = 3 \qquad t = 1\text{일 때 } y = 3$$

$$y_0 + 2b = 0 \qquad t = 2\text{일 때 } y = 0$$

QUICK CHECK 4 $Q(0, 3)$에서 $P(-2, 0)$로 가는 선분에 대한 매개방정식을 구하여라. ◀

y_0과 b에 대하여 풀면 $y_0 = 6$, $b = -3$이다. 종합하면 선분 QR의 매개방정식은 다음과 같다.

$$x = -4 + 4t, \quad y = 6 - 3t, \quad 1 \le t \le 2$$

$Q(0, 3)$과 $R(4, 0)$는 각각 $t = 1$과 $t = 2$에 대응하며, 기울기는 $\frac{b}{a} = -\frac{3}{4}$이다.

관련 연습문제 22, 24번 ◀

매력적인 많은 곡선이 구르는 바퀴에 의해 생성되는데, 예제 5와 예제 8에서 두 곡선을 탐구해 보자.

| 예제 5 | **구르는 바퀴** 수평으로 구르는 바퀴 위의 고정점이 그리는 궤적(그림 11.11(a))을 **사이클로이드**(cycloid)라 하며, 이 사이클로이드의 매개방정식은 다음과 같다.

$$x = a(t - \sin t), \quad y = a(1 - \cos t), \quad t \ge 0, \ a > 0$$

$a = 1$인 사이클로이드를 그려라. 사이클로이드의 첫 번째 호를 모두 얻는 데 어떤 범위의 값들이 필요한가?

풀이 $0 \le t \le 3\pi$에서 사이클로이드를 그리면 그림 11.11(b)와 같다. 바퀴가 한 번 완전히 도는 데 구간 $0 \le t \le 2\pi$의 값이 필요하다.

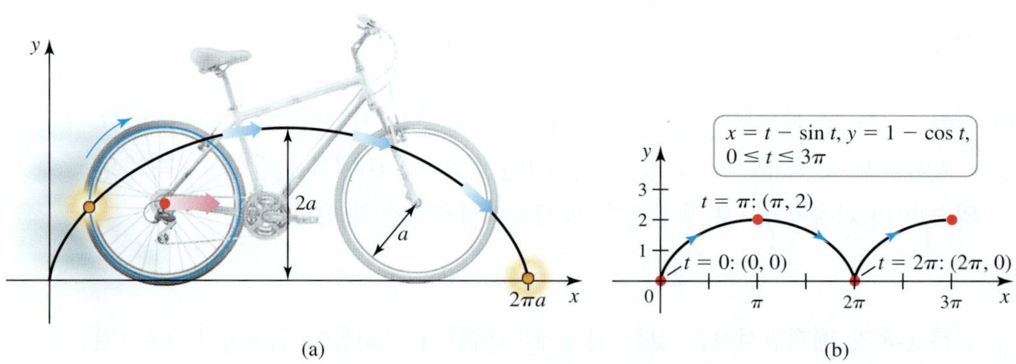

그림 11.11 ◀

도함수와 매개방정식

매개방정식은 x와 y의 관계를 나타낸다. 그러므로 매개 곡선 위의 한 점에서 x에 대한 y의 변화율 dy/dx에 대하여 생각해 보는 것은 의미 있는 일이다. dy/dx를 계산하는 방법을 알면 매개 곡선에 접하는 접선의 기울기를 결정할 수 있다.

매개 곡선 $x = f(t)$, $y = g(t)$에 대하여 f와 g가 모두 미분가능한 구간에서 생각해 보자. 연쇄 법칙에 의해 세 미분 $\frac{dy}{dt}, \frac{dx}{dt}, \frac{dy}{dx}$는 다음을 만족한다.

$$\frac{dy}{dt} = \frac{dy}{dx}\frac{dx}{dt}$$

$\dfrac{dx}{dt} \neq 0$ 일 때, 방정식의 양변을 $\dfrac{dx}{dt}$로 나눈 다음 $\dfrac{dy}{dx}$에 관하여 풀면 다음 정리를 얻는다.

> **정리 11.1 매개 곡선의 미분**
>
> $x = f(t)$, $y = g(t)$에 대하여 f와 g가 구간 $[a, b]$에서 모두 미분가능하다고 하자. t에 대응하는 곡선 위의 점에서 곡선에 접하는 접선의 기울기는 다음과 같다.
>
> $$\frac{dy}{dx} = \frac{dy/dt}{dx/dt} = \frac{g'(t)}{f'(t)}, \quad f'(t) \neq 0$$

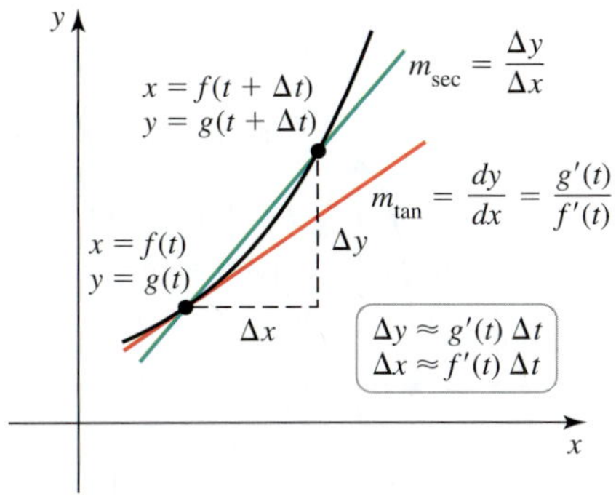

그림 11.12

그림 11.12를 통해 정리 11.1을 기하학적으로 해석할 수 있다. 주어진 점에서 접선의 기울기는 $\dfrac{dy}{dx} = \lim\limits_{\Delta x \to 0} \dfrac{\Delta y}{\Delta x}$이다. 이때 선형 근사(4.6절)를 적용하면 $\Delta x \approx f'(t)\Delta t$, $\Delta y \approx g'(t)\Delta t$로서 $\Delta t \to 0$이면 근사가 더 정확해진다. 또한 $\Delta x \to 0$이면 $\Delta t \to 0$이므로 접선의 기울기는 다음과 같다.

$$\frac{dy}{dx} = \lim_{\Delta x \to 0} \frac{\Delta y}{\Delta x} = \lim_{\Delta t \to 0} \frac{g'(t)\Delta t}{f'(t)\Delta t} = \frac{g'(t)}{f'(t)} \qquad \Delta t (\neq 0) \text{ 약분하기}$$

QUICK CHECK 5 정리 11.1을 이용하여 직선 $x = 4t$, $y = 2t$, $-\infty < t < \infty$의 기울기를 구하여라. ◀

| 예제 6 | 접선의 기울기 다음 곡선의 $\dfrac{dy}{dx}$를 구하여라. 결과를 분석하고 접선이 수평 또는 수직인 곡선 위의 점을 구하여라.

a. $x = f(t) = t$, $y = g(t) = 2\sqrt{t}$, $t \geq 0$

b. $x = f(t) = 4\cos t$, $y = g(t) = 16\sin t$, $0 \leq t \leq 2\pi$

풀이

a. $f'(t) = 1$, $g'(t) = 1/\sqrt{t}$이므로 다음을 얻는다.

$$\frac{dy}{dx} = \frac{g'(t)}{f'(t)} = \frac{1/\sqrt{t}}{1} = \frac{1}{\sqrt{t}}, \quad t \neq 0$$

$t > 0$이면 $dy/dx \neq 0$이므로 이 곡선에는 수평 접선이 없다. 반면, $t \to 0^+$이면 $dy/dx \to \infty$이므로 이 곡선은 점 (0, 0)에서 수직 접선을 갖는다. 매개변수 t를 소거하기 위해 $t = x$를 y에 관한 방정식에 대입하면 $y = 2\sqrt{x}$, $y \geq 0$이다. 이 곡선은 포물선의 상반에 해당한다(그림 11.13). 곡선 위의 다른 점에서 기울기는 t 값을 대입하여 계산할 수 있다. 예를 들어 점 (4, 4)에서는 $t = 4$이고, 이 점에서 접선의 기울기는 $1/\sqrt{4} = \frac{1}{2}$이다.

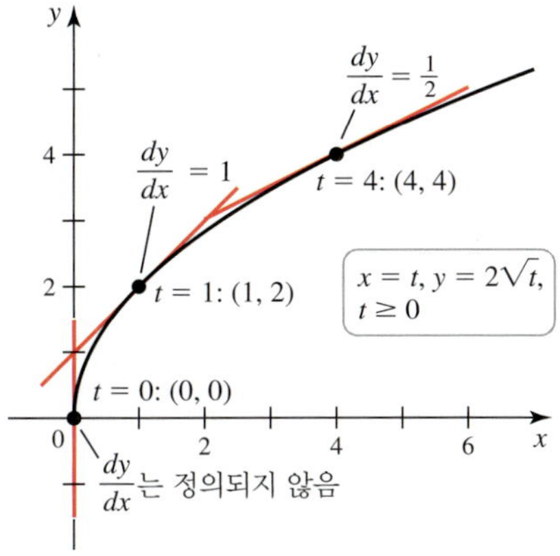

그림 11.13

b. 이 매개방정식은 장축의 길이가 32이며, 단축이 x축 위에 있고 길이가 8인 **타원**을 나타낸다(그림 11.14). 이 경우 $f'(t) = -4\sin t$, $g'(t) = 16\cos t$이므로 다음을 얻는다.

➤ 일반적으로 방정식 $x = a\cos t,\ y = b\sin t,\ 0 \le t \le 2\pi$는 타원을 나타낸다. 두 상수 a와 b는 단위원 $x = \cos t,\ y = \sin t$의 수평과 수직의 축척으로 생각할 수 있다. 타원은 연습문제 46-47번에서 살펴본 후 11.4절에서 자세히 다룬다.

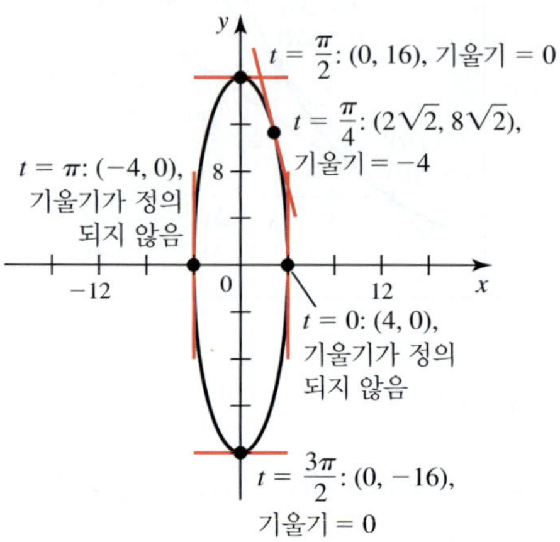

그림 11.14

$$\frac{dy}{dx} = \frac{g'(t)}{f'(t)} = \frac{16\cos t}{-4\sin t} = -4\cot t$$

$t = 0$과 $t = \pi$에서 $\cot t$는 정의되지 않는다.

$$\lim_{t\to 0^+}\frac{dy}{dx} = \lim_{t\to 0^+}(-4\cot t) = -\infty,\quad \lim_{t\to 0^-}\frac{dy}{dx} = \lim_{t\to 0^-}(-4\cot t) = \infty$$

결론적으로 수직 접선은 $t = 0$에 대응하는 점 (4, 0)에서 생긴다(그림 11.14). 같은 논리로 $t = \pi$에 대응하는 점 (−4, 0)에서도 수직 접선을 얻는다.

$t = \pi/2$와 $t = 3\pi/2$에서는 $\cot t = 0$이고, 대응하는 점 (0, ±16)에서 곡선은 수평 접선을 갖는다. 곡선 위의 다른 점에서도 접선의 기울기를 찾을 수 있다. 예를 들어 점 $(2\sqrt{2}, 8\sqrt{2})$는 $t = \pi/4$에 대응하고, 이 점에서 접선의 기울기는 $-4\cot(\pi/4) = -4$이다.

관련 연습문제 35번 ◀

6.5절에서 함수가 $y = f(x)$ 형태인 곡선의 길이 공식을 유도했다. 이 절에서는 함수가 매개방정식 형태로 주어졌을 때 곡선의 길이 공식을 구해 보자.

곡선의 길이

곡선 C가 매개방정식 $x = f(t),\ y = g(t),\ a \le t \le b$로 주어지고, f'과 g'이 구간 $[a, b]$에서 연속이라 가정하자. 두 점 $(f(a), g(a)),\ (f(b), g(b))$ 사이의 곡선의 길이를 찾기 위해 먼저 구간 $[a, b]$를 n개의 부분구간으로 나눈다.

$$a = t_0 < t_1 < t_2 < \cdots < t_n = b$$

그다음 곡선 위의 n개의 점

$$(f(t_0), g(t_0)), \cdots, (f(t_k), g(t_k)), \cdots, (f(t_n), g(t_n))$$

을 선분으로 연결한다(그림 11.15(a)).

k번째 선분은 밑변의 길이와 높이가 각각 $|\Delta x_k|, |\Delta y_k|$인 직각삼각형의 빗변이며,

$$\Delta x_k = f(t_k) - f(t_{k-1}),\ \Delta y_k = g(t_k) - g(t_{k-1}),\ k = 1, 2, \cdots, n$$

이다(그림 11.15(b)). 그러므로 k번째 선분의 길이는 다음과 같다.

$$\sqrt{|\Delta x_k|^2 + |\Delta y_k|^2}$$

곡선 전체의 길이 L의 근삿값은 선분들의 합과 같다. 즉, 다음을 만족한다.

$$L \approx \sum_{k=1}^{n}\sqrt{|\Delta x_k|^2 + |\Delta y_k|^2} = \sum_{k=1}^{n}\sqrt{(\Delta x_k)^2 + (\Delta y_k)^2} \qquad (1)$$

이제 남은 일은 이 합을 리만합으로 나타내는 것이다.

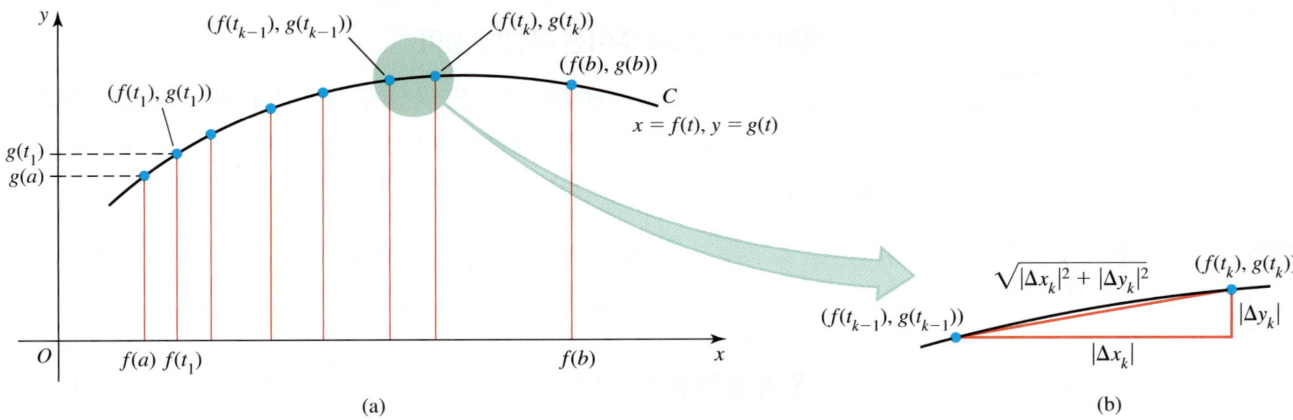

그림 11.15

k번째 부분구간에서 $x = f(t)$의 변화량은 $\Delta x_k = f(t_k) - f(t_{k-1})$이다. 평균값 정리에 의해 다음을 만족하는 점 t_k^*가 구간 (t_{k-1}, t_k)에 존재한다.

$$\frac{\overbrace{f(t_k) - f(t_{k-1})}^{\Delta x_k}}{\underbrace{t_k - t_{k-1}}_{\Delta t_k}} = f'(t_k^*)$$

t가 $\Delta t_k = t_k - t_{k-1}$만큼 변하면 x의 변화량은

$$\Delta x_k = f(t_k) - f(t_{k-1}) = f'(t_k^*)\Delta t_k$$

이다. 마찬가지로 k번째 부분구간에서 y의 변화량은 다음과 같다.

$$\Delta y_k = g(t_k) - g(t_{k-1}) = g'(\hat{t}_k)\Delta t_k$$

여기서 $\hat{t}_k$ 또한 구간 (t_{k-1}, t_k)의 점이다. 이제 Δx_k와 Δy_k를 방정식 (1)에 대입하면 다음을 얻는다.

$$\begin{aligned} L &\approx \sum_{k=1}^{n} \sqrt{(\Delta x_k)^2 + (\Delta y_k)^2} \\ &= \sum_{k=1}^{n} \sqrt{(f'(t_k^*)\Delta t_k)^2 + (g'(\hat{t}_k)\Delta t_k)^2} && \text{Δx_k와 Δy_k에 대입하기} \\ &= \sum_{k=1}^{n} \sqrt{f'(t_k^*)^2 + g'(\hat{t}_k)^2}\,\Delta t_k && \text{Δt_k를 근호 밖으로 꺼내기} \end{aligned}$$

n이 증가하고 Δt_k가 0에 가까워짐에 따라 중간점 t_k^*와 $\hat{t}_k$은 모두 t_k에 가까워진다. 그러므로 주어진 f'과 g'의 조건에 의해 $n \to \infty$이고 모든 k에 대하여 $\Delta t_k \to 0$이면 이 합의 극한은 존재하며, 다음 정적분과 같다.

$$L = \lim_{n\to\infty} \sum_{k=1}^{n} \sqrt{f'(t_k^*)^2 + g'(\hat{t}_k)^2}\,\Delta t_k = \int_a^b \sqrt{f'(t)^2 + g'(t)^2}\, dt$$

이 정적분을 곡선 C의 길이로 정의한다.

▶ 곡선의 길이를 나타내는 적분은 보통 정확한 값을 구하기 어려울 때가 많다. 비교적 쉽게 계산할 수 있는 적분이 예제와 연습문제에 있다. 어려운 정적분은 근삿값을 계산할 때 수치 적분을 사용한다.

QUICK CHECK 6 곡선의 길이 공식을 사용하여 직선 $x = t,\ y = t,\ 0 \le t \le 1$의 길이를 구하여라. ◀

정의 매개방정식으로 주어진 곡선의 길이

매개방정식 $x = f(t),\ y = g(t)$로 주어진 곡선에 대하여 f'과 g'은 연속이고, $a \le t \le b$일 때 곡선을 오직 한 번 지난다고 하자. 이때 두 점 $(f(a), g(a))$, $(f(b), g(b))$ 사이의 곡선의 길이는 다음과 같이 주어진다.

$$L = \int_a^b \sqrt{f'(t)^2 + g'(t)^2}\, dt$$

| 예제 7 | 원의 둘레(원주) 반지름이 양수 a인 원의 둘레가 $2\pi a$임을 보여라.

풀이 반지름이 a인 원은 매개방정식

$$x = f(t) = a\cos t,\quad y = g(t) = a\sin t,\quad 0 \le t \le 2\pi$$

▶ 중요한 사실 하나는 매개화된 매끄러운 곡선의 길이는 매개 방법에 영향을 받지 않는다는 것이다(13.4절 참조).

로 표현된다. 이때 $f'(t) = -a\sin t,\ g'(t) = a\cos t$이므로 둘레는 다음과 같다.

$$\begin{aligned} L &= \int_0^{2\pi} \sqrt{f'(t)^2 + g'(t)^2}\, dt && \text{곡선의 길이 공식} \\ &= \int_0^{2\pi} \sqrt{(-a\sin t)^2 + (a\cos t)^2}\, dt && f'\text{과 } g'\text{을 대입} \\ &= a\int_0^{2\pi} \sqrt{\sin^2 t + \cos^2 t}\, dt && a\text{를 근호 밖으로 꺼내기} \\ &= a\int_0^{2\pi} 1\, dt && \sin^2 t + \cos^2 t = 1 \\ &= 2\pi a && \text{상수를 적분} \end{aligned}$$ ◀

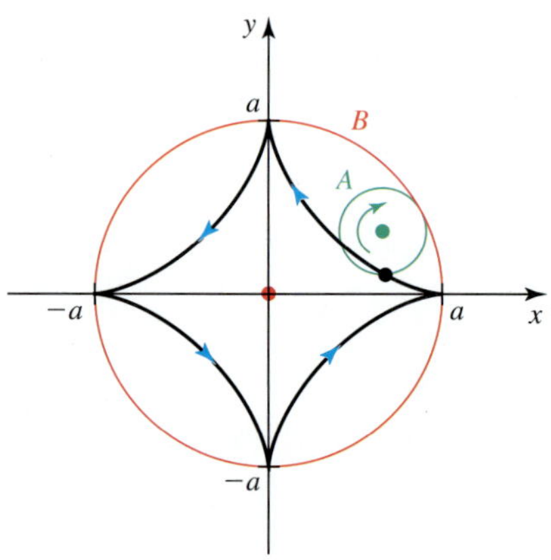

그림 11.16

| 예제 8 | 성망형 곡선의 길이 반지름이 $a/4$의 원 A가 반지름이 a의 원 B 내부를 굴러갈 때, 원 A 위의 점의 자취(그림 11.16)는 **성망형**(astroid) 또는 **하이포사이클로이드**(hypocycloid)이다. 이 곡선의 매개방정식은 다음과 같다.

$$x = a\cos^3 t,\quad y = a\sin^3 t,\quad 0 \le t \le 2\pi$$

a. $a = 1$인 성망형을 그린 다음, x와 y만 포함하는 방정식을 구하여라.

b. $a = 1$인 성망형 곡선의 길이를 구하라.

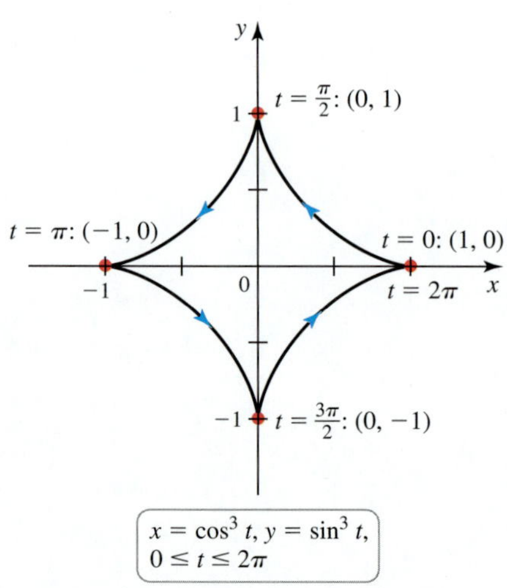

그림 11.17

풀이

a. $\cos^3 t$와 $\sin^3 t$ 모두 주기가 2π이고, 곡선 전체를 구간 $0 \le t \le 2\pi$에서 얻는다(그림 11.17). 매개방정식에서 t를 소거하기 위해 $x^{2/3} = \cos^2 t,\ y^{2/3} = \sin^2 t$임에 주목하면 다음을 얻는다.

$$x^{2/3} + y^{2/3} = \cos^2 t + \sin^2 t = 1$$

여기서 피타고라스 항등식이 쓰였다. 성망형의 다른 표현으로 $x^{2/3} + y^{2/3} = 1$도 있음을 볼 수 있다.

b. 곡선 전체의 길이는 제1사분면에 있는 일부 곡선의 4배이다. 제1사분면에 있는 곡선은 매개변수가 $t=0$(점 $(1, 0)$)에서 $t=\pi/2$(점 $(0, 1)$)까지 변한다(그림 11.17). $f(t)=\cos^3 t$, $g(t)=\sin^3 t$로 놓으면

$$f'(t) = -3\cos^2 t \sin t, \qquad g'(t) = 3\sin^2 t \cos t$$

이므로 곡선 전체의 길이는 다음과 같다.

$$L = 4\int_0^{\pi/2}\sqrt{f'(t)^2 + g'(t)^2}\,dt \qquad \text{대칭성 이용하여 4배 하기}$$

$$= 4\int_0^{\pi/2}\sqrt{(-3\cos^2 t\sin t)^2 + (3\sin^2 t\cos t)^2}\,dt \qquad f'\text{과 } g' \text{ 대입하기}$$

$$= 4\int_0^{\pi/2}\sqrt{9\cos^4 t\sin^2 t + 9\cos^2 t\sin^4 t}\,dt \qquad \text{간단히 하기}$$

$$= 4\int_0^{\pi/2}3\sqrt{\cos^2 t\sin^2 t\,\underbrace{(\cos^2 t + \sin^2 t)}_{1}}\,dt \qquad \text{인수분해하기}$$

$$= 12\int_0^{\pi/2}\cos t\sin t\,dt \qquad 0 \le t \le \frac{\pi}{2}\text{일 때 } \cos t\sin t \ge 0$$

$u=\sin t$로 놓으면 $du=\cos t\,dt$이므로 다음을 얻는다.

$$L = 12\int_0^{\pi/2}\cos t\sin t\,dt = 12\int_0^1 u\,du = 6$$

따라서 하이포사이클로이드의 전체 길이는 6이다.

관련 연습문제 44번 ◀

➤ 예제 8의 성망형 곡선의 길이는 6.5절에서 살펴본 곡선의 길이 공식으로도 구할 수 있는데, **a**의 풀이 과정에서 직교방정식을 구했기 때문이다. 하지만 매개변수의 소거가 불가능한 경우에는 이 절에서 유도된 곡선의 길이 공식이 필요하다.

11.1절 연습문제

1단계 스타트

1. 한 쌍의 매개방정식은 xy평면에서 곡선을 어떻게 생성하는지 설명하여라.

2. 중심이 원점이고 반지름이 R이며, 매개변수가 구간 $[0, 10]$에서 변하는 시계 방향의 원의 매개방정식을 구하여라.

3. 포물선 $x=y^2$ 전체를 나타내는 매개방정식을 구하여라. 답은 유일하지 않다.

4. 매개방정식 $x=-2t^3+1$, $y=3t^2$, $-\infty < t < \infty$로 표현되는 곡선에서 $t=2$에 대응하는 점 위에서 접선의 기울기를 구하여라.

5. $(0, 0)$에서 출발하여 $(6, 6)$에서 끝나는 선분의 세 가지 매개방정식을 기술하여라.

2단계 실전

6–7. 매개방정식 다루기 다음 매개방정식을 고려하자.

a. t, x, y 값들로 간략한 표를 만들어라.

b. 표에 있는 점 (x, y)을 좌표평면에 나타내고, (t가 증가하는) 방향이 표시된 곡선을 완성하여라.

c. 매개변수를 소거하여 x와 y의 방정식을 구하여라.

d. 곡선에 대하여 기술하여라.

6. $x=2t$, $y=3t-4$, $-10 \le t \le 10$

7. $x = -t + 6, y = 3t - 3, -5 \le t \le 5$

8–15. 매개방정식 다루기 다음 매개방정식을 고려하자.

a. 매개변수를 소거하여 x와 y의 방정식을 구하여라.

b. 곡선과 곡선의 방향에 대하여 서술하여라.

8. $x = 3 + t, y = 1 - t, 0 \le t \le 1$

9. $x = \sqrt{t} + 4, y = 3\sqrt{t}, 0 \le t \le 16$

10. $x = 3 \cos t, y = 3 \sin t, \pi \le t \le 2\pi$

11. $x = \cos t, y = \sin^2 t, 0 \le t \le \pi$

12. $x = \cos t, y = 1 + \sin t, 0 \le t \le 2\pi$

13. $x = r - 1, y = r^3, -4 \le r \le 4$

14. $x = -7 \cos 2t, y = -7 \sin 2t, 0 \le t \le \pi$

15. $x = 8 + 2t, y = 1, -\infty < t < \infty$

16–18. 매개변수 소거 다음 매개방정식에서 매개변수를 소거하여 x와 y의 방정식을 구하여라.

16. $x = 2 \sin 8t, y = 2 \cos 8t$

17. $x = t, y = \sqrt{4 - t^2}$

18. $x = \tan t, y = \sec^2 t - 1$

19–26. 곡선을 매개방정식으로 다음 곡선의 매개방정식을 구하여라. 매개변수의 구간도 구하여라. 답은 유일하지 않다.

19. 반지름이 4, 중심이 원점인 반시계 방향의 원

20. 반지름이 1, 중심이 점 (2, 3)인 반시계 방향의 원

21. 점 $P(0, 0)$에서 출발하여 점 $Q(2, 8)$에서 끝나는 선분

22. 포물선의 일부 $y = 2x^2 - 4, -1 \le x \le 5$인 부분

23. 점 $P(2, 3)$에서 출발하여 점 $Q(2, 9)$에서 끝나는 수직 선분

24. 점 $P(-2, 3)$에서 점 $Q(2, -3)$과 점 $R(3, 5)$로 이어지는 두 선분(단, 매개변수 t는 $0 \le t \le 2$)

25. x가 증가하는 방향으로 점 $P(1, 1)$과 점 $Q(3, 5)$를 지나는 직선

26. (0, 0)에서 출발하는 포물선 $x = y^2$의 윗부분

27–28. 원운동 다음 물체의 원운동을 표현하는 매개방정식을 구하여라. 주어진 상황에 대하여 (x, y)는 중심이 원점인 원 위를 움직이는 물체의 위치를 나타낸다고 가정한다. 문제에 명시된 시간 단위를 사용하여라. 임의의 원을 표현하는 방법은 많이 있다.

27. 카트가 반지름이 400 m인 원형의 트랙을 일정한 속도로 반시계 방향으로 움직이고, 한 바퀴 도는 데 걸리는 시간은 1.5분이다.

28. 자전거 선수가 반지름이 50 m인 원형의 벨로드롬 트랙을 일정한 속도로 반시계 방향으로 움직이고, 한 바퀴 도는 데 걸리는 시간은 24초이다.

29–31. 많은 매개 곡선들 그래프 유틸리티를 사용하여 다음 곡선을 그려라. 매개 곡선의 적절한 구간도 선택해야 한다.

29. **나선** $x = t \cos t, y = t \sin t, t \ge 0$

30. **데카르트의 잎사귀** $x = \dfrac{3t}{1 + t^3}, y = \dfrac{3t^2}{1 + t^3}$

31. **타원의 축폐선** $x = \dfrac{a^2 - b^2}{a} \cos^3 t, y = \dfrac{a^2 - b^2}{b} \sin^3 t, a = 4, b = 3$

32. **음함수의 그래프** 매개방정식을 이용하여 곡선 $x = 1 + \cos^2 y - \sin^2 y$를 그리는 방법을 설명한 다음, 곡선을 그려라.

33. **공중 낙하 — 역문제** 지면 위 4000 m 상공을 100 m/s의 속력으로 수평으로 날고 있는 비행기에서 응급 패킷을 목표 지점에 투하하려 한다. 이 패킷의 투하 궤적은 다음과 같다.

$$x = 100t, \quad y = -4.9t^2 + 4000, \quad t \ge 0$$

원점은 투하 시 비행기 바로 밑의 지점이다. 목표 지점으로부터 수평으로 얼마나 멀리서 투하해야 목표 지점에 낙하시킬 수 있는가?

34–36. 도함수 다음 매개 곡선을 고려하자.

a. dy/dx를 t에 관하여 나타내고, 주어진 t 값에 대하여 도함수의 값을 구하여라.

b. 곡선과 주어진 t 값에 상응하는 곡선 위의 점에서 접하는 접선을 그려라.

34. $x = 2 + 4t, y = 4 - 8t, t = 2$

35. $x = \cos t, y = 8 \sin t, t = \pi/2$

36. $x = t + 1/t, y = t - 1/t, t = 1$

37–38. 접선 주어진 t 값에 대응하는 곡선 위의 점에서 접하는 접선의 방정식을 구하라.

37. $x = t^2 - 1, y = t^3 + t, t = 2$

38. $x = \cos t + t \sin t, y = \sin t - t \cos t, t = \pi/4$

39–40. 접선의 기울기 접선의 기울기가 주어진 값인 곡선 위의 모든 점을 구하여라.

39. $x = 4\cos t,\ y = 4\sin t$, 기울기 $= 1/2$

40. $x = t + 1/t,\ y = t - 1/t$, 기울기 $= 1$

41–44. 곡선의 길이 주어진 구간에서 다음 곡선의 길이를 구하여라.

41. $x = 3t + 1,\ y = 4t + 2,\ 0 \le t \le 2$

42. $x = \cos t - \sin t,\ y = \cos t + \sin t,\ 0 \le t \le \pi$

43. $x = t^4,\ y = \dfrac{t^6}{3},\ 0 \le t \le 1$

44. $x = \cos^3 2t,\ y = \sin^3 2t,\ 0 \le t \le \pi/4$

45. 참 또는 거짓 다음 명제가 참이면 증명하고 거짓이면 반례를 들어라.

a. 매개방정식 $x = -\cos 2,\ y = -\sin t,\ 0 \le t \le 2\pi$는 시계 방향으로 원을 생성한다.

b. 매개 곡선 $x = 2\cos 2\pi t,\ y = 2\sin 2\pi t$를 따라 움직이는 물체는 단위시간마다 원점을 한 바퀴 돈다.

c. 매개방정식 $x = t,\ y = t^2,\ t \ge 0$으로 포물선 $y = x^2$ 전체를 얻는다.

d. 매개방정식 $x = \cos t,\ y = \sin t,\ -\pi/2 \le t \le \pi/2$는 반원을 생성한다.

e. 매개 곡선 $x = -4\cos t,\ y = \sin t,\ 0 \le t \le 2\pi$ 위에는 수직 접선을 갖는 점이 두 개 있다.

3단계 도전

46. 타원 타원(11.4절에서 자세히 다룰 예정)은 매개방정식 $x = a\cos t,\ y = b\sin t$로 생성된다. $0 < a < b$이면 장축(또는 **주축**)은 y축이고 단축(또는 **종축**)은 x축이며, $0 < b < a$이면 두 축은 서로 바뀐다. x축의 방향과 y축의 방향에서 축의 길이는 각각 $2a$와 $2b$이다. 타원 $x = 4\cos t,\ y = 9\sin t$를 그려라. 곡선 전체를 얻는 t의 구간을 명시하여라.

47. 타원의 매개방정식 중심이 원점이고 x축 위에 길이가 6인 장축과 y축 위에 길이가 3인 단축을 갖고 반시계 방향인 타원의 매개방정식(유일하지 않음)을 구하여라. 이 타원을 그린 다음, x와 y의 방정식을 구하여라.

48. 서로 만나는 직선들 다음 두 직선의 쌍을 고려하자. 두 직선이 평행인지 아니면 만나는지 결정하여라. 두 직선이 만난다면 그 교점을 구하여라.

a. $x = 1 + s,\ y = 2s$와 $x = 1 + 2t,\ y = 3t$
b. $x = 2 + 5s,\ y = 1 + s$와 $x = 4 + 10t,\ y = 3 + 2t$
c. $x = 1 + 3s,\ y = 4 + 2s$와 $x = 4 - 3t,\ y = 6 + 4t$

QUICK CHECK 정답

1. 원점이 꼭짓점이고 오른쪽으로 열린 포물선 $x = y^2$의 한 부분 **2.** 원의 중심은 (0, 0)이고 반지름은 3이며, (0, −3)에서 반시계 방향(양방향)으로 돈다. **3.** $t = 0$일 때 (3, −12)를 지나며 기울기가 −3인 직선 $y = -3x - 3$ **4.** 가능한 한 가지 예는 $x = -2t,\ y = 3 - 3t,\ 0 \le t \le 1$이다. **5.** $\dfrac{1}{2}$ **6.** $\sqrt{2}$ ◀

11.2 극좌표

우주선의 열차단막을 디자인하는 회사에서 일한다고 생각해 보자. 차단막은 직사각형이나 원형의 얇은 판이다. 이 두 가지 형태의 차단막에 대한 열전달 방정식(heat transfer equation)을 풀기 위해서는 문제의 기하학에 잘 부합하는 좌표계를 선택해야 한다. 직사각형 차단막에는 직교좌표(Cartesian 또는 rectangular coordinate)가 자연스러운 선택이다(그림 11.18(a)). 하지만 직교좌표계는 원형의 차단막에는 잘 맞지 않다(그림 11.18(b)). 원형 차단막에는 원과 원점을 지나는 직선에 대하여 상수의 값을 갖는 **극좌표**(polar coordinate)가 훨씬 잘 어울린다(그림 11.18(c)).

➤ 카테시안과 직교좌표는 모두 보통의 xy 좌표계를 의미한다.

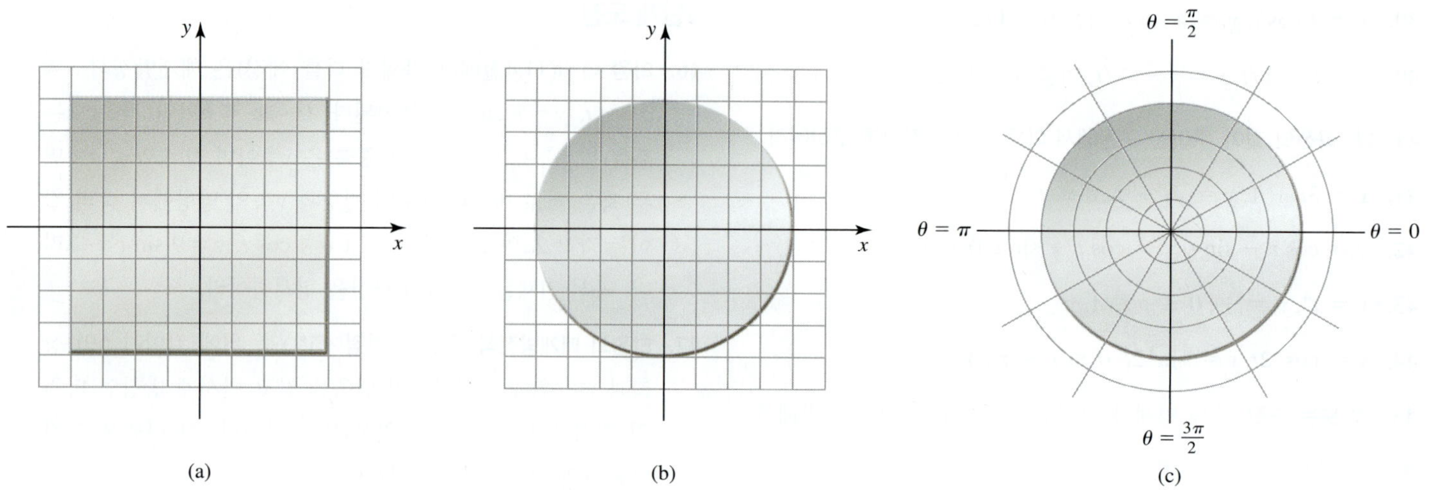

그림 11.18

극좌표의 정의

➤ 극점과 극곡선은 x축, y축으로 표시된 직교좌표에 나타낸다. 하지만 종종 극점과 극곡선은 원점에 중심을 둔 동심원과 원점을 통과하는 직선으로 이루어진 극좌표 용지를 쓰면 쉽게 나타낼 수 있다(그림 11.18(c)).

직교좌표와 마찬가지로 극좌표도 평면 위의 점들을 나타내는 데 쓰인다. 극좌표를 쓸 때 좌표계의 원점을 **극**(pole)이라고도 하며, 양의 x축을 **극축**(polar axis)이라 한다. 한 점 P에 대한 극좌표는 (r, θ) 형태이다. **거리 좌표**(radial coordinate) r은 원점으로부터 점 P까지의 부호(또는 방향) 거리를 나타낸다. **각도 좌표**(angular coordinate) θ는 원점과 P를 잇는 선분이 극축과 만드는 각을 반시계 방향으로 나타낸다(그림 11.19(a)). 즉, 양각(positive angle)은 극축으로부터 반시계 방향으로 잰다.

극좌표에서는 한 점을 나타내는 방법이 여러 가지일 수 있는데, 여기에는 두 가지 이유가 있다. 첫째, 각도는 2π의 정수 배를 더하여 나타낸다. 즉, (r, θ)와 $(r, \theta \pm 2\pi)$는 같은 점을 표현한다(그림 11.19(b)). 둘째, 거리 좌표가 음일 수도 있는데, 점 (r, θ)와 $(-r, \theta)$는 원점에 대하여 대칭(그림 11.19(c))이라고 해석할 수 있다. 즉, (r, θ), $(-r, \theta + \pi)$, $(-r, \theta - \pi)$는 모두 같은 점을 나타낸다. 원점을 극좌표로 나타내면 $(0, \theta)$이며, 여기서 θ는 임의의 각이다.

QUICK CHECK 1 다음 네 좌표 중 같은 점을 나타내는 것은 어느 것인가? $(3, \pi/2)$, $(3, 3\pi/2)$, $(3, 5\pi/2)$, $(-3, -\pi/2)$, $(-3, 3\pi/2)$ ◀

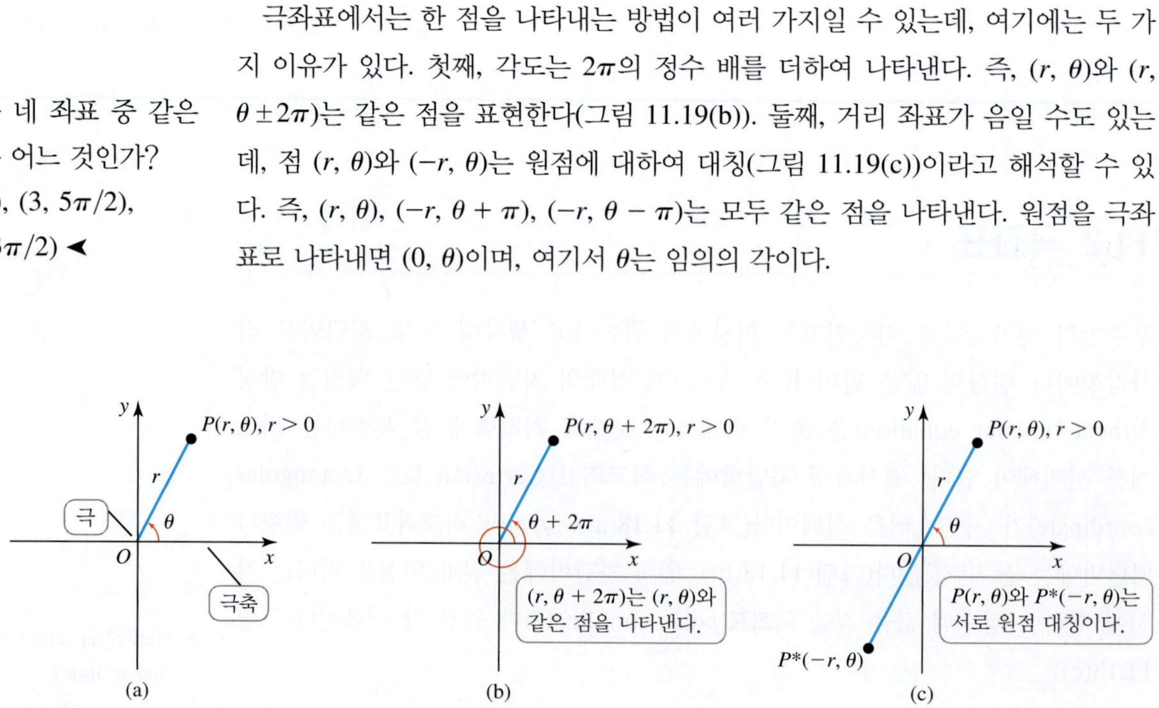

그림 11.19

| 예제 1 | 극좌표로 나타낸 점 극좌표로 주어진 세 점 $Q\left(1, \frac{5\pi}{4}\right)$, $R\left(-1, \frac{7\pi}{4}\right)$, $S\left(2, -\frac{3\pi}{2}\right)$를 평면 위에 나타내어라. 각 점을 서로 다른 두 가지 방법으로 표현하여라.

풀이 점 $Q\left(1, \frac{5\pi}{4}\right)$는 직선 OQ가 양의 x축과 만드는 각도가 $\frac{5\pi}{4}$이고, 원점 O로부터 거리가 1인 점이다(그림 11.20(a)). 각도에서 2π를 빼면 점 Q는 $\left(1, -\frac{3\pi}{4}\right)$로 나타낼 수 있다. 각도에서 π를 뺀 다음 거리에 -1배를 하여 $\left(-1, \frac{\pi}{4}\right)$로 표현할 수도 있다.

$R\left(-1, \frac{7\pi}{4}\right)$를 나타내기 위해 우선 제4사분면에 $R^*\left(1, \frac{7\pi}{4}\right)$를 나타낸다. 그다음 $R\left(-1, \frac{7\pi}{4}\right)$는 $R^*\left(1, \frac{7\pi}{4}\right)$의 원점에 대하여 대칭인 점이라는 것을 이용한다(그림 11.20(b)). R의 다른 표현으로는 $\left(-1, -\frac{\pi}{4}\right)$와 $\left(1, \frac{3\pi}{4}\right)$가 있다.

$S\left(2, -\frac{3\pi}{2}\right)$는 원점으로부터 2만큼 떨어져 있고, 시계 방향으로 $\frac{3\pi}{2}$만큼 회전되어 있다(그림 11.20(c)). S의 다른 표현으로는 $\left(2, \frac{\pi}{2}\right)$와 $\left(-2, -\frac{\pi}{2}\right)$가 있다.

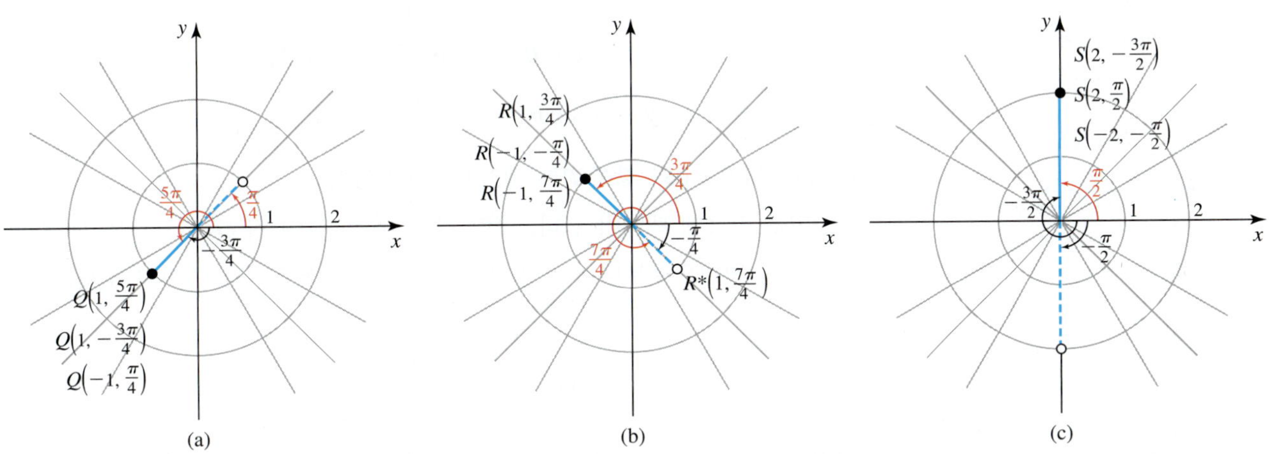

그림 11.20

관련 연습문제 5-7번 ◀

직교좌표와 극좌표 변환

직교좌표와 극좌표를 서로 변환해야 할 때가 종종 있다. 직각삼각형(그림 11.21)으로부터 다음과 같은 변환 공식을 얻는다.

$$\cos\theta = \frac{x}{r}, \quad \sin\theta = \frac{y}{r}$$

한 점이 극좌표 (r, θ)로 주어지면 직교좌표는 $x = r\cos\theta$와 $y = r\sin\theta$이다. 역으로 직교좌표 (x, y)로 주어지면 극좌표에서 거리 r은 $r^2 = x^2 + y^2$이고 각도 θ는 $\tan\theta = y/x$로 정해지는데, θ가 있는 사분면은 x와 y의 부호로 정할 수 있다. 그림 11.21은 점 P가 제1사분면에 있을 때의 변환 공식을 보여 준다. 점 P가 다른 세 사분면에 있어도 같은 관계가 성립한다.

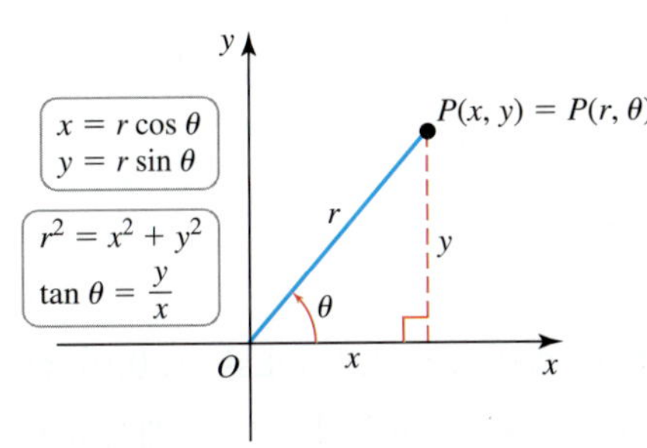

그림 11.21

QUICK CHECK 2 그림 11.21의 점 P가 제2사분면, 제3사분면, 제4사분면에 있을 경우의 그림을 각각 그려라. 이 모든 경우에 같은 변환 공식을 쓸 수 있음을 확인하여라. ◀

절차 좌표 변환

극좌표로 (r, θ)인 점은 직교좌표로 (x, y)이다. 이때 다음이 성립한다.

$$x = r\cos\theta, \quad y = r\sin\theta$$

직교좌표로 (x, y)인 점은 극좌표로 (r, θ)이다. 이때 다음이 성립한다.

$$r^2 = x^2 + y^2, \quad \tan\theta = \frac{y}{x}$$

➤ 관계식 $\cos\theta = x/r$, $\sin\theta = y/r$를 이용하여 θ를 정할 수도 있다. 각 방법을 쓸 때는 θ가 있는 사분면을 정하기 위해 x와 y의 부호를 검사해야 한다.

| 예제 2 | 좌표 변환

a. 극좌표로 $P\left(2, \frac{3\pi}{4}\right)$인 점을 직교좌표로 나타내어라.

b. 직교좌표로 $Q(1, -1)$인 점을 극좌표 (r, θ)로 나타내어라.

풀이

a. 점 $P\left(2, \frac{3\pi}{4}\right)$를 직교좌표로 변환하면

$$x = r\cos\theta = 2\cos\frac{3\pi}{4} = -\sqrt{2},$$
$$y = r\sin\theta = 2\sin\frac{3\pi}{4} = \sqrt{2}$$

이다. 그림 11.22(a)와 같이 P는 제2사분면에 있다.

b. 먼저 각 θ를 바르게 택해야 한다. 그림 11.22(b)와 같이 점 $Q(1, -1)$은 제4사분면에 있으며 원점으로부터 $r = \sqrt{1^2 + (-1)^2} = \sqrt{2}$만큼 떨어져 있다. 각 θ에 대하여

$$\tan\theta = \frac{y}{x} = \frac{-1}{1} = -1$$

이 성립하며, $\tan\theta = -1$인 제4사분면의 각은 $\theta = -\frac{\pi}{4}$ 또는 $\frac{7\pi}{4}$이다. 그러므로 Q의 (무한히 많은 선택 중) 두 가지 극좌표 표현은 $\left(\sqrt{2}, -\frac{\pi}{4}\right)$와 $\left(\sqrt{2}, \frac{7\pi}{4}\right)$이다.

관련 연습문제 13, 18번 ◀

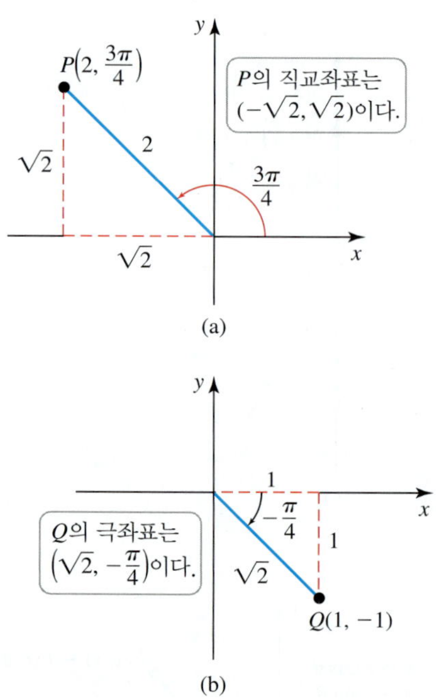

그림 11.22

QUICK CHECK 3 직교좌표로 $(1, 0)$인 점의 극좌표 표현을 두 가지 제시하여라. 극좌표로 $\left(2, \frac{\pi}{2}\right)$인 점을 직교좌표로 나타내어라. ◀

극좌표의 기본 곡선

극좌표에서의 곡선은 r과 θ를 포함하는 방정식을 만족하는 점들의 집합이다. 어떤 점들의 집합은 직교좌표보다 극좌표로 나타내는 것이 더 쉽다. 원, 직선, 나선의 극방정식을 고찰하면서 시작해 보자.

극방정식 $r = 3$은 원점으로부터 3만큼 떨어져 있는 점들의 집합이다. 각 θ는 방정식에 나오지 않으므로 임의의 값을 갖는다. 즉, $r = 3$의 그래프는 중심이 원점이고 반지름이 3인 원이다. 일반적으로 방정식 $r = a$는 중심이 원점이고 반지름이 $|a|$인 원을 나타낸다(그림 11.23(a)).

방정식 $\theta = \pi/3$는 양의 x축과 만드는 각이 $\pi/3$인 모든 점들의 집합이다. r이 나오지 않으므로 r은 임의의 값(양일 수도 음일 수도 있다)을 갖는다. 그러므로

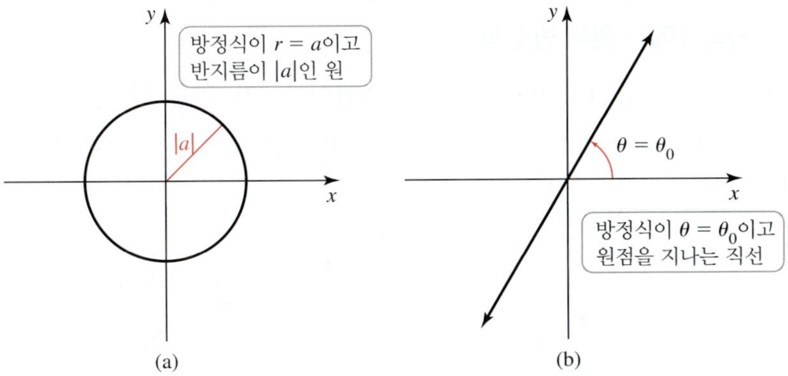

그림 11.23

➤ 방정식 $\theta = \theta_0$에 조건 $r \ge 0$이 추가되면 이는 원점에서 뻗어 나오는 반직선을 나타낸다.

$\theta = \pi/3$는 원점을 지나고 양의 x축과 만드는 각이 $\pi/3$인 직선이다. 일반적으로 $\theta = \theta_0$은 원점을 지나고 양의 x축과 만드는 각이 θ_0인 직선이다(그림 11.23(b)).

r과 θ를 모두 포함하는 가장 간단한 극방정식은 $r = \theta$이다. θ를 $\theta \ge 0$인 구간으로 제한하면 θ가 증가함에 따라 r도 증가한다. 그러므로 θ가 증가함에 따라 곡선 위의 점들은 원점 주위를 반시계 방향으로 돌면서 원점으로부터 멀어지게 되어 나선을 생성한다(그림 11.24).

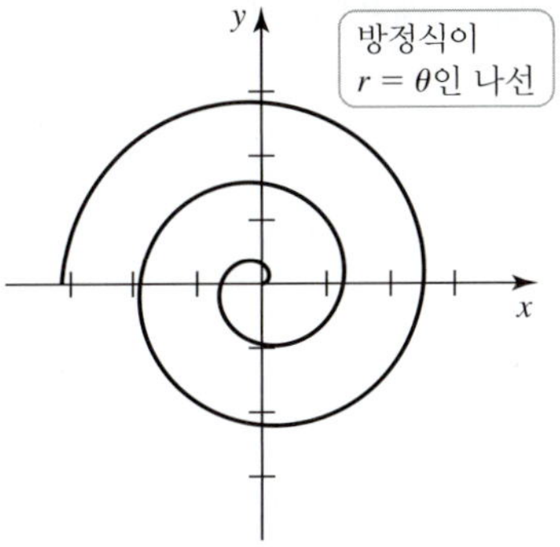

그림 11.24

| 예제 3 | 극좌표를 직교좌표로 극방정식 $r = 10 \cos \theta + 24 \sin \theta$를 직교방정식으로 나타내고, 그래프에 대하여 기술하여라.

풀이 방정식의 양변에 r을 곱하면 $r^2 = 10r \cos \theta + 24r \sin \theta$이다. 변환 공식 $r^2 = x^2 + y^2$, $x = r \cos \theta$, $y = r \sin \theta$를 이용하면

$$\underbrace{r^2}_{x^2 + y^2} = \underbrace{10r \cos \theta}_{10x} + \underbrace{24r \sin \theta}_{24y}$$

는 $x^2 + y^2 - 10x - 24y = 0$이 된다. 두 변수를 완전제곱식 형태로 바꾸면 다음과 같다.

$$\underbrace{x^2 - 10x + 25}_{(x-5)^2} - 25 + \underbrace{y^2 - 24y + 144}_{(y-12)^2} - 144 = 0$$

$$\text{또는} \quad (x-5)^2 + (y-12)^2 = 169$$

따라서 $(x-5)^2 + (y-12)^2 = 169$의 그래프는 중심이 $(5, 12)$이고 반지름이 13인 원이다(그림 11.25).

관련 연습문제 21-22번 ◀

QUICK CHECK 4 세 극곡선 $r = 12$, $r = 6\theta$, $r \sin \theta = 10$에 대하여 기술하여라. ◀

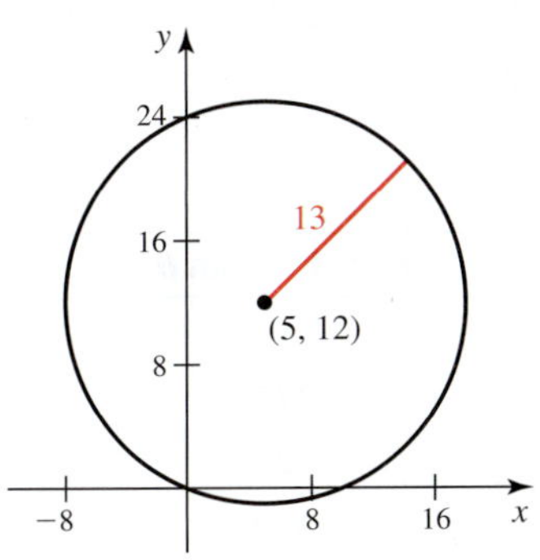

그림 11.25

예제 3의 계산 과정을 참고하면 극좌표에서는 원에 대하여 다음 방정식을 얻는다.

▶ 중요한 두 방정식은 언급할 만하다. 방정식 $r = 2a\cos\theta$는 반지름이 $|a|$이고 중심이 $(a, 0)$인 원이다. 방정식 $r = 2b\sin\theta$는 반지름이 $|b|$이고 중심이 $(0, b)$인 원이다.

QUICK CHECK 5 방정식 $r = 2\cos\theta + 4\sin\theta$의 그래프에 대하여 기술하여라. ◀

요약 극좌표에서 원의 방정식

방정식 $r = a$는 중심이 $(0, 0)$이고 반지름이 $|a|$인 원을 나타낸다. 방정식 $r = 2a\cos\theta + 2b\sin\theta$는 중심이 (a, b)이고 반지름이 $\sqrt{a^2 + b^2}$인 원을 나타낸다.

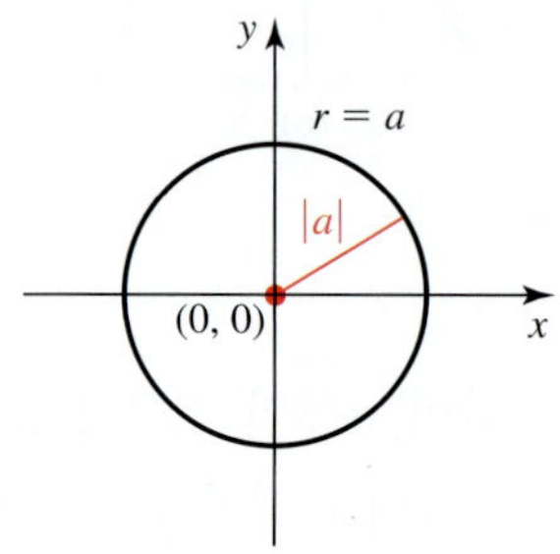

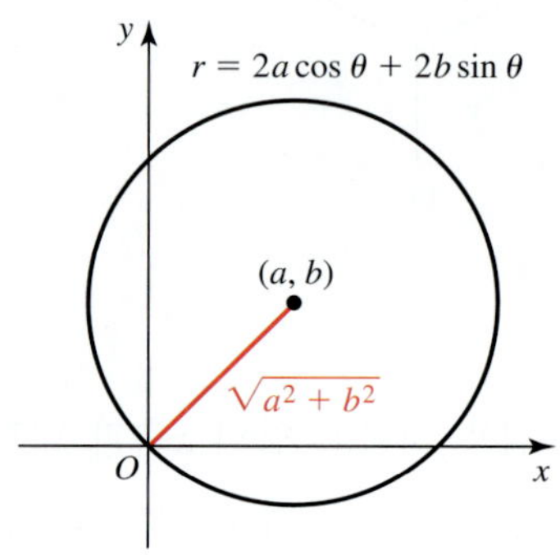

극좌표에서 그래프

극방정식은 종종 직교좌표로 표현하기 까다로운 곡선을 쉽게 나타낼 수 있다. 부분적인 이유로, 극좌표로 곡선을 그리는 것은 직교좌표와는 다르기 때문이다. 개념적으로, θ의 여러 값을 택하여 이에 상응하는 r 값을 계산한 다음 두 값에 대한 표를 만든다. 그리고 이 점들을 평면 위에 나타낸 다음 매끄럽게 연결하여 곡선을 그린다.

▶ $y = f(x)$일 때 x-y 형태로 점들을 나열하는 것처럼 곡선이 $r = f(\theta)$로 주어지면 θ-r 형태의 표를 만드는 것이 자연스럽다. 그럼에도 불구하고 극좌표에서 순서쌍으로 쓸 때에는 (r, θ) 형태로 쓴다.

| 예제 4 | 극곡선 그리기 극방정식 $r = f(\theta) = 1 + \sin\theta$의 그래프를 그려라.

풀이 f의 정의역은 θ의 모든 실수 집합이다. 그러나 곡선 전체는 길이가 2π인 구간에서 얻는다. 표 11.3은 몇 개의 순서쌍 (r, θ)를 보여 주는데, 이는 그림 11.26

표 11.3

θ	$r = 1 + \sin\theta$
0	1
$\pi/6$	$3/2$
$\pi/2$	2
$5\pi/6$	$3/2$
π	1
$7\pi/6$	$1/2$
$3\pi/2$	0
$11\pi/6$	$1/2$
2π	1

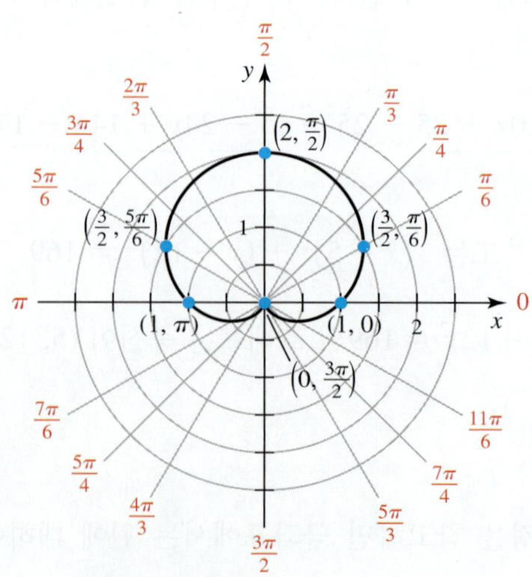

심장형 $r = 1 + \sin\theta$

그림 11.26

에 있다. 이 곡선은 **심장형**(cardioid)이라 하며, y축에 대하여 대칭이다.

관련 연습문제 27번 ◀

직교좌표에서 극좌표 방법 극곡선을 그릴 때 많은 점을 평면 위에 찍어서 그리는 것은 시간이 너무 오래 걸리고, 중요한 세부 사항이 나타나지 않을 수도 있다는 단점이 있다. 극곡선을 그릴 때 좀 더 빠르고 신뢰할 만한 다른 방법을 소개한다.

절차 $r = f(\theta)$를 그릴 때 유용한 직교좌표에서 극좌표 방법

1. r과 θ를 직교좌표 변수처럼, 즉 θ가 수평축이고 r은 수직축으로 곡선 $r = f(\theta)$를 그린다. 곡선 전체를 얻을 수 있도록 θ의 적절한 구간을 택한다.

2. 1단계에서 얻은 직교좌표 그래프를 참고하여 순서쌍 (r, θ)를 최종 극곡선으로 바꾼다.

| 예제 5 | 극곡선 그리기 직교좌표에서 극좌표 방법을 이용하여 극방정식 $r = 1 + \sin\theta$의 그래프를 그려라(예제 4).

풀이 r과 θ를 직교좌표 변수로 생각하면 $r = 1 + \sin\theta$의 그래프는 구간 $[0, 2\pi]$에서 진폭이 1이고 θ축의 방향으로 1만큼 평행이동한 사인 곡선이다(그림 11.27). 곡선은 $\theta = 0$일 때 $r = 1$에서 시작하여 $\theta = \pi/2$일 때 $r = 2$로 증가하고, $\theta = 3\pi/2$일 때 $r = 0$으로 감소하며(이때 그래프는 원점을 지난다), $\theta = 2\pi$일 때 $r = 1$로 증가한다. 직교곡선으로부터 그림 11.27의 두 번째 줄의 그림인 최종 극곡선(심장형)을 얻는다.

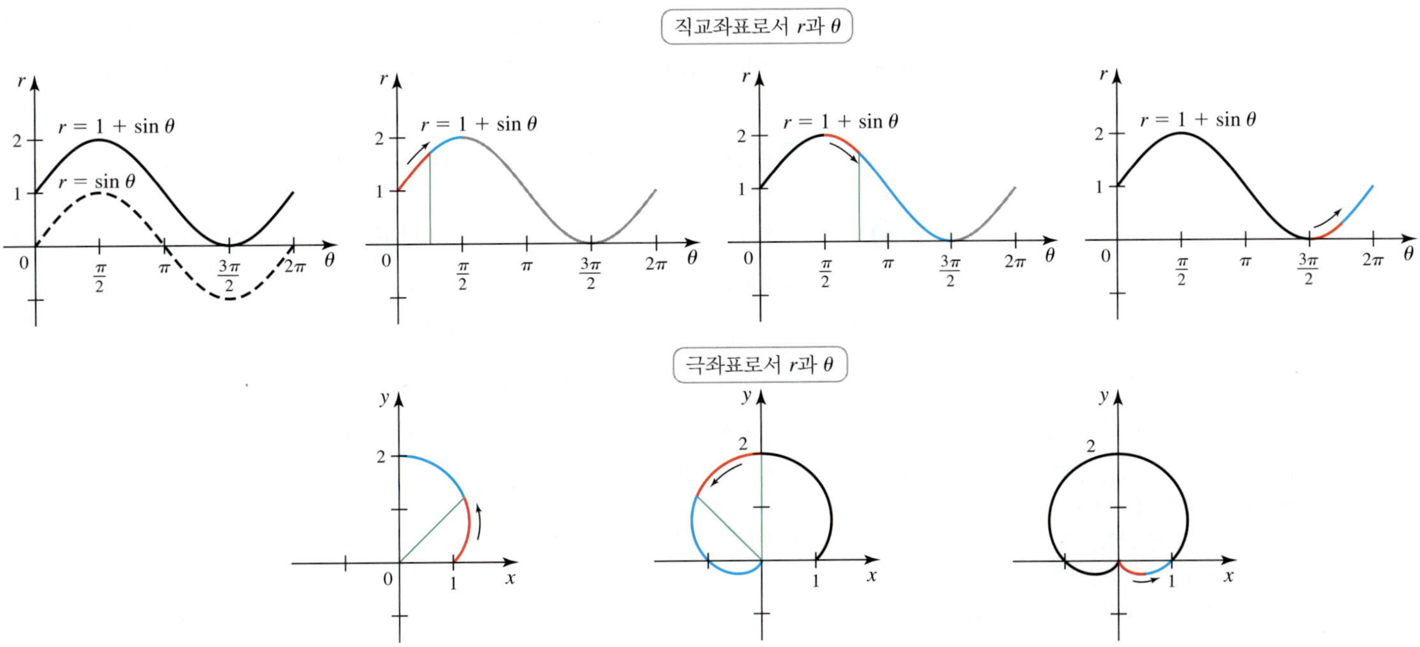

그림 11.27 ◀

대칭성 r과 θ의 극방정식이 주어지면 세 가지 대칭성을 쉽게 알 수 있다(그림 11.28).

▶ 세 대칭성 중 어느 두 가지도 나머지 하나를 함축한다. 예를 들어 어떤 그래프가 x축에 대하여 대칭이자 y축에 대하여 대칭이면 그 그래프는 원점에 대하여 대칭이기도 하다.

요약 극방정식의 대칭성

x축에 대하여 대칭: (r, θ)가 그래프 위의 점이면 $(r, -\theta)$도 그래프 위에 있다.

y축에 대하여 대칭: (r, θ)가 그래프 위의 점이면 $(r, \pi - \theta) = (-r, -\theta)$도 그래프 위에 있다.

원점에 대하여 대칭: (r, θ)가 그래프 위의 점이면 $(-r, \theta) = (r, \pi + \theta)$도 그래프 위에 있다.

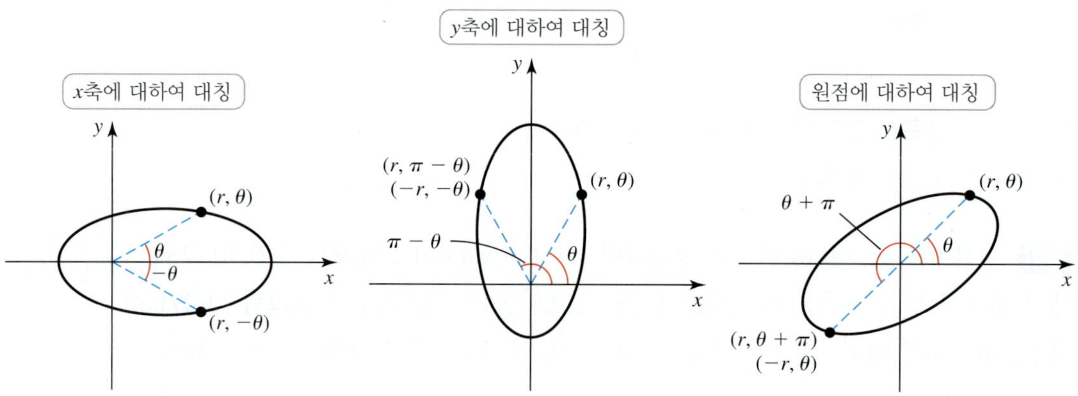

그림 11.28

QUICK CHECK 6 (a) $r = 4 + 4 \cos \theta$, (b) $r = 4 \sin \theta$의 그래프의 대칭성에 대하여 기술하여라. ◀

예제 5의 극방정식 $r = 1 + \sin \theta$를 생각해 보자. (r, θ)가 방정식을 만족하면 $(r, \pi - \theta)$도 방정식을 만족하는데, $\sin \theta = \sin (\pi - \theta)$이기 때문이다. 즉, 그림 11.28과 같이 그래프는 y축에 대하여 대칭이다. 대칭성을 검사하면 그래프를 보다 정확하게 그릴 수 있고, 극방정식의 그래프를 그리는 작업이 수월해지기도 한다.

| 예제 6 | 극곡선 그리기 극방정식 $r = 3 \sin 2\theta$의 그래프를 그려라.

풀이 $r = 3 \sin 2\theta$의 직교좌표 그래프는 구간 $[0, 2\pi]$에서 진폭이 3, 주기가 π이다(그림 11.29(a)). θ절편은 $0, \pi/2, \pi, 3\pi/2, 2\pi$로서 이는 극그래프에서는 곡선과 원점의 교점이다. 더욱이 직교곡선의 θ절편 사이의 호가 극그래프에서는 고리가 된다. 최종 극곡선은 **사엽장미**(four-leaf rose)이다(그림 11.29(b)).

이 그래프는 x축, y축, 원점에 대하여 대칭이다. 세 대칭성을 확인하는 것은 유익하다. y축에 대하여 대칭임을 보이자.

▶ **미묘한 점**
한 점을 무한히 많은 종류의 극좌표로 표현할 수 있다는 사실은 위험 요소를 잠재하고 있다. 예제 6에서 $(-r, \theta)$는 방정식을 만족하지 않는 반면, (r, θ)는 방정식을 만족한다. 또한 앞에서 살펴본 것처럼 (r, θ)가 방정식을 만족할 때마다 $(r, \theta + \pi)$ 또한 방정식을 만족하므로 그래프는 원점에 대하여 대칭이다. 그러나 $(-r, \theta)$와 $(r, \theta + \pi)$는 같은 점이다.

(r, θ)가 그래프 위의 점이면 $\Rightarrow r = 3 \sin 2\theta$

$\Rightarrow r = -3 \sin 2(-\theta)$ $\sin(-\theta) = -\sin\theta$

$\Rightarrow -r = 3 \sin 2(-\theta)$ 간단히 하기

$\Rightarrow (-r, -\theta)$도 그래프 위의 점이다.

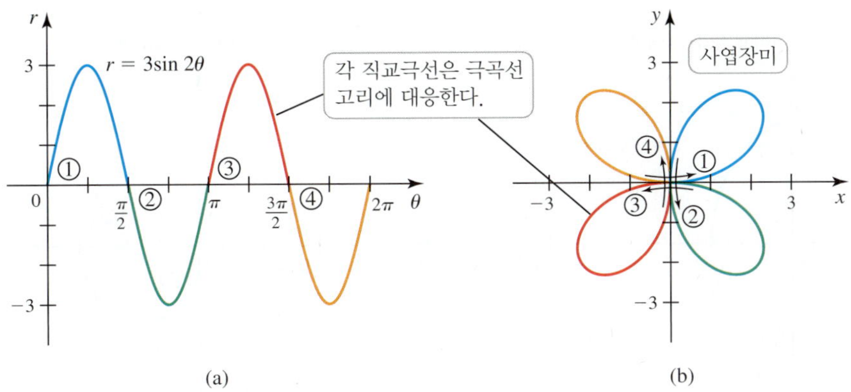

그림 11.29

즉, (r, θ)가 그래프 위의 점이면 $(-r, -\theta)$도 그래프 위의 점이다. 바로 이 사실이 y축에 대하여 대칭임을 의미한다. 마찬가지로 원점에 대하여 대칭임을 보이자.

$$\begin{aligned}(r, \theta)\text{가 그래프 위의 점이면 } &\Rightarrow r = 3\sin 2\theta \\ &\Rightarrow r = 3\sin(2\theta + 2\pi) \quad \sin(\theta + 2\pi) = \sin\theta \\ &\Rightarrow r = 3\sin(2(\theta + \pi)) \quad \text{간단히 하기} \\ &\Rightarrow (r, \theta + \pi)\text{도 그래프 위의 점이다.}\end{aligned}$$

즉, (r, θ)가 그래프 위의 점이면 $(r, \theta + \pi)$도 그래프 위의 점이고, 이는 원점에 대하여 대칭임을 의미한다. y축에 대하여 대칭이면서 원점에 대하여 대칭이면 x축에 대하여 대칭이다. 이 대칭성을 미리 보였다면 제1사분면의 그래프만으로 x축 대칭성, y축 대칭성을 이용하여 전체 곡선을 쉽게 얻을 수 있었을 것이다.

관련 연습문제 32번 ◀

| 예제 7 | 극곡선 그리기 극방정식 $r^2 = 9\cos\theta$의 그래프를 그려라. 그래프 유틸리티로 확인하여라.

풀이 이 방정식의 그래프는(r^2항이 있으므로) 원점에 대하여 대칭이고, ($\cos\theta$항이 있으므로) x축에 대하여 대칭이다. 이 두 대칭성은 y축에 대하여 대칭임을 의미한다.

곡선을 그리기 위해 직교좌표에서 극좌표 방법을 적용하기 전에 해야 할 사전 작업이 있다. 주어진 방정식을 r에 관하여 풀면 $r = \pm 3\sqrt{\cos\theta}$이다. 구간 $\pi/2 < \theta < 3\pi/2$에서 $\cos\theta < 0$이므로 이 구간에서 곡선은 그려지지 않는다. 그러므로 두 구간 $0 \le \theta \le \pi/2$, $3\pi/2 \le \theta \le 2\pi$ (또는 $\left[-\frac{\pi}{2}, \frac{\pi}{2}\right]$)에서 곡선을 그린다. r의 양의 값, 음의 값은 모두 직교좌표 그래프에 모두 포함되어 있다(그림 11.30(a)).

이제 직교좌표 그래프를 최종 극좌표 그래프의 점들로 옮기자. 결과는 **연주형**(lemniscate)이다.

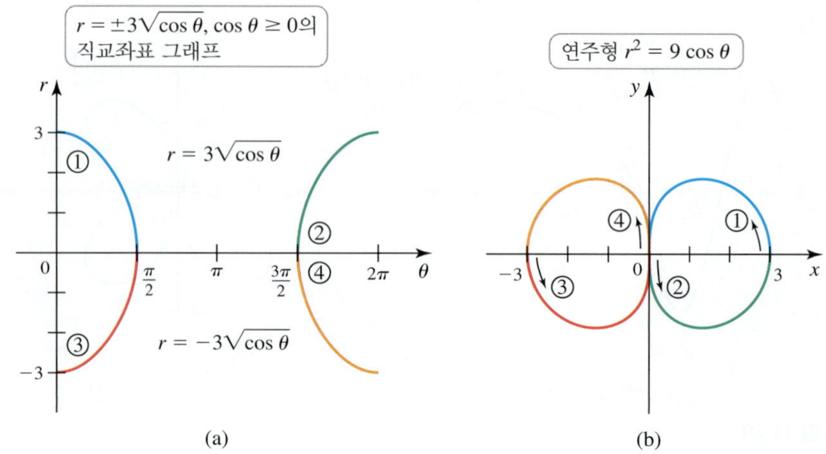

그림 11.30

관련 연습문제 31번 ◀

| 예제 8 | 극좌표 그래프와 직교좌표 그래프 짝 짓기 나비 곡선은 방정식

$$r = e^{\sin\theta} - 2\cos 4\theta,\ \ 0 \le \theta \le 2\pi$$

로 주어지는데, 그림 11.31은 직교좌표와 극좌표로 그린 그래프를 나타낸다. 직교좌표 그래프에서 15개의 점 $A, B, C, \cdots, N, O$의 순서로 극좌표 그래프에 대응하는 점들이 표시되어 있다.

풀이 그림 11.31(a)에서 점 A는 직교좌표($\theta = 0,\ r = -1$)이다. 극좌표 그래프(그림 11.31(b))에 대응하는 점은 극좌표 $(-1, 0)$로서 A로 표시되어 있다. 직교좌표 그래프의 점 B는 θ축 위에 있으므로 $r = 0$이며, 극좌표 그래프에 대응하는 점은 원점이다. 점 B의 위치를 찾는 방법은 F, H, J, L, N의 경우에도 적용되므로 대응하는 점이 모두 원점이다. 일반적으로 직교좌표 그래프에서 극솟값을 갖는 점, 극댓값을 갖는 점, 구간의 끝점 등($A, C, D, E, G, I, K, M, O$)에 대응하는 점은 극좌표 그래프에서 고리의 끝점이며, 이는 그림 11.31(b)에 나타나 있다.

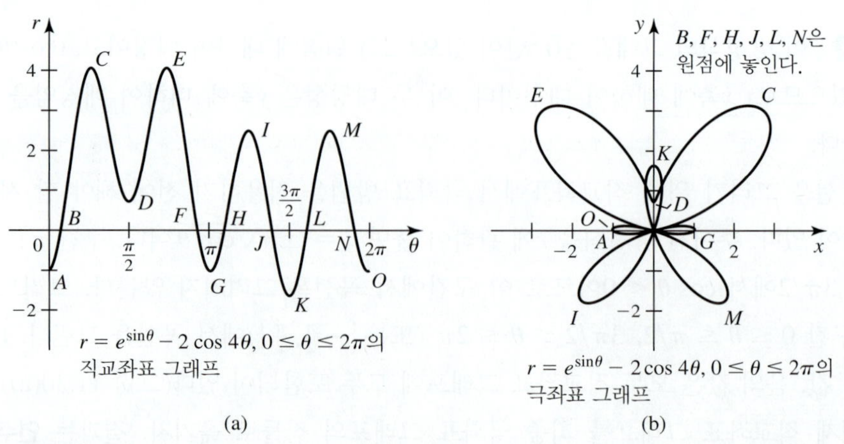

그림 11.31

(출처: T. H. Fay, *Amer. Math. Monthly* 96, 1989, revived in Wagon and Packel, *Animating Calculus*, Freeman, 1994)

관련 연습문제 33-34번 ◀

그래프 유틸리티 사용하기

극좌표에서 폐곡선을 그릴 때에는 곡선 전체를 얻을 수 있는 θ의 구간을 명시하는 것이 좋다. 어떤 경우엔 이 과정이 어려울 수도 있다.

| 예제 9 | 전체 곡선 그리기 폐곡선 $r = \cos(2\theta/5)$에 대하여 곡선 전체를 얻을 수 있는 구간을 제시한 다음 곡선을 그려라.

풀이 $\cos\theta$의 주기가 2π임을 상기하자. 따라서 $2\theta/5$가 0부터 2π까지 변하면 또는 θ가 0부터 5π까지 변하면 $\cos(2\theta/5)$는 한 주기를 갖는다. 그러므로 곡선 $r = \cos(2\theta/5)$ 전체를 얻으려면 θ가 0부터 5π까지 변하면 된다고 생각하기 쉽다. 그러나 $\theta = 0$에 대응하는 점은 $\theta = 5\pi$에 대응하는 점이 아니며, 이는 구간 $[0, 5\pi]$에서 주어진 곡선이 폐곡선이 되지 않음을 의미한다(그림 11.32(a)).

완전한 곡선 $r = \cos(2\theta/5)$를 얻으려면 적절한 구간 $[0, P]$를 찾아야 하는데, P는 5π의 정수 배($f(0) = f(P)$)인 동시에 (($0, f(0)$)과 ($P, f(P)$)가 같은 점이 되므로) 2π의 정수 배이어야 한다. 이 두 조건을 만족하는 제일 작은 양수는 10π이다. 따라서 구간 $[0, 10\pi]$에서 곡선 $r = \cos(2\theta/5)$를 그리면 완전한 곡선을 얻는다(그림 11.32(b)).

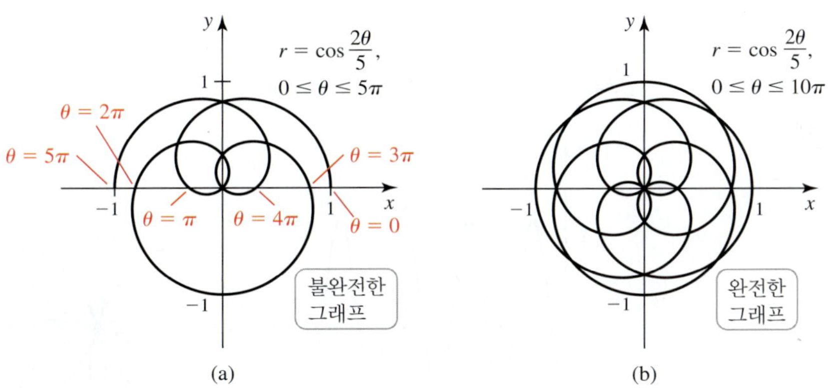

그림 11.32

관련 연습문제 37번 ◀

➤ **극곡선을 그릴 때 매개방정식 생성기 사용하기** $r = f(\theta)$를 그리려면 θ를 매개변수로 취급하여 매개방정식

$$x = r\cos\theta = \underbrace{f(\theta)}_{r}\cos\theta$$
$$y = r\sin\theta = \underbrace{f(\theta)}_{r}\sin\theta$$

를 세운 다음, 매개변수 θ에 대하여 매개 곡선 $(x(\theta), y(\theta))$를 그린다.

➤ 예제 9에 주어진 $f(\theta) = \sin\dfrac{p\theta}{q}$ 또는 $f(\theta) = \cos\dfrac{p\theta}{q}$ 형태의 함수에서 P를 찾는 방법은 곡선 전체를 얻게 해 준다. P에 대한 보다 작은 값도 어떤 경우에는 유효하다.

11.2절 연습문제

1단계 스타트

1. 두 극좌표 $(2, \pi/6)$와 $(-3, -\pi/2)$를 좌표평면 위에 나타내어라. 두 점의 또 다른 극좌표를 각각 두 개 제시하여라.

2. 직교좌표 (x, y)로 표시되는 점을 극좌표계로 나타내는 방정식을 구하여라.

3. 수직선 $x = 5$의 극방정식은 무엇인가?

4. 극곡선의 세 가지 대칭성에 대하여 설명하여라. 이 세 대칭성은 방정식에서 어떻게 알 수 있는가?

2단계 실전

5–7. 극좌표로 나타낸 다음 점을 좌표평면 위에 나타내어라. 다른 극좌표 표현을 두 개 구하여라.

5. $\left(2, \frac{\pi}{4}\right)$ **6.** $\left(-1, -\frac{\pi}{3}\right)$ **7.** $\left(-4, \frac{3\pi}{2}\right)$

8–11. 극좌표 집합 다음 점들의 집합을 그려라.

8. $r \geq 2$

9. $\theta = \dfrac{2\pi}{3}$

10. $\dfrac{\pi}{2} \leq \theta \leq \dfrac{3\pi}{4}$

11. $|\theta| \leq \dfrac{\pi}{3}$

12. 레이더 비행기에는 응답기가 설치되어 있어서 항공 관제사가 비행기 위치를 레이더 화면에서 볼 수 있다. 레이더는 비행기의 레이더 기지(그림에서 원점에 위치)까지의 거리와 주로 정북에서 시작하여 시계 방향으로 도(°)로 주어지는 각도 정보를 제공한다. 어느 비행기가 레이더 기지로부터 100마일 떨어져 있고, 정북에서 시계 방향으로 135°에 위치해 있다. 이 비행기 위치의 극좌표를 구하여라.

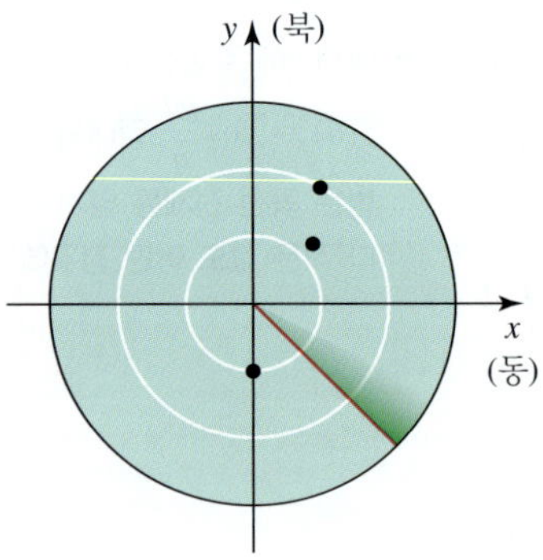

13–15. 좌표 변환 다음 극좌표를 직교좌표로 나타내어라.

13. $\left(3, \dfrac{\pi}{4}\right)$

14. $\left(1, -\dfrac{\pi}{3}\right)$

15. $\left(-4, \dfrac{3\pi}{4}\right)$

16–18. 좌표 변환 다음 직교좌표를 적어도 서로 다른 두 가지 표현의 극좌표로 나타내어라.

16. $(2, 2)$

17. $(1, \sqrt{3})$

18. $(-4, 4\sqrt{3})$

19–24. 극좌표에서 직교좌표로 변환 다음 극방정식을 직교방정식으로 나타내어라. 결과는 어떤 곡선인가?

19. $r \cos\theta = -4$

20. $r = 2$

21. $r = 2\sin\theta + 2\cos\theta$

22. $r = 6\cos\theta + 8\sin\theta$

23. $r\cos\theta = \sin 2\theta$

24. $r = 8\sin\theta$

25–26. 직교좌표에서 극좌표로 변환 다음 직교방정식을 극방정식으로 나타내어라.

25. $y = x^2$

26. $y = \dfrac{1}{x}$

27–28. 단순 곡선 다음 방정식의 그래프를 그릴 수 있도록 충분히 많은 점의 표를 만들고, 이를 좌표평면 위에 표시하여 그래프를 그려라.

27. $r = 8\cos\theta$

28. $r(\sin\theta - 2\cos\theta) = 0$

29–32. 극곡선 그리기 다음 방정식의 그래프를 그려라. 그래프 유틸리티를 사용하여 확인하고, 그래프를 완성하여라.

29. $r = 2\sin\theta - 1$

30. $r = \sin^2(\theta/2)$

31. $r^2 = 16\cos\theta$

32. $r = \sin 3\theta$

33–34. 극곡선과 직교곡선 대응시키기 $r = f(\theta)$의 직교좌표 그래프와 극좌표 그래프가 그림에 주어져 있다. 직교좌표 그래프에 있는 점들에 대응하는 점들을 극좌표 그래프 위에 표시하여라.

33. $r = 1 - 2\sin 3\theta$

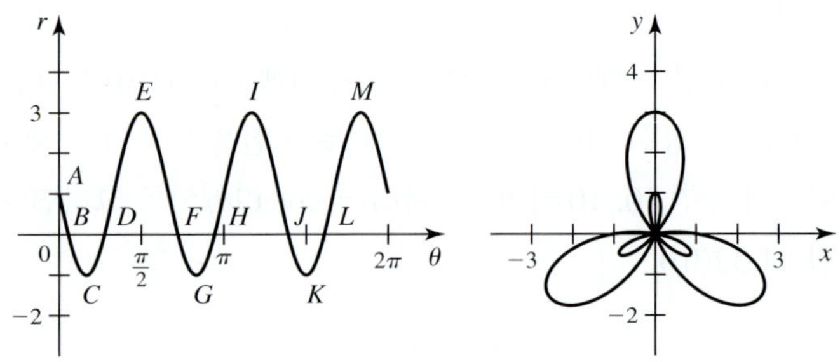

34. $r = \dfrac{1}{4} - \cos 4\theta$

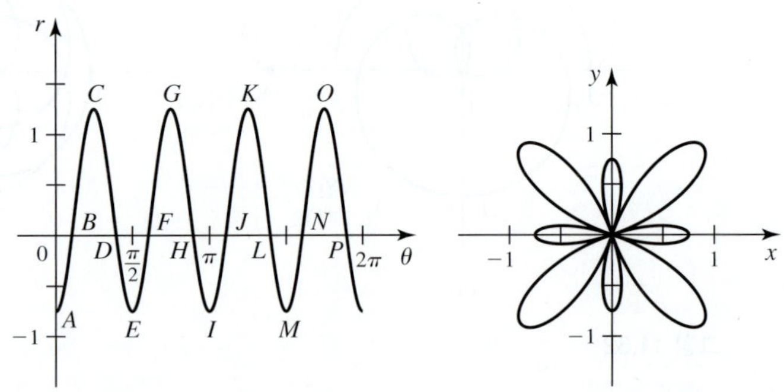

35–38. 그래프 유틸리티 사용하기 그래프 유틸리티를 사용하여 다음 방정식의 그래프를 그려라. 전체 곡선을 얻기 위한 최소의 구간 [0, *P*]를 제시하여라.

35. $r = \sin\dfrac{\theta}{4}$

36. $r = \cos 3\theta + \cos^2 2\theta$

37. $r = \cos\dfrac{3\theta}{5}$

38. $r = 1 - 3\cos 2\theta$

39. 참 또는 거짓 다음 명제가 참이면 증명하고 거짓이면 반례를 들어라.

a. 직교좌표로 $(-2, 2)$인 점은 극좌표로 $(2\sqrt{2}, 3\pi/4)$, $(2\sqrt{2}, 11\pi/4)$, $(2\sqrt{2}, -5\pi/4)$, $(-2\sqrt{2}, -\pi/4)$이다.

b. $r\cos\theta = 4$와 $r\sin\theta = -2$의 그래프는 오직 한 점에서 만난다.

c. $r = 2$와 $\theta = \pi/4$의 그래프는 오직 한 점에서 만난다.

d. 점 $(3, \pi/2)$는 곡선 $r = 3\cos 2\theta$ 위에 있다.

e. $r = 2\sec\theta$와 $r = 3\csc\theta$의 그래프는 모두 직선이다.

3단계 도전

40. 일반적인 원 극방정식

$$r^2 - 2rr_0\cos(\theta - \theta_0) = R^2 - r_0^2$$

은 중심이 극좌표 (r_0, θ_0)이고 반지름이 R인 원임을 보여라.

41–42. 원의 방정식 연습문제 40번의 결과를 사용하여 다음 원을 설명하고 그래프를 그려라.

41. $r^2 - 4r\cos(\theta - \pi/3) = 12$

42. $r^2 - 2r(2\cos\theta + 3\sin\theta) = 3$

QUICK CHECK 정답

1. $(3, 3\pi/2)$를 제외한 모든 점은 같다. **3.** 극좌표: $(1, 0)$, $(1, 2\pi)$ 직교좌표: $(0, 2)$ **4.** 원점이 중심이고 반지름이 12인 원, 두 나선, 수평선 $y = 10$ **5.** 중심이 $(1, 2)$이고 반지름이 15인 원 **6.** (a) x축에 대하여 대칭 (b) y축에 대하여 대칭 ◀

11.3 극좌표에서의 미분과 적분

극좌표의 기하학에 대하여 공부했으므로 이제 극좌표에서의 미분과 적분을 공부할 준비가 됐다. 접선의 기울기, 곡선으로 둘러싸인 영역의 넓이, 곡선의 길이 등 친숙한 주제를 극좌표에서 다시 공부해 보자.

접선의 기울기

함수 $y = f(x)$의 경우, 주어진 점에서 곡선의 접선의 기울기는 $\dfrac{dy}{dx}$ 또는 $f'(x)$이다. 때문에 극방정식 $r = f(\theta)$의 그래프의 접선의 기울기가 $\dfrac{dr}{d\theta} = f'(\theta)$라고 속단할 수 있겠다. 하지만 이는 사실이 아니다.

어떤 좌표계든지 그래프에 접하는 접선의 기울기는 수평 변수 x에 대한 수직 변수 y의 변화율이며, 이는 $\dfrac{dy}{dx}$이다. 극방정식 $r = f(\theta)$를 매개변수 θ에 대한 매개방정식 형태로 다시 쓰면 다음을 얻는다.

➤ 기울기는 수직 변수의 변화량을 수평 변수의 변화량으로 나눈 값인데, 이는 다른 좌표계와는 무관하다. 극좌표에서는 r의 변화량, θ의 변화량은 수직 변수의 변화량, 수평 변수의 변화량과는 관계가 없다.

$$x = r\cos\theta = f(\theta)\cos\theta, \qquad y = r\sin\theta = f(\theta)\sin\theta \tag{1}$$

11.1절에서 x와 y가 미분가능한 θ에 관한 매개방정식으로 주어지면 미분은 $\dfrac{dy}{dx} = \dfrac{dy/d\theta}{dx/d\theta}$이다. 방정식 (1)에 곱의 법칙을 적용한 후, $\dfrac{dy}{d\theta}$와 $\dfrac{dx}{d\theta}$를 대입하면 다음과 같다.

$$\frac{dy}{dx} = \frac{\overbrace{f'(\theta)\sin\theta + f(\theta)\cos\theta}^{dy/d\theta}}{\underbrace{f'(\theta)\cos\theta - f(\theta)\sin\theta}_{dx/d\theta}} \tag{2}$$

적당한 θ_0에 대하여 그래프가 원점을 지나면 $f(\theta_0) = 0$이며, 방정식 (2)는

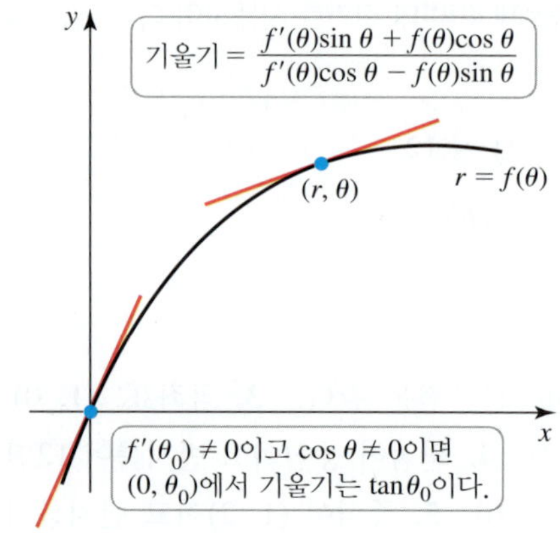

그림 11.33

$$\frac{dy}{dx} = \frac{\sin\theta_0}{\cos\theta_0} = \tan\theta_0$$

과 같이 간단해진다. 여기서 $f'(\theta_0) \neq 0$이다. $\cos\theta_0 \neq 0$이면 $\tan\theta_0$은 원점을 지나는 직선 $\theta = \theta_0$의 기울기이다. 이 경우 $f(\theta_0) = 0$이면 $(0, \theta_0)$에서 접선은 바로 $\theta = \theta_0$이다(그림 11.33). $f(\theta_0) = 0$, $f'(\theta_0) \neq 0$, $\cos\theta_0 = 0$이면 그래프는 원점에서 수직 접선을 갖는다.

정리 11.2 접선의 기울기

θ_0에서 미분가능한 함수 f에 대하여 $(f(\theta_0), \theta_0)$에서 곡선 $r = f(\theta)$의 접선의 기울기는 다음과 같다.

$$\frac{dy}{dx} = \frac{f'(\theta_0)\sin\theta_0 + f(\theta_0)\cos\theta_0}{f'(\theta_0)\cos\theta_0 - f(\theta_0)\sin\theta_0}$$

여기서 분모는 0이 아니다. θ_0에서 $f(\theta_0) = 0$, $f'(\theta_0) \neq 0$, $\cos\theta_0 \neq 0$이면 접선은 $\theta = \theta_0$이며, 기울기는 $\tan\theta_0$이다.

QUICK CHECK 1 $y = f(\theta)\sin\theta$이면 $y'(\theta) = f'(\theta)\sin\theta + f(\theta)\cos\theta$ (dy/dx를 구할 때 썼던 공식)임을 확인하여라. ◀

| 예제 1 | 원의 기울기 원 $r = f(\theta) = 10$에 접하는 직선의 기울기를 구하여라.

풀이 이 경우 (θ와 무관하게) $f(\theta)$는 상수이다. 그러므로 $f'(\theta) = 0$, $f(\theta) \neq 0$이고 기울기 공식에 의해 다음이 성립한다.

$$\frac{dy}{dx} = \frac{f'(\theta)\sin\theta + f(\theta)\cos\theta}{f'(\theta)\cos\theta - f(\theta)\sin\theta} = -\frac{\cos\theta}{\sin\theta} = -\cot\theta$$

몇 개의 점에 대입하여 이 결과가 옳다는 것을 확인해 보자. $\theta = 0$, $\theta = \pi$이면 기울기 $\frac{dy}{dx} = -\cot\theta$는 정의되지 않는데, 이는 이러한 점들에서는 접선이 수직선임을 의미한다(그림 11.34). $\theta = \pi/2$, $\theta = 3\pi/2$이면 기울기는 0이고, $\theta = 3\pi/4$, $\theta = 7\pi/4$이면 기울기는 1이며, $\theta = \pi/4$, $\theta = 5\pi/4$이면 기울기는 -1이다. 원 위의 모든 점 $P(r, \theta)$에서 원점과 P를 지나는 직선 OP의 기울기는 $\tan\theta$이고, 이는 $-\cot\theta$의 음의 역수이다. 따라서 OP는 원 위의 모든 점 P에서의 접선에 수직이다.

관련 연습문제 7번 ◀

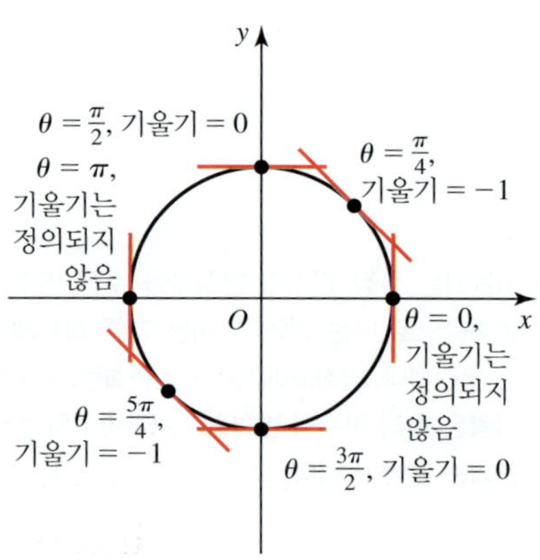

그림 11.34

| 예제 2 | 수직 접선과 수평 접선 구간 $-\pi \le \theta \le \pi$의 심장형 $r = f(\theta) = 1 - \cos\theta$ 위의 점 중 수직 접선 또는 수평 접선을 갖는 점을 구하여라.

풀이 정리 11.2를 적용하면 다음을 얻는다.

$$\frac{dy}{dx} = \frac{f'(\theta)\sin\theta + f(\theta)\cos\theta}{f'(\theta)\cos\theta - f(\theta)\sin\theta} \qquad f'(\theta) = \sin\theta$$

$$= \frac{\overbrace{\sin\theta\sin\theta}^{\sin^2\theta = 1-\cos^2\theta} + (1-\cos\theta)\cos\theta}{\underbrace{\sin\theta\cos\theta - (1-\cos\theta)\sin\theta}_{\sin\theta\,(2\cos\theta - 1)}} \qquad f(\theta),\ f'(\theta) \text{ 대입하기}$$

$$= -\frac{2\cos^2\theta - \cos\theta - 1}{\sin\theta\,(2\cos\theta - 1)} \qquad \text{간단히 하기}$$

$$= -\frac{(2\cos\theta + 1)(\cos\theta - 1)}{\sin\theta\,(2\cos\theta - 1)} \qquad \text{분자 인수분해하기}$$

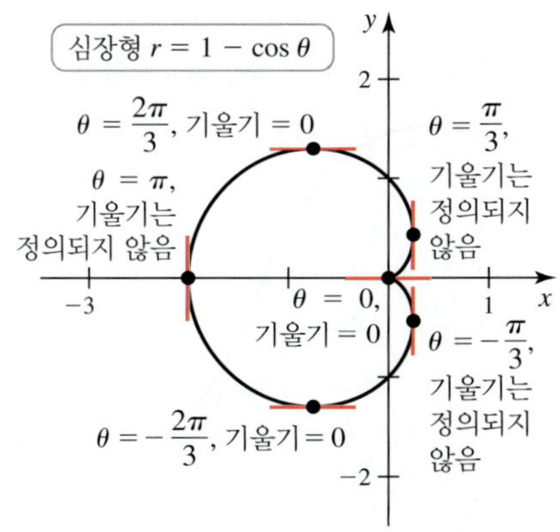

그림 11.35

수평 접선을 갖는 점에서는 $\frac{dy}{dx} = 0$이므로 분자가 0이고 분모는 0이 아니다. $\theta = 0$, $\theta = \pm 2\pi/3$일 때 분자는 0이고 분모는 0이 아니므로 수평 접선을 갖는다 (그림 11.35).

$\frac{dy}{dx}$의 분자는 0이 아니고 분모가 0일 때 수직 접선을 갖는다. $\theta = 0$, $\pm\pi$, $\pm\pi/3$일 때 분모는 0이고 분자는 0이 아니다. 따라서 $\theta = \pm\pi$, $\pm\pi/3$일 때 수직 접선을 갖는다.

$\theta = 0$일 때 $\frac{dy}{dx}$의 분자와 분모 모두 0이므로 곡선 위의 점 (0, 0)은 조심해서 다뤄야 한다. $f(\theta) = 1 - \cos\theta$일 때 $f(0) = f'(0) = 0$이므로 $\frac{dy}{dx}$는 로피탈 법칙을 이용하여 구할 수 있다. $\theta \to 0^+$이면 다음을 얻는다.

$$\frac{dy}{dx} = \lim_{\theta\to 0^+}\left(-\frac{(2\cos\theta + 1)(\cos\theta - 1)}{\sin\theta\,(2\cos\theta - 1)}\right)$$

$$= \lim_{\theta\to 0^+}\frac{4\cos\theta\sin\theta - \sin\theta}{-2\sin^2\theta + 2\cos^2\theta - \cos\theta} \qquad \text{로피탈 법칙}$$

$$= \frac{0}{1} = 0 \qquad \text{극한 계산하기}$$

로피탈 법칙으로 비슷한 계산 과정을 거치면 $\theta \to 0^-$일 때 $\frac{dy}{dx} \to 0$이다. 그러므로 점 (0, 0)에서는 기울기가 0이다.

관련 연습문제 13번 ◀

QUICK CHECK 2 예제 2에 주어진 심장형의 $\theta = \pi/4$에 대응하는 점에서 접하는 접선의 기울기는 얼마인가? ◀

극곡선으로 둘러싸인 영역의 넓이

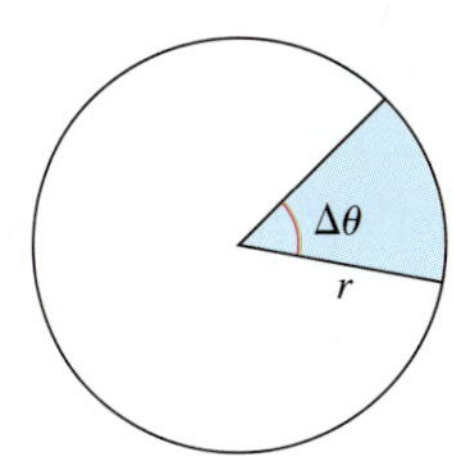

원의 넓이 = πr^2
중심각이 $\Delta\theta/(2\pi)$인 부채꼴의 넓이
$= \left(\frac{\Delta\theta}{2\pi}\right)\pi r^2 = \frac{1}{2}r^2\Delta\theta$

극곡선으로 둘러싸인 영역의 넓이를 구하는 문제는 5장, 6장에서 광범위하게 썼던 작은 조각을 내어 합하기 방법을 다시 사용하여 구해 보자. 지금은 두 직선 $\theta = \alpha$와 $\theta = \beta$ 사이에 곡선 $r = f(\theta)$로 둘러싸인 영역 R의 넓이를 찾는 것이 목적이다 (그림 11.36(a)). 구간 $[\alpha, \beta]$에서 f는 연속이고 음이 아니라고 가정하자.

R의 넓이는 전체 영역을 방사 방향으로 쐐기 모양의 조각을 내서 구한다. 구간

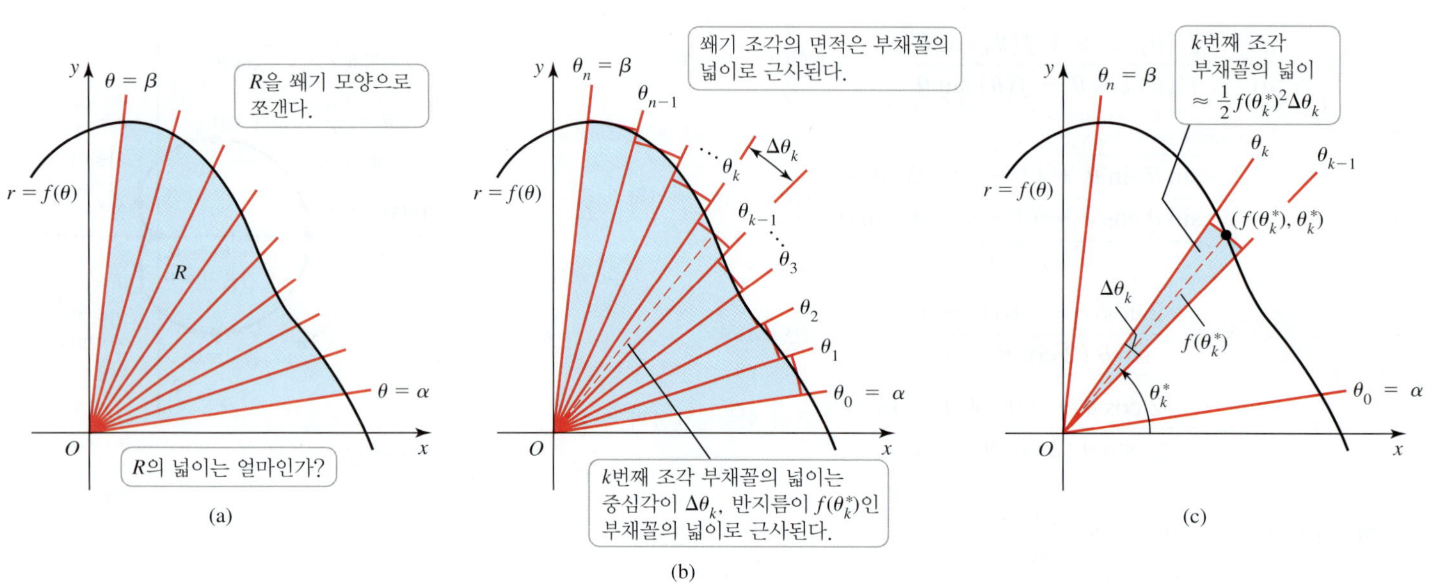

그림 11.36

$[\alpha, \beta]$의 중간점

$$\alpha = \theta_0 < \theta_1 < \theta_2 < \cdots < \theta_k < \cdots < \theta_n = \beta$$

를 택하여 n개의 부분구간으로 나눈다. 여기서 $\Delta\theta_k = \theta_k - \theta_{k-1}$, $k = 1, 2, \cdots, n$이고 θ_k^*는 구간 $[\theta_{k-1}, \theta_k]$의 임의의 점이다. k번째 조각은 중심각이 $\Delta\theta_k$, 반지름이 $f(\theta_k^*)$인 부채꼴의 넓이로 근사할 수 있다(그림 11.36(b)). 그러므로 k번째 조각의 넓이의 근삿값은 $\frac{1}{2}f(\theta_k^*)^2\Delta\theta_k$, $k = 1, 2, \cdots, n$이다(그림 11.36(c)). R의 넓이의 근삿값은 이 조각들의 넓이를 합하여 얻는다.

$$\text{넓이} \approx \sum_{k=1}^{n} \frac{1}{2} f(\theta_k^*)^2 \, \Delta\theta_k$$

이 근삿값은 리만합이며, 이 근삿값은 보다 많은 부채꼴을 택하고($n \to \infty$) 모든 k에 대하여 $\Delta\theta_k \to 0$이면 점점 개선되는데, 그 극한은 바로 정적분 $\int_\alpha^\beta \frac{1}{2} f(\theta)^2 d\theta$이다.

약간 수정하면 보다 일반적인 결과로 두 직선 $\theta = \alpha$와 $\theta = \beta$ 사이에 곡선 $r = f(\theta)$와 $r = g(\theta)$로 둘러싸인 영역 R의 넓이를 얻을 수 있다(그림 11.37). f와 g는 연속이고 구간 $[\alpha, \beta]$에서 $f(\theta) \geq g(\theta) \geq 0$이라 가정하자. R의 넓이는 곡선 $r = f(\theta)$로 둘러싸인 전체의 넓이에서 $r = g(\theta)$로 둘러싸인 영역의 넓이를 빼서 구한다(두 영역 모두 두 직선 $\theta = \alpha$와 $\theta = \beta$ 사이에 있다). 즉, 다음과 같다.

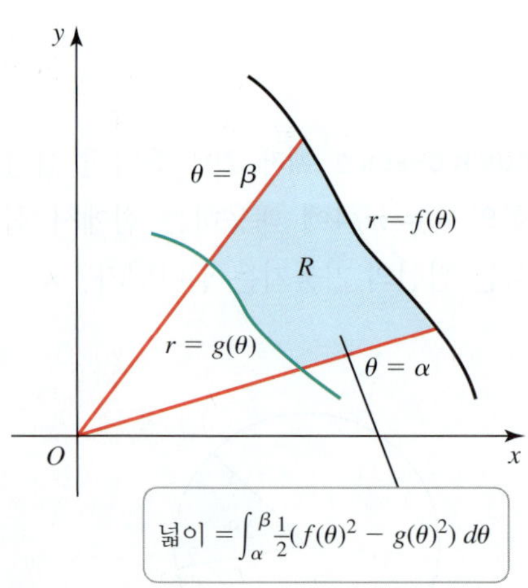

그림 11.37

$$\text{넓이} = \int_\alpha^\beta \frac{1}{2} f(\theta)^2 d\theta - \int_\alpha^\beta \frac{1}{2} g(\theta)^2 d\theta = \int_\alpha^\beta \frac{1}{2}(f(\theta)^2 - g(\theta)^2)\, d\theta$$

정의 극좌표에서 영역의 넓이

두 직선 $\theta = \alpha$와 $\theta = \beta$ 사이의 두 곡선 $r = f(\theta)$와 $r = g(\theta)$로 둘러싸인 영역 R에 대하여 f와 g는 연속이고 구간 $[\alpha, \beta]$에서 $f(\theta) \geq g(\theta) \geq 0$이라 가정하자. R의 넓이는 다음과 같다.

$$\int_\alpha^\beta \frac{1}{2}(f(\theta)^2 - g(\theta)^2)\,d\theta$$

➤ R이 $\theta = \alpha$와 $\theta = \beta$ 사이에서 $r = f(\theta)$의 그래프로 둘러싸인 영역이면 R의 넓이는 $\int_\alpha^\beta \frac{1}{2} f(\theta)^2\,d\theta$이다.

| 예제 3 | 극좌표 영역의 넓이 사엽장미 $r = f(\theta) = 2\cos 2\theta$의 넓이를 구하여라.

풀이 장미의 그래프(그림 11.38)는 x축에 대하여 대칭이자 y축에 대하여 대칭으로 보인다. 사실 이 두 대칭성은 증명할 수 있다. 이 대칭성을 이용하여 장미 전체의 넓이를 잎 하나의 반쪽 넓이를 찾은 다음 8배 하여 구한다. 오른쪽 잎의 상반 곡선은 θ가 $0\,(r = 2)$에서 $\pi/4\,(r = 0)$까지 증가하여 얻는다. 그러므로 장미 전체의 넓이는 다음과 같다.

$$\begin{aligned}
8\int_0^{\pi/4} \frac{1}{2} f(\theta)^2 d\theta &= 4\int_0^{\pi/4} (2\cos 2\theta)^2 d\theta && f(\theta) = 2\cos 2\theta \\
&= 16\int_0^{\pi/4} \cos^2 2\theta\,d\theta && \text{간단히 하기} \\
&= 16\int_0^{\pi/4} \frac{1 + \cos 4\theta}{2}\,d\theta && \text{반각 공식} \\
&= (8\theta + 2\sin 4\theta)\Big|_0^{\pi/4} && \text{기본 정리} \\
&= (2\pi + 0) - (0 + 0) = 2\pi && \text{간단히 하기}
\end{aligned}$$

➤ 극곡선으로 둘러싸인 영역의 넓이 공식을 유도할 때 $r = f(\theta) \geq 0$이라 가정했지만 $r < 0$이어도 공식은 유효하다.

➤ 방정식 $r = 2\cos 2\theta$는 θ를 $-\theta$로 대체(x축 대칭)해도, θ를 $\pi - \theta$로 대체(y축 대칭)해도 변화가 없다.

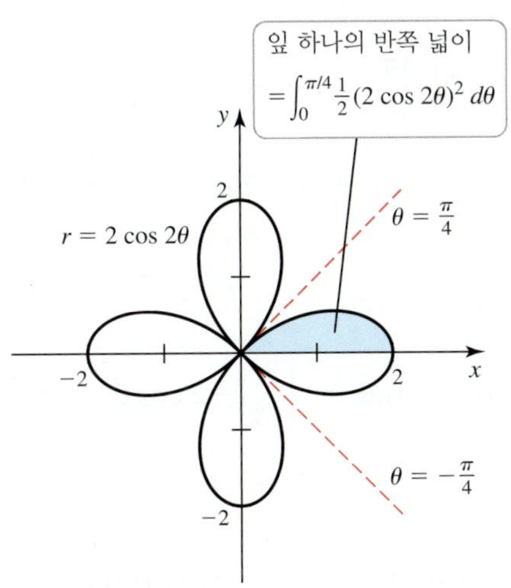

그림 11.38

관련 연습문제 20번 ◀

QUICK CHECK 3 장미 $r = 2\sin 3\theta$의 잎 하나의 넓이를 구하는 데 필요한 적분 구간을 구하여라. ◀

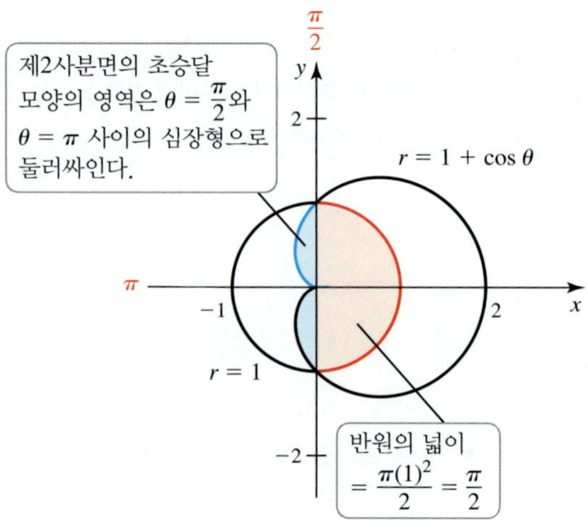

그림 11.39

|예제 4| 극좌표 영역의 넓이 원 $r = 1$과 심장형 $r = 1 + \cos\theta$(그림 11.39)에 대하여 물음에 답하여라.

a. 원의 내부와 심장형 내부의 공통 영역의 넓이를 구하여라.

b. 원의 내부와 심장형 외부의 공통 영역의 넓이를 구하여라.

풀이

a. 두 곡선의 교점은 방정식 $1 + \cos\theta = 1$, 즉 $\cos\theta = 0$을 풀어 구할 수 있으며, 해는 $\theta = \pm\pi/2$이다. 원의 내부와 심장형 내부의 공통 영역은 다음 두 영역으로 나누어져 있다(그림 11.39).

- 제1사분면과 제4사분면의 원 $r = 1$의 내부인 반원
- 제2사분면과 제3사분면의 심장형 $r = 1 + \cos\theta$와 y축으로 둘러싸인 초승달 모양의 두 영역

반원의 넓이는 $\pi/2$이다. 제2사분면의 초승달 모양 영역의 넓이를 찾기 위해 이 영역이 θ가 $\pi/2$부터 π까지 $r = 1 + \cos\theta$로 둘러싸인 영역임을 상기하자. 그러므로 넓이는 다음과 같다.

$$\int_{\pi/2}^{\pi} \frac{1}{2}(1 + \cos\theta)^2\, d\theta = \int_{\pi/2}^{\pi} \frac{1}{2}(1 + 2\cos\theta + \cos^2\theta)\, d\theta \quad \text{전개하기}$$

$$= \frac{1}{2}\int_{\pi/2}^{\pi}\left(1 + 2\cos\theta + \frac{1 + \cos 2\theta}{2}\right)d\theta \quad \text{반각 공식}$$

$$= \frac{1}{2}\left(\theta + 2\sin\theta + \frac{\theta}{2} + \frac{\sin 2\theta}{4}\right)\bigg|_{\pi/2}^{\pi} \quad \text{적분 계산하기}$$

$$= \frac{3\pi}{8} - 1 \quad \text{간단히 하기}$$

전체 영역(두 초승달 모양과 반원)의 넓이는 다음과 같다.

$$2\left(\frac{3\pi}{8} - 1\right) + \frac{\pi}{2} = \frac{5\pi}{4} - 2$$

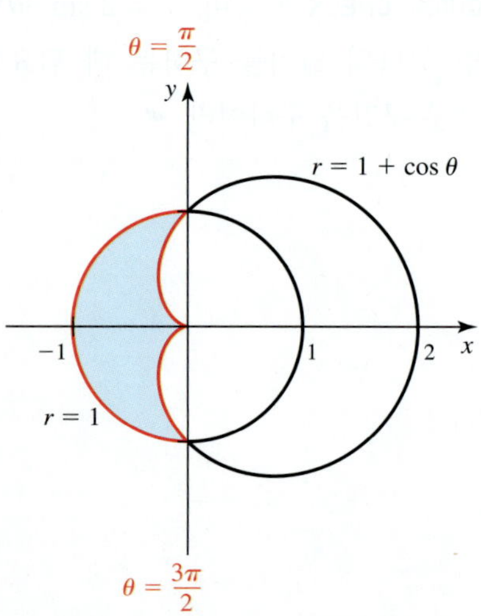

그림 11.40

b. 원의 내부이고 심장형 외부의 공통 영역은 구간 $[\pi/2, 3\pi/2]$에서 바깥은 $r = 1$로, 안쪽은 $r = 1 + \cos\theta$로 둘러싸여 있다(그림 11.40). x축에 대하여 대칭임을 이용하면 이 영역의 넓이는 다음과 같다.

$$2\int_{\pi/2}^{\pi} \frac{1}{2}(1^2 - (1 + \cos\theta)^2)\, d\theta = \int_{\pi/2}^{\pi}(-2\cos\theta - \cos^2\theta)\, d\theta \quad \text{피적분함수 간단히 하기}$$

$$= 2 - \frac{\pi}{4} \quad \text{정적분 계산하기}$$

a와 **b**의 영역은 합쳐서 반지름이 1인 원의 내부으므로 그 넓이는 두 값의 합인 π이다.

관련 연습문제 23번◀

극좌표에서 넓이를 나타내는 정적분을 결정할 때 어려움 중 하나는 두 극곡선의 교점을 찾는 일이다. 다음 예제는 이런 미묘한 어려움을 보여 준다.

| 예제 5 | 두 곡선의 교점 원 $r = 3\cos\theta$와 심장형 $r = 1 + \cos\theta$의 교점을 모두 구하여라(그림 11.41).

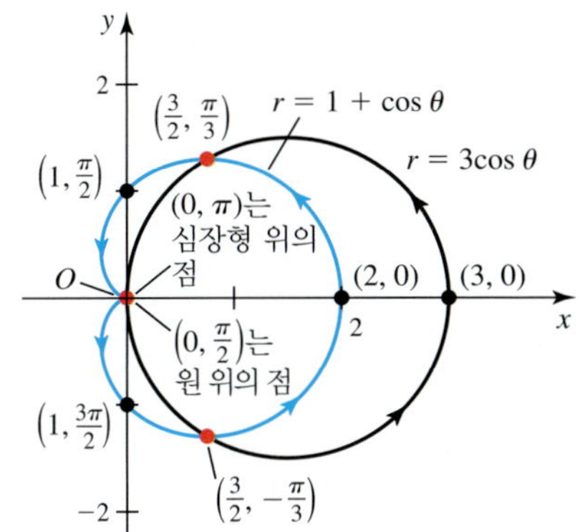

그림 11.41

풀이 극좌표에서는 한 점에 대한 여러 표현이 존재하므로 교점을 찾는 데 미묘한 어려움을 유발하기도 한다. 우선 대수적으로 접근해 보자. r에 대한 두 식을 같다고 놓은 후 θ에 관하여 풀면 다음을 얻는다.

$$3\cos\theta = 1 + \cos\theta \quad \text{또는} \quad \cos\theta = \frac{1}{2}$$

해가 $\theta = \pm\pi/3$이므로 두 교점은 $(3/2, \ \pi/3)$, $(3/2, -\pi/3)$이다(그림 11.41). 그래프를 조사하지 않고 여기까지만 결론을 내리기 쉽다. 그러나 그림에는 교점으로 원점도 있으며, 앞에서 이 해는 얻을 수 없었다. 이런 교점을 찾기 위해 두 곡선이 어떻게 생성되는지 고찰할 필요가 있다. θ가 0부터 2π까지 증가함에 따라 심장형은 (2, 0)에서 출발하여 반시계 방향으로 생성된다. 심장형은 $\theta = \pi$일 때 원점 O를 지난다. θ가 0부터 π까지 증가함에 따라 원은 (3, 0)에서 출발하여 반시계 방향으로 생성된다. 원은 $\theta = \pi/2$일 때 원점 O를 지난다. 그러므로 교점 O는 심장형의 경우 $(0, \pi)$이고(그래서 이 좌표는 원의 방정식을 만족시키지 않는다), 원의 경우 $(0, \pi/2)$이다(그래서 이 좌표는 심장형의 방정식을 만족시키지 않는다). 이러한 어려움을 피할 방법은 없다. 조심하는 수밖에 없다.

관련 연습문제 15번◀

| 예제 6 | 넓이 계산 예제 5에서 곡선 $r = 3\cos\theta$(원)와 $r = 1 + \cos\theta$(심장형)의 교점을 구하는 문제를 다뤘다. 이 결과를 이용하여 그림 11.42의 겹치지 않는 다음 세 영역의 넓이를 구하여라.

a. A영역 **b.** B영역 **c.** C영역

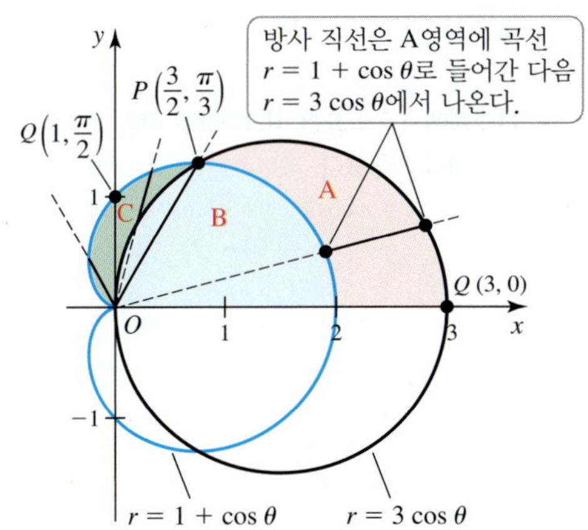

그림 11.42

▶ 어떤 영역의 내부와 외부 경계를 바르게 판정했음을 확인하는 한 가지 방법은 원점을 지나고 해당 영역을 지나는 직선을 그리는 것이다. 이 직선은 내부 경계로 들어가서 외부 경계로 빠져나온다. 예제 6a에서 $0 \le \theta \le \pi/3$의 영역 A를 지나는 모든 직선이 해당된다.

풀이

a. A영역은 안으로는 심장형, 바깥으로는 원에 의해 두 점 $Q(\theta = 0)$와 $P(\theta = \pi/3)$ 사이에 있다. 그러므로 A영역의 넓이는 다음과 같다.

$$\begin{aligned}
&\frac{1}{2}\int_0^{\pi/3}((3\cos\theta)^2 - (1 + \cos\theta)^2)\,d\theta \\
&= \frac{1}{2}\int_0^{\pi/3}(8\cos^2\theta - 1 - 2\cos\theta)\,d\theta && \text{간단히 하기} \\
&= \frac{1}{2}\int_0^{\pi/3}(3 + 4\cos 2\theta - 2\cos\theta)\,d\theta && \cos^2\theta = \frac{1 + \cos 2\theta}{2} \\
&= \frac{1}{2}(3\theta + 2\sin 2\theta - 2\sin\theta)\Big|_0^{\pi/3} = \frac{\pi}{2} && \text{정적분 계산하기}
\end{aligned}$$

b. B영역을 보면 원점에서 나온 방사 직선을 일부 포함하는 것을 알 수 있다. 즉, 안쪽 경계는 없고, 바깥쪽 경계는 $0 \le \theta \le \pi/3$에서 $r = 1 + \cos\theta$이고 $\pi/3 \le \theta \le \pi/2$에서 $r = 3\cos\theta$이다(예제 5에서 $\theta = \pi/2$일 때 원이 원점을 지남을 기억하자). 그러므로 $\theta = \pi/3$에서 두 영역으로 나눈 다음 두 정적분으로 넓이를 계산하자.

$$\text{B영역의 넓이} = \frac{1}{2}\int_0^{\pi/3}(1 + \cos\theta)^2\,d\theta + \frac{1}{2}\int_{\pi/3}^{\pi/2}(3\cos\theta)^2\,d\theta$$

이 정적분을 직접 계산할 수도 있지만 다음과 같이 구하면 쉽다.

$$\text{B영역의 넓이} = \text{반원 } OPQ\text{의 넓이} - \text{A영역의 넓이}$$

$r = 3\cos\theta$는 반지름이 3/2인 원이므로 다음을 얻는다.

$$\text{B영역의 넓이} = \frac{1}{2}\cdot\pi\left(\frac{3}{2}\right)^2 - \frac{\pi}{2} = \frac{5\pi}{8}$$

c. C영역의 안쪽 경계는 원, 바깥쪽 경계는 심장형으로 잘못 판단하기 쉽다. $\pi/3 \le \theta \le \pi/2$(그림 11.42의 방사 직선을 보자)의 경우 이 해석이 옳지만 $\pi/2 \le \theta \le \pi$의 경우 오직 바깥 경계(심장형)만 있다. 따라서 C영역의 넓이는 다음과 같다.

$$\frac{1}{2}\int_{\pi/3}^{\pi/2}((1 + \cos\theta)^2 - (3\cos\theta)^2)\,d\theta + \frac{1}{2}\int_{\pi/2}^{\pi}(1 + \cos\theta)^2\,d\theta = \frac{\pi}{8}$$

관련 연습문제 31번 ◀

극곡선의 길이

▶ 11.2절에서 극좌표를 직교좌표로 바꿀 때 다음 관계식을 사용했다.
$x = r\cos\theta,\ y = r\sin\theta$

이제 극곡선의 길이에 관한 문제를 생각해 보자. 극방정식 $r = f(\theta)$가 주어졌을 때, $\alpha \le \theta \le \beta$에 대한 곡선의 길이는 얼마인가(곡선이 되돌아오지는 않는다고 가정한다)? 해결의 열쇠는 극방정식을 직교좌표계의 매개방정식으로 표현하고, 11.1절에서 도출한 매개방정식의 곡선의 길이를 적용하는 것이다. θ를 매개변수로 택하여 $r = f(\theta)$를 이용하면 다음 극좌표계의 매개방정식을 얻는다.

$$x = r\cos\theta = f(\theta)\cos\theta, \qquad y = r\sin\theta = f(\theta)\sin\theta$$

곡선의 길이 공식을 매개변수 θ로 나타내면 다음과 같다.

$$L = \int_\alpha^\beta \sqrt{\left(\frac{dx}{d\theta}\right)^2 + \left(\frac{dy}{d\theta}\right)^2}\,d\theta$$

여기서

$$\frac{dx}{d\theta} = f'(\theta)\cos\theta - f(\theta)\sin\theta, \quad \frac{dy}{d\theta} = f'(\theta)\sin\theta + f(\theta)\cos\theta$$

이다. 곡선의 길이 공식에 대입하여 간단히 하면 결과는 새로운 곡선의 길이 적분이 된다.

극곡선의 길이

구간 $[\alpha, \beta]$에서 연속인 도함수를 갖는 함수 f에 대하여 **극곡선** $r = f(\theta)$의 길이는 다음과 같다.

$$L = \int_{\alpha}^{\beta} \sqrt{f(\theta)^2 + f'(\theta)^2}\, d\theta$$

QUICK CHECK 4 곡선의 길이 공식을 써서 원 $r = f(\theta) = 1,\ 0 \le \theta \le 2\pi$의 둘레가 2π임을 보여라. ◀

| 예제 7 | 극곡선의 길이

a. 나선 $r = f(\theta) = \theta,\ 0 \le \theta \le 2\pi$(그림 11.43)의 길이를 구하여라.

b. 심장형 $r = 1 + \cos\theta$(그림 11.44)의 길이를 구하여라.

풀이

a.
$$\begin{aligned} L &= \int_0^{2\pi} \sqrt{\theta^2 + 1}\, d\theta && f(\theta) = \theta,\ f'(\theta) = 1 \\ &= \left(\frac{\theta}{2}\sqrt{\theta^2+1} + \frac{1}{2}\ln\left(\theta + \sqrt{\theta^2+1}\right)\right)\Bigg|_0^{2\pi} && \text{적분표 또는 삼각치환} \\ &= \pi\sqrt{4\pi^2+1} + \frac{1}{2}\ln\left(2\pi + \sqrt{4\pi^2+1}\right) && \text{정적분 계산하기} \\ &\approx 21.26 && \text{계산하기} \end{aligned}$$

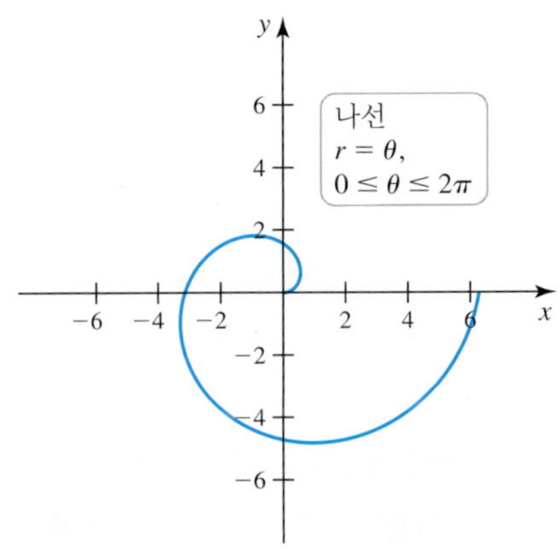

그림 11.43

b. 심장형은 x축에 대하여 대칭이고 상반은 $0 \le \theta \le \pi$로 생성된다. 전체 곡선의 길이는 상반쪽 길이의 두 배이다.

$$\begin{aligned} L &= 2\int_0^{\pi} \sqrt{(1+\cos\theta)^2 + (-\sin\theta)^2}\, d\theta && f(\theta) = 1 + \cos\theta,\ f'(\theta) = -\sin\theta \\ &= 2\int_0^{\pi} \sqrt{2 + 2\cos\theta}\, d\theta && \text{간단히 하기} \\ &= 2\int_0^{\pi} \sqrt{4\cos^2(\theta/2)}\, d\theta && 1 + \cos\theta = 2\cos^2(\theta/2) \\ &= 4\int_0^{\pi} \cos(\theta/2)\, d\theta && 0 \le \theta \le \pi \text{일 때 } \cos(\theta/2) \ge 0 \\ &= 8\sin(\theta/2)\Big|_0^{\pi} = 8 && \text{적분하여 간단히 하기} \end{aligned}$$

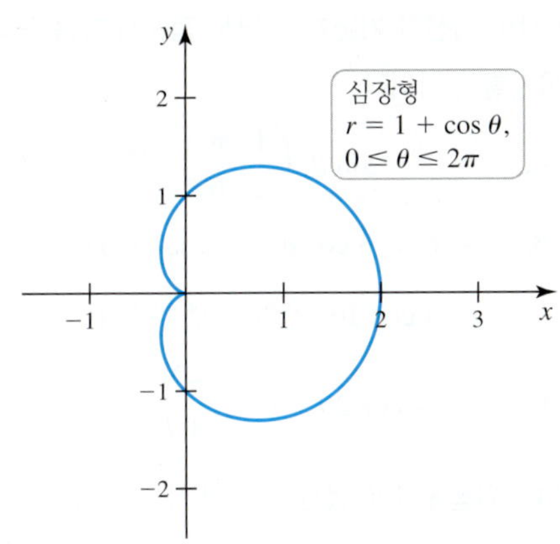

그림 11.44

관련 연습문제 34번 ◀

11.3절 연습문제

1단계 스타트

1. 극방정식 $r = f(\theta)$를 θ를 매개변수로 하는 직교좌표계의 매개방정식으로 표현하여라.

2. 극방정식 $r = f(\theta)$의 그래프에 접하는 접선의 기울기는 왜 $dr/d\theta$가 아닌 이유를 설명하여라.

3. 직선 $\theta = \pi/3$의 기울기는 얼마인가?

4. 색칠된 영역의 넓이를 구하여라.

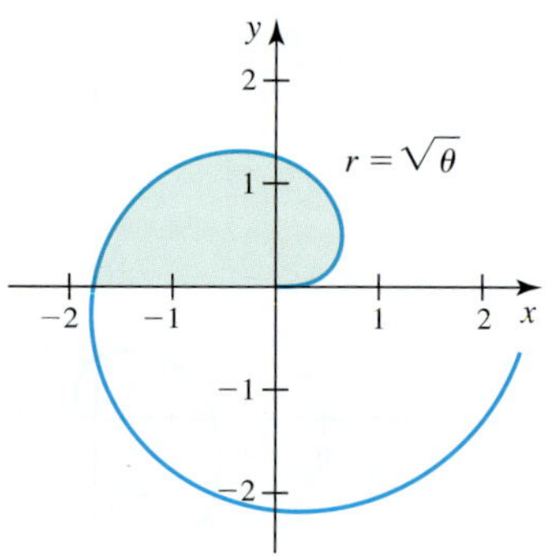

5. $\theta = 0$일 때 $\cos\theta \neq \sin\theta$임에도 불구하고 두 곡선 $r = \cos\theta$, $r = \sin\theta$의 교점이 극좌표로 $(0, 0)$임을 설명하여라.

2단계 실전

6–10. 접선의 기울기 주어진 점에서 다음 극곡선에 접하는 직선의 기울기를 구하여라.

6. $r = 1 - \sin\theta, \left(\dfrac{1}{2}, \dfrac{\pi}{6}\right)$ **7.** $r = 8\sin\theta, \left(4, \dfrac{5\pi}{6}\right)$

8. $r = 6 + 3\cos\theta, (3, \pi), (9, 0)$

9. $r = 4\cos 2\theta$, 잎의 끝부분에서

10. $r^2 = 4\cos 2\theta, \left(0, \pm\dfrac{\pi}{4}\right)$

11. 원점에서의 접선 원점에서 극곡선 $r = \cos\theta + \sin\theta$에 접하는 직선의 극방정식을 구하고, 그 접선의 기울기를 구하여라.

12. 한 점에서 다수의 접선 극곡선 $r = \cos 3\theta + \sin 3\theta$에 대하여 물음에 답하여라.

a. 극곡선 전체를 얻을 수 있는 최소 구간 $[0, P]$를 구하고, 그래프 유틸리티를 사용하여 그래프를 그려라.

b. 원점에서 극곡선에 접하는 직선의 극방정식과 기울기를 구하여라.

13–14. 수평 접선과 수직 접선 다음 극곡선 위의 수평 접선 또는 수직 접선을 갖는 점을 구하여라.

13. $r = 4\cos\theta$ **14.** $r = \sin 2\theta$

15–16. 교점 다음 곡선의 교점을 대수적 방법으로 가능한 한 많이 찾아라. 그래프를 이용하여 나머지 교점을 찾아라.

15. $r = 2\cos\theta$와 $r = 1 + \cos\theta$

16. $r = 1$과 $r = 2\sin 2\theta$

17–20. 영역의 넓이 다음 영역과 경계의 개형을 그린 다음, 영역의 넓이를 구하여라.

17. 곡선 $r = \sqrt{\cos\theta}$의 내부

18. 원 $r = 8\sin\theta$의 내부

19. 리마송 $r = 2 + \cos\theta$의 내부

20. 장미 $r = \cos 3\theta$의 한 잎의 내부

21–22. 교점과 넓이

a. 다음 두 곡선의 교점을 모두 구하여라.

b. 다음 두 곡선으로 둘러싸인 전체 영역의 넓이를 구하여라.

21. $r = 3\sin\theta$와 $r = 3\cos\theta$

22. $r = 1 + \sin\theta$와 $r = 1 + \cos\theta$

23–30. 영역의 넓이 다음 영역의 넓이를 구하여라.

23. 원 $r = 1/2$의 외부와 원 $r = \cos\theta$의 내부의 공통 영역

24. 제1사분면의 곡선 $r = \sqrt{\cos\theta}$의 내부와 원 $r = 1/\sqrt{2}$의 내부의 공통 영역

25. 장미 $r = \cos 5\theta$의 한 잎의 내부

26. 장미 $r = 4\sin 2\theta$의 내부와 원 $r = 2$의 내부의 공통 영역

27. 원 $r = 2\sin\theta$와 원 $r = 1$의 공통 영역

28. 리마송 $r = 3 - 6\sin\theta$의 내부 고리 바깥과 외부 고리 안쪽의 공통 영역

29. 연주형 $r^2 = 6\sin 2\theta$의 내부

30. 리마송 $r = 4 - 2\cos\theta$의 내부

31. 두 곡선에 의한 세 영역 두 극곡선 $r = 4 - 2\cos\theta$, $r = 2 + 2\cos\theta$의 교점을 찾은 다음 세 영역 A, B, C의 넓이를 구하여라(그림 참조).

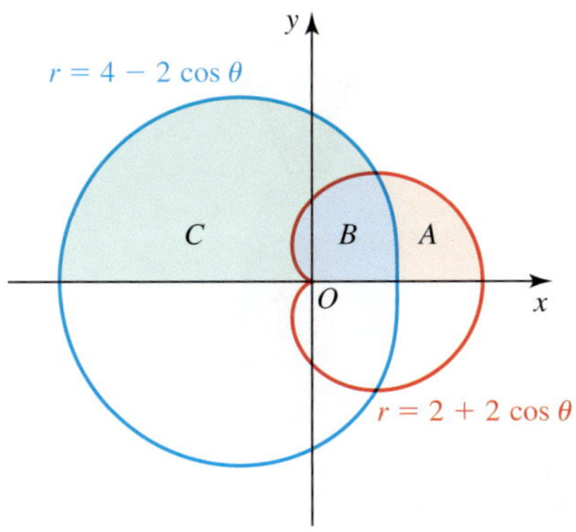

32-37. 극곡선의 길이 다음 극곡선의 길이를 구하여라.

32. 완전한 원 $r = a\sin\theta,\ a > 0$

33. 나선 $r = \theta^2,\ 0 \le \theta \le 2\pi$

34. 완전한 심장형 $r = 4 + 4\sin\theta$

35. 나선 $r = 2e^{2\theta},\ 0 \le \theta \le \ln 8$

36. 곡선 $r = \sin^3\dfrac{\theta}{3},\ 0 \le \theta \le \dfrac{\pi}{2}$

37. 리마송 $r = 4 - 2\cos\theta$ 전체

38. 참 또는 거짓 다음 명제가 참이면 증명하고 거짓이면 반례를 들어라.

a. 구간 $[\alpha, \beta]$에서 극곡선 $r = f(\theta)$로 둘러싸인 영역의 넓이는 $\int_\alpha^\beta f(\theta)\,d\theta$이다.

b. 극곡선 $r = f(\theta)$ 위의 점 (r, θ)에서 접하는 직선의 기울기는 $f'(\theta)$이다.

c. 극곡선 위의 어떤 점에서는 접선이 하나 이상일 때도 있다.

3단계 도전

39. 나선의 접선 그래프 유틸리티를 사용하여 나선 $r = 2\theta,\ \theta \ge 0$이 수평 접선을 갖는 처음 세 점을 구하여라. 수직 접선을 갖는 처음 세 점도 구하여라.

QUICK CHECK 정답

1. 곱의 법칙을 적용하여라. **2.** $\sqrt{2} + 1$

3. $\left[0, \dfrac{\pi}{3}\right]$ 또는 $\left[\dfrac{\pi}{3}, \dfrac{2\pi}{3}\right]$ **4.** 2π ◀

11.4 원뿔 곡선

약 2000년 전에 그리스학자가 했듯이 원뿔 곡선을 시각화하는 방법은 두 원뿔을 평면으로 잘라 단면을 보는 것이다(그림 11.45). 이 방법으로 얻을 수 있는 서로 다른 일곱 가지 집합 중 셋은 **타원**, **포물선**, **쌍곡선**이다. 이 세 곡선은 실질적으로 자주 응용되며 이론적으로도 광범위하게 이용되는 중요성을 갖고 있다. 예를 들어 천체는 타원이나 쌍곡선으로 모형의 궤도로 움직인다. 둥근 지붕 또는 활꼴의 건축 구조는 이러한 곡선에 근거하여 축조된다.

포물선

포물선(parabola)은 평면 위의 고정점(**초점**(focus)) F와 고정선(**준선**(directrix))으로부터 같은 거리에 있는 점들의 집합이다. 포물선은 위로 또는 아래로, 왼쪽으로 또는 오른쪽으로 열려 있다. 이제 위로 열려 있는 포물선의 방정식을 유도할 것이다.

초점 F가 y축 위의 점 $(0, p)$이고 준선 L은 수평선 $y = -p,\ p > 0$이라 가정하자. 포물선은 $|PF| = |PL|$을 만족하는 점 P의 집합인데, 여기서 $L(x, -p)$는 점 P에 가장 가까운 준선 위의 점이다(그림 11.46). 이 조건을 만족하는 임의의 점을 $P(x, y)$라 하자. 거리 공식을 이용하면 다음이 성립한다.

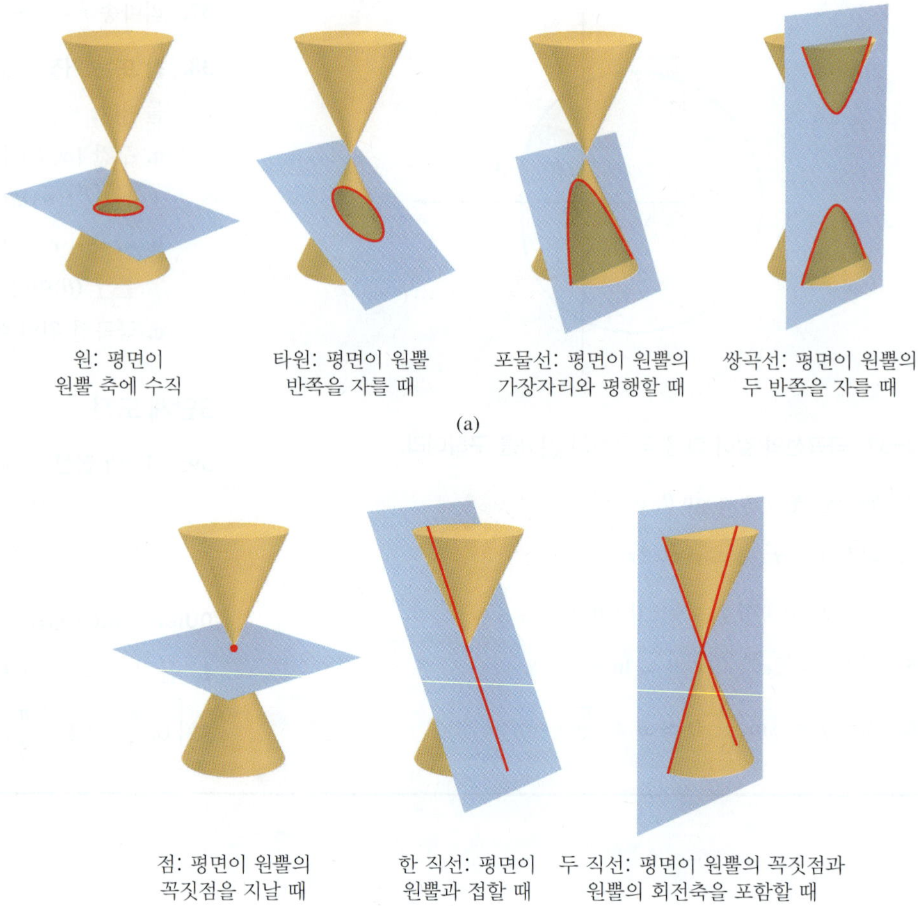

그림 11.45 표준 원뿔 곡선들 (a)는 두 원뿔과 원뿔의 꼭짓점을 지나지 않는 평면의 교집합이다. 평면이 원뿔의 꼭짓점을 지나는 경우 교집합은 (b)와 같이 직선 또는 점이 된다.

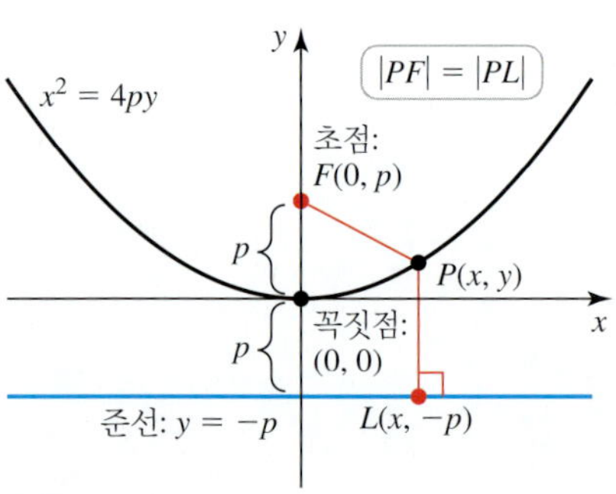

그림 11.46

QUICK CHECK 1 $\sqrt{x^2 + (y - p)^2} = y + p$를 간단히 하면 $x^2 = 4py$임을 보여라. ◂

$$\underbrace{\sqrt{x^2 + (y-p)^2}}_{|PF|} = \underbrace{y + p}_{|PL|}$$

이 방정식의 양변을 제곱하여 간단히 하면 방정식 $x^2 = 4py$를 얻는다. 이는 y축에 대하여 대칭이고, 위로 열린 포물선의 방정식이다. 포물선의 **꼭짓점**(vertex)은 준선에 가장 가까운 점이다. 이 경우는 (0, 0) ($|PF| = |PL| = p$를 만족)이다.

이와 같이 또 다른 세 가지 형태의 포물선의 방정식도 도출할 수 있다.

포물선의 네 가지 표준 방정식

실수 p에 대하여 $(0, p)$가 초점이고 $y = -p$가 준선인 포물선은 y축에 대하여 대칭이고, 방정식은 $x^2 = 4py$이다. $p > 0$이면 포물선은 위로 열리고, $p < 0$이면 포물선은 아래로 열린다.

$(p, 0)$이 초점이고 $x = -p$가 준선인 포물선은 x축에 대하여 대칭이고, 방정식은 $y^2 = 4px$이다. $p > 0$이면 포물선은 오른쪽으로 열리고, $p < 0$이면 포물

선은 왼쪽으로 열린다.

이 네 포물선은 모두 원점을 꼭짓점으로 갖는다(그림 11.47).

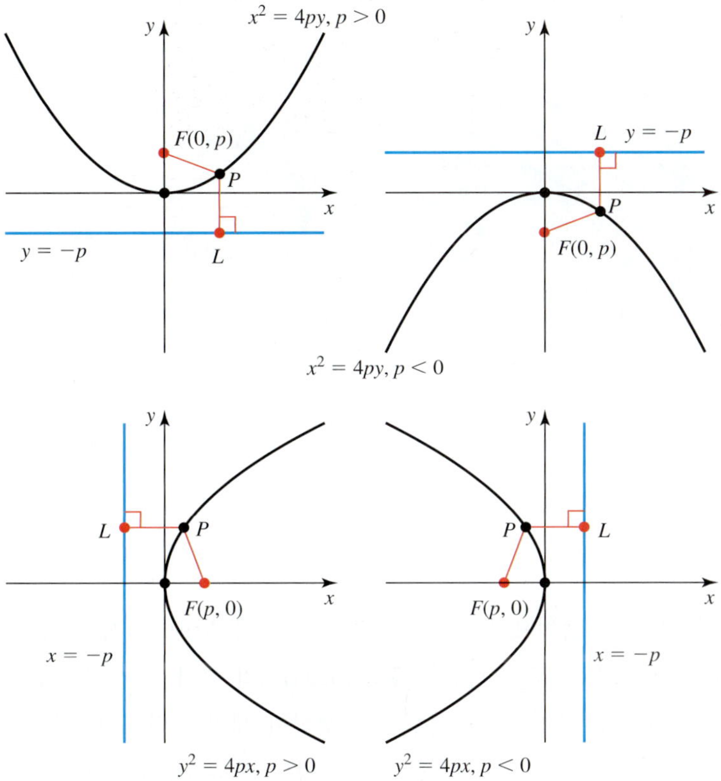

그림 11.47

➤ 곡선 위의 점 (x, y)에 대하여 $(x, -y)$도 곡선 위의 점이면 이 곡선은 x축에 대하여 대칭이다. 따라서 y^2항은 x축에 대하여 대칭임을 의미한다. 마찬가지로 x^2항은 y축에 대하여 대칭임을 의미한다.

QUICK CHECK 2 다음 포물선은 어느 방향으로 열려 있는가?

a. $y^2 = -4x$ **b.** $x^2 = 4y$ ◀

| 예제 1 | 포물선 그리기 포물선 $y^2 = -12x$의 초점과 준선을 구하여라. 포물선의 그래프를 그려라.

풀이 y^2항이 있으므로 포물선은 x축에 대하여 대칭이다. 식을 $x = -y^2/12$으로 다시 쓰면 모든 y에 대하여 $x \le 0$이고, 포물선이 왼쪽으로 열려 있음을 쉽게 알 수 있다. $y^2 = -12x$와 표준형 $y^2 = 4px$를 비교하면 $p = -3$이므로 초점은 $(-3, 0)$이고 준선은 $x = 3$이다(그림 11.48).

관련 연습문제 7번 ◀

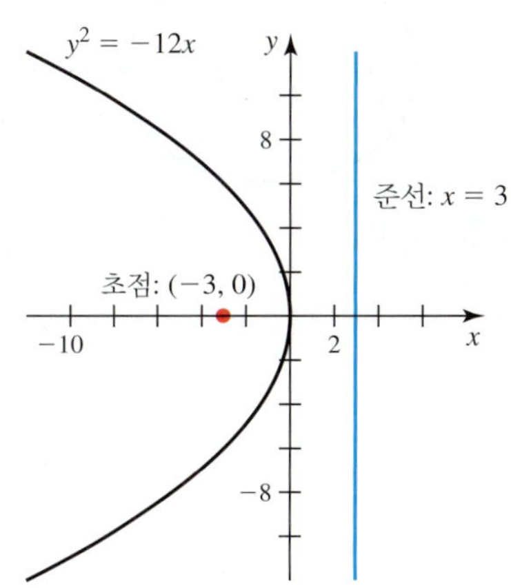

그림 11.48

| 예제 2 | 포물선의 방정식 아래로 열려 있고 꼭짓점이 $(0, 0)$이며, 점 $(2, -3)$을 지나는 포물선의 방정식을 구하여라.

풀이 아래로 열려 있는 포물선의 표준 방정식은 $x^2 = 4py$이고, 점 $(2, -3)$은 이 방정식을 만족시켜야 한다. $x = 2$, $y = -3$을 $x^2 = 4py$에 대입하면 $p = -\frac{1}{3}$이다. 그러므로 초점은 $\left(0, -\frac{1}{3}\right)$, 준선은 $y = \frac{1}{3}$이고 포물선의 방정식은 $x^2 = -\frac{4y}{3}$, 즉 $y = -\frac{3x^2}{4}$이다(그림 11.49).

관련 연습문제 18번 ◀

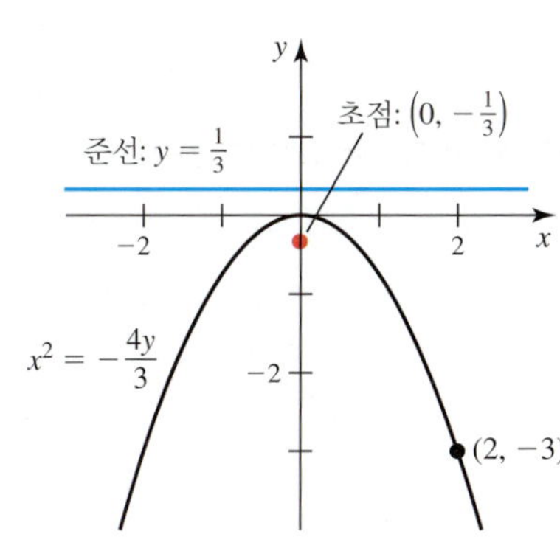

그림 11.49

반사 성질 포물선은 반사경이나 송신기 디자인에 유용하게 쓰인다. 포물선의 대칭축에 평행하게 접근하는 입자는 반사되어 초점에 모인다(그림 11.50). 이 성질은 망원경의 포물경에 의한 집광에 이용된다. 한편 초점에서 방출되는 신호는 대칭축에 평행하게 반사되는데, 이 성질은 라디오 송신기나 전조등의 디자인에 쓰인다.

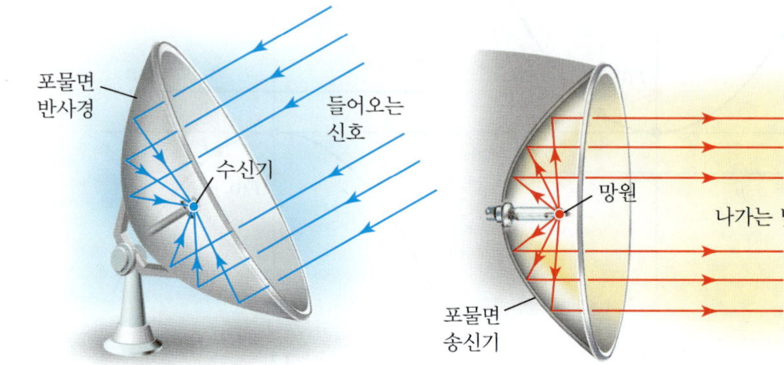

그림 11.50

타원

타원(ellipse)은 두 고정점으로부터 떨어진 거리의 합($2a$)이 일정한 점들의 집합이다(그림 11.51). 각각의 두 고정점은 **초점**(focus)이라 한다. 초점이 x축 위 $(\pm c,\ 0)$ 또는 y축 위 $(0,\ \pm c)$에 있을 때 타원의 방정식이 제일 간단하다. 이 경우 타원의 **중심**(center)은 $(0,\ 0)$이다. 초점이 x축 위에 있는 경우, 타원 위의 두 점 $(\pm a,\ 0)$을 **꼭짓점**(vertices)이라 한다. 초점이 y축 위에 있는 경우, 꼭짓점은 $(0,\ \pm a)$이다(그림 11.52). 타원의 정의를 이용하여 쉬운 계산을 거치면 다음과 같은 타원의 방정식을 얻는다.

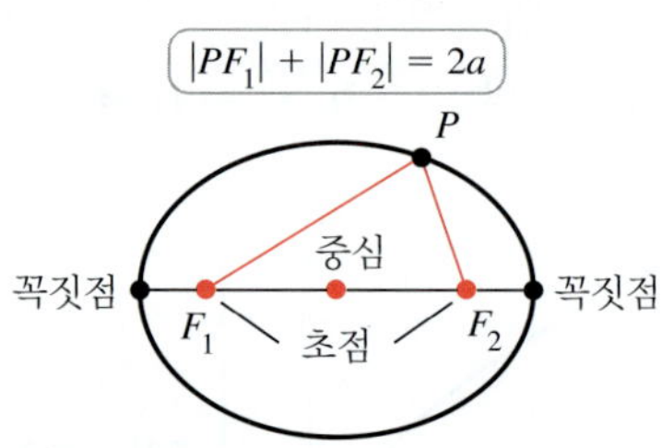

그림 11.51

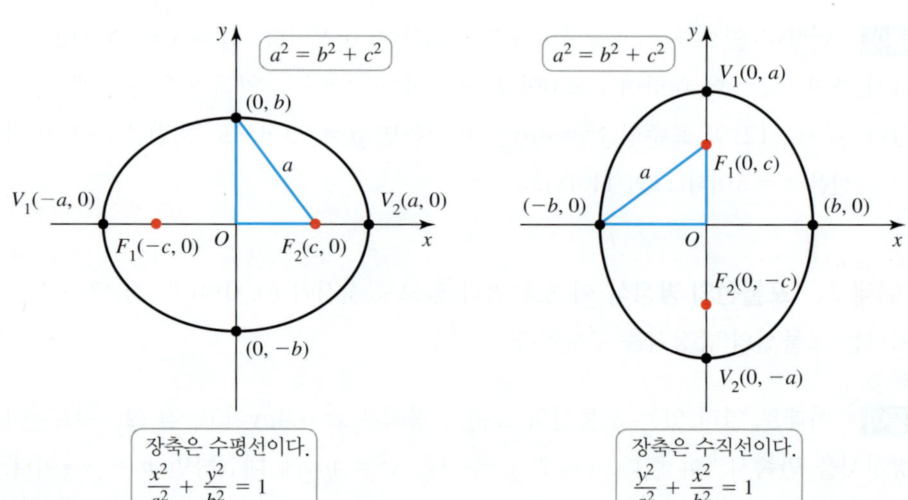

그림 11.52

타원의 표준 방정식

원점이 중심이고 $(\pm c, 0)$이 두 초점 F_1, F_2이며, $(\pm a, 0)$이 두 꼭짓점 V_1, V_2인 타원의 방정식은 다음과 같다.

$$\frac{x^2}{a^2} + \frac{y^2}{b^2} = 1, \quad a^2 = b^2 + c^2$$

원점이 중심이고 $(0, \pm c)$가 초점이며, $(0, \pm a)$가 꼭짓점인 타원의 방정식은 다음과 같다.

$$\frac{y^2}{a^2} + \frac{x^2}{b^2} = 1, \quad a^2 = b^2 + c^2$$

두 경우 모두 $a > b > 0$, $a > c > 0$이며, 긴 축(**장축**(major axis))의 길이는 $2a$, 짧은 축(**단축**(minor axis))의 길이는 $2b$이다.

➤ 필요한 경우 장축의 꼭짓점은 $(\pm a, 0)$ 또는 $(0, \pm a)$로, 단축의 꼭짓점은 $(\pm b, 0)$ 또는 $(0, \pm b)$로 구분한다. 추가적인 언급이 없다면 꼭짓점은 장축의 꼭짓점을 뜻한다.

QUICK CHECK 3 꼭짓점과 초점이 x축 위에 있는 경우, 타원의 단축의 길이는 $2b$임을 보여라. ◀

| 예제 3 | **타원 그리기** 타원 $\frac{x^2}{9} + \frac{y^2}{4} = 1$의 꼭짓점, 초점, 장축의 길이와 단축의 길이를 구하여라. 타원의 그래프를 그려라.

풀이 $9 > 4$이므로 $a^2 = 9$, $b^2 = 4$에서 $a = 3$, $b = 2$이다. 장축의 길이와 단축의 길이는 각각 $2a = 6$, $2b = 4$이다. 두 꼭짓점 V_1, V_2는 $(\pm 3, 0)$으로 초점과 마찬가지로 x축 위에 있다. $c^2 = a^2 - b^2$이므로 $c^2 = 5$, 즉 $c = \sqrt{5}$이다. 그러므로 두 초점 F_1, F_2는 $(\pm\sqrt{5}, 0)$에 있다. 이 타원의 그래프를 그리면 그림 11.53과 같다.

관련 연습문제 8번 ◀

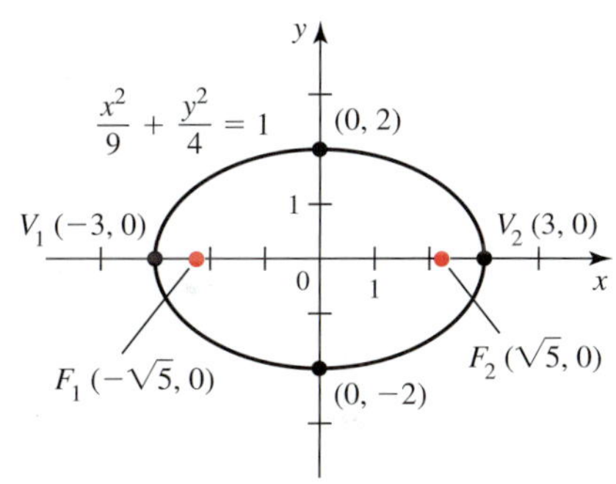

그림 11.53

| 예제 4 | **타원의 방정식** 중심이 원점이고 초점이 y축에 있으며, 장축의 길이가 8, 단축의 길이가 4인 타원의 방정식을 구하여라. 타원의 그래프를 그려라.

풀이 장축의 길이가 8이고, 두 꼭짓점 V_1, V_2는 $(0, \pm 4)$에 있고, $a = 4$이며, 단축의 길이가 4이므로 $b = 2$이다. 따라서 타원의 방정식은 다음과 같다.

$$\frac{y^2}{16} + \frac{x^2}{4} = 1$$

관계식 $c^2 = a^2 - b^2$을 이용하면 $c = 2\sqrt{3}$이므로 두 초점 F_1, F_2는 $(0, \pm 2\sqrt{3})$에 있다. 이 타원의 그래프를 그리면 그림 11.54와 같다.

관련 연습문제 20번 ◀

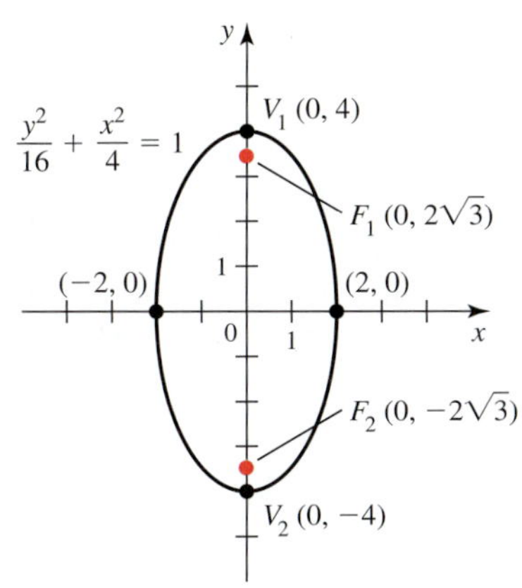

그림 11.54

쌍곡선

쌍곡선(hyperbola)은 평면 위의 두 고정점으로부터 거리의 차가 $2a$ 또는 $-2a$인 점들의 집합이다(그림 11.55). 타원의 경우와 같이 두 고정점을 **초점**이라 한다. 초점이 x축 위의 점 $(\pm c, 0)$에 있거나 y축 위의 점 $(0, \pm c)$에 있는 경우를 생각해 보자.

➤ 표준 쌍곡선의 경우와 같이 두 좌표축에 평행하지 않은 점근선은 **사선 점근선** 또는 **경사 점근선**이라 한다.

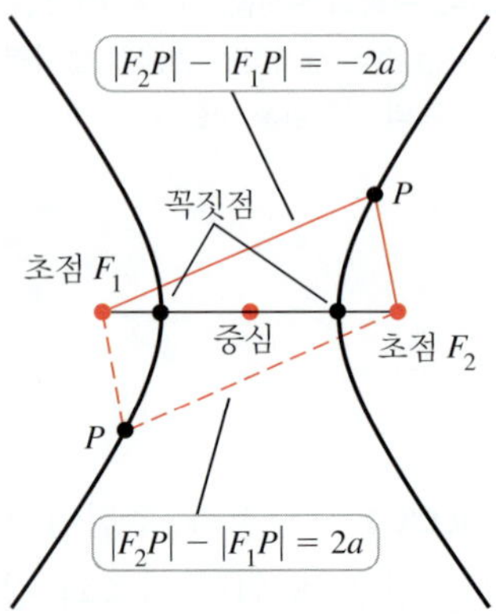

그림 11.55

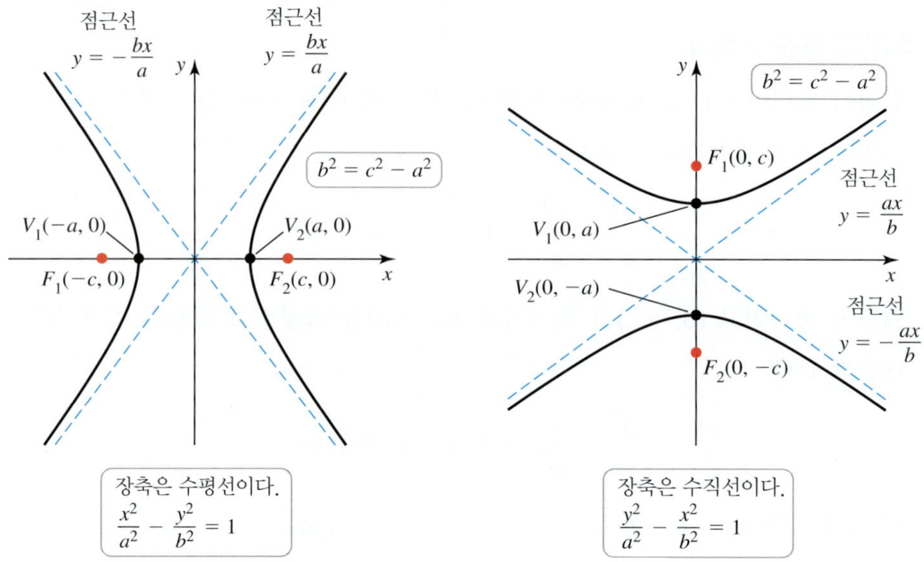

그림 11.56

초점이 x축 위에 있으면 쌍곡선 위의 점 $(\pm a, 0)$을 **꼭짓점**이라 한다. 이 경우 쌍곡선은 y절편을 갖지 않지만 **점근선**(asymptotes) $y = \pm bx/a$, $b^2 = c^2 - a^2$을 갖는다. 마찬가지로 초점이 y축 위에 있으면 꼭짓점은 $(0, \pm a)$이고, 이 경우 쌍곡선은 x절편을 갖지 않으며, 점근선은 $y = \pm ax/b$이다(그림 11.56). 쌍곡선의 정의를 이용한 간단한 계산을 거치면 다음과 같은 쌍곡선의 표준 방정식을 얻는다.

➤ 쌍곡선의 점근선은 꼭짓점이 x축 위에 있을 경우 $y = \pm bx/a$이고, 꼭짓점이 y축 위에 있을 경우 $y = \pm ax/b$이다(a와 b의 역할이 바뀐다).

쌍곡선의 표준 방정식

원점이 중심이고 $(\pm c, 0)$이 두 초점 F_1, F_2이며, $(\pm\ a, 0)$이 두 꼭짓점 V_1, V_2인 쌍곡선의 방정식은 다음과 같다.

$$\frac{x^2}{a^2} - \frac{y^2}{b^2} = 1, \quad b^2 = c^2 - a^2$$

이 쌍곡선의 **점근선**은 $y = \pm bx/a$이다.

원점이 중심이고 $(0, \pm c)$가 초점이며, $(0, \pm a)$가 꼭짓점인 쌍곡선의 방정식은 다음과 같다.

$$\frac{y^2}{a^2} - \frac{x^2}{b^2} = 1, \quad b^2 = c^2 - a^2$$

이 쌍곡선의 **점근선**은 $y = \pm ax/b$이다.

두 경우 모두 $c > a > 0$, $c > b > 0$이다.

| 예제 5 | 쌍곡선 그리기 중심이 원점이고 두 꼭짓점 V_1, V_2가 $(\pm 4, 0)$, 두 초점 F_1, F_2가 $(\pm 6, 0)$인 쌍곡선의 방정식을 구하여라. 쌍곡선의 그래프를 그려라.

풀이 초점이 x축 위에 있으므로 꼭짓점도 x축 위에 있고, y절편은 없다. $a = 4$, $c = 6$에서 $b^2 = c^2 - a^2 = 20$, 즉 $b = 2\sqrt{5}$이므로 쌍곡선의 방정식은 다음과 같다.

$$\frac{x^2}{16} - \frac{y^2}{20} = 1$$

점근선은 $y = \pm bx/a = \pm\sqrt{5}x/2$이다(그림 11.57).

관련 연습문제 21번 ◀

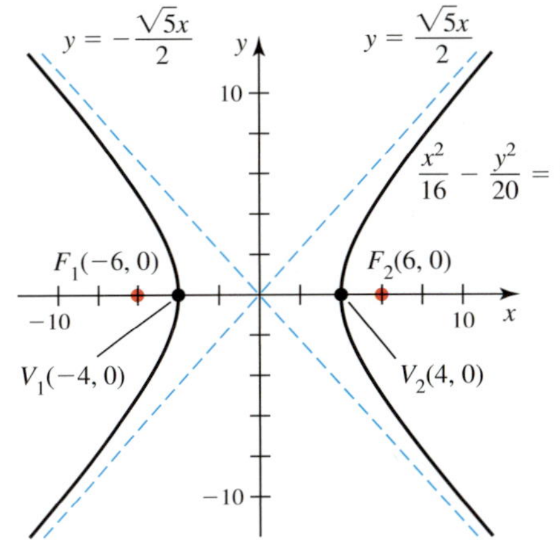

그림 11.57

QUICK CHECK 4 쌍곡선 $y^2 - x^2/4 = 1$의 꼭짓점과 초점을 구하여라. ◀

이심률과 준선

포물선, 타원, 쌍곡선은 이심률-준선법(eccentricity-directrix)이라 하는 통합된 한 가지 방법으로 도출될 수 있다. ℓ을 **준선**(dirextrix)이라 하는 직선이라 하면 **초점**(focus)이라 하는 F는 직선 ℓ 위에 있지 않다. 이심률은 양의 실수 e이다. 점 P의 집합 C를 생각하는데, 거리 $|PF|$가 점 P에서 ℓ까지의 수직 거리의 e배와 같다(그림 11.58). 즉, 다음을 만족한다.

$$|PF| = e|PL| \text{ 또는 } \frac{|PF|}{|PL|} = e = \text{상수}$$

e의 값에 따라 집합 C는 다음 정리에 기술된 세 가지 표준 원뿔 곡선 중 하나이다.

▶ 평면에 놓인 원뿔 곡선은 준선과 초점에 의해 생성된다.

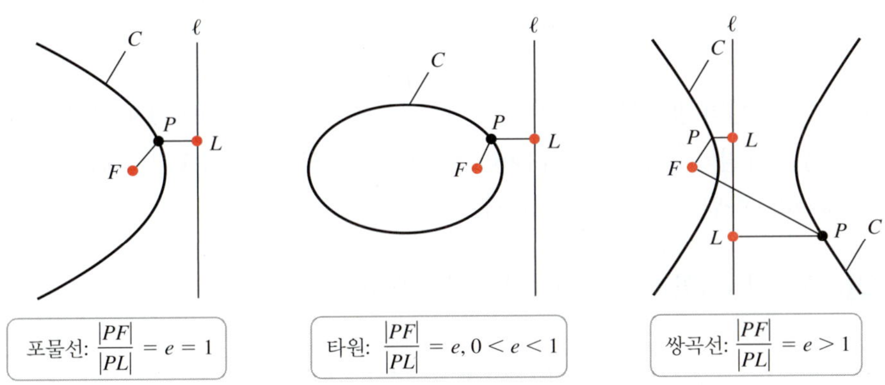

그림 11.58

> **정리 11.3 이심률-준선법**
>
> F는 직선 ℓ 위에 있지 않는 점이고 e는 양의 실수이며, 평면 위의 점 P의 집합 C가 $\frac{|PF|}{|PL|} = e$라 하자. 여기서 $|PL|$은 점 P에서 ℓ까지의 수직 거리이다.
>
> **1.** $e = 1$이면 C는 **포물선**이다.
>
> **2.** $0 < e < 1$이면 C는 **타원**이다.
>
> **3.** $e > 1$이면 C는 **쌍곡선**이다.

▶ 타원과 쌍곡선에 대한 정리 11.3은 전체 곡선이 한 초점과 한 준선에 의해 어떻게 생성되는지 기술하고 있다. 그럼에도 불구하고 모든 타원과 쌍곡선은 두 초점과 두 준선을 갖는다.

이 정리의 증명은 간단한데, 부록에 있는 대수적 계산이 필요하다. 증명은 타원이나 쌍곡선의 특성을 나타내는 다섯 매개변수 a, b, c, d, e 사이의 관계에 따른다. 이 관계는 다음 표에 요약되어 있다.

요약 타원과 쌍곡선의 성질

중심이 원점인 타원이나 쌍곡선은 다음 성질을 갖는다.

	x축 위의 초점	y축 위의 초점
장축 꼭짓점:	$(\pm a, 0)$	$(0, \pm a)$
단축 꼭짓점(타원):	$(0, \pm b)$	$(\pm b, 0)$
초점:	$(\pm c, 0)$	$(0, \pm c)$
준선:	$x = \pm d$	$y = \pm d$
이심률: 타원일 때 $0 < e < 1$, 쌍곡선일 때 $e > 1$		

다섯 매개변수 a, b, c, d, e 중 두 개의 값이 주어지면 나머지 세 값은 다음 관계를 이용하여 찾을 수 있다.

$$c = ae, \quad d = \frac{a}{e},$$

$$b^2 = a^2 - c^2 \text{ (타원)}, \quad b^2 = c^2 - a^2 \text{ (쌍곡선)}$$

QUICK CHECK 5 $a = 3$, $e = \frac{1}{2}$인 타원의 b, c, d의 값은 얼마인가? ◀

|예제 6| 타원의 방정식 원점이 중심이고 두 초점 F_1, F_2가 $(0, \pm 4)$이며 이심률이 $e = \frac{1}{2}$인 타원의 방정식을 구하여라. 장축과 단축의 길이, 꼭짓점의 위치와 준선을 구하여라. 타원의 그래프를 그려라.

풀이 장축이 y축인 타원의 방정식은 다음과 같다.

$$\frac{y^2}{a^2} + \frac{x^2}{b^2} = 1$$

여기서 a와 b를 찾아야 한다($a > b$). 초점이 $(0, \pm 4)$이므로 $c = 4$이다. 이심률 $e = \frac{1}{2}$과의 관계 $c = ae$를 이용하면 $a = c/e = 8$이므로 장축의 길이는 $2a = 16$, 장축의 두 꼭짓점 V_1, V_2는 $(0, \pm 8)$이다. $d = a/e = 16$에서 준선은 $y = \pm 16$이다. 마지막으로 $b^2 = a^2 - c^2 = 48$에서 $b = 4\sqrt{3}$이므로 단축의 길이는 $2b = 8\sqrt{3}$, 단축의 두 꼭짓점은 $(\pm 4\sqrt{3}, 0)$이다(그림 11.59). 타원의 방정식은 다음과 같다.

$$\frac{y^2}{64} + \frac{x^2}{48} = 1$$

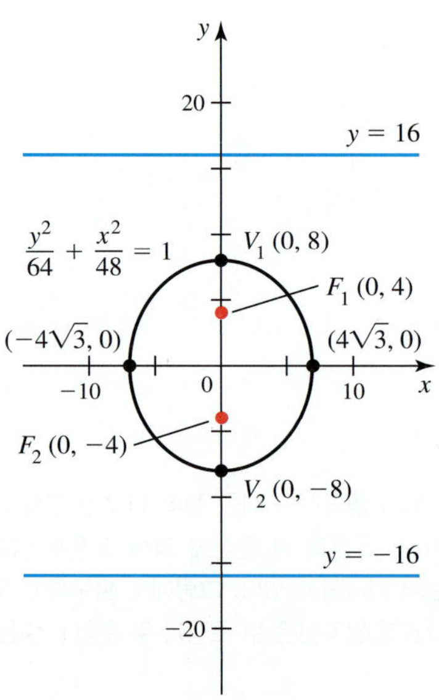

그림 11.59

관련 연습문제 27번 ◀

원뿔 곡선의 극방정식

정리 11.3의 이심률-준선법을 사용하면 원뿔 곡선을 극좌표로 자연스럽게 표현할 수 있다. 더욱이 하나의 극방정식으로 포물선, 타원과 쌍곡선 모두를 설명한다.

극방정식을 다룰 때 중요한 점은 좌표계의 원점을 한 초점으로 택해야 한다는 것이다. 초점 F를 원점으로 택하면 준선은 x축에 수직으로 점 $(d, 0)$, $d > 0$을 지난다(그림 11.60). 이제 정의를 사용하면 $P(r, \theta)$가 원뿔 곡선 위의 임의의 점일 때 $\dfrac{|PF|}{|PL|} = e$를 얻는다. 그림 11.60과 같이 $|PF| = r$, $|PL| = d - r\cos\theta$이고, $\dfrac{|PF|}{|PL|} = e$이므로 $r = e(d - r\cos\theta)$이다. r에 관하여 풀면 다음과 같다.

$$r = \frac{ed}{1 + e\cos\theta}$$

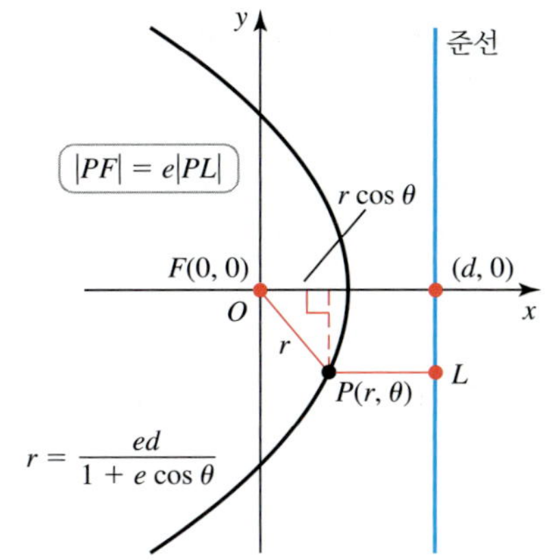

그림 11.60

준선을 $x = -d$, $d > 0$으로 택하여 비슷한 계산을 하면 다음을 얻는다.

$$r = \frac{ed}{1 - e\cos\theta}$$

수평 준선을 $y = \pm d$ (그림 11.61)로 택하면 비슷한 계산에 의해 다음 방정식을 얻는다.

$$r = \frac{ed}{1 \pm e\sin\theta}$$

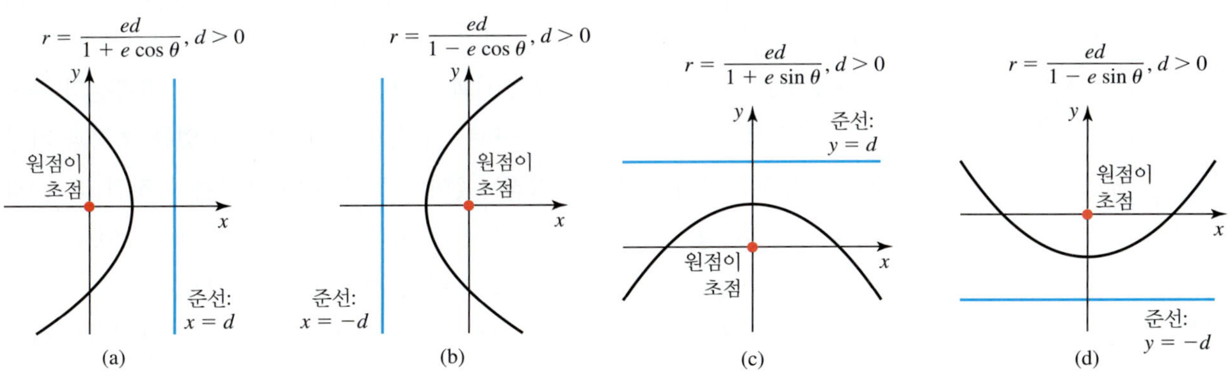

그림 11.61

> **정리 11.4 원뿔 곡선의 극방정식**
>
> 양수 d에 대하여 원점이 초점이고 이심률이 e인 원뿔 곡선은 다음 극방정식을 만족한다.
>
> $$\underbrace{r = \frac{ed}{1 + e\cos\theta}}_{\text{한 준선이 } x = d\text{일 때}} \quad \text{또는} \quad \underbrace{r = \frac{ed}{1 - e\cos\theta}}_{\text{한 준선이 } x = -d\text{일 때}}$$

QUICK CHECK 6 원뿔 곡선 $r = 2/(1 - 2\sin\theta)$의 꼭짓점과 초점은 어느 축 위에 있는가? ◀

원점이 초점이고 이심률이 e인 원뿔 곡선은 다음 극방정식을 만족한다.

$$\underbrace{r = \frac{ed}{1 + e\sin\theta}}_{\text{한 준선이 } y = d\text{일 때}} \quad \text{또는} \quad \underbrace{r = \frac{ed}{1 - e\sin\theta}}_{\text{한 준선이 } y = -d\text{일 때}}$$

$0 < e < 1$이면 원뿔 곡선은 타원이다. $e = 1$이면 원뿔 곡선은 포물선이다. $e > 1$이면 원뿔 곡선은 쌍곡선이다. 이 세 곡선은 구간의 길이가 2π인 임의의 구간의 θ에서 정의된다.

| 예제 7 | 극좌표계에서의 원뿔 곡선 다음 원뿔 곡선의 꼭짓점, 초점, 준선을 구하여라. 곡선을 그린 다음 그래프 유틸리티로 확인하여라.

a. $r = \dfrac{8}{2 + 3\cos\theta}$ **b.** $r = \dfrac{2}{1 + \sin\theta}$

풀이

a. 방정식은 원뿔 곡선의 표준 극좌표 형태이어야 한다. 분자와 분모를 2로 나누면

$$r = \frac{4}{1 + \frac{3}{2}\cos\theta}$$

이고, $e = \frac{3}{2}$이다. 따라서 이 방정식은 쌍곡선($e > 1$)이며 한 초점이 원점이다. (방정식에 $\cos\theta$가 있으므로) 준선은 수직선이다. $ed = 4$이므로 $d = 4/e = \frac{8}{3}$이고, 한 준선은 $x = \frac{8}{3}$이다. $\theta = 0$과 $\theta = \pi$를 대입하면 초점의 극좌표는 $\left(\frac{8}{5}, 0\right)$과 $(-8, \pi)$이고, 직교좌표로는 $\left(\frac{8}{5}, 0\right)$과 $(8, 0)$이다(그림 11.62). 쌍곡선의 중심은 두 꼭짓점의 중점이다. 직교좌표로는 $\left(\frac{24}{5}, 0\right)$이다. 원점에 있는 초점과 가장 가까운 꼭짓점 $\left(\frac{8}{5}, 0\right)$ 사이의 거리는 $\frac{8}{5}$이므로 다른 한 초점은 꼭짓점 $(8, 0)$과 오른쪽으로 $\frac{8}{5}$만큼 떨어져 있다. 따라서 초점의 직교좌표는 $\left(\frac{48}{5}, 0\right)$과 $(0, 0)$이다. 두 준선은 중심에 대하여 대칭이고, 왼쪽 준선이 $x = \frac{8}{3}$이므로 오른쪽 준선은 $x = \frac{104}{15} \approx 6.9$이다. 쌍곡선의 그래프(그림 11.62)는 θ가 0에서 2π까지 변하면서 생성된다$\left(\theta \neq \pm\cos^{-1}\left(-\frac{2}{3}\right)\right)$.

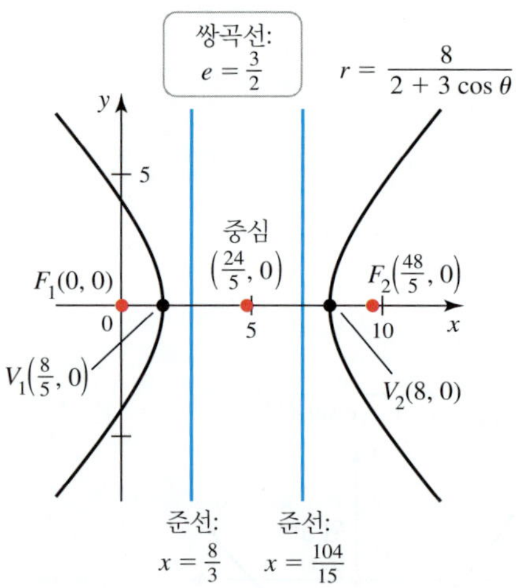

그림 11.62

b. 이 방정식은 표준형이고 $e = 1$이므로 포물선을 의미한다. 유일한 초점은 원점이고, ($\sin\theta$항이 있으므로) 준선은 수평이다. $ed = 2$에서 $d = 2$이고 준선은 $y = 2$이다. 분모의 부호가 양이므로 이 포물선은 아래로 열려 있다. 꼭짓점에서 $\theta = \frac{\pi}{2}$이고, 극좌표로는 $\left(1, \frac{\pi}{2}\right)$, 직교좌표로는 $(0, 1)$이다. $\theta = 0$과 $\theta = \pi$일 때, 포물선이 극좌표로는 $(2, 0)$과 $(2, \pi)$에서, 직교좌표로는 $(\pm 2, 0)$에서 x축을 지난다. θ가 $-\frac{\pi}{2}$에서 $\frac{\pi}{2}$로 증가하면 포물선의 오른쪽이 생성되고, θ가 $\frac{\pi}{2}$에서 $\frac{3\pi}{2}$로 증가하면 포물선의 왼쪽이 생성된다(그림 11.63).

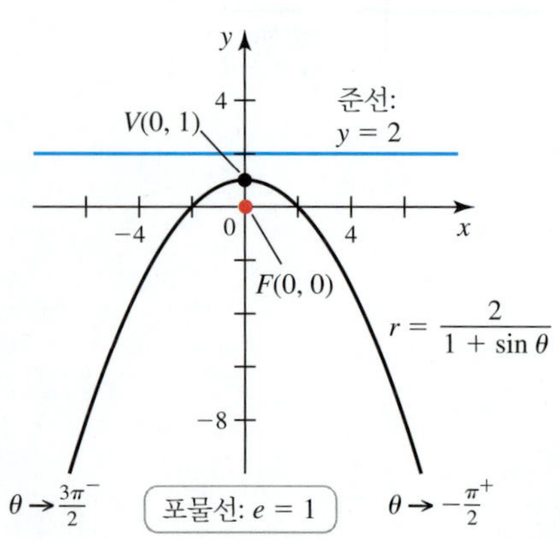

그림 11.63

관련 연습문제 29번 ◀

| 예제 8 | **극좌표계에서의 원뿔 곡선** 그래프 유틸리티를 사용하여 $e = 0.2$, 0.4, 0.6, 0.8일 때 곡선 $r = \dfrac{e}{1 + e\cos\theta}$를 그려라. 변화하는 이심률 e의 효과를 설명하여라.

풀이 네 경우 모두 $0 < e < 1$이므로 모든 곡선은 타원이다. 방정식은 $d = 1$인 표준형이므로 네 곡선은 모두 같은 준선 $x = d = 1$을 갖는다. 이심률이 증가함에 따라 타원은 점점 갸름해진다. 작은 e의 값에 대응하는 그래프는 보다 원에 가까운 타원이 된다(그림 11.64).

관련 연습문제 33번 ◀

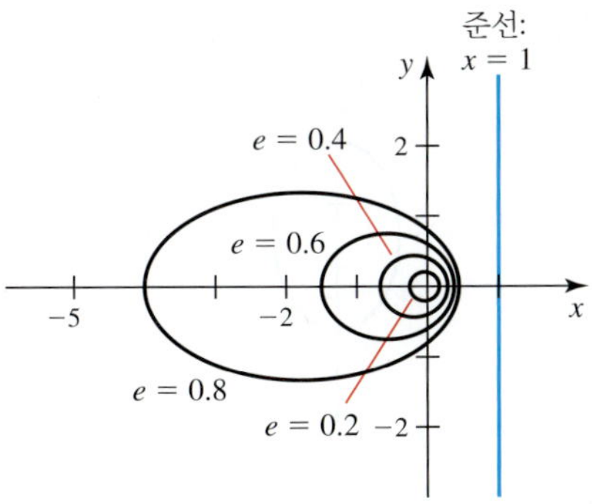

그림 11.64

11.4절 연습문제

1단계 스타트

1. 모든 포물선을 정의하는 성질을 열거하여라.
2. 모든 쌍곡선을 정의하는 성질을 열거하여라.
3. y축 위에 꼭짓점과 초점이 있는 표준 위치의 세 가지 표준 원뿔 곡선을 그려라.
4. 꼭짓점이 $(\pm a, 0)$, 초점이 $(\pm c, 0)$인 타원의 표준 방정식은 무엇인가?
5. 꼭짓점 $(\pm a, 0)$과 이심률 e가 주어졌을 때, 타원과 쌍곡선의 초점의 좌표는 무엇인가?
6. 꼭짓점이 x축 위에 있는 표준 쌍곡선의 점근선의 방정식은 무엇인가?

2단계 실전

7–15. 원뿔 곡선 그리기 다음 방정식이 포물선 또는 타원 또는 쌍곡선인지 결정하고, 그래프를 그려라. 포물선이면 초점의 위치와 준선의 방정식을 구하여라. 타원이면 꼭짓점과 초점을 표시하고, 장축과 단축의 길이를 구하여라. 쌍곡선이면 꼭짓점과 초점을 표시하고, 점근선의 방정식을 구하여라.

7. $x^2 = 12y$
8. $\dfrac{x^2}{4} + y^2 = 1$

9. $x = -\dfrac{y^2}{16}$
10. $\dfrac{x^2}{4} - y^2 = 1$

11. $4x^2 - y^2 = 16$
12. $8y = -3x^2$

13. $\dfrac{x^2}{4} + \dfrac{y^2}{16} = 1$
14. $\dfrac{x^2}{5} + \dfrac{y^2}{7} = 1$

15. $\dfrac{x^2}{3} - \dfrac{y^2}{5} = 1$

16–19. 포물선의 방정식 다음 포물선의 방정식을 구하여라. 다른 언급이 없으면 꼭짓점은 원점에 있다고 가정한다.

16. 오른쪽으로 열려 있고 준선이 $x = -4$인 포물선

17. 초점이 $(3, 0)$인 포물선

18. y축에 대하여 대칭이고 점 $(2, -6)$을 지나는 포물선

19.

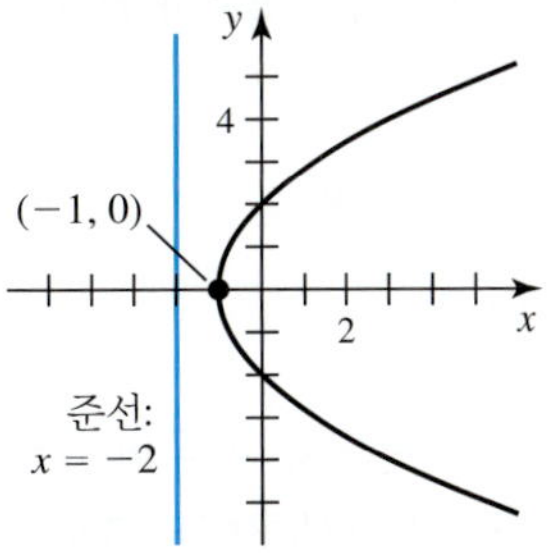

20–25. 타원과 쌍곡선의 방정식 원점이 중심이라 가정하고 다음 타원 또는 쌍곡선의 방정식을 구하여라.

20. 장축이 x축 위에 있고 길이가 8이며, 단축의 길이는 6인 타원

21. 꼭짓점이 $(\pm 4, 0)$, 초점이 $(\pm 6, 0)$인 쌍곡선

22. 꼭짓점이 $(\pm 5, 0)$이고 점 $(4, 3/5)$을 지나는 타원

23. 꼭짓점이 $(\pm 2, 0)$이고 점근선이 $y = \pm 3x/2$인 쌍곡선

24.

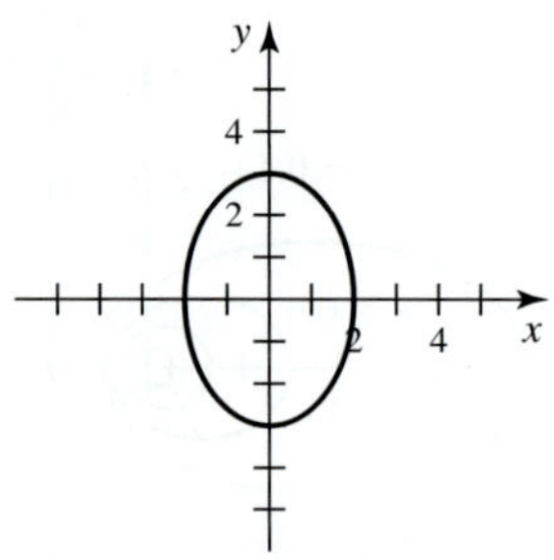

25.

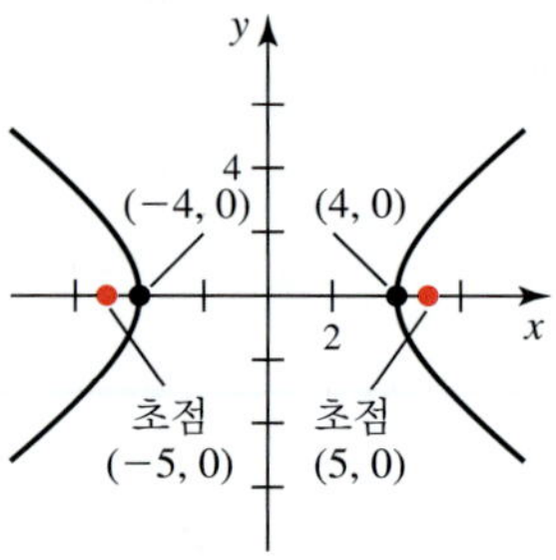

26. 참 또는 거짓 다음 명제가 참이면 증명하고 거짓이면 반례를 들어라.

a. 쌍곡선 $\dfrac{x^2}{4} - \dfrac{y^2}{9} = 1$은 y절편을 갖지 않는다.

b. 모든 타원은 임의의 실수 s를 기울기로 갖는 점이 정확히 두 개 있다.

c. 표준 쌍곡선의 준선과 초점이 주어지면 꼭짓점, 이심률, 점근선을 구할 수 있다.

d. 포물선 위의 점 중 초점에 가장 가까운 점은 꼭짓점이다.

27–28. 이심률-준선법 원점이 중심이라 가정하고 다음 곡선의 방정식을 구하여라. 그래프를 그린 다음 꼭짓점, 초점, 준선,(존재한다면) 점근선을 표시하여라. 그래프 유틸리티를 사용하여 결과를 확인하여라.

27. 꼭짓점이 $(\pm 9, 0)$, 이심률이 $1/3$인 타원

28. 꼭짓점이 $(\pm 1, 0)$, 이심률이 3인 쌍곡선

29–31. 원뿔 곡선의 극방정식 다음 원뿔 곡선의 그래프를 그린 다음 꼭짓점, 초점, 준선, (존재한다면) 점근선을 표시하여라. 그래프 유틸리티를 사용하여 결과를 확인하여라.

29. $r = \dfrac{4}{1 + \cos\theta}$ **30.** $r = \dfrac{1}{2 - \cos\theta}$

31. $r = \dfrac{1}{2 - 2\sin\theta}$

32–33. 쌍곡선과 포물선 그리기 다음 방정식의 그래프를 그려라. θ가 0에서 2π까지 증가함에 따라 그래프가 생성되는 방향을 화살로 나타내고, 점들을 표시하여라.

32. $r = \dfrac{1}{1 + \sin\theta}$ **33.** $r = \dfrac{3}{1 - \cos\theta}$

34. 그래프 유틸리티로 포물선 그리기 그래프 유틸리티를 사용하여 포물선 $r = \dfrac{d}{1 + \cos\theta}$, $d = 0.25, 0.5, 1, 2, 3, 4$에 대하여 같은 좌표평면에 그려라. d가 바뀜에 따라 곡선의 모양이 어떻게 변하는지 설명하여라.

35–36. 접선 주어진 점에서 곡선에 접하는 직선의 방정식을 구하여라.

35. $x^2 = -6y, (-6, -6)$ **36.** $y^2 - \dfrac{x^2}{64} = 1, \left(6, -\dfrac{5}{4}\right)$

37. 타원의 접선 타원 $\dfrac{x^2}{a^2} + \dfrac{y^2}{b^2} = 1$ 위의 점 (x_0, y_0)에 접하는 직선의 방정식은 $\dfrac{xx_0}{a^2} + \dfrac{yy_0}{b^2} = 1$임을 보여라.

38. 극방정식의 그래프 원뿔 곡선의 극방정식을 구하여라. 한 초점은 원점에 있다고 가정한다.

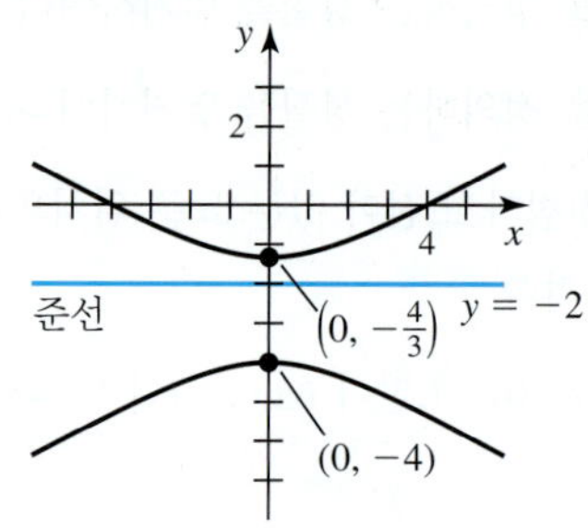

3단계 도전

39. 쌍곡선의 다른 작도법 중심이 적어도 $2a$만큼 떨어진 두 원의 중심을 각각 F_1과 F_2라 하자(그림 참조). 한 원의 반지름은 $2a + r$, 다른 원의 반지름은 $r(r \geq 0)$이다. r이 증가함에 따라 두 원의 교점 P_1과 P_2의 자취는 F_1과 F_2를 초점으로 갖는 쌍곡선의 일부분이 됨을 보여라.

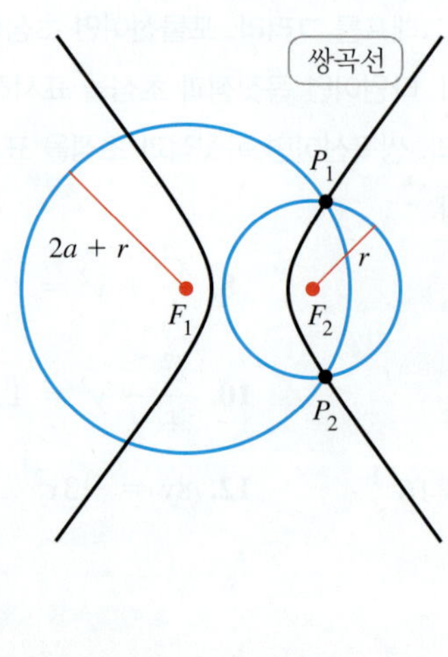

40. 타원면의 부피 타원 $\dfrac{x^2}{a^2}+\dfrac{y^2}{b^2}=1$을 x축을 중심으로 회전시켰다고 하자. 이렇게 얻은 회전체(타원면)의 부피는 얼마인가? 타원 $\dfrac{x^2}{a^2}+\dfrac{y^2}{b^2}=1$을 y축을 중심으로 회전시켜 얻은 회전체의 부피와 x축을 중심으로 회전시켜 얻은 회전체의 부피는 같은가?

41. 쌍곡면의 부피 쌍곡선 $\dfrac{x^2}{a^2}-\dfrac{y^2}{b^2}=1$의 오른쪽 부분과 오른쪽 초점을 지나는 수직선으로 둘러싸인 영역을 R이라 하자.

a. R을 x축을 중심으로 회전시킨 회전체의 부피는 얼마인가?

b. R을 y축을 중심으로 회전시킨 회전체의 부피는 얼마인가?

QUICK CHECK 정답

2. a. 왼쪽 **b.** 위쪽 **3.** 단축의 꼭짓점은 $(0, \pm b)$이다. 두 꼭짓점 사이의 거리는 $2b$이며, 이는 곧 단축의 길이이다. **4.** 꼭짓점: $(0, \pm 1)$, 초점: $(0, \pm\sqrt{5})$ **5.** $b = 3\sqrt{3}/2$, $c = 3/2$, $d = 6$ **6.** y축 ◀

11장 연습문제

1. 참 또는 거짓 다음 명제가 참이면 증명하고 거짓이면 반례를 들어라.

a. 주어진 곡선의 매개방정식은 항상 유일하다.

b. 방정식 $x = e^t$, $y = 2e^t$, $-\infty < t < \infty$는 원점을 지나고 기울기가 2인 직선이다.

c. 극좌표 $\left(3, -\dfrac{3\pi}{4}\right)$와 $\left(-3, \dfrac{\pi}{4}\right)$는 같은 점이다.

d. 리마송 $r = f(\theta) = 1 - 4\cos\theta$의 내부와 외부 고리 사이의 넓이는 $\dfrac{1}{2}\displaystyle\int_0^{2\pi} f(\theta)^2\,d\theta$이다.

e. 쌍곡선 $\dfrac{y^2}{2}-\dfrac{x^2}{4}=1$은 x절편이 없다.

f. 방정식 $x^2 + 4y^2 - 2x = 3$은 타원을 나타낸다.

2–3. 매개변수 소거 매개변수를 소거하여 곡선의 방정식을 x와 y로 나타내어라. 곡선의 유형과 생성 방향을 구하여라.

2. $x = 4\cos t$, $y = 3\sin t$, $0 \le t \le 2\pi$

3. $x = t + 1$, $y = \sqrt{t+1}$, $3 \le t \le 8$

4. 매개 곡선과 접선 매개 곡선 $x = 8\cos t + 1$, $y = 8\sin t + 2$, $0 \le t \le 2\pi$에 대하여 물음에 답하여라.

a. 매개변수를 소거하여 x와 y에 관한 방정식을 구하여라.

b. $t = \pi/3$에 대하여 접선의 기울기를 구하여라.

c. 곡선의 양방향을 나타내는 곡선과 $t = \pi/3$에 대응하는 점에서 접선을 그려라.

5. 곡선 $x = 5(y-1)(y-2)\sin y$의 매개방정식을 구하고, 그래프 유틸리티를 사용하여 곡선을 그려라.

6. 매개 곡선 매개 곡선 $x = 3\cos(-t)$, $y = 3\sin(-t) - 1$, $0 \le t \le \pi$에 대하여 물음에 답하여라.

a. 매개변수를 소거하여 x와 y에 관한 방정식을 구하여라.

b. 양방향을 나타내고 곡선을 기술하여라.

c. 점 $(0, -4)$에서 곡선에 접하는 직선의 기울기를 구하여라.

7. 접선 $t = \pi/6$와 $t = 2\pi/3$에 대응하는 점에서 사이클로이드 $x = t - \sin t$, $y = 1 - \cos t$에 접하는 직선의 방정식을 구하여라.

8–9. 매개방정식 다음 곡선의 매개방정식을 구하여라. 답은 유일하지 않다.

8. 점 $P(-1, 0)$에서 점 $Q(1, 1)$까지의 직선 부분과 점 $Q(1, 1)$에서 점 $P(-1, 0)$까지의 직선 부분(두 매개방정식 집합이 필요하다)

9. 시계 방향의 원 $x^2 + y^2 = 9$

10. 매개 곡선으로 둘러싸인 영역의 넓이 y축과 매개 곡선 $x = t^2$, $y = t - t^3$, $0 \le t \le 1$로 둘러싸인 영역의 넓이를 구하여라.

11. 회전체의 겉넓이 곡선 $x = \sin t$, $y = \cos 2t$, $-\pi/4 \le t \le \pi/4$로 둘러싸인 영역을 x축을 중심으로 회전시킨 회전체의 겉넓이를 구하여라.

12. 곡선의 길이 곡선 $x = \cos 2t$, $y = 2t - \sin 2t$, $0 \le t \le \pi/4$의 길이를 구하여라.

13. 극좌표에서의 집합 다음 점들의 집합의 그래프를 그려라.

$$0 \le r \le 4, \ -\frac{\pi}{2} \le \theta \le -\frac{\pi}{3}$$

14–16. 극곡선 다음 방정식의 그래프를 그려라.

14. $r = 2 - 3\sin\theta$ **15.** $r = 3\cos 3\theta$

16. $r = 3\sin 4\theta$

17. 극 발렌타인 리즈는 제이크에게 사랑을 표현하려고 그래프 유틸리티에 사랑의 그림을 그려서 보여 주려고 한다. 다음 곡선을 그린 다음 리즈가 쓰고 싶은 하트 모양의 곡선이 어느 것인지 정하여라.

a. $r = 5\cos\theta$ **b.** $r = 1 - \sin\theta$ **c.** $r = \cos 3\theta$

18. 극방정식 변환 방정식 $r^2 + r(2\sin\theta - 6\cos\theta) = 0$을 직교방정식으로 변환한 다음 곡선의 유형을 결정하여라.

19. 매개방정식에서 극방정식으로 다음 곡선의 방정식을 극방정식으로 나타낸 다음 곡선의 형태를 기술하여라.

$x = (1 + \cos t)\cos t$, $y = (1 + \cos t)\sin t$, $0 \le t \le 2\pi$

20. 직교방정식 변환 방정식 $(x-4)^2 + y^2 = 16$을 극방정식으로 변환한 다음 원 전체를 얻을 수 있는 θ의 값을 구하여라.

21. 접선의 기울기 곡선 $r = 1 - \sin\theta$에 대하여 물음에 답하여라.

a. 곡선 위의 점 중에서 수평 접선 또는 수직 접선을 갖는 점을 모두 구하여라.

b. 원점에서 곡선에 접하는 직선의 기울기를 모두 구하여라.

c. 곡선과 **a**와 **b**에서 찾은 접선들을 그려라.

22. 교점 두 곡선 $r = \sqrt{\cos 3t}$와 $r = \sqrt{\sin 3t}$의 교점을 구하여라.

23–25. 영역의 넓이 다음 영역의 넓이를 구하라.

23. 리마송 $r = 1 + 2\sin\theta$의 내부 고리

24. 연주형 $r^2 = 4\cos 2\theta$의 내부와 원 $r = \sqrt{2}$의 외부의 공통 부분

25. 심장형 $r = 1 + \cos\theta$의 내부와 심장형 $r = 1 - \cos\theta$의 외부의 공통 부분

26. 극곡선의 길이 리마송 $r = 3 - 6\cos\theta$의 길이의 근삿값을 구하여라.

27–29. 원뿔 곡선

a. 다음 곡선이 포물선 또는 타원 또는 쌍곡선인지 결정하여라.

b. 초점, 꼭짓점, 준선을 해석적 방법으로 구하여라.

c. 곡선의 이심률을 구하여라.

d. 곡선의 그래프를 그려라.

27. $x^2 - \dfrac{y^2}{2} = 1$ **28.** $y^2 - 4x^2 = 16$

29. $4x^2 + 8y^2 = 16$

30. 접선 점 $\left(-\dfrac{4}{3}, -4\right)$에서 곡선 $y^2 = -12x$의 접선의 방정식을 구하여라. 그래프 유틸리티로 확인하여라.

31–32. 원뿔 곡선의 극방정식 다음 원뿔 곡선을 그린 다음 꼭짓점, 초점, 준선과 (존재한다면) 점근선을 표시하여라. 곡선의 이심률을 구하여라. 그래프 유틸리티로 확인하여라.

31. $r = \dfrac{2}{1 + \sin\theta}$ **32.** $r = \dfrac{4}{2 + \cos\theta}$

33–34. 이심률-준선법 중심이 원점이라 가정하고 다음 곡선의 방정식을 구하여라. 곡선을 그린 다음 꼭짓점, 초점, 준선과(존재한다면) 점근선을 표시하여라.

33. 꼭짓점이 $(0, \pm 2)$이고 준선이 $y = \pm 1$인 쌍곡선

34. 꼭짓점이 $(0, \pm 4)$이고 준선이 $y = \pm 10$인 타원

35. 원뿔 매개변수 꼭짓점이 $(0, \pm 6)$, 초점이 $(0, \pm 4)$인 타원의 이심률과 준선, 단축의 길이, 꼭짓점을 구하여라.

36. 타원 이등분 R을 제1사분면의 타원 $\dfrac{x^2}{a^2} + \dfrac{y^2}{b^2} = 1$로 둘러싸인 영역이라 하자. 직선 $y = mx$가 R을 정확히 이등분할 때, m의 값을 a와 b로 나타내어라.

37. 다른 타원 작도법 중심이 원점이고 반지름이 각각 a, b $(0 < a < b)$인 두 원을 생각하자(그림 참조). 원점을 지나는 직선 ℓ과 작은 원이 Q에서, 큰 원이 R에서 만난다. $P(x, y)$는 Q의 y좌표와 R의 x좌표를 가질 때, 원점을 지나는 모든 직선 ℓ로 만들어진 점 $P(x, y)$는 타원이 됨을 보여라.

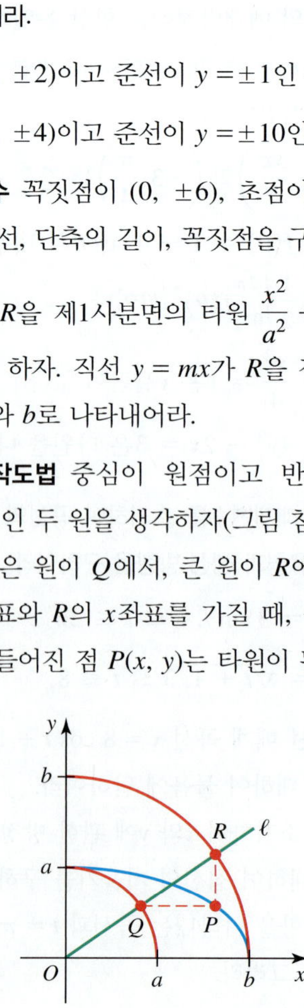

38. 라메 곡선 라메 곡선은 a, b, n이 모두 양의 실수일 때 $\left|\frac{x}{a}\right|^n + \left|\frac{y}{b}\right|^n = 1$로 주어지는데, 이는 타원을 일반화한 것이다.

a. 이 식을 매개방정식 형태로 나타내어라(네 쌍의 방정식이 필요하다).

b. $a = 4$, $b = 2$일 때, 여러 n 값에 대하여 곡선을 그려라.

c. n이 증가함에 따라 곡선이 어떻게 변하는지 기술하여라.

CHAPTER 12

벡터와 공간 기하
Vectors and the Geometry of Space

미리보기 이 장에서는 이전 장에서 학습한 xy 평면($\mathbb{R}^2$)을 3차원 공간($\mathbb{R}^3$)으로 확장하고 이 두 공간의 여러 성질을 살펴본다. 즉, 2차원과 3차원에서 크기와 방향을 갖는 양(quantity)인 벡터(vector)의 기본 개념을 살펴볼 것이다. 다음으로 벡터와 관련된 연산(덧셈, 뺄셈, 벡터의 다양한 결합 등)을 학습하고, 벡터의 기본적인 두 연산인 내적(dot product)과 외적(cross product)을 정의한다. 또한 3차원 기하에서 기본적인 대상인 직선, 평면, 곡면 등의 성질을 간단히 살펴볼 것이다.

12.1 평면벡터
12.2 공간벡터
12.3 내적
12.4 외적
12.5 공간에서의 직선과 평면
12.6 주면과 이차곡면

12.1 평면벡터

흐르는 강물을 따라 아래로 래프팅(raft drifting) 하는 장면을 상상해 보자. 한 점에서 래프트(뗏목)의 방향과 속력은 화살표로 나타낼 수 있다(그림 12.1). 화살표의 길이는 주어진 점에서 래프트의 속력을 나타내는데, 화살표의 길이가 길수록 속력은 커짐을 의미한다. 화살표의 방향은 주어진 점에서 래프트가 나아가는 방향을 나타낸다. 그림 12.1에서 점 A와 점 C의 화살표는 같은 방향과 크기를 갖고, 이는 각 점에서 래프트가 같은 속력으로 동일한 방향을 향해 나아가고 있음을 의미한다. 점 B의 화살표는 두 점 A와 C의 화살표보다는 짧으면서 바위의 왼쪽을 가리키는데, 이는 래프트가 바위에 다가갈수록 속력이 작아짐을 의미한다.

그림 12.1

벡터의 기본 연산

래프트의 운동을 나타내는 화살표는 벡터(vector), 즉 길이(또는 크기)와 방향을 갖는 양의 적절한 예이다. 벡터는 다양한 자연현상에서 나타난다. 예를 들어 전자기

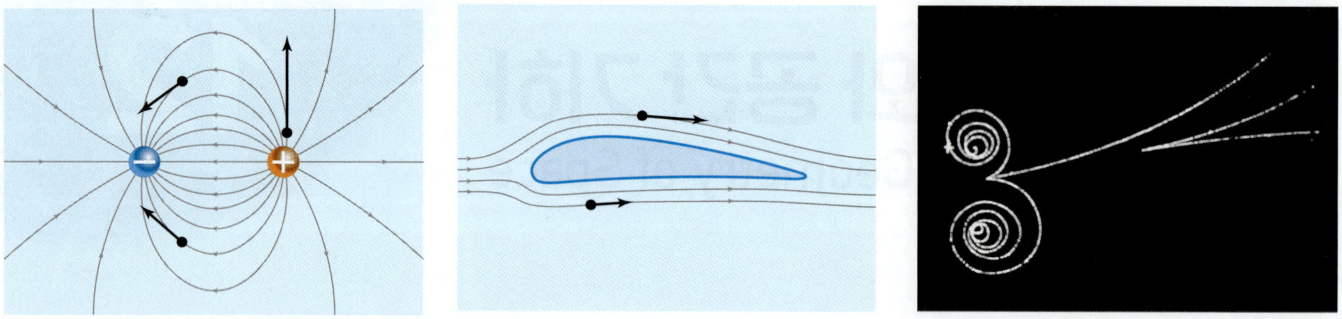

두 전하에 의한 전기장 벡터

비행기 날개를 지나는 공기 흐름의 속도 벡터

안개상자에 있는 소립자의 경로와 입자의 속도 벡터

그림 12.2

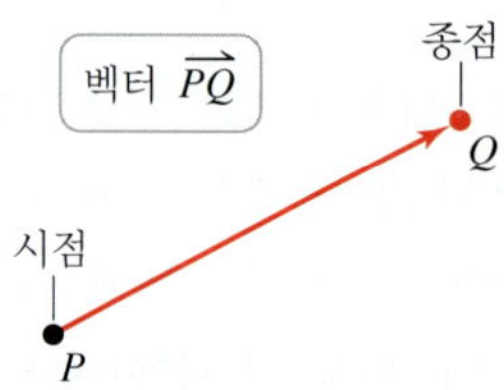

그림 12.3

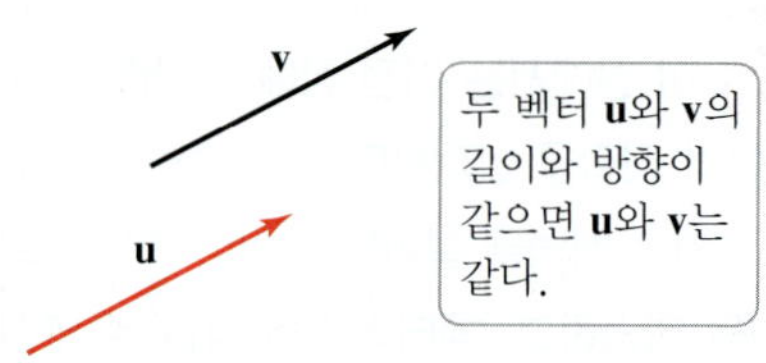

그림 12.4

장, 비행기 날개를 지나는 공기의 흐름, 소립자(elementary particle)의 속도와 가속도 등은 벡터로 나타낼 수 있다(그림 12.2). 이 절에서 xy평면의 벡터를 살펴본 다음 12.2절에서 그 개념을 3차원으로 확장할 것이다.

시점이 P이고 종점이 Q인 벡터를 $\overrightarrow{PQ}$로 나타낸다(그림 12.3). 벡터 $\overrightarrow{QP}$는 시점 Q와 종점 P를 갖는다. 또한 벡터를 나타내는 기호로 **u**, **v**와 같이 굵은 알파벳문자를 사용하기도 한다.

두 벡터 **u**와 **v**의 길이가 같고, 같은 방향을 가리키면 **u**와 **v**는 같다라고 하며 **u** = **v**로 나타낸다(그림 12.4). 중요한 것은 두 벡터가 같을 때 시점이 같을 필요는 없다는 것이다. 즉, 임의의 두 벡터가 같은 길이와 방향을 가지면 두 벡터는 같다.

모든 양이 벡터로 표현되지는 않는다. 예를 들어 질량, 온도, 가격 등은 크기(magnitude)만 갖고 방향은 갖지 않는다. 이러한 양은 주로 실수로 표현되며, 스칼라(scalar)라고 한다.

▶ 이 책은 스칼라를 실수의 또 다른 용어로 본다.

▶ 벡터 **v**를 손으로 써서 나타낼 때는 주로 기호 $\vec{v}$를 사용한다. 영벡터를 손으로 써서 나타낼 때는 기호 $\vec{0}$을 사용한다.

벡터, 같은 벡터, 스칼라, 영벡터

벡터는 길이(또는 크기)와 방향을 갖는 양이며, 두 벡터의 크기와 방향이 같으면 '두 벡터는 **같다**'라고 한다. 크기만 가지고 방향을 가지지 않는 양을 **스칼라**라고 한다. 한 가지 예외로서 길이가 0이고 방향을 갖지 않은 벡터를 **영벡터**라고 하며, **0**으로 나타낸다.

스칼라 곱

스칼라 c와 벡터 $\mathbf{v}$는 스칼라-벡터 곱셈 또는 간단히 **스칼라 곱셈**(scalar multiplication)을 사용하여 결합할 수 있다. 이를 $\mathbf{v}$의 **스칼라 곱**(scalar multiple)이라 하며, $c\mathbf{v}$로 나타낸다. $c\mathbf{v}$의 길이는 $\mathbf{v}$의 길이에 $|c|$를 곱한 것이다. $c > 0$이면 벡터 $c\mathbf{v}$의 방향은 $\mathbf{v}$와 같고, $c < 0$이면 $c\mathbf{v}$와 $\mathbf{v}$는 서로 반대 방향을 가리킨다. $c = 0$이면 $0\ \mathbf{v} = \mathbf{0}$, 즉 이 스칼라 곱은 영벡터이다.

예를 들어 벡터 $3\mathbf{v}$의 길이는 $\mathbf{v}$의 길이의 세 배이고 $3\mathbf{v}$의 방향은 $\mathbf{v}$와 같다. 벡터 $-2\mathbf{v}$의 길이는 $\mathbf{v}$의 길이의 두 배이며 방향은 $\mathbf{v}$와 반대이다. $\frac{1}{2}\mathbf{v}$는 $\mathbf{v}$와 방향이 같고 $\mathbf{v}$의 길이의 절반이다(그림 12.5). 네 벡터 $\mathbf{v}$, $3\mathbf{v}$, $-2\mathbf{v}$, $\frac{1}{2}\mathbf{v}$는 서로 평행인 벡터(parallel vectors)의 예이다. 각 벡터는 나머지 벡터의 스칼라 곱이다.

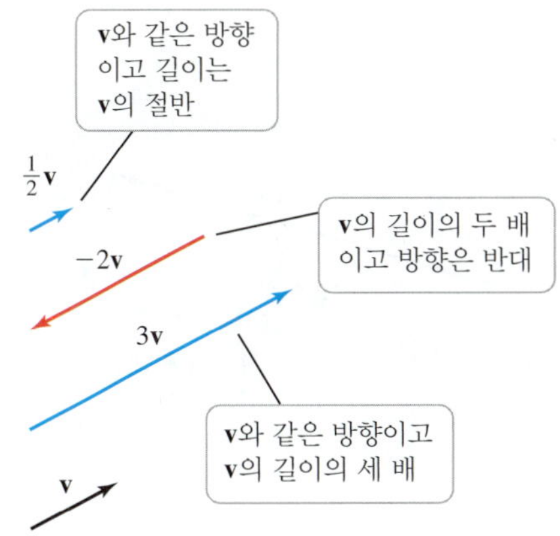

그림 12.5

> **정의 스칼라 곱과 평행인 벡터**
>
> c가 스칼라이고 $\mathbf{v}$가 벡터일 때, **스칼라 곱** $c\mathbf{v}$는 길이가 $\mathbf{v}$의 길이에 $|c|$를 곱한 값인 벡터이다. $c > 0$이면 $c\mathbf{v}$는 $\mathbf{v}$와 같은 방향을 갖고, $c < 0$이면 $c\mathbf{v}$는 $\mathbf{v}$와 반대 방향을 가리킨다. 두 벡터를 서로의 스칼라 곱으로 나타낼 수 있으면 두 벡터는 서로 **평행**이다.

➤ 편의상 $(-1)\mathbf{u}$를 $-\mathbf{u}$, $(-c)\mathbf{u}$를 $-c\mathbf{u}$, $\frac{1}{c}\mathbf{u}$를 $\mathbf{u}/c$로 나타낸다.

QUICK CHECK 1 벡터 $-5\mathbf{v}$의 길이와 방향을 $\mathbf{v}$와 비교하여 설명하여라. ◀

임의의 벡터 $\mathbf{v}$에 대하여 $0\mathbf{v} = \mathbf{0}$임에 유의하자. 이는 영벡터가 모든 벡터와 서로 평행임을 의미한다. 직관적이지 않아 보이지만 매우 유용한 규칙(약속)이다.

| 예제 1 | 평행인 벡터 그림 12.6(a)를 사용하여 다음 벡터를 $\mathbf{u}$ 또는 $\mathbf{v}$를 이용하여 나타내어라.

a. $\overrightarrow{PQ}$ **b.** $\overrightarrow{QP}$ **c.** $\overrightarrow{QR}$ **d.** $\overrightarrow{RS}$

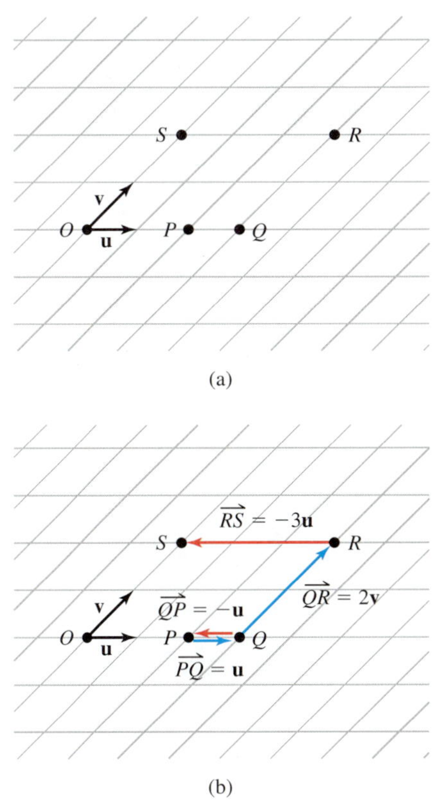

그림 12.6

풀이

a. 벡터 $\overrightarrow{PQ}$는 $\mathbf{u}$와 같은 길이와 방향을 가지므로 $\overrightarrow{PQ} = \mathbf{u}$이다. 시점은 달라도 두 벡터는 같은 벡터이다(그림 12.6(b)).

b. $\overrightarrow{QP}$와 $\mathbf{u}$는 같은 길이를 갖고 방향은 서로 반대이므로 $\overrightarrow{QP} = (-1)\mathbf{u} = -\mathbf{u}$이다.

c. $\overrightarrow{QR}$은 $\mathbf{v}$와 같은 방향을 가리키며 길이는 $\mathbf{v}$의 두 배이므로 $\overrightarrow{QR} = 2\mathbf{v}$이다.

d. $\overrightarrow{RS}$은 $\mathbf{u}$와 반대 방향을 가리키며 길이는 $\mathbf{u}$의 세 배이므로 $\overrightarrow{RS} = -3\mathbf{u}$이다.

관련 연습문제 8번◀

벡터의 합과 차

벡터의 덧셈에 대한 개념을 알아보기 위해 옆바람(crosswind)이 부는 곳에서 수평으로 비행하는 항공기를 생각해 보자(그림 12.7). 벡터 $\mathbf{v}_a$의 길이는 항공기의 대기속력(airspeed)을 나타내고, 여기서 대기속력은 정체 공기(still air)에서의 항공기

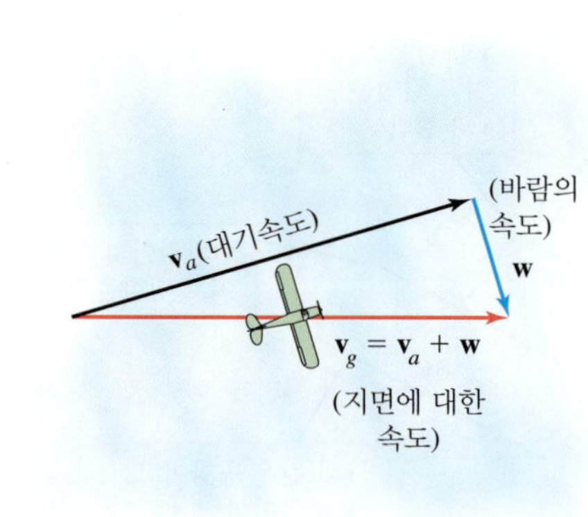

그림 12.7

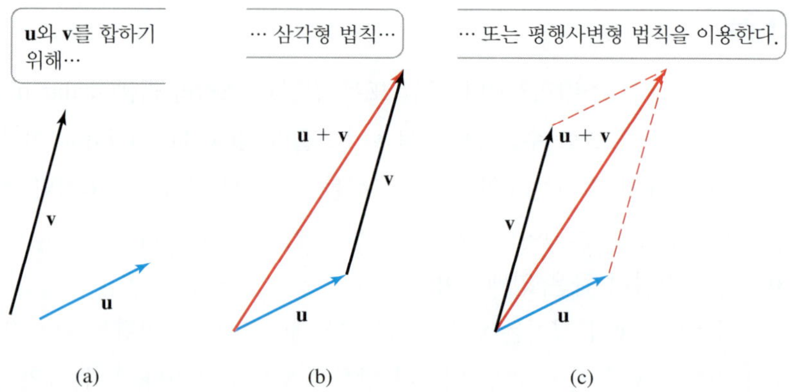

그림 12.8

QUICK CHECK 2 그림 12.7에서 **w**의 방향이 원래 벡터의 방향과 반대일 때, 합 $\mathbf{v}_a + \mathbf{w}$를 그려라. ◀

QUICK CHECK 3 삼각형 법칙을 이용하여 그림 12.8에서 $\mathbf{u} + \mathbf{v} = \mathbf{v} + \mathbf{u}$임을 보여라. ◀

속력을 의미한다. 즉, $\mathbf{v}_a$는 항공기의 조종석에서 비행기의 앞을 바라보는 방향을 가리킨다. 바람 벡터 **w**의 방향은 옆바람의 방향과 같고, 길이는 옆바람의 속력을 나타낸다. 항공기와 바람의 운동을 결합한 것이 **합벡터**(vector sum) $\mathbf{v}_g = \mathbf{v}_a + \mathbf{w}$인데, 이는 항공기의 지면에 대한 속도이다.

그림 12.8은 영벡터가 아닌 두 벡터 **u**와 **v**의 합벡터를 나타내는 두 가지 방법을 기하학적으로 설명한 것이다. 첫 번째 방법을 **삼각형 법칙**(Triangle Rule)이라 하며, **u**의 종점에 **v**의 시점을 놓는 것이다. 여기서 합 $\mathbf{u} + \mathbf{v}$는 **u**의 시점에서 **v**의 종점을 잇는 벡터이다(그림 12.8(b)).

u와 **v**가 평행이 아닐 때 $\mathbf{u} + \mathbf{v}$를 나타내는 다른 한 가지 방법은 **평행사변형 법칙**(Parallelogram Rule)을 사용하는 것이다. **u**와 **v**의 시점을 같은 점에 놓고 **u**와 **v**가 이웃하는 변이 되도록 평행사변형을 만든다. 즉, **u**와 **v**가 이웃하는 변이 되도록 하고 나머지 두 변을 그려서 평행사변형을 만든다. 합 $\mathbf{u} + \mathbf{v}$는 이렇게 얻은 평행사변형의 대각선이 되는데, 여기서 시점은 **u**와 **v**의 시점이다(그림 12.8(c)). 삼각형 법칙과 평행사변형 법칙으로부터 모두 같은 합벡터 $\mathbf{u} + \mathbf{v}$를 얻을 수 있다.

벡터의 차 $\mathbf{u} - \mathbf{v}$는 합 $\mathbf{u} + (-\mathbf{v})$로 정의한다. 삼각형 법칙을 따라 $-\mathbf{v}$의 시점을 **u**의 종점에 놓으면 $\mathbf{u} - \mathbf{v}$는 시점이 **u**의 시점이고, 종점이 $-\mathbf{v}$의 종점인 벡터가 된다(그림 12.9(a)). 마찬가지로 **u**와 **v**의 시점을 같은 점에 놓으면 $\mathbf{u} - \mathbf{v}$의 시점은 **v**의 종점이 되고, 종점은 **u**의 종점이 된다(그림 12.9(b)).

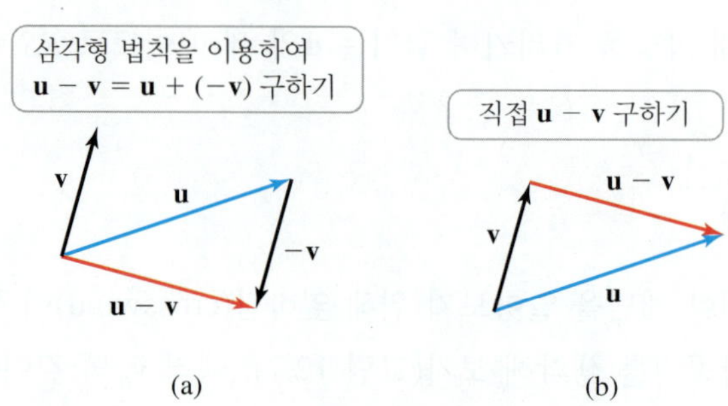

그림 12.9

| 예제 2 | **벡터의 연산** 그림 12.10을 이용하여 다음 벡터를 **v**와 **w**의 스칼라 곱의 합으로 나타내어라.

a. $\overrightarrow{OP}$ **b.** $\overrightarrow{OQ}$ **c.** $\overrightarrow{QR}$

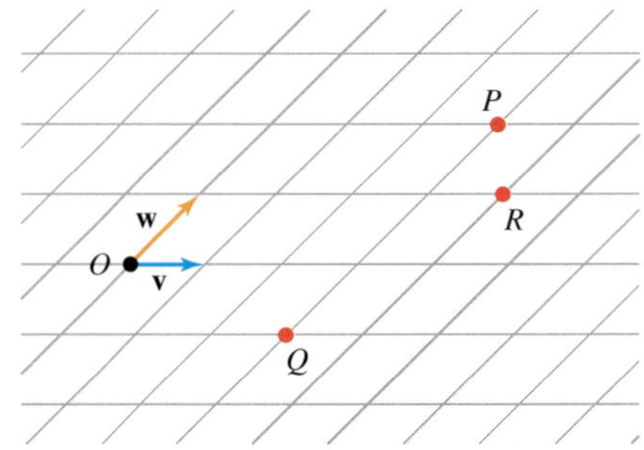

그림 12.10

풀이

a. $\overrightarrow{OP}$를 구하기 위해 삼각형 법칙을 이용하자. O에서 출발하여 **v**의 방향으로 **v**의 길이의 세 배만큼 이동한 다음, **w**의 방향으로 **w**의 길이의 두 배만큼 이동하면 P에 도착한다. 따라서 $\overrightarrow{OP} = 3\mathbf{v} + 2\mathbf{w}$이다(그림 12.11(a)).

b. 벡터 $\overrightarrow{OQ}$는 $3\mathbf{v}$와 $-\mathbf{w}$를 이웃하는 변으로 갖는 평행사변형의 대각선이다. 평행사변형 법칙에 의해 $\overrightarrow{OQ} = 3\mathbf{v} - \mathbf{w}$이다(그림 12.11(b)).

c. 벡터 $\overrightarrow{QR}$은 **v**와 $2\mathbf{w}$를 이웃하는 변으로 갖는 평행사변형의 대각선이다. 따라서 $\overrightarrow{QR} = \mathbf{v} + 2\mathbf{w}$이다(그림 12.11(c)).

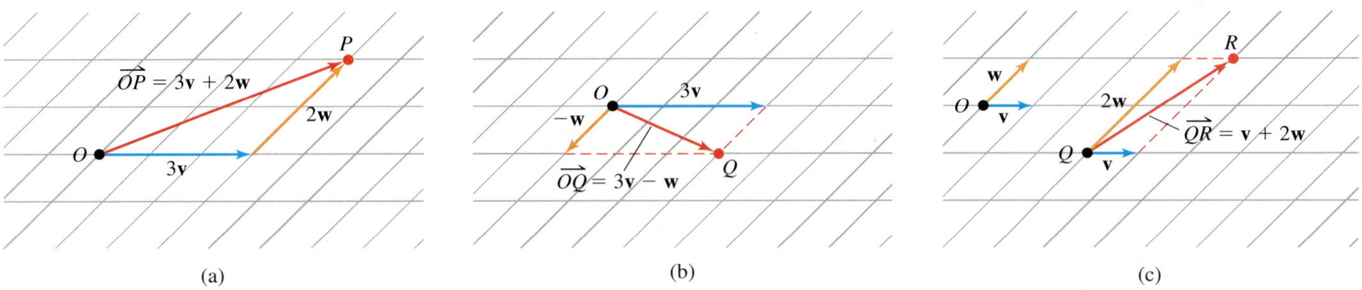

그림 12.11

관련 연습문제 9번 ◀

벡터의 성분

지금까지 기하학적인 관점에서 벡터를 살펴봤는데, 벡터를 쉽게 계산하려면 좌표계를 도입할 필요가 있다. 먼저 시점이 데카르트 평면(카테션평면, Cartesian plane)의 원점이 시점이고 (v_1, v_2)가 종점인 벡터 **v**를 생각해 보자(그림 12.12(a)).

> **정의 위치벡터와 벡터의 성분**
>
> 시점이 원점이고 종점이 (v_1, v_2)인 벡터 **v**를 **위치벡터**(또는 **표준위치**)라 하고, $\langle v_1, v_2\rangle$로 나타낸다. 이때 두 실수 v_1, v_2를 각각 **v**의 x**성분**, y**성분**이라고 한다. 두 위치벡터 $\mathbf{u} = \langle u_1, u_2\rangle$, $\mathbf{v} = \langle v_1, v_2\rangle$가 **같을** 필요충분조건은 $u_1 = v_1$, $u_2 = v_2$이다.

➤ 한 점의 좌표는 소괄호를 사용하여 (a, b)로 나타내고, 성분을 나타내는 벡터는 각괄호(angle bracket)를 사용하여 $\langle a, b\rangle$로 나타낸다. 성분을 포함한 위치벡터로 영벡터를 나타내면 $\mathbf{0} = \langle 0, 0\rangle$임에 유의하자.

위치벡터 **v**와 같은 벡터는 무수히 많으며, 이들은 같은 방향과 길이를 갖는다(그림 12.12(b)). 기호 $\mathbf{v} = \langle v_1, v_2\rangle$는 위치벡터(position vector) **v** 또는 **v**와 같은 임의의 벡터로 약속한다.

이제 $\mathbf{v} = \langle v_1, v_2\rangle$와 같으며 시점이 $P(x_1, y_1)$, 종점이 $Q(x_2, y_2)$이고 위치벡터가 아닌 벡터 $\overrightarrow{PQ}$를 생각해 보자. $\overrightarrow{PQ}$의 x성분은 Q와 P의 x좌표의 차 $x_2 - x_1$이고, y

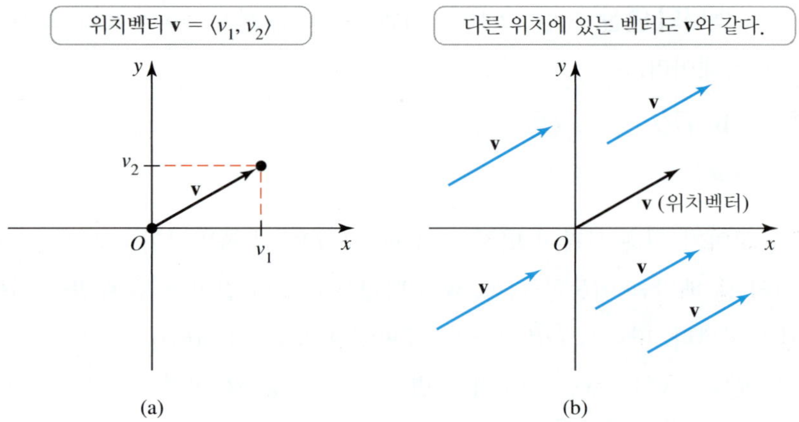

그림 12.12

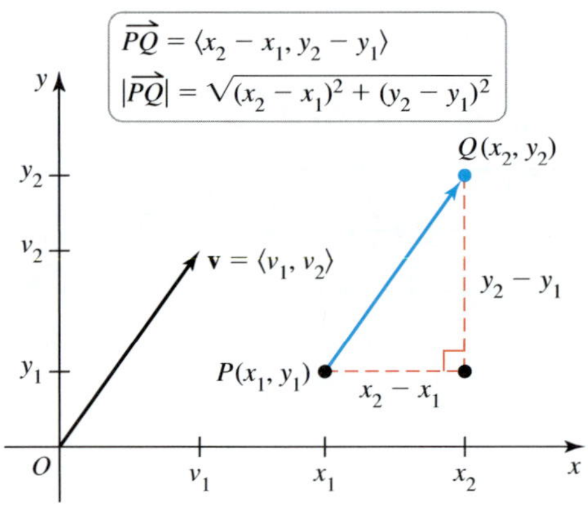

그림 12.13

성분은 Q와 P의 y좌표의 차 $y_2 - y_1$이다(그림 12.13). 따라서 $\overrightarrow{PQ} = \langle x_2 - x_1, y_2 - y_1 \rangle = \langle v_1, v_2 \rangle = \mathbf{v}$이다.

앞에서 언급했듯이 주어진 위치벡터와 같은 벡터는 무수히 많다. 이 벡터들은 같은 길이와 방향을 가지므로 모두 같은 벡터이다. 다시 말해 임의의 두 벡터의 위치벡터가 같으면 두 벡터는 같다. 예를 들어 시점이 $P(2, 5)$이고 종점이 $Q(6, 3)$인 벡터 $\overrightarrow{PQ}$와 시점이 $A(7, 12)$이고 종점이 $B(11, 10)$인 벡터 $\overrightarrow{AB}$는 모두 같은 위치벡터 $\langle 4, -2 \rangle$를 가지므로 $\overrightarrow{PQ}$와 $\overrightarrow{AB}$는 같다.

크기

벡터의 크기(magnitude)는 간단히 그 벡터의 길이(length)이다. 피타고라스 정리와 그림 12.13에 의해 다음 정의를 얻는다.

QUICK CHECK 4 점 $P(2, 3)$과 점 $Q(-4, 1)$에 대하여 $\overrightarrow{PQ}$의 성분을 구하여라. ◄

➤ 수직선(number line) 위의 두 점 p와 q의 거리는 절댓값 $|p - q|$이고, $|\overrightarrow{PQ}|$는 두 점 P와 Q 사이의 거리이다. 또한 벡터의 크기를 **노름**(norm)이라고도 한다.

> **정의 벡터의 크기**
>
> 두 점 $P(x_1, y_1)$과 $Q(x_2, y_2)$에 대하여 $\overrightarrow{PQ} = \langle x_2 - x_1, y_2 - y_1 \rangle$의 **크기** 또는 **길이** $|\overrightarrow{PQ}|$는 P와 Q 사이의 거리이다. 즉, 다음과 같다.
>
> $$|\overrightarrow{PQ}| = \sqrt{(x_2 - x_1)^2 + (y_2 - y_1)^2}$$
>
> 위치벡터 $\mathbf{v} = \langle v_1, v_2 \rangle$의 크기는 $|\mathbf{v}| = \sqrt{v_1^2 + v_2^2}$이다.

| 예제 3 | 성분과 크기 계산 세 점 $O(0, 0)$, $P(-3, 4)$, $Q(6, 5)$에 대하여 다음 벡터의 성분과 크기를 구하여라.

a. $\overrightarrow{OP}$ **b.** $\overrightarrow{PQ}$

풀이

a. 벡터 $\overrightarrow{OP}$는 종점이 $P(-3, 4)$인 위치벡터이다. 따라서 $\overrightarrow{OP} = \langle -3, 4 \rangle$이고 크기

는 $|\overrightarrow{OP}| = \sqrt{(-3)^2 + 4^2} = 5$이다.

b. $\overrightarrow{PQ} = \langle 6 - (-3), 5 - 4 \rangle = \langle 9, 1 \rangle$, $|\overrightarrow{PQ}| = \sqrt{9^2 + 1^2} = \sqrt{82}$이다.

관련 연습문제 10번 ◀

성분을 이용한 벡터의 연산

이제 성분을 이용하여 벡터의 합, 차, 스칼라 곱을 계산하는 방법을 살펴보자. $\mathbf{u} = \langle u_1, u_2 \rangle$, $\mathbf{v} = \langle v_1, v_2 \rangle$라 하자. $\mathbf{u}$와 $\mathbf{v}$의 합벡터는 $\mathbf{u} + \mathbf{v} = \langle u_1 + v_1, u_2 + v_2 \rangle$이다. 이 합벡터의 정의는 앞에서 언급한 평행사변형 법칙과 일치한다(그림 12.14).

스칼라 c와 벡터 $\mathbf{u}$의 스칼라 곱 $c\mathbf{u}$는 $c\mathbf{u} = \langle cu_1, cu_2 \rangle$이다. 즉, $\mathbf{u}$의 각 성분에 스칼라 c를 곱한 것이다. $c > 0$이면 $\mathbf{u}$와 $c\mathbf{u}$는 같은 방향을 갖고(그림 12.15(a)), $c < 0$이면 $\mathbf{u}$와 $c\mathbf{u}$는 서로 방향이 반대이다(그림 12.15(b)). 어느 경우든 $|c\mathbf{u}| = |c||\mathbf{u}|$이다(연습문제 42번).

$-\mathbf{v} = \langle -v_1, -v_2 \rangle$로 놓으면 $\mathbf{u} - \mathbf{v} = \mathbf{u} + (-\mathbf{v})$이므로 $\mathbf{u}$와 $\mathbf{v}$의 차벡터(vector difference)는 $\mathbf{u} - \mathbf{v} = \langle u_1 - v_1, u_2 - v_2 \rangle$ 임에 주목하자.

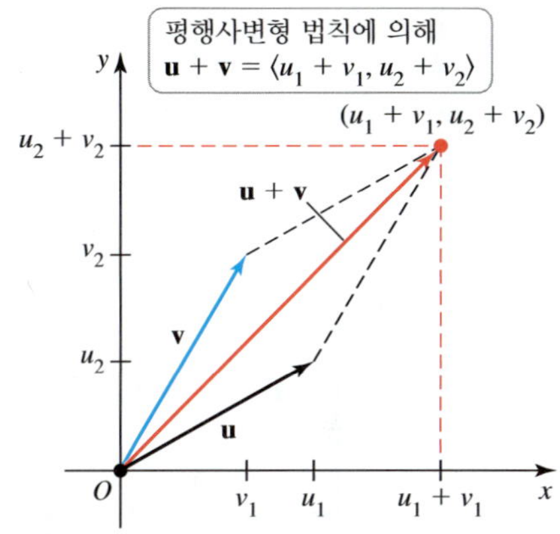

그림 12.14

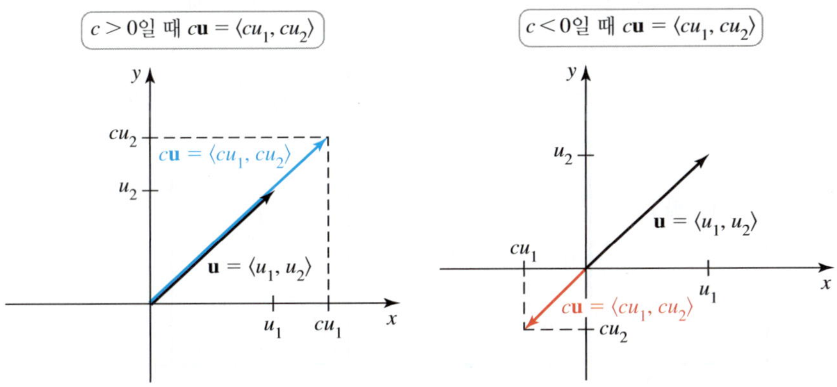

(a) (b)

그림 12.15

> **정의** $\mathbb{R}^2$에서 벡터의 연산
>
> c가 스칼라이고 $\mathbf{u} = \langle u_1, u_2 \rangle$, $\mathbf{v} = \langle v_1, v_2 \rangle$라고 하자.
>
> $\mathbf{u} + \mathbf{v} = \langle u_1 + v_1, u_2 + v_2 \rangle$ 합벡터
>
> $\mathbf{u} - \mathbf{v} = \langle u_1 - v_1, u_2 - v_2 \rangle$ 차벡터
>
> $c\mathbf{u} = \langle cu_1, cu_2 \rangle$ 스칼라 곱

➤ $\mathbb{R}^2$은 xy평면 또는 모든 실수 순서쌍(ordered pair)의 집합임에 다시 한번 유의하자.

| 예제 4 | 벡터 연산 $\mathbf{u} = \langle -1, 2 \rangle$, $\mathbf{v} = \langle 2, 3 \rangle$이라 하자.

a. $|\mathbf{u} + \mathbf{v}|$를 계산하여라.

b. $2\mathbf{u} - 3\mathbf{v}$를 간단히 하여라.

c. $\mathbf{u}$와 서로 평행이고 길이는 $\mathbf{u}$의 절반인 두 벡터를 구하여라.

풀이

a. $\mathbf{u}+\mathbf{v}=\langle -1,2\rangle+\langle 2,3\rangle=\langle 1,5\rangle$ 이므로 $|\mathbf{u}+\mathbf{v}|=\sqrt{1^2+5^2}=\sqrt{26}$ 이다.

b. $2\mathbf{u}-3\mathbf{v}=2\langle -1,2\rangle-3\langle 2,3\rangle=\langle -2,4\rangle-\langle 6,9\rangle=\langle -8,-5\rangle$

c. 두 벡터 $\frac{1}{2}\mathbf{u}=\frac{1}{2}\langle -1,2\rangle=\left\langle -\frac{1}{2},1\right\rangle$, $-\frac{1}{2}\mathbf{u}=-\frac{1}{2}\langle -1,2\rangle=\left\langle \frac{1}{2},-1\right\rangle$은 **u**와 서로 평행이고 길이는 **u**의 절반이다.

관련 연습문제 13번 ◀

단위벡터

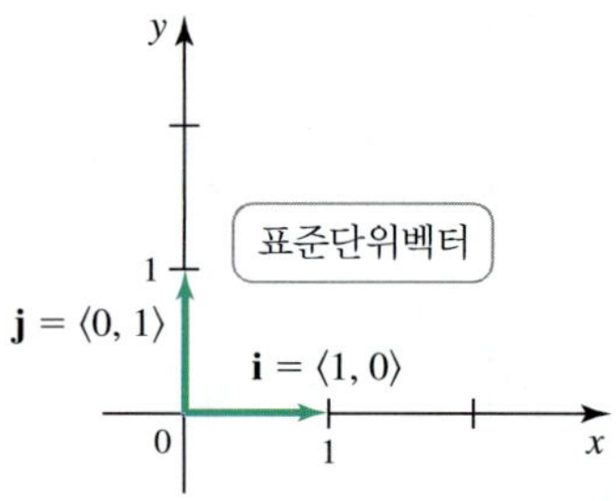

그림 12.16

단위벡터(unit vector)는 길이가 1인 임의의 벡터이다. 널리 사용되는 두 단위벡터로는 **표준단위벡터**(standard unit vector) $\mathbf{i}=\langle 1,\ 0\rangle$과 $\mathbf{j}=\langle 0,\ 1\rangle$이 있다(그림 12.16). 이 벡터는 각 좌표축 방향을 가리키므로 임의의 벡터를 이 벡터를 이용하여 나타낼 수 있다. 예를 들어 삼각형 법칙에 의해 다음과 같이 벡터를 나타낼 수 있다(그림 12.17(a)).

➤ 표준단위벡터를 **표준기저벡터**(standard basis vector)라고도 한다.

$$\langle 3,4\rangle=3\langle 1,0\rangle+4\langle 0,1\rangle=3\mathbf{i}+4\mathbf{j}$$

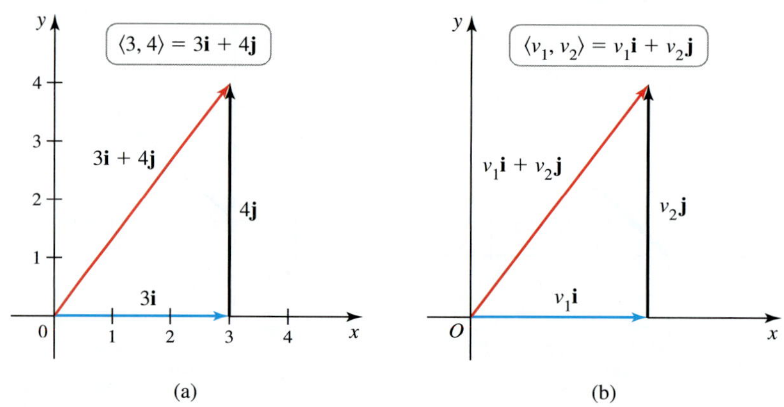

그림 12.17

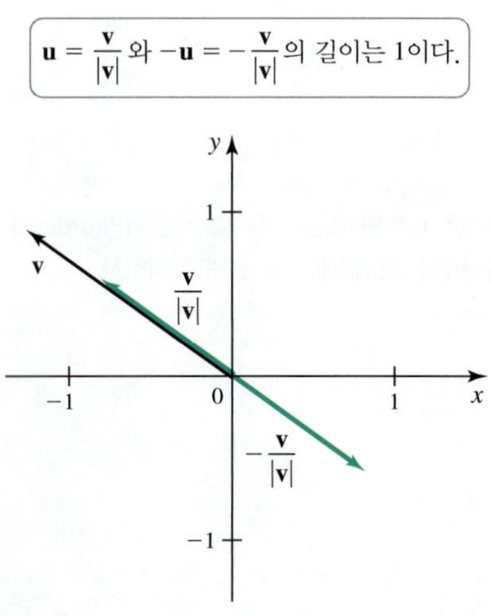

그림 12.18

일반적으로 벡터 $\mathbf{v}=\langle v_1,v_2\rangle$는 다음과 같이 나타낼 수 있다.

$$\mathbf{v}=v_1\langle 1,0\rangle+v_2\langle 0,1\rangle=v_1\mathbf{i}+v_2\mathbf{j}$$

영벡터가 아닌 벡터 **v**에 대하여 **v**와 서로 평행이고 주어진 길이를 갖는 (새로운) 벡터를 구하는 방법을 살펴보자. **v**에 **v**의 길이를 나눈 벡터를 $\mathbf{u}=\dfrac{\mathbf{v}}{|\mathbf{v}|}$라고 하자. **u**는 **v**에 양(positive)의 스칼라를 곱한 벡터이므로 **v**와 같은 방향을 갖는다. 더욱이 $|\mathbf{u}|=\dfrac{|\mathbf{v}|}{|\mathbf{v}|}=1$이므로 **u**는 단위벡터이다. 벡터 $-\mathbf{u}=-\dfrac{\mathbf{v}}{|\mathbf{v}|}$는 **v**와 반대 방향인 단위벡터이다(그림 12.18). 따라서 $\pm\dfrac{\mathbf{v}}{|\mathbf{v}|}$는 방향이 서로 반대이고 **v**와 평행인 단위벡터이다.

주어진 길이 $c>0$을 갖고 **v**와 같은 방향을 갖는 벡터는 $\dfrac{c\mathbf{v}}{|\mathbf{v}|}$이다. 즉, 이

벡터는 $\mathbf{v}$에 양의 스칼라를 곱한 것이므로 $\mathbf{v}$와 같은 방향을 가지며, 길이는 $\left|\frac{c\mathbf{v}}{|\mathbf{v}|}\right| = |c|\frac{|\mathbf{v}|}{|\mathbf{v}|} = c$이다. 또한 길이가 c이고 $\mathbf{v}$와 방향이 반대인 벡터는 $-\frac{c\mathbf{v}}{|\mathbf{v}|}$이다. 이와 같은 방법으로 $\mathbf{v}$를 $\mathbf{v}$의 크기와 $\mathbf{v}$ 방향의 단위벡터의 곱으로 나타낼 수 있다.

$$\mathbf{v} = \underbrace{|\mathbf{v}|}_{\text{크기}} \cdot \underbrace{\frac{\mathbf{v}}{|\mathbf{v}|}}_{\text{방향}}$$

QUICK CHECK 5 길이가 10이고 단위벡터 $\mathbf{u} = \langle \frac{3}{5}, \frac{4}{5} \rangle$와 서로 평행인 벡터를 모두 구하여라. ◀

| 예제 5 | 크기와 단위벡터 두 점 $P(1, -2)$, $Q(6, 10)$에 대하여 물음에 답하여라.

a. $\overrightarrow{PQ}$를 구하고, $\overrightarrow{PQ}$와 서로 평행인 두 단위벡터를 구하여라.

b. $\overrightarrow{PQ}$와 서로 평행이고 길이가 2인 두 벡터를 구하여라.

c. $\overrightarrow{PQ}$를 단위벡터와 $\overrightarrow{PQ}$의 크기의 곱으로 나타내어라.

풀이

a. $\overrightarrow{PQ} = \langle 6 - 1, 10 - (-2) \rangle = \langle 5, 12 \rangle$, 즉 $5\mathbf{i} + 12\mathbf{j}$이다.

$|\overrightarrow{PQ}| = \sqrt{5^2 + 12^2} = \sqrt{169} = 13$이므로 $\overrightarrow{PQ}$와 서로 평행인 단위벡터 중 하나는

$$\frac{\overrightarrow{PQ}}{|\overrightarrow{PQ}|} = \frac{\langle 5, 12 \rangle}{13} = \left\langle \frac{5}{13}, \frac{12}{13} \right\rangle = \frac{5}{13}\mathbf{i} + \frac{12}{13}\mathbf{j}$$

이다. $\overrightarrow{PQ}$와 서로 평행이고 방향이 반대인 단위벡터는 $\langle -\frac{5}{13}, -\frac{12}{13} \rangle$이다.

b. $\overrightarrow{PQ}$와 서로 평행이고 길이가 2인 두 벡터를 구하기 위해 단위벡터 $\frac{5}{13}\mathbf{i} + \frac{12}{13}\mathbf{j}$에 ± 2를 곱하면 다음을 얻는다.

$$2\left(\frac{5}{13}\mathbf{i} + \frac{12}{13}\mathbf{j}\right) = \frac{10}{13}\mathbf{i} + \frac{24}{13}\mathbf{j}, \quad -2\left(\frac{5}{13}\mathbf{i} + \frac{12}{13}\mathbf{j}\right) = -\frac{10}{13}\mathbf{i} - \frac{24}{13}\mathbf{j}$$

c. $\overrightarrow{PQ}$ 방향의 단위벡터는 $\langle \frac{5}{13}, \frac{12}{13} \rangle$이므로 다음을 얻는다.

$$\overrightarrow{PQ} = |\overrightarrow{PQ}|\frac{\overrightarrow{PQ}}{|\overrightarrow{PQ}|} = 13\left\langle \frac{5}{13}, \frac{12}{13} \right\rangle$$

관련 연습문제 21-22번 ◀

QUICK CHECK 6 벡터 $\langle \frac{5}{13}, \frac{12}{13} \rangle$의 길이가 1임을 확인하여라. ◀

벡터 연산의 성질

앞에서 정의한 벡터의 연산을 살펴보면 다음과 같은 10가지 성질을 얻을 수 있다. 예를 들어 첫 번째 성질은 벡터의 덧셈에 대한 교환법칙, 즉 $\mathbf{u} + \mathbf{v} = \mathbf{v} + \mathbf{u}$이다. 이 성질은 $\mathbf{u} = \langle u_1, u_2 \rangle$, $\mathbf{v} = \langle v_1, v_2 \rangle$로 놓고 다음과 같이 증명할 수 있다. 즉, 실수의 덧셈에 대한 교환법칙에 의해 다음이 성립한다.

➤ 평행사변형 법칙으로부터 교환법칙 $\mathbf{u} + \mathbf{v} = \mathbf{v} + \mathbf{u}$를 얻을 수도 있다.

$$\mathbf{u} + \mathbf{v} = \langle u_1 + v_1, u_2 + v_2 \rangle = \langle v_1 + u_1, v_2 + u_2 \rangle = \mathbf{v} + \mathbf{u}$$

나머지 성질의 증명은 연습문제 38–41번으로 남겨 둔다.

요약 벡터 연산의 성질

u, **v**, **w**가 벡터이고 a, c가 스칼라이면 (임의의 차원의) 벡터에 대한 다음 성질이 성립한다.

1. $\mathbf{u} + \mathbf{v} = \mathbf{v} + \mathbf{u}$	덧셈에 대한 교환법칙
2. $(\mathbf{u} + \mathbf{v}) + \mathbf{w} = \mathbf{u} + (\mathbf{v} + \mathbf{w})$	덧셈에 대한 결합법칙
3. $\mathbf{v} + \mathbf{0} = \mathbf{v}$	덧셈에 대한 항등원
4. $\mathbf{v} + (-\mathbf{v}) = \mathbf{0}$	덧셈에 대한 역원
5. $c(\mathbf{u} + \mathbf{v}) = c\mathbf{u} + c\mathbf{v}$	분배법칙 1
6. $(a + c)\mathbf{v} = a\mathbf{v} + c\mathbf{v}$	분배법칙 2
7. $0\mathbf{v} = \mathbf{0}$	스칼라 0의 곱
8. $c\mathbf{0} = \mathbf{0}$	영벡터의 곱
9. $1\mathbf{v} = \mathbf{v}$	곱셈에 대한 항등원
10. $a(c\mathbf{v}) = (ac)\mathbf{v}$	스칼라 곱에 대한 결합법칙

위 성질을 이용하여 다음 벡터방정식을 풀 수 있다. 예를 들어 방정식 $\mathbf{u} + \mathbf{v} = \mathbf{w}$를 **u**에 대하여 풀기 위해 다음과 같이 계산할 수 있다.

$$\begin{aligned} (\mathbf{u} + \mathbf{v}) + (-\mathbf{v}) &= \mathbf{w} + (-\mathbf{v}) && -\mathbf{v} \text{ 더하기} \\ \mathbf{u} + \underbrace{(\mathbf{v} + (-\mathbf{v}))}_{\mathbf{0}} &= \mathbf{w} + (-\mathbf{v}) && \text{성질 2} \\ \mathbf{u} + \mathbf{0} &= \mathbf{w} - \mathbf{v} && \text{성질 4} \\ \mathbf{u} &= \mathbf{w} - \mathbf{v} && \text{성질 3} \end{aligned}$$

QUICK CHECK 7 $3\mathbf{u} + 4\mathbf{v} = 12\mathbf{w}$를 **u**에 대하여 풀어라. ◀

벡터의 응용

벡터는 다양한 분야에서 응용되는데, 특히 자연과학과 공학 분야에 응용된다. 이제 널리 사용되는 벡터의 두 가지 예, 즉 힘과 속도에 대하여 살펴보자.

➤ 물에 대한 보트의 속도(방향과 속력)는 어떤 사람이 보트를 타고 흐르는 물을 따라 흘러갈 때, 이 보트의 흐르는 물에 대한 속도임을 의미한다.

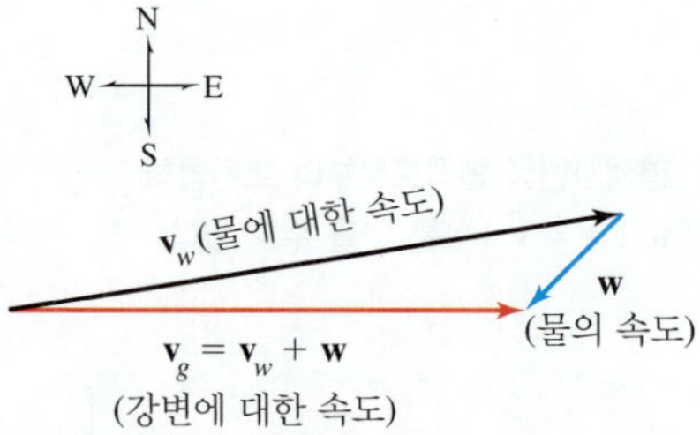

그림 12.19

속도 벡터 강의 어느 곳에서나 유속이 상수 벡터 **w**인 강물을 횡단하는 모터보트를 생각해 보자(그림 12.19). 이 조건은 흐르는 물의 속력이 $|\mathbf{w}|$임을 의미하며, **w**의 방향은 흐르는 물의 방향이다. 물에 대한 보트의 속도를 $\mathbf{v}_w$라고 하자. **w**와 $\mathbf{v}_w$를 결합하면 합 $\mathbf{v}_g = \mathbf{v}_w + \mathbf{w}$를 얻을 수 있는데, 여기서 $\mathbf{v}_g$는 강변(또는 육지)에서 관찰할 수 있는 보트의 속도이다.

| 예제 6 | 흐르는 물에서 보트의 속력 강물이 남서 방향(남서 45°) 4 mi/hr의 속력으로 흐르고 있고, 모터보트가 동쪽 방향 15 mi/hr의 속력으로 강변을 향해 항

해하고 있다. 흐르는 물에 대한 보트의 속력과 방향을 구하여라(그림 12.19).

풀이 문제를 풀기 위해 벡터를 좌표계에 놓자(그림 12.20). 보트가 동쪽 방향 15 mi/hr의 속력으로 움직이므로 강변에 대한 속도는 $\mathbf{v}_g = \langle 15,\ 0 \rangle$이다. 이제 $\mathbf{w} = \langle w_x,\ w_y \rangle$를 구해 보자. $|\mathbf{w}| = 4$이고, 그림 12.20에 있는 45−45−90(도)인 직각삼각형의 두 변의 길이는 다음과 같다.

$$|w_x| = |w_y| = |\mathbf{w}| \cos 45° = \frac{4}{\sqrt{2}} = 2\sqrt{2}$$

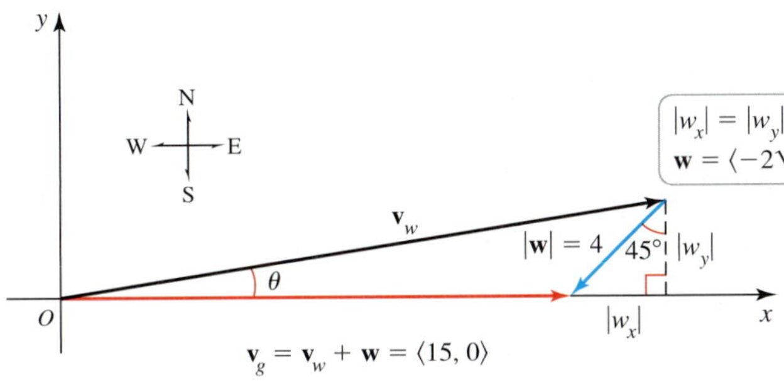

그림 12.20

주어진 $\mathbf{w}$의 방향은 남서 방향이므로 $\mathbf{w} = \langle -2\sqrt{2}, -2\sqrt{2} \rangle$이다. $\mathbf{v}_g = \mathbf{v}_w + \mathbf{w}$(그림 12.20)이므로 다음이 성립한다.

$$\begin{aligned} \mathbf{v}_w = \mathbf{v}_g - \mathbf{w} &= \langle 15, 0 \rangle - \langle -2\sqrt{2}, -2\sqrt{2} \rangle \\ &= \langle 15 + 2\sqrt{2}, 2\sqrt{2} \rangle \end{aligned}$$

$\mathbf{v}_w$의 크기는 다음과 같다.

$$|\mathbf{v}_w| = \sqrt{(15 + 2\sqrt{2})^2 + (2\sqrt{2})^2} \approx 18$$

따라서 물에 대한 보트의 속력은 약 18 mi/hr이다.

보트의 방향은 $\mathbf{v}_w$와 x축의 양의 방향과 이루는 각 θ로부터 구할 수 있다. $\mathbf{v}_w$의 x성분은 $15 + 2\sqrt{2}$이며 y성분은 $2\sqrt{2}$이고, 따라서 다음을 얻는다.

$$\theta = \tan^{-1}\left(\frac{2\sqrt{2}}{15 + 2\sqrt{2}}\right) \approx 9°$$

보트의 방향은 동북 방향으로 약 9°이고, 물에 대한 속력은 약 18 mi/hr이다.

관련 연습문제 28번 ◀

➤ 45−45−90(도) 직각삼각형에서 두 변의 길이는 같고, 이는 빗변의 길이의 $1/\sqrt{2}$배임에 유의하자.

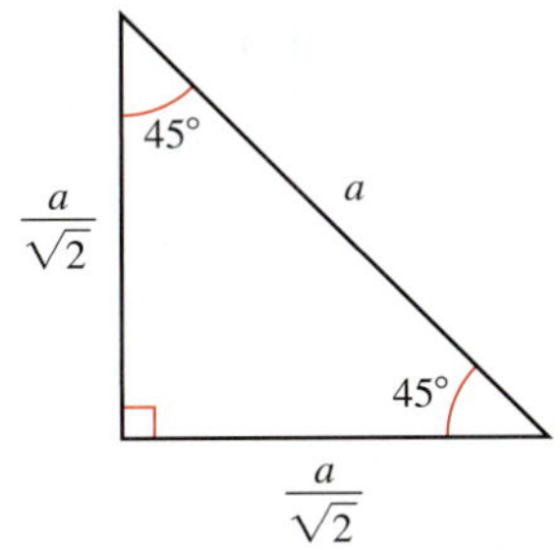

힘 벡터 한 아이가 수평면과 각 θ를 이루는 왜건(사륜 짐마차)의 손잡이를 끌고 있다고 가정하자(그림 12.21(a)). 벡터 $\mathbf{F}$는 왜건에 작용하는 힘을 나타낸다. 이때 $\mathbf{F}$의 크기는 $|\mathbf{F}|$이고 방향은 θ에 의해 주어진다. $\mathbf{F}$의 수평 성분과 수직 성분을 각각 F_x와 F_y라 하면 그림 12.21(b)로부터 $F_x = |\mathbf{F}| \cos \theta$, $F_y = |\mathbf{F}| \sin \theta$이므로 힘

➤ 일반적으로 힘의 크기의 단위는 파운드(lb) 또는 뉴턴(N)이다. 여기서 1 N = 1 kg-m/s^{2}이다.

➤ 벡터 $\langle \cos \theta, \sin \theta \rangle$는 단위벡터이다. 따라서 임의의 위치벡터 $\mathbf{v}$는 $\mathbf{v} = \langle |\mathbf{v}| \cos \theta, |\mathbf{v}| \sin \theta \rangle$로 나타낼 수 있다. 여기서 θ는 $\mathbf{v}$와 x축의 양의 방향과 이루는 각이다.

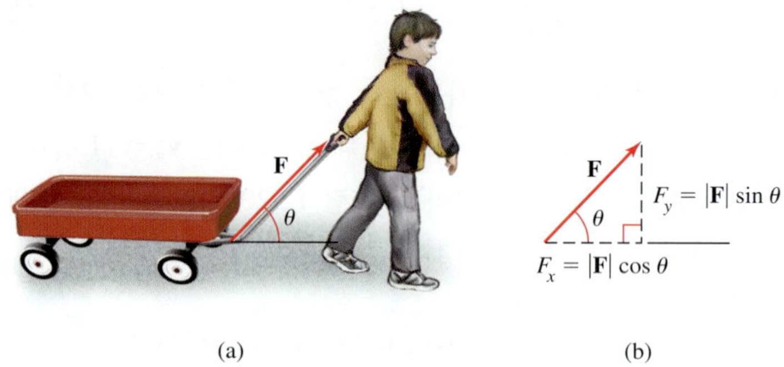

그림 12.21

벡터는 $\mathbf{F} = \langle |\mathbf{F}| \cos\theta, |\mathbf{F}| \sin\theta \rangle$이다.

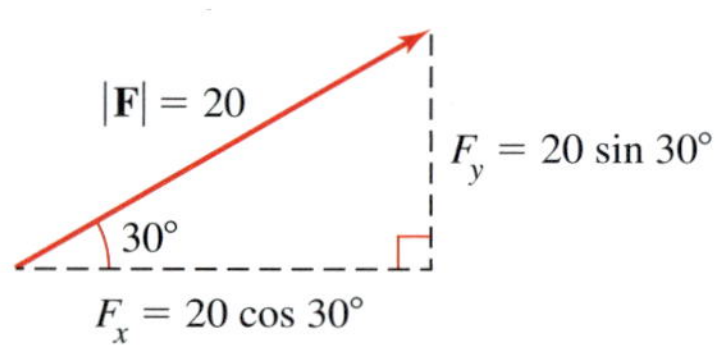

그림 12.22

| 예제 7 | 힘 벡터 구하기 한 아이가 수평면에 대한 각이 $\theta = 30°$이고 $|\mathbf{F}| = 20$ lb인 힘 $\mathbf{F}$로 왜건을 끌고 있을 때(그림 12.21), 힘 벡터 $\mathbf{F}$를 구하여라.

풀이 힘 벡터(그림 12.22)는 다음과 같다.

$$\mathbf{F} = \langle |\mathbf{F}| \cos\theta, |\mathbf{F}| \sin\theta \rangle = \langle 20 \cos 30°, 20 \sin 30° \rangle = \langle 10\sqrt{3}, 10 \rangle$$

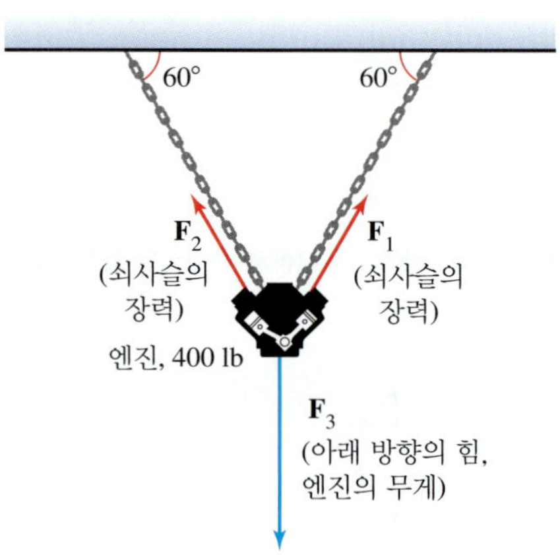

그림 12.23

| 예제 8 | 힘의 평형 400 lb 엔진이 수평 천장과 60°의 각을 이루는 쇠사슬에 매달려 있다(그림 12.23). 각 쇠사슬에 걸리는 무게(힘 또는 장력)는 얼마인가?

풀이 $\mathbf{F}_1$과 $\mathbf{F}_2$를 각 쇠사슬이 엔진에 작용하는 힘이라 하고, $\mathbf{F}_3$을 수직 아래 방향으로 작용하는 엔진의 무게라고 하자(그림 12.23). 이 벡터들을 표준좌표계에 놓으면(그림 12.24) $\mathbf{F}_1 = \langle |\mathbf{F}_1| \cos 60°, |\mathbf{F}_1| \sin 60° \rangle$, $\mathbf{F}_2 = \langle -|\mathbf{F}_2| \cos 60°, |\mathbf{F}_2| \sin 60° \rangle$, $\mathbf{F}_3 = \langle 0, -400 \rangle$이다.

➤ 예제 8에서 각도 120°를 이용하여 $\mathbf{F}_2$의 성분을 구할 수도 있다. 즉, $\mathbf{F}_2 = \langle |\mathbf{F}_2| \cos 120°, |\mathbf{F}_2| \sin 120° \rangle$이다.

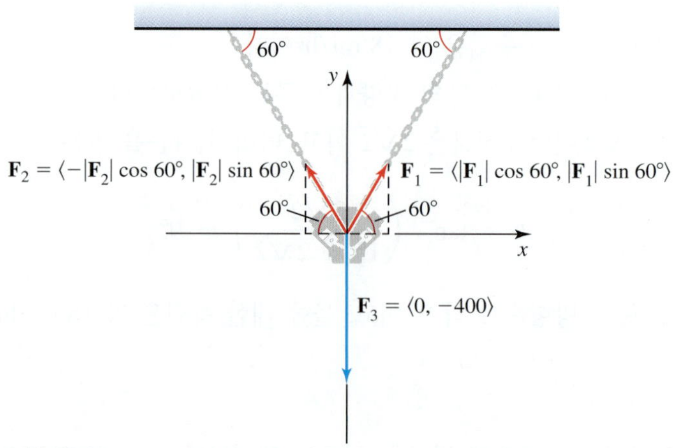

그림 12.24

엔진은 평형 상태(쇠사슬과 엔진이 정지 상태)에 놓여 있으므로 세 힘의 합은 $\mathbf{0}$, 즉 $\mathbf{F}_1 + \mathbf{F}_2 + \mathbf{F}_3 = \mathbf{0}$이고, 이로부터 $\mathbf{F}_1 + \mathbf{F}_2 = -\mathbf{F}_3$을 얻는다. 따라서 다음과 같다.

$$\langle |\mathbf{F}_1| \cos 60° - |\mathbf{F}_2| \cos 60°, |\mathbf{F}_1| \sin 60° + |\mathbf{F}_2| \sin 60° \rangle = \langle 0, 400 \rangle$$

대응되는 성분을 같게 놓으면 $|\mathbf{F}_1|$과 $|\mathbf{F}_2|$에 대한 다음 두 방정식을 얻는다.

$$|\mathbf{F}_1| \cos 60° - |\mathbf{F}_2| \cos 60° = 0,$$
$$|\mathbf{F}_1| \sin 60° + |\mathbf{F}_2| \sin 60° = 400$$

첫 번째 방정식을 인수분해하면 $(|\mathbf{F}_1| - |\mathbf{F}_2|) \cos 60° = 0$이고, 따라서 $|\mathbf{F}_1| = |\mathbf{F}_2|$이다. 두 번째 방정식의 $|\mathbf{F}_2|$에 $|\mathbf{F}_1|$을 대입하면 $2|\mathbf{F}_1| \sin 60° = 400$이고, $\sin 60° = \sqrt{3}/2$을 이용하여 $|\mathbf{F}_1|$에 대하여 풀면 $|\mathbf{F}_1| = 400/\sqrt{3} \approx 231$이다. 따라서 각 쇠사슬은 약 231 lb의 장력을 엔진에 작용할 수 있어야 한다. ➤

12.1절 연습문제

1단계 스타트

1. 다음 두 명제를 설명하여라.
- 점은 위치를 갖지만 크기와 방향을 갖지 않는다.
- 영벡터가 아닌 벡터는 크기와 방향을 갖지만 위치를 갖지 않는다.

2. $\mathbf{v}$가 위치벡터일 때, 무수히 많은 벡터가 $\mathbf{v}$와 같은 이유는 무엇인가?

3. $\mathbf{u} = \langle u_1, u_2 \rangle$, $\mathbf{v} = \langle v_1, v_2 \rangle$일 때, $\mathbf{u} + \mathbf{v}$를 구하여라.

4. $\langle 1, 1 \rangle$은 단위벡터인가? 이유를 설명하여라.

5. $\mathbf{v} = \langle v_1, v_2 \rangle$의 크기는 어떻게 계산하는가?

6. 두 점 P와 Q의 좌표로부터 $|\overrightarrow{PQ}|$를 구하는 방법은 무엇인가?

2단계 실전

7–9. 벡터 연산 다음 그림을 이용하여 주어진 벡터 연산을 구하여라.

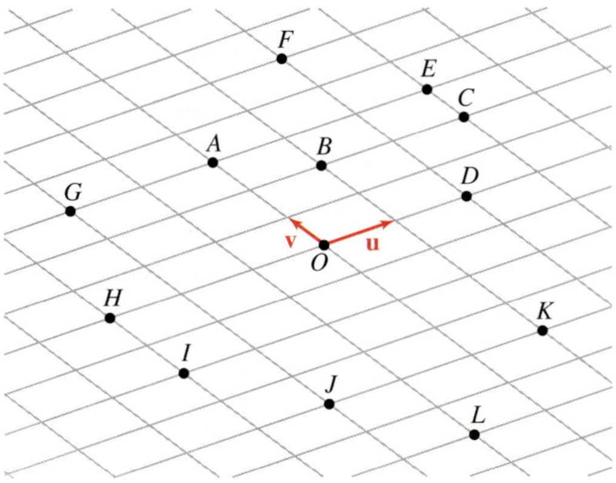

7. 스칼라 곱 다음 중 어느 벡터가 $\overrightarrow{CE}$와 같은가(답은 여러 가지일 수 있다)?

a. $\mathbf{v}$ **b.** $\frac{1}{2}\overrightarrow{HI}$ **c.** $\frac{1}{3}\overrightarrow{OA}$ **d.** $\mathbf{u}$ **e.** $\frac{1}{2}\overrightarrow{IH}$

8. 스칼라 곱 다음 중 어느 벡터가 $\mathbf{u}$ 또는 $\mathbf{v}$의 스칼라 곱인가(답은 여러 가지일 수 있다)?

a. $\overrightarrow{OA}$ **b.** $\overrightarrow{OD}$ **c.** $\overrightarrow{OH}$ **d.** $\overrightarrow{AG}$ **e.** $\overrightarrow{CE}$

9. 합벡터 다음 벡터를 $\mathbf{u}$와 $\mathbf{v}$의 스칼라 곱의 합으로 나타내어라.

a. $\overrightarrow{OE}$ **b.** $\overrightarrow{OB}$ **c.** $\overrightarrow{OF}$ **d.** $\overrightarrow{OG}$ **e.** $\overrightarrow{OC}$
f. $\overrightarrow{OI}$ **g.** $\overrightarrow{OJ}$ **h.** $\overrightarrow{OK}$ **i.** $\overrightarrow{OL}$

10. 성분과 크기 네 점 $O(0, 0)$, $P(3, 2)$, $Q(4, 2)$, $R(-6, -1)$에 대하여 물음에 답하여라.
(i) xy좌표계에 벡터를 그려라.
(ii) 벡터의 크기를 구하여라.

a. $\overrightarrow{OP}$ **b.** $\overrightarrow{QP}$ **c.** $\overrightarrow{RQ}$

11–12. 성분과 상등 점 $P(-3, -1)$, $Q(-1, 2)$, $R(1, 2)$, $S(3, 5)$, $T(4, 2)$, $U(6, 4)$에 대하여 물음에 답하여라.

11. $\overrightarrow{QU}$, $\overrightarrow{PT}$, $\overrightarrow{RS}$에 해당하는 위치벡터를 그려라.

12. $\overrightarrow{QT}$와 $\overrightarrow{SU}$ 중 $\langle 5, 0 \rangle$과 같은 벡터는 무엇인가?

13–14. 벡터 연산 $\mathbf{u} = \langle 4, -2 \rangle$, $\mathbf{v} = \langle -4, 6 \rangle$, $\mathbf{w} = \langle 0, 8 \rangle$이라 하자. 다음 벡터를 $\langle a, b \rangle$ 형태로 나타내어라.

13. $2\mathbf{u} + 3\mathbf{v}$ **14.** $10\mathbf{u} - 3\mathbf{v} + \mathbf{w}$

15–16. 벡터 연산 $\mathbf{u} = \langle 3, -4 \rangle$, $\mathbf{v} = \langle 1, 1 \rangle$, $\mathbf{w} = \langle -1, 0 \rangle$이라 하자.

15. $|-2\mathbf{v}|$의 값을 구하여라.

16. $\mathbf{u} - \mathbf{v}$와 $\mathbf{w} - \mathbf{u}$ 중 크기가 더 큰 것은 어느 것인가?

17. $\mathbf{v} = \langle -5, 12 \rangle$를 $\mathbf{v}$ 방향의 단위벡터와 $\mathbf{v}$의 크기의 곱으로 나타내어라.

18. 길이가 6이고 단위벡터 $\langle 1/2, \sqrt{3}/2 \rangle$과 같은 방향의 벡터 $\mathbf{v}$를 구하여라.

19. 길이가 3이고 $\langle 5, -12 \rangle$와 같은 방향의 벡터를 구하여라.

20–22. 단위벡터 세 점 $P(-4, 1)$, $Q(3, -4)$, $R(2, 6)$에 대하여 물음에 답하여라.

20. $\overrightarrow{QR}$을 $a\mathbf{i} + b\mathbf{j}$ 형태로 나타내어라.

21. $\overrightarrow{PR}$과 서로 평행인 두 단위벡터를 구하여라.

22. 길이가 4이고 $\overrightarrow{QP}$와 서로 평행인 두 벡터를 구하여라.

23. 단위벡터

a. $\mathbf{v} = 6\mathbf{i} - 8\mathbf{j}$와 서로 평행인 두 단위벡터를 구하여라.

b. $\mathbf{v} = \langle 1/3, b \rangle$가 단위벡터일 때, b의 값을 구하여라.

c. $\mathbf{w} = a\mathbf{i} - \dfrac{a}{3}\mathbf{j}$가 단위벡터일 때, 가능한 a의 값을 모두 구하여라.

24. 극좌표로 주어진 벡터 O가 원점이고 P가 극좌표 $(8, 5\pi/6)$로 주어진 점일 때, $\overrightarrow{OP}$의 위치벡터를 구하여라.

25. 어떤 외항선이 동남 30° 방향 30 km/hr의 속력으로 항해할 때, 속도 벡터 $\mathbf{v}$를 구하여라.

26–27. 항공기와 옆바람 주어진 항공기는(지면과) 수평으로 부는 옆바람에 대하여 (지면과) 수평으로 비행하고 있다고 가정하자.

26. 서남 45° 방향 40 mi/hr의 속력으로 부는 옆바람에 대하여 320 mi/hr의 속력으로 동쪽에서 서쪽으로 항공기가 비행하고 있다.

a. 옆바람에 대한 항공기의 속도 $\mathbf{v}_a$, 옆바람의 속도 $\mathbf{w}$, 지면에 대한 항공기의 속도 $\mathbf{v}_g$를 모두 구하여라.

b. 지면에 대한 항공기의 방향과 속력을 구하여라.

27. 동남 60° 방향 20 mi/hr의 속력으로 부는 옆바람에 대하여 한 여객기가 지면에 대한 속력을 480 mi/hr를 유지하면서 북쪽으로 비행하기 위해 조종사가 비행해야 하는 (여객기의 옆바람에 대한) 방향과 속력을 구하여라.

28. 흐르는 물에서의 보트 어떤 강에서 강물이 남쪽 방향 10 mi/hr의 속력으로 흐르고 있고, 보트가 강변에 대한 20 mi/hr의 속력과 함께 동쪽으로 가고 있다. 흐르는 물에 대한 보트의 속력을 구하여라.

29. 바람 속의 낙하산 대기 중 한 사람이 종단 속력(terminal speed) 4 m/s와 함께 낙하산으로 수직 낙하하고 있다. 10 m/s의 속력과 함께 서쪽에서 동쪽으로 부는 수평 정상풍(steady wind) 속에서 낙하할 때, 이 사람의 지면에 대한 종단 속력의 크기와 방향을 구하여라.

30. 여행 가방 끌기 한 사람이 수평면과 60°의 각도를 이루는 끈으로 여행 가방을 끌고 있는데, 이 여행 가방에 작용하는 힘은 40 lb이다.

a. 이 힘의 수평 성분과 수직 성분을 구하여라.

b. 끈의 각도가 60°가 아닌 45°이면 힘의 수평 성분은 더 커지는가?

c. 끈의 각도가 60°가 아닌 45°이면 힘의 수직 성분은 더 커지는가?

31. 알짜힘 그림과 같이 어떤 물체에 세 힘이 작용할 때, 세 힘의 합의 크기와 방향을 구하여라.

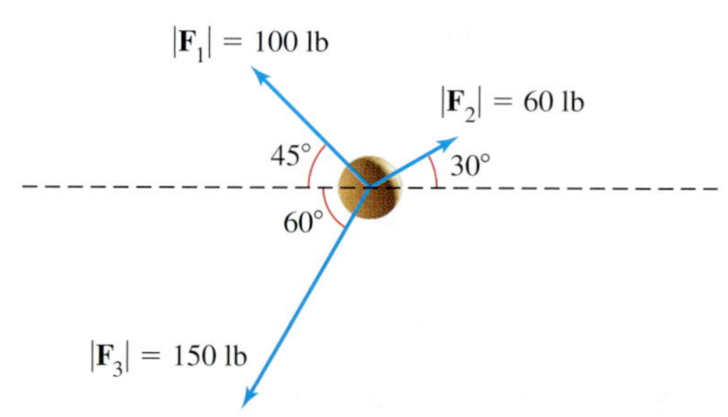

32. 참 또는 거짓 다음 명제가 참이면 증명하고 거짓이면 반례를 들어라.

a. 호세가 A지점에서 B지점까지 비행기를 타고 세 벡터 $\mathbf{u}$, $\mathbf{v}$, $\mathbf{w}$를 따라 순서대로 여행한다. 호세가 A지점에서 출발하여 $\mathbf{w}$, $\mathbf{v}$, $\mathbf{u}$를 따라 순서대로 여행한다면 B지점에 도착할 수 있다.

b. 마리아가 A지점에서 B지점까지 비행기를 타고 벡터 $\mathbf{u}$를 따라 여행했다면 마리아는 벡터 $-\mathbf{u}$를 따라 B지점에서 A지점으로 되돌아올 수 있다.

c. 임의의 두 벡터 $\mathbf{u}$와 $\mathbf{v}$에 대하여 $|\mathbf{u} + \mathbf{v}| \geq |\mathbf{u}|$이다.

d. 임의의 두 벡터 $\mathbf{u}$와 $\mathbf{v}$에 대하여 $|\mathbf{u} + \mathbf{v}| \geq |\mathbf{u}| + |\mathbf{v}|$이다.

e. 서로 평행인 벡터는 길이가 같다.

f. $\overrightarrow{AB} = \overrightarrow{CD}$이면 $A = C$, $B = D$이다.

g. $\mathbf{u}$와 $\mathbf{v}$가 수직이면 $|\mathbf{u} + \mathbf{v}| = |\mathbf{u}| + |\mathbf{v}|$이다.

h. $\mathbf{u}$와 $\mathbf{v}$가 서로 평행이고 방향이 같으면 $|\mathbf{u}+\mathbf{v}| = |\mathbf{u}| + |\mathbf{v}|$이다.

33–34. 벡터방정식 벡터의 성질을 이용하여 다음 방정식에서 벡터 $\mathbf{x} = \langle a, b\rangle$를 구하여라(단, $\mathbf{u} = \langle 2, -3\rangle$, $\mathbf{v} = \langle -4, 1\rangle$이다).

33. $10\mathbf{x} = \mathbf{u}$ **34.** $3\mathbf{x} - 4\mathbf{u} = \mathbf{v}$

3단계 도전

35–36. 일차결합 둘 이상의 벡터와 스칼라 곱의 합(예를 들어 c_i가 스칼라일 때 $c_1\mathbf{u} + c_2\mathbf{v} + c_3\mathbf{w}$)을 이 벡터들의 **일차결합**(linear combination)이라 한다. $\mathbf{i} = \langle 1, 0\rangle$, $\mathbf{j} = \langle 0, 1\rangle$, $\mathbf{u} = \langle 1, 1\rangle$, $\mathbf{v} = \langle -1, 1\rangle$에 대하여 물음에 답하여라.

35. $\langle 4, -8\rangle$을 $\mathbf{i}$와 $\mathbf{j}$의 일차결합으로 나타내어라(즉, $\langle 4, -8\rangle = c_1\mathbf{i} + c_2\mathbf{j}$인 두 스칼라 c_1, c_2를 구하여라).

36. a와 b가 임의의 실수일 때, $\langle a, b\rangle$를 $\mathbf{u}$와 $\mathbf{v}$의 일차결합으로 나타내어라.

37–41. 성분을 이용하여 다음 성질을 증명하여라. 또한 각 성질을 기하학적으로 그려서 설명하여라. $\mathbf{u}$, $\mathbf{v}$, $\mathbf{w}$는 xy평면에 있는 벡터이고, a와 c는 스칼라라고 가정한다.

37. $\mathbf{u} + \mathbf{v} = \mathbf{v} + \mathbf{u}$ 교환법칙

38. $(\mathbf{u} + \mathbf{v}) + \mathbf{w} = \mathbf{u} + (\mathbf{v} + \mathbf{w})$ 결합법칙

39. $a(c\mathbf{v}) = (ac)\mathbf{v}$ 결합법칙

40. $a(\mathbf{u} + \mathbf{v}) = a\mathbf{u} + a\mathbf{v}$ 분배법칙 1

41. $(a + c)\mathbf{v} = a\mathbf{v} + c\mathbf{v}$ 분배법칙 2

42. 스칼라 곱의 크기 c가 스칼라이고 $\mathbf{v}$가 벡터일 때, $|c\mathbf{v}| = |c||\mathbf{v}|$임을 증명하여라.

43. 일차독립 영벡터가 아닌 평면 위의 한 쌍의 벡터 중 한 벡터가 나머지 벡터의 스칼라 곱이면 이 벡터들을 일차종속(linearly dependent)이라 하고, 두 벡터가 일차종속이 아닐 때 이 벡터들을 일차독립(linearly independent)이라 한다.

a. 세 벡터 $\mathbf{u} = \langle 2, -3\rangle$, $\mathbf{v} = \langle -12, 18\rangle$, $\mathbf{w} = \langle 4, 6\rangle$ 중 일차종속인 쌍과 일차독립인 쌍을 모두 구하여라.

b. 평면에서 영벡터가 아닌 한 쌍의 벡터가 일차종속일 때, 이것의 기하학적 의미는 무엇인가? 일차독립일 때는 어떤 의미인가?

c. 두 벡터 $\mathbf{u}$와 $\mathbf{v}$가 일차독립이면 임의의 벡터 $\mathbf{w}$에 대하여 $\mathbf{w} = c_1\mathbf{u} + c_2\mathbf{v}$를 만족하는 두 상수 c_1과 c_2가 존재함을 증명하여라.

44. 평행 벡터와 수직 벡터 $\mathbf{u} = \langle a, 5\rangle$, $\mathbf{v} = \langle 2, 6\rangle$이라 하자.

a. $\mathbf{u}$와 $\mathbf{v}$가 평행일 때, a의 값을 구하여라.

b. $\mathbf{u}$와 $\mathbf{v}$가 수직일 때, a의 값을 구하여라.

QUICK CHECK 정답

1. 벡터 $-5\mathbf{v}$의 길이는 $\mathbf{v}$의 길이의 다섯 배이고, 방향은 $\mathbf{v}$와 반대이다. **2.** $\mathbf{v}_a + \mathbf{w}$는 북동 방향을 가리킨다.
3. 삼각형 법칙을 사용하여 $\mathbf{u} + \mathbf{v}$와 $\mathbf{v} + \mathbf{u}$를 그리면 두 벡터의 크기와 방향은 같다. **4.** $\overrightarrow{PQ} = \langle -6, -2\rangle$
5. $10\mathbf{u} = \langle 6, 8\rangle$, $-10\mathbf{u} = \langle -6, -8\rangle$
6. $\left|\left\langle \frac{5}{13}, \frac{12}{13}\right\rangle\right| = \sqrt{\frac{25 + 144}{169}} = \sqrt{\frac{169}{169}} = 1$
7. $\mathbf{u} = -\frac{4}{3}\mathbf{v} + 4\mathbf{w}$ ◀

12.2 공간벡터

지금까지 2차원 xy평면에서 함수, 곡선, 벡터 등에 대한 미분과 적분을 학습했다. 하지만 다양한 물리적 현상의 모델링은 2차원 좌표계만으로는 충분하지 않다. 예를 들어 고도를 갖는 제트기의 궤도를 기술하기 위해서는 동서, 남북의 거리를 나타내는 x와 y의 좌표가 필요하다. 더욱이 제트기의 고도를 나타내기 위해서는 또 다른 좌표 z가 필요하다. 세 좌표를 결합한 순서쌍 (x, y, z)를 이용하면 제트기의 위치를 기술할 수 있다. 모든 순서쌍 (x, y, z)에 의해 표현되는 점의 집합을 3차원 공간(three-dimensional space) 또는 xyz 공간 또는 $\mathbb{R}^3$이라 한다. xy평면에서 학습

한 다양한 성질을 *xyz*공간의 성질로 확장할 수 있다.

xyz 좌표계

▶ 기호 $\mathbb{R}^3$은 모든 세 실수의 순서쌍 집합을 나타낸다.

*xy*좌표계에 ***z*축**이라 하는 새로운 좌표축을 추가하여 3차원 좌표계를 얻는다. 자세히 언급하면 *z*축은 *x*축과 *y*축에 수직이고 원점을 지난다(그림 12.25). 이 결과로 얻는 새로운 좌표계를 **3차원 직교좌표계**(three-dimensional rectangular coordinate system) 또는 ***xyz* 좌표계**라고 한다.

이 좌표계에서는 오른손 법칙을 사용하기로 약속한다. 즉, 오른손의 엄지를 제외한 모든 손가락을 *x*축의 양의 방향에서 *y*축의 양의 방향으로 감아 회전시킬 때, 엄지가 가리키는 방향이 *z*축의 양의 방향이다(그림 12.25).

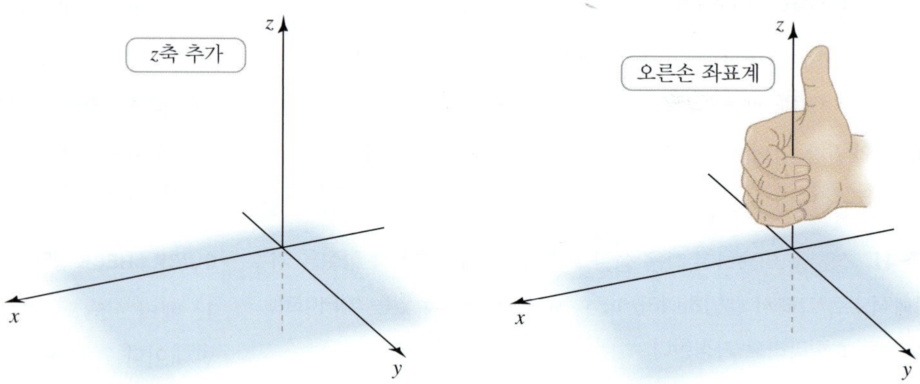

그림 12.25

3차원 공간에서도 *x*축과 *y*축을 포함하는 평면을 *xy*평면이라 한다. 여기에 새로운 두 좌표평면인 *x*축과 *z*축을 포함하는 ***xz* 평면**, *y*축과 *z*축을 포함하는 ***yz*평면**이 나타난다. 이 세 좌표평면을 결합하면 세 평면은 *xyz*공간을 8개의 **팔분공간**(octant)으로 분할한다(그림 12.26).

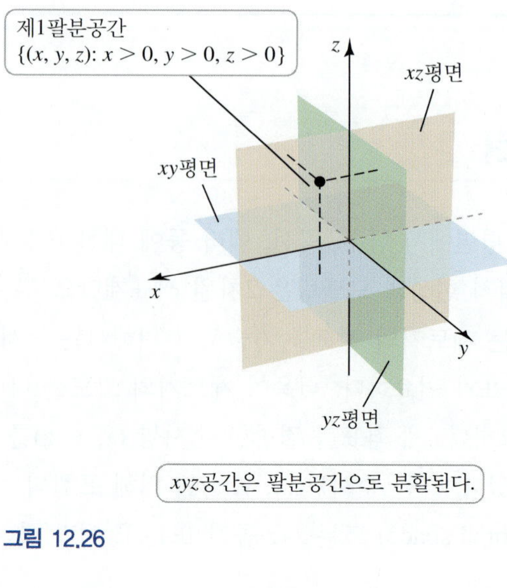

그림 12.26

세 좌표축이 만나는 점은 **원점**(origin)이며, 이 점의 좌표는 (0, 0, 0)이다. 순서쌍 (a, b, c)는 xyz공간에서 원점을 출발하여 x축 방향으로 a단위, y축 방향으로 b단위, z축 방향으로 c단위만큼 이동한 점의 좌표이다. 좌표가 음수이면 대응되는 좌표축을 따라 음의 방향으로 이동한다. 이 점을 시각적으로 나타내기 위해 한 꼭짓점이 원점이고 (반대쪽) 꼭짓점이 (a, b, c)인 직육면체를 그리면 도움이 된다(그림 12.27).

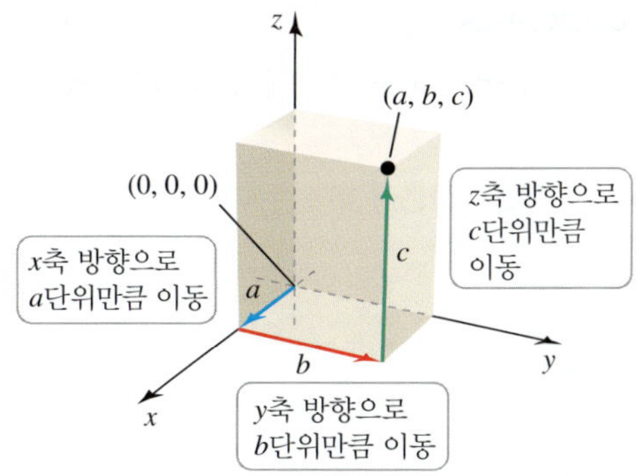

그림 12.27

| 예제 1 | ***xyz* 공간에 점의 표시** 다음 점을 xyz공간에 나타내어라.

a. (3, 4, 5) **b.** (−2, −3, 5)

풀이

a. (0, 0, 0)에서 출발하여 x축 방향으로 3단위만큼 이동하여 점 (3, 0, 0)에 도착한 다음, y축 방향으로 4단위만큼 이동하여 점 (3, 4, 0)에 도착한다. 마지막으로 z축 방향으로 5단위만큼 이동하여 점 (3, 4, 5)에 도착한다(그림 12.28).

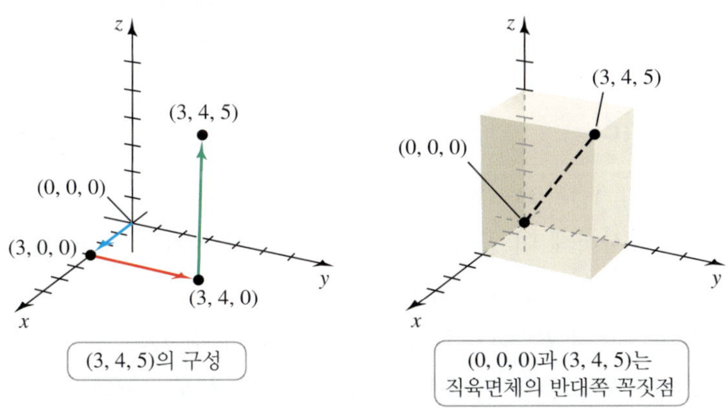

그림 12.28

b. x축 방향으로 (−2, 0, 0)까지 −2단위 이동한 다음, y축 방향으로 (−2, −3, 0)까지 −3단위 이동한다. 마지막으로 z축 방향으로 5단위 이동하여 (−2, −3, 5)에 도착한다(그림 12.29).

관련 연습문제 7번 ◀

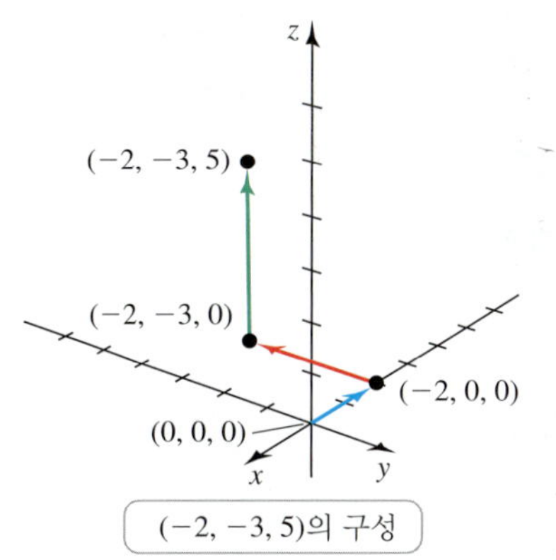

그림 12.29

QUICK CHECK 1 x축, y축, z축의 양의 방향을 각각 동쪽, 북쪽, 위쪽 방향을 가리킨다고 가정하자. 세 점 (−1, −1, 0), (1, 0, 1), (−1, −1, −1)의 위치를 원점에 대한 방향으로 기술하여라. ◀

단순 평면의 방정식

xyz 공간에서 xy평면은 z좌표가 0인 모든 점으로 구성되어 있다. 따라서 xy평면은 집합 $\{(x, y, z): z = 0\}$이며, xy평면의 방정식은 $z = 0$으로 나타낸다. 마찬가지로 xz평면의 방정식은 $y = 0$, yz평면의 방정식은 $x = 0$으로 나타낸다.

좌표평면에 평행인 평면은 쉽게 나타낼 수 있다. 예를 들어 방정식 $x = 2$는 y좌표와 z좌표가 임의의 실수이고 x좌표가 2인 모든 점의 집합이므로 이 평면은 yz평면에 평행이고 yz평면으로부터 2단위 위치에 있다. 마찬가지로 방정식 $y = a$는 xz평면의 각 점을 $|a|$단위만큼 이동한 점의 집합이고, $z = a$는 xy평면의 각 점을

➤ 좌표평면에 평행이지 않은 평면은 12.5절에서 학습한다.

QUICK CHECK 2 두 평면 $x = -2$와 $z = 16$은 각각 어느 좌표평면에 평행인가? ◀

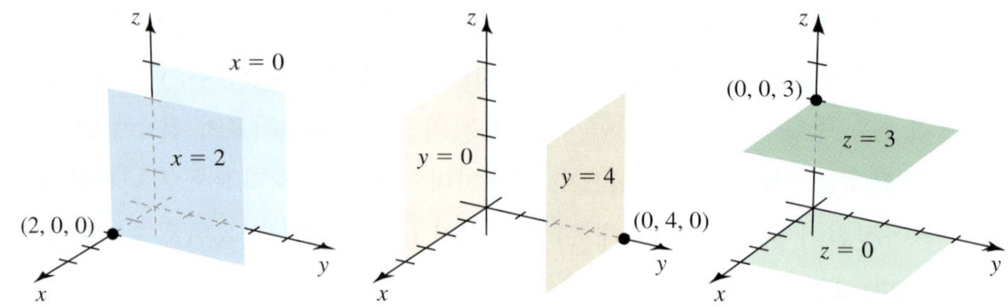

그림 12.30

$|a|$ 단위만큼 이동한 수평면의 방정식이다(그림 12.30).

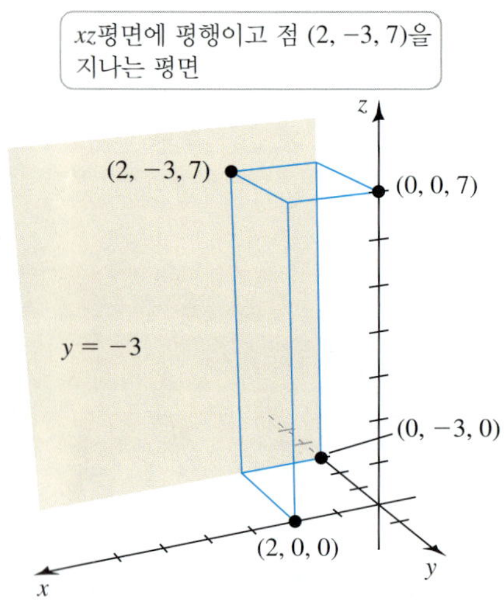

그림 12.31

| 예제 2 | 평행 평면 xz평면에 평행이고 점 $(2, -3, 7)$을 지나는 평면의 방정식을 구하여라.

풀이 xz평면에 평행인 평면의 모든 점에서 y좌표는 같다. 따라서 y좌표가 -3이고 점 $(2, -3, 7)$을 지나는 평면의 방정식은 $y = -3$이다(그림 12.31).

관련 연습문제 11번 ◀

xyz공간에서 거리

xy평면의 두 점 (x_1, y_1)과 (x_2, y_2) 사이의 거리는 $\sqrt{(x_2 - x_1)^2 + (y_2 - y_1)^2}$임을 기억하자. 이와 유사하게 이 공식은 xyz 공간의 두 점 $P(x_1, y_1, z_1)$과 $Q(x_2, y_2, z_2)$ 사이의 거리 공식을 유도할 때 응용할 수 있다.

그림 12.32는 두 점 P와 Q, 점 P와 같은 z좌표, 점 Q와 같은 x좌표, y좌표를 갖는 보조점 $R(x_2, y_2, z_1)$을 나타낸 것이다. 선분 PR의 길이는 $|PR| = \sqrt{(x_2 - x_1)^2 + (y_2 - y_1)^2}$이고, 여기서 이 값은 직각삼각형 PRQ의 빗변이 아닌 한 변의 길이이다. 이 직각삼각형의 빗변의 길이가 P와 Q 사이의 거리이다.

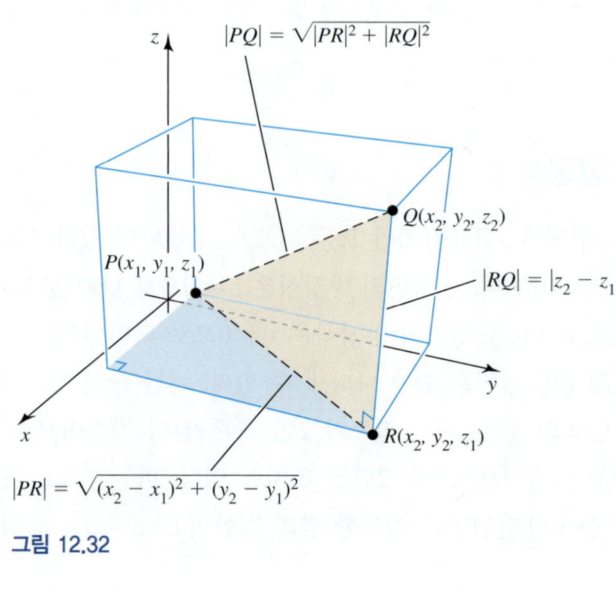

그림 12.32

$$|PQ| = \sqrt{|PR|^2 + |RQ|^2} = \sqrt{\underbrace{(x_2 - x_1)^2 + (y_2 - y_1)^2}_{|PR|^2} + \underbrace{(z_2 - z_1)^2}_{|RQ|^2}}$$

xyz 공간에서 거리 공식

두 점 $P(x_1, y_1, z_1)$과 $Q(x_2, y_2, z_2)$ 사이의 거리는 다음과 같다.

$$\sqrt{(x_2 - x_1)^2 + (y_2 - y_1)^2 + (z_2 - z_1)^2}$$

거리 공식을 적용하면 두 점 $P(x_1, y_1, z_1)$과 $Q(x_2, y_2, z_2)$를 잇는 선분의 **중점**을 구하는 공식을 유도할 수 있는데(연습문제 39번), 이 중점은 x좌표, y좌표, z좌표 각각의 평균이다(그림 12.33).

$$\text{중점} = \left(\frac{x_1 + x_2}{2}, \frac{y_1 + y_2}{2}, \frac{z_1 + z_2}{2}\right)$$

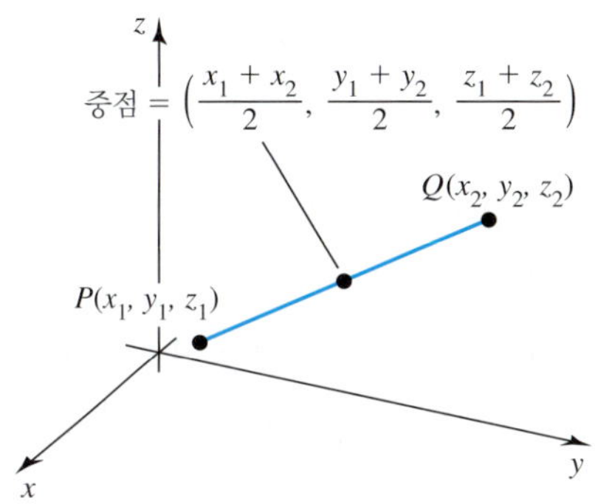

그림 12.33

구의 방정식

구(sphere)는 한 점 (a, b, c)로부터 거리가 (적당한) 상수 r인 점의 집합이다. 여기서 r을 구의 반지름(radius)이라 하고, (a, b, c)를 구의 중심(center)이라 한다. 중심이 (a, b, c)인 공(ball)은 중심이 (a, b, c)이고 반지름이 r인 구와 이 구 내부의 모든 점의 집합이다(그림 12.34). 이제 거리 공식을 이용하여 이 내용을 구체화해 보자.

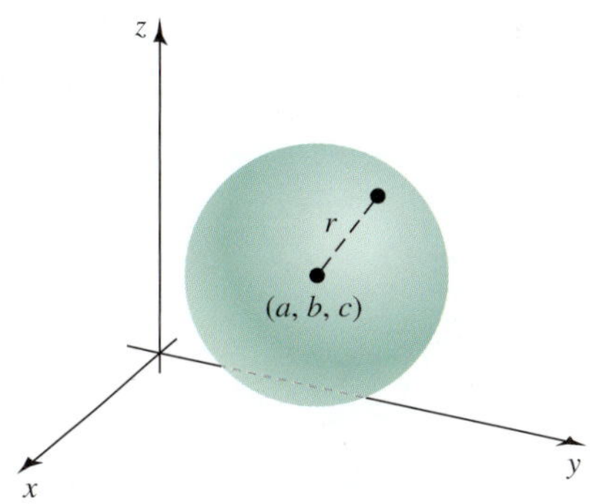

구: $(x - a)^2 + (y - b)^2 + (z - c)^2 = r^2$
공: $(x - a)^2 + (y - b)^2 + (z - c)^2 \le r^2$

그림 12.34

정의 구와 공

중심이 (a, b, c)이고 반지름이 r인 **구**는 다음 방정식을 만족하는 모든 점의 집합이다.

$$(x - a)^2 + (y - b)^2 + (z - c)^2 = r^2$$

중심이 (a, b, c)이고 반지름이 r인 **공**은 다음 방정식을 만족하는 모든 점의 집합이다.

$$(x - a)^2 + (y - b)^2 + (z - c)^2 \le r^2$$

| 예제 3 | 구의 방정식 두 점 $P(1, -2, 5)$와 $Q(3, 4, -6)$이 주어졌을 때, 선분 PQ가 지름인 구의 방정식을 구하여라.

➤ 원이 2차원 원판의 경계인 것과 같이 구는 3차원 공의 경계이다. 닫힌 공(closed ball)은 경계를 포함한 공으로 정의하고, 열린 공(open ball)은 닫힌 공에서 경계가 제외된 것으로 정의한다.

풀이 구의 중심은 PQ의 중점이다.

$$\left(\frac{1 + 3}{2}, \frac{-2 + 4}{2}, \frac{5 - 6}{2}\right) = \left(2, 1, -\frac{1}{2}\right)$$

구의 지름은 거리 $|PQ|$이고, 이 거리는 다음과 같다.

$$\sqrt{(3-1)^2+(4+2)^2+(-6-5)^2}=\sqrt{161}$$

따라서 구의 반지름은 $\frac{1}{2}\sqrt{161}$이고 중심은 $\left(2, 1, -\frac{1}{2}\right)$이다. 이제 구하는 구의 방정식은 다음과 같다.

$$(x-2)^2+(y-1)^2+\left(z+\frac{1}{2}\right)^2=\left(\frac{1}{2}\sqrt{161}\right)^2=\frac{161}{4}$$

관련 연습문제 14번 ◀

| 예제 4 | **방정식 확인** 방정식 $x^2+y^2+z^2-2x+6y-8z=-1$을 만족하는 점들의 집합을 설명하여라.

QUICK CHECK 3 다음 방정식의 해집합을 설명하여라.
$(x-1)^2+y^2+(z+1)^2+4=0$ ◀

풀이 인수분해를 이용하여 주어진 방정식을 다음과 같이 완전제곱식 형태로 나타낸다.

$$(x^2-2x)+(y^2+6y)+(z^2-8z)=-1 \quad \text{항끼리 묶기}$$
$$(x^2-2x+1)+(y^2+6y+9)+(z^2-8z+16)=25 \quad \text{완전제곱식 형태로 나타내기}$$
$$(x-1)^2+(y+3)^2+(z-4)^2=25 \quad \text{인수분해하기}$$

따라서 주어진 방정식은 반지름이 5이고 중심이 $(1, -3, 4)$인 구를 나타낸다.

관련 연습문제 16번 ◀

$\mathbb{R}^3$의 벡터

$\mathbb{R}^3$의 벡터는 xy평면의 벡터를 확장한 것이다. 즉, 세 번째 성분을 추가하기만 하면 된다. 위치벡터 $\mathbf{v}=\langle v_1, v_2, v_3\rangle$의 시점은 원점이고 종점은 (v_1, v_2, v_3)이며, 같은 길이와 방향을 갖는 벡터는 동일하다. 따라서 시점이 $P(x_1, y_1, z_1)$이고 종점이 $Q(x_2, y_2, z_2)$인 벡터 $\overrightarrow{PQ}$는 위치벡터 $\langle x_2-x_1, y_2-y_1, z_2-z_1\rangle$과 같다. $\mathbf{v}$의 길이와 방향이 같은, 이를테면 $\overrightarrow{RS}$(그림 12.35)와 같은 임의의 벡터는 모두 같다.

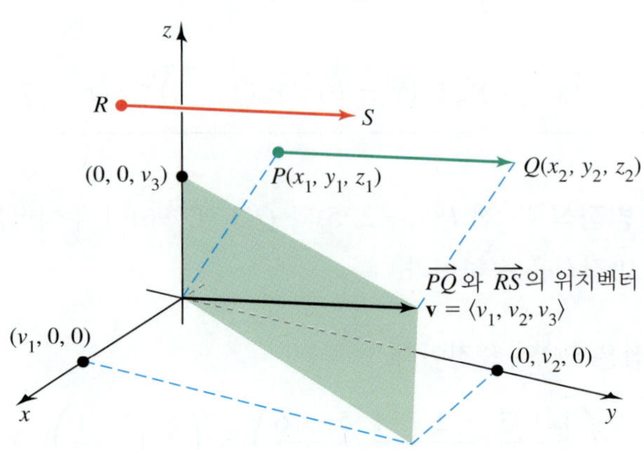

그림 12.35

$\mathbb{R}^2$에서 벡터의 덧셈과 스칼라 곱을 3차원으로 확장할 수 있다. 예를 들어 두 벡터의 합은 삼각형 법칙 또는 평행사변형 법칙을 적용하면 기하학적으로 설명할 수 있다(12.1절). 또한 이는 두 벡터에 대응하는 성분을 더함으로써 수치적 연산으로 설명할 수 있다. 2차원 벡터와 마찬가지로 3차원 벡터의 스칼라 곱도 벡터의 확장 또는 축소이며, 스칼라가 음수이면 방향은 주어진 벡터의 방향과 반대이다. 영벡터가 아닌 두 벡터에서 한 벡터가 나머지 벡터의 (0이 아닌) 스칼라 곱이면 두 벡터는 서로 평행이다(그림 12.36).

QUICK CHECK 4 다음 중 어느 벡터들이 서로 평행인가?

a. $\mathbf{u} = \langle -2, 4, -6 \rangle$

b. $\mathbf{v} = \langle 4, -8, 12 \rangle$

c. $\mathbf{w} = \langle -1, 2, 3 \rangle$ ➤

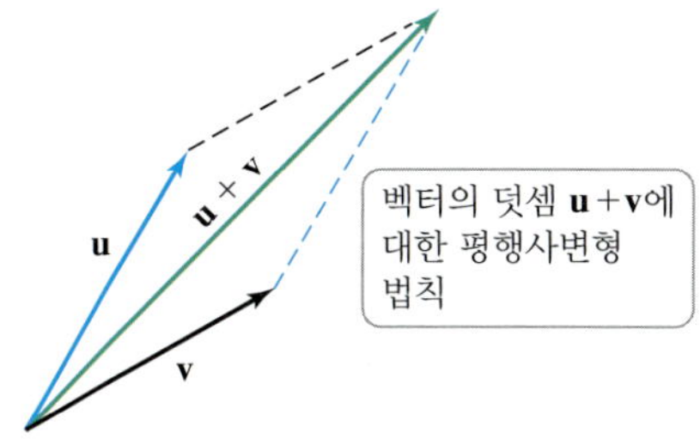

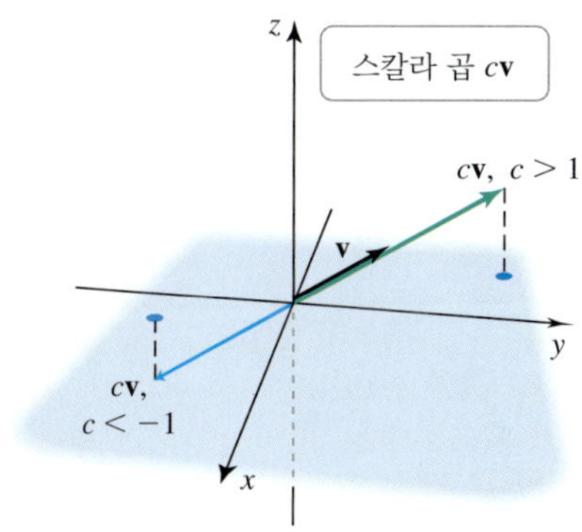

그림 12.36

정의 $\mathbb{R}^3$**에서 벡터 연산**

$\mathbf{u} = \langle u_1, u_2, u_3 \rangle$, $\mathbf{v} = \langle v_1, v_2, v_3 \rangle$이고 c를 스칼라라고 가정하자.

$$\mathbf{u} + \mathbf{v} = \langle u_1 + v_1, u_2 + v_2, u_3 + v_3 \rangle \quad \text{합벡터}$$

$$\mathbf{u} - \mathbf{v} = \langle u_1 - v_1, u_2 - v_2, u_3 - v_3 \rangle \quad \text{차벡터}$$

$$c\mathbf{u} = \langle cu_1, cu_2, cu_3 \rangle \quad \text{스칼라 곱}$$

| 예제 5 | $\mathbb{R}^3$**의 벡터** $\mathbf{u} = \langle 2, -4, 1 \rangle$, $\mathbf{v} = \langle 3, 0, -1 \rangle$이라 하자. 다음 벡터의 성분을 구한 다음 이 벡터를 $\mathbb{R}^3$에 그려라.

a. $\frac{1}{2}\mathbf{u}$ **b.** $-2\mathbf{v}$ **c.** $\mathbf{u} + 2\mathbf{v}$

풀이

a. 스칼라 곱의 정의를 이용하면 $\frac{1}{2}\mathbf{u} = \frac{1}{2}\langle 2, -4, 1 \rangle = \left\langle 1, -2, \frac{1}{2} \right\rangle$이다. 벡터 $\frac{1}{2}\mathbf{u}$는 $\mathbf{u}$와 같은 방향이고, $\frac{1}{2}\mathbf{u}$의 길이는 $\mathbf{u}$의 절반이다(그림 12.37).

b. 스칼라 곱을 이용하면 $-2\mathbf{v} = -2\langle 3, 0, -1 \rangle = \langle -6, 0, 2 \rangle$이다. 벡터 $-2\mathbf{v}$의 방향은 $\mathbf{v}$의 방향과 반대이고, 길이는 $\mathbf{v}$의 두 배이다(그림 12.38).

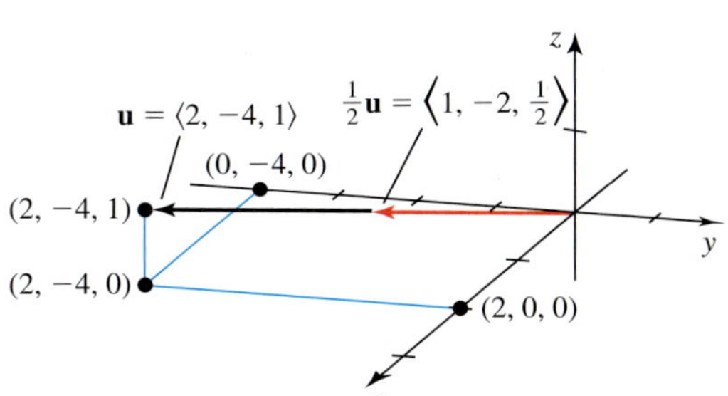

그림 12.37

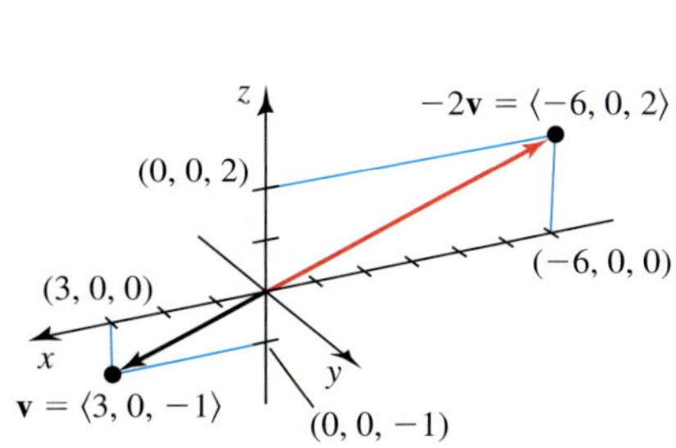

그림 12.38

c. 벡터의 덧셈과 스칼라 곱을 이용하면 다음을 얻는다.

$$\mathbf{u} + 2\mathbf{v} = \langle 2, -4, 1 \rangle + 2\langle 3, 0, -1 \rangle = \langle 8, -4, -1 \rangle$$

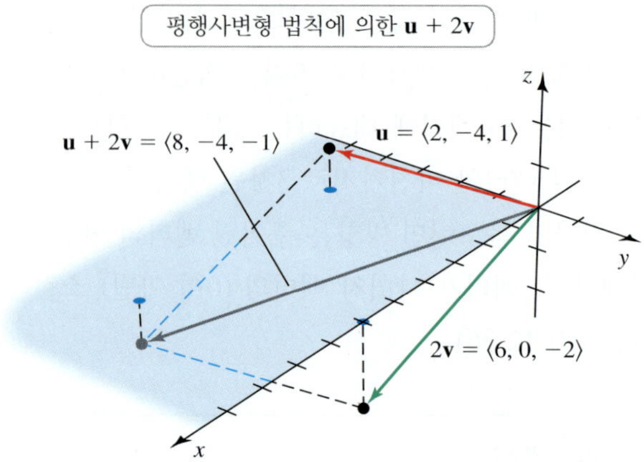

그림 12.39

u와 2**v**에 평행사변형 법칙을 적용하면 벡터 **u** + 2**v**를 그릴 수 있다(그림 12.39).

관련 연습문제 18번 ◀

크기와 단위벡터

시점이 $P(x_1, y_1, z_1)$이고 종점이 $Q(x_2, y_2, z_2)$인 벡터 $\overrightarrow{PQ}$의 크기는 기호 $|\overrightarrow{PQ}|$로 나타낸다. 이는 P와 Q 사이의 거리이므로 거리 공식으로 나타낼 수 있다(그림 12.40).

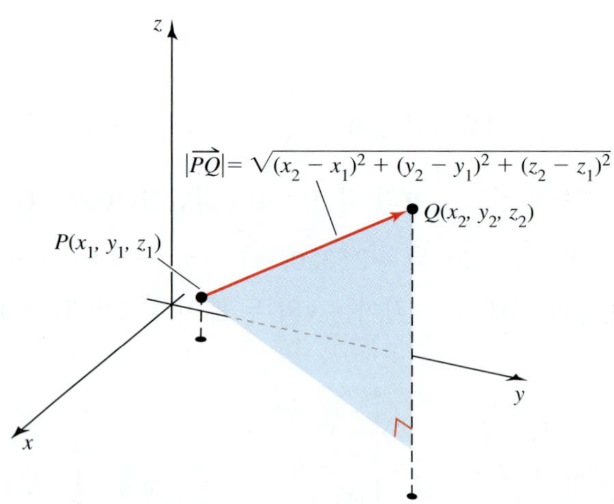

그림 12.40

> **정의 벡터의 크기**
>
> 시점이 $P(x_1, y_1, z_1)$이고 종점이 $Q(x_2, y_2, z_2)$인 벡터 $\overrightarrow{PQ} = \langle x_2 - x_1, y_2 - y_1, z_2 - z_1\rangle$의 **크기**(또는 **길이**)는 다음 거리 공식으로 주어진다.
>
> $$|\overrightarrow{PQ}| = \sqrt{(x_2 - x_1)^2 + (y_2 - y_1)^2 + (z_2 - z_1)^2}$$

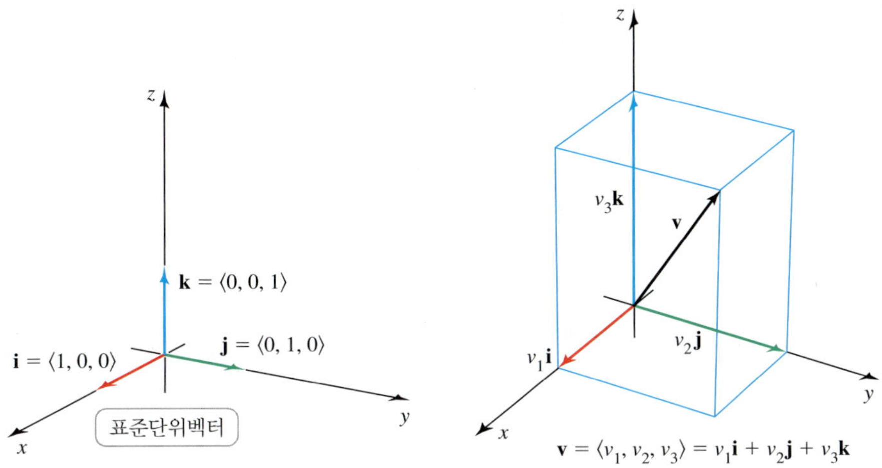

그림 12.41

12.1절에서 학습한 표준단위벡터는 3차원으로 자연스럽게 확장할 수 있다. $\mathbb{R}^3$의 세 표준단위벡터(그림 12.41)는 다음과 같다.

$$\mathbf{i} = \langle 1, 0, 0 \rangle, \mathbf{j} = \langle 0, 1, 0 \rangle, \mathbf{k} = \langle 0, 0, 1 \rangle$$

이 세 단위벡터는 위치벡터를 나타내는 또 다른 방법을 제시한다. $\mathbf{v} = \langle v_1, v_2, v_3 \rangle$을 다음과 같이 나타낼 수 있다.

$$\mathbf{v} = v_1\langle 1, 0, 0 \rangle + v_2\langle 0, 1, 0 \rangle + v_3\langle 0, 0, 1 \rangle = v_1\mathbf{i} + v_2\mathbf{j} + v_3\mathbf{k}$$

| 예제 6 | 크기와 단위벡터 두 점 $P(5, 3, 1)$과 $Q(-7, 8, 1)$을 고려하자.

a. 세 단위벡터 **i**, **j**, **k**를 이용하여 $\overrightarrow{PQ}$를 나타내어라.

b. $\overrightarrow{PQ}$의 크기를 구하여라.

c. $\overrightarrow{PQ}$와 방향이 같고 크기가 10인 벡터 중 위치벡터를 구하여라.

풀이

a. $\overrightarrow{PQ}$는 위치벡터 $\langle -7-5, 8-3, 1-1 \rangle = \langle -12, 5, 0 \rangle$과 같다. 따라서 $\overrightarrow{PQ} = -12\mathbf{i} + 5\mathbf{j}$이다.

b. $|\overrightarrow{PQ}| = |-12\mathbf{i} + 5\mathbf{j}| = \sqrt{12^2 + 5^2} = \sqrt{169} = 13$

c. $\overrightarrow{PQ}$ 방향의 단위벡터는 $\mathbf{u} = \dfrac{\overrightarrow{PQ}}{|\overrightarrow{PQ}|} = \dfrac{1}{13}\langle -12, 5, 0 \rangle$이다. 따라서 **u**와 방향이 같고 크기가 10인 벡터는 $10\mathbf{u} = \dfrac{10}{13}\langle -12, 5, 0 \rangle$이다.

관련 연습문제 21번 ◀

QUICK CHECK 5 두 벡터 $\mathbf{u} = 3\mathbf{i} - \mathbf{j} - \mathbf{k}$와 $\mathbf{v} = 2(\mathbf{i} + \mathbf{j} + \mathbf{k})$ 중 어느 벡터의 크기가 더 작은가? ◀

| 예제 7 | 옆바람 속 비행 옆바람이 남동 45° 방향 40 mi/hr의 속력과 함께 수평으로 불고 있고 하강기류가 30 mi/hr의 속력과 함께 수직으로 내려오고 있는 대기 중에서 한 항공기가 (정)북쪽 방향 300 mi/hr의 속력과 함께 수평 비행하고 있다. 이때 지면에 대한 항공기의 속력과 방향은 무엇인가?

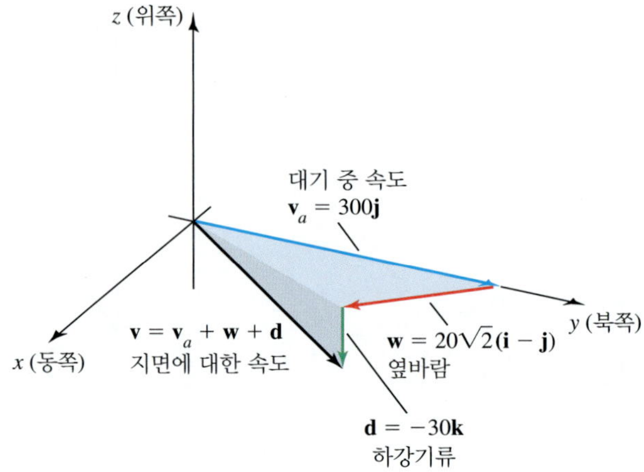

그림 12.42

풀이 $\mathbf{i}$, $\mathbf{j}$, $\mathbf{k}$를 각각 동쪽, 북쪽, 위쪽 방향을 가리킨다고 하자(그림 12.42). 대기 중 항공기의 속도(북쪽 300 mi/hr)는 $\mathbf{v}_a = 300\mathbf{j}$이다. 옆바람은 남동 45° 방향으로 불고 있으므로 옆바람의 동쪽 방향($\mathbf{i}$ 방향) 성분은 $40 \cos 45° = 20\sqrt{2}$이고 남쪽 방향($\mathbf{j}$의 음의 방향) 성분도 $40 \cos 45° = 20\sqrt{2}$이다. 마지막으로 하강기류를 벡터 $\mathbf{d}$라고 하면 $\mathbf{k}$의 음의 방향을 가리키며 $\mathbf{d} = -30\mathbf{k}$이다. 지면에 대한 항공기의 속도 $\mathbf{v}$는 다음과 같이 세 벡터 $\mathbf{v}_a$, $\mathbf{w}$, $\mathbf{d}$의 합이다.

$$\begin{aligned}\mathbf{v} &= \mathbf{v}_a + \mathbf{w} + \mathbf{d}\\ &= 300\mathbf{j} + (20\sqrt{2}\mathbf{i} - 20\sqrt{2}\mathbf{j}) - 30\mathbf{k}\\ &= 20\sqrt{2}\mathbf{i} + (300 - 20\sqrt{2})\mathbf{j} - 30\mathbf{k}\end{aligned}$$

그림 12.42는 항공기의 속도 벡터를 나타내고 있다. 속력을 간략히 계산하면 $|\mathbf{v}| \approx 275$ mi/hr이다. 항공기는 북쪽에서 동쪽으로 약간 치우쳐서 아래로 향하고 있다. 다음 절에서 벡터의 방향을 정확히 결정하는 방법을 학습할 것이다.

관련 연습문제 24번 ◀

12.2절 연습문제

1단계 스타트

1. $\mathbb{R}^3$에서 점 $(3, -2, 1)$을 나타내는 방법을 설명하여라.

2. 평면 $x = 4$를 설명하여라.

3. $\mathbf{u} = \langle 3, 5, -7 \rangle$이고 $\mathbf{v} = \langle 6, -5, 1 \rangle$일 때, $\mathbf{u} + \mathbf{v}$와 $3\mathbf{u} - \mathbf{v}$를 구하여라.

4. $(3, -1, 2)$와 $(0, 0, -4)$ 중 어느 점이 원점으로부터 더 멀리 있는가?

2단계 실전

5–6. $\mathbb{R}^3$의 점 다음 직육면체에서 세 꼭짓점 A, B, C의 좌표를 구하여라.

5.

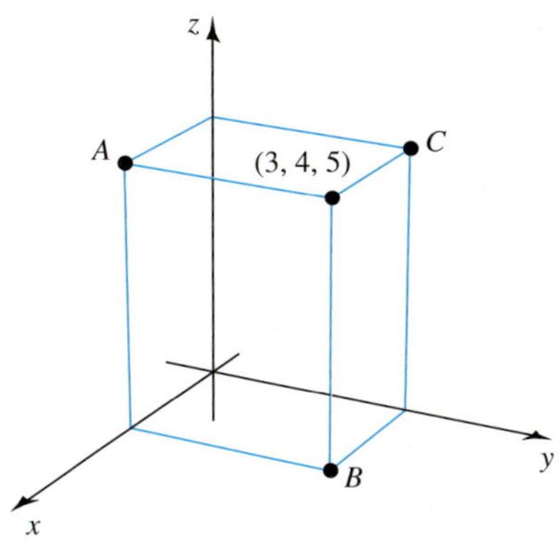

6.

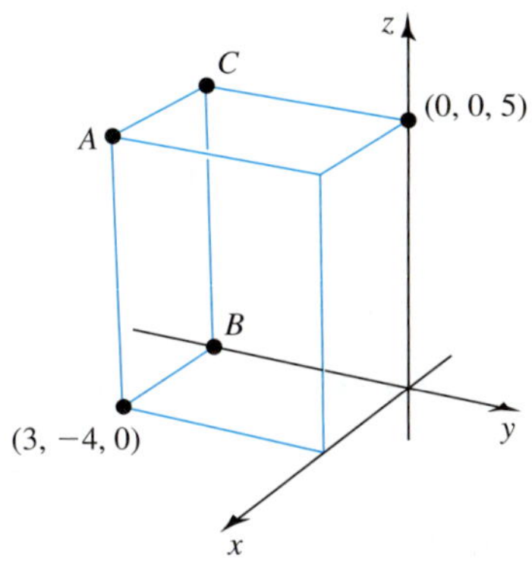

7. **$\mathbb{R}^3$에서 점 표시** 점 $P(x, y, z)$에 대하여 $A(x, y, 0)$, $B(x, 0, z)$, $C(0, y, z)$를 각각 xy평면, xz평면, yz평면의 점이라고 하자. $\mathbb{R}^3$에 네 점 A, B, C, P를 그린 다음 각 점의 이름을 나타내어라.

   a. $P(2, 2, 4)$ **b.** $P(1, 2, 5)$ **c.** $P(-2, 0, 5)$

8–10. 평면 그리기 범위가 $[0, 5] \times [0, 5] \times [0, 5]$인 창(window)에 다음 평면을 그려라.

8. $z = 3$ **9.** $z = y$

10. 세 점 (2, 0, 0), (0, 3, 0), (0, 0, 4)를 지나는 평면

11. 평면 xy평면에 평행이고 점 (2, 4, 2)를 지나는 평면을 그린 다음 이 평면의 방정식을 구하여라.

12–13. 구와 공 주어진 구와 공에 대하여 방정식 또는 부등식을 구하여라.

12. 중심이 (1, 2, 3)이고 반지름이 4인 구

13. 중심이 (−2, 0, 4)이고 반지름이 1인 공

14. 중점과 구 두 점 $P(1, 0, 5)$와 $Q(2, 3, 9)$를 지나고 중심이 PQ의 중점인 구의 방정식을 구하여라.

15–17. 집합의 확인 주어진 점의 집합을 기하학적으로 설명하여라.

15. $(x-1)^2 + y^2 + z^2 - 9 = 0$

16. $x^2 + y^2 + z^2 - 2y - 4z - 4 = 0$

17. $x^2 + y^2 + z^2 - 8x - 14y - 18z \le 79$

18–20. 벡터 연산 두 벡터 $\mathbf{u}$와 $\mathbf{v}$에 대하여 다음을 구하여라.

a. $3\mathbf{u} + 2\mathbf{v}$ **b.** $4\mathbf{u} - \mathbf{v}$ **c.** $|\mathbf{u} + 3\mathbf{v}|$

18. $\mathbf{u} = \langle 4, -3, 0 \rangle$, $\mathbf{v} = \langle 0, 1, 1 \rangle$

19. $\mathbf{u} = \langle -2, 1, -2 \rangle$, $\mathbf{v} = \langle 1, 1, 1 \rangle$

20. $\mathbf{u} = \langle -7, 11, 8 \rangle$, $\mathbf{v} = \langle 3, -5, -1 \rangle$

21–23. 단위벡터와 크기 두 점 P와 Q에 대하여 물음에 답하여라.

a. $\overrightarrow{PQ}$를 구하고 이를 $\langle a, b, c \rangle$와 $a\mathbf{i} + b\mathbf{j} + c\mathbf{k}$의 두 가지 형태로 나타내어라.

b. $\overrightarrow{PQ}$의 크기를 구하여라.

c. $\overrightarrow{PQ}$에 평행인 두 단위벡터를 구하여라.

21. $P(1, 5, 0)$, $Q(3, 11, 2)$

22. $P(-3, 1, 0)$, $Q(-3, -4, 1)$

23. $P(a, b, c)$, $Q(1, 1, -1)$ (단, a, b, c는 실수)

24. 옆바람 속 항공기 동쪽 수평 방향 20 mi/hr의 속력으로 불고 있는 옆바람과 수직 아래 방향 10 mi/hr의 속력을 가진 하강기류 속에서 어떤 모형 비행기가 북쪽 수평 방향 20 mi/hr의 속력으로 날고 있다.

   a. 이 모형 비행기의 지면에 대한 속도를 나타내는 위치벡터를 구하여라.

   b. 이 모형 비행기의 지면에 대한 속력을 구하여라.

25. 옆바람 남서 수평 방향 50 mi/hr의 속력으로 불고 있는 옆바람과 수직 위쪽 방향 30 mi/hr의 속력을 가진 상승기류 속에서 어떤 소형 항공기가 동쪽 수평 방향 250 mi/hr의 속력으로 날고 있다. 이 항공기의 속력을 구하고, 지면에 대한 속도의 방향을 간략하게 그려서 설명하여라.

26. 잠수함의 경로 수평면과 위쪽 30°의 각도를 유지하며 북동 방향으로 어떤 잠수함이 부상하고 있다. 이 잠수함의 속력이 20노트(knot)일 때, 속도 벡터의 동쪽, 북쪽, 위쪽 방향의 성분을 각각 구하여라.

27. 참 또는 거짓 다음 명제가 참이면 증명하고 거짓이면 반례를 들어라.

   a. $\mathbb{R}^3$에서 서로 다른 두 벡터 $\mathbf{u}$와 $\mathbf{v}$가 $\mathbf{w}$와 각각 45°의 각도를 유지하면 $\mathbf{u} + \mathbf{v}$도 $\mathbf{w}$와 45°의 각도를 유지한다.

b. $\mathbb{R}^3$에서 서로 다른 두 벡터 $\mathbf{u}$와 $\mathbf{v}$가 $\mathbf{w}$와 각각 $90°$의 각도를 유지하면 $\mathbf{u}+\mathbf{v}$는 $\mathbf{w}$와 $90°$의 각도를 유지할 수 없다.

c. $\mathbf{i}+\mathbf{j}+\mathbf{k}=\mathbf{0}$

d. 세 평면 $x=1$, $y=1$, $z=1$의 교집합은 한 점이다.

28. 점의 집합 $x^2y^2z^2 > 0$을 만족하는 점 (x, y, z)의 집합을 그린 다음, 설명하여라.

29–30. 점의 집합

29. 두 방정식 $z=0$과 $x^2+y^2=1$을 만족하는 점 (x, y, z)의 집합을 기하학적으로 설명하고 그려라.

30. 구 $x^2+y^2+z^2=5$와 평면 $z=1$의 교집합에 속하는 점 (x, y, z)의 집합을 기하학적으로 설명하여라.

31. 원의 방정식 xz평면에 평행이며 중심이 $(2, 4, 1)$이고 반지름이 3인 원을 두 방정식으로 나타내어라.

32. 벡터 $\mathbf{v}=\langle 2, -4, 4\rangle$를 $\mathbf{v}$ 방향의 단위벡터와 $\mathbf{v}$의 크기의 곱으로 나타내어라.

33. $\langle 3, -2, \sqrt{3}\rangle$의 방향과 반대이며 길이가 5인 벡터를 구하여라.

34–35. 가변 길이의 평행 벡터 $\mathbf{v}$와 평행이고 주어진 길이를 갖는 벡터를 구하여라.

34. $\mathbf{v}=\langle 6, -8, 0\rangle$, 길이 $=20$

35. $P(3, 4, 0)$이고 $Q(2, 3, 1)$일 때 $\mathbf{v}=\overrightarrow{PQ}$, 길이 $=3$

36. 같은 직선 위의 점 $\overrightarrow{PQ}$와 $\overrightarrow{PR}$을 비교하여 P, Q, R이 같은 직선 위의 점인지 판정하여라. 세 점이 같은 직선 위에 있으면 어느 점이 나머지 두 점 사이에 있는지 결정하여라.

a. $P(1, 6, -5)$, $Q(2, 5, -3)$, $R(4, 3, 1)$

b. $P(1, 5, 7)$, $Q(5, 13, -1)$, $R(0, 3, 9)$

c. $P(1, 2, 3)$, $Q(2, -3, 6)$, $R(3, -1, 9)$

d. $P(9, 5, 1)$, $Q(11, 18, 4)$, $R(6, 3, 0)$

3단계 도전

37. 세 줄에 매달린 물체 세 점 $(-2, 0, 0)$, $(1, \sqrt{3}, 0)$, $(1, -\sqrt{3}, 0)$에 각각 고정되고 길이가 같은 세 줄에 그림과 같이 500 lb의 물체가 매달려 있다. 세 줄이 물체에 작용하는 힘을 나타내는 벡터를 각각 구하여라.

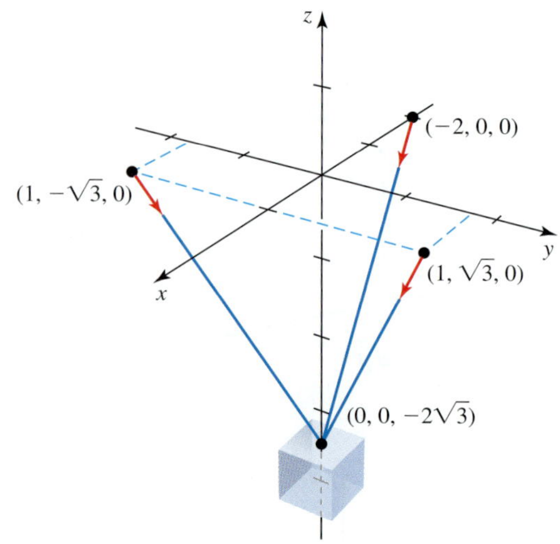

38. 가능한 평행사변형 세 점 $O(0, 0, 0)$, $P(1, 4, 6)$, $Q(2, 4, 3)$을 꼭짓점으로 갖는 평행사변형의 나머지 꼭짓점으로 가능한 모든 점을 구하여라.

39. 중점 공식 두 점 $P(x_1, y_1, z_1)$과 $Q(x_2, y_2, z_2)$를 잇는 선분의 중점의 좌표는 다음과 같음을 증명하여라.

$$\left(\frac{x_1+x_2}{2}, \frac{y_1+y_2}{2}, \frac{z_1+z_2}{2}\right)$$

40. 좌표가 없는 삼각형의 중선 $\mathbb{R}^3$의 세 벡터 $\mathbf{u}$, $\mathbf{v}$, $\mathbf{w}$가 어떤 삼각형의 세 변을 그림과 같이 나타낸다고 하자. 다음 단계를 수행하여 주어진 삼각형의 세 중선이 한 점에서 만나고, 이 교점은 각 중선을 2 : 1로 나눔을 증명하여라. 이때 좌표계를 사용하지 않고 증명한다.

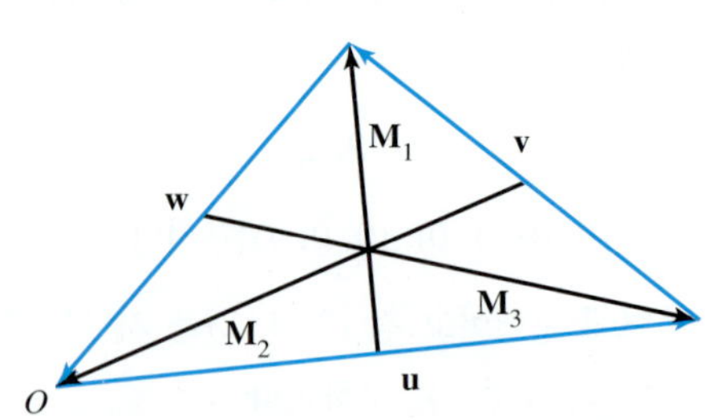

a. $\mathbf{u}+\mathbf{v}+\mathbf{w}=\mathbf{0}$임을 보여라.

b. 시점이 $\mathbf{u}$의 중점이고 종점이 $\mathbf{u}$의 반대쪽 꼭짓점인 중선 벡터를 $\mathbf{M}_1$이라 하고, $\mathbf{M}_2$와 $\mathbf{M}_3$을 이와 유사하게 정의하자. 합벡터의 기하학적 성질을 이용하여 $\mathbf{M}_1=\dfrac{\mathbf{u}}{2}+\mathbf{v}$임을 증명하여라. $\mathbf{M}_2$와 $\mathbf{M}_3$도 이와 유사한 식으로 나타내어라.

c. **a**, **b**, **c**를 시점이 O이고 종점이 각각 $\frac{1}{3}\mathbf{M}_1$, $\frac{1}{3}\mathbf{M}_2$, $\frac{1}{3}\mathbf{M}_3$의 종점인 벡터라고 하자. $\mathbf{a} = \mathbf{b} = \mathbf{c} = \frac{\mathbf{u} - \mathbf{w}}{3}$임을 증명하여라.

d. 세 중선은 한 점에서 만나고, 이 교점은 각 중선을 2 : 1로 나눔을 증명하여라.

41. 좌표가 없는 사변형의 성질 $\mathbb{R}^3$에서 네 점 P, Q, R, S를 네 벡터 **u**, **v**, **w**, **x**로 이루어진 사변형의 꼭짓점이라고 하자. 주어진 네 점은 한 평면 위에 놓일 필요는 없다(그림 참조). 다음 단계를 수행하여 이 사변형의 각 변의 중점을 잇는 선분은 평행사변형이 됨을 증명하여라. 이 증명은 좌표계를 사용하지 않음에 유의한다.

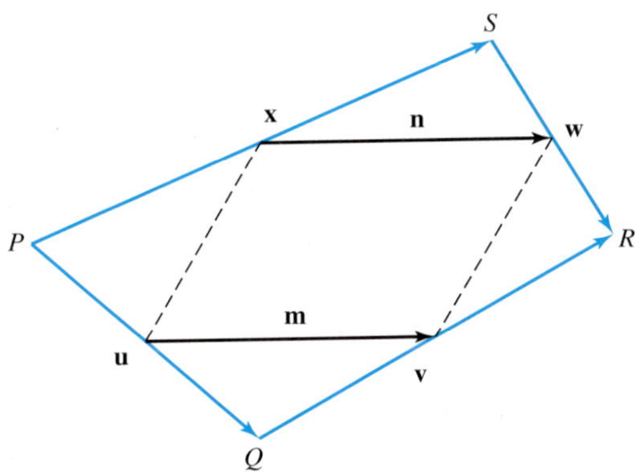

a. 합벡터를 이용하여 $\mathbf{u} + \mathbf{v} = \mathbf{w} + \mathbf{x}$임을 증명하여라.

b. 시점이 PQ의 중점이고 종점이 QR의 중점인 벡터를 **m**이라 할 때, $\mathbf{m} = \frac{\mathbf{u} + \mathbf{v}}{2}$임을 증명하여라.

c. 시점이 PS의 중점이고 종점이 SR의 중점인 벡터를 **n**이라 할 때, $\mathbf{n} = \frac{\mathbf{x} + \mathbf{w}}{2}$임을 증명하여라.

d. **a**, **b**, **c**를 이용하여 $\mathbf{m} = \mathbf{n}$임을 보여라.

e. **d**의 결과를 이용하여 사변형의 각 변의 중점을 잇는 선분이 평행사변형을 만드는 이유를 설명하여라.

QUICK CHECK 정답

1. 남서 방향, (정)동쪽과 위쪽 방향, 남서 방향과 아래쪽 방향 **2.** yz평면, xy평면 **3.** 해는 없다. **4.** **u**와 **v**는 서로 평행이다. **5.** $|\mathbf{u}| = \sqrt{11}$이고 $|\mathbf{v}| = \sqrt{12} = 2\sqrt{3}$, **u**의 크기가 (**v**의 크기보다) 더 작다. ◀

12.3 내적

이 절에서는 두 벡터 사이의 각을 결정하기 위해 내적(dot product)에 대하여 학습할 것이다. 또한 내적은 정사영(projection), 즉 주어진 벡터가 어떤 다른 벡터 방향으로 끼치는 영향을 나타내는 벡터를 구할 때 사용한다.

➤ 내적을 스칼라적(scalar product)이라고도 하는데, 이 용어는 스칼라 곱(scalar multiplication)과 혼동할 가능성이 있어 사용하지 않는다.

내적의 유용성을 살펴보기 위해 예를 들어 보자. 어떤 물체에 일정한 힘 F(스칼라)가 작용하여 거리 d만큼 직선을 따라 이동했으면 이 힘이 한 일(work)은 $W = Fd$임을 기억하자(6.7절). 이 법칙은 힘이 물체가 운동하는 방향으로 작용할 때만 성립한다(그림 12.43(a)). 이제 이 힘을 물체의 운동 방향과 각 θ를 이루면서 작용하는 벡터를 **F**라 하고, 이 힘에 의해 생성된 물체의 변위를 벡터 **d**라 하자. 이 경우 힘이 물체에 한 일은 힘의 운동 방향에 대한 성분과 물체가 이동한 거리의 곱, 즉 $W = (|\mathbf{F}| \cos\theta)|\mathbf{d}|$이다(그림 12.43(b)). 이와 같이 두 벡터의 크기의 곱과 두 벡터의 끼인각의 코사인 값을 곱한 것을 내적이라고 한다.

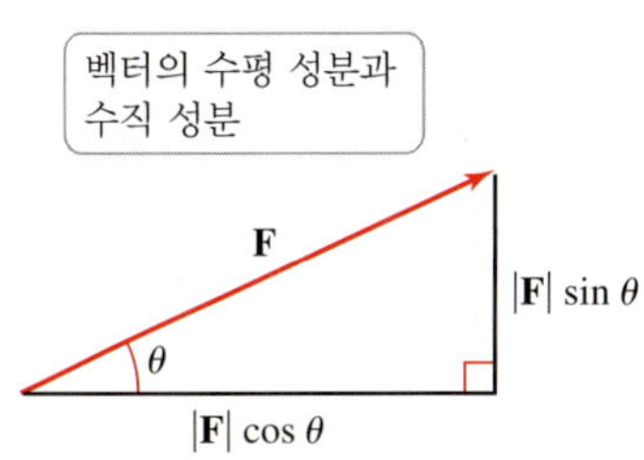

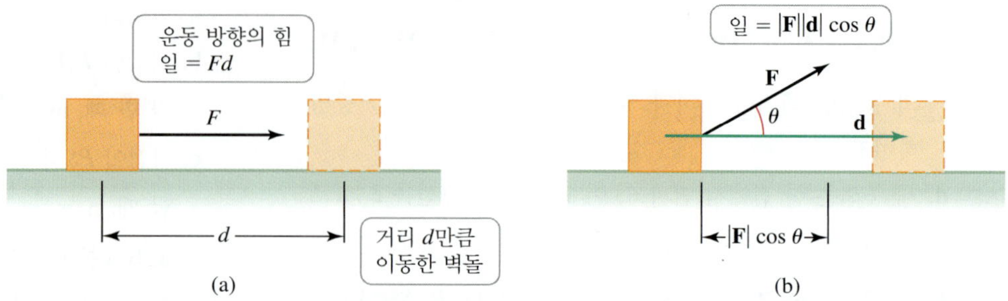

그림 12.43

내적의 두 가지 형태

힘이 한 일의 예로부터 내적의 첫 번째 정의를 얻을 수 있다. 다음으로 이 정의와 동치인 공식을 얻을 수 있는데, 이 공식은 내적을 계산할 때 매우 적절히 사용할 수 있다.

> **정의 내적**
>
> 영벡터가 아닌 두 2차원 또는 3차원 벡터 **u**와 **v**에 대하여 두 벡터의 내적은
>
> $$\mathbf{u}\cdot\mathbf{v} = |\mathbf{u}||\mathbf{v}|\cos\theta$$
>
> 로 정의하는데, 여기서 $\theta\,(0 \le \theta \le \pi)$는 **u**와 **v**의 끼인각이다(그림 12.44). $\mathbf{u} = \mathbf{0}$ 또는 $\mathbf{v} = \mathbf{0}$이면 $\mathbf{u}\cdot\mathbf{v} = 0$이라 정의하며, 이때 θ는 정의되지 않는다.

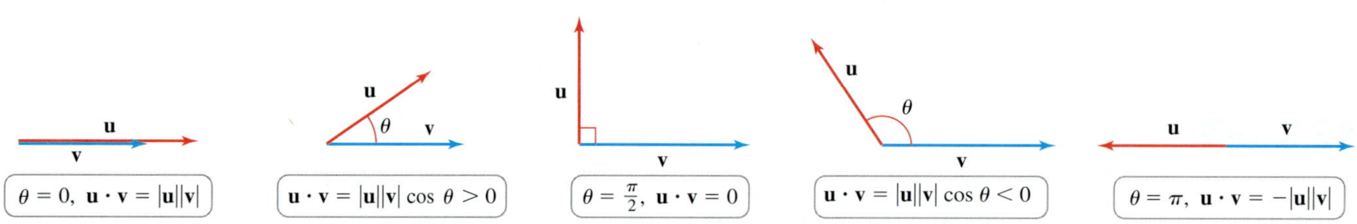

그림 12.44

두 벡터의 내적은 그 자체가 스칼라이다. 이로부터 다음 두 가지 사실을 얻는다.

- **u**와 **v**가 서로 평행($\theta = 0$ 또는 $\theta = \pi$)일 필요충분조건은 $\mathbf{u}\cdot\mathbf{v} = \pm|\mathbf{u}||\mathbf{v}|$이다.
- **u**와 **v**가 서로 수직($\theta = \pi/2$)일 필요충분조건은 $\mathbf{u}\cdot\mathbf{v} = 0$이다.

두 번째 사실로부터 직교에 대한 중요한 성질을 다음과 같이 정의할 수 있다.

➤ 2차원 또는 3차원에서 직교(orthogonal)와 수직(perpendicular)은 혼용되는 용어이다. 직교는 3차원 이상의 차원에서 더욱 일반적으로 사용되는 용어이다.

> **정의 벡터의 직교**
>
> 두 벡터 **u**와 **v**가 서로 직교할 필요충분조건은 $\mathbf{u}\cdot\mathbf{v} = 0$이다. 영벡터는 모든 벡터와 서로 직교한다. 2차원 또는 3차원에서 두 직교 벡터는 서로 수직이다.

| 예제 1 | **내적** 다음 두 벡터의 내적을 구하여라.

a. $\mathbf{u} = 2\mathbf{i} - 6\mathbf{j}$, $\mathbf{v} = 12\mathbf{k}$

b. $\mathbf{u} = \langle \sqrt{3}, 1 \rangle$, $\mathbf{v} = \langle 0, 1 \rangle$

풀이

a. 벡터 $\mathbf{u}$는 xy평면에 놓여 있고, 벡터 $\mathbf{v}$는 xy평면에 수직이다. 따라서 $\theta = \pi/2$이고 $\mathbf{u}$와 $\mathbf{v}$는 서로 직교하며 $\mathbf{u} \cdot \mathbf{v} = 0$이다(그림 12.45(a)).

b. 그림 12.45(b)와 같이 $\mathbf{u}$와 $\mathbf{v}$는 xy평면에서 30−60−90(도) 삼각형의 두 변을 이루며, 두 벡터의 끼인각은 $\pi/3$이다. $|\mathbf{u}| = 2$, $|\mathbf{v}| = 1$, $\cos(\pi/3) = 1/2$이므로 내적은 다음과 같다.

$$\mathbf{u} \cdot \mathbf{v} = |\mathbf{u}||\mathbf{v}| \cos\theta = 2 \cdot 1 \cdot \frac{1}{2} = 1$$

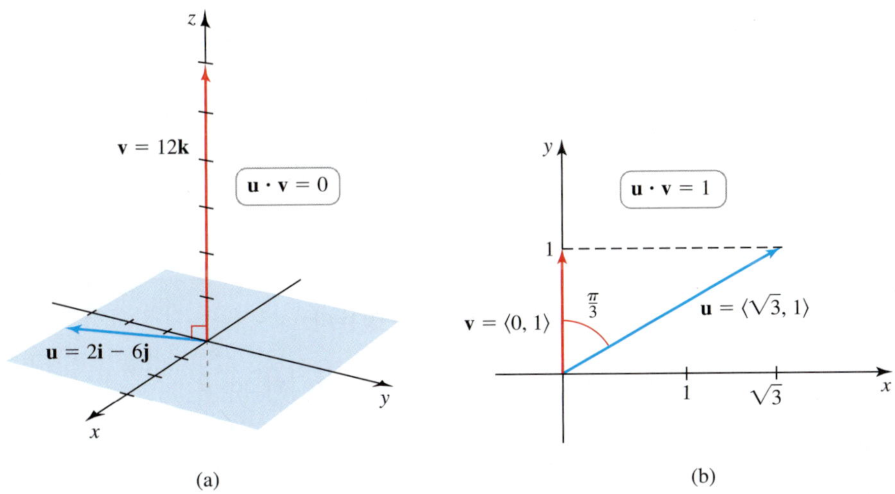

그림 12.45

관련 연습문제 10-11번 ◀

QUICK CHECK 1 $\theta = 0$일 때, 영벡터가 아닌 두 벡터 $\mathbf{u}$와 $\mathbf{v}$를 그려라. 또한 $\theta = \pi$일 때, 영벡터가 아닌 두 벡터 $\mathbf{u}$와 $\mathbf{v}$를 그려라. ◀

앞에서 학습한 방법으로 내적을 계산하려면 두 벡터의 끼인각을 알아야 한다. 두 벡터의 끼인각을 구하기 쉽지 않은 경우 다른 방법을 찾아야 한다. θ를 구하지 않고 내적을 계산하는 또 다른 방법을 살펴보자.

정리 12.1 내적

두 벡터 $\mathbf{u} = \langle u_1, u_2, u_3 \rangle$과 $\mathbf{v} = \langle v_1, v_2, v_3 \rangle$이 주어지면 다음이 성립한다.

$$\mathbf{u} \cdot \mathbf{v} = u_1v_1 + u_2v_2 + u_3v_3$$

➤ $\mathbb{R}^2$에서 $\mathbf{u} = \langle u_1, u_2 \rangle$이고 $\mathbf{v} = \langle v_1, v_2 \rangle$일 때, $\mathbf{u} \cdot \mathbf{v} = u_1v_1 + u_2v_2$이다.

증명 두 벡터 $\mathbf{u} = \langle u_1, u_2, u_3 \rangle$과 $\mathbf{v} = \langle v_1, v_2, v_3 \rangle$의 끼인각을 θ라고 하자. 벡터 $\mathbf{u} - \mathbf{v}$는 $\mathbf{u}$와 $\mathbf{v}$를 변으로 갖는 삼각형의 나머지 변이다(그림 12.46). 코사인법칙에 의해 다음을 얻는다.

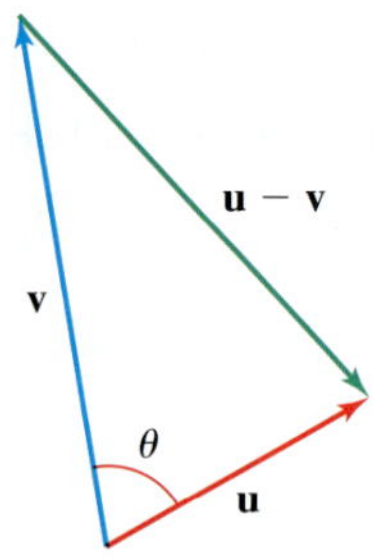

그림 12.46

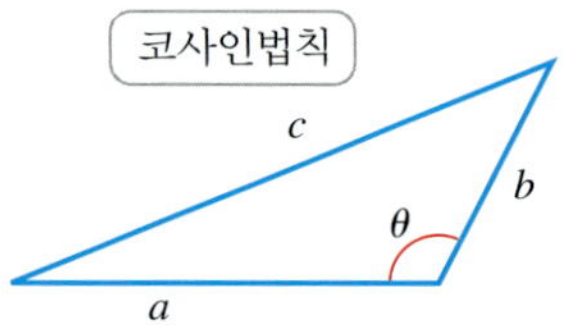

$$|\mathbf{u}-\mathbf{v}|^2 = |\mathbf{u}|^2 + |\mathbf{v}|^2 - 2\underbrace{|\mathbf{u}||\mathbf{v}|\cos\theta}_{\mathbf{u}\cdot\mathbf{v}}$$

내적의 정의는 $\mathbf{u}\cdot\mathbf{v} = |\mathbf{u}||\mathbf{v}|\cos\theta$이므로

$$\mathbf{u}\cdot\mathbf{v} = |\mathbf{u}||\mathbf{v}|\cos\theta = \frac{1}{2}\left(|\mathbf{u}|^2 + |\mathbf{v}|^2 - |\mathbf{u}-\mathbf{v}|^2\right) \tag{1}$$

이다. 크기의 정의에 의해

$$|\mathbf{u}|^2 = u_1^2 + u_2^2 + u_3^2, \quad |\mathbf{v}|^2 = v_1^2 + v_2^2 + v_3^2$$

이고

$$|\mathbf{u}-\mathbf{v}|^2 = (u_1 - v_1)^2 + (u_2 - v_2)^2 + (u_3 - v_3)^2$$

이다. $|\mathbf{u}-\mathbf{v}|^2$의 각 항을 전개하고 식을 간단히 하면 다음을 만족한다.

$$|\mathbf{u}|^2 + |\mathbf{v}|^2 - |\mathbf{u}-\mathbf{v}|^2 = 2(u_1v_1 + u_2v_2 + u_3v_3)$$

이 결과를 식 (1)에 대입하면 내적에 대한 다음 식을 얻는다.

$$\mathbf{u}\cdot\mathbf{v} = u_1v_1 + u_2v_2 + u_3v_3$$ ➤

$\mathbf{u}\cdot\mathbf{v}$에 대한 위 결과로부터 다음 두 가지 사실을 알 수 있다.

1. 내적의 정의와 위 결과를 이용하면 다음을 얻는다.

$$\mathbf{u}\cdot\mathbf{v} = u_1v_1 + u_2v_2 + u_3v_3 = |\mathbf{u}||\mathbf{v}|\cos\theta$$

$\mathbf{u}$와 $\mathbf{v}$가 모두 영벡터가 아니면

$$\cos\theta = \frac{u_1v_1 + u_2v_2 + u_3v_3}{|\mathbf{u}||\mathbf{v}|} = \frac{\mathbf{u}\cdot\mathbf{v}}{|\mathbf{u}||\mathbf{v}|}$$

이고, 위 식으로부터 θ를 구할 수 있다.

QUICK CHECK 2 정리 12.1을 사용하여 표준단위벡터의 내적 $\mathbf{i}\cdot\mathbf{j}$, $\mathbf{i}\cdot\mathbf{k}$, $\mathbf{j}\cdot\mathbf{k}$를 구하여라. 이 벡터들의 끼인각은 무엇인가? ➤

2. $\mathbf{u}\cdot\mathbf{u} = u_1^2 + u_2^2 + u_3^2 = |\mathbf{u}|^2$이므로 내적과 벡터 크기 사이의 관계를 알 수 있다.

$$|\mathbf{u}| = \sqrt{\mathbf{u}\cdot\mathbf{u}}, \quad \text{즉} \quad |\mathbf{u}|^2 = \mathbf{u}\cdot\mathbf{u}$$

| 예제 2 | 내적과 각 $\mathbf{u} = \langle\sqrt{3}, 1, 0\rangle$, $\mathbf{v} = \langle 1, \sqrt{3}, 0\rangle$, $\mathbf{w} = \langle 1, \sqrt{3}, 2\sqrt{3}\rangle$이라 하자.

a. $\mathbf{u}\cdot\mathbf{v}$를 계산하여라.

b. $\mathbf{u}$와 $\mathbf{v}$의 끼인각을 구하여라.

c. $\mathbf{u}$와 $\mathbf{w}$의 끼인각을 구하여라.

풀이

a. $\mathbf{u}\cdot\mathbf{v} = \langle\sqrt{3}, 1, 0\rangle\cdot\langle 1, \sqrt{3}, 0\rangle = \sqrt{3} + \sqrt{3} + 0 = 2\sqrt{3}$

b. $|\mathbf{u}| = \sqrt{\mathbf{u}\cdot\mathbf{u}} = \sqrt{\langle \sqrt{3}, 1, 0\rangle \cdot \langle \sqrt{3}, 1, 0\rangle} = 2$이고, 이와 유사한 과정을 적용하면 $|\mathbf{v}| = 2$이다. 따라서 다음을 얻는다.

$$\cos\theta = \frac{\mathbf{u}\cdot\mathbf{v}}{|\mathbf{u}||\mathbf{v}|} = \frac{2\sqrt{3}}{2\cdot 2} = \frac{\sqrt{3}}{2}$$

$0 \le \theta \le \pi$이므로 $\theta = \cos^{-1}\dfrac{\sqrt{3}}{2} = \dfrac{\pi}{6}$이다.

c. $\cos\theta = \dfrac{\mathbf{u}\cdot\mathbf{w}}{|\mathbf{u}||\mathbf{w}|} = \dfrac{\langle \sqrt{3}, 1, 0\rangle \cdot \langle 1, \sqrt{3}, 2\sqrt{3}\rangle}{|\langle \sqrt{3}, 1, 0\rangle||\langle 1, \sqrt{3}, 2\sqrt{3}\rangle|} = \dfrac{2\sqrt{3}}{2\cdot 4} = \dfrac{\sqrt{3}}{4}$

이고, 따라서 다음을 얻는다.

$$\theta = \cos^{-1}\frac{\sqrt{3}}{4} \approx 1.12 \text{ rad} \approx 64.3°$$

관련 연습문제 13번 ◀

내적의 성질 다음 정리의 내적에 대한 성질은 벡터의 성분을 이용하면 쉽게 얻을 수 있다(연습문제 46–48번).

> **정리 12.2 내적의 성질**
>
> 세 벡터 **u**, **v**, **w**와 스칼라 c를 가정하자.
>
> **1.** $\mathbf{u}\cdot\mathbf{v} = \mathbf{v}\cdot\mathbf{u}$ 교환법칙
>
> **2.** $c(\mathbf{u}\cdot\mathbf{v}) = (c\mathbf{u})\cdot\mathbf{v} = \mathbf{u}\cdot(c\mathbf{v})$ 결합법칙
>
> **3.** $\mathbf{u}\cdot(\mathbf{v}+\mathbf{w}) = \mathbf{u}\cdot\mathbf{v} + \mathbf{u}\cdot\mathbf{w}$ 분배법칙

➤ 정리 12.1의 결과는 n개의 성분을 갖는 임의의 벡터로 확장할 수 있다. $\mathbf{u} = \langle u_1, \cdots, u_n\rangle$, $\mathbf{v} = \langle v_1, \cdots, v_n\rangle$이라 하면

$$\mathbf{u}\cdot\mathbf{v} = u_1v_1 + \cdots + u_nv_n$$

이다. 또한 정리 12.2의 성질도 2차 또는 그 이상의 차원으로 확장할 수 있다.

직교 사영

이제 두 벡터가 주어질 때, 이 두 벡터가 서로 얼마나 가지런히 놓여 있는지 살펴보자. 즉, **u**가 **v**의 방향으로 얼마나 기울어져 있는지 알아보자. 이 질문의 해답을 제시하는 것이 바로 정사영(projection)이다. 그림 12.47(a)와 같이 영벡터가 아닌 벡터 **v**의 방향으로 벡터 **u**의 정사영은 **v**를 지나는 직선 위로 비추어지는 **u**의 '그림자'이고, 이를 $\text{proj}_{\mathbf{v}}\mathbf{u}$로 나타낸다. **v** 위로 **u**의 정사영은 그 자체가 벡터이며, **u**와 **v**의 끼인각이 $0 \le \theta < \pi/2$ 범위에 있으면 이 정사영의 방향은 **v**의 방향과 같고(그림 12.47(b)), $\pi/2 < \theta \le \pi$ 범위에 있으면 이 정사영의 방향은 **v**의 방향과 반대이다(그림 12.47(c)). $\theta = \dfrac{\pi}{2}$이면 **u**와 **v**는 서로 직교하고, 정사영은 발생하지 않는다.

v 위로 **u**의 정사영을 구하기 위해서는 다음 과정을 거쳐야 한다. **u**와 **v**의 시점을 같은 점에 놓고, **u**의 종점에서 **v**를 지나는 직선 위로 수선의 발 P를 내린다(그림 12.48). 이때 벡터 $\overrightarrow{OP}$를 **v**에 대한 **u**의 직교 사영(orthogonal projection)이라 한

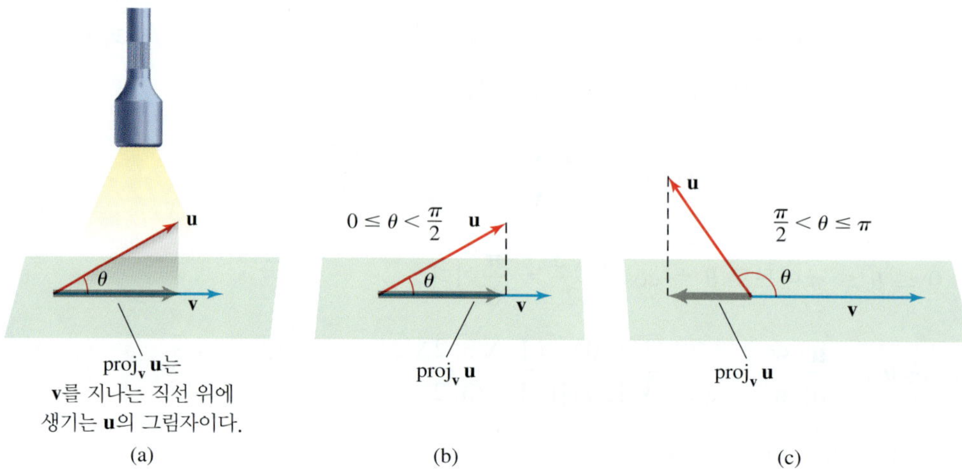

그림 12.47

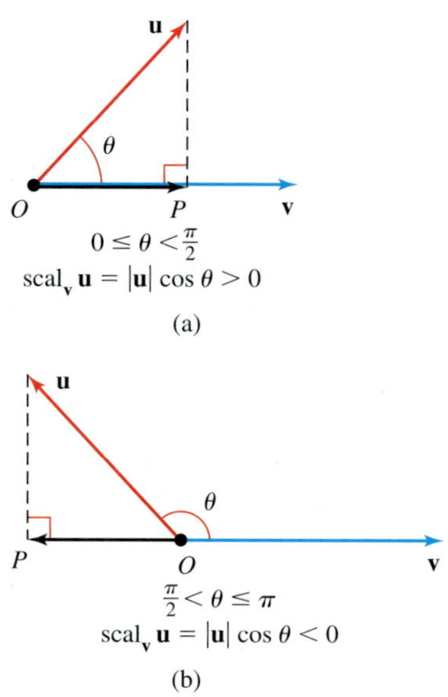

그림 12.48

➤ $\text{scal}_{\mathbf{v}}\mathbf{u}$는 양수 또는 음수 또는 0임에 유의하자. 그러나 $|\text{scal}_{\mathbf{v}}\mathbf{u}|$는 $\text{proj}_{\mathbf{v}}\mathbf{u}$의 길이이다. 임의의 벡터 $\mathbf{u}$에 대하여 정사영 $\text{proj}_{\mathbf{v}}\mathbf{u}$는 정의되지만 $\mathbf{v}$는 반드시 영벡터가 아니어야 한다.

다. $\text{proj}_{\mathbf{v}}\mathbf{u}$를 나타내는 식은 다음과 같이 두 가지 경우로 나누어 유도할 수 있다.

- $0 \le \theta < \pi/2$일 때, $\text{proj}_{\mathbf{v}}\mathbf{u}$의 길이는 $|\mathbf{u}|\cos\theta$이고 단위벡터 $\mathbf{v}/|\mathbf{v}|$와 같은 방향이다(그림 12.48(a)). 따라서 다음이 성립한다.

$$\text{proj}_{\mathbf{v}}\mathbf{u} = \underbrace{|\mathbf{u}|\cos\theta}_{\text{길이}}\underbrace{\left(\frac{\mathbf{v}}{|\mathbf{v}|}\right)}_{\text{방향}}$$

$\mathbf{v}$에 대한 $\mathbf{u}$의 스칼라 성분은 $\text{scal}_{\mathbf{v}}\mathbf{u} = |\mathbf{u}|\cos\theta$로 정의한다. 이 경우 $\text{scal}_{\mathbf{v}}\mathbf{u}$는 $\text{proj}_{\mathbf{v}}\mathbf{u}$의 길이이다.

- $\pi/2 < \theta \le \pi$일 때, $\text{proj}_{\mathbf{v}}\mathbf{u}$의 길이는 $-|\mathbf{u}|\cos\theta(> 0)$이고 단위벡터 $-\mathbf{v}/|\mathbf{v}|$와 같은 방향이다(그림 12.48(b)). 따라서 다음이 성립한다.

$$\text{proj}_{\mathbf{v}}\mathbf{u} = \underbrace{-|\mathbf{u}|\cos\theta}_{\text{길이}}\underbrace{\left(-\frac{\mathbf{v}}{|\mathbf{v}|}\right)}_{\text{방향}} = |\mathbf{u}|\cos\theta\left(\frac{\mathbf{v}}{|\mathbf{v}|}\right)$$

이 경우 $\text{scal}_{\mathbf{v}}\mathbf{u} = |\mathbf{u}|\cos\theta < 0$이다.

두 경우 모두 $\text{proj}_{\mathbf{v}}\mathbf{u}$를 나타내는 식은 다음과 같다.

$$\text{proj}_{\mathbf{v}}\mathbf{u} = \underbrace{|\mathbf{u}|\cos\theta}_{\text{scal}_{\mathbf{v}}\mathbf{u}}\left(\frac{\mathbf{v}}{|\mathbf{v}|}\right) = \text{scal}_{\mathbf{v}}\mathbf{u}\left(\frac{\mathbf{v}}{|\mathbf{v}|}\right)$$

$\theta = \dfrac{\pi}{2}$일 때, $\text{proj}_{\mathbf{v}}\mathbf{u} = \mathbf{0}$이고 $\text{scal}_{\mathbf{v}}\mathbf{u} = 0$임에 유의하자.

내적의 성질을 이용하면 $\text{proj}_{\mathbf{v}}\mathbf{u}$를 다음과 같이 또 다른 식으로 나타낼 수 있다.

$$\text{proj}_{\mathbf{v}}\mathbf{u} = |\mathbf{u}|\cos\theta\left(\frac{\mathbf{v}}{|\mathbf{v}|}\right)$$

$$= \frac{\mathbf{u}\cdot\mathbf{v}}{|\mathbf{v}|}\left(\frac{\mathbf{v}}{|\mathbf{v}|}\right) \qquad |\mathbf{u}|\cos\theta = \frac{|\mathbf{u}||\mathbf{v}|\cos\theta}{|\mathbf{v}|} = \frac{\mathbf{u}\cdot\mathbf{v}}{|\mathbf{v}|}$$

$$= \underbrace{\left(\frac{\mathbf{u}\cdot\mathbf{v}}{\mathbf{v}\cdot\mathbf{v}}\right)}_{\text{스칼라}}\mathbf{v} \qquad \text{동류항끼리 묶기, } |\mathbf{v}|^2 = \mathbf{v}\cdot\mathbf{v}$$

첫 번째 등식과 두 번째 등식은 $\text{proj}_\mathbf{v}\mathbf{u}$를 단위벡터 $\dfrac{\mathbf{v}}{|\mathbf{v}|}$의 스칼라 곱으로 나타낸 것이고, 세 번째 등식은 $\text{proj}_\mathbf{v}\mathbf{u}$를 $\mathbf{v}$의 스칼라 곱으로 나타낸 것이다.

QUICK CHECK 3 $\mathbf{u} = 4\mathbf{i} - 3\mathbf{j}$라 하자. $\mathbf{i}$와 $\mathbf{j}$ 위로 $\mathbf{u}$의 직교 사영을 각각 (계산 없이) 직관적인 통찰로 구하여라. 또한 $\mathbf{i}$ 방향과 $\mathbf{j}$ 방향에 대한 $\mathbf{u}$의 스칼라 성분을 각각 구하여라. ◀

정의 $\mathbf{v}$에 대한 $\mathbf{u}$의 (직교) 정사영

$\mathbf{v} \neq \mathbf{0}$일 때, **$\mathbf{v}$ 위로 $\mathbf{u}$의 직교 사영**을

$$\text{proj}_\mathbf{v}\mathbf{u} = |\mathbf{u}|\cos\theta\left(\frac{\mathbf{v}}{|\mathbf{v}|}\right)$$

로 정의하고 $\text{proj}_\mathbf{v}\mathbf{u}$로 나타낸다. 또한 이 직교 사영은 다음 공식

$$\text{proj}_\mathbf{v}\mathbf{u} = \text{scal}_\mathbf{v}\mathbf{u}\left(\frac{\mathbf{v}}{|\mathbf{v}|}\right) = \left(\frac{\mathbf{u}\cdot\mathbf{v}}{\mathbf{v}\cdot\mathbf{v}}\right)\mathbf{v}$$

를 이용하여 구할 수 있는데, 여기서 $\mathbf{v}$ 방향에 대한 $\mathbf{u}$의 스칼라 성분은 다음과 같이 정의한다.

$$\text{scal}_\mathbf{v}\mathbf{u} = |\mathbf{u}|\cos\theta = \frac{\mathbf{u}\cdot\mathbf{v}}{|\mathbf{v}|}$$

| 예제 3 | 직교 사영 다음 두 벡터에 대하여 $\text{proj}_\mathbf{v}\mathbf{u}$와 $\text{scal}_\mathbf{v}\mathbf{u}$를 구한 다음 결과를 설명하여라.

a. $\mathbf{u} = \langle 4, 1\rangle, \mathbf{v} = \langle 3, 4\rangle$

b. $\mathbf{u} = \langle -4, -3\rangle, \mathbf{v} = \langle 1, -1\rangle$

풀이

a. $\mathbf{v}$ 방향에 대한 $\mathbf{u}$의 스칼라 성분(그림 12.49)은 다음과 같다.

$$\text{scal}_\mathbf{v}\mathbf{u} = \frac{\mathbf{u}\cdot\mathbf{v}}{|\mathbf{v}|} = \frac{\langle 4, 1\rangle\cdot\langle 3, 4\rangle}{|\langle 3, 4\rangle|} = \frac{16}{5}$$

$\dfrac{\mathbf{v}}{|\mathbf{v}|} = \left\langle\dfrac{3}{5}, \dfrac{4}{5}\right\rangle$이므로 다음을 얻는다.

$$\text{proj}_\mathbf{v}\mathbf{u} = \text{scal}_\mathbf{v}\mathbf{u}\left(\frac{\mathbf{v}}{|\mathbf{v}|}\right) = \frac{16}{5}\left\langle\frac{3}{5}, \frac{4}{5}\right\rangle = \frac{16}{25}\langle 3, 4\rangle$$

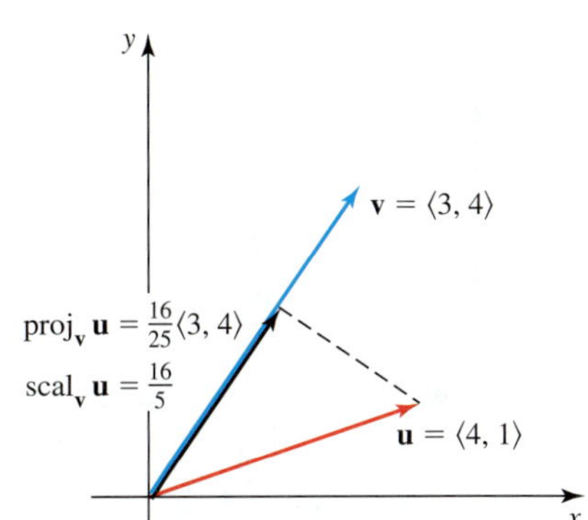

그림 12.49

b. $\text{proj}_\mathbf{v}\mathbf{u}$에 대한 또 다른 공식을 적용하면 다음과 같다.

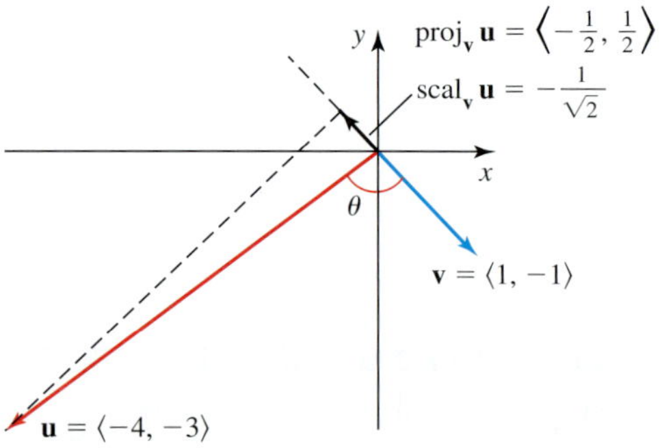

그림 12.50

$$\text{proj}_\mathbf{v}\mathbf{u} = \left(\frac{\mathbf{u}\cdot\mathbf{v}}{\mathbf{v}\cdot\mathbf{v}}\right)\mathbf{v} = \left(\frac{\langle -4, -3\rangle \cdot \langle 1, -1\rangle}{\langle 1, -1\rangle \cdot \langle 1, -1\rangle}\right)\langle 1, -1\rangle = -\frac{1}{2}\langle 1, -1\rangle$$

$\pi/2 < \theta \le \pi$이므로 두 벡터 **v**와 $\text{proj}_\mathbf{v}\mathbf{u}$는 서로 반대 방향이다(그림 12.50). 이로부터 **v** 방향에 대한 **u**의 스칼라 성분은 음수임을 알 수 있다.

$$\text{scal}_\mathbf{v}\mathbf{u} = \frac{\langle -4, -3\rangle \cdot \langle 1, -1\rangle}{|\langle 1, -1\rangle|} = -\frac{1}{\sqrt{2}}$$

관련 연습문제 21번 ◀

내적의 응용

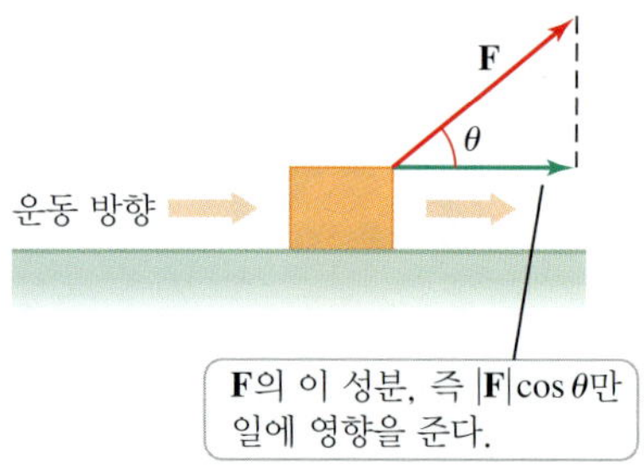

그림 12.51

➤ 힘의 단위가 뉴턴(N)이고 거리의 단위가 미터이면 일의 단위는 줄(J)이고, 1 J = 1 N-m이다. 힘의 단위가 파운드이고 거리의 단위가 피트이면 일의 단위는 ft-lb이다.

일과 힘 이 절의 도입부에서 일정한 힘 **F**가 운동하는 물체와 각 θ를 이루며 작용할 때(그림 12.51), 물체에 작용된 일(work)은

$$W = |\mathbf{F}| \cos\theta \, |\mathbf{d}| = \mathbf{F}\cdot\mathbf{d}$$

임을 살펴봤다. 일은 스칼라임에 유의하고, 힘이 운동 방향과 수직으로 작용하면 $\theta = \pi/2$, $\mathbf{F}\cdot\mathbf{d} = 0$이고 이 힘이 물체에 한 일은 없다.

정의 일

어떤 물체에 일정한 힘 **F**가 작용하여 **d**만큼의 변위가 일어났다고 가정하자. **F**와 **d**의 끼인각이 θ일 때, 이 힘이 (물체에) 한 **일**은 다음과 같이 정의한다.

$$W = |\mathbf{F}||\mathbf{d}| \cos\theta = \mathbf{F}\cdot\mathbf{d}$$

| 예제 4 | 일의 계산 힘 $\mathbf{F} = \langle 3, 3, 2\rangle$ (단위는 뉴턴)가 어떤 물체를 $P(1, 1, 0)$에서 $Q(6, 6, 0)$까지 선분을 따라 이동시켰다고 하자(단위는 미터). 이때 힘이 물체에 한 일은 얼마인가? 결과를 설명하여라.

풀이 이 물체의 변위는 $\mathbf{d} = \overrightarrow{PQ} = \langle 6-1, 6-1, 0-0\rangle = \langle 5, 5, 0\rangle$이므로 이 힘이 한 일은 다음과 같다.

$$W = \mathbf{F}\cdot\mathbf{d} = \langle 3, 3, 2\rangle \cdot \langle 5, 5, 0\rangle = 30\text{ J}$$

이로부터 힘과 변위 벡터의 끼인각은 다음을 만족한다.

$$\cos\theta = \frac{\mathbf{F}\cdot\mathbf{d}}{|\mathbf{F}||\mathbf{d}|} = \frac{\langle 3, 3, 2\rangle \cdot \langle 5, 5, 0\rangle}{|\langle 3, 3, 2\rangle||\langle 5, 5, 0\rangle|} = \frac{30}{\sqrt{22}\sqrt{50}} \approx 0.905$$

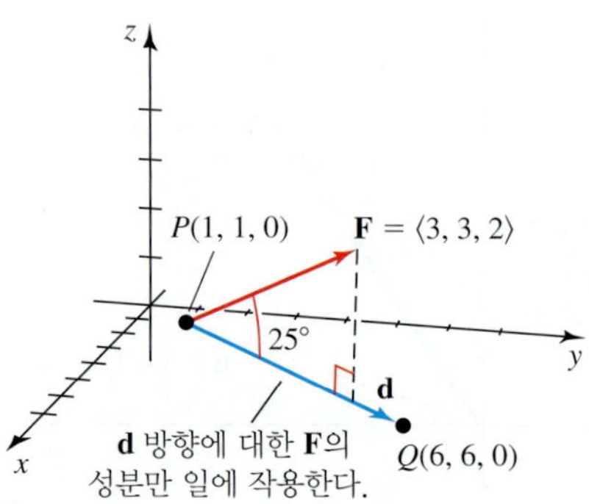

그림 12.52

따라서 $\theta \approx 0.44\text{ rad} \approx 25°$이다. 힘의 크기는 $|\mathbf{F}| = \sqrt{22} \approx 4.7$ N이지만 힘의 운동 방향에 대한 성분은 $|\mathbf{F}|\cos\theta \approx \sqrt{22}\cos 0.44 \approx 4.2$ N뿐이므로 4.2 N만큼 일에 작용했다(그림 12.52).

관련 연습문제 26번 ◀

평행력과 법선(수직)력 정사영은 힘의 수직 성분을 나타낼 때 자주 사용한다. 이 성분은 기울어진 평면에 놓여 있는 정지한 물체에서 생긴다(그림 12.53). 물체에 작용하는 중력은 벽돌의 무게와 같고 이는 수직 아래 방향을 향한다. 여기서 평면과 **평행**(parallel)인 방향에 대한 중력의 정사영과 평면의 **법선**(normal)(또는 수직) 방향에 대한 중력의 정사영은 중요한 물리적인 의미를 갖는다. 특히 평면과 평행인 방향에 대한 힘의 정사영은 물체가 평면을 따라 미끄러져 내려가는 정도를 나타내고, 평면의 법선 방향에 대한 힘의 정사영은 물체가 평면에 '달라붙는' 정도를 나타낸다.

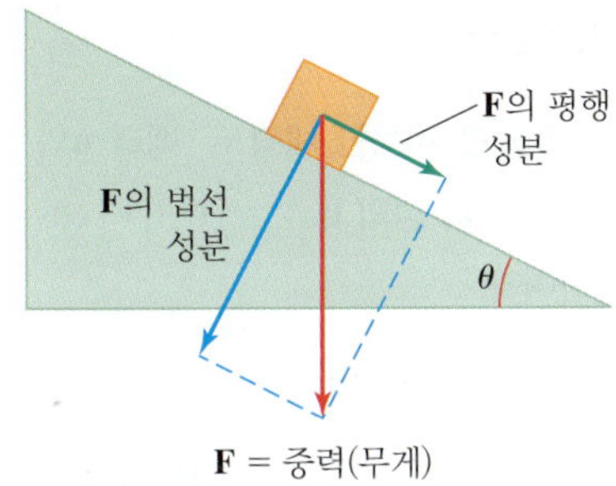

그림 12.53

| 예제 5 | 힘의 성분 10 lb의 벽돌이 수평면과 30°를 이루는 (기울어진) 평면 위에 정지해 있다. 이 평면에 평행인 방향에 대한 중력의 성분과 평면의 법선(수직) 방향에 대한 중력의 성분을 구하여라.

풀이 벽돌에 작용하는 중력 **F**는 벽돌의 무게(10 lb)와 같다. 여기서 벽돌을 질점(point mass)으로 생각한다. 그림 12.54에 주어진 좌표계를 사용하면 힘은 y축의 음의 방향으로 작용하므로 $\mathbf{F} = \langle 0, -10\rangle$이다. 평면이 아래로 향하는 방향의 단위 벡터는 $\mathbf{v} = \langle \cos(-30°), \sin(-30°)\rangle = \left\langle \frac{\sqrt{3}}{2}, -\frac{1}{2}\right\rangle$ ($|\mathbf{v}| = 1$임을 확인하여라)이고, 평면과 평행인 중력의 성분은 다음과 같다.

$$\text{proj}_{\mathbf{v}}\mathbf{F} = \underbrace{\left(\frac{\mathbf{F}\cdot\mathbf{v}}{\mathbf{v}\cdot\mathbf{v}}\right)}_{\mathbf{v}\cdot\mathbf{v}=1}\mathbf{v} = \left(\underbrace{\langle 0, -10\rangle}_{\mathbf{F}} \cdot \underbrace{\left\langle \frac{\sqrt{3}}{2}, -\frac{1}{2}\right\rangle}_{\mathbf{v}}\right)\underbrace{\left\langle \frac{\sqrt{3}}{2}, -\frac{1}{2}\right\rangle}_{\mathbf{v}} = 5\left\langle \frac{\sqrt{3}}{2}, -\frac{1}{2}\right\rangle$$

평면에 수직인 **F**의 성분을 **N**이라 하면 $\mathbf{F} = \text{proj}_{\mathbf{v}}\mathbf{F} + \mathbf{N}$이고, 따라서

$$\mathbf{N} = \mathbf{F} - \text{proj}_{\mathbf{v}}\mathbf{F} = \langle 0, -10\rangle - 5\left\langle \frac{\sqrt{3}}{2}, -\frac{1}{2}\right\rangle = -5\left\langle \frac{\sqrt{3}}{2}, \frac{3}{2}\right\rangle$$

이다. 그림 12.54는 평면에 수평인 **F**의 성분과 수직인 **F**의 성분이 합력 **F**에 결합하는 방법을 나타내고 있다.

관련 연습문제 27, 29번 ◀

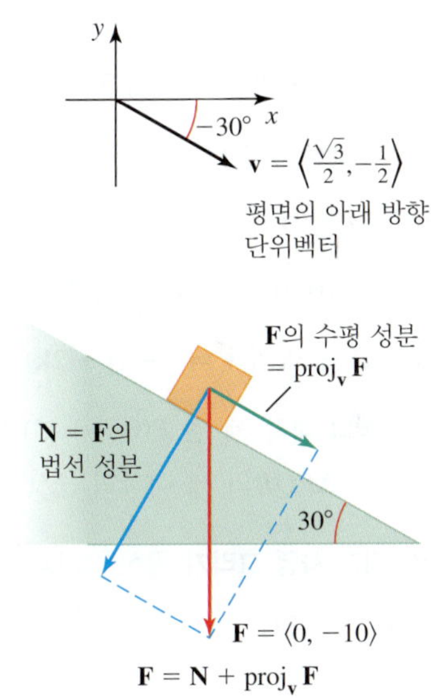

그림 12.54

12.3절 연습문제

1단계 스타트

1. **u**와 **v**의 내적을 두 벡터의 크기와 끼인각을 이용하여 나타내어라.

2. **u**와 **v**의 내적을 두 벡터의 성분을 이용하여 나타내어라.

3. 내적의 정의를 이용하여 $\mathbf{v}\cdot\mathbf{v} = |\mathbf{v}|^2$인 이유를 설명하여라.

4. 영벡터가 아닌 두 벡터의 끼인각을 구하는 방법을 설명하여라.

5. $\text{scal}_{\mathbf{v}}\mathbf{u} = -2$이고 $\mathbf{v} = \langle 2, -1, -2\rangle$일 때 $\text{proj}_{\mathbf{v}}\mathbf{u}$를 구하여라.

6. **u**와 **v**가 단위벡터이고 **u**와 **v**의 끼인각이 π일 때, $\mathbf{u}\cdot\mathbf{v}$를 구하여라.

7. **v**를 영벡터가 아닌 xy평면의 벡터라고 하자. xy평면에서 **v**에 수직이고 길이가 2인 위치벡터는 몇 개인가?

2단계 실전

8–10. 정의를 이용한 내적 두 벡터 $\mathbf{u}$와 $\mathbf{v}$를 그린 다음 끼인각을 구하여라. 내적의 정의 $\mathbf{u}\cdot\mathbf{v} = |\mathbf{u}|\cdot|\mathbf{v}|\cos\theta$를 이용하여 $\mathbf{u}$와 $\mathbf{v}$의 내적을 구하여라.

8. $\mathbf{u} = 4\mathbf{i}$와 $\mathbf{v} = 6\mathbf{j}$

9. $\mathbf{u} = \langle -3, 2, 0\rangle$과 $\mathbf{v} = \langle 0, 0, 6\rangle$

10. $\mathbf{u} = \langle -\sqrt{3}, 1\rangle$과 $\mathbf{v} = \langle \sqrt{3}, 1\rangle$

11. 정의를 이용한 내적 $\mathbf{u}$와 $\mathbf{v}$가 단위벡터이고 끼인각이 $\pi/3$일 때, $\mathbf{u}\cdot\mathbf{v}$를 구하여라.

12–17. 내적과 끼인각 두 벡터 $\mathbf{u}$와 $\mathbf{v}$에 대하여 내적을 계산하고 끼인각을 구하여라.

12. $\mathbf{u} = \mathbf{i} + \mathbf{j}$와 $\mathbf{v} = \mathbf{i} - \mathbf{j}$

13. $\mathbf{u} = \langle 10, 0\rangle$과 $\mathbf{v} = \langle -5, 5\rangle$

14. $\mathbf{u} = \sqrt{2}\,\mathbf{i} + \sqrt{2}\,\mathbf{j}$와 $\mathbf{v} = -\sqrt{2}\,\mathbf{i} - \sqrt{2}\,\mathbf{j}$

15. $\mathbf{u} = 4\mathbf{i} + 3\mathbf{j}$와 $\mathbf{v} = 4\mathbf{i} - 6\mathbf{j}$

16. $\mathbf{u} = \langle -10, 0, 4\rangle$와 $\mathbf{v} = \langle 1, 2, 3\rangle$

17. $\mathbf{u} = 2\mathbf{i} - 3\mathbf{k}$와 $\mathbf{v} = \mathbf{i} + 4\mathbf{j} + 2\mathbf{k}$

18. 삼각형의 내각 세 점 $P(0, -1, 3)$, $Q(2, 2, 1)$, $R(-2, 2, 4)$에 대하여 ΔPQR의 세 내각의 근삿값을 구하여라.

19–20. 직교 사영 그리기 공식을 사용하지 않고 $\text{proj}_{\mathbf{v}}\mathbf{u}$와 $\text{scal}_{\mathbf{v}}\mathbf{u}$를 추측하여 구하여라.

19.

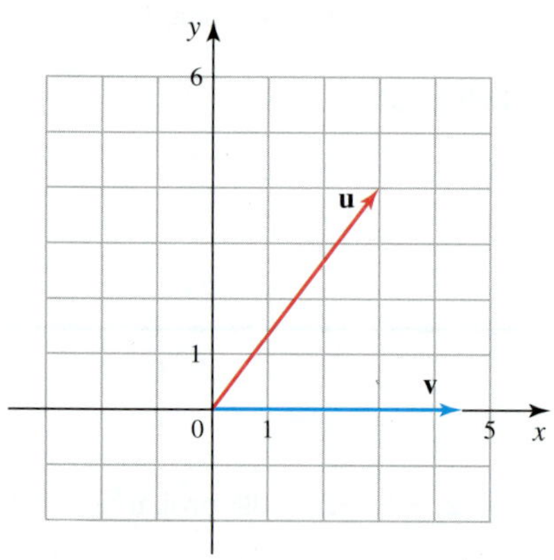

20.

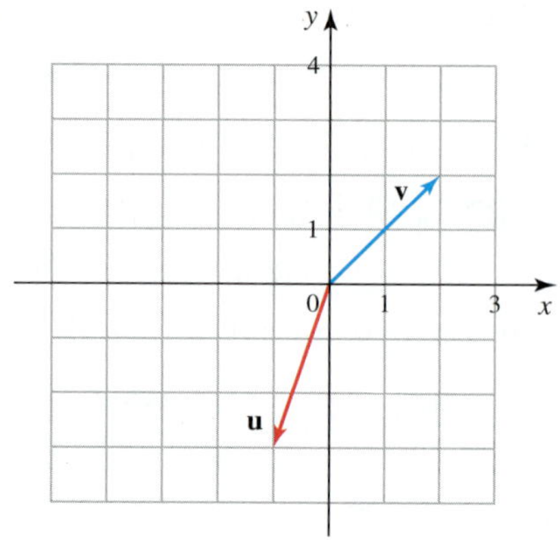

21–23. 직교 사영 계산 두 벡터 $\mathbf{u}$와 $\mathbf{v}$와 대하여 $\text{proj}_{\mathbf{v}}\mathbf{u}$와 $\text{scal}_{\mathbf{v}}\mathbf{u}$를 구하여라.

21. $\mathbf{u} = \langle -1, 4\rangle$, $\mathbf{v} = \langle -4, 2\rangle$

22. $\mathbf{u} = \langle -8, 0, 2\rangle$, $\mathbf{v} = \langle 1, 3, -3\rangle$

23. $\mathbf{u} = 5\mathbf{i} + \mathbf{j} - 5\mathbf{k}$, $\mathbf{v} = -\mathbf{i} + \mathbf{j} - 2\mathbf{k}$

24–26. 일의 계산 다음 문제에서 작용된 일을 계산하여라.

24. 수평면과 30°의 각을 이루는 30 lb의 일정한 힘으로 수평 보도를 따라 여행용 가방을 50 ft만큼 끌었다.

25. 수평면과 45°의 각을 이루는 5 N의 일정한 힘으로 수평 지면을 따라 썰매를 10 m만큼 끌었다.

26. 일정한 힘 $\mathbf{F} = \langle 2, 4, 1\rangle$(단위는 뉴턴)을 이용하여 어떤 물체를 점 (0, 0, 0)에서 점 (2, 4, 6)까지 이동시켰다(거리의 단위는 미터이다).

27–28. 평행력과 수직력 주어진 평면에 대하여 수직력 $\mathbf{F} = \langle 0, -10\rangle$의 평행 성분과 법선 성분을 구하여라. 이때 합력은 구한 두 성분의 힘의 합임을 보여라.

27. x축의 양의 방향과 $\pi/3$의 각을 이루는 평면

28. x축의 양의 방향과 $\theta = \tan^{-1}\dfrac{4}{5}$의 각을 이루는 평면

29. 평면 위의 질량 어떤 마루의 바닥과 45°의 각을 이루는 경사면 위에 100 kg의 물체가 정지해 있다. 이 경사면에 대한 힘의 수평 성분과 수직 성분을 구하여라.

30. 참 또는 거짓 다음 명제가 참이면 증명하고 거짓이면 반례를 들어라.

a. $\text{proj}_{\mathbf{v}}\mathbf{u} = \text{proj}_{\mathbf{u}}\mathbf{v}$

b. 영벡터가 아닌 두 벡터 $\mathbf{u}$와 $\mathbf{v}$의 크기가 같으면 $\mathbf{u}$와 $\mathbf{v}$는 각각 $\mathbf{u} + \mathbf{v}$와 같은 크기의 각을 이룬다.

c. $(\mathbf{u}\cdot\mathbf{i})^2 + (\mathbf{u}\cdot\mathbf{j})^2 + (\mathbf{u}\cdot\mathbf{k})^2 = |\mathbf{u}|^2$

d. $\mathbf{u}$와 $\mathbf{v}$가 서로 직교하고 $\mathbf{v}$와 $\mathbf{w}$가 서로 직교하면 $\mathbf{u}$와 $\mathbf{w}$는 서로 직교한다.

e. $\langle 1, 1, 1\rangle$과 서로 직교하는 벡터들은 같은 직선 위에 있다.

f. 영벡터가 아닌 두 벡터 $\mathbf{u}$와 $\mathbf{v}$에 대하여 $\text{proj}_{\mathbf{v}}\mathbf{u} = \mathbf{0}$이면 $\mathbf{u}$와 $\mathbf{v}$는 서로 직교한다.

31. 벡터 $\mathbf{v} = \langle 2, -5, c\rangle$와 $\mathbf{w} = \langle 3, 2, 9\rangle$가 서로 직교할 때, c의 값은 얼마인가?

32. a와 b가 실수일 때, $\langle 4, -8, 2\rangle$와 서로 직교하는 벡터 $\langle 1, a, b\rangle$를 모두 구하여라.

33. 동일한 각 $\mathbb{R}^3$의 단위벡터 $\mathbf{k}$와 $60°$의 각을 이루는 단위벡터의 집합을 $\mathbb{R}^3$에서 고려하자.

a. 이 집합에 있는 임의의 벡터 $\mathbf{u}$에 대하여 $\text{proj}_{\mathbf{k}}\mathbf{u}$는 항상 같은 벡터임을 증명하여라.

b. 이 집합에 있는 임의의 벡터 $\mathbf{u}$에 대하여 $\text{scal}_{\mathbf{k}}\mathbf{u}$는 항상 같은가?

34–35. 동일한 정사영을 갖는 벡터 벡터 $\mathbf{v}$에 대하여 $\text{proj}_{\mathbf{v}}\mathbf{u}$가 같은 벡터 $\mathbf{u}$는 무수히 많다.

34. $\mathbf{v} = \langle 1, 1\rangle$일 때, $\text{proj}_{\mathbf{v}}\mathbf{u} = \text{proj}_{\mathbf{v}}\langle 1, 2\rangle$인 위치벡터 $\mathbf{u}$를 모두 구하여라.

35. $\mathbf{v} = \langle 0, 0, 1\rangle$일 때, $\text{proj}_{\mathbf{v}}\mathbf{u} = \text{proj}_{\mathbf{v}}\langle 1, 2, 3\rangle$인 위치벡터 $\mathbf{u}$를 모두 구하여라.

36–37. 벡터의 분해 두 벡터 $\mathbf{u}$와 $\mathbf{v}$에 대하여 $\mathbf{u}$를 합벡터 $\mathbf{u} = \mathbf{p} + \mathbf{n}$ 형태로 나타내어라. 단, $\mathbf{p}$는 $\mathbf{v}$에 평행인 벡터이고 $\mathbf{n}$은 $\mathbf{v}$와 서로 직교하는 벡터이다.

36. $\mathbf{u} = \langle -2, 2\rangle$, $\mathbf{v} = \langle 2, 1\rangle$

37. $\mathbf{u} = \langle -1, 2, 3\rangle$, $\mathbf{v} = \langle 2, 1, 1\rangle$

38–40. 직선의 또 다른 정의 점 $P_0(x_0, y_0)$과 영벡터가 아닌 벡터 $\mathbf{n} = \langle a, b\rangle$에 대하여 $\overrightarrow{P_0P}$와 $\mathbf{n}$이 서로 직교하도록 하는 점 $P(x, y)$의 집합을 직선 ℓ이라 하자(그림 참조). 이때 $\mathbf{n}$을 ℓ의 법선벡터 또는 ℓ과 직교하는 벡터라 한다.

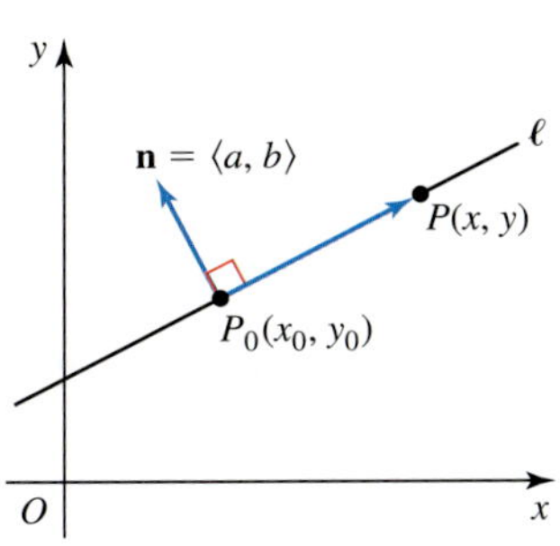

38. 법선벡터가 $\mathbf{n} = \langle a, b\rangle$이고 점 $P_0(x_0, y_0)$을 지나는 직선의 방정식은 $a(x - x_0) + b(y - y_0) = 0$임을 보여라(힌트: ℓ 위의 점 $P(x, y)$에 대하여 $\mathbf{n}\cdot\overrightarrow{P_0P}$를 계산한다).

39. 연습문제 38번을 이용하여 법선벡터가 $\mathbf{n} = \langle 3, -7\rangle$이고 점 $P_0(2, 6)$을 지나는 직선을 구하여라. 구한 직선을 방정식 $ax + by = c$ 형태로 나타내어라.

40. 어떤 직선이 $\mathbf{n} = \langle 5, 3\rangle$에 수직이라 가정할 때, 이 직선의 기울기는 얼마인가?

3단계 도전

41–42. $\mathbb{R}^2$에서 서로 직교하는 단위벡터 두 벡터 $\mathbf{I} = \langle 1/\sqrt{2}, 1/\sqrt{2}\rangle$, $\mathbf{J} = \langle -1/\sqrt{2}, 1/\sqrt{2}\rangle$에 대하여 물음에 답하여라.

41. $\mathbf{I}$와 $\mathbf{J}$가 서로 직교하는 단위벡터임을 보여라.

42. $\mathbf{I}$와 $\mathbf{J}$를 표준단위벡터 $\mathbf{i}$와 $\mathbf{j}$를 사용하여 나타내어라. 또한 $\mathbf{i}$와 $\mathbf{j}$를 두 벡터 $\mathbf{I}$와 $\mathbf{J}$를 사용하여 나타내어라.

43. $\mathbb{R}^3$에서 서로 직교하는 단위벡터 세 벡터 $\mathbf{I} = \langle 1/2, 1/2, 1/\sqrt{2}\rangle$, $\mathbf{J} = \langle -1/\sqrt{2}, 1/\sqrt{2}, 0\rangle$, $\mathbf{K} = \langle 1/2, 1/2, -1/\sqrt{2}\rangle$에 대하여 물음에 답하여라.

a. $\mathbf{I}$, $\mathbf{J}$, $\mathbf{K}$를 그린 다음, 이 세 벡터가 단위벡터임을 보여라.

b. $\mathbf{I}$, $\mathbf{J}$, $\mathbf{K}$가 서로 직교함을 보여라.

c. 벡터 $\langle 1, 0, 0\rangle$을 $\mathbf{I}$, $\mathbf{J}$, $\mathbf{K}$를 사용하여 나타내어라.

44. 구로 육각형 묶음 만들기 반지름이 1이고 중심이 각각 $O(0, 0, 0)$, $P(\sqrt{3}, -1, 0)$, $Q(\sqrt{3}, 1, 0)$인 세 단위구(unit sphere)가 있다. 세 구 위에 중심이 R이고 반지름이 1인 단위구를 올려 놓았다(그림 참조).

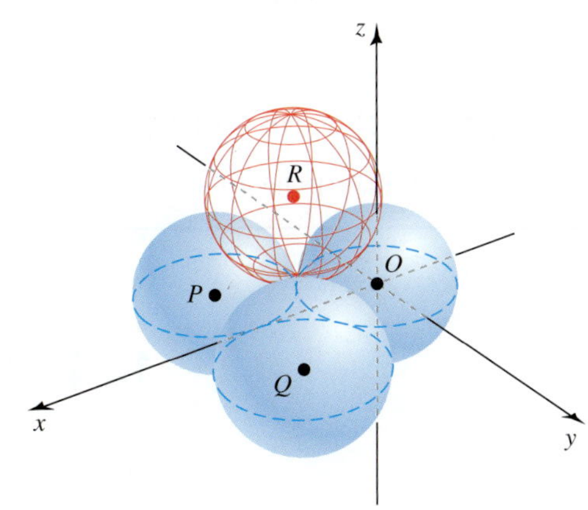

a. R의 좌표를 구하여라(힌트: 두 구의 중심 사이의 거리는 모두 2이다).

b. 임의의 두 점 I, J에 대하여 I에서 J까지의 벡터를 $\mathbf{r}_{IJ}$로 나타내자. $\mathbf{r}_{OP}$, $\mathbf{r}_{OQ}$, $\mathbf{r}_{PQ}$, $\mathbf{r}_{OR}$, $\mathbf{r}_{PR}$을 구하여라.

45–48. 내적의 성질 $\mathbf{u} = \langle u_1, u_2, u_3\rangle$, $\mathbf{v} = \langle v_1, v_2, v_3\rangle$, $\mathbf{w} = \langle w_1, w_2, w_3\rangle$이라 하자. c가 상수일 때, 주어진 벡터의 성질을 증명하여라.

45. $|\mathbf{u}\cdot\mathbf{v}| \le |\mathbf{u}||\mathbf{v}|$

46. $\mathbf{u}\cdot\mathbf{v} = \mathbf{v}\cdot\mathbf{u}$ 교환법칙

47. $c(\mathbf{u}\cdot\mathbf{v}) = (c\mathbf{u})\cdot\mathbf{v} = \mathbf{u}\cdot(c\mathbf{v})$ 결합법칙

48. $\mathbf{u}\cdot(\mathbf{v}+\mathbf{w}) = \mathbf{u}\cdot\mathbf{v} + \mathbf{u}\cdot\mathbf{w}$ 분배법칙

49. 방향각과 방향 코사인 $\mathbf{v} = \langle a, b, c\rangle$라 하고 α, β, γ를 각각 $\mathbf{v}$와 x축의 양의 방향, y축의 양의 방향, z축의 양의 방향의 끼인각이라 하자(그림 참조).

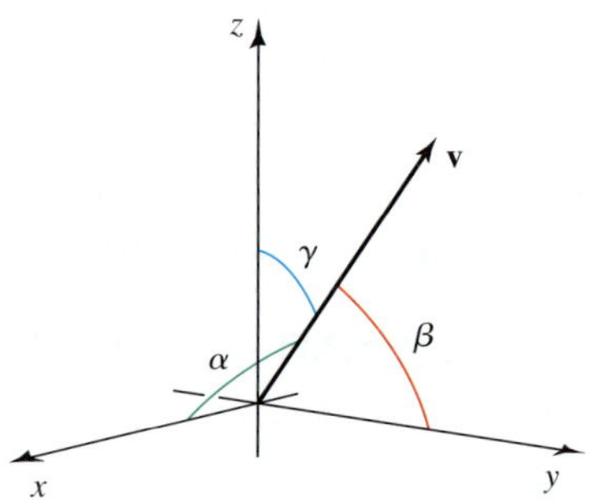

a. $\cos^2\alpha + \cos^2\beta + \cos^2\gamma = 1$임을 증명하여라.

b. $\mathbf{i}$와의 끼인각과 $\mathbf{j}$와의 끼인각이 모두 45°인 하나의 벡터를 구하여라. 이 벡터와 $\mathbf{k}$의 끼인각은 얼마인가?

c. $\mathbf{i}$와의 끼인각과 $\mathbf{j}$와의 끼인각이 모두 60°인 하나의 벡터를 구하여라. 이 벡터와 $\mathbf{k}$의 끼인각은 얼마인가?

d. $\mathbf{i}$와의 끼인각과 $\mathbf{j}$와의 끼인각이 모두 30°인 벡터는 존재하는가? 이유를 설명하여라.

e. $\alpha = \beta = \gamma$인 하나의 벡터 $\mathbf{v}$를 구하여라. 이때 각도는 얼마인가?

50–51. 코시-슈바르츠 부등식 $|\cos\theta| \le 1$이므로 내적의 정의 $\mathbf{u}\cdot\mathbf{v} = |\mathbf{u}||\mathbf{v}|\cos\theta$에 의해 $|\mathbf{u}\cdot\mathbf{v}| \le |\mathbf{u}||\mathbf{v}|$이다. 코시-슈바르츠 부등식(Cauchy-Schwarz Inequality)으로 알려진 이 부등식은 벡터 공간의 차원과 관계없이 성립하며 다양한 결과를 도출한다.

50. 코시-슈바르츠 부등식에서 등호가 성립하도록 하는 $\mathbf{u}$와 $\mathbf{v}$에 대한 조건은 무엇인가?

51. 산술 기하 평균 $a \ge 0$, $b \ge 0$일 때 $\mathbf{u} = \langle \sqrt{a}, \sqrt{b}\rangle$, $\mathbf{v} = \langle \sqrt{b}, \sqrt{a}\rangle$로 놓고 부등식 $\sqrt{ab} \le \dfrac{a+b}{2}$가 성립함을 보여라.

52. 삼각부등식 임의의 차원의 벡터 공간에 속하는 세 벡터 $\mathbf{u}$, $\mathbf{v}$, $\mathbf{u}+\mathbf{v}$에 대하여 다음 단계를 수행하여 삼각부등식 $|\mathbf{u}+\mathbf{v}| \le |\mathbf{u}| + |\mathbf{v}|$를 증명하여라.

a. $|\mathbf{u}+\mathbf{v}|^2 = (\mathbf{u}+\mathbf{v})\cdot(\mathbf{u}+\mathbf{v}) = |\mathbf{u}|^2 + 2\mathbf{u}\cdot\mathbf{v} + |\mathbf{v}|^2$임을 보여라.

b. 코시-슈바르츠 부등식을 이용하여 $|\mathbf{u}+\mathbf{v}|^2 \le (|\mathbf{u}| + |\mathbf{v}|)^2$임을 증명하여라.

c. $|\mathbf{u}+\mathbf{v}| \le |\mathbf{u}| + |\mathbf{v}|$임을 결론지어라.

d. $\mathbb{R}^2$ 또는 $\mathbb{R}^3$에서 삼각부등식을 기하학적으로 설명하여라.

53. 평행사변형의 대각선 이웃하는 두 변이 $\mathbf{u}$와 $\mathbf{v}$인 평행사변형을 고려하자.

a. 이 평행사변형의 두 대각선은 각각 $\mathbf{u}+\mathbf{v}$와 $\mathbf{u}-\mathbf{v}$임을 보여라.

b. 두 대각선의 길이가 같을 필요충분조건은 $\mathbf{u}\cdot\mathbf{v} = 0$임을 증명하여라.

c. 두 대각선의 길이의 제곱의 합은 각 변의 길이의 제곱의 합과 같음을 보여라.

QUICK CHECK 정답

1. $\theta = 0$이면 $\mathbf{u}$와 $\mathbf{v}$는 평행이며 같은 방향을 가리키고, $\theta = \pi$이면 $\mathbf{u}$와 $\mathbf{v}$는 평행이고 서로 반대 방향을 가리킨다. **2.** 주어진 모든 내적은 0이고 단위벡터는 서로 수직이며, 서로 다른 두 벡터의 끼인각은 $\pi/2$이다. **3.** $\text{proj}_{\mathbf{i}}\mathbf{u} = 4\mathbf{i}$, $\text{proj}_{\mathbf{j}}\mathbf{u} = -3\mathbf{j}$, $\text{scal}_{\mathbf{i}}\mathbf{u} = 4$, $\text{scal}_{\mathbf{j}}\mathbf{u} = -3$ ◀

12.4 외적

내적 계산을 하면 두 벡터가 결합되어 스칼라(실수)가 나타난다. 이제 $\mathbb{R}^3$에서 두 벡터가 결합하여 벡터를 나타내는 기본적인 방법을 살펴보자. 이 연산을 외적(cross product)(또는 벡터 곱(vector product))이라 하며, 물리적 응용으로부터 도입됐다.

렌치(wrench)로 돌려서 볼트(bolt)를 풀어낸다고 가정해 보자. 볼트에 수직인 평

면에서 렌치의 끝에 '꼬임력(twisting power)'이라 하는 힘을 작용시킬 때, 세 가지 변수를 생각할 수 있다.

- 렌치에 작용하는 힘 $\mathbf{F}$의 크기
- 렌치의 길이 $|\mathbf{r}|$
- 렌치에 작용하는 힘의 각

중심점(pivot point)으로부터 일정한 거리에서 작용하는 힘에 의해 발생하는 꼬임력을 **토크**(torque)(회전력)라고 한다(토크의 어원은 라틴어 꼬임(to twist)에서 도입됐다). 토크는 크기가 $|\mathbf{F}|$, $|\mathbf{r}|$, $\sin\theta$와 비례하는 벡터인데, 여기서 θ는 $\mathbf{F}$와 $\mathbf{r}$의 끼인각이다(그림 12.55). 힘이 렌치에 평행으로 작용하면(예를 들어 렌치를 당기거나 $(\theta = 0)$ 밀면$(\theta = \pi)$) 꼬임 효과는 없다. 힘이 렌치에 수직으로 작용하면$(\theta = \pi/2)$ 꼬임 효과는 최대가 된다. 토크 벡터의 방향은 $\mathbf{F}$와 $\mathbf{r}$에 모두 수직인 방향으로 정의된다. 앞으로 살펴볼 토크는 $\mathbf{F}$와 $\mathbf{r}$의 외적으로 나타낸다.

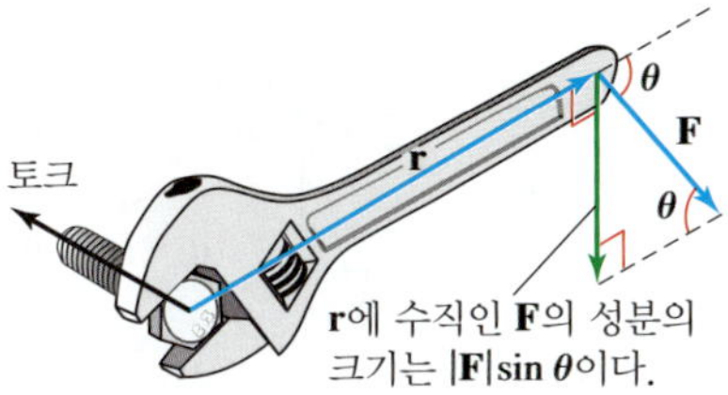

그림 12.55

외적

앞의 물리적 예로부터 다음과 같은 외적의 정의를 얻는다.

> **정의 외적**
>
> $\mathbb{R}^3$의 영벡터가 두 아닌 벡터 $\mathbf{u}$와 $\mathbf{v}$의 **외적** $\mathbf{u} \times \mathbf{v}$는 크기가
>
> $$|\mathbf{u} \times \mathbf{v}| = |\mathbf{u}||\mathbf{v}| \sin\theta$$
>
> 인 벡터이며, 여기서 $0 \le \theta \le \pi$는 $\mathbf{u}$와 $\mathbf{v}$의 끼인각이다. $\mathbf{u} \times \mathbf{v}$의 방향은 **오른손 법칙**으로 주어진다. 즉, 두 벡터의 시점을 같은 점에 놓고 엄지를 제외한 오른손의 손가락을 $\mathbf{u}$로부터 $\mathbf{v}$까지 감아 돌릴 때, $\mathbf{u}$와 $\mathbf{v}$에 수직인 엄지의 방향이 $\mathbf{u} \times \mathbf{v}$의 방향이다(그림 12.56). $\mathbf{u} \times \mathbf{v} = \mathbf{0}$이면 $\mathbf{u} \times \mathbf{v}$의 방향은 정의되지 않는다.

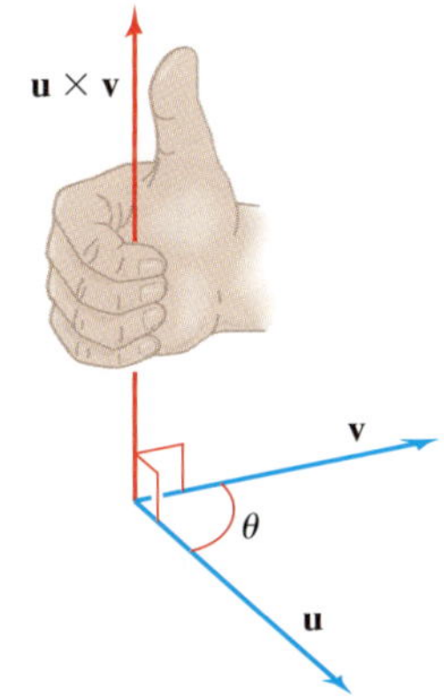

그림 12.56

QUICK CHECK 1 두 벡터 $\mathbf{u} = \langle 1, 2, 0 \rangle$, $\mathbf{v} = \langle -1, 2, 0 \rangle$을 그려라. $\mathbf{u} \times \mathbf{v}$는 어느 방향을 가리키는가? $\mathbf{v} \times \mathbf{u}$는 어느 방향을 가리키는가? ◄

다음 정리는 외적의 정의로부터 쉽게 얻을 수 있다.

> **정리 12.3 외적의 기하학적 성질**
>
> $\mathbf{u}$와 $\mathbf{v}$를 $\mathbb{R}^3$의 영벡터가 아닌 두 벡터라 하자.
>
> **1.** 두 벡터 $\mathbf{u}$와 $\mathbf{v}$가 서로 평행$(\theta = 0$ 또는 $\theta = \pi)$일 필요충분조건은 $\mathbf{u} \times \mathbf{v} = \mathbf{0}$이다.
>
> **2.** $\mathbf{u}$와 $\mathbf{v}$가 평행사변형의 두 변이면(그림 12.57) 이 평행사변형의 넓이는 다음과 같다.
>
> $$|\mathbf{u} \times \mathbf{v}| = |\mathbf{u}||\mathbf{v}| \sin\theta$$

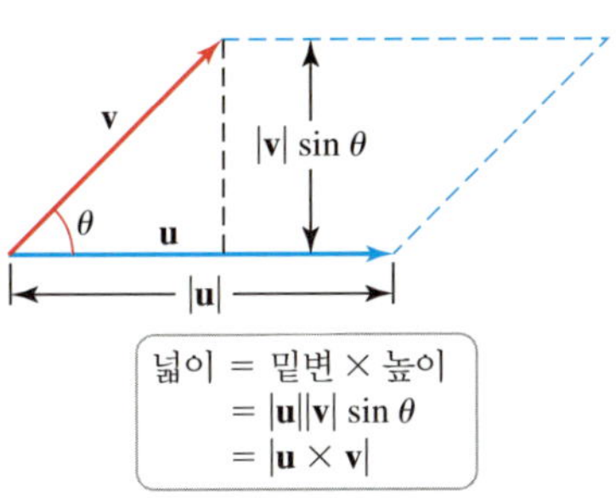

그림 12.57

| 예제 1 | 외적 $\mathbf{u} = \langle 1, 1, 0 \rangle$이고 $\mathbf{v} = \langle 1, 1, \sqrt{2} \rangle$일 때, $\mathbf{u} \times \mathbf{v}$의 크기와 방향을 구하여라.

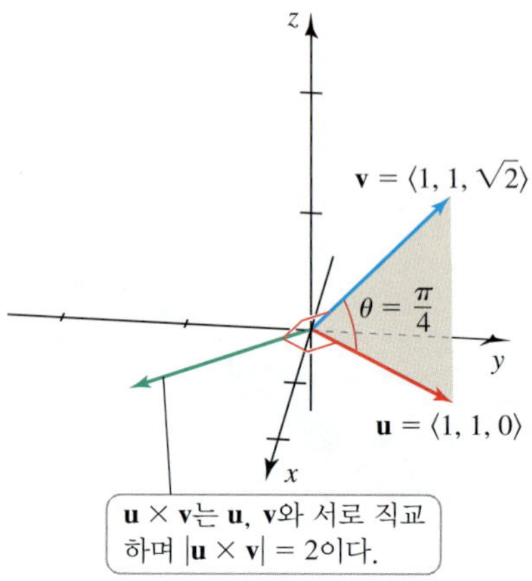

그림 12.58

풀이 $\mathbf{u}$는 45−45−90(도) 삼각형(직각이등변삼각형)의 한 변이고, $\mathbf{v}$는 이 삼각형의 빗변이므로(그림 12.58) $\theta = \pi/4$, 즉 $\sin\theta = \frac{1}{\sqrt{2}}$이다. 또한 $|\mathbf{u}| = \sqrt{2}$, $|\mathbf{v}| = 2$이므로 $\mathbf{u} \times \mathbf{v}$의 크기는 다음과 같다.

$$|\mathbf{u} \times \mathbf{v}| = |\mathbf{u}||\mathbf{v}| \sin\theta = \sqrt{2} \cdot 2 \cdot \frac{1}{\sqrt{2}} = 2$$

$\mathbf{u} \times \mathbf{v}$의 방향은 오른손 법칙으로 주어진다. 즉, $\mathbf{u} \times \mathbf{v}$는 $\mathbf{u}$와 $\mathbf{v}$에 수직이다(그림 12.58).

관련 연습문제 10번 ◀

외적의 성질

이제 외적의 계산을 간단히 할 수 있는 여러 가지 대수적 성질을 살펴보자. 예를 들어 외적에서 스칼라를 선택해 묶을 수 있다. 즉, a와 b가 스칼라이면 다음이 성립한다(연습문제 41번).

$$(a\mathbf{u}) \times (b\mathbf{v}) = ab(\mathbf{u} \times \mathbf{v})$$

벡터의 외적을 계산할 때 벡터의 순서는 중요하다. 즉, $\mathbf{u} \times \mathbf{v}$와 $\mathbf{v} \times \mathbf{u}$의 크기는 같지만 오른손 법칙을 적용하면 $\mathbf{u} \times \mathbf{v}$와 $\mathbf{v} \times \mathbf{u}$는 서로 반대 방향을 가리킨다. 따라서 $\mathbf{u} \times \mathbf{v} = -(\mathbf{v} \times \mathbf{u})$이다. 외적에 대한 두 가지 분배법칙이 있으며, 이 책에서 증명은 생략한다.

QUICK CHECK 2 벡터 $2\mathbf{u} \times 3\mathbf{v}$는 $\mathbf{u} \times \mathbf{v}$와 같은 방향을 가리키는 이유를 설명하여라. ◀

정리 12.4 외적의 성질

$\mathbf{u}$, $\mathbf{v}$, $\mathbf{w}$를 $\mathbb{R}^3$의 벡터라 하고, a와 b를 스칼라라고 하자.

1. $\mathbf{u} \times \mathbf{v} = -(\mathbf{v} \times \mathbf{u})$ 반교환법칙
2. $(a\mathbf{u}) \times (b\mathbf{v}) = ab(\mathbf{u} \times \mathbf{v})$ 결합법칙
3. $\mathbf{u} \times (\mathbf{v} + \mathbf{w}) = (\mathbf{u} \times \mathbf{v}) + (\mathbf{u} \times \mathbf{w})$ 분배법칙
4. $(\mathbf{u} + \mathbf{v}) \times \mathbf{w} = (\mathbf{u} \times \mathbf{w}) + (\mathbf{v} \times \mathbf{w})$ 분배법칙

| 예제 2 | 단위벡터의 외적 표준단위벡터 $\mathbf{i}$, $\mathbf{j}$, $\mathbf{k}$의 외적을 모두 구하여라.

풀이 세 벡터는 서로 직교하고, 이는 서로 다른 모든 두 벡터를 선택해도 $\theta = \pi/2$임을 의미한다. 따라서 $\sin\theta = 1$이고 $|\mathbf{i}| = |\mathbf{j}| = |\mathbf{k}| = 1$이다. 이제 서로 다른 모든 두 벡터의 외적의 크기는 1임을 알 수 있다. 오른손 법칙을 적용하여 엄지를 제외한 손가락을 $\mathbf{i}$로부터 $\mathbf{j}$까지 감아 돌리면 엄지는 z축의 양의 방향을 가리킨다(그림 12.59). z축의 양의 방향의 단위벡터는 $\mathbf{k}$이므로 $\mathbf{i} \times \mathbf{j} = \mathbf{k}$이다. 비슷한 방법으로 계산하면 $\mathbf{j} \times \mathbf{k} = \mathbf{i}$, $\mathbf{k} \times \mathbf{i} = \mathbf{j}$임을 보일 수 있다.

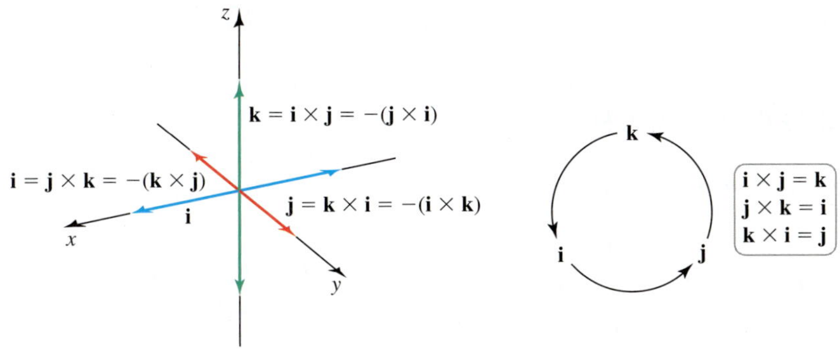

그림 12.59

정리 12.4의 성질 1에 의해 $\mathbf{j} \times \mathbf{i} = -(\mathbf{i} \times \mathbf{j}) = -\mathbf{k}$이고 $\mathbf{i} \times \mathbf{j}$와 $\mathbf{j} \times \mathbf{i}$는 서로 반대 방향을 가리킨다. 마찬가지로 $\mathbf{k} \times \mathbf{j} = -\mathbf{i}$, $\mathbf{i} \times \mathbf{k} = -\mathbf{j}$이다. 그림 12.59의 원형 다이어그램을 참고하면 이 관계를 쉽게 기억할 수 있다. 마지막으로 각 단위벡터와 자신의 끼인각은 $\theta = 0$이므로 $\mathbf{i} \times \mathbf{i} = \mathbf{j} \times \mathbf{j} = \mathbf{k} \times \mathbf{k} = \mathbf{0}$이다.

관련 연습문제 11-12번 ◀

정리 12.5 표준단위벡터의 외적

$$\mathbf{i} \times \mathbf{j} = -(\mathbf{j} \times \mathbf{i}) = \mathbf{k} \qquad \mathbf{j} \times \mathbf{k} = -(\mathbf{k} \times \mathbf{j}) = \mathbf{i}$$

$$\mathbf{k} \times \mathbf{i} = -(\mathbf{i} \times \mathbf{k}) = \mathbf{j} \qquad \mathbf{i} \times \mathbf{i} = \mathbf{j} \times \mathbf{j} = \mathbf{k} \times \mathbf{k} = \mathbf{0}$$

이제 $\mathbb{R}^3$에서 두 벡터의 외적에 대한 성분을 구하는 방법을 구체적으로 살펴보자. $\mathbf{u} = u_1\mathbf{i} + u_2\mathbf{j} + u_3\mathbf{k}$, $\mathbf{v} = v_1\mathbf{i} + v_2\mathbf{j} + v_3\mathbf{k}$로 놓고 외적의 성질 중 분배법칙(정리 12.4)을 적용하면 다음을 얻는다.

$$\begin{aligned} \mathbf{u} \times \mathbf{v} &= (u_1\mathbf{i} + u_2\mathbf{j} + u_3\mathbf{k}) \times (v_1\mathbf{i} + v_2\mathbf{j} + v_3\mathbf{k}) \\ &= u_1v_1\underbrace{(\mathbf{i} \times \mathbf{i})}_{\mathbf{0}} + u_1v_2\underbrace{(\mathbf{i} \times \mathbf{j})}_{\mathbf{k}} + u_1v_3\underbrace{(\mathbf{i} \times \mathbf{k})}_{-\mathbf{j}} \\ &\quad + u_2v_1\underbrace{(\mathbf{j} \times \mathbf{i})}_{-\mathbf{k}} + u_2v_2\underbrace{(\mathbf{j} \times \mathbf{j})}_{\mathbf{0}} + u_2v_3\underbrace{(\mathbf{j} \times \mathbf{k})}_{\mathbf{i}} \\ &\quad + u_3v_1\underbrace{(\mathbf{k} \times \mathbf{i})}_{\mathbf{j}} + u_3v_2\underbrace{(\mathbf{k} \times \mathbf{j})}_{-\mathbf{i}} + u_3v_3\underbrace{(\mathbf{k} \times \mathbf{k})}_{\mathbf{0}} \end{aligned}$$

➤ 행렬 A의 행렬식을 $|A|$ 또는 $\det A$로 나타낸다. 3×3 행렬 A의 행렬식은

$$\begin{vmatrix} a_1 & a_2 & a_3 \\ b_1 & b_2 & b_3 \\ c_1 & c_2 & c_3 \end{vmatrix} = a_1\begin{vmatrix} b_2 & b_3 \\ c_2 & c_3 \end{vmatrix} - a_2\begin{vmatrix} b_1 & b_3 \\ c_1 & c_3 \end{vmatrix} + a_3\begin{vmatrix} b_1 & b_2 \\ c_1 & c_2 \end{vmatrix}$$

인데, 여기서 우변의 행렬식은 다음과 같다.

$$\begin{vmatrix} a & b \\ c & d \end{vmatrix} = ad - bc$$

3×3 행렬식을 계산하는 방법을 사용하면 이 공식을 쉽게 외울 수 있다. 특히 행렬식을 계산하는(첫 번째 행에 대하여 전개하는) 공식

$$\begin{matrix} \text{단위벡터} \rightarrow \\ \mathbf{u}\text{의 성분} \rightarrow \\ \mathbf{v}\text{의 성분} \rightarrow \end{matrix} \begin{pmatrix} \mathbf{i} & \mathbf{j} & \mathbf{k} \\ u_1 & u_2 & u_3 \\ v_1 & v_2 & v_3 \end{pmatrix}$$

을 적용하면 외적은 계산하는 다음 공식을 얻을 수 있다(주석 참조).

> **정리 12.6 외적의 계산**
>
> $\mathbf{u} = u_1\mathbf{i} + u_2\mathbf{j} + u_3\mathbf{k}$, $\mathbf{v} = v_1\mathbf{i} + v_2\mathbf{j} + v_3\mathbf{k}$라 하자. 그러면 다음이 성립한다.
>
> $$\mathbf{u} \times \mathbf{v} = \begin{vmatrix} \mathbf{i} & \mathbf{j} & \mathbf{k} \\ u_1 & u_2 & u_3 \\ v_1 & v_2 & v_3 \end{vmatrix} = \begin{vmatrix} u_2 & u_3 \\ v_2 & v_3 \end{vmatrix}\mathbf{i} - \begin{vmatrix} u_1 & u_3 \\ v_1 & v_3 \end{vmatrix}\mathbf{j} + \begin{vmatrix} u_1 & u_2 \\ v_1 & v_2 \end{vmatrix}\mathbf{k}$$

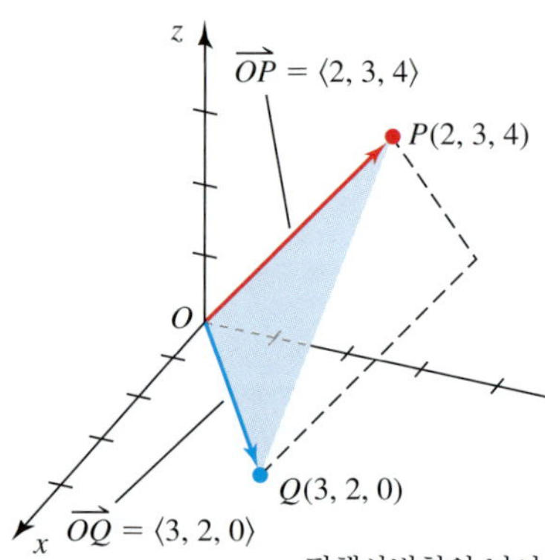

그림 12.60

| 예제 3 | 삼각형의 넓이 세 꼭짓점이 $O(0, 0, 0)$, $P(2, 3, 4)$, $Q(3, 2, 0)$인 삼각형의 넓이를 구하여라(그림 12.60).

풀이 그림과 같이 두 변이 벡터 $\overrightarrow{OP}$와 벡터 $\overrightarrow{OQ}$인 평행사변형을 생각해 보자. 정리 12.3에 의해 평행사변형의 넓이는 $|\overrightarrow{OP} \times \overrightarrow{OQ}|$이다. 이 외적을 계산하면

$$\overrightarrow{OP} \times \overrightarrow{OQ} = \begin{vmatrix} \mathbf{i} & \mathbf{j} & \mathbf{k} \\ 2 & 3 & 4 \\ 3 & 2 & 0 \end{vmatrix} = \begin{vmatrix} 3 & 4 \\ 2 & 0 \end{vmatrix}\mathbf{i} - \begin{vmatrix} 2 & 4 \\ 3 & 0 \end{vmatrix}\mathbf{j} + \begin{vmatrix} 2 & 3 \\ 3 & 2 \end{vmatrix}\mathbf{k}$$
$$= -8\mathbf{i} + 12\mathbf{j} - 5\mathbf{k}$$

임을 알 수 있고, 따라서 평행사변형의 넓이는 다음과 같다.

$$|\overrightarrow{OP} \times \overrightarrow{OQ}| = |-8\mathbf{i} + 12\mathbf{j} - 5\mathbf{k}| = \sqrt{233} \approx 15.26$$

세 꼭짓점이 O, P, Q인 삼각형의 넓이는 위 평행사변형 넓이의 절반이므로 구하는 넓이는 $\sqrt{233}/2 \approx 7.63$이다.

관련 연습문제 20번 ◀

| 예제 4 | 두 벡터에 수직인 벡터 두 벡터 $\mathbf{u} = -\mathbf{i} + 6\mathbf{k}$, $\mathbf{v} = 2\mathbf{i} - 5\mathbf{j} - 3\mathbf{k}$에 모두 수직인 벡터를 구하여라.

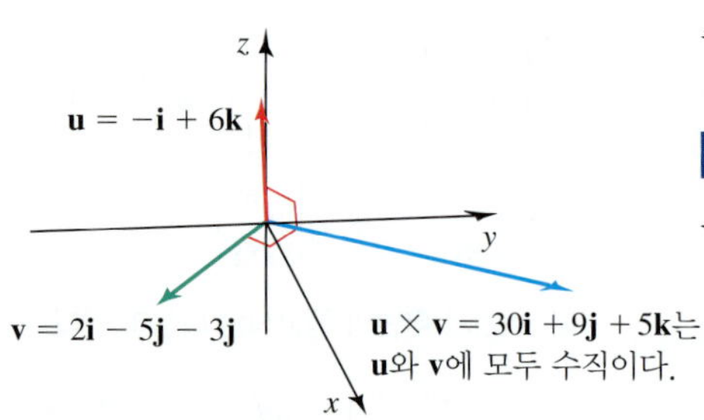

그림 12.61

풀이 $\mathbf{u}$, $\mathbf{v}$에 모두 수직인 벡터는 $\mathbf{u} \times \mathbf{v}$에 평행하다(그림 12.61). 이 수직 벡터 중 하나는

$$\mathbf{u} \times \mathbf{v} = \begin{vmatrix} \mathbf{i} & \mathbf{j} & \mathbf{k} \\ -1 & 0 & 6 \\ 2 & -5 & -3 \end{vmatrix}$$
$$= (0 + 30)\mathbf{i} - (3 - 12)\mathbf{j} + (5 - 0)\mathbf{k}$$
$$= 30\mathbf{i} + 9\mathbf{j} + 5\mathbf{k}$$

이다. 이 벡터에 스칼라를 곱한 벡터도 $\mathbf{u}$, $\mathbf{v}$에 모두 수직이다.

관련 연습문제 24-25번 ◀

QUICK CHECK 3 외적의 계산을 확인하는 방법 중 한 가지는 $\mathbf{u}$, $\mathbf{v}$가 $\mathbf{u} \times \mathbf{v}$와 서로 직교함을 확인하는 것이다. 예제 4에서 $\mathbf{u} \cdot (\mathbf{u} \times \mathbf{v}) = 0$, $\mathbf{v} \cdot (\mathbf{u} \times \mathbf{v}) = 0$임을 확인하여라. ◀

외적의 응용

이제 외적의 물리적 응용 두 가지를 살펴보자.

토크 앞에서 언급한 렌치에 작용하는 힘의 예로 돌아가서, 벡터 $\mathbf{r} = \overrightarrow{OP}$의 종점 P에 작용하는 힘 $\mathbf{F}$를 생각해 보자(그림 12.62). 힘에 의해 점 O에서 발생하는 **토크**(torque) 또는 회전력(꼬임력)은 $\boldsymbol{\tau} = \mathbf{r} \times \mathbf{F}$이다. 토크 벡터의 크기는

$$|\boldsymbol{\tau}| = |\mathbf{r} \times \mathbf{F}| = |\mathbf{r}||\mathbf{F}| \sin \theta$$

이고, 여기서 θ는 $\mathbf{r}$과 $\mathbf{F}$의 끼인각이다. 토크의 방향은 오른손 법칙으로 주어진다. 즉, 이 힘은 $\mathbf{r}$과 $\mathbf{F}$에 모두 수직이다. 앞에서 언급한 것처럼 $\mathbf{r}$과 $\mathbf{F}$가 서로 평행이면 $\sin \theta = 0$이고, 따라서 토크는 0이다. 주어진 $\mathbf{r}$과 $\mathbf{F}$에 대한 최대 토크는 $\mathbf{F}$가 $\mathbf{r}$과 서로 직교하는 방향으로 작용할 때($\theta = \pi/2$) 발생한다.

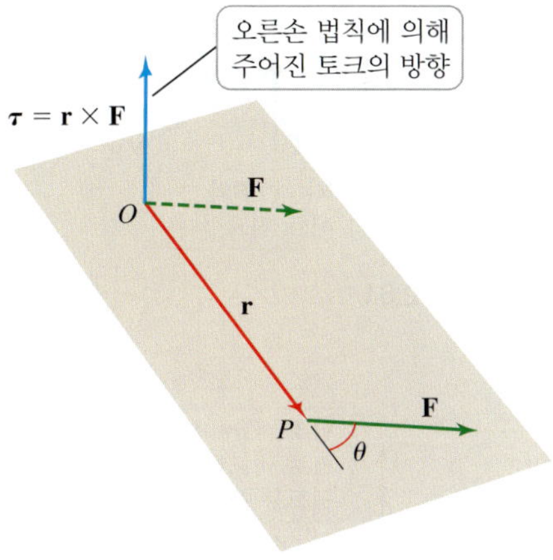

그림 12.62

| 예제 5 | 볼트 조이기 볼트에 수직인 방향으로 놓인 렌치에 20 N의 힘을 가하고 있다(그림 12.63). 길이가 0.15 m인 렌치로 힘을 가해 60°만큼 돌릴 때와 길이가 0.25 m인 렌치로 힘을 가해 135°만큼 돌릴 때, 이 두 경우 중 어느 경우에 더 많은 토크가 발생하는가? 각 경우에 토크의 방향은 무엇인가?

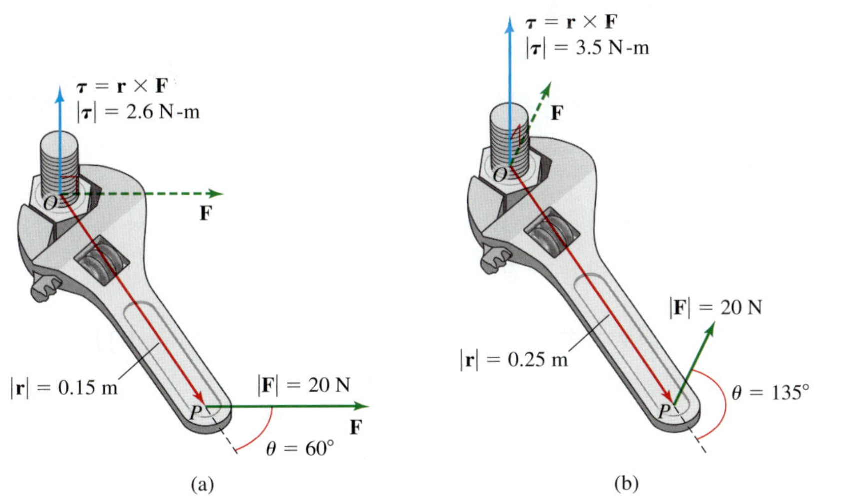

그림 12.63

➤ 그림 12.63에서 볼트의 나사가 표준나사(standard thread)일 때, 예제 5에서 작용된 힘은 볼트를 위쪽 방향, 즉 너트(nut) 쪽(토크의 방향)으로 움직이게 한다.

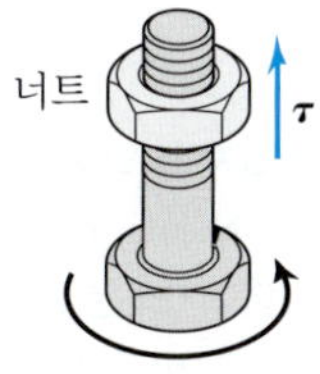

풀이 첫 번째 경우 토크의 크기는

$$|\boldsymbol{\tau}| = |\mathbf{r}||\mathbf{F}| \sin \theta = (0.15 \text{ m})(20 \text{ N}) \sin 60° \approx 2.6 \text{ N-m}$$

이고, 두 번째 경우 토크의 크기는

$$|\boldsymbol{\tau}| = |\mathbf{r}||\mathbf{F}| \sin \theta = (0.25 \text{ m})(20 \text{ N}) \sin 135° \approx 3.5 \text{ N-m}$$

이므로 두 번째 경우가 더 큰 토크를 발생시킨다. 두 경우 모두 토크는 $\mathbf{r}$, $\mathbf{F}$와 서로 직교하고, 볼트의 샤프트(회전 운동의 중심축)와 평행이다(그림 12.63).

관련 연습문제 27-28번 ◀

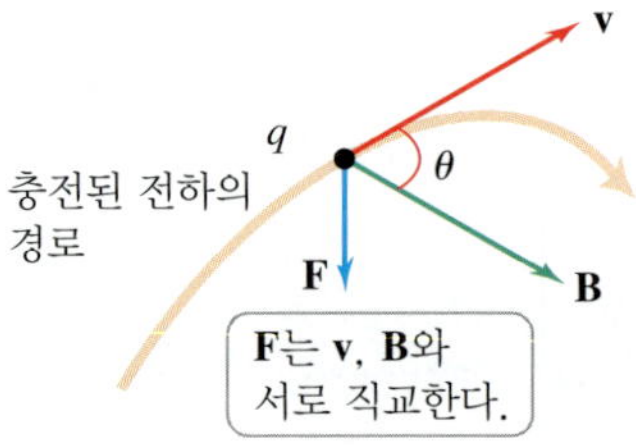

그림 12.64

이동하는 전하의 자기력 이동하는 전하(고립되어 있거나 전선의 전류 속에 놓인 전하)는 자기장을 통과할 때 힘을 발생시킨다. 전하량이 q인 고립 전하의 경우 이 힘은 $\mathbf{F} = q(\mathbf{v} \times \mathbf{B})$인데, 여기서 $\mathbf{v}$는 전하는 속도이고 $\mathbf{B}$는 자기장(벡터장의 일종)이다. 힘의 크기는

$$|\mathbf{F}| = |q||\mathbf{v} \times \mathbf{B}| = |q||\mathbf{v}||\mathbf{B}| \sin\theta$$

이고, 여기서 θ는 $\mathbf{v}$와 $\mathbf{B}$의 끼인각이다(그림 12.64). 전하의 부호는 힘의 방향을 나타낸다. 속도 벡터가 자기장에 평행일 때 전하는 힘을 발생시키지 않으며, 속도 벡터가 자기장과 서로 직교할 때 힘은 최대이다.

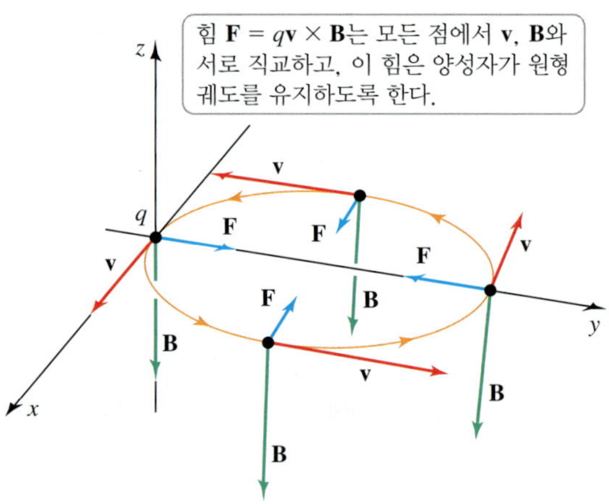

그림 12.65

| 예제 6 | 양성자의 힘 전하량이 $q = +1.6 \times 10^{-19}$ 쿨롱(C)이고 질량이 1.7×10^{-27} kg인 양성자가 $|\mathbf{v}| = 9 \times 10^5$ m/s의 속력으로 x축을 따라 이동한다. 이 양성자가 점 (0, 0, 0)에 도착할 때 균일한 자기장이 회전한다. 자기장은 1테슬라(1 T)의 일정한 강도(자속 밀도)를 갖고 있으며, z축의 음의 방향을 가리킨다(그림 12.65).

a. 양성자가 자기장에 들어가는 순간 (양성자의) 힘의 방향과 크기를 구하여라.

b. 양성자의 에너지 손실이 없고 **a**의 힘의 크기가 $|\mathbf{F}| = m|\mathbf{v}|^2/R$인 구심력이라 가정하자. 여기서 구심력(centripetal force)은 양성자의 궤도를 반지름이 R인 원형으로 유지시킨다. 이 궤도의 반지름을 구하여라.

▶ 자기장에서 강도(자속 밀도)의 표준단위(SI단위)는 테슬라(T, Nicola Tesla의 이름에서 유래)이다. 표준 막대자석은 1T의 강도를 갖는다. 다른 단위계로 바꾸면 1 T = 1 kg/(C-s)이고, 여기서 C는 쿨롱(coulomb)으로 알려진 전하량의 단위이다. 따라서 예제 6a에서 힘의 단위는 kg-m/s^2 또는 뉴턴이다.

풀이

a. $\mathbf{v}$와 $\mathbf{B}$는 각각 $\mathbf{v} = 9 \times 10^5\,\mathbf{i}$, $\mathbf{B} = -\mathbf{k}$로 나타낼 수 있다. 따라서 뉴턴 단위로 나타낸 양성자의 힘은 다음과 같다.

$$\begin{aligned}\mathbf{F} = q(\mathbf{v} \times \mathbf{B}) &= 1.6 \times 10^{-19}\big((9 \times 10^5\,\mathbf{i}) \times (-\mathbf{k})\big) \\ &= 1.44 \times 10^{-13}\mathbf{j}\end{aligned}$$

그림 12.65와 같이 양성자가 x축의 양의 방향으로 자기장에 들어갈 때 힘은 y축의 양의 방향으로 작용하고, 이는 양성자의 경로를 변화시킨다.

b. **a**로부터 시간과 관계없이 양성자에 작용하는 힘의 크기는 1.44×10^{-13} N이다. 이 힘을 구심력 $|\mathbf{F}| = m|\mathbf{v}|^2/R$에 대입하면 다음을 얻는다.

$$R = \frac{m|\mathbf{v}|^2}{|\mathbf{F}|} = \frac{(1.7 \times 10^{-27}\text{ kg})\,(9 \times 10^5\text{ m/s})^2}{1.44 \times 10^{-13}\text{ N}} \approx 0.01\text{ m}$$

에너지 손실이 없다고 가정하면 양성자는 반지름이 0.01 m인 원형 궤도를 따라 움직인다.

관련 연습문제 31, 40번 ◀

12.4절 연습문제

1단계 스타트

1. 평행인 두 벡터의 외적의 크기는 얼마인가?
2. $\mathbf{u}$와 $\mathbf{v}$가 서로 직교하면 $\mathbf{u} \times \mathbf{v}$의 크기는 얼마인가?
3. $\mathbf{u} \cdot (\mathbf{u} \times \mathbf{v}) = 0$인 이유를 기하학적으로 설명하여라.
4. $\mathbf{u}$와 $\mathbf{v}$가 단위벡터이고 끼인각이 $\pi/4$일 때 $|\mathbf{u} \times \mathbf{v}|$를 구하여라.
5. $\mathbf{u} \times \mathbf{v} = 3\mathbf{i} + 2\mathbf{j} - 7\mathbf{k}$일 때, $\mathbf{v} \times \mathbf{u}$를 구하여라.
6. 행렬식을 이용하여 $\mathbf{u} \times \mathbf{v}$를 계산하는 방법을 설명하여라.

2단계 실전

7–8. 정의에 따른 외적 그림에서 외적 $\mathbf{u} \times \mathbf{v}$를 구하여라.

7.

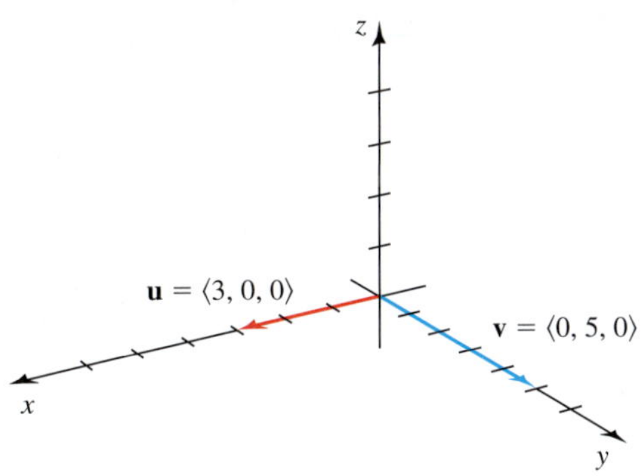

8.

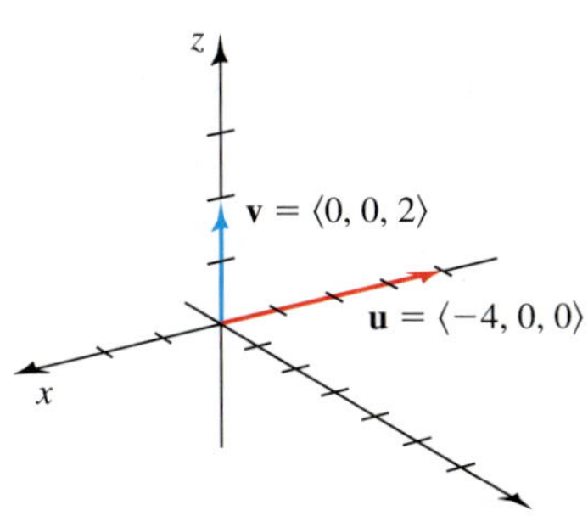

9–10. 정의에 따른 외적 두 벡터 $\mathbf{u}$와 $\mathbf{v}$를 그려라. $|\mathbf{u} \times \mathbf{v}|$를 계산한 다음 이 외적을 그림으로 나타내어라.

9. $\mathbf{u} = \langle 0, -2, 0 \rangle$, $\mathbf{v} = \langle 0, 1, 0 \rangle$

10. $\mathbf{u} = \langle 3, 3, 0 \rangle$, $\mathbf{v} = \langle 3, 3, 3\sqrt{2} \rangle$

11–13. 표준단위벡터 다음 외적을 구하여라. 두 벡터와 외적을 그려라.

11. $\mathbf{j} \times \mathbf{k}$ 12. $-\mathbf{j} \times \mathbf{k}$ 13. $-2\mathbf{i} \times 3\mathbf{k}$

14–16. 외적의 계산 두 벡터 $\mathbf{u}$와 $\mathbf{v}$에 대하여 외적 $\mathbf{u} \times \mathbf{v}$와 $\mathbf{v} \times \mathbf{u}$를 구하여라.

14. $\mathbf{u} = \langle 3, 5, 0 \rangle$, $\mathbf{v} = \langle 0, 3, -6 \rangle$

15. $\mathbf{u} = \langle 2, 3, -9 \rangle$, $\mathbf{v} = \langle -1, 1, -1 \rangle$

16. $\mathbf{u} = 3\mathbf{i} - \mathbf{j} - 2\mathbf{k}$, $\mathbf{v} = \mathbf{i} + 3\mathbf{j} - \mathbf{k}$

17–18. 평행사변형의 넓이 두 벡터 $\mathbf{u}$와 $\mathbf{v}$를 이웃하는 두 변으로 갖는 평행사변형의 넓이를 구하여라.

17. $\mathbf{u} = 3\mathbf{i} - \mathbf{j}$, $\mathbf{v} = 3\mathbf{j} + 2\mathbf{k}$

18. $\mathbf{u} = 2\mathbf{i} - \mathbf{j} - 2\mathbf{k}$, $\mathbf{v} = 3\mathbf{i} + 2\mathbf{j} - \mathbf{k}$

19–21. 삼각형의 넓이 주어진 삼각형 T의 넓이를 구하여라.

19. 세 꼭짓점이 $A(0, 0, 0)$, $B(3, 0, 1)$, $C(1, 1, 0)$인 삼각형 T

20. 세 꼭짓점이 $A(5, 6, 2)$, $B(7, 16, 4)$, $C(6, 7, 3)$인 삼각형 T

21. 세 변이 $\mathbf{u} = \langle 3, 3, 3 \rangle$, $\mathbf{v} = \langle 6, 0, 6 \rangle$, $\mathbf{u} - \mathbf{v}$인 삼각형 T

22. **한 직선 위의 세 점과 외적** 세 점 A, B, C가 한 직선 위에 놓일 필요충분조건이 $\overrightarrow{AB} \times \overrightarrow{AC} = \mathbf{0}$인 이유를 설명하여라.

23. **한 직선 위의 세 점** 외적을 이용하여 세 점 $A(-3, -2, 1)$, $B(1, 4, 7)$, $C(4, 10, 14)$가 한 직선 위에 있는지 결정하여라.

24–25. 직교 벡터 주어진 두 벡터와 서로 직교하는 하나의 벡터를 구하여라.

24. $\langle 1, 2, 3 \rangle$과 $\langle -2, 4, -1 \rangle$

25. $\langle 8, 0, 4 \rangle$와 $\langle -8, 2, 1 \rangle$

26–27. 토크의 계산 토크에 대한 물음에 답하여라.

26. $\mathbf{r} = \overrightarrow{OP} = \mathbf{i} + \mathbf{j} + \mathbf{k}$일 때, 힘 $\mathbf{F} = \langle 20, 0, 0 \rangle$이 점 P에 작용하고 있다. O에서 발생하는 토크를 구하여라.

27. $\mathbf{r} = \overrightarrow{OP} = 10\mathbf{i}$라고 하자. P에 힘 $\mathbf{F} = 5\mathbf{i} - 5\mathbf{k}$가 작용할 때 O에서 발생하는 토크와 P에 힘 $\mathbf{F} = 4\mathbf{i} - 3\mathbf{j}$가 작용할 때 O에서 발생하는 토크 중 어느 것의 크기가 더 큰가?

28. **볼트 조이기** 어떤 볼트에 볼트와 수직인 방향으로 매달린 0.25 m 길이의 렌치에 20 N의 힘이 작용하고 있다고 가정하자. 이 힘이 작용하여 렌치를 45°만큼 돌렸을 때, 토크의 크기를 구하여라.

29. 자전거 브레이크 한 자전거 바퀴의 림(rim)에 칼리퍼 브레이크(caliper brake)가 힘을 가하며 작동하고 있다. 이 힘에 따른 마찰력 **F**는 바퀴의 반지름에 수직이고 40 N의 크기를 갖는다(그림 참조). 바퀴의 반지름이 33 cm일 때, 자전거의 차축에 발생하는 토크의 크기와 방향을 구하여라.

30–31. 이동하는 전하의 힘 이동하는 전하에 의해 생기는 힘에 대하여 물음에 답하여라.

30. 양의 단위전하($q = 1$)를 갖는 입자가 $\mathbf{v} = 20\,\mathbf{k}$의 속도로 일정한 (전)자기장 $\mathbf{B} = \mathbf{i} + \mathbf{j}$로 들어가고 있다. 이 입자에 작용하는 힘의 크기와 방향을 구하여라. 자기장, 입자의 속도, 힘을 그려라.

31. 한 전자($q = -1.6 \times 10^{-19}$ C)가 2×10^5 m/s의 속력으로 (일정한) 2T의 자기장에 45°의 각도를 이루며 들어가고 있다. 이 전자에 의해 생기는 힘의 크기를 구하여라.

32. 참 또는 거짓 다음 명제가 참이면 증명하고 거짓이면 반례를 들어라.

a. 영벡터가 아닌 두 벡터의 외적은 영벡터가 아니다.

b. $|\mathbf{u} \times \mathbf{v}|$는 $|\mathbf{u}|$보다 작고 $|\mathbf{v}|$보다 작다.

c. $\mathbf{u}$는 동쪽을 가리키고 $\mathbf{v}$는 남쪽을 가리키면 $\mathbf{u} \times \mathbf{v}$는 서쪽을 가리킨다.

d. $\mathbf{u} \times \mathbf{v} = \mathbf{0}$이고 $\mathbf{u} \cdot \mathbf{v} = 0$이면 $\mathbf{u} = \mathbf{0}$ 또는 $\mathbf{v} = \mathbf{0}$이다.

e. 외적에서 소거법칙이 성립한다. 즉, $\mathbf{u} \times \mathbf{v} = \mathbf{u} \times \mathbf{w}$이면 $\mathbf{v} = \mathbf{w}$이다.

33. 벡터방정식 다음 등식을 만족시키는 모든 벡터 $\mathbf{u}$를 구하여라.

$$\langle 1, 1, 1 \rangle \times \mathbf{u} = \langle -1, -1, 2 \rangle$$

34. 삼각형의 넓이 어떤 삼각형의 세 꼭짓점이 좌표축에 놓여 있고 좌표가 각각 $(a, 0, 0)$, $(0, b, 0)$, $(0, 0, c)$일 때, 이 삼각형의 넓이를 a, b, c로 나타내어라.

3단계 도전

35–39. 스칼라 삼중적 지금까지 학습한 벡터의 연산과 다른 새로운 연산, 즉 스칼라 삼중적을 살펴보자. 스칼라 삼중적은 $\mathbb{R}^3$에서 영벡터가 아닌 세 벡터 $\mathbf{u}$, $\mathbf{v}$, $\mathbf{w}$에 대하여 $\mathbf{u} \cdot (\mathbf{v} \times \mathbf{w})$로 정의한다.

35. $\mathbf{u}$, $\mathbf{v}$, $\mathbf{w}$를 성분으로 나타낸 다음 $\mathbf{u} \cdot (\mathbf{v} \times \mathbf{w})$는 다음 행렬식과 같음을 보여라.

$$\begin{vmatrix} u_1 & u_2 & u_3 \\ v_1 & v_2 & v_3 \\ w_1 & w_2 & w_3 \end{vmatrix}$$

36. 세 위치벡터 $\mathbf{u}$, $\mathbf{v}$, $\mathbf{w}$에 의해 만들어지는 **평행육면체**(parallelepiped)(기울어진 박스)를 고려하자(그림 참조). 이 평행육면체의 부피는 스칼라 삼중적의 절댓값 $|\mathbf{u} \cdot (\mathbf{v} \times \mathbf{w})|$임을 보여라.

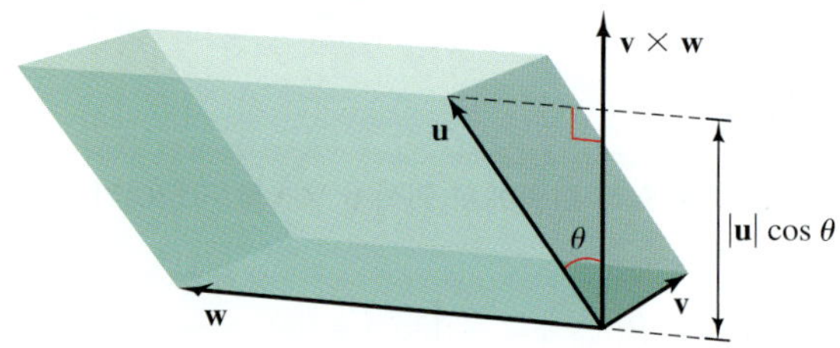

37. 세 위치벡터 $\mathbf{u} = \langle 3, 1, 0 \rangle$, $\mathbf{v} = \langle 2, 4, 1 \rangle$, $\mathbf{w} = \langle 1, 1, 5 \rangle$에 의해 만들어지는 평행육면체의 부피를 구하여라(연습문제 36번 참조).

38. 세 위치벡터 $\mathbf{u}$, $\mathbf{v}$, $\mathbf{w}$가 같은 평면 위에 놓일 필요충분조건은 $|\mathbf{u} \cdot (\mathbf{v} \times \mathbf{w})| = 0$인 이유를 설명하여라(연습문제 36번 참조).

39. $\mathbf{u} \cdot (\mathbf{v} \times \mathbf{w}) = (\mathbf{u} \times \mathbf{v}) \cdot \mathbf{w}$임을 증명하여라.

40. 전자의 속력 질량이 9.1×10^{-31} kg이고 전하량이 -1.6×10^{-19} C인 전자가 0.05T의 자기장 속에서 원형 경로를 따라 에너지 손실 없이 흐르고 있는데, 이 자기장은 전자의 경로와 서로 직교한다(그림 참조). 경로의 반지름이 0.002 m일 때, 이 전자의 속력은 얼마인가?

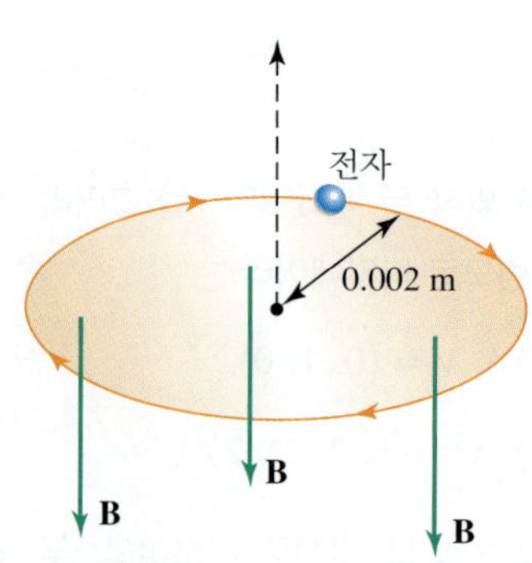

41. 결합법칙 a와 b가 스칼라일 때, 외적의 정의와 행렬식 공식의

두 가지 방법으로 $(a\mathbf{u}) \times (b\mathbf{v}) = ab(\mathbf{u} \times \mathbf{v})$임을 증명하여라.

42–44. 가능한 등식 $\mathbf{u}$, $\mathbf{v}$, $\mathbf{w}$가 영벡터가 아닌 $\mathbb{R}^3$의 벡터일 때, 다음 등식이 참이면 증명하고 거짓이면 반례를 들어라.

42. $\mathbf{u} \times (\mathbf{u} \times \mathbf{v}) = \mathbf{0}$

43. $(\mathbf{u} - \mathbf{v}) \times (\mathbf{u} + \mathbf{v}) = 2\mathbf{u} \times \mathbf{v}$

44. $\mathbf{u} \cdot (\mathbf{v} \times \mathbf{w}) = \mathbf{w} \cdot (\mathbf{u} \times \mathbf{v})$

45–46. 등식 $\mathbf{u}$, $\mathbf{v}$, $\mathbf{w}$, $\mathbf{x}$가 영벡터가 아닌 $\mathbb{R}^3$의 벡터일 때, 다음 등식을 증명하여라.

45. $\mathbf{u} \times (\mathbf{v} \times \mathbf{w}) = (\mathbf{u} \cdot \mathbf{w})\mathbf{v} - (\mathbf{u} \cdot \mathbf{v})\,\mathbf{w}$ 벡터 삼중적

46. $(\mathbf{u} \times \mathbf{v}) \cdot (\mathbf{w} \times \mathbf{x}) = (\mathbf{u} \cdot \mathbf{w})(\mathbf{v} \cdot \mathbf{x}) - (\mathbf{u} \cdot \mathbf{x})(\mathbf{v} \cdot \mathbf{w})$

47. 외적 방정식 $\mathbf{u}$와 $\mathbf{v}$가 영벡터가 아닌 $\mathbb{R}^3$의 벡터라고 하자.

a. 방정식 $\mathbf{u} \times \mathbf{z} = \mathbf{v}$가 영벡터가 아닌 해 $\mathbf{z}$를 가질 필요충분조건은 $\mathbf{u} \cdot \mathbf{v} = 0$임을 증명하여라(힌트: 양변에 $\mathbf{v}$와의 내적을 계산한다).

b. 이 결과를 기하학적으로 설명하여라.

QUICK CHECK 정답

1. $\mathbf{u} \times \mathbf{v}$는 z축의 양의 방향을 가리키고, $\mathbf{v} \times \mathbf{u}$는 z축의 음의 방향을 가리킨다. **2.** 벡터 $2\mathbf{u}$는 $\mathbf{u}$와 같은 방향을 가리키고, 벡터 $3\mathbf{v}$는 $\mathbf{v}$와 같은 방향을 가리킨다. 따라서 오른손 법칙을 적용하면 $2\mathbf{u} \times 3\mathbf{v}$는 $\mathbf{u} \times \mathbf{v}$와 같은 방향을 가리킨다.
3. $\mathbf{u} \cdot (\mathbf{u} \times \mathbf{v}) = \langle -1, 0, 6 \rangle \cdot \langle 30, 9, 5 \rangle = -30 + 0 + 30 = 0$ 비슷한 방법으로 계산하면 $\mathbf{v} \cdot (\mathbf{u} \times \mathbf{v}) = 0$이다. ◀

12.5 공간에서의 직선과 평면

1장에서 널리 이용되는 표준 함수들과 각 함수에 대응되는 그래프를 살펴봤다. 예를 들어 변수가 두 개인 일차방정식($y = mx + b$)의 그래프는 직선이고, 이차방정식($y = ax^2 + bx + c$)의 그래프는 포물선이며, 두 그래프 모두 xy평면(2차원 벡터 공간)에 놓여 있다. 이 개념을 3차원 공간에서 생각해 보자. 3차원 공간에서 기본적인 기하학적 도형은 무엇이며, 이를 어떻게 방정식으로 나타낼 수 있을까?

3차원 공간에서 가장 기본적인 기하학적 도형은 직선과 평면임이 자명하다. 이 절에서는 3차원 공간에서 직선과 평면의 방정식을 알아보고, 나아가 이 도형의 성질과 응용을 살펴보고자 한다.

공간에서의 직선

$\mathbb{R}^3$에서 서로 다른 두 점은 유일한 직선을 결정한다. 또한 한 점과 한 방향도 유일한 직선을 결정한다. 이 두 성질을 이용하여 공간에서 직선을 나타내는 두 가지 형태, 즉 매개방정식을 사용하는 방법과 벡터방정식을 사용하는 방법을 살펴본다.

점 $P_0(x_0, y_0, z_0)$을 지나고 영벡터가 아닌 벡터 $\mathbf{v} = \langle a, b, c \rangle$에 평행인 직선을 ℓ이라 하자. 여기서 P_0과 $\mathbf{v}$는 각각 주어진 점과 벡터이다. 고정점 P_0에 대응하는 위치벡터는 $\mathbf{r}_0 = \overrightarrow{OP_0} = \langle x_0, y_0, z_0 \rangle$이다. $P(x, y, z)$를 ℓ 위에 놓여 있는 임의의 점을 나타내는 변수라 하고 $\mathbf{r} = \overrightarrow{OP} = \langle x, y, z \rangle$를 점 P에 대응하는 위치벡터라 하자(그림 12.66). ℓ은 $\mathbf{v}$에 평행이므로 벡터 $\overrightarrow{P_0P}$는 $\mathbf{v}$에 평행이다. 따라서 적당한 실수 t에 대하여 $\overrightarrow{P_0P} = t\mathbf{v}$이다. 벡터의 합에 의해 $\overrightarrow{OP} = \overrightarrow{OP_0} + \overrightarrow{P_0P}$, 즉 $\overrightarrow{OP} = \overrightarrow{OP_0} + t\mathbf{v}$이다. 이 벡터를 성분으로 나타내면 다음과 같은 직선의 벡터방정

식(vector equation)을 얻는다.

$$\text{성분 형태}\quad \underbrace{\langle x, y, z \rangle}_{\mathbf{r} = \overrightarrow{OP}} = \underbrace{\langle x_0, y_0, z_0 \rangle}_{\mathbf{r}_0 = \overrightarrow{OP_0}} + t\underbrace{\langle a, b, c \rangle}_{\mathbf{v}}$$

$$\text{벡터 형태}\quad \mathbf{r} = \mathbf{r}_0 + t\mathbf{v}$$

각 성분을 같게 놓음으로써 다음과 같은 직선의 매개방정식을 얻는다.

$$x = x_0 + at, \quad y = y_0 + bt, \quad z = z_0 + ct, \quad -\infty < t < \infty$$

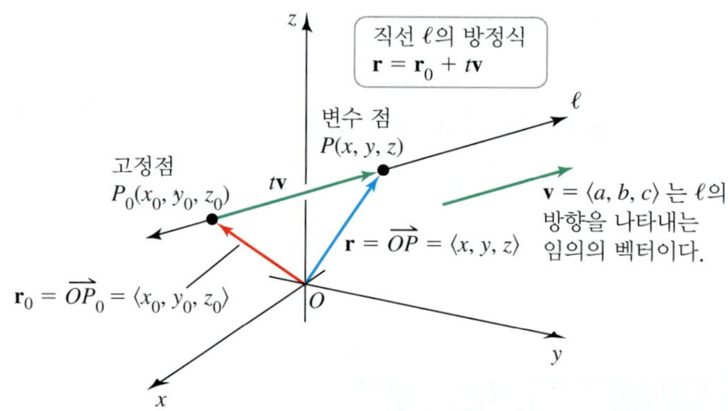

그림 12.66

QUICK CHECK 1 $-\infty < t < \infty$일 때 직선 $\mathbf{r} = t\mathbf{k}$에 대하여 설명하여라. $-\infty < t < \infty$일 때 직선 $\mathbf{r} = t(\mathbf{i} + \mathbf{j} + 0\mathbf{k})$에 대하여 설명하여라. ◄

변수 t는 직선 위의 점을 결정하며, $t = 0$은 P_0에 대응한다. t가 0에서부터 증가하면 직선 위의 점은 $\mathbf{v}$의 방향으로 이동하며, t가 0에서부터 감소하면 직선 위의 점은 $-\mathbf{v}$의 방향($\mathbf{v}$의 반대 방향)으로 이동한다. t는 모든 실수에 대응하는 변수 $(-\infty < t < \infty)$이므로 직선 전체가 만들어진다. 직선의 방향 $\mathbf{v}$ 대신 두 점 $P_0(x_0, y_0, z_0)$, $P_1(x_1, y_1, z_1)$이 주어지면 직선의 방향은 $\mathbf{v} = \overrightarrow{P_0P_1} = \langle x_1 - x_0, y_1 - y_0, z_1 - z_0 \rangle$이다.

➤ 같은 직선을 나타내는 직선의 방정식은 무수히 많다. 이는 한 방향 벡터에 0이 아닌 스칼라를 곱한 방향벡터도 같은 직선을 나타낼 수 있기 때문이다.

직선의 방정식

점 $P_0(x_0, y_0, z_0)$을 지나고 벡터 $\mathbf{v} = \langle a, b, c \rangle$에 평행인 **직선의 벡터방정식**은 $\mathbf{r} = \mathbf{r}_0 + t\mathbf{v}$, 즉

$$\langle x, y, z \rangle = \langle x_0, y_0, z_0 \rangle + t\langle a, b, c \rangle, \quad -\infty < t < \infty$$

이다. 이에 대응하는 직선의 매개방정식은 다음과 같다.

$$x = x_0 + at, \quad y = y_0 + bt, \quad z = z_0 + ct, \quad -\infty < t < \infty$$

| 예제 1 | 직선의 방정식 $\mathbf{v} = \langle 5, -3, 1 \rangle$과 같은 방향이고 점 $P_0(1, 2, 4)$를 지나는 직선 ℓ의 벡터방정식을 구한 다음, 이에 대응하는 ℓ의 매개방정식을 구하여라.

풀이 $\mathbf{r}_0 = \langle 1, 2, 4 \rangle$로 놓으면 $-\infty < t < \infty$인 t에 대하여 직선의 벡터방정식은

다음과 같다(그림 12.67).

$$\mathbf{r} = \mathbf{r}_0 + t\mathbf{v} = \langle 1, 2, 4 \rangle + t\langle 5, -3, 1 \rangle = \langle 1 + 5t, 2 - 3t, 4 + t \rangle$$

이에 대응하는 직선의 매개방정식은 다음과 같다.

$$x = 1 + 5t, \quad y = 2 - 3t, \quad z = 4 + t, \quad -\infty < t < \infty$$

이 직선을 xy평면 위로의 정사영과 함께 그리면 이해하기 쉽다. $z = 0$으로 놓으면 (xy평면 위로의) 정사영 직선의 매개방정식은 $x = 1 + 5t$, $y = 2 - 3t$, $z = 0$이다. 이 방정식으로부터 정사영의 방정식 중 하나는 $y = -\frac{3}{5}x + \frac{13}{5}$임을 알 수 있다(그림 12.67).

관련 연습문제 7번

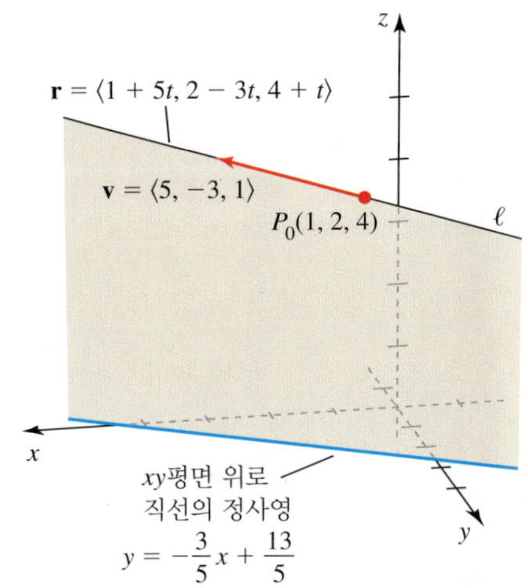

그림 12.67

| 예제 2 | **직선의 방정식과 선분** 두 점 $P_0(-3, 5, 8)$, $P_1(4, 2, -1)$을 지나는 직선을 ℓ이라 하자.

a. ℓ의 방정식을 구하여라.

b. P_0과 P_1을 잇는 선분의 매개방정식을 구하여라.

풀이

a. 직선의 방향은

$$\mathbf{v} = \overrightarrow{P_0P_1} = \langle 4 - (-3), 2 - 5, -1 - 8 \rangle = \langle 7, -3, -9 \rangle$$

이다. $\mathbf{r}_0 = \langle -3, 5, 8 \rangle$이라 하면 ℓ의 벡터방정식은 다음과 같다.

$$\mathbf{r} = \mathbf{r}_0 + t\mathbf{v}, \text{ 즉}$$

$$\langle x, y, z \rangle = \langle -3, 5, 8 \rangle + t\langle 7, -3, -9 \rangle$$

$$= \langle -3 + 7t, 5 - 3t, 8 - 9t \rangle$$

b. ℓ의 매개방정식은 다음과 같다.

$$x = -3 + 7t, \quad y = 5 - 3t, \quad z = 8 - 9t, \quad -\infty < t < \infty$$

P_0과 P_1을 잇는 선분을 구하려면 매개변수 t의 범위를 제한해야 한다. $t = 0$은 $P_0(-3, 5, 8)$에 대응하고, $t = 1$은 $P_1(4, 2, -1)$에 대응함에 유의하자. t가 0에서 1까지 변하면 P_0과 P_1을 잇는 선분을 구할 수 있다. 따라서 구하는 선분의 매개방정식은 다음과 같다.

$$x = -3 + 7t, \quad y = 5 - 3t, \quad z = 8 - 9t, \quad 0 \le t \le 1$$

그림 12.68에 P_0과 P_1을 잇는 선분을 포함하는 ℓ의 그래프와 xz평면 위로 ℓ의 정사영이 나타나 있다. $y = 0$으로 놓으면 이 직선의 xz평면 위로의 정사영에 대한 매개방정식을 얻을 수 있다.

관련 연습문제 16번

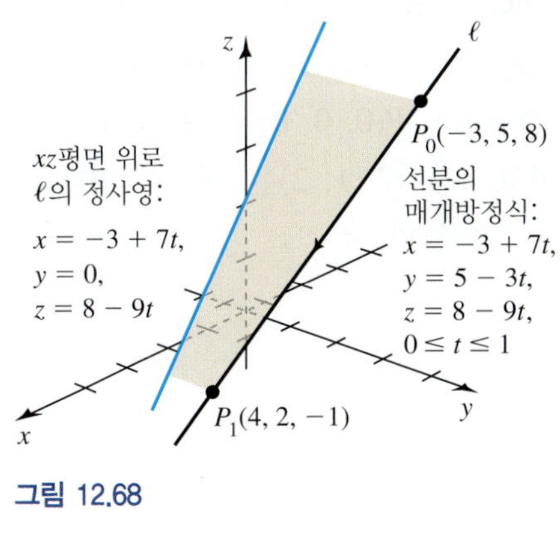

그림 12.68

QUICK CHECK 2 직선의 방정식

$$\langle x, y, z\rangle = \langle x_0, y_0, z_0\rangle + t\langle x_1 - x_0, y_1 - y_0, z_1 - z_0\rangle$$

에 대하여 점 $P_0(x_0, y_0, z_0)$에 대응하는 t의 값은 얼마인가? 점 $P_1(x_1, y_1, z_1)$에 대응하는 t의 값은 얼마인가? ◀

점과 직선 사이의 거리

실제로 3차원 기하학은 궤도 역학(orbital mechanics), 탄도학(ballistics), 컴퓨터 그래픽, 회귀분석(regression analysis)과 같은 다양한 분야에서 널리 이용된다. 예를 들어 비디오 게임 프로그래밍과 같은 문제에서 한 점과 직선 사이의 거리를 계산하는 것은 매우 중요한 부분이다. 우선 이 거리에 대한 공식을 유도하고, 비디오 게임에서 (가상의) 당구공이 맞는지 결정할 때 이 공식을 어떻게 적용하는지 살펴볼 것이다.

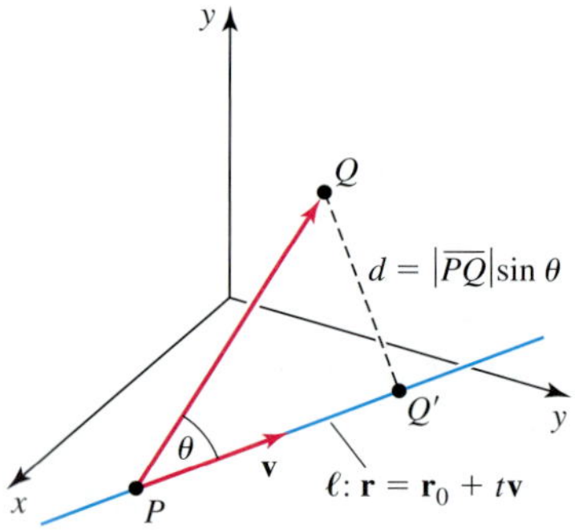

그림 12.69

점 P를 포함하는 직선 ℓ과 이 직선 밖의 점 Q가 주어졌다고 가정하고, ℓ의 벡터방정식을 $\mathbf{r} = \mathbf{r}_0 + t\mathbf{v}$라 하자. 이제 Q와 ℓ 사이의 거리를 구해 보자. 그림 12.69는 이를 나타내는데, 여기서 점 P는 ℓ에 평행인 벡터 $\mathbf{v}$의 시점이다. Q에서 ℓ에 내린 수선의 발을 Q'이라 하면 삼각형 PQQ'은 직각삼각형이다. 여기서 Q와 ℓ의 최단 거리는 Q와 Q'의 거리이다. θ를 $\mathbf{v}$와 $\overrightarrow{PQ}$의 끼인각이라 하면 삼각비의 성질에 의해 $d = |\overrightarrow{PQ}|\sin\theta$이다. 외적의 크기에 대한 정의를 사용하면 다음을 얻는다.

$$|\mathbf{v} \times \overrightarrow{PQ}| = |\mathbf{v}|\underbrace{|\overrightarrow{PQ}|\sin\theta}_{d} = |\mathbf{v}|d \qquad \text{외적의 정의}$$

위 등식의 양변을 $|\mathbf{v}|$로 나누면 구하는 거리 d는 다음과 같다.

$$d = \frac{|\mathbf{v} \times \overrightarrow{PQ}|}{|\mathbf{v}|}$$

QUICK CHECK 3 점 $Q(1, 0, 3)$과 직선 $\langle x, y, z\rangle = t\langle 2, 1, 2\rangle$ 사이의 거리를 구하여라. $P(0, 0, 0)$은 직선 위의 점이고, $\mathbf{v} = \langle 2, 1, 2\rangle$는 직선에 평행임에 유의한다. ◀

점과 직선 사이의 거리

점 Q와 직선 $\mathbf{r} = \mathbf{r}_0 + t\mathbf{v}$ 사이의 거리는 다음과 같다.

$$d = \frac{|\mathbf{v} \times \overrightarrow{PQ}|}{|\mathbf{v}|}$$

여기서 P는 직선 위의 점이고, $\mathbf{v}$는 이 직선에 평행인 벡터이다.

비디오 당구(포켓볼) 게임에 대한 컴퓨터 프로그래밍을 할 때, 2차원 스크린에서 당구공의 위치 및 경로를 추적해야 한다. 각 당구공의 모든 픽셀(pixel)에 대한 경로를 코딩하는 것이 가능하긴 하지만 당구공의 중심 픽셀의 경로만 추적하는 코딩이 훨씬 간단하다. 다음 예제와 같이 게임에서 두 당구공이 서로 부딪치는지에 대한 해답은 점과 직선 사이의 거리를 계산하여 얻을 수 있다.

| 예제 3 | **비디오 게임 계산** 아리아가 아이패드로 비디오 포켓볼 게임을 하고 있다. 이 비디오 게임의 화면은 제1사분면에 직사각형으로 놓여 있으며, 왼쪽 아래 모서리는 원점에 있고, 반대편 오른쪽 위 모서리는 점 (100, 50)에 놓여 있다(그림 12.70). 큐볼이 점 $P(25, 16)$에 놓여 있고, 아리아가 점 $Q(75, 46)$에 놓인 목적구를 겨누면서 x축의 양의 방향과 30°의 각도로 큐볼을 쳤다. 충분한 힘으로 큐볼을 쳤다면 큐볼은 목적구를 맞힐 수 있겠는가? 각 당구공의 지름은 2.25라고 가정한다.

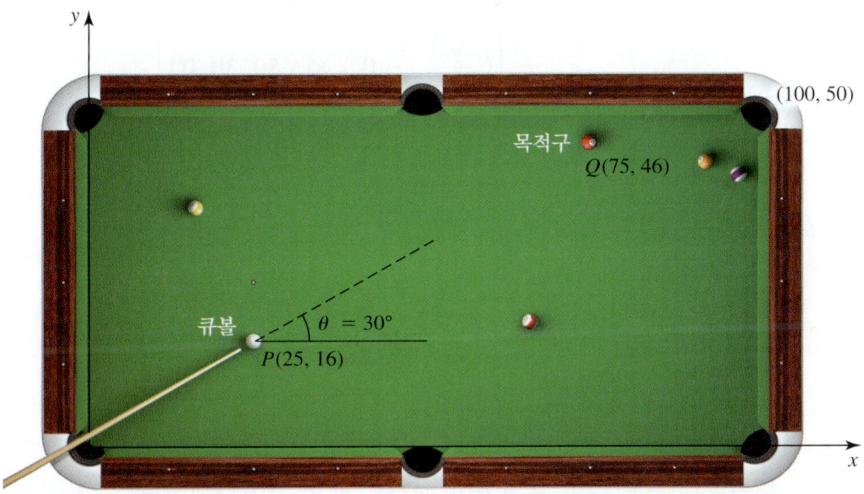

그림 12.70

풀이 이 비디오 게임은 공의 중심 좌표로 공의 위치를 나타내고, 큐볼을 친 경로는 직선의 방정식으로 나타낸다고 가정하자. 두 공(큐볼과 목적구)이 서로 부딪쳤는지 결정하려면 큐볼이 목적구의 근방 중 어디를 지나는지 조사해야 한다. 그림 12.71과 같이 두 공의 중심 사이의 거리가 공의 지름보다 클 때, 즉 공을 친 경로

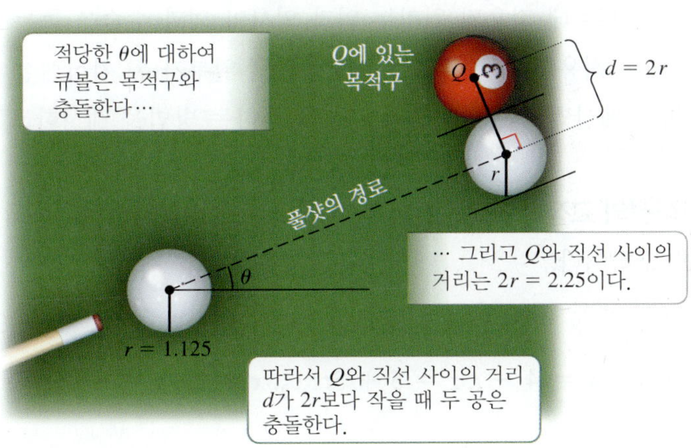

그림 12.71

(직선)와 Q 사이의 거리 d가 2.25보다 클 때 두 공은 부딪치지 않는다. 여기서 두 공의 중심은 공을 친 경로에 수직인 직선 위에 놓인다. 이 결과를 반대로 적용하면 게임의 프로그래머는 두 공이 충돌했는지 결정할 수 있다. 즉, $d < 2.25$이면 두 공은 부딪칠 것이다.

아리아의 시도에 대한 거리 d를 구하려면 공을 친 경로(직선)에 평행인 벡터를 찾아야 하며, $P(25, 16)$에 놓인 큐볼로부터 $Q(75, 46)$에 놓인 목적구까지의 벡터도 구해야 한다. 큐볼은 x축의 양의 방향과 30°의 각도를 이루는 방향을 겨누고 있으므로 큐볼의 직선 경로에 평행인 벡터는 $\mathbf{v} = \langle \cos 30°, \sin 30° \rangle = \left\langle \frac{\sqrt{3}}{2}, \frac{1}{2} \right\rangle$이다. $\overrightarrow{PQ} = \langle 75, 46 \rangle - \langle 25, 16 \rangle = \langle 50, 30 \rangle$이므로 친 공의 경로인 직선과 $Q(75, 46)$ 사이의 거리는 다음과 같다.

▶ 예제 3은 2차원에 적용되는 문제이지만 외적은 3차원 벡터에서 정의된다. 따라서 이 예제에서 구한 벡터에 z성분 0을 추가하여 2차원 벡터를 3차원 벡터로 확장해야 한다.

$$d = \frac{|\mathbf{v} \times \overrightarrow{PQ}|}{|\mathbf{v}|} = \frac{\left| \left\langle \frac{\sqrt{3}}{2}, \frac{1}{2}, 0 \right\rangle \times \langle 50, 30, 0 \rangle \right|}{\left| \left\langle \frac{\sqrt{3}}{2}, \frac{1}{2}, 0 \right\rangle \right|}$$

분자의 외적은

$$\begin{vmatrix} \mathbf{i} & \mathbf{j} & \mathbf{k} \\ \sqrt{3}/2 & 1/2 & 0 \\ 50 & 30 & 0 \end{vmatrix} = \left(\frac{\sqrt{3}}{2} 30 - \frac{1}{2} 50 \right) \mathbf{k} \approx 0.98\mathbf{k}$$

이다. $\mathbf{v}$는 단위벡터이므로 크기는 1이며, 따라서 $d = |0.98\mathbf{k}| = 0.98 < 2.25$이고 큐볼과 목적구는 충돌한다. 추가적인 계산을 하면 프로그래머는 두 공이 충돌 후 진행하는 방향도 구할 수 있다.

관련 연습문제 23번 ◀

비디오 게임에서 두 공이 부딪치는지 결정하는 것은 활용도 측면에서는 덜 중요할 수도 있지만 실제 비디오 게임을 프로그래밍하는 데 적용된 수학적 방법은 민간 조종사와 전투기 조종사를 훈련시키는 모의 조종 장치에 적용된다. 또한 비디오 게임을 설계하는 데 적용된 원리는 외과 의사와 외과 수술을 돕는 보조 의사를 훈련시키는 데도 적용된다. 예제 4는 일상생활의 일부가 된 가상현실 기구를 설계할 때 적용하는 계산법, 즉 두 직선의 교점을 구하는 방법을 제시하고 있다.

| 예제 4 | 직선의 교점 두 직선 ℓ_1과 ℓ_2가 만나는지 결정하여라. 두 직선이 만나는 경우 교점을 구하여라.

a. $\ell_1: x = 2 + 3t, y = 3t, z = 1 - t \quad \ell_2: x = 4 + 2s, y = -3 + 3s, z = -2s$

b. $\ell_1: x = 3 + t, y = 4 - t, z = 5 + 3t \quad \ell_2: x = 2s, y = -1 + 2s, z = 4s$

풀이

a. 우선 두 직선이 평행인지 확인하자. 두 직선이 평행이고 일치하지 않으면 교점은 없다. 두 직선의 매개방정식에서 계수를 살펴보면 $\mathbf{v}_1 = \langle 3, 3, -1 \rangle$은 ℓ_1에 평행이고, $\mathbf{v}_2 = \langle 2, 3, -2 \rangle$는 ℓ_2에 평행이다. $\mathbf{v}_1$은 $\mathbf{v}_2$의 상수(스칼라) 곱이 아니므로 주어진 두 직선은 평행이 아니다. $\mathbb{R}^3$에서 두 직선이 평행이 아니라고 해서 반드시 만나는 것은 아니다. 두 직선이 평행도 아니고 만나지도 않는 경우 두 직선은 **'꼬인 위치**(skew position)에 있다'라고 한다.

두 직선이 만나는지 결정하려면 변수가 두 개이고 방정식이 세 개인 연립방정식을 풀어야 한다. 두 직선의 x성분, y성분, z성분을 각각 같게 놓으면 다음 방정식을 얻는다.

> $\mathbb{R}^3$에서 두 직선이 꼬인 위치에 있을 때, 각 직선을 포함하고 서로 평행인 두 평면을 찾을 수 있다. 즉, 한 직선을 포함하는 평면이 나머지 직선을 포함하는 평면과 평행이 되도록 두 평면을 구할 수 있다.

$$2 + 3t = 4 + 2s \quad (1) \quad x\text{성분을 같게 놓기}$$
$$3t = -3 + 3s \quad (2) \quad y\text{성분을 같게 놓기}$$
$$1 - t = -2s \quad (3) \quad z\text{성분을 같게 놓기}$$

식 (1)에서 식 (2)를 빼면 $2 = 7 - s$, 즉 $s = 5$이다. $s = 5$를 식 (1) 또는 식 (2)에 대입하면 $t = 4$를 얻는다. 이 값을 식 (3)에 대입하면 등식이 성립하지 않으며(거짓), 이 경우 연립방정식은 모순(inconsistent)이라 한다. 따라서 ℓ_1과 ℓ_2는 만나지 않고 꼬인 위치에 있다.

b. **a**의 과정을 그대로 적용하면 두 직선은 평행이 아니다. 이제 다음 방정식을 풀어 보자.

$$3 + t = 2s$$
$$4 - t = -1 + 2s$$
$$5 + 3t = 4s$$

첫 번째 등식과 두 번째 등식의 좌변과 우변을 각각 더하고 변수 t를 소거하면 $s = 2$이고, 따라서 $t = 1$이다. 마지막 등식에 이 두 값을 대입하면 성립하며(참), 이 경우 연립방정식은 해를 갖는다. 즉, 두 직선은 만난다. 두 직선의 교점을 찾기 위해 ℓ_1의 매개방정식에 $t = 1$을 대입하면 교점은 $(4, 3, 8)$임을 알 수 있다. $s = 2$를 ℓ_2의 방정식에 대입해도 같은 교점을 얻을 수 있다.

관련 연습문제 18번 ◀

평면의 방정식

직관적으로 평면은 모든 방향으로 무한히 뻗어나가는 편평한 면이다. 한 직선 위에 있지 않은 세 점은 $\mathbb{R}^3$에서 유일한 평면을 결정한다. 또한 $\mathbb{R}^3$의 평면은 이 평면 위의 한 점과 이 평면에 수직인 영벡터가 아닌 벡터에 의해 유일하게 결정된다. 이 벡터를 (평면의) 법선벡터(normal vector)라 하며, 평면의 방향을 제시한다.

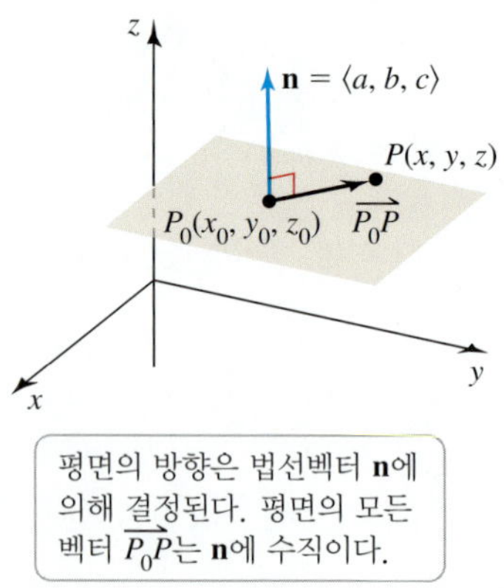

그림 12.72

➤ $\mathbb{R}^2$에서 기울기가 직선의 방향을 결정하는 것과 마찬가지로 법선벡터는 $\mathbb{R}^3$에서 평면의 방향을 결정한다.

정의 $\mathbb{R}^3$에서 평면

점 P_0과 영벡터가 아닌 법선벡터 $\mathbf{n}$에 대하여 $\overrightarrow{P_0P}$가 $\mathbf{n}$에 수직인 $\mathbb{R}^3$의 모든 점 P의 집합을 **평면**이라 한다(그림 12.72).

이제 점 $P_0(x_0, y_0, z_0)$을 지나고 영벡터가 아닌 벡터 $\mathbf{n} = \langle a, b, c\rangle$에 수직인 평면의 방정식을 구해 보자. 평면에 속하는 임의의 점 $P(x, y, z)$에 대하여 벡터 $\overrightarrow{P_0P} = \langle x - x_0, y - y_0, z - z_0\rangle$은 이 평면에 놓이고 $\mathbf{n}$에 수직이다. 이 직교성은 다음과 같이 간단히 나타낼 수 있다.

$$\mathbf{n} \cdot \overrightarrow{P_0P} = 0 \quad \text{직교 벡터의 내적}$$
$$\langle a, b, c\rangle \cdot \langle x - x_0, y - y_0, z - z_0\rangle = 0 \quad \text{벡터 성분 빼기}$$
$$a(x - x_0) + b(y - y_0) + c(z - z_0) = 0 \quad \text{내적 전개하기}$$
$$ax + by + cz = d \quad d = ax_0 + by_0 + cz_0$$

이 결과로부터 세 변수를 갖는 일반 선형 방정식 $ax + by + cz = d$는 $\mathbb{R}^3$에서 평면을 나타냄을 알 수 있다.

➤ 벡터 $\mathbf{n} = \langle a, b, c\rangle$는 평면에 수직인 방향을 제시함으로써 평면을 나타내는 데 사용되는 반면, 벡터 $\mathbf{v} = \langle a, b, c\rangle$는 직선에 평행인 방향을 제시함으로써 직선을 나타내는 데 사용된다.

$\mathbb{R}^3$에서 평면의 일반 방정식

점 $P_0(x_0, y_0, z_0)$을 지나고 영벡터가 아닌 벡터 $\mathbf{n} = \langle a, b, c\rangle$에 수직인 평면은 방정식

$$a(x - x_0) + b(y - y_0) + c(z - z_0) = 0 \quad \text{또는} \quad ax + by + cz = d$$

로 나타낼 수 있는데, 여기서 $d = ax_0 + by_0 + cz_0$이다.

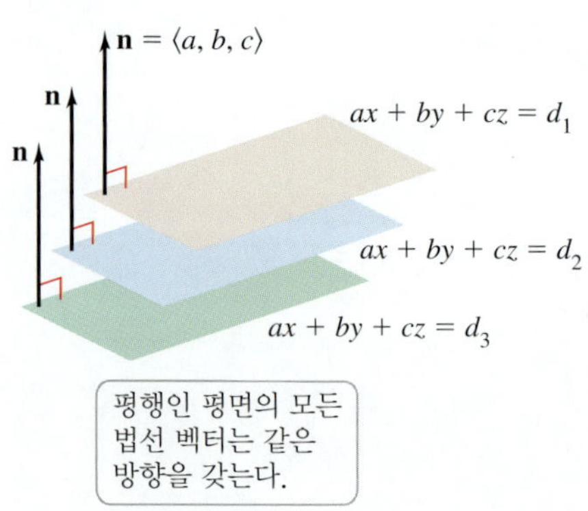

그림 12.73

평면의 방정식에서 계수 a, b, c는 평면의 방향을 결정하는 반면, 상수 d는 평면의 위치를 결정한다. a, b, c는 상수를 유지하고 d를 변화시키면 평행인 평면족을 얻을 수 있으며, 이 평면족의 모든 평면은 같은 방향을 갖는다(그림 12.73).

QUICK CHECK 4 $\mathbf{n} \cdot \overrightarrow{P_0P} = 0$ 형태로 주어진 평면의 방정식에서 평면의 방정식은 법선벡터 $\mathbf{n}$의 방향에 의해서만 결정되며, $\mathbf{n}$의 길이와는 관계가 없는 이유를 설명하여라. ◀

| 예제 5 | 평면의 방정식

a. 법선벡터가 $\mathbf{n} = \langle -1, 2, 3\rangle$이고 점 $P_0(2, -3, 4)$를 지나는 평면의 방정식을 구하여라.

b. 점 $P_0(2, -3, 4)$를 지나고 직선 $x = 3 + 2t,\ y = -4t,\ z = 1 - 6t$에 수직인 평면의 방정식을 구하여라.

풀이

a. $\mathbf{n}$의 성분$(a = -1, b = 2, c = 3)$과 P_0의 좌표$(x_0 = 2, y_0 = -3, z_0 = 4)$를 평면의 방정식에 대입하면 다음과 같다.

$$a(x - x_0) + b(y - y_0) + c(z - z_0) = 0 \quad \text{평면의 일반 방정식}$$

$$(-1)(x - 2) + 2(y - (-3)) + 3(z - 4) = 0 \quad \text{대입하기}$$

$$-x + 2y + 3z = 4 \quad \text{간단히 하기}$$

구하는 평면은 그림 12.74에 나타나 있다.

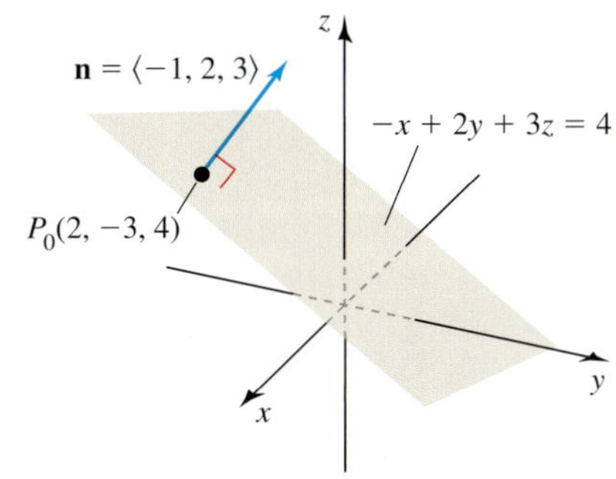

그림 12.74

b. $\mathbf{v} = \langle 2, -4, -6 \rangle$은 주어진 직선에 평행이므로 이는 구하는 평면에 수직인 직선, 즉 평면의 법선벡터이다. 평면의 방정식을 구하기 위해 **a**에서 사용한 방법과 유사한 방법을 적용할 수도 있지만 이보다 더 쉬운 방법이 있다. 실제로 $\mathbf{v}$는 **a**에서 사용한 법선벡터의 상수 곱($\mathbf{v} = -2\mathbf{n}$)이고, 따라서 $\mathbf{v}$와 $\mathbf{n}$은 평행이다. 즉, 구하는 평면은 **a**에서 구한 평면과 평행이므로 두 평면은 같은 방향을 갖는다. 두 평면 모두 점 P_0을 지나므로 구하는 평면은 **a**에서 구한 평면과 같다.

관련 연습문제 24번 ◀

| 예제 6 | 세 점을 지나는 평면의 방정식 (한 직선 위에 있지 않은) 세 점 $P(2, -1, 3)$, $Q(1, 4, 0)$, $R(0, -1, 5)$를 지나는 평면의 방정식을 구하여라.

풀이 평면의 방정식을 구하기 위해 법선벡터를 찾아야 한다. P, Q, R이 구하는 평면 위에 있으므로 두 벡터 $\overrightarrow{PQ} = \langle -1, 5, -3 \rangle$과 $\overrightarrow{PR} = \langle -2, 0, 2 \rangle$ 또한 같은 평면 위에 있다. 외적 $\overrightarrow{PQ} \times \overrightarrow{PR}$은 $\overrightarrow{PQ}$, $\overrightarrow{PR}$과 서로 직교하므로 구하는 평면의 법선벡터는 다음과 같다.

$$\mathbf{n} = \overrightarrow{PQ} \times \overrightarrow{PR} = \begin{vmatrix} \mathbf{i} & \mathbf{j} & \mathbf{k} \\ -1 & 5 & -3 \\ -2 & 0 & 2 \end{vmatrix} = 10\mathbf{i} + 8\mathbf{j} + 10\mathbf{k}$$

➤ 세 점 P, Q, R이 한 직선 위에 있지 않으면 세 점은 한 평면을 결정한다. 세 점 P, Q, R이 한 직선 위에 있으면 두 벡터 $\overrightarrow{PQ}$와 $\overrightarrow{PR}$은 평행이고, 따라서 $\overrightarrow{PQ} \times \overrightarrow{PR} = \mathbf{0}$이다.

QUICK CHECK 5 예제 6에서 Q 또는 R을 구하는 평면의 고정점으로 택해도 동일한 평면을 얻을 수 있음을 확인하여라. ◀

$\mathbf{n}$에 0이 아닌 임의의 스칼라를 곱해도 여전히 법선벡터이므로 $\mathbf{n} = \langle 5, 4, 5 \rangle$로 놓고 평면의 고정점을 $P_0(2, -1, 3)$으로 택하면(그림 12.75) 구하는 평면의 방정식은 다음과 같다.

$$5(x - 2) + 4(y - (-1)) + 5(z - 3) = 0 \quad \text{또는} \quad 5x + 4y + 5z = 21$$

Q 또는 R을 구하는 평면의 고정점으로 택해도 위와 동치인 평면의 방정식을 얻을 수 있다.

관련 연습문제 27번 ◀

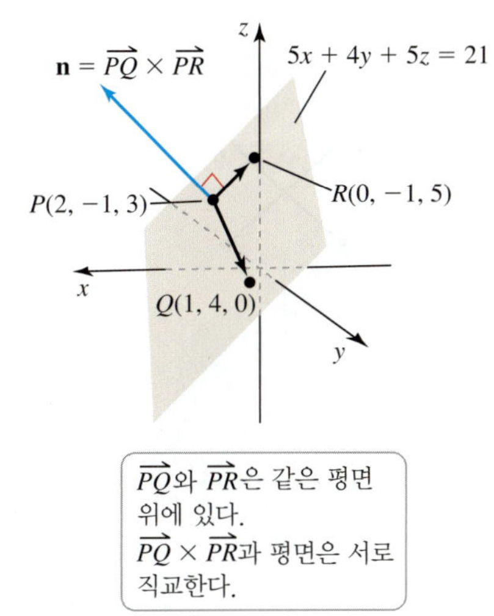

그림 12.75

| 예제 7 | 평면의 성질 방정식 $2x - 3y - z = 6$으로 표현되는 평면을 Q라고 하자.

a. Q의 법선벡터를 구하여라.

b. Q가 세 좌표축과 만나는 점을 각각 구하고 Q를 그려라.

c. Q가 yz평면, xz평면, xy평면과 만나는 점의 집합을 각각 구하여라.

풀이

a. Q의 방정식에서 x, y, z의 계수는 Q의 법선벡터의 각 성분이다. 따라서 구하는

법선벡터는 $\mathbf{n} = \langle 2, -3, -1 \rangle$ (또는 $\mathbf{n}$의 0이 아닌 스칼라 곱)이다.

b. Q가 x축과 만나는 점을 (x, y, z)라 하면 $y = z = 0$이어야 한다. Q의 방정식에 $y = z = 0$을 대입하면 $x = 3$이고, 따라서 Q는 x축과 $(3, 0, 0)$에서 만난다. 유사한 방법을 적용하면 Q는 y축과 $(0, -2, 0)$에서 만나고, z축과 $(0, 0, -6)$에서 만난다. 구한 세 절편을 직선으로 연결하면 Q를 시각적으로 나타낼 수 있다(그림 12.76).

➤ 다음과 같은 혼동의 가능성이 있음에 유의하자. 즉, $\mathbb{R}^3$에서 제한 조건 없으면 방정식 $-3y - z = 6$은 x축에 평행인 평면을 나타낸다. 이는 x를 임의의 실숫값으로 택할 수 있기 때문이다. $-3y - z = 6$이 yz평면에 포함되는 직선임을 명확히 하기 위해서는 조건 $x = 0$이 반드시 있어야 한다.

c. yz평면에 있는 모든 점은 $x = 0$이다. Q의 방정식에 $x = 0$을 대입하면 방정식 $-3y - z = 6$을 얻고, 이는 조건 $x = 0$과 함께 yz평면의 직선을 나타낸다. $y = 0$으로 놓으면 Q와 xz평면은 직선 $2x - z = 6$, $y = 0$에서 만난다. 마지막으로 $z = 0$으로 놓으면 Q는 xy평면과 직선 $2x - 3y = 6$, $z = 0$에서 만난다(그림 12.76).

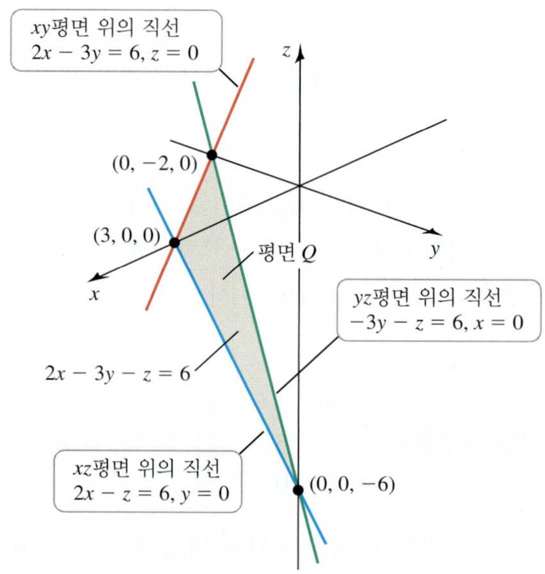

그림 12.76

관련 연습문제 33번 ◄

평행인 평면과 수직인 평면

서로 다른 두 평면의 법선벡터로부터 평면의 상호 방향을 알 수 있다. 평면의 상호 방향 중 두 가지 경우, 즉 서로 다른 두 평면이 **평행**인 경우(그림 12.77(a))와 **직교**하는(수직인) 경우(그림 12.77(b))를 생각해 보자.

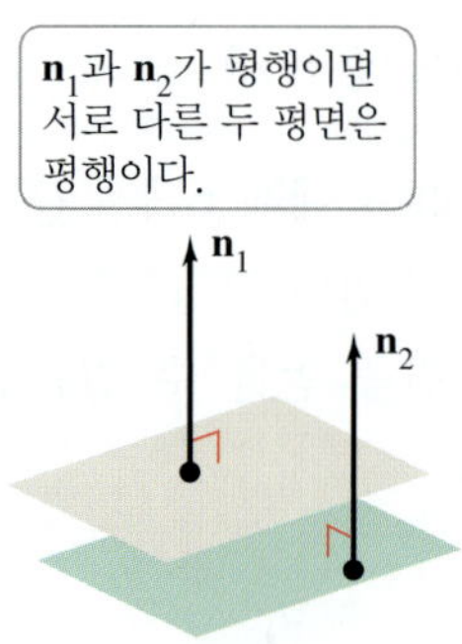

(a)

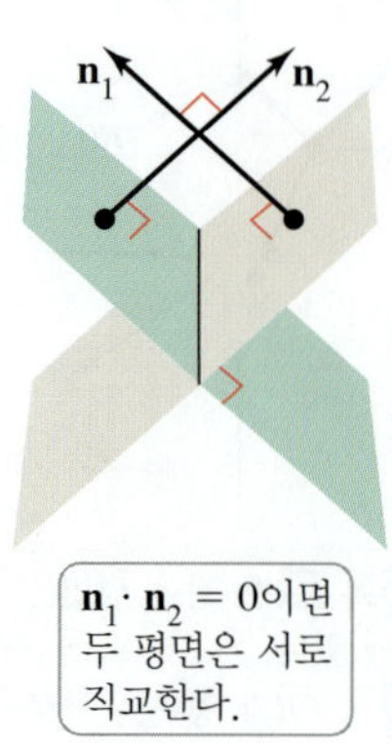

(b)

그림 12.77

> **정의 평행인 평면과 수직인 평면**
>
> 서로 다른 두 평면의 각 법선벡터가 평행일 때(두 법선벡터가 서로 스칼라 곱일 때) 두 평면은 **평행**이라고 한다. 두 평면의 각 법선벡터가 수직(직교)일 때(두 법선벡터의 내적이 0일 때) 두 평면은 서로 **직교**한다라고 한다.

| 예제 8 | 평행인 평면 점 $(-2, 4, 1)$을 지나고 평면 R: $3x - 2y + z = 4$에 평행인 평면 Q의 방정식을 구하여라.

풀이 벡터 $\mathbf{n} = \langle 3, -2, 1\rangle$은 R에 수직이다. Q와 R이 평행이므로 $\mathbf{n}$은 Q에도 수직이다. 따라서 (점 $(-2, 4, 1)$을 지나고) 법선벡터 $\langle 3, -2, 1\rangle$에 수직인 평면 Q의 방정식은 다음과 같다.

$$3(x+2) - 2(y-4) + (z-1) = 0 \quad \text{또는} \quad 3x - 2y + z = -13$$

관련 연습문제 28번 ◀

QUICK CHECK 6 두 평면 $2x - 3y + 6z = 12$와 $6x + 8y + 2z = 1$이 평행인지 서로 직교하는지 또는 평행도 아니고 직교도 아닌지 결정하여라. ◀

| 예제 9 | 교차하는 평면 두 평면 Q: $x + 2y + z = 5$와 R: $2x + y - z = 7$의 교선의 방정식을 구하여라.

풀이 먼저 두 평면의 법선벡터는 각각 $\mathbf{n}_Q = \langle 1, 2, 1\rangle$, $\mathbf{n}_R = \langle 2, 1, -1\rangle$이며, 따라서 한 벡터가 나머지 벡터의 상수 곱은 아니다. 따라서 두 평면은 평행이 아니고 한 직선에서 만나야 하며, 이 직선을 ℓ이라 하자. ℓ의 방정식을 구하려면 두 가지 정보, 즉 ℓ 위의 한 점과 ℓ의 방향을 가리키는 벡터가 필요하다. 직선 ℓ 위의 한 점을 구하는 다양한 방법 중 한 가지를 살펴보자. 두 평면의 방정식에서 $z = 0$으로 놓으면 xy평면과 각 평면이 만나는 직선의 방정식을 다음과 같이 얻을 수 있다.

$$\begin{aligned} x + 2y &= 5 \\ 2x + y &= 7 \end{aligned}$$

이 연립방정식을 풀면 $x = 3$, $y = 1$이다. $z = 0$이므로 $(3, 1, 0)$은 ℓ 위의 한 점이다(그림 12.78).

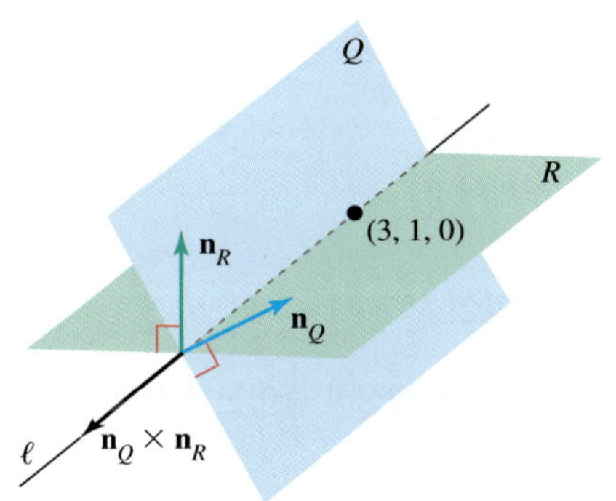

$\mathbf{n}_Q \times \mathbf{n}_R$은 $\mathbf{n}_Q$, $\mathbf{n}_R$ 각각에 수직이다. 직선 ℓ은 $\mathbf{n}_Q$, $\mathbf{n}_R$ 각각에 수직이다. 따라서 ℓ과 $\mathbf{n}_Q \times \mathbf{n}_R$은 서로 평행이다.

그림 12.78

이제 ℓ과 평행인 벡터를 구해 보자. ℓ은 Q와 R 위에 있으므로 ℓ은 두 법선벡터 $\mathbf{n}_Q$, $\mathbf{n}_R$ 각각에 수직이다. 따라서 $\mathbf{n}_Q$와 $\mathbf{n}_R$의 외적은 ℓ에 평행인 벡터이고(그림 12.78), 이 두 벡터의 외적은 다음과 같다.

$$\mathbf{n}_Q \times \mathbf{n}_R = \begin{vmatrix} \mathbf{i} & \mathbf{j} & \mathbf{k} \\ 1 & 2 & 1 \\ 2 & 1 & -1 \end{vmatrix} = -3\mathbf{i} + 3\mathbf{j} - 3\mathbf{k} = \langle -3, 3, -3\rangle$$

➤ $z = 0$으로 놓고 두 방정식을 풀면 두 평면과 xy평면($z = 0$)에 놓이는 점을 구할 수 있다.

점 $(3, 1, 0)$을 지나고 벡터 $\langle -3, 3, -3\rangle$에 평행인 직선 ℓ의 방정식은 $-\infty < t < \infty$일 때

$$\begin{aligned} \mathbf{r} &= \langle x_0, y_0, z_0\rangle + t\langle a, b, c\rangle && \text{직선의 방정식} \\ &= \langle 3, 1, 0\rangle + t\langle -3, 3, -3\rangle && \text{대입하기} \\ &= \langle 3 - 3t, 1 + 3t, -3t\rangle && \text{간단히 하기} \end{aligned}$$

이다. 직선 $x = 3 - 3t$, $y = 1 + 3t$, $z = -3t$ 위의 모든 점은 두 평면의 방정식을 만족시킴을 확인할 수 있다. ◀

➤ $\langle -3, 3, -3\rangle$에 0이 아닌 임의의 스칼라를 곱한 벡터도 ℓ의 방향으로 사용될 수 있다. 예를 들어 ℓ의 또 다른 방정식 중 하나는 $\mathbf{r} = \langle 3 + t, 1 - t, t\rangle$이다.

12.5절 연습문제

1단계 스타트

1. 직선 $x = 2 + 4t$, $y = 5 - 8t$, $z = 9t$에 평행인 위치벡터를 구하여라.

2. 직선 $\mathbf{r} = \langle 1, 2, 3 \rangle + t\langle 4, 0, -6 \rangle$의 매개방정식을 구하여라.

3. 두 점 $P_0(x_0, y_0, z_0)$, $P_1(x_1, y_1, z_1)$을 지나는 직선의 방정식을 구하여라.

4. 평면 $x + y + z = 9$와 직선 $x = t$, $y = t + 1$, $z = t + 2$는 수직인지 평행인지 또는 수직도 평행도 아닌지 결정하여라. 주의하여 풀어라.

5. 유일한 평면을 결정하는 두 쌍의 조건을 제시하여라.

6. 평면 $-2x - 3y + 4z = 12$와 세 좌표축이 만나는 점을 각각 구하여라.

2단계 실전

7–14. 직선의 방정식 주어진 직선의 벡터방정식과 매개방정식을 구하여라.

7. $(0, 0, 1)$을 지나고 벡터 $\mathbf{v} = \langle 4, 7, 0 \rangle$과 방향이 같은 직선

8. $(0, 0, 1)$을 지나고 y축에 평행인 직선

9. 두 점 $(0, 0, 0)$과 $(1, 2, 3)$을 지나는 직선

10. $(0, 0, 0)$을 지나고 직선 $\mathbf{r} = \langle 3 - 2t, 5 + 8t, 7 - 4t \rangle$에 평행인 직선

11. $(0, 0, 0)$을 지나고 $\mathbf{u} = \langle 1, 0, 2 \rangle$, $\mathbf{v} = \langle 0, 1, 1 \rangle$ 각각에 수직인 직선

12. $(-2, 5, 3)$을 지나고 $\mathbf{u} = \mathbf{i} + \mathbf{j} - 2\mathbf{k}$와 x축 각각에 수직인 직선

13. $(1, 2, 3)$을 지나고 두 직선 $x = 3 - 2t$, $y = 5 + 8t$, $z = 7 - 4t$와 $x = -2t$, $y = 5 + t$, $z = 7 - t$ 각각에 수직인 직선

14. 두 직선 $\mathbf{r} = \langle 4t, 1 + 2t, 3t \rangle$, $\mathbf{R} = \langle -1 + s, -7 + 2s, -12 + 3s \rangle$ 각각에 수직이고 $\mathbf{r}$과 $\mathbf{R}$의 교점을 지나는 직선

15–16. 선분 다음 첫 번째 점에서 두 번째 점을 잇는 선분의 매개방정식을 구하여라.

15. $(0, 0, 0)$과 $(1, 2, 3)$

16. $(2, 4, 8)$과 $(7, 5, 3)$

17–20. 평행, 교차, 꼬인 위치의 직선 주어진 두 직선이 평행인지 한 점에서 만나는지 꼬인 위치에 있는지 결정하여라. 두 직선이 평행일 때, 이 두 직선이 일치하는지 결정하여라(이 경우 모든 점이 교점이다). 또한 두 직선이 한 점에서 만나는 경우 교점을 구하여라.

17. $\mathbf{r} = \langle 1, 3, 2 \rangle + t\langle 6, -7, 1 \rangle$, $\mathbf{R} = \langle 10, 6, 14 \rangle + s\langle 3, 1, 4 \rangle$

18. $x = 4$, $y = 6 - t$, $z = 1 + t$와 $x = -3 - 7s$, $y = 1 + 4s$, $z = 4 - s$

19. $x = 1 + 2t$, $y = 7 - 3t$, $z = 6 + t$와 $x = -9 + 6t$, $y = 22 - 9t$, $z = 1 + 3t$

20. $\mathbf{r} = \langle 4 + t, -2t, 1 + 3t \rangle$, $\mathbf{R} = \langle 1 - 7s, 6 + 14s, 4 - 21s \rangle$

21. 만나는 직선과 입자의 충돌 다음 두 직선을 고려하자.

$$\mathbf{r} = \langle 2 + 2t, 8 + t, 10 + 3t \rangle,$$
$$\mathbf{R} = \langle 6 + s, 10 - 2s, 16 - s \rangle$$

a. 두 직선이 만나는지(교점을 갖는지) 결정하고, 두 직선이 만나는 경우 교점을 구하여라.

b. $\mathbf{r}$과 $\mathbf{R}$이 각각 두 입자의 경로일 때, 두 입자는 충돌하는가? $t \geq 0$, $s \geq 0$이 시간을 나타내며 단위는 초이고, 이 운동은 $s = t = 0$에서 시작한다.

22. 점에서 직선까지의 거리 점 $Q(-5, 2, 9)$와 직선 $x = 5t + 7$, $y = 2 - t$, $z = 12t + 4$ 사이의 거리를 구하여라.

23. 포켓볼 게임 비디오 포켓볼 게임에서 큐볼이 $P(25, 16)$에 놓여 있다(그림 참조). 예제 3을 참고하면 각 공의 지름은 2.25이고 풀 볼(빨간 공 이외의 목적구)은 중심의 좌표만으로 나타낸다.

a. 목적구가 $A(5, 45)$에 놓여 있고 x축의 음의 방향과 $58°$의 각도로 큐볼을 겨누었다. 두 공은 부딪칠 수 있는가?

b. $B(76, 40)$에 놓인 목적구를 맞히기 위해 큐볼을 점 $(50, 25)$에 겨누었다. 두 공은 부딪칠 수 있는가?

c. $C(75, 30)$에 놓인 목적구를 맞히기 위해 x축의 양의 방향과 θ의 각도로 큐볼을 겨누었다. 두 공이 충돌하기 위한 $\theta(0 \leq \theta \leq \pi/2)$의 범위는 얼마인가? 구한 각을 육십분법(도)으로 나타내어라.

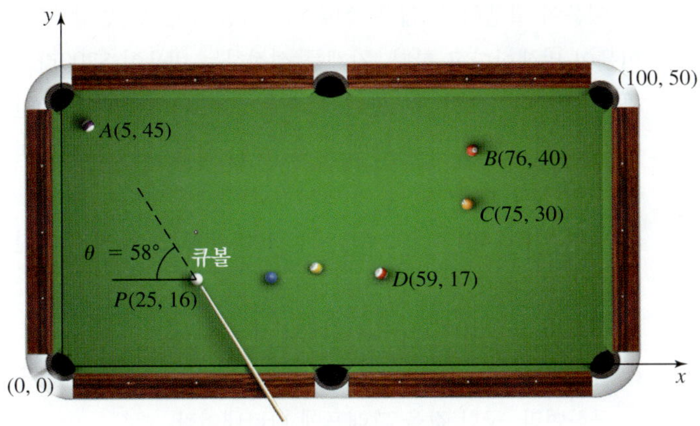

24-31. 평면의 방정식 다음 평면의 방정식을 구하여라.

24. 법선벡터가 $\mathbf{n} = \langle 1, 1, -1 \rangle$이고 점 $P_0(0, 2, -2)$를 지나는 평면

25. 두 벡터 $\langle 1, 0, 1 \rangle$, $\langle 0, 2, 1 \rangle$에 평행이고 점 $(1, 2, 3)$을 지나는 평면

26. 직선 $x = t$, $y = 1 + 4t$, $z = 7t$에 수직이고 원점을 지나는 평면

27. 세 점 $(1, 0, 3)$, $(0, 4, 2)$, $(1, 1, 1)$을 지나는 평면

28. 평면 $-x + 2y - 4z = 1$에 평행이고 점 $P_0(1, 0, 4)$를 지나는 평면

29. x축과 점 $P_0(1, 2, 3)$을 포함하는 평면

30. 직선 $x = t - 1$, $y = 2t$, $z = 3t + 4$를 포함하고 원점을 지나는 평면

31. 직선 $\mathbf{r} = \langle 2t - 2, -2t, -4t + 1 \rangle$을 포함하고 점 $P_0(-4, 1, 2)$를 지나는 평면

32. 평행인 평면 직선 $x = t + 1$, $y = 2t + 3$, $z = 4t + 5$와 평면 $2x - y = -2$는 평행인가? 평행이면 이유를 설명하고, 평면 $2x - y = -2$에 평행이고 위 직선을 포함하는 평면의 방정식을 구하여라.

33-34. 직선의 성질 다음 평면이 세 좌표축과 만나는 점을 각각 구하고, 세 좌표평면과 만나는 각 직선의 방정식을 구하여라. 평면의 그래프를 그려라.

33. $3x - 2y + z = 6$　　**34.** $x + 3y - 5z - 30 = 0$

35-36. 평면의 쌍 다음 두 평면이 평행인지 수직인지 평행도 수직도 아닌지 결정하여라.

35. $x + y + 4z = 10$과 $-x - 3y + z = 10$

36. $3x + 2y - 3z = 10$과 $-6x - 10y + z = 10$

37. 평면의 방정식 다음 평면의 집합에서 평행인 평면의 쌍, 수직인 평면의 쌍, 일치하는 평면의 쌍을 모두 구하여라.

Q: $3x - 2y + z = 12$, R: $-x + 2y/3 - z/3 = 0$,

S: $-x + 2y + 7z = 1$, T: $3x/2 - y + z/2 = 6$

38. 평면에 수직인 직선 평면 $2x - 4y + z = 10$에 수직이고 점 $P_0(2, 1, 3)$을 지나는 직선의 방정식을 구하여라.

39-40. 만나는 평면 두 평면 Q와 R의 교선(두 평면이 만나서 생기는 직선)의 방정식을 구하여라.

39. Q: $-x + 2y + z = 1$, R: $x + y + z = 0$

40. Q: $2x - y + 3z - 1 = 0$, R: $-x + 3y + z - 4 = 0$

41-42. 직선과 평면의 교점 다음 직선과 평면이 만나는 경우, 교점을 구하여라.

41. $x = 3$과 $\mathbf{r} = \langle t, t, t \rangle$

42. $3x + 2y - 4z = -3$과 $x = -2t + 5$, $y = 3t - 5$, $z = 4t - 6$

43. 참 또는 거짓 다음 명제가 참이면 증명하고 거짓이면 반례를 들어라.

a. 직선 $\mathbf{r} = \langle 3, -1, 4 \rangle + t\langle 6, -2, 8 \rangle$은 원점을 지난다.

b. $\mathbb{R}^3$에서 평행이 아닌 임의의 두 직선은 만난다.

c. 평면 $x + y + z = 0$과 직선 $x = t$, $y = t$, $z = t$는 평행이다.

d. 두 벡터방정식 $\mathbf{r} = \langle 1, 2, 3 \rangle + t\langle 1, 1, 1 \rangle$과 $\mathbf{R} = \langle 1, 2, 3 \rangle + t\langle -2, -2, -2 \rangle$는 같은 직선을 나타낸다.

e. 두 방정식 $x + y - z = 1$과 $-x - y + z = 1$은 같은 평면을 나타낸다.

f. $\mathbb{R}^3$에서 임의의 서로 다른 두 직선은 유일한 평면을 결정한다.

g. 벡터 $\langle -1, -5, 7 \rangle$은 두 직선 $x = 1 + 5t$, $y = 3 - t$, $z = 1$과 $x = 7t$, $y = 3$, $z = 3 + t$ 각각에 수직이다.

3단계 도전

44-45. 직선의 대칭 방정식 매개방정식으로 주어진 직선 $x = x_0 + at$, $y = y_0 + bt$, $z = z_0 + ct$를 t에 관하여 풀면 다음과 같은 직선의 대칭 방정식(symmetric equation)을 얻을 수 있다.

$$\frac{x - x_0}{a} = \frac{y - y_0}{b} = \frac{z - z_0}{c}$$

여기서 a, b, c는 0이 아니다.

44. 직선 $\mathbf{r} = \langle 1, 2, 0 \rangle + t\langle 4, 7, 2 \rangle$의 대칭 방정식을 구하여라.

45. 두 점 $P(1, -2, 3)$, $Q(2, 3, -1)$을 지나는 직선의 매개방정식

과 대칭 방정식을 구하여라.

46. 두 평면 사이의 각 두 평면의 (끼인)각은 두 평면의 법선벡터의 끼인각 θ 중 가장 작은 각이다. 따라서 두 법선벡터의 방향은 $0 \le \theta \le \pi/2$가 되도록 택한다. 두 평면 $5x + 2y - z = 0$과 $-3x + y + 2z = 0$ 사이의 각을 구하여라.

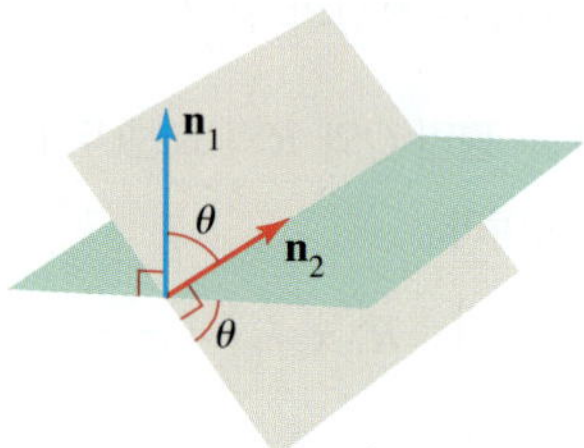

47. 직교 평면족 두 평면 $2x + 3y = 4$, $-x - y + 2z = 8$ 각각에 서로 직교하는 평면족의 방정식을 구하여라.

48. 만나는 세 평면 (존재하는 경우) 세 평면 $x + 3z = 3$, $y + 4z = 6$, $x + y + 6z = 9$가 만나는 점의 집합을 구하여라.

49. 한 의류 공장에서 제조한 긴 소매 티셔츠를 팔면 한 벌당 \$10의 이윤이 발생하고, 짧은 소매 티셔츠를 팔면 한 벌당 \$5의 이윤이 발생한다고 한다. 기계를 설정하는 비용이 \$200라고 가정하면 티셔츠의 총 판매 이윤은 $z = 10x + 5y - 200$인데, 여기서 x, y는 각각 판매된 긴 소매, 짧은 소매 티셔츠의 벌 수이다. 단, x와 y는 음이 아니라고 가정하자.

a. 범위가 $[0, 40] \times [0, 40] \times [-400, 400]$인 창에 주어진 평면의 그래프를 그려라.

b. $x = 20$, $y = 10$이면 이윤은 양인가 음인가?

c. 이 회사의 손익 분기점(이윤이 0인 점)에서 x와 y의 값을 구하여라. 구한 값을 그래프에 나타내어라.

QUICK CHECK 정답

1. z축, xy평면의 직선 $y = x$ **2.** $t = 0$일 때 직선 위의 점은 P_0이고, $t = 1$일 때 직선 위의 점은 P_1이다. **3.** $d = \sqrt{26}/3$ **4.** 방정식의 우변이 0이므로 0이 아닌 임의의 상수를 방정식의 양변에 곱하면 $\mathbf{n}$의 길이는 변하지만 그래프에는 변화가 없다. **6.** $\langle 2, -3, 6\rangle \cdot \langle 6, 8, 2\rangle = 0$이므로 두 평면은 수직이다. ◄

12.6 주면과 이차곡면

12.5절에서 3차원 공간의 직선에 대한 벡터방정식과 매개방정식은 각각의 변수에 관한 일차식임을 살펴봤다. 또한 (3차원 공간의) 평면의 방정식도 세 변수에 관한 일차식이었다. 이 절에서는 한 단계 더 나아가 세 변수에 대한 이차식으로 주어지는 3차원 도형(이차곡면)을 살펴볼 것이다. 이 절에서 학습할 **이차곡면**(quadratic surface)은 이 책의 나머지 뒷부분에서 자주 접하게 될 것이다. 12.2절에서 이러한 곡면 중 한 가지는 구임 살펴봤다. 즉, 중심이 원점이고 반지름이 a인 구의 방정식 $x^2 + y^2 + z^2 = a^2$이 이차곡면의 한 예이다. 또한 이 절에서 **주면**(cylinder)이라 하는 곡면족(family of surfaces)을 알아볼 것인데, 이 주면 중 일부가 이차곡면이다.

주면과 자취

일상에서 **주면**이라는 단어를 사용하는데, 이 주면은 페인트통과 같은 굽은 표면을 나타내는 곡면이다. 3차원 공간의 곡면 중 **주면**은 어떤 직선에 평행인 곡면을 말한다. 이 책에서는 특히 좌표축 중 하나에 평행인 주면에 대하여 학습할 것이다. 이 주면의 방정식은 쉽게 나타낼 수 있다. 즉, 주면에 평행인 좌표축에 대응하는 변수는 주면의 방정식에 나타나지 않는다.

예를 들어 $\mathbb{R}^3$에서 방정식 $y = x^2$은 변수 z를 포함하지 않으며, 이는 z가 임의의 실숫값을 가질 수 있다는 의미이다. 따라서 $y = x^2$은 xy 평면의 포물선 $y = x^2$을 지나고 z축에 평행인 모든 직선으로 구성되는 주면을 나타낸다(그림 12.79(a)). 마찬가지로 $\mathbb{R}^3$에서 방정식 $y = z^2$은 변수 x를 포함하지 않으며, 이는 x축에 평행인 주면을 나타낸다. 이 주면은 yz 평면의 포물선 $y = z^2$을 지나고 x축에 평행인 직선으로 만들어진다(그림 12.79(b)).

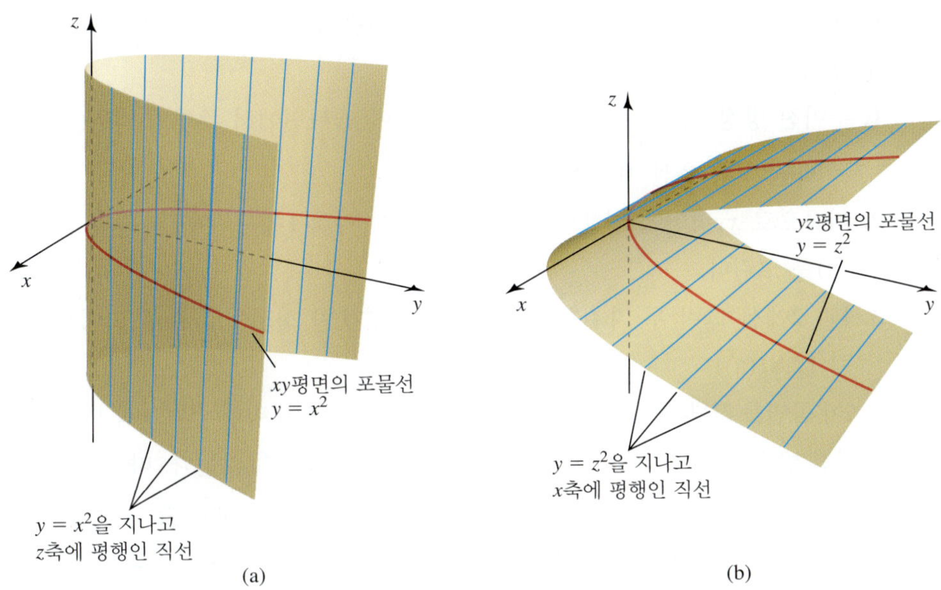

그림 12.79

➤ 그림 12.79(a)에 주어진 포물주면은 평면 곡선 $y = x^2$을 z축에 평행이 되도록 아래위로 이동시켜 얻은 곡면으로 생각할 수도 있다.

곡면, 특히 주면의 그래프를 그리는 것은 곡면의 자취(trace)를 확인하면 쉬워진다.

QUICK CHECK 1 주면 $z - 2 \ln x = 0$은 $\mathbb{R}^3$의 어느 좌표축에 평행인가? 또한 주면 $y = 4z^2 - 1$은 $\mathbb{R}^3$의 어느 좌표축에 평행인가? ◀

정의 자취

곡면의 **자취**는 세 좌표평면 중 하나와 평행인 평면과 이 곡면이 만나는 점의 집합이다. 각 좌표평면에 대한 자취를 ***xy* 자취**, ***yz* 자취**, ***xz* 자취**라고 한다(그림 12.80).

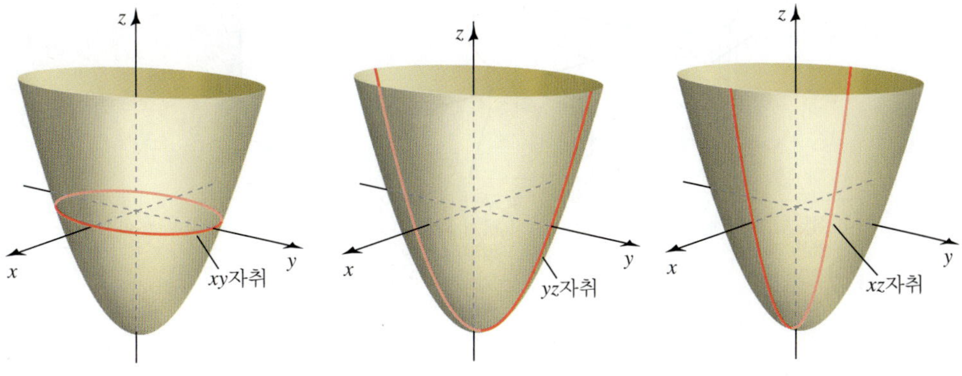

그림 12.80

| 예제 1 | 주면 그리기 $\mathbb{R}^3$에 다음 주면의 그래프를 그려라. 주면에 평행인 좌표축을 구하여라.

a. $x^2 + 4y^2 = 16$ **b.** $x - \sin z = 0$

풀이

a. 주어진 방정식은 $\mathbb{R}^3$의 방정식으로서 변수 z가 나타나지 않는다. 따라서 z를 임의의 실수로 택할 수 있고, 그래프는 xy평면의 곡선 $x^2 + 4y^2 = 16$을 지나며 z축에 평행인 직선으로 이루어진 주면이다. 다음 단계를 수행하여 주면을 그릴 수 있다.

1. 주어진 방정식을 $\frac{x^2}{4^2} + \frac{y^2}{2^2} = 1$로 나타내면 xy평면에서 주면의 자취(xy자취)는 타원이다. 우선 이 타원을 그린다.

2. 다음으로 xy평면에 평행인 평면에 두 번째 자취(**1**에서 구한 타원과 같은 자취)를 그린다.

3. **1**과 **2**에서 그린 두 자취를 지나며 z축에 평행인 직선들로 주면을 채운다(그림 12.81(a)).

이 곡면을 **타원주면**(elliptic cylinder)이라 하며, z축에 평행이다(그림 12.81(b)).

b. 주어진 방정식은 $\mathbb{R}^3$의 방정식으로서 변수 y가 나타나지 않는다. 따라서 y를 임의의 실수로 택할 수 있고, 그래프는 xz평면의 곡선 $x = \sin z$를 지나며 y축에 평행인 직선으로 이루어진 주면이다. 다음 단계를 수행하여 주면을 그릴 수 있다.

1. 주어진 주면의 xz자취인 곡선 $x = \sin z$를 xz평면 위에 그린다.

2. 다음으로 xz평면에 평행인 평면에 두 번째 자취(**1**에서 구한 곡선과 같은 자취)를 그린다.

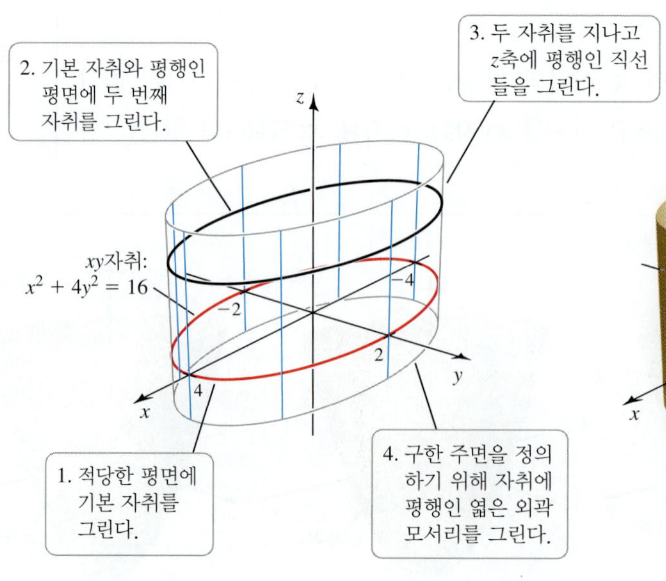

(a)

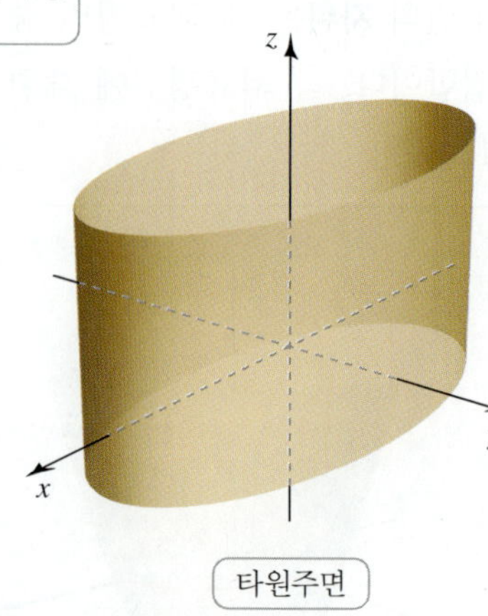

(b)

그림 12.81

3. **1**과 **2**에서 그린 두 자취를 지나며 y축에 평행인 직선들을 그린다(그림 12.82(a)). 이 곡면은 y축에 평행인 주면이며, 곡선 $x = \sin z$의 자취를 평행이동시켜 얻은 곡면과 같다(그림 12.82(b)).

관련 연습문제 7번 ◀

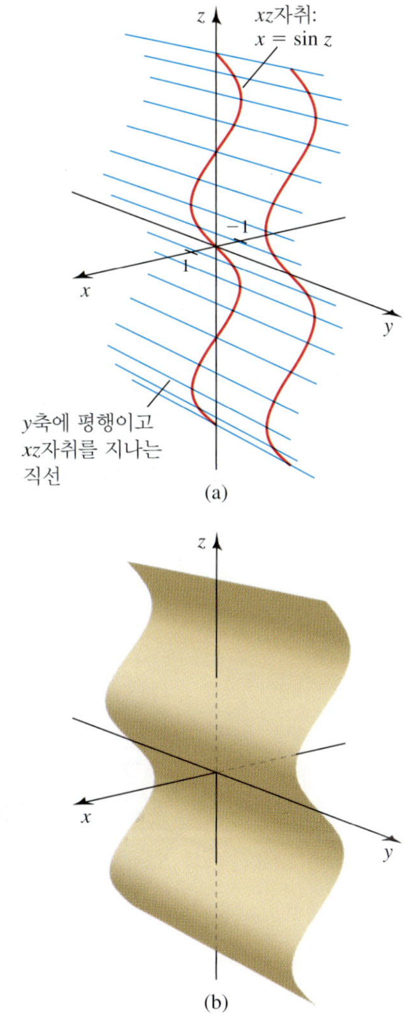

그림 12.82

➤ 이차곡면을 학습하기 전 11.4절에서 학습한 원뿔 곡선을 이해해야 한다.

QUICK CHECK 2 예제 1a에서 학습한 타원주면이 이차곡면인 이유를 설명하여라. ◀

이차곡면

이차곡면은 일반적으로 세 변수에 관한 이차방정식

$$Ax^2 + By^2 + Cz^2 + Dxy + Exz + Fyz + Gx + Hy + Iz + J = 0$$

으로 나타내는데, 여기서 계수 $A, \cdots, J$는 상수이고 A, B, C, D, E, F 중 적어도 하나는 0이 아니다. 이 식으로 표현되는 모든 곡면에 대하여 자세히 학습하지는 않지만 이 절에서는 일부 표준 곡면에 대하여 학습할 것이다.

이차곡면은 수학적인 고찰을 너머 실제로 다양하게 사용된다. 포물면(예제 3에서 정의)은 2차원 포물선과 마찬가지로 빛 또는 전파를 반사하는 성질을 가지며 위성 안테나, 전조등, 망원경의 거울 등을 설계하는 데 사용된다. 핵발전소의 냉각탑은 한 장의 쌍곡포물면과 같은 모양이다. 타원면은 물탱크와 기어의 설계에서 나타난다.

이차곡면을 손으로 그리는 것은 한 가지 도전과도 같다. 이차곡면을 그릴 때 기억해야 할 다음과 같은 몇 가지 일반적인 사항들이 있다.

1. **절편** 곡면이 각 좌표축과 만나는 점(절편)이 존재하면 이 점을 찾아야 한다. 이 절편을 구하기 위해 x, y, z의 각 쌍을 선택하여 0으로 놓고 곡면의 방정식에 대입한 다음, 나머지 좌표에 관하여 푼다.
2. **자취** 다음 예제에서와 같이 곡면의 자취를 찾는 것은 곡면을 나타내는 데 도움이 된다. 예를 들어 $z = 0$ 또는 $z = z_0$ (상수)으로 놓으면 xy평면에 평행인 평면에서 자취를 얻을 수 있다.
3. **그림의 완성** 평행인 평면에서 적어도 두 개 이상의 자취(예를 들어 $z = 0$, $z = \pm 1$로 놓을 때의 자취)를 그린다. 구한 자취를 지나는 매끄러운 곡선을 곡면에 채운다.

| 예제 2 | **타원면** 방정식 $\dfrac{x^2}{a^2} + \dfrac{y^2}{b^2} + \dfrac{z^2}{c^2} = 1$ 형태의 곡면을 타원면(ellipsoid)이라 한다. $a = 3$, $b = 4$, $c = 5$일 때 타원면을 그려라.

풀이 x, y, z의 각 쌍을 택하여 0으로 놓고 곡면의 방정식에 대입하면 각 좌표축에 대한 절편은 $(\pm 3, 0, 0)$, $(0, \pm 4, 0)$, $(0, 0, \pm 5)$이다. $|x| > 3$ 또는 $|y| > 4$ 또는 $|z| > 5$인 $\mathbb{R}^3$의 모든 점은 주어진 곡면의 방정식을 만족하지 않는다. 이는 방정식의 좌변은 음이 아닌 항의 합이고 이 합은 1을 초과할 수 없기 때문이다. 따라서 곡면 전체는 $|x| \le 3$, $|y| \le 4$, $|z| \le 5$인 직육면체 안에 있어야 한다.

수평면 $z = z_0$에서의 자취는 $z = z_0$을 타원면의 방정식에 대입하여 얻을 수 있고, 따라서 이 자취는 다음과 같다.

▶ 예제 2에 주어진 곡면의 모든 자취(존재하는 경우)는 타원이므로 이 곡면을 타원면(ellipsoid)이라고 부른다.

$$\frac{x^2}{9} + \frac{y^2}{16} + \frac{z_0^2}{25} = 1 \quad 또는 \quad \frac{x^2}{9} + \frac{y^2}{16} = 1 - \frac{z_0^2}{25}$$

$|z_0| < 5$이면 $1 - \frac{z_0^2}{25} > 0$이고, 위 방정식은 수평면 $z = z_0$에서 타원을 나타낸다. xy평면에 평행인 가장 큰 타원은 $z_0 = 0$일 때 나타나며, 이는 xy자취이고 단축의 길이가 6, 장축의 길이가 8인 타원 $\frac{x^2}{9} + \frac{y^2}{16} = 1$이다(그림 12.83(a)). 주어진 타원면의 방정식에 $x = 0$을 대입하면 yz자취는 타원 $\frac{y^2}{16} + \frac{z^2}{25} = 1$임을 알 수 있고, $y = 0$을 대입하면 xz자취는 타원 $\frac{x^2}{9} + \frac{z^2}{25} = 1$임을 알 수 있다(그림 12.83(b)). xy자취, xz자취, yz자취를 모두 그리면 타원면의 윤곽이 나타난다(그림 12.83(c)).

QUICK CHECK 3 타원면의 표준형 방정식에서 $0 < c < b < a$라 가정하자. 가장 긴 타원면의 축은 어느 좌표축 방향을 가리키는가? 가장 짧은 타원면의 축은 어느 좌표축 방향을 가리키는가? ◀

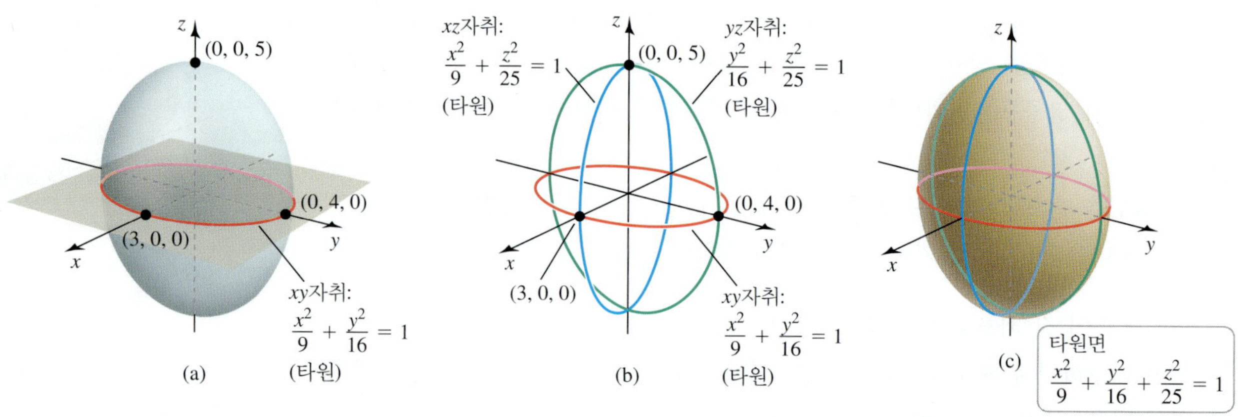

그림 12.83

관련 연습문제 15번 ◀

| 예제 3 | 타원포물면 방정식 $z = \frac{x^2}{a^2} + \frac{y^2}{b^2}$으로 주어지는 곡면을 **타원포물면**(elliptic paraboloid)이라 한다. $a = 4$, $b = 2$일 때 타원포물면을 그려라.

풀이 각 좌표축에 대한 절편은 점 (0, 0, 0)이고, 이 점은 주어진 타원포물면의 꼭짓점이다. 수평면 $z = z_0 (z_0 > 0)$에서의 자취는 방정식 $\frac{x^2}{16} + \frac{y^2}{4} = z_0$을 만족하며, 이 곡선은 타원이다. $z_0 < 0$일 때, 수평 자취는 없다(그림 12.84(a)). 수직 평면 $x = x_0$에 대한 자취는 포물선 $z = \frac{x_0^2}{16} + \frac{y^2}{4}$이고(그림 12.84(b)), 수직 평면 $y = y_0$에 대한 자취는 포물선 $z = \frac{x^2}{16} + \frac{y_0^2}{4}$이다(그림 12.84(c)).

▶ 예제 3에서 곡면의 자취는 타원과 포물선이므로 주어진 곡면을 타원포물면(elliptic paraboloid)이라 한다. 세 좌표평면에 대한 자취 중 두 가지가 포물선이므로 이 곡면을 타원면보다는 포물면이라 한다.

곡면을 그리기 위해 $y = 0$으로 놓고 xz자취 $z = \frac{x^2}{16}$을 그리고, $x = 0$으로 놓고 yz자취 $z = \frac{y^2}{4}$을 그린다. 이 자취를 평면 $z = z_0$에 대한 타원형 자취 $\frac{x^2}{16} + \frac{y^2}{4} = z_0$과 결합하면 곡면의 윤곽이 드러난다(그림 12.84(d)).

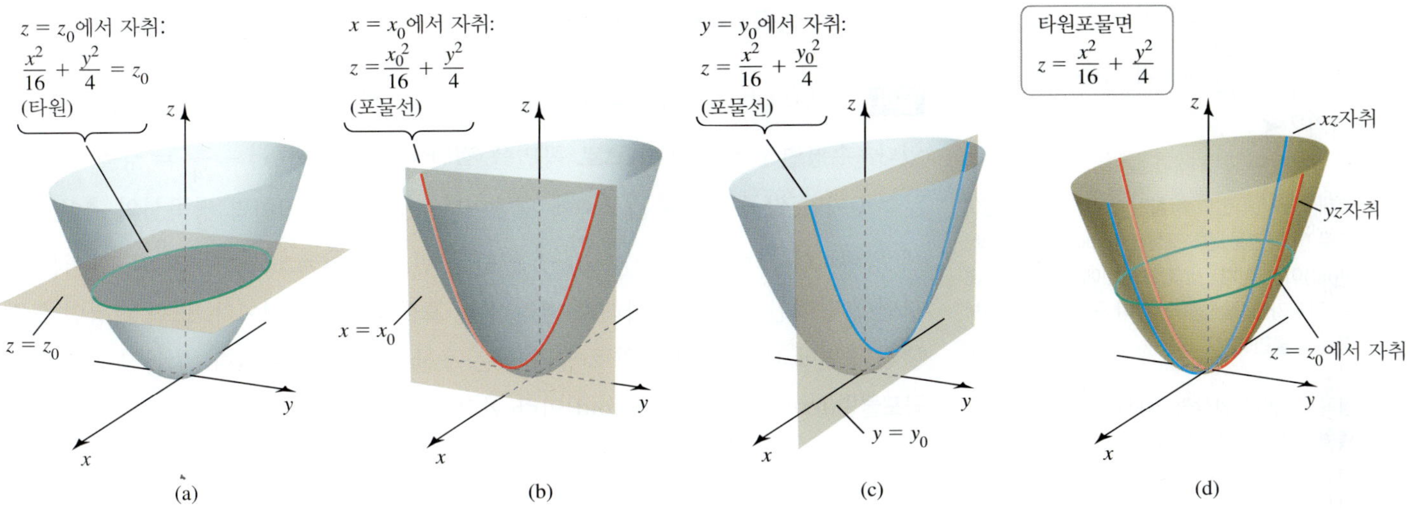

그림 12.84

관련 연습문제 12번 ◀

| 예제 4 | 한 장의 쌍곡면 방정식 $\frac{x^2}{4} + \frac{y^2}{9} - z^2 = 1$로 주어지는 곡면을 그려라.

풀이 각 좌표축에 대한 절편은 $(0, \pm 3, 0)$과 $(\pm 2, 0, 0)$이다. $z = z_0$이라 하면 수평면에 대한 자취는 방정식 $\frac{x^2}{4} + \frac{y^2}{9} = 1 + z_0^2$으로 주어지는 타원이다. 이 방정식은 임의의 실수 z_0에 대하여 항상 해를 갖고, 따라서 이 곡면은 모든 수평면에서 자취를 갖는다. $|z_0|$이 증가하면 타원형 자취의 크기는 증가하고(그림 12.85(a)), 가장 작은 자취는 xy평면의 타원 $\frac{x^2}{4} + \frac{y^2}{9} = 1$이다. $y = 0$이라 하면 xz자취는 쌍곡선 $\frac{x^2}{4} - z^2 = 1$이고, $x = 0$이라 하면 yz자취는 쌍곡선 $\frac{y^2}{9} - z^2 = 1$이다(그림 12.85(b), (c)). 곡면과 임의의 수직 평면의 교집합은 쌍곡선이다. 주어진 곡면을 한 장의 쌍곡면이라 한다(그림 12.85(d)).

QUICK CHECK 4 타원포물면 $x = \frac{y^2}{3} + \frac{z^2}{7}$은 대접 모양이다. 이 대접 모양은 어느 좌표축 방향으로 열려 있는가? ◀

➤ 이 곡면의 자취는 타원과 쌍곡선이므로 엄밀히 말하면 이 곡면은 한 장의 타원쌍곡면(elliptic hyperboloid of one sheet)이라 불러야 한다.

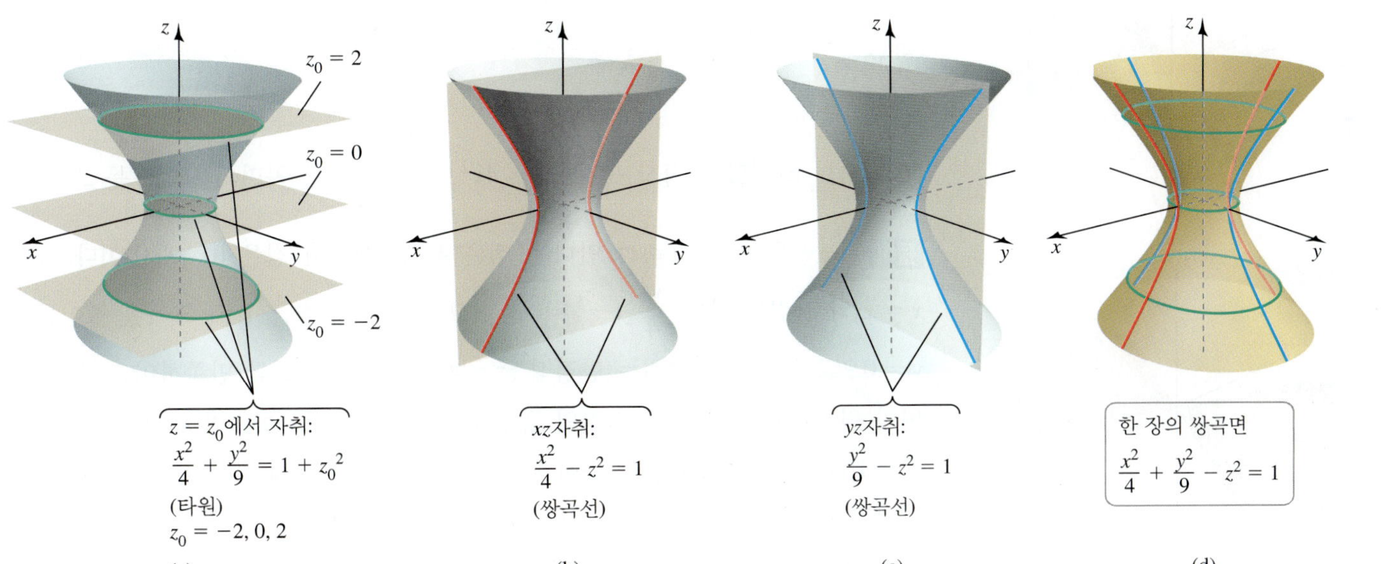

그림 12.85

관련 연습문제 17번 ◀

QUICK CHECK 5 쌍곡면 $\dfrac{y^2}{a^2}+\dfrac{z^2}{b^2}-\dfrac{x^2}{c^2}=1$의 축은 어느 좌표축인가? ◀

▶ 예제 5에서 곡면의 자취는 쌍곡선과 포물선이므로 이 곡면을 쌍곡포물면(hyperbolic paraboloid)이라 한다. 세 좌표평면에 대한 자취 중 두 가지가 포물선이므로 이 곡면은 쌍곡면보다는 포물면에 가깝다.

▶ 쌍곡포물면은 안장점(saddle point)이라 하는 특별한 점을 갖는다. 예제 5의 곡면을 살펴보면 안장점(원점)으로부터 x축 방향으로 이동하면 오르막길을 따라 위쪽으로 올라가고, 안장점으로부터 y축 방향으로 이동하면 내리막길을 따라 아래로 내려감을 알 수 있다. 14.7절에서 안장점에 대하여 보다 자세히 학습할 것이다.

| 예제 5 | 쌍곡포물면 방정식 $z=x^2-\dfrac{y^2}{4}$으로 주어지는 곡면의 그래프를 그려라.

풀이 곡면의 방정식에 $z=0$을 대입하면 xy자취는 두 직선 $y=\pm 2x$임을 알 수 있다. 수평면 $z=z_0(\neq 0)$으로 곡면을 절단하면 쌍곡선 $x^2-\dfrac{y^2}{4}=z_0$을 얻는다. $z_0>0$이면 쌍곡선의 축은 x축에 평행이다. 반면, $z_0<0$이면 쌍곡선의 축은 y축에 평행이다(그림 12.86(a)). $x=x_0$이라 하면 자취 $z=x_0^2-\dfrac{y^2}{4}$을 얻고, 이는 yz평면에 평행인 평면에서 아래로 열려 있는 포물선의 방정식이다. 또한 xz평면에 평행인 평면에 대한 자취는 위로 열려 있는 포물선임을 알 수 있다. 주어진 곡면을 쌍곡포물면(hyperbolic paraboloid)이라 한다(그림 12.86(b)).

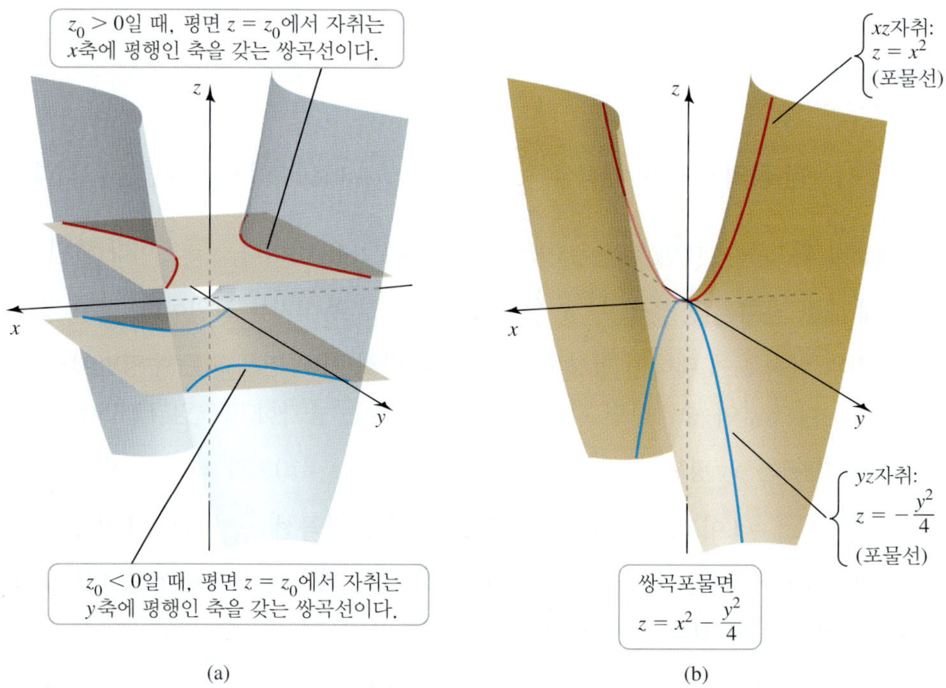

그림 12.86

관련 연습문제 18번 ◀

| 예제 6 | 타원뿔 방정식 $\dfrac{y^2}{4}+z^2=4x^2$으로 주어지는 곡면의 그래프를 그려라.

풀이 곡면이 세 좌표축과 만나는 점은 유일하며, 이 점은 (0, 0, 0)이다. 평면 $x=x_0$의 자취는 타원 $\dfrac{y^2}{4}+z^2=4x_0^2$이고, x_0이 0에 접근할 때 크기는 줄어든다. $y=0$으로 놓으면 xz자취는 방정식 $z^2=4x^2$, 즉 $z=\pm 2x$를 만족하며, 이는 xz평면의 원점에서 만나는 두 직선의 방정식이다. $z=0$으로 놓으면 xy자취는 방정식 $y^2=16x^2$, 즉 $y=\pm 4x$를 만족하며, 이는 xy평면의 원점에서 만나는 두 직선의 방정식이다(그림 12.87(a)). 전체 곡면은 두 개의 원뿔이며, 이 원뿔은 x축을 따라 서로 반대 방향으로 열려 있고, 원점이 공통 꼭짓점이다(그림 12.87(b)).

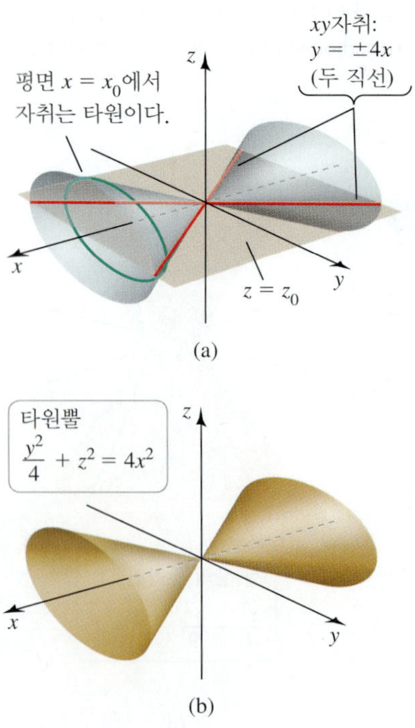

그림 12.87

관련 연습문제 19번 ◀

| 예제 7 | **두 장의 쌍곡면** 다음 방정식으로 주어지는 곡면의 그래프를 그려라.

$$-16x^2 - 4y^2 + z^2 + 64x - 80 = 0$$

풀이 우선 방정식을 묶어서 정리하면

$$-16\underbrace{(x^2 - 4x)}_{\text{완전제곱식 형태로 바꾸기}} - 4y^2 + z^2 - 80 = 0$$

이고, 이 식을 x에 관한 완전제곱식으로 바꾸면 다음과 같다.

$$-16(\underbrace{x^2 - 4x + 4}_{(x-2)^2} - 4) - 4y^2 + z^2 - 80 = 0$$

항끼리 묶고 양변을 16으로 나누면 다음 방정식을 얻는다.

$$-(x-2)^2 - \frac{y^2}{4} + \frac{z^2}{16} = 1$$

$z = 0$이면 이 방정식은 해를 갖지 않고, 따라서 주어진 곡면은 xy평면과 만나지 않는다. xz평면과 yz평면에 평행인 평면에 대한 자취는 쌍곡선이다. $|z_0| > 4$ 이면 평면 $z = z_0$에 대한 자취는 타원이다. 주어진 방정식을 만족하는 곡면은 **두 장의 쌍곡면**이고, 이 곡면의 축은 z축에 평행이며, x축의 양의 방향으로 2단위만큼 이동된다(그림 12.88).

관련 연습문제 29번 ◀

➤ 방정식 $-x^2 - \frac{y^2}{4} + \frac{z^2}{16} = 1$은 두 장의 쌍곡면이며, 이 곡면의 축은 z축이다. 따라서 예제 7의 방정식은 이 곡면이 x축의 양의 방향으로 2단위만큼 이동된 곡면을 나타낸다.

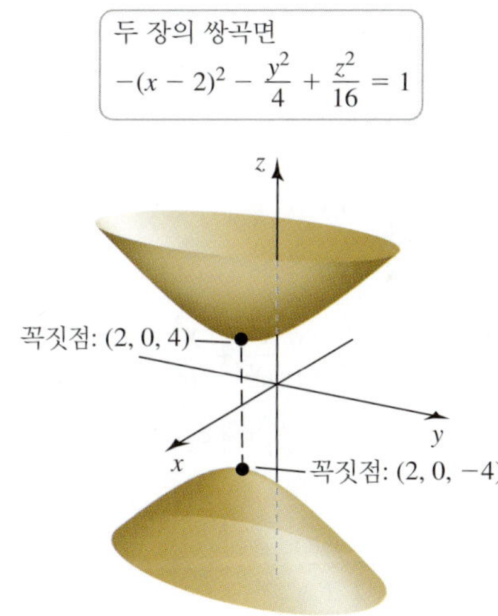

그림 12.88

QUICK CHECK 6 곡면 $x = y^2 + 2y + z^2 - 4z + 16$을 확인하려면 주어진 식을 어느 변수(들)에 관한 완전제곱식으로 변형해야 하는가? 이 곡면의 이름을 말하고 설명하여라. ◀

표 12.1에 이차곡면을 나타내는 방정식의 표준형을 요약해 놓았다(단, a, b, c는 0인 아닌 실수). 변수들의 역할이 바뀌면 원래 곡면과 닮은 다른 방향의 곡면을 얻음에 유의하자. 같은 이유로 표 12.1은 표에 열거된 곡면보다 더 많은 곡면을 함축하고 있다.

표 12.1

곡면	표준 방정식	특징	그래프
타원면	$\frac{x^2}{a^2}+\frac{y^2}{b^2}+\frac{z^2}{c^2}=1$	모든 자취는 타원이다.	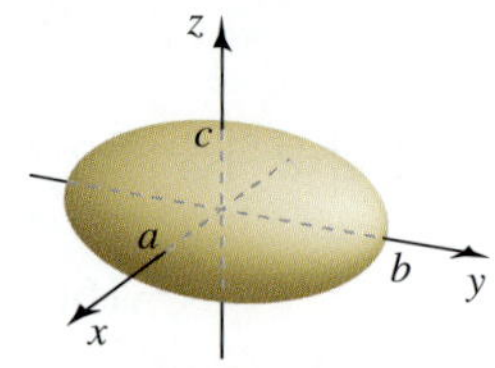
타원포물면	$z=\frac{x^2}{a^2}+\frac{y^2}{b^2}$	$z=z_0>0$의 자취는 타원이다. $x=x_0$ 또는 $y=y_0$에 대한 자취는 포물선이다.	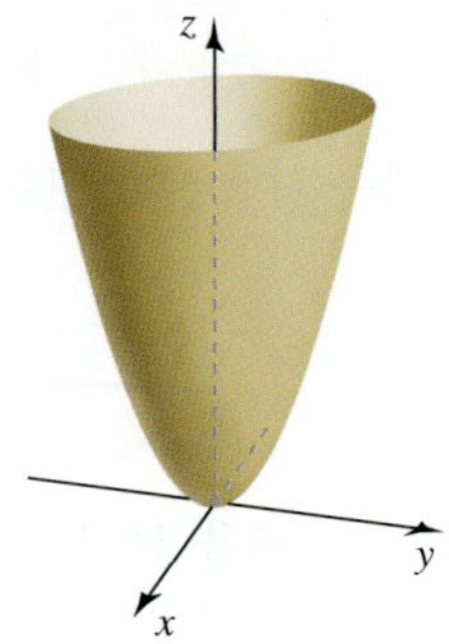
한 장의 쌍곡면	$\frac{x^2}{a^2}+\frac{y^2}{b^2}-\frac{z^2}{c^2}=1$	모든 z_0에 대하여 $z=z_0$에 대한 자취는 타원이다. $x=x_0$ 또는 $y=y_0$에 대한 자취는 쌍곡선이다.	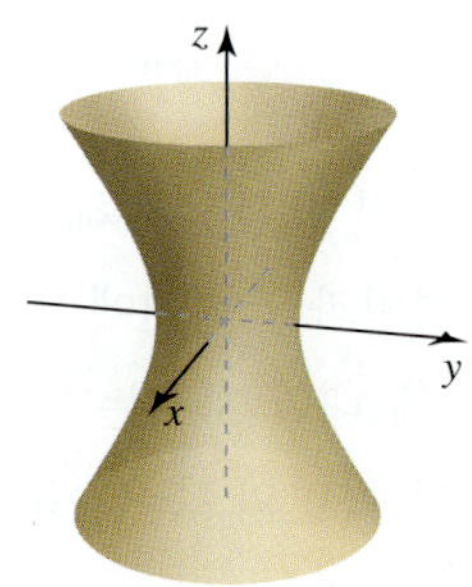
두 장의 쌍곡면	$-\frac{x^2}{a^2}-\frac{y^2}{b^2}+\frac{z^2}{c^2}=1$	$\lvert z_0\rvert>\lvert c\rvert$일 때 $z=z_0$에 대한 자취는 타원이다. $x=x_0$ 또는 $y=y_0$에 대한 자취는 쌍곡선이다.	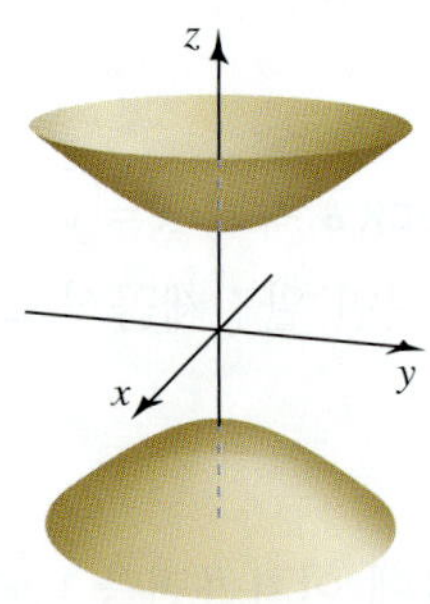
타원뿔	$\frac{x^2}{a^2}+\frac{y^2}{b^2}=\frac{z^2}{c^2}$	$z=z_0\neq 0$에 대한 자취는 타원이다. $x=x_0$ 또는 $y=y_0$에 대한 자취는 쌍곡선 또는 만나는 직선이다.	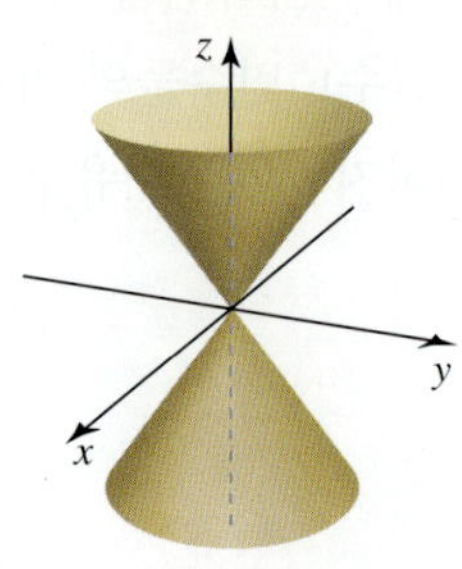
타원포물면	$z=\frac{x^2}{a^2}-\frac{y^2}{b^2}$	$z=z_0\neq 0$에 대한 자취는 쌍곡선이다. $x=x_0$ 또는 $y=y_0$에 대한 자취는 포물선이다.	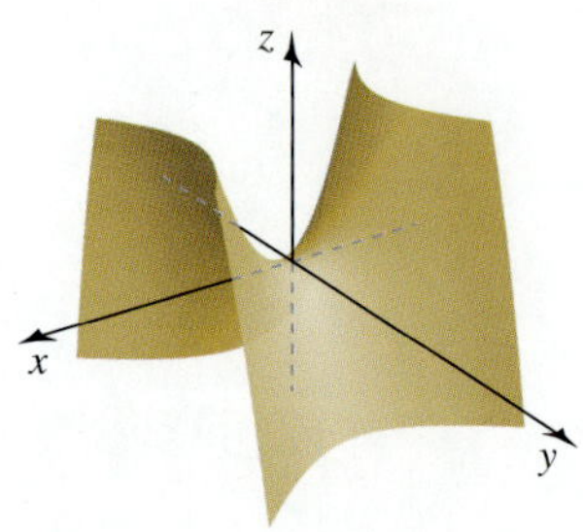

12.6절 연습문제

1단계 스타트

1. $\mathbb{R}^3$의 세 주면 $x^2+2y^2=8$, $z^2+2y^2=8$, $x^2+2z^2=8$은 각각 어느 좌표축에 평행인가?

2. 곡면의 자취란 무엇인가?

3. 방정식 $x^2+\frac{y^2}{3}+2z^2=1$로 정의되는 곡면의 이름은 무엇인가?

2단계 실전

4-7. $\mathbb{R}^3$의 주면 $\mathbb{R}^3$의 다음 주면에 대하여 물음에 답하여라.

a. 주면과 평행인 좌표축을 구하여라.

b. 주면을 그려라.

4. $z=y^2$

5. $x^2+z^2=4$

6. $y-x^3=0$

7. $z-\ln y=0$

8-10. 이차곡면의 확인 다음 이차곡면의 이름을 말하여라. xy자취, yz자취, xz자취가 존재하는 경우 각 자취를 구하고, 모양을 설명하여라.

8. $25x^2+25y^2+z^2=25$

9. $25x^2+25y^2-z=0$

10. $-25x^2-25y^2+z^2=25$

11-14. 곡면의 확인 다음 곡면의 이름을 말하여라.

11. $y=4z^2-x^2$

12. $y=\frac{x^2}{6}+\frac{z^2}{16}$

13. $y^2-z^2=2$

14. $9x^2+4z^2-36y=0$

15-26. 이차곡면 다음 이차곡면의 방정식에 대하여 물음에 답하여라.

a. (존재하는 경우) 각 좌표축의 절편을 구하여라.

b. (존재하는 경우) xy자취, xz자취, yz자취의 방정식을 구하여라.

c. 곡면의 이름을 말하고 그래프를 그려라.

15. $x^2+\frac{y^2}{4}+\frac{z^2}{9}=1$

16. $x=y^2+z^2$

17. $\frac{x^2}{25}+\frac{y^2}{9}-z^2=1$

18. $z=\frac{x^2}{9}-y^2$

19. $x^2+\frac{y^2}{4}=z^2$

20. $\frac{x^2}{3}+3y^2+\frac{z^2}{12}=3$

21. $9x-81y^2-\frac{z^2}{4}=0$

22. $\frac{y^2}{16}+36z^2-\frac{x^2}{4}-9=0$

23. $5x-\frac{y^2}{5}+\frac{z^2}{20}=0$

24. $\frac{z^2}{32}+\frac{y^2}{18}=2x^2$

25. $-x^2+\frac{y^2}{4}-\frac{z^2}{9}=1$

26. $-\frac{x^2}{3}+3y^2-\frac{z^2}{12}=1$

27. $x^2+4y^2+9z^2=100$과 $x^2+4y^2+9z^2+54z=19$의 그래프에서 상호 관계를 설명한 다음, 두 곡면의 이름을 말하여라.

28-30. 곡면의 확인 다음 방정식으로 주어진 곡면에 대하여 간단히 설명한 다음 이름을 말하여라.

28. $x^2+y^2+4z^2+2x=0$

29. $-x^2-y^2+\frac{z^2}{9}+6x-8y=26$

30. $z=-x^2-y^2$

31. **참 또는 거짓** 다음 명제가 참이면 증명하고 거짓이면 반례를 들어라.
   - **a.** $\mathbb{R}^3$에서 방정식 $y=z^2$의 그래프는 주면이고 이차곡면이다.
   - **b.** 타원면 $x^2+2y^2+3z^2=16$과 주면 $x^2+2y^2=16$의 xy자취는 같다.
   - **c.** xy평면에 평행인 평면에서 곡면 $y=3x^2-z^2$의 자취는 포물선이다.
   - **d.** xz평면과 평행인 평면에서 곡면 $y=3x^2-z^2$의 자취는 포물선이다.
   - **e.** 타원면 $x^2+2y^2+3(z-4)^2=25$의 그래프는 타원면 $x^2+2y^2+3z^2=25$의 그래프를 아래로 4단위만큼 이동하여 얻어진다.

32. **방정식과 그래프 매칭** a–f의 방정식이 나타내는 곡면을 A–F와 알맞게 짝 지어라.
   - **a.** $y-z^2=0$
   - **b.** $2x+3y-z=5$
   - **c.** $4x^2+\frac{y^2}{9}+z^2=1$
   - **d.** $x^2+\frac{y^2}{9}-z^2=1$
   - **e.** $x^2+\frac{y^2}{9}=z^2$
   - **f.** $y=|x|$

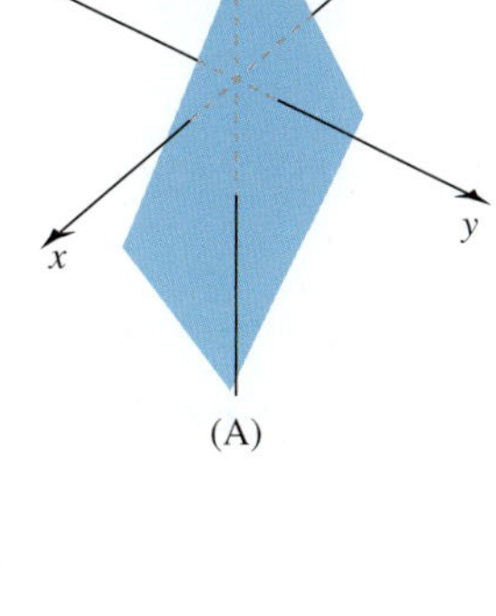

(A)

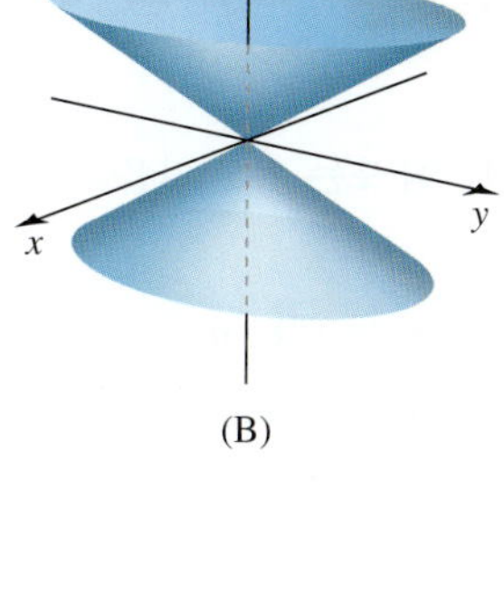

(B)

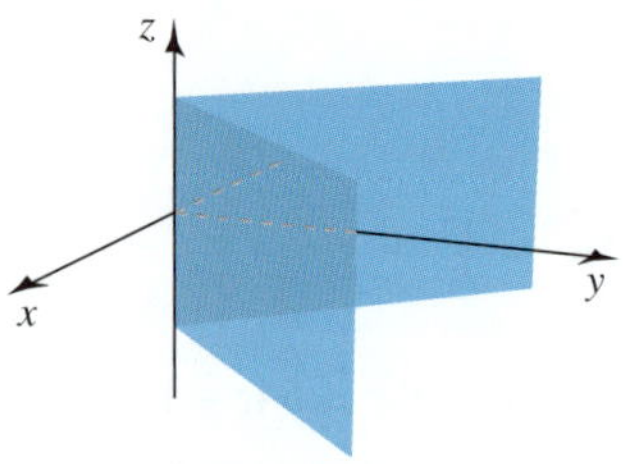

(C)

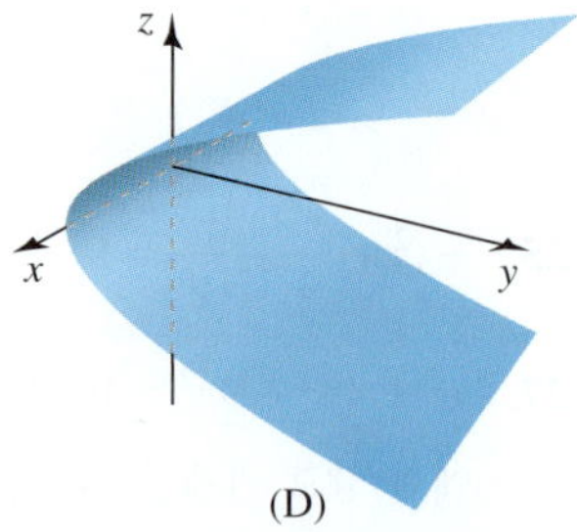

(D)

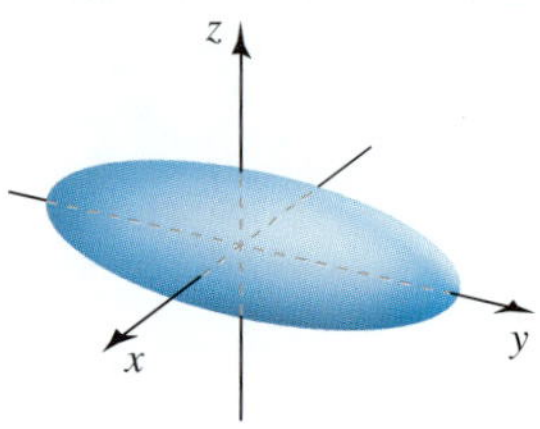

(E)

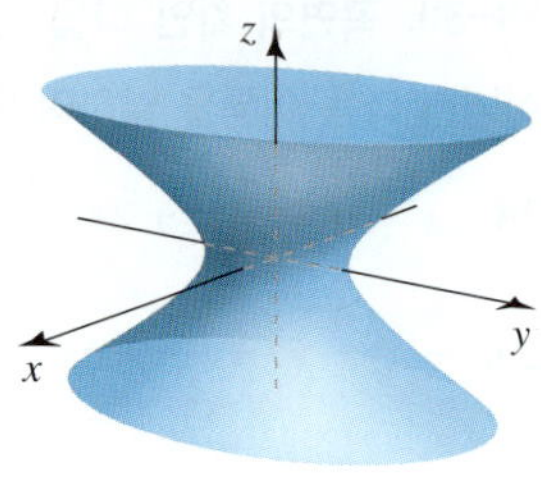

(F)

3단계 도전

33. 회전체 표 12.1에서 $a = b = c \neq 0$일 때, 좌표평면의 적당한 곡선을 좌표축을 회전축으로 하여 회전시켜 얻을 수 있는 이차곡면은 무엇인가?

34. 부피 두 평면 $z = 0$, $z = 3$과 두 주면 $y = x^2$, $y = 2 - x^2$으로 둘러싸인 입체의 부피를 구하여라.

35. 광원뿔 특수 상대성 이론(Special Theory of Relativity)은 광원뿔(light cone) 개념을 포함하고 있다. xy평면은 3차원 공간 전체를, z축은 시간축(t축)을 나타낸다(그림 참조). 사건 E가 원점에서 일어나면 미래 광원뿔(future light cone)의 내부($t > 0$)는 사건 E에 영향을 받는 모든 미래 사건을 나타내는데, 여기서 어떤 신호도 빛의 속도보다 빠르게 이동하지 않는다고 가정한다. 과거 광원뿔(past light cone)의 내부($t < 0$)는 사건 E에 영향을 주는 모든 과거 사건을 나타내는데, 여기서 어떤 신호도 빛의 속도보다 빠르게 이동하지 않는다고 가정한다.

a. 시간의 단위가 초이고 (x와 y의) 거리의 단위가 광초(빛이 1초 동안 나아가는 거리)이면 광원뿔은 xy평면과 45°의 각을 이룬다. 이때 광원뿔의 방정식을 구하여라.

b. 거리의 단위가 미터이고 시간의 단위는 초라고 가정하자. 빛의 속도가 3×10^8 m/s일 때, 광원뿔의 방정식을 구하여라.

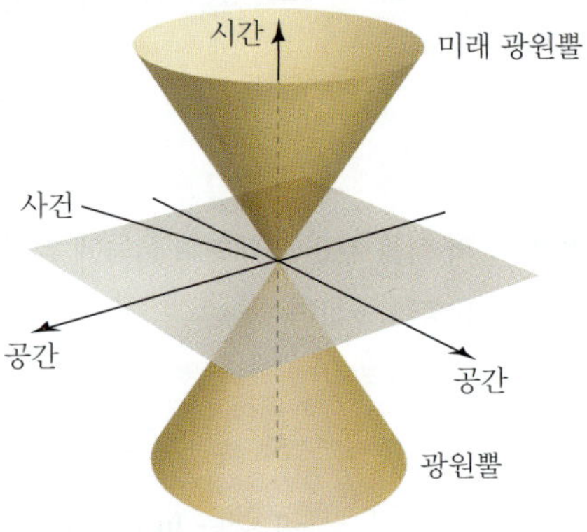

36. 유리잔 설계 높이가 6인치이고 바깥 측면이 한 장의 쌍곡면 $\dfrac{x^2}{a^2} + \dfrac{y^2}{b^2} - \dfrac{z^2}{c^2} = 1$, $0 \leq z \leq 6$의 조각 모양인 유리잔이 있다. 이 유리잔 아래쪽 밑면의 반지름이 1인치이고 위쪽 밑면의 반지름이 2인치일 때, (이 조건을 만족시키는) a^2, b^2, c^2의 값을 구하여라. 유리잔의 수평 자취는 원형이라 가정한다.

QUICK CHECK 정답

1. y축, x축 **2.** 방정식 $x^2 + 4y^2 = 16$은 이차곡면을 나타내는 표준 방정식 중 하나이다. A, B, J를 제외한 모든 계수는 0이다. **3.** x축, z축 **4.** 양의 x축 **5.** x축 **6.** y와 z의 완전제곱식, x축에 평행인 축을 갖는 타원포물면 ◀

12장 연습문제

1. 참 또는 거짓 다음 명제가 참이면 증명하고 거짓이면 반례를 들어라.

a. 두 벡터 **u**와 **v**에 대하여 2**u** + **v** = **v** + 2**u**는 항상 참이다.

b. 벡터 **v**와 길이가 같은 **u** 방향의 벡터는 **u**와 길이가 같은 **v** 방향의 벡터와 같다.

c. **u** ≠ **0**, **u** + **v** = **0**이면 **u**와 **v**는 평행이다.

d. 직선 $x = 3 + t$, $y = 4 + 2t$, $z = 2 - t$는 평면 $x = 2t$, $y = 4t$, $z = t$와 평행이다.

e. 직선 $x = 3 + t$, $y = 4 + 2t$, $z = 2 - t$와 평면 $x + 2y + 5z = 3$은 평행이다.

f. 만나는 서로 다른 두 평면과 각각 직교하는 평면은 항상 존재한다.

2-3. 벡터의 계산 $\mathbf{u} = \langle 3, -4 \rangle$, $\mathbf{v} = \langle -1, 2 \rangle$에 대하여 다음을 계산하여라.

2. $-3\mathbf{v}$ **3.** $2\mathbf{v} - \mathbf{u}$

4-10. $\mathbf{u} = \langle 2, 4, -5 \rangle$, $\mathbf{v} = \langle -6, 10, 2 \rangle$, $\mathbf{w} = \langle 4, -8, 8 \rangle$에 대하여 물음에 답하여라.

4. $|\mathbf{u} + \mathbf{v}|$를 계산하여라.

5. 벡터 $\mathbf{w}$를 $\mathbf{w}$ 방향의 단위벡터와 $\mathbf{w}$의 크기의 곱으로 나타내어라.

6. 길이가 10인 $\mathbf{w}$ 방향의 벡터를 구하여라.

7. $\mathbf{u} \cdot \mathbf{v}$의 값을 구하여라.

8. $\mathbf{u} \times \mathbf{v}$를 구하여라.

9. 벡터 $\mathbf{v}$가 $\mathbf{y} = \langle a, 1, -3 \rangle$에 수직일 때, a의 값은 얼마인가?

10. 벡터 $\mathbf{w}$가 $\mathbf{y} = \langle a, 6, -6 \rangle$에 평행일 때, a의 값은 얼마인가?

11. 속도 벡터 x축의 양의 방향은 동쪽을 가리키고, y축의 양의 방향은 북쪽을 가리킨다고 하자.

a. 한 여객기가 (잔잔한) 대기 중 550 mi/hr의 속력으로 일정한 고도를 유지하며 북서쪽으로 비행하고 있다. 이 여객기의 속도가 $\mathbf{v} = a\mathbf{i} + b\mathbf{j}$ 형태일 때, a와 b의 값을 구하여라.

b. 여객기가 남쪽 방향으로 옆바람 $\mathbf{w} = \langle 0, 40 \rangle$이 부는 대기 중에서 550 mi/hr의 속력으로 일정한 고도를 유지하며 북서쪽으로 비행하고 있다. 지면에 대한 이 여객기의 속도를 구하여라.

12-13. 구와 볼 집합 기호를 이용하여 다음 집합을 나타내어라.

12. 중심이 (1, 0, −1)이고 반지름이 4인 구

13. 중심이 (0, 1, 0)이고 반지름이 2인 구 외부의 모든 점

14-15. 집합의 확인 다음 부등식을 만족하는 점의 집합이 나타내는 도형을 설명하여라.

14. $x^2 - x + y^2 + 4y + z^2 - 6z + 11 \le 0$

15. $x^2 - 6x + y^2 + z^2 - 20z + 9 > 0$

16. 낙하하는 무인 우주 탐사선 한 원격 무인 우주 탐사선이 북쪽 4 m/s의 속력으로 부는 수평 옆바람과 수직 위쪽 방향 10 m/s의 속력을 가진 상승기류를 만나 종단 속도 60 m/s로 수직 낙하하고 있다. 이 탐사선의 지면에 대한 속도의 방향과 크기를 구하여라.

17. 알짜힘 잭이 40 lb의 힘을 주어 낙타에 매달린 고삐를 동쪽으로 당기고 있고, 질은 30 lb의 힘을 주어 같은 낙타에 매달린 고삐를 북쪽으로 당기고 있다. 낙타에 작용하는 힘의 크기와 방향은 무엇인가? 모든 벡터는 수평면에 놓여 있다고 가정한다.

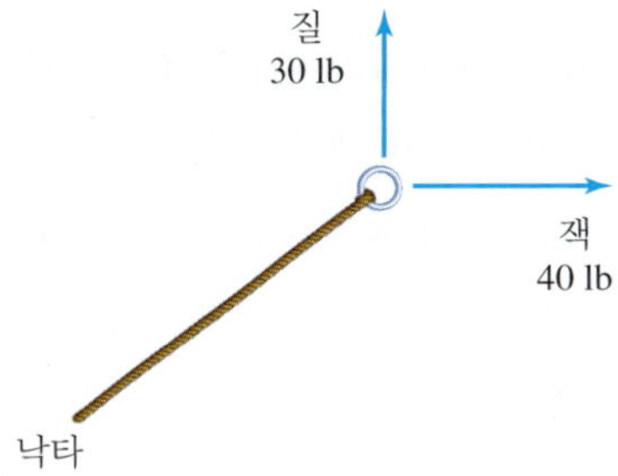

18. 점의 집합 두 방정식 $x^2 + z^2 = 1$, $y = 2$를 만족하는 점의 집합을 설명하여라.

19. 각과 정사영 두 벡터 $\mathbf{u} = -\mathbf{i} + 2\mathbf{j} + 2\mathbf{k}$, $\mathbf{v} = 3\mathbf{i} + 6\mathbf{j} + 6\mathbf{k}$에 대하여 물음에 답하여라.

a. $\mathbf{u}$와 $\mathbf{v}$의 끼인각을 구하여라.

b. $\text{proj}_{\mathbf{v}}\mathbf{u}$와 $\text{scal}_{\mathbf{v}}\mathbf{u}$를 구하여라.

c. $\text{proj}_{\mathbf{u}}\mathbf{v}$와 $\text{scal}_{\mathbf{u}}\mathbf{v}$를 구하여라.

20. 일의 계산 보행자 도로에서 수평면과 45°의 각을 이루는 일정한 힘 20 lb가 어떤 여행용 가방에 작용하여 가방을 25 ft 만큼 끌었다. 이때 행해진 일을 구하여라.

21-22. 경사면 (배낭을 포함한) 몸무게가 180 lb인 어떤 사람이 수평면과 30°의 각을 이루는 산비탈에 서 있다. 이 경우 $\mathbf{W} = \langle 0, -180 \rangle$의 힘이 발생한다.

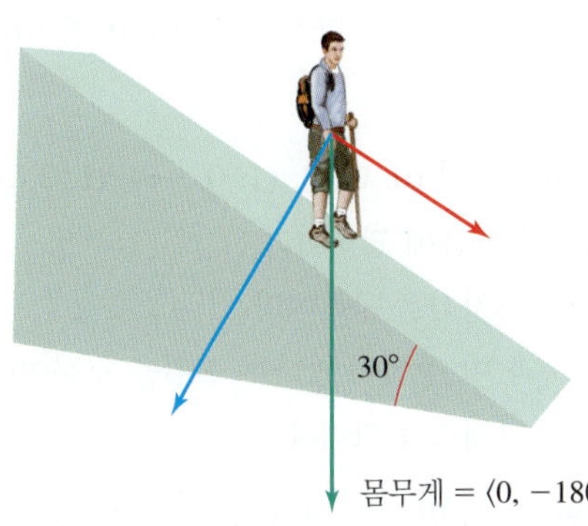

21. 산비탈에 수직인 방향 중 아래 방향에 대한 몸무게의 성분과, 산비탈에 평행인 방향 중 아래 방향에 대한 몸무게의 성분을

각각 구하여라.

22. 이 사람이 산비탈을 따라 위로 10 ft만큼 이동했을 때 행해진 일은 얼마인가?

23. **평행사변형의 넓이** 세 꼭짓점이 (1, 2, 3), (1, 0, 6), (4, 2, 4)인 평행사변형의 넓이를 구하여라.

24. **단위법선벡터** 두 벡터 $\langle 2, -6, 9\rangle$와 $\langle -1, 0, 6\rangle$ 각각에 수직인 단위벡터를 구하여라.

25. $\mathbf{r} = \overrightarrow{OP} = 3\mathbf{i} + 2\mathbf{j} + \mathbf{k}$일 때, 힘 $\mathbf{F} = \langle 10, 10, 0\rangle$이 P에 작용하고 있다고 하자. O에서 발생하는 토크를 구하여라.

26. **무릎의 토크** 잰이 발에 매달린 10 kg 무게의 추로 레그 리프트(leg lift)를 하고 있다. 여기서 발생하는 힘은 $mg \approx 98$ N이고 수직 아래쪽 방향을 향하고 있다(그림 참조). 잰의 무릎으로부터 무게추까지의 거리가 0.4 m이고 잰이 수직 방향으로부터 다리를 각 θ만큼 올릴 때, 무릎에서 발생하는 토크의 크기(θ의 함수)를 구하여라. 이 토크의 크기의 최솟값과 최댓값은 얼마인가? 다리가 올라감에 따라 토크의 방향이 변하는가?

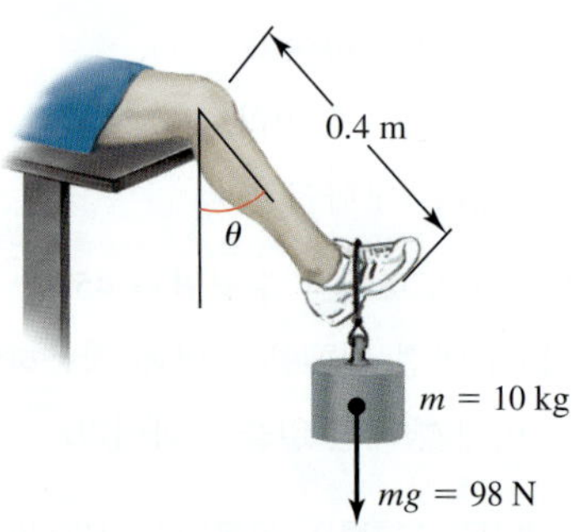

27–28. 공간 직선 주어진 직선 또는 선분의 방정식을 구하여라.

27. 두 점 (0, −3, 9)와 (2, −8, 1)을 잇는 선분

28. $\langle 0, -1, 3\rangle$과 $\langle 2, -1, 2\rangle$ 각각에 수직이고 점 (0, 1, 1)을 지나는 직선

29. **평면의 방정식** 세 점 (0, 0, 3), (1, 0, −6), (1, 2, 3)을 지나는 평면에 대하여 물음에 답하여라.

a. 이 평면의 방정식을 구하여라.

b. 세 좌표축과 이 평면이 만나는 절편을 구하여라.

c. 이 평면의 그래프를 그려라.

30. **만나는 평면** 두 평면 $-3x + y + 2z = 0$, $3x + 3y + 4z - 12 = 0$이 만나는 직선(교선)의 방정식을 구하여라.

31–32. 평면의 방정식 주어진 평면의 방정식을 구하여라.

31. (존재하는 경우) 직선 $x = 5 + t$, $y = 3 - 2t$, $z = 1$과 직선 $x = 4s$, $y = 5s$, $z = 3 - 2s$를 모두 포함하는 평면

32. 세 점 (−2, 3, 1), (1, 1, 0), (−1, 0, 1)을 지나는 평면

33. **점과 평면의 거리** 점 (2, 2, 2)와 평면 $x + 2y + 2z = 1$ 사이의 거리를 구하여라.

34–40. 곡면의 확인 다음 방정식으로 주어지는 곡면에 대하여 물음에 답하여라.

a. 주어진 곡면을 확인한 다음, 곡면에 대하여 간략히 설명하여라.

b. xy자취, xz자취, yz자취가 존재하는 경우 이 자취를 모두 구하여라.

c. 각 좌표축에 대한 절편이 존재하는 경우 이 절편을 구하여라.

d. 곡면을 그려라.

34. $3z = \dfrac{x^2}{12} - \dfrac{y^2}{48}$

35. $y^2 = 4x^2 + \dfrac{z^2}{25}$

36. $4z = \dfrac{x^2}{4} + \dfrac{y^2}{9}$

37. $y^2 + 4z^2 - 2x^2 = 1$

38. $\dfrac{x^2}{4} + \dfrac{y^2}{16} - z^2 = 4$

39. $\dfrac{x^2}{4} + \dfrac{y^2}{16} + z^2 = 4$

40. $\dfrac{y^2}{49} + \dfrac{x^2}{9} = \dfrac{z^2}{64}$

41. **방정식과 그래프 매칭** a-d의 방정식이 나타내는 곡면을 A-D와 알맞게 짝 지어라.

a. $z = \sqrt{2x^2 + 3y^2 + 1} - 1$ **b.** $z = -3y^2 + 1$

c. $z = 2x^2 - 3y^2 + 1$ **d.** $z = \sqrt{2x^2 + 3y^2 - 1}$

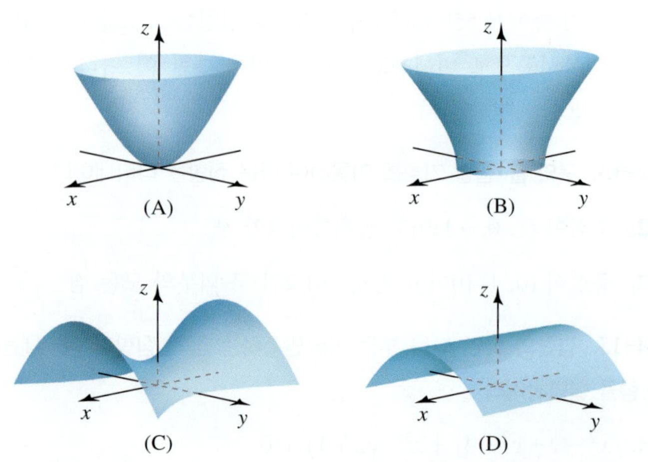

CHAPTER 13

벡터함수
Vector-Valued Functions

미리보기 12장에서 보트의 속도나 렌치에 작용하는 힘과 같은 정적인 양을 표현하는 데 벡터를 사용했다. 이 장에서는 벡터값 함수(vector-valued function) 또는 간단히 벡터함수(vector function)를 소개하여 움직임을 나타내는 데 벡터를 사용하고자 한다. 먼저 벡터함수의 그래프를 살펴보고 벡터함수의 미적분을 공부한다. 즉, 이미 알고 있는 극한, 미분, 적분을 벡터함수에 적용한다. 또한 벡터함수의 미적분으로 공간에서 움직이는 물체와 관련된 실제적인 다양한 문제를 풀 수 있다. 이 장의 마지막 부분에서는 공간 곡선의 중요한 개념인 곡선의 길이, 곡률, 접선벡터, 법선벡터 등을 살펴본다.

13.1 벡터함수
13.2 벡터함수의 미적분
13.3 공간에서의 운동
13.4 곡선의 길이
13.5 곡률과 법선벡터

13.1 벡터함수

3차원 공간에서 경로를 따라 움직이는 발사체를 상상해 보자. 이는 전자, 혜성, 축구공, 로켓일 수 있다. 물체의 스냅샷을 찍는 경우 해당 위치는 정적인 위치벡터 $\mathbf{r} = \langle x, y, z\rangle$로 표현된다. 그러나 시간이 지남에 따라 물체의 전체 궤적을 설명하려면 시간에 따라 구성 요소가 변하는 $\mathbf{r}(t) = \langle x(t), y(t), z(t)\rangle$와 같은 벡터값 함수(vector-valued function)로 물체의 위치를 나타내야 한다(그림 13.1). 이 절의 목표는 벡터값 함수를 사용하여 연속적인 동작을 설명하는 것이다.

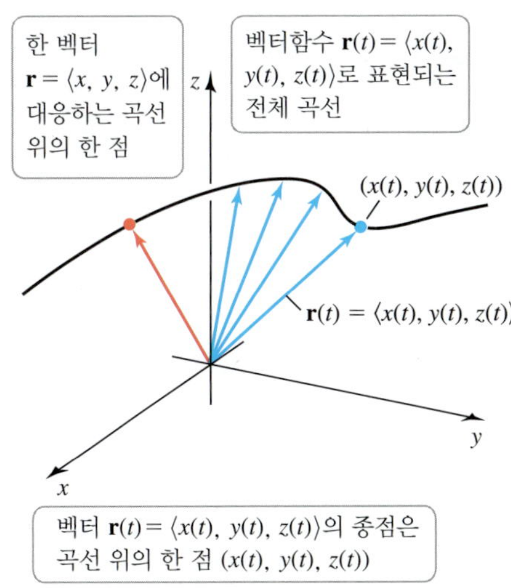

그림 13.1

벡터함수

$\mathbf{r}(t) = \langle x(t), y(t), z(t)\rangle$ 형태의 함수는 두 가지 관점으로 볼 수 있다.

- 공간 곡선을 설명하는 세 개의 매개방정식의 집합이다.
- $\mathbf{r}$의 성분이 세 종속변수 x, y, z이고 각 성분은 (시간을 나타내는) 독립변수 t에 따라 변하는 **벡터함수**이다.

두 관점의 관계는 다음과 같다. t가 변함에 따라 매개 곡선 위의 점 $(x(t), y(t), z(t))$ 또한 위치벡터 $\mathbf{r}(t) = \langle x(t), y(t), z(t)\rangle$의 종점이다. 다시 말해 벡터함수는 벡터 형식으로 나타낸 매개방정식의 집합이다. 벡터함수를 다룸에 있어 이 두 가지 관점을 유지하는 것은 유용하다.

3차원 공간에 그려지는 벡터함수를 다룬다고 해도 벡터함수는 임의의 차원에서 주어질 수 있다. 실제로 11.1절에서 매개방정식을 공부하면서 2차원 벡터함수의 중요한 개념들은 잘 알고 있다. 예를 들어 다음과 같이 중심이 원점이고 반지름이 a인 원을 나타내는 매개방정식을 생각하자.

$$x = a\cos t,\quad y = a\sin t,\quad 0 \le t \le 2\pi$$

이에 대응하는 벡터함수는 다음과 같다.

$$\mathbf{r}(t) = \langle a\cos t, a\sin t\rangle,\ 0 \le t \le 2\pi$$

11.1절에서 매개방정식으로 표현된 모든 평면 곡선은 같은 방법에 의해 벡터함수로 쉽게 나타낼 수 있다.

공간 곡선

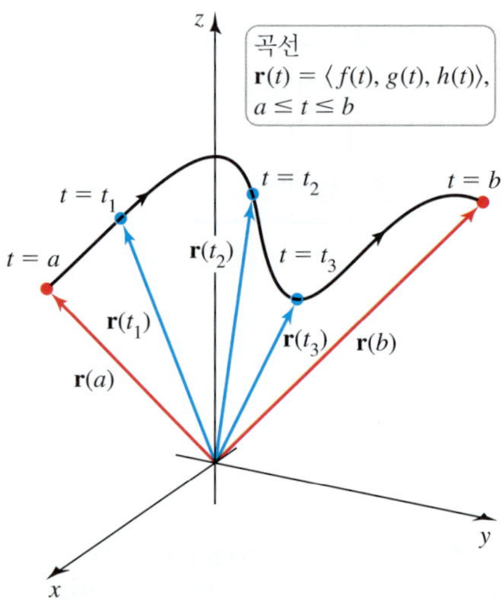

그림 13.2

구간 $a \le t \le b$에서 정의된 세 함수 f, g, h에 대하여 다음 형태의 일반적인 벡터함수를 살펴보자.

$$\mathbf{r}(t) = \langle f(t), g(t), h(t)\rangle = f(t)\mathbf{i} + g(t)\mathbf{j} + h(t)\mathbf{k}$$

$\mathbf{r}$의 **정의역**은 세 함수 f, g, h가 모두 정의되는 t 값의 가장 큰 집합이다.

그림 13.2는 매개화된 곡선이 어떻게 하나의 함수로 생성되는지 설명해 준다. 매개변수 t가 구간 $a \le t \le b$에서 변함에 따라 처음 벡터 $\mathbf{r}(a)$에서 시작하여 마지막 벡터 $\mathbf{r}(b)$에서 끝나는 t의 값은 곡선 위의 한 점에 대응하는 위치벡터를 생성한다. 매개화된 곡선은 유한한 길이를 갖거나 무한히 확장될 수 있으며, 곡선은 교차하거나 닫히고 회귀할 수 있다. 예제 1과 같이 f, g, h가 t에 관한 선형 함수이면 곡선은 직선이거나 선분이다.

| 예제 1 | 벡터함수로 정의된 직선 두 점 $P(2, -1, 4)$, $Q(3, 0, 6)$을 지나는 직선의 벡터함수를 구하여라.

풀이 12.5절에서 점 $P_0(x_0, y_0, z_0)$을 지나고 벡터 $\mathbf{v} = \langle a, b, c\rangle$에 평행인 직선의 매개방정식은 다음과 같음을 살펴봤다.

$$x = x_0 + at,\quad y = y_0 + bt,\quad z = z_0 + ct$$

벡터 $\mathbf{v} = \overrightarrow{PQ} = \langle 3-2,\ 0-(-1),\ 6-4\rangle = \langle 1,\ 1,\ 2\rangle$는 직선에 평행이며, 이때 $P_0 = P(2, -1, 4)$라 하면 직선의 매개방정식은

$$x = 2 + t,\quad y = -1 + t,\quad z = 4 + 2t$$

이고, 이에 대응하는 벡터함수는 다음과 같다.

$$\mathbf{r}(t) = \langle 2 + t, -1 + t, 4 + 2t\rangle$$

QUICK CHECK 1 예제 1에서 점 $P(2, -1, 4)$에서 점 $R(5, 1, 8)$로 가는 선분을 나타내기 위해 벡터함수의 정의역을 제한하여라. ◀

t가 증가함에 따라 $\overrightarrow{PQ}$ 방향으로 직선이 생성된다. 매개방정식을 다룬 것처럼 선분의 벡터함수를 나타내기 위해 정의역을 유한구간으로 제한한다(QUICK CHECK 1 참조).

관련 연습문제 5, 7번 ◀

곡선의 방향 매끄러운 곡선을 점들의 집합으로 본다면 곡선 위의 임의의 점에서 두 방향으로 접선벡터를 그릴 수 있다(그림 13.3(a)). 반면, 벡터함수 $\mathbf{r}(t)$, $a \le t \le b$로 나타낸 매개화된 곡선은 자연스러운 **방향**(orientation)을 갖는다. 양방향은 매개변수가 a에서 b로 증가함에 따라 결정되는 곡선의 방향이다. 예를 들어 원 $\mathbf{r}(t) = \langle \cos t, \sin t \rangle$, $0 \le t \le 2\pi$의 양방향은 반시계 방향이고(그림 13.3(b)), 예제 1에서 직선의 양방향은 벡터 $\overrightarrow{PQ}$ 방향이다. 모든 매개 곡선의 중요한 성질은 (13.2절에서 명확히 정의할) 주어진 곡선의 방향과 접선벡터 사이의 관계이다. 모든 점에서 접선벡터는 곡선의 양방향을 가리킨다.

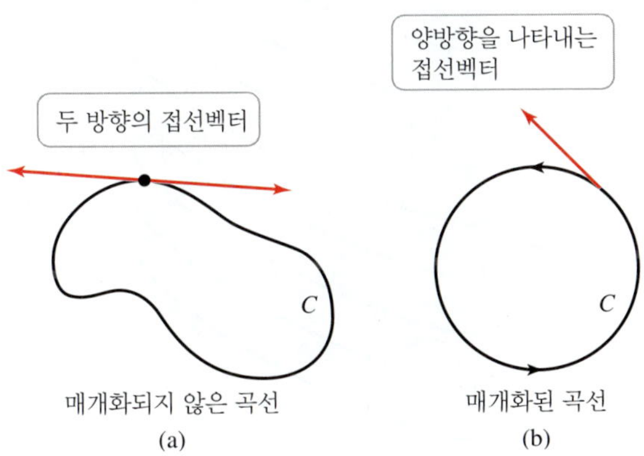

그림 13.3

| 예제 2 | **나선** 주어진 범위에서 다음 방정식으로 정의된 곡선을 그려라.

$$\mathbf{r}(t) = 4\cos t\,\mathbf{i} + \sin t\,\mathbf{j} + \frac{t}{2\pi}\mathbf{k}$$

a. $0 \le t \le 2\pi$ **b.** $-\infty < t < \infty$

풀이

a. 우선 $z = 0$일 때 xy평면 위로 곡선의 정사영을 결정한다. 결정된 함수 $\mathbf{r}(t) = 4\cos t\mathbf{i} + \sin t\mathbf{j}$는 $x = 4\cos t$, $y = \sin t$를 의미한다. 이 두 방정식은 양방향이 반시계 방향인 xy평면 위의 타원을 나타낸다(그림 13.4(a)). $z = \frac{t}{2\pi}$이므로 t가 0에서 2π로 증가함에 따라 z의 값은 0에서 1로 증가한다. 따라서 곡선은 타원형 나선(또는 코일)을 형성하며, xy평면에서 상승한다. 구간 $[0, 2\pi]$에서 타원형 나선은 $(4, 0, 0)$에서 시작하고 z축을 한 번 회전하여 $(4, 0, 1)$에서 멈춘다(그림 13.4(b)).

b. 구간 $-\infty < t < \infty$에서 변수가 변함에 따라 양쪽 방향에서 z축을 감싸 도는

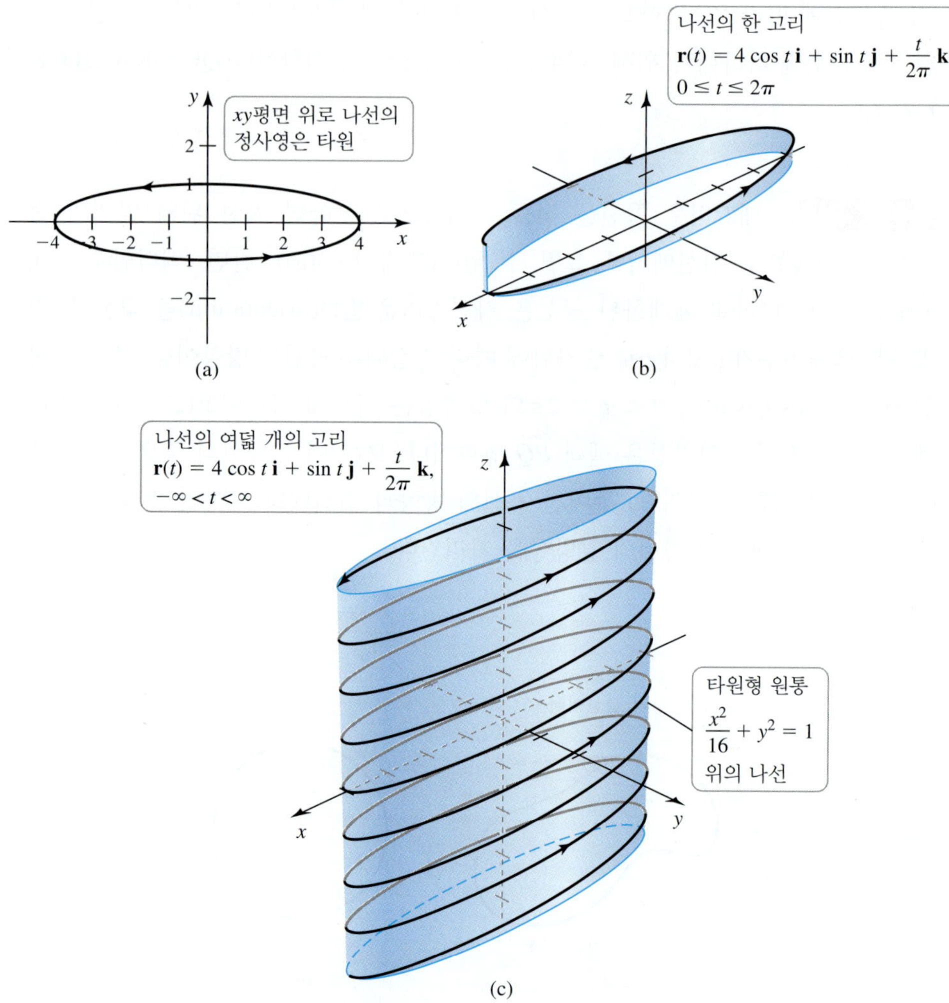

그림 13.4

➤ 두 함수 $\sin at$와 $\cos at$는 구간 $[0, 2\pi]$에서 a 번 진동한다. 따라서 두 함수의 주기는 $2\pi/a$이다.

타원형 나선을 형성한다. 이때 양방향은 위쪽 방향이다(z축의 양방향). $x = 4\cos t$, $y = \sin t$가 각각 $\mathbf{r}$의 x성분, y성분이므로 나선은 타원형 원통 $\left(\frac{x}{4}\right)^2 + y^2 = \cos^2 t + \sin^2 t = 1$ 위에 놓여 있다(그림 13.4(c)). ◀

| 예제 3 | 롤러코스터 곡선 다음 곡선을 그려라.

$$\mathbf{r}(t) = \cos t\,\mathbf{i} + \sin t\,\mathbf{j} + 0.4\sin 2t\,\mathbf{k},\quad 0 \le t \le 2\pi$$

풀이 z성분을 제외하면 함수 $\mathbf{r}(t) = \cos t\mathbf{i} + \sin t\mathbf{j}$는 길이가 1인 xy평면 위의 원을 나타낸다. 함수의 z성분은 주기 π로 -0.4와 0.4 사이를 움직인다. 따라서 구간 $[0, 2\pi]$에서 곡선 위 점의 z성분은 x성분과 y성분이 원을 나타낼 때 -0.4와 0.4 사이를 두 번 진동한다. 결과적으로 두 개의 최고점과 최하점을 반시계 방향으로 z축을 한 번 회전하는 곡선이다(그림 13.5(a)).

이 예제에서 공간 곡선은 특별히 복잡하지 않지만 이 곡선이 놓여 있는 곡면을 결정할 때 보다 쉽게 그려 볼 수 있다. 벡터함수 $\mathbf{r}(t) = \cos t\,\mathbf{i} + \sin t\,\mathbf{j} + 0.4\sin 2t\,\mathbf{k}$를 매개방정식으로 나타내면 다음과 같다.

$$x = \cos t, \quad y = \sin t, \quad z = 0.4\sin 2t, \quad 0 \le t \le 2\pi$$

$x^2 + y^2 = \cos^2 t + \sin^2 t = 1$에서 곡선은 원기둥 $x^2 + y^2 = 1$ 위에 놓여 있음을 알 수 있다. 매개변수를 소거하면

$$\begin{aligned} z &= 0.4\sin 2t \\ &= 0.4(2\underbrace{\sin t}_{y}\underbrace{\cos t}_{x}) \quad \text{배각 공식 } \sin 2t = 2\sin t\cos t \\ &= 0.8xy \quad x = \cos t,\ y = \sin t \end{aligned}$$

이고, 이는 곡선이 쌍곡포물면 $z = 0.8xy$ 위에 놓여 있음을 의미한다(주석 참조). 실제로 그림 13.5(b)와 같이 롤러코스터 곡선은 곡면 $x^2 + y^2 = 1$과 곡면 $z = 0.8xy$가 만나는 곡선이다.

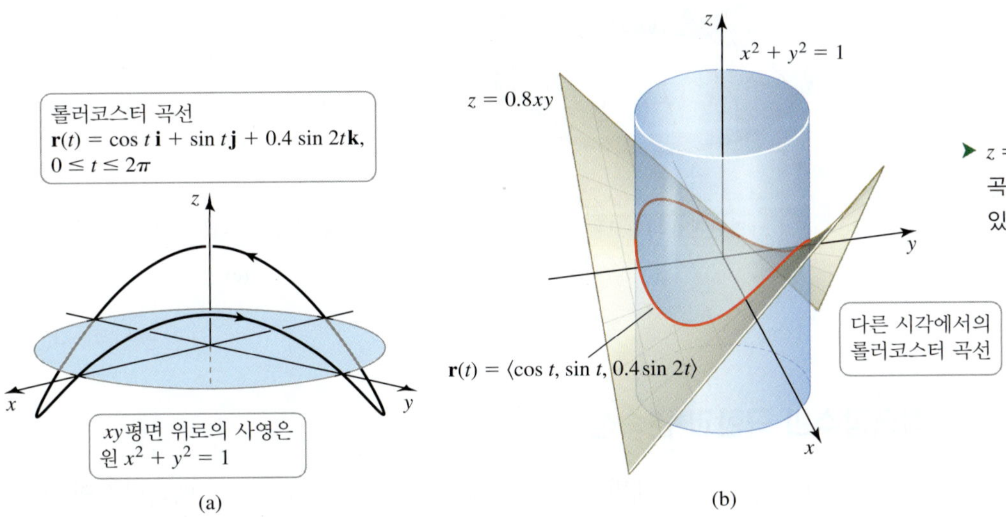

그림 13.5

▶ $z = 0.8xy$의 그래프는 쌍곡포물면이며, 이차곡면 $z = 0.4(x^2 - y^2)$이 회전된 것임을 알 수 있다.

관련 연습문제 28번 ◀

| 예제 4 | 원환 소용돌이 곡선 계산기나 컴퓨터를 이용하여 다음 방정식으로 주어진 곡선을 그려라.

$$\mathbf{r}(t) = (3 + \cos 15t)\cos t\,\mathbf{i} + (3 + \cos 15t)\sin t\,\mathbf{j} + \sin 15t\,\mathbf{k}$$

그다음 이 곡선의 성질에 대하여 논하여라.

풀이 x성분과 y성분에 나타난 인자 $A(t) = 3 + \cos 15t$는 $\cos t\,\mathbf{i}$와 $\sin t\,\mathbf{j}$의 변화하는 진폭이다. x성분 $A(t)\cos t$의 그래프에서 이 인자의 효과를 확인할 수 있다(그림 13.6(a)). $0 \le t \le 2\pi$일 때 곡선은 15개의 작은 진동이 포함된 $3\cos t$의 한 주기로 이루어져 있다. 그 결과 $\mathbf{r}$의 x성분은 15개의 작은 진동으로 -4에서 4까지 변한다. $\mathbf{r}$의 y성분에서도 유사한 모습을 볼 수 있다. 결과적으로 $\mathbf{r}$의 z성분 $\sin 15\,t$

는 구간 $[0, 2\pi]$에서 -1과 1 사이를 15번 진동한다. 이러한 행동을 조합하면 주어진 곡선은 반시계 방향으로 z축을 휘감는 닫혀 있는 코일 모양의 곡선임을 알 수 있다.

그림 13.6(b)와 그림 13.6(c)는 각각 xy평면에서 바라보는 경우와 z축 위에서 바라보는 경우를 보여 준다. $\mathbf{r}$을 정의하는 매개방정식에서 변수를 소거하면 직교좌표계에서 원환체의 방정식, 즉 $\left(3-\sqrt{x^2+y^2}\right)^2+z^2=1$과 같다. 따라서 곡선은 그림 13.6(b)와 같이 이 원환체 위에 놓여 있다.

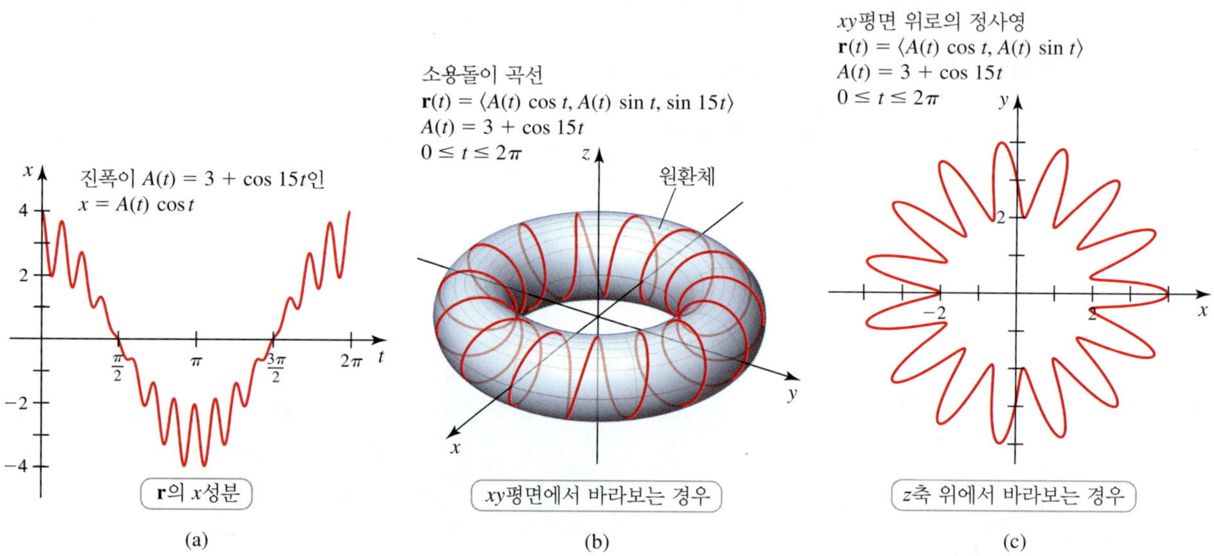

그림 13.6

관련 연습문제 14번

벡터함수의 극한과 연속성

지금까지 벡터함수와 매개방정식의 관계를 살펴봤다. 다음으로 벡터함수의 미적분을 다루고자 한다. 벡터함수의 극한, 미분, 적분의 개념은 이미 알고 있는 개념의 확장이다.

벡터함수 $\mathbf{r}(t) = f(t)\mathbf{i} + g(t)\mathbf{j} + h(t)\mathbf{k}$의 극한은 스칼라함수와 같이 정의된다. t가 a에 충분히 가까워질 때 스칼라함수 $|\mathbf{r}(t) - \mathbf{L}|$이 충분히 작도록 하는 벡터 $\mathbf{L}$이 존재하면 $\lim_{t \to a} \mathbf{r}(t) = \mathbf{L}$로 쓰고, t가 a에 접근할 때 $\mathbf{r}$의 극한이 $\mathbf{L}$이라 한다.

정의 벡터함수의 극한

t가 a에 접근할 때 벡터함수 $\mathbf{r}$이 $\mathbf{L}$에 가까워지면 $\lim_{t \to a} \mathbf{r}(t) = \mathbf{L}$로 쓰고, 이는 $\lim_{t \to a} |\mathbf{r}(t) - \mathbf{L}| = 0$을 나타낸다.

$\mathbf{r}$이 벡터값을 갖는 반면, $|\mathbf{r}(t) - \mathbf{L}|$은 익숙한 극한 정리를 적용하는 일변수 t의 함수이다. 따라서 이 정의와 간단한 계산으로부터 벡터함수 $\mathbf{r} = \langle f, g, h \rangle$의 극한

을 계산할 수 있다.

$$\lim_{t\to a} f(t) = L_1, \quad \lim_{t\to a} g(t) = L_2, \quad \lim_{t\to a} h(t) = L_3$$

이라 하면 다음이 성립한다.

$$\lim_{t\to a} \mathbf{r}(t) = \left\langle \lim_{t\to a} f(t), \lim_{t\to a} g(t), \lim_{t\to a} h(t) \right\rangle = \langle L_1, L_2, L_3 \rangle$$

다시 말해 벡터함수 $\mathbf{r}$의 극한은 각 성분의 극한에 의해 결정된다.

벡터함수의 극한은 2장의 극한 법칙과 같은 규칙을 따른다. 예를 들어 $\lim_{t\to a} \mathbf{r}(t)$와 $\lim_{t\to a} \mathbf{s}(t)$가 존재하고 c가 스칼라이면 다음이 성립한다.

$$\lim_{t\to a} (\mathbf{r}(t) + \mathbf{s}(t)) = \lim_{t\to a} \mathbf{r}(t) + \lim_{t\to a} \mathbf{s}(t), \quad \lim_{t\to a} c\mathbf{r}(t) = c\lim_{t\to a} \mathbf{r}(t)$$

연속성도 벡터함수로 확장된다. 벡터함수 $\mathbf{r}(t) = f(t)\mathbf{i} + g(t)\mathbf{j} + h(t)\mathbf{k}$가 ***a*에서 연속**이면 $\lim_{t\to a} \mathbf{r}(t) = \mathbf{r}(a)$임을 의미한다. 특히 세 성분 함수 f, g, h가 a에서 연속이면 $\mathbf{r}$도 a에서 연속이다. 함수 $\mathbf{r}$이 구간 I의 모든 t에서 연속이면 함수 $\mathbf{r}$은 **구간 *I*에서 연속**이다.

➤ 연속성은 매개곡선의 정의의 일부분으로 여겨진다.

연속성은 스칼라함수와 같은 직관적인 의미를 갖는다. $\mathbf{r}$이 구간에서 연속이면 $\mathbf{r}$이 물체의 궤적을 나타낼 때 끊어지거나 빈 점이 없는 곡선을 나타낸다는 것이다.

| 예제 5 | 극한과 연속성 다음 함수를 고려하자.

$$\mathbf{r}(t) = \cos \pi t\, \mathbf{i} + \sin \pi t\, \mathbf{j} + e^{-t}\mathbf{k}, \qquad t \geq 0$$

a. $\lim_{t\to 2} \mathbf{r}(t)$를 구하여라.

b. $\lim_{t\to \infty} \mathbf{r}(t)$를 구하여라.

c. $\mathbf{r}$은 어떤 점에서 연속인가?

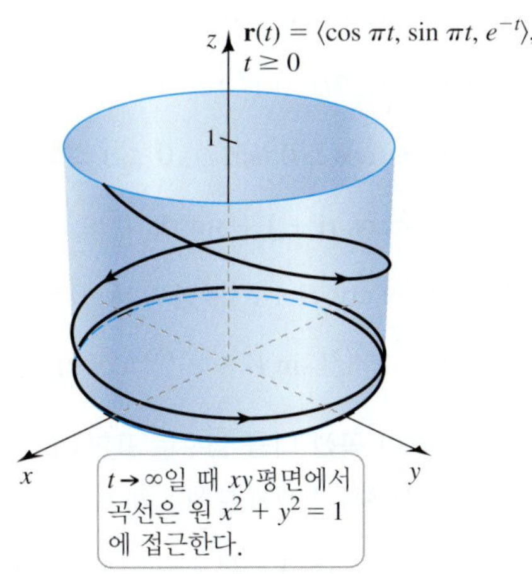

그림 13.7

풀이

a. $\mathbf{r}$의 각 성분의 극한을 계산하자.

$$\lim_{t\to 2} \mathbf{r}(t) = \lim_{t\to 2} (\underbrace{\cos \pi t}_{\to 1}\, \mathbf{i} + \underbrace{\sin \pi t}_{\to 0}\, \mathbf{j} + \underbrace{e^{-t}}_{\to e^{-2}}\mathbf{k}) = \mathbf{i} + e^{-2}\mathbf{k}$$

b. $\lim_{t\to\infty} e^{-t} = 0$이지만 $\lim_{t\to\infty} \cos t$와 $\lim_{t\to\infty} \sin t$는 존재하지 않는다. 따라서 $\lim_{t\to\infty} \mathbf{r}(t)$는 존재하지 않는다. 그림 13.7과 같이 곡선은 xy평면에서 단위원에 접근하는 코일이다.

c. $\mathbf{r}$의 성분이 모든 t에서 연속이므로 $\mathbf{r}$은 모든 t에서 연속이다.

관련 연습문제 16번 ◀

QUICK CHECK 2 예제 5에서 곡선이 그림 13.7에서처럼 원통 $x^2 + y^2 = 1$ 위에 놓여 있음을 설명하여라. ◀

13.1절 연습문제

1단계 스타트

1. 함수 $\mathbf{r}(t) = \langle f(t), g(t), h(t) \rangle$의 독립변수는 몇 개인가?

2. $\mathbf{r}(t) = \langle f(t), g(t), h(t) \rangle$를 벡터함수라 부르는 이유는 무엇인가?

3. $\mathbf{r}(t) = \langle f(t), g(t), h(t) \rangle$일 때, $\lim_{t \to a} \mathbf{r}(t)$는 어떻게 구하는가?

4. 점 $P(0, 0, 0)$과 점 $Q(1, 2, 3)$을 지나는 직선에 대한 함수 $\mathbf{r}(t)$를 구하여라. 구한 답을 $\mathbf{i}, \mathbf{j}, \mathbf{k}$로 나타내어라.

2단계 실전

5–7. 직선과 선분 주어진 직선이나 선분을 나타내는 함수 $\mathbf{r}(t)$를 구하여라.

5. $P(2, 3, 7)$과 $Q(4, 6, 3)$을 지나는 직선

6. 평면 $2x - z = 4$에 수직이고 점 $P(3, 4, 5)$를 지나는 직선

7. 점 $P(1, 2, 1)$에서 점 $Q(0, 2, 3)$까지 잇는 선분

8–13. 곡선 그리기 다음 함수로 표현되는 곡선을 곡선의 양방향을 표시하여 그려라.

8. $\mathbf{r}(t) = \langle 2\cos t, 2\sin t \rangle,\ 0 \le t \le 2\pi$

9. $\mathbf{r}(t) = \langle t, 2t \rangle,\ 0 \le t \le 1$

10. $\mathbf{r}(t) = \langle \cos t, 0, \sin t \rangle,\ 0 \le t \le 2\pi$

11. $\mathbf{r}(t) = \cos t\,\mathbf{i} + \mathbf{j} + \sin t\,\mathbf{k},\ 0 \le t \le 2\pi$

12. $\mathbf{r}(t) = t\cos t\,\mathbf{i} + t\sin t\,\mathbf{j} + t\mathbf{k},\ 0 \le t \le 6\pi$

13. $\mathbf{r}(t) = e^{-t/20}\sin t\,\mathbf{i} + e^{-t/20}\cos t\,\mathbf{j} + t\mathbf{k},\ 0 \le t < \infty$

14–15. 특이 곡선 다음 함수로 표현되는 곡선을 그려라. 그래프 유틸리티를 사용하기 전에 분석을 하여 그래프의 모양을 유추해 보아라.

14. $\mathbf{r}(t) = \cos 15t\,\mathbf{i} + (4 + \sin 15t)\cos t\,\mathbf{j} + (4 + \sin 15t)\sin t\,\mathbf{k}$, $0 \le t \le 2\pi$

15. $\mathbf{r}(t) = \sin t\,\mathbf{i} + \sin^2 t\,\mathbf{j} + \dfrac{t}{5\pi}\mathbf{k},\ 0 \le t \le 10\pi$

16–18. 극한 다음 극한값을 구하여라.

16. $\displaystyle\lim_{t \to \pi/2}\left(\cos 2t\,\mathbf{i} - 4\sin t\,\mathbf{j} + \frac{2t}{\pi}\mathbf{k}\right)$

17. $\displaystyle\lim_{t \to \infty}\left(e^{-t}\mathbf{i} - \frac{2t}{t+1}\mathbf{j} + \tan^{-1} t\,\mathbf{k}\right)$

18. $\displaystyle\lim_{t \to 0}\left(\frac{\sin t}{t}\mathbf{i} - \frac{e^t - t - 1}{t}\mathbf{j} + \frac{\cos t + t^2/2 - 1}{t^2}\mathbf{k}\right)$

19. 참 또는 거짓 다음 명제가 참이면 증명하고 거짓이면 반례를 들어라.

a. xz평면 위로 곡선 $\mathbf{r}(t) = \langle t, \cos t, t^2 \rangle$의 정사영은 포물선이다.

b. 곡선 $\mathbf{r}(t) = \langle \sin t, \cos t, \sin t \rangle$는 단위구 위에 놓여 있다.

c. $t \to \infty$일 때 곡선 $\mathbf{r}(t) = \langle e^{-t}, \sin t, -\cos t \rangle$는 원에 가까워진다.

d. $\mathbf{r}(t) = e^{-t^2}\langle 1, 1, 1 \rangle$이면 $\lim_{t \to \infty}\mathbf{r}(t) = \lim_{t \to -\infty}\mathbf{r}(t)$이다.

20–21. 정의역 다음 벡터함수의 정의역을 구하여라.

20. $\mathbf{r}(t) = \sqrt{t+2}\,\mathbf{i} + \sqrt{2-t}\,\mathbf{j}$

21. $\mathbf{r}(t) = \sqrt{4 - t^2}\,\mathbf{i} + \sqrt{t}\,\mathbf{j} - \dfrac{2}{\sqrt{1+t}}\mathbf{k}$

22. 곡선과 평면의 교집합 (존재한다면) 평면 $z = 16$과 곡선 $\mathbf{r}(t) = \langle t, 2t, 4 + 3t \rangle$, $-\infty < t < \infty$가 만나는 점들을 구하여라.

23. 함수와 그래프 매칭 a–f의 함수를 나타내는 그래프를 A–F와 알맞게 짝 지어라.

a. $\mathbf{r}(t) = \langle t, -t, t \rangle$ **b.** $\mathbf{r}(t) = \langle t^2, t, t \rangle$

c. $\mathbf{r}(t) = \langle 4\cos t, 4\sin t, 2 \rangle$ **d.** $\mathbf{r}(t) = \langle 2t, \sin t, \cos t \rangle$

e. $\mathbf{r}(t) = \langle \sin t, \cos t, \sin 2t \rangle$ **f.** $\mathbf{r}(t) = \langle \sin t, 2t, \cos t \rangle$

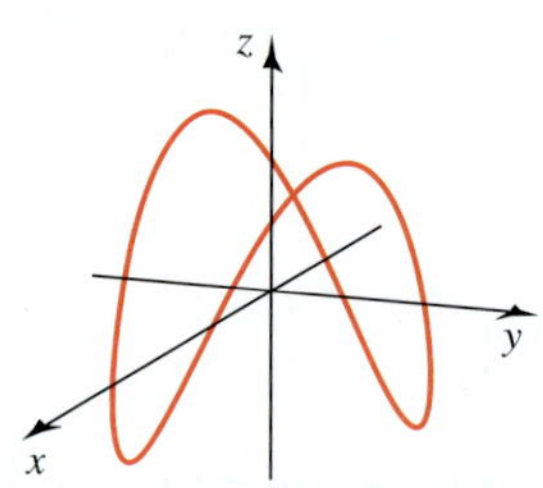

(A)

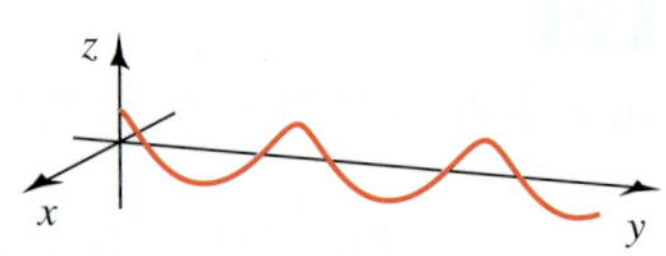

(B)

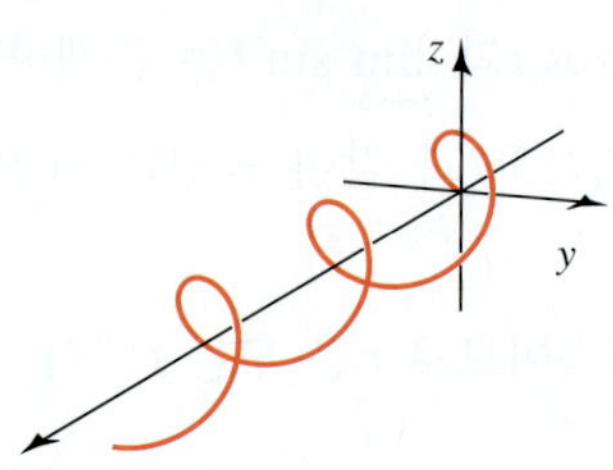

(C)

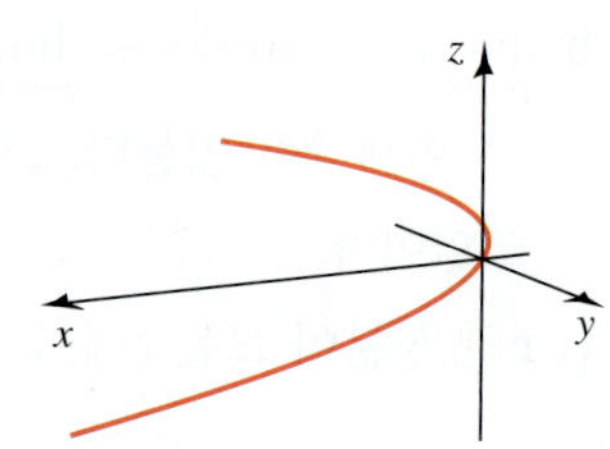

(D)

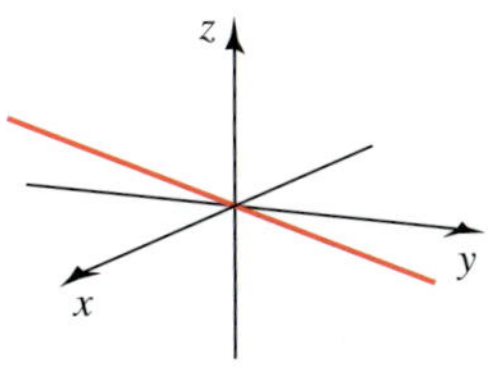

(E)

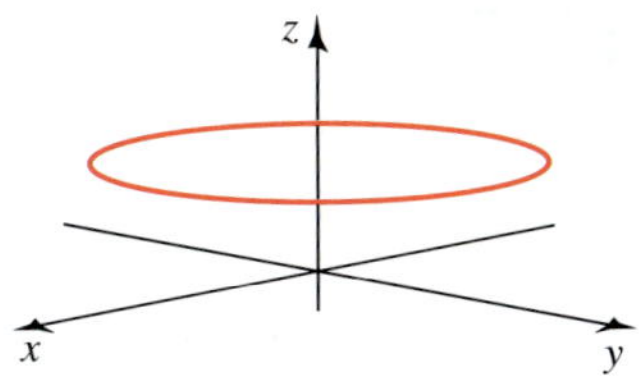

(F)

24–25. 교선 다음 두 곡면이 만나서 생기는 곡선을 나타내는 함수 $\mathbf{r}(t)$를 구하여라. 답은 여러 개일 수 있다.

24. $z=4,\ z=x^2+y^2$

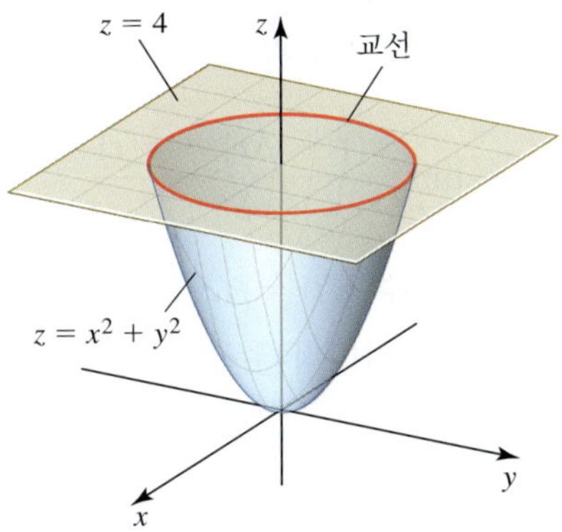

25. $x^2+y^2=25,\ z=2x+2y$

26. 골프 슬라이스 한 골프 선수가 페어웨이를 향해 수평 방향으로 티샷을 쳤다. 공은 $\mathbf{r}(t)=\langle at, (75-0.1a)t, -5t^2+80t\rangle$로 주어진 경로를 따라간다. 여기서 $t \ge 0$의 단위는 초, $\mathbf{r}$의 단위는 피트이다. y축은 페어웨이의 직선 방향을 가리키고 z축은 위쪽 방향을 가리킨다. 변수 a는 티샷이 페어웨이의 직선 방향에서 얼마나 벗어나는지 결정하는 슬라이스를 나타내는 요소이다.

a. 슬라이스가 발생하지 않을 때($a=0$), 티샷을 묘사하여라. 공은 수평 방향으로 얼마나 멀리 날아가는가?

b. 슬라이스가 발생할 때($a=0.2$), 공은 수평 방향으로 얼마나 멀리 날아가는가?

c. $a=2.5$일 때, 공은 수평 방향으로 얼마나 멀리 날아가는가?

27–28. 곡면 위의 곡선 곡선 $\mathbf{r}(t)$가 주어진 곡면 위에 놓여 있음을 보여라. 곡면의 이름은 무엇인가?

27. $\mathbf{r}(t)=\left(\sqrt{t^2+1}\cos t\right)\mathbf{i}+\left(\sqrt{t^2+1}\sin t\right)\mathbf{j}+t\,\mathbf{k}$,
$x^2+y^2-z^2=1$

28. $\mathbf{r}(t)=\langle 0, 2\cos t, 3\sin t\rangle,\ x^2+\dfrac{y^2}{4}+\dfrac{z^2}{9}=1$

29. 곡선 위의 가장 가까운 점 $P_0(1, 1, 15)$에 가장 가까운 곡선 $\mathbf{r}(t)=t^2\mathbf{i}+t\,\mathbf{j}+t\,\mathbf{k}$ 위의 점 P를 구하여라. P_0과 P 사이의 거리는 얼마인가?

3단계 도전

30–32. 구면 위의 곡선

30. 곡선 $\mathbf{r}(t)=\left\langle \frac{1}{2}\sin 2t, \frac{1}{2}(1-\cos 2t), \cos t\right\rangle$를 그려라. 곡선이 중심이 원점인 구면 위에 놓여 있음을 보여라.

31. 두 정수 m, n에 대하여 곡선

$$\mathbf{r}(t)=\langle a\sin mt\cos nt, b\sin mt\sin nt, c\cos mt\rangle$$

가 $a^2=b^2=c^2$이면 구면 위에 놓여 있음을 보여라.

32. 연습문제 31번에서 함수의 주기를 구하여라. 즉, 두 정수 m, n을 이용하여 모든 t에 대하여 $\mathbf{r}(t+T)=\mathbf{r}(t)$를 만족시키는 가장 작은 실수 T를 구하여라.

33–34. 닫힌 평면 곡선 다음 곡선을 고려하자.

$$\mathbf{r}(t)=\langle a\cos t+b\sin t, c\cos t+d\sin t, e\cos t+f\sin t\rangle$$

여기서 a, b, c, d, e, f는 실수이다. 이 곡선은 어떤 평면 위에 놓여 있음을 보일 수 있다.

33. 다음 그래프를 그리고 그래프에 대하여 설명하여라.

$$\mathbf{r}(t)=\left(\frac{1}{\sqrt{2}}\cos t+\frac{1}{\sqrt{3}}\sin t\right)\mathbf{i}+\left(-\frac{1}{\sqrt{2}}\cos t+\frac{1}{\sqrt{3}}\sin t\right)\mathbf{j}+\left(\frac{1}{\sqrt{3}}\sin t\right)\mathbf{k}$$

34. 다음 곡선을 포함하는 평면에 수직인 영벡터가 아닌 벡터를 구하여라.

$$\mathbf{r}(t)=\langle a\cos t+b\sin t, c\cos t+d\sin t, e\cos t+f\sin t\rangle$$

여기서 $\langle a, c, e\rangle \times \langle b, d, f\rangle \ne \mathbf{0}$이다.

QUICK CHECK 정답

1. $0 \le t \le 2$ **2.** 곡선의 x성분과 y성분은 각각 $x=\cos \pi t$, $y=\sin \pi t$이고 $x^2+y^2=\cos^2 \pi t+\sin^2 \pi t=1$이다.

13.2 벡터함수의 미적분

이 장의 최대 관심사인 벡터함수의 미적분을 다룰 것이다. $y = f(x)$ 형태의 함수에 대한 미적분에 관한 내용은 벡터함수 $\mathbf{r}(t)$로 이어진다. 즉, $\mathbf{r}$의 각 성분 함수에 미적분을 적용하면 된다.

도함수와 접선벡터

구간 $a < t < b$에서 미분가능한 세 함수 f, g, h에 대하여 함수 $\mathbf{r}(t) = f(t)\,\mathbf{i} + g(t)\,\mathbf{j} + h(t)\,\mathbf{k}$를 고려하자. 먼저 벡터함수의 미분의 의미를 설명하고, 이를 계산하는 방법을 살펴보기로 한다. 미분의 정의를 벡터의 관점으로 살펴보자.

$$\mathbf{r}'(t) = \lim_{\Delta t \to 0} \frac{\Delta \mathbf{r}}{\Delta t} = \lim_{\Delta t \to 0} \frac{\mathbf{r}(t + \Delta t) - \mathbf{r}(t)}{\Delta t}$$

먼저 극한의 기하학적 의미를 살펴보자. 함수 $\mathbf{r}(t) = f(t)\,\mathbf{i} + g(t)\,\mathbf{j} + h(t)\,\mathbf{k}$는 공간의 매개 곡선을 나타낸다. 위치벡터 $\mathbf{r}(t)$로 나타나는 곡선 위의 점을 P라 하고, t에 관한 작은 증분이 $\Delta t > 0$일 때 위치벡터 $\mathbf{r}(t + \Delta t)$로 나타나는 근방의 점을 Q라 하자(그림 13.8(a)). $\Delta \mathbf{r} \neq \mathbf{0}$이면 차 $\Delta \mathbf{r} = \mathbf{r}(t + \Delta t) - \mathbf{r}(t)$는 벡터 $\overrightarrow{PQ}$이다. Δt는 스칼라이므로 $\Delta \mathbf{r}/\Delta t$의 방향은 $\overrightarrow{PQ}$의 방향과 같다.

➤ $\Delta t < 0$일 때도 유사한 결과가 성립한다. 그림 13.8은 $\Delta t > 0$일 때 접선벡터 $\mathbf{r}'$을 나타낸다.

Δt가 0에 가까워지면 Q는 P에 가까워지고 벡터 $\Delta \mathbf{r}/\Delta t$는 $\mathbf{r}'(t)$로 표시하는 극한 벡터에 가까워진다(그림 13.8(b)). 이러한 새로운 벡터 $\mathbf{r}'(t)$는 두 가지 중요한 해석을 가능하게 한다.

- 벡터 $\mathbf{r}'(t)$는 점 P에서 곡선의 방향을 가리킨다. 따라서 $\mathbf{r}'(t)$는 (영벡터가 아닌 경우) 점 P에서 접선벡터이다.
- 벡터 $\mathbf{r}'(t)$은 t에 관한 $\mathbf{r}$의 미분이다. 이는 점 P에서 함수 $\mathbf{r}(t)$의 변화율을 나타낸다. 실제로 $\mathbf{r}(t)$가 움직이는 물체의 위치 함수이면 $\mathbf{r}'(t)$는 물체의 속도 벡터이고

➤ 13.3절에서 2차원, 3차원 운동에 관한 문제를 다룬다.

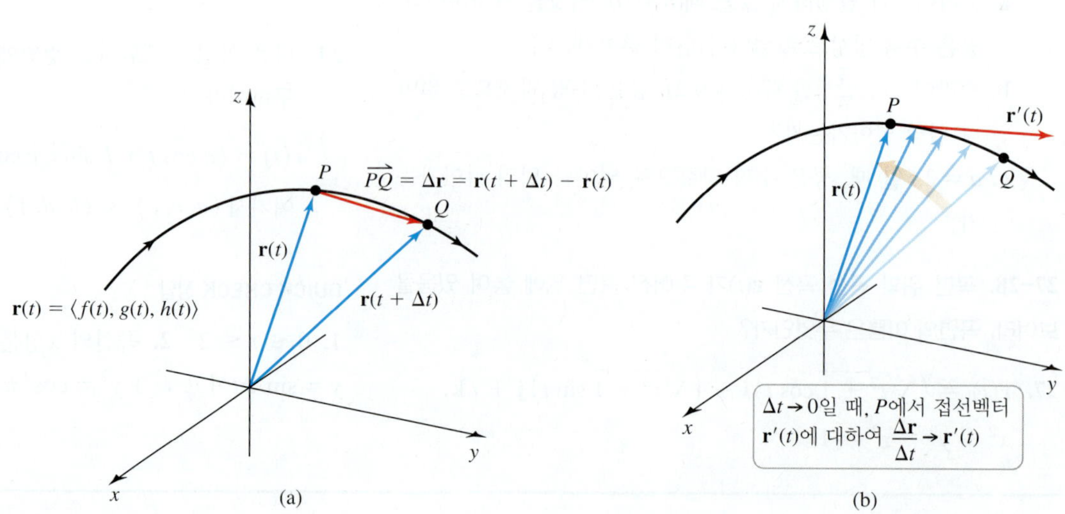

그림 13.8

이는 운동 방향을 표시하며, $|\mathbf{r}'(t)|$는 물체의 속력이다.

이제 극한 성질을 이용하여 $\mathbf{r}$을 성분들로 나타내어 $\mathbf{r}'(t)$를 정의하는 극한을 계산해 보자.

$$\begin{aligned}\mathbf{r}'(t) &= \lim_{\Delta t\to 0}\frac{\mathbf{r}(t+\Delta t)-\mathbf{r}(t)}{\Delta t}\\ &= \lim_{\Delta t\to 0}\frac{(f(t+\Delta t)\,\mathbf{i}+g(t+\Delta t)\,\mathbf{j}+h(t+\Delta t)\,\mathbf{k})-(f(t)\,\mathbf{i}+g(t)\,\mathbf{j}+h(t)\,\mathbf{k})}{\Delta t} \quad \text{r의 성분 대입하기}\\ &= \lim_{\Delta t\to 0}\left(\frac{f(t+\Delta t)-f(t)}{\Delta t}\mathbf{i}+\frac{g(t+\Delta t)-g(t)}{\Delta t}\mathbf{j}+\frac{h(t+\Delta t)-h(t)}{\Delta t}\mathbf{k}\right) \quad \text{극한의 내부 항 재배열하기}\\ &= \underbrace{\lim_{\Delta t\to 0}\frac{f(t+\Delta t)-f(t)}{\Delta t}}_{f'(t)}\mathbf{i}+\underbrace{\lim_{\Delta t\to 0}\frac{g(t+\Delta t)-g(t)}{\Delta t}}_{g'(t)}\mathbf{j}+\underbrace{\lim_{\Delta t\to 0}\frac{h(t+\Delta t)-h(t)}{\Delta t}}_{h'(t)}\mathbf{k} \quad \text{합의 극한은 극한의 합과 같음}\end{aligned}$$

f, g, h는 변수 t에 관한 미분가능한 스칼라함수이므로 위 식의 세 극한은 각각 f, g, h의 도함수이다. 따라서 다음은 자연스런 결과이다.

$$\mathbf{r}'(t) = f'(t)\,\mathbf{i} + g'(t)\,\mathbf{j} + h'(t)\,\mathbf{k}$$

다시 말해 벡터함수 $\mathbf{r}(t)$를 미분한다는 것은 단순히 각 성분 함수를 t에 관하여 미분하는 것이다.

> **정의 도함수와 접선벡터**
>
> $\mathbf{r}(t) = f(t)\,\mathbf{i} + g(t)\,\mathbf{j} + h(t)\,\mathbf{k}$라 하자. 여기서 f, g, h는 구간 (a, b)에서 **미분가능**하다. 그러면 $\mathbf{r}$은 (a, b)에서 **미분가능**하고
>
> $$\mathbf{r}'(t) = f'(t)\,\mathbf{i} + g'(t)\,\mathbf{j} + h'(t)\,\mathbf{k}$$
>
> 이다. $\mathbf{r}'(t) \neq \mathbf{0}$이면 $\mathbf{r}'(t)$는 $\mathbf{r}(t)$에 대응하는 점에서 **접선벡터**이다.

| 예제 1 | 벡터함수의 도함수 다음 함수의 도함수를 구하여라.

a. $\mathbf{r}(t) = \langle t^3, 3t^2, t^3/6\rangle$ **b.** $\mathbf{r}(t) = e^{-t}\,\mathbf{i} + 10\sqrt{t}\,\mathbf{j} + 2\cos 3t\,\mathbf{k}$

풀이

a. $\mathbf{r}'(t) = \langle 3t^2, 6t, t^2/2\rangle$이므로 $\mathbf{r}$은 모든 t에서 미분가능하고 $\mathbf{r}'(0) = \mathbf{0}$이다.

b. $\mathbf{r}'(t) = -e^{-t}\,\mathbf{i} + \dfrac{5}{\sqrt{t}}\,\mathbf{j} - 6\sin 3t\,\mathbf{k}$이므로 함수 $\mathbf{r}$은 $t > 0$에서 미분가능하다.

관련 연습문제 6번 ◀

QUICK CHECK 1 $\mathbf{r}(t) = \langle t, t, t\rangle$일 때, $\mathbf{r}'(t)$를 계산하고 그 결과를 해석하여라. ◀

접선벡터가 정의되기 위한 조건 $\mathbf{r}'(t) \neq \mathbf{0}$에 대한 설명이 필요하다. 함수 $\mathbf{r}(t) = \langle t^3,$

$3t^2,\ t^3/6\rangle$을 생각하자. 예제 1a와 같이 $\mathbf{r}'(0) = \mathbf{0}$ 이다. 즉, $t = 0$일 때 $\mathbf{r}'(t)$의 모든 세 성분은 모두 0이다. 이는 그림 13.9를 통해 원점에서 곡선이 **첨점**(cusp)을 가지거나 꺾인 점을 가짐을 볼 수 있다. $\mathbf{r}$이 물체의 운동을 나타내면 $\mathbf{r}'(t) = \mathbf{0}$은 물체의 속도(속력)가 t에서 0임을 의미한다. 이러한 고정된 점에서 물체는 경로에서 첨점을 만들며, 급작스럽게 방향을 바꿀지도 모른다. 이러한 이유로 f, g, h가 구간에서 미분가능하고 $\mathbf{r}'(t) \neq \mathbf{0}$일 때, 함수 $\mathbf{r}(t) = \langle f(t), g(t), h(t)\rangle$가 구간에서 **매끄럽다**(smooth)라고 한다. 매끄러운 곡선은 첨점이나 끝점을 갖지 않는다.

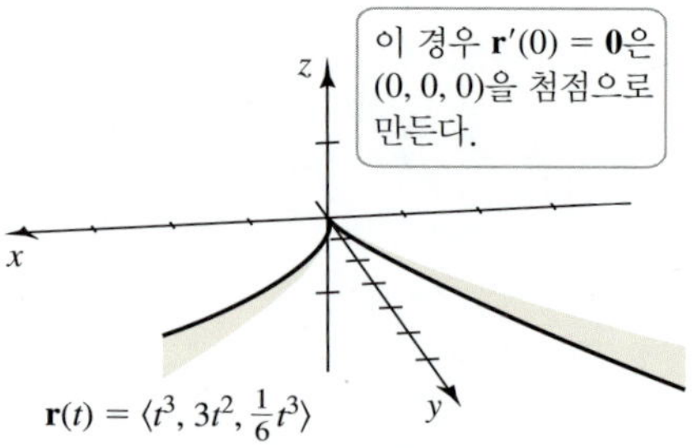

그림 13.9

➤ 곡선 $\mathbf{r}(t)$가 어떤 곳에서 첨점을 가지면 그 점에서 $\mathbf{r}'(t) = \mathbf{0}$이다. 그러나 역은 성립하지 않는다. 즉, 어떤 점에서 $\mathbf{r}'(t) = \mathbf{0}$이어도 이 점은 첨점이 아닐 수 있다(연습문제 48번).

단위접선벡터 접선벡터의 (길이가 아닌) 방향에만 관심이 있을 때 단위접선벡터(unit tangent vector)를 다룬다. 이는 $\mathbf{r}'(t)$를 그 길이로 나눈 것으로 크기가 1인 벡터이다.

QUICK CHECK 2 $\mathbf{r}'(t)$의 단위가 m/s라 하자. $\mathbf{T}(t) = \mathbf{r}'(t)/|\mathbf{r}'(t)|$는 무단위(단위를 갖지 않음)이고 방향에 관한 정보만 포함하고 있음을 설명하여라. ◀

정의 단위접선벡터

$\mathbf{r}(t) = f(t)\,\mathbf{i} + g(t)\,\mathbf{j} + h(t)\,\mathbf{k}$를 구간 $a \le t \le b$에서 매끄러운 매개 곡선이라 하자. t의 값에서 **단위접선벡터**는 다음과 같다.

$$\mathbf{T}(t) = \frac{\mathbf{r}'(t)}{|\mathbf{r}'(t)|}$$

| 예제 2 | 단위접선벡터 다음 매개 곡선의 단위접선벡터를 구하여라.

a. $\mathbf{r}(t) = \langle t^2, 4t, 4\ln t\rangle, \quad t > 0$

b. $\mathbf{r}(t) = \langle 10, 3\cos t, 3\sin t\rangle, \quad 0 \le t \le 2\pi$

풀이

a. 접선벡터는 $\mathbf{r}'(t) = \langle 2t, 4, 4/t\rangle$이고 크기는 다음과 같다.

$$|\mathbf{r}'(t)| = \sqrt{(2t)^2 + 4^2 + \left(\frac{4}{t}\right)^2} \qquad \text{크기의 정의}$$

$$= \sqrt{4t^2 + 16 + \frac{16}{t^2}} \qquad \text{전개하기}$$

$$= \sqrt{\left(2t + \frac{4}{t}\right)^2} \qquad \text{인수분해하기}$$

$$= 2t + \frac{4}{t} \qquad \text{간단히 하기}$$

따라서 t의 값에 대한 단위접선벡터는 다음과 같다.

$$\mathbf{T}(t) = \frac{\langle 2t, 4, 4/t\rangle}{2t + 4/t}$$

그림 13.10과 같이 단위접선벡터는 곡선을 따라 방향을 바꾸지만 그 크기는 단위 길이로 유지된다.

b. $\mathbf{r}'(t) = \langle 0, -3\sin t, 3\cos t\rangle$이고

$$|\mathbf{r}'(t)| = \sqrt{0^2 + (-3\sin t)^2 + (3\cos t)^2} = \sqrt{9\underbrace{(\sin^2 t + \cos^2 t)}_{1}} = 3$$

이므로 t 값에서의 단위접선벡터는 다음과 같다.

$$\mathbf{T}(t) = \frac{1}{3}\langle 0, -3\sin t, 3\cos t\rangle = \langle 0, -\sin t, \cos t\rangle$$

T의 방향은 변하지만 그 크기는 1로 유지된다.

관련 연습문제 13-14번 ◀

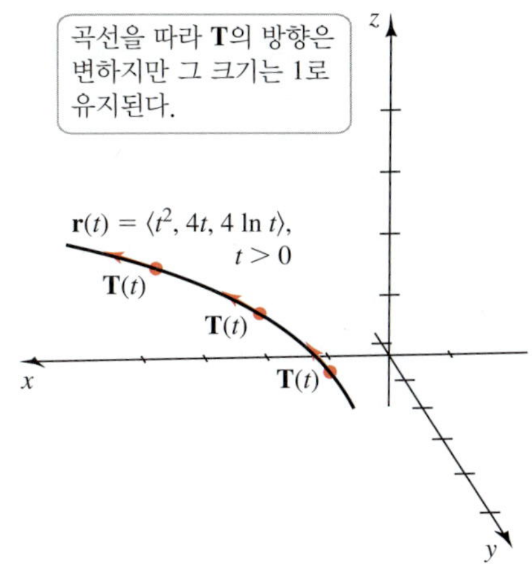

그림 13.10

미분 법칙 일변수함수의 미분 법칙이 벡터함수에도 그에 상응하는 법칙이 적용된다.

> **정리 13.1 미분 법칙**
>
> 모든 점 t에서 $\mathbf{u}$, $\mathbf{v}$가 미분가능한 벡터함수이고 f가 미분가능한 스칼라함수라 하자. 상수 벡터 $\mathbf{c}$에 대하여 다음이 성립한다.
>
> **1.** $\dfrac{d}{dt}(\mathbf{c}) = \mathbf{0}$ 상수 곱의 법칙
>
> **2.** $\dfrac{d}{dt}(\mathbf{u}(t) + \mathbf{v}(t)) = \mathbf{u}'(t) + \mathbf{v}'(t)$ 합의 법칙
>
> **3.** $\dfrac{d}{dt}(f(t)\mathbf{u}(t)) = f'(t)\mathbf{u}(t) + f(t)\mathbf{u}'(t)$ 곱의 법칙
>
> **4.** $\dfrac{d}{dt}\big(\mathbf{u}(f(t))\big) = \mathbf{u}'(f(t))f'(t)$ 연쇄 법칙
>
> **5.** $\dfrac{d}{dt}(\mathbf{u}(t)\cdot\mathbf{v}(t)) = \mathbf{u}'(t)\cdot\mathbf{v}(t) + \mathbf{u}(t)\cdot\mathbf{v}'(t)$ 내적 법칙
>
> **6.** $\dfrac{d}{dt}(\mathbf{u}(t)\times\mathbf{v}(t)) = \mathbf{u}'(t)\times\mathbf{v}(t) + \mathbf{u}(t)\times\mathbf{v}'(t)$ 외적 법칙

➤ 외적에 관한 미분 법칙을 제외하고 이러한 법칙들은 여러 성분을 갖는 벡터함수에도 적용된다. 세 개의 새로운 미분 법칙은 곱의 법칙과 모두 유사함에 주의하자. 공식 4에서 $\mathbf{u}$는 $f(t)$에서 미분가능해야 한다.

QUICK CHECK 3 $\mathbf{u}(t) = \langle t, t, t\rangle$, $\mathbf{v}(t) = \langle 1, 1, 1\rangle$이라 하자. 미분 법칙 5를 이용하여 $\dfrac{d}{dt}(\mathbf{u}(t)\cdot\mathbf{v}(t))$를 계산하여 이 결과가 내적을 먼저 계산한 다음, 미분하여 직접 계산한 결과와 일치함을 보여라. ◀

다음 대표적인 증명만 소개하며, 곱의 법칙에 관한 증명은 연습문제 47번으로 남겨 둔다.

연쇄 법칙의 증명 $\mathbf{u}(t) = \langle u_1(t), u_2(t), u_3(t)\rangle$라 하면 다음과 같다.

$$\mathbf{u}(f(t)) = u_1(f(t))\,\mathbf{i} + u_2(f(t))\,\mathbf{j} + u_3(f(t))\,\mathbf{k}$$

성분별로 연쇄 법칙을 적용하면 다음과 같다.

$$\begin{aligned}\frac{d}{dt}\big(\mathbf{u}(f(t))\big) &= \frac{d}{dt}\big(u_1(f(t))\,\mathbf{i} + u_2(f(t))\,\mathbf{j} + u_3(f(t))\,\mathbf{k}\big) && \mathbf{u}\text{의 성분}\\ &= \frac{d}{dt}\big(u_1(f(t))\big)\,\mathbf{i} + \frac{d}{dt}\big(u_2(f(t))\big)\,\mathbf{j} + \frac{d}{dt}\big(u_3(f(t))\big)\,\mathbf{k} && \text{각 성분 미분하기}\\ &= u_1'(f(t))\,f'(t)\,\mathbf{i} + u_2'(f(t))\,f'(t)\,\mathbf{j} + u_3'(f(t))\,f'(t)\,\mathbf{k} && \text{연쇄 법칙}\\ &= \big(u_1'(f(t))\,\mathbf{i} + u_2'(f(t))\,\mathbf{j} + u_3'(f(t))\,\mathbf{k}\big)f'(t) && f'(t)\text{로 묶어내기}\\ &= \mathbf{u}'(f(t))\,f'(t) && \mathbf{u}'\text{의 정의}\end{aligned}$$

◀

내적 법칙의 증명 각 성분에 곱의 법칙을 적용한다. $\mathbf{u}(t) = \langle u_1(t),\ u_2(t),\ u_3(t)\rangle$, $\mathbf{v}(t) = \langle v_1(t),\ v_2(t),\ v_3(t)\rangle$라 하자.

$$\begin{aligned}\frac{d}{dt}(\mathbf{u}\cdot\mathbf{v}) &= \frac{d}{dt}(u_1v_1 + u_2v_2 + u_3v_3) && \text{내적의 정의}\\ &= u_1'v_1 + u_1v_1' + u_2'v_2 + u_2v_2' + u_3'v_3 + u_3v_3' && \text{곱의 법칙}\\ &= \underbrace{u_1'v_1 + u_2'v_2 + u_3'v_3}_{\mathbf{u}'\cdot\mathbf{v}} + \underbrace{u_1v_1' + u_2v_2' + u_3v_3'}_{\mathbf{u}\cdot\mathbf{v}'} && \text{재배열하기}\\ &= \mathbf{u}'\cdot\mathbf{v} + \mathbf{u}\cdot\mathbf{v}'\end{aligned}$$

◀

| 예제 3 | 미분 법칙 두 벡터함수 $\mathbf{u}$와 $\mathbf{v}$에 대하여 다음 도함수를 구하여라.

$$\mathbf{u}(t) = t\,\mathbf{i} + t^2\,\mathbf{j} - t^3\,\mathbf{k}, \qquad \mathbf{v}(t) = \sin t\,\mathbf{i} + 2\cos t\,\mathbf{j} + \cos t\,\mathbf{k}$$

a. $\frac{d}{dt}(\mathbf{v}(t^2))$ **b.** $\frac{d}{dt}(t^2\,\mathbf{v}(t))$ **c.** $\frac{d}{dt}(\mathbf{u}(t)\cdot\mathbf{v}(t))$

풀이

a. $\mathbf{v}'(t) = \cos t\,\mathbf{i} - 2\sin t\,\mathbf{j} - \sin t\,\mathbf{k}$이므로 연쇄 법칙을 적용하면 다음과 같다.

$$\frac{d}{dt}(\mathbf{v}(t^2)) = \mathbf{v}'(t^2)\,\frac{d}{dt}(t^2) = \underbrace{(\cos t^2\,\mathbf{i} - 2\sin t^2\,\mathbf{j} - \sin t^2\,\mathbf{k})}_{\mathbf{v}'(t^2)}(2t)$$

b.
$$\begin{aligned}\frac{d}{dt}(t^2\,\mathbf{v}(t)) &= \frac{d}{dt}(t^2)\mathbf{v}(t) + t^2\frac{d}{dt}(\mathbf{v}(t)) && \text{곱의 법칙}\\ &= 2t\,\mathbf{v}(t) + t^2\,\mathbf{v}'(t)\\ &= 2t\underbrace{(\sin t\,\mathbf{i} + 2\cos t\,\mathbf{j} + \cos t\,\mathbf{k})}_{\mathbf{v}(t)} + t^2\underbrace{(\cos t\,\mathbf{i} - 2\sin t\,\mathbf{j} - \sin t\,\mathbf{k})}_{\mathbf{v}'(t)} && \text{미분하기}\\ &= (2t\sin t + t^2\cos t)\,\mathbf{i} + (4t\cos t - 2t^2\sin t)\,\mathbf{j} + (2t\cos t - t^2\sin t)\,\mathbf{k} && \text{항끼리 묶기}\end{aligned}$$

c. $\frac{d}{dt}(\mathbf{u}(t)\cdot\mathbf{v}(t)) = \mathbf{u}'(t)\cdot\mathbf{v}(t) + \mathbf{u}(t)\cdot\mathbf{v}'(t)$ 내적 법칙

$= (\mathbf{i} + 2t\,\mathbf{j} - 3t^2\,\mathbf{k})\cdot(\sin t\,\mathbf{i} + 2\cos t\,\mathbf{j} + \cos t\,\mathbf{k})$

$\quad + (t\,\mathbf{i} + t^2\,\mathbf{j} - t^3\,\mathbf{k})\cdot(\cos t\,\mathbf{i} - 2\sin t\,\mathbf{j} - \sin t\,\mathbf{k})$ 미분하기

$= (\sin t + 4t\cos t - 3t^2\cos t) + (t\cos t - 2t^2\sin t + t^3\sin t)$ 내적

$= (1 - 2t^2 + t^3)\sin t + (5t - 3t^2)\cos t$ 간단히 하기

위 결과는 스칼라임에 주의하자. $\mathbf{u}\cdot\mathbf{v}$를 먼저 계산한 다음 미분해도 같은 결과를 얻는다.

관련 연습문제 17, 19번 ◀

고계도함수 벡터함수의 고계도함수도 유사하게 계산된다. 즉, 각 성분 함수를 여러 번 미분하자. 다음 절에서는 가속도를 나타내는 2계 도함수를 살펴본다.

| 예제 4 | 고계도함수 $\mathbf{r}(t) = \langle t^2, 8\ln t, 3e^{-2t}\rangle$의 1계 도함수, 2계 도함수, 3계 도함수를 구하여라.

풀이 한번 미분하면 $\mathbf{r}'(t) = \langle 2t,\ 8/t,\ -6e^{-2t}\rangle$이고, 다시 미분하면 $\mathbf{r}''(t) = \langle 2, -8/t^2, 12e^{-2t}\rangle$이며, 다시 한 번 더 미분하면 $\mathbf{r}'''(t) = \langle 0, 16/t^3, -24e^{-2t}\rangle$이다. ◀

벡터함수의 적분

벡터함수 $\mathbf{r}$의 **역도함수**는 $\mathbf{R}' = \mathbf{r}$을 만족시키는 함수 $\mathbf{R}$이다.

$$\mathbf{r}(t) = f(t)\,\mathbf{i} + g(t)\,\mathbf{j} + h(t)\,\mathbf{k}$$

이면 $\mathbf{r}$의 역도함수는 다음과 같다.

$$\mathbf{R}(t) = F(t)\,\mathbf{i} + G(t)\,\mathbf{j} + H(t)\,\mathbf{k}$$

이고, 여기서 F, G, H는 각각 f, g, h의 역도함수이다. $\mathbf{R}$의 각 성분을 미분하여 $\mathbf{R}' = \mathbf{r}$임을 보임으로써 이러한 사실을 확인할 수 있다. $\mathbf{r}$의 모든 역도함수의 집합은 $\mathbf{r}$의 부정적분이다.

정의 벡터함수의 부정적분

$\mathbf{r}(t) = f(t)\,\mathbf{i} + g(t)\,\mathbf{j} + h(t)\,\mathbf{k}$가 벡터함수이고 f, g, h의 역도함수 F, G, H에 대하여 $\mathbf{R}(t) = F(t)\,\mathbf{i} + G(t)\,\mathbf{j} + H(t)\,\mathbf{k}$라 하자. $\mathbf{r}$의 **부정적분**은 다음과 같다.

$$\int \mathbf{r}(t)\,dt = \mathbf{R}(t) + \mathbf{C}$$

여기서 $\mathbf{C}$는 상수 벡터이다. 이를 성분 형태로 나타내면 다음과 같다.

$$\int \langle f(t), g(t), h(t)\rangle\,dt = \langle F(t), G(t), H(t)\rangle + \langle C_1, C_2, C_3\rangle$$

| 예제 5 | 부정적분 다음 적분을 구하여라.

$$\int\left(\frac{t}{\sqrt{t^2+2}}\mathbf{i}+e^{-3t}\mathbf{j}+(\sin 4t+1)\mathbf{k}\right)dt$$

➤ $u = t^2 + 2$로 치환하여 적분의 **i**성분을 계산한다.

풀이 각 성분의 부정적분을 계산하면 다음과 같다.

$$\begin{aligned}&\int\left(\frac{t}{\sqrt{t^2+2}}\mathbf{i}+e^{-3t}\mathbf{j}+(\sin 4t+1)\mathbf{k}\right)dt\\&=\left(\sqrt{t^2+2}+C_1\right)\mathbf{i}+\left(-\frac{1}{3}e^{-3t}+C_2\right)\mathbf{j}+\left(-\frac{1}{4}\cos 4t+t+C_3\right)\mathbf{k}\\&=\sqrt{t^2+2}\,\mathbf{i}-\frac{1}{3}e^{-3t}\mathbf{j}+\left(t-\frac{1}{4}\cos 4t\right)\mathbf{k}+\mathbf{C}\end{aligned}$$

$\mathbf{C}=C_1\mathbf{i}+C_2\mathbf{j}+C_3\mathbf{k}$로 놓기

QUICK CHECK 4 $\mathbf{r}(t)=\langle 1,\ 2t,\ 3t^2\rangle$에 대하여 $\int \mathbf{r}(t)\,dt$를 구하여라. ◀

세 상수 C_1, C_2, C_3은 마지막 계산 과정에서 하나의 상수 벡터 **C**로 나타낸다.

관련 연습문제 32번 ◀

| 예제 6 | 하나의 역도함수 구하기 $\mathbf{r}'(t)=\langle 10,\ \sin t,\ t\rangle$, $\mathbf{r}(0)=\mathbf{j}$를 만족시키는 $\mathbf{r}(t)$를 구하여라.

풀이 구하는 함수 **r**은 $\langle 10, \sin t, t\rangle$의 역도함수이다.

$$\mathbf{r}(t)=\int\langle 10,\sin t,t\rangle\,dt=\left\langle 10t,-\cos t,\frac{t^2}{2}\right\rangle+\mathbf{C}$$

여기서 **C**는 상수 벡터이며, 조건 $\mathbf{r}(0)=\mathbf{j}$를 통해 **C**를 결정할 수 있다. $t=0$을 대입하면 $\mathbf{r}(0)=\langle 0,-1,0\rangle+\mathbf{C}=\mathbf{j}$를 얻으며, 여기서 $\mathbf{j}=\langle 0,1,0\rangle$이다. **C**를 계산하면 $\mathbf{C}=\langle 0,1,0\rangle-\langle 0,-1,0\rangle=\langle 0,2,0\rangle$이므로 다음을 얻는다.

$$\mathbf{r}(t)=\left\langle 10t,2-\cos t,\frac{t^2}{2}\right\rangle$$

관련 연습문제 33번 ◀

정적분은 미적분학의 기본 정리를 벡터함수의 각 성분에 적용하여 계산한다.

정의 벡터함수의 정적분

f, g, h가 구간 $[a, b]$에서 적분 가능할 때 $\mathbf{r}(t)=f(t)\,\mathbf{i}+g(t)\,\mathbf{j}+h(t)\,\mathbf{k}$라 하자. $[a, b]$에서 **r**의 정적분은 다음과 같다.

$$\int_a^b\mathbf{r}(t)\,dt=\left(\int_a^b f(t)\,dt\right)\mathbf{i}+\left(\int_a^b g(t)\,dt\right)\mathbf{j}+\left(\int_a^b h(t)\,dt\right)\mathbf{k}$$

| 예제 7 | 정적분 다음 정적분을 구하여라.

$$\int_0^{\pi}\left(\mathbf{i} + 3\cos\frac{t}{2}\mathbf{j} - 4t\,\mathbf{k}\right)dt$$

풀이

$$\int_0^{\pi}\left(\mathbf{i} + 3\cos\frac{t}{2}\mathbf{j} - 4t\,\mathbf{k}\right)dt = t\,\mathbf{i}\Big|_0^{\pi} + 6\sin\frac{t}{2}\mathbf{j}\Big|_0^{\pi} - 2t^2\,\mathbf{k}\Big|_0^{\pi}$$ 각 성분 적분하기

$$= \pi\,\mathbf{i} + 6\mathbf{j} - 2\pi^2\,\mathbf{k}$$ 간단히 하기

관련 연습문제 38번 ◀

미적분의 도구를 사용하여 몇 가지 실용적인 문제, 특히 공간에서 물체의 움직임을 해결할 수 있다.

13.2절 연습문제

1단계 스타트

1. $\mathbf{r}(t) = \langle f(t), g(t), h(t)\rangle$의 도함수는 무엇인가?
2. 유향 곡선 상에 접선벡터가 주어졌을 때, 단위접선벡터는 어떻게 구하는가?
3. $\mathbf{r}(t) = \langle f(t), g(t), h(t)\rangle$의 부정적분은 어떻게 구하는가?
4. $\mathbf{r}(t) = \langle e^t,\ 3\cos t,\ t+10\rangle + \mathbf{C}$이고 $\mathbf{r}(0) = \langle 0, 0, 0\rangle$일 때, $\mathbf{C}$를 구하여라.

2단계 실전

5–8. 벡터함수의 도함수 다음 함수를 미분하여라.

5. $\mathbf{r}(t) = \langle \cos t, t^2, \sin t\rangle$
6. $\mathbf{r}(t) = \left\langle 2t^3, 6\sqrt{t}, \frac{3}{t}\right\rangle$
7. $\mathbf{r}(t) = e^t\mathbf{i} + 2e^{-t}\mathbf{j} - 4e^{2t}\mathbf{k}$
8. $\mathbf{r}(t) = \langle te^{-t}, t\ln t, t\cos t\rangle$

9–11. 접선벡터 다음 매개 곡선에 대하여 주어진 t값에서 접선벡터를 구하여라.

9. $\mathbf{r}(t) = \langle t, 3t^2, t^3\rangle,\ t=1$
10. $\mathbf{r}(t) = \langle t, \cos 2t, 2\sin t\rangle,\ t = \frac{\pi}{2}$
11. $\mathbf{r}(t) = 2t^4\mathbf{i} + 6t^{3/2}\mathbf{j} + \frac{10}{t}\mathbf{k},\ t=1$

12–14. 단위접선벡터 다음 매개 곡선에 대하여 단위접선벡터를 구하여라.

12. $\mathbf{r}(t) = \langle 2t, 2t, t\rangle,\ 0 \le t \le 1$
13. $\mathbf{r}(t) = \langle 8, \cos 2t, 2\sin 2t\rangle,\ 0 \le t \le 2\pi$
14. $\mathbf{r}(t) = \left\langle t, 2, \frac{2}{t}\right\rangle,\ t \ge 1$

15–16. 한 점에서 단위접선벡터 다음 매개 곡선에 대하여 주어진 t에서 단위접선벡터를 구하여라.

15. $\mathbf{r}(t) = \langle \cos 2t, 4, 3\sin 2t\rangle,\ t = \frac{\pi}{2}$
16. $\mathbf{r}(t) = \left\langle 6t, 6, \frac{3}{t}\right\rangle,\ t = 1$

17–19. 미분 법칙 $\mathbf{u}(t) = 2t^3\,\mathbf{i} + (t^2-1)\mathbf{j} - 8\,\mathbf{k}$, $\mathbf{v}(t) = e^t\,\mathbf{i} + 2e^{-t}\,\mathbf{j} - e^{2t}\,\mathbf{k}$에 대하여 다음 함수의 도함수를 구하여라.

17. $(t^{12} + 3t)\,\mathbf{u}(t)$
18. $\mathbf{u}(t^4 - 2t)$
19. $\mathbf{u}(t)\cdot\mathbf{v}(t)$

20–21. 미분 법칙 $\mathbf{u}$와 $\mathbf{v}$가 $t=0$에서 미분가능하고 $\mathbf{u}(0) = \langle 0, 1, 1\rangle$, $\mathbf{u}'(0) = \langle 0, 7, 1\rangle$, $\mathbf{v}(0) = \langle 0, 1, 1\rangle$, $\mathbf{v}'(0) = \langle 1, 1, 2\rangle$라 하자. 다음을 구하여라.

20. $\frac{d}{dt}(\mathbf{u}\cdot\mathbf{v})\Big|_{t=0}$
21. $\frac{d}{dt}(\cos t\,\mathbf{u}(t))\Big|_{t=0}$

22–24. 미분 법칙 $\mathbf{u}(t) = \langle 1,\ t,\ t^2 \rangle$, $\mathbf{v}(t) = \langle t^2,\ -2t,\ 1 \rangle$, $g(t) = 2\sqrt{t}$ 라 하자. 다음 함수의 도함수를 구하여라.

22. $\mathbf{v}(e^t)$ **23.** $\mathbf{v}(g(t))$ **24.** $\mathbf{u}(t) \times \mathbf{v}(t)$

25–26. 미분 법칙 다음 도함수를 구하여라.

25. $\frac{d}{dt}(t^2(\mathbf{i} + 2\,\mathbf{i} - 2t\,\mathbf{k}) \cdot (e^t\,\mathbf{i} + 2e^t\,\mathbf{j} - 3e^{-t}\,\mathbf{k}))$

26. $\frac{d}{dt}((3t^2\,\mathbf{i} + \sqrt{t}\,\mathbf{j} - 2t^{-1}\,\mathbf{k}) \cdot (\cos t\,\mathbf{i} + \sin 2t\,\mathbf{j} - 3t\,\mathbf{k}))$

27–29. 고계도함수 다음 함수에 대하여 $\mathbf{r}''(t)$와 $\mathbf{r}'''(t)$를 구하여라.

27. $\mathbf{r}(t) = \langle t^2 + 1, t + 1, 1 \rangle$

28. $\mathbf{r}(t) = \langle \cos 3t, \sin 4t, \cos 6t \rangle$

29. $\mathbf{r}(t) = \sqrt{t+4}\,\mathbf{i} + \frac{t}{t+1}\,\mathbf{j} - e^{-t^2}\,\mathbf{k}$

30–32. 부정적분 다음 함수의 부정적분을 구하여라.

30. $\mathbf{r}(t) = \langle t^4 - 3t, 2t - 1, 10 \rangle$

31. $\mathbf{r}(t) = \langle 2\cos t, 2\sin 3t, 4\cos 8t \rangle$

32. $\mathbf{r}(t) = e^{3t}\,\mathbf{i} + \frac{1}{1+t^2}\,\mathbf{j} - \frac{1}{\sqrt{2t}}\,\mathbf{k}$

33–35. r′으로부터 r 구하기 주어진 조건을 만족하는 함수 $\mathbf{r}$을 구하여라.

33. $\mathbf{r}'(t) = \langle e^t, \sin t, \sec^2 t \rangle$, $\mathbf{r}(0) = \langle 2, 2, 2 \rangle$

34. $\mathbf{r}'(t) = \langle 1, 2t, 3t^2 \rangle$, $\mathbf{r}(1) = \langle 4, 3, -5 \rangle$

35. $\mathbf{r}'(t) = \langle e^{2t}, 1 - 2e^{-t}, 1 - 2e^t \rangle$, $\mathbf{r}(0) = \langle 1, 1, 1 \rangle$

36–39. 정적분 다음 정적분을 구하여라.

36. $\int_{-1}^{1} (\mathbf{i} + t\,\mathbf{j} + 3t^2\,\mathbf{k})\,dt$

37. $\int_{0}^{\ln 2} (e^t\,\mathbf{i} + e^t\cos(\pi e^t)\,\mathbf{j})\,dt$

38. $\int_{-\pi}^{\pi} (\sin t\,\mathbf{i} + \cos t\,\mathbf{j} + 2t\,\mathbf{k})\,dt$

39. $\int_{0}^{2} te^t(\mathbf{i} + 2\mathbf{j} - \mathbf{k})\,dt$

40. 참 또는 거짓 다음 명제가 참이면 증명하고 거짓이면 반례를 들어라.

a. 두 벡터 $\mathbf{r}(t)$, $\mathbf{r}'(t)$는 정의역에 있는 t의 모든 값에서 서로 평행이다.

b. 함수 $\mathbf{r}(t) = \langle t, t^2 - 2t, \cos \pi t \rangle$로 표현된 곡선은 $-\infty < t < \infty$에서 매끄럽다.

c. f, g, h가 기함수이자 적분 가능한 함수이고 a가 실수이면 다음이 성립한다.

$$\int_{-a}^{a} (f(t)\,\mathbf{i} + g(t)\,\mathbf{j} + h(t)\,\mathbf{k})\,dt = \mathbf{0}$$

41–42. 접선 벡터함수 $\mathbf{r}(t) = \langle f(t), g(t), h(t) \rangle$가 점 t_0을 포함하는 구간에서 매끄럽다고 하자. $t = t_0$에서 $\mathbf{r}(t)$에 접하는 직선은 $(f(t_0), g(t_0), h(t_0))$을 지나는 접선벡터 $\mathbf{r}'(t_0)$에 평행인 직선이다. 다음 함수에 대하여 $t = t_0$에서 곡선에 접하는 직선의 방정식을 구하여라. $\mathbf{r}'$의 방향과 같은 방향을 갖는 직선에 대한 방향을 선택하여라.

41. $\mathbf{r}(t) = \langle 2 + \cos t, 3 + \sin 2t, t \rangle$, $t_0 = \frac{\pi}{2}$

42. $\mathbf{r}(t) = \langle 3t - 1, 7t + 2, t^2 \rangle$, $t_0 = 1$

3단계 도전

43–45. r과 r′의 관계

43. a가 양의 실수일 때, 포물선 $\mathbf{r}(t) = \langle at^2 + 1, t \rangle$, $-\infty < t < \infty$에 대하여 $\mathbf{r}$과 $\mathbf{r}'$이 서로 직교인 포물선 위의 모든 점을 구하여라.

44. 나선 $\mathbf{r}(t) = \langle \cos t, \sin t, t \rangle$, $-\infty < t < \infty$에 대하여 $\mathbf{r}$과 $\mathbf{r}'$이 서로 직교인 나선 위의 모든 점을 구하여라.

45. 정의역에 있는 모든 t에 대하여 $\mathbf{r}$과 $\mathbf{r}'$이 서로 평행인 $\mathbb{R}^3$에 있는 두 개의 곡선을 구하여라.

46. 직선에 대한 벡터 r과 r′

a. $\langle a, b, c \rangle \neq \langle 0, 0, 0 \rangle$, $\mathbf{r}(t) = \langle at, bt, ct \rangle$에 대하여 $\mathbf{r}$과 $\mathbf{r}'$ 사이의 각은 모든 $t > 0$에 대하여 상수임을 보여라.

b. x_0, y_0, z_0이 모두 0이 아닐 때 $\mathbf{r}(t) = \langle x_0 + at, y_0 + bt, z_0 + ct \rangle$에 대하여 $\mathbf{r}$과 $\mathbf{r}'$ 사이의 각은 t에 의해 변함을 보여라.

c. **a**와 **b**의 결과를 기하학적으로 설명하여라.

47. 곱의 법칙의 증명 $\mathbf{u}$를 성분으로 나타내어 다음이 성립함을 보여라.

$$\frac{d}{dt}(f(t)\mathbf{u}(t)) = f'(t)\mathbf{u}(t) + f(t)\mathbf{u}'(t)$$

48. 첨점과 첨점이 아닌 점

a. 곡선 $\mathbf{r}(t) = \langle t^3, t^3 \rangle$의 그래프를 그려라. $\mathbf{r}'(0) = \mathbf{0}$임을 보이고 곡선 $\mathbf{r}(t)$는 $t = 0$에서 첨점을 갖지 않음을 보여라. 이에 관하여 설명하여라.

b. 곡선 $\mathbf{r}(t) = \langle t^3, t^2 \rangle$의 그래프를 그려라. $\mathbf{r}'(0) = \mathbf{0}$임을 보

이고 곡선 $\mathbf{r}(t)$는 $t = 0$에서 첨점을 가짐을 보여라. 이에 관하여 설명하여라.

c. 두 함수 $\mathbf{r}(t) = \langle t, t^2 \rangle$과 $\mathbf{p}(t) = \langle t^2, t^4 \rangle$은 모두 $y = x^2$을 만족한다. 두 매개 곡선이 서로 어떻게 다른지 설명하여라.

d. $m > 1$, $n > 1$인 공통인수를 갖지 않는 정수에 대하여 곡선 $\mathbf{r}(t) = \langle t^m, t^n \rangle$을 고려하자. m과 n 중 오직 하나만 짝수이면 곡선은 $t = 0$에서 첨점을 갖는가?

QUICK CHECK 정답

1. $\mathbf{r}(t)$는 직선을 나타낸다. 따라서 접선벡터 $\mathbf{r}'(t) = \langle 1, 1, 1 \rangle$은 일정한 방향과 크기를 갖는다. **2.** $\mathbf{r}'$과 $|\mathbf{r}'|$의 단위는 m/s이다. $\mathbf{r}'/|\mathbf{r}'|$에서 단위는 상쇄되므로 $\mathbf{T}(t)$는 단위가 없다. **3.** $\frac{d}{dt}(\mathbf{u}(t) \cdot \mathbf{v}(t)) = \langle 1, 1, 1 \rangle \cdot \langle 1, 1, 1 \rangle + \langle t, t, t \rangle \cdot \langle 0, 0, 0 \rangle = 3$, $\frac{d}{dt}(\langle t, t, t \rangle \cdot \langle 1, 1, 1 \rangle) = \frac{d}{dt}(3t) = 3$ **4.** $\langle t, t^2, t^3 \rangle + \mathbf{C}$, 이때 $\mathbf{C} = \langle a, b, c \rangle$이고 a, b, c는 실수이다. ➤

13.3 공간에서의 운동

물체에 작용하는 힘과 물체의 초기 위치 및 속도가 주어지면 3차원 공간에서 물체의 운동이 미래의 모든 시간에서 모델링될 수 있다는 것은 놀라운 사실이다. 확실히 결과의 정확도는 물체에 가해지는 다양한 힘이 얼마나 잘 표현됐는지에 달려 있다. 예를 들어 지구를 도는 우주정거장의 경로보다 회전하는 축구공의 궤적을 예측하는 것이 더 어려울 수 있다. 그럼에도 불구하고 이 절에서 보듯이 뉴턴의 운동 제2법칙과 벡터에 대하여 배운 모든 것을 결합하면 다양한 동체 문제를 해결할 수 있다.

위치, 속도, 속력, 가속도

지금까지 1차원(직선)에서 움직이는 물체를 알아봤다. 다음 단계는 2차원(평면)과 3차원(공간)에서 물체의 움직임을 고려하는 것이다. 3차원 좌표계에서 벡터함수 $\mathbf{r}(t) = \langle x(t), y(t), z(t) \rangle$가 시간 t_0에서 움직이는 물체의 위치를 나타낸다고 하자. $\mathbf{r}$에 의해 표현되는 곡선은 물체의 **경로** 또는 **궤적**이다(그림 13.11). 1차원 운동과 마찬가지로 시간에 대한 위치 함수의 변화율은 다음과 같이 x 방향, y 방향, z 방향의 속도에 해당하는 세 성분을 갖는 물체의 **순간 속도**이다.

$$\mathbf{v}(t) = \mathbf{r}'(t) = \langle x'(t), y'(t), z'(t) \rangle$$

이 표현은 친숙할 것이다. 움직이는 물체의 속도 벡터는 단순히 접선벡터이다. 즉, 임의의 점에서 속도 벡터는 궤적에 대한 접선이다(그림 13.11).

1차원 운동과 마찬가지로 3차원에서 움직이는 물체의 **속력**은 속도 벡터의 크기이다.

$$|\mathbf{v}(t)| = |\langle x'(t), y'(t), z'(t) \rangle| = \sqrt{x'(t)^2 + y'(t)^2 + z'(t)^2}$$

속력은 음이 아닌 스칼라함수이다.

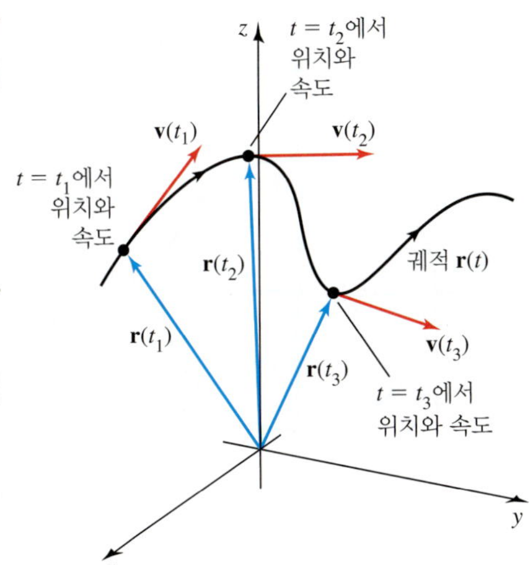

그림 13.11

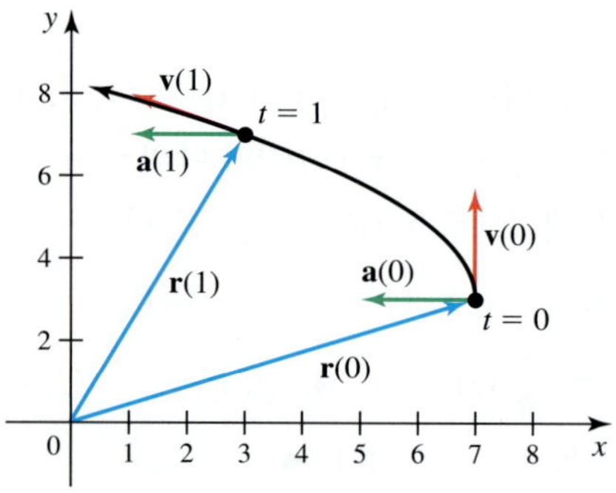

그림 13.12

➤ 2차원 운동의 경우, 다음과 같다.
$\mathbf{r}(t) = \langle x(t), y(t)\rangle$, $\mathbf{v}(t) = \mathbf{r}'(t)$, $\mathbf{a}(t) = \mathbf{r}''(t)$

QUICK CHECK 1 $\mathbf{r}(t) = \langle t, t^2, t^3\rangle$에 대하여 $\mathbf{v}(t)$와 $\mathbf{a}(t)$를 구하여라. ◀

결국 움직이는 물체의 가속도는 속도의 변화율이다.

$$\mathbf{a}(t) = \mathbf{v}'(t) = \mathbf{r}''(t)$$

위치벡터는 움직이는 물체의 경로를 제공하고, 속도 벡터는 경로에 항상 접하지만 가속도 벡터를 시각화하는 것은 이보다 어렵다. 그림 13.12는 2차원 운동의 특정한 예를 보여 준다. 궤적은 포물선의 한 부분이며, ($t = 0$, $t = 1$에서 나타낸) 위치벡터에 의해 그려진다. 예상대로 속도 벡터는 궤적에 접한다. 이 경우 가속도는 $\mathbf{a} = \langle -2, 0\rangle$이며, 모든 시간에서 크기와 방향은 일정하다. $\mathbf{r}$, $\mathbf{v}$, $\mathbf{a}$ 사이의 관계는 다음 예제에서 살펴본다.

정의 위치, 속도, 속력, 가속도

3차원 공간에서 움직이는 물체의 **위치**는 $\mathbf{r}(t) = \langle x(t), y(t), z(t)\rangle$, $t \ge 0$과 같이 주어진다. 물체의 **속도**는

$$\mathbf{v}(t) = \mathbf{r}'(t) = \langle x'(t), y'(t), z'(t)\rangle$$

이고, 물체의 **속력**은 스칼라함수로서

$$|\mathbf{v}(t)| = \sqrt{x'(t)^2 + y'(t)^2 + z'(t)^2}$$

이며, 물체의 **가속도**는 $\mathbf{a}(t) = \mathbf{v}'(t) = \mathbf{r}''(t)$이다.

| 예제 1 | 원운동에서의 속도와 가속도 다음 위치벡터에 의해 주어진 2차원 운동을 고려하자.

$$\mathbf{r}(t) = \langle x(t), y(t)\rangle = \langle 3\cos t, 3\sin t\rangle, \quad 0 \le t \le 2\pi$$

a. 물체의 궤적을 그려라.
b. 물체의 속도와 속력을 구하여라.
c. 물체의 가속도를 구하여라.
d. $t = 0, \pi/2, \pi, 3\pi/2$일 때 위치벡터, 속도 벡터, 가속도 벡터를 그려라.

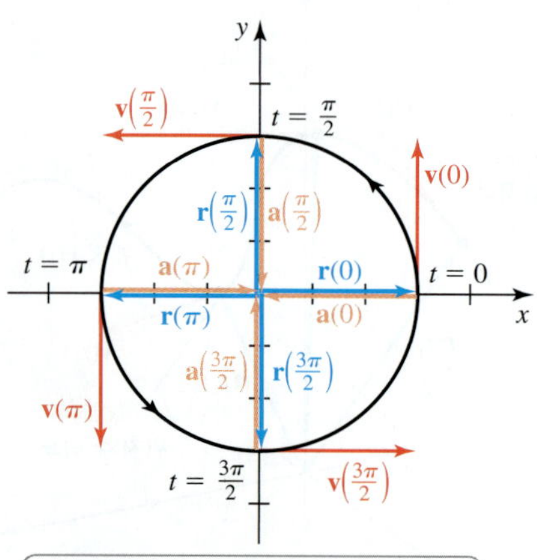

원운동: 항상 $\mathbf{a}(t) = -\mathbf{r}(t)$이며 $\mathbf{v}(t)$는 $\mathbf{r}(t)$, $\mathbf{a}(t)$와 서로 직교한다.

그림 13.13

풀이

a. 다음 방정식

$$x(t)^2 + y(t)^2 = 9(\cos^2 t + \sin^2 t) = 9$$

는 반지름이 3이고 중심이 원점인 원의 방정식임을 고려하자. 물체는 이 원 위에서 반시계 방향으로 움직인다(그림 13.13).

b. $\mathbf{v}(t) = \langle x'(t), y'(t)\rangle = \langle -3\sin t, 3\cos t\rangle$ 속도 벡터

$$\begin{aligned}|\mathbf{v}(t)| &= \sqrt{x'(t)^2 + y'(t)^2} && \text{속력의 정의}\\ &= \sqrt{(-3\sin t)^2 + (3\cos t)^2}\\ &= \sqrt{9\underbrace{(\sin^2 t + \cos^2 t)}_{1}} = 3\end{aligned}$$

속도 벡터는 일정한 크기를 가지며 연속적으로 변하는 방향을 갖는다.

c. 속도를 미분하면 $\mathbf{a}(t) = \mathbf{v}'(t) = \langle -3\cos t, -3\sin t\rangle = -\mathbf{r}(t)$임을 알 수 있다. 이 경우 가속도 벡터는 항상 위치벡터의 음의 방향을 가리킨다.

d. 그림 13.13은 네 점에서 **r**, **v**, **a** 사이의 관계를 보여 준다. 속도 벡터는 항상 궤적에 접하며 길이는 3인 반면, 가속도 벡터와 위치벡터는 각각 길이가 3이고 반대 방향인 점을 갖는다. **v**는 항상 **r**, **a**와 항상 직교한다.

관련 연습문제 7번 ◀

| 예제 2 | 궤적 비교 다음 위치 함수에 의해 나타나는 궤적을 고려하자.

$$\mathbf{r}(t) = \left\langle t, t^2 - 4, \frac{t^3}{4} - 8 \right\rangle, \quad t \geq 0,$$

$$\mathbf{R}(t) = \left\langle t^2, t^4 - 4, \frac{t^6}{4} - 8 \right\rangle, \quad t \geq 0$$

여기서 t는 두 함수에 대하여 동일한 시간 단위로 측정된다.

a. 그래프 유틸리티를 사용하여 궤적을 그리고 비교하여라.

b. 위치 함수와 관련된 속도 벡터를 구하여라.

풀이

a. 선택된 t 값에서 위치 함수를 그리면 그림 13.14의 궤적이 된다. $\mathbf{r}(0) = \mathbf{R}(0) = \langle 0, -4, -8\rangle$이므로 두 곡선의 초기 점은 동일하다. $t \geq 0$일 때 두 곡선은 동일한 점으로 구성되지만 두 곡선은 서로 다르다. 예를 들어 두 곡선 모두 점 (4,

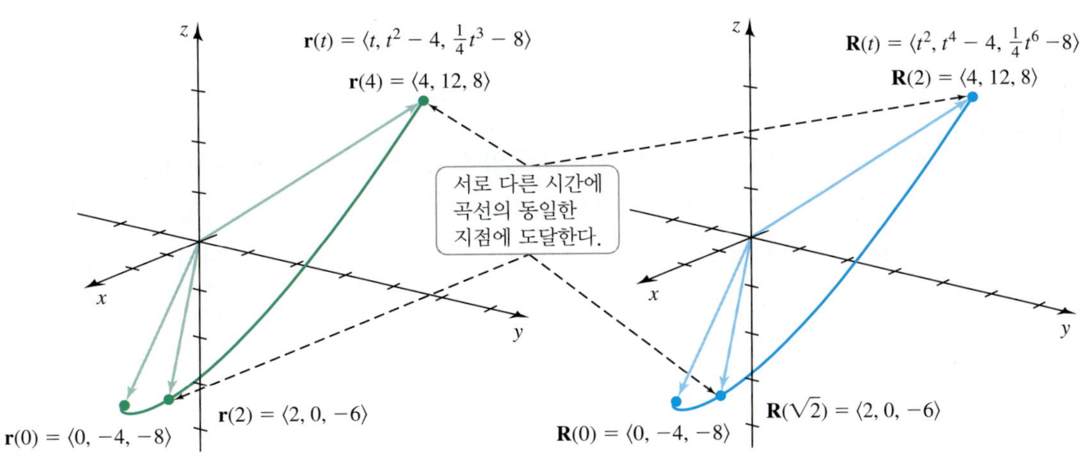

그림 13.14

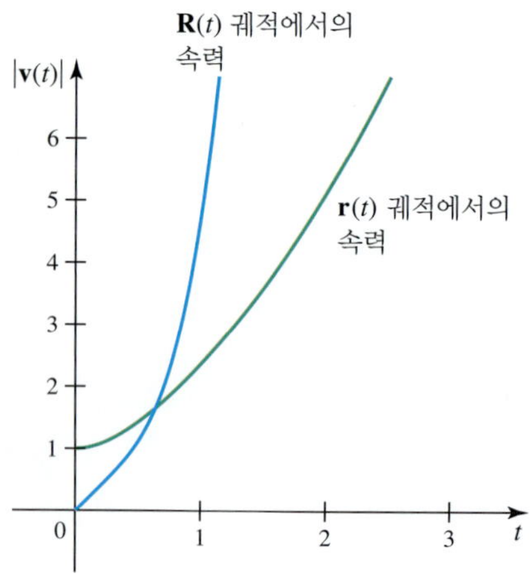

그림 13.15

12, 8)을 지나지만 이 점은 첫 번째 곡선의 $\mathbf{r}(4)$와 두 번째 곡선의 $\mathbf{R}(2)$에 해당한다. 일반적으로 $t \geq 0$에 대하여 $\mathbf{r}(t^2) = \mathbf{R}(t)$이다.

b. 속도 벡터는 다음과 같다.

$$\mathbf{r}'(t) = \left\langle 1, 2t, \frac{3t^2}{4} \right\rangle, \quad \mathbf{R}'(t) = \left\langle 2t, 4t^3, \frac{3}{2}t^5 \right\rangle$$

두 곡선의 움직임의 차이는 궤적과 관련된 속력의 그래프에서 알 수 있다(그림 13.15). 첫 번째 궤적에서 물체는 $t = 4$일 때 점 (4, 12, 8)에 도달하며, 이때 속력은 $|\mathbf{r}'(4)| = |\langle 1, 8, 12 \rangle| \approx 14.5$이다. 두 번째 궤적에서 물체는 $t = 2$일 때 같은 지점 (4, 12, 8)에 도달하며, 이때 속력은 $|\mathbf{R}'(2)| = |\langle 4, 32, 48 \rangle| \approx 57.8$이다.

관련 연습문제 11번 ◀

QUICK CHECK 2 $t \geq 0$에 대하여 예제 2의 두 물체의 속력을 제공하는 함수를 찾아라(그림 13.15). ◀

▶ 부등속 직선 운동에 대한 논의는 연습문제 42번을 참조하여라.

직선 운동과 원운동

공간에서 두 가지 유형의 운동은 자주 발생하며, 살펴볼 가치가 있다. 먼저 벡터함수에 의해 설명되는 궤적을 생각하자.

$$\mathbf{r}(t) = \langle x_0 + at, y_0 + bt, z_0 + ct \rangle, \quad t \geq 0$$

여기서 x_0, y_0, z_0, a, b, c는 상수이다. 이 함수는 초기 위치 $\langle x_0, y_0, z_0 \rangle$과 벡터 $\langle a, b, c \rangle$ 방향을 갖는 직선 궤적을 나타낸다(12.5절). 이 궤적은 궤적의 방향에서 일정한 속도 $\mathbf{v}(t) = \mathbf{r}'(t) = \langle a, b, c \rangle$를 가지며, 가속도는 $\mathbf{a} = \langle 0, 0, 0 \rangle$이다. 이 함수와 관련된 운동은 **등속**(일정한 속도) **직선 운동**(uniform straight-line motion)이다.

또 다른 상황은 **원운동**(circular motion)이다(예제 1). 다음 2차원 원형 경로를 생각하자.

$$\mathbf{r}(t) = \langle A \cos t, A \sin t \rangle, \quad 0 \leq t \leq 2\pi$$

여기서 A는 0이 아닌 상수이다(그림 13.16). 속도 벡터와 가속도 벡터는 다음과 같다.

$$\mathbf{v}(t) = \langle -A \sin 2, A \cos t \rangle,$$

$$\mathbf{a}(t) = \langle -A \cos t, -A \sin t \rangle = -\mathbf{r}(t)$$

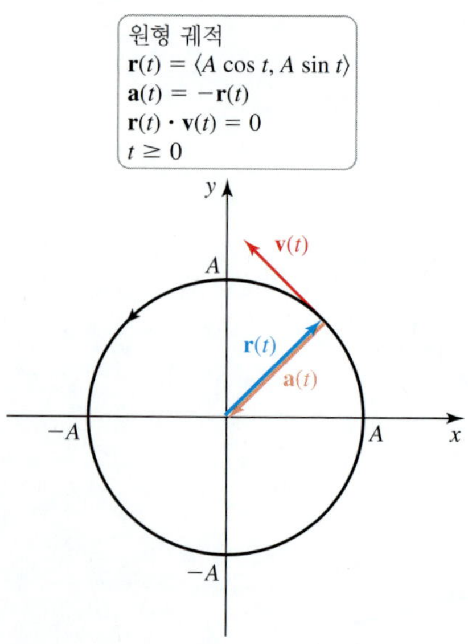

그림 13.16

$\mathbf{r}$과 $\mathbf{a}$는 평행이지만 서로 반대 방향임에 주의하자. 또한 $\mathbf{r} \cdot \mathbf{v} = \mathbf{a} \cdot \mathbf{v} = 0$이므로 위치벡터와 가속도 벡터는 모두 임의의 점에서 속도 벡터와 서로 직교한다(그림 13.16). 마지막으로 $\mathbf{r}$, $\mathbf{v}$, $\mathbf{a}$는 크기가 A로 일정하고 방향은 가변적이다. 결론적으로 $\mathbf{r} \cdot \mathbf{v} = 0$이므로 $|\mathbf{r}|$은 일정한 운동이 되며, 원이나 구에서의 운동이 된다(그림 13.17).

정리 13.2 | r |이 일정한 운동

r을 $|\mathbf{r}|$이 일정한 경로(중심이 원점인 원이나 구에서의 운동)라고 하자. 그러면 $\mathbf{r}\cdot\mathbf{v}=0$, 즉 위치벡터와 속도 벡터는 함수가 정의된 모든 시간에서 항상 서로 직교한다.

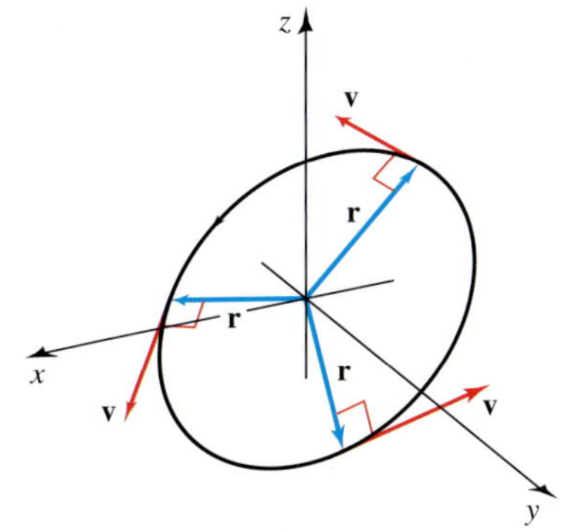

$|\mathbf{r}|$가 일정한 궤적에서 **v**는 모든 점에서 **r**과 서로 직교한다.

그림 13.17

증명 **r**이 일정한 크기를 가지면 $|\mathbf{r}(t)|^2=\mathbf{r}(t)\cdot\mathbf{r}(t)=c$인 상수 c가 존재한다. 방정식 $\mathbf{r}(t)\cdot\mathbf{r}(t)=c$를 미분하면 다음을 얻는다.

$$\begin{aligned}0&=\frac{d}{dt}(\mathbf{r}(t)\cdot\mathbf{r}(t)) && |\mathbf{r}(t)|^2=c\text{의 양변 미분하기}\\&=\mathbf{r}'(t)\cdot\mathbf{r}(t)+\mathbf{r}(t)\cdot\mathbf{r}'(t) && \text{내적 법칙(정리 13.1)}\\&=2\mathbf{r}'(t)\cdot\mathbf{r}(t) && \text{간단히 하기}\\&=2\mathbf{v}(t)\cdot\mathbf{r}(t) && \mathbf{r}'(t)=\mathbf{v}(t)\end{aligned}$$

모든 t에 대하여 $\mathbf{r}(t)\cdot\mathbf{v}(t)=0$이므로 모든 t에서 **r**과 **v**는 서로 직교한다. ◀

| 예제 3 | 구에서의 경로 한 물체가 다음과 같은 궤적으로 움직인다.

$$\mathbf{r}(t)=\langle x(t),y(t),z(t)\rangle=\langle 3\cos t,5\sin t,4\cos t\rangle,\quad 0\le t\le 2\pi$$

a. 물체가 구에서 움직임을 보이고 구의 반지름을 구하여라.

b. 물체의 속도와 속력을 구하여라.

c. 곡선 $\mathbf{r}(t)=\langle 5\cos t,\ 5\sin t,\ 5\sin 2t\rangle$를 고려하자. 이는 13.1절 예제 3의 계수가 다른 롤러코스터 곡선이다. 이 곡선이 구 위에 있지 않음을 보여라. **r**이 원점을 중심으로 하고 반지름이 1인 구 위의 곡선이 되도록 하려면 **r**을 어떻게 수정해야 하는가?

➤ 이 예제를 일반화하고 타원 위에 놓여 있는 궤적을 탐구하려면 연습문제 40번을 참조하여라.

풀이

a.
$$\begin{aligned}|\mathbf{r}(t)|^2&=x(t)^2+y(t)^2+z(t)^2 && \text{원점으로부터 거리의 제곱}\\&=(3\cos t)^2+(5\sin t)^2+(4\cos t)^2 && \text{대입하기}\\&=25\cos^2 t+25\sin^2 t && \text{간단히 하기}\\&=25\underbrace{(\cos^2 t+\sin^2 t)}_{1}=25 && \text{인수분해하기}\end{aligned}$$

따라서 $|\mathbf{r}(t)|=5,\ 0\le t\le 2\pi$이며, 궤적은 중심이 원점이고 반지름이 5인 구면에 놓인다(그림 13.18).

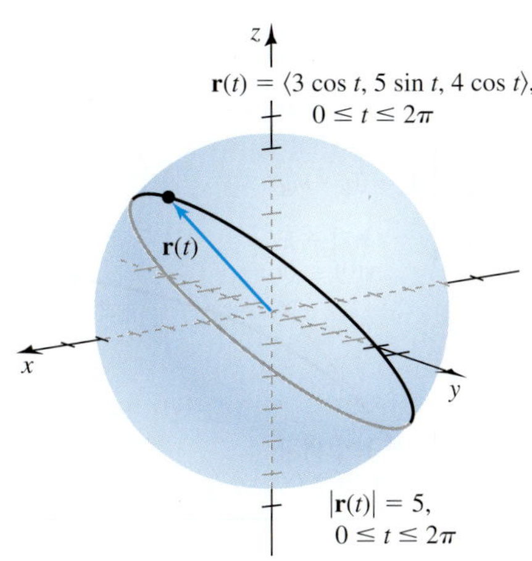

그림 13.18

b.
$$\begin{aligned}\mathbf{v}(t)&=\mathbf{r}'(t)=\langle -3\sin t,5\cos t,-4\sin t\rangle && \text{속도 벡터}\\|\mathbf{v}(t)|&=\sqrt{\mathbf{v}(t)\cdot\mathbf{v}(t)} && \text{물체의 속력}\\&=\sqrt{9\sin^2 t+25\cos^2 t+16\sin^2 t} && \text{내적 계산하기}\end{aligned}$$

$$= \sqrt{25(\underbrace{\sin^2 t + \cos^2 t}_{1})} \quad \text{간단히 하기}$$

$$= 5 \quad \text{간단히 하기}$$

물체의 속력은 항상 5이다. 모든 t에 대하여 $\mathbf{r}(t) \cdot \mathbf{v}(t) = 0$, 즉 $\mathbf{r}$과 $\mathbf{v}$가 항상 서로 직교함을 증명해야 한다.

c. 먼저 원점에서 곡선까지의 거리를 계산하자.

$$|\mathbf{r}(t)| = \sqrt{(5\cos t)^2 + (5\sin t)^2 + (5\sin 2t)^2} \quad \text{원점에서 곡선까지의 거리}$$

$$= \sqrt{25(\cos^2 t + \sin^2 t + \sin^2 2t)} \quad \text{간단히 하기}$$

$$= 5\sqrt{1 + \sin^2 2t} \quad \cos^2 t + \sin^2 t = 1$$

$|\mathbf{r}(t)|$가 일정하지 않으므로 곡선이 구 위에 있지 않음은 명백하다.

곡선이 구면 위에 놓이도록 수정하는 한 가지 방법은 각 출력 벡터 $\mathbf{r}(t)$를 길이로 나누는 것이다. 실제로 관심 구간에서 $|\mathbf{r}(t)| \neq 0$인 한 어떤 경로든 (중심이 원점인) 구 위에 있도록 수정할 수 있다. 함수

$$\mathbf{u}(t) = \frac{\mathbf{r}(t)}{|\mathbf{r}(t)|} = \left\langle \frac{\cos t}{\sqrt{1 + \sin^2 2t}}, \frac{\sin t}{\sqrt{1 + \sin^2 2t}}, \frac{\sin 2t}{\sqrt{1 + \sin^2 2t}} \right\rangle$$

는 $|\mathbf{u}(t)|$가 상수이므로 $\dfrac{\mathbf{r}(t)}{|\mathbf{r}(t)|}$가 일정한 곡선을 나타낸다. 테니스공의 이음매를 연상시키는 새로운 곡선(그림 13.19)은 중심이 원점인 단위구 위에 위치한다고 결론 내릴 수 있다.

관련 연습문제 17번 ◀

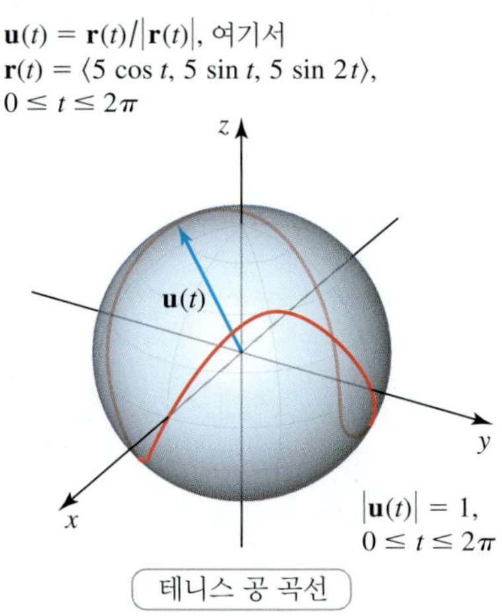

그림 13.19

QUICK CHECK 3 중심이 원점이고 반지름이 5인 구 위에 놓이도록 예제 3c에 주어진 곡선 $\mathbf{r}(t)$를 수정하는 방법을 설명하여라. ◀

중력장에서의 2차원 운동

대부분의 물체의 운동을 모형화할 때 사용하는 뉴턴의 운동 제2법칙은 다음과 같다.

$$\underbrace{\text{질량}}_{m} \cdot \underbrace{\text{가속도}}_{\mathbf{a}(t) = \mathbf{r}''(t)} = \underbrace{\text{모든 힘의 합}}_{\sum \mathbf{F}_k}$$

이 법칙은 물체의 가속도에 대하여 말하고 있고, 그 움직임을 완전히 나타내기 위해 가속도로부터 속도와 위치를 찾아야 한다.

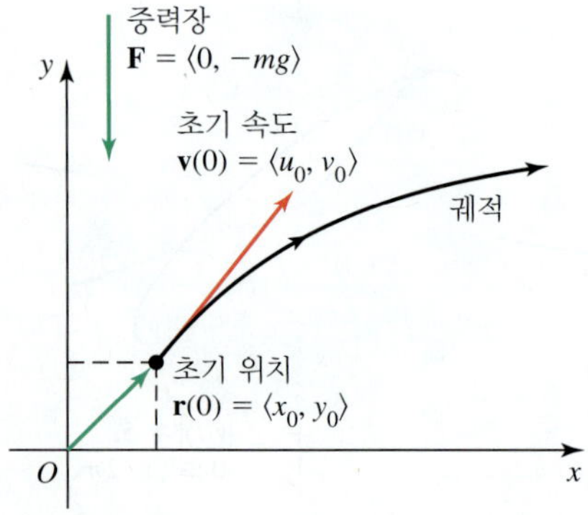

그림 13.20

가속도로부터 속도와 위치 찾기 물체에 작용하는 유일한 힘이 중력인 2차원 발사체 운동부터 살펴보자. 이때 공기 저항과 다른 가능한 외부 힘은 무시한다.

편리한 좌표계를 통해 수직 위쪽 방향을 가리키는 y축과 수평 운동 방향을 가리키는 x축을 사용한다. 중력은 y축의 음의 방향이며 $\mathbf{F} = \langle 0, -mg\rangle$로 주어진다. 여기서 m은 물체의 질량이고 $g = 9.8\text{ m/s}^2 = 32\text{ ft/s}^2$은 중력에 의한 가속도이다(그림 13.20).

이러한 관찰을 통해 뉴턴의 운동 제2법칙은 다음 형태임을 알 수 있다.

$$m\mathbf{a}(t) = \mathbf{F} = \langle 0, -mg \rangle$$

중요한 사실은 물체의 질량을 소거하면 다음 벡터방정식을 얻는다는 것이다.

$$\mathbf{a}(t) = \langle 0, -g \rangle \tag{1}$$

이 방정식에서 속도 $\mathbf{v}(t) = \langle x'(t), y'(t) \rangle$와 위치 $\mathbf{r}(t) = \langle x(t), y(t) \rangle$를 구하려면 다음과 같은 **초기 조건**이 주어져야 한다.

$$t = 0\text{에서 초기 속도: } \mathbf{v}(0) = \langle u_0, v_0 \rangle,$$

$$t = 0\text{에서 초기 위치: } \mathbf{r}(0) = \langle x_0, y_0 \rangle$$

두 단계로 진행한다.

➤ 0의 역도함수는 상수 C이고 $-g$의 역도함수는 $-gt + C$임을 기억하여라.

1. 속도 구하기 식 (1)에서 속도는 가속도의 역도함수이다. 가속도를 적분하면 다음을 얻는다.

$$\mathbf{v}(t) = \int \mathbf{a}(t)\,dt = \int \langle 0, -g \rangle\,dt = \langle 0, -gt \rangle + \mathbf{C}$$

여기서 $\mathbf{C}$는 임의의 상수 벡터이다. $t = 0$을 대입하고 초기 조건 $\mathbf{v}(0) = \langle u_0, v_0 \rangle$을 사용하면 이 상수가 결정된다. $\mathbf{v}(0) = \langle 0, 0 \rangle + \mathbf{C} = \langle u_0, v_0 \rangle$, 즉 $\mathbf{C} = \langle u_0, v_0 \rangle$이므로 속도는 다음과 같다.

➤ 여기서 설명한 것처럼 벡터 표기법을 이용한 계산법과 각 성분을 이용한 계산법 중 하나를 선택할 수 있다.

$$\mathbf{v}(t) = \langle 0, -gt \rangle + \langle u_0, v_0 \rangle = \langle u_0, -gt + v_0 \rangle \tag{2}$$

속도의 수평 성분은 단순히 모든 시간에 대한 초기 수평 속도 u_0임에 유의하자. 속도의 수직 성분은 초깃값인 v_0에서 선형적으로 감소한다.

2. 위치 구하기 위치는 방정식 (2)에 의해 주어진 속도의 역도함수이다.

$$\mathbf{r}(t) = \int \mathbf{v}(t)\,dt = \int \langle u_0, -gt + v_0 \rangle\,dt = \left\langle u_0 t, -\frac{1}{2}gt^2 + v_0 t \right\rangle + \mathbf{C}$$

여기서 $\mathbf{C}$는 임의의 상수 벡터이다. $t = 0$을 대입하면 $\mathbf{r}(0) = \langle 0, 0 \rangle + \mathbf{C} = \langle x_0, y_0 \rangle$이므로 $\mathbf{C} = \langle x_0, y_0 \rangle$이다. 따라서 $t \geq 0$에 대하여 물체의 위치는 다음과 같다.

$$\mathbf{r}(t) = \left\langle u_0 t, -\frac{1}{2}gt^2 + v_0 t \right\rangle + \langle x_0, y_0 \rangle = \left\langle \underbrace{u_0 t + x_0}_{x(t)}, \underbrace{-\frac{1}{2}gt^2 + v_0 t + y_0}_{y(t)} \right\rangle$$

요약 중력장에서의 2차원 운동

수평 방향으로 x축, 수직 방향으로 y축을 가진 평면에서 움직이고 중력의 영향만을 받는 물체를 고려하자. 초기 속도가 $\mathbf{v}(0) = \langle u_0, v_0 \rangle$이고 초기 위치가

$\mathbf{r}(0) = \langle x_0, y_0 \rangle$이면 $t \geq 0$에 대한 물체의 속도는

$$\mathbf{v}(t) = \langle x'(t), y'(t) \rangle = \langle u_0, -gt + v_0 \rangle$$

이고 위치는 다음과 같다.

$$\mathbf{r}(t) = \langle x(t), y(t) \rangle = \left\langle u_0 t + x_0, -\frac{1}{2} gt^2 + v_0 t + y_0 \right\rangle$$

| 예제 4 | 야구공의 비행 홈 플레이트로부터 3 ft 위에서 야구공을 $\mathbf{v}(0) = \langle u_0, v_0 \rangle = \langle 80, 80 \rangle$의 초기 속도(ft/s)로 쳤다. 이때 중력을 제외한 모든 힘은 무시한다.

a. 공이 맞은 시간과 땅에 처음 부딪힌 시간 사이의 공의 위치와 속도를 구하여라.

b. 공의 궤적이 포물선의 한 부분임을 보여라.

c. 운동장이 편평하다면 공은 수평으로 얼마나 멀리 이동하는가? 공의 궤적을 그려라.

d. 공의 최대 높이는 얼마인가?

e. 공이 홈 플레이트로부터 380 ft만큼 떨어진 20 ft 펜스(공의 경로 바로 아래)를 통과하는가?

풀이 원점이 홈 플레이트에 위치해 있다고 가정하자. 거리는 피트 단위로 측정되므로 $g = 32$ ft/s^{2}을 사용한다.

a. $x_0 = 0$, $y_0 = 3$을 $\mathbf{r}$에 대한 방정식에 대입하면 공의 위치는 다음과 같다.

$$\mathbf{r}(t) = \langle x(t), y(t) \rangle = \langle 80t, -16t^2 + 80t + 3 \rangle, \quad t \geq 0 \tag{3}$$

$\mathbf{v}(t) = \mathbf{r}'(t) = \langle 80, -32t + 80 \rangle$이 된다.

b. 식 (3)에 의해 수평 위치는 $x = 80t$이고 수직 위치는 $y = -16t^2 + 80t + 3$이다. $t = x/80$를 y에 대한 방정식에 대입하면

$$y = -16\left(\frac{x}{80}\right)^2 + x + 3 = -\frac{x^2}{400} + x + 3$$

이고, 이는 포물선의 방정식이다.

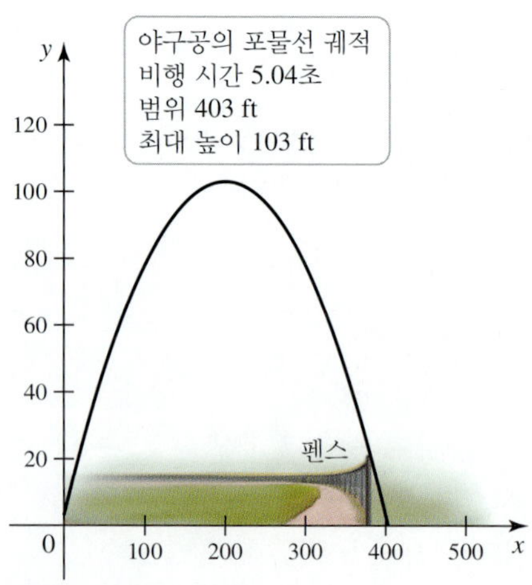

그림 13.21

➤ 예제 4c의 방정식은 이차방정식의 근의 공식 또는 계산기를 이용하여 풀 수 있다.

c. 공은 $t > 0$인 값에 대하여 $y = 0$에서 땅에 떨어진다. $y(t) = -16t^2 + 80t + 3 = 0$을 풀면 $t \approx -0.04$, $t \approx 5.04$ s임을 알 수 있다. 첫 번째 근은 당면한 문제와 관련이 없으므로 $t \approx 5.04$ s일 때 공이 땅에 떨어진다고 결론 내릴 수 있다. 공이 이동한 수평 거리는 $x(5.04) \approx 403$ ft이다. 시간 구간 [0, 5.04]에서 xy 좌표계에서의 공의 경로는 그림 13.21에 나타나 있다.

d. 공은 수직 속도가 0일 때 최대 높이에 도달한다. $y'(t) = -32t + 80 = 0$을 풀면 $t = 2.5$ s임을 알 수 있다. 이때 높이는 $y(2.5) = 103$ ft이다.

e. 공은 $x(t) = 80t = 380$일 때 380 ft(펜스까지의 거리)의 수평 거리에 도달한다. t에 관하여 풀면 $t = 4.75$ s이고, 이때 공의 높이는 $y(4.75) = 22$ ft이다. 따라서

QUICK CHECK 4 $x_0 = 0$, $y_0 = 2$, $u_0 = 100$, $v_0 = 60$인 경우 예제 4의 두 함수 $x(t)$와 $y(t)$를 나타내어라. ◀

실제로 공은 20 ft 높이의 펜스를 뛰어넘는다.

관련 연습문제 21-22번 ◀

범위, 비행 시간, 최대 높이 특정한 운동 문제를 하나 해결하여 중력장에서의 2차원 발사체 운동에 대한 일반적인 관찰을 할 수 있다. 원점에서 시작되는 물체의 움직임을 가정하자. 즉, $x_0 = y_0 = 0$이다. 또한 초기 속력 $|\mathbf{v}_0|$으로 수평 방향과 위쪽으로 $\alpha(0 \le \alpha \le \pi/2)$의 각도로 발사한다고 가정하자(그림 13.22). 그러면 초기 속도는 다음과 같다.

$$\langle u_0, v_0 \rangle = \langle |\mathbf{v}_0| \cos \alpha, |\mathbf{v}_0| \sin \alpha \rangle$$

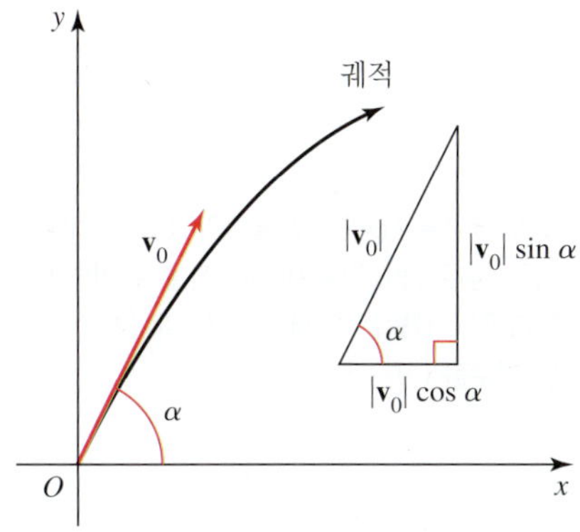

그림 13.22

이 값을 속도와 위치에 대한 일반적인 표현으로 나타내면 물체의 속도는

$$\mathbf{v}(t) = \langle u_0, -gt + v_0 \rangle = \langle |\mathbf{v}_0| \cos \alpha, -gt + |\mathbf{v}_0| \sin \alpha \rangle$$

이고, ($x_0 = y_0 = 0$일 때) 물체의 위치는 다음과 같다.

$$\mathbf{r}(t) = \langle x(t), y(t) \rangle = \langle (|\mathbf{v}_0| \cos \alpha)t, -gt^2/2 + (|\mathbf{v}_0| \sin \alpha)t \rangle$$

운동은 전적으로 매개변수 $|\mathbf{v}_0|$과 α에 의해 결정된다는 점에 주목하자. 몇 가지 일반적인 결론은 다음과 같다.

1. 물체가 수평면 위의 원점에서 발사됐다고 가정하면 이 물체는 $y(t) = -gt^2/2 + (|\mathbf{v}_0| \sin \alpha)t = 0$일 때 지면으로 되돌아온다. t에 관하여 풀면 **비행 시간**은 $T = 2|\mathbf{v}_0|(\sin \alpha)/g$이다.

➤ 방정식 $y(t) = 0$의 또 다른 근은 $t = 0$이며, 물체가 지면에 있을 때의 시간이다.

2. 물체가 이동한 수평 거리인 물체의 **범위**는 $t = T$일 때 궤적의 x좌표이다.

$$\begin{aligned} x(T) &= (|\mathbf{v}_0| \cos \alpha)T \\ &= (|\mathbf{v}_0| \cos \alpha) \frac{2|\mathbf{v}_0| \sin \alpha}{g} \quad T \text{ 대입하기} \\ &= \frac{2|\mathbf{v}_0|^2 \sin \alpha \cos \alpha}{g} \quad \text{간단히 하기} \\ &= \frac{|\mathbf{v}_0|^2 \sin 2\alpha}{g} \quad 2 \sin \alpha \cos \alpha = \sin 2\alpha \end{aligned}$$

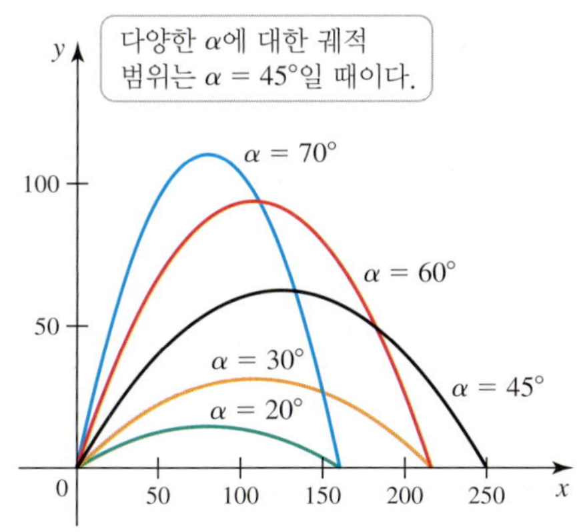

그림 13.23

구간 $0 \le \alpha \le \pi/2$에서 $\sin 2\alpha$는 $\alpha = \pi/4$일 때 최댓값 1을 가지므로 최대 범위는 $|\mathbf{v}_0|^2/g$이다. 다시 말해 이상적인 세계에서는 물체를 $\pi/4\,(45°)$의 각도로 땅에서 발사시키면 그 범위가 최대가 된다. 각도 α와 각도 $\pi/2 - \alpha$로 구한 범위는 동일하다는 점에 유의하자(그림 13.23).

QUICK CHECK 5 각도 α로 도달한 범위가 각도 $\pi/2 - \alpha$로 도달한 범위와 동일함을 보여라. ◀

3. 수직 속도가 0, 즉 $y'(t) = -gt + |\mathbf{v}_0| \sin \alpha = 0$일 때 물체는 최대 높이에 도달한다. 이때 t의 값을 구하면 비행 시간의 절반인 $t = |\mathbf{v}_0|(\sin \alpha)/g = T/2$이다. 즉, 이 물체는 올라가는 시간과 내려가는 시간이 동일하다. 따라서 최대 높이는 다음과 같다.

$$y\left(\frac{T}{2}\right) = \frac{(|\mathbf{v}_0| \sin \alpha)^2}{2g}$$

4. 마지막으로 $x(t)$, $y(t)$에 관한 방정식에서 t를 소거하면 물체의 궤적이 포물선의 일부임을 알 수 있다.

▶ 요약 공식을 사용할 때 물체의 초기 위치가 원점인 경우에만 적용된다는 점을 유의하여라. 연습문제 37번은 물체의 초기 위치가 $\langle 0, y_0 \rangle$인 경우를 다룬다.

요약 2차원 운동

수평면을 지나는 물체가 초기 위치 $\langle x_0, y_0 \rangle = \langle 0, 0 \rangle$과 초기 속도 $\langle u_0, v_0 \rangle = \langle |\mathbf{v}_0| \cos \alpha, |\mathbf{v}_0| \sin \alpha \rangle$를 갖고 중력만이 작용한다고 가정하자. 포물선의 일부인 이 물체의 궤적은 다음 성질을 갖는다.

$$\text{비행 시간} = T = \frac{2|\mathbf{v}_0| \sin \alpha}{g}$$

$$\text{범위} = \frac{|\mathbf{v}_0|^2 \sin 2\alpha}{g}$$

$$\text{최대 높이} = y\left(\frac{T}{2}\right) = \frac{(|\mathbf{v}_0| \sin \alpha)^2}{2g}$$

| 예제 5 | 골프공의 비행 골프공을 (무시할 수 있는 높이를 가진 티와) 초기 각도 25°를 이루며 55 m/s의 초기 속력으로 수평 페어웨이 아래로 쳤다. 이때 중력을 제외한 모든 힘은 무시하고, 공의 궤적이 평면에 있다고 가정한다.

a. 공이 처음 땅에 닿았을 때, 수평으로 얼마나 멀리 이동하며 얼마나 오랫동안 공중에 있는가?

b. 공의 최대 높이는 얼마인가?

c. 티에서 300 m만큼 떨어진 그린에 도달하려면 어떤 각도로 공을 쳐야 하는가?

풀이

a. $\alpha = 25°$, $|\mathbf{v}_0| = 55$ m/s에 대하여 범위 공식을 사용하면 공은 다음과 같이 이동한다.

$$\frac{|\mathbf{v}_0|^2 \sin 2\alpha}{g} = \frac{(55 \text{ m/s})^2 \sin 50°}{9.8 \text{ m/s}^2} \approx 236 \text{ m}$$

비행 시간은 다음과 같다.

$$T = \frac{2|\mathbf{v}_0| \sin \alpha}{g} = \frac{2(55 \text{ m/s}) \sin 25°}{9.8 \text{ m/s}^2} \approx 4.7 \text{ s}$$

b. 공의 최대 높이는 다음과 같다.

$$\frac{(|\mathbf{v}_0| \sin \alpha)^2}{2g} = \frac{((55 \text{ m/s}) (\sin 25°))^2}{2(9.8 \text{ m/s}^2)} \approx 27.6 \text{ m}$$

c. R을 범위라 하고 $\sin 2\alpha$에 관하여 범위 식을 풀면 $\sin 2\alpha = Rg/|\mathbf{v}_0|^2$임을 알 수 있다. 범위가 $R = 300$ m이고 초기 속력이 $|\mathbf{v}_0| = 55$ m/s이면 구하는 각도는 다음을 만족한다.

$$\sin 2\alpha = \frac{Rg}{|\mathbf{v}_0|^2} = \frac{(300 \text{ m}) (9.8 \text{ m/s}^2)}{(55 \text{ m/s})^2} \approx 0.972$$

따라서 공이 정확히 300 m의 수평 거리를 이동하기 위한 각도는 $\alpha = \frac{1}{2} \sin^{-1} 0.972 \approx 38.2°$ 또는 $51.8°$이다.

관련 연습문제 23번 ◀

3차원 운동

3차원 운동 문제를 해결하기 위해 x축과 y축이 서로 수직인 두 수평 방향(예를 들어 동쪽과 북쪽)을 가리키고 z축의 양방향이 수직 위쪽 방향을 가리키는 좌표계를 채택한다(그림 13.24). 뉴턴의 운동 제2법칙은 다음과 같이 세 개의 요소로 이루어져 있다.

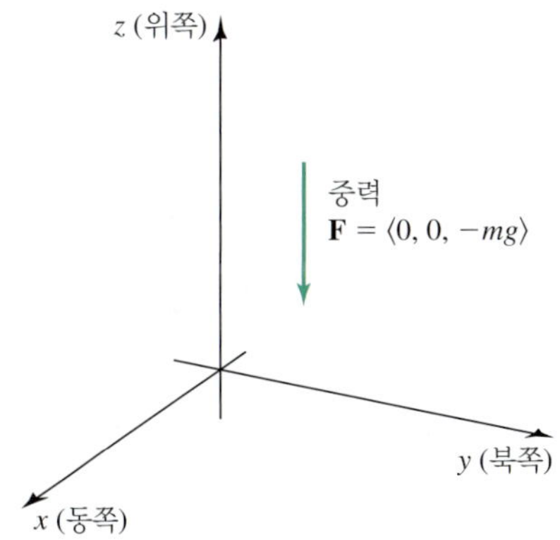

그림 13.24

$$m\mathbf{a}(t) = \langle mx''(t), my''(t), mz''(t) \rangle = \mathbf{F}$$

(z축의 음의 방향으로) 중력만 존재한다면 힘 벡터는 $\mathbf{F} = \langle 0, 0, -mg \rangle$이고, 운동 방정식은 $\mathbf{a}(t) = \langle 0, 0, -g \rangle$이다. 역풍, 스핀, 슬라이스와 같은 다른 효과는 다른 힘 성분을 포함한 모델링을 도출한다.

| 예제 6 | 발사체 운동 작은 발사체를 수평면과 위쪽으로 $\alpha = 30°$의 각도와 함께 초기 속력 $|\mathbf{v}_0| = 300$ m/s 로 동쪽으로 발사했다. 이때 남쪽에서 북쪽으로 부는 역풍과 함께 발사체의 가속도는 북쪽으로 0.36 m/s^{2}이다.

a. 발사체는 어디에 착륙하는가? 발사 지점으로부터 얼마나 멀리 떨어져 있는가?

b. 역풍을 보정하여 발사체를 발사장 동쪽에 떨어지도록 하려면 어떤 각도로 발사체를 발사해야 하는가? 초기 속력 $|\mathbf{v}_0| = 300$ m/s와 고도각 $\alpha = 30°$는 **a**와 동일하다고 가정한다.

풀이

a. $g = 9.8$ m/s^{2}이라 하면 운동 방정식은 $\mathbf{a}(t) = \mathbf{v}'(t) = \langle 0, 0.36, -9.8 \rangle$이다. 2차원과 마찬가지로 가속도 함수의 부정적분은 속도 함수이므로 다음을 얻는다.

$$\mathbf{v}(t) = \langle 0, 0.36t, -9.8t \rangle + \mathbf{C}$$

여기서 $\mathbf{C}$는 임의의 상수 벡터이다. 초기 속력 $|\mathbf{v}_0| = 300$ m/s와 고도각 $\alpha = 30°$로부터(그림 13.25(a))에서 초기 속도는 다음과 같다.

$$\mathbf{v}(0) = \langle 300\cos 30°, 0, 300\sin 30° \rangle = \langle 150\sqrt{3}, 0, 150 \rangle$$

$t = 0$을 대입하여 초기 조건을 사용하면 $\mathbf{C} = \langle 150\sqrt{3}, 0, 150 \rangle$을 얻는다. 따라서 속도 함수는 다음과 같다.

$$\mathbf{v}(t) = \langle 150\sqrt{3}, 0.36t, -9.8t + 150 \rangle$$

속도 함수를 적분하여 다음 위치 함수를 얻는다.

$$\mathbf{r}(t) = \langle 150\sqrt{3}t, 0.18t^2, -4.9t^2 + 150t \rangle + \mathbf{C}$$

초기 조건 $\mathbf{r}(0) = \langle 0, 0, 0 \rangle$을 사용하면 $\mathbf{C} = \langle 0, 0, 0 \rangle$이므로 위치 함수는 다음과 같다.

$$\mathbf{r}(t) = \langle x(t), y(t), z(t) \rangle = \langle 150\sqrt{3}t, 0.18t^2, -4.9t^2 + 150t \rangle$$

$z(t) = -4.9t^2 + 150t = 0$일 때 발사체가 착륙한다. 양의 근 t를 구하면 비행 시간은 $T = 150/4.9 \approx 30.6$ s이다. 이때의 x좌표와 y좌표는 다음과 같다.

$$x(T) \approx 7953 \text{ m}, \qquad y(T) \approx 169 \text{ m}$$

따라서 발사체는 발사 지점에서 동쪽으로 약 7953 m, 북쪽으로 약 169 m 떨어진 곳에 착륙한다. 발사체는 (0, 0, 0)에서 출발했으므로 $\sqrt{7953^2 + 169^2} \approx 7955$ m의 수평 거리를 이동한다(그림 13.25(a)).

b. 발사체의 초기 속력을 $|\mathbf{v}_0| = 300$ m/s로 유지한 상태에서 속력의 수평 성분 $150\sqrt{3}$ m/s를 동쪽 성분 $u_0 = 150\sqrt{3}\cos\theta$와 북쪽 성분 $v_0 = 150\sqrt{3}\sin\theta$로 분해한다. 여기서 θ는 동쪽에 대한 상대적인 각이며, 보정 각도 θ를 결정해야 한다(그림 13.25(b)). 위치의 x성분과 y성분은 다음과 같다.

$$x(t) = (150\sqrt{3}\cos\theta)t, \qquad y(t) = 0.18t^2 + (150\sqrt{3}\sin\theta)t$$

이러한 초기 속도의 변화는 x에 관한 방정식과 y에 관한 방정식에 영향을 미

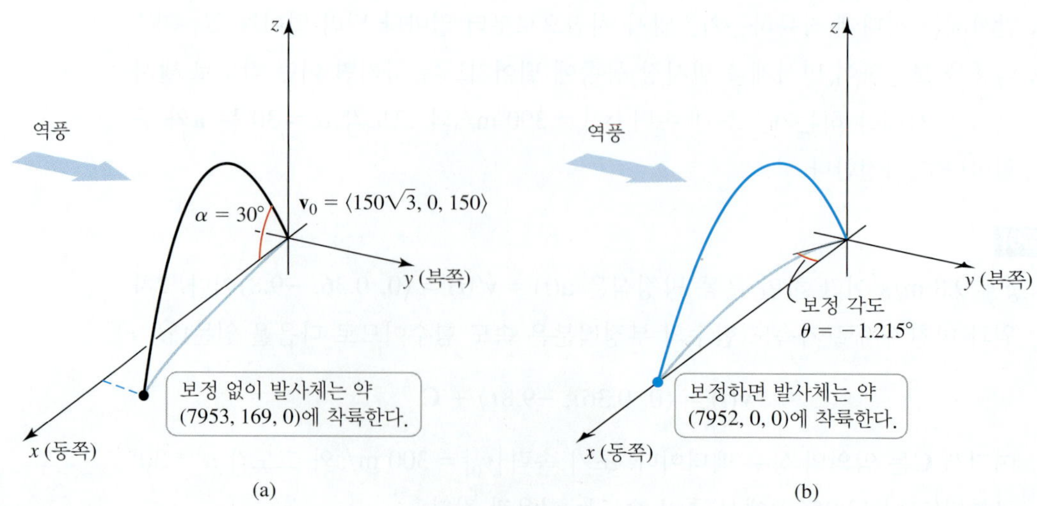

그림 13.25

치지만 z에 관한 방정식에는 영향을 미치지 않는다. 따라서 비행 시간은 여전히 $T = 150/4.9 \approx 30.6$ s이다. 목적은 발사체가 x축(발사 지점으로부터 동쪽 방향)에 착륙하도록 하는 θ를 선택하는 것이며, 이는 $y(T) = 0$을 의미한다. $T = 150/4.9$에 대하여

$$y(T) = 0.18T^2 + (150\sqrt{3}\sin\theta)T = 0$$

을 풀면 $\sin\theta \approx -0.0212$, 즉 $\theta \approx -0.0212$ rad $\approx -1.215°$이다. 다시 말해 발사체는 북쪽 역풍을 보정하기 위해 동쪽의 **남쪽**으로 $1.215°$의 수평 각도로 발사돼야 한다(그림 13.25(b)). 발사체의 착륙 위치는 $x(T) \approx 7952$ m, $y(T) = 0$이다.

관련 연습문제 27번 ◀

13.3절 연습문제

1단계 스타트

1. 움직이는 물체의 위치 함수 $\mathbf{r}$에 대하여 물체의 속도, 속력, 가속도를 구하는 방법을 설명하여라.

2. 뉴턴의 운동 제2법칙을 벡터 형태로 나타내어라.

3. 주어진 물체의 가속도와 초기 속도에 대하여 $t \ge 0$일 때 물체의 속도를 어떻게 구할 수 있는가?

4. 움직이는 어느 물체의 속도는 $\mathbf{r}'(t) = \langle 60, 96 - 32t \rangle$ ft/s이다.
   a. 속도의 수직 성분은 언제 0이 되는가?
   b. $\mathbf{r}(0) = \langle 0, 3 \rangle$일 때, $\mathbf{r}(t)$를 구하여라.

2단계 실전

5–10. 위치로부터 속도와 가속도 주어진 위치 함수에 대하여 물음에 답하여라.

a. 물체의 속도와 속력을 구하여라.

b. 물체의 가속도를 구하여라.

5. $\mathbf{r}(t) = \langle 3t^2 + 1, 4t^2 + 3 \rangle$, $t \ge 0$

6. $\mathbf{r}(t) = \langle 2 + 2t, 1 - 4t \rangle$, $t \ge 0$

7. $\mathbf{r}(t) = \langle 8\sin t, 8\cos t \rangle$, $0 \le t \le 2\pi$

8. $\mathbf{r}(t) = \left\langle t^2 + 3, t^2 + 10, \frac{1}{2}t^2 \right\rangle$, $t \ge 0$

9. $\mathbf{r}(t) = \langle 3 + t, 2 - 4t, 1 + 6t \rangle$, $t \ge 0$

10. $\mathbf{r}(t) = \langle 1, t^2, e^{-t} \rangle$, $t \ge 0$

11–13. 궤적 비교 두 물체에 대하여 다음 위치 함수 $\mathbf{r}$과 $\mathbf{R}$을 고려하자.

a. $\mathbf{R}$의 궤적이 $[a, b]$ 위의 $\mathbf{r}$의 궤적과 동일하도록 하는 구간 $[c, d]$를 구하여라.

b. 두 물체의 속도를 구하여라.

c. $[a, b]$와 $[c, d]$에 대하여 두 물체의 속력을 그래프로 각각 그려라.

11. $\mathbf{r}(t) = \langle t, t^2 \rangle$, $[a, b] = [0, 2]$, $[c, d]$ 위의 $\mathbf{R}(t) = \langle 2t, 4t^2 \rangle$

12. $\mathbf{r}(t) = \langle \cos t, 4\sin t \rangle$, $[a, b] = [0, 2\pi]$, $[c, d]$ 위의 $\mathbf{R}(t) = \langle \cos 3t, 4\sin 3t \rangle$

13. $\mathbf{r}(t) = \langle 4 + t^2, 3 - 2t^4, 1 + 3t^6 \rangle$, $[a, b] = [0, 6]$, $[c, d]$ 위의 $\mathbf{R}(t) = \langle 4 + \ln t, 3 - 2\ln^2 t, 1 + 3\ln^3 t \rangle$

14. **카니발 놀이기구** 카니발 놀이기구의 중심이 C인 원 위를 시계 반대 방향으로 이동하는 점 P에 안드레아가 있을 때, 원점 O에서 점 C까지의 선분으로 표현되는 팔이 원점을 중심으로 시계 반대 방향으로 이동한다(그림 참조). 시간 t(초)에서 안드레아의 위치(피트)는 다음과 같다.

$$\mathbf{r}(t) = \langle 20\cos t + 10\cos 5t, 20\sin t + 10\sin 5t \rangle$$

   a. $0 \le t \le 2\pi$에 대하여 $\mathbf{r}(t)$의 그래프를 그려라.
   b. 속도 $\mathbf{v}(t)$를 구하여라.
   c. 속력이 $|\mathbf{v}(t)| = v(t) = 10\sqrt{29 + 20\cos 4t}$임을 보이고 $0 \le t \le 2\pi$에 대하여 속력의 그래프를 그려라(**힌트:** 항등식 $\sin mx \sin nx + \cos mx \cos nx = \cos((m - n)x)$를 사용한다).
   d. 안드레아의 최대 속력과 최소 속력을 구하여라.

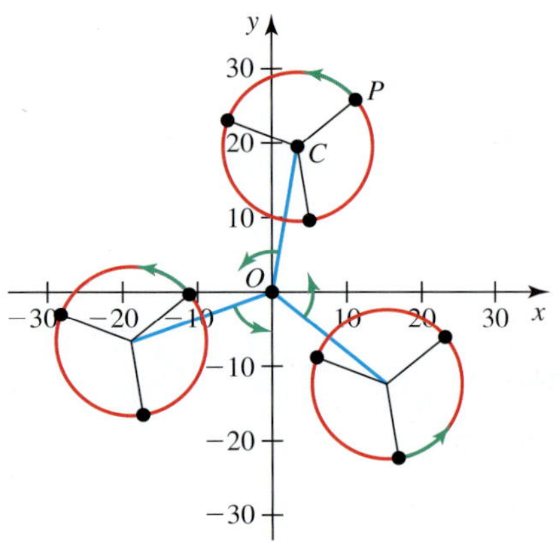

15–16. 원과 구에서의 궤적 다음 궤적이 원점을 중심으로 하는 $\mathbb{R}^2$의 원과 $\mathbb{R}^3$의 구 중 어디에 있는지 결정하여라. 원이나 구의 반지름의 길이를 구하고, 위치벡터와 속도 벡터가 모든 곳에서 서로 직교함을 보여라.

15. $\mathbf{r}(t) = \langle 8\cos 2t, 8\sin 2t \rangle,\ 0 \le t \le \pi$

16. $\mathbf{r}(t) = \langle \sin t + \sqrt{3}\cos t, \sqrt{3}\sin t - \cos t \rangle,\ 0 \le t \le 2\pi$

17. 구 위의 경로 다음 궤적이 원점을 중심으로 한 구 위에 위치함을 보이고, 구의 반지름을 구하여라.

$$\mathbf{r}(t) = \left\langle \frac{5\sin t}{\sqrt{1+\sin^2 2t}}, \frac{5\cos t}{\sqrt{1+\sin^2 2t}}, \frac{5\sin 2t}{\sqrt{1+\sin^2 2t}} \right\rangle,$$
$0 \le t \le 2\pi$

18–20. 운동 방정식 풀이 초기 속도가 $\langle u_0, v_0 \rangle$, 초기 위치가 $\langle x_0, y_0 \rangle$으로 주어진 가속도 벡터에 대하여 $t \ge 0$에 대한 속도 벡터와 위치벡터를 구하여라.

18. $\mathbf{a}(t) = \langle 0, 1 \rangle$, $\langle u_0, v_0 \rangle = \langle 2, 3 \rangle$, $\langle x_0, y_0 \rangle = \langle 0, 0 \rangle$

19. $\mathbf{a}(t) = \langle 0, 10 \rangle$, $\langle u_0, v_0 \rangle = \langle 0, 5 \rangle$, $\langle x_0, y_0 \rangle = \langle 1, -1 \rangle$

20. $\mathbf{a}(t) = \langle \cos t, 2\sin t \rangle$, $\langle u_0, v_0 \rangle = \langle 0, 1 \rangle$, $\langle x_0, y_0 \rangle = \langle 1, 0 \rangle$

21–23. 2차원 운동 다음 물체의 운동을 생각하자. x축이 수평이고 y축의 양방향이 수직이며, 지면이 수평이고, 중력만이 물체에 작용한다고 가정하자.

a. $t \ge 0$에 대하여 속도 벡터와 위치벡터를 구하여라.
b. 궤적을 그려라.
c. 비행 시간과 물체의 범위를 구하여라.
d. 물체의 최대 높이를 구하라.

21. 축구공을 초기 속도 $\langle u_0, v_0 \rangle = \langle 30, 6 \rangle$ m/s로 찰 때, 초기 위치(m)는 $\langle x_0, y_0 \rangle = \langle 0, 0 \rangle$이다.

22. 야구공을 초기 속도 $\langle u_0, v_0 \rangle = \langle 80, 10 \rangle$ ft/s로 던질 때, 초기 위치(ft)는 $\langle x_0, y_0 \rangle = \langle 0, 6 \rangle$이다.

23. 발사체가 250 ft/s의 속력으로 수평과 60°의 각도로 지상 20 ft 위의 플랫폼에서 발사된다. 원점은 플랫폼의 맨 아래에 있다고 가정한다.

24–25. 운동 방정식 풀이 초기 속도가 $\langle u_0, v_0, w_0 \rangle$, 초기 위치가 $\langle x_0, y_0, z_0 \rangle$인 가속도 벡터가 주어질 때, $t \ge 0$에 대하여 속도 벡터와 위치벡터를 구하여라.

24. $\mathbf{a}(t) = \langle 0, 0, 10 \rangle$, $\langle u_0, v_0, w_0 \rangle = \langle 1, 5, 0 \rangle$, $\langle x_0, y_0, z_0 \rangle = \langle 0, 5, 0 \rangle$

25. $\mathbf{a}(t) = \langle \sin t, \cos t, 1 \rangle$, $\langle u_0, v_0, w_0 \rangle = \langle 0, 2, 0 \rangle$, $\langle x_0, y_0, z_0 \rangle = \langle 0, 0, 0 \rangle$

26–28. 3차원 운동 다음 물체의 운동을 생각하자. x축은 동쪽, y축은 북쪽, z축의 양방향이 수직이고 반대 방향은 g, 지면은 수평이며 다른 언급이 없어도 중력만이 물체에 작용한다고 가정하자.

a. $t \ge 0$에 대하여 속도 벡터와 위치벡터를 구하여라.
b. 궤적을 그려라.
c. 비행 시간과 물체의 범위를 구하라.
d. 물체의 최대 높이를 구하라.

26. 땅 위 1 m에서 북동쪽으로 소총에서 총알이 발사된다. 탄환의 초기 속도는 $\langle 200, 200, 0 \rangle$ m/s이다.

27. 야구공을 홈 플레이트로부터 3 ft 위의 높이에서 $\langle 60, 80, 80 \rangle$ ft/s의 초기 속도로 친다. 야구공의 회전은 동쪽 방향으로 10 ft/s^{2}의 수평 가속도를 만들어낸다.

28. 소형 로켓은 초기 속도 $\langle 300, 400, 500 \rangle$ m/s로 지면에서 10 m 위에 있는 발사대에서 발사된다. 북쪽으로 부는 역풍은 로켓의 가속도를 2.5 m/s^{2}으로 한다.

29. 참 또는 거짓 다음 명제가 참이면 증명하고 거짓이면 반례를 들어라.

a. 물체의 속력이 일정하면 물체의 속도 성분은 일정하다.
b. 두 함수 $\mathbf{r}(t) = \langle \cos t, \sin t \rangle$, $\mathbf{R}(t) = \langle \sin t^2, \cos t^2 \rangle$은 $t \ge 0$에 대하여 동일한 점들의 집합을 생성한다.
c. 가변적인 크기의 속도 벡터는 일정한 방향을 가질 수 없다.
d. 물체의 가속도가 $\mathbf{a}(t) = \mathbf{0}$이면 $t \ge 0$에 대하여 물체의 속도는 일정하다.
e. 발사체의 초기 속력을 두 배로 하면 범위도 두 배가 된다(중력 외에는 발사체에 작용하는 힘은 없다고 가정한다).
f. 발사체의 초기 속도를 두 배로 하면 비행 시간도 두 배가 된다(중력 이외의 힘은 없다고 가정한다).

g. 모든 t에 대하여 $\mathbf{v}(t) = \mathbf{a}(t) \neq \mathbf{0}$인 궤적이 가능하다.

30–31. 궤적의 성질 중력 외에 다른 힘은 없다고 할 때 다음 2차원 궤적의 비행 시간, 범위, 최대 높이를 구하여라. 각각의 경우에 초기 위치는 $\langle 0, 0\rangle$, 초기 속도는 $\mathbf{v}_0 = \langle u_0, v_0\rangle$이다.

30. 초기 속력이 $|\mathbf{v}_0| = 150$ m/s, 발사각 $\alpha = 30°$

31. 초기 속력이 $|\mathbf{v}_0| = 400$ ft/s, 발사각 $\alpha = 60°$

32. 발사각 발사체가 초기 속력 60 m/s로 원점에서 수평면 위로 발사된다. 300 m의 범위를 생성하는 발사 각도는 얼마인가?

33. 타원에서의 속력 한 물체는 $0 \le t \le 2\pi$에 대하여 함수 $\mathbf{r}(t) = \langle a\cos t,\ b\sin t\rangle$에 의해 주어진 타원을 따라 움직인다. 여기서 $a > 0$, $b > 0$이다.

a. $0 \le t \le 2\pi$에 대하여 a와 b를 이용하여 물체의 속도와 속력을 구하여라.

b. $0 \le t \le 2\pi$에 대하여 $a = 1$이고 $b = 6$일 때, 속력 함수를 그래프로 그려라. 속도가 최소인 지점과 최대인 지점을 궤적에 표시하여라.

c. 물체가 궤적의 가장 편평한 부분(가장 직선에 가까운 부분)에서는 속력이 높아지고 곡선이 가장 날카로운 부분에서는 속력이 느려진다는 것이 참인가?

d. 일반적인 a와 b에 대하여 타원의 최소 속력에 대한 최대 속력의 비율을 (a와 b에 관하여) 구하여라.

3단계 도전

34. 골프 샷 골퍼가 홀에서 수평으로 420 ft(140 yd), 홀에서 50 ft 위에 서 있다(그림 참조). 120 ft/s의 초기 속력으로 공을 친다고 가정할 때, 공을 홀에 착지시키려면 어떤 각도로 공을 쳐야 하는가? 공의 경로가 평면에 있다고 가정한다.

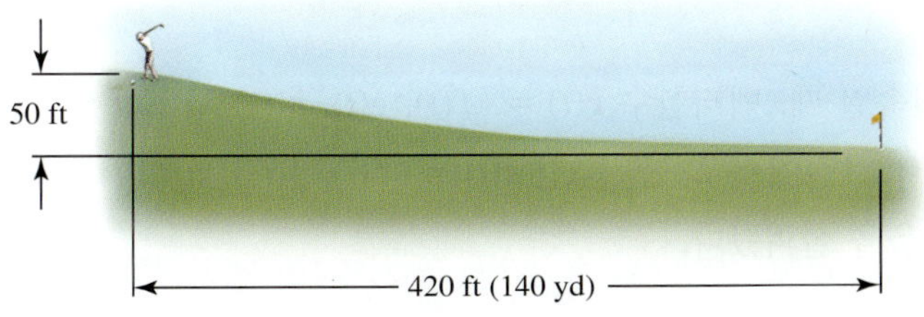

35. 골프 샷의 초기 속력 골퍼가 홀로부터 수평으로 420 ft, 홀 위로 50 ft 위에 서 있다(연습문제 34번의 그림 참조). 공이 수평과 30°의 초기 각도로 지면을 벗어날 경우, 홀에 착지시키려면 얼마의 초기 속력으로 공을 쳐야 하는가?

36. 야구장 디자인 투수가 야구공을 홈 플레이트로부터 6피트 위, 60피트만큼 수평으로 던진다. 좌표축의 방향이 그림과 같다고 가정한다.

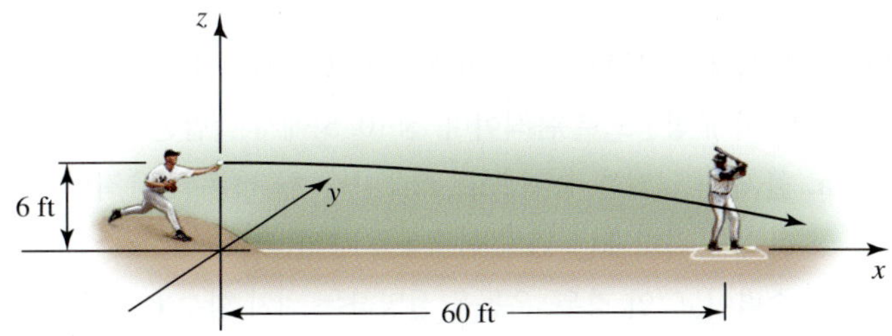

a. 투수가 초기 속도 $\langle 130, 0, -3\rangle$ ft/s(약 90 mi/hr)로 던졌다. 중력을 제외한 다른 모든 힘은 없을 때, 공이 홈 플레이트를 통과할 때 지상으로부터 얼마나 멀리 떨어져 있고, 피치가 도착하는 데 얼마나 걸리는가?

b. 홈 플레이트를 정확히 지면으로부터 3 ft 위에 가로지를 수 있도록 하는 데 필요한 투수의 속도의 수직 성분은 얼마인가?

c. 야구의 곡선을 설명하는 간단한 모델에서 공의 스핀이 (y 방향에 대하여) 일정한 수평 가속도 c ft/s^{2}을 만든다고 가정한다. 투수가 $c = 8$ ft/s^2(중력가속도의 1/4)의 커브볼을 던졌다. 초기 속도가 $\langle 130, 0, -3\rangle$ ft/s라고 가정할 때, 공이 홈 플레이트에 도달할 때까지 y 방향으로 얼마나 이동하는가?

d. **c**에서 볼이 플레이트로 이동하는 전반부에 더 커브를 그리는가 후반부에 더 커브를 그리는가? 이 사실이 타자에게 어떤 영향을 미치는가?

e. 투수가 공을 초기 속도 $\langle 130, 0, -3\rangle$으로 초기 위치 $\langle 0, -3, 6\rangle$에서 던진다고 가정하자. (60, 0, 3) 지점을 통과하는 홈 플레이트 위에 공이 놓이도록 하기 위한 스핀 변수 c의 값은 얼마안가?

37. 비행 시간, 범위, 높이 물체가 초기 속도 $|\mathbf{v}_0|\langle \cos\alpha,\ \sin\alpha\rangle$로 수평면 위의 초기 위치 $\langle 0, y_0\rangle$에서 발사될 때, 비행 시간, 범위, 최대 높이에 대한 공식을 구하여라.

38. 원형 운동 원형 궤적 $\mathbf{r}(t) = \langle A\cos\omega t,\ A\sin\omega t\rangle$를 따라 움직이는 물체를 생각하자. 여기서 A와 ω는 상수이다.

a. 어떤 시간 구간 $[0, T]$에서 물체가 원을 한 번 통과하는가?

b. 물체의 속도와 속력을 구하여라. 속도가 방향 또는 크기 중 어느 쪽에서 일정한가? 속력이 일정한가?

c. 물체의 가속도를 구하여라.

d. 위치와 속도는 어떻게 관련되어 있는가? 위치와 가속도는 어떤 관계가 있는가?

e. $A = \omega = 1$인 궤적의 서로 다른 네 지점에서 위치벡터, 속도 벡터, 가속도 벡터를 그려라.

39. 원형 궤적 한 물체가 중심이 원점이고 반지름이 5 m인 원 둘레를 시계 방향으로 움직이며, 점 (0, 5)에서 출발한다.

a. 물체가 일정한 속력으로 12초마다 한 바퀴씩 움직일 때, 운동을 나타내는 위치 함수 $\mathbf{r}$을 구하라.

b. 속력이 e^{-t}인 경우, 운동을 설명하는 위치 함수 $\mathbf{r}$을 구하라.

40. 기울어진 타원 곡선 $\mathbf{r}(t) = \langle \cos t, \sin t, c \sin t \rangle$, $0 \le t \le 2\pi$가 평면 위에 있을 때, 곡선이 이 평면에서 타원임을 보여라. 이때 c는 실수이다.

41. $|\mathbf{r}|$이 일정한 운동의 또 다른 성질 물체가 모든 t에 대하여 상수 $|\mathbf{r}(t)|$로 구면에서 움직일 때, $\mathbf{r}(t)$와 $\mathbf{a}(t) = \mathbf{r}''(t)$는 $\mathbf{r}(t) \cdot \mathbf{a}(t) = -|\mathbf{v}(t)|^2$을 만족시킴을 보여라.

42. 부등속 직선 운동 다음 위치 함수에 의해 주어지는 물체의 움직임을 고려하자.

$$\mathbf{r}(t) = f(t)\langle a, b, c \rangle + \langle x_0, y_0, z_0 \rangle, \quad t \ge 0$$

여기서 a, b, c, x_0, y_0, z_0은 상수이고, f는 $t \ge 0$에서 미분가능한 스칼라함수이다.

a. $\mathbf{r}$이 직선 운동임을 보여라.

b. 속도 함수를 구하여라. 일반적으로 속도는 경로 상에서 크기나 방향이 일정한가?

QUICK CHECCK 정답

1. $\mathbf{v}(t) = \langle 1, 2t, 3t^2 \rangle$, $\mathbf{a}(t) = \langle 0, 2, 6t \rangle$

2. $|\mathbf{r}'(t)| = \sqrt{1 + 4t^2 + 9t^4/16}$, $|\mathbf{R}'(t)| = \sqrt{4t^2 + 16t^6 + 9t^{10}/4}$

3. 곡선 $\mathbf{R}(t) = 5\mathbf{r}(t)/|\mathbf{r}(t)|$는 반지름이 5인 구 위에 위치한다.

4. $x(t) = 100t$, $y(t) = -16t^2 + 60t + 2$

5. $\sin(2(\pi/2 - \alpha)) = \sin(\pi - 2\alpha) = \sin 2\alpha$ ◀

13.4 곡선의 길이

이제 곡선의 호의 길이를 결정하는 반복적인 주제로 돌아간다. 6.5절에서 $y = f(x)$ 형태 곡선의 호의 길이를 구하는 방법을 배웠고, 11.1절과 11.3절에서 매개변수로 나타내거나 극좌표로 표현한 평면 곡선의 호의 길이에 대한 공식을 학습했다. 이 절에서는 벡터함수로 나타낸 3차원 곡선의 호의 길이를 구하기 위해 이 아이디어를 확장한다. 또한 호의 길이를 매개변수로 하여 곡선의 매개방정식을 공식화하는 방법을 학습한다.

호의 길이

f', g', h'이 $[a, b]$에서 연속일 때, 벡터함수 $\mathbf{r}(t) = \langle f(t), g(t), h(t) \rangle$, $a \le t \le b$로 나타낸 곡선을 고려하자. 11.1절에서 2차원 곡선 $\mathbf{r}(t) = \langle f(t), g(t) \rangle$, $a \le t \le b$의 호의 길이 L은 다음과 같음을 살펴봤다.

$$L = \int_a^b \sqrt{f'(t)^2 + g'(t)^2}\, dt$$

3차원 곡선의 경우도 호의 길이 공식은 유사하다. 구간 $[a, b]$에서 곡선 $\mathbf{r}(t) = \langle f(t), g(t), h(t) \rangle$의 길이는 다음과 같다.

$$L = \int_a^b \sqrt{f'(t)^2 + g'(t)^2 + h'(t)^2}\, dt$$

$\mathbf{r}'(t) = \langle f'(t), g'(t), h'(t) \rangle$를 고려하여 다음 정의를 나타낸다.

정의 벡터함수의 호의 길이

f', g', h'이 연속일 때, $a \le t \le b$에 대하여 한 번 지나가는 매개 곡선 $\mathbf{r}(t) = \langle f(t), g(t), h(t) \rangle$를 고려하자. $(f(a), g(a), h(a))$와 $(f(b), g(b), h(b))$ 사이의 곡선의 **호의 길이**는 다음과 같다.

$$L = \int_a^b \sqrt{f'(t)^2 + g'(t)^2 + h'(t)^2}\,dt = \int_a^b |\mathbf{r}'(t)|\,dt$$

➤ 중요한 사실은 매끄러운 매개 곡선의 호의 길이는 매개변수의 선택과 무관하다는 것이다.

➤ xy평면의 곡선의 경우 호의 길이의 정의에서 $h(t) = 0$으로 놓는다.

QUICK CHECK 1 호의 길이 공식을 적용하여 직선 $\mathbf{r}(t) = \langle 2t, t, -2t \rangle$, $0 \le t \le 3$의 길이를 구하여라. ◀

호의 길이 문제는 정확한 값을 구하기 어려운 적분이 나오는 경우가 있다.

| 예제 1 | 행성 궤도의 길이 케플러의 제1법칙에 따르면 행성은 타원 궤도로 태양을 중심으로 회전한다. xy평면에서 타원을 나타내는 벡터함수는 다음과 같다.

$$\mathbf{r}(t) = \langle a \cos t, b \sin t \rangle, \quad 0 \le t \le 2\pi$$

$a > b > 0$이면 $2a$는 장축의 길이이고 $2b$는 단축의 길이이다(그림 13.26). 표 13.1에 주어진 행성 궤도의 길이를 확인하자. 거리는 지구 궤도의 장축 길이의 절반인 천문 단위(AU) 또는 약 9300만 마일로 표시된다.

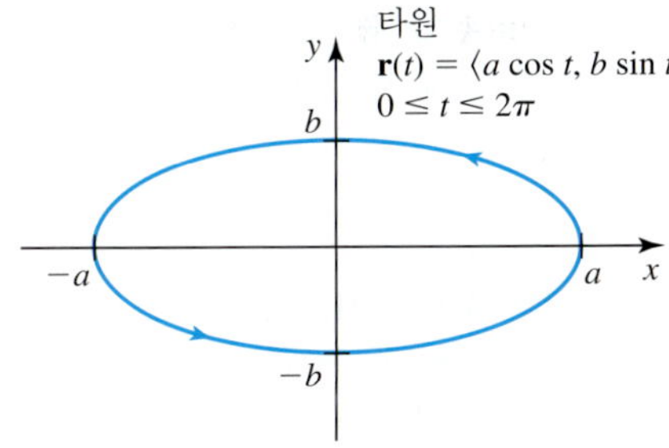

그림 13.26

표 13.1

행성	장축 길이의 절반, a(AU)	단축 길이의 절반 b(AU)	$\alpha = b/a$	궤도의 길이 (AU)
수성	0.387	0.379	0.979	2.407
금성	0.723	0.723	1.000	4.543
지구	1.000	0.999	0.999	6.280
화성	1.524	1.517	0.995	9.554
목성	5.203	5.179	0.995	32.616
토성	9.539	9.524	0.998	59.888
천왕성	19.182	19.161	0.999	120.458
해왕성	30.058	30.057	1.000	188.857

➤ 독일 천문학자이자 수학자 요하네스 케플러(Johannes Kepler, 1571–1630)는 티코 브라헤(Tycho Brahe)가 세심하게 수집한 데이터를 이용하여 태양을 공전하는 행성과 혜성이 따르는 세 가지 경험적 법칙을 공식화했다. 케플러의 연구는 50년 후 개발된 뉴턴의 만유인력 법칙의 기초를 형성했다.

➤ 2006년 9월에 명왕성은 세레스, 하우메아, 마케마케, 에리스와 함께 우리 태양계의 5개 왜소행성 중 하나로 분류됐다.

풀이

호의 길이 공식을 이용하면 일반 타원 궤도의 길이는 다음과 같다.

$$\begin{aligned} L &= \int_0^{2\pi} \sqrt{x'(t)^2 + y'(t)^2}\,dt \\ &= \int_0^{2\pi} \sqrt{(-a \sin t)^2 + (b \cos t)^2}\,dt \quad x'(t),\ y'(t) \text{ 대입하기} \\ &= \int_0^{2\pi} \sqrt{a^2 \sin^2 t + b^2 \cos^2 t}\,dt \quad \text{간단히 하기} \end{aligned}$$

제곱근에서 a^2으로 묶어 내고, $\alpha = b/a$라 하면 다음을 얻는다.

$$
\begin{aligned}
L &= \int_0^{2\pi} \sqrt{a^2\left(\sin^2 t + (b/a)^2\cos^2 t\right)}\,dt && a^2\text{으로 묶기}\\
&= a\int_0^{2\pi}\sqrt{\sin^2 t + \alpha^2\cos^2 t}\,dt && \alpha = b/a\text{로 놓기}\\
&= 4a\int_0^{\pi/2}\sqrt{\sin^2 t + \alpha^2\cos^2 t}\,dt && \text{대칭성을 이용하면 } [0, \pi/2] \text{ 위의 1/4 궤적}
\end{aligned}
$$

▶ 타원의 길이를 구하는 적분은 제2종의 완전 타원 적분이다. 많은 참고서와 소프트웨어 패키지로부터 이 적분의 근삿값을 구할 수 있다.

불행히도 이 적분에 대한 역도함수는 기본 함수로 구할 수 없으므로 두 가지 방법을 통해 구해야 한다. 이 적분은 많이 알려져 있을 뿐 아니라 α의 값에 따른 적분 값이 표로 작성돼 있다. 계산기를 사용하여 적분을 수치적으로 근사할 수도 있다(8.8절 참조). 표 13.1의 궤도 길이는 근사 적분을 이용하여 구한 것이다. 예를 들어 $a = 0.387$과 $\alpha = 0.979$인 수성 궤도의 길이는 다음과 같다.

▶ 표 13.1의 α는 반올림 값이지만 예제 1의 계산은 정밀하게 계산됐으며, 마지막 단계에서만 소수점 아래 셋째 자리에서 반올림했다.

$$
\begin{aligned}
L &= 4a\int_0^{\pi/2}\sqrt{\sin^2 t + \alpha^2\cos^2 t}\,dt\\
&= 1.548\int_0^{\pi/2}\sqrt{\sin^2 t + 0.959\cos^2 t}\,dt && \text{간단히 하기}\\
&\approx 2.407 && \text{계산기로 근사하기}
\end{aligned}
$$

▶ 6장에서의 물체가 1차원에서 이동한 거리는 $\int_a^b |\mathbf{v}(t)|\,dt$임을 기억하여라. 호의 길이 공식은 이 공식을 3차원으로 일반화한 것이다.

모든 행성에 대하여 α가 1에 가깝다는 사실은 그들의 궤도가 거의 원형임을 의미한다. 이러한 이유로 표에 표시된 궤도의 길이는 반지름이 a인 원형 궤도의 길이인 $2\pi a$와 거의 같다.

관련 연습문제 14번 ◀

함수 $\mathbf{r}(t) = \langle x(t), y(t), z(t)\rangle$가 움직이는 물체의 위치 함수이면 호의 길이 공식은 자연스럽게 해석된다. $\mathbf{v}(t) = \mathbf{r}'(t)$는 물체의 속도이고 $|\mathbf{v}(t)| = |\mathbf{r}'(t)|$는 물체의 속력임을 상기하자. 따라서 호의 길이 공식은 다음과 같다.

$$L = \int_a^b |\mathbf{r}'(t)|\,dt = \int_a^b |\mathbf{v}(t)|\,dt$$

이 공식은 거리 = 속력 × 경과 시간 공식과 유사하다.

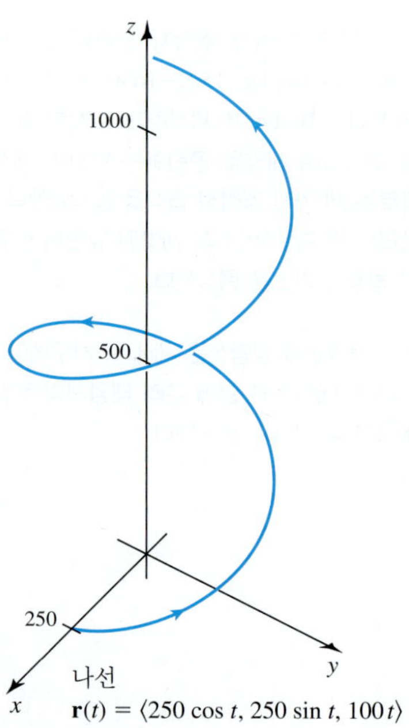

그림 13.27

▶ z축을 중심으로 반시계 방향으로 도는 나선의 표준 매개화는 $\mathbf{r}(t) = \langle a\cos t, a\sin t, bt\rangle$이다. 나선은 접선벡터가 감는 축과 일정한 각도를 이루는 속성을 갖고 있다.

| 예제 2 | 독수리의 비행 한 독수리가 다음과 같이 주어진 나선형 경로를 따라 100 ft/min의 속력으로 상승한다(그림 13.27).

$$\mathbf{r}(t) = \langle 250\cos t, 250\sin t, 100t\rangle$$

이때 $\mathbf{r}$은 피트로, t는 분으로 측정한다. 독수리가 10분 동안 이동한 거리는 얼마인가?

풀이 독수리의 속력은 다음과 같다.

$$
\begin{aligned}
|\mathbf{v}(t)| &= \sqrt{x'(t)^2 + y'(t)^2 + z'(t)^2}\\
&= \sqrt{(-250\sin t)^2 + (250\cos t)^2 + 100^2} && \text{도함수 대입하기}
\end{aligned}
$$

$$= \sqrt{250^2 (\sin^2 t + \cos^2 t) + 100^2} \quad \text{항끼리 묶기}$$

$$= \sqrt{250^2 + 100^2} \approx 269 \quad \sin^2 t + \cos^2 t = 1$$

따라서 이동한 거리는 다음과 같다(일정한 속력, 즉 상수의 적분은 계산하기 쉽다).

$$L = \int_0^{10} |\mathbf{v}(t)|\, dt \approx \int_0^{10} 269\, dt = 2690$$

독수리는 10분 동안 약 2690 ft를 이동한다.

관련 연습문제 13번 ◀

매개화된 호의 길이

지금까지 곡선 $\mathbf{r}(t) = \langle f(t), g(t), h(t) \rangle$를 설명할 때 사용한 매개변수 t는 편의상 또는 특정 단위로 시간을 나타내므로 선택된 것이다. 이제 곡선을 설명하기 위한 가장 자연스러운 매개변수를 다룰 것이다. 그 매개변수는 **호의 길이**이다. 곡선이 **호의 길이로 매개화**되는 것이 무엇을 의미하는지 살펴본다.

중심이 원점인 단위원의 다음 두 가지 특성을 고려하자.

$$\langle \cos t, \sin t \rangle, \quad 0 \le t \le 2\pi \text{ 와 } \langle \cos 2t, \sin 2t \rangle, \quad 0 \le t \le \pi$$

첫 번째 원은 매개변수 t가 $t = 0$에서 $t = 2\pi$로 증가함에 따라 원 전체가 만들어지고, 호의 길이 s도 $s = 0$에서 $s = 2\pi$로 증가한다. 즉, 매개변수 t가 증가함에 따라 그려지는 곡선의 호의 길이가 생성된다(그림 13.28(a)).

두 번째 원은 t가 $t = 0$에서 $t = \pi$로 증가함에 따라 원 전체가 만들어지고, 호의 길이 s도 $s = 0$에서 $s = 2\pi$로 증가한다. 이 경우 t에 관한 구간의 길이는 곡선의 길이와 같지 않다. 즉, 매개변수 t와 호의 길이는 무관하다(그림 13.28(b)). 일반적으로 주어진 곡선을 매개화하는 데 많은 방법이 있지만, 호의 길이는 시작점과 방향에 대한 하나의 매개변수이다.

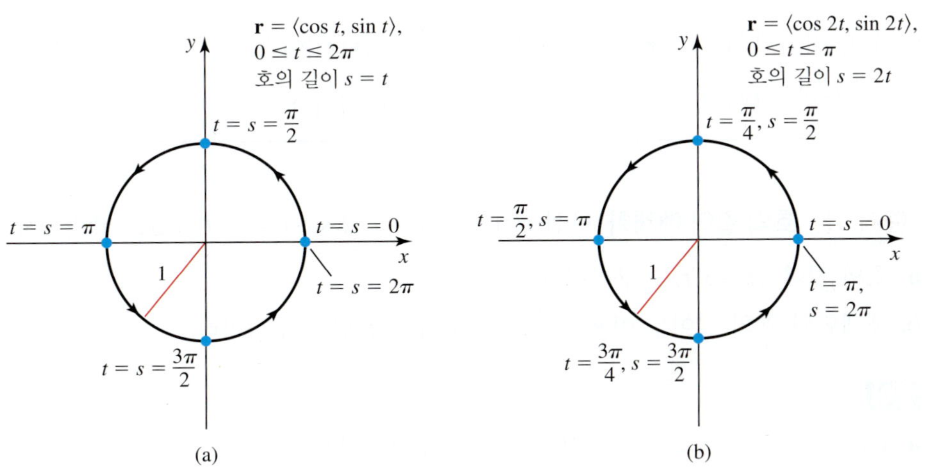

그림 13.28

QUICK CHECK 2 원의 일부 $\mathbf{r}(t) = \langle \cos t, \sin t \rangle$, $a \le t \le b$를 고려하자. 이 곡선의 호의 길이가 $b - a$임을 보여라. ◀

호의 길이 함수 매개변수 t에 대하여 함수 $\mathbf{r}(t) = \langle f(t), g(t), h(t)\rangle$, $t \geq a$로 표현된 매끄러운 곡선을 생각하자. t가 증가함에 따라 곡선의 길이도 증가한다는 점에 유의하자. 호의 길이 공식을 이용하면 $\mathbf{r}(a)$에서 $\mathbf{r}(t)$까지 곡선의 길이는 다음과 같다.

▶ t는 함수 $s(t)$의 독립변수이므로 다른 기호 u가 적분 변수에 사용된다. 호의 길이 함수로 s를 사용하는 것이 일반적이다.

$$s(t) = \int_a^t \sqrt{f'(u)^2 + g'(u)^2 + h'(u)^2}\, du = \int_a^t |\mathbf{v}(u)|\, du$$

이 식은 호의 길이와 곡선을 나타낼 때 사용하는 매개변수 t와의 관계를 나타낸 것이다.

이 관계의 중요한 결과는 미적분학의 기본 정리를 이용하여 t에 관하여 양변을 미분하면 다음을 얻는다.

$$\frac{ds}{dt} = \frac{d}{dt}\left(\int_a^t |\mathbf{v}(u)|\, du\right) = |\mathbf{v}(t)|$$

이는 t를 시간, $\mathbf{r}$을 곡선 위를 움직이는 물체의 위치라 하면 시간에 대한 호의 길이의 변화율은 물체의 속력이 됨을 의미한다. $\mathbf{r}(t)$가 매끄러운 곡선이면 $|\mathbf{v}(t)| \neq 0$이다. 따라서 $ds/dt > 0$이고 s는 t의 증가함수이며, t가 증가하면 호의 길이도 증가한다. $\mathbf{r}(t)$가 $|\mathbf{v}(t)| = 1$인 곡선이면

$$s(t) = \int_a^t |\mathbf{v}(u)|\, du = \int_a^t 1\, du = t - a$$

이며, 매개변수 t가 호의 길이와 관계가 있음을 의미한다. 이는 다음 정리로 요약된다.

> **정리 13.3 매개화된 함수의 호의 길이**
>
> $\mathbf{r}(t)$를 $t \geq a$에서 매끄러운 곡선이라 하자. 이 호의 길이는
>
> $$s(t) = \int_a^t |\mathbf{v}(u)|\, du$$
>
> 이고, 여기서 $|\mathbf{v}| = |\mathbf{r}'|$이다. 이로부터 $\dfrac{ds}{dt} = |\mathbf{v}(t)|$이다. 모든 $t \geq a$에 대하여 $|\mathbf{v}(t)| = 1$이면 매개변수 t는 호의 길이와 관계된다.

| 예제 3 | 호의 길이 매개화 나선 $\mathbf{r}(t) = \langle 2\cos t, 2\sin t, 4t\rangle$, $t \geq 0$을 고려하자.

a. 호의 길이 함수 $s(t)$를 구하여라.

b. 매개화된 호의 길이를 이용하는 나선의 다른 표현을 구하여라.

풀이

a. $\mathbf{r}'(t) = \langle -2\sin t, 2\cos t, 4\rangle$이므로 다음을 얻는다.

$$\begin{aligned} |\mathbf{v}(t)| = |\mathbf{r}'(t)| &= \sqrt{(-2\sin t)^2 + (2\cos t)^2 + 4^2} \\ &= \sqrt{4(\sin^2 t + \cos^2 t) + 4^2} && \text{간단히 하기} \\ &= \sqrt{4 + 4^2} && \sin^2 t + \cos^2 t = 1 \\ &= \sqrt{20} = 2\sqrt{5} && \text{간단히 하기} \end{aligned}$$

따라서 호의 길이 s와 매개변수 t의 관계는 다음과 같다.

$$s(t) = \int_a^t |\mathbf{v}(u)|\, du = \int_0^t 2\sqrt{5}\, du = 2\sqrt{5}\, t$$

매개변수 t의 $1/(2\sqrt{5})$만큼의 증가는 호의 길이의 1만큼의 증가에 해당한다. 따라서 곡선은 호의 길이로 매개화되지 않는다.

b. 나선 $\mathbf{r}(t)$에 $t = s/(2\sqrt{5})$를 대입하면 다음과 같은 (다른 함수 이름을 이용하여) 매개화된 호의 길이 함수를 구할 수 있다.

$$\mathbf{r}_1(s) = \left\langle 2\cos\left(\frac{s}{2\sqrt{5}}\right),\ 2\sin\left(\frac{s}{2\sqrt{5}}\right),\ \frac{2s}{\sqrt{5}} \right\rangle, \quad s \ge 0$$

이는 매개변수의 Δs만큼의 증가는 호의 길이의 Δs만큼의 증가에 해당한다는 성질이 있음을 설명한 것이다.

관련 연습문제 19-20번 ◀

QUICK CHECK 3 직선 $\mathbf{r}(t) = \langle t, t, t \rangle$는 매개화된 호의 길이를 갖는가? 이유를 설명하여라. ◀

13.5절에서 알 수 있듯이 (가능한 경우) 호의 길이를 매개화하면 일반적으로 계산이 간단해진다.

13.4절 연습문제

1단계 스타트

1. 직선 $\mathbf{r}(t) = \langle t, 2t \rangle$, $a \le t \le b$의 길이를 구하여라.

2. 곡선을 따라 움직이는 물체의 속도로 호의 길이를 나타내어라.

3. 궤적

$$\mathbf{r}(t) = \langle 10\cos 2t, 10\sin 2t \rangle, \quad 0 \le t \le \pi$$

를 따라 움직이는 물체가 움직인 거리는 얼마인가?

4. 곡선이 호의 길이에 의해 매개화된다는 의미를 설명하여라.

2단계 실전

5–11. 호의 길이 계산 다음 2차원 곡선 또는 3차원 곡선의 길이를 구하여라.

5. $\mathbf{r}(t) = \langle 3t^2 - 1, 4t^2 + 5 \rangle$, $0 \le t \le 1$

6. $\mathbf{r}(t) = \langle 3\cos t, 3\sin t \rangle$, $0 \le t \le \pi$

7. $\mathbf{r}(t) = \langle \cos t + t\sin t, \sin t - t\cos t \rangle$, $0 \le t \le \pi/2$

8. $\mathbf{r}(t) = \langle 2 + 3t, 1 - 4t, -4 + 3t \rangle$, $1 \le t \le 6$

9. $\mathbf{r}(t) = \langle t, 8\sin t, 8\cos t \rangle$, $0 \le t \le 4\pi$

10. $\mathbf{r}(t) = \langle e^{2t}, 2e^{2t} + 5, 2e^{2t} - 20 \rangle$, $0 \le t \le \ln 2$

11. $\mathbf{r}(t) = \langle \cos^3 t, \sin^3 t \rangle$, $0 \le t \le \pi/2$

12–13. 속력과 호의 길이 다음 궤적에 대하여 궤적과 관련된 속도를 구한 다음, 주어진 구간에서 궤적의 길이를 구하여라.

12. $\mathbf{r}(t) = \langle 2t^3, -t^3, 5t^3 \rangle$, $0 \le t \le 4$

13. $\mathbf{r}(t) = \langle 13\sin 2t, 12\cos 2t, 5\cos 2t \rangle$, $0 \le t \le \pi$

14. 지구의 속도 지구의 한 궤도의 길이가 약 6.280 AU임을 보여라(표 13.1 참조). 시간당 마일 단위로 태양에 대한 지구의 평균 속도를 구하여라(**힌트**: 지구가 태양을 한 바퀴 도는 데 365.25일이 걸린다).

15–16. 호의 길이 근사 계산기를 사용하여 곡선의 길이의 근삿값을 구하여라. 근삿값을 구하기 전에 호의 길이에 관한 적분을 최대한 간단히 하여라.

15. $\mathbf{r}(t) = \langle 2\cos t, 4\sin t \rangle$, $0 \le t \le 2\pi$

16. $\mathbf{r}(t) = \langle t, 4t^2, 10 \rangle$, $-2 \le t \le 2$

17–21. 호의 길이 매개화 다음 곡선이 호의 길이를 매개변수로 사용하는지 확인하여라. 그렇지 않은 경우 호의 길이를 매개변수로 사용하는 표현을 구하여라.

17. $\mathbf{r}(t) = \langle 1, \sin t, \cos t \rangle$, $t \ge 1$

18. $\mathbf{r}(t) = \langle t, 2t \rangle$, $0 \le t \le 3$

19. $\mathbf{r}(t) = \langle 2\cos t, 2\sin t \rangle$, $0 \le t \le 2\pi$

20. $\mathbf{r}(t) = \langle \cos t^2, \sin t^2 \rangle$, $0 \le t \le \sqrt{\pi}$

21. $\mathbf{r}(t) = \langle e^t, e^t, e^t \rangle$, $t \ge 0$

22. 참 또는 거짓 다음 명제가 참이면 증명하고 거짓이면 반례를 들어라.

a. 시간 구간 $a \le t \le b$에서 물체가 일정한 속력 S로 궤적을 따라 움직이면 궤적의 길이는 $S(b-a)$이다.

b. 다음 두 곡선은 구간 $[a, b]$에서 같은 길이를 갖는다.

$$\mathbf{r}(t) = \langle f(t), g(t) \rangle \text{와 } \mathbf{R}(t) = \langle g(t), f(t) \rangle$$

c. 곡선 $\mathbf{r}(t) = \langle f(t), g(t) \rangle$, $0 \le a \le t \le b$와 곡선 $\mathbf{R}(t) = \langle f(t^2), g(t^2) \rangle$, $\sqrt{a} \le t \le \sqrt{b}$는 같은 길이를 갖는다.

d. 곡선 $\mathbf{r}(t) = \langle t, t^2, 3t^2 \rangle$, $1 \le t \le 4$는 호의 길이에 의해 매개화된다.

23. 기울어진 원 세 양수 a, b, c에 대하여 다음과 같이 표현된 곡선 C를 가정하자.

$$\mathbf{r}(t) = \langle a\cos t, b\sin t, c\sin t \rangle$$

a. C가 평면 위에 곡선이고 $a^2 = b^2 + c^2$이면 C는 중심이 원점인 원임을 보여라.

b. **a**에서 원의 호의 길이를 구하라.

c. C가 평면 위에 곡선일 때, $\mathbf{r}(t) = \langle a\cos t + b\sin t, c\cos t + d\sin t, e\cos t + f\sin t \rangle$가 원을 나타내기 위한 조건을 구하여라. 그다음 이 호의 길이를 구하여라.

24. 특별한 경우 두 상수 A, B와 연속인 도함수를 갖는 함수 h에 대하여 다음과 같이 표현되는 곡선을 가정하자.

$$\mathbf{r}(t) = \langle Ah(t), Bh(t) \rangle, \quad a \le t \le b$$

a. 곡선의 길이는 다음과 같음을 보여라.

$$\sqrt{A^2 + B^2}\int_a^b |h'(t)|\,dt$$

b. **a**를 이용하여 곡선 $x = 2t^3$, $y = 5t^3$, $0 \le t \le 4$의 길이를 구하여라.

c. **a**를 이용하여 곡선 $x = 4/t$, $y = 10/t$, $1 \le t \le 8$의 길이를 구하여라.

3단계 도전

25. 발사체 궤적 초기 수평 속도 u_0 및 초기 수직 속도 v_0으로 원점에서 발사된 발사체(예를 들어 야구공 또는 대포알)가 다음과 같이 주어진 포물선 궤적을 따라 이동한다.

$$\mathbf{r}(t) = \left\langle u_0 t, -\frac{1}{2}gt^2 + v_0 t \right\rangle, \quad t \ge 0$$

이때 공기 저항은 무시하며, $g = 9.8\ \text{m/s}^2$은 중력가속도이다 (13.3절 참조).

a. $u_0 = 20$ m/s 및 $v_0 = 25$ m/s일 때, 발사체가 수평면 위로 발사됐다면 몇 시에 지구로 돌아오는가?

b. 발사한 이후 착륙할 때까지 궤적의 길이에 관한 적분을 구하여라.

c. $u = -gt + v_0$으로 변수를 바꾸어 **b**의 적분을 계산하여라. 계산된 결과의 적분에서 변수를 다시 바꾸거나 계산기를 사용하여 궤적의 길이를 구하여라.

d. 발사체는 발사 지점으로부터 얼마나 멀리 떨어졌는가?

26. 호의 길이 매개화 $a^2 + b^2 + c^2 = 1$일 때, $\mathbf{r}(t) = \langle x_0 + at, y_0 + bt, z_0 + ct \rangle$는 호의 길이로 매개화된 직선임을 보여라.

27. 관련된 곡선의 길이 곡선 $\mathbf{r}(t) = \langle f(t), g(t) \rangle$를 생각하자. 여기서 f와 g는 $a \le t \le b$에서 연속이고, 곡선은 $a \le t \le b$에서 한 번 가로지른다. $(f(a), g(a))$와 $(f(b), g(b))$ 사이의 곡선의 길이를 L이라 할 때, 0이 아닌 임의의 상수 c에 대하여 $\mathbf{r}(t) = \langle cf(t), cg(t) \rangle$, $a \le t \le b$로 정의된 곡선의 길이는 $|c|L$임을 보여라.

QUICK CHECK 정답

1. 9 **2.** $a \le t \le b$에서의 곡선은 전체 원의 $(b-a)/2\pi$이다. 전체 원의 길이가 2π이므로 곡선 C의 길이는 $b-a$이다. **3.** 아니다. t가 1단위 증가하면 곡선의 길이는 $\sqrt{3}$단위 증가한다.

13.5 곡률과 법선벡터

공간 곡선의 길이와 접선벡터를 구하는 방법을 알지만 곡선의 형태에 대하여 더 살펴보자. 이 절에서는 어떤 점에서 곡선이 얼마나 **빨리** 방향을 바꾸는지 나타내는 **곡률**(curvature), 곡선이 전환하는 방향을 나타내는 **법선벡터**(normal vector)와 곡선이 얼마나 비틀리는지 나타내는 **종법선벡터**(binormal vector)와 **비틀림률**(torsion)을 소개한다.

곡률

구부러진 산길을 달리는 차를 상상하면 차의 속도를 변화시키는 것(즉, 가속시키는 것)은 두 가지 경우가 있다. 자동차의 **속력**을 변화시키거나 **방향**을 변화시키는 것이다. 속력을 변화시키는 것은 상대적으로 쉬우므로 나중에 다루기로 하고, 방향의 변화에 집중해 보자. 자동차가 방향을 바꾸는 비율은 **곡률**과 관련이 있다.

단위접선벡터 13.2절에서 $\mathbf{r}(t) = \langle x(t), y(t), z(t) \rangle$가 방향을 갖는 매끄러운 곡선이면 한 점에서의 단위접선벡터는 접선벡터 $\mathbf{r}'(t)$ 방향의 단위벡터임을 살펴봤다. 즉, 다음과 같다.

$$\mathbf{T}(t) = \frac{\mathbf{r}'(t)}{|\mathbf{r}'(t)|} = \frac{\mathbf{v}(t)}{|\mathbf{v}(t)|}$$

$\mathbf{T}$는 단위벡터이므로 곡선을 따라 그 길이는 변하지 않는다. 단위접선벡터가 변할 수 있는 것은 오직 방향뿐이다.

곡선을 따라 움직일 때 단위접선벡터 $\mathbf{T}$는 얼마나 빨리 방향을 바꾸겠는가? 곡선을 따라 곡선의 길이의 작은 변화 Δs가 단위접선벡터 $\mathbf{T}$의 방향 변화에 큰 영향을 미친다면 곡선은 빨리 휠 것이고, 큰 **곡률**을 갖게 된다(그림 13.29(a)). 곡선의 길이의 작은 변화 Δs가 단위접선벡터 $\mathbf{T}$의 방향 변화에 작은 영향을 미친다면 곡선은 천천히 휠 것이고, 작은 **곡률**을 갖게 된다(그림 13.29(b)). 곡선의 길이에 대한 단위접선벡터 $\mathbf{T}$의 방향 변화의 비율은 그 곡선의 곡률이다.

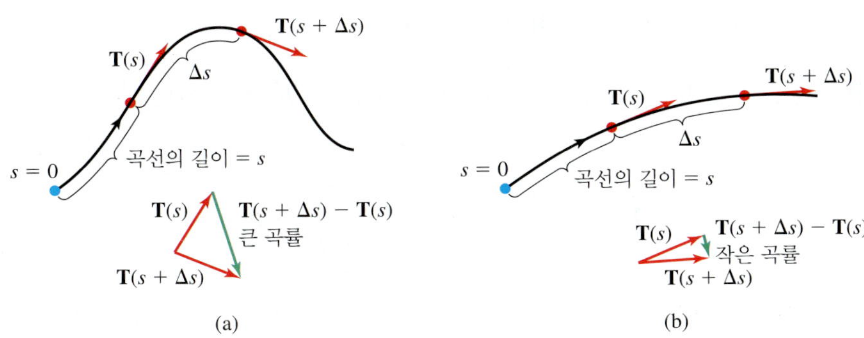

그림 13.29

▶ 어떤 점에서 단위접선벡터가 곡선의 방향에 의존함을 상기하자. 곡률은 곡선의 방향에 의존하지 않는 반면, 곡선의 모양에는 의존한다. 그리스 문자 κ(카파)는 곡률을 나타내는 데 사용된다.

정의 곡률

매끄러운 곡선 $\mathbf{r}$에 대하여 s가 곡선의 길이이고 $\mathbf{T} = \mathbf{r}'/|\mathbf{r}'|$이 단위접선벡터일 때, **곡률**은 $\kappa(s) = \left|\dfrac{d\mathbf{T}}{ds}\right|$이다.

κ는 양의 실수 함수이다. 어떤 점에서 곡률 κ가 클수록 곡선이 빠르게 방향을 바꾼다는 것을 나타낸다. 곡률이 작다면 곡선은 상대적으로 직선에 가깝고 천천히 방향을 바꾼다. 곡선을 따라 단위접선벡터가 방향을 바꾸지 않는 직선의 곡률은 0이다.

$d\mathbf{T}/ds$를 계산하려면 곡선의 길이를 이용하여 곡선을 나타내야 하지만, 이는 쉽지 않다. 간단한 계산으로 유용한 두 곡률 공식을 얻을 수 있다.

t를 매개변수로 하여 연쇄 법칙을 이용하면 $\dfrac{d\mathbf{T}}{dt} = \dfrac{d\mathbf{T}}{ds} \cdot \dfrac{ds}{dt}$를 얻는다. 양변을 $ds/dt = |\mathbf{v}|$로 나누어 절댓값을 계산하면 다음을 얻는다.

$$\kappa = \left|\frac{d\mathbf{T}}{ds}\right| = \frac{|d\mathbf{T}/dt|}{|ds/dt|} = \frac{1}{|\mathbf{v}|}\left|\frac{d\mathbf{T}}{dt}\right|$$

이 유도 과정은 다음 정리의 증명이다.

정리 13.4 곡률 공식

t를 매개변수로 하는 매끄러운 곡선 $\mathbf{r}(t)$에 대하여 $\mathbf{v} = \mathbf{r}'$이 속도이고 $\mathbf{T}$가 단위접선벡터일 때, 곡률은 다음과 같다.

$$\kappa(t) = \frac{1}{|\mathbf{v}|}\left|\frac{d\mathbf{T}}{dt}\right| = \frac{|\mathbf{T}'(t)|}{|\mathbf{r}'(t)|}$$

| 예제 1 | 직선의 곡률은 0 다음 직선을 고려하자.

$$\mathbf{r}(t) = \langle x_0 + at, y_0 + bt, z_0 + ct \rangle, \quad -\infty < t < \infty$$

이 직선 위의 모든 점에서 곡률이 0임을 보여라.

풀이 $\mathbf{r}'(t) = \langle a, b, c \rangle$, $|\mathbf{r}'(t)| = |\mathbf{v}(t)| = \sqrt{a^2 + b^2 + c^2}$이므로 다음이 성립한다.

$$\mathbf{T}(t) = \frac{\mathbf{r}'(t)}{|\mathbf{r}'(t)|} = \frac{\langle a, b, c \rangle}{\sqrt{a^2 + b^2 + c^2}}$$

$\mathbf{T}$가 상수 벡터이므로 $\dfrac{d\mathbf{T}}{dt} = \mathbf{0}$이며, 따라서 직선 위의 모든 점에서 $\kappa = 0$이다.

관련 연습문제 6번 ◀

| 예제 2 | 곡률이 상수인 원 원 $\mathbf{r}(t) = \langle R\cos t,\ R\sin t\rangle,\ 0 \le t \le 2\pi,\ R > 0$에 대하여 $\kappa = 1/R$임을 보여라.

풀이 $\mathbf{r}'(t) = \langle -R\sin t,\ R\cos t\rangle$에서

$$\begin{aligned} |\mathbf{v}(t)| = |\mathbf{r}'(t)| &= \sqrt{(-R\sin t)^2 + (R\cos t)^2} \\ &= \sqrt{R^2(\sin^2 t + \cos^2 t)} && \text{간단히 하기} \\ &= R && \sin^2 t + \cos^2 t = 1,\ R > 0 \end{aligned}$$

이므로 다음이 성립한다.

$$\mathbf{T}(t) = \frac{\mathbf{r}'(t)}{|\mathbf{r}'(t)|} = \frac{\langle -R\sin t, R\cos t\rangle}{R} = \langle -\sin t, \cos t\rangle,$$

$$\frac{d\mathbf{T}}{dt} = \langle -\cos t, -\sin t\rangle$$

이를 종합하면 곡률은 다음과 같다.

$$\kappa = \frac{1}{|\mathbf{v}|}\left|\frac{d\mathbf{T}}{dt}\right| = \frac{1}{R}|\langle -\cos t, -\sin t\rangle| = \frac{1}{R}\sqrt{\underbrace{\cos^2 t + \sin^2 t}_{1}} = \frac{1}{R}$$

즉, 원의 곡률은 상수이며, 반지름이 작을수록 원은 큰 곡률을 갖는다. ◀

➤ 어떤 점에서 곡선의 곡률은 그 점에서 곡선에 접하는 반지름이 R인 원의 곡률로 생각할 수 있다. 연습문제 34–35번을 참조하여라.

곡률의 다른 공식 움직이는 물체의 궤적을 묘사하는 두 번째 곡률 공식은 여러 경우에 유용하다. 벡터함수의 성질에만 의존하므로 계산 과정이 편리하며, 결과적으로 아주 간단한 공식이 유도된다.

QUICK CHECK 1 원 $\mathbf{r}(t) = \langle 3\sin t, 3\cos t\rangle$의 곡률은 얼마인가? ◀

매끄러운 곡선 $\mathbf{r}(t) = \langle x(t),\ y(t),\ z(t)\rangle$를 고려하자. 여기서 $\mathbf{v}(t) = \mathbf{r}'(t)$, $\mathbf{a}(t) = \mathbf{v}'(t)$는 각각 곡선을 따라 움직이는 물체의 속도, 가속도이다. $\mathbf{v}(t) \ne \mathbf{0}$, $\mathbf{a}(t) \ne \mathbf{0}$이라 하자. $\mathbf{T} = \mathbf{v}/|\mathbf{v}|$이므로 $\mathbf{v} = |\mathbf{v}|\mathbf{T}$의 양변을 t에 관하여 미분하면 다음을 얻는다.

$$\mathbf{a} = \frac{d\mathbf{v}}{dt} = \frac{d}{dt}(|\mathbf{v}(t)|\,\mathbf{T}(t)) = \frac{d}{dt}(|\mathbf{v}(t)|)\mathbf{T}(t) + |\mathbf{v}(t)|\frac{d\mathbf{T}}{dt} \qquad \text{곱의 법칙}$$

$\mathbf{v} \times \mathbf{a}$를 정리하면 다음과 같다.

$$\begin{aligned} \mathbf{v} \times \mathbf{a} &= \underbrace{|\mathbf{v}|\mathbf{T}}_{\mathbf{v}} \times \underbrace{\left(\frac{d}{dt}(|\mathbf{v}|)\mathbf{T} + |\mathbf{v}|\frac{d\mathbf{T}}{dt}\right)}_{\mathbf{a}} \\ &= \underbrace{|\mathbf{v}|\mathbf{T} \times \left(\frac{d}{dt}(|\mathbf{v}|)\right)\mathbf{T}}_{0} + |\mathbf{v}|\mathbf{T} \times |\mathbf{v}|\frac{d\mathbf{T}}{dt} && \text{외적의 분배법칙} \end{aligned}$$

➤ 외적의 분배법칙
$\mathbf{w} \times (\mathbf{u} + \mathbf{v}) = (\mathbf{w} \times \mathbf{u}) + (\mathbf{w} \times \mathbf{v})$
$(\mathbf{u} + \mathbf{v}) \times \mathbf{w} = (\mathbf{u} \times \mathbf{w}) + (\mathbf{v} \times \mathbf{w})$

위 식의 첫 번째 항은 $a\mathbf{T} \times b\mathbf{T}$ 형태이고, 여기서 a, b는 상수이다. 따라서 $a\mathbf{T}$와

$b\mathbf{T}$는 서로 평행인 벡터이고 $a\mathbf{T} \times b\mathbf{T} = \mathbf{0}$이다. 두 번째 항을 간단히 하기 위해 길이가 상수인 벡터 $\mathbf{u}(t)$에 대하여 $\mathbf{u}$와 $d\mathbf{u}/dt$가 서로 직교함을 이용하자(13.3절). $\mathbf{T}$는 단위벡터이므로 그 길이는 상수이며, $\mathbf{T}$와 $d\mathbf{T}/dt$는 서로 직교한다. 또한 $\mathbf{T}$의 상수 배와 $d\mathbf{T}/dt$ 또한 서로 직교한다. 따라서 두 번째 항의 크기는 다음과 같다.

$$\left||\mathbf{v}|\mathbf{T} \times |\mathbf{v}|\frac{d\mathbf{T}}{dt}\right| = |\mathbf{v}||\mathbf{T}|\left||\mathbf{v}|\frac{d\mathbf{T}}{dt}\right|\underbrace{\sin\theta}_{1} \qquad |\mathbf{u} \times \mathbf{v}| = |\mathbf{u}||\mathbf{v}|\sin\theta$$

$$= |\mathbf{v}|^2\left|\frac{d\mathbf{T}}{dt}\right|\underbrace{|\mathbf{T}|}_{1} \qquad \text{간단히 하기, } \theta = \pi/2$$

$$= |\mathbf{v}|^2\left|\frac{d\mathbf{T}}{dt}\right| \qquad |\mathbf{T}| = 1$$

➤ 영벡터가 아닌 두 벡터 $\mathbf{u}$, $\mathbf{v}$의 외적의 크기는 $|\mathbf{u} \times \mathbf{v}| = |\mathbf{u}||\mathbf{v}|\sin\theta$이다. 여기서 θ는 두 벡터 사이의 각이다. 두 벡터가 서로 직교하면 $\sin\theta = 1$이므로 $|\mathbf{u} \times \mathbf{v}| = |\mathbf{u}||\mathbf{v}|$이다.

마지막으로 정리 13.4를 이용하고 $\left|\frac{d\mathbf{T}}{dt}\right| = \kappa|\mathbf{v}|$를 대입하면 다음을 얻는다.

$$|\mathbf{v} \times \mathbf{a}| = |\mathbf{v}|^2\left|\frac{d\mathbf{T}}{dt}\right| = |\mathbf{v}|^2\kappa|\mathbf{v}| = \kappa|\mathbf{v}|^3$$

곡률에 대하여 정리하면 $\kappa = \dfrac{|\mathbf{v} \times \mathbf{a}|}{|\mathbf{v}|^3}$이다.

➤ $\mathbf{a}(t) = \mathbf{0}$은 직선 운동을 나타내며, $\kappa = 0$이다. $\mathbf{v}(t) = \mathbf{0}$이면 물체는 움직이지 않으며, κ는 정의되지 않는다.

정리 13.5 곡률의 다른 공식

매끄러운 곡선을 따라 움직이는 물체의 위치를 $\mathbf{r}$이라 하자. 곡선 위의 한 점에서 **곡률**은 다음과 같다.

$$\kappa = \frac{|\mathbf{v} \times \mathbf{a}|}{|\mathbf{v}|^3}$$

여기서 $\mathbf{v} = \mathbf{r}'$은 속도이고 $\mathbf{a} = \mathbf{v}'$은 가속도이다.

QUICK CEHCK 2 $\mathbf{r}(t) = \langle t^2, 10, -10\rangle$의 곡률을 다른 곡률 공식을 적용하여 구하여라. ◀

| 예제 3 | 포물선의 곡률 양수 a에 대하여 포물선 $\mathbf{r}(t) = \langle t, at^2\rangle$, $-\infty < t < \infty$의 곡률을 구하여라.

풀이 이 경우 곡률의 다른 공식이 유용하다. $\mathbf{v}(t) = \mathbf{r}'(t) = \langle 1, 2at\rangle$, $\mathbf{a}(t) = \mathbf{v}'(t) = \langle 0, 2a\rangle$이다. 외적 $\mathbf{v} \times \mathbf{a}$를 계산하기 위해 두 벡터의 $\mathbf{k}$성분을 0으로 놓으면 다음을 얻는다.

$$\mathbf{v} \times \mathbf{a} = \begin{vmatrix} \mathbf{i} & \mathbf{j} & \mathbf{k} \\ 1 & 2at & 0 \\ 0 & 2a & 0 \end{vmatrix} = 2a\,\mathbf{k}$$

따라서 곡률은 다음과 같다.

$$\kappa(t) = \frac{|\mathbf{v} \times \mathbf{a}|}{|\mathbf{v}|^3} = \frac{|2a\,\mathbf{k}|}{|\langle 1, 2at \rangle|^3} = \frac{2a}{(1 + 4a^2 t^2)^{3/2}}$$

$t = 0$인 포물선의 꼭짓점에서 곡률은 최대이고 $\kappa = 2a$이다. $a = 1$일 때인 그림 13.30과 같이 꼭짓점에서 멀어질수록 곡률은 감소한다.

관련 연습문제 12번 ◀

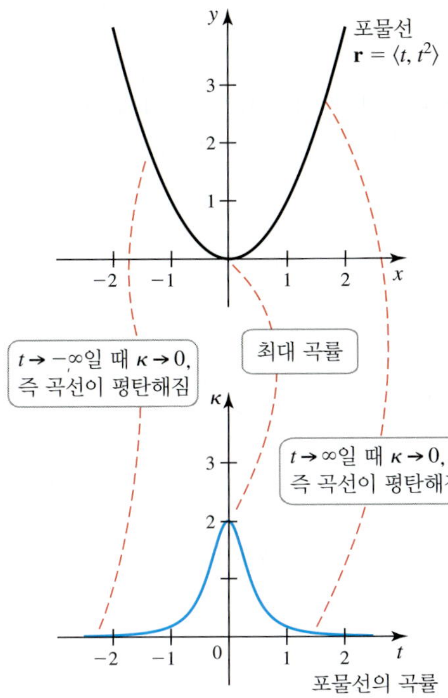

그림 13.30

| 예제 4 | 나선의 곡률 두 양수 a, b에 대하여 나선 $\mathbf{r}(t) = \langle a\cos t,\ a\sin t,\ bt \rangle$, $-\infty < t < \infty$의 곡률을 구하여라.

풀이 곡률의 다른 공식을 사용하면 다음을 얻는다.

$$\mathbf{v}(t) = \mathbf{r}'(t) = \langle -a\sin t, a\cos t, b \rangle,$$
$$\mathbf{a}(t) = \mathbf{v}'(t) = \langle -a\cos t, -a\sin t, 0 \rangle$$

외적 $\mathbf{v} \times \mathbf{a}$는

$$\mathbf{v} \times \mathbf{a} = \begin{vmatrix} \mathbf{i} & \mathbf{j} & \mathbf{k} \\ -a\sin t & a\cos t & b \\ -a\cos t & -a\sin t & 0 \end{vmatrix} = ab\sin t\,\mathbf{i} - ab\cos t\,\mathbf{j} + a^2\,\mathbf{k}$$

이므로 다음이 성립한다.

$$\begin{aligned} |\mathbf{v} \times \mathbf{a}| &= |ab\sin t\,\mathbf{i} - ab\cos t\,\mathbf{j} + a^2\,\mathbf{k}| \\ &= \sqrt{a^2 b^2 \underbrace{(\sin^2 t + \cos^2 t)}_{1} + a^4} \\ &= a\sqrt{a^2 + b^2} \end{aligned}$$

비슷한 방법으로 $|\mathbf{v}| = |\langle -a\sin t, a\cos t, b \rangle| = \sqrt{a^2 + b^2}$이다. 그러므로 다음을 얻는다.

$$\kappa = \frac{|\mathbf{v} \times \mathbf{a}|}{|\mathbf{v}|^3} = \frac{a\sqrt{a^2 + b^2}}{(\sqrt{a^2 + b^2})^3} = \frac{a}{a^2 + b^2}$$

이러한 형태의 나선들은 곡률이 상수임을 알 수 있다. ◀

➤ 나선의 곡률 공식에서 $b = 0$이면 나선은 반지름이 a이고 곡률이 $\kappa = \frac{1}{a}$인 원이 된다. 극단적인 경우 a를 고정시키고 $b \to \infty$라 하면 나선은 펴지므로 $\kappa \to 0$이 된다.

주단위법선벡터

곡선이 얼마나 빨리 방향을 바꾸는지 곡률을 통해 알 수 있다. 주단위법선벡터는 곡선이 움직이는 방향을 결정한다. 특히 $d\mathbf{T}/ds$의 크기는 곡률 $\kappa = |d\mathbf{T}/ds|$이다. $d\mathbf{T}/ds$의 방향은 어디인가? 벡터의 크기가 아닌 방향에만 관심이 있다면 원래 벡터와 같은 방향을 갖는 단위벡터를 이용하는 것이 편리하다. 이 아이디어를 $d\mathbf{T}/ds$에 적용해 보자. $d\mathbf{T}/ds$ 방향의 단위벡터는 주단위법선벡터(principle unit normal vector)이다.

▶ 주단위법선벡터는 곡선의 모양에 의존하며, 곡선의 방향과는 무관하다.

정의 주단위법선벡터

$\mathbf{r}$을 곡선의 길이로 매개화된 매끄러운 곡선이라 하자. $\kappa \neq 0$인 곡선 $\mathbf{r}$ 위의 점 P에서 **주단위법선벡터**는 다음과 같다.

$$\mathbf{N}(s) = \frac{d\mathbf{T}/ds}{|d\mathbf{T}/ds|} = \frac{1}{\kappa}\frac{d\mathbf{T}}{ds}$$

다른 변수의 경우 점 P에 대응하는 t에서 계산한, 다음과 같은 다른 공식을 이용한다.

$$\mathbf{N}(t) = \frac{d\mathbf{T}/dt}{|d\mathbf{T}/dt|}$$

연쇄 법칙을 이용하여 $\frac{d\mathbf{T}}{ds} = \frac{d\mathbf{T}}{dt}\cdot\frac{dt}{ds}$로 써서 정의로부터 유용한 공식 $\mathbf{N} = \frac{d\mathbf{T}/dt}{|d\mathbf{T}/dt|}$를 얻는다(연습문제 39번). 정의로부터 주단위법선벡터의 다음과 같은 두 가지 중요한 성질을 얻는다.

정리 13.6 주단위법선벡터의 성질

단위접선벡터 $\mathbf{T}$와 주단위법선벡터 $\mathbf{N}$을 갖는 매끄러운 곡선을 $\mathbf{r}$이라 하자.

1. $\mathbf{T}$와 $\mathbf{N}$은 곡선 위의 모든 점에서 서로 직교한다. 즉, $\mathbf{N}$이 정의되는 모든 점에서 $\mathbf{T}\cdot\mathbf{N} = 0$이다.
2. 주단위법선벡터는 곡선이 움직이는 방향에서 곡선의 안쪽을 가리킨다.

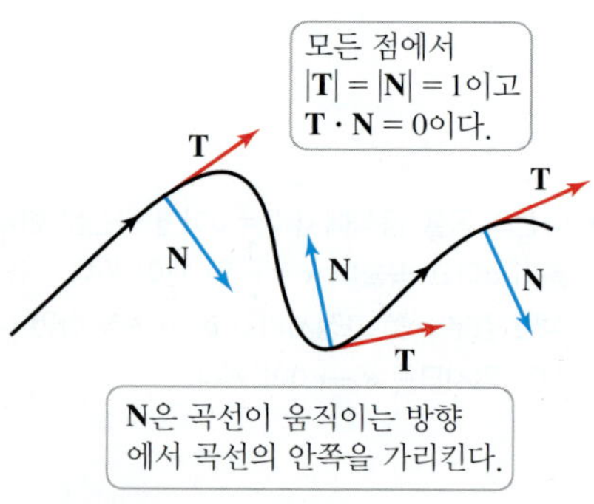

그림 13.31

증명

1. 단위벡터 $\mathbf{T}$는 길이가 상수이므로 정리 13.2에 의해 $\mathbf{T}$와 $d\mathbf{T}/dt$(또는 $\mathbf{T}$와 $d\mathbf{T}/ds$)는 서로 직교한다. $\mathbf{N}$은 $d\mathbf{T}/ds$의 상수 배이므로 $\mathbf{T}$와 $\mathbf{N}$은 서로 직교한다(그림 13.31).
2. 변화율 공식

$$\frac{d\mathbf{T}}{ds} = \lim_{\Delta s\to 0}\frac{\mathbf{T}(s+\Delta s) - \mathbf{T}(s)}{\Delta s}$$

에서 Δs가 작을 때 $d\mathbf{T}/ds$는 $\mathbf{T}(s+\Delta s) - \mathbf{T}(s)$의 방향을 근사적으로 가리킴을 상기하자. 그림 13.32와 같이 이 차는 곡선이 전환하는 방향을 가리킨다. $\mathbf{N}$이 $d\mathbf{T}/ds$의 양의 상수 배이므로 같은 방향을 가리킨다. ◀

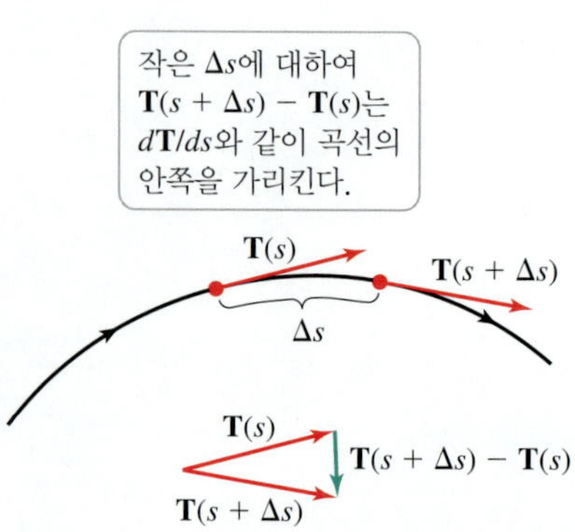

그림 13.32

| 예제 5 | 나선의 주단위법선벡터 두 양수 a, b에 대하여 나선 $\mathbf{r}(t) = \langle a\cos t, a\sin t, bt\rangle$, $-\infty < t < \infty$의 주단위법선벡터를 구하여라.

풀이 기본적인 몇 가지 계산을 해야 한다. 먼저 $\mathbf{v}(t) = \mathbf{r}'(t) = \langle -a\sin t, a\cos t, b\rangle$

를 계산하면

$$|\mathbf{v}(t)| = |\mathbf{r}'(t)| = \sqrt{(-a\sin t)^2 + (a\cos t)^2 + b^2}$$
$$= \sqrt{a^2(\sin^2 t + \cos^2 t) + b^2} \quad \text{간단히 하기}$$
$$= \sqrt{a^2 + b^2} \quad \sin^2 t + \cos^2 t = 1$$

이고 단위접선벡터는 다음과 같다.

$$\mathbf{T}(t) = \frac{\mathbf{r}'(t)}{|\mathbf{r}'(t)|} = \frac{\langle -a\sin t, a\cos t, b\rangle}{\sqrt{a^2 + b^2}}$$

T는 (그림 13.33과 같이 방정식 $\tan\theta = b/a$를 만족시키는 수평선과 이루는 각 θ에 대하여) 곡선을 따라 위쪽 방향을 가리키고 있음에 유의하자. 이제 주단위법선벡터와 법선벡터를 구할 수 있다. 먼저

$$\frac{d\mathbf{T}}{dt} = \frac{d}{dt}\left(\frac{\langle -a\sin t, a\cos t, b\rangle}{\sqrt{a^2 + b^2}}\right) = \frac{\langle -a\cos t, -a\sin t, 0\rangle}{\sqrt{a^2 + b^2}}$$

을 계산한 후 다음을 얻는다.

$$\left|\frac{d\mathbf{T}}{dt}\right| = \frac{a}{\sqrt{a^2 + b^2}}$$

따라서 주단위법선벡터는 다음과 같다.

$$\mathbf{N} = \frac{d\mathbf{T}/dt}{|d\mathbf{T}/dt|} = \frac{\dfrac{\langle -a\cos t, -a\sin t, 0\rangle}{\sqrt{a^2 + b^2}}}{\dfrac{a}{\sqrt{a^2 + b^2}}} = \langle -\cos t, -\sin t, 0\rangle$$

몇 가지 중요한 점을 살펴보자. 먼저 **N**은 단위벡터이므로 $|\mathbf{N}| = 1$이다. 또한 $\mathbf{T}\cdot\mathbf{N} = 0$이다. 즉, 단위접선벡터와 주단위법선벡터는 모든 점에서 서로 직교한다. 마지막으로 **N**은 xy평면에 평행이고 곡선이 움직이는 방향으로 z축 방향을 가리킨다(그림 13.33). $b = 0$인 경우 자취는 원이 되지만 법선벡터는 여전히 $\mathbf{N} = \langle -\cos t, -\sin t, 0\rangle$임에 유의하자. ➤

QUICK CHECK 3 포물선 $\mathbf{r}(t) = \langle t, -t^2\rangle$을 고려하자. 주단위법선벡터는 y축의 양방향을 가리키는가 음의 방향을 가리키는가? ➤

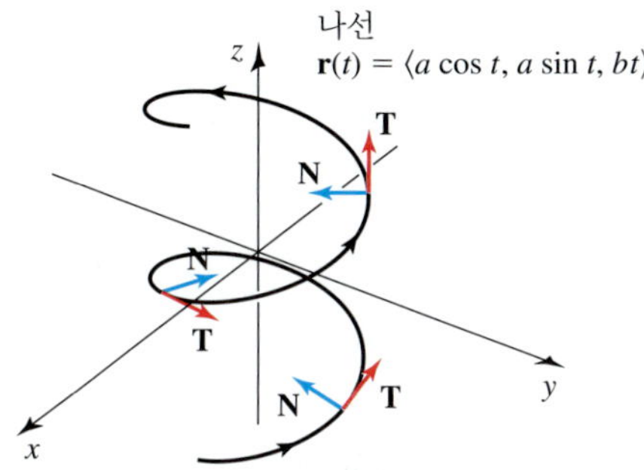

그림 13.33

QUICK CHECK 4 직선에 대한 주단위법선벡터는 왜 정의되지 않는가? ➤

가속도의 성분

두 벡터 **T**와 **N**은 움직이는 물체가 어떻게 가속하는지 연구할 때 사용한다. 움직이는 물체의 속도를 변화하는 두 가지 방법이 **속력**을 변화시키는 것과 **방향**을 바꾸는 것임을 생각하자. 속력을 바꾸는 것은 **T**의 방향에서 가속하는 것이고, 방향을 바꾸는 것은 **N**의 방향으로 가속하는 것임을 보일 것이다.

$\mathbf{T} = \dfrac{\mathbf{v}}{|\mathbf{v}|}$ 또는 $\mathbf{v} = \mathbf{T}|\mathbf{v}| = \mathbf{T}\dfrac{ds}{dt}$임을 이용하여 $\mathbf{v} = \mathbf{T}\dfrac{ds}{dt}$의 양변을 t에 대하여 미분하는 것으로 시작한다.

➤ 호의 길이 s에 대하여 속력이 $|\mathbf{v}| = ds/dt$임을 상기하자.

$$\begin{aligned}\mathbf{a} &= \frac{d\mathbf{v}}{dt} = \frac{d}{dt}\left(\mathbf{T}\frac{ds}{dt}\right)\\ &= \frac{d\mathbf{T}}{dt}\frac{ds}{dt} + \mathbf{T}\frac{d^2s}{dt^2} && \text{곱의 법칙}\\ &= \underbrace{\frac{d\mathbf{T}}{ds}}_{\kappa\mathbf{N}}\underbrace{\frac{ds}{dt}}_{|\mathbf{v}|}\frac{ds}{dt} + \mathbf{T}\frac{d^2s}{dt^2} && \text{연쇄 법칙 } \frac{d\mathbf{T}}{dt} = \frac{d\mathbf{T}}{ds}\frac{ds}{dt}\\ &= \kappa\mathbf{N}|\mathbf{v}|^2 + \mathbf{T}\frac{d^2s}{dt^2} && \text{대입하기}\end{aligned}$$

가속도의 법선 성분(normal component)과 접선 성분(tangential component)을 구해 보자.

➤ $\kappa = 0$인 점에서도 a_N과 a_T는 정의되는 반면, **N**은 정의되지 않는다.

정리 13.7 가속도의 접선 성분과 법선 성분

공간에서 매끄러운 곡선을 따라 움직이는 물체의 가속도 벡터는 다음과 같이 **접선 성분** a_T(**T**의 방향)와 **법선 성분** a_N(**N**의 방향)으로 나타낼 수 있다.

$$\mathbf{a} = a_N\mathbf{N} + a_T\mathbf{T}$$

여기서 $a_N = \kappa|\mathbf{v}|^2 = \frac{|\mathbf{v}\times\mathbf{a}|}{|\mathbf{v}|}$, $a_T = \frac{d^2s}{dt^2}$이다.

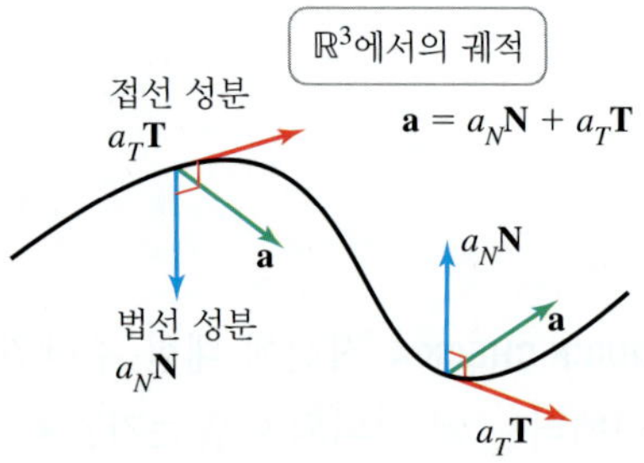

그림 13.34

T 방향으로 가속도의 접선 성분은 직선을 따라 움직이는 물체(그림 13.34)의 가속도 $a_T = d^2s/dt^2$이다. **N** 방향으로 가속도의 법선 성분은 속력 $|\mathbf{v}|$와 곡률에 따라 증가한다. 속력이 높을수록 큰 법선 가속도가 생성된다.

| 예제 6 | 원형 경로에서 가속도 두 양의 실수 R, ω에 대하여 다음 원형 곡선에서 가속도의 성분을 구하여라.

$$\mathbf{r}(t) = \langle R\cos\omega t, R\sin\omega t\rangle$$

풀이 $\mathbf{r}'(t) = \langle -R\omega\sin\omega t, R\omega\cos\omega t\rangle$, $|\mathbf{v}(t)| = |\mathbf{r}'(t)| = R\omega$이고, 예제 2에 의해 $\kappa = 1/R$이다. $ds/dt = |\mathbf{v}(t)|$는 상수이므로 $d^2s/dt^2 = 0$이고, 가속도의 접선 성분은 0이다. 가속도는 다음과 같다.

$$\mathbf{a} = \kappa|\mathbf{v}|^2\mathbf{N} + \underbrace{\frac{d^2s}{dt^2}}_{0}\mathbf{T} = \frac{1}{R}(R\omega)^2\mathbf{N} = R\omega^2\mathbf{N}$$

(일정한 속력으로 움직이는) 원형 경로에서 가속도는 온전히 법선 방향을 가리키며, 접선벡터와 서로 직교한다. 가속도는 원의 반지름 R과 각속력 ω에 의해 증가한다. ◀

| 예제 7 | 어느 자동차 운전자가 급커브를 지나는 포물선 궤적 $\mathbf{r}(t) = \langle t, t^2 \rangle$, $-2 \le t \le 2$를 따른다(그림 13.35). 자동차의 가속도의 접선 성분과 법선 성분을 구하여라.

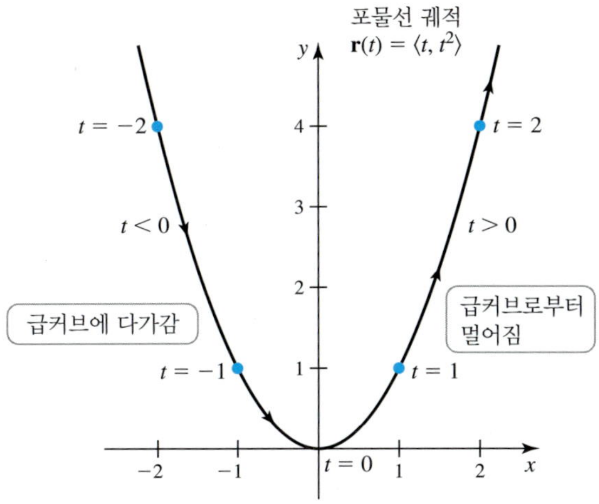

그림 13.35

풀이 속도 벡터와 가속도 벡터는 각각 $\mathbf{v}(t) = \mathbf{r}'(t) = \langle 1, 2t \rangle$, $\mathbf{a}(t) = \mathbf{r}''(t) = \langle 0, 2 \rangle$이다. $\mathbf{T}$와 $\mathbf{N}$을 이용하여 $\mathbf{a} = \langle 0, 2 \rangle$를 나타내 보자.

$$\mathbf{T} = \frac{\mathbf{v}}{|\mathbf{v}|} = \frac{\langle 1, 2t \rangle}{\sqrt{1 + 4t^2}}, \qquad \mathbf{N} = \frac{d\mathbf{T}/dt}{|d\mathbf{T}/dt|} = \frac{\langle -2t, 1 \rangle}{\sqrt{1 + 4t^2}}$$

두 가지 방법으로 진행할 것이다. 먼저 정의를 이용하여 가속도의 접선 성분과 법선 성분을 직접 계산한다. $\mathbf{T}$와 $\mathbf{N}$이 서로 직교하는 단위벡터이므로 $\mathbf{T}$와 $\mathbf{N}$ 방향으로 $\mathbf{a} = \langle 0, 2 \rangle$의 스칼라 사영을 구하면 다음과 같다.

$$a_N = \mathbf{a} \cdot \mathbf{N} = \langle 0, 2 \rangle \cdot \frac{\langle -2t, 1 \rangle}{\sqrt{1 + 4t^2}} = \frac{2}{\sqrt{1 + 4t^2}},$$

$$a_T = \mathbf{a} \cdot \mathbf{T} = \langle 0, 2 \rangle \cdot \frac{\langle 1, 2t \rangle}{\sqrt{1 + 4t^2}} = \frac{4t}{\sqrt{1 + 4t^2}}$$

➤ $|\mathbf{T}| = |\mathbf{N}| = 1$과 12.3절로부터 다음이 성립한다.

$$a_N = \text{scal}_{\mathbf{N}}\mathbf{a} = \frac{\mathbf{a} \cdot \mathbf{N}}{|\mathbf{N}|} = \mathbf{a} \cdot \mathbf{N},$$

$$a_T = \text{scal}_{\mathbf{T}}\mathbf{a} = \frac{\mathbf{a} \cdot \mathbf{T}}{|\mathbf{T}|} = \mathbf{a} \cdot \mathbf{T} = \frac{\mathbf{v} \cdot \mathbf{a}}{|\mathbf{v}|}$$

구한 성분이 맞는지 항상 확인해야 한다.

$$\mathbf{a} = a_N\mathbf{N} + a_T\mathbf{T} = \frac{2}{\sqrt{1 + 4t^2}}(\mathbf{N} + 2t\,\mathbf{T}) = \langle 0, 2 \rangle$$

이 결과를 해석하면 첫 번째 운전자는 감각적으로 커브 길을 운전한다. 속력 $|\mathbf{v}| = \sqrt{1 + 4t^2}$은 원점(급격한 코너)에 가까이 갈수록 감소하고 원점에서 멀어질수록 증가한다(그림 13.36). 자동차가 원점에 가까이 갈수록($t < 0$) $\mathbf{T}$는 궤적의 방향을 가리키고 $\mathbf{N}$은 곡선의 안쪽을 가리킨다. 그러나 $t < 0$일 때 $a_T = \dfrac{d^2s}{dt^2} < 0$이므로 $a_T\mathbf{T}$는 (감속에 대응하며) $\mathbf{T}$의 반대 방향을 가리킨다. 원점에서 멀어질수록($t > 0$) $a_T > 0$이므로 (가속에 대응하며) $\mathbf{T}$는 궤적의 방향을 가리킨다. 모든 시점에서 $\mathbf{N}$은 곡선의 안쪽을 가리킨다(그림 13.36). ◀

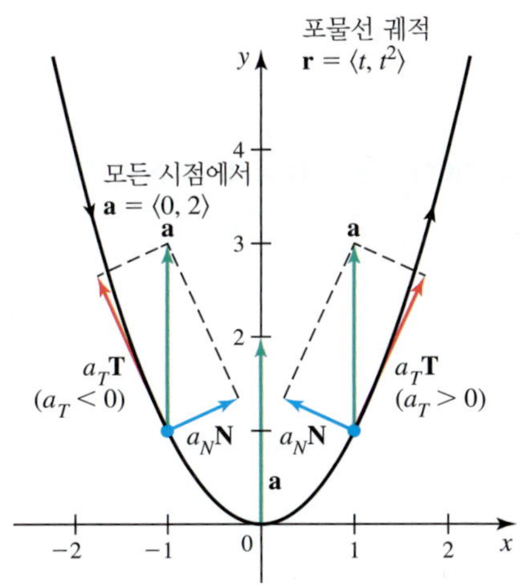

그림 13.36

종법선벡터와 비틀림률

곡률 함수와 주단위법선벡터는 곡선이 어떤 방향으로 얼마나 빨리 변하는지 알려준다는 것을 알았다. 2차원 곡선에 대하여 이러한 성분들은 곡선을 따라 움직이는 물체를 잘 설명할 수 있도록 한다. 그러나 3차원에서 곡선은 방향을 변화하는 데 더 많은 여지가 있으며, 이때 또 다른 함수가 유용하게 사용된다. 그림 13.37은 서로 다른 두 점에서 단위접선벡터 $\mathbf{T}$와 주단위법선벡터 $\mathbf{N}$을 갖는 매끄러운 매개 곡선을 나타낸다. 이 두 벡터는 **접촉평면**(osculating plane)이라 부르는 평면을 결정한다(그림 13.37(b)). 질문은 다음과 같다. $\mathbf{T}$와 $\mathbf{N}$으로 결정된 평면으로부터 곡선

QUICK CHECK 5 예제 7에 주어진 $\mathbf{T}$와 $\mathbf{N}$은 $|\mathbf{T}| = |\mathbf{N}| = 1$과 $\mathbf{T} \cdot \mathbf{N} = 0$을 만족시킴을 보여라. ◀

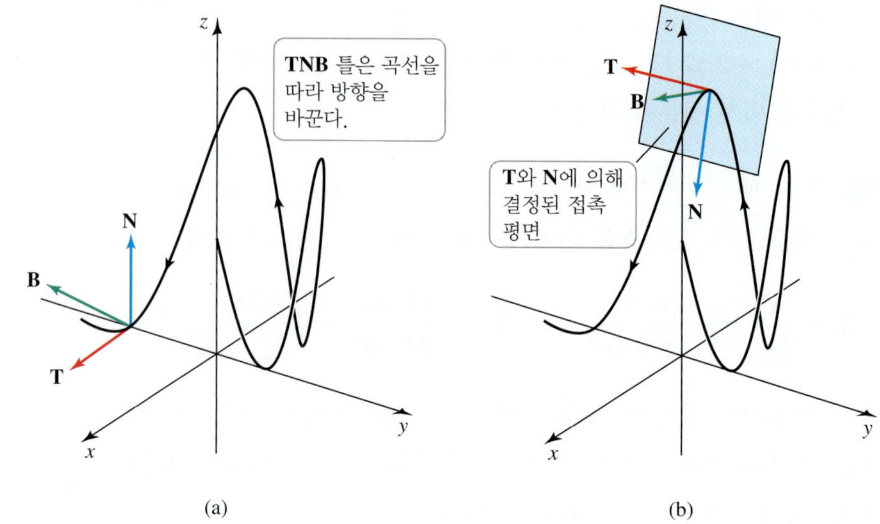

그림 13.37

C는 얼마나 빨리 벗어나는가?

이 질문에 대답하기 위해 **단위종법선벡터**(unit binormal vector) $\mathbf{B} = \mathbf{T} \times \mathbf{N}$을 정의하자. 외적의 정의로부터 **B**는 **T**, **N**과 서로 직교한다. **T**와 **N**이 단위벡터이므로 **B**도 단위벡터이다. **T**, **N**, **B**는 오른손법칙에 따라 (xyz 좌표계와 같은) 좌표계를 형성하고, 곡선을 따라 움직일 때 그 방향을 바꾼다. 이러한 좌표계는 종종 **TNB 틀**(TNB frame)이라 부른다(그림 13.37).

> **TNB** 틀(TNB frame)은 19세기 두 프랑스 수학자 장 프레네와 조셉 세레의 이름을 따라 프레네–세레 틀(Frenet-Serret frame)이라고도 한다.

T와 **N**으로 결정된 평면에서 비틀려 나가는 곡선 C의 변화율은 곡선을 따라 움직이는 **B**의 변화율 $\dfrac{d\mathbf{B}}{ds}$이다. 간단한 계산을 통해 곡선의 비틀림에 대한 유용한 공식을 얻는다. 외적 $\mathbf{T} \times \mathbf{N}$을 미분하면 다음과 같다.

QUICK CHECK 6 $\mathbf{B} = \mathbf{T} \times \mathbf{N}$이 단위벡터임을 설명하여라. ◀

$$
\begin{aligned}
\frac{d\mathbf{B}}{ds} &= \frac{d}{ds}(\mathbf{T} \times \mathbf{N}) \\
&= \underbrace{\frac{d\mathbf{T}}{ds} \times \mathbf{N}}_{\text{평행인 벡터}} + \mathbf{T} \times \frac{d\mathbf{N}}{ds} && \text{외적에 관한 곱의 법칙} \\
&= \mathbf{T} \times \frac{d\mathbf{N}}{ds} && \frac{d\mathbf{T}}{ds}\text{와 } \mathbf{N}\text{은 서로 평행이므로 } \frac{d\mathbf{T}}{ds} \times \mathbf{N} = \mathbf{0}
\end{aligned}
$$

정의를 살펴보면 $\mathbf{N} = \dfrac{1}{\kappa}\dfrac{d\mathbf{T}}{ds}$는 **N**과 $\dfrac{d\mathbf{T}}{ds}$는 서로의 상수 배임을 의미한다. 따라서 이들의 외적은 영벡터이다.

$\dfrac{d\mathbf{B}}{ds}$의 성질은 다음과 같다.

- $\dfrac{d\mathbf{B}}{ds}$는 **T**와 $\dfrac{d\mathbf{N}}{ds}$의 외적이므로 **T**, $\dfrac{d\mathbf{N}}{ds}$과 동시에 직교한다.
- 단위벡터 **B**에 정리 13.2를 적용하면 $\dfrac{d\mathbf{B}}{ds}$와 **B**는 서로 직교함을 알 수 있다.
- 이로부터 $\dfrac{d\mathbf{B}}{ds}$는 **B**, **T**와 동시에 직교한다. 따라서 $\dfrac{d\mathbf{B}}{ds}$는 **N**과 서로 평행이어

> **B**가 단위벡터이므로 정리 13.2에 의해 **B**와 $\mathbf{B}'(t)$는 서로 직교한다. $\mathbf{B}'(t)$와 $\mathbf{B}'(s)$는 서로 평행이므로 **B**와 $\mathbf{B}'(s)$는 서로 직교한다.

야 한다.

$\dfrac{d\mathbf{B}}{ds}$와 $\mathbf{N}$은 서로 평행이므로 다음이 성립한다.

$$\frac{d\mathbf{B}}{ds} = -\tau\mathbf{N}$$

여기서 상수 τ은 비틀림률(torsion)이다. $\left|\dfrac{d\mathbf{B}}{ds}\right| = |-\tau\mathbf{N}| = |-\tau|$에서 비틀림률의 크기는 $\dfrac{d\mathbf{B}}{ds}$의 크기와 같다. 이는 곡선이 **TN**평면으로부터 비틀어져 나가는 비율이다.

▶ 관례상 비틀림률의 정의에서 음의 부호를 사용한다. 그러나 τ는 양수이거나 음수(또는 0)이고, 일반적으로 곡선에 따라 부호가 다르다.

비틀림률의 계산은 간단하다. 비틀림률을 정의하는 수식의 양변에 $\mathbf{N}$과의 내적을 취하면 다음을 얻는다.

$$\frac{d\mathbf{B}}{ds}\cdot\mathbf{N} = -\tau\underbrace{\mathbf{N}\cdot\mathbf{N}}_{1}$$

$$\frac{d\mathbf{B}}{ds}\cdot\mathbf{N} = -\tau \qquad \mathbf{N}\text{은 단위벡터}$$

▶ $\mathbf{B}$와 τ는 곡선의 방향에 의존한다.

QUICK CHECK 7 $\mathbf{N}\cdot\mathbf{N} = 1$인 이유를 설명하여라. ◀

> **정의 단위종법선벡터와 비틀림률**
>
> C를 단위접선벡터 $\mathbf{T}$와 주단위법선벡터 $\mathbf{N}$을 갖는 매끄러운 곡선이라 하자. 곡률이 0이 아닌 곡선 위의 각 점에서 **단위종법선벡터**는
>
> $$\mathbf{B} = \mathbf{T}\times\mathbf{N}$$
>
> 이고, **비틀림률**은 다음과 같다.
>
> $$\tau = -\frac{d\mathbf{B}}{ds}\cdot\mathbf{N}$$

그림 13.38은 곡률과 비틀림률에 대한 해석을 가능하게 한다. 먼저 C는 서로 직교하는 $\mathbf{T}$, $\mathbf{N}$, $\mathbf{B}$가 정의되는 점을 지나가는 매끄러운 곡선을 나타낸다. **접촉평면**(osculating plane)은 벡터 $\mathbf{T}$와 $\mathbf{N}$에 의해 정의된다. $\mathbf{N}$을 포함하는 접촉평면에 수직인 평면을 **법평면**(normal plane)이라 한다. $\mathbf{N}$과 $\dfrac{d\mathbf{B}}{ds}$가 서로 평행이므로 $\dfrac{d\mathbf{B}}{ds}$ 또한 법평면 위에 놓인다. $\left|\dfrac{d\mathbf{B}}{ds}\right|$의 크기와 같은 비틀림률은 곡선이 접촉평면을 벗어나는 비율을 나타낸다. 즉, $\left|\dfrac{d\mathbf{T}}{ds}\right|$와 같은 곡률은 곡선이 접촉평면 안에서 방향을 바꾸는 비율을 나타낸다. 다음 두 예제를 통해 이 개념을 명확히 해 보자.

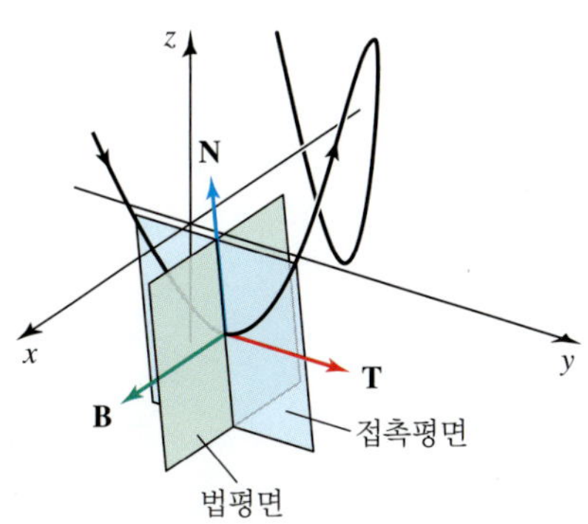

그림 13.38

▶ 두 벡터 $\mathbf{T}$, $\mathbf{B}$에 의해 형성된 세 번째 평면을 전직평면(rectifying plane)이라 한다.

| 예제 8 | 단위종법선벡터 다음과 같이 정의된 원 C를 고려하자.

$$\mathbf{r}(t) = \langle R\cos t, R\sin t\rangle, \quad 0 \le t \le 2\pi, \quad R > 0$$

a. 계산 과정 없이 단위종법선벡터 $\mathbf{B}$와 비틀림률을 구하여라.

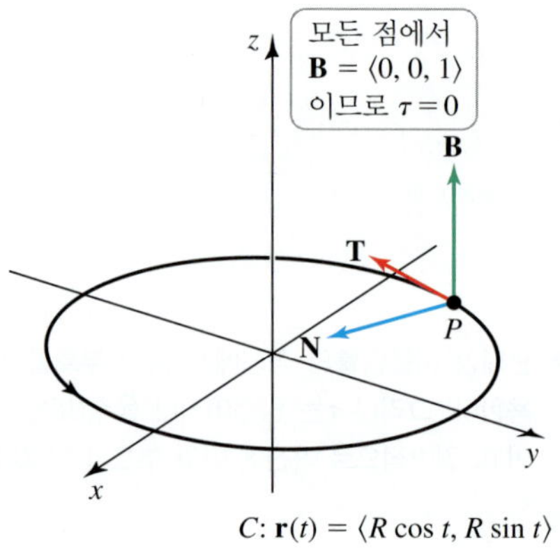

그림 13.39

b. **B**의 정의를 이용하여 **B**를 계산한 다음 **a**에서 구한 답을 확인하여라.

풀이

a. xy평면 위에 놓인 원 C의 모든 점에서 **T**와 **N**은 xy평면 위에 있다. 따라서 원 위의 모든 점에서 $\mathbf{B} = \mathbf{T} \times \mathbf{N}$은 (오른손법칙에 의해) z축 방향의 단위벡터이다. 즉, $\mathbf{B} = \mathbf{k}$이다. **B**의 길이와 방향이 변하지 않으므로 $\dfrac{d\mathbf{B}}{ds} = \mathbf{0}$, $\tau = 0$이다(그림 13.39).

b. 예제 2의 계산을 통해 다음을 얻는다.

$$\mathbf{T} = \langle -\sin t, \cos t \rangle, \qquad \mathbf{N} = \langle -\cos t, -\sin t \rangle$$

그러므로 단위종법선벡터는 다음과 같다.

$$\mathbf{B} = \mathbf{T} \times \mathbf{N} = \begin{vmatrix} \mathbf{i} & \mathbf{j} & \mathbf{k} \\ -\sin t & \cos t & 0 \\ -\cos t & -\sin t & 0 \end{vmatrix} = 0 \cdot \mathbf{i} - 0 \cdot \mathbf{j} + 1 \cdot \mathbf{k} = \mathbf{k}$$

a와 마찬가지로 비틀림률은 0이다.

관련 연습문제 21번 ◀

예제 8을 일반화하면 xy평면 위에 놓인 임의의 곡선의 종법선벡터는 항상 z축에 평행임을 알 수 있다. 따라서 곡선의 비틀림률은 항상 0이다.

| 예제 9 | 나선의 비틀림률 나선 $\mathbf{r}(t) = \langle a\cos t, a\sin t, bt \rangle$, $t \geq 0$, $a > 0$, $b > 0$의 비틀림률을 구하여라.

풀이 예제 5로부터

$$\mathbf{T} = \frac{\langle -a\sin t, a\cos t, b \rangle}{\sqrt{a^2 + b^2}}, \qquad \mathbf{N} = \langle -\cos t, -\sin t, 0 \rangle$$

이므로 다음이 성립한다.

$$\mathbf{B} = \mathbf{T} \times \mathbf{N} = \frac{1}{\sqrt{a^2 + b^2}} \begin{vmatrix} \mathbf{i} & \mathbf{j} & \mathbf{k} \\ -a\sin t & a\cos t & b \\ -\cos t & -\sin t & 0 \end{vmatrix} = \frac{\langle b\sin t, -b\cos t, a \rangle}{\sqrt{a^2 + b^2}}$$

$\dfrac{d\mathbf{T}}{ds}$를 계산한 것과 같은 방법으로 $\dfrac{d\mathbf{B}}{ds}$를 구하면

$$\frac{d\mathbf{B}}{dt} = \frac{d\mathbf{B}}{ds} \cdot \frac{ds}{dt} \quad \text{또는} \quad \frac{d\mathbf{B}}{ds} = \frac{d\mathbf{B}/dt}{ds/dt}$$

이고, 이 경우 다음이 성립한다.

$$\frac{ds}{dt} = |\mathbf{r}'(t)| = \sqrt{a^2\sin^2 t + a^2\cos^2 t + b^2} = \sqrt{a^2 + b^2}$$

$\dfrac{d\mathbf{B}}{dt}$를 계산하여 대입하면 다음을 얻는다.

$$\frac{d\mathbf{B}}{ds} = \frac{d\mathbf{B}/dt}{ds/dt} = \frac{\langle b\cos t, b\sin t, 0\rangle}{a^2 + b^2}$$

마지막으로 비틀림률을 계산하면 다음과 같다.

$$\tau = -\frac{d\mathbf{B}}{ds}\cdot\mathbf{N} = -\frac{\langle b\cos t, b\sin t, 0\rangle}{a^2+b^2}\cdot\langle -\cos t, -\sin t, 0\rangle = \frac{b}{a^2+b^2}$$

나선의 비틀림률은 상수임을 알 수 있다. 예제 4에서 나선의 곡률도 상수임을 살펴봤다. 원형 나선의 이러한 특별한 성질은 곡선이 축을 중심으로 같은 비율로 방향을 바꾸는 것을 의미하며, 같은 비율로 수직 방향으로 상승함을 의미한다(그림 13.40).

관련 연습문제 24번 ◀

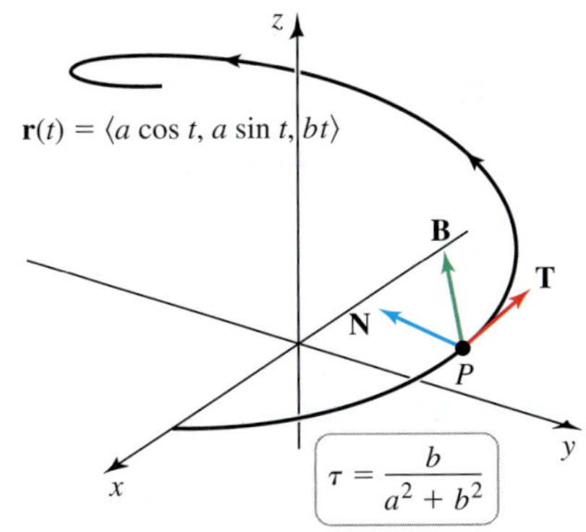

그림 13.40

예제 9는 종법선벡터와 비틀림률의 연산이 포함되어 있음을 암시한다. **B**와 τ에 대한 다른 공식으로 마무리하자. $\mathbf{v} = \mathbf{r}'(t)$, $\mathbf{a} = \mathbf{v}'(t) = \mathbf{r}''(t)$일 때, 종법선벡터는 다음과 같이 간단히 쓸 수 있다(연습문제 42번).

$$\mathbf{B} = \mathbf{T}\times\mathbf{N} = \frac{\mathbf{v}\times\mathbf{a}}{|\mathbf{v}\times\mathbf{a}|}$$

비틀림률 또한 다음과 같은 두 가지 형태로 나타낼 수 있다.

$$\tau = \frac{(\mathbf{v}\times\mathbf{a})\cdot\mathbf{a}'}{|\mathbf{v}\times\mathbf{a}|^2} \quad \text{또는} \quad \tau = \frac{(\mathbf{r}'\times\mathbf{r}'')\cdot\mathbf{r}'''}{|\mathbf{r}'\times\mathbf{r}''|^2}$$

요약 공간 곡선에 대한 공식

위치 함수: $\mathbf{r}(t) = \langle x(t), y(t), z(t)\rangle$

속도: $\mathbf{v} = \mathbf{r}'$

가속도: $\mathbf{a} = \mathbf{v}'$

단위접선벡터: $\mathbf{T} = \dfrac{\mathbf{v}}{|\mathbf{v}|}$

주단위법선벡터: $\mathbf{N} = \dfrac{d\mathbf{T}/dt}{|d\mathbf{T}/dt|}$ (단, $d\mathbf{T}/dt \neq \mathbf{0}$)

곡률: $\kappa = \left|\dfrac{d\mathbf{T}}{ds}\right| = \dfrac{1}{|\mathbf{v}|}\left|\dfrac{d\mathbf{T}}{dt}\right| = \dfrac{|\mathbf{v}\times\mathbf{a}|}{|\mathbf{v}|^3}$

가속도의 성분: $\mathbf{a} = a_N\mathbf{N} + a_T\mathbf{T}$, $a_N = \kappa|\mathbf{v}|^2 = \dfrac{|\mathbf{v}\times\mathbf{a}|}{|\mathbf{v}|}$과 $a_T = \dfrac{d^2s}{dt^2} = \dfrac{\mathbf{v}\cdot\mathbf{a}}{|\mathbf{v}|}$

단위종법선벡터: $\mathbf{B} = \mathbf{T}\times\mathbf{N} = \dfrac{\mathbf{v}\times\mathbf{a}}{|\mathbf{v}\times\mathbf{a}|}$

비틀림률: $\tau = -\dfrac{d\mathbf{B}}{ds}\cdot\mathbf{N} = \dfrac{(\mathbf{v}\times\mathbf{a})\cdot\mathbf{a}'}{|\mathbf{v}\times\mathbf{a}|^2} = \dfrac{(\mathbf{r}'\times\mathbf{r}'')\cdot\mathbf{r}'''}{|\mathbf{r}'\times\mathbf{r}''|^2}$

13.5절 연습문제

1단계 스타트

1. 직선의 곡률은 얼마인가?

2. 곡률을 계산하는 공식을 제시하여라.

3. 주단위법선벡터를 계산하는 공식을 제시하여라.

4. **T**, **N**, **B**의 기하학적 관계를 설명하여라.

5. 비틀림률을 기하학적으로 해석하여라.

2단계 실전

6–10. 곡률 다음 곡선의 단위접선벡터 **T**와 곡률 κ를 구하여라.

6. $\mathbf{r}(t) = \langle 2t + 1, 4t - 5, 6t + 12\rangle$

7. $\mathbf{r}(t) = \langle 2t, 4\sin t, 4\cos t\rangle$

8. $\mathbf{r}(t) = \langle \sqrt{3}\sin t, \sin t, 2\cos t\rangle$

9. $\mathbf{r}(t) = \langle t, 2t^2\rangle$

10. $\mathbf{r}(t) = \left\langle \int_0^t \cos\frac{\pi u^2}{2}du, \int_0^t \sin\frac{\pi u^2}{2}du\right\rangle, t > 0$

11–13. 곡률의 다른 공식 곡률의 다른 공식 $\kappa = \dfrac{|\mathbf{v}\times\mathbf{a}|}{|\mathbf{v}|^3}$를 사용하여 다음 곡선의 곡률을 구하여라.

11. $\mathbf{r}(t) = \langle -3\cos t, 3\sin t, 0\rangle$

12. $\mathbf{r}(t) = \langle 4 + t^2, t, 0\rangle$

13. $\mathbf{r}(t) = \langle 4\cos t, \sin t, 2\cos t\rangle$

14–17. 주단위법선벡터 다음 곡선의 단위접선벡터 **T**와 주단위법선벡터 **N**을 구하여라. 각 경우 $|\mathbf{T}| = |\mathbf{N}| = 1$, $\mathbf{T}\cdot\mathbf{N} = 0$임을 확인하여라.

14. $\mathbf{r}(t) = \langle 2\sin t, 2\cos t\rangle$ 15. $\mathbf{r}(t) = \left\langle \frac{t^2}{2}, 4 - 3t, 1\right\rangle$

16. $\mathbf{r}(t) = \langle \cos t^2, \sin t^2\rangle$ 17. $\mathbf{r}(t) = \langle t^2, t\rangle$

18–20. 가속도의 성분 움직이는 물체의 궤적이 다음과 같을 때, 가속도의 접선 성분과 법선 성분을 구하여라.

18. $\mathbf{r}(t) = \langle t, 1 + 4t, 2 - 6t\rangle$

19. $\mathbf{r}(t) = \langle e^t\cos t, e^t\sin t, e^t\rangle$

20. $\mathbf{r}(t) = \langle t^3, t^2\rangle$

21–22. 종법선벡터와 비틀림률 연습문제 14–15번에서 곡선의 단위접선벡터 **T**와 주단위법선벡터 **N**을 구했다. 정의를 사용하여 종법선벡터와 비틀림률을 구하여라.

21. $\mathbf{r}(t) = \langle 2\sin t, 2\cos t\rangle$ 22. $\mathbf{r}(t) = \left\langle \frac{t^2}{2}, 4 - 3t, 1\right\rangle$

23–24. 종법선벡터와 비틀림률 정의를 사용하여 다음 곡선의 종법선벡터와 비틀림률을 구하여라.

23. $\mathbf{r}(t) = \langle 2\cos t, 2\sin t, -t\rangle$

24. $\mathbf{r}(t) = \langle 12t, 5\cos t, 5\sin t\rangle$

25. **참 또는 거짓** 다음 명제가 참이면 증명하고 거짓이면 반례를 들어라.
   a. 한 점에서 위치벡터(**r**), 단위접선벡터(**T**), 주단위법선벡터(**N**)는 같은 평면 위에 놓인다.
   b. 한 점에서 두 벡터 **T**와 **N**는 곡선의 방향에 의존한다.
   c. 한 점에서 곡률은 곡선의 방향에 의존한다.
   d. 속력이 1이고 반지름이 R인 원을 움직이는 물체의 가속도는 $\mathbf{a} = \mathbf{N}/R$이다.
   e. 자동차 계기판의 자동차의 속도가 60 mi/hr로 나타나면 자동차는 가속 중이 아니다.
   f. 모든 점에서 위로 오목한 xy평면 위 곡선의 비틀림률은 양의 값을 갖는다.
   g. 곡선의 곡률이 큰 값을 가지면 비틀림률도 큰 값을 갖는다.

26. **특별한 공식: 평면 곡선의 곡률** 두 함수 f, g가 두 번 미분가능할 때 매개 곡선 $\mathbf{r}(t) = \langle f(t), g(t)\rangle$의 곡률이 다음과 같음을 보여라.

$$\kappa(t) = \frac{|f'g'' - f''g'|}{((f')^2 + (g')^2)^{3/2}}$$

여기서 t에 관한 모든 도함수는 주어졌다고 가정한다.

27–28. 연습문제 26번의 공식을 이용하여 다음 곡선의 곡률을 구하여라.

27. $\mathbf{r}(t) = \langle a\sin t, b\cos t\rangle$ 타원

28. $\mathbf{r}(t) = \langle t, at^2\rangle$ 포물선

29–30. 같은 경로, 다른 속도 $t \geq 0$에 대하여 같은 경로를 따라 다른 운동을 하는 두 물체 A, B의 위치 함수가 주어져 있다.

a. 두 물체 A와 B의 경로를 그려라.

b. 두 물체 A와 B의 속도와 가속도를 구한 후, 차이를 논하여라.

c. A와 B의 가속도를 접선 성분과 법선 성분으로 나타낸 다음 차이를 논하여라.

29. A: $\mathbf{r}(t) = \langle t, 2t, 3t \rangle$, B: $\mathbf{r}(t) = \langle t^2, 2t^2, 3t^2 \rangle$

30. A: $\mathbf{r}(t) = \langle \cos t, \sin t \rangle$, B: $\mathbf{r}(t) = \langle \cos t^2, \sin t^2 \rangle$

31–32. 주어진 곡선에 대하여 물음에 답하여라.

a. 곡선의 그래프를 그려라.

b. 곡률을 구하여라.

c. 매개화된 함수로서 곡률의 그래프를 그려라.

d. 어떤 점에서 곡률이 최댓값 또는 최솟값을 갖는지 확인하여라.

e. 곡률의 그래프와 곡선의 그래프가 일치하는지 확인하여라.

31. $\mathbf{r}(t) = \langle t - \sin t, 1 - \cos t \rangle$, $0 \le t \le 2\pi$ 사이클로이드

32. $\mathbf{r}(t) = \left\langle \dfrac{t^2}{2}, \dfrac{t^3}{3} \right\rangle$, $t > 0$

33. e^x의 곡률 $f(x) = e^x$의 곡률을 구하고 최대 곡률을 갖는 점과 곡률의 최댓값을 구하여라.

34–35. 주어진 점에서 다음 곡선의 곡률의 반지름을 구하고 곡률의 원의 방정식을 구하여라.

34. $t = 0$에서 $\mathbf{r}(t) = \langle t, t^2 \rangle$ 포물선

35. $t = \pi$에서 $\mathbf{r}(t) = \langle t - \sin t, 1 - \cos t \rangle$ 사이클로이드

36. 사인 곡선의 곡률 양수 n에 대하여 함수 $f(x) = \sin nx$는 $x = \dfrac{\pi}{2n}$에서 극댓값을 갖는다. 이때의 곡률을 구하여라. n이 변할 때 κ는 어떻게 변하는가?

37. 포물선 궤적 다음 포물선 궤적을 고려하자.

$$x = (V_0 \cos \alpha)t, \ y = (V_0 \sin \alpha)t - \frac{1}{2}gt^2$$

여기서 V_0은 초기 속력, α는 발사 각도이고 g는 중력가속도이다. $y \ge 0$일 때 모든 시간 $[0, T]$를 고려하자.

a. $0 \le t \le T$일 때 속력을 찾고 그래프를 그려라.

b. $0 \le t \le T$일 때 곡률을 찾고 그래프를 그려라.

c. (존재하는 경우) 속력과 곡률은 언제 최댓값, 최솟값을 갖는가?

3단계 도전

38. 곡률이 0인 경우 a, b, c, d, e, f는 실수이고 p는 양의 정수일 때, 곡선

$$\mathbf{r}(t) = \langle a + bt^p, c + dt^p, e + ft^p \rangle$$

의 이 곡률이 0임을 보이고, 한 가지 예를 들어라.

39. N에 대한 유용한 공식 주단위법선벡터 $\mathbf{N} = \dfrac{d\mathbf{T}/ds}{|d\mathbf{T}/ds|}$의 정의는 유용한 공식 $\mathbf{N} = \dfrac{d\mathbf{T}/dt}{|d\mathbf{T}/dt|}$가 됨을 보여라. 연쇄 법칙을 이용하고 $|\mathbf{v}| = \dfrac{ds}{dt} > 0$임을 기억하여라.

40. 최대 곡률 n이 양의 정수일 때 포물선 $f_n(x) = x^{2n}$을 고려하자.

a. $n = 1, 2, 3$일 때 f_n의 곡률 함수를 구하여라.

b. $n = 1, 2, 3$일 때 f_n과 곡률 함수를 그려라.

c. $n = 1, 2, 3$일 때 어떤 점에서 최대 곡률을 갖는가?

d. f_n이 $x = \pm z_n$에서 최대 곡률을 갖는다고 하자. 계산기나 해석적 방법을 이용하여 $\lim_{n \to \infty} z_n$을 구하여라. 결과를 설명하여라.

41. 곡률의 또 다른 표현 다음 단계를 수행하여 곡률에 대한 계산 공식을 유도하여라.

a. 가속도의 접선, 법선 성분을 이용하여 $\mathbf{v} \times \mathbf{a} = \kappa |\mathbf{v}|^3 \mathbf{B}$임을 보여라($\mathbf{T} \times \mathbf{T} = \mathbf{0}$ 참고).

b. 본문과 같이 $\mathbf{a}$의 방정식을 κ에 대하여 풀고 $\kappa = \dfrac{|\mathbf{v} \times \mathbf{a}|}{|\mathbf{v}|^3}$임을 보여라.

42. B를 계산하기 위한 공식 연습문제 41a의 결과와 κ에 대한 공식을 이용하여 다음을 보여라.

$$\mathbf{B} = \frac{\mathbf{v} \times \mathbf{a}}{|\mathbf{v} \times \mathbf{a}|}$$

43. 데카르트의 사원 해 그림과 같이 반지름이 각각 a, b, c, d이고 곡률이 각각 $A = \dfrac{1}{a}$, $B = \dfrac{1}{b}$, $C = \dfrac{1}{c}$, $D = \dfrac{1}{d}$인 서로 접하는 네 개의 원에 대하여 다음 데카르트의 결과(1643)를 증명하여라.

$$(A + B + C + D)^2 = 2(A^2 + B^2 + C^2 + D^2)$$

QUICK CHECK 정답

1. $\kappa = \frac{1}{3}$ **2.** $\kappa = 0$ **3.** y축의 음의 방향 **4.** $\kappa = 0$이므로 $\mathbf{N}$은 정의되지 않는다. **6.** $|\mathbf{T}| = |\mathbf{N}| = 1$, 즉 $|\mathbf{B}| = 1$ **7.** 임의의 벡터에 대하여 $\mathbf{u} \cdot \mathbf{u} = |\mathbf{u}|^2$이다. $|\mathbf{N}| = 1$이므로 $\mathbf{N} \cdot \mathbf{N} = 1$이다.

13장 연습문제

1. 참 또는 거짓 다음 명제가 참이면 증명하고 거짓이면 반례를 들어라.

a. $\mathbf{r}(t) = \langle \cos t, e^t, t \rangle + \mathbf{C}$이고 $\mathbf{r}(0) = \langle 0, 0, 0 \rangle$이면 $\mathbf{C} = \langle 0, 0, 0 \rangle$이다.

b. 반지름이 5인 원의 곡률은 $\kappa = 1/5$이다.

c. $\mathbf{r}(t) = \langle 3\cos t, 0, 6\sin t \rangle$의 그래프는 xz평면 위의 타원이다.

d. $\mathbf{r}'(t) = \mathbf{0}$이면 세 실수 a, b, c에 대하여 $\mathbf{r}(t) = \langle a, b, c \rangle$이다.

e. 매개 곡선 $\mathbf{r}(t) = \langle 5\cos t, 12\cos t, 13\sin t \rangle$는 매개화된 호의 길이를 갖는다.

f. 위치벡터와 주단위법선벡터는 항상 매끄러운 곡선에서 서로 평행이다.

2–3. 곡선 그리기 다음 함수로 표현되는 곡선을 그려라. 그래프 유틸리티를 사용하기 전에 먼저 분석해 보고 곡선의 모양을 설명하여라.

2. $\mathbf{r}(t) = (2t + 1)\mathbf{i} + t\,\mathbf{j}$

3. $\mathbf{r}(t) = 4\cos t\,\mathbf{i} + \mathbf{j} + 4\sin t\,\mathbf{k},\ 0 \le t \le 2\pi$

4. 교차 곡선 구 S와 평면 P는 곡선 $\mathbf{r}(t) = \sin t\,\mathbf{i} + \sqrt{2}\cos t\,\mathbf{j} + \sin t\,\mathbf{k},\ 0 \le t \le 2\pi$를 따라 교차한다. S와 P의 방정식을 구하고 곡선 $\mathbf{r}$을 나타내어라.

5–7. 벡터함수 다음 곡선을 설명하는 함수 $\mathbf{r}(t)$를 구하여라.

5. 두 직선 $\mathbf{R}(t) = \langle t, 5t, 2t \rangle$, $\mathbf{S}(t) = \langle t + 1, -1, 3t - 1 \rangle$과 서로 직교하고 점 $P(4, -2, 3)$을 지나는 직선

6. 방정식 $\dfrac{y^2}{9} + \dfrac{z^2}{16} = 1$을 만족하는 평면 $x = 2$ 위에 있는 타원

7. xy평면 위로 곡선의 사영은 단위원 $x^2 + y^2 = 1$이고, yz평면 위로 곡선의 사영은 선분 $z = y,\ -1 \le y \le 1$이다.

8. 교차 곡선 두 곡면 $x^2 + 7y^2 + 2z^2 = 9$, $z = y$가 교차하여 생기는 곡선 $\mathbf{r}(t)$를 구하여라.

9–10. 벡터함수 계산 벡터함수 $\mathbf{r}$에 대하여 다음 단계를 수행하여라.

a. 존재하는 경우 $\lim_{t\to 0} \mathbf{r}(t)$와 $\lim_{t\to\infty} \mathbf{r}(t)$를 구하여라.

b. $\mathbf{r}'(t)$를 구한 다음 $\mathbf{r}'(0)$을 계산하여라.

c. $\mathbf{r}''(t)$를 구하여라.

d. $\int \mathbf{r}(t)\,dt$를 구하여라.

9. $\mathbf{r}(t) = \left\langle \dfrac{1}{2t + 1}, \dfrac{t}{t + 1} \right\rangle$

10. $\mathbf{r}(t) = \langle \sin 2t, 3\cos 4t, t \rangle$

11. 정적분 정적분 $\displaystyle\int_{-1}^{1} \left(\sin \pi t\,\mathbf{i} + \mathbf{j} + \frac{2}{1 + t^2}\mathbf{k} \right) dt$를 계산하여라.

12–14. 도함수 법칙 $\mathbf{u}$와 $\mathbf{v}$가 $t = 0$에서 미분가능한 함수이고 $\mathbf{u}(0) = \langle 2, 7, 0 \rangle$, $\mathbf{u}'(0) = \langle 3, 1, 2 \rangle$, $\mathbf{v}(0) = \langle 3, -1, 0 \rangle$, $\mathbf{v}'(0) = \langle 5, 0, 3 \rangle$일 때, 다음을 구하여라.

12. $\dfrac{d}{dt}(\mathbf{u} \cdot \mathbf{v})\Big|_{t=0}$

13. $\dfrac{d}{dt}(\mathbf{u} \times \mathbf{v})\Big|_{t=0}$

14. $\dfrac{d}{dt}(\mathbf{u}(e^{5t} - 1))\Big|_{t=0}$

15–16. $\mathbf{r}'$으로부터 $\mathbf{r}$ 구하기 주어진 조건을 만족하는 함수 $\mathbf{r}$을 구하여라.

15. $\mathbf{r}'(t) = \langle 1, \sin 2t, \sec^2 t \rangle$, $\mathbf{r}(0) = \langle 2, 2, 2 \rangle$

16. $\mathbf{r}'(t) = \left\langle \dfrac{4}{1 + t^2}, 2t + 1, 3t^2 \right\rangle$, $\mathbf{r}(1) = \langle 0, 0, 0 \rangle$

17. 단위접선벡터 다음 매개 곡선의 단위접선벡터 $\mathbf{T}(t)$를 구하여라. 그다음 $t = 0$에서 단위접선벡터를 정하여라.

$$\mathbf{r}(t) = \langle 2e^t, e^{2t}, t \rangle, \quad 0 \le t \le 2\pi$$

18. 위치로부터 속도, 가속도 위치 함수 $\mathbf{r}(t) = \langle e^{4t} + 1, e^{4t}, \frac{1}{2}e^{4t} + 1 \rangle$, $t \ge 0$을 고려하자.

a. 물체의 속도와 속력을 구하여라.

b. 물체의 가속도를 구하여라.

19. 운동방정식 풀기 가속도 벡터 $\mathbf{a}(t) = \langle \cos t,\ 2\sin t \rangle$, 초기 속도 $\langle u_0,\ v_0 \rangle = \langle 2,\ 1 \rangle$, 초기 위치 $\langle x_0,\ y_0 \rangle = \langle 1,\ 2 \rangle$가 주어졌을 때, $t \ge 0$에 대한 속도 벡터와 위치벡터를 구하여라.

20. 운동 모델링 야구공이 80 ft/s의 초기 속력과 함께 60°의 각도로 타격됐으며, 초기 위치는 $\langle x_0,\ y_0 \rangle = \langle 0,\ 3 \rangle$이다. 이때 x축은 수평 방향, y축의 양방향은 수직 방향, 지면은 수평이고 물체에 중력만 작용한다고 하자.

a. $t \ge 0$일 때 속도 벡터와 위치벡터를 구하여라.

b. 물체의 비행 시간과 범위를 구하여라.

c. 물체의 최고 높이를 구하여라.

21. 야구공이 $\langle 40,\ 20,\ 40 \rangle$의 초기 속도로 홈 플레이트의 2 ft 위에서 타격됐다. 야구공의 회전은 동쪽 방향이며, 이는 공의 수평 가속도 4 ft/s^{2}을 생성한다. x축의 양방향은 동쪽을 가리키고 y축의 양방향은 북쪽을 가리킨다고 가정한다.

a. 원점이 홈 플레이트에 있을 때, $t \ge 0$에 대하여 속도 벡터와 위치벡터를 구하여라.

b. 공은 언제 땅에 닿는가? 답을 소수점 아래 셋째 자리에서 반올림하여라.

c. 공은 홈 플레이트에서 얼마나 멀리 떨어지는가? 반올림하여 정수로 답하여라.

22. 발사체 운동 한 발사체가 30 ft 높이의 수직 절벽으로부터 50 ft만큼 떨어진 원점에서 발사된다(그림 참조). 수평 방향과 45°의 각도로 $50\sqrt{2}$ ft/s의 속력으로 발사된다. 절벽 꼭대기에서 지면이 수평이고 중력만이 물체의 운동에 영향을 미친다고 가정하자.

a. 발사체의 절벽 꼭대기 착륙 지점의 좌표를 구하여라.

b. 발사체가 도달한 최대 높이는 얼마인가?

c. 비행 시간은 얼마인가?

d. 궤적의 길이를 나타내는 적분을 나타내어라.

e. 궤도의 길이의 근삿값을 구하여라.

f. 절벽의 가장자리를 없애는 데 필요한 발사 각도의 범위는 얼마인가?

23. 가장 가까운 지점 점 $P(3,\ 1,\ 6)$과 가장 가까운 곡선 $\mathbf{r}(t) = \langle t,\ t^2 + 1,\ 3t \rangle$ 위의 점의 위치를 근사하여라.

24. 농구 슛 수평 방향과 45°의 각도로 농구공을 던졌다. 공을 놓는 순간 농구공의 중심은 $A(0,\ 8)$ 지점에 있고, $B(18,\ 10)$ 지점에 있는 농구 골대 중앙을 통과한다. 농구공이 골대 전면을 치지 않는다고 가정하자(그렇지 않으면 바스켓을 통과하지 못할 수 있다). 이 가정은 **d**, **e**, **f**에 필요하다.

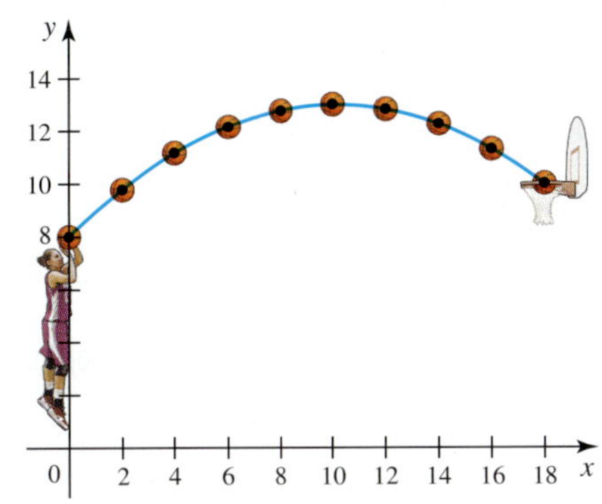

a. 농구공의 초기 속력을 구하여라.

b. 농구공을 던지는 순간의 초기 속도 $\mathbf{v}(0)$을 구하여라.

c. $\mathbf{r}(0) = \langle 0,\ 8 \rangle$일 때, 공을 던진 지 t초 후 농구공 중심의 위치 함수 $\mathbf{r}(t)$를 구하여라.

d. 농구 골대의 지름이 18인치일 때, 공을 던진 지 t초 후 농구공의 중심과 농구 골대 전면 사이의 거리 $s(t)$를 구하여라.

e. 농구공의 중심과 농구 골대 전면 사이의 가장 가까운 거리(인치)를 구하여라.

f. 농구공이 농구 골대 전면을 치지 않는다는 가정은 타당한가? 던진 농구공의 지름이 약 9.23인치라는 사실을 이용하여라(**힌트**: 공이 날아가는 동안 공의 중심에서 농구 골대 앞쪽까지의 거리가 농구공의 반경보다 작으면 공이 농구 골대 전면에 부딪친다).

25–26. 호의 길이 다음 곡선의 호의 길이를 구하여라.

25. $\mathbf{r}(t) = \left\langle t^2, \dfrac{4\sqrt{2}}{3} t^{3/2}, 2t \right\rangle,\ 1 \le t \le 3$

26. $\mathbf{r}(t) = \langle \sin t, t + \cos t, 4t \rangle,\ \ 0 \le t \le \dfrac{\pi}{2}$

27. 속도와 궤적의 길이 제멋대로인 어느 폭죽의 가속도는 $\mathbf{a}(t) = \sqrt{2}\,\mathbf{j} + 2t\mathbf{k},\ 0 \le t \le 3$이다. 폭죽의 초기 속도는 $\mathbf{v}(0) = \mathbf{i}$라 하자.

a. $0 \le t \le 3$일 때, 폭죽의 속도를 구하여라.

b. 구간 $0 \le t \le 3$에서 폭죽의 궤적의 길이를 구하여라.

28. 호의 길이의 매개화 다음 곡선을 호의 길이를 매개변수로 나타내어라.

$$\mathbf{r}(t) = \left\langle t^2, \frac{4\sqrt{2}}{3} t^{3/2}, 2t \right\rangle, \quad t \ge 0$$

29–30. 공간 곡선의 성질 물음에 답하여라.

a. 접선벡터, 단위접선벡터를 구하여라.

b. 곡률을 구하여라.

c. 주단위법선벡터를 구하여라.

d. $|\mathbf{N}| = 1$, $\mathbf{T} \cdot \mathbf{N} = 0$임을 보여라.

e. 곡선의 그래프를 그린 후, 두 점에서 **T**와 **N**을 그려라.

29. $\mathbf{r}(t) = \langle 6\cos t, 3\sin t \rangle$, $0 \le t \le 2\pi$

30. $\mathbf{r}(t) = \cos t\,\mathbf{i} + 2\cos t\,\mathbf{j} + \sqrt{5}\sin t\,\mathbf{k}$, $0 \le t \le 2\pi$

31–32. 운동 분석 주어진 위치 함수에 대하여 물음에 답하여라.

a. 가속도의 법선 성분과 접선 성분을 구하여라.

b. 궤적을 그래프로 그린 다음 궤적의 두 점에서 가속도의 법선 성분과 접선 성분을 구하여라. 법선 성분과 접선 성분의 합이 가속도를 나타냄을 보여라.

31. $\mathbf{r}(t) = 2\cos t\,\mathbf{i} + 2\sin t\,\mathbf{j}$, $0 \le t \le 2\pi$

32. $\mathbf{r}(t) = (t^2 + 1)\,\mathbf{i} + 2t\,\mathbf{j}$, $t \ge 0$

33. 종법선벡터와 비틀림률 $t = 1$에서 곡선 $\mathbf{r}(t) = \langle t, t^2, t^3 \rangle$의 단위종법선벡터 **B**와 비틀림률을 구하여라.

34. 곡선 해석 곡선 C: $\mathbf{r}(t) = \langle 3\sin t, 3\cos t, 4t \rangle$, $0 \le t \le 2\pi$에 대하여 다음을 수행하여라.

a. C의 모든 점에서 $\mathbf{T}(t)$를 구하여라.

b. C의 모든 점에서 $\mathbf{N}(t)$와 곡률을 구하여라.

c. 곡선을 그린 다음 $t = 0$, $t = \pi/2$에 해당하는 C의 점에서 $\mathbf{T}(t)$와 $\mathbf{N}(t)$를 구하여라.

d. **a**, **b**의 결과는 그래프와 일치하는가?

e. $\mathbf{B}(t)$를 구하여라.

f. $t = 0$, $t = \pi/2$에 해당하는 $\mathbf{B}(t)$를 **c**의 그래프에 나타내어라.

g. **a**-**f**에서 결과의 정확성을 확인하는 데 도움이 되는 세 가지 계산을 설명하여라.

h. 비틀림률을 계산한 다음 이 결과를 해석하여라.

35. 평면 곡선족 f와 g는 구간 I에서 연속인 함수이고 I에 있는 t에 대하여 곡선 C를 다음과 같이 정의하자.

$$C: \mathbf{r}(t) = \langle a_1 f(t) + a_2 g(t) + a_3, b_1 f(t) + b_2 g(t) + b_3, c_1 f(t) + c_2 g(t) + c_3 \rangle$$

여기서 $i = 1, 2, 3$에 대하여 a_i, b_i, c_i는 실수이다.

a. C는 평면 위에 놓임을 보여라.

b. 비틀림률이 정의된 C 위의 모든 점에서 비틀림률이 0인 이유를 설명하여라.

CHAPTER 14

다변수함수
Functions of Several Variables

미리보기 12장의 벡터와 13장의 벡터함수에서 처음으로 3차원 공간의 문제를 다루었다. 이 장에서는 여러 독립변수와 하나의 종속변수를 통해 3차원 공간의 다른 길로 들어선다. 약간의 차이와 새로운 모습이 있지만 일변수의 익숙한 여러 성질을 다변수로 일반화할 수 있다. 여러 가지 일차독립인 변수로 편미분(partial derivate)을 다룬다. 이는 미적분학의 기본 개념인 방향도함수(directional derivate)와 기울기벡터(gardient)를 차례로 도출한다. 편미분은 다변수함수의 최댓값과 최솟값을 구할 수 있게 한다. 접선(tangent line) 대신 접평면(tangent plane)을 정의하여 선형 근사를 할 수 있다. 이 장의 끝부분에서는 다변수의 최적화 문제를 다룬다.

14.1 그래프와 등위선
14.2 극한과 연속
14.3 편미분
14.4 연쇄 법칙
14.5 방향도함수와 기울기벡터
14.6 접평면과 선형 근사
14.7 최대·최소 문제
14.8 라그랑주 승수

14.1 그래프와 등위선

13장에서 하나의 독립변수와 여러 종속변수로 이루어진 벡터함수에 대하여 논의했다. 이제 상황을 거꾸로 하여 여러 독립변수와 하나의 종속변수를 갖는 함수를 생각해 보자. 이런 함수를 보통 **다변수함수(multivariable function)**라고 부른다.

다변수함수의 많은 응용 중 몇 가지를 단계별로 보여 주는 실질적인 다음 문제를 살펴보자.

- 많은 사람들이 있는 집단에서 임의로 한 사람을 선정했을 때, 몸무게가 90.7kg 이상이고 키도 180 cm 이상일 확률은 얼마인가(답은 몸무게와 키 두 변수에 의존한다)?
- 시간당 550 mi의 속력으로 비행하는 비행기의 날개의 어느 부위에 최대의 압력이 가해지는가(압력은 날개의 여러 점의 x, y, z좌표에 의존한다)?
- 의사는 환자에게 필요한 항생제의 최적의 혈중농도를 안다. 어떤 종류의 항생제가 필요하며, 최적의 수준에 도달하기 위해서 항생제를 어떻게 처방해야 하는가(농도는 적어도 항생제의 양과 처방 주기, 환자의 몸무게에 의존한다)?

이들 질문에 즉시 답할 수는 없지만 각 주제의 중요성과 범위를 분명히 제시할 수 있다. 먼저 다변수함수의 개념을 소개해야 한다.

이변수함수

다변수함수에 관한 주된 개념은 이변수에서 가장 쉽게 표현된다. 여기서 삼변수 또는 그 이상으로 확장하는 것은 직관적이다. 일반적으로 이변수함수는 **양함수** 형태인

$$z = f(x, y)$$

로 또는 음함수 형태인

$$F(x, y, z) = 0$$

으로 쓸 수 있다. 두 형태 모두 중요하지만 지금은 양함수 형태로 정의된 함수를 생각한다.

정의역과 치역의 개념은 일변수함수로부터 바로 나온다.

정의 독립변수가 두 개인 함수의 정의역과 치역

함수 $z = f(x, y)$는 $\mathbb{R}^2$의 집합 D의 점 (x, y)에 $\mathbb{R}$의 부분집합에 있는 유일한 점 z를 각각 대응시키는 것이다. 여기서 D는 f의 **정의역**이고, f의 **치역**은 정의역에서 변하는 점 (x, y)가 취하는 실수 z의 집합이다(그림 14.1).

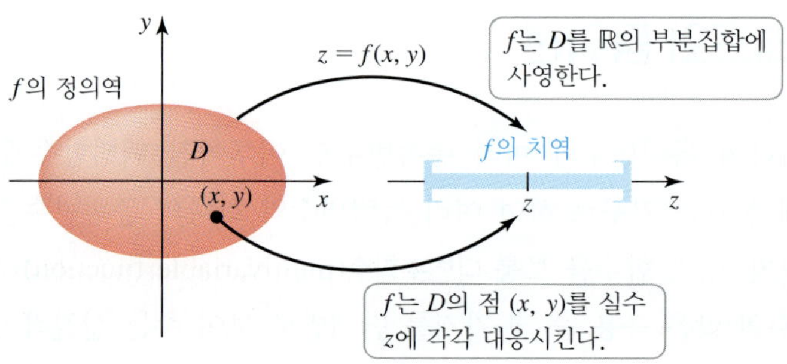

그림 14.1

일변수함수처럼 다변수함수는 문제의 조건에 따라 정의역이 제한된다. 예를 들어 독립변수가 가격, 길이, 인구에 해당한다면 해당 함수를 값이 음수인 변수에서 정의할 수 있어도 음이 아닌 값을 취한다. 달리 정의되지 않으면 D는 함수가 정의되는 모든 점의 집합이라고 생각한다.

x와 y의 다항식은 x의 단항식과 y의 단항식의 합과 곱으로 이루어져 있다. 예를 들어 $f(x, y) = x^2y - 2xy - xy^2$이다. 이러한 다항식은 x와 y의 모든 값에 대하여 정의되므로 정의역은 $\mathbb{R}^2$이다. x와 y에 관한 두 다항식의 몫인 $h(x, y) = \dfrac{xy}{x - y}$는 x와 y에 관한 유리함수이다. 유리함수의 정의역은 분모가 0인 점을 제외한 집합이다. 따라서 h의 정의역은 $\{(x, y): x \neq y\}$이다.

| 예제 1 | 정의역 찾기 함수 $g(x,y) = \sqrt{4 - x^2 - y^2}$ 의 정의역을 구하여라.

풀이 g에 제곱근이 있으므로 순서쌍 (x, y)는 $4 - x^2 - y^2 \geq 0$, 즉 $x^2 + y^2 \leq 4$를 만족한다. 그러므로 g의 정의역은 $\{(x, y) : x^2 + y^2 \leq 4\}$이고, 이는 xy평면에서 중심이 원점이고 반지름이 2인 원과 원의 내부이다(반지름이 2인 **원판**)(그림 14.2).

관련 연습문제 9번 ◀

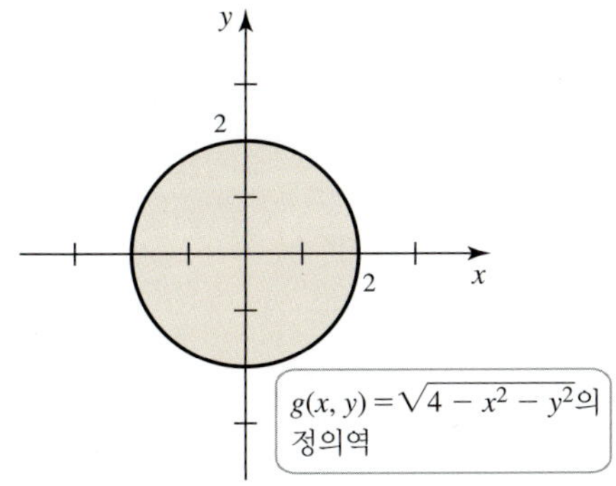

그림 14.2

이변수함수의 그래프

이변수함수 f의 **그래프**는 방정식 $z = f(x, y)$를 만족하는 점 (x, y, z)의 집합이다. 특히 f의 정의역의 점 (x, y)에 대하여 점 $(x, y, f(x, y))$는 f의 그래프에 놓인다(그림 14.3). 비슷한 정의가 $F(x, y, z) = 0$ 형태의 관계에도 적용된다.

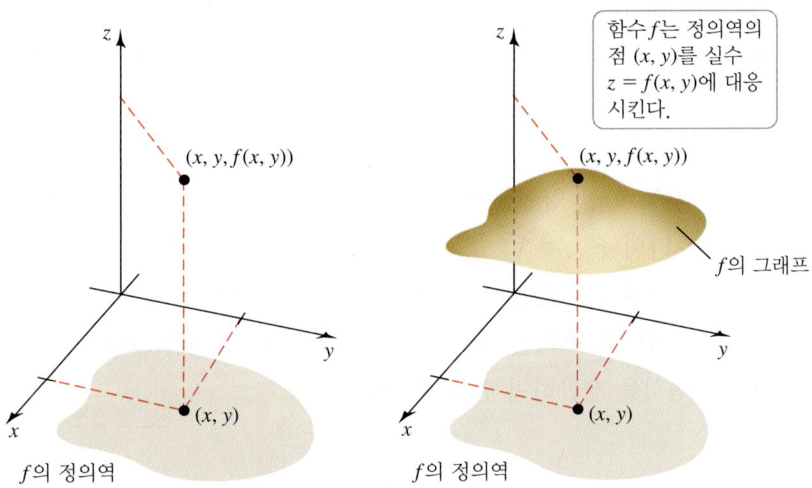

그림 14.3

QUICK CHECK 1 $f(x, y) = \sin xy$와 $g(x, y) = \sqrt{(x^2 + 1)y}$의 정의역을 각각 구하여라. ◀

QUICK CHECK 2 일엽쌍곡면의 그래프는 함수인가? 축이 x축과 평행인 원뿔의 그래프는 함수인가? ◀

일변수함수처럼 이변수함수는 **수직선 검사**(vertical test)를 통과해야 한다. $F(x, y, z) = 0$ 형태의 관계는 z축에 평행인 모든 직선은 많아야 한 번만 관계식의 그래프와 만난다. 예를 들어 타원면(12.6절에서 논했음)은 어떤 수직선이 곡면과 두 번 만나므로 함수의 그래프가 아니다. 반면, $z = ax^2 + by^2$ 형태의 타원포물면은 함수이다(그림 14.4).

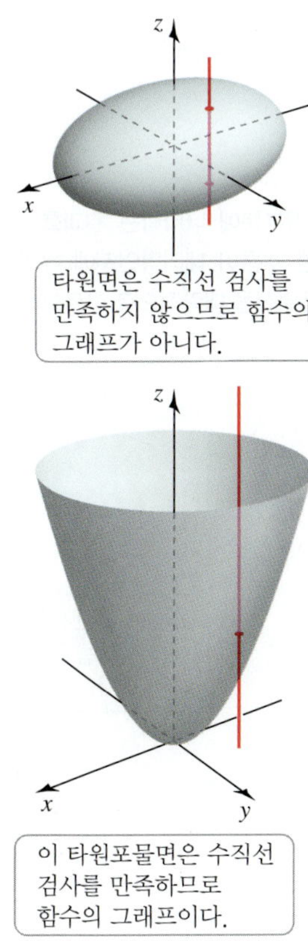

그림 14.4

| 예제 2 | 이변수함수의 그래프 그리기 다음 함수의 정의역과 치역을 구하여라. 그다음 그래프를 그려라.

a. $f(x, y) = 2x + 3y - 12$ **b.** $g(x, y) = x^2 + y^2$

c. $h(x, y) = \sqrt{1 + x^2 + y^2}$

풀이

a. $z = f(x, y)$로 놓으면 $z = 2x + 3y - 12$, 즉 $2x + 3y - z = 12$이다. 이는 법선벡터가 $\langle 2, 3, -1 \rangle$인 평면이다(12.5절). 정의역은 $\mathbb{R}^2$이고 치역은 $\mathbb{R}$이다. x절편은 $(6, 0, 0)$ $(y = z = 0$으로 놓음$)$, y절편은 $(0, 4, 0)$, z절편은 $(0, 0, -12)$이다(그림 14.5).

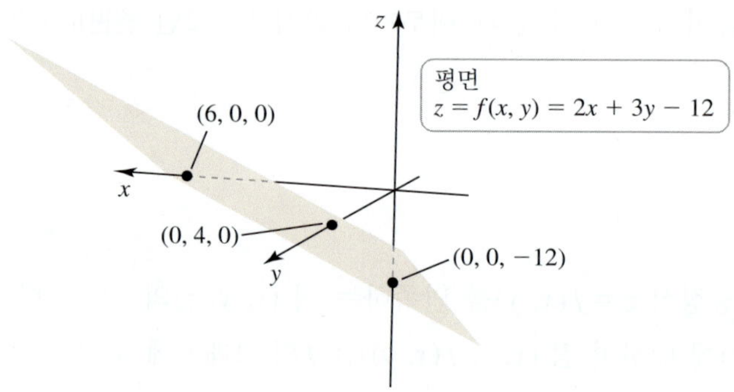

그림 14.5

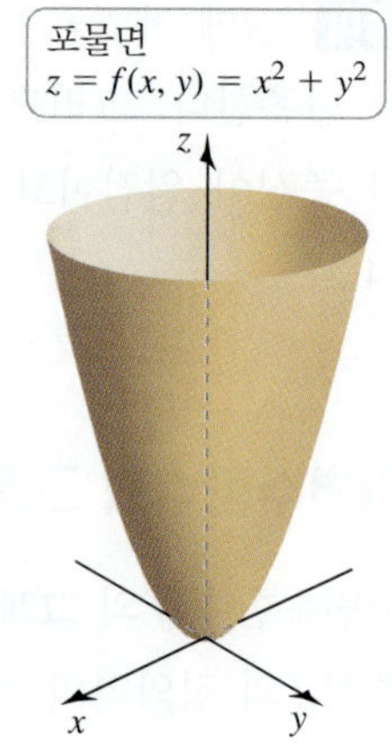

그림 14.6

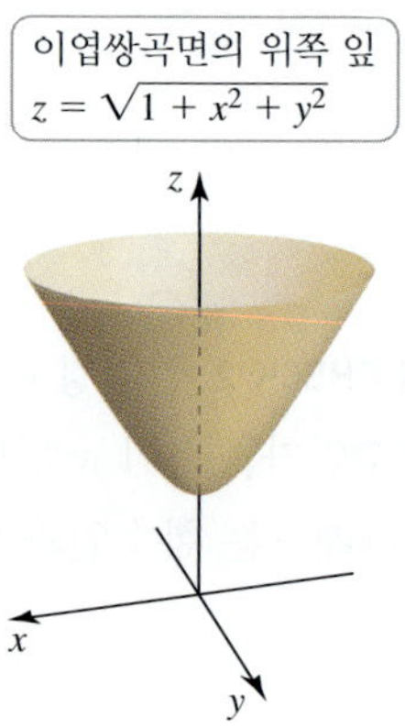

그림 14.7

b. $z = g(x, y)$로 놓으면 $z = x^2 + y^2$이며, 이는 꼭짓점이 (0, 0, 0)이고 위로 열린 타원포물면이다. 정의역은 $\mathbb{R}^2$이고 치역은 음이 아닌 모든 실수로 구성된다(그림 14.6).

c. 제곱근 안의 값은 항상 양이므로 정의역은 $\mathbb{R}^2$이고, $1 + x^2 + y^2 \geq 1$이므로 치역은 $\{z: z \geq 1\}$이다. $z = \sqrt{1 + x^2 + y^2}$의 양변을 제곱하면 $z^2 = 1 + x^2 + y^2$, 즉 $-x^2 - y^2 + z^2 = 1$을 얻는다. 이 식은 z축을 따라 열린 이엽쌍곡면이다. 치역이 $\{z: z \geq 1\}$이므로 주어진 함수는 쌍곡면의 위쪽 잎이다(그림 14.7, 아래쪽 잎은 원래 방정식을 제곱하면 얻을 수 있다).

관련 연습문제 13-15번 ◀

QUICK CHECK 3 하반 쌍곡면 $-x^2 - y^2 + z^2 = 1$의 그래프가 나타내는 함수를 구하여라. ◀

➤ 이 장의 끝부분에 나타나는 결과를 예상하기 위해 어떤 흐름이 내리막인지에 유의하여 직각으로 등위선을 대략적으로 가로질러 보아라.

등위선 이변수함수는 $\mathbb{R}^3$에서 곡면으로 나타난다. 그러나 이 함수는 지형도를 만들 때 사용하는 또 다른 조영법으로 표현할 수 있다(그림 14.8).

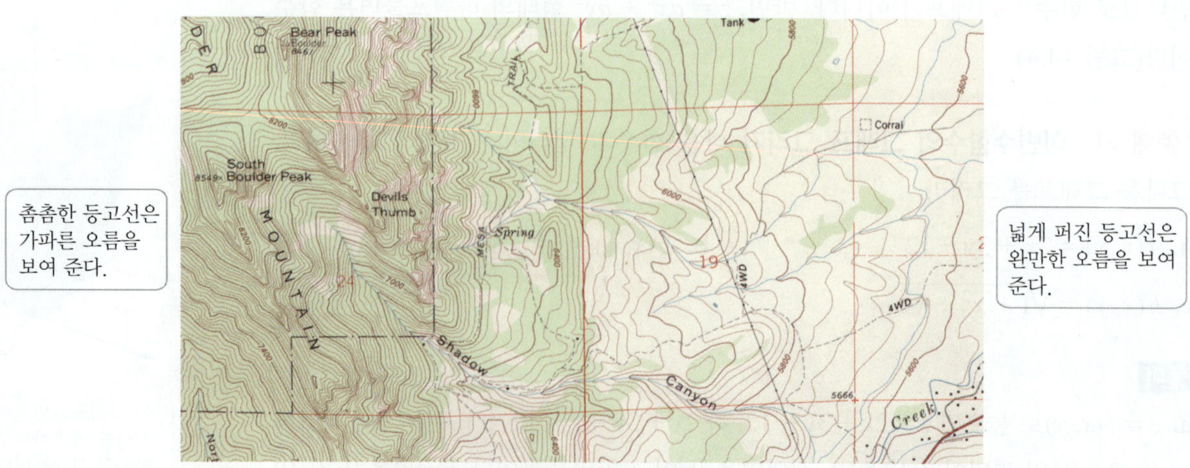

그림 14.8

함수 $z = f(x, y)$로 정의된 곡면을 생각하자(그림 14.9). 이제 곡면 위로 발을 옮겨 고도가 상수 값 $z = z_0$을 갖는 경로를 따라 걷는다고 생각하자. 곡면 위로 걷는 경로는 **등고선**(contour curve)의 일부이고, 완전한 등고선은 수평면 $z = z_0$과 곡면의 교선이다. 등고선을 xy평면 위로 정사영시키면 결과는 곡선 $f(x, y) = z_0$이 된다. xy평면 위의 이 곡선을 **등위선**(level curve)이라 한다.

➤ 등고선은 평면 $z = z_0$에서의 궤적(12.6절)이다.

➤ 등위선은 하나의 곡선이 아닐 수 있다. 하나의 점($x^2 + y^2 = 0$) 또는 여러 개의 직선이나 곡선으로 이루어져 있을 수 있다($xy = 0$).

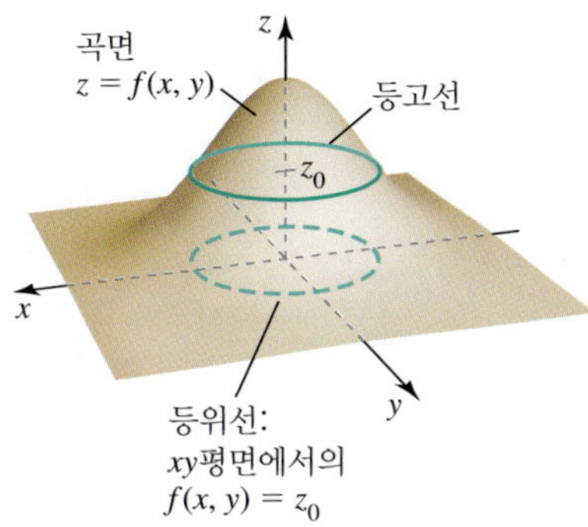

그림 14.9

z의 다른 상수 값인 $z = z_1$로 이 과정을 반복해 보자. 이번 경로를 xy평면 위로 정사영시키면 다른 등위선 $f(x, y) = z_1$의 일부분이 된다. z의 다른 값에 대응하는 이러한 등위선 모임은 유용한 곡면의 이차원 표현을 제공한다(그림 14.10).

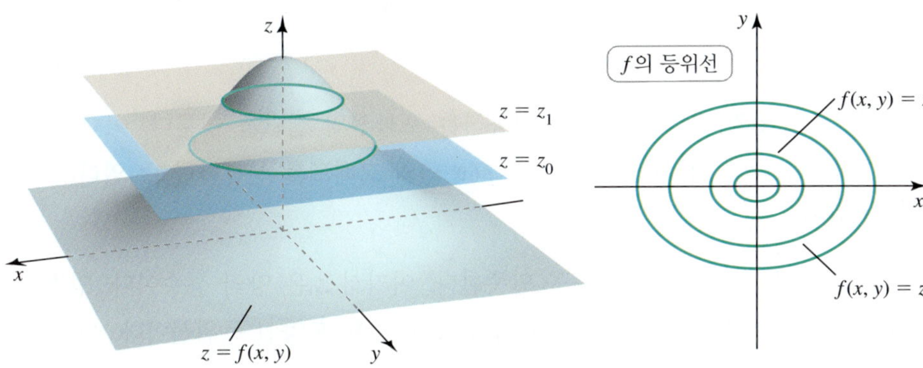

그림 14.10

QUICK CHECK 4 함수의 두 등위선은 만날 수 있는가? 이유를 설명하여라. ◀

이웃하는 두 등위선이 항상 z의 같은 변화량에 대응한다고 가정하면 넓게 위치한 등위선은 z값에서 점진적인 변화를 나타낸다. 반면, 좁게 위치한 등위선은 특정 방향으로의 빠른 변화를 나타낸다(그림 14.11). 중심이 같은 닫힌 등위선은 일반적으로 곡면의 봉우리나 골짜기를 나타낸다.

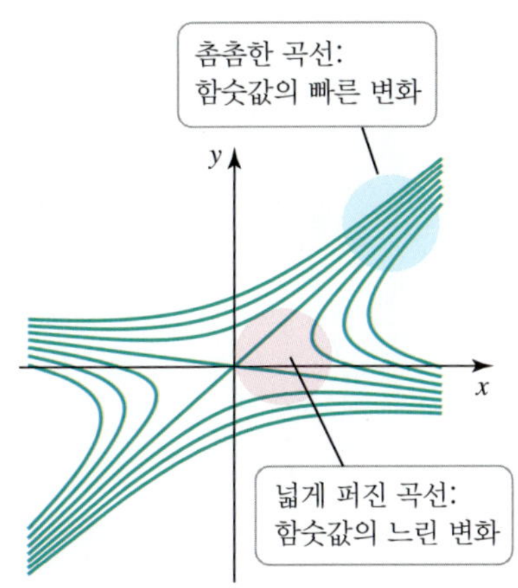

그림 14.11

| 예제 3 | **등위선** 다음 곡면의 등위선을 구한 다음 그려라.

a. $f(x, y) = y - x^2 - 1$ **b.** $f(x, y) = e^{-x^2-y^2}$

풀이

a. 등위선은 식 $y - x^2 - 1 = z_0$으로 표현된다. 여기서 z_0은 f의 치역에 속한 상수이다. z_0의 모든 값에 대하여 이들 곡선은 xy평면 위의 포물선이고, 방정식 $y = x^2 + z_0 + 1$로 나타낼 수 있다. 예를 들어 다음과 같다.

- $z_0 = 0$이면 등위선은 포물선 $y = x^2 + 1$이고, 곡면은 이 곡선을 따라 0의 고도(z좌표)를 갖는다.
- $z_0 = -1$이면 등위선은 $y = x^2$이다. 곡면은 이 곡선을 따라 -1의 고도를 갖는다.
- $z_0 = 1$이면 등위선은 $y = x^2 + 2$이고, 곡면은 이 곡선을 따라 1의 고도를 갖는다.

QUICK CHECK 5 구면 $x^2 + y^2 + z^2 = 1$의 상반구의 등위선을 글로 표현하여라. ◀

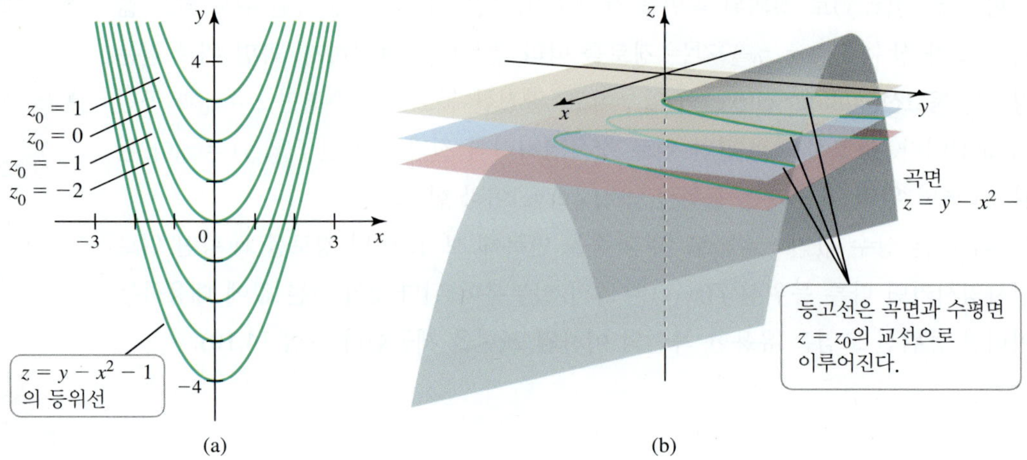

그림 14.12

그림 14.12(a)와 같이 등위선은 이동하는 포물선의 집단을 이룬다. 이 등위선을 z좌표에 따라 나타내면 곡면 $z = f(x, y)$의 그래프를 시각화할 수 있다(그림 14.12(b)).

b. 등위선은 방정식 $e^{-x^2-y^2} = z_0$을 만족한다. 여기서 z_0은 양의 상수이다. 양변에 자연로그를 취하면 $x^2 + y^2 = -\ln z_0$이고, 이는 원 모양인 등위선이다. 이들 곡선은 ($x^2 + y^2 = -\ln z_0$은 음이 아니어야 하므로) $0 < z_0 \leq 1$인 모든 z_0에 대하여 그릴 수 있다. 예를 들어 다음과 같다.

- $z_0 = 1$이면 등위선은 방정식 $x^2 + y^2 = 0$을 만족하며, 이는 하나의 점 (0, 0)이다. 곡면은 고도 1을 갖는다.
- $z_0 = e^{-1}$이면 등위선은 $x^2 + y^2 = -\ln e^{-1} = 1$이며, 이는 중심이 (0, 0)이고 반지름이 1인 원이다. 곡면은 이 곡선을 따라 고도 $e^{-1} \approx 0.37$을 갖는다.

이 경우 일반적으로 등위선은 중심이 (0, 0)인 원이다. 이때 z값이 감소함에 따라 반지름은 증가한다. 그림 14.13(a)는 어두운 그림자에 해당하는 큰 z값의 등

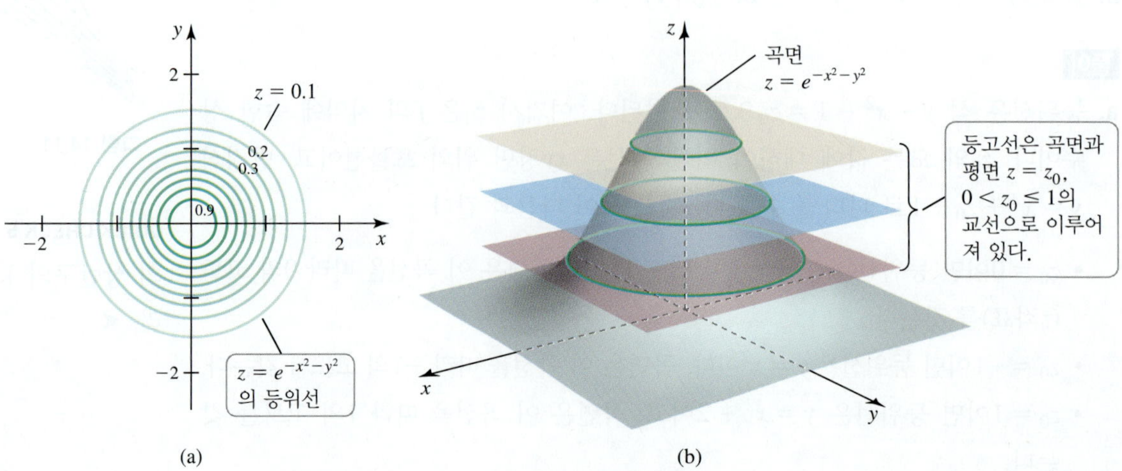

그림 14.13

위선을 보여 준다. 표시를 한 이 등위선으로부터 곡면의 그래프를 그릴 수 있다(그림 14.13(b)).

관련 연습문제 19번 ◀

QUICK CHECK 6 예제 3b에서 $z_0 = 0$인 경우 등위선을 갖는가? 이유를 설명하여라. ◀

| 예제 4 | **등위선** 그림 14.14(a)는 함수

$$f(x, y) = z + \sin(x - y)$$

의 그래프이다. 이 함수의 여러 등위선을 그려라.

풀이 등위선은 $f(x, y) = 2 + \sin(x - y) = z_0$, 즉 $\sin(x - y) = z_0 - 2$이다. $-1 \le \sin(x - y) \le 1$이므로 $-1 \le z_0 - 2 \le 1$, 즉 $1 \le z_0 \le 3$이다. 예를 들어 $z_0 = 2$일 때 등위선은 $\sin(x - y) = 0$을 만족하므로 이 방정식의 해는 $x - y = k\pi$ 또는 $y = x - k\pi$이다. 여기서 k는 정수이다. 그러므로 곡면은 이들 직선 위에서 고도 2를 갖는다. $z_0 = 1$ (z의 최솟값)일 때 등위선은 $\sin(x - y) = -1$을 만족하므로 해는 $x - y = -\pi/2 + 2k\pi$이다. 여기서 k는 정수이다. 곡면은 이들 직선을 따라 고도 1을 갖는다. 여기서 기울기가 1인 무수히 많은 등위선을 가짐을 알 수 있다(그림 14.14(b)).

관련 연습문제 22번 ◀

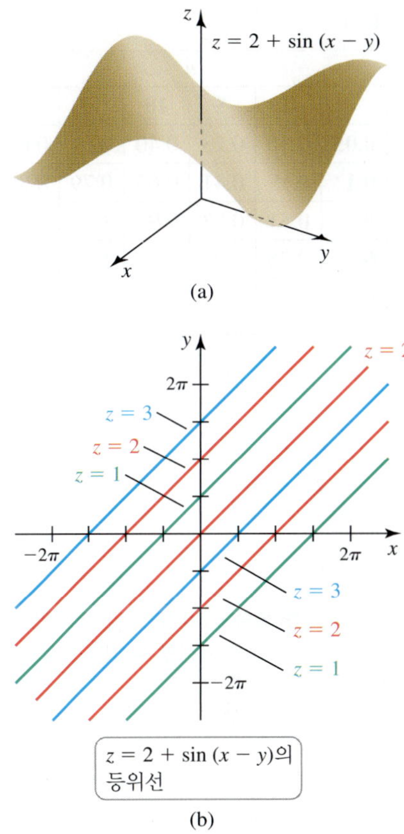

그림 14.14

이변수함수의 응용

다음 예제는 이변수함수의 많은 응용 중 두 가지를 제시한다.

| 예제 5 | **이변수의 확률함수** 특정한 날 어느 대학교에서 학생이 독감에 전염된 비율이 r, $0 \le r \le 1$이라 하자. 하루 동안 이 대학교 학생을 임의로 n번 만날 경우(반복 가능) 감염된 학생을 적어도 한 번 만날 확률은 $p(n, r) = 1 - (1 - r)^n$이다(그림 14.15(a)). 이 확률함수에 관하여 논하여라.

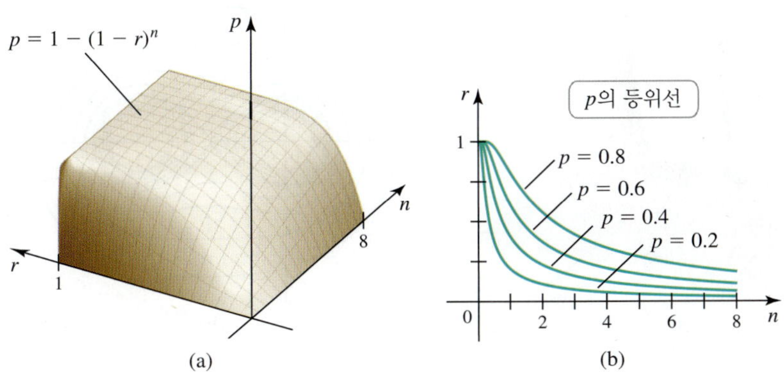

그림 14.15

풀이 독립변수 r은 모집단에 관한 비이므로 구간 [0, 1]로 제한된다. 다른 독립변수 n은 음이 아닌 임의의 정수인데, 그래프를 그리기 위해 n은 구간 [0, 8]에 속한 실수로 정한다. $0 \le r \le 1$에서 $0 \le 1 - r \le 1$이며, n이 음이 아니면 $0 \le (1 - r)^n$

QUICK CHECK 7 예제 5에서 모집단의 50%가 감염되었다면 5번의 접촉을 통해 적어도 한 명의 감염자와 만날 확률은 얼마인가? ◀

표 14.1

		n				
		2	**5**	**10**	**15**	**20**
r	**0.05**	0.10	0.23	0.40	0.54	0.64
	0.1	0.19	0.41	0.65	0.79	0.88
	0.3	0.51	0.83	0.97	1	1
	0.5	0.75	0.97	1	1	1
	0.7	0.91	1	1	1	1

≤ 1이고 따라서 $0 \le p(n, r) \le 1$이다. 따라서 함수의 치역은 $[0, 1]$이고, 이는 p가 확률이라는 사실에 부합한다.

등위선(그림 14.15(b))은 확률이 고정된 값 n에 대하여 적어도 r과 함께 증가함을 보여 준다. 또한 확률은 고정된 값 r에 대하여 n과 함께 증가한다. 그러므로 r의 증가 또는 n의 증가에 따라 확률은 (놀라운 비율로) 1에 접근한다. 모집단의 10%($r = 0.1$)가 감염되고 10명과 접촉했다면 적어도 감염된 사람 1명과 접촉할 확률은 $p(10, 0.1) \approx 0.651$이며, 이는 약 3명 중 2명의 비율이다.

이 함수의 수치적 관찰은 표 14.1에 있다. 여기서 다양한 n과 r에 관한 확률표를 볼 수 있다(반올림하여 소수 둘째 자리까지 나타냄). 이 수치들을 통해 일어날 상황을 전망할 수 있다. ◀

| 예제 6 | 이변수의 전위 함수 (0, 0)과 (1, 0)에 위치한 두 점전하에 의해 생긴 xy 평면 위의 점에서의 전기장은 다음 전위 함수로 정의된다.

$$\varphi(x, y) = \frac{2}{\sqrt{x^2 + y^2}} + \frac{2}{\sqrt{(x-1)^2 + y^2}}$$

이 전위 함수에 관하여 기술하여라.

➤ 전위 함수는 종종 φ(피 또는 파이라 읽음)로 나타내고 전기장을 계산할 수 있는 스칼라 값 함수이다.

풀이 함수의 정의역은 전하가 위치한 (0, 0)과 (1, 0)을 제외한 $\mathbb{R}^2$의 모든 점이다. 이 두 점에 접근하면 전위 함수는 임의로 커진다(그림 14.16(a)). x 또는 y값이 증가하면 전위는 0에 접근한다. 이러한 관찰을 통해 치역은 모든 양의 실수임을 알 수 있다. φ의 등위선은 (작은 거리의) 한 개의 전하 또는 (큰 거리의) 두 전하를 에워싸는 폐곡선이다(그림 14.16(b)).

➤ 어떤 점의 근방에서 전위 함수처럼 무한히 증가하는 함수는 그 점에서 특이점(singularity)을 갖는다고 한다. 특이점은 일변수함수의 수직 점근선과 유사하다.

QUICK CHECK 8 예제 6에서 점 $\left(\frac{1}{2}, 0\right)$에서의 전위는 얼마인가? ◀

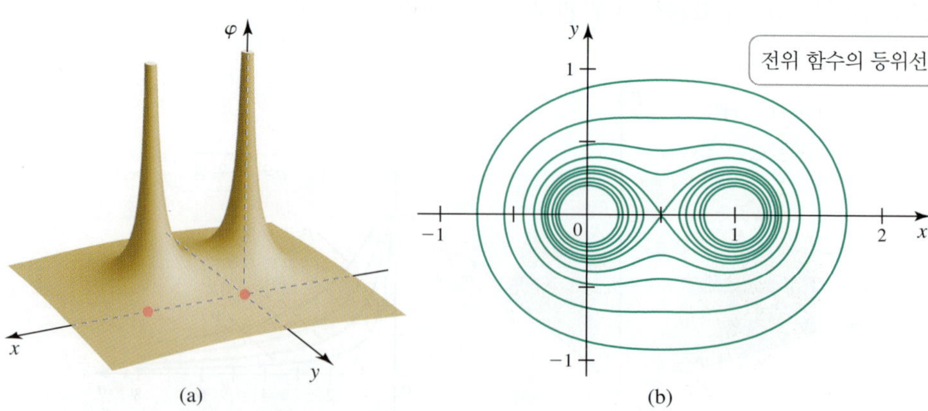

그림 14.16

관련 연습문제 23번 ◀

두 개 이상의 변수에 관한 함수

독립변수가 두 개인 함수의 많은 성질을 세 개 또는 그 이상의 독립변수에 관한 함수로 자연스럽게 확장할 수 있다. 삼변수함수는 양함수로는 $w = f(x, y, z)$로 정

표 14.2

독립변수의 개수	양함수 표현	음함수 표현	그래프가 존재하는 공간
1	$y = f(x)$	$F(x, y) = 0$	$\mathbb{R}^2$ (xy평면)
2	$z = f(x, y)$	$F(x, y, z) = 0$	$\mathbb{R}^3$ (xyz공간)
3	$w = f(x, y, z)$	$F(x, y, z, w) = 0$	$\mathbb{R}^4$
n	$x_{n+1} = f(x_1, x_2, \cdots, x_n)$	$F(x_1, x_2, \cdots, x_n, x_{n+1}) = 0$	$\mathbb{R}^{n+1}$

의할 수 있고, 음함수로는 $F(x, y, z, w) = 0$으로 나타낼 수 있다. 세 개보다 더 많은 독립변수는 $x_1, \cdots, x_n$으로 쓴다. 표 14.2는 변수의 개수에 따른 함수를 나열한 것이다.

정의역과 치역의 개념은 일변수와 이변수 경우로부터 분명하게 확장된다.

정의 독립변수가 n개인 함수의 정의역과 치역

함수 $x_{n+1} = f(x_1, x_2, \cdots, x_n)$은 집합 D의 점 $(x_1, x_2, \cdots, x_n)$에 실수 x_{n+1}을 유일하게 각각 대응시키는 것이다. 여기서 D는 **정의역**이고, f의 **치역**은 정의역에서 점 $(x_1, x_2, \cdots, x_n)$이 취하는 실수 x_{n+1}의 집합이다.

| 예제 7 | 정의역 구하기 다음 함수의 정의역을 구하여라.

a. $g(x, y, z) = \sqrt{16 - x^2 - y^2 - z^2}$ **b.** $h(x, y, z) = \dfrac{12y^2}{z - y}$

풀이

a. 근호 안의 값이 음이 되도록 하는 변수의 값은 정의역에서 제외해야 한다. 이 경우 근호 안의 값은

$$16 - x^2 - y^2 - z^2 \geq 0, \quad \text{즉} \quad x^2 + y^2 + z^2 \leq 16$$

이면 음이 아니다. 그러므로 g의 정의역은 중심이 원점이고 반지름이 4인 $\mathbb{R}^3$의 닫힌 구이다.

➤ 반지름이 r인 닫힌 공은 반지름이 r인 구의 내부와 구면의 모든 점의 집합임을 기억하자.

b. 분모를 0으로 하는 변수의 값은 정의역에서 제외해야 한다. 이 경우 $z - y = 0$ 또는 $y = z$인 $\mathbb{R}^3$의 모든 점은 분모를 0이 되게 하므로 h의 정의역은 집합 $\{(x, y, z) : y \neq z\}$이다. 이 집합은 $\mathbb{R}^3$에서 평면 $y = z$ 위의 모든 점을 제외한 점들이다.

관련 연습문제 26번 ◀

QUICK CHECK 9 함수 $w = f(x, y, z) = 1/xyz$의 정의역은 무엇인가? ◀

두 개 이상의 변수를 갖는 함수의 그래프

독립변수가 두 개인 함수의 그래프 그리기 위해서는 3차원 좌표계가 필요하다. 이는 통상적인 그래프 그리기에서의 한계이다. 삼변수 또는 그 이상의 독립변수를

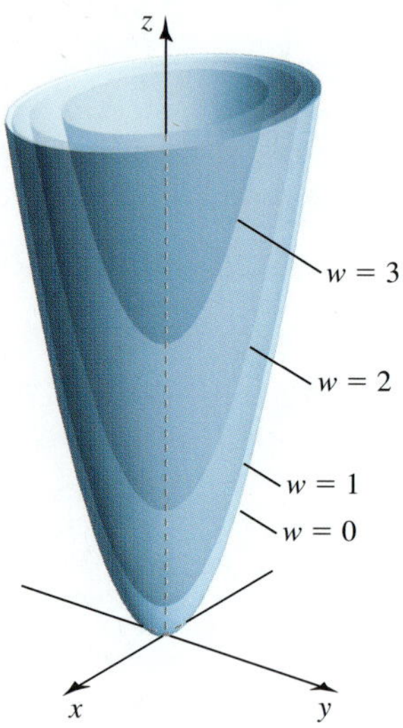

그림 14.17

갖는 함수의 그래프를 그릴 때 더 큰 어려움이 있다는 것은 당연하다. 예를 들어 함수 $w = f(x, y, z)$의 그래프는 4차원에 그려야 한다. 여기서 독립변수가 세 개인 함수를 나타내는 두 가지 접근법을 소개한다.

등위선의 개념을 확장할 수 있다. 함수 $w = f(x, y, z)$의 경우 등위선은 **등위곡면**(level surface)이 된다. 이 곡면은 $\mathbb{R}^3$에 있고, w가 상수이다. 예를 들어 함수

$$w = f(x, y, z) = \sqrt{z - x^2 - 2y^2}$$

의 등위곡면은 $w = \sqrt{z - x^2 - 2y^2} = c$를 만족하며, 여기서 c는 상수이다. 이 방정식은 $z = x^2 + 2y^2 + c^2$일 때 만족한다. 그러므로 등위곡면은 타원포물면(ellipse paraboloid)이고 안으로 한 겹씩 쌓인다(그림 14.17).

삼변수함수를 나타내는 또 다른 접근법은 4차원을 표현하기 위해 색을 사용하는 것이다. 그림 14.18(a)는 시간을 맞춰서 순간 촬영한 심장의 전기적 활성을 보여 준다. 세 개의 독립변수는 심장에서의 위치에 해당한다. 각 점에서 전기적 활성의 값은 종속변수이고 색으로 음영 처리됐다.

그림 14.18(b)는 종속변수가 집적회로에서 변환 속도임을 보여 준다. 정의역의 점에서 변할 때 다시 색으로 표현된다. 이러한 영상을 만드는 한때 비싸고 비효율적이었던 소프트웨어가 지금은 훨씬 쓰기 쉽고 대중화되었다.

(a) (b)

그림 14.18

14.1절 연습문제

1단계 스타트

1. $z = x^2y - xy^2$으로 정의된 함수에서 독립변수와 종속변수를 각각 나타내어라.

2. $g(x, y) = \dfrac{1}{xy}$의 정의역은 무엇인가?

3. 함수 $z = f(x, y)$의 그래프에 필요한 축은 몇 개인가? 또 몇 차원이 필요한가? 이유를 설명하여라.

4. 함수 $f(x, y) = \sqrt{10 - x + y}$에 대하여 $f(2, 1)$과 $f(-9, -3)$을 계산하여라.

5. 함수 $z = f(x, y)$는 점 (x, y)에서의 경사면에 고도 z(수백 피트)를 갖는다. f의 등위선을 사용하여 다음 물음에 답하여라

(그림 참조). 이때 케이티와 재키는 곡면 위의 점 A (2, 2)에 서 있다.

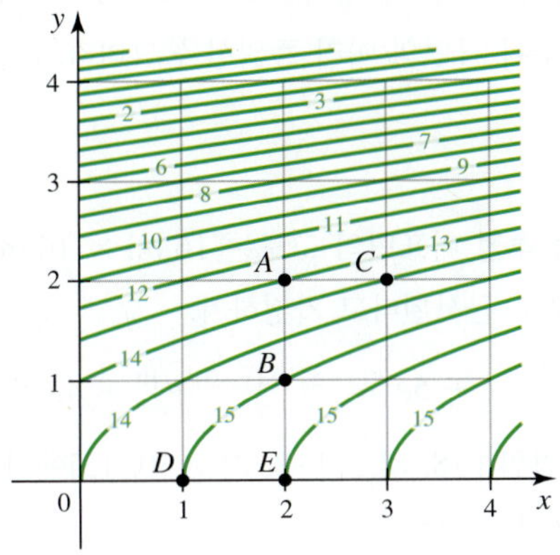

a. 케이티와 재키가 서 있는 지점의 고도는 얼마인가?

b. 케이티는 남쪽에서 $B(2, 1)$에 대응하는 곡면 위의 점으로 등반하고, 재키는 동쪽에서 $C(3, 2)$에 대응하는 곡면 위의 점으로 등반한다. 둘 중 누가 더 큰 고도 변화를 경험하게 되며, 둘의 고도의 차는 얼마인가?

6. 포물면 $z = x^2 + y^2$의 등위선에 대하여 설명하여라.

7. $Q = f(u, v, w, x, y, z)$의 정의역은 $\mathbb{R}^n$이다. n의 값은 얼마인가? 이유를 설명하여라.

2단계 실전

8–12. 정의역 다음 함수의 정의역을 구하여라.

8. $f(x, y) = 2xy - 3x + 4y$ **9.** $f(x, y) = \sqrt{25 - x^2 - y^2}$

10. $f(x, y) = \sin \dfrac{x}{y}$ **11.** $g(x, y) = \ln(x^2 - y)$

12. $g(x, y) = \sqrt{\dfrac{xy}{x^2 + y^2}}$

13–17. 익숙한 함수의 그래프 그리기 12.5절과 12.6절에 있는 곡면에 대하여 배운 내용을 통해 다음 함수의 그래프를 그려라. 곡면을 알아본 후, 정의역과 치역을 각각 작성하여라.

13. $f(x, y) = 6 - x - 2y$ **14.** $p(x, y) = x^2 - y^2$

15. $G(x, y) = \sqrt{1 + x^2 + y^2}$ **16.** $p(x, y) = \sqrt{x^2 + y^2 - 1}$

17. $g(x, y) = \sqrt{16 - 4x^2}$

18. 곡면 모양 찾기 네 함수 a–d와 그림의 네 곡면 A–D를 바르게 짝 지어라.

a. $f(x, y) = \cos xy$ **b.** $g(x, y) = \ln(x^2 - y^2)$

c. $h(x, y) = \dfrac{1}{x - y}$ **d.** $p(x, y) = \dfrac{1}{1 + x^2 + y^2}$

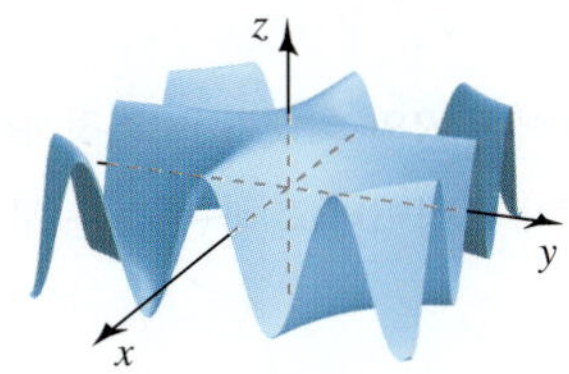

(A)

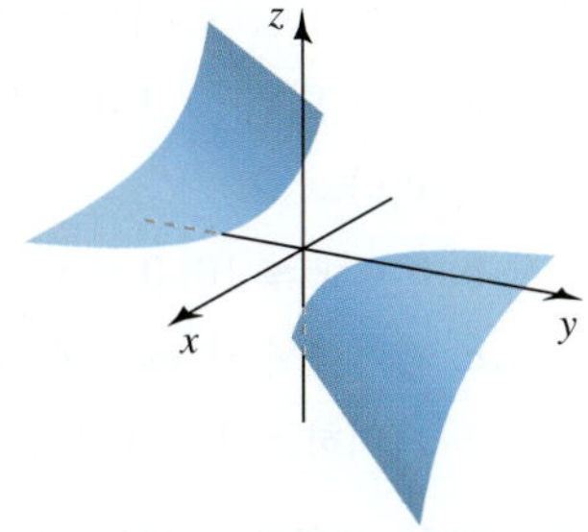

(B)

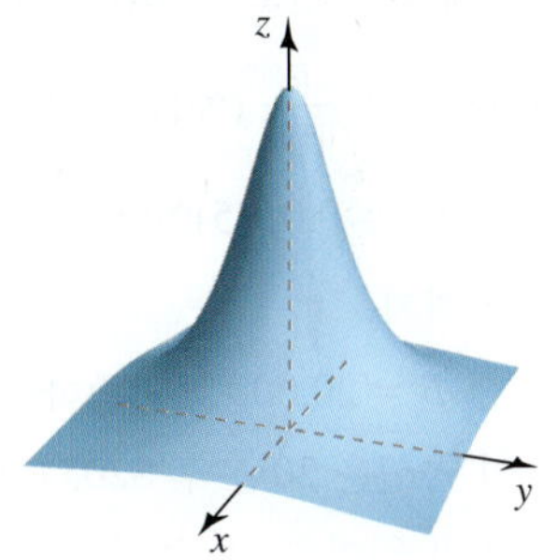

(C)

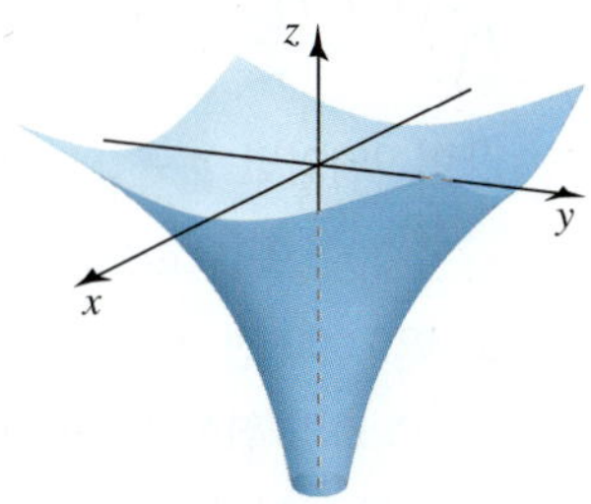

(D)

19–22. 등위선 주어진 기본 범위에서 함수의 등위선을 몇 개 그려라. z 값을 통해 적어도 두 등위선을 표시하여라.

19. $z = x - y^2$, $[0, 4] \times [-2, 2]$

20. $z = \sqrt{x^2 + 4y^2}$, $[-8, 8] \times [-8, 8]$

21. $z = \sqrt{25 - x^2 - y^2}$, $[-6, 6] \times [-6, 6]$

22. $z = 3\cos(2x + y)$, $[-2, 2] \times [-2, 2]$

23. 전위 함수 (0, 1)에 있는 한 전하의 강도가 (0, −1)에 있는 전하의 강도의 두 배인 두 양전하에 대한 전위 함수는 다음과 같이 주어진다.

$$\varphi(x, y) = \frac{2}{\sqrt{x^2 + (y - 1)^2}} + \frac{1}{\sqrt{x^2 + (y + 1)^2}}$$

a. $[-5, 5] \times [-5, 5] \times [0, 10]$에서 전위를 그려라.

b. x와 y의 어떤 값에 대하여 전위 φ가 정의되는가?

c. (3, 2)와 (2, 3) 중 전위가 더 큰 지점은 무엇인가?

d. 직선 $y = x$를 따라 전위가 어떻게 변하는지 기술하여라.

24. 평행인 저항기 전기회로에서 서로 평행하게 위치한 두 저항기에 대하여 실효 저항은 $R(x, y) = \dfrac{xy}{x + y}$ 이다. 여기서 x와 y는 각 저항기의 양저항이다(측정 단위는 옴).

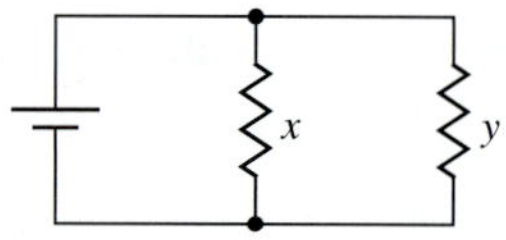

a. 기본 범위 $[0, 10] \times [0, 10] \times [0, 5]$에서 저항 함수를 그려라.

b. $0 < x \le 10$, $0 < y \le 10$에서 R의 최댓값을 측정하여라.

c. 저항 함수가 x와 y에 대하여 대칭이라고 하는 것은 무엇을 의미하는지 설명하여라.

25. 저축 계획의 등위선 월이율이 p%인 계좌에 매달 P달러를 저축한다고 하자. t년 후 계좌의 잔고는 $B(P, r, t) = P\left(\frac{(1+r)^{12t} - 1}{r}\right)$이고, 여기서 $r = \frac{p}{100}$ (예를 들어 연이율이 9%이면 $p = \frac{9}{12} = 0.75$ 이고 $r = 0.0075$)이다. 투자 기간은 20년으로 고정되어 있다고 하자.

a. \$20,000 잔고를 목표로 할 때 $B = 20{,}000$을 만족하는 점 (P, r)의 집합을 구하여라. 이 곡선은 20년 후 \$20,000 잔고를 보장하는 매달 저축액 P와 월이율 r을 준다.

b. $B =$ \$5,000, \$10,000, \$15,000일 때 **a**를 반복하고, 잔고 함수의 결과를 나타내는 등위선을 그려라.

26–28. 독립변수가 세 개 또는 그 이상인 함수의 정의역 다음 함수의 정의역을 구하여라. 가능하면 정의역을 기술하여라(예를 들어 중심이 원점이고 반지름이 1인 구의 외부의 모든 점 등).

26. $g(x, y, z) = \frac{1}{x - z}$ **27.** $f(x, y, z) = \sqrt{y - z}$

28. $F(x, y, z) = \sqrt{y - x^2}$

29. 참 또는 거짓 다음 명제가 참이면 증명하고 거짓이면 반례를 들어라.

a. 함수 $f(x, y) = 1 - |x - y|$의 정의역은 $\{(x, y): x \ge y\}$이다.

b. 함수 $Q = g(w, x, y, z)$의 정의역은 $\mathbb{R}^3$의 영역이다.

c. 평면 $z = 2x - 3y$의 등위선은 직선이다.

30. 이상기체의 법칙 많은 기체는 온도(단위는 T, 켈빈(K)으로 측정), 부피(단위는 V, m^3로 측정), 압력(단위는 P, 파스칼(Pa)로 측정)과 관계된 이상기체의 법칙 $PV = nRT$로 모델링된다. 여기서 다루고자 하는 기체의 양은 $n = 1$몰(mol)이다. 기체 상수는 $R = 8.4\ \mathrm{m}^3\ \mathrm{Pa/mol\text{-}K}$이다.

a. T가 종속변수일 때 영역 $0 \le P \le 100{,}000$, $0 \le V \le 0.5$에서 온도 곡면의 여러 등위선(등온선이라 함)을 그려라.

b. P가 종속변수일 때 영역 $0 \le T \le 900$, $0 < V \le 0.5$에서 압력 곡면의 여러 등위선(등막대라 함)을 그려라.

c. V가 종속변수일 때 영역 $0 \le T \le 900$, $0 < P \le 100{,}000$에서 부피 곡면의 여러 등위선을 그려라.

3단계 도전

31. 산의 지형 추정 지표면의 고도는 16 mi × 16 mi인 영역에서 다음 함수로 근사된다고 가정하자.

$$z = 10e^{-(x^2+y^2)} + 5e^{-((x+5)^2+(y-3)^2)/10} + 4e^{-2((x-4)^2+(y+1)^2)}$$

a. 기본 범위 $[-8, 8] \times [-8, 8] \times [0, 15]$에서 고도 함수의 그래프를 그려라.

b. 조감도에서 나타나는 봉우리 (x, y)를 그려라.

c. 봉우리의 근사 고도는 무엇인가?

32–34. 함수의 그래프 그리기

a. 다음 함수의 정의역과 치역을 결정하여라.

b. 그래프 유틸리티를 사용하여 함수의 그래프를 그려라. 곡면의 가장 좋은 모습을 얻기 위해 기본 범위와 방향을 설정하여라.

32. $f(x, y) = |xy|$ **33.** $h(x, y) = \frac{x + y}{x - y}$

34. $F(x, y) = \tan^2(x - y)$

35–36. 정상과 계곡 다음 함수는 오직 하나의 고립 봉우리나 고립 골짜기(하나의 극댓값 또는 하나의 극솟값)를 갖는다. 그래프 유틸리티를 사용하여 봉우리나 골짜기를 근사하여라.

35. $f(x, y) = x^2y^2 - 8x^2 - y^2 + 6$

36. $h(x, y) = 1 - e^{-(x^2+y^2-2x)}$

37. 평면의 등위선 $a^2 + b^2 \ne 0$, $c \ne 0$이면 평면 $ax + by + cz = d$의 등위선은 xy평면에서 평행선임을 증명하여라.

38–39. 등위곡면 f에 대응하는 등위곡면의 집합에 대한 방정식을 찾은 후, 등위곡면을 나타내어라.

38. $f(x, y, z) = x^2 + y^2 - z$

39. $f(x, y, z) = \sqrt{x^2 + 2z^2}$

40–41. 고난도 정의역 다음 함수의 정의역을 찾아라. 수학적으로 정의역을 정한 후, 글이나 그림으로 설명하여라.

40. $f(x, y) = \sin^{-1}(x - y)^2$

41. $h(x, y, z) = \sqrt[4]{z^2 - xz + yz - xy}$

QUICK CEHCK 정답

1. $\mathbb{R}^2$, $\{(x, y): y \geq 0\}$ **2.** 아니다, 아니다 **3.** $z = -\sqrt{1+x^2+y^2}$ **4.** 아니다, 그렇지 않으면 함수는 한 점에서 두 개의 값을 가진다. **5.** 동심원 **6.** 아니다, $z = 0$은 함수의 치역에 속하지 않는다. **7.** 0.97 **8.** 8 **9.** $\{(x, y, z): x \neq 0, y \neq 0, z \neq 0\}$ ($\mathbb{R}^3$에서 좌표평면을 제외함) ◀

14.2 극한과 연속

지금까지 다변수함수의 예를 살펴봤다. 그러나 아직 계산 과정에는 들어가지 않았다. 이 절에서는 일변수함수의 계산을 다시 다뤄 보고 이를 다변수함수에 어떻게 적용하는지 알아볼 것이다. 극한과 연속의 개념으로 시작한다.

이변수함수의 극한

이변수함수 f에서 정의역의 모든 P에 대하여 P_0에 충분히 가까이 갈 때, $|f(x, y) - L|$을 임의로 작게 할 수 있어서 $P(x, y)$가 고정점 $P(a, b)$에 가까이 가면 극한 L을 갖는다. 이러한 극한이 존재하면 다음과 같이 나타낸다.

$$\lim_{(x, y)\to(a, b)} f(x, y) = \lim_{P\to P_0} f(x, y) = L$$

이 정의를 좀 더 명확하게 하기 위해 가까이 간다(close to)는 개념을 조심스럽게 정의해야 한다.

수직선 위의 점 x가 다른 점 a에 가까이 간다는 것은 거리 $|x - a|$가 작다는 것을 의미하고(그림 14.19(a)), $\mathbb{R}^2$에서 점 $P(x, y)$가 다른 점 $P(a, b)$에 가까이 간다는 것은 두 점 사이의 거리 $|PP_0| = \sqrt{(x-a)^2 + (y-b)^2}$이 작다는 것을 의미한다(그림 14.19(b)). 모든 점 P가 P_0에 가까이 간다고 하는 것은 P_0 근방의 모든 점 P에 대하여 $|PP_0|$이 작다는 것을 의미한다.

이 가까움에 대한 이해를 통해 두 독립변수의 극한을 형식적으로 정의할 수 있다. 2.7절에서 주어진 극한의 형식적인 정의와 대응된다(그림 14.20).

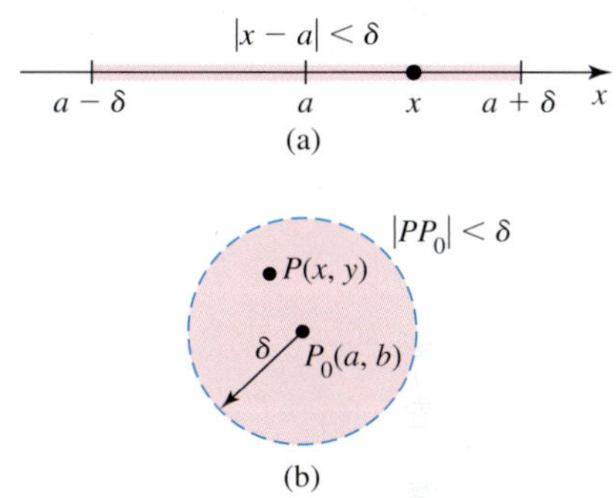

그림 14.19

➤ 형식적인 정의는 자연스럽게 임의의 변수로 확장할 수 있다. 변수가 n개일 때, 극한점(limit point)은 $P_0(a_1, \cdots, a_n)$이고 변수점(variable point)은 $P(x_1, \cdots, x_n)$ 이며, $|PP_0| = \sqrt{(x_1 - a_1)^2 + \cdots + (x_n - a_n)^2}$ 이다.

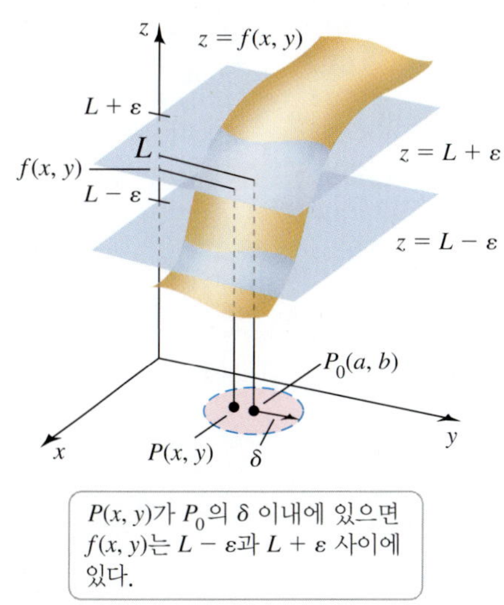

그림 14.20

정의 이변수함수의 극한

함수 f는 $P(x, y)$가 $P_0(a, b)$에 접근하면 **극한** L을 갖고

$$\lim_{(x, y)\to(a, b)} f(x, y) = \lim_{P\to P_0} f(x, y) = L$$

과 같이 쓴다. 이는 주어진 임의의 양수 ε에 대하여

$$|f(x, y) - L| < \varepsilon$$

인 양수 δ가 존재하고, 여기서 (x, y)는 f의 정의역의 점이며 다음을 만족한다.

$$0 < |PP_0| = \sqrt{(x-a)^2 + (y-b)^2} < \delta$$

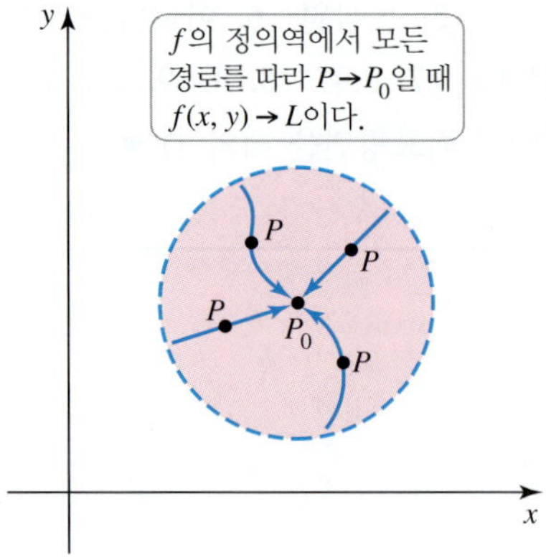

그림 14.21

조건 $|PP_0| < \delta$는 P가 가능한 모든 방향에서 P_0으로 접근하면 $P(x, y)$와 $P_0(a, b)$ 사이의 거리가 δ보다 작다는 것을 의미한다(그림 14.21). 그러므로 f의 정의역에서 P가 가능한 모든 경로를 따라 P_0에 접근하면 $f(x, y)$가 L에 접근하고, 이 경우에만 극한이 존재한다. 예제에서 살펴보겠지만 이 설명은 극한의 존재 여부를 결정하는 데 매우 중요하다.

먼저 일변수함수와 같이 간단한 함수의 극한을 알아보자.

정리 14.1 상수 함수와 선형 함수의 극한

a, b, c가 실수라고 하자.

1. 상수 함수 $f(x, y) = c$: $\displaystyle\lim_{(x, y)\to(a, b)} c = c$

2. 선형 함수 $f(x, y) = x$: $\displaystyle\lim_{(x, y)\to(a, b)} x = a$

3. 선형 함수 $f(x, y) = y$: $\displaystyle\lim_{(x, y)\to(a, b)} y = b$

증명

1. 상수 함수 $f(x, y) = c$에 대하여 $\varepsilon > 0$이 주어졌다고 하자. 극한값이 $L = c$임을 증명하기 위해 $0 < \sqrt{(x-a)^2 + (y-b)^2} < \delta$일 때 $|f(x, y) - L| < \varepsilon$을 만족하는 δ를 만들어야 한다. 상수 함수에서는 임의의 양수 δ를 사용할 수 있다. 그러면 f의 정의역의 모든 (x, y)에 대하여 $0 < \sqrt{(x-a)^2 + (y-b)^2} < \delta$일 때 다음이 성립한다.

$$|f(x, y) - L| = |f(x, y) - c| = |c - c| = 0 < \varepsilon$$

2. $\varepsilon > 0$이 주어졌다고 하고 $\delta = \varepsilon$로 취하자. 조건 $0 < \sqrt{(x-a)^2 + (y-b)^2} < \delta$는 다음을 만족한다.

$$0 < \sqrt{(x-a)^2 + (y-b)^2} < \varepsilon \qquad \delta = \varepsilon$$

$$\sqrt{(x-a)^2} < \varepsilon \qquad (x-a)^2 \le (x-a)^2 + (y-b)^2$$

$$|x-a| < \varepsilon \qquad \text{모든 실수 } x\text{에 대하여 } \sqrt{x^2} = |x|$$

$f(x, y) = x$, $L = a$이므로 $0 < \sqrt{(x-a)^2 + (y-b)^2} < \delta$일 때 $|f(x, y) - L| < \varepsilon$임을 보였다. 그러므로 $\displaystyle\lim_{(x, y)\to(a, b)} f(x, y) = L$ 또는 $\displaystyle\lim_{(x, y)\to(a, b)} x = a$이다.

$\displaystyle\lim_{(x, y)\to(a, b)} y = b$의 증명도 이와 비슷하다. ◀

정리 14.1의 기본적인 세 극한을 사용하여 좀 더 복잡한 함수의 극한을 계산할 수 있다. 유일한 도구는 정리 2.3에서 주어진 것과 비슷한 극한 법칙이다. 이 법칙 중 3의 증명은 연습문제 45번에서 다룬다.

정리 14.2 이변수함수의 극한 법칙

L과 M이 실수이고 $\lim_{(x,y)\to(a,b)} f(x, y) = L$, $\lim_{(x,y)\to(a,b)} g(x, y) = M$이라 하자. c가 상수이고 양수 n은 정수라고 가정하자.

1. 합 $\lim_{(x,y)\to(a,b)} (f(x, y) + g(x, y)) = L + M$

2. 차 $\lim_{(x,y)\to(a,b)} (f(x, y) - g(x, y)) = L - M$

3. 상수 곱 $\lim_{(x,y)\to(a,b)} cf(x, y) = cL$

4. 곱 $\lim_{(x,y)\to(a,b)} f(x, y)g(x, y) = LM$

5. 몫 $\lim_{(x,y)\to(a,b)} \dfrac{f(x, y)}{g(x, y)} = \dfrac{L}{M}$ ($M \neq 0$인 경우)

6. 거듭제곱 $\lim_{(x,y)\to(a,b)} (f(x, y))^n = L^n$

7. 거듭제곱근 $\lim_{(x,y)\to(a,b)} (f(x, y))^{1/n} = L^{1/n}$, 여기서 n이 짝수이면 L은 양수라고 가정한다.

정리 14.1과 정리 14.2를 결합하면 이변수의 다항함수, 유리함수, 대수함수의 극한을 구할 수 있다.

➤ 이변수의 다항식은 x의 다항식과 y의 다항식의 합과 곱으로 이루어져 있음을 기억하여라. 유리함수는 두 다항식의 몫이다.

| 예제 1 | 이변수함수의 극한 $\lim_{(x,y)\to(2,8)} (3x^2y + \sqrt{xy})$를 계산하여라.

풀이 이 함수에서의 모든 연산은 정리 14.2에 있다. 그러므로 극한 법칙을 바로 적용할 수 있다.

$$\begin{aligned}\lim_{(x,y)\to(2,8)} (3x^2y + \sqrt{xy}) &= \lim_{(x,y)\to(2,8)} 3x^2y + \lim_{(x,y)\to(2,8)} \sqrt{xy} && \text{법칙 1}\\ &= 3 \lim_{(x,y)\to(2,8)} x^2 \cdot \lim_{(x,y)\to(2,8)} y \\ &\quad + \sqrt{\lim_{(x,y)\to(2,8)} x \cdot \lim_{(x,y)\to(2,8)} y} && \text{법칙 3, 4, 7}\\ &= 3 \cdot 2^2 \cdot 8 + \sqrt{2 \cdot 8} = 100 && \text{법칙 6과 정리 14.1}\end{aligned}$$

예제 1에서 극한값은 (a, b)에서의 함숫값과 같다. 다시 말해 $\lim_{(x,y)\to(a,b)} f(x, y) = f(a, b)$이고, 극한은 대입하여 계산할 수 있다. 이는 이 절의 끝부분에서 논의할 연속함수의 성질이다.

QUICK CHECK 1 다음 극한 중 값이 존재하는 것은 무엇인가?

a. $\lim_{(x,y)\to(1,1)} 3x^{12}y^2$

b. $\lim_{(x,y)\to(0,0)} 3x^{-2}y^2$

c. $\lim_{(x,y)\to(1,2)} \sqrt{x - y^2}$ ◀

경계점에서의 극한

이제 이 책의 나머지 부분에서 사용할 몇몇 정의를 다룰 때가 됐다.

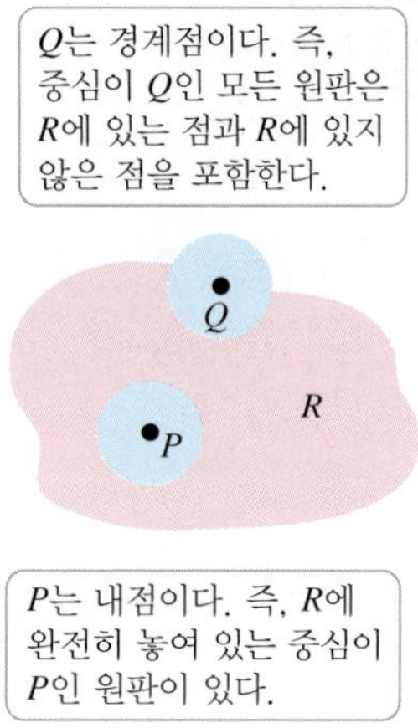

그림 14.22

> **정의 내점과 경계점**
>
> R을 $\mathbb{R}^2$의 영역이라고 하자. R의 한 **내점** P는 완전히 R의 내부에 있는데, 이는 오직 R의 점만 포함하는 중심이 P인 원판을 찾을 수 있다는 것을 의미한다(그림 14.22).
>
> R의 한 **경계점** Q는 중심이 Q인 모든 원판이 R에 있는 적어도 하나의 점과 R에 있지 않은 적어도 하나의 점을 포함한다는 의미에서 R의 끝에 놓여 있다.

예를 들어 R은 $x^2 + y^2 < 9$를 만족하는 $\mathbb{R}^2$의 모든 점의 집합이라고 하자. 그러면 R의 경계점(boundary point)은 원 $x^2 + y^2 = 9$ 위에 있고, R의 내점(interior point)은 원의 내부에 있으며 $x^2 + y^2 < 9$를 만족한다. 집합의 경계점은 그 집합에 놓여 있을 필요가 없음에 유의하자.

➤ 원판을 구로 대체하면 내점과 경계점의 정의는 $\mathbb{R}^3$의 영역에 적용할 수 있다.

> **정의 열린집합과 닫힌집합**
>
> 어떤 영역이 완전히 내점으로 이루어져 있다면 그 영역은 **열려 있다**라고 한다. 어떤 영역이 이 영역의 모든 경계점을 포함하면 그 영역은 **닫혀 있다**라고 한다.

➤ 원환 $\{(x, y): 2 \le x^2 + y^2 < 5\}$와 같은 많은 집합은 열린집합도 닫힌집합도 아니다.

$\mathbb{R}^2$에서 열린영역의 한 예는 열린원판 $\{(x, y): x^2 + y^2 < 9\}$이고, $\mathbb{R}^2$에서 닫힌 영역의 한 예는 정사각형 $\{(x, y): |x| \le 1, |y| \le 1\}$이다. 이 책의 끝부분에서 공, 상자, 피라미드와 같은 3차원 집합에서의 내점과 경계점을 만나게 될 것이다.

QUICK CHECK 2 경계점을 전혀 포함하지 않는 집합의 예를 들어라. ◀

$P_0(a, b)$가 f의 정의역의 경계점이라고 하자. (x, y)가 정의역의 모든 경로를 따라 (a, b)에 접근할 때 $f(x, y)$가 같은 값에 접근하면 P_0이 f의 정의역에 있지 않는 경우여도 극한 $\displaystyle\lim_{(x, y)\to(a, b)} f(x, y)$가 존재한다(그림 14.23).

정의역이 $\{(x, y): x \ne y\}$인 함수 $f(x, y) = \dfrac{x^2 - y^2}{x - y}$을 생각하자. $x \ne y$이면

➤ 동일한 방법이 일변수함수에도 사용됐음을 기억하자. 예를 들어 함수

$$g(x) = \frac{x^2 - 4}{x - 2}$$

에서 $x \ne 2$이면 공통인수 $(x - 2)$를 약분하여 $g(x) = x + 2$가 된다. 이 경우 2는 경계점 역할을 한다.

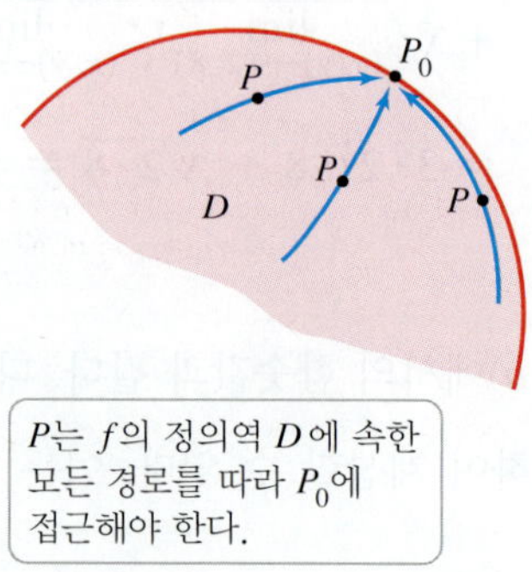

그림 14.23

분자와 분모에서 인수 $(x-y)$를 약분하여 다음과 같이 쓸 수 있다.

$$f(x, y)=\frac{x^2-y^2}{x-y}=\frac{(x-y)(x+y)}{x-y}=x+y$$

f의 그래프(그림 14.24)는 직선 $x=y$ 위의 점들이 제거된 평면 $z=x+y$와 같다.

이제 $\lim_{(x, y)\to(4, 4)} \frac{x^2-y^2}{x-y}$을 살펴보자. 여기서 $(4, 4)$는 f의 경계점이지만 정의역에 속하지 않는다. 이 극한이 존재하려면 f의 정의역의 모든 경로(즉, 직선 $x=y$와 교차하지 않고 $(4, 4)$에 접근하는 모든 경로)를 따라 $(4, 4)$에 접근할 때 $f(x, y)$는 같은 값에 접근해야 한다. 이 극한을 계산하기 위해 다음과 같이 진행하자.

$$\begin{aligned}\lim_{(x, y)\to(4, 4)} \frac{x^2-y^2}{x-y} &= \lim_{(x, y)\to(4, 4)} (x+y) && x \neq y\text{라 가정하고 } x-y \text{ 약분하기}\\ &= 4+4=8 && \text{정의역의 모든 경로를 따라 같은 극한값}\end{aligned}$$

강조하기 위해 f의 정의역 밖에 놓인 직선 $x=y$와 만나지 않는 모든 경로를 따라 $(x, y) \to (4, 4)$라고 하자. 그러면 함수가 가능한 모든 경로를 따라 8에 접근한다.

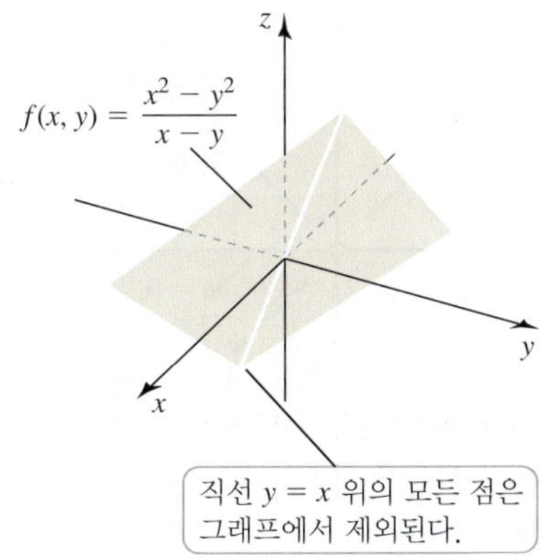

그림 14.24

QUICK CHECK 3 극한

$$\lim_{(x, y)\to(0, 0)} \frac{x^2-xy}{x}$$

를 직접 대입하여 계산할 수 있는가?◀

| 예제 2 | 경계점에서의 극한 $\lim_{(x, y)\to(4, 1)} \frac{xy-4y^2}{\sqrt{x}-2\sqrt{y}}$을 계산하여라.

풀이 이 함수의 정의역의 점은 (근호 안에 있으므로) $x \geq 0$, $y \geq 0$을 만족하며, (분모가 0이 아니므로) $x \neq 4y$이다. 점 $(4, 1)$은 정의역의 경계에 놓여 있음을 알 수 있다. 분자와 분모에 분모의 켤레무리수를 곱하면 다음과 같이 계산된다.

$$\begin{aligned}\lim_{(x, y)\to(4, 1)} \frac{xy-4y^2}{\sqrt{x}-2\sqrt{y}} &= \lim_{(x, y)\to(4, 1)} \frac{(xy-4y^2)(\sqrt{x}+2\sqrt{y})}{(\sqrt{x}-2\sqrt{y})(\sqrt{x}+2\sqrt{y})} && \text{켤레수 곱하기}\\ &= \lim_{(x, y)\to(4, 1)} \frac{y(x-4y)(\sqrt{x}+2\sqrt{y})}{x-4y} && \text{간단히 하기}\\ &= \lim_{(x, y)\to(4, 1)} y(\sqrt{x}+2\sqrt{y}) && x-4y \neq 0\text{이라 가정하고 } x-4y \text{ 약분하기}\\ &= 4 && \text{극한 계산하기}\end{aligned}$$

직선 $x=4y$ 위의 점은 함수의 정의역 밖에 있으므로 $x \neq 4y$라 가정한다. $(4, 1)$에 접근하는 다른 모든 경로를 따라 함숫값이 4에 접근한다(그림 14.25).

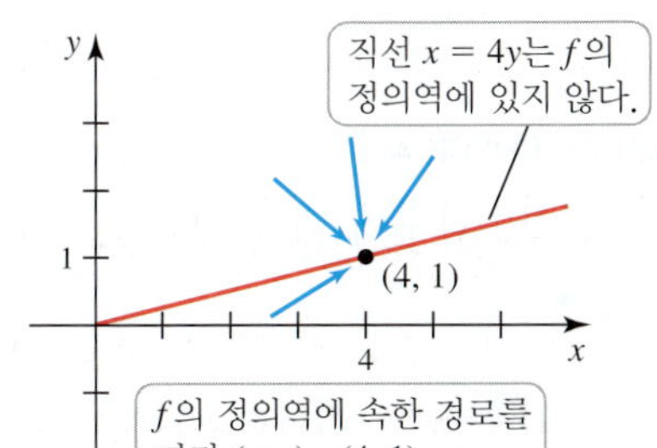

그림 14.25

관련 연습문제 14번◀

| 예제 3 | 값이 존재하지 않는 극한 극한 $\lim_{(x, y)\to(0, 0)} \frac{(x+y)^2}{x^2+y^2}$을 조사하여라.

풀이 함수의 정의역은 $\{(x, y): (x, y) \neq (0, 0)\}$이므로 극한은 정의역 밖의 경계점에 있다. 고정된 상수 m에 대하여 (x, y)가 $(0, 0)$에 접근한다고 하자. $y=mx$를 대입하고 $x \to 0$이면 $y \to 0$임에 유의하자. 그러면 다음을 얻는다.

➤ $y=mx$ 형태의 경로를 택하면 $x \to 0$일 때 $y \to 0$임에 유의하자. 그러므로 $\lim_{(x, y)\to(0, 0)}$은 이 경로를 따라 $\lim_{x\to 0}$으로 대체할 수 있다. 비슷한 논의가 $p>0$일 때 $y=mx^p$ 형태의 경로에도 적용된다.

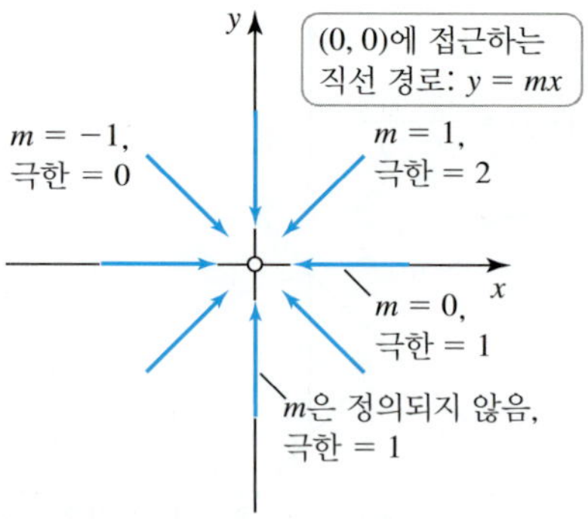

그림 14.26

$$\lim_{\substack{(x, y)\to(0, 0)\\(y = mx\text{를 따라})}} \frac{(x+y)^2}{x^2+y^2} = \lim_{x\to 0} \frac{(x+mx)^2}{x^2+m^2x^2} = \lim_{x\to 0} \frac{x^2(1+m)^2}{x^2(1+m^2)} = \frac{(1+m)^2}{1+m^2}$$

상수 m은 (0, 0)에 접근하는 방향을 결정한다. 그러므로 (x, y)가 (0, 0)에 접근할 때 m에 따라 함수는 다른 값에 접근한다(그림 14.26). 예를 들어 $m = 0$이면 대응하는 극한은 1이고, $m = -1$이면 극한은 0이다. 이러한 양상의 이유는 곡면의 그림을 그린 후, 두 개의 등위선을 관찰하면 밝힐 수 있다. 두 직선 $y = x$, $y = -x$ (원점 제외)는 각각 $z = 2$, $z = 0$인 함수의 등위선이다(그림 14.27). 그러므로 $y = x$를 따라 $(x, y) \to (0, 0)$이면 $f(x, y) \to 2$이고, $y = -x$를 따라 $(x, y) \to (0, 0)$이면 $f(x, y) \to 0$이다. 함수가 서로 다른 경로를 따라가면 다른 값에 접근하므로 극한은 존재하지 않는다고 결론 내릴 수 있다.

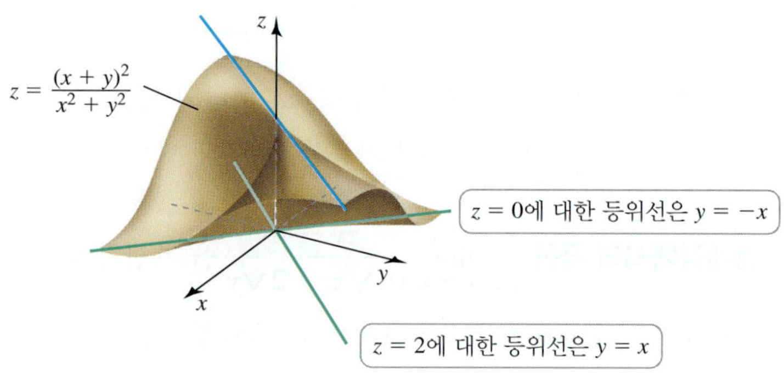

그림 14.27

예제 3에서 사용한 전략은 극한값이 존재하지 않음을 증명하는 데 효과적인 방법이다.

QUICK CHECK 4 두 경로 검증과 유사한 일변수함수에 대한 내용은 무엇인가?

절차 극한값이 존재하지 않음을 보이는 두 경로 테스트

f의 정의역에서 서로 다른 두 경로를 따라 (x, y)가 (a, b)에 접근할 때 $f(x, y)$가 서로 다른 두 값에 접근하면 $\lim_{(x, y)\to(a, b)} f(x, y)$의 값은 존재하지 않는다.

이변수함수의 연속성

이변수함수의 연속에 대한 다음 정의는 일변수함수의 연속에 대한 정의와 비슷하다.

정의 연속성

다음 세 조건을 모두 만족하면 함수 f는 (a, b)에서 연속이다.

1. (a, b)에서 f가 정의된다.

2. $\lim_{(x, y)\to(a, b)} f(x, y)$의 값이 존재한다.

3. $\lim_{(x, y)\to(a, b)} f(x, y) = f(a, b)$

한 점에서 이변수(또는 그 이상)함수가 연속이라는 것은 그 점에서의 극한과 함숫값이 같음을 뜻한다(극한값과 함숫값이 둘 다 존재한다). 정의역에서의 극한을 정의역에 놓여 있는 모든 경로를 따라 얻은 것이라면 함수 f는 경계점에서도 연속이 정의된다. 다항함수와 유리함수의 극한은 정의역의 점을 대입하여 계산할 수 있으므로(즉, $\lim_{(x\ y)\to(a\ b)} f(x, y) = f(a, b)$) 다항함수와 유리함수는 정의역의 모든 점에서 연속이다.

| 예제 4 | **연속성 점검** 다음 함수가 연속인 점을 결정하여라.

$$f(x, y) = \begin{cases} \dfrac{3xy^2}{x^2 + y^4}, & (x, y) \neq (0, 0) \\ 0 \quad , & (x, y) = (0, 0) \end{cases}$$

풀이 함수 $\dfrac{3xy^2}{x^2 + y^4}$은 유리함수이므로 (0, 0)을 제외한 $\mathbb{R}^2$의 모든 점으로 이루어진 정의역에서 연속이다. f가 (0, 0)에서 연속인지 점검하려면

$$\lim_{(x, y)\to(0, 0)} \frac{3xy^2}{x^2 + y^4}$$

의 값이 존재하고 (0, 0)에 접근하는 모든 경로를 따라 $f(0, 0) = 0$인지 알아봐야 한다.

임의의 상수 m에 대하여 $y = mx$인 형태의 모든 직선을 따라 (x, y)가 (0, 0)에 접근할 때 함숫값이 $f(0, 0) = 0$에 접근하는지 보여야 한다. 그러나 $x = my^2$(m은 0이 아닌 상수)과 같은 포물선 경로를 따라가면 극한은 다른 양상을 보인다(그림 14.28). 이제 $x = my^2$을 대입하고 $y \to 0$일 때 $x \to 0$임에 유의하여 계산하면 다음과 같다.

$$\lim_{\substack{(x, y)\to(0, 0) \\ (x = my^2\text{을 따라})}} \frac{3xy^2}{x^2 + y^4} = \lim_{y\to 0} \frac{3(my^2)y^2}{(my^2)^2 + y^4} \quad x = my^2 \text{ 대입하기}$$

$$= \lim_{y\to 0} \frac{3my^4}{m^2y^4 + y^4} \quad \text{간단히 하기}$$

$$= \lim_{y\to 0} \frac{3m}{m^2 + 1} \quad y^4 \text{ 약분하기}$$

$$= \frac{3m}{m^2 + 1}$$

➤ (0, 0)에 접근하는 경로에 대한 $x = my^2$의 선택은 분명하지 않다. f에서 x 대신 my^2을 대입하면 결과는 y에 대한 동일한 거듭제곱(이 경우 y^4)이 분자와 분모에 존재하므로 약분이 가능하다.

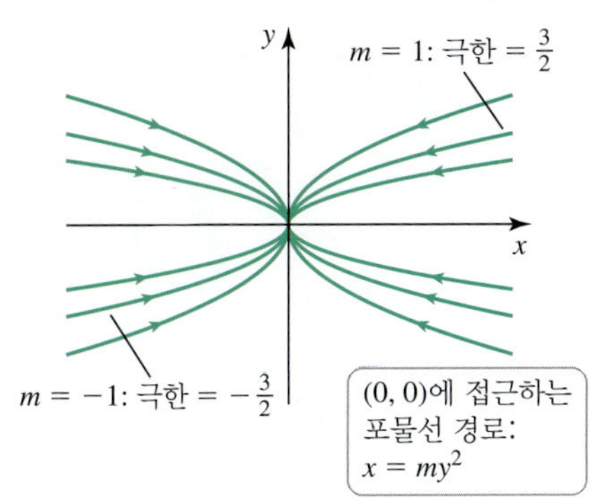

그림 14.28

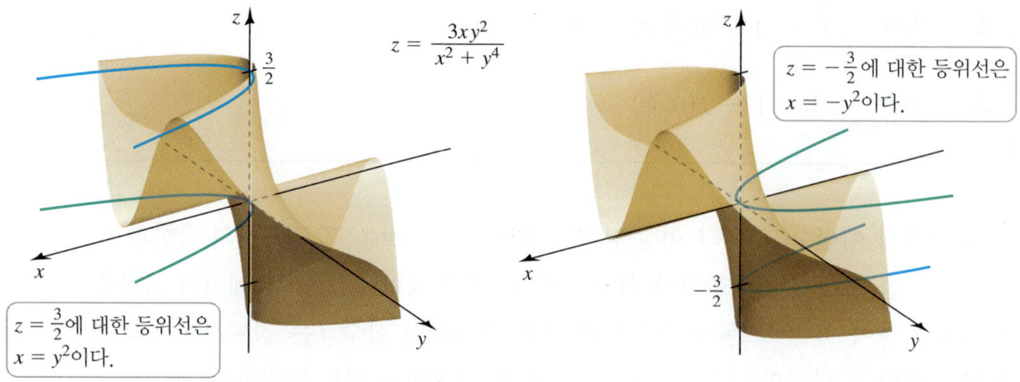

그림 14.29

극한이 접근하는 경로는 포물선에 의존한다는 것을 볼 수 있다. 예를 들어 $m = 1$ 이면 함숫값은 경로 $x = y^2$을 따라 $\frac{3}{2}$에 접근하고, $m = -1$이면 함숫값은 경로 $x = -y^2$을 따라 $-\frac{3}{2}$에 접근한다(그림 14.29). $f(x, y)$가 서로 다른 두 경로를 따라가면 서로 다른 두 값에 접근하므로 (0, 0)에서 극한은 존재하지 않는다. 그러므로 f는 (0, 0)에서 연속이 아니다.

관련 연습문제 21번 ◀

QUICK CHECK 5 다음 중 (0, 0)에서 연속인 함수는 무엇인가?

a. $f(x, y) = 2x^2y^5$

b. $f(x, y) = \dfrac{2x^2y^5}{x - 1}$

c. $f(x, y) = 2x^{-2}y^5$ ◀

합성함수 일변수함수에서 연속함수의 합성 역시 연속임을 기억하자. 다음 정리는 이변수함수의 경우에도 유사한 결과를 준다는 것을 알 수 있다. 부록에서 증명한다.

> **정리 14.3 합성함수의 연속성**
>
> $u = g(x, y)$가 (a, b)에서 연속이고 $z = f(u)$가 $g(a, b)$에서 연속이면 합성함수 $z = f(g(x, y))$는 (a, b)에서 연속이다.

정리 14.3을 통해 많은 함수의 연속성을 쉽게 분석할 수 있다. 예를 들어 $\sin x$, $\cos x$, e^x은 모두 실수 x에 대하여 연속인 일변수함수이다. 그러므로 x와 y에 관한 다항함수로 합성한 함수(예를 들어 $\sin(x^2y)$, $e^{x^2-y^2}$)는 모든 실수 x와 y에서 연속이다. 비슷하게 $\sqrt{x}$는 $x \ge 0$에서 연속인 일변수함수이다. 그러므로 $\sqrt{u(x, y)}$는 u가 (x, y)에서 연속이고 $u(x, y) \ge 0$이면 연속이다. 정의역의 제한을 관찰하기만 하면 연속함수의 합성함수 또한 연속이다.

| 예제 5 | 합성함수의 연속성 다음 함수가 연속인 점을 결정하여라.

a. $h(x, y) = \ln(x^2 + y^2 + 4)$ **b.** $h(x, y) = e^{x/y}$

풀이

a. 이 함수는 합성함수 $f(g(x, y))$ 형태인데, 여기서

$$f(u) = \ln u, \quad u = g(x, y) = x^2 + y^2 + 4$$

이다. g는 다항함수로서 $\mathbb{R}^2$의 모든 (x, y)에서 연속이다. 함수 f는 $u > 0$에서 연속이다. 모든 (x, y)에 대하여 $u = x^2 + y^2 + 4 > 0$이므로 h는 $\mathbb{R}^2$의 모든 점에서 연속이다.

b. $f(u) = e^u$, $u = g(x, y) = x/y$로 놓으면 $h(x, y) = f(g(x, y))$이다. f는 $\mathbb{R}$의 모든 점에서 연속이고 g는 $y \neq 0$인 $\mathbb{R}^2$의 모든 점에서 연속임에 주목하자. 그러므로 h는 집합 $\{(x, y): y \neq 0\}$에서 연속이다.

관련 연습문제 25번 ◀

삼변수함수

지금까지 살펴본 이변수함수의 극한과 연속에 관한 작업은 삼변수 또는 그 이상의 함수로 확장된다. 특히 정리 14.2의 극한 법칙은 $w = f(x, y, z)$ 형태의 함수에도 적용된다. 다항함수와 유리함수는 그들의 정의역에서 연속이고, 이들 함수의 극한은 정의역의 모든 점을 직접 대입하여 계산할 수 있다. $f(g(x, y, z))$ 형태의 연속함수를 합성한 함수 또한 $g(x, y, z)$가 f의 정의역에서 연속이다.

| 예제 6 | 삼변수함수

a. $\displaystyle\lim_{(x, y, z) \to (2, \pi/2, 0)} \frac{x^2 \sin y}{z^2 + 4}$를 계산하여라.

b. $h(x, y, z) = \sqrt{x^2 + y^2 + z^2 - 1}$이 연속인 점을 찾아라.

풀이

a. 이 함수는 $(2, \pi/2, 0)$에서 연속인 함수의 곱과 몫으로 이루어져 있으므로 직접 대입하여 극한을 계산할 수 있다.

$$\lim_{(x, y, z) \to (2, \pi/2, 0)} \frac{x^2 \sin y}{z^2 + 4} = \frac{2^2 \sin(\pi/2)}{0^2 + 4} = 1$$

b. 이 함수는 $u \geq 0$에서 연속인 $f(u) = \sqrt{u}$가 바깥 함수인 합성함수이다. 안쪽 함수

$$g(x, y, z) = x^2 + y^2 + z^2 - 1$$

은 $x^2 + y^2 + z^2 \geq 1$이면 음이 아니다. 그러므로 h는 $\mathbb{R}^3$에 있는 단위구의 외부 또는 단위구 위의 모든 점에서 연속이다.

관련 연습문제 28번 ◀

14.2절 연습문제

1단계 스타트

1. $\displaystyle\lim_{(x,y)\to(a,b)} f(x, y) = L$이 의미하는 것을 설명하여라.

2. 다항식의 극한을 직접 대입하여 계산할 수 있다는 것은 무엇을 의미하는가?

3. 여러 경로를 따라 극한값의 존재 여부를 조사할 때, 극한이 존재하지 않을 수 있음을 설명하여라.

4. 함수 f가 점 (a, b)에서 연속이기 위한 세 조건은 무엇인가?

5. 이변수의 유리함수가 연속이 되는 $\mathbb{R}^2$의 점은 무엇인가?

6. $\displaystyle\lim_{(x,y)\to(5,-5)} \frac{x^2 - y^2}{x + y}$을 계산하여라.

2단계 실전

7–14. 함수의 극한 다음 극한을 계산하여라.

7. $\displaystyle\lim_{(x,y)\to(2,9)} 101$

8. $\displaystyle\lim_{(x,y)\to(-3,3)} (4x^2 - y^2)$

9. $\displaystyle\lim_{(x,y)\to(0,\pi)} \frac{\cos xy + \sin xy}{2y}$

10. $\displaystyle\lim_{(x,y)\to(2,0)} \frac{x^2 - 3xy^2}{x + y}$

11. $\displaystyle\lim_{(x,y)\to(6,2)} \frac{x^2 - 3xy}{x - 3y}$

12. $\displaystyle\lim_{(x,y)\to(3,1)} \frac{x^2 - 7xy + 12y^2}{x - 3y}$

13. $\displaystyle\lim_{(x,y)\to(2,2)} \frac{y^2 - 4}{xy - 2x}$

14. $\displaystyle\lim_{(x,y)\to(1,2)} \frac{\sqrt{y} - \sqrt{x + 1}}{y - x - 1}$

15–17. 값이 존재하지 않는 극한 다음 극한이 존재하지 않음을 두 경로 테스트를 통해 증명하여라.

15. $\displaystyle\lim_{(x,y)\to(0,0)} \frac{x + 2y}{x - 2y}$

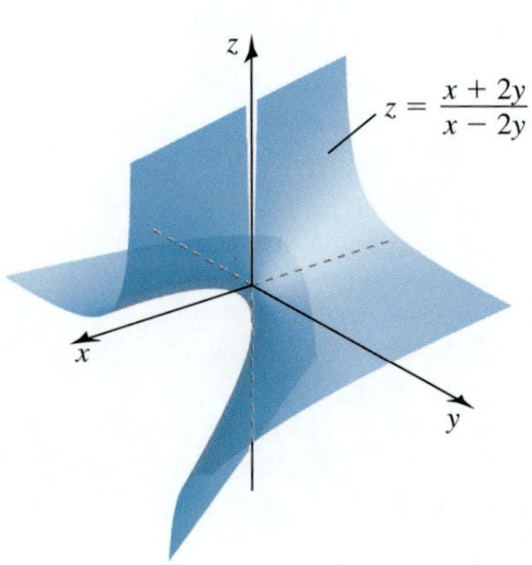

16. $\displaystyle\lim_{(x,y)\to(0,0)} \frac{y^4 - 2x^2}{y^4 + x^2}$

17. $\displaystyle\lim_{(x,y)\to(0,0)} \frac{y^3 + x^3}{xy^2}$

18–27. 연속성 다음 함수가 연속이 되는 $\mathbb{R}^2$의 점은 무엇인가?

18. $f(x, y) = x^2 + 2xy - y^3$

19. $p(x, y) = \dfrac{4x^2y^2}{x^4 + y^2}$

20. $f(x, y) = \dfrac{2}{x(y^2 + 1)}$

21. $f(x, y) = \begin{cases} \dfrac{xy}{x^2 + y^2}, & (x, y) \neq (0, 0) \\ 0 \quad , & (x, y) = (0, 0) \end{cases}$

22. $f(x, y) = \sqrt{x^2 + y^2}$

23. $f(x, y) = \sin xy$

24. $h(x, y) = \cos(x + y)$

25. $f(x, y) = \ln(x^2 + y^2)$

26. $g(x, y) = \sqrt[3]{x^2 + y^2 - 9}$

27. $f(x, y) = \begin{cases} \dfrac{\sin(x^2 + y^2)}{x^2 + y^2}, & (x, y) \neq (0, 0) \\ 1 \quad , & (x, y) = (0, 0) \end{cases}$

28–30. 삼변수함수의 극한 다음 극한을 계산하여라.

28. $\displaystyle\lim_{(x,y,z)\to(1,\ln 2,3)} ze^{xy}$

29. $\displaystyle\lim_{(x,y,z)\to(1,1,1)} \frac{yz - xy - xz - x^2}{yz + xy + xz - y^2}$

30. $\displaystyle\lim_{(x,y,z)\to(1,1,1)} \frac{x^2 + xy - xz - yz}{x - z}$

31. **참 또는 거짓** 다음 명제가 참이면 증명하고 거짓이면 반례를 들어라.

  a. 두 극한 $\displaystyle\lim_{(x,0)\to(0,0)} f(x, 0)$, $\displaystyle\lim_{(0,y)\to(0,0)} f(0, y)$가 존재하고 극한값이 L로 같으면 $\displaystyle\lim_{(x,y)\to(0,0)} f(x, y) = L$이다.

  b. $\displaystyle\lim_{(x,y)\to(a,b)} f(x, y)$가 유한한 수 L과 같으면 f는 (a, b)에서 연속이다.

  c. f가 (a, b)에서 연속이면 $\displaystyle\lim_{(x,y)\to(a,b)} f(x, y)$의 값은 존재한다.

  d. p가 f의 정의역의 경계점이면 p는 f의 정의역에 속한다.

32–38. 여러 가지 극한 선택한 방법을 사용하여 다음 극한을 계산하여라.

32. $\displaystyle\lim_{(x,y)\to(0,1)} \frac{y \sin x}{x(y + 1)}$

33. $\displaystyle\lim_{(x,y)\to(1,0)} \frac{y \ln y}{x}$

34. $\lim_{(x,y)\to(0,0)} \frac{|x-y|}{|x+y|}$ **35.** $\lim_{(x,y)\to(2,0)} \frac{1-\cos y}{xy^2}$

36. $\lim_{(x,y)\to(1,0)} \frac{\sin xy}{xy}$ **37.** $\lim_{(x,y)\to(0,2)} (2xy)^{xy}$

38. $\lim_{(x,y)\to(1,2)} \frac{x^2+2xy-x+y^2-y-6}{x+y-3}$

39. 조각 함수 다음 함수를 가정하자.

$$f(x,y)=\begin{cases} \frac{\sin(x^2+y^2-1)}{x^2+y^2-1}, & x^2+y^2\neq 1 \\ b \quad , & x^2+y^2=1 \end{cases}$$

f가 $\mathbb{R}^2$의 모든 점에서 연속이 되도록 하는 b의 값을 찾아라.

40–41. 극좌표를 사용하여 극한 구하기 극좌표로 바꾸면 (0, 0)에서의 극한을 계산하기 쉬울 수 있다. 정의역에 있는 (0, 0)에 접근하는 모든 경로를 따라 $r \to 0$으로 하면 같은 극한값을 얻는다는 것을 기억하자. 다음 극한을 계산하거나 극한이 존재하지 않음을 결정하여라.

40. $\lim_{(x,y)\to(0,0)} \frac{x^2y}{x^2+y^2}$ **41.** $\lim_{(x,y)\to(0,0)} \frac{x^2+y^2+x^2y^2}{x^2+y^2}$

3단계 도전

42. 값이 존재하지 않는 극한 a, b, c가 0이 아닌 실수이고 m, n이 양의 정수일 때 $\lim_{(x,y)\to(0,0)} \frac{ax^my^n}{bx^{m+n}+cy^{m+n}}$의 값이 존재하지 않음을 보여라.

43. 함숫값 메우기 $f(x,y)=e^{-1/(x^2+y^2)}$의 정의역은 (0, 0)을 포함하지 않는다. (0, 0)에서 f가 연속이 되도록 하려면 (0, 0)에서 f를 어떻게 정의해야 하는가?

44. 극한의 증명 형식적인 정의를 사용하여 다음을 증명하여라 (힌트: $\delta=\varepsilon/2$으로 택한다).

$$\lim_{(x,y)\to(a,b)} (x+y)=a+b$$

45. 극한 법칙 3의 증명 형식적인 정의를 사용하여 다음을 증명하여라.

$$\lim_{(x,y)\to(a,b)} cf(x,y)=c\lim_{(x,y)\to(a,b)} f(x,y)$$

QUICK CHECK 정답

1. a만 존재한다. **2.** $\{(x,y): x^2+y^2<2\}$ **3.** 먼저 인수 x를 약분하여 대입하면 극한을 계산할 수 있다. **4.** 좌극한과 우극한이 일치하지 않으면 그 점에서 극한은 존재하지 않는다. **5. a**와 **b**는 (0, 0)에서 연속이다. ◄

14.3 편미분

일변수함수 $y=f(x)$의 미분은 x의 변화량에 대한 y의 변화량을 측정한 것이며, 이는 접선의 기울기를 제공한다. 다변수함수에 대한 유사한 생각은 새로운 화제를 던진다. 미분은 어떤 독립변수에서도 정의될 수 있다는 것이다. 예를 들어 $f(x, y)$의 미분은 x 또는 y에 대하여 계산할 수 있다. 이 미분을 편미분(partial derivative)이라 한다. 이들 또한 변화율을 나타내고 접선의 기울기와 관련된다. 그러므로 일변수에서 알고 있는 미분에 대한 많은 지식이 다변수에도 적용되지만 많은 점이 다르기도 하다.

이변수에 관한 미분

xy평면에 있는 정의역 D에서 정의된 함수 f를 생각하자. f가 D에서 육지(해수면 위)의 고도를 나타낸다고 가정하자. 곡면 $z=f(x, y)$ 위의 점 $(a, b, f(a, b))$에 있다고 상상하고 서 있는 곡면 위 지점의 기울기를 구해야 한다면, 답은 '종속적이다!'

가 되어야 한다.

그림 14.30(a)는 함수가 그림 14.30(b)의 풍경을 닮았음을 보여 준다. 교점 또는 안장점인 점 $P(0,\ 0,\ f(0,\ 0))$에 서 있다고 가정하자. 곡면은 걸어가는 방향에 따라 다르게 행동한다. 동쪽(x축의 양의 방향)으로 걸어간다면 고도는 증가하며, 경로는 곡면의 위 방향을 택한다. 북쪽(y축의 양의 방향)으로 걸어간다면 고도는 감소하며, 경로는 곡면의 아래 방향을 취한다. 사실 다른 지점 P로부터 가는 방향에 따라 함숫값은 각기 다른 비율로 변한다. 즉, 주어진 점에서 기울기나 변화율을 어떻게 정의해야 할까?

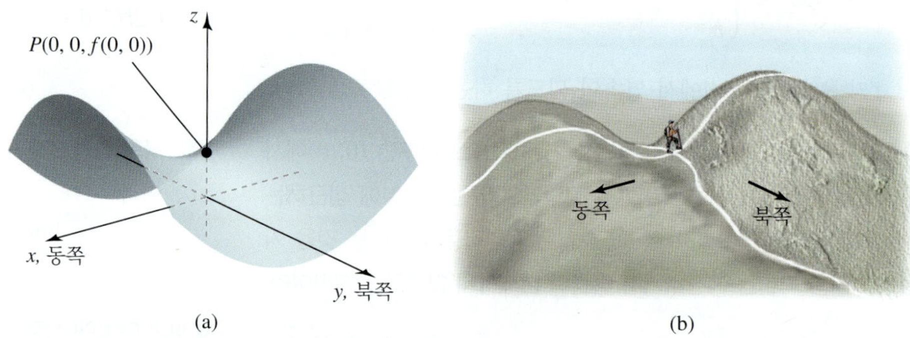

그림 14.30

이 질문에 대한 답은 **편미분**(partial derivative)을 포함한다. 이는 우리가 정한 하나의 독립변수를 제외하고 모두 고정한 다음 정한 변수에 대하여 보통의 미분을 계산한다. 이 방법으로 $y = b$는 고정하고 x만 변하는 방식으로 점 $(a,\ b,\ f(a,\ b))$에서 출발하여 곡면 $z = f(x,\ y)$ 위를 이동한다고 가정하자. 그러면 경로는 곡면 위에서 x축의 방향으로 변하는 곡선(궤적)이 된다(그림 14.31). 이 곡선은 수직 평

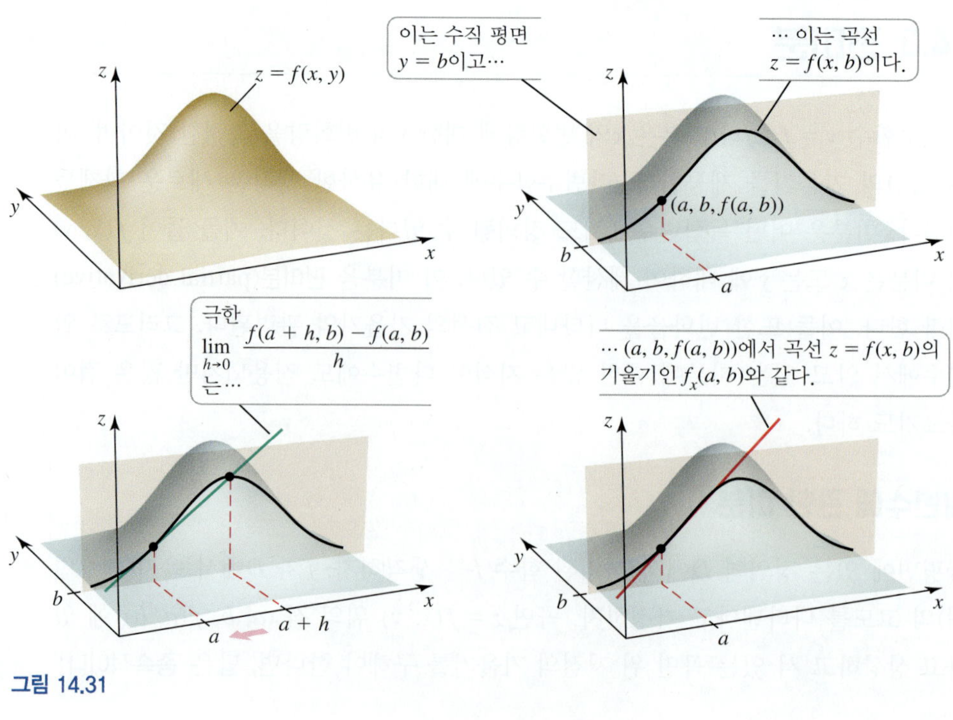

그림 14.31

면 $y = b$와 곡면의 교선이다. 즉, $z = f(x, b)$로 표시되고 x에 관한 일변수함수이다. 우리는 이 곡선의 기울기를 계산하는 방법을 안다. 이를 **x에 관한 f의 편미분**이라 부르며, $\partial f/\partial x$ 또는 f_x로 나타낸다. (a, b)에서 계산할 때, 이 값은 존재하는 경우 다음과 같이 정의한다.

$$f_x(a, b) = \lim_{h \to 0} \frac{f(a + h, b) - f(a, b)}{h}$$

(a, b)를 점 (x, y)로 대체하면 f_x는 x와 y의 함수가 된다.

같은 방법으로 $x = a$는 고정하고 y만 변하는 방법으로 점 $(a, b, f(a, b))$에서 곡면 $z = f(x, y)$를 따라 이동할 수 있다. 이 경우 궤적이 $z = f(a, y)$로 나타나고, 이는 평면 $x = a$와 곡면의 교선이다(그림 14.32). (a, b)에서 이 곡선의 기울기는 y에 관한 $f(a, y)$의 미분으로 주어진다. 이 미분을 **y에 관한 f의 편미분**이라 부르며, $\partial f/\partial y$ 또는 f_y로 나타낸다. (a, b)에서 계산할 때, 이 값은 존재하는 경우 다음과 같이 정의한다.

$$f_y(a, b) = \lim_{h \to 0} \frac{f(a, b + h) - f(a, b)}{h}$$

(a, b)를 점 (x, y)로 대체하면 f_y는 x와 y의 함수가 된다.

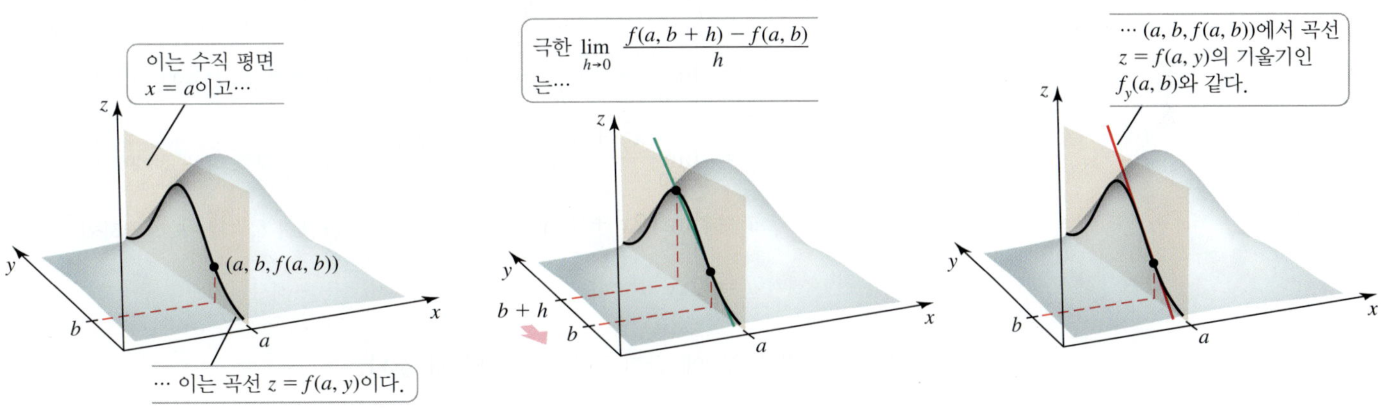

그림 14.32

정의 편미분

점 (a, b)에서 x에 관한 f의 편미분은 극한이 존재하는 경우 다음과 같이 정의한다.

$$f_x(a, b) = \lim_{h \to 0} \frac{f(a + h, b) - f(a, b)}{h}$$

점 (a, b)에서 y에 관한 f의 편미분은 극한이 존재하는 경우 다음과 같이 정의한다.

$$f_y(a, b) = \lim_{h \to 0} \frac{f(a, b + h) - f(a, b)}{h}$$

➤ f'은 함수인 반면, $f'(a)$는 $x = a$에서 미분 값임을 기억하자. 같은 방법으로 f_x와 f_y는 x와 y의 함수이다. 반면, $f_x(a, b)$와 $f_y(a, b)$는 (a, b)에서의 값이다.

기호 점 (a, b)에서 계산한 편미분은 다음 중 하나의 기호로 표시한다.

$$\frac{\partial f}{\partial x}(a, b) = \left.\frac{\partial f}{\partial x}\right|_{(a, b)} = f_x(a, b), \quad \frac{\partial f}{\partial y}(a, b) = \left.\frac{\partial f}{\partial y}\right|_{(a, b)} = f_y(a, b)$$

보통의 미분 df/dx에서의 d는 편미분에서는 ∂로서, $\partial f/\partial x$와 $\partial f/\partial y$로 대체된다. 기호 $\partial/\partial x$는 명령어 또는 연산자이다. 이는 '다음 함수를 x에 대하여 편미분을 취하여라'라고 지시하는 것이다.

편미분 계산 극한의 정의를 사용하여 편미분을 계산해 보자. 예제 1의 과정은 익숙해 보일 것이다. 보통의 미분을 처음 소개했을 때 3장에서 사용한 방법을 상기하자.

| 예제 1 | 정의로부터 편미분 $f(x, y) = x^2y$라 하자. 편미분의 극한 정의를 사용하여 $f_x(x, y)$와 $f_y(x, y)$를 계산하여라.

풀이 정의역에 있는 임의의 점 (x, y)에서 편미분을 계산한다. x에 관한 편미분은 다음과 같다.

$$\begin{aligned} f_x(x, y) &= \lim_{h\to 0}\frac{f(x+h, y) - f(x, y)}{h} && (x, y)\text{에서 } f_x\text{의 미분} \\ &= \lim_{h\to 0}\frac{(x+h)^2y - x^2y}{h} && f(x+h, y),\ f(x, y)\ \text{대입하기} \\ &= \lim_{h\to 0}\frac{(x^2 + 2xh + h^2 - x^2)y}{h} && \text{인수분해한 다음 전개하기} \\ &= \lim_{h\to 0}(2x + h)y && \text{간단히 한 다음 } h \text{ 약분하기} \\ &= 2xy && \text{극한 계산하기} \end{aligned}$$

비슷한 방법으로 y에 관한 편미분은 다음과 같다.

$$\begin{aligned} f_y(x, y) &= \lim_{h\to 0}\frac{f(x, y+h) - f(x, y)}{h} && (x, y)\text{에서 } f_y\text{의 미분} \\ &= \lim_{h\to 0}\frac{x^2(y+h) - x^2y}{h} && f(x, y+h),\ f(x, y)\ \text{대입하기} \\ &= \lim_{h\to 0}\frac{x^2(y+h-y)}{h} && \text{인수분해하기} \\ &= x^2 && \text{간단히 한 다음 극한 계산하기} \end{aligned}$$

관련 연습문제 6번 ◀

예제 1을 자세히 살펴보면 편미분을 계산하는 지름길이 보인다. x에 관한 f의 편미분을 계산하기 위해 y를 상수로 취급하고 x에 관한 보통의 미분을 취한다. 즉, 다음을 얻는다.

$$\frac{\partial}{\partial x}(x^2 y) = y\underbrace{\frac{\partial}{\partial x}(x^2)}_{2x} = 2xy \quad y\text{를 상수로 취급하기}$$

마찬가지로 y에 관한 f의 편미분을 계산하기 위해 x (또한 x^2)를 상수로 취급한다. 즉, 다음을 얻는다.

$$\frac{\partial}{\partial y}(x^2 y) = x^2\underbrace{\frac{\partial}{\partial y}(y)}_{1} = x^2 \quad x\text{를 상수로 취급하기}$$

다음 두 예제는 이 과정을 보여 준다.

| 예제 2 | 편미분 $f(x, y) = x^3 - y^2 + 4$라고 하자.

a. $\dfrac{\partial f}{\partial x}$와 $\dfrac{\partial f}{\partial y}$를 계산하여라.

b. $(2, -4)$에서 각 편미분의 값을 계산하여라.

풀이

a. y를 상수라 가정하고 x에 관한 편미분을 계산한다. 거듭제곱 법칙에 의해 다음을 얻는다.

$$\frac{\partial f}{\partial x} = \frac{\partial}{\partial x}(\underbrace{x^3}_{\text{변수}} - \underbrace{y^2 + 4}_{x\text{를 상수로 취급}}) = 3x^2 + 0 = 3x^2$$

y에 관한 편미분은 x를 상수로 취급하여 계산한다. 거듭제곱 법칙에 의해 다음을 얻는다.

$$\frac{\partial f}{\partial y} = \frac{\partial}{\partial y}(\underbrace{x^3}_{y\text{를 상수로 취급}} - \underbrace{y^2}_{\text{변수}} + \underbrace{4}_{\text{상수}}) = -2y$$

b. $f_x(2, -4) = (3x^2)\big|_{(2,-4)} = 12$, $f_y(2, -4) = (-2y)\big|_{(2,-4)} = 8$이다.

QUICK CHECK 1 $f(x, y) = 2xy$에 대하여 f_x와 f_y를 계산하여라.

| 예제 3 | 편미분 다음 함수의 편미분을 계산하여라.

a. $f(x, y) = \sin xy$ **b.** $g(x, y) = x^2 e^{xy}$

풀이

a. y를 상수로 취급하여 x에 관하여 미분하면 다음을 얻는다.

$$\frac{\partial f}{\partial x} = \frac{\partial}{\partial x}(\sin xy) = y\cos xy$$

x를 고정하고 y에 관하여 미분하면 다음을 얻는다.

➤ 다음을 기억하자.

$$\frac{d}{dx}(\sin 2x) = 2\cos 2x$$

2 대신 상수 y를 대입하면 다음을 얻는다.

$$\frac{\partial}{\partial x}(\sin xy) = y\cos xy$$

$$\frac{\partial f}{\partial y} = \frac{\partial}{\partial y}(\sin xy) = x \cos xy$$

b. x에 관한 편미분을 계산하기 위해 곱의 법칙을 기억하자. y를 고정하면 다음을 얻는다.

$$\begin{aligned}\frac{\partial g}{\partial x} &= \frac{\partial}{\partial x}(x^2 e^{xy}) \\ &= \frac{\partial}{\partial x}(x^2)e^{xy} + x^2 \frac{\partial}{\partial x}(e^{xy}) && \text{곱의 법칙} \\ &= 2xe^{xy} + x^2 ye^{xy} && \text{편미분 계산하기} \\ &= xe^{xy}(2 + xy) && \text{간단히 하기}\end{aligned}$$

➤ x와 y는 서로 독립인 변수이므로 다음이 성립한다.

$$\frac{\partial}{\partial x}(y) = 0, \quad \frac{\partial}{\partial y}(x) = 0$$

x를 상수로 취급하면 y에 관한 편미분은 다음과 같다.

$$\frac{\partial g}{\partial y} = \frac{\partial}{\partial y}(x^2 e^{xy}) = x^2 \underbrace{\frac{\partial}{\partial y}(e^{xy})}_{xe^{xy}} = x^3 e^{xy}$$

관련 연습문제 9, 11번 ◀

고계 편도함수

일변수함수의 고계 도함수와 마찬가지로 고계 편도함수(higher-order partial derivative)가 있다. 예를 들어 함수 f와 이의 편도함수 f_x가 주어지면 x 또는 y에 관한 f_x의 미분을 취할 수 있다. 이는 2계 **편도함수**(secod-order partial derivative)의 네 가지 중 두 가지에 해당한다. 표 14.3은 2계 편도함수의 기호를 요약한 것이다.

표 14.3

기호 1	기호 2	알 수 있는 것
$\frac{\partial}{\partial x}\left(\frac{\partial f}{\partial x}\right) = \frac{\partial^2 f}{\partial x^2}$	$(f_x)_x = f_{xx}$	d 제곱 $f\,dx$ 제곱 또는 f-x-x
$\frac{\partial}{\partial y}\left(\frac{\partial f}{\partial y}\right) = \frac{\partial^2 f}{\partial y^2}$	$(f_y)_y = f_{yy}$	d 제곱 $f\,dy$ 제곱 또는 f-y-y
$\frac{\partial}{\partial x}\left(\frac{\partial f}{\partial y}\right) = \frac{\partial^2 f}{\partial x \partial y}$	$(f_y)_x = f_{yx}$	f-y-x
$\frac{\partial}{\partial y}\left(\frac{\partial f}{\partial x}\right) = \frac{\partial^2 f}{\partial y \partial x}$	$(f_x)_y = f_{xy}$	f-x-y

QUICK CHECK 2 다음 중 어느 표현이 서로 동치인가? (a) f_{xy} (b) f_{yx} (c) $\frac{\partial^2 f}{\partial y \partial x}$ $\frac{\partial^2 f}{\partial p \partial q}$를 첨자 기호로 나타내어라. ◀

혼합 편미분(mixed partial derivative) f_{xy}와 f_{yx}에서 미분 순서가 다르면 차이를 만든다. 따라서 미분을 행하는 순서를 반영하기 위해 바른 순서를 적용하는 것이 중요하다. 예를 들어 기호 $\frac{\partial^2 f}{\partial x \partial y}$와 f_{yx} 둘 다 $\frac{\partial}{\partial x}\left(\frac{\partial f}{\partial y}\right)$를 의미한다. 즉, 먼저 y에 관하여 미분한 다음 x에 관하여 미분한다.

| 예제 4 | 2계 편도함수 함수 $f(x, y) = 3x^4 - 2xy + 5xy^3$의 네 가지 2계 편도함수를 구하여라.

풀이 먼저 1계 편도함수

$$\frac{\partial f}{\partial x} = \frac{\partial}{\partial x}(3x^4y - 2xy + 5xy^3) = 12x^3y - 2y + 5y^3,$$

$$\frac{\partial f}{\partial y} = \frac{\partial}{\partial y}(3x^4y - 2xy + 5xy^3) = 3x^4 - 2x + 15xy^2$$

을 계산한다. 이로써 2계 편도함수는 다음과 같다.

$$\frac{\partial^2 f}{\partial x^2} = \frac{\partial}{\partial x}\left(\frac{\partial f}{\partial x}\right) = \frac{\partial}{\partial x}(12x^3y - 2y + 5y^3) = 36x^2y,$$

$$\frac{\partial^2 f}{\partial y^2} = \frac{\partial}{\partial y}\left(\frac{\partial f}{\partial y}\right) = \frac{\partial}{\partial y}(3x^4 - 2x + 15xy^2) = 30xy,$$

$$\frac{\partial^2 f}{\partial x \partial y} = \frac{\partial}{\partial x}\left(\frac{\partial f}{\partial y}\right) = \frac{\partial}{\partial x}(3x^4 - 2x + 15xy^2) = 12x^3 - 2 + 15y^2,$$

$$\frac{\partial^2 f}{\partial y \partial x} = \frac{\partial}{\partial y}\left(\frac{\partial f}{\partial x}\right) = \frac{\partial}{\partial y}(12x^3y - 2y + 5y^3) = 12x^3 - 2 + 15y^2$$

관련 연습문제 20번 ◀

QUICK CHECK 3 $f(x, y) = x^3y$에 대하여 f_{xxx}와 f_{xxy}를 계산하여라. ◀

혼합 편미분의 동치 예제 4에서 두 개의 혼합 편도함수는 같음에 유의하자. 즉, $f_{xy} = f_{yx}$이다. 이 책에서 만나는 대부분의 함수는 이 성질을 만족한다. 혼합 편도함수의 동치에 관한 충분조건은 프랑스 수학자 알렉시 클레로(Alexis Clairaut, 1713–1765)가 발견한 정리에 의한다. 이 정리의 증명은 좀 더 높은 수준의 교재에서 찾을 수 있다.

정리 14.4 (클레로) 혼합 편미분의 상등

f가 $\mathbb{R}^2$의 열린집합 D에서 정의되어 있고, f_{xy}와 f_{yx}는 D 전체에서 연속이라 가정하자. 그러면 D의 모든 점에서 $f_{xy} = f_{yx}$이다.

충분한 연속성을 가정하면 정리 14.4는 f의 고계 편도함수로 확장할 수 있다. 예를 들어 $f_{xyx} = f_{xxy} = f_{yxx}$이다.

삼변수함수

이변수함수의 편미분에 대하여 학습한 모든 것은 삼변수 또는 그 이상의 변수의 함수에도 수행된다. 예제 5를 살펴보자.

| 예제 5 | **이변수 이상의 편미분** $f(x, y, z) = e^{-xy} \cos z$에 대하여 f_x, f_y, f_z를 구하여라.

풀이 f_x를 구하기 위해 y와 z를 상수로 취급하고 x에 대하여 미분하면 다음을 얻는다.

$$\frac{\partial f}{\partial x} = \frac{\partial}{\partial x}(\underbrace{e^{-xy}}_{y\text{는 상수}} \cdot \underbrace{\cos z}_{\text{상수}}) = -ye^{-xy} \cos z$$

x와 z를 상수라 하고 y에 관하여 미분하면 다음과 같다.

$$\frac{\partial f}{\partial y} = \frac{\partial}{\partial y}(\underbrace{e^{-xy}}_{x\text{는 상수}} \cdot \underbrace{\cos z}_{\text{상수}}) = -xe^{-xy} \cos z$$

f_z를 구하기 위해 x와 y를 상수로 취급하고 z에 대하여 미분하면 다음을 얻는다.

$$\frac{\partial f}{\partial z} = \frac{\partial}{\partial z}(\underbrace{e^{-xy}}_{\text{상수}} \cos z) = -e^{-xy} \sin z$$

관련 연습문제 28번 ◀

QUICK CHECK 4 $f(x, y, z) = xyz - x^2z + yz^2$에 대하여 f_{xz}와 f_{zz}를 구하여라. ◀

편미분의 응용 함수가 실제로 응용될 때(예를 들어 속도, 압력, 펀드 투자액의 잔고, 인구 등), 이들은 간혹 둘 이상의 독립변수를 포함한다. 이러한 이유로 편미분은 수학적 모델링에 자주 나타난다.

| 예제 6 | **이상기체의 법칙** 이상기체의 압력 P, 부피 V, 온도 T는 방정식 $PV = kT$로 주어진다. 여기서 k는 기체의 양에 따른 기체 상수이다.

a. 상수 온도에서 부피에 대한 압력의 변화율을 결정하여라. 결과를 해석하여라.
b. 상수 부피에서 온도에 대한 압력의 변화율을 결정하여라. 결과를 해석하여라.
c. 등위선을 사용하여 이들 결과를 설명하여라.

풀이 압력을 부피와 온도의 함수로 표현하면 $P = k\frac{T}{V}$이다.

a. T를 상수라 생각하고 V에 관한 편미분 $\partial P/\partial V$를 구하기 위해 V에 관하여 P를 미분하면 다음과 같다.

$$\frac{\partial P}{\partial V} = \frac{\partial}{\partial V}\left(k\frac{T}{V}\right) = kT\frac{\partial}{\partial V}(V^{-1}) = -\frac{kT}{V^2}$$

P, V, T가 항상 양임을 인식하면 $\frac{\partial P}{\partial V} < 0$이다. 이는 상수 온도에서 압력은 부피에 관한 감소함수임을 의미한다.

▶ 음함수의 미분법은 편미분에도 사용할 수 있다. P에 관하여 푸는 대신 T를 상수라 생각하여 $PV = kT$의 양변을 V에 관하여 미분할 수 있다. 곱의 법칙을 사용하면 $P_V V + P = 0$이며, 이는 $P_V = -P/V$이다. $P = kT/V$를 대입하면 $P_V = -kT/V^2$를 얻는다.

▶ 이상기체의 법칙에서 온도는 양의 변수이다. 온도는 절대온도(켈빈)로 측정되기 때문이다.

b. V를 상수라 생각하면 편미분 $\partial P/\partial T$는 T에 관하여 P를 미분하면 얻는다. 즉, 다음과 같다.

$$\frac{\partial P}{\partial T} = \frac{\partial}{\partial T}\left(k\frac{T}{V}\right) = \frac{k}{V}$$

이 경우 $\partial P/\partial T > 0$이며, 상수 부피에서 압력은 온도에 관한 증가함수임을 의미한다.

c. 압력 함수의 등위선(14.1절)은 $k\frac{T}{V} = P_0$을 만족하는 VT평면 위의 곡선이다. 여기서 P_0은 상수이다. T에 관하여 풀면 등위선은 $T = \frac{1}{k}P_0V$로 주어진다. $\frac{P_0}{k}$은 양의 상수이므로 등위선은 기울기가 P_0/k인 제1사분면에 있는 직선이다(그림 14.33). $\frac{\partial P}{\partial V} < 0$ (**a**에서 보임)은 $T > 0$을 상수로 놓고 수평선 위에서 V가 증가하는 방향으로 움직이면 감소하는 압력에 대응하는 등위선을 가로지름을 의미한다. 비슷하게 $\frac{\partial P}{\partial T} > 0$(**b**에서 보임)은 $V > 0$을 상수로 놓고 수직선 위에서 T가 증가하는 방향으로 움직이면 증가하는 압력에 대응하는 등위선을 가로지름을 의미한다.

관련 연습문제 35번 ◀

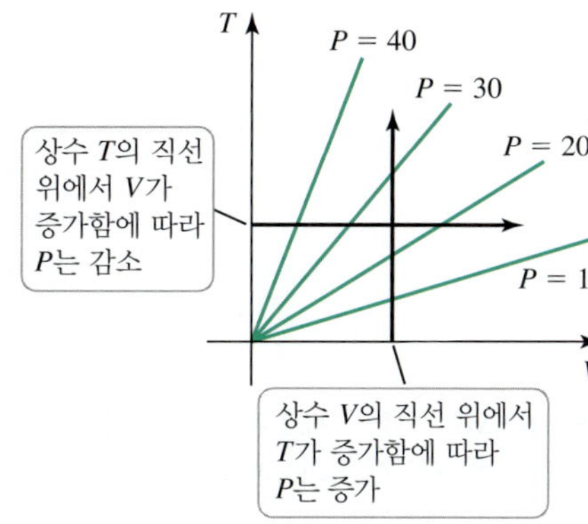

그림 14.33

QUICK CHECK 5 그림 14.33에서 압력이 증가함에 따라 등위선의 기울기가 증가하는 이유를 설명하여라. ◀

미분가능성

이 절의 나머지 부분에서 염두해 두어야 할 기술적인 사항으로 이 절을 마무리한다. 다변수함수의 편미분을 계산하는 방법은 알지만, 이 다변수함수가 한 점에서 미분가능하다(differentiable)라는 것이 의미하는 것에 대하여는 다루지 않았다. 편도함수 f_x, f_y가 한 점에서 존재하면 f가 그 점에서 미분가능이라고 결론 내리고 싶다. 그러나 이는 그렇게 간단하지 않다.

다음 극한의 값이 존재하면 일변수함수 f는 $x = a$에서 미분가능함을 기억하자.

$$f'(a) = \lim_{\Delta x \to 0} \frac{f(a + \Delta x) - f(a)}{\Delta x}$$

f가 a에서 미분가능하면 함수가 나타내는 곡선이 (점프, 끝점, 첨점이 아닌) 점 $(a, f(a))$에서 매끄럽다. 게다가 곡선은 그 점에서 기울기가 $f'(a)$인 유일한 접선을 갖는다. 다변수함수의 미분가능성도 같은 성질을 만족해야 한다. 즉, 곡면은 관심을 갖는 점에서 매끄러워야 하고 유일한 접선과 유사한 무언가를 그 점에서 소유해야 한다.

일변수함수의 경우를 생각하며 다음 수치를 정의하자.

$$\varepsilon = \underbrace{\frac{f(a + \Delta x) - f(a)}{\Delta x}}_{\text{두 점을 지나는 직선의 기울기}} - \underbrace{f'(a)}_{\text{접선의 기울기}}$$

여기서 ε은 Δx의 함수로 본다. ε은 두 점을 지나는 직선의 기울기와 점 $(a, f(a))$에서의 접선의 기울기의 차이다. f가 a에서 미분가능하면 $\Delta x \to 0$일 때 이 차는 0에 접근한다. 따라서 $\lim_{\Delta x \to 0} \varepsilon = 0$이다. ε을 정의한 식의 양변에 Δx를 곱하면 다

음을 얻는다.

$$\varepsilon\Delta x = f(a + \Delta x) - f(a) - f'(a)\Delta x$$

다시 정리하면 함수 $y = f(x)$의 변화량은 다음과 같다.

$$\Delta y = f(a + \Delta x) - f(a) = f'(a)\Delta x + \underbrace{\varepsilon}_{\Delta x \to 0\text{일 때 } \varepsilon \to 0} \Delta x$$

➤ $f'(a)\Delta x$는 선형 근사로 주어지는 함수에서의 근사 변화량임에 유의하여라.

일변수함수의 경우 이 표현은 f가 a에서 미분가능하면 a와 근처의 점 $a + \Delta x$ 사이의 변화는 $f'(a)\Delta x$와 양 $\varepsilon\Delta x$의 합임을 말한다. 여기서 $\lim_{\Delta x \to 0} \varepsilon = 0$이다.

다변수함수에서 비슷한 요구 사항은 이변수(또는 그 이상)함수에 대한 미분가능성의 정의이다.

> **정의 미분가능성**
>
> 함수 $z = f(x, y)$는 $f_x(a, b)$, $f_y(a, b)$가 존재하고 변화량 $\Delta z = f(a + \Delta x, b + \Delta y) - f(a, b)$가
>
> $$\Delta z = f_x(a, b)\Delta x + f_y(a, b)\Delta y + \varepsilon_1\Delta x + \varepsilon_2\Delta y$$
>
> 와 같으면 **(a, b)에서 미분가능하다**. 여기서 고정된 a와 b에 대하여 ε_2는 $(\Delta x, \Delta y) \to (0, 0)$일 때 $(\varepsilon_1, \varepsilon_2) \to (0, 0)$인 Δx와 Δy에만 의존하는 함수이다. 열린집합 R의 모든 점에서 미분가능하면 함수 f는 R에서 **미분가능하다**.

여기서 몇 가지 관찰이 필요하다. 첫 번째, 정의가 이변수(또는 그 이상)변수의 함수로 확장된다. 두 번째, 미분가능성이 선형 근사와 14.6절에 있는 접평면의 존재의 관련성을 살펴보는 것이다. 끝으로 정의의 조건은 일반적으로 증명하기 어렵다. 다음 정리는 미분가능성을 검토할 때 유용하다.

> **정리 14.5 미분가능성의 조건**
>
> 함수 f가 (a, b)를 포함하는 열린집합에서 정의되는 편미분 f_x와 f_y를 갖고, f_x와 f_y가 (a, b)에서 연속이면 f는 (a, b)에서 미분가능하다.

예제 7에서 볼 수 있듯이 (a, b)에서 f_x와 f_y의 존재만으로는 (a, b)에서 f의 미분가능성을 보장하는 데 충분하지 않다. 그러나 정리 14.5에 의해 f_x와 f_y가 (a, b)에서 연속이면 ((a, b)를 포함하는 열린집합에서 정의됨) f가 점 (a, b)에서 미분가능하다고 결론지을 수 있다. 다른 미분가능 함수와 결합된 지수함수, 로그함수, 삼각함수처럼 다항함수와 유리함수는 정의역의 모든 점에서 미분가능하다. 이 정리의 증명은 부록에 주어져 있다.

미분가능성이 연속을 보장하는 정리 3.1과 유사한 정리로 마무리한다.

> **정리 14.6 미분가능성은 연속성을 보장한다**
>
> f가 (a, b)에서 미분가능하면 (a, b)에서 연속이다.

증명 미분가능성의 정의에서 다음이 성립한다.

$$\Delta z = f_x(a, b)\,\Delta x + f_y(a, b)\,\Delta y + \varepsilon_1 \Delta x + \varepsilon_2 \Delta y$$

여기서 $(\Delta x, \Delta y) \to (0, 0)$일 때 $(\varepsilon_1, \varepsilon_2) \to (0, 0)$이다. f가 미분가능하다고 가정했으므로 Δx와 Δy는 0에 접근함을 알 수 있다. 그러므로 다음과 같다.

$$\lim_{(\Delta x, \Delta y)\to(0, 0)} \Delta z = 0$$

또한 $\Delta z = f(a + \Delta x, b + \Delta y) - f(a, b)$이므로

$$\lim_{(\Delta x, \Delta y)\to(0, 0)} f(a + \Delta x, b + \Delta y) = f(a, b)$$

임을 알 수 있다. 이는 (a, b)에서 f의 연속성을 보장한다. ◀

➤ 연속성은 $\lim_{(x, y)\to(a, b)} f(x, y) = f(a, b)$를 요구함을 기억하자. 이는 $\lim_{(\Delta x, \Delta y)\to(0, 0)} f(a + \Delta x, b + \Delta y) = f(a, b)$와 동치이다.

| 예제 7 | 미분 불가능한 함수 다음 함수의 미분가능성과 연속성에 대하여 논하여라.

$$f(x, y) = \begin{cases} \dfrac{3xy}{x^2 + y^2}, & (x, y) \neq (0, 0) \\ 0 \quad , & (x, y) = (0, 0) \end{cases}$$

풀이 f는 유리함수로서 $(x, y) \neq (0, 0)$인 모든 점에서 연속이고 미분가능하다. 흥미 있는 현상이 원점에서 일어난다. 14.2절의 예제 4와 비슷한 계산을 통해 직선 $y = mx$를 따라 원점에 접근하면 다음이 성립함을 보일 수 있다.

$$\lim_{\substack{(x, y)\to(0, 0) \\ (y = mx\text{를 따라})}} \frac{3xy}{x^2 + y^2} = \frac{3m}{m^2 + 1}$$

그러므로 극한값은 접근 방향에 의존하며, 이는 극한값이 존재하지 않음을 의미한다. 그리고 f는 $(0, 0)$에서 연속이 아니다. 정리 14.6에 의해 f는 $(0, 0)$에서 미분가능하지 않다. 그림 14.34는 원점에서 f가 불연속임을 보여 준다.

$(0, 0)$에서 f의 첫 번째 편미분을 살펴본다. 간단한 계산을 통해 다음을 얻는다.

$$f_x(0, 0) = \lim_{h\to 0} \frac{f(0 + h, 0) - f(0, 0)}{h} = \lim_{h\to 0} \frac{0 - 0}{h} = 0,$$

$$f_y(0, 0) = \lim_{h\to 0} \frac{f(0, 0 + h) - f(0, 0)}{h} = \lim_{h\to 0} \frac{0 - 0}{h} = 0$$

$(0, 0)$에서 첫 번째 편미분이 존재함에도 불구하고 f는 $(0, 0)$에서 미분가능하지

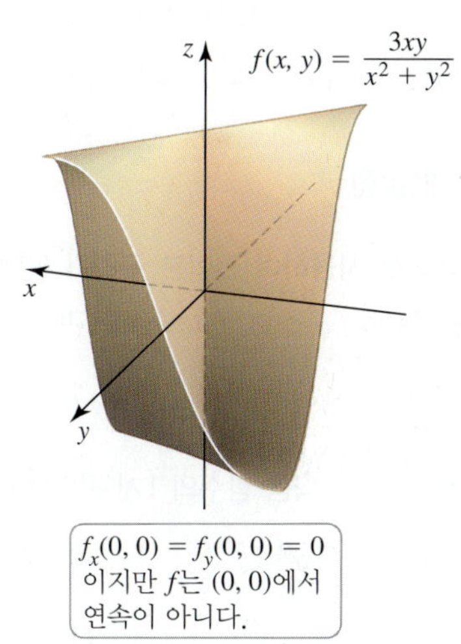

그림 14.34

▶ 편미분의 연속성, 존재성 사이의 관계와 함수의 미분가능성 여부는 연습문제 49번에서 더 탐구할 수 있다.

않다. 앞에서 언급한 것처럼 한 점에서 첫 번째 편미분의 존재가 그 점에서 미분가능성을 보장하는 것은 충분하지 않다.

관련 연습문제 39번 ◀

14.3절 연습문제

1단계 스타트

1. 곡면 $z = f(x, y)$ 위의 점 $(a, b, f(a, b))$에 서 있다고 하자. 기울기나 변화율의 관점에서 $f_x(a, b)$와 $f_y(a, b)$의 의미를 설명하여라.

2. 함수 $z = f(x, y)$와 평면 $x = 4$, $y = 1$, $y = 3$에 있는 궤적의 그래프가 주어졌을 때(그림 참조), 다음 편미분의 부호를 결정하여라.

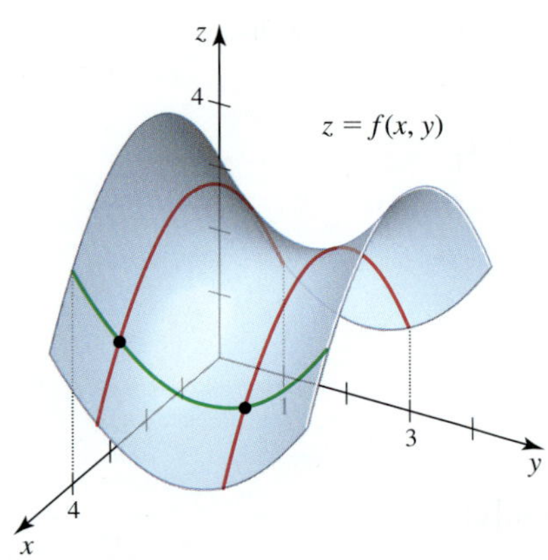

a. $f_x(4, 1)$ **b.** $f_y(4, 1)$ **c.** $f_x(4, 3)$ **d.** $f_y(4, 3)$

3. $f(x, y) = 3x^2y + 2$에 대하여 f_x와 f_y를 구하여라.

4. $f(x, y) = 2x^3 + 3y^2 + 1$에 대하여 $f_{xy} = f_{yx}$임을 보여라.

5. $f(x, y, z) = xy + xz + yz$에 대하여 f_x, f_y, f_z를 구하여라.

2단계 실전

6–7. 극한 사용하여 편미분 구하기 편미분의 극한 정의를 사용하여 다음 함수의 $f_x(x, y)$, $f_y(x, y)$를 구하여라.

6. $f(x, y) = 5xy$

7. $f(x, y) = \dfrac{x}{y}$

8–19. 편미분 다음 함수의 1계 편도함수를 구하여라.

8. $f(x, y) = xe^y$

9. $f(x, y) = e^{x^2y}$

10. $f(w, z) = \dfrac{w}{w^2 + z^2}$

11. $f(x, y) = x\cos xy$

12. $s(y, z) = z^2\tan yz$

13. $G(s, t) = \dfrac{\sqrt{st}}{s + t}$

14. $f(x, y) = x^{2y}$

15. $h(x, y) = x - \sqrt{x^2 - 4y}$

16. $f(x, y) = \displaystyle\int_x^{y^3} e^{t^2}dt$

17. $f(x, y) = 1 - \tan^{-1}(x^2 + y^2)$

18. $h(x, y) = (1 + 2y)^x$

19. $f(x, y) = \displaystyle\int_x^y h(s)\,ds$는 모든 실수에서 연속

20–24. 2계 편도함수 다음 함수에 대하여 2계 편도함수 네 개를 구하여라.

20. $h(x, y) = x^3 + xy^2 + 1$

21. $f(x, y) = y^3\sin 4x$

22. $p(u, v) = \ln(u^2 + v^2 + 4)$

23. $F(r, s) = re^s$

24. $f(x, y) = \tan^{-1}(x^3y^2)$

25–27. 혼합 편도함수의 동치 다음 함수에 대하여 $f_{xy} = f_{yx}$임을 보여라.

25. $f(x, y) = e^{x+y}$

26. $f(x, y) = \cos xy$

27. $f(x, y) = (2x - y^3)^4$

28–31. 둘 이상의 변수에 대한 편도함수 다음 함수의 1계 편도함수를 구하여라.

28. $h(x, y, z) = \cos(x + y + z)$

29. $F(u, v, w) = \dfrac{u}{v + w}$

30. $G(r, s, t) = \sqrt{rs^3t^5}$

31. $h(w, x, y, z) = \dfrac{wz}{xy}$

32. 패턴 이용하기 $R(t) = \dfrac{at + b}{ct + d}$, $g(x, y, z) = \dfrac{4x - 2y - 2z}{-6x + 3y - 3z}$라고 하자.

a. $R'(t) = \dfrac{ad - bc}{(ct + d)^2}$임을 보여라.

b. 도함수 $R'(t)$를 이용하여 g의 1계 편도함수를 구하여라.

33–34. 표에서 편미분 추정하기 다음 표는 x가 2에서 2.5, y가 3에서

3.5까지의 값에 대한 $f(x, y)$의 값을 보여 준다. 이 표를 이용하여 다음 편도함수의 값을 추정하여라.

y \ x	2	2.1	2.2	2.3	2.4	2.5
3	4.243	4.347	4.450	4.550	4.648	4.743
3.1	4.384	4.492	4.598	4.701	4.802	4.902
3.2	4.525	4.637	4.746	4.853	4.957	5.060
3.3	4.667	4.782	4.895	5.005	5.112	5.218
3.4	4.808	4.930	5.043	5.156	5.267	5.376
3.5	4.950	5.072	5.191	5.308	5.422	5.534

33. $f_y(2, 3)$

34. $f_x(2.2, 3.4)$

35. 기체의 법칙 계산 이상기체의 법칙 $PV = kT$를 생각하자. 여기서 k는 양의 상수이다. P와 T에 관한 이 방정식을 V에 관하여 풀어라.

a. 상수 온도에서 압력에 관한 부피의 변화율을 결정하여라. 결과를 해석하여라.

b. 상수 압력에서 온도에 관한 부피의 변화율을 결정하여라. 결과를 해석하여라.

c. $k = 1$이라 하고 부피 함수의 등위선을 몇 개 그린 후, 예제 6에서처럼 결과를 해석하여라.

36. 평행인 두 저항 전기회로에서 저항이 각각 R_1, R_2이고 상수 전압으로 평행하게 연결되어 있는 두 저항은 실효 저항 R을 갖는데, 여기서 $\frac{1}{R} = \frac{1}{R_1} + \frac{1}{R_2}$이다.

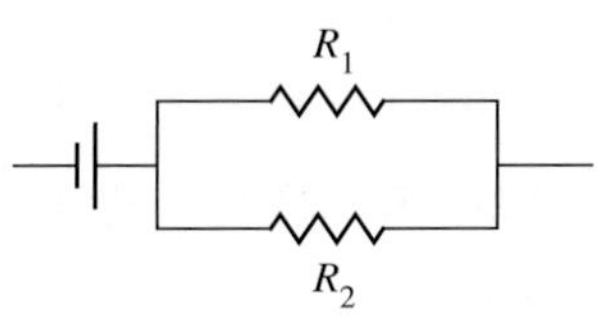

a. R에 관하여 풀고 미분하여 $\frac{\partial R}{\partial R_1}$과 $\frac{\partial R}{\partial R_2}$을 구하여라.

b. 음함수의 미분법으로 $\frac{\partial R}{\partial R_1}$과 $\frac{\partial R}{\partial R_2}$을 구하여라.

c. R_2를 상수로 취급하여 R_1의 증가는 R에 어떤 영향을 주는지 설명하여라.

d. R_1을 상수로 취급하여 R_2의 감소는 R에 어떤 영향을 주는지 설명하여라.

37–38. 열방정식 얇은 전도체 막대를 따라 열의 전도는 일차원 열방정식으로 설명된다(2차원에서는 얇은 막, 3차원에서는 입체). 즉, 다음과 같다.

$$\frac{\partial u}{\partial t} = k\frac{\partial^2 u}{\partial x^2}$$

여기서 u는 시간 t에서 막대 위의 위치 x에서 온도의 측도이고 양의 상수 k는 물체의 전도율과 관련된다. 다음 방정식은 $k = 1$인 열방정식을 만족함을 보여라.

37. $u(x, t) = 4e^{-4t}\cos 2x$

38. $u(x, t) = Ae^{-a^2 t}\cos ax$, a와 A는 임의의 실수

39. 미분 불가능? 다음 함수 f를 생각하자.

$$f(x, y) = \begin{cases} -\dfrac{xy}{x^2 + y^2}, & (x, y) \neq (0, 0) \\ 0, & (x, y) = (0, 0) \end{cases}$$

a. f는 (0, 0)에서 연속인가?

b. f는 (0, 0)에서 미분가능한가?

c. 가능하다면 $f_x(0, 0)$, $f_y(0, 0)$을 계산하여라.

d. f_x와 f_y가 (0, 0)에서 연속인지 결정하여라.

e. 정리 14.5와 정리 14.6이 a–d의 결과와 일치하는 이유를 설명하여라.

40. 참 또는 거짓 다음 명제가 참이면 증명하고 거짓이면 반례를 들어라.

a. $\frac{\partial}{\partial x}(y^{10}) = 10y^9$

b. $\frac{\partial^2}{\partial x \partial y}(\sqrt{xy}) = \frac{1}{\sqrt{xy}}$

c. f가 모든 차수의 연속인 편도함수를 갖는다면 $f_{xxy} = f_{yxx}$이다.

3단계 도전

41. 편도함수와 등위선 함수 $z = x/y^2$를 생각하자.

a. z_x와 z_y를 계산하여라.

b. $z = 1, 2, 3, 4$에 대한 등위선을 그려라.

c. xy평면에서 수평선 $y = 1$을 따라 이동하고 대응하는 z값이 어떻게 변하는지 설명하여라. 이 관찰이 **a**에서 계산한 z_x와 어떻게 일치하는지 설명하여라.

d. xy평면에서 수직선 $x = 1$을 따라 이동하고 대응하는 z값이 어떻게 변하는지 설명하여라. 이 관찰이 **a**에서 계산한 z_y와 어떻게 일치하는지 설명하여라.

42. 전위 함수 xy평면 위의 두 점 (0, 1), (0, −1)에 두 양전하가 있는 전기적 전위는 다음과 같이 나타난다.

$$\varphi(x, y) = \frac{2}{\sqrt{x^2 + (y - 1)^2}} + \frac{1}{\sqrt{x^2 + (y + 1)^2}}$$

이때 점 (0, 1)에서의 전위는 점 (0, −1)에서의 전위의 두 배이다.

a. φ_x와 φ_y를 계산하여라.

b. $x, y \to \pm\infty$일 때 φ_x와 φ_y가 어떻게 작용하는지 설명하여라.

c. 모든 $y \neq \pm 1$에 대한 $\varphi_x(0, y)$를 계산하여라. 결과를 설명하여라.

d. 모든 x에 관하여 $\varphi_y(x, 0)$을 계산하여라. 결과를 설명하여라.

43. **동등** a, b, c, d가 실수이고 $ad - bc = 0$인 $f(x, y) = \dfrac{ax + by}{cx + dy}$에 대하여 정의역의 모든 x와 y에서 $f_x = f_y = 0$임을 보여라. 이유를 설명하여라.

44–45. 파동방정식 이동하는 파(예를 들어 물결이나 전자파)는 시간과 위치 둘 다 주기적 움직임을 보인다. 1차원에서 어떤 형태의 파동은 1차원 파동방정식

$$\frac{\partial^2 u}{\partial t^2} = c^2 \frac{\partial^2 u}{\partial x^2}$$

로 주어진다. 여기서 $u(x, t)$는 위치 x와 시간 t에서 파동의 표면의 높이 또는 변위이고 c는 파동의 상수 속도이다. 다음 함수가 파동방정식의 해임을 보여라.

44. $u(x, t) = \cos(2(x + ct))$

45. $u(x, t) = Af(x + ct) + Bg(x - ct)$, 여기서 A, B는 상수이고 f, g는 일변수의 두 번 미분가능한 함수이다.

46–47. 라플라스 방정식 수학의 고전적 방정식은 라플라스 방정식이다. 이는 이론과 응용 모두에서 나타난다. 이 방정식은 이상유체의 흐름, 정전기 퍼텐셜, 도체에서 열의 정상 상태 온도 등을 지배한다. 2차원에서 라플라스 방정식은 다음과 같다.

$$\frac{\partial^2 u}{\partial x^2} + \frac{\partial^2 u}{\partial y^2} = 0$$

다음 함수는 **조화적**(harmonic)임을 보여라. 즉, 이들 함수는 라플라스 방정식을 만족한다.

46. $u(x, y) = x(x^2 - 3y^2)$

47. $u(x, y) = \tan^{-1}\left(\dfrac{y}{x - 1}\right) - \tan^{-1}\left(\dfrac{y}{x + 1}\right)$

48. **미분가능성** 미분가능성의 정의를 사용하여 함수 $f(x, y) = xy$가 (0, 0)에서 미분가능함을 증명하여라. 요구된 성질을 갖는 두 함수 ε_1, ε_2를 만들어야 한다.

49. **미분 불가능성?** 함수 $f(x, y) = \sqrt{|xy|}$에 대하여 물음에 답하여라.

a. f는 (0, 0)에서 연속인가?

b. f는 (0, 0)에서 미분가능한가?

c. 가능하다면 $f_x(0, 0)$, $f_y(0, 0)$을 계산하여라.

d. f_x와 f_y가 (0, 0)에서 연속인지 결정하여라.

e. 정리 14.5와 정리 14.6이 **a**-**d**의 결과와 부합하는 이유를 설명하여라.

50. **적분의 미분** h가 모든 실수에서 연속인 함수라고 하자. $f(x, y) = \int_1^{xy} h(s)\,ds$일 때 f_x와 f_y를 구하여라.

QUICK CHECK 정답

1. $f_x = 2y, f_y = 2x$ **2.** **a**와 **c**는 같다. f_{qp} **3.** $f_{xxx} = 6y, f_{xxy} = 6x$ **4.** $f_{xz} = y - 2x,\ f_{zz} = 2y$ **5.** 등위선의 방정식은 $T = \dfrac{1}{k}P_0 V$이다. 압력 P_0이 증가함에 따라 이들 직선의 기울기는 증가한다. ◀

14.4 연쇄 법칙

이 절에서는 다변수함수의 미분을 구하는 새로운 방법을 전개하기 위해 연쇄 법칙(3.7절)과 편미분(14.3절)에 대하여 아는 것을 결합한다. 이 방법의 중요성을 보여주기 위해 다음 상황을 생각한다.

경제학자가 생산 공정을 모델링하는 것은 공정에 따르는 모든 변수(입력)에 대하여 공정의 생상선(출력)에 관여하는 생산 함수가 종종 연구 대상이 된다. 간단한 생산 함수는 $P = F(L, K, R)$ 형태이다. 여기서 L, K, R은 각각 노동자의 능력, 자

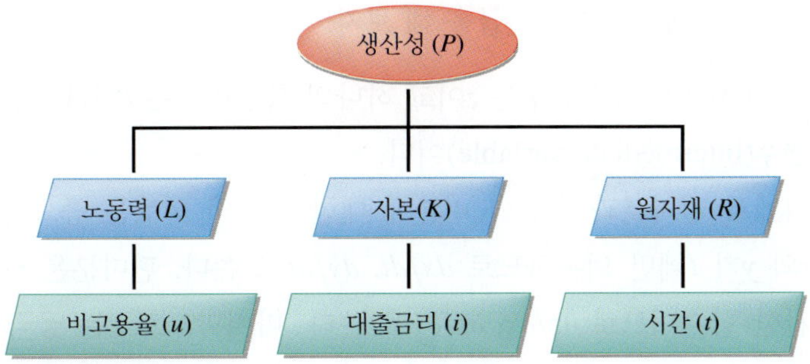

그림 14.35

본, 원자재이다. 그러나 세 변수 L, K, R은 다른 변수에 종속되는 중간 변수일 수 있다. 예를 들어 L은 비고용율 u의 함수일 수 있고 K는 최우대 대출금리 i의 함수, R은 시간 t의 함수(자원의 계절적 가용성)이다. 이렇게 단순화한 모형에서조차 종속변수인 생산성은 궁극적으로 다른 많은 변수와 관련돼 있다(그림 14.35). 경제학자에게 가장 중요한 점은 다른 변수들에 의해 변하는 한 특정 변수의 변화를 결정할 수 있는가이다. 예를 들어 비고용율이 0.1% 증가하고 이윤이 0.2% 감소하면 생산성은 어떤 영향을 받는가? 이 절에서는 이러한 질문에 답하는 데 필요한 도구를 개발한다.

하나의 독립변수에서의 연쇄 법칙

기본적인 연쇄 법칙을 상기하자. y가 u의 함수이고 u가 시간 t의 함수이면 $\dfrac{dy}{dt} = \dfrac{dy}{du}\dfrac{du}{dt}$이다. 먼저 $z = f(x, y)$ 형태의 합성함수로 연쇄 법칙을 확장한다. 여기서 x와 y는 t의 함수이다. $\dfrac{dz}{dt}$는 무엇인가?

수형도(tree diagram)(그림 14.36)를 사용하면 네 변수 t, x, y, z 사이의 관계를 볼 수 있다. $\dfrac{dz}{dt}$를 구하기 위해 z는 x에 의존함에 유의하자. 다음으로 x는 t에 의존한다. x에 관한 z의 변화량은 편미분 $\partial z/\partial x$이고, t에 관한 x의 변화량은 보통의 미분 dx/dt이다. 이들 미분은 수형도의 대응하는 가지에서 나타난다. 연쇄 법칙의 개념을 사용하여 이들 미분의 곱은 x를 통해 t에 관한 z의 변화량을 제공한다.

마찬가지로 z는 y에 의존한다. y에 관한 z의 변화량은 $\partial z/\partial y$이고 t에 관한 y의 변화량은 가지에 나타나며, 이는 y를 통해 t에 관한 z의 변화량을 제공한다. 수형도의 각 가지를 따라 dz/dt에 대한 값의 합은 다음 정리가 된다. 증명은 부록에 있다.

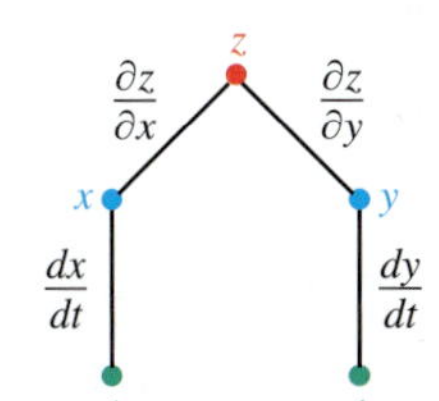

$$\frac{dz}{dt} = \frac{\partial z}{\partial x}\frac{dx}{dt} + \frac{\partial z}{\partial y}\frac{dy}{dt}$$

그림 14.36

➤ 기호를 정교하게 관찰해야 한다. $z = f(x, y)$이고 x와 y가 또 다른 변수 t의 함수이면 z는 궁극적으로 t에 의존함을 보이기 위해 $z = f(t)$로 쓰는 것이 일반적이다. 그러나 f로 나타낸 두 함수는 실제로 다르다. 사실 $z = F(t)$로 써야(적어도 기억해야) 한다. 여기서 F와 f는 서로 다른 함수이다. 편의상 이러한 차이점은 간과한다.

정리 14.7 연쇄 법칙(하나의 독립변수)

z를 정의역에서 x와 y에 대하여 미분가능한 함수라고 하자. 여기서 x와 y는 구간 I에서 t에 대하여 미분가능한 함수이다. 그러면 다음이 성립한다.

$$\frac{dz}{dt} = \frac{\partial z}{\partial x}\frac{dx}{dt} + \frac{\partial z}{\partial y}\frac{dy}{dt}$$

QUICK CHECK 1 정리 14.7이 $z = f(x)$, $x = g(t)$인 일변수함수에 대한 연쇄 법칙으로 도출되는 이유를 설명하여라. ◄

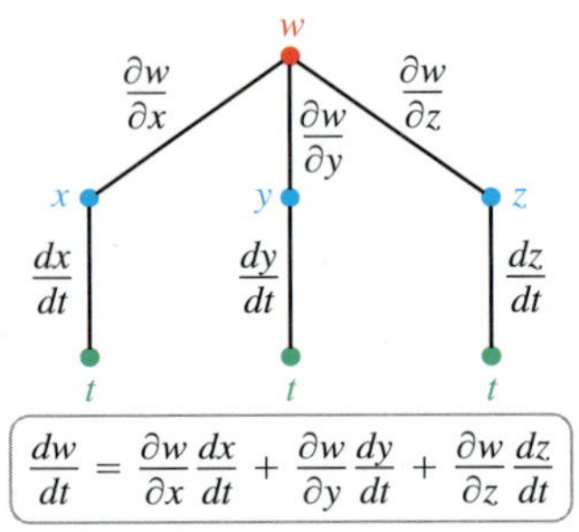

그림 14.37

예제를 다루기 전에 몇 가지 언급을 해 보자.

- $z = f(x(t), y(t))$에서 종속변수는 z이고 하나의 독립변수는 t이다. 두 변수 x와 y는 **중간 변수**(intermediate variable)이다.
- 연쇄 법칙에서 편미분과 보통의 미분에 대한 기호의 선택은 중요하다. 보통의 미분은 x와 y가 t에만 의존하므로 dx/dt, dy/dt로 쓴다. 편미분은 z가 x와 y 두 변수에 관한 함수이므로 $\partial z/\partial x$, $\partial z/\partial y$로 쓴다. 마지막으로 z는 궁극적으로 t에만 의존하므로 dz/dt로 쓴다.
- 정리 14.7은 둘 이상의 중간 변수에 관한 함수로 직접적으로 확장된다(그림 14.37). 예를 들어 $w = f(x, y, z)$에 대하여 x, y, z가 단 하나의 독립변수 t의 함수이면 다음이 성립한다.

$$\frac{dw}{dt} = \frac{\partial w}{\partial x}\frac{dx}{dt} + \frac{\partial w}{\partial y}\frac{dy}{dt} + \frac{\partial w}{\partial z}\frac{dz}{dt}$$

➤ 예제 1에서처럼 f, x, y가 간단하면 $x(t)$, $y(t)$를 f에 대입할 수 있다. 그 결과 t만의 함수를 만든다. 그리고 t에 대해 미분한다. 그러나 이 접근은 더 복잡한 함수에는 곧 실질적이지 않음을 알게 되고 연쇄 법칙이 훨씬 유익함을 알 수 있다.

| 예제 1 | 하나의 독립변수에 대한 연쇄 법칙 $z = x^2 - 3y^2 + 20$이고 $x = 2\cos t$, $y = 2\sin t$라고 하자.

a. $\frac{dz}{dt}$를 구한 다음 t $= \pi/4$에서 값을 계산하여라.

b. 결과를 기하학적으로 설명하여라.

풀이

a. 중간 미분을 계산하고 연쇄 법칙(정리 14.7)을 적용하면 다음과 같다.

$$\begin{aligned}\frac{dz}{dt} &= \frac{\partial z}{\partial x}\frac{dx}{dt} + \frac{\partial z}{\partial y}\frac{dy}{dt}\\ &= \underbrace{(2x)}_{\frac{\partial z}{\partial x}}\underbrace{(-2\sin t)}_{\frac{dx}{dt}} + \underbrace{(-6y)}_{\frac{\partial z}{\partial y}}\underbrace{(2\cos t)}_{\frac{dy}{dt}} && \text{미분 계산하기}\\ &= -4x\sin t - 12y\cos t && \text{간단히 하기}\\ &= -8\cos t\sin t - 24\sin t\cos t && x = 2\cos t,\ y = 2\sin t \text{ 대입하기}\\ &= -16\sin 2t && \sin 2t = 2\sin t\cos t\text{를 이용하여 간단히 하기}\end{aligned}$$

$t = \pi/4$를 대입하면 $\left.\frac{dz}{dt}\right|_{t=\pi/4} = -16$을 얻는다.

b. $0 \le t \le 2\pi$에 대하여 매개방정식 $z = 2\cos t$, $y = 2\sin t$는 xy평면 위의 반지름이 2인 원 C를 나타낸다. 원 C 바로 위에 있는 곡면 $z = x^2 - 3y^2 + 20$ 위에서 C의 양의 방향(반시계 방향)을 유지하면서 걸어간다고 생각하자. 곡면 위를 걸어가면 이 경로는 오르막과 내리막이 있을 것(그림 14.38)이며, 오르막에서 t에 관한 z의 변화율은 dz/dt로 주어진다. 예를 들어 $t = \pi/4$일 때 곡면 위에 대응되는 점은 $(\sqrt{2}, \sqrt{2}, 16)$이다. C 위에 있는 곡면을 따라 걸어가면 이 점에서 (**a**에 의해) z는 -16의 비율로 감소한다. ◀

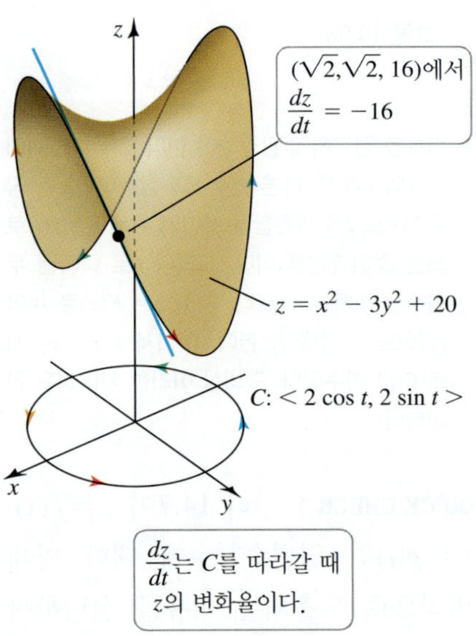

그림 14.38

여러 독립변수에 대한 연쇄 법칙

정리 14.7에서 연쇄 법칙의 다른 측면의 개념은 다변수함수가 결합된 다양한 상황에 대처할 수 있도록 개선할 수 있다. 예를 들어 두 중간 변수 x와 y에 의존하고, 각각 s와 t에 의존한다고 하자. 수형도(그림 14.39)는 역시 변수들 사이의 관계를 체계화하는 것을 도울 것이다. 종속변수 z는 이제 궁극적으로 두 독립변수 s와 t에 의존하므로 s나 t에 관한 z의 변화율을 묻는 것은 의미가 있다. 이는 각각 $\partial z/\partial s$와 $\partial z/\partial t$이다.

$\partial z/\partial s$를 계산하려면 수형도에서 z와 s를 연결하고 $\partial z/\partial s$에 기여하는 두 경로(그림 14.39에서 빨간색 경로)가 있음에 주목해야 한다. 한 경로를 따라가면 z는(변화율 $\partial z/\partial x$로) x에 대하여 변하고, x는 (변화율 $\partial x/\partial s$로) s에 대하여 변한다. 또 다른 경로를 따라가면 z는 (변화율 $\partial z/\partial y$로) y에 대하여 변하고, y는 (변화율 $\partial y/\partial s$로) s에 대하여 변한다. 각 경로를 따라 연쇄 법칙을 사용하고 결과를 결합하면 된다. $\partial z/\partial t$의 경우에도 비슷한 논의가 적용된다(그림 14.40).

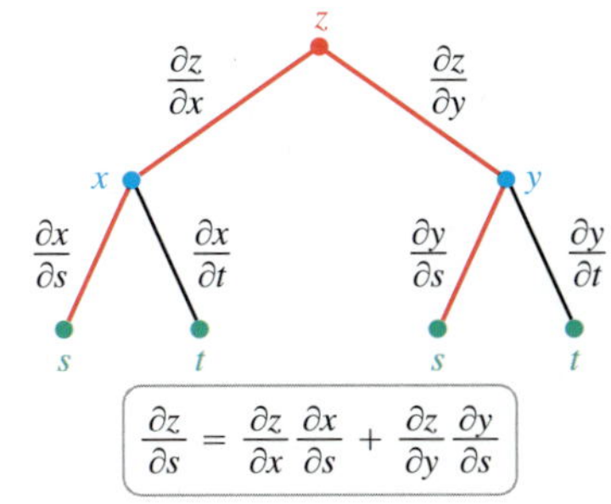

그림 14.39

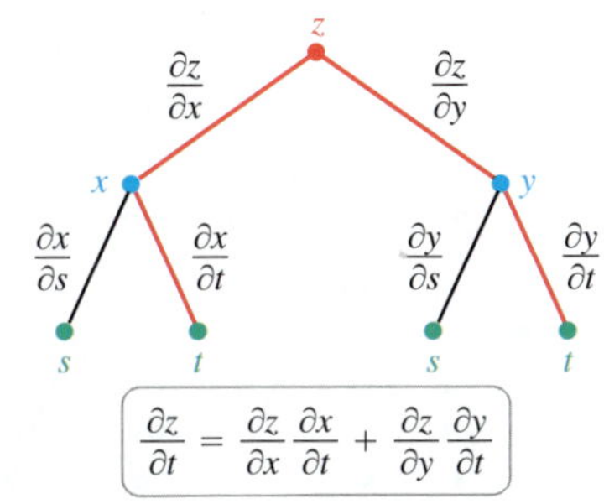

그림 14.40

QUICK CHECK 2 $w = f(x, y, z)$라고 하자. 여기서 $x = g(s, t)$, $y = h(s, t)$, $z = p(s, t)$이다. 정리 14.8을 확장하여 $\partial w/\partial t$에 대한 공식을 써라. ◀

> **정리 14.8 연쇄 법칙(두 독립변수)**
>
> z가 x와 y에 대하여 미분가능한 함수라고 하자. 여기서 x와 y는 각각 s와 t에 대하여 미분가능한 함수이다. 그러면 다음이 성립한다.
>
> $$\frac{\partial z}{\partial s} = \frac{\partial z}{\partial x}\frac{\partial x}{\partial s} + \frac{\partial z}{\partial y}\frac{\partial y}{\partial s}, \qquad \frac{\partial z}{\partial t} = \frac{\partial z}{\partial x}\frac{\partial x}{\partial t} + \frac{\partial z}{\partial y}\frac{\partial y}{\partial t}$$

| 예제 2 | 두 독립변수에 대한 연쇄 법칙 $z = \sin 2x \cos 3y$라고 하자. 여기서 $x = s + t$, $y = s - t$이다. $\partial z/\partial s$와 $\partial z/\partial t$를 계산하여라.

풀이 그림 14.39의 수형도는 $\partial z/\partial s$의 연쇄 법칙을 보여 준다. 즉, z와 s를 연결하는 빨간 가지를 따라 미분의 곱을 구성하고 결과를 더하면 구하는 편미분은 다음과 같다.

$$\begin{aligned}\frac{\partial z}{\partial s} &= \frac{\partial z}{\partial x}\frac{\partial x}{\partial s} + \frac{\partial z}{\partial y}\frac{\partial y}{\partial s} \\ &= \underbrace{2\cos 2x \cos 3y}_{\frac{\partial z}{\partial x}} \cdot \underbrace{1}_{\frac{\partial x}{\partial s}} + \underbrace{(-3\sin 2x \sin 3y)}_{\frac{\partial z}{\partial y}} \cdot \underbrace{1}_{\frac{\partial y}{\partial s}} \\ &= 2\cos(2\underbrace{(s+t)}_{x})\cos(3\underbrace{(s-t)}_{y}) - 3\sin(2\underbrace{(s+t)}_{x})\sin(3\underbrace{(s-t)}_{y})\end{aligned}$$

z와 t를 연결하는 그림 14.40의 가지를 따라가면 다음을 얻는다.

$$\begin{aligned}\frac{\partial z}{\partial t} &= \frac{\partial z}{\partial x}\frac{\partial x}{\partial t} + \frac{\partial z}{\partial y}\frac{\partial y}{\partial t}\\ &= \underbrace{2\cos 2x \cos 3y}_{\frac{\partial z}{\partial x}} \cdot \underbrace{1}_{\frac{\partial x}{\partial t}} + \underbrace{(-3\sin 2x \sin 3y)}_{\frac{\partial z}{\partial y}} \cdot \underbrace{-1}_{\frac{\partial y}{\partial t}}\\ &= 2\cos(2(\underbrace{s+t}_{x}))\cos(3(\underbrace{s-t}_{y})) + 3\sin(2(\underbrace{s+t}_{x}))\sin(3(\underbrace{s-t}_{y}))\end{aligned}$$

| 예제 3 | 더 많은 변수 w는 x, y, z에 관한 함수이고 세 변수는 s와 t에 관한 함수라 하자.

a. 변수들 사이의 관계를 보여 주는 라벨이 붙은 수형도를 그려라.

b. $\dfrac{\partial w}{\partial s}$에 대한 연쇄 법칙 공식을 써라.

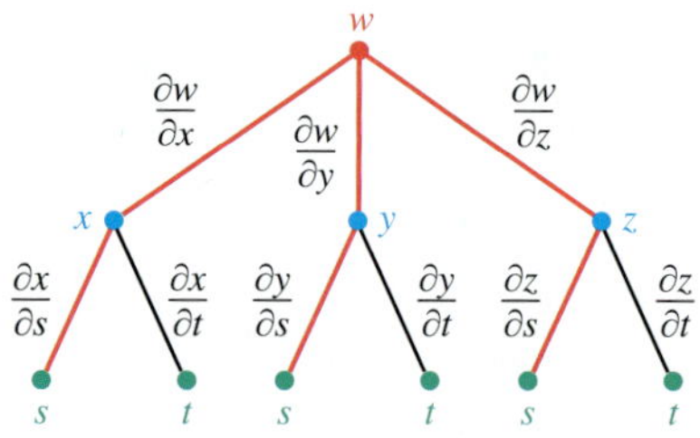

그림 14.41

QUICK CHECK 3 Q가 w, x, y, z의 함수이고 각각 r, s, t에 관한 함수이면 이 경우 몇 개의 종속변수, 중간 변수, 독립변수가 있는가?

풀이

a. w는 x, y, z의 함수이므로 수형도의 윗가지(그림 14.41)에는 편미분 w_x, w_y, w_z의 라벨이 붙는다. x, y, z는 두 변수의 함수이므로 수형도의 아랫가지에도 편미분의 라벨이 붙는다.

b. 정리 14.8을 확장하면 w와 s를 연결하는 수형도를 통해 세 가지 경로를 취할 수 있다(그림 14.41의 빨간색 경로). 각 경로에 나타나는 미분을 곱하고 더하면 다음을 얻는다.

$$\frac{\partial w}{\partial s} = \frac{\partial w}{\partial x}\frac{\partial x}{\partial s} + \frac{\partial w}{\partial y}\frac{\partial y}{\partial s} + \frac{\partial w}{\partial z}\frac{\partial z}{\partial s}$$

관련 연습문제 13번

지금까지 변수들 사이의 관계에 대한 임의의 집합에서 연쇄 법칙을 만들 수 있음은 분명해 보인다. 핵심은 정확한 수형도를 그린 다음 적당한 미분으로 수형도의 가지에 라벨을 붙이는 것이다.

| 예제 4 | 다른 종류의 수형도 w를 z의 함수라고 하자. 여기서 z는 x와 y의 함수이고 x와 y는 각각 t의 함수이다. 라벨이 붙은 수형도를 그린 다음 dw/dt에 대한 연쇄 법칙 공식을 써라.

풀이 종속변수 w는 수형도에서 두 경로, 즉 $w \to z \to x \to t$와 $w \to z \to y \to t$를 따라 독립변수 t와 연결된다(그림 14.42). 수형도의 꼭대기에서 w는 z에 관한 일변수함수이므로 변화율은 보통의 미분 dw/dz이다. 수형도의 아랫부분은 그림 14.36처럼 보인다. w와 t를 연결하는 두 가지 각각의 위에 있는 미분을 곱하고 그 결과를 더하면 다음을 얻는다.

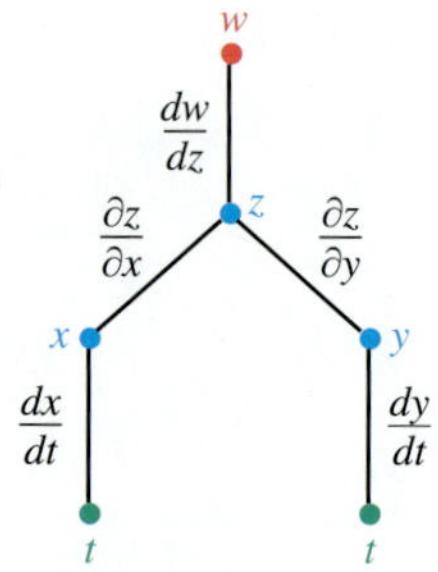

그림 14.42

$$\frac{dw}{dt} = \frac{dw}{dz}\frac{\partial z}{\partial x}\frac{dx}{dt} + \frac{dw}{dz}\frac{\partial z}{\partial y}\frac{dy}{dt} = \frac{dw}{dz}\left(\frac{\partial z}{\partial x}\frac{dx}{dt} + \frac{\partial z}{\partial y}\frac{dy}{dt}\right)$$

관련 연습문제 16번

음함수의 미분법

편미분에 대한 연쇄 법칙을 사용하면 음함수의 미분법을 좀 더 넓은 관점에서 볼 수 있다. x와 y가 $\sin xy + \pi y^2 = x$와 같은 음함수 관계식으로 표현되면 dy/dx는 음함수의 미분법(3.8절)으로 계산할 수 있다. dy/dx를 계산하는 또 다른 방법은 함수 $F(x, y) = \sin xy + \pi y^2 - x$를 정의하는 것이다. 원래의 관계식 $\sin xy + \pi y^2 = x$는 $F(x, y) = 0$임에 유의하자.

dy/dx를 구하기 위해 x를 독립변수로 취급하고 $F(x, y) = 0$의 양변을 x에 대하여 미분한다. 이때 우변을 미분하면 0이고, 좌변의 경우 정리 14.7의 연쇄 법칙을 사용하여 다음과 같이 구할 수 있다.

$$\frac{\partial F}{\partial x}\underbrace{\frac{dx}{dx}}_{1} + \frac{\partial F}{\partial y}\frac{dy}{dx} = 0$$

이때 $dx/dx = 1$임에 유의하고 dy/dx에 대하여 풀면 다음 정리를 얻는다.

정리 14.9 음함수의 미분법

정의역에서 미분가능한 함수 f와 미분가능한 x의 함수 y로 정의된 음함수 $F(x, y) = 0$을 가정하자. $F_y \neq 0$이면 다음이 성립한다.

$$\frac{dy}{dx} = -\frac{F_x}{F_y}$$

➤ $F(x, y) = 0$ 또는 $F(x, y, z) = 0$ 형태의 관계식이 하나 또는 그 이상의 함수인지에 대한 질문은 음함수 정리로 부르는 고급 미적분학에서 하나의 정리로 언급한다.

| 예제 5 | 음함수의 미분법 $F(x, y) = \sin xy + \pi y^2 - x = 0$에 대하여 dy/dx를 구하여라.

풀이 F를 x와 y에 관하여 편미분하면 다음과 같다.

$$F_x = y\cos xy - 1, \quad F_y = x\cos xy + 2\pi y$$

그러므로 다음을 얻는다.

$$\frac{dy}{dx} = -\frac{F_x}{F_y} = -\frac{y\cos xy - 1}{x\cos xy + 2\pi y}$$

많은 음함수의 미분을 계산하면 x와 y에 대한 합이 결과로 나온다. 3.8절의 방법을 이용해도 같은 결과를 얻는다.

관련 연습문제 19번 ◀

➤ 정리 14.9의 방법은 $F(x, y, z) = 0$ 형태의 함수에서 $\frac{\partial z}{\partial x}$와 $\frac{\partial z}{\partial y}$의 계산으로 일반화된다.

QUICK CHECK 4 예제 5의 방법을 사용하여 $F(x, y) = x^2 + xy - y^3 - 7 = 0$일 때 dy/dx를 구하여라. 3.8절 예제 3의 풀이와 비교하여라. 어느 방법이 더 쉬운가? ◀

| 예제 6 | 유체의 흐름 회전하는 물이 담긴 어느 대야는 정사각형 영역 $\{(x, y): 0 \le x \le 1, 0 \le y \le 1\}$로 표현된다. 여기서 x의 양의 방향은 동쪽 방향이고, y의 양의 방향은 북쪽 방향이다. 물의 속도 성분은 다음과 같다.

$$\text{동서 속도 } u(x, y) = 2\sin \pi x \cos \pi y,$$

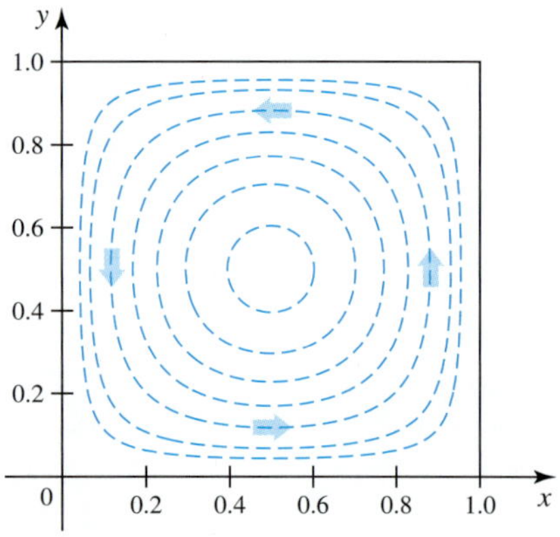

그림 14.43

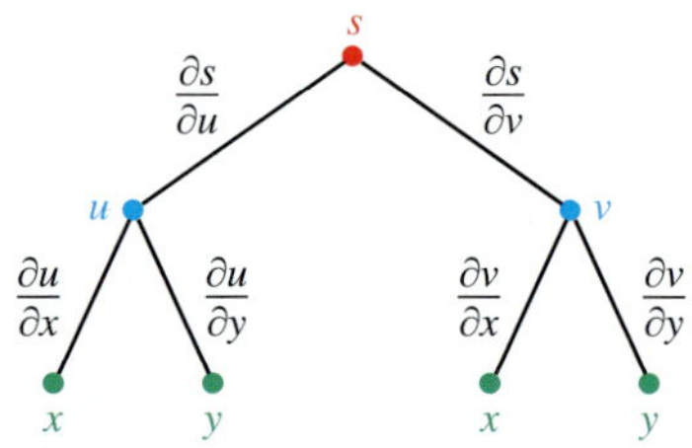

그림 14.44

$$\text{북남 속도 } v(x, y) = -2\cos \pi x \sin \pi y$$

이 속도 성분은 그림 14.43과 같은 흐름의 양상을 띠고 있으며, 점선은 물의 작은 입자의 흐름에 의한 경로이다. 점 (x, y)에서 물의 속력은 함수 $s(x, y) = \sqrt{u(x, y)^2 + v(x, y)^2}$으로 주어진다. 물의 x축 방향과 y축 방향의 물의 속력의 변화율인 $\partial s/\partial x$와 $\partial s/\partial y$를 구하여라.

풀이 종속변수 s는 두 중간 변수 u와 v에 의해 두 독립변수 x와 y에 의존한다(그림 14.44). 여기서 정리 14.8을 다음과 같이 적용한다.

$$\frac{\partial s}{\partial x} = \frac{\partial s}{\partial u}\frac{\partial u}{\partial x} + \frac{\partial s}{\partial v}\frac{\partial v}{\partial x}, \qquad \frac{\partial s}{\partial y} = \frac{\partial s}{\partial u}\frac{\partial u}{\partial y} + \frac{\partial s}{\partial v}\frac{\partial v}{\partial y}$$

속력 함수를 제곱하면 $s^2 = u^2 + v^2$을 얻고, 그다음 음함수의 미분법을 사용하면 미분 $\partial s/\partial u$와 $\partial s/\partial v$를 구하는 것이 쉬워진다. $\partial s/\partial u$를 계산하기 위해 $s^2 = u^2 + v^2$의 양변을 u에 대하여 미분하면 다음과 같다.

$$2s\frac{\partial s}{\partial u} = 2u, \quad \text{즉} \quad \frac{\partial s}{\partial u} = \frac{u}{s}$$

같은 방법으로 $s^2 = u^2 + v^2$의 양변을 v에 대하여 미분한다.

$$2s\frac{\partial s}{\partial v} = 2v, \quad \text{즉} \quad \frac{\partial s}{\partial v} = \frac{v}{s}$$

이제 다음과 같이 연쇄 법칙으로 $\dfrac{\partial s}{\partial x}$를 얻는다.

$$\begin{aligned}\frac{\partial s}{\partial x} &= \frac{\partial s}{\partial u}\frac{\partial u}{\partial x} + \frac{\partial s}{\partial v}\frac{\partial v}{\partial x}\\ &= \underbrace{\frac{u}{s}}_{\frac{\partial s}{\partial u}}\underbrace{(2\pi\cos \pi x\cos \pi y)}_{\frac{\partial u}{\partial x}} + \underbrace{\frac{v}{s}}_{\frac{\partial s}{\partial v}}\underbrace{(2\pi\sin \pi x\sin \pi y)}_{\frac{\partial v}{\partial x}}\\ &= \frac{2\pi}{s}(u\cos \pi x\cos \pi y + v\sin \pi x\sin \pi y)\end{aligned}$$

비슷한 계산을 통해 다음을 얻는다.

$$\frac{\partial s}{\partial y} = -\frac{2\pi}{s}(u\sin \pi x\sin \pi y + v\cos \pi x\cos \pi y)$$

마지막 단계로 s, u, v에 정의에 있는 x와 y의 항을 대입한다.

관련 연습문제 21번 ◀

| 예제 7 | 2계 편도함수 $z = f(x, y) = \dfrac{x}{y}$라 하자. 여기서 $x = s + t^2$, $y = s^2 - t$이다. $\dfrac{\partial^2 z}{\partial s^2} = z_{ss}$, $\dfrac{\partial^2 z}{\partial t \partial s} = z_{st}$, $\dfrac{\partial^2 z}{\partial t^2} = z_{tt}$를 계산한 결과를 s와 t에 대하여 나타내어라. 이 예제에서 기호를 간단히 하기 위해 편미분의 첨자를 사용했다.

풀이 먼저 기본적인 법칙이 필요하다. 이 경우 대입을 통해 s와 t의 항으로 f를 나타내는 것은 가능하다. 그다음 이 결과를 원하는 편미분을 구하기 위해 직접 미분하는 것도 가능하다. 불행히도 이 작업이 항상 가능한 것은 아니다(연습문제 37번). 그러므로 이 예제가 가능한 한 유용하도록 2계 편미분에 대한 일반적인 공식을 전개하고 마지막 단계에서만 대입한다.

그림 14.39와 그림 14.40은 변수들 사이의 관계식을 보여 준다. 예제 2는 1계 편도함수의 계산을 나열한다. 이 계산을 통해 s와 t에 관한 미분의 의미를 기억하는 것이 중요하다.

$$(\ )_s = (\ )_x x_s + (\ )_y y_s, \quad (\ )_t = (\ )_x x_t + (\ )_y y_t$$

1계 편도함수를 계산하자.

$$z_s = z_x x_s + z_y y_s, \quad z_t = z_x x_t + z_y y_t$$

z_s를 s에 대하여 미분하면 다음과 같다.

$$\begin{aligned}
z_{ss} &= (z_x x_s + z_y y_s)_s \\
&= (z_x)_s x_s + z_x x_{ss} + (z_y)_s y_s + z_y y_{ss} && \text{곱의 법칙(두 번)} \\
&= \underbrace{(z_{xx} x_s + z_{xy} y_s)}_{(z_x)_s} x_s + z_x x_{ss} && z_x, z_y\text{를 } s\text{에 관하여 미분하기} \\
&\quad + \underbrace{(z_{yx} x_s + z_{yy} y_s)}_{(z_y)_s} y_s + z_y y_{ss} \\
&= z_{xx} x_s^2 + 2z_{xy} x_s y_s + z_{yy} y_s^2 + z_x x_{ss} + z_y y_{ss} && z_{xy} = z_{yx}\text{를 통해 간단히 하기}
\end{aligned}$$

위 식에

$$z_x = \frac{1}{y}, \quad z_y = -\frac{x}{y^2}, \quad z_{xx} = 0, \quad z_{xy} = -\frac{1}{y^2}, \quad z_{yy} = \frac{2x}{y^3},$$

$$x_s = 1, \quad x_{ss} = 0, \quad y_s = 2s, \quad y_{ss} = 2$$

를 대입하고 간단히 하면 다음을 얻는다.

$$z_{ss} = \frac{2(s^3 + 3st + 3s^2t^2 + t^3)}{(s^2 - t)^3}$$

z_s를 t에 대하여 미분하고 비슷한 과정으로 z_{st}를 구하면 다음과 같다.

$$\begin{aligned}
z_{st} &= (z_x x_s + z_y y_s)_t \\
&= (z_x)_t x_s + z_x x_{st} + (z_y)_t y_s + z_y y_{st} && \text{곱의 법칙(두 번)} \\
&= \underbrace{(z_{xx} x_t + z_{xy} y_t)}_{(z_x)_t} x_s + z_x x_{st} && z_x, z_y\text{를 } t\text{에 관하여 미분하기} \\
&\quad + \underbrace{(z_{yx} x_t + z_{yy} y_t)}_{(z_y)_t} y_s + z_y y_{st} \\
&= z_{xx} x_s x_t + z_{xy} x_s y_t + z_{xy} x_t y_s + z_{yy} y_s y_t + z_x x_{st} + z_y y_{st} && z_{xy} = z_{yx}\text{를 통해 간단히 하기}
\end{aligned}$$

$x_{st} = 0$, $y_{st} = 0$과 s와 t의 항을 대입하면 다음과 같다.

$$z_{st} = -\frac{3s^2 + t + 4s^3t}{(s^2 - t)^3}$$

비슷한 계산을 통해 다음을 얻는다.

$$z_{tt} = \frac{2s(1 + s^3)}{(s^2 - t)^3}$$

관련 연습문제 23번 ◀

14.4절 연습문제

1단계 스타트

1. $z = f(x, y)$에서 x와 y는 t의 함수이다. 종속변수, 중간 변수, 독립변수는 몇 개 있는가?

2. w는 x, y, z의 함수이고 각각은 t의 함수일 때, dw/dt를 구하는 방법을 설명하여라.

3. $w = F(x, y, z)$ 및 r과 s의 세 함수 x, y, z가 주어질 때, 적당한 미분으로 라벨이 붙은 가지를 가진 연쇄 법칙 수형도를 그려라.

4. $z = x^2 + y^3$, $x = t^2$, $y = t$일 때 정리 14.7을 사용하여 dz/dt를 계산하여라. z를 t의 함수로 쓰고 dz/dt를 계산하여 구한 답을 검증하여라.

2단계 실전

5-9. 하나의 독립변수에 대한 연쇄 법칙 정리 14.7을 사용하여 다음 미분을 구하여라.

5. dz/dt 여기서 $z = x \sin y$, $x = t^2$, $y = 4t^3$

6. dw/dt 여기서 $w = \cos 2x \sin 3y$, $x = t/2$, $y = t^4$

7. dz/dt 여기서 $z = (x + 2y)^{10}$, $x = \sin^2 t$, $y = (3t + 4)^5$

8. dw/dt 여기서 $w = xy \sin z$, $x = t^2$, $y = 4t^3$, $z = t + 1$

9. dV/dt 여기서 $V = xyz$, $x = e^t$, $y = 2t + 3$, $z = \sin t$

10-13. 여러 독립변수에 대한 연쇄 법칙 다음 미분을 구하여라.

10. z_s와 z_t 여기서 $z = x^2 \sin y$, $x = s - t$, $y = t^2$

11. z_s와 z_t 여기서 $z = xy - x^2y$, $x = s + t$, $y = s - t$

12. z_s와 z_t 여기서 $z = e^{x+y}$, $x = st$, $y = s + t$

13. w_s와 w_t 여기서 $w = \frac{x - z}{y + z}$, $x = s + t$, $y = st$, $z = s - t$

14. **원기둥의 변화** 반지름이 r이고 높이가 h인 직원기둥의 부피는 $V = \pi r^2 h$이다.
   a. r과 h를 t의 함수라고 하자. $V'(t)$를 구하여라.
   b. $r = e^t$, $h = e^{-2t}$, $t > 0$이라 하자. **a**를 이용하여 $V'(t)$를 구하여라.
   c. **b**에서 직원기둥의 부피는 t가 증가함에 따라 증가하는가 감소하는가?

15. **두 가지 방법으로 미분 연습** 다음 미분을 두 가지 방법으로 구하여라.

   $z'(t)$ 여기서 $z = \frac{1}{x} + \frac{1}{y}$, $x = t^2 + 2t$, $y = t^3 - 2$

   a. x와 y를 대입하여 z를 t의 함수로 써서 미분하여라.
   b. 연쇄 법칙을 사용하여라.

16-17. 수형도 만들기 수형도를 사용하여 요구하는 연쇄 법칙 공식을 써라.

16. w는 z의 함수이다. 여기서 z는 p, q, r의 함수이고 이 세 변수는 t의 함수이다. dw/dt를 구하여라.

17. $u = f(v)$이고 $v = g(w, x, y)$, $w = h(z)$, $x = p(t, z)$, $y = q(t, z)$일 때, $\partial u/\partial z$를 구하여라.

18-20. 음함수의 미분법 정리 14.9를 사용하여 dy/dx를 계산하여라. 각각 x에 대하여 미분가능한 함수로서 음함수 형태로 y를 정의한다고 가정한다.

18. $x^2 - 2y^2 - 1 = 0$

19. $2 \sin xy = 1$

20. $\sqrt{x^2 + 2xy + y^4} = 3$

21. **유체의 흐름** 2차원에서 이동하는 유체의 x성분과 y성분은 다음 함수 u, v로 주어진다. (x, y)에서 유체의 속력은 $s(x, y) = \sqrt{u(x, y)^2 + v(x, y)^2}$ 일 때, 연쇄 법칙을 사용하여 $\partial s/\partial x$와 $\partial s/\partial y$를 구하여라.

$$u(x, y) = 2y,\ \ v(x, y) = -2x,\ x \geq 0,\ \ y \geq 0$$

22–24. 2계 도함수 다음 변수의 집합과 관련된 모든 2계 도함수를 구하여라. 모든 경우에서 먼저 2계 도함수에 대한 일반적인 표현을 구한 다음 마지막 단계에서 변수를 대입하여라.

22. $f(x, y) = x^2 y$ 여기서 $x = s + t$, $y = s - t$

23. $f(x, y) = y/x$ 여기서 $x = s^2 + t^2$, $y = s^2 - t^2$

24. $f(x, y, z) = xy + xz - yz$ 여기서 $x = s^2 - 2s$, $y = 2/s^2$, $z = 3s^2 - 2$

25. **참 또는 거짓** 다음 명제가 참이면 증명하고 거짓이면 반례를 들어라.
   a. $z = (2 + y) \sin xy$, $\dfrac{\partial z}{\partial s} = \dfrac{dz}{dx}\dfrac{dx}{ds}$ 여기서 x와 y는 s의 함수
   b. $w = f(x(s, t), y(s, t), z(s, t))$에서 t에 관한 w의 변화율은 dw/dt이다.

26–27. 미분 연습 다음 함수에 대하여 주어진 미분을 구하여라.

26. dw/dt 여기서 $w = xyz$, $x = 2t^4$, $y = 3t^{-1}$, $z = 4t^{-3}$

27. $\dfrac{\partial z}{\partial x}$ 여기서 $\dfrac{1}{x} + \dfrac{1}{y} + \dfrac{1}{z} = 1$

28. **직선에서의 변화** $w = f(x, y, z)$이고 ℓ은 직선 $\mathbf{r}(t) = \langle at, bt, ct\rangle$, $-\infty < t < \infty$라 하자.
   a. ℓ에서 $w'(t)$를 구하여라(a, b, c, w_x, w_y, w_z의 항으로 나타낸다).
   b. **a**를 적용하여 $f(x, y, z) = xyz$일 때 $w'(t)$를 구하여라.
   c. **a**를 적용하여 $f(x, y, z) = \sqrt{x^2 + y^2 + z^2}$일 때 $w'(t)$를 구하여라.
   d. 일반적으로 두 번 미분가능한 함수 $w = f(x, y, z)$에 대하여 $w''(t)$를 구하여라.

29–30. 삼변수에 대한 음함수의 미분법 $F(x, y, z(x, y)) = 0$은 x와 y에 관한 미분가능 함수에 의해 음함수 형태 z를 정의한 것이다. 정리 14.9를 확장하면 다음과 같다.

$$\frac{\partial z}{\partial x} = -\frac{F_x}{F_z},\quad \frac{\partial z}{\partial y} = -\frac{F_y}{F_z}$$

이를 사용하여 다음 관계식에서 $\partial z/\partial x$와 $\partial z/\partial y$를 구하여라.

29. $xy + xz + yz = 3$

30. $xyz + x + y - z = 0$

31–32. 곡면 위에서 걷기 특정한 $z = f(x, y)$ 형태의 곡면과 xy 평면 위의 방향 곡선 C를 생각하자.
a. $z'(t)$를 구하여라.
b. C 위에 있는 곡면 위를 양의 방향으로 걸어간다고 상상하자. 오르막을 걸을 때 t의 값을 구하여라(z는 증가한다).

31. $z = x^2 + 4y^2 + 1$, C: $x = \cos t$, $\sin t$, $0 \leq t \leq 2\pi$

32. $z = \sqrt{1 - x^2 - y^2}$, C: $x = e^{-t}$, $y = e^{-t}$, $t \geq \dfrac{1}{2}\ln 2$

33. **에너지 보존** 질량이 m인 발사체가 포물선 궤도로 공중으로 발사됐다. $t \geq 0$에 대하여 수평 좌표와 수직 좌표는 각각 $x(t) = u_0 t$, $y(t) = -\dfrac{1}{2}gt^2 + v_0 t$이다. 여기서 u_0은 초기 수평 속도이고 v_0은 초기 수직 속도이며, g는 중력가속도이다. $u(t) = x'(t)$와 $v(t) = y'(t)$가 속도의 성분임을 기억하면 발사체의 에너지(운동에너지와 위치에너지의 합)는 다음과 같다.

$$E(t) = \frac{1}{2}m(u^2 + v^2) + mgy$$

연쇄 법칙을 사용하여 $E'(t)$를 계산하고 모든 $t \geq 0$에 대하여 $E'(t) = 0$임을 보여라. 결과를 설명하여라.

34. **원환체의 상수 부피** 원환체의 부피는 $V = \dfrac{\pi^2}{4}(R + r)(R - r)^2$으로 주어진다. 여기서 R과 r은 각각 안쪽 반지름, 바깥쪽 반지름이고 $R > r$이다(그림 참조).

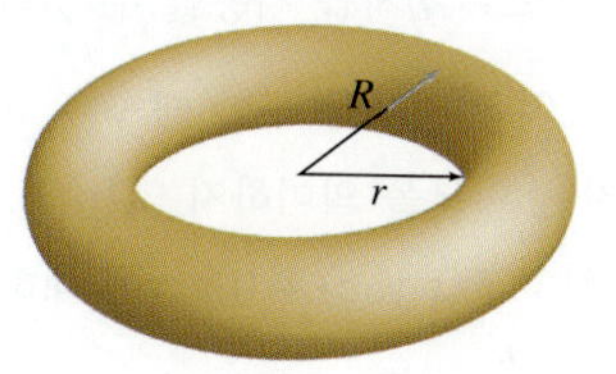

   a. R과 r이 같은 비율로 증가하면 원환체의 부피는 증가하는가 감소하는가 상수로 유지되는가?
   b. R과 r이 같은 비율로 감소하면 원환체의 부피는 증가하는가 감소하는가 상수로 유지되는가?

35. **이상기체의 법칙** 이상기체의 압력, 온도, 부피는 관계식 $PV = kT$로 설명된다. 여기서 k는 양의 상수이다. 임의의 두 변수를 독립변수로 생각하면 종속변수가 결정된다.
   a. 음함수의 미분법을 사용하여 세 편도함수 $\dfrac{\partial P}{\partial V}$, $\dfrac{\partial T}{\partial P}$, $\dfrac{\partial V}{\partial T}$를 계산하여라.
   b. $\dfrac{\partial P}{\partial V}\dfrac{\partial T}{\partial P}\dfrac{\partial V}{\partial T} = -1$임을 보여라(이에 대한 일반화는 연습문제는 38번 참조).

36. 정의역을 통과하는 나선 함수 $w = f(x, y, z) = \dfrac{xyz}{z^2+1}$의 정의역을 통과하는 나선형 경로 C: $x = \cos t,\ y = \sin t,\ z = t,\ t \geq 0$ 위를 걷는다고 가정하자.

a. C를 따라 $w'(t)$를 구하여라.

b. w가 최댓값을 갖는 C 위의 점 (x, y, z)을 추정하여라.

3단계 도전

37. 좌표의 변화 많은 응용에서 중요하게 쓰이는 미분 연산자를 라플라시안(Laplacian)이라 한다. 직교좌표에서 $z = f(x, y)$에 대한 라플라시안은 $z_{xx} + z_{yy}$이다. 다음 단계를 수행하여 극좌표에서의 라플라시안을 결정하여라.

a. $z = g(r, \theta)$로 놓고 z_x와 z_y를 극좌표로 나타내어라.

b. 연쇄 법칙을 사용하여 $z_{xx} = \dfrac{\partial}{\partial x}(z_x)$를 구하여라. 중요한 두 항을 전개하고 간단히 하면 다섯 개의 항이 된다.

c. 연쇄 법칙을 사용하여 $z_{yy} = \dfrac{\partial}{\partial y}(z_y)$를 구하여라. 중요한 두 항을 전개하고 간단히 하면 다섯 개의 항이 된다.

d. **b**와 **c**를 결합하여 다음을 증명하여라.

$$z_{xx} + z_{yy} = z_{rr} + \frac{1}{r} z_r + \frac{1}{r^2} z_{\theta\theta}$$

38. 일반적인 삼변수 관계 음함수 관계식 $F(x\ y, z) = 0$에서 임의의 두 변수는 독립변수로 생각할 수 있으며, 종속변수가 결정된다. 혼동을 막으려면 미분 계산에서 어느 변수가 고정됐는지 표시하는 목적으로 첨자를 사용할 수 있다. 예를 들어 $\left(\dfrac{\partial z}{\partial x}\right)_y$는 x에 관한 z의 편미분을 구할 때 y는 고정됐음을 의미한다(여기서 첨자는 미분을 의미하지 않는다).

a. y를 고정하고 $F(x\ y, z) = 0$을 x에 대하여 미분하여 $\left(\dfrac{\partial z}{\partial x}\right)_y = -\dfrac{F_x}{F_z}$임을 보여라.

b. **a**와 같이 $\left(\dfrac{\partial y}{\partial z}\right)_x$와 $\left(\dfrac{\partial x}{\partial y}\right)_z$를 구하여라.

c. $\left(\dfrac{\partial z}{\partial x}\right)_y \left(\dfrac{\partial y}{\partial z}\right)_x \left(\dfrac{\partial x}{\partial y}\right)_z = -1$임을 보여라.

d. $F(w, x, y, z) = 0$일 때 **c**와 유사한 관계식을 구하여라.

39. 연쇄 법칙의 미묘함 $\mathbb{R}^3$의 모든 (x, y, z)에서 정의된 $w = f(x, y, z) = 2x + 3y + 4z$를 가정하고, $z = 4x - 2y$로 주어진 평면 P와 같이 주어진 $\mathbb{R}^3$의 부분집합에서 정의된 편미분 w_x에 관심이 있다고 하자. 주목할 점은 어느 변수가 독립변수인지 특정하지 않는다면 그 결과는 유일하지 않다는 것이다.

a. 다음과 같이 진행한다. 평면 P 위에서 x와 y를 독립변수로 생각한다. 이는 z가 x와 y에 의존한다는 것을 의미하므로 $w = f(x, y, z(x, y))$로 쓴다. y를 고정하고 x에 대하여 미분하여 $\left(\dfrac{\partial w}{\partial x}\right)_y = 18$임을 보여라. 여기서 첨자 y는 y가 고정됐음을 나타낸다.

b. 한편 평면 P 위에서 x와 z를 독립변수로 생각할 수 있고, 이는 y가 x와 z에 의존한다는 의미이므로 $w = f(x, y(x, z), z)$로 쓴다. z를 고정하고 x에 대하여 미분하여 $\left(\dfrac{\partial w}{\partial x}\right)_z = 8$임을 보여라. 여기서 첨자 z는 z가 고정됐음을 나타낸다.

c. 평면 $z = 4x - 2y$를 그린 후 **a**와 **b**를 기하학적으로 설명하여라.

d. **a**와 **b**의 논의를 반복하여 $\left(\dfrac{\partial w}{\partial y}\right)_x, \left(\dfrac{\partial w}{\partial y}\right)_z, \left(\dfrac{\partial w}{\partial z}\right)_x, \left(\dfrac{\partial w}{\partial z}\right)_y$를 구하여라.

QUICK CHECK 정답

1. $z = f(x(t))$이면 $\dfrac{\partial z}{\partial y} = 0$, 원래 연쇄 법칙의 결과

2. $\dfrac{\partial w}{\partial t} = \dfrac{\partial w}{\partial x}\dfrac{\partial x}{\partial t} + \dfrac{\partial w}{\partial y}\dfrac{\partial y}{\partial t} + \dfrac{\partial w}{\partial z}\dfrac{\partial z}{\partial t}$

3. 하나의 종속변수, 네 개의 중간 변수, 세 개의 독립변수

4. $\dfrac{dy}{dx} = \dfrac{2x + y}{3y^2 - x}$, 이 경우 $\dfrac{dy}{dx} = -\dfrac{F_x}{F_y}$를 사용하는 것이 더 효과적이다.

14.5 방향도함수와 기울기벡터

편미분은 정의역에서 함수의 변화율에 대하여 많은 것을 말해 준다. 그러나 이는 중요한 몇몇 의문에는 바로 답해 줄 수 없다. 예를 들어 곡면 $z = f(x, y)$ 위의 점 $(a, b, f(a, b))$에 서 있다고 하자. 편미분 f_x와 f_y는 이 점에서 각각 x축과 y축에

평행인 방향으로 곡면의 변화율(기울기)만 말해 준다. 그러나 이 점에서 무수히 많은 방향으로 걸을 수 있고 모든 방향에서 다른 변화율을 구할 수 있다. 이 관찰을 염두에 두고 몇 가지 의문을 제시한다.

- 곡면 위에 서서 좌표 방향과 다른 방향(북서 방향, 남동 방향 등)으로 걸어간다고 하자. 이 방향으로 함수의 변화율은 무엇인가?
- 곡면 위에 서 있고 발에서 공을 놓아 굴러가게 한다고 하자. 공이 어느 방향으로 굴러갈까?
- 등산 중 가장 가파른 길로 오르기를 원한다면 매 걸음마다 어느 방향으로 가야 할까?

이 세 질문은 이 절에서 **방향도함수(directional derivative)**를 소개한 후, 미적분학의 중심 개념 중 하나인 **기울기벡터(gradient, 그래디언트)**로 그 답을 찾을 수 있다.

방향도함수

$(a, b, f(a, b))$는 곡면 $z = f(x, y)$ 위의 점이고 $\mathbf{u}$는 xy평면 위의 단위벡터라고 하자(그림 14.45). 목표는 $P_0(a, b)$에서 $\mathbf{u}$ 방향으로 f의 변화율을 구하는 것이다. 일반적으로 이 변화율은 ($\mathbf{u} = \langle 1, 0\rangle$ 또는 $\mathbf{u} = \langle 0, 1\rangle$이 아니면) $f_x(a, b)$도 $f_y(a, b)$도 아닌 $f_x(a, b)$와 $f_y(a, b)$의 결합임을 밝힐 것이다.

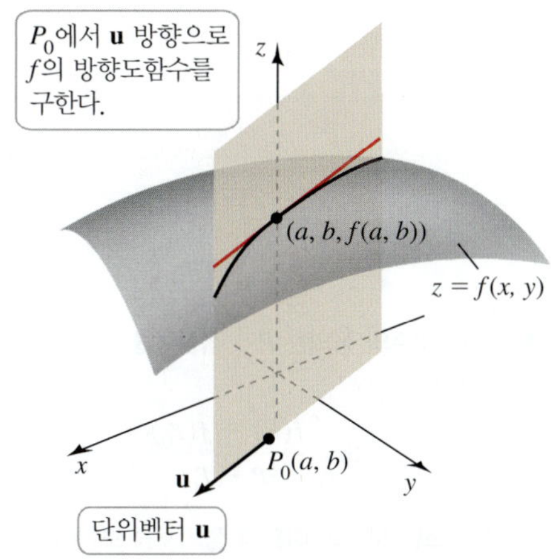

그림 14.45

그림 14.46(a)는 단위벡터 $\mathbf{u} = \langle u_1, u_2\rangle$를 보여 준다. 이 벡터의 x성분과 y성분은 각각 u_1과 u_2이다. 우리가 찾는 미분은 xy평면에서 P_0을 지나 $\mathbf{u}$ 방향으로 직선 ℓ을 따라 계산해야 한다. 이웃점 P는 P_0에서 ℓ을 따라 h만큼 떨어진 거리에 있고 좌표는 $P(a + hu_1, b + hu_2)$이다(그림 14.46(b)).

이제 ℓ을 포함하고 xy평면에 수직인 평면 Q를 상상하자. 이 평면은 곡면 $z = f(x, y)$를 곡선 C로 자른다. P_0과 P에 대응하는 곡선 C 위의 두 점의 z좌표는 각각 $f(a, b)$와 $f(a + hu_1, b + hu_2)$이다(그림 14.47). 이 두 점을 지나는 직선의 기울기는 다음과 같다.

$$\frac{f(a + hu_1, b + hu_2) - f(a, b)}{h}$$

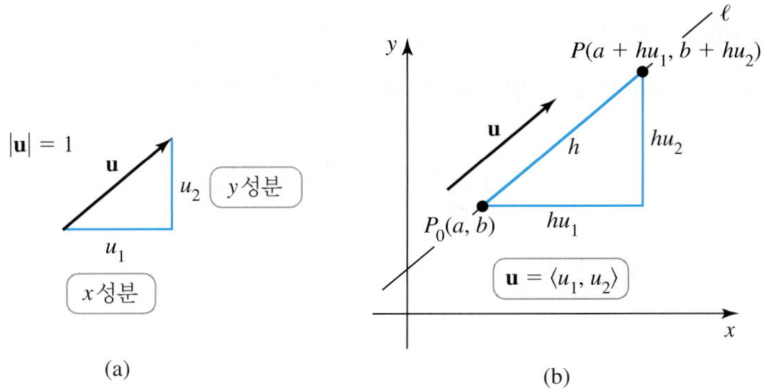

그림 14.46

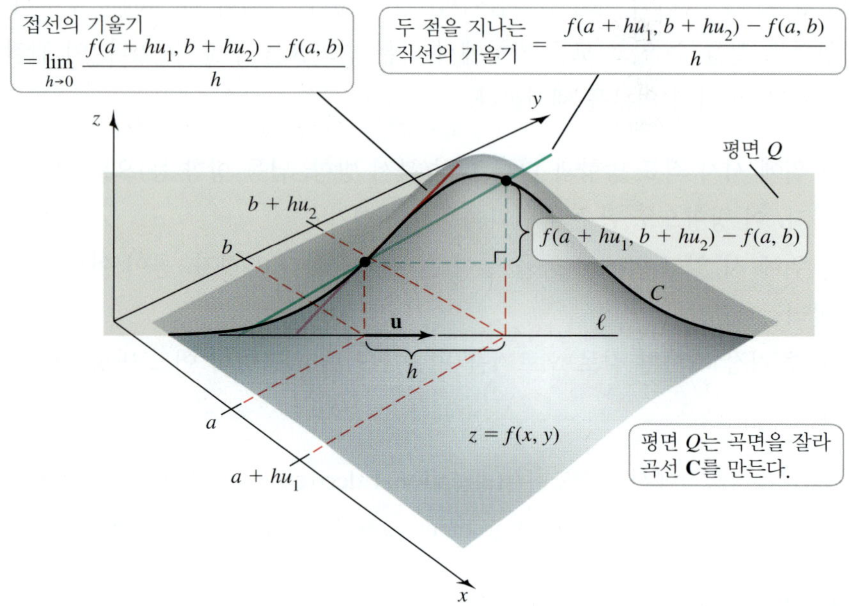

그림 14.47

$h \to 0$이라 하면 방향 **u**로 f의 미분을 얻을 수 있으며, 극한값이 존재하면 이를 (a, b)에서 **u** 방향으로 f의 방향도함수라고 한다. 이는 평면 Q에 있는 곡선 C의 접선의 기울기를 의미한다.

➤ 방향도함수의 정의는 P가 직선 ℓ을 따라 P_0에 접근할 때

$$\lim_{P\to P_0} \frac{f(P) - f(P_0)}{|P - P_0|}$$

으로 쓰면 보통의 미분의 정의처럼 보인다.

정의 방향도함수

f가 (a, b)에서 미분가능하고 **u**를 xy평면 위의 단위벡터라고 하자. 값이 존재한다면 다음 극한값

$$D_{\mathbf{u}} f(a, b) = \lim_{h\to 0} \frac{f(a + hu_1, b + hu_2) - f(a, b)}{h}$$

를 **(a, b)에서 u 방향으로 f의 방향도함수**라고 한다.

동기부여 차원에서 방향도함수가 어떻게 일변수의 보통의 미분을 포함하는지 보는 것은 의미가 있다. 방향도함수의 정의에서 $u_2 = 0$으로 놓고 두 번째 변수를 무시하면 x축 방향으로 f의 변화율이 된다. 그러면 방향도함수는 다음과 같다.

$$\lim_{h\to 0} \frac{f(a + hu_1) - f(a)}{h}$$

분자, 분모에 u_1을 곱하면 다음을 얻는다.

$$u_1 \underbrace{\lim_{h\to 0} \frac{f(a + hu_1) - f(a)}{hu_1}}_{f'(a)} = u_1 f'(a)$$

$\mathbf{u}$가 단위벡터이고 $u_1 = 1$이므로 방향도함수는 x축 방향으로 보통의 미분 $f'(a)$가 된다. 비슷한 논의를 y축 방향에도 적용할 수 있다. $\mathbf{u}$를 단위벡터로 선택하는 것은 방향도함수에 가장 간단한 정의를 준다.

보통의 미분처럼 방향도함수의 계산에서 극한을 사용하지 않는 것을 선호할 것이다. 다행히도 방향도함수를 편미분으로 표현하는 쉬운 방법이 있다.

열쇠는 단위벡터 $\mathbf{u} = \langle u_1, u_2 \rangle$ 방향으로 (a, b)를 지나 직선 ℓ을 따라 f와 같도록 하는 함수를 정의하는 것이다. ℓ 위의 점은 매개방정식

$$x = a + su_1, \qquad y = b + su_2$$

를 만족하며, 여기서 $-\infty < s < \infty$이다. $\mathbf{u}$가 단위벡터이므로 매개변수 s는 호의 길이(arc length, 호장)에 해당한다. s가 증가하면 점 (x, y)는 (a, b)에 대응하는 $s = 0$이 되도록 $\mathbf{u}$ 방향으로 ℓ을 따라 움직인다. 이제 다음 함수를 정의하자.

$$g(s) = f(\underbrace{a + su_1}_{x}, \underbrace{b + su_2}_{y})$$

이는 ℓ을 따라가는 f의 값을 제공한다. ℓ을 따라 f의 미분은 $g'(s)$(왼쪽 유의사항 참조)이고, $s = 0$을 대입한 값은 (a, b)에서 f의 방향도함수이다. 즉, $g'(0) = D_{\mathbf{u}} f(a, b)$이다.

$\dfrac{dx}{ds} = u_1$, $\dfrac{dy}{ds} = u_2$임에 주목하면 연쇄 법칙을 적용하여 다음을 얻는다.

$$\begin{aligned} D_{\mathbf{u}} f(a, b) &= g'(0) = \left(\frac{\partial f}{\partial x} \underbrace{\frac{dx}{ds}}_{u_1} + \frac{\partial f}{\partial y} \underbrace{\frac{dy}{ds}}_{u_2} \right) \Bigg|_{s=0} && \text{연쇄 법칙} \\ &= f_x(a, b) u_1 + f_y(a, b) u_2 && s = 0\text{은 } (a, b)\text{에 대응} \\ &= \langle f_x(a, b), f_y(a, b) \rangle \cdot \langle u_1, u_2 \rangle && \text{내적 정의하기} \end{aligned}$$

방향도함수는 $\mathbf{u}$의 성분을 무게로 하는 두 편미분 $f_x(a, b)$와 $f_y(a, b)$의 무게평균이다. 다시 말해 x축 방향과 y축 방향에서 곡면의 기울기를 알면 임의의 방향으로의 기울기도 구할 수 있다는 것이다. 방향도함수는 내적(dot product)으로 나타낼 수 있음에 유의하자. 이는 방향도함수의 계산에 실질적인 공식을 제공한다.

QUICK CHECK 1 방향도함수의 정의에서 $\mathbf{u} = \langle 1, 0 \rangle$일 때 결과는 $f_x(a, b)$이고, $\mathbf{u} = \langle 0, 1 \rangle$일 때 결과는 $f_y(a, b)$인 이유를 설명하여라. ◀

➤ s가 호장 매개변수임을 보이기 위해 ℓ을

$$\mathbf{r}(s) = \langle a + su_1, b + su_2 \rangle$$

형태로 쓸 수 있음에 유의하자. 그러므로 $\mathbf{r}'(s) = \langle u_1, u_2 \rangle$, $|\mathbf{r}'(s)| = 1$이다. 이는 13.4절에서 s가 호장 매개변수라는 논의에 부합한다.

➤ $\mathbf{u}$가 단위벡터가 아니면 $g'(s)$는 ℓ을 따라 f의 기울기를 정확하게 측정할 수 없다는 것에 유의하자.

정리 14.10 방향도함수

f가 (a, b)에서 미분가능하고 $\mathbf{u} = \langle u_1, u_2 \rangle$를 xy평면 위의 단위벡터라 하자. **(a, b)에서 $\mathbf{u}$ 방향으로 f의 방향도함수**는 다음과 같다.

$$D_{\mathbf{u}} f(a, b) = \langle f_x(a, b), f_y(a, b) \rangle \cdot \langle u_1, u_2 \rangle$$

QUICK CHECK 2 매개변수 표현 $x = a + su_1$, $y = b + su_2$에서 s의 임의의 양의 변화량 Δs는 길이가 Δs인 선분을 구성함을 보여라. 여기서 $\mathbf{u} = \langle u_1, u_2 \rangle$는 단위벡터이다. ◀

| 예제 1 | 방향도함수 계산 포물면 $z = f(x, y) = \frac{1}{4}(x^2 + 2y^2) + 2$를 고려하자. P_0은 점 $(3, 2)$라 하고 다음 단위벡터를 가정하자.

$$\mathbf{u} = \left\langle \frac{1}{\sqrt{2}}, \frac{1}{\sqrt{2}} \right\rangle, \quad \mathbf{v} = \left\langle \frac{1}{2}, -\frac{\sqrt{3}}{2} \right\rangle$$

a. P_0에서 **u** 방향과 **v** 방향으로 f의 방향도함수를 구하여라.

b. 곡면을 그리고 방향도함수를 설명하여라.

풀이

a. $f_x = x/2$, $f_y = y$이므로 (3, 2)에서 계산하면 $f_x(3, 2) = 3/2$, $f_y(3, 2) = 2$이다. **u** 방향과 **v** 방향으로의 방향도함수는 다음과 같다.

$$\begin{aligned} D_{\mathbf{u}} f(3, 2) &= \langle f_x(3, 2), f_y(3, 2) \rangle \cdot \langle u_1, u_2 \rangle \\ &= \frac{3}{2} \cdot \frac{1}{\sqrt{2}} + 2 \cdot \frac{1}{\sqrt{2}} = \frac{7}{2\sqrt{2}} \approx 2.47, \\ D_{\mathbf{v}} f(3, 2) &= \langle f_x(3, 2), f_y(3, 2) \rangle \cdot \langle v_1, v_2 \rangle \\ &= \frac{3}{2} \cdot \frac{1}{2} + 2\left(-\frac{\sqrt{3}}{2}\right) = \frac{3}{4} - \sqrt{3} \approx -0.98 \end{aligned}$$

➤ C에서 **u** 방향으로 접선은 **u**를 포함하는 수직 평면 Q에 놓여 있는 것으로 이해해야 한다.

b. **u** 방향으로의 방향도함수는 약 2.47이며, 이는 양수이므로 함수는 (3, 2)에서 이 방향으로 증가한다. 동일하게 Q가 **u**를 포함하는 수직 평면이고 곡면과 Q가 만나서 생기는 곡선이 C이면 이때 접선의 기울기는 약 2.47이다(그림 14.48(a)). **v** 방향으로의 방향도함수는 약 −0.98이며, 이는 음수이므로 함수는 이 방향으로 감소한다. 이 경우 수직 평면 Q는 **v**를 포함하며 C는 다시 곡면과 Q가 만나서 생기는 곡선이다. C에서 접선의 기울기는 약 −0.98이다(그림 14.48(b)).

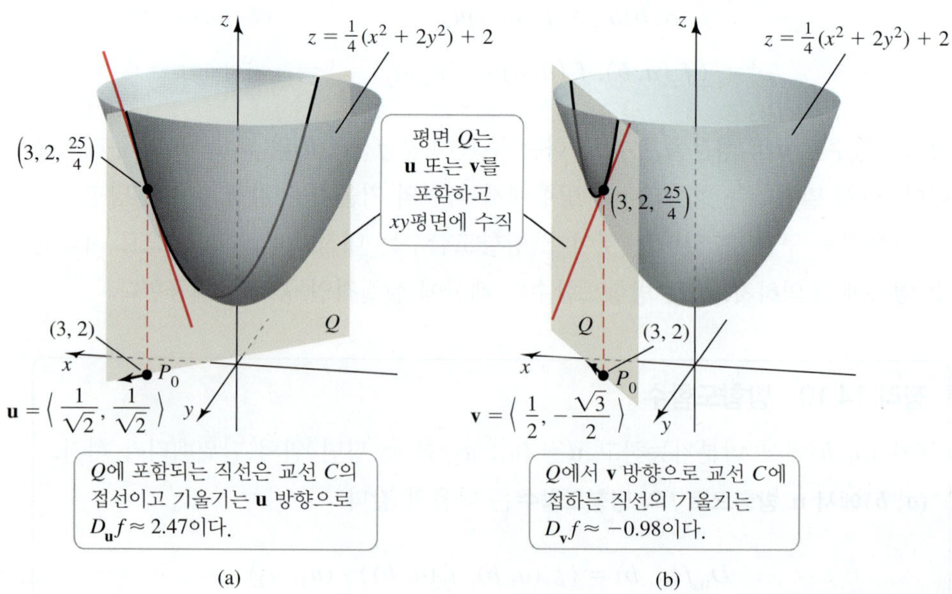

그림 14.48

QUICK CHECK 3 예제 1에서 $D_{-\mathbf{u}} f(3, 2)$와 $D_{-\mathbf{v}} f(3, 2)$를 계산하여라. ◄

관련 연습문제 6번 ◄

기울기벡터

$D_{\mathbf{u}} f(a, b) = \langle f_x(a, b), f_y(a, b) \rangle \cdot \langle u_1, u_2 \rangle$와 같이 방향도함수를 내적으로 나타낼 수 있음을 살펴봤다. 내적에 있는 벡터 $\langle f_x(a, b), f_y(a, b) \rangle$는 그 자체로도 중요하며, f의 기울기벡터(gradient, 그래디언트)라고 부른다.

정의 기울기벡터(2차원)

f는 점 (x, y)에서 미분가능하다고 하자. (x, y)에서 f의 **기울기벡터**는 다음과 같은 벡터값 함수이다.

$$\nabla f(x, y) = \langle f_x(x, y), f_y(x, y) \rangle = f_x(x, y)\,\mathbf{i} + f_y(x, y)\,\mathbf{j}$$

➤ $\mathbb{R}^2$의 표준단위벡터는 $\mathbf{i} = \langle 1, 0 \rangle$, $\mathbf{j} = \langle 0, 1 \rangle$임에 유의하자. 기울기벡터는 역시 grad f로 쓰고 '그래디언트 f'라 읽는다.

기울기벡터의 정의와 함께 (a, b)에서 단위벡터 $\mathbf{u}$ 방향으로 f의 방향도함수를

$$D_{\mathbf{u}} f(a, b) = \nabla f(a, b) \cdot \mathbf{u}$$

와 같이 쓸 수 있다. 기울기벡터는 보통의 미분과 유사하게 합의 법칙, 곱의 법칙, 몫의 법칙을 만족한다(연습문제 43번).

| 예제 2 | 기울기벡터 계산 $f(x, y) = x^2 + 2xy - y^3$에 대하여 $\nabla f(3, 2)$를 계산하여라.

풀이 $f_x = 2x + 2y$, $f_y = 2x - 3y^2$을 계산하여 다음을 얻는다.

$$\nabla f(x, y) = \langle 2(x + y), 2x - 3y^2 \rangle = 2(x + y)\,\mathbf{i} + (2x - 3y^2)\,\mathbf{j}$$

$x = 3$, $y = 2$를 대입하면 다음과 같다.

$$\nabla f(3, 2) = \langle 10, -6 \rangle = 10\mathbf{i} - 6\mathbf{j}$$

관련 연습문제 7-8번 ◀

| 예제 3 | 기울기벡터로 방향도함수 구하기 $f(x, y) = 3 - \frac{x^2}{10} + \frac{xy^2}{10}$이라 하자.

a. $\nabla f(3, -1)$을 계산하여라.

b. $D_{\mathbf{u}} f(3, -1)$을 계산하여라. 여기서 $\mathbf{u} = \left\langle \frac{1}{\sqrt{2}}, -\frac{1}{\sqrt{2}} \right\rangle$이다.

c. $(3, -1)$에서 벡터 $\langle 3, 4 \rangle$ 방향으로 f의 방향도함수를 계산하여라.

풀이

a. $f_x = -x/5 + y^2/10$, $f_y = xy/5$임에 유의하면 다음이 성립한다.

$$\nabla f(3, -1) = \left\langle -\frac{x}{5} + \frac{y^2}{10}, \frac{xy}{5} \right\rangle \Bigg|_{(3,-1)} = \left\langle -\frac{1}{2}, -\frac{3}{5} \right\rangle$$

b. 방향도함수를 계산하기 전에 $\mathbf{u}$가 단위벡터인지 알아보는 것이 중요하다(이 경

우 단위벡터가 맞다). 구하는 방향도함수는 다음과 같다.

$$D_{\mathbf{u}}f(3,-1)=\nabla f(3,-1)\cdot\mathbf{u}=\left\langle -\frac{1}{2},-\frac{3}{5}\right\rangle\cdot\left\langle \frac{1}{\sqrt{2}},-\frac{1}{\sqrt{2}}\right\rangle=\frac{1}{10\sqrt{2}}$$

그림 14.49는 $\mathbf{u}$에 대응하는 평면 위 교선에서의 접선을 보여 주며, 이 직선의 기울기는 $D_{\mathbf{u}}f(3,-1)$이다.

c. 이 경우 벡터 $\langle 3, 4\rangle$의 길이가 5이므로 주어진 방향의 벡터는 단위벡터가 아니다. $\langle 3, 4\rangle$ 방향의 단위벡터는 $\mathbf{u}=\left\langle \frac{3}{5},\frac{4}{5}\right\rangle$이므로 $(3,-1)$에서 $\mathbf{u}$ 방향으로 방향도함수는 다음과 같다.

$$D_{\mathbf{u}}f(3,-1)=\nabla f(3,-1)\cdot\mathbf{u}=\left\langle -\frac{1}{2},-\frac{3}{5}\right\rangle\cdot\left\langle \frac{3}{5},\frac{4}{5}\right\rangle=-\frac{39}{50}$$

이는 $(3,-1)$에서 $\langle 3, 4\rangle$ 방향으로 곡면의 기울기이다.

관련 연습문제 14번◀

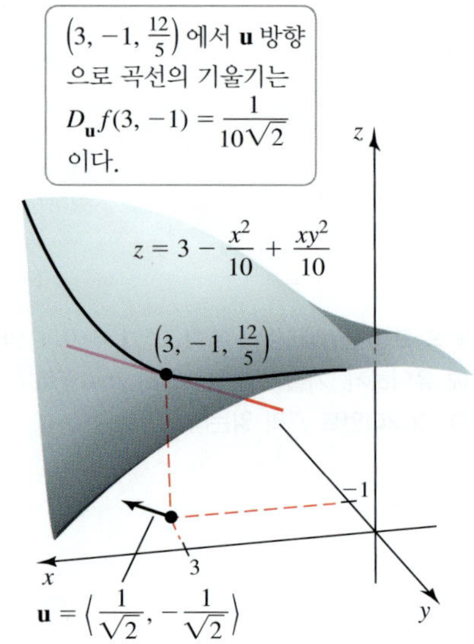

그림 14.49

기울기벡터의 해석

기울기벡터는 방향도함수의 계산뿐만 아니라 다변수 미적분학에서도 많은 역할을 한다. 현재 목표는 기울기벡터가 의미하는 사실에 대한 몇 가지 직관을 해 보는 것이다.

➤ $\mathbf{u}\cdot\mathbf{v}=|\mathbf{u}||\mathbf{v}|\cos\theta$임을 기억하여라. 여기서 θ는 $\mathbf{u}$와 $\mathbf{v}$가 이루는 각이다.

(a, b)에서 단위벡터 $\mathbf{u}$ 방향으로 f의 방향도함수는 $D_{\mathbf{u}}f(a,b)=\nabla f(a,b)\cdot\mathbf{u}$임을 알아봤다. 내적의 성질을 이용하면 다음을 얻는다.

$$\begin{aligned}D_{\mathbf{u}}f(a,b)&=\nabla f(a,b)\cdot\mathbf{u}\\&=|\nabla f(a,b)||\mathbf{u}|\cos\theta\\&=|\nabla f(a,b)|\cos\theta \qquad |\mathbf{u}|=1\end{aligned}$$

➤ $\nabla f(a, b)$는 f의 정의역과 같은 평면 위에 놓여 있음을 기억하는 것이 중요하다(잊어버리기 쉽다).

여기서 θ는 $\nabla f(a, b)$와 $\mathbf{u}$가 이루는 각이다. 따라서 $D_{\mathbf{u}}f(a, b)$는 $\cos\theta=1$일 때 최댓값을 가지며, 이는 $\theta=0$일 때이다. 즉, $D_{\mathbf{u}}f(a, b)$는 $\nabla f(a, b)$와 $\mathbf{u}$가 같은 방향을 가리킬 때 f는 최댓값을 갖고 최대 증가율을 갖는다. $\cos\theta=1$일 때 실제 증가율은 $D_{\mathbf{u}}f(a,b)=|\nabla f(a,b)|$이다(그림 14.50).

마찬가지 방법으로 $\theta=\pi$일 때 $\cos\theta=-1$이고 $\nabla f(a, b)$과 $\mathbf{u}$가 반대 방향을 가리킬 때 f는 최대 감소율을 갖는다. 실제 감소율은 $D_{\mathbf{u}}f(a,b)=-|\nabla f(a,b)|$이다. 이 관찰은 다음과 같이 요약할 수 있다. 기울기벡터 $\nabla f(a, b)$는 (a, b)에서 가장 가파른 오르막 방향을 가리키는 반면, $-\nabla f(a, b)$는 가장 가파른 내리막 방향을 가리킨다.

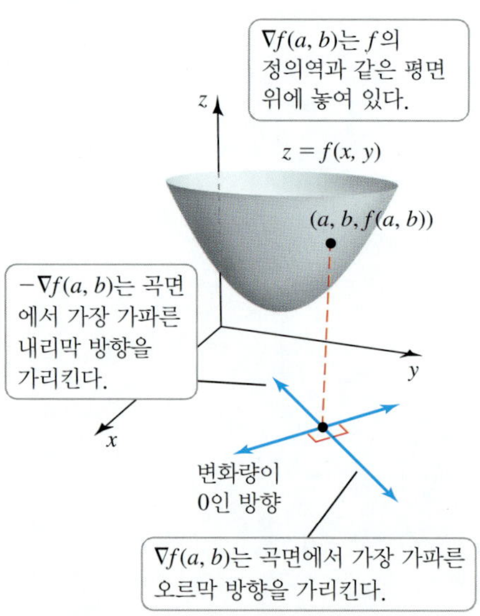

그림 14.50

$\nabla f(a, b)$와 $\mathbf{u}$가 이루는 각이 $\pi/2$일 때 $D_{\mathbf{u}}f(a, b)=0$임에 유의하자. 이는 $D_{\mathbf{u}}f(a, b)$와 $\mathbf{u}$가 수직임을 의미한다(그림 14.50). 이 관찰은 다음 정리를 도출한다.

> **정리 14.11 변하는 방향**
>
> f가 (a, b)에서 미분가능하고 $\nabla f(a, b) \neq \mathbf{0}$이라 하자.
>
> **1.** f는 (a, b)에서 기울기벡터 $\nabla f(a, b)$ 방향으로 최대 증가율을 갖는다. 이 방향으로의 변화율은 $|\nabla f(a, b)|$이다.
>
> **2.** f는 (a, b)에서 $-\nabla f(a, b)$ 방향으로 최대 감소율을 갖는다. 이 방향으로의 변화율은 $-|\nabla f(a, b)|$이다.
>
> **3.** $\nabla f(a, b)$와 서로 직교하는 임의의 방향으로의 방향도함수는 0이다.

| 예제 4 | 가장 가파른 오르막과 내리막 그릇 모양의 포물면 $z = f(x, y) = 4 + x^2 + 3y^2$을 고려한다.

a. 포물면 위의 점 $\left(2, -\frac{1}{2}, \frac{35}{4}\right)$에서 있다면 곡면 위에서 최대 비율로 오르기 위해 어느 방향으로 움직일 것인가? 변화율은 얼마인가?

b. 포물면 위의 점 $\left(2, -\frac{1}{2}, \frac{35}{4}\right)$에서 있다면 곡면 위에서 최대 비율로 내려가기 위해 어느 방향으로 움직일 것인가? 변화율은 얼마인가?

c. 점 $(3, 1, 16)$에서 어느 방향으로 움직이면 함숫값의 변화가 없는가?

풀이

a. 점 $\left(2, -\frac{1}{2}\right)$에서 기울기벡터의 값은 다음과 같다.

$$\nabla f\left(2, -\tfrac{1}{2}\right) = \langle 2x, 6y \rangle \big|_{(2, -1/2)} = \langle 4, -3 \rangle$$

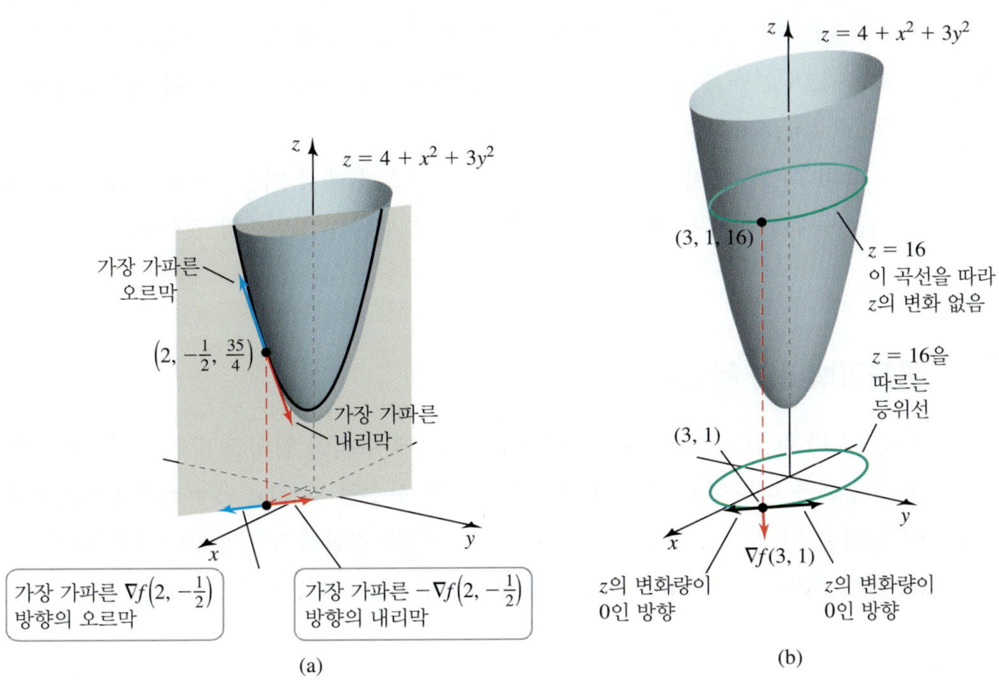

그림 14.51

그러므로 xy 평면에서 가장 가파른 오르막 방향은 기울기벡터 $\langle 4, -3 \rangle$ (또는 단위벡터 $\mathbf{u} = \frac{1}{5}\langle 4, -3 \rangle$) 방향이다. 변화율은 $|\nabla f(2, -\frac{1}{2})| = |\langle 4, -3 \rangle| = 5$이다(그림 14.51(a)).

b. 가장 가파른 내리막 방향은 $-\nabla f(2, -\frac{1}{2}) = \langle -4, 3 \rangle$ (또는 단위벡터 $\mathbf{u} = \frac{1}{5}\langle -4, 3 \rangle$) 방향이다. 변화율은 $-|\nabla f(2, -\frac{1}{2})| = -5$이다.

c. 점 (3, 1)에서 기울기벡터의 값은 $\nabla f(3, 1) = \langle 6, 6 \rangle$이다. $\langle 6, 6 \rangle$에 수직인 두 방향 중 어느 한 쪽으로 움직인다면 함수에는 변화가 없다. 이 두 방향은 $\langle 6, -6 \rangle$에 평행이다. 단위벡터에 의해 변화가 없는 방향은 $\mathbf{u} = \frac{1}{\sqrt{2}}\langle -1, 1 \rangle$과 $\mathbf{u} = \frac{1}{\sqrt{2}}\langle 1, -1 \rangle$이다(그림 14.51(b)).

➤ $\langle 6, 6 \rangle$과 $\langle 6, -6 \rangle$은 다음과 같이 서로 직교한다.

$$\langle 6, 6 \rangle \cdot \langle 6, -6 \rangle = 0$$

관련 연습문제 16번 ◀

| 예제 5 | 방향도함수의 해석 함수 $f(x, y) = 3x^2 - 2y^2$을 고려하자.

a. $\nabla f(x, y)$를 구한 다음 $\nabla f(2, 3)$을 계산하여라.

b. $\mathbf{u} = \langle \cos\theta, \sin\theta \rangle$를 단위벡터라 하자. 어떤 θ(x축의 양의 방향으로 측정), $0 \le \theta \le 2\pi$의 값에 대하여 방향도함수가 최댓값 및 최솟값을 갖는가? 이 값들은 얼마인가?

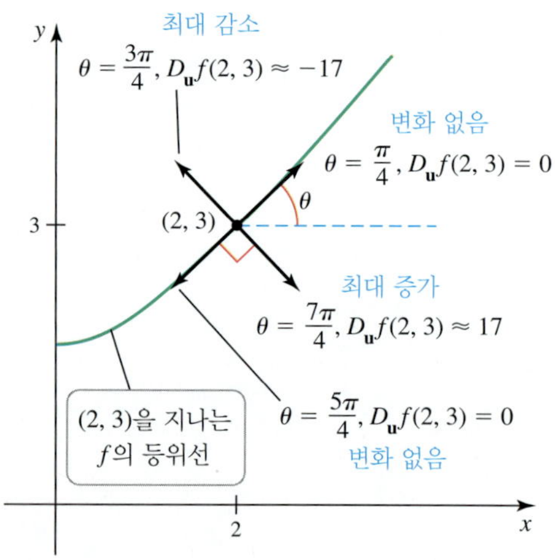

그림 14.52

풀이

a. 기울기벡터는 $\nabla f(x, y) = \langle f_x, f_y \rangle = \langle 6x, -4y \rangle$이고 (2, 3)에서 $\nabla f(2, 3) = \langle 12, -12 \rangle$이다.

b. 기울기벡터 $\nabla f(2, 3) = \langle 12, -12 \rangle$는 x축의 양의 방향과 $7\pi/4$의 각을 이루므로 f의 최대 변화율은 이 방향을 향할 때이며, 이 변화율은 $|\nabla f(2, 3)| = |\langle 12, -12 \rangle| = 12\sqrt{2} \approx 17$이다. 최대 감소의 방향은 기울기벡터의 방향과 반대인 방향이며, $\theta = 3\pi/4$에 해당한다. 최대 감소율은 최대 증가율에 음의 부호를 붙인 값이다. 즉, $-12\sqrt{2} \approx -17$이다. 함수는 기울기벡터와 수직인 방향에서 변화량이 0이며, $\theta = \pi/4$와 $\theta = 5\pi/4$에 해당한다.

그림 14.52는 이 결론을 요약한 것이다. (2, 3)에서 기울기벡터는 (2, 3)을 지나는 등위선에 수직으로 나타난다. 추후 이 사실을 일반화할 것이다.

관련 연습문제 19번 ◀

기울기벡터와 등위선

정리 14.11은 (a, b)에서 기울기벡터 $\nabla f(a, b)$에 수직인 임의의 방향으로는 f에 변화가 없음을 나타내고 있다. 14.1절에서 z_0이 상수일 때 $f(x, y) = z_0$은 등위선이고 이 등위선 위에서 함숫값은 상수이다. 두 사실을 결합하면 기울기벡터 $\nabla f(a, b)$와 (a, b)를 지나는 등위선에 접하는 직선은 서로 직교한다.

> **정리 14.12 기울기벡터와 등위선**
> 주어진 함수 f가 (a, b)에서 미분가능하고, $\nabla f(a, b) \neq 0$이면 (a, b)에서 f의 등위선에 접하는 직선과 기울기벡터 $\nabla f(a, b)$는 서로 직교한다.

증명 함수 $z = f(x, y)$와 f의 등위선 $f(x, y) = z_0$을 생각하자. 여기서 상수 z_0은 등위선이 (a, b)를 지나도록 선택한 것이다. $\mathbf{r}(t) = \langle x(t), y(t)\rangle$는 (a, b) 근처에서 등위곡선의 매개방정식(이 경우 매끄러운 곡선)으로 놓고 $\mathbf{r}(t_0)$을 (a, b)에 해당하는 점이라 하자. 이제 $f(x, y) = z_0$을 t에 대하여 미분한다. 우변을 미분하면 0이고, 좌변에 연쇄 법칙을 적용하면 다음을 얻는다.

$$\begin{aligned}\frac{d}{dt}(f(x, y)) &= \frac{\partial f}{\partial x}\frac{dx}{dt} + \frac{\partial f}{\partial y}\frac{dy}{dt}\\ &= \underbrace{\left\langle \frac{\partial f}{\partial x}, \frac{\partial f}{\partial y}\right\rangle}_{\nabla f(x,y)} \cdot \underbrace{\left\langle \frac{dx}{dt}, \frac{dy}{dt}\right\rangle}_{\mathbf{r}'(t)}\\ &= \nabla f(x, y)\cdot \mathbf{r}'(t)\end{aligned}$$

$t = t_0$을 대입하면 $\nabla f(a, b)\cdot \mathbf{r}'(t_0) = 0$이며. 이는 $\mathbf{r}'(t_0)$((a, b)에서 접선벡터)과 $\nabla f(a, b)$가 서로 직교함을 의미한다. 그림 14.53은 이 정리를 기하학적으로 보여준다. ◀

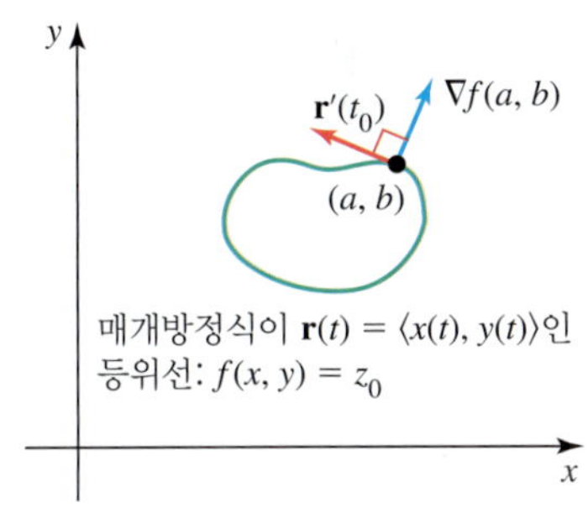

그림 14.53

정리 14.12는 접선의 또 다른 방정식을 도출한다. $f(x, y) = z_0$으로 나타낸 곡선은 곡면 $z = f(x, y)$에 대한 xy평면에서의 등위선으로 볼 수 있다. 정리 14.12에 의해 (a, b)에서 곡선에 접하는 직선과 $\nabla f(a, b)$는 서로 직교한다. 그러므로 (x, y)가 접선 위의 점이면 $\nabla f(a, b)\cdot\langle x - a, y - b\rangle = 0$이다. 이를 간단히 하면 다음과 같이 (a, b)에서 곡선 $f(x, y) = z_0$에 접하는 직선의 방정식이 나온다.

$$f_x(a, b)(x - a) + f_y(a, b)(y - b) = 0$$

QUICK CHECK 4 xy평면 위에 중심이 원점인 원을 그리고 이를 곡면 $z = x^2 + y^2$의 등위선으로 간주하자. xy 평면에 있는 등위선 위의 점 (a, a)에서 접선의 기울기는 -1이다. (a, a)에서 기울기벡터는 접선과 서로 직교함을 보여라. ◀

| 예제 6 | 기울기벡터와 등위선 이엽쌍곡면의 위쪽 잎 $z = f(x, y) = \sqrt{1 + 2x^2 + y^2}$을 고려하자.

a. (1, 1)에서의 기울기벡터는 이 점에 대응하는 등위선과 서로 직교함을 증명하여라.

b. (1, 1)에서 등위선에 접하는 직선의 방정식을 구하여라.

풀이

a. (1, 1, 2)는 곡면 위에 있음을 알 수 있다. 그러므로 (1, 1)은 $z = 2$에 해당하는 등위선 위에 있다. 곡면의 방정식에 $z = 2$를 대입하여 양변을 제곱하면 등위선의 방정식은 $4 = 1 + 2x^2 + y^2$, 즉 $2x^2 + y^2 = 3$이며, 이는 타원의 방정식이다(그

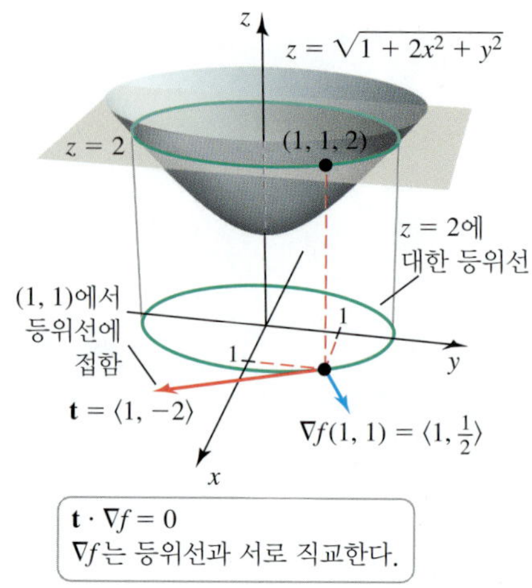

그림 14.54

➤ $y' = -2x/y$는 정리 14.9로도 구할 수 있다. 즉, $F(x, y) = 0$이면 $y'(x) = -F_x/F_y$이다.

림 14.54). $2x^2 + y^2 = 3$을 x에 대하여 미분하면 $4x + 2yy'(x) = 0$이고, 이 식으로부터 등위선의 기울기 $y'(x) = -\frac{2x}{y}$가 나온다. 그러므로 (1, 1)에서 접선의 기울기는 -2이다. $\mathbf{t} = \langle 1, -2 \rangle$에 비례하는 임의의 벡터는 기울기가 -2이며 접선의 방향을 가리킨다.

이제 기울기벡터를 계산한다.

$$\nabla f(x, y) = \langle f_x, f_y \rangle = \left\langle \frac{2x}{\sqrt{1 + 2x^2 + y^2}}, \frac{y}{\sqrt{1 + 2x^2 + y^2}} \right\rangle$$

이로부터 $\nabla f(1, 1) = \left\langle 1, \frac{1}{2} \right\rangle$이다(그림 14.54). 접선벡터 $\mathbf{t}$와 기울기벡터는

$$\mathbf{t} \cdot \nabla f(1, 1) = \langle 1, -2 \rangle \cdot \left\langle 1, \frac{1}{2} \right\rangle = 0$$

이므로 서로 직교한다.

b. (1, 1)에서 등위선에 접하는 직선의 방정식은

$$\underbrace{f_x(1, 1)}_{1}(x - 1) + \underbrace{f_y(1, 1)}_{\frac{1}{2}}(y - 1) = 0$$

또는 $y = -2x + 3$이다.

관련 연습문제 25번 ◀

| 예제 7 | 가장 가파른 내리막길 그림 14.55에 포물면 $z = f(x, y) = 4 + x^2 + 3y^2$이 주어져 있다. 곡면 위의 점 (3, 4, 61)에 공을 올려놓고 이 공이 포물면의 꼭짓점까지 가장 가파른 내리막길 C를 따라 내려온다.

a. C의 xy평면 위로의 정사영을 나타내는 방정식을 구하여라.

b. 포물면 위의 C의 방정식을 구하여라.

풀이

a. C의 xy평면 위로의 정사영은 $-\nabla f(x, y) = \langle -2x, -6y \rangle$ 방향을 가리킨다. 이는 점 (x, y)에서 경로에 접하는 직선의 기울기는 $y'(x) = (-6y)/(-2x) = 3y/x$이다. 그러므로 xy평면 위의 경로는 $y'(x) = 3y/x$를 만족하고 시작점 (3, 4)를 통과한다. 이 미분방정식의 해는 $y = 4x^3/27$임을 보일 수 있다. 그러므로 가장 가파른 내리막길의 xy평면 위로의 정사영은 곡선 $y = 4x^3/27$이다. 내리막길은 포물면의 꼭짓점에 해당하는 (0, 0)에서 끝난다(그림 14.55). 내리막의 모든 점에서 xy평면 위로 정사영한 곡선과 포물면의 등위선은 서로 직교한다.

b. C의 매개 표현을 구하기 위해 매개변수로 $t = x$로 정하는 것이 쉽다. a를 이용하면

$$y = \frac{4x^3}{27} = \frac{4t^3}{27}, \quad z = 4 + x^2 + 3y^2 = 4 + t^2 + \frac{16}{243}t^6$$

을 구할 수 있다. $0 \le t \le 3$이므로 매개변수 t는 구간 $0 \le t \le 3$에서 변한다. C의 매개방정식은 다음과 같다.

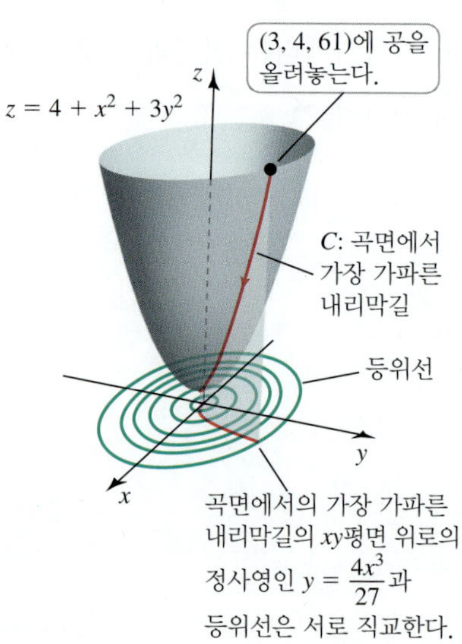

그림 14.55

$$C: \mathbf{r}(t) = \left\langle t, \frac{4t^3}{27}, 4 + t^2 + \frac{16}{243}t^6 \right\rangle, \quad 0 \le t \le 3$$

이 매개방정식에 의해 C는 $\mathbf{r}(0) = \langle 0, 0, 4 \rangle$에서 $\mathbf{r}(3) = \langle 3, 4, 61 \rangle$까지 공이 내려가는 방향과 반대 방향으로의 궤적이다.

관련 연습문제 29번 ◀

QUICK CHECK 5 $y = 4x^3/27$은 식 $y' = 3y/x$, $y(3) = 4$의 해임을 증명하여라. ◀

3차원에서의 기울기벡터

방향도함수, 기울기벡터, 등위선의 개념은 바로 $w = f(x, y, z)$ 형태의 삼변수함수로 확장된다. 주된 차이점은 기울기벡터가 $\mathbb{R}^3$에 있고 등위선이 **등위곡면**(14.1절)이 된다는 것이다. 한 차원 높아질 때 기울기벡터가 어떻게 보이는지 언급한다.

곡면 $w = f(x, y, z)$를 시각화하는 가장 쉬운 방법은 등위곡면, 즉 f가 상수 값을 갖는 $\mathbb{R}^3$의 곡면을 그리는 것이다. 등위곡면은 식 $f(x, y, z) = c$로 주어지고, 여기서 c는 상수이다(그림 14.56). 등위곡면은 그리는 것이 가능하고, 이는 (양파의 겹처럼) 완전한 4차원 곡면의 층처럼 보일 수 있다. 이 영상을 머릿속에 그린 다음 방향도함수의 개념과 기울기벡터를 3차원으로 확장한다.

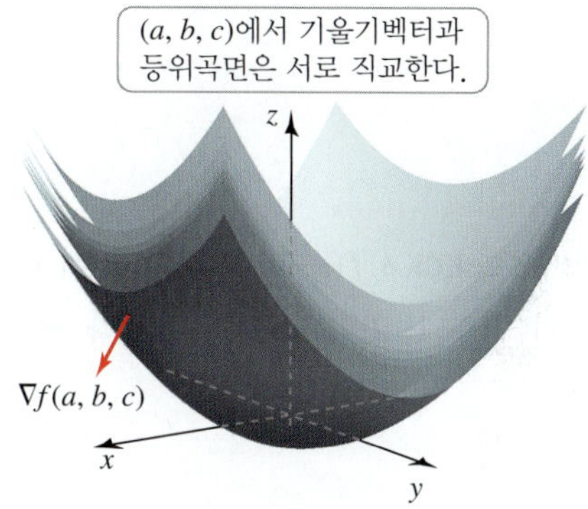

그림 14.56

주어진 함수 $w = f(x, y, z)$에 대하여 이변수함수에 적용한 것과 동일하게 방향도함수와 기울기벡터를 정의한다.

> **정의 3차원 방향도함수와 기울기벡터**
>
> f가 (a, b, c)에서 미분가능하고 $\mathbf{u} = \langle u_1, u_2, u_3 \rangle$을 단위벡터라고 하자. 값이 존재한다면 다음 극한값
>
> $$D_{\mathbf{u}}f(a, b, c) = \lim_{h \to 0} \frac{f(a + hu_1, b + hu_2, c + hu_3) - f(a, b, c)}{h}$$
>
> 를 **(a, b, c)에서 $\mathbf{u}$ 방향으로 f의 방향도함수**라고 한다. 점 (x, y, z) 에서 f의 **기울기벡터**는 다음과 같은 벡터값 함수이다.
>
> $$\begin{aligned} \nabla f(x, y, z) &= \langle f_x(x, y, z), f_y(x, y, z), f_z(x, y, z) \rangle \\ &= f_x(x, y, z)\,\mathbf{i} + f_y(x, y, z)\,\mathbf{j} + f_z(x, y, z)\,\mathbf{k} \end{aligned}$$

2차원에서와 같은 논의로 방향도함수의 정의로부터 계산 공식이 나온다. 단위벡터 $\mathbf{u}$가 주어지면 (a, b, c)에서 $\mathbf{u}$ 방향으로 f의 방향도함수는 다음과 같다.

$$D_{\mathbf{u}} f(a, b, c) = f_x(a, b, c)\, u_1 + f_y(a, b, c)\, u_2 + f_z(a, b, c)\, u_3$$

앞에서와 같이 이 표현은 단위벡터 $\mathbf{u}$와 점 (a, b, c)에서 계산한 기울기벡터인 $\nabla f(a, b, c) = \langle f_x(a, b, c), f_y(a, b, c), f_z(a, b, c) \rangle$의 내적임을 나타낸다. 이 관찰은 정리 14.10과 정리 14.11을 반영하는 정리 14.13을 도출한다.

➤ 14.6절에서 접평면을 소개할 때 $\nabla f(a, b, c)$는 역시 (a, b, c)를 지나는 등위곡면과 서로 직교함을 주장할 수 있다.

정리 14.13 방향도함수와 기울기벡터의 해석

f가 (a, b, c)에서 미분가능하고 $\mathbf{u} = \langle u_1, u_2, u_3 \rangle$을 단위벡터라고 하자. (a, b, c)에서 $\mathbf{u}$ 방향으로 f의 방향도함수는 다음과 같다.

$$\begin{aligned} D_{\mathbf{u}} f(a, b, c) &= \nabla f(a, b, c) \cdot \mathbf{u} \\ &= \langle f_x(a, b, c), f_y(a, b, c), f_z(a, b, c) \rangle \cdot \langle u_1, u_2, u_3 \rangle \end{aligned}$$

$\nabla f(a, b, c) \neq \mathbf{0}$이라 가정하면 3차원에서 기울기벡터는 다음 성질을 만족한다.

1. f는 (a, b, c)에서 기울기벡터 $\nabla f(a, b, c)$ 방향으로 최대 증가율을 갖고, 이 방향으로의 변화율은 $|\nabla f(a, b, c)|$이다.

2. f는 (a, b, c)에서 $-\nabla f(a, b, c)$ 방향으로 최대 감소율을 갖고, 이 방향으로의 변화율은 $-|\nabla f(a, b, c)|$이다.

3. $\nabla f(a, b, c)$와 서로 직교하는 임의의 방향으로의 방향도함수는 0이다.

QUICK CHECK 6 $f(x, y, z) = xy/z$에 대하여 $\nabla f(-1, 2, 1)$을 계산하여라. ◀

| 예제 8 | 3차원 기울기벡터 함수 $f(x, y, z) = x^2 + 2y^2 + 4z^2 - 1$과 이 함수의 등위곡면 $f(x, y, z) = 3$을 고려하자.

a. 등위곡면 위의 네 점 $P(2, 0, 0)$, $Q(0, \sqrt{2}, 0)$, $R(0, 0\ 1)$, $S\left(1, 1, \frac{1}{2}\right)$에서 기울기벡터를 구한 후 설명하여라.

b. **a**에서 구한 기울기벡터의 방향으로 f의 실질적 변화율은 무엇인가?

풀이

a. 기울기벡터는 다음과 같다.

$$\nabla f = \langle f_x, f_y, f_z \rangle = \langle 2x, 4y, 8z \rangle$$

네 점에서 기울기벡터를 계산하면 다음을 얻는다.

$$\nabla f(2, 0, 0) = \langle 4, 0, 0 \rangle, \qquad \nabla f(0, \sqrt{2}, 0) = \langle 0, 4\sqrt{2}, 0 \rangle,$$
$$\nabla f(0, 0, 1) = \langle 0, 0, 8 \rangle, \qquad \nabla f\left(1, 1, \tfrac{1}{2}\right) = \langle 2, 4, 4 \rangle$$

등위곡면 $f(x, y, z) = 3$은 타원면이고(그림 14.57), 이는 4차원 곡면의 한 겹이다. 등위곡면 위의 각 기울기벡터를 통해 네 점 P, Q, R, S를 볼 수 있다. 각 경우 기울기벡터는 f가 최대 증가율을 갖는 방향을 가리킨다. 여기서 중요한 한 가지 사실은 (다음 절에서 분명히 하겠지만) 각 점에서 기울기벡터와 등위곡면은 서로 직교한다는 사실이다.

b. (a, b, c)에서 기울기벡터의 방향으로 f의 실질적인 증가율은 $|\nabla f(a, b, c)|$이다. 각 기울기벡터 방향으로 f의 증가율은 P의 경우 $|\langle 4, 0, 0 \rangle| = 4$, Q의 경우 $|\langle 0, 4\sqrt{2}, 0 \rangle| = 4\sqrt{2}$, R의 경우 $|\langle 0, 0, 8 \rangle| = 8$, S의 경우 $|\langle 2, 4, 4 \rangle| = 6$이다.

관련 연습문제 30번 ◀

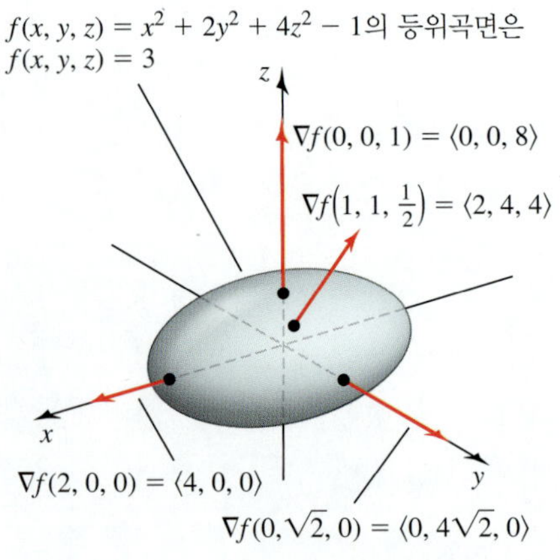

그림 14.57

14.5절 연습문제

1단계 스타트

1. 방향도함수가 두 개의 편미분 f_x와 f_y로 이루어지는 이유를 설명하여라.

2. 한 점에서 기울기벡터의 방향을 설명하여라.

3. 주어진 함수 f에 대하여 기울기벡터와 등위선의 관계를 설명하여라.

4. f가 (3, 4)에서 미분가능하고 $\nabla f(3, 4) = \langle -\sqrt{3}, 1 \rangle$, $\mathbf{u} = \left\langle \frac{\sqrt{3}}{2}, -\frac{1}{2} \right\rangle$일 때, $D_{\mathbf{u}}f(3, 4)$를 계산하여라.

5. f가 (3, 4)에서 미분가능하다고 하자. $\mathbf{u}$, $\mathbf{v}$, $\mathbf{w}$가 단위벡터이고 $\mathbf{v} = -\mathbf{u}$, $\mathbf{w} \cdot \nabla f(3, 4) = 0$, $D_{\mathbf{u}}f(3, 4) = 7$일 때, $D_{\mathbf{v}}f(3, 4)$와 $D_{\mathbf{w}}f(3, 4)$를 구하여라.

2단계 실전

6. **방향도함수** 그래프가 포물면인 함수 $f(x, y) = 8 - \frac{x^2}{2} - y^2$을 고려하자(그림 참조).

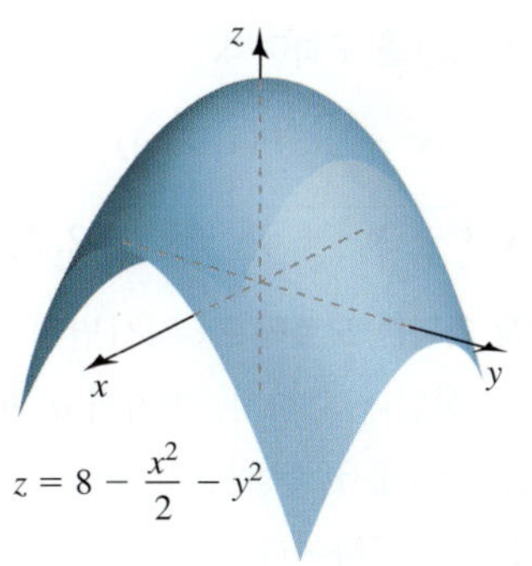

	$(a, b) = (2, 0)$	$(a, b) = (0, 2)$	$(a, b) = (1, 1)$
$\mathbf{u} = \left\langle \frac{\sqrt{2}}{2}, \frac{\sqrt{2}}{2} \right\rangle$			
$\mathbf{v} = \left\langle -\frac{\sqrt{2}}{2}, \frac{\sqrt{2}}{2} \right\rangle$			
$\mathbf{w} = \left\langle -\frac{\sqrt{2}}{2}, -\frac{\sqrt{2}}{2} \right\rangle$			

a. 점 (a, b)에서 주어진 세 단위벡터 $\mathbf{u}$, $\mathbf{v}$, $\mathbf{w}$의 방향으로 방향도함수의 값을 계산하여 표를 완성하여라.

b. 점 (2, 0)에서 **a**를 반복한 후, 각 방향도함수를 설명하여라.

7–10. 기울기 계산 다음 함수의 기울기벡터를 계산하고 주어진 점 P에서 기울기벡터를 구하여라.

7. $f(x, y) = 2 + 3x^2 - 5y^2$, $P(2, -1)$

8. $g(x, y) = x^2 - 4x^2y - 8xy^2$, $P(-1, 2)$

9. $f(x, y) = xe^{2xy}$, $P(1, 0)$

10. $F(x, y) = e^{-x^2-2y^2}$, $P(-1, 2)$

11–15. 기울기벡터로 방향도함수 계산하기 주어진 점에서 주어진 방향으로 함수의 방향도함수를 구하여라. 방향벡터는 단위벡터로 사용해야 함에 유의한다.

11. $f(x, y) = x^2 - y^2$, $P(-1, -3)$, $\left\langle \frac{3}{5}, -\frac{4}{5} \right\rangle$

12. $f(x, y) = 10 - 3x^2 + \frac{y^4}{4}$, $P(2, -3)$, $\left\langle \frac{\sqrt{3}}{2}, -\frac{1}{2} \right\rangle$

13. $f(x, y) = \sqrt{4 - x^2 - 2y}$, $P(2, -2)$, $\left\langle \frac{1}{\sqrt{5}}, \frac{2}{\sqrt{5}} \right\rangle$

14. $f(x, y) = 3x^2 + 2y + 5$, $P(1, 2)$, $\langle -3, 4 \rangle$

15. $g(x, y) = \ln(4 + x^2 + y^2)$, $g(-1, 2)$, $\langle 2, 1 \rangle$

16–18. 가장 가파른 오르막과 내리막의 방향 다음 함수와 점을 고려하자.

a. P에서 가장 가파른 오르막의 방향과 내리막의 방향을 가리키는 단위벡터를 각각 구하여라.

b. P에서 함수의 변화량이 없는 방향을 가리키는 벡터를 구하여라.

16. $f(x, y) = x^2 - 4y^2 - 9$, $P(1, -2)$

17. $f(x, y) = x^4 - x^2y + y^2 + 6$, $P(-1, 1)$

18. $F(x, y) = e^{-x^2/2-y^2/2}$, $P(-1, 1)$

19–21. 방향도함수의 해설 함수 f와 점 P가 주어져 있다. θ는 방향도함수의 방향에 대응한다고 하자.

a. 기울기벡터를 구하고 P에서 값을 계산하여라.

b. 최대 증가율을 가짐, 최대 감소율을 가짐, 변화량이 없음에 해당하는 (x축의 양의 방향으로 측정한) 각 θ를 구하여라.

c. P에서 방향도함수를 θ의 함수로 써라. 이 함수를 g로 놓는다.

d. $g(\theta)$를 최대화하는 θ의 값을 구하고, 최댓값을 구하여라.

e. g가 최대가 되도록 하는 θ의 값은 기울기벡터 방향에 대응함을 증명하여라. g의 최댓값은 기울기벡터의 크기와 같음을 보여라.

19. $f(x, y) = 10 - 2x^2 - 3y^2$, $P(3, 2)$

20. $f(x, y) = \sqrt{2 + x^2 + y^2}$, $P(\sqrt{3}, 1)$

21. $f(x, y) = e^{-x^2-2y^2}, P(-1, 0)$

22–23. 변하는 방향 다음 함수와 점 P를 고려하자. P와 P를 지나는 등위선을 보여 주는 xy평면을 그려라. f에 대하여 (그림 14.52와 같이) 최대로 증가, 최대로 감소, 변화가 없도록 하는 방향을 표시하여라.

22. $f(x, y) = 8 + 4x^2 + 2y^2, P(2, -4)$

23. $f(x, y) = x^2 + xy + y^2 + 7, P(-3, 3)$

24–25. 등위선 포물면 $f(x, y) = 16 - \frac{x^2}{4} - \frac{y^2}{16}$과 주어진 등위선 위의 점 P를 고려하자. P에서 등위선에 접하는 직선의 기울기를 계산하고, 접선과 그 점에서의 기울기벡터가 서로 직교함을 증명하여라.

24. $f(x, y) = 0, P(0, 16)$ **25.** $f(x, y) = 12, P(4, 0)$

26–27. 등위선 타원면의 윗부분 $f(x, y) = \sqrt{1 - \frac{x^2}{4} - \frac{y^2}{16}}$과 주어진 f의 등위선 위의 점 P를 생각하자. P에서 등위선에 접하는 직선의 기울기를 계산하고, 접선과 그 점에서의 기울기벡터가 서로 직교함을 증명하여라.

26. $f(x, y) = \frac{\sqrt{3}}{2}, P\left(\frac{1}{2}, \sqrt{3}\right)$

27. $f(x, y) = \frac{1}{\sqrt{2}}, P(\sqrt{2}, 0)$

28–29. 가장 가파른 내리막길 경로 다음 곡면과 곡면 위의 점 P를 고려하자.

a. f의 기울기벡터를 구하여라.

b. C'을 P에서 출발하는 곡면 위의 가장 가파른 내리막길이라 하고, C를 C'의 xy평면 위로의 정사영이라 하자. xy평면 위의 C의 방정식을 구하여라.

c. 곡면 위의 경로 C'에 대한 매개방정식을 구하여라.

28. $f(x, y) = 4 + x$ (평면), $P(4, 4, 8)$

29. $f(x, y) = 4 - x^2 - 2y^2$ (포물면), $P(1, 1, 1)$

30–33. 3차원 기울기벡터 주어진 함수 f, 점 P, 단위벡터 $\mathbf{u}$를 고려하자.

a. 기울기벡터를 구하고 P에서 값을 계산하여라.

b. P에서 f가 최대로 증가하는 방향을 가리키는 단위벡터를 구하여라.

c. P에서 최대로 증가하는 방향으로 함수의 변화율을 구하여라.

d. P에서 주어진 벡터 방향으로 함수의 방향도함수를 구하여라.

30. $f(x, y, z) = x^2 + 2y^2 + 4z^2 + 10, P(1, 0, 4),$ $\left\langle \frac{1}{\sqrt{2}}, 0, \frac{1}{\sqrt{2}} \right\rangle$

31. $f(x, y, z) = 1 + 4xyz, P(1, -1, -1), \left\langle \frac{1}{\sqrt{3}}, \frac{1}{\sqrt{3}}, -\frac{1}{\sqrt{3}} \right\rangle$

32. $f(x, y, z) = 1 + \sin(x + 2y - z),$ $P\left(\frac{\pi}{6}, \frac{\pi}{6}, -\frac{\pi}{6}\right), \left\langle \frac{1}{3}, \frac{2}{3}, \frac{2}{3} \right\rangle$

33. $f(x, y, z) = \ln(1 + x^2 + y^2 + z^2),$ $P(1, 1, -1), \left\langle \frac{2}{3}, \frac{2}{3}, -\frac{1}{3} \right\rangle$

34. 참 또는 거짓 다음 명제가 참이면 증명하고 거짓이면 반례를 들어라.

a. $f(x, y) = x^2 + y^2 - 10$이면 $\nabla f(x, y) = 2x + 2y$이다.

b. 기울기벡터는 최대로 증가하는 방향을 제시하므로 기울기벡터는 항상 양이다.

c. $f(x, y, z) = 1 + xyz$의 기울기벡터는 네 개의 성분을 갖는다.

d. $f(x, y, z) = 4$이면 $\nabla f = \mathbf{0}$이다.

35–36. 변화가 없는 방향 다음 함수가 주어진 점에서 변화가 없도록 하는 xy평면에서의 방향을 구하여라.

35. $f(x, y) = 12 - 4x^2 - y^2, P(1, 2, 4)$

36. $f(x, y) = \sqrt{3 + 2x^2 + y^2}, P(1, -2, 3)$

37. 평면에서 가장 가파른 오르막 긴 경사면의 언덕이 평면 $z = ax + by + c$로 표현된다고 하자. 여기서 a, b, c는 상수이다. xy평면 위의 (x_0, y_0)에서 출발하여 언덕의 가장 가파른 경사면을 오르는 경로를 구하여라.

38–39. 미리보기—접평면 함수 $w = f(x, y, z)$의 등위곡면으로 간주되는 곡면 $f(x, y, z) = 0$을 고려하자. 곡면 위의 점 $P(a, b, c)$ 또한 주어져 있다.

a. f의 (3차원) 기울기벡터를 구한 다음 P에서 값을 계산하여라.

b. 꼬리를 P에 놓고 기울기벡터와 서로 직교하는 모든 벡터의 집합은 평면을 이룬다. 이 평면(곧 접평면으로 한다)의 방정식을 구하여라.

38. $f(x, y, z) = x^2 + y^2 + z^2 - 3 = 0, P(1, 1, 1)$

39. $f(x, y, z) = e^{x+y-z} - 1 = 0, P(1, 1, 2)$

40. 이동하는 파동 어느 파도의 순간(정지) 촬영은 함수 $z = 1 + \sin(x - y)$로 표현된다. 여기서 z는 파도의 높이이고 (x, y)는

수평면 $z = 0$ 위의 좌표이다.

a. 그래프 유틸리티를 사용하여 $z = 1 + \sin(x - y)$의 그래프를 구하여라.

b. 파도의 마루와 골은 높이 함수의 변화가 없는 방향으로 나타난다. 마루와 골이 나란한 방향을 구하여라.

c. 이 파도의 어느 한 지점에서 서핑을 하고 있을 때, 마루에서 골로 가장 가파른 내리막을 원한다면 어느 방향으로 서핑보드를 향해야 하는가(xy평면 위의 단위벡터로 주어진다)?

d. **b**와 **c**에서 구한 답이 **a**의 그래프와 일치함을 점검하여라.

3단계 도전

41–42. 퍼텐셜 함수 퍼텐셜 함수는 물리학과 공학에서 자주 나온다. 퍼텐셜 함수는 관심 분야(예를 들어 전기장, 중력장, 벡터장)가 퍼텐셜의 기울기벡터(또는 종종 퍼텐셜의 기울기벡터의 −1배)라는 특징을 갖고 있다.

41. 점전하에 의한 전기적 퍼텐셜 원점에서 강도 Q의 점전하에 의한 전기장은 퍼텐셜 함수 $\varphi = kQ/r$로 표현된다. 여기서 $r^2 = x^2 + y^2 + z^2$은 변수 점 $P(x, y, z)$와 전하 사이의 거리의 제곱이고, $k > 0$은 물리적 상수이다. 전기장은 $\mathbf{E} = -\nabla\varphi$로 주어진다. 여기서 $\nabla\varphi$는 3차원에서의 기울기벡터이다.

a. 점전하에 의한 3차원 전기장은 다음과 같음을 보여라.

$$\mathbf{E}(x, y, z) = kQ\left\langle \frac{x}{r^3}, \frac{y}{r^3}, \frac{z}{r^3} \right\rangle$$

b. 한 점에서 전기장의 크기는 $|\mathbf{E}| = \dfrac{kQ}{r^2}$임을 보여라. 이 관계식을 역제곱 법칙으로 부르는 이유를 설명하여라.

42. 속도 퍼텐셜 2차원에서 이상유체(비압축성과 비회전성 유체)의 운동은 속도 퍼텐셜에 의해 좌우된다. 유체의 속도 성분의 x축 방향 u와 y축 방향 v는 $\langle u, v\rangle = \nabla\varphi$로 주어진다. 속도 퍼텐셜 $\varphi(x, y) = \sin \pi x \sin 2\pi y$와 관련된 속도 성분을 구하여라.

43. 기울기벡터에 관한 법칙 f와 g가 $\mathbb{R}^2$ 또는 $\mathbb{R}^3$에서 미분가능하다 가정하고 기울기벡터(2차원 또는 3차원)의 정의를 사용하여라. 이때 c는 상수라고 하자. 다음 기울기벡터의 법칙을 증명하여라.

a. 상수 곱의 법칙: $\nabla(cf) = c\nabla f$

b. 합의 법칙: $\nabla(f + g) = \nabla f + \nabla g$

c. 곱의 법칙: $\nabla(fg) = (\nabla f)g + f\nabla g$

d. 몫의 법칙: $\nabla\left(\dfrac{f}{g}\right) = \dfrac{g\nabla f - f\nabla g}{g^2}$

e. 연쇄 법칙: $\nabla(f \circ g) = f'(g)\nabla g$, 여기서 f는 일변수함수이다.

44–46. 기울기벡터에 관한 법칙 사용하기 연습문제 43번의 기울기벡터에 관한 법칙을 사용하여 다음 함수의 기울기벡터를 구하여라.

44. $f(x, y) = \dfrac{x + y}{x^2 + y^2}$

45. $f(x, y, z) = \sqrt{25 - x^2 - y^2 - z^2}$

46. $f(x, y, z) = \dfrac{x + yz}{y + xz}$

QUICK CHECK 정답

1. $\mathbf{u} = \langle u_1, u_2\rangle = \langle 1, 0\rangle$이면 다음과 같다.

$$D_{\mathbf{u}} f(a, b) = \lim_{h\to 0} \frac{f(a + hu_1, b + hu_2) - f(a, b)}{h} = \lim_{h\to 0} \frac{f(a + h, b) - f(a, b)}{h} = f_x(a, b)$$

마찬가지로 $\mathbf{u} = \langle 0, 1\rangle$일 때 편미분 $f_y(a, b)$가 된다.

2. (a, b)에서 $(a + \Delta s u_1, b + \Delta s u_2)$까지의 벡터는 $\langle \Delta s u_1, \Delta s u_2\rangle = \Delta s \langle u_1, u_2\rangle = \Delta s\mathbf{u}$이고, 길이는 $|\Delta s\mathbf{u}| = \Delta s\,|\mathbf{u}| = \Delta s$이다. 그러므로 s는 호의 길이를 측정한다. **3.** 방향벡터를 반대로 하는 것(음의 부호를 붙임)은 방향도함수에 −1배를 하는 것이다. 그러므로 대략적인 값은 각각 −2.47과 0.98이다.

4. 기울기벡터는 $\langle 2x, 2y\rangle$이고 (a, a)에서 계산하면 $\langle 2a, 2a\rangle$이다. 기울기벡터와 벡터 $\langle -1, 1\rangle$의 내적을 계산하면 $\langle 2a, 2a\rangle \cdot \langle -1, 1\rangle = 0$이다. 여기서 벡터 $\langle -1, 1\rangle$은 기울기가 −1인 직선에 평행하다. **6.** $\langle 2, -1, 2\rangle$ ◀

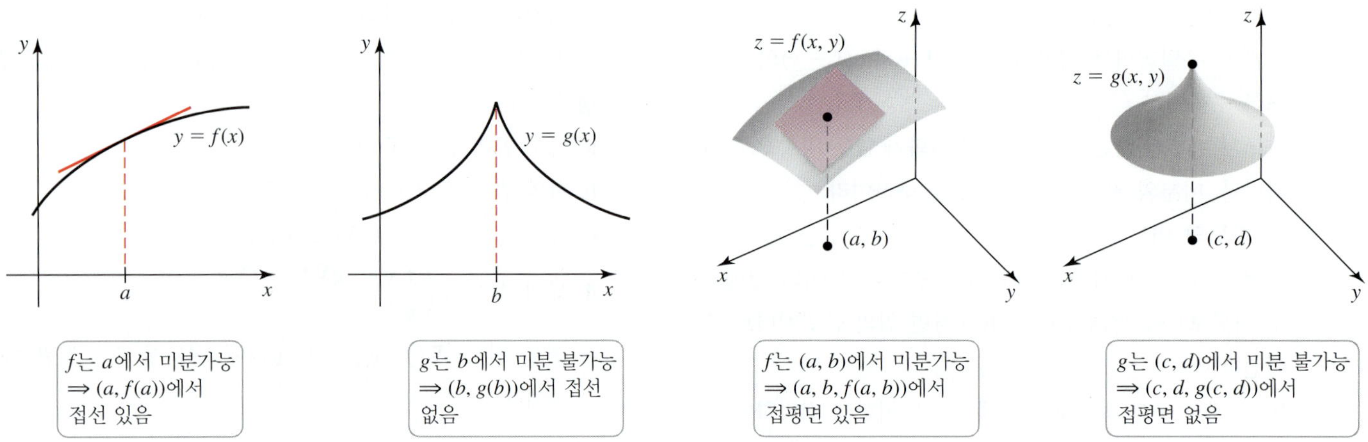

그림 14.58

14.6 접평면과 선형 근사

4.6절에서 매끄러운 곡선(미분가능 함수) 위의 점을 확대하여 들여다보면 곡선은 점점 그 점에서의 접선처럼 보인다. 한 점에서 접선이 하나이면 이 접선은 함숫값을 근사하고 종속변수에서의 변화량을 추정하는 데 사용된다. 이 절에서 비슷한 이야기가 3차원에서 전개된다. 이제 (14.3절에서 논의한) 한 점에서의 미분가능성은 그 점에서 접평면이 존재함을 의미한다(그림 14.58).

미분가능 함수 f로 표현되는 매끄러운 곡면과 이 곡면 위의 한 점에 초점을 맞추자. 이 점을 중심으로 확대하여 자세히 들여다보면(그림 14.59) 곡면은 점점 평면처럼 나타난다. 첫 단계는 이 평면을 조심스럽게 정의하는 것인데, 이를 **접평면**(tangent plane)이라 부른다. 한 번 접평면을 갖게 되면 이것을 함숫값을 근사하는 데 사용하고 종속변수에서의 변화를 추정할 수 있다.

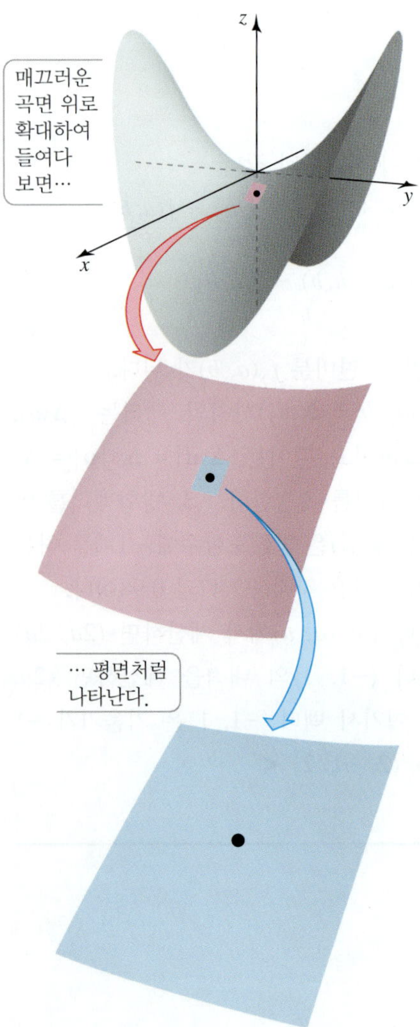

그림 14.59

접평면

$\mathbb{R}^3$의 곡면은 적어도 서로 다른 두 가지 방법으로 정의할 수 있음을 기억하자.

- **양함수** 형태 $z = f(x, y)$
- **음함수** 형태 $F(x, y, z) = 0$

음함수 형태 $F(x, y, z) = 0$으로 정의된 곡면으로 시작하는 것이 가장 쉽다. 여기서 F는 어떤 특정한 점에서 미분가능하며, 이 곡면은 함수 $w = F(x, y, z)$에 대하여 $w = 0$인 등위곡면으로 볼 수 있다.

QUICK CHECK 1 함수 $z = xy + x - y$를 $F(x, y, z) = 0$ 형태로 써라. ◄

$F(x, y, z) = 0$에 대한 접평면 접평면의 방정식을 구하기 위해 곡면 $F(x, y, z) = 0$ 위에 놓인 매끄러운 곡선 C: $\mathbf{r}(t) = \langle x(t), y(t), z(t)\rangle$를 생각하자(그림 14.60(a)). C의 점은 곡면 위에 있으므로 $F(x(t), y(t), z(t)) = 0$이며, 양변을 t에 대

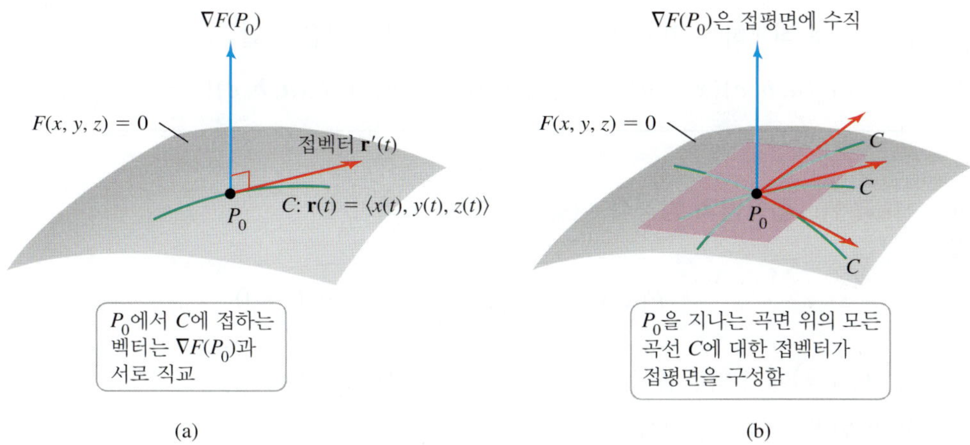

그림 14.60

하여 미분하면 유용한 관계식이 나온다. 우변의 미분은 0이고, 좌변에 연쇄 법칙을 적용하면 다음을 얻는다.

$$\begin{aligned}\frac{d}{dt}\big(F(x(t), y(t), z(t))\big) &= \frac{\partial F}{\partial x}\frac{dx}{dt} + \frac{\partial F}{\partial y}\frac{dy}{dt} + \frac{\partial F}{\partial z}\frac{dz}{dt} \\ &= \underbrace{\left\langle \frac{\partial F}{\partial x}, \frac{\partial F}{\partial y}, \frac{\partial F}{\partial z} \right\rangle}_{\nabla F(x,y,z)} \cdot \underbrace{\left\langle \frac{dx}{dt}, \frac{dy}{dt}, \frac{dz}{dt} \right\rangle}_{\mathbf{r}'(t)} \\ &= \nabla F(x, y, z) \cdot \mathbf{r}'(t)\end{aligned}$$

그러므로 $\nabla F(x, y, z) \cdot \mathbf{r}'(t) = 0$이고 곡선 위의 임의의 점에서 접벡터 $\mathbf{r}'(t)$는 기울기벡터와 서로 직교한다.

이제 곡면 위의 한 점 $P_0(a, b, c)$를 고정한 다음 $\nabla F(a, b, c) \neq \mathbf{0}$이라 가정하고 C를 P_0을 지나는 곡면 위의 임의의 매끄러운 곡선이라 하자. C에 접하는 임의의 벡터는 P_0에서의 기울기벡터 $\nabla F(a, b, c)$와 서로 직교함을 살펴봤다. 이 논의는 곡면 위에서 P_0을 지나는 모든 매끄러운 곡선에 적용되므로 이 모든 곡선에 대한 (꼬리가 P_0에 있는) 모든 접벡터는 $\nabla F(a, b, c)$와 서로 직교한다. 그러므로 이 접벡터들은 모두 같은 평면 위에 놓여 있다(그림 14.60(b)). 이 평면을 P_0에서의 **접평면**(tangent plane)이라 한다. 평면 위의 점 $P_0(a, b, c)$와 법선벡터 $\nabla F(a, b, c)$를 둘 다 알고 있으므로 다음과 같이 접평면의 방정식을 쉽게 구할 수 있다.

$$\nabla F(a, b, c) \cdot \langle x - a, y - b, z - c \rangle = 0$$

정의 $F(x, y, z) = 0$에 대한 접평면의 방정식

F가 $\nabla F(a, b, c) \neq \mathbf{0}$이고 점 $P_0(a, b, c)$에서 미분가능하다고 하자. P_0에서 곡면 $F(x, y, z)$에 접하는 평면을 **접평면**이라 하며, 이는 P_0을 지나고 $\nabla F(a, b, c)$

➤ 점 (a, b, c)를 지나고 법선벡터 $\mathbf{n} = \langle n_1, n_2, n_3 \rangle$을 갖는 평면의 방정식은 $n_1(x - a) + n_2(y - b) + n_3(z - c) = 0$임을 기억하여라.

➤ $\mathbf{r}$이 접평면 위의 임의의 점에 대응하는 위치벡터이고 $\mathbf{r}_0$이 평면 위의 고정점 (a, b, c)에 대응하는 위치벡터이면 접평면의 방정식은 분명히 다음과 같이 쓸 수 있다.

$$\nabla F(a, b, c)\cdot(\mathbf{r} - \mathbf{r}_0) = 0$$

이 논의는 접선과 등위선(14.5절)에서도 유사하게 적용됨에 유의하자. (a, b)에서 $f(x, y) = 0$에 접하는 직선의 방정식은 다음과 같다.

$$\nabla f(a, b)\cdot\langle x - a, y - b\rangle = 0$$

와 서로 직교하는 평면이다. 접평면의 방정식은 다음과 같다.

$$F_x(a, b, c)(x - a) + F_y(a, b, c)(y - b) + F_z(a, b, c)(z - c) = 0$$

| 예제 1 | 접평면의 방정식 다음 타원면을 고려하자.

$$F(x, y, z) = \frac{x^2}{9} + \frac{y^2}{25} + z^2 - 1 = 0$$

a. $\left(0, 4, \frac{3}{5}\right)$에서 타원면에 접하는 평면의 방정식을 구하여라.

b. 타원면의 어느 점에서 접평면이 수평면이 되는가?

풀이

a. 타원면의 방정식을 음함수 형태 $F(x, y, z) = 0$으로 나타냈음에 유의하자. F의 기울기벡터는 $\nabla F(x, y, z) = \left\langle \frac{2x}{9}, \frac{2y}{25}, 2z \right\rangle$이므로 $\left(0, 4, \frac{3}{5}\right)$에서 계산하면

$$\nabla F\left(0, 4, \frac{3}{5}\right) = \left\langle 0, \frac{8}{25}, \frac{6}{5} \right\rangle$$

이다. 이 점에서 접평면의 방정식은

$$0\cdot(x - 0) + \frac{8}{25}(y - 4) + \frac{6}{5}\left(z - \frac{3}{5}\right) = 0$$

또는 $4y + 15z = 25$이다. 이때 방정식은 x항을 포함하지 않으므로 접평면은 x축에 평행(만나지 않음)이다(그림 14.61).

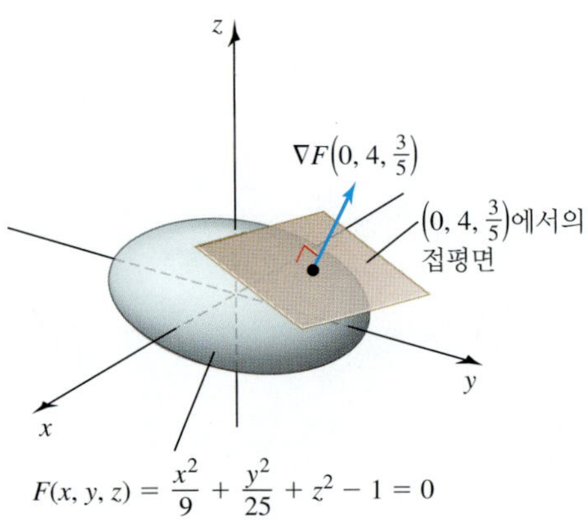

그림 14.61

b. 수평면은 0이 아닌 실수 c에 대하여 $\langle 0, 0, c\rangle$ 형태의 법선벡터를 갖는다. 타원면에 접하는 평면의 법선벡터는 $\nabla F(x, y, z) = \left\langle \frac{2x}{9}, \frac{2y}{25}, 2z \right\rangle$이므로 타원면은 $F_x = \frac{2x}{9} = 0$, $F_y = \frac{2y}{25} = 0$ 또는 $x = 0$, $y = 0$일 때 수평 접평면을 갖는다. 이 값을 주어진 타원면의 방정식에 대입하면 수평면은 $(0, 0, 1)$과 $(0, 0 -1)$에서 나타남을 알 수 있다. ◀

➤ 이 결과는 함수 $f(x, y) = 0$에 대하여 한 점에서의 기울기벡터는 그 점을 지나는 등위선과 서로 직교한다는 사실을 언급한 정리 14.12를 확장한 것이다.

앞의 논의는 14.5절에 한 주장을 정당화한다. 곡면 $F(x, y, z) = 0$은 함수 $w = F(x, y, z)$의 ($w = 0$일 때) 등위곡면이다. 곡면 위의 임의의 점에서 접평면은 법선벡터 $\nabla F(x, y, z)$를 갖는다. 그러므로 기울기벡터 $\nabla F(x, y, z)$와 F가 미분가능한 정의역의 모든 점에서 등위곡면 $F(x, y, z) = 0$은 서로 직교한다.

$z = f(x, y)$에 대한 접평면 $\mathbb{R}^3$의 곡면은 종종 양함수 $z = f(x, y)$ 형태로 정의된다. 이 상황에서 접평면의 방정식은 방금 유도한 일반적인 방정식의 특별한 경우이다. 방정식 $z = f(x, y)$는 $F(x, y, z) = z - f(x, y) = 0$으로 나타내고 점 $(a, b, f(a, b))$에서 F의 기울기벡터는 다음과 같다.

$$\nabla F(a, b, f(a, b)) = \langle F_x(a, b, f(a, b)), F_y(a, b, f(a, b)), F_z(a, b, f(a, b)) \rangle$$
$$= \langle -f_x(a, b), -f_y(a, b), 1 \rangle$$

➤ $F(x, y, z) = z - f(x, y)$일 때 $F_x = -f_x$, $F_y = -f_g$, $F_z = 1$임은 분명하다.

접평면의 정의를 사용하면 점 $(a, b, f(a, b))$에서 곡면 $z = f(x, y)$에 접하는 평면의 방정식은 다음과 같다.

$$-f_x(a, b)(x - a) - f_y(a, b)(y - b) + 1(z - f(a, b)) = 0$$

정리하면 접평면의 방정식을 얻는다.

$z = f(x, y)$에 대한 접평면

f는 (a, b)에서 미분가능이라고 하자. 점 $(a, b, f(a, b))$에서 곡면 $z = f(x, y)$에 접하는 평면의 방정식은 다음과 같다.

$$z = f_x(a, b)(x - a) + f_y(a, b)(y - b) + f(a, b)$$

| 예제 2 | $z = f(x, y)$에 대한 접평면 $(2, 1, 16)$에서 포물면 $z = f(x, y) = 32 - 3x^2 - 4y^2$에 접하는 평면의 방정식을 구하여라.

풀이 편미분은 $f_x = -6x$, $f_y = -8y$이므로 $(2, 1)$에서 편미분을 계산하면 $f_x(2, 1) = -12$, $f_y(2, 1) = -8$이다. 그러므로 접평면(그림 14.62)의 방정식은 다음과 같다.

$$z = f_x(a, b)(x - a) + f_y(a, b)(y - b) + f(a, b)$$
$$= -12(x - 2) - 8(y - 1) + 16$$
$$= -12x - 8y + 48$$

관련 연습문제 9번 ◀

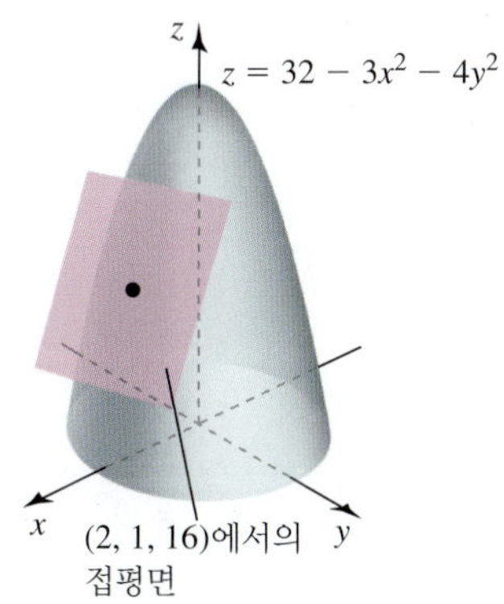

그림 14.62

선형 근사

$y = f(x)$ 형태의 함수에 대하여 한 점에서 그은 접선은 종종 그 점의 근방에서 함수의 좋은 근사를 준다. 이 개념을 확장하면 이변수함수의 접평면으로 근사 함수를 바로 적용할 수 있다. 앞에서와 같이 이 방법을 선형 근사(linear approximation)라고 한다.

그림 14.63은 일변수함수와 이변수함수인 경우의 선형 근사를 자세히 보여 준다. 일변수함수의 경우(4.6절) f가 a에서 미분가능하면 점 $(a, f(a))$에서 곡선 $y = f(x)$에 접하는 직선의 방정식은

$$L(x) = f(a) + f'(a)(x - a)$$

이며, 이 접선은 함수를 근사한다. 즉, a 근방의 점에서 $f(x) \approx L(x)$이다.

이변수함수의 경우도 비슷하다. f가 (a, b)에서 미분가능하면 점 $(a, b, f(a, b))$

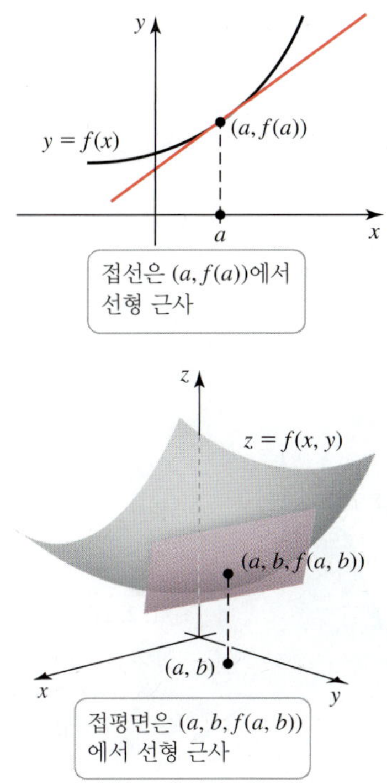

그림 14.63

에서 곡면 $z=f(x, y)$에 접하는 평면의 방정식은

$$L(x,y) = f_x(a,b)(x-a) + f_y(a,b)(y-b) + f(a,b)$$

이며, 이 접평면은 (a, b)에서 f의 선형 근사이다. 즉, (a, b) 근방의 점에서 $f(x, y) \approx L(x, y)$이다. 여기서 다룬 형태는 더 높은 차원의 선형 근사로 이어진다. 추가된 변수에 각각 새로운 항이 근사 공식에 더해진다.

➤ 선형 근사의 용어는 $\mathbb{R}^2$, $\mathbb{R}^3$ 그리고 더 높은 차원에 적용된다. $\mathbb{R}^2$에서의 직선, $\mathbb{R}^3$에서의 평면은 독립변수의 선형 함수로 표현됨을 기억하자. 두 경우 모두 선형 근사를 L로 불렀다.

정의 선형 근사

f가 (a, b)에서 미분가능하다고 하자. 점 $(a, b, f(a, b))$에서 곡면 $z=f(x, y)$의 선형 근사는 그 점에서의 접평면이고 방정식

$$L(x, y) = f_x(a, b)(x-a) + f_y(a, b)(y-b) + f(a, b)$$

로 주어진다. 삼변수함수의 경우 점 $(a, b, c, f(a, b, c))$에서 $w=f(x, y, z)$의 선형 근사는 다음과 같이 주어진다.

$$\begin{aligned} L(x,y,z) = {} & f_x(a,b,c)(x-a) + f_y(a,b,c)(y-b) \\ & + f_z(a,b,c)(z-c) + f(a,b,c) \end{aligned}$$

| 예제 3 | 선형 근사 $f(x, y) = \dfrac{5}{x^2+y^2}$라고 하자.

a. 점 $(-1, 2, 1)$에서 함수의 선형 근사를 구하여라.

b. 선형 근사를 사용하여 $f(-1.05, 2.1)$의 값을 추정하여라.

풀이

a. f의 편미분은

$$f_x = -\frac{10x}{(x^2+y^2)^2}, \quad f_y = -\frac{10y}{(x^2+y^2)^2}$$

이므로 $(-1, 2)$에서 값을 계산하면 $f_x(-1,2) = \frac{2}{5} = 0.4$, $f_y(-1,2) = -\frac{4}{5} = -0.8$이다. 그러므로 $(-1, 2, 1)$에서 함수의 선형 근사는 다음과 같다.

$$\begin{aligned} L(x,y) &= f_x(-1,2)(x-(-1)) + f_y(-1,2)(y-2) + f(-1,2) \\ &= 0.4(x+1) - 0.8(y-2) + 1 \\ &= 0.4x - 0.8y + 3 \end{aligned}$$

그림 14.64는 이 곡면과 접평면을 보여 준다.

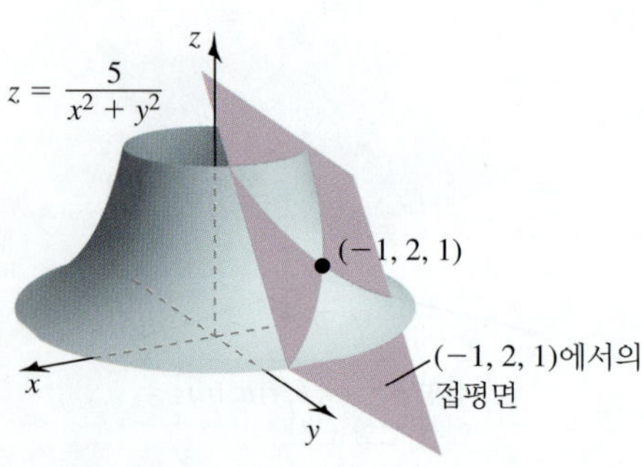

그림 14.64

b. 점 $(-1.05, 2.1)$에서 함숫값은 그 점에서의 선형 근사로 근사되며, 이는 다음과 같다.

$$L(-1.05, 2.1) = 0.4(-1.05) - 0.8(2.1) + 3 = 0.90$$

이 경우 $f(-1.05, 2.1) \approx 0.907$을 쉽게 계산할 수 있고, 정확한 값과 선형 근사를 비교할 수 있다. 근삿값은 약 0.8%의 상대 오차를 보인다. ◄

➤ 상대 오차 $= \dfrac{|\text{근삿값} - \text{참값}|}{|\text{참값}|}$

QUICK CHECK 2 예제 3의 그래프(그림 14.64)를 보고 $f_x(-1, 2) > 0$, $f_y(-1, 2) < 0$인 이유를 설명하여라. ◄

미분과 변화

$y = f(x)$ 형태의 함수에서 독립변수가 x에서 $x + dx$로 변하면 이에 대응하는 종속변수의 변화 Δy는 선형 근사에서의 변화인 미분 $dy = f'(x)\,dx$로 근사된다. 그러므로 dx가 0에 접근하면 근사가 개선되며 $\Delta y \approx dy$이다.

$z = f(x, y)$ 형태의 함수의 경우 곡면에서의 선형 근사로 시작한다. 즉, 다음과 같다.

$$f(x, y) \approx L(x, y) = f_x(a, b)(x - a) + f_y(a, b)(y - b) + f(a, b)$$

점 (a, b)와 점 (x, y) 사이의 함수의 정확한 변화는

$$\Delta z = f(x, y) - f(a, b)$$

이다. $f(x, y)$를 선형 근사로 대체하면 변화 Δz는

$$\Delta z \approx \underbrace{L(x, y) - f(a, b)}_{dz} = f_x(a, b)\underbrace{(x - a)}_{dx} + f_y(a, b)\underbrace{(y - b)}_{dy}$$

로 근사된다. x좌표의 변화는 $dx = x - a$이고 y좌표의 변화는 $dy = y - b$이다(그림 14.65). 앞에서와 같이 미분 dz가 선형 근사에서의 변화를 나타낸다고 하자. 그러면 z좌표의 근사 변화는 다음과 같다.

➤ (a, b)에서 미분의 다른 기호로 $dz|_{(a,b)}$ 또는 $df|_{(a,b)}$가 있다.

$$\Delta z \approx dz = \underbrace{f_x(a, b)\,dx}_{x\text{의 변화에 의한 } z\text{의 변화}} + \underbrace{f_y(a, b)\,dy}_{y\text{의 변화에 의한 } z\text{의 변화}}$$

이 식은 독립변수가 (a, b)에서 $(x, y) = (a + dx, b + dy)$로 변하면 대응하는 종속변수의 변화 Δz는 두 가지 사실이 있음을 보여 준다. 하나는 x의 변화에 의한 것이

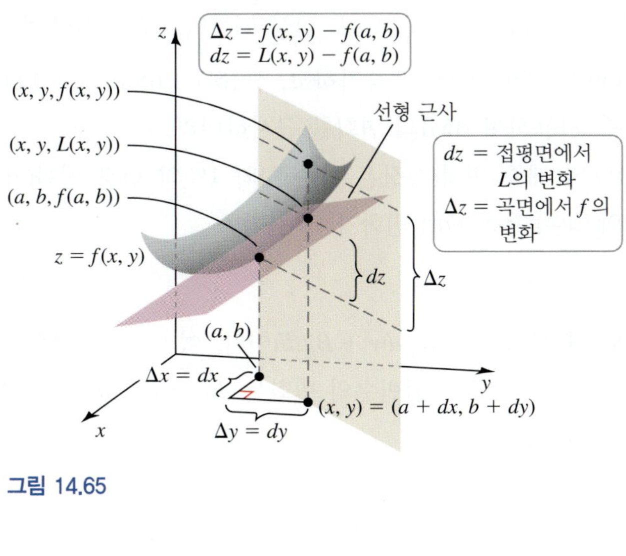

그림 14.65

QUICK CHECK 3 Δz에 대한 변화 공식에서 $dx = 0$ 또는 $dy = 0$일 때, 결과가 일변수에 대한 변화 공식인 이유를 설명하여라. ◀

고 또 다른 하나는 y의 변화에 의한 것이다. dx, dy의 크기가 작으면 Δz도 작으므로 근사 $\Delta z \approx dz$는 dx와 dy가 0에 접근할수록 개선된다. 미분 사이의 관계성은 그림 14.65에서 보여 준다.

좀 더 일반적으로 앞에서 논의한 점 (a, b)를 변수점 (x, y)로 대체하면 다음 정의에 도달한다.

정의 미분 dz

f가 점 (x, y)에서 미분가능하다고 하자. 독립변수가 (x, y)에서 $(x + dx, y + dy)$로 변하면 $z = f(x, y)$의 변화는 Δz로 표시하며, 이는 미분 dz의 근삿값이다. 즉, 다음과 같다.

$$\Delta z \approx dz = f_x(x, y)\,dx + f_y(x, y)\,dy$$

| 예제 4 | 함수의 변화 근사하기 $z = f(x, y) = \dfrac{5}{x^2 + y^2}$라 하자. 독립변수가 $(-1, 2)$에서 $(-0.93, 1.94)$로 변할 때, z의 변화를 근사하여라.

풀이 독립변수가 $(-1, 2)$에서 $(-0.93, 1.94)$로 변하면 $dx = 0.07$(증가), $dy = -0.06$(감소)이다. 예제 3에서 계산한 편미분의 값을 사용하면 대응하는 z의 변화는

$$\begin{aligned} dz &= f_x(-1, 2)\,dx + f_y(-1, 2)\,dy \\ &= 0.4(0.07) + (-0.8)(-0.06) \\ &= 0.076 \end{aligned}$$

으로 근사된다. 이때 근삿값의 정확성을 점검할 수 있다. 실제 변화는 $F(-0.93, 1.94) - F(-1, 2) \approx 0.080$이므로 이 근삿값은 5%의 오차를 갖는다. ◀

| 예제 5 | 체질량 지수 성인의 체질량 지수(BMI)는 함수 $B(w, h) = w/h^2$로 주어진다. 여기서 체중 w는 킬로그램으로, 신장 h는 미터로 측정한 것이다.

a. 체중이 55 kg에서 56.5 kg으로 증가하고, 신장이 1.65 m에서 1.66 m로 증가했을 때, 미분을 사용하여 BMI의 변화를 근사하여라.

b. BMI에서 1%의 체중 변화(신장은 상수로)와 1%의 신장 변화(체중은 상수로) 중 어느 쪽의 백분율(percent) 변화가 더 큰가?

풀이

a. BMI의 근사 변화는 $dB = B_w\,dw + B_h\,dh$이다. 여기서 $w = 55$, $h = 1.65$를 대입하여 미분을 계산하고, 독립변수의 변화는 $dw = 1.5$, $dh = 0.01$이다. 편미분을 계산하면 다음과 같다.

$$B_w(w, h) = \frac{1}{h^2}, \qquad B_w(55, 1.65) \approx 0.37,$$

$$B_h(w, h) = -\frac{2w}{h^3}, \qquad B_h(55, 1.65) \approx -24.49$$

그러므로 BMI의 근사 변화는 다음과 같다.

$$\begin{aligned} dB &= B_w(55, 1.65)\, dw + B_h(55, 1.65)\, dh \\ &\approx (0.37)(1.5) + (-24.49)(0.01) \\ &\approx 0.56 - 0.25 \\ &= 0.31 \end{aligned}$$

예상한 대로 체중의 증가는 BMI를 증가시키는 반면, 신장의 증가는 BMI를 감소시킨다. 이 경우 두 요인은 BMI의 순증가로 결합된다.

b. **a**에서 미분 변화 공식에 나오는 변화 dw, dh, dB는 **절대 변화**(absolute change)이다. 대응하는 **상대 변화**(relative change) 또는 **백분율 변화**(percentage change)는 각각 $\frac{dw}{w}$, $\frac{dh}{h}$, $\frac{dB}{B}$이다. 상대 변화에 대한 변화 공식을 소개하기 위해 $dB = B_w dw + B_h dh$의 양변을 $B = w/h^2 = wh^{-2}$으로 나누면 다음을 얻는다.

$$\begin{aligned} \frac{dB}{B} &= B_w \frac{dw}{wh^{-2}} + B_h \frac{dh}{wh^{-2}} \\ &= \frac{1}{h^2}\frac{dw}{wh^{-2}} - \frac{2w}{h^3}\frac{dh}{wh^{-2}} && B_w\text{와 } B_h \text{ 대입하기} \\ &= \underbrace{\frac{dw}{w}}_{w\text{에서 상대 변화}} - 2\underbrace{\frac{dh}{h}}_{h\text{에서 상대 변화}} && \text{간단히 하기} \end{aligned}$$

이 식은 w, h, B에서 상대 변화와 관계된다. h가 상수($dh = 0$)일 때 w의 1% 변화($dw/w = 0.01$)는 B의 경우 이와 같은 부호로 1%의 근사 변화를 생성한다. w가 상수($dw = 0$)일 때 h의 1% 변화($dh/h = 0.01$)는 B의 경우 이와 반대 방향으로 2%의 근사 변화를 생성한다. BMI 공식은 w보다 h에서 작은 변화에 더 민감하다는 것을 알 수 있다. ◀

➤ 함수에서 상대 변화 또는 백분율 변화에 의한 일반적인 결과는 연습문제 35번을 참조하여라.

QUICK CHECK 4 예제 5에서 두 양수 w, h에 대하여 $B_w > 0$, $B_h < 0$인 사실을 설명하여라. ◀

이변수함수의 미분은 자연스럽게 더 많은 변수로 확장된다. 예를 들어 $w = f(x, y, z)$인 f가 (x, y, z)에서 미분가능하면 다음이 성립한다.

$$dw = f_x(x, y, z)\, dx + f_y(x, y, z)\, dy + f_z(x, y, z)\, dz$$

점 (x, y, z)에서 미분 dw(또는 df)는 독립변수에서 dx, dy, dz의 변화에 의한 f의 근사 변화를 준다.

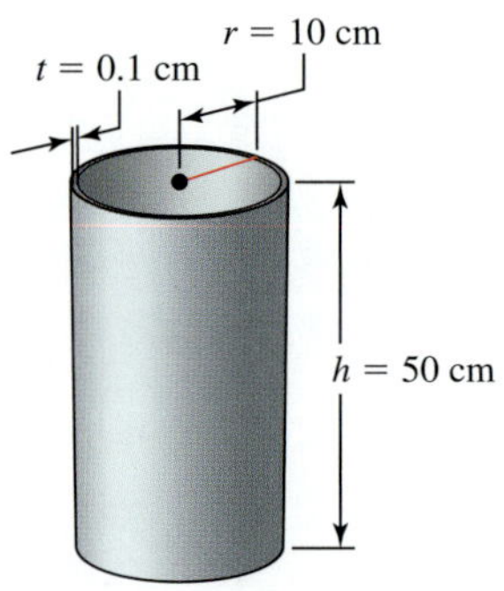

그림 14.66

| 예제 6 | 생산 오차 어떤 회사가 원통 알루미늄 통을 엄격한 사양으로 제조한다. 통은 바깥쪽 반지름이 $r = 10$ cm, 높이가 $h = 50$ cm, 두께가 $r = 0.1$ cm로 설계되어 있다(그림 14.66). 공정 과정에서 반경과 높이는 최대오차 ± 0.05 cm이고 두께에서는 최대오차가 ± 0.0005 cm로 생산한다. 원통의 부피는 $V(r, h, t) = \pi ht(2r - t)$이다. 미분을 이용하여 통의 부피에 대한 최대 오차를 추정하여라.

풀이 반지름, 높이, 두께에서의 변화 dr, dh, dt에 의한 부피의 근사 변화는 다음과 같다.

$$dV = V_r\,dr + V_h\,dh + V_t\,dt$$

$r = 10$, $h = 50$, $t = 0.1$에서 계산한 편미분은 다음과 같다.

$$\begin{aligned} V_r(r, h, t) &= 2\pi ht, & V_r(10, 50, 0.1) &= 10\pi \\ V_h(r, h, t) &= \pi t(2r - t), & V_h(10, 50, 0.1) &= 1.99\pi \\ V_t(r, h, t) &= 2\pi h(r - t), & V_t(10, 50, 0.1) &= 990\pi \end{aligned}$$

$dr = dh = 0.05$, $dt = 0.0005$를 각각 반지름, 높이, 두께에 대한 최대 오차라고 하자. 부피에 대한 최대 오차는 근사적으로

$$\begin{aligned} dV &= V_r(10, 50, 0.1)\,dr + V_h(10, 50, 0.1)\,dh + V_t(10, 50, 0.1)\,dt \\ &= 10\pi(0.05) + 1.99\pi(0.05) + 990\pi(0.0005) \\ &\approx 1.57 + 0.31 + 1.56 \\ &= 3.44 \end{aligned}$$

부피에 대한 최대 오차는 근사적으로 3.44 cm^3이다. 두께(990π)에 대한 '확대 요인'은 반지름, 높이에 대한 확대 요인의 각각 대략 100배, 500배이다. 이는 r, h, t에서의 같은 오차에 대하여 부피는 두께에서의 오차에 훨씬 더 민감함을 의미한다. 편미분은 민감성 분석이 가능하도록 종속변수(출력)에서 생성하는 변화에서 어떤 독립변수(입력)가 가장 결정적인지 알려 준다. ◀

14.6절 연습문제

1단계 스타트

1. **n**을 곡면 $F(x, y, z) = 0$ 위의 한 점에서 접평면의 법선벡터라고 하자. **n**은 이 점에서 F의 기울기벡터와 어떤 관련이 있는가?

2. 점 (a, b, c)에서 곡면 $F(x, y, z) = 0$에 접하는 평면의 방정식을 써라.

3. (a, b) 근방에서 함수 f를 어떻게 근사하는지 설명하여라. 여기서 (a, b)에서의 f, f_x, f_y의 값은 알려져 있다.

4. 미분을 사용하여 점 (x, y)에서 함수 $z = f(x, y)$에 대한 근사 변화 공식을 써라.

5. $f(1, 2) = 4$, $f_x(1, 2) = 5$, $f_y(1, 2) = -3$이라 하자. 점 $P_0(1, 2, 4)$에서 곡면 $z = f(x, y)$에 접하는 평면의 방정식을 구하여라.

6. $F(0, 2, 1) = 0$, $F_x(0, 2, 1) = 3$, $F_y(0, 2, 1) = -1$, $F_z(0, 2, 1) = 6$이라 하자. 점 $P_0(0, 2, 1)$에서 곡면 $F(x, y, z) = 0$에 접하는 평면의 방정식을 구하여라.

2단계 실전

7–14. 접평면 주어진 점에서 곡면에 접하는 평면의 방정식을 구하여라(두 평면과 두 방정식).

7. $x^2 + y + z = 3$, $(1, 1, 1)$과 $(2, 0, -1)$

8. $xy + xz + yz - 12 = 0$, $(2, 2, 2)$와 $(2, 0, 6)$

9. $z = 4 - 2x^2 - y^2$, $(2, 2, -8)$과 $(-1, -1, 1)$

10. $z = e^{xy}$, $(1, 0, 1)$과 $(0, 1, 1)$

11. $xy \sin z = 1$, $(1, 2, \pi/6)$와 $(-2, -1, 5\pi/6)$

12. $z^2 - x^2/16 - y^2/9 - 1 = 0$, $(4, 3, -\sqrt{3})$과 $(-8, 9, \sqrt{14})$

13. $z = x^2 e^{x-y}$, $(2, 2, 4)$와 $(-1, -1, 1)$

14. $z = \dfrac{x - y}{x^2 + y^2}$, $\left(1, 2, -\dfrac{1}{5}\right)$과 $\left(2, -1, \dfrac{3}{5}\right)$

15–16. 접평면 주어진 점에서 다음 곡면에 접하는 평면의 방정식을 구하여라.

15. $z = \tan^{-1}(xy)$, $\left(1, 1, \dfrac{\pi}{4}\right)$

16. $\sin xyz = \dfrac{1}{2}$, $\left(\pi, 1, \dfrac{1}{6}\right)$

17–19. 선형 근사

a. 주어진 점에서 함수 f의 선형 근사를 구하여라.

b. **a**를 이용하여 주어진 함수의 값을 추정하여라.

17. $f(x, y) = xy + x - y$, $(2, 3)$, $f(2.1, 2.99)$를 추정하여라.

18. $f(x, y) = -x^2 + 2y^2$, $(3, -1)$, $f(3.1, -1.04)$를 추정하여라.

19. $f(x, y, z) = \ln(1 + x + y + 2z)$, $(0, 0, 0)$, $f(0.1, -0.2, 0.2)$를 추정하여라.

20–21. 함수의 근사 변화 미분을 사용하여 주어진 독립변수의 변화에 대응하는 z의 변화를 근사하여라.

20. $z = 2x - 3y - 2xy$, (x, y)가 $(1, 4)$에서 $(1.1, 3.9)$로 변할 때

21. $z = e^{x+y}$, (x, y)가 $(0, 0)$에서 $(0.1, -0.05)$로 변할 때

22. 원환체 겉넓이의 변화 안쪽 반지름이 r이고 바깥쪽 반지름이 R인 원환체의 겉넓이는 $S = 4\pi^2(R^2 - r^2)$, $R > r$이다.

a. r이 증가하고 R이 감소하면 S는 증가하는가 감소하는가 아니면 판단할 수 없는가?

b. r과 R이 모두 증가하면 S는 증가하는가 감소하는가 아니면 판단할 수 없는가?

c. r이 $r = 3.00$에서 $r = 3.05$로 변하고 R은 $R = 5.50$에서 $R = 5.65$로 변할 때, 원환체의 겉넓이의 변화를 추정하여라.

d. r은 $r = 3.00$에서 $r = 2.95$로 변하고 R은 $R = 7.00$에서 $R = 7.04$로 변할 때, 원환체의 겉넓이의 변화를 추정하여라.

e. 겉넓이가 (근사적으로) 변하지 않도록 하는 r의 변화와 R의 변화 사이의 관계를 구하여라.

23. 타원면의 넓이 두 축의 길이가 $2a$와 $2b$인 타원면이 겉넓이는 $A = \pi ab$이다. a가 2% 증가하고 b가 1.5% 증가할 때, 겉넓이의 백분율 변화를 근사하여라.

24–25. 변수가 두 개 이상의 미분 독립변수의 미분으로 미분 dw를 써라.

24. $w = f(x, y, z) = xy^2 + x^2z + yz^2$

25. $w = f(u, x, y, z) = \dfrac{u + x}{y + z}$

26. 코사인법칙 임의의 삼각형의 세 변의 길이는 다음 코사인법칙으로 관계된다.

$$c^2 = a^2 + b^2 - 2ab\cos\theta$$

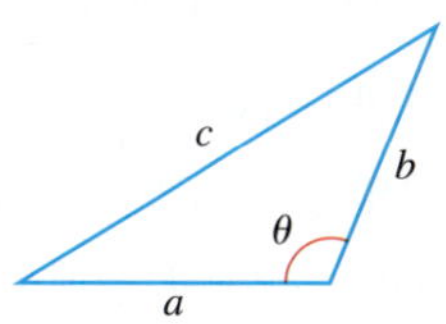

a. a가 $a = 2$에서 $a = 2.03$으로 변하고 b가 $b = 4$에서 $b = 3.96$으로 변하며 θ가 $\theta = \dfrac{\pi}{3}$에서 $\theta = \dfrac{\pi}{3} + \dfrac{\pi}{90}$로 변할 때, 대변의 길이 c의 변화를 추정하여라.

b. a가 $a = 2$에서 $a = 2.03$으로 변하고 b가 $b = 4.00$에서 $b = 3.96$으로 변할 때, c에서 변화의 결과는 $\theta = \dfrac{\pi}{20}$(매우 작은 각)일 때의 크기와 $\theta = \dfrac{9\pi}{20}$(직각에 가까운 각)일 때의 크기 중 어느 쪽이 더 큰가?

27. 참 또는 거짓 다음 명제가 참이면 증명하고 거짓이면 반례를 들어라.

a. $\mathbb{R}^3$에서 원기둥 $x^2 + y^2 = 1$에 접하는 평면은 모두 $ax + by + c = 0$ 형태이다.

b. $x > 0$, $y > 0$, $z > 0$에 대하여 $w = xy/z$라고 하자. x와 y

가 고정되면 z의 감소는 w의 증가로 귀결된다.

c. 기울기벡터 $\nabla F(a, b, c)$는 (a, b, c)에서 곡면 $F(x, y, z) = 0$에 접하는 평면에 놓여 있다.

28–29. 수평 접평면 다음 곡면에서 수평 접평면을 갖는 점을 구하여라.

28. $x^2 + y^2 - z^2 - 2x + 2y + 3 = 0$

29. $z = \cos 2x \sin y$, 영역: $-\pi \le x \le \pi$, $-\pi \le y \le \pi$

30. 원뿔의 겉넓이 높이가 h이고 반지름이 r인 원뿔은 옆넓이(바닥은 제외한 옆면만의 넓이)는 $S = \pi r\sqrt{r^2 + h^2}$이다.

a. r이 $r = 2.50$에서 $r = 2.55$로 증가하고 h가 $h = 0.60$에서 $h = 0.58$로 감소할 때, 겉넓이의 변화를 추정하여라.

b. $r = 100$, $h = 200$일 때 겉넓이는 r에서의 작은 변화와 h에서의 작은 변화 중 어느 쪽이 더 민감한가? 이유를 설명하여라.

31. 타율 야구에서는 타율을 $A = x/y$로 정의한다. 여기서 $x \ge 0$은 총 안타 수이고 $y > 0$은 총 타수이다. x와 y는 양의 실수이고 $0 \le A \le 1$임에 유의한다.

a. 미분을 사용하여 안타 수가 60에서 62로 증가하고 타수가 175에서 180으로 증가할 때, 타율의 변화를 추정하여라.

b. 어느 타자의 최근 타율이 $A = 0.350$일 때, 안타를 쳐서 타율이 증가하는 것과 안타를 치지 못해서 타율이 감소하는 것 중 어느 쪽이 현재 타율의 감소가 더 큰가?

c. b의 결과는 현재 타율에 의존하는가? 설명하여라.

32. 원통에서의 유체 포아즈이유 법칙은 점성이 있는 원통에 흐르는 압축할 수 없는 유체의 유속을 나타내는 유체역학의 기본 법칙이다(이는 정맥과 동맥을 흐르는 혈액의 흐름을 모형화할 때 사용된다). 반지름이 R, 가로가 L인 원통에 대하여 원통의 중심으로부터 $r \le R$인 단위 유체의 속도는 $V = \frac{P}{4Lv}(R^2 - r^2)$이다. 여기서 P는 원통의 두 끝부분의 압력의 차이고 v는 유체의 점성도이다(그림 참조). P와 v가 상수라 가정하고 원통의 중심선($r = 0$)을 따라 속도가 $V = \frac{kR^2}{L}$이라 하자. 여기서 k는 $k = 1$로 택할 상수이다.

a. 유체 원통의 반지름이 $R = 3$ cm에서 $R = 3.05$ cm 로 증가하고 가로가 $L = 50$ cm에서 $L = 50.5$ cm로 증가할 때, 중심선($r = 0$)에서의 속도에서 변화를 추정하여라.

b. 유체 원통의 반지름 R이 1% 감소하고 가로 L이 2% 증가할 때, 중심선에서의 속도에서 백분율 변화를 추정하여라.

c. 다음 명제를 완성하여라. 원통의 반지름이 P% 증가할 때, 속도가 상수로 유지되기 위해서는 원통의 가로가 근사적으로 ____% 증가해야 한다.

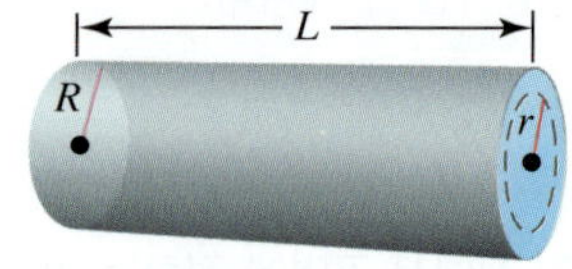

3단계 도전

33. 적어도 한 번 만날 확률 군중의 집단에서 독감에 걸린 비율은 $0 \le r \le 1$이다. 무작위로 n번 접촉했을 때, 독감 보균자를 적어도 한 명 만날 확률은 $P = f(n, r) = 1 - (1 - r)^n$이다. n은 실제로 양의 정수이지만 양의 실수로 간주한다.

a. f_r과 f_n을 계산하여라.

b. 확률 P가 독감 감염률 r에 어떻게 민감한가? 20명을 만난다고 가정하자. 독감 감염률이 $r = 0.1$에서 $r = 0.11$로 (n은 고정) 증가할 때, 확률 P는 대략 얼마나 증가하는가?

c. $n = 20$이고 독감 감염률이 $r = 0.9$에서 $r = 0.91$로 증가할 때, 확률 P는 대략 얼마나 증가하는가?

d. b와 c의 결과를 설명하여라.

34. 세 전기 저항 저항이 각각 $R_1 > 0$, $R_2 > 0$, $R_3 > 0$인 세 개의 전기 저항이 평행 도선에 감겨 있을 때(그림 참조), 합성 저항 R은 $\frac{1}{R} = \frac{1}{R_1} + \frac{1}{R_2} + \frac{1}{R_3}$로 주어지며, 옴($\Omega$)으로 측정된다. R_1이 2 Ω에서 2.05 Ω으로 증가, R_2는 3 Ω에서 2.95 Ω으로 감소, R_3은 1.5 Ω에서 1.55 Ω으로 증가할 때, R에서 변화를 추정하여라.

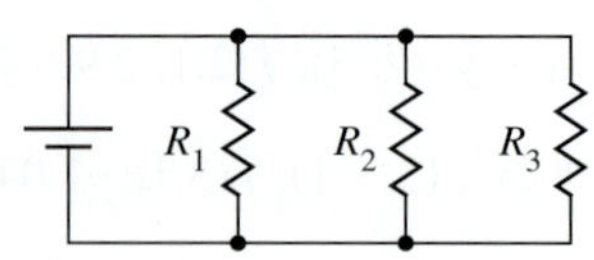

35. 로그 미분 f를 정의역에서 하나 또는 그 이상의 양의 변수에서 미분가능한 함수라고 하자.

a. $d(\ln f) = \frac{df}{f}$임을 보여라.

b. a를 사용하여 $\ln f$에서의 절대 변화는 f에서의 상대 변화와 같다는 명제를 설명하여라.

c. $f(x, y) = xy$라 하고 $\ln f = \ln x + \ln y$임에 유의하여 상대 변화는 합이 된다는 것, 즉 $\frac{df}{f} = \frac{dx}{x} + \frac{dy}{y}$임을 보여라.

d. $f(x, y) = \frac{x}{y}$라고 하자. $\ln f = \ln x - \ln y$임에 유의하여

상대 변화는 차가 된다는 것, 즉 $\dfrac{df}{f} = \dfrac{dx}{x} - \dfrac{dy}{y}$임을 보여라.

e. n개의 수의 곱 $f = x_1 x_2 \cdots x_n$에서 상대 변화는 근사적으로 변수에서의 상대 변화의 합과 같음을 보여라.

QUICK CHECK 정답

1. $F(x, y, z) = z - xy - x + y = 0$ **2.** $(-1, 2, 1)$에서 x축의 양의 방향으로 걸으면 오르막길을 걸을 것이다. $(-1, 2, 1)$에서 y축의 양의 방향으로 걸으면 내리막길을 걸을 것이다. **3.** $\Delta x = 0$이면 변화 공식은 $\Delta z \approx f_y(a, b)\Delta y$이고, 이는 일변수 y에 대한 변화 공식이다. $\Delta y = 0$이면 변화 공식은 $\Delta z \approx f_x(a, b)\Delta x$이고, 이는 일변수 x에 대한 변화 공식이다. **4.** BMI는 체중 w와 함께 증가하고 신장 h와 함께 감소한다.

14.7 최대·최소 문제

4장에서 일변수함수의 극댓값과 극솟값을 구하기 위해 미분을 어떻게 사용했는지 살펴봤다. 이 기법들을 이변수함수로 확장하면 유사한 점과 차이점 두 가지를 모두 볼 수 있다. 곡면의 모양은 평면에 있는 곡선의 개요보다 훨씬 복잡하다. 그래서 다변수로 작업했을 때 더 재미있는 모습이 나온다. 봉우리(최댓값)와 골짜기(최솟값)가 있는 꾸불꾸불한 산등성이, 긴 계곡, 산길을 만난다. 이런 복잡함에도 불구하고 일변수함수에서 사용된 많은 개념이 고차원에서 다시 나타난다. 예를 들어 이변수함수에 잘 맞는 2계 도함수 판정은 중심적인 역할을 한다. 일변수함수와 같이 여기서 전개하는 기법은 실질적인 최적화 문제를 풀 때도 유용하다.

극댓값과 극솟값

4장에서 다룬 극댓값(local maximum)과 극솟값(local minimum)의 개념은 $z = f(x, y)$ 형태의 이변수함수로 쉽게 확장된다. 그림 14.67은 $\mathbb{R}^2$의 부분집합인 정의역 D에서 정의된 일반적인 곡면을 보여 주며, 이 곡면은 D의 내부에서 봉우리(국소적으로 높은 점)와 골짜기(국소적으로 낮은 점)를 갖는다. 목표는 이 극점의 위치를 찾고 분류하는 것이다.

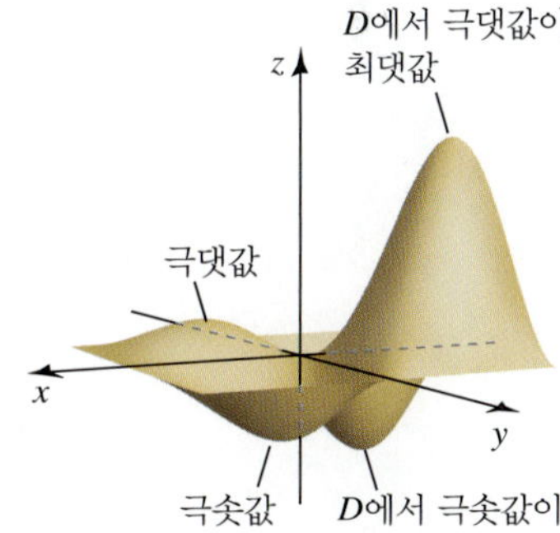

그림 14.67

정의 극댓값과 극솟값

(a, b)가 f가 정의된 영역 R의 점이라고 하자. f의 정의역에 있는 모든 (x, y)와 중심이 (a, b)인 어떤 열린 원판에서 $f(x, y) \le f(a, b)$이면 $f(a, b)$는 f의 **극댓값**이다. f의 정의역에 있는 모든 (x, y)와 중심이 (a, b)인 어떤 열린 원판에서 $f(x, y) \ge f(a, b)$이면 $f(a, b)$는 f의 **극솟값**이다.

➤ 4장에서 택한 '극댓값과 극솟값은 정의역의 내점에서 나타난다'는 편의성을 유지한다. 중심이 (a, b)인 열린 원판은 중심이 (a, b)인 원의 내부임을 기억하여라.

친숙하게 표현하면 극대점은 오르막을 걸을 수 없는 곡면 위의 점이고, 국소점은 내리막을 걸을 수 없는 곡면 위의 점이다. 다음 정리는 정리 4.2와 유사하다.

> **정리 14.14 미분과 극댓값 및 극솟값**
>
> f가 (a, b)에서 극댓값이나 극솟값을 갖고 (a, b)에서 편미분 f_x와 f_y가 존재하면 $f_x(a, b) = f_y(a, b) = 0$이다.

증명 f가 (a, b)에서 극댓값을 갖는다고 하자. $y = b$로 고정해서 얻은 일변수함수 $g(x) = f(x, b)$ 또한 (a, b)에서 극댓값을 가지므로 정리 4.2에 의해 $g'(a) = 0$이다. 이때 $g'(a) = f_x(a, b)$, 즉 $f_x(a, b) = 0$이다. 마찬가지로 $x = a$로 고정해서 얻은 일변수함수 $h(y) = f(a, y)$는 (a, b)에서 극댓값을 가지므로 $f_y(a, b) = h'(b) = 0$이 된다. 유사한 논의가 극솟값의 경우에도 적용된다. ◀

QUICK CHECK 1 포물면 $z = x^2 + y^2 - 4x + 2y + 5$는 $(2, -1)$에서 극솟값을 갖는다. 이 함수에 대하여 정리 14.14의 결론을 증명하여라. ◀

f가 (a, b)에서 미분가능(접평면의 존재를 보장함)하고 f가 (a, b)에서 극값을 갖는다고 하자. 그러면 $f_x(a, b) = f_y(a, b) = 0$이다. 이를 접평면의 방정식에 대입하면 방정식 $z = f(a, b)$ (상수)가 되므로 극점에서 접평면이 존재하면 이 평면은 수평면이다.

일변수함수에서 조건 $f'(a) = 0$은 a에서 극값의 존재를 보장하지 않는다. 이와 비슷한 예방책이 정리 14.14에도 있어야 한다. 곧 다루겠지만 조건 $f_x(a, b) = f_y(a, b) = 0$은 f가 (a, b)에서 극값의 존재를 보장하지 않는다. 정리 14.14는 극점에 대한 **후보**를 제공하는데, 이 후보를 일변수함수의 경우와 같이 **임계점**(critical point)이라 한다. 그러므로 극댓값과 극솟값의 위치를 정하려면 임계점을 찾은 후, 후보가 진짜 극댓값 또는 극솟값인지 확인해야 한다.

> **정의 임계점**
>
> f의 정의역의 내점 (a, b)가 다음 중 하나에 해당하면 **임계점**이다.
>
> **1.** $f_x(a, b) = f_y(a, b) = 0$
>
> **2.** (a, b)에서 편미분 f_x와 f_y 중 최소한 어느 하나는 존재하지 않는다.

| 예제 1 | 임계점 찾기 $f(x, y) = xy(x - 2)(y + 3)$의 임계점을 구하여라.

풀이 이 함수는 $\mathbb{R}^2$의 모든 점에서 미분가능하므로 임계점은 $f_x(x, y) = f_y(x, y) = 0$인 점에서 나타난다. 편미분을 계산하고 간단히 하면

$$\begin{aligned} f_x(x, y) &= 2y(x - 1)(y + 3) = 0 \\ f_y(x, y) &= x(x - 2)(2y + 3) = 0 \end{aligned}$$

이 된다. 두 방정식을 만족하는 모든 순서쌍 (x, y)를 찾아야 한다. 첫 번째 방정식은 $y = 0$, $x = 1$, $y = -3$일 때에만 만족한다. 이 세 경우를 각각 고려한다.

- $y = 0$을 대입하면 두 번째 방정식은 $3x(x-2) = 0$이고, 해는 $x = 0$, $x = 2$이다. 그러므로 $(0, 0)$과 $(2, 0)$은 임계점이다.
- $x = 1$을 대입하면 두 번째 방정식은 $-(2y+3) = 0$이고, 해는 $y = -\frac{3}{2}$이다. 그러므로 $\left(1, -\frac{3}{2}\right)$은 임계점이다.
- $y = -3$을 대입하면 두 번째 방정식은 $-3x(x-2) = 0$이고, 해는 $x = 0$, $x = 2$이다. 그러므로 $(0, -3)$과 $(2, -3)$은 임계점이다.

이로써 다섯 개의 임계점 $(0, 0)$, $(2, 0)$, $\left(1, -\frac{3}{2}\right)$, $(0, -3)$, $(2, -3)$이 존재함을 알았다. 이 임계점 중 몇몇은 극댓값, 극솟값에 해당할 수 있다. 이 예제 및 완전한 분석과 함께 곧 논의를 시작할 것이다.

관련 연습문제 8번 ◀

2계 도함수 판정

임계점은 극점의 후보이다. 일변수함수에서 2계 도함수 판정은 임계점이 극대점 또는 극소점에 해당하는지 결정할 때(결론을 내릴 수 없는 판정도 있을 수 있음) 사용했다. 이변수함수에도 비슷한 판정이 극대점과 극소점을 찾을 때뿐 아니라 안장점(saddle point)으로 알려진 다른 형태를 구별할 때도 사용한다.

정의 안장점

임계점 (a, b)에서 미분가능한 함수 f를 고려하자. 중심이 (a, b)인 모든 열린 원판 안에 $f(x, y) > f(a, b)$인 점 (x, y)와 $f(x, y) < f(a, b)$인 점 (x, y)가 존재하면 (a, b)는 f의 **안장점**이다.

➤ 안장점의 통상적인 이미지는 산길(또는 말 안장)이다. 이 경우 어떤 방향으로는 위로 오를 수 있고 또 다른 방향으로는 아래로 내려갈 수 있다. 주어진 안장점의 정의는 덜 통상적인 다른 상황을 포함한다. 예를 들어 이 정의에 의하면 원기둥 $z = x^3$은 y축을 따라 안장점들의 직선을 갖는다.

(a, b)가 f의 임계점이자 안장점이면 오르막을 걸을 수 있는 방향과 내리막을 걸을 수 있는 방향이 존재한다. 함수 $f(x, y) = x^2 - y^2$ (쌍곡포물면)은 기억하기 좋은 예이다. 이 곡면은 임계점 $(0, 0)$에서 x축을 따라 올라가고, $(0, 0)$에서 y축을 따라 내려간다(그림 14.68). $f_x(0, 0) = f_y(0, 0) = 0$임을 쉽게 계산할 수 있고, 이는 임계점은 필연적으로 극대점 또는 극소점에 대응하지 않는다는 것을 보여 준다.

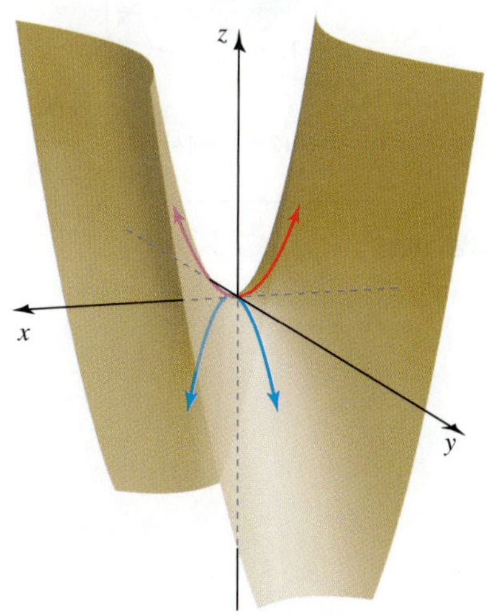

쌍곡포물면 $z = x^2 - y^2$은 $(0, 0)$에서 안장점을 갖는다.

그림 14.68

QUICK CHECK 2 안장점에서 곡면에 접하는 평면을 고려하자. 접평면의 법선은 어느 방향을 가리키는가? ◀

정리 14.15 2계 도함수 판정

f의 2계 편도함수가 중심이 (a, b)인 열린 원판 전체를 통해 연속이라 하자. 여기서 $f_x(a, b) = f_y(a, b) = 0$이다. $D(x, y) = f_{xx}(x, y)\, f_{yy}(x, y) - (f_{xy}(x, y))^2$이라 하자.

1. $D(a, b) > 0$, $f_{xx}(a, b) < 0$이면 f는 (a, b)에서 극댓값을 갖는다.

➤ 일변수함수에 대한 2계 도함수 판정은 a가 $f'(a) = 0$인 임계점이면 $f''(a) > 0$은 f가 a에서 극소이도록 하고, $f''(a) < 0$은 f가 a에서 극대이도록 하며, $f''(a) = 0$은 판정이 불가능함을 알려 준다. 정리 14.15는 두 2계 도함수 판정 사이의 평행성을 유의하면 기억하기 쉽다.

QUICK CHECK 3 $f(x, y) = x^2y^2$의 판별식 $D(x, y)$를 계산하여라. ◀

2. $D(a, b) > 0$, $f_{xx}(a, b) > 0$이면 f는 (a, b)에서 극솟값을 갖는다.

3. $D(a, b) < 0$이면 f는 (a, b)에서 안장점을 갖는다.

4. $D(a, b) = 0$이면 판정 불가능하다.

정리의 증명은 부록에 있으나 몇 가지 언급을 나열한다. 판정은 양 $D(x, y) = f_{xx}f_{yy} - (f_{xy})^2$에 의존하는데, 이를 f의 **판별식**(discriminant)이라 한다. 이는 **헤시안**(Hessian) 행렬 $\begin{pmatrix} f_{xx} & f_{xy} \\ f_{yx} & f_{yy} \end{pmatrix}$의 2×2 행렬식으로 기억할 수 있다. 여기서 $f_{xy} = f_{yx}$이며, 이는 2계 도함수가 연속임을 보장한다(정리 14.4). 조건 $D(x, y) > 0$은 (a, b) 근방의 모든 방향에서 곡면이 일반적인 동일한 양상을 보임을 의미한다. 즉, 곡면이 모든 방향으로 오르막이거나 모든 방향으로 내리막이다. $D(a, b) = 0$인 경우 2계 도함수 판정으로 결론을 내릴 수 없다. 즉, 이 경우 (a, b)는 극대점, 극소점, 안장점 중 어디에도 해당할 수 있다.

마지막으로 정리 14.15로부터 안장점의 또 다른 유용한 특징을 유도할 수 있다. 안장점에서 접평면은 곡면의 위아래 둘 다 위치해 있다.

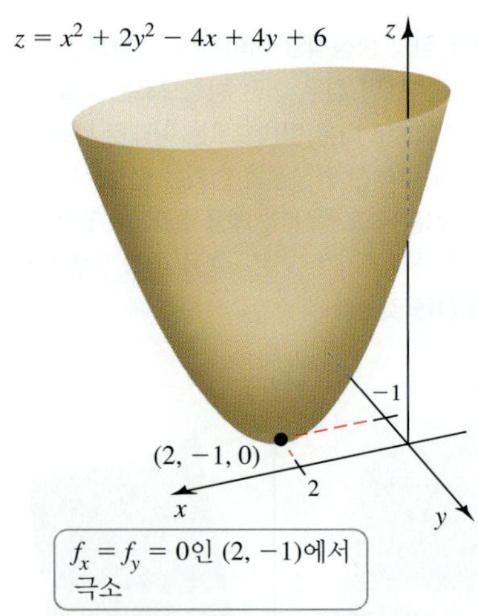

그림 14.69

|예제 2| 임계점 분석 2계 도함수 판정을 사용하여 $f(x, y) = x^2 + 2y^2 - 4x + 4y + 6$의 임계점을 분류하여라.

풀이 다음과 같은 미분 계산으로 시작한다.

$$f_x = 2x - 4, \quad f_y = 4y + 4,$$
$$f_{xx} = 2, \quad f_{xy} = f_{yx} = 0, \quad f_{yy} = 4$$

f_x와 f_y 둘 다 0으로 놓으면 하나의 임계점 $(2, -1)$이 나온다. 임계점에서 판별식의 값은 $D(2, -1) = f_{xx}f_{yy} - (f_{xy})^2 = 8 > 0$이며, 이때 $f_{xx}(2, -1) = 2 > 0$이다. 2계 도함수 판정에 의해 f는 $(2, -1)$에서 극솟값을 갖고 그 값은 $f(2, -1) = 0$이며, 실제로 이는 최솟값이다(그림 14.69). ◀

|예제 3| 임계점 분석 2계 도함수 판정을 사용하여 $f(x, y) = xy(x - 2)(y + 3)$의 임계점을 분류하여라.

풀이 예제 1에서 f의 임계점 $(0, 0)$, $(2, 0)$, $\left(1, -\frac{3}{2}\right)$, $(0, -3)$, $(2, -3)$을 결정했다. 판별식을 계산하기 위해 필요한 미분을 계산하면 다음과 같다.

$$f_x = 2y(x - 1)(y + 3), \quad f_y = x(x - 2)(2y + 3),$$
$$f_{xx} = 2y(y + 3), \quad f_{xy} = 2(2y + 3)(x - 1), \quad f_{yy} = 2x(x - 2)$$

표 14.4는 임계점에서 판별식의 값과 2계 도함수 판정의 결론을 보여 준다.

표 14.4

(x, y)	$D(x, y)$	f_{xx}	결론
$(0, 0)$	-36	0	안장점
$(2, 0)$	-36	0	안장점
$\left(1, -\frac{3}{2}\right)$	9	$-\frac{9}{2}$	극대점
$(0, -3)$	-36	0	안장점
$(2, -3)$	-36	0	안장점

f가 나타내는 곡면은 $\left(1, -\frac{3}{2}\right)$에서 극댓값을 가지며 네 개의 안장점으로 둘러싸인다(그림 14.70(a)). f의 등위선을 그려서 곡면의 구조는 시각화할 수도 있다(그림 14.70(b)).

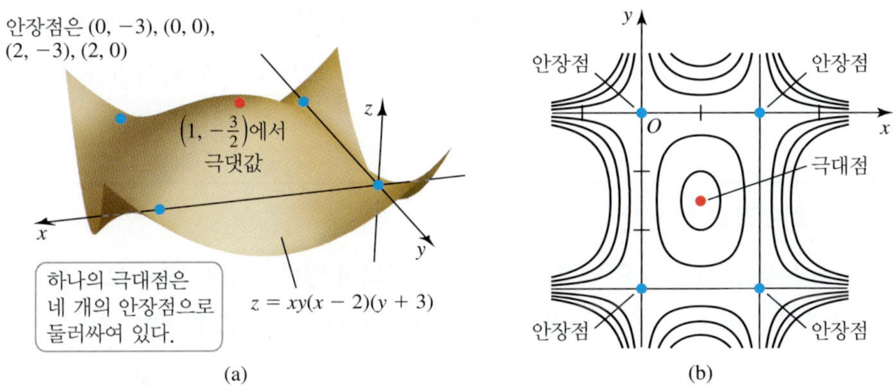

그림 14.70

관련 연습문제 14번 ◀

| 예제 4 | 결론 낼 수 없는 판정 다음 함수에 2계 도함수 판정을 적용한 후, 결과를 설명하여라.

a. $f(x, y) = 2x^4 + y^4$ **b.** $f(x, y) = 2 - xy^2$

풀이

a. f의 임계점은

$$f_x = 8x^3 = 0, \quad f_y = 4y^3 = 0$$

을 만족하므로 임계점은 (0, 0)이다. (0, 0)에서 계산한 2계 편도함수를 계산하면 다음과 같다.

$$f_{xx}(0, 0) = f_{xy}(0, 0) = f_{yy}(0, 0) = 0$$

즉, $D(0, 0) = 0$이므로 2계 도함수 판정으로 결론을 낼 수 없다. 반면, f는 그릇 모양의 곡면이므로 (0, 0)에서 극소이다. 또한 곡면은 넓은 평평한 바닥을 갖는데, 이는 2계 도함수 판정으로 '볼 수 없는' 극소점을 만든다(그림 14.71).

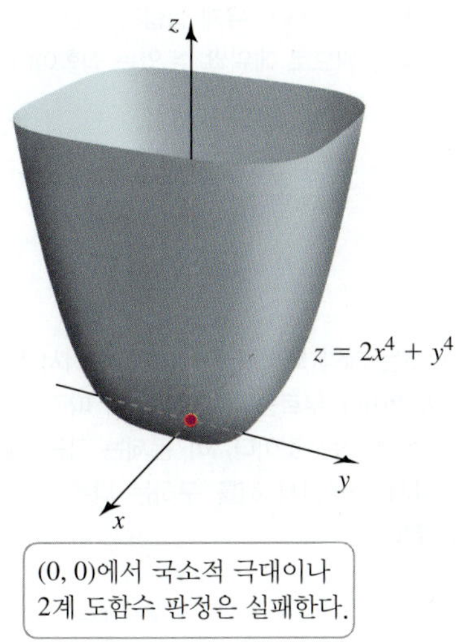

그림 14.71

b. 이 함수의 임계점은

▶ '평평한' 성질은 $f(x) = x^4$과 같은 일변수함수에도 나타난다. f가 $x = 0$에서 극소이지만 2계 도함수 판정으로는 이를 알 수 없다.

$$f_x(x, y) = -y^2 = 0, \qquad f_y(x\ y) = -2xy = 0$$

을 만족하며, 해는 실수 a에 대하여 $(a, 0)$ 형태이다. $(a, 0)$에서 계산한 2계 편도함수는 다음과 같다.

▶ 예제 4b에서 2계 도함수 판정으로 결론을 내릴 수 없다는 사실은 놀라운 일이 아니다. 이 함수는 $a > 0$일 때 $(a, 0)$에서 극대의 직선을 갖고, $a < 0$일 때 $(a, 0)$에서 극소의 직선을 갖는다. 또한 $(0, 0)$은 안장점이다.

$$f_{xx}(a, 0) = f_{xy}(a, 0) = 0, \qquad f_{yy}(a, 0) = -2a$$

그러므로 판별식은 $D(a, 0) = 0$이며, 2계 도함수 판정으로 결론을 내릴 수 없다. 그림 14.72는 f가 2계 도함수 판정으로 분류할 수 없는 x축 위쪽에 평평한 산등성이를 갖고 있음을 보여 준다.

관련 연습문제 15번 ◀

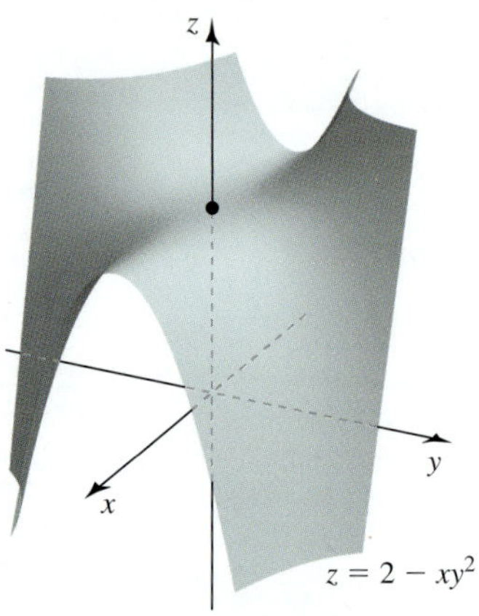

그림 14.72

최댓값과 최솟값

일변수함수에서처럼 이변수 또는 그 이상의 변수의 함수에서 정의역(또는 정의역의 부분집합) 위의 어느 점에서 최댓값 또는 최솟값을 갖는지에 관하여 종종 관심을 갖는다.

> **정의 최댓값과 최솟값**
>
> f가 (a, b)를 포함하는 $\mathbb{R}^2$의 집합 R에서 정의되어 있다고 하자. R의 모든 (x, y)에 대하여 $f(a, b) \ge f(x, y)$일 때 $f(a, b)$는 R에서 f의 **최댓값**이다. R의 모든 (x, y)에 대하여 $f(a, b) \le f(x, y)$일 때 $f(a, b)$는 R에서 f의 **최솟값**이다.

4장의 최대·최소 정리는 $\mathbb{R}^2$ (또는 그 이상의 차원)에서와 유사한 점이 있다. $\mathbb{R}^2$에서 닫힌 유계 집합에서 연속인 함수는 그 집합에서 최댓값과 최솟값을 갖는다. 닫힌 유계 집합 R에서 최댓값과 최솟값은 두 가지 방식으로 나타난다.

▶ $\mathbb{R}^2$에서 닫힌집합은 경계를 포함하는 집합임을 기억하여라. $\mathbb{R}^2$에서 유계 집합은 유한한 반지름을 갖는 원으로 에워쌀 수 있는 집합이다.

- R의 내점에서 최댓값 또는 최솟값을 가질 수 있다. 여기서 이들은 임계점과 관련된다.
- R의 경계에서 최댓값 또는 최솟값을 가질 수 있다.

그러므로 닫힌 유계 집합에서 최댓값과 최솟값을 찾는 것은 R의 경계와 R의 내점에서 함수의 성질을 탐구하는 것에 해당한다.

▶ 예제 5는 제약 최적화 문제이다. 여기서 목표는 제약이라 부르는 추가 조건에 따라 부피를 최대화하는 것이다. 이 문제는 다음 절에서 다시 다루면서 해를 구하는 다른 방법을 제시한다.

| 예제 5 | 선적 통제 어느 선적 회사는 상자의 가로, 세로, 높이의 합이 96 in를 초과하지 않는 직육면체 상자를 취급한다. 이 조건에 맞는 상자 중 부피가 최대가 되도록 하는 상자의 치수를 구하여라.

풀이 x, y, z를 상자의 치수라고 하면 부피는 $V = xyz$이다. 최대 부피를 갖는 상자 또한 조건 $x + y + z = 96$을 만족해야 한다. 이는 부피 함수에서 임의의 한 변수를 소거하는 데 사용된다. $z = 96 - x - y$이므로 부피 함수는 다음과 같다.

$$V(x, y) = xy(96 - x - y)$$

$x, y, 96 - x - y$는 상자의 치수이므로 모두 음이 아니다. 조건 $96 - x - y \geq 0$에서 $x + y \leq 96$이다. 그러므로 xy평면 위의 점 중 (x, y)가 세 직선 $x = 0$, $y = 0$, $x + y = 96$으로 경계된 삼각형에 놓여 있으면 그때만 제약 조건을 만족한다(그림 14.73).

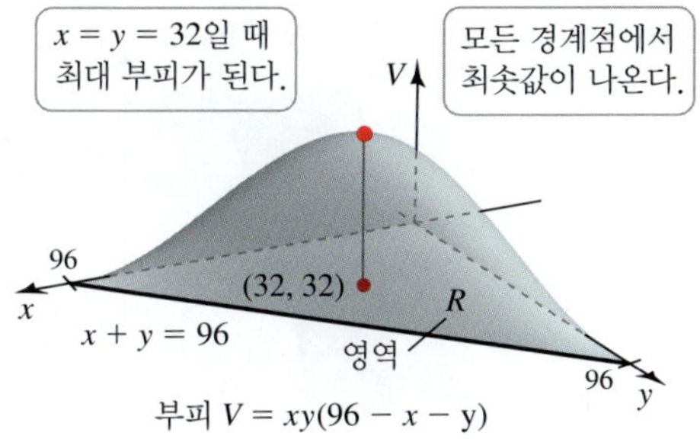

그림 14.73

이 단계에서 원래의 문제를 관련된 문제로 만들었다. 다음 삼각형 영역에서 $V(x, y) = xy(96 - x - y)$의 최댓값을 구한다.

$$R = \{(x, y): 0 \leq x \leq 96, 0 \leq y \leq 96 - x\}$$

R의 경계는 선분 $x = 0$, $0 \leq y \leq 96$과 선분 $y = 0$, $0 \leq x \leq 96$과 선분 $x + y = 96$, $0 \leq x \leq 96$으로 이루어져 있으며, 경계인 세 선분 위에서 $V = 0$이다. R의 내점에서 V의 성질을 결정하려면 임계점을 찾아야 한다. V의 임계점은

$$V_x = 96y - 2xy - y^2 = y(96 - 2x - y) = 0,$$
$$V_y = 96x - 2xy - x^2 = x(96 - 2y - x) = 0$$

을 만족한다. 이 두 방정식의 해는 (0, 0), (96, 0), (0, 96), (32, 32)임을 검증할 수 있다. 처음 세 해는 정의역의 경계에 놓여 있고, 여기서 $V = 0$이다. 네 번째 해에서 $V(32, 32) = 32{,}758\ \text{in}^3$이고, 이는 상자의 최댓값이다. 따라서 최대 부피인 상자의 치수는 $x = 32$, $y = 32$, $z = 96 - x - y = 32$ (이는 정육면체)이다. 또한 R의 모든 경계점에서 최솟값 0을 가짐을 알 수 있다.

관련 연습문제 22번 ◀

예제 5에서 주어진 해법을 다음 과정으로 요약한다.

절차 닫힌 유계 집합에서 최댓값 / 최솟값 구하기

f가 $\mathbb{R}^2$의 닫힌 유계 집합 R에서 연속이라고 하자. R에서 최댓값과 최솟값을 구하기 위해 다음 단계를 수행한다.

1. R의 모든 임계점에서 f의 값을 계산한다.

2. R의 경계에서 f의 극댓값과 극솟값을 구한다.

3. 1단계와 2단계에서 구한 최대 함숫값이 R에서 f의 최댓값이고, 1단계와 2단계에서 구한 최소 함숫값이 R에서 f의 최솟값이다.

이 과정의 1단계에서 수행한 기법은 이미 소개했었다. 최댓값 및 최솟값의 위치가 경계에 놓여 있는 도전 문제가 종종 있었다. 예제 6과 예제 7은 R의 경계를 다루는 두 가지 접근법을 보여 준다. 첫 번째는 일변수함수를 이용하여 경계를 표현하고, 두 번째는 매개변수로 경계를 묘사한다. 두 경우 모두 경계에서 극값을 구

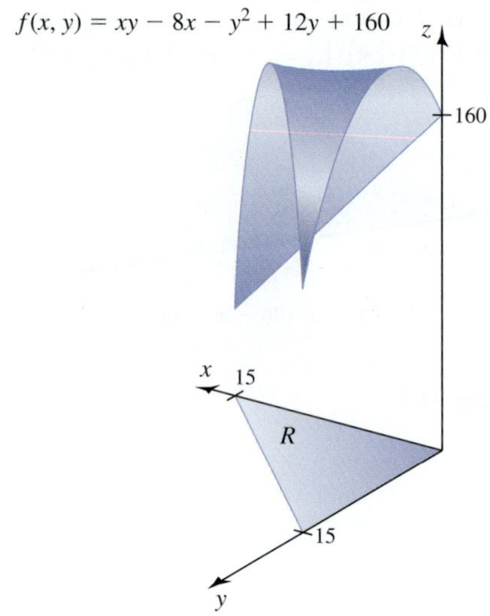

그림 14.74

하는 것은 일변수 문제가 된다. 경계에서 극값을 구하는 다른 방법을 다음 절에서 논한다.

| 예제 6 | **영역에서 최댓값과 최솟값** 삼각형 영역 $R = \{(x, y): 0 \le x \le 15, 0 \le y \le 15 - x\}$에서 함수 $f(x, y) = xy - 8x - y^2 + 12y + 160$의 최댓값과 최솟값을 구하여라.

풀이 그림 14.74는 영역 R에서 f의 그래프이다. 목표는 R의 경계를 포함한 영역 R에서 f의 최댓값과 최솟값을 구하는 것이다. 먼저 R의 내부에서 임계점을 찾자. f의 편미분은

$$f_x(x, y) = y - 8, \qquad f_y(x, y) = x - 2y + 12$$

이다. $(x, y) = (4, 8)$일 때 조건 $f_x(x, y) = f_y(x, y) = 0$을 만족하며, 이 점은 R의 내부에 있다. 이 임계점은 f의 극점의 후보이고, 이 점에서 함숫값은 $f(4, 8) = 192$이다.

R의 경계에서 극값을 구하기 위해 R의 가장자리를 분리하여 생각하자. C_1을 x축 위의 선분 $\{(x, y): y = 0, 0 \le x \le 15\}$로 놓고 C_1 위의 모든 점에서 f와 같은 일변수함수 g_1을 정의한다(그림 14.75). $y = 0$을 대입하면 g_1은 다음 형태임을 알 수 있다.

$$g_1(x) = f(x, 0) = 160 - 8x$$

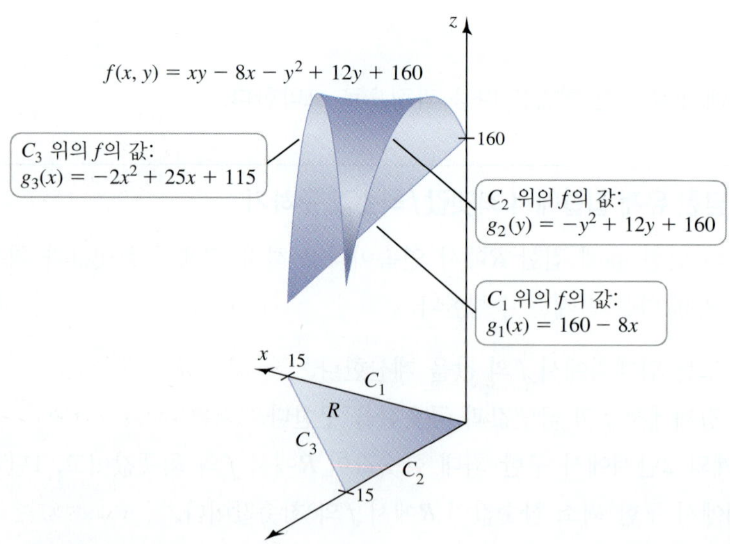

그림 14.75

4장에서 배운 내용에 의하면 $0 \le x \le 15$에서 g_1의 최댓값의 후보가 임계점과 끝점에서 나온다. 특히 g_1의 임계점은 미분이 0인 값에 해당한다. 그러나 이 경우 $g_1'(x) = -8$이므로 임계점이 없다. 이는 g_1의 최댓값 또는 최솟값이 구간 [0, 15]의 끝점에 있으며

$$g_1(0) = f(0, 0) = 160, \quad g_1(15) = f(15, 0) = 40$$

임을 알 수 있다. 이 정보는 R의 다른 두 가장자리에서 비슷한 분석을 하는 동안은 잠시 제쳐 두자.

C_2를 선분 $\{(x, y): x = 0, 0 \le y \le 15\}$로 놓고 C_2에서 g_2를 f와 같도록 정의한다(그림 14.75). $x = 0$을 대입하면 다음을 얻는다.

$$g_2(y) = f(0, y) = -y^2 + 12y + 160$$

g_2의 임계점은

$$g_2'(y) = -2y + 12 = 0$$

을 만족하며, 이는 하나의 근 $y = 6$을 갖는다. 이 점과 끝점에서 g_2를 계산하면 다음과 같다.

$$g_2(6) = f(0, 6) = 196, \quad g_2(0) = f(0, 0) = 160, \quad g_2(15) = f(0, 15) = 115$$

C_1과 C_2는 원점에서 만나므로 $g_1(0) = g_2(0)$임을 관찰하자.

마지막으로 C_3은 선분 $\{(x, y): y = 15 - x, 0 \le x \le 15\}$로 놓고 C_3에서 g_3을 f와 같도록 정의한다(그림 14.75). $y = 15 - x$를 대입하고 간단히 하면 다음을 얻는다.

$$g_3(x) = f(x, 15 - x) = -2x^2 + 25x + 115$$

g_3의 임계점은

$$g_3'(x) = -4x + 25$$

를 만족하며, 이는 구간 $0 \le x \le 15$에 하나의 근 $x = 6.25$를 갖는다. 임계점과 끝점에서 g_3을 계산하면 다음과 같다.

$$g_3(6.25) = f(6.25, 8.75) = 193.125, \quad g_3(15) = f(15, 0) = 40,$$
$$g_3(0) = f(0, 15) = 115$$

$g_3(15) = g_1(15)$, $g_3(0) = g_2(15)$를 관찰하면 최댓값 및 최솟값에 대한 유일한 새 후보는 점 $(6.25, 8.75)$이다.

지금까지의 작업을 종합하여 요약하면 최댓값 및 최솟값에 대한 여섯 개의 후보를 갖는다.

$$f(4, 8) = 192, \ f(0, 0) = 160, \ f(15, 0) = 40,$$
$$f(0, 6) = 196, \ f(0, 15) = 115, \ f(6.25, 8.75) = 193.125$$

f는 $(15, 0)$에서 최솟값 40을 갖고, $(0, 6)$에서 최댓값 196을 가짐을 볼 수 있다. 이렇게 구한 값을 그림 14.76이 보여 주고 있다. ◀

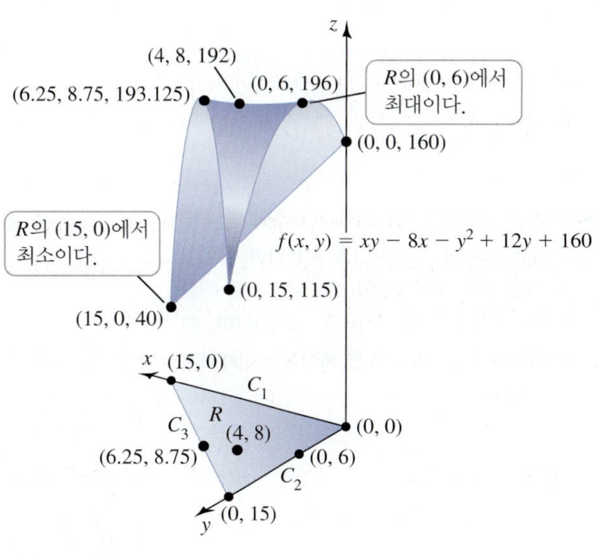

그림 14.76

▶ 닫힌집합에서 최댓값 또는 최솟값을 구할 때 임계점을 분류하기 위해 2계 도함수 판정을 사용해야 할 필요는 없다. 예제 7에서 이 판정은 $\left(\frac{1}{\sqrt{3}}, 0\right)$, $\left(-\frac{1}{\sqrt{3}}, 0\right)$이 각각 안장점, 극대점에 해당함을 보이는 데 사용할 수 있다. 하지만 이 정보는 필요하지 않다.

▶ 중심이 원점이고 반지름이 $|a|$인 원의 매개 표현은 $x = a\cos\theta,\ y = a\sin\theta,\ 0 \le \theta \le 2\pi$이다.

▶ 구간 $(0, \pi)$에서 방정식 $\cos\theta = \frac{1}{3}$의 해는 두 개이다. 그러나 역코사인을 사용하여 방정식을 풀면 $\cos^{-1}x$의 치역이 $[0, \pi]$이므로 해를 단지 $\theta = \cos^{-1}\frac{1}{3}$로 나타냄을 기억하여라. 다른 해 $\theta = 2\pi - \cos^{-1}\frac{1}{3}$은 대칭성을 이용하여 구해 보자.

| 예제 7 | 최댓값과 최솟값 영역 $R = \{(x, y): x^2 + y^2 \le 1\}$ (반지름이 1이고 중심이 (0, 0)인 닫힌 원판)에서 $f(x, y) = \frac{1}{2}(x^3 - x - y^2) + 3$의 최댓값과 최솟값을 구하여라.

풀이 먼저 R의 내부에 f의 임계점의 위치를 찾는다. 임계점은 두 방정식

$$f_x(x, y) = \frac{1}{2}(3x^2 - 1) = 0, \quad f_y(x, y) = -y = 0$$

을 만족하며, 해는 $x = \pm\dfrac{1}{\sqrt{3}}$, $y = 0$이다. 이 두 점에서 함숫값을 계산하면 다음과 같다.

$$f\left(\frac{1}{\sqrt{3}}, 0\right) = 3 - \frac{1}{3\sqrt{3}}, \quad f\left(-\frac{1}{\sqrt{3}}, 0\right) = 3 + \frac{1}{3\sqrt{3}}$$

이제 R의 경계에서 f의 극댓값과 극솟값을 결정한다. 이 경계는 다음과 같은 매개방정식으로 표현되는 반지름이 1의 원이다.

$$x = \cos\theta, \quad y = \sin\theta, \quad 0 \le \theta \le 2\pi$$

θ의 항으로 이루어진 x와 y를 f에 대입하면 R의 경계에서 f의 값을 주는 새로운 함수 $g(\theta)$를 얻는다.

$$g(\theta) = \frac{1}{2}(\cos^3\theta - \cos\theta - \sin^2\theta) + 3$$

최댓값과 최소의 경곗값을 구하는 것은 이제 일변수 문제이다. f의 임계점은 다음을 만족한다.

$$\begin{aligned} g'(\theta) &= \frac{1}{2}(-3\cos^2\theta\sin\theta + \sin\theta - 2\sin\theta\cos\theta) \\ &= -\frac{1}{2}\sin\theta(3\cos^2\theta + 2\cos\theta - 1) \\ &= -\frac{1}{2}\sin\theta(3\cos\theta - 1)(\cos\theta + 1) = 0 \end{aligned}$$

이 조건은 $\sin\theta = 0$, $\cos\theta = \dfrac{1}{3}$, $\cos\theta = -1$일 때 성립한다. 구간 $(0, 2\pi)$에서 이 방정식의 해는 $\theta = \pi$, $\theta = \cos^{-1}\dfrac{1}{3}$, $\theta = 2\pi - \cos^{-1}\dfrac{1}{3}$이며 xy평면에서 각각 세 점 $(-1, 0)$, $\left(\dfrac{1}{3}, \dfrac{2\sqrt{2}}{3}\right)$, $\left(\dfrac{1}{3}, -\dfrac{2\sqrt{2}}{3}\right)$에 해당한다. 이때 구간의 끝점($\theta = 0$와 $\theta = 2\pi$)은 R의 경계에서 같은 점 (1, 0)에 해당한다.

처음 두 단계의 과정을 수행했으므로 다음 여섯 개의 함숫값을 비교한다.

- $f\left(\dfrac{1}{\sqrt{3}}, 0\right) = 3 - \dfrac{1}{3\sqrt{3}} \approx 2.81$, $f\left(-\dfrac{1}{\sqrt{3}}, 0\right) = 3 + \dfrac{1}{3\sqrt{3}} \approx 3.19$ (임계점)
- $f(-1, 0) = 3$ (경계점)

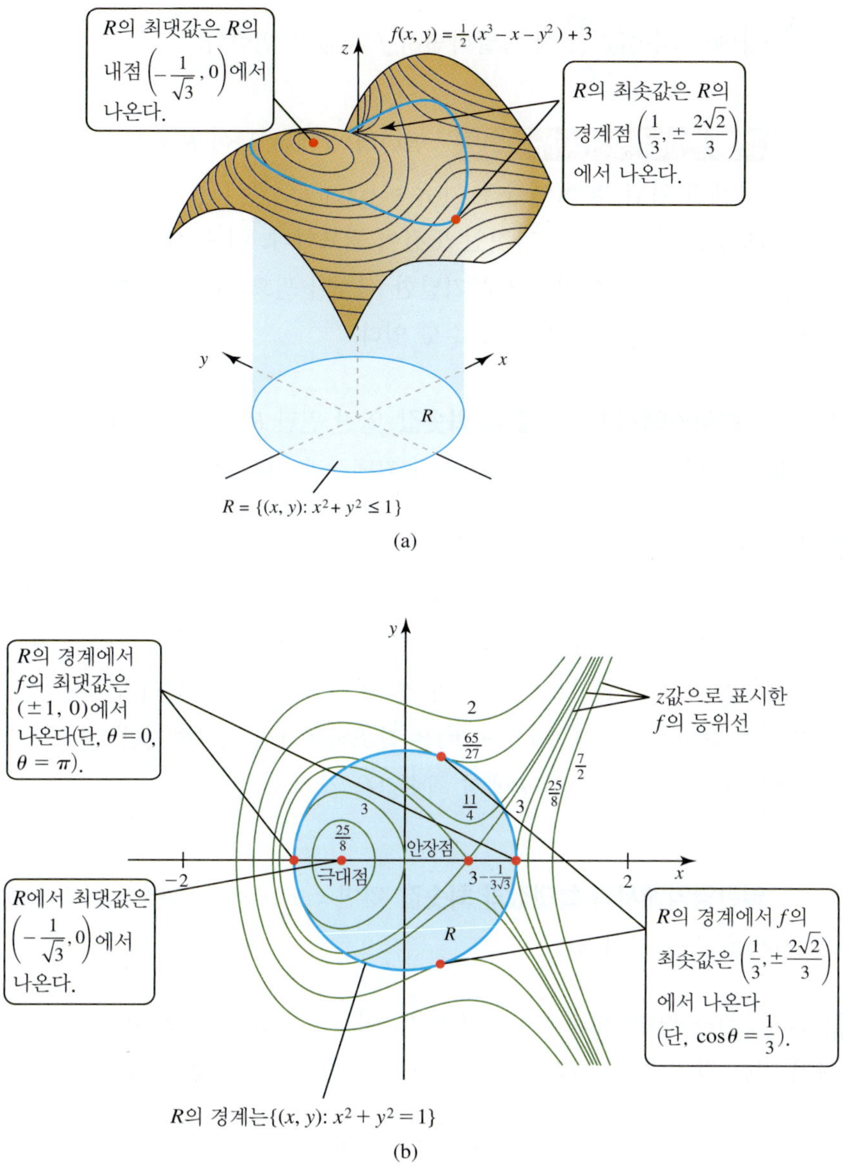

그림 14.77

- $f\left(\frac{1}{3}, \frac{2\sqrt{2}}{3}\right) = f\left(\frac{1}{3}, -\frac{2\sqrt{2}}{3}\right) = \frac{65}{27}$ (경계점)
- $f(1, 0) = 3$ (경계점)

R에서 f의 함숫값 중 가장 큰 값 $f\left(-\frac{1}{\sqrt{3}}, 0\right) = 3 + \frac{1}{3\sqrt{3}}$은 최댓값이고, 이는 R의 내점에서 나온다(그림 14.77(a)). 가장 작은 값 $f\left(\frac{1}{3}, \frac{2\sqrt{2}}{3}\right) = f\left(\frac{1}{3}, -\frac{2\sqrt{2}}{3}\right) = \frac{65}{27}$는 최솟값이고, 이는 서로 대칭인 두 경계점에서 나온다. 또한 곡면의 등위선과 R의 경계를 겹쳐 놓으면(그림 14.77(b)) 흥미로운 사실을 알 수 있다. R의 경계를 따라가면 (1, 0)과 (−1, 0)에서 최댓값 3에 도달하고, $\left(\frac{1}{3}, \frac{2\sqrt{2}}{3}\right)$와

➤ 그림 14.77(b)를 보면 알 수 있듯이 f의 등위선은 경계 위에서 f의 최댓값과 최솟값에 대응하는 점에서 파란색 곡선 $x^2 + y^2 = 1$ (영역 R의 경계)에 접하는 것으로 나타난다. 이 관찰의 중요성은 14.8절에서 설명한다.

$\left(\frac{1}{3}, -\frac{2\sqrt{2}}{3}\right)$에서 최솟값 $\frac{65}{27}$에 도달하면서 f의 값은 변한다.

관련 연습문제 24번 ◀

열린영역이고(또는) 유계가 아닌 영역 열린영역(예를 들어 $R = \{(x, y)\colon x^2 + y^2 < 9\}$ 또는 유계가 아닌 영역(예를 들어 $R = \{(x, y)\colon x > 0, y > 0\}$)에서 함수의 최댓값과 최솟값을 구하려면 추가적인 도전이 필요하다. 이 문제를 취급하는 체계적인 과정이 없기 때문에 일반적으로 기발한 재능이 필요하다. 이러한 영역에서는 최댓값 또는 최솟값이 존재하지 않을 수도 있다.

| 예제 8 | 열린영역에서의 최댓값과 최솟값 열린 원판 $R = \{(x, y)\colon x^2 + y^2 < 1\}$에서 (존재한다면) $f(x, y) = 4 - x^2 - y^2$의 최댓값과 최솟값을 구하여라.

풀이 f는 (0, 0)에서 임계점이자 극대점에 해당함(뒤집힌 포물면)을 보여야 한다. (0, 0)에서 모든 방향으로 뻗어나가면 함숫값은 감소한다. 그러므로 f는 또한 (0, 0)에서 최댓값 4를 갖는다. R의 경계는 단위원 $\{(x, y)\colon x^2 + y^2 = 1\}$이고, 이는 R에 포함되지 않는다. (x, y)가 R의 임의의 경로를 따라 단위원 위의 임의의 점으로 접근하면 함숫값 $f(x, y) = 4 - (x^2 + y^2)$은 감소하며 3에 접근하지만, 결코 3에 도달하지는 않는다. 그러므로 f는 R에서 최솟값을 갖지 않는다.

관련 연습문제 30번 ◀

QUICK CHECK 4 선형 함수 $f(x, y) = 2x + 3y$는 열린 단위정사각형 $\{(x, y)\colon 0 < x < 1, 0 < y < 1\}$에서 최댓값 또는 최솟값을 갖는가? ◀

| 예제 9 | 열린영역에서의 최댓값과 최솟값 평면 $x + 2y + z = 2$에서 점 $P(2, 0, 4)$와 가장 가까운 점을 구하여라.

풀이 (x, y, z)를 평면 위의 점이라고 하자. 이는 $z = 2 - x - 2y$를 의미한다. 최소화하기 위한 점 $P(2, 0, 4)$와 점 (x, y, z) 사이의 거리는 다음과 같다.

$$d(x, y, z) = \sqrt{(x-2)^2 + y^2 + (z-4)^2}$$

이때 d^2을 최소화하는 것이 쉬우며, 이는 d와 같은 임계점을 갖는다. d를 제곱하고 $z = 2 - x - 2y$를 대입하여 z를 소거하면 다음을 얻는다.

➤ $\frac{\partial}{\partial x}(d^2) = 2d\frac{\partial d}{\partial x}$, $\frac{\partial}{\partial y}(d^2) = 2d\frac{\partial d}{\partial y}$임에 유의하여라. $d \ge 0$이므로 d^2과 d는 같은 임계점을 갖는다.

$$f(x, y) = (d(x, y, z))^2 = (x-2)^2 + y^2 + \underbrace{(-x - 2y - 2)^2}_{z-4}$$
$$= 2x^2 + 5y^2 + 4xy + 8y + 8$$

f의 임계점은 두 방정식

$$f_x = 4x + 4y = 0, \qquad f_y = 4x + 10y + 8 = 0$$

을 만족하며, 유일한 해는 $x = \frac{4}{3}$, $y = -\frac{4}{3}$이다. 2계 도함수 판정은 이 점이 f의 극소점에 해당함을 검증해 준다. 해결해야 할 의문은 '$\left(\frac{4}{3}, -\frac{4}{3}\right)$가 전체 정의역인 $\mathbb{R}^2$에서 f의 최솟값인가?'이다. 이 경우 정의역의 경계가 없으므로 경계에서 f의 값을 계산할 수 없다. 대신 기하학적으로 P와 가장 가까운 점을 구했다. 이 점에서

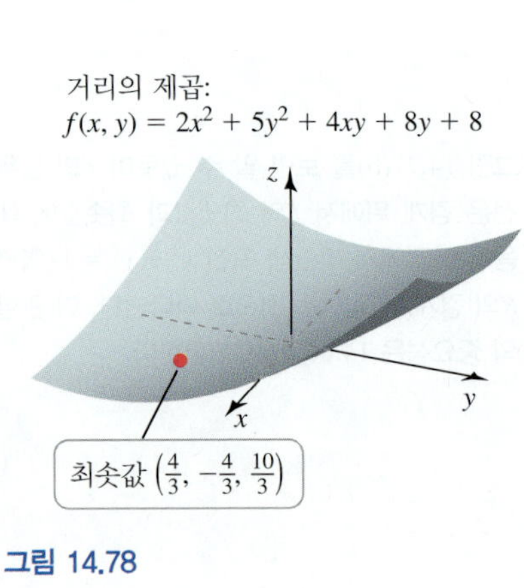

그림 14.78

뻗어나가면 f의 값은 한없이 증가한다. 그러므로 $\left(\frac{4}{3}, -\frac{4}{3}\right)$는 f의 최솟값에 해당한다. f의 그래프(그림 14.78)는 이 추론을 보장해 주며, 점 $\left(\frac{4}{3}, -\frac{4}{3}, \frac{10}{3}\right)$은 P와 가장 가까운 평면 위의 점이라고 결론 내릴 수 있다.

관련 연습문제 32번 ◀

14.7절 연습문제

1단계 스타트

1. 한 점에서 극댓값을 갖는 매끄러운 곡면의 모습을 서술하여라.

2. 함수 f의 임계점의 조건은 무엇인가?

3. 함수 $z = f(x, y)$를 고려하자. f의 판별식은 무엇이고, 어떻게 계산하는가?

4. $\mathbb{R}^2$의 집합 R에서 f의 최솟값은 무엇인가?

5–6. f의 2계 도함수가 xy평면에서 연속이고 $f_x(0, 0) = f_y(0, 0) = 0$이라 하자. 주어진 정보와 2계 도함수 판정을 사용하여 f가 극대점, 극소점, 안장점을 갖는지 조사하여라. 또는 판정법으로 결론을 내릴 수 없는지 결정하여라.

5. $f_{xx}(0,0) = 5,\ f_{yy}(0,0) = 3,\ f_{xy}(0,0) = -4$

6. $f_{xx}(0,0) = 8,\ f_{yy}(0,0) = 5,\ f_{xy}(0,0) = -6$

2단계 실전

7–11. 임계점 다음 함수의 모든 임계점을 구하여라.

7. $f(x, y) = 3x^2 - 4y^2$

8. $f(x, y) = 3x^2 + 3y - y^3$

9. $f(x, y) = x^4 + y^4 - 16xy$

10. $f(x, y) = x^4 - 2x^2 + y^2 - 4y + 5$

11. $f(x, y) = y^3 + 6xy + x^2 - 18y - 6x$

12–20. 임계점의 분석 다음 함수의 임계점을 구하여라. 2계 도함수 판정을 사용하여 (가능하다면) 각 임계점이 극대점, 극소점, 안장점에 해당하는지 조사하여라. 2계 도함수 판정으로 결론을 내릴 수 없다면 임계점에서 함수의 성질을 결정하여라.

12. $f(x, y) = -4x^2 + 8y^2 - 3$

13. $f(x, y) = 4 + 2x^2 + 3y^2$

14. $f(x, y) = x^4 + 2y^2 - 4xy$

15. $f(x, y) = 4 + x^4 + 3y^4$

16. $f(x, y) = \sqrt{x^2 + y^2 - 4x + 5}$

17. $f(x, y) = 2xye^{-x^2-y^2}$

18. $f(x, y) = \dfrac{x}{1 + x^2 + y^2}$

19. $f(x, y) = x^4 + 4x^2(y - 2) + 8(y - 1)^2$

20. $f(x, y) = ye^x - e^y$

21. 결론을 낼 수 없는 판정 함수 $f(x, y) = x^2y - 3$의 2계 도함수 판정을 점 $(0, 0)$에 적용했을 때, 결론을 내릴 수 없음을 보여라.

22. 선적 통제 어느 선적 회사는 둘레 치수와 높이의 합이 96 in를 초과하지 않는 직육면체의 상자를 취급한다(단, 둘레 치수는 상자의 가장 작은 면의 둘레이다). 이 조건을 만족하는 최대 부피의 상자의 치수를 구하여라.

23. 판지 상자 뚜껑이 없는 판지 상자를 부피가 $4\ \text{m}^3$가 되도록 만들려고 한다. 판지의 양이 최소가 되도록 하는 상자의 치수를 구하여라.

24–28. 최댓값과 최솟값 영역 R에서 다음 함수의 최댓값과 최솟값을 구하여라.

24. $f(x, y) = x^2 + y^2 - 2y + 1,\ R = \{(x, y): x^2 + y^2 \le 4\}$

25. $f(x, y) = 4 + 2x^2 + y^2$,
$R = \{(x, y): -1 \le x \le 1, -1 \le y \le 1\}$

26. $f(x, y) = 2x^2 - 4x + 3y^2 + 2$,
$R = \{(x, y): (x - 1)^2 + y^2 \le 1\}$

27. $f(x, y) = -2x^2 + 4x - 3y^2 - 6y - 1$,
$R = \{(x, y): (x - 1)^2 + (y + 1)^2 \le 1\}$

28. $f(x, y) = \dfrac{2y^2 - x^2}{2 + 2x^2y^2}$, R은 세 직선 $y = x$, $y = 2x$, $y = 2$로 둘러싸인 닫힌 영역

29. 펙틴 추출 가공 과일의 세계적인 생산량 증가로 인해 과일의 폐기물이 나온다. 이 폐기물을 줄이는 한 가지 방법은 폐기물

의 유용한 부산물을 찾는 것이다. 예를 들어 파인애플의 폐기물인 파인애플 껍질에서 펙틴을 추출하여 폐기물을 감소시킨다(펙틴은 보통 잼과 젤리에서 농조화제로 사용되며, 제약회사에서 널리 사용된다). 펙틴 추출은 껍질의 가열과 건조로 이루어지며, 그다음 껍질을 미세한 가루로 간다. 가루는 다음에 특별한 PH 수준인 H, $1.5 \le H \le 2.5$로 용액에 넣고 온도 T(섭씨), $70 \le T \le 90$으로 가열한다. 추출되어 펙틴이 되는 가루의 백분율 $F(H, T)$는 다음과 같다.

$$F(H,T) = -0.042T^2 - 0.213TH - 11.219H^2 + 7.327T + 58.729H - 342.684$$

a. F가 정의역 $D = \{(H, T): 1.5 \le H \le 2.5, 70 \le T \le 90\}$에서 최댓값을 가짐을 보일 수 있다. 분말에서 추출되는 펙틴의 양을 최대화하는 pH 수준 H와 온도 T를 구하여라.

b. 분말에서 추출될 수 있는 펙틴의 최대 백분율은 얼마인가? 구한 답을 가장 가까운 음이 아닌 정수로 반올림하여라(출처: *Carpathian Journal of Food Science and Technology*, Dec 2014).

30–31. 열린영역이고(또는) 유계가 아닌 영역에서의 최댓값과 최솟값 가능하면 영역 R에서 다음 함수의 최댓값과 최솟값을 구하여라.

30. $f(x, y) = x^2 + y^2 - 4, R = \{(x, y): x^2 + y^2 < 4\}$

31. $f(x, y) = 2e^{-x-y}, R = \{(x, y): x \ge 0, y \ge 0\}$

32–33. 열린영역이고(또는) 유계가 아닌 영역에서의 최댓값과 최솟값

32. 점 $P(1, 1, 1)$과 가장 가까운 평면 $x - y + z = 2$ 위의 점을 구하여라.

33. 점 $P(6, 8, 0)$과 가장 가까운 원뿔 $z^2 = x^2 + y^2$ 위의 점을 구하여라.

34. 참 또는 거짓 다음 명제가 참이면 증명하고 거짓이면 반례를 들어라. f가 주어진 점에서 미분가능하다고 가정한다.

a. $f_x(2, 2) = f_y(2, 2) = 0$이면 f는 $(2, 2)$에서 극대점, 극소점 또는 안장점을 갖는다.

b. 함수 f는 $f_y(a, b) \ne 0$인 (a, b)에서 극댓값을 가질 수 있다.

c. 함수 f는 임계점이 아닌 서로 다른 두 점에서 최댓값과 최솟값을 모두 가질 수 있다.

d. 접평면은 임계점에 대응하는 곡면 위의 점에서 수평이다.

35. 윤곽 그림(등위선)에서 극점 다음 그림의 등위선에 기초하여 근사적인 극대점, 극소점, 안장점을 확인하여라.

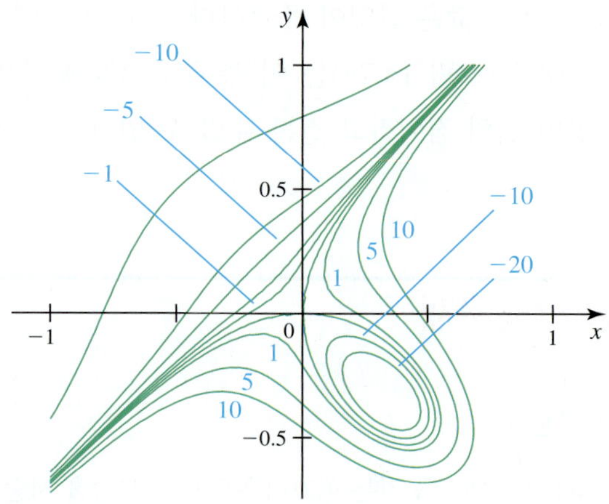

3단계 도전

36. 매직 트리플 x, y, z를 $x + y + z = 200$인 음이 아닌 수라 하자.

a. $x^2 + y^2 + z^2$을 최소화하는 세 수 x, y, z를 구하여라.

b. $\sqrt{x^2 + y^2 + z^2}$을 최소화하는 세 수 x, y, z를 구하여라.

c. xyz를 최대화하는 세 수 x, y, z를 구하여라.

d. $x^2y^2z^2$을 최대화하는 세 수 x, y, z를 구하여라.

37. 최적의 위치 n채의 집이 서로 다른 점 $(x_1, y_1), (x_2, y_2), \cdots, (x_n, y_n)$에 위치하고 있다. 전기 변전소는 집들 사이의 거리의 제곱의 합이 최소가 되도록 하는 위치에 있어야 한다.

a. $n = 3$이고 세 집이 $(0, 0)$, $(2, 0)$, $(1, 1)$에 있을 때 변전소의 최적의 위치를 구하여라.

b. $n = 3$이고 세 집이 서로 다른 점 (x_1, y_1), (x_2, y_2), (x_3, y_3)에 있는 경우 최적의 위치를 구하여라.

c. 일반적인 경우 n채의 집이 서로 다른 점 (x_1, y_1), (x_2, y_2), $\cdots$, (x_n, y_n)에 있을 때 변전소의 최적의 위치를 구하여라.

d. **a**, **b**, **c**에서 구한 위치는 거리의 제곱의 합에서 최소화한 결과이므로 최적이 아니라고 논할 수 있다. **a**에 있는 위치를 사용하고 거리의 합으로 주어지는 함수를 써라. 이 함수를 최소화하는 것은 **a**보다 훨씬 어렵다는 것에 유의하여라. 그래프 유틸리티를 사용하여 두 경우 최적의 위치가 같은지 결정하여라(스타이너 문제에 대한 것은 연습문제 39번 참조).

38. 최대 넓이의 삼각형 둘레가 9단위인 모든 삼각형 중 넓이가 최대인 삼각형의 치수를 구하여라. 삼각형의 넓이를 나타내는 헤론의 공식 $A = \sqrt{s(s-a)(s-b)(s-c)}$를 사용하면 쉬울 것이다. $2s$는 세 변의 길이가 a, b, c인 삼각형의 둘레이다.

39. 세 점에 대한 스타이너 문제 일직선 위에 있지 않는 서로 다른 세 점 A, B, C가 주어졌을 때, 거리의 합 $|AP| + |BP| + |CP|$가 최소인 평면 위의 점을 구하여라. 세 점으로 이루어진 삼각형은 $2\pi/3(120°)$보다 큰 각을 이루지 않음을 가정하며, 다음 방법으로 진행한다.

a. 세 점의 좌표가 $A(x_1, y_1)$, $B(x_2, y_2)$, $C(x_3, y_3)$이고, $d_1(x, y)$는 $A(x_1, y_1)$과 변수 점 $P(x, y)$ 사이의 거리라고 하자. d_1의 기울기 벡터를 계산하고 이 벡터는 두 점을 잇는 직선을 가리키는 단위벡터임을 보여라.

b. d_2와 d_3도 같은 방법으로 정의한 다음 ∇d_2와 ∇d_3 또한 두 점을 잇는 직선의 방향에 있는 단위벡터임을 보여라.

c. 목표는 $f(x, y) = d_1 + d_2 + d_3$을 최소화하는 것이다. 조건 $f_x = f_y = 0$은 $\nabla d_1 + \nabla d_2 + \nabla d_3 = 0$임을 보여라.

d. **c**는 최적의 점 P에 대하여 세 선분 AP, BP, CP는 모두 대칭적으로 $2\pi/3$의 각으로 교차하는 성질을 갖는 이유를 설명하여라.

e. 삼각형에서 한 각이 $2\pi/3$보다 크면 최적의 해는 무엇인가(바로 그림을 그려라)?

f. 세 점 (0, 0), (0, 1), (2, 0)에 대한 스타이너 점을 추정하여라.

40. 안장점이 없는 두 산 다음 함수는 두 개의 극대점을 갖지만 다른 극점은 갖지 않음(그러므로 산들 사이에 안장점이나 대야 모양은 없다)을 보여라.

a. $f(x, y) = -(x-1)^2 - (x^2 - e^y)^2$

b. $f(x, y) = 4x^2 e^y - 2x^4 - e^{4y}$

(출처: Ira Rosenholtz, *Mathematics Magazine*, Feb 1987)

41. 사면체 안의 타원면(1946 Putnam Exam) P를 제1팔분공간에 있는 타원면 $\dfrac{x^2}{a^2} + \dfrac{y^2}{b^2} + \dfrac{z^2}{c^2} = 1$에 접하는 평면이라 하고, T를 P와 세 좌표평면 $x = 0$, $y = 0$, $z = 0$으로 나누어진 제1팔분공간에 있는 사면체라고 하자. T의 최소 부피를 구하여라(사면체의 부피는 밑면의 넓이와 높이의 곱의 $\dfrac{1}{3}$이다).

QUICK CHECK 정답

1. $f_x(2, -1) = f_y(2, -1) = 0$ **2.** 수직으로 $\langle 0, 0, \pm 1 \rangle$ 방향 **3.** $D(x, y) = -12x^2y^2$ **4.** 이 집합에서 최댓값과 최솟값 모두 갖지 않는다. ◀

14.8 라그랑주 승수

경제와 마케팅에서 많은 요구사항 중 하나는 소비자의 행동 특성을 예측하는 것이다. 소비자 행동 특성의 기본 모델은 종종 여러 가지 생활 편의 시설에 대한 소비자의 복합적인 선호도를 나타내는 **효용 함수**(utility function)를 포함한다. 예를 들어 간단한 효용 함수 형태로 $u = f(\ell, g)$가 있다. 여기서 ℓ은 여가 시간의 양이고 g는 소비재 제품의 개수를 나타낸다. 이 모델은 소비자가 효용 함수를 최대화하려고 하며, 문제에 나온 변수의 어떤 제약 아래 행한다고 가정한다. 예를 들어 여가 시간의 증가는 효용을 증가시킬 수 있으나 여가 시간은 소비재 제품에 대한 수입을 창출하지는 않는다. 이와 비슷하게 소비재 제품 또한 효용을 증가시킬 수 있으니 수입을 요구하며, 이는 여가 시간의 감소를 불러온다. 먼저 이런 제약적인 최적화 문제를 푸는 일반적인 방법을 전개하고, 그다음 이 절의 끝부분에서 경제 문제로 돌아온다.

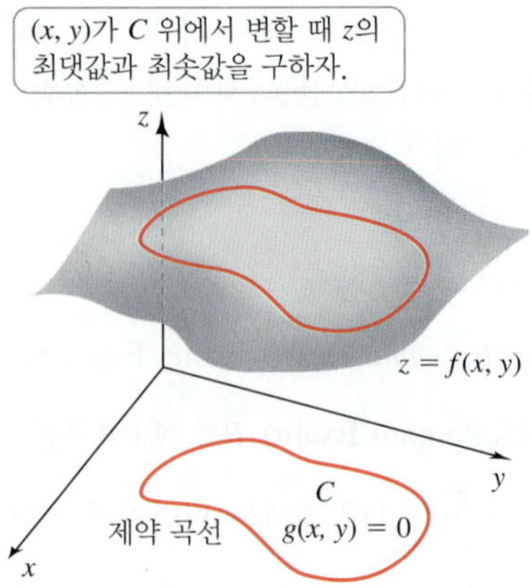

그림 14.79

기본적인 개념

독립변수가 두 개인 전형적인 제약 최적화 문제로 시작하며, 풀이 방법을 제시한다. 그다음 더 많은 변수로 일반화한다. x와 y가 xy평면에서 $g(x, y) = 0$으로 주어진 **제약 곡선** 위에 놓여야 하는 미분가능한 **목적 함수**(objective function) f의 최댓값과(또는) 최솟값을 탐색한다(그림 14.79).

그림 14.80은 원점으로부터 멀어지는 증가하는 z값을 갖는 f의 등위선(초록색)을 가정하는 전형적인 상황을 자세히 보여 준다. 이제 점 $P(a, b)$를 향해 제약 곡선(빨간색) C: $g(x, y) = 0$을 따라 움직인다고 상상하자. (양방향에서) P에 접근하면 C 위에서 계산한 f의 값은 증가하고, C를 따라 P를 지나서 움직이면 f의 값은 감소한다.

C에서 f가 극댓값을 갖도록 하는 점 P에 대하여 무엇이 특별한가? 정리 14.12로부터 f의 등위선 위의 임의의 점 $P(a, b)$에서 P를 지나는 등위선에 접하는 직선은 $\nabla f(a, b)$에 수직이다. 그림 14.80은 또한 P에서 f의 등위선에 접하는 직선은 P에서 제약 곡선 C와 서로 직교함을 제시한다. 이 사실은 간단히 증명된다. 이 관찰을 통해 $\nabla f(a, b)$ 또한 $P(a, b)$에서 C에 접하는 직선과 서로 직교함을 알 수 있다.

관찰할 점이 하나 더 있다. 제약 곡선은 함수 $z = g(x, y)$의 단 하나의 등위선이다. 정리 14.12를 다시 적용하면 $P(a, b)$에서 C에 접하는 직선은 $\nabla g(a, b)$와 서로 직교한다. 이제 $P(a, b)$에서 등위선에 접하는 직선과 서로 직교하는 두 벡터 $\nabla f(a, b)$와 $\nabla g(a, b)$를 구했다. 그러므로 이 두 기울기벡터는 평행이다. 이 성질은 f가 제약 곡선에서 극값을 갖는 점을 특정해 준다. 이는 지금부터 공식화할 **라그랑주 승수**(Lagrange multiplier) 방법의 기초이다.

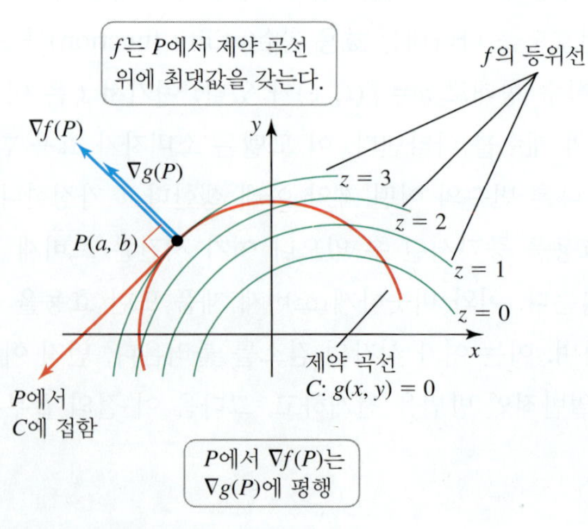

그림 14.80

이변수함수의 라그랑주 승수

라그랑주 승수 방법을 구성하는 주된 단계는 그림 14.80이 정확하게 그려졌음을 증명하는 것이다. 즉, f가 극값을 갖는 제약 곡선 위의 점에서 C에 접하는 직선은 $\nabla f(a, b)$, $\nabla g(a, b)$와 서로 직교한다.

> **정리 14.16 평행인 기울기벡터**
>
> f가 $g(x, y) = 0$으로 주어진 매끄러운 곡선 C를 포함하는 $\mathbb{R}^2$의 영역에서 미분가능하고, f가 C 위의 점 $P(a, b)$에서 극값을 갖는다고 가정하자. 그러면 $\nabla f(a, b)$는 P에서 C에 접하는 직선과 서로 직교한다. $\nabla g(a, b) \neq \mathbf{0}$이라 가정하면 $\nabla f(a, b) = \lambda \nabla g(a, b)$를 만족하는 실수 λ(**라그랑주 승수**라고 한다)가 존재한다.

➤ 그리스어 소문자 ℓ은 λ이며, '람다'라고 읽는다.

증명 C가 매끄러운 곡선이므로 C는 C: $\mathbf{r}(t) = \langle x(t), y(t)\rangle$와 같은 매개변수로 표현된다. 여기서 x와 y는 $P(a, b) = (x(t_0), y(t_0))$인 t_0을 포함하는 구간의 t에서 미분가능하다. t가 변함에 따라 C를 따라가고 f의 변화율은 연쇄 법칙에 의해 다음과 같이 주어진다.

$$\frac{df}{dt} = \frac{\partial f}{\partial x}\frac{dx}{dt} + \frac{\partial f}{\partial y}\frac{dy}{dt} = \nabla f \cdot \mathbf{r}'(t)$$

f가 극값을 갖는 점 $(x(t_0), y(t_0)) = (a, b)$에서 $\left.\dfrac{df}{dt}\right|_{t=t} = 0$이고, 이는 $\nabla f(a, b) \cdot \mathbf{r}'(t_0) = 0$이 되도록 한다. $\mathbf{r}'(t)$는 C에 접하므로 기울기벡터 $\nabla f(a, b)$는 P에서 C에 접하는 직선과 서로 직교한다.

두 번째 주장을 증명하기 위해 $g(x, y) = 0$으로 주어지는 제약 곡선 C 또한 곡면 $z = g(x, y)$의 등위선임에 유의하여라. 기울기벡터는 등위선과 서로 직교함을 기억하면 점 $P(a, b)$에서 $\nabla g(a, b)$는 (a, b)에서 C와 서로 직교한다. $\nabla f(a, b)$와 $\nabla g(a, b)$ 둘 다 C와 서로 직교하므로 두 기울기벡터는 평행이고, 그러므로 $\nabla f(a, b) = \lambda \nabla g(a, b)$인 실수 λ가 존재한다. ◀

정리 14.16은 바로 라그랑주 승수의 방법이 되며, 이는 제약 곡선 위에서 f의 극댓값과 극솟값의 후보를 만든다. 그러나 많은 문제의 목표는 제약 곡선 위에서 f의 **최댓값**과 **최솟값**을 구하는 것이다. 일변수함수에서 최적화 문제를 많이 다룬 것과 같이 극값과 끝점에서의 함숫값을 점검함으로써 최댓값 및 최솟값을 구한다. 여러 가지 경우가 있다.

- 제약 곡선이 유계이고(반지름이 유한한 원의 내부에 놓여 있음) 닫혀 있다(예를 들어 타원면)면 f의 최댓값과 최솟값이 존재함을 안다. 이 경우 고려할 끝점은 없으며, 최댓값과 최솟값은 극값 중에서 구할 수 있다.

- 제약 곡선이 유계이고 끝점을 포함하지만 닫혀 있지 않다(예를 들어 닫힌 선분)면 f의 극값이 존재하며, 극값과 끝점에서의 함숫값을 점검하여 구할 수 있다.
- 제약 곡선이 유계가 아닌 경우(예를 들어 직선이나 포물선) 또는 곡선이 끝점을 둘 다 또는 하나를 포함하지 않을 때는 최댓값 및 최솟값의 존재를 보장할 수 없다. 극값을 구할 수는 있으나 이들이 진짜 최댓값 및 최솟값인지 결정하려면 좀 더 세심한 점검이 필요하다(예제 2와 연습문제 33번 참조).

먼저 유계이고 닫힌 제약 곡선에서 최댓값/최솟값을 구하는 경우를 다룬다.

QUICK CHECK 1 함수 $f(x, y) = x^2 + y^2$은 곡선

$$C: g(x, y) = \frac{1}{4}(x-3)^2 - y = 0$$

위의 점 (1, 1)에서 극솟값을 취함을 보일 수 있다. $\nabla f(1, 1)$과 $\nabla g(1, 1)$은 평행이고, 두 벡터는 (1, 1)에서 C에 접하는 직선과 서로 직교함을 증명하여라. 이를 통해 정리 14.16이 성립함을 확인하여라. ◄

절차 라그랑주 승수: 유계이고 닫힌 제약 곡선에서의 최댓값과 최솟값

f가 목적 함수이고 제약 함수 g는 곡선 $g(x, y) = 0$ 위에서 $\nabla g(x, y) \neq 0$으로써 $\mathbb{R}^2$의 영역에서 미분가능하다고 하자. 다음 단계를 수행하여 제약 $g(x, y) = 0$을 따르는 f의 최댓값과 최솟값의 위치를 찾는다.

1. (존재하면) 다음 방정식을 만족하는 x, y, λ를 구한다.

$$\nabla f(x, y) = \lambda g(x, y), \quad g(x, y) = 0$$

2. 1단계에서 구한 값 (x, y)에서 f의 함숫값과 (존재하면) 제약 곡선의 끝점에서 f의 함숫값을 계산한다. 이 값들이 제약을 따르는 f의 최댓값과 최솟값이다.

➤ 원칙적으로 제약 방정식의 변수 하나에 관하여 풀고, 그 변수를 목적 함수에서 소거하여 제약 최적화 문제를 푸는 것은 가능하다. 그러나 셋 또는 그 이상의 변수나 둘 또는 그 이상의 제약인 경우에는 이 방법이 종종 실질적이지 않다.

$\nabla f = \lambda \nabla g$는 벡터방정식 $\langle f_x, f_y \rangle = \lambda \langle g_x, g_y \rangle$임에 주의하여라. $f_x = \lambda g_x$, $f_y = \lambda g_y$이면 방정식을 만족한다. 그러므로 이 방법에서 가장 중요한 부분은 세 변수 x, y, λ에 관한 세 방정식

$$f_x = \lambda g_x, \qquad f_y = \lambda g_y, \qquad g(x, y) = 0$$

을 푸는 것이다.

| 예제 1 | 이변수함수의 라그랑주 승수 목적 함수 $f(x, y) = x^2 + y^2 + 2$의 최댓값과 최솟값을 구하여라. 여기서 x와 y는 $g(x, y) = x^2 + xy + y^2 - 4 = 0$으로 주어진 제약 곡선 C 위에 놓여 있다.

풀이 C는 닫혀 있고 유계이므로 f의 최댓값과 최솟값이 존재한다. 그림 14.81(a)는 xy평면에 있는 타원 C 위의 포물면 $z = f(x, y)$를 보여 준다. 타원을 따라가면 곡면 위의 해당 함숫값은 변한다. 목표는 이 함숫값의 최대와 최소를 구하는 것이다. 이를 대안하는 모습은 그림 14.81(b)에 주어졌으며, 여기서 f의 등위선과 제약 곡선 C를 볼 수 있다. 타원을 따라가면 f의 값은 변하고, 이 경로를 따라 최댓값과 최솟값에 도달할 수 있다.

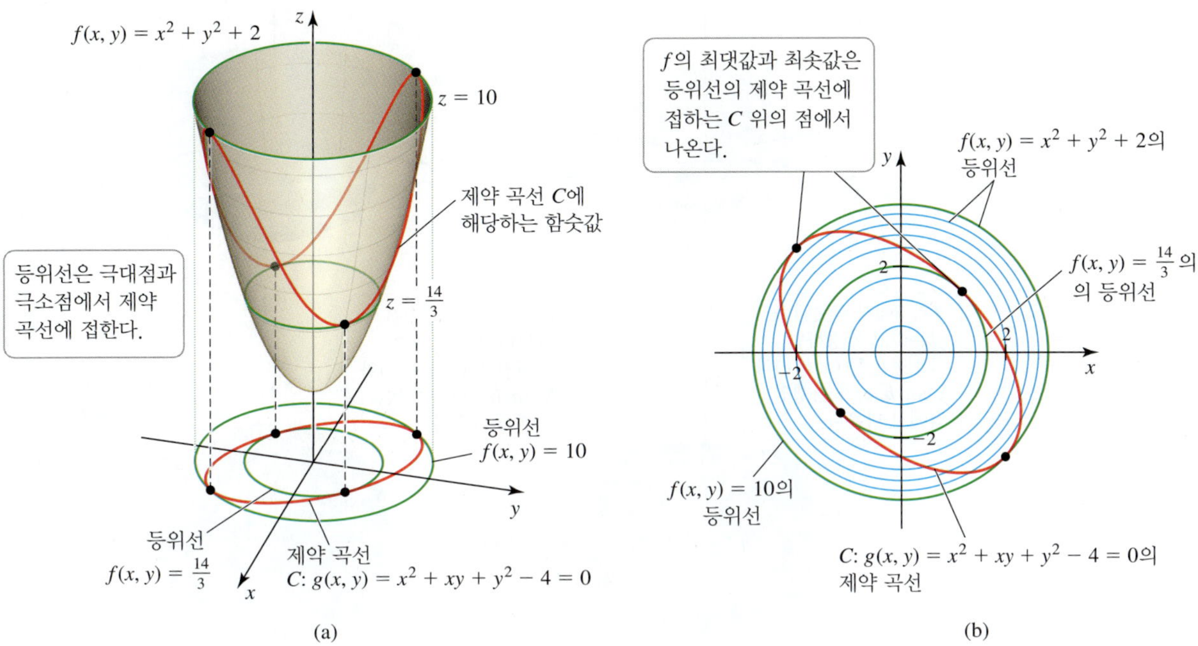

그림 14.81

$\nabla f(x, y) = \langle 2x, 2y \rangle$, $\nabla g(x, y) = \langle 2x + y, x + 2y \rangle$에 유의하여 $\nabla f = \lambda \nabla g$와 제약의 결과로 나오는 방정식은 다음과 같다.

$$\underbrace{2x = \lambda(2x + y),}_{f_x = \lambda g_x} \quad \underbrace{2y = \lambda(x + 2y),}_{f_y = \lambda g_y} \quad \underbrace{x^2 + xy + y^2 - 4 = 0}_{\text{제약 } g(x, y) = 0}$$

첫 번째 식에서 두 번째 식을 빼면

$$(x - y)(2 - \lambda) = 0$$

이고, 이 해는 $y = x$ 또는 $\lambda = 2$이다. $y = x$인 경우 제약 곡선은 $3x^2 - 4 = 0$ 또는 $x = \pm\frac{2}{\sqrt{3}}$와 같이 간단히 된다. 그러므로 극값의 위치의 두 후보는 $\left(\frac{2}{\sqrt{3}}, \frac{2}{\sqrt{3}}\right)$와 $\left(-\frac{2}{\sqrt{3}}, -\frac{2}{\sqrt{3}}\right)$이다.

$\lambda = 2$를 대입하면 첫 번째 방정식은 $y = -x$가 되어 제약 방정식은 $x^2 - 4 = 0$ 또는 $x = \pm 2$와 같이 간단히 되며, 이는 관심을 갖고 있는 두 점 $(2, -2)$와 $(-2, 2)$를 추가한다. 두 점에서 각각 f의 값을 계산하면 $f\left(\frac{2}{\sqrt{3}}, \frac{2}{\sqrt{3}}\right) = f\left(-\frac{2}{\sqrt{3}}, -\frac{2}{\sqrt{3}}\right) = \frac{14}{3}$, $f(2, -2) = f(-2, 2) = 10$이다. 그러므로 C 위에서 f의 극댓값은 10이고, 이는 $(2, -2)$와 $(-2, 2)$에서 나오며 C 위에서 f의 극솟값은 14/3이고, 이는 $\left(\frac{2}{\sqrt{3}}, \frac{2}{\sqrt{3}}\right)$와 $\left(-\frac{2}{\sqrt{3}}, -\frac{2}{\sqrt{3}}\right)$에서 나온다. λ의 값은 마지막 결과에 사용되지 않았음에 유의하여라.

관련 연습문제 5번 ◀

QUICK CHECK 2 그림 14.81(b)에서 제약 곡선 위에 해의 점이 아닌 다른 임의의 점을 선택하여라. 그 점에서 ∇f와 ∇g를 그린 후, 둘은 평행이 아님을 보여라. ◀

세 독립변수에서의 라그랑주 승수

방금 언급한 기법은 셋 또는 그 이상의 독립변수로 확장된다. 목적 함수가 삼변수

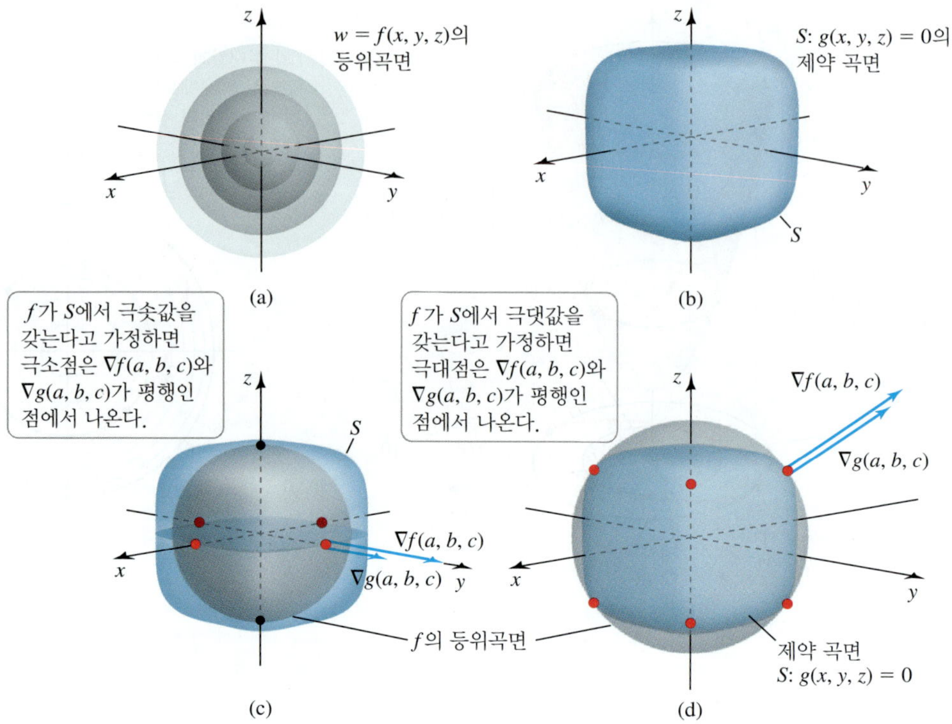

그림 14.82

함수 $w = f(x, y, z)$로 주어졌다고 하자. 이 함수의 등위선은 $\mathbb{R}^3$에 있는 곡면이다(그림 14.82(a)). 제약 방정식은 $g(x, y, z) = 0$ 형태이고, 이는 $\mathbb{R}^3$에 있는 또 다른 곡면이다(그림 14.82(b)). 곡면 S에서 (존재하는 경우) f의 극댓값과 극솟값을 구하려면 $\nabla f(a, b, c)$와 $\nabla g(a, b, c)$가 그 점에서 평행인 S 위의 점 (a, b, c)를 구해야 한다($\nabla g(a, b, c) \neq \mathbf{0}$이라 가정)(그림 14.82(c), (d)). 곡면 $g(x, y, z) = 0$가 닫혀 있고 유계인 경우 점 (x, y, z)가 곡면 S 위에 제약되어 있을 때, $f(x, y, z)$의 최댓값과 최솟값을 구하는 과정은 이변수 경우의 과정과 비슷하다.

➤ 제약 곡면 S: $g(x, y, z) = 0$이 경계 곡선 C(그림 참조)를 갖는다면 C 위의 임의의 점은 f의 최댓값 또는 최솟값이 위치할 후보이고, 이들 점은 절차의 2단계에서 분석해야 한다. 이 경우 예제에서 다루지 않는다.

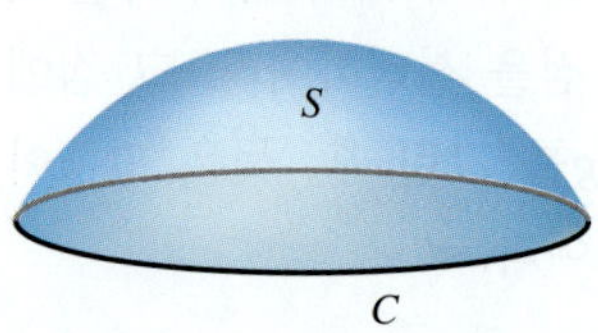

➤ 예제 2와 비슷한 문제는 통상적인 최적화 기법을 사용하여 14.7절에서 풀었다. 이 방법은 응용에서 라그랑주 승수보다 쉬울 수도 그렇지 않을 수도 있다.

절차 라그랑주 승수: 닫혀 있고 유계인 제약 곡면 위에서 최댓값과 최솟값

f와 g가 곡면 $g(x, y, z) = 0$ 위에서 $\nabla g(x, y, z) \neq 0$인 $\mathbb{R}^2$의 영역에서 미분가능하다고 하자. 다음 단계를 수행하여 제약 $g(x, y, z) = 0$에 따라 f의 최댓값과 최솟값의 위치를 구한다.

1. 다음 두 방정식을 만족하는 x, y, z 및 λ의 값을 구한다.

$$\nabla f(x, y, z) = \lambda \nabla g(x, y, z), \quad g(x, y, z) = 0$$

2. 1단계에서 구한 점 (x, y, z) 중 해당하는 최대와 최소의 함숫값을 선택한다. 이들 값은 제약을 따르는 f의 최댓값과 최솟값이 된다.

이제 x, y, z 및 λ에 관하여 풀어야 할 네 개의 방정식이 있다.

$$f_x(x, y, z) = \lambda g_x(x, y, z), \qquad f_y(x, y, z) = \lambda g_y(x, y, z),$$
$$f_z(x, y, z) = \lambda g_z(x, y, z), \qquad g(x, y, z) = 0$$

이변수의 경우와 같이 제약 곡면이 닫혀 있지 않고 유계가 아닌 경우 특별히 주의해야 한다. 예제 2에서 이러한 경우 중 하나를 연습한다.

| 예제 2 | **기하 문제** 점 $P(3, 4, 0)$과 원뿔 곡면 $z^2 = x^2 + y^2$ 사이의 최소 거리를 구하여라.

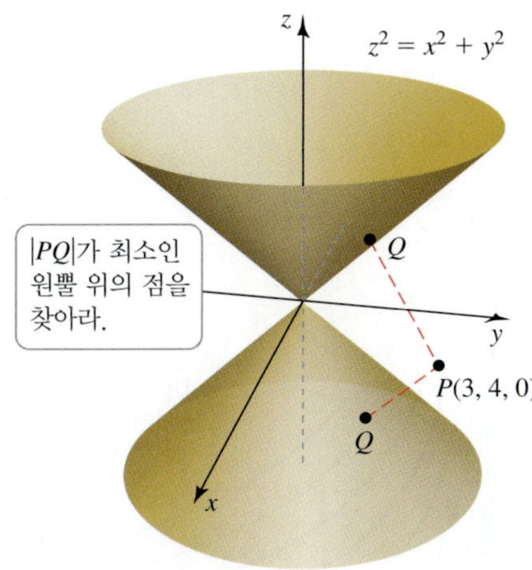

그림 14.83

풀이 원뿔은 유계가 아니므로 해는 단지 극값에 대한 후보임을 인식하여 계산을 시작하자. 그림 14.83은 원뿔의 두 잎과 점 $P(3, 4, 0)$을 보여 준다. P는 xy평면 위에 있으므로 원뿔의 잎마다 하나씩 두 해를 기대할 수 있다. P와 원뿔 위의 임의의 점 $Q(x, y, z)$ 사이의 거리는 다음과 같다.

$$d(x, y, z) = \sqrt{(x-3)^2 + (y-4)^2 + z^2}$$

많은 거리 문제에서 제곱근을 없애기 위해 거리를 제곱하여 작업하는 것이 더 쉽다. 이 작업은 $(d(x, y, z))^2$을 최소화하는 점 또한 $d(x, y, z)$도 최소화한다. 그러므로

$$f(x, y, z) = (d(x, y, z))^2 = (x-3)^2 + (y-4)^2 + z^2$$

을 정의하면 제약 조건은 점 (x, y, z)가 원뿔 위에 있어야 하며, 이는 $z^2 = x^2 + y^2$ 또는 $g(x, y, z) = z^2 - x^2 - y^2 = 0$이다.

이제 라그랑주 승수로 진행한다. 조건은 다음과 같다.

$$f_x(x, y, z) = \lambda g_x(x, y, z) \text{ 또는 } 2(x-3) = \lambda(-2x) \text{ 또는 } x(1+\lambda) = 3 \qquad (1)$$

$$f_y(x, y, z) = \lambda g_y(x, y, z) \text{ 또는 } 2(y-4) = \lambda(-2y) \text{ 또는 } y(1+\lambda) = 4 \qquad (2)$$

$$f_z(x, y, z) = \lambda g_z(x, y, z) \text{ 또는 } 2z = \lambda(2z) \text{ 또는 } z = \lambda z \qquad (3)$$

$$g(x, y, z) = z^2 - x^2 - y^2 = 0 \qquad (4)$$

(네 식 중 가장 간단한) 식 (3)의 해는 $z = 0$ 또는 $\lambda = 1$, $z \neq 0$이다. 첫 번째 경우 $z = 0$이면 식 (4)에 의해 $x = y = 0$이며, $x = 0$과 $y = 0$은 두 식 (1), (2)를 만족시키지 않는다. 그러므로 이 경우엔 해가 존재하지 않는다.

한편 식 (3)에서 $\lambda = 1$이면 두 식 (1), (2)에 의해 $x = \frac{3}{2}$, $y = 2$를 얻는다. 식 (4)를 사용하여 대응하는 z의 값은 $\pm\frac{5}{2}$이다. 그러므로 두 해와 f의 값은 다음과 같다.

▶ 세 독립변수로 두 제약을 제시할 수 있다. 이는 연습문제 31–32번에서 탐구한다.

$$x = \tfrac{3}{2}, \quad y = 2, \quad z = \tfrac{5}{2}\text{에서} \qquad f\left(\tfrac{3}{2}, 2, \tfrac{5}{2}\right) = \tfrac{25}{2}$$
$$x = \tfrac{3}{2}, \quad y = 2, \quad z = -\tfrac{5}{2}\text{에서} \qquad f\left(\tfrac{3}{2}, 2, -\tfrac{5}{2}\right) = \tfrac{25}{2}$$

$\left(\frac{3}{2}, 2, \pm\frac{5}{2}\right)$에서 원뿔 위의 임의의 방향으로 향하면 f의 값이 증가하는 효과가 있음을 점검할 수 있다. 즉, 이 점은 f의 극소점에 해당한다. 이 점에서 최솟값을 갖

QUICK CHECK 3 예제 2에서 (3, 4, 0)과 원뿔 사이의 거리를 **최대화**하는 점이 존재하는가? 점 (3, 4, 0)을 (3, 4, 1)로 대체하면 얼마나 많은 해가 있겠는가? ◄

는다고 할 수 있는가? 이 문제의 정의역은 유계가 아니다. 그러나 기하학적으로 원뿔 위의 점 $\left(\frac{3}{2}, 2, \pm\frac{5}{2}\right)$에서 $|x| \to \infty$와 $|y| \to \infty$로 향하면 경계 없이 f가 증가함을 논할 수 있다. 그러므로 이 두 점은 최솟값을 갖는 점에 해당하고, (3, 4, 0)에 가장 가까운 원뿔 위의 점은 $\left(\frac{3}{2}, 2, \pm\frac{5}{2}\right)$이며 거리는 $\sqrt{\frac{25}{2}} = \frac{5}{\sqrt{2}}$이다($f = d^2$임을 기억하자).

관련 연습문제 17번 ◄

경제 모델 이 절의 첫 부분에서 간단히 소비자 행동 특성을 모형화할 때 효용 함수를 어떻게 사용하는지 간단히 설명했다. 이제 몇몇 특별하면서도 간단히 채택할 수 있는 효용 함수와 이 함수가 제시하는 제약을 좀 더 자세히 들여다본다.

앞에서 설명한 대로 소비자 행동 특성에 대한 원형 모델은 여가 시간 ℓ과 소비재 상품 g의 두 독립변수를 사용한다. 효용 함수 $U = f(\ell, g)$는 여가 시간과 소비재 상품의 다양한 결합에 대한 소비자의 기호를 측정한다. 통상적으로 효용 함수에 대하여 다음 두 가지 가정을 한다.

1. 어떤 변수가 증가하면(본질적으로 **많을수록 좋다**) 효용 함수는 증가한다.
2. 여가 시간과 소비재 상품의 다양한 결합은 같은 효용 함수를 갖는다. 즉, 추가 소비재 상품에 대하여 여가 시간의 포기(또는 반대 상황)는 같은 효용으로 귀결된다.

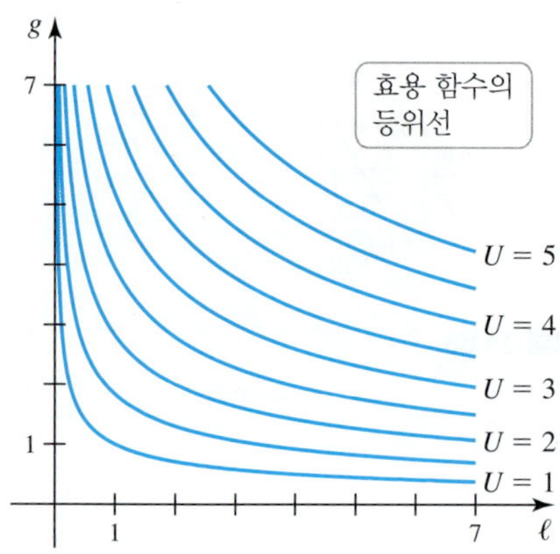

그림 14.84

그림 14.84는 전형적인 효용 함수의 등위선을 보여 준다. 가정 1은 등위선에서 ℓ 또는 g이 증가하면 효용 함숫값도 증가한다는 사실을 반영한다. 가정 2에 부합하여 한 등위선은 같은 효용성을 갖는 ℓ과 g의 결합을 보여 준다. 이러한 이유로 경제학자는 등위선을 **무차별 곡선**(indifference curve)이라 부른다. ℓ이 증가할 때 등위선 위에서 같은 효용성을 유지하려면 g는 감소해야 하며, ℓ이 감소하는 경우엔 g는 증가해야 함에 유의하자.

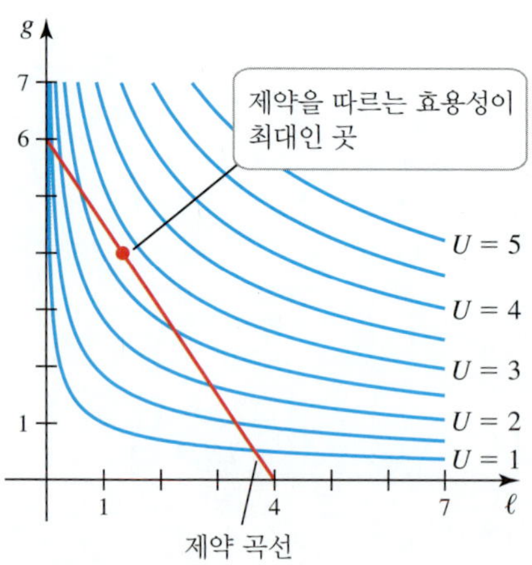

그림 14.85

경제 모델은 소비자가 여가 시간과 소비재 상품에 대한 제약을 따르면서 효용성을 최대화한다고 주장한다. 합리적인 제약으로 이끄는 하나의 가정은 여가 시간의 증가가 소비재 상품에서 선형적인 감소를 유발한다는 것이다. 그러므로 제약 곡선은 음의 기울기를 갖는 직선이다(그림 14.85). 이러한 제약이 효용 함수의 등위선 위에 겹쳐 놓을 때 최적화 문제는 분명해진다. 제약 직선 위의 모든 점 중 어느 것이 효용성을 최대화하는가? 해가 그림에 표시되어 있으며, 이 점에서 효용 함수가 최댓값(2.5와 3 사이)을 갖는다.

| 예제 3 | 제약이 있는 효용 함수의 최적화 제약 $G(\ell, g) = 3\ell + 2g - 12 = 0$을 따르는 효용 함수 $U = f(\ell, g) = \ell^{1/3}g^{2/3}$의 최댓값을 구하여라. 여기서 $\ell \geq 0$, $g \geq 0$이다.

풀이 제약이 닫혀 있고 유계이므로 f의 최댓값을 구하고자 한다. 그림 14.85은 효용 함수의 등위선과 선형 제약을 보여 준다. 이변수함수의 라그랑주 승수로 해를 구할 수 있다. 효용 함수의 기울기벡터는 다음과 같다.

$$\nabla f(\ell, g) = \left\langle \frac{\ell^{-2/3}g^{2/3}}{3}, \frac{2\ell^{1/3}g^{-1/3}}{3} \right\rangle = \frac{1}{3}\left\langle \left(\frac{g}{\ell}\right)^{2/3}, 2\left(\frac{\ell}{g}\right)^{1/3} \right\rangle$$

제약 함수의 기울기벡터는 $\nabla G(\ell, g) = \langle 3, 2 \rangle$이므로 풀어야 할 방정식은 다음과 같다.

$$\frac{1}{3}\left(\frac{g}{\ell}\right)^{2/3} = 3\lambda, \quad \frac{2}{3}\left(\frac{\ell}{g}\right)^{1/3} = 2\lambda, \quad G(\ell, g) = 3\ell + 2g - 12 = 0$$

처음 두 방정식에서 λ를 소거하면 조건 $g = 3\ell$이며, 이를 제약 방정식에 대입하면 $\ell = \frac{4}{3}$, $g = 4$가 된다. 이 점은 최댓값이 있는 후보이다. 다른 후보는 제약 곡선의 끝점인 (4, 0)과 (0, 6)이다. 이들 점에서 효용 함수의 실제 값은 $U = f\left(\frac{4}{3}, 4\right) = 4/\sqrt[3]{3} \approx 2.8$이므로 f의 최댓값이 2.8이라는 것을 결론 내릴 수 있다. 이 해는 $\ell = \frac{4}{3}$, $g = 4$에서 나오고, 이는 그림 14.85와 일치한다. ◄

QUICK CHECK 4 그림 14.85에서 제약 직선을 따라 최적의 점으로부터 멀어지면 효용 함수가 감소하는 이유를 설명하여라. ◄

14.8절 연습문제

1단계 스타트

1. 제약 $g(x, y) = 0$을 따르는 f를 최대화 또는 최소화하는 점에서 f의 기울기벡터는 g의 기울기벡터와 평행인 이유를 설명하여라. 그림을 사용하여라.

2. 두 함수 $f(x, y) = x + 4y$, $g(x, y) = x^2 + y^2 - 1$에 대하여 제약 $g(x, y) = 0$을 따르는 f를 최대화 또는 최소화하는 점에서 만족해야 하는 라그랑주 승수의 조건을 써라.

3. 다음 그림은 등위선과 제약 곡선 $g(x, y) = 0$을 보여 준다. 제약을 따르는 f의 최댓값과 최솟값을 추정하여라. 최댓값 및 최솟값을 갖는 각 점에서 ∇f의 방향과 ∇g의 가능한 방향을 표시하여라.

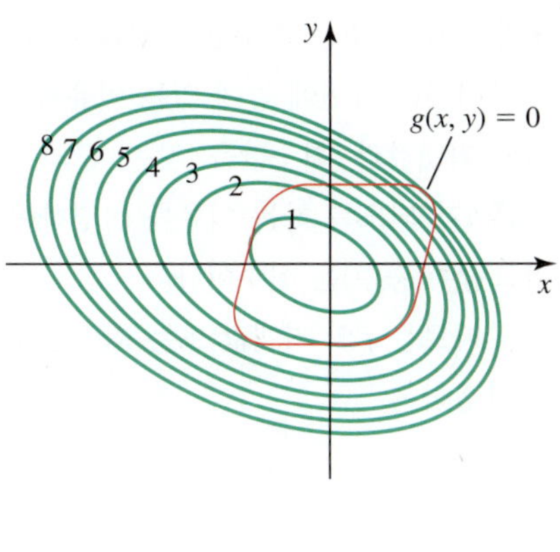

2단계 실전

4–13. 라그랑주 승수 다음 함수는 f는 주어진 제약에 지배받는 절대극댓값과 절대극솟값을 갖는다. 라그랑주 승수를 사용하여 이들 값을 구하여라.

4. $x^2 + y^2 = 4$를 따르는 $f(x, y) = x + 2y$

5. $x^2 - xy + y^2 = 1$을 따르는 $f(x, y) = x + y$

6. $x^2 + y^2 - xy = 9$를 따르는 $f(x, y) = xy$

7. $x^2 + xy + y^2 = 9$를 따르는 $f(x, y) = e^{xy}$

8. $x^2 + 2y + y^2 = 15$를 따르는 $f(x, y) = 2x^2 + y^2$

9. $x^2 + y^2 + z^2 = 4$를 따르는 $f(x, y, z) = x + 3y - z$

10. $x^2 + y^2 + z^2 - z = 1$을 따르는 $f(x, y, z) = x$

11. $x^2 + y^2 + z^2 - xy = 5$를 따르는 $f(x, y, z) = x + y + z$

12. $x^2 + y^2 + 2z^2 = 25$를 따르는 $f(x, y, z) = 2x + z^2$

13. $2x^2 + 2y^2 + z^2 = 2$를 따르는 $f(x, y, z) = x^2 + y + z$

14–18. 라그랑주 승수의 응용 다음 문제에서 라그랑주 승수를 사용하여라. 제약 곡선이 유계가 아닐 때 최댓값과 최솟값은 어떻게 구했는지 설명하여라.

14. 선적 통제 어느 선적 회사가 상자의 길이와 둘레 치수의 합이 108 in를 초과하지 않기를 요구한다. 이 조건에 맞는 최대 부피의 상자의 치수를 구하여라(둘레 치수는 상자의 가장 짧은 면의 둘레이다).

15. 타원까지의 극값 거리 타원 $x^2 + xy + 2y^2 = 1$과 원점까지의 거리의 최댓값과 최솟값을 구하여라.

16. 타원 안의 최대 둘레의 직사각형 타원 $2x^2 + 4y^2 = 3$에 내접하고 각 변이 축에 평행인 직사각형의 치수를 구하여라.

17. 곡면까지의 최소 거리 점 $(1, 2, -3)$에 가장 가까운 곡선 $4x + y - 1 = 0$ 위의 점을 구하여라.

18. 구면까지의 극값 거리 점 $(2, 3, 4)$와 구면 $x^2 + y^2 + z^2 = 9$ 사이의 최대 거리와 최소 거리를 구하여라.

19–20. 효용 함수의 최댓값 주어진 제약을 따르는 다음 효용 함수를 최대화하는 ℓ과 g를 구하여라. 여기서 $\ell \geq 0$, $g \geq 0$이다.

19. $3\ell + 6g = 18$을 따르는 $U = f(\ell, g) = 10\ell^{1/2}g^{1/2}$

20. $10\ell + 8g = 40$을 따르는 $U = f(\ell, g) = 8\ell^{4/5}g^{1/5}$

21. 참 또는 거짓 다음 명제가 참이면 증명하고 거짓이면 반례를 들어라.

a. 구의 중심에 서서 구면 위의 점 P를 바라본다고 하자. P를 직시하는 직선은 P에서 구에 접하는 평면에 수직이다.

b. 곡선 $g(x, y) = 0$에 대하여 f를 최대화하는 점에서 내적 $\nabla f \cdot \nabla g$는 0이다.

22–24. 대체 가능한 방법 라그랑주 승수를 사용하여 다음 문제를 풀어라.

22. 골판지 상자 $2\ \text{m}^2$의 골판지를 사용하여 뚜껑이 없는 상자를 만들려고 한다. 부피가 가능한 한 크도록 상자의 치수를 구하여라.

23. 최적 상자 xyz좌표계의 제1팔분공간에 있는 한 꼭짓점은 원점에 대하여 반대편에 있는 꼭짓점은 평면 $x + 2y + 3z = 6$에 있는 가장 큰 직육면체의 치수를 구하여라.

24. 점 $P(1, 1, 1)$과 가장 가까운 평면 $x - y + z = 2$ 위의 점을 구하여라.

25–26. 최댓값과 최솟값 주어진 영역 R에서 다음 함수의 최댓값과 최솟값을 구하여라. 경계에서 극점을 점검하기 위해 라그랑주 승수를 사용하여라.

25. $f(x, y) = x^2 + y^2 - 2y + 1$, $R = \{(x, y): x^2 + y^2 \leq 4\}$ (14.7절의 연습문제 24번).

26. $f(x, y) = 2x^2 - 4x + 3y^2 + 2$, $R = \{(x, y): (x-1)^2 + y^2 \leq 1\}$ (14.7절의 연습문제 26번).

27–28. 생산 함수 경제학자는 효용 함수와 많은 유사성을 가진 생산 함수를 사용하여 생산 체계의 출고를 모형화한다. 코브–다글라스 생산 함수의 부류는 $P = f(K, L) = CK^aL^{1-a}$ 형태이다. 여기서 K는 자본, L은 노동력, C와 $a(0 < a < 1)$는 양의 실수이다. 자본이 p달러, 노동의 비용이 단위당 q달러이고 전체 가용 예산이 B이면 제약은 $pK + qL = B$형태이다. 주어진 제약을 따르는 다음 생산 함수를 최대화하는 K와 L을 구하여라. $K \geq 0$, $L \geq 0$이라 가정한다.

27. $20K + 30L = 300$일 때 $P = f(K, L) = K^{1/2}L^{1/2}$

28. 생산 함수 $P = f(K, L) = K^aL^{1-a}$과 예산 제약 $pK + qL = B$에 대하여 P는 $K = \dfrac{aB}{p}$, $L = \dfrac{(1-a)B}{q}$일 때 최대임을 보여라. 여기서 a, p, q , B는 주어져 있다고 가정한다.

3단계 도전

29. 조건 $x_1{}^2 + x_2{}^2 + x_3{}^2 + x_4{}^2 = 16$을 따르는 $x_1 + z_2 + x_3 + x_4$의 최댓값을 구하여라.

30. 연습문제 29번을 일반화한 다음 조건 $x_1^2 + x_2^2 + \cdots + x_n^2 = 1$을 따르는 $a_1x_1 + a_2x_2 + \cdots + a_nx_n$의 최댓값을 구하여라. 여기서 주어진 $a_1, a_2, \cdots, a_n$은 양의 실수이고 n은 양의 정수이다.

31. 두 제약을 갖는 문제 주어진 미분가능 함수 $w = f(x, y, z)$에 대하여 목표는 두 제약 $g(x, y, z) = 0$, $h(x, y, z) = 0$을 따르는 f의 최댓값과 최솟값(존재한다고 가정)을 구하는 것이다. 여기서 g와 h 또한 미분가능하다.

a. 등위곡면과 두 제약 곡면 $g(x, y, z) = 0$, $h(x, y, z) = 0$을 생각하자. g와 h는 (일반적으로) 구하는 f의 최댓값과 최솟값을 지나는 곡선 C에서 만난다. ∇g와 ∇h가 각각의 곡면과 서로 직교하는 이유를 설명하여라.

b. ∇f가 f의 최댓값 또는 최솟값을 갖는 C의 점에서 ∇g와 ∇h로 이루어지는 곡면에 놓여 있는 이유를 설명하여라.

c. **b**가 f의 최댓값과 최솟값을 갖는 C의 점에서 $\nabla f = \lambda\nabla g + \mu\nabla h$가 되도록 하는 이유를 설명하여라. 여기서 λ와 μ(라그랑주 승수)는 실수이다.

d. 두 제약을 따르는 f의 최댓값 또는 최솟값에 대하여 풀어야 하는 방정식은

$$\nabla f = \lambda \nabla g + \mu \nabla h,\ g(x, y, z) = 0,\ h(x, y, z) = 0$$

임을 **c**로부터 결론지어라.

32. 두 제약 문제 연습문제 31번의 결과를 사용하여 두 조건 $x^2 + y^2 = 4$, $x + y + z = 1$을 따르는 $f(x, y, z) = xyz$의 최댓값과 최솟값을 구하여라.

33. 가정 점검 제약 $xy = 4$를 따르는 함수 $f(x, y) = xy + x + y + 100$을 생각하자.

a. 라그랑주 승수 방법을 사용하여 세 변수 x, y, λ를 갖는 세 연립방정식을 써라.

b. **a**의 연립방정식을 풀어 $(x, y) = (-2, -2)$, $(x, y) = (2, 2)$가 해임을 증명하여라.

c. C_1을 $x > 0$에 해당하는 제약 곡선의 가지라고 하자. $f(2, 2)$를 계산하고 이 값이 C_1 위에서 f의 최댓값 및 최솟값인지 결정하여라(힌트: $x > 0$에 대하여 $h_1(x)$는 곡선 C_1 위에서 f의 값과 같다고 하고 h_1이 $x = 2$에서 최댓값 및 최솟값을 얻는지 결정한다).

d. 곡선 C_2를 $x < 0$에 해당하는 제약 곡선의 가지라고 하자. $f(-2, -2)$를 계산하고 이 값이 C_2 위에서 f의 최댓값 및 최솟값인지 결정하여라(힌트: $x < 0$에 대하여 $h_2(x)$는 곡선 C_2 위에서 f의 값과 같다고 하고 h_2가 $x = -2$에서 최댓값 및 최솟값을 얻는지 결정한다).

e. 라그랑주 승수 방법으로는 제약 곡선 $xy = 4$ 위에서 f의 최댓값과 최솟값을 구할 수 없음을 보여라. 이 설명을 라그랑주 승수의 방법과 일치시켜라.

QUICK CHECK 정답

1. $\nabla f(1, 1) = \langle 2x, 2y\rangle|_{(1,1)} = \langle 2, 2\rangle$, $\nabla g(1, 1) = \langle \frac{1}{2}(x - 3), -1\rangle|_{(1,1)} = \langle -1, -1\rangle$ 이는 기울기벡터가 서로의 배수이며, 따라서 평행이다. (1, 1)에서 C에 접하는 직선의 방정식은 $y = -x + 2$이다. 그러므로 벡터 $\mathbf{v} = \langle 1, -1\rangle$은 이 접선에 평행이다. $\nabla f(1, 1)\cdot \mathbf{v} = 0$, $\nabla g(1, 1)\cdot \mathbf{v} = 0$이므로 두 기울기벡터는 접선에 수직이다. **3.** (3, 4, 0)과 원뿔 사이의 거리는 임의로 크므로 최대화된 해는 존재하지 않는다. 관심을 갖는 점이 xy평면에 있지 않으면 하나의 최소화된 해가 존재한다.
4. 제약 직선을 따라 둘 중 어느 한 방향으로 최적해로부터 멀어지면 감소하는 값으로 효용 함수의 등위선을 가로지른다. ◄

14장 연습문제

1. 참 또는 거짓 다음 명제가 참이면 증명하고 거짓이면 반례를 들어라.

a. $g(x, y) = e^{x+y}$의 등위선은 직선이다.

b. 방정식 $z^2 = 2x^2 - 6y^2$은 x와 y의 일변수함수로서 z를 결정한다.

c. f가 모든 차수에서 연속인 편미분을 가지면 $f_{xxy} = f_{yyx}$이다.

d. 주어진 곡면 $z = f(x, y)$에 대하여 기울기벡터 $\nabla f(a, b)$는 $(a, b, f(a, b))$에서 곡면에 접하는 평면에 놓여 있다.

2–3. 정의역 다음 함수의 정의역을 구하여라. xy평면에 정의역을 그려라.

2. $f(x, y) = \sqrt{x - y^2}$ **3.** $f(x, y) = \sqrt{9x^2 + 4y^2 - 36}$

4. 그래프 함수 $g(x, y) = -\sqrt{x^2 + y^2 - 1}$의 그래프를 그리고 함수의 정의역과 치역을 말하여라.

5. 등위선 함수 $f(x, y) = x^2 + 4y^2$의 등위선을 몇 개 그려라. z값으로 적어도 두 등위선에 표식을 하여라.

6–9. 극한 다음 극한을 계산하거나 극한이 존재하지 않음을 결정하여라.

6. $\displaystyle\lim_{(x, y)\to(4, -2)} (10x - 5y + 6xy)$

7. $\displaystyle\lim_{(x, y)\to(0, 0)} \frac{x + y}{xy}$

8. $\displaystyle\lim_{(x, y)\to(-1, 1)} \frac{x^2 - y^2}{x^2 - xy - 2y^2}$

9. $\displaystyle\lim_{(x, y, z)\to(2, 2, 3)} \frac{x^2z - 3x^2 - y^2z + 3y^2}{xz - 3x - yz + 3y}$

10. 연속성 $\mathbb{R}^2$의 어떤 점에서 함수 $f(x, y) = \ln(y - x^2 - 1)$이 연속인가?

11–13. 편도함수 다음 함수의 1계 편도함수를 구하여라.

11. $f(x, y) = 3x^2y^5$

12. $f(x, y) = \dfrac{x^2}{x^2 + y^2}$

13. $f(x, y) = xye^{xy}$

14. 2계 편도함수 함수 $f(x, y) = e^{2xy}$의 네 개의 2계 편도함수를 구하여라.

15. 라플라스 방정식 함수 $u(x, y) = y(3x^2 - y^2)$이 라플라스 방정식 $\dfrac{\partial^2 u}{\partial x^2} + \dfrac{\partial^2 u}{\partial y^2} = 0$을 만족함을 증명하여라.

16. 구면 사이의 영역 두 개의 구면이 같은 중심을 갖고 반지름은 각각 r과 $R(0 < r < R)$이다. 두 구면 사이의 영역의 부피는 $V(r, R) = \dfrac{4\pi}{3}(R^3 - r^3)$이다.

a. 먼저 직관을 사용하여라. r을 고정했을 때 R이 증가하면 V는 어떻게 변하는가? V_R의 부호는 무엇인가? R을 고정했을 때 r이 증가하면 (R의 값에 의해) V는 어떻게 변하는가? V_r의 부호는 무엇인가?

b. V_r과 V_R을 계산하여라. 결과가 **a**와 부합하는가?

c. $R = 3$과 $r = 1$인 구면을 생각하자. R이 $\Delta R = 0.1$로 증가할 때(r은 고정) 또는 r이 $\Delta r = 0.1$로 감소할 때(R은 고정), 부피 변화는 어느 쪽이 더 큰가?

17–18. 연쇄 법칙 연쇄 법칙을 사용하여 다음 미분을 계산하여라.

17. $w'(t)$ 여기서 $w = z\ln(x^2 + y^2)$, $x = 3e^t$, $y = 4e^t$, $z = t$

18. w_r, w_s, w_t 여기서 $w = \ln(xy^2)$, $x = rst$, $y = r + s$

19. 음함수의 미분법 정리 14.9를 사용하여 음함수 관계식 $y\ln(x^2 + y^2) = 4$에 대하여 dy/dx를 구하여라.

20. 곡면 위에서 걷기 다음 곡면과 xy평면에 있는 매개 곡선 C를 고려하자.

$z = x^2 - 2y^2 + 4$, C: $x = 2\cos t$, $y = 2\sin t$, $0 \le t \le 2\pi$

a. C 위에서 $z'(t)$를 구하여라.

b. C 위에서 C의 양의 방향과 일치하도록 곡면 위를 걸어간다고 생각하자. 오르막을 걸을 경우 t의 값을 구하여라.

21. 방향도함수 그래프에서 보여 주는 함수 $f(x, y) = 2x^2 - 4y^2 + 10$을 고려하자.

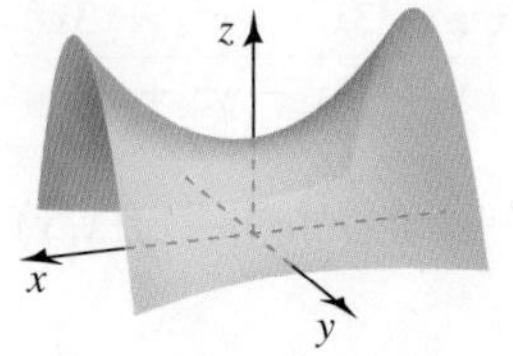

a. 세 단위벡터 **u**, **v**, **w**로 주어진 방향으로 점 (a, b)에서 방향도함수의 값을 보여 주는 다음 표를 채워라.

	$(a, b) = (0, 0)$	$(a, b) = (2, 0)$	$(a, b) = (1, 1)$
$\mathbf{u} = \langle \frac{\sqrt{2}}{2}, \frac{\sqrt{2}}{2} \rangle$			
$\mathbf{v} = \langle -\frac{\sqrt{2}}{2}, \frac{\sqrt{2}}{2} \rangle$			
$\mathbf{w} = \langle -\frac{\sqrt{2}}{2}, -\frac{\sqrt{2}}{2} \rangle$			

b. **a**에서 계산한 각각의 방향도함수를 점 (2, 0)에서 설명하여라.

22–24. 방향도함수 계산 다음 함수의 기울기벡터를 계산한 다음, 주어진 점 P에서 기울기벡터를 계산하고 주어진 점에서 주어진 벡터 방향으로의 방향도함수를 계산하여라.

22. $g(x, y) = x^2y^3$, $P(-1, 1)$, $\mathbf{u} = \left\langle \dfrac{5}{13}, \dfrac{12}{13} \right\rangle$

23. $h(x, y) = \sqrt{2 + x^2 + 2y^2}$, $P(2, 1)$, $\mathbf{u} = \left\langle \dfrac{3}{5}, \dfrac{4}{5} \right\rangle$

24. $f(x, y, z) = \sin xy + \cos z$, $P(1, \pi, 0)$, $\mathbf{u} = \left\langle \dfrac{2}{7}, \dfrac{3}{7}, -\dfrac{6}{7} \right\rangle$

25. 가장 가파른 오르막과 내리막의 방향 함수 $f(x, y) = \sqrt{4 - x^2 - y^2}$, $P(-1, 1)$에 대하여 물음에 답하여라.

a. P에서 가장 가파른 오르막과 가장 가파른 내리막을 주는 단위벡터를 구하여라.

b. 변화가 없는 방향을 가리키는 단위벡터를 구하여라.

26. 등위선 포물면 $f(x, y) = 8 - 2x^2 - y^2$을 고려하자. 점 (2, 0)에서 등위선 $f(x, y) = 0$에 접하는 직선의 기울기를 계산하고, 접선은 그 점에서 기울기벡터와 서로 직교함을 증명하여라.

27. 하전 원통에 의한 전기적 퍼텐셜 축이 z축을 따르는 반지름이 R인 무한히 긴 원통은 전기적 퍼텐셜 $V = k\ln\dfrac{R}{r}$을 갖는다. 여기서 r은 변수 점 (x, y)와 원통의 축($r^2 = x^2 + y^2$) 사이의 거리이고 k는 물리적 상수이다. xy평면의 점 (x, y)에서 전기장은 $z = -\nabla V$로 주어진다. 여기서 ∇V는 2차원 기울기벡터이다. $r > R$인 점 (x, y)에서 전기장을 계산하여라.

28–30. 접평면 주어진 두 점에서 곡면에 접하는 평면의 방정식을 구하여라.

28. $x^2 + \dfrac{y^2}{4} - \dfrac{z^2}{9} = 1$, (0, 2, 0) 및 $\left(1, 1, \dfrac{3}{2}\right)$

29. $e^{xy^2z^3 - 1} = 1$, (1, 1, 1) 및 (1, −1, 1)

30. $\sqrt{\dfrac{x + y}{z}} = 1$, (2, 2, −4) 및 (10, −1, 9)

31. 선형 근사 함수 $f(x, y) = (x + y)e^{xy}$에 대하여 물음에 답하여라.

a. 점 (2, 0)에서 함수 f의 선형 근사를 구하여라.

b. **a**를 사용하여 $f(1.95, 0.05)$의 값을 추정하여라.

32. **원통의 부피** 반지름이 r이고 높이가 h인 원통의 부피는 $V = \pi r^2 h$이다. 반지름이 3% 감소하고 높이는 2% 증가할 때, 부피의 백분율 근사 변화를 구하여라.

33. **수위 변화** 반지름이 1.50 m인 반구형 수조에 물이 1 m 깊이로 채워져 있다. 수조에서 물을 빼내 수위가 (1.00 m에서 0.95 m로) 0.05 m 떨어졌다.

a. 수조에서 물 부피의 변화를 근사하여라. 구결(spherical cap)의 부피는 $V = \frac{1}{3}\pi h^2(3r - h)$이다. 여기서 r은 구면의 반지름이고 h는 높이(이 경우 물의 깊이)이다.

b. 수조에서 물의 겉넓이의 변화를 근사하여라.

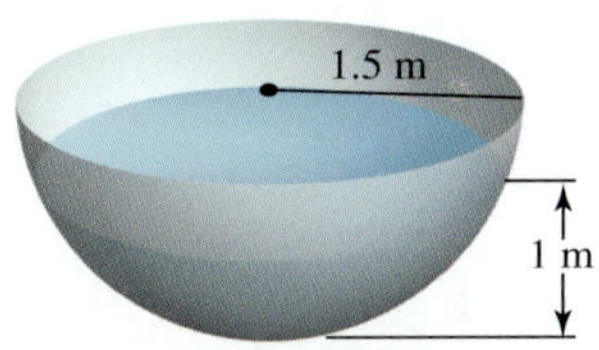

34–35. 임계점 분석 다음 함수의 임계점을 확인하여라. 각 임계점이 극대점, 극소점, 안장점인지 결정하여라. 결론을 내릴 수 없는 경우를 말하여라. 이 결과를 그래프 유틸리티를 사용하여 확인하여라.

34. $f(x, y) = \dfrac{x^3}{3} - \dfrac{y^3}{3} + 2xy$

35. $f(x, y) = 10 - x^3 - y^3 - 3x^2 + 3y^2$

36–37. 최대와 최소 특정한 영역 R에서 다음 함수의 최댓값과 최솟값을 구하여라.

36. $f(x, y) = x^4 + y^4 - 4xy + 1$, 정사각형 영역 $R = \{(x, y): -2 \le x \le 2, -2 \le y \le 2\}$

37. $f(x, y) = xy$, 반원판 영역 $R = \{(x, y): -1 \le x \le 1, 0 \le y \le \sqrt{1 - x^2}\}$

38–39. 라그랑주 승수 라그랑주 승수 방법을 사용하여 (존재하는 경우) 주어진 제약을 따르는 f의 최댓값과 최솟값을 구하여라.

38. $f(x, y) = 2x + y + 10$, 제약 $2(x - 1)^2 + 4(y - 1)^2 = 1$

39. $f(x, y, z) = x + 2y - z$, 제약 $x^2 + y^2 + z^2 = 1$

40. **최대 둘레 직사각형** 라그랑주 승수 방법을 사용하여 각 변이 축에 평행하고 타원 $\dfrac{x^2}{a^2} + \dfrac{y^2}{b^2} = 1$에 내접하는 둘레가 최대인 직사각형의 치수를 구하여라.

41. **원뿔까지의 최소 거리** 점 (1, 3, 1)과 가장 가까운 원뿔 $z^2 - x^2 - y^2 = 0$ 위에 있는 점을 구하여라. 거리 함수의 최솟값을 구했음을 보이는 논의를 하여라.

42. **포물면까지의 거리** 라그랑주 승수 방법을 사용하여 점 (5, 10, 3)과 가장 가까운 포물면 $z = x^2 + y^2$ 위의 점을 구하여라. 거리 함수의 최솟값을 구했음을 보이는 논의를 하여라.

CHAPTER 15

중적분
Multiple Integration

미리보기 앞 장에서 극한과 도함수를 다변수함수로 일반화했다. 다음 단계는 적분에 대해 유사한 과정을 수행하는 것이다. 알다시피 단일(일변수)적분은 리만합에서 출발하여 2차원 영역의 넓이 계산에 사용된다. 유사한 방법으로 3차원에서 입체 영역의 부피를 계산하는 데 사용되는 이중(이변수)적분 및 삼중(삼변수)적분을 리만합을 이용하여 유도하자. 중적분은 질량 계산, 질량 계수 및 가변 밀도를 가진 입체의 관성 모멘트를 포함하여 통계, 과학 및 공학에서 많이 응용된다. 이 장의 또 다른 중요한 발전은 원주좌표와 구면좌표의 출현이다. 이러한 대안 좌표계는 종종 3차원 공간에서 적분 계산을 단순화한다. 이 장은 치환(변수 변환) 규칙의 2차원 및 3차원 버전으로 마무리된다. 전반적인 내용은 x축의 구간부터 곡선으로 둘러싸인 평면의 영역, 복잡한 3차원 입체까지 대부분의 기하학적 물체에 대한 함수를 적분할 수 있다는 것이다.

15.1 직사각형 영역에서 이중적분
15.2 일반 영역에서 이중적분
15.3 극좌표에서 이중적분
15.4 삼중적분
15.5 원주좌표와 구면좌표에서 삼중적분
15.6 질량 계산을 위한 적분
15.7 중적분에서의 변수 변환

15.1 직사각형 영역에서 이중적분

14장에서는 미분 개념을 다변수함수로 확장했다. 이 장에서는 적분을 다변수함수로 확장하자. 이 장을 마치면 미적분학의 기본 로드맵인 표 15.1을 완성할 것이다.

표 15.1

	미분	적분
일변수: $f(x)$	$f'(x)$	$\int_a^b f(x)\,dx$
다변수: $f(x, y)$와 $f(x, y, z)$	$\frac{\partial f}{\partial x}, \frac{\partial f}{\partial y}, \frac{\partial f}{\partial z}$	$\iint_R f(x, y)\,dA,\ \iiint_D f(x, y, z)\,dV$

입체의 부피

5장에서 곡선으로 둘러싸인 영역의 구간 면적을 찾는 문제는 정적분으로 이어졌다. 직사각형의 집합으로 영역을 근사하는 것에 관한 논의에서 출발하여 직사각형 영역의 리만합을 구했다는 것을 기억하자. 적절한 조건에서 직사각형의 수가 증가함에 따라 합은 영역의 구간 면적인 정적분의 값에 수렴한다.

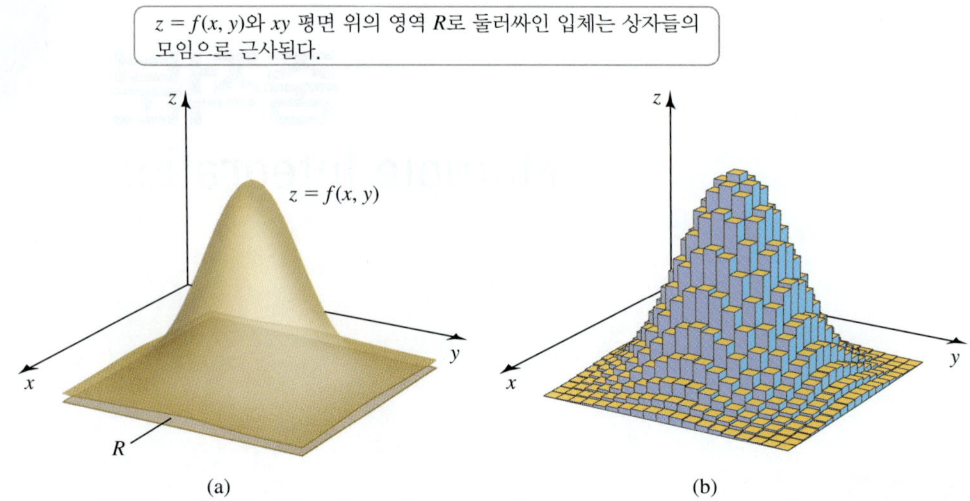

그림 15.1

이제 겉면이 함수 $z = f(x, y)$로 정의될 때 유사한 절차를 수행하자. 우선 xy 평면의 영역 R에서 $f(x, y) \geq 0$이라 가정하자(그림 15.1(a)). 목표는 겉면과 R로 둘러싸인 입체의 부피를 결정하는 것이다. 일반적으로 입체는 먼저 직육면체로 근사한다(그림 15.1(b)). 이 직육면체들의 부피의 합인 리만합은 입체의 부피와 비슷하다. 적절한 조건에서 직육면체의 수가 증가함에 따라 근삿값은 입체의 부피인 이중적분의 값으로 수렴한다.

직사각형 영역 $R = \{(x, y)\colon a \leq x \leq b,\ c \leq y \leq d\}$에서 정의된 함수 $z = f(x, y)$가 0보다 같거나 크다고 가정하자. R의 **분할**은 x축과 y축에 평행한 직선(균일한 간격일 필요는 없음)을 사용하여 R을 직사각형 하위 영역으로 분할하여 형성된다. 직사각형들은 체계적인 방식(예를 들어 왼쪽에서 오른쪽으로, 아래에서 위로)으로 번호를 매길 수 있다. k번째 직사각형의 변의 길이는 Δx_k와 Δy_k로 표시되고, k번

➤ $k = 1, 2, \cdots, n$에 대하여 일반적으로 서로 다른 k번째 사각형의 변의 길이 Δx_k와 Δy_k의 개수가 n보다 작더라도 Δx_k와 Δy_k로 쓰는 것이 관례이다. 이 관례는 이 장 전체에 적용된다.

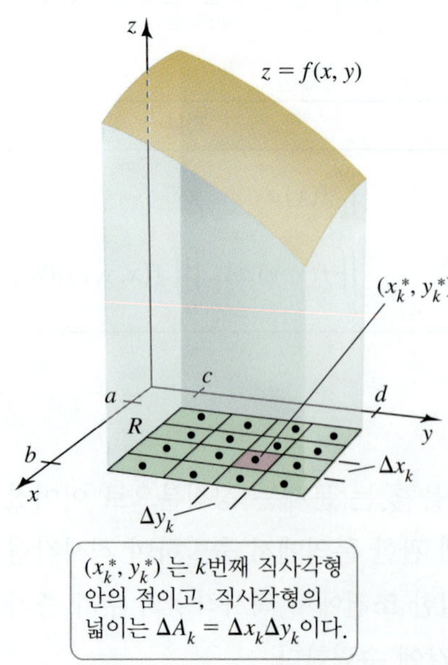

그림 15.2

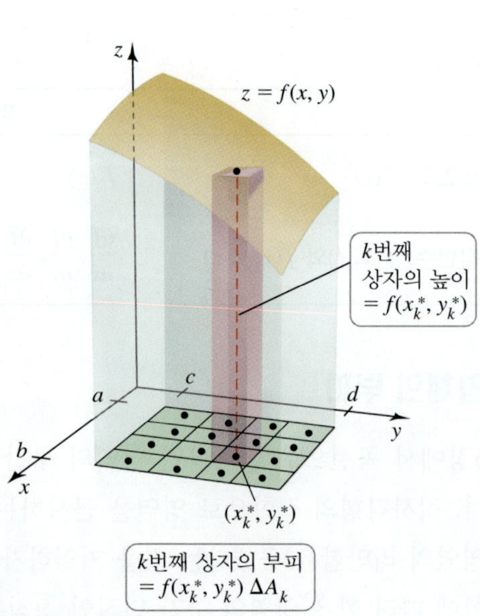

그림 15.3

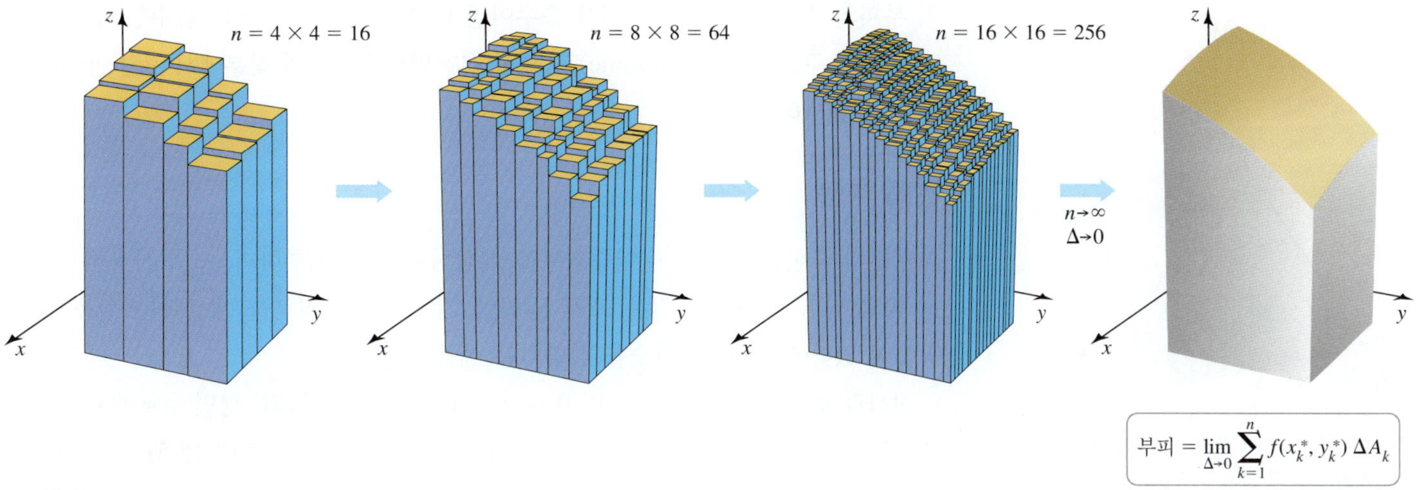

그림 15.4

째 직사각형의 넓이는 $\Delta A_k = \Delta x_k \Delta y_k$이다. 또한 $1 \le k \le n$에 대하여 (x_k^*, y_k^*)를 k번째 직사각형 안의 임의의 점이라 하자(그림 15.2).

곡면 $z = f(x, y)$와 영역 R에 의해 둘러싸인 입체의 부피를 근사하기 위해 각각의 직사각형에 상자를 만들자. 이때 $1 \le k \le n$에 대하여 각 상자는 높이가 $f(x_k^*, y_k^*)$이고 밑넓이가 ΔA_k이다(그림 15.3). 따라서 k번째 상자의 부피는 다음과 같다.

$$f(x_k^*, y_k^*)\Delta A_k = f(x_k^*, y_k^*)\Delta x_k \Delta y_k$$

n개 상자들의 부피의 합은 입체의 부피에 대한 근삿값으로 다음과 같다.

$$V \approx \sum_{k=1}^{n} f(x_k^*, y_k^*)\,\Delta A_k$$

이제 Δ를 분할에 있는 직사각형의 대각선의 최대 길이라 하자. $\Delta \to 0$이면 모든 직사각형의 넓이는 0에 접근하고($\Delta A_k \to 0$) 직사각형의 수는 증가한다($n \to \infty$). $\Delta \to 0$일 때, 이 리만합에 의해 주어진 근삿값은 그 극한이 존재하고 이 극한을 입체의 부피로 정의한다(그림 15.4).

QUICK CHECK 1 부피의 합이 근삿값이 되는 이유를 설명하여라. 이 근삿값을 어떻게 개선할 수 있는가? ◄

정의 이중적분

xy평면 위의 직사각형 영역 R에서 정의된 함수 f에 대하여 R의 모든 분할과 분할 내의 임의의 점 (x_k^*, y_k^*)에서 $\lim_{\Delta \to 0} \sum_{k=1}^{n} f(x_k^*, y_k^*)\Delta A_k$가 존재하면 f는 **적분 가능**하다. 이 극한을 **R에서 f의 이중적분**이라 하고, 다음과 같이 나타낸다.

$$\iint_R f(x, y)\,dA = \lim_{\Delta \to 0} \sum_{k=1}^{n} f(x_k^*, y_k^*)\Delta A_k$$

➤ 이 장에 나오는 함수는 적분 가능하다. 연속함수와 유한 개의 점에서 불연속인 함수가 적분 가능함을 증명하기 위해서는 고등 기법이 필요하다.

R에서 $f \ge 0$이면 이중적분은 $z = f(x, y)$와 xy평면의 영역 R로 둘러싸인 입체

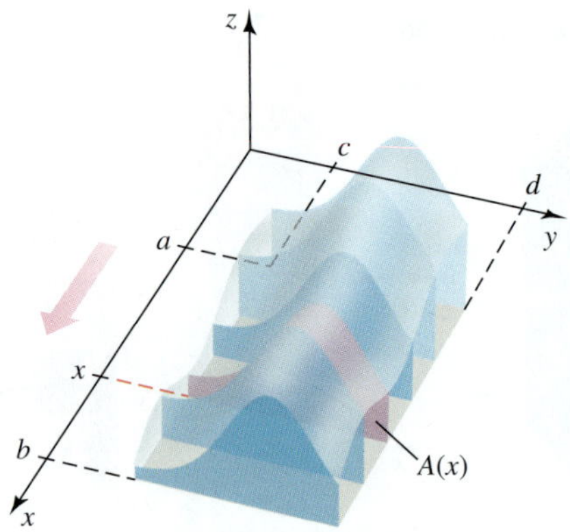

점 x에서 y축에 평행이고 xy평면에 수직으로 자른 단면의 넓이가 $A(x)$이면 이 영역의 부피는 다음과 같다.

$$V = \int_a^b A(x)\,dx$$

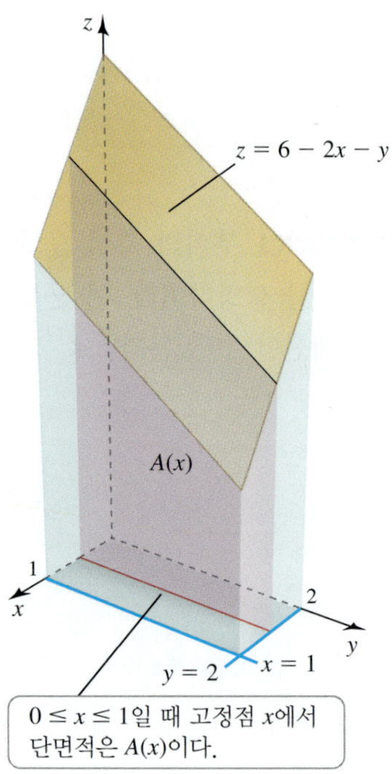

그림 15.5

의 부피와 같다. f가 영역 R에서 음수이면 이중적분 값은 0 또는 음수일 수 있고, 적분 값은 **구간 부피**(net volume)로 해석한다(일변수함수의 적분에서 **구간 면적**(net area)과 유사하다).

반복 적분

리만합의 극한을 사용하여 이중적분을 계산하는 것은 지루하며, 거의 사용하지 않는 방법이다. 다행히도 작은 조각 방법에 기초한 이중적분을 계산하는 실용적인 방법이 있다(6.3절). 이 기술을 설명하는 예를 들어 보자.

직사각형 영역 $R = \{(x, y)\colon 0 \le x \le 1,\ 0 \le y \le 2\}$와 평면 $z = f(x, y) = 6 - 2x - y$로 둘러싸인 입체의 부피를 계산한다고 가정하자(그림 15.5). 정의에 의해 부피는 다음 이중적분으로 주어진다.

$$V = \iint_R f(x, y)\,dA = \iint_R (6 - 2x - y)\,dA$$

작은 조각 방법(노트와 그림 참조)에 의해 yz평면에 평행인 입체의 수직 단면을 취하여 이 부피를 계산할 수 있다(그림 15.5). 점 x에서 단면의 넓이는 $A(x)$로 표시한다. 일반적으로 x가 변하면 영역 $A(x)$도 바뀌므로 이러한 넓이를 $x = 0$에서 $x = 1$까지 합하여 부피를 구한다.

$$V = \int_0^1 A(x)\,dx$$

중요한 점은 고정된 값 x에 대하여 $A(x)$는 곡선 $z = 6 - 2x - y$ 아래 평면의 넓이이다. 이 영역은 x를 고정하고 $y = 0$에서 $y = 2$까지 f를 y에 관하여 적분하여 계산한다. 즉, 다음과 같다.

$$A(x) = \int_0^2 (6 - 2x - y)\,dy$$

여기서 $0 \le x \le 1$이며, x는 적분할 때 상수로 취급된다. $A(x)$를 대입하면 다음을 얻는다.

$$V = \int_0^1 A(x)\,dx = \int_0^1 \underbrace{\left(\int_0^2 (6 - 2x - y)\,dy \right)}_{A(x)} dx$$

이 방정식의 우변을 **반복 적분**(iterated integral)(적분을 반복한다는 의미)이라고 한다. 먼저 x를 고정하고 y에 관하여 내부 적분을 구하며, 그 결과는 x의 함수로 표현된다. 그다음 외부 적분을 x에 관하여 적분하며, 그 결과는 그림 15.5에 있는 입체의 부피인 실숫값이다. 이 두 적분은 모두 일반적인 일변수 적분이다.

| 예제 1 | 반복 적분 계산 $A(x) = \int_0^2 (6 - 2x - y)\,dy$일 때 $V = \int_0^1 A(x)\,dx$를 계산하여라.

풀이 x를 상수로 간주하고 미적분학의 기본 정리를 사용하면 다음을 얻는다.

$$\begin{aligned} A(x) &= \int_0^2 (6-2x-y)\,dy \\ &= \left(6y - 2xy - \frac{y^2}{2}\right)\Big|_0^2 && x\text{를 상수로 간주하고 } y\text{에 대하여 적분하기} \\ &= (12-4x-2)-0 && y\text{에 상한과 하한 대입하여 간단히 하기} \\ &= 10-4 && \text{간단히 하기} \end{aligned}$$

부피 적분에 $A(x) = 10 - 4x$를 대입하여 적분하면 다음과 같다.

$$\begin{aligned} V &= \int_0^1 A(x)\,dx \\ &= \int_0^1 (10-4x)\,dx && A(x)\text{ 대입하기} \\ &= (10x - 2x^2)\Big|_0^1 && x\text{에 대하여 적분하기} \\ &= 8 && \text{간단히 하기} \end{aligned}$$

관련 연습문제 13번 ◀

| 예제 2 | 같은 이중적분, 다른 순서 예제 1은 yz평면에 평행인 조각을 사용했다. $0 \le y \le 2$일 때 xz평면에 평행인 입체의 수직 조각을 사용하여 같은 입체의 부피를 계산하여라(그림 15.6).

풀이 이 경우 $A(y)$는 구간 $0 \le y \le 2$에서 고정된 y값에 대한 조각의 넓이이다. 이 넓이는 y를 고정하고 $z = 6 - 2x - y$를 $x = 0$에서 $x = 1$까지 적분하여 계산한다. 즉, 다음과 같다.

$$A(y) = \int_0^1 (6-2x-y)\,dx$$

다시 작은 조각 방법을 사용하면 부피는 다음과 같다.

$$\begin{aligned} V &= \int_0^2 A(y)\,dy && \text{작은 조각 방법} \\ &= \int_0^2 \Bigg(\underbrace{\int_0^1 (6-2x-y)\,dx}_{A(y)} \Bigg) dy && A(y)\text{ 대입하기} \\ &= \int_0^2 \left((6x - x^2 - yx)\Big|_0^1 \right) dy && y\text{를 상수로 간주하고 } x\text{에 관하여 내부 적분 계산하기} \\ &= \int_0^2 (5-y)\,dy && x\text{에 상한과 하한을 대입하여 간단히 하기} \\ &= \left(5y - \frac{y^2}{2}\right)\Big|_0^2 && y\text{와 대하여 외부 적분 계산하기} \\ &= 8 && \text{간단히 하기} \end{aligned}$$

관련 연습문제 19번 ◀

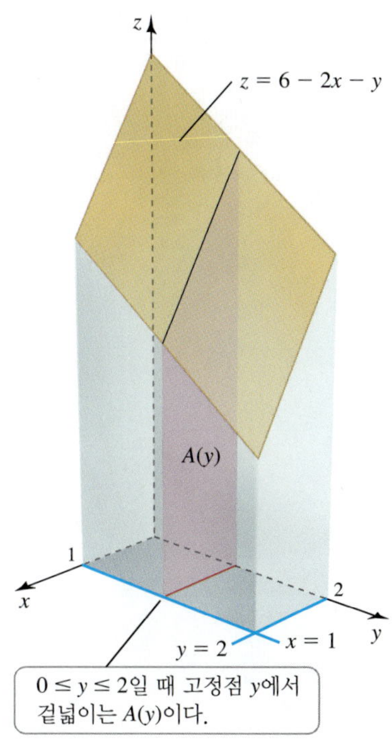

그림 15.6

몇 가지 중요한 사항이 있다. 첫째, 두 반복 적분은 이중적분에 대하여 같은 값을 제공한다. 둘째, 반복 적분의 표기법은 신중하게 사용해야 한다. $\int_c^d \int_a^b f(x, y)\, dx\, dy$라 쓰면 $\int_c^d \left(\int_a^b f(x, y)\, dx\right) dy$를 의미한다. 이 적분은 y를 고정하고 x에 대하여 내부 적분을 구한 후 $x = a$와 $x = b$를 대입한다. 적분 결과는 상수이거나 y에 관한 함수이고 이를 y에 관하여 외부 적분을 하여 $y = c$와 $y = d$를 대입한다. 여기서 적분 순서는 dx와 dy의 순서를 따른다.

마찬가지로 $\int_a^b \int_c^d f(x, y)\, dy\, dx$는 $\int_a^b \left(\int_c^d f(x, y)\, dy \right) dx$를 의미한다. 이 적분은 x를 고정하고 y에 대해 내부 적분을 구한다. 그 결과를 x에 대해 **외부 적분**한다. 두 경우 모두 반복 적분의 범위는 **적분 영역**인 직사각형의 경계에 따라 정해진다.

QUICK CHECK 2 $\int_3^4 \int_1^2 f(x, y)\, dx\, dy$를 고려하자. 내부 적분의 하한 및 상한과 적분 변수를 먼저 구한 후, 외부 적분의 하한 및 상한과 적분 변수를 구하여라. 적분 영역을 그려라. ◀

예제 1과 2는 이중적분을 반복 적분과 연관시키는 중요한 결과인 **푸비니의 정리**(Fubini's Theorem)의 한 버전을 설명한다. 이 정리의 첫 번째 버전은 직사각형 영역 위에서 이중적분에 적용된다.

➤ 분할의 k번째 직사각형의 변의 길이가 Δx_k, Δy_k이면 넓이는 $\Delta A_k = \Delta x_k \Delta y_k$이다. 따라서 이중적분의 넓이소 dA는 반복 적분에서 $dx\,dy$ 또는 $dy\,dx$가 된다.

정리 15.1 (푸비니) 직사각형 영역에서 이중적분

f가 직사각형 영역 $R = \{(x, y): a \le x \le b, c \le y \le d\}$에서 연속인 함수라 하자. R에서 f의 이중적분은 다음 두 반복 적분 중 하나로 구할 수 있다.

$$\iint_R f(x, y)\, dA = \int_c^d \int_a^b f(x, y)\, dx\, dy = \int_a^b \int_c^d f(x, y)\, dy\, dx$$

푸비니 정리의 중요한 점은 두 가지이다. 이중적분은 반복 적분으로 구할 수 있다는 것과 반복 적분에서 적분 순서는 중요하지 않다는 것이다(실제로 한 적분 순서는 다른 적분 순서보다 사용하기 쉬운 경우가 많다).

| 예제 3 | 이중적분 영역 $R = \{(x, y): -1 \le x \le 1, 0 \le y \le 2\}$에서 곡면 $f(x, y) = 4 + 9x^2y^2$으로 둘러싸인 입체의 부피를 구하여라. 가능한 두 가지 적분 순서를 모두 사용하여라.

풀이 R에서 $f(x, y) > 0$이므로 영역의 부피는 이중적분 $\iint_R (4 + 9x^2y^2)\, dA$에 의해 주어진다. 푸비니 정리에 의해 이중적분은 반복 적분으로 구할 수 있다. x에 관하여 먼저 적분한 결과는 고정된 값 y에 대한 입체의 넓이인 $A(y)$이다(그림 15.7(a)). 이 영역의 부피는 다음과 같다.

$$\iint_R (4 + 9x^2y^2)\, dA = \int_0^2 \underbrace{\int_{-1}^1 (4 + 9x^2y^2)\, dx}_{A(y)}\, dy \quad \text{반복 적분으로 나타내기}$$

$$= \int_0^2 (4x + 3x^3y^2) \Big|_{-1}^1\, dy \quad x\text{에 관하여 내부 적분 계산하기}$$

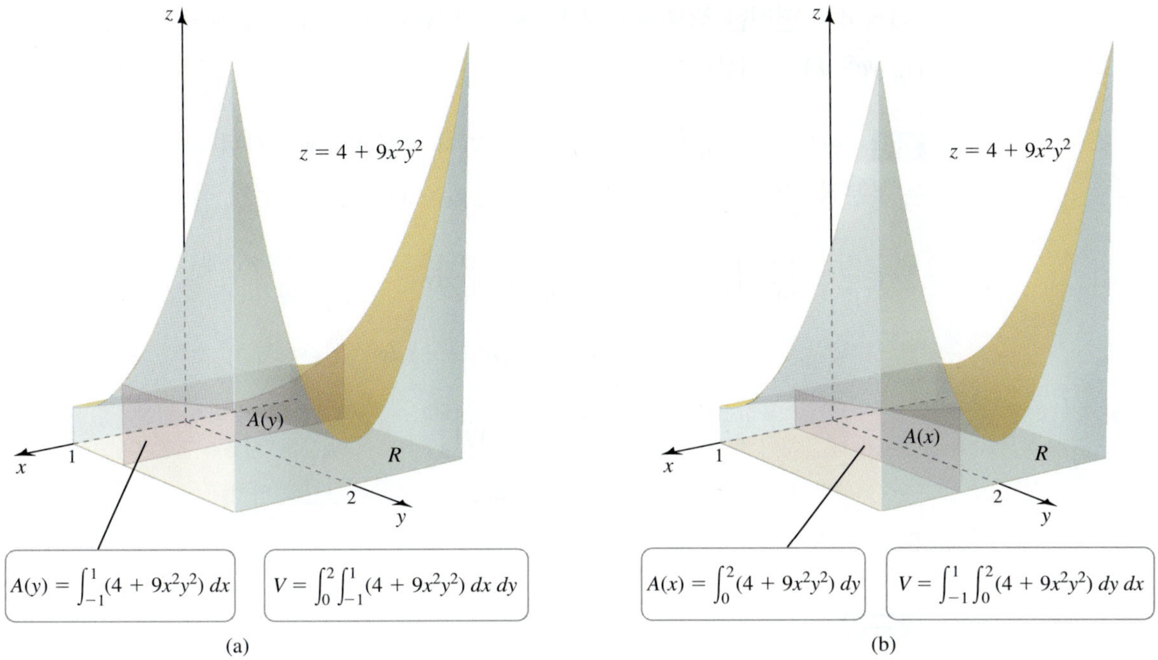

그림 15.7

$$= \int_0^2 (8 + 6y^2)\,dy \qquad \text{간단히 하기}$$

$$= (8y + 2y^3)\Big|_0^2 \qquad y\text{에 관하여 외부 적분 계산하기}$$

$$= 32 \qquad \text{간단히 하기}$$

또는 y에 관하여 먼저 적분하면 결과는 고정된 값 x에 대한 입체의 넓이인 $A(x)$이다(그림 15.7(b)). 이 영역의 부피는 다음과 같다.

$$\iint_R (4 + 9x^2y^2)\,dA = \int_{-1}^{1}\underbrace{\int_0^2 (4 + 9x^2y^2)\,dy}_{A(x)}\,dx \qquad \text{반복 적분으로 나타내기}$$

$$= \int_{-1}^{1}(4y + 3x^2y^3)\Big|_0^2\,dx \qquad y\text{에 관하여 내부 적분 계산하기}$$

$$= \int_{-1}^{1}(8 + 24x^2)\,dx \qquad \text{간단히 하기}$$

$$= (8x + 8x^3)\Big|_{-1}^{1} = 32 \qquad x\text{에 관하여 외부 적분 계산하기}$$

푸비니의 정리에 의해 두 반복 적분 값은 같고, 그 값은 입체의 부피이다.

관련 연습문제 20번 ◀

QUICK CHECK 3 반복 적분 $\int_{-10}^{10}\int_0^{20}(x^2y + 2xy^3)\,dy\,dx$의 적분 순서를 바꿔 나타내어라. ◀

다음 예제는 계산 과정을 줄이거나 적분을 가능하도록 하기 위해 적분 순서를 신중하게 선택해야 하는 경우가 있음을 보여 준다.

| 예제 4 | 편리한 적분 순서 선택 $R = \{(x, y): 0 \le x \le 1, 0 \le y \le \ln 2\}$에서 $\iint_R ye^{xy}\, dA$를 계산하여라.

풀이 반복 적분 $\int_0^1 \int_0^{\ln 2} ye^{xy}\, dy\, dx$는 먼저 ye^{xy}을 y에 관하여 적분해야 하며, 이는 부분적분법으로 구한다. 더 쉬운 접근법은 x에 관하여 먼저 적분하는 것이다.

$$\int_0^{\ln 2} \int_0^1 ye^{xy}\, dx\, dy = \int_0^{\ln 2} e^{xy}\Big|_0^1\, dy \quad x\text{에 관하여 내부 적분 계산하기}$$
$$= \int_0^{\ln 2} (e^y - 1)\, dy \quad \text{간단히 하기}$$
$$= (e^y - y)\Big|_0^{\ln 2} \quad y\text{에 관하여 외부 적분 계산하기}$$
$$= 1 - \ln 2 \quad \text{간단히 하기}$$

관련 연습문제 21-22번 ◀

평균값

함수의 평균값의 개념 (5.4절)은 자연스럽게 이변수함수로 확장된다. 구간 $[a, b]$에서 적분 가능한 함수 f의 평균값은 다음과 같다.

$$\bar{f} = \frac{1}{b - a}\int_a^b f(x)\, dx$$

영역 R에서 적분 가능한 함수 f의 평균값을 찾기 위해 f를 R에서 적분하고 그 결과를 R의 '크기'로 나눈다. 여기서 R의 크기는 이변수로 된 R의 넓이이다.

➤ 동일한 평균값 정의를 평면 위의 더 일반적인 영역에 적용한다.

정의 평면 영역에서 함수의 평균값

영역 R에서 적분 가능 함수 f의 **평균값**은 다음과 같다.

$$\bar{f} = \frac{1}{R\text{의 넓이}} \iint_R f(x, y)\, dA$$

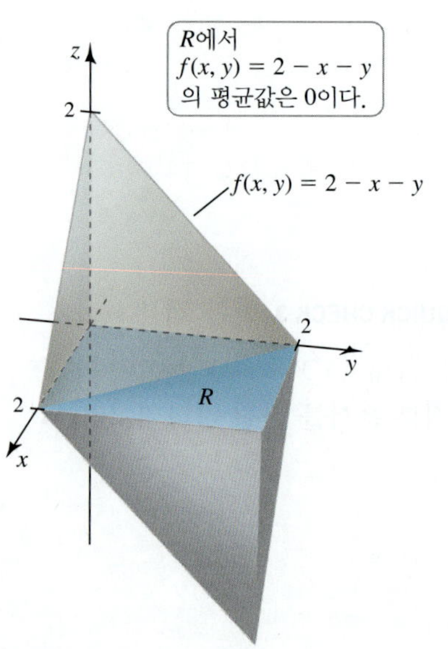

그림 15.8

| 예제 5 | 평균값 정사각형 영역 $R = \{(x, y): 0 \le x \le 2, 0 \le y \le 2\}$에서 $2 - x - y$의 평균값을 구하여라(그림 15.8).

풀이 영역 R의 넓이는 4이다. $f(x, y) = 2 - x - y$로 놓으면 f의 평균값은 다음과 같다.

$$\frac{1}{R\text{의 넓이}} \iint_R f(x, y)\, dA = \frac{1}{4}\iint_R (2 - x - y)\, dA$$
$$= \frac{1}{4}\int_0^2 \int_0^2 (2 - x - y)\, dx\, dy \quad \text{반복 적분으로 나타내기}$$

$$= \frac{1}{4}\int_0^2 \left(2x - \frac{x^2}{2} - xy\right)\Big|_0^2 dy$$ x에 관하여 내부 적분 계산하기

$$= \frac{1}{4}\int_0^2 (2 - 2y)\,dy$$ 간단히 하기

$$= 0$$ y에 관하여 외부 적분 계산하기

➤ 영역 R에서 평균값이 0이라는 것은 표면 아래 xy평면 위의 영역의 부피가 표면 위 xy평면 아래의 영역의 부피와 같다는 뜻이다.

15.1절 연습문제

1단계 스타트

1. 표면 $f(x, y) = xy$와 정사각형 $R = \{(x, y): 0 \le x \le 2, 1 \le y \le 3\}$로 둘러싸인 입체의 부피를 반복 적분으로 나타내어라.

2. $R = \{(x, y): -2 \le x \le 4, 1 \le y \le 5\}$에서 $\iint_R f(x, y)\, dA$를 두 가지 반복 적분으로 나타내어라.

3. 영역 $R = \{(x, y): 0 \le x \le 4, 0 \le y \le 6\}$을 6등분했다(그림은 영역 R에서 함수 f의 등고선이 연속임을 보여 준다). $k = 1, \cdots, 6$에 대하여 (x_k^*, y_k^*)가 k번째 영역의 중심일 때, 리만합 $\sum_{k=1}^{6} f(x_k^*, y_k^*)\Delta A_k$를 계산하여 $\iint_R f(x, y)\, dA$의 값을 추정하여라.

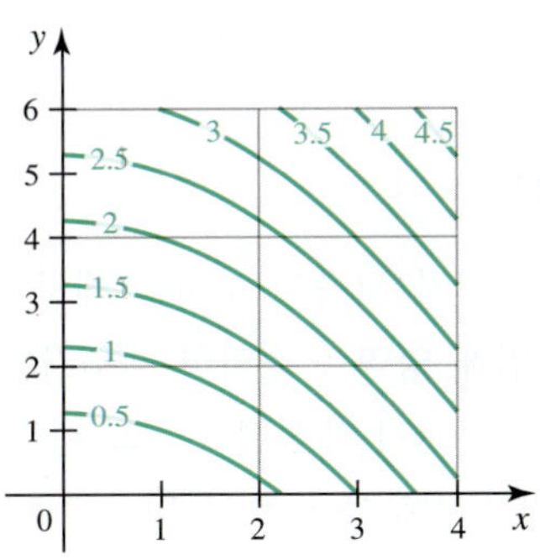

2단계 실전

4–12. 반복 적분 다음 반복 적분을 계산하여라.

4. $\int_0^2 \int_0^1 4xy\, dx\, dy$

5. $\int_1^3 \int_0^2 x^2 y\, dx\, dy$

6. $\int_1^3 \int_0^{\pi/2} x \sin y\, dy\, dx$

7. $\int_1^4 \int_0^4 \sqrt{uv}\, du\, dv$

8. $\int_1^{\ln 5} \int_0^{\ln 3} e^{x+y}\, dx\, dy$

9. $\int_0^1 \int_0^1 t^2 e^{st}\, ds\, dt$

10. $\int_1^e \int_0^1 4(p + q) \ln q\, dp\, dq$

11. $\int_1^2 \int_1^2 \frac{x}{x + y}\, dy\, dx$

12. $\int_0^1 \int_1^4 \frac{3y}{\sqrt{x + y^2}}\, dx\, dy$

13–18. 이중적분 영역 R에서 이중적분을 반복 적분으로 나타내어 값을 구하여라.

13. $\iint_R (x + 2y)\, dA$, $R = \{(x, y): 0 \le x \le 3, 1 \le y \le 4\}$

14. $\iint_R \sqrt{\frac{x}{y}}\, dA$, $R = \{(x, y): 0 \le x \le 1, 1 \le y \le 4\}$

15. $\iint_R e^{x+2y}\, dA$, $R = \{(x, y): 0 \le x \le \ln 2, 1 \le y \le \ln 3\}$

16. $\iint_R e^{x+2y}\, dA$, $R = \{(x, y): 0 \le x \le \ln 2, 1 \le y \le \ln 3\}$

17. $\iint_R (x^5 - y^5)^2\, dA$, $R = \{(x, y): 0 \le x \le 1, -1 \le y \le 1\}$

18. $\iint_R x^3 y \cos(x^2 y^2)\, dA$, $R = \{(x, y): 0 \le x \le \sqrt{\pi/2}, 0 \le y \le 1\}$

19–20. 입체의 부피 다음 입체의 부피를 구하여라.

19. 평면 $f(x, y) = 24 - 3x - 4y$ 아래, 영역 $R = \{(x, y): -1 \le x \le 3, 0 \le y \le 2\}$ 위로 이루어진 입체

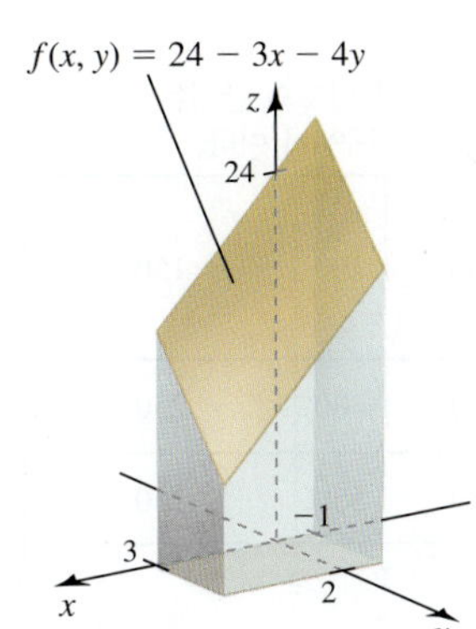

20. 곡면 $z = xy^2\sqrt{1 - x^2}$과 두 평면 $z = 0$, $y = 3$으로 둘러싸인 제1팔분공간의 입체

21–23. 편리한 적분 순서 선택 다음 이중적분을 구하기 위해 반복 적분으로 바꿀 때 더 쉬운 순서가 있다. 적분하기 가장 편한 순서로 계산하여라.

21. $\iint_R (y + 1)e^{x(y+1)}\,dA$,
$R = \{(x, y): 0 \le x \le 1, -1 \le y \le 1\}$

22. $\iint_R 6x^5 e^{x^3 y}\,dA$, $R = \{(x, y): 0 \le x \le 2, 0 \le y \le 2\}$

23. $\iint_R \dfrac{x}{(1 + xy)^2}\,dA$, $R = \{(x, y): 0 \le x \le 4, 1 \le y \le 2\}$

24. 평균값 영역 $R = \{(x, y): 0 \le x \le 6, 0 \le y \le \ln 2\}$에서 함수 $f(x, y) = e^{-y}$의 평균값을 구하여라.

25. 평균값 $R = \{(x, y): -2 \le x \le 2, 0 \le y \le 2\}$의 점과 원점 사이의 길이의 제곱의 평균값을 구하여라.

26. 참 또는 거짓 다음 명제가 참이면 증명하고 거짓이면 반례를 들어라.

a. $\int_4^6\int_1^3 4\,dx\,dy$의 적분 영역은 정사각형이다.

b. f가 $\mathbb{R}^2$에서 연속이면
$\int_4^6\int_1^3 f(x, y)\,dx\,dy = \int_4^6\int_1^3 f(x, y)\,dy\,dx$이다.

c. f가 $\mathbb{R}^2$에서 연속이면
$\int_4^6\int_1^3 f(x, y)\,dx\,dy = \int_1^3\int_4^6 f(x, y)\,dy\,dx$이다.

27. 인구 계산 그림과 같이 9개의 직사각형 구역으로 나누어진 한 국가의 인구 밀도가 주어져 있다.

a. 인구 = (인구 밀도) × (넓이)를 이용하여 이 국가의 인구를 추정하여라.

b. **a**의 계산이 이중적분의 리만합과 어떤 관계가 있는지 설명하여라.

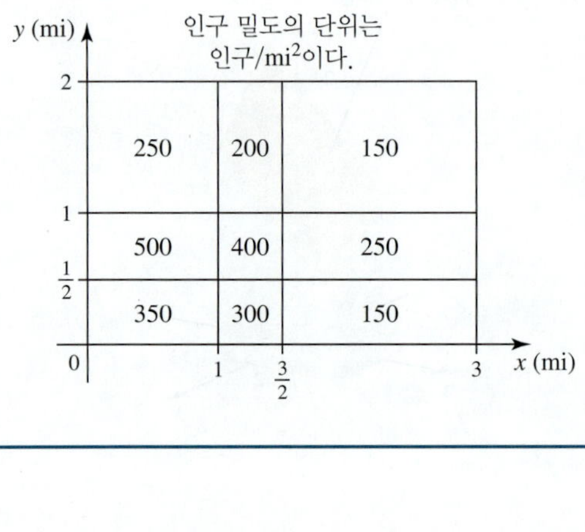

3단계 도전

28. 원주 S를 $\mathbb{R}^3$에서 원기둥 $z = f(x)$와 영역 $R = \{(x, y): a \le x \le b, c \le y \le d\}$ 사이의 입체라 하자. 이때 R에서 $f(x) \ge 0$이다. $\int_c^d\int_a^b f(x)\,dx\,dy$가 S의 부피인 (S의 절단면) × $(d - c)$와 같은 이유를 설명하여라.

29. 변수 풀이 $R = \{(x, y): 0 \le x \le \pi,\ 0 \le y \le a\}$라 하자. $0 \le a \le \pi$에서 $\iint_R \sin(x + y)\,dA = 1$을 만족하는 $a(0 \le a \le \pi)$의 값은 얼마인가?

30. 평균값 0 영역 $R = \{(x, y): 0 \le x \le a,\ 0 \le y \le a\}$에서 함수 $f(x, y) = 4 - x^2 - y^2$의 평균값이 0이 되도록 하는 양수 a의 값을 구하여라.

31. 밀도 및 질량 xy평면 위의 영역 R로 표현되는 얇은 직사각형 판의 밀도가 함수 $\rho(x, y)$라고 가정하자. 이 함수는 제곱센티미터당 그램($\mathrm{g/cm^2}$) 단위의 면적밀도를 가지며, 판의 질량은 $\iint_R \rho(x, y)\,dA$이다. $R = \{(x, y): 0 \le x \le \pi/2,\ 0 \le y \le \pi\}$라 가정하고 다음 밀도 함수를 갖는 판의 질량을 구하여라.

a. $\rho(x, y) = 1 + \sin x$　　**b.** $\rho(x, y) = 1 + \sin y$

c. $\rho(x, y) = 1 + \sin x \sin y$

32. 항등식 영역 $R = \{(x, y): 0 \le x \le a, 0 \le y \le b\}$에서 함수 f의 2계 도함수가 연속이라 가정하자. $\iint_R \dfrac{\partial^2 f}{\partial x\,\partial y}\,dA$를 간단히 하여라.

QUICK CHECK 정답

1. 합은 직사각형 상자 모음의 부피를 제공하지만 이 상자들은 표면 아래의 입체 영역을 정확히 채우지는 않는다. 상자를 더 많이 사용하면 근사가 개선된다. **2.** 내부 적분은 $x = 1$부터 $x = 2$까지, 외부 적분은 $y = 3$부터 $y = 4$까지이다. 영역은 직사각형 $\{(x, y): 1 \le x \le 2, 3 \le y \le 4\}$이다.
3. $\int_0^{20}\int_{-10}^{10} (x^2 y + 2xy^3)\,dx\,dy$ ◀

15.2 일반 영역에서 이중적분

직사각형 영역에서 이중적분을 구하는 것은 중적분에 관한 연구의 시작으로 유용하다. 그러나 실제 관심사는 대개 직사각형이 아닌 영역에서의 적분이다. 이 절의 목표는 15.1절에서 제시한 방법을 확장하여 일반적인 영역에서의 적분에 적용하는 것이다.

일반 영역에서 적분

xy평면의 유계이고 닫힌 **직사각형**이 아닌 영역 R에서 정의된 함수 f를 고려하자. 직사각형 영역과 마찬가지로 직사각형으로 구성된 분할을 사용하지만, 이제 이러한 분할은 R을 정확하게 덮지 않는다. 이 경우 R 안에 있는 n개의 직사각형만 분할에 있는 것으로 간주한다(그림 15.9). f가 R에서 음이 아닐 때, 표면 $z = f(x, y)$와 xy평면의 R로 둘러싸인 입체의 부피는 리만합에 의해 근사된다.

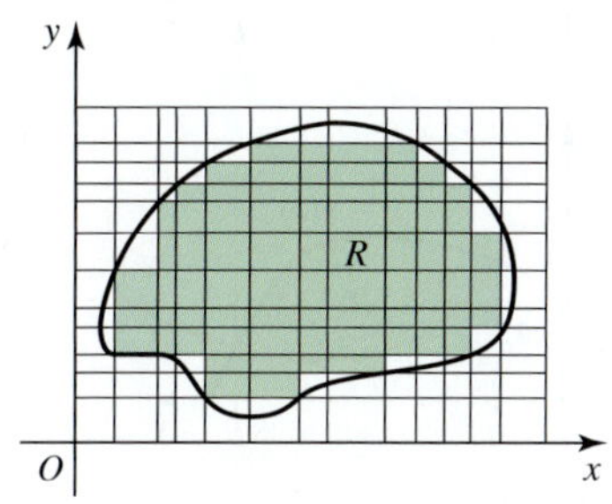

그림 15.9

$$V \approx \sum_{k=1}^{n} f(x_k^*, y_k^*)\Delta A_k,$$

이때 $1 \le k \le n$에서 $\Delta A_k = \Delta x_k \Delta y_k$는 k번째 직사각형의 넓이이며 (x_k^*, y_k^*)는 k번째 직사각형 안의 임의의 점이다. 앞에서와 같이 Δ를 분할에 있는 직사각형의 대각선의 최대 길이로 정의하자.

f가 R에서 연속이고 R의 경계가 유한 개의 부드러운 곡선으로 구성된다는 가정 아래 $\Delta \to 0$이고 사각형의 수가 증가할 때($n \to \infty$) 다음 두 가지 성질이 성립한다.

- 분할의 직사각형은 R을 점점 더 완전히 채운다. 즉, 직사각형의 합이 R에 수렴한다.
- 모든 분할과 분할 내의 임의의 점 (x_k^*, y_k^*)에서 리만합은 (유일한) 극한값으로 수렴한다.

다음과 같이 리만합에 의해 수렴하는 극한은 R에서 f의 이중적분이다.

$$\iint_R f(x, y)\, dA = \lim_{\Delta \to 0} \sum_{k=1}^{n} f(x_k^*, y_k^*)\Delta A_k$$

이 극한이 존재할 때 f는 R에서 **적분 가능**하다. R에서 f가 음수가 아니면 이중적분은 표면 $z = f(x, y)$와 xy평면의 R로 둘러싸인 입체의 부피와 같다(그림 15.10).

이중적분 $\iint_R f(x, y)\, dA$에 대한 또 다른 일반적인 해석이 있다. R이 점 (x, y)에서의 밀도가 $f(x, y)$인 얇은 판을 나타낸다고 가정하자. 밀도 단위는 단위 면적당 질량이므로 $f(x_k^*, y_k^*)\Delta A_k$는 R에서 k번째 직사각형 질량의 근삿값이다. 직사각형의 질량을 합하면 R의 총 질량에 대한 근삿값이 나온다. $n \to \infty$, $\Delta \to 0$일 때 이 중적분은 판의 질량과 같다.

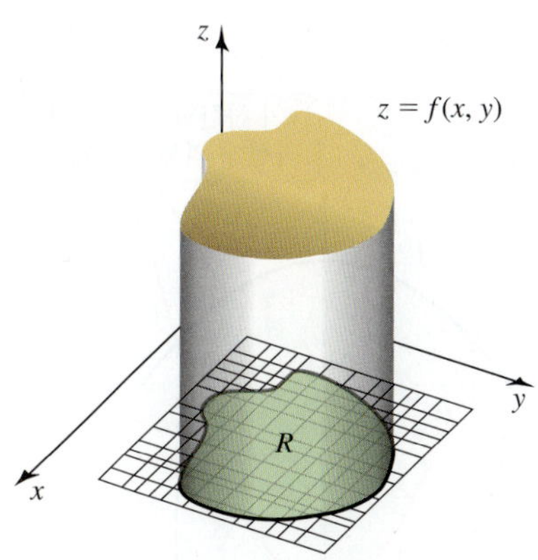

입체의 부피 $= \iint_R f(x, y)\, dA$
$= \lim_{\Delta \to 0} \sum_{k=1}^{n} f(x_k^*, y_k^*)\, \Delta A_k$

그림 15.10

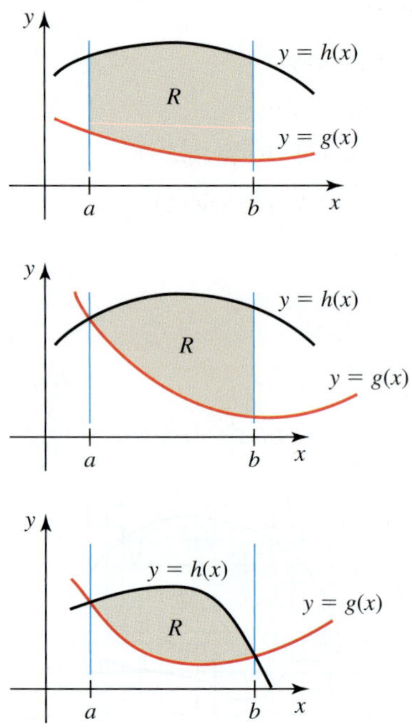

그림 15.11

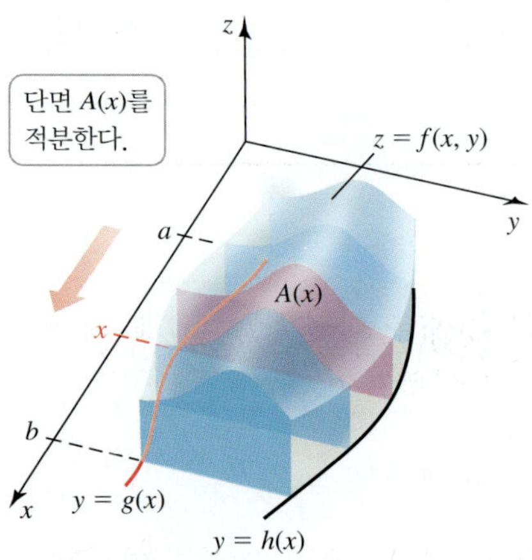

그림 15.12

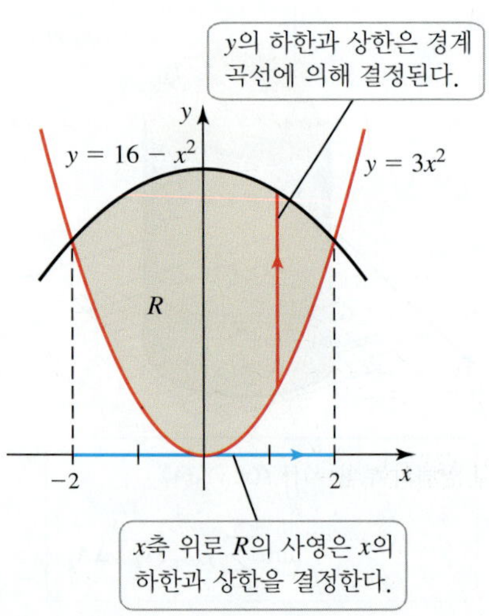

그림 15.13

반복 적분

직사각형이 아닌 영역에서 이중적분도 반복 적분을 사용하여 구한다. 그러나 이보다 일반적인 환경에서는 적분 순서가 매우 중요하다. 대부분의 이중적분은 영역 R의 모양에 의해 결정되는 두 가지 범주 중 하나이다.

첫 번째 유형의 영역은 $a \le x \le b$에 대하여 하한과 상한은 각각 연속함수 $y = g(x)$와 $y = h(x)$라는 특성이 있다. 이러한 영역은 그림 15.11과 같은 형태 중 하나이다.

다시 한 번 작은 조각 방법을 사용하자. f가 R에서 음이 아니라고 가정하고 곡면 $z = f(x, y)$와 R로 둘러싸인 입체를 고려하자(그림 15.12). 입체를 yz평면에 평행이도록 수직 조각을 취한다고 상상해 보자. 입체 내의 고정된 x에서 절단면은 아래쪽 곡선 $y = g(x)$에서 위쪽 곡선 $y = h(x)$까지이며, 넓이는 다음과 같다.

$$A(x) = \int_{g(x)}^{h(x)} f(x, y)\, dy, \quad a \le x \le b$$

입체의 부피는 이중적분으로 주어진다. 부피는 단면적 $A(x)$를 $x = a$에서 $x = b$까지 적분하여 구한다.

$$\iint_R f(x, y)\, dA = \int_a^b \underbrace{\int_{g(x)}^{h(x)} f(x, y)\, dy}_{A(x)}\, dx$$

반복 적분에서 적분의 하한과 상한은 영역 R의 경계를 묘사한다.

| 예제 1 | 이중적분 계산 $\iint_R 2x^2y\, dA$를 반복 적분으로 나타내어라. 여기서 R은 두 포물선 $y = 3x^2$, $y = 16 - x^2$으로 둘러싸인 영역이다. 그다음 적분을 계산하여라.

풀이 영역 R은 아래위가 각각 $g(x) = 3x^2$, $h(x) = 16 - x^2$에 의해 둘러싸여 있다. $3x^2 = 16 - x^2$을 풀면 두 곡선이 $x = -2$와 $x = 2$에서 만나고, 이는 x 방향의 하한과 상한이다(그림 15.13).

그림 15.14는 곡면 $z = 2x^2y$ 및 영역 R에 의해 둘러싸인 입체를 보여 준다. 고정점 x에서 yz평면에 평행한 입체의 수직 단면의 넓이는 다음과 같다.

$$A(x) = \int_{3x^2}^{16-x^2} 2x^2y\, dy$$

$x = -2$와 $x = 2$ 사이에서 이 넓이를 적분하면 반복 적분은 다음과 같다.

$$\iint_R 2x^2y\, dA = \int_{-2}^{2} \underbrace{\int_{3x^2}^{16-x^2} 2x^2y\, dy}_{A(x)}\, dx \qquad \text{반복 적분으로 나타내기}$$

$$= \int_{-2}^{2} x^2y^2 \Big|_{3x^2}^{16-x^2} dx \qquad y\text{에 관하여 내부 적분 계산하기}$$

$$= \int_{-2}^{2} x^2((16 - x^2)^2 - (3x^2)^2)\,dx \quad \text{간단히 하기}$$

$$= \int_{-2}^{2} (-8x^6 - 32x^4 + 256x^2)\,dx \quad \text{간단히 하기}$$

$$\approx 663.2 \quad x\text{에 관하여 외부 적분 계산하기}$$

R에서 $z = 2x^2y \geq 0$이므로 적분의 값은 그림 15.14에 표시된 입체의 부피이다. ◀

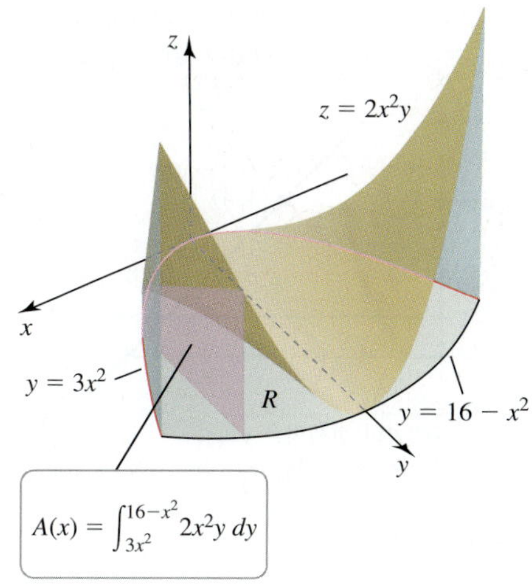

그림 15.14

관점의 변화 적분 영역 R이 구간 $c \leq y \leq d$에서 왼쪽과 오른쪽이 각각 두 연속함수 $x = g(y)$와 $x = h(y)$에 의해 둘러싸였다고 가정하자. 이 영역은 그림 15.15에 표시된 형태이다.

QUICK CHECK 1 영역 R은 x축, y축과 직선 $x + y = 2$로 둘러싸여 있다. y에 관하여 먼저 적분한다고 가정하자. R에서 반복 적분의 범위를 구하여라. ◀

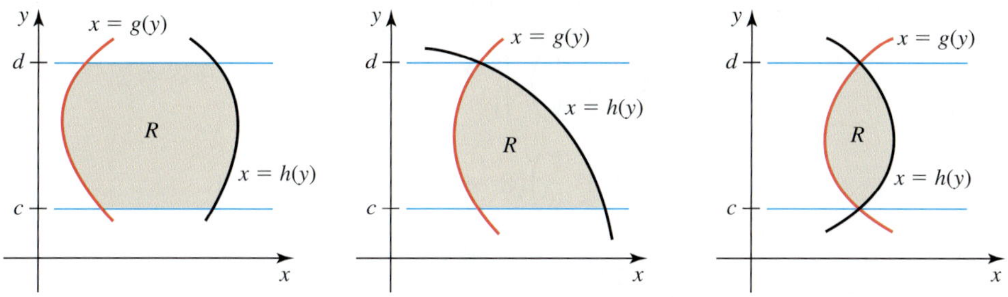

그림 15.15

곡면 $z = f(x, y)$와 R로 둘러싸인 입체의 부피를 찾기 위해 xz평면에 평행인 수직 단면을 취한다. 이중적분 $\iint_R f(x, y)\,dA$는 내부 적분이 구간 $g(y) \leq x \leq h(y)$에서 x에 관한 적분이고 외부 적분이 구간 $c \leq y \leq d$에서 y에 관한 적분인 반복 적분으로 변환된다. 이 두 경우에서의 이중적분은 다음 정리로 요약된다.

정리 15.2 직사각형이 아닌 영역에서 이중적분

영역 R은 아래위가 각각 두 연속함수 $y = g(x)$와 $y = h(x)$에 의해 둘러싸여 있고, 두 직선 $x = a$와 $x = b$로 경계가 이루어져 있다고 하자(그림 15.11). f가 영역 R에서 연속이면 다음이 성립한다.

$$\iint_R f(x, y)\,dA = \int_a^b \int_{g(x)}^{h(x)} f(x, y)\,dy\,dx$$

영역 R은 왼쪽과 오른쪽이 각각 두 연속함수 $x = g(y)$와 $x = h(y)$에 의해 둘러싸여 있고, 두 직선 $y = c$와 $y = d$로 경계가 이루어져 있다고 하자(그림 15.15). f가 영역 R에서 연속이면 다음이 성립한다.

$$\iint_R f(x, y)\,dA = \int_c^d \int_{g(y)}^{h(y)} f(x, y)\,dx\,dy$$

➤ 정리 15.2는 푸비니 정리의 또 다른 버전이다. 직사각형이 아닌 영역에서 적분 순서는 단순하게 바뀌지 않는다. 즉,

$$\int_a^b \int_{g(x)}^{h(x)} f(x, y)\,dy\,dx \neq \int_{g(x)}^{h(x)} \int_a^b f(x, y)\,dx\,dy$$

면적소 dA는 분할의 작은 사각형과 연관되어 있다, 중적분을 반복 적분으로 바꾸는 것과 비교하면 $dA = dy\,dx$ 또는 $dA = dy\,dx$이고, 이는 사각형의 영역과 일치한다.

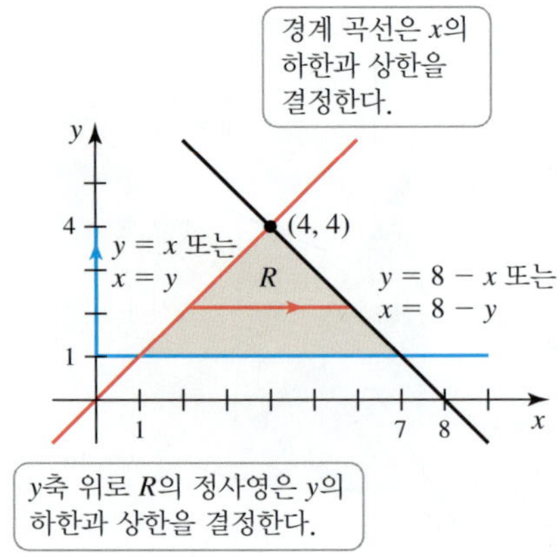

그림 15.16

| 예제 2 | **부피 계산** 곡면 $f(x,y) = 2 + \frac{1}{y}$ 아래에 있고 세 직선 $y = x$, $y = 8 - x$, $y = 1$로 둘러싸인 xy평면의 영역 R 위에 있는 입체의 부피를 구하여라. R에서 $f(x, y) > 0$임에 유의하여라.

풀이 영역 R의 왼쪽은 $x = y$로, 오른쪽은 $y = 8 - x$ 또는 $x = 8 - y$로 제한된다(그림 15.16). 이 두 직선은 점 (4, 4)에서 만난다. 입체에서 $y = 1$부터 $y = 4$까지 xz평면과 평행한 수직 단면을 취한다. 이 단면을 시각화하기 위해 R에서 x축에 평행하도록 직선을 그린 후, $y = 1$부터 $y = 4$까지 단면의 넓이를 적분하면 f의 그래프와 R 사이의 입체의 부피로서 다음과 같다(그림 15.17).

$$\begin{aligned}
\iint_R \left(2 + \frac{1}{y}\right) dA &= \int_1^4 \int_y^{8-y} \left(2 + \frac{1}{y}\right) dx\, dy && \text{반복 적분으로 나타내기} \\
&= \int_1^4 \left(2 + \frac{1}{y}\right) x \Big|_y^{8-y} dy && x\text{에 관하여 내부 적분 계산하기} \\
&= \int_1^4 \left(2 + \frac{1}{y}\right)(8 - 2y)\, dy && \text{간단히 하기} \\
&= \int_1^4 \left(14 - 4y + \frac{8}{y}\right) dy && \text{간단히 하기} \\
&= (14y - 2y^2 + 8 \ln |y|)\Big|_1^4 && y\text{에 관하여 외부 적분 계산하기} \\
&= 12 + 8 \ln 4 \approx 23.09 && \text{간단히 하기}
\end{aligned}$$

◀

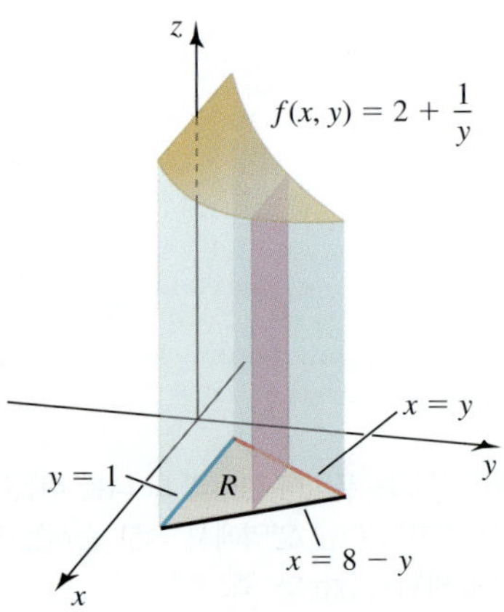

그림 15.17

QUICK CHECK 2 예제 2의 적분은 먼저 y에 관하여 (내부) 적분하여 구할 수 있는가? ◀

적분 순서 선택 및 변경

때때로 적분 영역은 한 쌍의 곡선으로 위아래에 경계를 이루고 영역은 한 쌍의 곡선으로 좌우에 경계를 이룬다. 예를 들어 그림 15.18의 영역 R은 위로는 $y = x^{1/3}$으로, 아래로는 $y = x^2$으로 경계를 정하고, 오른쪽은 $x = \sqrt{y}$로, 왼쪽은 $x = y^3$으로 경계를 정한다. 이 경우는 두 가지 적분 순서 중 하나를 선택할 수 있지만, 한 적분 순서가 다른 적분 순서보다 더 나을 수 있다. 다음 예제는 적분 순서를 선택하고 변경하는 귀중한 기술을 보여 준다.

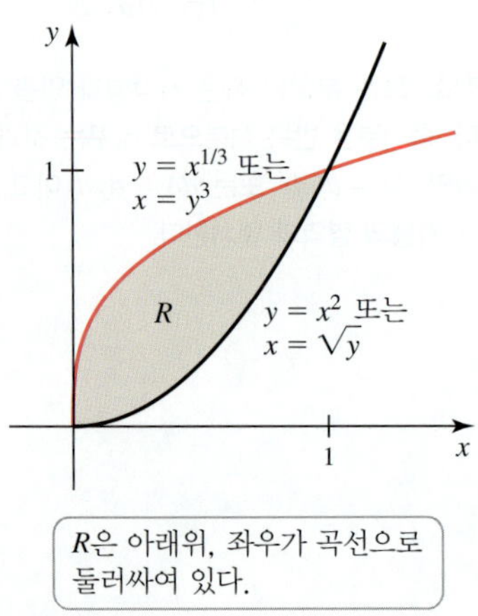

그림 15.18

| 예제 3 | **사면체의 부피** 평면 $z = c - ax - by$와 좌표평면($x = 0$, $y = 0$, $z = 0$)으로 둘러싸인 제1팔분공간의 사면체의 부피를 구하여라. 이때 a, b, c는 양의 실수라고 가정한다(그림 15.19).

풀이 R을 xy평면에서 정사면체의 밑면이 삼각형이라 하면 R은 x축, y축과 직선 $ax + by = c$로 경계를 이룬다(평면의 방정식에서 $z = 0$으로 놓고 구한다)(그림

15.20). R의 아래위 경계가 각각 $y = 0$과 $y = c/b - ax/b$로 이루어짐을 볼 수 있다. 그러면 왼쪽과 오른쪽의 경계는 각각 $x = 0$, $x = c/a$이다. 따라서 평면과 영역 R 사이의 입체의 부피는 다음과 같다.

$$\begin{aligned}\iint_R (c - ax - by)\,dA &= \int_0^{c/a}\int_0^{c/b-ax/b}(c - ax - by)\,dy\,dx && \text{반복 적분으로 나타내기}\\ &= \int_0^{c/a}\left(cy - axy - \frac{by^2}{2}\right)\Bigg|_0^{c/b-ax/b} dx && y\text{에 관하여 내부 적분 계산하기}\\ &= \int_0^{c/a}\frac{(ax-c)^2}{2b}\,dx && \text{간단히 한 다음 인수분해하기}\\ &= \frac{c^3}{6ab} && x\text{에 관하여 외부 적분 계산하기}\end{aligned}$$

이 결과는 사면체의 부피 공식을 보여 준다. 삼각형 밑면의 두 변의 길이는 c/a와 c/b인데, 이는 밑면의 넓이가 $c^2/(2ab)$임을 의미한다. 정사면체의 높이는 c이므로 일반적인 부피 공식은 다음과 같다.

$$V = \frac{c^3}{6ab} = \frac{1}{3}\underbrace{\frac{c^2}{2ab}}_{\text{밑면의 넓이}}\cdot\underbrace{c}_{\text{높이}} = \frac{1}{3}\,(\text{밑면의 넓이})\,(\text{높이})$$

관련 연습문제 38번 ◀

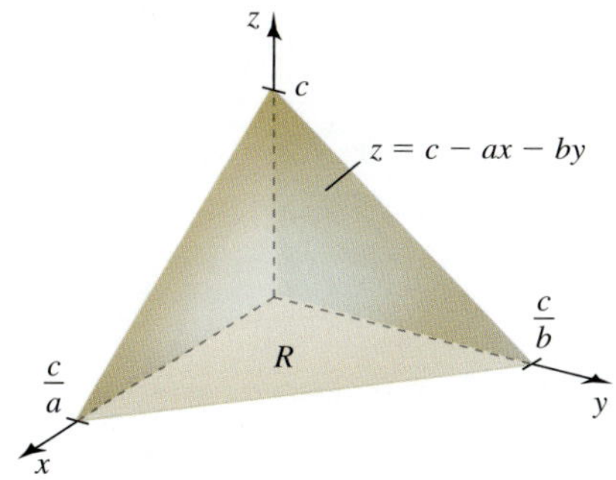

그림 15.19

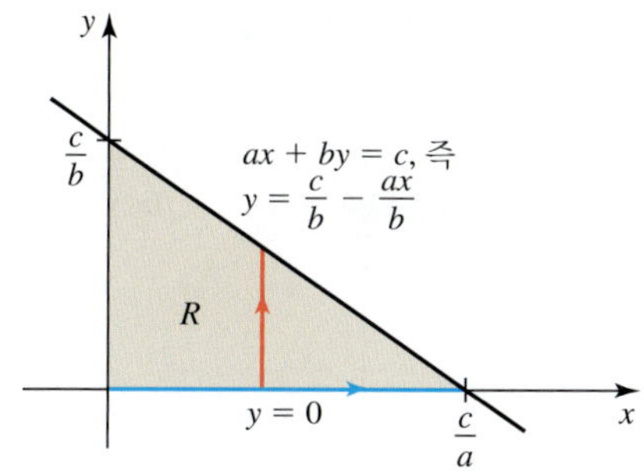

그림 15.20

➤ 예제 3에서 R의 좌우가 두 직선 $x = 0$, $x = c/a - by/a$로 둘러싸여 있으며, x에 관하여 먼저 적분한다.

| 예제 4 | **적분 순서 변경** 반복 적분 $\int_0^{\sqrt{\pi}}\int_y^{\sqrt{\pi}} \sin x^2\,dx\,dy$를 고려하자. 적분 범위에 의해 결정되는 적분 영역을 그린 다음 반복 적분을 계산하여라.

풀이 적분 영역은 삼각형 $R = \{(x, y): y \le x \le \sqrt{\pi}, 0 \le y \le \sqrt{\pi}\}$이다(그림 15.21(a)). 반복 적분을 주어진 대로 구하려면 (x에 관하여 먼저 적분) 기본 함수로 표현할 수 없는 함수인 $\sin x^2$을 적분해야 한다. 따라서 이 적분 순서로는 계산할 수 없다.

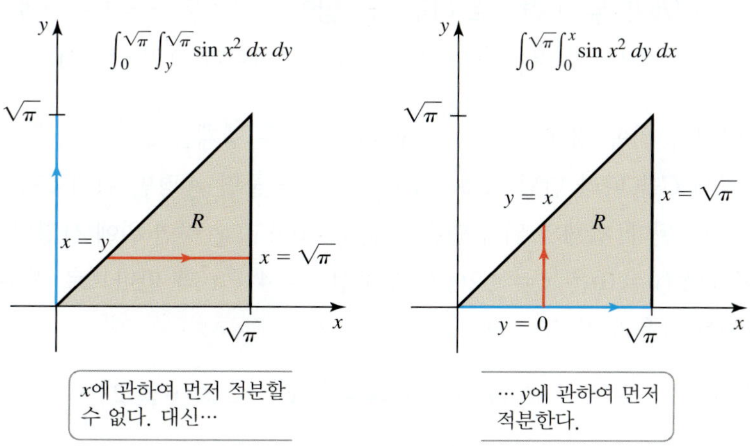

(a) (b)

그림 15.21

대신 관점을 바꾸어 y에 관하여 먼저 적분한다(그림 15.21(b)). 이 적분 순서를 적용하면 내부 적분에서는 y를 $y=0$부터 $y=x$까지, 외부 적분에서는 x를 $x=0$부터 $x=\sqrt{\pi}$까지 계산한다.

$$\begin{aligned}\iint_R \sin x^2\, dA &= \int_0^{\sqrt{\pi}} \int_0^x \sin x^2\, dy\, dx \\ &= \int_0^{\sqrt{\pi}} y \sin x^2 \Big|_0^x dx && y\text{에 관하여 내부 적분 계산하기, } \sin x^2\text{은 상수} \\ &= \int_0^{\sqrt{\pi}} x \sin x^2\, dx && \text{간단히 하기} \\ &= -\frac{1}{2}\cos x^2 \Big|_0^{\sqrt{\pi}} && x\text{에 관하여 외부 적분 계산하기} \\ &= 1 && \text{간단히 하기}\end{aligned}$$

이 예제에서는 적분 순서가 실질적인 차이를 만들 수 있음을 보여 준다.

관련 연습문제 30번 ◀

QUICK CHECK 3 $\int_0^1 \int_0^y f(x, y)\, dx\, dy$의 적분 순서를 바꾸어라. ◀

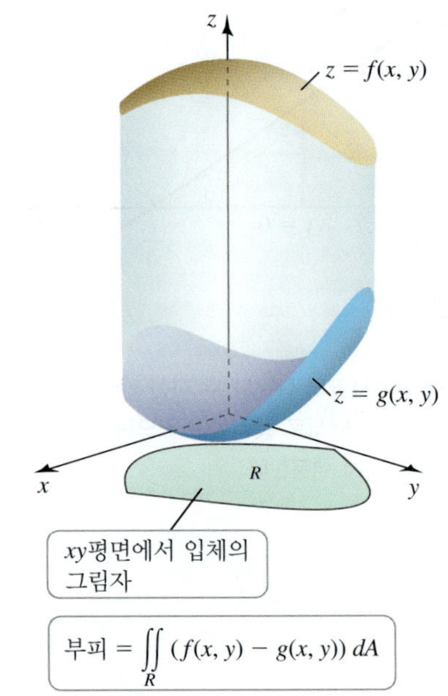

그림 15.22

두 곡면 사이의 영역

앞선 아이디어를 확장하면 보다 일반적인 부피 문제를 해결할 수 있다. xy평면의 영역 R에서 $z=f(x, y)$와 $z=g(x, y)$는 연속함수이고 $f(x, y) \ge g(x, y)$라 하자. 영역 R에서 두 곡면 사이의 입체의 부피를 계산한다고 가정하자(그림 15.22). 부피에 대한 리만합을 형성할 때, 입체 내의 일반적인 상자의 높이는 위 평면과 아래 평면 사이의 수직 거리인 $f(x, y) - g(x, y)$이다. 따라서 두 곡면 사이의 입체의 부피는 다음과 같다.

$$V = \iint_R (f(x, y) - g(x, y))\, dA$$

| 예제 5 | 경계가 두 곡면으로 이루어진 영역 포물기둥 $z = 1 + x^2$과 두 평면 $z = 5 - y$, $y = 0$으로 둘러싸인 입체의 부피를 구하여라(그림 15.23).

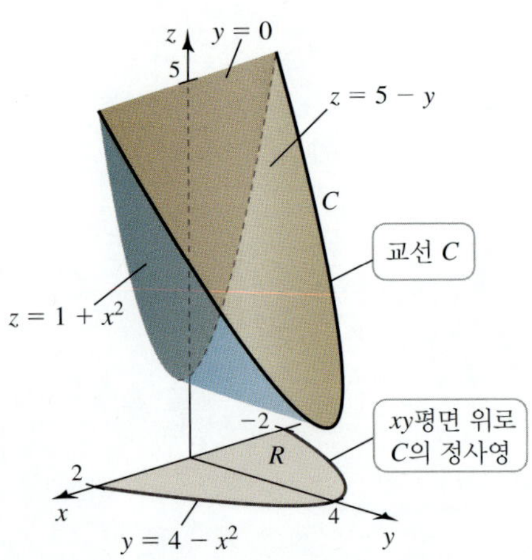

그림 15.23

풀이 입체의 위쪽 경계는 $z = 5 - y$이고 아래쪽 경계는 $z = 1 + x^2$이다. 이 두 곡면은 곡선 C를 따라 만난다. $5 - y = 1 + x^2$을 풀면 xy평면 위에 C를 사영하는 $y = 4 - x^2$이 된다. 입체의 뒤쪽 면은 평면 $y = 0$이고, xy평면 위에 사영된 것은 x축이다. 이 직선($y=0$)은 $x = \pm 2$에서 포물선 $y = 4 - x^2$과 만나므로 적분 영역(그림 15.23)은 다음과 같다.

$$R = \{(x, y): 0 \le y \le 4 - x^2,\ -2 \le x \le 2\}$$

➤ 대칭성을 사용하여 중적분을 간단히 하려면 적분 영역에서 피적분함수가 모두 대칭인지 확인해야 한다.

R과 입체가 모두 yz평면에 대하여 대칭이라는 점에 유의하자. 따라서 전체 입체의 부피는 제1팔분공간에 있는 입체의 부피의 두 배이며, 입체의 부피는 다음과 같다.

$$2\int_0^2\int_0^{4-x^2}((\underbrace{5-y}_{f(x,y)})-(\underbrace{1+x^2}_{g(x,y)}))\,dy\,dx$$

$$= 2\int_0^2\int_0^{4-x^2}(4-x^2-y)\,dy\,dx$$ 피적분함수 간단히 하기

$$= 2\int_0^2\left((4-x^2)y-\frac{y^2}{2}\right)\bigg|_0^{4-x^2}dx$$ y에 관하여 내부 적분 계산하기

$$= \int_0^2(x^4-8x^2+16)\,dx$$ 간단히 하기

$$= \left(\frac{x^5}{5}-\frac{8x^3}{3}+16x\right)\bigg|_0^2$$ x에 관하여 외부 적분 계산하기

$$= \frac{256}{15}$$ 간단히 하기

관련 연습문제 41번 ◀

영역의 분해

지금까지 살펴본 것보다 더 복잡한 영역을 종종 만나게 된다. **분해(decomposition)**라고 부르는 기술을 통해 적분 영역을 둘 이상의 하위 영역으로 나눌 수 있다. 하위 영역에서 적분을 별도로 구할 수 있는 경우 결과를 더하여 원래 적분의 값을 구한다. 예를 들어 그림 15.24의 영역 R은 겹치지 않는 두 개의 하위 영역 R_1과 R_2로 나누어진다. 이렇게 영역을 분할한 후 리만합을 사용하면 다음을 보일 수 있다.

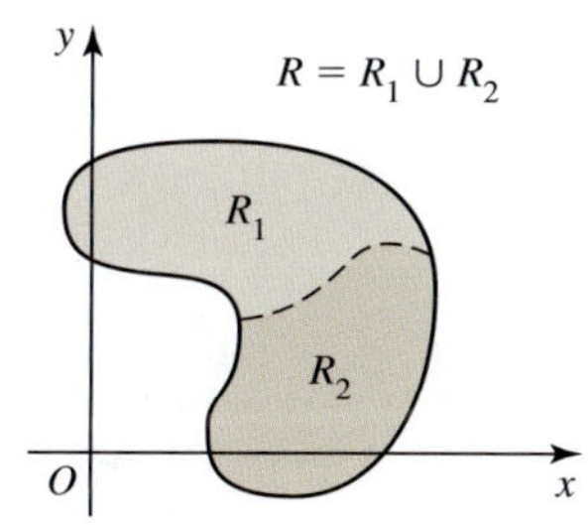

그림 15.24

$$\iint_R f(x,y)\,dA = \iint_{R_1} f(x,y)\,dA + \iint_{R_2} f(x,y)\,dA$$

이 방법은 예제 6에서 다룬다. 분해는 일변수 적분의 성질 $\int_a^b f(x)\,dx = \int_a^p f(x)\,dx + \int_p^b f(x)\,dx$와 유사하다.

이중적분으로 넓이 구하기

이중적분의 흥미로운 적용은 피적분함수가 $f(x, y) = 1$일 때 발생한다. 적분 $\iint_R 1\,dA$는 수평면 $z = 1$과 영역 R 사이의 입체의 부피를 제공한다. 입체의 높이가 1이므로 부피는 (수치상으로) R의 넓이와 같다(그림 15.25). 즉, 이중적분을 사용하여 xy평면의 영역의 넓이를 계산하는 방법이 존재한다.

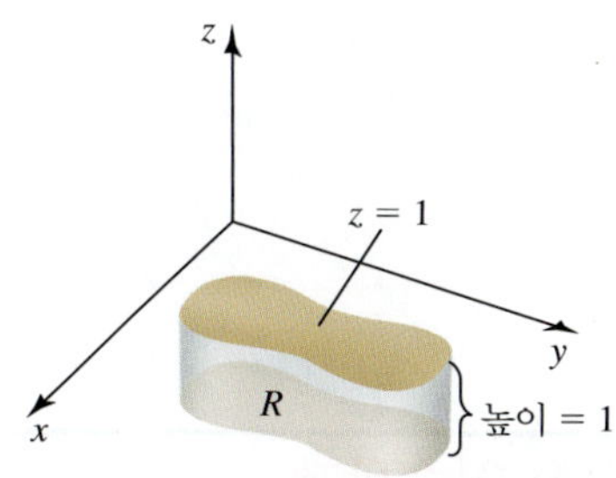

입체의 부피 = (R의 넓이) × (높이) = R의 넓이 = $\iint_R 1\,dA$

그림 15.25

> **중적분을 이용한 영역의 넓이**
>
> R이 xy평면의 영역이라 하자. 그러면 다음이 성립한다.
>
> $$R\text{의 넓이} = \iint_R dA$$

➤ 6.2절에서 유사한 넓이 문제를 풀었다. R이 $a \le x \le b$에서 위는 $y = h(x)$, 아래는 $y = g(x)$로 둘러싸여 있다고 하자. 중적분을 사용하면 R의 넓이는

$$\iint_R dA = \int_a^b\int_{g(x)}^{h(x)} dy\,dx = \int_a^b (h(x)-g(x))\,dx$$

이고, 이는 6.2절의 결과와 같다.

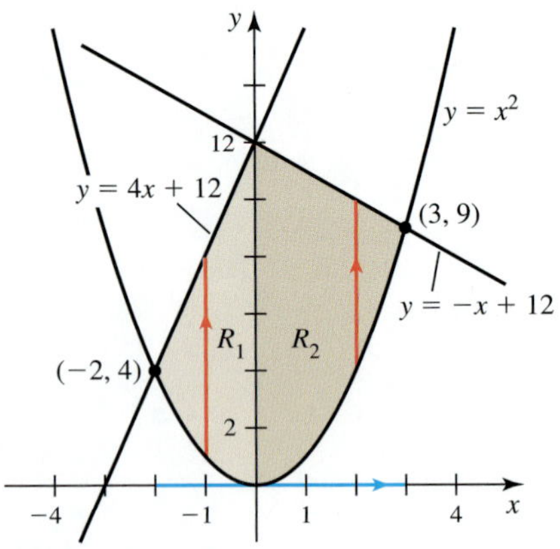

그림 15.26

| 예제 6 | **평면 영역의 넓이** $y = x^2$, $y = -x + 12$, $y = 4x + 12$로 둘러싸인 영역 R의 넓이를 구하여라(그림 15.26).

풀이 영역 R 전체는 위아래 또는 좌우 모두 두 곡선으로 경계가 정해지지 않는다. 그러나 y축을 따라 분해하면 R은 R_1과 R_2의 두 영역으로 볼 수 있으며, 각 영역은 한 쌍의 곡선에 의해 위아래로 경계가 지어진다. 포물선 $y = x^2$과 직선 $y = -x + 12$는 제1사분면의 점 (3, 9)에서 만나는 반면, 포물선과 직선 $y = 4x + 12$는 제2사분면의 점 (−2, 4)에서 만난다.

R의 넓이를 찾기 위해 R_1과 R_2에서 함수 $f(x, y) = 1$을 적분해야 하며, 넓이는 다음과 같다.

$$\iint_{R_1} 1\, dA + \iint_{R_2} 1\, dA \qquad \text{영역 분해하기}$$

$$= \int_{-2}^{0}\int_{x^2}^{4x+12} 1\, dy\, dx + \int_{0}^{3}\int_{x^2}^{-x+12} 1\, dy\, dx \qquad \text{반복 적분으로 나타내기}$$

$$= \int_{-2}^{0} (4x + 12 - x^2)\, dx + \int_{0}^{3} (-x + 12 - x^2)\, dx \qquad y\text{에 관하여 내부 적분 계산하기}$$

$$= \left(2x^2 + 12x - \frac{x^3}{3}\right)\Bigg|_{-2}^{0} + \left(-\frac{x^2}{2} + 12x - \frac{x^3}{3}\right)\Bigg|_{0}^{3} \qquad x\text{에 관하여 외부 적분 계산하기}$$

$$= \frac{40}{3} + \frac{45}{2} = \frac{215}{6} \qquad \text{간단히 하기}$$

➤

QUICK CHECK 4 세 꼭짓점이 (−1, 0), (1, 0), (0, 1)인 삼각형 R을 적분 영역이라 하자. x에 관하여 먼저 적분한다면 R을 분해해야 하는가? y에 관하여 먼저 적분한다면 R을 분해해야 하는가? ➤

15.2절 연습문제

1단계 스타트

1. 위아래가 두 곡선으로 둘러싸인 영역을 설명하고 그림으로 그려 보아라.

2. $R = \{(x, y): y - 1 \le x \le 1 - y, 0 \le y \le 1\}$에서 함수 $f(x, y) = xy$를 적분할 때, 어떤 순서가 더 바람직한가?

3. $\int_0^1 \int_{y^2}^{\sqrt{y}} f(x, y)\, dx\, dy$의 적분 순서를 바꾸어라.

4. $\int_0^2 \int_0^{2x} dy\, dx$의 적분 영역을 그린 다음 기하학을 이용하여 반복 적분의 값을 구하여라.

5. 영역 R이 그림과 같을 때 R에서 연속함수 f의 반복 적분을 나타내어라.

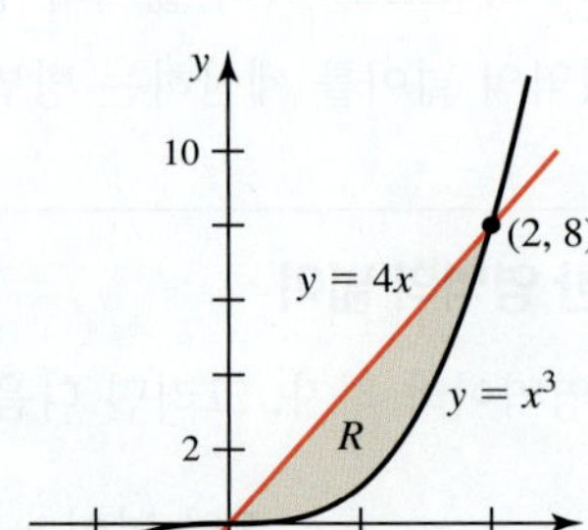

2단계 실전

6–14. 적분 계산 다음 적분을 계산하여라.

6. $\displaystyle\int_0^1\int_x^1 6y\,dy\,dx$ **7.** $\displaystyle\int_0^2\int_{x^2}^{2x} xy\,dy\,dx$

8. $\displaystyle\int_{-2}^2\int_{x^2}^{8-x^2} x\,dy\,dx$ **9.** $\displaystyle\int_0^1\int_0^x 2e^{x^2}dy\,dx$

10. $\displaystyle\int_0^{\ln 2}\int_{e^y}^2 \frac{y}{x}\,dx\,dy$

11. $\displaystyle\int_0^{\pi/2}\int_y^{\pi/2} 6\sin(2x-3y)\,dx\,dy$

12. $\displaystyle\int_0^{\pi/2}\int_0^{y\cos y} dx\,dy$

13. $\displaystyle\int_0^4\int_{-\sqrt{16-y^2}}^{\sqrt{16-y^2}} 2xy\,dx\,dy$

14. $\displaystyle\int_{\pi/2}^{\pi}\int_0^{y^2} \cos\frac{x}{y}\,dx\,dy$

15–17. 적분 영역 영역 R을 그린 다음 R에서 연속함수 f의 반복 적분을 나타내어라. $dydx$ 순서를 적용하여라.

15. $R=\{(x,y): 1\le x\le 2, x+1\le y\le 2x+4\}$

16. R은 세 꼭짓점이 $(0,0)$, $(0,2)$, $(1,0)$인 삼각형 영역

17. R은 중심이 원점이고 반지름이 1인 원으로 둘러싸인 제1사분면 영역

18–21. 적분 영역 R에서 연속함수 f의 반복 적분을 나타내어라. $dy\,dx$ 순서를 적용하여라. 적분 영역이 제공되지 않는 경우 그림 그리기부터 시작하여라.

18.

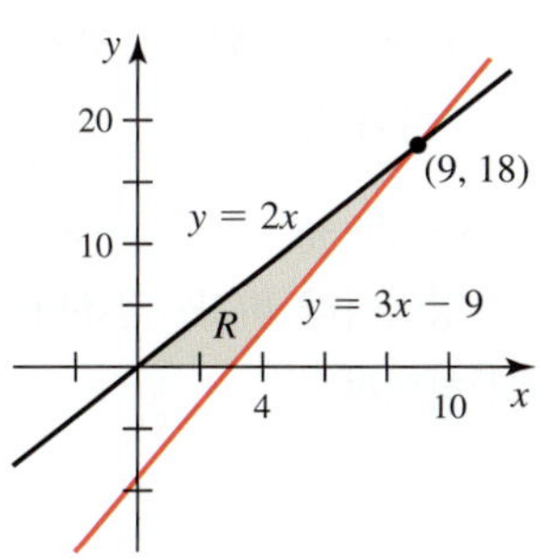

19. R은 $y=4-x$, $y=1$, $x=0$으로 둘러싸인 영역

20. R은 $y=2x+3$, $y=3x-7$, $y=0$으로 둘러싸인 영역

21. R은 세 꼭짓점이 $(0,0)$, $(2,0)$, $(1,1)$인 삼각형 영역

22–28. 적분 계산 다음 적분을 계산하여라. 그림을 그리면 도움이 된다.

22. $\iint_R xy\,dA$, R은 $x=0$, $y=2x+1$, $y=-2x+5$로 둘러싸인 영역

23. $\iint_R y^2\,dA$, R은 $x=1$, $y=2x+2$, $y=-x-1$로 둘러싸인 영역

24. $\iint_R 12y\,dA$, R은 $y=2-x$, $y=\sqrt{x}$, $y=0$으로 둘러싸인 영역

25. $\iint_R 3xy\,dA$, R은 $y=2-x$, $y=0$, $x=4-y^2$으로 둘러싸인 제1사분면 영역

26. $\iint_R 3x^2\,dA$, R은 $y=0$, $y=2x+4$, $y=x^3$으로 둘러싸인 영역

27. $\iint_R (x+y)\,dA$, R은 $y=1/x$, $y=5/2-x$로 둘러싸인 영역

28. $\iint_R x\sec^2 y\,dA$, $R=\{(x,y): 0\le y\le x^2, 0\le x\le\sqrt{\pi}/2\}$

29–32. 적분 순서 변경 적분 순서를 반대로 하여 다음 적분을 계산하여라.

29. $\displaystyle\int_0^2\int_{x^2}^{2x} f(x,y)\,dy\,dx$ **30.** $\displaystyle\int_0^3\int_0^{6-2x} f(x,y)\,dy\,dx$

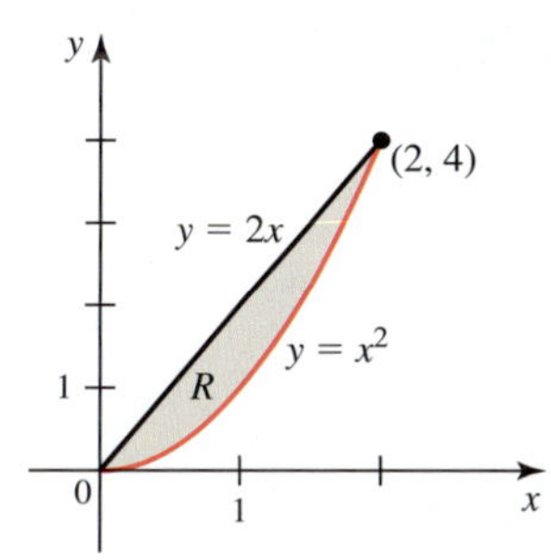

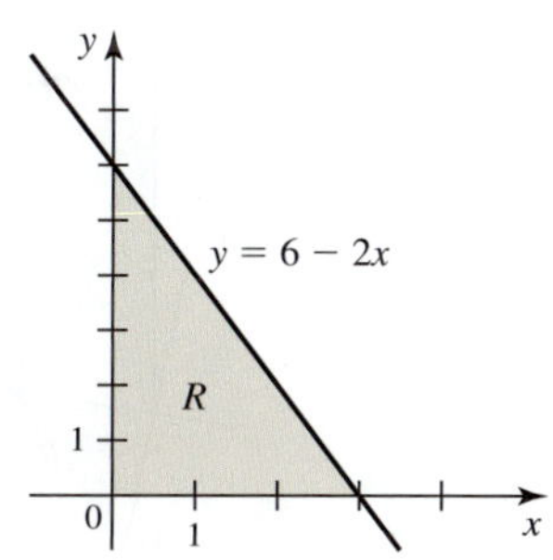

31. $\displaystyle\int_{1/2}^1\int_0^{-\ln y} f(x,y)\,dx\,dy$ **32.** $\displaystyle\int_0^1\int_0^{\cos^{-1}y} f(x,y)\,dx\,dy$

33–35. 적분 순서 변경 적분 순서를 반대로 하여 다음 적분을 계산하여라.

33. $\displaystyle\int_0^1\int_y^1 e^{x^2}\,dx\,dy$ **34.** $\displaystyle\int_0^{1/2}\int_{y^2}^{1/4} y\cos(16\pi x^2)\,dx\,dy$

35. $\displaystyle\int_0^{\sqrt[3]{\pi}}\int_y^{\sqrt[3]{\pi}} x^4\cos(x^2y)\,dx\,dy$

36. 두 적분으로 나누어진 하나의 적분 적분 영역을 그린 후 다음 적분을 하나의 반복 적분으로 나타내어라.

$$\int_0^1\int_{e^y}^e f(x,y)\,dx\,dy + \int_{-1}^0\int_{e^{-y}}^e f(x,y)\,dx\,dy$$

37–41. 다음 입체의 부피를 구하여라.

37. 원기둥 $z=2-y^2$, xy평면, xz평면과 두 평면 $y=x$, $x=1$로 둘러싸인 입체

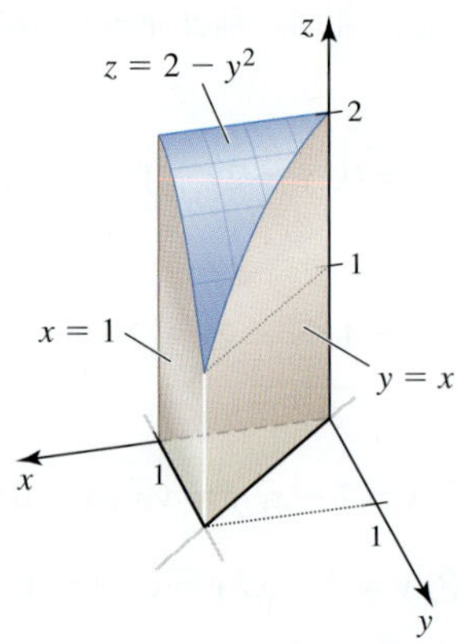

38. 좌표평면($x = 0,\ y = 0,\ z = 0$)과 평면 $z = 8 - 2x - 4y$로 둘러싸인 사면체

39. 원기둥 $x^2 + y^2 = 1$에서 위는 평면 $z = 12 + x + y$, 아래는 $z = 0$으로 둘러싸인 부분

40. 영역 $R = \{(x, y): 0 \le x \le 1, 0 \le y \le 2 - x\}$에서 두 평면 $-4x - 4y + z = 0$과 $-2x - y + z = 8$ 사이의 입체

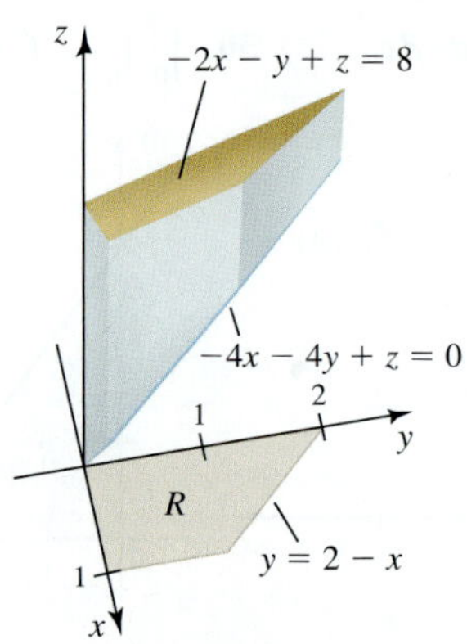

41. 영역 $R = \{(x, y): 0 \le x \le 1, 0 \le y \le 1 - x\}$에서 두 포물기둥 $z = x^2 + y^2$, $z = 2 - x^2 - y^2$과 좌표평면으로 둘러싸인 부분 중 제1팔분공간의 입체

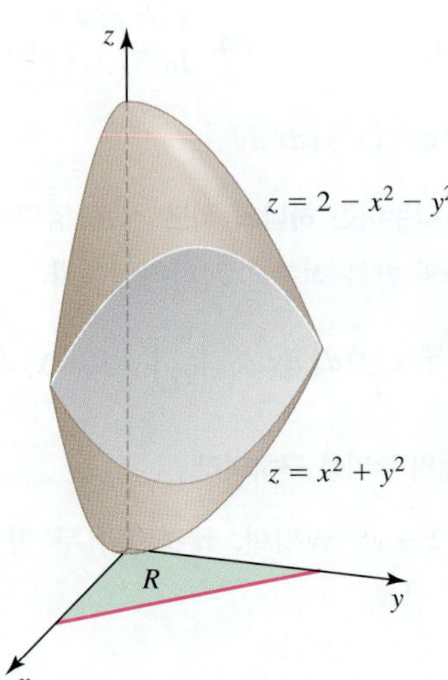

42–43. 기술을 이용한 부피 다음 입체의 부피를 구하여라. 적절한 반복 적분을 구하기 위해 컴퓨터 대수 시스템을 사용하여라.

42. 밑면이 정사각형 $R = \{(x, y): |x| \le 1, |y| \le 1\}$인 기둥이 평면 $z = 4 - x - y$에 의해 잘린 부분

43. 양수 a에 대하여 두 평면 $z = a(2 - x)$와 $z = a(x - 2)$에 의해 잘린 원기둥 $x^2 + y^2 = 1$의 쐐기 모양의 부분

44–46. 평면 영역의 넓이 이중적분을 사용하여 다음 영역의 넓이를 계산하여라.

44. 포물선 $y = x^2$과 직선 $y = 4$로 둘러싸인 영역

45. $y = e^x$과 $x = \ln 2$로 둘러싸인 제1사분면의 영역

46. $y = x^2$, $y = 5x + 6$, $y = 6 - x$로 둘러싸인 제1사분면의 영역

47. 참 또는 거짓 다음 명제가 참이면 증명하고 거짓이면 반례를 들어라.

a. 반복 적분 $\int_c^d \int_a^b f(x, y)\, dx\, dy$에서 하한 a와 상한 b는 상수 또는 x에 관한 함수이어야 한다.

b. 반복 적분 $\int_c^d \int_a^b f(x, y)\, dx\, dy$에서 하한 c와 상한 d는 상수 또는 y에 관한 함수이어야 한다.

c. 적분 순서를 바꾸면 다음과 같다.

$$\int_0^2 \int_1^y f(x, y)\, dx\, dy = \int_1^y \int_0^2 f(x, y)\, dy\, dx$$

3단계 도전

48. 잘린 사각형 여섯 개의 평면 $x = 0$, $x = 5$, $z = y - 1$, $z = -2y - 1$, $z = 0$, $z = 2$로 둘러싸인 입체의 부피를 구하여라.

49. 평균값 영역 R에서의 함수의 평균값의 정의 $\bar{f} = \dfrac{1}{R\text{의 넓이}} \iint_R f(x, y)\, dA$ (15.1절)를 사용하여 영역 $R = \{(x, y): x + y \le a,\ x \ge 0,\ y \ge 0\}$에서 정의된 함수 $a - x - y\,(a \ge 0)$의 평균값을 구하여라.

50. 넓이 적분 R을 $y = 1/x$의 두 부분과 두 직선 $y = x + 3/2$, $y = x - 3/2$ 사이로 이루어진 영역이라 하자. 컴퓨터 대수 시스템을 사용하여 적분을 계산하여라.

a. 영역 R을 그려라.

b. $\iint_R dA$를 계산하여 영역의 넓이를 결정하여라.

c. $\iint_R xy\, dA$를 계산하여라.

51–52. 이상적분 일변수함수에 대한 이상적분 기법을 사용하여 이변수함수에 대한 이상적분을 계산할 수 있다(8.9절). 예를 들어 f에 대한 적절한 조건 아래 다음이 성립한다.

$$\int_a^\infty \int_{g(x)}^{h(x)} f(x, y)\,dy\,dx = \lim_{b\to\infty} \int_a^b \int_{g(x)}^{h(x)} f(x, y)\,dy\,dx$$

일변수함수에 대한 이상적분 기법을 사용하거나 이를 확장하여 다음 적분을 계산하여라.

51. $\int_1^\infty \int_0^{e^{-x}} xy\,dy\,dx$ **52.** $\int_0^\infty \int_0^\infty e^{-x-y}\,dy\,dx$

QUICK CHECK 정답

1. 내부 적분: $0 \le y \le 2 - x$, 외부 적분: $0 \le x \le 2$
2. 맞다. 하지만 분리된 두 반복 적분이 필요하다.
3. $\int_0^1 \int_x^1 f(x, y)\,dy\,dx$ **4.** 아니다, 맞다. ◀

15.3 극좌표에서 이중적분

11장에서 극좌표를 탐색하고 이는 특정 상황에서 문제를 상당히 단순화시킨다는 것을 확인했다. 평면에서의 적분의 경우도 마찬가지이다. 이 절에서는 극좌표에서 이중적분을 공식화하는 방법과 직교좌표에서 극좌표로 이중적분을 변경하는 방법에 대하여 알아보자.

➤ 직교좌표와 극좌표 사이의 변환을 복습하자(11.2절).

$x = r\cos\theta,\ y = r\sin\theta$ 또는
$r^2 = x^2 + y^2,\ \tan\theta = y/x$

직교좌표에서 극좌표로 이동

포물면 $z = 9 - x^2 - y^2$과 xy평면으로 둘러싸인 입체의 부피를 구한다고 가정하자(그림 15.27). 포물면과 xy평면($z = 0$)의 교점은 곡선 $9 - x^2 - y^2 = 0$, 즉 $x^2 + y^2 = 9$이다. 따라서 적분 영역 R은 xy평면에서 중심이 원점이고 반지름이 3인 원판이고, 직교좌표로 나타내면 $R = \{(x, y): -\sqrt{9 - x^2} \le y \le \sqrt{9 - x^2}, -3 \le x \le 3\}$이다. 관계식 $r^2 = x^2 + y^2$을 이용하여 직교좌표를 극좌표로 변환하면 적분 영역은 간단히 $R = \{(r, \theta): 0 \le r \le 3, 0 \le \theta \le 2\pi\}$가 된다. 더욱이 포물면을 극좌표로 표현하면 $z = 9 - r^2$이다. (예제 1에서 해결한) 이 문제는 이중적분의 적분 변수와 적분 영역을 극좌표에서 작업하여 단순화시킬 수 있다는 것을 보여 준다.

이 문제의 적분 영역은 **극 직사각형**의 한 예이다. 극좌표에서 이는 $R = \{(r, \theta): 0 \le a \le r \le b, \alpha \le \theta \le \beta)$ 형태이며, 여기서 $\beta - \alpha \le 2\pi$이고 a, b, α, β는 상수이다(그림 15.28). 극 직사각형은 직교좌표에 있는 직사각형과 유사하다. 이러한

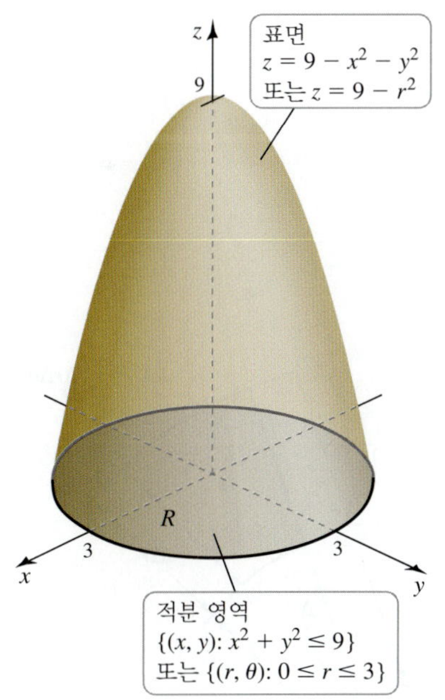

그림 15.27

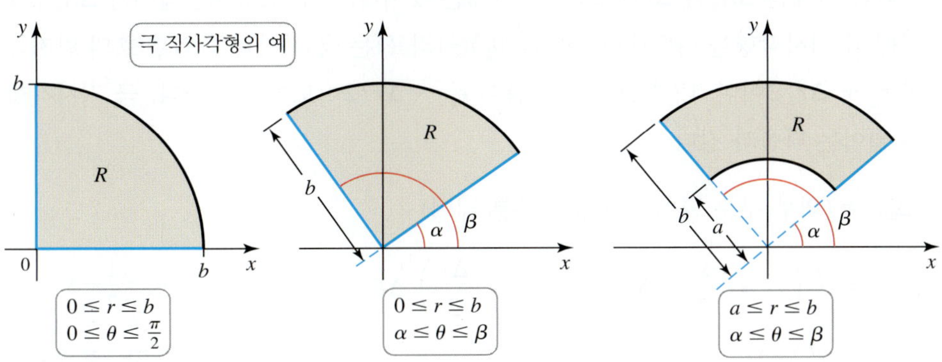

그림 15.28

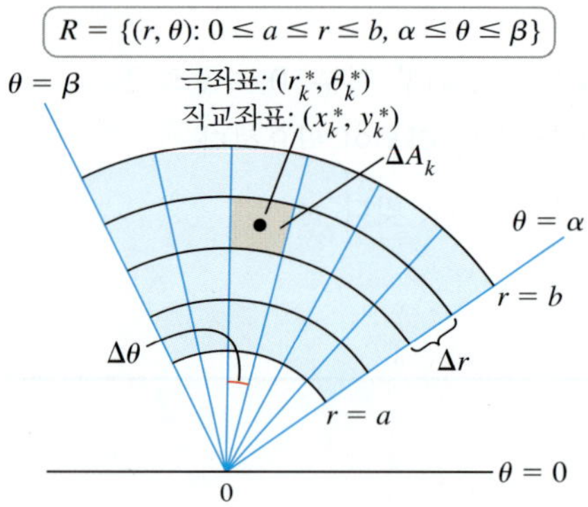

그림 15.29

이유로 직사각형에 대한 이중적분을 구하기 위한 15.1절의 내용을 극 직사각형으로 확장할 수 있다. 목표는 $\iint_R f(x, y)\,dA$ 형태의 적분을 구하는 것이다. 여기서 f는 극 직사각형 R에서 연속이다. f가 R에서 음이 아니면 이 적분은 xy평면의 영역 R과 곡면 $z = f(x, y)$에 의해 둘러싸인 입체의 부피와 같다.

접근법은 $[a, b]$를 같은 길이 $\Delta r = (b - a)/M$을 가진 M개의 하위 구간으로 나누는 것과 같은 방법이다. 이와 비슷하게 $[\alpha, \beta]$를 같은 길이 $\Delta\theta = (\beta - \alpha)/m$을 가진 M개의 하위 구간으로 나눈다. 이제 중심이 원점, 반지름이 r이고 원점에서 뻗어 나온 선 θ가 다음과 같은 원의 호를 살펴보자(그림 15.29).

$$r = a,\ r = a + \Delta r,\ r = a + 2\Delta r,\ \cdots,\ r = b$$

$$\theta = \alpha,\ \theta = \alpha + \Delta\theta,\ \theta = a + 2\Delta\theta,\ \cdots,\ \theta = \beta$$

호와 선은 영역 R을 $n = Mm$개의 극 직사각형으로 나눈 후, 편의를 위해 $k = 1$부터 $k = n$까지 번호를 붙인다. k번째 직사각형의 넓이를 ΔA_k로, (r_k^*, θ_k^*)를 그 직사각형 안의 임의의 점의 극좌표라 하자. 이 점에는 직교좌표 $(x_k^*, y_k^*) = (r_k^* \cos\theta_k^*, r_k^* \sin\theta_k^*)$도 있는 점을 유의하자. R에서 f가 연속이면 R 위에 있고 곡면이 $z = f(x, y)$인 입체의 부피는 일반 직사각형(15.1절, 15.2절 참조) 또는 극 직사각형을 이용한 리만합으로 계산할 수 있다. 이제 극 직사각형을 이용할 것이다.

밑면이 k번째 극 직사각형이고 높이가 $f(x_k^*, y_k^*)$인 '상자'를 생각해 보자. 이 상자의 부피는 $f(x_k^*, y_k^*)\Delta A_k$, $k = 1, \cdots, n$이다. 따라서 밑면이 R이고 곡면이 $z = f(x, y)$인 입체의 부피는 대략 다음과 같다.

$$V = \sum_{k=1}^{n} f(x_k^*, y_k^*)\Delta A_k$$

부피에 대한 이 근삿값은 리만합이다. Δ를 Δr과 $\Delta\theta$의 최댓값으로 놓자. f가 R에서 연속이면 $n \to \infty$, $\Delta \to 0$일 때 이 합은 이중적분에 접근한다. 즉, 다음이 성립한다.

$$\iint_R f(x, y)\,dA = \lim_{\Delta\to 0}\sum_{k=1}^{n} f(x_k^*, y_k^*)\Delta A_k = \lim_{\Delta\to 0}\sum_{k=1}^{n} f(r_k^* \cos\theta_k^*, r_k^* \sin\theta_k^*)\Delta A_k \quad (1)$$

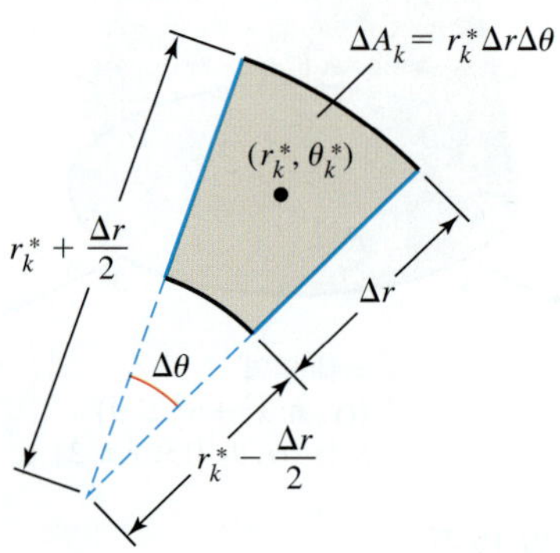

그림 15.30

다음 단계는 ΔA_k를 Δr과 $\Delta\theta$로 나타내는 것이다. 그림 15.30은 넓이가 ΔA_k인 k번째 극 직사각형을 나타낸다. 점 (r_k^*, θ_k^*)(극좌표)는 극 직사각형 외부 호의 반지름이 $r_k^* + \Delta r/2$이며, 내부 호의 반지름이 $r_k^* - \Delta r/2$이도록 선택한다. 극 직사각형의 넓이는 다음과 같다.

➤ 반지름이 r이고 중심각이 θ인 호의 넓이는 $\frac{1}{2}r^2\theta$이다.

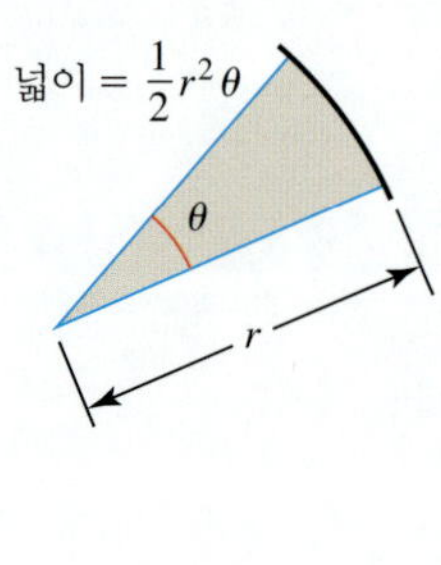

$$\begin{aligned}\Delta A_k &= (\text{외부 부분 넓이}) - (\text{내부 부분 넓이})\\ &= \frac{1}{2}\left(r_k^* + \frac{\Delta r}{2}\right)^2\Delta\theta - \frac{1}{2}\left(r_k^* - \frac{\Delta r}{2}\right)^2\Delta\theta \qquad \text{부분의 넓이} = \tfrac{1}{2}r^2\Delta\theta\\ &= r_k^*\Delta r\Delta\theta \qquad \text{전개한 다음 간단히 하기}\end{aligned}$$

ΔA_k에 대한 이 식을 식 (1)에 대입하면 다음과 같다.

$$\iint_R f(x, y)\,dA = \lim_{\Delta\to 0}\sum_{k=1}^{n} f(x_k^*, y_k^*)\Delta A_k = \lim_{\Delta\to 0}\sum_{k=1}^{n} f(r_k^*\cos\theta_k^*, r_k^*\sin\theta_k^*)r_k^*\Delta r\Delta\theta$$

이 관찰로부터 x, y에 의한 이중적분을 극좌표에서 반복 적분으로 표현할 수 있다. 더 일반적인 변수 변환은 15.7절에서 설명한다.

➤ 극좌표로 적분을 계산할 때 가장 자주하는 실수는 피적분함수에 r을 빠뜨리는 것이다. 직교좌표에서는 넓이소가 $dx\,dy$이고, 극좌표에서는 넓이소가 $r\,dr\,d\theta$이며 r을 생략하면 넓이가 정확하지 않다.

정리 15.3 극 직사각형 영역에서의 이중적분 변수 변환

f가 극좌표로 표현되는 xy평면의 영역 $R = \{(r, \theta)\colon 0 \le a \le r \le b, \alpha \le \theta \le \beta\}$에서 연속이라고 하자. 여기서 $\beta - \alpha \le 2\pi$이다. 그러면 f는 R에서 적분 가능하며, R에서 f에 대한 이중적분은 다음과 같다.

$$\iint_R f(x, y)\,dA = \int_\alpha^\beta\int_a^b f(r\cos\theta, r\sin\theta)\,r\,dr\,d\theta$$

QUICK CHECK 1 반지름이 각각 1, 2인 두 원 사이의 제1사분면 영역을 극좌표로 나타내어라. ◀

| 예제 1 | 포물면 뚜껑의 부피 포물면 $z = 9 - x^2 - y^2$과 xy평면으로 둘러싸인 입체의 부피를 구하여라.

풀이 $x^2 + y^2 = r^2$을 사용하여 겉면을 극방정식 $z = 9 - r^2$으로 표현된다. $z = 9 - r^2 = 0$ 또는 $r = 3$일 때 포물면은 xy평면 $(z = 0)$과 만난다. 따라서 교선은 원점이 중심이고 반지름이 3의 원이며, 그 결과 적분 영역은 원판 $R = \{(r, \theta)\colon 0 \le r \le 3, 0 \le \theta \le 2\pi\}$이다(그림 15.31). 극좌표로 표현된 R에서 적분하면 부피는 다음과 같다.

$$V = \int_0^{2\pi}\int_0^3 \underbrace{(9 - r^2)}_{z}\,r\,dr\,d\theta \quad \text{부피에 관한 반복 적분}$$

$$= \int_0^{2\pi}\left(\frac{9r^2}{2} - \frac{r^4}{4}\right)\Big|_0^3 d\theta \quad r\text{에 관하여 내부 적분 계산하기}$$

$$= \int_0^{2\pi}\frac{81}{4}\,d\theta = \frac{81\pi}{2} \quad \theta\text{에 관하여 외부 적분 계산하기}$$

관련 연습문제 7, 10번 ◀

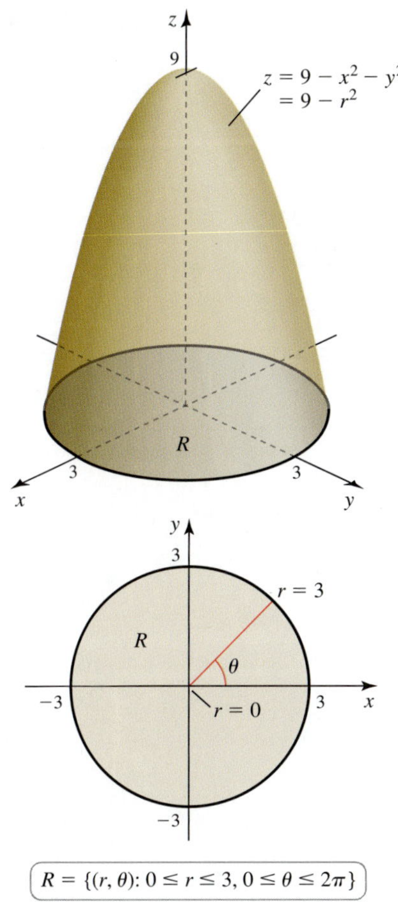

그림 15.31

| 예제 2 | 두 곡면으로 둘러싸인 영역 포물면 $z = x^2 + y^2$과 원뿔 $z = 2 - \sqrt{x^2 + y^2}$으로 둘러싸인 영역의 부피를 구하여라.

풀이 15.2절에서 논의한 것과 같이 xy평면의 영역 R에 대한 두 곡면 $z = f(x, y)$와 $z = g(x, y)$로 둘러싸인 입체의 부피는 $\iint_R (f(x, y) - g(x, y))\,dA$이다. 이때 R에서 $f(x, y) \ge g(x, y)$이다. 포물면 $z = x^2 + y^2$이 원뿔 $z = 2 - \sqrt{x^2 + y^2}$ 아래에 있으므로(그림 15.32) 두 곡면에 의해 둘러싸인 입체의 부피는 다음과 같다.

QUICK CHECK 2 두 함수 $f(x, y) = (x^2 + y^2)^{5/2}$과 $h(x, y) = x^2 - y^2$을 극좌표로 나타내어라. ◀

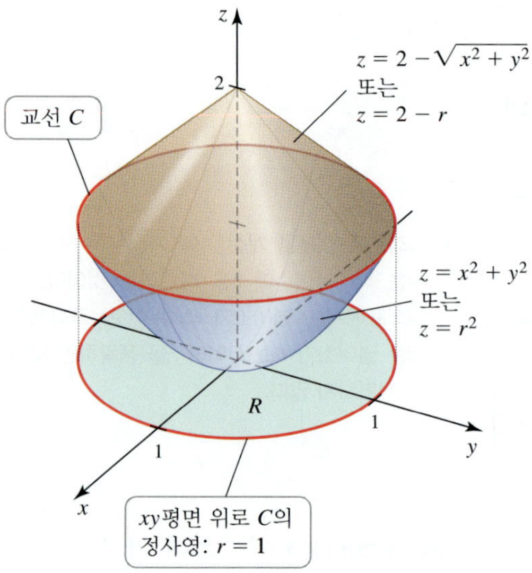

그림 15.32

$$V = \iint_R \left(\left(2 - \sqrt{x^2 + y^2}\right) - (x^2 + y^2) \right) dA$$

여기서 R의 경계는 xy평면 위로 사영된 표면들의 교선 C이다. C를 찾기 위해 두 표면의 방정식을 같다고 놓는다. $x^2 + y^2 = 2 - \sqrt{x^2 + y^2}$ 으로 쓰는 것은 좋은 시작처럼 보이지만 대수적 풀이에서 어려움을 겪는다. 대신 원뿔의 방정식을 $\sqrt{x^2+y^2} = 2 - z$로 쓰고 이 방정식을 포물면의 방정식으로 대입한다.

$$\begin{aligned} z &= (2 - z)^2 && z = x^2 + y^2 \text{ (포물면)과 } \sqrt{x^2 + y^2} = 2 - z \text{ (원뿔)} \\ z^2 - 5z + 4 &= 0 && \text{간단히 하기} \\ (z - 1)(z - 4) &= 0 && \text{인수분해하기} \\ z = 1 \text{ 또는 } z &= 4 && z\text{에 관하여 풀기} \end{aligned}$$

QUICK CHECK 3 예제 2에 나온 $z = 4$의 무연근을 기하학적으로 설명하여라. ◀

해 $z = 4$는 무연근이다(QUICK CHECK 3 참조). 포물면 또는 원뿔의 방정식에서 $z = 1$을 대입하면 $x^2 + y^2 = 1$이 되는데, 이는 평면 $z = 1$에 있는 곡선 C의 방정식이다. C를 xy평면 위로 사영하면 (극좌표로 작성된) 적분 영역은 다음과 같다.

$$R = \{(r, \theta): 0 \le r \le 1, 0 \le \theta \le 2\pi\}$$

원래 부피 적분을 극좌표로 변환하고 R에서 적분하면 다음을 얻는다.

$$\begin{aligned} V &= \iint_R \left(\left(2 - \sqrt{x^2 + y^2}\right) - (x^2 + y^2) \right) dA && \text{부피에 관한 이중적분} \\ &= \int_0^{2\pi} \int_0^1 (2 - r - r^2)\, r\, dr\, d\theta && x^2 + y^2 = r^2\text{을 이용하여 극좌표로 변환하기} \\ &= \int_0^{2\pi} \left(r^2 - \frac{1}{3} r^3 - \frac{1}{4} r^4 \right) \Big|_0^1 d\theta && \text{내부 적분 계산하기} \\ &= \int_0^{2\pi} \frac{5}{12}\, d\theta = \frac{5\pi}{6} && \text{외부 적분 계산하기} \end{aligned}$$

관련 연습문제 18번 ◀

| 예제 3 | 원환 영역 평면 $z = xy + 10$의 아래이고 원환 $R = \{(r, \theta): 2 \le r \le 4, 0 \le \theta \le 2\pi\}$의 위인 영역의 부피를 구하여라(원환은 두 동심원 사이의 영역이다).

풀이 적분 영역은 극좌표에서 작업할 것을 제안한다(그림 15.33). $x = r \cos \theta$, $y = r \sin \theta$를 대입하면 피적분함수는 다음을 만족한다.

$$\begin{aligned} xy + 10 &= (r \cos \theta)(r \sin \theta) + 10 && x, y\text{를 대입하기} \\ &= r^2 \sin \theta \cos \theta + 10 && \text{간단히 하기} \\ &= \tfrac{1}{2} r^2 \sin 2\theta + 10 && \sin 2\theta = 2 \sin \theta \cos \theta \end{aligned}$$

부피 적분에 피적분함수를 대입하면 다음을 얻는다.

$$V = \int_0^{2\pi}\int_2^4 \left(\tfrac{1}{2}r^2 \sin 2\theta + 10\right) r\,dr\,d\theta \quad \text{부피에 관한 반복 적분}$$

$$= \int_0^{2\pi}\int_2^4 \left(\tfrac{1}{2}r^3 \sin 2\theta + 10r\right) dr\,d\theta \quad \text{간단히 하기}$$

$$= \int_0^{2\pi}\left(\frac{r^4}{8}\sin 2\theta + 5r^2\right)\Bigg|_2^4 d\theta \quad r\text{에 관하여 내부 적분 계산하기}$$

$$= \int_0^{2\pi}(30\sin 2\theta + 60)\,d\theta \quad \text{간단히 하기}$$

$$= (15(-\cos 2\theta) + 60\theta)\Big|_0^{2\pi} = 120\pi \quad \theta\text{에 관하여 외부 적분 계산하기}$$

관련 연습문제 21번◀

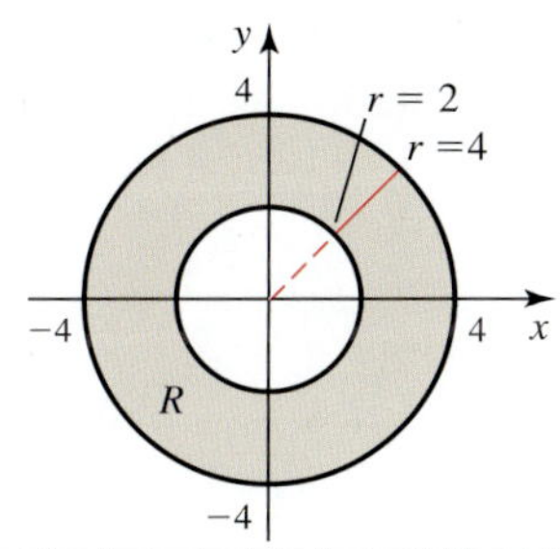

$R = \{(r, \theta): 2 \le r \le 4, 0 \le \theta \le 2\pi\}$

그림 15.33

더 일반적인 극좌표 영역

15.2절에서 직사각형 영역에서의 이중적분을 직사각형 영역이 아닌 영역에서의 이중적분으로 일반화했다. 비슷한 방법으로 극 직사각형에서 적분하는 방법도 보다 일반적인 영역으로 확장할 수 있다. $\beta - \alpha \le 2\pi$에서 두 선 $\theta = \alpha$, $\theta = \beta$와 두 곡선 $r = g(\theta)$, $r = h(\theta)$로 둘러싸인 영역(극좌표로 표시된 영역)을 고려하자(그림 15.34).

$$R = \{(r, \theta): 0 \le g(\theta) \le r \le h(\theta), \alpha \le \theta \le \beta\}$$

이중적분 $\iint_R f(x, y)\,dA$는 내부 적분이 범위 $r = g(\theta)$, $r = h(\theta)$를 갖는 반복 적분으로 표현되며, 외부 적분은 $\theta = \alpha$에서 $\theta = \beta$까지이다. 피적분함수는 이전과 같이 극좌표로 변환된다. R에서 f가 음수가 아니면 이중적분은 곡면 $z = f(x, y)$와 R로 둘러싸인 입체의 부피이다.

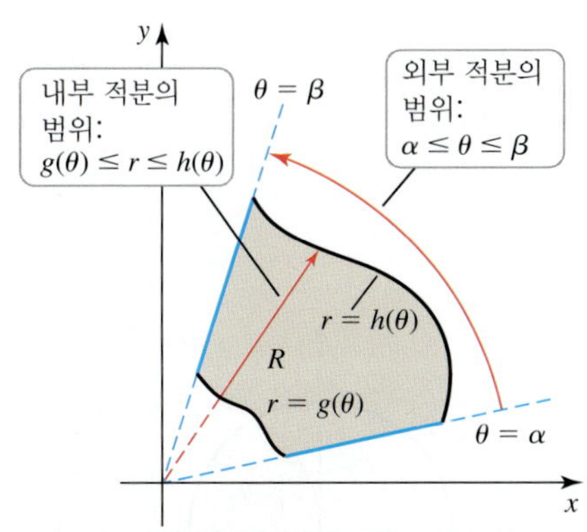

$R = \{(r, \theta): 0 \le g(\theta) \le r \le h(\theta), \alpha \le \theta \le \beta\}$

그림 15.34

정리 15.4 일반적인 극좌표 영역에서 정의된 이중적분의 변수 변환

다음과 같이 극좌표로 표현된 xy평면의 영역 R에서 f가 연속이라 하자.

$$R = \{(r, \theta): 0 \le g(\theta) \le r \le h(\theta), \alpha \le \theta \le \beta\}$$

그러면 다음이 성립한다.

$$\iint_R f(x, y)\,dA = \int_\alpha^\beta \int_{g(\theta)}^{h(\theta)} f(r\cos\theta, r\sin\theta)\,r\,dr\,d\theta$$

➤ 정리 15.4에서 θ의 함수로 각이 제한된 영역은 내부 적분이 항상 r에 관한 적분이다.

| 예제 4 | 특정 영역 xy평면의 다음 영역 R에서 $\iint_R g(r, \theta)\,dA$를 극좌표의 반복 적분으로 나타내어라.

a. 원 $r = 2$ (중심이 (0, 0)이고 반지름이 2)의 외부이며 원 $r = 4\cos\theta$(중심이 (2, 0)이고 반지름이 2)의 내부인 영역

➤ 11.2절에서 살펴봤듯이 극방정식 $r = 2a\sin\theta$는 중심이 $(0, a)$이고 반지름이 $|a|$인 원이다. 극방정식 $r = 2a\cos\theta$는 중심이 $(a, 0)$이고 반지름이 $|a|$인 원이다.

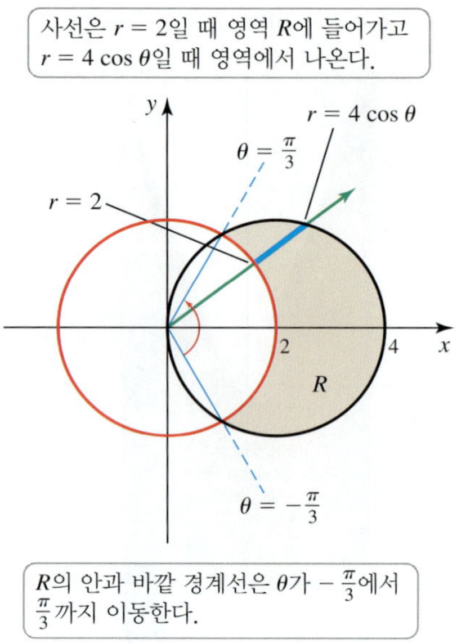

그림 15.35

b. a의 두 원의 공통 영역

풀이

a. r에 대한 두 식을 같다고 놓으면 $4\cos\theta = 2$ 또는 $\cos\theta = \frac{1}{2}$이므로 $\theta = \pm\pi/3$일 때 두 원이 만난다(그림 15.35). R의 내부 경계는 원 $r = 2$이고, 외부 경계는 원 $r = 4\cos\theta$이다. 그러므로 적분 영역은 $R = \{(r, \theta): 2 \le r \le 4\cos\theta, -\pi/3 \le \theta \le \pi/3\}$이고 반복 적분은 다음과 같다.

$$\iint_R g(r, \theta)\, dA = \int_{-\pi/3}^{\pi/3} \int_2^{4\cos\theta} g(r, \theta)\, r\, dr\, d\theta$$

b. a로부터 두 원이 $\theta = \pm\pi/3$일 때 만난다는 것을 안다. 영역 R은 세 개의 하위 영역 R_1, R_2, R_3으로 구성된다(그림 15.36(a)).

- $-\pi/2 \le \theta \le -\pi/3$일 때 R_1은 $r = 0$ (내부 곡선) 및 $r = 4\cos\theta$ (외부 곡선)로 둘러싸여 있다(그림 15.36(b)).
- $-\pi/3 \le \theta \le \pi/3$일 때 R_2는 $r = 0$ (내부 곡선) 및 $r = 2$ (외부 곡선)로 둘러싸여 있다(그림 15.36(c)).
- $\pi/3 \le \theta \le \pi/2$일 때 R_3은 $r = 0$ (내부 곡선) 및 $r = 4\cos\theta$ (외부 곡선)로 둘러싸여 있다(그림 15.36(d)).

따라서 이중적분은 다음과 같이 세 부분으로 표현된다.

$$\iint_R g(r, \theta)\, dA = \int_{-\pi/2}^{-\pi/3} \int_0^{4\cos\theta} g(r, \theta)\, r\, dr\, d\theta + \int_{-\pi/3}^{\pi/3} \int_0^{2} g(r, \theta)\, r\, dr\, d\theta$$
$$+ \int_{\pi/3}^{\pi/2} \int_0^{4\cos\theta} g(r, \theta)\, r\, dr\, d\theta$$

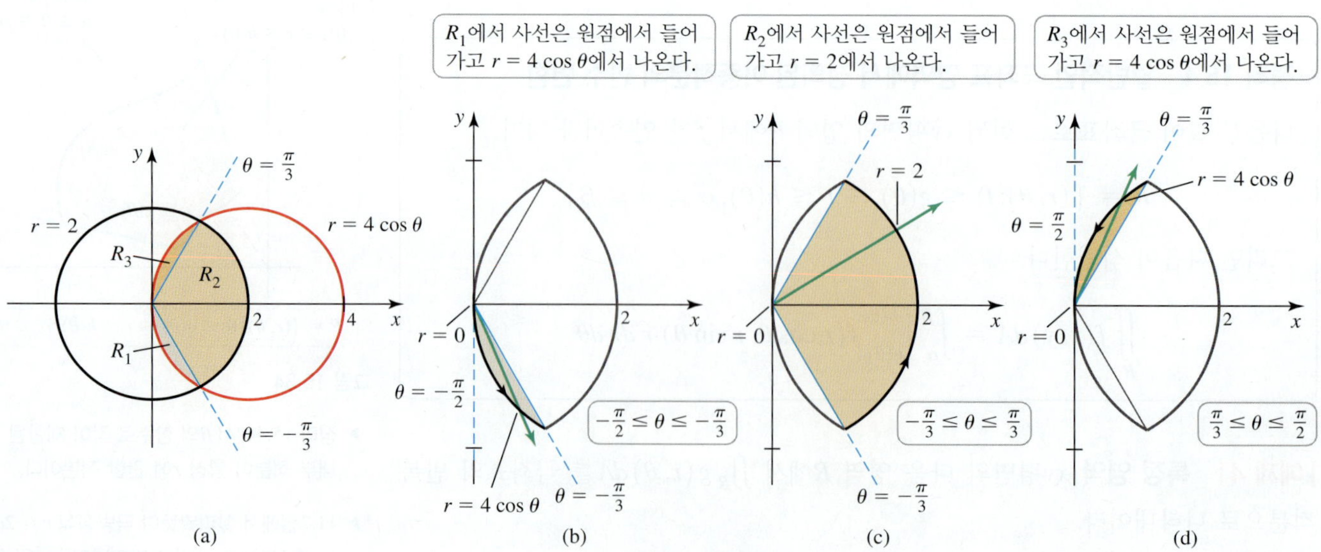

그림 15.36

영역의 넓이

직교좌표에서 xy평면의 영역 R의 넓이는 R에서 함수 $f(x, y) = 1$를 적분하여 계산한다($A = \iint_R dA$). 이 사실은 극좌표까지 확장된다.

극좌표 영역의 넓이

$0 < \beta - \alpha \leq 2\pi$일 때 극좌표 영역 $R = \{(r, \theta): 0 \leq g(\theta) \leq r \leq h(\theta), \alpha \leq \theta \leq \beta\}$의 넓이는 다음과 같다.

$$A = \iint_R dA = \int_\alpha^\beta \int_{g(\theta)}^{h(\theta)} r\, dr\, d\theta$$

➤ 넓이소에서 r을 잊지 말아라.

| 예제 5 | 렘니스케이트의 안쪽 넓이 원 $r = \sqrt{2}$의 외부 및 렘니스케이트 $r^2 = 4\cos 2\theta$의 내부 중 제1사분면, 제4사분면에 있는 영역의 넓이를 계산하여라(그림 15.37).

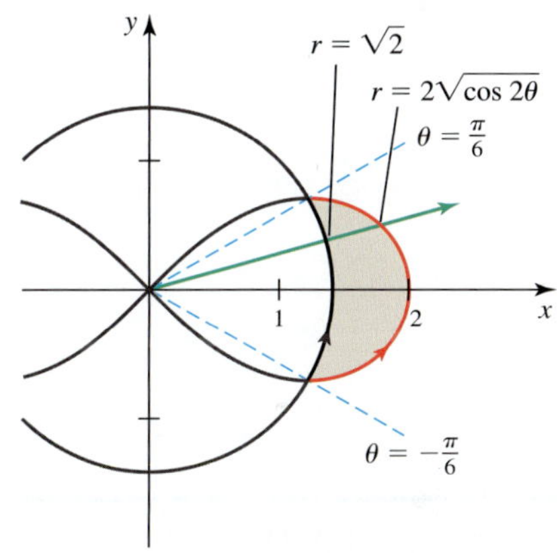

그림 15.37

풀이 원의 방정식은 $r^2 = 2$로 쓸 수 있다. 두 식을 r^2에 대하여 같다고 놓으면 원과 렘니스케이트는 $2 = 4\cos 2\theta$, 즉 $\cos 2\theta = \frac{1}{2}$일 때 만난다. 이 방정식을 만족시키는 제1사분면, 제4사분면의 각은 $\theta = \pm\pi/6$이다(그림 15.37). 두 곡선 사이의 영역은 내부 곡선 $r = g(\theta) = \sqrt{2}$와 외부 곡선 $r = h(\theta) = 2\sqrt{\cos 2\theta}$로 둘러싸여 있다. 따라서 이 영역의 넓이는 다음과 같다.

$$A = \int_{-\pi/6}^{\pi/6} \int_{\sqrt{2}}^{2\sqrt{\cos 2\theta}} r\, dr\, d\theta$$

$$= \int_{-\pi/6}^{\pi/6} \left(\frac{r^2}{2}\right)\Bigg|_{\sqrt{2}}^{2\sqrt{\cos 2\theta}} d\theta \qquad r\text{에 관하여 내부 적분 계산하기}$$

$$= \int_{-\pi/6}^{\pi/6} (2\cos 2\theta - 1)\, d\theta \qquad \text{간단히 하기}$$

$$= (\sin 2\theta - \theta)\Big|_{-\pi/6}^{\pi/6} \qquad \theta\text{에 관하여 외부 적분 계산하기}$$

$$= \sqrt{3} - \frac{\pi}{3} \qquad \text{간단히 하기}$$

관련 연습문제 28번 ◀

QUICK CHECK 4 원판 $R = \{(r, \theta): 0 \leq r \leq a,\ 0 \leq \theta \leq 2\pi\}$의 넓이를 극좌표의 이중적분으로 나타내어라. ◀

평면 극좌표 영역의 평균값

지금까지 몇 가지 다른 설정 아래 함수의 평균값을 마주했다. 극좌표로 나타낸 한 영역에서 함수의 평균값을 찾기 위해 다시 해당 영역에서 함수를 적분한 후, 해당 영역의 넓이로 나눈다.

| 예제 6 | y좌표에서 평균 반지름이 a인 반원형 원판 $R = \{(r, \theta): 0 \le r \le a, 0 \le \theta \le \pi\}$에 의해 주어진 점들의 y좌표의 평균값을 구하여라.

풀이 평균값을 제공하는 이중적분은 $\bar{y} = \frac{1}{R\text{의 넓이}} \iint_R y\,dA$이다. R의 넓이가 $\pi a^2/2$임을 이용하고 반원판 안에 있는 점의 y좌표는 $y = r \sin \theta$로 주어진다. 평균값 적분을 계산하면 다음과 같다.

$$\begin{aligned}
\bar{y} &= \frac{1}{\pi a^2/2} \int_0^{\pi} \int_0^{a} r \sin \theta \, r \, dr \, d\theta \\
&= \frac{2}{\pi a^2} \int_0^{\pi} \sin \theta \left(\frac{r^3}{3} \right) \bigg|_0^a d\theta && r\text{에 관하여 내부 적분 계산하기} \\
&= \frac{2}{\pi a^2} \frac{a^3}{3} \int_0^{\pi} \sin \theta \, d\theta && \text{간단히 하기} \\
&= \frac{2a}{3\pi} (-\cos \theta) \bigg|_0^{\pi} && \theta\text{에 관하여 외부 적분 계산하기} \\
&= \frac{4a}{3\pi} && \text{간단히 하기}
\end{aligned}$$

$4/(3\pi) \approx 0.42$이므로 y좌표의 평균값은 원판의 반지름이 절반보다 작다.

관련 연습문제 29번 ◀

15.3절 연습문제

1단계 스타트

1. 극좌표 영역 $\{(r, \theta): 1 \le r \le 2, 0 \le \theta \le \pi/2\}$를 그려라. 왜 극 직사각형이라고 부르는가?

2. 적분 $\int_{-\pi/6}^{\pi/6} \int_{1/2}^{\cos 2\theta} g(r, \theta)\, r \, dr \, d\theta$의 적분 영역을 xy평면에 그려라.

3. 극좌표 영역 $R = \{(r, \theta): g(\theta) \le r \le h(\theta), \alpha \le \theta \le \beta\}$의 넓이를 어떻게 구할 수 있는가?

4–5. 극 사각형 다음 극 사각형을 그려라.

4. $R = \{(r, \theta): 0 \le r \le 5, 0 \le \theta \le \pi/2\}$

5. $R = \{(r, \theta): 1 \le r \le 4, -\pi/4 \le \theta \le 2\pi/3\}$

2단계 실전

6–8. 입체의 부피 곡면 $z = f(x, y)$와 xy평면으로 둘러싸인 입체의 부피를 구하여라.

6. $f(x, y) = 4 - \sqrt{x^2 + y^2}$

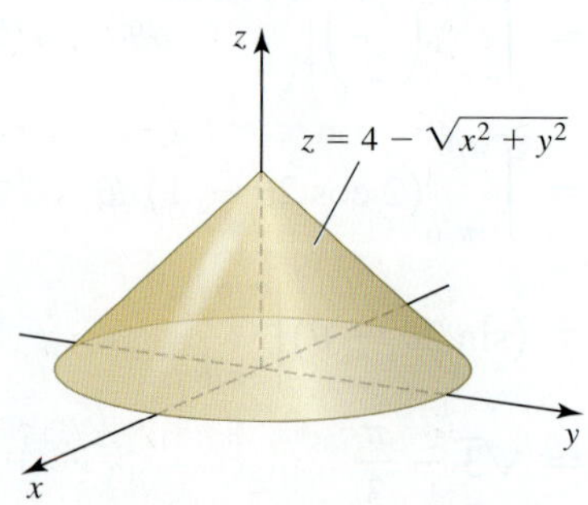

7. $f(x, y) = 16 - 4(x^2 + y^2)$

8. $f(x, y) = e^{-(x^2+y^2)/8} - e^{-2}$

9–10. 포물면으로 둘러싸인 입체 포물면 $z = 4 - x^2 - y^2$의 아래이고 다음 극 직사각형 위에 있는 입체의 부피를 구하여라.

9. $R = \{(r, \theta): 0 \le r \le 1, 0 \le \theta \le 2\pi\}$

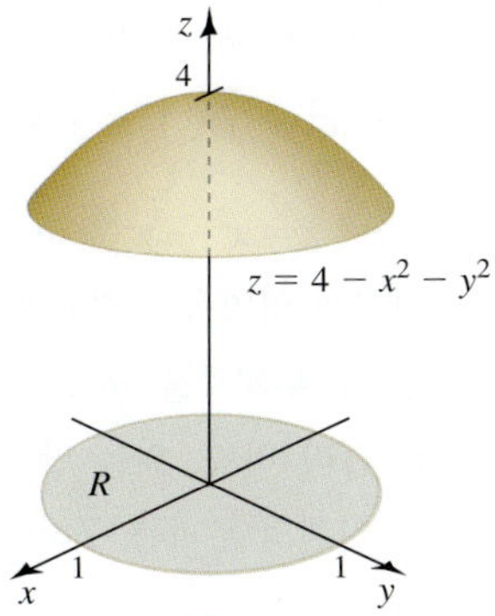

10. $R = \{(r, \theta): 0 \le r \le 2, 0 \le \theta \le 2\pi\}$

11. 쌍곡면에 의해 둘러싸인 입체 쌍곡면 $z = 5 - \sqrt{1 + x^2 + y^2}$ 과 극 직사각형 $R = \{(r, \theta): \sqrt{3} \le r \le 2\sqrt{2}, 0 \le \theta \le 2\pi\}$ 사이에 있는 입체의 부피를 구하여라.

12–16. 직교좌표를 극좌표로 변환 극좌표를 사용하여 다음 적분을 계산하여라. (r, θ)가 극좌표라고 가정하자. 그림을 그리면 도움이 된다.

12. $\iint_R (x^2 + y^2)\, dA, R = \{(r, \theta): 0 \le r \le 4, 0 \le \theta \le 2\pi\}$

13. $\iint_R 2xy\, dA, R = \{(x, y): x^2 + y^2 \le 9, y \ge 0\}$

14. $\iint_R \dfrac{dA}{\sqrt{16 - x^2 - y^2}},$

$R = \{(x, y): x^2 + y^2 \le 4, x \ge 0, y \ge 0\}$

15. $\int_{-1}^{1} \int_{-\sqrt{1-x^2}}^{\sqrt{1-x^2}} (x^2 + y^2)^{3/2}\, dy\, dx$

16. $\iint_R \sqrt{x^2 + y^2}\, dA, R = \{(x, y): 1 \le x^2 + y^2 \le 4\}$

17–22. 두 곡면 사이의 부피 다음 입체의 부피를 구하여라.

17. 포물면 $z = x^2 + y^2$과 평면 $z = 9$로 둘러싸인 입체

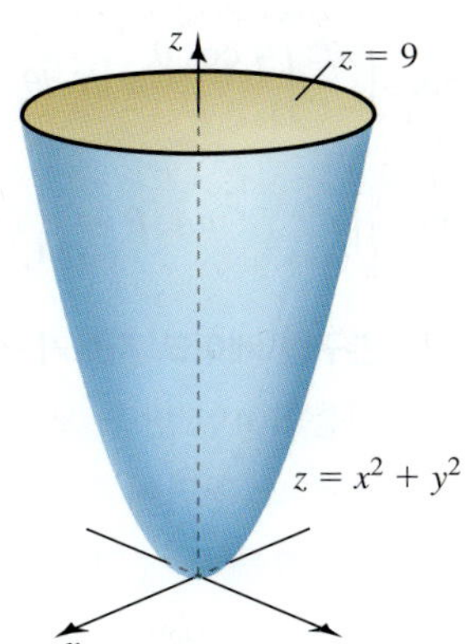

18. 포물면 $z = x^2 + y^2$과 $z = 2 - x^2 - y^2$으로 둘러싸인 입체

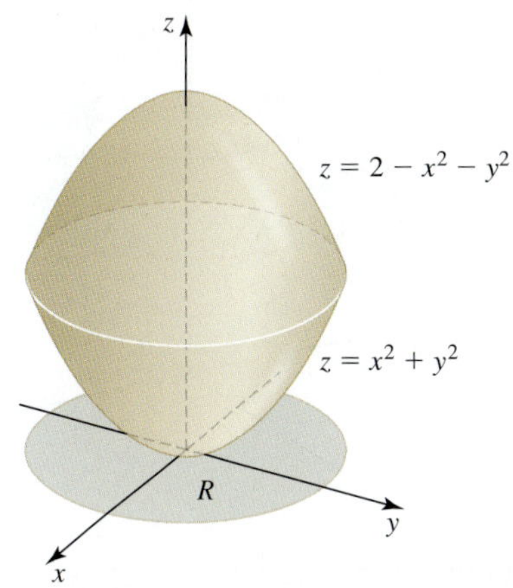

19. 포물면 $z = x^2 + y^2 - x - y$와 평면 $x + y + z = 4$로 둘러싸인 입체

20. 포물면 $z = 18 - x^2 - 3y^2$과 쌍곡포물면 $z = x^2 - y^2$으로 둘러싸인 입체

21. 원주 $x^2 + y^2 = 1$의 외부이고 위는 쌍곡포물면 $z = -x^2 + y^2 + 8$, 아래는 포물면 $z = x^2 + 3y^2$으로 둘러싸인 입체

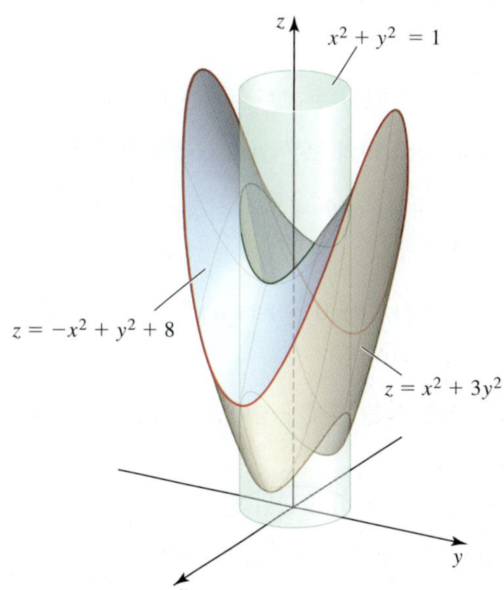

22. 원기둥 $x^2 + y^2 = 1$의 외부이고 위는 구 $x^2 + y^2 + z^2 = 8$, 아래는 원뿔 $z = \sqrt{x^2 + y^2}$ 으로 둘러싸인 입체

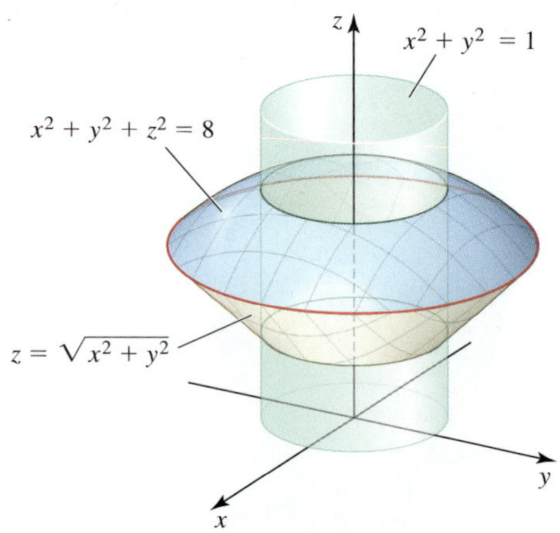

23–25. 일반적인 영역 설명 다음 영역 R을 그려라. 그다음 극좌표에서 영역 R에 대한 반복 적분 $\iint_R g(r, \theta)\, dA$로 나타내어라.

23. 리마송 $r = 1 + \frac{1}{2}\cos\theta$의 내부 영역

24. 제1사분면에 있는 렘니스케이트 $r^2 = 2\sin 2\theta$의 잎사귀 안쪽 영역

25. 원 $r = 1$의 외부이고 장미 $r = 2\sin 3\theta$의 내부인 제1사분면 영역

26–28. 면적 계산 이중적분을 사용하여 다음 영역의 넓이를 구하여라.

26. 원환 영역 $\{(r, \theta)\colon 1 \le r \le 2, 0 \le \theta \le \pi\}$

27. 장미 $r = 2\cos 3\theta$의 모든 잎으로 둘러싸인 영역

28. 심장형 $r = 1 + \sin\theta$ 내부와 심장형 $r = 1 + \cos\theta$ 내부의 공통 영역

29. 평균값 원판 $\{(r, \theta)\colon 0 \le r \le a\}$의 내점과 원점 사이의 평균 거리를 구하여라.

30. 참 또는 거짓 다음 명제가 참이면 증명하고 거짓이면 반례를 들어라.

a. R을 중심이 (0, 0)인 단위 원판으로 놓으면 $\iint_R (x^2 + y^2)\, dA = \int_0^{2\pi}\int_0^1 r^2\, dr\, d\theta$이다.

b. 반구 $z = \sqrt{4 - x^2 - y^2}$의 점과 원점 사이의 평균 거리는 2이다(미적분학 계산은 필요 없다).

c. 적분 $\int_0^1\int_0^{\sqrt{1-y^2}} e^{x^2+y^2}\, dx\, dy$는 직교좌표보다 극좌표로 계산하는 것이 더 쉽다.

31. 물통 채우기 모든 통을 4단위 깊이로 채울 때, 어느 통의 물이 가장 많은가?

- 포물면 $z = x^2 + y^2$, $0 \le z \le 4$
- 원뿔 $z = \sqrt{x^2 + y^2}$, $0 \le z \le 4$
- 쌍곡면 $z = \sqrt{1 + x^2 + y^2}$, $1 \le z \le 5$

32. 쌍곡포물면의 부피 곡면 $z = x^2 - y^2$을 고려하자.

a. $z \ge 0$일 때 xy평면의 영역을 극좌표로 나타내어라.

b. 반지름이 a인 원의 부채꼴을 $R = \{(r, \theta)\colon 0 \le r \le a, -\pi/4 \le \theta \le \pi/4\}$라 하자. 위는 쌍곡포물면, 아래는 영역 R로 둘러싸인 입체의 부피를 구하여라.

33. 부피 원기둥 $(x-1)^2 + y^2 = 1$, 평면 $z = 0$과 원뿔 $z = \sqrt{x^2 + y^2}$으로 둘러싸인 입체의 부피를 구하여라(그림 참조). (**힌트:** 대칭성 이용)

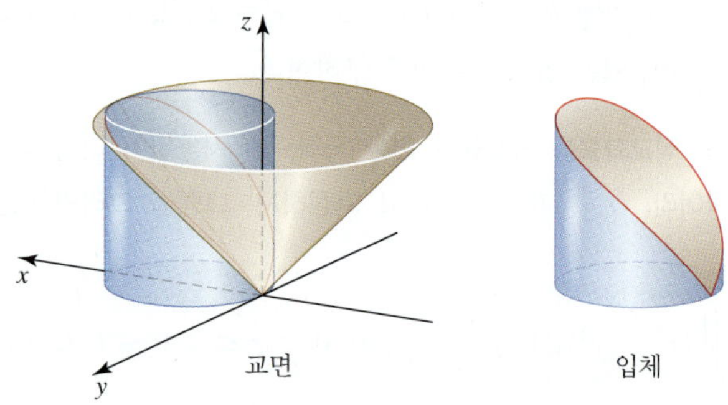

3단계 도전

34. 기타 적분 선택한 방법을 사용하여 다음 적분을 구하여라. 그림을 그리면 도움이 된다.

$$\iint_R \frac{dA}{4 + \sqrt{x^2 + y^2}},\ R = \left\{(r, \theta)\colon 0 \le r \le 2, \frac{\pi}{2} \le \theta \le \frac{3\pi}{2}\right\}$$

35–36. 이상적분 방사형 좌표가 임의로 커지면 극좌표에서 이상적분이 등장한다. 이 적분은 특정 조건에서 일반적인 방식으로 계산된다.

$$\int_\alpha^\beta \int_a^\infty g(r, \theta)\, r\, dr\, d\theta = \lim_{b \to \infty} \int_\alpha^\beta \int_a^b g(r, \theta)\, r\, dr\, d\theta$$

이 기법을 이용하여 다음 적분을 계산하여라.

35. $\displaystyle\int_0^{\pi/2}\int_1^\infty \frac{\cos\theta}{r^3}\, r\, dr\, d\theta$

36. $\displaystyle\iint_R e^{-x^2-y^2}\, dA,\ R = \left\{(r, \theta)\colon 0 \le r < \infty, 0 \le \theta \le \frac{\pi}{2}\right\}$

37. 반구형 케이크 자르기 한 케이크는 바닥이 xy평면에 있는 반지름이 4인 반구 모양이다. 케이크의 중심에서 바깥쪽 방향으로, xy평면에 수직이고 각도가 φ인 쐐기 모양을 분리하여 케이크를 두 조각을 나눈다.

a. 이중적분을 사용하여 $\varphi = \pi/4$인 조각의 부피를 구하여

라. 기하학으로 답을 확인하여라.

b. $z = a > 0$에서 케이크를 수평으로 썰었다고 가정하고 D를 평면 $z = a$ 위의 케이크 조각이라 하자. D의 부피가 **a**의 부피와 같도록 하는 a의 대략적인 값은 얼마인가?

38. 질량 계산 극좌표로 표현된 xy평면의 한 얇은 판의 밀도는 $\rho(r, \theta)$(면적당 단위 질량)이고 질량은 $\iint_R \rho(r, \theta)\, dA$이다. 밀도가 $\rho(r, \theta) = 4 + r \sin\theta$인 얇은 반원환 $R = \{(r, \theta): 1 \le r \le 4, 0 \le \theta \le \pi\}$의 질량을 구하여라.

39. 정규분포 정규분포와 관련된 통계에서 중요한 적분은 $I = \int_{-\infty}^{\infty} e^{-x^2}\, dx$이다. 이 값은 다음 단계로 계산한다.

a. 8.9절(예제 7의 서술)에서 $\int_0^{\infty} e^{-x^2}\, dx$가 수렴한다. 이 결과를 사용하여 $\int_{-\infty}^{\infty} e^{-x^2}\, dx$가 수렴하는 이유를 설명하여라.

b. 적분 변수가 x, y일 때

$$I^2 = \left(\int_{-\infty}^{\infty} e^{-x^2}\, dx\right)\left(\int_{-\infty}^{\infty} e^{-y^2}\, dy\right) = \int_{-\infty}^{\infty}\int_{-\infty}^{\infty} e^{-x^2-y^2}\, dx\, dy$$

라 가정하고 적분의 곱을 반복 적분으로 표현했다. 극좌표로 이 적분 값을 계산한 후 $I = \sqrt{\pi}$임을 보여라. 해 중 $I = -\sqrt{\pi}$를 배제한 이유는 무엇인가?

c. $\int_0^{\infty} e^{-x^2}\, dx$, $\int_0^{\infty} xe^{-x^2}\, dx$, $\int_0^{\infty} x^2 e^{-x^2}\, dx$를 계산하여라(필요하면 **a**를 이용한다).

40. 스트립에서 적분 영역 $R = \{(x, y): 0 \le x \le 1, 0 \le y \le a\}$에서 다음 적분을 고려하자.

$$I = \iint_R \frac{dA}{(1 + x^2 + y^2)^2}$$

a. $a = 1$에서 I를 계산하여라(**힌트:** 극좌표를 사용한다).

b. 임의의 $a > 0$에서 I를 계산하여라.

c. **b**에서 $a \to \infty$일 때 무한한 범위 $R = \{(x, y): 0 \le x \le 1, 0 \le y < \infty\}$에서 I를 구하여라.

QUICK CHECK 정답

1. $R = \{(r, \theta): 1 \le r \le 2, 0 \le \theta \le \pi/2\}$

2. r^5, $r^2(\cos^2\theta - \sin^2\theta) = r^2\cos 2\theta$

3. $z = 2 - \sqrt{x^2 + y^2}$은 이중 원뿔 $(2 - z)^2 = x^2 + y^2$의 하반이다. 그림 15.32에서 이 원뿔의 두 반쪽을 상상하면 포물면 $z = x^2 + y^2$은 명백히 원뿔과 두 번 만난다. 한 번은 $z = 1$일 때이고 다른 한 번은 $z = 4$일 때이다.

4. $\int_0^{2\pi}\int_0^{a} r\, dr\, d\theta = \pi a^2$ ◀

15.4 삼중적분

이 시점에서 적분과 관련하여 발전하고 있는 패턴을 볼 수 있다. 5장에서 일변수함수의 적분을 소개했다. 이 장의 처음 세 절에서는 이변수함수의 이중적분으로 한 차원 올라갔다. 이 절에서는 한 단계 더 나아가 삼변수함수의 삼중적분을 조사한다. 변수의 개수에 따라 적분을 정의할 수 있으므로 중적분은 계속 확장할 수 있다. 예를 들어 통계와 통계 역학에서 발생하는 문제는 여러 차원의 영역에서 적분과 관련이 있다.

직교좌표에서 삼중적분

$\mathbb{R}^3$의 닫힌 유계 영역 D에서 정의되는 함수 $w = f(x, y, z)$를 고려하자. f의 그래프는 4차원 공간에 놓여 있고 D의 점 (x, y, z)에 대응하는 점 $(x, y, z, f(x, y, z))$들의 집합과 같다. $\mathbb{R}^3$에서 정의된 f를 묘사하는 것은 어렵지만 여전히 f를 D에서 적분으로 정의할 수 있다. 먼저 xz평면, yz평면, xy평면에 평행인 세 개의 평면 세트를 사용하여 영역을 잘라 D의 분할을 만든다(그림 15.38). 이 분할은 D를 $k = 1$

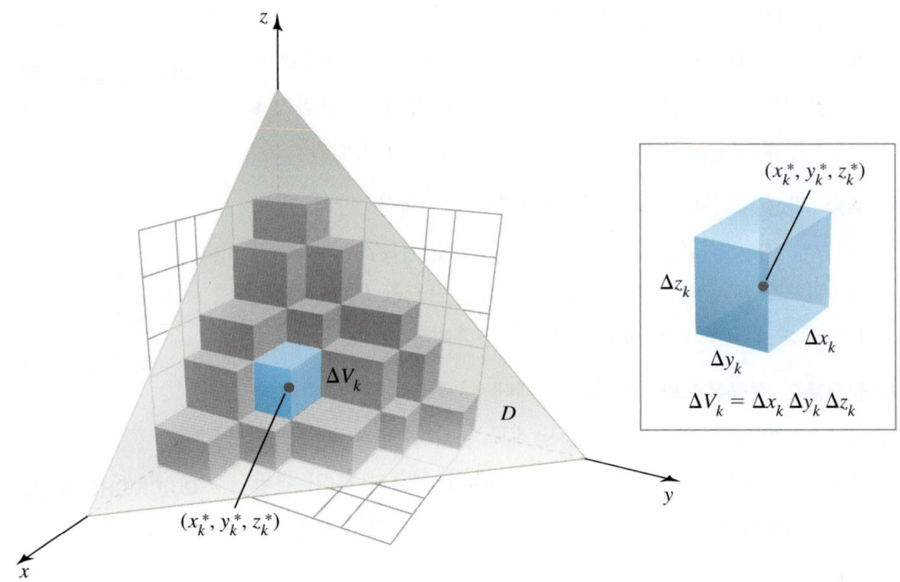

그림 15.38

에서 $k = n$까지 편리한 순서로 정렬된 작은 상자로 나누며, D에 완전히 포함된 모든 상자를 포함한다. k번째 상자는 모서리의 길이가 Δx_k, Δy_k, Δz_k이고 부피는 $\Delta V_k = \Delta x_k \Delta y_k \Delta z_k$이다. $k = 1, \cdots, n$에 대하여 (x_k^*, y_k^*, z_k^*)를 k번째 상자 안의 임의의 점이라 하자.

이제 k번째 항이 함숫값 $f(x_k^*, y_k^*, z_k^*)$에 k번째 상자의 부피를 곱한 것들의 리만합이 형성된다.

$$\sum_{k=1}^{n} f(x_k^*, y_k^*, z_k^*)\Delta V_k$$

Δ를 상자 대각선의 최대 길이라 하자. 상자 수가 증가할 때 Δ가 0에 가까워지면 두 가지 현상이 발생한다.

- 일반적으로 마주치는 영역들의 경우, 상자 모음으로 형성된 영역은 영역 D에 접근한다.
- f가 연속이면 리만합은 극한값에 접근한다.

이 리만합의 극한은 ***D*에서 *f*의 삼중적분**이고 다음과 같이 나타낸다.

➤ 이중적분과 삼중적분의 유사점에 유의하여라.

$$R\text{의 넓이} = \iint_R dA\text{이고}$$

$$D\text{의 부피} = \iiint_D dV\text{이다.}$$

삼중적분을 사용하여 물체의 질량을 구하는 것은 15.6절에서 다룬다.

$$\iiint_D f(x, y, z)\, dV = \lim_{\Delta \to 0} \sum_{k=1}^{n} f(x_k^*, y_k^*, z_k^*)\Delta V_k$$

분할의 k번째 상자의 부피는 $\Delta V_k = \Delta x_k \Delta y_k \Delta z_k$이며, 여기서 Δx_k, Δy_k, Δz_k는 상자의 세 모서리의 길이이다. 따라서 dV라고 부르는 삼중적분에서의 부피 요소는 다음과 같이 $dx\, dy\, dz$ (또는 dx, dy, dz의 일부 재배열)가 된다.

삼중적분에 대해 두 가지 즉각적인 해석을 할 수 있다. 첫째, $f(x, y, z) = 1$이면 리만합은 단순히 분할된 상자의 부피들의 합이다. $\Delta \to 0$일 때의 극한인 삼중적분

$\iiint_D dV$는 영역 D의 부피를 제공한다. 둘째, D가 3차원 입체이고 그 밀도는 함수 $f(x, y, z)$에 의해 점마다 다르다고 가정하자. 밀도의 단위는 단위 부피당 질량이므로 곱 $f(x_k^*, y_k^*, z_k^*)\Delta V_k$는 D의 k번째 상자 질량의 근삿값이다. 상자들의 질량의 합은 상자의 총 질량에 대한 근삿값을 제공한다. $\Delta \to 0$일 때의 극한에서 삼중적분은 물체의 질량을 나타낸다.

이중적분과 마찬가지로 푸비니 정리 버전은 x, y, z의 반복 적분 관점에서 삼중적분을 나타낸다. 삼변수이므로 흥미진진하게도 적분의 순서는 여섯 가지가 있다.

QUICK CHECK 1 미분 dx, dy, dz의 여섯 가지 순서를 나열하여라. ◀

적분 범위 찾기 적분의 여섯 가지 순서 중 하나에 대하여 자세히 논의하자(나머지는 예제에서 검토한다). $\mathbb{R}^3$의 영역 D는 위로는 곡면 $z = H(x, y)$와 아래로는 곡면 $z = G(x, y)$로 둘러싸여 있다고 가정하자(그림 15.39). 이 두 곡면은 z 방향의 적분의 경계를 결정한다. 다음 단계에서는 영역 D를 xy평면 위로 사영하여 영역 R을 형성한다(그림 15.40). R을 xy 평면에서 D의 그림자로 생각할 수 있다. 이 시점에서 반복 적분으로 삼중적분을 쓸 수 있다. 즉, 다음과 같다.

$$\iiint_D f(x, y, z)\, dV = \iint_R \left(\int_{G(x,y)}^{H(x,y)} f(x, y, z)\, dz \right) dA$$

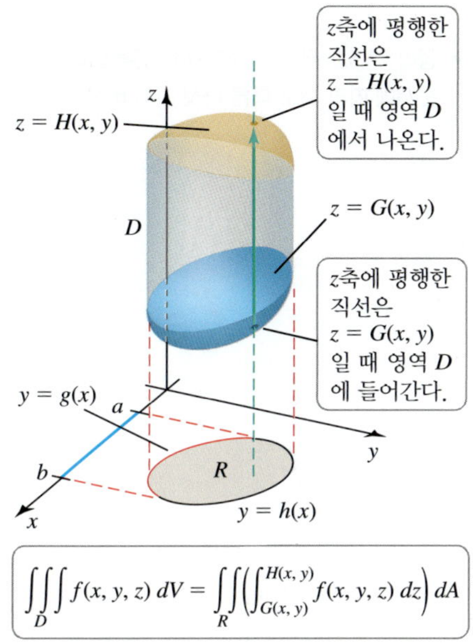

그림 15.39

이제 R은 위아래가 각각 두 곡선 $y = h(x)$, $y = g(x)$로 둘러싸여 있고, 좌우는 두 직선 $x = a$, $x = b$로 둘러싸여 있다고 가정하자(그림 15.40). R에서 나머지 적분은 이중적분으로 계산한다(15.2절).

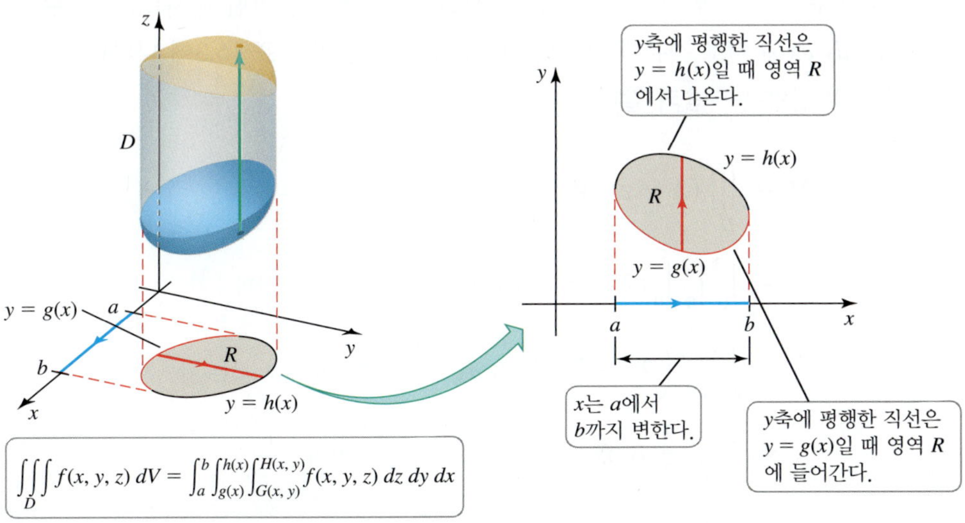

그림 15.40

표 15.2는 D를 설명하는 구간을 요약한 것이며, 이를 사용하여 적분 범위를 공식화할 수 있다. D의 모든 점에 대하여 적분하기 위해 다음 단계를 수행한다.

표 15.2

적분	변수	구간
내부	z	$G(x, y) \le z \le H(x, y)$
중간	y	$g(x) \le y \le h(x)$
외부	x	$a \le x \le b$

1. $z = G(x, y)$에서 $z = H(x, y)$까지 z에 대하여 적분한다. 결과는 (일반적으로) x와 y의 함수이다.

2. $y = g(x)$에서 $y = h(x)$까지 y에 대하여 적분한다. 결과는 (일반적으로) x의 함수이다.
3. $x = a$에서 $x = b$까지 x에 대하여 적분한다. 결과는 (항상) 실수이다.

➤ 정리 15.5는 푸비니 정리의 한 종류이다. 적분 순서에 따라 서로 다른 다섯 가지 버전이 있다.

정리 15.5 삼중적분

f가 영역

$$D = \{(x, y, z): a \le x \le b, g(x) \le y \le h(x), G(x, y) \le z \le H(x, y)\}$$

에서 연속이며, 여기서 g, h, G, H는 연속함수라 하자. 그러면 f는 D에서 적분 가능하고, 삼중적분은 다음 반복 적분으로 계산된다.

$$\iiint_D f(x, y, z)\, dV = \int_a^b \int_{g(x)}^{h(x)} \int_{G(x,y)}^{H(x,y)} f(x, y, z)\, dz\, dy\, dx$$

이제 몇 가지 예제를 통해 절차를 설명하자.

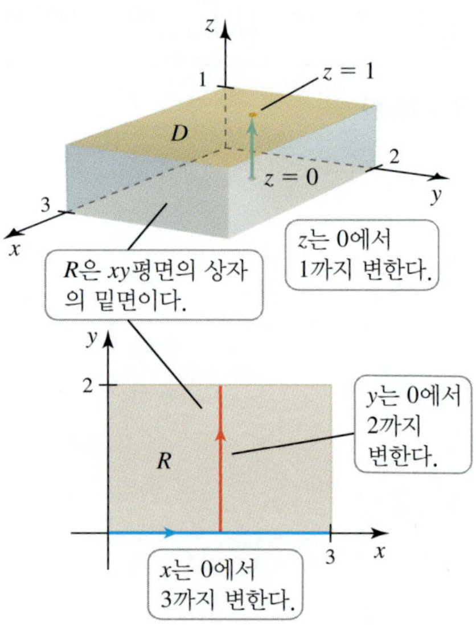

$M = \int_0^3 \int_0^2 \int_0^1 (2 - z)\, dz\, dy\, dx$

그림 15.41

표 15.3

적분	변수	구간
내부	z	$0 \le z \le 1$
중간	y	$0 \le y \le 2$
외부	x	$0 \le x \le 3$

| 예제 1 | 상자의 질량 입체 상자 D는 여섯 개의 평면 $x = 0$, $x = 3$, $y = 0$, $y = 2$, $z = 0$, $z = 1$로 둘러싸여 있다. 상자의 밀도는 z축의 양의 방향으로 선형적으로 감소하고 $f(x, y, z) = 2 - z$로 주어진다. 이 상자의 질량을 찾아라.

풀이 상자의 질량은 밀도 $f(x, y, z) = 2 - z$를 상자 위에 적분하여 구할 수 있다. 삼변수의 적분 범위는 모두 상수이므로 반복 적분은 어떤 순서로든 쓸 수 있다. $dz\, dy\, dx$ 순서로 적분할 때(그림 15.41), 적분 범위는 표 15.3에 나타나 있다.

상자의 질량은 다음과 같다.

$$
\begin{aligned}
M &= \iiint_D (2 - z)\, dV \\
&= \int_0^3 \int_0^2 \int_0^1 (2 - z)\, dz\, dy\, dx && \text{반복 적분으로 나타내기} \\
&= \int_0^3 \int_0^2 \left(2z - \frac{z^2}{2}\right)\bigg|_0^1 dy\, dx && z\text{에 관하여 내부 적분 계산하기} \\
&= \int_0^3 \int_0^2 \frac{3}{2}\, dy\, dx && \text{간단히 하기} \\
&= \int_0^3 \left(\frac{3y}{2}\right)\bigg|_0^2 dx && y\text{에 관하여 중간 적분 계산하기} \\
&= \int_0^3 3\, dx = 9 && x\text{에 관하여 외부 적분 계산하고 간단히 하기}
\end{aligned}
$$

이 결과는 타당하다. 즉, 상자의 밀도는 1(상자의 상단)에서 2(상자의 하단)까지 선형적으로 변한다. 이 상자의 밀도가 1로 일정하면 질량은 (부피) × (밀도) = 6 이

QUICK CHECK 2 예제 1의 적분을 $dx\, dz\, dy$ 순서로 다시 나타내어라. ◀

고, 상자의 밀도가 2로 일정하면 질량은 12가 된다. 실제 질량은 예상대로 6과 12의 평균이다.

다른 적분 순서도 같은 결과를 낳는다. 예를 들어 적분 순서가 $dy\,dx\,dz$이면 반복 적분은 다음과 같다.

$$M = \iiint_D (2 - z)\,dV = \int_0^1 \int_0^3 \int_0^2 (2 - z)\,dy\,dx\,dz = 9$$

관련 연습문제 6번 ◀

| 예제 2 | 각뿔의 부피 두 평면 $y = 4 - 2x$, $z = 6$으로 둘러싸인 제1팔분공간의 각뿔 D의 부피를 구하여라(그림 15.42).

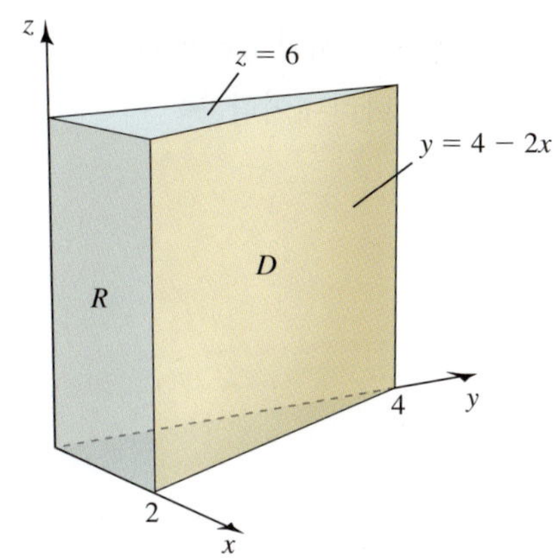

그림 15.42

풀이 각뿔은 여러 방식으로 볼 수 있다. 각뿔의 밑면을 xz평면에 두면 각뿔의 위쪽 면은 평면 $y = 4 - 2x$이고 아래쪽 면은 $y = 0$이다. xz평면 위로 각뿔의 사영은 직사각형 $R = \{(x, z): 0 \le x \le 2, 0 \le z \le 6\}$이다. 이 경우 가능한 적분 순서는 $dy\,dx\,dz$이다.

y에 관한 내부 적분 y축에 평행한 각뿔을 통과하는 직선은 $y = 0$에서 직사각형 R을 통해 각뿔로 들어가고 평면 $y = 4 - 2x$에서 각뿔을 빠져나간다. 따라서 먼저 구간 $0 \le y \le 4 - 2x$에서 y에 관하여 적분한다(그림 15.43(a)).

x에 관한 중간 적분 중간 적분 및 외부 적분에 대한 적분 범위는 xz평면의 영역 R을 포함해야 한다. x축에 평행한 직선은 $x = 0$에서 R로 들어가고 $x = 2$에서 R을 나온다. 따라서 구간 $0 \le x \le 2$에서 x에 관하여 적분한다(그림 15.43(b)).

z에 관한 외부 적분 R을 모두 포함하려면 $x = 0$에서 $x = 2$까지의 선분이 $z = 0$에서 $z = 6$까지 진행돼야 한다. 따라서 구간 $0 \le z \le 6$에서 z에 관하여 적분한다(그

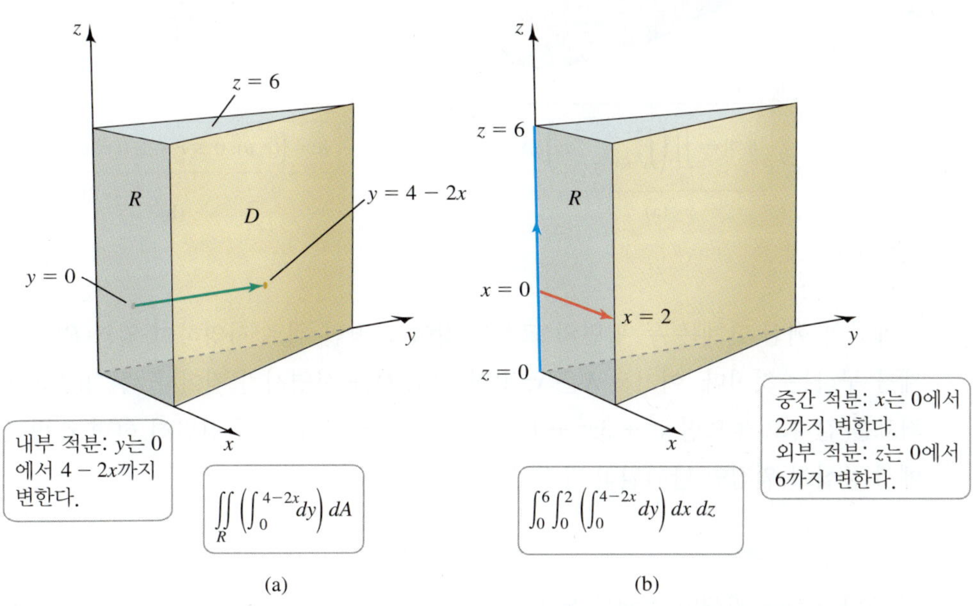

그림 15.43

림 15.43(b)).

$f(x, y, z) = 1$을 적분하면 각뿔의 부피는 다음과 같다.

▶ 각뿔의 부피는 기하학을 이용하여 구할 수도 있다. xy평면의 삼각형 밑면의 넓이는 4이고 각뿔의 높이는 6이다. 따라서 부피는 $6 \cdot 4 = 24$이다.

$$\begin{aligned} V &= \iiint_D dV = \int_0^6 \int_0^2 \int_0^{4-2x} dy\,dx\,dz \\ &= \int_0^6 \int_0^2 (4 - 2x)\,dx\,dz && y\text{에 관하여 내부 적분 계산하기} \\ &= \int_0^6 (4x - x^2)\Big|_0^2 dz && x\text{에 관하여 중간 적분 계산하기} \\ &= \int_0^6 4\,dz && \text{간단히 하기} \\ &= 24 && z\text{에 관하여 외부 적분 계산하기} \end{aligned}$$

QUICK CHECK 3 예제 2의 적분을 $dz\,dy\,dx$ 순서와 $dx\,dy\,dz$ 순서로 다시 나타내어라. ◀

관련 연습문제 9번 ◀

| 예제 3 | 부피 적분 두 포물면 $y = x^2 + 3z^2 + 1$, $y = 5 - 3x^2 - z^2$으로 둘러싸인 입체 D의 부피를 구하여라(그림 15.44(a)).

풀이 D의 오른쪽 경계는 평면 $y = 5 - 3x^2 - z^2$이고 왼쪽 경계는 $y = x^2 + 3z^2 + 1$이다. 이 두 곡면은 x와 z의 함수이므로 y 방향의 내부 적분에 대한 적분 범위를 결정하자.

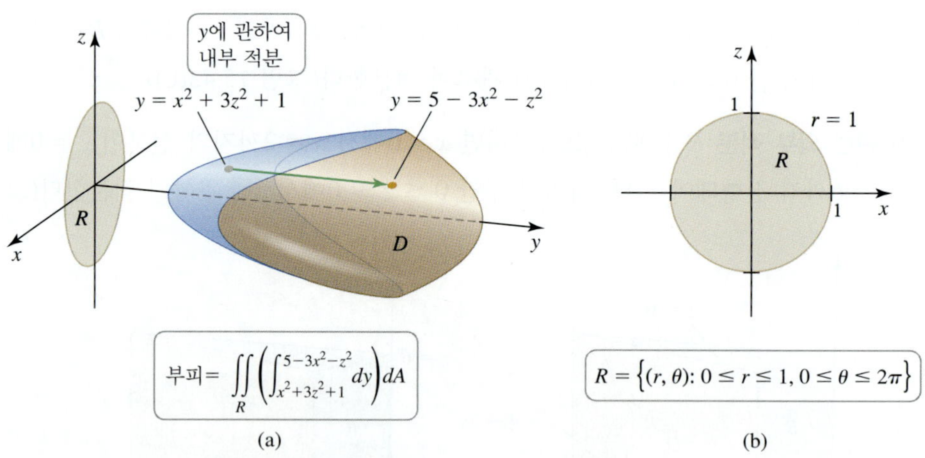

그림 15.44

계산의 핵심 단계는 두 평면의 교선을 찾아 xz평면 위로 사영하여 영역 R의 경계를 구하는 것이다. 여기서 R은 xz평면 위로 D를 사영시킨 것이다. 두 평면의 y좌표를 같다고 놓으면 $x^2 + 3z^2 + 1 = 5 - 3x^2 - z^2$이며, 이를 간단히 하면 xz평면에서 중심이 원점인 단위원의 방정식

$$x^2 + z^2 = 1$$

이 된다. y축에 평행인 입체를 통과하는 직선이 $y = x^2 + 3z^2 + 1$에서 입체에 들어

가고 $y = 5 - 3x^2 - z^2$에서 입체로부터 빠져나오는 것을 관찰하자. 따라서 고정된 x와 z에 대하여 구간 $x^2 + 3z^2 + 1 \le y \le 5 - 3x^2 - z^2$에서 y에 관하여 적분한다(그림 15.44(a)). y 에 관하여 내부 적분을 계산하면 다음을 얻는다.

$$V = \iint_R \left(\int_{x^2+3z^2+1}^{5-3x^2-z^2} dy \right) dA = \iint_R \left(y \Big|_{x^2+3z^2+1}^{5-3x^2-z^2} \right) dA = \iint_R 4(1 - x^2 - z^2)\, dA$$

영역 R은 원으로 둘러싸여 있으므로 xy평면에서 같은 의미를 갖는 극좌표로 된 이중적분을 계산하는 것이 유리하다. 여기서 θ와 r은 xz평면에서도 xy평면에서와 같은 의미를 갖는다. R은 극좌표로 $R = \{(r, \theta): 0 \le r \le 1, 0 \le \theta \le 2\pi\}$와 같이 표현된다는 점에 유의하자(그림 15.44(b)). 관계식 $x^2 + z^2 = r^2$을 사용하여 변수를 변환하고 이중적분을 계산하면 다음과 같다.

$$\begin{aligned} V &= \iint_R 4(1 - x^2 - z^2)\, dA \\ &= \int_0^{2\pi} \int_0^1 4(1 - r^2)\, r\, dr\, d\theta && x^2 + z^2 = r^2,\ dA = r\,dr\,d\theta\text{를 이용하여 극좌표로 변환하기} \\ &= \int_0^{2\pi} \int_0^1 2u\, du\, d\theta && u = 1 - r^2\text{으로 놓으면 } du = -2r\,dr \\ &= \int_0^{2\pi} \left(u^2 \Big|_0^1 \right) d\theta && \text{내부 적분 계산하기} \\ &= \int_0^{2\pi} d\theta = 2\pi && \text{외부 적분 계산하기} \end{aligned}$$

관련 연습문제 13-14번 ◀

적분 순서 변경

이중적분처럼 적절한 적분 순서를 선택하면 삼중적분의 계산을 단순화할 수 있다. 따라서 적분 순서를 바꾸는 데 능숙해지는 것이 중요하다.

| 예제 4 | **적분 순서 변경** 다음 적분을 고려하자.

$$\int_0^{\sqrt[4]{\pi}} \int_0^z \int_y^z 12y^2z^3 \sin x^4\, dx\, dy\, dz$$

a. 적분 영역 D를 그려라.

b. 적분 순서를 변경하여 적분을 계산하여라.

풀이

a. 적절한 좌표평면 위로 적분 영역 D의 사영을 찾는 것으로 시작하자. 사영을 R이라 하면 내부 적분은 x에 관한 적분이므로 R은 yz평면에 있고, 중간 적분과 외부 적분의 범위에 의해 결정된다. 따라서 다음을 알 수 있다.

$$R = \{(y, z): 0 \le y \le z, 0 \le z \le \sqrt[4]{\pi}\}$$

➤ 내부 적분이 y에 관한 적분이 되도록 바꿔야 하는 걸 어떻게 알 수 있는가? 때로는 새로운 적분 순서로 적분을 계산할 수 있는지 미리 알 수 없으며, 몇 번의 시도가 필요하다. 이 경우 y^2이나 z^3이 $\sin x^4$보다 적분하기 쉬우므로 내부 적분을 y나 z에 관한 적분으로 바꾼다.

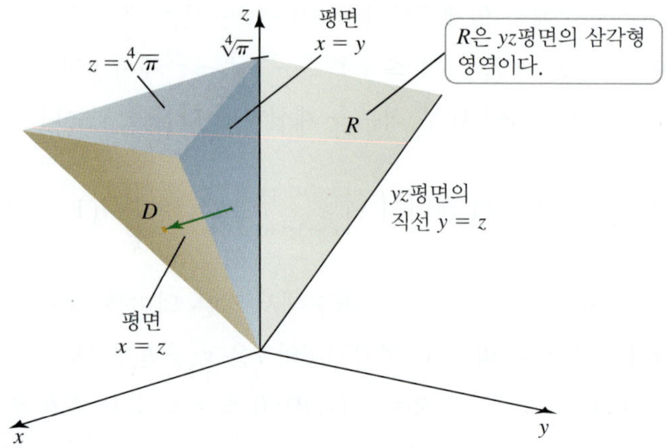

그림 15.45

이는 z축과 두 직선 $y = z$와 $z = \sqrt[4]{\pi}$로 둘러싸인 yz평면의 삼각형 영역이다. 내부 적분 범위를 사용하여 R의 각 점에 대하여 x가 평면 $x = y$에서 평면 $x = z$까지 변한다. 이로써 점들은 꼭짓점이 원점인 제1팔분공간의 사면체 D를 채운다(그림 15.45).

b. $\sin x^4$의 원시함수는 기초 함수들의 항으로 표현될 수 없으므로 주어진 순서 $dx\,dy\,dz$로 적분을 구하는 것은 어렵다. y에 관하여 먼저 적분할 때, 피적분함수의 $\sin x^4$을 적분할 수 있는 요소로 대체하자. 적분 순서 $dy\,dx\,dz$에서 내부 적분 범위는 평면 $y = 0$에서 평면 $y = x$까지이다(그림 15.46(a)). 또한 xz평면 위로 D의 사영은 영역 R이며, 이는 중간 적분 및 외부 적분으로 덮여 있어야 한다(그림 15.46(b)). 이 경우 중간 적분 범위가 $x = 0$에서 $x = z$까지 실행되는 것을 보기 위해 x축에 평행인 선분을 그린다. 그다음 $z = 0$에서 $z = \sqrt[4]{\pi}$까지 모든 선분을 포함하여 z에 대한 외부 적분 범위를 구한다. 적분은 다음과 같이 진행된다.

$$\int_0^{\sqrt[4]{\pi}}\int_0^z\int_0^x 12y^2z^3\sin x^4\,dy\,dx\,dz = \int_0^{\sqrt[4]{\pi}}\int_0^z (4y^3z^3\sin x^4)\Big|_0^x\,dx\,dz \quad \text{y에 관한 내부 적분 계산하기}$$

$$= \int_0^{\sqrt[4]{\pi}}\int_0^z 4x^3z^3\sin x^4\,dx\,dz \quad \text{간단히 하기}$$

$$= \int_0^{\sqrt[4]{\pi}} z^3(-\cos x^4)\Big|_0^z\,dz \quad \text{$u=x^4$으로 치환하여 x에 관한 중간 적분 계산하기}$$

$$= \int_0^{\sqrt[4]{\pi}} z^3(1-\cos z^4)\,dz \quad \text{간단히 하기}$$

$$= \left(\frac{z^4}{4} - \frac{\sin z^4}{4}\right)\Big|_0^{\sqrt[4]{\pi}} \quad \text{$u=z^4$으로 치환하여 z에 관한 외부 적분 계산하기}$$

$$= \frac{\pi}{4} \quad \text{간단히 하기}$$

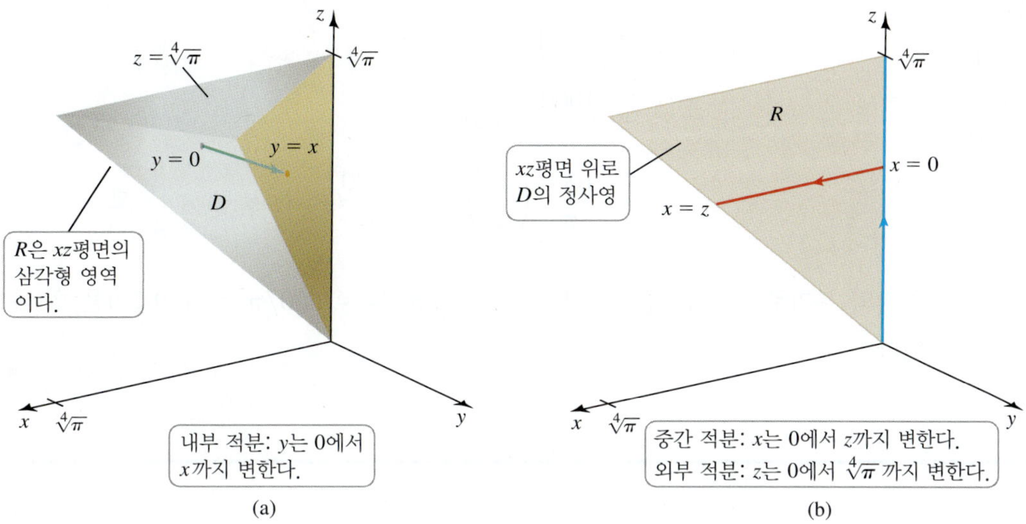

그림 15.46

관련 연습문제 25번 ◀

삼변수함수의 평균값

함수의 평균값 개념은 자연스럽게 일변수와 이변수로부터 확장된다. 삼변수함수의 평균값은 해당 영역에서 함수를 적분하고 해당 영역의 부피로 나누어 구한다.

정의 삼변수함수의 평균값

f가 $\mathbb{R}^3$의 영역 D에서 연속이면 D에서 f의 **평균값**은 다음과 같다.

$$\bar{f} = \frac{1}{D\text{의 부피}} \iiint_D f(x, y, z)\, dV$$

| 예제 5 | 평균 온도 다음 영역을 차지하는 전도성 물질 한 블록을 고려하자.

$$D = \{(x, y, z): 0 \le x \le 2, 0 \le y \le 2, 0 \le z \le 1\}$$

블록의 경계에 있는 열원으로 인해 블록의 온도는 $T(x, y, z) = 250xy \sin \pi z$로 주어진다. 블록의 평균 온도를 구하여라.

풀이 온도 함수를 블록에서 적분하고 블록의 부피인 4로 나누어야 한다. 온도 적분을 구하는 한 가지 방법은 다음과 같다.

$$\iiint_D 250xy \sin \pi z\, dV = 250 \int_0^2 \int_0^2 \int_0^1 xy \sin \pi z\, dz\, dy\, dx \quad \text{반복 적분으로 나타내기}$$

$$= 250 \int_0^2 \int_0^2 xy \frac{1}{\pi}(-\cos \pi z)\Big|_0^1 dy\, dx \quad z\text{에 관한 내부 적분 계산하기}$$

$$= \frac{500}{\pi} \int_0^2 \int_0^2 xy\, dy\, dx \quad \text{간단히 하기}$$

QUICK CHECK 4 적분 없이 정육면체 $\{(x, y, z): -1 \le x \le 1, -1 \le y \le 1, -1 \le z \le 1\}$에서 $f(x) = \sin x \sin y \sin z$의 평균값은 얼마인가? 대칭성을 이용하여라. ◀

$$= \frac{500}{\pi}\int_0^2 x\left(\frac{y^2}{2}\right)\Big|_0^2 dx \quad y\text{에 관한 중간 적분 계산하기}$$

$$= \frac{1000}{\pi}\int_0^2 x\,dx \quad \text{간단히 하기}$$

$$= \frac{1000}{\pi}\left(\frac{x^2}{2}\right)\Big|_0^2 = \frac{2000}{\pi} \quad x\text{에 관한 외부 적분 계산하기}$$

영역의 부피로 나누면 평균 온도가 $(2000/\pi)/4 = 500/\pi \approx 159.2$임을 알 수 있다.

관련 연습문제 27번 ◀

15.4절 연습문제

1단계 스타트

1. 영역 $D = \{(x, y, z): x^2 + y^2 \le 4, 0 \le z \le 4\}$를 그려라.
2. 중심이 (0, 0, 0)이고 반지름이 9인 구 D에 대하여 $\iiint_D f(x, y, z)\,dV$를 반복 적분으로 나타내어라. $dz\,dy\,dx$의 순서로 구하여라.
3. 적분 $\int_0^1 \int_0^{\sqrt{1-z^2}} \int_0^{\sqrt{1-y^2-z^2}} f(x, y, z)\,dx\,dy\,dz$의 적분 영역을 그려라.
4. 연습문제 3번의 적분을 $dy\,dx\,dz$ 순서로 나타내어라.

2단계 실전

5–8. 상자 위의 적분 다음 적분을 계산하여라. 적분 영역을 그리는 것이 유용할 수 있다.

5. $\int_{-2}^2 \int_3^6 \int_0^2 dx\,dy\,dz$

6. $\int_{-2}^2 \int_1^2 \int_1^e \frac{xy^2}{z}\,dz\,dx\,dy$

7. $\int_0^{\pi/2} \int_0^1 \int_0^{\pi/2} \sin \pi x \cos y \sin 2z\,dy\,dx\,dz$

8. $\iiint_D (xy + xz + yz)\,dV$, $D = \{(x, y, z): -1 \le x \le 1, -2 \le y \le 2, -3 \le z \le 3\}$

9–16. 입체의 부피 삼중적분을 사용하여 다음 입체의 부피를 구하여라.

9. 평면 $2x + 3y + 6z = 12$ 및 좌표평면으로 둘러싸인 제1팔분공간의 입체

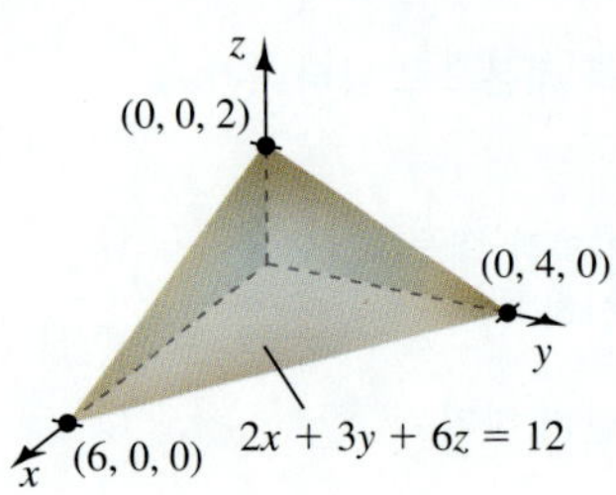

10. xy평면 위에서 원주 $x^2 + y^2 = 4$가 두 평면 $z = 0$, $y = -z$로 잘린 쐐기

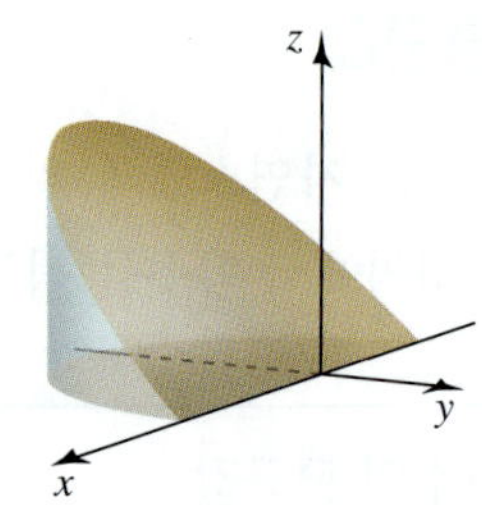

11. 사각형 $\{(x, y): 0 \le x \le 1, 0 \le y \le \ln 2\}$ 위에서 두 곡면 $z = e^y$, $z = 1$로 둘러싸인 입체

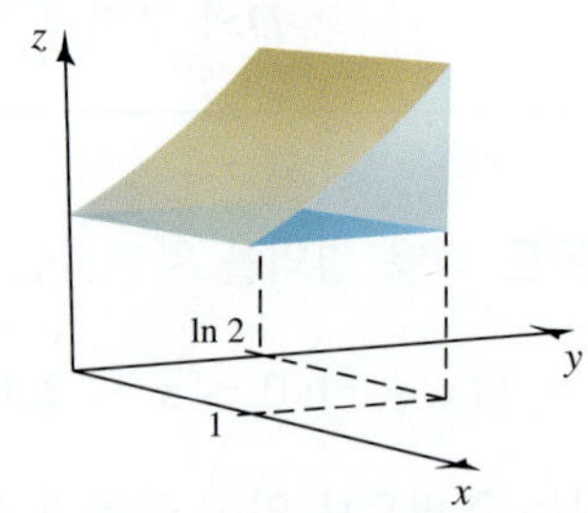

12. $z > 0$에서 구 $x^2 + y^2 + z^2 = 19$와 쌍곡면 $z^2 - x^2 - y^2 = 1$ 사이의 입체

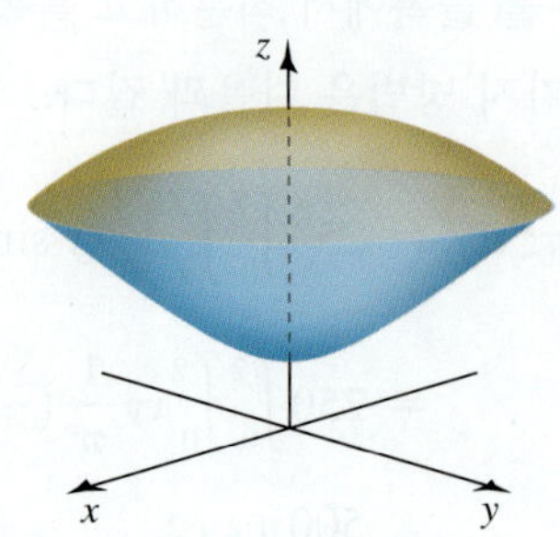

13. 원기둥 $z = 9 - x^2$과 포물면 $y = 2x^2 + 3z^2$으로 둘러싸인 입체

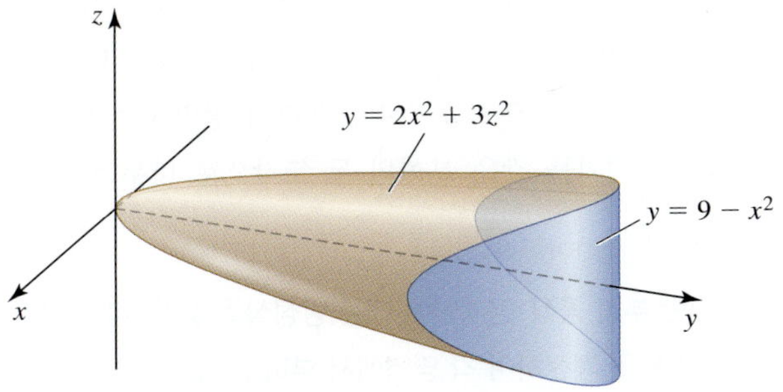

14. 두 평면 $y = 3 - x$, $y = x - 3$으로 잘린 원기둥 $x^2 + 4z^2 = 4$의 쐐기

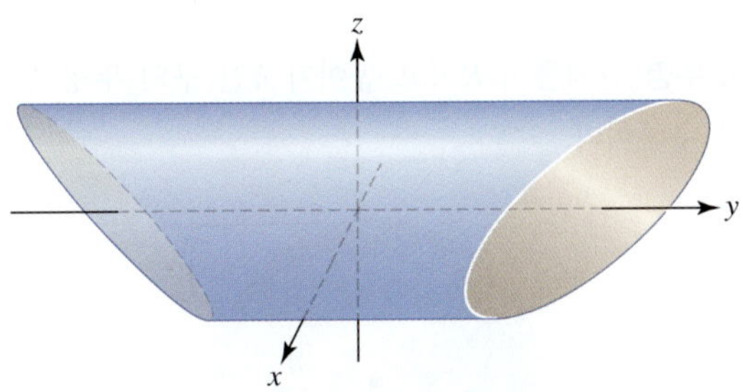

15. $x = 0$, $x = 1 - z^2$, $y = 0$, $z = 0$, $z = 1 - y$로 둘러싸인 입체

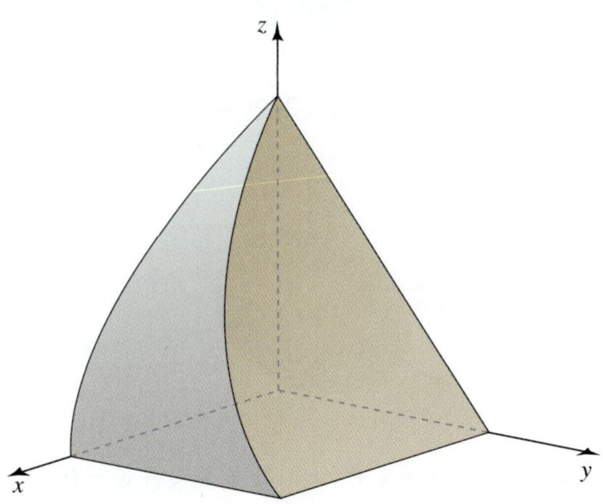

16. $x = 0$, $x = 2$, $y = z$, $y = z + 1$, $z = 0$, $z = 4$로 둘러싸인 입체

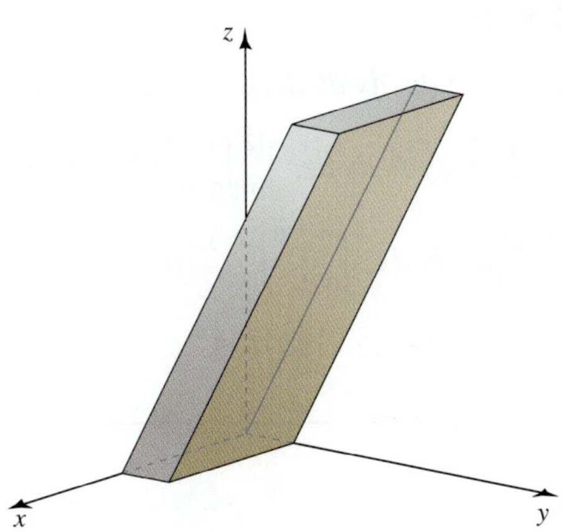

17–19. 여섯 개의 순서 D를 $y = 0$, $z = 0$, $y = x$와 원기둥 $4x^2 + z^2 = 4$로 둘러싸인 제1팔분공간에 있는 입체라 하자. 다음 적분 순서로 D 위에서 $f(x, y, z)$의 삼중적분을 나타내어라.

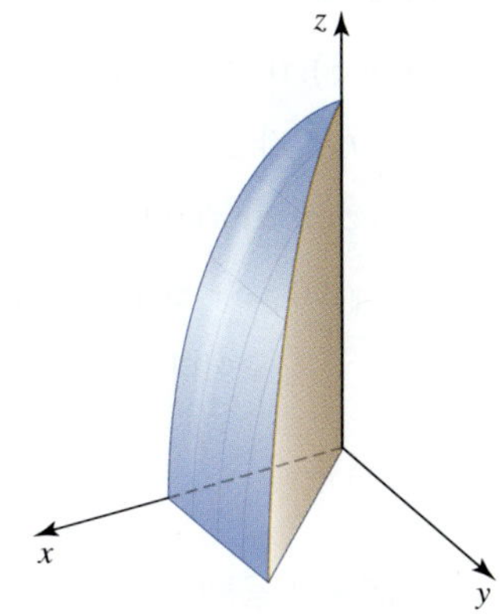

17. $dz\,dx\,dy$ **18.** $dy\,dz\,dx$ **19.** $dx\,dz\,dy$

20. 적분 순서 변경 적분 $\int_0^2\int_0^1\int_0^{1-y} dz\,dy\,dx$를 서로 다른 다섯 가지 적분 순서로 나타내어라.

21–24. 삼중적분 다음 적분을 계산하여라.

21. $\displaystyle\int_0^2\int_0^4\int_{y^2}^4 \sqrt{x}\,dz\,dx\,dy$

22. $\displaystyle\int_0^1\int_0^{\sqrt{1-x^2}}\int_0^{\sqrt{1-x^2}} dz\,dy\,dx$

23. $\displaystyle\int_0^3\int_0^{\sqrt{9-z^2}}\int_0^{\sqrt{1+x^2+z^2}} dy\,dx\,dz$

24. $\displaystyle\int_0^{\ln 8}\int_1^{\sqrt{z}}\int_{\ln y}^{\ln 2y} e^{x+y^2-z}\,dx\,dy\,dz$

25–26. 적분 순서 변경 다음 적분을 주어진 적분 순서로 바꾼 후 적분을 계산하여라.

25. $\displaystyle\int_0^5\int_{-1}^0\int_0^{4x+4} dy\,dx\,dz$, $dz\,dx\,dy$ 순서

26. $\displaystyle\int_0^1\int_0^{\sqrt{1-x^2}}\int_0^{\sqrt{1-x^2}} dy\,dz\,dx$, $dz\,dy\,dx$ 순서

27–28. 평균값 다음 평균값을 구하여라.

27. 상자 $D = \{(x, y, z): 0 \le x \le 1, 0 \le y \le 2, 0 \le z \le \pi/2\}$ 안의 점들에 대한 $f(x, y, z) = 8xy\cos z$의 평균값

28. 원점에서 원기둥 $D = \{(x, y, z): x^2 + y^2 \le 4, 0 \le z \le 2\}$의 점 사이의 거리 제곱의 평균

29. 참 또는 거짓 다음 명제가 참이면 증명하고 거짓이면 반례를

들어라.

a. 상자 $D = \{(x, y, z): 0 \le x \le a, 0 \le y \le b, 0 \le z \le c\}$ 위에서 함수의 반복 적분은 서로 다른 여덟 가지 방법으로 나타낼 수 있다.

b. 각기둥 $D = \{(x, y, z): 0 \le x \le 1, 0 \le y \le 3x - 3, 0 \le z \le 5\}$ 위에 f의 가능한 한 가지 반복 적분은 $\int_0^{3x-3}\int_0^1\int_0^5 f(x, y, z)\,dz\,dx\,dy$이다.

c. 영역 $D = \{(x, y, z): 0 \le x \le 1, 0 \le y \le \sqrt{1 - x^2}, 0 \le z \le \sqrt{1 - x^2}\}$은 구이다.

3단계 도전

30–32. 기타 부피 삼중적분을 사용하여 다음 영역의 부피를 계산하여라.

30. 두 평면 $z = 0$, $x + y + z = 1$에 의해 생기는 정사각기둥 $|x| + |y| = 1$의 쐐기

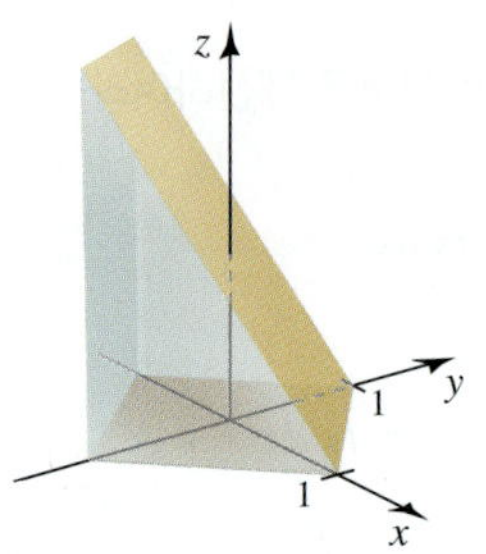

31. 꼭짓점이 (0, 0, 0), (1, 0, 0), (0, 1, 0), (1, 1, 0), (0, 1, 1), (1, 1, 1), (0, 2, 1), (1, 2, 1)인 평행육면체(기울어진 상자)(알맞은 적분 순서를 찾아 적분한다)

32. 꼭짓점이 (0, 0, 0), (2, 0, 0), (2, 2, 0), (0, 2, 0), (0, 0, 4)인 각뿔

33. 두 개의 원주 x축과 y축은 반지름이 1인 원기둥의 축을 이룬다(그림 참조). 두 원기둥이 겹치는 부분의 부피를 찾아라.

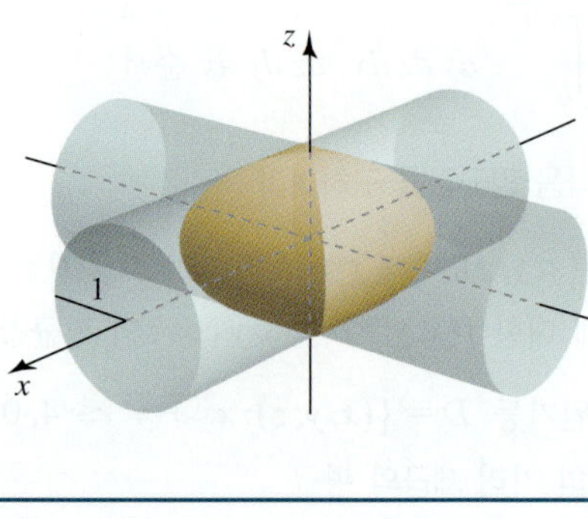

34. 치즈 나누기 쐐기 모양의 치즈가 세 평면 $y = z$, $y = 4$, $x = 4$로 둘러싸인 제1팔분공간의 영역을 채운다고 가정하자. 이 쐐기를 평면 $x = 2$로 자르면 쐐기를 같은 부피의 두 조각으로 나눌 수 있다. $0 < a < 4$에 대하여 평면 $y = a$로 쐐기를 자를 때, 쐐기를 같은 부피의 두 조각으로 나누는 a의 값을 구하여라.

35–36. 일반 부피 공식 경계면에 대한 방정식을 찾아 부피 적분을 설정한 다음 적분을 계산하여 각 영역에서 부피 공식을 제공하는 적분을 계산하여라. a, b, c, r, R, h가 양의 상수라고 가정한다.

35. 원뿔 높이가 h이고 바닥의 반지름이 r인 직원뿔의 부피를 구하여라.

36. 구의 뚜껑 반지름이 R이고 높이가 h인 구의 뚜껑 부분의 부피를 구하여라.

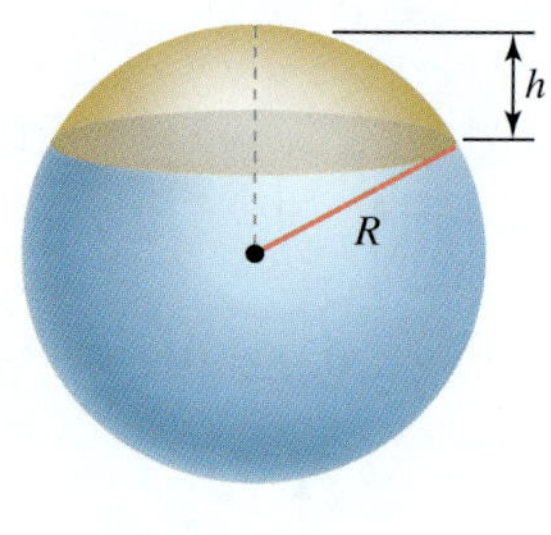

37. 타원체 축의 길이가 $2a$, $2b$, $2c$인 타원면의 부피를 구하여라.

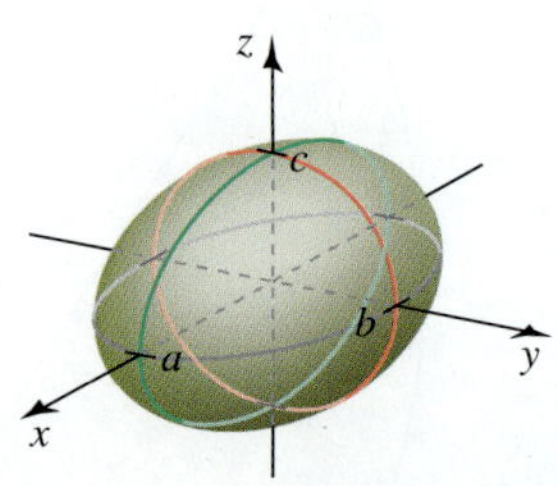

38. 초부피 $w + x + y + x + 1 = 0$과 좌표평면 $w = 0$, $x = 0$, $y = 0$, $z = 0$으로 둘러싸인 4차원 각뿔의 '부피'를 구하여라.

QUICK CHECK 정답

1. $dx\,dy\,dz$, $dx\,dz\,dy$, $dy\,dx\,dz$, $dy\,dz\,dx$, $dz\,dx\,dy$, $dz\,dy\,dx$

2. $\int_0^1\int_0^2\int_0^3 (2 - z)\,dx\,dy\,dz$, $\int_0^2\int_0^1\int_0^3 (2 - z)\,dx\,dz\,dy$

3. $\int_0^2\int_0^{4-2x}\int_0^6 dz\,dy\,dx$, $\int_0^6\int_0^4\int_0^{2-y/2} dx\,dy\,dz$

4. 0 ($\sin x$, $\sin y$, $\sin z$는 기함수) ◀

15.5 원주좌표와 구면좌표에서 삼중적분

삼중적분을 구할 때 일부 영역(예를 들어 구, 원뿔, 원기둥)은 직교좌표에 나타내기 어색할 때가 있다. 이 절에서는 특정 유형의 영역에서 작업할 때 더 쉽게 사용할 수 있는 $\mathbb{R}^3$의 두 좌표계를 살펴본다. 이 두 좌표계는 적분뿐만 아니라 일반적인 문제 해결에도 도움이 된다.

원주좌표

극좌표를 $\mathbb{R}^2$에서 $\mathbb{R}^3$으로 확장하면 **원주좌표**(cylindrical coordinate)가 된다. 이 좌표계에서 $\mathbb{R}^3$의 점 P의 좌표는 (r, θ, z) 형태이며, 여기서 r, θ는 점 P^*에 대한 극좌표이며, P^*는 xy평면 위로 P의 정사영이다(그림 15.47). 직교좌표와 마찬가지로 z좌표는 P와 xy평면 사이의 수직 거리이다. $\mathbb{R}^3$의 모든 점은 구간 $0 \le r < \infty$, $0 \le \theta \le 2\pi$, $-\infty < z < \infty$를 사용하면 원주좌표로 나타낼 수 있다.

➤ 원주좌표에서 r과 θ는 극좌표이고 $r \ge 0$이라는 추가 제약 조건을 갖는다. z축을 추가하여 극좌표계 평면을 $\mathbb{R}^3$으로 확장한다.

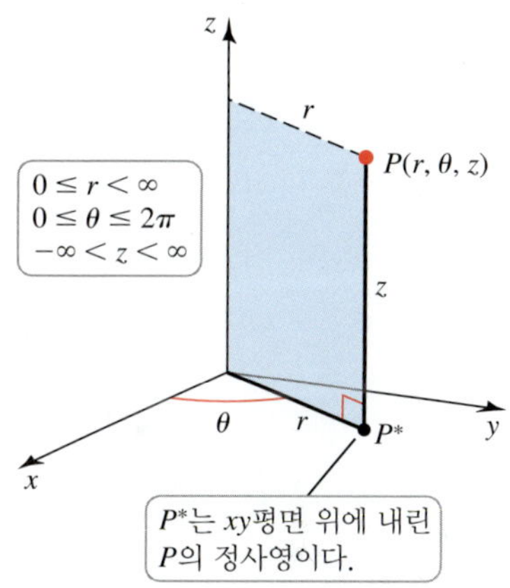

그림 15.47

많은 점집합은 원주좌표로 단순하게 표현된다. 예를 들어 집합 $\{(r, \theta, z): r = a\}$는 z축과 거리가 a인 점들의 집합이며, 이는 반지름이 a인 직원기둥이다. 집합 $\{(r, \theta, z): \theta = \theta_0\}$은 θ좌표가 일정한 점들의 집합이며, 이는 $\theta = \theta_0$ 방향으로 z축에서 나오는 수직 반평면이다. 표 15.4는 원주좌표에서 적분하기 이상적인 이 집합들과 기타 집합을 요약한 것이다.

표 15.4

이름	표현식	예
원기둥	$\{(r, \theta, z): r = a\}, a > 0$	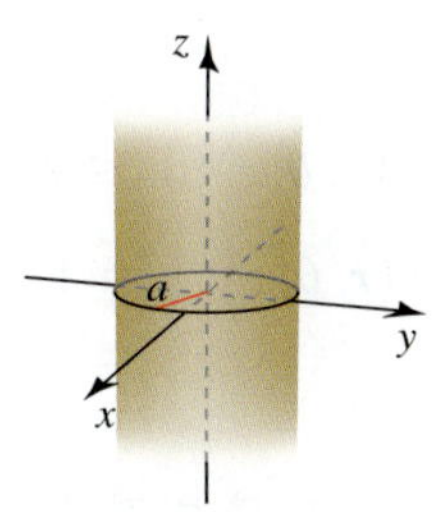
두 원통 사이	$\{(r, \theta, z): 0 < a \le r \le b\}$	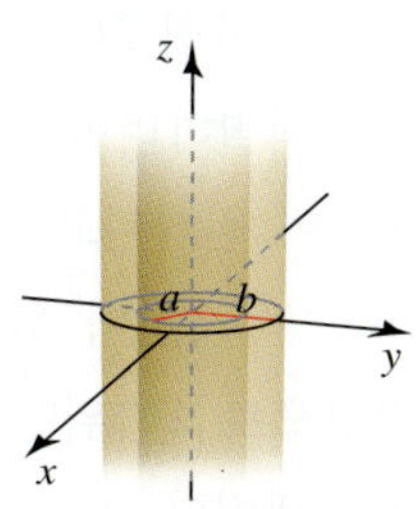

이름	표현식	예
수직 반평면	$\{(r, \theta, z): \theta = \theta_0\}$	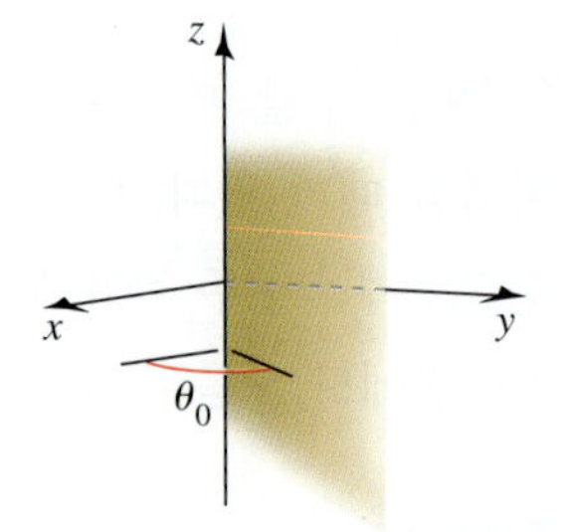
수평면	$\{(r, \theta, z): z = a\}$	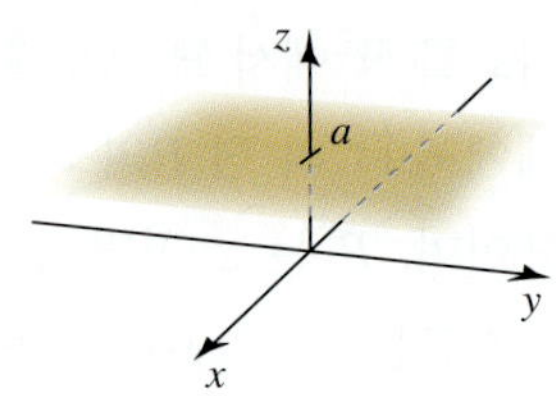
원뿔	$\{(r, \theta, z): z = ar\}, a \neq 0$	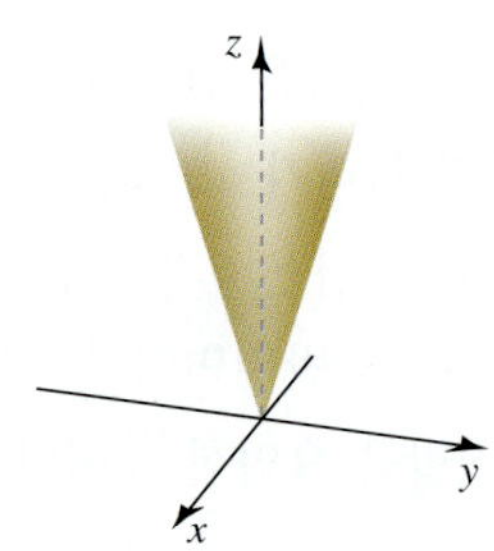

| 예제 1 | 원주좌표 집합 다음 집합을 원주좌표에서 설명하고 그림으로 나타내어라.

a. $Q = \{(r, \theta, z): 1 \le r \le 3, z \ge 0\}$

b. $S = \{(r, \theta, z): z = 1 - r, 0 \le r \le 1\}$

그림 15.48

풀이

a. 집합 Q는 내부 반지름이 1이고 외부 반지름이 3인 원통 사이로서 z축의 양의 방향을 따라 무한히 확장한다(그림 15.48(a)). θ는 미정이므로 모든 값을 다룬다.

b. 이 표면을 식별하려면 단계별로 작업하는 것이 좋다. 집합 $S_1 = \{(r, \theta, z): z = r\}$은 꼭짓점이 원점이고 위로 열리는 원뿔이다. 마찬가지로 집합 $S_2 = \{(r, \theta, z): z = -r\}$은 꼭짓점이 원점이고 아래로 열리는 원뿔이다. 따라서 S는 S_2를 수직 윗방향으로 1단위만큼 이동한 것이며, 이는 꼭짓점이 (0, 0, 1)인 아래로 열리는 원뿔이다. $0 \le r \le 1$이므로 원뿔의 밑면은 xy평면 위에 있다(그림 15.48(b)).

관련 연습문제 6번 ◀

직교좌표를 원주좌표로 변환하는 방정식과 그 반대 방정식은 적분을 위해 종종 필요하다. 단지 z좌표의 변화 없이 극좌표에 대한 규칙(11.2절)을 적용한다(그림 15.49).

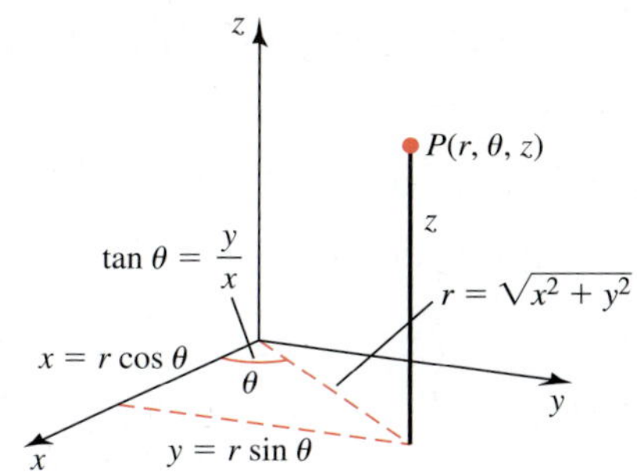

그림 15.49

원주좌표와 직교좌표 사이의 변환

직교 → 원주	원주 → 직교
$r^2 = x^2 + y^2$	$x = r\cos\theta$
$\tan\theta = y/x$	$y = r\sin\theta$
$z = z$	$z = z$

QUICK CHECK 1 직교좌표 $(1, -1, 5)$를 원주좌표로 나타내어라. 원주좌표 $(2, \pi/3, 5)$를 직교좌표로 나타내어라. ◀

원주좌표에서의 적분

$\iiint_D f(x, y, z)\,dV$ 형태의 삼중적분을 계산하는 방법 중 원주좌표를 사용하는 방법이 있다. $\mathbb{R}^3$의 영역 D를 좌표 방향에서 Δr, $\Delta\theta$, Δz의 변화로 만들어진 원통형 쐐기로 분할한다(그림 15.50). D 안에 있는 전체 쐐기는 $k = 1$부터 $k = n$으로 편리하게 순서를 매긴다. k번째 쐐기 안의 임의의 점의 원주좌표를 $(r_k^*, \theta_k^*, z_k^*)$라 하자. 이 점의 직교좌표는 $(x_k^*, y_k^*, z_k^*) = (r_k^*\cos\theta_k^*, r_k^*\sin\theta_k^*, z_k^*)$이다.

그림 15.50과 같이 k번째 쐐기의 밑면은 넓이가 대략 $r_k^*\Delta r\Delta\theta$인 극 직사각형이다(15.3절). 이 쐐기의 높이는 Δz이다. $k = 1, \cdots, n$에 대하여 이 두 요소를 곱하면 쐐기의 대략적인 부피는 $\Delta V_k = r_k^*\Delta r\Delta\theta\Delta z$가 된다.

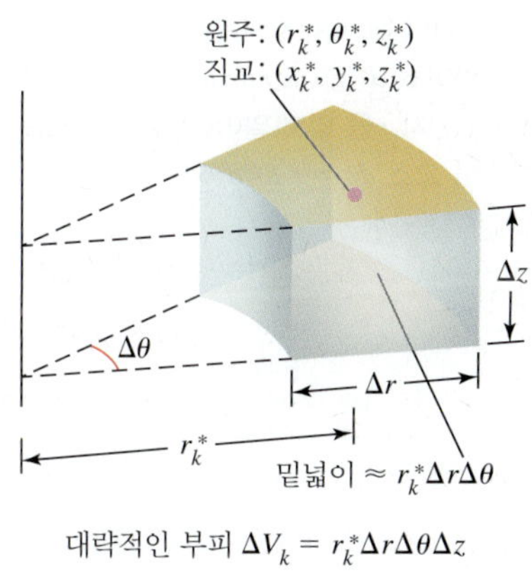

그림 15.50

이제 $f(x, y, z)$가 D에서 연속이라 가정하고, 다음과 같이 해당 근사 부피에 함숫값을 곱하여 영역에 걸쳐 리만합을 형성한다.

$$\sum_{k=1}^{n} f(x_k^*, y_k^*, z_k^*)\Delta V_k = \sum_{k=1}^{n} f(r_k^*\cos\theta_k^*, r_k^*\sin\theta_k^*, z_k^*)\Delta V_k$$

$k = 1, \cdots, n$에 대하여 Δ를 Δr, $\Delta\theta$, Δz의 최댓값으로 놓자. $n \to \infty$, $\Delta \to 0$이면 리만합은 원주좌표계의 **영역 D에서 f의 삼중적분**이라 하는 극한으로 수렴한다.

$$\iiint_D f(x, y, z)\,dV = \lim_{\Delta\to 0}\sum_{k=1}^{n} f(r_k^*\cos\theta_k^*, r_k^*\sin\theta_k^*, z_k^*)\underbrace{r_k^*\Delta r\Delta\theta\Delta z}_{\Delta V_k}$$

우변의 합은 x, y, z의 삼중적분을 원주좌표에서 $f(r\cos\theta, r\sin\theta, z)\,r$의 반복 적분으로 나타내는 방법을 알려 준다.

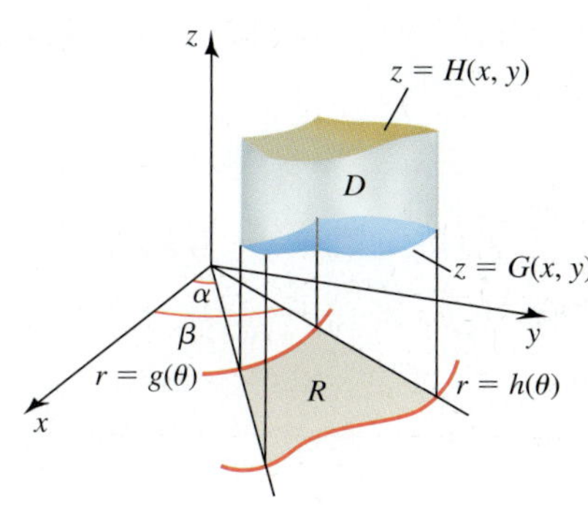

그림 15.51

적분 범위 찾기 원주좌표에서 적분 범위를 찾는 방법을 알아보자. D가 두 곡면 $z = G(x, y)$, $z = H(x, y)$ 사이의 점으로 구성된 $\mathbb{R}^3$의 영역이라 가정하자. 여기서 x, y는 xy평면의 영역 R에 속하고, R에서 $G(x, y) \le H(x, y)$이다(그림 15.51). f가 D에서 연속이라고 가정하면 D에서 f의 삼중적분은 반복 적분으로 나타낼 수 있다.

$$\iiint_D f(x, y, z)\, dV = \iint_R \left(\int_{G(x,y)}^{H(x,y)} f(x, y, z)\, dz \right) dA$$

z에 대한 내부 적분 범위는 아래 곡면 $z = G(x, y)$에서 위 곡면 $z = H(x, y)$까지이고, R에서 외부 이중적분이 남는다.

극좌표로 기술된 영역 R을

$$\{(r, \theta): g(\theta) \le r \le h(\theta), \alpha \le \theta \le \beta\}$$

로 나타낸 후 극좌표로 표현된 R에서 이중적분을 계산한다(15.3절). 이로써 변수가 직교좌표에서 원주좌표로 변환된다. $x = r\cos\theta$, $y = r\sin\theta$로 놓으면 다음 결과가 나오는데, 이는 또 다른 변수 변환 공식이다.

➤ 적분을 계산할 때, 미분소의 순서가 정해져 있으므로 부피소 dV를 $dz\, r\, dr\, d\theta$로 한다. 피적분함수의 인자 r을 잊지 말아라. 이는 극좌표에서 넓이 요소 $dA = r\, dr\, d\theta$와 같은 역할을 한다.

정리 15.6 원주좌표에서 삼중적분의 변수 변환

f가 원주좌표로 표현되는 다음과 같은 영역 D에서 연속이라 하자.

$$D = \{(r, \theta, z): 0 \le g(\theta) \le r \le h(\theta), \alpha \le \theta \le \beta, G(x, y) \le z \le H(x, y)\}$$

그러면 f는 D에서 적분 가능하고, D에서 f의 삼중적분은 다음과 같다.

$$\iiint_D f(x, y, z)\, dV = \int_\alpha^\beta \int_{g(\theta)}^{h(\theta)} \int_{G(r\cos\theta,\, r\sin\theta)}^{H(r\cos\theta,\, r\sin\theta)} f(r\cos\theta, r\sin\theta, z)\, dz\, r\, dr\, d\theta$$

피적분함수와 적분 범위도 직교좌표에서 원주좌표로 변환된다. 직교좌표의 삼중적분처럼 이 적분은 두 가지 경우가 있다. $f = 1$이면 삼중적분 $\iiint_D dV$는 영역 D의 부피와 같다. 또한 f가 영역 D를 점유하고 있는 물체의 밀도를 나타내면 삼중적분은 물체의 질량과 같다.

| 예제 2 | 좌표 변환 다음 적분을 계산하여라.

$$I = \int_0^{2\sqrt{2}} \int_{-\sqrt{8-x^2}}^{\sqrt{8-x^2}} \int_{-1}^{2} \sqrt{1 + x^2 + y^2}\, dz\, dy\, dx$$

풀이 주어진 직교좌표로 적분하려면 중간 적분에서 까다로운 삼각치환과 더 어려운 적분 기법이 필요하다. x, y가 xy평면의 반원 위를 움직일 때, z는 두 평면 $z = -1$, $z = 2$ 사이를 움직인다. 따라서 D는 입체 원기둥의 절반이며(그림 15.52(a)), 이는 원주좌표로의 변환을 시사한다.

원주좌표에서의 적분 범위는 다음과 같다.

z에 관한 내부 적분 반원기둥을 통과하는 z축에 평행인 직선은 $z = -1$에서 들어가

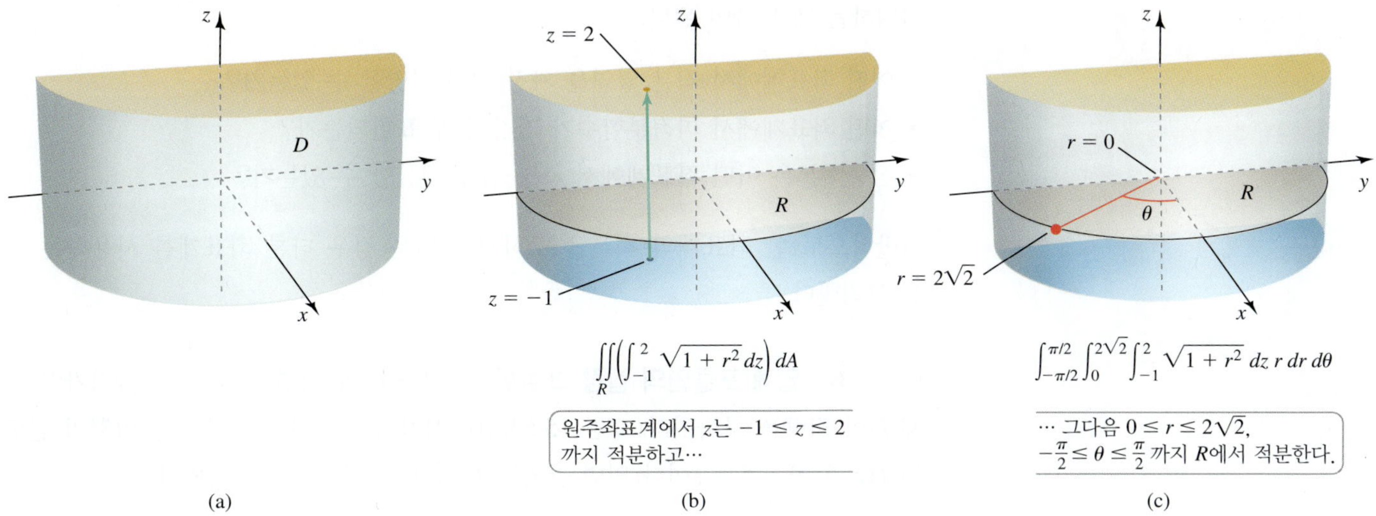

그림 15.52

고 $z = 2$에서 나오므로 구간 $-1 \le z \le 2$에 걸쳐 적분한다(그림 15.52(b)).

r에 관한 중간 적분 xy평면 위로 반원기둥의 정사영은 중심이 원점이고 반지름이 2인 반원판 R이므로 r은 구간 $0 \le r \le 2\sqrt{2}$ 에 걸쳐 적분한다(그림 15.52(c)).

θ에 관한 외부 적분 θ가 구간 $-\pi/2 \le \theta \le \pi/2$를 움직일 때 반원판 R이 덮인다(그림 15.52(c)).

또한 원주좌표에 대한 적분으로 변환한다.

$$f(x, y, z) = \sqrt{1 + \underbrace{x^2 + y^2}_{r^2}} = \sqrt{1 + r^2}$$

이제 원주좌표에서의 적분 계산은 다음과 같다.

$$I = \int_{-\pi/2}^{\pi/2} \int_0^{2\sqrt{2}} \int_{-1}^{2} \sqrt{1 + r^2}\, dz\, r\, dr\, d\theta \quad \text{원주좌표로 변환하기}$$

$$= 3 \int_{-\pi/2}^{\pi/2} \int_0^{2\sqrt{2}} \sqrt{1 + r^2}\, r\, dr\, d\theta \quad z\text{에 관하여 내부 적분 계산하기}$$

$$= \int_{-\pi/2}^{\pi/2} (1 + r^2)^{3/2} \Big|_0^{2\sqrt{2}} d\theta \quad r\text{에 관하여 중간 적분 계산하기}$$

$$= \int_{-\pi/2}^{\pi/2} 26\, d\theta = 26\pi \quad \theta\text{에 관하여 외부 적분 계산하기}$$

관련 연습문제 9번 ◀

QUICK CHECK 2 밑면이 xy평면의 반지름이 10인 원이고 높이가 20인 원기둥의 부피를 원주좌표를 이용한 삼중적분으로 구하여라. ◀

예제 2에서 볼 수 있듯이 직교좌표로 주어진 삼중적분은 원주좌표로 변환하여 더 쉽게 적분할 수 있다. 다음 질문에 답하면 특정 적분에 가장 적합한 좌표계를 선택하는 데 도움이 된다.

- 어떤 좌표계에서 적분 영역을 가장 쉽게 설명할 수 있는가?
- 어떤 좌표계에서 피적분함수가 가장 쉽게 표현되는가?
- 삼중적분은 어떤 좌표계에서 가장 쉽게 계산할 수 있는가?

일반적으로 한 좌표계의 적분을 구하기 어려운 경우 다른 좌표계를 사용하는 것을 고려한다.

| 예제 3 | 입체 포물면의 질량 포물면 $z = 4 - r^2$과 평면 $z = 0$으로 둘러싸인 입체 D의 질량을 구하여라(그림 15.53(a)). 여기서 원주좌표로 주어진 입체의 밀도는 $f(r, \theta, z) = 5 - z$이다(밑면 근처는 무겁고 꼭짓점 근처는 가볍다).

풀이 z좌표는 밑면 $z = 0$에서 곡면 $z = 4 - r^2$까지 변한다(그림 15.53(b)). xy평면 위로 영역 D의 정사영 R은 곡면의 방정식 $z = 4 - r^2$에서 $z = 0$으로 놓고 구한다. $4 - r^2 = 0$을 만족하는 양수 r의 값은 $r = 2$이므로 이 극좌표는 반지름이 2인 원판 $R = \{(r, \theta): 0 \le r \le 2, 0 \le \theta \le 2\pi\}$이다(그림 15.53(c)).

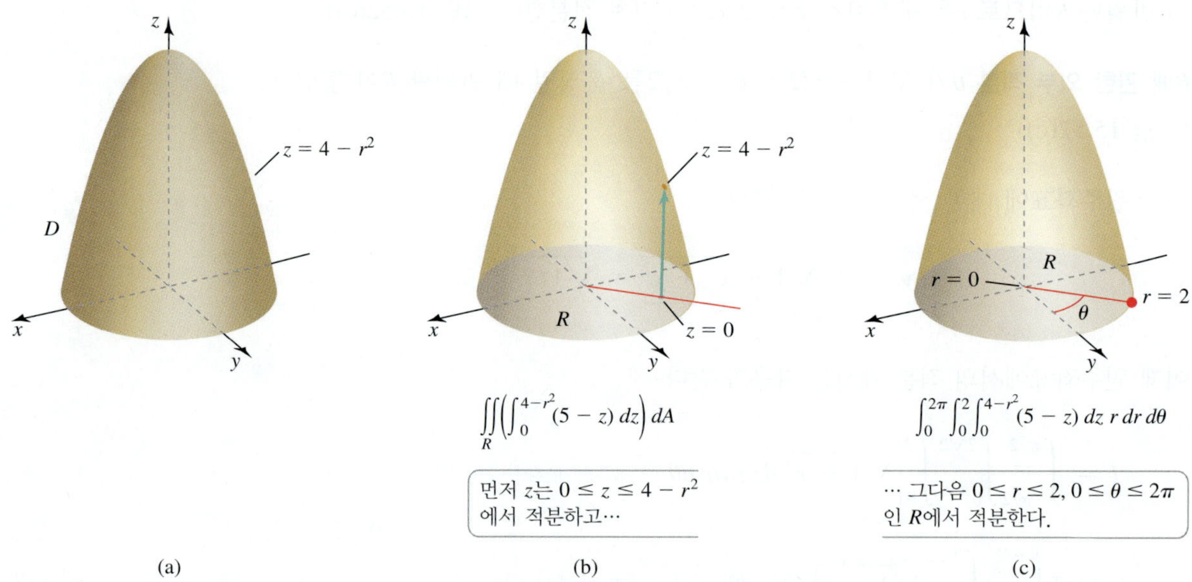

그림 15.53

질량은 D에 대한 밀도 함수를 적분하여 계산한다.

$$\iiint_D f(r, \theta, z)\, dV = \int_0^{2\pi}\int_0^2\int_0^{4-r^2} (5 - z)\, dz\, r\, dr\, d\theta \quad \text{밀도 적분하기}$$

$$= \int_0^{2\pi}\int_0^2 \left(5z - \frac{z^2}{2}\right)\Bigg|_0^{4-r^2} r\, dr\, d\theta \quad z\text{에 관하여 내부 적분 계산하기}$$

$$= \frac{1}{2}\int_0^{2\pi}\int_0^2 (24r - 2r^3 - r^5)\, dr\, d\theta \quad \text{간단히 하기}$$

➤ 예제 3에서 피적분함수는 θ와 독립이므로 θ에 관하여 먼저 적분할 수 있으며, 그 결과는 2π이다.

$$= \int_0^{2\pi} \frac{44}{3}\, d\theta$$ r에 관하여 중간 적분 계산하기

$$= \frac{88\pi}{3}$$ θ에 관하여 외부 적분 계산하기

관련 연습문제 13번 ◀

| 예제 4 | 두 평면 사이의 부피 원뿔 $z = \sqrt{x^2 + y^2}$과 뒤집힌 포물면 $z = 12 - x^2 - y^2$ 사이로 이루어진 입체 D의 부피를 구하여라(그림 15.54(a)).

▶ 삼중적분으로 영역 D의 부피를 구할 때 $f = 1$로 놓고 다음과 같이 계산함을 기억하자.

$$V = \iiint_D dV$$

풀이 $x^2 + y^2 = r^2$이므로 원주좌표로 된 원뿔의 방정식은 $z = r$이고 포물면의 방정식은 $z = 12 - r^2$이다. 내부 적분의 변수 z는 원뿔 $z = r$ (아래 곡면)부터 포물면 $z = 12 - r^2$ (위 곡면)까지 변한다(그림 15.54(b)). 두 곡면의 교선에 의해 경계가 결정되는 영역 R을 구하기 위해 xy평면 위로 D를 사영시킨다. 두 곡면의 방정식에서 z좌표를 같게 놓으면 $12 - r^2 = r$, 즉 $(r - 3)(r + 4) = 0$이며, $r \geq 0$이므로 근은 $r = 3$이다. 따라서 xy평면 위로 D의 사영은 중심이 원점이고 반지름이 3인 원판으로 표현되는 극좌표 영역 $R = \{(r, \theta): 0 \leq r \leq 3, 0 \leq \theta \leq 2\pi\}$이다(그림 15.54(c)).

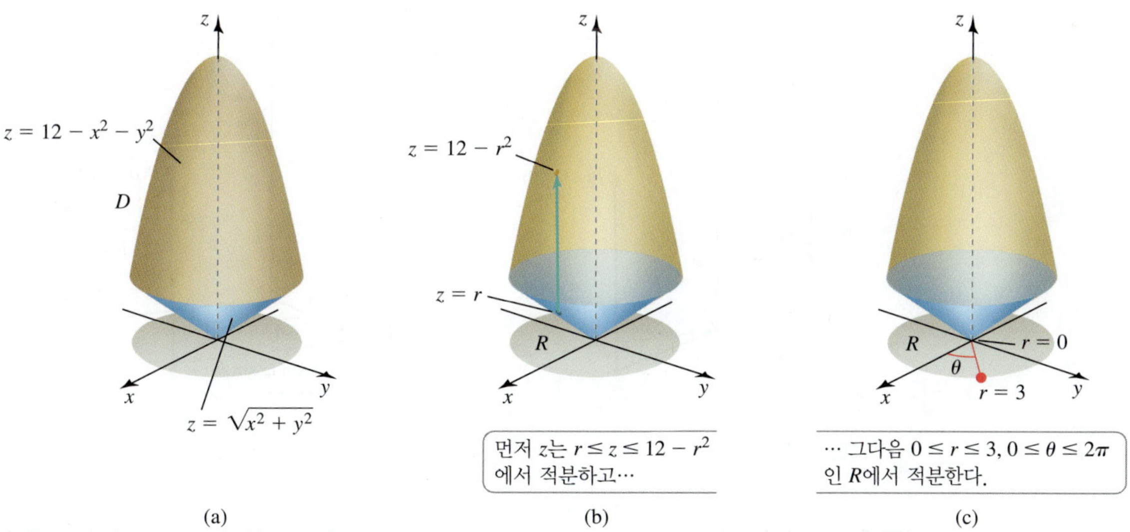

그림 15.54

이 영역의 부피는 다음과 같다.

$$\iiint_D dV = \int_0^{2\pi}\int_0^3\int_r^{12-r^2} dz\, r\, dr\, d\theta$$

$$= \int_0^{2\pi}\int_0^3 (12 - r^2 - r)\, r\, dr\, d\theta$$ z에 관하여 내부 적분 계산하기

$$= \int_0^{2\pi} \frac{99}{4}\, d\theta$$ r에 관하여 중간 적분 계산하기

$$= \frac{99\pi}{2}$$ θ에 관하여 외부 적분 계산하기

관련 연습문제 16번 ◀

구면좌표

▶ 구면좌표에서 ρ좌표를 점 P에서 z축까지의 거리로 원주좌표의 r과 혼동하지 말아라.

▶ φ좌표는 $\pi/2$ − (북극점 위도)이므로 여위도라 부른다. 물리학자들은 θ와 φ의 역할을 바꾸기도 하는데, 이 경우 θ가 여위도이고 φ가 극각이다.

QUICK CHECK 3 직교좌표 $(1, \sqrt{3}, 2)$를 구면좌표로 나타내어라. 구면좌표 $(2, \pi/4, \pi/4)$를 직교좌표로 나타내어라. ◀

구면좌표에서 $\mathbb{R}^3$의 점 P는 세 좌표의 순서쌍 (ρ, φ, θ)로 나타낸다(그림 15.55).

- ρ는 원점에서 P까지의 거리이다.
- φ는 z축의 양의 방향과 선분 OP 사이의 각이다.
- θ는 원주좌표와 같은 각도이며, z축의 양의 방향을 기준으로 x축을 회전하여 측정한다.

$\mathbb{R}^3$의 모든 점은 구간 $0 \le \rho < \infty$, $0 \le \varphi \le \pi$, $0 \le \theta \le 2\pi$를 사용하여 구면좌표로 나타낼 수 있다.

그림 15.56은 직교좌표와 구면좌표의 관계를 찾을 수 있도록 해 준다. 점 P의 구면좌표 (ρ, φ, θ)가 주어지면 P에서 z축까지의 거리는 $r = \rho \sin \varphi$이다. 또 그림 15.56으로부터 $x = r\cos\theta = \rho\sin\varphi\cos\theta$, $y = r\sin\theta = \rho\sin\varphi$, $z = \rho\cos\varphi$임을 알 수 있다.

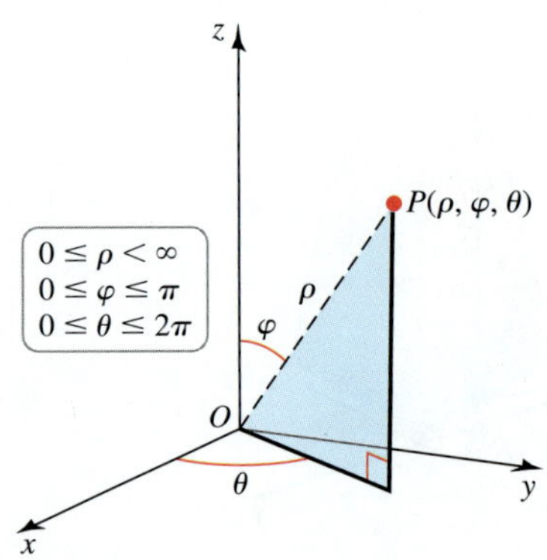

그림 15.55

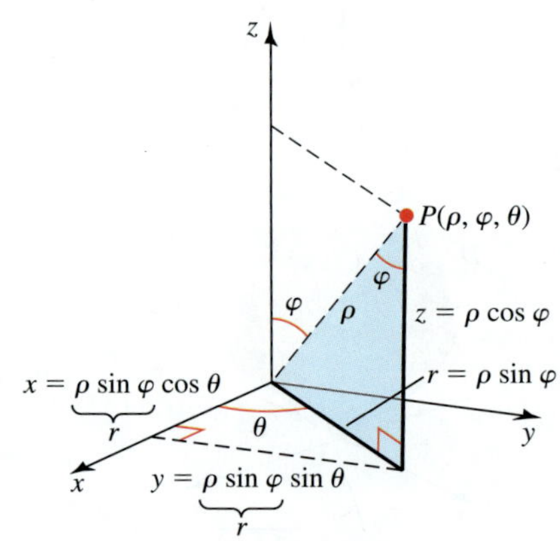

그림 15.56

> **구면좌표와 직교좌표 사이의 변환**
>
> | **직교 → 구면** | **구면 → 직교** |
> | --- | --- |
> | $\rho^2 = x^2 + y^2 + z^2$ | $x = \rho\sin\varphi\cos\theta$ |
> | φ와 θ를 구하기 위해 삼각법을 사용한다. | $y = \rho\sin\varphi\sin\theta$ |
> | | $z = \rho\cos\varphi$ |

구면좌표에서 몇몇 점들의 집합은 단순하게 표현된다. 예를 들어 집합 $\{(\rho, \varphi, \theta): \rho = a\}$는 중심이 원점이고 반지름이 a인 구로 ρ좌표가 일정하다. 집합 $\{(\rho, \varphi, \theta):$

$\varphi = \varphi_0\}$은 일정한 φ좌표를 갖는 점들의 집합이며, 이는 꼭짓점이 원점이고 변이 z축의 양의 방향과 φ_0의 각도를 이루는 원뿔이다.

| 예제 5 | **구면좌표에서 집합** 다음 집합을 직교좌표로 나타내고 설명하여라. a는 양의 실수라고 가정한다.

a. $\{(\rho, \varphi, \theta): \rho = 2a\cos\varphi, 0 \le \varphi \le \pi/2, 0 \le \theta \le 2\pi\}$

b. $\{(\rho, \varphi, \theta): \rho = 4\sec\varphi, 0 \le \varphi < \pi/2, 0 \le \theta \le 2\pi\}$

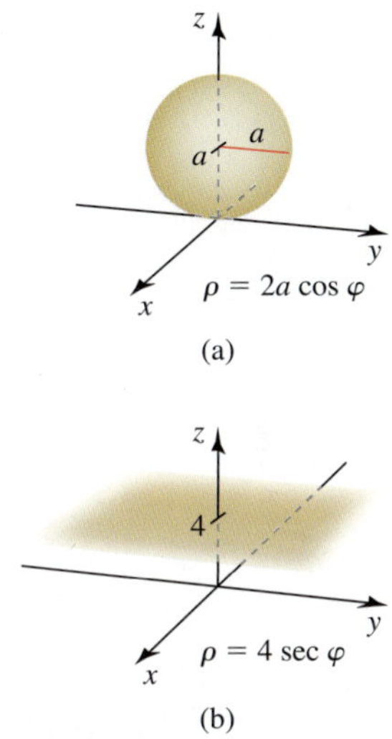

그림 15.57

풀이

a. 제곱근으로 작업하지 않도록 $\rho = 2a\cos\varphi$의 양변에 ρ를 곱하면 $\rho^2 = 2a\rho\cos\varphi$이다. 직교좌표로 변환하기 위해 $x^2 + y^2 + z^2 = 2az$를 얻고, 완전제곱식 형태로 나타내면 다음과 같다.

$$x^2 + y^2 + (z - a)^2 = a^2$$

이는 중심이 (0, 0, a)이고 반지름이 a인 구의 방정식이다(그림 15.57(a)). 적분 범위는 $0 \le \varphi \le \pi/2$, $0 \le \theta \le 2\pi$로 집합은 완전한 구가 된다.

b. 방정식 $\rho = 4\sec\varphi$는 먼저 $\rho\cos\varphi = 4$로 표현된다. $z = \rho\cos\varphi$이므로 $z = 4$의 모든 점은 수직 평면을 이룬다(그림 15.57(b)).

관련 연습문제 19번 ◀

표 15.5는 구면좌표에서 간단히 표현되는 몇몇 집합을 요약한 것이다.

표 15.5

이름	표현식	예
반지름이 a, 중심이 (0, 0, 0)인 구	$\{(\rho, \varphi, \theta): \rho = a\}, a > 0$	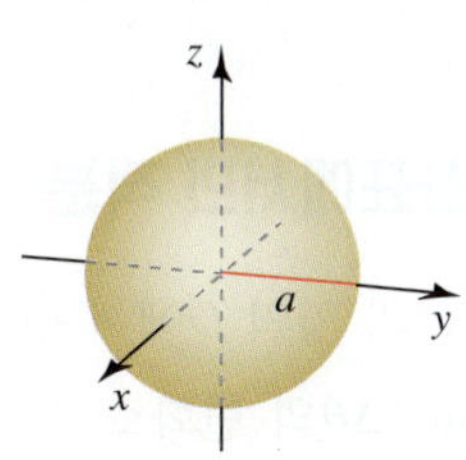
원뿔	$\{(\rho, \varphi, \theta): \varphi = \varphi_0\}, \varphi_0 \ne 0, \pi/2, \pi$	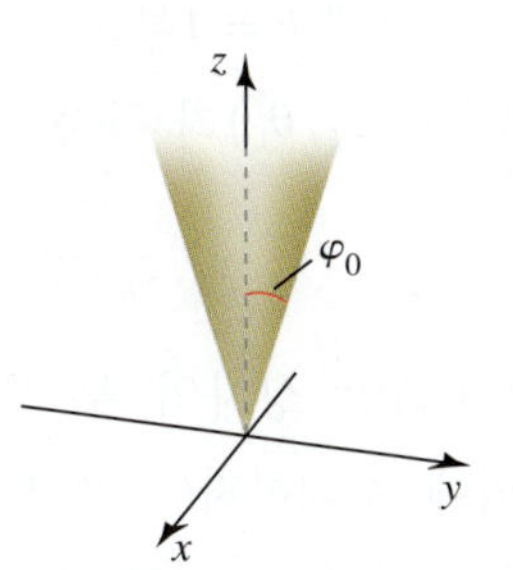

➤ $\varphi = \pi/2$일 때 (ρ, φ, θ)의 집합은 xy평면이고, $\pi/2 < \varphi_0 < \pi$이면 $\varphi = \varphi_0$일 때 (ρ, φ, θ)의 집합은 아래쪽으로 열린 원뿔이다.

이름	표현식	예
수직 반평면	$\{(\rho, \varphi, \theta): \theta = \theta_0\}$	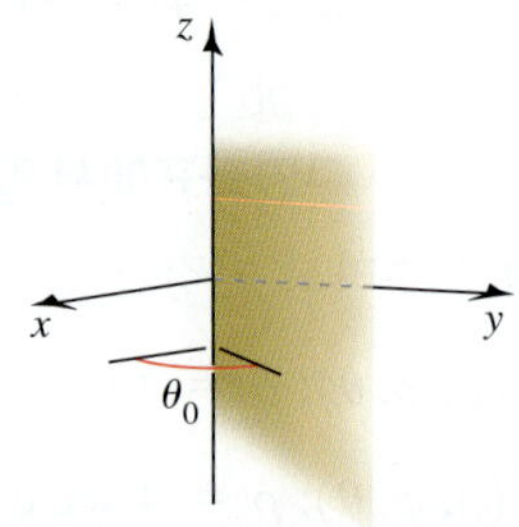
수평면 $z = a$	$a > 0$: $\{(\rho, \varphi, \theta): \rho = a \sec \varphi,\ 0 \le \varphi < \pi/2\}$ $a < 0$: $\{(\rho, \varphi, \theta): \rho = a \sec \varphi,\ \pi/2 < \varphi \le \pi\}$	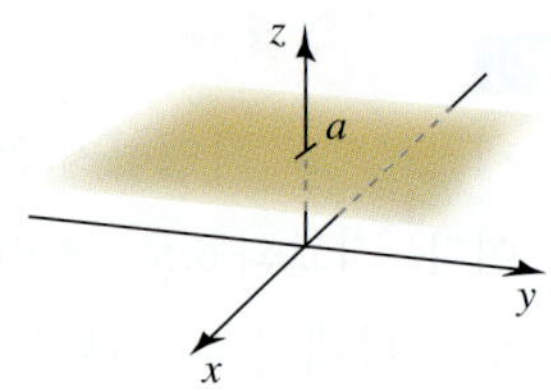
반지름이 $a > 0$인 원기둥	$\{(\rho, \varphi, \theta): \rho = a \csc \varphi, 0 < \varphi < \pi\}$	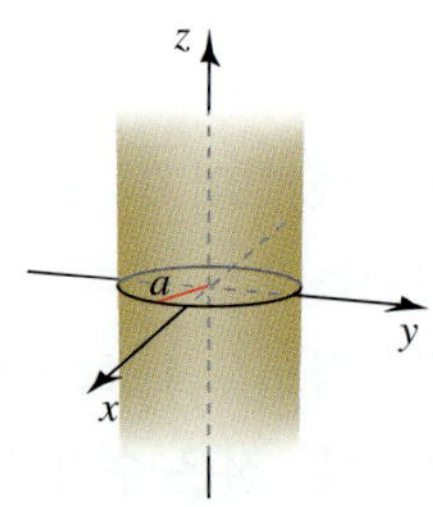
반지름이 $a > 0$, 중심이 (0, 0, a)인 구	$\{(\rho, \varphi, \theta): \rho = 2a \cos \varphi, 0 \le \varphi \le \pi/2\}$	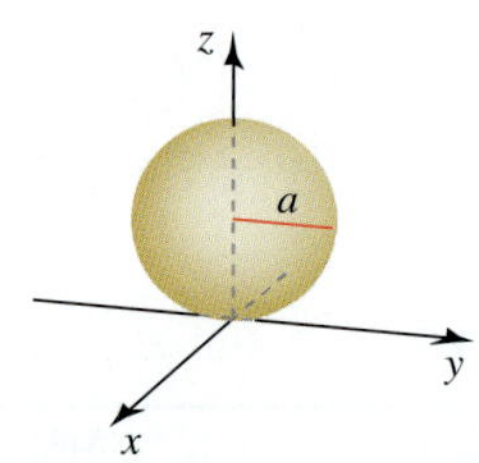

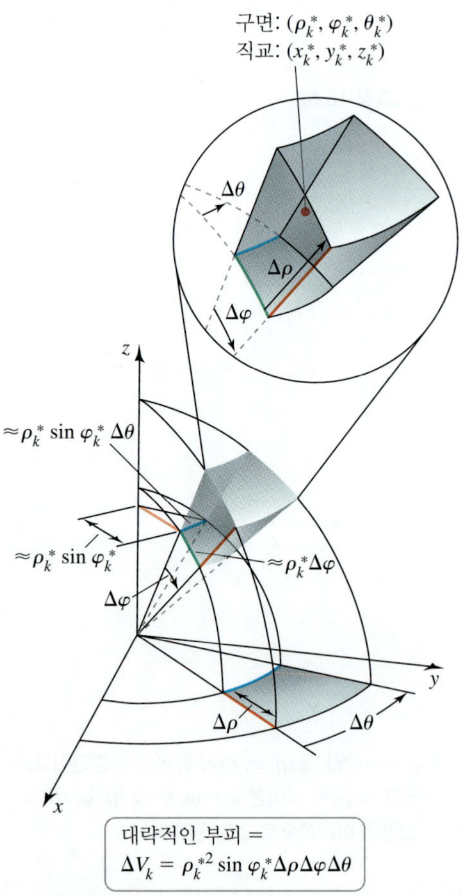

그림 15.58

➤ 반지름이 r이고 중심각이 θ인 부채꼴의 호의 길이는 $s = r\theta$임을 기억하자.

구면좌표에서의 적분

이제 $\mathbb{R}^3$의 영역 D에서 구면좌표의 삼중적분을 살펴보자. 영역 D는 좌표 방향에서 $\Delta\rho$, $\Delta\varphi$, $\Delta\theta$의 변화로 만들어진 '구면 상자'로 분할된다(그림 15.58). D 안에 있는 모든 상자에 $k = 1$부터 $k = n$까지 번호를 붙인다. k번째 구면 상자에 있는 임의의 점을 $(\rho_k^*, \varphi_k^*, \theta_k^*)$라 하자. 이 점의 직교좌표는 다음과 같다.

$$(x_k^*, y_k^*, z_k^*) = (\rho_k^* \sin \varphi_k^* \cos \theta_k^*, \rho_k^* \sin \varphi_k^* \sin \theta_k^*, \rho_k^* \cos \varphi_k^*)$$

일반적인 상자의 부피를 대략적으로 계산하기 전에 ρ 방향 상자의 길이가 $\Delta\rho$임에 주의하자(그림 15.58). θ 방향 k번째 상자의 대략적인 변의 길이는 반지름이 $\rho_k^* \sin \varphi_k^*$이고 중심각의 크기가 $\Delta\theta$인 원의 호의 길이이며, 이 호의 길이는 $\rho_k^* \sin \varphi_k^* \Delta\theta$이다. φ 방향 k번째 상자의 대략적인 변의 길이는 반지름이 ρ_k^*이고 중심각의 크기가 $\Delta\varphi$인 원의 호의 길이이며, 이 호의 길이는 $\rho_k^* \Delta\varphi$이다. $k = 1, \cdots, n$에 대하여 이 세 요소를 곱하면 k번째 상자의 대략적인 부피는 $\Delta V_k = \rho_k^{*2} \sin \varphi_k^* \Delta\rho\Delta\varphi\Delta\theta$가 된다.

이제 $f(x, y, z)$가 D에서 연속이라 가정하고, 다음과 같이 해당 근사 부피에 함숫값을 곱하여 영역에 걸쳐 리만합을 형성한다.

$$\sum_{k=1}^{n} f(x_k^*, y_k^*, z_k^*)\Delta V_k = \sum_{k=1}^{n} f(\rho_k^* \sin \varphi_k^* \cos \theta_k^*, \rho_k^* \sin \varphi_k^* \sin \theta_k^*, \rho_k^* \cos \varphi_k^*)\Delta V_k$$

Δ를 $\Delta\rho$, $\Delta\varphi$, $\Delta\theta$의 최댓값으로 놓자. $n \to \infty$, $\Delta \to 0$이면 리만합은 구면좌표계의 **영역 D에서 f의 삼중적분**이라 하는 극한에 수렴한다.

$$\iiint_D f(x, y, z)\, dV$$
$$= \lim_{\Delta \to 0} \sum_{k=1}^{n} f(\rho_k^* \sin \varphi_k^* \cos \theta_k^*, \rho_k^* \sin \varphi_k^* \sin \theta_k^*, \rho_k^* \cos \varphi_k^*)\underbrace{\rho_k^{*2} \sin \varphi_k^* \Delta\rho\Delta\varphi\Delta\theta}_{\Delta V_k}$$

우변의 합은 x, y, z의 삼중적분을 구면좌표에서 $f(\rho \sin \varphi \cos \theta,\ \rho \sin \varphi \sin \theta,\ \rho \cos \varphi)\rho^2 \sin \varphi$의 반복 적분으로 나타내는 방법을 알려 준다.

적분 범위 찾기 구면좌표로 표현된 적분 영역 D가 다음과 같은 일반적인 상황을 고려하자.

$$D = \{(\rho, \varphi, \theta): 0 \le g(\varphi, \theta) \le \rho \le h(\varphi, \theta), a \le \varphi \le b, \alpha \le \theta \le \beta\}$$

즉, D는 g와 h에 의해 주어진 두 곡면에 의해 ρ 방향으로 경계 지어진다. 각 방향에서 영역은 두 원뿔 $(a \le \varphi \le b)$과 두 반평면 $(\alpha \le \theta \le \beta)$ 사이에 존재한다(그림 15.59).

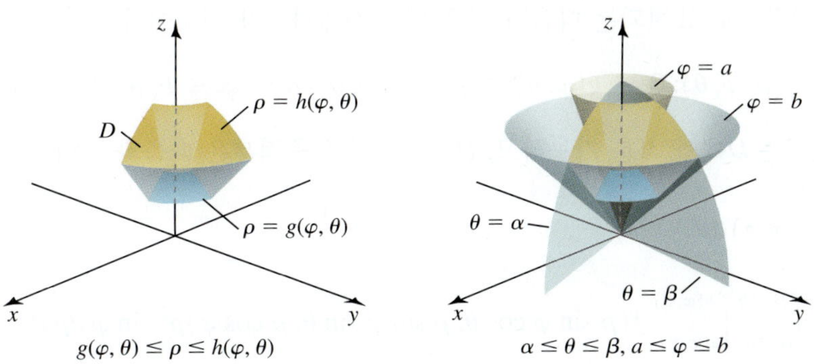

그림 15.59

이러한 유형의 영역에서 ρ에 관한 내부 적분은 $\rho = g(\varphi, \theta)$에서 $\rho = h(\varphi\ \theta)$까지로 변한다. 이 범위에서 ρ가 변할 때, θ와 φ는 각각 구간 $\alpha \le \theta \le \beta$와 구간 $a \le \varphi \le b$에서 변한다. 이로써 D의 모든 점을 포함하게 된다. θ, φ에 관하여 중간 적분 및 외부 적분은 두 가지 순서로 진행할 수 있다(그림 15.60).

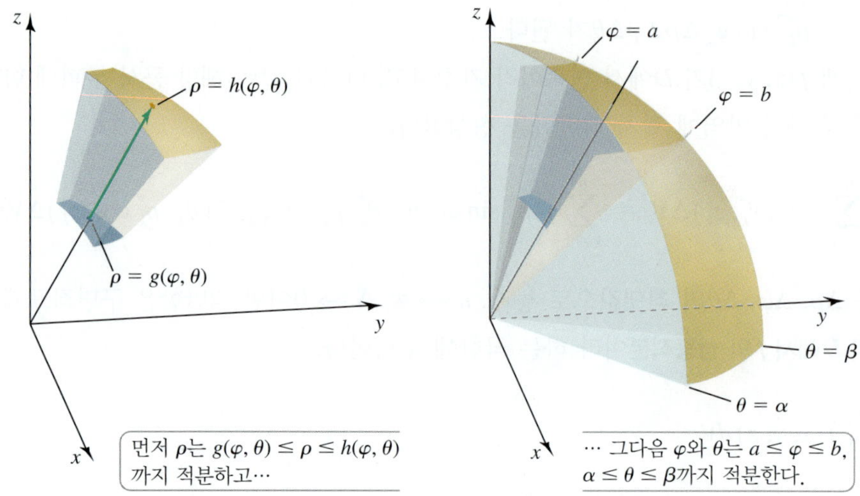

그림 15.60

요약하면 D의 모든 점에서 적분하기 위해 다음 단계를 수행한다.

1. $\rho = g(\varphi, \theta)$에서 $\rho = h(\varphi, \theta)$까지 ρ에 대하여 적분한다. 결과는 (일반적으로) θ와 φ의 함수이다.
2. $\varphi = a$에서 $\varphi = b$까지 φ에 대하여 적분한다. 그 결과는 (일반적으로) θ의 함수이다.
3. $\theta = \alpha$에서 $\theta = \beta$까지 θ에 대하여 적분한다. 그 결과는 (항상) 실수이다.

또 다른 변수 변환은 삼중적분을 구면좌표에서 반복 적분으로 나타낸다.

➤ 구면좌표의 부피소는 $dV = \rho^2 \sin\varphi \, d\rho \, d\varphi \, d\theta$이다.

정리 15.7 구면좌표에서 삼중적분의 변수 변환

f가 구면좌표로 표현되는 다음과 같은 영역 D에서 f가 연속이라 하자.

$$D = \{(\rho, \varphi, \theta): 0 \le g(\varphi, \theta) \le \rho \le h(\varphi, \theta), a \le \varphi \le b, \alpha \le \theta \le \beta\}$$

그러면 f는 D에서 적분 가능하고, D에서 f의 삼중적분은 다음과 같다.

$$\iiint_D f(x, y, z)\, dV$$
$$= \int_\alpha^\beta \int_a^b \int_{g(\varphi, \theta)}^{h(\varphi, \theta)} f(\rho \sin\varphi \cos\theta, \rho \sin\varphi \sin\theta, \rho \cos\varphi)\rho^2 \sin\varphi \, d\rho \, d\varphi \, d\theta$$

피적분함수가 직교좌표 x, y, z의 관점에서 주어지면 적분하기 전에 구면좌표로 변환해야 한다. 다른 삼중적분처럼 $f = 1$이면 삼중적분은 D의 부피와 같다. f가 영역 D를 포함하는 물체의 밀도 함수이면 삼중적분은 물체의 질량과 같다.

| 예제 6 | 삼중적분 D가 중심이 원점이고 반지름이 각각 1, 2인 두 구 사이의 제1

팔분공간의 영역일 때, $\iiint_D (x^2 + y^2 + z^2)^{-3/2}\, dV$를 계산하여라.

풀이 f와 영역 D를 구면좌표로 나타내면 매우 간단해진다. 피적분함수는

$$(x^2 + y^2 + z^2)^{-3/2} = (\rho^2)^{-3/2} = \rho^{-3}$$

이고, 적분 영역(그림 15.61)은 다음과 같다.

$$D = \{(\rho, \varphi, \theta) : 1 \le \rho \le 2, 0 \le \varphi \le \pi/2, 0 \le \theta \le \pi/2\}$$

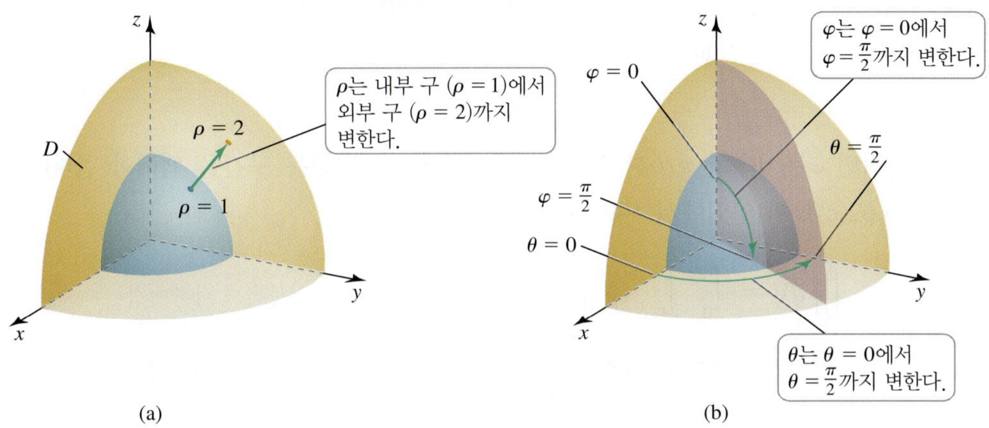

그림 15.61

적분은 다음과 같이 계산한다.

$$\begin{aligned}
\iiint_D f(x, y, z)\, dV &= \int_0^{\pi/2}\int_0^{\pi/2}\int_1^2 \rho^{-3}\,\rho^2 \sin\varphi\, d\rho\, d\varphi\, d\theta && \text{구면좌표로 변환하기}\\
&= \int_0^{\pi/2}\int_0^{\pi/2}\int_1^2 \rho^{-1} \sin\varphi\, d\rho\, d\varphi\, d\theta && \text{간단히 하기}\\
&= \int_0^{\pi/2}\int_0^{\pi/2} \ln|\rho|\Big|_1^2 \sin\varphi\, d\varphi\, d\theta && \rho\text{에 관하여 내부 적분 계산하기}\\
&= \ln 2\int_0^{\pi/2}\int_0^{\pi/2} \sin\varphi\, d\varphi\, d\theta && \text{간단히 하기}\\
&= \ln 2\int_0^{\pi/2} (-\cos\varphi)\Big|_0^{\pi/2} d\theta && \varphi\text{에 관하여 중간 적분 계산하기}\\
&= \ln 2\int_0^{\pi/2} d\theta = \frac{\pi \ln 2}{2} && \theta\text{에 관하여 외부 적분 계산하기}
\end{aligned}$$

관련 연습문제 21-22번

| 예제 7 | 아이스크림콘 원뿔 $\varphi = \pi/6$의 내부와 구 $\rho = 4$의 내부에 있는 입체 영역 D의 부피를 구하여라(그림 15.62(a)).

풀이 부피를 구하기 위해 $f = 1$의 삼중적분을 계산하자. 방사형 방향에서 영역은 원점 $\rho = 0$에서 구 $\rho = 4$까지 확장된다(그림 15.62(b)). D의 모든 점을 포함

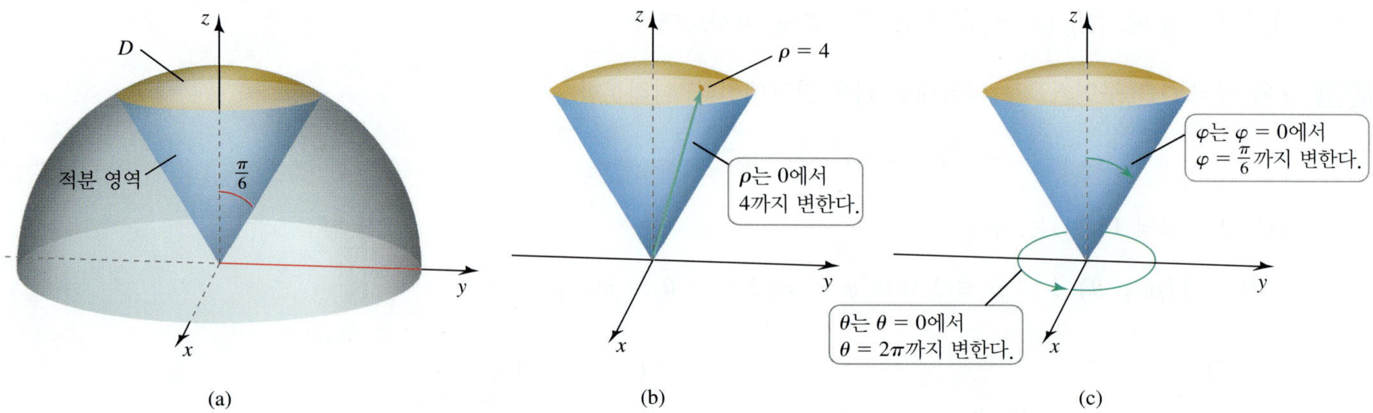

그림 15.62

하려면 φ는 0에서 $\pi/6$까지, θ는 0에서 2π까지 변하는 구간을 택해야 한다(그림 15.62(c)). 이 영역에서 부피는 다음과 같다.

$$\begin{aligned}
\iiint_D dV &= \int_0^{2\pi}\int_0^{\pi/6}\int_0^4 \rho^2 \sin\varphi \, d\rho \, d\varphi \, d\theta && \text{반복 적분으로 나타내기} \\
&= \int_0^{2\pi}\int_0^{\pi/6} \frac{\rho^3}{3}\Big|_0^4 \sin\varphi \, d\varphi \, d\theta && \rho\text{에 관하여 내부 적분 계산하기} \\
&= \frac{64}{3}\int_0^{2\pi}\int_0^{\pi/6} \sin\varphi \, d\varphi \, d\theta && \text{간단히 하기} \\
&= \frac{64}{3}\int_0^{2\pi} \underbrace{(-\cos\varphi)\Big|_0^{\pi/6}}_{1-\sqrt{3}/2} d\theta && \varphi\text{에 관하여 중간 적분 계산하기} \\
&= \frac{32}{3}(2-\sqrt{3})\int_0^{2\pi} d\theta && \text{간단히 하기} \\
&= \frac{64\pi}{3}(2-\sqrt{3}) && \theta\text{에 관하여 외부 적분 계산하기}
\end{aligned}$$

관련 연습문제 25-26번 ◀

15.5절 연습문제

1단계 스타트

1. 원주좌표를 사용하여 $\mathbb{R}^3$의 점을 나타내는 방법을 설명하여라.
2. 집합 $\{(r, \theta, z): r = 4z\}$를 원주좌표로 설명하여라.
3. $dz\, r\, dr\, d\theta$가 원주좌표로 된 작은 '상자'의 부피인 이유를 설명하여라.
4. 영역 D를 원주좌표 $D = \{(r, \theta, z): G(r, \theta) \le z \le H(r, \theta), g(\theta) \le r \le h(\theta), \alpha \le \theta \le \beta\}$로 나타냈을 때, 적분 $\iiint_D w(r, \theta, z)\, dV$를 반복 적분으로 나타내어라.
5. 삼중적분의 피적분함수가 $x^2 + y^2$을 포함할 때, 어떤 좌표계를 제안할 수 있는가?

2단계 실전

6–7. 원주좌표의 집합 다음 집합을 원주좌표로 설명하고 그림으로 나타내어라.

6. $\{(r, \theta, z): 0 \le r \le 3, 0 \le \theta \le \pi/3, 1 \le z \le 4\}$
7. $\{(r, \theta, z): 2r \le z \le 4\}$

8–11. 원주좌표의 적분 다음 적분을 원주좌표로 계산하여라. 그림은 적분 영역을 나타낸다.

8. $\displaystyle\int_0^{2\pi}\int_0^1\int_{-1}^1 dz\, r\, dr\, d\theta$

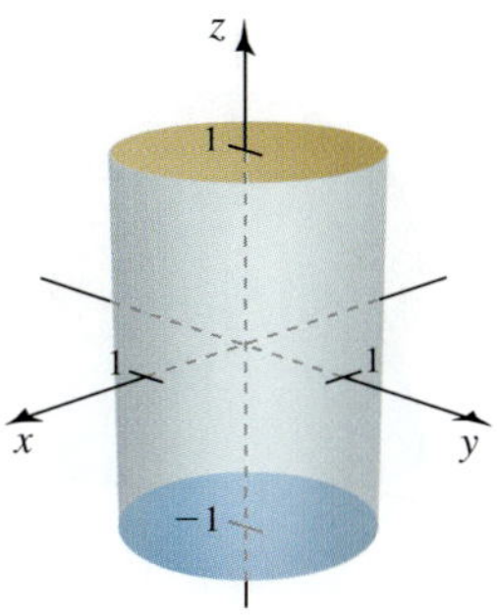

9. $\displaystyle\int_{-1}^1\int_{-\sqrt{1-y^2}}^{\sqrt{1-y^2}}\int_{-1}^1 (x^2+y^2)^{3/2}\, dz\, dx\, dy$

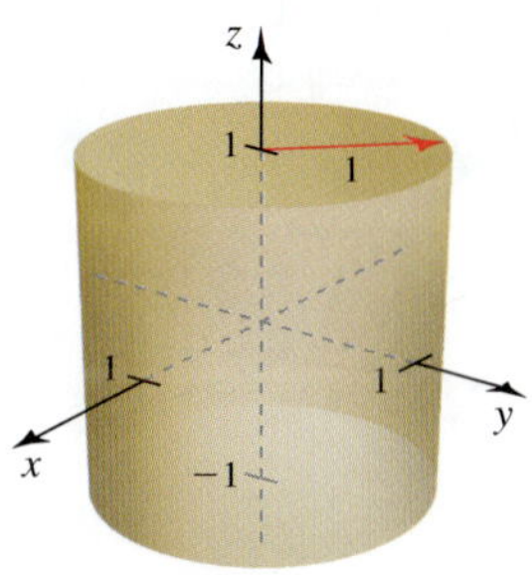

10. $\displaystyle\int_0^4\int_0^{\sqrt{2}/2}\int_x^{\sqrt{1-x^2}} e^{-x^2-y^2} dy\, dx\, dz$

11. $\displaystyle\int_0^3\int_0^{\sqrt{9-x^2}}\int_0^{\sqrt{x^2+y^2}} (x^2+y^2)^{-1/2}\, dz\, dy\, dx$

12–13. 밀도로부터 질량 주어진 밀도 함수에 대하여 다음 물체의 질량을 구하여라. (r, θ, z)를 원주좌표라 가정하자.

12. 밀도가 $\rho(r, \theta, z) = 1 + z/2$인 입체 원기둥 $D = \{(r, \theta, z)\colon 0 \le r \le 4, 0 \le z \le 10\}$

13. 밀도가 $\rho(r, \theta, z) = 7 - z$인 입체 원뿔 $D = \{(r, \theta, z)\colon 0 \le z \le 6 - r, 0 \le r \le 6\}$

14. 어떤 물체가 더 무거운가? $0 \le r \le 1$에 대하여 원뿔 $z = 4 - 4r$로 둘러싸인 입체와 포물면 $z = 4 - 4r^2$으로 둘러싸인 입체는 xy평면에서 동일한 밑면과 동일한 높이를 갖는다. 두 물체의 밀도가 $\rho(r, \theta, z) = 10 - 2z$이면 어느 물체의 질량이 더 큰가?

15–17. 원주좌표에 의한 부피 원주좌표를 사용하여 다음 입체의 부피를 구하여라.

15. 평면 $z = 0$과 쌍곡면 $z = 3 - \sqrt{1 + x^2 + y^2}$으로 둘러싸인 입체

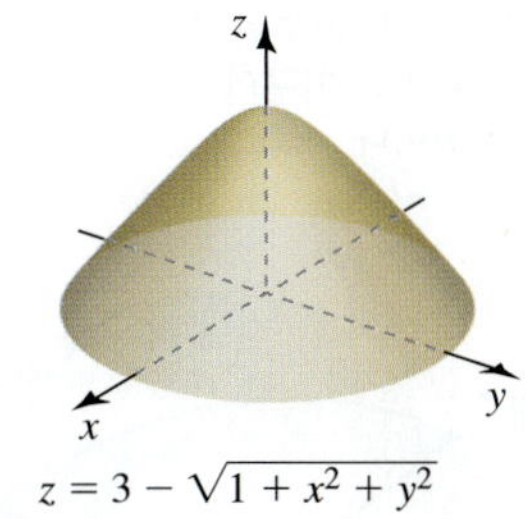

16. 평면 $z = \sqrt{29}$와 쌍곡면 $z = \sqrt{4 + x^2 + y^2}$으로 둘러싸인 입체

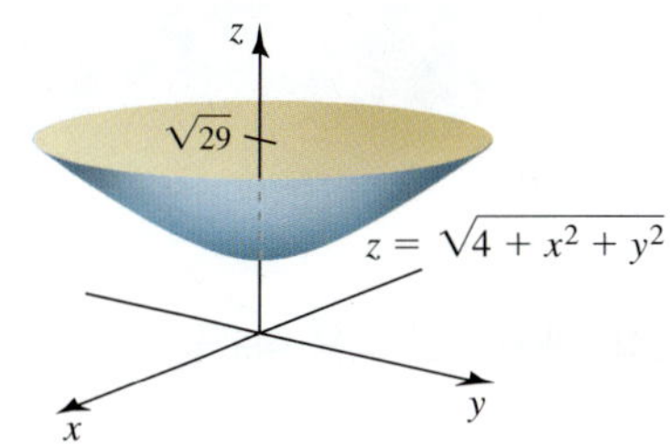

17. 제1팔분공간의 원기둥 $r = 1$과 두 평면 $z = x$, $z = 0$으로 둘러싸인 입체

18–19. 구면좌표의 집합 다음 구면좌표 집합을 설명하고 그림으로 나타내어라.

18. $\{(\rho, \varphi, \theta)\colon 1 \le \rho \le 3\}$

19. $\{(\rho, \varphi, \theta)\colon \rho = 4\cos\varphi, 0 \le \varphi \le \pi/2\}$

20. 위도, 경도, 거리 지구를 반지름이 $r = 3960$마일인 구라고 가정하면 xyz공간에서 중심이 원점 O를 통과하고, z축의 양의 방향이 북극을 통과하고, xz평면이 영국의 그리니치를 통과한다(지구의 표면과 xz평면의 교선은 본초 자오선이라 한다). 지구상의 한 점의 위치는 위도(적도의 북쪽 또는 남쪽의 각)와 경도(본초 자오선의 적도의 동쪽 또는 서쪽의 각)에 의해 주어진다. 미국 시애틀은 북위 47.6°, 경도 122.3°이고 이탈리아 로마는 북위 41.9°, 동경 12.5°이다.

a. 시애틀의 대략적인 구면좌표와 직교좌표를 구하여라. 각도 좌표를 라디안으로 나타내어라.

b. 로마의 대략적인 구면좌표와 직교좌표를 구하여라.

c. 구 위의 두 점 A, B와 구의 중심을 통과하는 평면이 구와 만나는 교선을 생각하자. A에서 B까지 교선의 호의 길이가 구면의 A에서 B까지의 가장 짧은 거리임을 보일 수 있다. 시애틀에 로마까지 최단 거리를 구하여라(**힌트**: θ가 u와 v의 사이각일 때, $0 \le \theta \le \pi$에 대하여 $\cos\theta = \dfrac{\mathbf{u}\cdot\mathbf{v}}{|\mathbf{u}||\mathbf{v}|}$

임을 기억하자. 거리를 구하기 위해 호의 길이 공식 $s = r\theta$를 이용한다).

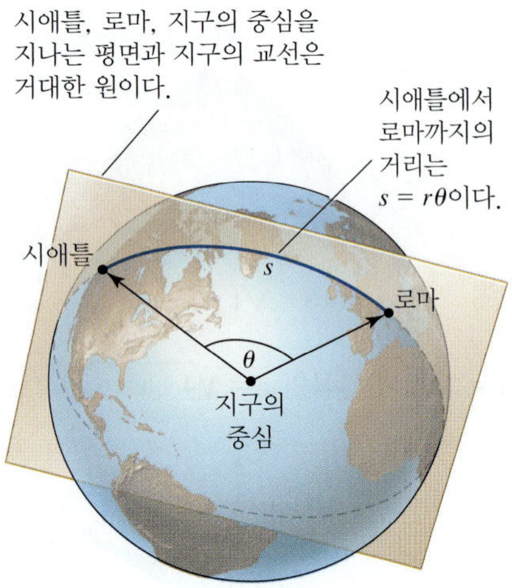

21–24. 구면좌표에서 적분 다음 적분을 구면좌표로 계산하여라.

21. $\displaystyle\iiint_D (x^2 + y^2 + z^2)^{5/2}\, dV$, D는 단위구

22. $\displaystyle\iiint_D \frac{dV}{(x^2 + y^2 + z^2)^{3/2}}$, D는 중심이 원점이고 반지름이 각각 1, 2인 두 구 사이의 입체

23. $\displaystyle\int_0^{\pi}\int_0^{\pi/6}\int_{2\sec\varphi}^{4} \rho^2 \sin\varphi\, d\rho\, d\varphi\, d\theta$

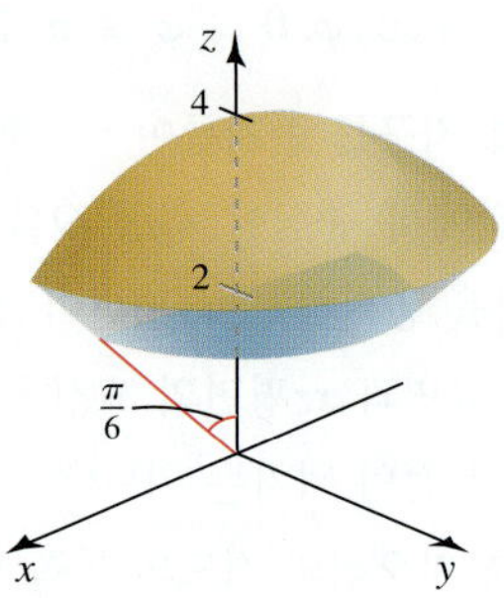

24. $\displaystyle\int_0^{2\pi}\int_{\pi/6}^{\pi/3}\int_0^{2\csc\varphi} \rho^2 \sin\varphi\, d\rho\, d\varphi\, d\theta$

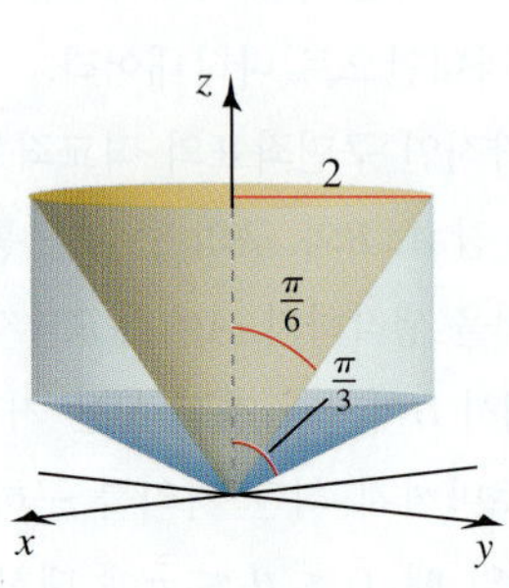

25–27. 구면좌표에 의한 부피 구면좌표를 사용하여 다음 입체의 부피를 구하여라.

25. 구 $\rho = 2\cos\varphi$와 반구 $\rho = 1$, $z \geq 0$으로 둘러싸인 입체

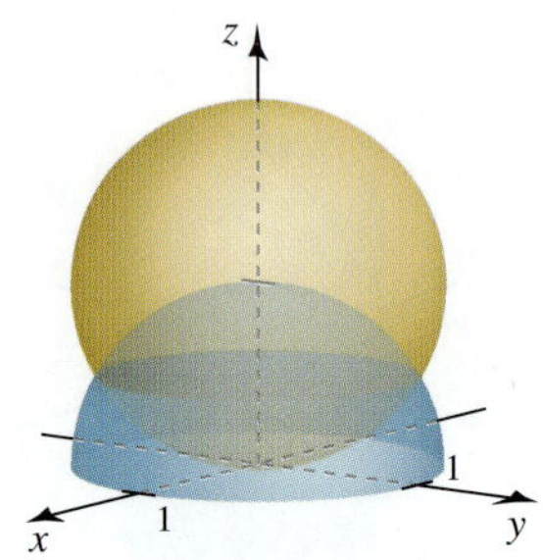

26. 원뿔 $\varphi = \pi/4$의 외부와 구 $\rho = 4\cos\varphi$의 내부로 이루어진 입체

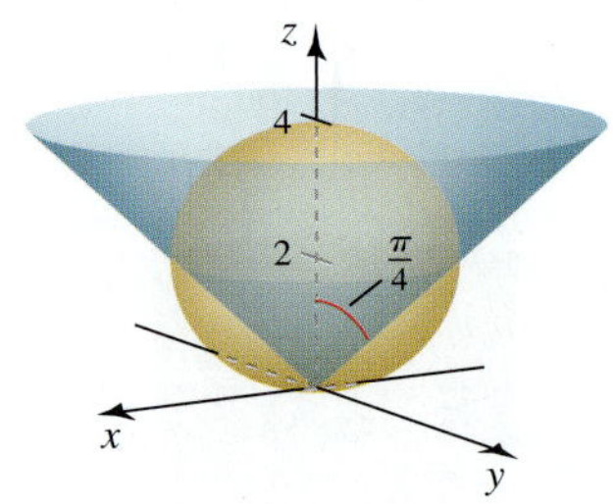

27. 공 $\rho \leq 4$에서 두 평면 $z = 2$, $z = 2\sqrt{3}$ 사이의 영역

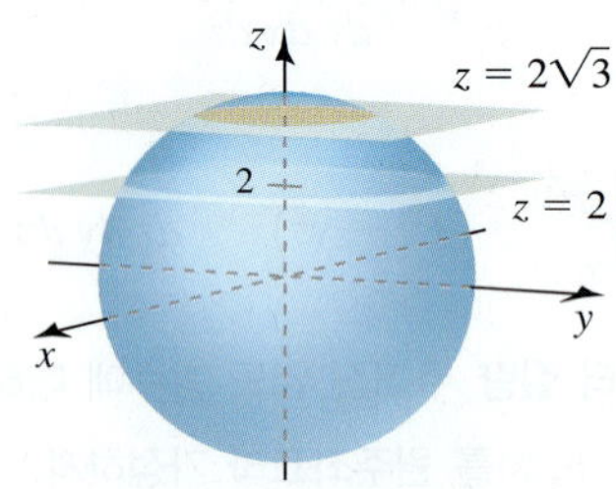

28. 참 또는 거짓 다음 명제가 참이면 증명하고 거짓이면 반례를 들어라.

a. z축의 임의의 점은 원주좌표와 구면좌표 표현이 한 가지 이상이다.

b. 원주좌표의 집합 $\{(r, \theta, z): r = z\}$와 구면좌표의 집합 $\{(\rho, \varphi, \theta): \varphi = \pi/4\}$는 같다.

29. 방정식 $\rho^2 = -\sec 2\varphi$, $\pi/4 < \varphi \leq \pi/2$를 직교좌표로 변환하여 나타낸 후, 이 평면을 그림으로 나타내어라.

30–31. 밀도로부터 질량 밀도 함수가 다음과 같을 때 질량을 구하여라. 구면좌표 ρ와 혼동하지 않도록 밀도 함수는 f로 표기한다.

30. 밀도가 $f(\rho, \varphi, \theta) = 2e^{-\rho^3}$이며 중심이 원점이고 반지름이 8인 구

31. 밀도가 $f(r, \theta, z) = (2 - |z|)(4 - r)$, $\{(r, \theta, z): 0 \le r \le 2, 0 \le \theta \le 2\pi, -1 \le z \le 1\}$인 입체 원기둥

32. **적분 순서 변경** 가능하면 함수 $g(r, \theta, z)$의 적분을 다음과 같은 특정한 순서로 주어진 원주좌표의 반복 적분으로 나타내어라. 적분 영역을 그려라.

$z \ge 0$에서 원뿔 $z = r$의 위이고 구 $\rho = 2$의 아래인 입체
$dz\,dr\,d\theta$, $dr\,dz\,d\theta$, $d\theta\,dz\,dr$ 순서

33. **적분 순서 변경** 가능하면 다음 적분을 특정한 순서로 구면좌표의 반복 적분으로 나타내어라. 적분 영역을 그려라. g는 영역에서 연속이라 가정한다.

$$\int_0^{2\pi}\int_{\pi/6}^{\pi/2}\int_{\csc\varphi}^{2} g(\rho, \varphi, \theta)\rho^2 \sin\varphi\, d\rho\, d\varphi\, d\theta$$

$d\rho\,d\theta\,d\varphi$, $d\theta\,d\rho\,d\varphi$ 순서

34–36. 기타 부피 최적의 좌표계를 선택하여 다음 입체의 부피를 구하여라. 표면은 가장 간단한 설명을 제공하는 좌표를 사용하여 지정되지만, 가장 간단한 적분은 다른 변수에 대한 것일 수 있다.

34. 두 원뿔 $\varphi = \pi/3$, $\varphi = 2\pi/3$ 사이에 있는 입체 원기둥 $r \le 2$의 일부분

35. $0 \le z \le x + y$에 대하여 원기둥 $r = 1$로 둘러싸인 입체

36. 두 평면 $z = 2 - x$, $z = x - 2$에 의해 잘린 심장형 원기둥 $r = 1 + \cos\theta$의 쐐기

37. **밀도 분포** 높이가 8 cm이고 반지름이 2 cm인 직원기둥이 물로 채워져 있다. 그 축을 따라 흐르는 가열된 필라멘트는 물에 의해 주어진 가변 밀도 $\rho(r) = 1 - 0.05e^{-0.01r^2}\,\mathrm{g/cm^3}$를 생성한다(여기서 ρ는 구면좌표가 아닌 밀도이다). 원기둥에 있는 물의 질량을 구하여라(단, 필라멘트의 부피는 무시한다).

3단계 도전

38. **구 껍질로 인한 중력장** 점질량 m은 질량이 M이고 반지름이 R인 얇은 구면의 중심으로부터 거리 d이다. 점질량에 대한 중력의 크기는 다음 적분에 의해 주어진다.

$$F(d) = \frac{GMm}{4\pi}\int_0^{2\pi}\int_0^{\pi}\frac{(d - R\cos\varphi)\sin\varphi}{(R^2 + d^2 - 2Rd\cos\varphi)^{3/2}}\,d\varphi\,d\theta$$

여기서 G는 중력 상수이다.

a. 변수 $x = \cos\varphi$로 변환하여 적분을 구하고 $d > R$이면 $F(d) = GMm/d^2$임을 보여라. 이는 껍질의 질량이 중심에 집중되어 있을 때와 힘이 같다는 것을 의미한다.

b. $d < R$(점질량이 껍질 내부에 있음)이면 $F = 0$임을 보여라.

39–40. 일반 부피 공식 적분을 사용하여 다음 입체의 부피를 구하여라. 각 경우 편리한 좌표계를 선택하고, 경계 표면에 대한 방정식을 찾은 후, 삼중적분을 설정하여 적분을 계산하여라. a, b, c, r, R이 양의 상수라고 가정하자.

39. **원뿔** 높이가 h이고 밑면의 반지름이 r인 직원뿔의 부피를 구하여라.

40. **원추 대** 높이가 h이고 윗면과 아랫면의 반지름이 각각 r과 R인 끝이 잘린 입체의 부피를 구하여라.

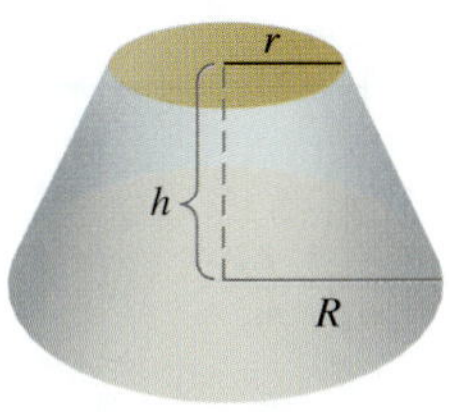

41. **만나는 두 구** 한 구는 중심이 원점에 있고 반지름이 R이며, 또 다른 구는 중심이 $(0, 0, r)$이고 반지름이 r이다. 여기서 $r > R/2$이다. 두 구의 공통 영역의 부피는 얼마인가?

QUICK CHECK 정답

1. $(\sqrt{2}, 7\pi/4, 5)$, $(1, \sqrt{3}, 5)$

2. $0 \le r \le 10$, $0 \le \theta \le 2\pi$, $0 \le z \le 20$

3. $(2\sqrt{2}, \pi/4, \pi/3)$, $(1, 1, \sqrt{2})$ ◄

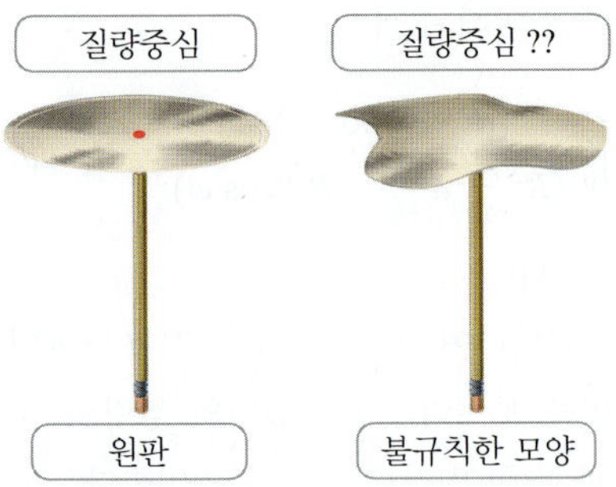

그림 15.63

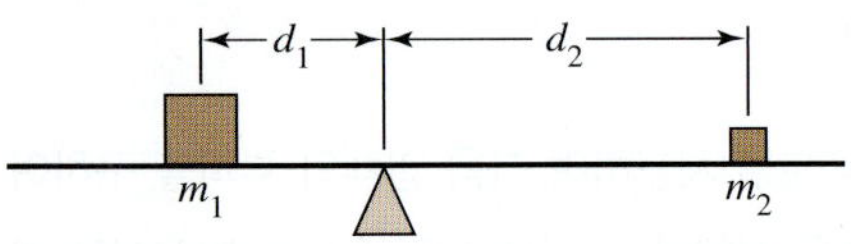

그림 15.64

QUICK CHECK 1 90 kg인 사람이 시소의 균형점에서 2 m만큼 떨어진 곳에 앉아 있다. 시소의 균형을 맞추려면 60 kg인 사람은 얼마나 떨어져 앉아야 하는가? 시소는 무게가 없다고 가정한다. ◀

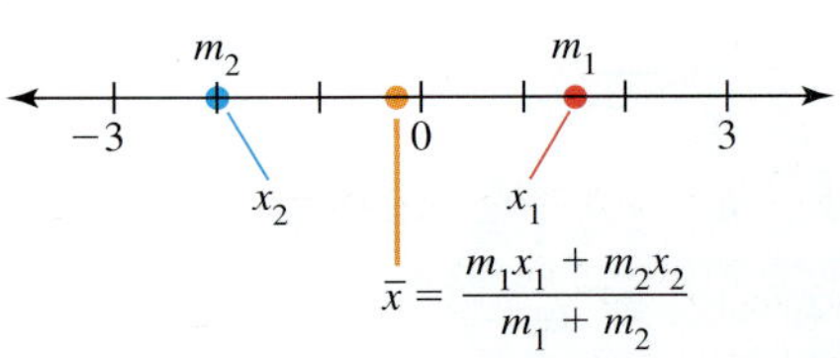

그림 15.65

➤ x좌표의 가중평균으로 질량중심을 알 수도 있다. 단위가 어떻게 작동하는지 보자. x_1과 x_2는 미터 단위이고 m_1과 m_2는 킬로그램 단위이면 $\bar{x}$의 단위는 미터가 된다.

QUICK CHECK 2 $\bar{x}$에 관하여 방정식 $m_1(x_1 - \bar{x}) + m_2(x_2 - \bar{x}) = 0$을 풀고 질량중심의 앞선 표현식임을 확인하여라. ◀

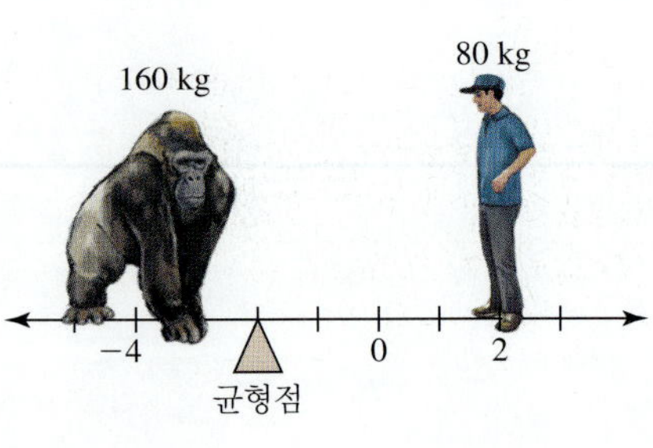

그림 15.66

15.6 질량 계산을 위한 적분

직관적으로 얇은 원판(예를 들어 구멍이 없는 DVD)는 원판 중앙에 연필에 두어 균형을 맞춰야 한다(그림 15.63). 하지만 불규칙한 모양의 얇은 접시를 들 때 어느 지점에서 균형이 잡힐까? 이 질문은 (2차원 영역으로 취급할 수 있을 만큼 충분히) 얇은 물체의 **질량중심**(center of mass)에 대한 것이다. 마찬가지로 불규칙한 모양과 가변적 밀도를 가진 물체가 주어지고 그것을 점질량으로 취급할 때, 물체의 모든 질량이 어디에 위치할 것인가? 이 절에서는 적분을 사용하여 1차원, 2차원, 3차원 물체의 질량중심을 계산한다.

개별 물체 집합

물체의 질량중심을 찾는 방법은 궁극적으로 잘 알려진 다음의 운동장 원리에 기초한다. 질량이 각각 m_1, m_2인 두 사람이 각각 d_1, d_2만큼 떨어진 시소의 중심점에 앉으면 (질량이 없는) 시소는 $m_1d_1 = m_2d_2$로 균형을 맞춘다(그림 15.64).

문제를 일반화하기 위해 $x = 0$인 좌표계를 도입한다(그림 15.65). 균형점 $\bar{x}$의 위치를 알 수 없다고 가정하자. 두 질량 m_1과 m_2의 좌표는 각각 x_1과 x_2로 표시되고 $x_1 > x_2$이다. 질량 m_1은 균형점으로부터 거리가 $x_1 - \bar{x}$이고(거리가 양수이고 $x_1 > \bar{x}$이기 때문이다), 질량 m_2는 균형점으로부터 거리가 $\bar{x} - x_2$이다(거리가 양수이고 $\bar{x} > x_2$이기 때문이다). 놀이터 원리(playground principle)는

$$\underbrace{m_1(x_1 - \bar{x})}_{m_1\text{에서 균형점으로부터의 거리}} = \underbrace{m_2(\bar{x} - x_2)}_{m_2\text{에서 균형점으로부터의 거리}}$$

또는 $m_1(x_1 - \bar{x}) + m_2(x_2 - \bar{x}) = 0$이 된다.

$\bar{x}$에 관한 이 방정식을 풀면 두 질량계의 균형점 또는 **질량중심**이 다음 위치에 있다는 것을 안다.

$$\bar{x} = \frac{m_1x_1 + m_2x_2}{m_1 + m_2}$$

m_1x_1과 m_2x_2의 양은 **원점에 대한 모멘트**(또는 그냥 **모멘트**)라고 부른다. 질량중심의 위치는 모멘트의 합을 질량의 합으로 나눈 것이다.

예를 들어 원점의 오른쪽으로 2 m만큼 떨어진 곳에 서 있는 80 kg의 남자는 원점의 왼쪽으로 4 m만큼 떨어진 곳에 앉아 있는 160 kg의 고릴라와 시소의 다음 지점에서 균형을 잡을 것이다.

$$\bar{x} = \frac{80(2) + 160(-4)}{80 + 160} = -2$$

즉, 원점의 왼쪽으로 2 m만큼 떨어진 곳이다(그림 15.66).

직선상의 여러 물체 좌표가 각각 $x_1, x_2, \cdots, x_n$이고 질량이 각각 $m_1, m_2, \cdots, m_n$인 n개의 물체로 앞의 과정을 일반화하면 균형 조건은 다음과 같다.

$$m_1(x_1 - \bar{x}) + m_2(x_2 - \bar{x}) + \cdots + m_n(x_n - \bar{x}) = \sum_{k=1}^{n} m_k(x_k - \bar{x}) = 0$$

질량중심의 위치에 대한 이 방정식을 풀면 다음을 얻는다.

$$\bar{x} = \frac{m_1x_1 + m_2x_2 + \cdots + m_nx_n}{m_1 + m_2 + \cdots + m_n} = \frac{\sum_{k=1}^{n} m_kx_k}{\sum_{k=1}^{n} m_k}$$

다시 말해 질량중심의 위치는 모멘트 $m_1x_1, m_2x_2, \cdots, m_nx_n$의 합을 질량의 합으로 나눈 것이다.

| 예제 1 | 4개 물체의 질량중심 그림 15.67의 시스템에서 균형점을 찾아라.

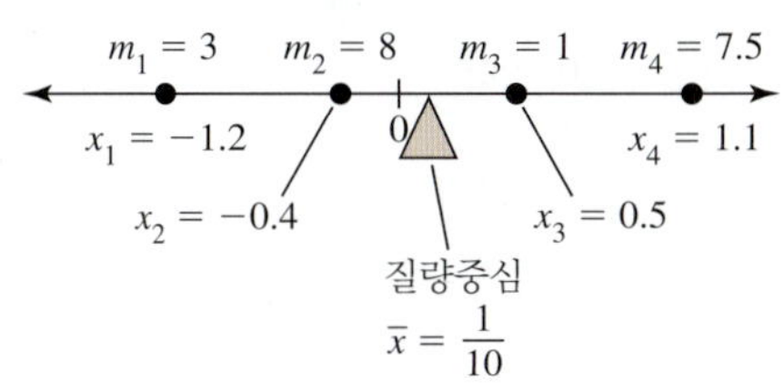

그림 15.67

풀이 질량중심은 다음과 같다.

$$\begin{aligned}\bar{x} &= \frac{m_1x_1 + m_2x_2 + m_3x_3 + m_4x_4}{m_1 + m_2 + m_3 + m_4} \\ &= \frac{3(-1.2) + 8(-0.4) + 1(0.5) + 7.5(1.1)}{3 + 8 + 1 + 7.5} \\ &= \frac{1}{10}\end{aligned}$$

균형점은 원점의 약간 오른쪽에 있다.

관련 연습문제 4번 ◀

1차원 연속 물체

이제 막대의 길이에 따라 달라지는 밀도 ρ를 갖는 얇은 막대 또는 와이어를 생각해 보자(그림 15.68). 이 경우 밀도는 길이당 질량 단위(예를 들어 g/cm)를 갖는다. 이전과 마찬가지로 피봇 점에서 막대가 균형을 잡는 위치 x를 결정하고자 한다.

➤ 밀도는 보통 부피당 질량의 단위를 갖는다. 그러나 막대나 철사 같이 얇고 가는 물체는 길이당 질량의 단위를 갖는 선형 밀도를 사용한다.

작은 조각내기와 합의 방법을 사용하여 구간 $a \le x \le b$에서 폭이 $\Delta x = \frac{b-a}{n}$인 n개의 하위 구간에 대응하도록 막대를 나누자(그림 15.69). 해당 격자점은 다음과 같다.

$$x_0 = a, x_1 = a + \Delta x, \cdots, x_k = a + k\,\Delta x, \cdots, x_n = b$$

QUICK CHECK 3 그림 15.68에서 $a = 0$, $b = 3$과 g/m 단위의 막대의 밀도가 $\rho(x) = 4 - x$라 가정하자. 끈의 가장 가벼운 곳은 어디인가? 가장 무거운 곳은 어디인가? ◀

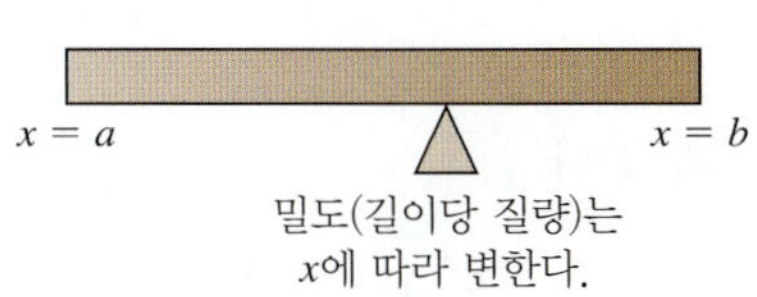

그림 15.68

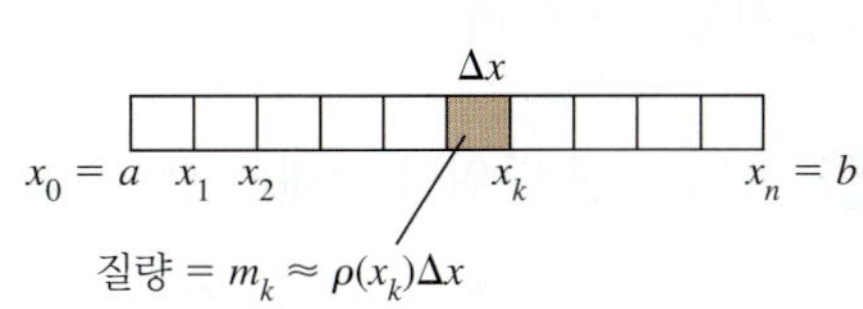

그림 15.69

막대의 k번째 부분의 질량은 대략 x_k에서의 밀도에 구간 길이를 곱한 값, 즉 $m_k \approx \rho(x_k)\Delta x$이다.

이제 물체에 대한 질량중심 공식을 사용하면 서로 떨어져 있는 여러 막대의 질량중심의 근삿값은 다음과 같다.

$$\bar{x} = \frac{\sum_{k=1}^{n} m_k x_k}{\sum_{k=1}^{n} m_k} \approx \frac{\sum_{k=1}^{n} (\rho(x_k)\Delta x)\, x_k}{\sum_{k=1}^{n} \rho(x_k)\Delta x}$$

➤ 인터페이스에서 만나는 서로 다른 두 재료로 만들어진 물체는 밀도 함수가 불연속이다. 물리학적 밀도 함수는 연속이거나 유한 개의 점에서 불연속이다.

➤ 막대는 양의 질량을 가지며 분모와 분자의 극한이 존재한다고 가정하면 분수의 극한은 두 극한의 비와 같다.

연속 밀도를 갖는 막대를 모델링하기 위해 $\Delta x \to 0$, $n \to \infty$라 하자. 막대의 질량중심은 다음과 같다.

$$\bar{x} = \lim_{\Delta x \to 0} \frac{\sum_{k=1}^{n} (\rho(x_k)\Delta x)\, x_k}{\sum_{k=1}^{n} \rho(x_k)\Delta x} = \frac{\lim_{\Delta x \to 0} \sum_{k=1}^{n} x_k \rho(x_k)\Delta x}{\lim_{\Delta x \to 0} \sum_{k=1}^{n} \rho(x_k)\Delta x} = \frac{\int_a^b x\rho(x)\,dx}{\int_a^b \rho(x)\,dx}$$

6.7절에서 논의한 것과 같이 마지막 식의 분모 $\int_a^b \rho(x)\,dx$는 막대의 질량이다. 분자는 막대의 개별 조각들의 모멘트의 '합'으로서 **총 모멘트**(total moment)라 한다.

➤ 모멘트의 단위는 (질량) × (길이)이다. 질량중심은 모멘트를 질량으로 나눈 것이고 단위는 길이와 같다. 밀도가 일정하면 ρ는 $\bar{x}$의 계산에 영향이 없음에 주의하자.

정의 1차원 질량중심

ρ를 구간 $[a, b]$에서 적분 가능한 밀도 함수라 하자(얇은 막대 또는 와이어를 나타낸다). **질량중심**은 점 $\bar{x} = \frac{M}{m}$에 위치하며, **총 모멘트** M과 질량 m은 다음과 같다.

$$M = \int_a^b x\rho(x)\,dx, \quad m = \int_a^b \rho(x)\,dx$$

이산 사례와 연속 사례 사이의 유사성을 관찰하자.

$$n\text{개의 개별 객체:} \quad \bar{x} = \frac{\sum_{k=1}^{n} x_k m_k}{\sum_{k=1}^{n} m_k} \qquad \text{연속 객체:} \quad \bar{x} = \frac{\int_a^b x\rho(x)\,dx}{\int_a^b \rho(x)\,dx}$$

| 예제 2 | 1차원 물체의 질량중심 얇은 2 m 막대가 밀도 $\rho(x) = 1 + x^2$ (단위: kg/m)을 갖는 합금으로 만들어졌다고 가정하자. 여기서 $0 \le x \le 2$이다. 막대의 질량중심을 구하여라.

풀이 킬로그램 단위인 막대의 총 질량은 다음과 같다.

$$m = \int_a^b \rho(x)\,dx = \int_0^2 (1 + x^2)\,dx = \left(x + \frac{x^3}{3}\right)\Big|_0^2 = \frac{14}{3}$$

킬로그램 단위인 막대의 총 모멘트는 다음과 같다.

$$M = \int_a^b x\rho(x)\,dx = \int_0^2 x(1 + x^2)\,dx = \left(\frac{x^2}{2} + \frac{x^4}{4}\right)\Big|_0^2 = 6$$

따라서 질량중심은 $\bar{x} = \frac{M}{m} = \frac{9}{7} \approx 1.29$ m에 위치한다.

관련 연습문제 6번 ◀

➤ 막대의 밀도가 x에 따라 증가함에 유의하자. 일관성을 조사하면 계산 결과 질량중심이 막대의 중점의 오른쪽에 위치함을 알 수 있다.

2차원 물체

2차원 xy평면의 닫힌 유계 영역 R에서 정의된 적분 가능한 밀도 함수 $\rho(x, y)$로 시작하자. 밀도는 넓이당 질량 단위(예: g/m^2)를 갖는 **면적밀도**이다. 영역은 얇은 판(또는 라미나)이다. 질량중심은 판의 균형을 맞추기 위해 피봇 점에 위치해야 한다. 밀도가 일정하면 질량중심의 위치는 판의 모양에 의해서만 달라지며, 이 경우 질량중심은 **중심**(centroid)이라고 한다.

2차원 또는 3차원 물체의 경우 질량중심의 좌표는 각 좌표 방향에서 1차원 방법을 적용하여 독립적으로 계산한다(그림 15.70). 판의 질량은 R에 대한 밀도 함수의 적분이다.

$$m = \iint_R \rho(x, y)\,dA$$

1차원 모멘트 계산과 유사하게 2차원 모멘트를 정의한다.

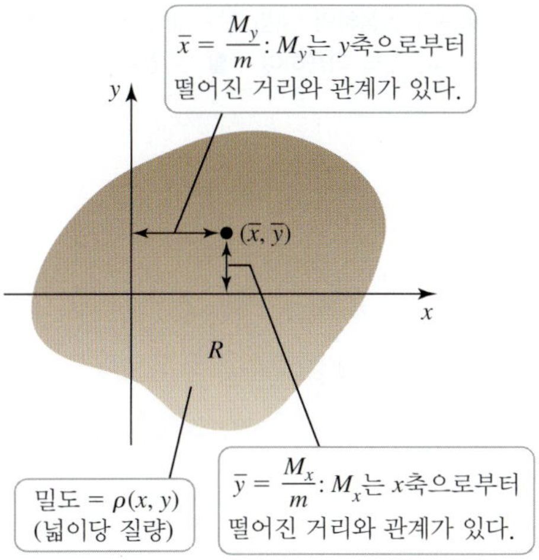

그림 15.70

➤ y축에 대한 모멘트 M_y는 y축으로부터의 가중평균 거리이므로 피적분함수에 x가 있다(점과 y축의 거리). 마찬가지로 x축에 대한 모멘트 M_x는 x축으로부터의 가중평균 거리이므로 피적분함수에 y가 있다.

정의 2차원 질량중심

ρ를 $\mathbb{R}^2$의 닫힌 유계 영역 R에서 정의된 적분 가능한 면적밀도 함수라고 하자. R로 표현되는 물체의 질량중심의 좌표는 다음과 같다.

$$\bar{x} = \frac{M_y}{m} = \frac{1}{m}\iint_R x\rho(x, y)\,dA, \quad \bar{y} = \frac{M_x}{m} = \frac{1}{m}\iint_R y\rho(x, y)\,dA$$

여기서 $m = \iint_R \rho(x, y)\,dA$는 질량이고 M_y, M_x는 각각 y축, x축에 대한 모멘트이다. ρ가 상수이면 질량중심은 밀도와 독립이고 **중심**이라 한다.

QUICK CHECK 4 M_y에 관한 적분에서 왜 피적분함수에 x가 있는지 설명하여라. 밀도가 상수일 때 질량중심 계산에서 밀도가 빠지는 이유를 설명하여라. ◀

이전과 같이 질량중심의 좌표는 좌표축으로부터의 거리에 대한 가중평균이다. 2차원, 3차원 물체의 경우 질량중심이 물체 안에 있을 필요가 없다(연습문제 27, 33번).

| 예제 3 | 중심 계산 y축과 두 곡선 $y = e^{-x} - \frac{1}{2}$, $y = \frac{1}{2} - e^{-x}$으로 둘러싸인 단위 밀도를 갖는 다트 모양의 영역에서 중심(질량중심)을 찾아라(그림 15.71).

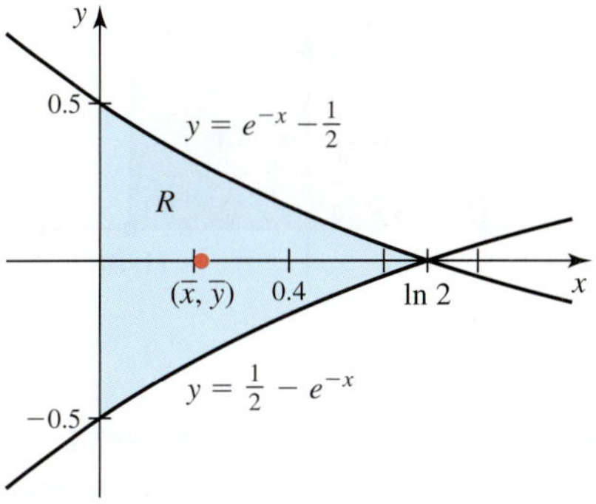

그림 15.71

풀이 영역은 x축에 대하여 대칭이고 밀도는 일정하므로 질량중심의 y좌표는

$\bar{y} = 0$이다. 그러면 m과 M_y의 적분 계산만이 남는다.

첫 번째 작업은 두 곡선의 교점을 찾는 것이다. $e^{-x} - \frac{1}{2} = \frac{1}{2} - e^{-x}$을 풀면 $x = \ln 2$, $y = 0$이므로 교점은 $(\ln 2, 0)$이다. ($\rho = 1$인) 모멘트 M_y는 다음과 같다.

➤ 밀도가 상수이면 질량중심 계산에 밀도가 포함되지 않는다. 따라서 $\rho = 1$로 두는 것이 가장 쉽다.

➤ 가능하면 질량중심 계산을 위한 적분에서 대칭성을 이용할 수 있는 좌표계를 선택하자. 종종 밀도가 일정하면 질량(또는 넓이)은 기하학적인 대칭성을 이용하여 구할 수 있다.

$$
\begin{aligned}
M_y &= \int_0^{\ln 2}\int_{1/2-e^{-x}}^{e^{-x}-1/2} x\,dy\,dx && M_y\text{의 정의}\\
&= \int_0^{\ln 2} x\left(\left(e^{-x}-\frac{1}{2}\right)-\left(\frac{1}{2}-e^{-x}\right)\right)dx && \text{내부 적분 계산하기}\\
&= \int_0^{\ln 2} x(2e^{-x}-1)\,dx && \text{간단히 하기}
\end{aligned}
$$

이 적분을 계산하기 위해 부분적분법을 사용하면 다음을 얻는다.

$$
\begin{aligned}
M_y &= \int_0^{\ln 2} \underbrace{x}_{u}\,\underbrace{(2e^{-x}-1)\,dx}_{dv}\\
&= -x(2e^{-x}+x)\Big|_0^{\ln 2} + \int_0^{\ln 2}(2e^{-x}+x)\,dx && \text{부분적분법}\\
&= 1 - \ln 2 - \frac{1}{2}\ln^2 2 \approx 0.067 && \text{계산한 다음 간단히 하기}
\end{aligned}
$$

$\rho = 1$일 때 영역의 질량은 다음과 같다.

$$
\begin{aligned}
m &= \int_0^{\ln 2}\int_{1/2-e^{-x}}^{e^{-x}-1/2} dy\,dx && m\text{의 정의}\\
&= \int_0^{\ln 2}(2e^{-x}-1)\,dx && \text{내부 적분 계산하기}\\
&= (-2e^{-x}-x)\Big|_0^{\ln 2} && \text{외부 적분 계산하기}\\
&= 1 - \ln 2 \approx 0.307 && \text{간단히 하기}
\end{aligned}
$$

따라서 질량중심의 x좌표는 $\bar{x} = \dfrac{M_y}{m} \approx 0.217$이고, 질량의 중심은 약 $(0.217, 0)$에 위치한다. ◀

| 예제 4 | 가변 밀도 판 밀도가 $\rho(x, y) = 2 - y$인 직사각형 판 $R = \{(x, y): -1 \le x \le 1, 0 \le y \le 1\}$의 질량중심을 구하여라(그림 15.72와 같이 하단 가장자리에서는 무겁고 상단 가장자리에서는 가볍다).

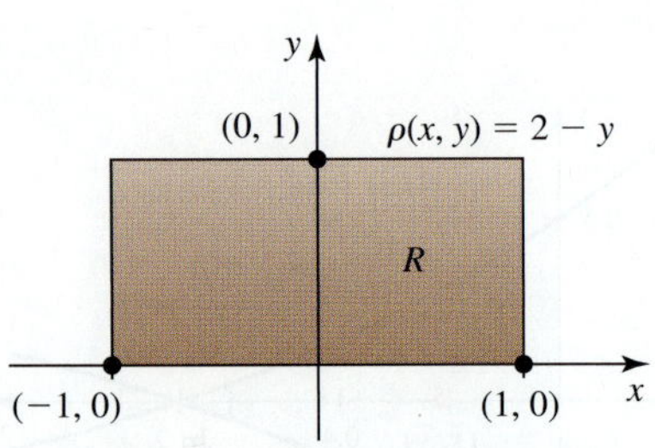

그림 15.72

풀이 판이 y축에 대하여 대칭이고 밀도가 x와 독립이므로 $\bar{x} = 0$이다. 마찬가지로 m과 M_x를 계산해야 한다.

$$m = \iint_R \rho(x, y)\,dA = \int_{-1}^{1}\int_0^1 (2-y)\,dy\,dx = \frac{3}{2}\int_{-1}^{1} dx = 3$$

$$M_x = \iint_R y\rho(x, y)\,dA = \int_{-1}^{1}\int_0^1 y(2-y)\,dy\,dx = \frac{2}{3}\int_{-1}^{1} dx = \frac{4}{3}$$

➤ $\bar{x} = 0$임을 증명하여라. M_y를 구하기 위해 $-1 \le x \le 1$에서 x에 관한 기함수를 적분한다. 그 결과는 0이다.

따라서 질량중심 좌표는 다음과 같다.

$$\bar{x} = \frac{M_y}{m} = 0, \quad \bar{y} = \frac{M_x}{m} = \frac{4/3}{3} = \frac{4}{9}$$

관련 연습문제 11번 ◀

3차원 물체

이제 3차원 입체의 질량중심을 계산하기 위해 앞의 주장을 확장한다. D는 $\mathbb{R}^3$에서 정의된 닫힌 유계 영역이고 여기서 밀도 함수는 적분 가능하다고 가정하자. 밀도의 단위는 부피당 질량(예를 들어 g/cm^3)이다. 질량중심의 좌표는 영역의 질량에 따라 다르다. 15.4절은 D에 대한 밀도 함수의 적분이다. 세 모멘트가 그림에 있는데, M_{yz}는 yz평면으로부터의 거리를 포함하므로 피적분함수에 x가 있다. 마찬가지로 M_{xz}는 xz평면으로부터의 거리를 포함하므로 피적분함수에 y가 있고, M_{xy}는 xy평면으로부터의 거리를 포함하므로 피적분함수에 z가 있다. 이전과 같이 질량중심의 좌표는 총 모멘트를 총 질량으로 나눈 것이다(그림 15.73).

QUICK CHECK 5 모멘트 M_{xy}를 적분할 때 피적분함수에 z가 들어가는 이유를 설명하여라. ◀

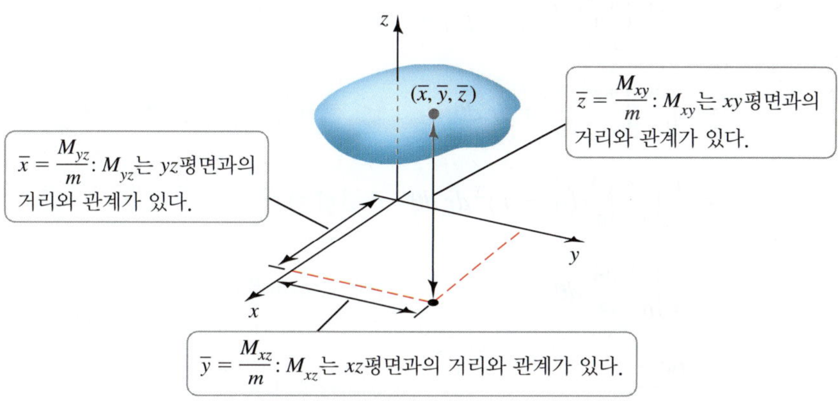

그림 15.73

> **정의 3차원 질량중심**
>
> ρ를 $\mathbb{R}^3$의 닫힌 유계 영역 D에서 적분 가능한 밀도 함수라고 하자. 영역 D의 질량중심 좌표는 다음과 같다.
>
> $$\bar{x} = \frac{M_{yz}}{m} = \frac{1}{m}\iiint_D x\rho(x, y, z)\,dV, \quad \bar{y} = \frac{M_{xz}}{m} = \frac{1}{m}\iiint_D y\rho(x, y, z)\,dV,$$
> $$\bar{z} = \frac{M_{xy}}{m} = \frac{1}{m}\iiint_D z\rho(x, y, z)\,dV$$
>
> 여기서 $m = \iiint_D \rho(x, y, z)\,dV$는 질량이고 M_{yz}, M_{xz}, M_{xy}는 각 좌표평면에 대응하는 모멘트이다.

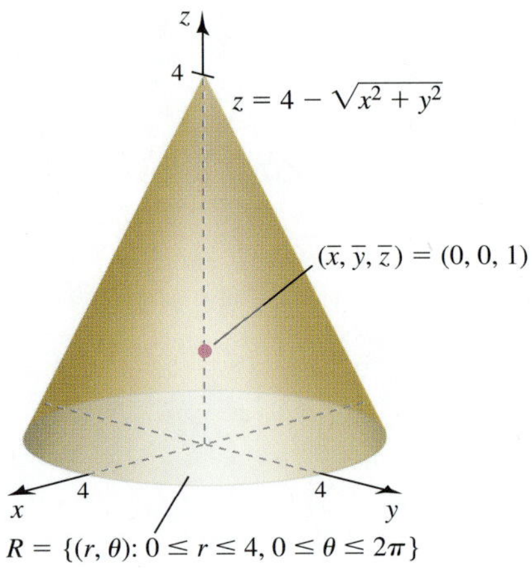

그림 15.74

| 예제 5 | 일정한 밀도의 질량중심 평면 $z = 4 - \sqrt{x^2 + y^2}$과 $z = 0$으로 둘러싸인 균일 밀도의 원뿔 입체 D의 질량중심을 구하여라(그림 15.74).

풀이 원뿔은 z축에 대하여 대칭이고 균일한 밀도를 가지므로 질량중심은 z축 위에 있다. 즉, $\bar{x} = 0$, $\bar{y} = 0$이다. $z = 0$으로 놓으면 xy평면에 있는 원뿔의 밑면은 중심이 원점이고 반지름이 4인 원판이다. 따라서 원뿔의 반지름은 4, 높이는 4이므로 부피 공식에 의해 원뿔의 부피는 $\pi r^2 h/3 = 64\pi/3$이다. 원뿔의 밀도는 일정하므로 $\rho = 1$이고 질량이 $m = 64\pi/3$라 하자.

$\bar{z}$의 값을 구하려면 M_{xy}만 계산하면 되는데, 이는 원주좌표에서 가장 쉽게 계산된다. 원뿔은 방정식 $z = 4 - \sqrt{x^2 + y^2} = 4 - r$로 나타낸다. xy평면 위로 원뿔을 정사영한 원판 $R = \{(r, \theta): 0 \le r \le 4, 0 \le \theta \le 2\pi\}$가 적분 영역이다. M_{xy}를 구하기 위한 적분은 다음과 같다.

$$
\begin{aligned}
M_{xy} &= \iiint_D z\,dV && \rho = 1\text{일 때 } M_{xy}\text{의 정의}\\
&= \int_0^{2\pi}\int_0^4\int_0^{4-r} z\,dz\,r\,dr\,d\theta && \text{반복 적분으로 나타내기}\\
&= \int_0^{2\pi}\int_0^4 \frac{z^2}{2}\bigg|_0^{4-r} r\,dr\,d\theta && z\text{에 관하여 내부 적분 계산하기}\\
&= \frac{1}{2}\int_0^{2\pi}\int_0^4 r(4-r)^2\,dr\,d\theta && \text{간단히 하기}\\
&= \frac{1}{2}\int_0^{2\pi}\frac{64}{3}\,d\theta && r\text{에 관하여 중간 적분 계산하기}\\
&= \frac{64\pi}{3} && \theta\text{에 관하여 외부 적분 계산하기}
\end{aligned}
$$

질량중심의 z좌표는 $\bar{z} = \dfrac{M_{xy}}{m} = \dfrac{64\pi/3}{64\pi/3} = 1$이므로 질량중심은 $(0, 0, 1)$에 있다. 이는 높이가 h인 균일 밀도 원뿔의 질량중심이 반지름과 무관하고 밑면으로부터 $h/4$단위만큼 떨어진 원뿔의 축에 위치한다는 것을 보여 준다(연습문제 29번).

관련 연습문제 15번 ◀

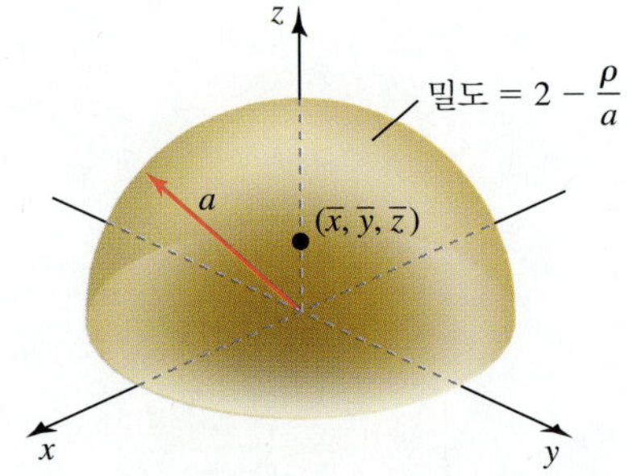

그림 15.75

| 예제 6 | 가변 밀도를 갖는 물체의 질량중심 반지름이 a이고 밑면이 xy평면에 있는 반구 D의 내부에 대한 질량중심을 구하여라. 구면좌표로 주어진 물체의 밀도는 $f(\rho, \varphi, \theta) = 2 - \rho/a$이다(그림 15.75와 같이 중심 근처는 무겁고 밖으로 갈수록 가볍다).

풀이 입체와 밀도 함수의 대칭성에 의해 질량중심이 z축 위에 있다. 따라서 $\bar{x} = \bar{y} = 0$이므로 m과 M_{xy}의 적분만 계산하면 되고, 구면좌표로 계산한다.

질량에 대한 적분은 다음과 같다.

$$
\begin{aligned}
m &= \iiint_D f(\rho, \varphi, \theta)\, dV && m\text{의 정의} \\
&= \int_0^{2\pi}\int_0^{\pi/2}\int_0^a \left(2 - \frac{\rho}{a}\right)\rho^2 \sin\varphi\, d\rho\, d\varphi\, d\theta && \text{반복 적분으로 나타내기} \\
&= \int_0^{2\pi}\int_0^{\pi/2}\left(\frac{2\rho^3}{3} - \frac{\rho^4}{4a}\right)\Bigg|_0^a \sin\varphi\, d\varphi\, d\theta && \rho\text{에 관하여 내부 적분 계산하기} \\
&= \int_0^{2\pi}\int_0^{\pi/2} \frac{5a^3}{12}\sin\varphi\, d\varphi\, d\theta && \text{간단히 하기} \\
&= \frac{5a^3}{12}\int_0^{2\pi} \underbrace{(-\cos\varphi)\Big|_0^{\pi/2}}_{1}\, d\theta && \varphi\text{에 관하여 중간 적분 계산하기} \\
&= \frac{5a^3}{12}\int_0^{2\pi} d\theta && \text{간단히 하기} \\
&= \frac{5\pi a^3}{6} && \theta\text{에 관하여 외부 적분 계산하기}
\end{aligned}
$$

구면좌표에서 $z = \rho\cos\varphi$이므로 M_{xy} 모멘트에 대한 적분은 다음과 같다.

$$
\begin{aligned}
M_{xy} &= \iiint_D z\, f(\rho, \varphi, \theta)\, dV && M_{xy}\text{의 정의} \\
&= \int_0^{2\pi}\int_0^{\pi/2}\int_0^a \underbrace{\rho\cos\varphi}_{z}\left(2 - \frac{\rho}{a}\right)\rho^2 \sin\varphi\, d\rho\, d\varphi\, d\theta && \text{반복 적분으로 나타내기} \\
&= \int_0^{2\pi}\int_0^{\pi/2}\left(\frac{\rho^4}{2} - \frac{\rho^5}{5a}\right)\Bigg|_0^a \sin\varphi\cos\varphi\, d\varphi\, d\theta && \rho\text{에 관하여 내부 적분 계산하기} \\
&= \int_0^{2\pi}\int_0^{\pi/2} \frac{3a^4}{10}\underbrace{\sin\varphi\cos\varphi}_{(\sin 2\varphi)/2}\, d\varphi\, d\theta && \text{간단히 하기} \\
&= \frac{3a^4}{10}\int_0^{2\pi} \underbrace{\left(-\frac{\cos 2\varphi}{4}\right)\Bigg|_0^{\pi/2}}_{1/2}\, d\theta && \varphi\text{에 관하여 중간 적분 계산하기} \\
&= \frac{3a^4}{20}\int_0^{2\pi} d\theta && \text{간단히 하기} \\
&= \frac{3\pi a^4}{10} && \theta\text{에 관하여 외부 적분 계산하기}
\end{aligned}
$$

질량중심의 z좌표는 $\bar{z} = \dfrac{M_{xy}}{m} = \dfrac{3\pi a^4/10}{5\pi a^3/6} = \dfrac{9a}{25} = 0.36a$이다. 이로부터 반지름이 a인 균일 밀도 반구형 입체의 질량중심이 밑면 위로 $3a/8 = 0.375a$단위만큼 떨어져 있음을 보일 수 있다(연습문제 30번). 이 경우 가변 밀도는 질량중심을 밑면 쪽으로 낮춰 준다.

관련 연습문제 19번 ◀

15.6절 연습문제

1단계 스타트

1. (질량이 없는) 널빤지의 양쪽 끝 피봇 점에 있는 두 사람이 균형점을 찾는 방법을 설명하여라.

2. 가변 밀도를 갖는 얇은 판의 질량중심을 구하는 방법을 설명하여라.

3. 가변 밀도를 갖는 3차원 물체의 질량중심을 구하는 방법을 설명하여라.

2단계 실전

4. **직선 위의 개별 질량** 다음과 같은 수직선 위의 점을 그려서 질량중심의 위치를 구하여라.

$x = 3$에서 위치한 $m_1 = 10$ kg, $x = -1$에서 위치한 $m_2 = 3$ kg

5–7. 1차원 물체 다음 밀도 함수를 갖는 얇은 막대의 질량과 질량중심을 구하여라.

5. $\rho(x) = 1 + \sin x,\ 0 \le x \le \pi$

6. $\rho(x) = 2 - \dfrac{x^2}{16},\ \ 0 \le x \le 4$

7. $\rho(x) = \begin{cases} 1 &, \ 0 \le x \le 2 \\ 1 + x, & 2 < x \le 4 \end{cases}$

8–10. 중심 계산 일정한 밀도를 가정하여 주어진 얇은 판의 질량과 중심(질량중심)을 구하여라. 평판에 해당하는 부위를 그려서 질량중심의 위치를 나타내어라. 계산을 간단히 하기 위해 가능하면 대칭성을 사용하여라.

8. $y = \sin x,\ y = 1 - \sin x$와 $x = \pi/4,\ x = 3\pi/4$로 둘러싸인 입체

9. $y = 1 - |x|$와 x축으로 둘러싸인 입체

10. $y = \ln x$, x축, $x = e$로 둘러싸인 입체

11–13. 가변 밀도 판 가변 밀도를 갖는 다음 평면 영역의 질량중심을 구하여라. 해당 영역의 질량 분포를 설명하여라.

11. $R = \{(x, y)\colon 0 \le x \le 4, 0 \le y \le 2\}, \rho(x, y) = 1 + x/2$

12. $\rho(x, y) = 1 + x + y$를 갖는 평면 $x + y = 4$로 둘러싸인 제1사분면의 삼각형 판

13. $\rho(x, y) = 1 + y$를 갖는 타원 $x^2 + 9y^2 = 9$로 둘러싸인 판의 상반 부분($y \ge 0$)

14–17. 균일 밀도 입체의 질량중심 다음 입체의 질량중심을 일정한 밀도 1을 가정하여 구하여라. 영역을 그려서 중심 위치를 나타내어라. 가능하면 대칭성을 사용하고 편리한 좌표계를 선택하여라.

14. 공 $x^2 + y^2 + z^2 \le 16$의 상반 부분($z \ge 0$)

15. 포물면 $z = x^2 + y^2$과 평면 $z = 25$에 의해 둘러싸인 입체

16. $z = 1 - x - y$와 좌표평면으로 둘러싸인 제1팔분공간의 사면체

17. $x^2 + y^2 = 1,\ z = 0,\ y + z = 1$로 둘러싸인 비스듬한 원기둥

18–20. 가변 밀도 입체 가변 밀도를 갖는 다음 고형물의 질량중심의 좌표를 구하여라.

18. $R = \{(x, y, z)\colon 0 \le x \le 4, 0 \le y \le 1, 0 \le z \le 1\}$, $\rho(x, y, z) = 1 + x/2$

19. 밀도 $f(\rho, \varphi, \theta) = 1 + \rho/4$를 갖고 $\rho = 6,\ z = 0$으로 둘러싸인 상반구

20. $\rho(x, y, z) = 2 + y$를 갖고 세 평면 $z = x,\ x = 1,\ y = 4$와 좌표평면으로 구성된 각뿔의 내부

21. **참 또는 거짓** 다음 명제가 참이면 증명하고 거짓이면 반례를 들어라.
    a. 일정한 밀도를 갖고 x축에 대칭인 얇은 판의 질량중심은 0이다.
    b. 일정한 밀도를 갖고 x축, y축 모두에 대하여 대칭인 얇은 판의 질량중심은 원점에 있다.
    c. 얇은 판의 질량중심은 판 위에 있어야 한다.
    d. 하나로 연결된 입체 영역의 질량중심은 영역 내에 있어야 한다.

22. **질량중심 극한** 길이가 L인 한 얇은 막대는 구간 $0 \le x \le L$에서 $\rho(x) = \dfrac{10}{1 + x^2}$으로 주어진 선형 밀도를 갖는다. 이 막대의 질량과 질량중심을 구하여라. $L \to \infty$이면 질량중심은 어떻게 변하는가?

23. **2차원 판** 그림과 같은 얇은 균일 밀도 판의 질량과 질량중심을 구하여라.

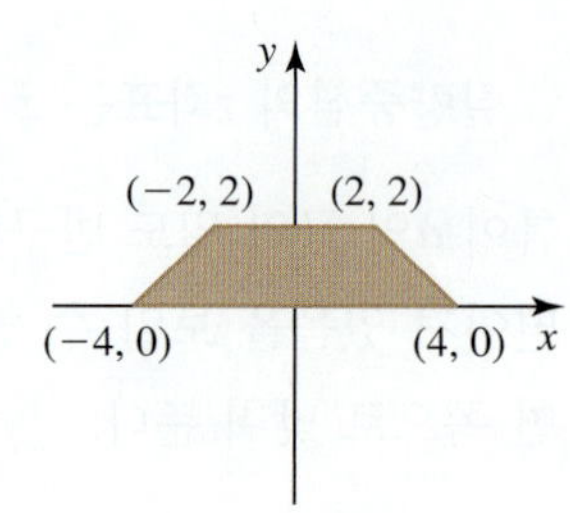

24–26. 중심체 극좌표를 사용하여 다음과 같은 균일 밀도 평면 영역의 중심을 구하여라.

24. 반원판 $R = \{(r, \theta): 0 \le r \le 2, 0 \le \theta \le \pi\}$

25. 심장형 $r = 1 + \cos\theta$로 둘러싸인 영역

26. 장미의 한 잎 $r = \sin 2\theta$, $0 \le \theta \le \pi/2$로 둘러싸인 영역

27. 반원형 와이어 일정한 밀도의 얇은 (1차원) 와이어가 반지름이 r인 반원 모양으로 구부러져 있다. 질량중심의 위치를 찾아라(힌트: 와이어를 폭이 Δa인 얇은 반원환으로 본 후 $\Delta a \to 0$이라 한다).

28. 원형 초승달 $a > 0$에 대하여 원 $x^2 + y^2 = a^2$과 두 직선 $x = a$, $y = a$로 둘러싸인 제1사분면의 영역의 질량중심을 찾아라.

29–31. 일반 물체의 질량중심 가변 차원을 갖는 주어진 2차원, 3차원 영역을 고려하자. 영역을 둘러싸는 표면과 곡선을 지정하고 편리한 좌표계를 선택한 후 균일 밀도를 가정하여 질량중심을 계산하여라. 모든 매개변수는 양의 실수이다.

29. 한 입체 원뿔은 밑면의 반지름이 a이고 높이가 h이다. 질량중심은 밑면으로부터 얼마나 떨어져 있는가?

30. 반지름이 a인 반구로 둘러싸인 입체가 있다. 질량중심은 밑면으로부터 얼마나 떨어져 있는가?

31. 두 변의 길이가 s이고 밑변의 길이가 b인 이등변삼각형으로 둘러싸인 영역이 있다. 질량중심은 밑면으로부터 얼마나 떨어져 있는가?

3단계 도전

32. 반지름이 a인 원이 밑면이고, 높이가 h인 타원면의 상반부로 둘러싸인 입체가 있다. 질량중심은 밑면으로부터 얼마나 떨어져 있는가?

33. 가장자리의 질량중심 균일 밀도를 갖는 얇은 판 $\{(r, \theta): 0 < a \le r \le 1, 0 \le \theta \le \pi\}$가 두 반원 및 x축으로 둘러싸여 있다고 하자.

a. 판의 질량중심의 y좌표를 a의 함수로 표현하고 그래프를 그려라.

b. 질량중심은 판의 가장자리에서 어떤 a값에 위치하는가?

34. 탄산음료 캔의 물 빼기 원기둥 모양 탄산음료 캔의 반경은 4 cm이고 높이는 12 cm이다. 캔에 탄산음료가 가득 차면 이 캔의 내용물의 질량중심이 캔의 축에 밑면으로부터 6 cm 위에 위치한다(캔의 축을 따라 절반인 지점). 캔에서 물이 빠지면서 질량중심이 잠시 내려간다. 그러나 캔이 비어 있을 때(공기로만 채워져 있을 때), 다시 한 번 질량중심이 캔의 축에 밑면으로부터 6 cm 위에 위치한다. 캔에서 질량중심이 가장 낮은 지점의 탄산음료 깊이를 구하여라. 캔의 질량은 무시하고, 탄산음료의 밀도는 1 g/cm^3, 공기의 밀도는 0.001 g/cm^{3}라고 가정한다.

35. 황금 귀걸이 반지름이 r인 원판을 반지름이 R인 더 큰 원판에서 꺼내어 귀걸이를 만든다(그림 참조). 귀걸이가 균일한 밀도의 얇은 판이라고 가정한다.

a. r과 R의 식으로 귀걸이의 질량중심을 구하여라(힌트: 좌표계의 원점을 큰 원판의 중심이나 Q에 놓는다. 어느 쪽이든 귀걸이는 x축에 대하여 대칭이다).

b. 질량중심이 점 P에 위치하는 비율 $\frac{R}{r}$이 황금비 $\frac{1+\sqrt{5}}{2} \approx 1.618$임을 보여라(출처: P. Glaister, *Golden Earrings, Mathematical Gazette*, 80, 1996).

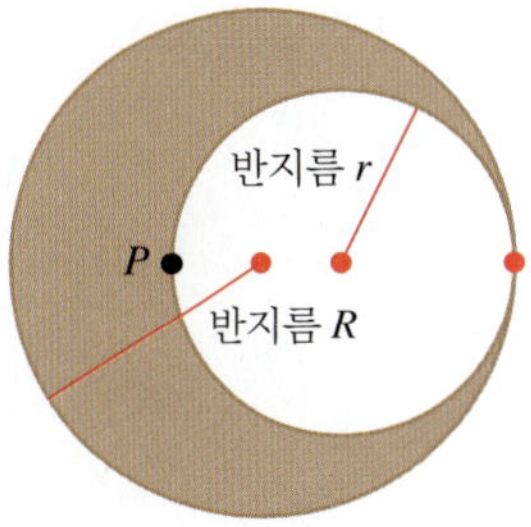

QUICK CHECK 정답

1. 3m **3.** $x = 0$일 때 가장 무겁고 $x = 3$일 때 가장 가볍다. **4.** 점 (x, y)에서 y축까지의 거리는 x이다. 균일 밀도는 모멘트 적분과 질량의 적분에 나타난다. 따라서 두 적분을 나누면 밀도가 소거된다. **5.** xy평면에서 점 (x, y, z)까지의 거리는 z이다. ➤

15.7 중적분에서의 변수 변환

이중적분을 직교좌표에서 극좌표로 변환하는 것(15.3절)과 삼중적분을 직교좌표에서 원주좌표 또는 구면좌표로 변환하는 것(15.5절)은 **변수 변환**으로 알려진 일반적인 예이다. 이 아이디어는 새롭지 않은데, 5장에서 다룬 일변수 적분으로 도입된 변환 규칙도 변수 변환이기 때문이다. 이 절의 목표는 이중적분과 삼중적분에서의 변수 변환 방법을 다루는 것이다.

변수 변환 재점검

변수 변환이 어떻게 일변수 적분을 간단히 했는지 기억해 보자. 예를 들어 적분 $\int_0^1 2\sqrt{2x+1}\,dx$를 간단히 하기 위해 새로운 변수 $u = 2x + 1$을 선택한다. 즉, $du = 2\,dx$이므로 다음을 얻는다.

$$\int_0^1 2\sqrt{2x+1}\,dx = \int_1^3 \sqrt{u}\,du$$

이 등식은 $x = 0$에서 $x = 1$까지 곡선 $y = 2\sqrt{2x+1}$ 아래의 넓이가 $u = 1$에서 $u = 3$까지 곡선 $y = \sqrt{u}$ 아래의 넓이와 같음을 의미한다(그림 15.76). $du = 2\,dx$는 u축의 작은 구간의 길이와 이에 대응하는 x축의 구간의 길이와 관계가 있다.

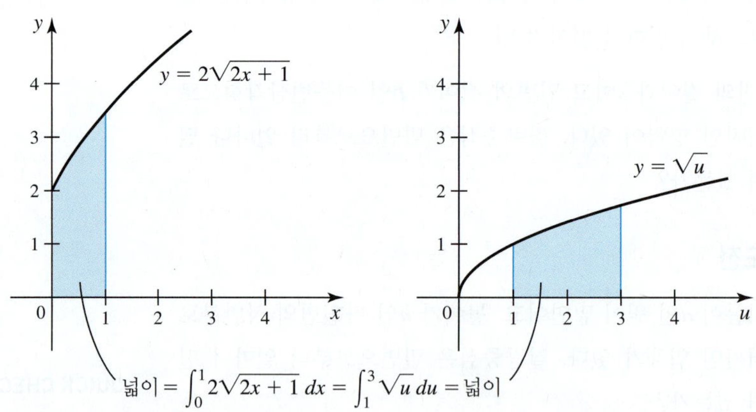

그림 15.76

마찬가지로 일부 이중적분 및 삼중적분도 변수 변환을 통해 간단히 할 수 있다. 예를 들어

$$\int_0^1 \int_0^{\sqrt{1-x^2}} e^{1-x^2-y^2}\,dy\,dx$$

의 적분 영역은 사분원 $R = \{(x, y): x \geq 0, y \geq 0, x^2 + y^2 \leq 1\}$이다. 극좌표 $x = r\cos\theta$, $y = r\sin\theta$, $dy\,dx = r\,dr\,d\theta$를 이용하여 변수를 변환하면 다음을 얻는다.

$$\int_0^1 \int_0^{\sqrt{1-x^2}} e^{1-x^2-y^2}\, dy\, dx \overset{\substack{x = r\cos\theta \\ y = r\sin\theta}}{=} \int_0^{\pi/2} \int_0^1 e^{1-r^2}\, r\, dr\, d\theta$$

이 경우 원래 적분 영역 R이 새 영역 $S = \{(r, \theta): 0 \le r \le 1, 0 \le \theta \le \pi/2\}$로 변환되며, 이 영역은 $r\theta$평면의 직사각형이다.

평면에서의 변환

이중적분에서의 변수 변환은 두 변수의 순서쌍 (u, v), (x, y)와 관련된 **변환**이다. 이는 $(x, y) = T(u, v)$로 간단히 나타내며, 순서쌍과 관련이 있기 때문에 T는 두 개의 성분을 갖는다.

$$T: x = g(u, v), \quad y = h(u, v)$$

기하학적으로 T는 uv평면에서 영역 S를 취하여 xy평면의 영역 R의 점별로 '매핑'한다(그림 15.77). 이 과정의 결과를 $R = T(S)$와 같이 쓰고 R을 T 아래의 S의 **이미지**(image)라 부른다.

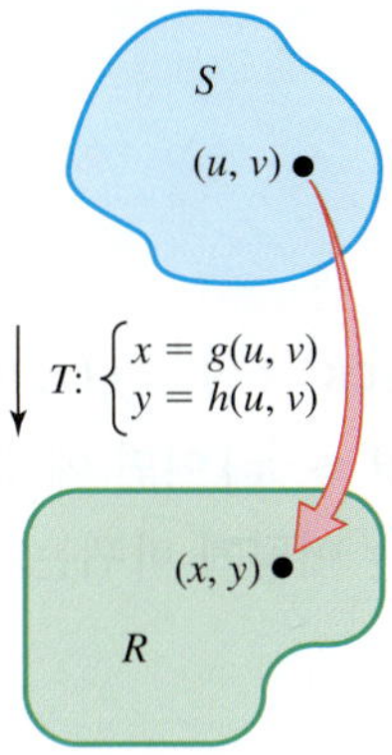

그림 15.77

| 예제 1 | **변환의 이미지** 다음과 같은 극좌표에서 직교좌표로의 변환을 고려하자.

$$T: x = g(r, \theta) = r\cos\theta, \quad y = h(r, \theta) = r\sin\theta$$

이 변환에서 다음 사각형의 이미지를 찾아라.

$$S = \{(r, \theta): 0 \le r \le 1, 0 \le \theta \le \pi/2\}$$

➤ 예제 1에서 u, v를 익숙한 극좌표인 r, θ로 대체한다.

풀이 S의 모든 점에 T를 적용하면(그림 15.78) xy평면의 결과 집합 R은 무엇인가? 이 질문에 답하는 한 가지 방법은 S의 경계를 반시계 방향으로 걸어 다닌다고 가정하고, xy평면에서 대응하는 경로를 결정하는 것이다. $r\theta$평면에서 수평축을 r축으로 하고 수직축을 θ축으로 한 다음 원점에서 시작하여 직사각형 S의 모서리를 다음과 같이 나타내자.

$$A = \{(r, \theta): 0 \le r \le 1, \theta = 0\} \quad \text{아래쪽 경계}$$

$$B = \left\{(r, \theta): r = 1, 0 \le \theta \le \frac{\pi}{2}\right\} \quad \text{오른쪽 경계}$$

$$C = \left\{(r, \theta): 0 \le r \le 1, \theta = \frac{\pi}{2}\right\} \quad \text{위쪽 경계}$$

$$D = \left\{(r, \theta): r = 0, 0 \le \theta \le \frac{\pi}{2}\right\} \quad \text{왼쪽 경계}$$

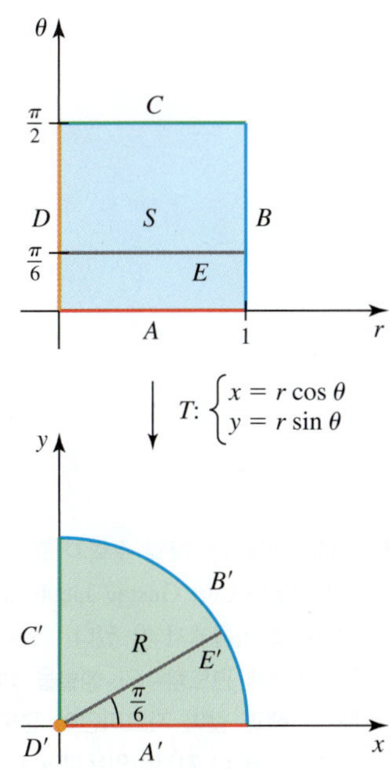

그림 15.78

표 15.6은 S의 네 경계에 대한 변환의 영향을 보여 준다. xy평면에서 R의 경계는 A', B', C', D'으로 표기한다(그림 15.78).

표 15.6

$r\theta$ 평면에서 S의 경계	변환 방정식	xy 평면에서 R의 경계
A: $0 \le r \le 1, \theta = 0$	$x = r\cos\theta = r$, $y = r\sin\theta = 0$	A': $0 \le x \le 1, y = 0$
B: $r = 1, 0 \le \theta \le \pi/2$	$x = r\cos\theta = \cos\theta$, $y = r\sin\theta = \sin\theta$	B': 단위사분원
C: $0 \le r \le 1, \theta = \pi/2$	$x = r\cos\theta = 0$, $y = r\sin\theta = r$	C': $x = 0, 0 \le y \le 1$
D: $r = 0, 0 \le \theta \le \pi/2$	$x = r\cos\theta = 0$, $y = r\sin\theta = 0$	D': 점 $(0, 0)$

QUICK CHECK 1 $S = \{(r, \theta): 0 \le r \le 1, 0 \le \theta \le \pi\}$이면 예제 1에서 S의 이미지는 어떻게 바뀌는가? ◀

S의 직사각형 경계 이미지는 R의 경계이다. 또한 R 내부의 한 점이 S 내부에 있는 한 점의 이미지임을 보일 수 있다(예를 들어 그림 15.78의 $r\theta$평면의 수평 선분 E는 xy평면의 선분 E'으로 이동한다). 따라서 S의 이미지는 xy평면의 사분원 R과 같다.

관련 연습문제 6번 ◀

함수 f가 I의 임의의 두 점 x_1, x_2에 대하여 $f(x_1) = f(x_2)$이면 $x_1 = x_2$일 때 일대일 함수임을 기억하자. 변수 변환의 경우에도 유사한 속성이 필요하다.

정의 일대일 변환

S의 두 점 P, Q에 대하여 $T(P) = T(Q)$이면 $P = Q$일 때 영역 S에서 영역 R로의 변환 T는 S에서 일대일이다.

예제 1의 극좌표 변환은 직사각형 $S = \{(r, \theta): 0 \le r \le 1, 0 \le \theta \le \pi/2\}$에서 일대일이 아니라는 점에 유의하자($r = 0$을 만족하는 모든 점이 $(0, 0)$에 매핑되기 때문이다). 그러나 S의 내부에서 이 변환은 일대일이 된다.

이제 변환(변수의 변화)이 어떻게 이중적분을 단순화하는지 예측할 수 있다. 이중적분 $\iint_R f(x, y)\,dA$를 가정하자. 목표는 새로운 등가 적분 $\iint_S f(x(u, v), y(u, v))\,dA$가 단순한 영역 S(직사각형 등), 단순한 피적분함수 또는 둘 모두를 포함하도록 새로운 순서쌍 (u, v)의 집합으로의 변환을 찾는 것이다. 다음 정리는 이 과정을 정확히 가능하게 해 주지만, 먼저 새로운 개념이 필요하다.

▶ 자코비안(Jacobian)은 독일 수학자 칼 구스타프 제이콥 자코비(Carl Gustav Jacob Jacobi, 1804–1851)의 이름에서 따 왔다. 어떤 책에서는 자코비안이 편도함수의 행렬을 의미한다. 또는 이 책과 같이 자코비안이 편도함수의 행렬식이다. 둘 다 자코비안은 $J(u, v)$ 또는 $\frac{\partial(x, y)}{\partial(u, v)}$로 표기한다.

정의 이변수 변환의 자코비안 행렬식

g와 h가 uv평면의 영역에서 미분가능할 때, 주어진 변환 T: $x = g(u, v)$, $y = h(u, v)$에 대한 **자코비안 행렬식**(또는 **자코비안**)은 다음과 같다.

$$J(u, v) = \frac{\partial(x, y)}{\partial(u, v)} = \begin{vmatrix} \dfrac{\partial x}{\partial u} & \dfrac{\partial x}{\partial v} \\ \dfrac{\partial y}{\partial u} & \dfrac{\partial y}{\partial v} \end{vmatrix} = \frac{\partial x}{\partial u}\frac{\partial y}{\partial v} - \frac{\partial x}{\partial v}\frac{\partial y}{\partial u}$$

자코비안을 편도함수의 2×2 행렬식으로 기억하는 것이 가장 쉽다. 자코비안을 직접 쓰면 이중적분의 변수 변환을 다음과 같이 나타낼 수 있다.

QUICK CHECK 2 $x = u + v$, $y = 2v$일 때 $J(u, v)$를 구하여라. ◀

정리 15.8 이중적분의 변수 변환

T: $x = g(u, v)$, $y = h(u, v)$를 uv평면의 닫힌 유계 영역 S를 xy평면의 영역 R로 매핑하는 변환이라 하자. T는 S의 내부에서 일대일이고 g, h는 연속인 1계 편도함수를 갖는다고 가정하자. f가 R에서 연속이면 다음이 성립한다.

$$\iint_R f(x, y)\,dA = \iint_S f(g(u, v), h(u, v))\,|J(u, v)|\,dA$$

➤ g, h가 연속인 일차 편도함수를 가지면 새 피적분함수는 적분 가능하다.

이 결과의 증명은 기술적이며 고등 수학 책에서 찾을 수 있다. 두 번째 적분에 나타나는 인자 $|J(u, v)|$는 자코비안의 절댓값이다. 정리 15.8의 두 적분의 넓이 요소를 같다고 놓으면 $dx\,dy = |J(u, v)|\,du\,dv$임을 알 수 있다. 이 식은 자코비안이 확대(또는 축소) 인자임을 보여 준다. xy평면에서 작은 영역의 넓이 $dx\,dy$는 uv평면의 해당 영역의 넓이 $du\,dv$와 관련된다. 변환 방정식이 선형이면 이 관계는 $T(S) = |J(u, v)| \cdot (S$의 넓이)이다. 어떻게 하면 자코비안이 나타나는지는 연습문제 32번에서 탐구한다.

➤ R에서의 적분에서 dA는 $dx\,dy$이고, S에서의 적분에서 dA는 $du\,dv$이다. 관계식 $dx\,dy = |J|\,du\,dv$는 일변수 변환에서 $du = g'(x)dx$와 유사하다.

| 예제 2 | 극좌표를 직교좌표로 변환할 때의 자코비안 다음 변환의 자코비안을 계산하여라.

$$T:\ x = g(r, \theta) = r\cos\theta, \qquad y = h(r, \theta) = r\sin\theta$$

풀이 필요한 편도함수는

$$\frac{\partial x}{\partial r} = \cos\theta, \quad \frac{\partial x}{\partial \theta} = -r\sin\theta, \quad \frac{\partial y}{\partial r} = \sin\theta, \quad \frac{\partial y}{\partial \theta} = r\cos\theta$$

이고, 다음이 성립한다.

$$J(r, \theta) = \frac{\partial(x, y)}{\partial(r, \theta)} = \begin{vmatrix} \dfrac{\partial x}{\partial r} & \dfrac{\partial x}{\partial \theta} \\ \dfrac{\partial y}{\partial r} & \dfrac{\partial y}{\partial \theta} \end{vmatrix} = \begin{vmatrix} \cos\theta & -r\sin\theta \\ \sin\theta & r\cos\theta \end{vmatrix} = r(\cos^2\theta + \sin^2\theta) = r$$

이 행렬식 계산은 극좌표에 대한 변수 변환 공식을 확인시킨다. 즉, $dx\,dy$는 $r\,dr\,d\theta$가 된다. ◀

이제 변수를 바꿀 준비가 됐다. 적분 $\iint_R f(x, y)\,dA$를 $\iint_S f(x(u, v), y(u, v))\,|J(u, v)|\,dA$로 변환하려면 변환 $x = g(u, v)$, $y = h(u, v)$를 찾은 후 이를 이용하여 적분 S의 새로운 영역을 찾아야 한다. 다음 예제는 변환이 주어졌다고 가정했을 때

영역 S를 찾는 방법을 보여 준다.

| 예제 3 | 주어진 변수 변환에 대한 이중적분 네 꼭짓점이 (0, 0), (0, 1), (2, 4), (2, 5)인 xy평면의 평행사변형 R(그림 15.79)에서 $\iint_R \sqrt{2x(y-2x)}\,dA$를 계산하여라. 다음 변환을 사용하여라.

$$T\colon\ x = 2u,\ y = 4u + v$$

풀이 R이 uv평면의 어느 영역 S에 매핑되는가? T는 uv평면의 점을 xy평면의 점으로 이동시키므로 $x = 2u$, $y = 4u + v$를 u, v에 관하여 풀어서 과정을 뒤집어야 한다.

$$\text{첫 번째 방정식: } x = 2u \ \Rightarrow\ u = \frac{x}{2}$$

$$\text{두 번째 방정식: } y = 4u + v \ \Rightarrow\ v = y - 4u = y - 2x$$

uv평면의 영역 S를 결정하기 위해 xy평면에서 R의 경계를 따라가는 대신 R의 꼭짓점의 이미지를 찾는 것으로 충분하다. 즉, 꼭짓점이 표 15.7과 같이 매핑되는지 확인해야 한다.

uv평면의 점들을 순서대로 연결하면 S가 단위정사각형 $\{(u, v)\colon 0 \le u \le 1,\ 0 \le v \le 1\}$임을 알 수 있다(그림 15.79). 이 부등식은 uv평면에서 적분 범위를 결정한다.

$2x$를 $4u$로, $y - 2x$를 v로 치환하면 원래 적분은 $\sqrt{2x(y-2x)} = \sqrt{4uv}$가 된다. 자코비안은 다음과 같다.

$$J(u, v) = \begin{vmatrix} \dfrac{\partial x}{\partial u} & \dfrac{\partial x}{\partial v} \\ \dfrac{\partial y}{\partial u} & \dfrac{\partial y}{\partial v} \end{vmatrix} = \begin{vmatrix} 2 & 0 \\ 4 & 1 \end{vmatrix} = 2$$

이제 적분은 다음과 같다.

$$\iint_R \sqrt{2x(y-2x)}\,dA = \iint_S \sqrt{4uv}\,\underbrace{|J(u,v)|}_{2}\,dA \qquad \text{변수 변환하기}$$

$$= \int_0^1\int_0^1 \sqrt{4uv}\,2\,du\,dv \qquad \text{반복 적분으로 나타내기}$$

$$= 4\int_0^1 \frac{2}{3}\sqrt{v}\,(u^{3/2})\Big|_0^1\,dv \qquad \text{내부 적분 계산하기}$$

$$= \frac{8}{3}\cdot\frac{2}{3}\,(v^{3/2})\Big|_0^1 = \frac{16}{9} \qquad \text{외부 적분 계산하기}$$

변수 변환의 효과는 그림 15.80에 설명되어 있으며, 여기서 영역 R에 대한 표면은 $z = \sqrt{2x(y-2x)}$이고, 영역 S에 대한 표면은 $w = 2\sqrt{4uv}$임을 알 수 있다. 두 곡면 아래의 입체의 부피는 같지만 S에 대한 적분이 계산하기 더 쉽다.

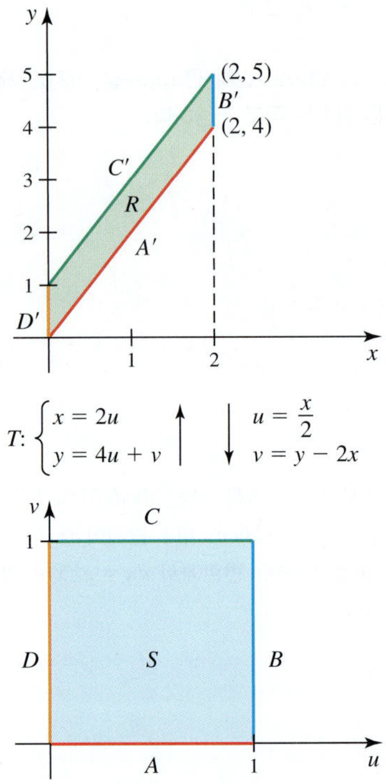

그림 15.79

➤ '다른 방향으로 간다'라는 것은 보통 T^{-1}로 표기되는 역변환을 의미한다.

표 15.7

(x, y)	(u, v)
(0, 0)	(0, 0)
(0, 1)	(0, 1)
(2, 5)	(1, 1)
(2, 4)	(1, 0)

➤ T는 전단 변환(shearing transformation)의 예이다. 점의 u좌표가 클수록 점이 v 방향으로 더 진행한다. 이는 u 방향으로 균일하게 늘어나는 것과도 관계가 있다.

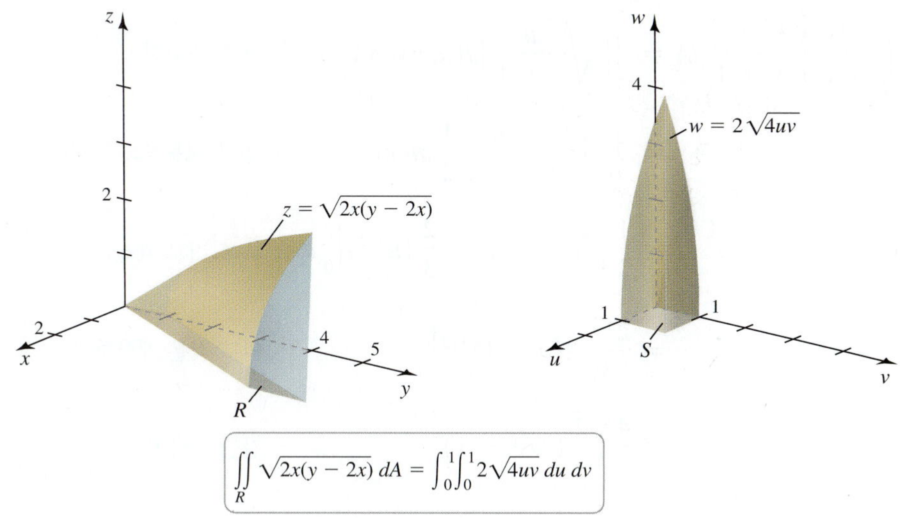

그림 15.80

관련 연습문제 16번 ◀

QUICK CHECK 3 두 방정식 $u = x + y$, $v = -x + 2y$를 x와 y에 관하여 풀어라. ◀

예제 3에서 필요한 변환이 주어졌다. 보다 현실적으로 피적분함수 또는 적분 영역의 형태로부터 적절한 변환을 추론해야 한다.

| 예제 4 | 피적분함수에 의해 결정되는 변수 변환 R이 네 꼭짓점이 (0, 0), (1, −1), (2, 0), (1, 1)인 정사각형일 때(그림 15.81), $\iint_R \sqrt{\frac{x-y}{x+y+1}}\, dA$를 계산하여라.

풀이 현 상태 그대로 적분을 계산하려면 영역 R을 두 개의 하위 영역으로 분할해야 하며, 피적분함수에도 어려움이 있다. 피적분함수의 $x + y$항과 $x - y$항은 다음과 같은 새로운 변수를 제시한다.

$$u = x - y, \qquad v = x + y$$

이 변환에서 R에 해당하는 uv평면의 영역 S를 결정하기 위해 uv평면에서 R의 꼭짓점 이미지를 찾아 순서대로 연결한다. 결과는 정사각형 $S = \{(u, v): 0 \le u \le 2, 0 \le v \le 2\}$이다(그림 15.81). 자코비안을 계산하기 전에 x, y를 u, v로 나타낸다. 두 방정식을 더하고 x에 관하여 풀면 $x = (u + v)/2$이며, 두 방정식을 빼고 y에 관하여 풀면 $y = (v - u)/2$이다. 이제 자코비안은 다음과 같다.

$$J(u, v) = \begin{vmatrix} \frac{\partial x}{\partial u} & \frac{\partial x}{\partial v} \\ \frac{\partial y}{\partial u} & \frac{\partial y}{\partial v} \end{vmatrix} = \begin{vmatrix} \frac{1}{2} & \frac{1}{2} \\ -\frac{1}{2} & \frac{1}{2} \end{vmatrix} = \frac{1}{2}$$

새로운 변수를 선택하면 원래 피적분함수 $\sqrt{\frac{x-y}{x+y+1}}$는 $\sqrt{\frac{u}{v+1}}$가 된다. 이제 uv평면에서의 적분을 수행할 수 있다.

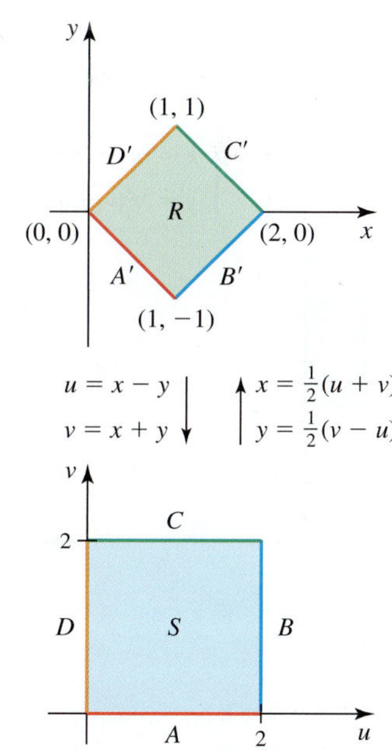

그림 15.81

➤ 예제 4의 변환은 회전(rotation)이다. 이 변환은 R의 점들을 반시계 방향으로 45°만큼 회전시킨다(길이도 $\sqrt{2}$배 증가시킨다). 이 예제는 변환 $u = x + y$, $v = x - y$가 잘 작동한다.

➤ 이중적분에서 변수 변환이 항상 명백하지는 않다. 피적분함수나 적분 범위 또는 둘 다를 간단히 하기 위해서는 몇 번의 시도와 실수가 동반된다. 이 전략은 이 절의 마지막에서 다룬다.

$$\iint_R \sqrt{\frac{x-y}{x+y+1}}\, dA = \iint_S \sqrt{\frac{u}{v+1}}\, |J(u,v)|\, dA \quad \text{변수 변환하기}$$

$$= \int_0^2\int_0^2 \sqrt{\frac{u}{v+1}}\,\frac{1}{2}\, du\, dv \quad \text{반복 적분으로 나타내기}$$

$$= \frac{1}{2}\int_0^2 (v+1)^{-1/2}\,\frac{2}{3}\,(u^{3/2})\Big|_0^2\, dv \quad \text{내부 적분 계산하기}$$

$$= \frac{2^{3/2}}{3}\, 2(v+1)^{1/2}\Big|_0^2 \quad \text{외부 적분 계산하기}$$

$$= \frac{4\sqrt{2}}{3}(\sqrt{3}-1) \quad \text{간단히 하기}$$

➤

QUICK CHECK 4 예제 4에서 R에 대한 S의 넓이의 비는 얼마인가? 이 비는 J와 어떤 관계가 있는가? ➤

| 예제 5 | 영역에 의해 결정되는 변수 변환 R을 네 포물선 $x = y^2$, $x = y^2 - 4$, $x = 9 - y^2$, $x = 16 - y^2$으로 둘러싸인 제1사분면의 영역이라고 하자(그림 15.82). $\iint_R y^2\, dA$를 계산하여라.

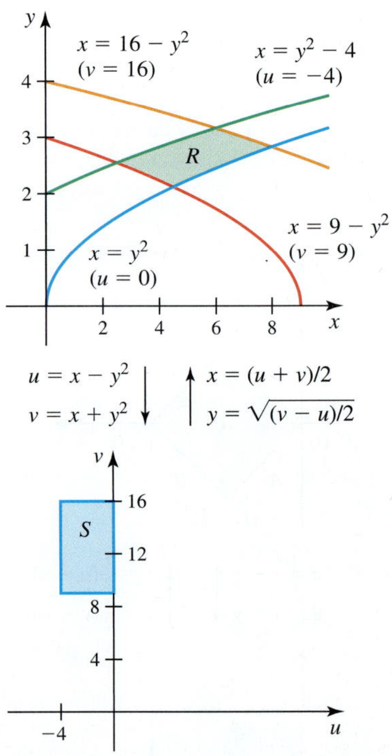

그림 15.82

풀이 경계 곡선은 $x - y^2 = 0$, $x - y^2 = -4$, $x + y^2 = 9$, $x + y^2 = 16$으로 표현할 수 있다. C가 상수일 때, 처음 두 포물선은 $x - y^2 = C$ 형태이고, 이는 새로운 변수 $u = x - y^2$을 제안한다. 마지막 두 포물선은 $x + y^2 = C$ 형태이며, 이는 새로운 변수 $v = x + y^2$을 제안한다. 따라서 새로운 변수는 다음과 같다.

$$u = x - y^2, \qquad v = x + y^2$$

S의 경계 곡선은 $u = -4$, $u = 0$, $v = 9$, $v = 16$이다. 따라서 새로운 영역은 $S = \{(u, v): -4 \le u \le 0, 9 \le v \le 16\}$이다(그림 15.82). 자코비안을 계산하려면 x, y를 u, v로 나타내는 변환 T를 찾아야 한다. R의 모든 점에 대하여 $y \ge 0$이므로 x와 y에 관하여 풀면 다음을 얻는다.

$$T:\ x = \frac{u+v}{2}, \qquad y = \sqrt{\frac{v-u}{2}}$$

S의 모든 점은 $v > u$를 만족하므로 $\sqrt{v-u}$가 정의된다. 이제 자코비안이 다음과 같이 계산된다.

$$J(u,v) = \begin{vmatrix} \dfrac{\partial x}{\partial u} & \dfrac{\partial x}{\partial v} \\ \dfrac{\partial y}{\partial u} & \dfrac{\partial y}{\partial v} \end{vmatrix} = \begin{vmatrix} \dfrac{1}{2} & \dfrac{1}{2} \\ -\dfrac{1}{2\sqrt{2(v-u)}} & \dfrac{1}{2\sqrt{2(v-u)}} \end{vmatrix} = \frac{1}{2\sqrt{2(v-u)}}$$

변수 변환은 다음과 같이 진행된다.

$$\iint_R y^2\,dA = \int_9^{16}\int_{-4}^{0} \underbrace{\frac{v-u}{2}}_{y^2} \underbrace{\frac{1}{2\sqrt{2(v-u)}}}_{|J(u,v)|}\,du\,dv \quad \text{반복 적분으로 나타내기}$$

$$= \frac{1}{4\sqrt{2}}\int_9^{16}\int_{-4}^{0}\sqrt{v-u}\,du\,dv \quad \text{간단히 하기}$$

$$= \frac{1}{4\sqrt{2}}\frac{2}{3}\int_9^{16}\left(-(v-u)^{3/2}\right)\Big|_{-4}^{0}dv \quad \text{내부 적분 계산하기}$$

$$= \frac{1}{6\sqrt{2}}\int_9^{16}\left((v+4)^{3/2}-v^{3/2}\right)dv \quad \text{간단히 하기}$$

$$= \frac{1}{6\sqrt{2}}\frac{2}{5}\left((v+4)^{5/2}-v^{5/2}\right)\Big|_9^{16} \quad \text{외부 적분 계산하기}$$

$$= \frac{\sqrt{2}}{30}\left(32\cdot 5^{5/2}-13^{5/2}-781\right) \quad \text{간단히 하기}$$

$$\approx 18.79$$

관련 연습문제 18번 ◀

삼중적분에서의 변수 변환

삼중적분에서 다음과 같은 변환 T로 작업하자.

$$T:\ x = g(u, v, w),\quad y = h(u, v, w),\quad z = p(u, v, w)$$

이 경우 T는 uvw공간의 영역 S를 xyz공간의 영역 D로 매핑한다. 이전과 마찬가지로 적분 $\iiint_D f(x, y, z)\,dV$를 계산하기 더 쉬운 영역 S의 새로운 적분으로 변환하는 것이 목표이다. 먼저 자코비안이 필요하다.

정의 삼변수 변환의 자코비안 행렬식

세 함수 g, h, p가 uvw공간의 영역에서 미분가능할 때, 주어진 변환 T: $x = g(u, v, w)$, $y = h(u, v, w)$, $z = p(u, v, w)$에 대한 **자코비안 행렬식**(또는 **자코비안**)은 다음과 같다.

$$J(u, v, w) = \frac{\partial(x, y, z)}{\partial(u, v, w)} = \begin{vmatrix} \frac{\partial x}{\partial u} & \frac{\partial x}{\partial v} & \frac{\partial x}{\partial w} \\ \frac{\partial y}{\partial u} & \frac{\partial y}{\partial v} & \frac{\partial y}{\partial w} \\ \frac{\partial z}{\partial u} & \frac{\partial z}{\partial v} & \frac{\partial z}{\partial w} \end{vmatrix}$$

➤ 1행에 대하여 전개하면 다음과 같다.

$$\begin{vmatrix} a_{11} & a_{12} & a_{13} \\ a_{21} & a_{22} & a_{23} \\ a_{31} & a_{32} & a_{33} \end{vmatrix} = a_{11}(a_{22}a_{33} - a_{23}a_{32}) - a_{12}(a_{21}a_{33} - a_{23}a_{31}) + a_{13}(a_{21}a_{32} - a_{22}a_{31})$$

자코비안은 3×3 행렬식으로 계산되며 u, v, w에 관한 함수이다. 이 세 변수에 대한 변수 변환은 이변수와 유사한 방법으로 진행된다.

▶ 양쪽 적분의 부피소를 맞추면 $dx\,dy\,dz = |J(u, v, w)|\,du\,dv\,dw$이다. 이전과 마찬가지로 자코비안은 확대(또는 축소) 인자이고, xyz 공간의 작은 영역의 부피를 uvw 공간의 영역의 부피로 대응시킨다.

정리 15.9 삼중적분의 변수 변환

$T: x = g(u, v, w), y = h(u, v, w)$를 uvw공간의 닫힌 유계 영역 S를 xyz공간의 영역 $D = T(S)$로 매핑하는 변환이라고 하자. T는 S의 내부에서 일대일이고 g, h, p는 연속인 1계 편도함수를 갖는다고 가정하자. f가 D에서 연속이면 다음이 성립한다.

$$\iiint_D f(x, y, z)\,dV = \iiint_S f(g(u, v, w), h(u, v, w), p(u, v, w))\,|J(u, v, w)|\,dV$$

▶ 15.5절의 원주좌표로 된 삼중적분도 이 변수 변환 공식과 일치한다. 연습문제 25번을 참조하여라.

| 예제 6 | 삼중적분 D가 다음 평면으로 둘러싸인 평행육면체일 때, 변수 변환을 사용하여 $\iiint_D xz\,dV$를 계산하여라(그림 15.83(a)).

$$y = x, \quad y = x + 2, \quad z = x, \quad z = x + 3, \quad z = 0, \quad z = 4$$

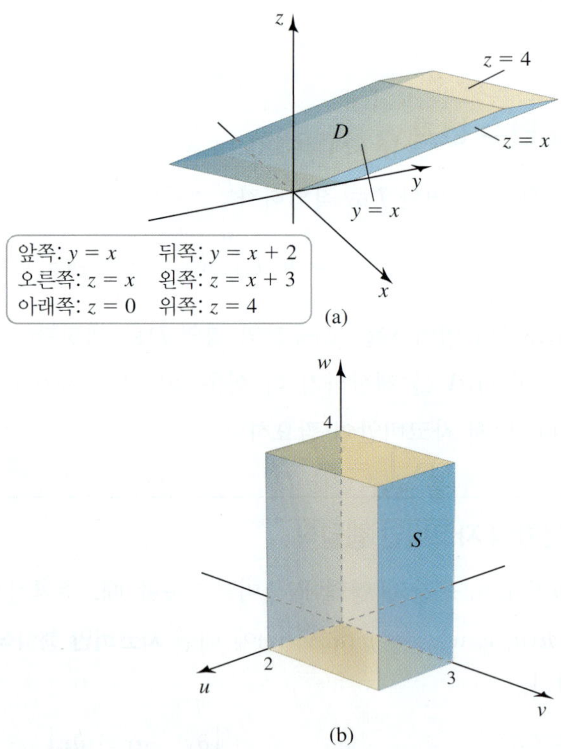

그림 15.83

풀이 핵심은 D가 세 쌍의 서로 평행인 평면에 의해 둘러싸였다는 점이다.

- $y - x = 0,\ y - x = 2$
- $z - x = 0,\ z - x = 3$
- $z = 0,\ z = 4$

이러한 변수들의 조합은 새로운 변수를 제안한다.

$$u = y - x, \quad v = z - x, \quad w = z$$

이 선택에 의해 새로운 적분 영역(그림 15.83(b))은 다음과 같은 직사각형 상자이다.

$$S = \{(u, v, w): 0 \le u \le 2, 0 \le v \le 3, 0 \le w \le 4\}$$

자코비안을 계산하기 위해 x, y, z를 u, v, w로 표현해야 한다. 대수 계산을 하면 다음 변환으로 이어진다.

$$T: \quad x = w - v, \quad y = u - v + w, \quad z = w$$

결과적으로 자코비안은 다음과 같다.

$$J(u, v, w) = \begin{vmatrix} \dfrac{\partial x}{\partial u} & \dfrac{\partial x}{\partial v} & \dfrac{\partial x}{\partial w} \\ \dfrac{\partial y}{\partial u} & \dfrac{\partial y}{\partial v} & \dfrac{\partial y}{\partial w} \\ \dfrac{\partial z}{\partial u} & \dfrac{\partial z}{\partial v} & \dfrac{\partial z}{\partial w} \end{vmatrix} = \begin{vmatrix} 0 & -1 & 1 \\ 1 & -1 & 1 \\ 0 & 0 & 1 \end{vmatrix} = 1$$

➤ 예제 6에서 자코비안은 3행에 관하여 전개하는 것이 가장 쉽다.

피적분함수가 $xz = (w - v)w = w^2 - vw$라는 점에 주목하여 다음과 같이 적분을 계산할 수 있다.

$$\begin{aligned}
\iiint_D xz\, dV &= \iiint_S (w^2 - vw)\, |J(u, v, w)|\, dV && \text{변수 변환하기} \\
&= \int_0^4 \int_0^3 \int_0^2 (w^2 - vw) \underbrace{1}_{|J(u,v,w)|}\, du\, dv\, dw && \text{반복 적분으로 나타내기} \\
&= \int_0^4 \int_0^3 2(w^2 - vw)\, dv\, dw && \text{중간 적분 계산하기} \\
&= 2\int_0^4 \left(vw^2 - \frac{v^2 w}{2} \right) \Big|_0^3\, dw && \text{중간 적분 계산하기} \\
&= 2\int_0^4 \left(3w^2 - \frac{9w}{2} \right) dw && \text{간단히 하기} \\
&= 2\left(w^3 - \frac{9w^2}{4} \right) \Big|_0^4 = 56 && \text{외부 적분 계산하기}
\end{aligned}$$

관련 연습문제 22번 ◀

QUICK CHECK 5 (예제 6과 같이) 값이 1인 자코비안을 해석하여라. ◀

새 변수 선택 전략

때때로 변수 변환은 피적분함수를 단순화하지만 어색한 적분 영역을 만들기도 한다. 반대로 새로운 적분 영역은 적분의 추가적인 복잡한 계산을 감수하면서 단순해질 수 있다. 다음은 적분의 새로운 변수를 찾기 위한 몇 가지 제안 사항이다. 이중적분에 대한 관찰은 삼중적분에도 적용된다. 이전과 같이 R은 xy평면의 원래 적분 영역이고 S는 uv평면의 새로운 영역이다.

1. **uv평면의 간단한 적분 영역이 목표** uv평면의 새로운 적분 영역은 가능한 한 간단해야 한다. 이중적분은 좌표축에 평행한 변이 있는 직사각형 영역에서 적분

하기 가장 쉽다.

> 변환이란 u, v에 관한 식을 x, y에 관하여 풀거나 그 반대 과정이다.

2. $(x, y) \rightarrow (u, v)$와 $(u, v) \rightarrow (x, y)$ 중 어느 것이 더 나은가? 어떤 문제는 (x, y)를 (u, v)의 함수로 쓰는 것이 더 쉽다. 다른 경우, 그 반대이다. 문제에 따라 변환을 뒤집는 것(반대 방향으로 가는 관계를 찾는 것)이 쉽거나 어렵거나 불가능할 수 있다.

- (x, y)에 대하여 (u, v)의 항(즉, $x = g(u, v)$와 $y = h(u, v)$)를 알고 있으면 영역 S로 주어진 R을 그림으로 나타내는 것처럼 자코비안을 계산하는 것이 간단해진다. 그러나 S의 모양을 확인하려면 변수 변환을 해야 한다.
- (u, v)에 대하여 (x, y)의 항(즉, $u = G(x, y)$와 $v = H(x, y)$)를 알고 있으면 영역 S을 그림으로 나타내는 것은 간단하다. 그러나 변환하기 위해서는 자코비안을 계산해야 한다.

3. 적분하여 새로운 변수를 제안 새 변수는 종종 피적분함수를 단순화하기 위해 선택된다. 예를 들어 피적분함수 $\sqrt{\frac{x-y}{x+y}}$는 새로운 변수 $u = x - y$, $v = x + y$ (또는 $u = x + y$, $v = x - y$)를 불러온다. 그러나 이러한 변수 변환이 적분 영역을 단순화할 것이라는 보장은 없다. 변수의 조합이 하나만 나타나는 경우, 하나의 새 변수는 해당 조합으로 하고 다른 새 변수는 변환하지 않도록 한다. 예를 들어 피적분함수가 $(x + 4y)^{3/2}$이면 $u = x + 4y$, $v = y$로 변환한다.

4. 영역에서 새로운 변수를 제안 예제 5는 이상적인 상황을 보여 주는데, 영역 R이 두 쌍의 '평행' 곡선 $g(x, y) = C_1$, $h(x, y) = C_2$에 의해 제한될 때 발생한다(그림 15.84). 이 경우 새로운 적분 영역은 직사각형 $S = \{(u, v): a_1 \le u \le a_2, b_1 \le v \le b_2\}$이며, 여기서 $u = g(x, y)$, $v = h(x, y)$이다.

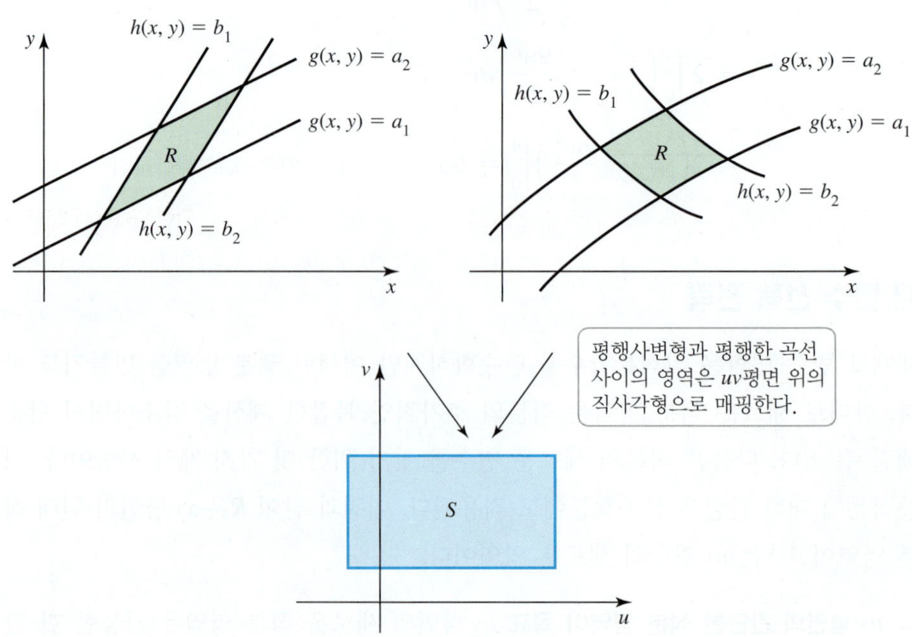

그림 15.84

또 다른 예로 영역이 두 직선 $y = x$(즉, $y/x = 1$), $y = 2x$(즉, $y/x = 2$)와 두 쌍곡선 $xy = 1$, $xy = 3$에 의해 둘러싸여 있다고 가정하자. 이때 새로운 변수는 $u = xy$, $v = y/x$(또는 그 반대)이고, 새로운 적분 영역은 직사각형 $S = \{(u, v): 1 \le u \le 3, 1 \le v \le 2\}$이다.

15.7절 연습문제

1단계 스타트

1. S를 uv평면의 제1사분면에 있는 단위정사각형이라고 하자. 변환 T: $x = 2u$, $y = 2v$의 이미지를 설명하여라.

2. 변환 T: $x = u + v$, $y = u - v$를 사용하면 단위정사각형 $S = \{(u, v): 0 \le u \le 1, 0 \le v \le 1\}$의 이미지는 xy평면의 영역 R이 된다. S에 대한 새로운 적분을 찾기 위해 적분 $\iint_R f(x, y)\,dA$에 대한 변수 변환 방법을 설명하여라.

2단계 실전

3–6. 정사각형 변환 $S = \{(u, v): 0 \le u \le 1\}$을 uv평면의 단위정사각형이라 하자. 다음 변환에 의한 xy평면에서 S의 이미지를 찾아라.

3. $T: x = 2u, y = v/2$

4. $T: x = (u + v)/2, y = (u - v)/2$

5. $T: x = u^2 - v^2, y = 2uv$

6. $T: x = u \cos \pi v, y = u \sin \pi v$

7–8. 영역의 이미지 주어진 변환 T를 사용하여 xy평면 위의 R의 이미지 S를 찾아라.

7. $S = \{(u, v): v \le 1 - u, u \ge 0, v \ge 0\}, T: x = u, y = v^2$

8. $S = \{(u, v): 1 \le u \le 3, 2 \le v \le 4\}, T: x = u/v, y = v$

9–12. 자코비안 계산 주어진 변환 T에 대하여 자코비안 $J(u, v)$를 계산하여라.

9. $T: x = 3u, y = -3v$

10. $T: x = 2uv, y = u^2 - v^2$

11. $T: x = u \cos \pi v, y = u \sin \pi v$

12. $T: x = (u + v)/\sqrt{2}, y = (u - v)/\sqrt{2}$

13–14. 자코비안을 풀고 계산 x, y에 대한 다음 관계식를 푼 다음 자코비안 $J(u, v)$를 계산하여라.

13. $u = x + y, v = 2x - y$

14. $u = 2x - 3y, v = y - x$

15–16. 이중적분—주어진 변환 주어진 적분을 계산하기 위해 다음 단계를 수행하여라.

a. xy평면의 원래 적분 영역 R과 주어진 변수 변환을 사용한 uv평면의 새 영역 S를 그려라.

b. u, v에 관한 새로운 적분의 범위를 찾아라.

c. 자코비안을 계산하여라.

d. 변수를 변환하여 새 적분을 계산하여라.

15. $\iint_R xy\,dA$, R은 네 꼭짓점이 $(0, 0)$, $(1, 1)$, $(2, 0)$, $(1, -1)$인 정사각형

16. $\iint_R x^2\sqrt{x + 2y}\,dA$, $R = \{(x, y): 0 \le x \le 2, -x/2 \le y \le 1 - x\}$ ($x = 2u$, $y = v - u$로 치환)

17–19. 이중적분—변환 택하기 변수 변환을 사용하여 다음 적분을 계산하여라. 원래 적분 영역 R과 새로운 영역 S를 그림으로 나타내어라.

17. $\int_0^1 \int_y^{y+2} \sqrt{x - y}\,dx\,dy$

18. $\iint_R \left(\dfrac{y - x}{y + 2x + 1}\right)^4 dA$, R은 $y - x = 1$, $y - x = 2$, $y + 2x = 0$, $y + 2x = 4$로 둘러싸인 평행사변형

19. $\iint_R xy\,dA$, R은 두 쌍곡선 $xy = 1$, $xy = 4$와 두 직선 $y = 1$, $y = 3$으로 둘러싸인 영역

20–21. 세 변수의 자코비안 주어진 변환에 대하여 자코비안 $J(u, v, w)$를 계산하여라.

20. $x = v + w, y = u + w, z = u + v$

21. $x = vw, y = uw, z = u^2 - v^2$

22–23. 삼중적분 변수 변환을 사용하여 다음 적분을 계산하여라.

22. $\iiint_D xy\,dV$, D는 여섯 개의 평면 $y - x = 0$, $y - x = 2$, $z - y = 0$, $z - y = 1$, $z = 0$, $z = 3$으로 둘러싸인 영역

23. $\iiint_D z\,dV$, D는 포물면 $z = 16 - x^2 - 4y^2$과 xy평면으로 둘러싸인 영역($x = 4u\cos v$, $y = 2u\sin v$, $z = w$로 치환)

24. 참 또는 거짓 다음 명제가 참이면 증명하고 거짓이면 반례를 들어라.

a. 변환 T: $x = g(u, v)$, $y = h(u, v)$가 u, v에서 선형이면 자코비안은 상수이다.

b. 변환 $x = au + bv$, $y = cu + dv$는 일반적으로 삼각형 영역을 삼각형 영역로 매핑한다.

c. 변환 $x = 2v$, $y = -2u$는 원을 원으로 매핑한다.

25. 구면좌표 구면좌표에서 직교좌표로의 변환 $x = \rho\sin\varphi\cos\theta$, $y = \rho\sin\varphi\sin\theta$, $z = \rho\cos\varphi$에 대한 자코비안을 계산하여라. $J(\rho, \varphi, \theta) = \rho^2\sin\varphi$임을 보여라.

26–27. 타원 문제 R을 타원 $x^2/a^2 + y^2/b^2 = 1$, $a > 0$, $b > 0$으로 둘러싸인 영역, T를 변환 $x = au$, $y = bv$라 하자.

26. $\iint_R |xy|\,dA$를 계산하여라.

27. 원점과 R의 점들 사이의 거리 제곱의 평균을 구하여라.

28–29. 타원체 문제 D를 타원면 $x^2/a^2 + y^2/b^2 + z^2/c^2 = 1$, $a > 0$, $b > 0$, $c > 0$으로 둘러싸인 다면체, T를 변환 $x = au$, $y = bv$, $z = cw$라고 하자.

28. D의 부피를 구하여라.

29. 일정한 밀도를 갖는다고 가정하여 $D(z \geq 0)$의 상반 부분의 질량중심을 구하여라.

3단계 도전

30. 포물선 좌표 T를 변환 $x = u^2 - v^2$, $y = 2uv$라고 하자.

a. uv평면의 직선 $u = a$가 x축의 양의 방향에 꼭짓점이 있고 x축의 음의 방향으로 열린 xy평면 위의 포물선에 매핑됨을 보여라.

b. uv평면의 직선 $v = b$가 x축의 음의 방향에 꼭짓점이 있고 x축의 양의 방향으로 열린 xy평면 위의 포물선에 매핑됨을 보여라.

c. $J(u, v)$를 계산하여라.

d. 변수 변환을 이용하여 $x = 4 - y^2/16$, $x = y^2/4 - 1$로 둘러싸인 영역의 넓이를 구하여라.

e. 변수 변환을 이용하여 $x = 4 - y^2/16$, $x = 9 - y^2/36$, $x = y^2/4 - 1$, $x = y^2/64 - 16$으로 둘러싸인 x축 위의 굽은 사각형의 넓이를 구하여라.

f. uv평면의 수평선 및 수직선의 변환 $x = 2uv$, $y = u^2 - v^2$의 효과를 설명하여라.

31. $\mathbb{R}^3$의 전단 변환 다음과 같이 주어진 $\mathbb{R}^3$의 변환 T는 $\mathbb{R}^3$의 여러 전단 변환 중 하나이다.

$$x = au + bv + cw, \qquad y = dv + ew, \qquad z = w$$

여기서 a, b, c, d, e는 양의 실수이다. S를 단위정육면체 $\{(u, v, w): 0 \leq u \leq 1, 0 \leq v \leq 1, 0 \leq w \leq 1\}$로 놓고 $D = T(S)$를 S의 이미지라고 하자.

a. T가 S에 미치는 영향을 그림과 함께 설명하여라.

b. T의 자코비안을 계산하여라.

c. R의 넓이를 S의 넓이인 1과 비교하여라.

d. 균일한 밀도를 가정하여 R의 질량중심을 구한 다음 S의 질량중심인 $\left(\frac{1}{2}, \frac{1}{2}, \frac{1}{2}\right)$과 비교하여라.

32. 자코비안의 의미 자코비안은 점 (u, v) 근방의 작은 영역의 넓이를 점 (x, y) 근방 이미지 영역의 넓이로 확대(또는 축소)하는 인자이다.

a. S를 네 꼭짓점이 $O(0, 0)$, $P(\Delta u, 0)$, $(\Delta u, \Delta v)$, $Q(0, \Delta v)$인 uv평면의 직사각형이라 하자(그림 참조). 변환 $x = g(u, v)$, $y = h(u, v)$에 의한 S의 이미지는 xy평면의 영역 R이다. O', P', Q'을 xy평면에서 각각 O, P, Q의 이미지라 하자. 여기서 O', P', Q'은 한 직선 위에 있지 않다. O', P', Q'의 좌표가 각각 $(g(0, 0), h(0, 0))$, $(g(\Delta u, 0), h(\Delta u, 0))$, $(g(0, \Delta v), h(0, \Delta v))$인 이유를 설명하여라.

b. 두 변수 모두에 테일러 급수를 적용하여 다음을 보여라.

$$\begin{aligned}
g(\Delta u, 0) &\approx g(0, 0) + g_u(0, 0)\Delta u,\\
g(0, \Delta v) &\approx g(0, 0) + g_v(0, 0)\Delta v,\\
h(\Delta u, 0) &\approx h(0, 0) + h_u(0, 0)\Delta u,\\
h(0, \Delta v) &\approx h(0, 0) + h_v(0, 0)\Delta v
\end{aligned}$$

여기서 $g_u(0, 0)$은 $(0, 0)$에서 $\dfrac{\partial x}{\partial u}$의 값이며, g_v, h_u, h_v도 이와 유사한 의미를 갖는다.

c. 두 벡터 $\overrightarrow{O'P'}$, $\overrightarrow{O'Q'}$으로 결정되는 평행사변형을 고려하자. 벡터의 외적을 이용하여 이 평행사변형의 넓이가 약 $|J(u, v)|\,\Delta u\,\Delta v$임을 보여라.

d. S의 넓이에 대한 R의 넓이의 비가 약 $|J(u, v)|$인 이유를

설명하여라.

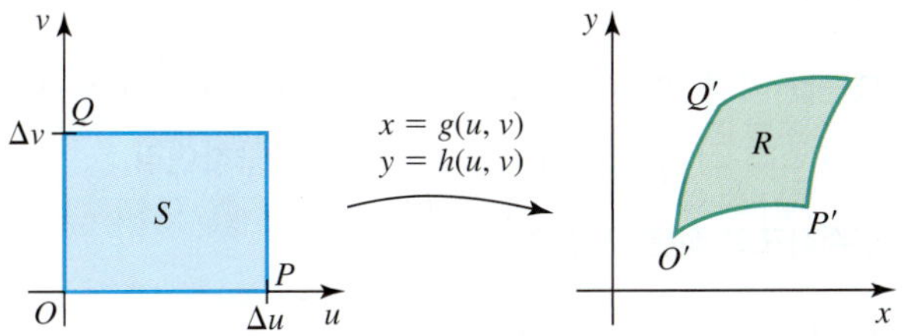

QUICK CHECK 정답

1. 이미지는 반지름이 1인 반원판이다.

2. $J(u, v) = 2$ **3.** $x = 2u/3 - v/3,\ y = u/3 + v/3$

4. 비율은 2이며, 이는 $1/J(u, v)$이다. **5.** 이는 xyz공간의 작은 영역이 변환 T에 의해 uvw공간의 작은 영역으로 이동할 때 이 영역의 부피가 변하지 않음을 의미한다. ◀

15장 연습문제

1. 참 또는 거짓 다음 명제가 참이면 증명하고 거짓이면 반례를 들어라.

a. g가 적분 가능하고 a, b, c, d가 상수이면

$$\int_c^d\int_a^b g(x, y)\,dx\,dy = \left(\int_a^b g(x, y)\,dx\right)\left(\int_c^d g(x, y)\,dy\right)$$

이다.

b. 구면 방정식 $\varphi = \pi/2$, 원주 방정식 $z = 0$, 직교 방정식 $z = 0$은 모두 같은 점들의 집합을 나타낸다.

c. $\iiint_D f(x, y, z)\,dx\,dy\,dz$를 $dx\,dy\,dz$ 순서에서 $dy\,dz\,dx$ 순서로 바꿔서 적분하려면 피적분함수도 $f(x, y, z)$에서 $f(y, z, x)$로 바꿔야 한다.

d. 변환 T: $x = v,\ y = -u$는 uv평면의 정사각형을 xy평면의 삼각형으로 매핑한다.

2. 적분 계산 적분 $\int_1^3\int_1^{e^x}\frac{x}{y}\,dy\,dx$를 작성된 대로 계산하여라.

3–4. 적분 순서 변경 f가 적분 가능하다고 가정하고 적분 순서를 변경하여 다음 적분을 다시 나타내어라.

3. $\int_{-1}^1\int_{x^2}^1 f(x, y)\,dy\,dx$ **4.** $\int_0^1\int_0^{\sqrt{1-y^2}} f(x, y)\,dx\,dy$

5. 평면 영역의 넓이 이중적분을 사용하여 $y = |x|,\ y = 20 - x^2$으로 둘러싸인 영역의 넓이를 계산하여라. 이 영역을 그림으로 나타내어라.

6–8. 이중적분에서 편리한 방법 선택 편리한 방법을 선택하여 다음 적분을 계산하여라.

6. $\iint_R \frac{2y}{\sqrt{x^4 + 1}}\,dA$, R은 $x = 1,\ x = 2,\ y = x^{3/2},\ y = 0$으로 둘러싸인 영역

7. $\iint_R (x + y)\,dA$, R은 원 $r = 4\sin\theta$로 둘러싸인 원판

8. $\int_0^1\int_{y^{1/3}}^1 x^{10}\cos(\pi x^4 y)\,dx\,dy$

9. 직교좌표를 극좌표로 주어진 영역에서 다음 적분을 계산하여라. (r, θ)가 극좌표라고 가정한다.

$$\iint_R 3x^2y\,dA,\ R = \{(r, \theta): 0 \le r \le 1, 0 \le \theta \le \pi/2\}$$

10–11. 넓이 계산 다음 영역을 그린 다음 이중적분을 사용하여 넓이를 찾아라.

10. 장미 $r = 3\cos 2\theta$의 모든 잎으로 둘러싸인 영역

11. 심장형 $r = 2 - 2\cos\theta$의 내부와 심장형 $r = 2 + 2\cos\theta$의 내부의 공통 영역

12. 평균값 $0 \le z \le 8$에 대하여 원뿔 $z = 2\sqrt{x^2 + y^2}$으로 둘러싸인 입체 원뿔의 점들로부터 z축까지의 평균 거리를 구하여라.

13. 적분 순서 변경 다음 적분을 주어진 적분 순서로 다시 작성하여라.

$$\int_0^1\int_0^{\sqrt{1-x^2}}\int_{2\sqrt{x^2+y^2}}^2 f(x, y, z)\,dz\,dy\,dx,\ dx\,dz\,dy \text{ 순서}$$

14–16. 삼중적분 다음 적분을 계산하여라. 필요한 경우 적분 순서를 변경하여라.

14. $\int_0^1\int_{-z}^z\int_{-\sqrt{1-x^2}}^{\sqrt{1-x^2}} dy\,dx\,dz$

15. $\int_1^9\int_0^1\int_{2y}^2 \frac{4\sin x^2}{\sqrt{z}}\,dx\,dy\,dz$

16. $\int_0^2 \int_0^{y^{1/3}} \int_0^{y^2} yz^5(1 + x + y^2 + z^6)^2\, dx\, dz\, dy$

17–19. 입체의 부피 다음 입체의 부피를 구하여라.

17. 네 개의 평면 $x = 0$, $y = 0$, $z = 3 - 2y$, $z = 2x^2 + 1$로 둘러싸인 입체 영역

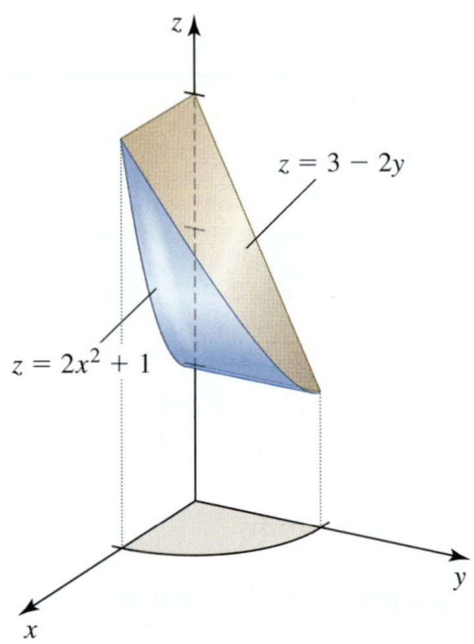

18. 원기둥 $x^2 + y^2 = 4$가 두 평면 $z = 0$, $y = z$에 의해 잘린 쐐기 중 하나

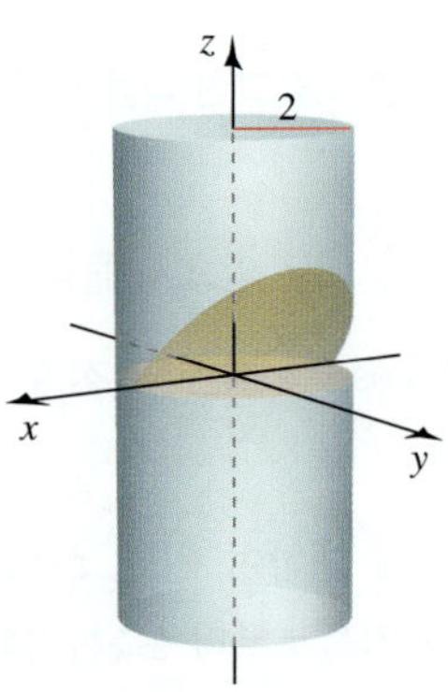

19. 두 원기둥 $x^2 + y^2 = 4$, $x^2 + z^2 = 4$의 공통 부분

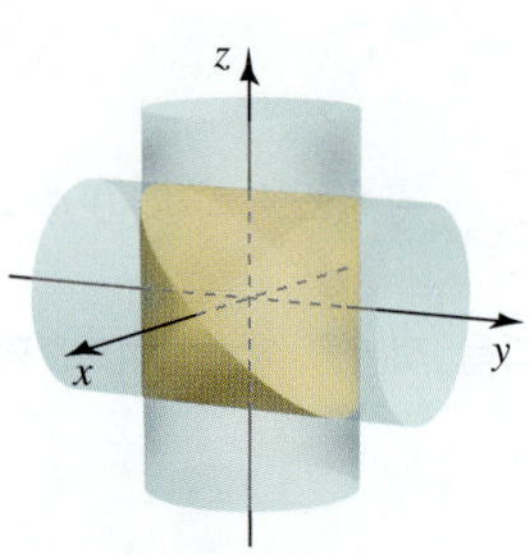

20. 일변수 적분을 이중적분으로 $\int_0^{1/2}(\sin^{-1} 2x - \sin^{-1} x)\, dx$를 이중적분으로 바꾸어 계산하여라.

21. 극좌표를 직교좌표로 (r, θ)가 극좌표일 때 $\int_0^{\pi/4}\int_0^{\sec\theta} r^3 dr\, d\theta$를 직교좌표로 바꾸어 계산하여라.

22. 평균값 각뿔 $D = \{(x, y, z)\colon 0 \le x \le 1,\ 0 \le y \le 3 - 3x,\ 0 \le z \le 2\}$의 점들의 x좌표의 평균을 구하여라.

23. 원주좌표의 적분 원주좌표에서 적분

$\int_{-1}^{1}\int_{-2}^{2}\int_{0}^{\sqrt{1-y^2}} \dfrac{1}{(1 + x^2 + y^2)^2}\, dx\, dz\, dy$를 계산하여라.

24. 원주좌표에서 부피 원주좌표의 적분을 사용하여 높이가 4이고 밑면이 원판 $\{(r, \theta)\colon 0 \le r \le 2\cos\theta\}$인 입체 원기둥의 부피를 구하여라.

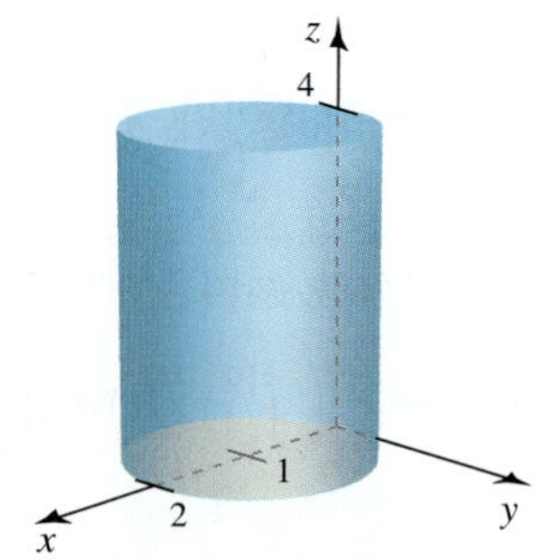

25. 구면좌표의 적분 구면좌표에서 적분

$\int_0^{\pi}\int_0^{\pi/4}\int_{2\sec\varphi}^{4\sec\varphi} \rho^2 \sin\varphi\, d\rho\, d\varphi\, d\theta$를 계산하여라.

26. 구면좌표에서 부피 구면좌표에서 장미 잎의 회전체 $D = \{(\rho, \varphi, \theta)\colon 0 \le \rho \le 4\sin 2\varphi,$ $0 \le \varphi \le \pi/2, 0 \le \theta \le 2\pi\}$의 부피를 구하여라.

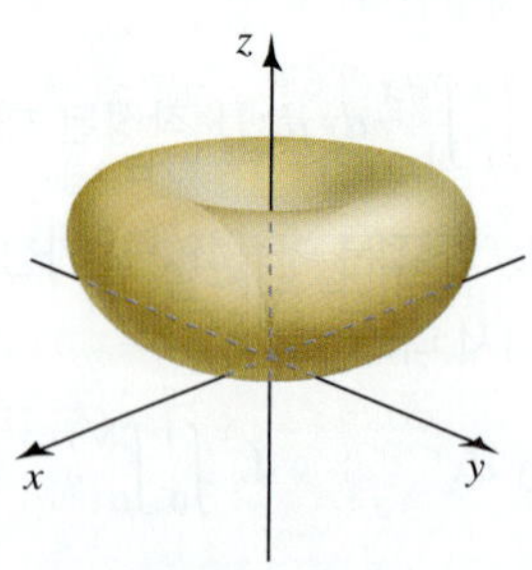

27–28. 균일 밀도 판의 질량중심 다음과 같은 얇은 균일 밀도 판의 질량중심(중심)을 찾아라. 판에 대응하는 영역을 그린 후, 질량중심의 위치를 표시하여라. 가능하면 대칭성을 이용하여 계산을 간단히 한다.

27. $y = \sin x$, $y = 0$, $x = 0$, $x = \pi$로 둘러싸인 영역

28. 반원환 $\{(r, \theta)\colon 2 \le r \le 4, 0 \le \theta \le \pi\}$

29. 균일 밀도 입체의 질량중심 균일한 밀도를 가정하여 다음 입체의 질량중심을 구하여라. 가능하면 대칭성을 사용하고 편리한 좌표계를 선택하여라.

$z = x^2 + y^2$과 $z = 36$으로 둘러싸인 포물면 볼

30. 가변 밀도 입체 밀도 $f(\rho, \varphi, \theta) = 1 + \rho/4$를 갖는 상반공 $\{(\rho, \varphi, \theta): 0 \le \rho \le 16, 0 \le \varphi \le \frac{\pi}{2}, 0 \le \theta \le 2\pi\}$의 질량중심 좌표를 찾아라.

31–32. 일반 물체의 질량중심 다음과 같은 2차원 영역, 3차원 영역을 고려하자. 일정한 밀도를 가정하여 질량중심을 계산하여라. 모든 매개변수는 양의 실수이다.

31. 입체는 밑면이 반지름이 r인 원이고 높이가 h인 포물면로 둘러싸여 있다. 질량중심이 밑면으로부터 얼마나 떨어져 있는가?

32. 제1사분면에 있는 원의 호는 x축, 직선 $y = x$, 원 $x^2 + y^2 = a^2$으로 둘러싸인 부분이다. 질량중심의 좌표는 어떻게 되는가?

33. 원뿔형 케이크를 자르기 한 케이크는 xy평면에 밑부분을 두고 반지름이 4, 높이가 2인 단단한 원뿔 모양이다. 케이크의 쐐기는 원뿔의 축에서 바깥쪽으로, xy 평면에 수직으로, Q 라디안의 각도로 케이크를 두 조각을 만들어 분리한다. 여기서 $0 < Q < 2\pi$이다.

a. 이중적분을 사용하여 $Q = \pi/4$에 대한 조각의 부피를 구하여라. 기하학으로 답을 확인하여라.

b. 이중적분을 사용하여 임의의 $0 < Q < 2\pi$에 대한 조각의 부피를 구하여라. 기하학으로 답을 확인하여라.

34–35. 정사각형 변환 $S = \{(u, v): 0 \le u \le 1, 0 \le v \le 1\}$을 uv평면의 단위정사각형이라 하자. 다음 변환에 의해 이동된 xy평면에 있는 S의 이미지를 찾아라.

34. $T: x = v, y = u$

35. $T: x = 3u + v, y = u + 3v$

36–37. 자코비안 계산 다음 변환에 대하여 자코비안 $J(u, v)$를 계산하여라.

36. $T: x = 4u - v, y = -2u + 3v$

37. $T: x = 3u, y = 2v + 2$

38–39. 이중적분—주어진 변환 주어진 적분을 구하기 위해 다음 과정을 수행하여라.

a. 주어진 변수 변환을 사용하여 원래 적분 영역 R과 새로운 적분 영역 S를 그려라.

b. u, v에 대한 새로운 적분의 영역을 구하여라.

c. 자코비안을 계산하여라.

d. 변수를 변환하여 새로운 적분을 계산하여라.

38. $\iint_R xy^2\, dA$; $R = \{(x, y): y/3 \le x \le (y + 6)/3, 0 \le y \le 3\}$ ($x = u + v/3$, $y = v$로 치환)

39. $\iint_R (x - y + 1)(x - y)^9\, dy\, dx$, $R = \{(x, y): 0 \le y \le x \le 1\}$ ($x = u + v$, $y = v - u$로 치환)

40. 이중적분 변수 변환을 사용하여 다음 적분을 계산하여라. 원래 적분 영역과 새로운 영역인 R과 S를 그림으로 나타내어라.

$\iint_R y^4\, dA$, R은 두 쌍곡선 $xy = 1$, $xy = 4$와 두 직선 $y/x = 1$, $y/x = 3$으로 둘러싸인 영역

41. 삼중적분 변수 변환을 사용하여 다음 적분을 계산하여라.

$\iiint_D yz\, dV$, D는 여섯 개의 평면 $x + 2y = 1$, $x + 2y = 2$, $x - z = 0$, $x - z = 2$, $2y - z = 0$, $2y - z = 3$으로 둘러싸인 영역

부록

Appendix

선택된 정리의 증명

정리 2.3 극한 법칙

두 극한 $\lim_{x\to a} f(x)$와 $\lim_{x\to a} g(x)$가 존재할 때, 실수 c와 양의 정수 n에 대하여 다음 법칙이 성립한다.

1. 합 $\lim_{x\to a}(f(x) + g(x)) = \lim_{x\to a} f(x) + \lim_{x\to a} g(x)$

2. 차 $\lim_{x\to a}(f(x) - g(x)) = \lim_{x\to a} f(x) - \lim_{x\to a} g(x)$

3. 상수 곱 $\lim_{x\to a}(cf(x)) = c \lim_{x\to a} f(x)$

4. 곱 $\lim_{x\to a}(f(x)g(x)) = \left(\lim_{x\to a} f(x)\right)\left(\lim_{x\to a} g(x)\right)$

5. 몫 $\lim_{x\to a} \dfrac{f(x)}{g(x)} = \dfrac{\lim_{x\to a} f(x)}{\lim_{x\to a} g(x)}$ (단, $\lim_{x\to a} g(x) \neq 0$)

6. 거듭제곱 $\lim_{x\to a}(f(x))^n = \left(\lim_{x\to a} f(x)\right)^n$

7. 거듭제곱근 $\lim_{x\to a}(f(x))^{1/n} = \left(\lim_{x\to a} f(x)\right)^{1/n}$ (단, n이 짝수일 때 a 근방의 x에 대하여 $f(x) > 0$)

증명 법칙 1의 증명은 2.7절의 예제 6에 있다. 법칙 2의 증명은 법칙 1의 증명과 유사하다. $|x - y| \leq |x| + |y|$ 형태의 삼각부등식을 사용한다(2.7절의 연습문제 22번). 법칙 3의 증명은 2.7절의 연습문제 23번에서 다룬다. 법칙 4, 5의 증명은 아래에 나와 있다. 법칙 6은 법칙 4를 반복적으로 적용하면 증명할 수 있다. 법칙 7은 정리 2.12의 특수한 경우로서 AP-3쪽에 증명이 실려 있다. ◀

곱의 법칙 증명 수렴하는 두 극한의 값을 $L = \lim_{x\to a} f(x)$, $M = \lim_{x\to a} g(x)$라 하자.

극한의 정의를 사용하면 증명의 목표는 임의로 주어진 $\varepsilon > 0$에 대하여 다음을 만족하는 $\delta > 0$을 구할 수 있음을 보이는 것이다.

$$0 < |x - a| < \delta \text{일 때 } |f(x)g(x) - LM| < \varepsilon$$

다음 계산을 보자.

$$\begin{aligned} |f(x)g(x) - LM| &= |f(x)g(x) - Lg(x) + Lg(x) - LM| && \text{더하고 빼기} \\ &= |(f(x) - L)g(x) + (g(x) - M)L| && \text{항 별로 묶기} \\ &\le |(f(x) - L)g(x)| + |(g(x) - M)L| && \text{삼각부등식} \\ &= |f(x) - L||g(x)| + |g(x) - M||L| && |xy| = |x||y| \end{aligned}$$

이제 L과 M이 상수임에 유의하며 f와 g의 극한의 정의를 사용하자. 주어진 $\varepsilon > 0$에 대하여 다음을 만족하는 $\delta_1 > 0$과 $\delta_2 > 0$이 존재한다.

▶ 두 실수 x와 y는 삼각부등식 $|x + y| \le |x| + |y|$를 따른다.

$$0 < |x - a| < \delta_1 \text{일 때 } |f(x) - L| < \frac{\varepsilon}{2(|M| + 1)},$$

$$0 < |x - a| < \delta_2 \text{일 때 } |g(x) - M| < \frac{\varepsilon}{2(|L| + 1)}$$

나아가 g의 극한의 정의에 의해 다음을 만족하는 $\delta_3 > 0$이 존재한다.

$$0 < |x - a| < \delta_3 \text{일 때 } |g(x) - M| < 1$$

▶ $|g(x) - M| < 1$은 $g(x)$가 M으로부터 1 이내로 떨어져 있음을 의미한다. 따라서 $g(x)$와 M이 양이든 음이든 $|g(x)| < |M| + 1$이다.

즉, $0 < |x - a| < \delta_3$일 때 $|g(x)| < |M| + 1$이 성립한다. 이제 δ를 δ_1, δ_2, δ_3 중 가장 작은 수로 택하면 $0 < |x - a| < \delta$일 때 다음을 얻는다.

$$\begin{aligned} |f(x)g(x) - LM| &\le \underbrace{|f(x) - L|}_{<\frac{\varepsilon}{2(|M|+1)}}\underbrace{|g(x)|}_{<(|M|+1)} + \underbrace{|g(x) - M|}_{<\frac{\varepsilon}{2(|L|+1)}}|L| \\ &< \frac{\varepsilon}{2} + \frac{\varepsilon}{2}\underbrace{\frac{|L|}{|L| + 1}}_{<1} < \frac{\varepsilon}{2} + \frac{\varepsilon}{2} = \varepsilon \end{aligned}$$

그러므로 $\lim_{x \to a} (f(x)g(x)) = LM$이다. ◀

몫의 법칙 증명 먼저 $M \ne 0$에 대하여 $\lim_{x \to a} g(x) = M$이 존재하면 $\lim_{x \to a} \frac{1}{g(x)} = \frac{1}{M}$임을 증명할 것이다. 그러면 곱법칙에서 g를 $1/g$로 바꾸면 몫의 법칙이 증명된다. 즉, 증명의 목적은 임의로 주어진 $\varepsilon > 0$에 대하여 다음을 만족하는 $\delta > 0$을 구할 수 있음을 보이는 것이다.

$$0 < |x - a| < \delta \text{일 때 } \left|\frac{1}{g(x)} - \frac{1}{M}\right| < \varepsilon$$

우선 $M \ne 0$이고 $g(x)$는 M에 충분히 가까워질 수 있음에 주목하자. 이러한 이유로 $|g(x)| > |M|/2$인 $\delta_1 > 0$이 존재한다. 즉, $0 < |x - a| < \delta_1$이면 $1/|g(x)| <$

$2/|M|$이다. 더욱이 g의 극한의 정의를 사용하면 임의로 주어진 $\varepsilon > 0$에 대하여 다음을 만족하는 $\delta_2 > 0$이 존재한다.

$$0 < |x - a| < \delta_2 \text{일 때 } |g(x) - M| < \frac{\varepsilon|M|^2}{2}$$

이제 δ를 δ_1와 δ_2 중 작은 수로 택하면 $0 < |x - a| < \delta$에 대하여 다음이 성립한다.

$$\begin{aligned} \left|\frac{1}{g(x)} - \frac{1}{M}\right| &= \left|\frac{M - g(x)}{Mg(x)}\right| && \text{통분하기} \\ &= \frac{1}{|M|} \underbrace{\frac{1}{|g(x)|}}_{<\frac{2}{|M|}} \underbrace{|g(x) - M|}_{<\frac{\varepsilon|M|^2}{2}} && \text{항 분리하기} \\ &< \frac{1}{|M|} \frac{2}{|M|} \frac{\varepsilon|M|^2}{2} = \varepsilon && \text{간단히 하기} \end{aligned}$$

➤ $|g(x)| > |M|/2$이면 $1/|g(x)| < 2/|M|$임에 주목하여라.

극한의 정의로 $\lim_{x\to a} \frac{1}{g(x)} = \frac{1}{M}$을 증명했다. 이제 곱의 법칙에서 g를 $1/g$로 바꾸면 몫의 법칙의 증명이 완료된다. ◀

정리 2.12 합성함수의 극한

1. g가 a에서 연속이고 f가 $g(a)$에서 연속이면 다음이 성립한다.

$$\lim_{x\to a} f(g(x)) = f\left(\lim_{x\to a} g(x)\right)$$

2. $\lim_{x\to a} g(x) = L$이고 f가 L에서 연속이면 다음이 성립한다.

$$\lim_{x\to a} f(g(x)) = f\left(\lim_{x\to a} g(x)\right)$$

증명 첫 번째 증명은 2.6절에서 증명했다(또한 두 번째 명제로부터 얻을 수 있는 결론이다). $\varepsilon > 0$이 주어졌다고 하자. $0 < |x - a| < \delta$일 때 $|f(g(x)) - f(L)| < \varepsilon$이 되도록 하는 $\delta > 0$이 존재함을 보여야 한다. f가 L에서 연속이므로 다음을 만족하는 $\delta_1 > 0$이 존재한다.

$$|y - L| < \delta_1 \text{일 때 } |f(y) - f(L)| < \varepsilon$$

또한 $\lim_{x\to a} g(x) = L$에 의해 다음을 만족하는 $\delta > 0$이 존재한다.

$$0 < |x - a| < \delta \text{일 때 } |g(x) - L| < \delta_1$$

이를 종합하면 $0 < |x - a| < \delta$일 때 $|g(x) - L| < \delta_1$이고, $|g(x) - L| < \delta_1$이면 $|f(g(x)) - f(L)| < \varepsilon$임을 알 수 있다. 그러므로 $0 < |x - a| < \delta$이면 $|f(g(x)) - f(L)| < \varepsilon$이다. ◀

> **정리 9.20 비판정법**
>
> 무한급수 $\sum a_k$에 대하여 $r = \lim_{k\to\infty}\left|\frac{a_{k+1}}{a_k}\right|$이라 하자.
>
> **1.** $r < 1$이면 급수는 절대수렴하고, 따라서 (정리 9.19에 의해) 급수는 수렴한다.
>
> **2.** $r > 1\,(r = \infty$ 포함)이면 급수는 발산한다.
>
> **3.** $r = 1$이면 이 판정법으로 결론 내릴 수 없다.

증명 $r < 1$, $r > 1$, $r = 1$의 세 가지 경우로 나누어 증명하자.

1. $r < 1$이라 가정하고 $r < R < 1$인 R을 임의로 선택하자. 수열 $\left\{\left|\frac{a_{k+1}}{a_k}\right|\right\}$이 R보다 작은 r로 수렴하므로 적당히 큰 k에 대하여 수열의 모든 항은 R보다 작게 된다. 즉, 모든 $k > N$에 대하여 $\left|\frac{a_{k+1}}{a_k}\right| < R$인 양의 정수 N이 존재한다. 이 부등식의 양변에 $\frac{|a_k|}{R^{k+1}}$를 곱하면 모든 $k > N$에 대하여 $\frac{|a_{k+1}|}{R^{k+1}} < \frac{|a_k|}{R^k}$를 얻을 수 있다. 따라서 수열 $\left\{\frac{|a_k|}{R^k}\right\}_{k=N+1}^{\infty}$는 감소수열이고, 모든 $k \ge N + 1$에 대하여 $\frac{|a_k|}{R^k} < \frac{|a_{N+1}|}{R^{N+1}}$이 된다. $c = \frac{|a_{N+1}|}{R^{N+1}}$이라 하면 모든 $k \ge N + 1$에 대하여 $0 < |a_k| \le cR^k$을 얻는다. S_n을 $\sum_{k=N+1}^{\infty}|a_k|$의 n번째 부분합이라 하자. 그러면 이 급수의 부분합은 수렴하는 기하급수에 의해 유계임을 알 수 있다.

$$
\begin{aligned}
S_n &= |a_{N+1}| + |a_{N+2}| + \cdots + |a_{N+n}| \\
&\le cR^{N+1} + cR^{N+2} + \cdots + cR^{N+n} \\
&< cR^{N+1} + cR^{N+2} + \cdots + cR^{N+n} + \cdots \\
&= \frac{cR^{N+1}}{1 - R}
\end{aligned}
$$

(수열의 부분합이 양수 항을 가지므로) 수열 $\{S_n\}$ 증가수열이고 $\frac{cR^{N+1}}{1 - R}$에 의해 위로 유계이므로 정리 9.5(유계 단조수열)에 의해 수렴한다. 따라서 $\sum_{k=N+1}^{\infty}|a_k|$가 수렴하고, 그에 따라 $\sum_{k=1}^{\infty}|a_k|$가 수렴한다고 결론 내릴 수 있다(정리 9.8). 이는 곧 $\sum_{k=1}^{\infty}a_k$가 수렴함을 의미한다(정리 9.19).

2. $r > 1$이면 모든 $k > N$에 대하여 $\left|\frac{a_{k+1}}{a_k}\right| > 1$, 즉 $|a_{k+1}| > |a_k|$를 만족하는 양의 정수 N이 존재한다. 따라서 수열 $\{|a_k|\}_{k=N+1}^{\infty}$의 모든 항은 양수 $|a_{N+1}|$보다 크거나 같다. 이는 $\lim_{n\to\infty} a_n \ne 0$을 의미한다. 따라서 발산판정법에 의해 급수 $\sum_{k=N+1}^{\infty} a_k$는 발산하고 그에 따라 $\sum_{k=1}^{\infty}a_k$가 발산한다고 결론 내릴 수 있다(정리 9.8).

3. $r=1$이면 급수 $\sum_{k=1}^{\infty} a_k$는 수렴할 수도 수렴하지 않을 수도 있다. 예를 들어 발산하는 조화급수 $\sum_{k=1}^{\infty} \frac{1}{k}$과 수렴하는 p-급수 $\sum_{k=1}^{\infty} \frac{1}{k^2}$ 모두 $r=1$이다. ◀

정리 9.21　근판정법

무한급수 Σa_k에 대하여 $\rho = \lim_{k\to\infty} \sqrt[k]{|a_k|}$라고 하자.

1. $\rho < 1$이면 급수는 절대수렴하고, 따라서 (정리 9.19에 의해) 급수는 수렴한다.

2. $\rho > 1$ ($\rho = \infty$ 포함)이면 급수는 발산한다.

3. $\rho = 1$이면 이 판정법으로 결론 내릴 수 없다.

증명　$\rho < 1$, $\rho > 1$, $\rho = 1$의 세 가지 경우로 나누어 증명하자.

1. $\rho < 1$이라 가정하고 $\rho < R < 1$인 R을 임의로 선택하자. 수열 $\{\sqrt[k]{|a_k|}\}$가 R보다 작은 수로 수렴하므로 모든 $k > N$에 대하여 $\sqrt[k]{|a_k|} < R$, 즉 $|a_k| < R^k$을 만족하는 양의 정수 N이 존재한다. S_n을 $\sum_{k=N+1}^{\infty} |a_k|$의 n번째 부분합이라 하자. 여기서 이 급수의 부분합은 수렴하는 기하급수에 의해 유계이다.

$$\begin{aligned} S_n &= |a_{N+1}| + |a_{N+2}| + \cdots + |a_{N+n}| \\ &\le R^{N+1} + R^{N+2} + \cdots + R^{N+n} \\ &< R^{N+1} + R^{N+2} + \cdots + R^{N+n} + \cdots \\ &= \frac{R^{N+1}}{1-R} \end{aligned}$$

(수열의 부분합이 0을 포함한 양수 항을 가지므로) 수열 $\{S_n\}$이 감소하지 않고 $\frac{R^{N+1}}{1-R}$에 의해 위로 유계이므로 정리 9.5(유계 단조수열)에 의해 수렴한다. 따라서 $\sum_{k=N+1}^{\infty} |a_k|$가 수렴하고, 그에 따라 $\sum_{k=1}^{\infty} |a_k|$가 수렴한다고 결론 내릴 수 있다(정리 9.8). 이는 곧 $\sum_{k=1}^{\infty} a_k$가 수렴함을 의미한다(정리 9.19).

2. $\rho > 1$이면 모든 $k > N$에 대하여 $\sqrt[k]{|a_k|} > 1$, 즉 $|a_k| > 1$을 만족하는 양의 정수 N이 존재한다. 따라서 수열 $\{|a_k|\}_{k=N+1}^{\infty}$의 모든 항은 1보다 크거나 같다. 이는 $\lim_{n\to\infty} a_n \ne 0$을 의미한다. 따라서 발산판정법에 의해 급수 $\sum_{k=N+1}^{\infty} a_k$는 발산하고 그에 따라 $\sum_{k=1}^{\infty} a_k$가 발산한다고 결론 내릴 수 있다(정리 9.8).

3. $\rho = 1$이면 급수 $\sum_{k=1}^{\infty} a_k$는 수렴할 수도 수렴하지 않을 수도 있다. 예를 들어 발산하는 조화급수 $\sum_{k=1}^{\infty} \frac{1}{k}$과 수렴하는 p-급수 $\sum_{k=1}^{\infty} \frac{1}{k^2}$ 모두 $\rho = 1$이다. ◀

정리 10.3 거듭제곱급수의 수렴

a를 중심으로 갖는 거듭제곱급수 $\sum_{k=0}^{\infty} c_k(x-a)^k$은 다음 세 가지 형태 중 하나로 수렴한다.

1. 급수가 모든 x에 대하여 절대수렴한다. 정리 9.19에 의해 급수가 모든 x에 대하여 수렴하고, 이 경우 수렴구간은 $(-\infty, \infty)$이며 수렴반경은 $R=\infty$이다.
2. 적당한 양의 실수 R에 대하여 $|x-a| < R$이면 급수가 절대수렴하고(물론 수렴하고) $|x-a| > R$이면 발산하며, 이때 수렴반경은 R이다.
3. 급수가 오직 한 점 a에서만 수렴한다. 이 경우 수렴반경은 $R=0$이다.

증명 일반성을 잃지 않고 $a=0$이라 하자($a \neq 0$이면 $x=a$가 중심이 되도록 평행이동하여 증명할 수 있다). 다음과 같은 '예비 결과'를 사용하여 증명한다.

$x=b\neq 0$에 대하여 $\sum_{k=0}^{\infty} c_k x^k$이 수렴하면 $|x| < |b|$에 대하여 절대수렴한다.

$x=d$에 대하여 $\sum_{k=0}^{\infty} c_k x^k$이 발산하면 $|x| > |d|$에 대하여 발산한다.

위 사실을 증명하기 위해 $\sum_{k=0}^{\infty} c_k b^k$이 수렴한다고 가정하면 $\lim_{k\to\infty} c_k b^k = 0$이다. 그러면 $k=0, 1, 2, 3, \cdots$에 대하여 $|c_k b^k| < M$인 실수 $M>0$이 존재한다. 따라서 다음이 성립한다.

$$\sum_{k=0}^{\infty} |c_k x^k| = \sum_{k=0}^{\infty} \underbrace{|c_k b^k|}_{<M} \left|\frac{x}{b}\right|^k < M \sum_{k=0}^{\infty} \left|\frac{x}{b}\right|^k$$

$|x|<|b|$이면 $|x/b| < 1$이므로 $\sum_{k=0}^{\infty}\left|\frac{x}{b}\right|^k$은 수렴하는 기하급수이다. 따라서 $\sum_{k=0}^{\infty}|c_k x^k|$은 비교판정법에 의해 수렴하며, 이는 $x<b$에 대하여 $\sum_{k=0}^{\infty} c_k x^k$이 절대수렴함을 의미한다. '예비 결과'의 두 번째 결과는 급수가 $x=d$에서 발산한다고 가정하여 증명한다. 위 명제에 의해 $x=d$를 포함하는 $x<x_0$에 대하여 수렴하므로 급수는 $|x_0| > |d|$인 점 x_0에서 수렴할 수 없다. 그러므로 급수는 $|x| > |d|$에 대하여 발산한다.

이제 정리의 세 경우를 다룰 수 있다. 우선 S를 급수가 수렴하는 실수 집합이라 하자. 그러면 S에 항상 0이 포함된다. $S=\{0\}$이면 3번에 해당한다. S가 모든 실수이면 1번에 해당한다. 2번의 경우 급수가 발산하는 점을 $d\neq 0$이라 가정하자. '예비 결과'에 의해 급수는 $|x| > |d|$에 대하여 발산한다. 따라서 x가 S에 있으면 $|x| < |b|$이며, 이는 S가 유계임을 의미한다. 실수에 대한 최소 상계 성질(Least Upper Bound Property)에 의해 모든 $x \in S$에 대하여 $x \le R$을 만족하는 최소 상한 R이 S에 있다. $|x| > R$이면 x는 S에 없고 급수는 발산한다. $|x| < R$이면 x는 S의

➤ 실수에 대한 최소 상계 성질(Least Upper Bound Property)은 다음과 같다. 공집합이 아닌 집합 S가 유계인 경우(즉, S의 모든 x에 대하여 $x \le M$과 같이 상계 M이 존재하는 경우) S는 상계 중 가장 작은 상한(최소 상계) L을 갖는다.

최소 상한이 아니며 $|x| < b \leq R$인 $b \in S$가 존재한다. 급수는 $x = b$에서 수렴하기 때문에 '예비 결과'에 의해 $|x| < |b|$에 대하여 $\sum_{k=0}^{\infty} |c_k x^k|$은 수렴한다. 따라서 급수 $\sum_{k=0}^{\infty} c_k x^k$은 $|x| < R$에 대하여 절대수렴하고(정리 9.19에 의해 급수가 수렴함을 의미함) $|x| > R$에 대하여 발산한다. ◀

> **정리 11.3 이심률-준선법**
>
> F는 직선 ℓ 위에 있지 않는 점이고 e는 양의 실수이며, 평면 위의 점 P의 집합 C가 $\dfrac{|PF|}{|PL|} = e$라 하자. 여기서 $|PL|$은 점 P에서 ℓ까지의 수직 거리이다.
>
> **1.** $e = 1$이면 C는 **포물선**이다.
>
> **2.** $0 < e < 1$이면 C는 **타원**이다.
>
> **3.** $e > 1$이면 C는 **쌍곡선**이다.

증명 $e = 1$이면 정리의 가정에 의해 $|PF| = |PL|$이며, 이는 포물선의 정의이다(11.4절). 이제 타원($0 < e < 1$)에 대한 결과를 증명하고, 내용을 조금 수정하여 쌍곡선($e > 1$)의 경우를 증명한다.

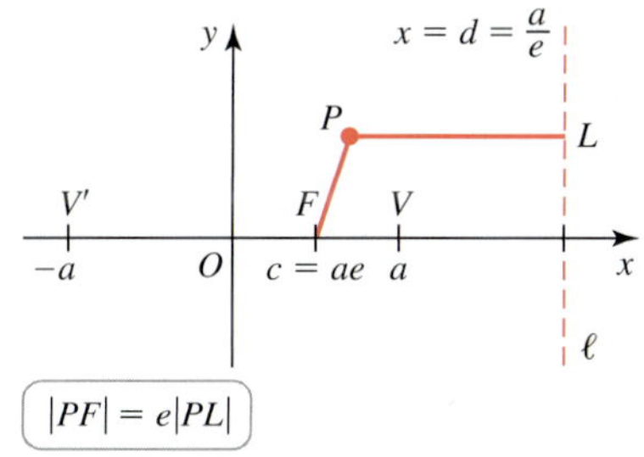

그림 A.1

곡선 위의 모든 점이 $|PF| = e\,|PL|$을 만족하는 곡선을 E라 하고, $0 < e < 1$이라 가정하자. 목표는 E가 타원임을 보이는 것이다. x축 위에 $|VF| = e|VL|$과 $|V'F| = e|V'L|$을 만족하는 두 점 V와 V'(꼭짓점)이 있다(그림 A.1에서 $|VL|$은 두 점 V와 L 사이의 거리가 아닌 점 V에서 직선 ℓ까지의 수직 거리이다. $|V'L|$도 이런 식으로 해석해야 한다). V와 V'의 좌표가 각각 $(a, 0)$과 $(-a, 0)$이 되도록 원점을 정한다(그림 A.1). 점 F(초점)를 $(c, 0)$에 위치시키고 ℓ(준선)을 직선 $x = d$로 한다. 여기서 $c > 0$, $d > 0$이다. 이러한 선택은 곡선 E의 중심을 원점에 오도록 한다. 서로 관련 있는 네 매개변수(a, c, d, e)가 있음에 유의하여라.

꼭짓점 $V(a, 0)$이 곡선 E 위에 있으므로 $P = V$이 성립하며, 곡선의 정의 속성 $|PF| = e\,|PL|$을 만족한다. 이 조건은 $a - c = e(d - a)$를 의미한다. 마찬가지로 꼭짓점 $V'(-a, 0)$이 곡선 E 위에 있으므로 $P = V'$이 성립하며, 곡선의 정의 속성 $|PF| = e\,|PL|$을 만족한다. 이 조건은 $a + c = e(d + a)$를 의미한다. c와 d에 대한 이 두 방정식을 풀면 $c = ae$, $d = a > e$임을 알 수 있다. 요약하면 네 매개변수 a, c, d, e의 관계는 다음과 같이 나타낼 수 있다.

$$c = ae, \qquad a = de$$

여기서 $e < 1$이므로 $c < a < d$이다.

이제 곡선 E 위의 임의의 점 $P(x, y)$에 대하여 조건 $|PF| = e\,|PL|$을 사용하자. 그림 A.1은 초점 $(c, 0) = (ae, 0)$과 준선 $x = d = a > e$의 모습을 보여 준다. 조건 $|PF| = e\,|PL|$을 다음과 같이 쓸 수 있다.

$$\sqrt{(x - ae)^2 + y^2} = e\left(\frac{a}{e} - x\right)$$

목표는 x와 y의 가능한 한 간단한 관계식을 찾는 것이다. 이를 위해 위의 식의 양변을 제곱하고 항을 정리하면 다음을 얻는다.

$$(1 - e^2)x^2 + y^2 = a^2(1 - e^2)$$

양변을 $a^2(1 - e^2)$으로 나누면 다음과 같은 타원의 방정식을 얻는다.

$$\frac{x^2}{a^2} + \frac{y^2}{a^2(1 - e^2)} = \frac{x^2}{a^2} + \frac{y^2}{b^2} = 1, \quad b^2 = a^2(1 - e^2)$$

이는 원점이 중심이고 꼭짓점과 초점이 x축 위에 있는 타원의 방정식이다.

이제 앞의 증명을 $e > 1$인 경우에 적용하자. $0 < e < 1$인 경우에 유도된 타원의 방정식은 다음과 같았다.

$$\frac{x^2}{a^2} + \frac{y^2}{a^2(1 - e^2)} = 1$$

$e > 1$일 때 $1 - e^2 < 0$이므로 $(1 - e^2) = -(e^2 - 1)$이 성립한다. 이를 적용한 방정식은 다음과 같으며, 이는 원점이 중심이고 초점이 x축 위에 있는 쌍곡선을 나타낸다.

$$\frac{x^2}{a^2} - \frac{y^2}{b^2} = 1, \qquad b^2 = a^2(e^2 - 1)$$

◀

정리 14.3 합성함수의 연속성

$u = g(x, y)$가 (a, b)에서 연속이고 $z = f(u)$가 $g(a, b)$에서 연속이면 합성함수 $z = f(g(x, y))$는 (a, b)에서 연속이다.

증명 P와 P_0를 각각 점 (x, y)와 점 (a, b)라고 하자. 그리고 $u = g(P)$, $u_0 = g(P_0)$이라 하자. 함수 f가 u_0에서 연속이라는 것은 $\lim_{u \to u_0} f(u) = f(u_0)$이라는 것이다. 그러므로 극한의 정의에 의해 모든 임의의 양수 ε에 대하여 다음을 만족하는 양수 δ^*가 존재한다.

$$0 < |u - u_0| < \delta^* \text{일 때 } |f(u) - f(u_0)| < \varepsilon$$

함수 g가 P_0에서 연속이므로 $\lim_{P \to P_0} g(P) = g(P_0)$이다. $|P - P_0|$가 P와 P_0 사이의 거리를 나타내므로 극한의 정의에 의해 모든 임의의 양수 δ^*에 대하여 다음을 만족하는 양수 δ가 존재한다.

$$0 < |P - P_0| < \delta \text{일 때 } |g(P) - g(P_0)| = |u - u_0| < \delta^*$$

이제 위에 서술한 두 극한의 정의를 결합하자. 모든 임의의 양수 ε에 대하여 다음을 만족하는 양수 δ가 존재한다.

$$0 < |P - P_0| < \delta \text{일 때 } |f(g(P)) - f(g(P_0))| = |f(u) - f(u_0)| < \varepsilon$$

그러므로 $\displaystyle\lim_{(x,y)\to(a,b)} f(g(x, y)) = f(g(a, b))$이고 $z = f(g(x, y))$는 (a, b)에서 연속이다. ◀

> **정리 14.5 미분가능성의 조건**
>
> 함수 f가 (a, b)를 포함하는 열린집합에서 정의되는 편미분 f_x와 f_y를 갖고, f_x와 f_y가 (a, b)에서 연속이면 f는 (a, b)에서 미분가능하다.

증명 그림 A.2는 세 점 $P_0(a, b)$, $Q(a + \Delta x, b)$, $P(a + \Delta x, b + \Delta y)$를 포함하는 정리의 조건이 충족되는 영역을 보여 준다. P_0에서 f의 미분가능성의 정의에 따라 다음을 보여야 한다.

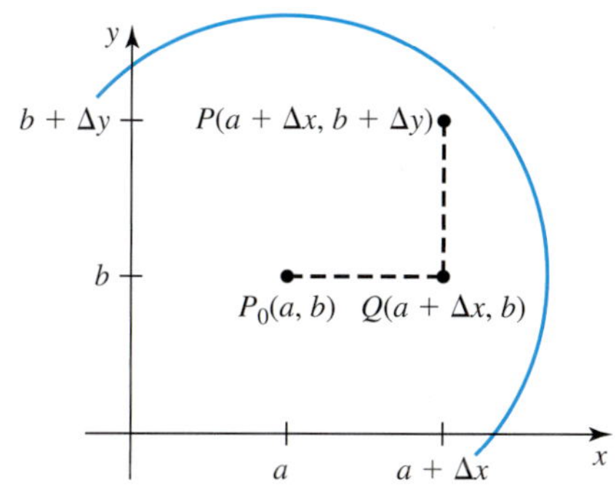

그림 A.2

$$\Delta z = f(P) - f(P_0) = f_x(a, b)\Delta x + f_y(a, b)\Delta y + \varepsilon_1\Delta x + \varepsilon_2\Delta y$$

여기서 ε_1과 ε_2는 a, b, Δx, Δy에만 의존하고, $(\Delta x, \Delta y) \to (0, 0)$일 때 $(\varepsilon_1, \varepsilon_2) \to (0, 0)$이다. Δz의 변화를 다음 두 단계로 볼 수 있다.

- $\Delta z_1 = f(a + \Delta x, b) - f(a, b)$는 (x, y)가 P_0에서 Q로 이동할 때 z의 변화량이다.
- $\Delta z_2 = f(a + \Delta x, b + \Delta y) - f(a + \Delta x, b)$는 (x, y)가 Q에서 P로 이동할 때 z의 변화량이다.

첫 번째 변수에 평균값 정리를 적용하고 f가 x로 미분가능하다는 것에 주목하면 다음을 얻는다.

$$\Delta z_1 = f(a + \Delta x, b) - f(a, b) = f_x(c, b)\Delta x$$

여기서 c는 구간 $(a, a + \Delta x)$에 있다. 이와 유사하게 두 번째 변수에 평균값 정리를 적용하고 f가 y로 미분가능하다는 것에 주목하면 다음을 얻는다.

$$\Delta z_2 = f(a + \Delta x, b + \Delta y) - f(a + \Delta x, b) = f_y(a + \Delta x, d)\Delta y$$

여기서 d는 구간 $(b, b + \Delta y)$에 있다. 이제 Δz는 Δz_1과 Δz_2의 합이므로 다음이 성립한다.

$$\begin{aligned}
\Delta z &= \Delta z_1 + \Delta z_2 \\
&= f_x(c, b)\Delta x + f_y(a + \Delta x, d)\Delta y \\
&= (\underbrace{f_x(c, b) - f_x(a, b)}_{\varepsilon_1} + f_x(a, b))\Delta x && f_x(a, b)\text{를 더하고 빼기} \\
&\quad + (\underbrace{f_y(a + \Delta x, d) - f_y(a, b)}_{\varepsilon_2} + f_y(a, b))\Delta y && f_y(a, b)\text{를 더하고 빼기} \\
&= (f_x(a, b) + \varepsilon_1)\Delta x + (f_y(a, b) + \varepsilon_2)\Delta y
\end{aligned}$$

$\Delta x \to 0$, $\Delta y \to 0$일 때 $c \to a$, $d \to b$임에 주목하자. f_x와 f_y는 (a, b)에서 연속이므로 $\Delta x \to 0$, $\Delta y \to 0$일 때 다음이 성립한다.

$$\varepsilon_1 = f_x(c, b) - f_x(a, b) \to 0, \quad \varepsilon_2 = f_y(a + \Delta x, d) - f_y(a, b) \to 0$$

그러므로 f의 점 (a, b)에서의 미분가능 조건이 증명되었다. ◀

정리 14.7 연쇄 법칙(하나의 독립변수)

z를 정의역에서 x와 y에 대하여 미분가능한 함수라고 하자. 여기서 x와 y는 구간 I에서 t에 대하여 미분가능한 함수이다. 그러면 다음이 성립한다.

$$\frac{dz}{dt} = \frac{\partial z}{\partial x}\frac{dx}{dt} + \frac{\partial z}{\partial y}\frac{dy}{dt}$$

증명 변수 t가 구간 I에 있고, 점 $(a, b) = (x(t), y(t))$가 f의 정의역에 있다고 가정하자. $\Delta x = x(t + \Delta t) - x(t)$, $\Delta y = y(t + \Delta t) - y(t)$라고 하자. f는 (a, b)에서 미분가능하므로 14.3절에 의해 다음이 성립한다.

$$\Delta z = \frac{\partial f}{\partial x}(a, b)\Delta x + \frac{\partial f}{\partial y}(a, b)\Delta y + \varepsilon_1 \Delta x + \varepsilon_2 \Delta y$$

여기서 $(\Delta x, \Delta y) \to (0, 0)$일 때 $(\varepsilon_1, \varepsilon_2) \to (0, 0)$이다. 이 식을 Δt로 나누면 다음을 얻는다.

$$\frac{\Delta z}{\Delta t} = \frac{\partial f}{\partial x}\frac{\Delta x}{\Delta t} + \frac{\partial f}{\partial y}\frac{\Delta y}{\Delta t} + \varepsilon_1 \frac{\Delta x}{\Delta t} + \varepsilon_2 \frac{\Delta y}{\Delta t}$$

$\Delta t \to 0$일 때 여러 일이 일어난다. 첫째, $x = g(t)$와 $y = h(t)$가 구간 I에서 미분가능하므로 $\frac{\Delta x}{\Delta t}$와 $\frac{\Delta y}{\Delta t}$는 각각 $\frac{dx}{dt}$와 $\frac{dy}{dt}$로 접근한다. 유사하게 $\Delta t \to 0$일 때 $\frac{\Delta z}{\Delta t}$는 $\frac{dz}{dt}$로 접근한다. x와 y가 구간 I에서 연속이므로 (연속인 곳에서는 미분가능하기 때문에) $\Delta t \to 0$일 때 $\Delta x \to 0$와 $\Delta y \to 0$이다. 그러므로 $(\Delta x, \Delta y) \to (0, 0)$일 때 $(\varepsilon_1, \varepsilon_2) \to (0, 0)$이 성립하므로 $\Delta t \to 0$일 때 $(\varepsilon_1, \varepsilon_2) \to (0, 0)$이다. $\Delta t \to 0$으로 접근하면

$$\underbrace{\lim_{\Delta t \to 0} \frac{\Delta z}{\Delta t}}_{\frac{dz}{dt}} = \frac{\partial f}{\partial x} \underbrace{\lim_{\Delta t \to 0} \frac{\Delta x}{\Delta t}}_{\frac{dx}{dt}} + \frac{\partial f}{\partial y} \underbrace{\lim_{\Delta t \to 0} \frac{\Delta y}{\Delta t}}_{\frac{dy}{dt}} + \lim_{\Delta t \to 0} \underbrace{\varepsilon_1}_{\to 0} \underbrace{\frac{\Delta x}{\Delta t}}_{\to \frac{dx}{dt}} + \lim_{\Delta t \to 0} \underbrace{\varepsilon_2}_{\to 0} \underbrace{\frac{\Delta y}{\Delta t}}_{\to \frac{dy}{dt}}$$

이며, 이를 정리하면 다음과 같다.

$$\frac{dz}{dt} = \frac{\partial f}{\partial x}\frac{dx}{dt} + \frac{\partial f}{\partial y}\frac{dy}{dt}$$

◀

정리 14.15 2계 도함수 판정

f의 2계 편도함수가 중심이 (a, b)인 열린 원판 전체를 통해 연속이라 하자. 여기서 $f_x(a, b) = f_y(a, b) = 0$이다. $D(x, y) = f_{xx}(x, y)\, f_{yy}(x, y) - (f_{xy}(x, y))^2$이라 하자.

1. $D(a, b) > 0$, $f_{xx}(a, b) < 0$이면 f는 (a, b)에서 극댓값을 갖는다.
2. $D(a, b) > 0$, $f_{xx}(a, b) > 0$이면 f는 (a, b)에서 극솟값을 갖는다.
3. $D(a, b) < 0$이면 f는 (a, b)에서 안장점을 갖는다.
4. $D(a, b) = 0$이면 판정 불가능하다.

증명 증명은 앞서 증명했던 테일러 정리의 이변수 버전에 의존한다. 그림 A.3은 정리 14.15의 조건을 만족하는 열린 원판 R을 보여 준다. R에는 두 점 $P_0(a, b)$와 $P(a + \Delta x, b + \Delta y)$가 포함된다. 선분 P_0P를 포함하는 직선 ℓ은 다음과 같은 매개방정식으로 표현할 수 있다.

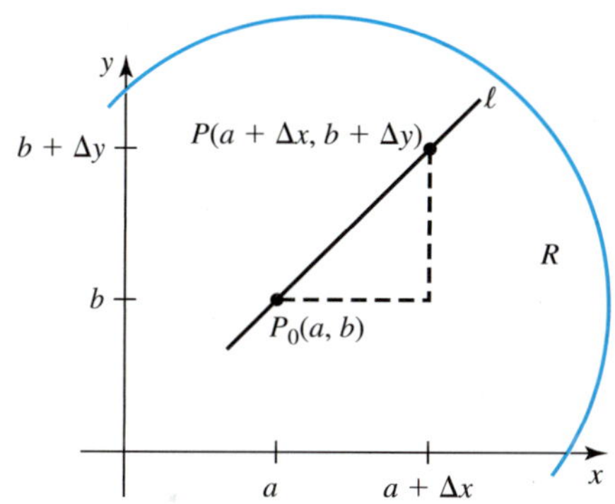

그림 A.3

$$\langle x(t), y(t)\rangle = \langle a + t\Delta x, b + t\Delta y\rangle$$

여기서 $t = 0$, 1은 각각 P_0, P에 대응한다.

이제 $F(t) = f(a + t\Delta x, b + t\Delta y)$를 영역 R 안에 있는 직선 ℓ 위에서 f의 값이라 하면 연쇄 법칙에 의해 다음을 얻는다.

$$F'(t) = f_x \underbrace{x'(t)}_{\Delta x} + f_y \underbrace{y'(t)}_{\Delta y} = f_x\,\Delta x + f_y\,\Delta y$$

t에 대하여 다시 미분하면(f_x와 f_y는 미분가능) $f_{xy} = f_{yx}$를 사용하여 다음을 얻는다.

$$\begin{aligned} F''(t) &= \frac{\partial F'}{\partial x}\underbrace{x'(t)}_{\Delta x} + \frac{\partial F'}{\partial y}\underbrace{y'(t)}_{\Delta y} \\ &= \frac{\partial}{\partial x}(f_x\,\Delta x + f_y\,\Delta y)\Delta x + \frac{\partial}{\partial y}(f_x\,\Delta x + f_y\,\Delta y)\Delta y \\ &= f_{xx}\,\Delta x^2 + 2f_{xy}\,\Delta x\Delta y + f_{yy}\,\Delta y^2 \end{aligned}$$

F가 $n = 1$인 하나의 변수에 대한 테일러 정리의 조건을 만족하므로 다음과 같이 쓸 수 있다.

$$F(t) = F(0) + F'(0)(t - 0) + \frac{1}{2}F''(c)(t - 0)^2$$

여기서 c는 0과 t 사이의 값이다. $t = 1$이라 하면 $0 < c < 1$에 대하여 다음이 성립한다.

$$F(1) = F(0) + F'(0) + \frac{1}{2}F''(c)$$

함수가 $F(t) = f(a + t\Delta x, b + t\Delta y)$라는 사실과 조건 $f_x(a, b) = f_y(a, b) = 0$에 의해 다음을 만족한다.

$$\begin{aligned} F(1) &= f(a + \Delta x, b + \Delta y) \\ &= f(a, b) + \underbrace{f_x(a, b)\Delta x + f_y(a, b)\Delta y}_{F'(0) = 0} \\ &\quad + \frac{1}{2}(f_{xx}\Delta x^2 + 2f_{xy}\Delta x\Delta y + f_{yy}\Delta y^2)\Big|_{(a+c\Delta x,\, b+c\Delta y)} \\ &= f(a, b) + \frac{1}{2}\underbrace{(f_{xx}\Delta x^2 + 2f_{xy}\Delta x\Delta y + f_{yy}\Delta y^2)\Big|_{(a+c\Delta x,\, b+c\Delta y)}}_{H(c)} \\ &= f(a, b) + \frac{1}{2}H(c) \end{aligned}$$

점 (a, b)에서 극점의 존재와 유형은 $f(a + \Delta x, b + \Delta y) - f(a, b)$의 부호에 의해 결정된다(예를 들어 0에 가까운 모든 Δx와 Δy에 대하여 $f(a + \Delta x, b + \Delta y) - f(a, b) \geq 0$인 경우 f는 (a, b)에서 극솟값을 갖는다). 참고로 $f(a + \Delta x, b + \Delta y) - f(a, b)$는 $H(c)$와 부호가 같다. $H(0) \neq 0$이라 가정하면 Δx와 Δy가 충분히 작고 0이 아닐 때, $H(c)$의 부호는 다음 식의 부호와 같다(2계 편도함수는 (a, b)에서 연속이고 $(a + c\Delta x, b + c\Delta y)$는 (a, b)에 충분히 가깝게 만들 수 있기 때문이다).

$$H(0) = f_{xx}(a, b)\Delta x^2 + 2f_{xy}(a, b)\Delta x\Delta y + f_{yy}(a, b)\Delta y^2$$

위 식의 양변에 f_{xx}를 곱한 후 정리하면 다음을 얻는다.

$$\begin{aligned} f_{xx}H(0) &= f_{xx}^2\Delta x^2 + 2f_{xy}f_{xx}\Delta x\Delta y + f_{yy}f_{xx}\Delta y^2 \\ &= \underbrace{(f_{xx}\Delta x + f_{xy}\Delta y)^2}_{\geq 0} + \underbrace{(f_{xx}f_{yy} - f_{xy}^2)}_{D}\Delta y^2 \end{aligned}$$

여기서 모든 도함수는 (a, b)에서 계산한다. $H(0)$과 $f(a + \Delta x, b + \Delta y) - f(a, b)$의 부호가 같음을 상기하자. $D(a, b) = (f_{xx}f_{yy} - f_{xy}^2)|_{(a, b)}$라 하면 다음 결론을 얻는다.

- $D(a, b) > 0$, $f_{xx}(a, b) < 0$이면 (0에 충분히 가까운 Δx, Δy에 대하여) $H(0) < 0$, $f(a + \Delta x, b + \Delta y) - f(a, b) < 0$이다. 그러므로 f는 (a, b)에서 극댓값을 갖는다.
- $D(a, b) > 0$, $f_{xx}(a, b) > 0$이면 (0에 충분히 가까운 Δx, Δy에 대하여) $H(0) > 0$, $f(a + \Delta x, b + \Delta y) - f(a, b) > 0$이다. 그러므로 f는 (a, b)에서 극솟값을 갖는다.
- $D(a, b) < 0$이면 어떤 0이 아닌 작은 Δx, Δy에 대하여 $H(0) > 0$($f(a + \Delta x, b + \Delta y) > f(a, b)$를 의미함)이고, 어떤 0이 아닌 작은 Δx, Δy에 대하여 $H(0) < 0$ ($f(a + \Delta x, b + \Delta y) < f(a, b)$를 의미함)이다(($f_{xx}\Delta x + f_{xy}\Delta y)^2$과 $(f_{xx}f_{yy} - f_{xy}^2)\Delta y^2$의 상대적인 크기는 Δx와 Δy를 변경하여 조정할 수 있다). 그러므로 f는 (a, b)에서 안장점을 갖는다.

- $D(a, b) = 0$이면 $H(0)$은 0일 수 있으며, 이 경우 $H(c)$의 부호를 결정할 수 없다. 따라서 판정법으로 판정 불가능하다. ◀

연습문제 정답 Answers

CHAPTER 1

1.1절 연습문제(pp. 11–14)

1. A function is a rule that assigns to each value of the independent variable in the domain a unique value of the dependent variable in the range. **2.** B **3.** The first statement **4.** $D = \mathbb{R}$, $R = [-10, \infty)$ **5.** The independent variable is h; the dependent variable is V; $D = [0, 50]$. **6.** -3; $1/8$; $1/(2x)$ **7.** The domain of $f \circ g$ consists of all x in the domain of g such that $g(x)$ is in the domain of f. **8. a.** 4 **b.** 1 **c.** 3 **d.** 3 **e.** 8 **f.** 1 **9.** 15.4 ft/s; radiosonde rises at an average rate of 15.4 ft/s during the first 5 seconds of its flight. **10.** 2; 2; 2; -2 **11.** A is even, B is odd, and C is even. **12.** $D = \{x: x \neq 2\}$; $R = \{y: y \neq -1\}$ **13.** $D = [-\sqrt{7}, \sqrt{7}]$; $R = [0, \sqrt{7}]$ **14.** $D = \mathbb{R}$ **15.** $D = [-3, 3]$ **16. a.** $[0, 3 + \sqrt{14}]$

b. 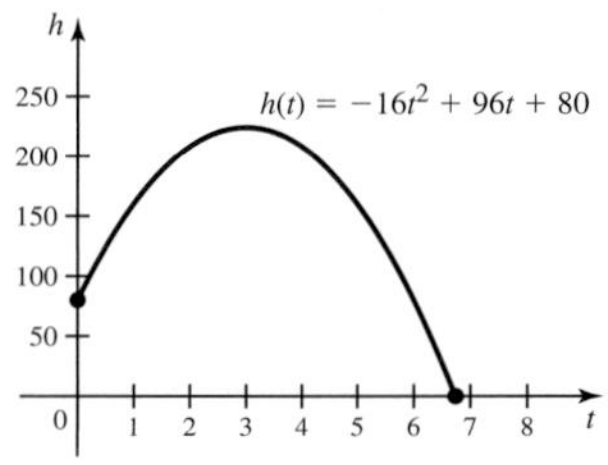

At time $t = 3$, the maximum height is 224 ft.

17. $1/z^3$ **18.** $1/(y^3 - 3)$ **19.** $(u^2 - 4)^3$ **20.** $\dfrac{x - 3}{10 - 3x}$ **21.** x **22.** $g(x) = x^3 - 5$, $f(x) = x^{10}$ **23.** $g(x) = x^4 + 2$, $f(x) = \sqrt{x}$ **24.** $|x^2 - 4|$; $D = \mathbb{R}$ **25.** $\dfrac{1}{|x - 2|}$; $D = \{x: x \neq 2\}$ **26.** $\dfrac{1}{x^2 - 6}$; $D = \{x: x \neq \sqrt{6}, -\sqrt{6}\}$ **27.** $x^4 - 8x^2 + 12$; $D = \mathbb{R}$ **28.** $f(x) = x - 3$ **29.** $f(x) = x^2$ **30.** $f(x) = x^2$ **31. a.** True **b.** False **c.** True **d.** False **e.** False **f.** True **g.** True **h.** False **i.** True **32.** 3 **33.** $2x + h$ **34.** $-\dfrac{2}{x(x + h)}$ **35.** $x + a + 1$ **36.** $x^2 + ax + a^2 - 2$ **37.** $\dfrac{4(x + a)}{a^2x^2}$ **38. a.** 864 ft/hr; the hiker's elevation increases at an average rate of 864 ft/hr. **b.** -487 ft/hr; the hiker's elevation decreases at an average rate of 487 ft/hr. **c.** The hiker might have stopped to rest during this interval of time and/or the trail was level during this portion of the hike.

39. a. 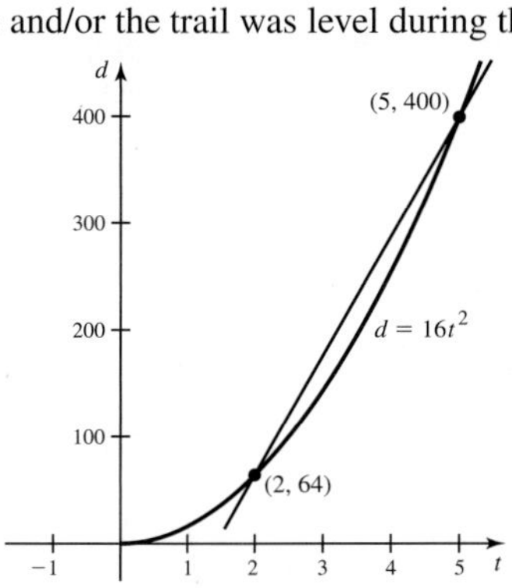

b. $m_{\text{sec}} = 112$ ft/s; the object falls at an average rate of 112 ft/s.

41. y-axis **42.** No symmetry **43.** x-axis, y-axis, origin **44.** Origin **45. a.** 4 **b.** 1 **c.** 3 **d.** -2 **e.** -1 **f.** 7

46. 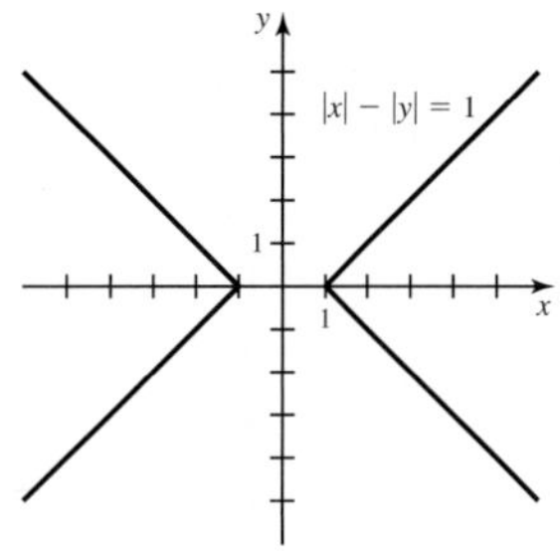

47. The equation $y = 2 - \sqrt{-x^2 + 6x + 16}$ can be rewritten as $(x - 3)^2 + (y - 2)^2 = 5^2$. Because $y \leq 2$, the function is the lower half of a circle of radius 5 centered at $(3, 2)$. $D = [-2, 8]$; $R = [-3, 2]$ **48.** $f(x) = 3x - 2$ or $f(x) = -3x + 4$ **49.** $f(x) = x^2 - 6$ **50.** $\dfrac{1}{\sqrt{x + h} + \sqrt{x}}$; $\dfrac{1}{\sqrt{x} + \sqrt{a}}$ **51.** $\dfrac{3}{\sqrt{x}(x + h) + x\sqrt{x + h}}$; $\dfrac{3}{x\sqrt{a} + a\sqrt{x}}$ **52.** None **53.** y-axis

1.2절 연습문제(pp. 25–28)

1. A formula, a graph, a table, words **2.** $y = -\frac{2}{3}x - 1$ **3.** The set of all real numbers for which the denominator does not equal 0 **4.** $y = \begin{cases} x + 3 & \text{if } x < 0 \\ -\frac{1}{2}x + 3 & \text{if } x \geq 0 \end{cases}$ **5.** Shift the graph to the left 2 units. **6.** Compress the graph horizontally by a factor of $\frac{1}{3}$. **7.** $f(x) = |x - 2| + 3$; $g(x) = -|x + 2| - 1$ **8.** $f(x) = 2x + 1$

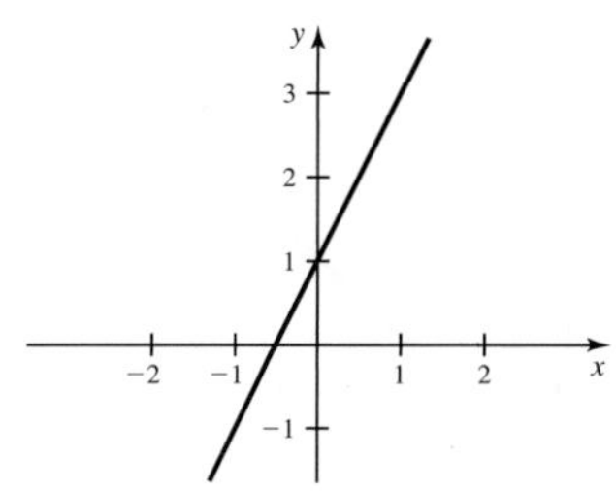

9. $f(x) = 3x - 7$ **10.** $C_s = 5.71$; 856.5 million **12.** $d = -3p/50 + 27$; $D = [0, 450]$

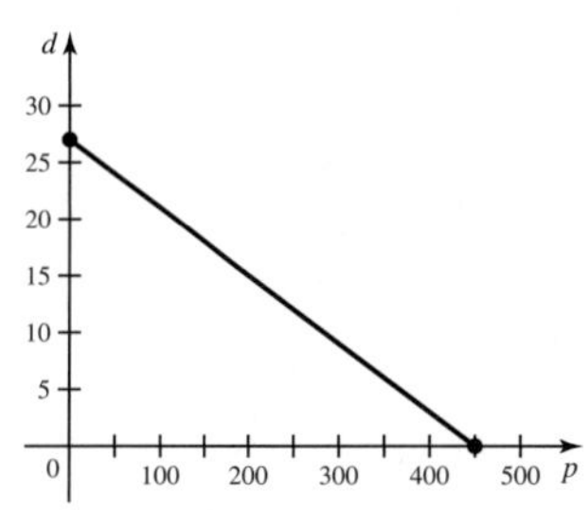

13. $f(x) = \begin{cases} 3 & \text{if } x \leq 3 \\ 2x - 3 & \text{if } x > 3 \end{cases}$

14. $c(t) = \begin{cases} 0.05t & \text{if } 0 \le t \le 60 \\ 1.2 + 0.03t & \text{if } 60 < t \le 120 \end{cases}$

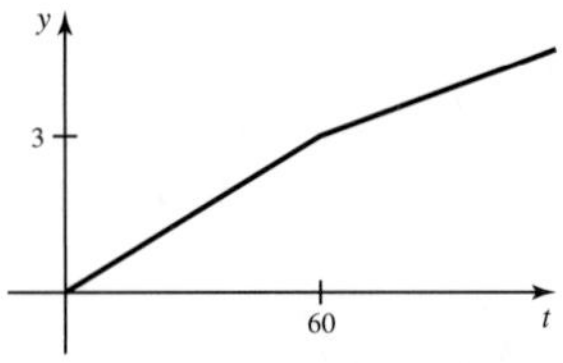

15.

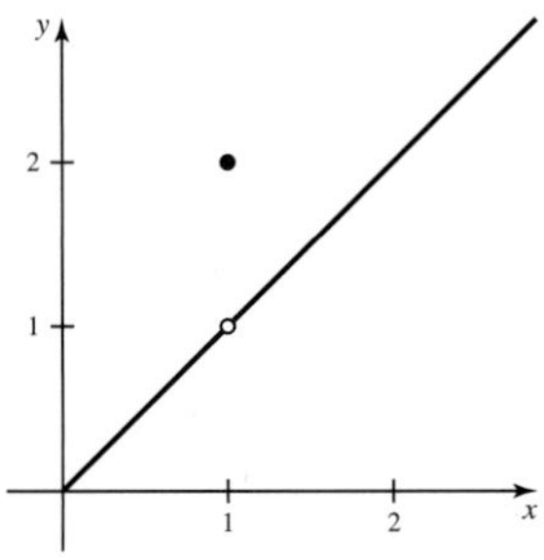

16.

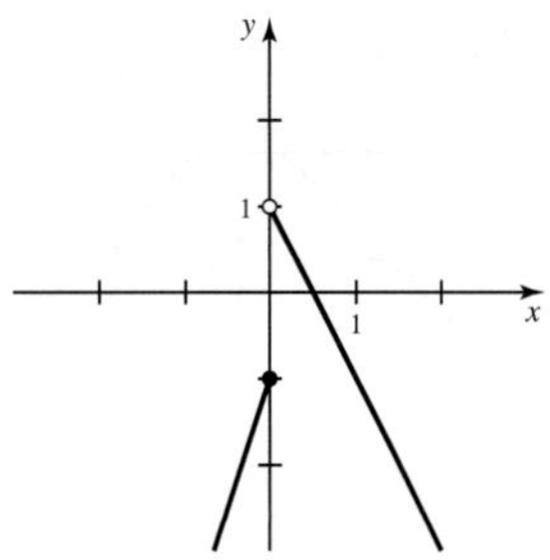

17.

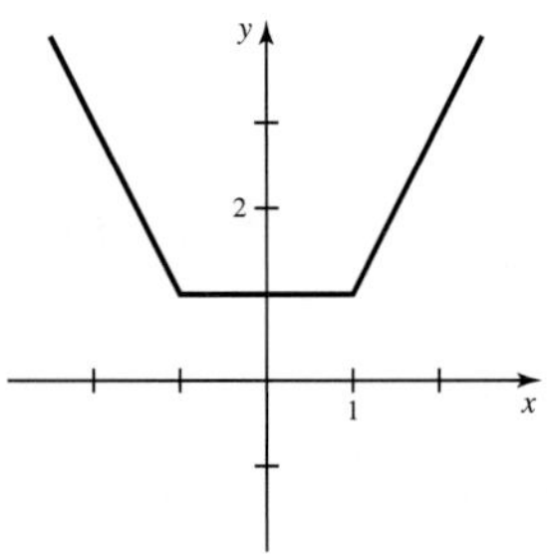

18. a.

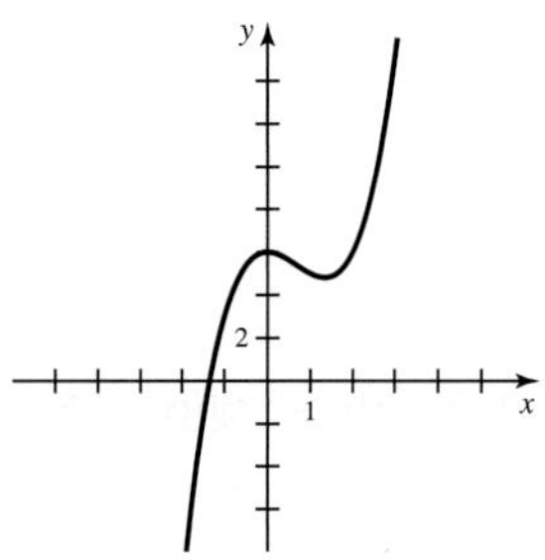

b. $D = \mathbb{R}$ **c.** One peak near $x = 0$; one valley near $x = 4/3$; x-intercept approx. $(-1.3, 0)$, y-intercept $(0, 6)$

19. a.

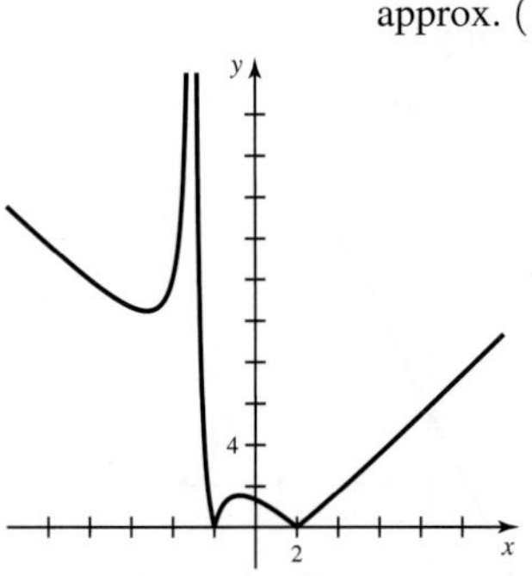

b. $D = \{x: x \neq -3\}$ **c.** Undefined at $x = -3$; a valley near $x = -5.2$; x-intercepts (and valleys) at $(-2, 0)$ and $(2, 0)$; a peak near $x = -0.8$; y-intercept $(0, \frac{4}{3})$

20. a.

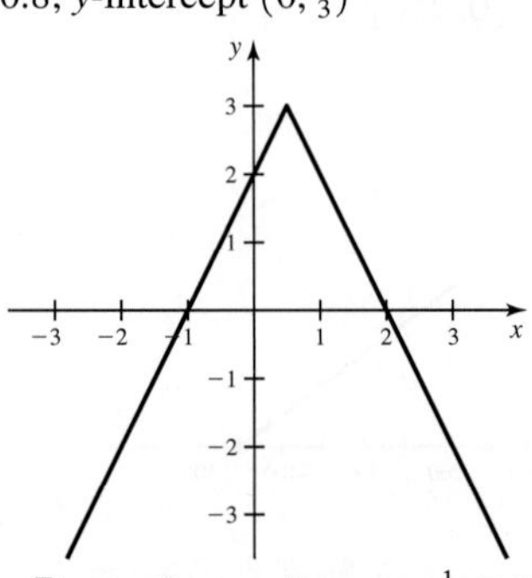

b. $D = \mathbb{R}$ **c.** One peak at $x = \frac{1}{2}$; x-intercepts $(-1, 0)$ and $(2, 0)$; y-intercept $(0, 2)$ **21. a.** A, D, F, I **b.** E **c.** B, H **d.** I **e.** A

22. a.

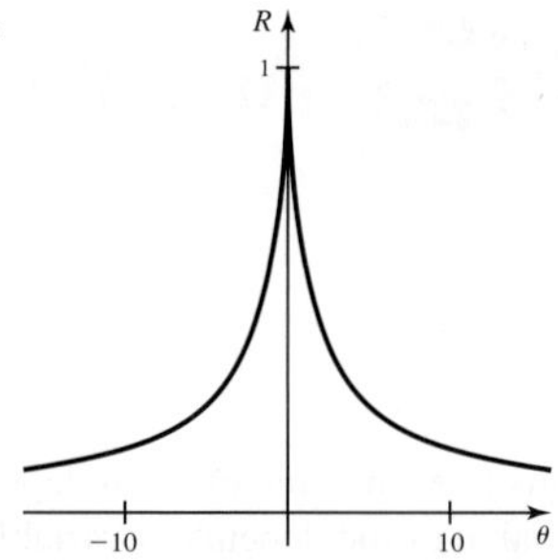

b. $\theta = 0$; vision is sharpest when we look straight ahead. **c.** $|\theta| \le 0.19°$ (less than $\frac{1}{5}$ of a degree) **23.** $S(x) = 2$

24. $S(x) = \begin{cases} 1 & \text{if } x < 0 \\ -\frac{1}{2} & \text{if } x > 0 \end{cases}$

25. a. 12 **b.** 36 **c.** $A(x) = 6x$ **26. a.** 12 **b.** 21

c. $A(x) = \begin{cases} 8x - x^2 & \text{if } 0 \le x \le 3 \\ 2x + 9 & \text{if } x > 3 \end{cases}$

27. a. True **b.** False **c.** True **d.** False

28. a. Shift 3 units to the right.

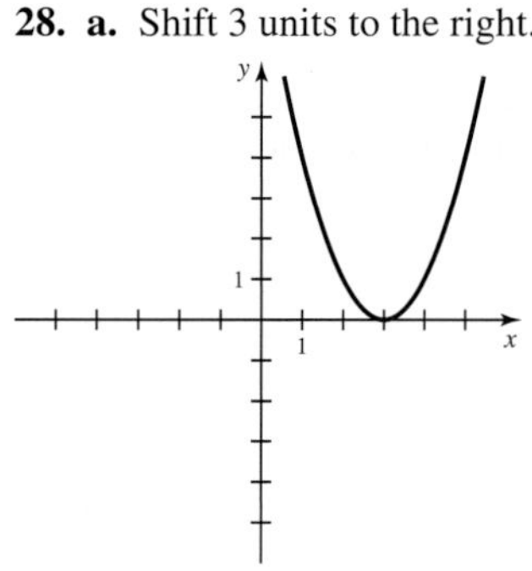

b. Horizontal compression by a factor of $\frac{1}{2}$, then shift 2 units to the right.

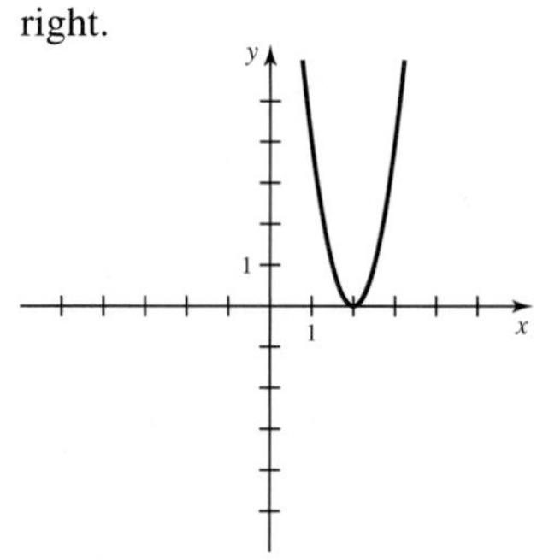

c. Shift to the right 2 units, vertically stretch by a factor of 3, reflect across the x-axis, and shift up 4 units.

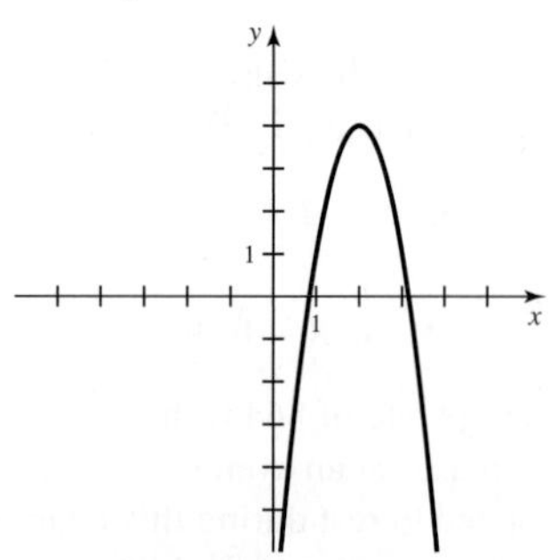

d. Horizontal stretch by a factor of 3, horizontal shift right 2 units, vertical stretch by a factor of 6, and vertical shift up 1 unit.

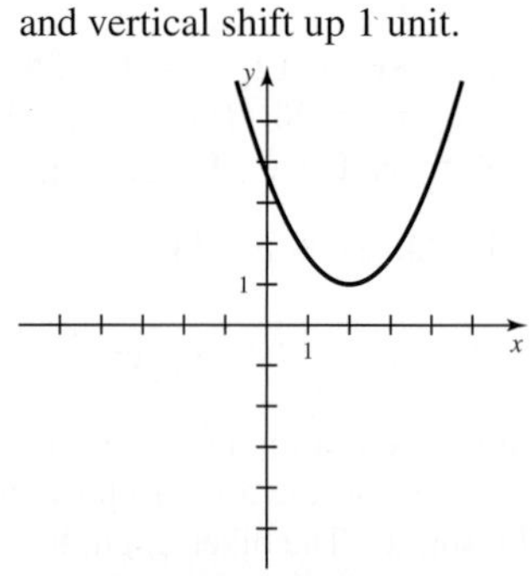

29. Shift the graph of $y = x^2$ right 2 units and up 1 unit.

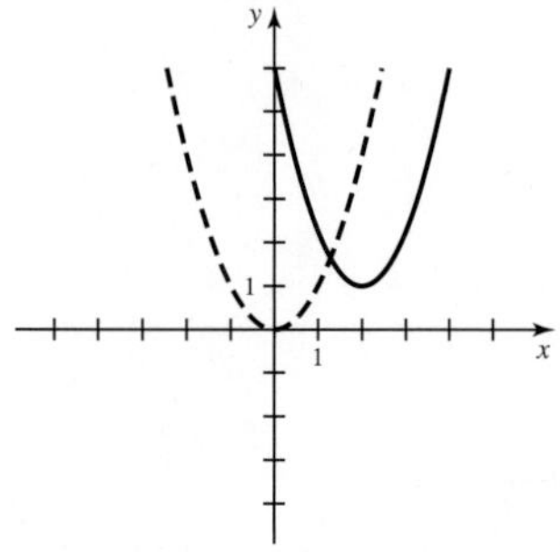

30. Stretch the graph of $y = x^2$ vertically by a factor of 3 and reflect across the x-axis.

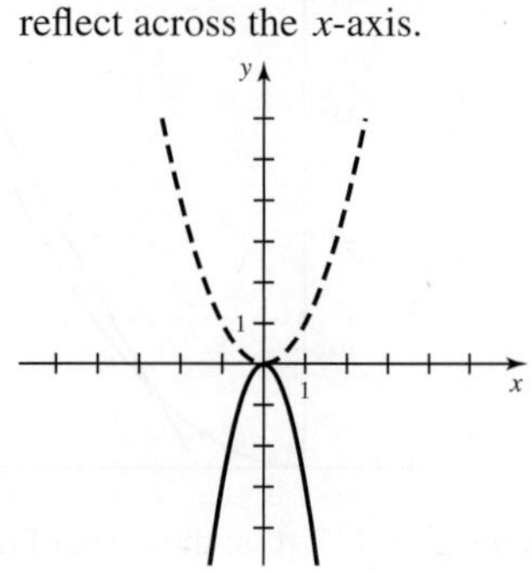

31. Shift the graph of $y = x^2$ left 3 units and stretch vertically by a factor of 2.

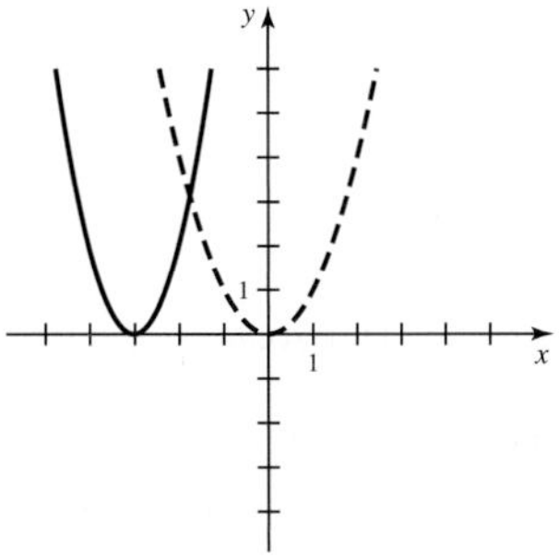

32. Shift the graph of $y = x^2$ to the left $\frac{1}{2}$ unit, stretch vertically by a factor of 4, reflect across the x-axis, and then shift up 13 units.

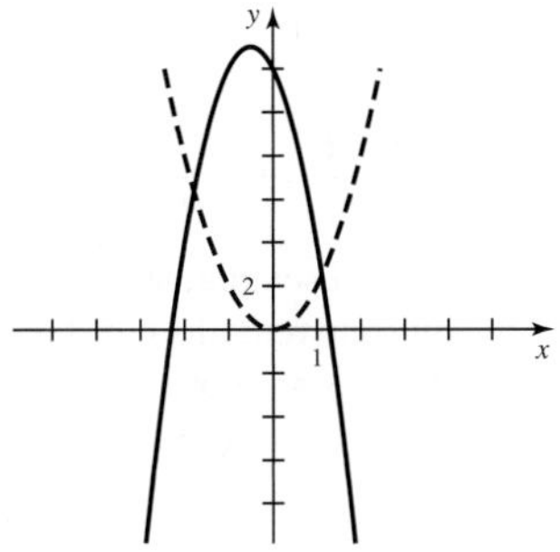

33. $(0, 0)$; $(2, 8)$ **34.** $(0, 0)$; $(4, 16)$

35.

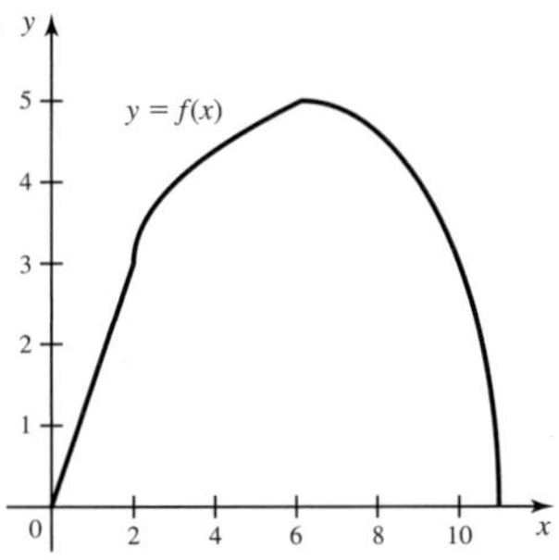

36.

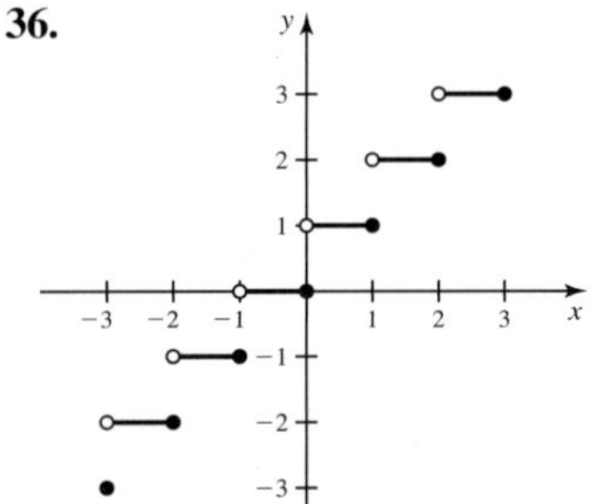

37.

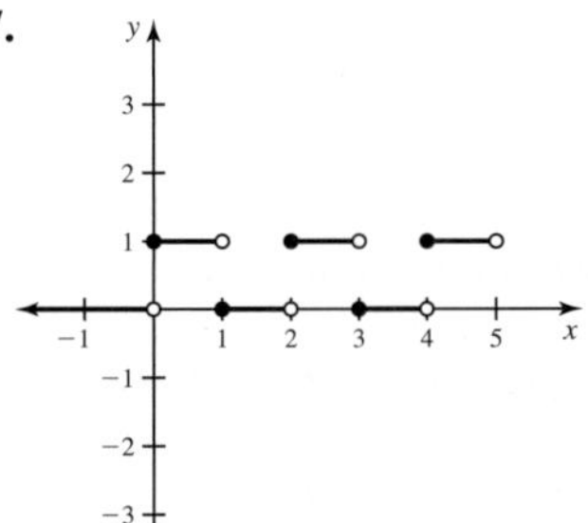

38.

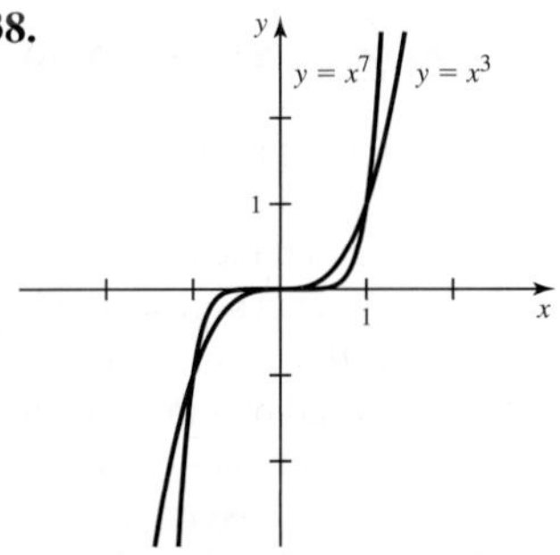

39. a. 0.9; 90% chance that server will win from deuce given that such servers win 75% of their service points **b.** 0.1; 10% chance that server will win from deuce given that such servers win 25% of their service points **40. a.** $f(m) = 350m + 1200$ **b.** Buy

41. a. $S(x) = x^2 + \dfrac{500}{x}$ **b.** Approximately 6.3 ft

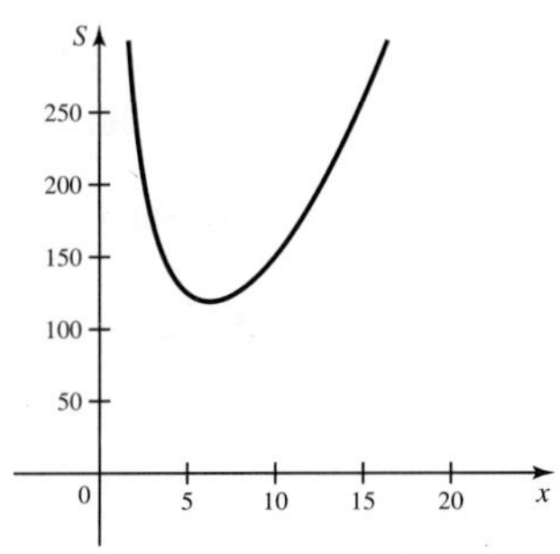

43. a.

n	1	2	3	4	5
$n!$	1	2	6	24	120

b.

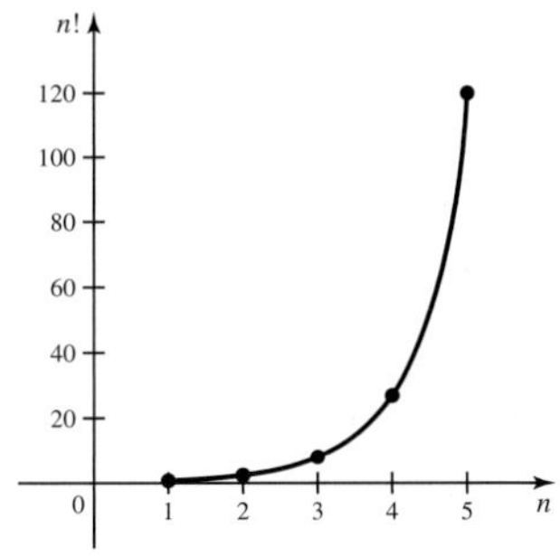

c. 10

1.3절 연습문제(pp. 39–42)

1. $D = \mathbb{R}$; $R = (0, \infty)$

2.

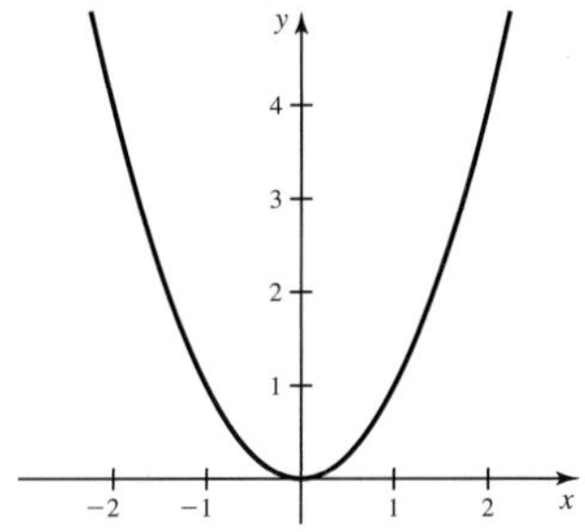

3. $(-\infty, -1]$, $[-1, 1]$, $[1, \infty)$ **4.** If a function f is not one-to-one, then there are domain values, x_1 and x_2, such that $x_1 \neq x_2$ $f(x_1) = f(x_2)$. If f^{-1} exists, then by definition, $f^{-1}(f(x_1)) = x_1$ and $f^{-1}(f(x_2)) = x_2$, so f^{-1} assigns two different range values to the single domain value of $f(x_1)$.

5. $f^{-1}(x) = \dfrac{1}{2}x$ **6.**

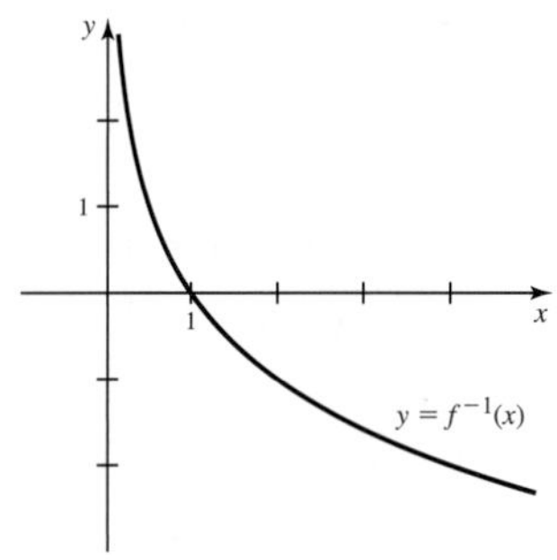

7. $g_1(x) = x^2 + 1$; $D = [0, \infty)$; $R = [1, \infty)$; $g_1^{-1}(x) = \sqrt{x - 1}$; $D = [1, \infty)$; $R = [0, \infty)$

9. The expression $\log_b x$ represents the power to which b must be raised to obtain x. **10.** $D = (0, \infty)$; $R = \mathbb{R}$

11. a. 3 **b.** 4 **c.** -2 **d.** 3 **e.** $1/2$ **12.** $(-\infty, \infty)$

13. $(-\infty, 5) \cup (5, \infty)$ **14.** $(-\infty, 0)$, $(0, \infty)$

15. $f^{-1}(x) = -\dfrac{1}{4}x + 2$

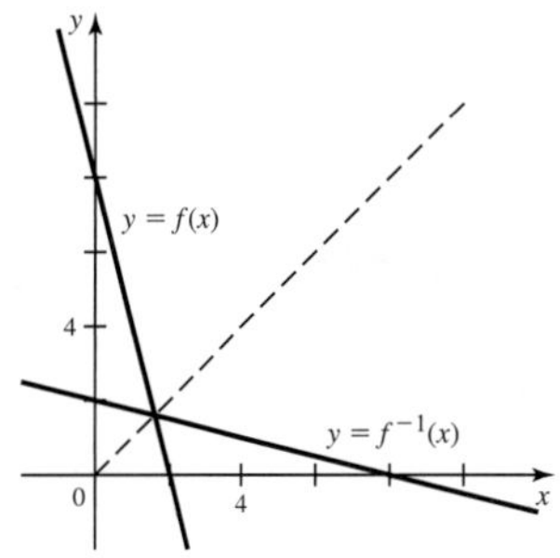

16. $f^{-1}(x) = x^2 - 2$

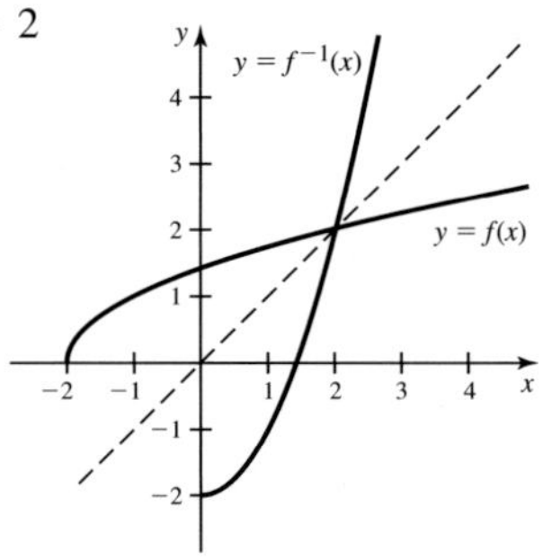

17. $f^{-1}(x) = 2 + \sqrt{x+1}$

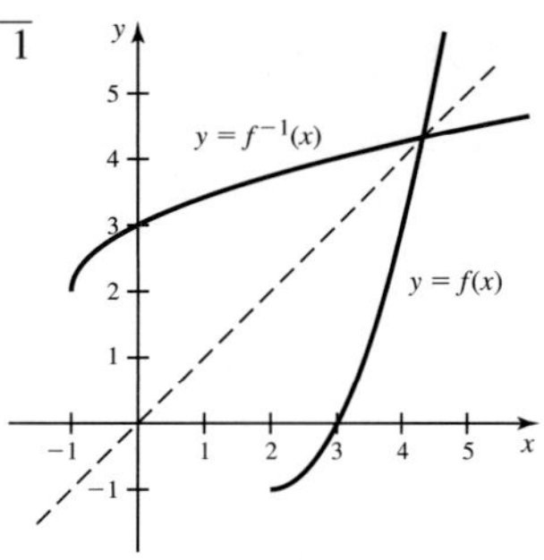

18. $f^{-1}(x) = \sqrt{\frac{2}{x} - 1}$ **19.** $f^{-1}(x) = \frac{1}{2}\ln x - 3$
20. $f^{-1}(x) = \frac{e^x - 1}{3}$ **21.** $f^{-1}(x) = -\frac{1}{2}\log_{10}x$
22. $f^{-1}(x) = \ln\left(\frac{2x}{1-x}\right)$
23. a. $f_1(x) = \sqrt{1-x^2};\ 0 \le x \le 1$
$f_2(x) = \sqrt{1-x^2};\ -1 \le x \le 0$
$f_3(x) = -\sqrt{1-x^2};\ -1 \le x \le 0$
$f_4(x) = -\sqrt{1-x^2};\ 0 \le x \le 1$
b. $f_1^{-1}(x) = \sqrt{1-x^2};\ 0 \le x \le 1$
$f_2^{-1}(x) = -\sqrt{1-x^2};\ 0 \le x \le 1$
$f_3^{-1}(x) = -\sqrt{1-x^2};\ -1 \le x \le 0$
$f_4^{-1}(x) = \sqrt{1-x^2};\ -1 \le x \le 0$
24. -0.2 **25.** 1.19 **26.** $-0.09\overline{6}$ **27.** 1000 **28.** 2 **29.** $1/e$
30. $\ln 21/\ln 7$ **31.** $\ln 5/(3\ln 3) + 5/3$ **32.** 451 years
33. 9.53 years **34. a.** No **b.** $f^{-1}(h) = 2 - \frac{1}{4}\sqrt{64-h}$
c. $f^{-1}(h) = 2 + \frac{1}{4}\sqrt{64-h}$ **d.** 0.542 s **e.** 3.837 s
35. $\frac{\ln 15}{\ln 2} \approx 3.9069$ **36.** $\frac{\ln 40}{\ln 4} \approx 2.6610$ **37.** $e^{x\ln 2}$
38. $\log_5|x|/\log_5 e$ **39.** e **40 a.** False **b.** False **c.** False **d.** True **e.** False **f.** False **g.** True **41.** A is $y = \log_2 x$; B is $y = \log_4 x$; C is $y = \log_{10} x$.
42.

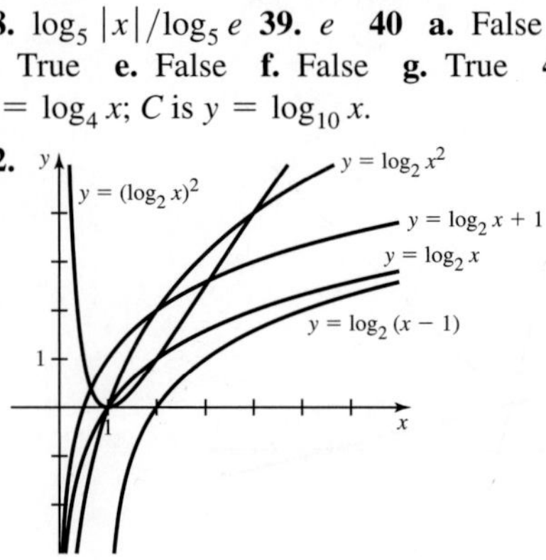

43. a.

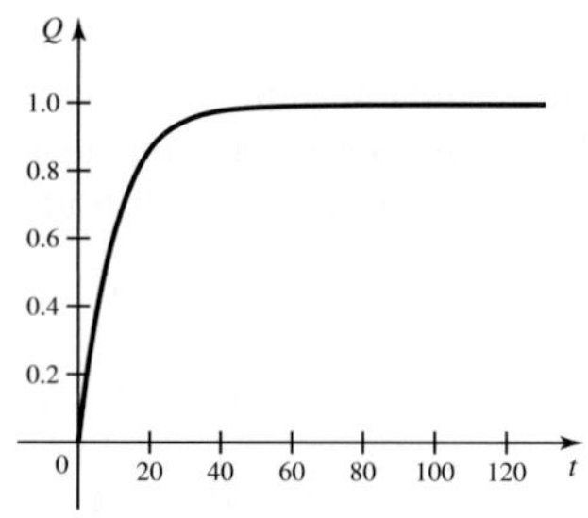

b. Vertical scaling; steady state equals a. **c.** Horizontal scaling; steady state remains constant. **d.** a
44. $f^{-1}(x) = \sqrt{x-5} + 1,\ x \ge 5$ **45.** $f^{-1}(x) = \sqrt[3]{x} - 1,\ D = \mathbb{R}$
46. $f_1^{-1}(x) = \sqrt{2/x - 2},\ D_1 = (0, 1]$; $f_2^{-1}(x) = -\sqrt{2/x - 2}$, $D_2 = (0, 1]$
50. a.

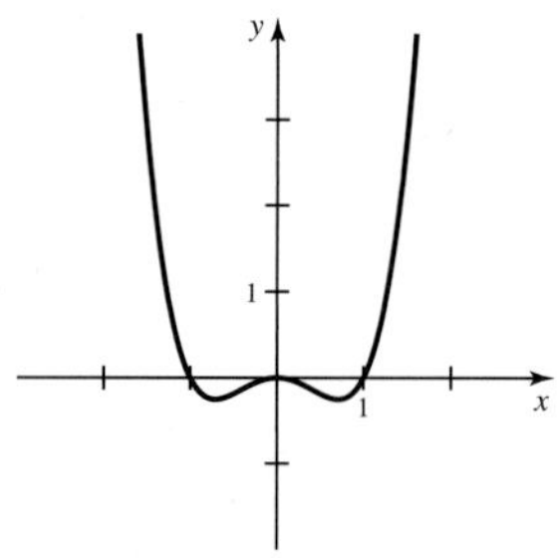

f is one-to-one on the intervals $(-\infty, -1/\sqrt{2}]$, $[-1/\sqrt{2}, 0]$, $[0, 1/\sqrt{2}]$, and $[1/\sqrt{2}, \infty)$.

b. $x = \sqrt{\frac{1 \pm \sqrt{4y+1}}{2}}, -\sqrt{\frac{1 \pm \sqrt{4y+1}}{2}}$

1.4절 연습문제(pp. 53–55)

1. $\sin\theta = \text{opp}/\text{hyp}$; $\cos\theta = \text{adj}/\text{hyp}$; $\tan\theta = \text{opp}/\text{adj}$; $\cot\theta = \text{adj}/\text{opp}$; $\sec\theta = \text{hyp}/\text{adj}$; $\csc\theta = \text{hyp}/\text{opp}$ **2.** 3 s
3. The radian measure of an angle θ is the length s of an arc on the unit circle associated with θ. **4.** $\sin^2\theta + \cos^2\theta = 1$, $1 + \cot^2\theta = \csc^2\theta$, $\tan^2\theta + 1 = \sec^2\theta$ **5.** $\theta = 3\pi/2$
6. $\{x: x \text{ is an odd multiple of } \pi/2\}$
7. Sine is not one-to-one on its domain. **8.** $3\pi/4$
9. Horizontal asymptotes at $y = \pi/2$ and $y = -\pi/2$
10. $-1/2$ **11.** 1 **12.** $-1/\sqrt{3}$ **13.** $1/\sqrt{3}$ **14.** 1 **15.** -1
16. Undefined **17.** $\frac{\sqrt{2+\sqrt{3}}}{2}$ or $\frac{\sqrt{6}+\sqrt{2}}{4}$
18. $\pi/4 + n\pi,\ n = 0, \pm 1, \pm 2, \ldots$
19. $\pi/6, 5\pi/6, 7\pi/6, 11\pi/6$
20. $\pi/4 + 2n\pi, 3\pi/4 + 2n\pi,\ n = 0, \pm 1, \pm 2, \ldots$
21. $0, \pi/2, \pi, 3\pi/2$
22. $\pi/12, 5\pi/12, 3\pi/4, 13\pi/12, 17\pi/12, 7\pi/4$
23. 0.1007; 1.4701 **24.** 17.3°; 72.7° **26.** $\pi/2$ **27.** $-\pi/6$
28. $\pi/3$ **29.** $2\pi/3$ **30.** -1 **31.** $\sin\theta = \frac{12}{13}$; $\tan\theta = \frac{12}{5}$
33. $\sqrt{1-x^2}$ **34.** $\frac{\sqrt{4-x^2}}{2}$ **35.** $2x\sqrt{1-x^2}$
36. $\sec\theta = \frac{r}{x} = \frac{1}{x/r} = \frac{1}{\cos\theta}$
37. Dividing both sides of $\cos^2\theta + \sin^2\theta = 1$ by $\cos^2\theta$ gives $1 + \tan^2\theta = \sec^2\theta$. **38.** Because $\cos(\pi/2 - \theta) = \sin\theta$, for all θ, $1/\cos(\pi/2 - \theta) = 1/\sin\theta$, excluding integer multiples of π, and $\sec(\pi/2 - \theta) = \csc\theta$.

39. $\cos^{-1} x + \cos^{-1}(-x) = \theta + (\pi - \theta) = \pi$

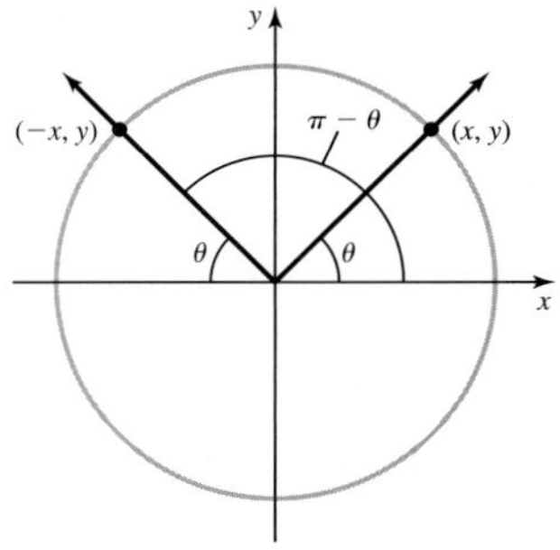

40. $\pi/3$ **41.** $\pi/3$ **42.** $\pi/4$ **43.** $\pi/2 - 2$
44. $\dfrac{1}{\sqrt{x^2 + 1}}$ **45.** $1/x$ **46.** $x/\sqrt{x^2 + 16}$
47. $\theta = \sin^{-1}\dfrac{x}{6} = \tan^{-1}\left(\dfrac{x}{\sqrt{36 - x^2}}\right) = \sec^{-1}\left(\dfrac{6}{\sqrt{36 - x^2}}\right)$
48. a. False **b.** False **c.** False **d.** False **e.** True **f.** False **g.** True **h.** False **49.** $\sin\theta = \frac{12}{13}$; $\tan\theta = \frac{12}{5}$; $\sec\theta = \frac{13}{5}$; $\csc\theta = \frac{13}{12}$; $\cot\theta = \frac{5}{12}$ **50.** $\sin\theta = \frac{12}{13}$; $\cos\theta = \frac{5}{13}$; $\tan\theta = \frac{12}{5}$; $\sec\theta = \frac{13}{5}$; $\cot\theta = \frac{5}{12}$ **51.** Amp = 3; period = 6π
52. Amp = 3.6; period = 48 **55.** Area of circle is πr^2; $\theta/(2\pi)$ represents the proportion of area swept out by a central angle θ. Therefore, the area of such a sector is $(\theta/2\pi)\pi r^2 = r^2\theta/2$.
56. Stretch the graph of $y = \cos x$ horizontally by a factor of 3, stretch vertically by a factor of 2, and reflect across the x-axis.

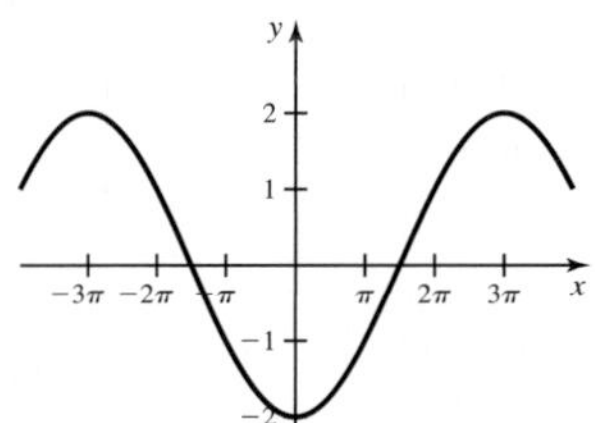

57. Stretch the graph of $y = \cos x$ horizontally by a factor of $24/\pi$; then stretch it vertically by a factor of 3.6 and shift it up 2 units.

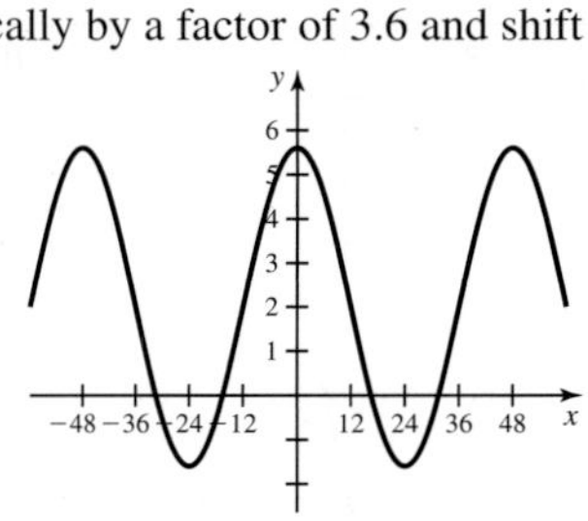

59. $y = 3\sin(\pi t/12 - 3\pi/4) + 13$ **60.** About 6 ft
61. $d(t) = 10\cos(4\pi t/3)$ **62.** h

Chapter 1 연습문제(pp. 56–58)

1. a. True **b.** False **c.** False **d.** True **e.** False **f.** False **g.** True **2.** f is one-to-one but not g.
3. $D = \{w: w \neq 2\}$; $R = \{y: y \neq 5\}$
4. $D = (-\infty, -1] \cup [3, \infty)$; $R = [0, \infty)$ **5.** Yes; no **7.** 8
9. 7 **11.** 8 **13.** −2 **15. a.** 1 **b.** $\sqrt{x^3}$ **c.** $\sin^3\sqrt{x}$ **d.** $\mathbb{R}$ **e.** $[-1, 1]$ **16.** $2x + h - 2$; $x + a - 2$
18. $3x^2 + 3xh + h^2$; $x^2 + ax + a^2$ **20. a.** $y = \dfrac{5}{2}x - 8$
b. $y = \dfrac{3}{4}x + 3$ **c.** $y = \dfrac{1}{2}x - 2$ **21.** $B = -\dfrac{1}{500}a + 212$

22. a.

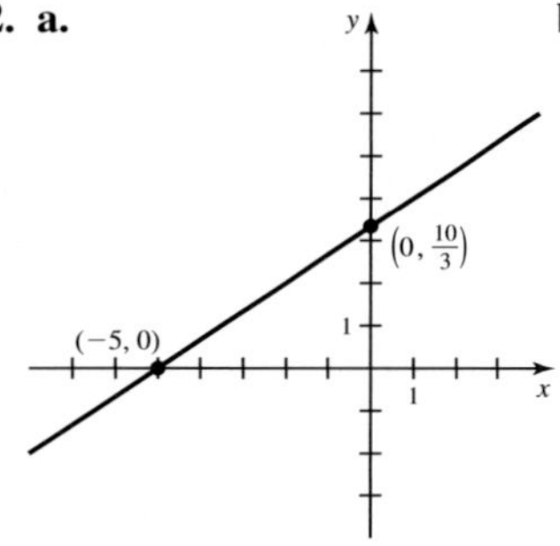

b.

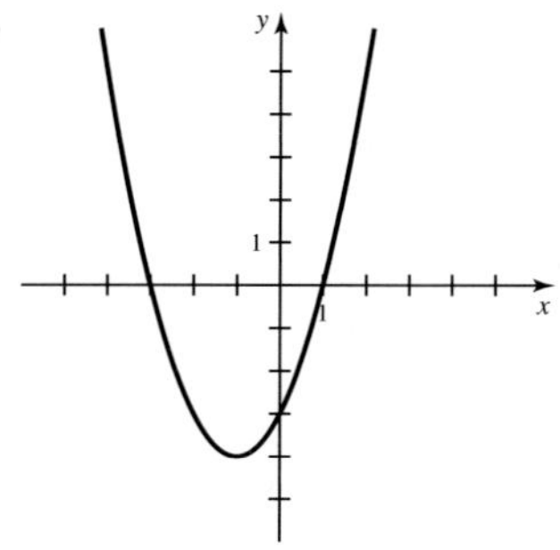

c.

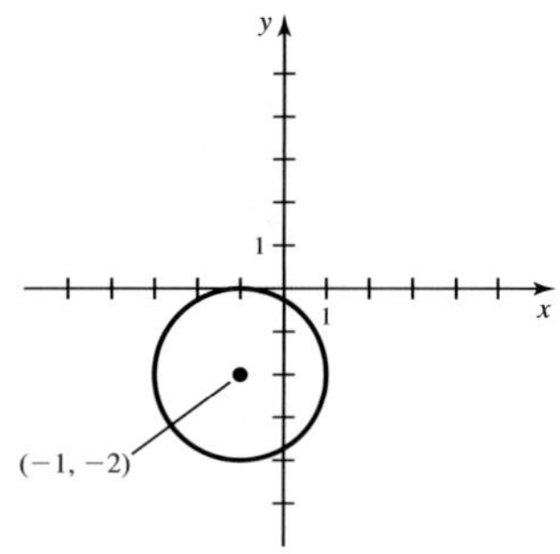

d.

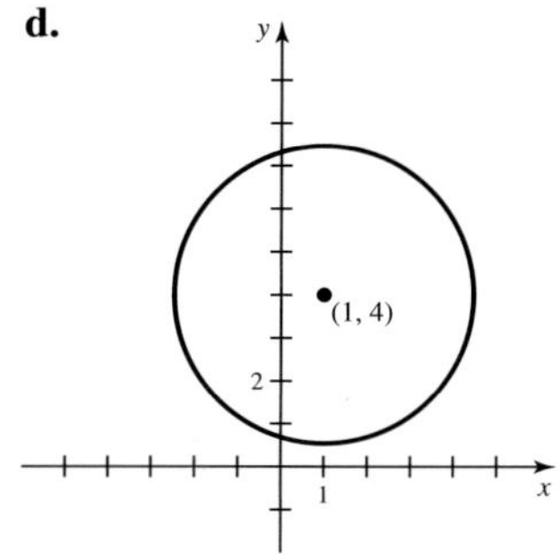

23.

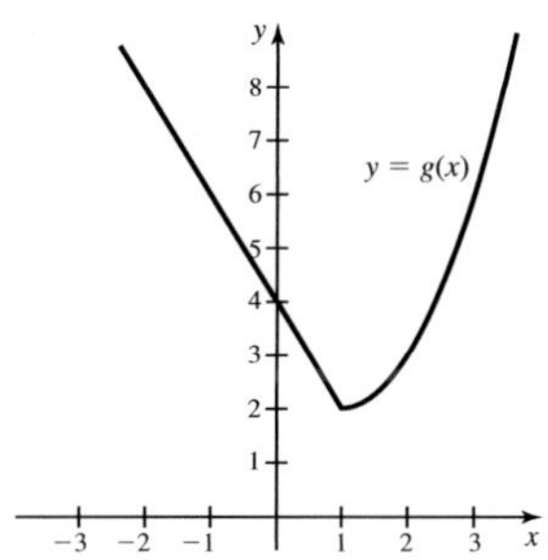

24. a.

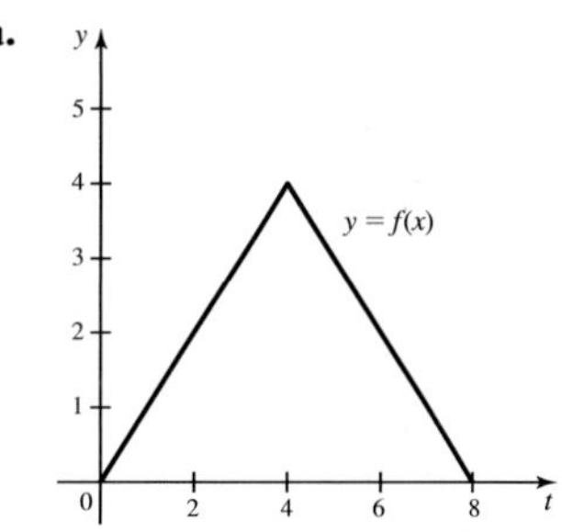

b. 2; 14 **c.** $A(x) = \begin{cases} x^2/2 & \text{if } 0 \le x \le 4 \\ -x^2/2 + 8x - 16 & \text{if } 4 < x \le 8 \end{cases}$

25. $f(x) = \begin{cases} 4x & \text{if } x < 0 \\ 0 & \text{if } x \ge 0 \end{cases}$

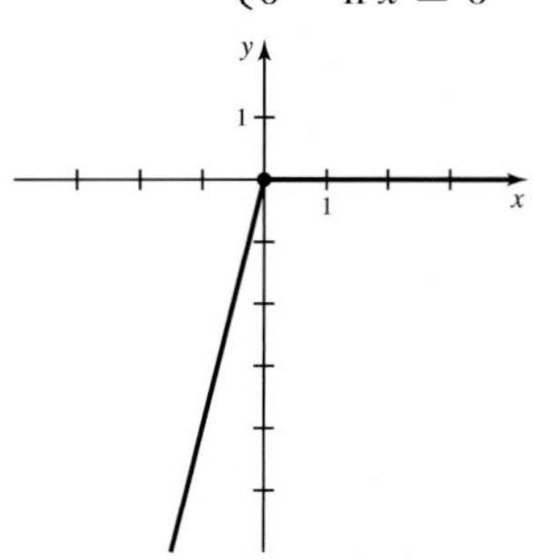

26. $D_f = \mathbb{R}$, $R_f = \mathbb{R}$; $D_g = [0, \infty)$, $R_g = [0, \infty)$
27. Shift $y = x^2$ left 3 units and down 12 units.
28. a. y-axis **b.** y-axis **c.** x-axis, y-axis, origin **30.** $x = 2$

32. $t = \dfrac{e^4 - 4}{5}$ **34.** $\theta = \dfrac{\pi}{4}, \dfrac{3\pi}{4}, \dfrac{5\pi}{4}, \dfrac{7\pi}{4}$ **36.** $\theta = \pm\dfrac{\pi}{12}, \pm\dfrac{5\pi}{12}$

38. Approx. 35 years **39.** $(-\infty, 0], [0, 2]$, and $[2, \infty)$

41. $f^{-1}(x) = -\dfrac{1}{4}x + \dfrac{3}{2}$ **43.** $f^{-1}(x) = 2 + \sqrt{x - 1}$

45. $f^{-1}(x) = -\sqrt{\dfrac{x - 1}{3}}$ **47.** $f^{-1}(x) = \sqrt{\ln x - 1}$

49. $f^{-1}(x) = \dfrac{4x^2}{(6 - x)^2}$, for $0 \le x < 6$

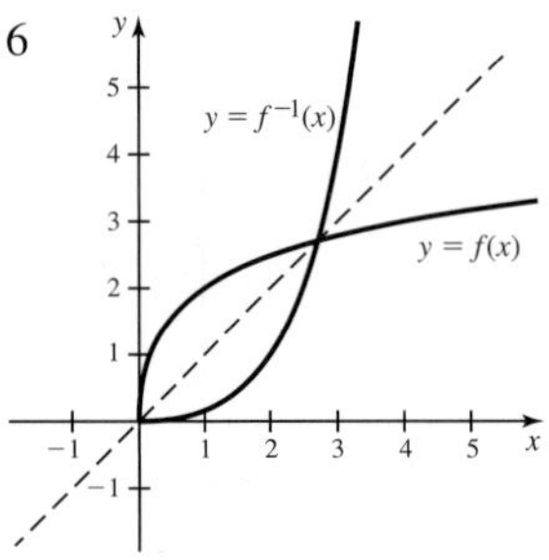

50. a. $f(t) = -2\cos\dfrac{\pi t}{3}$ **b.** $f(t) = 5\sin\dfrac{\pi t}{12} + 15$

51. a. F **b.** E **c.** D **d.** B **e.** C **f.** A

53. $(7\pi/6, -1/2); (11\pi/6, -1/2)$ **55.** $-\dfrac{\sqrt{2 + \sqrt{2}}}{2}$

57. $\pi/6$ **59.** $-\pi/2$ **61.** x, provided $-1 \le x \le 1$

63. $\cos\theta = \frac{5}{13}$; $\tan\theta = \frac{12}{5}$; $\cot\theta = \frac{5}{12}$; $\sec\theta = \frac{13}{5}$; $\csc\theta = \frac{13}{12}$

65. $\dfrac{\sqrt{16 - x^2}}{4}$ **67.** $\pi/2 - \theta$ **69.** 0

71. $\tan 2\theta = \dfrac{\sin 2\theta}{\cos 2\theta} = \dfrac{2\sin\theta\cos\theta}{\cos^2\theta - \sin^2\theta}$

$= \dfrac{2\sin\theta\cos\theta/\cos^2\theta}{(\cos^2\theta - \sin^2\theta)/\cos^2\theta} = \dfrac{2\tan\theta}{1 - \tan^2\theta}$

72. a.

n	1	2	3	4	5	6	7	8	9	10
$T(n)$	1	5	14	30	55	91	140	204	285	385

b. $D = \{n: n \text{ is a positive integer}\}$ **c.** 14

73. $s(t) = 117.5 - 87.5\sin\left(\dfrac{\pi}{182.5}(t - 95)\right)$

$S(t) = 844.5 + 87.5\sin\left(\dfrac{\pi}{182.5}(t - 67)\right)$

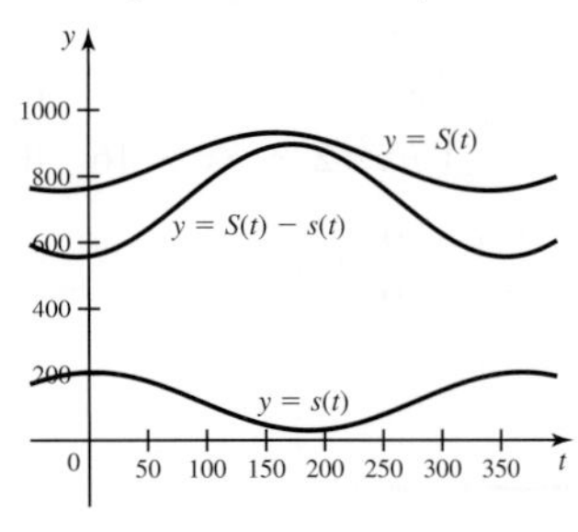

CHAPTER 2

2.1절 연습문제(pp. 65–66)

1. $\dfrac{s(b) - s(a)}{b - a}$ **2.** 20 **3. a.** 36 **b.** 44 **c.** 52 **d.** 60

4. 47.84, 47.984, 47.9984; instantaneous velocity appears to be 48

5. $\dfrac{f(b) - f(a)}{b - a}$ **6.** The instantaneous velocity at $t = a$ is the slope of the line tangent to the position curve at $t = a$. **7. a.** 48

b. 64 **c.** 80 **d.** 16 6 − h **8.** $m_{sec} = 60$; the slope is the average velocity of the object over the interval 0.5, 2 .

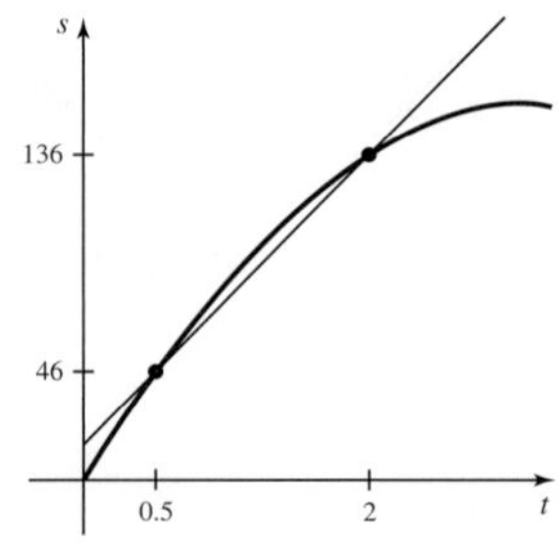

9.

Time interval	Average velocity
[1, 2]	80
[1, 1.5]	88
[1, 1.1]	94.4
[1, 1.01]	95.84
[1, 1.001]	95.984
$v_{inst} = 96$	

10.

Time interval	Average velocity
[2, 3]	20
[2.9, 3]	5.60
[2.99, 3]	4.16
[2.999, 3]	4.016
[2.9999, 3]	4.002
$v_{inst} = 4$	

11.

Time interval	Average velocity
[3, 3.5]	−24
[3, 3.1]	−17.6
[3, 3.01]	−16.16
[3, 3.001]	−16.016
[3, 3.0001]	−16.002
$v_{inst} = -16$	

12.

Time interval	Average velocity
[0, 1]	36.372
[0, 0.5]	67.318
[0, 0.1]	79.468
[0, 0.01]	79.995
[0, 0.001]	80.000
$v_{inst} = 80$	

13.

Interval	Slope of secant line
[1, 2]	6
[1.5, 2]	7
[1.9, 2]	7.8
[1.99, 2]	7.98
[1.999, 2]	7.998
$m_{tan} = 8$	

14.

Interval	Slope of secant line
[0, 1]	1.718
[0, 0.5]	1.297
[0, 0.1]	1.052
[0, 0.01]	1.005
[0, 0.001]	1.001
$m_{tan} = 1$	

15. a.

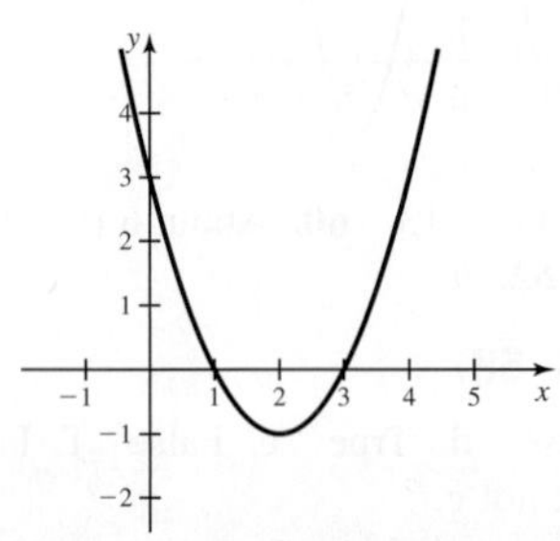

b. $(2, -1)$

c.

Interval	Slope of secant line
[2, 2.5]	0.5
[2, 2.1]	0.1
[2, 2.01]	0.01
[2, 2.001]	0.001
[2, 2.0001]	0.0001
$m_{tan} = 0$	

16. a. 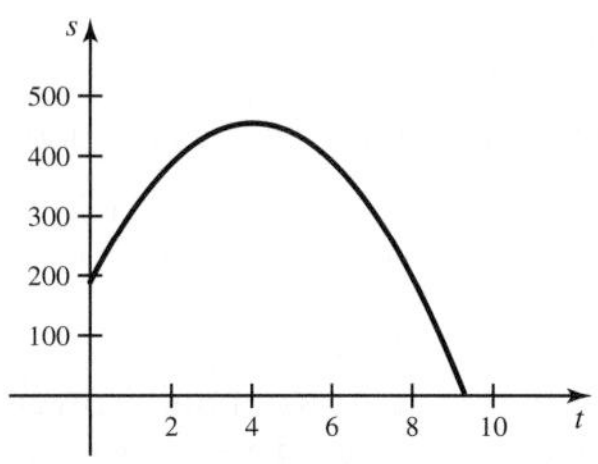

b. $t = 4$

c.

Interval	Average velocity
$[4, 4.5]$	-8
$[4, 4.1]$	-1.6
$[4, 4.01]$	-0.16
$[4, 4.001]$	-0.016
$[4, 4.0001]$	-0.0016
$v_{\text{inst}} = 0$	

d. $0 \le t < 4$ **e.** $4 < t \le 9$ **17.** 0.6366, 0.9589, 0.9996, 1

2.2절 연습문제(pp. 72–74)

1. As x approaches a from either side, the values of $f(x)$ approach L.
2. a. 5 **b.** 3 **c.** Does not exist **d.** 1 **e.** 2
3. a. -1 **b.** 1 **c.** 2 **d.** 2
4. a.

x	$f(x)$	x	$f(x)$
1.9	3.9	2.1	4.1
1.99	3.99	2.01	4.01
1.999	3.999	2.001	4.001
1.9999	3.9999	2.0001	4.0001

b. 4

5. a.

t	$g(t)$	t	$g(t)$
8.9	5.983287	9.1	6.016621
8.99	5.998333	9.01	6.001666
8.999	5.999833	9.001	6.000167

b. 6

6. As x approaches a from the right, the values of $f(x)$ approach L.
8. $L = M$ **9. a.** 0 **b.** 1 **c.** 0
d. Does not exist; $\lim_{x\to 1^-} f(x) \ne \lim_{x\to 1^+} f(x)$ **10. a.** 3 **b.** 2
c. 2 **d.** 2 **e.** 2 **f.** 4 **g.** 1 **h.** Does not exist
i. 3 **j.** 3 **k.** 3 **l.** 3

11. 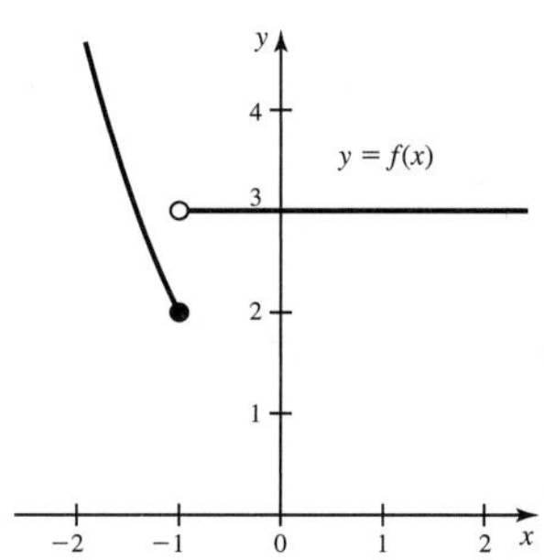

2; 2; 3; does not exist

12. 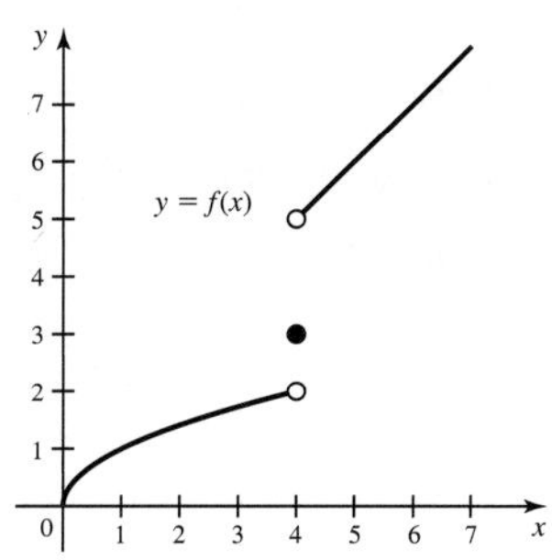

3; 2; 5; does not exist

13. 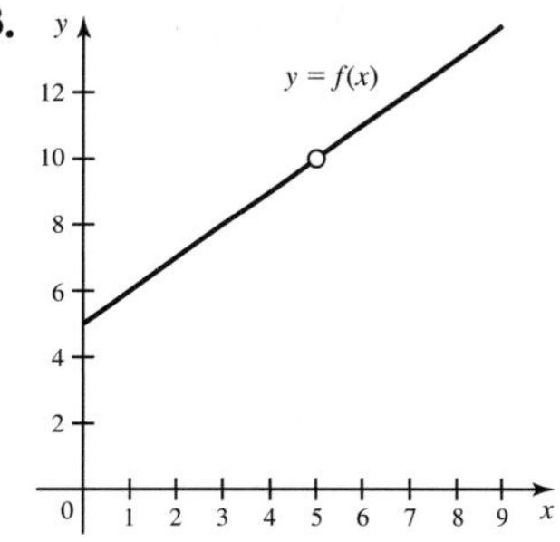

undefined; 10; 10; 10

14. 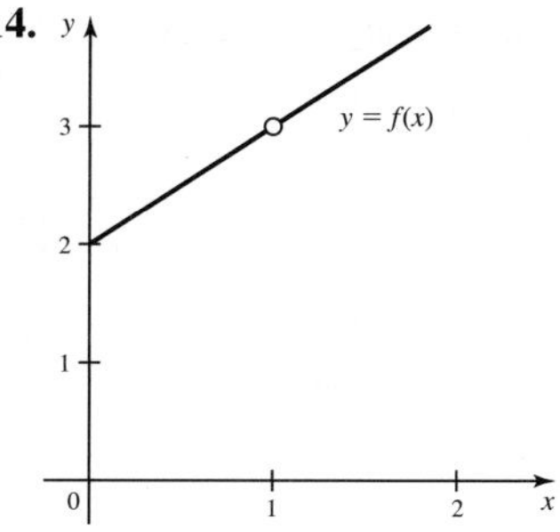

undefined; 3; 3; 3

15. From the graph and table, the limit appears to be 0.

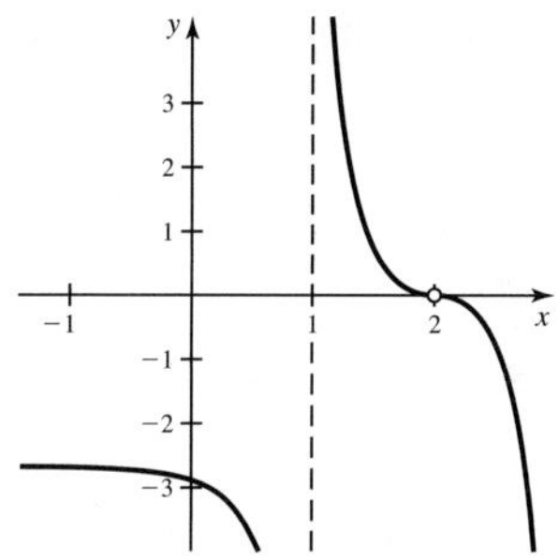

x	1.99	1.999	1.9999
$f(x)$	0.0021715	0.00014476	0.000010857
x	2.0001	2.001	2.01
$f(x)$	-0.000010857	-0.00014476	-0.0021715

16. From the graph and table, the limit appears to be 2.

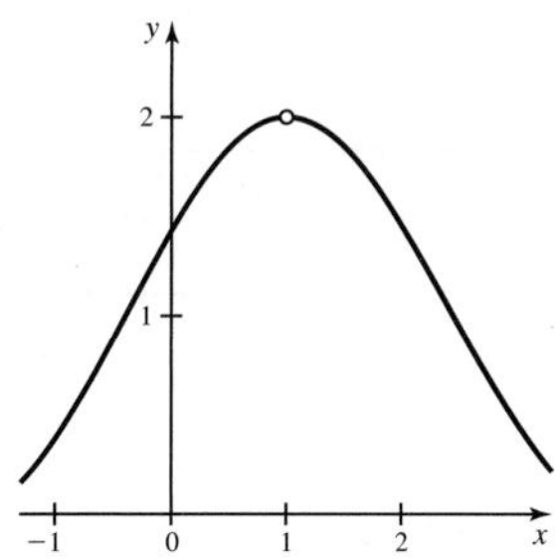

x	0.9	0.99	0.999
$f(x)$	1.993342	1.999933	1.999999
x	1.001	1.01	1.1
$f(x)$	1.999999	1.999933	1.993342

17. 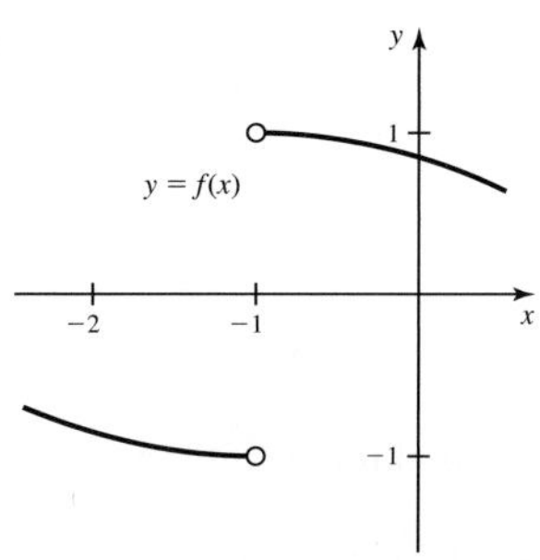

x	-1.1	-1.01	-1.001
$g(x)$	-0.9983342	-0.9999833	-0.9999998
x	-0.999	-0.99	-0.9
$g(x)$	0.9999998	0.9999833	0.9983342

From the table and the graph, it appears that the limit does not exist.

18. a. False **b.** False **c.** False **d.** False **e.** True

20. a.

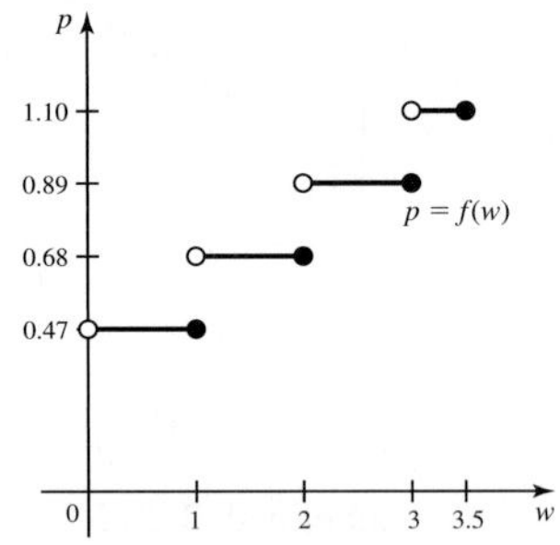

b. 0.89 **c.** Because $\lim_{w\to 3^-} f(w) = 0.89$ and $\lim_{w\to 3^+} f(w) = 1.1$, we know that $\lim_{w\to 3^-} f(w) \neq \lim_{w\to 3^+} f(w)$. So $\lim_{w\to 3} f(w)$ does not exist.

21. 3 **22.** 16 **23.** 1

24. a.

x	$\sin(1/x)$
$2/\pi$	1
$2/(3\pi)$	-1
$2/(5\pi)$	1
$2/(7\pi)$	-1
$2/(9\pi)$	1
$2/(11\pi)$	-1

The function values alternate between 1 and -1.

b. The function values alternate between 1 and -1 infinitely many times on the interval $(0, h)$ no matter how small $h > 0$ becomes. **c.** Does not exist

25.

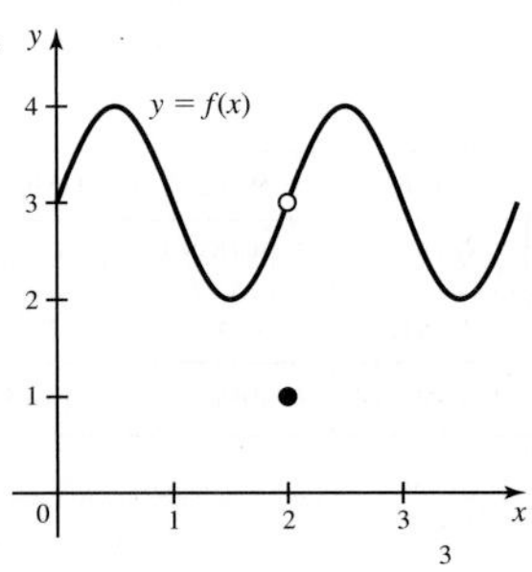

26.

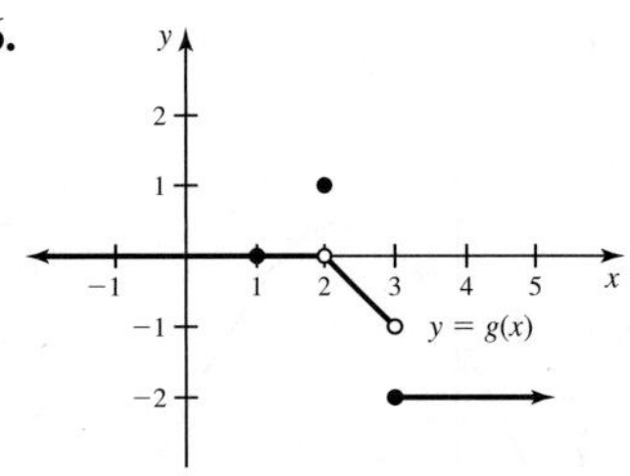

27.

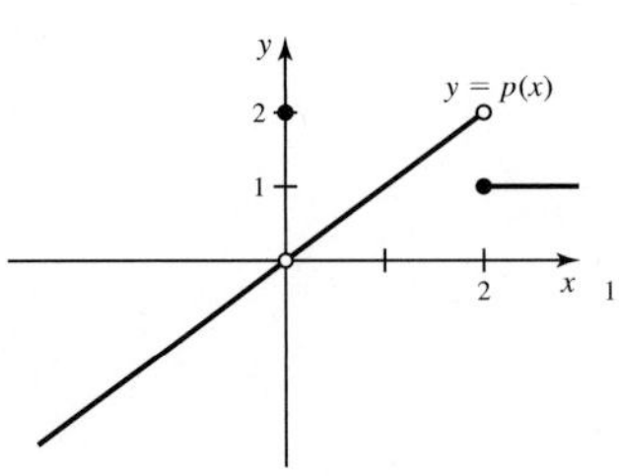

28. a. $-2, -1, 1, 2$ **b.** 2, 2, 2

c. $\lim_{x\to a^-} \lfloor x \rfloor = a - 1$ and $\lim_{x\to a^+} \lfloor x \rfloor = a$, if a is an integer

d. $\lim_{x\to a^-} \lfloor x \rfloor = \lfloor a \rfloor$ and $\lim_{x\to a^+} \lfloor x \rfloor = \lfloor a \rfloor$, if a is not an integer

e. Limit exists provided a is not an integer

29. a. 8 **b.** 5 **30. a.** 2; 3; 4 **b.** p **31.** p/q

2.3절 연습문제(pp. 85–87)

1. $\lim_{x\to a} p(x) = p(a)$ **2.** Those values of a for which the denominator is not zero **3.** $\dfrac{x^2 - 7x + 12}{x - 3} = x - 4$, for $x \neq 3$; -1

4. 32; Constant Multiple Law **5.** 5; Difference Law **6.** 8; Quotient and Difference Laws **7.** 4; Root and Power Laws **8.** 5; 1 **9.** 20 **10.** 5 **11.** -45 **12.** 8 **13.** 3 **14.** 3 **15.** -5 **16.** 8 **17.** 2 **18.** -8 **19.** -1 **20.** -12 **21.** $\frac{1}{6}$ **22.** $-\frac{1}{36}$ **23.** $2\sqrt{a}$ **24.** $\frac{1}{8}$ **25.** $-\frac{1}{16}$ **26.** 5 **27.** 10 **28.** 2 **29.** -54 **30.** 0 **31.** 1 **32.** 1 **33.** $1/2$ **34.** Does not exist **35.** Does not exist **36. a.** False **b.** False **c.** False **d.** False **e.** False **37. a.** 2 **b.** 0 **c.** Does not exist **38. a.** 0 **b.** $\sqrt{x - 2}$ is undefined for $x < 2$. **39.** 0.0435 N/C

40. $\lim_{S\to 0^+} r(S) = 0$; the radius of the cylinder approaches 0 as the surface area of the cylinder approaches 0.

41. a. Because $\left|\sin\dfrac{1}{x}\right| \le 1$, for all $x \neq 0$, we have that

$$|x|\left|\sin\frac{1}{x}\right| \le |x|.$$

That is, $\left|x\sin\dfrac{1}{x}\right| \le |x|$, so $-|x| \le x\sin\dfrac{1}{x} \le |x|$, for all $x \neq 0$.

b.

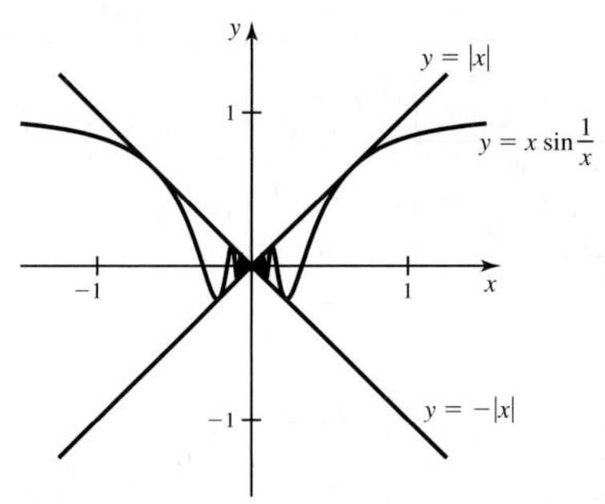

c. $\lim_{x\to 0} -|x| = 0$ and $\lim_{x\to 0} |x| = 0$; by part (a) and the Squeeze Theorem, $\lim_{x\to 0} x\sin\dfrac{1}{x} = 0$.

42. a.

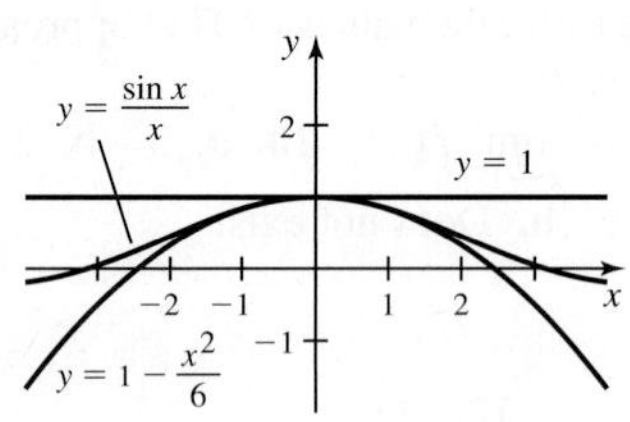

b. $\lim_{x\to 0}\dfrac{\sin x}{x} = 1$

43. Because $\lim_{x\to 0^-} |x| = \lim_{x\to 0^-} (-x) = 0$ and $\lim_{x\to 0^+} |x| = \lim_{x\to 0^+} x = 0$, we know that $\lim_{x\to 0} |x| = 0$. **44.** 1 **45.** $a = -13$; $\lim_{x\to -1} g(x) = 6$

46. 6 **47.** $5a^4$

48. a.

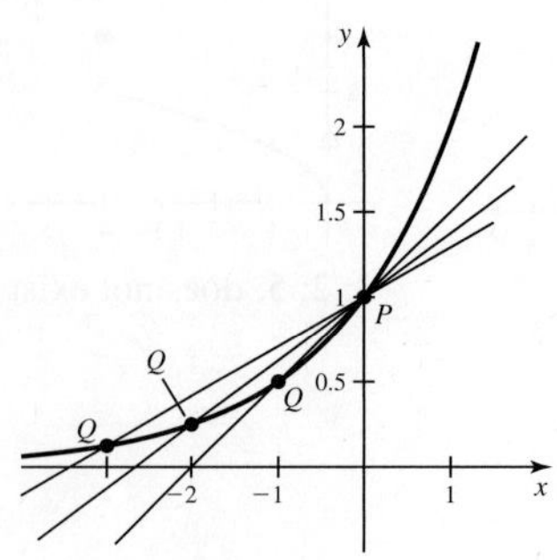

b. $\dfrac{2^x - 1}{x}$

c.

x	$\frac{2^x - 1}{x}$
-1	0.5
-0.1	0.6697
-0.01	0.6908
-0.001	0.6929
-0.0001	0.6931
-0.00001	0.6931
Limit $\approx$ 0.693	

49. 6; 5 **50.** $\frac{1}{3}$ **51.** $f(x) = x - 1, g(x) = \frac{5}{x - 1}$
52. $b = 2$ and $c = -8$; yes **53.** 6; 4

2.4절 연습문제(pp. 95–96)

1. As x approaches a from the right, the values of $f(x)$ are negative and become arbitrarily large in magnitude.
2. A vertical asymptote for a function f is a vertical line $x = a$, where one (or more) of the following is true:

$$\lim_{x \to a^-} f(x) = \pm\infty; \lim_{x \to a^+} f(x) = \pm\infty.$$

3. ∞ **4. a.** ∞ **b.** ∞ **c.** ∞ **d.** ∞ **e.** $-\infty$ **f.** Does not exist
5. a. $-\infty$ **b.** $-\infty$ **c.** $-\infty$ **d.** ∞ **e.** $-\infty$ **f.** Does not exist
6. a. ∞ **b.** $-\infty$ **c.** $-\infty$ **d.** ∞ **7.** $-\infty$
8. No; there is a vertical asymptote at $x = 2$ but not at $x = 1$.
9.

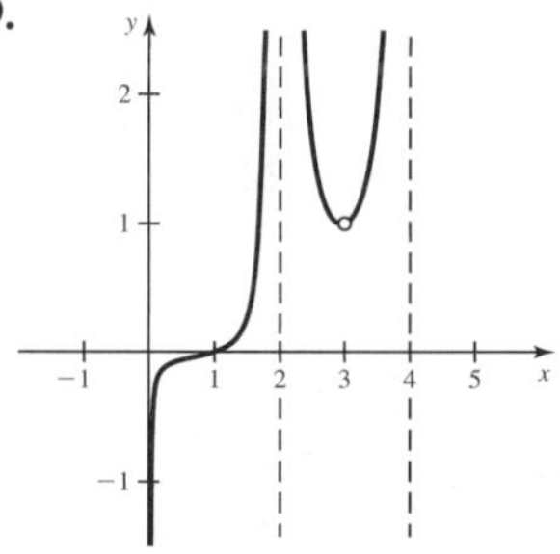

10. a and b are correct. **11. a.** ∞ **b.** $-\infty$ **c.** Does not exist
12. a. $-\infty$ **b.** $-\infty$ **c.** $-\infty$ **13. a.** ∞ **b.** $-\infty$ **c.** Does not exist **14. a.** $-\infty$ **b.** $-\infty$ **c.** $-\infty$ **15. a.** ∞ **b.** Does not exist **c.** Does not exist **16. a.** ∞ **b.** $1/54$ **c.** Does not exist
17. -5 **18.** ∞ **19.** $-\infty$ **20.** ∞ **21.** $-\infty$ **22.** ∞
23. a. $1/10$ **b.** $-\infty$ **c.** ∞; vertical asymptote: $x = -5$
24. $x = 3$; $\lim_{x \to 3^+} f(x) = -\infty$; $\lim_{x \to 3^-} f(x) = \infty$; $\lim_{x \to 3} f(x)$ does not exist **25.** $x = 0$ and $x = 2$; $\lim_{x \to 0^+} f(x) = \infty$; $\lim_{x \to 0^-} f(x) = -\infty$; $\lim_{x \to 0} f(x)$ does not exist; $\lim_{x \to 2^+} f(x) = \infty$; $\lim_{x \to 2^-} f(x) = \infty$; $\lim_{x \to 2} f(x) = \infty$
26. a. $-\infty$ **b.** ∞ **c.** $-\infty$ **d.** ∞ **27. a.** False **b.** True **c.** False **28.** $r(x) = \frac{(x - 1)^2}{(x - 1)(x - 2)^2}$ **29.** $f(x) = \frac{1}{x - 6}$
30. $x = 0$ **31.** $x = -1$ **32.** $\theta = 10k + 5$, for any integer k
33. $x = 0$ **34. a.** $a = 4$ or $a = 3$ **b.** Either $a > 4$ or $a < 3$ **c.** $3 < a < 4$ **36. a.** $\frac{1}{\sqrt[3]{h}}$ regardless of the sign of h
b. $\lim_{h \to 0^+} \frac{1}{\sqrt[3]{h}} = \infty$; $\lim_{h \to 0^-} \frac{1}{\sqrt[3]{h}} = -\infty$; the tangent line at (0, 0) is vertical.

2.5절 연습문제(pp. 107–108)

1. As $x < 0$ becomes arbitrarily large in magnitude, the corresponding values of f approach 10. **2.** ∞ **3.** 0 **4.** 0 **5.** 3 **6.** 0
7. ∞; 0; 0 **8.** 3; 3 **9.** 0 **10.** 0 **11.** ∞ **12.** $-\infty$
13. $2/3$ **14.** $-\infty$ **15.** 5 **16.** -4 **17.** $-3/2$ **18.** 0
19. $\lim_{x \to \infty} f(x) = \lim_{x \to -\infty} f(x) = \frac{1}{5}$; $y = \frac{1}{5}$
20. $\lim_{x \to \infty} f(x) = \lim_{x \to -\infty} f(x) = 2$; $y = 2$
21. $\lim_{x \to \infty} f(x) = \lim_{x \to -\infty} f(x) = 0$; $y = 0$
22. $\lim_{x \to \infty} f(x) = \infty$; $\lim_{x \to -\infty} f(x) = -\infty$; none
23. $\lim_{x \to \infty} f(x) = \lim_{x \to -\infty} f(x) = \frac{4}{9}$; $y = \frac{4}{9}$
24. $\lim_{x \to \infty} f(x) = \frac{2}{3}$; $\lim_{x \to -\infty} f(x) = -2$; $y = \frac{2}{3}$; $y = -2$
25. $\lim_{x \to \infty} f(x) = \lim_{x \to -\infty} f(x) = \frac{1}{4 + \sqrt{3}}$; $y = \frac{1}{4 + \sqrt{3}}$
26. a. $y = x - 6$ **b.** $x = -6$
c.

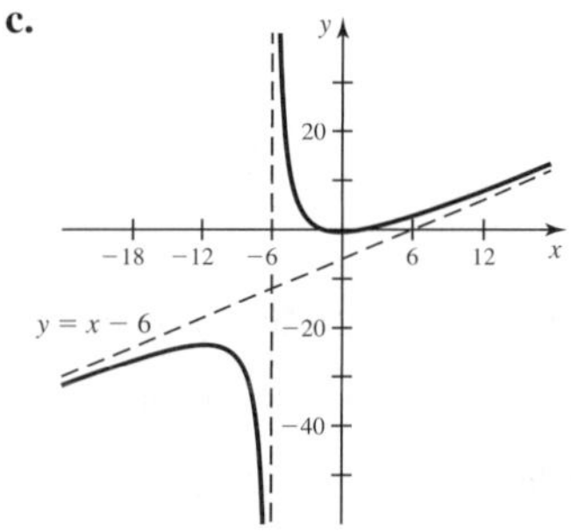

27. a. $y = \frac{1}{3}x - \frac{4}{9}$ **b.** $x = \frac{2}{3}$
c.

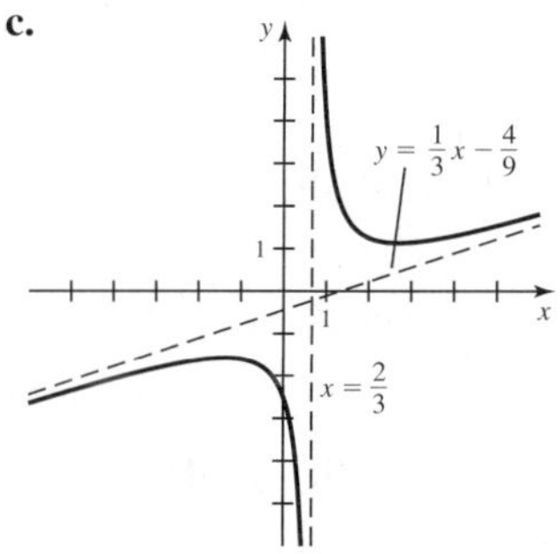

28. a. $y = 4x + 4$ **b.** No vertical asymptote
c.

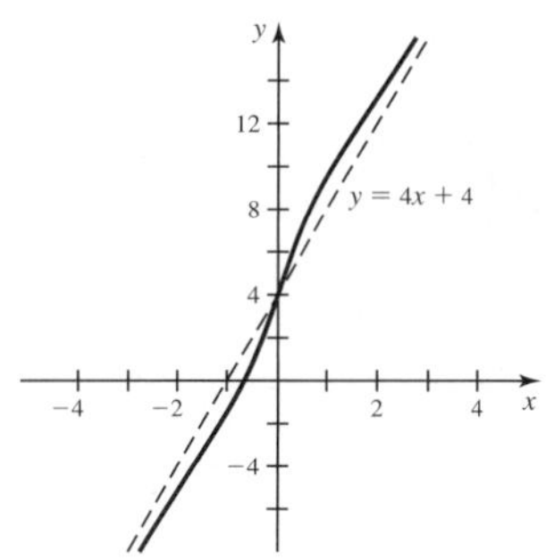

29. $\lim_{x \to \infty} (-3e^{-x}) = 0$; $\lim_{x \to -\infty} (-3e^{-x}) = -\infty$

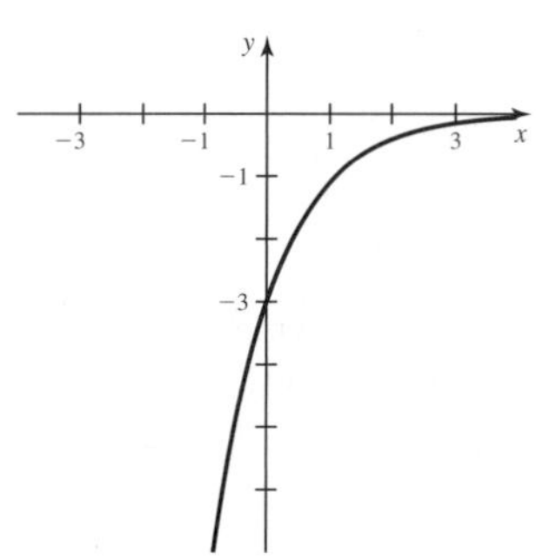

30. $\lim_{x \to \infty} (1 - \ln x) = -\infty$; $\lim_{x \to 0^+} (1 - \ln x) = \infty$

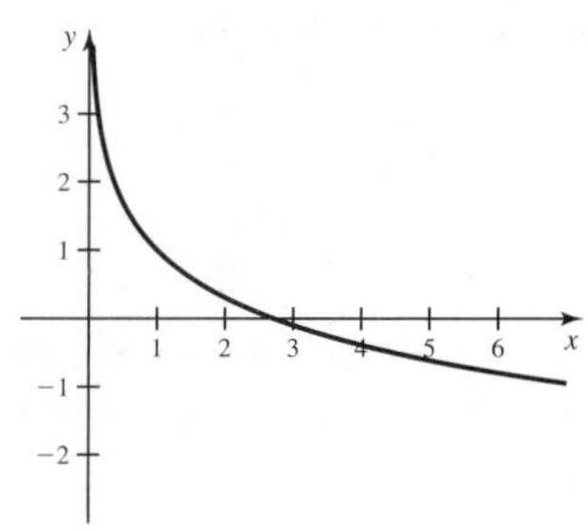

31. $\lim_{x\to\infty} \sin x$ does not exist; $\lim_{x\to-\infty} \sin x$ does not exist

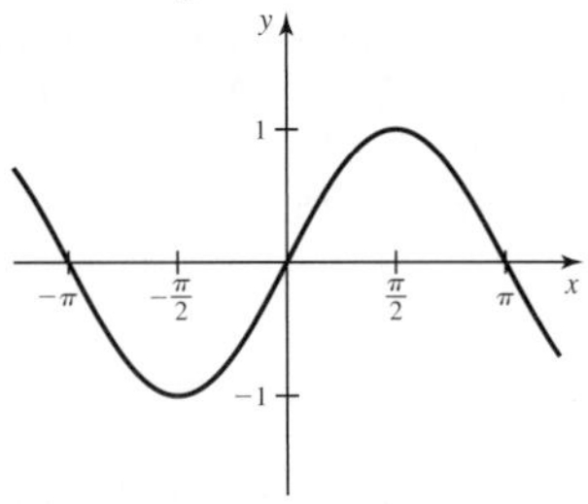

32. a. False **b.** False **c.** True **d.** False **33.** 3500
34. No steady state
36. a. $\lim_{x\to\infty} f(x) = \lim_{x\to-\infty} f(x) = 2; y = 2$
b. $x = 0; \lim_{x\to0^+} f(x) = \infty; \lim_{x\to0^-} f(x) = -\infty$
37. a. $\lim_{x\to\infty} f(x) = \lim_{x\to-\infty} f(x) = 3; y = 3$
b. $x = -3$ and $x = 4$; $\lim_{x\to-3^-} f(x) = \infty; \lim_{x\to-3^+} f(x) = -\infty;$ $\lim_{x\to4^-} f(x) = -\infty; \lim_{x\to4^+} f(x) = \infty$
38. a. $\lim_{x\to\infty} f(x) = \lim_{x\to-\infty} f(x) = 1; y = 1$
b. $x = 0; \lim_{x\to0^+} f(x) = \infty; \lim_{x\to0^-} f(x) = -\infty$
39. a. $\lim_{x\to\infty} f(x) = 1; \lim_{x\to-\infty} f(x) = -1; y = 1$ and $y = -1$
b. No vertical asymptote
40. a. $\lim_{x\to\infty} f(x) = 0; \lim_{x\to-\infty} f(x) = 0; y = 0$
b. No vertical asymptote **41. a.** $\lim_{x\to\infty} f(x) = 2$; $\lim_{x\to-\infty} f(x)$ does not exist; $y = 2$ **b.** $x = 0$; $\lim_{x\to0^+} f(x) = \infty$; $\lim_{x\to0^-} f(x)$ does not exist
42. a. $\frac{\pi}{2}$ **b.** $\frac{\pi}{2}$ **43. a.** $\lim_{x\to\infty} \sinh x = \infty; \lim_{x\to-\infty} \sinh x = -\infty$
b. $\sinh 0 = 0$

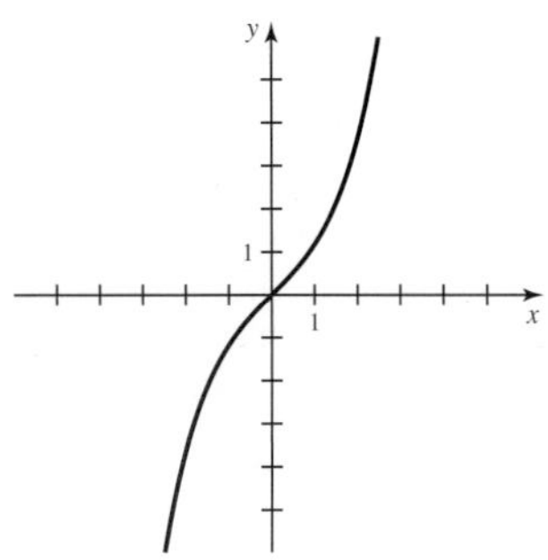

44.

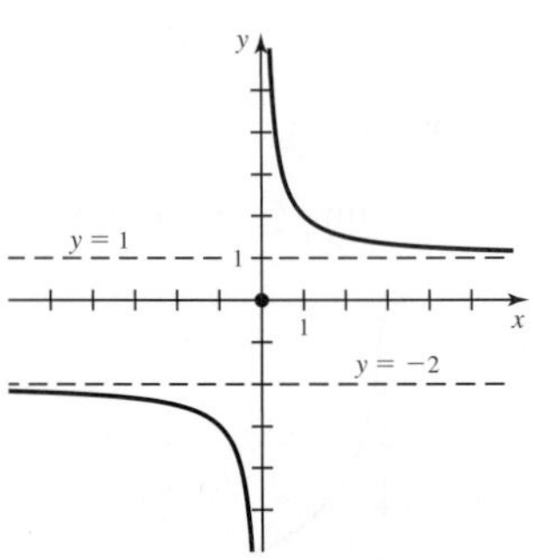

45. 1 **46.** 0 **48. a.** No; f has a horizontal asymptote if $m = n$, and it has a slant asymptote if $m = n + 1$. **b.** Yes; $f(x) = x^4/\sqrt{x^6 + 1}$ **49.** $y = 3$ and $y = 2$

50. $y = 2; x = \sqrt[3]{e}$

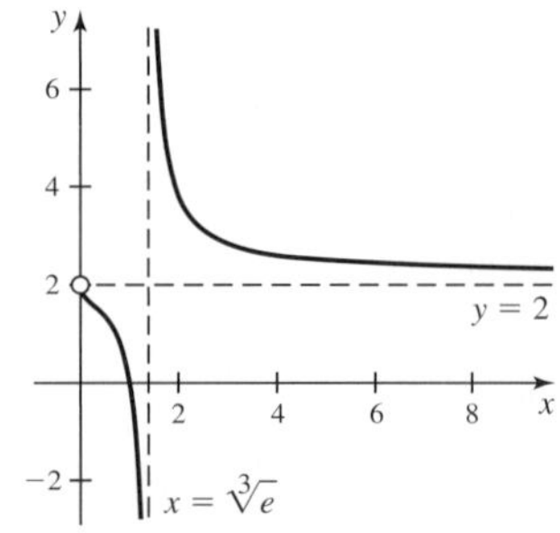

2.6절 연습문제(pp. 120–123)

1. a, c **2.** A function is continuous on an interval if it is continuous at each point of the interval. If the interval contains endpoints, then the function must be right- or left-continuous at those points. **3.** $a = 1$, item 1; $a = 2$, item 3; $a = 3$, item 2 **4.** $a = 1$, item 1; $a = 2$, item 2; $a = 3$, item 1 **5. a.** $\lim_{x\to a^-} f(x) = f(a)$ **b.** $\lim_{x\to a^+} f(x) = f(a)$
6. $(0, 1), (1, 2), (2, 3], (3, 5)$; left-continuous at 3
7. $(0, 1), (1, 2), [2, 3), (3, 5)$; right-continuous at 2
8. $\{x: x \neq 0\}, \{x: x \neq 0\}$ **9.** No; $f(-5)$ is undefined.
10. No; $f(1)$ is undefined. **11.** No; $\lim_{x\to1} f(x) = 2$ but $f(1) = 3$.
12. No; $f(4)$ is undefined. **13.** $(-\infty, \infty)$
14. $(-\infty, -3), (-3, 3), (3, \infty)$ **15.** $(-\infty, -2), (-2, 2), (2, \infty)$
16. 1 **17.** $2\sqrt{6}$ **18.** 16 **19.** ln 2 **20. a.** $\lim_{x\to1} f(x)$ does not exist.
b. Continuous from the right **c.** $(-\infty, 1), [1, \infty)$ **21.** $(-\infty, 5]$; left-continuous at 5 **22.** $(-\infty, -2\sqrt{2}], [2\sqrt{2}, \infty)$; left-continuous at $-2\sqrt{2}$; right-continuous at $2\sqrt{2}$ **23.** $(-\infty, \infty)$ **24.** $(-\infty, \infty)$
25. 3 **26.** 1 **27.** 4 **28.** 2 **29.** $-\frac{1}{2}$ **30.** 4
31. $(n\pi, (n + 1)\pi)$, where n is an integer; $\sqrt{2}$; $-\infty$
32. $\left(\frac{n\pi}{2}, \left(\frac{n}{2} + 1\right)\frac{\pi}{2}\right)$, where n is an odd integer; ∞; $\sqrt{3} - 2$
33. $(-\infty, 0), (0, \infty)$; ∞; $-\infty$ **34. b.** $x \approx 0.835$
35. b. $x \approx -0.285$; $x \approx 0.778$; $x \approx 4.507$ **36. b.** $x \approx -0.567$
37. a. True **b.** True **c.** False **d.** False **38. a.** $A(r)$ is continuous on $[0, 0.08]$, and 7000 is between $A(0) = 5000$ and $A(0.08) = 11{,}098.20$. By the Intermediate Value Theorem, there is at least one c in $(0, 0.08)$ such that $A(c) = 7000$.
b.

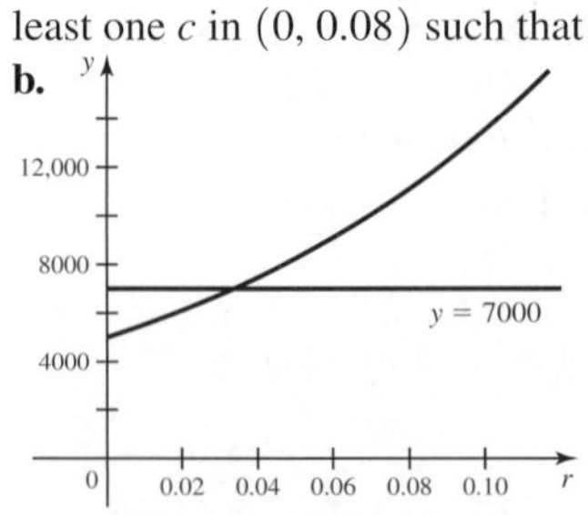

$c \approx 0.034$ or 3.4%

39. $[0, \pi/2]$; 0.45 **41.** $(-\infty, \infty)$ **42.** $[0, 16), (16, \infty)$
43. The vertical line segments should not appear.

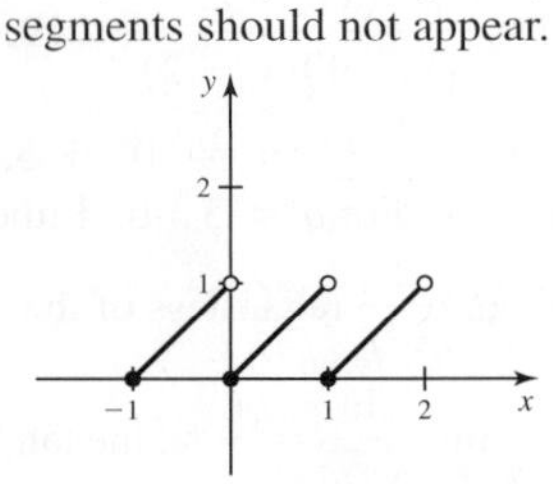

44. a, b.

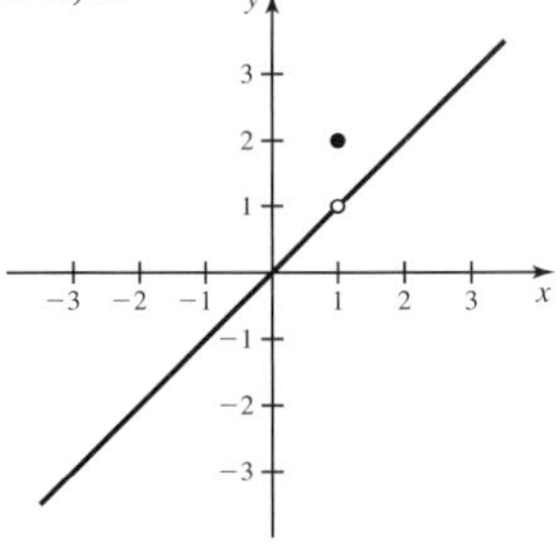

45. a. 2 **b.** 8 **c.** No; $\lim_{x\to 1^-} g(x) = 2$ and $\lim_{x\to 1^+} g(x) = 8$.

46. $\lim_{x\to 0} f(x) = 6$, $\lim_{x\to -\infty} f(x) = 10$, and $\lim_{x\to\infty} f(x) = 2$; no vertical asymptote; $y = 2$ and $y = 10$ are the horizontal asymptotes.

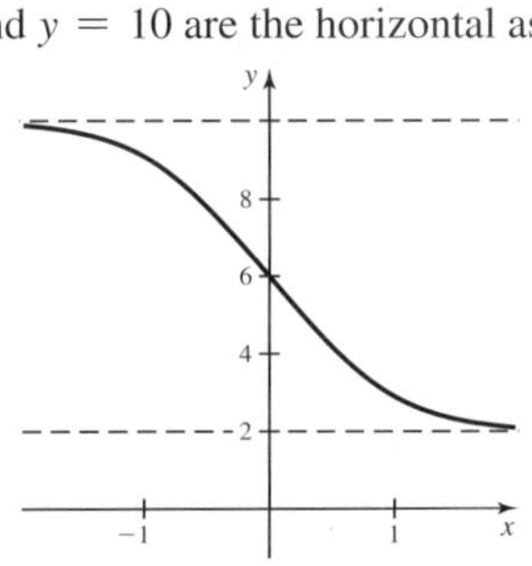

48. Yes. Imagine there is a clone of the monk who walks down the path at the same time the monk walks up the path. The monk and his clone must cross paths at some time between dawn and dusk.
49. No; f cannot be made continuous at $x = a$ by redefining $f(a)$.
51. Removable discontinuity **52.** $x = 0$ removable discontinuity; $x = 1$ infinite discontinuity **53. a.** Yes **b.** No **55. a.** For example, $f(x) = 1/(x-1)$, $g(x) = x + 1$ **b.** For continuity, g must be continuous at 0, and f must be continuous at $g(0)$.

2.7절 연습문제(pp. 134–137)

1. 1 **2.** c **3.** Given any $\varepsilon > 0$ there exists a $\delta > 0$ such that $|f(x) - L| < \varepsilon$ whenever $0 < |x - a| < \delta$. **4.** $0 < \delta \le 2$
5. a. $\delta = 1$ **b.** $\delta = \frac{1}{2}$ **6. a.** $\delta = 2$ **b.** $\delta = \frac{1}{2}$
7. a. $0 < \delta \le 1$ **b.** $0 < \delta \le 0.79$ **8. a.** $0 < \delta \le 1$
b. $0 < \delta \le \frac{1}{2}$ **c.** $0 < \delta \le \varepsilon$ **9. a.** $0 < \delta \le 1$ **b.** $0 < \delta \le \frac{1}{2}$
c. $0 < \delta \le \frac{\varepsilon}{2}$ **10.** $\delta = \varepsilon/8$ **11.** $\delta = \varepsilon$ **12.** $\delta = \varepsilon$
13. $\delta = \varepsilon/3$ **14.** $\delta = \sqrt{\varepsilon}$ **15.** $\delta = \min\{1, \varepsilon/8\}$ **16.** $\delta = \varepsilon/2$
17. $\delta = \min\{1, 6\varepsilon\}$ **18.** $\delta = \min\{1/20, \varepsilon/200\}$
19. $\delta = \min\{1, \sqrt{\varepsilon/2}\}$ **20.** $\delta = \varepsilon/|m|$ if $m \ne 0$; use any $\delta > 0$ if $m = 0$ **21.** $\delta = \min\{1, 8\varepsilon/15\}$ **24.** $\delta = 1/\sqrt{N}$
25. $\delta = 1/\sqrt{N-1}$ **26. a.** False **b.** False **c.** True **d.** True
27. For $x > a$, $|x - a| = x - a$. **29. a.** $\delta = \varepsilon/2$ **b.** $\delta = \varepsilon/3$
c. Because $\lim_{x\to 0^+} f(x) = \lim_{x\to 0^-} f(x) = -4$, $\lim_{x\to 0} f(x) = -4$.
30. $\delta = \varepsilon^2$ **32. a.** For each $N > 0$ there exists $\delta > 0$ such that $f(x) > N$ whenever $0 < x - a < \delta$. **b.** For each $N < 0$ there exists $\delta > 0$ such that $f(x) < N$ whenever $0 < a - x < \delta$.
c. For each $N > 0$ there exists $\delta > 0$ such that $f(x) > N$ whenever $0 < a - x < \delta$. **34.** $\delta = 1/N$ **36.** $\delta = (-10/M)^{1/4}$
39. $N = 1/\varepsilon$ **41.** $N = M - 1$

Chapter 2 연습문제(pp. 137–139)

1. a. False **b.** False **c.** False **d.** True **e.** False **f.** False
g. False **h.** True **2.** 12 ft/s **3.** $x = -1$; $\lim_{x\to -1} f(x)$ does not exist; $x = 1$; $\lim_{x\to 1} f(x) \ne f(1)$; $x = 3$; $f(3)$ is undefined.

4. a. 1.414 **b.** $\sqrt{2}$
5.

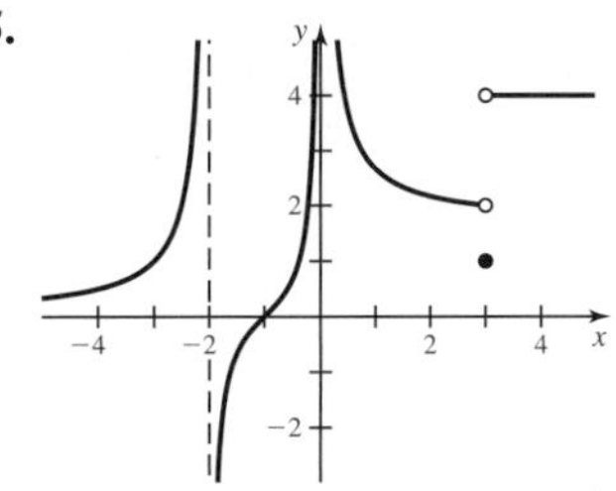

6. $\sqrt{11}$ **7.** 13 **8.** 2 **9.** $\frac{1}{3}$ **10.** $-\frac{1}{16}$ **11.** 108 **12.** $\frac{1}{108}$
13. 0 **14.** $-\infty$ **15.** ∞ **16.** 4 **17.** $-\infty$ **18.** $\frac{1}{2}$ **19.** $-3/\sqrt{a}$
20. $2/(1-a)$ **21.** $3\pi/2 + 2$ **22.** 1; ∞ **23.** $2/3$
24. $-1/3$; $2/7$ **25.** 5 **26.** $-\infty$
27. a.

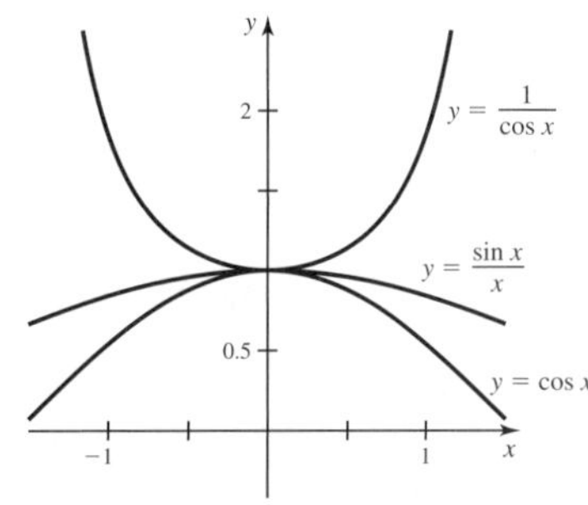

b. $\lim_{x\to 0} \cos x \le \lim_{x\to 0} \frac{\sin x}{x} \le \lim_{x\to 0} \frac{1}{\cos x}$;

$$1 \le \lim_{x\to 0} \frac{\sin x}{x} \le 1;$$

$$\lim_{x\to 0} \frac{\sin x}{x} = 1$$

28. $\lim_{x\to\infty} f(x) = -4$; $\lim_{x\to -\infty} f(x) = -4$
29. $\lim_{x\to\infty} f(x) = 1$; $\lim_{x\to -\infty} f(x) = -\infty$
30. $\lim_{x\to\infty} f(x) = 2$; $\lim_{x\to -\infty} f(x) = 5$ **31. a.** ∞; $-\infty$
b. $y = 3x + 2$ is the slant asymptote.
32. a. $-\infty$; ∞ **b.** $y = -x - 2$ is the slant asymptote.
33. a. ∞, $-\infty$ **b.** $y = 4x + 5$ is the slant asymptote.
34. Horizontal asymptotes at $y = 2/\pi$ and $y = -2/\pi$; vertical asymptote at $x = 0$
35.

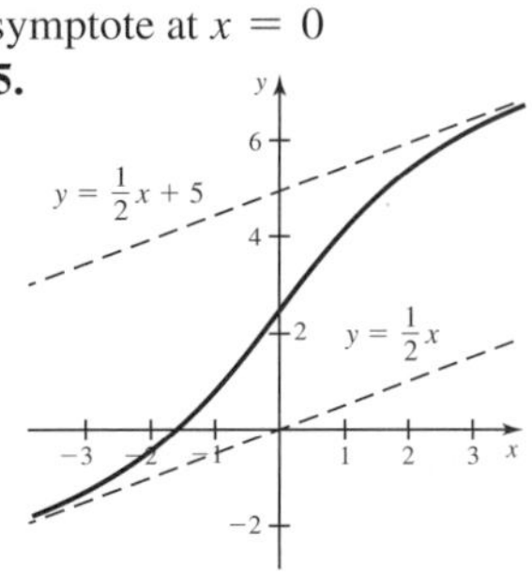

36. No; $f(5)$ does not exist. **37.** Yes; $h(5) = \lim_{x\to 5} h(x) = 4$
38. $(-\infty, -\sqrt{5}]$ and $[\sqrt{5}, \infty)$; left-continuous at $-\sqrt{5}$ and right-continuous at $\sqrt{5}$ **39.** $(-\infty, -5)$, $(-5, 0)$, $(0, 5)$, and $(5, \infty)$
40. $a = 3$, $b = 0$
41.

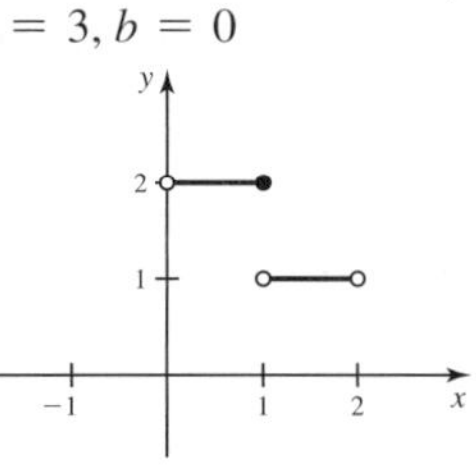

43. a. Let $f(x) = x - \cos x$; $f(0) < 0 < f\left(\frac{\pi}{2}\right)$ **b.** $x \approx 0.739$
44. a. $m(0) < 30 < m(5)$ and $m(5) > 30 > m(15)$
b. $m = 30$ when $t \approx 2.4$ hr and $t \approx 10.8$ hr **c.** No; the maximum amount is approximately $m(5.5) \approx 38.5$. **45.** $\delta = \varepsilon$
46. $\delta = \min\left\{1, \frac{\varepsilon}{15}\right\}$ **47.** $\delta = 1/\sqrt[4]{N}$

CHAPTER 3

3.1절 연습문제(pp. 149–151)

1. Given the point $(a, f(a))$ and any point $(x, f(x))$ near $(a, f(a))$, the slope of the secant line joining these points is $\frac{f(x) - f(a)}{x - a}$. The limit of this quotient as x approaches a is the slope of the tangent line at the point. **2.** The average rate of change over the interval $[a, x]$ is $\frac{f(x) - f(a)}{x - a}$. The value of $\lim_{x \to a} \frac{f(x) - f(a)}{x - a}$ is the slope of the tangent line; it is also the limit of average rates of change, which is the instantaneous rate of change at $x = a$. **3.** $f'(a)$ is the slope of the tangent line at $(a, f(a))$ or the instantaneous rate of change in f at a.
4. $f(2) = 7$; $f'(2) = 4$ **5.** $y = 3x - 1$ **6.** -5 **7.** 68 ft/s
9. a. 6 **b.** $y = 6x - 14$ **c.**

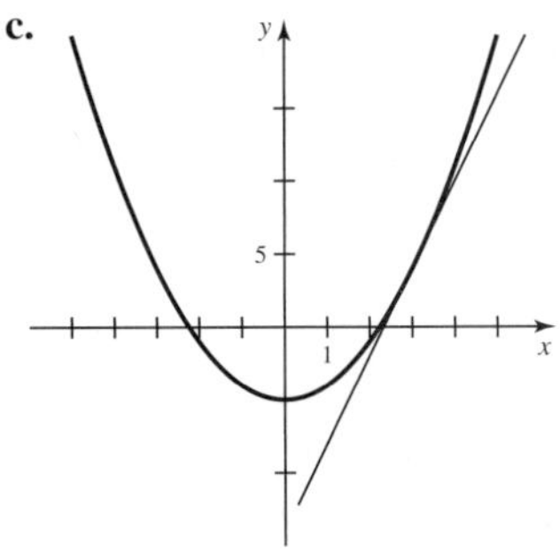

10. a. -1 **b.** $y = -x - 2$ **c.**

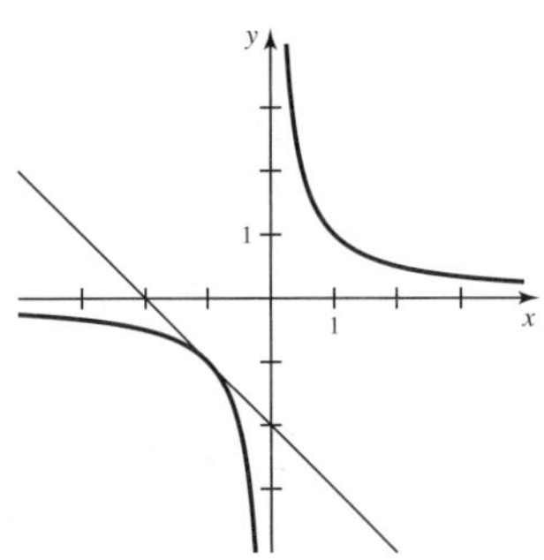

11. a. $\frac{1}{2}$ **b.** $y = \frac{1}{2}x + 2$ **c.**

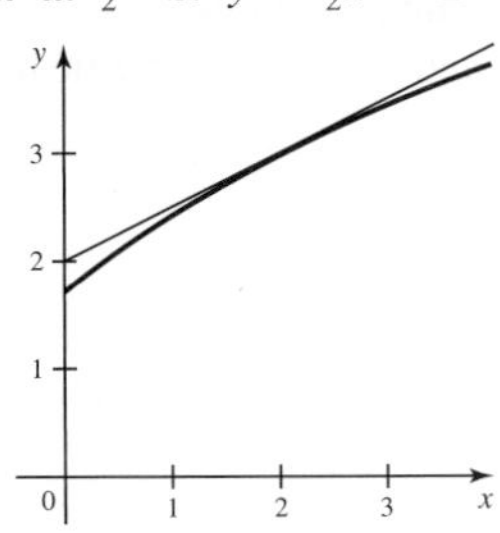

12. a. 2 **b.** $y = 2x + 1$
13. a. 2 **b.** $y = 2x - 3$
14. a. 4 **b.** $y = 4x - 8$ **15. a.** 3 **b.** $y = 3x - 2$
16. a. $\frac{2}{25}$ **b.** $y = \frac{2}{25}x + \frac{7}{25}$ **17. a.** $\frac{1}{4}$ **b.** $y = \frac{1}{4}x + \frac{7}{4}$
18. a. 8 **b.** $y = 8x$ **19. a.** -14 **b.** $y = -14x - 16$
20. a. -4 **b.** $y = -4x + 3$ **21. a.** $\frac{1}{3}$ **b.** $y = \frac{1}{3}x + \frac{5}{3}$
22. a. $-\frac{1}{100}$ **b.** $y = -\frac{x}{100} + \frac{3}{20}$ **23.** $-\frac{1}{4}$ **24.** $\frac{1}{5}$ **25. a.** True **b.** False **c.** True **26.** $d'(4) = 128$ ft/s; the object falls with an instantaneous speed of 128 ft/s four seconds after being dropped.
27. $v'(3) = -4$ m/s per second; the instantaneous rate of change in the car's speed is -4 m/s^2 at $t = 3$ s.
28. a. $L'(1.5) \approx 4.3$ mm/week; the talon is growing at a rate of approximately 4.3 mm/week at $t = 1.5$ weeks (answers will vary). **b.** $L'(a) \approx 0$, for $a \geq 4$; the talon stops growing at $t = 4$ weeks. **29.** $D'(60) \approx 0.05$ hr/day; the number of daylight hours is increasing at about 0.05 hr/day, 60 days after Jan 1. $D'(170) \approx 0$ hr/day; the number of daylight hours is neither increasing nor decreasing 170 days after Jan 1. **30.** $f(x) = 5x^2$; $a = 2$; 20
31. $f(x) = x^4$; $a = 2$; 32 **32.** $f(x) = |x|$; $a = -1$; -1
34. a.

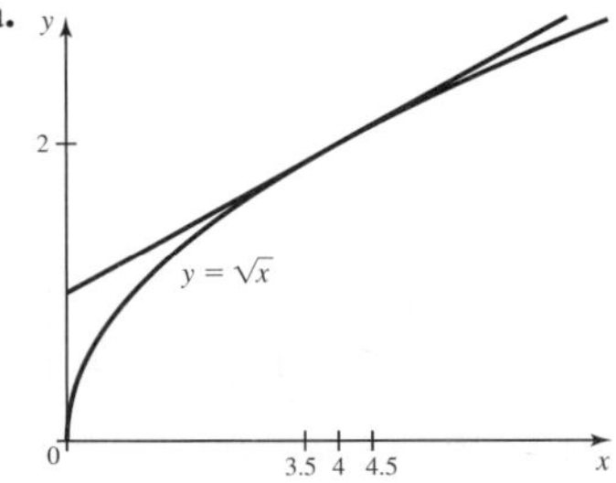

b.

h	Approximation	Error
0.1	0.25002	2.0×10^{-5}
0.01	0.25000	2.0×10^{-7}
0.001	0.25000	2.0×10^{-9}

c. Values of x on both sides of 4 are used in the formula.
d. The centered difference approximations are more accurate than the forward and backward difference approximations. **35. a.** 0.39470, 0.41545 **b.** 0.02, 0.0003

3.2절 연습문제(pp. 161–165)

1. f' is the slope function of f. **2.** $\frac{dy}{dx}$ is the limit of $\frac{\Delta y}{\Delta x}$ as $\Delta x \to 0$.
3.

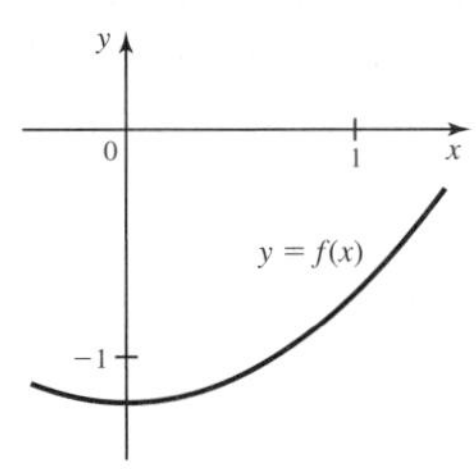

4. Yes
6. A line with a y-intercept of 1 and a slope of 3
8. $f'(x) = 7$ **9.** $\frac{dy}{dx} = 2x$; $\left.\frac{dy}{dx}\right|_{x=3} = 6$; $\left.\frac{dy}{dx}\right|_{x=-2} = -4$
10. a–C; b–C; c–A; d–B
12.

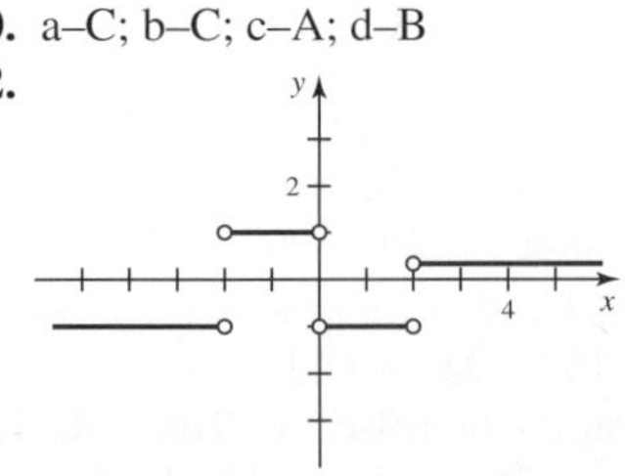

13. a. Not continuous at $x = 1$ **b.** Not differentiable at $x = 0, 1$
14. a. $f'(x) = 5$ **b.** $f'(1) = 5$; $f'(2) = 5$
15. a. $f'(x) = 8x$ **b.** $f'(2) = 16$; $f'(4) = 32$
16. a. $f'(x) = -\frac{1}{(x+1)^2}$ **b.** $f'\left(-\frac{1}{2}\right) = -4$; $f'(5) = -\frac{1}{36}$
17. a. $f'(t) = -\frac{1}{2t^{3/2}}$ **b.** $f'(9) = -\frac{1}{54}$; $f'\left(\frac{1}{4}\right) = -4$
18. a. $f'(s) = 12s^2 + 3$ **b.** $f'(-3) = 111$; $f'(-1) = 15$
19. a. $v(t) = -32t + 100$ **b.** $v(1) = 68$ ft/s; $v(2) = 36$ ft/s
20. $\frac{dy}{dx} = \frac{1}{(x+2)^2}$; $\left.\frac{dy}{dx}\right|_{x=2} = \frac{1}{16}$ **21. a.** $6x + 2$
b. $y = 8x - 13$ **22. a.** $\frac{3}{2\sqrt{3x+1}}$ **b.** $y = 3x/10 + 13/5$

23. a. $\dfrac{6}{(3x+1)^2}$ **b.** $y = -3x/2 - 5/2$
24. a. Approximately 10 kW; approximately -5 kW
b. $t = 6, 18$ **c.** $t = 12$ **25. a.** $2ax + b$ **b.** $8x - 3$ **c.** 5
26. a. C, D **b.** A, B, E **c.** A, B, E, D, C
27. a–D; b–C; c–B; d–A

28.

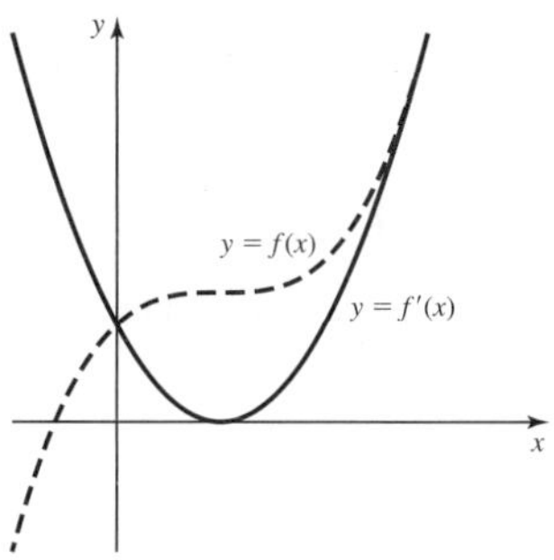

29.

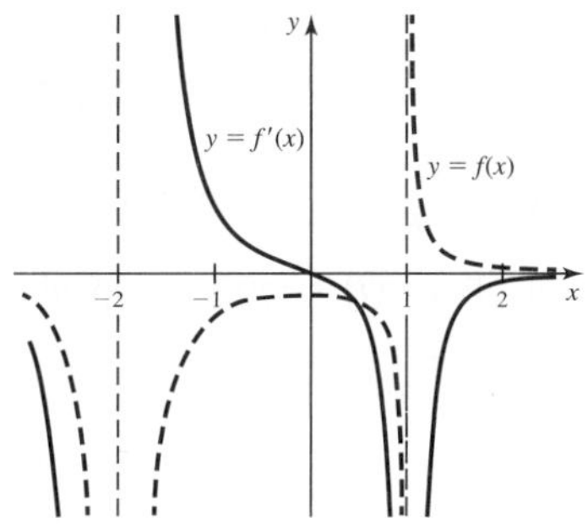

30. a. $x = 1$ **b.** $x = 1, x = 2$ **c.**

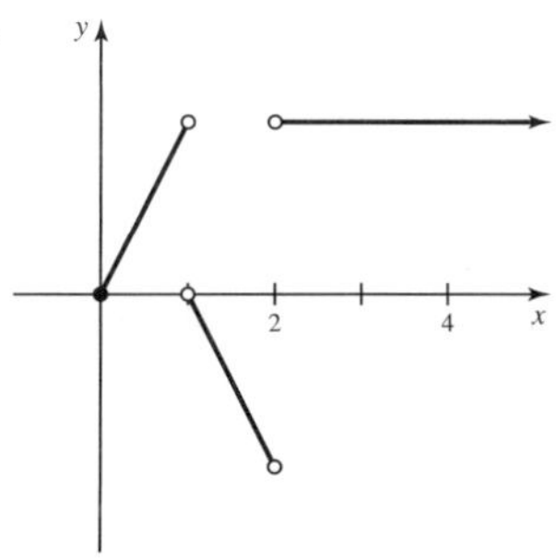

31. a. $t = 0$ **b.** Positive **c.** Decreasing
d.

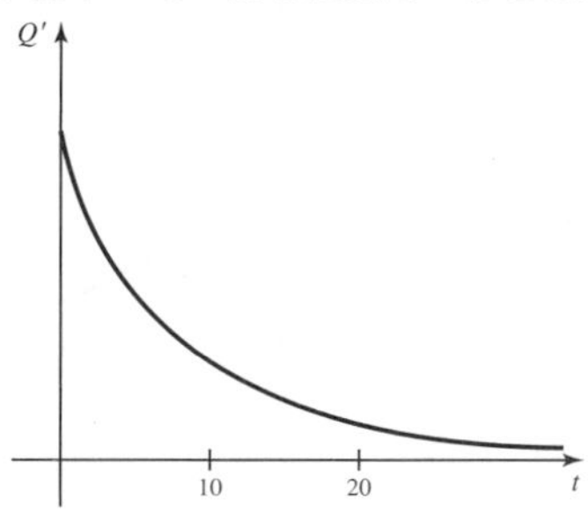

32. a. True **b.** True **c.** False **34.** $a = 4$
35. Yes

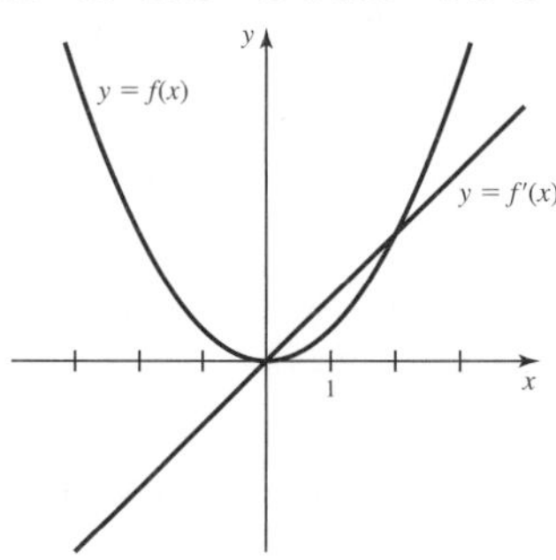

36. $y = -\dfrac{x}{3} - \dfrac{2}{3}$ **37.** $y = \dfrac{x}{2} + \dfrac{3}{2}$ **38.** $(1, 2), (5, 26)$

39. $(1, 1), \left(-\dfrac{1}{2}, -2\right)$ **40. b.** $f'_+(2) = 1; f'_-(2) = -1$
c. f is continuous but not differentiable at $x = 2$.

41. a.

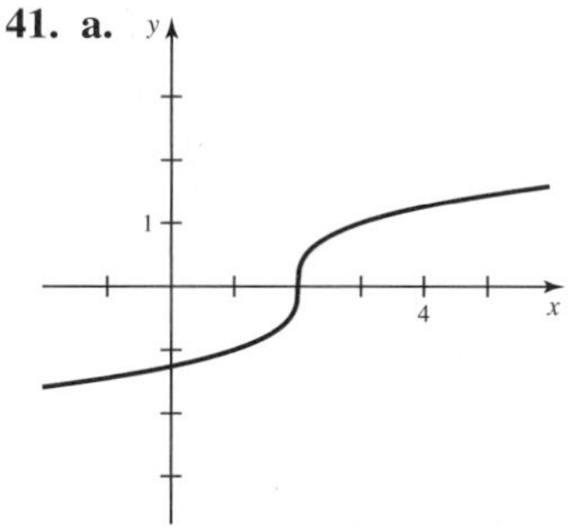

Vertical tangent line $x = 2$

b.

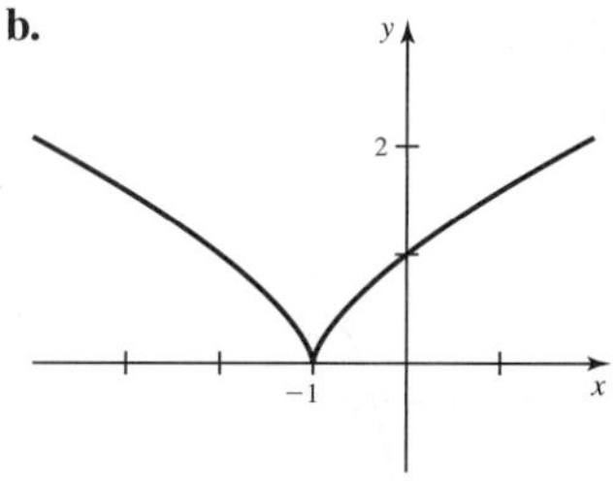

Vertical tangent line $x = -1$

c.

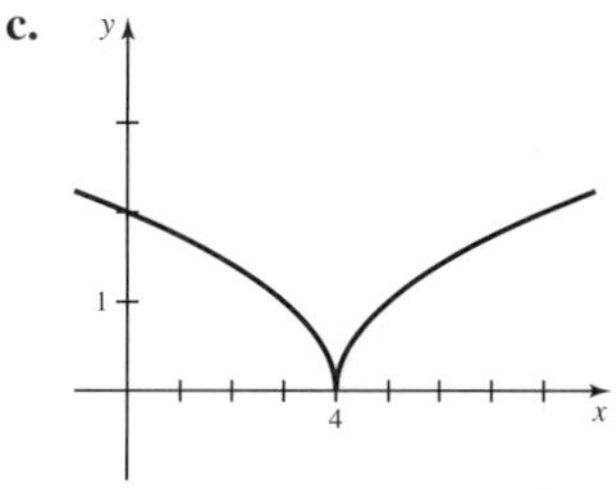

Vertical tangent line $x = 4$

d.

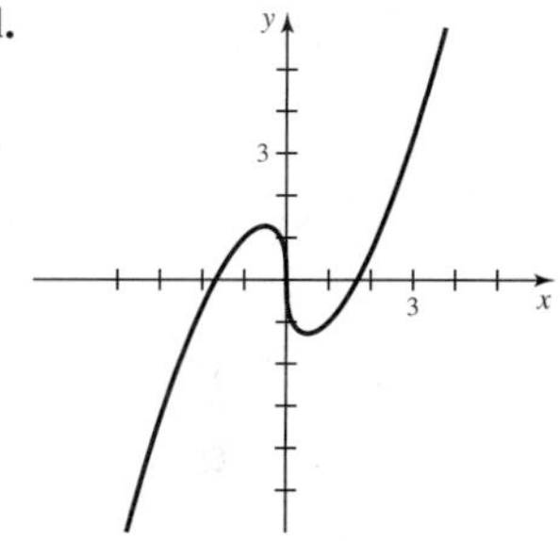

Vertical tangent line $x = 0$

42. $f'(x) = \dfrac{1}{3}x^{-2/3}$ and $\lim_{x\to 0^-} |f'(x)| = \lim_{x\to 0^+} |f'(x)| = \infty$

43. a.

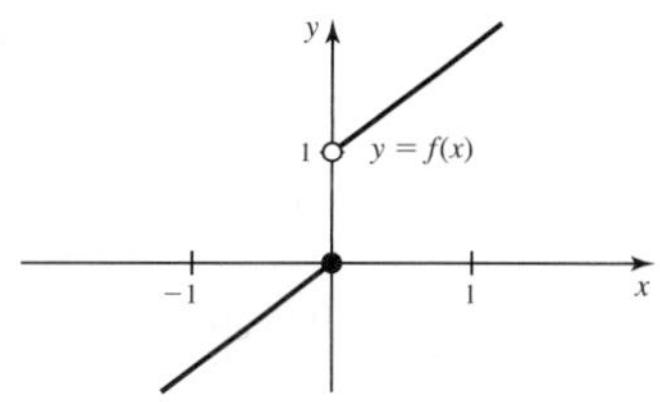

b. 1 **c.** 1 **d.**

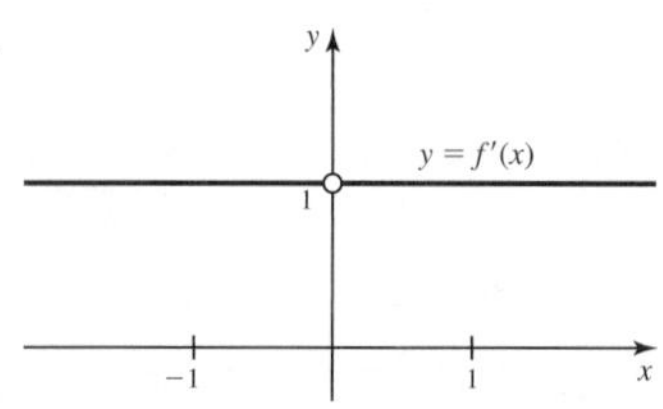

e. f is not differentiable at 0 because it is not continuous at 0.

3.3절 연습문제(pp. 175–177)

1. Using the definition can be tedious. **2.** $f(x) = e^x$ **3.** Take the product of the constant and the derivative of the function. **4.** 4
5. $-\dfrac{1}{2}$ **7.** -2 **9.** 7.5 **11.** $10t^9; 90t^8; 720t^7$ **12.** $\dfrac{2}{5}$ **13.** $5x^4$
14. 0 **15.** $15x^2$ **16.** t **17.** 8 **19.** $200t$ **20.** $12x^3 + 7$
21. $40x^3 - 32$ **22.** $6w^2 + 6w + 10$ **23.** $3e^x + 5$
24. $\begin{cases} 2x & \text{if } x < 0 \\ 4x + 1 & \text{if } x > 0 \end{cases}$ **25. a.** $d'(t) = 32t$; ft/s; the velocity of the stone **b.** 576 ft; approx. 131 mi/hr **26. a.** $A'(t) = -\frac{1}{25}t + 2$ measures the rate at which the city grows in mi^2/yr. **b.** $1.6\ \text{mi}^2/\text{yr}$ **c.** 1200 people/yr

27. $w'(x) = \begin{cases} 0.4 & \text{if } 19 < x < 21 \\ 0.8 & \text{if } 21 < x < 32 \\ 1.5 & \text{if } x > 32 \end{cases}$ **28.** $18x^2 + 6x + 4$
29. $2w$, for $w \neq 0$ **30.** $4x^3 + 4x$ **31.** 1, for $x \neq 1$
32. $\dfrac{1}{2\sqrt{x}}$, for $x \neq a$ **33.** e^w

34. a. $y = -6x + 5$

b.

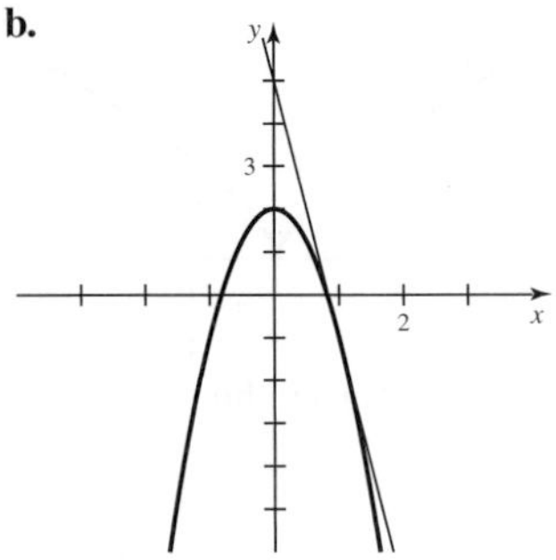

35. a. $y = 3x + 3 - 3\ln 3$

b.

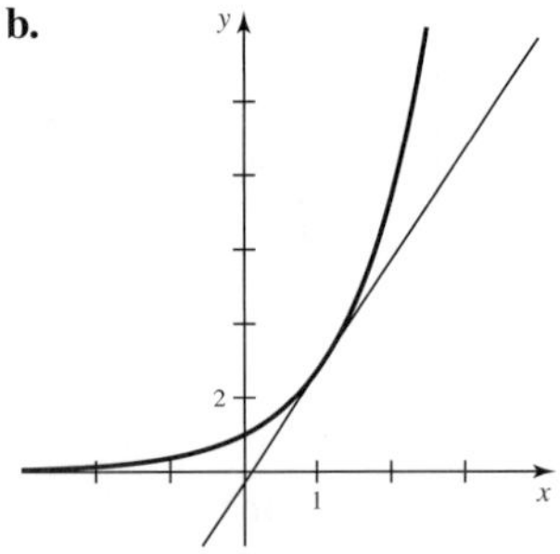

36. a. $x = 3$ **b.** $x = 4$
37. a. $(-1, 11), (2, -16)$ **b.** $(-3, -41), (4, 36)$
38. a. $(4, 4)$ **b.** $(16, 0)$ **39.** $f'(x) = 20x^3 + 30x^2 + 3$; $f''(x) = 60x^2 + 60x$; $f'''(x) = 120x + 60$
41. $f'(x) = 1$; $f''(x) = f'''(x) = 0$, for $x \neq -1$
42. a. False **b.** True **c.** False **d.** False **e.** False
43. a. $y = 7x - 1$ **b.** $y = -2x + 5$ **c.** $y = 16x + 4$
44. $b = 2, c = 3$ **46.** 4 **47. a.** $f(x) = x + e^x$; $a = 0$
b. 2 **48. a.** $f(x) = \sqrt{x}$; $a = 9$ **b.** $\frac{1}{6}$ **49. a.** $f(x) = e^x$; $a = 3$
b. e^3 **51.** 3 **52.** 1 **56. d.** $\frac{n}{2}x^{n/2-1}$ **57. c.** $2e^{2x}$

3.4절 연습문제(pp. 184–186)

1. $\frac{d}{dx}(f(x)\,g(x)) = f'(x)\,g(x) + f(x)\,g'(x)$ **2.** $6x + 5$
3. $\frac{5}{(3x+2)^2}$ **4. a.** $2x - 1$ **5. a.** $6x + 1$ **6. a.** $2w$, for $w \neq 0$
7. 1, for $x \neq a$ **8.** 23; $-\frac{7}{4}$ **9.** $\frac{2}{27}$; $\frac{3}{8}$ **10.** $36x^5 - 12x^3$
11. $\frac{1}{(x+1)^2}$ **12.** $e^t t^{2/3}\left(t + \frac{5}{3}\right)$ **13.** $\frac{e^x}{(e^x+1)^2}$ **14.** $e^{-x}(1-x)$
15. $-\frac{1}{(t-1)^2}$ **16.** $4x^3$ **17.** $e^w(w^3 + 3w^2 - 1)$ **18.** t^2e^t
19. $\frac{e^x(x^2 - 2x - 1)}{(x^2-1)^2}$ **20.** $-27x^{-10}$ **21.** $6t - 42/t^8$
22. $-3/t^2 - 2/t^3$ **23.** $\frac{e^x(x^2 - x - 5)}{(x-2)^2}$
24. $\frac{e^x(x^2 + x + 1)}{(x+1)^2}$ **25.** $\frac{\sqrt{w}}{(\sqrt{w} - w)^2}$ **26.** $\frac{5w^{2/3}}{3(w^{5/3}+1)^2}$
27. $8x - \frac{2}{(5x+1)^2}$ **28.** $\frac{r - 6\sqrt{r} - 1}{2\sqrt{r}(r+1)^2}$
29. $300x^9 + 135x^8 + 105x^6 + 120x^3 + 45x^2 + 15$
30. $e^x + 8x$
31. a. $y = -3x/2 + 17/2$

b.

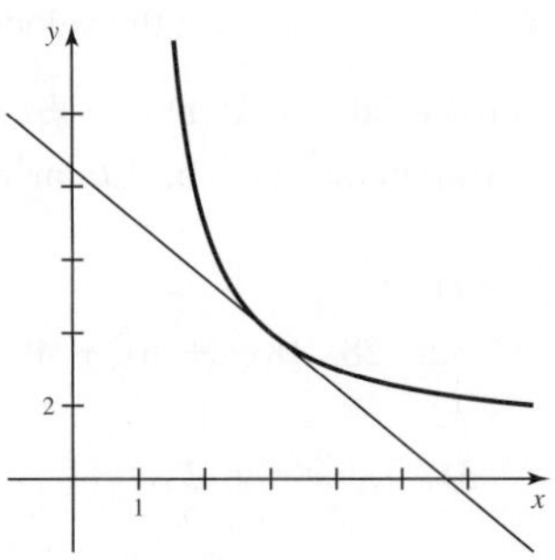

32. a. $y = 3x + 1$ **b.**

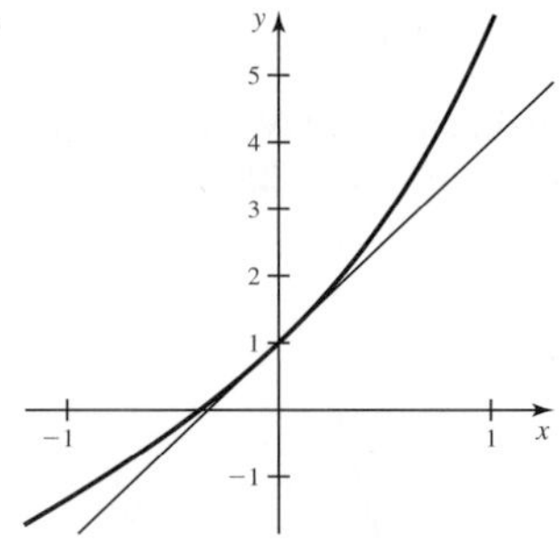

33. a. $p'(t) = \left(\frac{20}{t+2}\right)^2$ **b.** $p'(5) \approx 8.16$ **c.** $t = 0$
d. $\lim_{t\to\infty} p(t) = 200$; the population approaches a steady state.
e.

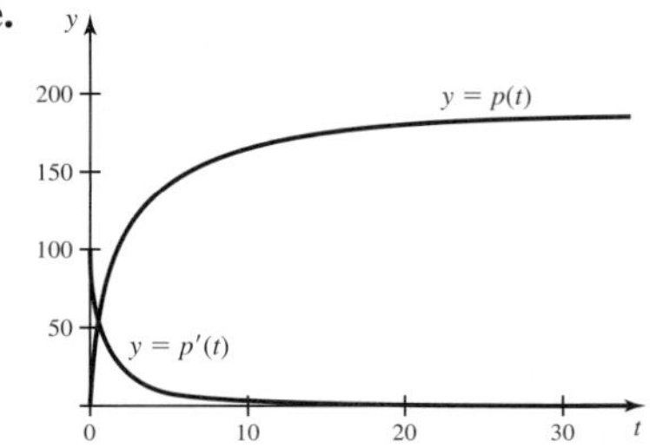

10

36. a. False **b.** False **c.** False **d.** False
37. $4x - \frac{1}{x^2}$; $2\left(\frac{1}{x^3} + 2\right)$; $-\frac{6}{x^4}$ **38.** $\frac{x^2 + 2x - 7}{(x+1)^2}$; $\frac{16}{(x+1)^3}$
39. a. $y = -\frac{108}{169}x + \frac{567}{169}$ **b.**

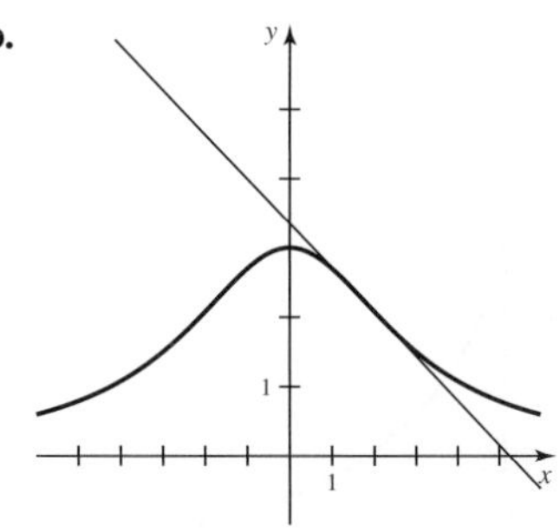

40. $-\frac{3}{2}$ **41.** $\frac{1}{9}$ **42.** $\frac{7}{8}$

44. a.

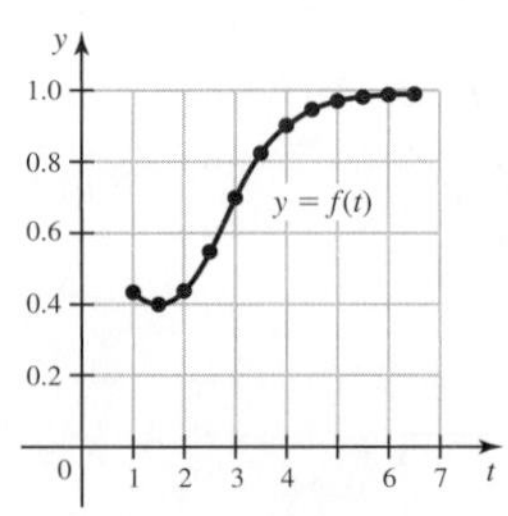

5

b. $t \approx 3$

c. $f'(3) \approx 0.28\,\frac{\text{mm/g}}{\text{week}}$; at a young age, the bird's wings are growing quickly relative to its weight.
d. $f'(6.5) \approx 0.003\,\frac{\text{mm/g}}{\text{week}}$; the rate of change of the ratio of wing chord length to mass is nearly 0. **46.** $\frac{15}{2}$ **47.** $-\frac{5}{2}$ **48.** 1
49. a. $y = -2x + 16$ **b.** $y = -\frac{5}{9}x + \frac{23}{9}$
50. -90 **53.** $f''g + 2f'g' + fg''$ **54. a.** $f'gh + fg'h + fgh'$
b. $e^x(x^2 + 4x - 1)$

3.5절 연습문제(pp. 193–194)

1. $\dfrac{\sin x}{x}$ is undefined at $x = 0$. **2.** The tangent and cotangent functions are defined as ratios of the sine and cosine functions. **3.** -1 **4.** $y = x$ **5.** $-\sin x - \cos x$ **6.** 3 **7.** $\frac{7}{3}$ **8.** 5 **9.** 7 **10.** $\frac{1}{4}$ **11.** a/b **12.** $\cos x - \sin x$ **13.** $e^{-x}(\cos x - \sin x)$ **14.** $\sin x + x\cos x$ **15.** $-\dfrac{1}{1 + \sin x}$ **16.** $\cos^2 x - \sin^2 x = \cos 2x$ **17.** $-2\sin x\cos x = -\sin 2x$ **18.** $w^2\cos w$ **19.** $x\cos 2x + \dfrac{1}{2}\sin 2x$ **20.** $\dfrac{1}{1 + \cos x}$ **21.** $\dfrac{2\sin x}{(1 + \cos x)^2}$ **22.** $\sec x\tan x - \csc x\cot x$ **23.** $e^x\csc x(1 - \cot x)$ **24.** $-\dfrac{\csc x}{1 + \csc x}$ **25.** $\cos^2 z - \sin^2 z = \cos 2z$ **26.** $2\sin^2 x$

30. a.

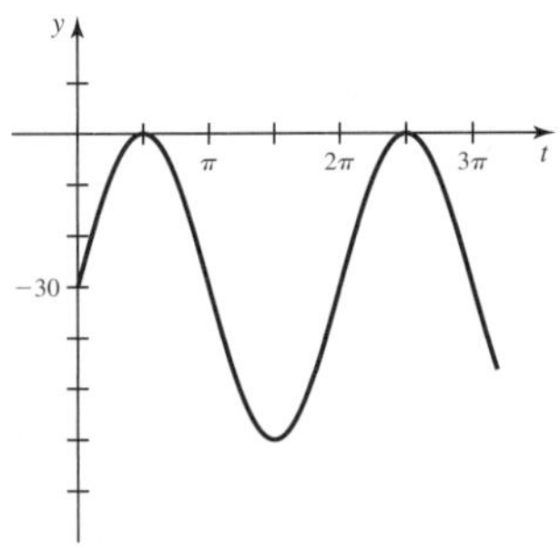

b. $v(t) = 30\cos t$

c.

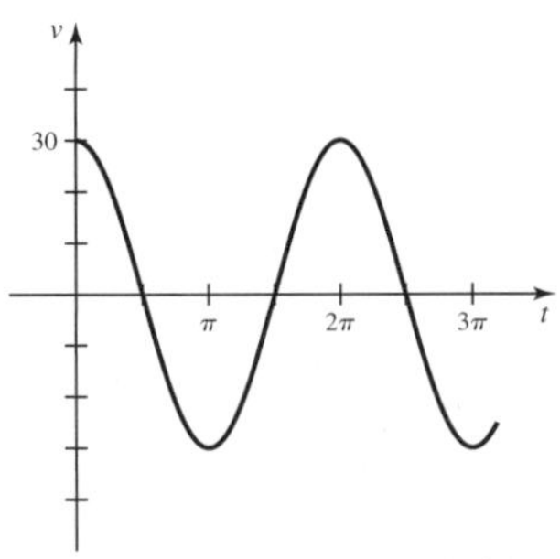

d. $v(t) = 0$, for $t = (2k + 1)\dfrac{\pi}{2}$, where k is any nonnegative integer; the position is $y\left((2k + 1)\dfrac{\pi}{2}\right) = 0$ if k is even or $y\left((2k + 1)\dfrac{\pi}{2}\right) = -60$ if k is odd. **e.** $v(t)$ has a maximum at $t = 2k\pi$, where k is a nonnegative integer; the position is $y(2k\pi) = -30$. **f.** $a(t) = -30\sin t$

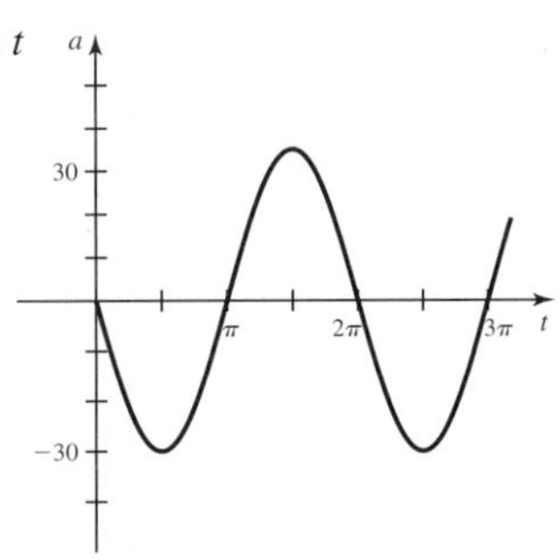

31. $2\cos x - x\sin x$ **32.** $2e^x\cos x$ **33.** $2\csc^2 x\cot x$ **34.** $2(\sec^2 x\tan x + \csc^2 x\cot x)$ **35. a.** False **b.** False **c.** True **d.** True **36.** 2 **38.** $-\frac{1}{2}$

42. a. $y = -2\sqrt{3}x + \dfrac{2\sqrt{3}\pi}{3} + 1$

b.

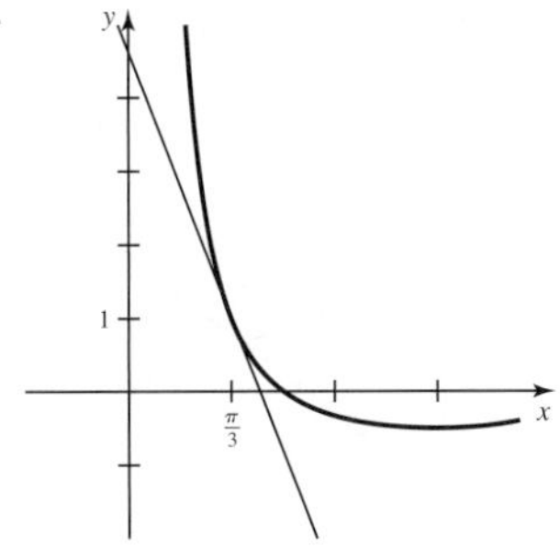

43. $x = 7\pi/6 + 2k\pi$ and $x = 11\pi/6 + 2k\pi$, where k is an integer **47.** $a = 0$ **48. a.** $2\sin x\cos x$ **b.** $3\sin^2 x\cos x$ **c.** $4\sin^3 x\cos x$ **d.** $n\sin^{n-1} x\cos x$; the conjecture is true for $n = 1$. If it holds for $n = k$, then when $n = k + 1$, we have $\dfrac{d}{dx}(\sin^{k+1} x) = \dfrac{d}{dx}(\sin^k x \cdot \sin x) = \sin^k x\cos x + \sin x \cdot k\sin^{k-1} x\cos x = (k + 1)\sin^k x\cos x$.

50. Because D is a difference quotient for f (and $h = 0.01$ is small), D is a good approximation to f'. Therefore, the graph of D is nearly indistinguishable from the graph of $f'(x) = \cos x$.

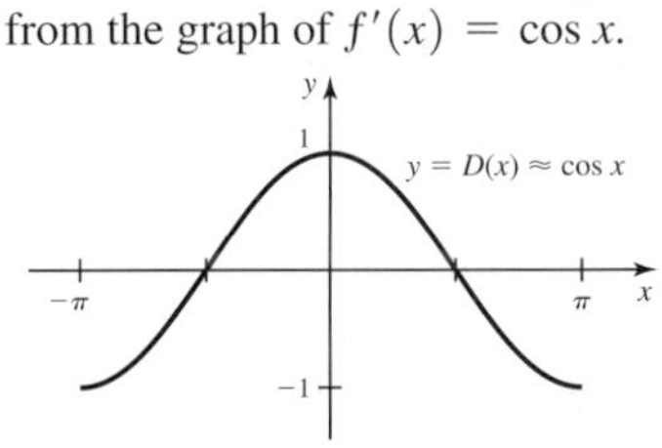

3.6절 연습문제(pp. 206–209)

1. The average rate of change is $\dfrac{f(x + \Delta x) - f(x)}{\Delta x}$, whereas the instantaneous rate of change is the limit as Δx goes to zero in this quotient. **2.** Small **3.** At 15 weeks, the puppy grows at a rate of 1.75 lb/week. **4.** If the position of the object at time t is $s(t)$, then the acceleration at time t is $a(t) = d^2s/dt^2$. **5.** $v'(T) = 0.6$; the speed of sound increases approximately 0.6 m/s for each increase of 1°C. **6. a.** 40 mi/hr **b.** 40 mi/hr; yes **c.** -60 mi/hr; -60 mi/hr; south **d.** The patrol car drives away from the station going north until about 10:08, when it turns around and heads south, toward the station. It continues south until it passes the station at about 11:02 and keeps going south until about 11:40, when it turns around and heads north. **7.** The first 200 stoves cost, on average, \$70 to produce. When 200 stoves have already been produced, the 201st stove costs \$65 to produce.

8. a.

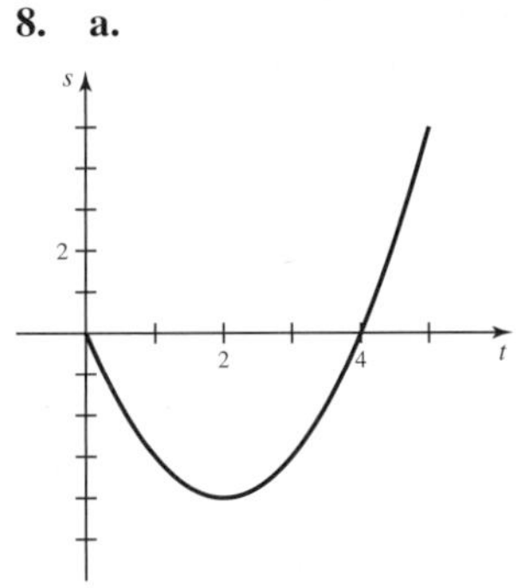

b. $v(t) = 2t - 4$; stationary at $t = 2$, to the right on $(2, 5]$, to the left on $[0, 2)$

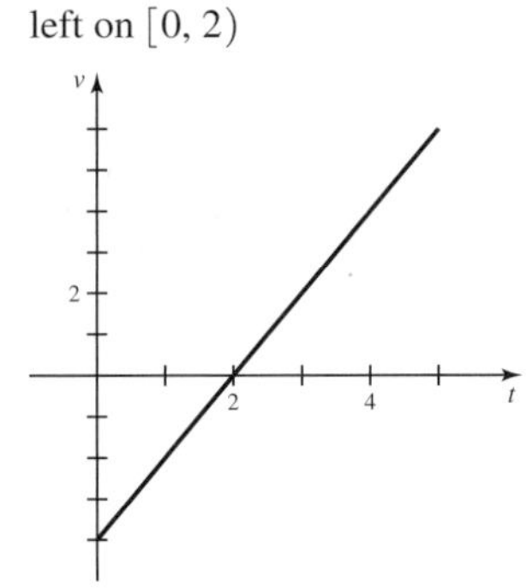

c. $v\ 1 = -2$ ft s; $a\ 1 = 2\ \text{ft/s}^2$ **d.** $a(2) = 2\ \text{ft/s}^2$ **e.** $(2, 5]$

9. a.

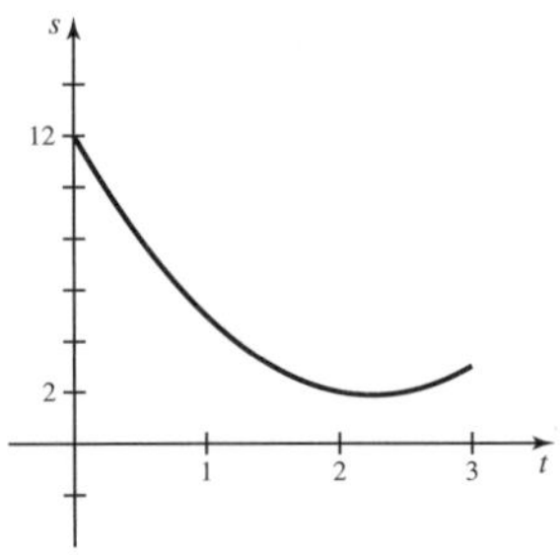

b. $v(t) = 4t - 9$; stationary at $t = \frac{9}{4}$, to the right on $\left(\frac{9}{4}, 3\right]$, to the left on $\left[0, \frac{9}{4}\right)$

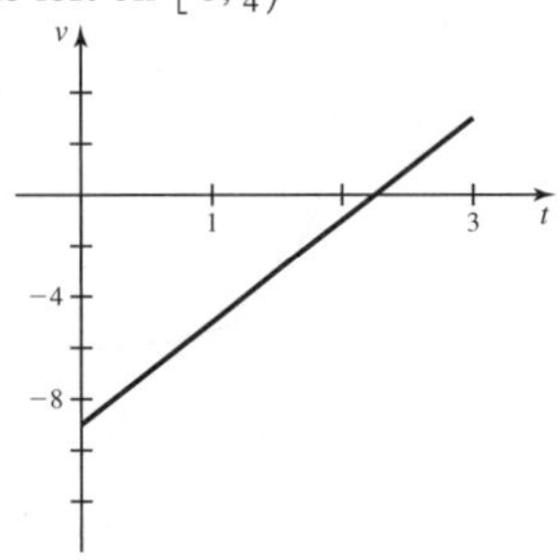

c. $v(1) = -5\ \text{ft/s}$; $a(1) = 4\ \text{ft/s}^2$
d. $a\left(\frac{9}{4}\right) = 4\ \text{ft/s}^2$ **e.** $\left(\frac{9}{4}, 3\right]$

10. a.

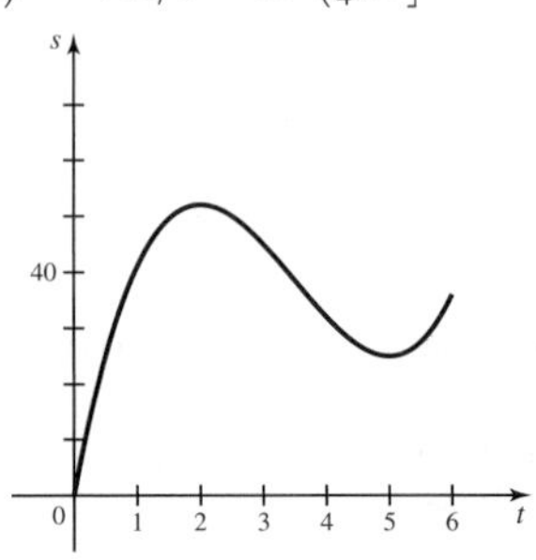

b. $v(t) = 6t^2 - 42t + 60$; stationary at $t = 2$ and $t = 5$, to the right on $[0, 2)$ and $(5, 6]$, to the left on $(2, 5)$

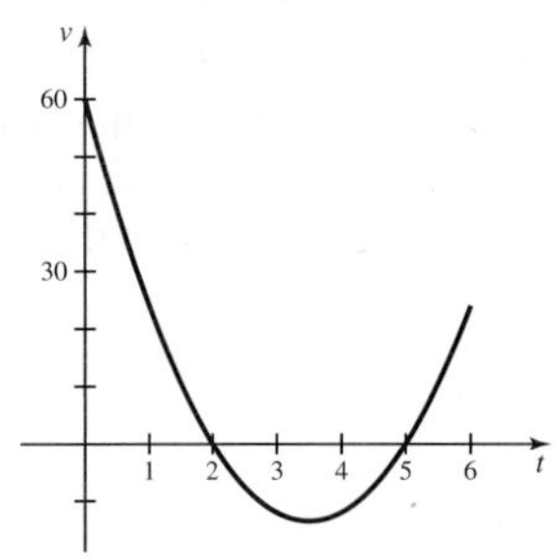

c. $v(1) = 24\ \text{ft/s}$; $a(1) = -30\ \text{ft/s}^2$ **d.** $a(2) = -18\ \text{ft/s}^2$; $a(5) = 18\ \text{ft/s}^2$ **e.** $\left(2, \frac{7}{2}\right), (5, 6]$ **11.** -64 ft/s; 64 ft/s
12. a. $v(t) = -32t + 32$ **b.** At $t = 1$ s **c.** 64 ft **d.** At $t = 3$ s **e.** -64 ft/s **f.** $(1, 3)$ **13. a.** $v(t) = -32t + 64$ **b.** At $t = 2$ s **c.** 96 ft **d.** At $2 + \sqrt{6}$ s **e.** $-32\sqrt{6}$ ft/s **f.** $(2, 2 + \sqrt{6})$
15. a. $\overline{C}(x) = \dfrac{1000}{x} + 0.1$; $C'(x) = 0.1$
b. $\overline{C}(2000) = \$0.60/\text{item}$; $C'(2000) = \$0.10/\text{item}$
c. The average cost per item when 2000 items are produced is \$0.60/item. The cost of producing the 2001st item is \$0.10.
16. a. $\overline{C}(x) = -0.01x + 40 + 100/x$; $C'(x) = -0.02x + 40$
b. $\overline{C}(1000) = \$30.10/\text{item}$; $C'(1000) = \$20/\text{item}$
c. The average cost per item is about \$30.10 when 1000 items are produced. The cost of producing the 1001st item is \$20. **17. a.** 20 **b.** \$20 **c.** $E(p) = \frac{p}{p - 20}$ **d.** Elastic for $p > 10$; inelastic for $0 < p < 10$ **e.** 2.5% **f.** 2.5% **18. a.** False **b.** True **c.** False **d.** True **19.** 240 ft **20.** 64 ft/s **21. a.** $t = 1, 2, 3$ **b.** It is moving in the positive direction for t in $(0, 1)$ and $(2, 3)$; it is moving in the negative direction for t in $(1, 2)$ and $t > 3$.

c.

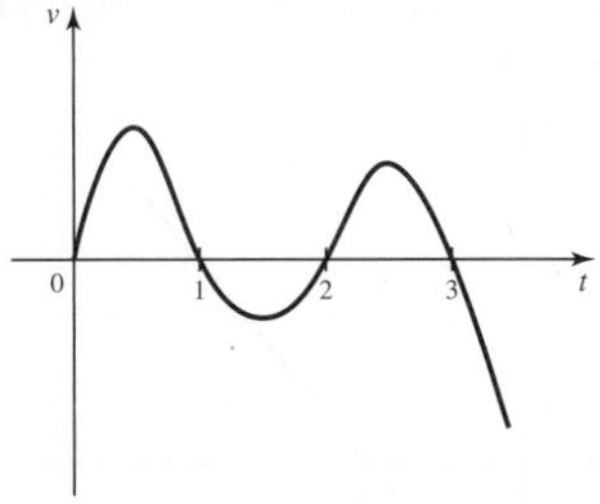

d. $\left(0, \frac{1}{2}\right), \left(1, \frac{3}{2}\right), \left(2, \frac{5}{2}\right), (3, \infty)$

22. a. $P(x) = 0.02x^2 + 50x - 100$

b. $\dfrac{P(x)}{x} = 0.02x + 50 - \dfrac{100}{x}$; $\dfrac{dP}{dx} = 0.04x + 50$
c. $\dfrac{P(500)}{500} = 59.8$; $\dfrac{dp}{dx}(500) = 70$
d. The profit, on average, for each of the first 500 items produced is 59.8; the profit for the 501st item produced is 70.
23. a. $P(x) = 0.04x^2 + 100x - 800$
b. $\dfrac{P(x)}{x} = 0.04x + 100 - \dfrac{800}{x}$; $\dfrac{dp}{dx} = 0.08x + 100$
c. $\dfrac{P(1000)}{1000} = 139.2$; $p'(1000) = 180$
d. The average profit per item for each of the first 1000 items produced is \$139.20. The profit for the 1001st item produced is \$180.
24. About 1935; approximately 890,000 people/yr(answers will vary)

25. a.

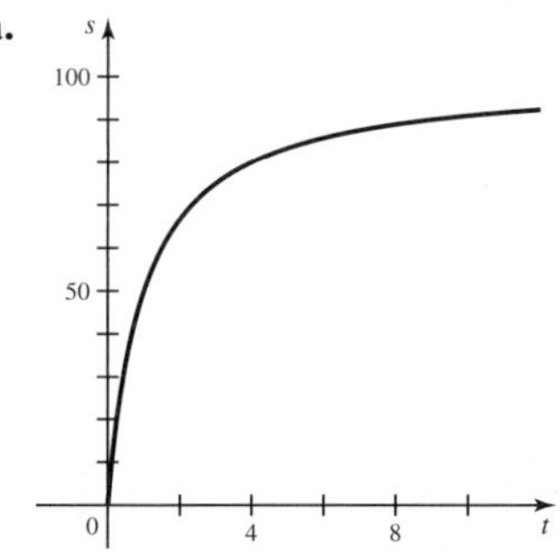

b. $v = \dfrac{100}{(t + 1)^2}$

c.

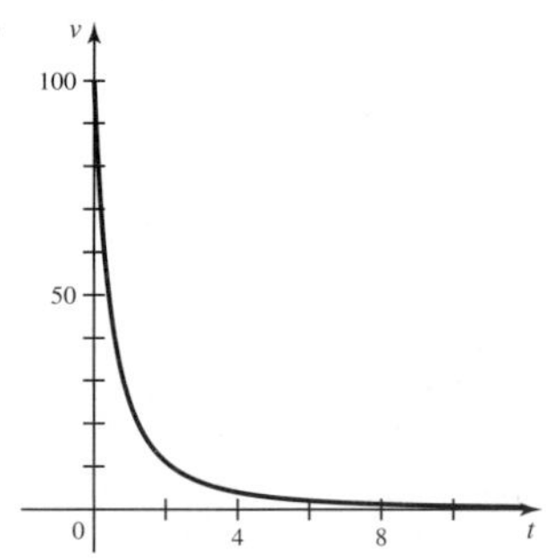

The marble moves fastest at the beginning and slows considerably over the first 5 s. It continues to slow but never actually stops.
d. $t = 4$ s **e.** $t = -1 + \sqrt{2} \approx 0.414$ s
26. a. $C'(x) = -\dfrac{125{,}000{,}000}{x^2} + 1.5$;

$$\overline{C}(x) = \frac{C(x)}{25{,}000} = 50 + \frac{5000}{x} + 0.00006x$$

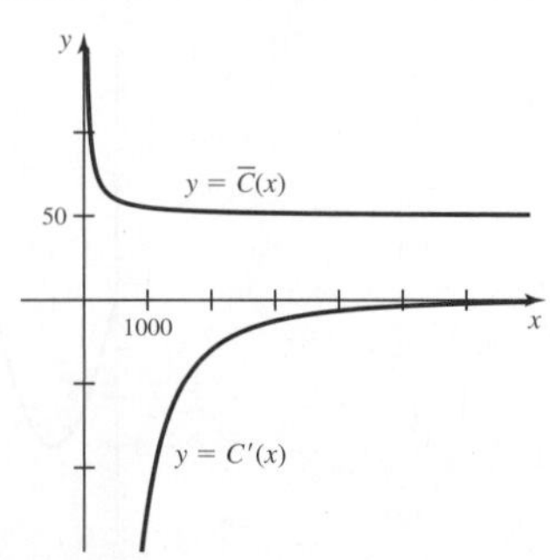

b. $C'(5000) = -3.5$; $\overline{C}(5000) = 51.3$ **c.** Marginal cost: If the batch size is increased from 5000 to 5001, then the cost of producing 25,000 gadgets will *decrease* by about \$3.50. Average cost: When batch size is 5000, it costs \$51.30 *per item* to produce all 25,000 gadgets.

27. a. $R\ p\ = \dfrac{100p}{p^2 + 1}$ **b.** $R'(p) = \dfrac{100(1 - p^2)}{(p^2 + 1)^2}$

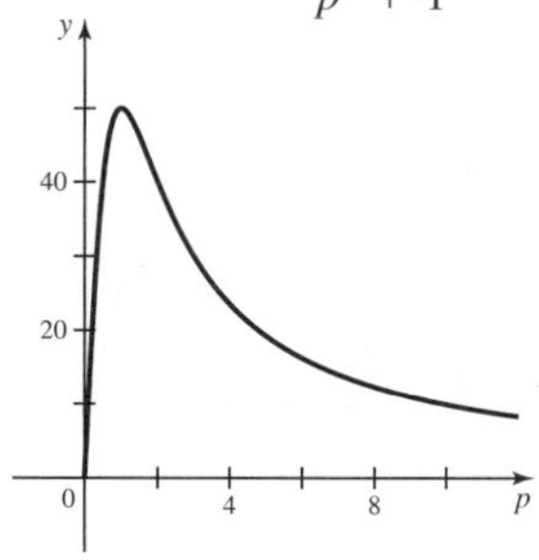

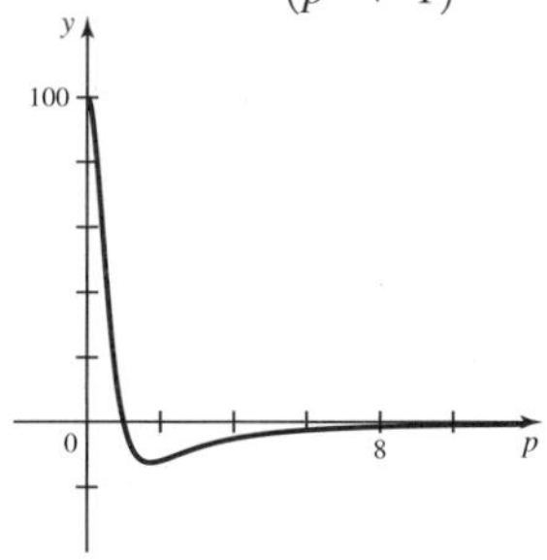

c. $p = 1$
28. a.

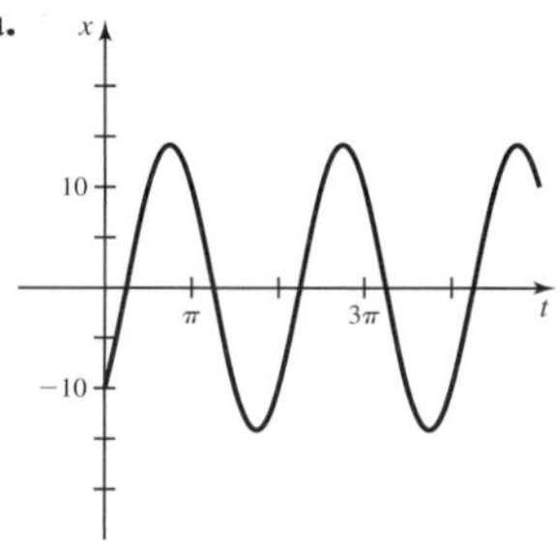

b. $dx/dt = 10 \cos t + 10 \sin t$

c. $t = 3\pi/4 + k\pi$, where k is any positive integer
d. The graph implies that the spring never stops oscillating. In reality, the weight would eventually come to rest.
29. a. Juan starts faster than Jean and opens up a big lead. Then Juan slows down while Jean speeds up. Jean catches up, and the race finishes in a tie. **b.** Same average velocity **c.** Tie **d.** At $t = 2$, $\theta'(2) = \pi/2$ rad/min; $\theta'(4) = \pi =$ Jean's greatest velocity
e. At $t = 2$, $\varphi'(2) = \pi/2$ rad/min; $\varphi'(0) = \pi =$ Juan's greatest velocity **30. a.** $v(t) = -15e^{-t}(\sin t + \cos t)$; $v(1) \approx -7.6$ m/s, $v(3) \approx 0.63$ m/s **b.** Down (0, 2.4) and (5.5, 8.6); up (2.4, 5.5) and (8.6, 10) **c.** ≈ 0.65 m/s **31. a.** $-T'(1) = -80$, $-T'(3) = 80$
b. $-T'(x) < 0$ for $0 \le x < 2$; $-T'(x) > 0$ for $2 < x \le 4$ **c.** Near $x = 0$, with $x > 0$, $-T'(x) < 0$, so heat flows toward the end of the rod. Similarly, near $x = 4$, with $x < 4$, $-T'(x) > 0$.

3.7절 연습문제(pp. 217–219)

1. $\dfrac{dy}{dx} = \dfrac{dy}{du} \cdot \dfrac{du}{dx}$; $\dfrac{d}{dx}(f(g(x)) = f'(g(x)) \cdot g'(x)$
2. $u = x^3 + x + 1$; $y = u^4$; $4(x^3 + x + 1)^3(3x^2 + 1)$
3. $u = \cos x$, $y = u^3$, $dy/dx = -3\cos^2 x \sin x$;
$u = x^3$, $y = \cos u$, $dy/dx = -3x^2 \sin x^3$ **4.** $g(x)$, x **5.** $\dfrac{2}{\sqrt{4x + 1}}$
6. 50 **8.** ke^{kx} **9.** $u = 3x + 7$; $f(u) = u^{10}$; $30(3x + 7)^9$
10. $u = \sin x$; $f(u) = u^5$; $5 \sin^4 x \cos x$
11. $u = x^2 + 1$; $f(u) = \sqrt{u}$; $\dfrac{x}{\sqrt{x^2 + 1}}$
12. $u = 4x^2 + 1$; $f(u) = e^u$; $8xe^{4x^2+1}$
13. $u = 5x^2$; $f(u) = \tan u$; $10x \sec^2 5x^2$ **14. a.** 100 **b.** −100
c. −16 **d.** 40 **e.** 40 **15.** $10(6x + 7)(3x^2 + 7x)^9$
16. $\dfrac{5}{\sqrt{10x + 1}}$ **17.** $-\dfrac{315x^2}{(7x^3 + 1)^4}$ **18.** $3\sec(3x + 1)\tan(3x + 1)$
19. $e^x \sec^2 e^x$ **20.** $(12x^2 + 3)\cos(4x^3 + 3x + 1)$
21. $\dfrac{10}{3(5x + 1)^{1/3}}$ **22.** $-\dfrac{3}{2^{7/4}x^{3/4}(4x - 3)^{5/4}}$

23. $5 \sec x(\sec x + \tan x)^5$
24. $25(12x^5 - 9x^2)(2x^6 - 3x^3 + 3)^{24}$
25. $9(1 + 2\tan u)^{3.5} \sec^2 u$ **26.** $-\dfrac{\cot x \csc^2 x}{\sqrt{1 + \cot^2 x}}$
27. $\dfrac{2}{3}e^x - e^{-x}$ **28.** $e^x \cos(\sin e^x) \cos e^x$
29. $-15 \sin^4(\cos 3x)(\sin 3x)(\cos(\cos 3x))$
30. $\dfrac{2e^{2t}}{(1 + e^{2t})^2}$ **31.** $\dfrac{1}{2\sqrt{x + \sqrt{x}}}\left(1 + \dfrac{1}{2\sqrt{x}}\right)$
32. $f'(g(x^2))g'(x^2)\,2x$ **33.** $\dfrac{5x^4}{(x + 1)^6}$
34. $xe^{x^2+1}(2\sin x^3 + 3x\cos x^3)$ **35.** $\theta(2 + 5\theta\tan 5\theta)\sec 5\theta$
36. $4((x + 2)(x^2 + 1))^3(3x + 1)(x + 1)$ **37.** $\dfrac{4x^3 - 2\sin 2x}{5(x^4 + \cos 2x)^{4/5}}$
38. $2(p + 3)(\sin p^2 + p(p + 3)\cos p^2)$
39. $f'(x)/\left(2\sqrt{f(x)}\right)$ **40. a.** True **b.** True **c.** True
d. False **41.** −0.297 hPa/min **42.** Approx. 0.33 g/day; mass is increasing by 0.33 g/day 65 days after the diet switch.
43. a. \$297.77 **b.** \$11.85/yr **c.** $y = 11.85t + 179.27$
44. a. $x = -\frac{1}{2}$ **b.** The line tangent to the graph of $f(x)$ at $x = -\frac{1}{2}$ is horizontal. **45.** $2\cos x^2 - 4x^2 \sin x^2$ **46.** $4e^{-2x^2}(4x^2 - 1)$
47. $y = 6x - 1$ **48. a.** $h(4) = 9$, $h'(4) = -6$ **b.** $y = -6x + 33$
49. $y = 6x + 3 - 3\ln 3$ **50. a.** -3π **b.** -5π
51. a. $\dfrac{d^2y}{dt^2} = -\dfrac{y_0 k}{m}\cos\left(t\sqrt{\dfrac{k}{m}}\right)$
53. a. **b.** $v(t) = -5e^{-t/2}\left(\dfrac{\pi}{4}\sin\dfrac{\pi t}{8} + \cos\dfrac{\pi t}{8}\right)$

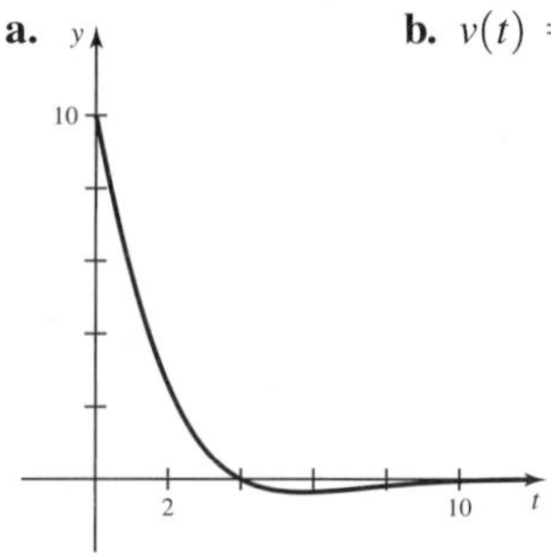

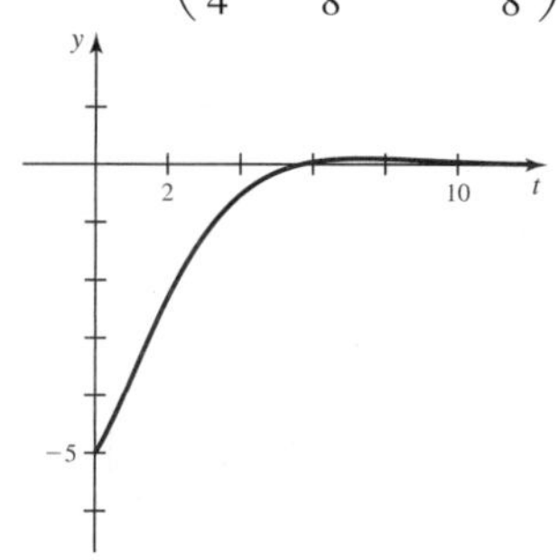

54. a. 10.88 hr **b.** $D'(t) = \dfrac{6\pi}{365}\sin\left(\dfrac{2\pi(t + 10)}{365}\right)$
c. 2.87 min/day; on March 1, the length of day is increasing at a rate of about 2.87 min/day.
d.

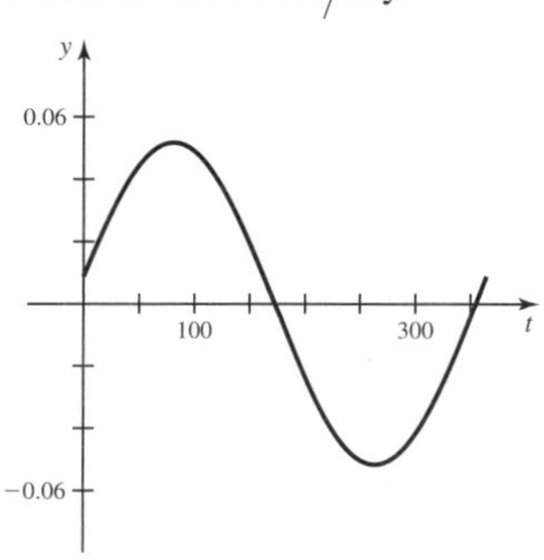

e. Most rapidly: approximately March 22 and September 22; least rapidly: approximately December 21 and June 21

55. **a.** $E'(t) = 400 + 200\cos\dfrac{\pi t}{12}$ MW
b. At noon; $E'(0) = 600$ MW **c.** At midnight; $E'(12) = 200$ MW
d.

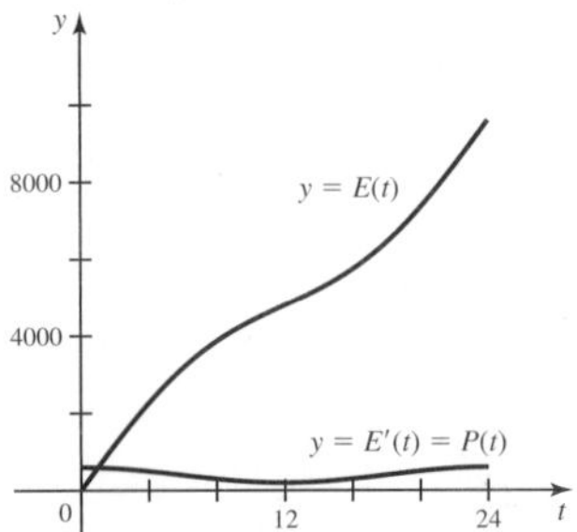

57. **a.** $g(x) = (x^2 - 3)^5$; $a = 2$ **b.** 20
58. **a.** $g(x) = \sin x^2$; $a = \pi/2$ **b.** $\pi\cos(\pi^2/4)$ **59.** $10\,f'(25)$

3.8절 연습문제(pp. 225–228)

1. There may be more than one expression for y or y'.
2. When derived implicitly, dy/dx is usually given in terms of both x and y. **3.** $\dfrac{1}{2y}$ **4.** $\dfrac{1}{\cos y}$ **5.** **a.** $(0, 0)$, $(0, -1)$, $(0, 1)$
c. Slope at $(0, 0)$ is 2; slope at $(0, -1)$ and $(1, 0)$ is -1.
6. $\dfrac{d^2y}{dx^2} = -\dfrac{2}{9y^5}$ **7.** **a.** $-\dfrac{x^3}{y^3}$ **b.** 1 **8.** **a.** $\dfrac{2}{y}$ **b.** 1
9. **a.** $\dfrac{20x^3}{\cos y}$ **b.** -20 **10.** **a.** $-\dfrac{1}{\sin y}$ **b.** -1 **11.** **a.** $-\dfrac{y}{x}$ **b.** -7
12. **a.** $-\dfrac{1}{4x^{2/3}y^{1/3}}$ **b.** $-\dfrac{1}{4}$ **13.** **a.** $-\dfrac{3y}{x + 3y^{2/3}}$ **b.** $-\dfrac{24}{13}$
14. $\dfrac{\cos x}{1 - \cos y}$ **15.** $-\dfrac{1}{1 + \sin y}$ **16.** $\dfrac{1 - y\cos xy}{x\cos xy - 1}$ **17.** $\dfrac{1}{2y\sin y^2 + e^y}$
18. $\dfrac{3x^2(x - y)^2 + 2y}{2x}$ **19.** $\dfrac{13y - 18x^2}{21y^2 - 13x}$ **20.** $\dfrac{5\sqrt{x^4 + y^2} - 2x^3}{y - 6y^2\sqrt{x^4 + y^2}}$
21. **a.** $\dfrac{dK}{dL} = -\dfrac{K}{2L}$ **b.** -4 **22.** $\dfrac{dr}{dh} = \dfrac{h - 2r}{h}$; -3
23. **b.** $y = -5x$ **24.** **b.** $y = -5x/4 + 7/2$ **25.** **b.** $y = \dfrac{x}{2}$
26. $-\dfrac{1}{4y^3}$ **27.** $\dfrac{\sin y}{(\cos y - 1)^3}$ **28.** $\dfrac{4e^{2y}}{(1 - 2e^{2y})^3}$ **29.** **a.** False
b. True **c.** False **d.** False **31.** **a.** $\dfrac{y(3\sqrt{x} + 2y^{3/2})}{x(\sqrt{x} - 2y^{3/2})}$ **b.** -5
33. **a.** $y = x - 1$ and $y = -x + 2$
b.

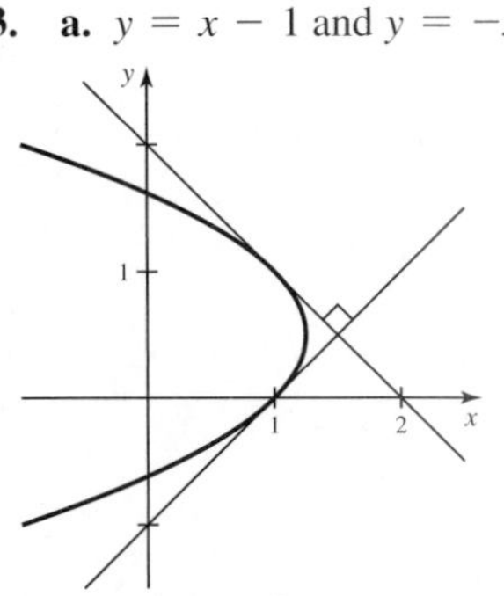

35. **a.** $y' = -\dfrac{2xy}{x^2 + 4}$ **b.** $y = \dfrac{1}{2}x + 2$, $y = -\dfrac{1}{2}x + 2$
c. $-\dfrac{16x}{(x^2 + 4)^2}$ **36.** **a.** $\left(\dfrac{5}{4}, \dfrac{1}{2}\right)$ **b.** No
38. Horizontal: $y = -6$, $y = 0$; vertical: $x = 1$, $x = 3$

39. **a.** $\dfrac{dy}{dx} = 0$ on the $y = 1$ branch; $\dfrac{dy}{dx} = \dfrac{1}{2y + 1}$ on the other two branches. **b.** $f_1(x) = 1$, $f_2(x) = \dfrac{-1 + \sqrt{4x - 3}}{2}$,
$f_3(x) = \dfrac{-1 - \sqrt{4x - 3}}{2}$ **c.**

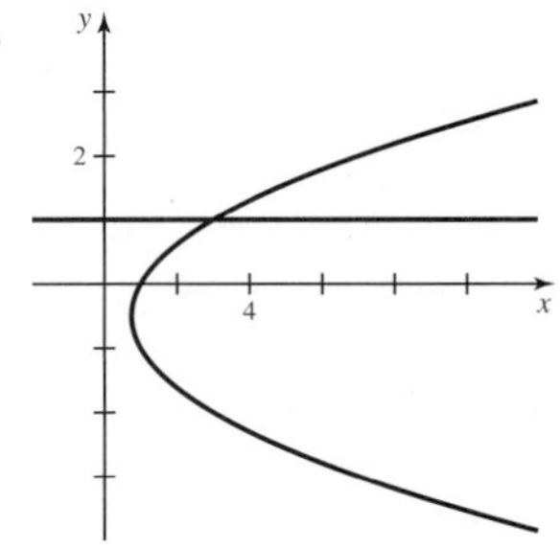

40. **a.** $\dfrac{dy}{dx} = \dfrac{x - x^3}{y}$ **b.** $f_1(x) = \sqrt{x^2 - \dfrac{x^4}{2}}$; $f_2(x) = -\sqrt{x^2 - \dfrac{x^4}{2}}$
c.

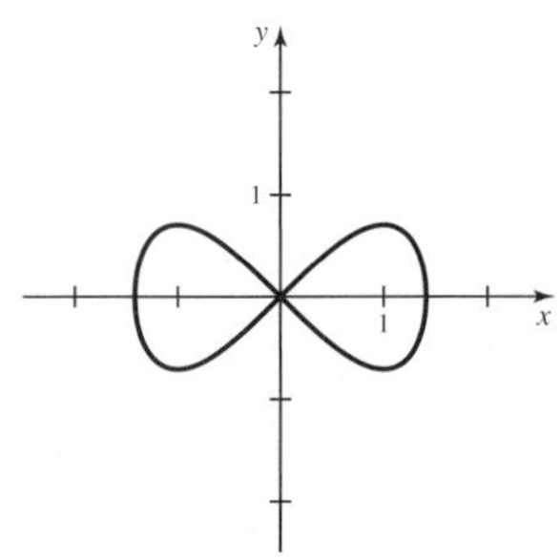

41. $y = \dfrac{x}{5}$

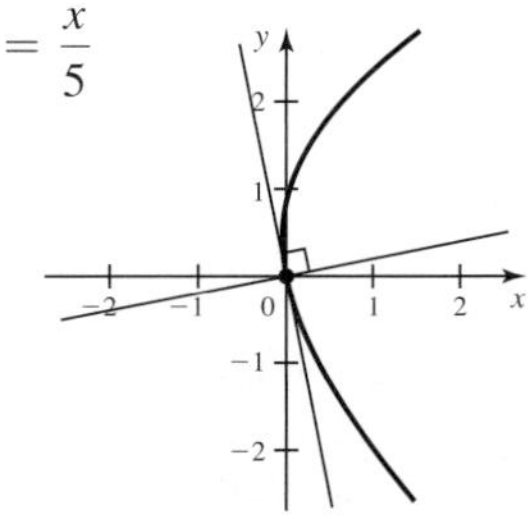

42. $y = \dfrac{4x}{5} - \dfrac{3}{5}$

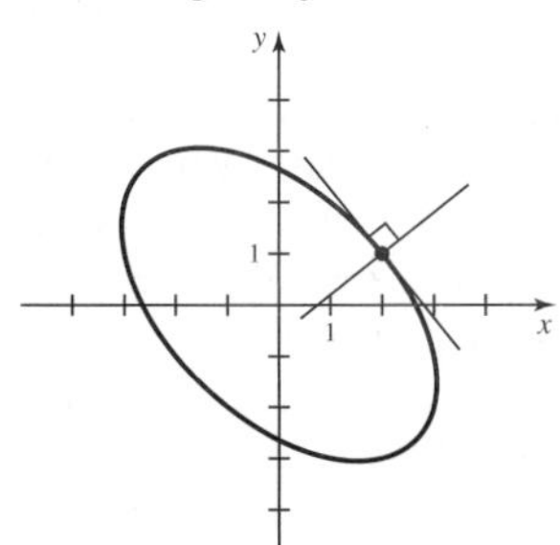

43. $y = -2x + \dfrac{5\pi}{4}$

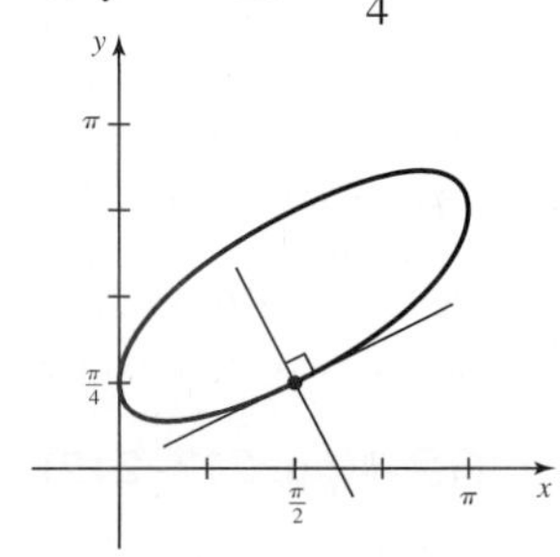

44. **a.** Tangent line $y = -\dfrac{9x}{11} + \dfrac{20}{11}$; normal line $y = \dfrac{11x}{9} - \dfrac{2}{9}$
b.

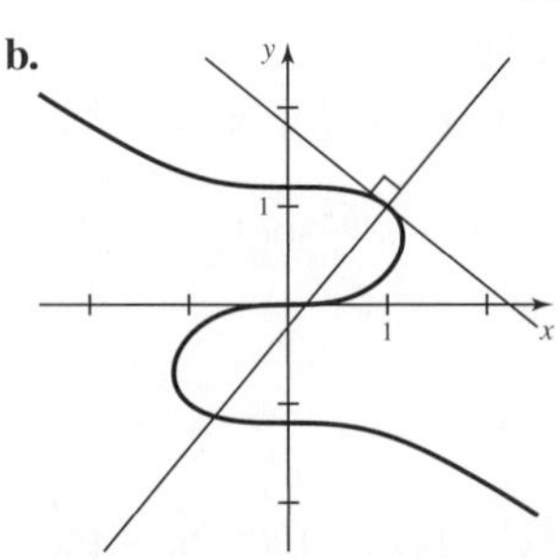

45. **a.** Tangent line $y = -\dfrac{x}{3} + \dfrac{8}{3}$; normal line $y = 3x - 4$
b.

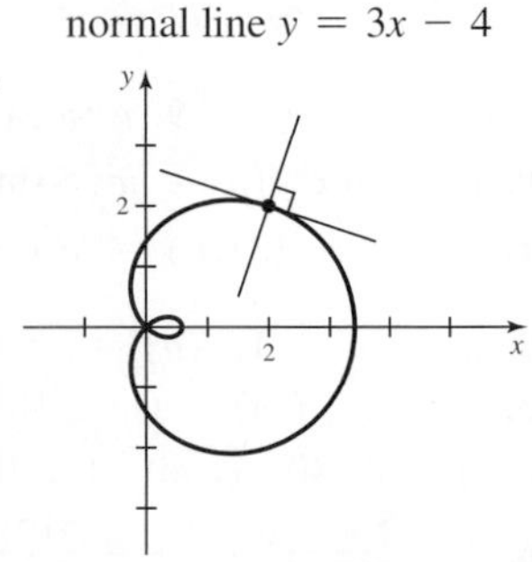

46. For $y = mx$, $dy/dx = m$; for $x^2 + y^2 = a^2$, $dy/dx = -x/y$.
47. For $xy = a$, $dy/dx = -y/x$; for $x^2 - y^2 = b$, $dy/dx = x/y$. Because $(-y/x)\cdot(x/y) = -1$, the families of curves form orthogonal trajectories. **48.** $\dfrac{7y^2 - 3x^2 - 4xy^2 - 4x^3}{2y(2x^2 + 2y^2 - 7x)}$

49. $\dfrac{2y^2(5 + 8x\sqrt{y})}{(1 + 2x\sqrt{y})^3}$

50. No horizontal tangent line; vertical tangent lines at $(2, 1), (-2, 1)$

51. No horizontal tangent line; vertical tangent lines at $(0, 0), \left(\frac{3\sqrt{3}}{2}, \sqrt{3}\right), \left(-\frac{3\sqrt{3}}{2}, -\sqrt{3}\right)$

3.9절 연습문제(pp. 237–239)

1. $x = e^y \Rightarrow 1 = e^y y'(x) \Rightarrow y'(x) = 1/e^y = 1/x$

2. $\dfrac{d}{dx}(\ln kx) = \dfrac{d}{dx}(\ln k + \ln x) = \dfrac{d}{dx}(\ln x)$ **3.** $f'(x) = \dfrac{1}{x \ln b}$; if $b = e$, then $f'(x) = \dfrac{1}{x}$. **4.** $(x^2 + 1)^x$ **5.** $\dfrac{x}{x^2 + 1}$

6. $f(x) = e^{h(x) \ln g(x)}$ **7.** $\dfrac{1 + x}{x}$ **8.** $\dfrac{1}{x}$ **9.** $2/x$ **10.** $\cot x$

11. $\dfrac{4x^3}{x^4 + 1}$ **12.** $2/(1 - x^2)$ **13.** $(x^2 + 1)/x + 2x \ln x$

14. $-2x \ln x^2$ or $-4x \ln x$ **15.** $1/(x \ln x)$ **16.** $\dfrac{1}{x(\ln x + 1)^2}$

17. ex^{e-1} **18.** $\pi(2^x + 1)^{\pi - 1} 2^x \ln 2$ **19.** $8^x \ln 8$ **20.** $5 \cdot 4^x \ln 4$

21. $2^{3 + \sin x}(\ln 2)\cos x$ **22.** $3^x \cdot x^2 (x \ln 3 + 3)$

23. $1000(1.045)^{4t} \ln 1.045$ **24.** $\dfrac{2^x \ln 2}{(2^x + 1)^2}$

25. $x^{\cos x - 1}(\cos x - x \ln x \sin x)$; $-\ln(\pi/2)$

26. $x^{\sqrt{x}}\left(\dfrac{2 + \ln x}{2\sqrt{x}}\right)$; $4(2 + \ln 4)$

27. $\dfrac{(\sin x)^{\ln x}(\ln(\sin x) + x(\ln x) \cot x)}{x}$; 0

28. $(4 \sin x + 2)^{\cos x}\left(\dfrac{2 \cos^2 x}{2 \sin x + 1} - \sin x \ln (4 \sin x + 2)\right)$; 1

29. a. Approx. 28.7 s **b.** -46.512 s/1000 ft

c. $dT/da = -2.74 \cdot 2^{-0.274a} \ln 2$

At $a = 8$, $\dfrac{dT}{da} = -0.4156$ min/1000 ft $= -24.938$ s/1000 ft.

If a plane travels at 30,000 feet and increases its altitude by 1000 feet, the time of useful consciousness decreases by about 25 seconds.

30. $y = x \sin 1 + 1 - \sin 1$ **31.** $y = e^{2/e}$ and $y = e^{-2/e}$

32. $\dfrac{8x}{(x^2 - 1) \ln 3}$ **33.** $-\sin x (\ln (\cos^2 x) + 2)$

34. $-\dfrac{\ln 4}{x \ln^2 x}$ **35.** $\dfrac{12}{3x + 1}$ **36.** $\dfrac{1}{2x}$

37. $\dfrac{2}{2x - 1} + \dfrac{3}{x + 2} + \dfrac{8}{1 - 4x}$ **38.** $10x^{10x}(1 + \ln x)$

39. $\dfrac{(x + 1)^{10}}{(2x - 4)^8}\left(\dfrac{10}{x + 1} - \dfrac{8}{x - 2}\right)$ **40.** $2x^{\ln x - 1} \ln x$

41. $\dfrac{(x + 1)^{3/2}(x - 4)^{5/2}}{(5x + 3)^{2/3}}\left(\dfrac{3}{2(x + 1)} + \dfrac{5}{2(x - 4)} - \dfrac{10}{3(5x + 3)}\right)$

42. $(\sin x)^{\tan x}(1 + (\sec^2 x) \ln \sin x)$

43. $\left(1 + \dfrac{1}{x}\right)^x \left(\ln\left(1 + \dfrac{1}{x}\right) - \dfrac{1}{x + 1}\right)$

44. a. False **b.** False **c.** False **d.** False **e.** True **f.** True

45. $-\dfrac{1}{x^2 \ln 10}$ **46.** $\dfrac{2}{x}$

49. $y = 2$

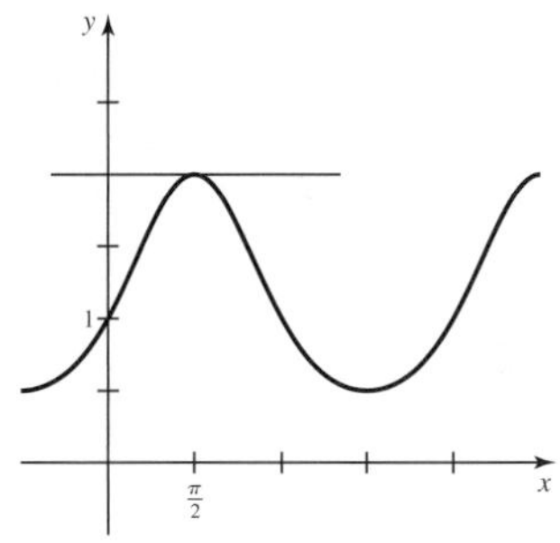

51. b. $r(11) \approx 0.0133$; $r(21) \approx 0.0118$; the relative growth rate is decreasing. **c.** $\lim_{t \to \infty} r(t) = 0$; as the population gets close to carrying capacity, the relative growth rate approaches zero.

52. a. $A(5) = \$17{,}443$
$A(15) = \$72{,}705$
$A(25) = \$173{,}248$
$A(35) = \$356{,}178$

\$5526.20/year, \$10,054.30/year, \$18,293/year

b. $A(40) = \$497{,}873$

c. $\dfrac{dA}{dt} = 600{,}000 \ln (1.005)((1.005)^{12t}) \approx (2992.5)(1.005)^{12t}$

A increases at an increasing rate.

53. $p = e^{1/e}$; (e, e) **54.** $1/e$ **55.** $27(1 + \ln 3)$

3.10절 연습문제(pp. 248–250)

1. $\dfrac{d}{dx}(\sin^{-1} x) = \dfrac{1}{\sqrt{1 - x^2}}$; $\dfrac{d}{dx}(\tan^{-1} x) = \dfrac{1}{1 + x^2}$; $\dfrac{d}{dx}(\sec^{-1} x) = \dfrac{1}{|x|\sqrt{x^2 - 1}}$ **2.** $\dfrac{1}{5}$ **3.** $\dfrac{1}{4}$ **4. a.** $\dfrac{1}{2}$ **b.** $\dfrac{2}{3}$

c. Cannot be determined **d.** $\dfrac{3}{2}$ **6.** $y = \dfrac{1}{7}x + \dfrac{13}{7}$ **7.** $\dfrac{2}{\sqrt{3}}$

8. $\dfrac{2}{\sqrt{1 - 4x^2}}$ **9.** $-\dfrac{4w}{\sqrt{1 - 4w^2}}$ **10.** $-\dfrac{2e^{-2x}}{\sqrt{1 - e^{-4x}}}$

11. $\dfrac{10}{100x^2 + 1}$ **12.** $\dfrac{4y}{1 + (2y^2 - 4)^2}$ **13.** $-\dfrac{1}{2\sqrt{z}(1 + z)}$

14. $6x^2 \cot^{-1} x$ **15.** $\dfrac{2w^5}{1 + w^4}$ **16.** $\dfrac{1}{|x|\sqrt{x^2 - 1}}$

17. $-\dfrac{1}{|2u + 1|\sqrt{u^2 + u}}$ **18.** $\dfrac{2y}{(y^2 + 1)^2 + 1}$

19. $\dfrac{1}{x|\ln x|\sqrt{(\ln x)^2 - 1}}$ **20.** $-\dfrac{e^x \sec^2 e^x}{|\tan e^x|\sqrt{\tan^2 e^x - 1}}$

21. $-\dfrac{e^s}{1 + e^{2s}}$ **22.** $y = x + \dfrac{\pi}{4} - \dfrac{1}{2}$

23. $y = -\dfrac{4}{\sqrt{6}}x + \dfrac{\pi}{3} + \dfrac{2}{\sqrt{3}}$

24. a. Approx. -0.00055 rad/m

b.

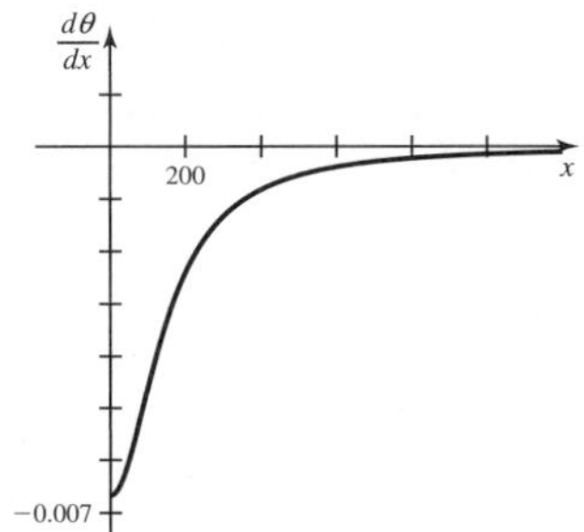

The magnitude of the change in angular size, $|d\theta/dx|$, is greatest when the boat is at the skyscraper (that is, at $x = 0$).

25. $\frac{1}{3}$ **26.** $\frac{e}{5}$ **27.** $\frac{1}{2}$ **28.** 4 **29.** $\frac{1}{12}$ **30.** $\frac{1}{4}$ **31.** $\frac{5}{4}$ **32. a.** True **b.** False **c.** True **d.** True **e.** True

33. a.

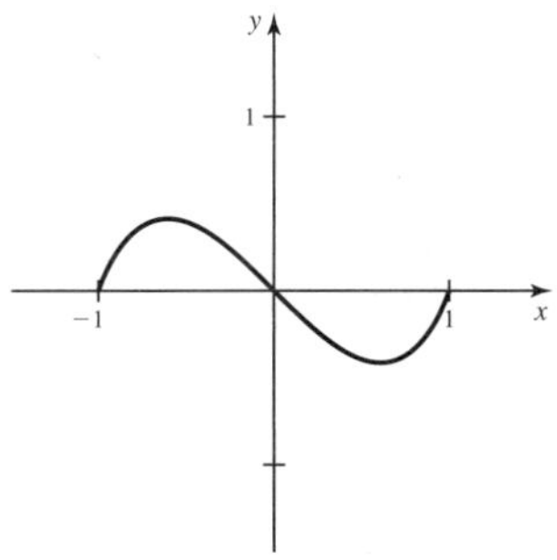

b. $f'(x) = 2x \sin^{-1} x + \dfrac{x^2 - 1}{\sqrt{1 - x^2}}$

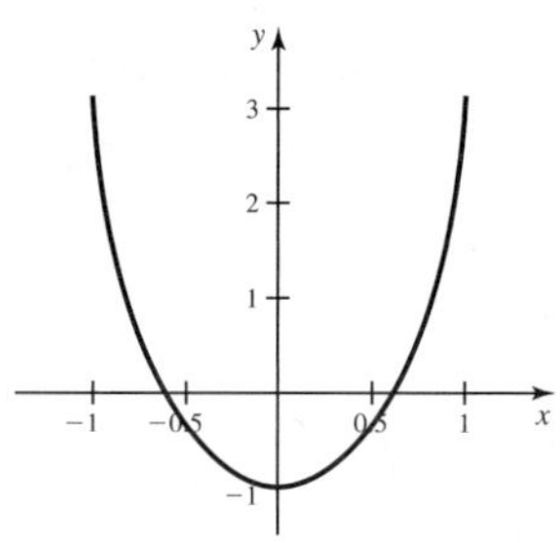

34. a.

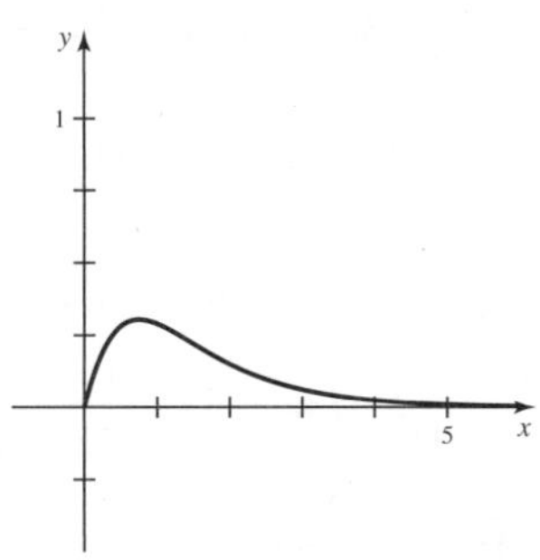

b. $f'(x) = \dfrac{e^{-x}}{1 + x^2} - e^{-x} \tan^{-1} x$

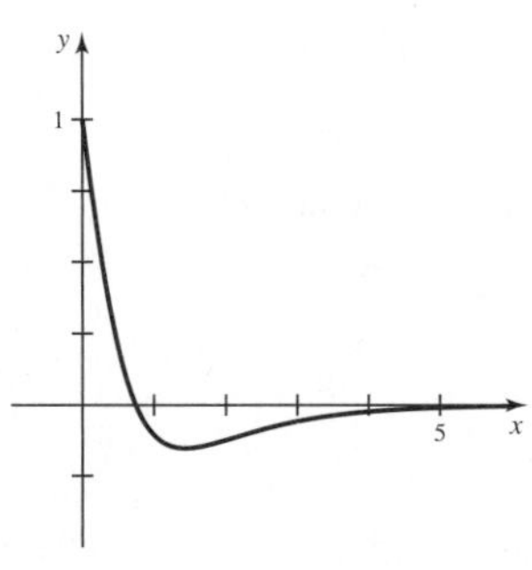

35. $\dfrac{1}{3}$ **36.** $1/(2\sqrt{x + 4})$ **37.** $\dfrac{1}{3x}$ **38.** $\dfrac{1}{12x \ln 10}$ **39.** $2x$

40. $-2/x^3$ **41. b.** $-0.0041, -0.0289$, and -0.1984 **c.** $\lim_{\ell \to 10^+} d\theta/d\ell = -\infty$ **d.** The length ℓ is decreasing.

42. a. $1/\sqrt{D^2 - c^2}$ **b.** $1/D$ **44.** Use the identity $\cot^{-1} x + \tan^{-1} x = \pi/2$.

3.11절 연습문제(pp. 255–258)

1. As the side length s of a cube changes, the surface area $6s^2$ changes as well. **2.** The other two opposite sides decrease in length.

3. a. $V = 200h; \dfrac{dV}{dt} = 200\dfrac{dh}{dt}$ **b.** 50 ft^3/min **c.** $\dfrac{1}{20}$ ft/min

4. a. $\dfrac{dV}{dt} = 4\pi r^2 \dfrac{dr}{dt}$ **b.** 128π in^3/min **c.** $\dfrac{1}{10\pi}$ in/min

5. 59 **6. a.** 40 m^2/s **b.** 80 m^2/s

8. a. $\dfrac{1}{4\pi}$ cm/s **b.** $\dfrac{1}{2}$ cm/s **9.** -40π ft^2/min

10. $\dfrac{3}{80\pi}$ in/min **12.** 720.3 mi/hr **13.** $\dfrac{3\sqrt{5}}{2}$ ft/s

14. 57.9 ft/s **15.** 4.66 in/s **16.** $\dfrac{\pi}{2}$ ft^3/min

17. -75π cm^3/s **18.** 2592π cm^3/s

20. $\dfrac{1}{25\pi}$ m/min **21.** $\dfrac{5}{24}$ ft/s

22. $-\dfrac{8}{3}$ ft/s, $-\dfrac{32}{3}$ ft/s **23.** $\dfrac{d\theta}{dt} = \dfrac{1}{5}$ rad/s, $\dfrac{d\theta}{dt} = \dfrac{1}{8}$ rad/s

24. -0.0201 rad/s **25.** $10 \tan 20°$ km/hr ≈ 3.6 km/hr

26. a. 187.5 ft/s **b.** 0.938 rad/s **27. a.** $P = \dfrac{1}{2}v^2 \dfrac{dm}{dt}$ **c.** 17,388.7 W **d.** 4347.2 W **28.** 11.06 m/hr

29. $\dfrac{1}{500}$ m/min; 2000 min **30.** 0.543 rad/hr

31. $\dfrac{d\theta}{dt} = 0$ rad/s, for all $t \geq 0$ **32. a.** $-\dfrac{\sqrt{3}}{10}$ m/hr **b.** -1 m^2/hr

Chapter 3 연습문제(pp. 259–262)

1. a. False **b.** False **c.** False **d.** False **e.** True

3. $-\dfrac{2x}{(x^2 + 5)^2}$ **7.** $2x^2 + 2\pi x + 7$ **8.** $2^x \ln 2$

9. $2e^{2\theta}$ **10.** $6x^3\sqrt{1 + x^4}$ **11.** $5t^2 \cos t + 10t \sin t$

12. $-x^2e^{-x}$ **13.** $\dfrac{2 \sec 2w \tan 2w}{(\sec 2w + 1)^2}$ **14.** $3 \tan 3x$

15. $1000t(5t^2 + 10)^{99}$ **16.** $3x^2 \cot x^3$ **17.** $\dfrac{1}{t\sqrt{t^2 - 1}}$

18. $(8\theta + 12) \sec^2 (\theta^2 + 3\theta + 2)$ **19.** $\dfrac{1 - 5 \ln w}{w^6}$

20. $\dfrac{32u^2 + 8u + 1}{(8u + 1)^2}$ **21.** $(\sec^2 \sin \theta) \cos \theta$

22. $-\dfrac{\cos\sqrt{\cos^2 x + 1} \cos x \sin x}{\sqrt{\cos^2 x + 1}}$ **23.** $\dfrac{e^t}{2(e^t + 1)}$

24. $2 \tan^{-1}(\cot x)$ **25.** $(2 + \ln x) \ln x$ **26.** $(2x - 1)\, 2^{x^2 - x} \ln 2$

27. $(x^2 + 1)^{\ln x}\left(\dfrac{\ln (x^2 + 1)}{x} + \dfrac{2x \ln x}{x^2 + 1}\right)$ **28.** $-\dfrac{1}{|x|\sqrt{x^2 - 1}}$

29. $6 \cot^{-1} 3x$ **30.** $1 + \csc(x - y)$

31. $\dfrac{y \cos x}{e^y - 1 - \sin x}$ **32.** $-\dfrac{xy}{x^2 + 2y^2}$

33. $\dfrac{(3x+5)^{10}\sqrt{x^2+5}}{(x^3+1)^{50}}\left(\dfrac{30}{3x+5}+\dfrac{x}{x^2+5}-\dfrac{150x^2}{x^3+1}\right)$

34. $\sqrt{3}+\pi/6$ **35.** 1 **36.** $2^x\ln 2(x\ln 2+2)$ **37.** $\dfrac{6\ln x-5}{x^4}$

38. $\dfrac{2(xy+y^2)}{(x+2y)^3}=\dfrac{2}{(x+2y)^3}$ **39.** $y=x$ **40.** $y=-\dfrac{4x}{5}+\dfrac{24}{5}$

41. $x^2f'(x)+2xf(x)$ **42.** $\dfrac{g(x)(xf'(x)+f(x))-xf(x)g'(x)}{g^2(x)}$

43. a–D; b–C; c–B; d–A **44.**

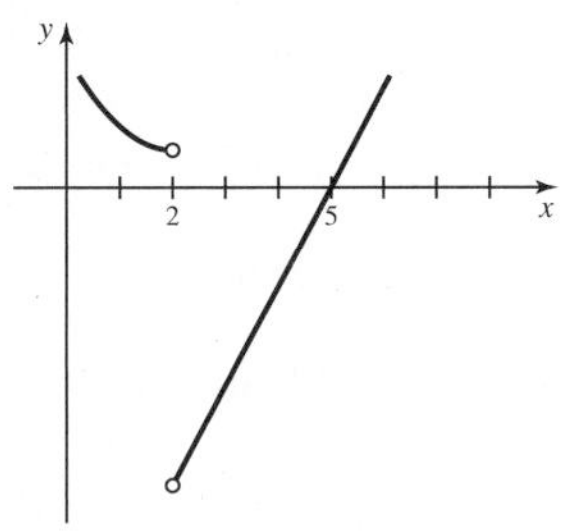

46. **a.** 27 **b.** $\frac{16}{27}$ **c.** 72 **d.** 1215 **e.** $\frac{1}{9}$ **48.** $\frac{6}{13}$
50. $(f^{-1})'(x)=-3/x^4$ **52.** **a.** $\frac{1}{4}$ **b.** 1 **c.** $\frac{1}{3}$
54. $y=24x-118$ **55.** **a.** 84 ft/s **b.** 7 s **c.** 384 ft
d. 96 ft/s **56.** **a.** \$200,366; \$21,552/yr
b. 14 yr; \$12,551/yr **57.** **a.** 2.70 million people/yr
b. The slope of the secant line through the two points is approximately equal to the slope of that tangent line at $t=55$.
c. 2.217 million people/yr **58.** **a.** 40 m/s **b.** 20/3 m/s
c. 15 m/s **d.**

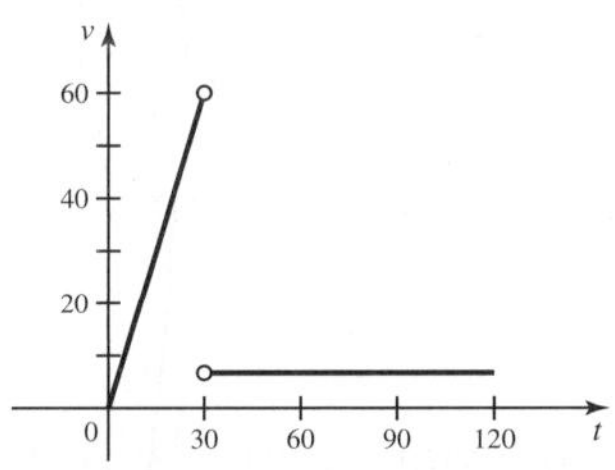

e. The skydiver deployed the parachute. **59.** $x=4$; $x=6$
61. $f(x)=\tan(\pi\sqrt{3x-11})$, $a=5$; $f'(5)=3\pi/4$
62. **a.** $\overline{C}(3000)=\$341.67$; $C'(3000)=\$280$ **b.** The average cost of producing the first 3000 lawn mowers is \$341.67 per mower. The cost of producing the 3001st lawn mower is \$280.
63. **a.** 6550 people/yr **b.** $p'(40)=4800$ people/yr
64. 50 mi/hr **65.** $-5\sin 65°$ ft/s ≈ -4.5 ft/s
66. -0.166 rad/s **67.** 1.5 ft/s **68.** **a.** $(f^{-1})'(1/\sqrt{2})=\sqrt{2}$

CHAPTER 4

4.1절 연습문제(pp. 270–273)

1. f has an absolute maximum at c in $[a,b]$ if $f(x)\le f(c)$ for all x in $[a,b]$. f has an absolute minimum at c in $[a,b]$ if $f(x)\ge f(c)$ for all x in $[a,b]$. **2.** The function must be continuous on a closed interval.

3.

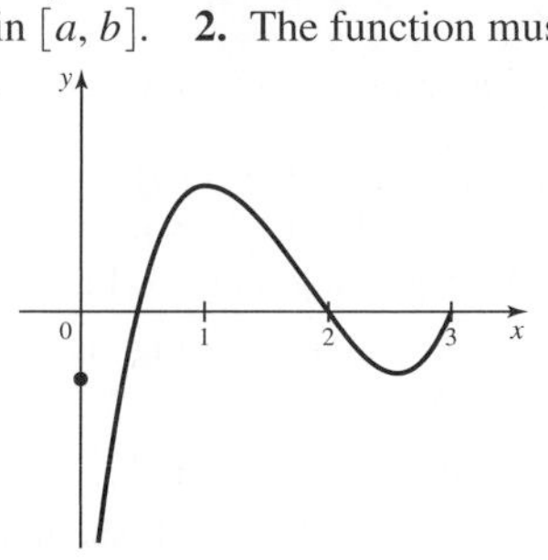

4.

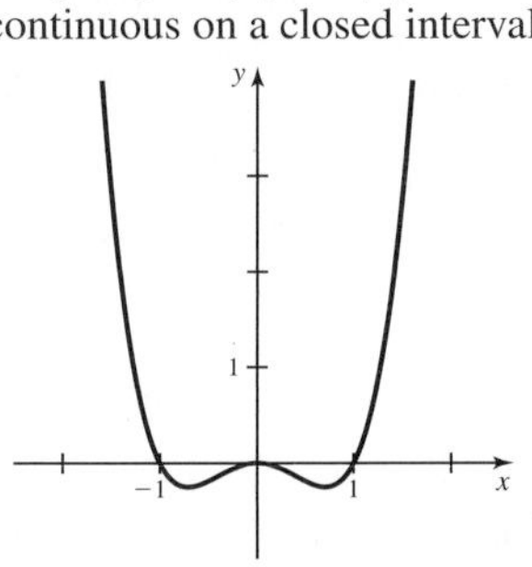

5. Evaluate the function at the critical points and at the endpoints of the interval. **6.** Abs. min at $x=c_2$; abs. max at $x=b$ **7.** Abs. min at $x=a$; no abs. max **8.** Local min at $x=q,s$; local max at $x=p,r$; abs. min at $x=a$; abs. max at $x=b$ **9.** Local max at $x=p,r$; local min at $x=q$; abs. max at $x=p$; abs. min at $x=b$

10.

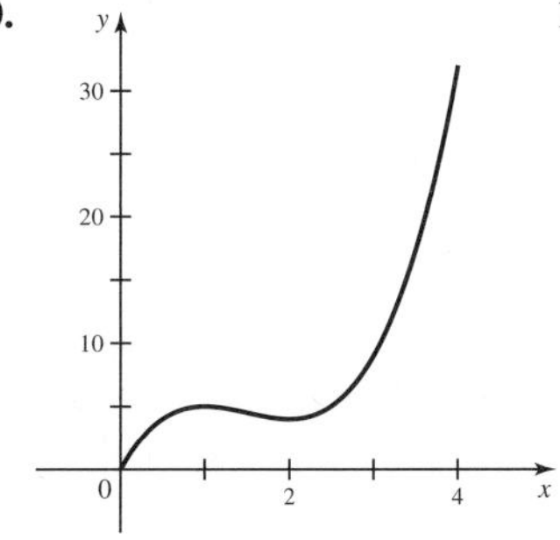

11.

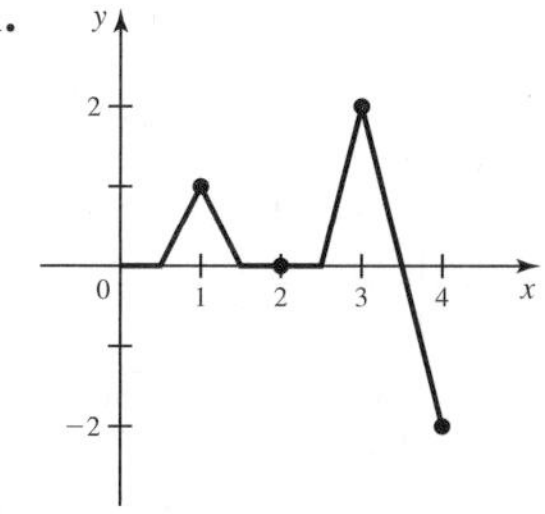

12. $x=\frac{2}{3}$ **13.** $x=\pm 3$ **14.** $x=-\frac{2}{3},\frac{1}{3}$ **15.** $x=\pm\dfrac{2a}{\sqrt{3}}$
16. $t=\pm 1$ **17.** $x=0$ **18.** $x=1$ **19.** $x=-4,0$
20. If $a\ge 0$, there is no critical point. If $a<0$, $x=2a/3$ is the only critical point. **21.** $t=\pm a$ **22.** Abs. max: -1 at $x=3$; abs. min: -10 at $x=0$ **23.** Abs. max: 0 at $x=0,3$; abs. min: -4 at $x=-1,2$ **24.** Abs. max: 234 at $x=3$; abs. min: -38 at $x=-1$ **25.** Abs. max: 1 at $x=0,\pi$; abs. min: 0 at $x=\pi/2$
26. Abs. max: 1 at $x=\pi/6$; abs. min: -1 at $x=-\pi/6$
27. Abs. min: $(\sqrt{1/e})^{1/e}$ at $x=1/(2e)$; abs. max: 2 at $x=1$
28. Abs. max: $1+\pi$ at $x=-1$; abs. min: 1 at $x=1$
29. Abs. max: 11 at $x=1$; abs. min: -16 at $x=4$
30. Abs. max: 27 at $x=-3$; abs. min: $-\frac{19}{12}$ at $x=\frac{1}{2}$
31. Abs. max: $\dfrac{1}{100{,}000}$ at $x=1$; abs. min: $-\dfrac{1}{100{,}000}$ at $x=-1$
32. Abs. max: $\sqrt{2}$ at $x=\pm\pi/4$; abs. min: 1 at $x=0$
33. Abs. max: $27/e^3$ at $x=3$; abs. min: $-e$ at $x=-1$
34. Abs. max: 3 at $x=\pm 1$; abs. min: 0 at $x=-2,0,2$
35. **a.** The velocity of the downstream wind v_2 is less than or equal to the velocity of the upstream wind, so $0\le v_2\le v_1$, or $0\le\dfrac{v_2}{v_1}\le 1$.
b. $R(1)=0$ **c.** $R(0)=\frac{1}{2}$ **d.** 0.593 is the maximum fraction of power that can be extracted from a wind stream by a wind turbine.
36. $t=2$ s **37.** $t=2$ s **38.** **a.** 50 **b.** 45 **39.** **a.** False **b.** False **c.** False **d.** True **41.** **a.** $x=-0.96, 2.18, 5.32$
b. Abs. max: 3.72 at $x=2.18$; abs. min: -32.80 at $x=5.32$
c.

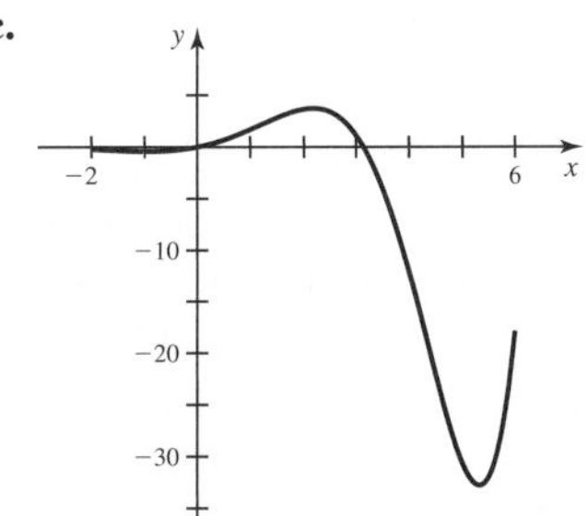

43. **a.** $x=\tan^{-1}2+k\pi$, for $k=-2,-1,0,1$
b. $x=\tan^{-1}2+k\pi$, for $k=-2,0$, correspond to local max; $x=\tan^{-1}2+k\pi$, for $k=-1,1$, correspond to local min.
c. Abs. max: 2.24; abs. min: -2.24 **45.** **a.** $x=5-4\sqrt{2}$
b. $x=5-4\sqrt{2}$ corresponds to a local max. **c.** No abs. max or min
47. Abs. max: 4 at $x=-1$; abs. min: -8 at $x=3$
48. **a.** $T(x)=\dfrac{\sqrt{2500+x^2}}{2}+\dfrac{50-x}{4}$ **b.** $x=50/\sqrt{3}$

c. $T(50/\sqrt{3}) \approx 34.15, T(0) = 37.50, T(50) \approx 35.36$

d.

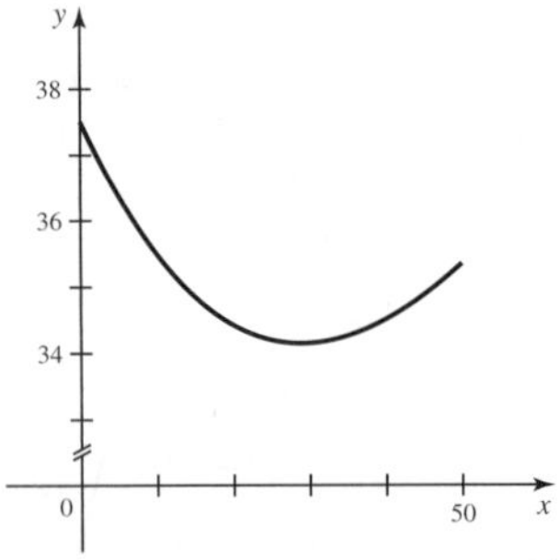

49. a. 1, 3, 0, 1 **b.** Because $h'(2) \neq 0$, h does not have a local extreme value at $x = 2$. However, g may have a local extremum at $x = 2$ (because $g'(2) = 0$). **50. a.** $f(x) - f(c) \leq 0$ for all x near c

b. $\lim_{x \to c^+} \dfrac{f(x) - f(c)}{x - c} \leq 0$ **c.** $\lim_{x \to c^-} \dfrac{f(x) - f(c)}{x - c} \geq 0$

d. Because $f'(c)$ exists, $\lim_{x \to c^+} \dfrac{f(x) - f(c)}{x - c} = \lim_{x \to c^-} \dfrac{f(x) - f(c)}{x - c}$. By parts (b) and (c), we must have that $f'(c) = 0$.

4.2절 연습문제(pp. 278–280)

1. If f is a continuous function on the closed interval $[a, b]$ and is differentiable on (a, b), and the slope of the secant line that joins $(a, f(a))$ to $(b, f(b))$ is zero, then there is at least one value c in (a, b) at which the slope of the line tangent to f at $(c, f(c))$ is also zero.

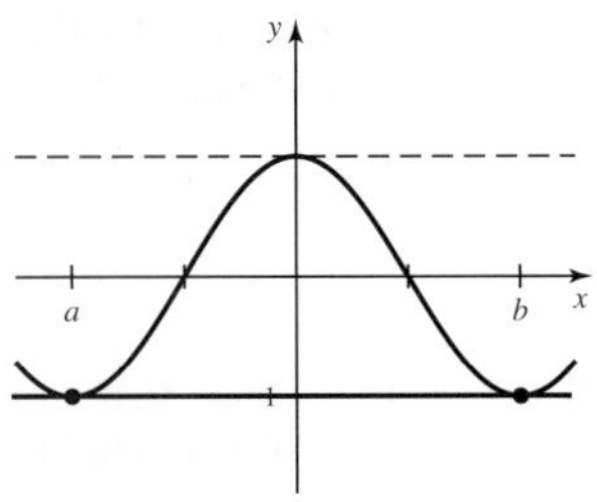

2. $f(x) = |x|$ is not differentiable at 0. **3. b.** $c = 1$
4. b. $c = \pm 2/\sqrt[4]{5} \approx \pm 1.34$
5.

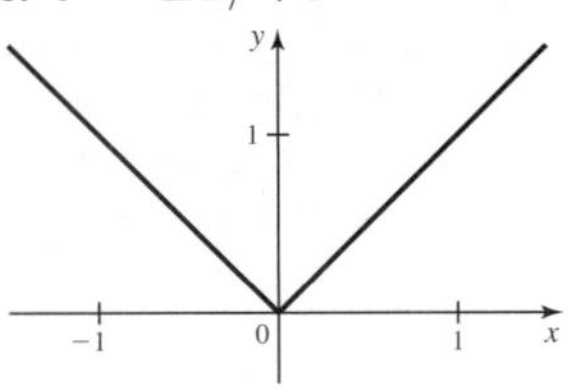

6. $x = \frac{1}{3}$

7. $x = \pi/4$ **8.** Does not apply **9.** $x = \frac{5}{3}$ **10.** Average lapse rate $= -6.3°/\text{km}$. You cannot conclude that the lapse rate at a point exceeds the threshold value. **11. a.** Yes **b.** $c = \frac{1}{2}$ **12. a.** Does not apply **13. a.** Yes **b.** $c = \ln(e - 1)$ **14. a.** Yes **b.** $c \approx \pm 0.881$ **15. a.** Yes **b.** $c = \sqrt{1 - 9/\pi^2}$ **16. a.** Does not apply **17. a.** False **b.** True **c.** False **20.** h and p
21.

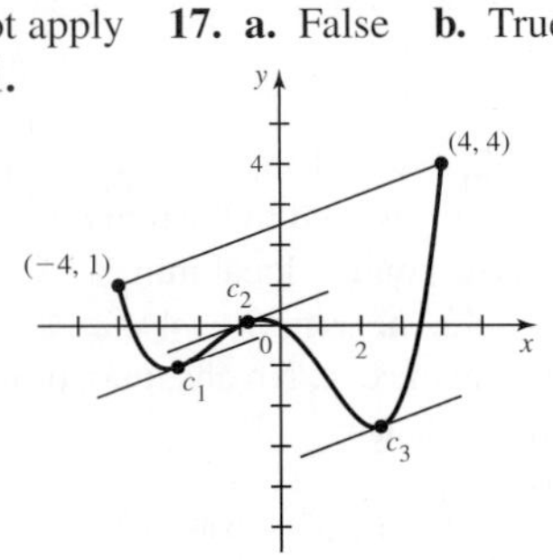

23. No such point exists; function is not continuous at 2.

24. The car's average velocity is $(30 - 0)/(28/60) = 64.3$ mi/hr. By the MVT, the car's instantaneous velocity was 64.3 mi/hr at some time. **25.** Average speed $= 11.625$ mi/hr. By the MVT, the speed was exactly 11.625 mi/hr at least once. By the Intermediate Value Theorem, all speeds between 0 and 11.625 mi/hr were reached. Because the initial and final speeds were 0 mi/hr, the speed of 11 mi/hr was reached at least twice.

26. $\dfrac{f(b) - f(a)}{b - a} = A(a + b) + B$ and $f'(x) = 2Ax + B$; $2Ax + B = A(a + b) + B$ implies that $x = \dfrac{a + b}{2}$, the midpoint of $[a, b]$. **27.** $\tan^2 x$ and $\sec^2 x$ differ by a constant; in fact, $\tan^2 x - \sec^2 x = -1$. **29.** *Hint:* By the MVT, there is a value of c in $(2, 4)$ for which $\dfrac{f(4) - f(2)}{4 - 2} = f'(c)$. **31. b.** $c = \frac{1}{2}$

4.3절 연습문제(pp. 293–296)

1. f is increasing on I if $f'(x) > 0$ for all x in I; f is decreasing on I if $f'(x) < 0$ for all x in I. **2. a.** $x = 3$ **b.** Increasing on 3, ∞; decreasing on $(-\infty, 3)$

3.

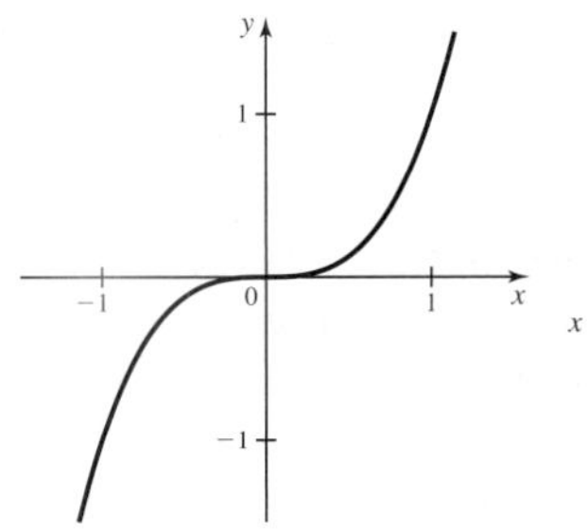

4.

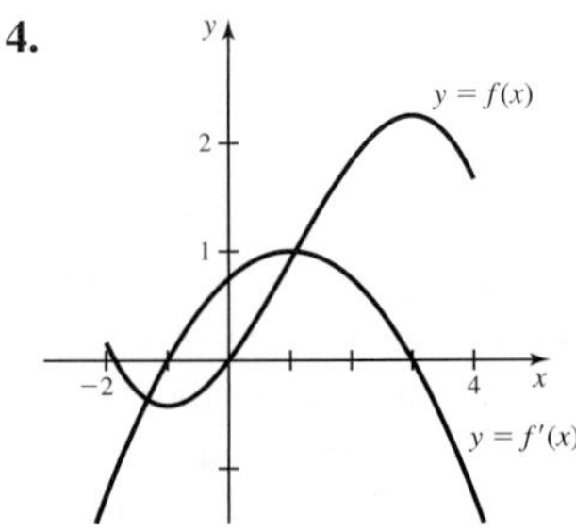

6.

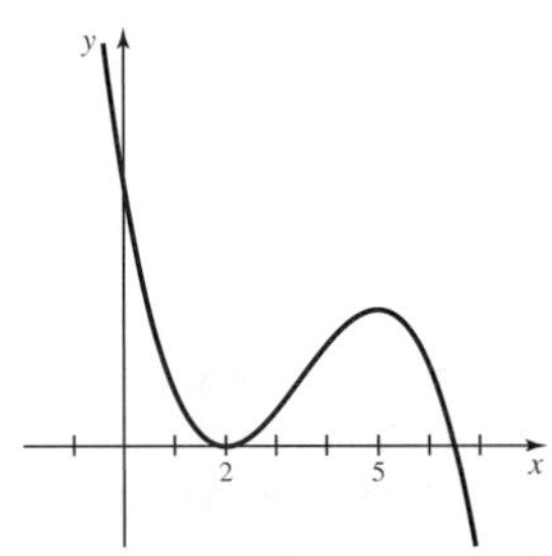

7.

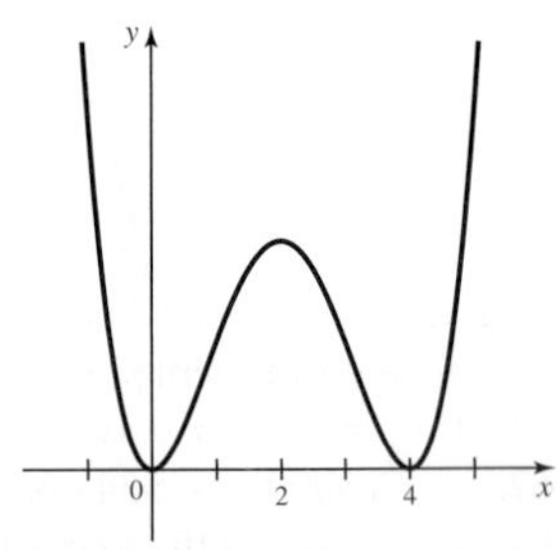

8. a. Concave up on $(-\infty, 2)$; concave down on $(2, \infty)$ **b.** Inflection point at $x = 2$ **9.** Yes; consider the graph of $y = \sqrt{x}$ on $(0, \infty)$. **10.** $f(x) = x^4$ **11.** Increasing on $(-\infty, 0)$; decreasing on $(0, \infty)$ **12.** Decreasing on $(-\infty, 1)$; increasing on $(1, \infty)$ **13.** Increasing on $(-\infty, 1)$ and $(4, \infty)$; decreasing on $(1,4)$ **14.** Increasing on $(-\infty, 1/2)$; decreasing on $(1/2, \infty)$ **15.** Increasing on $(-\infty, 0)$, $(1, 2)$; decreasing on $(0, 1)$, $(2, \infty)$ **16.** Increasing on $\left(-\frac{1}{\sqrt{e}}, 0\right), \left(\frac{1}{\sqrt{e}}, \infty\right)$; decreasing on $\left(-\infty, -\frac{1}{\sqrt{e}}\right), \left(0, \frac{1}{\sqrt{e}}\right)$ **17.** Increasing on $\left(\frac{\pi}{6}, \frac{5\pi}{6}\right)$; decreasing on $\left(0, \frac{\pi}{6}\right), \left(\frac{5\pi}{6}, 2\pi\right)$ **18.** Increasing on $(-\pi, -2\pi/3)$, $(-\pi/3, 0)$, $(\pi/3, 2\pi/3)$; decreasing on $(-2\pi/3, -\pi/3)$, $(0, \pi/3)$, $(2\pi/3, \pi)$ **19.** Increasing on $(-1, 0)$, $(1, \infty)$; decreasing on $(-\infty, -1)$, $(0, 1)$ **20.** Increasing on $(-3, 1)$; decreasing on $(1,3)$ **21.** Increasing on $(1, 4)$; decreasing on $(-\infty, 1)$, $(4, \infty)$ **22.** Increasing on $\left(-\infty, -\frac{1}{2}\right), \left(0, \frac{1}{2}\right)$; decreasing on $\left(-\frac{1}{2}, 0\right), \left(\frac{1}{2}, \infty\right)$ **23.** Increasing on $(-1, 1)$; decreasing on $(-\infty, -1)$, $(1, \infty)$ **24. a.** $x = 0$ **b.** Local min at $x = 0$ **c.** Abs. min: 3 at $x = 0$; abs. max: 12 at $x = -3$

25. a. $x = \pm\sqrt{2}$ **b.** Local min at $x = -\sqrt{2}$; local max at $x = \sqrt{2}$ **c.** Abs. max: 2 at $x = \sqrt{2}$; abs. min: -2 at $x = -\sqrt{2}$
26. a. $x = \pm\sqrt{3}$ **b.** Local min at $x = -\sqrt{3}$; local max at $x = \sqrt{3}$ **c.** Abs. max: 28 at $x = -4$; abs. min: $-6\sqrt{3}$ at $x = -\sqrt{3}$ **27. a.** $x = 2$ and $x = 0$ **b.** Local max at $x = 0$; local min at $x = 2$ **c.** Abs. min: $-10\sqrt[3]{25}$ at $x = -5$; abs. max: 0 at $x = 0, 5$ **28. a.** $x = e^{-2}$ **b.** Local min at $x = e^{-2}$ **c.** Abs. min: $-2/e$ at $x = e^{-2}$; no abs. max **29.** Abs. max: $1/e$ at $x = 1$ **30.** Abs. min: $36\sqrt[3]{\pi/6}$ at $r = \sqrt[3]{6/\pi}$

31.

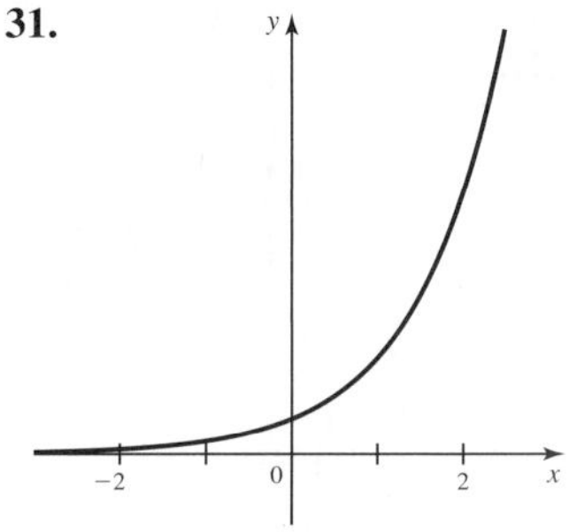

32.

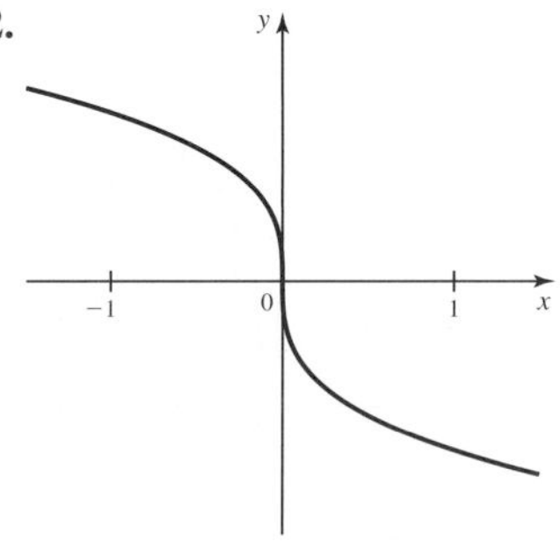

33. Concave up on $(-\infty, 0)$, $(1, \infty)$; concave down on $(0, 1)$; inflection points at $x = 0$ and $x = 1$ **34.** Concave up on $(-\infty, 0)$, $(2, \infty)$; concave down on $(0, 2)$; inflection points at $x = 0$ and $x = 2$ **35.** Concave down on $(-\infty, 1)$; concave up on $(1, \infty)$; inflection point at $x = 1$ **36.** Concave up on $(-1/\sqrt{3}, 1/\sqrt{3})$; concave down on $(-\infty, -1/\sqrt{3})$, $(1/\sqrt{3}, \infty)$; inflection points at $t = \pm 1/\sqrt{3}$ **37.** Concave up on $(-\infty, -1)$, $(1, \infty)$; concave down on $(-1, 1)$; inflection points at $x = \pm 1$ **38.** Concave up on $(0, 1)$; concave down on $(1, \infty)$; inflection point at $x = 1$ **39.** Concave up on $(0, 2)$, $(4, \infty)$; concave down on $(-\infty, 0)$, $(2, 4)$; inflection points at $x = 0, 2, 4$ **40.** Critical pts. $x = 0$ and $x = 2$; local max at $x = 0$, local min at $x = 2$ **41.** Critical pt. $x = 0$; local max at $x = 0$ **42.** Critical pt. $x = 6$; local min at $x = 6$ **43.** Critical pts. $x = 0$ and $x = 1$; local max at $x = 0$; local min at $x = 1$
44. Critical pts. $x = 0$ and $x = 2$; local min at $x = 0$; local max at $x = 2$ **45.** Critical pt. $x = e^5$; local min at $x = e^5$ **46.** Critical pts. $t = -3$ and $t = 2$; local max at $t = -3$; local min at $t = 2$
47. Critical pt. $x = -a$; inconclusive at $x = -a$
48. Critical pts. $x = \pm\sqrt[3]{e}$; local min at $x = \pm\sqrt[3]{e}$
49. a. True **b.** False **c.** True **d.** False **e.** False

51.

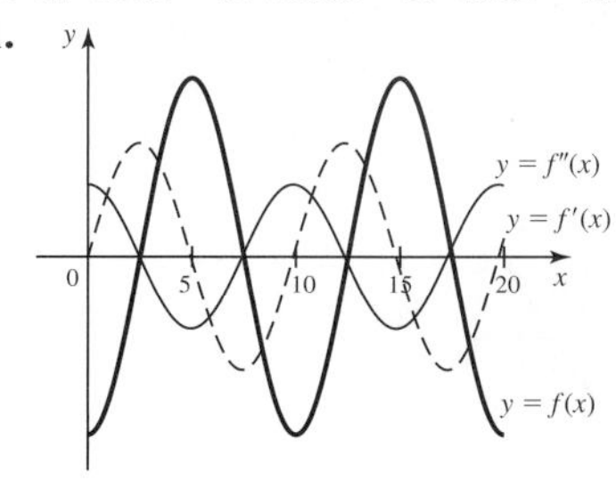

52. a–C–i, b–B–iii, c–A–ii

53.

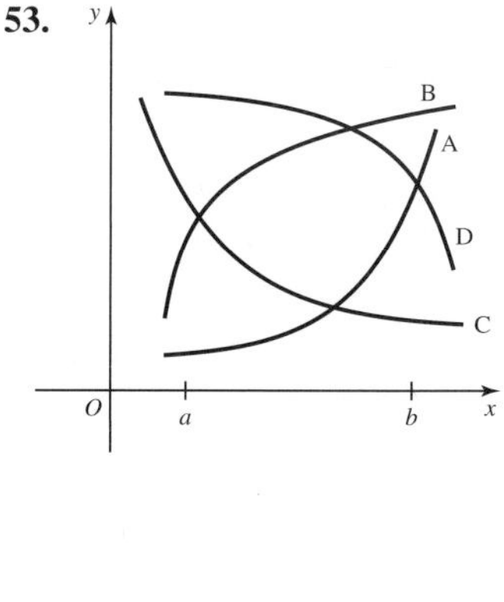

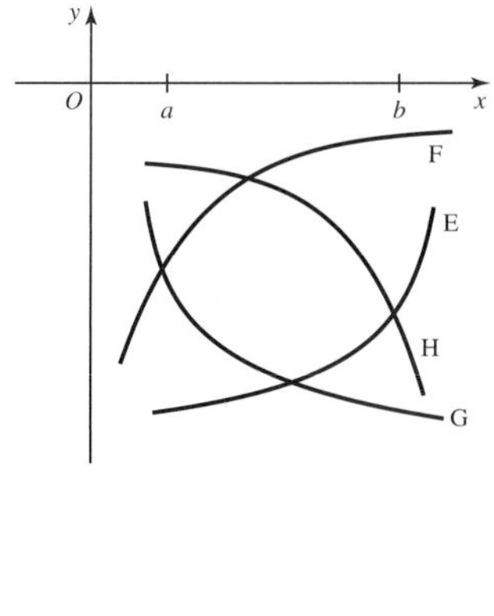

54.

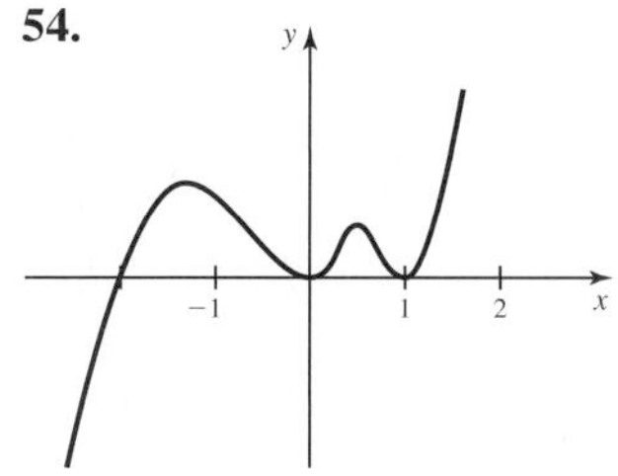

55.

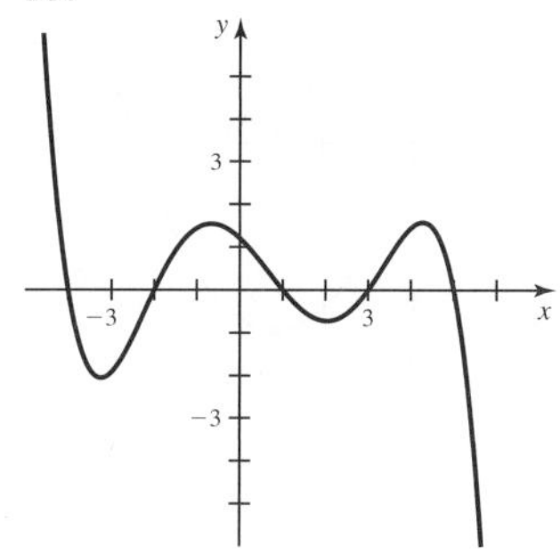

56. a. Increasing on $(-2, 2)$; decreasing on $(-3, -2)$
b. Critical pts. $x = -2$ and $x = 0$; local min at $x = -2$; neither a local max nor min at $x = 0$ **c.** Inflection pts. at $x = -1$ and $x = 0$
d. Concave up on $(-3, -1)$, $(0, 2)$; concave down on $(-1, 0)$
e.

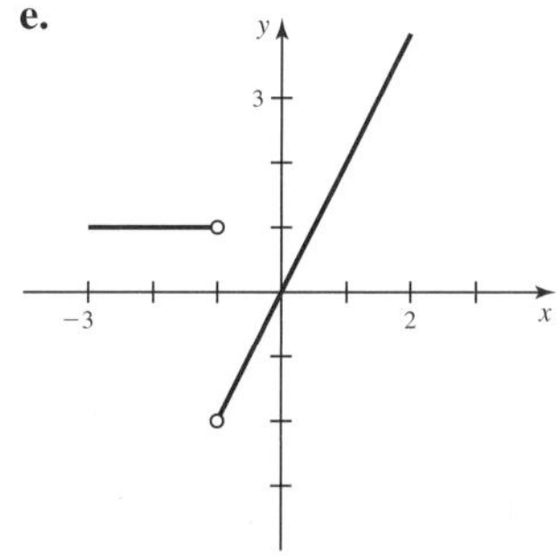

f.

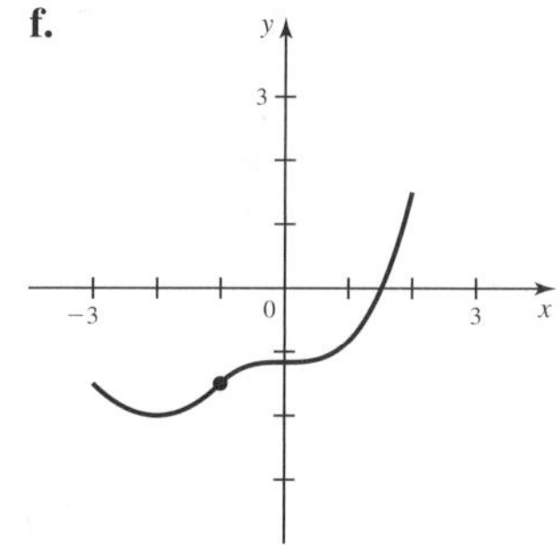

57. a. $E = \dfrac{p}{p - 50}$ **b.** -1.4% **c.** $E'(p) = -\dfrac{ab}{(a - bp)^2} < 0$, for $p \geq 0, p \neq a/b$ **d.** $E(p) = -b$, for $p \geq 0$
58. a. 300 **b.** $t = \sqrt{10}$ **c.** $t = \sqrt{b/3}$

4.4절 연습문제(pp. 305–306)

1. We need to know on which interval(s) to graph f. **2.** No; the domain of any polynomial is $(-\infty, \infty)$; there is no vertical asymptote. Also, $\lim\limits_{x\to\pm\infty} p(x) = \pm\infty$, where p is any polynomial; there is no horizontal asymptote. **3.** Evaluate the function at the critical points and at the endpoints. Then find the largest and smallest values among those candidates.

4.

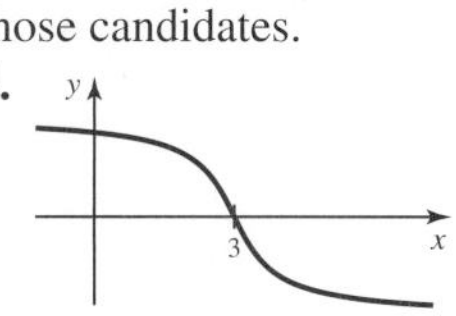

5.

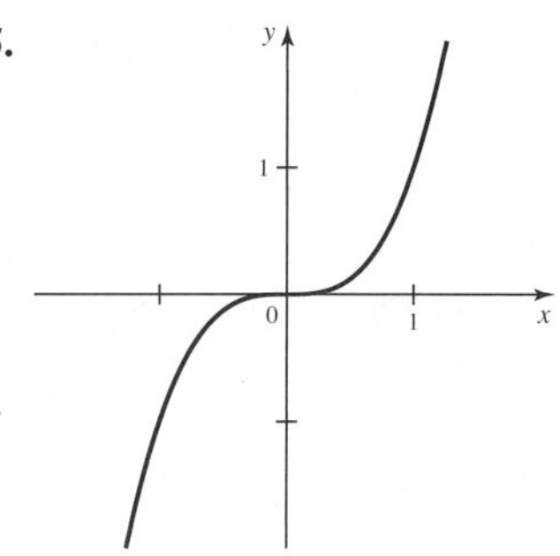

6.

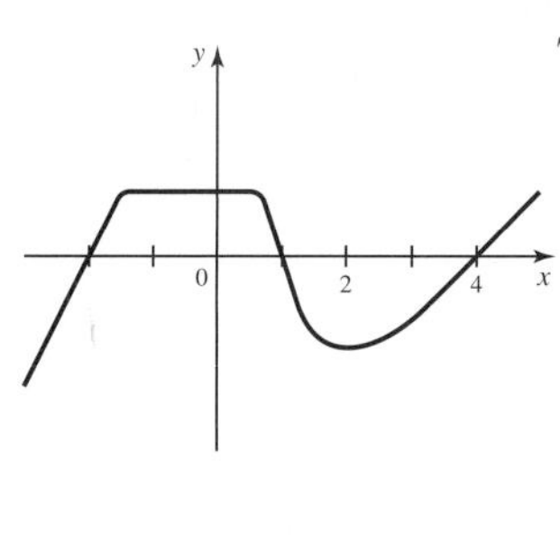

7.

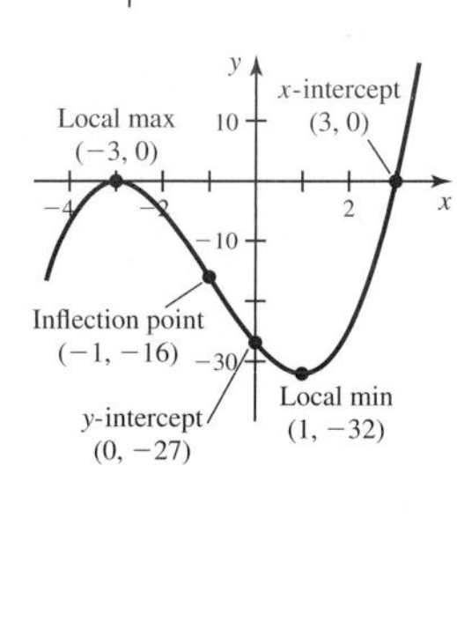

8.

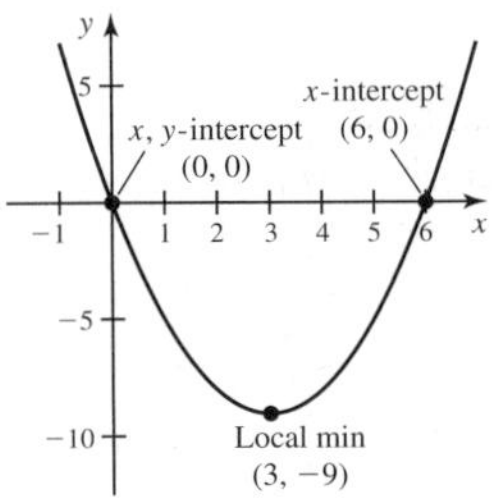

9.

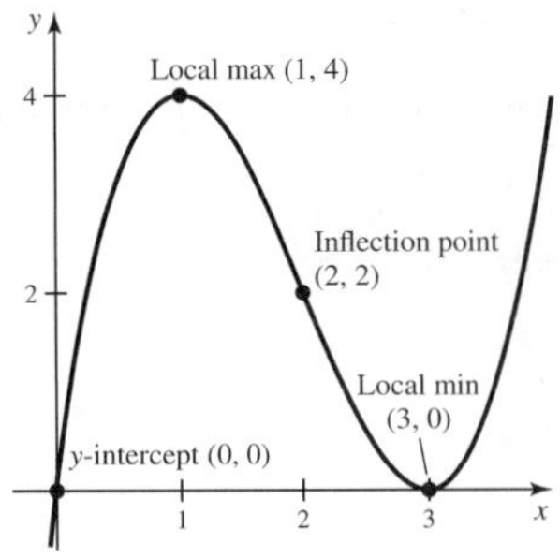

10.

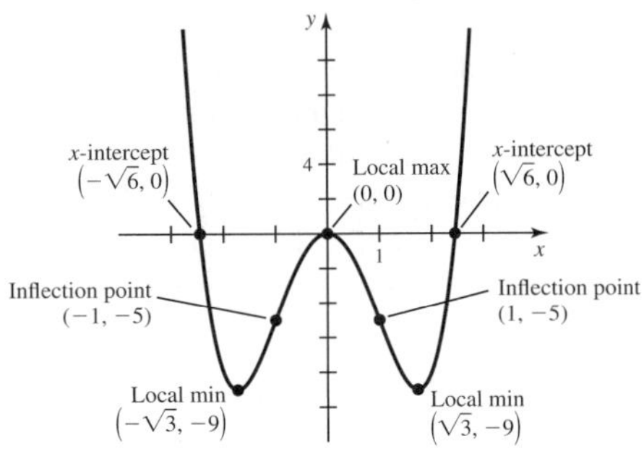

11.

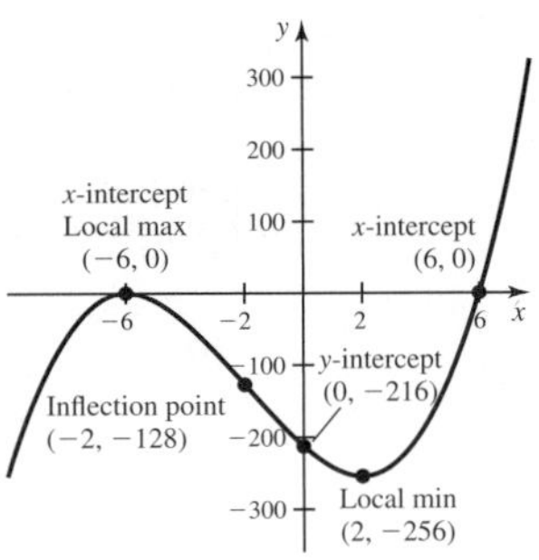

12.

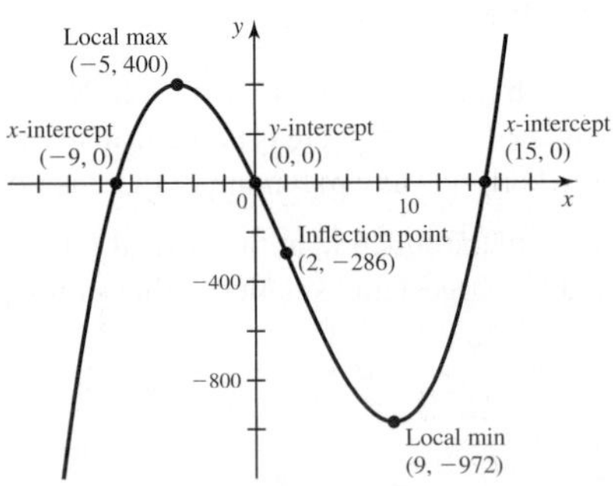

13.

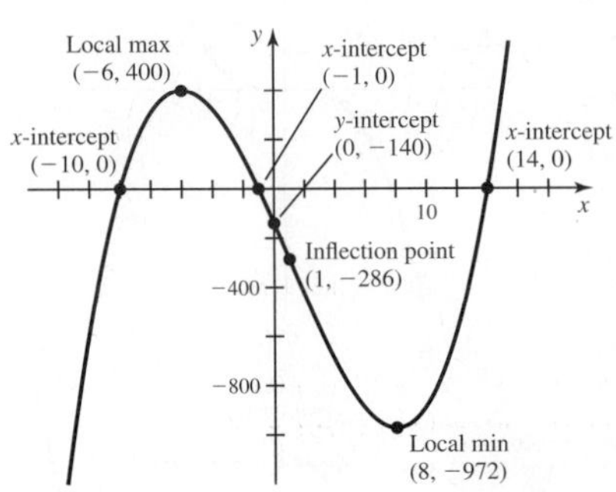

14.

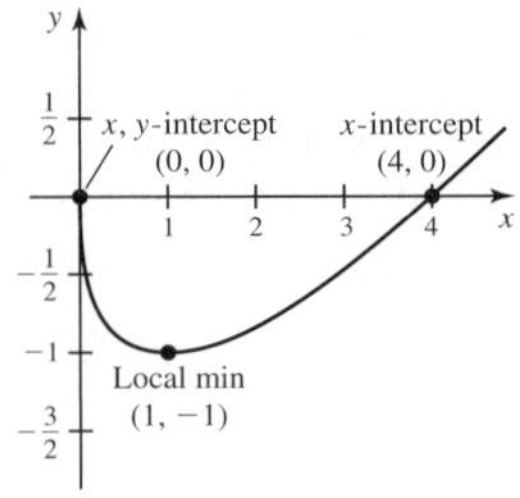

15.

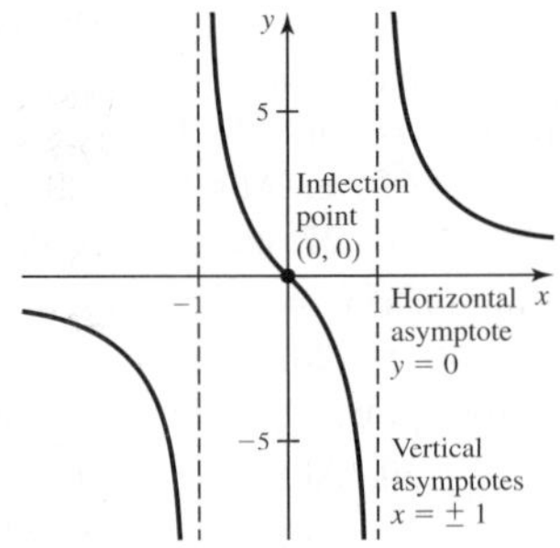

16.

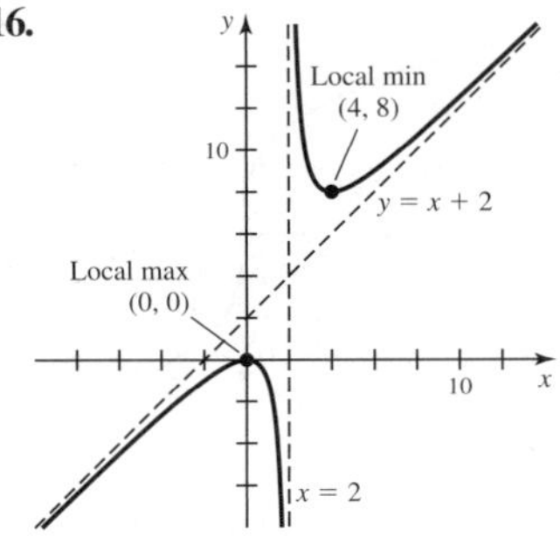

17.

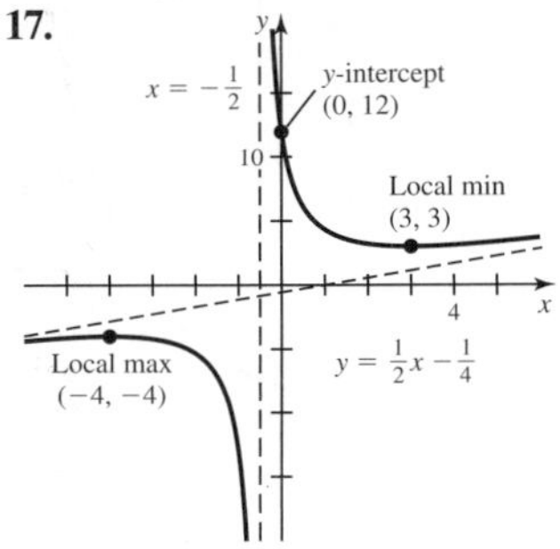

18.

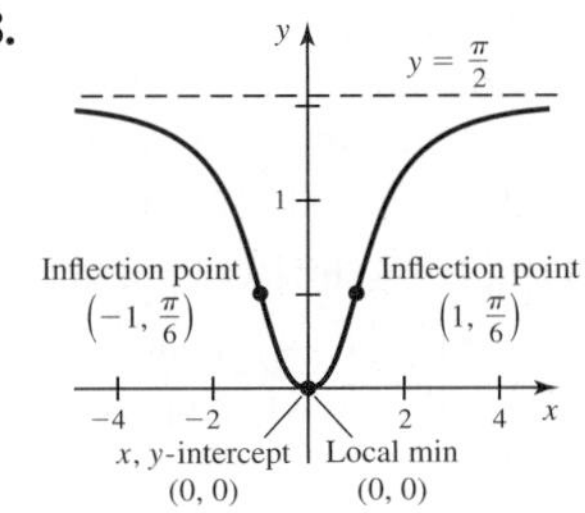

19.

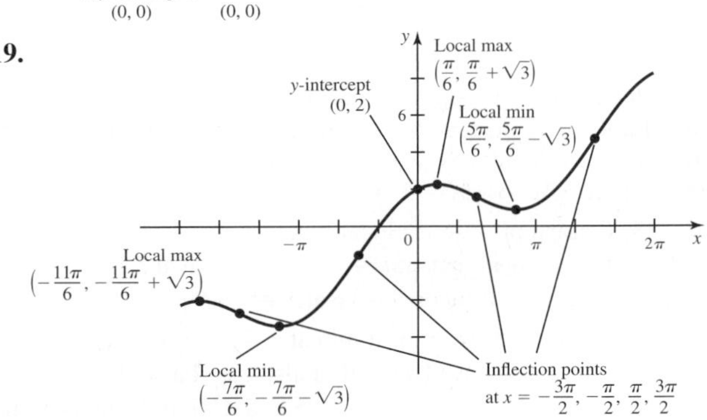

20.

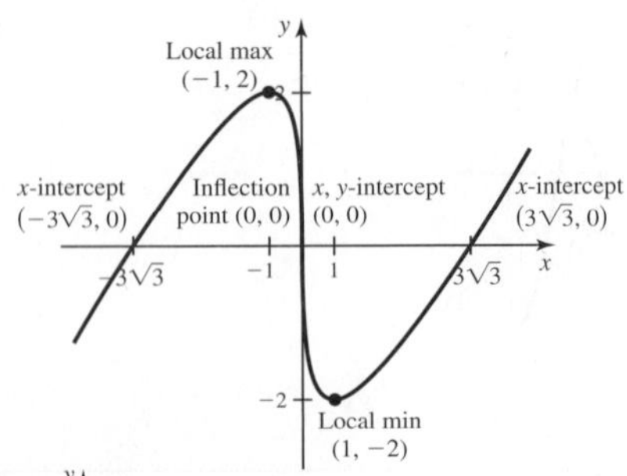

21.

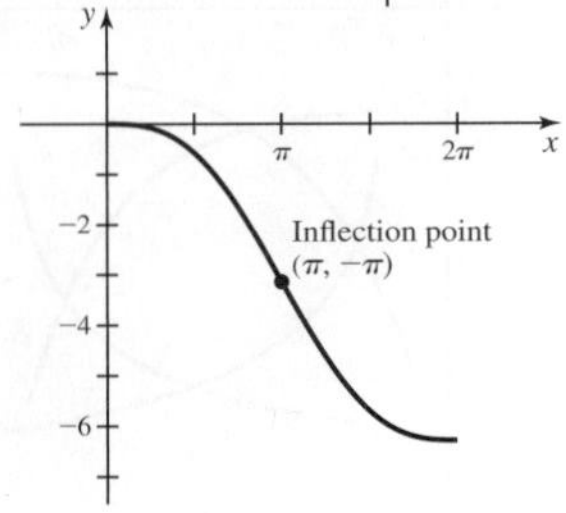

22.

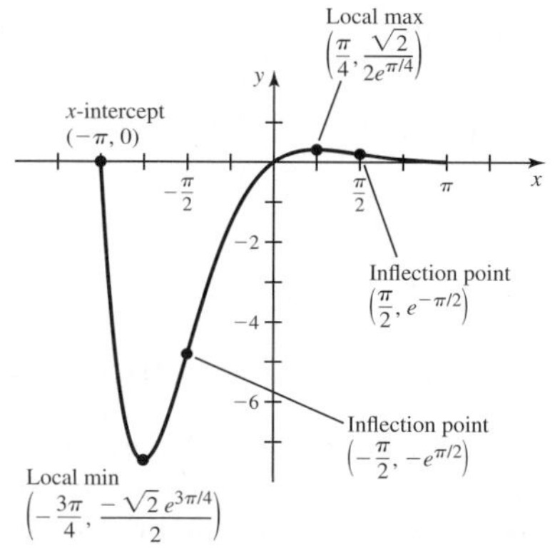

23.

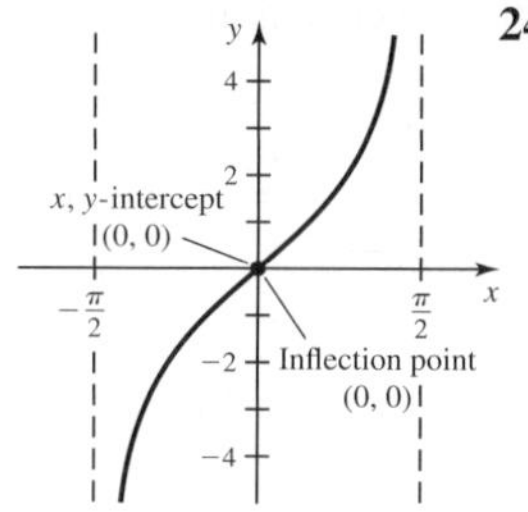

24. Critical pts. at $x = 1, 3$; local max at $x = 1$; local min at $x = 3$; inflection pt. at $x = 2$; increasing on $(0, 1), (3, 4)$; decreasing on $(1, 3)$; concave up on $(2, 4)$; concave down on $(0, 2)$

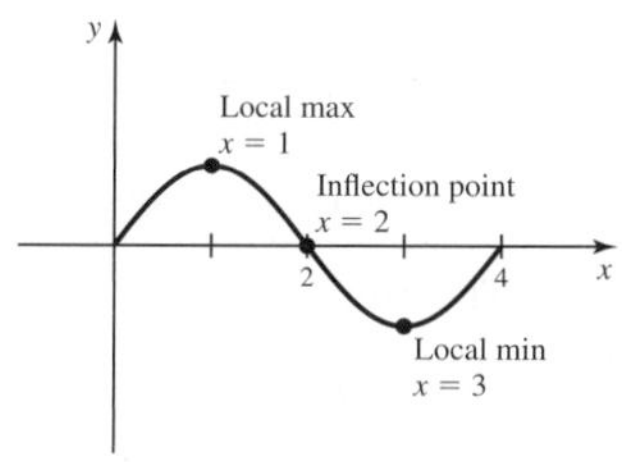

26.

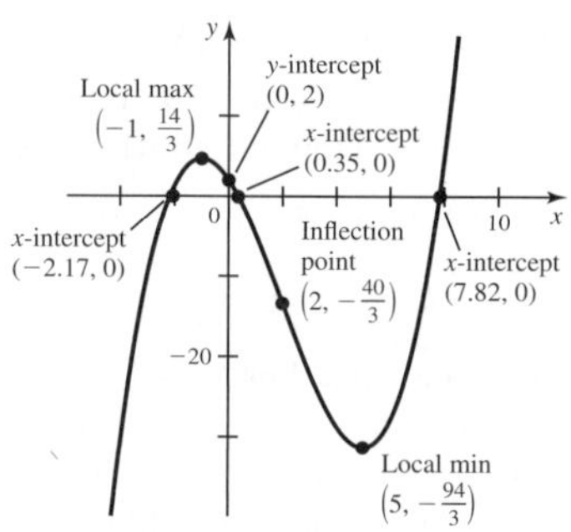

27.

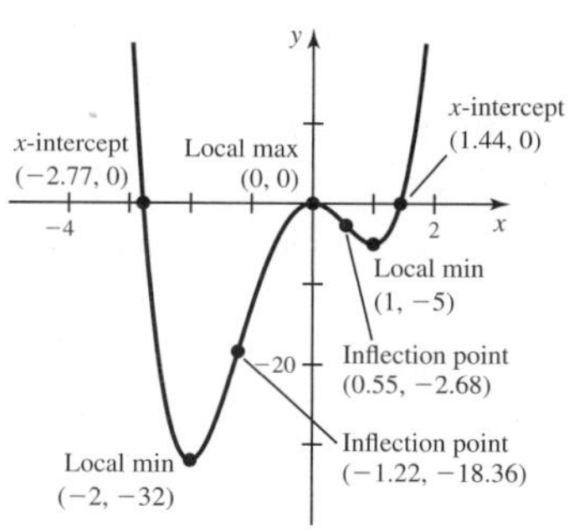

28.

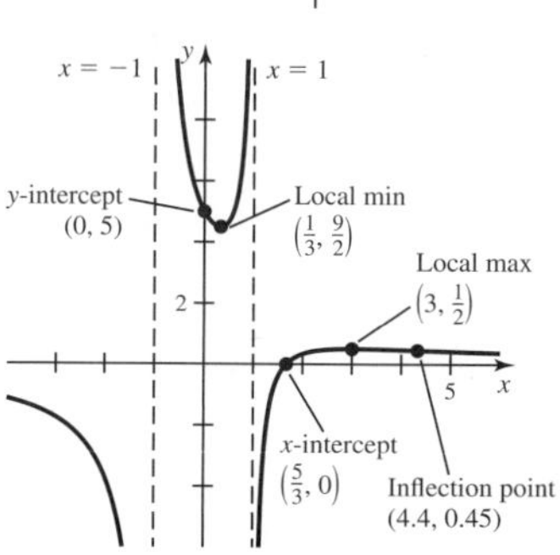

29. **a.** False **b.** False **c.** False **d.** True

30.

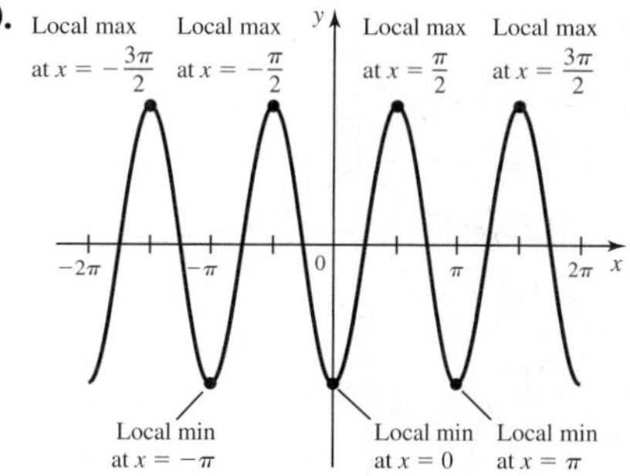

31.

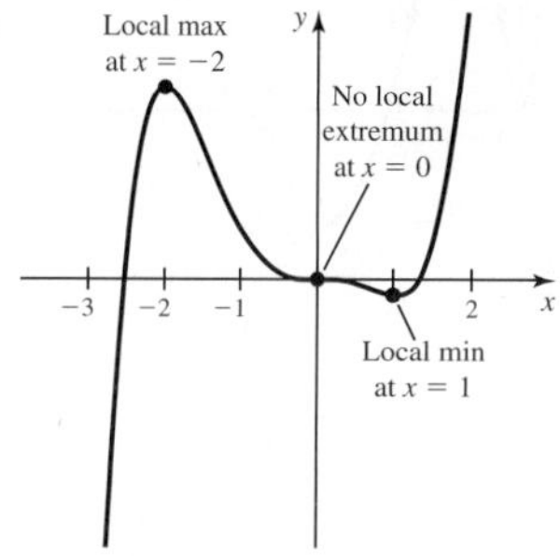

32. (A) a.

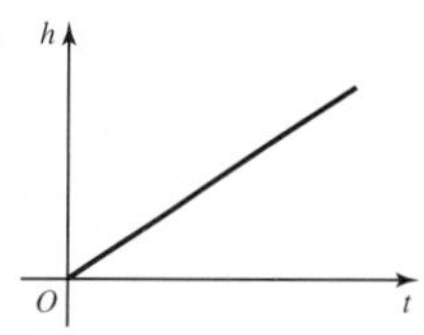

b. Water is being added at all times. **c.** No concavity **d.** h' has an abs. max at all points of $[0, 10]$.

(B) a.

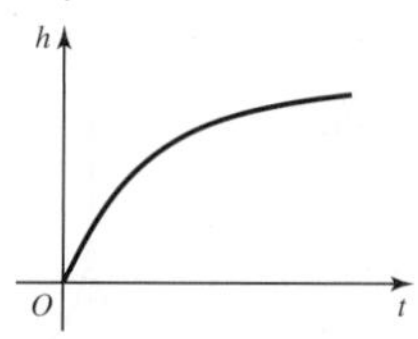

c. Concave down **d.** h' has abs. max at $t = 0$.

(C) a.

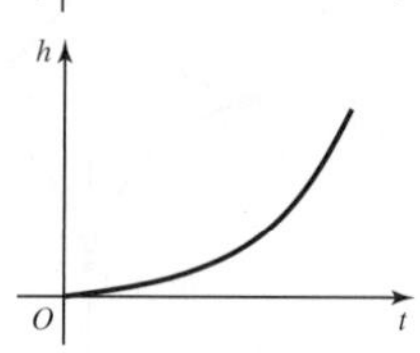

c. Concave up **d.** h' has abs. max at $t = 10$.

(D) a.

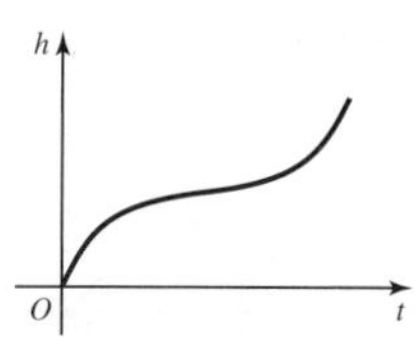

c. Concave down on $(0, 5)$, then concave up on $(5, 10)$; inflection pt. at $t = 5$ **d.** h' has abs. max at $t = 0$ and $t = 10$.

(E) a.

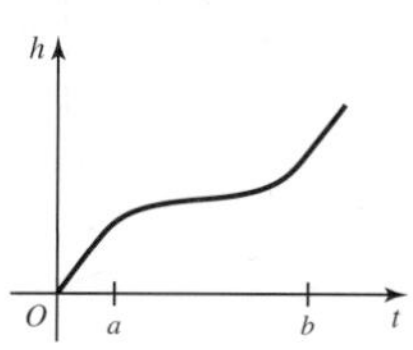

c. First, no concavity; then concave down, no concavity, concave up, and, finally, no concavity **d.** h' has abs. max at all points of an interval $[0, a]$ and $[b, 10]$.

(F) a.

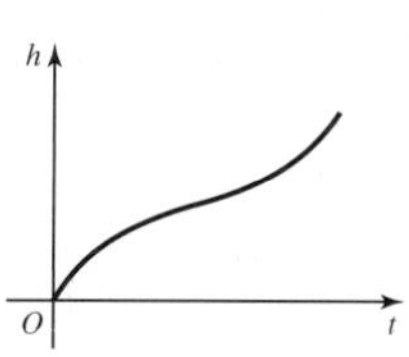

c. Concave down on $(0, 5)$; concave up on $(5, 10)$; inflection pt. at $t = 5$ **d.** h' has abs. max at $t = 0$ and $t = 10$.

33. Local max of $e^{1/e}$ at $x = e$

34. $f'(0)$ does not exist.

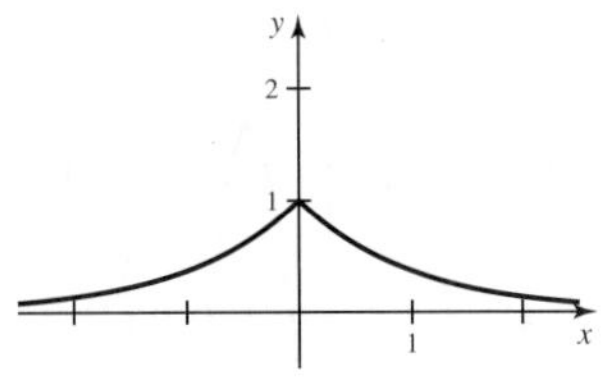

35.

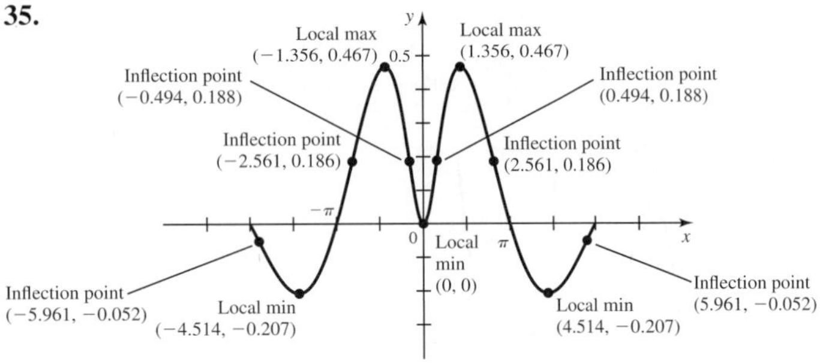

36.

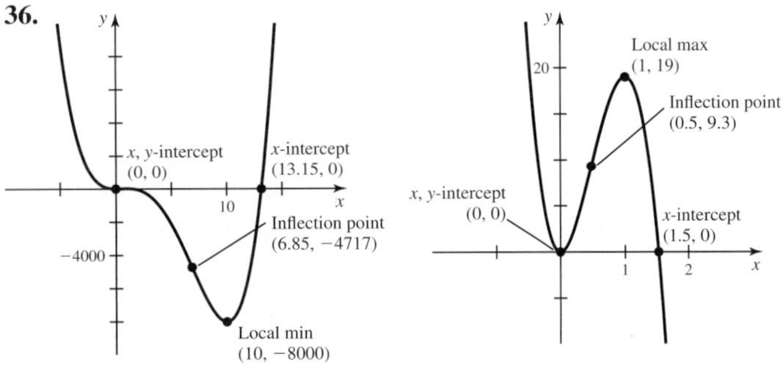

37.

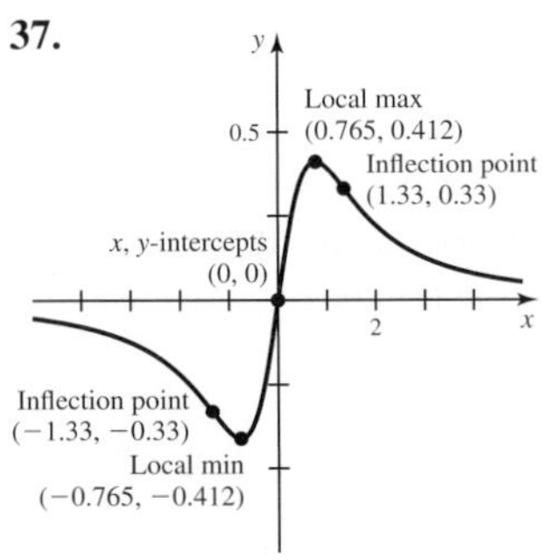

38.

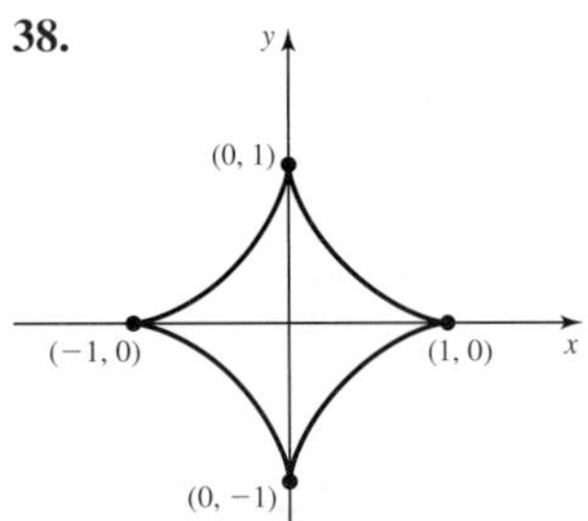

39.

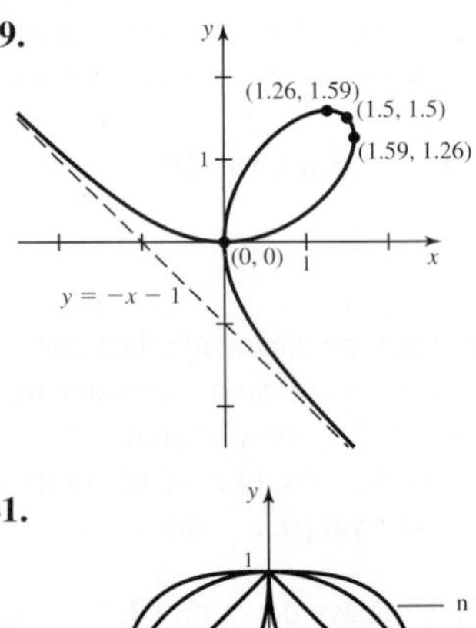

40.

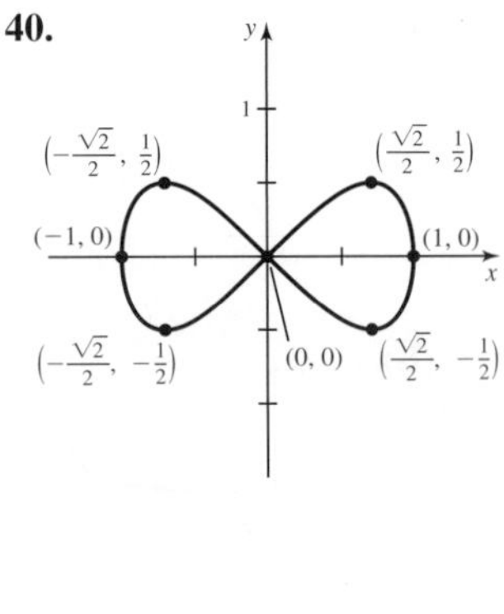

41.

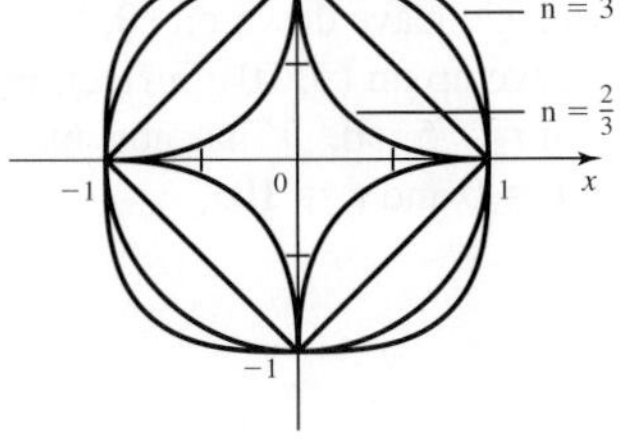

4.5절 연습문제(pp. 313–316)

1. Objective function, constraint(s) **2.** $Q = x^2(10 - x)$; $Q = (10 - y)^2 y$ **3. a.** $P(x) = 100x - 10x^2$ **b.** Abs. max: 250 at $x = 5$ **4.** $\frac{23}{2}$ and $\frac{23}{2}$ **5.** $5\sqrt{2}$ and $5\sqrt{2}$ **6.** Width = length = $\frac{5}{2}$ **7.** Width = length = 10 **8.** $x = \sqrt{6}, y = 2\sqrt{6}$

9. $\frac{10}{\sqrt{2}}$ by $\frac{5}{\sqrt{2}}$ **10.** Length = width = height = 2

11. $\frac{4}{\sqrt[3]{5}}$ ft by $\frac{4}{\sqrt[3]{5}}$ ft by $5^{2/3}$ ft **12.** Approx. $(0.59, 0.65)$

13. $(5, 15)$, distance ≈ 47.4 **14. a.** A point $8/\sqrt{5}$ mi from the point on the shore nearest the woman in the direction of the restaurant **b.** $9/\sqrt{13}$ mi/hr **16.** A point $7\sqrt{3}/6$ mi from the point on shore nearest the island, in the direction of the power station

17. 18.2 ft **18.** $h = \frac{20}{\sqrt{3}}$; $r = 20\sqrt{\frac{2}{3}}$

19. a. $r = \sqrt[3]{177/\pi} \approx 3.83$ cm; $h = 2\sqrt[3]{177/\pi} \approx 7.67$ cm **b.** $r = \sqrt[3]{177/2\pi} \approx 3.04$ cm; $h = 2\sqrt[3]{708/\pi} \approx 12.17$ cm; part (b) is closer to the real can. **20.** $\sqrt{15}$ m by $2\sqrt{15}$ m **21.** 12″ by 6″ by 3″; 216 in^3 **22.** Lower rectangular pane is approximately 5.6 ft wide by 2.8 ft high. **23.** $r/h = \sqrt{2}$ **24.** $r = \sqrt{2}R/\sqrt{3}$; $h = 2R/\sqrt{3}$ **25.** 3:1 **26. a.** 0, 30, 25 **b.** 42.5 mi/hr **c.** The units of $p/g(v)$ are \$/mi and so are the units of w/v. Therefore, $L\left(\frac{p}{g(v)} + \frac{w}{v}\right)$ gives the total cost of a trip of L miles. **d.** Approx. 62.9 mi/hr **e.** Neither; the zeros of $C'(v)$ are independent of L. **f.** Decreased slightly, to 62.5 mi/hr **g.** Decreased to 60.8 mi/hr **27.** $\sqrt{30} \approx 5.5$ ft **28.** The point $12/(\sqrt[3]{2} + 1) \approx 5.3$ m from the weaker source **29. b.** Because the speed of light is constant, travel time is minimized when distance is minimized. **30.** $r = h = \sqrt[3]{450/\pi}$ m **31. a.** $\frac{a_1 + a_2}{2}$ **b.** $\frac{a_1 + a_2 + a_3}{3}$ **c.** $\frac{a_1 + a_2 + \cdots + a_n}{n}$ **32.** $\frac{\pi}{3}$ **33.** When the seat is at its lowest point **34.** For $L \leq 4r$, max at $\theta = 0$ and $\theta = 2\pi$; min at $\theta = \cos^{-1}(-L/(4r))$ and $\theta = 2\pi - \cos^{-1}(-L/(4r))$. For $L > 4r$, max at $\theta = 0$ and $\theta = 2\pi$; min at $\theta = \pi$. **35. a.** $P = 2/\sqrt{3}$ units from the midpoint of the base **36.** You can run 12 mi/hr if you run toward the point 3 16 mi ahead of the locomotive (when it passes the point nearest you). **37. a.** $r = 2R$ 3; $h = \frac{1}{3}H$ **b.** $r = R/2$; $h = H/2$ **38. (i)** $\left(p - \frac{1}{2}, \sqrt{p - \frac{1}{2}}\right)$ **(ii)** $(0, 0)$ **39.** Let the angle of the cuts be φ_1 and φ_2, where $\varphi_1 + \varphi_2 = \theta$. The volume of the notch is proportional to $\tan\varphi_1 + \tan\varphi_2 = \tan\varphi_1 + \tan(\theta - \varphi_1)$, which is minimized when $\varphi_1 = \varphi_2 = \frac{\theta}{2}$. **40.** $x \approx 38.81, y \approx 55.03$

4.6절 연습문제(pp. 326–327)

1.

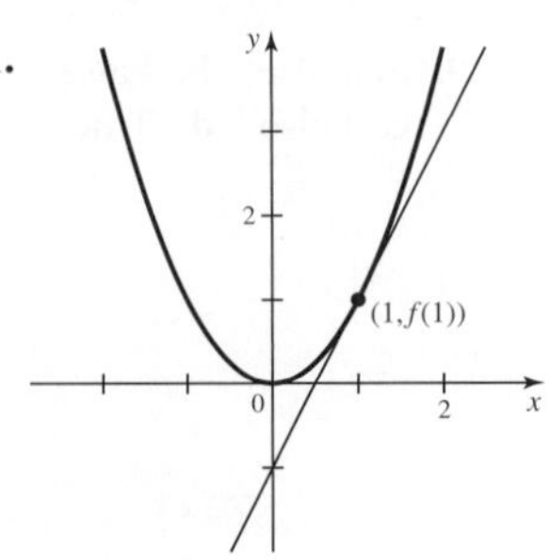

2. $f(x) \approx f(a) + f'(a)(x - a)$

3. $L(x) = 3x - 1$; 2.3 **4.** 2.7 **5.** $dy = f'(x)\,dx$

6. Approx. 25 **7.** 61 mi/hr; 61.02 mi/hr
9. $L(x) = T(0) + T'(0)(x - 0) = D - (D/60)x = D(1 - x/60)$
11. 84 min; 84.21 min **13.** $L(x) = 9x - 4$ **14.** $L(t) = t + 5$
15. $L(x) = 3x - 5$ **16. a.** $L(x) = -4x + 16$ **b.** 7.6
c. 0.13% error **17. a.** $L(x) = x$ **b.** 0.9 **c.** 40% error
18. a. $L(x) = 1$ **b.** 1 **c.** 0.005% error **19. a.** $L(x) = \frac{1}{2} - \frac{x}{48}$
b. 0.5 **c.** 0.003% error **20. a.** $L(x) = 1 - x$; **b.** $1/1.1 \approx 0.9$
c. 1% error **21. a.** $L(x) = 1 - x$ **b.** $e^{-0.03} \approx 0.97$
c. 0.05% error **22.** $a = 200; \frac{1}{203} \approx 0.004925$
23. $a = 144; \sqrt{146} \approx \frac{145}{12}$ **24.** $a = 1$; $\ln 1.05 \approx 0.05$
25. $a = 0$; $e^{0.06} \approx 1.06$ **26.** $a = 512; \frac{1}{\sqrt[3]{510}} \approx 0.125$
27. a. $L(x) = -2x + 4$ **b.**

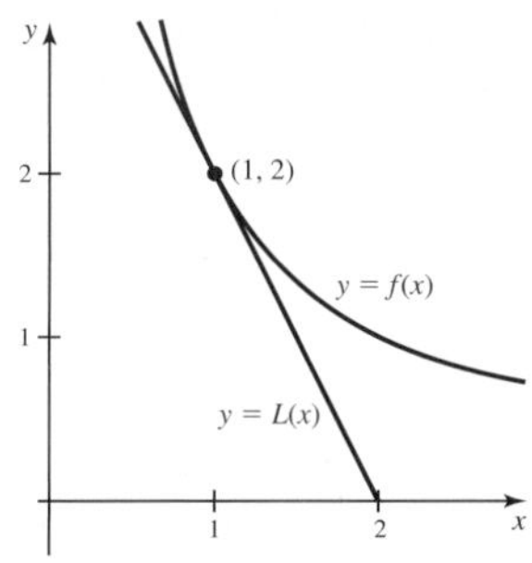

c. Underestimates **d.** $f''(1) = 4 > 0$

28. a. $L(x) = -\frac{1}{2}x + \frac{1}{2}(1 + \ln 2)$

b.

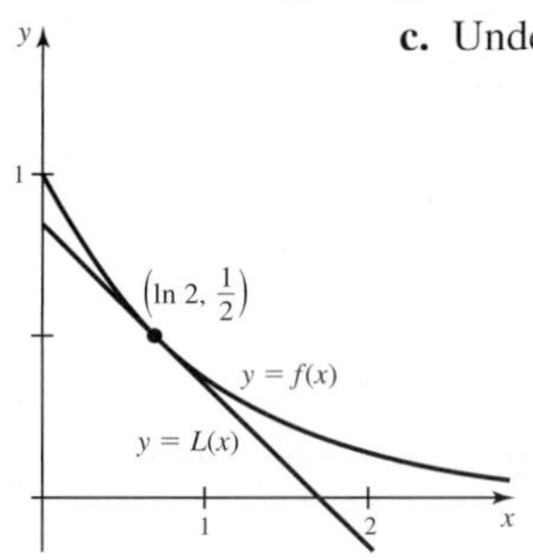

c. Underestimates **d.** $f''(\ln 2) = \frac{1}{2} > 0$

29. $E(x) \le 1$ when $-7.26 \le x \le 8.26$, which corresponds to driving times for 1 mi from about 53 s to 68 s. Therefore, $L(x)$ gives approximations to $s(x)$ that are within 1 mi/hr of the true value when you drive 1 mi in t seconds, where $53 < t < 68$.
30. a. True **b.** False **c.** True **d.** True
31. $\Delta V \approx 10\pi \text{ ft}^3$ **32.** $\Delta V \approx -40\pi \text{ cm}^3$
33. $\Delta S \approx -\frac{59\pi}{5\sqrt{34}} \text{m}^2$ **34.** $dy = 2\,dx$ **35.** $dy = -\frac{3}{x^4}\,dx$
36. $dy = a \sin x\, dx$ **37.** $dy = (9x^2 - 4)\,dx$ **38.** $dy = \sec^2 x\, dx$
39. $L(x) = 2 + (x - 8)/12$

x	Linear approx.	Exact value	Percent error
8.1	$2.008\overline{3}$	2.00829885	1.7×10^{-3}
8.01	$2.0008\overline{3}$	2.000832986	1.7×10^{-5}
8.001	$2.00008\overline{3}$	2.00008333	1.7×10^{-7}
8.0001	$2.000008\overline{3}$	2.000008333	1.7×10^{-9}
7.9999	$1.999991\overline{6}$	1.999991667	1.7×10^{-9}
7.999	$1.99991\overline{6}$	1.999916663	1.7×10^{-7}
7.99	$1.9991\overline{6}$	1.999166319	1.7×10^{-5}
7.9	$1.991\overline{6}$	1.991631701	1.8×10^{-3}

40. a. f; the rate at which f' is changing at 1 is smaller than the rate at which g' is changing at 1. The graph of f bends away from the linear function more slowly than the graph of g. **b.** The larger the value of $|f''(a)|$, the greater the deviation of the curve $y = f(x)$ from the tangent line at points near $x = a$.

4.7절 연습문제(pp. 340–341)

1. If $\lim_{x\to a} f(x) = 0$ and $\lim_{x\to a} g(x) = 0$, then we say $\lim_{x\to a} f(x)/g(x)$ is an indeterminate form 0/0. **2.** Take the limit of the quotient of the derivatives of the functions.
3. a. $\lim_{x\to 0}\left(x^2 \cdot \frac{1}{x^2}\right) = 1$ **b.** $\lim_{x\to 0}\left(2x^2 \cdot \frac{1}{x^2}\right) = 2$
4. If $\lim_{x\to a} f(x)g(x)$ has the indeterminate form $0 \cdot \infty$, then $\lim_{x\to a}\left(\frac{f(x)}{1/g(x)}\right)$ has the indeterminate form 0/0 or ∞/∞.
5. $\frac{1}{5}$ **6.** If $\lim_{x\to a} f(x) = 1$ and $\lim_{x\to a} g(x) = \infty$, then $f(x)^{g(x)}$ has the form 1^∞ as $x \to a$, which is meaningless; so direct substitution does not work. **7.** $\lim_{x\to\infty} \frac{g(x)}{f(x)} = 0$ **8.** $\ln x, x^3, 2^x, x^x$
9. -1 **10.** $\frac{3}{4}$ **11.** $\frac{1}{2}$ **12.** $\frac{1}{2}$ **13.** $\frac{1}{e}$ **14.** -1 **15.** $\frac{12}{5}$
16. 4 **17.** $\frac{9}{16}$ **18.** $\frac{1}{2}$ **19.** $-\frac{2}{3}$ **20.** $\frac{1}{24}$ **21.** 1 **22.** 4
23. 1 **24.** $-\frac{1}{2}$ **25.** $\frac{1}{\pi^2}$ **26.** $\frac{1}{3}$ **27.** 1 **28.** $\frac{7}{6}$ **29.** 1
30. $-\frac{1}{2}$ **31.** 0 **32.** -8 **33.** 0 **34.** $\frac{1}{2}$ **35.** $\frac{\ln 3}{\ln 2}$
36. $-\frac{9}{4}$ **37.** $\frac{1}{6}$ **38.** 1 **39.** 1 **40.** e **41.** e^{a+1} **42.** e
43. b. $\lim_{m\to\infty}(1 + r/m)^m = \lim_{m\to\infty}\left(1 + \frac{1}{(m/r)}\right)^{(m/r)r} = e^r$
44. 3 **45.** $\frac{1}{2}$ **46.** e **47.** $\ln a - \ln b$ **48.** $e^{0.01x}$ **49.** Comparable growth rates **50.** x^x **51.** 1.00001^x **52.** e^{x^2} **53. a.** False **b.** False **c.** False **d.** False **e.** True **f.** True
54.

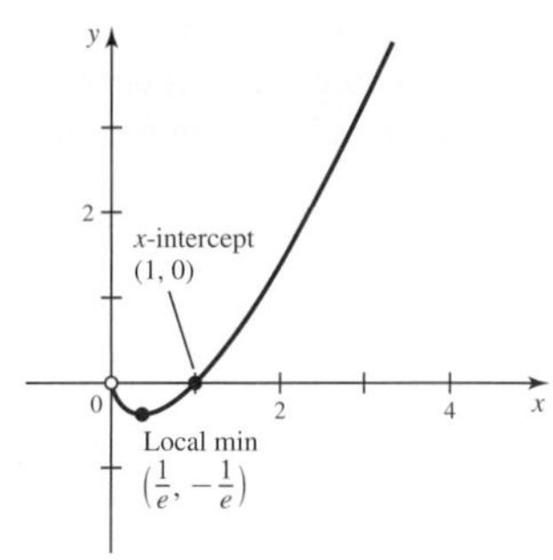

55.

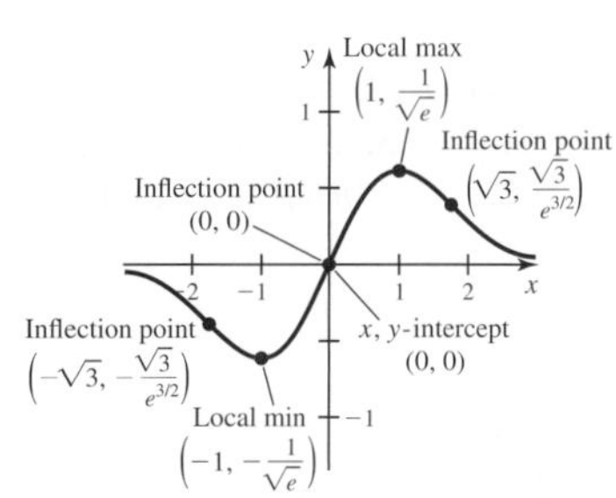

56. $\sqrt{a/c}$ **57.** $\lim_{x\to\infty} \frac{x^p}{b^x} = \lim_{t\to\infty} \frac{\ln^p t}{t \ln^p b} = 0$, where $t = b^x$
58. Show $\lim_{x\to\infty} \frac{\log_a x}{\log_b x} = \frac{\ln b}{\ln a} \neq 0$. **59.** 1/3 **61. a.** $b > e$
b. e^{ax} grows faster than e^x as $x \to \infty$, for $a > 1$; e^{ax} grows slower than e^x as $x \to \infty$, for $0 < a < 1$.

4.8절 연습문제(pp. 349–351)

1. Newton's method generates a sequence of x-intercepts of lines tangent to the graph of f to approximate the roots of f.
2. $x_1 = 2, x_2 = 1, x_3 = 0$ **3.** $x_1 = 0.75$ **4.** Generally, if two successive Newton approximations agree in their first p digits, then those approximations have p digits of accuracy. The method is terminated when the desired accuracy is reached.

5. $x_{n+1} = x_n - \dfrac{x_n^2 - 6}{2x_n} = \dfrac{x_n^2 + 6}{2x_n}$; $x_1 = 2.5, x_2 = 2.45$

6. $x_{n+1} = x_n - \dfrac{e^{-x_n} - x_n}{e^{-x_n} - 1}$; $x_1 = 0.564382, x_2 = 0.567142$

7.

n	x_n
0	3
1	3.1667
2	3.16228
3	3.16228

$r \approx 3.16228$

8.

n	x_n
0	0.5
1	0.51096
2	0.51097
3	0.51097

$r \approx 0.51097$

9.

n	x_n
0	1.2
1	1.16935
2	1.16561
3	1.16556
4	1.16556

$r \approx 1.16556$

10.

n	x_n
0	0.75
1	0.73915
2	0.73909
3	0.73909

$r \approx 0.73909$

11. $x \approx -0.335408, 1.333057$ **12.** $x \approx 0.179295$
13. $x \approx 0.620723, 3.03645$ **14.** $x \approx 0, 1.895494, -1.895494$
15. $x \approx -2.114908, 0.254102, 1.860806$
16. $x \approx 0.062997, 2.230120$

17.

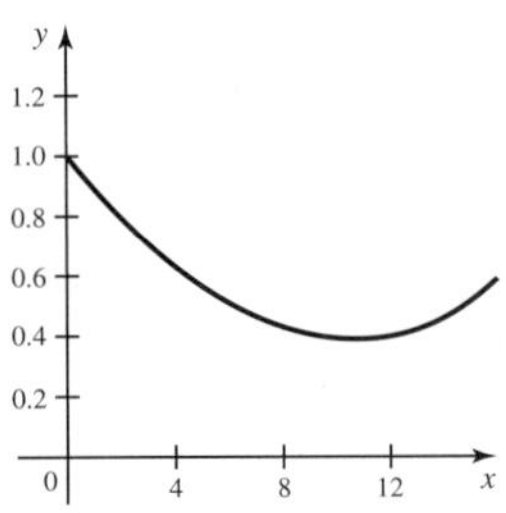

The tumor decreases in size and then starts growing again. It decreases to half its size after about 6.4 days.

19. b. $r \approx 7.3\%$ **20. a.** $t = \pi/4$ **b.** $t \approx 1.33897$
c. $t \approx 2.35619$ **d.** $t \approx 2.90977$
21. $p(x) = x^4 - 7$; $r \approx 1.62658$
22. $p(x) = x^3 + 9$; $r \approx -2.08008$ **23.** $x \approx 2.798386$
24. $x \approx -0.666667, 1.5, 1.666667$ **25. a.** True **b.** False
c. False **26** $x \approx 0.739085$ **27.** $x = 0$ and $x \approx 1.047198$

29. a.

n	x_n
0	2
1	5.33333
2	11.0553
3	22.2931

b.

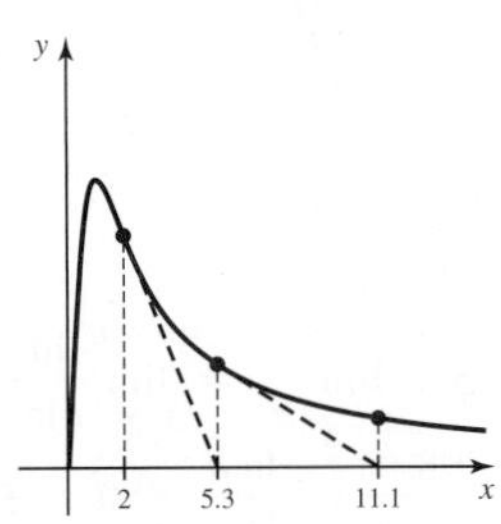

c. The tangent lines intersect the x-axis farther and farther away from the root r. **30. b.** $x \approx 0.14285714$ is approximately $\frac{1}{7}$.
31. $\lambda = 1.29011, 2.37305, 3.40918$

4.9절 연습문제(pp. 363–365)

1. The derivative, an antiderivative **2.** $x + C$, where C is an arbitrary constant **3.** $\dfrac{x^{p+1}}{p+1} + C$, where $p \neq -1$ **4.** $\ln|x| + C$
5. 0 **6.** $x^5 + C$ **7.** $-2\cos x + x + C$ **8.** $3\tan x + C$
9. $y^{-2} + C$ **10.** $e^x + C$ **11.** $\tan^{-1}s + C$ **12.** $\frac{1}{2}x^6 - \frac{1}{2}x^{10} + C$
13. $\frac{8}{3}x^{3/2} - 8x^{1/2} + C$ **14.** $\frac{25}{3}s^3 + 15s^2 + 9s + C$
15. $\frac{9}{4}x^{4/3} + 6x^{2/3} + 6x + C$ **16.** $-x^3 + \frac{11}{2}x^2 + 4x + C$
17. $-x^{-3} + 2x + 3x^{-1} + C$ **18.** $x^4 - 3x^2 + C$
19. $\dfrac{1}{2}x^2 + 6x + C$ **20.** $-\cot\theta + 2\theta^3/3 - 3\theta^2/2 + C$
21. $-2\cot y - 3\csc y + C$ **22.** $\tan x - x + C$
23. $\tan\theta + \sec\theta + C$ **24.** $t^3 - 2\cot t + C$
25. $\sec\theta + \tan\theta + \theta + C$ **27.** $3\sin^{-1}x + C$
28. $4\sec^{-1}|x| + C$ **29.** $\frac{1}{6}\sec^{-1}|x| + C$ **30.** $t + \ln|t| + C$
31. $e^{x+2} + C$ **32.** $e^w - 4w + C$ **33.** $\ln|x| + 2\sqrt{x} + C$
34. $\frac{4}{15}x^{15/2} - \frac{24}{11}x^{11/6} + C$ **35.** $\dfrac{1}{6}x^6 - \dfrac{2}{3}x^3 + x + 1$
36. $2x^4 - \cos x + 3$ **37.** $\sec v + 1, -\pi/2 < v < \pi/2$
38. $y^3 + 5\ln y + 2, y > 0$ **39.** $f(x) = x^2 - 3x + 4$
41. $f(u) = 4(\sin u + \cos u) - 4$ **42.** $y(t) = 3\ln t + 6t + 2, t > 0$
43. $y(\theta) = \sqrt{2}\sin\theta + \tan\theta + 1, -\pi/2 < \theta < \pi/2$
44. $f(x) = x^2 - 5x + 4$ **45.** $f(x) = \dfrac{3}{2}x^2 - \cos x + 4$

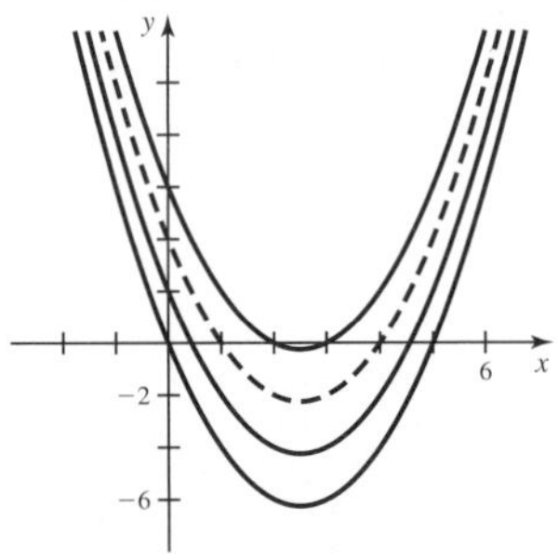

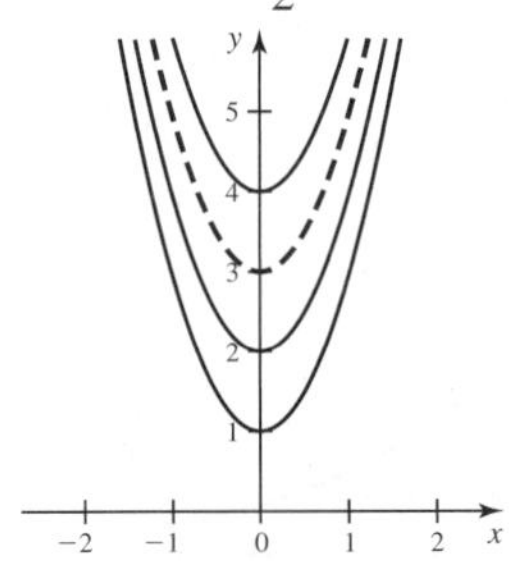

46. $s(t) = t^2 + 4t$ **47.** $s(t) = \frac{4}{3}t^{3/2} + 1$
48. $s(t) = 2t^3 + 2t^2 - 10t$ **49.** $s(t) = -16t^2 + 20t$
50. $s(t) = \frac{1}{30}t^3 + 1$ **51.** $s(t) = t^2 + 4t - 3\sin t + 10$
52. 200 ft **53.** Runner A overtakes runner B at $t = \pi/2$
55. a. $v(t) = -9.8t + 30$ **b.** $s(t) = -4.9t^2 + 30t$
c. Approx. 45.92 m at time $t \approx 3.06$ **d.** $t \approx 6.12$
56. a. $v(t) = -9.8t + 10$ **b.** $s(t) = -4.9t^2 + 10t + 400$
c. Approx. 405.10 m at time $t \approx 1.02$ **d.** $t \approx 10.11$
57. a. True **b.** False **c.** True **d.** False
e. False **58.** $F(x) = -\cos x + 3x + 3 - 3\pi$
59. $F(x) = 2x^8 + x^4 + 2x + 1$
60. a. $Q(t) = 10t - t^3/30$ gal

b.

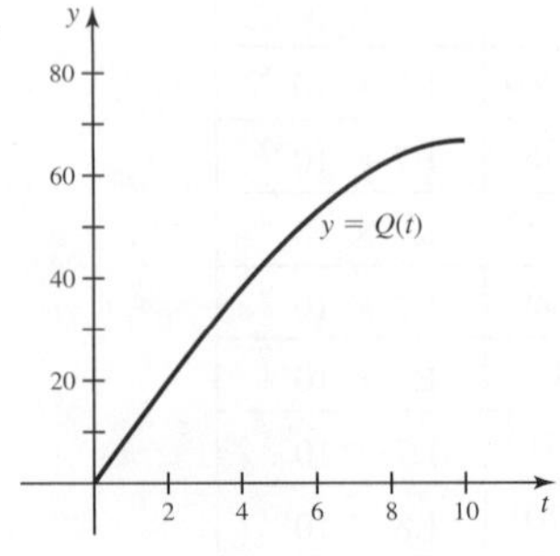

c. $\dfrac{200}{3}$ gal

Chapter 4 연습문제(pp. 365–368)

1. a. False **b.** False **c.** True **d.** True **e.** True **f.** False

2.

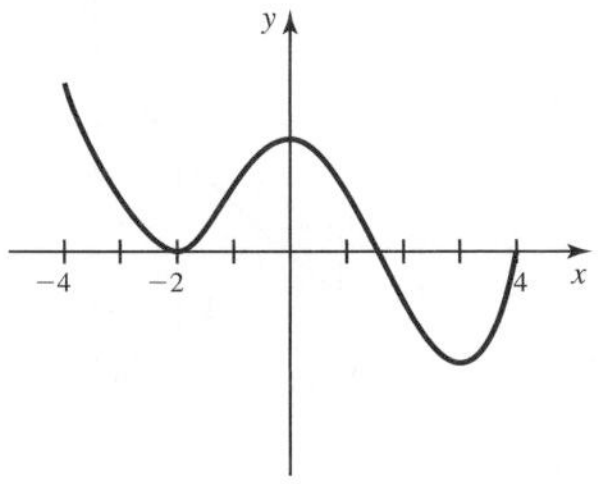

3. a. $x = 0, \pm 10$; increasing on $(-10, 0)$ and $(10, \infty)$, decreasing on $(-\infty, -10)$ and $(0, 10)$ **b.** $x = \pm 6$; concave up on $(-\infty, -6)$ and $(6, \infty)$, concave down on $(-6, 6)$ **c.** Local min at $x = -10, 10$; local max at $x = 0$ **d.**

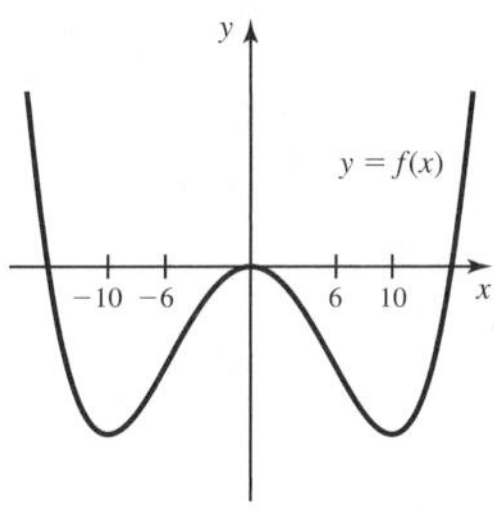

4. Critical pts. $x = 0, \pm 1$; abs. max: 33 at $x = \pm 2$; abs. min: 6 at $x = \pm 1$ **5.** $x = 3$ and $x = -2$; no abs. max or min
6. Critical pt. $x = 1$; abs. max: $\ln 2$ at $x = 0, 2$; abs. min: 0 at $x = 1$
7. Critical pts. $x = \frac{2\pi}{3}, \frac{4\pi}{3}$; abs. max: $\frac{3\sqrt{3}}{8}$ at $x = \frac{4\pi}{3}$; abs. min: $-\frac{3\sqrt{3}}{8}$ at $x = \frac{2\pi}{3}$
8. Critical pt. $x = 1/e$; abs. min: $10 - 2/e$ at $x = 1/e$

9.

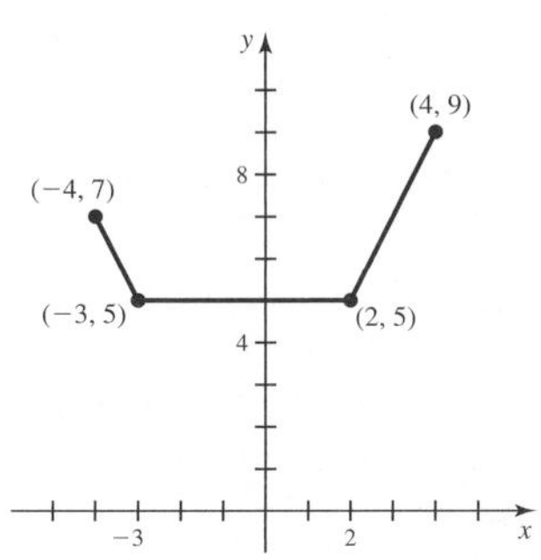

Critical pts.: all x in the interval $[-3, 2]$; abs. max: 9 at $x = 4$; abs. and local min: 5 for x in $[-3, 2]$; local max: 5 for x in $(-3, 2)$

11. a. Increasing on $(-\infty, -1)$ and $(1, \infty)$; decreasing on $(-1, 1)$
b. Concave up on $(0, \infty)$ and concave down on $(-\infty, 0)$
13. Inflection pt. $x = 0$
14. Critical pts. $x = -a, a/2$; inflection pts. $x = 0, -a$
15.

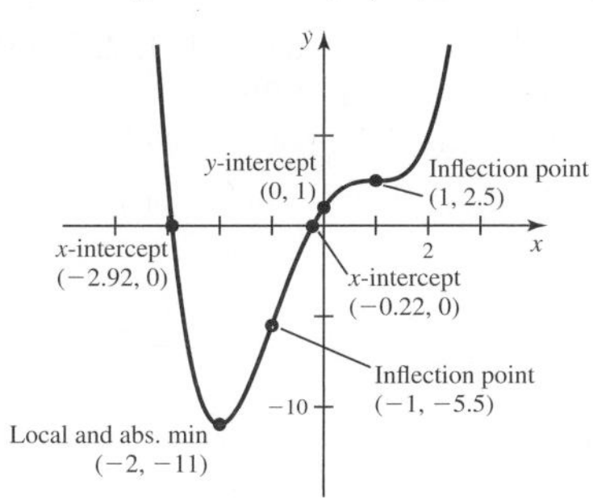

16.

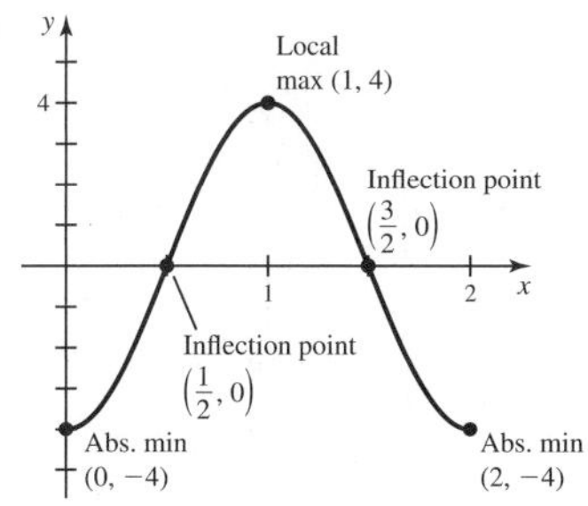

17.

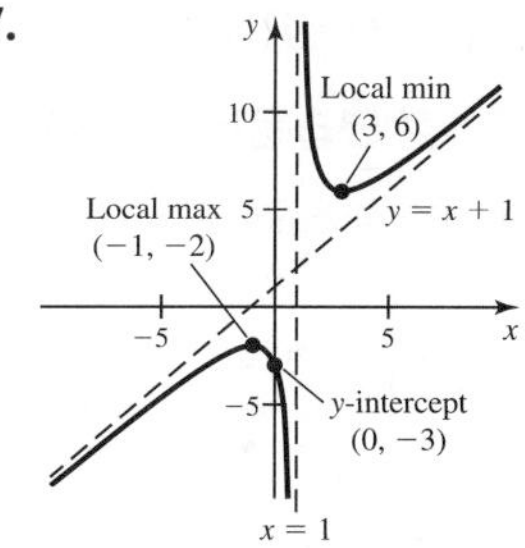

18.

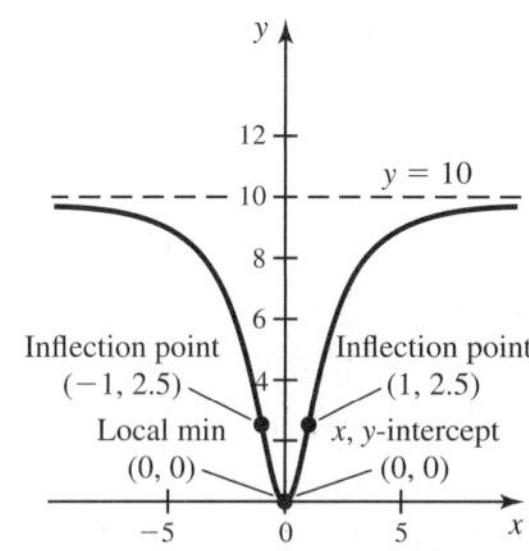

19.

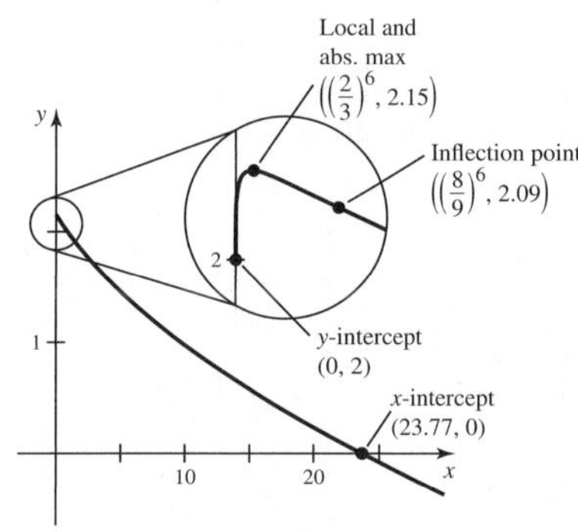

20. Approx. 2.5″ by 3.5″ by 9.5″ **21.** Approx. 59 m from the loudest speaker **22.** $r = 4\sqrt{6}/3$; $h = 4\sqrt{3}/3$ **23.** $x = 7, y = 14$ **24.** $p = q = 5\sqrt{2}$ **25. a.** $L(x) = \frac{2}{9}x + 3$ **b.** $\frac{85}{9} \approx 9.44$; overestimate **27.** $f(x) = 1/x^2$; $a = 4$; $1/4.2^2 \approx 0.05625$ **29.** $\Delta h \approx -112$ ft **30.** $c = 2.5$ **31. a.** $\frac{100}{9}$ cells/week **b.** $t = 2$ weeks **32.** $-0.434259, 0.767592, 1$ **33.** $0, \pm 0.948683$ **35.** 0 **36.** 0 **37.** 12 **38.** $\frac{2}{3}$ **39.** ∞ **40.** 0 **41.** 1 **42.** 0 **43.** 1 **44.** 1 **45.** $1/e^3$ **46.** 1 **47.** $x^{1/2}$ **48.** $\sqrt{x}$ **49.** 3^x **50.** Comparable growth rates **51.** $\frac{4}{3}x^3 + 2x^2 + x + C$ **52.** $-\frac{1}{x} + \frac{4}{3}x^{-3/2} + C$ **53.** $\theta + 3\sin\theta + C$ **54.** $\tan x + C$ **55.** $12 \ln|x| + C$ **56.** $\tan^{-1} x + C$
57. $\frac{4}{7}x^{7/4} + \frac{2}{7}x^{7/2} + C$
58. $f(t) = -\cos t + t^2 + 6$
59. $h(x) = \frac{1}{3}x^3 - x - \tan^{-1} x + \frac{\pi}{4}$
60. $v(t) = -9.8t + 120$; $s(t) = -4.9t^2 + 120t + 125$. The rocket reaches a height of 859.69 m at time $t \approx 12.24$ s and then falls to the ground, hitting at time $t \approx 25.49$ s.
62. 1; 1 **63.** $\lim_{x\to 0^+} f(x) = 1$; $\lim_{x\to 0^+} g(x) = 0$

CHAPTER5

5.1절 연습문제(pp. 380–384)

1. Displacement = 105 m

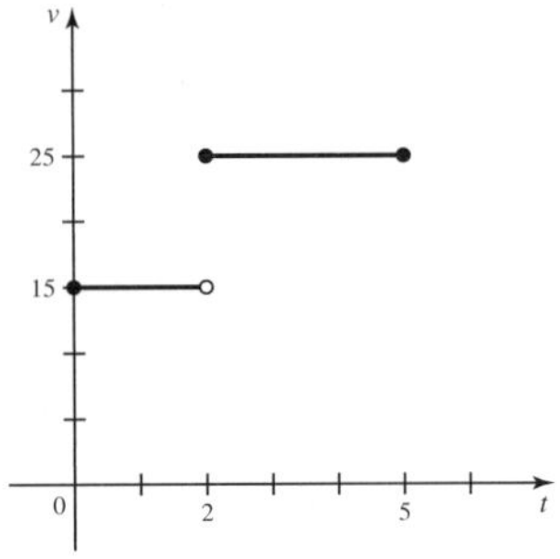

2. a. 440 ft **b.** 400 ft **3. a.** 340 ft **b.** 330 ft
4. Subdivide the interval $[0, \pi/2]$ into several subintervals, which will be the bases of rectangles that fit under the curve. The heights of the rectangles are computed by taking the value of $\cos x$ at the right-hand endpoint of each base. We calculate the area of each rectangle and add them to get a lower bound on the area. **5.** Left sum: 34; right sum: 24 **6.** 0.5; 1, 1.5, 2, 2.5, 3; 1, 1.5, 2, 2.5; 1.5, 2, 2.5, 3; 1.25, 1.75, 2.25, 2.75 **7.** Underestimate; the rectangles all fit under the curve. **8. a.** 67 ft **b.** 67.75 ft **9.** 40 m
10. 2.78 m **11.** 148.96 mi **12.** 20; 25
13. a. c.

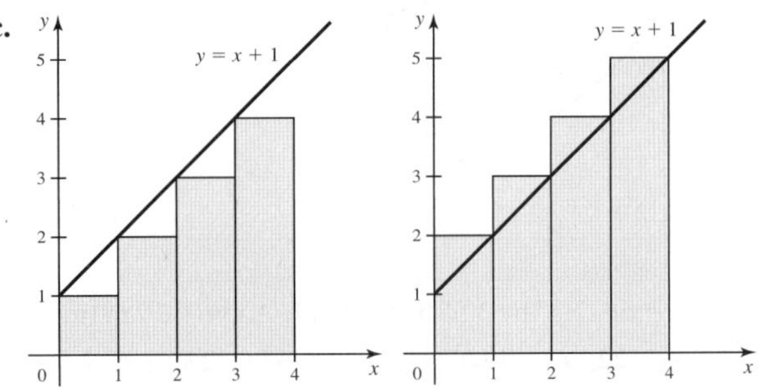

Left Riemann sum underestimates area. Right Riemann sum overestimates area.

b. $\Delta x = 1; x_0 = 0, x_1 = 1, x_2 = 2, x_3 = 3, x_4 = 4$ **d.** 10, 14
14. a. c.

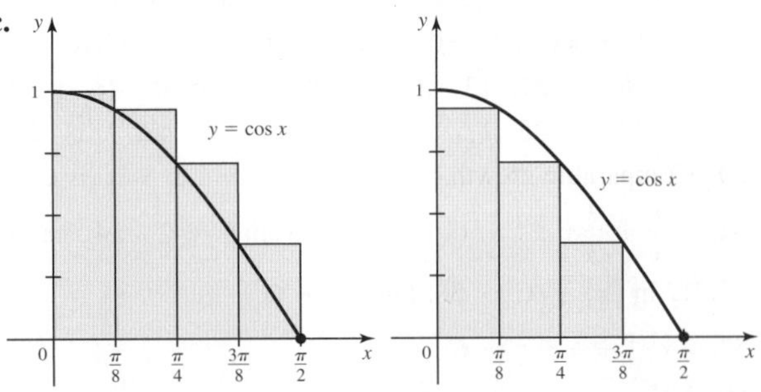

Left Riemann sum overestimates area. Right Riemann sum underestimates area.

b. $\Delta x = \pi/8; 0, \pi/8, \pi/4, 3\pi/8, \pi/2$ **d.** 1.18; 0.79

15. a. c.

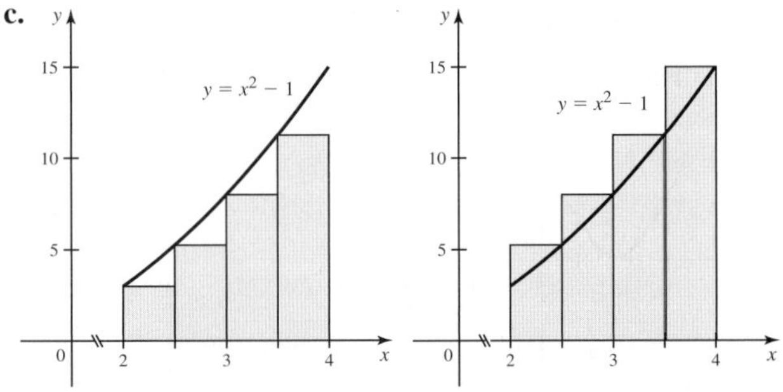

Left Riemann sum underestimates area. Right Riemann sum overestimates area.

b. $\Delta x = 0.5; 2, 2.5, 3, 3.5, 4$ **d.** 13.75; 19.75
16. a. c.

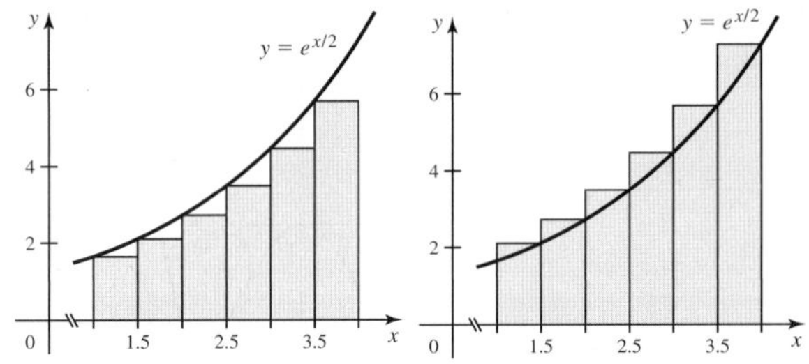

Left Riemann sum underestimates area. Right Riemann sum overestimates area.

b. $\Delta x = 0.5; x_0 = 1, x_1 = 1.5, x_2 = 2, x_3 = 2.5, x_4 = 3, x_5 = 3.5, x_6 = 4$ **d.** 10.11, 12.98 **17.** 670 **18. a.** 10,500 m; 10,350 m **b.** Left Riemann sum **c.** Increase the number of subintervals in the partition.
19. a. c.

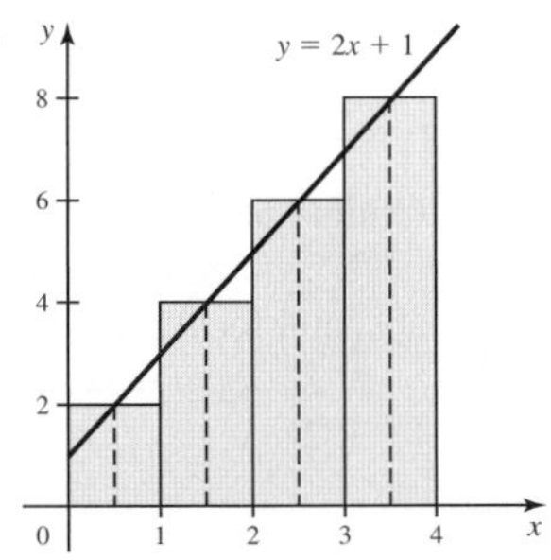

b. $\Delta x = 1; 0, 1, 2, 3, 4$
d. 20

20. a. c.

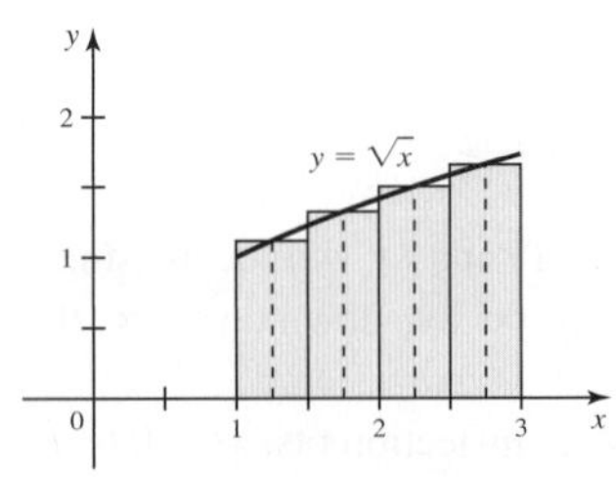

b. $\Delta x = \frac{1}{2}; 1, \frac{3}{2}, 2, \frac{5}{2}, 3$
d. 2.80

21. a. c.

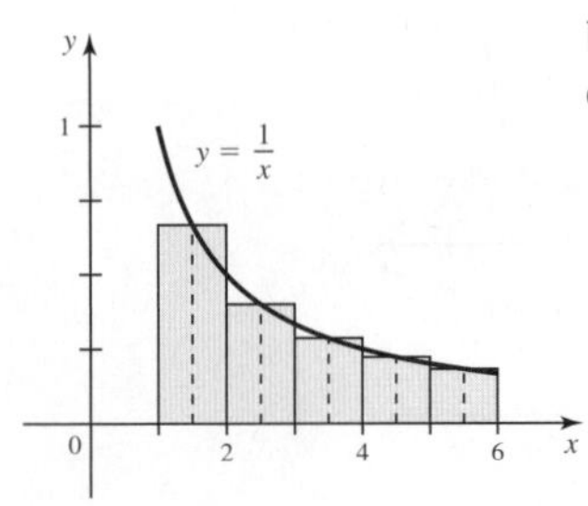

b. $\Delta x = 1; 1, 2, 3, 4, 5, 6$
d. 1.76

22. 5.5, 3.5 **23. b.** 110, 117.5 **24. a.** $\sum_{k=1}^{5} k$ **b.** $\sum_{k=1}^{6}(k+3)$
c. $\sum_{k=1}^{4} k^2$ **d.** $\sum_{k=1}^{4}\frac{1}{k}$ **25. a.** 55 **b.** 48 **c.** 30 **d.** 60 **e.** 6
f. 6 **g.** 85 **h.** 0 **26. a.** Left: $\frac{3}{10}\sum_{k=1}^{40}\sqrt{\frac{k-1}{10}} \approx 15.6809$;
right: $\frac{3}{10}\sum_{k=1}^{40}\sqrt{\frac{k}{10}} \approx 16.2809$; midpoint: $\frac{3}{10}\sum_{k=1}^{40}\sqrt{\frac{k-0.5}{10}} \approx 16.0055$
b. 16 **27. a.** Left: $\frac{1}{25}\sum_{k=1}^{75}\left(\left(2+\frac{k-1}{25}\right)^2-1\right) \approx 35.5808$;
right: $\frac{1}{25}\sum_{k=1}^{75}\left(\left(2+\frac{k}{25}\right)^2-1\right) \approx 36.4208$;
midpoint: $\frac{1}{25}\sum_{k=1}^{75}\left(\left(2+\frac{k-0.5}{25}\right)^2-1\right) \approx 35.9996$ **b.** 36

28.

n	Right Riemann sum
10	21.96
30	21.9956
60	21.9989
80	21.9994

The sums approach 22.

29.

n	Right Riemann sum
10	3.14159
30	3.14159
60	3.14159
80	3.14159

The sums approach π.

30. a. True **b.** False **c.** True **31.** $\sum_{k=1}^{50}\left(\frac{4k}{50}+1\right)\cdot\frac{4}{50} = 12.16$
32. $\sum_{k=1}^{32}\left(3+\frac{2k-1}{8}\right)^3\cdot\frac{1}{4} \approx 3639.1$ **33.** $[1, 5]$; 4 **34.** $[2, 6]$; 4

35. a.

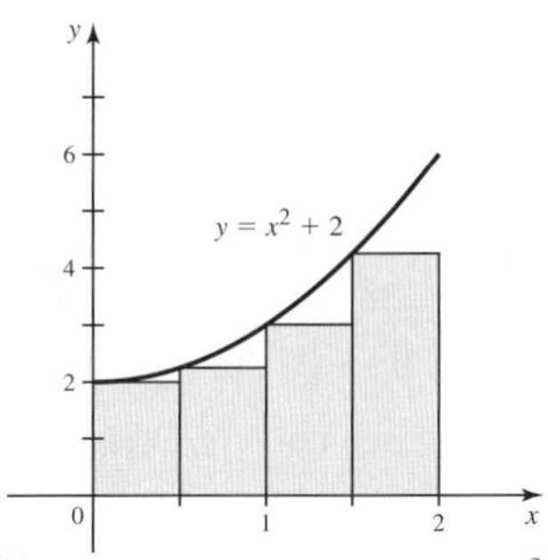

Left Riemann sum is $\frac{23}{4} = 5.75$.

b.

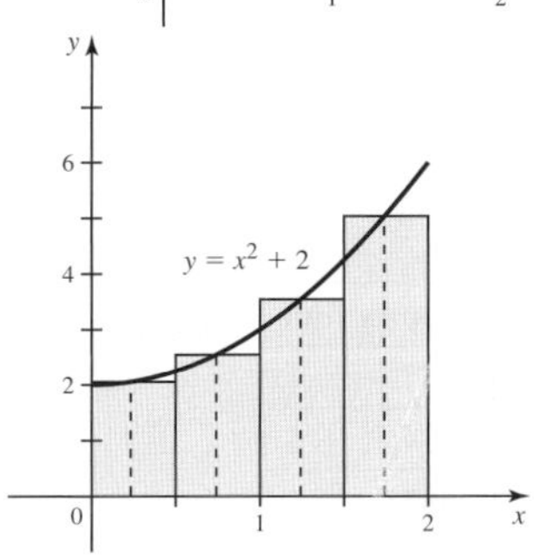

Midpoint Riemann sum is $\frac{53}{8} = 6.625$.

c.

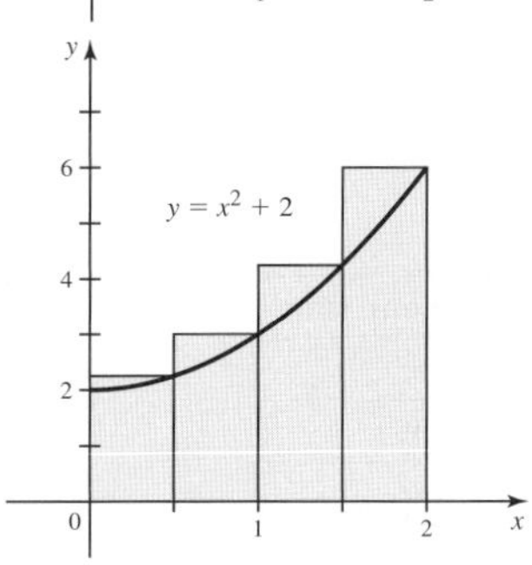

Right Riemann sum is $\frac{31}{4} = 7.75$.

36. a. The object is speeding up on the interval $(0, 1)$, moving at a constant rate on $(1, 3)$, slowing down on $(3, 5)$, and moving at a constant rate on $(5, 6)$. **b.** 30 m **c.** 50 m **d.** $s(t) = 80 + 10t$
37. a. 14.5 g **b.** 29.5 g **c.** 44 g **d.** $x = \frac{19}{3}$ cm
38. $s(t) = \begin{cases} 30t & \text{if } 0 \le t \le 2 \\ 50t - 40 & \text{if } 2 < t \le 2.5 \\ 44t - 25 & \text{if } 2.5 < t \le 3 \end{cases}$

39.

n	Midpoint Riemann sum
16	4.7257
32	4.7437
64	4.7485

The sums approach 4.75.

41. Underestimates for decreasing functions, independent of concavity; overestimates for increasing functions, independent of concavity

5.2절 연습문제(pp. 398–400)

1. The difference between the area bounded by the curve above the x-axis and the area bounded by the curve below the x-axis **2.** 60; 0
3. -12; -18; -16

4.

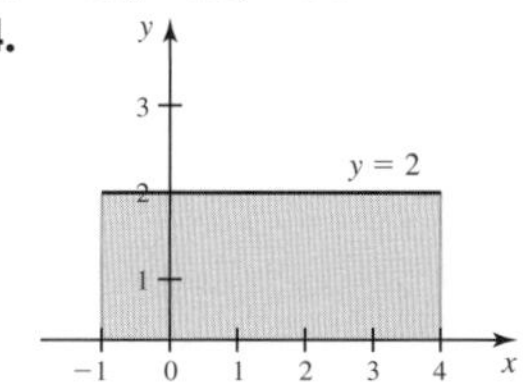

$\int_{-1}^{4} 2\,dx = 10$

5.

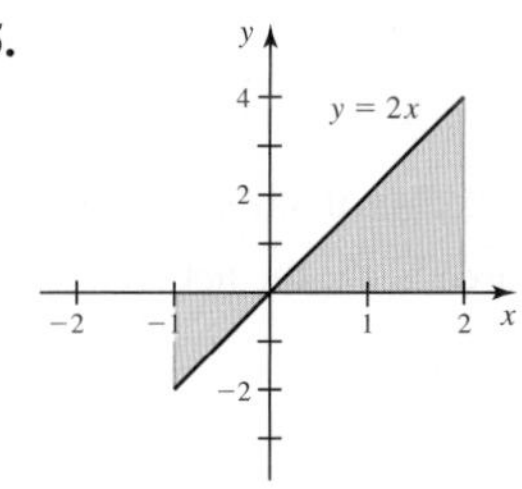

$\int_{-1}^{2} 2x\,dx = 3$

6. Both integrals equal 0. **7.** The length of the interval $[a, a]$ is $a - a = 0$, so the net area is 0. **8.** $\frac{a^2}{2}$

9. a.

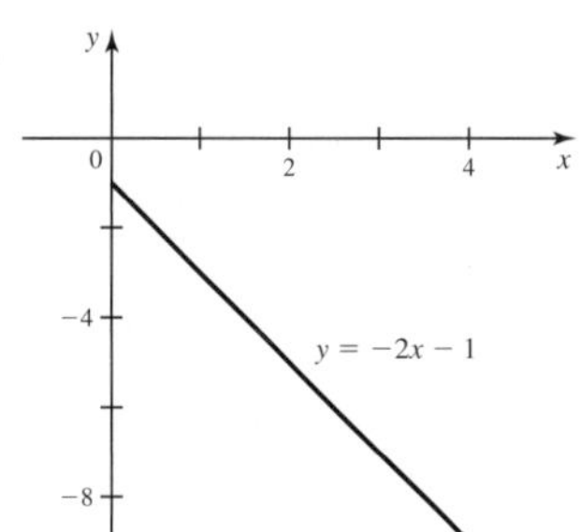

b. $-16, -24, -20$

10. a.

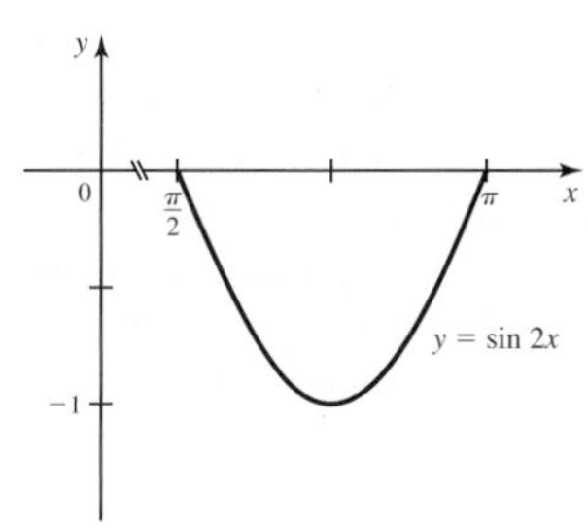

b. $-0.948, -0.948, -1.026$

11. a. 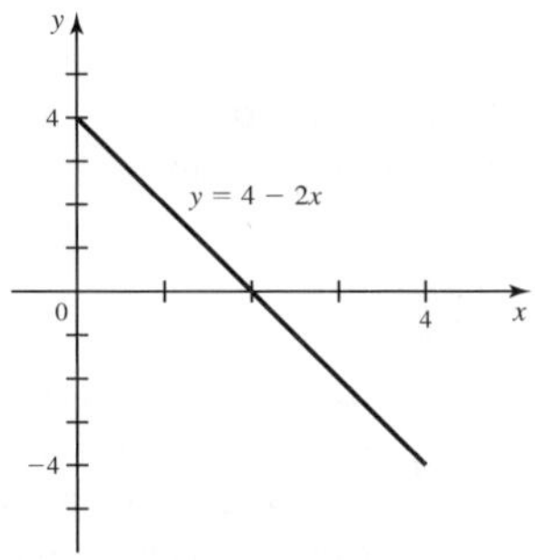

b. 4, −4, 0 **c.** Positive contributions on [0, 2); negative contributions on (2, 4]

12. a. 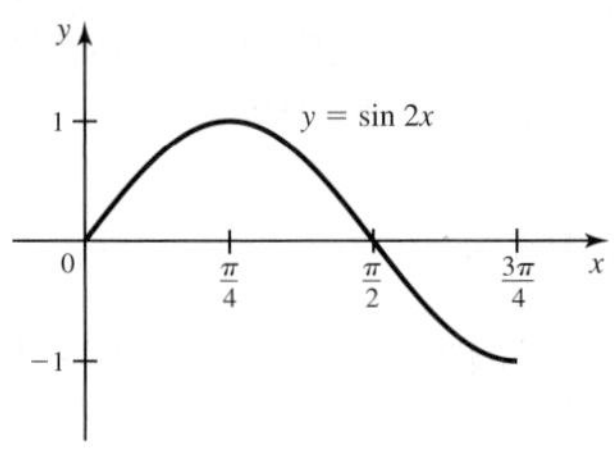

b. 0.735, 0.146, 0.530 **c.** Positive contributions on $(0, \pi/2)$; negative contributions on $(\pi/2, 3\pi/4]$

13. a. 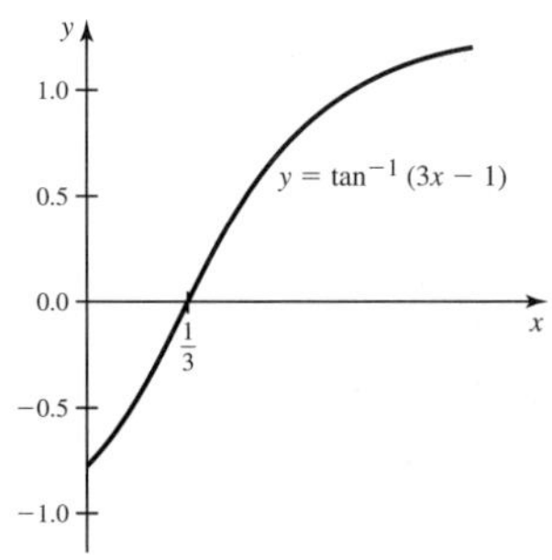

b. 0.082; 0.555; 0.326

c. Positive contributions on $(\frac{1}{3}, 1]$; negative contributions on $[0, \frac{1}{3})$

14. 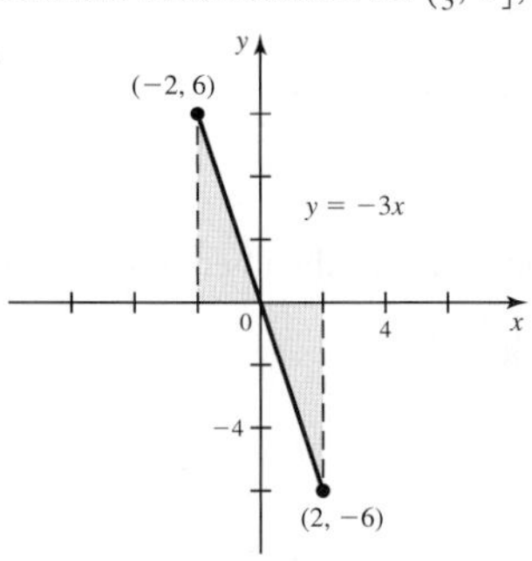

The area is 12; the net area is 0.

15. 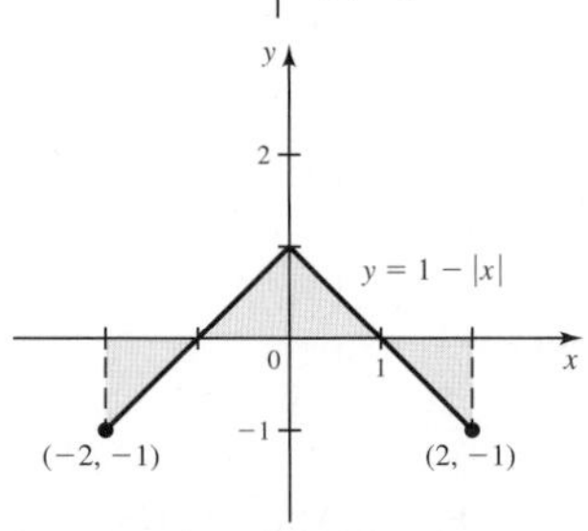

The area is 2; the net area is 0.

16. a. 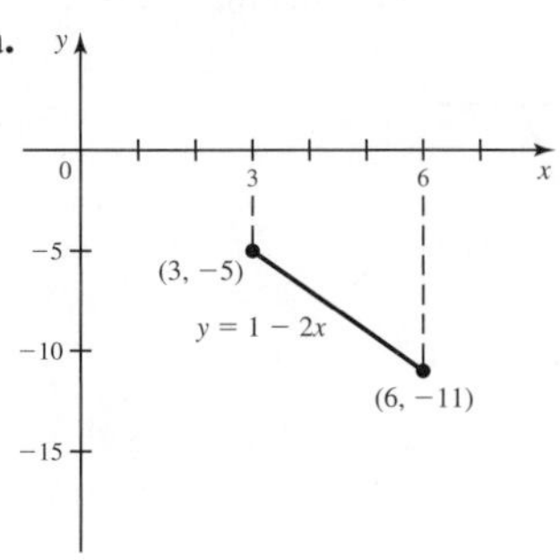

b. $\Delta x = \frac{1}{2}$; 3, 3.5, 4, 4.5, 5, 5.5, 6 **c.** −22.5; −25.5 **d.** The left Riemann sum overestimates the integral; the right Riemann sum underestimates the integral.

17. a. 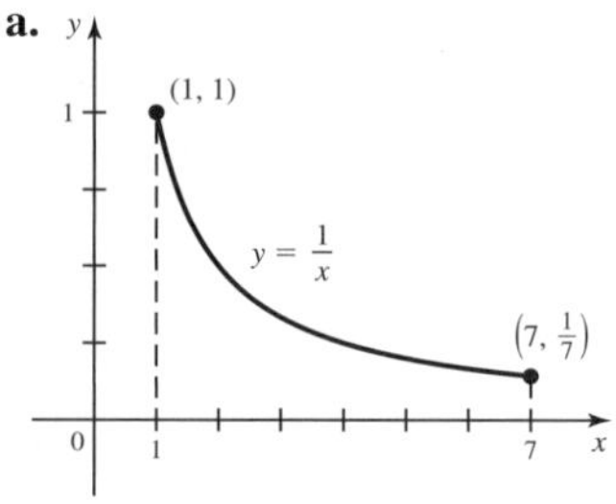

b. $\Delta x = 1$; 1, 2, 3, 4, 5, 6, 7 **c.** $\frac{49}{20}$; $\frac{223}{140}$ **d.** The left Riemann sum overestimates the integral; the right Riemann sum underestimates the integral.

18. $\int_0^2 (x^2 + 1)\,dx$ **19.** $\int_1^2 x \ln x\,dx$

20. 16 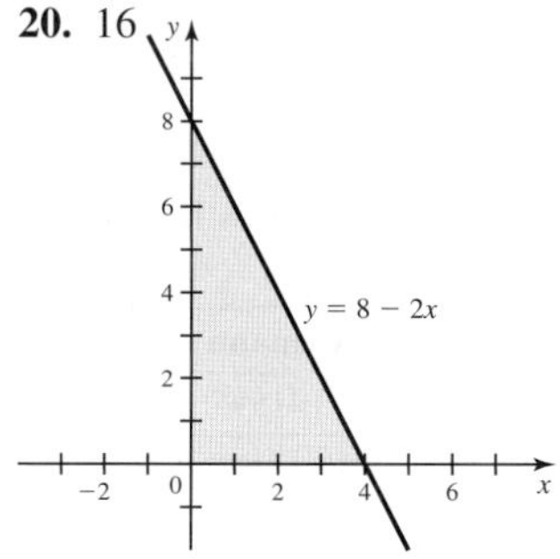

21. $-\frac{5}{2}$ 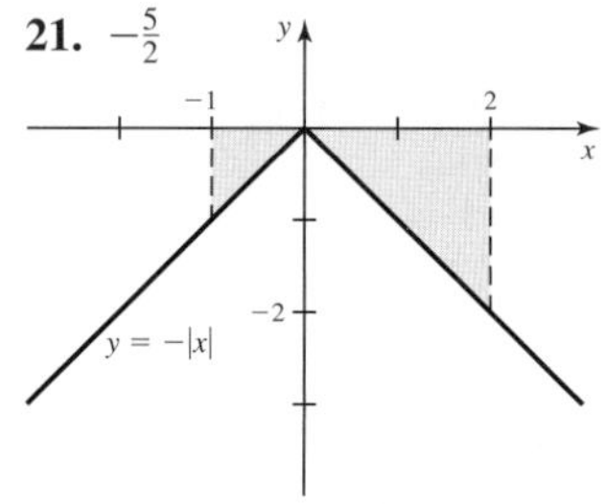

22. 4π 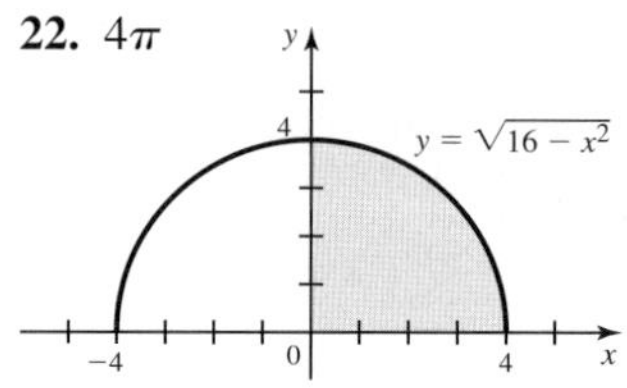

23. 26 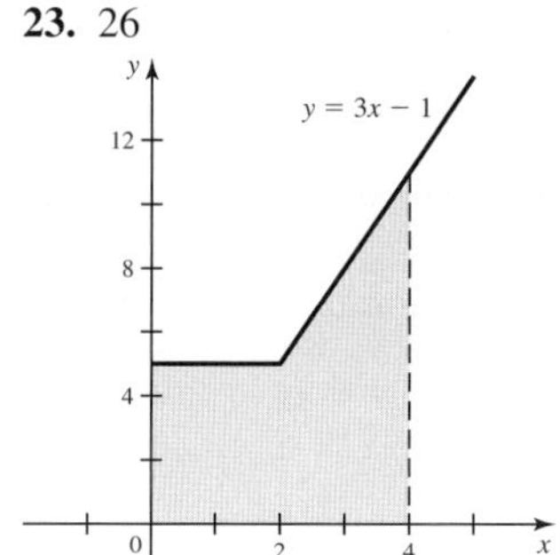

24. π **25.** -2π **26. a.** −32 **b.** $-\frac{32}{3}$ **c.** −64 **d.** Not possible **27. a.** 10 **b.** −3 **c.** −16 **d.** 3 **28. a.** 15 **b.** 5 **c.** 3 **d.** −2 **e.** 24 **f.** −10 **29. a.** $\frac{3}{2}$ **b.** $-\frac{3}{4}$ **30.** 16 **31.** 6 **32.** 32 **33.** −16 **34.** $\frac{\pi}{4} + 2$ **35. a.** True **b.** True **c.** True **d.** False **e.** False

36. a. Left: $\sum_{k=1}^{n} \left(\left(\frac{k-1}{n} \right)^2 + 1 \right) \cdot \frac{1}{n}$; right: $\sum_{k=1}^{n} \left(\left(\frac{k}{n} \right)^2 + 1 \right) \cdot \frac{1}{n}$

b.

n	Left Riemann sum	Right Riemann sum
20	1.30875	1.35875
50	1.3234	1.3434
100	1.32835	1.33835

Estimate: $\frac{4}{3}$

37. a. Left: $\sum_{k=1}^{n} \cos^{-1}\left(\frac{k-1}{n} \right) \frac{1}{n}$; right: $\sum_{k=1}^{n} \cos^{-1}\left(\frac{k}{n} \right) \frac{1}{n}$

b.

n	Left Riemann sum	Right Riemann sum
20	1.03619	0.95765
50	1.01491	0.983494
100	1.00757	0.99186

Estimate: 1

38. a. $\displaystyle\sum_{k=1}^{n} 2\sqrt{1+\left(k-\frac{1}{2}\right)\frac{3}{n}}\cdot\frac{3}{n}$

b.

n	Midpoint Riemann sum
20	9.33380
50	9.33341
100	9.33335

Estimate: $\frac{28}{3}$

39. a. $\displaystyle\sum_{k=1}^{n}\left(4\left(k-\frac{1}{2}\right)\frac{4}{n}-\left(\left(k-\frac{1}{2}\right)\frac{4}{n}\right)^2\right)\cdot\frac{4}{n}$

b.

n	Midpoint Riemann sum
20	10.6800
50	10.6688
100	10.6672

Estimate: $\frac{32}{3}$

40. 6 **41.** 104 **42.** 18 **43.** 2 **44.** $25\pi/2$

46. For any such partition on $[0, 1]$, the grid points are $x_k = k/n$, for $k = 0, 1, \cdots, n$. That is, x_k is rational for each k so that $f(x_k) = 1$, for $k = 0, 1, \cdots, n$. Therefore, the left, right, and midpoint Riemann sums are $\displaystyle\sum_{k=1}^{n} 1\cdot(1/n) = 1$.

5.3절 연습문제(pp. 413–416)

1. A is an antiderivative of f; $A'(x) = f(x)$.

2. $\int_a^b f(x)\,dx = F(b) - F(a)$, where F is any antiderivative of f.

3. Increasing **4.** The derivative of the integral of f is f, or $\dfrac{d}{dx}\left(\int_a^x f(t)\,dt\right) = f(x)$. **5.** $f(x), 0$ **6.** 16 **7. a.** 0 **b.** -9 **c.** 25 **d.** 0 **e.** 16

8. a. $A(x) = 5x$ **b.** $A'(x) = 5$

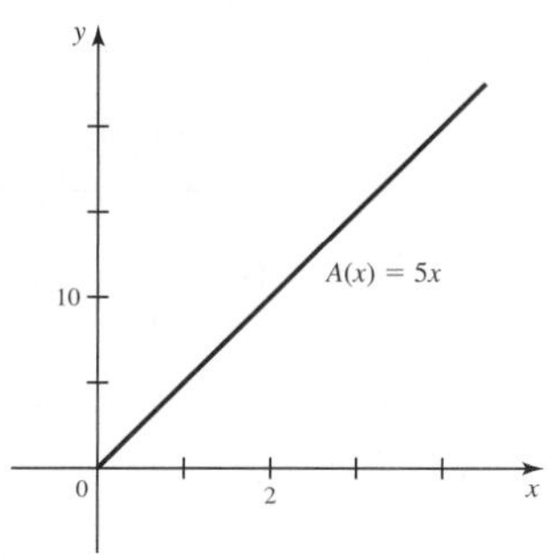

9. a. $A(2) = 2, A(4) = 8; A(x) = \frac{1}{2}x^2$

b. $F(4) = 6, F(6) = 16; F(x) = \frac{1}{2}x^2 - 2$

c. $A(x) - F(x) = \frac{1}{2}x^2 - \left(\frac{1}{2}x^2 - 2\right) = 2$

10. a.

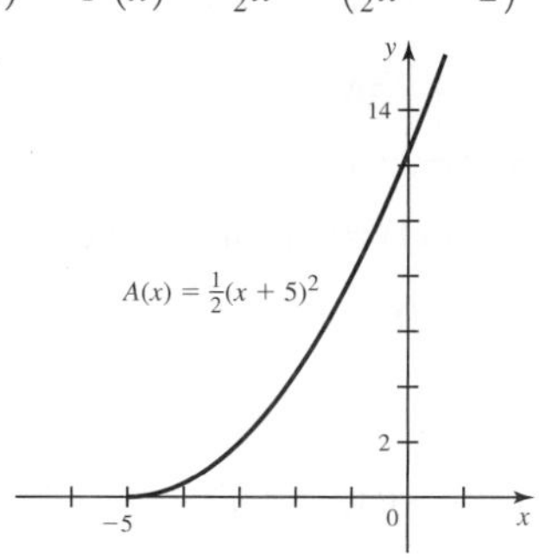

b. $A'(x) = \frac{d}{dx}\left(\frac{1}{2}(x+5)^2\right) = x + 5 = f(x)$

11. a.

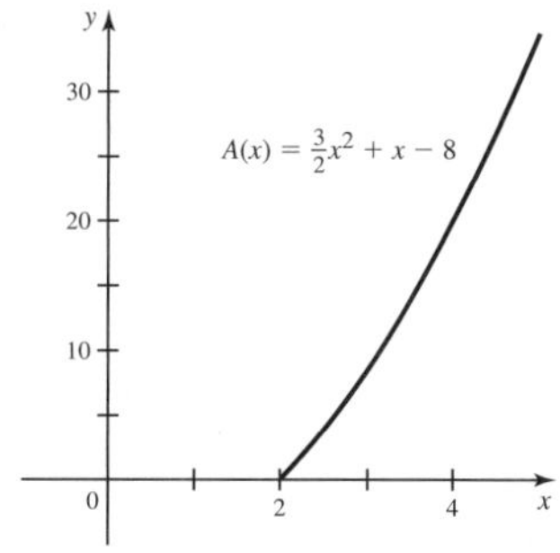

b. $A'(x) = \left(\frac{3}{2}x^2 + x - 8\right)' = 3x + 1 = f(x)$ **12.** $\frac{7}{3}$

13. $-\frac{125}{6}$

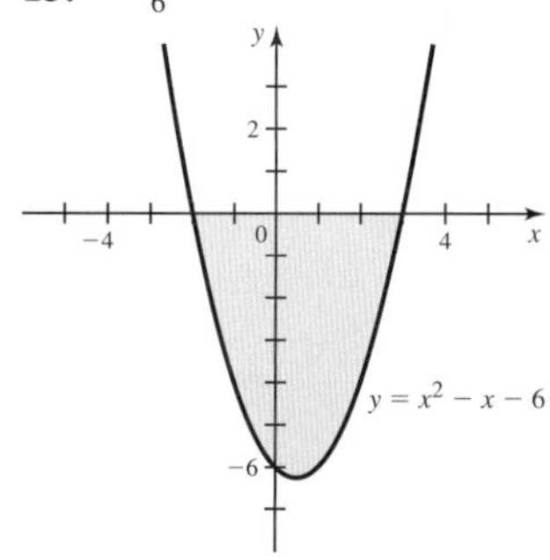

14. $-\frac{10}{3}$

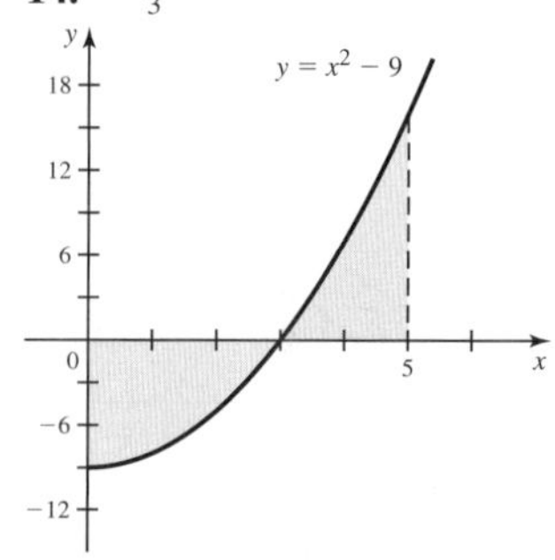

15. 16 **16.** 90 **17.** $\frac{7}{6}$ **18.** 8 **19.** $-\frac{32}{3}$ **20.** $-\frac{5}{2}$ **21.** $\frac{9}{2}$ **22.** $-\frac{3}{8}$ **23.** 1 **24.** 3 ln 2 **25.** $\frac{45}{4}$ **26.** $\frac{2}{3}$ **27.** 1 **28.** 2 **29.** $\frac{\pi}{12}$ **30.** $\frac{3}{2} + 4\ln 2$ **31.** $\frac{3\pi}{2} - 1$

32. (i) $\frac{14}{3}$ **(ii)** $\frac{14}{3}$

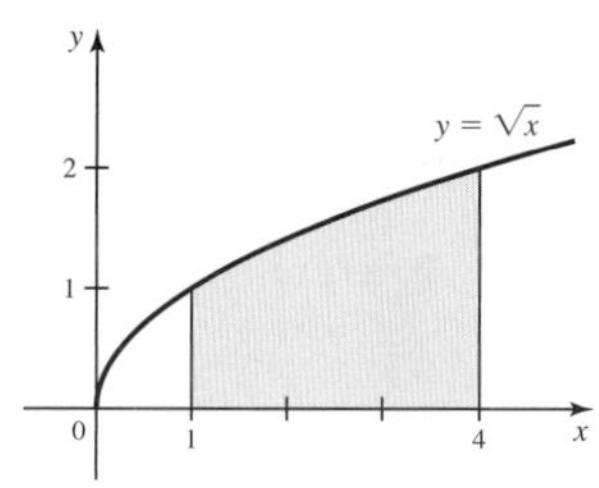

33. (i) -51.2 **(ii)** 51.2

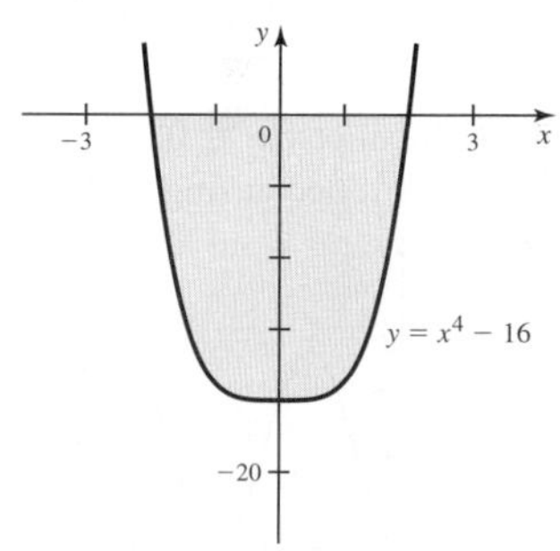

34. $\frac{94}{3}$ **35.** ln 2 **36.** 2 **37.** $x^2 + x + 1$ **38.** $-\sqrt{x^4 + 1}$ **39.** $3/x^4$ **40.** $-(\cos^4 x + 6)\sin x$ **41.** $-\dfrac{\cos z}{\sin^4 z + 1}$ **42.** $\dfrac{9}{t}$ **43.** $2\sqrt{1 + x^2}$ **44.** a–C, b–B, c–D, d–A

45. a. $x = 0, x \approx 3.5$ **b.** Local min at $x \approx 1.5$; local max at $x \approx 8.5$ **c.**

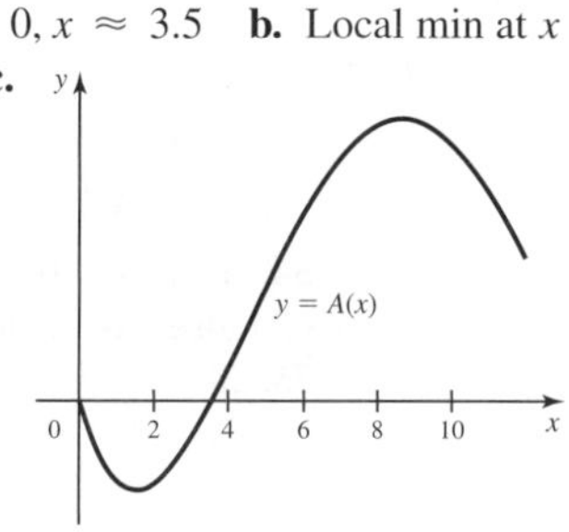

46. a. $x = 0, 10$ **b.** Local max at $x = 5$

c.

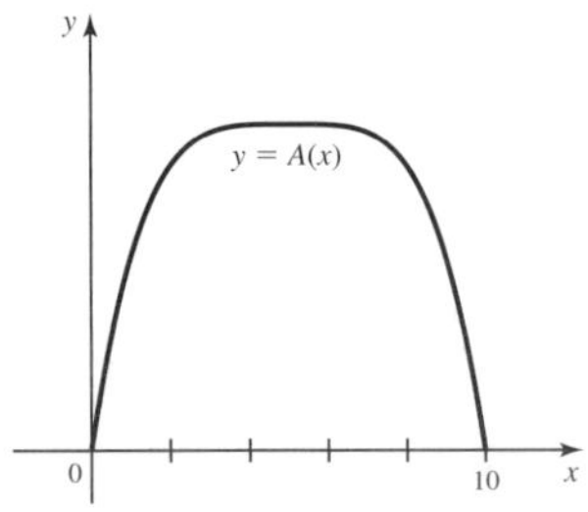

47. $-\pi, -\pi + \frac{9}{2}, -\pi + 9, 5 - \pi$

48. a. $A(x) = e^x - 1$

b.

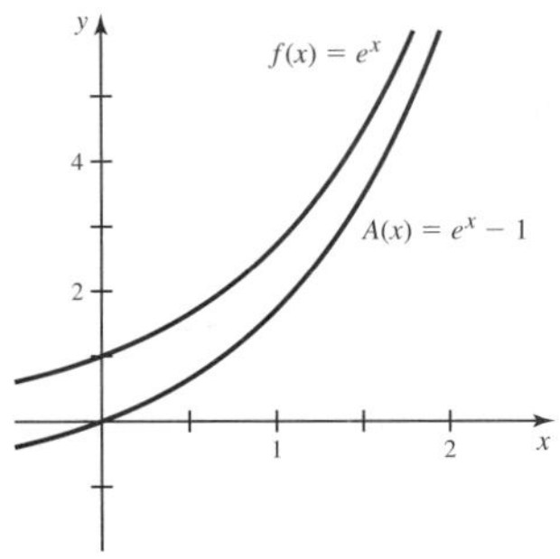

c. $A(\ln 2) = 1; A(\ln 4) = 3$

49. a. $A(x) = \sin x$

b.

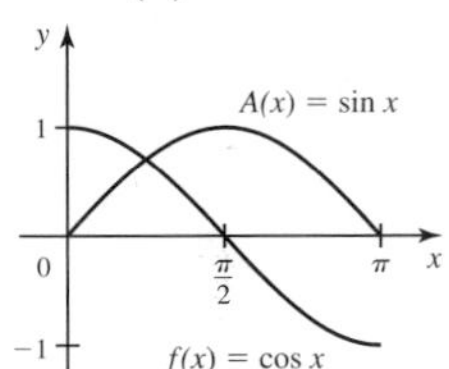

c. $A\left(\frac{\pi}{2}\right) = 1; A(\pi) = 0$

50. Critical pts. $x = 0, 3,$ and 4; increasing on $(-\infty, 0)$, $(0, 3)$, and $(4, \infty)$; decreasing on $(3, 4)$

51. a.

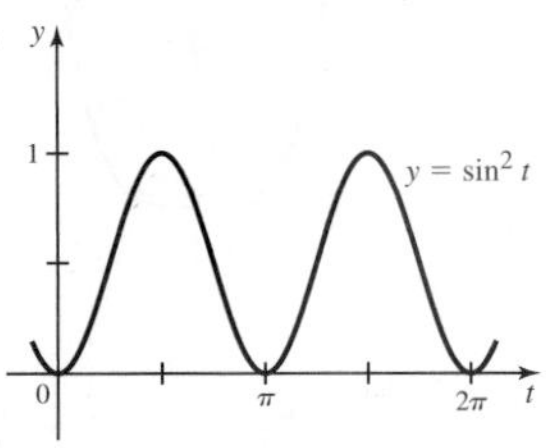

b. $g'(x) = \sin^2 x$

c.

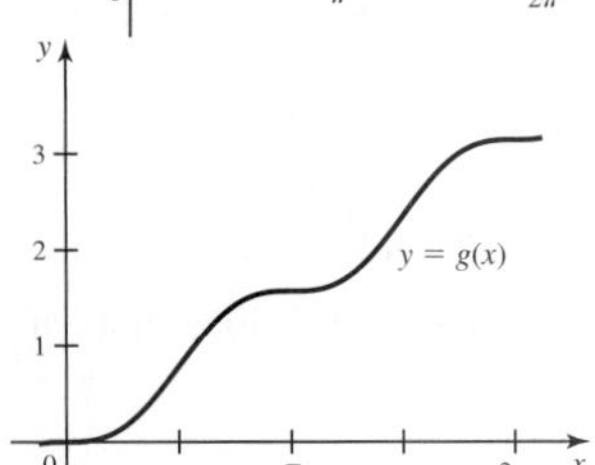

52.

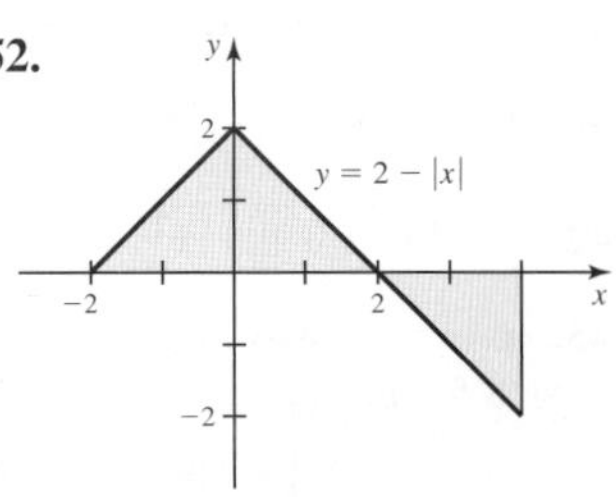

Area = 6

53.

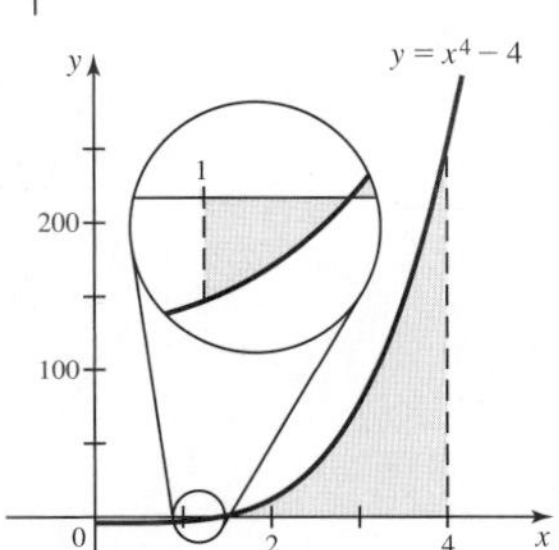

Area ≈ 194.05

54. a. True **b.** True **c.** False **d.** True

55. 3

56. a.

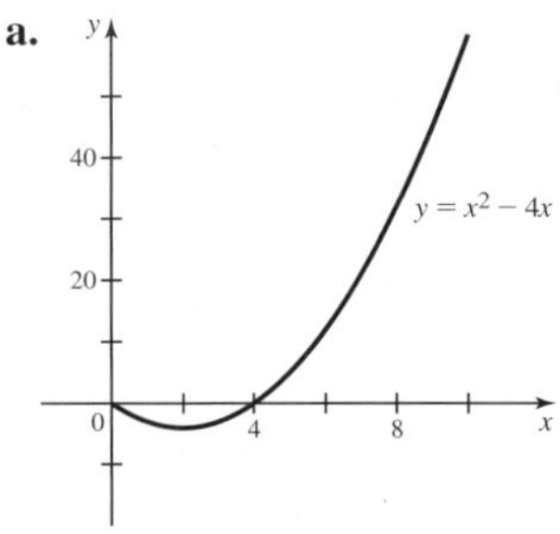

b. $b = 6$ **c.** $b = \dfrac{3a}{2}$

57. $f(x) = -2\sin x + 3$ **58.** $\pi/2 \approx 1.57$

59. $(S'(x))^2 + \left(\dfrac{S''(x)}{2x}\right)^2 = (\sin x^2)^2 + \left(\dfrac{2x\cos x^2}{2x}\right)^2$

$= \sin^2 x^2 + \cos^2 x^2 = 1$

5.4절 연습문제(pp. 421–423)

1. If f is odd, the regions between f and the positive x-axis and between f and the negative x-axis are reflections of each other through the origin. Therefore, on $[-a, a]$, the areas cancel each other.

2. a. 9 **b.** 0 **3.** $3x^3$ and x are odd functions. **4.** Even; even

5. If f is continuous on $[a, b]$, then there is a c in (a, b) such that $f(c) = \dfrac{1}{b-a}\displaystyle\int_a^b f(x)\,dx$. **6.** 0 **7.** $\dfrac{1000}{3}$ **8.** $\dfrac{16}{3}$ **9.** $-\dfrac{88}{3}$

10. 0 **11.** 2 **12.** 0

13. 0

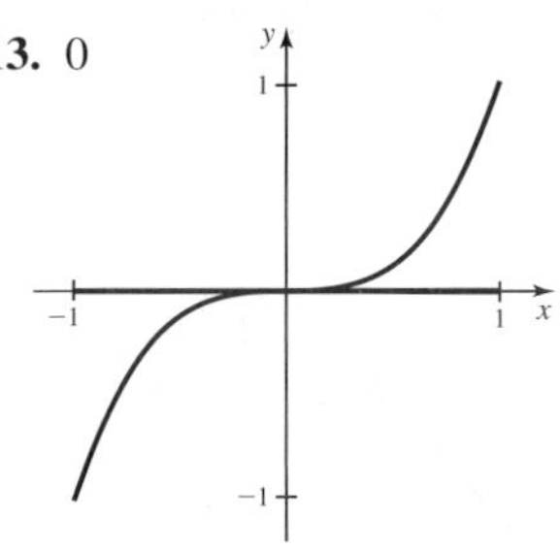

14. $\dfrac{\pi}{4}$

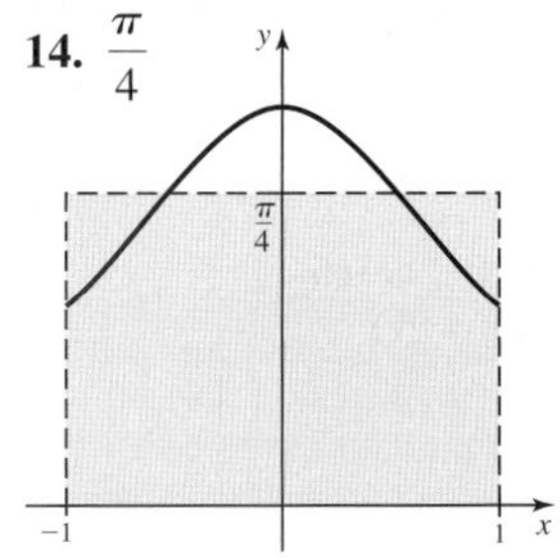

15. $2/\pi$

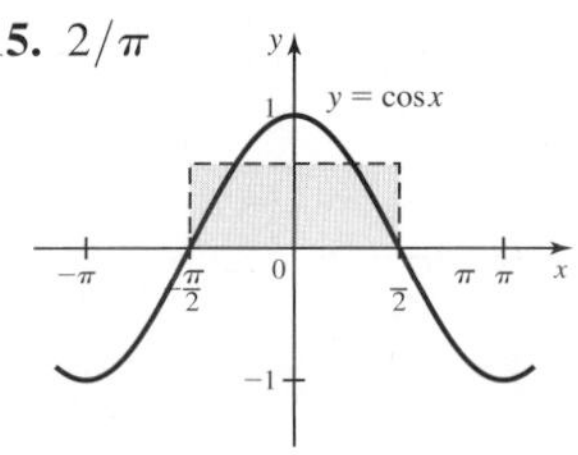

16. $1/(n + 1)$

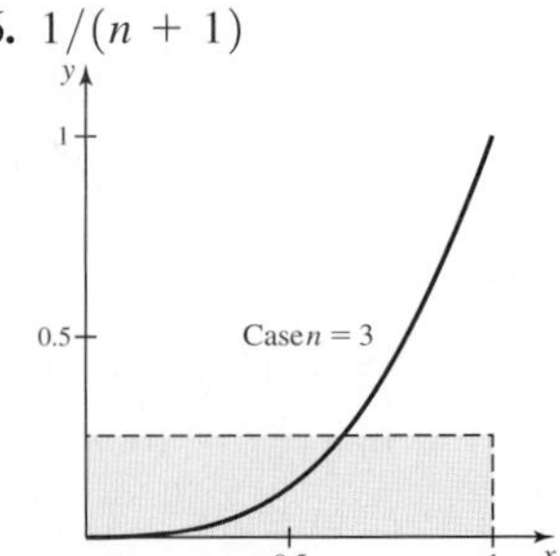

17. 2000 **18.** 21 m/s **19.** $20/\pi$ **20.** 2 **21.** $a/\sqrt{3}$

22. $c = \pm\frac{1}{2}$ **23. a.** True **b.** True **c.** True **d.** False

24. 420 ft **25.** $f(g(-x)) = f(g(x)) \Rightarrow$ the integrand is even; $\displaystyle\int_{-a}^{a} f(g(x))\,dx = 2\int_0^a f(g(x))\,dx$ **26.** $p(g(-x)) = p(g(x)) \Rightarrow$ the integrand is even; $\displaystyle\int_{-a}^{a} p(g(x))\,dx = 2\int_0^a p(g(x))\,dx$

27. a. $a/6$ **b.** $(3 \pm \sqrt{3})/6$, independent of a

29.

Even	Even
Even	Odd

5.5절 연습문제(pp. 433–435)

1. The Chain Rule **2.** $u = g(x)$ **3.** The lower bound a becomes $g(a)$ and the upper bound b becomes $g(b)$. **4.** $\frac{(x^2+1)^5}{5} + C$

5. $\frac{1}{4}\sin^4 x + C$ **6.** $\frac{(x+1)^{13}}{13} + C$ **7.** $\frac{(2x+1)^{3/2}}{3} + C$

8. a. $\frac{1}{10}e^{10x} + C$ **b.** $\frac{1}{5}\sec 5x + C$ **c.** $-\frac{1}{7}\cos 7x + C$

d. $7\sin\frac{x}{7} + C$ **e.** $\frac{1}{27}\tan^{-1}\frac{x}{3} + C$ **f.** $\sin^{-1}\frac{x}{6} + C$

9. $\frac{(x^2-1)^{100}}{100} + C$ **10.** $-\frac{(1-4x^3)^{1/2}}{3} + C$ **11.** $\frac{(x^2+x)^{11}}{11} + C$

12. $\frac{(x^4+16)^7}{28} + C$ **13.** $\frac{1}{2}\sin^{-1}\frac{x}{3} + C$ **14.** $\frac{4^{x^3}}{\ln 2} + C$

15. $\frac{(x^6-3x^2)^5}{30} + C$ **16.** $\frac{3}{5}\sin^{-1}5x + C$ **17.** $\frac{1}{6}\tan^{-1}\frac{e^w}{6} + C$

18. $-\frac{1}{2}\csc x^2 + C$ **19.** $\frac{1}{10}\tan(10x+7) + C$ **20.** $\frac{1}{2}\tan^2 x + C$

21. $\frac{1}{7}\sec^7 x + C$ **22.** $\frac{\sqrt{2}}{4}$ **23.** $\frac{7}{2}$ **24.** 1 **25.** $\frac{1}{3}$ **26.** $\frac{2-\sqrt{2}}{2}$

27. $(e^9-1)/3$ **28.** $\sqrt{2}-1$ **29.** $\frac{\pi}{6}$ **30.** $\frac{1}{2}\ln 17$ **31.** $\frac{\pi}{9}$

32. $\frac{1}{3}$ **33.** $\frac{3}{4}(4-3^{2/3})$ **34.** $\frac{32}{3}$ **35.** $-\ln 3$ **36.** $\frac{1}{7}$ **37.** 10 m/s

38. a. 160 **b.** $\frac{4800}{49} \approx 98$ **c.** $\Delta p = \int_0^T \frac{200}{(t+1)^r}\,dt$; decreases as r increases **d.** $r \approx 1.28$ **e.** As $t \to \infty$, the population approaches 100.

39. $\frac{2}{3}(x-4)^{1/2}(x+8) + C$ **40.** $\frac{3}{5}(x+4)^{2/3}(x-6) + C$

41. $\frac{3}{112}(2x+1)^{4/3}(8x-3) + C$ **42.** $\frac{(x+10)^{10}(x-1)}{11} + C$

43. π **44.** $\frac{\theta}{2} - \frac{1}{4}\sin\left(\frac{6\theta+\pi}{3}\right) + C$ **45.** $\frac{\pi}{4}$ **46.** $\ln\frac{9}{8}$

47. a. True **b.** True **c.** False **d.** False **e.** False **48.** 1

49. $\frac{2}{3}$; constant **50. a.** π/p **b.** 0 **51.** $2/\pi$

52. One area is $\int_4^9 \frac{(\sqrt{x}-1)^2}{2\sqrt{x}}\,dx$. Changing variables by letting $u = \sqrt{x}-1$ yields $\int_1^2 u^2\,du$, which is the other area. **53.** $7297/12$

54. $\frac{2}{15}(3-2a)(1+a)^{3/2} + \frac{4}{15}a^{5/2}$ **55.** $\frac{1}{3}\sec^3\theta + C$

56. a. $I = \frac{1}{8}x - \frac{1}{32}\sin 4x + C$ **b.** $I = \frac{1}{8}x - \frac{1}{32}\sin 4x + C$

58. $\frac{4}{3}(-2+\sqrt{1+x})\sqrt{1+\sqrt{1+x}} + C$ **59.** $-4+\sqrt{17}$

Chapter 5 연습문제(pp. 435–438)

1. a. True **b.** False **c.** True **d.** True **e.** False **f.** True **g.** True

2. a.

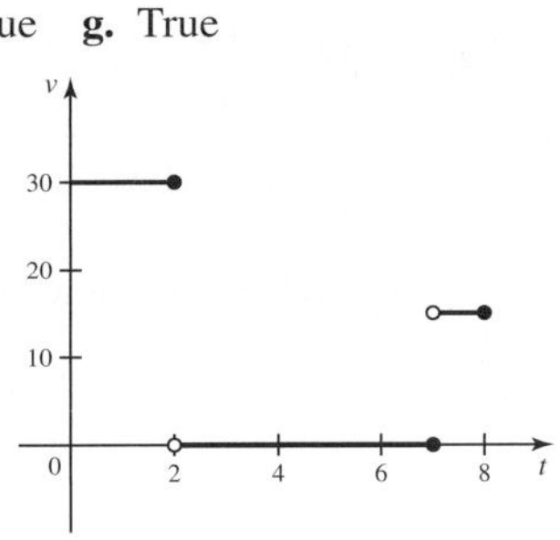

b. 75 **c.** The area is the distance the diver ascends.

3. 9.34; 10.28; 9.82

4.

n	Midpoint Riemann sum
10	114.167
30	114.022
60	114.006

$\int_1^{25}\sqrt{2x-1}\,dx = 114$

5. a. $1((3\cdot2-2)+(3\cdot3-2)+(3\cdot4-2)) = 21$

b. $\sum_{k=1}^{n}\frac{3}{n}\left(3\left(1+\frac{3k}{n}\right)-2\right)$ **c.** $\frac{33}{2}$ **6.** $-\frac{16}{3}$ **7.** 56

8. a. 20 **b.** 0 **c.** 80 **d.** 10 **e.** 0 **9.** 18 **10.** 10

11. Not enough information **12. a.** 8.5 **b.** -4.5 **c.** 0 **d.** 11.5

13. 4π **14.** A: $\int_0^x f(t)\,dt$; B: $f(x)$; C: $f'(x)$ **15.** $\sqrt{1+x^4+x^6}$

16. $-\sin x^6$ **17.** $\frac{2}{x^{10}+1}$ **19.** $\frac{212}{5}$ **20.** $x^9 - x^7 + C$ **21.** $\frac{7}{6}$

22. $\frac{4}{\sqrt{3}}$ **23.** $\frac{\pi}{12}$ **24.** $-\frac{4}{3\sin^{3/4}x} + C$ **25.** $\frac{1}{3}\sin x^3 + C$

26. $\frac{1}{28}\tan^{-1}\left(\frac{\sin 7w}{4}\right) + C$ **27.** $\frac{1}{\ln 2}$ **28.** 78 **29.** $\frac{5}{6}e^2(e^3-1)$

30. $e^{e^x} + C$ **31.** $\frac{1}{2}\sin^{-1}2x + C$ **32.** $\pi + \frac{3\sqrt{3}}{4}$ **33.** $\frac{\pi}{2}$

34. $\frac{1}{3}\ln\frac{9}{2}$ **35.** 0 **36.** $\cos\frac{1}{x} + C$ **37.** $\ln|\tan^{-1}x| + C$

38. $(x+3)^{11}\left(\frac{11x-3}{132}\right) + C$ **39.** 1 **40.** $\frac{\pi}{12}$ **41.** 0 **42.** 48

43. $\frac{256}{3}$ **44.** 8 **45.** $-\frac{4}{15}; \frac{4}{15}$ **46.** Approx. 431.5 ft

47. Displacement = 0; distance = $20/\pi$ **48.** $\frac{3}{2\ln 2}$

49. a. $5/2$, $c = 3.5$ **b.** 3, $c = 3$ and $c = 5$ **50.** 24

51. $f(1) = 0$; $f'(x) > 0$ on $[1, \infty)$; $f''(x) < 0$ on $[1, \infty)$

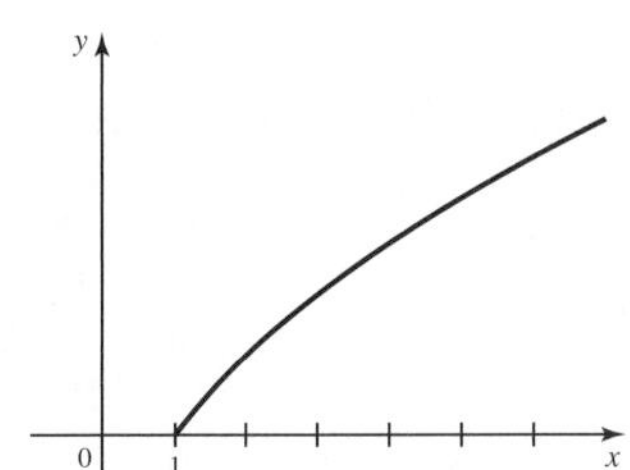

52. a. $\frac{3}{2}, \frac{5}{6}$ **b.** x **c.** $\frac{1}{2}x^2$ **d.** $-1, \frac{1}{2}$ **e.** 1, 1 **f.** $\frac{3}{2}$ **53.** e^4

56. a. Increasing on $(-\infty, 1)$ and $(2, \infty)$; decreasing on $(1, 2)$ **b.** Concave up on $\left(\frac{13}{8}, \infty\right)$; concave down on $\left(-\infty, \frac{13}{8}\right)$ **c.** Local max at $x = 1$; local min at $x = 2$ **d.** Inflection point at $x = \frac{13}{8}$ **57.** Differentiating the first equation gives the second equation; no. **58.** $\sqrt[4]{12}$

CHAPTER 6

6.1절 연습문제(pp. 448–451)

1. The position $s(t)$ is the location of the object relative to the origin. The displacement is the change in position between time $t = a$ and $t = b$. The distance traveled between $t = a$ and $t = b$ is $\int_a^b |v(t)|\,dt$, where $v(t)$ is the velocity at time t. **2.** The displacement between $t = a$ and $t = b$ is $\int_a^b v(t)\,dt$. **3.** $Q(t) = Q(0) + \int_0^t Q'(x)\,dx$
4. a. $[0, 1), (3, 5)$ **b.** -4 mi **c.** 26 mi **d.** 6 mi **e.** 6 mi on the positive side of the initial position **5. a.** 3 **b.** $\frac{13}{3}$ **c.** 3

d. $s(t) = \begin{cases} -\dfrac{t^2}{2} + 2t & \text{if } 0 \le t \le 3 \\ \dfrac{3t^2}{2} - 10t + 18 & \text{if } 3 < t \le 4 \\ -t^2 + 10t - 22 & \text{if } 4 < t \le 5 \end{cases}$

6. a. 3 m **b.** 3 m; 0 m; 3 m; 0 m **c.** 12 m
7. a. Positive direction for $2 < t \le 3$; negative direction for $0 < t < 2$ **b.** 0 m **c.** 8 m **8. a.** Positive direction for $0 \le t < 2$ and $4 < t \le 5$; negative direction for $2 < t < 4$
b. 20 m **c.** 28 m **9. a.** $s(t) = 2 - \cos t$ **10. a.** $s(t) = 6t - t^2$
11. a. $s(t) = 9t - \dfrac{t^3}{3} - 2$ **12. a.** $s(t) = 2\sin \pi t$

b.

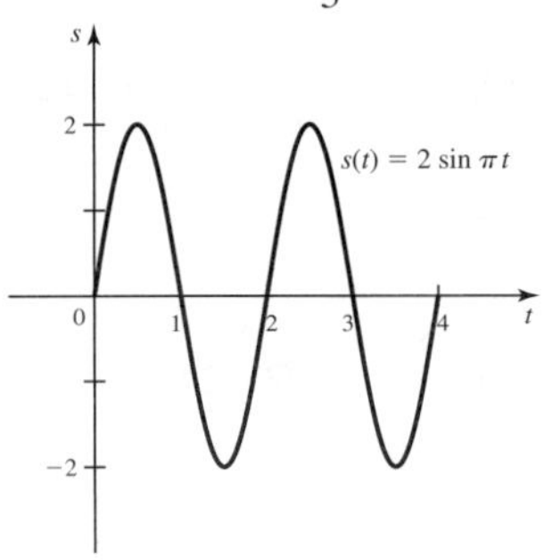

c. $\frac{3}{2}, \frac{7}{2}, \frac{11}{2}$
d. $\frac{1}{2}, \frac{5}{2}, \frac{9}{2}$

13. a. $s(t) = 10t(48 - t^2)$ **b.** 880 mi **c.** $\dfrac{2720\sqrt{6}}{9} \approx 740.29$ mi

14.

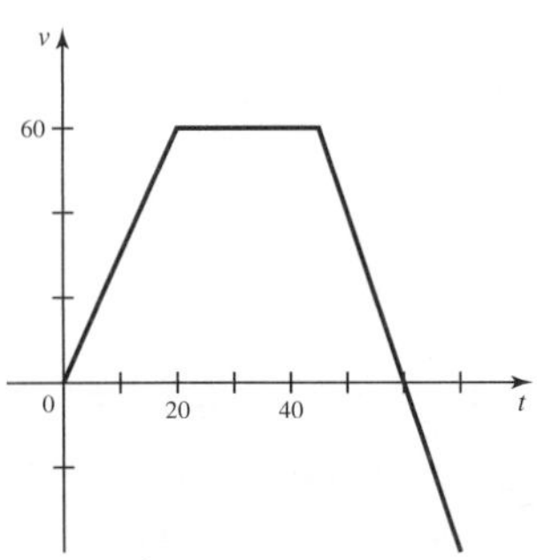

a. Velocity is a maximum for $20 \le t \le 45$; $v = 0$ at $t = 0$ and $t = 60$ **b.** 1200 m **c.** 2550 m **d.** 2100 m

15. $v(t) = -32t + 70$; $s(t) = -16t^2 + 70t + 10$
16. $v(t) = -9.8t + 20$; $s(t) = -4.9t^2 + 20t$
17. $v(t) = -\frac{1}{200}t^2 + 10$; $s(t) = -\frac{1}{600}t^3 + 10t$
18. $v(t) = \frac{1}{2}\sin 2t + 5$; $s(t) = -\frac{1}{4}\cos 2t + 5t + \frac{29}{4}$
19. a. 2639 people **b.** $P(t) = 250 + 20t^{3/2} + 30t$ people
20. a. 1897 cells; 1900 cells **b.** $N(t) = 1900 - 400e^{-0.25t}$
21. a. 27,250 barrels **b.** 31,000 barrels **c.** 4000 barrels
22. a. $\dfrac{10^7(1 - e^{-kt})}{k}$ **b.** $\dfrac{10^7}{k}$ = total number of barrels of oil extracted if the nation extracts the oil indefinitely, and it has at least $\dfrac{10^7}{k}$ barrels of oil in reserve. **c.** $k = \dfrac{1}{200} = 0.005$ **d.** Approx. 138.6 yr
23. a. $\dfrac{120}{\pi} + 40 \approx 78.20\ \text{m}^3$
b. $Q(t) = 20\left(t + \dfrac{12}{\pi}\sin\left(\dfrac{\pi}{12}t\right)\right)$ **c.** Approx. 122.6 hr
24. a. $V(t) = 5 + \cos\dfrac{\pi t}{2}$ **b.** 15 breaths/min **c.** 2 L, 6 L
25. a. 7200 MWh or 2.592×10^{13} J **b.** 16,000 kg; 5,840,000 kg **c.** 450 g; 164,250 g **d.** About 1500 turbines **26. a.** \$96,875 **b.** \$86,875 **27. a.** \$69,583.33 **b.** \$139,583.33 **28. a.** False **b.** True **c.** True **d.** True **29.** $\frac{2}{3}$ **30.** $\frac{25}{3}$
31. a.

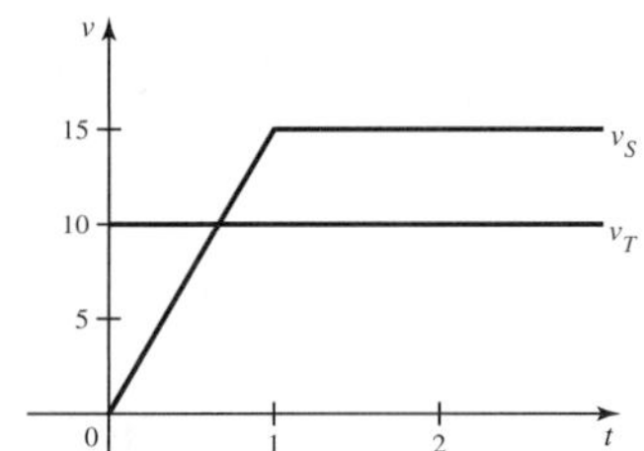

b. Theo **c.** Sasha **d.** Theo hits the 10-mi mark before Sasha; Sasha and Theo hit the 15-mi mark at the same time; Sasha hits the 20-mi mark before Theo. **e.** Sasha **f.** Theo

32. Approx. 11:23 A.M.
33. $\int_a^b f'(x)\,dx = f(b) - f(a) = g(b) - g(a) = \int_a^b g'(x)\,dx$

6.2절 연습문제(pp. 457–460)

1. $\int_a^b (f(x) - g(x))\,dx + \int_b^c (g(x) - f(x))\,dx$
2.

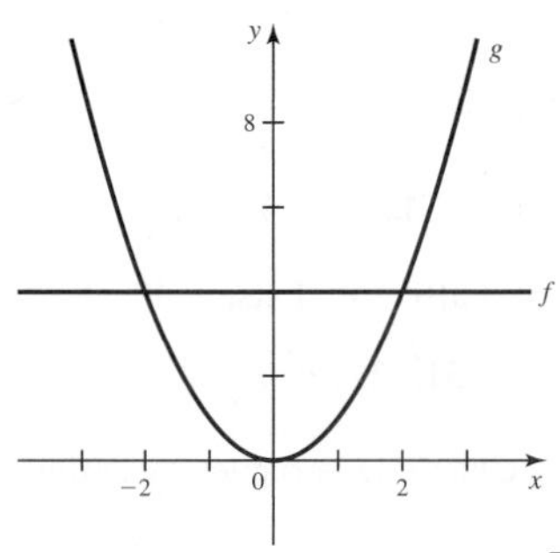

3. a. 1
4. $\int_0^1 y\,dy + \int_1^2 (2 - y)\,dy$
5. $\dfrac{9}{2}$ **6.** $3\pi - 2$
7. $\dfrac{5}{2} - \dfrac{1}{\ln 2}$
8. $2 - \sqrt{2}$
9. $\dfrac{4}{3}$ **10.** $\dfrac{32}{3}$

11. 9 **12.** $\dfrac{81}{2}$ **13.** 2 **14.** $\dfrac{8\sqrt{2} - 7}{6}$ **15.** $\dfrac{125}{2}$
16. a. $\int_0^1 (\sqrt{x} - x^3)\,dx$ **b.** $\int_0^1 (\sqrt[3]{y} - y^2)\,dy$
17. $\frac{19}{6} \approx 3.17$ km; the faster runner jogged approximately 3.17 km farther than the slower runner. **18. a.** 7 **b.** 4 **19.** 25 **20.** $\frac{81}{32}$
21. $\pi - 2$ **22.** $\frac{1}{2} + \ln 2$ **23.** $\frac{7}{3}$ **24.** 3 **25.** $\frac{64}{5}$ **26.** $\ln 2$
27. $\frac{5}{24}$ **28.** $\frac{63}{4}$ **29.** $\frac{9}{2}$ **30.** $\frac{32}{3}$ **31.** $\frac{15}{8} - 2\ln 2$ **32.** $\frac{17}{3}$
33. a. False **b.** False **c.** True **34.** $\frac{4}{9}$ **35.** $\dfrac{n - 1}{2(n + 1)}$
36. $A_n = \dfrac{n - 1}{n + 1}$; $\lim_{n\to\infty} A_n = 1$; the region approximates a square with side length of 1. **37.** $k = 1 - \dfrac{1}{\sqrt{2}}$ **38. a.** The lowest $p\%$ of households own exactly $p\%$ of the wealth for $0 \le p \le 100$.

b. The function must be one-to-one and its graph must lie below $y = x$ because the poorest $p\%$ cannot own more than $p\%$ of the wealth. **c.** $p = 1.1$ is most equitable; $p = 4$ is least equitable. **e.** $G(p) = \dfrac{p-1}{p+1}$ **f.** $0 \le G \le 1$ for $p \ge 1$ **g.** $\frac{5}{18}$

39. a.

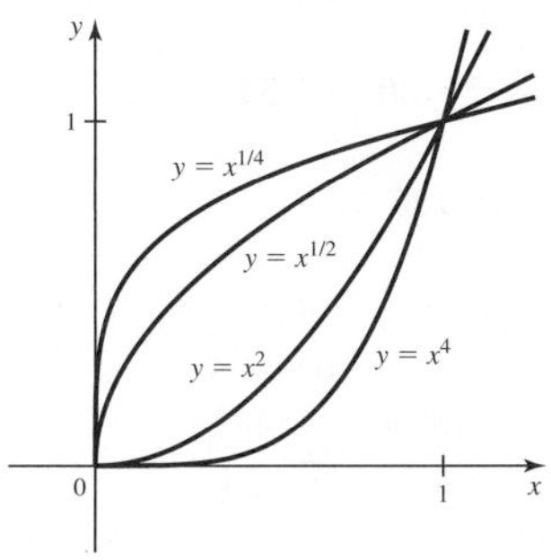

b. $A_n(x)$ is the net area of the region between the graphs of f and g from 0 to x. **c.** $x = n^{n/(n^2-1)}$; the root decreases with n.

6.3절 연습문제(pp. 471–474)

1. $A(x)$ is the area of the cross section through the solid at the point x. **2. a.** $3 - x$ **b.** $\int_0^2 (3 - x)\,dx$ **3. a.** $\sqrt{\cos x}$ **b.** $\pi \cos x$ **c.** $\int_0^{\pi/2} \pi \cos x\,dx$ **4. a.** $\sqrt{x} + 1$ **b.** 1 **c.** $\pi((\sqrt{x} + 1)^2 - 1)$ **d.** $\int_0^4 \pi((\sqrt{x} + 1)^2 - 1)\,dx$ **5. a.** $\sqrt{x}$ **b.** πx **c.** $\int_0^4 \pi x\,dx$ **6.** $\dfrac{4}{3}$ **7.** 1 **8.** $\dfrac{\pi}{3}$ **9.** 36π **10.** $\dfrac{15\pi}{32}$ **11.** $\dfrac{\pi^2}{2}$ **12.** $\dfrac{32\pi}{3}$ **13.** $\dfrac{5\pi}{6}$ **14.** $\dfrac{2\pi}{5}$ **15.** $\dfrac{\pi^2}{4}$ **16.** $\dfrac{\pi^2}{2}$ **17.** $\dfrac{\pi(\pi - 2)}{8}$ **18.** $\dfrac{4\pi - \pi^2}{4}$ **19.** $\dfrac{128\pi}{5}$ **20.** $\pi \ln 3$ **21.** $\dfrac{\pi}{2}(e^4 - 1)$ **22.** $\dfrac{49\pi}{2}$ **23.** Volumes are equal. **24.** x-axis **25.** $\dfrac{\pi}{2}$ **26.** $\pi\sqrt{3}$ **27.** $\dfrac{\pi}{6}$ **28.** $2\pi(8 + \pi)$ **29.** $(6\sqrt{3} - 2\pi)\pi$ **30.** 4π **31. a.** False **b.** True **c.** True **32.** Volume $(S) = 8\pi a^{5/2}/15$; volume $(T) = \pi a^{5/2}/3$

33. a.

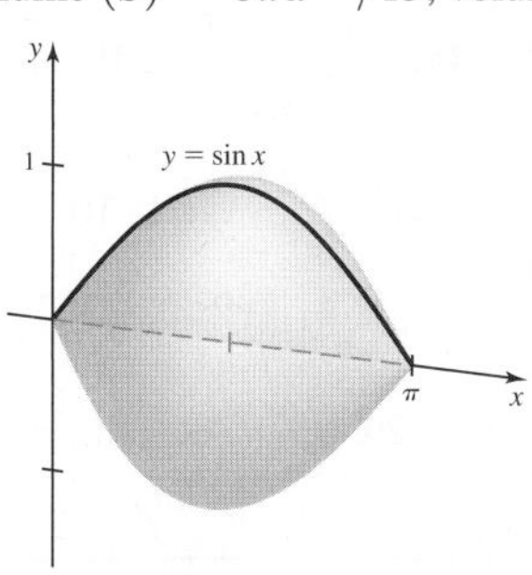

b.

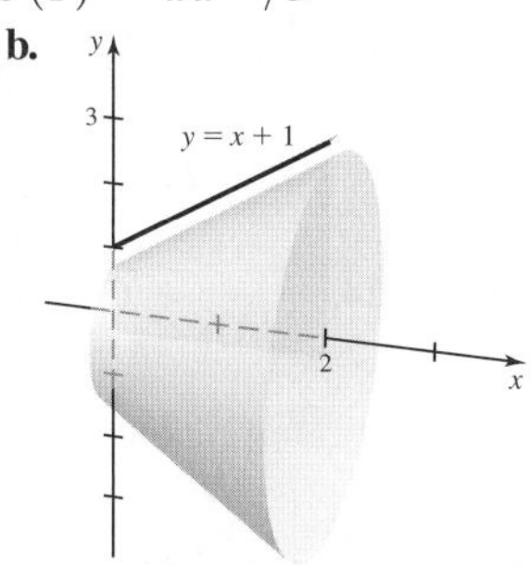

34. Left: 166π; right: 309π; midpoint: 219π **35. a.** $\frac{1}{3} V_C$ **b.** $\frac{2}{3} V_C$ **36.** $24\pi^2$ **37. b.** $V = \pi r^2 h$

6.4절 연습문제(pp. 484–486)

1. $\int_a^b 2\pi x(f(x) - g(x))\,dx$ **2.** x; y **3. a.** x **b.** $2 - x^2 - x$ **c.** $\int_0^1 2\pi x(2 - x^2 - x)\,dx$ **4. a.** $2 - y$ **b.** $4 - (2 - y)^2 = 4y - y^2$ **c.** $\int_0^2 2\pi(2 - y)(4y - y^2)\,dy$ **5.** $\dfrac{\pi}{6}$ **6.** π **7.** 8π **8.** $\dfrac{32\pi}{3}$ **9.** π **10.** $\dfrac{\pi}{2}$ **11.** $\dfrac{81\pi}{2}$ **12.** $\dfrac{2\pi}{3}$ **13.** $\dfrac{3\pi}{10}$ **14.** 90π **15.** $2\pi e(e - 1)$ **16.** π **17.** $\dfrac{\pi}{5}$ **18.** $\dfrac{4\pi}{15}$ **19.** 500π **20.** $\dfrac{11\pi}{6}$ **21.** $\dfrac{5\pi}{6}$ **22.** $\dfrac{23\pi}{15}$ **23.** $\dfrac{52\pi}{15}$ **24.** $\dfrac{36\pi}{5}$ **26. a.** $4\pi \int_1^5 x\sqrt{4 - (x - 3)^2}\,dx$ **b.** $12\pi \int_{-2}^2 \sqrt{4 - y^2}\,dy$ **c.** $24\pi^2$ **27.** $\dfrac{\pi}{9}$ **28.** $\dfrac{16\pi}{3}$ **29.** $\dfrac{608\pi}{3}$ **30.** $\pi(\sqrt{e} - 1)^2$ **31.** $\dfrac{5\pi}{6}$ **32. a.** True **b.** False **c.** True **33.** 24π **34.** 54π **35. a.** $V_1 = \dfrac{\pi}{15}(3a^2 + 10a + 15)$; $V_2 = \dfrac{\pi}{2}(a + 2)$ **b.** $V(S_1) = V(S_2)$, for $a = 0$ and $a = -\frac{5}{6}$ **36.** 10π **37. a.** $27\sqrt{3}\pi r^3/8$ **b.** $54\sqrt{2}/(3 + \sqrt{2})^3$ **c.** $500\pi/3$

6.5절 연습문제(pp. 492–493)

1. Determine whether f has a continuous derivative on $[a, b]$. If so, calculate $f'(x)$ and evaluate the integral $\int_a^b \sqrt{1 + f'(x)^2}\,dx$. **2.** $\int_{-2}^5 \sqrt{1 + 9x^4}\,dx$ **3.** $\int_0^2 \sqrt{1 + 4e^{-4x}}\,dx$ **4.** $4\sqrt{5}$ **5.** $8\sqrt{65}$ **6.** 168 **7.** $\frac{4}{3}$ **8.** $\frac{123}{32}$ **9.** $\frac{123}{32}$ **10.** $7\sqrt{5}$ **11. a.** $\int_{-1}^1 \sqrt{1 + 4x^2}\,dx$ **b.** 2.96 **12. a.** $\int_1^4 \sqrt{1 + \dfrac{1}{x^2}}\,dx$ **b.** 3.34 **13. a.** $\int_3^4 \sqrt{\dfrac{4y - 7}{4y - 8}}\,dy$ **b.** 1.08 **14. a.** $\int_0^\pi \sqrt{1 + 4\sin^2 2x}\,dx$ **b.** 5.27 **15. a.** $\int_1^{10} \sqrt{1 + 1/x^4}\,dx$ **b.** 9.15 **16.** Approx. 1326 m **17. a.** False **b.** True **c.** False **18. a.** $f(x) = \pm 4x^3/3 + C$ **b.** $f(x) = \pm 3 \sin 2x + C$ **19.** $y = 1 - x^2$ **20. a.** $L/2$ **b.** L/c

6.6절 연습문제(pp. 500–502)

1. 15π **2.** Evaluate $\int_a^b 2\pi f(x)\sqrt{1 + f'(x)^2}\,dx$ **3. a.** $4\sqrt{2}\pi$ **4.** $156\sqrt{10}\pi$ **5.** $\dfrac{2912\pi}{3}$ **6.** $\dfrac{\pi}{9}(17^{3/2} - 1)$ **7.** 2π **8.** $15\sqrt{17}\,\pi$ **9.** $\dfrac{\pi}{8}(16 + e^8 - e^{-8})$ **10.** 96π **11.** $\dfrac{9\pi}{125}\,\mathrm{m}^3$ **12. a.** False **b.** False **c.** True **d.** False **13. a.** $\int_0^{\pi/2} 2\pi(\cos x)\sqrt{1 + \sin^2 x}\,dx$ **b.** Approx. 7.21 **14. a.** $\int_0^{\pi/4} 2\pi(\tan x)\sqrt{1 + \sec^4 x}\,dx$ **b.** Approx. 3.84 **15.** $\dfrac{12\pi a^2}{5}$ **16.** $\dfrac{53\pi}{9}$ **17.** $\dfrac{275\pi}{32}$ **18.** $\dfrac{48{,}143\pi}{48}$ **19. a.** $\dfrac{6}{R}$ **b.** $\dfrac{3}{R}$ **c.** $\dfrac{9 + 4\pi\sqrt{3}}{6R\sqrt[3]{4}}$ **d.** The sphere **e.** A sphere **21. a.** $c^2 A$ **b.** A

Chapter 6 연습문제(pp. 502–504)

1. a. True **b.** True **c.** True **2. a.** Positive direction for $0 \le t < \frac{1}{2}$ and $2 < t \le 3$; negative direction for $\frac{1}{2} < t < 2$ **b.** 9 m **c.** 22.5 m **d.** $s(t) = 4t^3 - 15t^2 + 12t + 1$

3. $s(t) = 20t - 5t^2$; displacement $= 20t - 5t^2$;

$$D(t) = \begin{cases} 20t - 5t^2 & \text{if } 0 \le t < 2 \\ 5t^2 - 20t + 40 & \text{if } 2 \le t \le 4 \end{cases}$$

4. a. $v(t) = -\dfrac{8}{\pi}\cos\dfrac{\pi t}{4}$; $s(t) = -\dfrac{32}{\pi^2}\sin\dfrac{\pi t}{4}$

b. Min value $= -\dfrac{32}{\pi^2}$; max value $= \dfrac{32}{\pi^2}$ **c.** 0; 0

5. a. $R(t) = 3t^{4/3}$ **b.** $R(t) = \begin{cases} 3t^{4/3} & \text{if } 0 \le t \le 8 \\ 2t + 32 & \text{if } t > 8 \end{cases}$

c. $t = 59$ min

6. a.

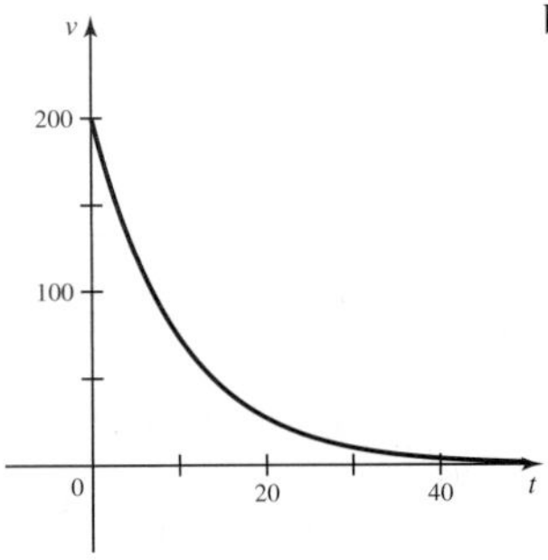

b. $10 \ln 4 \approx 13.86$ s

c. $s(t) = 2000(1 - e^{-t/10})$ **d.** No

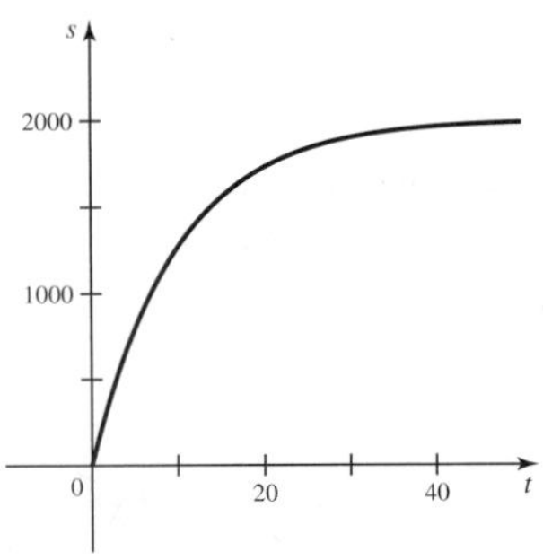

7. a. $s_{\text{Tom}}(t) = -10e^{-2t} + 10$
$s_{\text{Sue}}(t) = -15e^{-t} + 15$

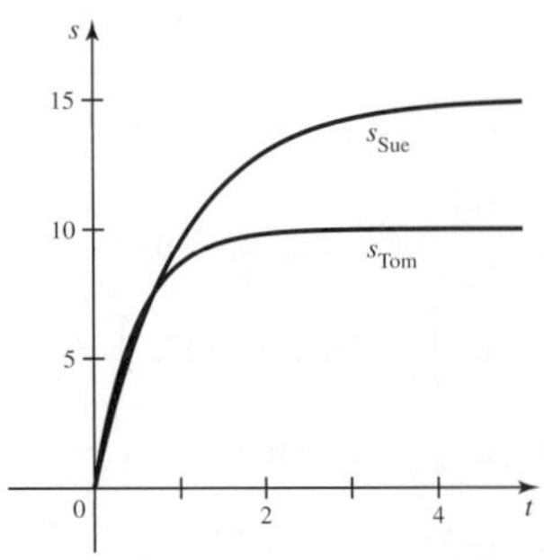

b. $t = 0$ and $t = \ln 2$ **c.** Sue **8.** $1 - \dfrac{\pi}{4}$ **9.** $e - 2$

10. $\dfrac{7}{3}$ **11.** 8 **12.** 1 **13.** $\dfrac{1}{3}$

14. R_1: $\dfrac{7}{6}$; R_2: $\dfrac{10}{3}$; R_3: $4\sqrt{3} - \dfrac{10}{3}$ **15.** $\dfrac{11\pi}{15}$ **16.** $\dfrac{14\pi}{3}$

17. $\displaystyle\int_1^3 2\pi(3 - x)(2\sqrt{x} - 3 + x)\,dx$ **18.** $\dfrac{7}{3}$ **19.** $\dfrac{31\pi}{5}$

20. R_1: $\sqrt{3}$; R_2: $\dfrac{4\pi}{3} - \sqrt{3}$ **21.** $\dfrac{1}{3}$ **22.** $\dfrac{5}{6}$ **23.** $\dfrac{8}{15}$ **24.** $\dfrac{8\pi}{5}$

25. $\pi(e - 1)^2$ **26.** π **27.** $\dfrac{512\pi}{15}$ **28.** About $y = -2$: 80π; about $x = -2$: 112π **29.** $c = 5$ **30.** 1 **31.** $2\sqrt{3} - \dfrac{4}{3}$

32. $\displaystyle\int_2^4 \sqrt{4x^2 + 8x + 5}\,dx \approx 16.127$

33. $\sqrt{b^2 + 1} - \sqrt{2} + \ln\left(\dfrac{(\sqrt{b^2 + 1} - 1)(1 + \sqrt{2})}{b}\right)$; $b \approx 2.715$

34. a. 9π **b.** $\dfrac{9\pi}{2}$ **35. a.** $\dfrac{263{,}439\pi}{4096}$ **b.** $\dfrac{483}{64}$

c. $\dfrac{\pi}{8}(84 + \ln 2)$ **d.** $\dfrac{264{,}341\pi}{18{,}432}$

CHAPTER 7

7.1절 연습문제(pp. 514–516)

1. $D = (0, \infty)$, $R = (-\infty, \infty)$ **2.** $\dfrac{4^x}{\ln 4} + C$

3. $e^{x \ln 3}$, $e^{\pi \ln x}$, $e^{(\sin x)(\ln x)}$ **4.** $3(\ln x + 1)$ **5.** $\dfrac{\cos(\ln x)}{x}$, $x > 0$

6. $-\dfrac{5}{x(\ln 2x)^6}$ **7.** $4^{2x+1}x^{4x}(1 + \ln 2x)$ **8.** $(\ln 2)\,2^{x^2+1}x$

9. $2(x + 1)^{2x}\left(\dfrac{x}{x + 1} + \ln(x + 1)\right)$

10. $y^{\sin y}\left(\cos y \ln y + \dfrac{\sin y}{y}\right)$ **11.** $-20xe^{-10x^2}$

12. $x^{2x}(2 \ln x + 2)$ **13.** $-(1/x)^x(1 + \ln x)$

14. $\left(-\dfrac{4}{x + 4} + \ln\left(\dfrac{x + 4}{x}\right)\right)\left(1 + \dfrac{4}{x}\right)^x$ **15.** $6(1 - \ln 2)$

16. $\dfrac{3}{8}$ **17.** $\dfrac{1}{2}\ln(4 + e^{2x}) + C$ **18.** $\dfrac{1}{\ln 2} - \dfrac{1}{\ln 3}$ **19.** $4 - \dfrac{4}{e^2}$

20. $2e^{\sqrt{x}} + C$ **21.** $\ln|e^x - e^{-x}| + C$ **22.** $\dfrac{99}{10 \ln 10}$

23. 3 **24.** $\dfrac{6^{x^3+8}}{3 \ln 6} + C$ **25.** $\dfrac{1}{6}e^{3x^2+1} + C$ **26.** $-\dfrac{1}{9^x \ln 9} + C$

27. $\dfrac{10^{x^3}}{3 \ln 10} + C$ **28.** $\dfrac{3 \cdot 3^{\ln 2} - 1}{\ln 3}$ **29.** $\dfrac{32}{3}$ **30.** $\dfrac{1}{3}\ln\dfrac{65}{16}$

31. $2e^{5+\sqrt{x}} + C$ **32.**

h	$(1 + 2h)^{1/h}$	h	$(1 + 2h)^{1/h}$
10^{-1}	6.1917	-10^{-1}	9.3132
10^{-2}	7.2446	-10^{-2}	7.5404
10^{-3}	7.3743	-10^{-3}	7.4039
10^{-4}	7.3876	-10^{-4}	7.3905
10^{-5}	7.3889	-10^{-5}	7.3892
10^{-6}	7.3890	-10^{-6}	7.3891

$\lim_{h \to 0}(1 + 2h)^{1/h} = e^2$

33.

x	$\frac{2^x - 1}{x}$	x	$\frac{2^x - 1}{x}$
10^{-1}	0.71773	-10^{-1}	0.66967
10^{-2}	0.69556	-10^{-2}	0.69075
10^{-3}	0.69339	-10^{-3}	0.69291
10^{-4}	0.69317	-10^{-4}	0.69312
10^{-5}	0.69315	-10^{-5}	0.69314
10^{-6}	0.69315	-10^{-6}	0.69315

$\lim_{x\to 0} \frac{2^x - 1}{x} = \ln 2$

34. a. True **b.** False **c.** False **d.** False **e.** True

35. $\frac{\ln p}{p - 1}$, 0 **36. a.** No **b.** No

39. $\ln 2 = \int_1^2 \frac{dt}{t} < L_2 = \frac{5}{6} < 1$

$\ln 3 = \int_1^3 \frac{dt}{t} > R_7$

$= 2\left(\frac{1}{9} + \frac{1}{11} + \frac{1}{13} + \frac{1}{15} + \frac{1}{17} + \frac{1}{19} + \frac{1}{21}\right) > 1$

7.2절 연습문제(pp. 524–526)

1. The relative growth is constant. **2.** The time it takes a function to double in value **3.** $T_2 = (\ln 2)/k$ **4.** $\frac{\ln 2}{20} \approx 0.03466$

5. Compound interest, world population **6.** $\ln 1.11 \approx 0.1044$.

7. $\frac{df}{dt} = 10.5$; $\frac{dg}{dt}\cdot\frac{1}{g} = \frac{1}{10}$

8. a. $\ln 1.024 \approx 0.02372$; $y(t) = 90{,}000\, e^{t \ln 1.024}$ **b.** 2028

9. a. $\frac{\ln 1.1}{10} \approx 0.009531$; $y(t) = 50{,}000\, e^{t \ln 1.1/10}$ **b.** 60,500

10. a. $\ln 1.016 \approx 0.01587$; $y(t) = 100\, e^{t \ln 1.016}$ **b.** \$126.88

11. 3.71% **12. a.** 88.1 years; 423.4 million **b.** 99.4 years; 412.2 million **13.** 28.7 million **14.** 2026

15. $a(t) = 20e^{(t/36)\ln 0.5}$ mg with $t = 0$ at midnight; 15.87 mg; 119.6 hr $\approx$ 5 days **16.** 1.798 million; the downward turn in the population size may be temporary. **17.** 18,928 ft; 125,754 ft

18. 1.055 billion yr **19.** 6.2 hours **20.** 2 dollars **21.** 1044 days

22. a. False **b.** False **c.** True **d.** True **e.** True

23. a. $V_1(t) = 0.495e^{-0.1216t}$ **b.** $V_2(t) = 0.005e^{0.239t}$

c. $V(t) = 0.495e^{-0.1216t} + 0.005e^{0.239t}$

d.

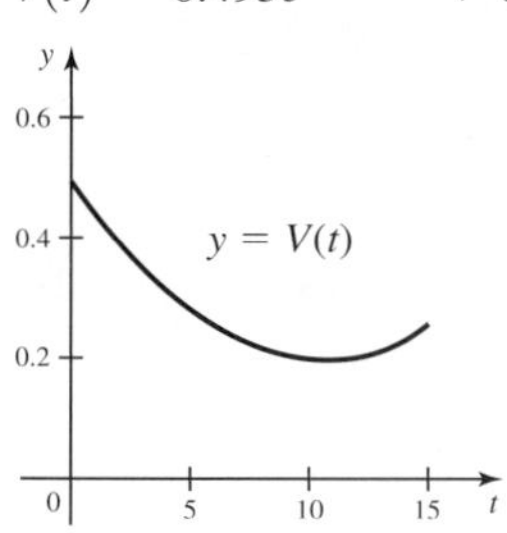

The tumor initially shrinks significantly in size but eventually starts growing again. **e.** 10.9 days; give a second treatment just before the end of the 10th day after the first treatment.

24. a. Bob; Abe **b.** $y = 4\ln(t + 1)$ and $y = 8 - 8e^{-t/2}$; Bob

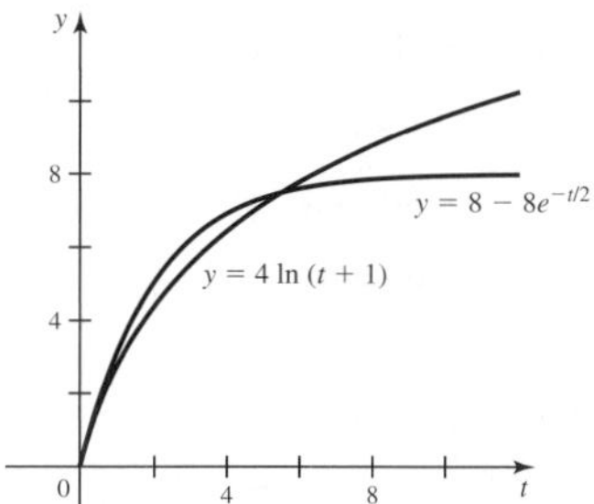

25. 10.034%; no **26.** $k = \ln(1 + r)$; $r = 2^{1/T_2} - 1$; $T_2 = (\ln 2)/k$

7.3절 연습문제(pp. 541–544)

1. $\cosh x = \frac{e^x + e^{-x}}{2}$; $\sinh x = \frac{e^x - e^{-x}}{2}$ **2.** $\cosh^2 x - \sinh^2 x = 1$

3. $\sinh^{-1} x = \ln(x + \sqrt{x^2 + 1})$ **4.** Evaluate $\sinh^{-1}\frac{1}{5}$.

5. $\int \frac{dx}{16 - x^2} = \frac{1}{4}\coth^{-1}\frac{x}{4} + C$ when $|x| > 4$; the values in the interval of integration $6 \le x \le 8$ satisfy $|x| > 4$.

12. $2\cosh x \sinh x$ **13.** $2\tanh x\, \text{sech}^2\, x$ **14.** $-2\tanh 2x$

15. $2x(3x\sinh 3x + \cosh 3x)\cosh 3x$ **16.** $4/\sqrt{16x^2 - 1}$

17. $2v/\sqrt{v^4 + 1}$ **18.** $\sinh^{-1} x$ **19.** $(\sinh 2x)/2 + C$

20. $\ln(1 + \cosh x) + C$ **21.** $x - \tanh x + C$

22. $(\cosh^4 3 - 1)/12 \approx 856$ **23.** $\ln(5/4)$

24. $\frac{1}{2\sqrt{2}}\coth^{-1}\left(\frac{x}{2\sqrt{2}}\right) + C$ **25.** $\tanh^{-1}(e^x/6)/6 + C$

26. $-\text{sech}^{-1}(x^4/2)/8 + C$ **27.** $-\text{csch}\, z + C$

28. $\ln\sqrt{3}\cdot\ln(4/3) \approx 0.158$ **29.** $\frac{x^2 + 1}{2x} + C$

30. a. The values of $y = \coth x$ are close to 1 on $[5, 10]$. **b.** $\ln(\sinh 10) - \ln(\sinh 5) \approx 5.0000454$; $|\text{error}| \approx 0.0000454$

32.

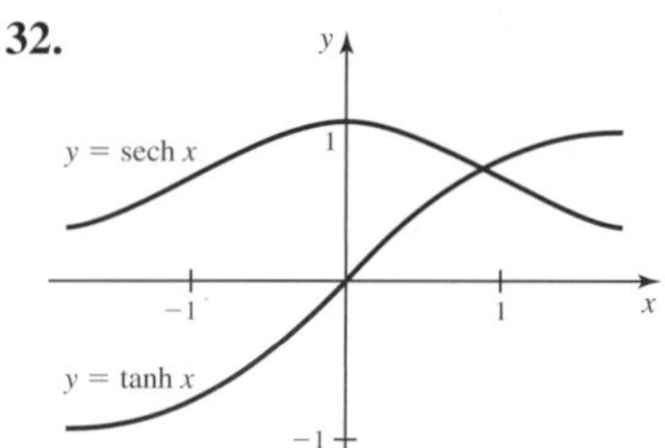

a. $x = \sinh^{-1} 1 = \ln(1 + \sqrt{2})$
b. $\pi/4 - \ln\sqrt{2} \approx 0.44$

33. $\sinh^{-1} 2 = \ln(2 + \sqrt{5})$ **34.** $-(\ln 5)/3 \approx -0.54$

35. $3\ln\left(\frac{\sqrt{5} + 2}{\sqrt{2} + 1}\right) = 3(\sinh^{-1} 2 - \sinh^{-1} 1)$

36. $\frac{1}{15}\left(17 - \frac{8}{\ln(5/3)}\right) \approx 0.09$

37. a. Sag $= f(50) - f(0) = a(\cosh(50/a) - 1) = 10$; now divide by a. **b.** $t \approx 0.08$ **c.** $a = 10/t \approx 125$; $L = 250\sinh(2/5) \approx 102.7$ ft **38.** $\lambda \approx 32.81$ m

39. b. When $d/\lambda < 0.05$, $2\pi d/\lambda$ is small. Because $\tanh x \approx x$ for small values of x, $\tanh(2\pi d/\lambda) \approx 2\pi d/\lambda$; therefore,

$v = \sqrt{\frac{g\lambda}{2\pi}\tanh\left(\frac{2\pi d}{\lambda}\right)} \approx \sqrt{\frac{g\lambda}{2\pi}\cdot\frac{2\pi d}{\lambda}} = \sqrt{gd}.$

c. $v = \sqrt{gd}$ is a function of depth alone; when depth d decreases, v also decreases. **40. a.** False **b.** False **c.** True **d.** False

41. a. 1 **b.** 0 **c.** Undefined **d.** 1 **e.** 13/12 **f.** 40/9 **g.** $\left(\frac{e^2+1}{2e}\right)^2$ **h.** Undefined **i.** ln 4 **j.** 1 **42.** $x = 0$
43. $x = \pm\tanh^{-1}(1/\sqrt{3}) = \pm\ln(2+\sqrt{3})/2 \approx \pm 0.658$
44. $\tan^{-1}(\sinh 1) - \pi/4 \approx 0.08$ **45.** Applying l'Hôpital's Rule twice brings you back to the initial limit; $\lim_{x\to\infty}\tanh x = 1$.
46. $2/\pi$ **47.** 1 **48.** $12(3\ln(3+\sqrt{8}) - \sqrt{8}) \approx 29.5$
49. a. Approx. 360.8 m **b.** First 100 m: $t \approx 4.72$ s, $v_{av} \approx 21.2$ m/s; second 100 m: $t \approx 2.25$ s, $v_{av} \approx 44.5$ m/s
55. $\ln(21/4) \approx 1.66$

Chapter 7 연습문제(pp. 544)

1. a. False **b.** False **c.** False **d.** True **2.** ln 4
3. $\frac{1}{2}\ln(x^2+8x+25) + C$
4. $\cosh^{-1}(x/3) + C = \ln(x + \sqrt{x^2-9}) + C$
5. $\tanh^{-1}(1/3)/9 = (\ln 2)/18 \approx 0.0385$
6. $x^{3x^2+1}\left(6x\ln x + 3x + \frac{1}{x}\right)$ **7.** $\sinh^2 t + \cosh^2 t$
8. $3\sinh(6x-2)$ **9.** $-\csc x$ **10.** $\frac{2x}{\sqrt{x^4-1}}$
11. Approx. 7.3 hours **12. a.** $y(t) = 29{,}000e^{(t\ln 2)/2}$
b. Approx. 41,996,486 transistors (which closely approximates the actual number of transistors) **13.** 48.37 yr
14. Local max at $x = -\frac{1}{2}(\sqrt{5}+1)$; local min at $x = \frac{1}{2}(\sqrt{5}-1)$; inflection points at $x = -3$ and $x = 0$; $\lim_{x\to-\infty} f(x) = 0$; $\lim_{x\to\infty} f(x) = \infty$

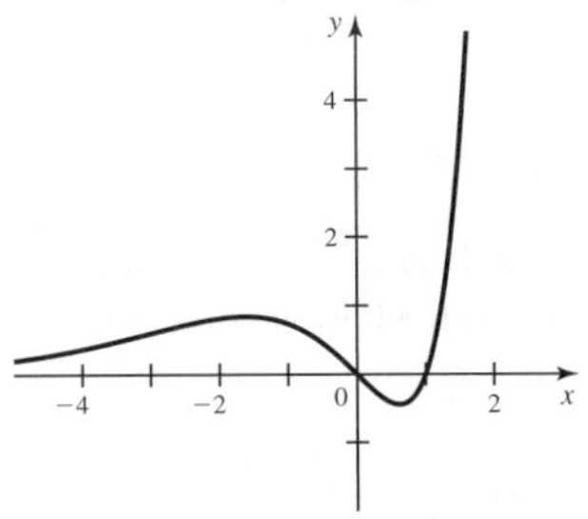

15. a.

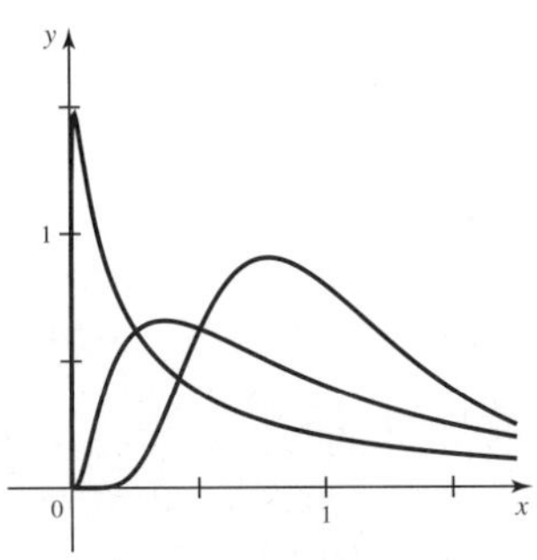

b. $\lim_{x\to 0} f(x) = 0$
d. $f(x^*) = \frac{1}{\sqrt{2\pi}}\frac{e^{\sigma^2/2}}{\sigma}$
e. $\sigma = 1$

16. $L(x) = \frac{5}{3} + \frac{4}{3}(x - \ln 3)$; $\cosh 1 \approx 1.535$
17. a. $\cosh x$ **b.** $(1 - x\tanh x)\operatorname{sech} x$

CHAPTER8

8.1절 연습문제(pp. 549–550)

1. $u = 4 - 7x$ **2.** $\sin^2 x = \frac{1-\cos 2x}{2}$ **3.** Complete the square in $x^2 - 4x - 9$. **4.** $\frac{1}{15(3-5x)^3} + C$ **5.** $\frac{\sqrt{2}}{4}$ **6.** $\frac{1}{2}\ln^2 2x + C$
7. $\ln(e^x+1) + C$ **8.** $\frac{32}{3}$ **9.** $\frac{21}{110}$
10. $\frac{(\ln w - 1)^9}{9} + \frac{(\ln w - 1)^8}{8} + C$
11. $\frac{1}{2}\ln(x^2+4) + \tan^{-1}\frac{x}{2} + C$
12. $-\frac{1}{3}\ln|\csc(3e^x+4) + \cot(3e^x+4)| + C$ **13.** 1
14. $3\sqrt{1-x^2} + 2\sin^{-1}x + C$ **15.** $\ln(\sqrt{2}+1)$
16. $\frac{1}{3}\tan^{-1}\left(\frac{x-1}{3}\right) + C$ **17.** $\frac{x^2}{2} + x + \ln(x^2+x+2) + C$
18. $\frac{3\pi+10}{12}$ **19.** $\sin^{-1}\left(\frac{\theta+3}{6}\right) + C$ **20.** $\tan\theta - \sec\theta + C$
21. $-x - \cot x - \csc x + C$ **22.** $\frac{1}{3}\ln(1+\sinh 3x) + C$
23. $\frac{1}{2}\ln|e^{2x}-2| + C$ **24.** $x - \ln|x+1| + C$
25. $\frac{4}{5}(9+\sqrt{t+1})^{3/2}(\sqrt{t+1}-6) + C$ **26.** $\frac{\ln 4 - \pi}{4}$
27. $\ln|\sec(e^x+1) + \tan(e^x+1)| + C$ **28.** $\frac{2\sin^3 x}{3} + C$
29. $2\tan^{-1}\sqrt{x} + C$ **30.** $\frac{1}{2}\ln(x^2+6x+13) - \frac{5}{2}\tan^{-1}\left(\frac{x+3}{2}\right) + C$
31. $-\frac{1}{e^x+1} + C$ **32.** $\frac{1}{2}$ **33. a.** False **b.** False **c.** False **d.** False **36. a.** $\frac{\tan^2 x}{2} + C$ **b.** $\frac{\sec^2 x}{2} + C$ **c.** The antiderivatives differ by a constant. **37. a.** $\frac{1}{2}(x+1)^2 - 2(x+1) + \ln|x+1| + C$ **b.** $\frac{x^2}{2} - x + \ln|x+1| + C$ **c.** The antiderivatives differ by a constant. **38.** $\frac{\ln 26}{3}$ **39.** $\frac{2}{3}(5\sqrt{5}-1)\pi$
40. $\pi\left(\frac{9}{2} - \frac{5\sqrt{5}}{6}\right)$ **41.** $\frac{2048 + 1763\sqrt{41}}{9375}$

8.2절 연습문제(pp. 556–558)

1. Product Rule **2.** $\frac{x^2(2\ln x - 1)}{4} + C$ **3.** Products for which the choice for dv is easily integrated and when the resulting new integral is no more difficult than the original integral
4. $(\tan x + 2)\ln(\tan x + 2) - \tan x + C$
5. $\frac{1}{5}x\sin 5x + \frac{1}{25}\cos 5x + C$ **6.** $\frac{e^{6t}}{36}(6t-1) + C$
7. $\frac{x^2}{4}(2\ln 10x - 1) + C$ **8.** $(w+2)\sin 2w + \frac{1}{2}\cos 2w + C$
9. $\frac{3^x}{\ln 3}\left(x - \frac{1}{\ln 3}\right) + C$ **10.** $-\frac{1}{9x^9}\left(\ln x + \frac{1}{9}\right) + C$
11. $\frac{1}{8}\sin 2x - \frac{x}{4}\cos 2x + C$ **12.** $\frac{1}{4}(1-2x^2)\cos 2x + \frac{x}{2}\sin 2x + C$
13. $-e^{-t}(t^2+2t+2) + C$ **14.** $\frac{e^x}{2}(\sin x + \cos x) + C$
15. $-\frac{e^{-x}}{17}(\sin 4x + 4\cos 4x) + C$
16. $-e^{2x}\cos e^x + 2e^x\sin e^x + 2\cos e^x + C$ **17.** π **18.** $-\frac{1}{2}$
19. $\frac{1}{9}(5e^6+1)$ **20.** $\frac{\pi-2}{2}$ **22. a.** $x\tan^{-1}x - \frac{1}{2}\ln(1+x^2) + C$

b. $\frac{1}{2}x^2\tan^{-1}x^2 - \frac{1}{4}\ln(1 + x^4) + C$ **23.** $\pi(1 - \ln 2)$ **24.** π

25. $\frac{2\pi}{27}(13e^6 - 1)$ **26. a.** False **b.** True **c.** True

27. Let $u = x^n$ and $dv = \cos ax\,dx$. **28.** Let $u = \ln^n x$ and $dv = dx$.

29. $\frac{x^2\sin 5x}{5} + \frac{2x\cos 5x}{25} - \frac{2\sin 5x}{125} + C$ **30.** $6 - 2e$

31. a. $\frac{2}{3}(x - 2)\sqrt{x + 1} + C$

32. $\int \log_b x\,dx = \int \frac{\ln x}{\ln b}\,dx = \frac{1}{\ln b}(x\ln x - x) + C$

33. $2\sqrt{x}\sin\sqrt{x} + 2\cos\sqrt{x} + C$

34. Let $u = x$ and $dv = f''(x)\,dx$.

35. $2e^3$ **36.** x-axis: $\pi^2/2$; y-axis: $2\pi^2$ **37.** $\pi(\pi - 2)$

39. a. $t = k\pi$, for $k = 0, 1, 2, \dots$ **b.** $\frac{e^{-\pi} + 1}{2\pi}$

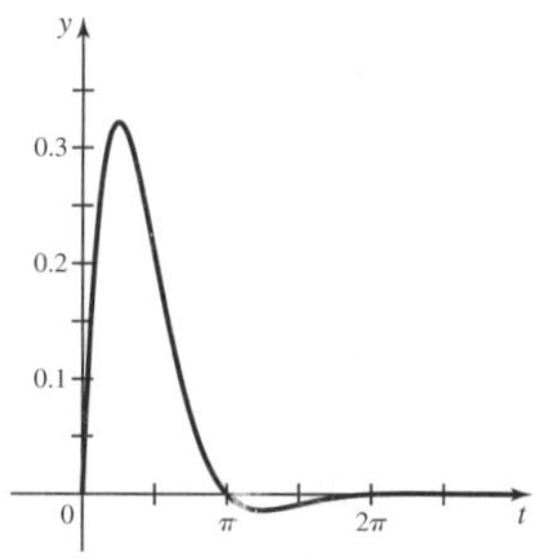

c. $(-1)^n\left(\frac{e^{\pi} + 1}{2\pi e^{(n+1)\pi}}\right)$

d. $a_n = a_{n-1}\cdot\frac{1}{e^{\pi}}$

40. c. $\int f(x)g(x)dx = f(x)G_1(x) - f'(x)G_2(x) + f''(x)G_3(x) - \int f'''(x)G_3(x)dx$

f and its derivatives	g and its integrals
$f(x)$ +	$g(x)$
$f'(x)$ −	$G_1(x)$
$f''(x)$ +	$G_2(x)$
$f'''(x)$ −	$G_3(x)$

d. $\int x^2e^{x/2}dx = 2x^2e^{x/2} - 8xe^{x/2} + 16e^{x/2} + C$

f and its derivatives	g and its integrals
x^2 +	$e^{x/2}$
$2x$ −	$2e^{x/2}$
2 +	$4e^{x/2}$
0 −	$8e^{x/2}$

$\frac{d^n}{dx^n}(x^2) = 0$, for $n \ge 3$, so all entries in the left column of the table beyond row three are 0, which results in no additional contribution to the antiderivative. **e.** $x^3\sin x + 3x^2\cos x - 6x\sin x - 6\cos x + C$; five rows are needed because $\frac{d^n}{dx^n}(x^3) = 0$, for $n \ge 4$.

f. $\frac{d^k}{dx^k}(p_n(x)) = 0$, for $k \ge n + 1$

41. a. $\int e^x\cos x\,dx = e^x\sin x + e^x\cos x - \int e^x\cos x\,dx$

b. $\frac{1}{2}(e^x\sin x + e^x\cos x) + C$ **c.** $-\frac{3}{13}e^{-2x}\cos 3x - \frac{2}{13}e^{-2x}\sin 3x + C$

42. a. $I_1 = -\frac{1}{2}e^{-x^2} + C$ **b.** $I_3 = -\frac{1}{2}e^{-x^2}(x^2 + 1) + C$

c. $I_5 = -\frac{1}{2}e^{-x^2}(x^4 + 2x^2 + 2) + C$

8.3절 연습문제(pp. 564–565)

1. $\sin^2 x = \frac{1}{2}(1 - \cos 2x)$; $\cos^2 x = \frac{1}{2}(1 + \cos 2x)$ **2.** Rewrite $\sin^3 x$ as $(1 - \cos^2 x)\sin x$. **3.** A reduction formula expresses an integral with a power in the integrand in terms of another integral with a smaller power in the integrand. **4.** Let $u = \tan x$.

5. $\sin x - \frac{1}{3}\sin^3 x + C$ **6.** $\frac{x}{2} - \frac{1}{12}\sin 6x + C$

7. $-\cos x + \frac{2}{3}\cos^3 x - \frac{1}{5}\cos^5 x + C$ **8.** $\frac{1}{5}\cos^5 x - \frac{1}{3}\cos^3 x + C$

9. $\frac{2}{3}\sin^{3/2}x - \frac{2}{7}\sin^{7/2}x + C$ **10.** $\frac{7}{24}$ **11.** $\frac{8}{45}$

12. $\frac{1}{8}x - \frac{1}{32}\sin 4x + C$ **13.** $\frac{1}{48}\sin^3 2x + \frac{1}{16}x - \frac{1}{64}\sin 4x + C$

14. $\tan x - x + C$ **15.** $-\frac{1}{3}\cot^3 x + \cot x + x + C$

16. $4\tan^5 x - \frac{20}{3}\tan^3 x + 20\tan x - 20x + C$ **17.** $\tan^{10}x + C$

18. $\frac{1}{3}\sec^3 x + C$ **19.** $\frac{1}{3}\tan^3(\ln\theta) + \tan(\ln\theta) + C$ **20.** $\ln 4$

21. $\frac{7}{6}$ **22.** $\frac{1}{8}\tan^2 4x + \frac{1}{4}\ln|\cos 4x| + C$ **23.** $\frac{2}{3}\tan^{3/2}x + C$

24. $\tan x - \cot x + C$ **25.** $\frac{1}{25}$ **26.** $-2\cot x - \frac{\cot^3 x}{3} + C$

27. $\frac{4}{3}$ **28.** $\frac{4}{3} - \ln\sqrt{3}$ **29.** $8\sqrt{2}/3$ **30.** $\sqrt{2}$ **31.** $2\sqrt{2}/3$

32. a. True **b.** False **33.** $\frac{2\pi}{35}$ **34.** $\frac{1}{8}\cos 4x - \frac{1}{20}\cos 10x + C$

36. $\frac{1}{2}\sin x - \frac{1}{10}\sin 5x + C$ **40.** $\frac{1}{2} - \ln\sqrt{2}$ **42. a.** $\frac{\pi}{2}$; $\frac{\pi}{2}$ **b.** $\frac{\pi}{2}$, for all n **d.** Yes **e.** $\frac{3\pi}{8}$, for all n

8.4절 연습문제(pp. 572–574)

1. $x = 3\sec\theta$ **2.** $x = 10\sin\theta$ **3.** $\sqrt{4 - x^2}/x$ **4.** $\pi/6$

5. $\frac{25\pi}{3}$ **6.** $\frac{\pi}{12}$ **7.** $\sin^{-1}\frac{x}{4} + C$ **8.** $-\frac{\sqrt{x^2 + 9}}{9x} + C$

9. $2 - \frac{\pi}{2}$ **10.** $\ln(\sqrt{x^2 - 81} + x) + C$

11. $\frac{x}{2}\sqrt{64 - x^2} + 32\sin^{-1}\frac{x}{8} + C$ **12.** $\frac{x}{25\sqrt{25 - x^2}} + C$

13. $-3\ln\left|\frac{\sqrt{9 - x^2} + 3}{x}\right| + \sqrt{9 - x^2} + C$ **14.** $\sqrt{2}/6$

15. $\frac{1}{16}\left(\tan^{-1}\frac{x}{2} + \frac{2x}{x^2 + 4}\right) + C$

16. $8\sin^{-1}(x/4) - x\sqrt{16 - x^2}/2 + C$

17. $\sqrt{x^2 - 9} - 3\sec^{-1}(x/3) + C$

18. $-1/\sqrt{x^2 - 1} - \sec^{-1}x + C$ **19.** $2 - \sqrt{2}$

20. $x/\sqrt{100 - x^2} - \sin^{-1}(x/10) + C$ **21.** $x/\sqrt{1 + 4x^2} + C$

22. $\frac{\ln 3}{2}$ **23.** $81/(2(81 - x^2)) + \ln\sqrt{81 - x^2} + C$

24. $\frac{1}{16}\left(1 - \sqrt{3} - \ln(21 - 12\sqrt{3})\right)$ **25.** $\frac{1}{3} + \frac{\ln 3}{4}$

26. $\frac{x}{2}\sqrt{4 + x^2} - 2\ln(x + \sqrt{4 + x^2}) + C$

27. $\frac{9}{10}\cos^{-1}\frac{5}{3x} - \frac{\sqrt{9x^2 - 25}}{2x^2} + C$ **28.** $\frac{\sec^{-1}\frac{x}{10}}{2000} + \frac{\sqrt{x^2 - 100}}{200x^2} + C$

29. a. False **b.** True **c.** False **d.** False

33. $\sin^{-1}\left(\frac{x + 1}{2}\right) + C$ **34.** $\frac{1}{3}\tan^{-1}\left(\frac{x + 3}{3}\right) + C$

35. $\frac{\pi\sqrt{2}}{48}$ **36.** $\frac{x - 4}{\sqrt{9 + 8x - x^2}} - \sin^{-1}\left(\frac{x - 4}{5}\right) + C$

37. $\ln((2+\sqrt{3})(\sqrt{2}-1))$

38. $\dfrac{1}{81}+\dfrac{\ln 3}{108}$ **39.** $3\sqrt{3}-\pi$

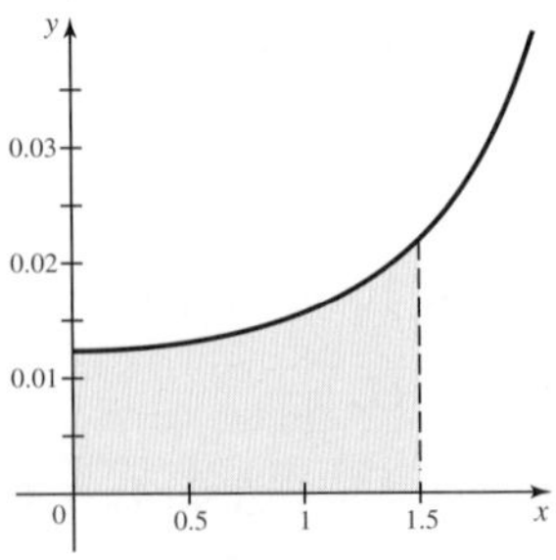

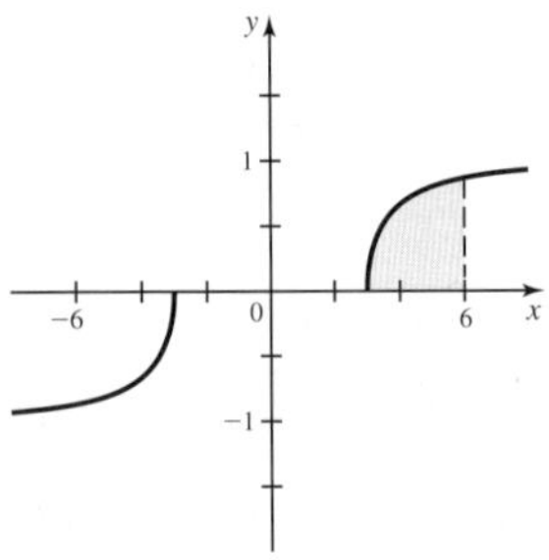

40. $\dfrac{3}{80}$ **41.** $\dfrac{1}{4a}\left(20a\sqrt{1+400a^2}+\ln(20a+\sqrt{1+400a^2})\right)$

43. b. $\displaystyle\lim_{L\to\infty}\frac{kQ}{a\sqrt{a^2+L^2}}=\lim_{L\to\infty}2\rho k\frac{1}{a\sqrt{\left(\frac{a}{L}\right)^2+1}}=\frac{2\rho k}{a}$

44. a. $\dfrac{1}{\sqrt{g}}\left(\dfrac{\pi}{2}-\sin^{-1}\left(\dfrac{2\cos b-\cos a+1}{\cos a+1}\right)\right)$

b. For $b=\pi$, the descent time is $\dfrac{\pi}{\sqrt{g}}$, a constant.

8.5절 연습문제(pp. 584–586)

1. Rational functions **2. a.** $\dfrac{A}{x-3}$ **b.** $\dfrac{A}{x-4},\dfrac{B}{(x-4)^2},\dfrac{C}{(x-4)^3}$

c. $\dfrac{Ax+B}{x^2+2x+6}$ **3.** $\dfrac{A}{x-4}+\dfrac{B}{x-5}$ **4.** $\dfrac{A}{x-5}+\dfrac{B}{(x-5)^2}$

5. $\dfrac{A}{x}+\dfrac{B}{x+1}+\dfrac{C}{x-1}+\dfrac{D}{x+2}+\dfrac{E}{x-2}$ **7.** $\dfrac{A}{x}+\dfrac{Bx+C}{x^2+1}$

8. $\dfrac{A}{x-2}+\dfrac{B}{(x-2)^2}+\dfrac{Cx+D}{x^2+x+2}+\dfrac{Ex+F}{(x^2+x+2)^2}$

9. $\dfrac{A}{x-2}+\dfrac{B}{(x-2)^2}+\dfrac{C}{x+2}+\dfrac{D}{(x+2)^2}+\dfrac{Ex+F}{x^2+4}+\dfrac{Gx+H}{(x^2+4)_2}$

10. $\dfrac{2}{x-1}+\dfrac{3}{x-2}$ **11.** $\dfrac{1}{x-4}-\dfrac{1}{x+2}$ **12.** $2+\dfrac{3}{x+1}-\dfrac{4}{x+2}$

13. $\ln\left|\dfrac{x-1}{x+2}\right|+C$ **14.** $3\ln\left|\dfrac{x-1}{x+1}\right|+C$

15. $3\ln|x-1|-\dfrac{1}{3}\ln|3x-2|+C$ **16.** $-\ln 4$

17. $\ln\left|\dfrac{(x-2)^2(x+1)}{(x+2)^2(x-1)}\right|+C$ **18.** $3x+\ln\dfrac{(x-2)^{14}}{|x-1|}+C$

19. $\ln\left|\dfrac{x(x-2)^3}{(x+2)^3}\right|+C$ **20.** $\ln\left|\dfrac{(x-3)^{1/3}(x+1)}{(x+3)^{1/3}(x-1)}\right|^{1/16}+C$

21. $\dfrac{9}{x}+\ln\left|\dfrac{x-9}{x}\right|+C$ **22.** $\ln 2-\dfrac{3}{4}$ **23.** $-\dfrac{2}{x}+\ln\left|\dfrac{x+1}{x}\right|^2+C$

24. $\dfrac{5}{x}+\ln\left|\dfrac{x}{x+1}\right|^6+C$ **25.** $\dfrac{x^2}{2}+2\ln|x-5|-\dfrac{10}{x-5}+C$

26. $\dfrac{3}{x-1}+\ln\left|\dfrac{(x-1)^5}{x^4}\right|+C$ **27.** $\ln|x+1|+\tan^{-1}x+C$

28. $\ln(x+1)^2+\tan^{-1}(x+1)+C$

29. $\ln\left|\dfrac{(x-1)^2}{x^2+4x+5}\right|+14\tan^{-1}(x+2)+C$

30. $\dfrac{1}{2}\ln|x^2+3|-\dfrac{1}{x^2+3}+C$

31. $\dfrac{1}{2}\ln(x^2+6x+10)-3\tan^{-1}(x+3)-\dfrac{1}{x^2+6x+10}+C$

32. $\ln\left(\dfrac{x^2}{x^2+1}\right)+\dfrac{1}{x^2+1}+C$

33. $\sqrt{\dfrac{3}{7}}\tan^{-1}\left(\sqrt{\dfrac{3}{7}}x\right)-\dfrac{1}{6(3x^2+7)}+C$

34. a. False **b.** False **c.** False **d.** True **35.** $\ln 6$

36. $\left(\dfrac{24}{5}-2\ln 5\right)\pi$ **37.** $\dfrac{2}{3}\pi\ln 2$ **38.** $\ln\sqrt{\left|\dfrac{x-1}{x+1}\right|}+C$

39. $\dfrac{A}{x}+\dfrac{Bx+C}{x^2+1}+\dfrac{Dx+E}{(x^2+1)^2}+\dfrac{Fx+G}{x^2+x+4}+\dfrac{Hx+I}{(x^2+x+4)^2}$;
$\dfrac{1}{16x}-\dfrac{x+10}{100(x^2+1)}+\dfrac{4x+3}{50(x^2+1)^2}-\dfrac{21x-19}{400(x^2+x+4)}-\dfrac{4x+1}{20(x^2+x+4)^2}$ **40.** $\ln\left|\dfrac{e^x-1}{e^x+2}\right|^{1/3}+C$

41. $\dfrac{1}{4}\ln\left(\dfrac{1+\sin t}{1-\sin t}-\dfrac{2}{1+\sin t}\right)+C$

42. $\tan^{-1}e^x-\dfrac{1}{2(e^{2x}+1)}+C$ **43.** $x-\ln(1+e^x)+C$

46. $-\cot x-\csc x+C=-\cot(x/2)+C$ **47.** $\dfrac{1}{\sqrt{2}}\ln\dfrac{\sqrt{2}+1}{\sqrt{2}-1}$

48. a. Car A **b.** Car C **c.** $S_A(t)=88t-88\ln|t+1|$;
$S_B(t)=88\left(t-\ln(t+1)^2-\dfrac{1}{t+1}+1\right)$;
$S_C(t)=88(t-\tan^{-1}t)$ **d.** Car C

49. Because $\dfrac{x^4(1-x)^4}{1+x^2}>0$ on $(0,1)$, $\displaystyle\int_0^1\frac{x^4(1-x^4)}{1+x^2}\,dx>0$; therefore, $\dfrac{22}{7}>\pi$.

8.6절 연습문제(pp. 591–592)

1. Integrate by parts. **2.** Let $x=8\sin\theta$. **3.** Use the method of partial fractions. **4.** $\dfrac{\pi}{4}$ **5.** $\dfrac{\pi}{6}$ **6.** $\dfrac{5}{4}-\dfrac{3\pi}{8}$ **7.** $-\dfrac{\sqrt{1-e^{2x}}}{e^x}+C$

8. $\dfrac{4}{\ln 2}$ **9.** $\dfrac{3e^4}{2}$ **10.** $\dfrac{16}{35}$ **11.** $\dfrac{x^{10}}{10}\ln 3x-\dfrac{x^{10}}{100}+C$

12. $\ln|\cos x+1|-\ln|\cos x|+C$

13. $\ln\left|\dfrac{x}{1+\sqrt{1-x^2}}\right|+C$ **14.** $\dfrac{3x}{8}-\dfrac{1}{2}\sin x+\dfrac{1}{16}\sin 2x+C$

15. $\ln|\sin x+\sin^2 x|+C$ **16.** $6\sin^{-1}\dfrac{x}{2}+\dfrac{3}{2}x\sqrt{4-x^2}+C$

17. $\dfrac{1}{a}\tan^{-1}\dfrac{e^x}{a}+C$ **18.** $\dfrac{11}{6}$ **19.** $\dfrac{\sqrt{3}+1}{2}$

20. $-\cos x\ln(\sin x)-\ln|\csc x+\cot x|+\cos x+C$

21. $-\dfrac{2}{5}\cot^{5/2}x-\dfrac{2}{9}\cot^{9/2}x+C$ **22.** $\dfrac{\sin^{-1}x^{10}}{10}+C$ **23.** $\ln\dfrac{4}{3}-\dfrac{1}{6}$

24. $x^2+3x+4\ln|x-2|+\ln|x+1|+C$

25. $\dfrac{\sec^{11}x}{11}-\dfrac{\sec^9 x}{9}+C$ **26.** $\dfrac{4}{7}(2^{7/4}-1)$

27. $-\dfrac{\cot^2 e^x}{2}-\ln|\sin e^x|+C$ **28.** $\ln|x^3+x|+3\tan^{-1}x+C$

29. $-2\sqrt{x}\cos\sqrt{x}+2\sin\sqrt{x}+C$ **30.** $-\dfrac{1}{x}-\tan^{-1}x+C$

31. $\dfrac{\sqrt{2}e^{\pi/4}-1}{2}$ **32.** $\dfrac{x^{a+1}}{a+1}\left(\ln x - \dfrac{1}{a+1}\right)+C$

33. $\dfrac{\pi}{18}$ **34.** $\dfrac{1}{54}\left(\sin^{-1}3x - 3x\sqrt{1-9x^2}\right)+C$

35. $\dfrac{1-\sqrt{1-x^2}}{x}+C$ **36.** $-2\cot x + 2\csc x - x + C$

37. $\dfrac{40\sqrt{5}}{3}-\dfrac{224}{15}$ **38.** $\dfrac{7\pi^2}{144}$ **39.** $x\cos^{-1}x - \sqrt{1-x^2}+C$

40. $-\dfrac{\sin^{-1}x}{x}+\ln\left|\dfrac{x}{1+\sqrt{1-x^2}}\right|+C$

41. $\ln|x| + 2\tan^{-1}x - \dfrac{3}{2(x^2+1)}+C$

42. $\dfrac{\sin^{999}e^x}{999}-\dfrac{\sin^{1001}e^x}{1001}+C$ **43. a.** True **b.** True **c.** False **d.** False **44.** $\pi(\sqrt{2}+\ln(1+\sqrt{2}))\approx 7.212$

45. $\dfrac{\pi(4\sqrt{2}+3)}{3}\approx 9.065$ **46.** $9800\pi\ln 2 \approx 21{,}340.3$ J

47. $4x - 2\ln(e^{2x}+2e^x+17) - \tan^{-1}\left(\dfrac{e^x+1}{4}\right)+C$

48. $\dfrac{1}{4}\ln|\tan x + 1| - \dfrac{1}{4}\ln|\tan x - 1| + \dfrac{x}{2}+C$

50. $x\tan^{-1}\sqrt[3]{x} - \dfrac{x^{2/3}}{2}+\dfrac{1}{2}\ln(1+x^{2/3})+C$

52. $\pi\left(\sqrt{5}-\sqrt{2}+\dfrac{1}{2}\ln\left(\dfrac{\sqrt{5}-1}{\sqrt{5}+1}\right)-\dfrac{1}{2}\ln\left(\dfrac{\sqrt{2}-1}{\sqrt{2}+1}\right)\right)\approx 3.839$

8.7절 연습문제(pp. 597–598)

1. Substitutions, integration by parts, partial fractions **2.** The CAS may not include the constant of integration, and it may use a trigonometric identity or other algebraic simplification.

3. $-\dfrac{1}{3}\sin^3 e^x + \sin e^x + C$ **4.** $x\cos^{-1}x - \sqrt{1-x^2}+C$

5. $\ln(x+\sqrt{16+x^2})+C$ **6.** $\frac{3}{4}(2u - 7\ln|7+2u|)+C$

7. $-\dfrac{1}{4}\cot 2x + C$ **8.** $\frac{1}{12}(2x-1)\sqrt{4x+1}+C$

9. $\frac{1}{3}\ln\left|x+\sqrt{x^2-\left(\frac{10}{3}\right)^2}\right|+C$ **10.** $\ln(e^x+\sqrt{4+e^{2x}})+C$

11. $-\dfrac{1}{2}\ln\left|\dfrac{2+\sin x}{\sin x}\right|+C$

12. $\dfrac{2\ln^2 x - 1}{4}\sin^{-1}(\ln x)+\dfrac{\ln x\sqrt{1-\ln^2 x}}{4}+C$

13. $\dfrac{x}{16\sqrt{16+9x^2}}+C$ **14.** $-\dfrac{1}{12}\ln\left|\dfrac{12+\sqrt{144-x^2}}{x}\right|+C$

15. $2x + x\ln^2 x - 2x\ln x + C$

16. $\dfrac{x+5}{2}\sqrt{x^2+10x}-\dfrac{25}{2}\ln|x+5+\sqrt{x^2+10x}|+C$

17. $\dfrac{1}{3}\tan^{-1}\left(\dfrac{x+1}{3}\right)+C$ **18.** $\ln x - \dfrac{1}{10}\ln(x^{10}+1)+C$

19. $2\ln(\sqrt{x-6}+\sqrt{x})+C$

20. $-\dfrac{\tan^{-1}x^3}{3x^3}+\ln\left|\dfrac{x}{(x^6+1)^{1/6}}\right|+C$ **21.** $4\sqrt{17}+\ln(4+\sqrt{17})$

22. $\sqrt{5}-\sqrt{2}+\ln\left(\dfrac{2+2\sqrt{2}}{1+\sqrt{5}}\right)$ **23.** $\dfrac{128\pi}{3}$ **24.** $\dfrac{\pi^2}{4}$

25. $\dfrac{(x-3)\sqrt{3+2x}}{3}+C$ **26.** $\dfrac{1}{3}\tan 3x - x + C$

27. $\dfrac{1540+243\ln 3}{8}$

28. $\dfrac{(x^2-a^2)^{3/2}}{3}-a^2\sqrt{x^2-a^2}+a^3\cos^{-1}\dfrac{a}{x}+C$ **29.** $\dfrac{\pi}{4}$

30. $-\dfrac{x}{8}(2x^2-5a^2)\sqrt{a^2-x^2}+\dfrac{3a^4}{8}\sin^{-1}\dfrac{x}{a}+C$

31. $2-\dfrac{\pi^2}{12}-\ln 4$ **32.** $\dfrac{27{,}456\sqrt{15}}{7}\approx 15{,}190.9$

33. $\dfrac{1}{8}e^{2x}(4x^3-6x^2+6x-3)+C$

34. $\dfrac{\tan^3 3y}{9}-\dfrac{\tan 3y}{3}+y+C$

35. $\dfrac{1}{24}(128-78\sqrt{2}-3\ln(3+2\sqrt{2}))$

36. $\dfrac{1}{a^2}(ax - b\ln|b+ax|)+C$

37. $\dfrac{1}{a^2}\left(\dfrac{(ax+b)^{n+2}}{n+2}-\dfrac{b(ax+b)^{n+1}}{n+1}\right)+C$

38. a. True **b.** True

40. $\dfrac{1}{16}\left((8x^2-1)\sin^{-1}2x + 2x\sqrt{1-4x^2}\right)+C$

41. $-\dfrac{\tan^{-1}x}{x}+\ln\left(\dfrac{|x|}{\sqrt{x^2+1}}\right)+C$ **42. b.** $\dfrac{\pi}{8}\ln 2$

43. a.

θ_0	T
0.10	6.27927
0.20	6.26762
0.30	6.24854
0.40	6.22253
0.50	6.19021
0.60	6.15236
0.70	6.10979
0.80	6.06338
0.90	6.01399
1.00	5.96247

b. All are within 10%.

44. b. $\dfrac{63\pi}{512}$ **c.** Decrease

8.8절 연습문제(pp. 611–614)

1. $\frac{1}{2}$ **2.** The Trapezoid Rule approximates areas under curves using trapezoids. **3.** 42 **5.** $\dfrac{112}{3}$ **6.** $-1, 1, 3, 5, 7, 9$

7. 1.59×10^{-3}; 5.04×10^{-4} **8.** 1.72×10^{-3}; 6.32×10^{-4}

9. 576; 640; 656 **10.** 0.643950551 **11.** 704; 672; 664

12. 0.622 **13.** 2.28476811; 2.33512377 **14.** 1.76798499

15. $M(25)\approx 0.63703884$, $T(25)\approx 0.63578179$; 6.58×10^{-4}, 1.32×10^{-3}

16.

n	$M(n)$	$T(n)$	Error in $M(n)$	Error in $T(n)$
4	99	102	1.00	2.00
8	99.75	100.5	0.250	0.500
16	99.9375	100.125	6.3×10^{-2}	0.125
32	99.984375	100.03125	1.6×10^{-2}	3.1×10^{-2}

17.

n	$M(n)$	$T(n)$	Error in $M(n)$	Error in $T(n)$
4	1.50968181	1.48067370	9.7×10^{-3}	1.9×10^{-2}
8	1.50241228	1.49517776	2.4×10^{-3}	4.8×10^{-3}
16	1.50060256	1.49879502	6.0×10^{-4}	1.2×10^{-3}
32	1.50015061	1.49969879	1.5×10^{-4}	3.0×10^{-4}

18.

n	$M(n)$	$T(n)$	Error in $M(n)$	Error in $T(n)$
4	-1.96×10^{-16}	0	2.0×10^{-16}	0
8	7.63×10^{-17}	-1.41×10^{-16}	7.6×10^{-17}	1.4×10^{-16}
16	1.61×10^{-16}	1.09×10^{-17}	1.6×10^{-16}	1.1×10^{-17}
32	6.27×10^{-17}	-4.77×10^{-17}	6.3×10^{-17}	4.8×10^{-17}

19. $T(4) \approx 690.3$ million ft^3; $S(4) \approx 692.2$ million ft^3 (answers may vary) **20.** 54.5°F, Trapezoid Rule **21.** 35.0°F, Trapezoid Rule **22. a.** Left sum: 204.917; right sum: 261.375; Trapezoid Rule: 233.146; the approximations measure the average temperature of the curling iron on $[0, 120]$. **b.** Left sum: underestimate; right sum: overestimate; Trapezoid Rule: underestimate **c.** 305°F is the change in temperature over $[0, 120]$. **23. a.** 5907.5 **b.** 5965 **c.** 5917

24. a. $T(25) \approx 3.19623162$
$T(50) \approx 3.19495398$
b. $S(50) \approx 3.19452809$
c. $e_T(50) \approx 4.3 \times 10^{-4}$
$e_S(50) \approx 4.5 \times 10^{-8}$

25. a. $T(50) \approx 1.00008509$
$T(100) \approx 1.00002127$
b. $S(100) \approx 1.00000000$
c. $e_T(100) \approx 2.1 \times 10^{-5}$
$e_S(100) \approx 4.6 \times 10^{-9}$

26.

n	$T(n)$	$S(n)$	Error in $T(n)$	Error in $S(n)$
4	1820.0000	—	284	—
8	1607.7500	1537.0000	71.8	1
16	1553.9844	1536.0625	18.0	6.3×10^{-2}
32	1540.4990	1536.0039	4.50	3.9×10^{-3}

27.

n	$T(n)$	$S(n)$	Error in $T(n)$	Error in $S(n)$
4	0.46911538	—	5.3×10^{-2}	—
8	0.50826998	0.52132152	1.3×10^{-2}	2.9×10^{-4}
16	0.51825968	0.52158957	3.4×10^{-3}	1.7×10^{-5}
32	0.52076933	0.52160588	8.4×10^{-4}	1.1×10^{-6}

28. a. True **b.** False **c.** True

29.

n	$M(n)$	$T(n)$	Error in $M(n)$	Error in $T(n)$
4	0.40635058	0.40634782	1.4×10^{-6}	1.4×10^{-6}
8	0.40634920	0.40634920	7.6×10^{-10}	7.6×10^{-10}
16	0.40634920	0.40634920	6.6×10^{-13}	6.6×10^{-13}
32	0.40634920	0.40634920	8.9×10^{-16}	7.8×10^{-16}

30.

n	$M(n)$	$T(n)$	Error in $M(n)$	Error in $T(n)$
4	4.72531819	4.72507878	1.2×10^{-4}	1.2×10^{-4}
8	4.72519850	4.72519849	9.1×10^{-9}	9.1×10^{-9}
16	4.72519850	4.72519850	0	8.9×10^{-16}
32	4.72519850	4.72519850	0	8.9×10^{-16}

33. Approximations will vary; exact value is $68.26894921\cdots$.
34. a. $M(50) \approx 34.4345566$
b. $f''(x) = \dfrac{3(x^4 + 4x)}{4(x^3 + 1)^{3/2}}$ **d.** $E_M \le 0.0028$
35. a. $T(40) = 0.874799972\ldots$ **b.** $f''(x) = e^x \cos e^x - e^{2x} \sin e^x$
d. $E_T \le \dfrac{1}{3200}$ **36. a.** $S(20) \approx 0.97774576$
b. $E_S \le 3.5 \times 10^{-8}$ **37.** Approximations will vary; exact value is $38.753792\cdots$. **40.** Overestimate **42.** $S(20) \approx 1.00000175$

8.9절 연습문제(pp. 625–627)

1. The interval of integration is infinite or the integrand is unbounded on the interval of integration. **2.** $\lim_{b\to\infty} \int_2^b \dfrac{dx}{x^{1/5}}$ **3.** $\int_{-\infty}^{\infty} f(x)\,dx$
4. $\dfrac{1}{3}$ **5.** Diverges **6.** $\dfrac{1}{a}$ **7.** Diverges **8.** $\dfrac{\pi}{10}$
9. Diverges **10.** Diverges **11.** $\dfrac{1}{\pi}$ **12.** $\dfrac{\pi}{4}$ **13.** $\dfrac{\pi}{6}$ **14.** 0
15. $\dfrac{\pi^3}{12}$ **16.** $\ln 2$ **17.** Diverges **18.** Diverges **19.** 6
20. Diverges **21.** Diverges **22.** $2(e - 1)$ **23.** Diverges
24. $4 \cdot 10^{3/4}/3$ **25.** Diverges **26.** π **27.** -1
28. $\ln(2 + \sqrt{3})$ **29.** 2 **30.** \$41,666.67 **31.** 0.76 **32.** 20,000 hr
33. $\dfrac{\pi}{3}$ **34.** $3\pi/2$ **35.** $\pi/\ln 2$ **36.** 2π **37.** Does not exist
38. $\dfrac{72 \cdot 2^{1/3}\pi}{5}$ **39.** Converges **40.** Diverges **41.** Converges
42. Diverges **43.** Converges **44. a.** True **b.** False **c.** False
d. True **e.** True **45.** $1/b - 1/a$ **46. a.** $A(a, b) = \dfrac{e^{-ab}}{a}$, for $a > 0$
b. $b = g(a) = -\dfrac{1}{a} \ln 2a$ **c.** $b^* = -2/e$ **47.** π **55. a.** π
b. $\pi/(4e^2)$ **56. a.** $6.28 \times 10^7 m$ J **b.** 11.2 km/s **c.** ≤ 9 mm

Chapter 8 연습문제(pp. 628–630)

1. a. True **b.** False **c.** False **d.** True **e.** False
2. $2(x - 8)\sqrt{x + 4} + C$ **3.** $\dfrac{1}{3}\sqrt{x + 2}(x - 4) + C$ **4.** $\dfrac{\pi}{4}$
5. $\dfrac{4}{105}$ **6.** $\sqrt{t - 1} - \tan^{-1}\sqrt{t - 1} + C$ **7.** $\dfrac{2}{15}(1 - e^{3\pi})$

8. $7 + \ln 40 - \ln 17$ **9.** $2\ln|x| + 3\tan^{-1}(x+1) + C$

10. $\dfrac{2}{x+3} - \dfrac{2}{(x+3)^2} + \ln|x+3| + C$ **11.** $\sqrt{3} - 1 - \dfrac{\pi}{12}$

12. $\dfrac{1}{5}\tan^5 t + C$ **13.** $\dfrac{\pi}{8}$ **14.** $\dfrac{\sqrt{w^2+2w-8}}{9(w+1)} + C$

15. $-\dfrac{\cot^5 x}{5} + C$ **16.** $\dfrac{x\cosh 2x}{2} - \dfrac{\sinh 2x}{4} + C$

17. $\dfrac{1}{15}\sec^5 3\theta - \dfrac{1}{9}\sec^3 3\theta + C$ **18.** $\dfrac{1}{6}(x^2-8)\sqrt{x^2+4} + C$

19. $\dfrac{1}{x+1} + \ln|(x+1)(x^2+4)| + C$ **20.** $\dfrac{t - \ln(2+e^t)}{2} + C$

21. $\dfrac{1}{4}(\csc 4\theta - \cot 4\theta) + C$ **22.** $\dfrac{e^x}{2}(\sin x - \cos x) + C$

23. $\ln|x| - \dfrac{1}{x} + \dfrac{1}{2}\ln(x^2+4x+9) - \dfrac{2}{\sqrt{5}}\tan^{-1}\left(\dfrac{x+2}{\sqrt{5}}\right) + C$

24. $\dfrac{\theta}{2} + \dfrac{1}{16}\sin 8\theta + C$ **25.** $\dfrac{\sec^{49} 2z}{98} + C$ **26.** $\dfrac{4}{15}$

27. $2\sqrt{x} - 3\sqrt[3]{x} + 6\sqrt[6]{x} - 6\ln\left(\sqrt[6]{x} + 1\right) + C$

28. $-\dfrac{\sqrt{9-y^2}}{9\sqrt{2}\,y} + C$ **29.** $\dfrac{\pi}{9}$ **30.** $-\operatorname{sech} x + C$ **31.** $\dfrac{\pi}{3}$

32. $\dfrac{1}{8}\ln\left|\dfrac{x-5}{x+3}\right| + C$ **33.** $\dfrac{\ln 2}{4} + \dfrac{\pi}{8}$ **34.** 3

35. $\dfrac{1}{3}\ln\left|\dfrac{x-2}{x+1}\right| + C$ **36.** $2(x - 2\ln|x+2|) + C$

37. $e^{2t}/\left(2\sqrt{1+e^{4t}}\right) + C$

38. a. $\sec e^x + C$ **b.** $e^x \sec e^x - \ln|\sec e^x + \tan e^x| + C$

39. $\dfrac{\sqrt{6}}{3}\tan^{-1}\sqrt{\dfrac{2x-3}{3}} + C$

40. $\frac{1}{4}\sec^3 x\tan x + \frac{3}{8}\sec x\tan x + \frac{3}{8}\ln|\sec x + \tan x| + C$

41. $2(\ln^3 2 - 3\ln^2 2 + \ln 64 - 3)$ **42.** 1 **43.** $\dfrac{\pi}{2}$

44. $\dfrac{2\pi}{\sqrt{3}}$ **45.** Converges **46.** Diverges **47.** 1.196288

48. $M(4) = 44$; $T(4) = 42$; $S(4) = \dfrac{124}{3}$

49. $M(40) \approx 0.398236$; $T(40) \approx 0.398771$; $S(40) \approx 0.398416$

50. 0.886227 **51.** y-axis **52.** $\pi(e-2)$ **53.** $\dfrac{\pi}{2}(e^2-3)$

54. a. 1.603 **b.** 1.870 **c.** $b\ln b - b = a\ln a - a$
d. Decreasing **55.** $20/(3\pi)$ **56.** 1901 cars

57. a. $I(p) = \dfrac{1}{(p-1)^2}(1 - pe^{1-p})$ if $p \neq 1$, $I(1) = \dfrac{1}{2}$ **b.** $0, \infty$
c. $I(0) = 1$ **58.** 0.4054651 **59.** $n = 2$

60. a. $V_1(a) = \pi(a\ln^2 a - 2a\ln a + 2(a-1))$
b. $V_2(a) = \dfrac{\pi}{2}(2a^2\ln a - a^2 + 1)$
c. $V_2(a) > V_1(a)$ for all $a > 1$

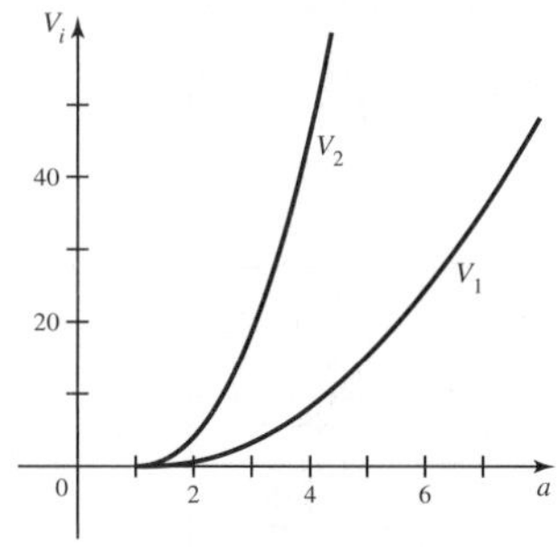

61. $a = \ln 2/(2b)$ **62.** $\ln(1 + \sqrt{2}/2)$

CHAPTER 9

9.1절 연습문제(pp. 641–643)

1. A sequence is an ordered list of numbers. Example: $1, \frac{1}{3}, \frac{1}{9}, \frac{1}{27}, \ldots$
2. 1, 1, 2, 6, 24 **3.** $a_n = (-1)^{n+1}n$, for $n = 1, 2, 3, \ldots$; $a_n = (-1)^n(n+1)$, for $n = 0, 1, 2, \ldots$ (Answers may vary.)

4. e **5.** 1, 5, 14, 30 **6.** $\sum_{k=1}^{\infty} 10$ (Answer is not unique.)

7. $\frac{1}{10}, \frac{1}{100}, \frac{1}{1000}, \frac{1}{10{,}000}$ **8.** $-\frac{1}{2}, \frac{1}{4}, -\frac{1}{8}, \frac{1}{16}$ **9.** $\frac{4}{3}, \frac{8}{5}, \frac{16}{9}, \frac{32}{17}$

10. 2, 1, 0, 1 **11.** 2, 4, 8, 16 **12.** 10, 18, 42, 114 **13.** $1, \dfrac{1}{2}, \dfrac{2}{3}, \dfrac{3}{5}$

14. a. $\dfrac{1}{32}, \dfrac{1}{64}$ **b.** $a_1 = 1, a_{n+1} = \dfrac{1}{2}a_n$, for $n \ge 1$ **c.** $a_n = \dfrac{1}{2^{n-1}}$, for $n \ge 1$ **15. a.** 32, 64 **b.** $a_1 = 1, a_{n+1} = 2a_n$, for $n \ge 1$
c. $a_n = 2^{n-1}$, for $n \ge 1$ **16. a.** 243, 729 **b.** $a_1 = 1, a_{n+1} = 3a_n$, for $n \ge 1$ **c.** $a_n = 3^{n-1}$, for $n \ge 1$ **17. a.** $-5, 5$ **b.** $a_1 = -5$, $a_{n+1} = -a_n$, for $n \ge 1$ **c.** $a_n = (-1)^n \cdot 5$, for $n \ge 1$

18. 9, 99, 999, 9999; diverges **19.** $\frac{1}{10}, \frac{1}{100}, \frac{1}{1000}, \frac{1}{10{,}000}$; converges to 0 **20.** 2, 4, 2, 4; diverges **21.** 2, 2, 2, 2; converges to 2
22. 54.545, 54.959, 54.996, 55.000; converges to 55

23.

n	a_n
1	0.83333333
2	0.96153846
3	0.99206349
4	0.99840256
5	0.99968010
6	0.99993600
7	0.99998720
8	0.99999744
9	0.99999949
10	0.99999990

The limit appears to be 1.

24.

n	a_n
1	2
2	6
3	12
4	20
5	30
6	42
7	56
8	72
9	90
10	110

The sequence appears to diverge.

25. a. $\frac{5}{2}, \frac{9}{4}, \frac{17}{8}, \frac{33}{16}$ **b.** 2

26.

n	a_n
1	3.00000000
2	3.50000000
3	3.75000000
4	3.87500000
5	3.93750000
6	3.96875000
7	3.98437500
8	3.99218750
9	3.99609375
10	3.99804688

The limit appears to be 4.

27.

n	a_n
0	1
1	5
2	21
3	85
4	341
5	1365
6	5461
7	21,845
8	87,381
9	349,525

The sequence appears to diverge.

28.

n	a_n
1	8.00000000
2	4.41421356
3	4.05050150
4	4.00629289
5	4.00078630
6	4.00009828
7	4.00001229
8	4.00000154
9	4.00000019
10	4.00000002

The limit appears to be 4.

29. a. 20, 10, 5, $\frac{5}{2}$ **b.** $h_n = 20(\frac{1}{2})^n$, for $n \geq 0$ **30. a.** 30, $\frac{15}{2}, \frac{15}{8}, \frac{15}{32}$ **b.** $h_n = 30(\frac{1}{4})^n$, for $n \geq 0$ **31.** $S_1 = 0.3, S_2 = 0.33, S_3 = 0.333, S_4 = 0.3333$; $\frac{1}{3}$ **32.** $S_1 = 4, S_2 = 4.9, S_3 = 4.99, S_4 = 4.999$; 5 **33.** $S_1 = 0.6, S_2 = 0.66, S_3 = 0.666, S_4 = 0.6666$; $\frac{2}{3}$ **34. a.** $\frac{2}{3}, \frac{4}{5}, \frac{6}{7}, \frac{8}{9}$ **b.** $S_n = \frac{2n}{2n+1}$; $\frac{10}{11}, \frac{12}{13}, \frac{14}{15}, \frac{16}{17}$ **c.** 1

35. a. 9, 9.9, 9.99, 9.999 **b.** $S_n = 10 - (0.1)^{n-1}$; 9.9999, 9.99999, 9.999999, 9.9999999 **c.** 10 **36. a.** True **b.** False **c.** True **37. a.** 20, 10, 5, $\frac{5}{2}, \frac{5}{4}$ **b.** $M_n = 20(\frac{1}{2})^n$, for $n \geq 0$ **c.** $M_0 = 20$, $M_{n+1} = \frac{1}{2}M_n$, for $n \geq 0$ **d.** $\lim_{n\to\infty} M_n = 0$ **38. a.** 200, 190, 180.5, 171.475, 162.90125 **b.** $d_n = 200(0.95)^n$, for $n \geq 0$ **c.** $d_0 = 200, d_{n+1} = (0.95)d_n$, for $n \geq 0$ **d.** $\lim_{n\to\infty} d_n = 0$ **39. a.** 40, 70, 92.5, 109.375 **b.** 160 **40.** 0.739

9.2절 연습문제(pp. 654–657)

1. $a_n = \frac{1}{n}, n \geq 1$ **2.** $a_n = \frac{n}{n+1}, n \geq 1$ **3.** Converges for $-1 < r \leq 1$, diverges otherwise **4.** Diverges monotonically **5.** Converges, oscillates; 0 **6.** $\{e^{n/100}\}$ grows faster then $\{n^{100}\}$. **7.** 0 **8.** $\frac{3}{2}$ **9.** $\frac{\pi}{4}$ **10.** 2 **11.** 0 **12.** $\frac{1}{4}$ **13.** 2 **14.** 0 **15.** 0 **16.** 3 **17.** Diverges **18.** $\frac{\pi}{2}$ **19.** 0 **20.** e^2 **21.** e^3 **22.** $e^{1/4}$ **23.** 0 **24.** 1 **25.** 0 **26.** 6

27.

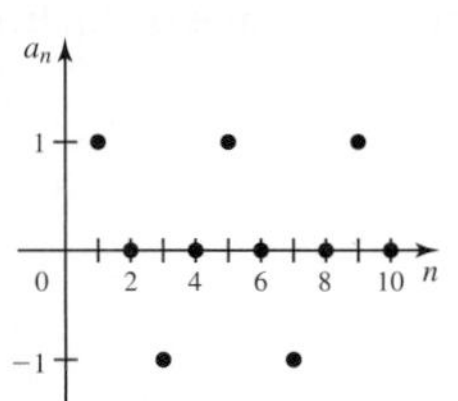

Diverges

28. 0 **29.** Diverges **30.** Diverges **31.** 0 **32.** 0 **33.** 0 **34.** 0 **35.** 0 **36. a.** $d_{n+1} = \frac{1}{2}d_n + 80$, for $n \geq 1$ **b.** 160 mg **37. a.** \$0, \$100, \$200.75, \$302.26, \$404.53 **b.** $B_{n+1} = 1.0075B_n + 100$, for $n \geq 0$ **c.** Approx. 43 months **38.** 0 **39.** Diverges **40.** 0 **41.** 1 **42. a.** True **b.** False **c.** True **d.** True **e.** False **f.** True **43. a.** Nondecreasing **b.** $\frac{1}{2}$ **44. a.** Nonincreasing **b.** 2 **45. a.** $d_{n+1} = 0.4d_n + 75$; $d_1 = 75$ **c.** 125; in the long run there will be approximately 125 mg of medication in the blood. **46.** 0.607 **47. b.** 9 **48. a.** $\sqrt{2}, \sqrt{2+\sqrt{2}}, \sqrt{2+\sqrt{2+\sqrt{2}}}, \sqrt{2+\sqrt{2+\sqrt{2+\sqrt{2}}}}$, or 1.41421, 1.84776, 1.96157, 1.99037 **c.** 2 **49. a.** 1, 1, 2, 3, 5, 8, 13, 21, 34, 55 **b.** No **50. b.** 1, 2, 1.5, 1.6667, 1.6 **c.** Approx. 1.618 **e.** $\frac{a + \sqrt{a^2+4b}}{2}$ **52.** Given a tolerance $\varepsilon > 0$, look beyond a_N, where $N > 1/\varepsilon$. **53.** Given a tolerance $\varepsilon > 0$, look beyond a_N, where $N > \frac{1}{4}\sqrt{3/\varepsilon}$, provided $\varepsilon < \frac{3}{4}$. **54.** Given a tolerance $\varepsilon > 0$, look beyond a_N, where $N > c/(\varepsilon b^2)$. **55.** $a < 1$ **56.** $\{n^2 + 2n - 17\}_{n=3}^{\infty}$ **57.** $n = 4, n = 6, n = 25$

9.3절 연습문제(pp. 664–667)

1. The constant r in the series $\sum_{k=0}^{\infty} ar^k$ **2.** No **3. a.** $a = \frac{2}{3}; r = \frac{1}{5}$ **b.** $a = \frac{1}{27}; r = -\frac{1}{3}$ **4.** $S_n = \frac{1}{4} - \frac{1}{n+4}$; $S_{36} = \frac{9}{40}$ **5.** 9841 **6.** Approx. 1.1905 **7.** Approx. 0.5392 **8.** $\frac{1093}{2916}$ **9.** \$15,920.22 **10. a.** $\frac{7}{9}$ **11.** $\frac{4}{3}$ **12.** $\frac{10}{19}$ **13.** 10 **14.** Diverges **15.** $\frac{1}{e^2-1}$ **16.** $\frac{1}{7}$ **17.** $\frac{1}{500}$ **18.** $\frac{3\pi}{\pi+1}$ **19.** $\frac{\pi}{\pi - e}$ **20.** $\frac{9}{460}$ **21.** $\frac{4}{11}$ **22.** $A_5 = 266.406$; $A_{10} = 266.666$; $A_{30} = 266.667$; $\lim_{n\to\infty} A_n = 266\frac{2}{3}$ mg, which is the steady-state level. **24.** 400 mg **25.** $0.\overline{3} = \sum_{k=1}^{\infty} 3(0.1)^k = \frac{1}{3}$ **26.** $0.\overline{037} = \sum_{k=1}^{\infty} 37(0.001)^k = \frac{1}{27}$ **27.** $0.\overline{456} = \sum_{k=0}^{\infty} 0.456(0.001)^k = \frac{152}{333}$ **28.** $0.00\overline{952} = \sum_{k=0}^{\infty} 0.00952(0.001)^k = \frac{238}{24{,}975}$ **29.** $S_n = \frac{n}{2n+4}; \frac{1}{2}$ **30.** $S_n = \frac{1}{7} - \frac{1}{n+7}; \frac{1}{7}$ **31.** $S_n = \frac{1}{9} - \frac{1}{4n+9}; \frac{1}{9}$ **32.** $S_n = \ln(n+1)$; diverges **33.** $S_n = \frac{1}{p+1} - \frac{1}{n+p+1}; \frac{1}{p+1}$ **34.** $S_n = \left(\frac{1}{\sqrt{2}} + \frac{1}{\sqrt{3}}\right) - \left(\frac{1}{\sqrt{n+2}} + \frac{1}{\sqrt{n+3}}\right); \frac{1}{\sqrt{2}} + \frac{1}{\sqrt{3}}$

35. $S_n = \frac{13}{12} - \frac{1}{n+2} - \frac{3}{n+3} - \frac{1}{n+4}; \frac{13}{12}$

36. $S_n = \tan^{-1}(n+1) - \tan^{-1}1; \frac{\pi}{4}$ **37. a, b.** $\frac{4}{3}$ **38.** $-\frac{1}{4}$

39. $\frac{2500}{19}$ **40.** $-\frac{2}{15}$ **41.** $\frac{1}{\ln 2}$ **42.** -2 **43.** $\frac{113}{30}$ **44.** $\frac{17}{10}$

45. a. True **b.** True **c.** False **d.** False **e.** True **f.** False **g.** True **46. a.** $\frac{1}{5}$ **b.** Approx. 0.19999695 **47.** Approx. 0.96

49. 462 months **52.** $\sum_{k=0}^{\infty}\left(\frac{1}{4}\right)^k A_1 = \frac{A_1}{1-1/4} = \frac{4}{3}A_1$

53. a. $L_n = 3\left(\frac{4}{3}\right)^n$, so $\lim_{n\to\infty} L_n = \infty$ **b.** $\lim_{n\to\infty} A_n = \frac{2\sqrt{3}}{5}$

54. $R_n = S - S_n = \frac{1}{1-r} - \left(\frac{1-r^n}{1-r}\right) = \frac{r^n}{1-r}$ **55. a.** 60 **b.** 9 **56. a.** 13 **b.** 15 **57. a.** $1, \frac{5}{6}, \frac{2}{3}$, undefined, undefined **b.** $(-1, 1)$ **58.** Converges for x in $(-\infty, -2)$ or $(0, \infty)$; $x = \frac{1}{2}$

9.4절 연습문제(pp. 678–679)

1. The series diverges. **2.** $\lim_{k\to\infty} a_k = 0$ **3.** Converges for $p > 1$ and diverges for $p \le 1$ **4.** $R_n = S - S_n$ **5.** Diverges **6.** Inconclusive **7.** Diverges **8.** Diverges **9.** Diverges **10.** Diverges **11.** Converges **12.** Diverges **13.** Converges **14.** Diverges **15.** Converges **16.** Converges **17.** Converges **18.** Diverges **19.** Diverges **20. a.** $S \approx S_2 = 1.0078125$ **b.** $R_2 < 0.0026042$ **c.** $L_2 = 1.0080411; U_2 = 1.0104167$

21. a. $\frac{1}{5n^5}$ **b.** 3 **c.** $L_n = S_n + \frac{1}{5(n+1)^5}; U_n = S_n + \frac{1}{5n^5}$ **d.** $(1.017342754, 1.017343512)$ **22. a.** $\frac{3^{-n}}{\ln 3}$ **b.** 7 **c.** $L_n = S_n + \frac{3^{-n-1}}{\ln 3}; U_n = S_n + \frac{3^{-n}}{\ln 3}$ **d.** $(0.499996671, 0.500006947)$ **23.** 1.0083 **24. a.** False **b.** True **c.** False **d.** True **e.** False **f.** False **25.** Converges **26.** Converges **27.** Diverges **28.** Diverges **29.** Diverges **30.** Converges **31.** Converges **32.** Converges **33. a.** $p > 1$ **b.** $\sum_{k=2}^{\infty} \frac{1}{k(\ln k)^2}$ converges faster. **34.** $\zeta(3) \approx 1.202, \zeta(5) \approx 1.037$ **35.** $\frac{\pi^2}{8}$ **37. a.** $\frac{1}{2}, \frac{7}{12}, \frac{37}{60}$

9.5절 연습문제(pp. 684–685)

1. Find an appropriate comparison series. Then take the limit of the ratio of the terms of the given series and the comparison series as $n \to \infty$. The value of the limit determines whether the series converges. **2.** $\sum_{k=1}^{\infty}\frac{1}{k^2}$ **3.** $\sum_{k=1}^{\infty}\left(\frac{2}{3}\right)^k$ **4.** $\sum_{k=1}^{\infty}\frac{1}{k}$ **5.** Converges **6.** Diverges **7.** Converges **8.** Converges **9.** Converges **10.** Diverges **11.** Diverges **12.** Converges **13.** Diverges **14.** Converges **15.** Diverges **16.** Diverges **17.** Diverges **18.** Converges **19. a.** False **b.** True **c.** True **d.** True **20.** Converges **21.** Diverges **22.** Diverges **23.** Diverges **24.** Converges **25.** Diverges **26.** Converges **27.** Converges **28.** Diverges **29.** Converges **30.** Diverges **31.** Converges

9.6절 연습문제(pp. 693–694)

1. Because $S_{n+1} - S_n = (-1)^n a_{n+1}$ alternates sign **2.** Because the remainder $R_n = S - S_n$ alternates sign **3.** $|R_n| = |S - S_n| \le |S_{n+1} - S_n| = a_{n+1}$ **4.** No; if a series of positive terms converges, it does so absolutely and not conditionally. **5.** Yes, $\sum_{k=1}^{\infty}\frac{(-1)^k}{k^2}$ has this property. **6.** Converges **7.** Diverges **8.** Converges **9.** Converges **10.** Diverges **11.** Diverges **12.** Diverges **13.** Diverges **14.** Converges **15.** $S_4 = -0.945939$; $|S - S_4| \le 0.0016$ **16.** $S_5 = 0.70696$; $|S - S_5| \le 0.001536$ **17.** 10,000 **18.** 5000 **19.** 10 **20.** -0.973 **21.** -0.269 **22.** -0.783 **23.** Converges conditionally **24.** Converges absolutely **25.** Converges absolutely **26.** Converges absolutely **27.** Diverges **28.** Converges conditionally **29.** Diverges **30.** Converges absolutely **31.** Converges conditionally **32.** Converges absolutely **33. a.** False **b.** True **c.** True **d.** True **e.** False **f.** True **g.** True **35.** x and y are divergent series. **36. b.** $S_{2n} = \sum_{k=1}^{n}\left(\frac{1}{k^2} - \frac{1}{k}\right)$

9.7절 연습문제(pp. 698)

1. Take the limit of the magnitude of the ratio of consecutive terms of the series as $k \to \infty$. The value of the limit determines whether the series converges absolutely or diverges. **2.** 999,000 **3.** $\frac{1}{(k+2)(k+1)}$ **4.** Ratio Test **5.** Converges absolutely **6.** Diverges **7.** Converges absolutely **8.** Converges absolutely **9.** Diverges **10.** Diverges **11.** Converges absolutely **12.** Converges absolutely **13.** Diverges **14.** Converges absolutely **15.** Diverges **16. a.** False **b.** True **c.** True **d.** True **17.** Converges absolutely **18.** Diverges **19.** Converges absolutely **20.** Converges conditionally **21.** Converges absolutely **22.** Converges absolutely **23.** Converges conditionally **24.** Converges absolutely **25.** Converges conditionally **26.** $p > 1$ **27.** $p > 1$ **28.** $p < 1$ **29.** Diverges for all p **30.** $-1 < x < 1$ **31.** $-1 \le x \le 1$ **32.** $-2 < x < 2$

9.8절 연습문제(pp. 702–703)

1. Root Test **2.** Divergence Test **3.** p-series Test or Limit Comparison Test **4.** Comparison Test or Limit Comparison Test **5.** Alternating Series Test **6.** Diverges **7.** Diverges **8.** Converges **9.** Diverges **10.** Converges **11.** Converges **12.** Converges **13.** Converges **14.** Converges **15.** Diverges **16.** Converges **17.** Diverges **18.** Converges **19.** Diverges **20.** Diverges **21.** Converges **22.** Diverges **23.** Converges **24.** Diverges **25.** Converges **26.** Diverges **27.** Converges **28.** Diverges **29.** Converges **30.** Converges **31.** Diverges **32.** Diverges **33.** Converges **34.** Converges **35.** Diverges **36.** Converges **37.** Converges **38.** Converges **39.** Diverges **40.** Diverges **41.** Converges **42.** Converges **43.** Converges **44. a.** False **b.** True **c.** True **d.** False **45.** Diverges **46.** Diverges **47.** Diverges

Chapter 9 연습문제(pp. 703–705)

1. a. False **b.** False **c.** True **d.** False **e.** True **f.** False **g.** False **h.** True **2.** Approx. 1.25; approx. 0.05 **3.** $\lim_{k\to\infty} a_k = 0$, $\lim_{n\to\infty} S_n = 8$ **4.** $a_k = \dfrac{1}{k}$ **5. a.** 0 **b.** $\dfrac{5}{9}$ **6. a.** Yes; $\lim_{k\to\infty} a_k = 1$ **b.** No; $\lim_{k\to\infty} a_k \neq 0$ **7.** Diverges **8.** 5 **9.** 0 **10.** 0 **11.** $1/e$ **12.** Diverges **13. a.** 80, 48, 32, 24, 20 **b.** 16 **14.** Diverges **15.** Diverges **16.** Diverges **17.** $\dfrac{3\pi}{4}$ **18.** 3 **19.** $2/9$ **20.** $\dfrac{311}{990}$ **21.** Diverges **22.** Diverges **23.** Converges **24.** Converges **25.** Converges **26.** Converges **27.** Converges **28.** Diverges **29.** Converges **30.** Converges **31.** Converges **32.** Converges **33.** Converges **34.** Converges **35.** Converges **36.** Diverges **37.** Diverges **38.** Converges conditionally **39.** Converges absolutely **40.** Diverges **41.** Converges absolutely **42.** Converges absolutely **43.** Diverges **44. a.** Approx. 1.03666 **b.** 0.0004 **c.** $L_5 = 1.03685$; $U_5 = 1.03706$ **45.** 0.0067 **46.** 100 **47. a.** 803 m, 1283 m, $2000(1 - 0.95^N)$ m **b.** 2000 m **48. a.** $\dfrac{\pi}{2^{n-1}}$ **b.** 2π **49. a.** $T_1 = \dfrac{\sqrt{3}}{16}$, $T_2 = \dfrac{7\sqrt{3}}{64}$ **b.** $T_n = \dfrac{\sqrt{3}}{4}\left(1 - \left(\dfrac{3}{4}\right)^n\right)$ **c.** $\lim_{n\to\infty} T_n = \dfrac{\sqrt{3}}{4}$ **d.** 0

50. $\sqrt{\dfrac{20}{g}}\left(\dfrac{1+\sqrt{p}}{1-\sqrt{p}}\right)$ s

CHAPTER 10

10.1절 연습문제(pp. 720–722)

1. $f(0) = p_2(0)$, $f'(0) = p_2'(0)$, and $f''(0) = p_2''(0)$

2. 1, 1.05, 1.04875 **3.** $p_3(x) = 1 + x^2 + x^3$; 1.048

4. $p_3(x) = 1 + (x-2) + 2(x-2)^3$; 0.898

5. a. $p_1(x) = 8 + 12(x-1)$ **b.** $p_2(x) = 8 + 12(x-1) + 3(x-1)^2$ **c.** 9.2; 9.23

6. a. $p_1(x) = 1 - 2x$ **b.** $p_2(x) = 1 - 2x + 2x^2$ **c.** 0.8, 0.82

7. a. $p_1(x) = 1 - x$ **b.** $p_2(x) = 1 - x + x^2$ **c.** 0.95, 0.9525

8. a. $p_1(x) = 2 + \frac{1}{12}(x-8)$ **b.** $p_2(x) = 2 + \frac{1}{12}(x-8) - \frac{1}{288}(x-8)^2$ **c.** $1.958\overline{3}$, 1.95747

9. $p_1(x) = 1$, $p_2(x) = p_3(x) = 1 - 18x^2$, $p_4(x) = 1 - 18x^2 + 54x^4$

10. $p_3(x) = 1 - 3x + 6x^2 - 10x^3$, $p_4(x) = 1 - 3x + 6x^2 - 10x^3 + 15x^4$

11. $p_1(x) = 1 + 3(x-1)$, $p_2(x) = 1 + 3(x-1) + 3(x-1)^2$, $p_3(x) = 1 + 3(x-1) + 3(x-1)^2 + (x-1)^3$

12. $p_3(x) = 1 + \dfrac{1}{e}(x-e) - \dfrac{1}{2e^2}(x-e)^2 + \dfrac{1}{3e^3}(x-e)^3$

13. a. $p_1(x) = -x$, $p_2(x) = -x - \dfrac{x^2}{2}$

b.

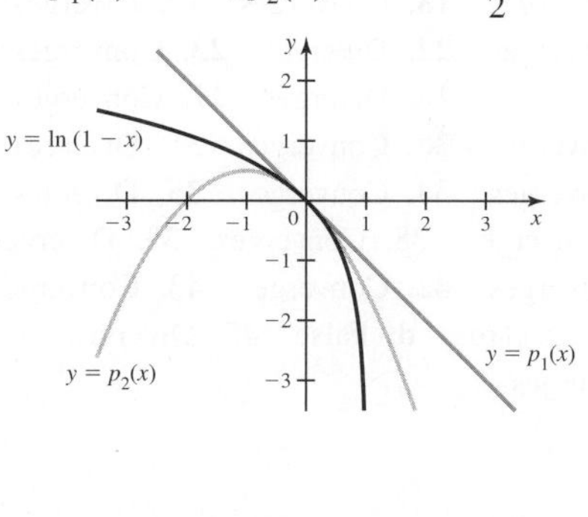

14. a. $p_1(x) = \dfrac{\sqrt{2}}{2} + \dfrac{\sqrt{2}}{2}\left(x - \dfrac{\pi}{4}\right)$, $p_2(x) = \dfrac{\sqrt{2}}{2} + \dfrac{\sqrt{2}}{2}\left(x - \dfrac{\pi}{4}\right) - \dfrac{\sqrt{2}}{4}\left(x - \dfrac{\pi}{4}\right)^2$

b.

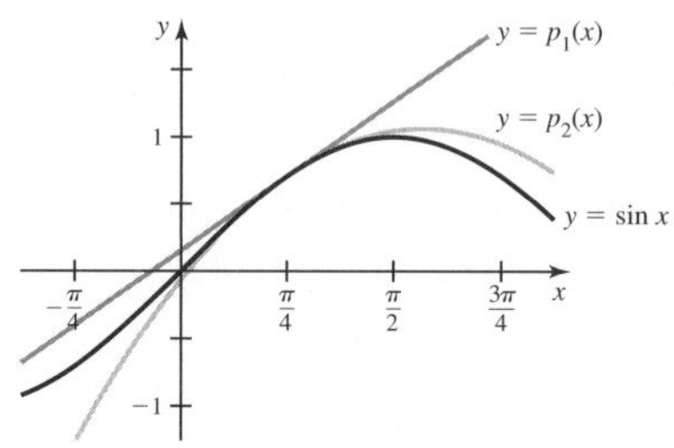

15. a. 1.0247 **b.** 7.6×10^{-6} **16. a.** 0.8613 **b.** 5.4×10^{-4} **17. a.** 1.1274988 **b.** Approx. 8.85×10^{-6} (Answers may vary if intermediate calculations are rounded.) **18. a.** Approx. −0.10033333 **b.** Approx. 1.34×10^{-6} (Answers may vary if intermediate calculations are rounded.) **19. a.** 1.0295635 **b.** Approx. 4.86×10^{-7} (Answers may vary if intermediate calculations are rounded.) **20. a.** Approx. 0.52083333 **b.** Approx. 2.62×10^{-4} (Answers may vary if intermediate calculations are rounded.)

21. $R_n(x) = \dfrac{\sin^{(n+1)}(c)}{(n+1)!}x^{n+1}$, for c between x and 0

22. $R_n(x) = \dfrac{(-1)^{n+1}e^{-c}}{(n+1)!}x^{n+1}$, for c between x and 0

23. $R_n(x) = \dfrac{\sin^{(n+1)}(c)}{(n+1)!}\left(x - \dfrac{\pi}{2}\right)^{n+1}$, for c between x and $\dfrac{\pi}{2}$

24. 2.0×10^{-5} **25.** 1.6×10^{-5} ($e^{0.25} < 2$) **26.** 2.6×10^{-4}

27. With $n = 4$, $|\text{error}| \le 2.5 \times 10^{-3}$

28. With $n = 2$, $|\text{error}| \le 4.2 \times 10^{-2}$ ($e^{0.5} < 2$)

29. With $n = 2$, $|\text{error}| \le 5.4 \times 10^{-3}$ **30.** 4 **31.** 3 **32.** 1

33. a. False **b.** True **c.** True **d.** True **34. a.** C **b.** E **c.** A **d.** D **e.** B **f.** F **35. a.** 0.1; 1.7×10^{-4} **b.** 0.2; 1.3×10^{-3} **36. a.** 0.995; 4.2×10^{-6} **b.** 0.98; 6.7×10^{-5} **37. a.** 1.05; 1.3×10^{-3} **b.** 1.1; 5×10^{-3} **38. a.** 1.1; 10^{-2} **b.** 1.2; 4×10^{-2}

39. a.

x	$\lvert\sec x - p_2(x)\rvert$	$\lvert\sec x - p_4(x)\rvert$
−0.2	3.39×10^{-4}	5.51×10^{-6}
−0.1	2.09×10^{-5}	8.51×10^{-8}
0.0	0	0
0.1	2.09×10^{-5}	8.51×10^{-8}
0.2	3.39×10^{-4}	5.51×10^{-6}

b. The errors decrease as $|x|$ decreases.

40. a.

x	$\lvert e^{-x} - p_1(x)\rvert$	$\lvert e^{-x} - p_2(x)\rvert$
−0.2	2.14×10^{-2}	1.40×10^{-3}
−0.1	5.17×10^{-3}	1.71×10^{-4}
0.0	0	0
0.1	4.84×10^{-3}	1.63×10^{-4}
0.2	1.87×10^{-2}	1.27×10^{-3}

b. The errors decrease as $|x|$ decreases.

41. Centered at $x = 0$, for all n

42. a. $y = f(a) + f'(a)(x - a)$ **43. a.** $p_5(x) = x - \dfrac{x^3}{6} + \dfrac{x^5}{120}$; $q_5(x) = -(x - \pi) + \dfrac{1}{6}(x - \pi)^3 - \dfrac{1}{120}(x - \pi)^5$

b.

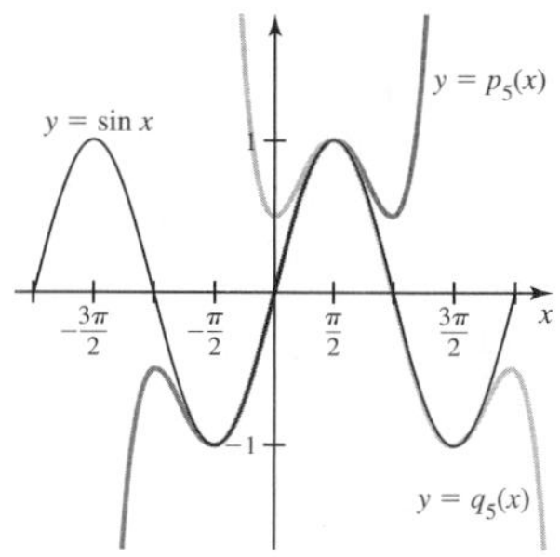

p_5 is a better approximation on $[-\pi, \pi/2)$; q_5 is a better approximation on $(\pi/2, 2\pi]$.

c.

x	$\lvert\sin x - p_5(x)\rvert$	$\lvert\sin x - q_5(x)\rvert$
$\pi/4$	3.6×10^{-5}	7.4×10^{-2}
$\pi/2$	4.5×10^{-3}	4.5×10^{-3}
$3\pi/4$	7.4×10^{-2}	3.6×10^{-5}
$5\pi/4$	2.3	3.6×10^{-5}
$7\pi/4$	20	7.4×10^{-2}

d. p_5 is a better approximation at $x = \pi/4$; at $x = \pi/2$ the errors are equal.

44. a. $p_1(x) = 6 + \dfrac{1}{12}(x - 36)$; $q_1(x) = 7 + \dfrac{1}{14}(x - 49)$

b.

x	$\lvert\sqrt{x} - p_1(x)\rvert$	$\lvert\sqrt{x} - q_1(x)\rvert$
37	5.7×10^{-4}	6.0×10^{-2}
39	5.0×10^{-3}	4.1×10^{-2}
41	1.4×10^{-2}	2.5×10^{-2}
43	2.6×10^{-2}	1.4×10^{-2}
45	4.2×10^{-2}	6.1×10^{-3}
47	6.1×10^{-2}	1.5×10^{-3}

c. p_1 is a better approximation at $x = 37$, 39, and 41.

10.2절 연습문제(pp. 732–733)

1. $c_0 + c_1x + c_2x^2 + c_3x^3$ **2.** Ratio and Root Tests **3.** The radius of convergence does not change. The interval of convergence may change. change. **4.** $R = 10; [-8, 12]$ **5.** $R = \frac{1}{2}; \left(-\frac{1}{2}, \frac{1}{2}\right)$ **6.** $R = 0; \{x: x = 0\}$ **7.** $R = \infty; (-\infty, \infty)$ **8.** $R = 3; (-3, 3)$ **9.** $R = \infty; (-\infty, \infty)$ **10.** $R = 2; (-2, 2)$ **11.** $R = \infty; (-\infty, \infty)$ **12.** $R = 1; (0, 2]$ **13.** $R = \frac{1}{4}; \left[0, \frac{1}{2}\right]$ **14.** $R = 5; (-3, 7)$ **15.** $R = \infty; (-\infty, \infty)$ **16.** $R = \sqrt{3}; (-\sqrt{3}, \sqrt{3})$ **17.** $R = 1; (0, 2)$ **18.** $R = \infty; (-\infty, \infty)$ **19.** $R = e$ **20.** $R = e^4$ **21.** $\sum_{k=0}^{\infty}(3x)^k; \left(-\frac{1}{3}, \frac{1}{3}\right)$ **22.** $2\sum_{k=0}^{\infty}x^{k+3}; (-1, 1)$ **23.** $4\sum_{k=0}^{\infty}x^{k+12}; (-1, 1)$ **24.** $-\sum_{k=1}^{\infty}\dfrac{(3x)^k}{k}; \left[-\frac{1}{3}, \frac{1}{3}\right)$ **25.** $-2\sum_{k=1}^{\infty}\dfrac{x^{k+6}}{k}; [-1, 1)$ **26.** $g(x) = 2\sum_{k=1}^{\infty}k(2x)^{k-1}; \left(-\frac{1}{2}, \frac{1}{2}\right)$ **27.** $g(x) = \sum_{k=1}^{\infty}(-1)^k kx^{k-1}; (-1, 1)$ **28.** $g(x) = -\sum_{k=1}^{\infty}\dfrac{3^kx^k}{k}; \left[-\frac{1}{3}, \frac{1}{3}\right)$ **29.** $\sum_{k=1}^{\infty}(-1)^{k+1}2kx^{2k-1}; (-1, 1)$ **30.** $\sum_{k=0}^{\infty}\left(-\dfrac{x}{3}\right)^k; (-3, 3)$ **31.** $\ln 2 - \dfrac{1}{2}\sum_{k=1}^{\infty}\dfrac{x^{2k}}{k\,4^k}; (-2, 2)$ **32. a.** True **b.** True **c.** True **d.** True **33.** $|x - a| < R$ **34.** $f(x) = \dfrac{1}{3 - \sqrt{x}}; 1 < x < 9$ **35.** $f(x) = \dfrac{e^x}{e^x - 1}; 0 < x < \infty$ **36.** $f(x) = \dfrac{3}{4 - x^2}; -2 < x < 2$ **37.** $\sum_{k=0}^{\infty}\dfrac{(-3x)^k}{k!}; -\infty < x < \infty$

38. $\lim_{k\to\infty}\left|\dfrac{c_{k+1}x^{k+1}}{c_kx^k}\right| = \lim_{k\to\infty}\left|\dfrac{c_{k+1}x^{k+m+1}}{c_kx^{k+m}}\right|$, so by the Ratio Test, the two series have the same radius of convergence.
39. a. $f(x)\,g(x) = c_0d_0 + (c_0d_1 + c_1d_0)x + (c_0d_2 + c_1d_1 + c_2d_0)x^2$ **b.** $\sum_{k=0}^{n}c_k d_{n-k}$

10.3절 연습문제(pp. 746–747)

1. The nth Taylor polynomial is the nth partial sum of the corresponding Taylor series. **2.** $\sum_{k=0}^{\infty}\dfrac{(x - 2)^k}{k!}$ **3.** Replace x with x^2 in the Taylor series for $f(x)$; $|x| < 1$. **4.** The Taylor series for a function f converges to f on an interval if, for all x in the interval, $\lim_{n\to\infty}R_n(x) = 0$, where $R_n(x)$ is the remainder at x.
5. a. $1 - 2(x - 1) + 3(x - 1)^2 - 4(x - 1)^2$ **b.** $\sum_{k=0}^{\infty}(-1)^k(k + 1)(x - 1)^k$ **c.** $(0, 2)$ **6. a.** $1 - x + \dfrac{x^2}{2!} - \dfrac{x^3}{3!}$ **b.** $\sum_{k=0}^{\infty}\dfrac{(-1)^kx^k}{k!}$ **c.** $(-\infty, \infty)$ **7. a.** $2 + 6x + 12x^2 + 20x^3$ **b.** $\sum_{k=0}^{\infty}(k + 1)(k + 2)x^k$ **c.** $(-1, 1)$ **8. a.** $1 - x^2 + x^4 - x^6$ **b.** $\sum_{k=0}^{n}(-1)^kx^{2k}$ **c.** $(-1, 1)$ **9. a.** $1 + 2x + \dfrac{(2x)^2}{2!} + \dfrac{(2x)^3}{3!}$ **b.** $\sum_{k=0}^{\infty}\dfrac{(2x)^k}{k!}$ **c.** $(-\infty, \infty)$ **10. a.** $\dfrac{x}{2} - \dfrac{x^3}{3\cdot 2^3} + \dfrac{x^5}{5\cdot 2^5} - \dfrac{x^7}{7\cdot 2^7}$ **b.** $\sum_{k=0}^{\infty}\dfrac{(-1)^kx^{2k+1}}{(2k + 1)2^{2k+1}}$ **c.** $[-2, 2]$
11. a. $1 + (\ln 3)x + \dfrac{\ln^2 3}{2}x^2 + \dfrac{\ln^3 3}{6}x^3$ **b.** $\sum_{k=0}^{\infty}\dfrac{\ln^k 3}{k!}x^k$ **c.** $(-\infty, \infty)$
12. a. $1 + \dfrac{(3x)^2}{2} + \dfrac{(3x)^4}{24} + \dfrac{(3x)^6}{720}$ **b.** $\sum_{k=0}^{\infty}\dfrac{(3x)^{2k}}{(2k)!}$ **c.** $(-\infty, \infty)$
13. a. $(x - 3) - \dfrac{1}{2}(x - 3)^2 + \dfrac{1}{3}(x - 3)^3 - \dfrac{1}{4}(x - 3)^4$ **b.** $\sum_{k=1}^{\infty}\dfrac{(-1)^{k+1}(x - 3)^k}{k}$ **c.** $(2, 4]$
14. a. $1 - \dfrac{(x - \pi/2)^2}{2!} + \dfrac{(x - \pi/2)^4}{4!} - \dfrac{(x - \pi/2)^6}{6!}$ **b.** $\sum_{k=0}^{\infty}\dfrac{(-1)^k}{(2k)!}(x - \pi/2)^{2k}$ **15. a.** $1 - (x - 1) + (x - 1)^2 - (x - 1)^3$ **b.** $\sum_{k=0}^{\infty}(-1)^k(x - 1)^k$ **16. a.** $\ln 3 + \dfrac{(x - 3)}{3} - \dfrac{(x - 3)^2}{3^2\cdot 2} + \dfrac{(x - 3)^3}{3^3\cdot 3}$ **b.** $\ln 3 + \sum_{k=1}^{\infty}\dfrac{(-1)^{k+1}(x - 3)^k}{k3^k}$

17. a. $2 + 2(\ln 2)(x-1) + (\ln^2 2)(x-1)^2 + \frac{\ln^3 2}{3}(x-1)^3$

b. $\sum_{k=0}^{\infty} \frac{2(x-1)^k \ln^k 2}{k!}$ **18.** $x^2 - \frac{x^4}{2} + \frac{x^6}{3} - \frac{x^8}{4}$

19. $1 + 2x + 4x^2 + 8x^3$ **20.** $1 + \frac{x}{2} + \frac{x^2}{6} + \frac{x^3}{24}$

21. $1 - x^4 + x^8 - x^{12}$ **22.** $x^2 + \frac{x^6}{6} + \frac{x^{10}}{120} + \frac{x^{14}}{5040}$

23. a. $1 - 2x + 3x^2 - 4x^3$ **b.** 0.826

24. a. $1 + \frac{1}{4}x - \frac{3}{32}x^2 + \frac{7}{128}x^3$ **b.** 1.029

25. a. $1 - \frac{2}{3}x + \frac{5}{9}x^2 - \frac{40}{81}x^3$ **b.** 0.895 **26.** $1 + \frac{x^2}{2} - \frac{x^4}{8} + \frac{x^6}{16}$; $[-1, 1]$ **27.** $3 - \frac{3x}{2} - \frac{3x^2}{8} - \frac{3x^3}{16}$; $[-1, 1]$

28. $a + \frac{x^2}{2a} - \frac{x^4}{8a^3} + \frac{x^6}{16a^5}$; $|x| \le a$

29. $1 - 8x + 48x^2 - 256x^3$ **30.** $\frac{1}{16} - \frac{x^2}{32} + \frac{3x^4}{256} - \frac{x^6}{256}$

31. $\frac{1}{9} - \frac{2}{9}\left(\frac{4x}{3}\right) + \frac{3}{9}\left(\frac{4x}{3}\right)^2 - \frac{4}{9}\left(\frac{4x}{3}\right)^3$

32. $R_n(x) = \frac{f^{(n+1)}(c)}{(n+1)!}x^{n+1}$, where c is between 0 and x and $f^{(n+1)}(c) = \pm\sin c$ or $\pm\cos c$. Therefore, $|R_n(x)| \le \frac{|x|^{n+1}}{(n+1)!} \to 0$ as $n \to \infty$, for $-\infty < x < \infty$.

33. $R_n(x) = \frac{f^{(n+1)}(c)}{(n+1)!}x^{n+1}$, where c is between 0 and x and $f^{(n+1)}(c) = (-1)^n e^{-c}$. Therefore, $|R_n(x)| \le \frac{|x|^{n+1}}{e^c(n+1)!} \to 0$ as $n \to \infty$, for $-\infty < x < \infty$.

34. a. False **b.** True **c.** False **d.** False **e.** True

35. a. $1 + \frac{x^2}{2!} + \frac{x^4}{4!} + \frac{x^6}{6!}$ **b.** $R = \infty$

36. a. $1 - \frac{2}{3}x^2 + \frac{5}{9}x^4 - \frac{40}{81}x^6$ **b.** $R = 1$

37. a. $1 - \frac{1}{2}x^2 - \frac{1}{8}x^4 - \frac{1}{16}x^6$ **b.** $R = 1$

38. a. $1 - 2x^2 + 3x^4 - 4x^6$ **b.** $R = 1$ **39.** Approx. 3.9149

40. Approx. 1.8989

10.4절 연습문제(pp. 754–755)

1. Replace f and g with their Taylor series centered at a and evaluate the limit. **2.** Substitute $x = -0.6$ into the Taylor series for e^x centered at 0. Because the resulting series is an alternating series, the error can be estimated easily. **4.** 1 **5.** $\frac{1}{2}$ **6.** 2 **7.** $\frac{2}{3}$ **8.** $\frac{1}{3}$

9. $\frac{3}{5}$ **10.** $-\frac{8}{5}$ **11.** 1 **12.** $\frac{3}{4}$ **13. a.** $1 + x + \frac{x^2}{2!} + \cdots + \frac{x^n}{n!} + \cdots$

b. e^x **c.** $-\infty < x < \infty$

14. a. $1 - x + x^2 - \cdots (-1)^{n-1}x^{n-1} + \cdots$ **b.** $\frac{1}{1+x}$

c. $|x| < 1$ **15. a.** $-2 + 4x - 8 \cdot \frac{x^2}{2!} + \cdots + (-2)^n \frac{x^{n-1}}{(n-1)!} + \cdots$

b. $-2e^{-2x}$ **c.** $-\infty < x < \infty$

16. a. $1 - x^2 + x^4 - \cdots$ **b.** $\frac{1}{1+x^2}$ **c.** $-1 < x < 1$

17. a. $2 + 2t + \frac{2t^2}{2!} + \cdots + \frac{2t^n}{n!} + \cdots$ **b.** $y(t) = 2e^t$

18. a. $2 + 16t + 24t^2 + 24t^3 + \cdots + \frac{3^{n-1} \cdot 16}{n!}t^n + \cdots$

b. $y(t) = \frac{16}{3}e^{3t} - \frac{10}{3}$ **19.** 0.2448 **20.** 0.6958

21. 0.0600 **22.** 0.4994 **23.** $1 + 2 + \frac{2^2}{2!} + \frac{2^3}{3!}$

24. $1 - 2 + \frac{2}{3} - \frac{4}{45}$ **25.** $\frac{1}{2} - \frac{1}{8} + \frac{1}{24} - \frac{1}{64}$ **26.** $e - 1$

27. $\sum_{k=1}^{\infty} \frac{(-1)^{k+1}x^k}{k}$, for $-1 < x \le 1$; $\ln 2$ **28.** $\frac{2}{2-x}$

29. $\frac{4}{4+x^2}$ **30.** $-\ln(1-x)$ **31.** $-\frac{3x^2}{(3+x)^2}$

32. $\frac{6x^2}{(3-x)^3}$ **33. a.** False **b.** False **c.** True

34. $\frac{a}{b}$ **35.** $e^{-1/6}$ **36.** $f^{(3)}(0) = 0$; $f^{(4)}(0) = 4e$

37. $f^{(3)}(0) = 2$; $f^{(4)}(0) = 0$

Chapter 10 연습문제(pp. 755–756)

1. a. True **b.** False **c.** True **d.** True **e.** True

2. $p_2(x) = 1 - \frac{3}{2}x^2$ **3.** $p_2(x) = 1 - (x-1) + \frac{3}{2}(x-1)^2$

4. $p_2(x) = 1 - \frac{1}{2}(x-1)^2$

5. $p_3(x) = \frac{5}{4} + \frac{3}{4}(x - \ln 2) + \frac{5}{8}(x - \ln 2)^2 + \frac{1}{8}(x - \ln 2)^3$

6. a. $p_1(x) = 1 + x$; $p_2(x) = 1 + x + \frac{x^2}{2}$

b.

n	$p_n(x)$	Error
1	0.92	3.1×10^{-3}
2	0.9232	8.4×10^{-5}

7. a. $p_1(x) = \frac{\sqrt{2}}{2} + \frac{\sqrt{2}}{2}\left(x - \frac{\pi}{4}\right)$;

$p_2(x) = \frac{\sqrt{2}}{2} + \frac{\sqrt{2}}{2}\left(x - \frac{\pi}{4}\right) - \frac{\sqrt{2}}{4}\left(x - \frac{\pi}{4}\right)^2$

b.

n	$p_n(x)$	Error
1	0.5960	8.2×10^{-3}
2	0.5873	4.7×10^{-4}

8. $|R_3| < \frac{\pi^4}{4!}$ **9.** $R = \infty, (-\infty, \infty)$ **10.** $R = \infty, (-\infty, \infty)$

11. $R = 9, (-9, 9)$ **12.** $R = 2, [-4, 0)$ **13.** $R = \frac{3}{2}, [-2, 1]$

14. $R = \frac{1}{27}$ **15.** $\sum_{k=0}^{\infty} x^{2k}$; $(-1, 1)$ **16.** $\sum_{k=0}^{\infty} (-5x)^k$; $\left(-\frac{1}{5}, \frac{1}{5}\right)$

17. $\sum_{k=1}^{\infty} k(10x)^{k-1}; \left(-\frac{1}{10}, \frac{1}{10}\right)$ **18.** $1 + 3x + \frac{9x^2}{2!}; \sum_{k=0}^{\infty} \frac{(3x)^k}{k!}$

19. $-(x - \pi/2) + \frac{(x - \pi/2)^3}{3!} - \frac{(x - \pi/2)^5}{5!};$

$\sum_{k=0}^{\infty} (-1)^{k+1} \frac{(x - \pi/2)^{2k+1}}{(2k + 1)!}$

20. $4x - \frac{(4x)^3}{3} + \frac{(4x)^5}{5}; \sum_{k=0}^{\infty} \frac{(-1)^k (4x)^{2k+1}}{2k + 1}$

21. $1 + 2(x - 1)^2 + \frac{2}{3}(x - 1)^4; \sum_{k=0}^{\infty} \frac{4^k (x - 1)^{2k}}{(2k)!}$

22. $1 + \frac{x}{3} - \frac{x^2}{9} + \cdots$ **23.** $1 - \frac{3}{2}x + \frac{3}{2}x^2 - \cdots$

24. $R_n(x) = \frac{(\sinh c + \cosh c)\, x^{n+1}}{(n + 1)!}$, where c is between 0 and x;

$\lim_{n\to\infty} |R_n(x)| = |\sinh c + \cosh c| \lim_{n\to\infty} \frac{|x|^{n+1}}{(n + 1)!} = 0$ because

$|x|^{n+1} \ll (n + 1)!$ for any fixed value of x.

25. $\frac{1}{24}$ **26.** $\frac{1}{8}$ **27.** $\frac{1}{6}$ **28.** Approx. 0.4615

29. Approx. 0.3819

30. $11 - \frac{1}{11} - \frac{1}{2 \cdot 11^3} - \frac{1}{2 \cdot 11^5}$

31. $-\frac{1}{3} + \frac{1}{3 \cdot 3^3} - \frac{1}{5 \cdot 3^5} + \frac{1}{7 \cdot 3^7}$

CHAPTER 11

11.1절 연습문제(pp. 769–771)

1. Plotting $\{(f(t), g(t)): a \le t \le b\}$ generates a curve in the xy-plane. **2.** $x = R\cos(\pi t/5), y = -R\sin(\pi t/5)$ **3.** $x = t^2, y = t, -\infty < t < \infty$ **4.** $-\frac{1}{2}$ **5.** $x = t, y = t, 0 \le t \le 6; x = 2t, y = 2t, 0 \le t \le 3; x = 3t, y = 3t, 0 \le t \le 2$ (answers will vary)

6. a.

t	−10	−4	0	4	10
x	−20	−8	0	8	20
y	−34	−16	−4	8	26

b.

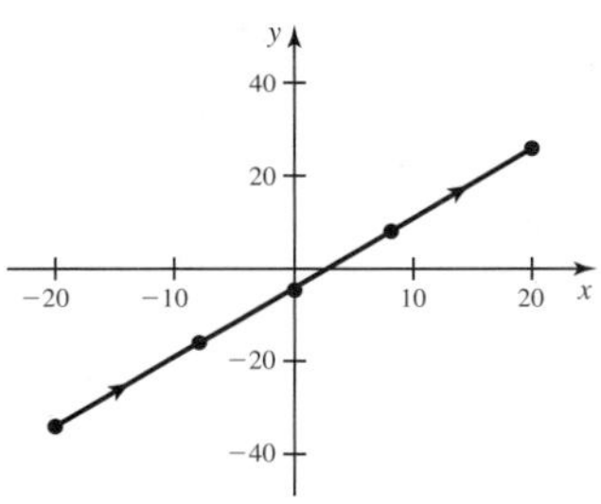

c. $y = \frac{3}{2}x - 4$
d. A line segment rising to the right as t increases

7. a.

t	−5	−2	0	2	5
x	11	8	6	4	1
y	−18	−9	−3	3	12

b.

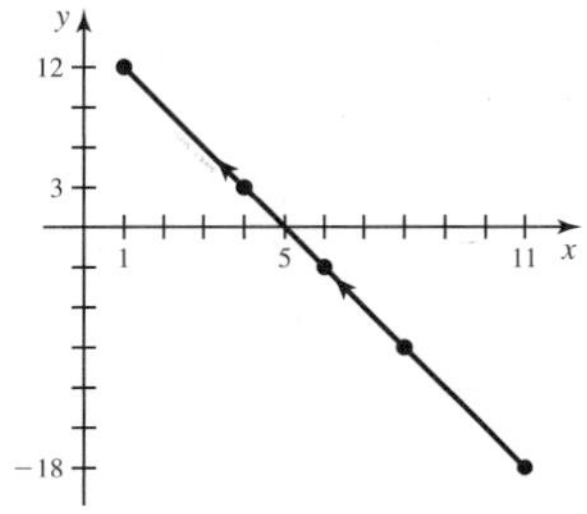

c. $y = -3x + 15$
d. A line segment rising to the left as t increases

8. a. $y = -x + 4$ **b.** A line segment starting at $(3, 1)$ and ending at $(4, 0)$ **9. a.** $y = 3x - 12$ **b.** A line segment starting at $(4, 0)$ and ending at $(8, 12)$ **10. a.** $x^2 + y^2 = 9$ **b.** Lower half of a circle of radius 3 centered at $(0, 0)$; starts at $(-3, 0)$ and ends at $(3, 0)$ **11. a.** $y = 1 - x^2, -1 \le x \le 1$ **b.** A parabola opening downward with a vertex at $(0, 1)$ starting at $(1, 0)$ and ending at $(-1, 0)$ **12. a.** $x^2 + (y - 1)^2 = 1$ **b.** A circle of radius 1 centered at $(0, 1)$; generated counterclockwise, starting and ending at $(1, 1)$ **13. a.** $y = (x + 1)^3$ **b.** A cubic curve rising to the right as r increases **14. a.** $x^2 + y^2 = 49$ **b.** A circle of radius 7 centered at $(0, 0)$; generated counterclockwise, starting and ending at $(-7, 0)$ **15. a.** $y = 1, -\infty < x < \infty$ **b.** A horizontal line with y-intercept 1, generated from left to right **16.** $x^2 + y^2 = 4$
17. $y = \sqrt{4 - x^2}$
18. $y = x^2$ **19.** $x = 4\cos t, y = 4\sin t, 0 \le t \le 2\pi$
20. $x = \cos t + 2, y = \sin t + 3, 0 \le t \le 2\pi$
21. $x = 2t, y = 8t; 0 \le t \le 1$
22. $x = t, y = 2t^2 - 4; -1 \le t \le 5$
23. $x = 2, y = t; 3 \le t \le 9$
24. $x = 4t - 2, y = -6t + 3; 0 \le t \le 1$ and $x = t + 1, y = 8t - 11; 1 \le t \le 2$
25. $x = 1 + 2t, y = 1 + 4t; -\infty < t < \infty$
26. $x = t^2, y = t; t \ge 0$
27. $x = 400\cos\left(\frac{4\pi t}{3}\right), y = 400\sin\left(\frac{4\pi t}{3}\right); 0 \le t \le 1.5$
28. $x = 50\cos\left(\frac{\pi t}{12}\right), y(t) = 50\sin\left(\frac{\pi t}{12}\right); 0 \le t \le 24$

29.

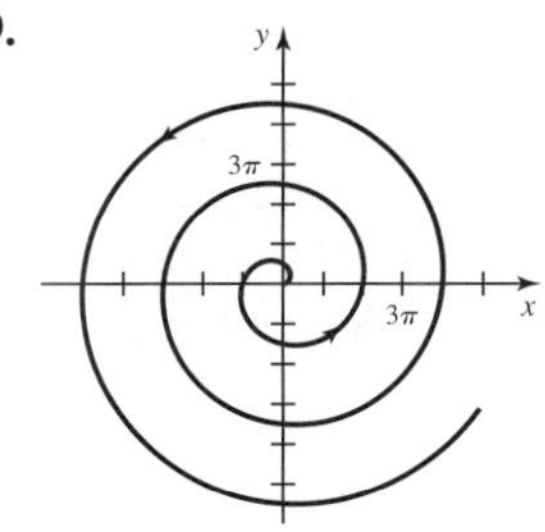

30.

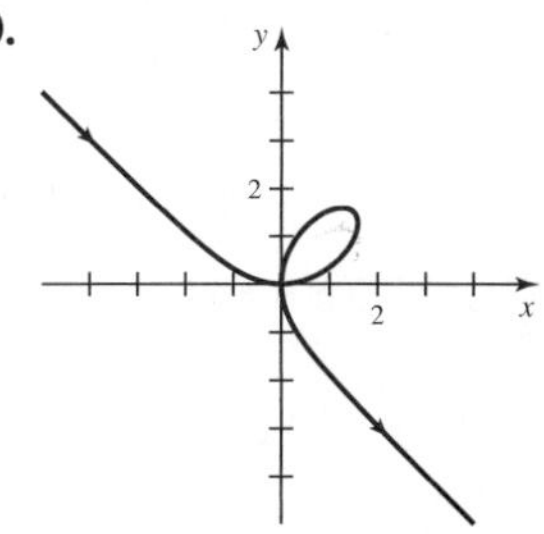

31.

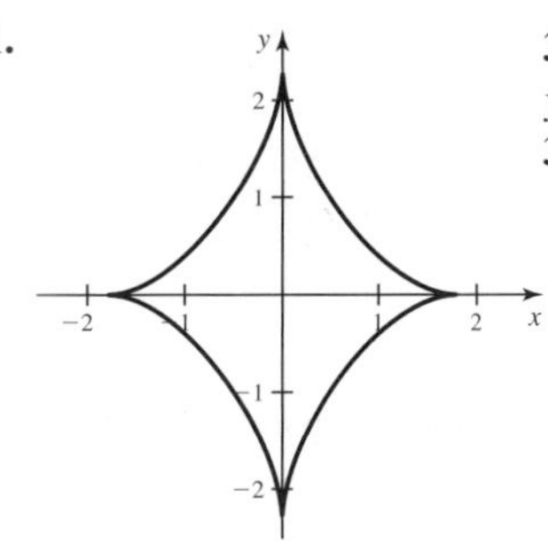

32. Plot $x = 1 + \cos^2 t - \sin^2 t$, $y = t$.
33. Approx. 2857 m

34. a. $\dfrac{dy}{dx} = -2; -2$

b.

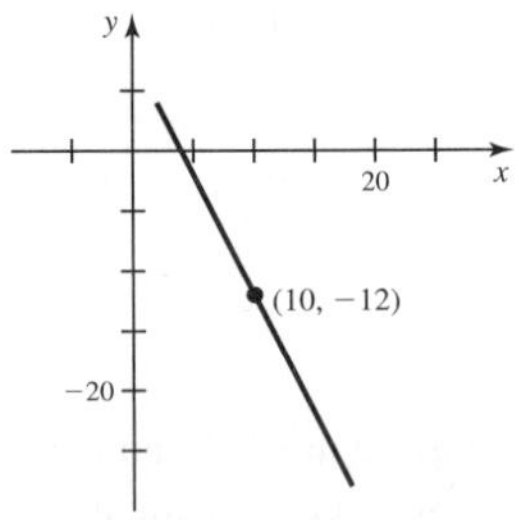

35. a. $\dfrac{dy}{dx} = -8 \cot t; 0$

b.

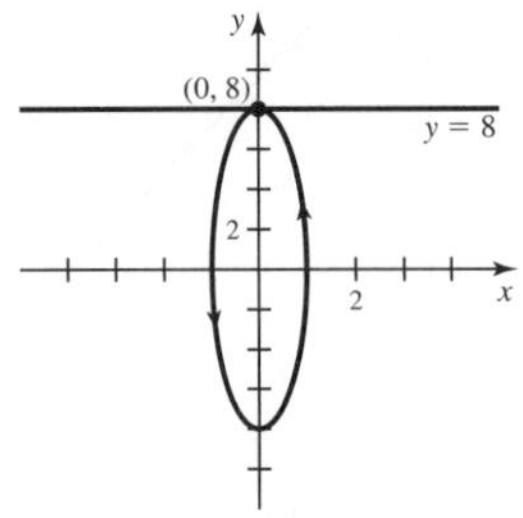

36. a. $\dfrac{dy}{dx} = \dfrac{t^2+1}{t^2-1}, t \neq 0$; undefined

b.

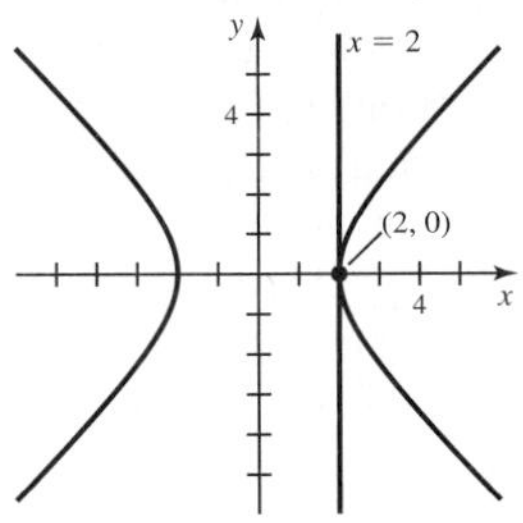

37. $y = \dfrac{13}{4}x + \dfrac{1}{4}$ **38.** $y = x - \dfrac{\pi\sqrt{2}}{4}$ **39.** $\left(-\dfrac{4}{\sqrt{5}}, \dfrac{8}{\sqrt{5}}\right)$ and $\left(\dfrac{4}{\sqrt{5}}, -\dfrac{8}{\sqrt{5}}\right)$ **40.** There is no such point. **41.** 10 **42.** $\pi\sqrt{2}$

43. $\dfrac{1}{3}(5\sqrt{5} - 8)$ **44.** $\dfrac{3}{2}$ **45. a.** False **b.** True **c.** False **d.** True **e.** True

46. $0 \le t \le 2\pi$

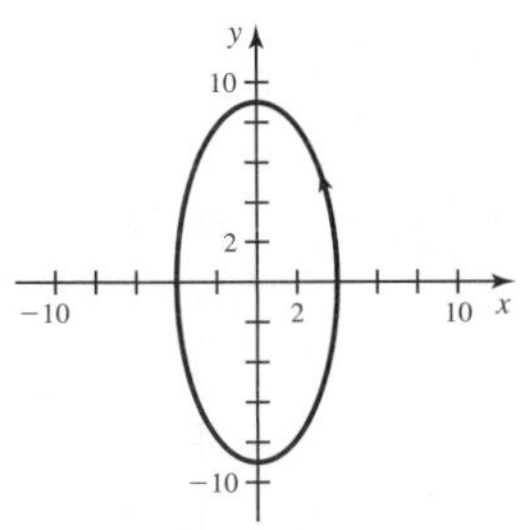

47. $x = 3\cos t, y = \dfrac{3}{2}\sin t,\ 0 \le t \le 2\pi; \left(\dfrac{x}{3}\right)^2 + \left(\dfrac{2y}{3}\right)^2 = 1$; in the counterclockwise direction

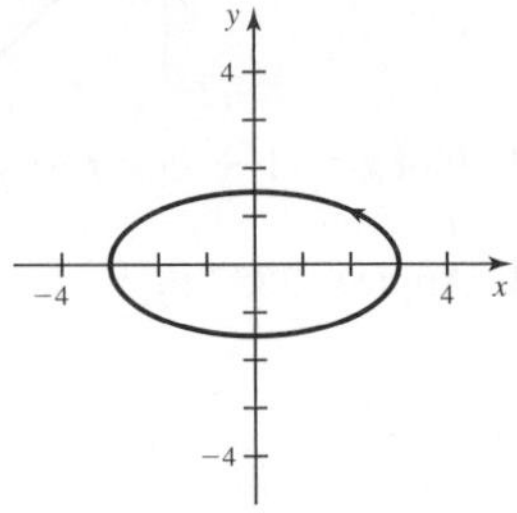

48. a. Lines intersect at $(1, 0)$. **b.** Lines are parallel. **c.** Lines intersect at $(4, 6)$.

11.2절 연습문제(pp. 781–783)

1.

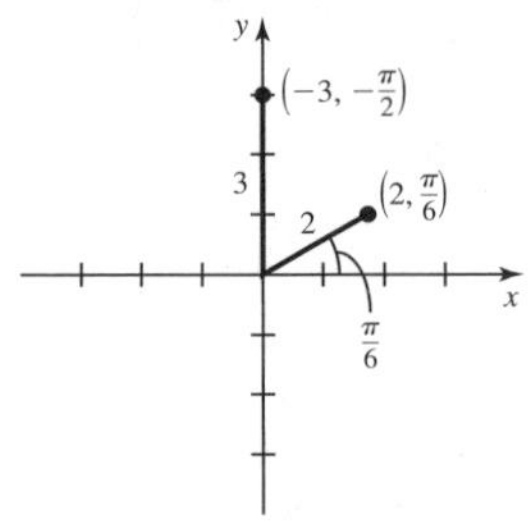

$(-2, -5\pi/6)$, $(2, 13\pi/6)$; $(3, \pi/2)$, $(3, 5\pi/2)$

2. $r^2 = x^2 + y^2, \tan\theta = \dfrac{y}{x}$ **3.** $r\cos\theta = 5$ or $r = 5\sec\theta$

4. x-axis symmetry occurs if (r, θ) on the graph implies $(r, -\theta)$ is on the graph. y-axis symmetry occurs if (r, θ) on the graph implies $(r, \pi - \theta) = (-r, -\theta)$ is on the graph. Symmetry about the origin occurs if (r, θ) on the graph implies $(-r, \theta) = (r, \theta + \pi)$ is on the graph.

5.

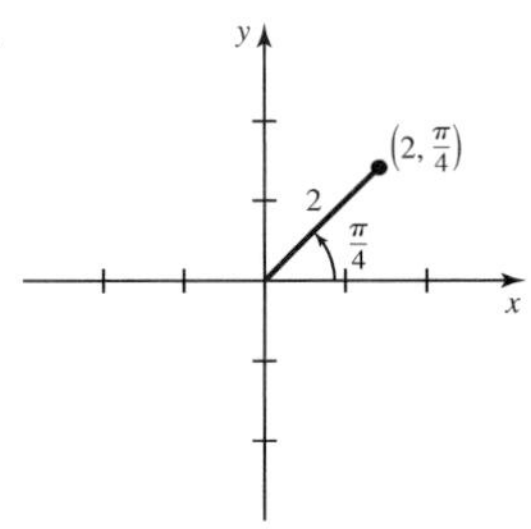

$(-2, -3\pi/4)$, $(2, 9\pi/4)$

6.

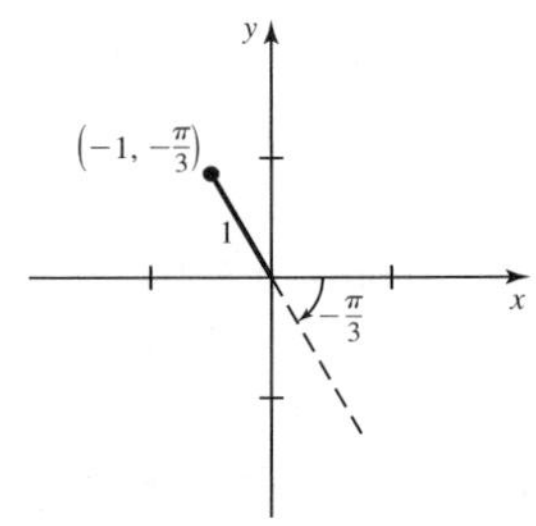

$(1, 2\pi/3)$, $(1, 8\pi/3)$

7.

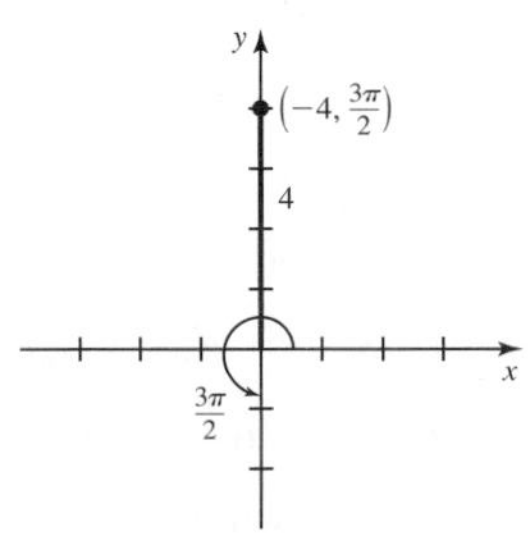

$(4, \pi/2)$, $(4, 5\pi/2)$

8.

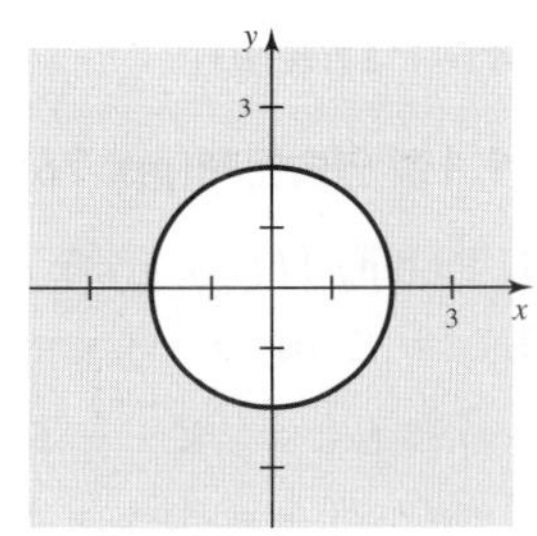

9.

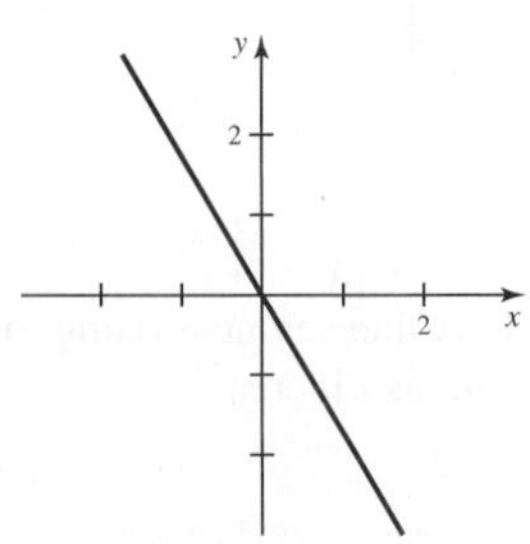

10.

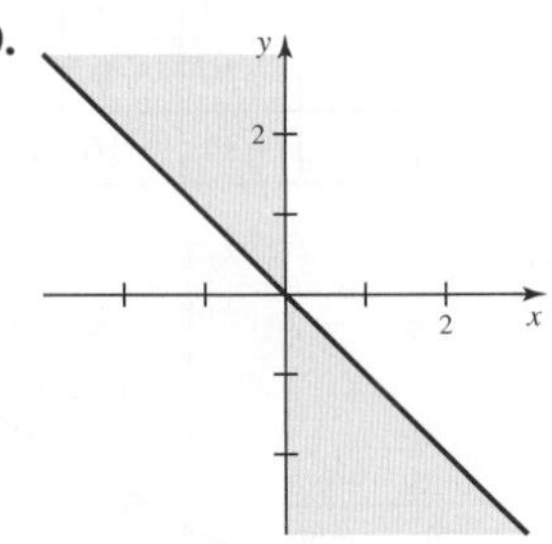

11.

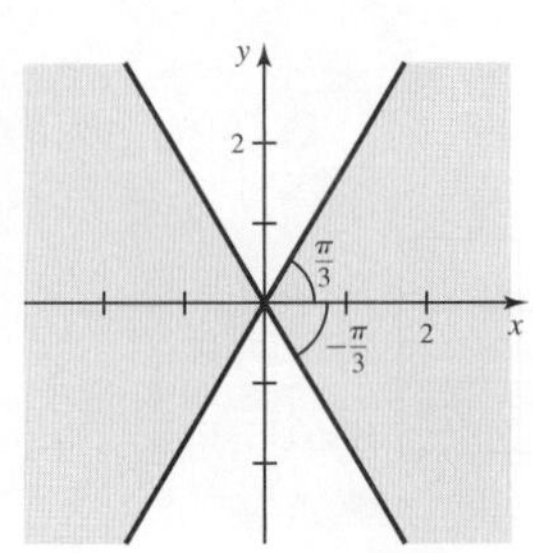

12. $\left(100, -\frac{\pi}{4}\right)$ **13.** $(3\sqrt{2}/2, 3\sqrt{2}/2)$ **14.** $(1/2, -\sqrt{3}/2)$
15. $(2\sqrt{2}, -2\sqrt{2})$ **16.** $(2\sqrt{2}, \pi/4), (-2\sqrt{2}, 5\pi/4)$
17. $(2, \pi/3), (-2, 4\pi/3)$ **18.** $(8, 2\pi/3), (-8, -\pi/3)$
19. $x = -4$; vertical line passing through $(-4, 0)$
20. $x^2 + y^2 = 4$; circle of radius 2 centered at $(0, 0)$
21. $(x - 1)^2 + (y - 1)^2 = 2$; circle of radius $\sqrt{2}$ centered at $(1, 1)$
22. $(x - 3)^2 + (y - 4)^2 = 25$; circle of radius 5 centered at $(3, 4)$
23. $x^2 + (y - 1)^2 = 1$; circle of radius 1 centered at $(0, 1)$ and $x = 0$ **24.** $x^2 + (y - 4)^2 = 16$; circle of radius 4 centered at $(0, 4)$
25. $r = \tan\theta \sec\theta$ **26.** $r^2 = \sec\theta \csc\theta$ or $r^2 = 2\csc 2\theta$

27.

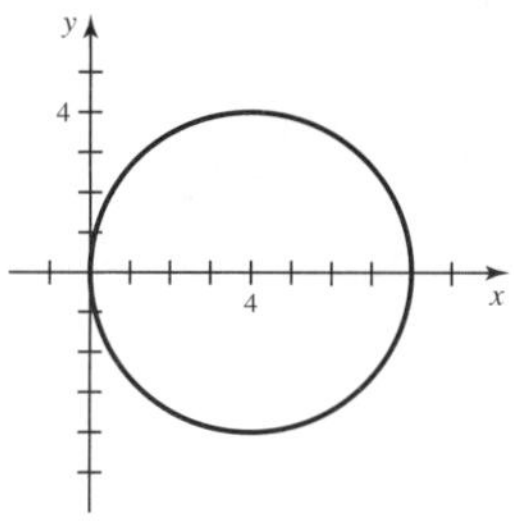

28.

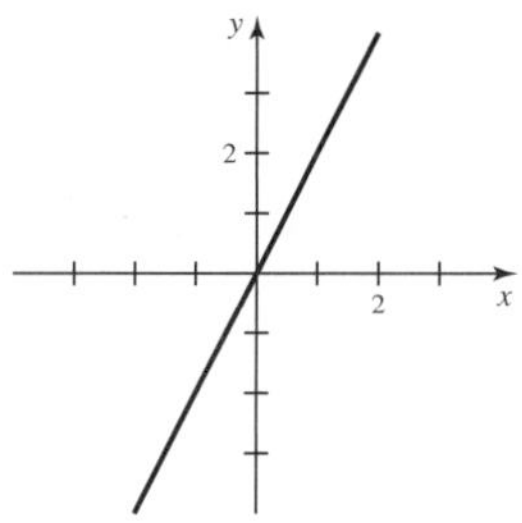

29.

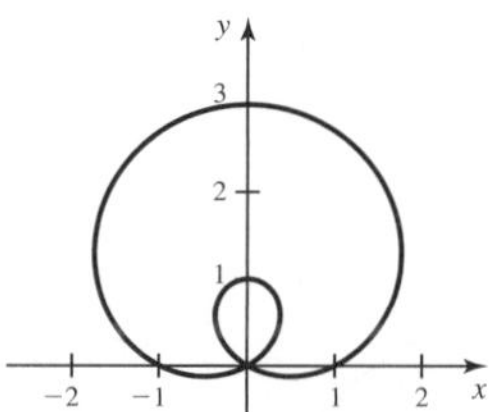

30.

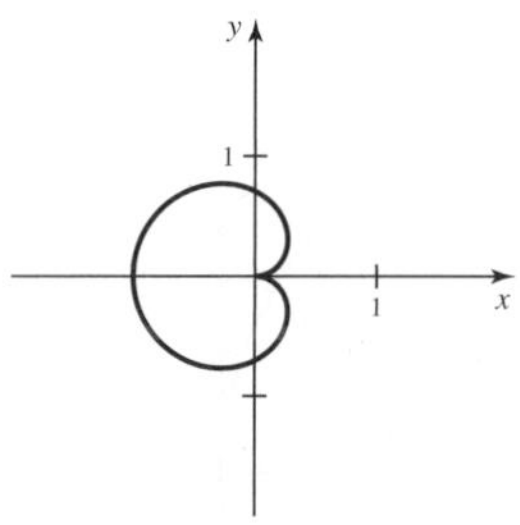

31.

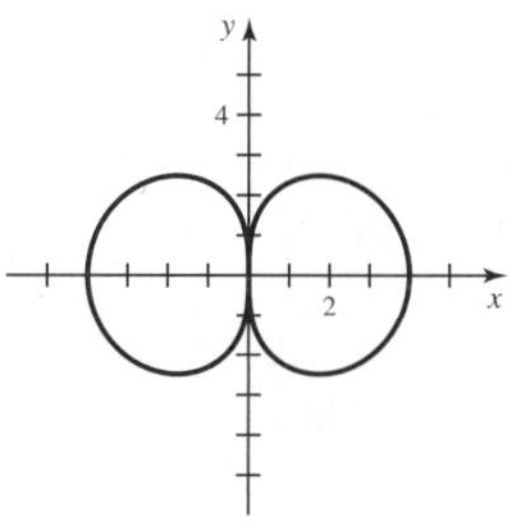

32.

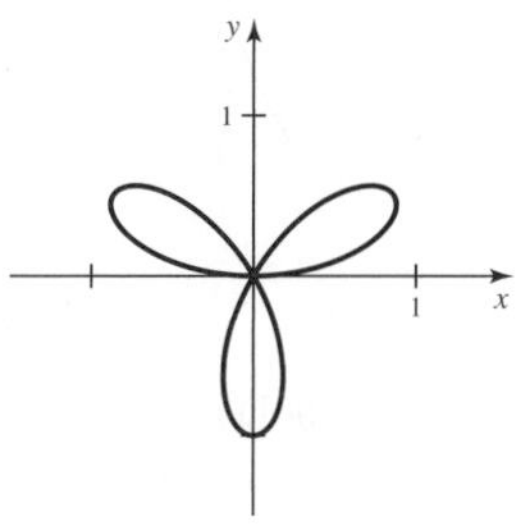

33.

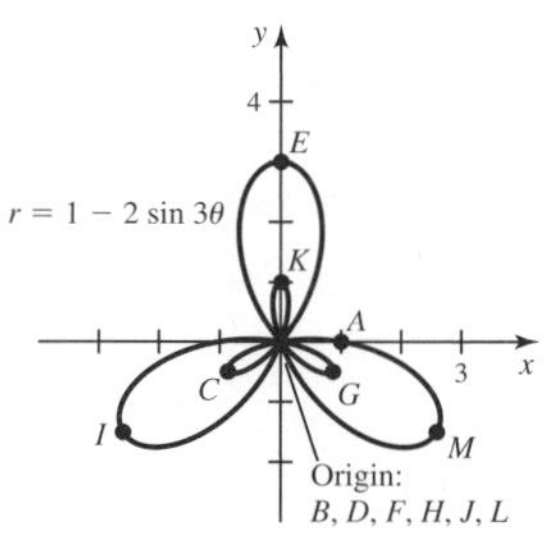

34.

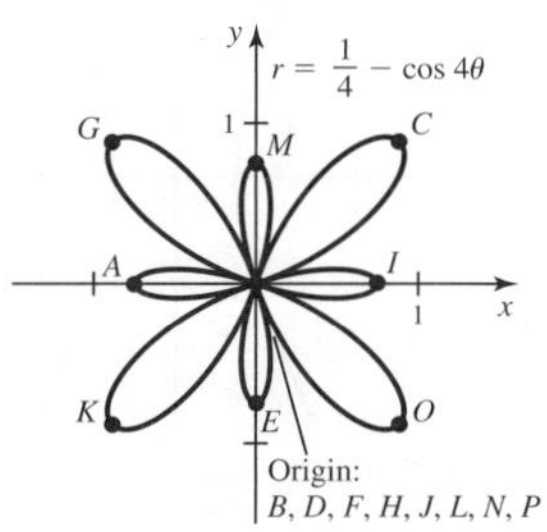

35. $[0, 8\pi]$

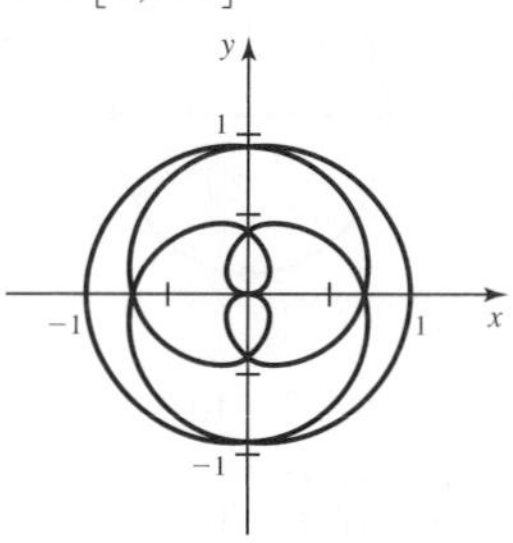

36. $[0, 2\pi]$

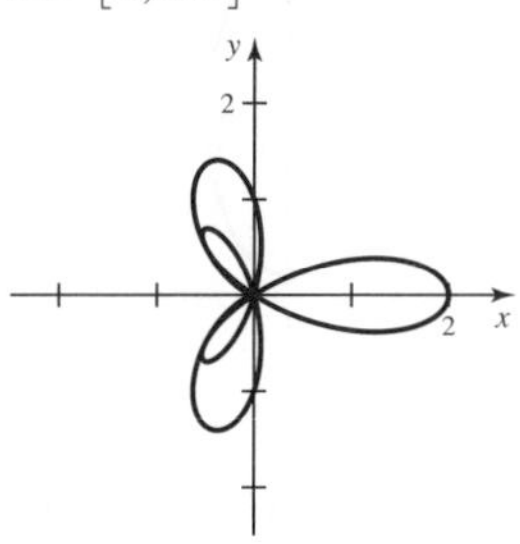

37. $[0, 5\pi]$

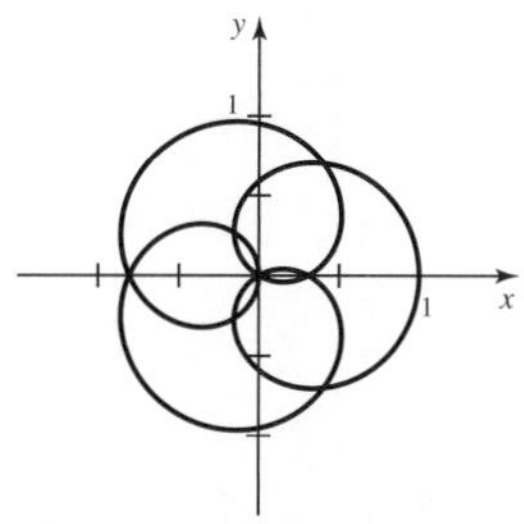

38. $[0, 2\pi]$

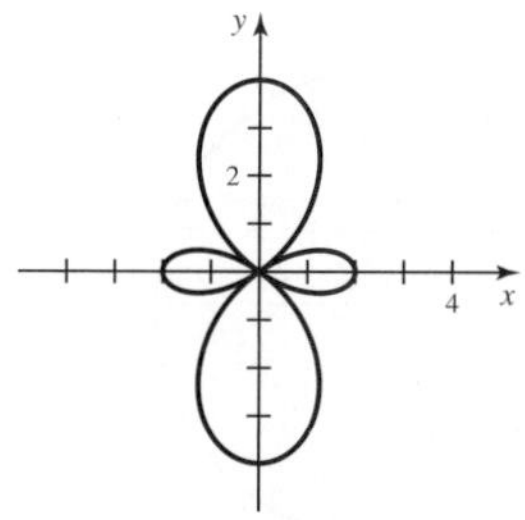

39. a. True **b.** True **c.** False **d.** True **e.** True

41. A circle of radius 4 and center $(2, \pi/3)$ (polar coordinates)

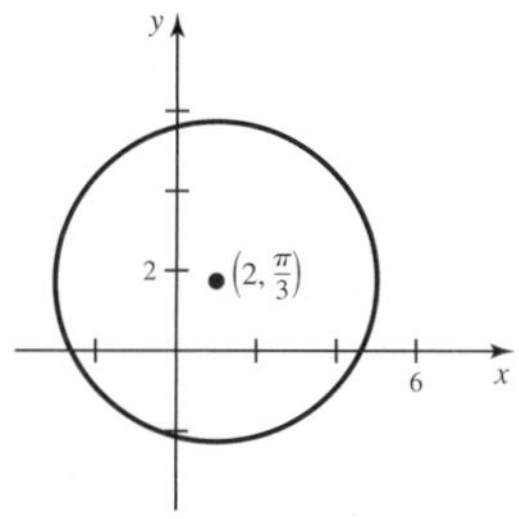

42. A circle of radius 4 centered at $(2, 3)$ (Cartesian coordinates)

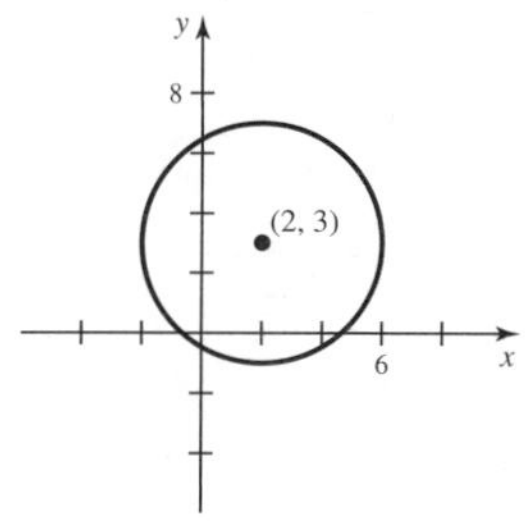

11.3절 연습문제(pp. 792–793)

1. $x = f(\theta)\cos\theta, y = f(\theta)\sin\theta$ **2.** The slope of the tangent line is the rate of change of the vertical coordinate with respect to the horizontal coordinate. **3.** $\sqrt{3}$ **4.** $\frac{\pi^2}{4}$ **5.** Both curves pass through the origin, but for different values of θ. **6.** 0 **7.** $-\sqrt{3}$
8. Undefined, undefined **9.** 0 at $(-4, \pi/2)$ and $(-4, 3\pi/2)$, undefined at $(4, 0)$ and $(4, \pi)$ **10.** ± 1 **11.** $\theta = \frac{3\pi}{4}; m = -1$
12. a. $[0, \pi]$

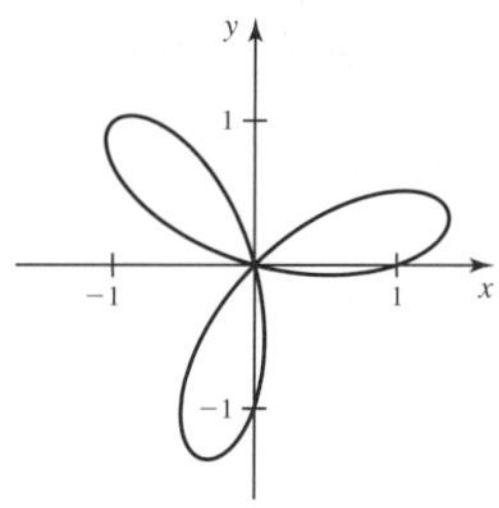

b. $\theta = \frac{\pi}{4}, m = 1; \theta = \frac{7\pi}{12}, m \approx -3.73; \theta = \frac{11\pi}{12}, m \approx -0.27$
13. Horizontal: $(2\sqrt{2}, \pi/4), (-2\sqrt{2}, 3\pi/4)$; vertical: $(0, \pi/2), (4, 0)$ **14.** Horizontal: $(0, 0)$ $(0.943, 0.955)$, $(-0.943, 2.186)$, $(0.943, 4.097)$, $(-0.943, 5.328)$; vertical: $(0, 0)$, $(0.943, 0.615)$, $(-0.943, 2.526)$, $(0.943, 3.757)$, $(-0.943, 5.668)$
15. $(2, 0)$ and $(0, 0)$
16. $\left(1, \frac{\pi}{12}\right), \left(1, \frac{5\pi}{12}\right), \left(1, \frac{7\pi}{12}\right), \left(1, \frac{11\pi}{12}\right), \left(1, \frac{13\pi}{12}\right), \left(1, \frac{17\pi}{12}\right), \left(1, \frac{19\pi}{12}\right)$, and $\left(1, \frac{23\pi}{12}\right)$

17. 1

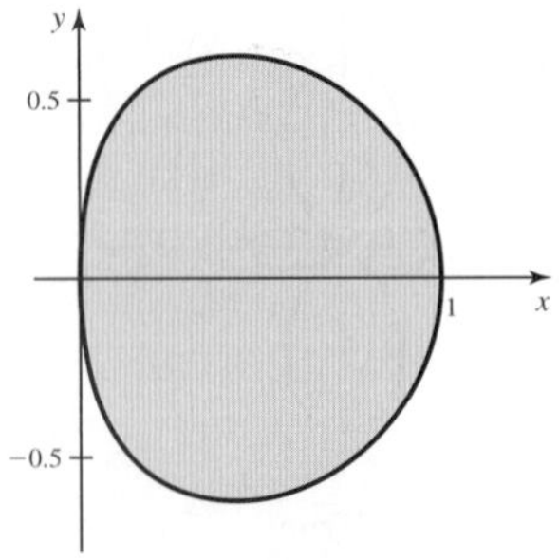

18. 16π

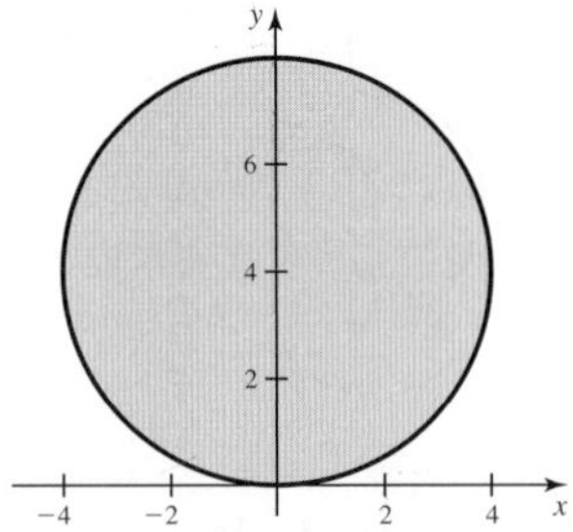

19. $9\pi/2$

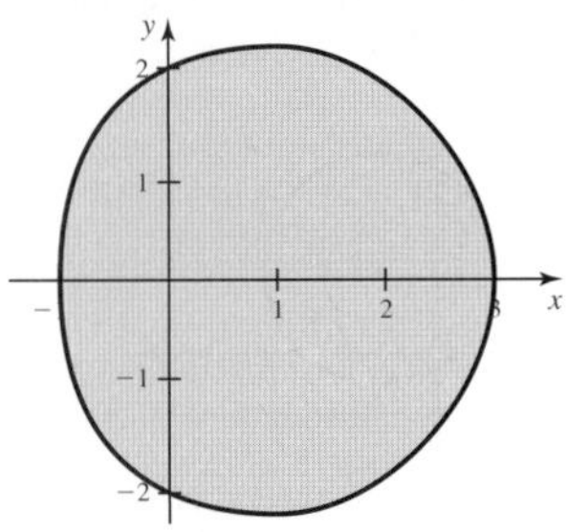

20. $\dfrac{\pi}{12}$

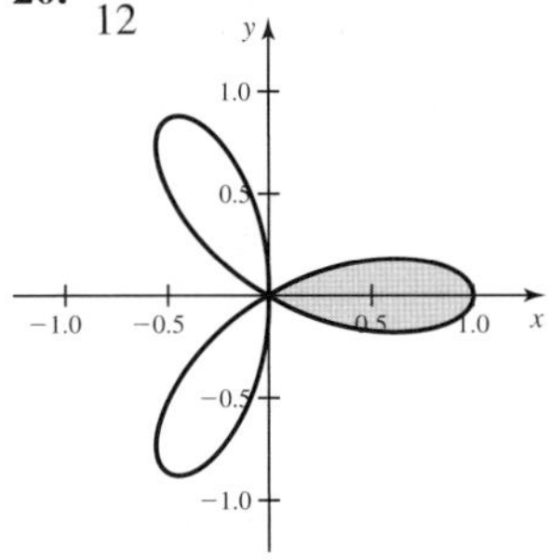

21. a. $(0, 0), \left(\dfrac{3}{\sqrt{2}}, \dfrac{\pi}{4}\right)$ **b.** $\dfrac{9}{8}(\pi - 2)$

22. a. $\left(1 + \dfrac{1}{\sqrt{2}}, \dfrac{\pi}{4}\right), \left(1 - \dfrac{1}{\sqrt{2}}, \dfrac{5\pi}{4}\right), (0, 0)$ **b.** $\dfrac{3\pi}{2} - 2\sqrt{2}$

23. $\dfrac{1}{24}(3\sqrt{3} + 2\pi)$ **24.** $\dfrac{1}{4}(2 - \sqrt{3}) + \dfrac{\pi}{12}$ **25.** $\pi/20$

26. $4(4\pi/3 - \sqrt{3})$ **27.** $2\pi/3 - \sqrt{3}/2$ **28.** $9\pi + 27\sqrt{3}$

29. 6 **30.** 18π **31.** Intersection points: $\left(3, \pm\dfrac{\pi}{3}\right)$; area of region A $= 6\sqrt{3} - 2\pi$; area of region B $= 5\pi - 6\sqrt{3}$; area of region C $= 4\pi + 6\sqrt{3}$ **32.** πa **33.** $\dfrac{8}{3}\left((1 + \pi^2)^{3/2} - 1\right)$

34. 32 **35.** $63\sqrt{5}$ **36.** $\dfrac{2\pi - 3\sqrt{3}}{8}$ **37.** 26.73

38. a. False **b.** False **c.** True

39. Horizontal: (0, 0), (4.05, 2.03), (9.83, 4.91); vertical: (1.72, 0.86), (6.85, 3.43), (12.87, 6.44)

11.4절 연습문제(pp. 803–805)

1. A parabola is the set of all points in a plane equidistant from a fixed point and a fixed line. **2.** A hyperbola is the set of all points in a plane whose distances from two fixed points have a constant difference.

3. Parabola:

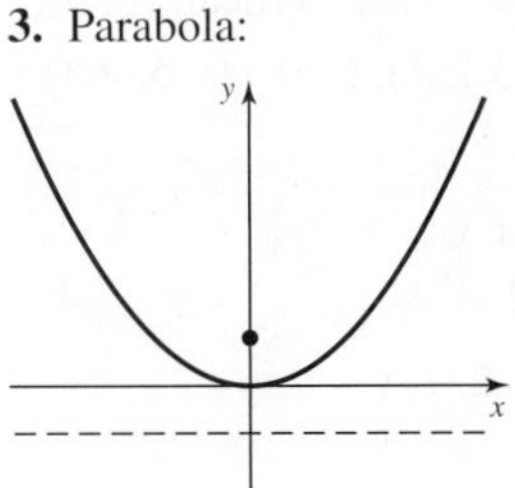

Hyperbola:

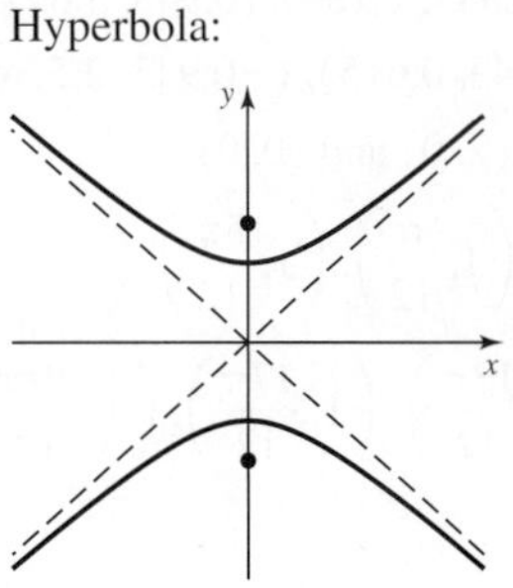

Ellipse:

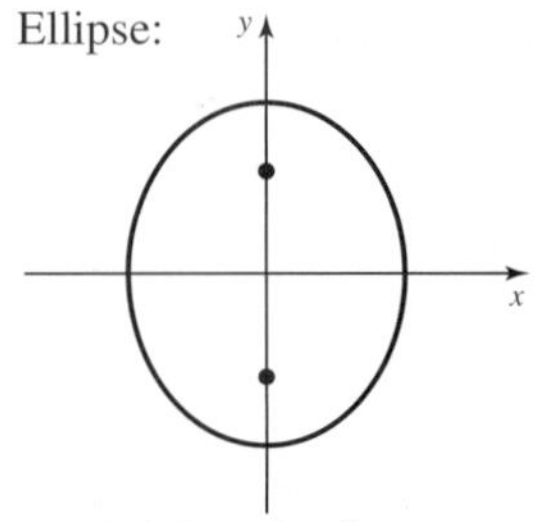

4. $\left(\dfrac{x}{a}\right)^2 + \dfrac{y^2}{a^2 - c^2} = 1$ **5.** $(\pm ae, 0)$ **6.** $y = \pm\dfrac{b}{a}x$

7. Parabola

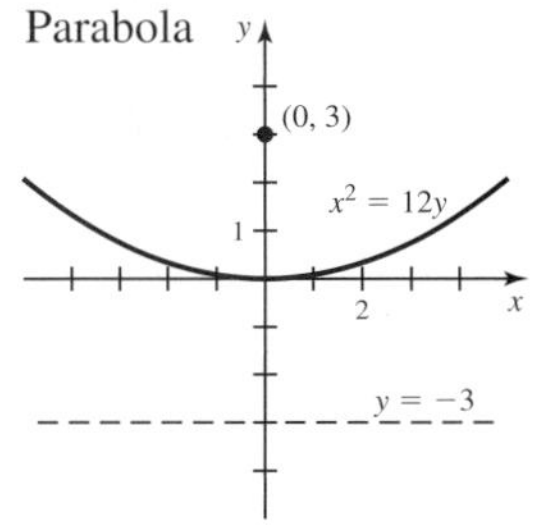

8. Ellipse

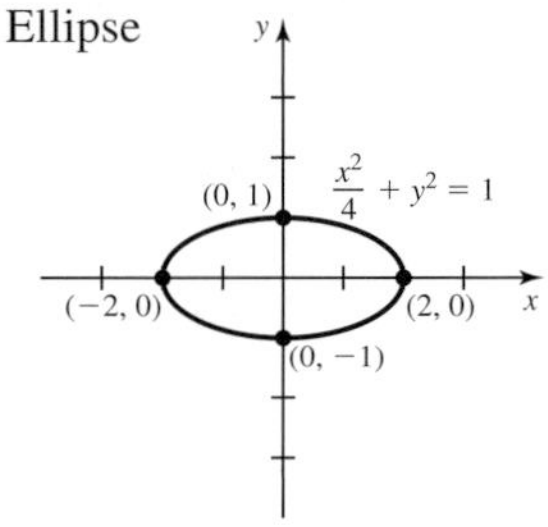

Vertices: $(\pm 2, 0)$; foci: $(\pm\sqrt{3}, 0)$; major axis has length 4; minor axis has length 2.

9. Parabola

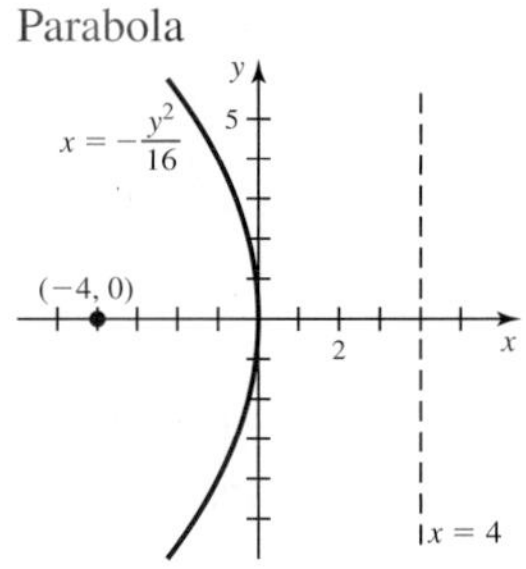

10. Hyperbola

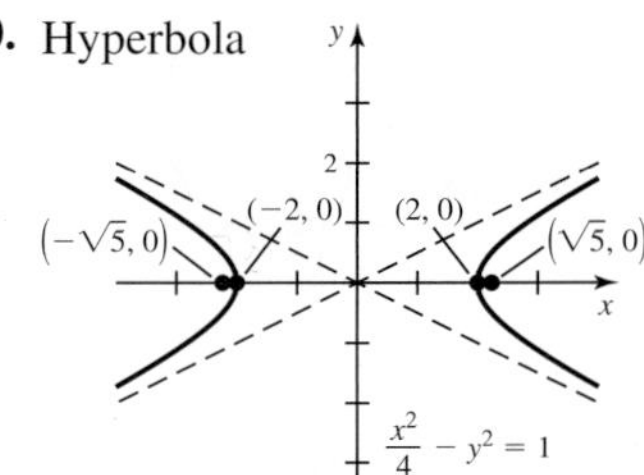

Vertices: $(\pm 2, 0)$; foci: $(\pm\sqrt{5}, 0)$; asymptotes: $y = \pm\dfrac{1}{2}x$

11. Hyperbola

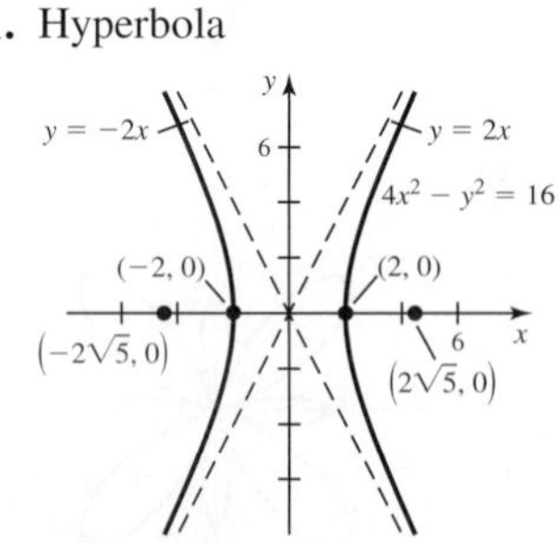

12. Parabola

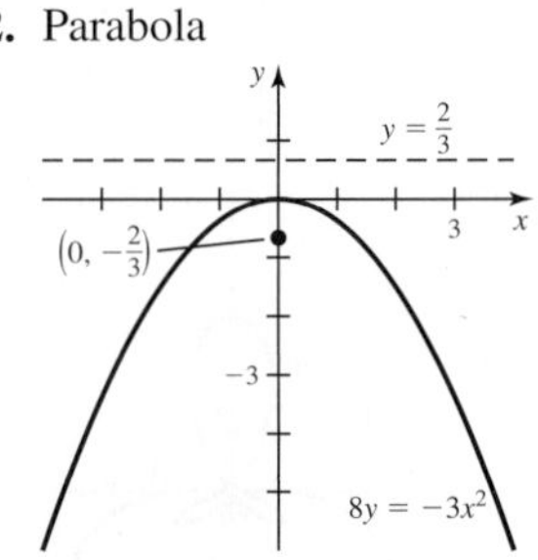

13. Ellipse

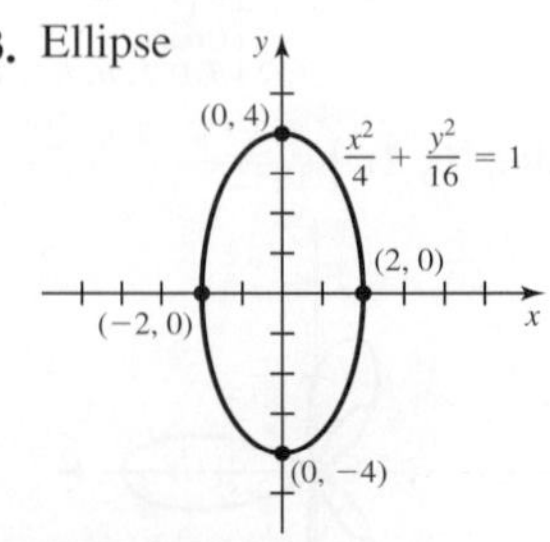

Vertices: $(0, \pm 4)$; foci: $(0, \pm 2\sqrt{3})$; major axis has length 8; minor axis has length 4.

14. Ellipse

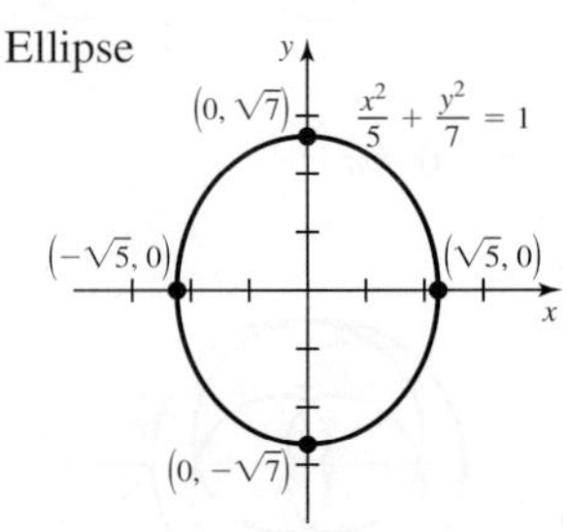

Vertices: $(0, \pm\sqrt{7})$; foci: $(0, \pm\sqrt{2})$; major axis has length $2\sqrt{7}$; minor axis has length $2\sqrt{5}$.

15. Hyperbola

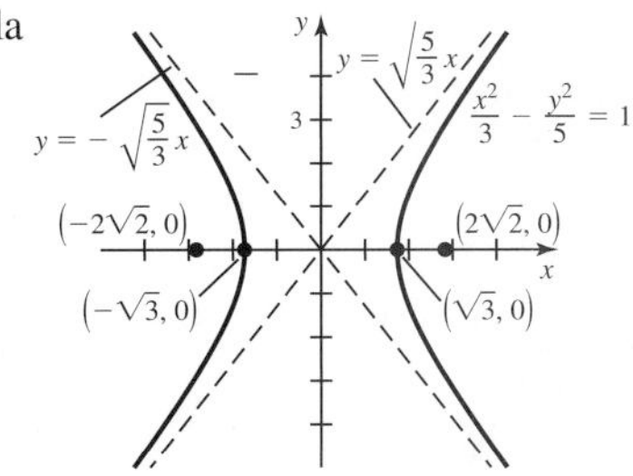

16. $y^2 = 16x$ **17.** $y^2 = 12x$ **18.** $x^2 = -\frac{2}{3}y$

19. $y^2 = 4(x + 1)$ **20.** $\frac{x^2}{16} + \frac{y^2}{9} = 1$ **21.** $\frac{x^2}{16} - \frac{y^2}{20} = 1$

22. $\frac{x^2}{25} + y^2 = 1$ **23.** $\frac{x^2}{4} - \frac{y^2}{9} = 1$ **24.** $\frac{x^2}{4} + \frac{y^2}{9} = 1$

25. $\frac{x^2}{16} - \frac{y^2}{9} = 1$ **26. a.** True **b.** True **c.** True **d.** True

27. $\frac{x^2}{81} + \frac{y^2}{72} = 1$

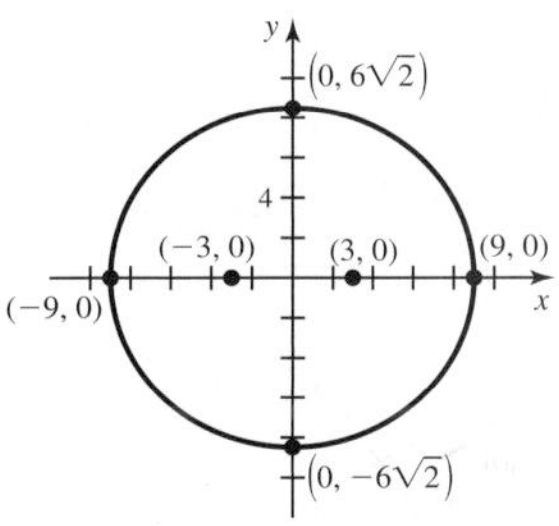

Directrices: $x = \pm 27$

28. $x^2 - \frac{y^2}{8} = 1$

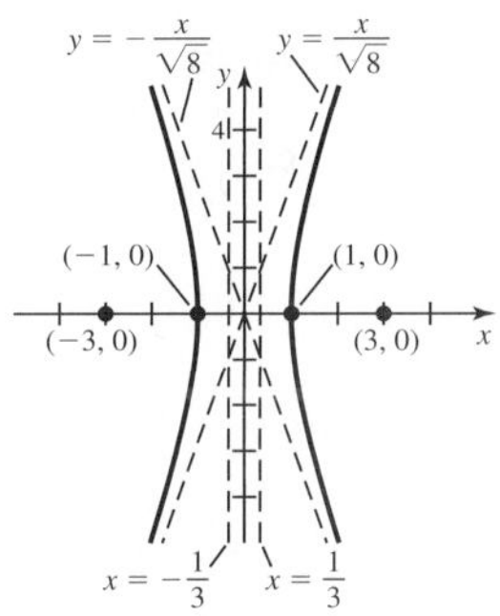

29.

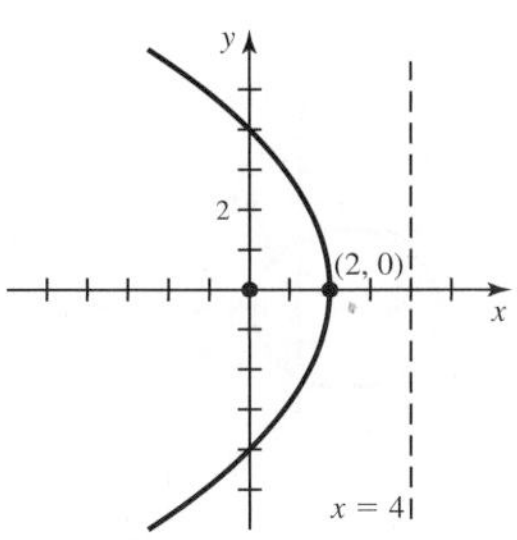

Vertex: $(2, 0)$; focus: $(0, 0)$; directrix: $x = 4$

30.

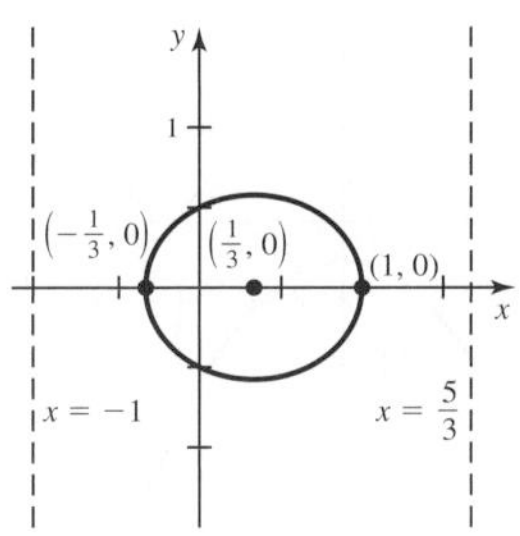

Vertices: $(1, 0), \left(-\frac{1}{3}, 0\right)$; center: $\left(\frac{1}{3}, 0\right)$; foci: $(0, 0), \left(\frac{2}{3}, 0\right)$; directrices: $x = -1, x = \frac{5}{3}$

31.

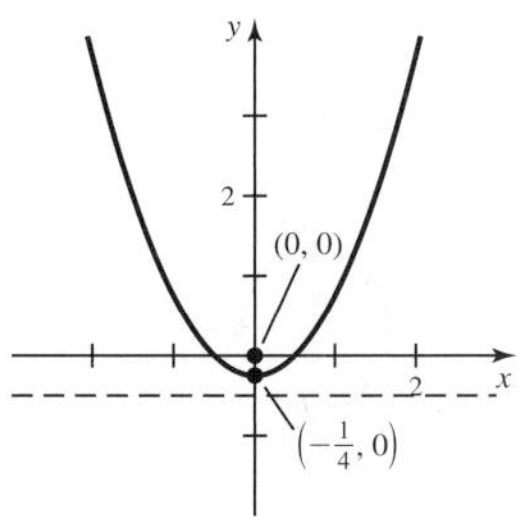

Vertex: $\left(0, -\frac{1}{4}\right)$; focus: $(0, 0)$; directrix: $y = -\frac{1}{2}$

32.

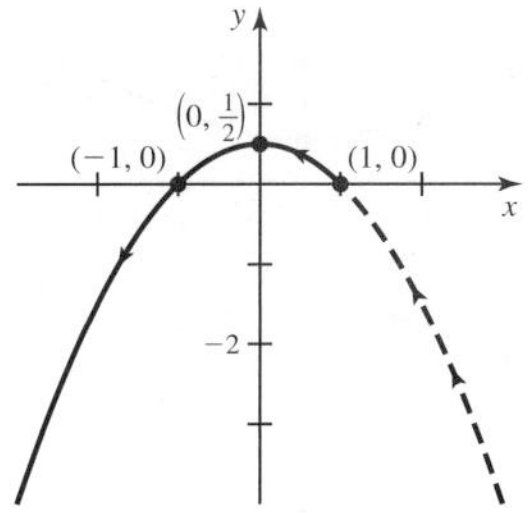

The parabola starts at $(1, 0)$ and goes through quadrants I, II, and III for θ in $[0, 3\pi/2]$; then it approaches $(1, 0)$ by traveling through quadrant IV on $(3\pi/2, 2\pi)$.

33.

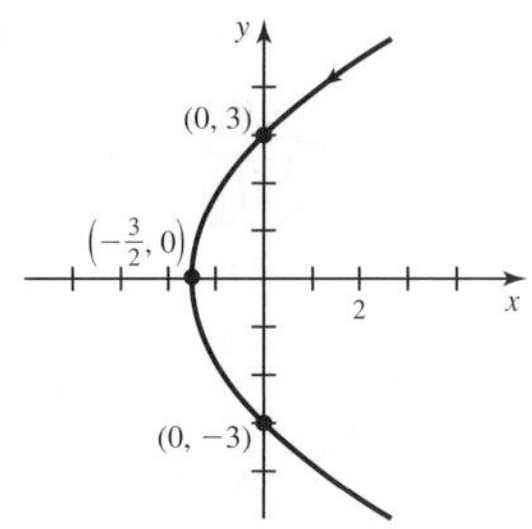

The parabola begins in the first quadrant and passes through the points $(0, 3), \left(-\frac{3}{2}, 0\right)$, and $(0, -3)$ as θ ranges from 0 to 2π.

34. The parabolas open to the left due to the presence of a positive $\cos\theta$ term in the denominator. As d increases, the directrix $x = d$ moves to the right, resulting in wider parabolas.

35. $y = 2x + 6$ **36.** $y = -\frac{3}{40}x - \frac{4}{5}$ **37.** $\frac{dy}{dx} = -\frac{b^2x}{a^2y}$, so $\frac{y - y_0}{x - x_0} = -\frac{b^2x_0}{a^2y_0}$, which is equivalent to the given equation.

38. $r = \frac{4}{1 - 2\sin\theta}$ **40.** $\frac{4\pi b^2 a}{3}$; $\frac{4\pi a^2 b}{3}$; yes, if $a \neq b$

41. a. $\frac{\pi b^2}{3a^2}(a - c)^2(2a + c)$ **b.** $\frac{4\pi b^4}{3a}$

Chapter 11 연습문제(pp. 805–807)

1. a. False **b.** False **c.** True **d.** False **e.** True **f.** True

2. $\frac{x^2}{16} + \frac{y^2}{9} = 1$; ellipse generated counterclockwise

3. Segment of the parabola $y = \sqrt{x}$ starting at $(4, 2)$ and ending at $(9, 3)$

4. a. $(x - 1)^2 + (y - 2)^2 = 64$ **b.** $-\frac{1}{\sqrt{3}}$

c.

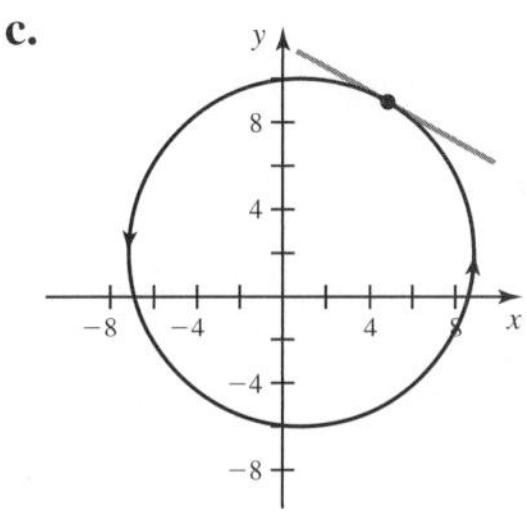

5. $x = 5(t - 1)(t - 2)\sin t,\ y = t$

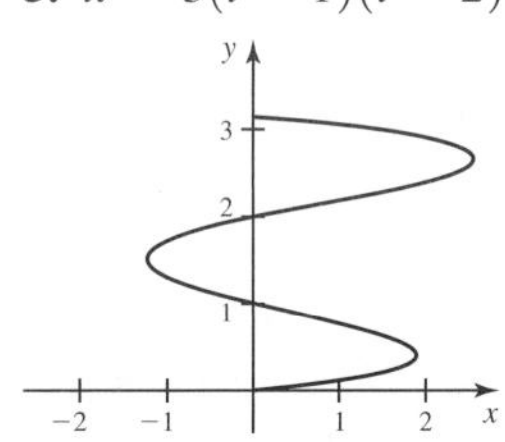

6. a. $x^2 + (y + 1)^2 = 9$ **b.** Lower half of a circle of radius 3 centered at $(0, -1)$, starting at $(3, -1)$ and ending at $(-3, -1)$ **c.** 0

7. At $t = \pi/6$: $y = (2 + \sqrt{3})x + \left(2 - \frac{\pi}{3} - \frac{\pi\sqrt{3}}{6}\right)$; at $t = \frac{2\pi}{3}$: $y = \frac{x}{\sqrt{3}} + 2 - \frac{2\pi}{3\sqrt{3}}$ **8.** $x = -1 + 2t, y = t$, for $0 \le t \le 1$; $x = 1 - 2t, y = 1 - t$, for $0 \le t \le 1$

9. $x = 3\sin t, y = 3\cos t$, for $0 \le t \le 2\pi$

10. $\frac{4}{15}$ **11.** 9.1 **12.** $4 - 2\sqrt{2}$

13.

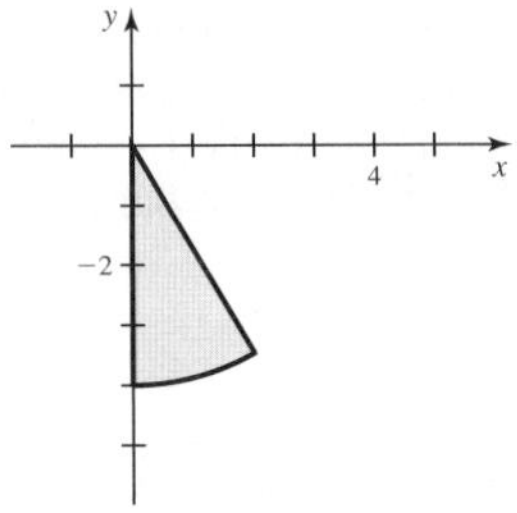

14.

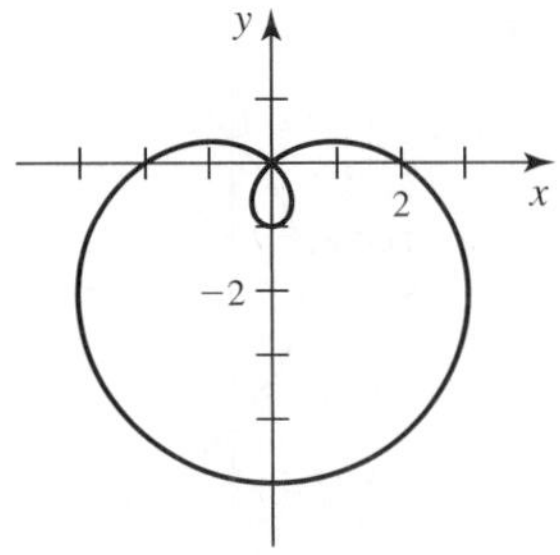

15.

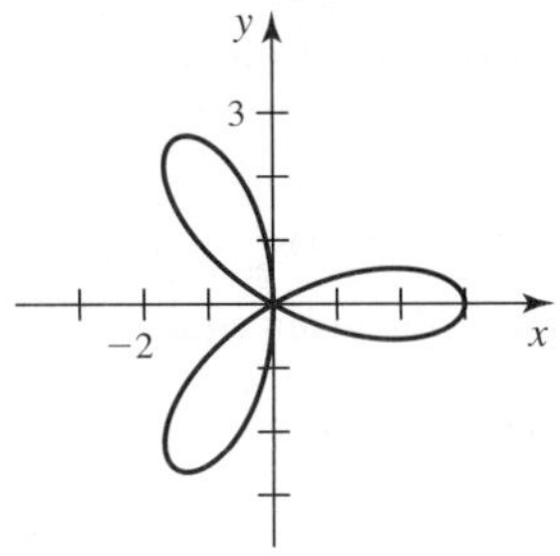

16.

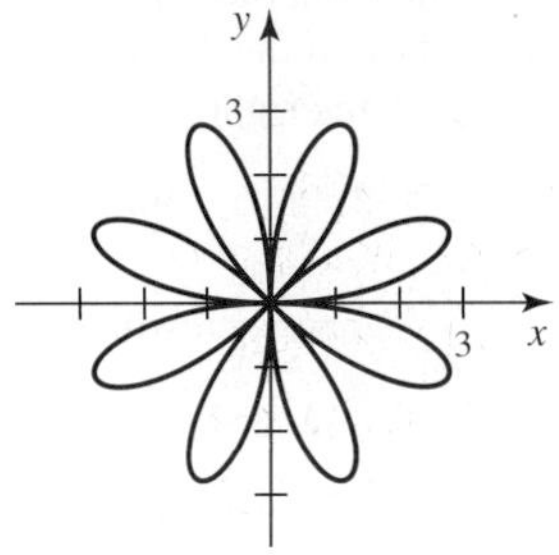

17. Liz should choose $r = 1 - \sin\theta$.

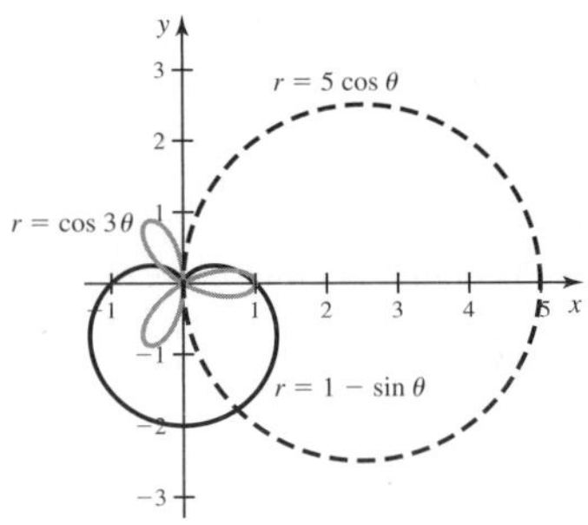

18. $(x - 3)^2 + (y + 1)^2 = 10$; a circle of radius $\sqrt{10}$ centered at $(3, -1)$ **19.** $r = 1 + \cos\theta$; a cardioid

20. $r = 8\cos\theta, 0 \le \theta \le \pi$

21. a. Horizontal: $\left(\frac{1}{2}, \frac{\pi}{6}\right), \left(\frac{1}{2}, \frac{5\pi}{6}\right), \left(2, \frac{3\pi}{2}\right)$;

vertical: $\left(\frac{3}{2}, \frac{7\pi}{6}\right), \left(\frac{3}{2}, \frac{11\pi}{6}\right), \left(0, \frac{\pi}{2}\right)$ **b.** Undefined

c.

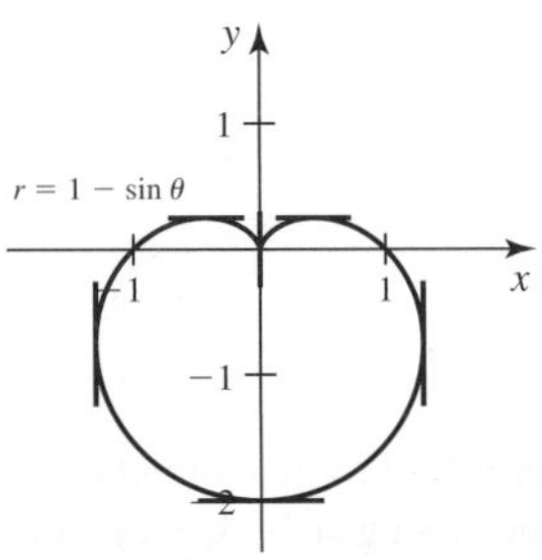

22. $\left(\frac{\pi}{12}, \frac{1}{2^{1/4}}\right), \left(\frac{3\pi}{4}, \frac{1}{2^{1/4}}\right), \left(\frac{17\pi}{12}, \frac{1}{2^{1/4}}\right), (0, 0)$

23. $\pi - \frac{3\sqrt{3}}{2}$ **24.** $2\sqrt{3} - \frac{2\pi}{3}$ **25.** 4 **26.** 40.09

27. a. Hyperbola **b.** Foci $(\pm\sqrt{3}, 0)$, vertices $(\pm 1, 0)$, directrices $x = \pm\frac{1}{\sqrt{3}}$ **c.** $e = \sqrt{3}$

d.

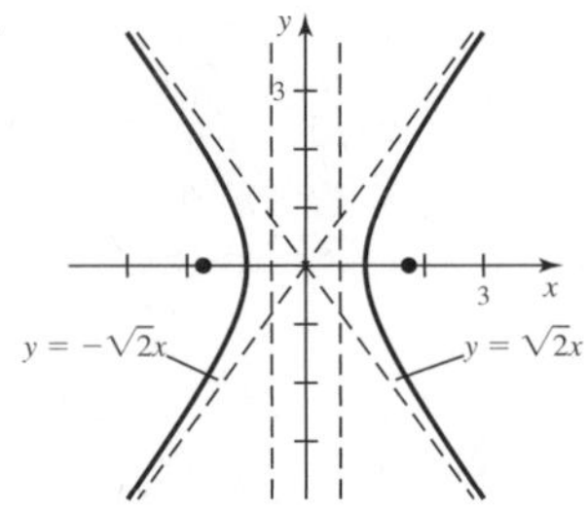

28. a. Hyperbola
b. Foci $(0, \pm 2\sqrt{5})$, vertices $(0, \pm 4)$, directrices $y = \pm\frac{8}{\sqrt{5}}$ **c.** $e = \frac{\sqrt{5}}{2}$

d.

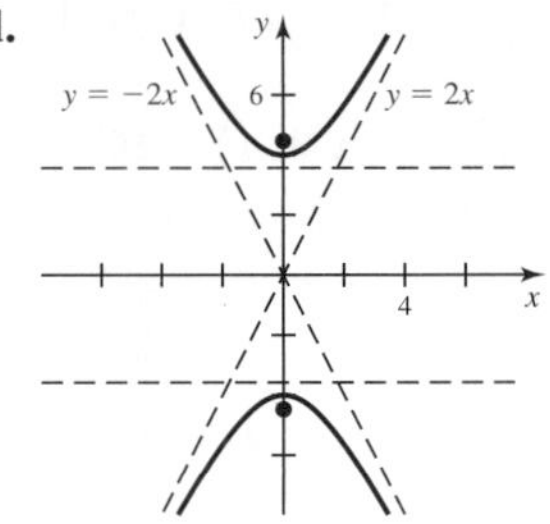

29. a. Ellipse
b. Foci $(\pm\sqrt{2}, 0)$, vertices $(\pm 2, 0)$, directrices $x = \pm 2\sqrt{2}$ **c.** $e = \frac{\sqrt{2}}{2}$

d.

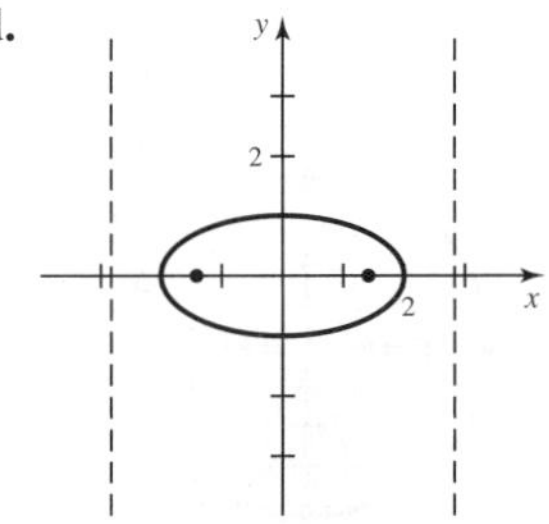

30. $y = \frac{3}{2}x - 2$

31. $e = 1$

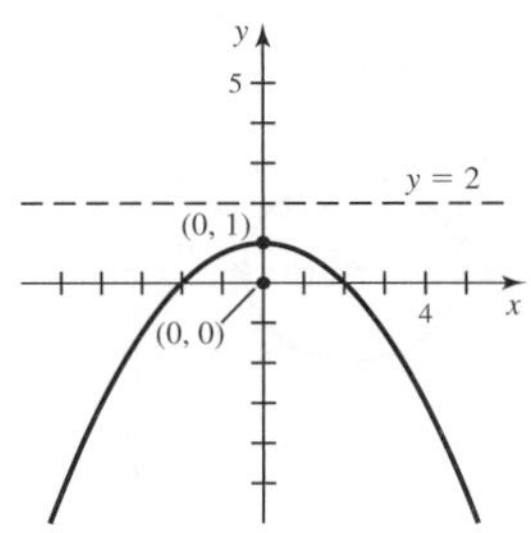

32. $e = \frac{1}{2}$

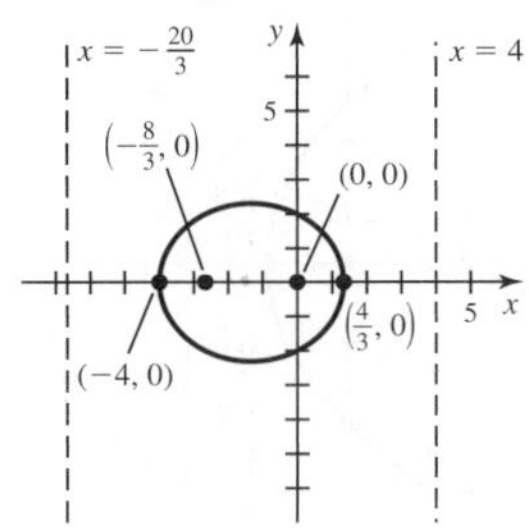

33. $\frac{y^2}{4} - \frac{x^2}{12} = 1$

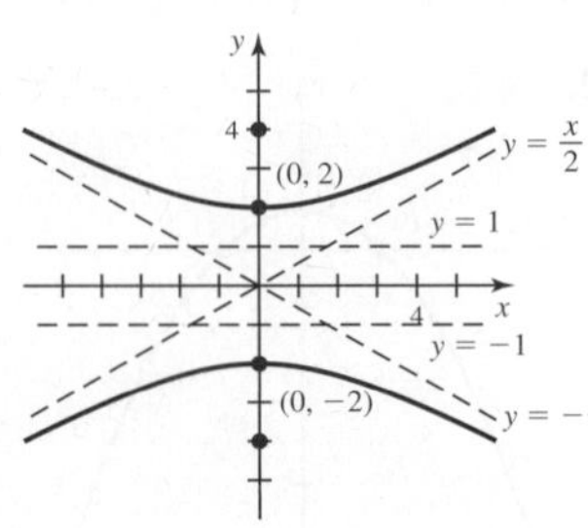

34. $\frac{y^2}{16} + \frac{25x^2}{336} = 1$; foci: $\left(0, \pm\frac{8}{5}\right)$

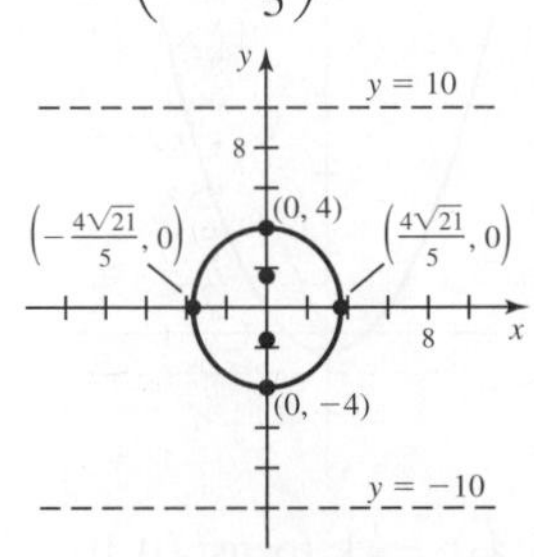

35. $e = 2/3, y = \pm 9, (\pm 2\sqrt{5}, 0)$ **36.** $m = \frac{b}{a}$

38. a. $x = \pm a\cos^{2/n} t, y = \pm b\sin^{2/n} t$
c. The curve becomes more rectangular as n increases.

CHAPTER 12

12.1절 연습문제(pp. 821–823)

2. There are infinitely many vectors with the same direction and length as **v**. **3.** $\mathbf{u} + \mathbf{v} = \langle u_1 + v_1, u_2 + v_2 \rangle$ **4.** No **5.** $|\langle v_1, v_2 \rangle| = \sqrt{v_1^2 + v_2^2}$ **6.** If P has coordinates (x_1, y_1) and Q has coordinates (x_2, y_2), then the magnitude of $\overrightarrow{PQ}$ is given by $\sqrt{(x_2 - x_1)^2 + (y_2 - y_1)^2}$. **7.** a, c, e **8. a.** $3\mathbf{v}$ **b.** $2\mathbf{u}$ **c.** $-3\mathbf{u}$ **d.** $-2\mathbf{u}$ **e.** $\mathbf{v}$ **9. a.** $3\mathbf{u} + 3\mathbf{v}$ **b.** $\mathbf{u} + 2\mathbf{v}$ **c.** $2\mathbf{u} + 5\mathbf{v}$ **d.** $-2\mathbf{u} + 3\mathbf{v}$ **e.** $3\mathbf{u} + 2\mathbf{v}$ **f.** $-3\mathbf{u} - 2\mathbf{v}$ **g.** $-2\mathbf{u} - 4\mathbf{v}$ **h.** $\mathbf{u} - 4\mathbf{v}$ **i.** $-\mathbf{u} - 6\mathbf{v}$

10. a.

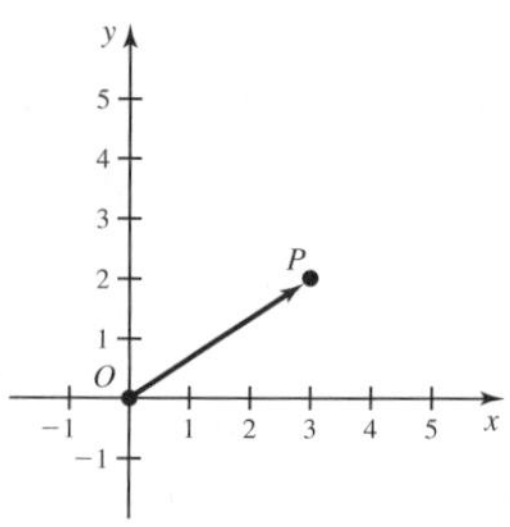

$\overrightarrow{OP} = \langle 3, 2 \rangle = 3\mathbf{i} + 2\mathbf{j}$
$|\overrightarrow{OP}| = \sqrt{13}$

b.

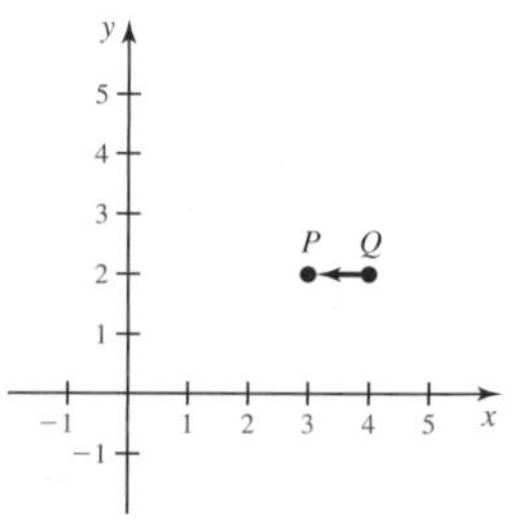

$\overrightarrow{QP} = \langle -1, 0 \rangle = -\mathbf{i}$
$|\overrightarrow{QP}| = 1$

c.

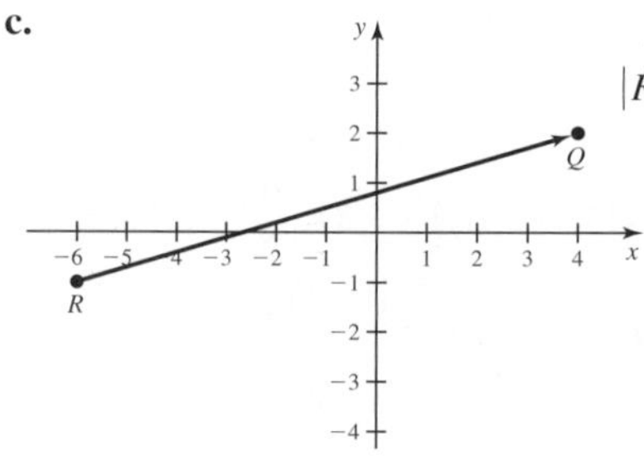

$\overrightarrow{RQ} = \langle 10, 3 \rangle = 10\mathbf{i} + 3\mathbf{j}$
$|\overrightarrow{RQ}| = \sqrt{109}$

11. $\overrightarrow{QU} = \langle 7, 2 \rangle, \overrightarrow{PT} = \langle 7, 3 \rangle, \overrightarrow{RS} = \langle 2, 3 \rangle$

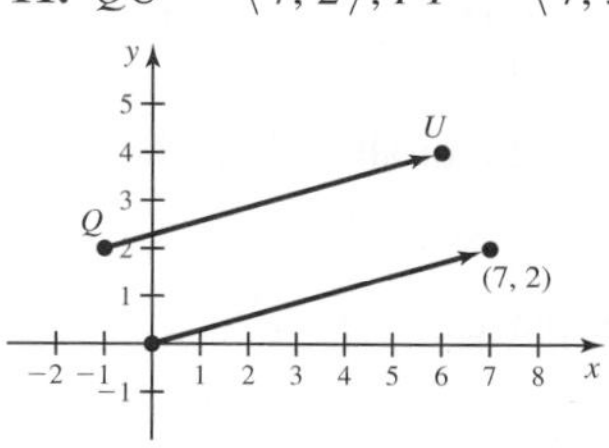

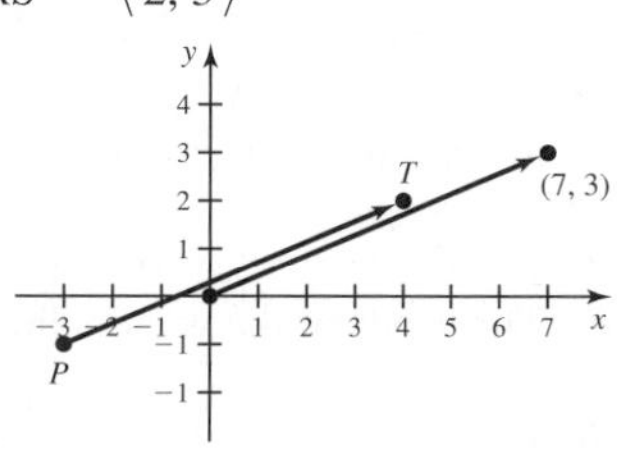

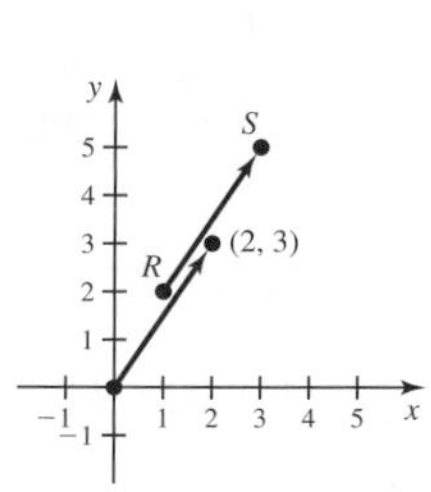

12. $\overrightarrow{QT}$ **14.** $\langle 52, -30 \rangle$ **15.** $2\sqrt{2}$

16. $\mathbf{w} - \mathbf{u}$ **17.** $13\left\langle -\frac{5}{13}, \frac{12}{13} \right\rangle$ **18.** $\langle 3, 3\sqrt{3} \rangle$

19. $\left\langle \frac{15}{13}, -\frac{36}{13} \right\rangle$ **20.** $-\mathbf{i} + 10\mathbf{j}$

21. $\pm\frac{1}{\sqrt{61}}\langle 6, 5 \rangle$ **22.** $\left\langle -\frac{28}{\sqrt{74}}, \frac{20}{\sqrt{74}} \right\rangle, \left\langle \frac{28}{\sqrt{74}}, -\frac{20}{\sqrt{74}} \right\rangle$

23. a. $\left\langle \frac{3}{5}, -\frac{4}{5} \right\rangle, \left\langle -\frac{3}{5}, \frac{4}{5} \right\rangle$ **b.** $b = \pm\frac{2\sqrt{2}}{3}$ **c.** $a = \pm\frac{3}{\sqrt{10}}$

24. $\langle -4\sqrt{3}, 4 \rangle$ **25.** $\langle 15\sqrt{3}, -15 \rangle$ **26. a.** $\mathbf{v}_a = \langle -320, 0 \rangle$; $\mathbf{w} = \langle -20\sqrt{2}, -20\sqrt{2} \rangle$; $\mathbf{v}_g = \langle -320 - 20\sqrt{2}, -20\sqrt{2} \rangle$
b. Approx. 349.4 mi/hr; approx. 4.6° south of west
27. Approx. 490.3 mi/hr with a heading of about 1.2° west of north
30. a. $\langle 20, 20\sqrt{3} \rangle$ **b.** Yes **c.** No
32. a. True **b.** True **c.** False **d.** False **e.** False **f.** False **g.** False **h.** True **33.** $\mathbf{x} = \left\langle \frac{1}{5}, -\frac{3}{10} \right\rangle$ **34.** $\mathbf{x} = \left\langle \frac{4}{3}, -\frac{11}{3} \right\rangle$

35. $4\mathbf{i} - 8\mathbf{j}$ **36.** $\langle a, b \rangle = \left(\frac{a+b}{2}\right)\mathbf{u} + \left(\frac{b-a}{2}\right)\mathbf{v}$

37.
$$\begin{aligned}\mathbf{u} + \mathbf{v} &= \langle u_1, u_2 \rangle + \langle v_1, v_2 \rangle = \langle u_1 + v_1, u_2 + v_2 \rangle \\ &= \langle v_1 + u_1, v_2 + u_2 \rangle = \langle v_1, v_2 \rangle + \langle u_1, u_2 \rangle \\ &= \mathbf{v} + \mathbf{u}\end{aligned}$$

39.
$$\begin{aligned}a(c\mathbf{v}) &= a(c\langle v_1, v_2 \rangle) = a\langle cv_1, cv_2 \rangle \\ &= \langle acv_1, acv_2 \rangle = \langle (ac)v_1, (ac)v_2 \rangle \\ &= ac\langle v_1, v_2 \rangle = (ac)\mathbf{v}\end{aligned}$$

41.
$$\begin{aligned}(a + c)\mathbf{v} &= (a + c)\langle v_1, v_2 \rangle \\ &= \langle (a + c)v_1, (a + c)v_2 \rangle \\ &= \langle av_1 + cv_1, av_2 + cv_2 \rangle \\ &= \langle av_1, av_2 \rangle + \langle cv_1, cv_2 \rangle \\ &= a\langle v_1, v_2 \rangle + c\langle v_1, v_2 \rangle \\ &= a\mathbf{v} + c\mathbf{v}\end{aligned}$$

43. a. $\{\mathbf{u}, \mathbf{v}\}$ are linearly dependent. $\{\mathbf{u}, \mathbf{w}\}$ and $\{\mathbf{v}, \mathbf{w}\}$ are linearly independent. **b.** Two linearly dependent vectors are parallel. Two linearly independent vectors are not parallel. **44. a.** $\frac{5}{3}$ **b.** -15

12.2절 연습문제(pp. 832–835)

1. Move 3 units from the origin in the direction of the positive x-axis, then 2 units in the direction of the negative y-axis, and then 1 unit in the direction of the positive z-axis. **2.** It is parallel to the yz-plane and contains the point $(4, 0, 0)$. **3.** $\mathbf{u} + \mathbf{v} = \langle 9, 0, -6 \rangle$; $3\mathbf{u} - \mathbf{v} = \langle 3, 20, -22 \rangle$ **4.** $(0, 0, -4)$ **5.** $A(3, 0, 5), B(3, 4, 0), C(0, 4, 5)$ **6.** $A(3, -4, 5), B(0, -4, 0), C(0, -4, 5)$

7. a.

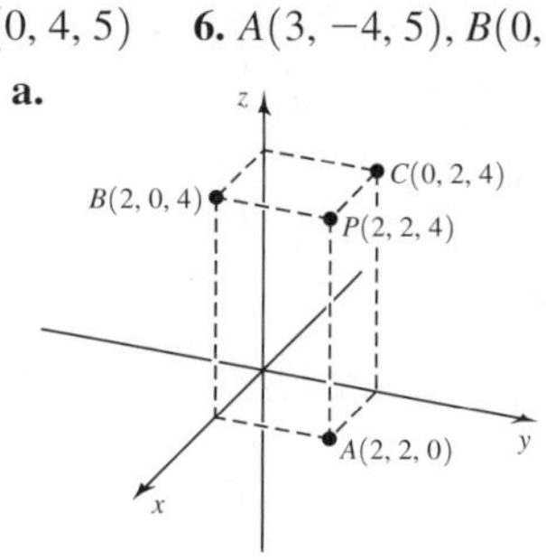

b.

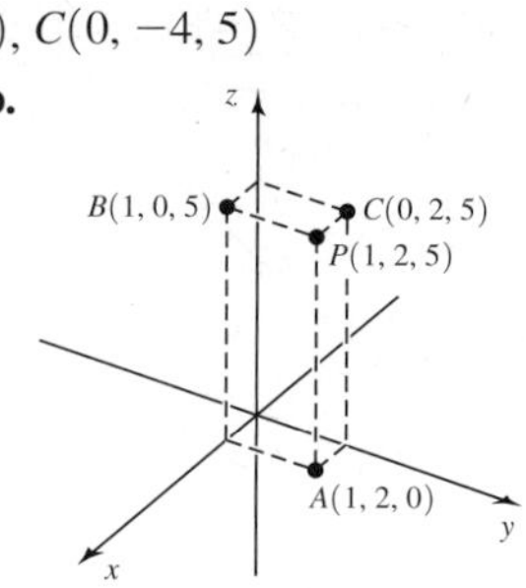

c.

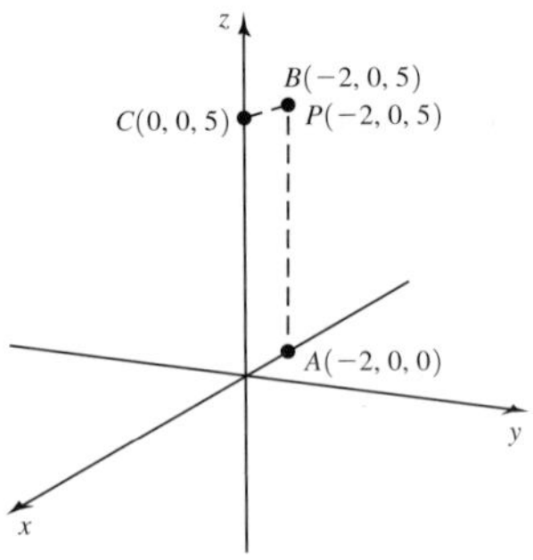

10.

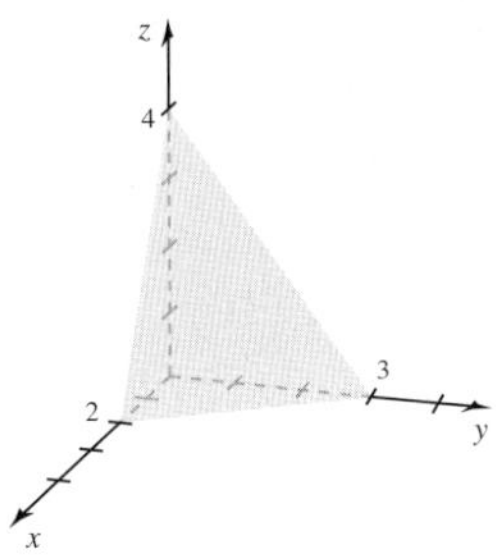

11.

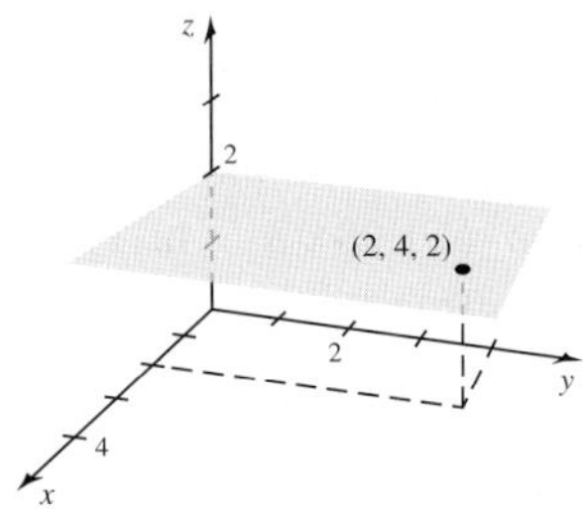

12. $(x-1)^2+(y-2)^2+(z-3)^2=16$

13. $(x+2)^2+y^2+(z-4)^2 \le 1$

14. $\left(x-\frac{3}{2}\right)^2+\left(y-\frac{3}{2}\right)^2+(z-7)^2=\frac{13}{2}$

15. A sphere centered at 11, 0, 02 with radius 3

16. A sphere centered at $(0, 1, 2)$ with radius 3

17. The ball centered at $(4, 7, 9)$ with radius 15

18. a. $\langle 12, -7, 2\rangle$ **b.** $\langle 16, -13, -1\rangle$ **c.** 5

19. a. $\langle -4, 5, -4\rangle$ **b.** $\langle -9, 3, -9\rangle$ **c.** $3\sqrt{2}$

20. a. $\langle -15, 23, 22\rangle$ **b.** $\langle -31, 49, 33\rangle$ **c.** $3\sqrt{5}$

21. a. $\overrightarrow{PQ}=\langle 2, 6, 2\rangle = 2\mathbf{i}+6\mathbf{j}+2\mathbf{k}$ **b.** $|\overrightarrow{PQ}|=2\sqrt{11}$ **c.** $\left\langle \frac{1}{\sqrt{11}}, \frac{3}{\sqrt{11}}, \frac{1}{\sqrt{11}}\right\rangle$ and $\left\langle -\frac{1}{\sqrt{11}}, -\frac{3}{\sqrt{11}}, -\frac{1}{\sqrt{11}}\right\rangle$

22. a. $\overrightarrow{PQ}=\langle 0, -5, 1\rangle = -5\mathbf{j}+\mathbf{k}$ **b.** $|\overrightarrow{PQ}|=\sqrt{26}$ **c.** $\left\langle 0, -\frac{5}{\sqrt{26}}, \frac{1}{\sqrt{26}}\right\rangle$ and $\left\langle 0, \frac{5}{\sqrt{26}}, -\frac{1}{\sqrt{26}}\right\rangle$

24. a. $20\mathbf{i}+20\mathbf{j}-10\mathbf{k}$; **b.** 30 mi/hr

25. The speed of the plane is approximately 220 mi/hr; the direction is slightly south of east and upward.

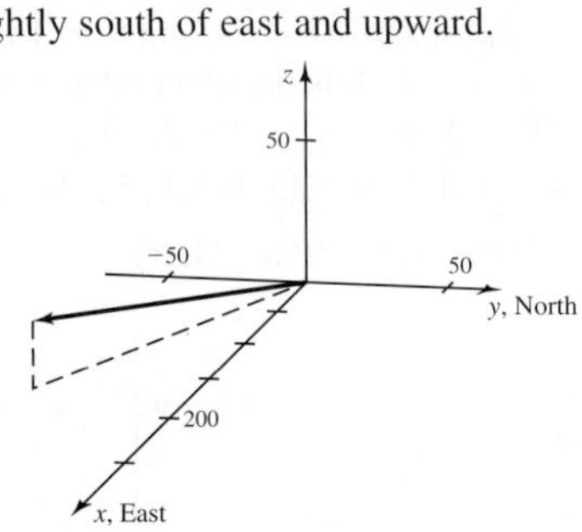

26. $5\sqrt{6}$ knots to the east, $5\sqrt{6}$ knots to the north, 10 knots upward **27. a.** False **b.** False **c.** False **d.** True **28.** All points in $\mathbb{R}^3$ except those on the coordinate axes **29.** A circle of radius 1 centered at $(0, 0, 0)$ in the xy-plane

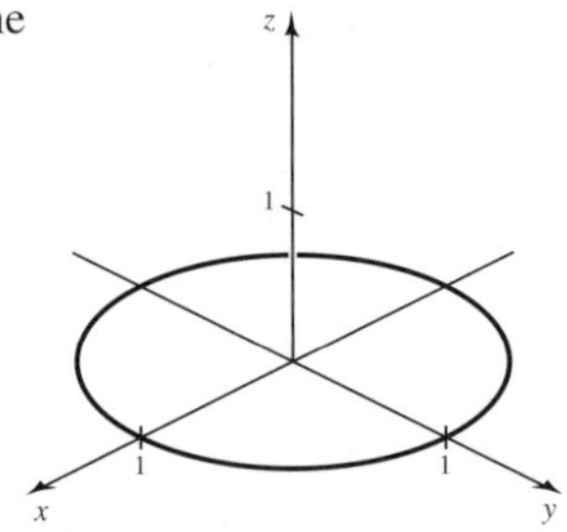

30. A circle of radius 2 centered at $(0, 0, 1)$ in the horizontal plane $z=1$ **31.** $(x-2)^2+(z-1)^2=9, y=4$ **32.** $6\left\langle \frac{1}{3}, -\frac{2}{3}, \frac{2}{3}\right\rangle$

33. $\left\langle -\frac{15}{4}, \frac{5}{2}, -\frac{5\sqrt{3}}{4}\right\rangle$ **34.** $\langle 12, -16, 0\rangle, \langle -12, 16, 0\rangle$

35. $\langle -\sqrt{3}, -\sqrt{3}, \sqrt{3}\rangle, \langle \sqrt{3}, \sqrt{3}, -\sqrt{3}\rangle$ **36. a.** Collinear; Q is between P and R. **b.** Collinear; P is between Q and R. **c.** Noncollinear **d.** Noncollinear **37.** $\left\langle \frac{500\sqrt{3}}{9}, 0, -\frac{500}{3}\right\rangle$, $\left\langle -\frac{250\sqrt{3}}{9}, -\frac{250}{3}, -\frac{500}{3}\right\rangle$, $\left\langle -\frac{250\sqrt{3}}{9}, \frac{250}{3}, -\frac{500}{3}\right\rangle$

38. $(3, 8, 9), (-1, 0, 3), (1, 0, -3)$

12.3절 연습문제(pp. 843–846)

1. $\mathbf{u}\cdot\mathbf{v}=|\mathbf{u}||\mathbf{v}|\cos\theta$ **4.** $\cos\theta=\frac{\mathbf{u}\cdot\mathbf{v}}{|\mathbf{u}||\mathbf{v}|}$, so $\theta=\cos^{-1}\left(\frac{\mathbf{u}\cdot\mathbf{v}}{|\mathbf{u}||\mathbf{v}|}\right)$

5. $\left\langle -\frac{4}{3}, \frac{2}{3}, \frac{4}{3}\right\rangle$ **6.** -1 **7.** 2 **8.** $\frac{\pi}{2}$; 0 **11.** $\frac{1}{2}$ **12.** 0; $\frac{\pi}{2}$

15. -2; 93.2° **16.** 2; 87.2° **17.** -4; 104° **18.** $\angle P=78.8°$, $\angle Q=47.2°$, $\angle R=54.0°$ **19.** $\langle 3, 0\rangle$; 3 **21.** $\frac{6}{5}\langle -2, 1\rangle$; $\frac{6}{\sqrt{5}}$

22. $\frac{14}{19}\langle -1, -3, 3\rangle$; $-\frac{14}{\sqrt{19}}$ **23.** $-\mathbf{i}+\mathbf{j}-2\mathbf{k}$; $\sqrt{6}$

24. $750\sqrt{3}$ ft-lb **25.** $25\sqrt{2}$ J **27.** $\frac{1}{2}\langle 5\sqrt{3}, -15\rangle, \frac{1}{2}\langle -5\sqrt{3}, -5\rangle$

29. $\langle 490, -490\rangle, \langle -490, -490\rangle$ **30. a.** False **b.** True **c.** True **d.** False **e.** False **f.** True **31.** $c=\frac{4}{9}$ **32.** $\langle 1, a, 4a-2\rangle$, a real

33. a. $\text{proj}_{\mathbf{k}}\mathbf{u}=|\mathbf{u}|\cos 60°\left(\frac{\mathbf{k}}{|\mathbf{k}|}\right)=\frac{1}{2}\mathbf{k}$, for all such $\mathbf{u}$ **b.** Yes

34. The heads of the vectors lie on the line $y=3-x$.

35. The heads of the vectors lie on the plane $z=3$.

36. $\mathbf{u}=\left\langle -\frac{4}{5}, -\frac{2}{5}\right\rangle+\left\langle -\frac{6}{5}, \frac{12}{5}\right\rangle$

37. $\mathbf{u}=\left\langle 1, \frac{1}{2}, \frac{1}{2}\right\rangle+\left\langle -2, \frac{3}{2}, \frac{5}{2}\right\rangle$ **39.** $3x-7y=-36$

40. $-\frac{5}{3}$ **42.** $\mathbf{I}=\frac{1}{\sqrt{2}}\mathbf{i}+\frac{1}{\sqrt{2}}\mathbf{j}, \mathbf{J}=-\frac{1}{\sqrt{2}}\mathbf{i}+\frac{1}{\sqrt{2}}\mathbf{j}$; $\mathbf{i}=\frac{1}{\sqrt{2}}(\mathbf{I}-\mathbf{J}), \mathbf{j}=\frac{1}{\sqrt{2}}(\mathbf{I}+\mathbf{J})$ **43. a.** $|\mathbf{I}|=|\mathbf{J}|=|\mathbf{K}|=1$ **b.** $\mathbf{I}\cdot\mathbf{J}=0, \mathbf{I}\cdot\mathbf{K}=0, \mathbf{J}\cdot\mathbf{K}=0$ **c.** $\langle 1, 0, 0\rangle=\frac{1}{2}\mathbf{I}-\frac{1}{\sqrt{2}}\mathbf{J}+\frac{1}{2}\mathbf{K}$

44. a. $\left(\frac{2}{\sqrt{3}}, 0, \frac{2\sqrt{2}}{\sqrt{3}}\right)$ **b.** $\mathbf{r}_{OP} = \langle \sqrt{3}, -1, 0 \rangle, \mathbf{r}_{OQ} = \langle \sqrt{3}, 1, 0 \rangle,$ $\mathbf{r}_{PQ} = \langle 0, 2, 0 \rangle, \mathbf{r}_{OR} = \left\langle \frac{2}{\sqrt{3}}, 0, \frac{2\sqrt{2}}{\sqrt{3}} \right\rangle, \mathbf{r}_{PR} = \left\langle -\frac{\sqrt{3}}{3}, 1, \frac{2\sqrt{2}}{\sqrt{3}} \right\rangle$

49. a. $\cos^2 \alpha + \cos^2 \beta + \cos^2 \gamma$

$$= \left(\frac{\mathbf{v}\cdot\mathbf{i}}{|\mathbf{v}||\mathbf{i}|}\right)^2 + \left(\frac{\mathbf{v}\cdot\mathbf{j}}{|\mathbf{v}||\mathbf{j}|}\right)^2 + \left(\frac{\mathbf{v}\cdot\mathbf{k}}{|\mathbf{v}||\mathbf{k}|}\right)^2$$

$$= \frac{a^2}{a^2+b^2+c^2} + \frac{b^2}{a^2+b^2+c^2} + \frac{c^2}{a^2+b^2+c^2} = 1$$

b. $\langle 1, 1, 0 \rangle, 90°$ **c.** $\left\langle \frac{1}{\sqrt{2}}, \frac{1}{\sqrt{2}}, 1 \right\rangle, 45°$ **d.** No. If so, $\left(\frac{\sqrt{3}}{2}\right)^2 + \left(\frac{\sqrt{3}}{2}\right)^2 + \cos^2 \gamma = 1$, which has no solution. **e.** 54.7°

12.4절 연습문제(pp. 853–855)

1. 0 **3. a.** **u** is orthogonal to **v**. **b.** **u** is parallel to **v**. **4.** $\sqrt{2}/2$

5. $-3\mathbf{i} - 2\mathbf{j} + 7\mathbf{k}$ **6.** $\mathbf{u} \times \mathbf{v} = \begin{vmatrix} \mathbf{i} & \mathbf{j} & \mathbf{k} \\ u_1 & u_2 & u_3 \\ v_1 & v_2 & v_3 \end{vmatrix}$ **7.** $15\mathbf{k}$

9. 0

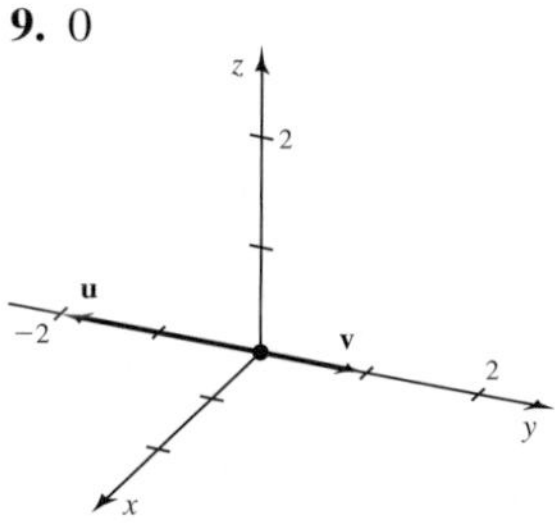

10. 18

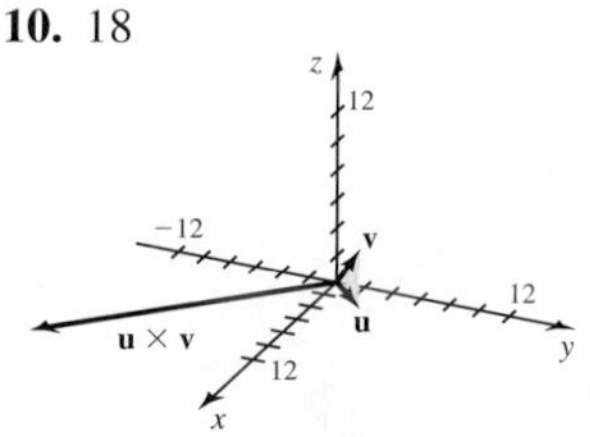

11. **i**

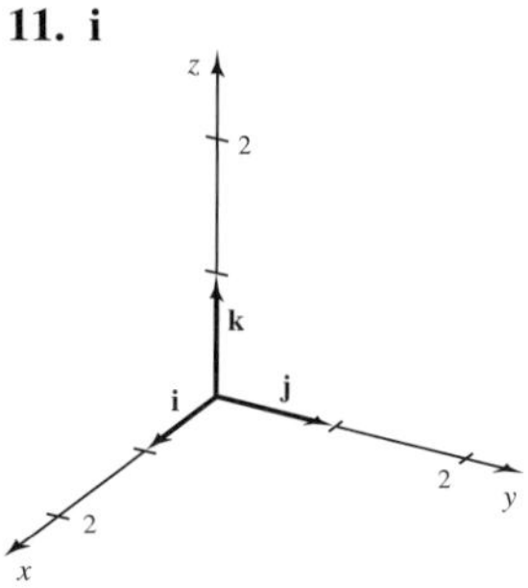

12. $-\mathbf{i}$

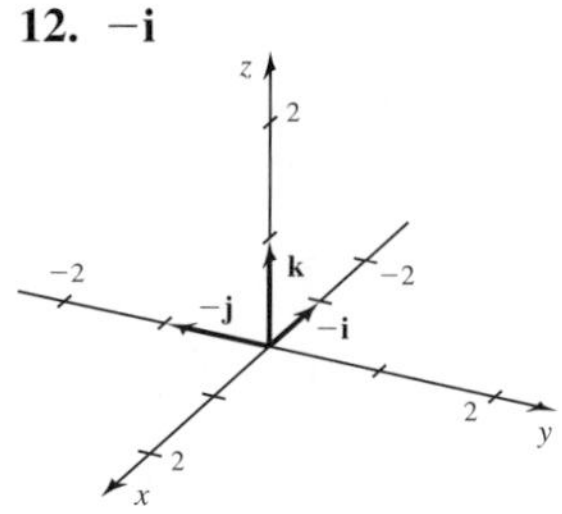

13. $6\mathbf{j}$

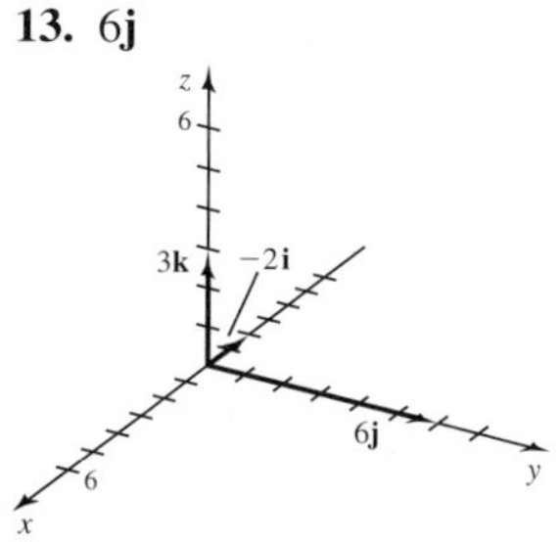

14. $\mathbf{u} \times \mathbf{v} = \langle -30, 18, 9 \rangle, \mathbf{v} \times \mathbf{u} = \langle 30, -18, -9 \rangle$
15. $\mathbf{u} \times \mathbf{v} = \langle 6, 11, 5 \rangle, \mathbf{v} \times \mathbf{u} = \langle -6, -11, -5 \rangle$
16. $\mathbf{u} \times \mathbf{v} = \langle 8, 4, 10 \rangle, \mathbf{v} \times \mathbf{u} = \langle -8, -4, -10 \rangle$ **17.** 11
18. $3\sqrt{10}$ **19.** $\sqrt{11}/2$ **20.** $4\sqrt{2}$ **21.** $9\sqrt{2}$ **23.** Not collinear
26. $\langle 0, 20, -20 \rangle$ **27.** The force $\mathbf{F} = 5\mathbf{i} - 5\mathbf{k}$ produces the greater torque. **28.** $5/\sqrt{2}$ N-m **29.** $|\tau| = 13.2$ N-m; direction: into the page

30. The magnitude is $20\sqrt{2}$ at a 135° angle with the positive x-axis in the xy-plane.

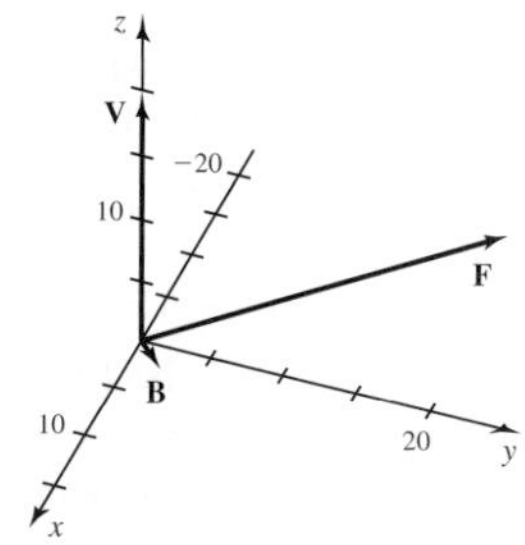

31. 4.53×10^{-14} kg-m/s^2 **32. a.** False **b.** False **c.** False **d.** True **e.** False **33.** $\langle u_1, u_1 + 2, u_1 + 1 \rangle$, u_1 real

34. $\frac{\sqrt{(ab)^2 + (ac)^2 + (bc)^2}}{2}$

36. $|\mathbf{u}\cdot(\mathbf{v} \times \mathbf{w})| = |\mathbf{u}||\mathbf{v} \times \mathbf{w}||\cos\theta|$, where $|\mathbf{v} \times \mathbf{w}|$ is the area of the base of the parallelepiped and $|\mathbf{u}||\cos\theta|$ is its height.
40. 1.76×10^7 m/s

12.5절 연습문제(pp. 866–868)

1. $\langle 4, -8, 9 \rangle$ **4.** Perpendicular **5.** A point and a normal vector
6. $(-6, 0, 0), (0, -4, 0), (0, 0, 3)$
7. $x = 4t, y = 7t, z = 1; \mathbf{r} = \langle 0, 0, 1 \rangle + t\langle 4, 7, 0 \rangle$
8. $x = 0, y = t, z = 1; \mathbf{r} = \langle 0, 0, 1 \rangle + t\langle 0, 1, 0 \rangle$
9. $x = t, y = 2t, z = 3t; \mathbf{r} = t\langle 1, 2, 3 \rangle$
10. $x = -2t, y = 8t, z = -4t; \mathbf{r} = t\langle -2, 8, -4 \rangle$
11. $x = -2t, y = -t, z = t; \mathbf{r} = t\langle -2, -1, 1 \rangle$
12. $x = -2, y = 5 - 2t, z = 3 - t; \mathbf{r} = \langle -2, 5, 3 \rangle + t\langle 0, -2, -1 \rangle$
13. $x = 1 - 4t, y = 2 + 6t, z = 3 + 14t;$ $\mathbf{r} = \langle 1, 2, 3 \rangle + t\langle -4, 6, 14 \rangle$ **14.** $x = 4, y = 3 - 9t, z = 3 + 6t;$ $\mathbf{r} = \langle 4, 3, 3 \rangle + t\langle 0, -9, 6 \rangle$ **15.** $x = t, y = 2t, z = 3t, 0 \le t \le 1$
16. $x = 2 + 5t, y = 4 + t, z = 8 - 5t, 0 \le t \le 1$ **17.** Intersect at $(1, 3, 2)$ **18.** Skew **19.** Same line **20.** Parallel, distinct lines
22. 13 **23. a.** Yes **b.** No **c.** $13.16° < \theta < 18.12°$
24. $x + y - z = 4$ **25.** $2x + y - 2z = -2$
26. $x + 4y + 7z = 0$ **27.** $7x + 2y + z = 10$
28. $-x + 2y - 4z = -17$ **29.** $3y - 2z = 0$
30. $8x - 7y + 2z = 0$ **31.** $x + 3y - z = -3$
32. Yes; $2x - y = -1$

33. Intercepts $x = 2, y = -3, z = 6;$ $3x - 2y = 6, z = 0;$ $-2y + z = 6, x = 0;$ and $3x + z = 6, y = 0$

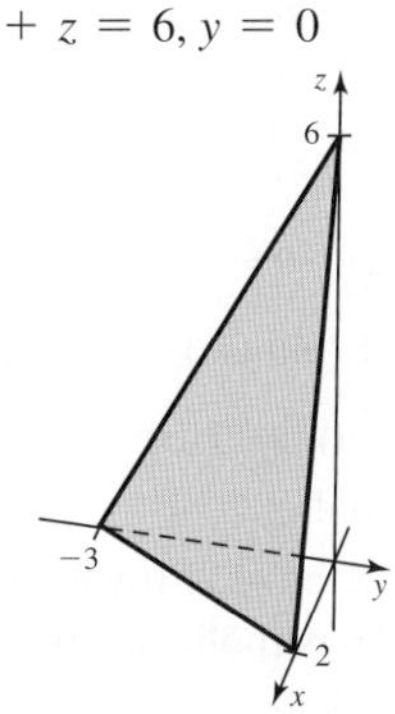

34. Intercepts $x = 30, y = 10, z = -6;$ $x + 3y = 30, z = 0;$ $x - 5z = 30, y = 0;$ and $3y - 5z = 30, x = 0$

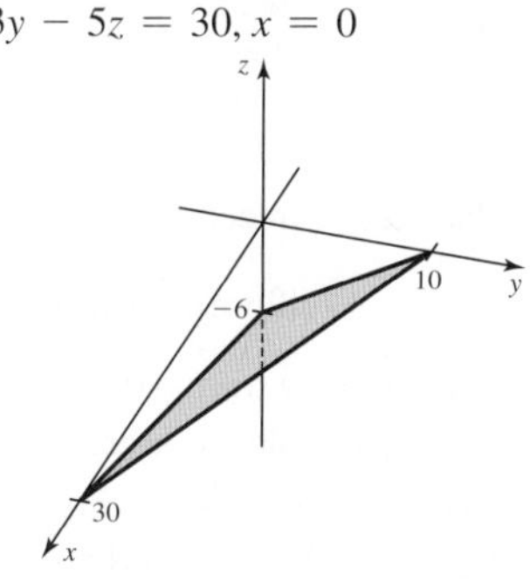

35. Orthogonal **36.** Neither **37.** Q and T are identical; Q, R, and T are parallel; S is orthogonal to Q, R, and T.

38. $\mathbf{r} = \langle 2 + 2t, 1 - 4t, 3 + t \rangle$
39. $x = t, y = 1 + 2t, z = -1 - 3t$
40. $x = \frac{7}{5} + 2t, y = \frac{9}{5} + t, z = -t$ **41.** $(3, 3, 3)$ **42.** $(1, 1, 2)$
43. a. True **b.** False **c.** False **d.** True **e.** False **f.** False
g. True **44.** $\frac{x - 1}{4} = \frac{y - 2}{7} = \frac{z}{2}$ **46.** Approx. 43°
47. $6x - 4y + z = d$ **48.** The planes intersect in the point $(3, 6, 0)$.
49. a.

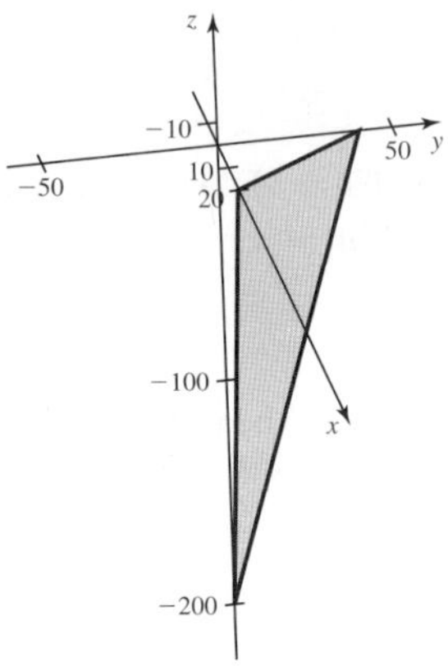

b. Positive
c. $2x + y = 40$, line in the xy-plane

12.6절 연습문제(pp. 877–878)

1. z-axis; x-axis; y-axis **2.** Intersection of the surface with a plane parallel to one of the coordinate planes **3.** Ellipsoid

4. a. x-axis
b.

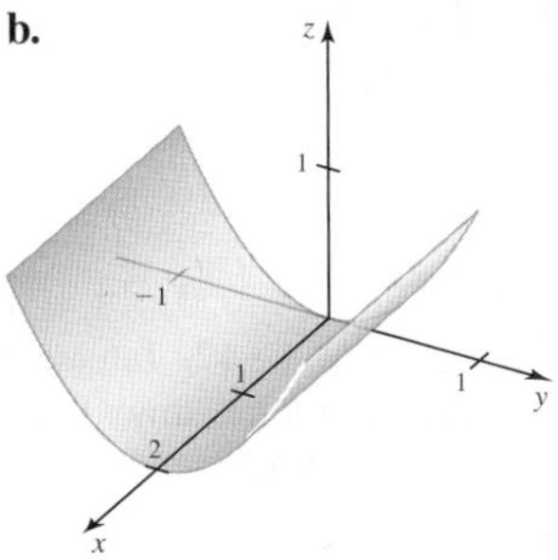

5. a. y-axis
b.

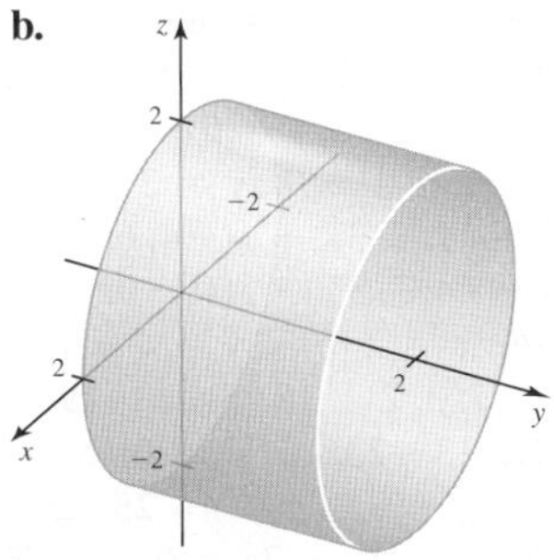

6. a. z-axis
b.

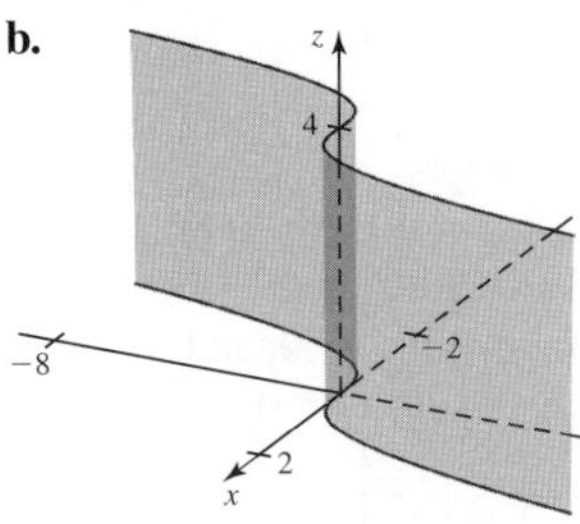

7. a. x-axis
b.

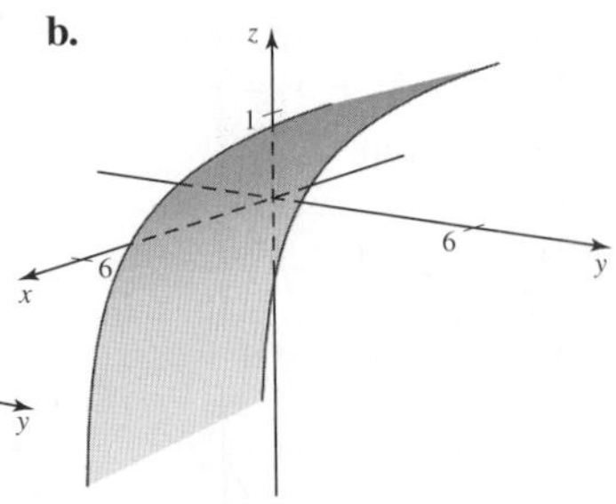

8. Ellipsoid; xy-trace: $x^2 + y^2 = 1$ (circle); xz-trace: $x^2 + \frac{z^2}{25} = 1$ (ellipse); yz-trace: $y^2 + \frac{z^2}{25} = 1$ (ellipse)
9. Paraboloid; xy-trace: $(0, 0, 0)$ (a single point); xz-trace: $z = 25x^2$ (parabola); yz-trace: $z = 25y^2$ (parabola)
10. Hyperboloid of two sheets; xz-trace: $z^2 - 25x^2 = 25$ (hyperbola); yz-trace: $z^2 - 25y^2 = 25$ (hyperbola) **11.** Hyperbolic paraboloid
12. Elliptic paraboloid **13.** Hyperbolic cylinder
14. Elliptic paraboloid

15. a. $x = \pm 1, y = \pm 2, z = \pm 3$
b. $x^2 + \frac{y^2}{4} = 1, x^2 + \frac{z^2}{9} = 1, \frac{y^2}{4} + \frac{z^2}{9} = 1$
c. Ellipsoid

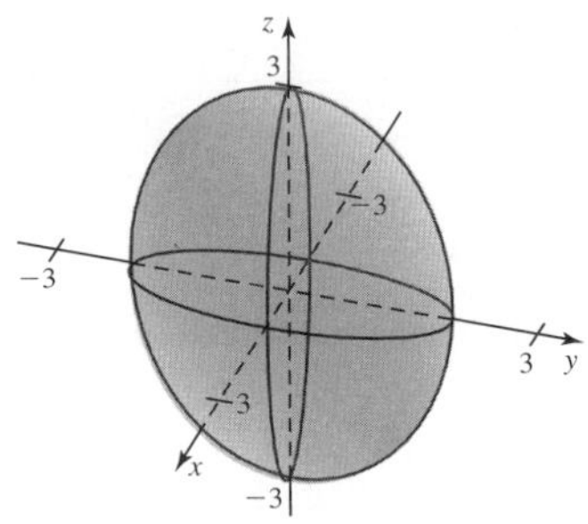

16. a. $x = y = z = 0$
b. $x = y^2, x = z^2$, origin
c. Elliptic paraboloid

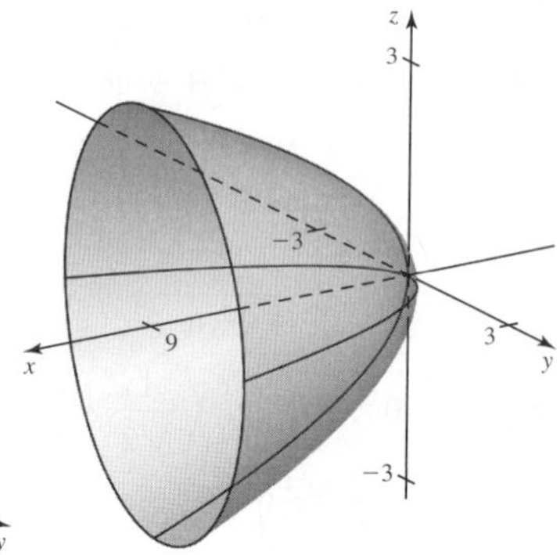

17. a. $x = \pm 5, y = \pm 3$, no z-intercept
b. $\frac{x^2}{25} + \frac{y^2}{9} = 1, \frac{x^2}{25} - z^2 = 1, \frac{y^2}{9} - z^2 = 1$
c. Hyperboloid of one sheet

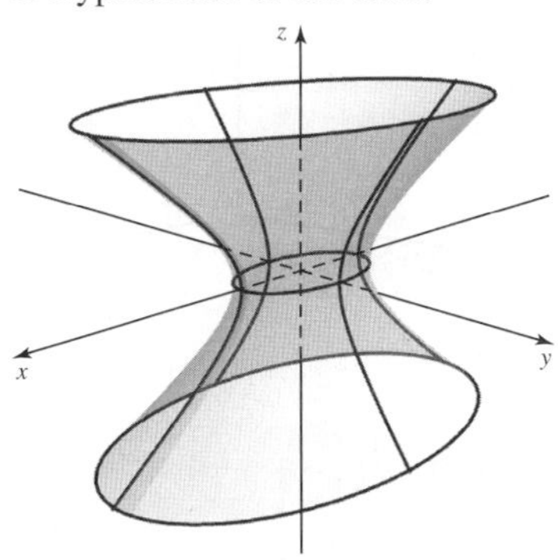

18. a. $x = y = z = 0$
b. $\frac{x^2}{9} - y^2 = 0, z = \frac{x^2}{9}, z = -y^2$
c. Hyperbolic paraboloid

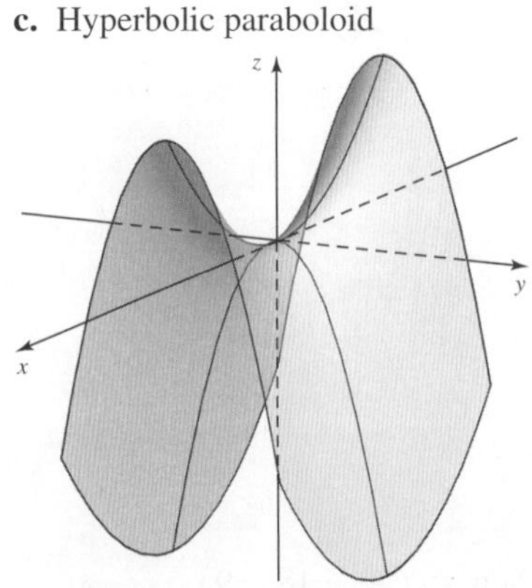

19. a. $x = y = z = 0$

b. Origin, $\frac{y^2}{4} = z^2, x^2 = z^2$

c. Elliptic cone

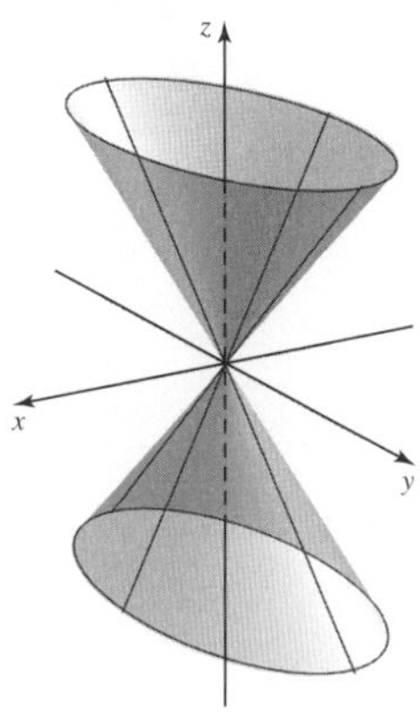

20. a. $x = \pm 3, y = \pm 1, z = \pm 6$

b. $\frac{x^2}{3} + 3y^2 = 3, \frac{x^2}{3} + \frac{z^2}{12} = 3,$ $3y^2 + \frac{z^2}{12} = 3$

c. Ellipsoid

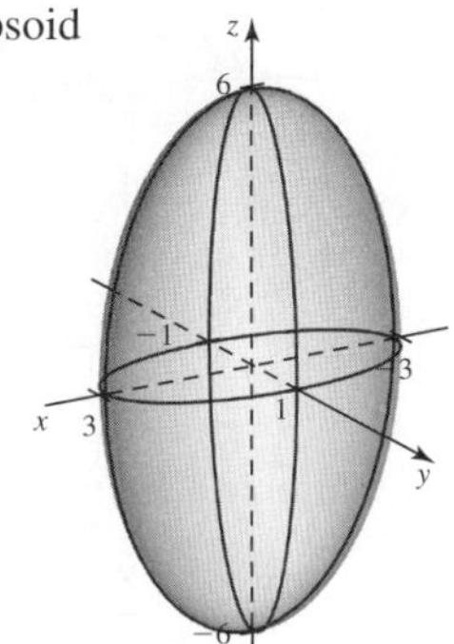

21. a. $x = y = z = 0$

b. Origin, $x - 9y^2 = 0, 9x - \frac{z^2}{4} = 0$

c. Elliptic paraboloid

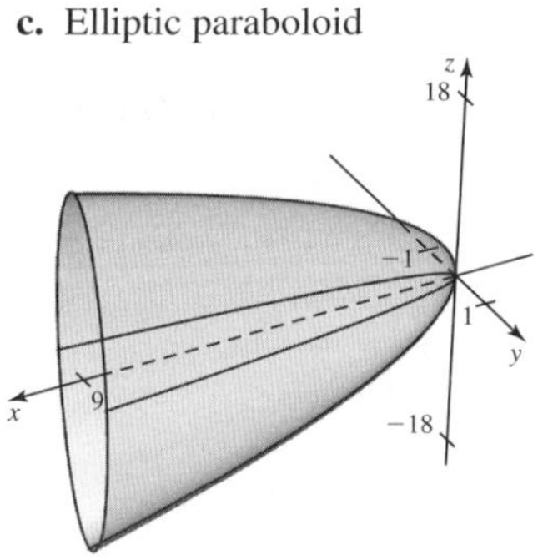

22. a. No x-intercept, $y = \pm 12, z = \pm \frac{1}{2}$

b. $-\frac{x^2}{4} + \frac{y^2}{16} = 9,$ $-\frac{x^2}{4} + 36z^2 = 9, \frac{y^2}{16} + 36z^2 = 9$

c. Hyperboloid of one sheet

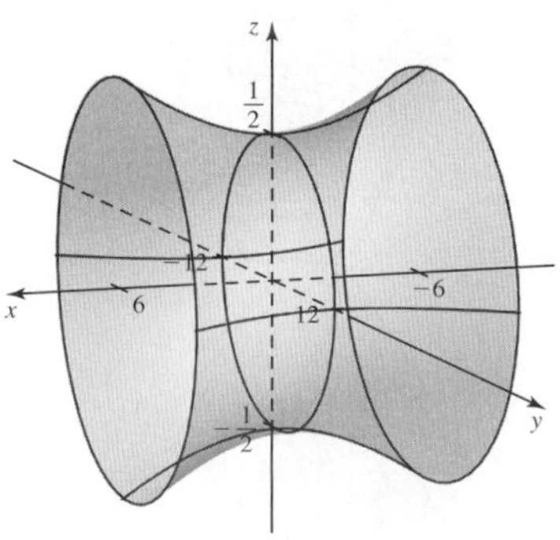

23. a. $x = y = z = 0$

b. $5x - \frac{y^2}{5} = 0, 5x + \frac{z^2}{20} = 0,$ $-\frac{y^2}{5} + \frac{z^2}{20} = 0$

c. Hyperbolic paraboloid

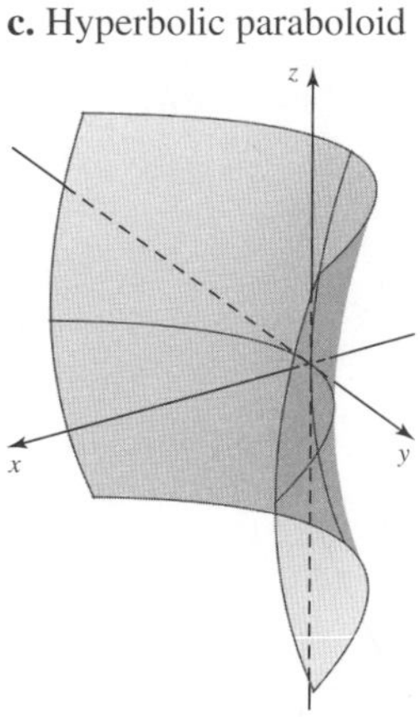

24. a. $x = y = z = 0$

b. $\frac{y^2}{18} = 2x^2, \frac{z^2}{32} = 2x^2$, origin

c. Elliptic cone

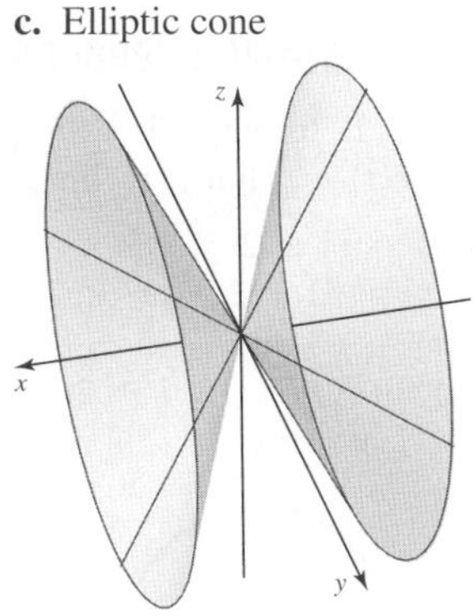

25. a. No x-intercept, $y = \pm 2$, no z-intercept

b. $-x^2 + \frac{y^2}{4} = 1$, no xz-trace, $\frac{y^2}{4} - \frac{z^2}{9} = 1$

c. Hyperboloid of two sheets

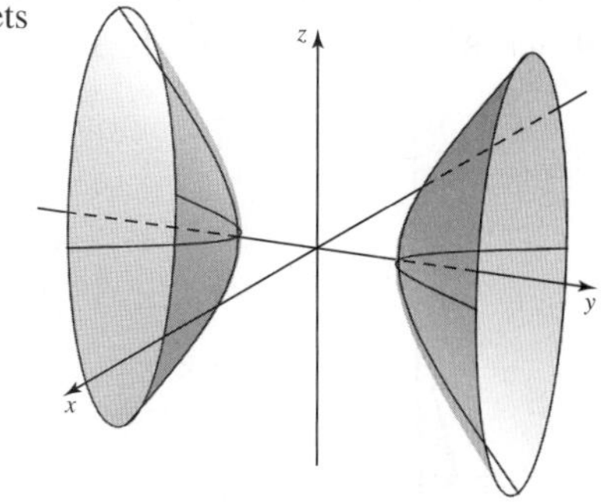

26. a. No x-intercept, $y = \pm \frac{\sqrt{3}}{3}$, no z-intercept

b. $-\frac{x^2}{3} + 3y^2 = 1$, no xz-trace, $3y^2 - \frac{z^2}{12} = 1$

c. Hyperboloid of two sheets

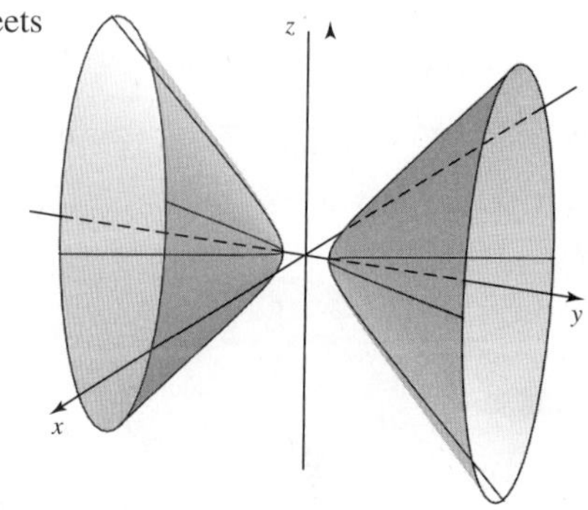

27. The graph of the ellipsoid $x^2 + 4y^2 + 9z^2 + 54z = 19$ is obtained by shifting the graph of the ellipsoid $x^2 + 4y^2 + 9z^2 = 100$ down 3 units.

31. a. True **b.** True **c.** True **d.** False **e.** False

33. All except the hyperbolic paraboloid **34.** 8

Chapter 12 연습문제(pp. 878–880)

1. a. True **b.** False **c.** True **d.** False **e.** True **f.** True

2. $\langle 3, -6 \rangle$ **3.** $\langle -5, 8 \rangle$ **4.** $\sqrt{221}$ **5.** $12\left\langle \frac{1}{3}, -\frac{2}{3}, \frac{2}{3} \right\rangle$

6. $\left\langle \frac{10}{3}, -\frac{20}{3}, \frac{20}{3} \right\rangle$ **8.** $\langle 58, 26, 44 \rangle$ **10.** $a = -3$

11. a. $\mathbf{v} = -275\sqrt{2}\mathbf{i} + 275\sqrt{2}\mathbf{j}$ **b.** $-275\sqrt{2}\mathbf{i} + (275\sqrt{2} + 40)\mathbf{j}$

12. $\{(x, y, z): (x - 1)^2 + y^2 + (z + 1)^2 = 16\}$

13. $\{(x, y, z): x^2 + (y - 1)^2 + z^2 > 4\}$ **14.** A ball centered at $\left(\frac{1}{2}, -2, 3\right)$ of radius $\frac{3}{2}$ **15.** All points outside a sphere of radius 10 centered at $(3, 0, 10)$ **16.** 50.15 m/s; 85.4° below the horizontal in the northerly horizontal direction **17.** 50 lb; 36.9° north of east

18. A circle of radius 1 centered at $(0, 2, 0)$ in the vertical plane $y = 2$

19. a. 0.68 radian **b.** $\frac{7}{9}\langle 1, 2, 2 \rangle; \frac{7}{3}$ **c.** $\frac{7}{3}\langle -1, 2, 2 \rangle; 7$

20. $250\sqrt{2}$ ft-lb **21.** $90\sqrt{3}$ lb; 90 lb **23.** 11

24. $\pm\left\langle \frac{12}{\sqrt{197}}, \frac{7}{\sqrt{197}}, \frac{2}{\sqrt{197}} \right\rangle$ **25.** $\langle -10, 10, 10 \rangle$

26. $|\tau|(\theta) = 39.2 \sin\theta$ has a maximum value of 39.2 N-m (when $\theta = \pi/2$) and a minimum value of 0 N-m (when $\theta = 0$). Direction does *not* change. **27.** $\mathbf{r} = \langle 0, -3, 9 \rangle + t\langle 2, -5, -8 \rangle, 0 \le t \le 1$
28. $\mathbf{r} = \langle t, 1 + 6t, 1 + 2t \rangle$
29. a. $18x - 9y + 2z = 6$ **b.** $x = \frac{1}{3}, y = -\frac{2}{3}, z = 3$
c.

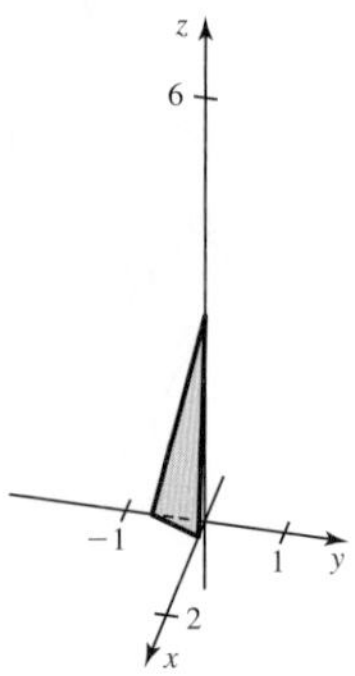

30. $x = t, y = 12 - 9t, z = -6 + 6t$ **31.** $4x + 2y + 13z = 39$
32. $3x + y + 7z = 4$ **33.** 3

34. a. Hyperbolic paraboloid
b. $y^2 = 4x^2, z = \frac{x^2}{36}, z = -\frac{y^2}{144}$
c. $x = y = z = 0$
d.

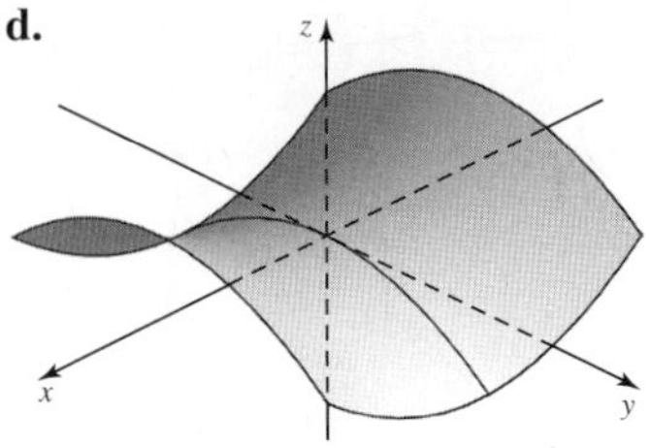

35. a. Elliptic cone
b. $y^2 = 4x^2$, origin, $y^2 = \frac{z^2}{25}$
c. Origin
d.

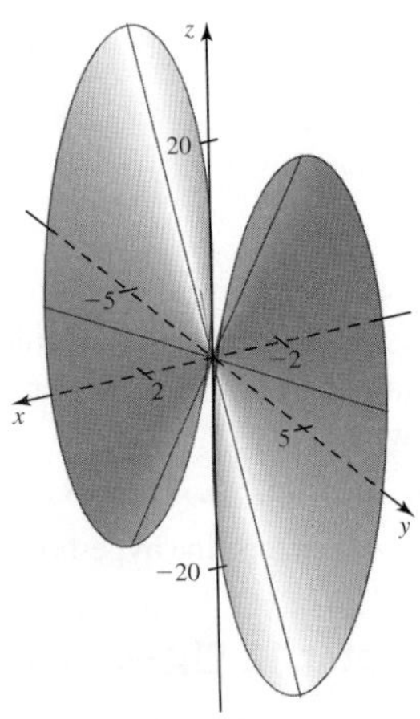

36. a. Elliptic paraboloid
b. Origin, $z = \frac{x^2}{16}, z = \frac{y^2}{36}$
c. Origin
d.

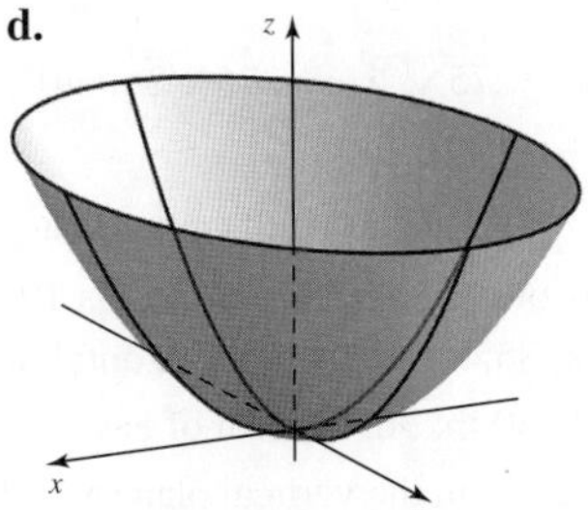

37. a. Hyperboloid of one sheet
b. $y^2 - 2x^2 = 1, 4z^2 - 2x^2 = 1, y^2 + 4z^2 = 1$ **c.** No x-intercept, $y = \pm 1, z = \pm\frac{1}{2}$
d.

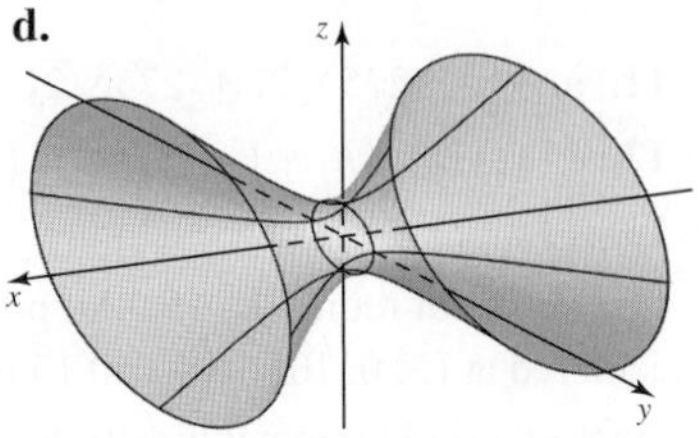

38. a. Hyperboloid of one sheet
b. $\frac{x^2}{4} + \frac{y^2}{16} = 4, \frac{x^2}{4} - z^2 = 4, \frac{y^2}{16} - z^2 = 4$
c. $x = \pm 4, y = \pm 8$, no z-intercept
d.

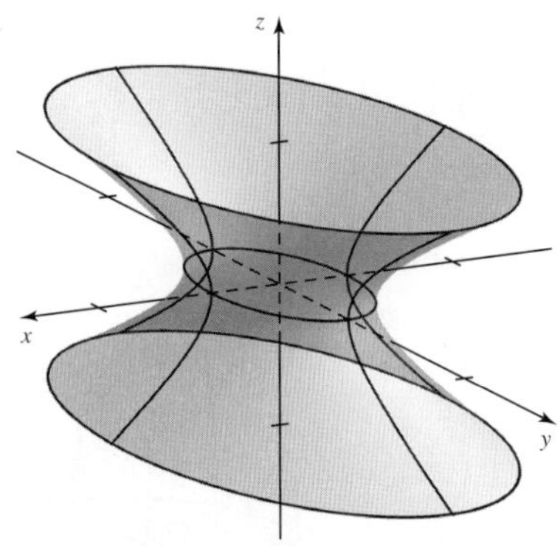

39. a. Ellipsoid **b.** $\frac{x^2}{4} + \frac{y^2}{16} = 4, \frac{x^2}{4} + z^2 = 4, \frac{y^2}{16} + z^2 = 4$
c. $x = \pm 4, y = \pm 8, z = \pm 2$
d.

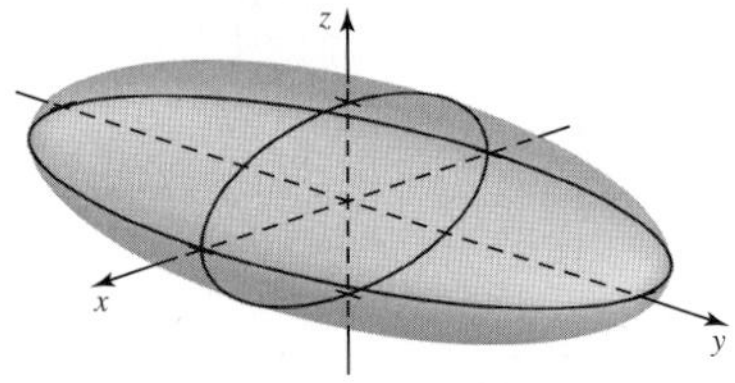

40. a. Elliptic cone **b.** Origin, $\frac{x^2}{9} = \frac{z^2}{64}, \frac{y^2}{49} = \frac{z^2}{64}$ **c.** Origin
d.

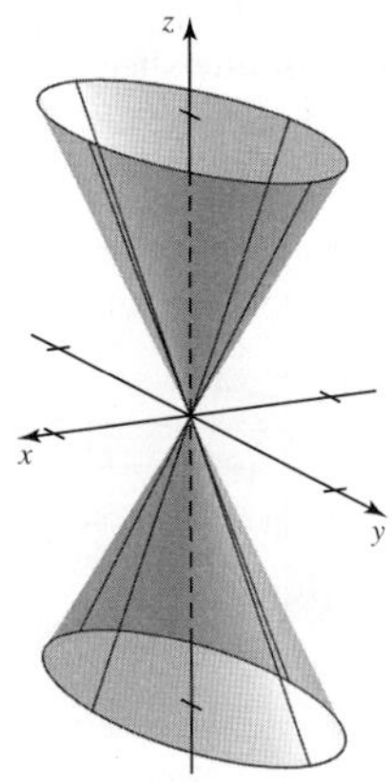

41. a. A **b.** D **c.** C **d.** B

CHAPTER 13

13.1절 연습문제(pp. 888–889)

1. One **2.** Its output is a vector.
3. $\lim_{t\to a} \mathbf{r}(t) = \langle \lim_{t\to a} f(t), \lim_{t\to a} g(t), \lim_{t\to a} h(t) \rangle$
4. $\mathbf{r}(t) = t\,\mathbf{i} + 2t\,\mathbf{j} + 3t\,\mathbf{k}$
5. $\mathbf{r}(t) = \langle 2 + 2t, 3 + 3t, 7 - 4t \rangle$
6. $\mathbf{r}(t) = \langle 3 + 2t, 4, 5 - t \rangle$
7. $\mathbf{r}(t) = \langle 1 - t, 2, 1 + 2t \rangle$, for $0 \le t \le 1$
8.

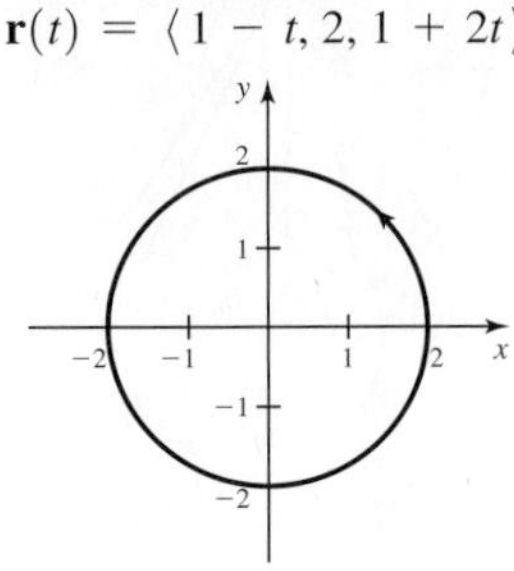

9.

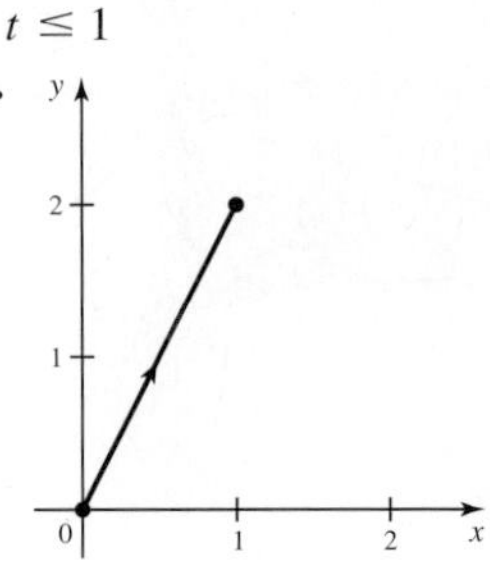

10.

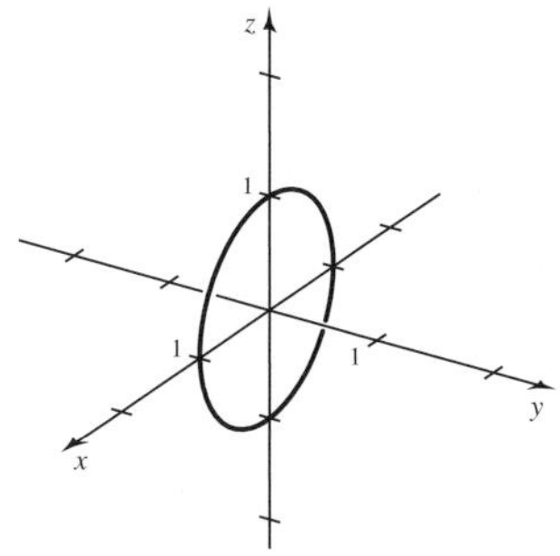

11.

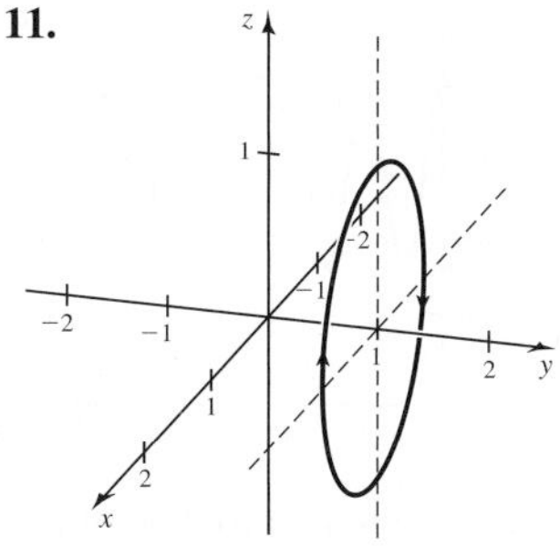

12.

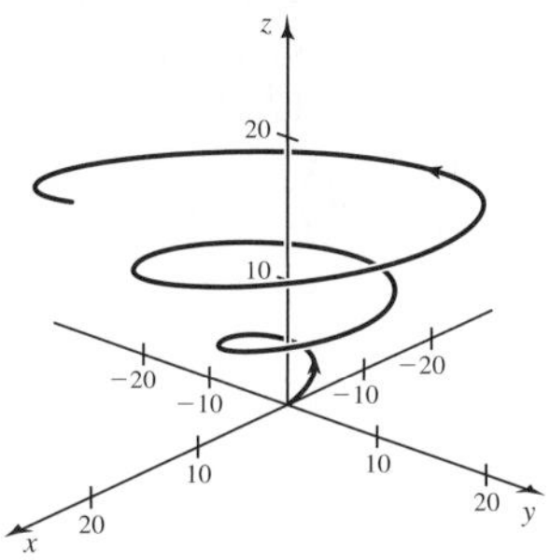

13.

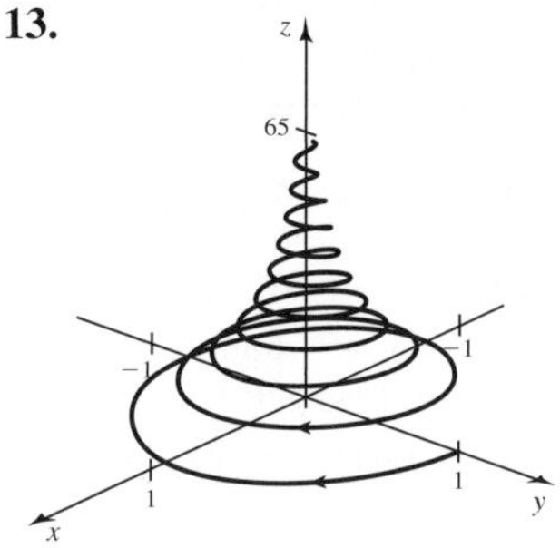

14.

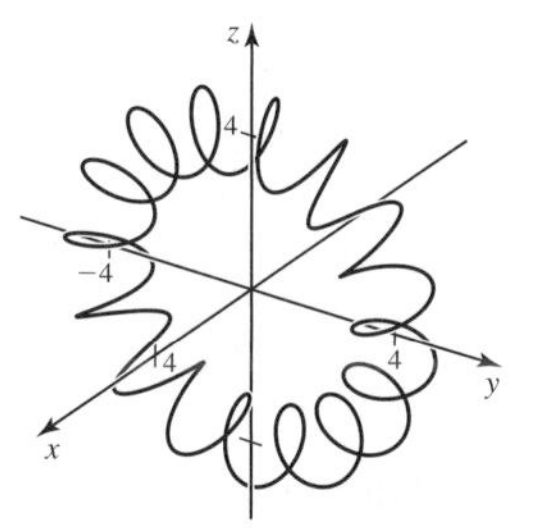

15. When viewed from above, the curve is a portion of the parabola $y = x^2$.

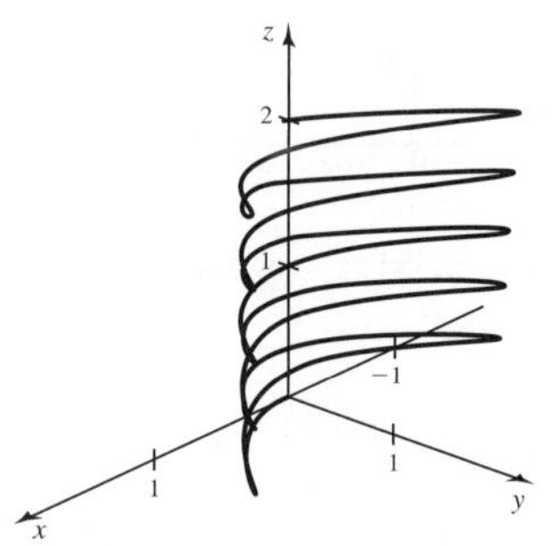

16. $-\mathbf{i} - 4\mathbf{j} + \mathbf{k}$ **17.** $-2\mathbf{j} + \frac{\pi}{2}\mathbf{k}$ **18.** $\mathbf{i}$ **19. a.** True **b.** False **c.** True **d.** True **20.** $\{t: |t| \le 2\}$ **21.** $\{t: 0 \le t \le 2\}$
22. $(4, 8, 16)$ **23. a.** E **b.** D **c.** F **d.** C **e.** A **f.** B
24. $\mathbf{r}(t) = \langle 2\cos t, 2\sin t, 4\rangle$
25. $\mathbf{r}(t) = \langle 5\cos t, 5\sin t, 10\cos t + 10\sin t\rangle$
26. a. Ball has a parabolic trajectory in the yz-plane; 1200 ft **b.** Approx. 1199.7 ft **c.** 1196 ft **27.** Hyperboloid of one sheet
28. Ellipsoid **29.** $(4, 2, 2)$; $\sqrt{179}$

30.

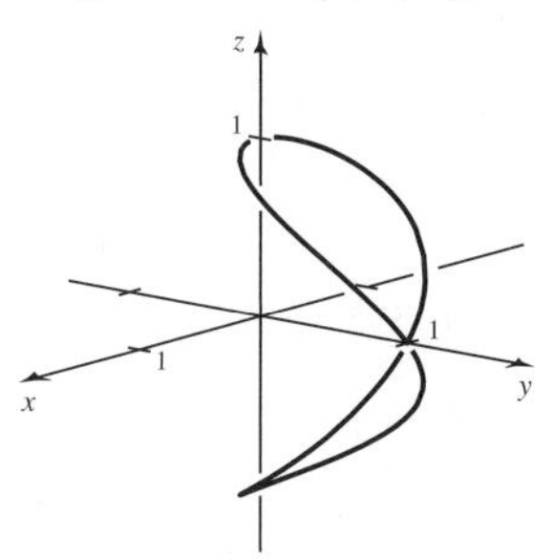

The curve lies on the sphere $x^2 + y^2 + z^2 = 1$.

32. $\dfrac{2\pi}{(m, n)}$, where (m, n) = greatest common factor of m and n

33. a.

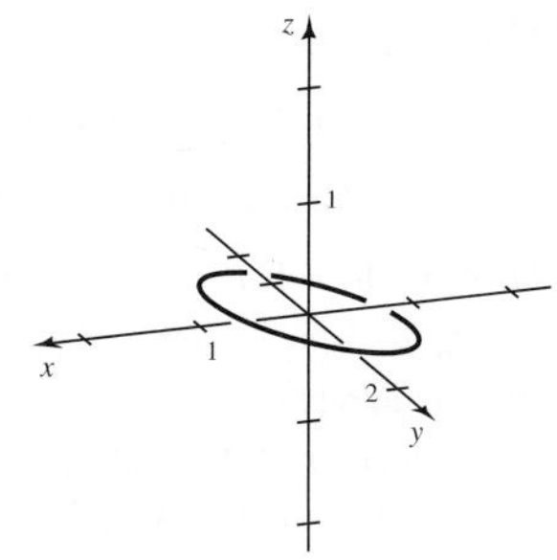

b. Curve is a tilted circle of radius 1 centered at the origin.

34. $\langle cf - ed, be - af, ad - bc\rangle$ or any scalar multiple

13.2절 연습문제(pp. 897–899)

1. $\mathbf{r}'(t) = \langle f'(t), g'(t), h'(t)\rangle$ **2.** $\mathbf{T}(t) = \dfrac{\mathbf{r}'(t)}{|\mathbf{r}'(t)|}$

3. $\int \mathbf{r}(t)\,dt = \left(\int f(t)\,dt\right)\mathbf{i} + \left(\int g(t)\,dt\right)\mathbf{j} + \left(\int h(t)\,dt\right)\mathbf{k}$

4. $\mathbf{C} = \langle -1, -3, -10\rangle$ **5.** $\langle -\sin t, 2t, \cos t\rangle$

6. $\left\langle 6t^2, \dfrac{3}{\sqrt{t}}, -\dfrac{3}{t^2}\right\rangle$ **7.** $e^t\mathbf{i} - 2e^{-t}\mathbf{j} - 8e^{2t}\mathbf{k}$

8. $\langle e^{-t}(1 - t), 1 + \ln t, \cos t - t\sin t\rangle$
9. $\langle 1, 6, 3\rangle$ **10.** $\langle 1, 0, 0\rangle$ **11.** $8\mathbf{i} + 9\mathbf{j} - 10\mathbf{k}$
12. $\langle 2/3, 2/3, 1/3\rangle$

13. $\dfrac{\langle 0, -\sin 2t, 2\cos 2t\rangle}{\sqrt{1 + 3\cos^2 2t}}$ **14.** $\dfrac{t^2}{\sqrt{t^4 + 4}}\left\langle 1, 0, -\dfrac{2}{t^2}\right\rangle$

15. $\langle 0, 0, -1\rangle$ **16.** $\left\langle \dfrac{2}{\sqrt{5}}, 0, -\dfrac{1}{\sqrt{5}}\right\rangle$

17. $\langle 30t^{14} + 24t^3, 14t^{13} - 12t^{11} + 9t^2 - 3, -96t^{11} - 24\rangle$
18. $4t(2t^3 - 1)(t^3 - 2)\langle 3t(t^3 - 2), 1, 0\rangle$
19. $e^t(2t^3 + 6t^2) - 2e^{-t}(t^2 - 2t - 1) - 16e^{-2t}$

20. 11 **21.** $\langle 0, 7, 1\rangle$ **22.** $\langle 2e^{2t}, -2e^t, 0\rangle$ **23.** $\left\langle 4, -\dfrac{2}{\sqrt{t}}, 0\right\rangle$

24. $\langle 1 + 6t^2, 4t^3, -2 - 3t^2\rangle$ **25.** $5te^t(t + 2) - 6t^2e^{-t}(t - 3)$

26. $-3t^2\sin t + 6t\cos t + 2\sqrt{t}\cos 2t + \dfrac{1}{2\sqrt{t}}\sin 2t$

27. $\langle 2, 0, 0\rangle$, $\langle 0, 0, 0\rangle$ **28.** $\langle -9\cos 3t, -16\sin 4t, -36\cos 6t\rangle$, $\langle 27\sin 3t, -64\cos 4t, 216\sin 6t\rangle$

29. $\left\langle -\dfrac{1}{4}(t + 4)^{-3/2}, -2(t + 1)^{-3}, 2e^{-t^2}(1 - 2t^2)\right\rangle$, $\left\langle \dfrac{3}{8}(t + 4)^{-5/2}, 6(t + 1)^{-4}, -4te^{-t^2}(3 - 2t^2)\right\rangle$

30. $\left\langle \dfrac{t^5}{5} - \dfrac{3t^2}{2}, t^2 - t, 10t\right\rangle + \mathbf{C}$

31. $\left\langle 2\sin t, -\dfrac{2}{3}\cos 3t, \dfrac{1}{2}\sin 8t\right\rangle + \mathbf{C}$

32. $\frac{1}{3}e^{3t}\mathbf{i} + \tan^{-1}t\,\mathbf{j} - \sqrt{2t}\,\mathbf{k} + \mathbf{C}$
33. $\mathbf{r}(t) = \langle e^t + 1, 3 - \cos t, \tan t + 2\rangle$
34. $\mathbf{r}(t) = \langle t + 3, t^2 + 2, t^3 - 6\rangle$
35. $\mathbf{r}(t) = \langle \frac{1}{2}e^{2t} + \frac{1}{2}, 2e^{-t} + t - 1, t - 2e^t + 3\rangle$
36. $\langle 2, 0, 2\rangle$ **37.** $\mathbf{i}$ **38.** $\langle 0, 0, 0\rangle$
39. $(e^2 + 1)\langle 1, 2, -1\rangle$ **40. a.** False **b.** True **c.** True
41. $\langle 2 - t, 3 - 2t, \pi/2 + t\rangle$ **42.** $\langle 2 + 3t, 9 + 7t, 1 + 2t\rangle$
43. $(1, 0)$ **44.** $(1, 0, 0)$ **45.** $\mathbf{r}(t) = \langle a_1t, a_2t, a_3t\rangle$ or $\mathbf{r}(t) = \langle a_1e^{kt}, a_2e^{kt}, a_3e^{kt}\rangle$, where a_i and k are real numbers

13.3절 연습문제(pp. 911–914)

1. $\mathbf{v}(t) = \mathbf{r}'(t)$, speed $= |\mathbf{r}'(t)|$, $\mathbf{a}(t) = \mathbf{r}''(t)$ **2.** $m\mathbf{a}(t) = \mathbf{F}$ **3.** $\mathbf{v}(t) = \int \mathbf{a}(t)\,dt = \langle v_1(t), v_2(t)\rangle + \mathbf{C}$. Use initial conditions to find $\mathbf{C}$. **4. a.** $t = 3$ s **b.** $\mathbf{r}(t) = \langle 60t, -16t^2 + 96t + 3\rangle$ **5. a.** $\langle 6t, 8t\rangle$, $10t$ **b.** $\langle 6, 8\rangle$ **6. a.** $\mathbf{v}(t) = \langle 2, -4\rangle$, $|\mathbf{v}(t)| = 2\sqrt{5}$ **b.** $\mathbf{a}(t) = \langle 0, 0\rangle$ **7. a.** $\mathbf{v}(t) = \langle 8\cos t, -8\sin t\rangle$, $|\mathbf{v}(t)| = 8$ **b.** $\mathbf{a}(t) = \langle -8\sin t, -8\cos t\rangle$ **8. a.** $\langle 2t, 2t, t\rangle$, $3t$ **b.** $\langle 2, 2, 1\rangle$ **9. a.** $\mathbf{v}(t) = \langle 1, -4, 6\rangle$, $|\mathbf{v}(t)| = \sqrt{53}$ **b.** $\mathbf{a}(t) = \langle 0, 0, 0\rangle$ **10. a.** $\mathbf{v}(t) = \langle 0, 2t, -e^{-t}\rangle$, $|\mathbf{v}(t)| = \sqrt{4t^2 + e^{-2t}}$ **b.** $\mathbf{a}(t) = \langle 0, 2, e^{-t}\rangle$
11. a. $[c, d] = [0, 1]$ **b.** $\langle 1, 2t\rangle$, $\langle 2, 8t\rangle$
c.

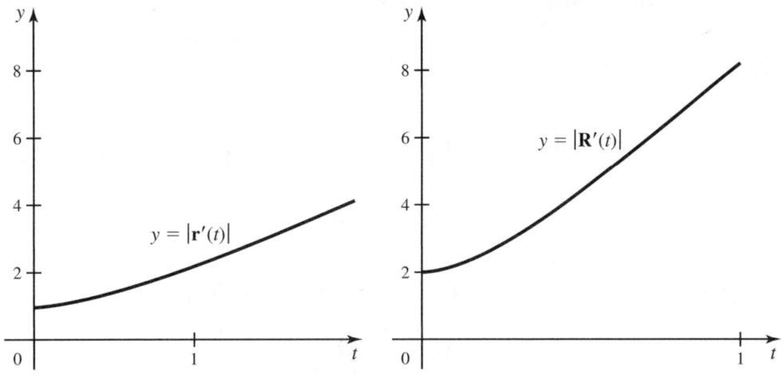

12. a. $\left[0, \frac{2\pi}{3}\right]$ **b.** $\mathbf{V_r}(t) = \langle -\sin t, 4\cos t\rangle$, $\mathbf{V_R}(t) = \langle -3\sin 3t, 12\cos 3t\rangle$
c.

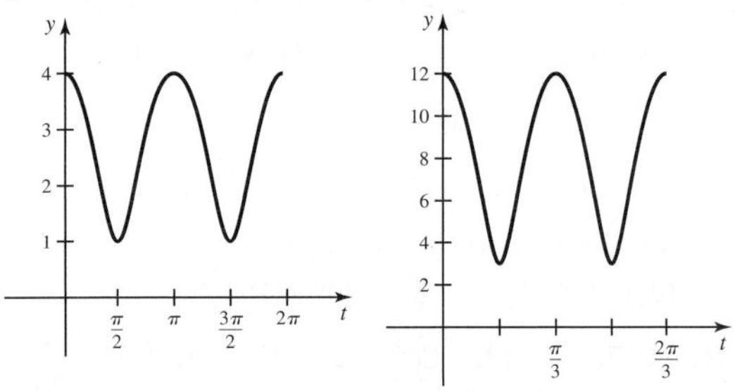

13. a. $[1, e^{36}]$ **b.** $\mathbf{V_r}(t) = \langle 2t, -8t^3, 18t^5\rangle$, $\mathbf{V_R}(t) = \left\langle \frac{1}{t}, -\frac{4}{t}\ln t, \frac{9}{t}\ln^2 t\right\rangle$
c.

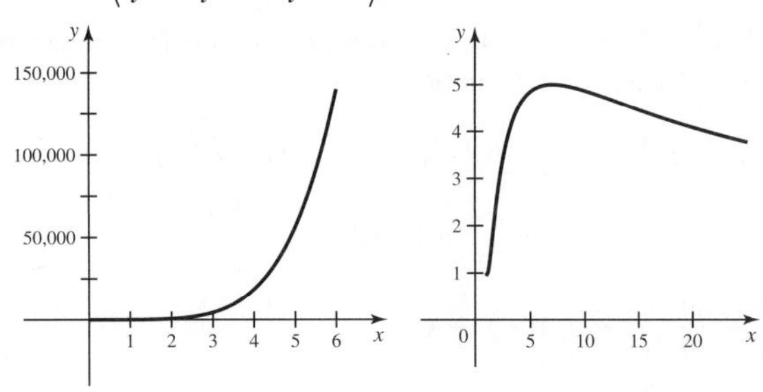

14. a.

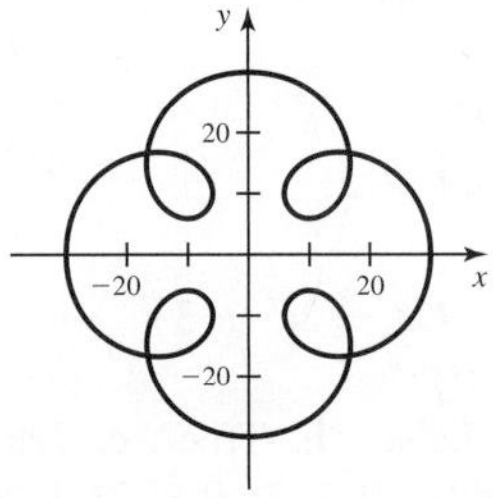

b. $\langle -20\sin t - 50\sin 5t, 20\cos t + 50\cos 5t\rangle$

c.

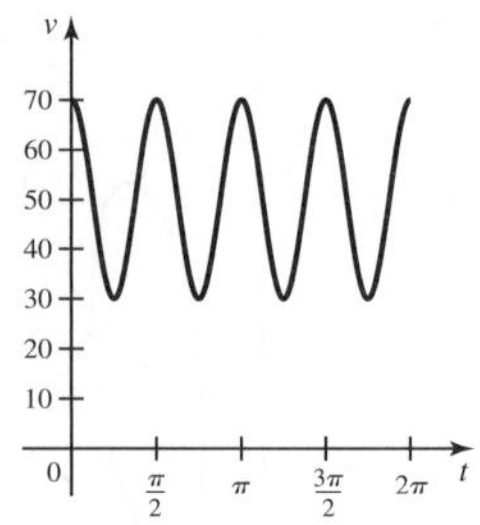

d. 70 ft/s; 30 ft/s

15. $\mathbf{r}(t)$ lies on a circle of radius 8; $\langle -16\sin 2t, 16\cos 2t\rangle \cdot \langle 8\cos 2t, 8\sin 2t\rangle = 0$. **16.** $\mathbf{r}(t)$ lies on a sphere of radius 2; $\langle \cos t - \sqrt{3}\sin t, \sqrt{3}\cos t + \sin t\rangle \cdot \langle \sin t + \sqrt{3}\cos t, \sqrt{3}\sin t - \cos t\rangle = 0$. **17.** 5
18. $\mathbf{v}(t) = \langle 2, t + 3\rangle$, $\mathbf{r}(t) = \left\langle 2t, \frac{t^2}{2} + 3t\right\rangle$
19. $\mathbf{v}(t) = \langle 0, 10t + 5\rangle$, $\mathbf{r}(t) = \langle 1, 5t^2 + 5t - 1\rangle$
20. $\mathbf{v}(t) = \langle \sin t, -2\cos t + 3\rangle$, $\mathbf{r}(t) = \langle -\cos t + 2, -2\sin t + 3t\rangle$
21. a. $\mathbf{v}(t) = \langle 30, -9.8t + 6\rangle$, $\mathbf{r}(t) = \langle 30t, -4.9t^2 + 6t\rangle$
b.

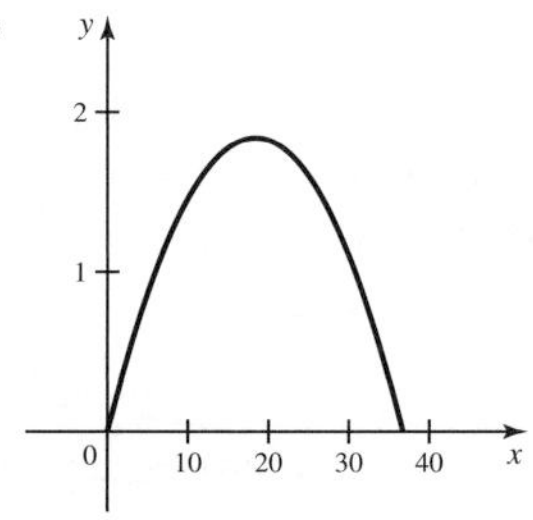

c. $T \approx 1.22$ s, range ≈ 36.7 m
d. 1.84 m

22. a. $\mathbf{v}(t) = \langle 80, 10 - 32t\rangle$, $\mathbf{r}(t) = \langle 80t, -16t^2 + 10t + 6\rangle$
b.

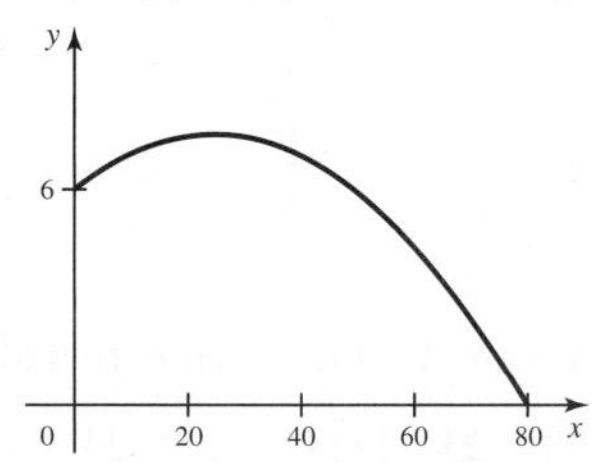

c. 1 s, 80 ft
d. Max height ≈ 7.56 ft

23. a. $\mathbf{v}(t) = \langle 125, -32t + 125\sqrt{3}\rangle$, $\mathbf{r}(t) = \langle 125t, -16t^2 + 125\sqrt{3}t + 20\rangle$
b.

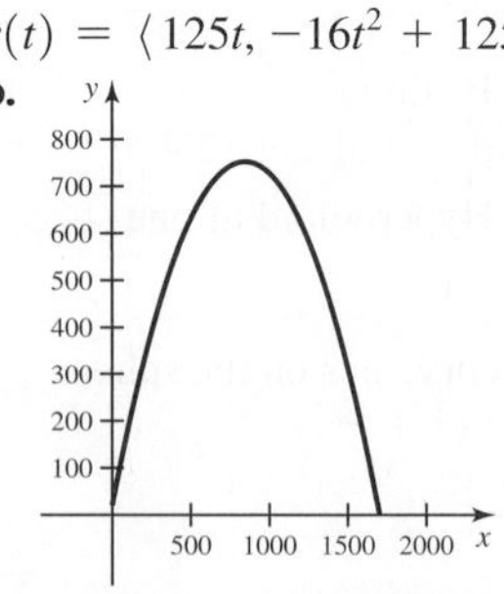

c. 13.6 s, 1702.5 ft **d.** 752.4 ft

24. $\mathbf{v}(t) = \langle 1, 5, 10t\rangle$, $\mathbf{r}(t) = \langle t, 5t + 5, 5t^2\rangle$
25. $\mathbf{v}(t) = \langle -\cos t + 1, \sin t + 2, t\rangle$, $\mathbf{r}(t) = \left\langle -\sin t + t, -\cos t + 2t + 1, \frac{t^2}{2}\right\rangle$

26. a. $\mathbf{v}(t) = \langle 200, 200, -9.8t \rangle$, $\mathbf{r}(t) = \langle 200t, 200t, -4.9t^2 + 1 \rangle$

b.

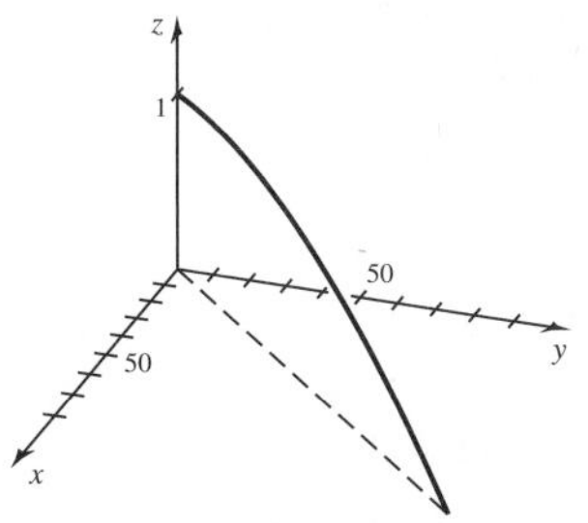

c. 0.452 s, 127.8 m **d.** 1 m

27. a. $\mathbf{v}(t) = \langle 60 + 10t, 80, 80 - 32t \rangle$,
$\mathbf{r}(t) = \langle 60t + 5t^2, 80t, 80t - 16t^2 + 3 \rangle$

b.

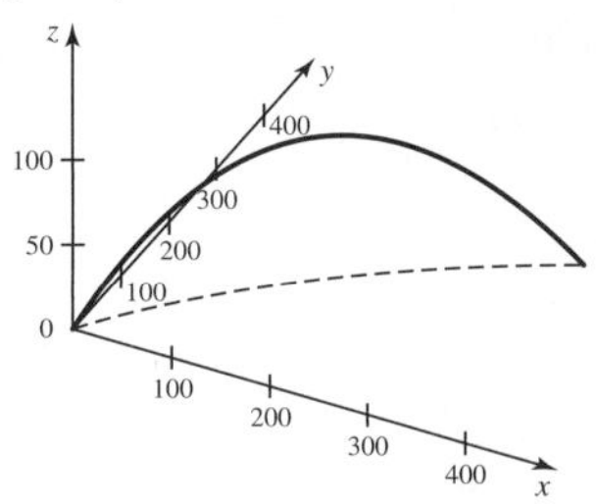

c. 5.04 s, 589 ft
d. 103 ft

28. a. $\mathbf{v}(t) = \langle 300, 2.5t + 400, -9.8t + 500 \rangle$,
$\mathbf{r}(t) = \langle 300t, 1.25t^2 + 400t, -4.9t^2 + 500t + 10 \rangle$

b.

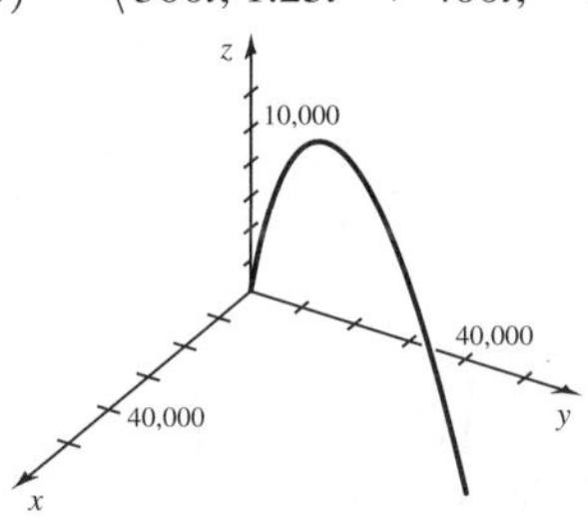

c. 102.1 s, 61,941.5 m
d. 12,765.1 m

29. a. False **b.** True **c.** False **d.** True **e.** False **f.** True **g.** True **30.** 15.3 s, 1988.3 m, 287.0 m **31.** 21.7 s, 4330.1 ft, 1875 ft
32. Approx. 27.4° and 62.6°
33. a. $\mathbf{v}(t) = \langle -a \sin t, b \cos t \rangle$; $|\mathbf{v}(t)| = \sqrt{a^2 \sin^2 t + b^2 \cos^2 t}$
b.

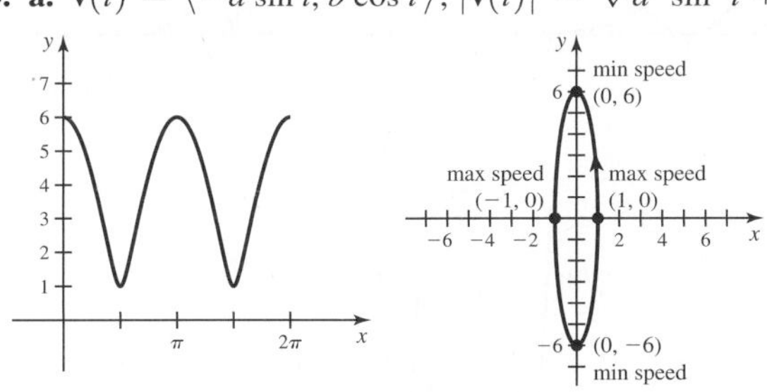

c. Yes **d.** Max $\left\{\frac{a}{b}, \frac{b}{a}\right\}$ **34.** Approx. 23.5° or 59.6°
35. 113.4 ft/s **36. a.** 1.2 ft, 0.46 s **b.** 0.88 ft/s **c.** 0.85 ft
d. More curve in the second half **e.** $c = 28.17$ ft/s^2

37. $T = \dfrac{|\mathbf{v}_0| \sin \alpha + \sqrt{|\mathbf{v}_0|^2 \sin^2 \alpha + 2gy_0}}{g}$,

range $= |\mathbf{v}_0| (\cos \alpha) T$, max height $= y_0 + \dfrac{|\mathbf{v}_0|^2 \sin^2 \alpha}{2g}$

38. a. $\left[0, \dfrac{2\pi}{\omega}\right]$ **b.** $\mathbf{v}(t) = \langle -A\omega \sin \omega t, A\omega \cos \omega t \rangle$ is not constant; $|\mathbf{v}(t)| = |A\omega|$ is constant. **c.** $\mathbf{a}(t) = \langle -A\omega^2 \cos \omega t, -A\omega^2 \sin \omega t \rangle$
d. $\mathbf{r}$ and $\mathbf{v}$ are orthogonal; $\mathbf{r}$ and $\mathbf{a}$ are in opposite directions.

e.

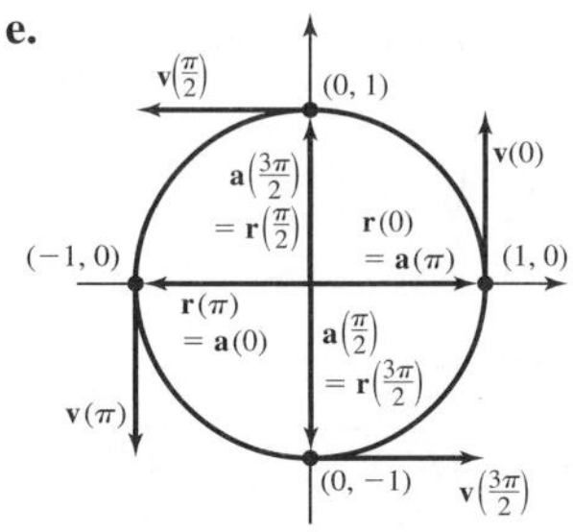

39. a. $\mathbf{r}(t) = \langle 5 \sin(\pi t/6), 5 \cos(\pi t/6) \rangle$
b. $\mathbf{r}(t) = \left\langle 5 \sin\left(\frac{1 - e^{-t}}{5}\right), 5 \cos\left(\frac{1 - e^{-t}}{5}\right) \right\rangle$
40. $\{(\cos t, \sin t, c \sin t) : t \in \mathbb{R}\}$ satisfies the equations $x^2 + y^2 = 1$ and $z - cy = 0$ so that $\langle \cos t, \sin t, c \sin t \rangle$ lies on the intersection of a right circular cylinder and a plane, which is an ellipse.
42. a. The direction of $\mathbf{r}$ does not change. **b.** Constant in direction, not in magnitude

13.4절 연습문제(pp. 919–920)

1. $\sqrt{5}(b - a)$ **2.** $\int_a^b |\mathbf{v}(t)|\, dt$ **3.** 20π **4.** If the parameter t used to describe a trajectory also measures the arc length s of the curve that is generated, we say the curve has been parameterized by its arc length.
5. 5 **6.** 3π **7.** $\dfrac{\pi^2}{8}$ **8.** $5\sqrt{34}$ **9.** $4\pi\sqrt{65}$ **10.** 9 **11.** $\dfrac{3}{2}$
12. $3t^2\sqrt{30}$; $64\sqrt{30}$ **13.** 26; 26π
14. Approx. 66,626 mi/hr **15.** 19.38
16. 32.50 **17.** Yes **18.** No; $\mathbf{r}(s) = \left\langle \dfrac{s}{\sqrt{5}}, \dfrac{2s}{\sqrt{5}} \right\rangle, 0 \le s \le 3\sqrt{5}$
19. No; $\mathbf{r}(s) = \left\langle 2 \cos \dfrac{s}{2}, 2 \sin \dfrac{s}{2} \right\rangle, 0 \le s \le 4\pi$
20. No; $\mathbf{r}(s) = \langle \cos s, \sin s \rangle, 0 \le s \le \pi$
21. No; $\mathbf{r}(s) = \left\langle \dfrac{s}{\sqrt{3}} + 1, \dfrac{s}{\sqrt{3}} + 1, \dfrac{s}{\sqrt{3}} + 1 \right\rangle, s \ge 0$
22. a. True **b.** True **c.** True **d.** False **23. a.** If $a^2 = b^2 + c^2$, then $|\mathbf{r}(t)|^2 = (a \cos t)^2 + (b \sin t)^2 + (c \sin t)^2 = a^2$ so that $\mathbf{r}(t)$ is a circle centered at the origin of radius $|a|$. **b.** $2\pi a$
c. If $a^2 + c^2 + e^2 = b^2 + d^2 + f^2$ and $ab + cd + ef = 0$, then $\mathbf{r}(t)$ is a circle of radius $\sqrt{a^2 + c^2 + e^2}$ and its arc length is $2\pi\sqrt{a^2 + c^2 + e^2}$. **24. a.** $\int_a^b \sqrt{(Ah'(t))^2 + (Bh'(t))^2}\, dt$
$= \int_a^b \sqrt{(A^2 + B^2)(h'(t))^2}\, dt = \sqrt{A^2 + B^2} \int_a^b |h'(t)|\, dt$
b. $64\sqrt{29}$ **c.** $\dfrac{7\sqrt{29}}{4}$ **25. a.** 5.102 s
b. $\int_0^{5.102} \sqrt{400 + (25 - 9.8t)^2}\, dt$ **c.** 124.43 m **d.** 102.04 m
26. $|\mathbf{v}(t)| = \sqrt{a^2 + b^2 + c^2} = 1$, if $a^2 + b^2 + c^2 = 1$
27. $\int_a^b |\mathbf{r}'(t)|\, dt = \int_a^b \sqrt{(cf'(t))^2 + (cg'(t))^2}\, dt$
$= |c| \int_a^b \sqrt{(f'(t))^2 + (g'(t))^2}\, dt = |c|L$

13.5절 연습문제(pp. 934–936)

1. 0 **2.** $\kappa = \dfrac{1}{|\mathbf{v}|}\left|\dfrac{d\mathbf{T}}{dt}\right|$ or $\kappa = \dfrac{|\mathbf{v} \times \mathbf{a}|}{|\mathbf{v}|^3}$ **3.** $\mathbf{N} = \dfrac{d\mathbf{T}/dt}{|d\mathbf{T}/dt|}$
4. These three unit vectors are mutually orthogonal at all points of the curve. **5.** The torsion measures the rate at which the curve rises or twists out of the **TN**-plane at a point.

6. $\mathbf{T} = \dfrac{\langle 1, 2, 3 \rangle}{\sqrt{14}}, \kappa = 0$ 7. $\mathbf{T} = \dfrac{\langle 1, 2\cos t, -2\sin t \rangle}{\sqrt{5}}, \kappa = \dfrac{1}{5}$

8. $\mathbf{T} = \dfrac{\langle \sqrt{3}\cos t, \cos t, -2\sin t \rangle}{2}, \kappa = \dfrac{1}{2}$

9. $\mathbf{T} = \dfrac{\langle 1, 4t \rangle}{\sqrt{1 + 16t^2}}, \kappa = \dfrac{4}{(1 + 16t^2)^{3/2}}$

10. $\mathbf{T} = \left\langle \cos\left(\dfrac{\pi t^2}{2}\right), \sin\left(\dfrac{\pi t^2}{2}\right) \right\rangle, \kappa = \pi t$

11. $\dfrac{1}{3}$ 12. $\dfrac{2}{(4t^2 + 1)^{3/2}}$ 13. $\dfrac{2\sqrt{5}}{(20\sin^2 t + \cos^2 t)^{3/2}}$

14. $\mathbf{T} = \langle \cos t, -\sin t \rangle, \mathbf{N} = \langle -\sin t, -\cos t \rangle$

15. $\mathbf{T} = \dfrac{\langle t, -3, 0 \rangle}{\sqrt{t^2 + 9}}, \mathbf{N} = \dfrac{\langle 3, t, 0 \rangle}{\sqrt{t^2 + 9}}$

16. $\mathbf{T} = \langle -\sin t^2, \cos t^2 \rangle, \mathbf{N} = \langle -\cos t^2, -\sin t^2 \rangle$

17. $\mathbf{T} = \dfrac{\langle 2t, 1 \rangle}{\sqrt{4t^2 + 1}}, \mathbf{N} = \dfrac{\langle 1, -2t \rangle}{\sqrt{4t^2 + 1}}$ 18. $a_N = a_T = 0$

19. $a_T = \sqrt{3}e^t; a_N = \sqrt{2}e^t$ 20. $\mathbf{a} = \dfrac{6t}{\sqrt{9t^2 + 4}}\mathbf{N} + \dfrac{18t^2 + 4}{\sqrt{9t^2 + 4}}\mathbf{T}$

21. $\mathbf{B}(t) = \langle 0, 0, -1 \rangle, \tau = 0$ 22. $\mathbf{B}(t) = \langle 0, 0, 1 \rangle, \tau = 0$

23. $\mathbf{B}(t) = \dfrac{\langle -\sin t, \cos t, 2 \rangle}{\sqrt{5}}, \tau = -\dfrac{1}{5}$

24. $\mathbf{B}(t) = \dfrac{\langle 5, 12\sin t, -12\cos t \rangle}{13}, \tau = \dfrac{12}{169}$ 25. a. False b. False c. False d. True e. False f. False g. False

27. $\kappa = \dfrac{|ab|}{(a^2\cos^2 t + b^2\sin^2 t)^{3/2}}$ 28. $\kappa = \dfrac{2|a|}{(1 + 4a^2t^2)^{3/2}}$

29. b. $\mathbf{v}_A(t) = \langle 1, 2, 3 \rangle$, $\mathbf{a}_A(t) = \langle 0, 0, 0 \rangle$ and $\mathbf{v}_B(t) = \langle 2t, 4t, 6t \rangle$, $\mathbf{a}_B(t) = \langle 2, 4, 6 \rangle$; A has constant velocity and zero acceleration, while B has increasing speed and constant acceleration.
c. $\mathbf{a}_A(t) = 0\mathbf{N} + 0\mathbf{T}$, $\mathbf{a}_B(t) = 0\mathbf{N} + 2\sqrt{14}\,\mathbf{T}$; both normal components are zero since the path is a straight line ($\kappa = 0$).

30. b. $\mathbf{v}_A(t) = \langle -\sin t, \cos t \rangle$, $\mathbf{a}_A(t) = \langle -\cos t, -\sin t \rangle$
$\mathbf{v}_B(t) = \langle -2t\sin t^2, 2t\cos t^2 \rangle$
$\mathbf{a}_B(t) = \langle -4t^2\cos t^2 - 2\sin t^2, -4t^2\sin t^2 + 2\cos t^2 \rangle$
c. $\mathbf{a}_A(t) = \mathbf{N} + 0\mathbf{T}$, $\mathbf{a}_B(t) = 4t^2\,\mathbf{N} + 2\mathbf{T}$; for A, the acceleration is always normal to the curve, but this is not true for B.

31. b. $\kappa = \dfrac{1}{2\sqrt{2(1 - \cos t)}}$ c.

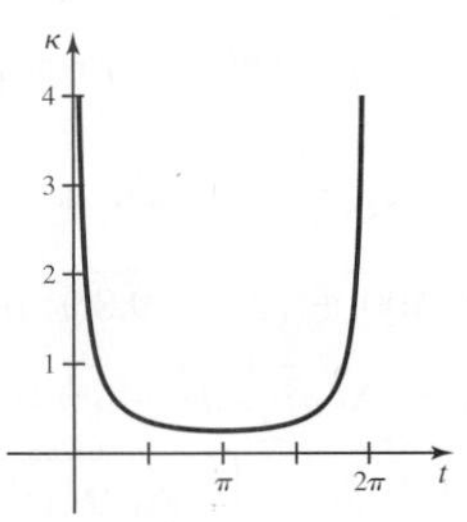

d. Minimum curvature at $t = \pi$

32. b. $\kappa = \dfrac{1}{t(1 + t^2)^{3/2}}$ c.

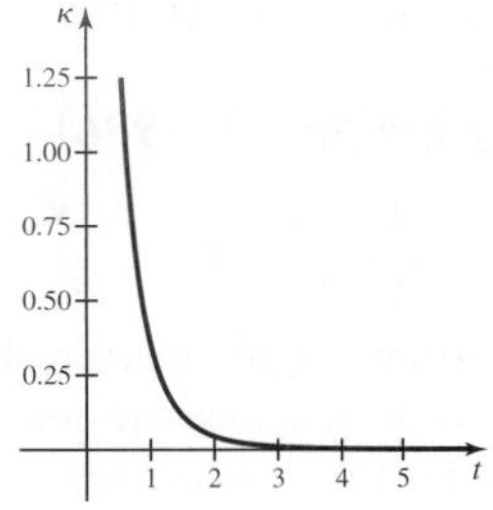

d. No maximum or minimum curvature

33. $\kappa = \dfrac{e^x}{(1 + e^{2x})^{3/2}}, \left(-\dfrac{\ln 2}{2}, \dfrac{1}{\sqrt{2}}\right), \dfrac{2\sqrt{3}}{9}$

34. $\dfrac{1}{\kappa} = \dfrac{1}{2}; x^2 + \left(y - \dfrac{1}{2}\right)^2 = \dfrac{1}{4}$

35. $\dfrac{1}{\kappa} = 4; (x - \pi)^2 + (y + 2)^2 = 16$

36. $\kappa\left(\dfrac{\pi}{2n}\right) = n^2$; κ increases as n increases.

37. a. Speed $= \sqrt{V_0^2 - 2V_0 gt\sin\alpha + g^2t^2}$

b. $\kappa(t) = \dfrac{gV_0\cos\alpha}{(V_0^2 - 2V_0 gt\sin\alpha + g^2t^2)^{3/2}}$

c. Speed has a minimum at $t = \dfrac{V_0\sin\alpha}{g}$ and $\kappa(t)$ has a maximum at $t = \dfrac{V_0\sin\alpha}{g}$. 38. $\kappa = \dfrac{1}{|\mathbf{v}|} \cdot \left|\dfrac{d\mathbf{T}}{dt}\right|$, where $\mathbf{T} = \dfrac{\langle b, d, f \rangle}{\sqrt{b^2 + d^2 + f^2}}$ and b, d, and f are constant. Therefore, $\dfrac{d\mathbf{T}}{dt} = \mathbf{0}$ so $\kappa = 0$.

40. a. $\kappa_1(x) = \dfrac{2}{(1 + 4x^2)^{3/2}}$

$\kappa_2(x) = \dfrac{12x^2}{(1 + 16x^6)^{3/2}}$

$\kappa_3(x) = \dfrac{30x^4}{(1 + 36x^{10})^{3/2}}$

b.

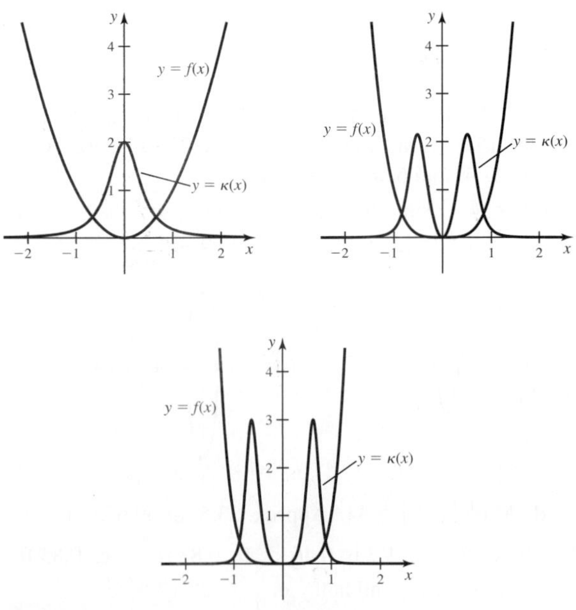

c. κ_1 has its maximum at $x = 0$, κ_2 has its maxima at $x = \pm\sqrt[6]{\frac{1}{56}}$, and κ_3 has its maxima at $x = \pm\sqrt[10]{\frac{1}{99}}$. d. $\lim_{n\to\infty} z_n = 1$; the graphs of $y = f_n(x)$ show that as $n \to \infty$, the point corresponding to maximum curvature gets arbitrarily close to the point $(1, 0)$.

Chapter 13 연습문제(pp. 936–938)

1. a. False **b.** True **c.** True **d.** True **e.** False **f.** False

2.

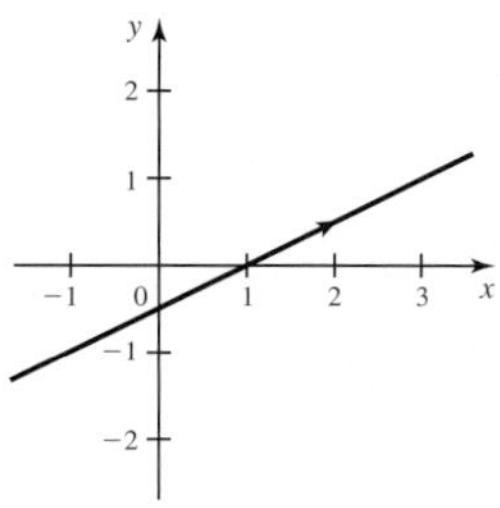

3.

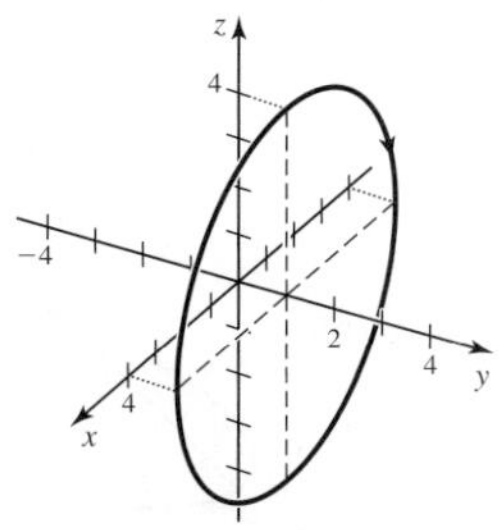

4. $x^2 + y^2 + z^2 = 2; y = z$; a tilted circle of radius $\sqrt{2}$ centered at $(0, 0, 0)$ **5.** $\mathbf{r}(t) = \langle 4 + 15t, -2 - t, 3 - 5t \rangle$
6. $\mathbf{r}(t) = \langle 2, 3\cos t, 4\sin t \rangle$, for $0 \le t \le 2\pi$
7. $\mathbf{r}(t) = \langle \cos t, \sin t, \sin t \rangle$, for $0 \le t \le 2\pi$
8. $\mathbf{r}(t) = \langle 3\cos t, \sin t, \sin t \rangle$, for $0 \le t \le 2\pi$
9. a. $\langle 1, 0 \rangle; \langle 0, 1 \rangle$ **b.** $\left\langle -\frac{2}{(2t+1)^2}, \frac{1}{(t+1)^2} \right\rangle; \langle -2, 1 \rangle$
c. $\left\langle \frac{8}{(2t+1)^3}, -\frac{2}{(t+1)^3} \right\rangle$
d. $\left\langle \frac{1}{2}\ln|2t+1|, t - \ln|t+1| \right\rangle + \mathbf{C}$
10. a. $\langle 0, 3, 0 \rangle$; does not exist
b. $\langle 2\cos 2t, -12\sin 4t, 1 \rangle; \langle 2, 0, 1 \rangle$ **c.** $\langle -4\sin 2t, -48\cos 4t, 0 \rangle$
d. $\left\langle -\frac{1}{2}\cos 2t, \frac{3}{4}\sin 4t, \frac{1}{2}t^2 \right\rangle + \mathbf{C}$ **11.** $2\mathbf{j} + \pi\mathbf{k}$
13. $23\mathbf{i} - 41\mathbf{k}$ **15.** $\mathbf{r}(t) = \left\langle t + 2, -\frac{1}{2}\cos 2t + \frac{5}{2}, \tan t + 2 \right\rangle$
16. $\mathbf{r}(t) = \langle 4\tan^{-1} t - \pi, t^2 + t - 2, t^3 - 1 \rangle$
17. $\mathbf{T}(t) = \left\langle \frac{2e^t}{2e^{2t}+1}, \frac{2e^{2t}}{2e^{2t}+1}, \frac{1}{2e^{2t}+1} \right\rangle; \left\langle \frac{2}{3}, \frac{2}{3}, \frac{1}{3} \right\rangle$
18. a. $\langle 4e^{4t}, 4e^{4t}, 2e^{4t} \rangle; 6e^{4t}$ **b.** $\langle 16e^{4t}, 16e^{4t}, 8e^{4t} \rangle$
19. $\mathbf{v}(t) = \langle 2 + \sin t, 3 - 2\cos t \rangle$;
$\mathbf{r}(t) = \langle 2t + 2 - \cos t, 3t + 2 - 2\sin t \rangle$
20. a. $\mathbf{v}(t) = \langle 40, -32t + 40\sqrt{3} \rangle$; $\mathbf{r}(t) = \langle 40t, -16t^2 + 40\sqrt{3}t + 3 \rangle$
b. Approx. 4.37 s; approx. 174.9 ft **c.** 78 ft
21. a. $\mathbf{v}(t) = \langle 4t + 40, 20, 40 - 32t \rangle$;
$\mathbf{r}(t) = \langle 2t^2 + 40t, 20t, -16t^2 + 40t + 2 \rangle$ **b.** 2.549 s
c. 126 ft **22. a.** (116, 30) **b.** 39.1 ft **c.** 2.315 s
d. $\int_0^{2.315} \sqrt{50^2 + (-32t + 50)^2}\, dt$ **e.** 129 ft **f.** 41.4° to 79.4°
23. (1.47, 3.15, 4.4) **25.** 12 **26.** Approx. 6.42
27. a. $\mathbf{v}(t) = \mathbf{i} + t\sqrt{2}\,\mathbf{j} + t^2\mathbf{k}$ **b.** 12
28. $\mathbf{r}(s) = \left\langle (\sqrt{1+s} - 1)^2, \frac{4\sqrt{2}}{3}(\sqrt{1+s} - 1)^{3/2}, 2(\sqrt{1+s} - 1) \right\rangle$, for $s \ge 0$ **29. a.** $\mathbf{v} = \langle -6\sin t, 3\cos t \rangle$,
$\mathbf{T} = \frac{\langle -2\sin t, \cos t \rangle}{\sqrt{1 + 3\sin^2 t}}$ **b.** $\kappa(t) = \frac{2}{3(1 + 3\sin^2 t)^{3/2}}$
c. $\mathbf{N} = \left\langle -\frac{\cos t}{\sqrt{1 + 3\sin^2 t}}, -\frac{2\sin t}{\sqrt{1 + 3\sin^2 t}} \right\rangle$
d. $|\mathbf{N}| = \sqrt{\frac{\cos^2 t + 4\sin^2 t}{1 + 3\sin^2 t}} = \sqrt{\frac{(\cos^2 t + \sin^2 t) + 3\sin^2 t}{1 + 3\sin^2 t}} = 1$;
$\mathbf{T} \cdot \mathbf{N} = \frac{2\sin t\cos t - 2\sin t\cos t}{1 + 3\sin^2 t} = 0$

e.

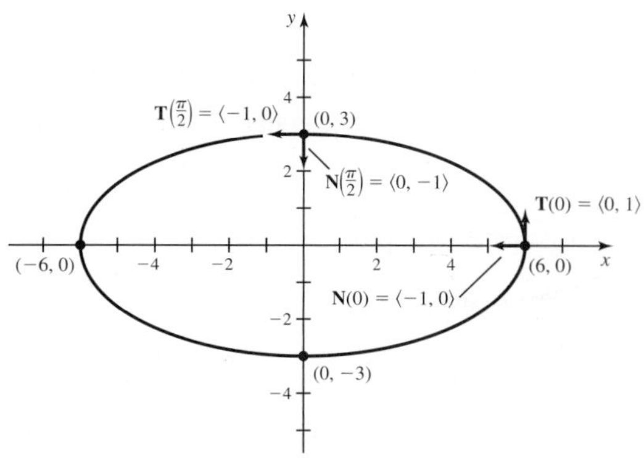

30. a. $\mathbf{v}(t) = \langle -\sin t, -2\sin t, \sqrt{5}\cos t \rangle$,
$\mathbf{T}(t) = \left\langle -\frac{1}{\sqrt{5}}\sin t, -\frac{2}{\sqrt{5}}\sin t, \cos t \right\rangle$ **b.** $\kappa(t) = \frac{1}{\sqrt{5}}$
c. $\mathbf{N}(t) = \left\langle -\frac{1}{\sqrt{5}}\cos t, -\frac{2}{\sqrt{5}}\cos t, -\sin t \right\rangle$
d. $|\mathbf{N}(t)| = \sqrt{\frac{1}{5}\cos^2 t + \frac{4}{5}\cos^2 t + \sin^2 t} = 1$;
$\mathbf{T} \cdot \mathbf{N} = \left(\frac{1}{5}\cos t\sin t + \frac{4}{5}\cos t\sin t \right) - \sin t\cos t = 0$

e.

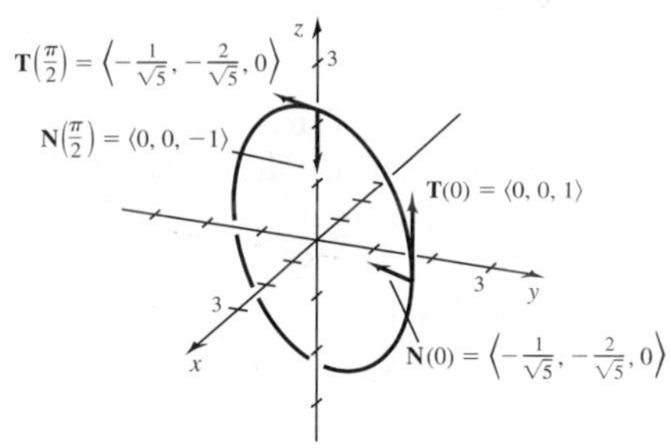

31. a. $\mathbf{a}(t) = 2\mathbf{N} + 0\mathbf{T} = 2\langle -\cos t, -\sin t \rangle$

b.

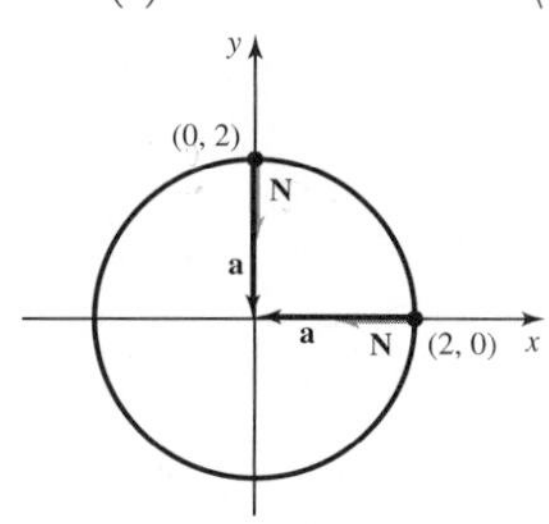

32. a. $a_T = \frac{2t}{\sqrt{t^2 + 1}}$ and $a_N = \frac{2}{\sqrt{t^2 + 1}}$

b.

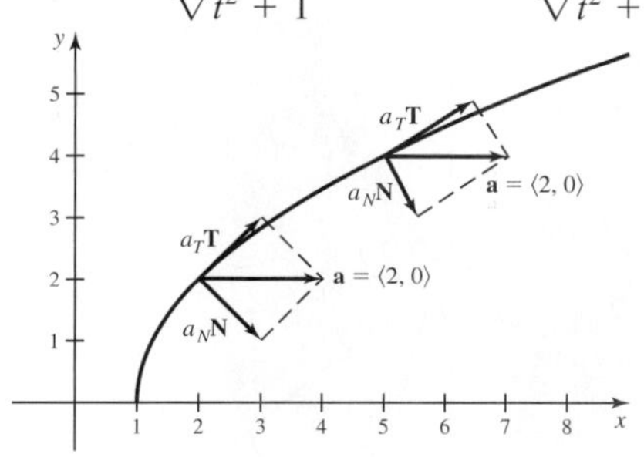

33. $\mathbf{B}(1) = \frac{\langle 3, -3, 1 \rangle}{\sqrt{19}}; \tau = \frac{3}{19}$
34. a. $\mathbf{T}(t) = \frac{1}{5}\langle 3\cos t, -3\sin t, 4 \rangle$
b. $\mathbf{N}(t) = \langle -\sin t, -\cos t, 0 \rangle; \kappa = \frac{3}{25}$

c.

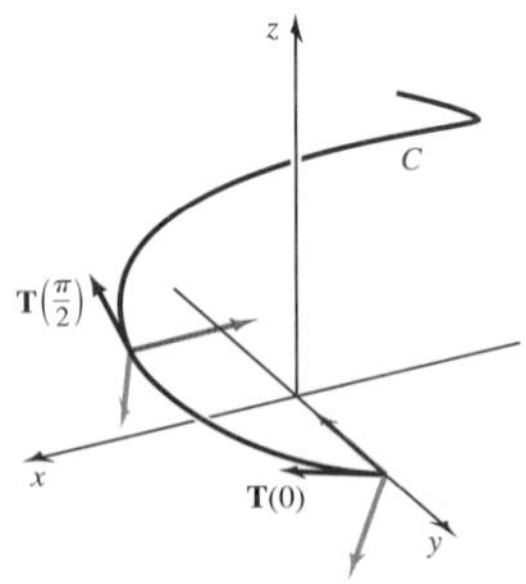

d. Yes

e. $\mathbf{B}(t) = \frac{1}{5}\langle 4\cos t, -4\sin t, -3\rangle$

f. See graph in part (c).

g. Check that **T**, **N**, and **B** have unit length and are mutually orthogonal.

h. $\tau = -\frac{4}{25}$

35. a. Consider first the case where $a_3 = b_3 = c_3 = 0$, and show that for all $s \neq t$ in I, $\mathbf{r}(t) \times \mathbf{r}(s)$ is a multiple of the constant vector $\langle b_1c_2 - b_2c_1, a_2c_1 - a_1c_2, a_1b_2 - a_2b_1\rangle$, which implies $\mathbf{r}(t) \times \mathbf{r}(s)$ is always orthogonal to the same vector, and therefore the vectors $\mathbf{r}(t)$ must all lie in the same plane. When a_3, b_3, and c_3 are not necessarily 0, the curve still lies in a plane because these constants represent a simple translation of the curve to a different location in $\mathbb{R}^3$.
b. Because the curve lies in a plane, **B** is always normal to the plane and has length 1. Therefore, $\frac{d\mathbf{B}}{ds} = \mathbf{0}$ and $\tau = 0$.

CHAPTER 14

14.1절 연습문제(pp. 948–950)

1. Independent: x and y; dependent: z
2. $D = \{(x, y): x \neq 0 \text{ and } y \neq 0\}$ **3.** Three **4.** 3; 4
5. a. 1300 ft **b.** Katie; Katie is 100 ft higher than Zeke. **6.** Circles
7. $n = 6$ **8.** $D = \mathbb{R}^2$ **9.** $D = \{(x, y): x^2 + y^2 \leq 25\}$
10. $D = \{(x, y): y \neq 0\}$ **11.** $D = \{(x, y): y < x^2\}$
12. $D = \{(x, y): xy \geq 0, (x, y) \neq (0, 0)\}$
13. Plane; $D = \mathbb{R}^2$, $R = \mathbb{R}$

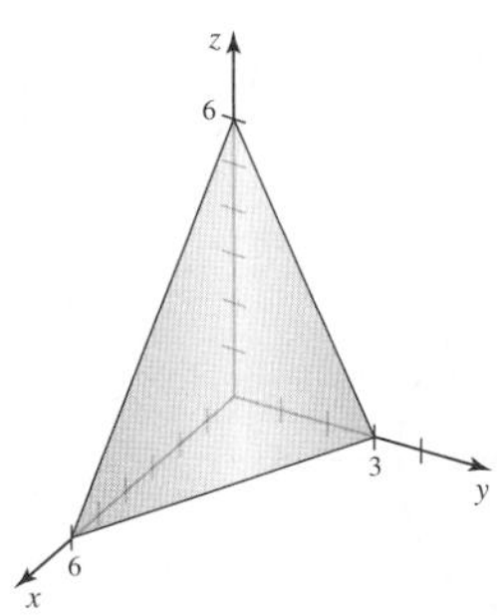

14. Hyperbolic paraboloid; $D = \mathbb{R}^2$, $R = \mathbb{R}$

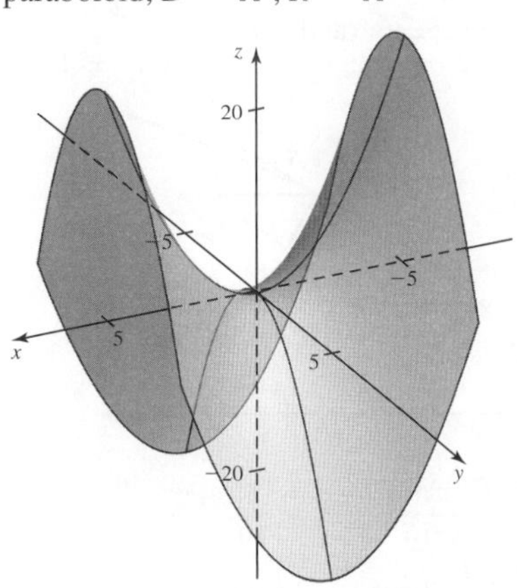

15. Lower part of a hyperboloid of two sheets; $D = \mathbb{R}^2$, $R = (-\infty, -1]$

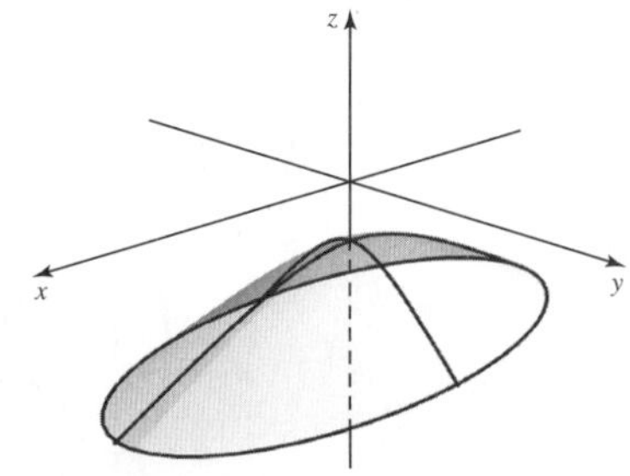

16. Upper half of a hyperboloid of one sheet; $D = \{(x, y): x^2 + y^2 \geq 1\}$, $R = [0, \infty)$

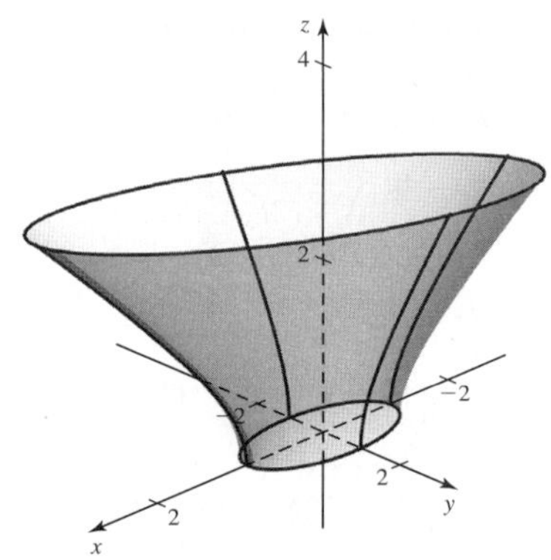

17. Upper half of an elliptical cylinder; $D = \{(x, y): -2 \leq x \leq 2, -\infty < y < \infty\}$, $R = [0, 4]$

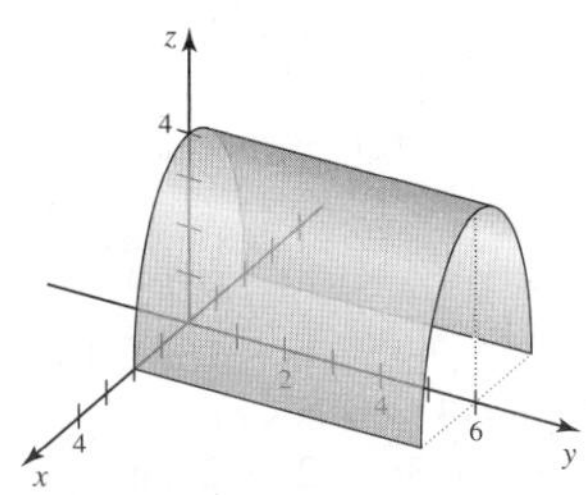

18. a. A **b.** D **c.** B **d.** C

19.

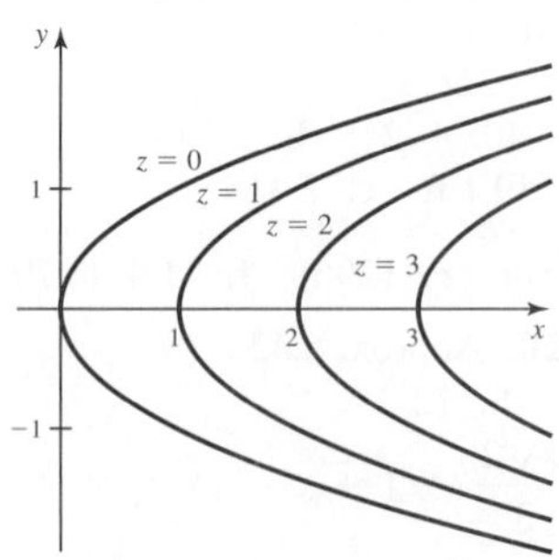

20.

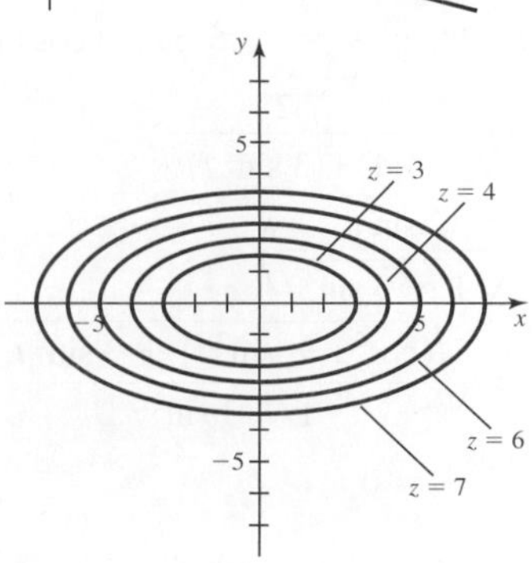

21.

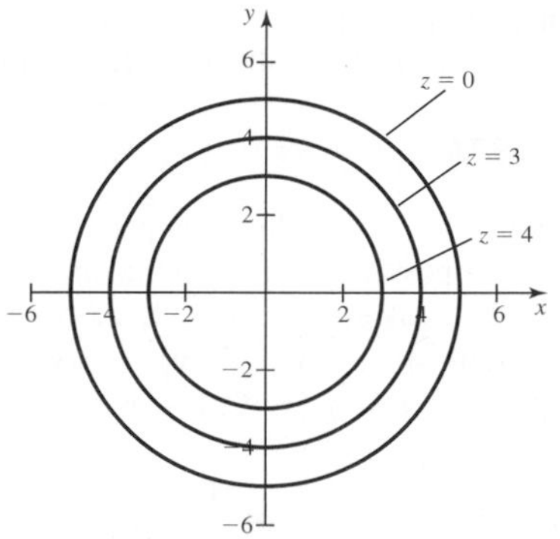

22.

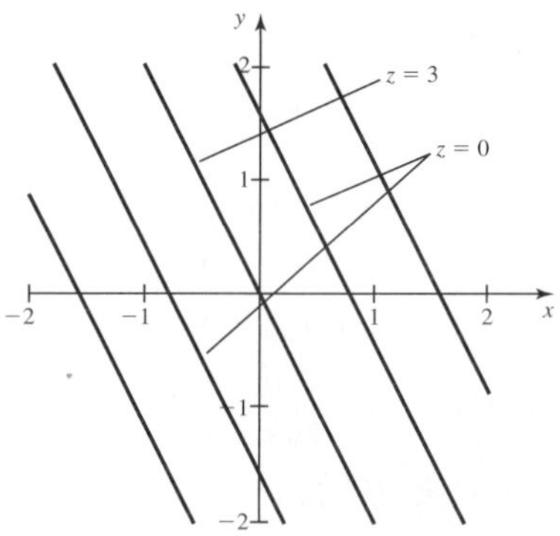

23. a.

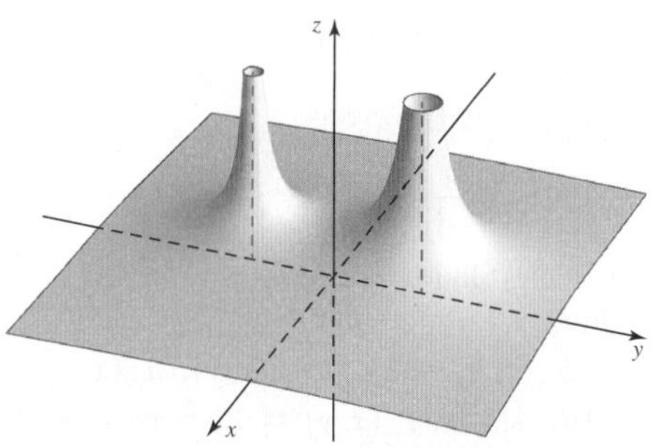

b. $\mathbb{R}^2$ excluding the points $(0, 1)$ and $(0, -1)$

c. $\varphi(2, 3)$ is greater. **d.**

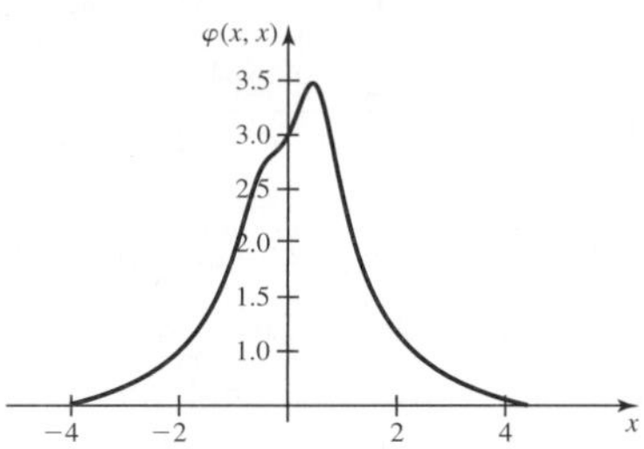

24. a.

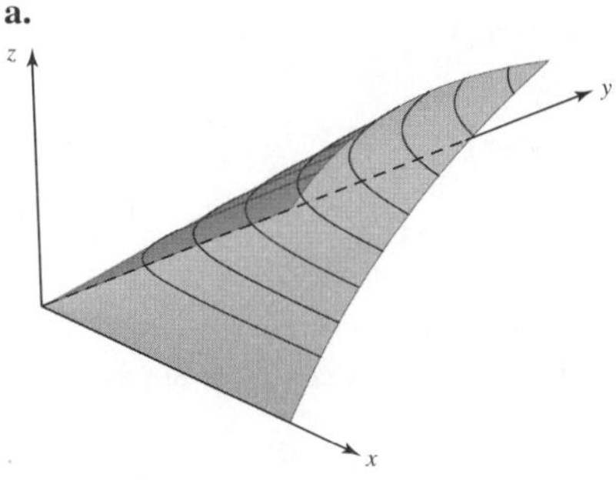

b. $R(10, 10) = 5$
c. $R(x, y) = R(y, x)$

25. a. $P = \dfrac{20{,}000r}{(1 + r)^{240} - 1}$ **b.** $P = \dfrac{Br}{(1 + r)^{240} - 1}$, with $B = 5000, 10{,}000, 15{,}000, 25{,}000$

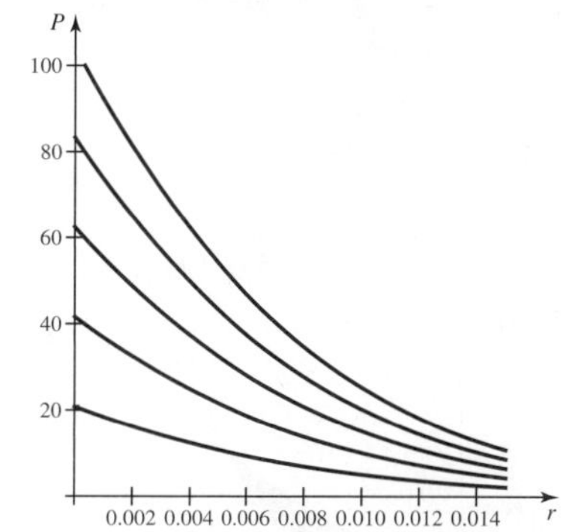

26. $D = \{(x, y, z): x \neq z\}$; all points not on the plane $x = z$
27. $D = \{(x, y, z): y \geq z\}$; all points on or below the plane $y = z$
28. $D = \{(x, y, z): x^2 \leq y\}$; all points on the side of the vertical cylinder $y = x^2$ that contains the positive y-axis **29. a.** False **b.** False **c.** True

30. a.

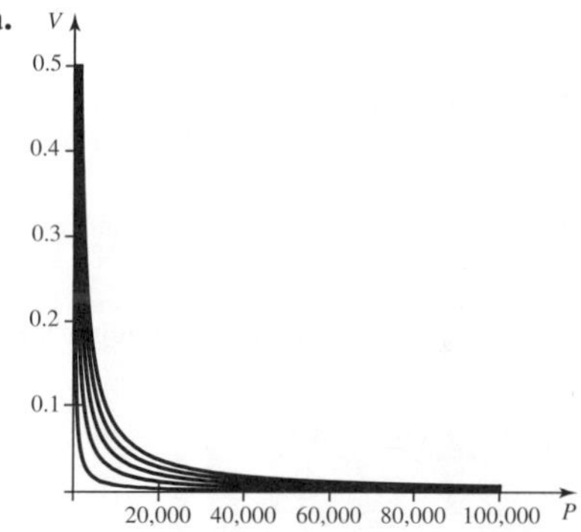

b.

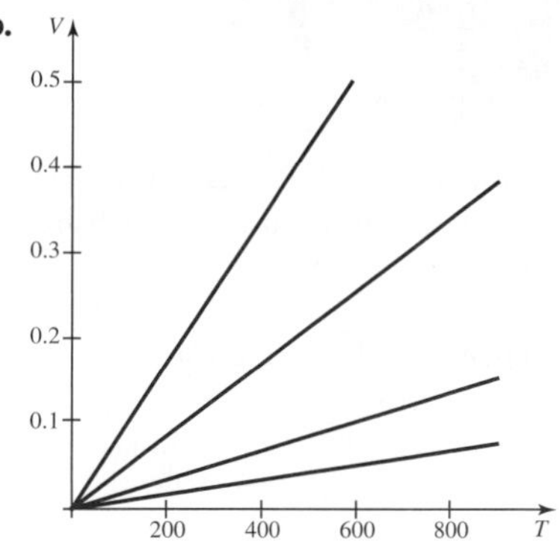

c.

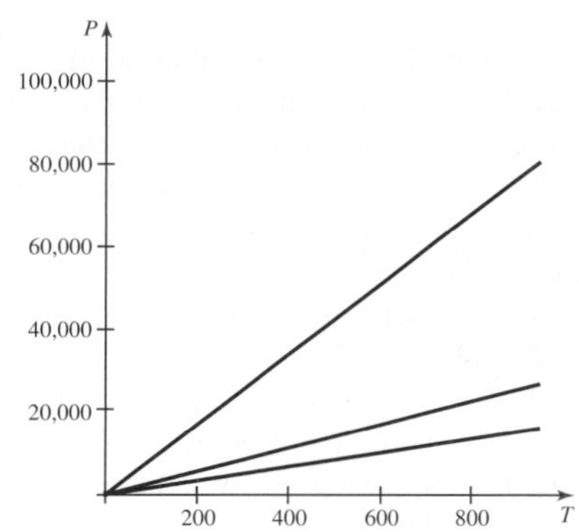

31. a.

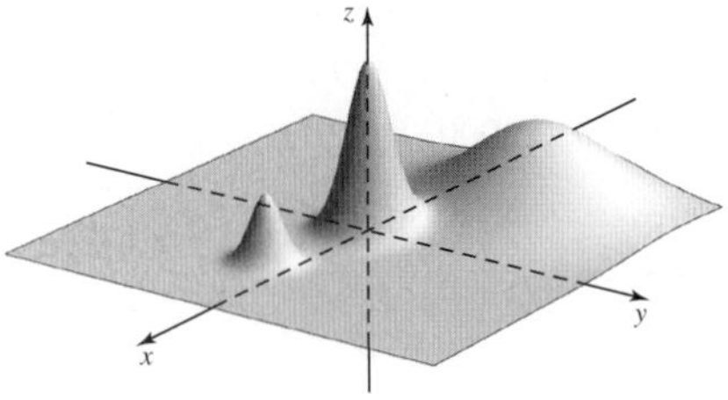

b. $(0, 0), (-5, 3), (4, -1)$
c. $f(0, 0) = 10.17, f(-5, 3) = 5.00, f(4, -1) = 4.00$
32. a. $D = \mathbb{R}^2, R = [0, \infty)$
b.

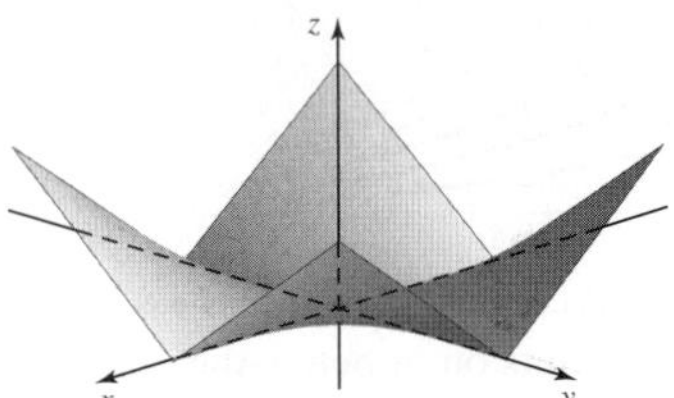

33. a. $D = \{(x, y): x \neq y\}, R = \mathbb{R}$
b.

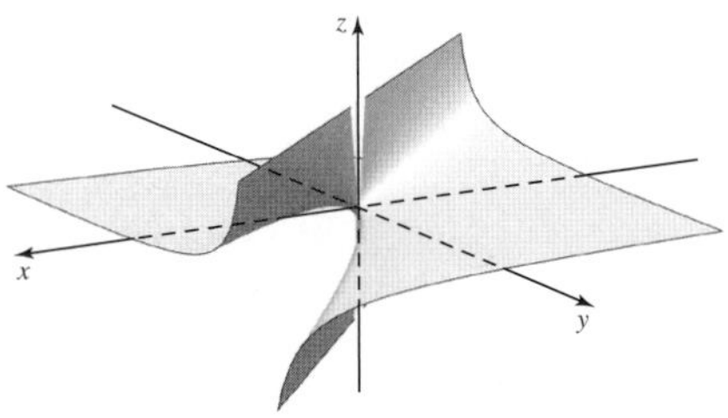

34. a. $D = \{(x, y): y \neq x + \pi/2 + n\pi$ for any integer $n\}$, $R = [0, \infty)$ **b.**

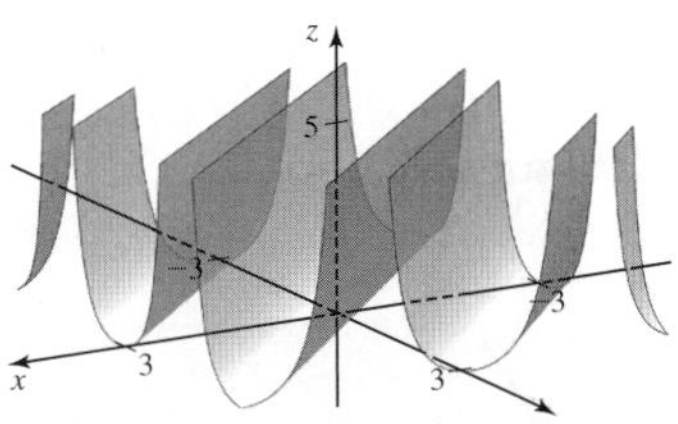

35. Peak at the origin **36.** Depression at $(1, 0)$ **37.** The level curves are $ax + by = d - cz_0$, where z_0 is a constant, which are lines with slope $-a/b$ if $b \neq 0$ or vertical lines if $b = 0$.
38. $z = x^2 + y^2 - C$; paraboloids with vertices at $(0, 0, -C)$
39. $x^2 + 2z^2 = C$; elliptic cylinders parallel to the y-axis
40. $D = \{(x, y): x - 1 \leq y \leq x + 1\}$
41. $D = \{(x, y, z): (x \leq z$ and $y \geq -z)$ or $(x \geq z$ and $y \leq -z)\}$

14.2절 연습문제(pp. 960–961)

1. The values of $f(x, y)$ are arbitrarily close to L for all (x, y) sufficiently close to (a, b). **2.** Because polynomials of n variables are continuous on all of $\mathbb{R}^n$, limits of polynomials can be evaluated with direct substitution. **3.** If the function approaches different values along different paths, the limit does not exist. **4.** f must be defined, the limit must exist, and the limit must equal the function value. **5.** At any point where the denominator is nonzero **6.** 10 **7.** 101 **8.** 27 **9.** $1/(2\pi)$ **10.** 2 **11.** 6 **12.** -1 **13.** 2 **14.** $1/(2\sqrt{2}) = \sqrt{2}/4$ **15.** $L = 1$ along $y = 0$, and $L = -1$ along $x = 0$ **16.** $L = 1$ along $x = 0$, and $L = -2$ along $y = 0$ **17.** $L = 2$ along $y = x$, and $L = 0$ along $y = -x$ **18.** $\mathbb{R}^2$ **19.** All points except $(0, 0)$ **20.** $\{(x, y): x \neq 0\}$ **21.** All points except $(0, 0)$ **22.** $\mathbb{R}^2$ **23.** $\mathbb{R}^2$ **24.** $\mathbb{R}^2$ **25.** All points except $(0, 0)$ **26.** $\mathbb{R}^2$ **27.** $\mathbb{R}^2$ **28.** 6 **29.** -1 **30.** 2 **31. a.** False **b.** False **c.** True **d.** False **32.** $\frac{1}{2}$ **33.** 0 **34.** Does not exist **35.** $\frac{1}{4}$ **36.** 1 **37.** 1 **38.** 5 **39.** $b = 1$ **40.** 0 **41.** 1 **43.** 0

14.3절 연습문제(pp. 972–974)

1. $f_x(a, b)$ is the slope of the surface in the direction parallel to the positive x-axis, $f_y(a, b)$ is the slope of the surface in the direction parallel to the positive y-axis, both taken at (a, b). **2. a.** Negative **b.** Negative **c.** Negative **d.** Positive **3.** $f_x(x, y) = 6xy$; $f_y(x, y) = 3x^2$ **4.** $f_{xy} = 0 = f_{yx}$ **5.** $f_x(x, y, z) = y + z$; $f_y(x, y, z) = x + z$; $f_z(x, y, z) = x + y$
6. $f_x(x, y) = 5y$; $f_y(x, y) = 5x$ **7.** $f_x(x, y) = \dfrac{1}{y}$; $f_y(x, y) = -\dfrac{x}{y^2}$
8. $f_x(x, y) = e^y$; $f_y(x, y) = xe^y$
9. $f_x(x, y) = 2xye^{x^2y}$; $f_y(x, y) = x^2e^{x^2y}$
10. $f_w(w, z) = \dfrac{z^2 - w^2}{(w^2 + z^2)^2}$; $f_z(w, z) = -\dfrac{2wz}{(w^2 + z^2)^2}$
11. $f_x(x, y) = \cos xy - xy \sin xy$; $f_y(x, y) = -x^2 \sin xy$
12. $s_y(y, z) = z^3 \sec^2 yz$; $s_z(y, z) = 2z \tan yz + yz^2 \sec^2 yz$
13. $G_s(s, t) = \dfrac{\sqrt{st}(t - s)}{2s(s + t)^2}$; $G_t(s, t) = \dfrac{\sqrt{st}(s - t)}{2t(s + t)^2}$
14. $f_x(x, y) = 2yx^{2y-1}$; $f_y(x, y) = 2x^{2y} \ln x$
15. $h_x(x, y) = \dfrac{\sqrt{x^2 - 4y} - x}{\sqrt{x^2 - 4y}}$; $h_y(x, y) = \dfrac{2}{\sqrt{x^2 - 4y}}$
16. $f_x(x, y) = -e^{x^2}$; $f_y(x, y) = 3y^2e^{y^6}$
17. $f_x(x, y) = -\dfrac{2x}{1 + (x^2 + y^2)^2}$; $f_y(x, y) = -\dfrac{2y}{1 + (x^2 + y^2)^2}$
18. $h_x(x, y) = (1 + 2y)^x \ln (1 + 2y)$; $h_y(x, y) = 2x(1 + 2y)^{x-1}$
19. $f_x(x, y) = -h(x)$; $f_y(x, y) = h(y)$
20. $h_{xx}(x, y) = 6x$; $h_{xy}(x, y) = 2y = h_{yx}(x, y)$; $h_{yy}(x, y) = 2x$
21. $f_{xx}(x, y) = -16y^3 \sin 4x$; $f_{xy}(x, y) = 12y^2 \cos 4x = f_{yx}(x, y)$; $f_{yy}(x, y) = 6y \sin 4x$
22. $p_{uu}(u, v) = \dfrac{-2u^2 + 2v^2 + 8}{(u^2 + v^2 + 4)^2}$;
$p_{uv}(u, v) = -\dfrac{4uv}{(u^2 + v^2 + 4)^2} = p_{vu}(u, v)$;
$p_{vv}(u, v) = \dfrac{2u^2 - 2v^2 + 8}{(u^2 + v^2 + 4)^2}$
23. $F_{rr}(r, s) = 0$; $F_{rs}(r, s) = e^s = F_{sr}(r, s)$; $F_{ss}(r, s) = re^s$
24. $f_{xx}(x, y) = \dfrac{6xy^2(1 - 2x^6y^4)}{(1 + x^6y^4)^2}$;
$f_{xy}(x, y) = \dfrac{6x^2y(1 - x^6y^4)}{(1 + x^6y^4)^2} = f_{yx}(x, y)$;
$f_{yy}(x, y) = \dfrac{2x^3(1 - 3x^6y^4)}{(1 + x^6y^4)^2}$
25. $f_{xy} = e^{x+y} = f_{yx}$ **26.** $f_{xy} = -(xy \cos xy + \sin xy) = f_{yx}$
27. $f_{xy}(x, y) = -72y^2(2x - y^3)^2 = f_{yx}(x, y)$
28. $h_x(x, y, z) = h_y(x, y, z) = h_z(x, y, z) = -\sin (x + y + z)$
29. $F_u(u, v, w) = \dfrac{1}{v + w}$; $F_v(u, v, w) = F_w(u, v, w) = -\dfrac{u}{(v + w)^2}$

30. $G_r(r, s, t) = \dfrac{s^3t^5}{2\sqrt{rs^3t^5}}$; $G_s(r, s, t) = \dfrac{3rs^2t^5}{2\sqrt{rs^3t^5}}$;
$G_t(r, s, t) = \dfrac{5rs^3t^4}{2\sqrt{rs^3t^5}}$

31. $h_w(w, x, y, z) = \dfrac{z}{xy}$; $h_x(w, x, y, z) = -\dfrac{wz}{x^2y}$;
$h_y(w, x, y, z) = -\dfrac{wz}{xy^2}$; $h_z(w, x, y, z) = \dfrac{w}{xy}$

32. b. $g_x(x, y, z) = -\dfrac{8z}{3(2x - y + z)^2}$;
$g_y(x, y, z) = \dfrac{4z}{3(2x - y + z)^2}$;
$g_z(x, y, z) = \dfrac{4(2x - y)}{3(2x - y + z)^2}$

33. 1.41 **35. a.** $\dfrac{\partial V}{\partial P} = -\dfrac{kT}{P^2}$; volume decreases with pressure at fixed temperature. **b.** $\dfrac{\partial V}{\partial T} = \dfrac{k}{P}$; volume increases with temperature at fixed pressure.

c.

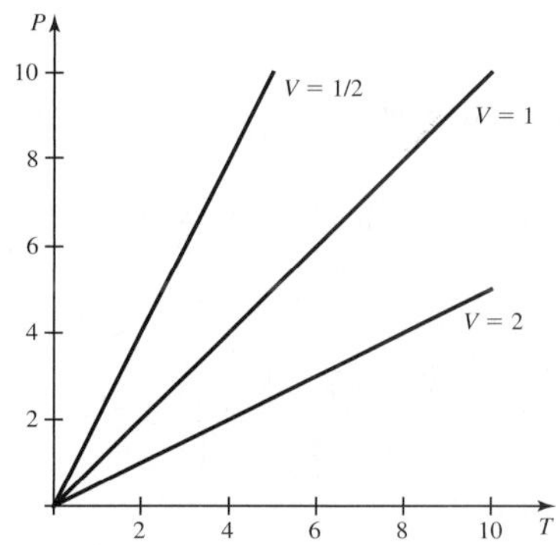

36. a. $\dfrac{\partial R}{\partial R_1} = \dfrac{R_2^2}{(R_1 + R_2)^2}$; $\dfrac{\partial R}{\partial R_2} = \dfrac{R_1^2}{(R_1 + R_2)^2}$

b. $\dfrac{\partial R}{\partial R_1} = \dfrac{R^2}{R_1^2}$; $\dfrac{\partial R}{\partial R_2} = \dfrac{R^2}{R_2^2}$ **c.** Increase **d.** Decrease

37. $u_t = -16e^{-4t}\cos 2x = u_{xx}$ **38.** $u_t = -a^2Ae^{-a^2t}\cos ax = u_{xx}$

39. a. No **b.** No **c.** $f_x(0, 0) = f_y(0, 0) = 0$ **d.** f_x and f_y are not continuous at $(0, 0)$. **40. a.** False **b.** False **c.** True

41. a. $z_x(x, y) = \dfrac{1}{y^2}$; $z_y(x, y) = -\dfrac{2x}{y^3}$

b.

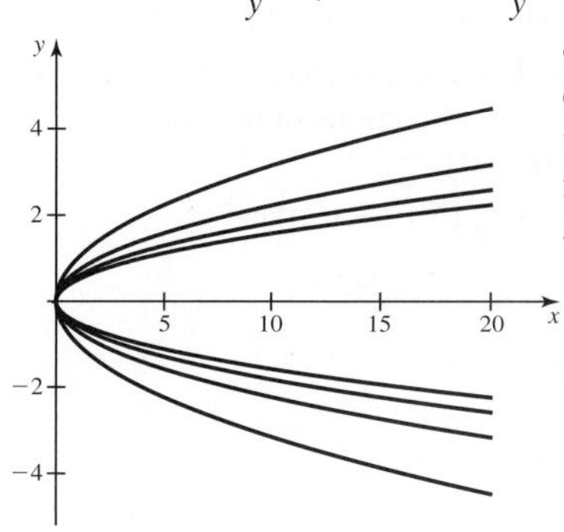

c. z increases as x increases. **d.** z increases as y increases when $y < 0$, z is undefined for $y = 0$, and z decreases as y increases for $y > 0$.

42. a. $\varphi_x(x, y) = -\dfrac{2x}{(x^2 + (y - 1)^2)^{3/2}} - \dfrac{x}{(x^2 + (y + 1)^2)^{3/2}}$;
$\varphi_y(x, y) = -\dfrac{2(y - 1)}{(x^2 + (y - 1)^2)^{3/2}} - \dfrac{y + 1}{(x^2 + (y + 1)^2)^{3/2}}$

b. They both approach zero. **c.** $\varphi_x(0, y) = 0$

d. $\varphi_y(x, 0) = \dfrac{1}{(x^2 + 1)^{3/2}}$

44. $\dfrac{\partial^2 u}{\partial t^2} = -4c^2\cos(2(x + ct)) = c^2\dfrac{\partial^2 u}{\partial x^2}$

45. $\dfrac{\partial^2 u}{\partial t^2} = c^2Af''(x + ct) + c^2Bg''(x - ct) = c^2\dfrac{\partial^2 u}{\partial x^2}$

46. $u_{xx} = 6x$; $u_{yy} = -6x$

47. $u_{xx} = \dfrac{2(x - 1)y}{((x - 1)^2 + y^2)^2} - \dfrac{2(x + 1)y}{((x + 1)^2 + y^2)^2}$;
$u_{yy} = -\dfrac{2(x - 1)y}{((x - 1)^2 + y^2)^2} + \dfrac{2(x + 1)y}{((x + 1)^2 + y^2)^2}$

48. $\varepsilon_1 = \Delta y, \varepsilon_2 = 0$ or $\varepsilon_1 = 0, \varepsilon_2 = \Delta x$ **49. a.** f is continuous at $(0, 0)$. **b.** f is not differentiable at $(0, 0)$. **c.** $f_x(0, 0) = f_y(0, 0) = 0$ **d.** f_x and f_y are not continuous at $(0, 0)$. **e.** Theorem 15.5 does not apply because f_x and f_y are not continuous at $(0, 0)$; Theorem 15.6 does not apply because f is not differentiable at $(0, 0)$. **50.** $f_x(x, y) = yh(xy)$; $f_y(x, y) = xh(xy)$

14.4절 연습문제(pp. 982–984)

1. One dependent, two intermediate, and one independent variable
2. Multiply each of the partial derivatives of w by the t-derivative of the corresponding function and add all these expressions.

3.

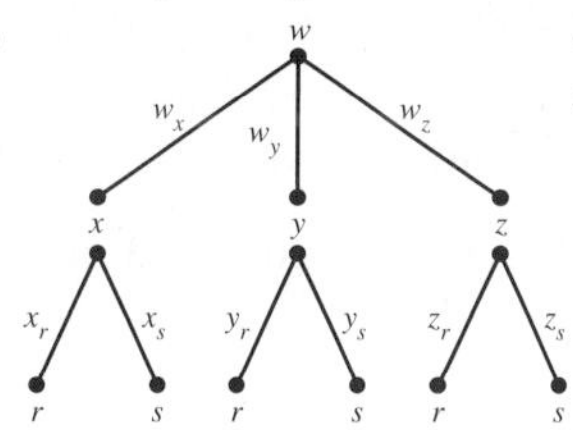

4. $4t^3 + 3t^2$
5. $z'(t) = 2t\sin 4t^3 + 12t^4\cos 4t^3$
6. $w'(t) = -\sin t\sin 3t^4 + 12t^3\cos t\cos 3t^4$
7. $z'(t) = 20(\sin^2 t + 2(3t + 4)^5)^9(\sin t\cos t + 15(3t + 4)^4)$
8. $w'(t) = 20t^4\sin(t + 1) + 4t^5\cos(t + 1)$
9. $V'(t) = e^t((2t + 5)\sin t + (2t + 3)\cos t)$
10. $z_s = 2(s - t)\sin t^2$; $z_t = 2(s - t)(t(s - t)\cos t^2 - \sin t^2)$
11. $z_s = 2s - 3s^2 - 2st + t^2$; $z_t = -s^2 - 2t + 2st + 3t^2$
12. $z_s = (t + 1)e^{st+s+t}$; $z_t = (s + 1)e^{st+s+t}$
13. $w_s = -\dfrac{2t(t + 1)}{(st + s - t)^2}$; $w_t = \dfrac{2s}{(st + s - t)^2}$
14. a. $V'(t) = 2\pi r(t)h(t)r'(t) + \pi r(t)^2h'(t)$ **b.** $V'(t) = 0$
c. The volume remains constant.
15. $z'(t) = -\dfrac{2t + 2}{(t + 2t)} - \dfrac{3t^2}{(t^3 - 2)}$

16.

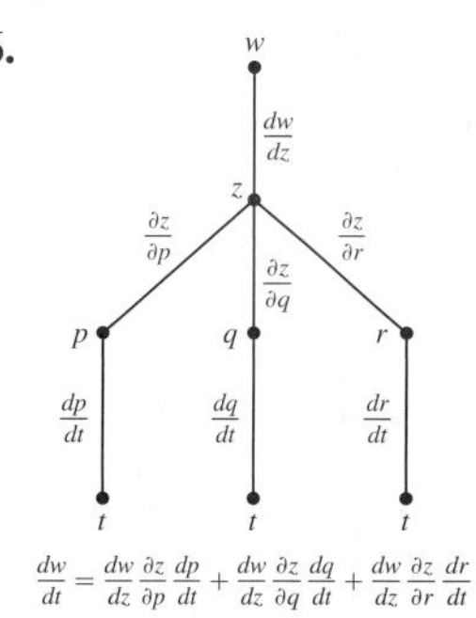

17. 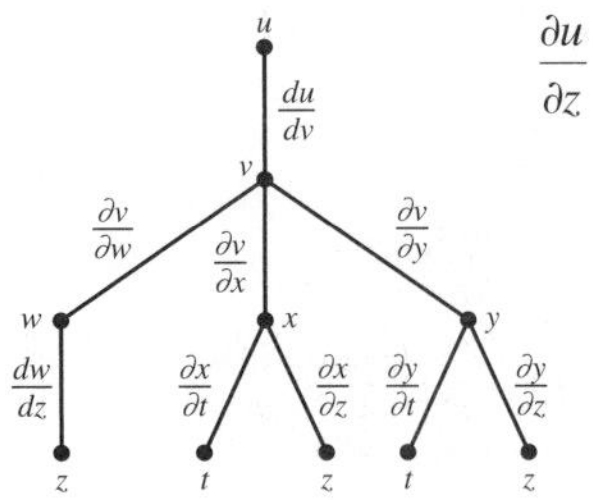

$\dfrac{\partial u}{\partial z} = \dfrac{du}{dv}\left(\dfrac{\partial v}{\partial w}\dfrac{dw}{dz} + \dfrac{\partial v}{\partial x}\dfrac{\partial x}{\partial z} + \dfrac{\partial v}{\partial y}\dfrac{\partial y}{\partial z}\right)$

18. $\dfrac{dy}{dx} = \dfrac{x}{2y}$ **19.** $\dfrac{dy}{dx} = -\dfrac{y}{x}$ **20.** $\dfrac{dy}{dx} = -\dfrac{x+y}{2y^3+x}$

21. $\dfrac{\partial s}{\partial x} = \dfrac{2x}{\sqrt{x^2+y^2}}$; $\dfrac{\partial s}{\partial y} = \dfrac{2y}{\sqrt{x^2+y^2}}$

22. $f_{ss} = 2(3s+t)$; $f_{st} = 2(s-t)$; $f_{tt} = -2(s+3t)$

23. $f_{ss} = \dfrac{4t^2(-3s^2+t^2)}{(s^2+t^2)^3}$; $f_{st} = \dfrac{8st(s^2-t^2)}{(s^2+t^2)^3}$; $f_{tt} = -\dfrac{4(s^4-3s^2t^2)}{(s^2+t^2)^3}$

24. $f''(s) = 4\left(\dfrac{6}{s^4} - \dfrac{2}{s^3} - 1 - 9s + 9s^2\right)$ **25. a.** False **b.** False

26. $w'(t) = 0$ **27.** $\dfrac{\partial z}{\partial x} = -\dfrac{z^2}{x^2}$ **28. a.** $w'(t) = af_x + bf_y + cf_z$

b. $w'(t) = ayz + bxz + cxy = 3abct^2$

c. $w'(t) = \sqrt{a^2+b^2+c^2}\,\dfrac{t}{|t|}$

d. $w''(t) = a^2f_{xx} + b^2f_{yy} + c^2f_{zz} + 2abf_{xy} + 2acf_{xz} + 2bcf_{yz}$

29. $\dfrac{\partial z}{\partial x} = -\dfrac{y+z}{x+y}$; $\dfrac{\partial z}{\partial y} = -\dfrac{x+z}{x+y}$ **30.** $\dfrac{\partial z}{\partial x} = -\dfrac{yz+1}{xy-1}$;

$\dfrac{\partial z}{\partial y} = -\dfrac{xz+1}{xy-1}$ **31. a.** $z'(t) = -2x\sin t + 8y\cos t = 3\sin 2t$

b. $0 < t < \pi/2$ and $\pi < t < 3\pi/2$

32. a. $z'(t) = \dfrac{(x+y)e^{-t}}{\sqrt{1-x^2-y^2}} = \dfrac{2e^{-2t}}{\sqrt{1-2e^{-2t}}}$ **b.** All $t \geq \frac{1}{2}\ln 2$

33. $E'(t) = mx'x'' + my'y'' + mgy' = 0$

34. a. The volume increases. **b.** The volume decreases.

35. a. $\dfrac{\partial P}{\partial V} = -\dfrac{P}{V}$; $\dfrac{\partial T}{\partial P} = \dfrac{V}{k}$; $\dfrac{\partial V}{\partial T} = \dfrac{k}{P}$ **b.** Follows directly from part (a)

36. a. $w'(t) = \dfrac{2t\,(t^2+1)\cos 2t - (t^2-1)\sin 2t}{2(t^2+1)^2}$

b. Max value of $t \approx 0.838$, $(x, y, z) \approx (0.669, 0.743, 0.838)$

37. a. $z_x = \dfrac{x}{r}z_r - \dfrac{y}{r^2}z_\theta$; $z_y = \dfrac{y}{r}z_r + \dfrac{x}{r^2}z_\theta$

b. $z_{xx} = \dfrac{x^2}{r^2}z_{rr} + \dfrac{y^2}{r^4}z_{\theta\theta} - \dfrac{2xy}{r^3}z_{r\theta} + \dfrac{y^2}{r^3}z_r + \dfrac{2xy}{r^4}z_\theta$

c. $z_{yy} = \dfrac{y^2}{r^2}z_{rr} + \dfrac{x^2}{r^4}z_{\theta\theta} + \dfrac{2xy}{r^3}z_{r\theta} + \dfrac{x^2}{r^3}z_r - \dfrac{2xy}{r^4}z_\theta$

38. a. $\left(\dfrac{\partial z}{\partial x}\right)_y = -\dfrac{F_x}{F_z}$ **b.** $\left(\dfrac{\partial y}{\partial z}\right)_x = -\dfrac{F_z}{F_y}$; $\left(\dfrac{\partial x}{\partial y}\right)_z = -\dfrac{F_y}{F_x}$

d. $\left(\dfrac{\partial w}{\partial x}\right)_{y,z}\left(\dfrac{\partial z}{\partial w}\right)_{x,y}\left(\dfrac{\partial y}{\partial z}\right)_{x,w}\left(\dfrac{\partial x}{\partial y}\right)_{z,w} = 1$

39. a. $\left(\dfrac{\partial w}{\partial x}\right)_y = f_x + f_z\dfrac{dz}{dx} = 18$ **b.** $\left(\dfrac{\partial w}{\partial x}\right)_z = f_x + f_y\dfrac{dy}{dx} = 8$

d. $\left(\dfrac{\partial w}{\partial y}\right)_x = -5$; $\left(\dfrac{\partial w}{\partial y}\right)_z = 4$; $\left(\dfrac{\partial w}{\partial z}\right)_x = \dfrac{5}{2}$; $\left(\dfrac{\partial w}{\partial z}\right)_y = \dfrac{9}{2}$

14.5절 연습문제(pp. 997–999)

1. Form the dot product between the unit direction vector **u** and the gradient of the function. **2.** Direction of steepest ascent
3. The gradient is orthogonal to the level curves of f.
4. -2 **5.** $-7; 0$
6. a.

	$(a,b) = (2,0)$	$(a,b) = (0,2)$	$(a,b) = (1,1)$
$\mathbf{u} = \langle \frac{\sqrt{2}}{2}, \frac{\sqrt{2}}{2}\rangle$	$-\sqrt{2}$	$-2\sqrt{2}$	$-3\sqrt{2}/2$
$\mathbf{v} = \langle -\frac{\sqrt{2}}{2}, \frac{\sqrt{2}}{2}\rangle$	$\sqrt{2}$	$-2\sqrt{2}$	$-\sqrt{2}/2$
$\mathbf{w} = \langle -\frac{\sqrt{2}}{2}, -\frac{\sqrt{2}}{2}\rangle$	$\sqrt{2}$	$2\sqrt{2}$	$3\sqrt{2}/2$

b. The function is decreasing at $(2, 0)$ in the direction of **u** and increasing at $(2, 0)$ in the directions of **v** and **w**.
7. $\nabla f(x, y) = \langle 6x, -10y\rangle$, $\nabla f(2, -1) = \langle 12, 10\rangle$
8. $\nabla g(x, y) = \langle 2(x - 4xy - 4y^2), -4x(x + 4y)\rangle$, $\nabla g(-1, 2) = \langle -18, 28\rangle$ **9.** $\nabla f(x, y) = e^{2xy}\langle 1 + 2xy, 2x^2\rangle$, $\nabla f(1, 0) = \langle 1, 2\rangle$ **10.** $\nabla F(x, y) = -2e^{-x^2-2y^2}\langle x, 2y\rangle$, $\nabla F(-1, 2) = 2e^{-9}\langle 1, -4\rangle$ **11.** -6 **12.** $\frac{27}{2} - 6\sqrt{3}$
13. $-\dfrac{2}{\sqrt{5}}$ **14.** -2 **15.** 0 **16. a.** Direction of steepest ascent: $\dfrac{1}{\sqrt{65}}\langle 1, 8\rangle$; direction of steepest descent: $-\dfrac{1}{\sqrt{65}}\langle 1, 8\rangle$
b. $\langle -8, 1\rangle$ **17. a.** Direction of steepest ascent: $\dfrac{1}{\sqrt{5}}\langle -2, 1\rangle$; direction of steepest descent: $\dfrac{1}{\sqrt{5}}\langle 2, -1\rangle$ **b.** $\langle 1, 2\rangle$
18. a. Direction of steepest ascent: $\dfrac{1}{\sqrt{2}}\langle 1, -1\rangle$; direction of steepest descent: $\dfrac{1}{\sqrt{2}}\langle -1, 1\rangle$ **b.** $\langle 1, 1\rangle$
19. a. $\nabla f(3, 2) = -12\mathbf{i} - 12\mathbf{j}$
b. Direction of max increase: $\theta = \dfrac{5\pi}{4}$; direction of max decrease: $\theta = \dfrac{\pi}{4}$; directions of no change: $\theta = \dfrac{3\pi}{4}, \dfrac{7\pi}{4}$
c. $g(\theta) = -12\cos\theta - 12\sin\theta$ **d.** $\theta = \frac{5\pi}{4}$, $g\left(\frac{5\pi}{4}\right) = 12\sqrt{2}$
e. $\nabla f(3, 2) = 12\sqrt{2}\,\langle \cos\frac{5\pi}{4}, \sin\frac{5\pi}{4}\rangle$, $|\nabla f(3, 2)| = 12\sqrt{2}$
20. a. $\nabla f(\sqrt{3}, 1) = \frac{\sqrt{6}}{6}\langle \sqrt{3}, 1\rangle$ **b.** Direction of max increase: $\theta = \frac{\pi}{6}$; direction of max decrease: $\theta = \frac{7\pi}{6}$; directions of no change: $\theta = \frac{2\pi}{3}, \frac{5\pi}{3}$ **c.** $g(\theta) = \frac{\sqrt{2}}{2}\cos\theta + \frac{\sqrt{6}}{6}\sin\theta$ **d.** $\theta = \frac{\pi}{6}$, $g\left(\frac{\pi}{6}\right) = \frac{\sqrt{6}}{3}$
e. $\nabla f(\sqrt{3}, 1) = \frac{\sqrt{6}}{3}\langle \cos\frac{\pi}{6}, \sin\frac{\pi}{6}\rangle$, $|\nabla f(\sqrt{3}, 1)| = \frac{\sqrt{6}}{3}$
21. a. $\nabla F(-1, 0) = \frac{2}{e}\mathbf{i}$ **b.** Direction of max increase: $\theta = 0$; direction of max decrease: $\theta = \pi$; directions of no change: $\theta = \pm\frac{\pi}{2}$
c. $g(\theta) = \frac{2}{e}\cos\theta$ **d.** $\theta = 0$, $g(0) = \frac{2}{e}$
e. $\nabla F(-1, 0) = \frac{2}{e}\langle \cos 0, \sin 0\rangle$, $|\nabla F(-1, 0)| = \frac{2}{e}$
22. 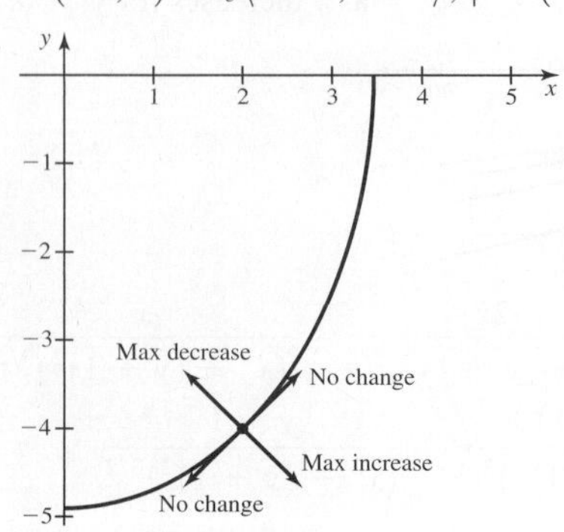

23.

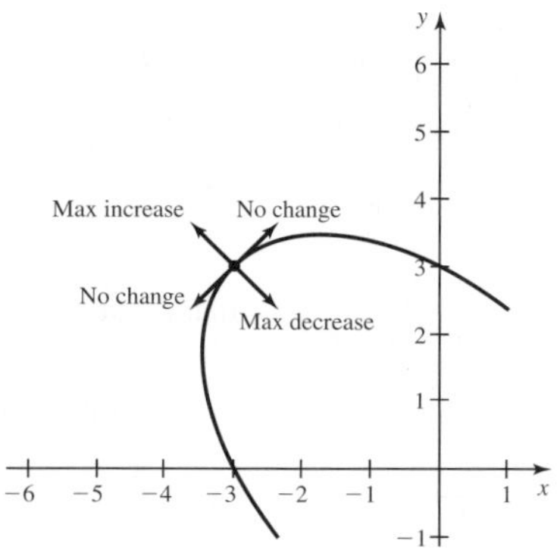

24. $y' = 0$
25. Vertical tangent
26. $y' = -2/\sqrt{3}$
27. Vertical tangent

28. a. $\nabla f = \langle 1, 0 \rangle$ **b.** $x = 4 - t, y = 4, t \geq 0$
c. $\mathbf{r}(t) = \langle 4 - t, 4, 8 - t \rangle$, for $t \geq 0$
29. a. $\nabla f = \langle -2x, -4y \rangle$ **b.** $y = x^2, x \geq 1$
c. $\mathbf{r}(t) = \langle t, t^2, 4 - t^2 - 2t^4 \rangle$, for $t \geq 1$
30. a. $\nabla f(x, y, z) = 2x\,\mathbf{i} + 4y\,\mathbf{j} + 8z\,\mathbf{k}$, $\nabla f(1, 0, 4) = 2\mathbf{i} + 32\mathbf{k}$
b. $\frac{1}{\sqrt{257}}(\mathbf{i} + 16\mathbf{k})$ **c.** $2\sqrt{257}$ **d.** $17\sqrt{2}$
31. a. $\nabla f(x, y, z) = 4yz\,\mathbf{i} + 4xz\,\mathbf{j} + 4xy\,\mathbf{k}$,
$\nabla f(1, -1, -1) = 4\mathbf{i} - 4\mathbf{j} - 4\mathbf{k}$ **b.** $\frac{1}{\sqrt{3}}(\mathbf{i} - \mathbf{j} - \mathbf{k})$ **c.** $4\sqrt{3}$
d. $\frac{4}{\sqrt{3}}$ **32. a.** $\nabla f(x, y, z) = \cos(x + 2y - z)(\mathbf{i} + 2\mathbf{j} - \mathbf{k})$,
$\nabla f\left(\frac{\pi}{6}, \frac{\pi}{6}, -\frac{\pi}{6}\right) = -\frac{1}{2}\mathbf{i} - \mathbf{j} + \frac{1}{2}\mathbf{k}$ **b.** $\frac{1}{\sqrt{6}}(-\mathbf{i} - 2\mathbf{j} + \mathbf{k})$
c. $\sqrt{6}/2$ **d.** $-\frac{1}{2}$
33. a. $\nabla f(x, y, z) = \frac{2}{1 + x^2 + y^2 + z^2}(x\,\mathbf{i} + y\,\mathbf{j} + z\,\mathbf{k})$,
$\nabla f(1, 1, -1) = \frac{1}{2}\mathbf{i} + \frac{1}{2}\mathbf{j} - \frac{1}{2}\mathbf{k}$ **b.** $\frac{1}{\sqrt{3}}(\mathbf{i} + \mathbf{j} - \mathbf{k})$
c. $\frac{\sqrt{3}}{2}$ **d.** $\frac{5}{6}$ **34. a.** False **b.** False **c.** False **d.** True
35. $\pm\frac{1}{\sqrt{5}}(\mathbf{i} - 2\mathbf{j})$ **36.** $\pm\frac{1}{\sqrt{2}}(\mathbf{i} + \mathbf{j})$
37. $x = x_0 + at, y = y_0 + bt$ **38. a.** $\nabla f(x, y, z) = \langle 2x, 2y, 2z \rangle$,
$\nabla f(1, 1, 1) = \langle 2, 2, 2 \rangle$ **b.** $x + y + z = 3$
39. a. $\nabla f(x, y, z) = e^{x+y-z}\langle 1, 1, -1 \rangle$, $\nabla f(1, 1, 2) = \langle 1, 1, -1 \rangle$
b. $x + y - z = 0$
40. a.

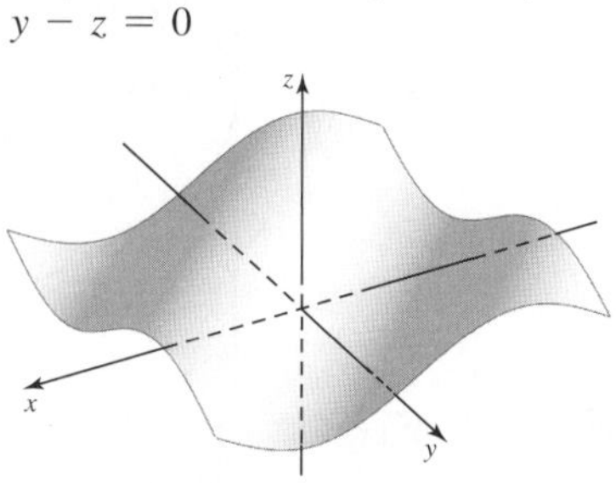

b. $\mathbf{v} = \pm\langle 1, 1 \rangle$
c. $\mathbf{v} = \pm\langle 1, -1 \rangle$

42. $\langle u, v \rangle = \langle \pi \cos \pi x \sin 2\pi y, 2\pi \sin \pi x \cos 2\pi y \rangle$
44. $\nabla f(x, y) = \frac{1}{(x^2 + y^2)^2}\langle y^2 - x^2 - 2xy, x^2 - y^2 - 2xy \rangle$
45. $\nabla f(x, y, z) = -\frac{1}{\sqrt{25 - x^2 - y^2 - z^2}}\langle x, y, z \rangle$
46. $\nabla f(x, y, z) = \frac{(y + xz)\langle 1, z, y \rangle - (x + yz)\langle z, 1, x \rangle}{(y + xz)^2}$
$= \frac{1}{(y + xz)^2}\langle y(1 - z^2), x(z^2 - 1), y^2 - x^2 \rangle$

14.6절 연습문제(pp. 1008–1011)

1. The gradient of f is a multiple of $\mathbf{n}$.
2. $F_x(a, b, c)(x - a) + F_y(a, b, c)(y - b) + F_z(a, b, c)(z - c) = 0$
3. Multiply the change in x by $f_x(a, b)$ and the change in y by $f_y(a, b)$, and add both terms to f. **4.** $dz = f_x(x, y)\,dx + f_y(x, y)\,dy$
5. $z = 5x - 3y + 5$ **6.** $3x - y + 6z = 4$ **7.** $2x + y + z = 4$; $4x + y + z = 7$ **8.** $x + y + z = 6$; $3x + 4y + z = 12$
9. $z = -8x - 4y + 16$ and $z = 4x + 2y + 7$ **10.** $z = y + 1$ and $z = x + 1$ **11.** $x + \frac{1}{2}y + \sqrt{3}z = 2 + \frac{\sqrt{3}\pi}{6}$ and
$\frac{1}{2}x + y + \sqrt{3}z = \frac{5\sqrt{3}\pi}{6} - 2$ **12.** $\frac{1}{2}x + \frac{2}{3}y + 2\sqrt{3}z = -2$ and
$x - 2y + 2\sqrt{14}z = 2$ **13.** $z = 8x - 4y - 4$ and $z = -x - y - 1$
14. $z = \frac{7}{25}x - \frac{1}{25}y - \frac{2}{5}$ and $z = -\frac{7}{25}x + \frac{1}{25}y + \frac{6}{5}$
15. $z = \frac{1}{2}x + \frac{1}{2}y + \frac{\pi}{4} - 1$
16. $\frac{1}{6}(x - \pi) + \frac{\pi}{6}(y - 1) + \pi\left(z - \frac{1}{6}\right) = 0$
17. a. $L(x, y) = 4x + y - 6$ **b.** $L(2.1, 2.99) = 5.39$
18. a. $L(x, y) = -6x - 4y + 7$ **b.** $L(3.1, -1.04) = -7.44$
19. a. $L(x, y, z) = x + y + 2z$ **b.** $L(0.1, -0.2, 0.2) = 0.3$
20. $dz = -6dx - 5dy = -0.1$ **21.** $dz = dx + dy = 0.05$
22. a. The surface area decreases. **b.** Impossible to say
c. $\Delta S \approx 53.3$ **d.** $\Delta S \approx 33.95$ **e.** $R\,dR = r\,dr$ **23.** $\frac{\Delta A}{A} \approx 3.5\%$
24. $dw = (y^2 + 2xz)\,dx + (2xy + z^2)\,dy + (x^2 + 2yz)\,dz$
25. $dw = \frac{dx}{y + z} - \frac{u + x}{(y + z)^2}dy - \frac{u + x}{(y + z)^2}dz + \frac{du}{y + z}$
26. a. $\Delta c \approx 0.035$ **b.** When $\theta = \frac{\pi}{20}$ **27. a.** True **b.** True
c. False **28.** $(1, -1, 1)$ and $(1, -1, -1)$
29. Points with $x = 0, \pm\frac{\pi}{2}, \pm\pi$ and $y = \pm\frac{\pi}{2}$, or points with $x = \pm\frac{\pi}{4}, \pm\frac{3\pi}{4}$ and $y = 0, \pm\pi$
30. a. $\Delta S \approx 0.749$ **b.** More sensitive to changes in r
31. a. $\Delta A \approx \frac{2}{1225} = 0.00163$ **b.** No. The batting a verage increases more if the batter gets a hit than it decreases if he fails to get a hit.
c. Yes. The answer depends on whether A is less than 0.500 or greater than 0.500. **32. a.** $\Delta V \approx \frac{21}{5000} = 0.0042$ **b.** $\frac{\Delta V}{V} \approx -4\%$ **c.** $2p$
33. a. $f_r = n(1 - r)^{n-1}$, $f_n = -(1 - r)^n \ln(1 - r)$
b. $\Delta P \approx 0.027$ **c.** $\Delta P \approx 2 \times 10^{-20}$ **34.** $\Delta R \approx 7/540 \approx 0.013\Omega$
35. a. Apply the Chain Rule. **b.** Follows directly from (a)
c. $d(\ln(xy)) = \frac{dx}{x} + \frac{dy}{y}$ **d.** $d(\ln(x/y)) = \frac{dx}{x} - \frac{dy}{y}$
e. $\frac{df}{f} = \frac{dx_1}{x_1} + \frac{dx_2}{x_2} + \cdots + \frac{dx_n}{x_n}$

14.7절 연습문제(pp. 1023–1025)

1. The local maximum occurs at the highest point on the surface; you cannot get to a higher point in any direction. **2.** The partial derivatives are both zero or do not exist. **3.** The discriminant is a determinant; it is defined as $D(a, b) = f_{xx}(a, b) f_{yy}(a, b) - f_{xy}^2(a, b)$.
4. f has an absolute minimum value on R at (a, b) if $f(a, b) \leq f(x, y)$ for all (x, y) in R. **5.** Saddle point **6.** Local min **7.** $(0, 0)$
8. $(0, 1), (0, -1)$ **9.** $(0, 0), (2, 2)$, and $(-2, -2)$
10. $(0, 2), (\pm 1, 2)$ **11.** $(3, 0), (-15, 6)$ **12.** Saddle point at $(0, 0)$

13. Local min at $(0, 0)$ **14.** Saddle point at $(0, 0)$; local min at $(1, 1)$ and $(-1, -1)$ **15.** $(0, 0)$; Second Derivative Test is inconclusive; absolute min of 4 at $(0, 0)$ **16.** Local min at $(2, 0)$

17. Saddle point at $(0, 0)$; local max at $\left(\frac{1}{\sqrt{2}}, \frac{1}{\sqrt{2}}\right)$ and $\left(-\frac{1}{\sqrt{2}}, -\frac{1}{\sqrt{2}}\right)$; local min at $\left(\frac{1}{\sqrt{2}}, -\frac{1}{\sqrt{2}}\right)$ and $\left(-\frac{1}{\sqrt{2}}, \frac{1}{\sqrt{2}}\right)$

18. Local min at $(-1, 0)$; local max at $(1, 0)$ **19.** Saddle point at $(0, 1)$; local min at $(\pm 2, 0)$ **20.** Saddle point at $(0, 0)$ **21.** Saddle point **22.** Height $= 32$ in, base is 16 in $\times$ 16 in; volume is 8192 in^3 **23.** 2 m $\times$ 2 m $\times$ 1 m **24.** Absolute min: $0 = f(0, 1)$; absolute max: $9 = f(0, -2)$ **25.** Absolute min: $4 = f(0, 0)$; absolute max: $7 = f(\pm 1, \pm 1)$ **26.** Absolute min: $0 = f(1, 0)$; absolute max: $3 = f(1, 1) = f(1, -1)$ **27.** Absolute min: $1 = f(1, -2) = f(1, 0)$; absolute max: $4 = f(1, -1)$

28. Absolute min: $0 = f(0, 0)$; absolute max: $\frac{7}{8} = f\left(\frac{1}{\sqrt{2}}, \sqrt{2}\right)$

29. a. 1.83; 82.6° **b.** 14% **30.** Absolute min: $-4 = f(0, 0)$; no absolute max on R **31.** Absolute max: $2 = f(0, 0)$; no absolute min on R **32.** $P\left(\frac{4}{3}, \frac{2}{3}, \frac{4}{3}\right)$ **33.** $(3, 4, 5)$, $(3, 4, -5)$
34. a. True **b.** False **c.** True **d.** True
35. Local min at $(0.3, -0.3)$; saddle point at $(0, 0)$
36. a.–d. $x = y = z = \frac{200}{3}$
37. a. $P\left(1, \frac{1}{3}\right)$ **b.** $P\left(\frac{1}{3}(x_1 + x_2 + x_3), \frac{1}{3}(y_1 + y_2 + y_3)\right)$
c. $P(\bar{x}, \bar{y})$, where $\bar{x} = \frac{1}{n}\sum_{k=1}^{n} x_k$ and $\bar{y} = \frac{1}{n}\sum_{k=1}^{n} y_k$
d. $d(x, y) = \sqrt{x^2 + y^2} + \sqrt{(x - 2)^2 + y^2} + \sqrt{(x - 1)^2 + (y - 1)^2}$. Absolute max: $1 + \sqrt{3} = f\left(1, \frac{1}{\sqrt{3}}\right)$
38. $a = b = c = 3$
39. a. $\nabla d_1(x, y) = \frac{x - x_1}{d_1(x, y)}\mathbf{i} + \frac{y - y_1}{d_1(x, y)}\mathbf{j}$
b. $\nabla d_2(x, y) = \frac{x - x_2}{d_2(x, y)}\mathbf{i} + \frac{y - y_2}{d_2(x, y)}\mathbf{j}$;
$\nabla d_3(x, y) = \frac{x - x_3}{d_3(x, y)}\mathbf{i} + \frac{y - y_3}{d_3(x, y)}\mathbf{j}$
c. Follows from $\nabla f = \nabla d_1 + \nabla d_2 + \nabla d_3$ **d.** Three unit vectors add to zero. **e.** P is the vertex at the large angle.
f. $P(0.255457, 0.304504)$ **40. a.** Local max at $(1, 0)$, $(-1, 0)$
b. Local max at $(1, 0)$ and $(-1, 0)$ **41.** $\frac{abc\sqrt{3}}{2}$

14.8절 연습문제(pp. 1033–1035)

1. The level curve of f is tangent to the curve $g = 0$ at the optimal point; therefore, the gradients are parallel.
2. $1 = 2\lambda x$, $4 = 2\lambda y$, $x^2 + y^2 - 1 = 0$
3. Abs. min: 1; abs. max: 8 **4.** Abs. min: $-2\sqrt{5}$ at $\left(-\frac{2}{\sqrt{5}}, -\frac{4}{\sqrt{5}}\right)$; abs. max: $2\sqrt{5}$ at $\left(\frac{2}{\sqrt{5}}, \frac{4}{\sqrt{5}}\right)$
5. Abs. min: -2 at $(-1, -1)$; abs. max: 2 at $(1, 1)$
6. Abs. min: -3 at $(-\sqrt{3}, \sqrt{3})$ and $(\sqrt{3}, -\sqrt{3})$; abs. max: 9 at $(3, 3)$ and $(-3, -3)$
7. Abs. min: e^{-9} at $(-3, 3)$ and $(3, -3)$; abs. max: e^3 at $(\sqrt{3}, \sqrt{3})$ and $(-\sqrt{3}, -\sqrt{3})$ **8.** Abs. min: 9 at $(0, 3)$; abs. max: 34 at $(-\sqrt{15}, -2)$ and $(\sqrt{15}, -2)$ **9.** Abs. min: $-2\sqrt{11}$ at $\left(-\frac{2}{\sqrt{11}}, -\frac{6}{\sqrt{11}}, \frac{2}{\sqrt{11}}\right)$; abs. max: $2\sqrt{11}$ at $\left(\frac{2}{\sqrt{11}}, \frac{6}{\sqrt{11}}, -\frac{2}{\sqrt{11}}\right)$

10. Abs. min: $-\frac{\sqrt{5}}{2}$ at $\left(-\frac{\sqrt{5}}{2}, 0, \frac{1}{2}\right)$; abs. max: $\frac{\sqrt{5}}{2}$ at $\left(\frac{\sqrt{5}}{2}, 0, \frac{1}{2}\right)$
11. Abs. min: -5 at $(-2, -2, -1)$; abs. max: 5 at $(2, 2, 1)$
12. Abs. min: -10 at $(-5, 0, 0)$; abs. max: $\frac{29}{2}$ at $\left(2, 0, \pm\sqrt{\frac{21}{2}}\right)$
13. Abs. min: $-\sqrt{3}$ at $\left(0, -\frac{1}{\sqrt{3}}, -\frac{2}{\sqrt{3}}\right)$; abs. max: $\frac{7}{4}$ at $\left(\frac{1}{2}, \frac{1}{2}, 1\right)$ and $\left(-\frac{1}{2}, \frac{1}{2}, 1\right)$ **14.** 18 in $\times$ 18 in $\times$ 36 in **15.** Abs. min: 0.6731; abs. max: 1.1230 **16.** 2×1 **17.** $\left(-\frac{3}{17}, \frac{29}{17}, -3\right)$
18. Abs. min: $\sqrt{38 - 6\sqrt{29}}$ (or $\sqrt{29} - 3$); abs. max: $\sqrt{38 + 6\sqrt{29}}$ (or $\sqrt{29} + 3$) **19.** $\ell = 3$ and $g = \frac{3}{2}$; $U = 15\sqrt{2}$
20. $\ell = \frac{16}{5}$ and $g = 1$; $U = 20.287$ **21. a.** True **b.** False
22. $\frac{\sqrt{6}}{3}$ m $\times$ $\frac{\sqrt{6}}{3}$ m $\times$ $\frac{\sqrt{6}}{6}$ m **23.** $2 \times 1 \times \frac{2}{3}$ **24.** $P\left(\frac{4}{3}, \frac{2}{3}, \frac{4}{3}\right)$
25. Abs. min: 1; abs. max: 9 **26.** Abs. min: 0; abs. max: 3
27. $K = 7.5$ and $L = 5$ **29.** Abs. max: 8 **30.** Abs. max: $\sqrt{a_1^2 + a_2^2 + a_3^2 + \cdots + a_n^2}$ **31. a.** Gradients are perpendicular to level surfaces. **b.** If the gradient were not in the plane spanned by ∇g and ∇h, f could be increased (decreased) by moving the point slightly. **c.** ∇f is a linear combination of ∇g and ∇h, since it belongs to the plane spanned by these two vectors. **d.** The gradient condition from part (c), as well as the constraints, must be satisfied.
32. Abs. min: $2 - 4\sqrt{2}$; abs. max: $2 + 4\sqrt{2}$
33. a. $y + 1 = \lambda y$, $x + 1 = \lambda x$, $xy = 4$ **c.** Abs. min of 108 over the curve C_1 **d.** Abs. max of 100 over the curve C_2
e. The constraint curve is unbounded, so there is no guarantee that an abs. min or max occurs over the curve $xy = 4$.

Chapter 14 연습문제(pp. 1035–1037)

1. a. True **b.** False **c.** False **d.** False
2. $D = \{(x, y): x \geq y^2\}$

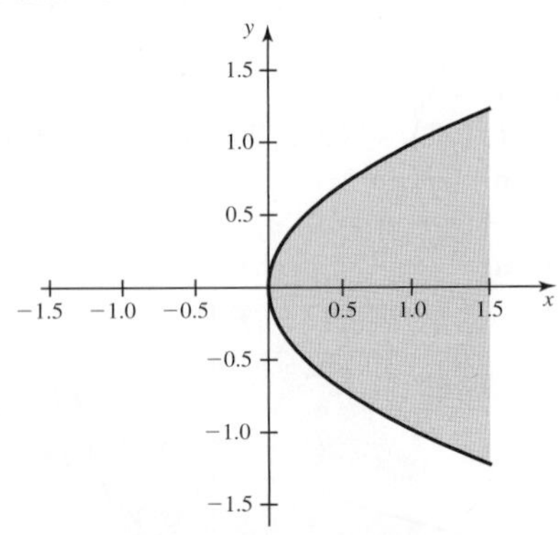

3. $D = \left\{(x, y): \frac{x^2}{4} + \frac{y^2}{9} \geq 1\right\}$

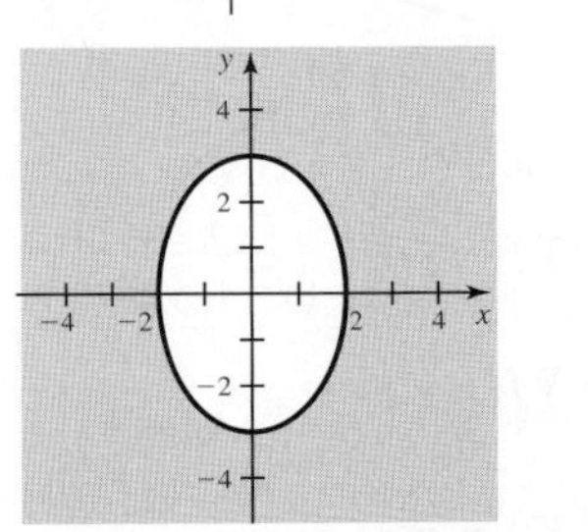

4. $D = \{(x, y): x^2 + y^2 \geq 1\}$; $R = (-\infty, 0]$; lower half of the hyperboloid of one sheet $x^2 + y^2 - z^2 = 1$

5.

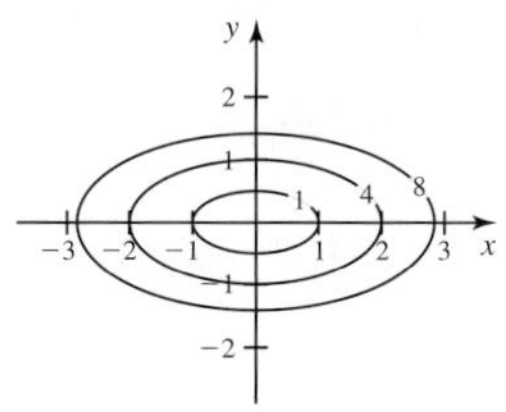

6. 2 **7.** Does not exist **8.** $\frac{2}{3}$ **9.** 4 **10.** $\{(x, y): y > x^2 + 1\}$ **11.** $f_x = 6xy^5$; $f_y = 15x^2y^4$

12. $f_x = \dfrac{2xy^2}{(x^2 + y^2)^2}$; $f_y = -\dfrac{2x^2y}{(x^2 + y^2)^2}$ **13.** $f_x = y(1 + xy)e^{xy}$; $f_y = x(1 + xy)e^{xy}$ **14.** $f_{xx} = 4y^2e^{2xy}$; $f_{xy} = 2e^{2xy}(2xy + 1) = f_{yx}$; $f_{yy} = 4x^2e^{2xy}$

15. $\dfrac{\partial^2 u}{\partial x^2} = 6y = -\dfrac{\partial^2 u}{\partial y^2}$ **16. a.** V increases with R if r is fixed, $V_R > 0$; V decreases if r increases and R is fixed, $V_r < 0$.
b. $V_r = -4\pi r^2$; $V_R = 4\pi R^2$ **c.** The volume increases more if R is increased. **17.** $4t + 2 \ln 5$

18. $w_r = \dfrac{3r + s}{r(r + s)}$; $w_s = \dfrac{r + 3s}{s(r + s)}$; $w_t = \dfrac{1}{t}$

19. $\dfrac{dy}{dx} = -\dfrac{2xy}{2y^2 + (x^2 + y^2)\ln(x^2 + y^2)}$

20. a. $z'(t) = -24 \sin t \cos t = -12 \sin 2t$

b. $z'(t) > 0$ for $\dfrac{\pi}{2} < t < \pi$ and $\dfrac{3\pi}{2} < t < 2\pi$

21. a.

	$(a, b) = (0, 0)$	$(a, b) = (2, 0)$	$(a, b) = (1, 1)$
$\mathbf{u} = \langle \frac{\sqrt{2}}{2}, \frac{\sqrt{2}}{2} \rangle$	0	$4\sqrt{2}$	$-2\sqrt{2}$
$\mathbf{v} = \langle -\frac{\sqrt{2}}{2}, \frac{\sqrt{2}}{2} \rangle$	0	$-4\sqrt{2}$	$-6\sqrt{2}$
$\mathbf{w} = \langle -\frac{\sqrt{2}}{2}, -\frac{\sqrt{2}}{2} \rangle$	0	$-4\sqrt{2}$	$2\sqrt{2}$

b. The function is increasing at $(2, 0)$ in the direction of **u** and decreasing at $(2, 0)$ in the directions of **v** and **w**.
22. $\nabla g = \langle 2xy^3, 3x^2y^2 \rangle$; $\nabla g(-1, 1) = \langle -2, 3 \rangle$; $D_{\mathbf{u}} g(-1, 1) = 2$

23. $\nabla h = \left\langle \dfrac{x}{\sqrt{2 + x^2 + 2y^2}}, \dfrac{2y}{\sqrt{2 + x^2 + 2y^2}} \right\rangle$;

$\nabla h(2, 1) = \left\langle \dfrac{\sqrt{2}}{2}, \dfrac{\sqrt{2}}{2} \right\rangle$; $D_{\mathbf{u}} h(2, 1) = \dfrac{7\sqrt{2}}{10}$

24. $\nabla f = \langle y \cos xy, x \cos xy, -\sin z \rangle$; $\nabla f(1, \pi, 0) = \langle -\pi, -1, 0 \rangle$; $D_{\mathbf{u}} f(1, \pi, 0) = -\dfrac{1}{7}(3 + 2\pi)$

25. a. Direction of steepest ascent: $\mathbf{u} = \dfrac{\sqrt{2}}{2}\mathbf{i} - \dfrac{\sqrt{2}}{2}\mathbf{j}$; direction of steepest descent: $\mathbf{u} = -\dfrac{\sqrt{2}}{2}\mathbf{i} + \dfrac{\sqrt{2}}{2}\mathbf{j}$

b. No change: $\mathbf{u} = \pm\left(\dfrac{\sqrt{2}}{2}\mathbf{i} + \dfrac{\sqrt{2}}{2}\mathbf{j}\right)$

26. Tangent line is vertical; $\nabla f(2, 0) = -8\mathbf{i}$

27. $E = \dfrac{kx}{x^2 + y^2}\mathbf{i} + \dfrac{ky}{x^2 + y^2}\mathbf{j}$

28. $y = 2$ and $12x + 3y - 2z = 12$
29. $x + 2y + 3z = 6$ and $x - 2y + 3z = 6$
30. $x + y - z = 0$ and $x + y - z = 0$
31. a. $L(x, y) = x + 5y$ **b.** $L(1.95, 0.05) = 2.2$
32. Approx. -4% **33. a.** $\Delta V \approx -0.1\pi \text{ m}^3$ **b.** $\Delta S \approx -0.05\pi \text{ m}^2$
34. Saddle point at $(0, 0)$; local min at $(2, -2)$

35. Saddle points at $(0, 0)$ and $(-2, 2)$; local max at $(0, 2)$; local min at $(-2, 0)$ **36.** Abs. min: $-1 = f(1, 1) = f(-1, -1)$; abs. max: $49 = f(2, -2) = f(-2, 2)$

37. Abs. min: $-\dfrac{1}{2} = f\left(-\dfrac{1}{\sqrt{2}}, \dfrac{1}{\sqrt{2}}\right)$; abs. max: $\dfrac{1}{2} = f\left(\dfrac{1}{\sqrt{2}}, \dfrac{1}{\sqrt{2}}\right)$

38. Abs. min: $\dfrac{23}{2} = f\left(\dfrac{1}{3}, \dfrac{5}{6}\right)$ abs. max: $\dfrac{29}{2} = f\left(\dfrac{5}{3}, \dfrac{7}{6}\right)$;

39. Abs. min: $-\sqrt{6} = f\left(-\dfrac{\sqrt{6}}{6}, -\dfrac{\sqrt{6}}{3}, \dfrac{\sqrt{6}}{6}\right)$;

abs. max: $\sqrt{6} = f\left(\dfrac{\sqrt{6}}{6}, \dfrac{\sqrt{6}}{3}, -\dfrac{\sqrt{6}}{6}\right)$

40. $\dfrac{2a^2}{\sqrt{a^2 + b^2}}$ by $\dfrac{2b^2}{\sqrt{a^2 + b^2}}$

41. $x = \dfrac{1}{2} + \dfrac{\sqrt{10}}{20}, y = \dfrac{3}{2} + \dfrac{3\sqrt{10}}{20} = 3x, z = \dfrac{1}{2} + \dfrac{\sqrt{10}}{2} = \sqrt{10}x$

42. $(1, 2, 5)$

CHAPTER 15

15.1절 연습문제(pp. 1047–1048)

1. $\int_0^2 \int_1^3 xy\,dy\,dx$ or $\int_1^3 \int_0^2 xy\,dx\,dy$ **2.** $\int_{-2}^4 \int_1^5 f(x, y)\,dy\,dx$ or $\int_1^5 \int_{-2}^4 f(x, y)\,dx\,dy$ **3.** 48 **4.** 4 **5.** $\dfrac{32}{3}$ **6.** 4 **7.** $\dfrac{224}{9}$

8. $10 - 2e$ **9.** $\dfrac{1}{2}$ **10.** $e^2 + 3$ **11.** $\dfrac{1}{2}$ **12.** $10\sqrt{5} - 4\sqrt{2} - 14$

13. $\dfrac{117}{2}$ **14.** $\dfrac{\pi^2}{4} + 1$ **15.** $\dfrac{4}{3}$ **16.** $\dfrac{9 - e^2}{2}$ **17.** $\dfrac{4}{11}$ **18.** $\dfrac{1}{4}$

19. 136 **20.** 3 **21.** $e^2 - 3$ **22.** $e^{16} - 17$ **23.** $\ln \dfrac{5}{3}$ **24.** $\dfrac{1}{2 \ln 2}$

25. $\dfrac{8}{3}$ **26. a.** True **b.** False **c.** True **27. a.** 1475 **b.** The sum of products of population densities and areas is a Riemann sum.
28. $\int_c^d \int_a^b f(x)\,dy\,dx = (c - d) \int_a^b f(x)\,dx$. The integral is the area of the cross section of S. **29.** $a = \pi/6, 5\pi/6$ **30.** $a = \sqrt{6}$
31. a. $\frac{1}{2}\pi^2 + \pi$ **b.** $\frac{1}{2}\pi^2 + \pi$ **c.** $\frac{1}{2}\pi^2 + 2$
32. $f(a, b) - f(a, 0) - f(0, b) + f(0, 0)$

15.2절 연습문제(pp. 1056–1059)

1.

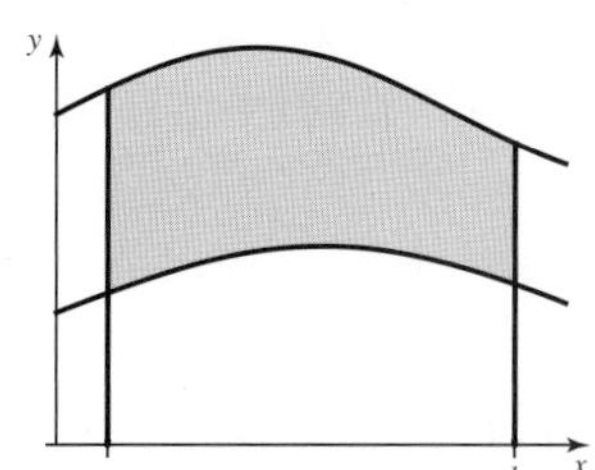

2. $dx\,dy$ **3.** $\int_0^1 \int_{x^2}^{\sqrt{x}} f(x, y)\,dy\,dx$ **4.** 4 **5.** $\int_0^2 \int_{x^3}^{4x} f(x, y)\,dy\,dx$

6. 2 **7.** $\dfrac{8}{3}$ **8.** 0 **9.** $e - 1$ **10.** $\dfrac{\ln^3 2}{6}$

11. 2 **12.** $\dfrac{\pi}{2} - 1$ **13.** 0 **14.** $\pi - 1$

15.

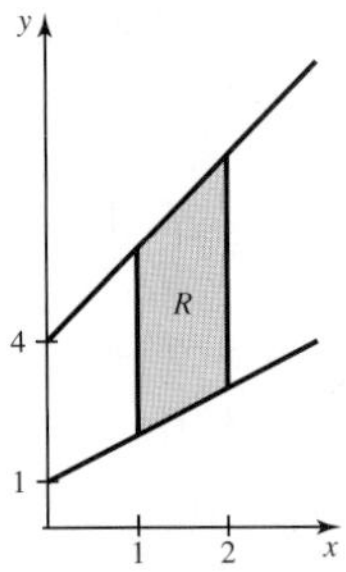

$\int_1^2 \int_{x+1}^{2x+4} f(x, y)\, dy\, dx$

16.

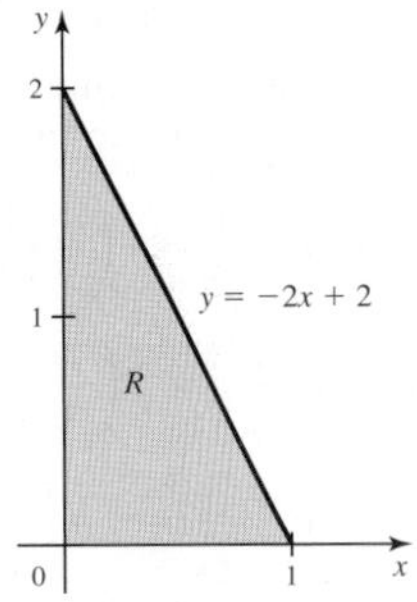

$\int_0^1 \int_0^{-2x+2} f(x, y)\, dy\, dx$

17.

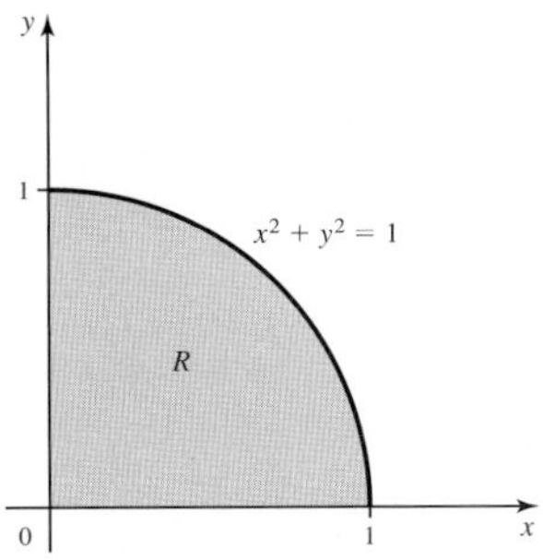

$\int_0^1 \int_0^{\sqrt{1-x^2}} f(x, y)\, dy\, dx$

18. $\int_0^{18} \int_{y/2}^{(y+9)/3} f(x, y)\, dx\, dy$

19.

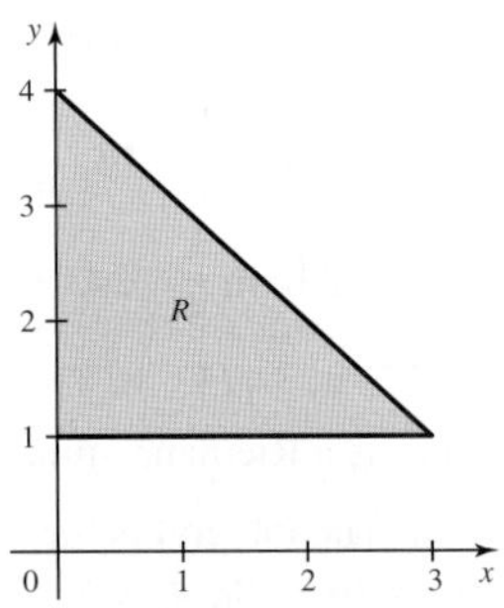

$\int_1^4 \int_0^{4-y} f(x, y)\, dx\, dy$

20.

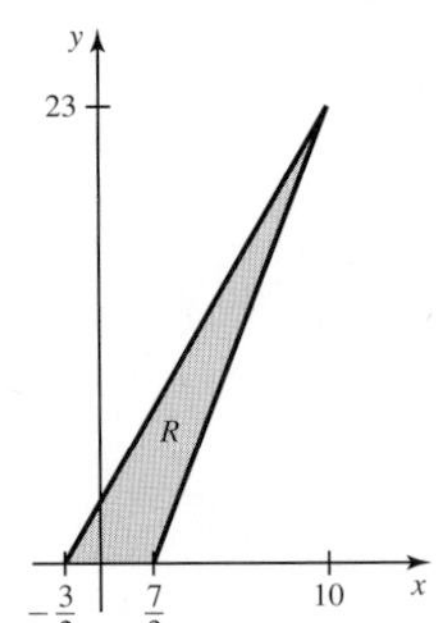

$\int_0^{23} \int_{(y-3)/2}^{(y+7)/3} f(x, y)\, dx\, dy$

21.

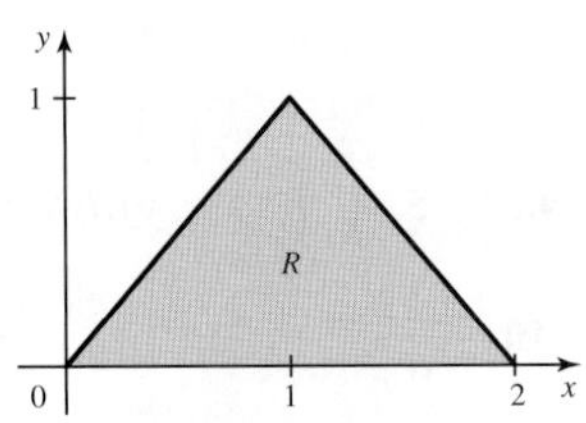

$\int_0^1 \int_y^{2-y} f(x, y)\, dx\, dy$

22. 2 **23.** 12 **24.** 5 **25.** 14 **26.** 32 **27.** $\frac{9}{8}$ **28.** $\frac{1}{4}\ln 2$

29. $\int_0^4 \int_{y/2}^{\sqrt{y}} f(x, y)\, dx\, dy$ **31.** $\int_0^{\ln 2} \int_{1/2}^{e^{-x}} f(x, y)\, dy\, dx$

32. $\int_0^{\pi/2} \int_0^{\cos x} f(x, y)\, dy\, dx$ **33.** $\frac{1}{2}(e - 1)$ **34.** 0 **35.** $\frac{2}{3}$

36.

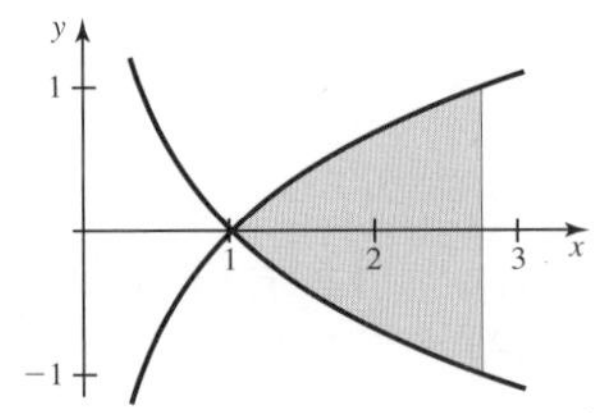

$\int_1^e \int_{-\ln x}^{\ln x} f(x, y)\, dy\, dx$

37. $\frac{11}{12}$ **38.** $\frac{32}{3}$ **39.** 12π **40.** $\frac{43}{6}$ **41.** $\frac{2}{3}$ **42.** 16 **43.** $4a\pi$

44. $\frac{32}{3}$ **45.** 1 **46.** $\frac{140}{3}$ **47. a.** False **b.** False **c.** False

48. 30 **49.** $\frac{a}{3}$ **50. a.**

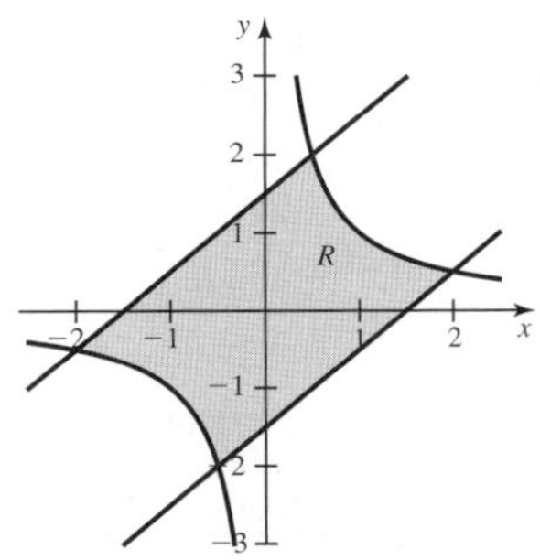

b. $\frac{15}{4} + 4\ln 2$ **c.** $2\ln 2 - \frac{5}{64}$ **51.** $\frac{3}{8e^2}$ **52.** 1

15.3절 연습문제(pp. 1066–1069)

1. It is called a polar rectangle because r and θ vary between two constants.

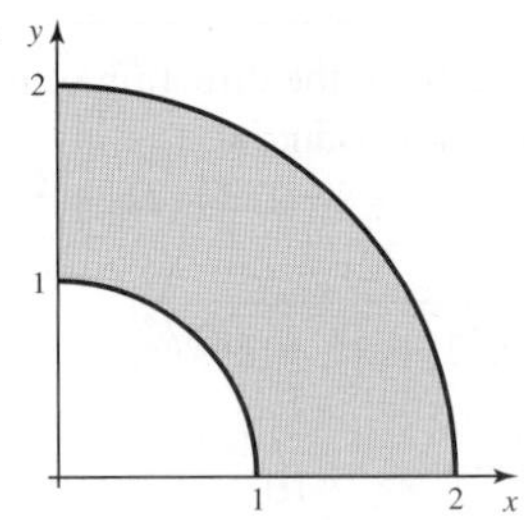

2.

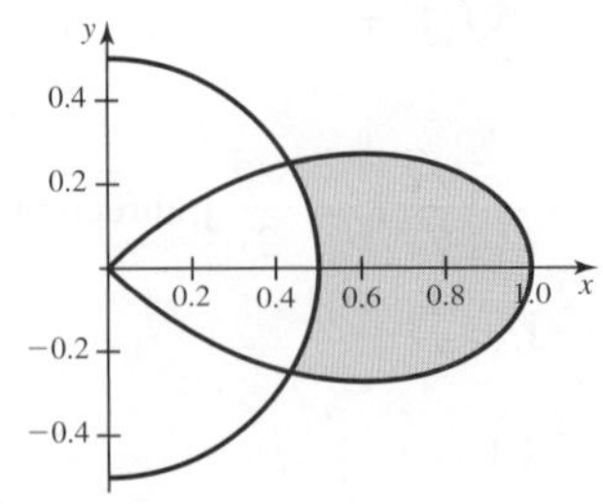

3. Evaluate the integral $\int_\alpha^\beta \int_{g(\theta)}^{h(\theta)} r\, dr\, d\theta$.

4.

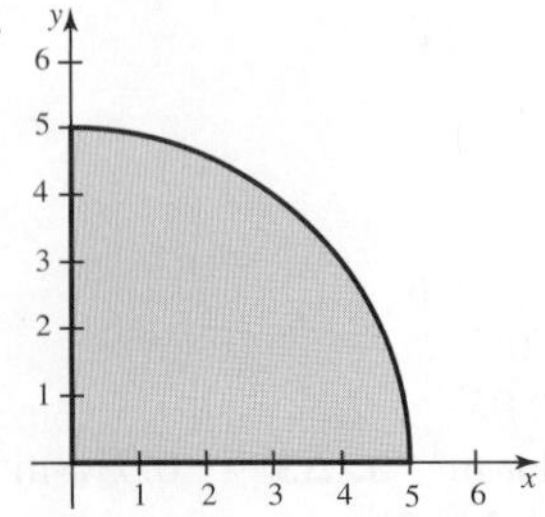

5.

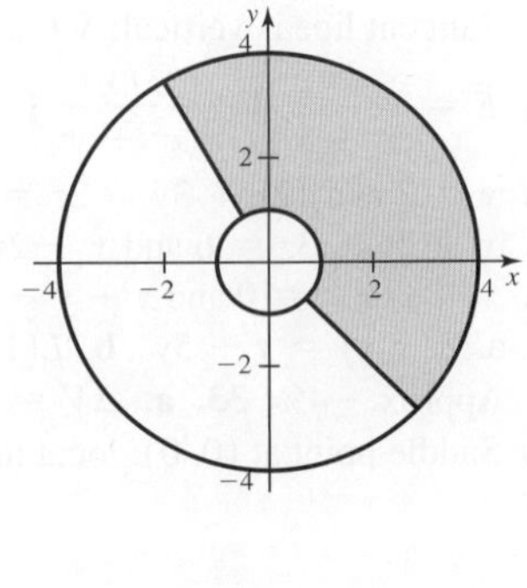

6. $\frac{64\pi}{3}$ **8.** $(8 - 24e^{-2})\pi$ **9.** $\frac{7\pi}{2}$ **11.** $\frac{37\pi}{3}$
12. 128π **13.** 0 **14.** $(2 - \sqrt{3})\pi$ **15.** $2\pi/5$ **16.** $\frac{14\pi}{3}$
17. $\frac{81\pi}{2}$ **18.** π **19.** 8π **20.** 81π **22.** $\frac{2\pi}{3}(7\sqrt{7} - 15)$

23. $\int_0^{2\pi}\int_0^{1+\frac{1}{2}\cos\theta} g(r, \theta) r\, dr\, d\theta$

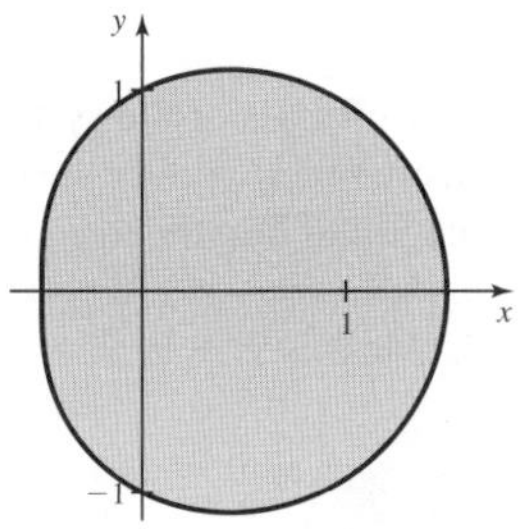

24. $\int_0^{\pi/2}\int_0^{\sqrt{2\sin 2\theta}} g(r, \theta) r\, dr\, d\theta$

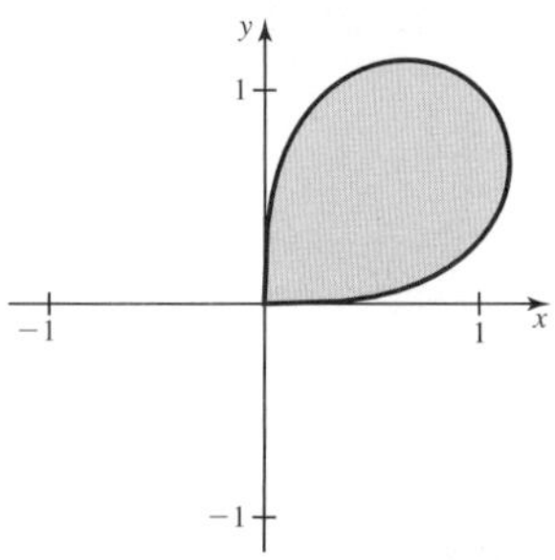

25. $\int_{\pi/18}^{5\pi/18}\int_1^{2\sin 3\theta} g(r, \theta) r\, dr\, d\theta$

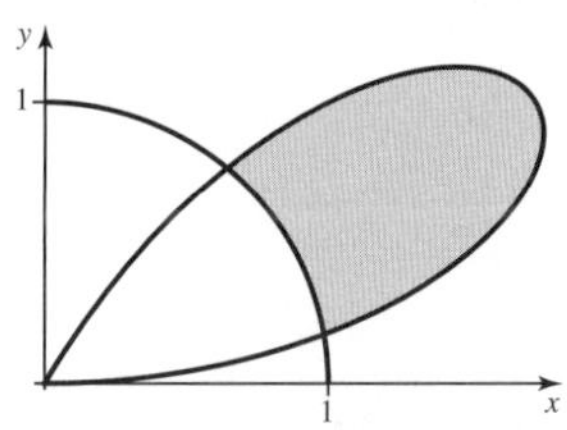

26. $3\pi/2$ **27.** π **28.** $\frac{3\pi}{2} - 2\sqrt{2}$ **29.** $2a/3$
30. a. False **b.** True **c.** True **31.** The hyperboloid $\left(V = \frac{112\pi}{3}\right)$
32. a. $R = \{(r, \theta): -\pi/4 \le \theta \le \pi/4 \text{ or } 3\pi/4 \le \theta \le 5\pi/4\}$
b. $\frac{a^4}{4}$ **33.** $\frac{32}{9}$ **34.** $2\pi\left(1 - 2\ln\frac{3}{2}\right)$ **35.** 1
36. $\pi/4$ **37. a.** $\frac{16\pi}{3}$ **b.** 2.78 **38.** $30\pi + 42$
39. c. $\sqrt{\pi}/2$, $1/2$, and $\sqrt{\pi}/4$ **40. a.** $I = \frac{\sqrt{2}}{2}\tan^{-1}\frac{\sqrt{2}}{2}$
b. $I = \frac{\sqrt{2}}{4}\tan^{-1}\frac{\sqrt{2}a}{2} + \frac{a}{2\sqrt{a^2+1}}\tan^{-1}\frac{1}{\sqrt{a^2+1}}$ **c.** $\frac{\sqrt{2}\pi}{8}$

15.4절 연습문제(pp. 1078–1080)

1.

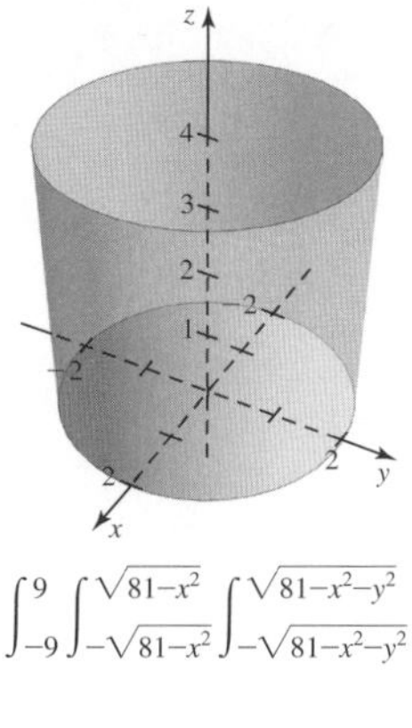

2. $\int_{-9}^{9}\int_{-\sqrt{81-x^2}}^{\sqrt{81-x^2}}\int_{-\sqrt{81-x^2-y^2}}^{\sqrt{81-x^2-y^2}} f(x, y, z)\, dz\, dy\, dx$

4. $\int_0^1\int_0^{\sqrt{1-z^2}}\int_0^{\sqrt{1-z^2-x^2}} f(x, y, z)\, dy\, dx\, dz$ **5.** 24 **6.** 8 **7.** $\frac{2}{\pi}$
8. 0 **9.** 8 **10.** $\frac{16}{3}$ **11.** $1 - \ln 2$
12. $\frac{2\pi(1 + 19\sqrt{19} - 20\sqrt{10})}{3}$ **13.** $\frac{27\pi}{2}$ **14.** 12π
15. $\frac{5}{12}$ **16.** 8 **17.** $\int_0^1\int_y^1\int_0^{2\sqrt{1-x^2}} f(x, y, z)\, dz\, dx\, dy$
18. $\int_0^1\int_0^{2\sqrt{1-x^2}}\int_0^x f(x, y, z)\, dy\, dz\, dx$
19. $\int_0^1\int_0^{2\sqrt{1-y^2}}\int_{y^2}^{\frac{1}{2}\sqrt{4-z^2}} f(x, y, z)\, dx\, dz\, dy$
20. $\int_0^1\int_0^2\int_0^{1-y} dz\, dx\, dy$, $\int_0^2\int_0^1\int_0^{1-z} dy\, dz\, dx$, $\int_0^1\int_0^2\int_0^{1-z} dy\, dx\, dz$, $\int_0^1\int_0^{1-y}\int_0^2 dx\, dz\, dy$, $\int_0^1\int_0^{1-z}\int_0^2 dx\, dy\, dz$ **21.** $\frac{256}{9}$ **22.** $\frac{2}{3}$
23. $(10\sqrt{10} - 1)\frac{\pi}{6}$ **24.** $\frac{3\ln 2}{2} + \frac{e}{16} - 1$
25. $\int_0^4\int_{y/4-1}^0\int_0^5 dz\, dx\, dy = 10$ **26.** $\int_0^1\int_0^{\sqrt{1-x^2}}\int_0^{\sqrt{1-x^2}} dz\, dy\, dx = \frac{2}{3}$
27. $\frac{8}{\pi}$ **28.** $\frac{10}{3}$ **29. a.** False **b.** False **c.** False **30.** 2
31. 1 **32.** $\frac{16}{3}$ **33.** $\frac{16}{3}$ **34.** $a = 2\sqrt{2}$ **35.** $V = \frac{\pi r^2 h}{3}$
36. $V = \frac{\pi h^2}{3}(3R - h)$ **37.** $V = \frac{4\pi abc}{3}$ **38.** $\frac{1}{24}$

15.5절 연습문제(pp. 1094–1097)

1. r measures the distance from the point to the z axis, θ is the angle that the segment from the point to the z-axis makes with the positive xz-plane, and z is the directed distance from the point to the xy-plane. **2.** A cone **3.** It approximates the volume of the cylindrical wedge formed by the changes Δr, $\Delta\theta$, and Δz.
4. $\int_\alpha^\beta\int_{g(\theta)}^{h(\theta)}\int_{G(r,\theta)}^{H(r,\theta)} w(r, \theta, z) r\, dz\, dr\, d\theta$ **5.** Cylindrical coordinates

6. Wedge

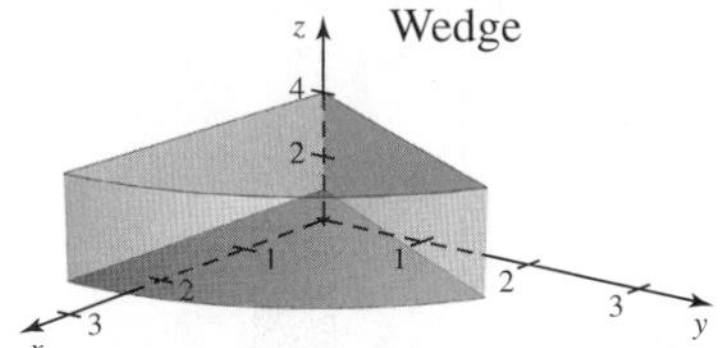

7. Solid bounded by cone and plane

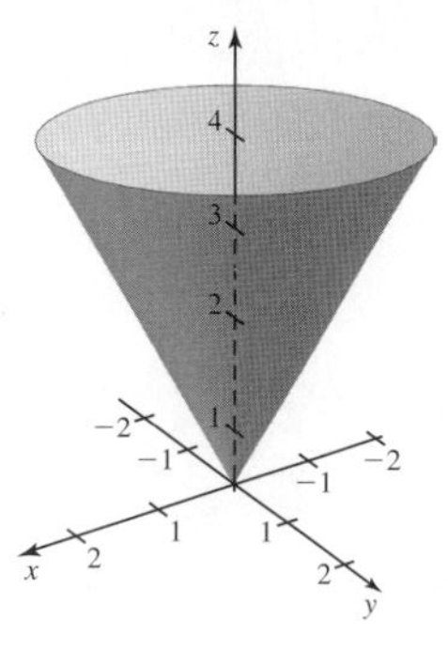

8. 2π **9.** $4\pi/5$ **10.** $\pi(1 - e^{-1})/2$ **11.** $9\pi/4$
12. 560π **13.** 396π **14.** The paraboloid $(V = 44\pi/3)$
15. $\frac{20\pi}{3}$ **16.** $\frac{(16 + 17\sqrt{29})\pi}{3}$ **17.** $\frac{1}{3}$

18. Hollow ball

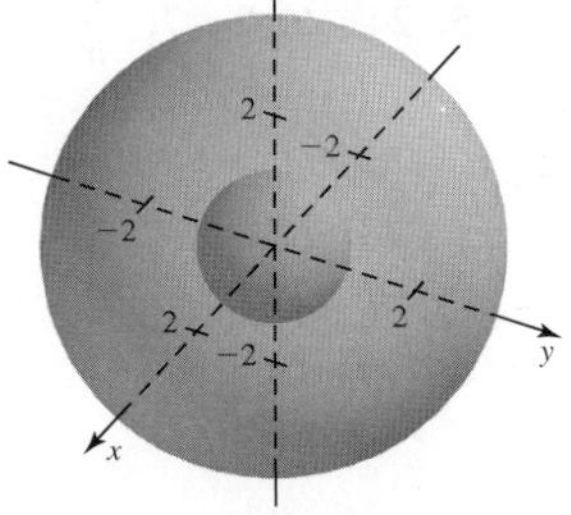

19.

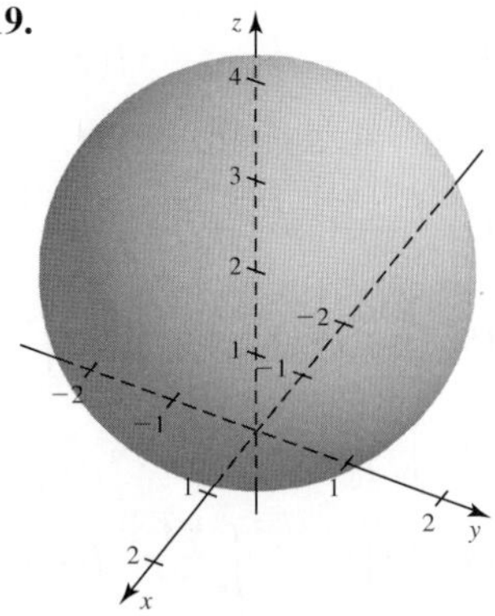

Sphere of radius $r = 2$, centered at $(0, 0, 2)$

20. a. $(3960, 0.74, -2.13), (-1426.85, -2257.05, 2924.28)$
b. $(3960, 0.84, 0.22), (2877.61, 637.95, 2644.62)$ **c.** 5666 mi

21. $\frac{\pi}{2}$ **22.** $4\pi \ln 2$ **23.** $\pi\left(\frac{188}{9} - \frac{32\sqrt{3}}{3}\right)$ **24.** $\frac{32\pi\sqrt{3}}{9}$

25. $\frac{5\pi}{12}$ **26.** $\frac{8\pi}{3}$ **27.** $\frac{8\pi}{3}(9\sqrt{3} - 11)$ **28. a.** True **b.** True

29. $z = \sqrt{x^2 + y^2 - 1}$; upper half of a hyperboloid of one sheet

30. $\frac{8\pi}{3}(1 - e^{-512}) \approx \frac{8\pi}{3}$ **31.** 32π

32.

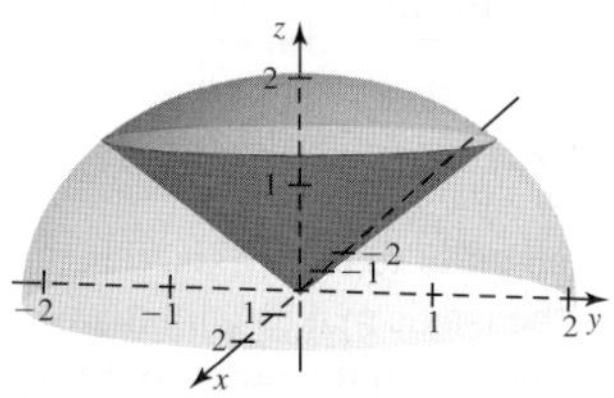

$$\int_0^{2\pi}\int_0^{\sqrt{2}}\int_r^{\sqrt{4-r^2}} g(r, \theta, z)\, r\, dz\, dr\, d\theta,$$

$$\int_0^{2\pi}\int_0^{\sqrt{2}}\int_0^{z} g(r, \theta, z)\, r\, dr\, dz\, d\theta + \int_0^{2\pi}\int_{\sqrt{2}}^{2}\int_0^{\sqrt{4-z^2}} g(r, \theta, z)\, r\, dr\, dz\, d\theta,$$

$$\int_0^{\sqrt{2}}\int_r^{\sqrt{4-r^2}}\int_0^{2\pi} g(r, \theta, z)\, r\, d\theta\, dz\, dr$$

33.

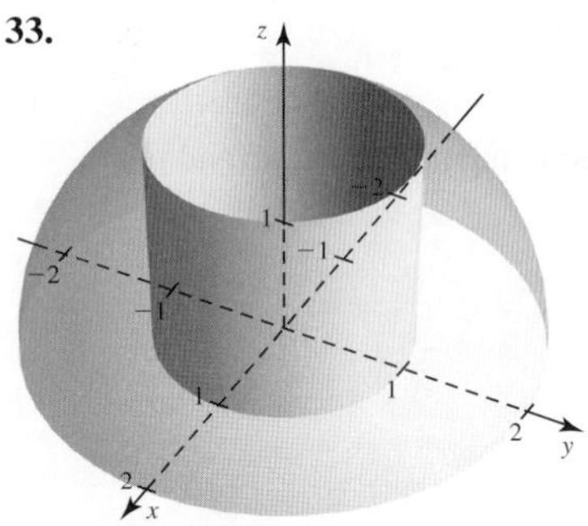

$$\int_{\pi/6}^{\pi/2}\int_0^{2\pi}\int_{\csc\varphi}^{2} g(\rho, \varphi, \theta)\rho^2 \sin\varphi\, d\rho\, d\theta\, d\varphi,$$

$$\int_{\pi/6}^{\pi/2}\int_{\csc\varphi}^{2}\int_0^{2\pi} g(\rho, \varphi, \theta)\rho^2 \sin\varphi\, d\theta\, d\rho\, d\varphi$$

34. $32\sqrt{3}\pi/9$ **35.** $2\sqrt{2}/3$ **36.** $7\pi/2$ **37.** 95.6036

39. $V = \frac{\pi r^2 h}{3}$ **40.** $V = \frac{\pi}{3}(R^2 + rR + r^2)h$

41. $V = \frac{\pi R^3(8r - 3R)}{12r}$

15.6절 연습문제(pp. 1106–1107)

1. The pivot should be located at the center of mass of the system.
2. Use a double integral. Integrate the density function over the region occupied by the plate. **3.** Use a triple integral to find the mass of the object and the three moments.

4.

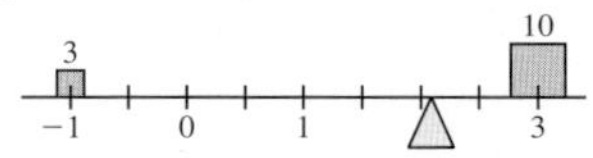

$\frac{27}{13}$ **5.** Mass is $2 + \pi$; $\bar{x} = \frac{\pi}{2}$

6. Mass is $\frac{20}{3}$; $\bar{x} = \frac{9}{5}$ **7.** Mass is 10; $\bar{x} = \frac{8}{3}$

8.

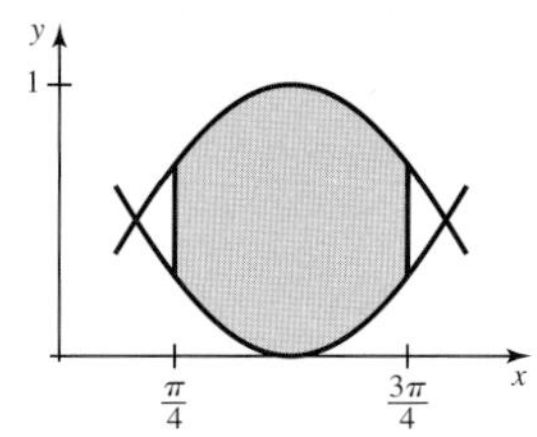

$\left(\frac{\pi}{2}, \frac{1}{2}\right)$

9.

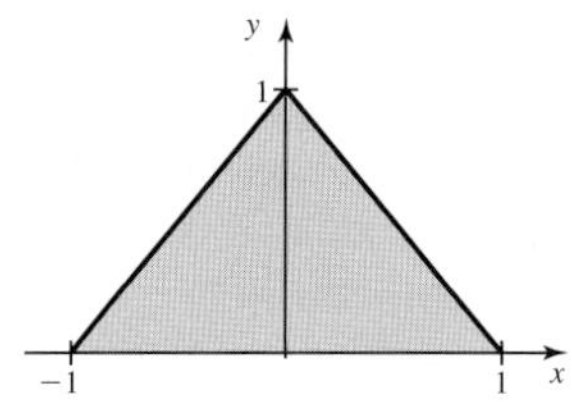

$\left(0, \frac{1}{3}\right)$

10.

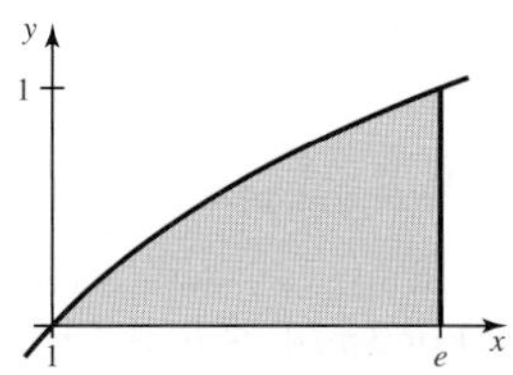

$\left(\frac{1}{4}(e^2 + 1), \frac{e}{2} - 1\right) \approx (2.10, 0.36)$

11. $\left(\frac{7}{3}, 1\right)$; density increases to the right. **12.** $\left(\frac{16}{11}, \frac{16}{11}\right)$; density increases toward the hypotenuse of the triangle.

13. $\left(0, \frac{16 + 3\pi}{16 + 12\pi}\right) \approx (0, 0.4735)$; density increases away from the x-axis.

14.

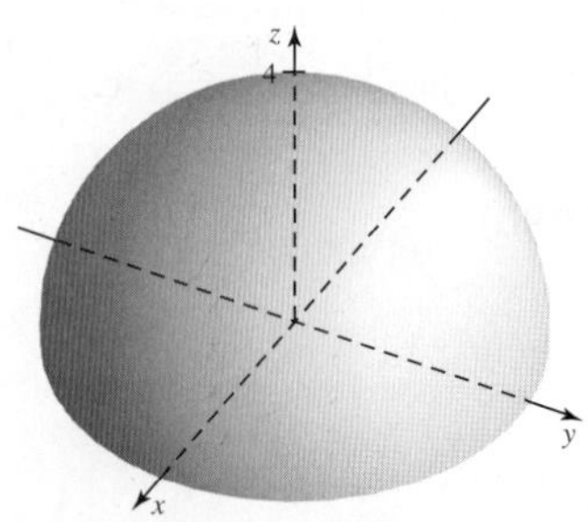

$\left(0, 0, \frac{3}{2}\right)$

16.

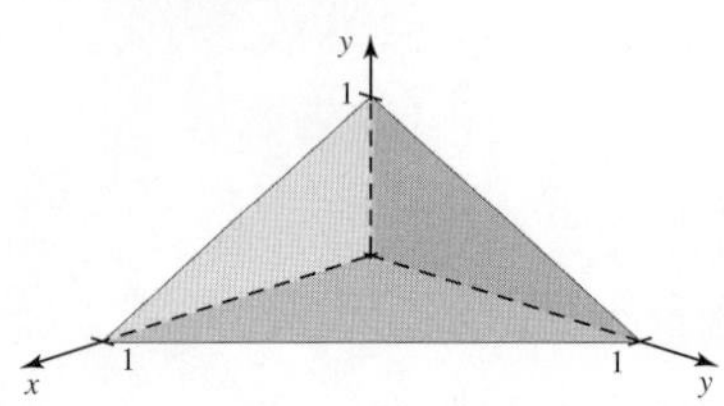

$\left(\frac{1}{4}, \frac{1}{4}, \frac{1}{4}\right)$

17. 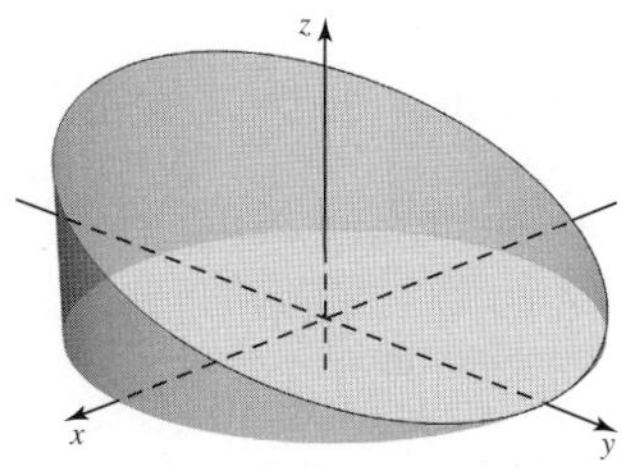

$\left(0, -\frac{1}{4}, \frac{5}{8}\right)$

18. $\left(\frac{7}{3}, \frac{1}{2}, \frac{1}{2}\right)$ **19.** $\left(0, 0, \frac{198}{85}\right)$ **20.** $\left(\frac{2}{3}, \frac{7}{3}, \frac{1}{3}\right)$ **21. a.** False **b.** True **c.** False **d.** False **22.** $\bar{x} = \dfrac{\ln(1 + L^2)}{2\tan^{-1} L}$, $\lim_{L\to\infty} \bar{x} = \infty$

23. $\left(0, \dfrac{8}{9}\right)$ **24.** $\left(0, \dfrac{8}{3\pi}\right)$ **25.** $\left(\dfrac{5}{6}, 0\right)$ **26.** $\left(\dfrac{128}{105\pi}, \dfrac{128}{105\pi}\right)$

27. On the line of symmetry, $2a \;\; \pi$ units above the diameter

28. $\left(\dfrac{2a}{3(4-\pi)}, \dfrac{2a}{3(4-\pi)}\right)$ **29.** $h/4$ units

31. $h/3$ units, where h is the height of the triangle **32.** $3a/8$ units

33. a. $\left(0, \dfrac{4(1 + a + a^2)}{3(1 + a)\pi}\right)$

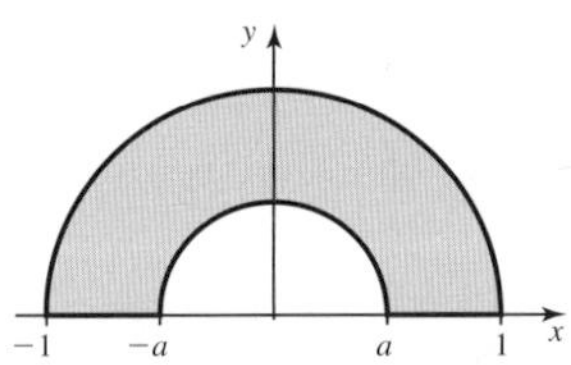

b. $a = \dfrac{1}{2}\left(-1 + \sqrt{1 + \dfrac{16}{3\pi - 4}}\right) \approx 0.4937$

34. Depth $= \dfrac{40\sqrt{10} - 4}{333}$ cm ≈ 0.3678 cm

35. a. $(\bar{x}, \bar{y}) = \left(\dfrac{-r^2}{R + r}, 0\right)$ (origin at center of large circle);

$(\bar{x}, \bar{y}) = \left(\dfrac{R^2 + Rr + r^2}{R + r}, 0\right)$ (origin at common point of the circles)

b. *Hint:* Solve $\bar{x} = R - 2r$.

15.7절 연습문제(pp. 1119–1121)

1. The image of S is the 2×2 square with vertices at $(0, 0)$, $(2, 0)$, $(2, 2)$, and $(0, 2)$. **2.** $\int_0^1\int_0^1 f(u + v, u - v)\, 2\, du\, dv$

3. The rectangle with vertices at $(0, 0)$, $(2, 0)$, $\left(2, \frac{1}{2}\right)$, and $\left(0, \frac{1}{2}\right)$

4. The square with vertices at $(0, 0)$, $\left(\frac{1}{2}, \frac{1}{2}\right)$, $(1, 0)$, and $\left(\frac{1}{2}, -\frac{1}{2}\right)$

5. The region above the x-axis and bounded by the curves $y^2 = 4 \pm 4x$ **6.** The upper half of the unit circle

7.

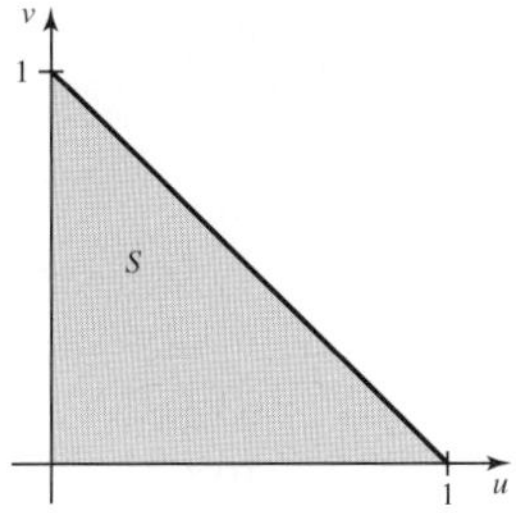

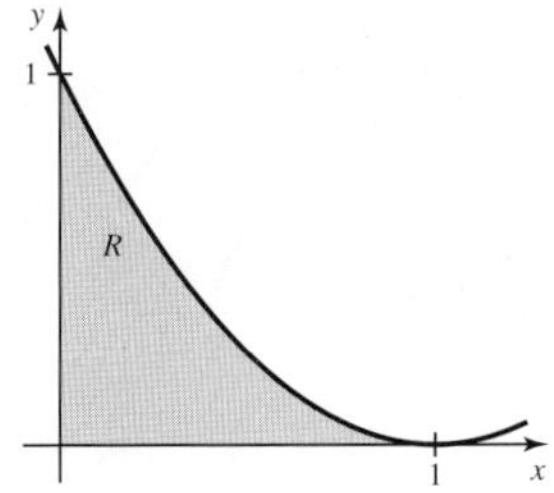

8.

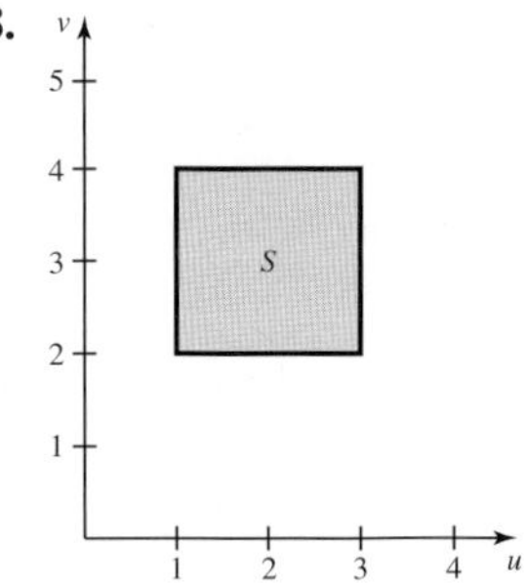

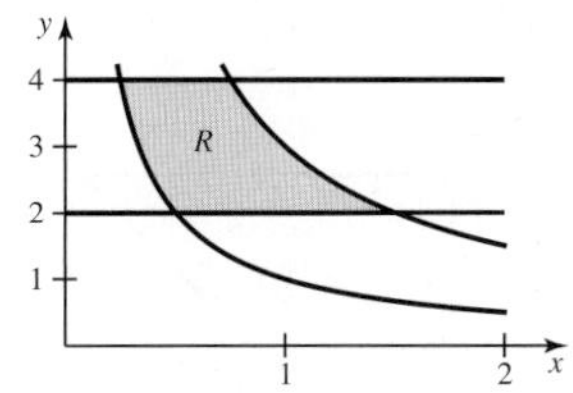

9. -9 **10.** $-4(u^2 + v^2)$ **12.** -1

13. $x = (u + v)/3$, $y = (2u - v)/3$; $-1/3$

14. $x = -(u + 3v)$, $y = -(u + 2v)$; -1

15. a.

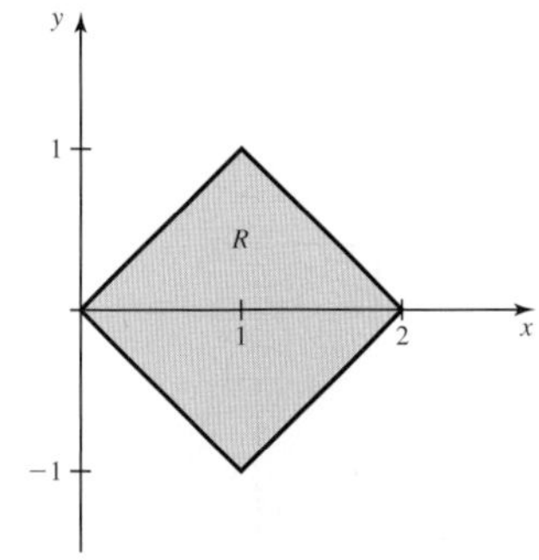

b. $0 \le u \le 1$, $0 \le v \le 1$ **c.** $J(u, v) = -2$ **d.** 0

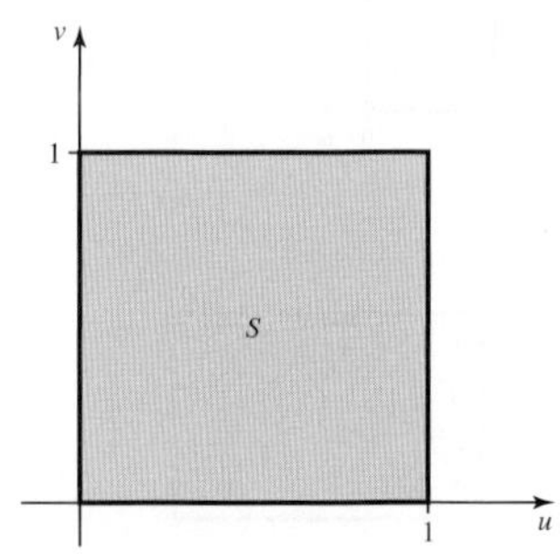

16. a.

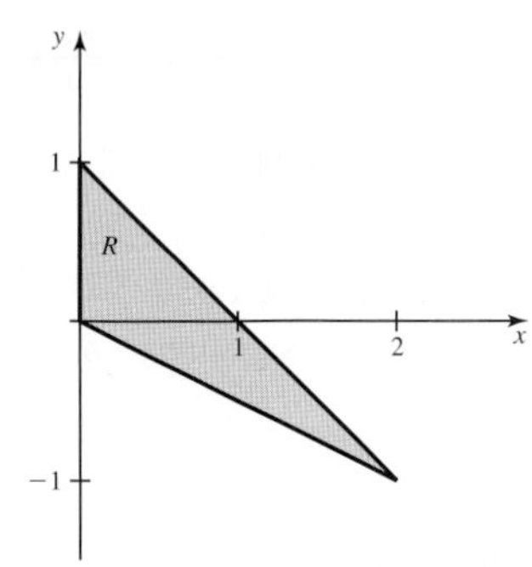

b. $0 \le u \le 1$, $0 \le v \le 1 - u$ **c.** $J(u, v) = 2$ **d.** $256\sqrt{2}/945$

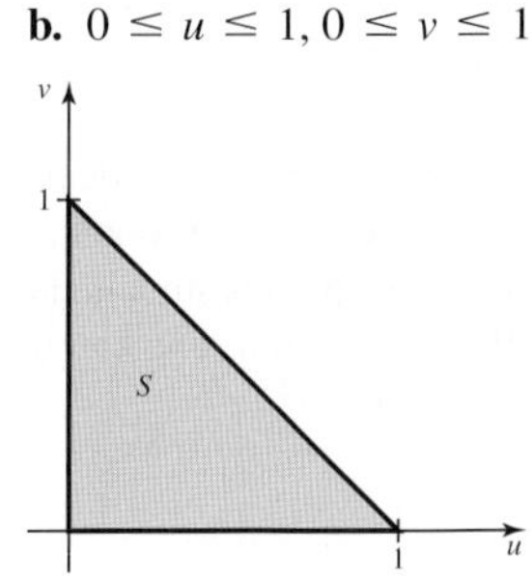

17. $4\sqrt{2}/3$

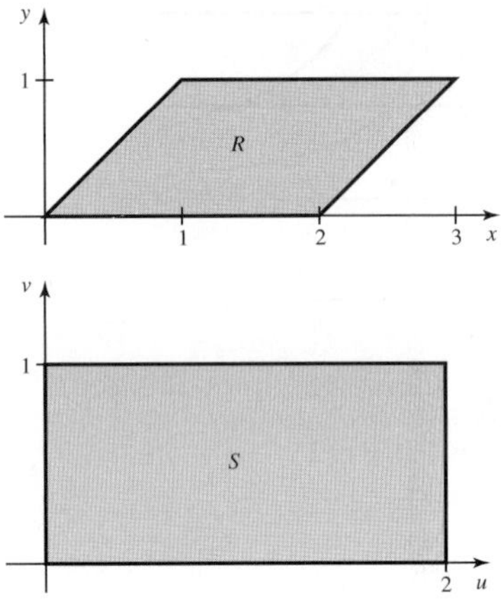

18. $3844/5625$

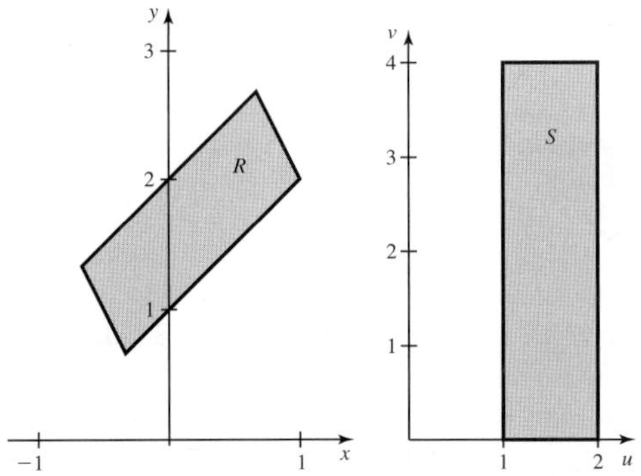

19. $\dfrac{15 \ln 3}{2}$

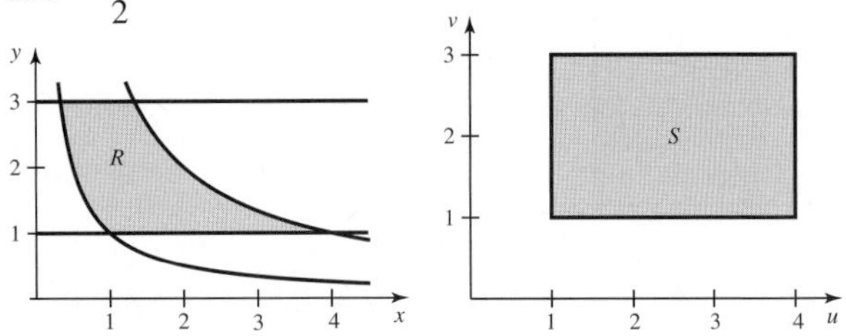

20. 2 **21.** $2w(u^2 - v^2)$ **22.** 5 **23.** $1024\pi/3$

24. a. True **b.** True **c.** True

25. *Hint:* $J(\rho, \varphi, \theta) = \begin{vmatrix} \sin\varphi\cos\theta & \rho\cos\varphi\cos\theta & -\rho\sin\varphi\sin\theta \\ \sin\varphi\sin\theta & \rho\cos\varphi\sin\theta & \rho\sin\varphi\cos\theta \\ \cos\varphi & -\rho\sin\varphi & 0 \end{vmatrix}$

26. $a^2b^2/2$ **27.** $(a^2 + b^2)/4$ **28.** $4\pi abc/3$

29. $(\bar{x}, \bar{y}, \bar{z}) = \left(0, 0, \dfrac{3c}{8}\right)$ **30. a.** $x = a^2 - \dfrac{y^2}{4a^2}$

b. $x = \dfrac{y^2}{4b^2} - b^2$ **c.** $J(u, v) = 4(u^2 + v^2)$ **d.** $\dfrac{80}{3}$ **e.** 160

f. Vertical lines become parabolas opening downward with vertices on the positive y-axis, and horizontal lines become parabolas opening upward with vertices on the negative y-axis. **31. a.** S is stretched in the positive u- and v-directions but not in the w-direction. The amount of stretching increases with u and v. **b.** $J(u, v, w) = ad$

c. Volume $= ad$ **d.** $\left(\dfrac{a+b+c}{2}, \dfrac{d+e}{2}, \dfrac{1}{2}\right)$

Chapter 15 연습문제(pp. 1121–1123)

1. a. False **b.** True **c.** False **d.** False **2.** $\frac{26}{3}$

3. $\displaystyle\int_0^1 \int_{-\sqrt{y}}^{\sqrt{y}} f(x, y)\, dx\, dy$ **4.** $\displaystyle\int_0^1 \int_0^{\sqrt{1-x^2}} f(x, y)\, dy\, dx$

5. $\dfrac{304}{3}$ **6.** $\dfrac{\sqrt{17} - \sqrt{2}}{2}$

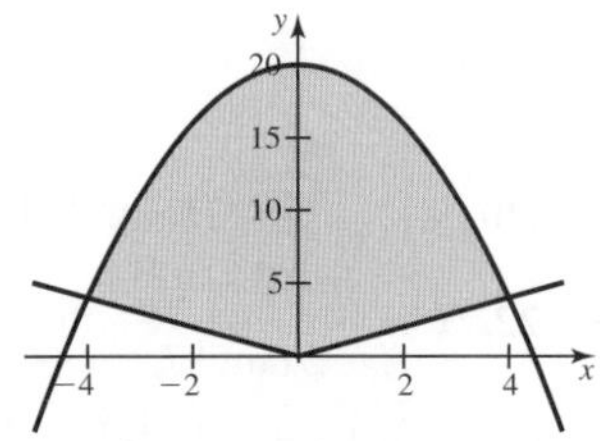

7. 8π **8.** $\dfrac{2}{7\pi^2}$ **9.** $\dfrac{1}{5}$

10. $\dfrac{9\pi}{2}$

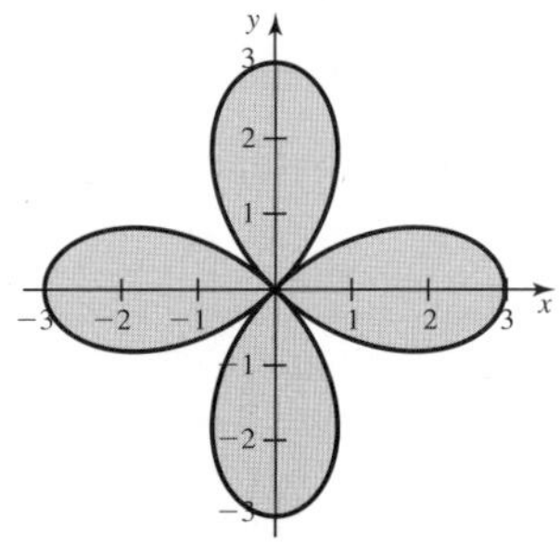

11. $6\pi - 16$

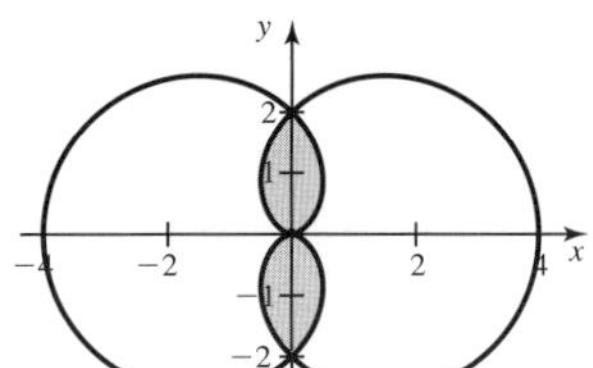

12. 2 **13.** $\displaystyle\int_0^1 \int_{2y}^{2} \int_0^{\sqrt{z^2-4y^2}/2} f(x, y, z)\, dx\, dz\, dy$ **14.** $\pi - \dfrac{4}{3}$

15. $8\sin^2 2 = 4(1 - \cos 4)$ **16.** $\dfrac{848}{9}$ **17.** $\dfrac{8}{15}$ **18.** $\dfrac{16}{3}$

19. $\dfrac{128}{3}$ **20.** $\dfrac{\pi}{6} - \dfrac{\sqrt{3}}{2} + \dfrac{1}{2}$ **21.** $\dfrac{1}{3}$ **22.** $\dfrac{1}{3}$ **23.** π

24. 4π **25.** $\dfrac{28\pi}{3}$ **26.** $\dfrac{2048\pi}{105}$

27. $(\bar{x}, \bar{y}) = \left(\dfrac{\pi}{2}, \dfrac{\pi}{8}\right)$

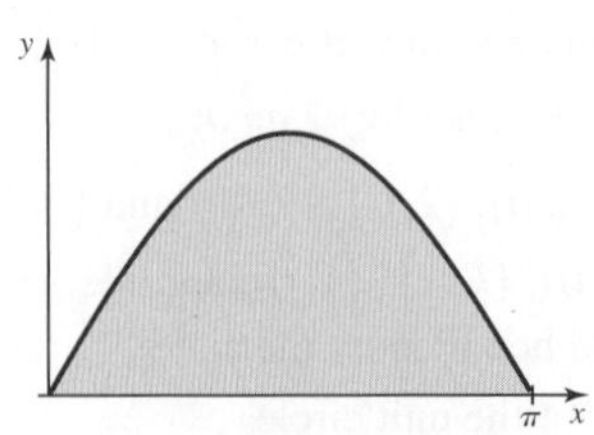

28. $(\bar{x}, \bar{y}) = \left(0, \dfrac{56}{9\pi}\right)$

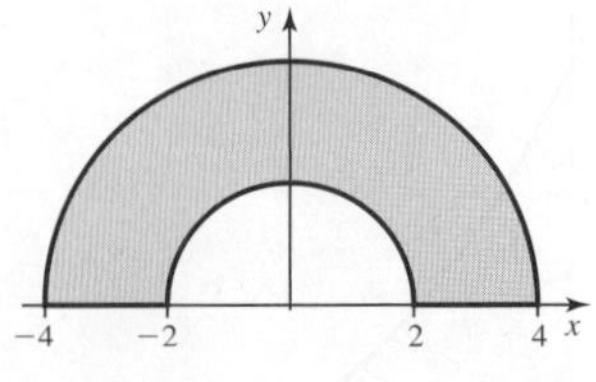

29. $(\bar{x}, \bar{y}, \bar{z}) = (0, 0, 24)$ **30.** $(\bar{x}, \bar{y}, \bar{z}) = \left(0, 0, \dfrac{63}{10}\right)$

31. $\dfrac{h}{3}$ **32.** $\left(\dfrac{4\sqrt{2}a}{3\pi}, \dfrac{4(2-\sqrt{2})a}{3\pi}\right)$ **33. a.** $\dfrac{4\pi}{3}$ **b.** $\dfrac{16Q}{3}$

34. $R = \{(x, y): 0 \le x \le 1, 0 \le y \le 1\}$

35. The parallelogram with vertices $(0, 0)$, $(3, 1)$, $(4, 4)$, and $(1, 3)$

36. 10 **37.** 6

38. a.

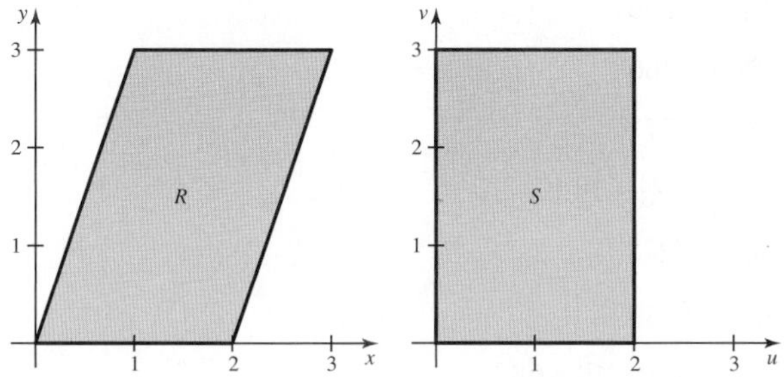

b. $0 \le u \le 2, 0 \le v \le 3$ **c.** $J(u, v) = 1$ **d.** $\frac{63}{2}$

39. a.

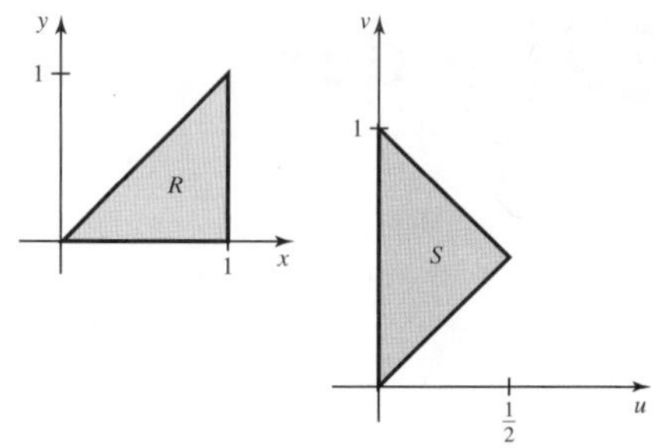

b. $u \le v \le 1 - u, 0 \le u \le \dfrac{1}{2}$ **c.** $J(u, v) = 2$ **d.** $\dfrac{1}{60}$

40. 42

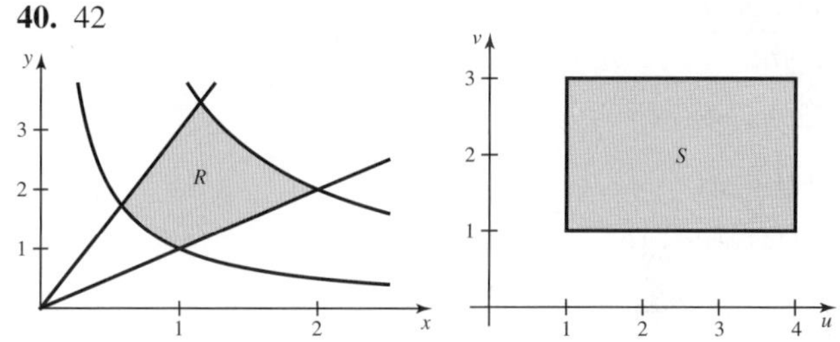

41. $-\dfrac{7}{16}$

찾아보기 Index

ㄱ

가격의 탄력성 • 204
가속도 • 197
각도 좌표 • 772
감률 • 276
감소 구간 • 283
감소함수 • 281
거듭제곱근함수 • 19
거듭제곱급수 • 724
거듭제곱함수 법칙 • 166
거리 좌표 • 772
경계점 • 954
경사 점근선 • 103
계수 • 14
고계도함수 • 174
고정 비용 • 201
고정점 반복 • 642
고트프리트 라이프니츠 • 124
곡률 • 922
골짜기 • 19, 943
곱의 법칙 • 179
공 • 827
교대급수 • 686
교대급수판정법 • 687
교대조화급수 • 686
교대조화급수판정법 • 688
구 • 827
구간 면적 • 386, 1042
구간 변화량 • 446
구간 부피 • 1042
구면좌표 • 1088
그래디언트 • 989
그래프 • 1
극곡선 • 791
극댓값 • 266
극솟값 • 266
극좌표 • 771
극 직사각형 • 1059
극축 • 772
극한 • 62
극한 비교판정법 • 682
근판정법 • 697
기술적 방법 • 15
기약 이차 인수 • 581
기울기벡터 • 989
기하 합 • 658
기함수 • 417
기호적 방법 • 595
긴 나눗셈 • 583
껍질 방법 • 477
꼬인 위치 • 861

ㄴ

나머지 정리 • 716
나머지 추정 • 717
내적 • 836
내점 • 954
넓이 함수 • 401

ㄷ

다변수함수 • 939
다항함수 근사 • 321
단가 • 201
단순 일차 인수 • 576
단위벡터 • 816
단위접선벡터 • 892
단위종법선벡터 • 931
단축 • 797
닫힌집합 • 954

데카르트의 사원 해 • 935
독립변수 • 1
두 배의 시간 • 518
등고선 • 943
등위곡면 • 948
등위선 • 943

ㄹ

라그랑주 승수 • 1027
라디안 • 42
라이프니츠 • 154
렘니스케이트 • 1065
로그법칙 • 37
로그함수 • 37
로피탈 법칙 • 328
롤의 정리 • 274
리만합 • 373

ㅁ

망원급수 • 660
매개 곡선 • 758
매개방정식 • 758
매개변수 • 758
매개 원 • 759
매개 포물선 • 758
매핑 • 1109
맥클로린 급수 • 734
멱함수 • 18
명시적 공식 • 632
모멘트 • 1098
목적 함수 • 307, 1026
몫의 법칙 • 180
무차별 곡선 • 1032
무한극한 • 89
무한급수 • 639
무한대에서의 극한 • 98
미분가능 • 146
미분계수 • 146
미분방정식 • 358
미분소 • 325
미적분학의 기본 정리 • 405
밑 변환 규칙 • 38

ㅂ

바깥 함수 • 4
반감기 • 522
반복 적분 • 1042
발산판정법 • 668
방향도함수 • 986
배각 및 반각 공식 • 45
백분율 변화 • 1007
벡터 • 810
벡터방정식 • 856
벡터함수 • 881
변곡점 • 288
변동비 • 201
변수 • 1
변위 • 195
봉우리 • 19, 434, 943
부분분수 분해 • 575
부분적분법 • 551
부분합의 수열 • 639
부정적분 • 353
분석 방법 • 16
분할 • 1040
불연속점 • 137
비교판정법 • 680
비탄력적 • 205
비틀림률 • 931
비판정법 • 695

ㅅ

사다리꼴 법칙 • 602
사선 점근선 • 103
사엽장미 • 778
사이클로이드 • 764
사인 치환 • 567
삼각함수 • 43

삼각형 법칙 • 812
상계 • 676
상관율 • 250
상대 변화 • 1007
상대 오차 • 599
상대 증가율 • 517
상수 곱의 법칙 • 168
상수함수 법칙 • 166
생산 오차 • 1008
선형 근사 • 321, 1004
선형 함수 • 16
속도 • 197
속력 • 197, 441
수직선 검사 • 2, 941
수직 이동 • 47
수직 점근선 • 90
수평선 검사 • 32
수평 점근선 • 98
순간변화율 • 143
순간 성장률 • 200
순간 속도 • 59, 196
스칼라 • 810
스칼라 곱 • 811
시에르핀스키 삼각형 • 705
시컨트 치환 • 571
심장형 • 777
심프슨의 법칙 • 608
쌍곡면 • 873
쌍곡선 • 797
쌍곡선사인 • 528
쌍곡선시컨트 • 528
쌍곡선코사인 • 528
쌍곡선코시컨트 • 528
쌍곡선코탄젠트 • 528
쌍곡선탄젠트 • 528
쌍곡선함수 • 528
쌍곡선 항등식 • 529
쌍곡포물면 • 874

ㅇ

아래로 오목 • 288
아이작 뉴턴 • 124
아크사인 • 49
아크코사인 • 49
안장점 • 1013
안쪽 함수 • 4
양 끝값 • 101
양방향 • 759
양적 • 220
어거스틴–루이스 코시 • 124
역도함수 • 351
역사인 • 48, 49
역삼각함수 • 48
역시컨트함수 • 242
역쌍곡선탄젠트 • 595
역쌍곡선함수 • 535
역코사인 • 48, 49
역탄젠트함수 • 241
역함수 • 31, 33
연분수 • 656
연쇄 법칙 • 210, 975, 977
연주형 • 779
열린집합 • 954
영벡터 • 810
오른쪽 리만합 • 373
오목성 판정 • 288
와셔 방법 • 466
외적 • 847
왼쪽 리만합 • 373
우극한 • 68
우미분계수 • 165
우함수 • 417
원뿔대 • 494
원운동 • 902
원주좌표 • 1081
원통 껍질 • 475
원판 • 464

원판 방법 • 464
원환 소용돌이 곡선 • 885
월리스 곱 • 630
위로 오목 • 288
위상 이동 • 47
위치벡터 • 813
위치 함수 • 195
유계 단조수열 • 649
유리함수 • 19
유심차분몫 • 151
음적 • 220
음함수의 미분법 • 220, 979
이동 거리 • 441
이미지 • 1109
이상기체의 법칙 • 950, 968
이상적분 • 616
이심률–준선법 • 799
이항계수 • 739
이항급수 • 739
인덱스 • 631
일 • 842
일대일 변환 • 1110
일대일 함수 • 32
일반적인 조각 방법 • 462
임계점 • 267

ㅈ

자연 대수 • 171
자연로그함수 • 37, 508
자연지수함수 • 30
자코비안 행렬식 • 1110
작은 조각을 내어 합하기 방법 • 389
잔차 • 346
장축 • 797
적분 변수 • 353
적분의 평균값 정리 • 420
적분판정법 • 671
전위 함수 • 946
전향차분몫 • 150
절대 변화 • 1007
절대수렴 • 691
절대 오차 • 599
절대 증가율 • 517
점화 관계 • 632
접선 • 63
접선의 기울기 • 144
접평면 • 1001
정규 분할 • 372
정의역 • 1
제약 곡선 • 1026
제약 조건 • 307
제이콥 자코비 • 1110
조각적 선형 • 17
조각 함수 • 17
조건수렴 • 691
조임 정리 • 83, 649
조화급수 • 671
종속변수 • 1
좌극한 • 68
좌미분계수 • 165
좌표 변환 • 774
주단위법선벡터 • 926
중간값 정리 • 119
중간 변수 • 976
중간점 리만합 • 374
중점 법칙 • 600
증가 구간 • 283
증가함수 • 281
지수법칙 • 29
지수적 감소함수 • 522
지수함수 • 29
직교 사영 • 841
진폭 • 47
질량중심 • 1098
질량 흐름율 • 257

ㅊ

차분몫 • 7

차수 • 14
차의 법칙 • 169
참값보다 작다 • 321
참값보다 크다 • 321
척도변환 • 23
첨점 • 160
초기 조건 • 359
초깃값 문제 • 359
총 모멘트 • 1100
최댓값 • 1016
최솟값 • 1016
축소 공식 • 561
치역 • 1
치환 법칙 • 425

ㅋ

카를 바이어슈트라스 • 124
카발리에리의 원리 • 474
코사인법칙 • 1009

ㅌ

타원 • 796
타원면 • 871
타원뿔 • 874
타원주면 • 870
타원포물면 • 872
탄력적 • 205
탄젠트 치환 • 569
탑 함수 • 233
테일러 다항식 • 711
특이점 • 946

ㅍ

판별식 • 1014
팔분공간 • 824
팩토리얼 수열 • 651
편미분 • 963
평균값 정리 • 275
평균변화율 • 7, 143
평균 성장률 • 199
평균 속도 • 59, 196
평행사변형 법칙 • 812
평행이동 • 23
포물선 • 793
표준단위벡터 • 816
푸비니의 정리 • 1044
피보나치 수열 • 656
피적분함수 • 353

ㅎ

하계 • 676
한계 비용 • 201
할선 • 7
함수 • 1
합성함수 • 4
합의 법칙 • 169
호도법 • 42
혼합 편미분 • 967
황금비 • 656
회전면 • 493
후진차분몫 • 150
힘 벡터 • 820

기타

1계 도함수 판정 • 285
2계 도함수의 극값 판정 • 291
3차원 공간 • 823
p-급수 판정법 • 674
TNB 틀 • 930
xyz 좌표계 • 824

대학 미분적분학 번역 및 교정자 (가나다 순)

강순부 · 강진숙 · 권선희 · 권혁남 · 김광연 · 김홍태 · 박경배 · 배수현 엄익선 · 이문식 · 이용균 · 이 우 · 정다래 · 조동현 · 조현주 · 최환혁 표재홍 · 하정민 · 한광희

대학 미분적분학

2024년 3월 2일 인쇄
2024년 3월 5일 발행

저 자 ◎ BRIGGS, COCHRAN, GILLETT, SCHULZ

역 자 ◎ 미분적분학교재편찬위원회

발 행 인 ◎ 조 승 식

발 행 처 ◎ (주)도서출판 북스힐
서울시 강북구 한천로 153길 17

등 록 ◎ 1998년 7월 28일 제22-457호

TEL (02) 994-0071(代)

FAX (02) 994-0073

E-MAIL www.bookshill.com
bookshill@bookshill.com

잘못된 책은 교환해 드립니다.

값 48,000원

ISBN 979-11-5971-514-3

적분표

치환 법칙	**부분적분법**
$\int f(g(x))g'(x)\,dx = \int f(u)\,du \quad (u = g(x))$	$\int u\,dv = uv - \int v\,du$
$\int_a^b f(g(x))g'(x)\,dx = \int_{g(a)}^{g(b)} f(u)\,du$	$\int_a^b uv'\,dx = uv\Big\vert_a^b - \int_a^b vu'\,dx$

기본 적분

1. $\int x^n\,dx = \frac{1}{n+1}x^{n+1} + C;\ n \neq -1$

2. $\int \frac{dx}{x} = \ln|x| + C$

3. $\int \cos ax\,dx = \frac{1}{a}\sin ax + C$

4. $\int \sin ax\,dx = -\frac{1}{a}\cos ax + C$

5. $\int \tan x\,dx = \ln|\sec x| + C$

6. $\int \cot x\,dx = \ln|\sin x| + C$

7. $\int \sec x\,dx = \ln|\sec x + \tan x| + C$

8. $\int \csc x\,dx = -\ln|\csc x + \cot x| + C$

9. $\int e^{ax}\,dx = \frac{1}{a}e^{ax} + C$

10. $\int b^{ax}\,dx = \frac{1}{a\ln b}b^{ax} + C;\ b > 0, b \neq 1$

11. $\int \ln x\,dx = x\ln x - x + C$

12. $\int \log_b x\,dx = \frac{1}{\ln b}(x\ln x - x) + C$

13. $\int \frac{dx}{x^2 + a^2} = \frac{1}{a}\tan^{-1}\frac{x}{a} + C$

14. $\int \frac{dx}{\sqrt{a^2 - x^2}} = \sin^{-1}\frac{x}{a} + C, a > 0$

15. $\int \frac{dx}{x\sqrt{x^2 - a^2}} = \frac{1}{a}\sec^{-1}\left|\frac{x}{a}\right| + C, a > 0$

16. $\int \sin^{-1}x\,dx = x\sin^{-1}x + \sqrt{1 - x^2} + C$

17. $\int \cos^{-1}x\,dx = x\cos^{-1}x - \sqrt{1 - x^2} + C$

18. $\int \tan^{-1}x\,dx = x\tan^{-1}x - \frac{1}{2}\ln(1 + x^2) + C$

19. $\int \sec^{-1}x\,dx = x\sec^{-1}x - \ln(x + \sqrt{x^2 - 1}) + C$

20. $\int \sinh x\,dx = \cosh x + C$

21. $\int \cosh x\,dx = \sinh x + C$

22. $\int \operatorname{sech}^2 x\,dx = \tanh x + C$

23. $\int \operatorname{csch}^2 x\,dx = -\coth x + C$

24. $\int \operatorname{sech} x\tanh x\,dx = -\operatorname{sech} x + C$

25. $\int \operatorname{csch} x\coth x\,dx = -\operatorname{csch} x + C$

26. $\int \tanh x\,dx = \ln\cosh x + C$

27. $\int \coth x\,dx = \ln|\sinh x| + C$

28. $\int \operatorname{sech} x\,dx = \tan^{-1}\sinh x + C = \sin^{-1}\tanh x + C$

29. $\int \operatorname{csch} x\,dx = \ln|\tanh(x/2)| + C$

삼각적분

30. $\int \cos^2 x\,dx = \frac{x}{2} + \frac{\sin 2x}{4} + C$

31. $\int \sin^2 x\,dx = \frac{x}{2} - \frac{\sin 2x}{4} + C$

32. $\int \sec^2 ax\,dx = \frac{1}{a}\tan ax + C$

33. $\int \csc^2 ax\,dx = -\frac{1}{a}\cot ax + C$

34. $\int \tan^2 x\,dx = \tan x - x + C$

35. $\int \cot^2 x\,dx = -\cot x - x + C$

36. $\int \cos^3 x\,dx = -\frac{1}{3}\sin^3 x + \sin x + C$

37. $\int \sin^3 x\,dx = \frac{1}{3}\cos^3 x - \cos x + C$

38. $\int \sec^3 x\,dx = \frac{1}{2}\sec x \tan x + \frac{1}{2}\ln|\sec x + \tan x| + C$

39. $\int \csc^3 x\,dx = -\frac{1}{2}\csc x \cot x - \frac{1}{2}\ln|\csc x + \cot x| + C$

40. $\int \tan^3 x\,dx = \frac{1}{2}\tan^2 x - \ln|\sec x| + C$

41. $\int \cot^3 x\,dx = -\frac{1}{2}\cot^2 x - \ln|\sin x| + C$

42. $\int \sec^n ax \tan ax\,dx = \frac{1}{na}\sec^n ax + C;\ n \neq 0$

43. $\int \csc^n ax \cot ax\,dx = -\frac{1}{na}\csc^n ax + C;\ n \neq 0$

44. $\int \frac{dx}{1+\sin ax} = -\frac{1}{a}\tan\left(\frac{\pi}{4} - \frac{ax}{2}\right) + C$

45. $\int \frac{dx}{1-\sin ax} = \frac{1}{a}\tan\left(\frac{\pi}{4} + \frac{ax}{2}\right) + C$

46. $\int \frac{dx}{1+\cos ax} = \frac{1}{a}\tan\frac{ax}{2} + C$

47. $\int \frac{dx}{1-\cos ax} = -\frac{1}{a}\cot\frac{ax}{2} + C$

48. $\int \sin mx \cos nx\,dx = -\frac{\cos(m+n)x}{2(m+n)} - \frac{\cos(m-n)x}{2(m-n)} + C;\ m^2 \neq n^2$

49. $\int \sin mx \sin nx\,dx = \frac{\sin(m-n)x}{2(m-n)} - \frac{\sin(m+n)x}{2(m+n)} + C;\ m^2 \neq n^2$

50. $\int \cos mx \cos nx\,dx = \frac{\sin(m-n)x}{2(m-n)} + \frac{\sin(m+n)x}{2(m+n)} + C;\ m^2 \neq n^2$

삼각함수의 축약 공식

51. $\int \cos^n x\,dx = \frac{1}{n}\cos^{n-1} x \sin x + \frac{n-1}{n}\int \cos^{n-2} x\,dx$

52. $\int \sin^n x\,dx = -\frac{1}{n}\sin^{n-1} x \cos x + \frac{n-1}{n}\int \sin^{n-2} x\,dx$

53. $\int \tan^n x\,dx = \frac{\tan^{n-1} x}{n-1} - \int \tan^{n-2} x\,dx;\ n \neq 1$

54. $\int \cot^n x\,dx = -\frac{\cot^{n-1} x}{n-1} - \int \cot^{n-2} x\,dx;\ n \neq 1$

55. $\int \sec^n x\,dx = \frac{\sec^{n-2} x \tan x}{n-1} + \frac{n-2}{n-1}\int \sec^{n-2} x\,dx;\ n \neq 1$

56. $\int \csc^n x\,dx = -\frac{\csc^{n-2} x \cot x}{n-1} + \frac{n-2}{n-1}\int \csc^{n-2} x\,dx;\ n \neq 1$

57. $\int \sin^m x \cos^n x\,dx = -\frac{\sin^{m-1} x \cos^{n+1} x}{m+n} + \frac{m-1}{m+n}\int \sin^{m-2} x \cos^n x\,dx;\ m \neq -n$

58. $\int \sin^m x \cos^n x\,dx = \frac{\sin^{m+1} x \cos^{n-1} x}{m+n} + \frac{n-1}{m+n}\int \sin^m x \cos^{n-2} x\,dx;\ m \neq -n$

59. $\int x^n \sin ax\,dx = -\frac{x^n \cos ax}{a} + \frac{n}{a}\int x^{n-1}\cos ax\,dx;\ a \neq 0$

60. $\int x^n \cos ax\,dx = \frac{x^n \sin ax}{a} - \frac{n}{a}\int x^{n-1}\sin ax\,dx;\ a \neq 0$

$a > 0$일 때, $a^2 - x^2$을 포함한 적분

61. $\int \sqrt{a^2 - x^2}\,dx = \frac{x}{2}\sqrt{a^2 - x^2} + \frac{a^2}{2}\sin^{-1}\frac{x}{a} + C$

62. $\int \frac{dx}{x\sqrt{a^2 - x^2}} = -\frac{1}{a}\ln\left|\frac{a + \sqrt{a^2 - x^2}}{x}\right| + C$

63. $\int \frac{dx}{x^2\sqrt{a^2 - x^2}} = -\frac{\sqrt{a^2 - x^2}}{a^2 x} + C$

64. $\int x^2\sqrt{a^2 - x^2}\,dx = \frac{x}{8}(2x^2 - a^2)\sqrt{a^2 - x^2} + \frac{a^4}{8}\sin^{-1}\frac{x}{a} + C$

65. $\int \frac{\sqrt{a^2 - x^2}}{x^2}\,dx = -\frac{1}{x}\sqrt{a^2 - x^2} - \sin^{-1}\frac{x}{a} + C$

66. $\int \frac{x^2}{\sqrt{a^2 - x^2}}\,dx = -\frac{x}{2}\sqrt{a^2 - x^2} + \frac{a^2}{2}\sin^{-1}\frac{x}{a} + C$

67. $\int \frac{dx}{a^2 - x^2} = \frac{1}{2a}\ln\left|\frac{x+a}{x-a}\right| + C$

$a > 0$일 때, $x^2 - a^2$을 포함한 적분

68. $\int \sqrt{x^2 - a^2}\,dx = \frac{x}{2}\sqrt{x^2 - a^2} - \frac{a^2}{2}\ln\left|x + \sqrt{x^2 - a^2}\right| + C$

69. $\int \frac{dx}{\sqrt{x^2 - a^2}} = \ln\left|x + \sqrt{x^2 - a^2}\right| + C$

70. $\int \frac{dx}{x^2\sqrt{x^2 - a^2}} = \frac{\sqrt{x^2 - a^2}}{a^2 x} + C$

71. $\int x^2\sqrt{x^2 - a^2}\,dx = \frac{x}{8}(2x^2 - a^2)\sqrt{x^2 - a^2} - \frac{a^4}{8}\ln\left|x + \sqrt{x^2 - a^2}\right| + C$

72. $\int \frac{\sqrt{x^2 - a^2}}{x^2}\,dx = \ln\left|x + \sqrt{x^2 - a^2}\right| - \frac{\sqrt{x^2 - a^2}}{x} + C$

73. $\int \frac{x^2}{\sqrt{x^2 - a^2}}\,dx = \frac{a^2}{2}\ln\left|x + \sqrt{x^2 - a^2}\right| + \frac{x}{2}\sqrt{x^2 - a^2} + C$

74. $\int \frac{dx}{x^2 - a^2} = \frac{1}{2a}\ln\left|\frac{x-a}{x+a}\right| + C$

75. $\int \frac{dx}{x(x^2 - a^2)} = \frac{1}{2a^2}\ln\left|\frac{x^2 - a^2}{x^2}\right| + C$

$a > 0$일 때, $a^2 + x^2$을 포함한 적분

76. $\int \sqrt{a^2+x^2}\,dx = \frac{x}{2}\sqrt{a^2+x^2} + \frac{a^2}{2}\ln\left(x+\sqrt{a^2+x^2}\right) + C$

77. $\int \frac{dx}{\sqrt{a^2+x^2}} = \ln\left(x+\sqrt{a^2+x^2}\right) + C$

78. $\int \frac{dx}{x\sqrt{a^2+x^2}} = \frac{1}{a}\ln\left|\frac{a-\sqrt{a^2+x^2}}{x}\right| + C$

79. $\int \frac{dx}{x^2\sqrt{a^2+x^2}} = -\frac{\sqrt{a^2+x^2}}{a^2x} + C$

80. $\int x^2\sqrt{a^2+x^2}\,dx = \frac{x}{8}(a^2+2x^2)\sqrt{a^2+x^2} - \frac{a^4}{8}\ln\left(x+\sqrt{a^2+x^2}\right) + C$

81. $\int \frac{\sqrt{a^2+x^2}}{x^2}\,dx = \ln\left|x+\sqrt{a^2+x^2}\right| - \frac{\sqrt{a^2+x^2}}{x} + C$

82. $\int \frac{x^2}{\sqrt{a^2+x^2}}\,dx = -\frac{a^2}{2}\ln\left(x+\sqrt{a^2+x^2}\right) + \frac{x\sqrt{a^2+x^2}}{2} + C$

83. $\int \frac{\sqrt{a^2+x^2}}{x}\,dx = \sqrt{a^2+x^2} - a\ln\left|\frac{a+\sqrt{a^2+x^2}}{x}\right| + C$

84. $\int \frac{dx}{(a^2+x^2)^{3/2}} = \frac{x}{a^2\sqrt{a^2+x^2}} + C$

85. $\int \frac{dx}{x(a^2+x^2)} = \frac{1}{2a^2}\ln\left(\frac{x^2}{a^2+x^2}\right) + C$

$a \neq 0, b > 0$일 때, $ax \pm b$를 포함한 적분

86. $\int (ax+b)^n\,dx = \frac{(ax+b)^{n+1}}{a(n+1)} + C;\ n \neq -1$

87. $\int (\sqrt{ax+b})^n\,dx = \frac{2}{a}\frac{(\sqrt{ax+b})^{n+2}}{n+2} + C;\ n \neq -2$

88. $\int \frac{dx}{x\sqrt{ax-b}} = \frac{2}{\sqrt{b}}\tan^{-1}\sqrt{\frac{ax-b}{b}} + C$

89. $\int \frac{dx}{x\sqrt{ax+b}} = \frac{1}{\sqrt{b}}\ln\left|\frac{\sqrt{ax+b}-\sqrt{b}}{\sqrt{ax+b}+\sqrt{b}}\right| + C$

90. $\int \frac{x}{ax+b}\,dx = \frac{x}{a} - \frac{b}{a^2}\ln|ax+b| + C$

91. $\int \frac{x^2}{ax+b}\,dx = \frac{1}{2a^3}\left((ax+b)^2 - 4b(ax+b) + 2b^2\ln|ax+b|\right) + C$

92. $\int \frac{dx}{x^2(ax+b)} = -\frac{1}{bx} + \frac{a}{b^2}\ln\left|\frac{ax+b}{x}\right| + C$

93. $\int x\sqrt{ax+b}\,dx = \frac{2}{15a^2}(3ax-2b)(ax+b)^{3/2} + C$

94. $\int \frac{x}{\sqrt{ax+b}}\,dx = \frac{2}{3a^2}(ax-2b)\sqrt{ax+b} + C$

95. $\int x(ax+b)^n\,dx = \frac{(ax+b)^{n+1}}{a^2}\left(\frac{ax+b}{n+2} - \frac{b}{n+1}\right) + C;\ n \neq -1, -2$

96. $\int \frac{dx}{x(ax+b)} = \frac{1}{b}\ln\left|\frac{x}{ax+b}\right| + C$

지수함수와 삼각함수를 포함하는 적분

97. $\int e^{ax}\sin bx\,dx = \frac{e^{ax}(a\sin bx - b\cos bx)}{a^2+b^2} + C$

98. $\int e^{ax}\cos bx\,dx = \frac{e^{ax}(a\cos bx + b\sin bx)}{a^2+b^2} + C$

지수함수와 로그함수를 포함하는 적분

99. $\int \frac{dx}{x\ln x} = \ln|\ln x| + C$

100. $\int x^n\ln x\,dx = \frac{x^{n+1}}{n+1}\left(\ln x - \frac{1}{n+1}\right) + C;\ n \neq -1$

101. $\int xe^x\,dx = xe^x - e^x + C$

102. $\int x^ne^{ax}\,dx = \frac{1}{a}x^ne^{ax} - \frac{n}{a}\int x^{n-1}e^{ax}\,dx;\ a \neq 0$

103. $\int \ln^n x\,dx = x\ln^n x - n\int \ln^{n-1}x\,dx$

그 외 공식들

104. $\int x^n\cos^{-1}x\,dx = \frac{1}{n+1}\left(x^{n+1}\cos^{-1}x + \int \frac{x^{n+1}dx}{\sqrt{1-x^2}}\right);\ n \neq -1$

105. $\int x^n\sin^{-1}x\,dx = \frac{1}{n+1}\left(x^{n+1}\sin^{-1}x - \int \frac{x^{n+1}\,dx}{\sqrt{1-x^2}}\right);\ n \neq -1$

106. $\int x^n\tan^{-1}x\,dx = \frac{1}{n+1}\left(x^{n+1}\tan^{-1}x - \int \frac{x^{n+1}\,dx}{x^2+1}\right);\ n \neq -1$

107. $\int \sqrt{2ax-x^2}\,dx = \frac{x-a}{2}\sqrt{2ax-x^2} + \frac{a^2}{2}\sin^{-1}\left(\frac{x-a}{a}\right) + C;\ a > 0$

108. $\int \frac{dx}{\sqrt{2ax-x^2}} = \sin^{-1}\left(\frac{x-a}{a}\right) + C;\ a > 0$

기본 함수의 그래프

일차함수

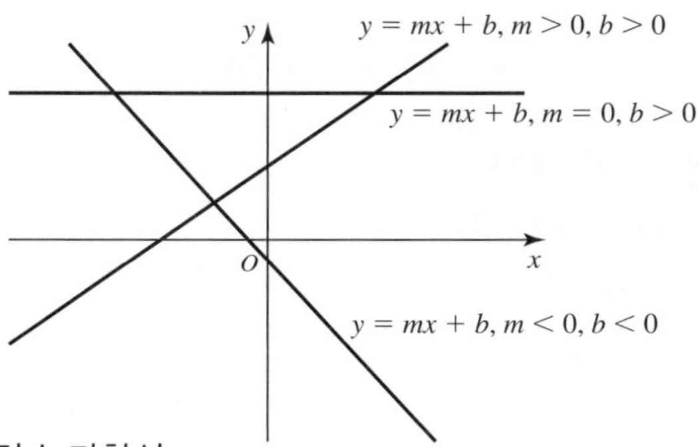

이차함수

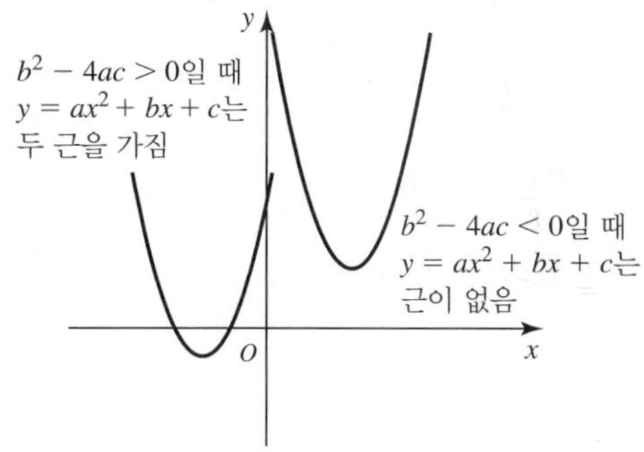

짝수 차수 다항식

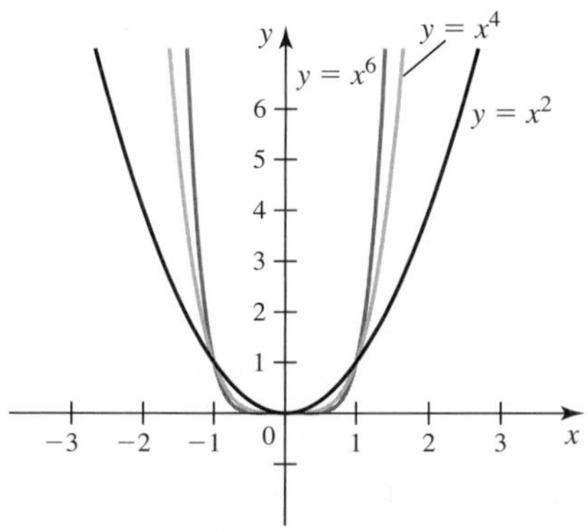

홀수 차수 다항식

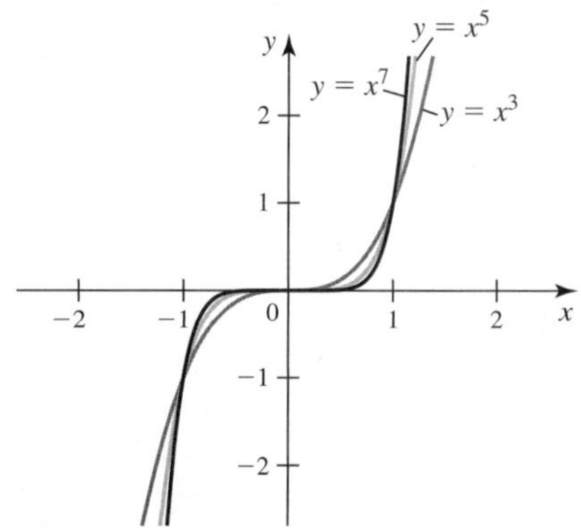

음의 짝수 차수 다항식

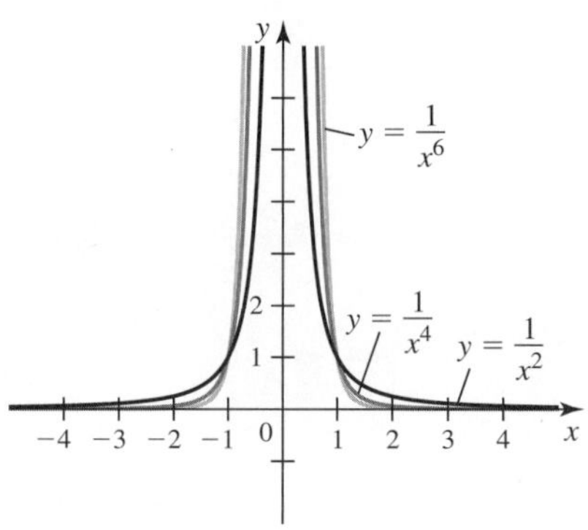

음의 홀수 차수 다항식

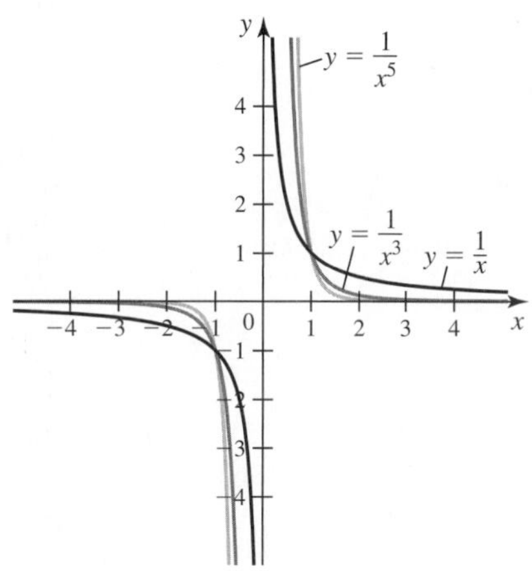

지수함수

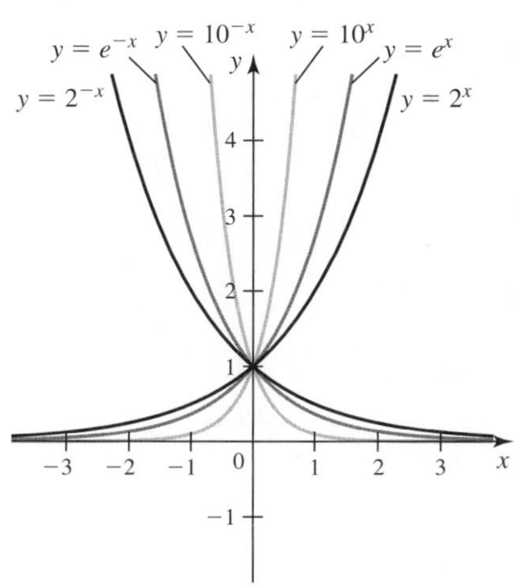

자연로그함수와 자연지수함수

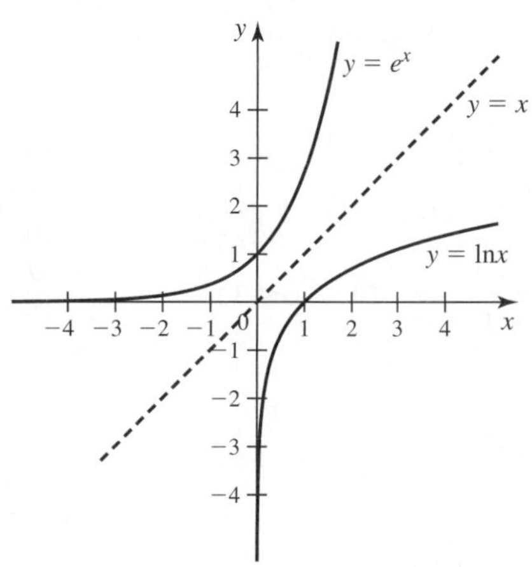

도함수

기본 공식

$$\frac{d}{dx}(c) = 0$$

$$\frac{d}{dx}(cf(x)) = cf'(x)$$

$$\frac{d}{dx}(f(x) + g(x)) = f'(x) + g'(x)$$

$$\frac{d}{dx}(f(x) - g(x)) = f'(x) - g'(x)$$

$$\frac{d}{dx}(f(x)g(x)) = f'(x)g(x) + f(x)g'(x)$$

$$\frac{d}{dx}\left(\frac{f(x)}{g(x)}\right) = \frac{g(x)f'(x) - f(x)g'(x)}{(g(x))^2}$$

$\frac{d}{dx}(x^n) = nx^{n-1}$, n은 실수

$$\frac{d}{dx}\big(f(g(x))\big) = f'(g(x)) \cdot g'(x)$$

삼각함수

$$\frac{d}{dx}(\sin x) = \cos x$$

$$\frac{d}{dx}(\cos x) = -\sin x$$

$$\frac{d}{dx}(\tan x) = \sec^2 x$$

$$\frac{d}{dx}(\cot x) = -\csc^2 x$$

$$\frac{d}{dx}(\sec x) = \sec x \tan x$$

$$\frac{d}{dx}(\csc x) = -\csc x \cot x$$

역삼각함수

$$\frac{d}{dx}(\sin^{-1} x) = \frac{1}{\sqrt{1 - x^2}}$$

$$\frac{d}{dx}(\cos^{-1} x) = -\frac{1}{\sqrt{1 - x^2}}$$

$$\frac{d}{dx}(\tan^{-1} x) = \frac{1}{1 + x^2}$$

$$\frac{d}{dx}(\cot^{-1} x) = -\frac{1}{1 + x^2}$$

$$\frac{d}{dx}(\sec^{-1} x) = \frac{1}{|x|\sqrt{x^2 - 1}}$$

$$\frac{d}{dx}(\csc^{-1} x) = -\frac{1}{|x|\sqrt{x^2 - 1}}$$

지수함수 및 로그함수

$$\frac{d}{dx}(e^x) = e^x$$

$$\frac{d}{dx}(b^x) = b^x \ln b$$

$$\frac{d}{dx}(\ln |x|) = \frac{1}{x}$$

$$\frac{d}{dx}(\log_b |x|) = \frac{1}{x \ln b}$$

쌍곡선함수

$$\frac{d}{dx}(\sinh x) = \cosh x$$

$$\frac{d}{dx}(\cosh x) = \sinh x$$

$$\frac{d}{dx}(\tanh x) = \operatorname{sech}^2 x$$

$$\frac{d}{dx}(\coth x) = -\operatorname{csch}^2 x$$

$$\frac{d}{dx}(\operatorname{sech} x) = -\operatorname{sech} x \tanh x$$

$$\frac{d}{dx}(\operatorname{csch} x) = -\operatorname{csch} x \coth x$$

역쌍곡선함수

$$\frac{d}{dx}(\sinh^{-1} x) = \frac{1}{\sqrt{x^2 + 1}}$$

$$\frac{d}{dx}(\cosh^{-1} x) = \frac{1}{\sqrt{x^2 - 1}} \quad (x > 1)$$

$$\frac{d}{dx}(\tanh^{-1} x) = \frac{1}{1 - x^2} \quad (|x| < 1)$$

$$\frac{d}{dx}(\coth^{-1} x) = \frac{1}{1 - x^2} \quad (|x| > 1)$$

$$\frac{d}{dx}(\operatorname{sech}^{-1} x) = -\frac{1}{x\sqrt{1 - x^2}} \quad (0 < x < 1)$$

$$\frac{d}{dx}(\operatorname{csch}^{-1} x) = -\frac{1}{|x|\sqrt{1 + x^2}} \quad (x \neq 0)$$

미적분학의 기본 정리의 여러 형태

미적분학의 기본 정리	$\int_a^b f'(x)\,dx = f(b) - f(a)$
선적분의 기본 정리	$\int_C \nabla f \cdot d\mathbf{r} = f(B) - f(A)$ (A와 B는 각각 C의 시점과 끝점이다)
그린 정리	$\iint_R (g_x - f_y)\,dA = \oint_C f\,dx + g\,dy$ $\iint_R (f_x + g_y)\,dA = \oint_C f\,dy - g\,dx$
스토크스 정리	$\iint_S (\nabla \times \mathbf{F}) \cdot \mathbf{n}\,dS = \oint_C \mathbf{F} \cdot d\mathbf{r}$
발산 정리	$\iiint_D \nabla \cdot \mathbf{F}\,dV = \iint_S \mathbf{F} \cdot \mathbf{n}\,dS$

벡터 미적분학의 공식

$\mathbb{R}^3$의 영역 D에서 미분가능한 f, g, h에 대하여 $\mathbf{F}(x, y, z) = f(x, y, z)\mathbf{i} + g(x, y, z)\mathbf{j} + h(x, y, z)\mathbf{k}$라고 가정하자.

그래디언트: $\nabla f(x, y, z) = \dfrac{\partial f}{\partial x}\mathbf{i} + \dfrac{\partial f}{\partial y}\mathbf{j} + \dfrac{\partial f}{\partial z}\mathbf{k}$

발산(divergence): $\nabla \cdot \mathbf{F}(x, y, z) = \dfrac{\partial f}{\partial x} + \dfrac{\partial g}{\partial y} + \dfrac{\partial h}{\partial z}$

회전(curl): $\nabla \times \mathbf{F}(x, y, z) = \begin{vmatrix} \mathbf{i} & \mathbf{j} & \mathbf{k} \\ \dfrac{\partial}{\partial x} & \dfrac{\partial}{\partial y} & \dfrac{\partial}{\partial z} \\ f & g & h \end{vmatrix}$

$\nabla \times (\nabla f) = \mathbf{0} \qquad \nabla \cdot (\nabla \times \mathbf{F}) = 0$

벡터 $\mathbf{F}$는 영역 D에서 보존적(conservative)이다.

$\Leftrightarrow$ 어떤 퍼텐셜함수 φ에 대하여 $\mathbf{F} = \nabla\varphi$

$\Leftrightarrow$ 영역 D 안의 닫힌 경로 C에서 $\oint_C \mathbf{F} \cdot d\mathbf{r} = 0$

$\Leftrightarrow$ $\int_C \mathbf{F} \cdot d\mathbf{r}$ 값은 영역 D 안의 경로 C에 의존하지 않는다.

$\Leftrightarrow$ 영역 D에서 $\nabla \times \mathbf{F} = \mathbf{0}$